JN261322

光・電子機能有機材料
ハンドブック

編集代表

堀江一之　谷口彬雄

編集委員

入江正浩　田中一義

矢部明　吉村進　渡会修

朝倉書店

編集代表

堀江 一之　東京大学工学部化学生命工学科教授
谷口 彬雄　(株)日立製作所基礎研究所主任研究員

編集委員

入江 正浩　九州大学機能物質科学研究所教授
田中 一義　京都大学大学院分子工学専攻助教授
矢部 　明　通商産業省工業技術院
　　　　　　物質工学工業技術研究所首席研究官
吉村 　進　松下技研(株)専務取締役
渡会 　脩　富士写真フイルム(株)産業材料部課長

はじめに

　石炭化学工業から石油化学工業の時代への産業転換期より，有機材料はポリエチレンに代表されるプラスチック，ナイロンに代表される繊維などの構造材料として大きく成長してきた．石油関連産業の飛躍的な発展に伴い，巨大なプラントが建設され，膨大な石油関連製品が生産された．その過程で，材料としての膨大な市場が形成され，それを支える有機化合物に関する研究の基礎が切り拓かれたのである．

　その後，半導体技術が開発され，エレクトロニクス関連産業の進出が始まった．その中で，有機材料への新たな期待が拡がってきた．有機化合物のもつ機能，特徴を巧みに活かし，小量ではあるが付加価値の高い材料，いわゆるファインケミカルへの期待である．有機材料は，構造材料としてだけでなく，アクティブに作用する機能材料として登場し始めた．こうして，有機材料のエレクトロニクス関連産業への進出が始まった．石炭産業を基幹産業とする第一世代，石油産業を基幹産業とする第二世代に引き続き，化学工業は第三世代を迎えることになる．これらを背景とし，有機化合物の材料としての期待は各種産業分野にますます拡大することになる．

　有機化合物はきわめて多様な特性と機能を有している．種類はほとんど無限に存在し，微妙な結合状態の差異が特性の劇的な変化につながる．炭素材料では，炭素原子の結合電子状態の差により，グラファイト，ダイヤモンド，フラーレンなど全く異なる物性を示すようになる．有機化合物の微妙な構造の差異が化合物全体の性質に大きな影響を与える．多様な特性は材料の複雑さを意味するが，求める機能への工夫のしどころのあることを示している．

　有機化合物は炭素骨格をベースにし，膨大な種類が自然界に存在する．人工的にも新規化合物が合成されてきた．有機化合物のもつ電気的物性，光学的物性などの多様な特性も解明されつつある．これらの物性解明を支えてきたのは，エレクトロニクス計測技術と，レーザーの利用による光計測技術の進歩である．

　コンピュータ技術をベースとした計測技術の進歩は特にめざましいものがある．装置の制御，データの集積，データの解析などに関して，小型計算機の進出は著しい．また，スーパーコンピュータを利用したシミュレーション技術の発展も，有機化合物の物性予測に大きく貢献している．これまでは実験してみなければわからなかったが，スーパーコンピュータによる計算によりある程度の予測が可能となってきた．

また，レーザーの発明とその後の進歩も有機化合物の物性計測に大きく寄与してきた．レーザーの単色光源としての特徴のほか，強度，フェムト秒領域にも及ぶ時間制御性の飛躍的な改善により，きわめて膨大な物性データが明らかになってきた．これらの武器を利用した物性研究は今後もますます発展していくことは確実である．

　有機機能材料の研究分野は急速な発展途上にあるといえる．だからこそ，現状の到達点を系統的に整理することが次のさらなる飛躍のために必要とされている．本書はこのような背景のもとで準備されたものである．

　大学教官，学生，公立研究機関，企業研究所，開発部門の研究者，技術者がこの種の本を利用する場合，系統的に勉強するというより，辞書的に検索し，必要事項を調べる場合が多い．本書はこれらの現状を考慮し，ハンドブックという形式をとり，説明は必要最小限とし，図，表，数式を中心とし，検索方法，用語定義などを重視している．また，この分野の基礎理論，基礎技術，各種材料を系統的に整理し，本書1冊でこの分野の全体像を知ることができるように配慮している．読者諸兄の本書に対する忌憚のないご意見をお寄せいただければ幸いである．

　1995年9月

編集委員会を代表して　　谷口彬雄・堀江一之

執筆者

堀江 一之	東京大学工学部
矢部 明	通商産業省工業技術院 物質工学工業技術研究所
宮坂 博	京都工芸繊維大学繊維学部
田中 一義	京都大学大学院
谷口 彬雄	(株)日立製作所基礎研究所
三木 定雄	京都工芸繊維大学工芸学部
彌田 智一	(財)神奈川科学技術アカデミー
奥居 徳昌	東京工業大学工学部
久保野 敦史	京都工芸繊維大学繊維学部
小島 謙一	横浜市立大学理学部
帰山 享二	京都工芸繊維大学工芸学部
田川 精一	大阪大学産業科学研究所
長田 義仁	北海道大学大学院理学研究科
龔 剣萍	北海道大学大学院理学研究科
金城 徳幸	日立化成工業(株)茨城研究所
小林 駿介	東京農工大学工学部
飯村 靖文	東京農工大学工学部
和田 達夫	理化学研究所
高萩 隆行	広島大学工学部
萬ヶ谷 康弘	(株)東レリサーチセンター 表面科学研究部
石田 英之	(株)東レリサーチセンター 構造化学研究部
冨田 茂久	(株)東レリサーチセンター 表面科学研究部
加藤 隆史	東京大学生産技術研究所
蒲池 幹治	大阪大学理学部
板垣 秀幸	静岡大学教育学部
寺町 信哉	工学院大学工学部
北野 幸重	(株)東レリサーチセンター 構造化学研究部
金谷 利治	京都大学化学研究所
根本 紀夫	九州大学工学部
荒谷 康太郎	(株)日立製作所基礎研究所
八瀬 清志	通商産業省工業技術院 物質工学工業技術研究所
中川 善嗣	(株)東レリサーチセンター 表面化学研究部
腰原 伸也	東京工業大学理学部
十倉 好紀	東京大学理学部
丑田 公規	理化学研究所
金藤 敬一	九州工業大学情報工学部
米山 宏	大阪大学工学部
松井 文雄	(株)パイオニア総合研究所
入江 正浩	九州大学機能物質科学研究所
町田 真二郎	東京大学工学部
後藤 泰行	チッソ(株)水俣製造所
田中 雅美	チッソ(株)技術法務部
前田 三男	九州大学工学部
森 吉彦	旭化成工業(株)電池開発研究所
小池 康博	慶應義塾大学理工学部
天野 道之	日本電信電話(株) 研究開発推進部
栗原 隆	日本電信電話(株) 光エレクトロニクス研究所
都丸 暁	日本電信電話(株) 光エレクトロニクス研究所
松田 宏雄	通商産業省工業技術院 物質工学工業技術研究所
上野 巧	(株)日立製作所中央研究所
山岡 亜夫	千葉大学工学部
古舘 信生	富士写真フイルム(株)足柄研究所

執筆者

村上　嘉信	松下電器産業(株)開発本部
赤木　和夫	筑波大学物質工学系
森　　健彦	東京工業大学工学部
渡辺　正義	横浜国立大学工学部
古川　猛夫	東京理科大学理学部
高橋　芳行	東京理科大学理学部
八木　俊治	ダイキン工業(株)化学事業部
工藤　一浩	千葉大学工学部
工位　武治	大阪市立大学理学部
磯田　　悟	三菱電機(株)中央研究所
上山　智嗣	三菱電機(株)中央研究所
稲富　健一	三菱電機(株)中央研究所
宮本　　誠	三菱電機(株)中央研究所

(執筆順)

目　　次

はじめに────i

第I編　基　礎　理　論

序章　光・電子材料の基礎理論概観 ……………………………………………………………[堀江一之]… 1

第1章　有機分子の構造と性質，有機化合物命名法 ……………………………………[矢部　明]… 3
 1.1　有機化合物の種類 ……………………………………………………………………………………… 3
  1.1.1　有機化合物の定義　3 1.1.2　有機化合物の分類　3
 1.2　有機分子の構造 ………………………………………………………………………………………… 5
  1.2.1　有機分子を形成する原子　5 1.2.3　分子構造(結合距離と結合角)　11
  1.2.2　結　合　6 1.2.4　結合エネルギー　11
 1.3　有機化合物の性質 ……………………………………………………………………………………12
  1.3.1　有機分子・有機化合物の性質　12 1.3.3　誘電分極と比誘電率　14
  1.3.2　分子の双極子モーメント　13 1.3.4　分子のスペクトル　23
 1.4　有機化合物の命名法 …………………………………………………………………………………27
  1.4.1　母体化合物(基本骨格)の命名　27 1.4.2　特性基をもつ化合物の命名　31
 1.5　有機立体化学命名法 …………………………………………………………………………………33
  1.5.1　シス－トランス異性体　33 1.5.3　配座異性体　34
  1.5.2　光学異性体　33
 1.6　高分子の命名法 ………………………………………………………………………………………34
  1.6.1　規則性単条有機ポリマーの命名法　35 1.6.3　コポリマーの命名　36
  1.6.2　通常のポリマーの体系的名称　35 1.6.4　立体規則性ポリマーの定義　37

第2章　光　物　性 ………………………………………………………………………………[堀江一之]…38
 2.1　光学の基礎 ……………………………………………………………………………………………38
  2.1.1　光とは何か　38 2.1.3　干渉と回折　40
  2.1.2　反射と屈折　39 2.1.4　偏　光　41
 2.2　電磁波としての光 ……………………………………………………………………………………43
  2.2.1　マックスウェル方程式　43 2.2.3　感受率の周波数依存性　44
  2.2.2　媒質中の光の伝搬　44
 2.3　光の吸収と放出 ………………………………………………………………………………………45
  2.3.1　アインシュタインのA係数とB係数　 2.3.2　電磁波の量子化　46
    45 2.3.3　光と分子の相互作用　47

目次

2.4 光の散乱と多光子過程 ……………………………………………………………… 50
- 2.4.1 レイリー散乱とラマン散乱 50
- 2.4.2 多光子過程 53
- 2.4.3 非線形光学現象 54

2.5 レーザー発振 …………………………………………………………………………… 56
- 2.5.1 レーザー発振の条件 56
- 2.5.2 コヒーレント光とカオス光 57
- 2.5.3 レーザー光と分子系の非線形コヒーレント相互作用 58

第3章 光化学 ……………………………………………………………………[宮坂 博]…60

3.1 励起分子の緩和過程—その時間スケール ………………………………………… 60
3.2 光化学反応過程の収率 ………………………………………………………………… 62
3.3 励起分子の特徴 ………………………………………………………………………… 62
3.4 励起分子に与える媒体の影響 ………………………………………………………… 63
3.5 主に励起分子内で起こる光化学過程 ………………………………………………… 64
- 3.5.1 無輻射遷移 64
- 3.5.2 シス-トランス光異性化 66
- 3.5.3 分子内陽子移動 66
- 3.5.4 光開環・閉環反応 66
- 3.5.5 一光子光イオン化 67

3.6 分子間光化学過程 ……………………………………………………………………… 68
- 3.6.1 励起状態での分子間の相互作用の大きさ 68
- 3.6.2 励起エネルギー移動 69
- 3.6.3 エキシマー 70
- 3.6.4 電子移動 71
- 3.6.5 水素結合の励起状態に与える影響 78
- 3.6.6 水素原子移動反応 78
- 3.6.7 色素の光退色反応 79

第4章 電子物性 …………………………………………………………………[田中一義]…81

4.1 固体中の電子状態 …………………………………………………………………… 81
- 4.1.1 有機結晶中の電子状態 81
- 4.1.2 重要な物性量 83
- 4.1.3 有機非晶性物質 84

4.2 有機物質の電気物性 ………………………………………………………………… 85
- 4.2.1 導電性と電子的過程 85
- 4.2.2 パイエルス転移 87
- 4.2.3 ソリトン・ポーラロン・バイポーラロン 89
- 4.2.4 導電性高分子鎖間の導電機構 91
- 4.2.5 非晶性物質におけるホッピング 92
- 4.2.6 交流電気伝導度 93
- 4.2.7 光導電性 94
- 4.2.8 超伝導性 96
- 4.2.9 分極現象 96

第II編 基礎技術

序章 材料技術概観 ……………………………………………………………[谷口彬雄]…99

第1章 物質調整 ……………………………………………………………………………101

1.1 合成技術 ……………………………………………………………………[三木定雄]…101
- 1.1.1 合成経路の設計 101
- 1.1.2 機能性分子の合成例 102

1.2 精製技術 ……………………………………………………………………[三木定雄]…109
- 1.2.1 分離と精製 109
- 1.2.2 分離操作 110
- 1.2.3 精製操作 110

1.3 薄膜精製技術 湿式 ………………………………………………………[彌田智一]…113
- 1.3.1 はじめに 113
- 1.3.2 塗布法 113
- 1.3.3 電解薄膜形成法 114
- 1.3.4 LB(Langmuir-Blodgett)膜法 116

1.3.5　セルフアッセンブリング法　117
1.3.6　化学吸着-化学結合法　121
1.4　薄膜作製技術　乾式‥‥‥‥‥‥‥‥‥‥‥‥‥‥‥‥‥‥‥‥‥‥‥‥[奥居 徳昌・久保野敦士]‥‥122
　1.4.1　はじめに　122
　1.4.2　乾式成膜法の種類　123
　1.4.3　PVD法　123
　1.4.4　CVD法　126
　1.4.5　蒸着重合法　128
　1.4.6　おわりに　128
1.5　結晶作製技術‥‥‥‥‥‥‥‥‥‥‥‥‥‥‥‥‥‥‥‥‥‥‥‥‥‥‥‥‥‥‥‥[小島 謙一]‥‥131
　1.5.1　はじめに　131
　1.5.2　融液からの成長　131
　1.5.3　気相からの成長　133
　1.5.4　溶液からの成長　133
　1.5.5　まとめ　135

第2章　材料処理，加工技術‥‥‥‥‥‥‥‥‥‥‥‥‥‥‥‥‥‥‥‥‥‥‥‥‥‥‥‥‥‥‥‥‥‥137

2.1　ドーピング技術‥‥‥‥‥‥‥‥‥‥‥‥‥‥‥‥‥‥‥‥‥‥‥‥‥‥‥‥‥‥‥[帰山 享二]‥‥137
　2.1.1　はじめに　137
　2.1.2　ドーパントの種類とドーピングの方法　137
　2.1.3　ドーピングの化学　139
　2.1.4　脱ドーピングとドーパント交換　139
2.2　ビーム処理‥‥‥‥‥‥‥‥‥‥‥‥‥‥‥‥‥‥‥‥‥‥‥‥‥‥‥‥‥‥‥‥‥[田川 精一]‥‥140
　2.2.1　ビームの種類　140
　2.2.2　放射線と物質との相互作用　140
　2.2.3　ビーム処理　141
2.3　プラズマ処理‥‥‥‥‥‥‥‥‥‥‥‥‥‥‥‥‥‥‥‥‥‥‥‥‥‥‥[長田 義仁・龔 剣萍]‥‥142
　2.3.1　はじめに　142
　2.3.2　プラズマ表面処理の方法　142
　2.3.3　プラズマ処理によって起こる反応　143
　2.3.4　プラズマ表面処理の応用　143
2.4　レーザー加工‥‥‥‥‥‥‥‥‥‥‥‥‥‥‥‥‥‥‥‥‥‥‥‥‥‥‥‥‥‥‥‥‥[矢部　明]‥‥145
2.5　熱処理‥‥‥‥‥‥‥‥‥‥‥‥‥‥‥‥‥‥‥‥‥‥‥‥‥‥‥‥‥‥‥‥‥‥‥[金城 徳幸]‥‥148
　2.5.1　TTT図　148
　2.5.2　エポキシ樹脂　149
　2.5.3　縮合型ポリイミド　149
　2.5.4　プリント配線板材料　150
　2.5.5　物理エージング　151
2.6　ラビング処理‥‥‥‥‥‥‥‥‥‥‥‥‥‥‥‥‥‥‥‥‥‥‥‥‥‥‥[小林 駿介・飯村 靖文]‥‥152
　2.6.1　はじめに　152
　2.6.2　液晶サンドイッチセル内のモノドメイン配向　152
　2.6.3　プレティルト角を持ったホモジニアス配向の方法　152
　2.6.4　ラビング処理　154
　2.6.5　液晶配向状態の評価　153
　2.6.6　分子配向の機構　153
　2.6.7　プレティルト角の発生　154
　2.6.8　まとめ　154
2.7　電界処理‥‥‥‥‥‥‥‥‥‥‥‥‥‥‥‥‥‥‥‥‥‥‥‥‥‥‥‥‥‥‥‥‥‥[和田 達夫]‥‥155
　2.7.1　はじめに　155
　2.7.2　双極子の電場配向　155
　2.7.3　ポーリングによる機能発現　156
　2.7.4　ポーリングの手法　157
　2.7.5　電場配向の評価　158
　2.7.6　まとめ　158

第3章　材料分析評価技術‥‥‥‥‥‥‥‥‥‥‥‥‥‥‥‥‥‥‥‥‥‥‥‥‥‥‥‥‥‥‥‥‥‥‥160

3.1　元素分析‥‥160
　3.1.1　XPS(X線光電子分光法)‥[高萩 隆行]‥‥160
　3.1.2　AES(オージェ電子分光法)‥[萬ヶ谷康弘・石田 英之]‥‥162
　3.1.3　SIMS(2次イオン質量分析法)‥[冨田 茂久・石田 英之]‥‥166
3.2　化学構造解析‥‥170
　3.2.1　赤外・ラマン分光法‥[石田 英之]‥‥170
　3.2.2　NMR‥[加藤 隆史]‥‥175
　3.2.3　ESR‥[蒲池 幹治]‥‥178
　3.2.4　吸収‥[板垣 秀幸]‥‥182
　3.2.5　蛍光‥[板垣 秀幸]‥‥184
　3.2.6　過度蛍光測定‥[板垣 秀幸]‥‥186

3.2.7　光電子分光…［高萩隆行］…186
　　3.2.8　液体クロマトグラフィー…［寺町信哉］…188
　　3.2.9　GPC…［寺町信哉］…191
　　3.2.10　ガスクロマトグラフィー…［寺町信哉］…193
3.3　高次構造解析 ……195
　　3.3.1　X線解析…［北野幸重・石田英之］…195
　　3.3.2　中性子散乱…［金谷利治］…201
　　3.3.3　光散乱…［根本紀夫］…204
　　3.3.4　熱分析…［荒谷康太郎］…208
3.4　表面形態観察 ……210
　　3.4.1　電子顕微鏡(EM)…［八瀬清志］…210
　　3.4.2　走査型プローブ顕微鏡…［中川善嗣・石田英之］…215

第4章　光物性評価技術 ……［腰原伸也・十倉好紀］…219
4.1　光源 ……219
　　4.1.1　一般光源ランプ類　219
　　4.1.2　レーザー(可干渉性(コヒーレンスのよい光源)　222
4.2　光学素子 ……229
4.3　分光器 ……234
4.4　光検出器 ……236
4.5　各種分光法 ……241
　　4.5.1　基礎的分光法　241
　　4.5.2　非線形分光法　248

第5章　光化学技術 ……［丑田公規・宮坂博］…254
5.1　光化学反応装置 ……254
　　5.1.1　光源　254
　　5.1.2　照射波長の選別　254
　　5.1.3　照射光量・照射時間の調節　255
　　5.1.4　試料セル　255
　　5.1.5　試料の温度調整と攪拌　257
　　5.1.6　試料の吸収光量の測定　257
　　5.1.7　よく用いられる反応装置　258
5.2　光化学反応機構と速度定数の決定 ……259
　　5.2.1　量子収率　259
　　5.2.2　増感剤，消光剤，捕捉剤　260
　　5.2.3　励起分子および反応始状態の決定　263
　　5.2.4　反応中間体の同定　264
　　5.2.5　Stern-Volmerプロット　264
5.3　化学光量計を用いた光化学反応収率の決定 ……265
5.4　発光量子収率の測定 ……267
　　5.4.1　発光スペクトルの補正　268
　　5.4.2　相対量子収率の決定　269
5.5　光音響分光法による無輻射遷移の量子収率の測定 ……269
5.6　パルス光源を用いた測定法による光化学反応の解析 ……270
　　5.6.1　過渡吸収分光法　271
　　5.6.2　時間分解蛍光測定装置　272
　　5.6.3　時間分解振動分光　272
　　5.6.4　時間分解ESR　272
　　5.6.5　強制レイリー散乱(四光波混合・過渡回折格子分光)　273

第6章　電気物性評価技術 ……［金藤敬一］…275
6.1　はじめに ……275
6.2　電極 ……276
　　6.2.1　電極形状　276
　　6.2.2　電極材料　278
6.3　電気伝導率の測定回路 ……279

6.4 電流-電圧測圧 ……………………………………………………………………………………280
　6.4.1 ショットキー接合 280　　　　　　6.4.2 高電界現象 281
6.5 温度依存性 ……………………………………………………………………………………282
　6.5.1 温度依存性の測定方法 282　　　　6.5.3 ホッピング伝導 283
　6.5.2 熱活性化型伝導 283　　　　　　　6.5.4 金属型伝導 284
6.6 移動度の測定 …………………………………………………………………………………284
　6.6.1 ホール効果 285　　　　　　　　　6.6.4 タイムオブフライト(TOF)法による移動
　6.6.2 ファン・デア・ポウ法による導電率とホ　　　　度の測定 287
　　　　ール係数の測定 285　　　　　　　6.6.5 電界効果トランジスターの特性より移動
　6.6.3 磁気抵抗効果による移動度の評価 286　　　　度を求める方法 288
6.7 熱起電力(熱電能) ……………………………………………………………………………289

第7章 電気化学技術 ……………………………………………………………[米山　宏]…291
7.1 はじめに ………………………………………………………………………………………291
7.2 電気化学実験 …………………………………………………………………………………291
　7.2.1 電解セル 291　　　　　　　　　　7.2.3 電解液 292
　7.2.2 電極 291　　　　　　　　　　　　7.2.4 参照電極 292
7.3 電極反応の速度式 ……………………………………………………………………………293
　7.3.1 電極反応速度と電流の関係 293　　7.3.5 電流-電位曲線の表し方 296
　7.3.2 反応速度と過電圧 293　　　　　　7.3.6 可逆な電極過程と非可逆な電極過程 296
　7.3.3 電極反応の起こるプロセス 294　　7.3.7 拡散律速のもとにおける電解電流 296
　7.3.4 電流-電位の関係式 296　　　　　　7.3.8 電流-電位曲線の測定法 297
7.4 サイクリックボルタンメトリー ……………………………………………………………298
　7.4.1 可逆電子移動過程のボルタモグラム 298　　　301
　7.4.2 準可逆および非可逆電子移動過程のボル　7.4.4 薄層セルおよび電極表面に固定された反
　　　　タモグラム 300　　　　　　　　　　　　応物質のボルタモグラム 302
　7.4.3 複雑な電極反応に関するボルタモグラム
7.5 ポーラログラフィー …………………………………………………………………………304
　7.5.1 ポーラログラフ 304　　　　　　　7.5.2 ポーラログラム 304
7.6 電流パルスおよび電位パルスを用いる計測 ………………………………………………305
　7.6.1 クロノアンペロメトリー 305　　　7.6.2 クロノポテンショメトリー 306
7.7 回転電極 ………………………………………………………………………………………306
　7.7.1 回転ディスク電極 306　　　　　　7.7.2 リング・ディスク電極 307
7.8 定電位クーロメトリー ………………………………………………………………………307
7.9 インピーダンス法 ……………………………………………………………………………308
7.10 分光電気化学計測 ……………………………………………………………………………308
　7.10.1 可視・紫外吸収スペクトル測定 308　7.10.3 その他の分光法 310
　7.10.2 反射スペクトル測定 310
7.11 光電気化学計測 ………………………………………………………………………………311
　7.11.1 半導体の電気化学特性 311　　　　7.11.2 色素増感 312

第III編　材　料

序章　光・電子機能有機材料の概観……………………………………………［谷口彬雄］…315

第1章　光記録関連材料 …………………………………………………………………317

1.1　光ディスク材料 ………………………………………………………［松井文雄］…317
- 1.1.1　はじめに　317
- 1.1.2　光ディスクの分類と機能　318
- 1.1.3　光ディスクの構造　321
- 1.1.4　主要構成部材　324
- 1.1.5　おわりに　335

1.2　フォトクロミック材料 ………………………………………………［入江正浩］…336
- 1.2.1　はじめに　336
- 1.2.2　スピロベンゾピラン系分子　336
- 1.2.3　フルギド系分子　338
- 1.2.4　ジアリールエテン系分子　340
- 1.2.5　シクロファン系分子　342
- 1.2.6　その他の分子　343
- 1.2.7　液晶系　343

1.3　フォトンエコー材料 …………………………………………［堀江一之・町田信二郎］…346
- 1.3.1　PHBおよびPHBメモリーの原理　346
- 1.3.2　PHB材料のホール形成反応機構　346
- 1.3.3　高温PHB材料　347
- 1.3.4　光ゲート型PHB材料　348
- 1.3.5　波長多重デジタル記録実用化のためにPHB材料に求められる条件　349
- 1.3.6　電場領域への記録およびホログラムの記録　350
- 1.3.7　単一分子の分光学的検出　351
- 1.3.8　フォトンエコーメモリーの原理　352
- 1.3.9　フォトンエコーメモリー材料の分類および研究の動向　353

第2章　表示関連材料 ……………………………………………………………………358

2.1　表示用液晶化合物 ……………………………………………［後藤泰行・田中雅美］…358
- 2.1.1　はじめに　358
- 2.1.2　液晶の種類　358
- 2.1.3　液晶の電気光学効果と表示用液晶化合物　359
- 2.1.4　TN, STNおよびECB用ネマチック液晶　360
- 2.1.5　熱書き込み用スメクチックA(S_A)液晶　367
- 2.1.6　TN, STN用キラルネマチック液晶　369
- 2.1.7　強誘電性液晶　370
- 2.1.8　反強誘電性液晶　381

2.2　発光材料 …………………………………………………………………………386
- 2.2.1　レーザー色素…［前田三男］…386
- 2.2.2　エレクトロルミネッセンス材料…［森　吉彦］…393

第3章　光学材料 …………………………………………………………………………407

3.1　線形光学材料 …………………………………………………………［小池康博］…407
- 3.1.1　屈折率とアッベ数　407
- 3.1.2　複屈折　411
- 3.1.3　透明材料　415
- 3.1.4　耐熱性　419
- 3.1.5　屈折率分布型材料　420

3.2　二次非線形光学材料 …………………………………………［天野道之・栗原　隆・都丸　暁］…423
- 3.2.1　研究の経緯と概要　423
- 3.2.2　二次有機非線形光学材料　424
- 3.2.3　非線形光学定数測定法　430
- 3.2.4　デバイス化　432
- 3.2.5　まとめ　434

3.3　三次非線形光学材料 ………………………………………………［松田宏雄］…436

第4章 感光性材料 ·· 444

4.1 レジスト材料 ·· [上野 巧] ··· 444
- 4.1.1 リソグラフィー 444
- 4.1.2 ポジ型フォトレジスト 446
- 4.1.3 ネガ型レジスト 448
- 4.1.4 電子線レジスト 449
- 4.1.5 化学増幅系レジスト 452
- 4.1.6 ドライ現象 455
- 4.1.7 多層レジストプロセス 456
- 4.1.8 まとめ 458

4.2 印刷における感光材料 ·· [山岡亜夫] ··· 460
- 4.2.1 製版・印刷システム 460
- 4.2.2 凸版の製版工程と刷版材料 462
- 4.2.3 平版刷版の材料 465
- 4.2.4 凹板(グラビア)の製版工程と刷版材料 471
- 4.2.5 スクリーン版の製版工程と材料 471
- 4.2.6 カラープルーフ 472

4.3 写真材料 ·· [古舘信生] ··· 474
- 4.3.1 光捕獲記録要素 474
- 4.3.2 減法混色のカラー写真の原理 475
- 4.3.3 発色現像法の有機材料 476
- 4.3.4 拡散転写法の有機材料 489
- 4.3.5 銀色素漂白法の有機材料 493
- 4.3.6 おわりに 493

第5章 光導電材料 ·· [村上嘉信] ··· 495

5.1 高分子光導電材料 ·· 495
- 5.1.1 ポリビニルカルバゾール(PNVC) 495
- 5.1.2 その他の高分子光導電材料 502
- 5.1.3 高分子光導電材料の応用 504

5.2 低分子有機光導電材料 ·· 506
- 5.2.1 固溶体型有機光導電膜 506
- 5.2.2 顔料分散型光導電膜 535
- 5.2.3 低分子光導電材料の応用 539

第6章 導電性材料 ·· 542

6.1 導電性高分子 ·· [赤木和夫] ··· 542
- 6.1.1 概要 542
- 6.1.2 ポリアセチレン類 545
- 6.1.3 ポリチオフェン類 548
- 6.1.4 ポリピロール類 550
- 6.1.5 ポリ(p-フェニレン)類 552
- 6.1.6 ポリ(p-フェニレンビニレン)類 554
- 6.1.7 ポリアニリン類 556
- 6.1.8 ラダー状高分子類 557
- 6.1.9 ネットワーク状高分子類 557
- 6.1.10 その他の導電性高分子類 558

6.2 電荷移動錯体 ·· [森 健彦] ··· 561
- 6.2.1 電荷移動相互作用 561
- 6.2.2 電荷移動錯体の電気伝導性 564
- 6.2.3 TCNQ錯体 567
- 6.2.4 (TTF)(TCNQ) 570
- 6.2.5 TTT系ラジカルカチオン塩 572
- 6.2.6 その他のドナーの錯体 573
- 6.2.7 金属錯体 575
- 6.2.8 DCNQI錯体 575

6.3 イオン導電体 ·· [渡辺正義] ··· 577
- 6.3.1 イオン伝導性高分子の化学構造 578
- 6.3.2 複合体形成と構造 580
- 6.3.3 イオン伝導特性の評価法 582
- 6.3.4 イオン伝導性高分子の電気的特質 584
- 6.3.5 高分子中でのイオン移動, イオン解離過程 585

6.4 超伝導体 ·· [森 健彦] ··· 589
- 6.4.1 概説 589
- 6.4.2 (TMTSF)$_2$X 589
- 6.4.3 BEDT-TTF塩 592
- 6.4.4 その他の有機超伝導体 599
- 6.4.5 C_{60}超伝導体 600

第7章 誘電材料 ··· 602
7.1 誘電体材料 ···[古川 猛夫・高橋 芳行]··· 602
- 7.1.1 誘電機能材料 602
- 7.1.2 フッ化ビニリデン系高分子 605
- 7.1.3 その他の高分子 610

7.2 帯電材料 ···[古川 猛夫・高橋 芳行]··· 611
- 7.2.1 高分子の絶縁機能 611
- 7.2.2 エレクトレット 612
- 7.2.3 エレクトレットの応用 613

7.3 圧電材料 ···[八木 俊治]··· 613
- 7.3.1 はじめに 613
- 7.3.2 圧電性とは 614
- 7.3.3 圧電性物質(結晶) 614
- 7.3.4 圧電定数の基本式 614
- 7.3.5 測定方法 615
- 7.3.6 圧電性高分子の種類 615
- 7.3.7 圧電性高分子の特質 617
- 7.3.8 マクロな圧電効果 618
- 7.3.9 圧電フィルムの製造プロセス 618
- 7.3.10 圧電性高分子の特性 621
- 7.3.11 圧電率の向上 623
- 7.3.12 圧電性高分子の特徴 624
- 7.3.13 応用面での基本動作と応答性 624
- 7.3.14 応用例 625

7.4 焦電材料 ···[八木 俊治]··· 627
- 7.4.1 はじめに 627
- 7.4.2 焦電性とは 627
- 7.4.3 焦電性物質(結晶) 628
- 7.4.4 焦電定数の基本式 628
- 7.4.5 測定方法 628
- 7.4.6 焦電性高分子の種類 629
- 7.4.7 マクロな焦電効果 629
- 7.4.8 焦電特性 629
- 7.4.9 応用 630

第8章 センサー材料 ··[工藤 一浩]··· 632
8.1 有機材料の特徴とセンサー応用 ··· 632
8.2 有機材料を用いたセンサー応用 ··· 632
- 8.2.1 光センサー 632
- 8.2.2 温度センサー 635
- 8.2.3 圧力センサー 635
- 8.2.4 湿度・ガスセンサー 636
- 8.2.5 イオンセンサー 638
- 8.2.6 バイオセンサー 638
- 8.2.7 その他のセンサー 640

8.3 おわりに ··· 640

第9章 磁性材料 ···[工位 武治]··· 641
9.1 次世代技術としての分子性・有機磁性 ·· 641
- 9.1.1 有機磁性と無機磁性の相違点 642
- 9.1.2 分子性・有機磁性の応用 642
- 9.1.3 磁気特性を表す基礎的諸量・単位系と物質の分類 642

9.2 磁気的機能・特性評価の方法論の基礎 ·· 645
- 9.2.1 交換相互作用 645
- 9.2.2 非相互作用スピン集合系の取扱い 648
- 9.2.3 有効分子場近似 648
- 9.2.4 分子場近似における臨界指数 649
- 9.2.5 交換相互作用に対する分子場近似—強磁性体 650
- 9.2.6 反強磁性,フェリ磁性秩序配列などの分子場近似 651
- 9.2.7 スピン波近似 655
- 9.2.8 多スピンモデル系の厳密解 657
- 9.2.9 磁性体の磁区・磁壁構造と単磁区粒子・超常磁性体 661
- 9.2.10 秩序磁性,低次元性およびランダム磁性体のCWおよびFTパルス電子スピン磁気共鳴 661
- 9.2.11 交換相互作用有限系・クラスターの磁気共鳴 668
- 9.2.12 中性子非弾性磁気散乱, SOR磁気散乱およびμ^+中間子スピン回転(μSR) 669

9.3 有機磁性体の分子設計 ………………………………………………………………669
    9.3.1 有機磁性体の分子設計理論の系譜—2大アプローチと六つの代表的モデル— 669
    9.3.2 有限系有機分子の分子内スピン整列とトポロジー的スピン分極(through-bond アプローチ) 672
    9.3.3 低次元有機無限スピン系の設計とスピン配列—有機磁性体高分子のバンド構造— 673
    9.3.4 無限スピン系高分子のVB的スピン描像と高分子スピン競合系の設計 680
9.4 分子性・有機磁性体の分類と物性評価 ……………………………………………681
9.5 複合多重機能化された分子システム磁性とスピニクスデバイスへの展望 ……684

第10章 生体光・電子材料 ……………………［磯田　悟・上山智嗣・稲富健一・宮本　誠］…688

10.1 光・電子機能 …………………………………………………………………………688
10.2 代表的材料の性質 ……………………………………………………………………688
    10.2.1 光合成反応中心 688
    10.2.2 (光合成)アンテナタンパク質 693
    10.2.3 バクテリオロドプシン 696
    10.2.4 ロドプシン 697
    10.2.5 シトクロム c 697
    10.2.6 シトクロム c_3 699
    10.2.7 ウミホタルルシフェラーゼ-ウミホタルルシフェリン 700
    10.2.8 磁気微粒子 701
10.3 光・電子材料としての応用 …………………………………………………………702
    10.3.1 光合成機能材料 702
    10.3.2 電子伝達機能材料の応用技術 703
    10.3.3 バクテリオロドプシン 706
10.4 分子組織体の構築・評価技術 ………………………………………………………707

あとがき ─── 709

【資料】 光学装置，部品取扱い，材料取扱いメーカー ─── 711

用語定義集 ─── 719

論文略称リスト ─── 735

索　引 ─── 737

第I編　基 礎 理 論

序章　光・電子材料の基礎理論概観

　人と電気とのつながりは，稲妻などの自然界における放電現象とのかかわりでは古くから存在していたが，近代科学としては摩擦による電気の発生から始まった．正電気・負電気の存在，電気分解の発見から電気化学の確立と電磁誘導へとすすみ，19世紀の自然認識の輝ける成果としてFaradayとMaxwellによる電磁気学の体系化がなされたといえる．電気を担うミクロな素粒子としての電子の存在がThomsonにより証明され，20世紀初頭の量子概念の導入から原子構造および量子力学的物質像が確立し，化学結合における電子の基本的な役割が明らかになって，物質を取り扱う科学は，分子論的には電子の振る舞いから出発しなければならないと考えられるようになってきている．

　一方，人と光とのつながりはさらに古く，旧約聖書においても宇宙創生はまず光の出現から始まる．近代科学としての光学は16世紀のNewtonの時代から始まり，19世紀には光も電磁波のひとつであることが明らかになる．しかし，光電効果の発見は光の粒子説をむしろ支持し，それらは1905年のEinsteinの光量子理論によって統一される．輝線スペクトルの解析から始まった分光学も光と物質の構造をつなぐ新しい学問となった．1960年のレーザーの発見は，光研究の新しい発展と量子光学を生み出し，光機能材料時代の幕開けを告げる．現在の光研究分野は，光現象を光と物質の相互作用と考えるとき，物質による光の発生と変化を扱う光学および光物性と，光による物質の変化を扱う光物理化学および光化学，それに分光学に分類することができる．

　さて，有機物質は，これまでともすれば，光・電子機能材料の中ではなくてはならない脇役と考えられてきたが，感光性ポリマー，フォトレジスト，液晶，有機半導体，有機光導電体など，機能を担う主役として活躍するものが続々と出現するようになってきた．これらの有機化合物は，まずその分子構造の多様性が大きな特徴であり，最新の有機合成化学の成果を使って合成され，結晶・アモルファス固体・薄膜などさまざまな形態で目的に合わせて利用されている．化学技術の発展により，今後ともこれまで予想されなかった新しい機能をもつ物質が合成されていくであろう．これらの関係を図I.1に示す．

　光・電子機能有機材料の基礎理論を扱う本編では，まず第1章で有機分子の構成と基礎物性を概論する．これまで有機分子になじみの薄かった人にも役立つように，有機化合物をその基本構造および官能基により分類し，命名法のポイントを紹介する．さらに，光・電子機能に関係の深い基礎物性として，典型的な有機機能物質の吸収・発光スペクトル，双極子モーメント，結合エネルギーなどを概説する．

　第2章では，光学の基礎理論を整理したのち，光の吸収と放出の原理を量子論に基づいて紹介し，遷移モーメントと選択律の由来を明らかにする．さらに，多光子過程としての光散乱，そしてSHG，THG，CARS，4波混合，位相共役波発生などの非線形光学現象の原理を紹介し，レーザー発振にもふれる．

　第3章は，光化学の基礎として，光励起分子の行う光物理過程と光化学反応や光電子移動反応を概説

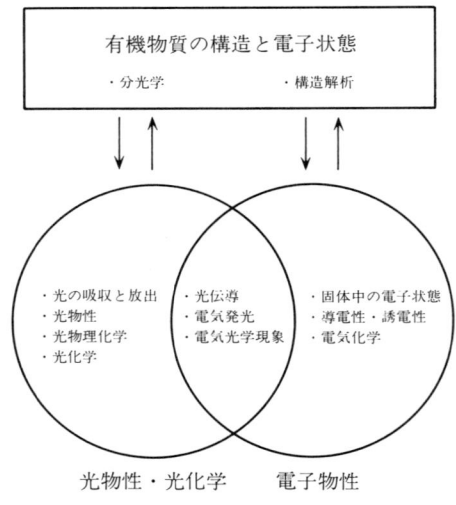

図 I.1 光電子材料の基礎理論

し，分子構造や媒体の極性などの環境の効果によりそれらの過程や反応がどう変化するか，その特徴を明らかにする．

　第4章では，電子物性の基礎として，まず結晶軌道やエネルギーバンドなど結晶性固体中の電子状態を概説し，有機非晶性固体についてもふれる．また，有機物質の電気物性として，導電性とパイエルス転移，ソリトン・ポーラロン・バイポーラロン・ホッピングモデルなどの導電機構を紹介し，光電導性と超伝導性，分極現象の特徴を整理する．

〔**堀江　一之**〕

第 1 章

有機分子の構造と性質，有機化合物命名法

1.1 有機化合物の種類

1.1.1 有機化合物の定義

　有機化合物は，元来，動物や植物などの有機体から得られる化合物であり，鉱物から得られる無機化合物と対比されるものであった．しかし，1824年 F. Wöhler が無機物質から尿素を合成したのを皮切りに，その後多くの有機化合物が実験室で合成されるようになり，化合物の由来に基づく本来の"有機"と"無機"との区別はなくなり，現在では，有機化合物とは炭素を骨格とするものであり，無機化合物は炭素以外の元素からなるものと定義されている．

　注）炭素の単体であるダイヤモンド，石墨（グラファイト），C_{60} などのフラーレン類などは，本書では有機化合物として扱う．ただし，炭素を含むものでも，次のような化合物は一般に無機化合物として扱われている．本書でも無機化合物として扱う．

　金属炭化物：SiC，WC など
　酸　化　物：CO，CO_2，C_3O_2 など
　炭　酸　塩：$NaCO_3$，$NaHCO_3$，$CaCO_3$ など
　シアン化物：HCN，KCN

1.1.2 有機化合物の分類

　有機化合物は炭素を骨格とする化合物であり，鎖式化合物と環式化合物に大別される．有機化合物を構成する元素の種類として，炭素以外には，水素(H)，酸素(O)，窒素(N)，硫黄(S)，リン(P)，ハロゲン(F, Cl, Br, I)が主であるが，金属元素なども含まれることがある．特に，炭素と金属原子が直接に金属-炭素結合によって結合した化合物を有機金属化合物という．有機化学の進展により，特定の典型元素・遷移元素と一連の化合物をつくる体系ができ，有機ヘテロ元素化合物と区分される場合も多くなっている．

　また，構成単位や分子量の観点から，高分子（ポリマー）は通常の低分子有機化合物から別途分類される．

a. 有機化合物の体系

　母体化合物：複雑多岐で莫大な数の有機化合物を体系的に分類するために，基本骨格となる母体化合物の構造で大きく分類し，その母体化合物に種々の原子や原子団（特性基）が組み込まれた構造として捉える．

　特性基：母体化合物である炭化水素あるいは基本複素環系の水素原子を置換している原子または原子団を置換基(substituent)と総称する．置換基のうち，直接

表 I.1.1　有機化合物の骨格：母体化合物

分類	(構造)分類	具 体 例
炭化水素	非環式炭化水素	①直鎖飽和 　メタン　　エタン　　オクタン 　CH_4　　CH_3CH_3　　$CH_3(CH_2)_6CH_3$ ②不飽和 　エチレン　　プロピレン　　アセチレン 　$CH_2=CH_2$　$CH_3CH=CH_2$　$CH≡CH$
炭化水素	脂環式炭化水素	①単環 　シクロプロパン ②二環式 　ビシクロ[2.2.1]ヘプタン ③三環式 　トリシクロ[2.2.1.0²,⁶]ヘプタン ④スピロ 　スピロ[3.4]オクタン
炭化水素	芳香族炭化水素	①単環 　ベンゼン ②縮合環 　ナフタレン　　ピレン
複素環化合物		ピリジン　　ピロール　　モルホリン

表 I.1.2　特性基の具体例

特 性 基	接 頭 語	接 尾 語
F	フルオロ(fluoro)	
Cl	クロロ(chloro)	
Br	ブロモ(bromo)	
I	ヨード(iodo)	
OH	ヒドロキシ(hydroxy)	オール(ol)
NH_2	アミノ(amino)	アミン(amine)
NO_2	ニトロ(nitro)	
C=O	カルボニル(carbonyl)	
C=S	チオカルボニル(thiocarbonyl)	
COOH	カルボキシ(carboxy)	カルボン酸(carboxylic acid)
SO_3H	スルホ(sulfo)	スルホン酸(sulfonic acid)
CN	シアノ(cyano)	カルボニトリル(carbonitrile)
(C)N	ニトリロ(nitrilo)	ニトリル(nitrile)
$=N_2$	ジアゾ(diazo)	
$-N=N-$	アゾ(azo)	
N_3	アジド(azido)	アジド(azide)
CHO	ホルミル(formyl)	カルバルデヒド(carbaldehyde)
NCO	イソシアナト(isocyanato)	
その他		

の炭素-炭素結合によってではなく母体に組み入れられている原子や原子団を総称して特性基(characteristic group)という．

注）芳香族性(aromaticity)：芳香族化合物に特有な物理的・化学的性質をいう．当初は，ベンゼンとその誘導体に共通する特異な化学的性質(酸化・還元反応に抵抗する，付加反応性よりも置換反応性など)により定義されていたが，分子軌道理論から，π電子の非局在化による安定化エネルギーをもつものとして説明される．ベンゼンの6π電子だけでなく，$4n+2$個のπ電子をもつ環状共役化合物も芳香族性を示す．それらのベンゼン核を含まないでも芳香族性を示す化合物を非ベンゼノイド芳香族化合物という(例：アヌレン，アズレン，シクロプロペニウムカチオン)．

b.　その他，特定の体系をつくる有機化合物

1) 有機ヘテロ元素化合物　炭素とヘテロ元素が直接の結合をもつ化合物の総称．

(例)：有機ホウ素化合物，有機フッ素化合物，有機ケイ素化合物，有機リン化合物，有機イオウ化合物

2) 有機金属化合物(organometallic compound)　有機ヘテロ元素化合物であるが，ヘテロ元素が典型金属(例：Li, Na, Mg)や遷移元素(遷移金属)(例：Mn, Fe, Cu, Rh, Pt)であるものをいう．炭素結合側としては，炭化水素基(R)や一酸化炭素(CO)などが多い．

(例)：RLi(有機リチウム化合物), RMgX(グリニャール試薬として合成化学上有用), $Pb(C_2H_5)_4$, $Fe(CO)_5$(金属カルボニルの代表例), $[RhCl(PPh_3)_3]$(均一系水素化触媒として有用なウィルキンソン錯体)

注）有機金属(organic metal)，合成有機金属：有機化合物の中で，電気伝導率の温度依存性が金属と同じ傾向を示すもの．また，金属以外で金属伝導性を示す物質を合成金属(synthetic metal)ともいう(例：テトラチアフルバレン(TTF)-テトラシアノキノジメタン(TCNQ)錯体)．

3) 高分子(ポリマー)　分子量が非常に大きな分子．通常は分子量1万以上を高分子というが，低分子との間に明確な区分はない．ケイ酸塩やリン酸のような無機高分子もあるが，通常は有機高分子をいう．

ケイ素-酸素結合を主鎖とするポリシロキサンは無機高分子と有機高分子の中間にある．

注）巨大分子：共有結合で結びつけられた原子の集団であるダイヤモンド，石墨，ゴム状イオウなどを巨大分子ということもある．

c.　有機化合物のとりえる状態および化学的性質による分類

1) 電荷を有する原子団，活性化学種，反応中間体など　電荷をもつ原子団．安定な化合物にエネルギーを与えて生成する活性な化学種．また，有機化学反応の過程で生成する短寿命な中間体など．

(例)　イオン：中性の原子または分子，原子団から電子を失って生成する正イオン(カチオン：cation)と過剰の電子を得て生成する負イオン(アニオン：anion)．
電子の数をイオンの価数または電荷数という．

ラジカル(遊離基)：不対電子をもつ原子団．一般には不安定で高い反応性を示し，短寿命．

カルベン(carbene): CR'R" 2価の炭素で6個の荷電子をもつ電気的に中性の反応中間体.

ナイトレン(ニトレン: nitrene): RN 1価の窒素で6個の荷電子をもつ電気的に中性の反応中間体.

アリーン(aryne): 芳香環の隣接する2個の炭素原子が置換基をもたずに電気的に中性の反応中間体. ベンザイン, ナフタインなど.

2) 酸, 塩基, 塩

アレニウス酸・塩基
 酸 : 水溶液中で水素イオン(H^+)を出す物質
 塩基: 水溶液中で水酸化物イオン(OH^-)を出す物質

ブレーンステズ酸・塩基
 酸 : H^+を相手に与える分子またはイオン
 塩基: H^+を相手から受ける分子またはイオン

ルイス酸・塩基
 酸 : 電子対受容体
 塩基: 電子対供与体

塩: (一般の定義)
 陽イオンと陰イオンが電荷を中和する形で生成した化合物. ブレーンステズ酸と塩基が中和された生成物.

塩: (有機化学における定義)
 有機塩基と酸の付加化合物.
  (例): 塩酸アニリン, 硫酸ストリキニ, 塩酸コカインなど

3) **分子化合物**(molecular compound) 2種以上の安定な化合物どうしが分子間力により直接結合して形成される付加化合物. 有機化合物では電荷移動力による錯体(電荷移動錯体), 水素結合による2量体など.

電荷移動錯体: 電子供与体(D: donor)から電子受容体(A: acceptor)へ電子が部分的に移動することにより系が安定化する結合力(電荷移動力)によって, DとAの間に形成された分子化合物. 特に, 移動する電子がπ電子の場合にπ錯体, σ電子の場合にσ錯体という.

(例): 電荷移動錯体
 π錯体: ヘキサメチルベンゼン-テトラシアノエチレン
 σ錯体: ベンゼニウムイオン

4) **包接化合物**(inclusion compound), **クラスレート化合物**(clathrate compound) 2種の分子のうち, 一方の分子がトンネル形状, 層状, あるいは網状構造などである場合に, 他方の分子がその空隙に入り込んだ構造をとっている化合物. 包接格子をつくる分子をホスト(host), 包接される分子をゲスト(guest)という.

(例) ホスト   ゲスト
   デンプン・・・・・・ヨウ素
   ヒドロキノン・・・・メタノール
   シクロデキストリン・・芳香族化合物
   クラウンエーテル・・・無機塩

1.2 有機分子の構造

1.2.1 有機分子を形成する原子

有機分子を形成する元素は, 炭素以外には水素, 酸素, 窒素が主なものであり, これらを含む周期律表の第3周期までの元素の基本データを示す(表 I.1.3).

表 I.1.3 元素の基底状態における電子配置, イオン化エネルギー

殻	K	L		M			イオン化エネルギー		
元素	1s	2s	2p	2s	3p	3d	I (eV)	II (eV)	III (eV)
1 H	1						13.598		
2 He	2						24.587	54.416	
3 Li	2	1					5.392	75.638	122.45
4 Be	2	2					9.322	18.211	153.89
5 B	2	2	1				8.298	25.154	37.93
6 C	2	2	2				11.260	24.383	47.89
7 N	2	2	3				14.534	29.601	47.45
8 O	2	2	4				13.618	35.116	54.93
9 F	2	2	5				17.422	34.970	62.71
10 Ne	2	2	6				21.564	40.962	63.45
11 Na	2	2	6	1			5.139	47.286	71.64
12 Mg	2	2	6	2			7.646	15.035	80.14
13 Al	2	2	6	2	1		5.986	18.828	28.45
14 Si	2	2	6	2	2		8.151	16.345	33.49
15 P	2	2	6	2	3		10.486	19.725	30.18
16 S	2	2	6	2	4		10.360	23.33	34.83
17 Cl	2	2	6	2	5		12.967	23.81	39.61
18 Ar	2	2	6	2	6		15.759	27.629	40.74

a. 元素の電子配置

原子の各種軌道へ何個ずつの電子が占めるかを表す. 有機化合物にかかわりの強い周期律表の第3周期元素までを示す(表 I.1.3).

b. イオン化エネルギー, イオン化ポテンシャル, イオン化電圧

気体中の基底状態にある原子または分子から1個の電子を無限遠に引き離して, 陽イオンと自由電子に解離させるために必要なエネルギー. 中性原子から1個の電子を引き離すときを第1イオン化エネルギー, 1価になった原子からさらに第2の電子を引き離すとき

第2イオン化エネルギー，さらに3番目の電子のとき第3イオン化エネルギーという（表 I.1.3）．

c. 電子親和力

真空中で中性原子と電子とが結合するときに放出されるエネルギー．陰イオンから電子を引き離すに要するエネルギーに等しい．

原子が電子を受け取って陰イオンになる傾向の尺度．原子団や分子にも同様に定義される．

表 I.1.4 元素の電子親和力

H	0.75	C	1.27	F	3.34
Li	0.62	O	1.47	Cl	3.61
Na	0.55	P	0.75	Br	3.36
K	0.50	S	2.08	I	3.06

d. 電気陰性度

結合している原子の電子を引きつける能力を表す尺度．ある結合 A-B の電子移動の度合は A と B の電気陰性度の差によって推測できる．

Pauling は結合解離エネルギーに基づいて次式から電気陰性度を導いた．

$$D(\text{A-B}) = (1/2)|D(\text{A-A}) + D(\text{B-B})| + 23(\chi_A - \chi_B)^2$$

$D(\text{A-A})$, $D(\text{B-B})$, $D(\text{A-B})$ は，それぞれ A-A，B-B，A-B 結合解離のエネルギー，χ_A, χ_B はそれぞれ A と B の電気陰性度．

1.2.2 結 合

a. 化学結合の種類

複数の原子から構成される化合物は，原子間の結合すなわち原子間の相互作用によるものであり，主としてそれぞれの原子に属する電子の相互作用によるものである．本質的には，共有結合とイオン結合により説明される．

原子価：ある原子が他のいくつの原子と結合できるかを表す能力の数．原子によっていくつかの価をもつ（原子価の多価性，可変性）．

化学結合力（原子価力）には，選択性，飽和性，方向性という三つの特徴がある．

選択性：原子価が働いて化学結合をつくる原子と反発力が働き結合をつくらない原子．

飽和性：酸素は水素を2個，炭素は4個の水素までと結合をつくる．

方向性：結合をつくる原子と原子のなす角度は一定値をもつ．ただし，すべての原子がこれらの三つの特徴をもつものではない．

1）共有結合 二つの原子が互いに電子を出し合って電子対を形成し，それを共有することにより生ずる結合．電子対結合．等極結合．

ほとんどの有機化合物を構成する結合で，方向性も飽和性もあり，大きな安定分子をつくる．

2）イオン結合 陽イオンと陰イオンとの間の静電引力に基づいて生ずる結合．異極結合．

一般の無機塩類の多くはイオン結合ででき，イオン化合物と呼ばれる．イオン結合力は距離の2乗に反比例するために，比較的遠くまで作用し，周辺のイオンまで結びつける力を保有しており，飽和性はない．したがって大きなイオン結晶をつくる．また，静電的な引力で，特定の方向だけに作用するものではなく，方向性もない．

3）配位結合 一つの原子を中心とし，その原子について方向性をもった結合を考えたとき，結合に関与する電子が形式的に一方の原子からだけ提供されている場合．本質的には共有結合性とイオン結合性を含むもの．

4）金属結合 金属を形成する原子間の結合．金属内部のそれぞれの原子に属する原子価電子は，金属結晶内を自由に動き回っている自由電子と呼ばれる．これらの自由電子と原子価電子を失った金属原子のイオンとの間の静電的な力が，金属全体を結合させる力となる．

b. 分子間力

分子どうしの間に働く力．原子を1原子分子とみな

表 I.1.5 Pauling の電気陰性度

H 2.1	Li 1.0	Be 1.5	B 2.0									C 2.5	N 3.0	O 3.5	F 4.0
	Na 0.9	Mg 1.2	Al 1.5									Si 1.8	P 2.1	S 2.5	Cl 3.0
	K 0.8	Ca 1.0	Sc 1.3	Ti 1.5	V 1.6	Cr 1.6	Mn 1.5	Fe 1.8	Co 1.8	Ni 1.8	Cu 1.9	Zn 1.6	Ga 1.6	Ge 1.8	As 2.0	Se 2.4	Br 2.8
	Rb 0.8	Sr 1.0	Y 1.4	Zr 1.6	Nb 1.6	Mo 1.8	Tc 1.9	Ru 2.2	Rh 2.2	Pd 2.2	Ag 1.7	Cd 1.7	In 1.7	Sn 1.8	Sb 1.9	Te 2.1	I 2.5
	Cs 0.7	Ba 0.9	La-Lu 1.1-1.2	Hf 1.3	Ta 1.5	W 1.7	Re 1.9	Os 2.2	Ir 2.2	Pt 2.2	Au 2.4	Hg 1.9	Tl 1.8	Pb 1.8	Bi 1.9	Po 2.0	At 2.2
			Er 0.7	Ra 0.9	Ac 1.1	Th 1.3	Pa 1.5	U 1.7	Np-No 1.3								

(Pauling, L.: The Nature of Chemical Bond, 3rd ed. (1960), Cornell Univ. Press；小泉正夫訳：化学結合論, p. 81 (1962), 共立出版)

して原子間力も含めていうこともある.

大別して次の3種がある.

（1）ごく近傍にある分子の電子雲どうしの間に働く強い斥力：パウリの原理に基づき，化合物中の原子をある距離以内に近付けないように保つ力

（2）中間距離で働く化学結合にあずかる引力：交換力，共鳴力，電荷移動力など

（3）遠距離まで働く引力：静電力，誘起力，分散力

分子間力を表す近似式：レナード-ジョーンズの (m, n) ポテンシャル

$$V(r) = -(\mu/r^n) + (\nu/r^m)$$

ここで，$(6, 12)$ ポテンシャルがよく使われる.

特に，分子間に働く力として，特定の場合に使用されるものとして次のようなものがある.

ファン・デル・ワールス力：不対電子をもたない分子（原子）間に働く弱い引力で，主として分散力に起因する．液体の凝集，接着，中性原子のクラスター形成にかかわる．

ポテンシャル　$V(r) = -C/r^6$　（r：原子間距離）

電荷移動力：電子供与体から電子受容体へ電子が部分的に移動して系が安定化する結合力．電荷移動錯体を形成する.

水素結合：水素原子と電気的に陰性な原子（N, O, P, S, ハロゲンなど）を介して形成される弱い結合．静電力，電荷移動力，分散力などに起因する.

c. 有機分子の結合状態・電子状態

1) σ結合，π結合

σ結合：2個のσ電子が電子対を形成してできる共有結合.

たとえば，メタンの場合には，炭素原子のsp³混成軌道の4個のσ電子と4個の水素原子のσ電子（1s）とから4本の電子対が形成されている.

π結合：π電子によって形成される共有結合.

2) 単結合（一重結合），多重結合（二重結合，三重結合）

単結合：二つの原子が1本の価標（－）で結ばれている結合．一般に単結合はσ結合からできている．炭素原子の場合はsp³混成軌道からなる.

二重結合：二つの原子が2本の価標（＝）で結ばれている結合．一般に二重結合はσ結合とπ結合からできている．エチレンの炭素-炭素原子の場合には2個の炭素原子からのsp²混成軌道からなり，π電子軌道はCH₂基のつくる面に垂直方向に延びている.

C＝C以外にも，＞C＝O，＞C＝N－，－N＝N－など.

三重結合：二つの原子が3本の価標（≡）で結ばれている結合．アセチレンの炭素-炭素原子の場合には2個の炭素原子からsp混成軌道からなり，一つのσ結合と互いに直交するπ電子軌道から生ずる二つのπ結合からできている.

C≡C以外には，－C≡N.

3) 共役系
多重結合が単結合で連結された系．共役系においては，多重結合のπ電子は単結合を通じて相互作用し非局在化している．共役している場合，

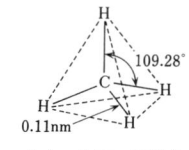

(a) メタン（CH₄）

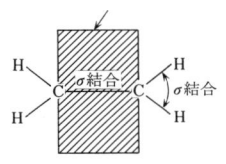 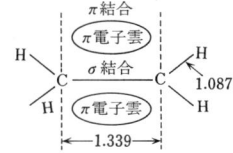

(1) C-Cのσ結合は平面上で，π結合は平面に垂直方向の上下
(2) π結合の電子分布 σ結合の上下にπ電子1対（2個）が広く分布

(b) エチレン（CH₂＝CH₂）

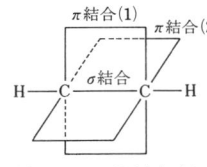

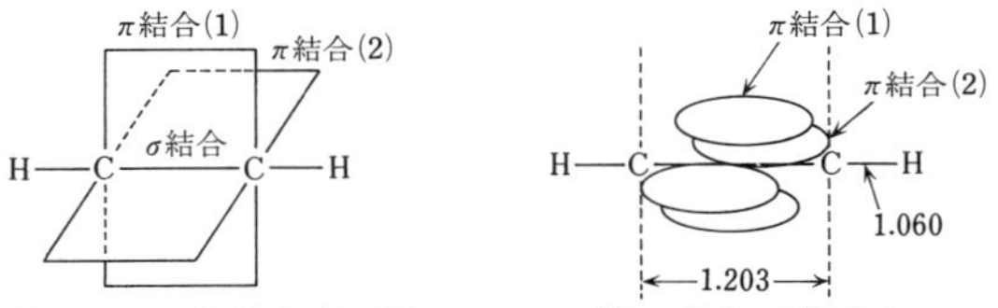

(1) 2組のπ結合(1)と(2)は互いに直交
(2) π結合の電子分布（4個のπ電子）

(c) アセチレン（CH≡CH）

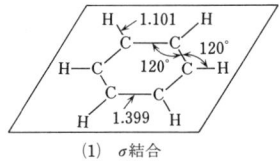 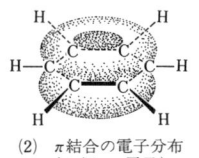

(1) σ結合
(2) π結合の電子分布（6個のπ電子）

(d) ベンゼン（C₆H₆）

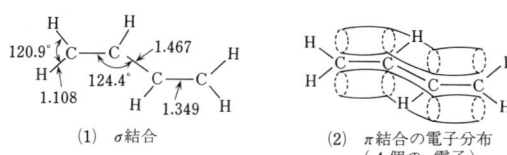

(1) σ結合
(2) π結合の電子分布（4個のπ電子）

(e) 1,3-ブタジエン（CH₂＝CH-CH＝CH₂）

図 I.1.1　分子のσ結合，π結合

いくつかの共鳴構造の混成体として表せる．π電子の代わりに不対電子や非結合電子対が共鳴に参与することもある(例：アリル基).

4) 電子密度，結合次数，自由原子価，分子図

電子密度：分子軌道法において，原子上の電子数を意味する．LCAO 近似で，

$$q_r = \sum_n g_n C_{nr}^2$$

と定義される．g_n は n 番目の分子軌道の被占数，C_{nr} はその軌道の原子軌道 r 上の係数．

共役系における π 電子の分布を示す π 電子密度が有用である．

結合次数：共有結合の多重度を表す尺度．LCAO 近似で，

$$p_{rs} = \sum_n g_n C_{nr} C_{ns}$$

と表すものをクールソンの結合次数という．g_n は n 番目の分子軌道の被占数，C_{nr}，C_{ns} はその軌道の原子軌道 r と s 上の係数．

共役系における π 結合次数と σ 結合次数を加えたものを全結合次数という．炭素-炭素原子間距離は結合次数が大きくなるとほぼ 1 次の関係で短くなる．

自由原子価：ある原子(r)の自由原子価(F_r)とは，

$$F_r = N_{\max} - \sum p_{rs}$$

で表されるものとクールソンによって定義された．ここで p_{rs} は r 原子と隣りの s 原子との間の結合次数で，隣り合った全部の結合について加え合わせた $\sum p_{rs}$ は r 原子の全結合次数となる．$N_{\max}$ は r 原子のとりうる共有結合能力の最大値であり，炭素原子に対しては全結合次数の場合 4.732，π 結合次数では 1.732 と求められている．

分子内の各原子に対しての共有結合を形成できる余力を示す．ラジカル反応は自由原子価に支配され，この値の大きい原子に反応がおこる．

分子図：分子軌道法により計算された電子密度，結合次数，自由原子価の値を分子の骨格図に書き加えたもの．原子の脇に電子密度，結合に沿った位置に結合次数，原子から引いた矢印の先に自由原子価を示す．

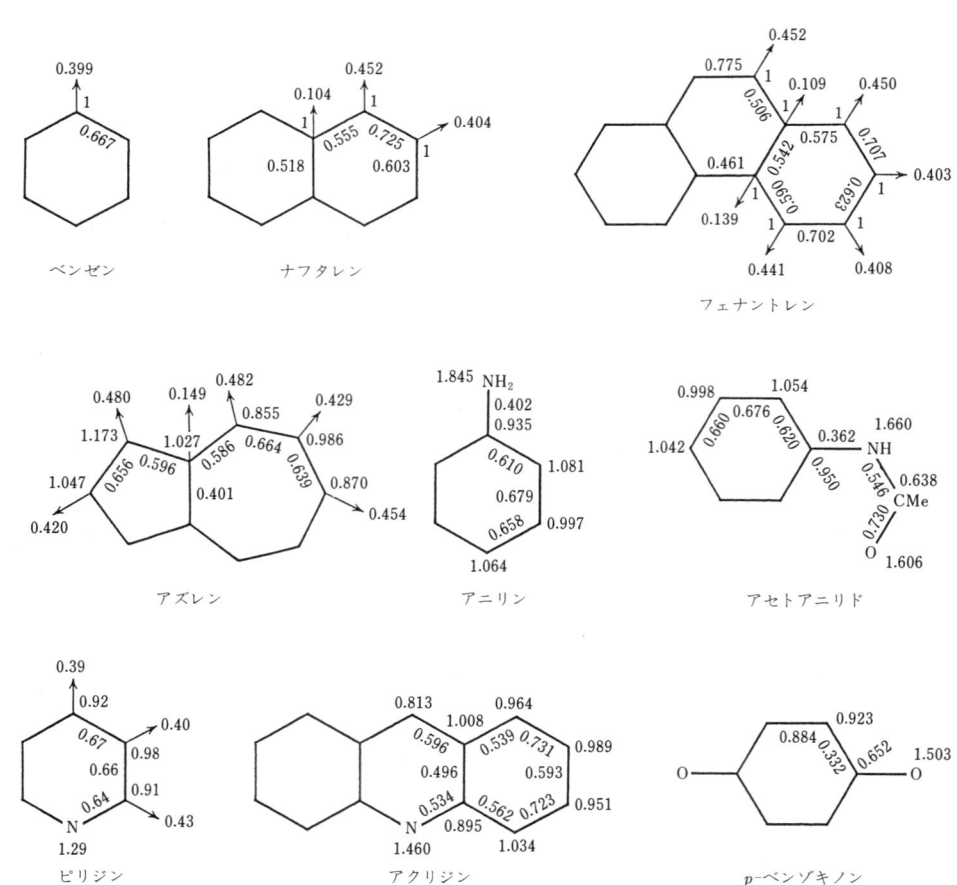

図 I.1.2 分子図

1.2 有機分子の構造

表 I.1.6 有機化合物の構造定数(1)

化 合 物	構 造 定 数	方 法
メタン　CH₄	C—H　1.0870	MW
エタン　C₂H₆	C—C　1.5351　C—H　1.0940　∠CCH　111.17　ねじれ形	MW
エチレン　CH₂=CH₂	C—C　1.339　C—H　1.087　∠CCH　121.3	MW
1,3-ブタジエン　CaH₂=CbH—CbH=CaH₂	C_b—C_b　1.467　C_a—C_b　1.349　C—H(平均)　1.108　∠CCC　124.4　∠C_bC_aH　120.9	ED
アセチレン　HC≡CH	C—C　1.203　C—H　1.060	IR
シクロプロパン　(CH₂)₃	C—C　1.512　C—H　1.083　∠HCH　114.0	R
シクロブタン　(CH₂)₄	C—C　1.555　C—H　1.113　二つのCCC面の角　145	ED
シクロペンタン　(CH₂)₅	C—C　1.546　C—H　1.114　∠CCH　111.7	ED
シクロヘキサン　C₆H₁₂	C—C　1.536　C—H　1.119　∠CCC　111.3　いす形	ED
ベンゼン	C—C　1.399 C—H　1.101	ED IR
ビフェニル	C—C(環内)　1.396　(環間)　1.49　2個の環のねじれ角　〜40	ED
ナフタレン	C_a—C_a　1.37　C_b—C_b　1.41　C_a—C_c　1.42　C_c—C_c　1.42　C—C(平均)　1.40　∠C_aC_cC_c　119.4	ED
ピロール	N—C_a　1.370　C_b—C_b　1.417　C_a—C_b　1.382　N—H　0.996 C_a—H_a　1.076　C_b—H_b　1.077　∠C_aNC_a　109.8	MW
フラン	C_b—C_b　1.431　C_a—C_b　1.361　C_a—O　1.362　C_a—H_a　1.075 C_b—H_b　1.077　∠C_aC_bC_b　106.1　∠C_aOC_a　106.6　∠C_bC_aO　110.7　∠OC_aH_a　115.9　∠C_bC_bH_b　128.0	MW
チオフェン	C_a—H_a　1.078　C_b—H_b　1.081　C_a—S　1.714　C_a—C_b　1.370 C_b—C_b　1.423　∠C_aSC_a　92.2　∠SC_aC_b　111.5　∠C_aC_bC_b　112.5 ∠SC_aH_a　119.9　∠C_bC_bH_b　124.3	MW
ピリジン	N—C_a　1.340　C_b—C_c　1.394　C_b—H_b　1.081　C_a—C_b　1.395 C_a—H_a　1.084　C_c—H_c　1.077　∠C_aNC_a　116.8　∠NC_aC_b　123.9 ∠C_aC_bC_c　118.5　∠C_bC_cC_b　118.3　∠NC_aH_a　115.9　∠C_cC_bH_b　121.3	MW
ピラジン	C—C　1.339　C—N　1.403　C—H　1.115　∠CCN　115.6 ∠CCH　123.9	ED
p-ベンゾキノン　O=C_a—C_b=C_b—C_a=O	C_a—O　1.225　C_b—C_b　1.344　C_a—C_b　1.481　∠C_bC_aC_b　118.1	ED
トロポン	C_a—O　1.23　C_a—C_b　1.45　C_b—C_c　1.36　C_c—C_d　1.46　C_d—C_d　1.34　∠C_bC_aC_b　122　∠C_aC_bC_c　133　∠C_bC_cC_d　126　∠C_cC_dC_d　130　(C_{2v})	ED

表 I.1.6 有機化合物の構造定数(2)

化合物	構造定数	方法
フェロセン	C–C 1.440　C–H 1.104　Fe–C 2.064　(D_{5h})	ED
カルバゾール	$N-C_a$ 1.39　C_a-C_b 1.40　C_b-C_c 1.37　C_c-C_d 1.39　C_d-C_e 1.39　C_e-C_f 1.39　C_f-C_a 1.41　$C_f-C_{f'}$ 1.48　$\angle C_aNC_{a'}$ 108　$\angle C_aC_fC_{f'}$ 106　$\angle C_eC_fC_{f'}$ 133　$\angle NC_aC_f$ 110　$\angle NC_aC_b$ 128　ベンゼン環内の$\angle CCC$は 120 ± 4	X
[2.2]パラシクロファン	C_a-C_b 1.384　C_a-C_c 1.509　$C_b-C_{b''}$ 1.386　$C_c-C_{c'}$ 1.562　$C_a-C_{a'}$ 2.78　$C_f-C_{f'}$ 3.09　$\angle C_bC_aC_{b''}$ 117.0　$\angle C_bC_aC_c$ 120.9　$\angle C_aC_bC_{b''}$ 120.7　$\angle C_aC_cC_{c'}$ 113.7	X
テトラシアノエチレン　D_{2h} 平面状	C_b-C_b 1.31　C_b-C_a 1.45　C_a-N 1.13　$\angle NC_aC_b$ 180　$\angle C_aC_bC_b$ 121　$\angle C_aC_bC_{a'}$ 117	X
7,7,8,8-テトラシアノキノジメタン　D_{2h} 平面状	C_a-C_b 1.346　C_a-C_c 1.448　C_c-C_d 1.374　C_d-C_e 1.441　C_e-N 1.140　$\angle C_bC_aC_c$ 120.9　$\angle C_aC_cC_{a'}$ 118.3　$\angle C_aC_cC_d$ 120.9　$\angle C_cC_dC_e$ 121.9　$\angle C_eC_dC_{e'}$ 116.1　$\angle C_dC_eN$ 179.5	X
ポルフィン　C_i	N_a-C_b 1.380　N_d-C_d 1.376　$C_a-C_{a'}$ 1.365　C_a-C_b 1.431　C_b-C_c 1.387　C_c-C_d 1.376　C_d-C_e 1.452　$C_e-C_{e'}$ 1.345　$\angle C_bN_aC_{b'}$ 108.6　$\angle C_dN_dC_{d'}$ 106.1　$\angle C_{a'}C_aC_b$ 107.9　$\angle C_aC_bN_a$ 107.9　$\angle C_aC_bC_c$ 126.9　$\angle N_aC_bC_c$ 125.2　$\angle C_bC_cC_d$ 127.1　$\angle C_cC_dC_e$ 125.1　$\angle C_cC_dN_d$ 125.0　$\angle N_dC_dC_e$ 109.8　$\angle C_dC_eC_{e'}$ 107.1	X
フタロシアニン銅	C_u-N_{Ia} 1.929　C_u-N_{IIa} 1.940　N_a-C_a 1.355　N_a-C_h 1.377　C_a-N_c 1.331　C_a-C_b 1.467　C_b-C_c 1.382　C_b-C_g 1.400　C_c-C_d 1.389　C_d-C_e 1.414　C_e-C_f 1.367　C_f-C_g 1.395　C_g-C_h 1.440　C_h-N_b 1.326　$\angle N_{Ia}CuN_{IVa}$ 91.3　$\angle N_{Ia}CuN_{IIa}$ 88.7　$\angle CuN_aC_a$ 125.1　$\angle CuN_aC_h$ 127.7　$\angle C_aN_aC_h$ 107.3　$\angle C_aN_cC_a$ 122.2　$\angle N_cC_aC_b$ 121.5　$\angle N_cC_aN_a$ 128.3　$\angle N_aC_bC_g$ 110.4　$\angle C_aC_bC_c$ 131.8　$\angle C_aC_bC_g$ 105.5　$\angle C_fC_gC_h$ 134.0	X

MW：マイクロ波分光，ED：電子線回折，IR：赤外分光，R：ラマン分光，X：X線回折．

1.2.3 分子構造（結合距離と結合角）

分子構造は，分子を構成する原子の配置とそれらの原子間の化学結合・エネルギー状態により定められる．特に，原子間の配置，すなわち結合距離（原子間の距離）と結合角とを構造定数という．

代表的な有機化合物の構造定数を表 I.1.6 に示す．結合距離は Å 単位，結合角は度単位で表した．

有機分子の結合距離については，個々の構造定数が求められていない場合でも，代表的な結合に対して，大量のデータから求められた一般値が求められており，近似的な結合距離が推測できる．

表 I.1.7 原子間隔

(a) 炭素-炭素結合距離

結合	結合を含む化合物	原子間隔(Å)
C−C	アルカン	1.541±0.003
	芳香族	1.395±0.003
C=C		1.337±0.006
C≡C		1.205±0.005

(b) 炭素と他の原子との結合距離

結合	結合を含む化合物	原子間隔(Å)
C−H	アルカン	1.07〜1.11
	アルケン	1.07
	芳香族	1.08
	アルキン	1.06
C−N	アルカン	1.48
	芳香族	1.43
	複素環式	1.35
C≡N		1.16
C−P		1.86
C−O	アルカン	1.43
	ひずみを含む場合	1.47
	部分的二重結合	1.36
C=O		1.23
	両性イオン	1.26
	部分的三重結合	1.17〜1.21
C−S	アルカン	1.81
	部分的二重結合	1.73
C=S		1.71
	部分的三重結合	1.56
C−F	一置換アルカン	1.38
	二置換アルカン	1.34
	アルキン	1.32
	芳香族	1.30
C−Cl	アルカン	1.77
	アルケン	1.72
	アルキン	1.64
	芳香族	1.70
C−Br	アルカン	1.94
	アルケン	1.89
	アルキン	1.79
	芳香族	1.85
C−I	アルカン	2.13
	アルケン	2.09
	アルキン	1.99
	芳香族	2.05
C−Hg		1.56
C−B		1.56
C−Si	アルキル置換体	1.87
	アリール置換体	1.84
	Si に陰性置換基	1.88
C−Ge		1.98
C−Sn		2.14
C−Pb		2.29
C−As		1.98
C−Sb		2.20
C−Se		1.71〜1.98

1.2.4 結合エネルギー

分子を構成する原子間の結合の強さは，化学結合エネルギーまたは結合解離エネルギーで表される．

化学結合エネルギー：分子内のすべての結合を切って，個々の原子に解離するに要するエネルギー（原子化エンタルピー）を，分子内のそれぞれの結合に割り当てられた量．

結合解離エネルギー：分子内の特定の結合を開裂させるのに要するエネルギー（エンタルピー変化）．

表 I.1.8 化学結合エネルギー $E°$（0 K）

結合	分子	$E°$ (kJ/mol)
H−H	H_2	432.07±0.04
H−F	HF	566.6 ±0.8
H−Cl	HCl	427.8 ±0.2
H−Br	HBr	362.5 ±0.2
H−I	HI	294.7 ±0.8
H−O	H_2O	458.9 ±0.4
H−N	NH_3	386.0 ±0.5
H−C	CH_4	410.5 ±0.6
H−Si	SiH_4	318 ±3
Na−Cl	NaCl	407 ±3
Ca−Cl	$CaCl_2$	455 ±3
C−C	ダイヤモンド	354.2 ±0.2
C−C	C_2	590 ±4
C−C	C_2H_2	804 ±1
C−F	CF_4	484 ±21
C−Cl	CCl_4	323 ±2
C−Br	CBr_4	269 ±21
C−I	CH_3I	212 ±3
C−O	CH_3OH	321 ±1
C−O	CO_2	798.9 ±0.5
C−S	CS_2	574 ±1
C−N	CH_3NH_2	267 ±3
C−N	HCN	852 ±3
Si−Si	$(CH_3)_6Si_2$	224 ±6
Si−F	SiF_4	592 ±8
Si−O	SiO_2	622 ±17
N−N	N_2H_4	152 ±1
N−N	N_2	941.6 ±0.6
O−O	H_2O_2	138 ±1
O−O	O_2	493.6 ±0.2
S−F	SF_6	322 ±4
F−F	F_2	154.6 ±0.6
Cl−Cl	Cl_2	239.2 ±0.0
Br−Br	Br_2	190.1 ±0.3
I−I	I_2	148.8 ±0.2

表 I.1.9 結合解離エネルギー

(a) 有機化合物の結合解離エネルギー D (298.15 K)

結合	D (kJ/mol)
CH_3-CH_3	368± 7
$CH_3-C_2H_5$	357± 8
$CH_3-C(CH_3)_3$	344± 9
$CH_3-C_6H_5$	417±11
$CH_3-CH_2C_6H_5$	302± 6
$CH_3-CH=CH_2$	466±17
$CH_3-C\equiv CH$	465±13
$CH_3-CH_2CH_2$	108
$CH_3-CH=CH$	134
CH_3-COOH	403
CH_3-COCH_3	355± 8
CH_3-CN	513±30
$C_2H_5-C_2H_5$	346± 8
$C_6H_5-C_6H_5$	468±14
$NC-CN$	539± 6
CF_3-CF_3	410± 6
$CH_2=CH_2$	718± 6
$CF_2=CF_2$	272±13
$CH\equiv CH$	960± 6
CH_3-F	452±21
CH_3-Cl	345± 5
CH_3-I	233± 5
$C-F$	539± 8
$C-H$	339± 4
$HC-H$	427± 6
CH_2-H	461± 6
CH_3-H	434± 6
C_2H_5-H	412± 6
$(CH_3)_3C-H$	387± 8
C_6H_5-H	460±10
CH_3-NH_2	333±14
$C_6H_5-NH_2$	405±16
$HC\equiv N$	931± 5
CH_3-OH	383± 5
CH_3-OCH_3	342± 6
C_6H_5-OH	458±10

(b) 無機化合物の結合解離エネルギー D (298.15 K)

結合	D (kJ/mol)
$H-NH_2$	432±13
$H-OH$	499± 1
$H-O_2H$	376± 8
H_2N-NH_2	285±18
$Na-OH$	358±21
$HO-OH$	215± 3
$O-SO$	552± 1
$HS-SH$	274±25
$H_3Si-SiH_3$	339±17

(c) 金属-炭素結合の平均結合解離エネルギー D (298.15 K)

結合	D (kJ/mol)
$Mg(C_5H_5)_2$	263±6
$Zn(CH_3)_2$	182±4
$Cd(CH_3)_2$	145±4
$Al(CH_3)_3$	279±5
$Ga(CH_3)_3$	247±4
$As(CH_3)_3$	239±6
$Bi(CH_3)_3$	148±7
$Si(CH_3)_4$	316±4
$Ge(CH_3)_4$	253±4
$Sn(CH_3)_4$	231±3
$Pb(CH_3)_4$	157±3
$Sn(C_6H_5)_4$	269±5
$Pb(C_6H_5)_4$	196±7
$Ni(CO)_4$	147±1
$Fe(CO)_5$	117±1
$Cr(CO)_6$	119±1
$Mo(CO)_6$	152±1
$W(CO)_6$	178±1

1.3 有機化合物の性質

1.3.1 有機分子・有機化合物の性質

　有機材料の性能や機能は，その素材となる有機化合物の性質に由来する．さらに有機化合物の性質を特定するのは，有機分子がもつ固有の構造・性質に由来しており，その物質形態となった有機化合物の性質として，われわれが通常認知できるものである．

　これまで有機分子の構造について対象としてきたものは，単一の有機分子，すなわち孤立した分子の姿であった．分子のこのような姿は希薄（低圧）のガス状態では実際に存在しており，周囲の分子との相互作用が無視できる系であり，たとえば，一分子ずつの姿のスペクトルを測定することもできる．このような状態を孤立分子系と呼び，分子が多数集まった分子集合体，あるいは，さらに可能な限りの高濃度の分子集合体となった凝縮系と対比される．

　有機化合物の性質を扱う場合，孤立分子としての性質（有機分子の性質）と，その分子が液体あるいは固体状態としての性質があることに注意しておきたい．有機化合物の性質として，主として単一の有機分子の性質に還元されるものと，分子集合体の形態をとってはじめて特定される性質とがある．たとえば，前者には構造定数や分子スペクトルなどがあるが，後者には融点・沸点，屈折率などがある．

　主な有機化合物の性質として，次のようなものがある．

（1）構造的性質：分子構造（結合距離，結合角），振動・回転スペクトル（IR 吸収，ラマン共鳴）
（2）電気的性質：双極子モーメント，分極率，誘電率

1.3 有機化合物の性質

(3) 磁気化学的性質：帯磁率，NMR スペクトル
(4) 光学的性質：光学活性，屈折率
(5) 熱力学的性質：生成熱，融点・沸点
(6) 複数の状態が関与する性質：励起エネルギー，電子スペクトル(紫外可視吸収，発光)，イオン化ポテンシャル，電子親和力，密度，溶解度，非線形光学効果定数

ここでは，有機化合物の基本的性質であり，多くの材料の分子設計や性能・機能発現に関与するものとして，双極子モーメントと分子スペクトルについて，とりあげる．その他の性質については，それぞれの性質が最も深くかかわる材料において扱われる．

表 I.1.10 結合モーメント

結合	結合モーメント (debye)	結合	結合モーメント (debye)
H−P	0.36	Sb−Cl	2.6
H−I	0.38	S−Cl	0.7
H−C	0.4	Cl−O	0.7
H−S	0.68	Cl−F	0.88
H−Br	0.78		
H−Cl	1.08	C=C	0.0
D−Cl	1.09	C=N	0.9
H−N	1.31	C=O	2.3
D−N	1.30	C=S	2.6
H−O	1.51	N=O	2.0
D−O	1.52		
N−F	0.17	C≡C	0.0
P−I	0.0	−C≡N	3.5
P−Br	0.36		
P−Cl	0.81	K−Cl	10.6
As−Cl	1.64	K−F	7.3

表 I.1.11 グループモーメント

特性基	C_6H_5-		CH_3-		C_2H_5-	
	DK(気)	DK(溶)	DK(気)	DK(溶)	DK(気)	DK(溶)
CH_3	0.37	0.4	0	−	0	−
OCH_3	1.35	1.25	1.30	−	1.22	−
NH_2	1.48	1.27	1.23	−	1.2	1.38
I	1.7	1.30	1.64	1.5	1.87	1.8
Br	1.73	1.54	1.80	−	2.01	1.9
Cl	1.70	1.58	1.87	1.7	2.05	1.8
F	1.59	1.46	1.81	−	1.92	−
OH	1.4	1.6	1.69	1.66	1.69	1.7
COOH	−	1.64	1.73	1.63	1.73	1.68
$COOCH_3$	−	1.83	1.67	1.75	1.76	1.9
CHO	3.1	2.76	2.72	2.5	2.73	2.5
$COCH_3$	3.00	2.89	2.84	2.74	2.78	−
NO_2	4.21	3.98	3.50	3.1	3.68	3.3
CN	4.39	4.00	3.94	3.4	4.00	3.57

1.3.2 分子の双極子モーメント

分子を構成する原子の電気陰性度や電子配置により，分子の電荷に偏りができ分子が双極子となる．双極子の強さは，電荷 $\pm q$ が距離 l にあるときの $\mu = ql$ で表され，これを双極子モーメントという．一般的に

表 I.1.12 分子の双極子モーメント

(a) 無機分子の双極子モーメント

化合物	双極子モーメント (debye)	化合物	双極子モーメント (debye)
AsH_3	0.22	KI	10.82
BaO	7.954	LiF	6.32736
ClO_2	1.784	NF_3	0.235
HBr	0.8280	NH_3	1.468
HCN	2.940	NH_2OH	0.59
HCl	1.1086		(a:0.589)
HF	1.826		(c:0.060)
HI	0.4477	NO	0.15872
NH_3	a:0.8369	NO_2	0.316
HNO_3	2.16	N_2O	0.16083
	(a:1.99)	NaCl	9.00117
	(b:0.83)	NaBr	9.1183
H_2O	1.94	NaI	9.2357
H_2O_2	2.26	O_3	0.5324
H_2S	1.02	PH_3	0.578
KBr	10.62782	SF_4	0.632
KCl	10.26900	SO_2	1.634
KF	8.585		

(b) 有機分子の双極子モーメント

化合物	双極子モーメント (debye)
アクリロニトリル	3.89 (a:3.68, b:1.25)
亜硝酸メチル	2.05
アセトアルデヒド	2.69 (a:2.55, b:0.87)
アセトニトリル	3.913
アセトフェノン	3.00
アセトン	2.90
アニソール	1.35
アニリン	(+:1.129, −:1.018)
イソキノリン	2.53
イソブタン	0.132
イソプレン	0.25 (a:0.035, b:0.25)
インドール	2.08
エタノール	1.441 (a:0.046, b:1.438)
塩化ビニル	1.44
塩化メチル	1.892
ギ酸	1.415 (a:1.391, b:0.26)
キノリン	2.22
クロロベンゼン	1.782
クロロホルム	1.04
酢酸	1.70 (a:0.86, b:1.47)
酢酸メチル	1.67
ジエチルエーテル	1.061
シクロヘキセン	0.332
シクロペンタノン	3.30
1,1-ジクロロエチレン	1.34
ジクロロメタン	1.62
ジメチルエーテル	1.302
チオフェン	0.55
テトラヒドロフラン	1.70
1,1,1-トリクロロエタン	1.755
トリフルオロ酢酸	2.3
トリメチルアミン	0.612
トルエン	0.375
ニトロベンゼン	4.21
ニトロメタン	3.46
ピリジン	2.15
ピロール	1.74
フェノール	1.27

フラン	0.661
ベンズアルデヒド	2.76
ベンゾニトリル	4.14
ホルムアミド	3.71 (a:3.61, b:0.85)
ホルムアルデヒド	2.31
メタノール	1.69 (∥CO:0.885, ⊥CO:1.44)
ヨウ化エチル	1.77 (a:1.75, b:0.25)
ヨウ化メチル	1.65
ヨードベンゼン	1.70

a, b, c：分子の慣性主軸の a, b, c 方向成分．

表 I.1.13 誘電率

(a) 標準気体の比誘電率 (1 atm)

物 質	温 度 (℃)	$(\varepsilon_r - 1)/10^{-6}$
He	20	65.0
Ne	25	122.9
H_2	20	253.8
O_2	20	497.7
Ar	20	517.2
乾燥空気	20	536.4
N_2	20	548.0
Kr	25	768
Xe	25	1238
SF_6	25	2049

(b) 水の比誘電率

温 度 (℃)	比誘電率 ε_r
0	87.74
20	80.10
40	73.15
60	66.81
80	61.03
100	55.72

実験式：(比誘電率 ε_r), 温度 t (℃)
$\varepsilon_r = 87.740 - 0.40008\, t + 9.398 \times 10^{-4} t^2 - 1.410 \times 10^{-6} t^3$

(c) 有機化合物の比誘電率：液体

化 合 物	比誘電率 ε_r	温 度 (℃)
アセトニトリル	37.5	20
アセトン	20.70	25
エタノール	24.55	25
エチレングリコール	37.7	25
塩化メチル	6.68	40
グリセリン	42.5	25
クロロホルム	4.806	20
酢酸	6.15	20
ジエチルエーテル	4.335	20
四塩化炭素	2.238	20
1,4-ジオキサン	2.102	20
シクロヘキサン	2.0228	20
ジメチルエーテル	5.02	25
トリクロロエチレン	3.42	16
トリフルオロ酢酸	39.5	20
トルエン	2.379	25
ナフタレン	2.54	85
ニトロベンゼン	35.704	20
ニトロメタン	35.87	30
ピリジン	12.3	25
フェノール	9.78	60
1-プロパノール	20.33	25
ベンゼン	2.284	20
無水酢酸	20.7	19
メタノール	32.63	25

(d) 有機化合物・その他の材料の比誘電率：固体

化 合 物	比誘電率 ε_r	測定温度 (℃)	測定周波数 (Hz)
p-アミノ安息香酸	3.1	12	10^5
コハク酸	2.40	25	10^5
1,4-ジオキサン	2.28	0	10^5
(+)-ショウノウ	11.2	25	10^5
(±)-ショウノウ	10.3	25	10^5
(−)-ショウノウ	11.35	25	10^5
ナフタレン	2.85	25	$10^3 \sim 3 \times 10^9$
尿素	3.5	17～22	4×10^8
ベンゼン	2.44	0	10^5
雲母	5.4	26	10^6
天然ゴム	2.91	25	10^6
パイレックスガラス	4.84	25	$10^5 \sim 10^8$
溶融石英	3.78	25	$10^2 \sim 10^{10}$
ワセリン	2.16	25	$10^2 \sim 10^{10}$
テフロン	2.1	25	$10^2 \sim 10^9$
ナイロン 66	3.33	25	10^6
ポリ(メタクリル酸メチル)	2.63	23	10^6
ポリエチレン	2.25	25	$10^2 \sim 10^9$
ポリスチレン	2.55	25	$10^2 \sim 10^8$

は，$r_i (i=1, 2, \cdots, n)$ に e_i の電荷があるとき，

$$p = \sum_{i=1}^{n} e_i r_i$$

で定義される．

　誘電体に電場をかけたときに誘起する双極子モーメントから，分子が無極性か有極性であるかを知ることができる．

1.3.3 誘電分極と比誘電率

　誘電体を電場におくと誘電体の分子内の正負の電荷の中心が互いに反対方向に移動して，誘電体の表面には電場の電荷とは反対符号の誘導電荷が生じる現象，すなわち，誘電分極が起きる．これは，分子がこの電場に対応して一時的に双極子モーメントをもつからである．

　電束密度 D と電場 E との関係 $D = \varepsilon E$ における比例定数 ε を誘電率という．誘電率は物質の状態によって決まる物質固有の関数で，比誘電率は次式で定義される．

比誘電率 $\varepsilon_r =$
$$\frac{\text{電極間を誘電体で満たした場合の電気容量}\ C}{\text{コンデンサーの電極が真空の場合の電気容量}\ C_0}$$

ただし，真空の比誘電率=1，真空の誘電率$(\varepsilon_0) = 8.854 \times 10^{-12}$ F/m．

　比誘電率 ε_r，誘電分極 P，電気変位 D，電場の強さ E には次の関係式が成り立つ．

$$D = \varepsilon_0 E + P = \varepsilon_0 \varepsilon_r E$$
$$P = \varepsilon_0 (\varepsilon_r - 1) E$$

単位：ε_r は無次元，P と D は C/m², E は V/m．

1.3 有機化合物の性質

表 I.1.14 紫外・可視吸収スペクトル(1)

吸収波長(吸光係数): λ_{max}/nm $(\log(\varepsilon/\mathrm{mol^{-1}\,dm^3\,cm^{-1}}))$

化 合 物 (溶媒)	吸収波長(吸光係数)	化 合 物 (溶媒)	吸収波長(吸光係数)
1. 脂肪族/脂環式化合物		[ハロゲン化アルキル]	
[飽和炭化水素]		塩化メチル CH_3Cl (気体)	176(2.97)
メタン CH_4 (気体)	128(3.7), 120(3.7), 94(4.17)	クロロホルム $CHCl_3$ (気体)	169(2.57), 151(3.48), 143(4.08)
エタン CH_3CH_3 (気体)	133(3.7), 82(4.32)	四塩化炭素 CCl_4 (気体)	174(3.37), 139(4.23), 133-127(4.60)
プロパン $CH_3CH_2CH_3$ (気体)	139(4.20), 80(4.45)	ジクロロメタン CH_2Cl_2 (気体)	175(−), 149(3.65), 135(4.0)
ブタン $CH_3(CH_2)_2CH_3$ (気体)	145(4.30), 80(4.59)	ジブロモメタン CH_2Br_2 (ヘプタン)	220(3.04)
[不飽和炭化水素]		臭化メチル CH_3Br (ヘプタン)	202(2.42)
エチレン $CH_2=CH_2$ (気体)	162(3.8)	ブロモホルム $CHBr_3$ (ヘプタン)	224(3.33), 205(3.33)
イソプレン $CH_2=C(CH_3)-CH=CH_2$ (気体)	215.5(4.30), 191.0(3.82), 189.2(3.88)	ヨウ化メチル CH_3I (ヘプタン)	257.5(2.58)
1,3-ブタジエン $CH_2=CHCH=CH_2$ (気体) (ヘプタン)	216.5(4.26), 191.0(3.82), 189.2(3.88) 217(4.32)	ヨウ化エチル CH_3CH_2I (ヘプタン)	258(2.65)
シクロペンテン (ヘキサン)	220(4.38)	ヨードホルム CHI_3 (ヘプタン)	349(3.34), 307(3.27), 273(3.11)
シクロヘキセン (気体)	215(2.5), 190(3.8)	[アルコール]	
		メタノール CH_3OH (気体)	183(−), 161(3.54), 149(3.53)
シクロペンタジエン (ヘキサン)	244(3.40)	エタノール CH_3CH_2OH (気体)	182(−), 159(3.25), 152(3.62)
1,4-シクロヘキサジエン (ヘキサン)	270(−0.5), 224(1.5)	1-プロパノール $CH_3CH_2CH_2OH$ (気体)	183(−), 161(−), 156(3.48)
アレン $CH_2=C=CH_2$ (気体)	185(3.40), 172(4.47)	2-プロパノール CH_3CHCH_3 $\mid$ OH (気体)	182(−), 156(3.57), 139(3.77)
シクロオクタテトラエン (気体)	280(2.45)	t-ブチルアルコール $CH_3-C(CH_3)(CH_3)-OH$ (気体)	181(−)
アセチレン $CH\equiv CH$ (気体)	175(1.14), 144-151(5.0)	[エーテル]	
1,3-ブタジイン $CH\equiv C-C\equiv CH$ (気体)	247(−), 151(−)	ジメチルエーテル CH_3-O-CH_3 (気体)	184(3.40), 169(3.22), 162(3.48)

表 I.1.14 紫外・可視吸収スペクトル(2)

化合物（溶媒）	吸収波長（吸光係数）	化合物（溶媒）	吸収波長（吸光係数）
ジエチルエーテル $C_2H_5-O-C_2H_5$ （気体）	189(3.45), 171(3.90)	酢酸ビニル $CH_3COOCH=CH_2$ （ヘキサン）	258(−0.3)
[アルデヒド, ケトン]		メタクリル酸メチル $CH_2=C-COOCH_3$ / CH_3 （エタノール）	212(3.70)
ホルムアルデヒド （エタノール）（水） $H_2C=O$	320(1.08) 310(1.90)		
アセトアルデヒド （気体）（ヘキサン） $CH_3(H)C=O$	295(1.08), 180(−), 165(−) 293(1.26)	[酸アミド, ニトリル]	
		アクリロニトリル $CH_2=CHCN$ （エタノール）	215.5(1.69)
アセトン CH_3-C-CH_3 $\|\|$ O （気体）	279(1.06), 195(4.0)	ホルムアミド $H-C-NH_2$ $\|\|$ O （気体）	190(3.48), 167(4.11)
シクロヘキサノン （シクロヘキサン）	292(1.20)	アセトアミド CH_3-C-NH_2 $\|\|$ O （水）	220(1.8)
ケテン $CH_2=C=O$ （気体）	460〜500(−3.0), 330(0.90), 177(3.87)	N,N-ジメチルホルムアミド $CH_3-C-N(CH_3)(CH_3)$ $\|\|$ O （気体）	198(−)
ビアセチル $CH_3-C-C-CH_3$ $\|\|$ $\|\|$ O O （エタノール）	417(0.98), 286(1.39)	尿素 $H_2N-C-NH_2$ $\|\|$ O （水）	200(1.93)
[カルボン酸, エステル]		[窒素化合物]	
ギ酸 HCOOH （気体）（水）	−205(−), 166(3.30), 149(3.85) 206(1.73)	ジアゾメタン $H_2C=N^⊕=N^⊖$ （気体）（エタノール）	435(0.5), 408(0.5), 380(0.5), 269(1.2)
酢酸 CH_3COOH （気体）（水）	213(1.60), 175(3.40), 159(3.54) 203(1.60)	ニトロメタン CH_3NO_2 （気体）	198(3.70)
シュウ酸 COOH / COOH (0.4 M HCl)	244(1.57)	メチルアミン CH_3NH_2 （気体）	215(2.78), 174(3.34)
フマル酸 H−C−COOH ‖ HOOC−C−H （水）	206(4.16)	ジメチルアミン $CH_3(CH_3)NH$ （気体）	222(2.0), 191(3.5)
マレイン酸 H−C−COOH ‖ H−C−COOH （水）	210(4.06)	ジエチルアミン $C_2H_5(C_2H_5)NH$ （気体）	213(2.0), 192(3.45)
酢酸エチル $CH_3COOC_2H_5$ （エタノール）	211(1.76)	トリエチルアミン $CH_3(CH_3)N-CH_3$ （気体）	212(3.77), 173(3.40)

1.3 有機化合物の性質

表 I.1.14 紫外・可視吸収スペクトル(3)

化合物 (溶媒)	吸収波長 (吸光係数)	化合物 (溶媒)	吸収波長 (吸光係数)
エチレンジアミン $H_2NCH_2CH_2NH_2$ (水)	301(1.18)	p-キシレン (CH$_3$, CH$_3$) (ヘプタン)	274(2.7), 268(2.7), 266(2.7), 263(2.4), 260(2.5), 257(2.4), 255(2.3), 212(−), 192(4.78)
[硫黄化合物] チオ尿素 $H_2N-C-NH_2$ ‖ S (水)	235(4.05)	メシチレン (CH$_3$, CH$_3$, CH$_3$) (ヘプタン)	215(3.99), 201(4.68), 196(4.66)
[ケイ素化合物] シラン SiH_4 (気体)	140(4.00), 130(4.20), 114(4.36)	エチルベンゼン C_2H_5 (イソオクタン)	268(2.21), 264.5(2.19), 261.5(2.31), 259.5(2.30), 261.5(2.31), 245.5(2.22), 248.5(2.07)
メチルシラン CH_3-SiH_3 (気体)	160–155(3.30), 145–135(4.15)	クメン CH_3CHCH_3 (イソオクタン)	267.5(2.21), 264(2.18), 261(2.29), 258(2.30), 253(2.21), 248(2.04)
ジメチルシラン $(CH_3)_2SiH_2$ (気体)	167(3.30), 157(3.70), 145–135(4.3)	スチレン $CH=CH_2$ (気体) (シクロヘキサン)	286(−), 238(−), 197(4.83) 291(2.6), 282(2.7), 245(4.2)
トリメチルシラン $(CH_3)_3SiH$ (気体)	165(3.60), 145–140(4.18)	ビフェニル	247.7(4.26), 205(4.62), 201.5(4.63)
テトラメチルシラン $(CH_3)_4Si$ (気体)	164(3.88), 140(4.20)	cis-スチルベン (エタノール)	280(4.02), 224(4.39)
2. 芳香族化合物 [炭化水素] ベンゼン (気体) (イソオクタン)	−253(−), −200(−), 177.5(4.88) 262(2.09), 255(2.25), 247.5(2.15), 243.5(1.96), 237.5(1.73), 234(1.51)	trans-スチルベン (エタノール)	307(4.49), 295(4.46), 228(4.21)
トルエン (CH$_3$) (気体)	269(2.33), 265(2.24), 262(2.40), 260(2.33), 256(2.40), 249(2.11), 200(−), 177.5(4.88)	ジフェニルアセチレン Ph−C≡C−Ph (エタノール)	296.5(4.15), 278(4.17), 264.5(4.15)
o-キシレン (CH$_3$, CH$_3$) (ヘプタン)	272(2.3), 267(2.3), 264(2.4), 263(2.4), 256(2.3), 252(2.2), 211(−), 190(4.78)	[2.2]パラシクロファン (エタノール)	302(2.20), 284(2.40), 224(4.40)
m-キシレン (CH$_3$, CH$_3$) (ヘプタン)	272(2.5), 268(2.3), 266(2.5), 263(2.4), 257(2.3), 252(2.1), 210(−), 193(4.86)		

表 I.1.14 紫外・可視吸収スペクトル(4)

化 合 物（溶媒）	吸収波長（吸光係数）	化 合 物（溶媒）	吸収波長（吸光係数）
[2.3]パラシクロファン（エタノール）	292(2.1), 275(2.6), 266(2.7), 243(3.3)	トリフェニレン（メタノール）	286(4.1), 260(5.2)
o-テルフェニル（シクロヘキサン）	233(4.46)	ペンタセン（メタノール）	575(4.1), 310(5.4)
m-テルフェニル（オクタン）	246(4.58)	ペリレン（シクロヘキサン）	437(4.54), 409(4.40), 388(4.07), 355(3.76), 339(3.58), 253(4.69)
p-テルフェニル（オクタン）	276(4.51)	ベンゾ[a]ピレン（シクロヘキサン）	440(3.46), 385(4.50), 364(4.43)
ナフタレン（シクロヘキサン）	320(1.22), 310(2.37), 301(2.42), 297(2.46), 286(3.56), 283(3.55), 275(3.75), 266(3.69), 221(5.01)	コロネン（ベンゼン）	410(2.76), 388(2.79), 341.5(4.85), 305(5.50)
2,2′-ビナフチル（エタノール）	304(4.10), 254(4.86)	インデン（イソオクタン）	291(2.02), 286(2.36), 280.5(2.69), 261.5(3.72), 252(3.98), 249(3.99)
アントラセン（メタノール/エタノール）	374.5(3.8), 354.5(3.83), 338(3.74), 308(3.17), 251.5(5.25)	アズレン（石油エーテル）	697(2.07), 661(2.12), 632(2.48), 603(2.46), 580(2.54), 558(2.43), 541(2.34), 359(2.34), 351(3.18), 341(3.64), 336(3.58), 326(3.48), 295(3.58), 279(4.69), 273(4.74), 238(4.22)
フェナントレン（メタノール/エタノール）	322.5(2.55), 292.5(4.30), 251(4.78)		
ナフタセン（シクロヘキサン）	471(4.05), 441(4.00), 413(3.72), 393(4.38), 374(3.03)	アセナフテン（イソオクタン）	321(3.13), 306.5(3.41), 300(3.61), 288.5(3.81), 278.5(3.76), 243.3(3.08), 228(4.86)
ピレン（メタノール）	336(4.7), 274(4.7)	アセナフチレン（シクロヘキサン）	340(3.67), 323(3.98), 311(3.88), 276(3.48)
クリセン（シクロヘキサン）	320(4.18), 306(4.18), 294(4.15), 282(4.15), 269(5.24)	[ハロゲン誘導体] 塩化ベンジル（エタノール）	266(2.34), 260(2.39), 254(2.31), 218(3.83)

1.3 有機化合物の性質

表 I.1.14 紫外・可視吸収スペクトル(5)

化合物（溶媒）	吸収波長（吸光係数）	化合物（溶媒）	吸収波長（吸光係数）
フルオロベンゼン（イソオクタン）	266(2.95), 260(3.02), 254.5(2.83), 249(2.56), 204(3.90)	2-ナフトール（イソオクタン）	328(3.38), 326(3.17), 324(3.17), 320(3.20), 314(3.23), 285(3.54), 273(3.67), 264(3.59)
クロロベンゼン（オクタン）	272(2.26), 264.5(2.37), 261.5(2.24), 258(2.27), 251.5(2.08), 245(1.86), 233.5(1.37)	ヒドロキノン（シクロヘキサン）	299(3.34), 292(3.46), 289(3.40), 285(3.40), 223(3.64)
ブロモベンゼン（エタノール）	271(2.02), 264(2.30), 261(2.26), 251(2.18), 210(4.04)	[アルデヒド/ケトン]	
		アセトフェノン（ヘキサン）	325(1.70), 286.5(2.90), 277(3.0), 237(4.11)
ヨードベンゼン（イソオクタン）	263(2.78), 258(2.84), 253(2.82), 232.5(4.10), 228(4.12)	ベンズアルデヒド（エタノール）	320(1.7), 278(3.02), 240(4.12)
[フェノール/エーテル]			
アニソール（メタノール）（気体）	277.5(3.18), 271(3.25), 265(3.08), 219(3.84), 218(3.83) / 218(3.88), 186(4.65)	ベンゾフェノン（イソオクタン）	346(2.08), 276(3.39), 248(4.6)
フェノール（シクロヘキサン）	276(3.32), 269(3.34), 263(3.15), 210(3.78)	トロポロン（ヘプタン）	374(3.71), 355.5(3.71), 321.5(3.78), 233(4.29), 223.5(4.32)
o-クレゾール（シクロヘキサン）	276(3.24), 270(3.27), 213(3.85)	[キノン]	
		アントラキノン（ジオキサン）	400(1.9), 323(3.7), 265(4.6), 256(4.5)
m-クレゾール（シクロヘキサン）	277(3.27), 271(3.20), 214(3.79)		
		クロラニル（クロロホルム）	371(2.5), 291(4.3), 283(4.3)
p-クレゾール（シクロヘキサン）	283.5(3.29), 277(3.33), 274(3.27), 271.5(3.20), 268(3.15), 220(3.77)		
		1,4-ナフトキノン（エーテル）	403(1.67), 331(3.50)
1-ナフトール（イソオクタン）	321.5(3.40), 307.5(3.50), 291.5(3.72), 290(3.72), 284(3.69), 229(4.55)		

表 I.1.14 紫外・可視吸収スペクトル(6)

化 合 物 (溶媒)	吸収波長(吸光係数)	化 合 物 (溶媒)	吸収波長(吸光係数)
o-ベンゾキノン (クロロホルム)	568(1.48), 375(3.23)	1,2,4,5-ベンゼンテトラカルボン酸 (ピロメリト酸) (水)	297(3.4), 252(3.9)
p-ベンゾキノン (クロロホルム)	430(1.5), 300(3.0)	安息香酸メチル (シクロヘキサン)	280(2.92), 273(2.97), 228(4.09)
[カルボン酸/エステル/アミド/ニトリル]			
安息香酸 (シクロヘキサン) (水)	282(2.96), 274(3.02), 268(2.91), 232(4.10) 272(2.89), 228(3.97)	アセトアニリド (シクロヘキサン)	282(2.82), 274(2.93), 238(4.13)
フタル酸 (メタノール)	283(3.2)	ベンゾニトリル (イソオクタン)	291.5(1.07), 278(1.16), 276.5(2.81), 268(2.80), 264(2.65), 262.5(2.64), 258(2.47), 252(2.25), 229.5(4.05), 225(4.07), 221(4.09)
無水フタル酸 (エーテル)	297(3.3), 289(3.3), 279(3.2), 249(3.7)	1,2,4,5-テトラシアノベンゼン (アセトニトリル)	315(3.56), 263.5(4.10), 255.5(4.15), 223(4.86)
テレフタル酸 (メタノール)	297(3.1), 285(3.2), 240(4.2)	[ニトロ・ニトロソ化合物]	
		ニトロベンゼン (気体)	340(2.15), 288(2.70), 240(3.93), 193(4.24), 164(4.44)
cis-ケイ皮酸 (メタノール)	261(4.02)	m-ジニトロベンゼン (エタノール)	305(3.04), 242(4.21)
trans-ケイ皮酸 (メタノール)	272(4.29)	p-ジニトロベンゼン (メタノール)	258(4.17)
1-ナフトエ酸 (メタノール)	292(2.79)	1,3,5-トリニトロベンゼン (ヘプタン)	350(2.26), 280(2.74), 220(4.50)
2-ナフトエ酸 (エタノール)	320(3.02), 289(3.69), 280(3.84), 229(4.81)	2-ニトロビフェニル (イソオクタン+2% ジクロロメタン)	296(3.3), 232(4.2)

1.3 有機化合物の性質

表 I.1.14 紫外・可視吸収スペクトル(7)

化合物（溶媒）	吸収波長（吸光係数）	化合物（溶媒）	吸収波長（吸光係数）
3-ニトロビフェニル（イソオクタン+2%ジクロロメタン）	309(3.1), 245(4.4)	トリフェニルアミン（エタノール）	297(4.37)
4-ニトロビフェニル（イソオクタン+2%ジクロロメタン）	295(4.2), 220(4.1)	o-フェニレンジアミン（シクロヘキサン）	289(3.41), 235.5(3.82)
1-ニトロナフタレン（エタノール）	343(3.60), 243(4.02)	m-フェニレンジアミン（シクロヘキサン）	293(3.41), 240(3.85)
2-ニトロナフタレン（エタノール）	352(3.44), 306(3.93), 258(4.40)	p-フェニレンジアミン（シクロヘキサン）	315(3.30), 246(3.93)
ニトロソベンゼン（ヘプタン）	760(1.64), 301.5(3.72), 280.5(4.01), 272(3.51), 222(3.70), 218(3.18), 194(4.08), 174(4.63)	1-ナフチルアミン（水）	325(3.43), 303(3.52), 236(4.78)
[アミン] アニリン（気体）（イソオクタン）	193.6(4.54), 180(4.38), 159(4.20) 295(3.10), 291(3.22), 287.5(3.28), 284(3.24), 280(3.20), 277(3.12), 271(2.96), 234.5(3.94)	2-ナフチルアミン（エタノール）	340(3.3), 280(3.8), 235(4.7)
o-トルイジン（シクロヘキサン）	288(3.37), 234(3.95)	[アゾ化合物] cis-アゾベンゼン（エタノール）	420(3.19), 281(3.72), 245(4.04)
m-トルイジン（シクロヘキサン）	289(3.28), 237(3.92)	trans-アゾベンゼン（エタノール）	420(2.70), 314(4.36), 230(4.16)
p-トルイジン（シクロヘキサン）	293(3.28), 237(3.98)	[複素環式化合物窒素複素環] ピロール（ヘキサン）	240(2.48), 210(4.18)
4-アミノビフェニル（エタノール）	278.5(3.97)	インドール（シクロヘキサン）	288(3.62), 266(3.83), 217(4.23)
ジフェニルアミン（メタノール）	285(4.31)		

表 I.1.14 紫外・可視吸収スペクトル(8)

化合物（溶媒）	吸収波長（吸光係数）	化合物（溶媒）	吸収波長（吸光係数）
カルバゾール（クロロホルム）	333(3.51), 309(3.8), 298(3.6), 292(4.23)	キナゾリン（エタノール）	308(3.48), 270(3.51), 220(4.6)
ピリジン（ヘキサン）	295(2.15), 286(2.40), 274(2.60), 248(3.30)	キノキサリン（メタノール）	315(3.79), 233(4.41)
2,2′-ビピリジル（水）	280(4.13), 232.5(4.02)	フェナジン（エタノール）	362.5(4.51), 250(5.05)
キノリン（シクロヘキサン）	314(3.46), 306(3.28), 301(3.37), 271(3.60), 230(4.47), 226(4.55)	[酸素複素環]　フラン（ヘキサン）	200(4.00)
イソキノリン（シクロヘキサン）	313(3.26), 305(3.30), 266(3.62)	ベンゾフラン（シクロヘキサン）	282(3.48), 275(3.45), 245(4.08)
アクリジン（シクロヘキサン）	374(3.58), 357(4.03), 350(3.84), 340(3.88), 325(3.60), 250(5.25)	ジベンゾフラン（シクロヘキサン）	298(4.06), 287(4.28), 281.5(4.29), 249.5(4.32), 245(4.09), 242(4.09)
ピラゾール（シクロヘキサン）	328(3.02), 260(3.75)	クマリン（シクロヘキサン）	311(3.70), 282(3.95), 271(4.03)
イミダゾール（エタノール）	207-208(3.70)	[硫黄複素環]　チオフェン（イソオクタン）	231.5(3.73)
ピリダジン（シクロヘキサン）	340(2.50), 240(3.11)	チオナフテン（イソオクタン）	297(3.54), 290.5(3.34), 288.5(3.34), 280.5(3.19), 263(3.70), 257(3.76), 227(3.49), 225(4.48)
ピリミジン（シクロヘキサン）	298(2.47), 243(3.31)	チアゾール（エタノール）	240(3.60)
ピラジン（シクロヘキサン）	327(2.92), 321(2.90), 316(2.85), 310(2.75), 265(3.59), 260(3.67), 256(3.66)	[核酸塩基など]　アデニン（水）	260(4.12)
シンノリン（シクロヘキサン）	390(2.42), 323(3.32), 317(3.25), 309(3.29), 286(3.42), 276(3.45)	ウラシル（水）	260(3.90)
フタラジン（メチルシクロヘキサン）	296.5(1.06), 290(1.11), 267(3.59), 259(3.67), 252(3.63)		

表 I.1.14 紫外・可視吸収スペクトル(9)

化合物（溶媒）	吸収波長（吸光係数）	化合物（溶媒）	吸収波長（吸光係数）
グアニン（水）	275(3.9), 245(4.0)	クロロフィル a（エーテル）	661(3.94), 615(4.10), 575(3.83), 530(3.53), 428(5.05)
[色素など] インジゴ（水）	615(3.98), 450(3.00), 345(3.87), 288(4.29), 248(4.12)		
エオシン（水）	521(4.9), 340(3.7), 302(4.2), 253(4.5)	フタロシアニン（気体）	686(−), 622.5(−), 340(−), 280(−), 240(−), 210(−)
メチレンブルー（水）	660(4.8)	鉄フタロシアニン（気体）	676(−), 340(−), 242(−), 212(−)
マラカイトグリーン（水）	618(4.87), 420(4.29), 312(4.314)		
β-カロチン *1（ヘキサン）	479(5.1), 451(5.0), 426(5.0), 273(4.31)	銅フタロシアン（気体）	675.5(−3), 325(−), 276(−), 240.5(−), 218(−)

*1

1.3.4 分子のスペクトル

有機分子の構造を特定するスペクトルとして次のようなものがある．

（1）電子スペクトル

　　紫外・可視吸収（UV-vis）スペクトル
　　発光（蛍光, りん光）スペクトル

（2）振動スペクトル

　　赤外吸収（IR）スペクトル

24　第Ⅰ編　基礎理論／第1章　有機分子の構造と性質，有機化合物命名法

ラマンスペクトル
（3）磁気共鳴
^{1}H－核磁気共鳴（NMR）スペクトル
^{13}C－核磁気共鳴（NMR）スペクトル
常磁性共鳴（EPR）（電子スピン共鳴）スペクトル

（4）質量分析
マススペクトル（MS）

注）スペクトル：一般の光をプリズムや分光器などの分散素子に通して得られる単色光の帯または線からなる図形をスペクトルと称したが，一般には，振動・波動現象において，ある量の時間的あるいは空間的変

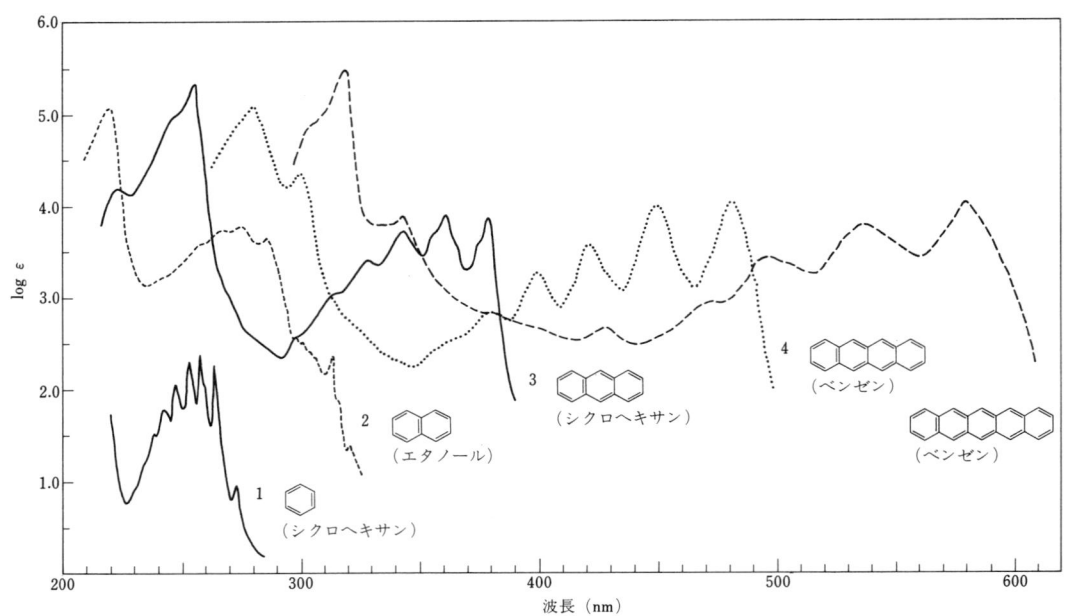

(a)　ベンゼン(1), ナフタレン(2), アントラセン(3), テトラセン(4), ペンタセン(5)

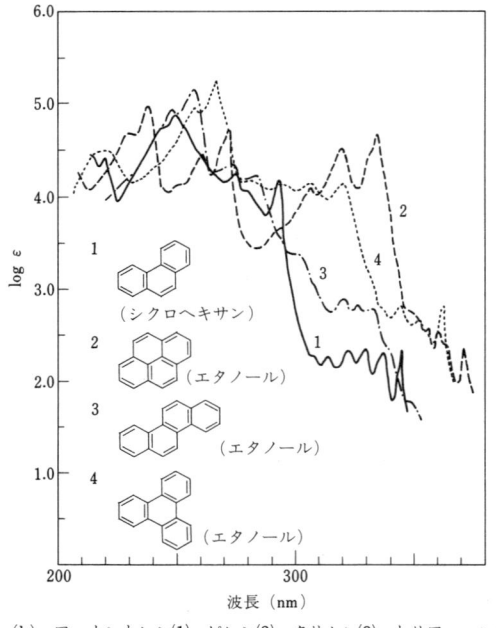

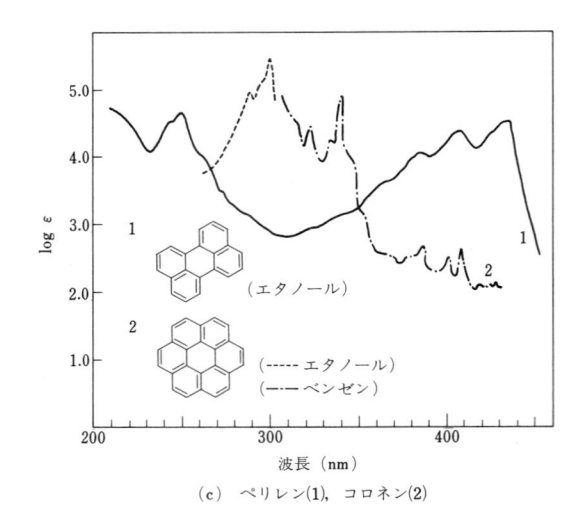

(b)　フェナントレン(1), ピレン(2), クリセン(3), トリフェニレン(4)

(c)　ペリレン(1), コロネン(2)

図 I.1.3　主な芳香族化合物の紫外・可視吸収スペクトル(1)

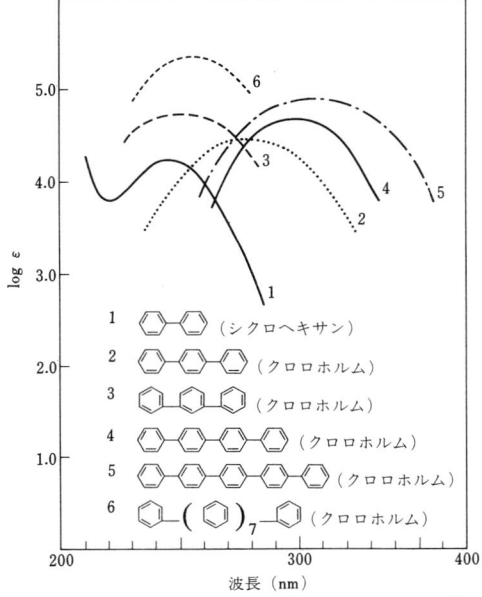

1.3 有機化合物の性質

(d) ビフェニル(1), p-テルフェニル(2), m-テルフェニル(3), p-クアテルフェニル(4), p-キンクフェニル(4), p-キンクフェニル(5), m-ノビフェニル(6)

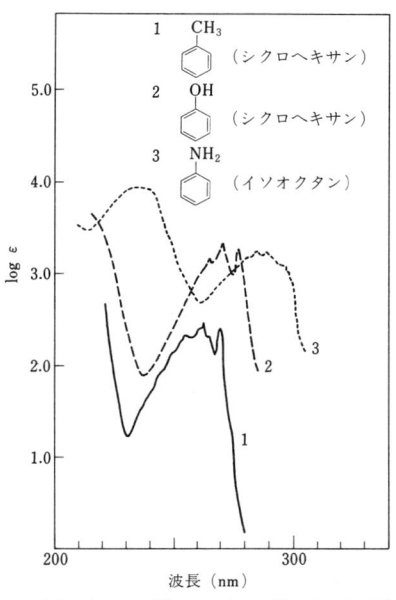

(e) トルエン(1), フェノール(2), アニリン(3)

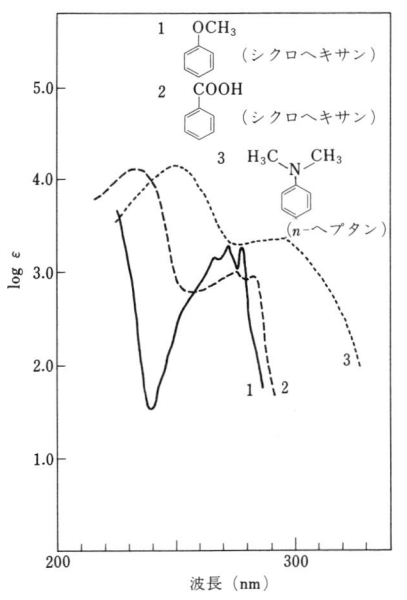

(f) アニソール(1), 安息香酸(2), N,N-ジメチルアニリン(3)

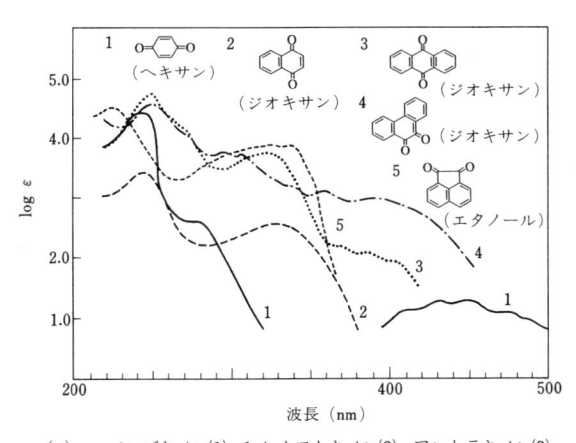

(g) p-ベンゾキノン(1), 1,4-ナフトキノン(2), アントラキノン(3), フェナントレン-9,10-キノン(4), アセナフテンキノン(5)

図 I.1.3 主な芳香族化合物の紫外・可視吸収スペクトル(2)

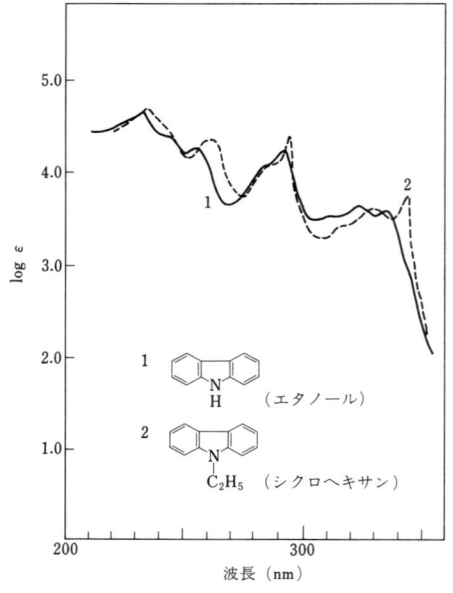

(h) カルバゾール(1), N-エチルカルバゾール(2)

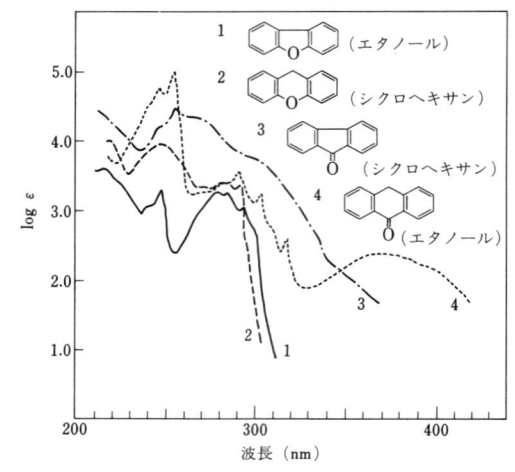

(i) ジフェニレンオキシド(1), キサンテン(2), フルオレン(3), アントロン(4)

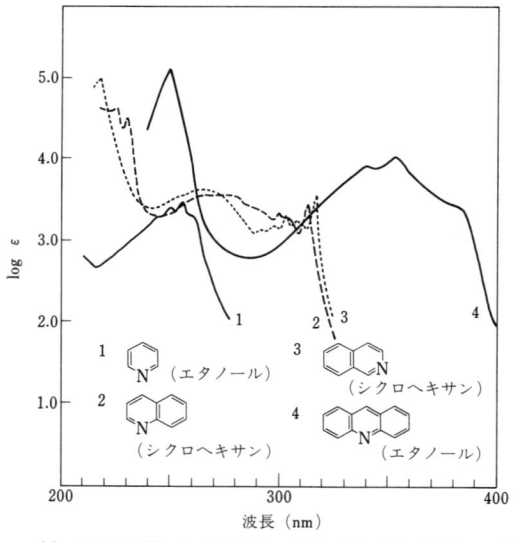

(j) ピリジン(1), キノリン(2), イソキノリン(3), アクリジン(4)

図 I.1.3 主な芳香族化合物の紫外・可視吸収スペクトル(3)

動を正弦関数的成分に分解したときの各成分の強度分布をスペクトルという．さらに広義には，複雑な成分から構成されるものを単純な成分に分解し，そのものの特性を特徴づける順にならべたものをいう．

未知の有機化合物を同定したり，構造を決定するためには，これらの種々のスペクトルを測定し，既知のデータと対照することが行われる．そのためにさまざまな測定機器，測定法などが研究開発されており，また多数のデータブックが用意されている．

ここでは，構造決定だけでなく材料設計のためにも重要な有機化合物の紫外可視吸収スペクトルのデータと図を示す．構造決定の際に必要なその他のスペクトルデータに対しては，データブックを示すのでそれらを参照するのがよい．

紫外可視吸収スペクトル：有機分子の基底電子状態から励起電子状態への遷移によるもので電子吸収スペクトルとも呼ばれる．通常の有機化合物では，最外殻の電子によるものは可視部から紫外部に現れ，内殻電子の遷移によるものは真空紫外部や軟X線部に現れる．一般的に，測定される光学系の機器から，紫外可

視(UV-vis)スペクトルという.

UV-visスペクトルのデータは，吸収帯のピークを吸収極大波長 λ_{max} を nm 単位で示し，その吸収強度を分子(モル)吸光係数 ε として記す.

参考文献

一般的なテキスト類は除き，事典・辞典・全書・叢書・データブックを紹介する.

(1) 化学全般
1) 玉虫，富山，小谷ほか編：理化学辞典，第4版(1987)，岩波書店
2) 化学大辞典編集委員会編：化学大辞典，全10巻(1960)，共立出版
3) 大木，大沢，田中，千原編：化学大辞典(1989)，東京化学同人
4) 日本化学会編：改訂3版化学便覧，基礎編 I, II (1984)，応用編 I, II (1986)，丸善
5) 日本化学会編：第4版実験化学講座(1989〜)，丸善
6) Eucken, E.: Landolt-Börnstein Zahlenwerte und Funktionen aus Physik, Chemie, Astronomie, Geophysik, Technik (1950〜1971), Springer-Verlag
7) Gordon, A. J., Ford, R. A.: The Chemist's Companion (1972), John Wiley

(2) 有機化学，有機化合物全般
1) 井本，久保田，後藤，目，島村，湯川編：大有機化学(1958〜1963)，朝倉書店
2) 有機合成化学協会編：有機化学ハンドブック(1968)，技報堂
3) 有機合成化学協会編：有機化合物辞典(1985)，講談社サイエンティフィク
4) 益子，畑，竹西：有機化合物構造式インデックス(1973)，丸善
5) Beilstein-Institut für Literatur der Organischen Chemie: Beilsteins Handbuch der Organischen Chemie, Springer-Verlag
6) Atlas of Spectral Data and Physical Constants for Organic Compounds, Grasselli, Ritchley, CRC
7) The Merck Index, 10th ed. (1983), Merck & Co., Inc.

(3) 有機化合物のスペクトル
1) Pretsch, E., Clerc, T., Seibl, J., Simon, W.: Tables of Spectal Data for Structure Determination of Organic Compounds, 2nd ed. (1989), Springer-Verlag
2) Sadtler Standard Ultraviolet Spectra (1961), Sadtler Res. Lab.
3) Friedel, R. A., Orchin, M.: Ultraviolet Spectra of Aromatic Compounds (1951), John Wiley
4) Perkampus, H.-H.: UV-vis Atlas of Organic Compounds, 2nd ed., I, II (1992), VCH
5) 日本赤外データ委員会：IRDC カード，南江堂
6) Sadtler Standard Grating Spectra (1966), Sadtler Res. Lab.
7) The Sadtler Handbook of Reference Spectra-Infrared Handbook (1978), Sadtler Res. Lab.
8) Dolphin, D., Wick, A.: Tabulation of Infrared Spectral Data (1977), John Wiley
9) Pouchert, C. J.: The Aldrich Library of FT-IR Spectra (1985), Aldrich Chem. Comp. Inc.
10) Sadtler Standard Raman Spectra, Sadtler Res. Lab.
11) Pouchest, C. J., Campbell, J. R.: The Aldrich Library of NMR Spectra (1975), Aldrich Chem. Co.
12) Pouchest, C. J., Behnke, J.: The Aldrich Library of ^{13}C and ^1H FT-NMR Spectra (1993), Aldrich Chem. Co.
13) Structural Index Literature of Organic Mass Spectra (1966〜1968), Academic Press of Japan

1.4 有機化合物の命名法

構造のわかった化合物に対して，できるだけ簡単でかつ一意的にその化合物だけを表す名称を決めるために，IUPAC(International Union of Pure and Applied Chemistry)が定めた体系名(systematic name)がある.

すべての有機化合物の母体として，炭化水素および基本複素環をとり，この母体化合物の水素原子が他の原子あるいは原子団で置換された化合物に対しては，置換基の名称を接頭語あるいは接尾語として，母体化合物の前後につける.

| 接頭語 | + | 基本骨格名 | + | 接尾語 |

接　頭　語：置換基，特性基原子の付加，除去など
基本骨格名：直鎖炭化水素，基本炭化水素環，基本複素環など
接　尾　語：不飽和結合，特性基(主基)など

1.4.1 母体化合物(基本骨格)の命名

a. 炭化水素

1) 非環状炭化水素　　メタン(CH_4)，エタン(C_2H_6)，プロパン(C_3H_8)，ブタン(C_4H_{10}).

C_5 以上は炭素数を表すギリシャ語(一部はラテン語)の数詞に接尾語アン(-ane)をつける.

枝のある飽和炭化水素：直鎖炭化水素の誘導体として命名.分子内の最も長い直鎖に相当する名称の前に，側鎖の基名とその数を接頭語としてつける.

表 I.1.15　直鎖飽和炭化水素 $CH_3(CH_2)_{n-2}CH_3$ の名称

n	名　称	n	名　称
1	methane　(メタン)	15	pentadecane (ペンタデカン)
2	ethane　(エタン)	16	hexadecane　(ヘキサデカン)
3	propane　(プロパン)	17	heptadecane (ヘプタデカン)
4	butane　(ブタン)	18	octadecane　(オクタデカン)
5	pentane　(ペンタン)	19	nonadecane　(ノナデカン)
6	hexane　(ヘキサン)	20	icosane　(イコサン)
7	heptane　(ヘプタン)	21	henicosane　(ヘンイコサン)
8	octane　(オクタン)	22	docosane　(ドコサン)
9	nonane　(ノナン)	23	tricosane　(トリコサン)
10	decane　(デカン)	24	tetracosane (テトラコサン)
11	undecane　(ウンデカン)	30	triacontane (トリアコンタン)
12	dodecane　(ドデカン)	40	tetracontane(テトラコンタン)
13	tridecane　(トリデカン)	50	pentacontane(ペンタコンタン)
14	tetradecane(テトラデカン)	60	hexacontane (ヘキサコンタン)

側鎖の結合する位置を，最長鎖の一端から他端までアラビア数字で番号をつけ，側鎖の位置が最小となるように選ぶ.

例：4-ethyl-3,3-dimethylheptane(4-エチル-3,3-ジメチルヘプタン)

第I編 基礎理論／第1章 有機分子の構造と性質，有機化合物命名法

不飽和炭化水素

二重結合：接尾語 "-ane" → "-ene", "-adiene", "-atriene"

例：$CH_2=CHCH_2CH_3$　1-butene(1-ブテン),
　　$CH_2=CHCH_2CH=CH_2$　1,4-pentadiene(1,4-ペンタジエン)

三重結合：接尾語 "-ane" → "-yne", "-adiyne", "-atriyne"

例：$CH_3-C≡C-CH_3$　2-butyne(2-ブチン)

二／三重結合：接尾語 "-ane" → "-enyne", "-adienyne", "-enediyne"

例：$CH≡C-CH=CH-CH_3$　3-penten-1-yne(3-ペンテン-1-イン)

枝のある不飽和鎖式炭化水素

二/三重結合の最多数を含む直鎖炭化水素の誘導体

例：
5-ethyl-5-methyl-2-octen-6-yne
(5-エチル-5-メチル-2-オクテン-6-イン)

2） 単環炭化水素

脂環式炭化水素：相当する鎖式炭化水素の名称に接頭語シクロ "cyclo-"

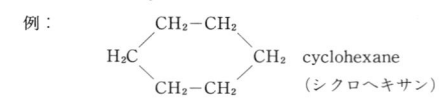

例：cyclohexane (シクロヘキサン)

芳香族単環炭化水素：基本的なものと位置番号

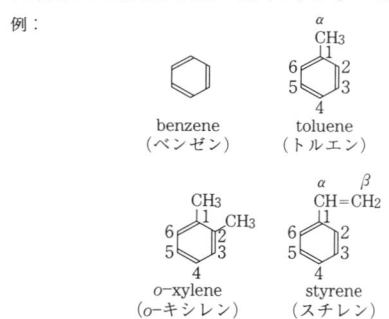

例：benzene(ベンゼン), toluene(トルエン), o-xylene(o-キシレン), styrene(スチレン)

3） 縮合多環炭化水素

語尾 "-ene", 35種については慣用名, 代表的なものと位置番号.

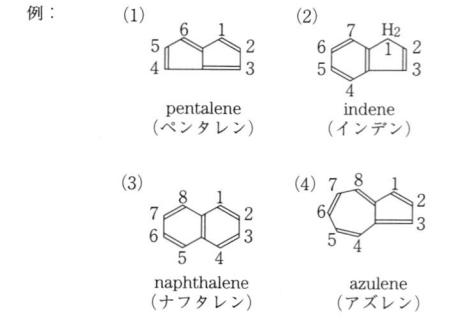

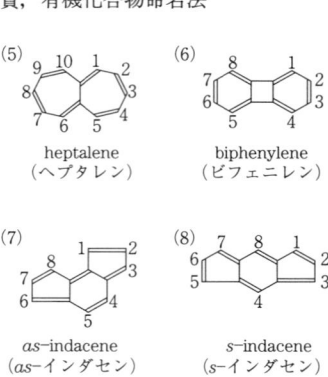

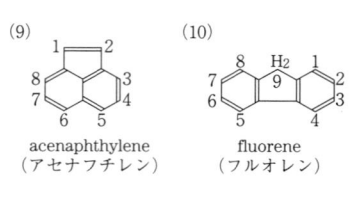

例：
(1) pentalene (ペンタレン)
(2) indene (インデン)
(3) naphthalene (ナフタレン)
(4) azulene (アズレン)
(5) heptalene (ヘプタレン)
(6) biphenylene (ビフェニレン)
(7) as-indacene (as-インダセン)
(8) s-indacene (s-インダセン)
(9) acenaphthylene (アセナフチレン)
(10) fluorene (フルオレン)
(11) phenalene (フェナレン)
(12) phenanthrene (フェナントレン)
(13) anthracene (アントラセン)
(14) fluoranthene (フルオランテン)
(15) acephenanthrylene (アセフェナントリレン)
(16) aceanthrylene (アセアントリレン)
(17) triphenylene (トリフェニレン)
(18) pyrene (ピレン)
(19) chrysene (クリセン)
(20) naphthacene (ナフタセン)

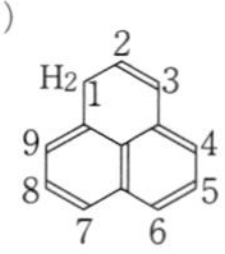

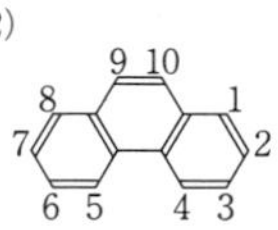

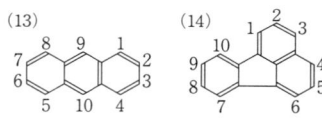

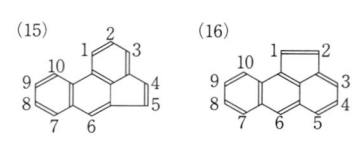

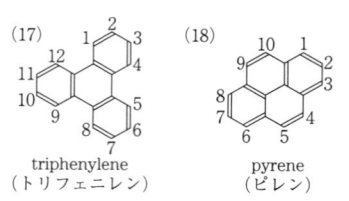

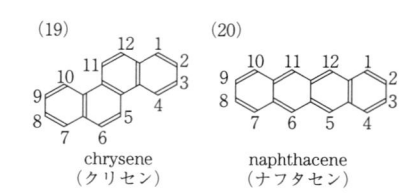

(21) picene (ピセン)

(22) perylene (ペリレン)

(23) pentaphene (ペンタフェン)

(24) pentacene (ペンタセン)

異性体を区別する表示 [ ]

固有の位置番号 1, 2 の辺を a, 以下, 環状構造の周辺を順次アルファベット記号

例:

benz[a]anthracene
(ベンゾ[a]アントラセン)

4) 有橋環状炭化水素

二環系: 接頭語ビシクロ "bicyclo-". 2個の橋頭炭素原子を結ぶ三つの橋にそれぞれ含まれる炭素原子の数を大きいものの順に [ ] に入れて示す.

例:

bicyclo[3,2,1]octane
(ビシクロ[3,2,1]オクタン)

三環系: 接頭語トリシクロ "tricyclo-"

例:

tricyclo[2.2.1.0^{2,6}]heptane
(トリシクロ[2.2.1.0^{2,6}]ヘプタン)

5) スピロ炭化水素

スピロ結合: 1個の原子が二つの環に共有してつくられている結合

全炭素原子数の同じ直鎖炭化水素名に接頭語スピロ "spiro-" をつけ, スピロ原子と連結している各環の炭素原子数を小さい順に [ ] に入れて示す.

位置番号はスピロ原子の次の環原子から始め, まず小さい方の環を先にまわり, さらに第二の環をまわる.

例:

spiro[3.4]octane (スピロ[3.4]オクタン)
(……[3,4]……ではない)

6) 炭化水素環集合

二環系環集合: 接頭語 "bi-"

2個の同じ単環が単結合または二重結合で直接結合している環集合: 位置番号は結合位置を 1 とし, 一方の環にはプライムをつける.

例:

(a) bicyclopropyl (ビシクロプロピル)
(b) bicyclopropane (ビシクロプロパン)

bicyclopentadienylidene
(ビシクロペンタジエニリデン)

2個の同じ縮合環の場合は名称の前に結合位置の位置番号を付ける.

例:

(a) 1,2'-binaphthyl (1,2'-ビナフチル)
(b) 1,2'-binaphthalene (1,2'-ビナフタレン)

2個の異なる環の場合は, 一つの環を基礎成分とし, 他の環系を置換基として命名.

例:

2-phenylnaphthalene (2-フェニルナフタレン)

cyclohexylbenzene (シクロヘキシルベンゼン)

7) テルペン炭化水素

古くから確立されている慣用名を使用.

b. 複素環化合物

1) 基本複素環   基本複素環の多くは慣用名.

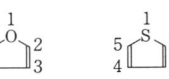

例:

furan (フラン)

thiophene (チオフェン)

pyrrole (ピロール)

2H-pyrrole（2H-ピロール）　oxazole（オキサゾール）　isoxazole（イソオキサゾール）

thiazole（チアゾール）　isothiazole（イソチアゾール）　imidazole（イミダゾール）

pyrazole（ピラゾール）　furazan（フラザン）

pyran（ピラン）（2H-を示す）　pyridine（ピリジン）　pyridazine（ピリダジン）

pyrimidine（ピリミジン）　pyrazine（ピラジン）

2) 複素単環化合物の組織名　環を構成するヘテロ原子（炭素以外の元素の原子）の種類と数とを接頭語で表し，環の大きさと不飽和度を表す語幹とを組み合

表 I.1.16 複素環の異種原子の種類を示す接頭語

元素	原子価	接頭語	元素	原子価	接頭語
O	II	oxa（オキサ）	Sb	III	stiba（スチバ）*
S	II	thia（チア）	Bi	III	bisma（ビスマ）
Se	II	selena（セレナ）	Si	IV	sila（シラ）
Te	II	tellura（テルラ）	Ge	IV	germa（ゲルマ）
N	III	aza（アザ）	Sn	IV	stanna（スタンナ）
P	III	phospha（ホスファ）*	B	III	bora（ボラ）
As	III	arsa（アルサ）*	Hg	II	mercura（メルクラ）

* 語幹 "ine" または "in" の直前では，phospha は phosphor（ホスホル）に，arsa は arsen（アルセン）に，stiba は antimon（アンチモン）に変える．

表 I.1.17 複素環の環の大きさと水素化の状態を現す語幹
(a) 窒素を含む環

環の員数	最多二重結合	二重結合1個	飽和
3		-irine（イリン）	-iridine（イリジン）
4	-ete（エト）	-etine（エチン）	-etidine（エチジン）
5	-ole（オール）	-oline（オリン）	-olidine（オリジン）
6	-ine（イン）c)	(a)	(b)
7	-epine（エピン）	(a)	(b)
8	-ocine（オシン）	(a)	(b)
9	-onine（オニン）	(a)	(b)
10	-ecine（エシン）	(a)	(b)

(b) 窒素を含まない環

環の員数	最多二重結合	二重結合1個	飽和
3		-irene（イレン）	-irane（イラン）
4	-ete（エト）	-etene（エテン）	-etane（エタン）
5	-ole（オール）	-olene（オレン）	-olane（オラン）
6	-in（イン）c)	(a)	-ane（アン）d)
7	-epin（エピン）	(a)	-epane（エパン）
8	-ocin（オシン）	(a)	-ocane（オカン）
9	-onin（オニン）	(a)	-onane（オナン）
10	-ecin（エシン）	(a)	-ecane（エカン）

a) 最多二重結合をもつ化合物の名称に dihydro, tetrahydro などをつける．
b) perhydro をつける．
c) P, As, Sb には表 1.1.16 の注＊参照．
d) Si, Ge, Sn には適用外．

わせる．

3) 縮合複素環化合物

慣用名

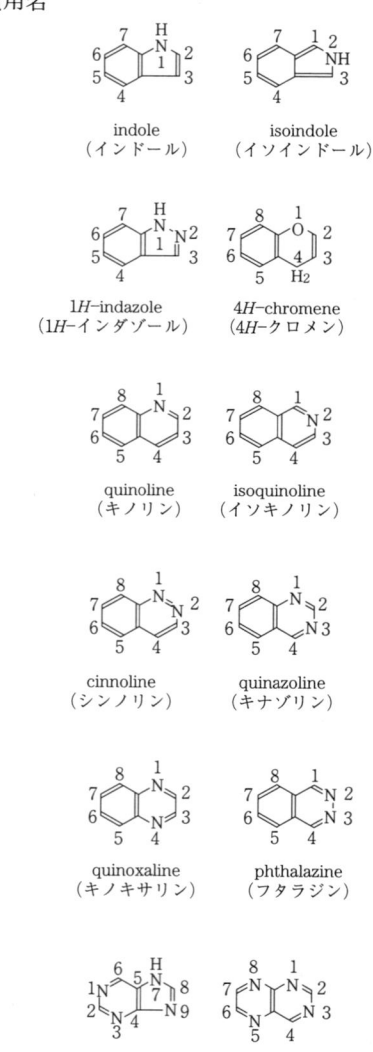

indole（インドール）　isoindole（イソインドール）

1H-indazole（1H-インダゾール）　4H-chromene（4H-クロメン）

quinoline（キノリン）　isoquinoline（イソキノリン）

cinnoline（シンノリン）　quinazoline（キナゾリン）

quinoxaline（キノキサリン）　phthalazine（フタラジン）

purine（プリン）　pteridine（プテリジン）

1.4 有機化合物の命名法

xanthene
(キサンテン)

carbazole
(カルバゾール)

phenanthridine
(フェナントリジン)

acridine
(アクリジン)

phenazine
(フェナジン)

1, 10-phenanthroline
(1, 10-フェナントロリン)

表 I.1.18 接頭語としてのみ呼称される特性基

特性基	接　頭　語
$-F$	fluoro(フルオロ)
$-Cl$	chloro(クロロ)
$-ClO$	chlorosyl(クロロシル)
$-ClO_2$	chloryl(クロリル)
$-ClO_3$	perchloryl(ペルクロリル)
$-Br$	bromo(ブロモ)
$-I$	iodo(ヨード)
$=N_2$	diazo(ジアゾ)
$-N_3$	azido(アジド)
$-NO$	nitroso(ニトロソ)
$-NO_2$	nitro(ニトロ)
$=N\begin{smallmatrix}O\\OH\end{smallmatrix}$	*aci*-nitro(*aci*-ニトロ)

1.4.2 特性基をもつ化合物の命名

母体化合物(炭化水素あるいは基本複素環化合物)の水素原子を置換している原子または原子団を置換基と総称する．

置換基のうち，直接の炭素−炭素結合以外の結合で母体に組み入れられている原子または原子団を特性基と総称する．

特性基をもつ化合物の命名には，母体化合物名と特性基名とを組み合わせてつくるが，次の二つの方式が一般に使われる(置換命名法の方が優先)．

a. 置換命名法

炭化水素または基本複素環系の水素原子を特性基で置換したことを示す命名法．

例：エタノール(ethanol), 2-クロロナフタレン(2-chloronaphthalene), シクロヘキサノン(cyclohexanone)

b. 基官能命名法

炭化水素または基本複素環系からなる水素原子が失われた基と官能原子団としての特性基が結合して化合物ができていることを示す命名法

例：エチルアルコール(ethyl alcohol), 塩化メチル(methyl chloride), ジフェニルエーテル(diphenyl ether)

1) 置換命名法の一般原則　置換した特性基の名称を接頭語または接尾語として，基本骨格の名称に付け加える．

2種以上の異なる特性基がある場合，原則として一つを主基として接尾語で表し，その他の特性基は接頭語とする．

強制接頭語：上記原則の例外として，どんな場合にも必ず接頭語として表す特性基が定められている．

注1) 炭素原子を含む特性基(カルボン酸，アミド，ニトリル，アルデヒドなど)に対する2種の方法：

表 I.1.20 基官能命名法で用いられる官能種類名
(この順で優先的に官能種類名として呼称する)

	基	官能種類名
1.	酸誘導体 RCOX RSO₂X など (Xの名称)	fluoride(フッ化——，または——=フルオリド) chloride(塩化——，または——=クロリド) bromide(臭化——，または=ブロミド) iodide(ヨウ化——，または——=ヨージド) cyanide(シアン化——，または——=シアニド) azide(アジ化——，または——=アジド) 次にOの代わりにSのある類似体
2.	$-CN$ $-NC$	cyanide(シアン化——) isocyanide(イソシアン化——)
3.	$-OCN$ $-NCO$ $-SCN$ $-NCS$	cyanate(シアン酸——) isocyanate(イソシアン酸——) thiocyanate(チオシアン酸——) isothiocyanate(イソチオシアン酸——)
4.	$>C=O$ $>C=S$	ketone(——ケトン) thioketone(——チオケトン)
5.	$-OH$ $-SH$	alcohol(——アルコール) hydrosulfide(——ヒドロスルフィド)
6.	$-OOH$	hydroperoxide(——ヒドロペルオキシド)
7.	$>O$	ether(——エーテル) または oxide(——オキシド[b])
8.	$>S$ $>SO$ $>SO_2$	sulfide(——スルフィド[b]) sulfoxide(——スルホキシド) sulfone(——スルホン)
9.	$>Se$ $>SeO$	selenide(——セレニド[b]) selenoxide(——セレノキシド)
10.	$-F$ $-Cl$ $-Br$ $-I$	fluoride(フッ化——，または——=フルオリド) chloride(塩化——，または——=クロリド) bromide(臭化——，または=ブロミド) iodide(ヨウ化——，または——=ヨージド)
11.	$-N_3$	azide(アジ化——，または=アジド)

a) 酸，酸無水物，エステル，アミド，アルデヒド，アミンなどの官能種類名は置換命名法の接尾語と同じである．
b) 日本語では，酸化——，硫化——，セレン化——としてもよい．

a) COOH, CN, CHOなどの炭素原子を特性基の中に含ませる方法

b) 炭素原子は母体化合物に含ませる方法

表 I.1.19 置換命名法で用いられる主要特性基の接頭語と接尾語

化合物の種類 (特性基の上位順)	式	接頭語	接尾語
1. 陽イオン		オニオ〔-onio〕 オニア〔-onia〕	オニウム〔-onium〕
2. カルボン酸	−COOH	カルボキシ〔carboxy〕	カルボン酸〔-carboxylic acid〕
	−(C)OOH	——	酸〔-oic acid〕
スルホン酸	−SO₃H	スルホ〔sulfo〕	スルホン酸〔-sulfonic acid〕
スルフィン酸	−SO₂H	スルフィノ〔sulfino〕	スルフィン酸〔-sulfinic acid〕
スルフェン酸	−SOH	スルフェノ〔sulfeno〕	スルフェン酸〔-sulfenic acid〕
カルボン酸塩	−COOM		カルボン酸金属〔元素名〕 〔metal ——carboxylate〕
	−(C)OOM	——	——酸金属〔元素名〕〔metal ——oate〕
3. 酸無水物	−CO\>O −CO/		——酸無水物 〔-oic anhydride または-ic anhydride〕
エステル	−COOR	R オキシカルボニル 〔R-oxycarbonyl〕	カルボン酸 R〔R ——carboxylate〕
	−(C)OOR		——酸 R〔R ——oate〕
酸ハロゲン化物	−COX	ハロホルミル〔haloformyl〕	ハロゲン化——カルボニル〔-carbonyl halide〕
	−(C)OX		ハロゲン化——オイル〔-oyl halide〕
アミド	−CONH₂	カルバモイル〔carbamoyl〕	カルボキサミド〔-carboxamide〕
	−(C)ONH₂		アミド〔-amide〕
ヒドラジド	−CO−NHNH₂	ヒドラジノカルボニル 〔hydrazinocarbonyl〕	カルボヒドラジド〔-carbohydrazide〕
	−(C)O−NHNH₂		オヒドラジド〔-ohydrazide〕
イミド	−CO\>NH −CO/		カルボキシミド〔-carboximide〕 イミド〔-imide〕(慣用名の酸)
4. ニトリル	−C≡N	シアノ〔cyano〕	カルボニトリル〔-carbonitrile〕
	−(C)≡N	ニトリロ〔nitrilo〕	ニトリル〔-nitrile〕
イソシアン化物	−NC	イソシアノ〔isocyano〕	——
シアン酸エステル	−OCN	シアナト〔cyanato〕	
イソシアン酸エステル	−NCO	イソシアナト〔isocyanato〕	
チオシアン酸エステル	−SCN	チオシアナト〔thiocyanato〕	
イソチオシアン酸エステル	−NCS	イソチオシアナト 〔isothiocyanato〕	
5. アルデヒド	−CHO	ホルミル〔formyl〕	カルバルデヒド〔-carbaldehyde〕
	−(C)HO	オキソ〔oxo〕	アール〔-al〕
チオアルデヒド	−CHS	チオホルミル〔thioformyl〕	カルボチオアルデヒド〔-carbothialdehyde〕
	−(C)HS	チオキソ〔thioxo〕	チアール〔-thial〕
6. ケトン	\>(C)=O	オキソ〔oxo〕	オン〔-one〕
チオケトン	\>(C)=S	チオキソ〔thioxo〕	チオン〔-thione〕
7. アルコール	−OH	ヒドロキシ〔hydroxy〕	オール〔-ol〕
フェノール	−OH	ヒドロキシ〔hydroxy〕	オール〔-ol〕
チオール	−SH	メルカプト〔mercapto〕	チオール〔-thiol〕
8. ヒドロペルオキシド	−OOH	ヒドロペルオキシ〔hydroperoxy〕	
9. アミン	−NH₂	アミノ〔amino〕	アミン〔-amine〕
イミン	=NH	イミノ〔imino〕	イミン〔-imine〕
ヒドラジン	−NHNH₂	ヒドラジノ〔hydrazino〕	ヒドラジン〔-hydrazine〕
10. エーテル	−OR	R オキシ〔R·oxy〕	
スルフィド	−SR	R チオ〔R·thio〕	
11. 過酸化物	−OO−R	R ジオキシ〔R·dioxy〕	

化合物種類の優先順位に従って掲げてある。同じ番号の中でも，上に書いてあるものほど上位となる。同一化合物中に 2 種以上の異なる特性基がある場合には，最上位の特性基を主基として接尾語で命名し，他の接頭語で命名する。

例：

(a) CH₃CH₂CH₂CH₂CH₂CH₂COOH
      6   5   4   3   2   1
   hexanecarboxylic acid
   (ヘキサンカルボン酸)

(b) CH₃CH₂CH₂CH₂CH₂CH₂COOH
      7   6   5   4   3   2   1
   heptanoic acid (ヘプタン酸)

注 2) アミンの置換命名法：アミンはアンモニアを母体化合物とし，その水素をアルキル基，アリール基などで置換したものとみなし，これらの基名を接尾語 "-amine" の前につける．

例：1-butanamine, 1,6-hexanediamine
   2-naphthalenamine, 4-quinolinamine

2) **基官能命名法の一般規則** 原則的には置換命名法と同じであるが，接尾語を使わないで，主基は化

合物の官能種類名で表す．

官能基（主基）が1価であるときは，それに結合している分子の残部を基名として表示する．

官能基が2価で，これに結合する二つの基が異なるときには，2種の基名をアルファベット順に並べ，同じならば"di"をつけて，その後に官能種類名をつける．

官能基を2種以上含むときは，表の上位にあるものを主基とし，その他は接頭語で表す．

1.5 有機立体化学命名法

古典的な表記法から，IUPACによる表記法まで混在して使われているが，対象となる立体異性体は，シス－トランス異性体，光学異性体，配座異性体の3種に大別される．

IUPAC法の骨子は，あらゆる異なった置換基に対して，一定の法則に基づいて順位をつけて，立体異性体の区別をつけるもの．

1.5.1 シス－トランス異性体

二重結合（C＝C，C＝N，N＝Nなど）や環（単環，縮合環）化合物において，置換基が同じ側にあるか反対側にあるかを表示する．

a. 古典的命名

abC＝Cab′形における *cis* と *trans*

例：

cis-2-butene   *trans*-2-butene

trans-azobenzene

b. IUPAC命名

abC＝Ccd形における E と Z

Z：zusammen（独語　いっしょに），*E*：entgegen（逆に）

表 I.1.21　主要置換基の順位

1	－H	12	－CO－R	23	－OR
2	－CH₃	13	－CONH₂	24	－O－CO－R
3	－CH₂R	14	－COOH	25	－F
4	－CHR₂	15	－COOR	26	－SH
5	cyclohexyl	16	－COCl	27	－SR
6	－CR₃	17	－NH₂	28	－SO－R
7	－C₆H₅	18	－NHR	29	－SO₂－R
8	－CH₂OH	19	－NR₂	30	－SO₃H
9	－CH(OH)R	20	－NH－CO－R	31	－Cl
10	－CR₂OH	21	－NO₂	32	－Br
11	－CHO	22	－OH	33	－I

置換基の順位規則（表 I.1.21）

例：

(*E*)-2-butene   (*Z*)-2-methyl-2-butenoic acid

1.5.2 光学異性体

分子内のある炭素原子が4個の互いに異なる原子または基と結合している不斉炭素原子をもつ化合物が，代表的な光学異性体である．しかし，不斉には，不斉炭素原子という不斉中心（点）だけでなく，不斉要素として不斉軸，不斉面もある．

はじめに，不斉中心をもつ化合物の命名を扱う．

a. *d* と *l*

元来，偏光面を右および左に回転させる性質という意味でつけられた．一時は立体配置としても使用されたが，現在では，混乱を防ぐために，もとの旋光性を表す．

d：偏光面を右に回転させる右旋性 dextro-rotatory

l：偏光面を左に回転させる左旋性 levo-rotatory

立体構造が未知や複雑で簡単に表示できない化合物について，旋光性の方向で異性体を区別するときに用いる．なお，旋光性を示すために，右旋性を（＋），左旋性を（－）でも表す．

b. D と L

絶対配置が明らかにされる以前には，基準化合物を定め，その構造からの相対配置で表した．

1) 単糖類および関連化合物

基準化合物：グリセルアルデヒド

D-（＋）-glyceraldehyde

L-（－）-glyceraldehyde

2) アミノ酸

基準化合物：セリン

D-（＋）-serine   L-（－）-serine

c. RとS

絶対配置がわかっている化合物については，置換基の順位規則をもちいてRとSで現す．

不斉中心に結合する4個の置換基のうち，順位が最も後のものを目から遠い位置におき，順位が上位からの順が右回りになるものをRの絶対配置，左回りのものをSの絶対配置とする．

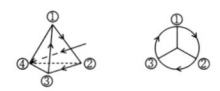

R-configuration

S-configuration

不斉軸をもつ化合物

例：アレン誘導体

(S)

例：ビフェニル誘導体

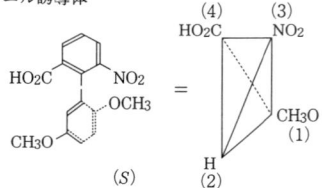

(S)

不斉面をもつ化合物

例：芳香族アンサ化合物（ベンゼンのパラ位をポリメチレン基などの鎖（ansa ラテン語の取手の意）で橋かけした化合物）

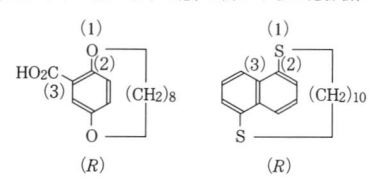

(R)　　(R)

1.5.3 配座異性体

単結合のまわりの置換基の回転によって立体配座(conformation)の異なる分子を配座異性体(conformer)という．

例：1,2-ジクロロエタン

antiperiplanar
ap

anticlinal
ac

synclinal
sc

synperiplanar
sp

注）古くから使われてきた anti, gauche, eclipsed は，複雑な分子に対しては普遍性がなく，使用しないほうがよい．

例：共役二重結合

s-trans-butadiene　　*s-cis*-butadien

例：シクロヘキサン環

いす形 (chair form)，舟形 (boat form)，ねじれ形 (twist form)

環の sp^3 炭素に結合する置換基の異性として，アキシアル結合およびエクアトリアル結合をそれぞれaおよびeで現す．

1.6 高分子の命名法

IUPACの高分子部会命名法委員会がポリマーに関する術語の基本的定義や命名法を定めている．全体の構成を大別すると，ポリマー分子の構造に基づくものとポリマー物質が生成する過程に基づくものとの二つの流れがある．ここでは，構造と命名を主体として簡略に記す．

ポリマー，重合体(polymer)：一種または数種の原子あるいは原子団（これを構成単位と呼ぶ）が，互いに数多く繰り返し連結されている分子からなる物質をポリマーと呼ぶ．

オリゴマー(oligomer)：特に，数個の繰り返し連結しているものをオリゴマーと呼ぶ．

モノマー，単量体(monomer)：一種あるいは複数種の構成単位をつくりうる分子からなる化合物をモノマー（単量体）と呼ぶ．

規則性ポリマー(regular polymer)と不規則性ポリマー(irregular polymer)：あるポリマーの分子がただ一種の構成単位を単一の連結法で配列した形で記述できるものとできないもの．

構成繰り返し単位(constitutional repeating unit)：その繰り返しによって規則性ポリマーを記述できる構成単位のうち，最小のもの．

ブロック(block)：ポリマー分子の一部分で，多数の構成単位からなり，その部分が隣接する部分には存

1.6 高分子の命名法

在しない構成上あるいは配置上の特徴をもつもの．

ブロックポリマー (block polymer)：線状に連結した複数のブロックからできているポリマー．ブロックが直接連結している場合やブロックに含まれない構成単位で連結している場合もある．

グラフトポリマー (graft polymer)：あるポリマー分子中に，側鎖として主鎖に結合した1個以上のブロックがあり，しかもこれらの側鎖が主鎖とは異なる構成上または配置上の特徴をもつポリマー．

コポリマー，共重合体 (copolymer)：2種以上の単量体からつくられたポリマー．

1.6.1 規則性単条有機ポリマーの命名法

規則性単条ポリマー (regular single-strand polymer)：あるポリマーの分子が，各々一原子からなる末端二つだけを有する構成繰り返し単位で記述できるもの．

規則性単条ポリマー鎖は，二価の繰り返し単位の多数連結したものとして現す．

ポリ(構成繰り返し単位)
poly(constitutional repeating unit)

一般名　　－(ABC)$_n$－　　ポリ(ABC)
　　　　　　　　　　　　　poly(ABC)

例：$-\!\!-\!\!(CH_2)_n\!\!-\!\!-$　poly(methylene)
　　　　　　　　　　ポリ(メチレン)

$-\!\!-\!\!(OCH_2CH_2)_n\!\!-\!\!-$　poly(oxyethylene)
　　　　　　　　　　ポリ(オキシエチレン)

$-\!\!-\!\!(CH=CHCH_2CH_2)_n\!\!-\!\!-$
　　　　　　　　　　poly(1-butenylene)
　　　　　　　　　　ポリ(1-ブテニレン)

(pyridine structure)$_n$　poly(2,4-pyridinediyl)
　　　　　　　　　　ポリ(2,4-ピリジンジイル)

(naphthalene structure)$_n$　poly(2,7-naphthylene)
　　　　　　　　　　ポリ(2,7-ナフチレン)

1.6.2 通常のポリマーの体系的名称

IUPACでは，通常のポリマーの多くが半体系的あるいは慣用名として使用されていることを認めている．慣用名の多くは原料のモノマー名に由来している．

ここでは，慣用名と同時にIUPACによる構造基礎名*を併記した．

$-\!\!-\!\!(CH_2CH_2)_n\!\!-\!\!-$
　ポリエチレン
　polyethylene
　*ポリ(メチレン)
　poly(methylene)

$-\!\!-\!\!(CHCH_2)_n\!\!-\!\!-$
　　$|$
　　CH_3

　ポリプロピレン
　polypropylene
　*ポリ(プロピレン)
　poly(propylene)

$-\!\!-\!\!\begin{pmatrix}CH_3\\|\\C-CH_2\\|\\CH_3\end{pmatrix}_n\!\!-\!\!-$

　ポリイソブチレン
　polyisobutylene
　*ポリ(1,1-ジメチルエチレン)
　poly(1,1-dimethylethylene)

$-\!\!-\!\!(CH=CHCH_2CH_2)_n\!\!-\!\!-$
　ポリブタジエン
　polybutadiene
　*ポリ(1-ブテニレン)
　poly(1-butenylene)

(dioxane structure with C_3H_7)$_n$
　ポリビニルブチラール
　poly(vinyl butyral)
　*ポリ[(2-プロピル-1,3-ジオキサン-4,6-ジイル)メチレン]
　poly[(2-propyl-1,3-dioxane-4,6-diyl)methylene]

$-\!\!-\!\!\begin{pmatrix}CHCH_2\\|\\COOCH_3\end{pmatrix}_n\!\!-\!\!-$

　ポリアクリル酸メチル
　poly(methyl acrylate)
　*ポリ[1-(メトキシカルボニル)エチレン]
　poly[1-(methoxycarbonyl)ethylene]

$-\!\!-\!\!\begin{pmatrix}CH_3\\|\\C-CH_2\\|\\COOCH_3\end{pmatrix}_n\!\!-\!\!-$

　ポリメタクリル酸メチル
　poly(methyl methacrylate)
　*ポリ[1-(メトキシカルボニル)-1-メチルエチレン]
　poly[1-(methoxycarbonyl)-1-methylethylene]

$-\!\!-\!\!\begin{pmatrix}C=CHCH_2\\|\\CH_3\end{pmatrix}_n\!\!-\!\!-$

　ポリイソプレン
　polyisoprene
　*ポリ(1-メチル-1-ブテニレン)
　poly(1-methyl-1-butenylene)

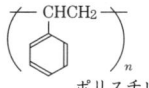

$-\!\!-\!\!(CHCH_2)_n\!\!-\!\!-$
　　$|$
　　C_6H_5

　ポリスチレン
　polystyrene
　*ポリ(1-フェニルエチレン)
　poly(1-phenylethylene)

$-\!\!-\!\!\begin{pmatrix}CHCH_2\\|\\CN\end{pmatrix}_n\!\!-\!\!-$

　ポリアクリロニトリル
　polyacrylonitrile

　　　　*ポリ(1-シアノエチレン)
　　　　　poly(1-cyanoethylene)

$\left(\text{CHCH}_2 \atop \text{OH}\right)_n$

　　　　ポリビニルアルコール
　　　　　poly(vinyl alcohol)
　　　　*ポリ(1-ヒドロキシエチレン)
　　　　　poly(1-hydroxyethylene)

$\left(\text{OCH}_2\right)_n$

　　　　ポリホルムアルデヒド
　　　　　polyformaldehyde
　　　　*ポリ(オキシメチレン)
　　　　　poly(oxymethylene)

$\left(\text{OCH}_2\text{CH}_2\right)_n$

　　　　ポリエチレンオキシド
　　　　　poly(ethylene oxide)
　　　　*ポリ(オキシエチレン)
　　　　　poly(oxyethylene)

$\left(\text{O}-\text{C}_6\text{H}_4\right)_n$

　　　　ポリフェニレンオキシド
　　　　　poly(phenylene oxide)
　　　　*ポリ(オキシ-1,4-フェニレン)
　　　　　poly(oxy-1,4-phenylene)

$\left(\text{OCH}_2\text{CH}_2\text{OOC}-\text{C}_6\text{H}_4-\text{CO}\right)_n$

　　　　ポリ(エチレン=テレフタラート)
　　　　　poly(ethylene terephthalate)
　　　　*ポリ(オキシエチレンオキシテレフタロイル)
　　　　　poly(oxyethyleneoxytere-phthaloyl)

$\left(\text{CHCH}_2 \atop \text{OOCCH}_3\right)_n$

　　　　ポリ酢酸ビニル
　　　　　poly(vinyl acetate)
　　　　*ポリ(1-アセトキシエチレン)
　　　　　poly(1-acetoxyethylene)

$\left(\text{CHCH}_2 \atop \text{Cl}\right)_n$

　　　　ポリ塩化ビニル
　　　　　poly(vinyl chloride)
　　　　*ポリ(1-クロロエチレン)
　　　　　poly(1-chloroethylene)

$\left(\text{F} \atop \text{CCH}_2 \atop \text{F}\right)_n$

　　　　ポリビニリデンフルオリド
　　　　　poly(vinylidene fluoride)
　　　　*ポリ(1,1-ジフルオロエチレン)
　　　　　poly(1,1-difluoroethylene)

$\left(\text{CF}_2\text{CF}_2\right)_n$

　　　　ポリテトラフルオロエチレン
　　　　　poly(tetrafluoroethylene)
　　　　*ポリ(ジフルオロメチレン)
　　　　　poly(difluoromethylene)

$\left(\text{NHCO}(\text{CH}_2)_4\text{CONH}(\text{CH}_2)_6\right)_n$

　　　　ポリヘキサメチレンアジパミド
　　　　　poly(hexamethylene adipamide)
　　　　*ポリ[イミノ(1,6-ジオキソヘキサメチレン)イミノヘキサメチレン]
　　　　　poly[imino(1,6-dioxohexamethylene)iminohexamethylene]
　　　　またはポリ(イミノアジポイルイミノヘキサメチレン)
　　　　　or poly(iminoadipoylimino-hexamethylene)

$\left(\text{NHCO}(\text{CH}_2)_5\right)_n$

　　　　ポリ-ε-カプロラクタム
　　　　　poly(ε-caprolactam)
　　　　*ポリ[イミノ(1-オキソヘキサメチレン)]
　　　　　poly[imino(1-oxohexamethylene)]

1.6.3　コポリマーの命名

　接頭語"ポリ"の後に構成モノマーの名称を列記し，各モノマーの組み合わせの間に，その2種のモノマーが結びつけられている配列の種類を示すイタリック体の接続記号を置く．

　無指定　　-co-　　　ポリ(A-co-B)
　ランダム　-ran-　　　ポリ(A-ran-B)
　交　互　　-alt-　　　ポリ(A-alt-B)
　周　期　　-per-　　　ポリ(A-per-B-per-C)
　ブロック　-block-　　ポリ(A-block-B)
　グラフト　-graft-　　ポリA-graft-ポリB

　例：poly[ethylene-ran-(vinyl acetate)]
　　　poly[styrene-alt-(maleic anhydride)]
　　　poly[formaldehyde-per-(ethylene oxide)-per-(ethylene oxide)]

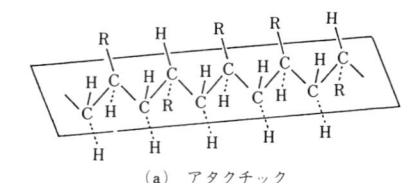

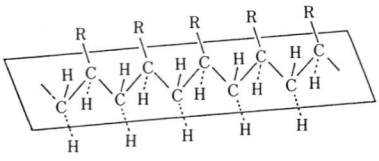

(a) アタクチック

(b) アイソタクチック

(c) シンジオタクチック

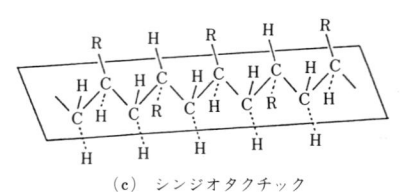

図 I.1.4

1.6.4 立体規則性ポリマーの定義

ポリマー分子の主鎖において，配置繰り返し単位がどの程度規則的に連続しているかを示す尺度をタクシチー(tacticity)という．

アタクチック(atactic)：無秩序
イソタクチック(isotactic)：ただ一種の単一連結
シンジオタクチック(syndiotactic)：互いに鏡像関係にある2種の単位が交互に連結

〔矢部　明〕

参 考 文 献

(1)　有機化合物命名法
1)　漆原義之：IUPAC 有機化学命名法 C の部，南江堂
2)　日本化学会標準化専門委員会化合物命名小委員会編：化合物命名法，日本化学会
3)　日本化学会編：化学便覧，基礎編 I, p. I -51(1984), 丸善
4)　畑一夫：有機化合物の命名(補訂版)(1973), 培風館

(2)　高分子命名法
1)　Pure and Applied Chemistry, **40** (1974), No. 3 ; **57** (1985), 1427
2)　鶴田禎二：高分子, **25**(1976), 534
3)　鶴田禎二：高分子, **27**(1978), 345
4)　三田達：高分子, **32**(1983), 443
5)　三田達：高分子, **33**(1984), 556
6)　三田達：高分子, **35**(1986), 880

第2章

光 物 性

2.1 光学の基礎

2.1.1 光とは何か

　光が波動性をもつことと粒子性をもつことについては，17世紀のNewtonの時代から考えられていたが，波としての性質が，光が電磁波であるとして定式化されたのは，19世紀の終りHertzによってであり，光の波動性と粒子性との統一は，20世紀初めのEinsteinの光量子仮説によってなされた．

　電磁波とは，電場の振動と磁場の振動とが互いに原因・結果の関係を保ちながら波の形で空間中を広がっていくもので，平面波の場合，図I.2.1のように表され，電場を x 方向，磁場を y 方向にとると，電磁波は z 方向へ進んでいく．電磁波の電場あるいは磁場の振動方向は波の進行方向とは垂直であり，このような波を横波という．電磁波はその波長に応じて分類される．図I.2.2に示すように，10^{-4} m以上の波長をもつ波が電波であり，赤外線領域を通って，波長 $0.77 \sim 0.38 \mu$ m が可視光線，さらに波長が短くなると紫外線からX線へと続く．さらに波長の短い γ 線は原子核から放出される電磁波である．通常われわれが光と呼ぶのは，人間の眼に感ずる可視光を中心にして，紫外光，近赤外光を含む場合が多く，分子の電子励起領域に対応している．

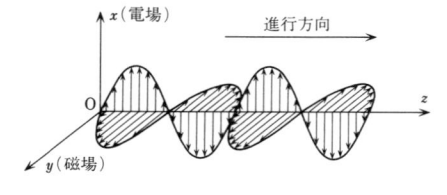

図 I.2.1 電磁波

　図I.2.1においてある瞬間 t のある位置 z における電場の強度 $E(z,t)$ は，複素数表示で，
$$E(z,t) = E_0 e^{i(\omega t - kz + \phi)} \quad (\text{I}.2.1)$$
と表され，E_0 は振幅，ϕ は初期位相であり，波数 k と角振動数 ω は波の波長 λ，振動数 ν とそれぞれ
$$k = 2\pi/\lambda, \quad \omega = 2\pi\nu \quad (\text{I}.2.2)$$
の関係がある．波の進行速度 v は
$$v = \nu\lambda = \omega/k \quad (\text{I}.2.3)$$
であり，電磁波の進行速度は，真空中では $c=2.998\times 10^8$ m/s と定義される真空中の光速に等しいが，屈折率 n の物質中では，光の電場により物質中にミクロな電荷分布のひずみ（分極）を引き起こしながら伝播するため，その進行速度は $v=c/n$ といくぶん小さくなる．このことは，光の屈折や反射の原因となり，物質の分子構造や高次構造を反映して n の異方性を生じさせ，また進行波の位相制御によりさまざまな光学機能を実現するための基礎となっている．これらは，光現象を光と物質との相互作用として捉えたとき，物質による光の変化という側面にかかわっている．

　一方，振動数 ν をもつ光は，エネルギー $\varepsilon=h\nu$（h はプランク定数）をもつ光量子（フォトン）からなるともいえる．このことは，Einsteinにより金属表面に光が当たったときに電流が流れる光電効果の現象を光の電磁波説と矛盾なく説明するために提唱されたものであるが，de Broglieによる物質波の概念の提案とシュレーディンガー方程式へとつながって，現代のわれわれの物質観の基礎となっている．物質には分子内の原子が行う回転や振動運動，原子のまわりや分子軌道中の電子の運動など，さまざまなレベルの運動があり，それぞれの運動には固有のエネルギー準位が存在する．物質に電磁波が当たると，その電磁波のもつエネルギーに等しいエネルギー差をもつエネルギー準位間の遷移が起こり，エネルギーの吸収あるいは放出が行われる．分子の回転や振動のエネルギーは，マイクロ波から赤外光領域に対応し，分子中の外殻電子の遷移が近赤外光・可視光・紫外光領域になるので，これらの分子構造，振動励起状態，電子励起状態研究の手法として，赤外吸収分光，ラマン分光，紫外可視吸収分光，発光分光などの分光学が発展してきた．電磁波のスペクトルと各波長に対応する現象が図I.2.2にまとめられてある．特に電子励起状態からは，光物理過程による蛍光やエネルギー移動のみならず，電子移動や光化学反応を行い，さまざまの光物理機能や光化学機能の基礎となっている．これらは，光と物質との相互作用のうち，光による物質の変化に対応している．以下に

2.1 光学の基礎

振動数	300kHz	3MHz	30MHz	300MHz	3GHz	30GHz	300GHz	3THz	30THz	300THz	3PHz	30PHz	300PHz	3EHz	30EHz
波長	1km	100m	10m	1m	10cm	1cm	1mm	100μm	10μm	1μm	100nm	10nm	1nm	1Å	0.1Å
波数 (cm^{-1})						0.1	1	10	100	1000	10000				
エネルギー	1.24neV / 12.4neV	12.4neV / 1.24μeV	124neV / 1.24μeV	1.24μeV / 124μeV	12.4μeV / 124μeV	124μeV / 12.4meV	1.24meV / 12.4meV	12.4meV / 1.24eV	124meV / 1.24eV	1.24eV / 124eV	12.4eV / 124eV	124eV / 12.4keV	1.24keV / 12.4keV	12.4keV / 1.24MeV	124keV
	120μJ / 1.2mJ	1.2mJ / 120mJ	12mJ / 120mJ	120mJ / 12J	1.2J / 12J	12J / 1.2kJ	120J / 1.2kJ	1.2kJ / 120kJ	12kJ / 120kJ	120kJ / 12MJ	1.2MJ / 120MJ	12MJ / 1.2GJ	120MJ / 1.2GJ	1.2GJ / 120GJ	12GJ
	28.8μcal / 286μcal	286μcal / 28.6mcal	2.86mcal / 28.6mcal	28.6mcal / 2.86cal	286mcal / 2.86cal	2.86cal / 286cal	28.6cal / 286cal	286cal / 28.6kcal	2.86kcal / 28.6kcal	28.6kcal / 2.86Mcal	286kcal / 2.86Mcal	2.86Mcal / 286Mcal	28.6Mcal / 286Mcal	286Mcal / 2.86Gcal	2.86Gcal
温度	14.4μK / 144μK	144μK / 14.4mK	1.44mK / 14.4mK	14.4mK / 1.44K	144mK / 1.44K	1.44K / 144K	14.4K / 144K	144K / 14.4kK	1.44kK / 14.4kK	14.4kK / 1.44MK	144kK / 1.44MK	1.44MK / 144MK	14.4MK / 144MK	144MK / 1.44GK	1.44GK
名称	電波 ←→					マイクロ波			赤外線	可視光 紫外線		X線			γ線
	長波 (LF)	中波 (MF)	短波 (HF)	メートル波 (VHF)	センチメートル波 / デシメートル波 (UHF)	(SHF)	ミリ波 (EHF)	遠赤外	赤外	近赤外	可視光	近紫外 / 真空紫外	紫外	軟X線	X線 / 硬X線	γ線
発見者	H. R. Hertz (1888)							F. W. Herschel (1800) / Newton		J. W. Ritter (1801)		W. C. Röntgen (1895)		A. H. Becquerel (1896)	
現象	電磁場中での電子および原子核の運動							分子の回転 / 分子の振動		外殻電子遷移	大きな電子遷移	内部軌道への電子遷移		原子核反応	
放出源	電子回路 (LC回路)	マグネトロン	クライストロン		メーザー		熱源		レーザー		水銀灯	放電管	シンクロトロン放射		核崩壊
検出器	アンテナと検波装置 (電波望遠鏡)						熱電対		光電池	光電管	蛍光体	写真		ガイガー	シンチレーター
用途	通信	ラジオ	テレビ / レーダー	マイクロ波通信 / 高周波加熱 / 航空用レーダー (宇宙電波)			赤外線写真 / 熱源 / 物質分析	光通信 / 光メモリー / 写真 / 照明	光反応 / 殺菌灯 / リソグラフィー		構造解析写真 / 内部構造写真		構造解析		
分野	電気工学・電子工学					宇宙物理学		物理学・化学 (分子構造)	(分子物理学) (光物理化学)	(構造解析)		高エネルギー物理学			

図 I.2.2 電磁波のスペクトル[3]

は,まず光学の基礎をまとめる.

2.1.2 反射と屈折

光線はレンズ中や鏡面を反射と屈折の法則に従って進む.図 I.2.3において,物質1と物質2の境界面にAOという入射光が当たると,一部はOBのように反射され,残りはOCのように屈折して進む.点Oにおける境界面への法線と入射光とのなす角 θ_1 を入射角,反射光と法線とのなす角 θ_r を反射角,屈折光と法線のなす角 θ_2 を屈折角と呼ぶ.このとき,反射の法則は,入射光・反射光・法線は同一平面上にあり,入射角と反射角は等しい,すなわち $\theta_1 = \theta_r$ と表される.また,屈折の法則は,入射光・屈折光・法線は同一平面上にあり,入射角 θ_1 と屈折角 θ_2 の間には両物質の屈折率をそれぞれ n_1, n_2 として,

$$n_1 \sin\theta_1 = n_2 \sin\theta_2 \tag{I.2.4}$$

が成り立つことを示す.図 I.2.3の場合には $n_1 < n_2$ である.式(I.2.4)はスネルの法則とも呼ばれ,平面波が屈折ののち物質2中で再び位相のそろった平行波になるための条件から導かれる.

光がAからOを通ってCに進むとき,COに進む光は逆の道筋を通ってOAに進むことができる.これを光の逆進性という.いま,光がCからOに入射すると

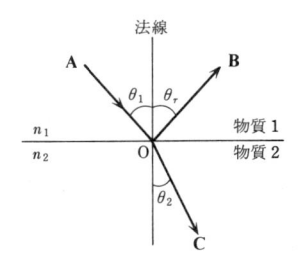

図 I.2.3 光の反射と屈折

きにその入射角 θ_2 を大きくしていくと，屈折率 θ_1 が 90° を越えるところで光は境界面ですべて反射されてしまい，透過しなくなる．このような現象を全反射といい，全反射を起こす入射角を臨界角 θ_{cr} と呼ぶ．θ_{cr} は $n_1 < n_2$ のときには式(I.2.4)より

$$\sin\theta_{cr} = n_1/n_2 \qquad (\text{I}.2.5)$$

である．

2.1.3 干渉と回折

いま2種類の光波 $U_1(\boldsymbol{r})$ と $U_2(\boldsymbol{r})$ が空間のある同じ位置に同時に存在するとすると，波動関数には重ね合わせの原理が成り立つので，合成波の複素振幅 $U(\boldsymbol{r})$ は

$$U(\boldsymbol{r}) = U_1(\boldsymbol{r}) + U_2(\boldsymbol{r}) \qquad (\text{I}.2.6)$$

で表される．しかし，光の強度 I には，重ね合わせの原理が成立せず，各成分光波の強度を $I_1 = |U_1|^2$, $I_2 = |U_2|^2$ としたとき，二つの光波の全強度 I は

$$I = |U|^2 = |U_1 + U_2|^2 = |U_1|^2 + |U_2|^2 + U_1^* U_2 + U_1 U_2^* \qquad (\text{I}.2.7)$$

となる．簡単にするために位置 $\boldsymbol{r}$ 依存性を省略し，各波の位相を ϕ_1, ϕ_2，位相差を $\phi = \phi_2 - \phi_1$ として，$u_1 = I_1^{1/2} e^{i\phi_1}$, $U_2 = I_2^{1/2} e^{i\phi_2}$ を使うと

$$I = I_1 + I_2 + 2(I_1 I_2)^{1/2} \cos\phi \qquad (\text{I}.2.8)$$

が得られる．これが干渉を表す式である．二つの光波の全強度 I は図 I.2.4(a) に示すように位相差 ϕ に依存し，たとえば $I_1 = I_2 = I_0$ とすると $I = 4I_0(1+\cos\phi) = 4I_0 \cos^2(\phi/2)$ であるので，$\phi = 0$ のときに $I = 4I_0$，$\phi = \pi$ のときには全強度 $I = 0$，$\phi = \pi/2$ や $3\pi/2$ では干渉項がなくなり，$I = 2I_0$ となる．

通常の条件では，位相 ϕ_1 と ϕ_2 はランダムにゆらいでいるので位相差 ϕ はランダムな値をとり，$\cos\phi$ の平均値は 0 となって式(I.2.8)の干渉項は消失する．しかし，可干渉(coherent)な光源を使うと光の干渉効果をはっきりと観測することができる．

強度 I_0 の二つの平面波が，z 方向に進行し，そのうちの一方が距離 d だけ遅れている場合を考える．すなわち，それらの波動関数は $U_1 = I_0^{1/2} e^{-ikz}$, $U_2 = I_0^{1/2} e^{-ik(z-d)}$ である．これらの二つの光波の和の強度 I は，式(I.2.8)に $\phi = kd = 2\pi d/\lambda$ を代入し

$$I = 2I_0[1 + \cos(2\pi d/\lambda)] \qquad (\text{I}.2.9)$$

となる．図 I.2.4(b) に強度 I と遅延距離 d の関係が示されている．式(I.2.9)は干渉計の原理を示し，$\phi = 2\pi d/\lambda = 2\pi n\nu d/c$ であるので，距離 d や屈折率 n の微小な変化を光の強度変化として検出できる．

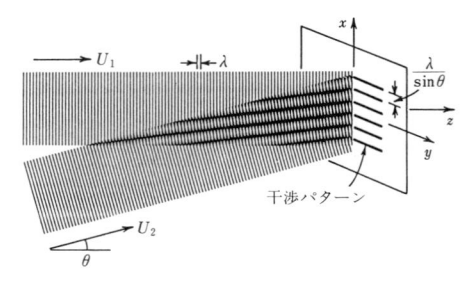

図 I.2.5 角度 θ で交わる二つの平面波の干渉[1]

次に二つの平面波が互いに図 I.2.5 に示すように θ の角度で交わる場合の干渉を考える．$U_1 = I_0^{1/2} e^{-ikz}$ が z 方向に進んでいるとすると，他方は xz 平面中を z 軸と角度 θ をなす方向へ進むので，$U_2 = I_0^{1/2} e^{-i(kz\cos\theta + kx\sin\theta)}$ であり，$z = 0$ 平面上では，二つの平面波は位相差 $\phi = kx\sin\theta$ となるので式(I.2.8)より，

$$I = 2I_0\{1 + \cos(kx\sin\theta)\} \qquad (\text{I}.2.10)$$

となる．この干渉縞は x 方向には周期 $2\pi/(k\sin\theta) = \lambda/\sin\theta$ の正弦波形となり，たとえば $\theta = 30°$ のときには周期 2λ である．式(I.2.10)はホログラフィーの原理であり，角度 θ を測定する手法としても用いられる．

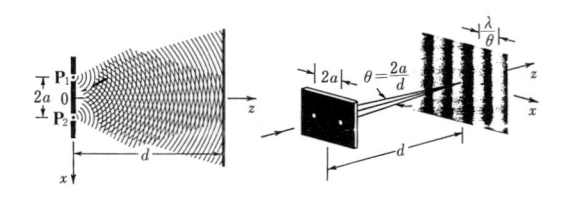

図 I.2.6 ヤングの実験
点 P_1 と P_2 からの強度の等しい球面波の干渉によって距離 d だけ離れたスクリーン上につくられる干渉縞[1].

一つの平面波を点 $(a, 0, 0)$ と $(-a, 0, 0)$ のピンホールに通すことによりつくられた等しい強度 I_0 をもつ二つの球面波が，距離 d だけ離れた位置にある $z = d$ 平面上で干渉する現象(図 I.2.6)は，ヤングの実験としてよく知られている．この場合の距離 d とスクリーン上の位置 x に依存する光の強度 I は，$\theta = 2a/d$ が十分小さいと仮定すると，式(I.2.10)から直ちに

$$I(x, y, d) = 2I_0\{1 + \cos(2\pi x\theta/\lambda)\} \qquad (\text{I}.2.11)$$

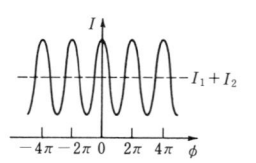

(a) 位相差 $\phi = \phi_2 - \phi_1$ 依存性
(b) 光の進行方向での遅延距離 d 依存性

図 I.2.4 二つの入射光の干渉による全強度の変化

となり，周期 $\lambda/\theta = (d/2a)\lambda$ の干渉縞が現れることが導かれる.

波が障害物にさえぎられたとき，波がその障害物の裏側に達する現象を回折という．"ある1点に波が伝わるとその点が源となって2次球面波を送り出し，波が広がっていく"というホイヘンスの原理により，障害物間の隙間(slit)に対して波長が大きいほど，回折の効果は顕著になる.

光の波長は μm の程度であるので，通常の物体では回折が起こらないが，スリットの大きさが波長程度まで小さくなると回折現象を観察することができる．

2.1.4 偏 光

光は伝播方向に垂直な面内で振動する横波であるので，その面内で方向性のある振動をする．伝播方向を z 軸として，xy 平面内での電場ベクトルの方向の時間変化により，その光の偏光状態が決められる．電場ベクトルの終点のトレースは一般には楕円形であるが，基本的には，直線と円に分解することができ，それぞれ直線偏光，円偏光と呼ばれる．それらのスケッチを図 I.2.7 に示す．いま，電場ベクトル $\boldsymbol{E}(z,t)$ を複素表示で表すと，

$$\boldsymbol{E}(z,t) = \boldsymbol{A}e^{i(\omega t - kz)} \quad (\text{I}.2.12)$$

$$\boldsymbol{A} = A_x\hat{\boldsymbol{x}} + A_y\hat{\boldsymbol{y}} = a_x e^{i\phi_x}\hat{\boldsymbol{x}} + a_y e^{i\phi_y}\hat{\boldsymbol{y}} \quad (\text{I}.2.13)$$

となり，ここで $\hat{\boldsymbol{x}}$, $\hat{\boldsymbol{y}}$ は x 方向，y 方向の単位ベクトル，a_x, a_y と ϕ_x, ϕ_y は，それぞれ複素成分 A_x, A_y の振幅および位相を示す．これらを使うと z 方向に進む電場ベクトルの x 成分および y 成分は，式 (I.2.14〜I.2.15) となる．

$$\begin{aligned} E_x(z,t) &= A_x e^{i(\omega t - kz)} \\ &= a_x e^{i(\omega t - kz + \phi_x)} \\ &= a_x e^{2\pi i \nu(t - z/v) + i\phi_x} \end{aligned} \quad (\text{I}.2.14)$$

$$\begin{aligned} E_y(z,t) &= A_y e^{i(\omega t - kz)} \\ &= a_y e^{i(\omega t - kz - \phi_y)} \\ &= a_y e^{2\pi i \nu(t - z/v) + i\phi_y} \end{aligned} \quad (\text{I}.2.15)$$

成分 E_x と E_y は振動数 ν をもつ $(t - z/v)$ の周期関数であり，それらの位相差を $\phi = \phi_y - \phi_x$ とすると，楕円体のパラメトリック方程式と呼ばれる次式の関係が成り立っている．

$$\left(\frac{E_x}{a_x}\right)^2 + \left(\frac{E_y}{a_y}\right)^2 - 2\left(\frac{E_x E_y}{a_x a_y}\right)\cos\phi = \sin^2\phi \quad (\text{I}.2.16)$$

$\phi = 0$ か π のときは直線偏光となり，$\phi = \pm 2/\pi$ で $a_x = a_y = (1/\sqrt{2})a_0$ のときは円偏光になる．円偏光は，光の進行方向に相対してある位置 z での電場ベクトルの時間変化をながめたとき，右まわりになるものを右旋光(図 I.2.7(b))，左まわりになるものを左旋光(図 I.2.7(c))と呼ぶ習慣である．たとえば右旋光の電場ベクトルの各成分は，

$$\begin{aligned} E_x(z,t) &= Re\{(1/\sqrt{2})a_0 e^{i(\omega t - kz)}\} \\ &= (1/\sqrt{2})a_0 \cos(\omega t - kz) \end{aligned} \quad (\text{I}.2.17)$$

$$\begin{aligned} E_y(z,t) &= Re\{(1/\sqrt{2})ia_0 e^{i(\omega t - kz)}\} \\ &= (-1/\sqrt{2})a_0 \sin(\omega t - kz) \end{aligned} \quad (\text{I}.2.18)$$

で表される．界面での反射の割合は偏光の状態に依存し，光学異方性物質の屈折率，物質によっては光吸収量や光化学反応の効率も偏光状態に依存し，いわゆる光学活性物質は直線偏光を円偏光に変える．また蛍光偏光解消の測定から分子の回転拡散速度がわかり，偏光は光と物質の相互作用において重要な役割を果たしている．

次に，直線偏光が屈折率 n_1 の物質中から屈折率 n_2 の物質中へ入射したときの反射と透過について考える(図 I.2.8)．入射光の電場ベクトルが入射面(yz 平面)に垂直な(x 方向)場合を TE(Transverse Electric)偏光あるいは s(senkrecht)偏光と呼び，電場ベクトルが入射面に平行(y 方向)の場合を TM(Transverse Magnetic)偏光あるいは p(parallel)偏光と呼ぶ．入射角と反射角を θ_1，屈折率を θ_2 とし，TE 偏光と TM 偏

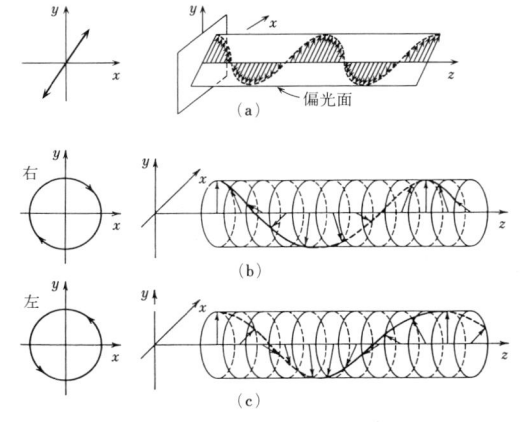

図 I.2.7 直線偏光(a)と円偏光(b), (c)

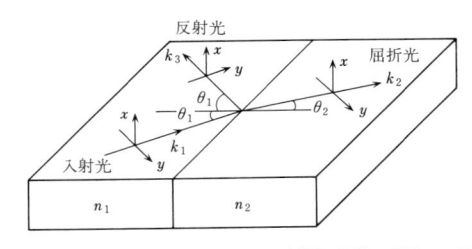

図 I.2.8 屈折率 n_1 および n_2 の2種類の物質の界面での反射と屈折

光に対して，それぞれ境界面での波動の連続性の条件とスネルの法則式(I.2.4)を使うと，電場ベクトルの振幅成分の間の関係が得られ，TE偏光とTM偏光に対する反射率Rと透過率Tは次のように表される．

$$R_{TE}=\left|\frac{a_{3x}}{a_{1x}}\right|^2=\left(\frac{n_1\cos\theta_1-n_2\cos\theta_2}{n_1\cos\theta_1+n_2\cos\theta_2}\right)^2=\frac{\sin^2(\theta_1-\theta_2)}{\sin^2(\theta_1+\theta_2)} \quad (I.2.19)$$

$$T_{TE}=1-R_x=\frac{n_2\cos\theta_2}{n_1\cos\theta_1}\left|\frac{a_{2x}}{a_{1x}}\right|^2=\frac{\sin(2\theta_1)\sin(2\theta_2)}{\sin^2(\theta_1+\theta_2)} \quad (I.2.20)$$

$$R_{TM}=\left|\frac{a_{3y}}{a_{1y}}\right|^2=\left(\frac{n_2\cos\theta_1-n_1\cos\theta_2}{n_2\cos\theta_1+n_1\cos\theta_2}\right)^2=\frac{\tan^2(\theta_1-\theta_2)}{\tan^2(\theta_1+\theta_2)} \quad (I.2.21)$$

$$T_{TM}=1-R_y=\frac{n_1\cos\theta_2}{n_2\cos\theta_1}\left|\frac{a_{2y}}{a_{1y}}\right|^2$$
$$=\frac{\sin(2\theta_1)\cos(2\theta_2)}{\sin^2(\theta_1+\theta_2)\cos^2(\theta_1-\theta_2)} \quad (I.2.22)$$

入射光が境界面に垂直($\theta_1=0$)の場合には，式(I.2.19)，(I.2.21)から反射率はどちらの場合も$R=\{(n_1-n_2)/(n_1+n_2)\}^2$となり，両相の屈折率のみに依存する．

いま，$n_1<n_2(\theta_1>\theta_2)$の条件を考え，反射率$R$の入射角$\theta_1$依存性をプロットすると図I.2.9のように，TE偏光(R_{TE})では入射角の増大とともに単調増加するが，TM偏光(R_{TM})では，ある角度θ_Bになるまで減少し，この角度で0になってからまた増加する関数であることがわかる．すなわち$\tan(\theta_1+\theta_2)=\infty$のとき$R_{TM}=0$となるから，このときの入射角は$\theta_B=(\pi/2)-\theta_2$である．この入射角はブリュースター角と呼ばれる．屈折の法則を用いると，

$$\theta_B=\tan^{-1}(n_2/n_1) \quad (I.2.23)$$

が得られる．たとえば空気($n_1=1.0$)とガラス($n_2≒1.5$)の境界面でのブリュースター角は約56.3°である．角度θ_Bでガラスに光を入射させたときの透過光はTM偏光(p偏光)の割合が増加するので，ブリュースター窓のある外部ミラー型のレーザー発振光は直線偏光になっている．

偏光子(polarizer)や種々の光学素子を使うと，光の偏光状態を変換することができる．たとえば，屈折率に異方性があるような物質(n_xとn_y)中を光が進むとき，x，y方向の伝播定数k_xとk_yは，

$$k_x=2\pi/\lambda=2\pi\nu/(c/n_x)=\omega n_x/c, \quad k_y=\omega n_y/c \quad (I.2.24)$$

と表され，距離dだけ進んだときの位相差ϕは，

$$\phi=(k_x-k_y)d=(\omega d/c)(n_x-n_y) \quad (I.2.25)$$

となる．$\phi=\pi/2$のときには，直線が円偏光に変わった

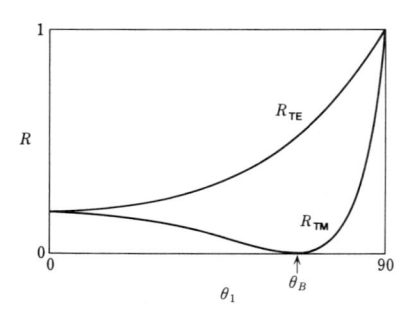

図 I.2.9 TE(s)偏光およびTM(p)偏光の反射率Rの入射角θ_1依存性

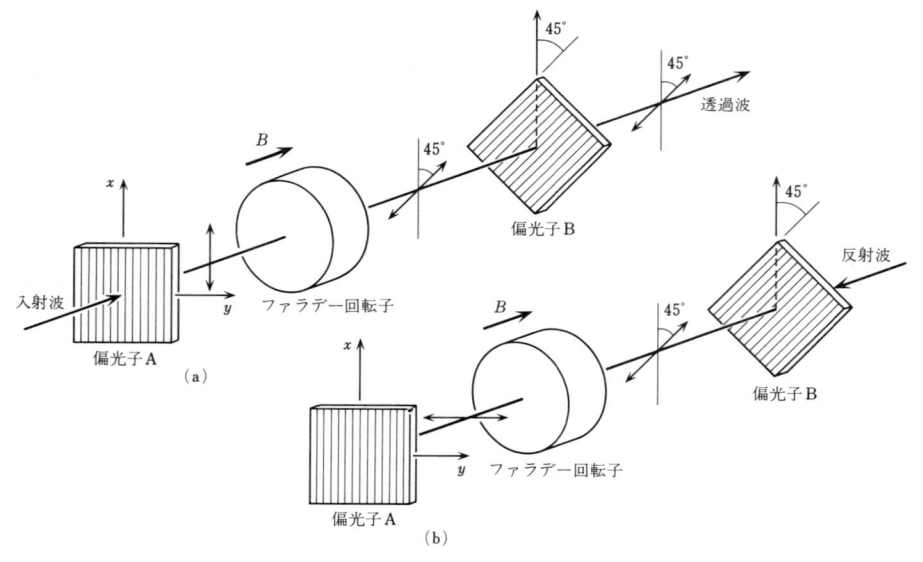

図 I.2.10 ファラデー回転子をつかった光アイソレーター[1]
一方向へは進む(a)が逆方向には進まない(b)．

ことになり，このとき $|n_x - n_y| d ≒ 4/λ$ であるので，厚さ d のこのような素子を $λ/4$ 板という．$\phi = \pi$ の場合には入射した光に対して $90°$ 回転した直線偏光が得られて，$λ/2$ 板と呼ばれる．物質が等方性の場合でも，電場により異方性の屈折率変化が誘起される場合には，同様の現象が観察される．一般に電場の一次に比例して屈折率が変化する場合をポッケルス効果，二次に比例する場合をカー効果と呼ぶ．これらの電気光学効果は，レーザー，光計測，光スイッチ，光回路に不可欠な要素として広く用いられている．一例として，2 枚の偏光子と磁気光学効果により直線偏光の方向を $45°$ 回転させるファラデー回転子を組み合わせた光アイソレーター(逆方向の光の進行を抑える)の仕組みを図 I.2.10 に示した．光変調素子の原理の詳細は成書[1,4]を参照してほしい．

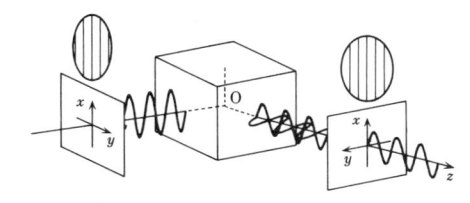

図 I.2.11 蛍光偏光解消の測定原理

直線偏光 $a_x = I_0^{1/2}$, $a_y = 0$ を，蛍光を発する分子の溶液あるいは蛍光分子を含むフィルムに照射して，発光の x 成分および y 成分の強度 $I_∥$ および $I_⊥$ を，発光側の偏光子の角度を変えて測定すると(図 I.2.11)，蛍光の偏光解消の度合いを表す蛍光異方性比 r

$$r = \frac{I_∥ - I_⊥}{I_∥ + 2I_⊥} \quad (\text{I}.2.26)$$

が得られる[3]．r は蛍光分子の励起寿命に比べた分子の回転運動のしにくさ，あるいは蛍光分子間の励起エネルギー移動のしにくさの目安であり，回転拡散や励起エネルギー移動が非常に速い場合には完全に偏光解消され，$r = 0$ となる．蛍光性試料が偏光解消を起こす原因としては，(1)吸収遷移モーメントと発光遷移モーメント間のずれ，(2)分子の分子運動(回転拡散)，(3)励起エネルギー移動，(4)再吸収，(5)多重散乱，が考えられる．蛍光分子の吸収遷移モーメントと発光遷移モーメント間の角度を ω とし，蛍光分子が試料内でランダムに分布しているとすると，分子運動および励起エネルギー移動がないときの r の値 r_0 は，

$$r_0 = 0.4 \times (3\cos^2 \omega - 1)/2 \quad (\text{I}.2.27)$$

となる．ω は $0 \sim \pi/2$ の範囲で変化するので，r_0 の範囲は $0.4 ≧ r_0 ≧ -0.2$ であり，通常の蛍光分子では剛体溶液中で $r_0 = 0.4$ のことが多いが，りん光の偏光解消では $r_0 = -0.2$ となることもある．

蛍光分子あるいはそれが固定されているタンパク質などのポリマーが球状であると仮定すると，回転ブラウン運動による異方性比 r の変化の度合いは，球状分子の体積 V，溶媒の粘度 η，プローブの寿命 τ，温度 T として，

$$\frac{1}{r} = \frac{1}{r_0}\left(1 + \frac{k_B \tau T}{V\eta}\right) \quad (\text{I}.2.28)$$

で表され，$1/r$ を T/η に対してプロットする Perrin-Webber プロットから，r_0 と τ/V が求められる．τ が既知の場合には回転分子の流体力学的体積 V の値が得られる．

2.2 電磁波としての光

2.2.1 マックスウェル方程式

古典電磁気学による電場 E と磁場 H のふるまいは，マックスウェル方程式と呼ばれる以下の四つの方程式に集約されている[5,6]．

$$\nabla \times E = -\mu_0(\partial H/\partial t) = -(\partial B/\partial t) \quad (\text{I}.2.29)$$

$$\nabla \times H = (\partial D/\partial t) + I$$
$$= (\partial/\partial t)(\varepsilon_0 E + P) + I \quad (\text{I}.2.30)$$

$$\nabla \cdot D = \varepsilon_0 \nabla \cdot E + \nabla \cdot P = \rho \quad (\text{I}.2.31)$$

$$\nabla \cdot H = 0 \quad (\text{I}.2.32)$$

ここで，$B = \mu_0 H$ は磁束密度，$D = \varepsilon_0 E + P$ は電束密度，P は分極，I は電流密度，ρ は電荷密度であり，μ_0 と ε_0 は真空中の透磁率と誘電率である．式(I.2.29)はファラデーの電磁誘導の法則から導かれ，磁石が動くと電流が生じることを示し，式(I.2.30)はビオ-サバールの法則とアンペールの法則に基づいて電流が流れると磁界が生じることを表現している．式(I.2.31)と式(I.2.32)はガウスの法則から導かれ，式(I.2.31)は電荷の存在を示す式であり，式(I.2.32)は磁荷が存在しないことを示している．

媒質が束縛電荷だけ，すなわち誘起分極のみの場合には式(I.2.30)と式(I.2.31)は，それぞれ

$$\nabla \times H = (\partial/\partial t)(\varepsilon_0 E + P) \quad (\text{I}.2.33)$$

$$\nabla(\varepsilon_0 E + P) = 0 \quad (\text{I}.2.34)$$

となり，真空中での自由な(すなわち電荷も電流も存在しない)電磁波についてはさらに $P = 0$ となる．これらのマックスウェル方程式を $P = 0$ として E または H のみの関数に変形すると，

$$\nabla^2 E = \varepsilon_0 \mu_0 (\partial^2 E/\partial t^2) \quad (\text{I}.2.35)$$

が得られ，ここで $c = (\varepsilon_0 \mu_0)^{-1/2}$ は真空中の光の速度に対応し，光が電磁波であることを示している．

2.2.2 媒質中の光の伝搬

誘電媒質中に誘起される分極 $\boldsymbol{P}$ は加えた電場 $\boldsymbol{E}$ に比例し、χ を電気感受率とすると、

$$\boldsymbol{P} = \varepsilon_0 \chi \boldsymbol{E} = \varepsilon_0 (\chi' + i\chi'') \boldsymbol{E} \quad (\mathrm{I}.2.36)$$

で表される。χ', χ'' はそれぞれ χ の実数成分、虚数成分である。複素感受率 χ は加えた場の振動数 ω の関数で、その形は誘電体を形成している原子分子のエネルギー準位と波動関数に依存している。

式（I.2.36）と式（I.2.29），（I.2.33）から

$$\nabla^2 \boldsymbol{E} = [(1+\chi)\varepsilon_0\mu_0](\partial^2 \boldsymbol{E}/\partial t^2) \quad (\mathrm{I}.2.37)$$

が得られ、その解は、

$$\boldsymbol{E}(\boldsymbol{r}, t) = \boldsymbol{E}_0 e^{i(\boldsymbol{k} \cdot \boldsymbol{r} - \omega t)} \quad (\mathrm{I}.2.38)$$

となり、$k^2 = (1+\chi)(\varepsilon_0\mu_0)\omega^2$ から $c = (\varepsilon_0\mu_0)^{-1/2}$ を使い

$$(kc/\omega)^2 = 1+\chi = 1+\chi'+i\chi'' \quad (\mathrm{I}.2.39)$$

$$kc/\omega = n + i\kappa \quad (\mathrm{I}.2.40)$$

と表される。ここで n は屈折率であり、κ は消衰係数と呼ばれ、ランベルト-ベールの法則 $I_z = I_0 \exp(-\alpha z)$ から導かれる吸収係数 α と比例関係 $\alpha = (2\omega/c)\kappa$ にある。式（I.2.39）を式（I.2.40）に代入し、実数部と虚数部を比較すると

$$n^2 - \kappa^2 = 1 + \chi', \quad 2n\kappa = \chi'' \quad (\mathrm{I}.2.41)$$

であり、複素感受率 χ の実数部と虚数部は屈折率 n および消衰係数 κ と式（I.2.41）のような関係をもつことがわかる。

2.2.3 感受率の周波数依存性

光が通常の物質すなわち誘電媒質中を通るとき、光の吸収と分散が起こる。光の吸収は、現象論的には誘電体の複素感受率の虚部と関係づけられ、光の分散は、感受率 $\chi(\omega)$, 屈折率 $n(\omega)$, 光の速度 $v(\omega)$ の周波数 ω 依存性によって特徴づけられる[7]。光が誘電体中を通過すると、白色光はプリズムにより分光され、パルス光はそのパルス幅が広がる。

複素感受率 $\chi(\omega) = \chi'(\omega) + i\chi''(\omega)$ の周波数依存性を考慮すると、式（I.2.36）は次のように書き直される。

$$\boldsymbol{P}(\omega) = \varepsilon_0 \chi(\omega)\boldsymbol{E}(\omega) = \varepsilon_0(\chi'(\omega)+i\chi''(\omega))\boldsymbol{E}(\omega)$$
$$(\mathrm{I}.2.42)$$

屈折率 $n(\omega)$ および消衰係数 $\kappa(\omega)$ も当然周波数に依存するが、これらの間の関係は、クラマース-クローニッヒの式と呼ばれる、感受率（刺激応答関数）の実部 $\chi'(\omega)$ と虚部 $\chi''(\omega)$ の間に一般的に成立する関係式[7]

$$\chi'(\omega) = \frac{2}{\pi} \int_0^\infty \frac{\omega' \chi''(\omega')}{\omega'^2 - \omega^2} d\omega' \quad (\mathrm{I}.2.43)$$

$$\chi''(\omega) = \frac{2}{\pi} \int_0^\infty \frac{\omega \chi'(\omega')}{\omega^2 - \omega'^2} d\omega' \quad (\mathrm{I}.2.44)$$

を使って求められる。たとえば吸収の全領域での吸収係数 $\alpha(\omega)$ がわかっていれば、ω に依存する屈折率 $n(\omega)$ の値を計算することができ、逆も成り立つ。

誘電体中での電荷の変位 x による分極の発生を調和振動子モデルで近似すると、振動子の運動方程式は

$$m(d^2x/dt^2 + \Gamma(dx/dt) + \omega_0^2 x) = e\boldsymbol{E} \quad (\mathrm{I}.2.45)$$

で表される。ここで、m は束縛電荷の質量、$\omega_0 = (k/m)^{1/2}$ は共鳴周波数、k は弾性定数、Γ は減衰係数であり、分極 $\boldsymbol{P}$ は変位 x と $\boldsymbol{P} = Nex$（N は単位体積あたりの電荷数）の関係にある。周期的電場 $\boldsymbol{E}(t) = Re(Ee^{i\omega t})$ に対し、応答関数を $\boldsymbol{P}(t) = Re(Pe^{i\omega t})$ で表して、これらを式（I.2.45）に代入すると

$$(-\omega^2 + i\Gamma\omega + \omega_0^2)P = \omega_0^2 \varepsilon_0 \chi_0 E \quad (\mathrm{I}.2.46)$$

が得られる。式（I.2.42）と比較すると共鳴媒質中での周波数に依存する感受率 $\chi(\omega)$ は

$$\chi(\omega) = \chi_0 \frac{\omega_0^2}{\omega_0^2 - \omega^2 + i\omega\Gamma} \quad (\mathrm{I}.2.47)$$

となり、その実数部と虚数部は以下のようになる[1,7]。

$$\chi'(\omega) = \chi_0 \frac{\omega_0^2 (\omega_0^2 - \omega^2)}{(\omega_0^2 - \omega^2)^2 + \omega^2 \Gamma^2} \quad (\mathrm{I}.2.48)$$

$$\chi''(\omega) = -\chi_0 \frac{\omega_0^2 \omega \Gamma}{(\omega_0^2 - \omega^2)^2 + \omega^2 \Gamma^2} \quad (\mathrm{I}.2.49)$$

実数の場は必ず実数の分極を生じるので、感受率には $\chi(-\omega) = \chi^*(\omega)$、すなわち、$\chi'(-\omega) = \chi'(\omega)$, $\chi''(-\omega) = \chi''(\omega)$ の関係（交差関係）が成立しなければ

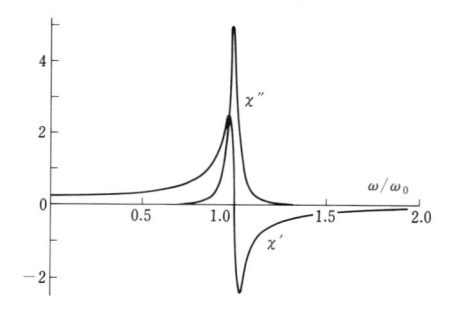

図 I.2.12 複素感受率の実部 χ' および虚部 χ'' の角周波数 ω 依存性[7]（$\chi_0 = 1/4$, $\Gamma = \omega_0/20$ として計算）

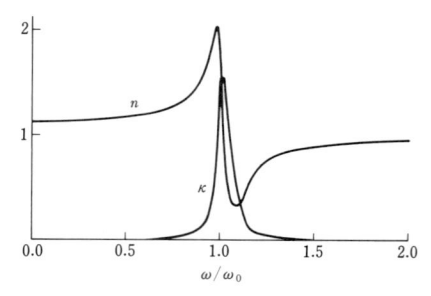

図 I.2.13 屈折率 n および消衰係数 κ の角周波数 ω 依存性[7]（$\chi_0 = 1/4$, $\Gamma = \omega/20$ として計算）

ならないが，式(Ⅰ.2.48)と式(Ⅰ.2.49)はこの交差関係を満足している．$\chi'(\omega)$ と $\chi''(\omega)$ の ω 依存性の例を，パラメータ χ_0 と Γ/ω_0 をある特定の値に選んで図Ⅰ.2.12に示す．また，これに対応する $n(\omega)$ と $x(\omega)$ の変化の様子を図Ⅰ.2.13に示してある．共鳴中心での $\chi''(\omega)$ の半値幅は Γ の値にほぼ等しい．もし，$\Gamma \gg \omega_0$ のときには，式(Ⅰ.2.49)の ω を $(\omega_0 - \omega)$ の因子を除いて ω_0 で置き換えてもよいので，式(Ⅰ.2.49)はローレンツ型として知られる関数形

$$\chi''(\omega) = 2n(\omega)x(\omega) = \frac{\chi_0 \omega_0 \Gamma/4}{(\omega_0-\omega)^2 + (\Gamma/2)^2} \quad (\text{Ⅰ.2.50})$$

となり，そのとき $\chi''(\omega)$ の半値幅は Γ に等しい．

もし共鳴原子または分子が屈折率 n_0 の媒質中に分散していてその濃度が十分低い場合には，系全体としての屈折率 $n(\omega)$ および吸収係数 $\alpha(\omega)$ は

$$n(\omega) \simeq n_0 + \chi'(\omega)/(2n_0) \quad (\text{Ⅰ.2.51})$$
$$\alpha(\omega) \simeq -(\omega/n_0 c)\chi''(\omega) \quad (\text{Ⅰ.2.52})$$

と近似することができる[1]．

2.3 光の吸収と放出

2.3.1 アインシュタインのA係数とB係数

Ⅰ.2.3節では，量子化された電磁波すなわち放射場と種々のエネルギー準位をもつ物質(分子場)との相互作用の結果としての光の吸収と放出を扱う．光の量子論は，Planckの調和振動子のエネルギーの量子仮説(1900年)，Einsteinの光量子説(1905年)および原子と電磁放射の相互作用の考察(1917年)に始まったといえる．ここではまず，単純な現象論的考察ではあるが正しい結論を導出している，光の吸収と放出についてのアインシュタイン理論にふれる．

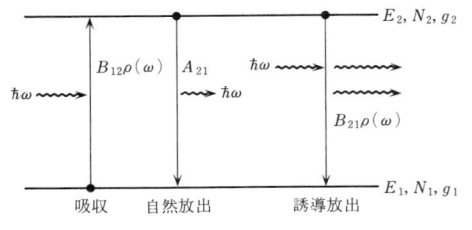

図 Ⅰ.2.14 放射過程の三つの基本型

N 個の同じ原子からなる気体がある空洞内にあって，各原子はエネルギー E_1 と E_2 である二つの状態のみをとりうるとすると，図Ⅰ.2.14のように，原子がこの2状態間を遷移し，角振動数 $\omega = (E_2+E_1)/\hbar$ をもつ光子が吸収または放出されるというエネルギー保存過程が可能となる．E_1, E_2 のエネルギーをもつ原子の数をそれぞれ N_1, N_2，各エネルギー準位の縮退度を g_1, g_2 とする．この系に存在する電磁放射のエネルギー密度 $\rho(\omega)$ は，外部の電磁放射の源からの寄与 $\rho_E(\omega)$ と熱放射の寄与 $\rho_T(\omega)$ との和 $\rho(\omega) = \rho_T(\omega) + \rho_E(\omega)$ として表される．

原子数 N_1 と N_2 の変化の速度は式(Ⅰ.2.53)で与えられる．

$$dN_1/dt = -dN_2/dt = A_{21}N_2 - B_{12}N_1\rho(\omega) + B_{21}N_2\rho(\omega) \quad (\text{Ⅰ.2.53})$$

ここで，A_{21} は状態2から状態1への光の自然放出の単位時間あたりの確率，B_{12} はエネルギー密度 $\rho(\omega)$ の光が存在するときの光の吸収を伴う $1 \to 2$ への遷移の速度係数，B_{21} は，$\rho(\omega)$ によって引き起こされる $2 \to 1$ への下向きの光の放出を伴う遷移(誘導放出)の速度係数である．三つのアインシュタイン係数 A_{21}, B_{12}, B_{21} は関係する原子の状態にのみ依存し，放射場 $\rho(\omega)$ には無関係である．

いま，外部からの放射が空洞に入ってこないような熱平衡の場合を考えると，$\rho(\omega) = \rho_T(\omega)$ で式(Ⅰ.2.53)の右辺を0に等しいとおくことができ，また N_1/N_2 にはボルツマン分布が成り立つので，式(Ⅰ.2.54)が得られる．

$$\rho_T(\omega) = \frac{A_{21}}{(N_1/N_2)B_{12} - B_{21}}$$
$$= \frac{A_{21}}{(g_1/g_2)B_{12}\exp(\hbar\omega/k_B T) - B_{21}} \quad (\text{Ⅰ.2.54})$$

この結果は，熱平衡における放射エネルギー密度に関するプランクの法則

$$\rho_T(\omega)d\omega = \left(\frac{\hbar\omega^3}{\pi^2 c^3}\right)\frac{d\omega}{\exp(\hbar\omega/k_B T) - 1} \quad (\text{Ⅰ.2.55})$$

と矛盾してはならないので，式(Ⅰ.2.54)と(Ⅰ.2.55)がすべての温度で一致する条件は，式(Ⅰ.2.56)となる．

$$(g_1/g_2)B_{12} = B_{21}, \quad (\hbar\omega^3/\pi^2 c^3)B_{21} = A_{21} \quad (\text{Ⅰ.2.56})$$

このように，ある1対の準位間の遷移の速度は，すべてどれか一つの係数を使って表すことができる．式(Ⅰ.2.55)との比較から，誘導放出の過程を導入しなければアインシュタイン理論とプランク理論との一貫性は得られないことがわかる．光の放出に関する量子論的取り扱いでは，誘導放出のプロセスが無理なく導入されることは，次項で述べる．

熱平衡状態での自然放出と誘導放出の速度の大小関係は，二つの準位間のエネルギー，すなわち光子の角振動数 ω の大きさによって決まる．それらの比は

$$A_{21}/(B_{21}\rho_T(\omega)) = \exp(\hbar\omega/k_B T) - 1 \quad (\text{Ⅰ.2.57})$$

であり，室温($T = 300$ K)で指数 $\hbar\omega/k_B T$ が1に等し

くなるのは遠赤外領域で振動数 6×10^{12} Hz，波長 $\lambda=50\,\mu\mathrm{m}$ の放射に対応する．つまり，近赤外，可視，紫外あるいは X 線領域の放射では，通常の条件では

$$\hbar\omega\gg k_BT \text{ および } A_{21}\gg B_{21}\rho_T(\omega) \quad (\mathrm{I}.2.58)$$

であり，熱平衡での誘導放出の割合は自然放出に比べてずっと小さく無視しえることになる．外部からの放電や光照射により，エネルギーの高い準位にいる原子数の方が大きい状態 ($N_2>N_1$) を人為的につくり出し（ポンピング），誘導放出を起こさせるのがレーザーの原理である．レーザーについては，I.2.4 節でふれる．

2.3.2 電磁波の量子化

光と物質の相互作用をシュレーディンガー方程式に基づいて量子力学的に扱うためには，まず電磁波である光を量子化することが必要である．電磁場の古典論から，電磁場が無数の調和振動子の集まりと同等であることが示される．この調和振動子の集まりを量子論的に取り扱うことによって光子 (photon) という概念が自然に現れ，光子の吸収と放出に対応する生成消滅演算子が導入されることになる[2,3,8]．

マックスウェル方程式（式 (I.2.29)~(I.2.32)）は，真空中では次のように書ける．

$$\nabla\times\boldsymbol{E}+(\partial\boldsymbol{B}/\partial t)=0, \quad \nabla\cdot\boldsymbol{B}=0 \quad (\mathrm{I}.2.59)$$

$$\nabla\times\boldsymbol{B}-(1/c^2)(\partial\boldsymbol{E}/\partial t)=0, \quad \nabla\cdot\boldsymbol{E}=0 \quad (\mathrm{I}.2.60)$$

これらの式で記述される電場 $\boldsymbol{E}$ および磁束密度 $\boldsymbol{B}=\mu_0\boldsymbol{H}$ は，式 (I.2.61)

$$\boldsymbol{B}=\nabla\times\boldsymbol{A}, \quad \boldsymbol{E}=-(\partial\boldsymbol{A}/\partial t)-\nabla\phi \quad (\mathrm{I}.2.61)$$

を満足するベクトルポテンシャル $\boldsymbol{A}$ とスカラーポテンシャル ϕ という二つの電磁ポテンシャル関数だけで表現することができる[2,3]．$\boldsymbol{E}$ と $\boldsymbol{B}$ が与えられていても $\boldsymbol{A}$ と ϕ の決め方には自由度が残されているので，

$$\nabla\cdot\boldsymbol{A}=0, \quad \nabla\phi=0 \quad (\mathrm{I}.2.62)$$

と選ぶことが多い．このようなとり方をクーロンゲージと呼ぶ．この場合 $\boldsymbol{A}$ は，その波数ベクトルと直角の方向に振動し，独立な 2 成分から成り立つので，直線偏光波の性質を導入したことになる．また，真空中では光は横波に限られるから $\phi=0$ とすることができる．クーロンゲージの条件で式 (I.2.61) を式 (I.2.60) に代入すると，$\boldsymbol{A}$ についての微分方程式

$$\Delta\boldsymbol{A}-(1/c^2)(\partial^2\boldsymbol{A}/\partial t^2)=0 \quad (\mathrm{I}.2.63)$$

が得られ，これは光速 c で進む進行波を表している．

いま，電磁波が 1 辺 L の大きな立方体 ($0\leq x, y, z\leq L$) の中に閉じ込められているとし，周期的境界条件を課すと，$\boldsymbol{A}$ は式 (I.2.64) となり，

$$\boldsymbol{A}(\boldsymbol{r}, t)=\boldsymbol{A}_0 e^{i(\boldsymbol{k}\cdot\boldsymbol{r}-\omega t)} \quad (\mathrm{I}.2.64)$$

$$\boldsymbol{k}\equiv(k_x, k_y, k_z)=(2\pi/L)(n_x, n_y, n_z) \quad (\mathrm{I}.2.65)$$

ここで，$\boldsymbol{r}$ は x, y, z を成分とする位置ベクトル，$\boldsymbol{k}$ は波数ベクトルであり，n_x, n_y, n_z は 0 または正負の整数をとる．$\boldsymbol{A}$ の分極方向を示す単位ベクトルを $\boldsymbol{e}$ として $\boldsymbol{A}_0=\boldsymbol{e}A_0$ とすると，電場 $\boldsymbol{E}$ と磁束密度 $\boldsymbol{B}$ は次式となる．

$$\boldsymbol{E}(\boldsymbol{r}, t)=i\omega\boldsymbol{e}A_0 e^{i(\boldsymbol{k}\cdot\boldsymbol{r}-\omega t)} \quad (\mathrm{I}.2.66)$$

$$\boldsymbol{B}(\boldsymbol{r}, t)=i[\boldsymbol{k}\times\boldsymbol{e}]A_0 e^{i(\boldsymbol{k}\cdot\boldsymbol{r}-\omega t)} \quad (\mathrm{I}.2.67)$$

一般にベクトルポテンシャル $\boldsymbol{A}(\boldsymbol{r}, t)$ は式 (I.2.63) の一般解として解の重ね合わせにより

$$\boldsymbol{A}(\boldsymbol{r}, t)=V^{-1/2}\sum_{\boldsymbol{k}}\sum_{v=1}^{2}\boldsymbol{e}_{\boldsymbol{k}v}\{q_{\boldsymbol{k}v}(t)e^{i\boldsymbol{k}\cdot\boldsymbol{r}}+q_{\boldsymbol{k}v}^*(t)e^{-i\boldsymbol{k}\cdot\boldsymbol{r}}\} \quad (\mathrm{I}.2.68)$$

と書ける．ここで $V=L^3$，$v=1, 2$ は二つの分極方向を示し，$q_{\boldsymbol{k}v}$ と $q_{\boldsymbol{k}v}^*$ は展開係数で観測量 $\boldsymbol{E}$ や $\boldsymbol{B}$ が実数となるように，複素共役項が加えられている．式 (I.2.68) で表される進行波を $\boldsymbol{r}=0$ の位置でのベクトルの時間変化として観測すると，角振動数 $\omega_{\boldsymbol{k}}=|\boldsymbol{k}|c$ で振動している調和振動子の集まりとみることができる．

真空中の電磁場のエネルギー密度 $U(\boldsymbol{r}, t)$ は

$$U(\boldsymbol{r}, t)=(1/2)\varepsilon_0(\boldsymbol{E}^2+c^2\boldsymbol{B}^2) \quad (\mathrm{I}.2.69)$$

で与えられ，体積 $V=L^3$ の立方体内の電磁場の全エネルギー H は

$$H=\int_V U(\boldsymbol{r}, t)\,d\boldsymbol{r}=\varepsilon_0\sum_{\boldsymbol{k}v}\omega_{\boldsymbol{k}}^2(q_{\boldsymbol{k}v}^* q_{\boldsymbol{k}v}+q_{\boldsymbol{k}v}q_{\boldsymbol{k}v}^*) \quad (\mathrm{I}.2.70)$$

と計算される[2]．ここで，展開係数 $q_{\boldsymbol{k}v}$，$q_{\boldsymbol{k}v}^*$ のかわりに実変数 $Q_{\boldsymbol{k}v}$ を

$$Q_{\boldsymbol{k}v}=q_{\boldsymbol{k}v}+q_{\boldsymbol{k}v}^*, \quad \dot{Q}_{\boldsymbol{k}v}=-i\omega_{\boldsymbol{k}}(q_{\boldsymbol{k}v}-q_{\boldsymbol{k}v}^*) \quad (\mathrm{I}.2.71)$$

と定義すると，式 (I.2.70) は式 (I.2.72) となる．

$$H=(\varepsilon_0/2)\sum_{\boldsymbol{k}v}(\dot{Q}_{\boldsymbol{k}v}^2+\omega_{\boldsymbol{k}}^2 Q_{\boldsymbol{k}v}^2)$$

$$=(1/2\varepsilon_0)\sum_{\boldsymbol{k}v}(P_{\boldsymbol{k}v}^2+\varepsilon_0^2\omega_{\boldsymbol{k}}^2 Q_{\boldsymbol{k}v}^2) \quad (\mathrm{I}.2.72)$$

ここで座標 Q に共役な一般化した運動量 $P_{\boldsymbol{k}v}=\partial L/\partial\dot{Q}_{\boldsymbol{k}v}=\varepsilon_0\dot{Q}_{\boldsymbol{k}v}$ (L はラグランジュ関数) を導入した．量子力学の対応原理によって

$$P_{\boldsymbol{k}v}\rightarrow\frac{\hbar}{i}\frac{\partial}{\partial Q_{\boldsymbol{k}v}} \quad (\mathrm{I}.2.73)$$

のように演算子に置き換えると，式 (I.2.72) から式 (I.2.74) のハミルトニアン H が得られる．

$$H=\frac{1}{2\varepsilon_0}\sum_{\boldsymbol{k}v}\left(-\hbar^2\frac{\partial^2}{\partial Q_{\boldsymbol{k}v}^2}+\varepsilon_0^2\omega_{\boldsymbol{k}}^2 Q_{\boldsymbol{k}v}^2\right) \quad (\mathrm{I}.2.74)$$

これは調和振動子の集合のハミルトニアンであるのでその固有関数 Ψ はエルミート多項式で与えられ，エ

ネルギー固有値 E は次式で表される．

$$E = \sum_{kv}\left(n_{kv} + \frac{1}{2}\right)\hbar\omega_k, \quad n_{kv} = 1, 2, 3, \cdots \quad (\text{I}.2.75)$$

式（I.2.75）は電磁場のエネルギーが量子化されていて，その最小単位が $\hbar\omega_k$ であること，また n_{kv} がエネルギー $\hbar\omega_k$ をもつ光子の数に対応することを示している．一方，電磁場の固有関数 Ψ は一次元調和振動子の固有関数の積の形で表される．Ψ は各振動子の振動量子数，すなわち光子の数 n_{kv} を指定すれば一義的に確定する．それで Ψ は各光子の数を並べて

$$\Psi_{n_{kv}} = |n_{11}, n_{12}, \cdots, n_{kv}, \cdots\rangle \quad (\text{I}.2.76)$$

と表すことができる．この表し方を数表示という．

ここで光子の消滅演算子 a_{kv} と生成演算子 $a_{kv}^\dagger$ を

$$a_{kv} = \left(\frac{2\varepsilon_0\omega_k}{\hbar}\right)^{1/2}q_{kv} = \left(\frac{\varepsilon_0\omega_k}{2\hbar}\right)^{1/2}\left(Q_{kv} + \frac{\hbar}{\varepsilon_0\omega_k}\frac{\partial}{\partial Q_{kv}}\right) \quad (\text{I}.2.77)$$

$$a_{kv}^\dagger = \left(\frac{2\varepsilon_0\omega_k}{\hbar}\right)^{1/2}q_{kv}^* = \left(\frac{\varepsilon_0\omega_k}{2\hbar}\right)^{1/2}\left(Q_{kv} - \frac{\hbar}{\varepsilon_0\omega_k}\frac{\partial}{\partial Q_{kv}}\right) \quad (\text{I}.2.78)$$

と導入する．古典式では区別のつかない $q_{kv}q_{kv}^*$ と $q_{kv}^*q_{kv}$ は，演算子表示にすると異なってくるので，演算子の複素共役は † で表す[2]．これらの演算子を調和振動子の固有関数 $\Psi_{n_{kv}}$ に作用させると次のような関係が存在する．

$$a_{kv}|\cdots, n_{kv}, \cdots\rangle = \sqrt{n_{kv}}|\cdots, n_{kv}-1, \cdots\rangle \quad (\text{I}.2.79)$$

$$a_{kv}^\dagger|\cdots, n_{kv}, \cdots\rangle = \sqrt{n_{kv}+1}|\cdots, n_{kv}+1, \cdots\rangle \quad (\text{I}.2.80)$$

すなわち，a_{kv} はモード kv の光子の数を 1 個減少させ，$a_{kv}^\dagger$ はモード kv の光子の数を 1 個増加させる．式（I.2.77）と式（I.2.78）を用いれば電磁場のハミルトニアン式（I.2.74）を a_{kv}, $a_{kv}^\dagger$ を使って次のようにも書き直すことができる．

$$H = \sum_{kv}\hbar\omega_k\left(a_{kv}^\dagger a_{kv} + \frac{1}{2}\right) \quad (\text{I}.2.81)$$

式（I.2.81）はハミルトニアンの第2量子化[7]と似た形になっている．ハミルトニアン H と同様にベクトルポテンシャル $\bm{A}$ も生成・消滅演算子を用いて演算子表示をすることができ，

$$\bm{A}(\bm{r}) = \left(\frac{\hbar}{2\varepsilon_0 V}\right)^{1/2}\sum_{kv}\omega_k^{-1/2}\bm{e}_{kv}(a_{kv}e^{i\bm{k}\cdot\bm{r}} + a_{kv}^\dagger e^{-i\bm{k}\cdot\bm{r}}) \quad (\text{I}.2.82)$$

が得られる．

2.3.3 光と分子の相互作用

前項で電磁場の量子化が完成したので，ここでは，まず放射場と分子が共存する系を考え，全系のハミルトニアン H を定式化する．放射場 $\bm{A}(\bm{r}_i)$ 中での電荷 e_i をもった質量 m_i の粒子の運動量は単に $m_i\bm{v}_i$ でなくそれに $e_i\bm{A}(\bm{r}_i)$ が付加項として加わるので，N 個の荷電粒子系（分子場）のハミルトニアンは，粒子系固有のハミルトニアン H_M と相互作用ハミルトニアン H_I の和として式（I.2.83）で与えられる[2]．

$$H_M + H_I = \sum_{i=1}^N \left(\frac{1}{2m_i}\right)(\bm{p}_i - e_i\bm{A}(\bm{r}_i))^2 + V(\bm{r}_1, \bm{r}_2, \cdots, \bm{r}_N) \quad (\text{I}.2.83)$$

ここで，$\bm{p}_i$ は運動量演算子，$V(\bm{r}_1, \bm{r}_2, \cdots, \bm{r}_N)$ は粒子系のポテンシャルエネルギー項である．放射場のハミルトニアン H_R は式（I.2.81）から零点エネルギー項を省略して表すことができ，全系のハミルトニアン H は式（I.2.62）の条件を使って式（I.2.84）となる．

$$H = H_M + H_R + H_I = \left\{\sum_{i=1}^N (1/2m_i)\bm{p}_i^2 + V(\bm{r}_1, \bm{r}_2, \cdots, \bm{r}_N)\right\} + \sum_{hv}\hbar\omega_R a_{kv}^\dagger a_{kv}$$
$$+ \sum_{i=1}^N\left\{\left(\frac{-e_i}{m_i}\right)\bm{A}(\bm{r}_i)\cdot\bm{p}_i + \left(\frac{e_i}{2m_i}\right)^2\bm{A}^2(\bm{r}_i)\right\} \quad (\text{I}.2.84)$$

式（I.2.84）のうち H_I に対応する項の最初の部分が AP 項と呼ばれ1光子の相互作用過程に対応し，あとの部分（A^2 項）が2光子過程に対応する．

次は，このハミルトニアンを使ってシュレーディンガー方程式を解くわけであるが，粒子系と放射場を含む系の固有関数の時間変化を取り扱うので，時間を含むシュレーディンガー方程式

$$H\Psi(\bm{r}, t) = i\hbar(\partial\Psi(\bm{r}, t)/\partial t) \quad (\text{I}.2.85)$$

から出発する．相互作用項 H_I が $H_M + H_R = H_0$ に比べて十分小さい場合 H_I を摂動項として扱うことができる．H_0 の固有関数 Ψ_0 と固有値 E_0 は，定常状態のシュレーディンガー方程式

$$H_0\Psi_0^n(\bm{r}) = E_0^n\Psi_0^n(\bm{r}) \quad (\text{I}.2.86)$$

を満足し，上ツキの n は n 番目の定常状態を指す．$\Psi_0^n(\bm{r})$ の組は座標空間に関して規格直交関数系を形成しているので H に対する固有関数 $\Psi(\bm{r}, t)$ は

$$\Psi(\bm{r}, t) = \sum_n b_n(t)e^{-iE_0^n t/\hbar}\Psi_0^n(\bm{r}) \quad (\text{I}.2.87)$$

と展開することができ，$b_n(t)$ を求めれば，$\Psi(\bm{r}, t)$ が決まることになる．式（I.2.87）を式（I.2.85）に代入し式（I.2.86）を用いて整理し，さらに左から Ψ_0^{f*} をかけて積分すると次式が得られる[2]．

$$\frac{db_f}{dt} = \frac{1}{i\hbar}\sum_n \langle\Psi_0^f|H_I|\Psi_0^n\rangle b_n \exp\left\{\frac{i(E_0^f - E_0^n)t}{\hbar}\right\} \quad (\text{I}.2.88)$$

ここで $t = 0$ において系は H_0 の固有状態の一つである Ψ_0^i にあった（$b_i = 1$, $b_n = 0$（$n \neq i$））と仮定し，$t = 0$ の直後でもこの条件が成立しているとすると，式

(I.2.88)は $n=i$ 項だけで表され，積分すると

$$b_f(t) = \langle \Psi_0^f | H_I | \Psi_0^i \rangle \frac{1-\exp\{i(E_0^f-E_0^i)t/\hbar\}}{E_0^f-E_0^i} \quad (\text{I.2.89})$$

となる．時刻 t で系が f 状態にある確率は，結局

$$\begin{aligned}|b_f(t)|^2 &= b_f^*(t)\,b_f(t) \\ &= 2|\langle \Psi_0^f|H_I|\Psi_0^i\rangle|^2 \\ &\quad \times \frac{1-\cos\{(E_0^f-E_0^i)t/\hbar\}}{(E_0^f-E_0^i)^2}\end{aligned} \quad (\text{I.2.90})$$

で与えられる．これがある定常状態 Ψ_0^i から別の定常状態 Ψ_0^f へ遷移する確率を与える式であり，式(I.2.90)に基づいて光の吸収と放出が説明されることになる．

まず式(I.2.90)の行列要素について考える．式(I.2.90)の Ψ_0^i，Ψ_0^f は $H_0=H_M+H_R$ の固有関数で

$$\Psi_0^i = |i\rangle|n_{11},\ n_{12},\cdots,n_{kv},\cdots\rangle \quad (\text{I.2.91})$$
$$\Psi_0^f = |f\rangle|n_{11}',\ n_{12}',\cdots,n_{kv}',\cdots\rangle \quad (\text{I.2.92})$$

と表され，$|i\rangle$ と $|f\rangle$ は粒子系の初期状態と最終状態の固有関数，$|\cdots,n_{kv},\cdots\rangle$ と $|\cdots,n_{kv}',\cdots\rangle$ は放射場の初期状態，最終状態の固有関数である．式(I.2.91)，(I.2.92)に対応する固有値は

$$E_0^i = \varepsilon_i + \sum_{kv} n_{kv}\hbar\omega_k \quad (\text{I.2.93})$$
$$E_0^f = \varepsilon_f + \sum_{kv} n_{kv}'\hbar\omega_k \quad (\text{I.2.94})$$

である．$H_I = H_I(AP) + H_I(A^2)$ であるが，とりあえず1光子過程に対応する $H_I(AP)$ 項について考える．式(I.2.82)，(I.2.84)，(I.2.91)，(I.2.92)から

$$\begin{aligned}&\langle \Psi_0^f | H_I(AP) | \Psi_0^i \rangle \\ &= -(\hbar/2\varepsilon_0 V)^{1/2} \sum_{i=1}^{N}\sum_{kv}\left\{\left(\frac{e_i}{m_i}\right)\omega_k^{1/2}\right\} \\ &\quad \times \{\langle f|(\boldsymbol{e}_{kv}\cdot\boldsymbol{p}_i)e^{i\boldsymbol{k}\cdot\boldsymbol{r}}|i\rangle \\ &\quad \times \langle\cdots,n_{kv}',\cdots|a_{kv}|\cdots,n_{kv},\cdots\rangle \\ &\quad + \langle f|(\boldsymbol{e}_{kv}\cdot\boldsymbol{p}_i)e^{-i\boldsymbol{k}\cdot\boldsymbol{r}}|i\rangle \\ &\quad \times \langle\cdots,n_{kv}',\cdots|a_{kv}^\dagger|\cdots,n_{kv},\cdots\rangle\}\end{aligned}$$
$$(\text{I.2.95})$$

が得られる．式(I.2.95)右辺第1項の放射場の行列要素は，式(I.2.79)で示したように，$n_{11}'=n_{11}$，$n_{12}'=n_{12}$，$\cdots$，$n_{kv}'=n_{kv}-1$，$\cdots$ すなわち最終状態の光子数がモード kv のところだけ初期状態に比べて1個減少している場合にのみ値をもち，その固有値は $\sqrt{n_{kv}}$ である．これは遷移にあたって光子が1個減少するので光の吸収に相当する．一方，式(I.2.95)の右辺第2項の方は式(I.2.80)から，$n_{11}'=n_{11}$，$n_{12}'=n_{12}$，$\cdots$，$n_{kv}'=n_{kv}+1$，$\cdots$ のときにのみ放射場の行列要素が固有値 $\sqrt{n_{kv}+1}$ をもち，これは光子が1個増えるのであるから光の放

出を表している．遷移の確率は $|\langle\Psi_0^f|H_I(AP)|\Psi_0^i\rangle|^2$ に比例するので，吸収に対しては

$$\begin{aligned}|\langle\Psi_0^f|H_I(AP)|\Psi_0^i\rangle_{ab}|^2 &= (\hbar/2\varepsilon_0 V)\sum_{i=1}^{N}\left\{\left(\frac{e_i^2}{m_i^2}\right)\omega_k\right\} \\ &\times n_{kv}|\langle f|(\boldsymbol{e}_{kv}\cdot\boldsymbol{p}_i)e^{i\boldsymbol{k}\cdot\boldsymbol{r}}|i\rangle|^2\end{aligned} \quad (\text{I.2.96})$$

放出に対しては

$$\begin{aligned}|\langle\Psi_0^f|H_I(AP)|\Psi_0^i\rangle_{em}|^2 &= (\hbar/2\varepsilon_0 V)\sum_{i=1}^{N}\left\{\left(\frac{e_i^2}{m_i^2}\right)\omega_k\right\} \\ &\times (n_{kv}+1)|\langle f|(\boldsymbol{e}_{kv}\cdot\boldsymbol{p}_i)e^{-i\boldsymbol{k}\cdot\boldsymbol{r}}|i\rangle|^2\end{aligned} \quad (\text{I.2.97})$$

となる．吸収の確率は光の光子数 n_{kv} に比例する．これは入射光の強度に比例して $|i\rangle\to|f\rangle$ の遷移が起こることを意味している．放出についてはその確率は $n_{kv}+1$ に比例することになる．1の部分は $n_{kv}=0$ すなわち光を与えなくとも起こる過程で，自然放出に対応する．式(I.2.97)ではもう一つ n_{kv} に比例する項が存在し，この誘導放出の過程が，光と分子の相互作用についての量子力学的取り扱いにより無理なく導出されたことを示している．すなわち図I.2.14の三つの基本過程の中味が式(I.2.96)，(I.2.97)によって表されている．次に式(I.2.90)の時間に依存する因子について考える．式(I.2.93)，(I.2.94)を使うと，時間因子は

$$\frac{1-\cos\{(\varepsilon_f-\varepsilon_i\mp\hbar\omega_k)t/\hbar\}}{(\varepsilon_f-\varepsilon_i\mp\hbar\omega_k)^2}$$

（−は吸収，+は放出） (I.2.98)

となる．これを $(\varepsilon_f-\varepsilon_i\mp\hbar\omega_k)$ の関数として表すと，図I.2.15のように

$$\varepsilon_f-\varepsilon_i = \pm\hbar\omega_k \quad (\text{I.2.99})$$

で極大のピークをもつ δ 関数のような形になっている．ピーク高さは t^2 に幅は t^{-1} に比例するので，t が大きくなるほど δ 関数に近づく．このように式(I.2.99)から吸収と放出にかかわる光子モード $\boldsymbol{k}$ が決まり，式(I.2.96)，(I.2.97)に現れる $\boldsymbol{k}$ も指定されたことになる．$\boldsymbol{k}$ は図I.2.15から多少の分布をもつので，遷移確率を求めるためには $\hbar(\omega_k\pm d\omega_k)$ および光の進む方

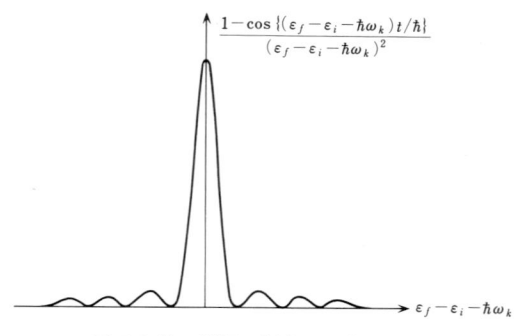

図 I.2.15 時間因子(式(I.2.98))の関数形

2.3 光の吸収と放出

向の立体角 $d\Omega$ の範囲内のすべての光子を考慮することが必要となり,式(I.2.90)を ω_k について積分してδ関数を用いると,立体角成分と分極方向についての和は残したままで

$$\int_{-\infty}^{\infty}|b_f(t)|^2 d\omega_k d\Omega = 2|\langle\Psi_0^f|H_I|\Psi_0^i\rangle|^2$$

$$\int_{-\infty}^{\infty}\frac{1-\cos\{\varepsilon_f-\varepsilon_i\mp\hbar\omega_k\}t/\hbar\}}{(\varepsilon_f-\varepsilon_i\mp\hbar\omega_k)^2}d\omega_k d\Omega$$

$$= (2\pi/\hbar^2)\,t\sum_{kv}|\langle\Psi_0^f|H_I|\Psi_0^i\rangle|^2\delta(\varepsilon_f-\varepsilon_i\mp\hbar\omega_k)$$
(I.2.100)

となり,遷移確率は t に比例することがわかる.したがって単位時間あたりの遷移確率 W は

$$W=(2\pi/\hbar^2)\sum_{kv}|\langle\Psi_0^f|H_I|\Psi_0^i\rangle|^2\delta(\varepsilon_f-\varepsilon_i\mp\hbar\omega_k)$$
(I.2.101)

で与えられる[8]. 式(I.2.101)はフェルミの黄金規則と呼ばれている.

さて,次は式(I.2.101)に式(I.2.96),(I.2.97)を代入するわけであるが,ここで電気双極子近似を導入する.局在電子系の状態間の遷移を考えるときは,電子の広がりは大体分子の大きさの程度($|\boldsymbol{r}|\simeq 0.1\sim 1$ nm)であり,電子遷移に関係する可視・紫外部の光の波長 $\lambda=2\pi/|\boldsymbol{k}|\simeq 10^2\sim 10^3$ nm だから紫外部よりも波長の長い光に対しては,$\boldsymbol{k}\cdot\boldsymbol{r}_i\ll 1$ と考えられ,$\exp(\pm i\boldsymbol{k}\cdot\boldsymbol{r}_i)=1\pm i\boldsymbol{k}\cdot\boldsymbol{r}_i+\cdots$ と展開してその第1項だけをとることができる.これを電気双極子近似という.これを使うと式(I.2.96)の行列要素は

$$\langle f|\sum_{i=1}^N(e_i/m_i)(\boldsymbol{e}_{kv}\cdot\boldsymbol{p}_i)e^{i\boldsymbol{k}\cdot\boldsymbol{r}_i}|i\rangle$$

$$=\boldsymbol{e}_{kv}\cdot\sum_{i=1}^N(e_i/m_i)\langle f|\boldsymbol{p}_i|i\rangle$$

$$=(i/\hbar)(\varepsilon_f-\varepsilon_i)\boldsymbol{e}_{kv}\cdot\sum_{i=1}^N e_i\langle f|\boldsymbol{r}_i|i\rangle$$

$$=i\omega_{if}\boldsymbol{e}_{kv}\cdot\langle f|\sum_{i=1}^N e_i\boldsymbol{r}_i|i\rangle$$

$$=-i\omega_{if}\boldsymbol{e}_{kv}\cdot\langle f|\boldsymbol{P}|i\rangle \qquad (\text{I}.2.102)$$

と変形でき[2],ここで粒子系のハミルトニアン H_M と位置ベクトル $\boldsymbol{r}_i$ との交換関係を考慮している.$\omega_{if}=(\varepsilon_f-\varepsilon_i)/\hbar$ で $\boldsymbol{P}=-\sum_i e_i\boldsymbol{r}_i$ は粒子系の双極子モーメントを表し,式(I.2.102)の $\langle f|\boldsymbol{P}|i\rangle=\boldsymbol{P}_{if}$ は遷移モーメントと呼ばれる.

式(I.2.102)を式(I.2.96)と式(I.2.97),さらに式(I.2.102)に代入すると,吸収・放出の単位時間あたりの遷移確率 W_{ab} と W_{em} は

$$W_{ab}=(\pi/\hbar\varepsilon_0 V)\sum_{kv}(\omega_{if}^2/\omega_k)n_{kv}$$
$$\times|\boldsymbol{e}_{kv}\cdot\langle f|\boldsymbol{P}|i\rangle|^2\delta(\varepsilon_f-\varepsilon_i-\hbar\omega_k)$$
(I.2.103)

$$W_{em}=(\pi/\hbar\varepsilon_0 V)\sum_{kv}(\omega_{if}^2/\omega_k)(n_{kv}+1)$$
$$\times|\boldsymbol{e}_{kv}\cdot\langle f|\boldsymbol{P}|i\rangle|^2\delta(\varepsilon_f-\varepsilon_i+\hbar\omega_k)$$
(I.2.104)

となる.このように光の吸収が起こるためには,まず分子の遷移モーメントが0でないことが必要であり,さらに分子の遷移モーメントの方向と光の電場方向とのベクトル内積が0でないことが必要である.光放出の場合,自然放出では遷移確率は遷移モーメント $\langle f|\boldsymbol{P}|i\rangle$ のみで決まるが,誘導放出に対しては,与える光の電場の方向と遷移モーメントの方向との間に吸収の場合と同じ相関が存在する.

1光子過程の光吸収の選択率は次のようにまとめることができる.

1) 光の電場方向の単位ベクトル $\boldsymbol{e}_{kv}$ と遷移モーメント $\langle f|\boldsymbol{P}|i\rangle$ との内積が0でないこと.
2) $\langle f|\boldsymbol{P}|i\rangle\neq 0$ であるためには,まず $|i\rangle$ と $|f\rangle$ のスピン多重度が同じであることが必要.
3) さらに $|i\rangle$ と $|f\rangle$ の固有関数の既約表現の直積が,x, y, z 軸の既約表現のどれかと一致することが必要.もし分子に対称中心がある場合には,分子の固有関数は対称中心の反転に対して対称的な g 状態と反対称的な u 状態に分類され,$\boldsymbol{P}$ は必ず u であるので,1光子の光吸収・光放出の選択率は $g\leftrightarrow u$ となる.

最後に,式(I.2.102),(I.2.103)の単位時間あたりの遷移確率とアインシュタインの A 係数,B 係数との関係を整理しておく.放射場のエネルギー密度 $\rho(\omega_k)d\omega_k$ を

$$\rho(\omega_k)d\omega_k=\hbar\omega_k(n_{kv}/V)d\omega_k \qquad (\text{I}.2.105)$$

で表し,光の電場方向のベクトルに対して分子の遷移モーメントの方向がランダムであるとすると,$|\boldsymbol{e}_{kv}\cdot\langle f|\boldsymbol{P}|i\rangle|^2=(1/3)|\boldsymbol{P}_{if}|^2$ となるので,

$$W_{ab}=B_{12}\rho(\omega_{12})=(\pi/3\varepsilon_0\hbar^2)|\boldsymbol{P}_{12}|^2\rho(\omega_{12})$$
(I.2.106)

$$W_{em}=B_{21}\rho(\omega_{12})+A_{21}$$
$$=(\pi/3\varepsilon_0\hbar^2)|\boldsymbol{P}_{21}|^2\rho(\omega_{12})$$
$$+(\omega_{12}^3/3\pi\varepsilon_0\hbar c^3)|\boldsymbol{P}_{21}|^2 \qquad (\text{I}.2.107)$$

となる.自然放出の速度定数 A_{21} については,式(I.2.104)に $n_{kv}=0$ を代入し,放出される光の方向とモードは任意であるので $\sum_{kv}$ を $2\{V/(2\pi)^3\}\int d^3\boldsymbol{k}=(V/\pi^2 c^3)\int\omega_k^2 d\omega_k$ に置き換えて積分すると

$$A_{21}=\left(\frac{\pi}{\hbar\varepsilon_0 V}\right)\frac{V}{\pi^2 c^3}\int\omega_k\omega_{if}^2(1/3)|\boldsymbol{P}_{if}|^2\delta(\varepsilon_f-\varepsilon_i+\hbar\omega_k)d\omega_k=(\omega_{12}^3/3\pi\varepsilon_0\hbar c^3)|\boldsymbol{P}_{21}|^2$$
(I.2.108)

が得られ,Einstein によって導かれた式(I.2.66)の関

係を満足している．A_{21} の値は，簡単な原子・分子では計算することができ，たとえば水素原子の $2p \to 1s$ への遷移の $A_{21} = 6 \times 10^8 \mathrm{s}^{-1}$ 程度の大きさである．

単位時間に1個の分子によって吸収されるエネルギー S_{ab} は，吸収角振動数を ω_k として，単位時間に単位断面積を通過する光のエネルギー $I_0(\omega_k) d\omega_k = \rho(\omega_k) c d\omega_k$ の関数として表すと式（I.2.106）から，

$$S_{ab} = \hbar\omega_k W_{ab} = (\hbar\omega_k/c) B_{12} I_0(\omega_k)$$
$$= (\pi\omega_k/3\varepsilon_0 c\hbar) |\boldsymbol{P}_{if}|^2 I_0(\omega_k) \quad (\mathrm{I}.2.109)$$

となる．いま，質量 m，電荷 $-e$ の1個の電子が x 軸方向で調和振動を行っており，この振動子に x 方向に電場ベクトルをもつ強度 $I_0(\omega_k)$ の光が入射して $v=0 \to v=1$ への遷移が生じたとする．このときに調和振動子が吸収するエネルギーを S_0 とする．これは1個の電子が関与する場合の吸収の全エネルギーであるとみなされる．振動子強度 $f(\omega_k)$ は，この振動子の吸収エネルギー S_0 を強度標準として表した，1個の自由回転している分子の吸収強度と定義され，式（I.2.110）で表される[2]．

$$f(\omega_k) = S_{ab}(\omega_k)/S_0(\omega_k) = (2m\omega_k/3\hbar e^2) |\boldsymbol{P}_{if}|^2 \quad (\mathrm{I}.2.110)$$

実際の分子の吸収は単一振動数ではなく振動数幅 $\Delta\omega_k$ をもつので，実験的には，振動子強度を積分したものが得られる．これを f^{exp} とすると次式となる．

$$f^{\mathrm{exp}} = \int_{\Delta\omega_k} f(\omega_k) d\omega_k = (2m/3\hbar e^2) \int \omega_k |\boldsymbol{P}_{if}|^2 d\omega_k \quad (\mathrm{I}.2.111)$$

ある分子の吸収スペクトルから式（I.2.112）に基づき実験的に求められるモル吸光係数 $\varepsilon(\omega_k)$（単位は 1/mol·cm）と遷移モーメントとの関係は式（I.2.113）で与えられる．

$$I(\omega_k) = I_0(\omega_k) 10^{-\varepsilon(\omega_k)cz} \quad (\mathrm{I}.2.112)$$
$$\varepsilon(\omega_k) = (10^{-3}/2.303) N_A (\pi\omega_k/3\varepsilon_0 c\hbar) |\boldsymbol{P}_{if}|^2 \quad (\mathrm{I}.2.113)$$

ここで $I(\omega_k)$ は分子濃度 $\bar{c}$，厚さ z の溶液を通過したあとの光の強度，N_A はアボガドロ数である．式（I.2.113）を式（I.2.111）に代入し，積分を波数 $\bar{\nu} = 1/\lambda = \omega/2\pi c$（単位は cm^{-1}）について行うと

$$f^{\mathrm{exp}} = 23.03(4\varepsilon_0 mc^2/e^2 N_A) \int_{\Delta\bar{\nu}} \varepsilon(\bar{\nu}) d\bar{\nu}$$
$$= 4.318 \times 10^{-9} \int_{\Delta\bar{\nu}} \varepsilon(\bar{\nu}) d\bar{\nu} \quad (\mathrm{I}.2.114)$$

が得られる．式（I.2.114）の積分は，モル吸光係数（単位 1/mol·cm^{-1}）を縦軸に，波数（単位 cm^{-1}）を横軸にとった吸収スペクトルの面積として実験的に求められる．ある分子のある遷移についての f^{exp} の値が決まると，これと式（I.2.110）から吸収極大の角振動数を ω_k として，対応する遷移モーメントの2乗 $|\boldsymbol{P}_{if}|^2$ を実験的に決めることができる．振動子強度は，その定義から，その吸収に関与している電子の数を表すので，1個の電子が関係しているすべての吸収については $\sum_f f_{if} = 1$ という総和則が成立する．一般に N 個の電子が関与する分子の双極子遷移による電子吸収スペクトルの振動子強度の総和は N となる．

2.4　光の散乱と多光子過程

2.4.1　レイリー散乱とラマン散乱

分子系が1個の光子を吸収すると同時に1個の光子を放出する現象を散乱という．このときに，吸収と放出には時間差があるのではなく，あくまでも同時に起こる．散乱現象は，2個の光子が同時に関与する相互作用の一つの形態であり，2光子過程の一つと考えられる．吸収と放出の光のエネルギーが同じ場合をレイリー散乱，異なる場合をラマン散乱と呼ぶ．散乱のエネルギー関係を，光吸収と光放出の段階的過程と比較して図 I.2.16 に示しておく．ラマン散乱の場合，入射光のエネルギー $\hbar\omega$ と散乱光のエネルギー $\hbar\omega_s$ との差は散乱を引き起こす粒子系が引き受ける．

光散乱実験の座標系を図 I.2.17 に示す．散乱光は空間のあらゆる方向に分布するので，その効率を示す散乱断面積 σ は，入射光のうち散乱に寄与できる可能性

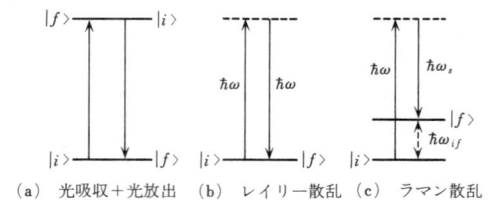

（a）光吸収＋光放出　（b）レイリー散乱　（c）ラマン散乱

図 I.2.16　光吸収・光放出と光散乱

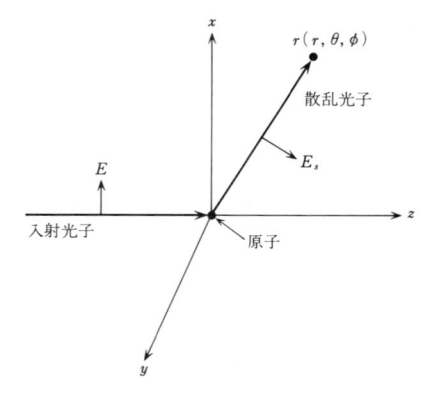

図 I.2.17　光散乱実験の座標系

2.4 光の散乱と多光子過程

をもった単位断面積あたりのエネルギーに対する，実際に散乱したエネルギーの割合として定義される．

$$\sigma = (\omega/\omega_s I_0)\int I_s r^2 d\Omega \quad (\mathrm{I}.2.115)$$

ここで $I_s = (1/2)\varepsilon_0 c|\boldsymbol{E}_s|^2$ はサイクル平均をとった散乱光のポインティングベクトルの大きさである．微分断面積 $d\sigma/d\Omega$ は単位立体角要素内での散乱光強度を示し，次式となる．

$$d\sigma/d\Omega = \omega I_s r^2/(\omega_s I_0) \quad (\mathrm{I}.2.116)$$

光の弾性散乱の断面積を，2.2.3項の感受率の周波数依存性の計算の際に用いたのと同じ古典的な荷電調和振動子モデル(式(I.2.45))を用いて計算することができる[7]．結果は

$$\sigma = \frac{8\pi}{3}\frac{r_e^2 \omega^4}{(\omega_0^2-\omega^2)^2+\omega^2\Gamma^2} \quad (\mathrm{I}.2.117)$$

であり，ここで $r_e = e^2/(4\pi\varepsilon_0 mc^2)$ は古典的電子半径と呼ばれ，$r_e = 2.8\times 10^{-15}$ m である．式(I.2.117)に現れる古典的減衰定数 Γ は散乱強度に対する表式の比較から $\Gamma = e^2\omega^2/(6\pi\varepsilon_0 mc^3)$ と与えられ，感受率の虚数部 χ''(式(I.2.49))との間には

$$\sigma = (\omega V/cN)\chi'' \quad (\mathrm{I}.2.118)$$

という一般的関係が成り立っている．

次に散乱過程を放射場と分子との2光子相互作用として量子論的に考えることにする．放射場と粒子系を含めた光散乱の全系の始状態と終状態は，散乱前には光子 ω が n 個 ω_s が n_s 個存在し，散乱により光子 ω が1個減り光子 ω_s が1個増えるとすると，次のように表される．

$$\Psi_0^i = |i\rangle|\cdots,n,\cdots,n_s,\cdots\rangle \quad (\mathrm{I}.2.119)$$

$$\Psi_0^f = |f\rangle|\cdots,n-1,\cdots,n_s+1,\cdots\rangle \quad (\mathrm{I}.2.120)$$

$$E_0^i = \varepsilon_i + n\hbar\omega + n_s\hbar\omega_s,$$
$$E_0^f = \varepsilon_f + (n-1)\hbar\omega + (n_s+1)\hbar\omega_s \quad (\mathrm{I}.2.121)$$

2.2.3項で行った相互作用ハミルトニアン H_I を一次摂動項として扱う方法を用いると，$|i\rangle\to|f\rangle$ への単位時間あたりの遷移は $\langle\Psi_0^f|H_I|\Psi_0^i\rangle$ で決まることになる．$H_I = H_I(AP) + H_I(A^2)$ であるが，$H_I(AP)$ は1光子過程であるので，式(I.2.119)，(I.2.120)の波動関数に対しては $\langle\Psi_0^f|H_I(AP)|\Psi_0^i\rangle$ は式(I.2.95)と異なって0になる．$H_I(A^2)$ は $a_{kv}a_{kv}^\dagger$ を含むので $\langle\Psi_0^f|H_I(A^2)|\Psi_0^i\rangle$ の光子系の行列要素は0とはならないが，粒子系の方の行列要素は電気双極子近似を用いると $\langle f|e^{i(\boldsymbol{k}-\boldsymbol{k}_s)\cdot\boldsymbol{r}}|i\rangle \simeq \langle f|i\rangle$ となり，これは $|i\rangle = |f\rangle$ のときのみ値をもつ．すなわち $H_I(A^2)$ はレイリー散乱には寄与できるがラマン散乱には寄与しないことになる．このようにラマン散乱は一次摂動論からは導くことができず，高次の摂動論が必要になる[7]．

いま，時刻 t における波動関数 $\Psi(t)$ をそれ以前の時刻 t_0 での波動関数を用いて表すと

$$\Psi(t) = e^{-iH(t-t_0)/\hbar}\Psi(t_0) \quad (\mathrm{I}.2.122)$$

であり，状態 $|i\rangle$ から $|f\rangle$ への単位時間あたりの遷移確率 W は

$$W = (d/dt)\sum_f|\langle f|e^{-iH(t-t_0)/\hbar}|i\rangle|^2 \quad (\mathrm{I}.2.123)$$

で与えられる．指数関数の部分は系の時間発展演算子と呼ばれて，H_I が時刻 t_0 で0であることを考慮すると

$$e^{-iHt/\hbar} = e^{-iH_0 t/\hbar}\left\{1 - (i/\hbar)\right.$$
$$\left.\times\int_{-\infty}^t e^{iH_0 t_1/\hbar}H_I e^{\varepsilon t_1}e^{-iH t_1/\hbar}dt_1\right\}$$
$$\quad (\mathrm{I}.2.124)$$

となり，この右辺は反復操作によって H_I のベキ級数に展開することができる．$e^{\varepsilon t}$ は時刻 t での遷移確率を計算するために便宜上挿入された因子で，ε はある小さな量であって最終的には0に近づけるものとする．

まず零次の摂動論では行列要素は

$$\langle f|e^{-iH_0 t/\hbar}|i\rangle = e^{-iE_0^i t/\hbar}\langle f|i\rangle \quad (\mathrm{I}.2.125)$$

となり，遷移に対しては $|i\rangle$ と $|f\rangle$ は異なっていなければならないので，零次の寄与がないことを示す．

一次の摂動では，式(I.2.124)第2項の H を H_0 に等しいとする．式(I.2.123)の行列要素へのこの項の寄与は $\langle f|H_I|i\rangle e^{\varepsilon t}e^{-iE_0^i t/\hbar}/(E_0^i - E_0^f + i\varepsilon\hbar)$ となり，

$$W = 2\sum_f|\langle f|H_I|i\rangle|^2\varepsilon e^{2\varepsilon t}/\{(E_0^i-E_0^f)^2+\varepsilon^2\hbar^2\}$$
$$\quad (\mathrm{I}.2.126)$$

が得られる．これは $\varepsilon\to 0$ の極限では δ 関数を使って表現され，式(I.2.101)のフェルミの黄金規則に帰着する．

二次の摂動は，式(I.2.124)について1回目の反復操作を行うことによって得られる．単位時間あたりの遷移確率 W は δ 関数を使って

$$W^{(s)} = \frac{2\pi}{\hbar^2}\sum_f\left|\langle f|H_I|i\rangle\right.$$
$$\left.+\sum_m\frac{\langle f|H_I|m\rangle\langle m|H_I|i\rangle}{E_0^i - E_0^m}\right|^2\delta(E_0^i - E_0^f)$$
$$\quad (\mathrm{I}.2.127)$$

と表される．ここで $|m\rangle$ は遷移に対する仮想的な中間状態と呼ばれる．一次の項は状態 $|i\rangle$ から $|f\rangle$ への直接遷移を表すが，より高次の項は一つあるいはもっと多くの中間状態を経て，間接的に $|i\rangle$ から $|f\rangle$ へ変化するような遷移を表している．中間状態 $|m\rangle$ は仮想状態であるのでそのときの全エネルギー E_0^m は一般に始状

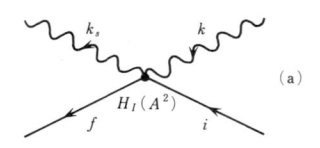

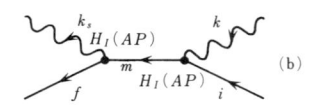

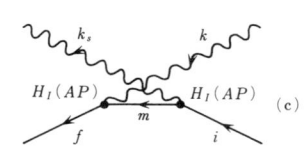

図 I.2.18 散乱過程に寄与する3種類の相互作用のダイヤグラム表現[7]
(a)は式(I.2.128)の第1項，(b)と(c)は式(I.2.129)の第1項と第2項に対応している．

態の $E_0{}^i$ とは異なっていてもかまわない．エネルギー保存則から終状態のエネルギーに対しては $E_0{}^f = E_0{}^i$ である．ここで $H_I = H_I(AP) + H_I(A^2)$ としてそれぞれ式(I.2.127)の二次と一次の項に寄与することを考慮し式(I.2.121)を使うと

$$W^{(s)} = \frac{2\pi}{\hbar^2} \sum_f \sum_{k_s} \left| \langle f|H_I(A^2)|i\rangle + \sum_m \frac{\langle f|H_I(AP)|m\rangle\langle m|H_I(AP)|i\rangle}{\varepsilon_i - \varepsilon_m + \hbar\omega} \right|^2$$
$$\times \delta(\varepsilon_i - \varepsilon_f + \hbar\omega - \hbar\omega_s)$$

(I.2.128)

となる．散乱行列要素への寄与の様子を図I.2.18にダイヤグラム表現で示す．(a)は第1項の非線形相互作用を示すが，この項は非常に小さいので無視することができる．(b)と(c)は式(I.2.128)第2項から生ずる中間状態 $|m\rangle$ の形が異なる種類の寄与を示している．この項は $\Psi_0{}^i$ と $\Psi_0{}^f$ の中味を表して書くと

$$\sum_m \{\langle f, n-1, n_s+1|H_I(AP)|m, n-1, n_s\rangle$$
$$\times \langle m, n-1, n_s|H_I(AP)|i, n, n_s\rangle/(\varepsilon_i - \varepsilon_m + \hbar\omega)$$
$$+ \langle f, n-1, n_s+1|H_I(AP)|m, n, n_s+1\rangle$$
$$\times \langle m, n, n_s+1|H_I(AP)|i, n, n_s\rangle/(\varepsilon_i - \varepsilon_m + \hbar\omega_s)\}$$

(I.2.129)

と表される．双極子近似を用いてこれらの式を整理すると，

$$W^{(s)} = \sum_f \sum_{k_s} \frac{\pi e^4 \omega \omega_s n(n_s+1)}{2\varepsilon_0{}^2 V^2}$$
$$\times \left| \sum_m \left\{ \frac{(\boldsymbol{e}_s \cdot \boldsymbol{P}_{mf})(\boldsymbol{e} \cdot \boldsymbol{P}_{im})}{\varepsilon_i - \varepsilon_m + \hbar\omega_s} \right.\right.$$
$$\left.\left. + \frac{(\boldsymbol{e} \cdot \boldsymbol{P}_{mf})(\boldsymbol{e}_s \cdot \boldsymbol{P}_{im})}{\varepsilon_i - \varepsilon_m + \hbar\omega_s} \right\} \right|^2$$
$$\times \delta(\varepsilon_i - \varepsilon_f + \hbar\omega - \hbar\omega_s)$$

(I.2.130)

となる．散乱光 $\boldsymbol{k}_s$ についての和 $\sum_{k_s}$ を積分 $(V/(2\pi))^3 \iint (\omega_s{}^2/c^3)d\omega_s d\Omega$ にかえると，散乱の微分断面積 $d\sigma/d\Omega$ は結局次式で表される[7]．

$$\frac{d\sigma}{d\Omega} = \sum_f^{\varepsilon_f - \varepsilon_i < \hbar\omega} \frac{e^4 \omega \omega_s{}^3 (n_s+1)}{16\pi^2 \varepsilon_0 c^4}$$
$$\times \left| \sum_m \left\{ \frac{(\boldsymbol{e}_s \cdot \boldsymbol{P}_{mf})(\boldsymbol{e} \cdot \boldsymbol{P}_{im})}{\varepsilon_i - \varepsilon_m + \hbar\omega} \right.\right.$$
$$\left.\left. + \frac{(\boldsymbol{e} \cdot \boldsymbol{P}_{mf})(\boldsymbol{e}_s \cdot \boldsymbol{P}_{im})}{\varepsilon_i - \varepsilon_m + \hbar\omega_s} \right\} \right|^2$$

(I.2.131)

式(I.2.131)は微分断面積に対するクラマース-ハイゼンベルクの公式であり，量子力学による散乱理論の基本的な表式である．この断面積は $|f\rangle = |i\rangle$，$\omega_s = \omega$ の場合の弾性レイリー散乱と，f についての和の残りの項全部に対応する非弾性ラマン散乱の両方を含んでいる．

式(I.2.131)から光散乱についてのいくつかの特徴を指摘することができる[2]．まず，よく知られているようにレイリー散乱の強度は角振動数の4乗に比例する．ラマン散乱の強度も散乱光の ω_s の4乗に比例し，$\omega \fallingdotseq \omega_s$ の場合には入射光の ω の4乗にも比例することになる．ラマン散乱に対する選択律は $\boldsymbol{P}_{mf}$，$\boldsymbol{P}_{im}$ が両方とも0でないような中間状態 $|m\rangle$ が少なくとも一つ存在しなければならないことを示す．もし分子が対称中心をもつ場合には $g \leftrightarrow g$ および $u \leftrightarrow u$ がラマン散乱の選択律となる．この選択律は2光子過程の特徴である．

光散乱に用いる励起光の角振動数 ω は任意に選べるので，励起光の ω がある中間状態 $|m\rangle$ のエネルギーと $\hbar\omega \fallingdotseq \varepsilon_m - \varepsilon_i$ の関係にあるときには，ラマン強度は著しく増大する．このような現象を共鳴効果という．また，式(I.2.131)中の (n_s+1) は1光子の光放出に現れたものと同じ性格のもので，1の項が自然放出，n_s 項は誘導放出を示す．通常のラマン実験では $n_s \fallingdotseq 0$ であるが，$n_s \neq 0$ すなわち散乱光と同じ角振動数の光があらかじめ存在する場合には，散乱光の強度は ω の光の強度と ω_s の光の強度に比例して大きくなることになる．大出力レーザーのような強い光源を使うとこのようなことが起こり，n_s 項が関与する場合を誘導ラマ

ン散乱という．

2.4.2 多光子過程

光散乱が1光子を吸収し1光子を放出する2光子過程であるのに対し，2光子を同時に吸収して$|i\rangle$から$|f\rangle$に遷移する2光子吸収が存在する．これは，まず1光子を吸収してある状態に到着してそこからもう1光子を吸収して他の状態に遷移する，段階的2光子吸収と明確に区別されなければならない．さらに3光子過程としては和周波数・第2高調波(SHG)発生，光パラメトリック発振，ハイパーラマン散乱があり，4光子過程として第3高調波(THG)発生，CARS(Coherent Anti-Stokes Raman Scattering)や縮退4波混合による位相共役光発生が知られている．

これらのエネルギー状態の変化の様子を図Ⅰ.2.19〜21にまとめた．これらに対する放射場と粒子系を含めた波動関数，遷移確率の概要は次のようになる[2]．

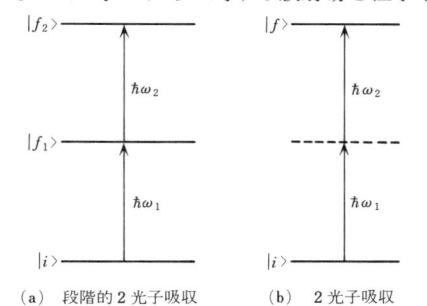

2光子吸収に対しては
$$\Psi_0{}^i = |i, n_1, n_2\rangle, \quad \Psi_0{}^f = |f, n_1-1, n_2-1\rangle$$
(Ⅰ.2.132)

$$W^{(2)} = (1/2\varepsilon_0{}^2 c^2 \hbar^2) I_0(\omega_1) I_0(\omega_2)$$
$$\times \left| \sum_m \left\{ \frac{(\boldsymbol{e}_2 \cdot \boldsymbol{P}_{mf})(\boldsymbol{e}_1 \cdot \boldsymbol{P}_{im})}{\varepsilon_i - \varepsilon_m + \hbar\omega_1} + \frac{(\boldsymbol{e}_1 \cdot \boldsymbol{P}_{mf})(\boldsymbol{e}_2 \cdot \boldsymbol{P}_{im})}{\varepsilon_i - \varepsilon_m + \hbar\omega_2} \right\} \right|^2$$
(Ⅰ.2.133)

3光子過程には三次の摂動論が必要になり，$|i\rangle \to |f\rangle$の遷移確率$W^{(3)}$は

$$W^{(3)} \propto \left| \sum_{n \neq i} \frac{\langle f|H_I(A^2)|n\rangle\langle n|H_I(AP)|i\rangle}{E_0{}^i - E_0{}^n} \right.$$
$$+ \sum_{m \neq i} \frac{\langle f|H_I(AP)|m\rangle\langle m|H_I(A^2)|i\rangle}{E_0{}^i - E_0{}^m}$$
$$+ \sum_{n,m \neq i} \{\langle f|H_I(AP)|n\rangle\langle n|H_I(AP)|m\rangle$$
$$\left. \times \langle m|H_I(AP)|i\rangle/(E_0{}^i - E_0{}^n)(E_0{}^i - E_0{}^m)\} \right|^2$$
(Ⅰ.2.134)

で与えられる．波動関数は以下のようである．

和周波数発生では(SHGでは，$\omega_1 = \omega_2$, $n_2 = 0$, $n_1 \to n_1 - 2$に変化)
$$\Psi_0{}^i = |i, n_1, n_2, 0\rangle, \quad \Psi_0{}^f = |f, n_1-1, n_2-1, n_3=1\rangle$$
(Ⅰ.2.135)

光パラメトリック発振では，
$$\Psi_0{}^i = |i, n_1, 0, 0\rangle, \quad \Psi_0{}^f = |f, n_1-1, n_2=1, n_3=1\rangle$$
(Ⅰ.2.136)

ハイパーラマン散乱では
$$\Psi_0{}^i = |i, n_1, n_2, n_3\rangle, \quad \Psi_0{}^f = |f, n_1-1, n_2-1, n_3+1\rangle$$
(Ⅰ.2.137)

4光子過程の波動関数と波数ベクトルの整合関係は次のようになる．

第3高調波(THG)発生($\omega_1 = \omega_2 = \omega_3$, $\omega_4 = 3\omega_1$)では
$$\Psi_0{}^i = |i, n_1, n_4=0\rangle, \quad \Psi_0{}^f = |f, n_1-3, n_4=1\rangle$$
(Ⅰ.2.138)

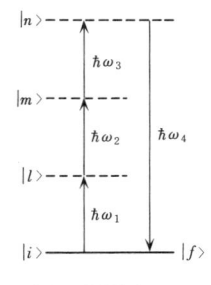

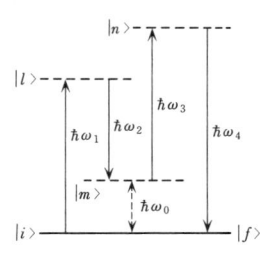

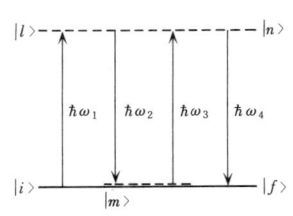

(a) 段階的2光子吸収 　　(b) 2光子吸収

図 Ⅰ.2.19 段階的2光子吸収と2光子吸収

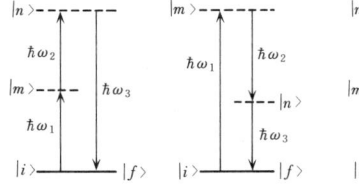

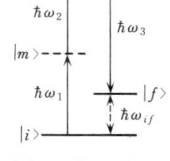

(a) 和周波数発生 SHG発生 ($\omega_1 = \omega_2$) 　(b) 光パラメトリック発振 　(c) ハイパーラマン散乱

図 Ⅰ.2.20 3光子過程

(a) THG発生 ($\omega_1 = \omega_2 = \omega_3$) 　(b) CARS ($\omega_1 = \omega_3$, $\omega_1 > \omega_2$) 　(c) 縮退4波混合 ($\omega_1 = \omega_2 = \omega_3$)

図 Ⅰ.2.21 4光子過程

$$|\Delta k| = |3k_1 - k_4| = (3\omega_1/c)\{n(\omega_1) - n(\omega_4)\} = 0 \quad (\text{I}.2.139)$$

CARS ($\omega_1 = \omega_3$, $\omega_1 > \omega_2$, $\omega_4 = 2\omega_1 - \omega_2$) では

$$\Psi_0^i = |i, n_1, n_2, n_4 = 0\rangle,$$
$$\Psi_0^f = |f, n_1 - 2, n_2 - 1, n_4 = 1\rangle \quad (\text{I}.2.140)$$
$$k_4 = 2k_1 - k_2 \quad (\text{I}.2.141)$$

縮退4波混合 ($\omega_1 = \omega_2 = \omega_3$, $k_1 = -k_2$) では

$$\Psi_0^i = |i, n_1, n_2, n_3, 0\rangle,$$
$$\Psi_0^f = |f, n_1 - 1, n_2 - 1, n_3 - 1, n_4 = 1\rangle \quad (\text{I}.2.142)$$
$$k_4 = k_1 + k_2 - k_3 = -k_3 \quad (\text{I}.2.143)$$

多光子過程に特有の現象として，吸収スペクトルのドプラー広がりを抑えて均一幅を取り出すドプラーフリーの方法があり，気相高分解能分光学の基本的な手法である．気体中を波数ベクトルが $k_1 = k$ と $k_2 = -k$ の二つのレーザー光が伝播しているとする．そこでは分子の運動の結果 $(\omega + v \cdot k)$ と $(\omega - v \cdot k)$ というドプラーシフトが存在する．このために普通は吸収スペクトルの不均一広がり（ドプラー広がり）が生ずる．しかし，二つの角振動数の和は 2ω になるからもし励起エネルギーが $2\omega = (E_f - E_i)/\hbar$ （2光子吸収）となる系では，その分子の速度に関係なく光を吸収することができ，すべての分子が中心振動数のところで共鳴する．このときの吸収の均一幅 $\Delta\omega_k = 2/T_2$ は分子の位相緩和時間 T_2 によって決まり，不均一幅 $\Delta\omega_i$ に比べて非常に狭い．この現象をドプラーフリーと呼び，2光子吸収のみならずいかなる多光子吸収過程でも起こりうる．エネルギーと波数ベクトルについての整合条件が重要であり，波数ベクトル k_i をもつ光子を N_1 光子過程で吸収し，k_2 をもつ光子を N_2 光子過程で放出する分子でのドプラー幅は次式で示される．

$$\Delta\omega_{\text{Doppler}} = \left|\sum_i^{N_1} k_i - \sum_j^{N_2} k_j\right| v_0 \quad (\text{I}.2.144)$$

ここで右辺が0のときドプラーフリーとなる．

2.4.3 非線形光学現象

レーザー光の出現により，輝度が高く可干渉性，単色性，指向性に優れた光源が容易に使えるようになり，高調波発生，4波混合，光双安定性，あるいは各種の電気光学効果などの非線形光学現象が容易に測定できるようになった．3光子過程で扱われるものが二次の非線形光学現象であり，4光子過程で扱われるのが三次の非線形光学現象である．詳細はIII.3章でふれるので，ここでは基本的な事項だけをまとめておく．

定常状態で，光と物質との電気双極子相互作用を通して生じる物質の光学応答は，次式のように，光の誘電分極 P が光の電場 E によって展開される．

$$P = A \cdot E + (1/2) B : E_0 E_0 + \cdots \quad (\text{I}.2.145)$$
$$P_i = \varepsilon_0 \left(\sum_j \chi_{ij}^{(1)} E_j + \sum_j \sum_k \chi_{ijk}^{(2)} E_j E_k + \sum_j \sum_k \sum_l \chi_{ijkl}^{(3)} E_j E_k E_l + \cdots \right) \quad (\text{I}.2.146)$$

ここで P は誘電分極（単位体積あたりの双極子モーメント），A は分極率，B は超分極率である．また i, j, k, $l = x, y, z$ （空間座標または結晶主軸）であり，$\chi_{ij}^{(1)}$, $\chi_{ijk}^{(2)}$, $\chi_{ijkl}^{(3)}$ は一次，二次，三次の感受率を示し，2, 3, 4階のテンソルである．$\chi_{ij}^{(1)}$ を線形感受率，二次以降の感受率を非線形感受率と呼ぶ．

いま，誘電体結晶に角振動数 ω_1 と ω_2 をもつ電磁波（電場成分を $E(\omega_1)$ と $E(\omega_2)$ とする）を照射すると，和周波 $\omega = \omega_1 + \omega_2$ をもつ二次の誘電分極 $P_\omega^{(2)}(r, t)$ が誘起される．

$$P_\omega^{(2)}(r, t) = \chi^{(2)} : E_1 E_2 = \chi^{(2)} : E_{\omega_1} E_{\omega_2}$$
$$\times e^{i(k_1 + k_2) r - i(\omega_1 + \omega_2)t} \quad (\text{I}.2.147)$$

この誘電分極による光 $E_\omega = e_\omega E_z e^{i(kz - \omega t)}$ の発生は，その振幅 $E(z)$ が波の z 方向への伝播につれて大きくなることで表される．非線形マックスウェル方程式

$$\nabla^2 E_\omega - \varepsilon_0 \mu_0 \varepsilon(\omega) \frac{\partial^2 E_\omega}{\partial t^2} = \mu_0 \frac{\partial^2 P_\omega^{(2)}}{\partial t^2} \quad (\text{I}.2.148)$$

に P_ω と E_ω を代入して $(\varepsilon(\omega) \equiv 1 + 4\pi\chi(\omega)$ は線形誘電率) $dE(z)/dt$ を求め，$z = 0$ から l までの範囲で積分すると，$z = l$ における和周波の強度 $I_\omega(l)$ は

$$I_\omega(l) = (c\varepsilon_0 \sqrt{\varepsilon(\omega)}/2) |E(l)|^2$$

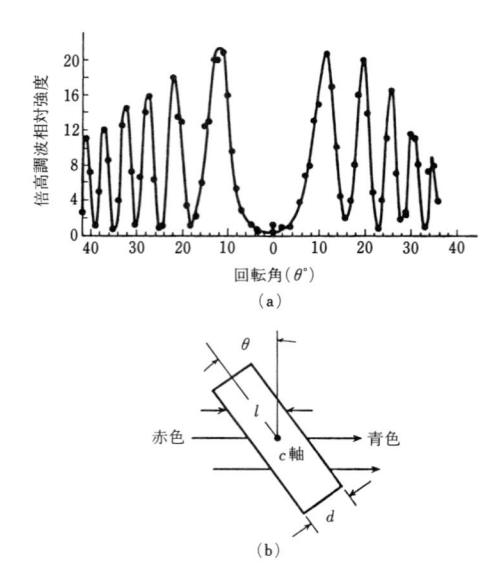

図 I.2.22 Makerフリンジ法による第2高調波発生強度の回転角 θ 依存性(a)と試料の配置(b)[8]

2.4 光の散乱と多光子過程

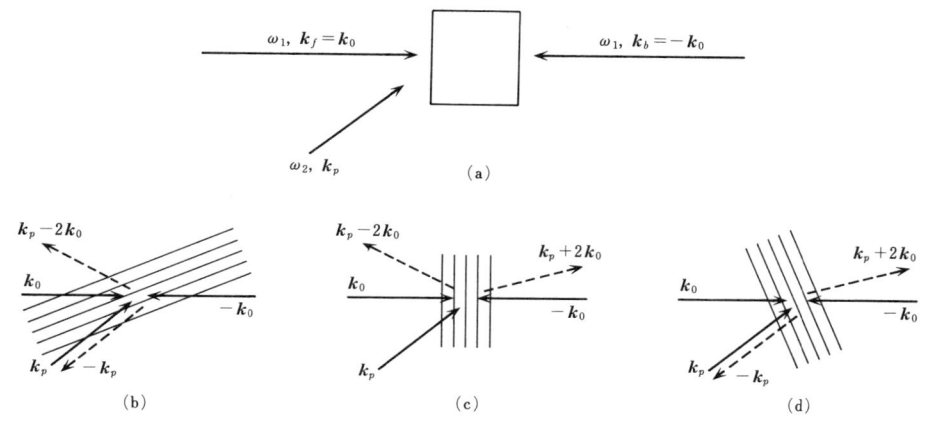

図 I.2.23 4波混合(a)による位相共役波の発生(b), (d)とプローブ光の回折(c)[8]

$$= \frac{\omega^2}{8c\varepsilon_0\sqrt{\varepsilon(\omega)}}|\chi^{(2)}:E(\omega_1)E(\omega_2)|^2$$
$$\times \left\{\frac{2\sin(\Delta kl/2)}{\Delta k}\right\}^2 \quad (\text{I}.2.149)$$

で表される[7]. この和周波の強度の結晶の厚さ l 依存性は図 I.2.22 のように $l=d/\cos\theta$ を使って試料への入射角 θ 依存性に変えられ, $\chi^{(2)}$ の測定に利用される. この方法を Maker フリンジ法という.

3光子過程である第2高調波(SHG)発生やパラメトリック発振が観測されるためには, 式(I.2.134)に $|f\rangle=|i\rangle$ を代入して, 対応する三つの行列要素の積

$$\langle i|P|n\rangle\langle n|P|m\rangle\langle m|P|i\rangle \quad (\text{I}.2.150)$$

が0にならないことが必要である. もし分子または結晶が対称中心をもつときには式(I.2.150)は必ず 0 となるので, 二次の非線形光学効果を観測するためには, その分子または結晶は反転対称中心をもたないことが必要である. さらに倍波を有効に取り出すには位相整合の条件

$$|\Delta k|\equiv|2\,k_1-k|=(2\omega_1/c)\{n(\omega_1)-n(\omega)\}=0$$
$$(\text{I}.2.151)$$

が必要となり, $n_0(2\omega_1)=n_e(\omega_1,\theta)$ を満たす位相整合角 θ_m を考慮しなければならない. この条件は式 (I.2.152) で与えられる.

$$\theta_m=\frac{n_0(2\omega_1)^{-2}-n_0(\omega_1)^{-2}}{n_e(\omega_1)^{-2}-n_0(\omega_1)^{-2}} \quad (\text{I}.2.152)$$

ここで, n_0 は光の分極が結晶の光学軸に垂直となるとき(正常光)の屈折率, n_e は分極が光学軸方向をとるとき(異常光)の屈折率である. もう一つ忘れてならない条件はその物質が基本波と高調波の波長に対して透明であることであり, これらの条件を満たす有機結晶あるいは電場配向フィルムの探索が続いている.

三次の非線形光学現象の例として, 縮退4波混合

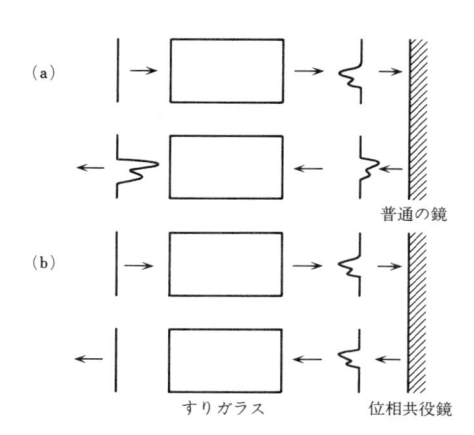

図 I.2.24 位相共役波の特徴
(a)はすりガラスにより位相のずれを生じた光が普通の鏡で反射され, もう一度すりガラスを通ってもとの位置にきた場合, (b)は位相共役粒子を含む鏡で反射させた場合.

を紹介する[7]. 大きな三次の非線形感受率 $\chi^{(3)}$ をもつ物質に図 I.2.23 のように二つの相対するポンプ光 (ω_1, $k_f=k_0$)と(ω_1, $k_b=-k_0$)を照射し, さらにななめからプローブ光(ω_2, k_p)を照射する. すると, 非線形物質中にポンプ光 k_f とプローブ光 k_p によりポピュレーション格子(励起状態の密度分布が k_f-k_p の波数ベクトルをもち $\omega_1-\omega_2$ の角振動数で振動する状態)が形成される. このポピュレーション格子によりもう一つのポンプ光が回折され, プローブ光 k_p に対する位相共役波($2\omega_1-\omega_2$, $-k_p$)が発生する. 位相共役波は, プローブ光の道筋を逆向きに伝播する波であり, 特に $\omega_2=\omega_1$ のときにはプローブ光の時間を反転した波となる. 位相共役波の特徴を図 I.2.24 に, 位相共役微粒子を含む鏡で反射させた場合の像の形で示しておく. 図 I.2.23(c)は二つのポンプ光 k_f と $k_b=-k_f$ により励起状態のポピュレーション格子が形成される場合

で，このときにはプローブ光の位相共役光は得られず，回折光が観測される．位相共役波を発生する材料は，光が物質中を伝播するときに避けられない画像のみだれを自動的に修復する能力があるので，今後の光制御材料として期待がもたれている．

2.5 レーザー発振

2.5.1 レーザー発振の条件

レーザーとは，誘導放出による光増幅(Light Amplification by Stimulated Emission of Radiation)の頭文字をとってつくられた略語であり，輝度が高く単色性と指向性に優れ，時間的にも空間的にも可干渉性の，すなわちコヒーレント性の高い光源である．1960年ルビーレーザーの発振が実現して以来，さまざまのレーザーが開発され，科学技術や産業のあらゆる分野さらには日常生活のすみずみにまで浸透している．レーザーの出現は，20世紀後半の最大の出来事の一つといっても過言ではないであろう．これまでに非常に多くの種類の元素がレーザー発振を示すことが知られているが，広く用いられている物質系としては，ヘリウム-ネオン・窒素分子・アルゴンイオン・炭酸ガスなどの気体レーザー，希ガスあるいは希ガス塩化物を使ったエキシマーレーザー，Nd:YAG・ルビー・Ti:サファイアなどの固体レーザー，有機蛍光性色素を使う色素レーザー，さらに各種の半導体レーザーがある．このうち，色素レーザーとTi:サファイアレーザーは波長可変が特徴であり，半導体レーザーも波長可変のものがつくられるようになってきている．個々のレーザーの種類や特徴はⅡ.4章にまとめられているので，本節ではレーザー発振の条件やレーザー光と分子系の相互作用の特徴を中心にして，述べることにする．

図Ⅰ.2.14のような2状態系に角振動数ωの光が入射したとき，励起状態にある分子は式(Ⅰ.2.107)の第1項に従い，入射光と同じ波長，同じ位相，同じ偏光特性をもつ光を放出して基底状態に戻る．これが誘導放出であり，その光の強度は入射光強度$I_0(\omega)$と励起状態の分子数N_2に比例する．一方，入射光の吸収も同時に起こり，その大きさは式(Ⅰ.2.106)から$I_0(\omega)$と基底状態の分子数N_1に比例し，それらの比例係数は両者の場合等しい．分子数N_1とN_2の比はボルツマン分布で与えられ

$$N_2/N_1 = g_2/g_1 e^{-(E_2-E_1)/k_BT} \quad (Ⅰ.2.153)$$

通常の場合は，$T>0$，$E_2-E_1>0$から$N_2<N_1$であり，ほとんどの分子が基底状態にとどまっているため，誘導放出は観測されない．しかし，$N_2>N_1$となれば，N_2

とN_1の差に相当する分だけ誘導放出が観測されるようになる．この$N_2>N_1$の状態を反転分布と呼び，レーザー発振の基本条件である．

反転分布をつくるためには，放電あるいは光励起により高い準位の分子数を増加させることが必要であり，これをポンピングという．図Ⅰ.2.25のように基底状態|3⟩にある電子を高エネルギー状態の準位|2⟩または|4⟩に放電あるいは光励起により上げ続けることにより，準位|2⟩と準位|1⟩の間に反転分布$N_2>N_1$を実現することができる．図Ⅰ.2.25(a)を3準位モデル，(b)を4準位モデルという．He-NeレーザーやNd:YAGレーザーは4準位レーザーの代表例である．

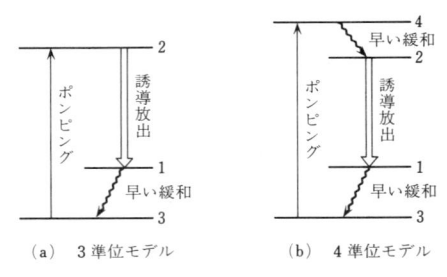

(a) 3準位モデル　　(b) 4準位モデル

図Ⅰ.2.25 レーザー発振の3準位モデルと4準位モデル

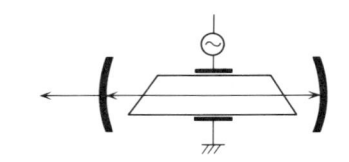

(a) 共焦点ミラーを用いたファブリ-ペロー共振器（放電励起のガスレーザの例）

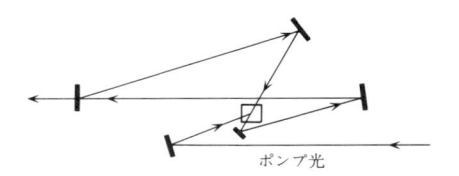

(b) リング共振器(Ar⁺レーザ励起のリング色素レーザの例)

図Ⅰ.2.26 レーザー共振器の例

次に角周波数$\omega_{12}=E_2-E_1/\hbar$をもつ電磁波に注目して，高エネルギー状態|2⟩から|1⟩への誘導放出を|2⟩→|1⟩あるいは|2⟩→|3⟩への自然放出に打ち勝たせるためには，電磁波のエネルギー密度を上げることが基本的に必要である．そのためにはレーザー媒質を図Ⅰ.2.26のようなファブリ-ペロー共振器やリング共振器の中におくと，最初放射されたエネルギー$\hbar\omega_{12}$の電磁波モードが，高い反射率をもつ鏡で反射され，レー

2.5 レーザー発振

ザー媒質にフィードバックして共振器の中に蓄積されるようになる。はじめは周波数分布をもち波数ベクトル空間に一様に分布していた放射光のモードが、だんだん周波数領域でも離散化され、波数ベクトルも選択されて、少数の放射モードに集まってきて、エネルギー密度が大きくなり、ついにはそのモードへの誘導放出が安定して起こる、つまり発振するようになる。反射鏡の一部を半透明にしておき、光の何割かをもとに戻して増幅に使い、一部がレーザー光として外に取り出される。距離 z を通過したときの出射光の強度を $I(\omega, z)$ とすると

$$I(\omega, z) = I_0(\omega, 0) e^{\gamma(\omega)z} \quad (\mathrm{I}.2.154)$$

で表される。ここで利得係数 $\gamma(\omega)$ は、2状態間の分子数の差 $N = N_2 - N_1$、遷移断面積

$$\sigma(\omega) = (\lambda^2/8\pi\tau_{sp}) g(\omega)$$

($g(\omega)$ は吸収線の形を示す関数、τ_{sp} は自然放出の寿命)を使うと

$$\gamma(\omega) = N\sigma(\omega) = N(\lambda^2/8\pi\tau_{sp}) g(\omega) \quad (\mathrm{I}.2.155)$$

で与えられ、レーザー媒質の種類、反転分布の度合い、波長などによって決まる値である。分子数の差 N は実は2状態間の遷移速度に依存し、遷移速度は光の強度に依存するので、結局レーザー媒質の $\gamma(\omega)$ は増幅されるべき光の強度に依存することになる[1]。これが利得飽和の原因であり、レーザー光の飽和強度を $I_s(\omega)$、共振器からの放射がないとしたときの定常状態反転分布 N_0 に対応する利得係数を $\gamma_0(\omega)$ とすると、$\gamma(\omega)$ の $I(\omega)$ 依存性は

$$\gamma(\omega) = \frac{\gamma_0(\omega)}{1 + I(\omega)/I_s(\omega)} \quad (\mathrm{I}.2.156)$$

で表される。

2.5.2 コヒーレント光とカオス光

水銀灯などの気体放電ランプから放射された光は、個々の原子が放電によって励起され相互に無関係に光を放射したものであり、その発光線の形は、原子の速度分布とその間で起こるランダムな衝突によって決まる。このような光をカオス光という。一方、レーザー光は、すでに述べたように、反転分布をした電子準位系における誘導放出によってつくりだされ、高輝度で単色性と指向性に優れた、時間的空間的にコヒーレントな電磁波である。ここでは、まずコヒーレント性の尺度を整理し、レーザー光の特徴をカオス光と比較して明らかにする。

光のコヒーレンスの度合いは空間・時間の二つの点での電磁波間の相関の大きさで定量的に記述できる。2.1.3項で述べたヤングの干渉実験をもう一度とりあげる。図 I.2.27のような観測スクリーン上の位置 r における時刻 t での放射の全電場を $\boldsymbol{E}(\boldsymbol{r}, t)$ とすると、これは t より以前の時刻 t_1, t_2 での二つのピンホール(位置 $\boldsymbol{r}_1$, $\boldsymbol{r}_2$)での電場の一次の重ね合わせとなる。

$$\boldsymbol{E}(\boldsymbol{r}, t) = u_1 \boldsymbol{E}(\boldsymbol{r}_1, t_1) + u_2 \boldsymbol{E}(\boldsymbol{r}_2, t_2) \quad (\mathrm{I}.2.157)$$

ここで $t_1 = t - (s_1/c)$, $t_2 = t - (s_2/c)$ である。位置 $\boldsymbol{r}$ における光の強度は

$$\begin{aligned}
\boldsymbol{I}(\boldsymbol{r}, t) &= \varepsilon_0 c |\boldsymbol{E}(\boldsymbol{r}, t)|^2 \\
&= \varepsilon_0 c \{|u_1|^2 |\boldsymbol{E}(\boldsymbol{r}_1, t_1)|^2 + |u_2|^2 |\boldsymbol{E}(\boldsymbol{r}_2, t_2)|^2 \\
&\quad + 2u_1^* u_2 \mathrm{Re} |\boldsymbol{E}^*(\boldsymbol{r}_1, t_1) \boldsymbol{E}(\boldsymbol{r}_2, t_2)|\}
\end{aligned}$$
$$(\mathrm{I}.2.158)$$

である。ヤングの干渉実験の縞は肉眼か写真で観測され、その観測時間は、カオス光のコヒーレント時間 τ_c(不規則なゆらぎの相関時間)よりもはるかに長いので、式(I.2.158)は時間平均をとることになる。干渉をもたらすのは右辺の第3項であり、干渉効果は $\Delta t = t_2 - t_1$ として、一次の相関関数で記述される。

$$\begin{aligned}
&\langle \boldsymbol{E}^*(\boldsymbol{r}_1, t_1) \boldsymbol{E}(\boldsymbol{r}_2, t_2) \rangle \\
&= \lim_{T \to \infty} \frac{1}{T} \int_0^T \boldsymbol{E}^*(\boldsymbol{r}_1, t_1) \boldsymbol{E}(\boldsymbol{r}_2, t_1 + \Delta t) dt_1
\end{aligned}$$
$$(\mathrm{I}.2.159)$$

二つの時空点 $(\boldsymbol{r}_1, t_1)$ と $(\boldsymbol{r}_2, t_2)$ での放射場の間の一次のコヒーレンスの度合いを示す関数 $g^{(1)}(\boldsymbol{r}_1, t_1, \boldsymbol{r}_2, t_2)$ を、式(I.2.159)の一次の相関関数を用いて次のように定義する。

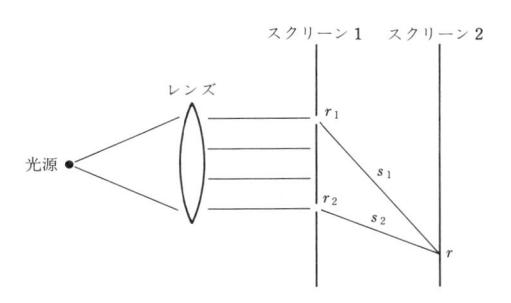

図 I.2.27 理想化したヤングの干渉実験に対する構成素子の配列[7]

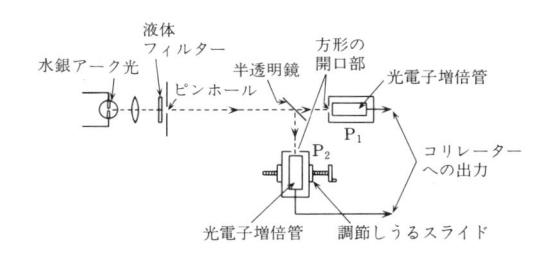

図 I.2.28 光強度の相関を示すHanbury-BrownとTwissによる干渉実験[7]

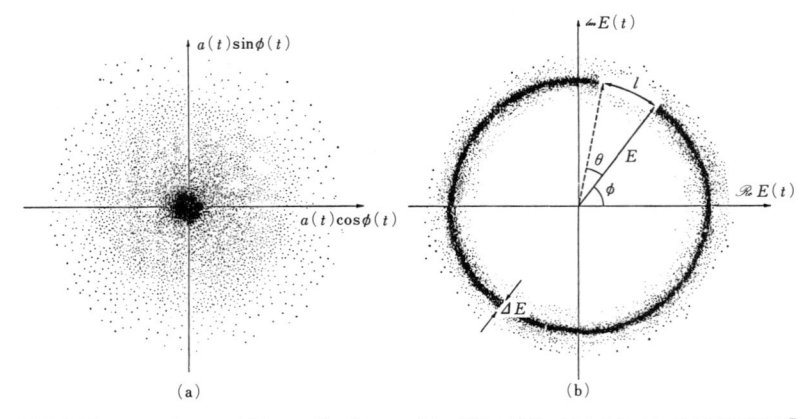

図 I.2.29 カオス光ビーム(a)とレーザー光ビーム(b)の電場の振幅 $a(t)$ と位相 ϕ に対する確率分布[7]

$$g^{(1)}(\boldsymbol{r}_1 t_1, \boldsymbol{r}_2 t_2) \equiv g_{12}^{(1)}$$
$$= \frac{|\langle \boldsymbol{E}^*(\boldsymbol{r}_1, t_1) \boldsymbol{E}(\boldsymbol{r}_2, t_2)\rangle|}{\{\langle |\boldsymbol{E}(\boldsymbol{r}_1, t_1)|^2\rangle\langle |\boldsymbol{E}(\boldsymbol{r}_2, t_2)|^2\rangle\}^{1/2}}$$
(I.2.160)

$g_{12}^{(1)}=1$ で一次のコヒーレンスがあり,$g_{12}^{(1)}=0$ で一次のコヒーレンスがないという.$0<g_{12}^{(1)}<1$ のときには部分的に一次のコヒーレント性がある.古典的な電磁波やレーザー光は $g_{12}^{(1)}=1$ であり,一次の干渉効果を示す.光のコヒーレンス時間 τ_c は,スペクトル幅 $2\varGamma$ をもつローレンツ型分布をもつ光では,$\tau_c=1/\varGamma$ である.

次に,二次の相関関数が必要となるより高次の干渉効果を示す[7,8].カオス光から放射されたビームを二つにわけ,ある時空点 $(\boldsymbol{r}_1, t_1)$ と $(\boldsymbol{r}_2, t_2)$ で観測された二つのビーム強度 $I(\boldsymbol{r}_1, t_1)$ と $I(\boldsymbol{r}_2, t_2)$ の相関を調べると(Hanbury-Brown と Twiss の実験,図 I.2.28)

$$\langle I(\boldsymbol{r}_1, t_1) I(\boldsymbol{r}_2, t_2)\rangle$$
$$= (\varepsilon_0 c/2)^2 \langle \boldsymbol{E}^*(\boldsymbol{r}_1, t_1) \boldsymbol{E}^*(\boldsymbol{r}_2, t_2) \boldsymbol{E}(\boldsymbol{r}_2, t_2) \boldsymbol{E}(\boldsymbol{r}_1, t_1)\rangle$$
(I.2.161)

で表される.対応して二次のコヒーレンスの度合い $g_{12}^{(2)}$ は,

$$g^{(2)}(\boldsymbol{r}_1 t_1, \boldsymbol{r}_2 t_2 ; \boldsymbol{r}_2 t_2, \boldsymbol{r}_1 t_1) \equiv g_{12}^{(2)}$$
$$= \frac{\langle \boldsymbol{E}^*(\boldsymbol{r}_1, t_1) \boldsymbol{E}^*(\boldsymbol{r}_2, t_2) \boldsymbol{E}(\boldsymbol{r}_2, t_2) \boldsymbol{E}(\boldsymbol{r}_1, t_1)\rangle}{\langle |\boldsymbol{E}(\boldsymbol{r}_1, t_1)|^2\rangle\langle |\boldsymbol{E}(\boldsymbol{r}_2, t_2)|^2\rangle}$$
(I.2.162)

と定義される.$g_{12}^{(1)}=1$ および $g_{12}^{(2)}=1$ のとき,その 2 時空点で光は二次のコヒーレンスをもつという.

カオス光に対する二次の強度相関関数式(I.2.161)は,一次の相関関数を使って書くことができ,さらにスペクトルの半値幅 $2\varGamma$ のローレンツ型分布の光では

$$\langle I(\boldsymbol{r}_1, t_1) I(\boldsymbol{r}_2, t_2)\rangle$$
$$= (\varepsilon_0 c/2)^2 \langle \boldsymbol{E}^*(\boldsymbol{r}_1, t_1) \boldsymbol{E}(\boldsymbol{r}_2, t_2)\rangle|^2 + \langle I\rangle^2$$
$$= \langle I\rangle^2 (e^{-2\varGamma|\tau|}+1)$$
(I.2.163)

のような減衰関数となる.ただし,$\tau=t_1-t_2-(r_1-r_2)/c$ である.

カオス光ビームとレーザー光ビームについて,電場 $\boldsymbol{E}(t)$ の振幅 $a(t)$ と位相 $\phi(t)$ に対する確率分布を図 I.2.29 の(a)と(b)に示す.明暗の密度が,$a(t)$ と $\phi(t)$ が複素平面での対応する点で値をもつ確率に比例している.(a)のカオス光では確率は原点で最大であり,$\phi(t)$ には無関係である.(b)のレーザー光においては,角振動数 ω の光子を n 個含むビームでは,観測される電場の振幅は $E=(\hbar\omega/2\varepsilon_0 V)^{1/2} n^{1/2}$ の大きさをもち,そのゆらぎ幅は $\varDelta E/E \fallingdotseq n^{-1/2}$ 程度の大きさである.レーザー光では電場の位相 ϕ はあらゆる値を同じ確率でとりうることに注意する必要がある.コヒーレント光の分子分布はポアソン分布 $P_n=(\bar{n}^n/n!) e^{-\bar{n}}$ ($\bar{n}$ は n の平均値)で表され,誘導放出ではそのコヒーレント性を保つが,自然放出でつくられた光子ではそのコヒーレント性は保たれない.したがって任意の瞬間にレーザー場に寄与する光子は,位相についてコヒーレントになっているが,時間とともに変化し,この位相の固有減衰時間はポンピング強度によるが,10~100 s 程度の大きさであり十分に長い.この現象を位相拡散と呼ぶ.

2.5.3 レーザー光と分子系の非線形コヒーレント相互作用

レーザー光と原子分子系との相互作用が高速で高密度に起こることを速度論的に扱う.図 I.2.30 のような

2.5 レーザー発振

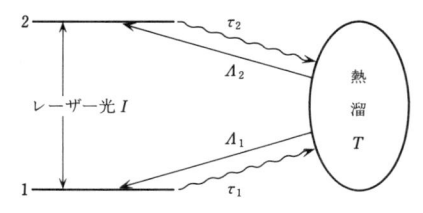

図 I.2.30 熱溜 T を含む2準位系

熱溜 T を含む2準位系を考える。入射レーザービームの断面積を A, パワーを P, 角振動数を ω とすると，入射光子束は $I=P/(\hbar\omega A)$ である。この2準位間の遷移断面積を σ とすると，二つの準位の単位体積あたりの分子数 N_1 と N_2 の時間変化は

$$dN_1/dt = \Lambda_1 - (N_1/\tau_1) - (N_1-N_2)I\sigma$$
$$dN_2/dt = \Lambda_2 - (N_2/\tau_2) + (N_1-N_2)I\sigma$$
$$(\text{I}.2.164)$$

で表される。入射光がない ($I=0$) のときの定常状態の分子数を N_1^0, N_2^0 とすると，

$$N_1^0 = \tau_1\Lambda_1, \quad N_2^0 = \tau_2\Lambda_2 \quad (\text{I}.2.165)$$

である。入射レーザー光があると各準位の分子数が変るが定常状態に対しては解くことができ，次式が得られる。

$$N_1-N_2 = (N_1^0-N_2^0)/\{1+(\tau_1+\tau_2)I\sigma\} \quad (\text{I}.2.166)$$

$(\tau_1+\tau_2)I\sigma \simeq 1$ は入射光による誘導遷移の速度と各準位からの緩和速度 $(\tau_1+\tau_2)^{-1}$ が同じ大きさになることを意味する。

入射光が極端に強いときは，N_1 と N_2 はほぼ等しくなる。式(I.2.164)の速度式は各準位からの緩和時間よりももっとゆっくりとした時間変化の現象を正しく記述するが，パルスなどの急激に変化する入射光に対する分子の過渡応答を扱うためには，分子のコヒーレント相互作用を考慮しなければならない[2]。

緩和時間が誘導遷移時間に比べて長い場合を考えるので，緩和項は無視する。2準位分子の固有関数を ψ_1 と ψ_2, 固有エネルギーを ε_1 と ε_2 とすると，角振動数 ω の光電場と2準位分子の電気双極子モーメント μ との間の相互作用ハミルトニアン H_I は，次式で表される。

$$H_I = -(\mu E/2)(e^{i\omega t} + e^{-i\omega t}) \quad (\text{I}.2.167)$$

このような相互作用のあるとき系の波動関数は

$$\phi(\mathbf{r},t) = a_1(t)\phi_1(\mathbf{r},t) + a_2(t)\phi_2(\mathbf{r},t)$$
$$(\text{I}.2.168)$$

である。$a_1(t)$ と $a_2(t)$ は各状態の確率振幅で，2準位間の遷移角振動数 $\omega_0 = (\varepsilon_1-\varepsilon_2)/\hbar$ に比べて，時間的にずっとゆっくりと変わる。時間を含むシュレーディンガー方程式(I.2.85)に式(I.2.167)，(I.2.168)を代入してまとめると次の連立方程式が得られる。

$$da_1/dt = (i\mu E/2\hbar) a_2 e^{-i\omega_0 t}(e^{i\omega t} + e^{-i\omega t})$$
$$da_2/dt = (i\mu E/2\hbar) a_1 e^{i\omega_0 t}(e^{-i\omega t} + e^{i\omega t})$$
$$(\text{I}.2.169)$$

$e^{\pm i(\omega_0+\omega)t}$ は急速に振動する非共鳴項で，平均として小さな寄与しかしないので式(I.2.169)の第2項は無視する。これを回転波近似という。このとき，初期条件として $t=0$ で $a_1=1$, $a_2=0$ としてこの連立方程式を解くと

$$a_1(t) = e^{i(\omega-\omega_0)t/2}\{\cos(\Omega t/2)$$
$$- i(\omega-\omega_0/\Omega)\sin(\Omega t/2)\} \quad (\text{I}.2.170)$$
$$a_2(t) = e^{-i(\omega-\omega_0)t/2} \cdot (i\mu E/\hbar\Omega)\sin(\Omega t/2)$$
$$(\text{I}.2.171)$$
$$\Omega = \sqrt{(\omega-\omega_0)^2 + (\mu E/\hbar)^2} \quad (\text{I}.2.172)$$

が得られる。ここで Ω をラービの特性周波数という。式(I.2.171)から $t=0$ に準位 $|1\rangle$ にあった分子が時刻 t までに準位 $|2\rangle$ に遷移する確率は次式で与えられる。

$$|a_2(t)|^2 = (\mu E/\Omega\hbar)^2 \sin^2(\Omega t/2) \quad (\text{I}.2.173)$$

緩和効果がなければ，$|a_2(t)|^2$ は共鳴条件 $\omega=\omega_0$ では0と1の間を正弦波状に変化し，吸収と放出を繰り返していることを示している。緩和があるときには減衰振動波形になって一定値に近づく。　〔堀江 一之〕

参考文献

1) Saleh, B. E. A., Teich, M. C.: Fundamentals of Photonics (1991), Wiley-Interscience
2) 長谷三郎編：光と分子(上，下)(岩波講座現代化学 12)(1979)，岩波書店．
3) 堀江一之，牛木秀治：光機能分子の科学(1992)，講談社
4) Yariv, A.(多田邦雄，神谷武志訳)：光エレクトロニクスの基礎(1988)，丸善
5) 小出昭一郎：物理学(改訂版)(1975)，裳華房
6) 阿部龍蔵：光と電磁場(1992)，放送大学教育振興会
7) Loudon, R.(小島忠宣，小島和子訳)：光の量子論(1981)，内田老鶴圃
8) 花村栄一：量子光学(岩波講座現代の物理学 8)(1992)，岩波書店

第3章

光 化 学

　光吸収によって生成した励起分子は，通常種々の過程を経て失活していく．これらの諸過程は，主に次の3種に大別できる．
① 蛍光，りん光といった輻射過程
② 光の放出を伴わない無輻射過程
③ 他の分子種に変化する化学反応過程

　①の過程については，I.2章で述べられているので，この章では主に②および③の過程について述べる．広い意味で無輻射過程とは，①の輻射過程を除くすべての過程を含むが，狭い意味では内部変換 (internal conversion) と項間交差 (intersystem crossing) と呼ばれる他電子状態への等エネルギー的な遷移のことを示す．また③の化学反応という場合，実際に光励起によって化学結合が切れたりあるいは新たな化学結合が生成したりする場合を示し，エキシマー生成や励起エネルギー移動などを経ても，最終的にまた光励起前の基底状態分子に戻る過程を光物理過程と表現し区別することもあるが，ここでは光誘起諸過程によって生成する過渡的な状態を含めて他の分子種とし，特に光化学過程と光物理過程を区別して用いない．

　紙面の関係上詳細な説明を省略した箇所も多いが，そのようなところには適当な文献を示した．なお一般的には，光化学に関係したいくつかの成書もあるので参考にしていただきたい[1~6]．

3.1 励起分子の緩和過程—その時間スケール

　図 I.3.1 に励起分子の行う種々の過程のおおよその時間スケールを示した．通常の分子は，基底状態において一重項 (S_0) 状態にあり，光励起直後の電子状態は励起一重項 (S_n) 状態である．この光吸収は励起波長の周期程度の非常に短い時間で起こる (紫外光から可視光の波長範囲では数フェムト秒 (10^{-15}秒) 以内である)．原子数が 10～20 以上の分子では S_2 や S_3 などの高い励起状態が生成した場合でも，蛍光は最低励起状態 (通常は S_1 状態) から発せられる (カーシャの法則)．このことは，S_n 状態から S_1 状態への遷移が迅速であることを示す．この電子状態間の遷移は，内部変換であり，その速度は分子の大きさやエネルギー差にも依存するが S_n から S_1 状態への場合 100 フェムト秒オーダーである．

　また，通常は S_1 の最低振動励起状態に励起した場合を除いて電子励起に伴い，分子としては振動状態も励起される (たとえば S_1 の高い振動状態を示す．また，S_2 の最低振動状態でも，S_1 への内部変換が起これば結果的に高い振動状態が生成する)．この特定の振動は，通常は迅速に他の分子内の振動モードに分配されていく．この振動エネルギーの分配過程は，分子内振動再分配過程あるいは，IVR (Intramolecular Vibrational Redistribution) と呼ばれており，分子の大きさやエネルギーに大きく依存するが，100 フェムト秒オーダーの時間で起こる．凝縮系の場合，この後余剰振動エネルギーは励起分子のまわりの媒体分子に約数ピコ (10^{-12}) 秒から数十ピコ秒の時間スケールで散逸し，媒体の温度と平衡の振動状態をもつ S_1 状態の励起分子が生成する (クーリング過程)．この IVR と余剰エネルギーの散逸を含めた過程を振動緩和過程と呼ぶ[7]．この媒体と熱平衡にある S_1 状態は蛍光状態と呼ばれている．室温では，振動エネルギーは通常小さな値であり，近似的には S_1 の最低振動状態を蛍光状態と呼ぶ場合もある．

　励起分子と基底状態分子は異なる電子構造をもち，平衡核間距離も多かれ少なかれ異なるため，励起分子の構造と基底状態分子の構造には違いが生じる．さらに，励起状態の分子の双極子モーメントが基底状態と異なる場合には，周囲の媒体分子の配向も変化する．

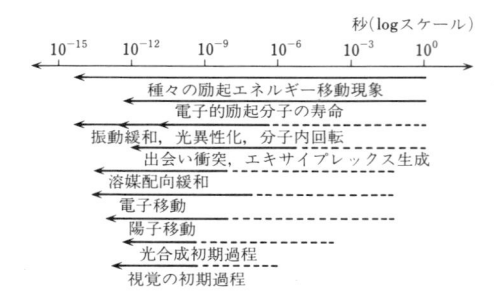

図 I.3.1 励起分子の行う諸過程のおおよその時間スケール

3.1 励起分子の緩和過程−その時間スケール

このような分子構造の変化や媒体の再配向過程は、回転や並進といった分子の運動を伴う過程であるため媒体の粘性に強く依存する。通常の粘性をもつ溶媒ではこのような溶媒和緩和の時間は数ピコ秒から数十ピコ秒以内である。一般に蛍光状態とは、振動緩和に加え分子構造の変化や周囲の媒体の配向変化を含めて緩和した S_1 状態を示す。

多くの物質の蛍光状態の寿命(蛍光寿命)は、数ナノ秒(10^{-9}秒)から100ナノ秒程度であり、他分子との間で起こる分子間反応の多くは蛍光状態あるいは次に述べるりん光状態において起こる。蛍光状態の分子は、蛍光輻射過程と内部変換による無輻射過程といった基底状態への遷移および、三重項状態への項間交差過程を示す(図Ⅰ.3.2)。これらのそれぞれの速度定数の和の逆数、$\tau_f = 1/(k_f + k_{ic} + k_{isc})$ を蛍光寿命という。自然寿命と呼ばれる量は、$1/k_f$ として定義される。また、蛍光収量は、$\phi_f = k_f \cdot \tau_f$ として定義される。多くの物質の蛍光寿命や蛍光収量については、いくつかの本にまとめられている[5]。代表的な分子の蛍光寿命および蛍光収量を表Ⅰ.3.1に示した。蛍光寿命や蛍光収量は温度や溶媒または媒体に依存する値であり、普通は低温になると寿命は長くなることが多い。

りん光状態は通常の分子では最低三重項状態に対応する。一般には、スピン多重度の異なる電子状態間の発光をりん光と呼び、同じ多重度間のものを蛍光と呼ぶ。スピン多重度の異なる電子状態間の遷移は禁制であり、りん光は長い時間継続する。有機分子のりん光が三重項状態からの発光に帰属されるまでは、励起光を遮断したのちすぐに消える発光を蛍光、後まで続くものをりん光として区別していたが、現在ではスピン多重度と関連させた定義を用いる。りん光状態は、蛍光状態からの項間交差の後、振動緩和や、構造あるいは溶媒和緩和の必要な場合にはこのような過程を経た(疑似)平衡状態を示す言葉である。また、スピン多重度としては、基底状態が一重項状態のものでは、三重項状態であり、T_1 状態と呼ばれる。この T_1 状態は、厳密には最低三重項状態であるが、基底状態と比べると電子的には励起状態にあるため励起三重項状態と呼ばれる場合もある。これに対して"励起"三重項状態とは T_2, T_3, T_n といった高い三重項状態のみを表している本や論文もある。T_1 状態の分子も蛍光状態同

表 Ⅰ.3.1 いくつかの分子の蛍光寿命と蛍光収量(特に温度の表記のないものは室温[5])

化合物名	溶媒	蛍光寿命/ns	蛍光収量
ベンゼン	シクロヘキサン	29	0.058
トルエン	シクロヘキサン	34	0.14
ナフタレン	シクロヘキサン	96	0.19
1-メチルナフタレン	シクロヘキサン	67	0.21
1-ナフトール	シクロヘキサン	10.6	0.174
アントラセン	シクロヘキサン	4.9	0.30
アントラセン	ベンゼン	4.26	0.256
アントラセン	95% エタノール	5.2	0.27
アントラセン	EPA(77 K)	6.2	—
カルバゾール	シクロヘキサン	16.1	0.315
N-メチルカルバゾール	シクロヘキサン	18.3	0.51
テトラセン	シクロヘキサン	6.4	0.17
フェナントレン	ヘプタン	59.5	0.16
クリセン	シクロヘキサン	44.7	0.12
クリセン	EPA(77 K)	50	—
ピレン	シクロヘキサン	450	0.65
ピレン	エタノール	475	0.65
ピレン	アセトン	330	—
ビフェニル	シクロヘキサン	16.0	0.15
p-ターフェニル	シクロヘキサン	0.95	0.77
ペリレン	シクロヘキサン	6.4	0.78
ペリレン	ベンゼン	4.9	0.89

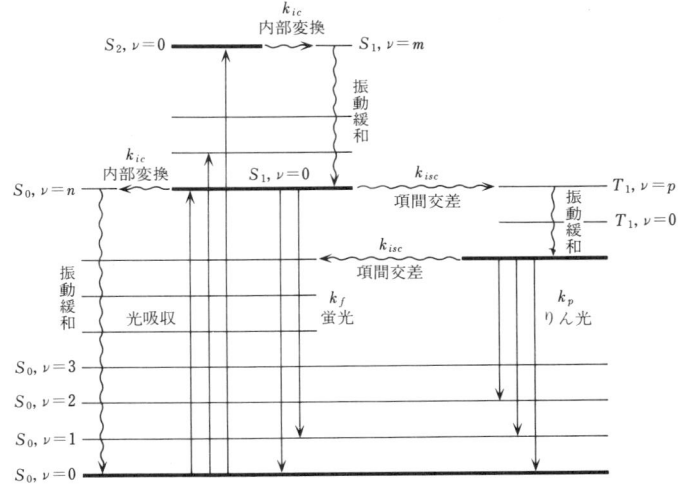

図 Ⅰ.3.2 励起分子の諸状態と状態間の遷移過程

様，りん光輻射過程および無輻射過程によって基底状態へ戻る．りん光寿命は，$\tau_p=1/(k_p+k_{isc})$ として定義され，またりん光収量は，$\phi_p=k_p\cdot\tau_p$ として求められる．一般にこの値は，マイクロ秒からミリ秒またときには数十秒におよび，蛍光寿命と比較すると非常に長い．したがって，溶媒中に残存する不純物や酸素などの他分子との反応の確率が非常に大きく，通常の室温溶媒中でのりん光の測定は困難である場合が多い．

3.2 光化学反応過程の収率

種々の光化学過程の中で，ある特定の過程の全過程に対する割合は収率あるいは収量として示される．特に吸収されたすべての光子数に対して生成した反応分子の数，あるいは放出された発光の光子数は量子収率と呼ばれる．たとえば，蛍光量子収率は式(I.3.1)のように

$$\varPhi_f=N_f/N_a \qquad (\text{I}.3.1)$$

として定義される．ここで N_f は，蛍光として放出された光子数であり，N_a は，吸収された光子数である．なお化学反応の場合には，生成した分子の数を N_f の代わりに用いれば反応量子収率になる．凝縮系では，通常，S_n 状態に励起された場合でも，そこからの迅速な緩和過程により蛍光状態はほぼ1の確率で生成するから，蛍光収量 $\phi_f=k_f\cdot\tau_f$ と，蛍光量子収率 $\varPhi_f$ は一致する．しかし，光吸収によって生成した高い励起状態で分解やイオン化が起こり，そこからの蛍光状態の生成が1にならない場合には，蛍光量子収率は波長 λ に依存する．このような場合，高い励起状態から蛍光状態の生成収率を $P(\lambda)$ とおくと，

$$\varPhi_f=P(\lambda)\cdot\phi_f \qquad (\text{I}.3.2)$$

となる．

3.3 励起分子の特徴

光励起によって生成する励起分子は，① 高いエネルギーをもっている，①とも関連するが，② 基底状態とは異なる電子配置をもっている，という大きく分けて二つの特徴をもつ．これらの特徴の結果として多くの光化学過程が引き起こされる．たとえば，350 nm の波長は 81.7 kcal/mol に相当する．多くの化学結合の強さは，数十から 200 kcal/mol 程度の範囲にあり，これらの化学結合の強さと同程度のエネルギーが光吸収によって与えられる．したがって，結合の開裂や分子の分解は，特徴的な光化学過程の一つである．

一方，光励起によって生成した励起分子が基底状態

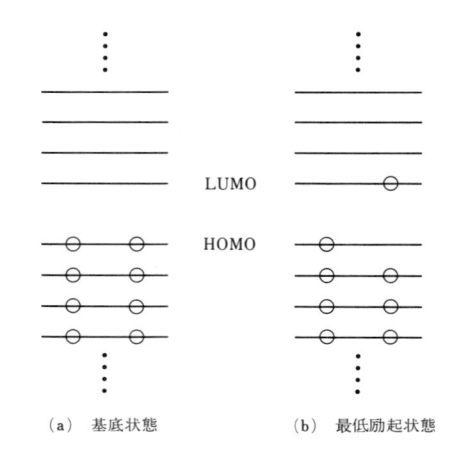

図 I.3.3 基底状態(a)と最低励起状態(b)の電子配置

とは異なる電子配置をもつことは，より本質的な特徴である．分子軌道に沿って考えれば，通常の分子では基底状態からの光吸収は，結合性軌道あるいは非結合性軌道から反結合性軌道への一電子遷移であり，結果的に分子の中には，電子を一つしか含まない分子軌道が二つ生成される(図 I.3.3)．これらの状態は，$\pi-\pi^*$ 状態，$n-\pi^*$ 状態，$\sigma-\sigma^*$，$\pi-\sigma^*$ など，あるいはリュートベリ状態など，種々の電子状態として分類される．この電子配置も光化学反応を考える上で，重要な要素となる．一般的には π 電子を含む分子系に対して約 200 nm よりも長波長の光を考える場合には，おおむね $\pi-\pi^*$ あるいは，n 電子をもつ場合には，$n-\pi^*$ といった電子状態が光化学過程の対象となることが多い．

個々の励起分子の性質は，このような電子配置あるいは電子構造，また官能基にも依存している．種々の光化学反応を，このような分子の構造，電子状態と，それに特徴的な光化学反応過程の関係の観点から分類することもできる[6]．いくつかの典型的な光化学反応過程を，表 I.3.2 に示した．

励起分子は基底状態分子と比較して，他分子との電

表 I.3.2 分子の構造や官能基に依存した主な光化学反応

カルボニル化合物 (アルデヒドやケトン)	ノリッシュI型反応(α切断：>C=OのCと隣りのCとの結合の切断) ノリッシュII型反応 分子内水素引き抜き 分子間水素引き抜き
アルケン (C=C 二重結合)	シス-トランス光異性化 協奏的閉環・開環・付加反応
アルキルハライド	ラジカル生成 カルベン生成
アミン	N-H 結合切断によるイミンなどの生成
アゾ化合物 (N=N 二重結合)	シス-トランス光異性化 脱窒素 水素引き抜き

子の授受を行いやすいという特徴をもつ．単純に考えれば，図I.3.3に示すように，イオン化電圧は最低励起状態において最高被占軌道(HOMO)と最低空軌道(LUMO)のエネルギー分だけ低くなる．一方，電子親和力はこのエネルギー分だけ大きくなる．そのため励起状態では，基底状態で起こらない電子移動過程も起こることが多い．電子移動過程については，後に詳細に述べる．

3.4 励起分子に与える媒体の影響

分子の振動(たとえば 3000cm^{-1} の振動の1周期は約10フェムト秒である)や，周囲の媒体分子の並進や回転の時間と比べると，分子の光吸収や発光は数フェムト秒以内と著しく短く，光吸収の直後の分子は周囲の媒体の状態を含め基底状態の構造を保っている(フランク-コンドンの原理)．ただし媒体分子の誘電応答の中で，電子分極の項は光吸収や発光のような迅速な変化に対しても追随している．したがって，励起分子の生成と共に媒体の電子分極は誘起されており，吸収スペクトルにはこの項が含まれている．いずれにしても，この励起直後の分子は，すでに基底状態分子とは電荷分布が異なるため，多かれ少なかれ核配置もまた媒体の配向に関しても平衡状態ではない．この状態を，励起フランク-コンドン状態という．ここから，平衡状態へ向かって核配置や媒体の配向が変化する(図I.3.4)．この緩和時間は蛍光寿命と比べると非常に短いので定常状態の測定では，平衡状態からの蛍光が観測される．

励起フランク-コンドン状態と平衡状態のエネルギー差 δE_e は，フランク-コンドンの不安定化エネルギーと呼ばれる．特に極性媒体中で溶質分子が光励起により大きく双極子モーメントを変化させた場合には，δE_e は主にまわりの媒体の再配向による安定化のエネルギーに対応する．発光の場合にも同様の過程が起こる．すなわち，励起平衡状態からの発光の直後の状態は，周囲の環境を含め励起平衡状態のままであるが電荷の分布だけが異なっており，基底フランク-コンドン状態から平衡位置に向かって緩和する．

これらの緩和過程により，吸収や蛍光の波長は，媒体の極性や励起分子・基底状態分子の双極子モーメントに依存したものとなる．1955年に又賀やLippertはそれぞれ独立に，これらの関係を定量的に表した[8,9]．Mataga-Lippert式としてよく知られている式によれば，吸収と蛍光のエネルギー差であるストークスシフトの大きさと媒体の極性，基底状態・励起状態での双極子モーメントの大きさには以下のような関係があることが導かれる．

$$h(\nu_a - \nu_b) = \text{const.} + \frac{2(\mu_e - \mu_g)^2}{a^3}\left(\frac{\varepsilon_s - 1}{2\varepsilon_s + 1} - \frac{\varepsilon_\infty - 1}{2\varepsilon_\infty + 1}\right)$$
(I.3.3)

ここで，ν_a と ν_b はそれぞれ吸収と蛍光の波数，μ_a と μ_e はそれぞれ基底状態，励起状態の双極子モーメントを示す．また，a は溶質分子の存在する誘電体の中の小さな空洞球の半径である．ε_s は電子分極，変形分極，配向分極の項すべてを含んだ通常の静的誘電率である．ε_∞ は周波数無限大のときの誘電率で光学的誘電率とも呼ばれる．実際にはコール-コールプロットから求まるが，近似的には屈折率の二乗の値であり，光吸収や発光に追随できる項に対応する．$1/\varepsilon$ とならず $(\varepsilon-1)/(2\varepsilon+1)$ という形となっているのは双極子に対する溶媒和の計算の結果現れたものである．また const. の項は分子の平衡核配置の変化に基づく項や，さらに媒体の再配向に関する高次の項を含んでいる．この式によると，溶質の電荷分布が溶媒によって変化しない場合，すなわち，励起分子の双極子モーメントは溶媒の極性に依存しない場合，溶媒による再配向パラメーター $\{(\varepsilon_s-1)/(2\varepsilon_s+1) - (\varepsilon_\infty-1)/(2\varepsilon_\infty+1)\}$ に対してストークスシフトの大きさは直線的に増加することになる．このような直線関係は，事実多くの極性励起分子の蛍光の溶媒効果に対して成り立つことが知られている．一例を図I.3.5に示す．

一方，励起分子内の電荷分布などの性質，すなわち

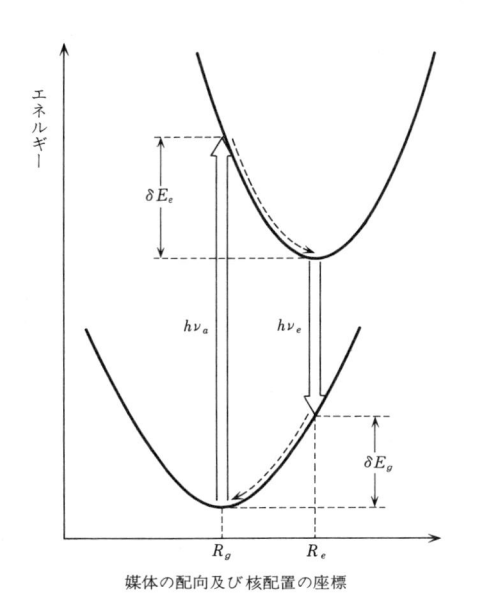

図 I.3.4 光吸収および発光に関するフランク-コンドン状態と平衡状態

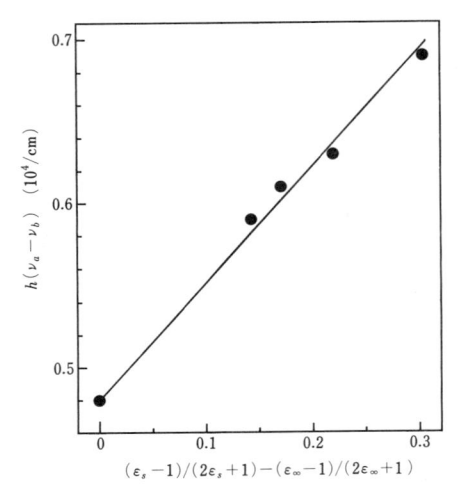

図 I.3.5 α-ナフチルアミンの種々の溶媒中(非プロトン性溶媒)での吸収と蛍光のストークスシフトに対する, Mataga-Lippert プロット(*BCSJ*, **36**(1963), 654)

電子状態が溶媒の極性に依存し,励起状態分子の双極子モーメントが溶媒の極性に依存して大きく変化する場合には,Mataga-Lippert プロットは直線関係を示さない.以上のように,この式は励起状態分子の双極子モーメントの見積りやその性質を調べるためには非常に有効であり,広く用いられている.

さて,図I.3.4に従って考えると,励起フランク-コンドン状態から励起平衡状態への緩和の途中でも蛍光は出ており,時間分解能の高い測定を行えば長波長にシフトしていく蛍光を直接観測することも可能である.この動的なストークスシフトの過程は,低温の高粘性媒体中,また最近では超高速レーザー分光により室温溶媒中などでも観測されている[10].

なお励起分子の性質が媒体の極性に強く関係した挙動としてよく知られているものとしては,無輻射遷移に関する箇所で述べる n-π^* と π-π^* 状態の関係した項間交差の過程がある.また,シス-トランス異性化反応では媒体の粘性も重要な因子となる.

3.5 主に励起分子内で起こる光化学過程

前述のように凝縮系では媒体は励起分子の性質に大きな影響を与えることが多く,分子内あるいは分子間の過程といった区別は厳密には困難である場合も多いが,ここでは主に励起分子が他の特定の分子との間で相互作用を行わなくても起こる過程について概説する.

3.5.1 無輻射遷移[11]

励起分子については,古くから以下のような結果が見いだされていた.① 窒素分子のように簡単な二原子分子では高い励起状態からその下に存在する励起状態への発光も観測されるが,大きい有機分子では,通常は S_1 状態からの蛍光しか観測されない(カーシャの法則).② 遷移の始状態と終状態のエネルギー差が大きいほど無輻射遷移の速度定数は小さくなる(エネルギーギャップの法則).③ 分子を構成している水素原子を重水素に交換すると蛍光寿命やりん光寿命は長くなる.

これらの実験結果に対しては Robinson と Frosch によって定性的ではあるが統一的に解釈が行われ[12],その後の Bixon と Jortner の理論により無輻射遷移の理解が進んだ[13].もともと"無輻射過程"とは,広い意味では蛍光・りん光といった発光過程以外の過程を含むものとして使われていたが,これらの理論の提出された1960年代ころからだんだんと内部変換と項間交差といった狭い意味に使われるようになった.以下に,狭い意味での無輻射遷移を簡単に説明する.

一般的にある始状態 i から終状態 f への遷移の速度は始終状態の波動関数をそれぞれ Ψ_i, Ψ_f とおくと,

$$\beta = \langle \Psi_f | H' | \Psi_i \rangle \quad (\text{I}.3.4)$$

の二乗に比例するものとして与えられる.ここで H' は相互作用のハミルトニアンを示している.S_1 状態から,基底状態 S_0 への無輻射遷移(内部変換)を考えれば,Ψ_i は S_1 のある振動状態を表し,Ψ_f はエネルギー的には始状態の S_1 状態とエネルギーに対応した S_0 状態の高い振動励起状態である(正確には遷移の速度とエネルギーの間の不確定性関係や,種々の振動状態を積分して考えるが,ここでは簡単のため省略している).ここで,ボルン-オッペンハイマー近似を用いて系の波動関数が

$$\Psi \sim \phi \cdot \chi \quad (\text{I}.3.5)$$

と電子波動関数 ϕ と振動波動関数に分離できるとすると,

$$\beta \sim \langle \phi_f | H' | \phi_i \rangle \langle \chi_f | \chi_i \rangle \quad (\text{I}.3.6)$$

と表せる.$\langle \phi_f | H' | \phi_i \rangle$ を β_{e1} とおくと,遷移の速度は $\beta_{e1}^2 \langle \chi_i | \chi_f \rangle^2$ に比例する.ここで,振動の波動関数の重なり積分の二乗である $\langle \chi_i | \chi_f \rangle^2$ の項は,フランク-コンドン因子と呼ばれる.振動の波動関数はエネルギーレベルが高ければ高いほど波うった形となりポテンシャルの両側面に分布した形をもつ(図I.3.6).蛍光状態からの S_0 への無輻射遷移を考えると,S_1 の振動波動関数とエネルギー的に対応した S_0 の振動波動関数の重なりは,S_1 と S_0 それぞれの最低振動状態間のエ

3.5 主に励起分子内で起こる光化学過程

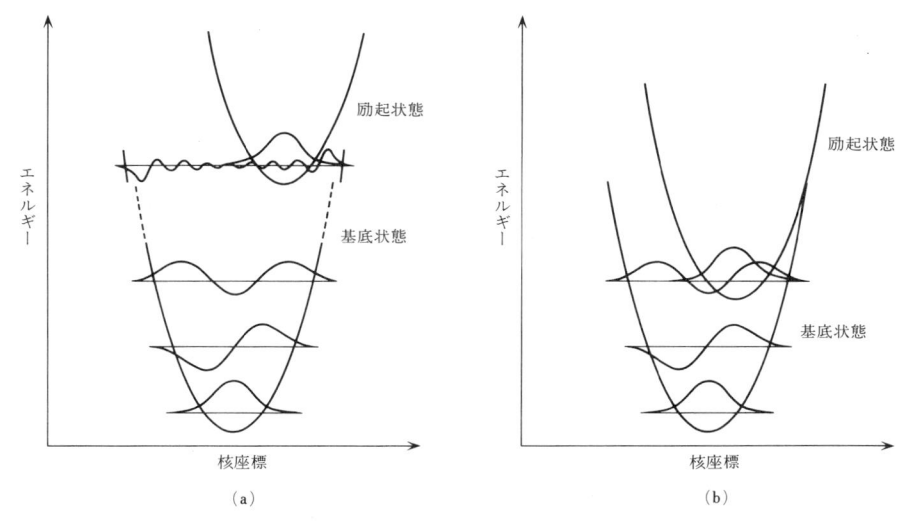

図 I.3.6 励起状態と基底状態の振動波動関数の重なり
(a) エネルギーギャップの大きい場合，(b) エネルギーギャップの小さい場合．

ネルギー差(エネルギーギャップ)が大きくなるほど小さくなる．T_1 から S_0 への場合も同様である．すなわち，この振動波動関数の重なりの減少により無輻射遷移の速度が小さくなることは，定性的にエネルギーギャップの法則を説明している．また，通常の大きな有機分子系では，S_1-S_0 のエネルギー差に比べて S_2-S_1 といった励起状態間の差は小さく，その結果としてフランク-コンドン因子も大きくなり無輻射遷移による S_1 状態の生成が効果的であることが説明でき，カーシャの法則もこのエネルギーギャップの法則の一つの例として理解できる．さらに，水素から重水素に置換した化合物では，同じエネルギー差であっても振動のエネルギー準位の幅が小さくなり，終状態は高い振動状態に対応する．そのため，フランク-コンドン因子が減少し，無輻射失活の速度が小さくなり，蛍光やりん光寿命が長くなる．このようにフランク-コンドン因子により無輻射遷移の速度が理解できることを示したことが，Robinson-Frosch の理論の特徴である．

Bixon-Jortner は Robinson-Frosch の理論では曖昧であった H' を，内部変換の場合には核の運動として，項間交差の場合にはスピン-軌道相互作用として定式化を行った．細かい違いはあるが，定性的には，Robinson と Frosch の理論と同様の結果が示されている．ただし，Bixon と Jortner の理論では，有機化合物のような大きな分子では外からの摂動がなくても電子的に励起されたエネルギーが他電子状態に移ることが示されており，明確に無輻射遷移と振動緩和が区別された．また，weak-coupling limit や strong-coupling limit という二つのケースを定式化することにより，無輻射失活の速度には温度に依存しない項と依存する項が存在することも示された．現在の無輻射失活に関する基本的な理解はおおむね Robinson-Frosch と Bixon-Jortner の二つの理論に基づいている．

項間交差の場合には H' であるスピン-軌道相互作用の性格として，El-Sayed 則として知られるように $n-\pi^*$ と $\pi-\pi^*$ 状態間のスピン多重度の異なる遷移は速くなることが知られているが，その他の重水素効果やエネルギーギャップの法則に関するところは，内部変換と同様の結果が観測されている．項間交差に関しては，$n-\pi^*$ と $\pi-\pi^*$ 状態が近接しているカルボニル化合物や含窒素化合物など興味深い挙動を示す分子がいくつか存在する[14]．一般的に，$n-\pi^*$ 状態は媒体の極性が高くなるとそのエネルギーレベルは高くなる．これは，極性媒体中ではある程度基底状態で局在化した n 電子が溶媒和されているが，励起状態では非局在化した π^* 状態への電子が移ってしまい溶媒和の点で基底状態に比べ不安定化するためと考えられている．一方，純粋な $\pi-\pi^*$ 状態はあまり溶媒の影響は受けないが，励起状態では極性の高い方が若干安定である．したがって，$n-\pi^*$ と $\pi-\pi^*$ 状態のエネルギーレベルが媒体の極性に依存して変化する．具体的には無極性溶媒中で励起一重項が $n-\pi^*$, 三重項が $\pi-\pi^*$ 状態であるが，極性溶媒で励起一重項が $\pi-\pi^*$ 状態となると，項間交差が著しく遅くなってしまうということも起こる．一例としてフルオレノンの蛍光寿命の溶媒効果を表 I.3.3 に示した．溶媒の極性の増加と共に蛍光

表 I.3.3 フルオレノン電子配置と蛍光寿命に対する溶媒の極性の効果[14]

溶媒	S_1 状態	T_1 状態	蛍光寿命
シクロヘキサン	$n-\pi^*$	$\pi-\pi^*$	140 ps
アセトン	$\pi-\pi^*$	$\pi-\pi^*$	12.5 ns

シクロヘキサン＋アセトン混合溶媒の場合

シクロヘキサン：アセトン	蛍光寿命
0.8：0.2	4.6 ns
0.7：0.3	7.5 ns
0.5：0.5	11.0 ns
0.2：0.8	11.8 ns

寿命が長くなるのは，S_1 状態が $\pi-\pi^*$ 状態の性格をもつようになり，その結果，項間交差の速度が小さくなるためである．

3.5.2 シス-トランス光異性化

スチルベンやアゾベンゼンといった C=C や N=N 二重結合をもつ分子は光励起によりシス体とトランス体の間で効率のよい光異性化を起こすことが知られている（図 I.3.7）．特にスチルベンの光異性化反応に関しては数多くの研究がなされてきた．その結果，光異性化は S_1 状態でも，また T_1 状態でも起こることが知られているが，通常は S_1 からの反応の効率が大きいため三重項エネルギー移動を利用し選択的に三重項をつくらないとそこからの反応を観測することは難しい．

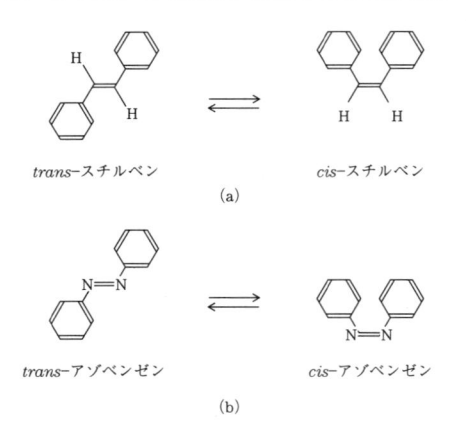

図 I.3.7 シス-トランス異性化反応をおこす代表的な分子
(a) スチルベン，(b) アゾベンゼン．

超高速レーザーによる S_1 状態のトランス-スチルベンやその誘導体の溶液中における光異性化過程に関する研究からは，光異性化は数十ピコ秒から数百ピコ秒の時間スケールで起こり，その速度は溶媒の粘度の増大と共に遅くなることが示されている[15]．この速度定数と粘度の関係をめぐっては，ランジュバン方程式に基づく Kramers の理論の観点から多くの議論がなされている[16]．

3.5.3 分子内陽子移動

図 I.3.8 に示すようなベンゾチアゾールやベンゾオキサゾール系化合物，またその誘導体では，ほとんど蛍光が観測されず非常に迅速に基底状態に失活するものが多い．この速い失活のメカニズムは，図に示したような分子内の陽子移動によるエノール体からケト体への変化によるものと考えられている．事実，テトラヒドロフランのような分子内の水素結合を阻害するような溶媒中では蛍光が観測されることは多い．

図 I.3.8 分子内陽子移動を起こす代表的な分子
(a) ベンゾチアゾール類，(b) ベンゾオキサゾール類．

フェムト秒分光による直接的な測定によれば，室温の無極性溶媒中で(a)のベンゾチアゾール化合物の陽子移動は，160 フェムト秒という非常に迅速な過程であることが示されている．さらに，室温では陽子移動に関与する水素原子を重水素に置換した場合でもこの速度は影響を受けないことも確認されており，ヒドロキシフェニル基とベンゾチアゾール基のねじれ振動のような低波数で比較的大きな振幅をもった分子運動によって陽子移動過程が律せられていると考えられている[17]．

3.5.4 光開環・閉環反応

フルギドやスピロピラン，ジアリルエテンなどの分子は，光照射によって分子の中で新たな結合が生成したり，また結合が開裂したりする反応を示す（図 I.3.9）．このように，新たに結合のできた化合物はもとの分子とは異なる位置に吸収をもつことになる．特にこの結合の生成あるいは開裂によって生成したそれぞれが熱的に安定である場合には，フォトクロミズムと呼ばれており，光メモリー材料との関連からも，その動的過程の直接的測定や新物質の開発といった研究が数多く行われている[18]．最近の研究によるとポリマーフィルム中のフルギド誘導体で環化反応は 10 ピコ

図 I.3.9 フォトクロミック化合物の光反応
(a) フルギド類, (b) スピロピラン類, (c) ジアリルエテン類.
Me はメチル基, R₁, R₂ はメチル基あるいは水素などを示す.

秒以内に完了することが示されている[19]. また, スピロピランの類似化合物であるスピロオキサジンの開環反応は1ピコ秒以内の高速過程であることが示されている[20].

これらの化合物の環化反応の多くは, ビラジカルのような状態を経て起こるのではなく, 協奏的反応(concerted reaction)と呼ばれる機構で進行していると考えられている. 一般的に, 協奏的な π 電子系間の付加や環化反応に対しては, ウッドワード-ホフマン則あるいは軌道対称性保存則といわれる法則があり, 熱反応と光反応による生成物の立体構造の違いを説明するためにもよく用いられているので以下に簡単に分子内付加反応について述べる.

図 I.3.10 に示すような 1,3,5-ヘキサトリエン誘導体から 1,6-ジメチル-1,3-シクロジエン類が生成する場合, 光反応と熱反応による環化反応では異なった生成物を与える. これは, 単に電子の分布の変化だけでなく波動関数の位相を含めた考察によって説明できる. 開環体の π 電子の波動関数の相対的な符号は, 図 I.3.11 に示されるようなものであり, 基底状態では

図 I.3.10 1,3,5-ヘキサトリエン誘導体の環化に対する光反応と熱反応による生成物の構造の違い
X や Y はメチル基などの置換基を示す.

図 I.3.11 1,3,5-ヘキサトリエン誘導体の π 電子の分子軌道とその相対的な符号

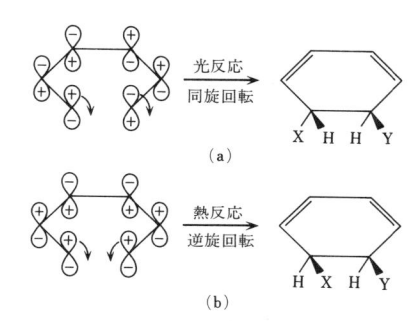

図 I.3.12 1,3,5-ヘキサトリエン誘導体の環化反応
(a) 光反応, (b) 熱反応.

ψ_1 から ψ_3 までの軌道に二つずつ電子が入っている. 一方, 最低の励起状態では ψ_3 から ψ_4 に一つ電子が入った電子配置をとっている. 反応の立体化学は, 電子の入った最高位の波動関数によって律せられるとすると, 図 I.3.12 のように励起状態で波動関数の位相を合わせ結合をつくるためには, 結合に関与する二つの炭素が図に示すように同じ方向に回転すればよい. このような回転は, 同旋的な(conrotatory)回転と呼ばれる. 一方, 熱反応の場合には逆向きの回転が必要になりいわゆる逆旋的(disrotatory)回転を必要とする. これによって, 光反応と熱反応では図 I.3.10 に示したような立体構造の異なる化合物が生成する. このような波動関数の位相まで含めた反応性の違いも, 光化学過程の本質的な特徴の一つである.

3.5.5 一光子光イオン化

図 I.3.13 に示すテトラメチル-p-フェニレンジアミン(TMPD)や類似の化合物は非常に低いイオン化電圧をもち, 極性の高い溶液中では光を照射するとラジカルカチオンが生成することが知られている. 強いレーザー光照射による二光子イオン化もしばしば観測さ

テトラメチル-p-フェニレンジアミン(TMPD*)

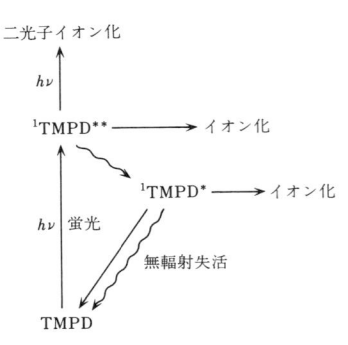

図 I.3.13 テトラメチル-p-フェニレンジアミンの分子構造と種々の光イオン化過程

れるが，これとは異なり，TMPDなどでは蛍光状態あるいは，S_1状態の高い振動励起状態からイオン化が起こることも示されている．これは，溶媒，あるいは溶媒クラスターと励起分子との電子移動過程と考えられるが，S_2に励起した場合ではエネルギー的には高い状態であるにもかかわらず必ずしもそこからのイオン化の効率は高くなく，単にエネルギーだけではなくS_1の電子状態に強く依存した過程であると考えられている[21,22]．

3.6 分子間光化学過程

表I.3.4に，励起分子と他の分子の間で起こる光化学過程を大別して示した．ここでAはアクセプター(受容体)，Dはドナー(供与体)である．ここに示した反応のタイプは単純化しており，実際には励起分子が一重項の場合も三重項の場合もあるし，AとDが同じ場合もある．また光誘起電子移動では，ここに示されていない反応の途中に存在するイオン対状態(A^-D^+)が非常に重要な役割を果たしている．水素引き抜き反応では，電子移動とそれに続く陽子移動過程が素過程である場合もあり，それぞれの過程が密接に関連していることも多い．以下には，まずこれらの過程の基礎である励起エネルギー移動と分子間相互作用について述べ，次にそれぞれの反応過程について説明する．

3.6.1 励起状態での分子間の相互作用の大きさ

$D^*+A \to D+A^*$という励起エネルギー移動過程を考え，各D，AだけのハミルトニアンをH_D, H_Aとし，DA間の電子や原子核の間の静電相互作用によるものをH'とおくと，全系のハミルトニアンHは，

$$H=H_D+H_A+H' \qquad (\text{I}.3.7)$$

と表される．ϕ_iとϕ_fをそれぞれ始・終状態の波動関数とおくと，実際にϕ_iからϕ_fに変化していくときの速度は，

$$\beta=\langle\phi_f|H'|\phi_i\rangle \qquad (\text{I}.3.8)$$

の大きさに依存したものとなる．H'は，分子間距離が大きければ多重極子の相互作用に展開でき，特に双極子-双極子相互作用が最も遠距離まで作用する．時間に依存したシュレーディンガー方程式に基づき計算を行うと，ϕ_iからϕ_fへの励起移動の回数は，

$$n=4|\beta|/h \qquad (\text{I}.3.9)$$

となる．Försterは，このnの大きさによって分子間相互作用の程度を次の三つの場合に分類した[23,24]．

まず，強い相互作用(strong interaction)と呼ばれる場合で，$n\sim 10^{15}\mathrm{s}^{-1}$程度，また，$|\beta|$としては約1eV程度の大きさとなる．このような場合，DあるいはAが個別に励起されているわけではなく，励起は双方に非局在化したものとなる．実際の例としては，色素の会合体やエキシマー(励起二量体)などがある．このように強く相互作用している系では，励起状態での波動関数およびそれに対応したエネルギーは，

$$\phi_\pm=1/2(\phi_i\pm\phi_f) \qquad (\text{I}.3.10)$$
$$E_\pm=E\pm\beta \qquad (\text{I}.3.11)$$

のように分裂する．色素会合体の吸収スペクトルの変化などが一例である．普通，$\beta>0$でありまた基底状態からϕ_-状態への光吸収は，禁制であるので会合によって色素の吸収スペクトルは短波長シフトすることが多い．実際にこのように強い相互作用を行っている系では，後に述べるエキシマーのようにD^+A^-やD^-A^+といった状態も寄与していると考えられる．

弱い相互作用(weak interaction)と呼ばれる場合は$n\sim 10^{13}\mathrm{s}^{-1}$程度となる．この$n$は分子の振動の時間と同程度であり，電子スペクトルには大きな影響はないが，スペクトルの振動構造に分裂を起こす．いくつかの芳香族炭化水素の分子性結晶などの系が対応する．

表 I.3.4 分子間で起こる種々の光化学反応

励起エネルギー移動	$D^*+A \to D+A^*$
エキシマー生成	$D^*+D \to D_2^*$
電子移動	$A^*+D \to A^-+D^+$
	$A+D^* \to A^-+D^+$
陽子移動	$A^*+D-H \to A-H^++D^-$
	$A+D-H^* \to A-H^++D^-$
水素原子移動	$A^*+D-H \to A-H+D$
	$A+D-H^* \to A-H+D$

以上の強い相互作用や弱い相互作用の二つの場合には実際に分子間の励起エネルギー移動過程が観測されるわけではない．励起エネルギー移動が観測されるのは，非常に弱い相互作用(very weak interaction)の場合で，n は $\sim 10^{10} \mathrm{s}^{-1}$ 程度かそれ以下となる．この場合，励起移動は分子の振動緩和時間よりも遅く，実際に励起状態はいずれかの分子に局在したものとなる．$D^* + A \rightarrow D + A^*$ の励起エネルギー移動の遷移確率は，

$$w = 2\pi/\hbar \cdot |\beta|^2 \cdot \rho \quad (\mathrm{I}.3.12)$$

として定義される．ここで ρ は終状態の準位密度である．双極子-双極子相互作用による励起エネルギー移動（フェルスター機構）の場合，w は分子間距離 R の6乗に逆比例し，

$$w = (1/\tau_0) \cdot (R_0/R)^6 \quad (\mathrm{I}.3.13)$$

となる．一重項励起移動を考えると，τ_0 は A がないときの D^* の蛍光寿命，R_0 は励起エネルギー移動の速度が $1/\tau_0$ と等しくなるときの D-A 分子間距離を示す．R_0 は臨界移動距離とも呼ばれ，D^* と A の双方に依存した量である．一重項の場合，D^* の蛍光スペクトルと A の吸収スペクトルの重なりに依存したものとなり，

$$R_0{}^6 = \frac{9000 K^2 (\ln 10) \eta_D}{128 \pi^5 n^4 N} \int f_D(\nu) \cdot \varepsilon_A(\nu) \frac{d\nu}{\nu^4} \quad (\mathrm{I}.3.14)$$

と与えられる．ここで，η_D は，D^* の発光量子収率，N はアボガドロ数，$f_D(\nu)$ は発光スペクトルで，$\int f_D(\nu) d\nu = 1$ と規格化されている．n は媒体の屈折率，κ は配向因子，また ε_A は A の吸収スペクトルである．実際には，色素分子を含めて多くの芳香族化合物では R_0 は 10 Å から 100 Å 程度の大きさとなる．この臨界移動距離は多くの D^* と A に対して求められている[25]．代表的な値を表 I.3.5 に示した．

上述のように励起移動やエキシマー生成は，見た目にはまったく異なる光化学過程であるが，本質的には分子の相互作用の大きさに依存して現れるもので，実際には微妙な分子間距離の違いとして観測されることも多い．

3.6.2 励起エネルギー移動

スピン状態まで含めると種々の励起エネルギー移動過程が存在する．これらの励起エネルギー移動過程を以下に示した．

$$D^*(S_1) + A(S_0) \rightarrow D(S_0) + A^*(S_1) \quad (\mathrm{I}.3.15\mathrm{a})$$
$$D^*(T_1) + A(S_0) \rightarrow D(S_0) + A^*(T_1) \quad (\mathrm{I}.3.15\mathrm{b})$$
$$D^*(T_1) + A(S_0) \rightarrow D(S_0) + A^*(S_1) \quad (\mathrm{I}.3.15\mathrm{c})$$
$$D^*(S_1) + A^*(S_1) \rightarrow D(S_0) + A^*(S_n) \quad (\mathrm{I}.3.15\mathrm{d})$$
$$D^*(T_1) + A^*(T_1) \rightarrow D(S_0) + A^*(T_n) \quad (\mathrm{I}.3.15\mathrm{e})$$
$$D^*(S_1) + A^*(T_1) \rightarrow D(S_0) + A^*(T_n) \quad (\mathrm{I}.3.15\mathrm{f})$$

ここでは D と A が同じ分子である場合も含んでいる．特に，(a) や (b) の過程で D と A が等しい場合には，エネルギーマイグレーション(energy migration)と呼ばれる．(a) の一重項励起エネルギー移動が最もよく知られており，すでに説明したように双極子-双極子相互作用による．(d) の励起一重項分子どうしの励起エネルギー移動過程は，S_1-S_1 相互作用あるいは S_1-S_1 消滅(annihilation)と呼ばれ，結晶や高分子などを比較的強いレーザー光で励起し，高密度に励起状態を生成したときには観測される．この場合も，$S_1 \rightarrow S_0$ の遷移モーメントと $S_1 \rightarrow S_n$ の吸収の遷移モーメントの間の双極子-双極子相互作用による．

(f) の場合も同様に，$S_1 \rightarrow S_0$ の遷移モーメントと $T_1 \rightarrow T_n$ の遷移モーメントの間での双極子-双極子相互作用が起こり励起エネルギー移動が可能になると考えられる．(c) や (e) の場合にも，強くはないがある程度スピン-軌道相互作用を通して双極子-双極子相互作用による寄与が考えられる．特に (e) の過程は T_1-T_1 消滅(annihilation)としてよく知られている．一般に三重項状態の寿命は長いので，S_1-S_1 消滅の場合と違ってかなり希薄な溶液系でもレーザーなどの光励起によって，この T_1-T_1 消滅過程を観測できる．特に D と A は同じ分子であることが多く，このような場合には三重項分子の減衰は二次反応過程となる．この過程によって S_n 状態が生成し，結果的にまた S_1 状態からの蛍光が観測されることもある．これは，遅延蛍光

表 I.3.5 一重項-一重項励起移動における臨界移動距離[25]

供与体	受容体	臨界移動距離/Å
ベンゼン	ベンゼン	3.84
	トルエン	6.82
	ビフェニル	7.19
	p-ターフェニル	23.08
	ナフタレン	16.17
	アントラセン	11.38
	ピレン	19.74
ビフェニル	ビフェニル	3.11
	p-ターフェニル	20.37
	クリセン	24.04
	ピレン	26.69
p-ターフェニル	アントラセン	29.79
	クリセン	25.85
	ピレン	34.77
N-メチルカルバゾール	POPOP	39.53
	アントラセン	27.71
	ピレン	20.75
アントラセン	ピレン	8.53
	ペリレン	35.25
ペリレン	アクリジンイエロー	48.85
	ローダミン 6G	46.75

(delayed fluorescence)の一つである．

T_1とS_0の間の遷移は一般に非常に小さいので，(b)のような$T_1 \to S_0$と$S_0 \to T_1$の二つの遷移モーメント間の双極子-双極子相互作用は非常に小さなものとなる．この場合は，DとAの間の交換相互作用によって励起エネルギー移動が進行する(Dexter機構)と考えられている[26]．交換相互作用による励起エネルギー移動では，DとAはそれぞれの電子の交換が可能となる必要があり，双極子-双極子相互作用のように遠距離での励起エネルギー移動は起こりにくい．

これらの励起エネルギー反応を利用して目的の分子の励起状態を生成し，そこからの反応過程を選択的に行わすこともも可能である．たとえば，A分子はS_1状態では非常に速く基底状態に失活してしまうため三重項状態が形成しにくいとする．このような場合には，三重項エネルギー移動を利用し選択的にA分子の三重項状態を励起一重項を経由しないでも生成することができる．この過程は，一般的には光増感と呼ばれている．この(b)の三重項のエネルギー移動については，Ⅱ.5章にも示されている．

3.6.3 エキシマー

励起状態分子D^*と基底状態分子Dの間でのみ二量体D_2^*が形成される場合，その励起二量体をエキシマー(excimer: excited dimer)と呼ぶ．エキシマーは基底状態で形成したダイマーの励起状態とは異なる．エキシマー形成の際の二分子間の距離Rとエネルギーの関係を，図Ⅰ.3.14に示した．基底状態では反発型のポテンシャルをもつが，励起状態ではある近接した距離において極小点をもつ．ここから基底状態への蛍光はエキシマー蛍光と呼ばれる．シクロヘキサンの溶液中のピレン蛍光の濃度効果を示した図Ⅰ.3.15で，溶質

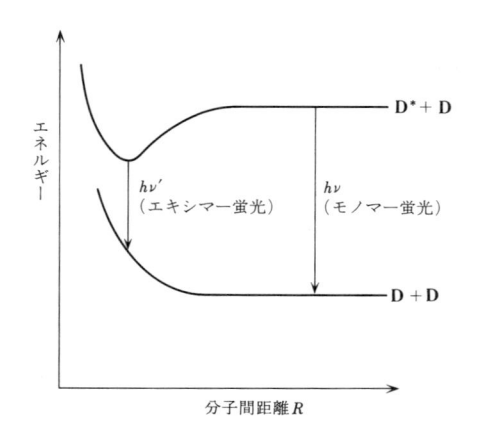

図Ⅰ.3.14 エキシマー生成のポテンシャルエネルギーの概念図

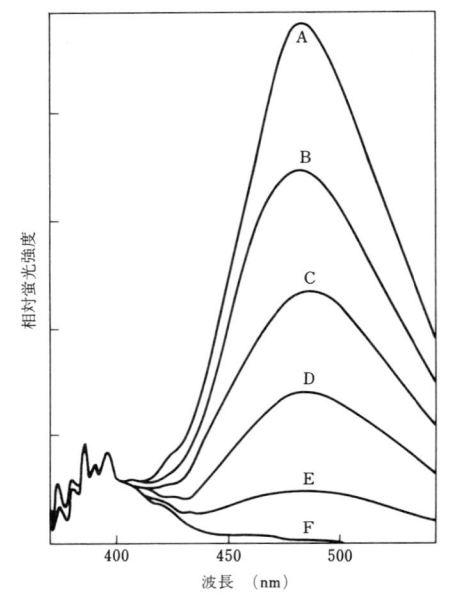

図Ⅰ.3.15 シクロヘキサン中のピレン蛍光に対するピレンの濃度効果
ピレン濃度，A：10^{-2}M，B：7.75×10^{-3}M，C：5.5×10^{-3}M，D：3.25×10^{-3}M，E：10^{-3}M，F：10^{-4}M．(*Spectrochim. Acta*, **19**(1963), 401)

濃度の高いときに現れる長波長部の幅広い発光がエキシマー蛍光である．このようにエキシマー蛍光がブロードで振動構造をもたないのは，図Ⅰ.3.14に示したように基底状態でのポテンシャルが解離型になっていることによる．ピレンのみならずベンゼン，ナフタレンなど，またこれらの誘導体の多くはエキシマーを生成する．溶液中ではエキシマー生成はほぼ拡散律速と同程度の速度定数をもつ．したがって，溶媒の粘性や溶質の蛍光寿命にも依存するが，溶質濃度が$10^{-3} \sim 10^{-2}$ M^{-1}程度のときには，多くの場合エキシマー蛍光が観測されることになる．さらに，側鎖にエキシマーを形成する芳香族炭化水素をもった高分子化合物や，その他，局所的に高い濃度をもった分子集合系では効率のよいエキシマー蛍光が観測される．

エキシマーが解離してまたモノマーの励起状態を生成することも多い．

$$D^* + D \underset{k_2}{\overset{k_1}{\rightleftarrows}} D_2^* \qquad (Ⅰ.3.16)$$

生成と解離の速度定数，k_1，k_2が励起状態の寿命に比べて大きければ，励起状態においてこの二つの状態は平衡になる．エキシマーの濃度はこの二つの速度定数の大きさに依存するから，エキシマーとモノマー蛍光との相対強度の温度依存性は一般的には複雑である．温度の低い場合，k_2は小さくなりエキシマーの解離は

抑えられるが，一方 k_1 も小さくなるのでエキシマーは全体的に形成されにくくなる．一方，高温では k_1 は大きくなるが k_2 も大きくなり，エキシマー蛍光がやはり弱くなる．一般的には，ある適当な温度において，エキシマー蛍光が相対的に最も強く観測されることになり，それより高温でもまた低温でも，エキシマー蛍光は相対的に弱くなる．通常の溶液系で，室温付近の条件では温度の上昇に連れてエキシマー蛍光が弱くなることが多く高温領域に属する[27]．

エキシマーは，先に述べたように強い相互作用の系に分類できる．具体的にエキシマーとして二分子を結びつけている相互作用は，$D^* \cdot D \rightleftarrows D \cdot D^*$ といった励起子共鳴や，$D^+ \cdot D^- \rightleftarrows D^- \cdot D^+$ のような電荷共鳴として考えることもできる．すなわち，簡単にいえば，図 I.3.16 に示される電子配置の間を非常に速く共鳴することによって結合が生成しているとして捉えられている．

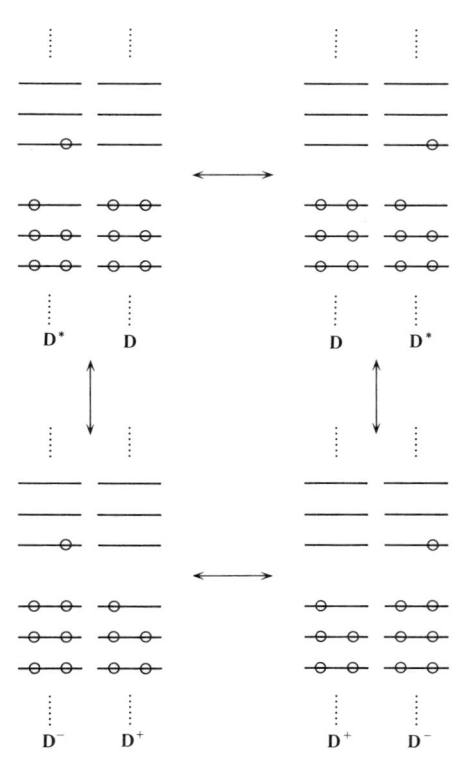

図 I.3.16 エキシマーの相互作用に関する電子配置

3.6.4 電子移動

励起分子は基底状態分子と比較して他分子との間での電子の授受が容易となるという特徴をもつ．したがって，電子移動過程や生成したイオン状態は，実際に結合の組み替えの起こる光化学反応の初期過程や反応

図 I.3.17 励起分子の関与した電子移動関連諸過程
(a) 励起分子と基底状態分子の衝突から反応が起こる場合．
(b) 基底状態で生成した弱い電荷移動錯体の光励起によって電荷分離が起こる場合．
(c) 高密度にドナーあるいはアクセプターが存在する分子集合系の場合．

中間体として，また光合成初期過程などの光生理現象，光電導過程，光エネルギー変換といった光プロセスなど多くの分野に密接に関連している[28]～[31]．

光吸収によって生成した励起分子の電子移動関連諸過程を一般的に図 I.3.17 に示した．まず，励起分子が他分子との出会い衝突により電荷分離(Charge Separation；CS)を行いイオン対状態を形成する場合((a)の場合)を考える．このイオン対状態は，基本的には電荷再結合(Charge Recombination；CR)あるいはイオン解離(Ionic Dissociation；ID)と呼ばれる二つの過程により消失する．後者のイオン解離過程は，クーロン場における両イオンの熱振動による拡散過程であり，溶液中では溶媒の誘電率や対間距離また温度の増大と共にその寄与が大きくなる．クーロンエネルギーと熱振動のエネルギーがつり合う距離は，オンサーガー距離と呼ばれ，

$$r = (e^2/\varepsilon k_B T) \quad (\text{I}.3.17)$$

となる[32]．ε は媒体の誘電率，k_B はボルツマン定数，T は温度，e は電荷素量である．この距離は，アセトニトリルのような誘電率 37 程度の高極性溶媒でも室温では 15Å 程度となる．光誘起電子移動過程で生成するイオン対状態の対間距離はせいぜい 10Å 以下程度と見積もられる場合が多く，高極性溶媒中でもイオン対におけるクーロンエネルギーは熱振動のエネルギーと比べると決して小さくはない．また誘電率が 2 程度の無極性溶媒では，オンサーガー距離は 300Å 程度になるから，無極性溶媒中で光誘起電荷分離によって生成したイオン対からは，実質的にイオン解離過程は起こらない．ただし無極性溶媒中の電荷分離状態は完全にイ

オン対というよりは，非局在化相互作用によって他の電子状態の寄与も含むことも多い．この問題に関しては，イオン対とエキサイプレックスの問題に関連させて後ほど述べる．以下には電荷分離した状態をイオン対として記述する．

イオン種が反応に関与する場合にはイオン対状態の再結合やイオン解離過程と競争して反応が起こる場合，解離したフリーイオンが他分子と反応を起こす場合が考えられる．また，一度解離したフリーイオンが拡散衝突により再結合を起こす際に反応が起こる場合もある．

基底状態でDとAが弱い電荷移動(CT)錯体を形成していることもある((b)の場合)．弱いCT錯体は基底状態ではほとんど電荷移動してはいないが励起状態ではDからAへほぼ一電子が移動した電子状態となる．したがって，弱いCT錯体の光励起によるイオン対の生成過程も光誘起電荷分離過程の一つである．CT錯体の励起によって生成したイオン対状態も再結合やイオン解離あるいは化学反応を起こすが，同じD，Aが同じ媒体中にあっても，aのように励起状態で相互作用し生成したイオン対と同じ反応を起こすとはいえない．これは，まわりの溶媒を含めDやAの相対配置が異なるためである．

電子移動によって生成したD$^+$あるいはA$^-$がさらに他分子と電子の授受を行う場合もある．たとえば，
$$D^+ + C \longrightarrow D + C^+ \quad (\mathrm{I}.3.18)$$
のようなホール移動過程はCからDへの電子移動であり，特にCとDが同じ分子の場合にはホールマイグレーション (hole migration) と呼ばれる．また同様に，
$$A^- + C \longrightarrow A + C^- \quad (\mathrm{I}.3.19)$$
のような過程も起こる．これらの過程は総称的には電荷シフト反応といわれる．固体中のように分子や生成したイオンそれ自体は動くことができない場合でも，溶液中のイオン解離に相当する過程がこれらの電荷シフト反応によって行われることがある((c)の場合)．電荷シフト反応によって結果的に"解離"したイオン種はフリーキャリヤーとも呼ばれ，分子集合系のイオン伝導過程に重要な役割を果たす．

詳細にみると違いはあるものの，光誘起電荷分離過程によって生成したイオン対状態の初期過程は，基本的には再結合やイオン解離あるいはそれに対応した過程である．これらの速度定数は，いろいろな因子によって律せられているが，最近の理論や実験的な研究により，かなり理解が進んできている．したがって，電子移動過程を利用した反応系を考える場合には，多くの研究結果を参考にして検討することも可能になってきている．以下には，まず，Marcusの電子移動理論を中心的に概説し，実験的研究についても簡単に言及する．

a. Marcusによる古典的な電子移動理論

電子移動反応を，D+A → D·Aといった出会い錯体の生成と，D·A ⇌ D$^+$A$^-$のような電子移動の二つの過程として考えると実質的に電荷分離や電荷再結合などを単分子反応として考えることができる．Marcusは1956年に連続誘電体モデルに基づき，溶液等凝縮系の電子移動反応過程を理論的に取り扱った[33]．

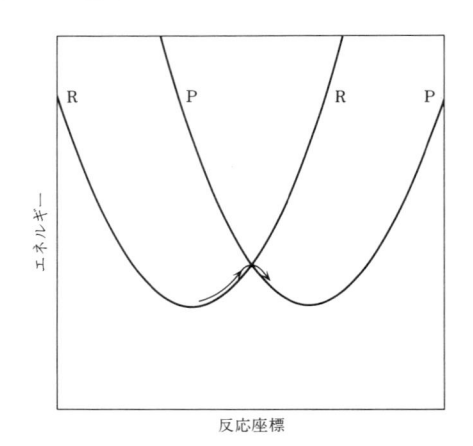

ここではD·A状態を始状態としD$^+$A$^-$状態を終状態とする電荷分離反応を考える．再結合過程でも電荷シフト反応でも同様である．凝縮系ではD·AやD$^+$A$^-$状態のエネルギーは分子(イオン)の核座標や溶媒の配向などの多くの座標系によって決まるものであるが，これらの多くの座標系を一次元にまとめてしまい，反応座標として代表させる．この反応座標に対するエネルギー曲線は図I.3.18に示すように同じ曲率をもつギブスの自由エネルギーを表す二次曲線とする．

図 I.3.18 電子移動に対する始状態Rと終状態Pのエネルギー曲線

このようなポテンシャル曲線で，電子移動反応の始・終状態の標準自由エネルギーの差ΔG^0(エネルギーギャップと呼ばれることもある)に対する速度の依存性を考える．実験的には，イオン対のエネルギーレベルを，
$$E_{IP} = E_0(D^+/D) - E_0(A/A^-) - e^2/\varepsilon r$$
$$(\mathrm{I}.3.20)$$
として用いることも多い．ここで$E_0(D^+/D)$はDの標準酸化電位，$E_0(A/A^-)$はAの標準還元電位，eは電荷素量，εは媒体の誘電率である．rは生成したイオン対の対間距離であり，通常7Å程度の値が用いられることが多い．なお，E_{IP}が低くなるようにDとAが決ま

る．このようにイオン対のエネルギーレベルを見積もった場合，S_1 状態からの電荷分離過程では $\Delta G^0{}_{CS}$ は，

$$\Delta G^0{}_{CS} = E_{IP} - E_{00} \quad (\mathrm{I}.3.21)$$

とおける．ここで E_{00} は，S_1 状態のエネルギーレベルであり，実験的には吸収の長波長端あるいは蛍光の短波長端，もしくは 0-0 エネルギーが用いられることが多い．再結合過程の場合には，$\Delta G^0{}_{CR} = -E_{IP}$ である．なお溶媒を変えた場合や，D や A が電荷をもつ場合，また生成したイオン対が D^+A^- とは異なる場合（たとえば $D + A^{2+} \to D^+ + A^+$ のような場合）には，酸化還元電位，出会い錯体を形成するための仕事，また，クーロンエネルギーの補正を含める[28,34]．

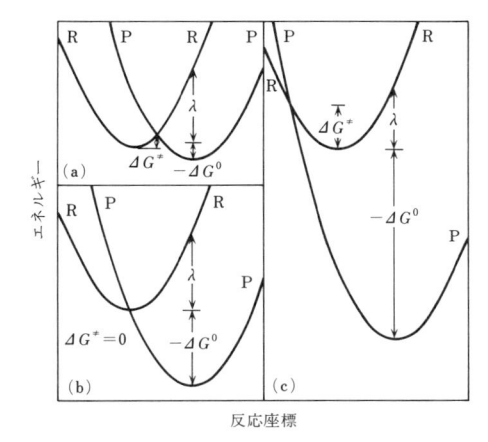

図 I.3.19 電子移動に対するエネルギー曲線の交点に対する ΔG^0 の影響

ΔG^0 の変化によって図 I.3.19 に示すように両エネルギー曲線の交点は変化する．始状態のエネルギー曲線の極小値と交点までのエネルギー差は活性化エネルギー $\Delta G^{\ddagger}$ となり，エネルギーギャップ ΔG^0 と，

$$\Delta G^{\ddagger} = (\Delta G^0 + \lambda)^2 / 4\lambda \quad (\mathrm{I}.3.22)$$

のような関係をもつ．

ここで λ は再配向エネルギー（reorganization energy）と呼ばれる量であり，図 I.3.19 に示した．たとえば極性溶媒中の電子移動過程を考え，図 I.3.18 や図 I.3.19 の横軸が媒体の配向のみを示しているとする．I.3.4 節でも述べたように，A^-D^+ の場合には極性溶媒が配向し強く溶媒和した方が安定であるし，逆に $A \cdot D$ 状態では強く溶媒和した方が不安定である．このようなときに，$A \cdot D$ といった電荷移動していないまま媒体の配向を変化させていくことを仮想的に考える．この際に，$A \cdot D$ 状態のまま A^-D^+ として最も安定な状態に対応する媒体の配向を達成するまでに必要なエネルギーが媒体の再配向エネルギーであるともいえる．あるいは，逆に媒体の配向によって得られる（A^-

D^+）状態の溶媒和のエネルギーに対応したものとも考えられ，エネルギー曲面での運動は媒体の配向のゆらぎに対応する．

実際に，図の横軸は媒体の配向だけではなく分子の振動に関する座標系も含んだものとして考えられる．当然 $A \cdot D$ 状態と A^-D^+ 状態ではそれぞれの電子構造が異なるため，イオン状態の平衡核配置は中性分子のときのものとは異なり分子の構造は変化する．したがって実際の系では主にこの二つの項が再配向エネルギーとなり，媒体の配向に由来する項を λ_s，分子内の振動数の変化に由来するものを λ_i とおくと，

$$\lambda = \lambda_s + \lambda_i \quad (\mathrm{I}.3.23)$$

となる．Marcus はこの λ_s を溶媒を連続誘電体として

$$\lambda_s = (\Delta e)^2 \left(\frac{1}{2a_D} + \frac{1}{2a_A} - \frac{1}{r_{AD}} \right) \left(\frac{1}{\varepsilon_\infty} - \frac{1}{\varepsilon_s} \right) \quad (\mathrm{I}.3.24)$$

と表した．ここで，Δe は移動する電荷量であり，1 電子移動の場合には $\Delta = 1$ である．a_D，a_A は，それぞれ球として考えた場合の D および A の半径，r_{AD} はカチオン-アニオン間の中心と中心の距離，ε_∞ は光学的誘電率，ε_s は静的な誘電率である．この λ_s は溶媒和に対する媒体の配向分極の項に対応する項で，I.3.4 節で述べた 1955 年の Mataga-Lippert 式に現れた溶媒再配向パラメーターと概念的には同等のものである．具体的な計算では $a_D = a_A = 3.5$ Å 程度，また $r_{AD} = 7$ Å 程度の値を用いることが多く，このような場合極性溶媒中では λ_s の値は 1.0～1.5 eV 程度になる．一方，無極性溶媒のように ε_∞ と ε_s がほぼ等しいような場合には非常に小さな値となる．

λ_i は中性分子-イオンの電子状態の変化に伴う分子内振動数の変化に対応した項であり，具体的には

$$\lambda_i = 1/2 \sum k_i (r_R - r_P)^2 \quad (\mathrm{I}.3.25)$$

となる．ここで r_R および r_P は反応の始状態および終状態の平衡核配置における結合距離である．k_i は i 番目の分子振動の力の定数を示しており，分子内の振動すべてにわたって和をとる．具体的には多くの π 電子系の化合物の場合 0.1～0.3 eV 程度の値と見積もられており，極性媒体中の λ_s と比べると小さな値である．

古典的な遷移状態理論に基づけば電子移動速度定数は，

$$k_{ET} = \chi_{el} \cdot Z \cdot \exp(-\Delta G^{\ddagger}/k_B T) \quad (\mathrm{I}.3.26)$$

と与えられる．ここで χ_{el} は透過係数で後に adiabatic および nonadiabatic 過程に関連した箇所でも述べるが，両エネルギー曲線の交点で一方の状態から他方の状態に乗り換えを起こす確率である．Z は頻度因子で交点に至る回数，k_B はボルツマン定数である．$\Delta G^{\ddagger}$ を

ΔG^0 と λ で表すと，式(I.3.26)は，

$$k_{ET} = \chi_{el} \cdot Z \cdot \exp\left[-\frac{(\lambda + \Delta G^0)^2}{4\lambda k_B T}\right] \quad (\text{I}.3.27)$$

となる．図I.3.19(a)のように比較的 $|\Delta G^0|$ の小さい場合には，上の式からも明らかなように活性化エネルギーは大きく速度定数は小さなものとなる．だんだんと終状態が安定になり $|\Delta G^0|$ が増大すると，それにしたがって活性化エネルギーが小さくなり速度定数も大きくなる．そして(b)のように，$\lambda = -\Delta G^0$ となる場合に活性化エネルギーは 0 となり速度定数は最大になる．このように，$-\Delta G^0$ の増大と共に，すなわちエネルギーギャップが大きくなるにつれて，速度定数が大きくなる箇所を正常領域(normal region)という．さらに終状態がより低くなると，(c)のように再び活性化エネルギーは大きくなり，反応速度定数は小さくなる．このようにエネルギーギャップの増大と共に反応速度定数が小さくなる領域を逆転領域(inverted region)という．したがって，電子移動の速度定数は ΔG^0 に対し，$\lambda = -\Delta G^0$ で極大をもつベル形の依存性を示す．このように電子移動速度が，必ずしも終状態が安定であるからといって大きくなるものではないことを示したことは，Marcus の電子移動理論の一つの特徴である．

b. adiabatic と nonadiabatic 過程

電子移動理論で取り扱われる場合の多くは，電子移動を引き起こす分子間の相互作用が非常に弱い場合である．先ほどの透過係数に沿っていえば，$\chi_{el} \ll 1$ という場合に対応する．すなわち，図I.3.20(a)のように何回もエネルギー曲線をいったりきたりした結果，終状態のポテンシャル面に移項する場合であり，nonadiabatic あるいは diabatic(非断熱)過程と呼ばれる．一方 A と D の相互作用が比較的大きく χ_{el} がほぼ 1 に近い場合には，お互いのエネルギー曲線は相互作用し合い(b)に示すように分裂した形となる．このようなときには adiabatic(断熱)過程といわれる．実際の系が adiabatic か nonadiabatic であるかはそれほど単純には決定できるものではないが，D と A が互いに非常に接近したり，あるいは化学結合で結ばれたりして非常に相互作用の大きい場合の極限が adiabatic 過程と考えられ，逆に高極性溶媒中でそれほど距離の接近していないような二分子間の電子移動反応は nonadiabatic な過程に対応する．いずれにしても，この分類は両極端にある極限状況を示したものである．

c. 量子力学的な電子移動理論

Marcus 理論は概念的に非常に有用なものであるが，エネルギー曲線上での運動は古典的に取り扱われており，特に低温での電子移動の速度の評価などにはすぐには応用ができないところもある．この古典的な取扱いに対して，量子力学的な理論も発表された[35～38]．

詳細は省略するが，これらの量子力学的な理論では，エネルギー曲線の交点付近での電子トンネリングや核トンネリングを含めて考察が行われた．その結果でも，Marcus の古典的な取扱い同様に ΔG^0 に対して電子移動の速度定数はベル形の依存性を示すことが示されている．ただし逆転領域では古典的な理論と比較して $|\Delta G^0|$ の増大による速度定数の減少の程度が小さくなる(図I.3.21)．これは，図I.3.19 の(a)と(c)を見比べた場合に，逆転領域にある方がポテンシャル障壁が薄くなっており，交点より低い位置でのトンネル効果によって反応が可能になるためである(図I.3.22)．したがって速度定数の温度効果も正常領域では大きく，逆

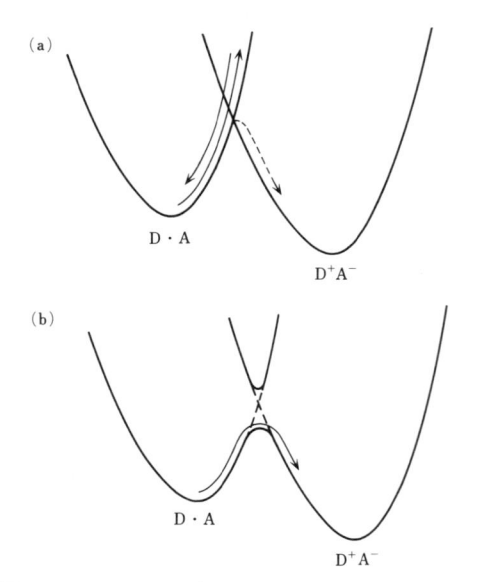

図 I.3.20 nonadabatic(a)と adiabatic(b)な場合のエネルギー曲線

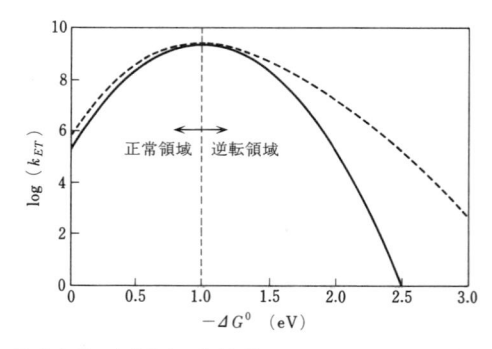

図 I.3.21 古典的な理論(実線)と量子力学に基づく理論(点線)による電子移動速度(k_{ET})の ΔG^0 に対する依存性($\lambda = 1\text{eV}$ とした場合)

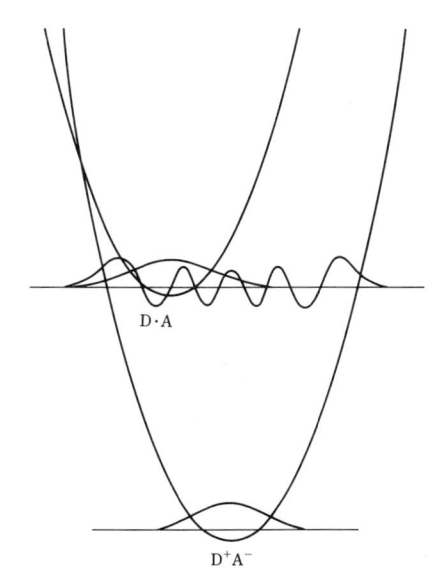

図 I.3.22 逆転領域での電子移動反応における始終状態のエネルギー曲線と振動波動関数の重なり

転領域では小さくなる.

d. 電子移動に関する実験的研究

電荷分離過程に関しては,定常状態の蛍光を測定し蛍光分子の他分子による電子移動消光反応を調べることにより,電荷分離の速度定数 k_{CS} と $\Delta G^0{}_{CS}$ との関係を求めた実験や(図I.3.23の黒丸)[39],単一光子計数法により蛍光減衰曲線を精密に測定し過渡効果を解析することにより,拡散律速の速度定数をもつ領域での電子移動速度を見積もった実験結果(図I.3.23の白丸)[40]がよく知られている.いずれもアセトニトリル溶媒中の結果である.この場合には,図から明らかなように,Marcusの理論から予測されるような逆転領域は観測されず,$|\Delta G^0{}_{CS}|$ の非常に大きいところでの電子移動速度定数の減少は明確には観測されていない.

このMarcus理論との不一致に関して,エネルギー曲面の曲率の変化と電荷分離の際の距離依存性を取り入れた電子移動理論も提出されている[41].この理論では誘電飽和も重要な因子として取り扱われているが,図I.3.24に示すような中性とイオン対状態のエネルギー曲線の曲率の違いのためにベル形の依存性は少し変形し逆転領域が電荷分離の場合には観測されにくくなることが示されている.さらに,電荷分離の際には $|\Delta G^0{}_{CS}|$ が大きい場合遠距離でも電荷分離が可能となり,λ_s が大きくなることも逆転領域が観測されにくくなる理由とされている.この理論に基づいた計算結果は図I.3.23の実線であり,ほぼ実験結果を再現するようなパラメーターが求められている.

一方,電荷再結合の場合は,同じアセトニトリル中で蛍光消光過程によって生成したイオン対の場合,図

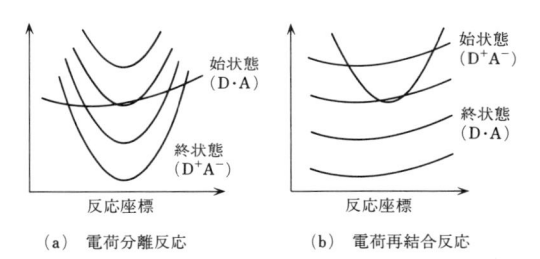

図 I.3.24 高極性溶媒中での電荷分離反応(a),および電荷再結合反応(b)に対する始状態と終状態のエネルギー曲線の概念図
(a) 電荷分離反応
(b) 電荷再結合反応

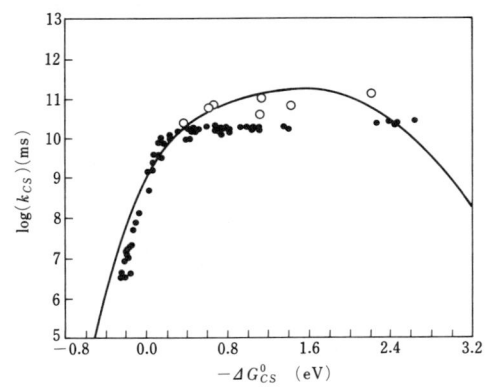

図 I.3.23 アセトニトリル中における蛍光状態分子の消光反応から求められた電荷分離速度定数のエネルギーギャップ($\Delta G^0{}_{CS}$)依存性
定常状態の蛍光消光過程から求めたもの[39](黒丸),および過渡効果の解析から求めたもの[40].実線は垣谷-又賀による理論的な計算[41]による.

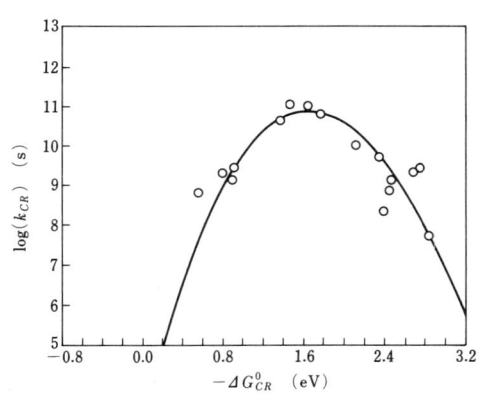

図 I.3.25 アセトニトリル中で蛍光分子と基底状態分子が出会い衝突により電荷分離を起こして形成したイオン対の電荷再結合速度(k_{CR})のエネルギーギャップ($\Delta G^0{}_{CR}$)依存性[42]
実線は理論による計算値[41].

I.3.25 に示すように $|\Delta G^0_{CR}|$ に対して，Marcus の理論のようにその速度定数がベル形の依存性を示すことが実験的に示されている[42]．図 I.3.25 の実線は図 I.3.23 に示した電荷分離と同じパラメーターを用いて垣谷-又賀の理論によって計算したもので，ほぼ定量的に実験結果が再現できることも示されている[41]．

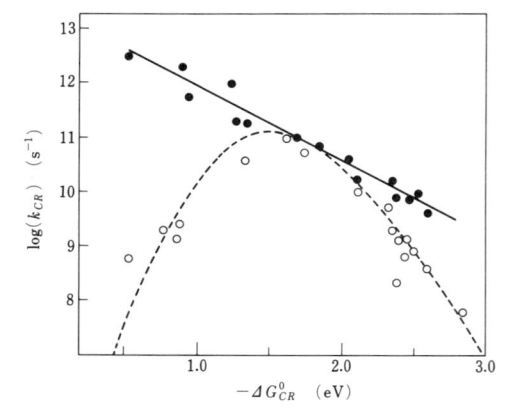

図 I.3.26 アセトニトリル中で基底状態で生成した弱い CT 錯体を光励起することによって形成したイオン対の，電荷再結合速度(k_{CR})のエネルギーギャップ(ΔG^0_{CR})依存性[43]（黒丸）
白丸は図 I.3.25 と同じ．

一般的にいえば，Marcus の電子移動理論で予測されるようにベル形の依存性が観測された実験結果も多く存在するが，そうならない場合も多い．ここに示したアセトニトリル中の実験結果もその一例といえるが，より本質的な違いも観測されている．図 I.3.26 には，アセトニトリルにおける基底状態で生成した弱い CT 錯体を励起し，生成したイオン対の再結合速度定数を $|\Delta G^0_{CR}|$ に対してプロットしたものである[43]．比較のため，同じアセトニトリル中で蛍光消光過程によって生成したイオン対の場合の結果も示した．D や A は，双方で同じものを用いている場合も多い．この図から明らかなように，両者はまったく異なったエネルギーギャップ依存性を示している．特徴的なことは CT 錯体の励起によって生成したイオン対の場合，正常領域が観測されず逆転領域のみであり，$\log k_{CR}$ がエネルギーギャップに対して緩やかにほぼ直線的に変化する点にある．この実験結果は周囲の媒体の配向をも含めイオン対の構造がその生成経路によって異なること，またさらにイオン対の寿命程度の時間の間にはその構造の緩和が起こらないことを示している．ただし，アセトニトリルのような高極性溶媒中ではイオン解離過程は，約 $0.5\sim2\times10^9 s^{-1}$ 程度の値となるから，実質的にはイオン対の最高の寿命はせいぜい数ナノ秒程度

となる．

このようなエネルギーギャップ依存性は，理論的には完全に解明されていない．ただし，多くの電子移動理論で取り扱っているのは本質的に二分子間の相互作用が非常に弱い場合であり，このようなときにはベル形の依存性が示されるが，相互作用の強いときには，完全には通常の電子移動理論が適応できないと考えられている．いずれにしても，再結合速度のみならず，イオン対の挙動はその生成経路に依存して違いが観測されることも多い．

なお，三重項のイオン対では，ここに述べた一重項の電荷再結合とは異なり，電荷再結合過程には項間交差の過程が含まれる．したがって，三重項-一重項間の項間交差が律速となる場合が多く，結果的にイオン対の寿命は長くなることも多い．

e. 電子移動反応速度の距離依存性

電子移動反応速度は，非常に弱い相互作用を考える量子力学的な取扱いでは，

$$k = 2\pi/\hbar \cdot H_{AD}^2 \cdot (FC) \quad (I.3.26)$$

と表される．H_{AD} は始・終状態間の electronic matrix element, FC はフランク-コンドン因子である．このフランク-コンドン因子は始・終状態内の振動や溶媒和の状態を含むものであり，ΔG^0 に依存した電子移動反応速度を考える上で中心的な役割を果たすのは先述の通りである．H_{AD}^2 は，電子移動に関与する A・D 電子波動関数の重なりの程度に依存したものである．ある程度 A・D 分子間の距離が離れると，電子波動関数のすそは指数関数的に小さくなるので，H_{AD}^2 も指数関数的に小さくなる．分子相互の配向も重要な因子となるが，平均化して考えると，電子移動の速度は二分子の中心-中心距離を r とすると，

$$k(r) = k(0) \cdot \exp[-\alpha(r-r_0)] \quad (I.3.27)$$

と表される．ここで，r_0 は二分子が完全に接近したときの距離であり，$k(0)$ はそのときの速度定数を表す．また，α は距離に対する減衰の因子であり，種々の系で実験的に求められた値では，約 10 から 12 nm^{-1} 程度である[44]．このように，電子移動はある程度長距離でも起こることが可能であり，この長距離電子移動過程が重要な役割を果たす場合も多く存在している．

f. エキサイプレックスとイオン対

ここまでは，電子移動によって生成した電荷分離状態をすべてイオン対として記述してきた．正確には，純粋にイオン対といえるのは互いの間に働く相互作用がクーロン力によるものだけの場合である．実際には，電荷移動した状態からの発光が観測される場合もあるし，無極性溶媒中では，電荷分離は起こりえないよう

な系でも，電荷移動状態が観測されることも多い．このような場合，エキサイプレックスといった言葉を用い，その状態を記述することもある．

本来エキサイプレックスとはエキシマーと同様に励起状態でのみ生成する分子錯体を意味する言葉であり，励起錯体(exciplex : excited complex)に相当する．エキシマーが同じ分子からなる励起錯体であるのに対して，エキサイプレックスはAとDがそれぞれ別の分子でありヘテロエキシマーとも呼ばれる．したがって，励起状態分子と基底状態分子との間の電荷分離過程によって生成したイオン対状態は，本来すべてエキサイプレックスといえる．エキサイプレックスの電子状態はエキシマー同様に，

$$\Psi = a\phi(\mathrm{A}^*\mathrm{D}) + b\phi(\mathrm{AD}^*) + c\phi(\mathrm{A}^-\mathrm{D}^+)$$
$$+ d\phi(\mathrm{A}^+\mathrm{D}^-) + \cdots\cdots \quad (\mathrm{I}.3.30)$$

のように，種々の状態の重ね合わせで表現される．この a, b, c, d などの係数はお互いの分子間に働く相互作用の大きさに依存し，比較的強く相互作用している場合にはイオン対としての電子状態，$\phi(\mathrm{A}^-\mathrm{D}^+)$，以外の励起状態の寄与も多くもつことになる．イオン対とは c の寄与がほぼすべての場合を意味し，比較的弱い相互作用の場合に対応する．ただし，蛍光を出すエキサイプレックスでも電荷移動状態の寄与は非常に大きい．

具体的には二分子の距離や配向といった相互の構造や媒体の極性などの多くの因子によって，これらの状態の混じり合いの程度は決定されるが，一般的には媒体の極性が大きな因子となることが多い．一例として，エキサイプレックスからの蛍光が観測される典型的なピレン–N,N–ジメチルアニリン(DMA)系の，エキサイプレックス蛍光の極大波長，蛍光収量，蛍光寿命，蛍光の輻射の速度定数を表I.3.6に示した[45]．エキサイプレックス蛍光の極大波長は溶媒の極性の増加と共に長波長へとシフトする．これは極性の大きい電荷移動状態が溶媒和によって安定化していることを意味する．蛍光収量の減少は，溶媒の極性の増加と共にイオン対の再結合速度定数が増大し無輻射失活が起こりやすくなったとして説明できる．特に，ピレン–DMA系でのエネルギーギャップは電荷再結合に関して逆転領域にあり電子移動理論とも定性的には矛盾しない．最も本質的なことは，エキサイプレックス蛍光の輻射の速度定数が媒体の極性の増加と共に減少していることである．これは，式(I.3.30)に従って考えれば，a や b の寄与が減少していること，すなわちエキサイプレックスの状態がよりイオン対の電子状態のみによって記述されるものに変わっていくことが示されている．

本来種々の電子状態が混じり合って蛍光が観測されるようなエキサイプレックスでは，電子の交換がある程度迅速に行われ各状態間の共鳴が可能となる交換相互作用あるいは非局在化相互作用を考える必要がある．したがって，高極性溶媒中での電子移動のように弱い相互作用で電荷分離が可能になる場合には，通常の電子移動理論での考察が可能であるが，無極性媒体中の電子移動のように，かなり両分子が接近し比較的強い相互作用を行い電荷分離状態からの蛍光が観測されるような場合には，また別の理論が必要である．実際には，このような強い相互作用の系の電子移動については，理論的には完全には解明されていない点も多い．

g. 電子移動速度の上限

ここまでの電子移動に関連した実験や理論に関する多くの記述は，エネルギー曲面の交点付近に存在する状態の分布を(疑似)平衡的に取り扱ったものであり，いわば電子移動の速度がエネルギー曲面上での運動に比べて十分遅い場合である．このような場合は，いわゆる activation-controlled (活性化支配) の反応過程といえる．一方，Marcus の式(I.3.26)に従っていえば，$\kappa \sim 1$ でかつ $\Delta G^\ddagger = 0$ というような場合には，もはや電子移動速度がポテンシャル曲面上での運動に比べて遅いとはいえ，疑似的にも平衡として考えられなくなる．このようなときには，電子移動の速度は relaxation limit で，エネルギー曲面上での運動こそがその速度を支配することになると考えられる．実際には100フェムト秒程度の高速の電荷分離過程も観測され

表 I.3.6 ピレン–N,N ジメチルアニリン系エキサイプレックス蛍光の溶媒効果

溶　媒	ε	$\lambda_{\max}$/nm	τ_f/ns	ϕ_f	$k_i/10^6\mathrm{s}^{-1}$	$k_f/10^6\mathrm{s}^{-1}$
n–ヘキサン	1.89	435	130	0.66	2.6	5.0
トルエン	2.38	467	130	0.24	5.9	1.8
モノクロルベンゼン	5.62	478	110	0.11	8.1	1.0
o–ジクロルベンゼン	10.20	483	120	0.065	7.8	0.54
1,2–ジクロロエタン	10.36	500	98	0.056	9.6	0.57
ピリジン	12.30	518	47	0.015	21	0.52

溶媒の誘電率(ε)，蛍光極大波長($\lambda_{\max}$)，蛍光寿命(τ_f)，蛍光収率(ϕ_f)，無輻射失活の速度定数(k_i)，蛍光輻射の速度定数(k_f)[45]．

ており，誘電縦緩和時間との関連を含めて多くの研究も行われているが[28~31,47]，詳細については省略する．

3.6.5 水素結合の励起状態に与える影響

ナフトール，ナフチルアミン，アミノピレンといった水酸基やアミノ基が直接π電子系に結合している分子は，陽子受容体と水素結合を形成した場合，主に二つに大別できる特徴的な挙動を示す．

第一の場合は，アミノ基や水酸基を有する分子がピリジンのようなアミンと水素結合を行い直接π電子系が結ばれた系である．このときには励起水素結合体からの蛍光は著しく消光される．これは励起水素結合体内で，$(D-H\cdots A)^* \longrightarrow (D-H^+\cdots A^-)$ といった電子移動反応が起こり，電荷分離状態から効率よく基底状態へ失活するためである[48]．アミノ基や水酸基をジメチルアミノ基やメトキシ基に置換し水素結合できないようにした場合には消光されないが，水素結合を行うと電荷分離状態を経て消光される．したがって，電荷分離に対する $\Delta G^0{}_{CS}$ から考えると，水素結合は本来非常に起こりにくい電荷分離を可能にしている．理論的な計算からも直接π電子系が結ばれる場合には，電子供与体の酸化電位は低下しまた電子受容体は還元されやすくなることが示されており[49]，電子移動状態のエネルギーレベルが水素結合によって低下して電子移動反応が可能となると考えられている．水素結合体における電荷分離反応も，電子移動反応の一つであるが，前項で説明したような媒体の配向に依存した過程というよりは，むしろ水素結合に関与する陽子の座標に大きく依存した過程と考えられている[48]．

陽子受容体がトリエチルアミンのような脂肪族アミンの場合には，$(D-H\cdots A)^* \longrightarrow (D^-\cdots H^+-A)^*$ といった陽子供与体から受容体へのadiabaticな陽子移動が起こり，陽子移動状態からの発光が観測される場合が多い．たとえばO-H基を有するピレノールやナフトールなどとトリエチルアミン系などがよく知られている．最近のフェムト秒分光による陽子移動速度の直接測定によれば[50]，種々の溶媒中におけるピレノール-トリエチルアミン系では，約0.8から1.5ピコ秒で陽子移動が起こり，大きな溶媒効果は観測されていない．このことから励起水素結合体内での分子間陽子移動過程は，分子間のねじれ振動のような比較的低波数の振動，いい方をかえれば，水素結合体のわずかな相互構造の変化によって主に律せられていると考えられている．

3.6.6 水素原子移動反応

ベンゾフェノンなどのカルボニル化合物は，励起状態で他分子から効率のよい水素引き抜き反応を行う．この水素引き抜き反応によって生成したケチルラジカルはベンズピナコールや他の安定な最終生成物の反応中間体となることも多く，光合成化学反応の観点からも重要な化学種である．

ベンゾフェノンに関しては，古くから多くの研究がなされてきた[51]．励起一重項ベンゾフェノンは非常に迅速に（~10 ps）項間交差を行い実質的に収量1で三重項状態（$^3BP^*$）を生成する．この $^3BP^*$ は，2-プロパノールのような化合物からも水素引き抜き反応を行うが，これと比べてアミンとの反応では水素引き抜き反応収率も高く，かつ反応速度定数も拡散律速程度と大きいことから，電荷移動相互作用が重要な役割を果たすと考えられ，式（I.3.31）のように安定なイオン対や，CT状態を経て陽子移動反応が進行するメカニズムが広く受け入れられてきた．

$$^3BP^* + AH \longrightarrow {}^3(BP^-AH^+)$$
$$\longrightarrow BPH + AH \quad (\mathrm{I.3.31})$$

この反応メカニズムに関しては数多くの研究が試みられたが，最近の系統的なピコ秒やフェムト秒分光による実験により，詳細な情報が得られつつある[50,52~54]．詳細は省略するが，式（I.3.31）に従う系も存在するが，そうでない系も明確にされている．またさらに，ベンゾフェノンとアミンの基底状態で生成した弱いCT錯体の励起状態での反応や，励起一重項ベンゾフェノンとアミンとの反応も明らかにされてきており，いくつかの初期のピコ秒分光の実験と解釈の誤りも訂正されつつある．

ベンゾフェノンは，T_1 状態では $n-\pi^*$ の電子配置をとるが，I.3.4節やI.3.5節でも述べたように，カルボニル化合物には $n-\pi^*$ のみならず $\pi-\pi^*$ 状態も存在し，この二つの状態のエネルギーレベルが接近しているものも多い．したがって，媒体の極性や，置換基の導入などのちょっとした分子構造の変化によって，最低の励起状態の性質が $n-\pi^*$ あるいは $\pi-\pi^*$ へと変わることがある．たとえば，ベンゾフェノンとよく似た構造をもつキサントンは，T_1 状態では $\pi-\pi^*$ の電子配置をもつ．なお，これらのカルボニル化合物の多くは，S_1 状態の寿命が短く高効率かつ迅速に T_1 状態を生成するものが多く，実際の光化学反応は T_1 状態から進行するものが多い．（ただし，水素供与体の濃度が大きい場合には前述のように S_1 状態や基底状態で形成した錯体の寄与も考える必要はある．）この T_1 状態の電子配置も，カルボニル化合物の反応性に大き

表 I.3.7 カルボニル化合物の三重項励起状態および水素供与体の性質と，光水素引き抜き反応の分類[55]

三重項カルボニル化合物	水素供与体	水素引き抜きによって生成するラジカル
π–π* 状態	ヒドリド型	非ケチルラジカル（シクロヘキサジエニル型）
	プロトン型	非ケチルラジカル（シクロヘキサジエニル型）およびケチルラジカル（ただし CT 相互作用が可能な場合）
n–π* 状態	ヒドリド型	ケチルラジカル
	プロトン型	ケチルラジカル

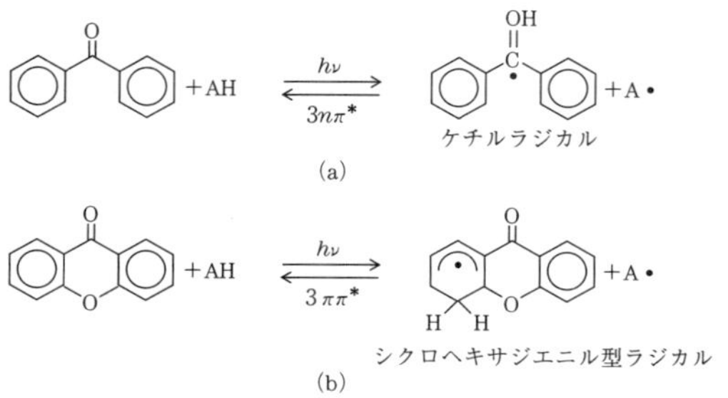

図 I.3.27 (a) 三重項ベンゾフェノン（n-π* 状態）と (b) 三重項キサントン（π-π* 状態）の光化学反応．AH は水素供与体．

3.7 その他の光化学に関連した事項

ここまでに示した光化学に関する記述の多くは，主に溶液中の分子の挙動についてのものである．実際には，高分子固体やその他の分子集団系では，エネルギー移動やエキシマー生成などの特徴的な光化学過程と分子集団系の構造が密接に関連し合っている場合も多い．また，電子移動に関連した問題としてはホール移動やダイマーカチオンの生成などの諸過程が，光電導現象，特にイオン電導現象では重要となるであろう．分子集合系の光化学過程については，いくつかの出版物があるので参考にされたい[57~59]．また，分子集合系とは逆に気相の孤立分子系の光化学過程についても記述を省略した．凝縮系の光化学過程の理解のために，参考となる場合もあるのでいくつかの成書をあげておいた[60,61]．また，ここに述べたような基礎的な光化学過程については，Birks らの著書に詳しいデータと共に詳細な解説もなされている[5,62]ので参考にしていただきたい．

〔宮坂　博〕

な影響を与える．坂口らは，種々のカルボニル化合物の水素引き抜き反応性を，T_1 状態の電子配置および水素供与体の特性の観点から検討した結果，表 I.3.7 にまとめられるような分類が可能であることを示した[55]．すなわち，T_1 状態が n—π* の性質をもつ化合物では，水素供与体の特性にはあまり依存せずケチルラジカルが生成するが，π—π* 状態の化合物では，フェニル環に水素が付加したシクロヘキサジエニル型のラジカルが生成し，ケチルラジカルは生成しない（図 I.3.27）．ただし，π—π* 型の化合物でもアミンのように電荷移動相互作用の考えられる場合には，ケチルラジカルが生成することもある．いずれにしても，光化学反応の観点からは，反応に関与する電子状態の性質が非常に重要であり，水素原子移動反応をより大きな枠組みで理解することが必要であることが示されている．

3.6.7 色素の光退色反応

可視部に吸収をもつ色素を酸素の存在下で光照射すると退色反応が起こることがある．

$$D^* + O_2 \longrightarrow D^+ + O_2^- \quad (I.3.32)$$

といった電子移動で生成した D^+ や O_2^-，また，

$$D^* + O_2 \longrightarrow D + {}^1O_2 \quad (I.3.33)$$

によって生成した一重項酸素などにより反応が開始され色素の分解が起こると考えられている[56]．

参考文献

1) Förster, Th.: Fluoreszenz Organischer Verbindungen (1951), Vandenhoeck & Ruprecht, Gottingen
2) 小泉正夫：光化学概論 (1963)，朝倉書店
3) 又賀 昇：光化学序説 (1974)，共立出版
4) 長倉三郎編：光と分子（上，下）（岩波現代化学講座12）(1979)，岩波書店；ある程度応用的な問題を含めたものとしては，堀江一之，牛木秀治：光機能分子の化学 (1992)，講談社サイエンティフィック
5) Birks, J. B.: Photophysics of Aromatic Molecules (1970), Wiley-Interscience, London; Berlman, I. B.: Handbook of Fluorescence Spectra of Aromatic Molecules (1971), Academic Press, New York
6) 徳丸克己：有機光化学反応論 (1973)，東京化学同人；Koizumi, M. et al.: Photosensitized Reactions (1978)，東京化学同人；Turro, N. J.: Modern Molecular Photochemistry (1978), Benjamin, Menlo Park；杉森彰：有機光化学 (1991)，裳華房
7) 振動緩和や内部変換についてのフェムト秒分光による直接的な測定については，Seilmeier, A., Kaiser, W.: Ultrashort Laser Pulse and Applications (Kaiser, W. ed.), p.279(1988), Springer-Verlag, Berlin に詳しい解説がなされている．
8) Mataga, N. et al.: Bull. Chem. Soc. Jpn., **28** (1955), 690; ibid, **29** (1956), 373
9) Lippert, E.: Z. Naturforsch., **10 a** (1955), 541; Z. Elektrochem., **61** (1957), 962
10) Barbara, P. F. et al.: Adv. Photochem., **15** (1990), 1
11) 無輻射遷移の理論や実験的研究については，安積徹：エネルギー変換の化学，岩波現代化学講座23（長倉三郎編），p.65(1980)；又賀昇：分子集合体の量子化学（大鹿譲編），p.65(1969)，共立出版；安積徹ら：励起三重項状態（井早康正編），p.65(1975)，南江堂，およびその参考文献に詳しい記述がなされている．
12) Robinson, G. W.: Frosch R. P.: J. Chem. Phys., **37** (1962), 1962; ibid, **38** (1963), 1187
13) Bixon, M.; Jortner, J.: J. Chem. Phys., **48** (1968), 715
14) たとえば，小尾欣一：ナノピコ秒の化学（日本化学会編），p.69(1979)，学会出版センター
15) Rothenberger, G. et al.: J. Chem. Phys., **79** (1983), 5360.

16) 立矢正典：放射線化学, **44** (1987), 2 に解説がされている.
17) Laermer, F. *et al.*: *Chem. Phys. Lett.*, **171** (1948), 119; Frey, W. *et al.*: *J. Phys. Chem.*, **95** (1991), 10391
18) たとえば，Irie, M.; Mori, M.: *J. Org. Chem.*, **53** (1988), 119.
19) Kurita, S. *et al.*: *Chem. Phys. Lett.*, **191** (1992), 189
20) Tamai, N., Masuhara, H.: *Chem. Phys. Lett.*, **191** (1992), 189
21) Hirata, Y. *et al.*: *J. Phys. Chem.*, **94** (1990), 3577
22) Hirata, Y., Mataga, N.: *Prog. React. Kinetics*, **18** (1993), 273
23) 弱い相互作用，強い相互作用については，Förster, Th.: Comparative Effect of Radiation (Burton, M. *et al.* eds.), p. 350 (1960), John-Wiley & Sons, London
Förster 機構によるエネルギー移動については Förster, Th.: *Ann. Phys.*, **2** (1948), 55
24) 励起状態での分子間相互作用の解説としては，又賀昇：エネルギー変換の化学 (岩波現代化学講座 23) (長倉三郎編), p. 85 (1980) や, Mataga, N., Kubota, T.: Molecular Interaction and Electronic Spectra, p. 171 (1970), Marcel Dekker, New York にまとまった記述がある.
25) Berlman, I. B.: Energy Transfer Parameters of Aromatic Compounds (1973), Academic Press, New York
26) Dexter, D. L.: *J. Phys. Chem.*, **21** (1953), 21
27) エキシマーについては, Birks, J. B.: Photophysics of Aromatic Molecules, p. 302 (1970), Wiley-Inter science, London に詳しい総説があり，数多くの実験データや理論が紹介されている.
28) 1985年までの，理論ならびに実験結果については，Marcus, R. A., Sutin, N.: *Biochim. Biophys. Acta*, **811** (1985), 265 に，Marcus 自身による詳細な総説がなされている.
29) 最近の理論や実験の進展については，Electron Transfer in Inorganic, Organic, and Biological Systems, Advances in Chemistry Series 228 (Bolton, J. R. *et al.* eds.) (1991), American Chemical Society
30) 特に，光誘起電子移動および関連諸過程の最近の研究のまとまったものとしては，Dynamics and Mechanisms of Photoinduced Electron Transfer and Related Phenomena (Mataga, N. *et al.* eds.) (1992), Elsevier, Amsterdam
31) 種々の系の電子移動関連現象については，有機電子移動プロセス (日本化学会編) (1988), 学会出版センターに総説が載せられている.
32) Onsager, L.: *Phys. Rev.*, **54** (1938), 554
33) Marcus, R. A.: *J. Chem. Phys.*, **24** (1956), 966
34) たとえば, Marcus, R. A.: *J. Chem. Phys.*, **43** (1965), 679
35) Hopfield, J. J.: *Proc. Natl. Acad. Sci. U. S. A.*, **71** (1974), 3640
36) Levich, V. G., Dogonadze, R. R.: *Dokl. Acad. Nauk. SSSR*, **124** (1959), 123; Levich, V. G.: *Adv. Electrochem. Electrochem. Eng.*, **4** (1966), 249; Dogonadze, R. R. *et al.*: *Phys. Stat. Sol.*, **B 54** (1972), 125
37) Kestner, M. R. *et al.*: *J. Phys. Chem.*, **78** (1974), 2148; Jortner, J.: *J. Phys. Chem.*, **63** (1975), 4358
38) 量子力学的な電子移動理論の解説については，古典的なものを含めて，29) の文献の第二章に Bolton らのものがある．また，31) の文献の第一章には，実験的な結果を含め又賀による総説がなされている．さらに詳細な解説としては，28) の文献を参照されたい.
39) Rehm, D.; Weller, A.: *Israel J. Chem.*, **8** (1970), 259
40) Nishikawa, S. *et al.*: *Chem. Phys. Lett.*, **185** (1991), 237
41) Kakitani, T.: Dynamics and Mechanisms of Photoinduced Electron Transfer and Related Phenomena (Mataga, N. *et al.* eds.), p. 71 (1992), Elsevier, Amsterdam; Kakitani, T. *et al.*: *J. Phys. Chem.*, **96** (1992), 5385
42) Mataga, N.: Dynamics and Mechanisms of Photoinduced Electron Transfer and Related Phenomena (Mataga, N. *et al.* eds.), p. 3 (1992), Elsevier, Amsterdam
43) Asahi, T., Mataga, N.: *J. Phys. Chem.*, **93** (1989), 6575; *ibid* **95** (1991), 1956
44) Sutin, N.: Electron Transfer in Inorganic, Organic, and Biological Systems, Advances in Chemistry Series 228 (Bolton, J. R. *et al.* eds.), p. 25 (1991), American Chemical Society
45) Mataga, N. *et al.*: *Chem. Phys. Lett.*, **1** (1967), 119
46) たとえば，Barbara, P. F. *et al.*: Dynamics and Mechanisms of Photoinduced Electron Transfer and Related Phenomena (Mataga, N. *et al.* eds.), p. 21 (1992), Elsevier, Amsterdam および，その引用文献.
47) Kandori, H. *et al.*: *J. Phys. Chem.*, **96** (1992), 8042
48) Mataga, N.; Kubota, T.: Molecular Interaction and Electronic Spectra, p. 293 (1970), Marcel Dekker, New York; Ikeda, N. *et al.*: *Bull. Chem. Soc. Jpn.*, **54** (1981), 1025; Ikeda, N. *et al.*: *J. Am. Chem. Soc.*, **105** (1983), 5206
49) Tanaka, H.; Nishimoto, K.: *J. Phys. Chem.*, **88** (1984), 1052
50) Miyasaka, H., Mataga, N.: Dynamics and Mechanisms of Photoinduced Electron Transfer and Related Phenomena (Mataga, N. *et al.* eds.), p. 155 (1992), Elsevier, Amsterdam
51) Cohen, S. G. *et al.*: *Chem. Rev.*, **73** (1973), 1411
52) Miyasaka, H., Mataga, N.: *Bull. Chem. Soc. Jpn.*, **63** (1990), 131
53) Miyasaka, H. *et al.*: *Chem. Phys. Lett.*, **199** (1992), 21; Miyasaka, H. *et al.*: *Chem. Phys. Lett.*, **178** (1990), 504
54) Miyasaka, H. *et al.*: *Bull. Chem. Soc. Jpn.*, **63** (1990), 3385; Miyasaka, H. *et al.*: *Bull. Chem. Soc. Jpn.*, **64** (1991), 3229; Miyasaka, H. *et al.*: *J. Phys. Chem.*, **96** (1992), 8060
55) Sakaguchi, Y.; Hayashi, H.: *J. Photochem. Photobiol. A: Chem.*, **65** (1992), 183
56) Koizumi, M. *et al.*: *Mol. Photochem.*, **4** (1972), 57 およびその引用文献.
57) 不均一系の光化学については，Molecular Dynamics in Restricted Geometries (Klafter, J. *et al.* eds.) (1989), John Wiley & Sons, New York に最近の研究例を含め記述がなされている.
58) 特に高分子系の光化学過程については，Polymer Photophysics (Phillips, D. ed.) (1985), Chappman and Hall に，いくつかの具体例が示されている.
59) 表面励起プロセスの化学 (日本化学会編) (1991), 学会出版センター
60) Calvert, J. G.; Pitts, J. N.: Photochemistry (1967), John Wiley & Sons, London; Okabe, H.: Photochemistry of Small Molecules (1978), Wiley-Interscience, London
61) 土屋荘次編：レーザー化学 (1984), 学会出版センター
62) Birks, J. B.: Organic Molecular Photophysics, vol. 1 (1973), vol. 2 (1975), John Wiley & Sons, London

第4章

電子物性

4.1 固体中の電子状態

有機材料の光・電子機能の基礎として，その材料の電子状態の知見は必須のものである．本書で扱われる有機材料はおおむね固体状態をとるから，有機固体中の電子状態についての情報が必要となる．有機固体は無機固体と同様に，結晶性のものと非結晶性のものに分けて考えることができる．無機固体の結晶では，シリコンあるいは純鉄結晶のように構成原子が結晶格子をつくっていることが多い．これらは固体物理学でよくお目にかかる結晶である．一方，有機固体結晶というのは，分子単位で結晶格子をつくっているものが多い．これらの例を図I.4.1に示す．したがって，有機固体結晶では結晶全体の性質のほかに，構成分子の性質も重要となる．

表 I.4.1 有機固体の分類

分類		例
有機固体 結晶性	有機高分子結晶	ポリジアセチレン(PDA)
	有機分子性結晶	TTF-TCNQ BEDT-TTF
非晶性		通常の有機高分子 種々の炭素材料

有機固体結晶を大きく分けると，表I.4.1のように有機高分子結晶および有機分子性結晶に分類される．さらにこれらの結晶性がくずれたもの，すなわち非晶性のものがある．本節ではそれらの電子状態を求める方法と電子状態から導かれる物性について述べる．

4.1.1 有機結晶中の電子状態

結晶は一般に単位セルが図I.4.1のように三次元的に繰り返されてできたものである．このように単位部分の完全に規則的な繰り返しからできあがっている無限周期系では，その電子状態は比較的簡単に求められる．この繰り返しは，単位セルが結晶軸方向にスライドするもの（群論的には並進対称性という）がほとんどであるが，特殊なものとして，高分子の一次構造の場合には朝顔のつるやらせん階段のように，一定の角度（ピッチ角）だけ回転しながら高分子鎖方向に進んでいるものもある（らせん対称という）．有機結晶の場合，単位セルの中身は分子程度の大きさになることが普通である．単位セル間は，共有結合あるいはファン・デル・ワールス力でつながることが多い．高分子の一次構造中の単位セルは共有結合で接続されているが，一方多くの有機結晶ではファン・デル・ワールス力による単位セルの配向が見られる．ファン・デル・ワールス結晶のように，近似的にひとつひとつの単位セルが独立分子と考えられる場合には，その分子のみの電子状態についての分子軌道法による電子状態解析を行ってもある程度の情報は得られる．

このように，規則的な周期構造をもつ結晶全体にお

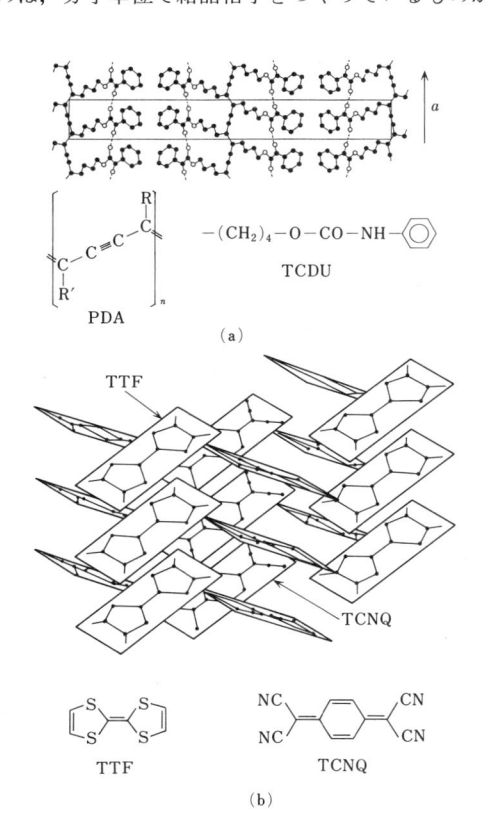

図 I.4.1 有機固体結晶の例
(a) ポリジアセチレン(PDA)結晶(R=R′=TCDU)の主鎖面に平行な面への投影図．破線は水素結合を示す．(b) TTF-TCNQ結晶．(a) は *Acta Crys.*, **B34** (1978), 2352 より．

ける電子波動関数(結晶軌道と呼ぶ)はブロッホ型という特別の形をとり，理論的な処理がしやすくなる．特に，有機結晶の電子状態を取り扱う方法としてよく用いられるものに，タイト・バインディング法(強結合法あるいは束縛電子法などとも呼ばれる)に基づく結晶軌道理論がある．これは主として有機分子に対して用いられる分子軌道理論において広く利用されるLCAO法と同様に，有機結晶中の単位セル分子の構成原子がもつ原子軌道を基底関数としてとるもので，化学者の直観に訴えやすいという利点をもっている．

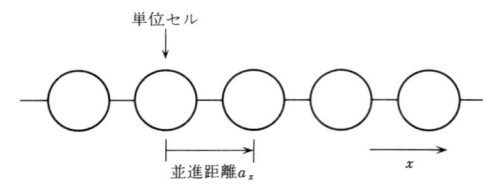

図 I.4.2 単位セルの繰り返しでできた有機結晶(簡単のため $i=x$ のみとして一次元的に描いてある)

図 I.4.2 のような簡単な有機結晶を考えてみよう．詳しい理論的取り扱いは他書[1]にゆずるとして，この結晶全体に広がった結晶軌道は，式(I.4.1)のように原子軌道の線形結合として構成される．

$$\phi_{s,k}(r) = (1/\sqrt{N}) \sum_{j}^{N} \sum_{\mu}^{n} \exp(ikja) C_{\mu s}(k) \chi_{\mu}(r-ja)$$
(I.4.1)

ここで変数や添字の整理をしておくと，N は全セル数，j はセルの番号，$\chi_{\mu}(r-ja)$ は j 番目のセル中の μ 番目の原子軌道で，一つのセル中には n 個の原子軌道があるとする．また k は下記に詳しく述べるように波動ベクトル，s はバンド準位を表す．式(I.4.1)の形はブロッホ関数の一つである．結晶軌道の性質を列挙しておくと，

(1) 結晶軌道は，結晶中を運動する電子を記述する．
(2) 結晶軌道は一般に複素関数である．
(3) 結晶軌道は，単位セルを分子として扱った場合の分子軌道の数の N 倍だけ存在する．ここで N はセル数で無限大であるから，結晶軌道も無限個存在する．
(4) この無限個存在する結晶軌道を標識するのは，式(I.4.1)に現れたバンド準位 s と波動ベクトル k である．
(5) 結晶軌道 $\phi_{s,k}(r)$ はハミルトニアンの期待値として軌道エネルギー $E_{s,k}$ を伴う．この $E_{s,k}$ を k に対してプロットしたものがエネルギーバンドである．バンド準位 s は一定の k のもとで単位セルの中に含まれる原子軌道の数(n とする)だけ存在し，エネルギーの低い準位から順に電子がつまる．

単位セル中の電子の数を $2m(m<n)$ とすれば，n 本のバンドのうち m 本は電子のつまった結晶軌道に対応するエネルギー準位となる．この m 本のバンドを価電子帯(valence band)と呼び，残りの $(n-m)$ 本のバンドを伝導帯(conduction band)と呼ぶ．価電子帯と伝導帯とのエネルギー間隙をバンドギャップあるいは禁止帯と呼ぶ．有機結晶の物性に対しては，価電子帯の中で最もエネルギーの高い最高被占(Highest Occupied; HO)バンド，および最も低い最低空(Lowest Unoccupied; LU)バンドが重要な寄与をすることが多い．一般に有機結晶のもつすべてのエネルギーバンドについて考察することは煩雑であるが，実際的にはHOならびにLUバンドおよびその近傍のエネルギーバンドだけ考察すれば十分な情報が得られることが多い．この事情は分子におけるフロンティア軌道と似ており，したがってこれら二つのバンドを特にフロンティアバンドと呼ぶ．

さらに，波動ベクトル k の物理的意味は次のようなものである．

(1) k の次元は三次元空間における距離の逆数で，(k_x, k_y, k_z) という成分をもつ．その変域はそれぞれ $-\pi/a_i < k_i < \pi/a_i$ の区間である．この区間を(第1)ブリルアン域と呼ぶ．ここに a_i は単位セルの並進距離の i-成分である(図 I.4.2 参照)．

(2) k_i 点すべてはブリルアン域内に N 個均等に分布するが，有機結晶における単位セル総数の N 個は無限大なので，連続的にちゅう密に分布することになる．

(3) k は結晶軌道の空間的な周期を定める．これは，

$$\phi_{s,k}(r+a) = \exp(ika) \phi_{s,k}(r) \quad (I.4.2)$$

が成立するからである．ここに述べた結晶軌道の周期とポテンシャル，すなわち結晶の周期は一般に異なるものであるから注意されたい．たとえば，i-方向に対して $k_i = \pi/3a_i$ であれば結晶軌道の周期は $6a_i$ であり，$k_i = \pi/a_i$ であれば周期は $2a_i$ である．また $k_i = 0$ であれば，i-方向への結晶軌道の周期は ∞ となる．このことを図 I.4.3 に示す．

(4) $k_i/2\pi$ にプランク定数 h を乗じたもの，すなわち $\hbar k_i$ は，結晶内の i-方向の電子の運動量を

4.1 固体中の電子状態

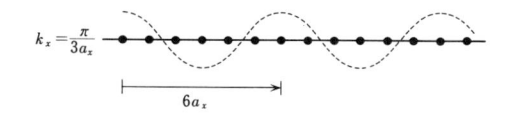

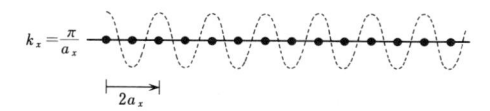

図 I.4.3 $k_x=\pi/3a_x$, π/a_x に対する結晶軌道の実数部 黒丸は簡略化した単位セルを示す．

表 I.4.2 種々の計算法

名称	特徴
ヒュッケル法	・π型結晶軌道・バンドのみを扱う ・結晶の全エネルギーの算出は不可
拡張ヒュッケル法	・π型およびσ型の結晶軌道・バンドを扱う ・電子間反発をあらわに考慮しないため，励起エネルギー，バンドギャップ，スピン状態の評価は不可 ・結晶の全エネルギーの算出は不可
価電子有効ハミルトニアン法 (VEH法)	・π型およびσ型の結晶軌道・バンドを扱う ・バンドギャップは妥当な値がでるようパラメーター調整をする ・結晶の全エネルギーの算出は不可 ・伝導帯のバンド幅を過小評価
半経験的ハートリー–フォック法 (CNDO, INDO, MINDO, MNDO, AM1法など)	・π型およびσ型の結晶軌道・バンドを扱う ・結晶の全エネルギーの算出可能 ・バンドギャップを過大評価
非経験的ハートリー–フォック法 (ab initio法ともいう)	・π型およびσ型の結晶軌道・バンドを扱う ・結晶の全エネルギーの算出可能 ・バンドギャップを過大評価 ・理論的根拠が明白であるが，計算時間は半経験的方法に較べて多く必要

与える．

結晶軌道を計算するための具体的方法については，分子軌道法とよく似た分類ができる．種々の方法とその特徴を表I.4.2に示す．

表I.4.2の補足として，ハートリー–フォック法の欠点は半経験的，非経験的方法を問わずバンドギャップ（励起エネルギー）値を過大評価することである[2]．これには種々の原因があるが，現在考えられているその改善法は次のようなものである．

（1）結晶軌道 $\phi_{s,k}(r)$ の基底関数を多くとること，特に diffuse な関数といってできるだけ結晶中に大きく広がったものをとる．

（2）通常の結晶軌道法は1電子有効ハミルトニアンに基づいており，励起状態の記述にとって限度があるので，摂動法により多体相関効果をとりこむこと．

（3）伝導帯中に励起した電子と価電子帯に残った正孔（ホール）間の相互作用を考慮に入れること．これはたとえばエキシトンやポラロン状態などを考慮することに当たる．

このような指針によって，たとえばトランス形ポリアセチレン（PA）のバンドギャップについて，非経験的ハートリー–フォック法による計算値5eVが2.5eV（実験値は1.9eV）まで改善されている[3]．ここに述べたような励起エネルギーの改善法は非経験的ハートリー–フォック法を出発点にとると理論的見通しが立てやすい．このようなことも含めると，計算プログラムの高度化およびコンピューターの高速化に助けられて，将来的にはこの方法による計算が主流になるものと思われる．

4.1.2 重要な物性量

結晶軌道とエネルギーバンドが得られると，それらをもとにして表I.4.3に示すような有機結晶の電子物性に対する多くの有用な情報が得られる．すなわち，結晶軌道は電子の波動関数であるので軌道相や電子密度その他を算出できる．またエネルギーバンドからはその位置ならびに形状の解析を通じて，バンドギャップ，イオン化ポテンシャル，電子親和力などの諸量を求めることもできる．これらの物性量とエネルギーバンド構造との関係を，簡略化して図I.4.4に示す．

表 I.4.3 結晶軌道，エネルギーバンドから求められる物性量
（本章で用いる変数記号も示す）

物性量あるいは性質	関連事項
軌道相	輸送特性（伝導キャリヤー経路）・反応性
電子密度	結合の強さ・電荷分布・電荷密度波（CDW）発生
スピン密度	スピン分布（強磁性・反強磁性）・スピン密度波（SDW）発生
双極子モーメント p, p_0	遷移確率 μ・誘電率 ε・分極率 α・超分極率 β, γ
全エネルギー	構造の安定性
核振動数・振動モード	フォノン構造
バンドの属性 （π性・σ性・形状・位置）	輸送特性（移動度）・反応性
バンドギャップ E_G	電気伝導活性化エネルギー（〜$E_G/2$）・光励起しきい値
バンド幅・有効質量 m^*	結晶電子の非局在化・輸送特性
イオン化ポテンシャル	p型ドーピング（酸化）の難易
電子親和力	n型ドーピング（還元）の難易
状態密度（DOS）$N(E)$	光電子分光（UPS）との対応
フェルミエネルギー E_F	金属的性質・フェルミ波数 k_F・フェルミ状態密度 $N(E_F)$，$N(E_F)$は特に輸送特性に関連

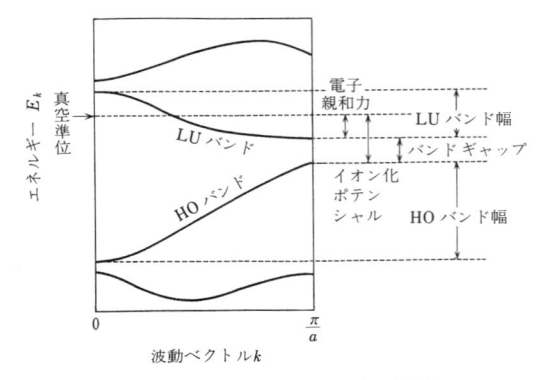

図 I.4.4 エネルギーバンド構造と物性量
k, a はスカラーとしてある.

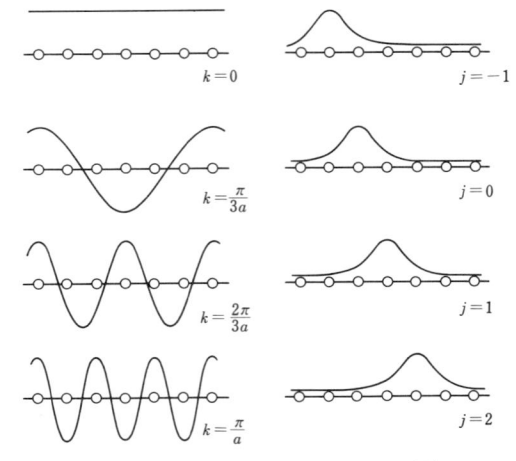

図 I.4.6 ブロッホ関数(左)とワニエ関数(右)
k, a はスカラーとしてある.

4.1.3 有機非晶性物質

以上では規則的な結晶構造をもつ有機固体の電子状態について述べた.しかし,現実の物質が完全に規則的な構造をとることは非常に少ないと考えられる.非晶性は,たとえば生体高分子やランダム共重合高分子においては特に顕著な性質であるが,現実の有機固体でも程度の差こそあれ,不規則性が存在すると考えるほうが自然である.高分子の場合には高次構造の存在に伴う不規則性,一般の有機固体中における欠陥や不純物など,何らかの意味で規則性をやぶる因子の存在が常に考えられる.いったん結晶性がやぶれると,ブロッホ関数形の結晶軌道は破綻することになり,波動ベクトル k も意味を失う.これらは本質的にはランダム系の問題に帰着されるものであり,その取り扱いについては現在でも未解決の部分が多い.

有機非晶性物質のモデル例を図 I.4.5 に示す.(a)は有機結晶に対してその一部分が乱れたものである.これは異なる結晶格子が部分的に導入されたり,部分的な欠陥のある結晶を表すモデルである.有機結晶の結晶軌道は物質全体に広がっているが,これにある種の数学的変換を施すと各単位セルに局在した関数群が得られる.もとのブロッホ関数に対して,このように局在化したものをワニエ関数という.この時点では,ブロッホ関数とワニエ関数はまったく同等である.図 I.4.6 に示すように前者は空間的には非局在化していて波動ベクトル k の値によりその周期が類別され,後者は各単位セルに局在化する同じ形の関数の並進したものの集まりである.一般に結晶におけるワニエ関数はエキシトン(励起子)の記述のために使われたりするが,結晶内の一部のみが乱れたような場合には,近似的にその部位に局在化したワニエ関数にのみ影響を及ぼすとして対処できるであろう[4].

図 I.4.5(b)はランダム共重合高分子のモデルである.このモデルでは,2種類以上の単位セルが高分子全体にランダムに配列している.このような系の電子状態を扱うには,ランダム共重合体のオリゴマーを超分子とみなしてその分子軌道を求めるという直接的な方法によるか,あるいは固体全体にわたってある種の平均操作をとり,ランダム系に対応する架空の有機結晶を解くという方法をとるかの2通りがある.後者の方法を有効媒質近似という.図 I.4.7 にその概念を図示する.この方法によって状態密度を求めることができる.有効媒質近似の中でもしばしば用いられる方法に有効ポテンシャル近似(Coherent Potential Approximation; CPA)法がある.この計算法では,ランダム系のハミルトニアンに対応するグリーン関数を用いて,その中の自己エネルギー部分を有効ポテンシャルで置き換えるような操作をとることになるが,詳しくは参考文献[5]を参照されたい.

最後に,非晶性物質について一般に注意すべきことは,アンダーソン局在の存在である.これはランダム系における波動関数の局在化をうたったもので,たと

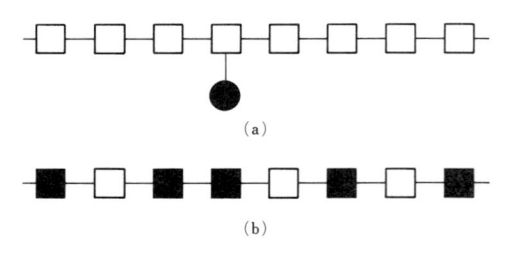

図 I.4.5 有機非晶性物質のモデル
一次元的に描いてある.

図 I.4.7 有効媒質近似の簡単化した概念

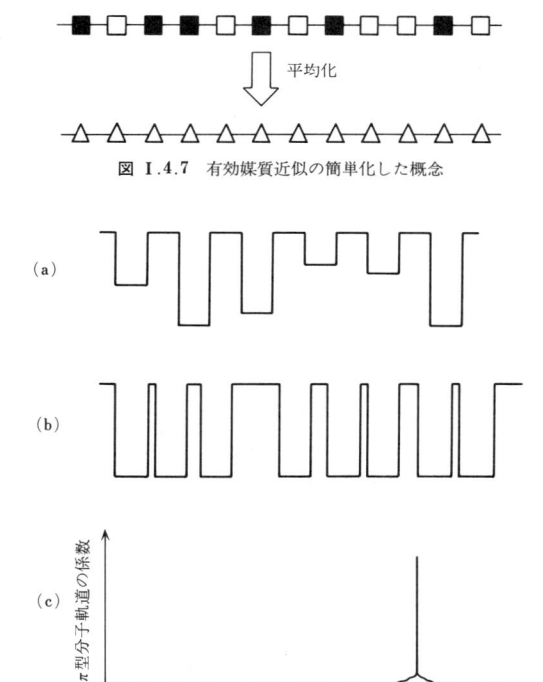

図 I.4.8 ランダムなクーロン積分(a)と共鳴積分(b)をもつ高分子のポテンシャルモデル
(c) ポリアセチレンオリゴマー(300炭素原子)が(a)あるいは(b)のようなポテンシャルをもつときのアンダーソン局在.

ると，これらの乱れが激しくなると，図 I.4.8(c)に示すように波動関数の局在化が起こる．局在化した波動関数は，もとの結晶構造に対するエネルギーバンドからはみ出たエネルギー準位(局在準位)をつくる．これらの局在準位は導電キャリヤーのホッピングに関与する．詳しくは 4.2.5 項に述べる.

4.2 有機物質の電気物性

4.2.1 導電性と電子的過程

有機物質の導電性についての研究は古くからあるが，本格的に行われるようになったのは，図 I.4.1 に示した TTF-TCNQ 電荷移動錯体の高導電性やドーピングした PA (図 I.4.9) の高導電性が発見された 1970 年代からである．図 I.4.10 に種々の物質の電気伝導度を示す．電荷移動錯体形成は部分的酸化あるいは還元をそれぞれドナーあるいはアクセプターに生じさせるもので，これによって余剰のホール(正孔)あるいは電子を注入することになる．また高分子では主としてドーピングという技法を用いて，π 共役系高分子の母骨格にやはりホールあるいは電子を注入する．これを表 I.4.4 にまとめる.

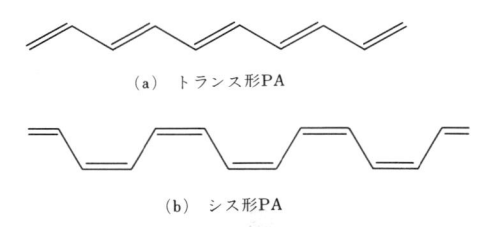

えば 4.2.5 項に述べるバリアブルレンジホッピングなどの輸送特性と密接に関連する．

アンダーソン局在の例として，300個の炭素原子から成る PA 鎖オリゴマーで図 I.4.8(a)，(b)に示すようにクーロン積分 α と共鳴積分 β の値が乱れた場合についての計算解析が行われている[6]．その結果によ

図 I.4.9 ポリアセチレン(PA)の構造
(a) トランス形 PA
(b) シス形 PA

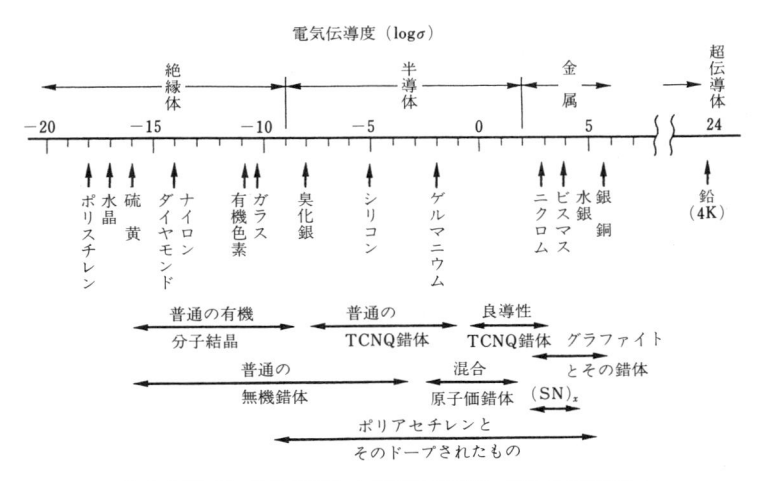

図 I.4.10 種々物質の室温における電気伝導度 σ(S/cm)の対数表示

表Ⅰ.4.4 有機導電性材料の特徴(Aはアクセプター,Dはドナー)

物質	構造	導電に寄与する部分の分子あたり(単位セル)の分極電荷
電荷移動錯体	AとDの交互積層	<±0.5
	AとDの分離積層	<±1
π共役導電性高分子	AかD型ドーパントの侵入	−1, +1, +2
C_{60}	fcc構造間隙へのD型ドーパント(アルカリ金属)侵入	−1〜−3

表Ⅰ.4.5 輸送現象に関する量と特徴

名称	記号と単位	特徴
直流電気伝導度	σ_{DC}(S/cm)	—
交流電気伝導度	σ_{AC}(S/cm)	印加交流の角周波数$\omega(=2\pi\nu)$に依存する.
移動度	μ(cm²/V·sec)	単位電場あたりのキャリヤーの速度.温度に依存する.
キャリヤー密度	n(cm⁻³)	通常はフェルミ準位における状態密度$N(E_F)$にk_BTなどのエネルギー幅を乗じて求められる.ドーパント濃度から求めることもある.
緩和時間	τ(sec)	キャリヤーが速度を失うまでの時間.
有効質量	m^*(g)	キャリヤーの有効質量.通常は自由電子質量m_0を基準として$0.1 m_0$などと表す.
ホール係数	R_H(cm³/C)	電流磁場効果測定から求められる.この値が正ならp型物質(負ならn型物質)である.
ホール移動度	μ_H(cm²/V·sec)	R_Hから算出される.金属やσの大きい半導体では上記μに等しい.
磁気抵抗比	$\Delta\rho/\rho_0$(無次元)	$\equiv(\rho(B)-\rho_0)/\rho_0$, $\rho(B)$とρ_0はそれぞれ磁場Bおよびゼロのもとでの抵抗.この抵抗比はμ^2B^2に等しい.
熱起電力	S(μV/K)	ゼーベック係数のことで,温度に依存する.この値が正ならp型物質(負ならn型物質)である.

表Ⅰ.4.6 金属的高導電性において観測される物性

光学的	プラズマ反射
磁気的	パウリ常磁性
磁気共鳴的	ESRにおけるダイソニアン型微分スペクトル
	固体NMRにおけるナイトシフト
熱電的	熱起電力

以上のような部分的酸化あるいは還元を受けた有機物質の電子状態に対して,電極から大量の電子あるいはホールが注入され,かつ電場が加えられた場合に導電性という応答を引き起こすと考えてよい.このような電子状態は同様に光学的,磁気的,熱力学的特性などにも特異な影響を及ぼしている.導電性は輸送現象の一つであり,通常は直流電気伝導度によって測られる.導電性の評価に関連して用いられる諸量および特徴を表Ⅰ.4.5に掲げる.さらに表Ⅰ.4.6に10^2S/cm以上の金属的高導電性に関連する諸物性を示す.

直流電気伝導度における基本的な式は次のようなものである(変数については表Ⅰ.4.5参照のこと).

$$\sigma = ne\mu \quad (Ⅰ.4.3)$$

ここでeはキャリヤーの電荷の絶対値(電子なら1.602×10^{-19}C)である.さらに,

$$\mu = e\tau/m^* \quad (Ⅰ.4.4)$$
$$R_H = 1/ne = \mu_H/\sigma \quad (Ⅰ.4.5)$$

が成立する.

表Ⅰ.4.7 導電性材料における導電機構の分類

物質	主な導電機構
電荷移動錯体(カラム内)	バンド内伝導電子(あるいはホール)移動
導電性高分子 鎖内	バンド内伝導電子(あるいはホール)移動
	荷電ソリトン・ポーラロン移動
導電性高分子 鎖間	電子・ホール・荷電ソリトン・ポーラロンのホッピング
非晶性物質	電子・ホール・ポーラロンのホッピング

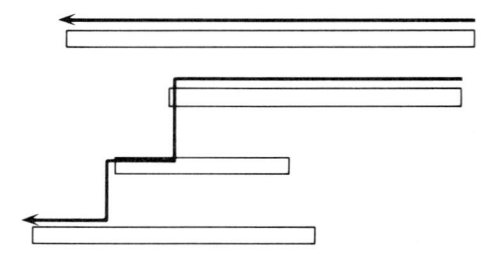

図Ⅰ.4.11 導電性高分子における導電径路

導電性有機材料の導電機構は表Ⅰ.4.7に分類するように,材料の構造によって結晶状態におけるエネルギーバンド内の伝導電子移動に基づくものとホッピングによるものに分けて考えるとよい.導電性高分子全体の導電性では,図Ⅰ.4.11のようにその両方における電気抵抗が直列的に効くと考えられるため,両方の機構とも重要である.規則的な一次構造をもつ導電性高分子や結晶構造をもつ電荷移動錯体結晶の導電機構についてはⅠ.4.1節に述べたように,そのエネルギーバンド構造に基づいて考えることが多い.さらに導電性高分子では特殊な素励起状態(荷電ソリトン,ポーラロン,バイポーラロンなど)が導電性を担当するキャリヤーとなることもある.一方,導電性高分子鎖間や非晶性物質における導電機構では,ホッピングと総称される過程をやや形式的にあてはめることが多い.

さて,部分的酸化や還元の起こる前の有機結晶に対して求められたエネルギーバンド構造をもとに,酸化あるいは還元後のおよその導電性を判定することがで

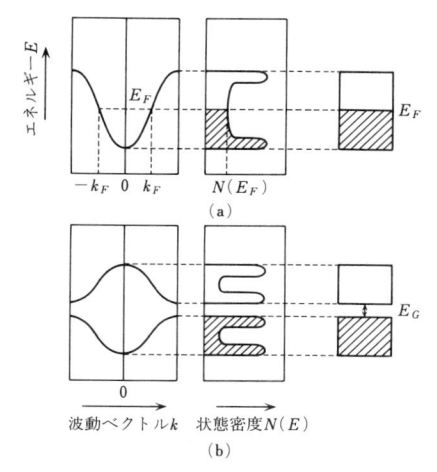

図 I.4.12 金属(a)および絶縁体(b)のエネルギーバンド

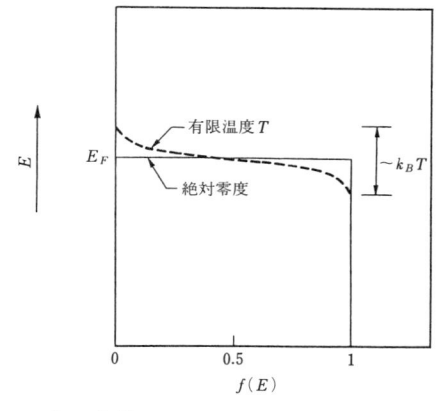

図 I.4.13 フェルミ-ディラックの分布関数

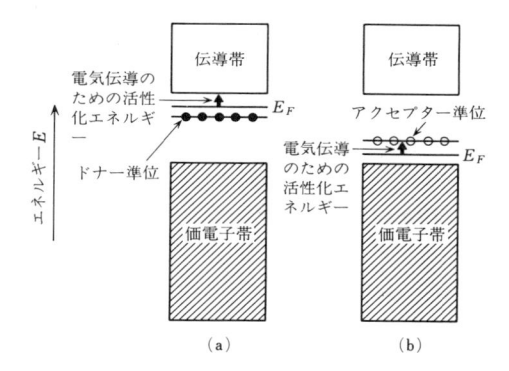

図 I.4.14 ドナー(a)およびアクセプター(b)のドープされた場合のフェルミエネルギー変化

きる．模式的にバンド構造を描いた図 I.4.12(a)ではバンドが電子によって部分的に満たされている．この場合のように最高被占(HO)バンドと最低空(LU)バンドがフェルミエネルギー E_F のところで連続的につながっている場合には HO バンド中の電子, とりわけいちばん高いエネルギー付近の電子が外部電場によって運動量が変化し，それに応じて特定の方向に動くことができる．HO バンドと LU バンドが連続していると，HO バンド中にある電子がその運動量が変化したときに LU バンド中に入りこめて導電キャリヤーになるからである．これがいわゆる金属的な電気伝導であり，その電気伝導度は 10^2 S/cm 以上である．ドーピングを行わない高分子では唯一，無機材料であるポリチアジル$(SN)_x$ がこのようなバンド構造をもっている[7]．

一方，図 I.4.12(b)のようにバンドギャップ E_G が現れると，外部電場がかけられても HO バンド中の電子は運動量変化を起こして LU バンド中に移れない．したがって，電場をかけても導電キャリヤーが生成しない．これは絶縁体で，通常の有機材料はほとんどこれに属しており，その電気伝導度は 10^{-9} S/cm 以下である．普通の絶縁体では，E_G の値は大体 3eV 以上ある．

温度 T における真性半導体の電気伝導度 σ は，式(I.4.6)に基づいたアレニウス型になる．

$$\sigma = \sigma_0 \exp[-E_G/2k_BT] \quad (I.4.6)$$

ここで σ_0 は温度に無関係な定数，$E_G/2$ は電気伝導の活性化エネルギーにあたる．これは，E_G の存在する場合には E_F の位置が図 I.4.13 に示すようにフェルミ-ディラックの分布関数にしたがってバンドギャップの中央にあるためである．

適当な酸化や還元をこの真性半導体に引き起こすと，半導体中の電子数が変化して E_F が上下する．これにより電気伝導の活性化エネルギーは図 I.4.14 のように極端に小さくなる．図 I.4.14(a)，(b)では，それぞれドナーあるいはアクセプターの組み合わせによって活性化エネルギーを非常に小さい値に変えている．これによって，それぞれ n 型あるいは p 型半導体ができることは，無機半導体と同様である．

4.2.2 パイエルス転移

ここでは，いわゆるパイエルス転移[8]と呼ばれる金属-非金属転移について述べる．この転移は，ある有機物質が高温部では金属的導電性をもっていたとして，温度下降によって絶縁体に変化するものである．パイエルス転移は一次元物質で最も起こりやすいことが指摘されており，トランス形 PA を例にとるとわかりやすい．

図 I.4.15(a)のように炭素結合の交替のない骨格をもつ PA をかりに考えると，その単位セルには 1 個の CH が含まれるのみで，この中には π 電子が 1 個だけ

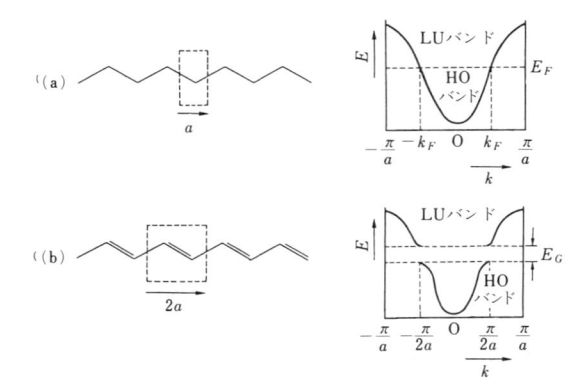

図 I.4.15 トランス形PA骨格とπ性バンド構造
(a) 結合交替なし，(b) 結合交替ありの場合を示す．

存在する．この骨格をもつPAのバンド構造ではバンドギャップがゼロであって金属的導電性発現の条件を満たしている．ところが実際にはこの骨格よりも，図I.4.15(b)の結合交替形の骨格の方がエネルギー的に安定であるため，実際のPA骨格はこの形となる．つまり，骨格が変形した分だけのエネルギー的不安定化を電子エネルギーの利得が補ってあまりあるときにこの転移が起こる．それに伴い単位セルは2倍の大きさになってバンドギャップが開く．この場合には価電子帯と伝導帯が完全に分離しており，金属的導電性は消えてしまう．

構造対称性の観点からすると，図I.4.15(b)は(a)よりも対称性が低い．対称性の高い構造から低い構造へと変形してエネルギー的には安定化するという意味では，有機金属錯体などにおけるヤーン-テラー変形と同種のものと考えられる．さらに波動関数の立場で見れば，図I.4.15(a)から(b)に移ることによって，結合交替に伴われるπ電子密度の濃淡の変化が起こったこ

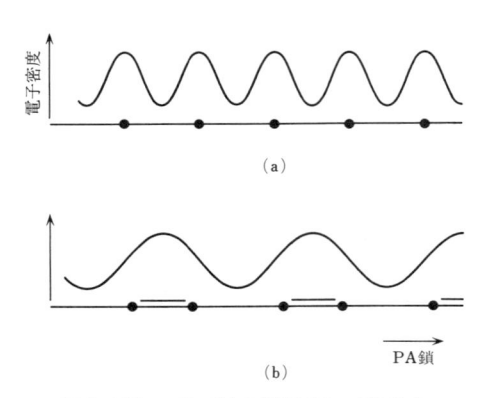

図 I.4.16 モデル化したPA骨格とπ電子密度
黒丸は炭素原子を示す．(a) 結合交替なしおよび(b) 結合交替形の骨格．

とになる（図I.4.16）．このような濃淡のあるものを電荷密度波(Charge Density Wave; CDW)と呼ぶ．すなわち今の場合には，結合交替が起こることによってCDWが発生したことになる．このように絶縁体もしくは半導体であるπ共役型母骨格に，ドーピングを施すことによって新たに導電性を発現させることが導電性高分子設計の中心となる．

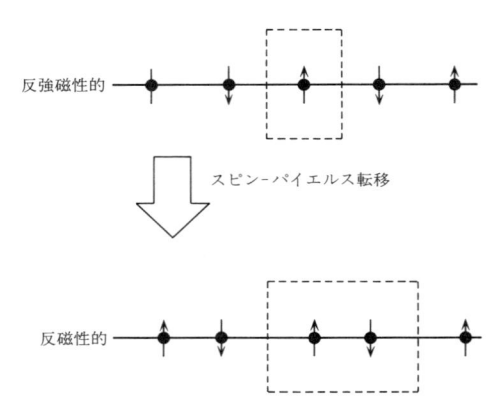

図 I.4.17 スピン-パイエルス転移のモデル図
黒丸はスピンサイト（原子），破線で囲ったものは単位セルを表わす．

また，図I.4.17のようにスピンが反強磁性的配列をとっている骨格でバンドギャップがゼロであるものでは，スピン対がカップルして（反磁性化すること）単位セルが2倍の大きさになってバンドギャップが0になり，絶縁体に転移する．これを特にスピン-パイエルス転移と呼ぶ．この他に，骨格の変形を伴わずに反強磁性的スピンが空間的に非局在化して生じるスピン密度波(Spin Density Wave; SDW)も考えられ，これが発生するとやはり絶縁体転移が起きる．これらを表I.4.8にまとめる．

表 I.4.8 絶縁体化を起こす原因

名　称	特徴および関連現象
パイエルス転移	単位セルの二量化，CDW発生，反磁性化（スピン-パイエルス転移）
SDW発生	反強磁性的スピンの非局在化

一般にカラム状構造のために一次元的な構造が現れる電荷移動錯体結晶では，このパイエルス転移，CDWあるいはSDWを抑止することは超伝導性の発現にとって重要な因子となる．たとえばTTF-TCNQは室温では金属的導電性を示すが，約60Kでパイエルス転移を起こして絶縁体に変化し，この温度以下では超伝導性も出ない[9]．したがって，特に有機超伝導性物質の設計ではIII.6.4節に述べられるように，これらの絶縁体転移を抑止するため主として次元性を上げることによ

4.2.3 ソリトン・ポーラロン・バイポーラロン

ある種の導電性高分子では，特殊な素励起が現れて導電キャリヤーとなることがある．トランス形の中性PAにおいては構造欠陥としてのラジカルスピンが一定の量だけ存在することが電子スピン共鳴(ESR)測定からわかっている[10]．その詳細な解析からすると，このスピンは π 性であって PA 鎖中を動き回っている．また有効質量は $6m_0$ (m_0 は自由電子質量)[11] であるが，これは図Ⅰ.4.18のように炭素間結合の変化をも伴って動くためである．ここでスピンの左側と右側ではPA鎖の結合交替の向きが変わっており，結合の変位様式をグラフ化すると図Ⅰ.4.19のように書ける．

数理物理学の方面では，従来から非線形波動方程式における安定なパルスを示す特殊解(図Ⅰ.4.20参照)をソリトンと呼んで，研究対象として取り上げていた．特に固体物質中のソリトンの研究を行っていたSchrieffer たち[12]は図Ⅰ.4.19のグラフの形状に着目し，PA中のラジカルスピンをソリトンの一種として扱うことを確立した[11]．バンド描像で中性ソリトンを考えると，これは一種の結合状態の欠陥であり，本来のバンド構造における価電子帯からギャップ内へ抜け

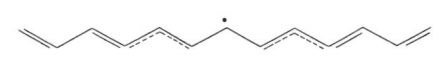

図 Ⅰ.4.18 トランス形PAの中性ソリトン(S_0)

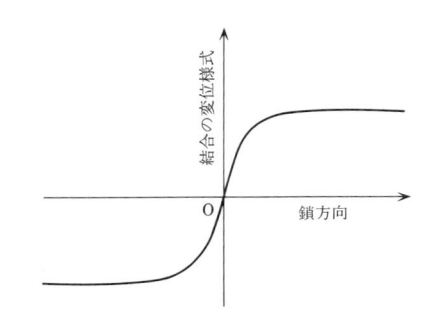

図 Ⅰ.4.19 中性ソリトンを中心とする結合様式の変位

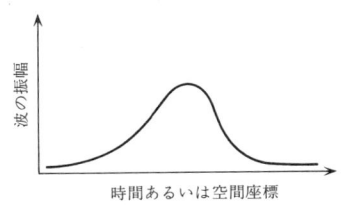

図 Ⅰ.4.20 ソリトン波形

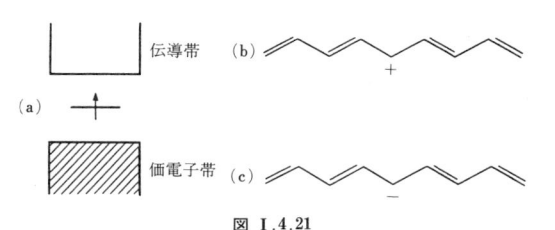

図 Ⅰ.4.21
(a) 中性ソリトンのエネルギー準位，(b) PAの正荷電ソリトン(S^+)，(c) 負荷電ソリトン(S^-)．

出て，図Ⅰ.4.21(a)のように不純物準位をつくる．したがって中性ソリトンは励起状態でもある．導電機構からみれば中性ソリトンは導電キャリヤーとはならず，局所的な構造欠陥である．

次に，たとえばアクセプターがドーパントとして入ってくると，価電子にくらべてエネルギー的に不安定な状態にある中性ソリトンは引き抜かれる．リチウムやナトリウムのようにドナーの場合にはソリトン準位にさらにもう1個の電子が注入される．このときに図Ⅰ.4.21(b)，(c)に示すように，カルボニウムイオンやカルボアニオンが生成する．この両者ともラジカル性はないが，荷電をもつために荷電ソリトンとして導電キャリヤーとなりうる．

中性ソリトンがドーピング初期に消滅した後でも，さらに通常の骨格をもつ炭素原子部位に荷電ソリトンは発生し続ける．図Ⅰ.4.22において，PAではドーピングされ始めた直後にスピン濃度(中性ソリトン濃度)が急激に減少する．このあとしばらくは電気伝導度が高くても磁化率は小さいが，ドーパント濃度が7モル％程度に達してからパウリ磁化率が急に立ち上がる．

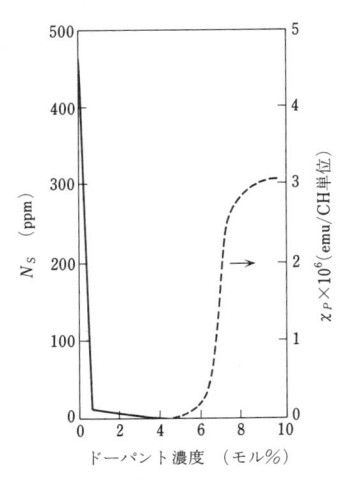

図 Ⅰ.4.22 PAにおけるドーパント濃度に対するスピン濃度(N_S)とパウリ磁化率(χ_P)の変化
(応用物理, **51**(1982), 1188)

この磁化率が低い領域で，荷電ソリトンが導電キャリヤーになっていると考えられている．

PAのごく低濃度ドープ時においては，中性ソリトンと荷電ソリトンが共存する可能性があるが，このときこれらが結合すると荷電の正負によってカチオンラジカルあるいはアニオンラジカルが生じる（図I.4.23）．これをポーラロンと呼ぶ．また，ポリ(p-フェニレン)(PPP)，ポリピロール(PPy)あるいはポリチオフェン(PT)においても同様にポーラロンが考えられる（図I.4.24(a)）．またポーラロンはスピンを有していて，ESR測定や磁化率測定にかかる．

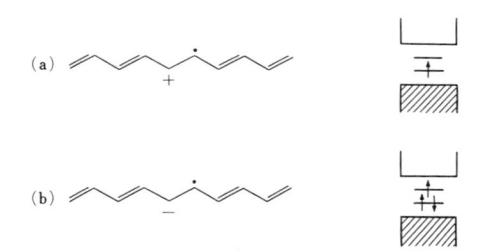

図I.4.23 PAにおけるポーラロンとエネルギー準位
(a) 正荷電ポーラロン(P^+) (b) 負荷電ポーラロン(P^-)．

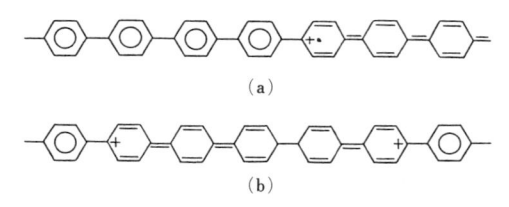

図I.4.24 PPPにおける(a) 正荷電ポーラロン(P^+) および(b) 正荷電バイポーラロン(BP^{2+})

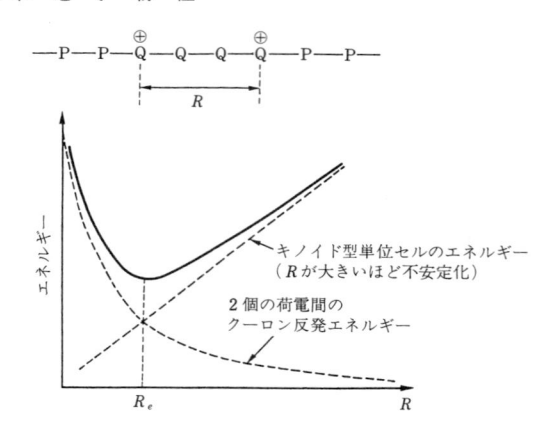

図I.4.25 バイポーラロンのエネルギーバランス
P, Qはフェニル型，キノイド型単位セルを示す．

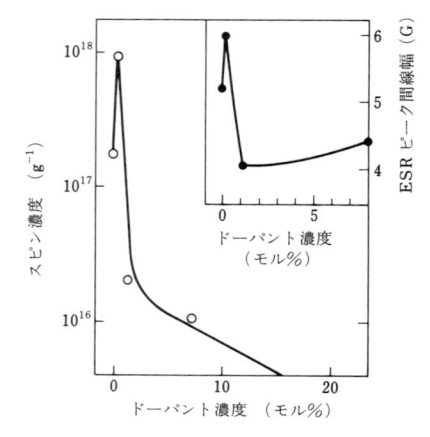

図I.4.26 PPPのドーパント濃度におけるスピン濃度の変化
(J. Phys. (Paris), 44 (1983), C 3-757)

ドーパント濃度が上昇してポーラロン濃度が増加すると，異なるポーラロンのスピンが結合して磁性が消えることがある．PAの場合には電荷のみが残って，単に2個の荷電ソリトンに変化するが，PPP, PPyあるいはPTではこれら2個の電荷が空間的にある程度束縛されたまま，導電キャリヤーとしては対のようになって行動する．これをバイポーラロンと呼んでいる（図I.4.24(b)）．これらの高分子では1個ポーラロンがあれば，その左右では図I.4.24(a)のように骨格が著しく変化することになり，しかもキノイド骨格は芳香形骨格にくらべて不安定であるために，2個のポーラロンが相関して(b)のようにどこかで芳香形骨格にもどる方がエネルギー的に安定である．一方，荷電どうしのクーロン反発を考えると，これは遠くなるほど安定化する．したがって，図I.4.25のようにこれら両者の兼ね合いでバイポーラロンにおける2電荷間の距離が決まると考えられる[13]．

図I.4.26にPPPのドーパント濃度に対応するスピン濃度の変化を示す．ドーピング初期に現れるピークはポーラロン発生を示しており，その後スピン濃度が低下するのはバイポーラロンの発生によるものと説明されている．図I.4.27に正荷電および負荷電バイポーラロンのエネルギー準位図を示す．以上のソリトン，ポーラロン，バイポーラロンについてその特性を表I.4.9にまとめる．これらが存在するときにはエネルギー準位が分裂しており，そのために特有の吸収スペクトルを示す．ドーピング量がふえると図I.4.28(a)のように新たにそのバンドが成長すると考えられ，もとの価電子帯や伝導帯と融合して(b)のような金属的導電性を示すバンドが現れると考えられている[14]．

バイポーラロンは2個の荷電が束縛されて動くもので，その意味では超伝導におけるクーパー対と類似し

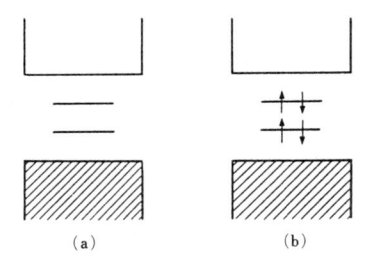

図 I.4.27 正荷電バイポーラロン(BP^{2+})(a)および負荷電バイポーラロン(BP^{2-})(b)のエネルギー準位

表 I.4.9 ソリトン・ポーラロン・バイポーラロンのまとめ

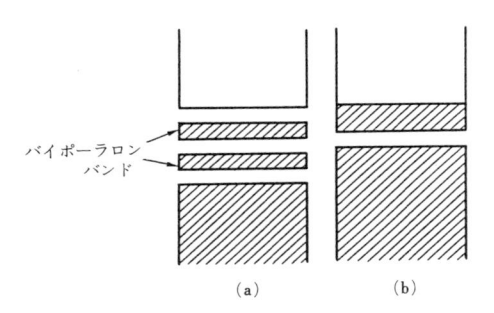

	ソリトン			ポーラロン		バイポーラロン	
	中性 S^0	正荷電 S^+	負荷電 S^-	正荷電 P^+	負荷電 P^-	正荷電 BP^{2+}	負荷電 BP^{2-}
荷電数	0	+1	−1	+1	−1	+2	−2
スピン	1/2	0	0	1/2	1/2	0	0

図 I.4.28 バイポーラロンバンドの成長(a)と他バンドとの融合(b)

ているために，バイポーラロンによる超伝導発現の可能性についても興味がもたれている[15]．さらに最近ではバックミンスターフラーレン(C_{60})のアニオン状態でも，ポーラロンが C_{60} 球面上の赤道部分に存在することが指摘されている[16]．

4.2.4 導電性高分子鎖間の導電機構

導電性高分子の鎖間における導電機構としては図I.4.29(a)のような導電様式に対して考えることになる．一般的にはホッピング機構を用いて解析されることが多い．個別的にはPAについてキーベルソン型ソリトンホッピングが提唱されている[17]．これは主として低濃度ドープ時において，図I.4.29(b)のように荷電ソリトンがフォノン(あるいは高分子鎖の振動)の助けを借りて鎖間をホッピングする過程を説明する機構である．その解析によると，鎖間の直流および交流伝導度はそれぞれ次式のようになるとされている．

$$\sigma_{DC} = aT^{13} \quad (I.4.7)$$
$$\sigma_{AC} = b(\omega/T)[\ln(c\omega/T^{14})]^4 \quad (I.4.8)$$

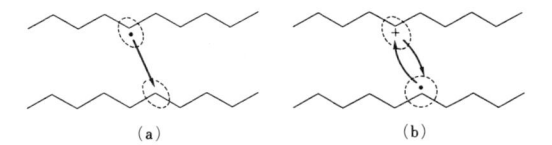

図 I.4.29 導電性高分子の鎖間ホッピング(a)およびキーベルソン型ソリトンホッピング(b)

ただし a, b, c は定数，ω は交流の角周波数($=2\pi\nu$)である．一方，鎖間にあるドーパントの振動の影響を受けると，鎖間のソリトンホッピングの速度は $10^4 \sim 10^5$ 倍程度加速されることが示唆されている[18]．

また高配向性PAのドープ試料の温度依存性の測定から，接触抵抗が存在するフィブリル間の導電機構として，FIT(Fluctuation-Induced-Tunneling)機構[19]がよく合うとされている[20]．この機構では伝導度は次式に従う．

$$\sigma = \sigma_0 \exp[-T_1/(T+T_0)] \quad (I.4.9)$$

ここで σ_0 は温度に無関係な定数である．これは，温度 T が T_1 より高ければ熱的励起が，また T_0 より低ければトンネリングが支配的となる機構モデルである．このトンネリングの等価回路モデルを図I.4.30に示す．高配向性PAにおいてこのモデルの妥当性が検討されている．

図 I.4.30 FIT機構の概念図
近接したmeatllic island(a)およびisland間のトンネリングの等価回路モデル(b)．

n型ドーピングを施したPAのESR測定解析[21]によると鎖間導電機構にはドーパントそのものが一定の役割を果たしている可能性が考えられる．すなわち図I.4.31に示すように，導電キャリヤーはドーパント上

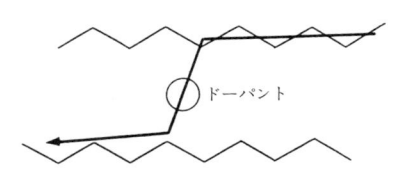

図 I.4.31 ドーパント自身を導電径路とするキャリヤーの鎖間移動

を中継ぎにしながら鎖間移動しうる．これと同様の ESR スペクトル測定結果は，ポリアセン系パイロポリマーの場合にも得られている[22]．一方，バイポーラロンの鎖間ホッピングでは二つの荷電が同時に飛ばなければならず，そのホッピング確率は低いものになる可能性がある．

4.2.5 非晶性物質におけるホッピング

非晶性物質においてはホッピングが主な導電機構になる．ホッピングは導電キャリヤーが流れるサイト間どうしの化学結合はなくても，各サイトに存在する電子の波動関数の空間的重なり (through space) によって導電キャリヤーの授受が行われる過程の総称である．図I.4.32のように，導電性部分がランダムに分布（ときに metallic island と呼ばれる）しているような多結晶性固体や非晶性固体においてホッピングは重要である[23]．もちろん非晶性物質のそれぞれの構造に応じて，ホッピング様式は個別的なものとなることには注意を要する．

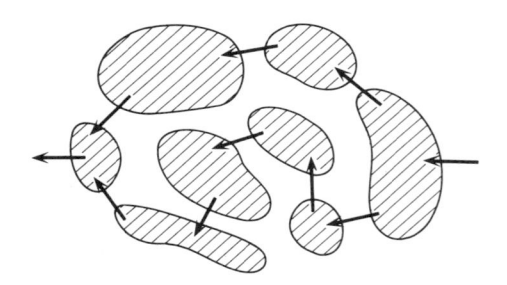

図 I.4.32 metallic island 間の導電キャリヤーのホッピング 斜線部は高導電性部分．

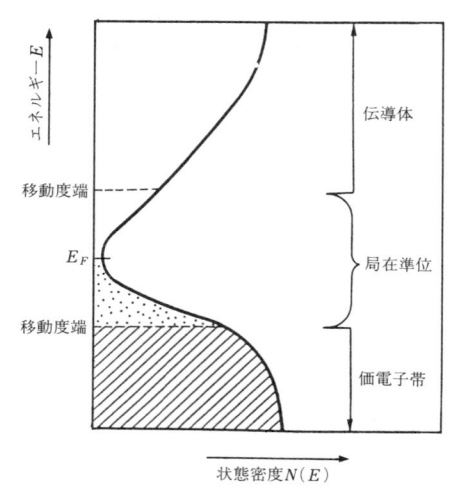

図 I.4.33 局在準位を含む状態密度

ホッピングは空間的に途絶したサイト間における導電キャリヤーの移動過程であるが，これをエネルギー空間でみると，局在準位間を電子が移り渡ることを意味する．局在準位は図I.4.12のようなバンド構造に由来するものではなくむしろそれからはみでたものであるが，状態密度としては表すことができる．一般に局在準位を含む場合の状態密度は図I.4.33のように価電子帯の上端と，伝導帯の下端がぼやけたような形となり，その移り目を移動度端 (mobility edge) という．価電子帯頂上付近の移動度端と伝導帯の底付近の移動度端にはさまれた区間に，ホッピングに関係する局在準位が集中している．

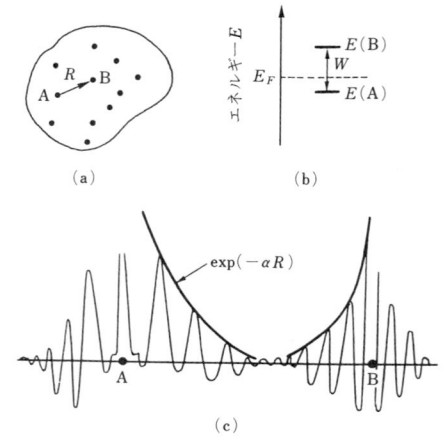

図 I.4.34 サイト A，B 間のホッピング
空間的 (a) およびエネルギー空間的 (b) 描像．(c) は A，B に局在した波動関数の包絡線．

図I.4.34(a)，(b)のように，サイト A，B 間の距離を R(cm) とし，それらにおける電子波動関数のエネルギー（すなわち局在準位）を $E(A)$，$E(B)$，またその差を W とする．こうすると温度 T における $A \to B$ へのホッピングの確率 p(s^{-1}) は次式のように三つの因子の積として表される．

$$p = (A)(B)(C) \qquad (\text{I.4.10})$$

$$\begin{cases} (A) = \exp(-W/k_B T) & （ボルツマン因子）\\ (B) = \nu_{ph} & （フォノンあるいは振動因子）\\ (C) = \exp(-2\alpha R) & （波動関数のテールの重なり因子）\end{cases}$$

ここで α は距離の逆数の次元をもち，図I.4.34(c)のように A あるいは B 上の電子波動関数の減衰テールを示す曲線 $\exp(-\alpha R)$ に用いられるパラメーターである．特に R_0 を最近接サイト間距離とすると，$\alpha R_0 \gg 1$，すなわち $\exp(-2\alpha R_0) \ll 1$ のときを局在性が強いと

いい，最近接サイト間ホッピングのみが重要となる．

最近接サイト間ホッピングにおいて，フェルミ準位近傍の電子のみが寄与するとすれば，その単位体積あたりの総数は $2N(E_F)k_BT$ となる．ここに $N(E_F)$ はフェルミ状態密度である．さらに $B \to A$ 方向に直流電場 $F(V/cm)$ がかかっておれば，$A \to B$ へのホッピング確率は結局，次式のようになる．

$$p = \nu_{ph} \exp(-2\alpha R)\{\exp[(-W+eRF)/k_BT] - \exp[(-W-eRF)/k_BT]\}$$
$$\sim (2eRF/k_BT)\nu_{ph}\exp[-2\alpha R - (W/k_BT)]$$
$$(\mathrm{I}.4.11)$$

ここで次の関係式を用いる．

$$\sigma = j/F \quad (\mathrm{I}.4.12)$$
$$j = env_d = eN(E_F)k_BTv_d \quad (\mathrm{I}.4.13)$$

ただし，$j(A/cm^2)$ は電流密度，$e(C)$ は電子の電荷，$n(cm^{-3})$ はキャリヤー密度，$v_d(cm/s)$ はキャリヤーのドリフト速度である．v_d はさらに

$$v_d = pR = (2eR^2F/k_BT)\nu_{ph}\exp[-2\alpha R - (W/k_BT)]$$
$$(\mathrm{I}.4.14)$$

のように書けるので，

$$\sigma = 2e^2R^2\nu_{ph}\exp[-2\alpha R - (W/k_BT)]$$
$$(\mathrm{I}.4.15)$$

となり，アレニウス型活性化過程が σ の中に現れる．

次に $\alpha R_0 \sim 1$ の場合には，式 $(\mathrm{I}.4.10)$ の (C) の波動関数のテールの重なり因子が大きくなり，最近接サイト間ホッピングのみでなく，図 $\mathrm{I}.4.35$ のようにより多くのサイトへのホッピングの寄与が現れる．また低温になっても，キャリヤーは式 $(\mathrm{I}.4.10)(A)$ の W をまかなえなくなり，むしろ遠くの最も移動しやすいサイトをねらうようになる．これがバリアブルレンジホッピング(Variable Range Hopping; VRH)である．平均的に半径 R の三次元球内に含まれるサイトに対して，球の中心サイトからのホッピングが可能であるとし，温度 T における単位時間あたりのホッピング確率 p の最大値を与える R を計算すると，

$$p_{max} = \nu_{ph}\exp\{-B_0[\alpha^3/(k_BTN(E_F))]^{1/4}\}$$
$$(\mathrm{I}.4.16)$$

となる．ここで ν_{ph} は R や T によらないとした．また B_0 は2に近い定数である．

式 $(\mathrm{I}.4.12)$，$(\mathrm{I}.4.13)$ を用いると，VRH に対して，

$$\sigma = 2e^2R^2N(E_F)\nu_{ph}\exp[-(B/T)^{1/4}] \quad (\mathrm{I}.4.17)$$

と表せる．ここでは三次元球を考えたから，これを特に三次元 VRH とも呼ぶ．二次元球(円)を考える場合には，

$$\sigma \propto \exp[-(B/T)^{1/3}] \quad (\mathrm{I}.4.18)$$

となることも知られており，これを二次元 VRH と呼ぶ．これらをまとめると，VRH に対しては，

$$\sigma \propto \exp[-(B/T)^{1/(d+1)}] \quad (\mathrm{I}.4.19)$$

となる温度依存性が成立し，d はその次元数である．多くの非晶性物質に対して三次元 VRH に従う電気伝導度の温度依存性が観測されている．完全な結晶性物質ではない導電性高分子においても，その VRH 機構が議論されることが多い．さらに一次元 VRH については，テトラシアノ白金錯体系ポリマーの電気伝導度に対しての観測がある[24]．

4.2.6 交流電気伝導度

一般に交流電気伝導度 σ_{AC} は，交流周波数に依存しない部分と依存する部分の和として表される．

$$\sigma_{AC} = \sigma_1(T) + \sigma_2(T, \omega) \quad (\mathrm{I}.4.20)$$

ここで ω は式 $(\mathrm{I}.4.8)$ において用いた角周波数である．バンド機構によるような高導電性の場合には，$\sigma_1(T)$ が非常に大きく，また $\sigma_2(T,\omega)$ はほとんど0である．室温付近においては $\sigma_2(T,\omega)$ の周波数依存性はあまりみられないが低温になると，

$$\sigma_2(T, \omega) = C\omega^s \quad (0.5 < s < 1) \quad (\mathrm{I}.4.21)$$

なる式に従うようになる[25]．ここで C は温度に弱く依存する定数である．この式は多くの結晶性，非晶性物

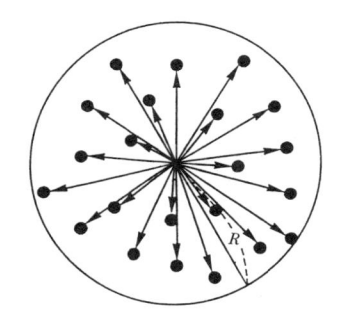

図 I.4.35 三次元VRHにおけるホッピング
中心のサイトから半径Rの球内すべてのサイトへホッピング可能と考える．

表 I.4.10 交流電気伝導度の温度・周波数依存性

モデル	$\sigma_{AC} = \sigma_1(T) + \sigma_2(T, \omega)$	
	$\sigma_1(T)$ の温度依存部分	$\sigma_2(T,\omega)$ の温度・周波数依存部分
伝導帯への熱励起	$\mu(T)\exp(-E_a/k_BT)$	0
バンド端における熱励起ホッピング	$\exp(-W/k_BT)$	$(\omega^s T \exp(-W/k_BT))$
フェルミ準位近傍における三次元VRH	$\exp[-(B/T)^{1/4}]$	$T\omega^s$
キーベルソン型ソリトンホッピング (n=13程度)	T^n	$\dfrac{\omega}{T}[\ln(C\omega/T^{n+1})]^4$
金属-絶縁体混合系	—	ω^s
FIT	$\exp[-T_1/(T+T_0)]$	未研究

E_a は伝導活性化エネルギー，W は E_a より通常小さい，$\omega = 2\pi\nu$．

質においてみられる特性で，物質中の双極子モーメントの形成と関連している．

交流電気伝導度はもともと複素誘電率の虚数部に関連する量であり，誘電率と併せて議論されることも多い．誘電率はむしろ低導電性材料における重要な物性であり，その高分子構造を解析する際にも用いられる．表I.4.10に種々の導電機構における直流ならびに交流電気伝導度の温度・周波数依存性を示す．

4.2.7 光導電性

光導電性は熱平衡における暗時の電気伝導度 σ_D と，光照射時における電気伝導度 σ_L が次のような関係にあるときに認められる．

$$\sigma_L/\sigma_D \gg 1 \tag{I.4.22}$$

すなわち光照射による導電キャリヤーの発生がその直接の原因である．光電流密度 $I_L(\mathrm{A/cm^2})$ は次の基本式で表される．

$$I_L = (1/d)I_0[1-\exp(-\alpha d)]\eta\tau e\mu F \tag{I.4.23}$$

ここで d(cm)は試料の厚さ，I_0(photon/cm^2·s)は入射光強度，α(cm^{-1})は試料の光吸収係数，ηはキャリヤー生成の量子収率，τ(s)はキャリヤーの寿命，μ(cm^2/V·s)はキャリヤーの移動度，eはキャリヤーの電荷の絶対値(式(I.4.3)参照)，および F(V/cm)は電場の強さである．

光導電性有機材料としては高分子系のみからなるものや，高分子中に低分子化合物を分散させたものなどがある．一般に光導電性材料には，光照射によって導電キャリヤーを発生させるキャリヤー発生層(CGL)と，電場の影響を受けてキャリヤーが移動するキャリヤー輸送層(CTL)の2種類の部位がある．光導電性材料の構造の特徴を表I.4.11に示す．表I.4.11の(1)は比較的単純な光導電過程である．この概念を図I.4.36に示す．また(2)の過程は励起分子がドナーになる場合とアクセプターになる場合の2通りがある．前者を図I.4.37に示す．

(1)の過程はポリ-N-ビニルカルバゾル(PVK)やPDA(図I.4.38および図I.4.1)のような高分子にお

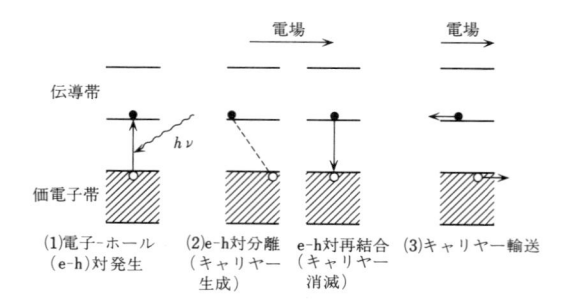

図 I.4.36 CGL・CTL共通型(バンド構造をもつ高分子)における光導電過程

図 I.4.37 CGL・CTL分離型における光導電過程(変数については式(I.4.24)参照)

いてみられる．またトランス形PAでは生成した電子-ホール(e-h)対は 10^{-13}s程度の時間経過後に正荷電ソリトンと負荷電ソリトンに分離して導電キャリヤーとなることが理論的に示されている[26]．一方，(2)の過程ではCGLにおける分子が励起したのち，その近傍にあるCTL分子へホールあるいは電子を供与して導電キャリヤーを発生させる．たとえばCGLにおける分子として2,4,7-トリニトロフルオレノン(TNF；図I.4.38)とCTLとしてPVKとの組み合わせを行ったりする．図I.4.37において $M_1 = M_2$ である場合がCGL・CTL共通型である．

図I.4.37におけるイオン対の熱的解離過程にはオンサーガー理論[27]が適用される[28]．すなわち，$\eta(F, r_c, r_0)$ をキャリヤーの生成効率とすると，

$$\eta(F, r_c, r_0) = \phi_0 P(F, r_c, r_0) \tag{I.4.24}$$

$$\begin{aligned}&P(F, r_c, r_0)\\&= \exp(-r_c/r_0)[1+(1/2!)(e/k_BT)r_cF\\&\quad +\{1/(2\cdot 3!)\}(e/k_BT)^2 r_c\\&\quad \times (r_c-2r_0)F^2+\cdots\cdots]\end{aligned} \tag{I.4.25}$$

$$r_c = e^2/(4\pi\varepsilon\varepsilon_0 k_B T) \tag{I.4.26}$$

図 I.4.38 ポリ-N-ビニルカルバゾル(PVKおよび2,4,7-トリニトロフルオレノン(TNF)

表 I.4.11 光導電性材料の構造による分類

構造	特徴
(1) CGL・CTL共通型 (固有キャリヤー発生)	光照射によって伝導帯に電子励起させ，価電子帯にホールを残して導電キャリヤーとする．E_G 以上のエネルギーをもつ光が必要
(2) CGL・CTL分離型 (CGLからCTLへのキャリヤー注入)	CGL中の分子を励起させ，CTL中の分子あるいは高分子との間に電荷移動を起こさせる

4.2 有機物質の電気物性

ここに ϕ_0 はイオン対の量子収率，k_B はボルツマン定数，T は絶対温度，F は電場の強さ，e はキャリヤーの電荷の絶対値，ε はその物質の比誘電率，ε_0 は真空の誘電率である．また r_c はイオン対間のクーロンポテンシャルが k_BT と等しくなる距離，r_0 はイオン対間の平衡距離(過剰な運動エネルギーを失ったとき)であって thermalization length と呼ばれる．η は r_0 が増加するほど大きいことに注意されたい．式(I.4.25)の $P(F, r_c, r_0)$ は $0 \leq P \leq 1$ を満たし，P が大きいほどキャリヤーの生成効率はよい．また $1-P$ はイオン対が再結合(recombination)によってつぶれる確率を表す．ϕ_0 と r_0 の種々の値を表 I.4.12 に示す．

多くの光導電性有機材料は非晶性であってバンドが存在しないので，キャリヤーの移動は 4.2.5 項に述べたようにホッピング機構で起こると考えられる．このときの移動度(ドリフト移動度 μ_d)は $10^{-5} \sim 10^{-9}\,\mathrm{cm^2/V \cdot s}$ 程度と著しく小さく，さらに温度および電場の強さに依存する量となる．たとえば PVK-TNF 系では，次式で示されるようなプール-フレンケル型のホッピングによって μ_d が表される[29]．

$$\mu_d = \mu_0 \exp[-(E_a - \beta F^{1/2})/k_B T_{\mathrm{eff}}]$$
$$1/T_{\mathrm{eff}} = 1/T - 1/T_0 \qquad (\mathrm{I.4.27})$$

表 I.4.12 光導電性有機材料での thermalization length r_0 とイオン対の収率 ϕ_0

材料	r_0(Å)	ϕ_0
PVK/TNF(1:0.06)	25	0.23
PVK/TNF(1:1)	35	0.23
PVK(345 nm 励起)	26	0.11
PVK(264 nm 励起)	30	0.11
トリクロロ酢酸を 0.1% ドープした PVK	30	0.11
トリフェニルアミン(15%)/ポリカーボネート	22	0.014
トリフェニルアミン(45%)/ポリカーボネート	27	0.03
チアピリリウム/ポリカーボネート	35	0.04
トリフェニルメタンを 40% ドープしたチアピリリウム/ポリカーボネート	54	0.59
(参考) 非晶質セレン(400 nm 励起)	70	1.0
非晶質セレン(620 nm 励起)	8.4	1.0

ここで μ_0, E_a, β および T_0 は定数である．E_a は電場がないときの活性化エネルギーを表す．

さらにホッピングサイトの状態密度 $N(E)$ をガウス型分布と仮定すると

$$\mu_d = \mu_0 \exp[-(T_0/T)^2 \exp(F/F_0)] \qquad (\mathrm{I.4.28})$$

なる式が得られる[30]．ここに μ_0, T_0 は定数，F_0 は電場の次元をもつパラメーター，また F は電場の強さを表す．

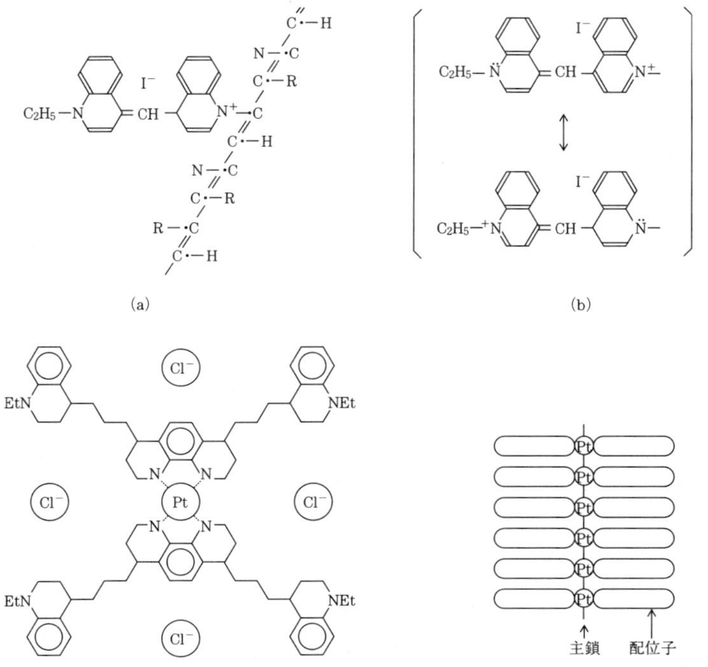

図 I.4.39 Little の設計した高温超伝導体
PA 骨格型(a)とその側鎖の分極の共鳴状態(b)．(c) テトラシアノ白金錯塩型高分子と(d) その側面図．

4.2.8 超 伝 導 性

導電性有機材料にとって，最も魅力のある物性の一つは超伝導性であろう．電荷移動錯体を中心とする超伝導性材料は現在精力的に研究がなされており，詳細はⅢ.6.4節に述べられる．さらに近年にはアルカリ金属をドープした C_{60} も超伝導性を示すことが発見され[31]，注目されている．

Littleの高温超伝導体の分子設計[32,33]は図Ⅰ.4.39に示すように，PAあるいはテトラシアノ白金錯塩型高分子を主鎖骨格として採用しており，高分子における超伝導性の発現は30年近くの間，ときには肯定的，またときには否定的という両方の面から興味がもたれ続けている．

現在，超伝導の生じる機構について最も確立されているのはいわゆるBCS理論である[34]．この理論は次に述べる二つの仮説からなっている．

(1) フェルミエネルギー E_F 近傍にある2個の自由電子がなんらかのattractiveなポテンシャルによって対をつくれば，E_F を中心としてBCSギャップと呼ばれる図Ⅰ.4.40に示すようなエネルギーギャップをつくり安定化する．これは E_F 近傍の他の電子に対しても同様であり，その結果多くの電子対（クーパー対と呼ばれる）がこの状態に落ち込む．このクーパー対はちょうど ^4He の起こす超流動のように，物質の中を抵抗なく動き回れる．

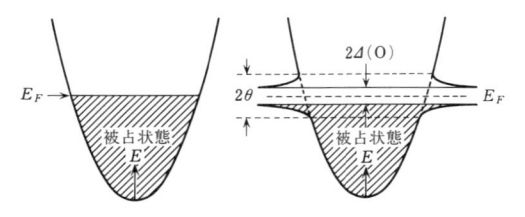

図 I.4.40 常伝導状態(a)と超伝導状態(b)のエネルギーバンドのモデル図

(2) attractiveなポテンシャルの源泉として，BCSでは格子の振動（固体中ではフォノンと呼ばれる）を媒介とするものを考えた．これによって，ほとんどすべての金属，合金における超伝導転移温度に対する同位体効果が説明できる．

これに対してさらに補足説明をすると，(1)の E_F 近傍にある2個の自由電子というのは，$E_F - k_B\theta < E < E_F + k_B\theta$ という区間のエネルギー E をもつ自由電子のことを意味する．ここで θ は特性温度と呼ばれる量であるが，(2)の仮説ではこれをデバイ温度（θ_D）とする．

次に，BCSギャップの大きさは $E_F - \Delta(0)$ から $E_F + \Delta(0)$ の範囲であるが，この $\Delta(0)$ は近似的に次式のように与えられる．

$$\Delta(0) = 2k_B\theta \exp[-1/\{N(E_F)V\}] \quad (\mathrm{I}.4.29)$$

ここで，$N(E_F)$ はフェルミ状態密度（図Ⅰ.4.12(a)）であり，V はattractiveなポテンシャルの絶対値である．温度が上昇すると，安定化しているクーパー対も徐々に熱励起され，$\Delta(0) = k_BT_c$ である温度 T_c で超伝導状態はつぶれる．この T_c が超伝導転移温度である．電子2個に対する熱エネルギーを考えると，

$$T_c = \theta \exp[-1/\{N(E_F)V\}] \quad (\mathrm{I}.4.30)$$

となる．より詳しくは，右辺の前に1.14という係数がかかる．これにより，転移温度を上げるためには θ および $N(E_F)V$ が大きくなればよいということになる．これは仮説(2)のフォノン機構のみでなく，およそ(1)を満たすすべての機構に共通である．θ_D は構成原子量 M と次の関係があり，

$$\theta_D \propto M^{-1/2} \quad (\mathrm{I}.4.31)$$

同位体効果と呼ばれる．すなわち M が小さい同位体ほど T_c が大きくなる．

上記のLittleによる提案は，この V の源泉としてフォノンではなく電子波の振動，たとえば分極振動（エキシトンと呼ばれる）などを考えようということであった．図Ⅰ.4.39(a)でいえば，側鎖の染料分子（ヨウ化ジエチルシアニン）の分極を利用することにあたる．これにより V も θ も相当大きくなり，したがって T_c も2200K程度になると算定した[32]．もっとも，この提案にはいろいろ細かい点でのクレームがついたが，さらにGinzburgによって薄膜系におけるエキシトン機構にも拡張されている[35]．

4.2.9 分 極 現 象

高分子中に $-F$ や $-CN$ などの極性基を含むものは鎖内で分極を起こしており，次式に示すような永久双極子モーメントをもちうる．

$$p_0 = -e\int \phi^* \sum_i r_i \phi d\tau + e\sum_j Z_j R_j \quad (\mathrm{I}.4.32)$$

ここに ϕ は高分子全体の波動関数で，式(Ⅰ.4.1)の結晶軌道 $\phi_{s,k}(r)$ からつくったものである．また r_i は i 番目の電子の座標，R_j と Z_j は j 番目の核の座標と核荷電数である．

たとえば対称性における反転中心がなく，高分子全体でこの分極が同じ向きに並んでいて，かつ外部電場によって分極が反転できるものを強誘電性高分子と呼ぶ．ポリフッ化ビニリデン（PVDF）やその三フッ化エチレンとの共重合体はこの性質をもっている．誘電材

料の詳細については，III.7章で述べられる．

一般に物質を電場 F' 中におくと次式にしたがって分極が起こる．

$$P = P_0 + \chi^{(1)}F' + \chi^{(2)}F'^2 + \chi^{(3)}F'^3 + \cdots \quad (I.4.33)$$

ここで $\chi^{(1)}$ は分極率あるいは線形感受率と呼ばれる量で，$\chi^{(2)}$ および $\chi^{(3)}$ はそれぞれ二次，三次の感受率である．もしも電場が交流電場であれば $F' = F_0\exp(i\omega t)$ と表され，

$$P = P_0 + \chi^{(1)}F_0\exp(i\omega t) + \chi^{(2)}F_0^2\exp(i2\omega t) + \chi^{(3)}F_0^3\exp(i3\omega t) + \cdots$$
$$(I.4.34)$$

となって，$2\omega, 3\omega$ などの高調波を出すことがわかる．式(I.4.33)はミクロなオーダーでは次式のように変わる．

$$p = p_0 + \alpha F + (1/2!)\beta F^2 + (1/3!)\gamma F^3 + \cdots \quad (I.4.35)$$

このミクロな分極では，内部電場となるために F' と F は異なる．p_0 は式(I.4.33)に記した永久双極子モーメントである．また α, β, γ はテンソル量で，成分表示で記すと次のようになる．

$$\alpha_{ij} = p_i/F_j|_{F=0}$$
$$\beta_{ijk} = (1/2!)^2 p_i/F_j F_k|_{F=0} \quad (I.4.36)$$
$$\gamma_{ijkl} = (1/3!)^3 p_i/F_j F_k F_l|_{F=0}$$

α_{ij} は線形分子分極率，β_{ijk} および γ_{ijkl} をそれぞれ二次，三次の分子超分極率と呼ばれる．これらの超分極率は非線形光学材料にとって重要な量である．これらの分極率を算出するには摂動論的方法を用いるが，その詳細についてはここではふれない．これらを簡単化して，一つの励起状態（たとえば HO → LU 励起）のみが大きく寄与すると仮定し，かつ直流電場($\omega=0$)に対する場合を考えると分極率は次のように書ける．

$$\alpha \propto |\mu_{ge}|^2/\Delta E$$
$$\beta \propto |\mu_{ge}|^2|\mu_e - \mu_g|/(\Delta E)^2 \quad (I.4.37)$$
$$\gamma \propto \{|\mu_{ge}|^2|\mu_e - \mu_g|^2 - |\mu_{ge}|^4\}/(\Delta E)^3$$

ここに g は基底状態，e は励起状態を表す添字である．ΔE はこれらの状態間のエネルギー差，すなわち近似的にはバンドギャップ値である．また μ_g は基底状態，μ_e は励起状態，μ_{ge} は基底ならびに励起状態間の遷移双極子モーメントである．

式(I.4.37)から，これらの分極率を大きくするには μ_{ge} を大きくすること，また ΔE を小さくすることなどが必要であることがわかる．前者のために高分子の側鎖に電子供与基・吸引基の抱合せを用いること，後者のために π 共役性高分子を用いることなどが検討されている．たとえば，図I.4.1に示した PDA（特に $R \neq R'$ のもの）は非線形光学高分子材料として研究されている．また物質全体に反転対称性があれば β は消えるから注意を要する．

以上に述べたことは，一つの励起状態のみが寄与する場合である．さらに最近の研究によると，特に γ に対してはより高い励起状態，あるいは複数の励起状態の寄与も重要であるということが指摘され始めている[36]．

〔田中　一義〕

参 考 文 献

1) 米澤貞次郎ほか：三訂 量子化学入門（下巻），p.373 (1983)，化学同人
2) Kertész, M.: *Adv. Quantum Chem.*, **15** (1982), 161
3) Suhai, S.: *Phys. Rev.* **B27** (1983), 3506
4) Tanaka, K. *et al.*: *Chem. Phys. Lett.*, **48** (1977), 141
5) Ladik, J. J.: Quantum Theory of Polymers as Solids, p.109 (1988), Plenum, New York
6) Tanaka, K. *et al.*: *Int. J. Quantum Chem.*, **23** (1983), 1101
7) Yamabe, T. *et al.*: *Bull. Chem. Soc. Jpn.*, **50** (1977), 798
8) Peierls, R. E. (碓井恒丸, 小出昭一郎, 有山正孝, 上村洸共訳): 固体の量子論, p.117 (1957), 吉岡書店
9) Cohen, M. J. *et al.*: *Phys. Rev.* **B13** (1976), 5111
10) Goldberg, I. B. *et al.*: *J. Chem. Phys.*, **70** (1979), 1132
11) Su, W. P. *et al.*: *Phys. Rev.* **B22** (1980), 2099
12) Krumhansl, J. A. *et al.*: *Phys. Rev.* **B11** (1975), 3535
13) Yamabe, T. *et al.*: *Mol. Cryst. Liq. Cryst.*, **117** (1985), 185
14) Brédas, J. L. *et al.*: *Phys. Rev.* **B27** (1983), 7827
15) Heeger, A. J.: Handbook of Conducting Polymers (Skotheim, T. A. ed.), p.729 (1986), Dekker, New York
16) Harigaya, K.: *J. Phys. Soc. Jpn.*, **60** (1991), 4001
17) Kivelson, S.: *Phys. Rev. Lett.*, **46** (1981), 1344
18) Yamabe, T. *et al.*: *J. Chem. Phys.*, **82** (1985), 5737
19) Sheng, P.: *Phys. Rev.* **B21** (1980), 2180
20) Schimmel, Th. *et al.*: *Solid State Commun.*, **65** (1988), 1311
21) Rachdi, F. *et al.*: *Phys. Rev.* **B33** (1986), 7817
22) Tanaka, K. *et al.*: *Synth. Met.*, **18** (1987), 521
23) Mott, N. F. *et al.*: Electronic Processes in Non-Crystalline Materials, 2 nd ed., Chap. 2 (1979), Clarendon, Oxford
24) Bloch, A. N. *et al.*: *Phys. Rev. Lett.*, **28** (1972), 753
25) 文献 23 の Chap. 6
26) Su, W. P. *et al.*: *Proc. Natl. Acad. Sci. U. S. A.*, **77** (1980), 5626
27) Onsager, L.: *Phys. Rev.*, **54** (1938), 554
28) Geacintov, N. E. *et al.*: Proc. 3 rd Int. Conf. on Photoconductivity (Pell, E. M. ed.), p.289 (1971), Pergamon, Oxford
29) Gill, W. D.: *J. Appl. Phys.*, **43** (1972), 5033
30) Bässler, H.: *Phys. Stat. Sol.* (b), **107** (1981), 9
31) Hebard, A. F. *et al.*: *Nature*, **350** (1991), 600
32) Little, W. A.: *Phys. Rev.*, **134** (1964), A 1416
33) Davis, D. *et al.*: *Phys. Rev.* **B13** (1976), 4766
34) Bardeen, J. *et al.*: *Phys. Rev.*, **108** (1957), 1175
35) Ginzburg, V. L.: *Contemp. Phys.*, **9** (1968), 355
36) Soos, Z. G. *et al.*: *J. Chem. Phys.*, **90** (1989), 1067

第II編　基礎技術

序章　材料技術概観

　石炭産業の全盛時代，染料化学を軸に有機化学が学問として萌芽した．その後，石油関連産業時代となり，巨大プラントが建設され，重化学工業の全盛期を迎えた．この時期の産業的社会的必要性を背景として，有機合成技術などの有機化学の基礎的学問が飛躍的な発展を遂げた．さらに，現在のファインケミカルの時代を迎え，有機化合物のもつ多様な物性の研究が全面的に開花するに至っている．これらを背景に，有機合成技術，薄膜，結晶作製技術，材料処理，加工技術，得られた材料の評価・分析技術，その他，光，電気物性評価技術などが学問として，また技術として飛躍的な進歩を遂げるに至っている．

　現在までに膨大な数の有機化合物が合成され，その構造と物性が明らかにされてきた．特異な光物性，電気物性を示す化合物も見いだされ，多くの有機化合物が産業用材料として利用され始めている．このように，有機化合物の応用は着実な拡がりをみせている．

　いわゆる"材料"とは，これら有機化合物として明らかにされた物性を，目的意識的に"機能の視点"からみたものであるということができる．つまり，材料は，物質それ自体ではなく，そのもつべき機能が明示されており，"何のための"材料，"○○用の"材料と表現されるものである．材料には使用目的が意図されている．有機化合物自体が材料である場合もあれば，材料化するための何らかのプロセスを要する場合もある．このように，有機化合物自体と材料とは区別される必要がある．

　有機化合物を材料として取り扱うには次のプロセスがある．
(1) 所望の有機化合物を合成，精製し，バルク材，結晶，あるいは薄膜の形態として作成する．その有機化合物自体を材料として使用する場合もある．
(2) 目的の物性を引き出すために，その材料に対し，何らかの処理プロセスを加える．つまり，化合物自体の材料化が行われる．
(3) 得られた有機化合物の分子構造，高次構造などを解析する．
(4) 所望の目的に従い，物性を評価，解析し，材料としての利用に処するものを作成する．

　本編では上の流れに従って，次の材料技術について取り扱う．
　すなわち，第1章では，有機化合物の合成，精製，結晶作製，薄膜作製技術の基本的なポイントを整理する．これは，上記の(1)に相当する．
　第2章では，化合物の材料化技術としての材料の処理，加工技術を取り上げる．
　第3章では，化合物の元素分析，化学構造解析などの一次構造解析，高次構造解析，表面形態計測などによる分析，評価技術を整理する．
　第4章以降では，所望の目的に従った物性評価技術，すなわち光物性・光化学的評価，電気物性・電気化学的評価などを中心に材料としての利用に必要な評価技術を整理する．

材料評価は，いうまでもなく，その目的とする機能項目に従い種々の解析が必要となる．本編では，その基本的なものだけを整理した．個々の材料評価については，第Ⅲ編の個別材料の記述部分を参照されたい．

〔谷口　彬雄〕

第1章

物　質　調　整

1.1　合　成　技　術

　機能発現の中心的役割を有機物質が担う材料技術において，有機合成はきわめて重要な基礎技術である．合成技術は設計された分子を手にはいりやすい化合物から誘導するための手法である．実験操作，試薬の取扱い法，生成物の同定なども重要な要素だが，それらについては適当な図書[1~3]や本書（II.3.1, 3.2節）を参照されたい．設計された分子を合成するためには実験操作以外に，与えられた構造を組み立てていく経路の設計やその経路の各段階における反応や試薬の選択などを的確に行うことがさらに重要である．本節では，光・電子機能有機材料に頻繁に応用される分子を対象として，合成に用いられる有機反応について概説しながら既知合成法を例示した．

1.1.1　合成経路の設計

　設計された分子が未知化合物であっても類似の構造を有する化合物が既知である場合，その既知化合物の合成手順を応用して目的化合物を合成することができる．この場合，類似の構造とは有機化学反応の立場からみた電子状態や置換基の位置関係に本質的な差異がないことを意味する．たとえば，必要な構造がメタ位にデシル基を有するアニリン(1)の場合，パラ置換体(2)は似てはいるがここでいう類似の構造にはならない．この場合，メタ位にアルキル基を有するアニリン(3)の合成手順はアルキル基の種類が違っていても参考にすることができる．3において，すべての種類のアルキル基を尽くすように既知文献を調査するのは，通常の文献検索では労力を要する．このような場合オンライン情報システムを用いる構造検索[4]が便利な手段である．用いるデータベースにより異なるが，たとえばCAS (Chemical Abstracts Service)オンラインで3を検索する場合，3の構造に対応する入力質問式を作成し置換基にアルキル基を指定すれば適合する誘導体について記述された文献を検索できる．

　参考にすべき適当な既知の類似化合物がない場合，合成経路の設計が必要である．合成経路の設計は，炭素骨格を組み上げるためや官能基の導入・変換・除去に用いる有機化学反応に関する知識などに基づいた総合判断でなされるきわめて入り組んだ手続きであり，定式化は困難である．

　合成経路の設計においては逆合成(retro synthesis)の考え方がその基本になる．これは，目的化合物の炭素骨格を段階的により簡単な構造の骨格に分解していき，手にはいりやすい出発物質に到達させる机上の思考操作である．各分解過程はその逆過程（合成過程）に応用できる反応を想定して進めなくてはならない．

　また，目的化合物は多くの場合，機能発現に必要な置換基を有している．合成経路の設計にあたっては，どの段階で置換基を導入するか判断する必要がある．置換基導入においては，1) その置換基の導入が後続の一連の反応の進行を妨げたり，反応の位置選択性に好ましくない影響を与えない，2) ある段階で導入した置換基が続く反応に用いる条件で損なわれないことなどに留意しなくてはならない．これらの条件がすべて満足されるような置換基の導入法が必ずしもあるわけではない．必要な置換基に変換できるような官能基をまず導入しておき適当な段階で変換するなど，置換基の導入・変換・除去を適宜組み合わせて設計することが必要である．

　図II.1.1にヘミチオインジゴ(4)の合成の実例[5]に基づいた逆合成を示した．ヘキシルベンゼンからヘキシルチオフェノールを誘導する3ステップは比較的面倒な手続きに思える．しかし，これを避けようとして市販のフェニルチオ酢酸やフェニルチオ酢酸から合成できるチオインドキシルに直接ヘキシル基を導入しようとしても，分子の構造を破壊しないで導入する適当な手段はない．

　合成経路の設計には，有機化学反応に関する各種の情報や知識などが不可欠である．これらについては，有機化学反応をまとまった観点に基づいて記述した図

　　　1　　　　　2　　　　　3

（構造式：1 メタ位に$C_{10}H_{21}$基を有するアニリン，2 パラ位に$C_{10}H_{21}$基を有するアニリン，3 メタ位にR基を有するアニリン）

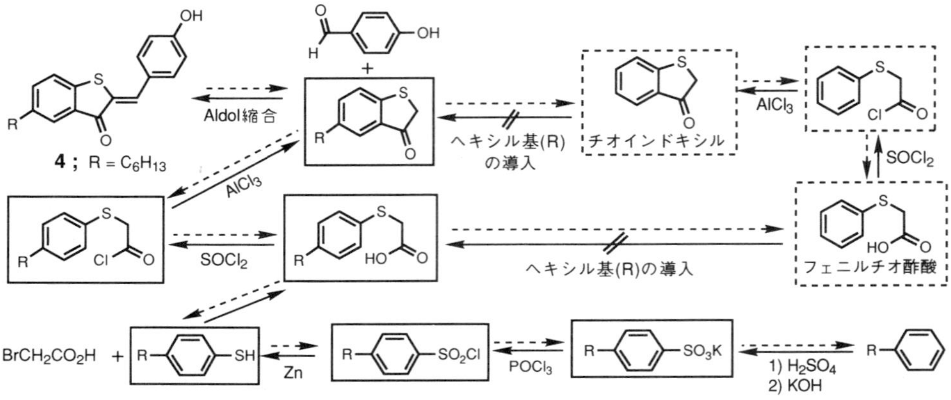

図 II.1.1 ヘミチオインジゴ(4)の逆合成(←----)および合成(←——)経路

書があり，参照することができる．1) 有機化学反応を反応機構に基づいて分類(name reaction)し，反応の性質，反応例，適用範囲・限界などについて記されたもの[6]，2) 化合物を官能基の種類に基づいて分類し，官能基合成の立場から書かれたもの[7,8]，3) 化合物をその骨格のタイプで分類し，既知合成法についてまとめたもの[9]，4) 有機合成によく用いられる特定の化合物の実際の合成操作について詳述したもの[10]，5) 反応に用いられる合成試薬について，その性質や応用例についてまとめたもの[11]などがある．

1.1.2 機能性分子の合成例

光・電子機能材料における機能分子はそのパイ電子構造に特徴があり，応用される分子の構造は色素類との共通点が多い．そのため，有機色素類の合成法に応用できるものが多いが，それらについては適当な図書[12~15]を参照されたい．ここでは，頻繁に応用される分子や特徴ある分子についての代表的な合成法を示した．

a. スピロピランおよび類縁体

スピロピランとその類縁化合物は，それらのクロモトロピック現象(chromotropism)との関連でいくつかの総説類[16~18]に収録されている．スピロピラン(5)はインドリン(6)(Fischer-base)のエナミン炭素の求核性を応用して，隣接位に水酸基を有する芳香族アルデヒドと6との縮合(反応式(II.1.1))で合成する方法

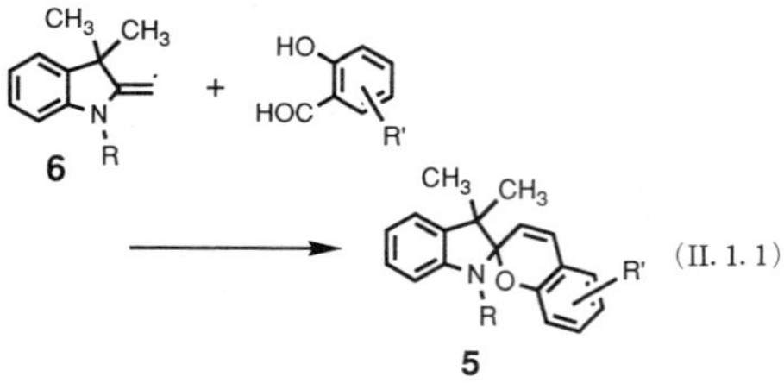

が最も一般的であり，現在でもよく用いられる[19]．各成分にあらかじめ必要な置換基を導入しておけば，目的の誘導体が得られる．アルデヒドの代わりに，ニトロソ化合物を用いれば，スピロオキサジン(7)が得られる(反応式(II.1.2))．

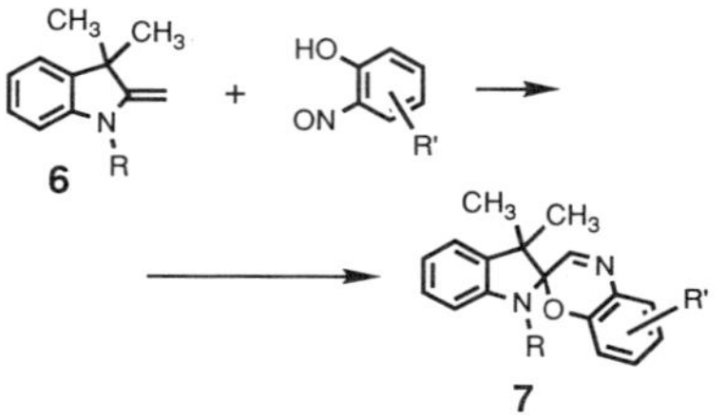

b. フルギドおよびジアリールエテン

いずれも6π光閉環反応に基づくフォトクロミズムを示す．反応に関与する芳香環がベンゼノイド系のものについては，古くから知られていたが[16]，複素芳香環のもので優れたものが最近見いだされた．

最も典型的なフルギド(8)は，9と10のClaisen-Schmidt縮合反応ののち，ジエステルのアルカリ加水分解に続く酸無水物化により合成されている(反応式(II.1.3))[20]．縮合反応で生成する二重結合においてE，Z体の混合物になるが，分別再結晶で分離する．

複素ジアリールエテンについては，複素芳香環がチオフェン，ベンゾチオフェン，インドールなどのものが知られている[21,22]．たとえば，ジチエニルエテン(11)は，四塩化炭素に溶かした4-シアノメチル-2,3,5-ト

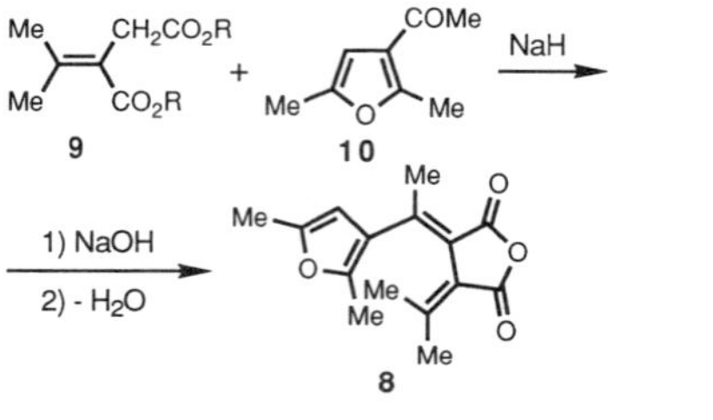

リメチルチオフェンを，相関移動触媒存在下で水酸化ナトリウム水溶液と作用させてカップリングさせ，さらにシアノ基を加水分解したのち酸無水物化して合成される（反応式 II.1.4）．

$$(II.1.4)$$

a; 1) Coupling,
2) NaOH
3) $-H_2O$

c. インジゴおよび類縁化合物

インジゴはきわめて古くから知られている色素で多数の誘導体が知られているが[23,24]，合成法はそれほど多種あるわけではなく今日でも多くの場合 Pfleger 法が用いられる[14]．光異性化する N-アシル誘導体はロイコ体のカルボン酸エステルの酸化により得られる（反応式（II.1.5））[25]．

$$(II.1.5)$$

チオインジゴの合成は，チオインドキシル（12）の酸化的カップリングによるのが最も一般的[24]である（反応式（II.1.6））．チオインドキシルはフェニルチオ酢酸の酸塩化物の Friedel-Crafts 環化により得られる（図 II.1.1）．フェニル基にニトロ基が置換している場合などには環化反応が阻害されるが，ジカルボン酸の脱炭酸を伴う環化反応で合成する例がある（反応式（II.1.7））[26]．非対称のチオインジゴの合成には，チオインドキシルのフェニルイミノ誘導体（13）と異なった構造のチオインドキシルとを酢酸中反応させる方法がある

$$(II.1.6)$$

$$(II.1.7)$$

$$(II.1.8)$$

（反応式（II.1.8））[27]．

ヘミチオインジゴは図 II.1.1 に示した縮合反応で得ることができる．

d. トリアリールメタン系色素

トリアリールメタン（Ar_3CH）のメチン水素が脱離性のよい原子団で置換された構造（14a，Ar_3CX；X = ハロゲン，$HOSO_3-$，RCO_2- など）を有する．C-X 結合のイオン解離で生成するトリアリールカルベニウムイオン（Ar_3C^+）が発色構造であるが，この構造において正電荷がパラ位の電子供与性基により非局在安定化されているのが一般的である．必要な電子供与性基を有するベンゼン誘導体に適当な C_1 炭素成分を求電子的に反応させることにより合成される．非対称のものを合成する場合には，適当な段階で異なったベンゼン誘導体を導入する．また，ベンズアルデヒド誘導体を適当なベンゼン誘導体に求電子的に反応させるとトリアリールメタンを与えるが，このメチン水素はクロラニール，硝酸第二セリウムアンモニウムなどで容易に酸化できトリアリールメタン系色素が得られる（図 II.1.2）．

ロイコ体であるトリアルールカルビノール（14b，X = OH）やトリアリールアセトニトリル（14c，X = CN）は C-X 結合の光解離に基づくフォトクロミズムを示す．14b は 14a を NaOH と作用させることによって得られるが，ベンゾフェノン誘導体とアリールグリニヤールやアリールリチウムとの反応で合成する方法もある．14c は 14a もしくは 14b と NaCN との反応で

$2 ArH + Cl_2C=O \longrightarrow Ar_2C=O$

$\xrightarrow[HX]{Ar'H} Ar_2Ar'C^+ X^-$ **14a**

$Ar''CHO \xrightarrow[HX]{ArH} Ar''ArCHOH$

$\xrightarrow{ArH} Ar''Ar_2CH$

$\xrightarrow[HX]{Ox.} Ar''Ar_2C^+ X^-$ **14a**

Ar, Ar' = ＠$-NR_2$

(A) ベンゼン誘導体への求電子置換によるトリアリールメタン系色素の合成

$Ar_2C=O + \begin{array}{c} Ar'MgX \\ or \\ Ar'Li \end{array} \longrightarrow Ar_2Ar'COH$ **14b**

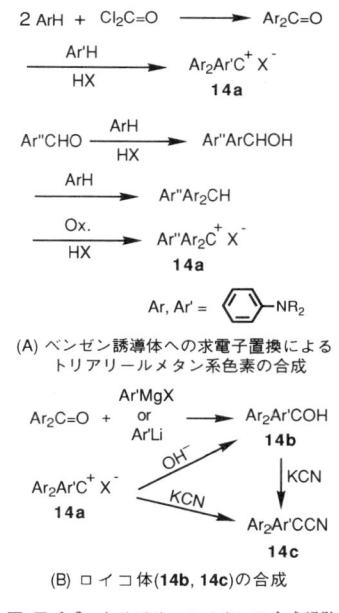

$Ar_2Ar'C^+ X^-$ **14a** $\xrightarrow{OH^-}$ **14b**

$\xrightarrow{KCN}$ $Ar_2Ar'CCN$ **14c**

$\downarrow KCN$

(B) ロイコ体（**14b**, **14c**）の合成

図 II.1.2 トリアリールメタンの合成経路

e. アゾ化合物

一般式 R—N=N—R′ で表される構造を有するが，R および R′ が芳香環のものが頻繁に応用されている．この色素の歴史は古く，合成法とともにきわめて多数の誘導体の集積がある[28]．芳香族アミンを亜硝酸と作用させることにより得られるジアゾニウムの芳香族化合物への求電子置換反応（ジアゾカップリング反応 (diazonium coupling, 反応式(II.1.9))）により合成するのが一般的である[29]．置換反応を受ける芳香環炭素が複数ある場合には，反応の位置選択性を考慮する必要がある．とくに，アミノ基や水酸基で置換された基質では，選択性が反応液のpHで変化する．これらについては適当な参考図書[12~15,28,29]を参照されたい．

$$ArN_2 + Ar'H \longrightarrow Ar\text{-}N\text{=}N\text{-}Ar' \quad (II.1.9)$$

ジアゾニウム塩は，強い電子吸引性基を有する場合のような例外をのぞき，弱い求電子試薬である．このため，反応基質である芳香族化合物が強力な電子供与性基で活性化されているときにのみ応用できる．ジアゾカップリング反応を用いることが困難な場合には，以下のような合成手段がとられる[28]．

芳香族アミンとニトロソ化合物との縮合反応（反応式(II.1.10)）．芳香族アミンの酸化的カップリング（反応式(II.1.11)）．この酸化においては酸化剤として，酸素/塩基，二酸化マンガン，無水クロム酸，フェリシアン化カリウムなどが用いられる．酸化鉛，硝酸，酸素/塩基などによる，1,2-ジアリールヒドラジンの酸化（反応式(II.1.12)）．他に芳香族ニトロ化合物の還元的カップリング（反応式(II.1.13)）などがある．

$$ArNH_2 + ONAr' \longrightarrow Ar\text{-}N\text{=}N\text{-}Ar' \quad (II.1.10)$$
$$2\,ArNH_2 \xrightarrow{Ox.} Ar\text{-}N\text{=}N\text{-}Ar' \quad (II.1.11)$$
$$Ar\text{-}NH\text{-}NH\text{-}Ar' \xrightarrow{Ox.} Ar\text{-}N\text{=}N\text{-}Ar' \quad (II.1.12)$$
$$2\,ArNO_2 \xrightarrow{LiAlH_4} Ar\text{-}N\text{=}N\text{-}Ar \quad (II.1.13)$$

f. シアニン類

ポリメチン鎖を通じてイミニウムカチオンとアミンの非共有電子対が共役した構造を有する．両端の構造の違いで，シアニン(15)，ヘミシアニン(16)，ストレプトシアニン(17)に類別される．合成法に関しては，古くから確立された手法があり[30]，ほとんどの場合に踏襲されている．

モノメチンシアニン(18)はメチル基を有する環状イミニウム塩(19)を塩基と作用させて系中で環状エナミン(20)を発生させ，脱離基(Y)を有する環状イミニウム塩(21)と反応させることにより得られる（反応式(II.1.14)）．脱離基としては，SR基がよく選択される．

$$21 ; Y = SR, SO_2R, OSO_2R$$

トリメチンシアニン(22)は適当な求電子性の C_1 炭素成分に2個の20を反応させて得られる（反応式(II.1.15)）．C_1 炭素成分としては，オルトギ酸エステルが一般的だが，ジメチルホルムアミド塩化物(Me_2NCHCl_2)やクロロホルムなども用いられる．この方法は非対称なトリメチンシアニンの合成には応用できない．非対称なトリメチンシアニンの合成においては，適当な手段で20のエナミン炭素に求電子性の C_1 炭素成分を導入(23)したのち，異なった構造の環状エナミンを反応させる（反応式(II.1.16)）．

$$X, Y, Z ; OR, Cl, NMe_2\ \text{etc.}$$

さらに高次のポリメチンシアニンは，たとえば，アミノイミノポリエン(24)と20の反応で得られる．

$$PhNH\text{-}(CH\text{=}CH)_n\text{-}CH\text{=}NPh \quad \mathbf{24}$$

ヘミシアニンは21とアミンの反応で合成される．また，ヘミシアニンのフェニローグ(25)は20と p-アミ

ノベンズアルデヒドとの反応で得られる.

g. フタロシアニン

大きく分けて3種類の合成法,無水フタル酸-尿素法,フタロニトリル法,ジイミノイソインドリン法,が確立されている[31]. いずれもこれらの出発物質を金属もしくは金属塩と加熱するだけの簡単な操作で,対応するフタロシアニンの金属錯体(MPc)が得られる(図II.1.3). フタロニトリルの代わりに,2-シアノベンズアミドが用いられることもある.

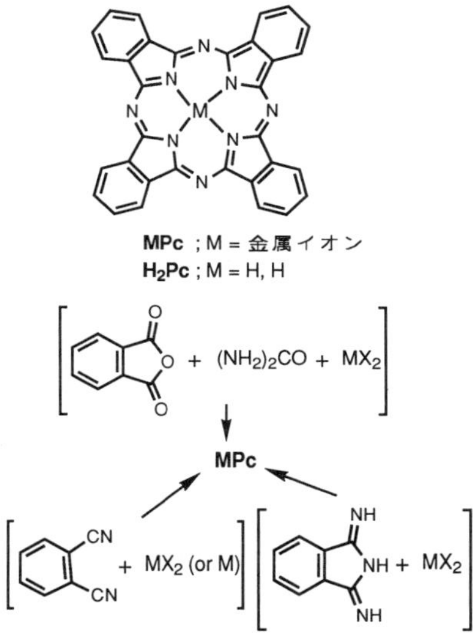

MPc; M = 金属イオン
H$_2$Pc; M = H, H

図 II.1.3 金属フタロシアニンの合成

フタロニトリル法において,金属塩の代わりにアルカリ金属のアルコラートを用いると,アルカリ金属錯体が得られる. これらを遷移金属塩と反応させると,容易に金属交換が起こる. また,アルカリ金属錯体を高沸点のアルコール中で加熱すると,アルカリ金属がアルコラートとして脱離し,フタロシアニン中性塩基(free base)(H$_2$Pc)が得られる(反応式(II.1.17)).

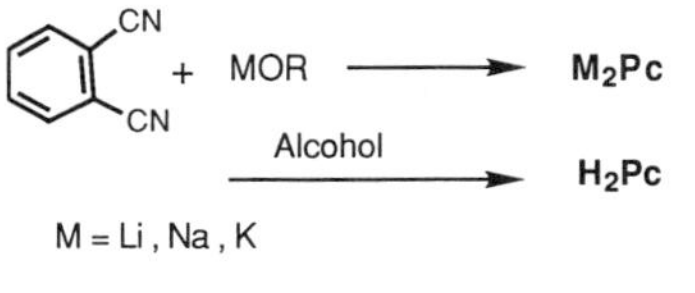

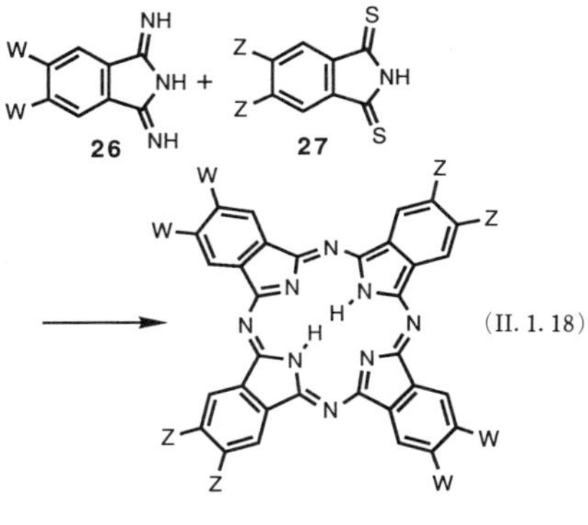

新しい合成法として,ジイミノイソインドリン(26)とジチオフタルイミド(27)との縮合反応を用いる方法[32]を例示しておく(反応式(II.1.18)). この方法は4回対称軸のないフタロシアニンの選択的合成法に応用できる.

h. ポルフィリン

ポルフィリン(27)は多くの場合,ピロール誘導体と求電性のC$_1$炭素成分の縮合環化反応で合成される[33]. C$_1$炭素成分としてはアルデヒドが一般的であり,ベンズアルデヒドを用いるとテトラフェニルポルフィリンが得られる. 2位にクロロメチル,アセトキシメチル基などを有するピロールの環化で合成する場合もある. いずれの場合においても,環化反応は直鎖オリゴマー形成との競争反応であり,環形成を有利にするために,高希釈法や金属塩の添加による鋳型効果(template effect)が応用される. 対称性の低いポルフィリンの合成においては,順次ピロール環を反応させる.

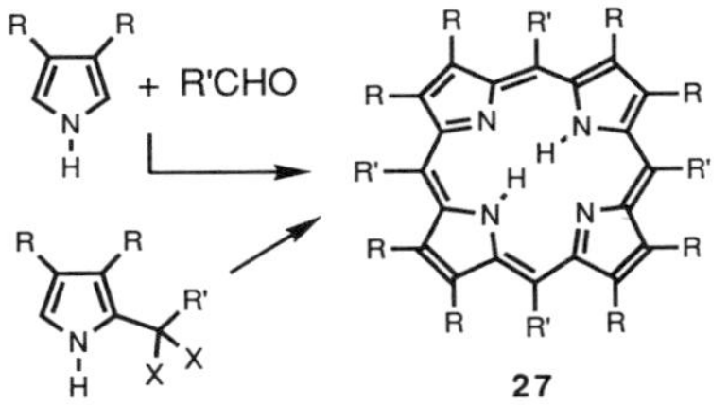

i. アントラキノン類

骨格の合成は,キノンもしくはナフトキノンとブタジエン誘導体とのDiels-Alder反応に続く脱水素芳香化,無水フタル酸とベンゼン誘導体のFriedel-Crafts反応による方法,アントラセンの酸化などがある[34]. フタリド誘導体とブロモベンゼンをリチウムジイソプロピルアミド(LDA)存在下反応させると,フタリドの共役アニオンとベンザインとの付加反応が進行し,アントラキノン誘導体が得られる(反応式(II.1.19))[35]. こ

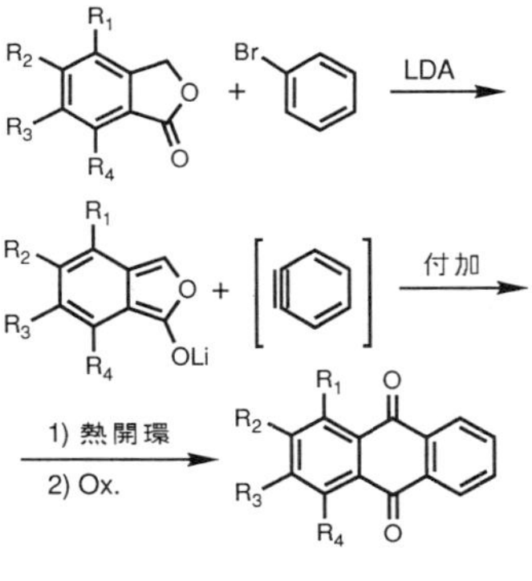

の方法は，置換基について位置選択的な合成に応用範囲がひろい．

アミノ基，塩素，水酸基，スルホン酸基などの導入には確立された方法があり，膨大な数の誘導体の集積がある[34]．アミノ，ジアミノ，ヒドロキシ，ジヒドロキシ，クロロ，ジクロロ体などについては，ほとんどの位置異性体が市販品として手にはいる．

j. 縮合多環芳香族キノン類

アセン型の増環には1,4-キノン類とブタジエンやオルソキノジメタンとのDiels-Alder反応が有効である（反応式(II.1.20)）[36]．

ベンズアントロン(28)はアントラキノンとグリセリンから工業的に合成されるが，28からカップリングや閉環反応で誘導される縮合多環芳香族キノン類に建染め染料(vat dye)として応用されているものが多い．

k. 縮合多環芳香族

環数の小さいベンゼノイド芳香族化合物の縮合や閉環反応(Elbs反応，Pshorr反応，光6π電子環式閉環反応，熱的脱水素環化反応，Clar合成など)[37]により合成され，多様な構造の縮合多環芳香族化合物が知られている[37]．

l. フェニレンジアミン構造をもつ化合物

o-およびp-フェニレンジアミン構造を有する分子は，それらの強いπ電子供与性に特徴がある．テトラメチル-p-フェニレンジアミン(29)は，p-フェニレンジアミンのヘキサメチル4級ジアンモニウム塩とエタノールアミンとの反応で合成される[38]．o-フェニレンジアミン構造を有するものにジメチルジヒドロフェナジン(30)[39]がある．N,N,N',N'-テトラアリールビフェニレンジアミン(31)は，銅粉存在下でのアミンとヨードベンゼン誘導体との反応[40]を用いて合成される（反応式(II.1.21)）．

m. テトラチアフルバレンおよび類縁化合物

テトラチアフルバレン(32a)は現在では市販品として手にはいる．誘導体としては，アルキル基，ベンゾ基，アルキルチオ基などで置換されたもののほかに，シアノ基，カルボメトキシ基，トリフルオロメチル基など電子吸引性基を有するものが知られている．合成法については総説がある[41,42]．イソトリチオン(33)の過酸酸化で得られるジチオリウムカチオン(34)の塩基による脱プロトンで発生するカルベンのカップリング（反応式(II.1.22)），1,3-ジチオル環のホスホラン(35)と34との反応（反応式(II.1.23)），などがある．

アルキルチオ置換体の合成法には，1,3-ジチオル-2-オン(36)のホスフィンやホスファイトによるカップリング（反応式(II.1.24)）や，アルキルチオジチオリウムカチオン(37)の還元カップリング（反応式(II.1.24)）

によるものなどがある．類縁体として38[43]や39[44]が知られている．

テトラセレナフルバレン(40)は1,3-ジセレノロ-2-チオンもしくはセレノン(41)のホスファイトによるカップリングで得る方法がある(反応式(II.1.25))[45]．テトラテルラフルバレン(42)[46]も知られている(反応式(II.1.26))．

n．ラジアレン

構造式(43)であらわされるπ電子分子であり，環数ならびに置換基の違いで合成法が異なる[47]．最も一般性の高いものに2,3-ジハロブタジエン，1,4-ジハロ-2-ブチン，1,1-ジハロエチレンなどをニッケル触媒により環状カップリングさせる方法がある[47]．1,3-ジチオル環を有するπ電子供与性のラジアレン(44)が合成されている[49]．

o．π電子受容性分子

各種のπ電子受容性分子が総説[50]に収録されている．テトラシアノエチレン，クロラニル，ジクロルジシアノベンゾキノンなどは市販品として手にはいる．頻繁に応用されるテトラシアノキノジメタンも市販品であるが，置換体(45)も母体化合物と同様な方法で合成される(反応式(II.1.27))[51]．テトラシアノナフト-2,6-キノジメタン(46)は2,6-ビス(ジシアノメチル)ナフタレンから合成される(反応式28)[51]．ヘキサシアノ[3]ラジアレン(47)は塩基存在下マロノニトリルとテトラクロロシクロプロペンとの反応で合成される(反応式(II.1.29))[52]．

p．ポリアリレンおよび関連物質

ポリフェニレン(48)はベンゼンのルイス酸触媒によるカチオン重合で得る方法がある[53]．ここでは，p-ジブロモベンゼンのモノグリニャール(49)のニッケル錯体触媒によるカップリングによる合成法(反応式(II.1.30))[54]を例示しておく．ポリチオフェン(50)[55]やポリピロール(51)[56]も同様に，テトラヒドロフラン中で対応する2,5-ジブロモ複素芳香族をマグネシウムと作用させた反応混合物に2価ニッケル錯体を加え

て合成された（反応式（II.1.31））．5,6-ジアルコカルボニロキシ-1,3-シクロヘキサジエン（52）を重合させたのちChugaev脱離で芳香化する方法は（反応式（II.1.32））[57]，中間体が可溶であるのが特徴である．

ポリチオフェン，ポリピロールやポリフランは対応する複素芳香族の電解酸化重合により電極上に薄膜として得る方法（反応式（II.1.33））があるが[58,59]，これらを含めてポリヘテロアリレンの合成についての総説がある[60]．関連物質にポリフェニレンビニレン（53）[61]やポリチエニレンビニレン（54）[61]など（反応式（II.1.34））のほかにHeck反応を用いてポリフェニルアセチレン[62]が合成されている．

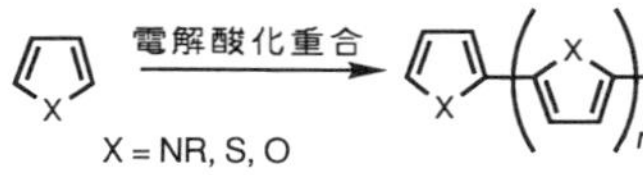

（II.1.33）

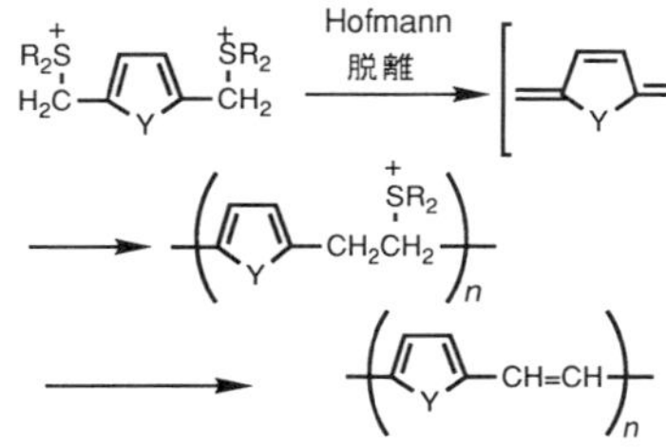

（II.1.34）

53；Y = -CH=CH-
54；Y = S

q. 機能性分子へのアルキル鎖の導入

合成のある段階で合成中間体に導入するか，骨格合成の完成ののち導入するかを適宜に判断する（たとえば図II.1.1）．機能性分子（合成中間体）が水酸基，アミノ基，カルボン酸基を有している場合，アミド結合やエステル結合の生成を応用できる（図II.1.4）．カルボン酸を酸クロリドにしておくと容易にアミンやアルコールと反応する．ジシクロヘキシルカルボジイミドを縮合剤として用いるのも有効であるが，副生成物のジシクロヘキシル尿素と目的物の分離が容易な場合に限られる．インジゴのNHへのアシル基導入については既述した．

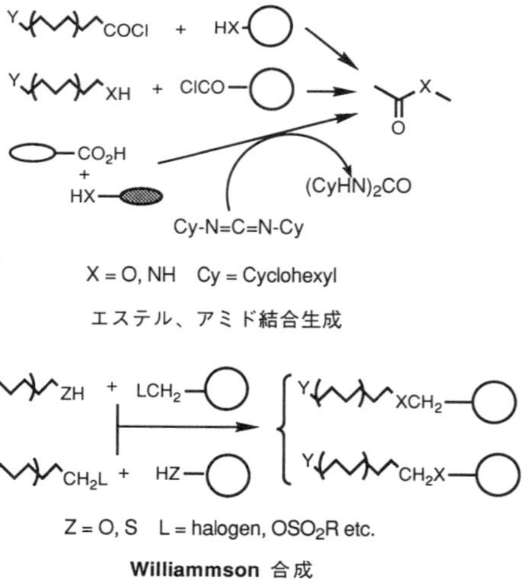

図 II.1.4　ヘテロ原子を介在させるアルキル鎖の導入

機能性分子側にクロロメチル基のような求電子性の部位がある場合や，水酸基，メルカプト基のような求核性官能基がある場合には，Williammson反応（図II.1.4）を用いるアルキル鎖の導入が一般的である．反応条件などについては適当な総説[63]を参照されたい．

骨格が強固な芳香環などの場合，Friedel-Craftsアシル化と生成するケトンの還元を組み合わせるのもよい（反応式（II.1.35））．

ハロゲン化芳香族とアルキルグリニャールはニッケル0価錯体触媒によりカップリングする（反応式（II.1.36）[64]．末端にエステル基を有するアルキル亜鉛試薬[65]やアルキルホウ素試薬[66]が調整でき，これらはパラジウムの0価錯体の存在下，ハロゲン化アリールとカップリングするので，エステル基を有するアルキル鎖導入に応用できる（反応式（II.1.37））[65]．

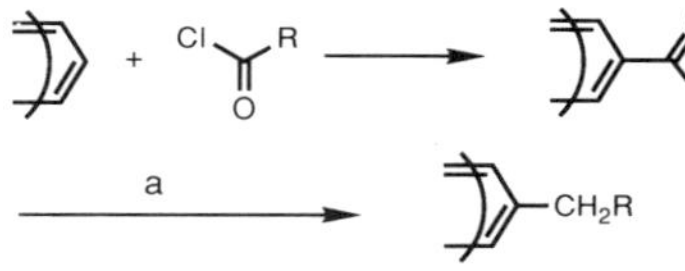
（II.1.35）

a：Wolf-Kishner反応，1) HSCH$_2$CH$_2$SH / 2) Raney Ni

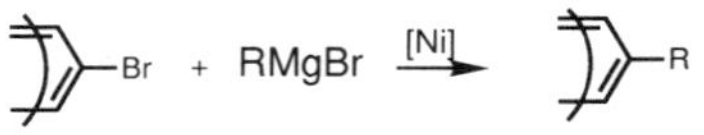
（II.1.36）

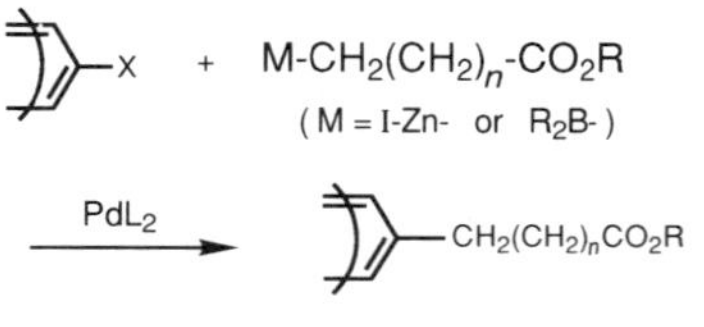

（II.1.37）

〔三木定雄〕

参 考 文 献

1) 日本化学会編：実験化学ガイドブック（1984），丸善
2) 日本化学会編：実験化学講座第4版1，2（1990），丸善
3) 芝　哲夫監修：有機化学実験のてびき1〜4（1989），化学同人
4) 小川雅彌：化学文献の調べ方第2版，p.97（1991），化学同人
5) Yamaguchi, T. *et al.*: *Bull. Chem. Soc. Jpn.*, **65**（1992），649
6) *Org. React.*, **1**（1942）〜**43**（1993），John Wiley, New York
7) Larock, R. C.: Comprehensive Organic Transformations（1989），VCH, New York
8) 日本化学会編：実験化学講座第4版19〜24（1990），丸善
9) *Methoden Der Organishen Chemie*, **5**〜**E20**（1970〜1992），Georg Thieme Verlag, Stuttgart

10) *Org. Synth.*, **1**(1921)～**70**(1992), John Wiley, New York
11) Fieser, L. F., Fieser, M.: *Reagents for Organic Synthesis*, **1**(1967)～**15**(1990), John Wiley, New York
12) Venkataraman, K. ed.: *The Chemistry of Synthetic Dyes*, **1**(1952)～**7**(1974), Academic Press, New York
13) 小西謙三, 黒木宣彦: 合成染料の化学(1958), 槙書店
14) Zollinger, H.: Color Chemistry(1991), VCH, Weinheim
15) 大河原信, 松岡賢, 平嶋恒亮, 北尾悌次郎: 機能性色素, p.78(1992), 講談社サイエンティフィク
16) Brown, H. C.: Photochromism(1971), Wiley Int., John Wiley, New York
17) Durr, H.: *Angew. Chem., Int. Ed. Eng.*, **28**(1989), 413
18) Guglielmetti, R.: Photochromism(Durr, H. ed.), p.314(1990), Elsevier, Amsterdam
19) Rasshofer, W.: *Methoden Der Organishen Chemie*, **E14a/2**, 810(1991)
20) Darcy, P. J. et al.: *J. Chem. Soc., Perk. Tl*, **1981**, 202
21) Irie, M. et al.: *J. Org. Chem.*, **53**(1988), 803
22) Uchida, K. et al.: *Bull. Chem. Soc. Jpn.*, **63**(1990), 1311
23) Venkataraman, K.: The Chemistry of Synthetic Dyes(Fieser, L. F. ed.), vol.11, p.1003(1952), Academic Press, New York
24) Stevens, S. T.: Chemistry of Carbon Compounds IV, p.1081(1959). Elsevier, Amsterdam
25) Setsune, J. et al.: *J. Chem. Soc., Perk. I*, **1984**, 2305
26) Rahman, L. et al.: *J. Chem. Soc., Perk. I*, **1984**, 385
27) 芳野公明ほか: 公開特許公報, (1986), 61-283663
28) Lang-Fugmann, S.: *Methoden Der Organishen Chemie*, **16d**(1992), 1
29) Fierz-David, H. E.: Fundamental Processes in Dye Chemistry, (1949), Interscience, New York
30) Berlin, L. et al.: *Methoden Der Organishen Chemie*, **5/1d**(1972), 227
31) Booth, G.: The Chemistry of Synthetic Dyes(Venkataraman, K. ed.), Vol. V, p.241(1971), Academic Press, New York
32) Leznoff, C. C. et al.: *Can. J. Chem.*, **65**(1987), 1705
33) 小野昇, 和田久生: 有合化, **51**, 826(1993)
34) Bayer, O.: *Methoden Der Organishen Chemie*, **7/3c**(1979), 1
35) Sammes, P. G. et al.: *J. Chem. Soc., Chem. Comm.*, **1979**, 33
36) Miki, S. et al.: *Tetrahedron*, **48**(1992), 1567
37) Blome, H. et al.: *Methoden Der Organishen Chemie*, **5/2b**(1981), 359
38) Quast, H. H. et al.: *Org. Synth., Coll.* **5**, 1018
39) Bettinett, G. F. et al.: *Synthesis*, **11**(1976), 748
40) Hager, F. D.: *Org. Synth., Coll.* **1**, 544
41) Bryce, M. R.: *Aldrichimica Acta*, **18**(1983), 73
42) Hansen, T. K. et al.: *Adv. Mater.*, **5**(1993), 288
43) Yoshida, Z. et al.: *Tetraheron Lett.*, **24**(1983), 3469
44) Yamashita Y. et al.: *Angew. Chem., Int. Ed. Eng.*, **28**(1989), 1052
45) Bechgaard, K. et al.: *J. Chem. Soc., Chem. Comm.*, **1974**, 937
46) Wudl, F. et al.: *J. Am. Chem. Soc.*, **104**(1982), 1154
47) Hopf, H. et al.: *Angew. Chem., Int. Ed. Eng.*, **31**(1992), 931
48) 伊与田正彦: 有合化, **48**(1990)370
49) Sugimoto, T. et al.: *J. Am. Chem. Soc.*, **109**(1987), 4106; **110**, 628(1988)
50) 斎藤軍治, 山地邦彦: 化学総説, No.42, p.59(1983), 学会出版センター
51) Acker, D. S. et al.: *J. Am. Chem. Soc.*, **84**(1962), 3370
52) Fukunaga, T.: *J. Am. Chem. Soc.*, **98**(1976), 610
53) Kovacic, P. et al.: *J. Am. Chem. Soc.*, **85**(1963), 154
54) Yamamoto, T. et al.: *Bull. Chem. Soc. Jpn.*, **51**(1978), 2091
55) Yamamoto, T. et al.: *J. Polym. Sci., Polymer Lett. Ed.*, **18**(1980), 9
56) Kovacic, P. et al.: *Synth. Met.*, **6**(1983), 31
57) Ballard, D. G. H. et al.: *J. Chem. Soc., Chem. Comm.*, **1983**, 954
58) Diaz, A. F. et al.: *Synth. Met.*, **1**(1981), 329
59) Hotta, S. et al.: *Synth. Met.*, **6**(1983), 69, 317
60) Jonas, F. et al.: *Methoden Der Organishen Chemie.*, **E20**, 2195(1987)
61) Murase, I. et al.: *Polym. Comm.*, **25**(1984), 327; **28**(1987), 229
62) 今井淑夫, 米山賢: 有合化, **51**, 794(1993)
63) 平岡道夫: 化学増刊 74, p.15(1978), 化学同人
64) Tamao, K. et al.: *Bull. Chem. Soc. Jpn.*, **49**(1976), 1958
65) Tamaru, Y. et al.: *Tetrahedron Lett.*, **27**(1986), 955
66) Oh-e, T. et al.: *J. Org. Chem.*, **58**(1993), 2201

1.2 精製技術

有機材料の開発においては, 構成有機分子の有する固有の物理的, 化学的性質の研究を必要とするが, これにはできる限り純粋なものを用いるのが望ましい. また, 特殊な場合をのぞき, 材料に組み上げるのに用いる物質には高い純度が要求される. 合成反応の混合物中の目的化合物を不要なものから分離し必要な純度のものを得たり, 市販品の純度をさらに高度にするための一連の操作に用いるのが精製技術である. 精製には, 反応混合物から生成物を得るときのように目的物が組成的に主である場合と天然物のように混合物中に微量存在する物質を分離精製する場合とがある. 本節では 1.1 節で挙げたような有機化合物を化学合成により得る場合に通常用いられる手法について概説する. 各手法の詳細については, 適当な図書[1~3]の該当箇所を参照されたい.

1.2.1 分離と精製

混合物から単一の操作で純度の高い物質を得ることは通常困難である. まず, 混合物をなす物質の揮発性や溶解度などの性質の違いを利用して, 粗蒸留, 抽出, 再沈殿などの操作でおおまかな分離を行い, 目的物質の組成比を上げる. 適当なカラムクロマトグラフィー

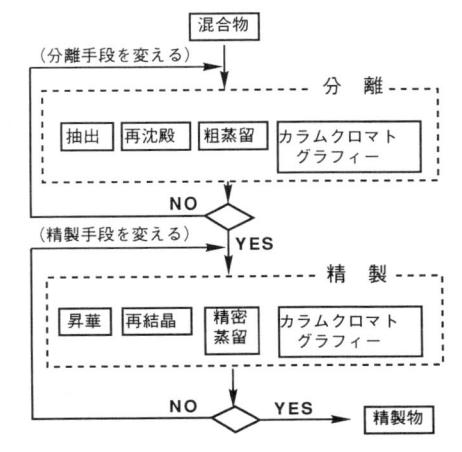

図Ⅱ.1.5 分離と精製の手続き

に対する展開速度が極端に違う物質の混合物の場合，短いカラムを用いて粗分離を行うのも有効である．これらは一つの種類の性質の違いに着目したおおまかな分離であるが，組み合わせて用いることにより組成比をかなり上げることができる．このような予備操作で得られる粗精製物は，カラムクロマトグラフィー，精密蒸留，再結晶，昇華などの操作により精製する．精製においても，違う手段を組み合わせて用いると効果的である（図II.1.5）．

1.2.2 分離操作

a. 抽出 (extraction)

化合物の相間における分配に基づく分離操作である．液-液相，固-液相，気-液相間の抽出があるが，本書の興味の対象となる化合物の場合は液-液相，固-液相間の抽出が普通である．各成分の相間分配係数が異なれば，多段階の抽出操作を行うことにより原理的には分離が可能である．実際には特別な場合（向流分配クロマトグラフィー）をのぞき，各成分の分配係数にきわめて大きい違いがあるときに用いられる．

液-液相抽出は油相（非水溶性有機溶媒）-水相が普通である．有機溶媒中で行う合成反応で生成する無機塩類などを水で洗浄する操作がこれに当たる．カルボン酸やアミン類などをアルカリ性や酸性の水相に抽出するのもよく行われる．逆に過マンガン酸カリウム酸化のように，水溶液中の反応で生成する有機化合物を有機溶媒で抽出することもよくある．界面活性物質を含む場合は両相がエマルジョン化するので，抽出法を用いるのが困難な場合が多い．特殊な場合として，DMSO-ヘキサン，DMF-ヘキサン，メタノール-ヘキサンなどの組み合わせもある．

抽出操作は分液漏斗を用いてバッチ式で行うのが簡便である．抽出の効率が低く多回数の抽出操作を必要とするような場合には，連続抽出装置を用いると抽出溶媒の節約ができる．

固-液相抽出は無機物やポリマーなどのような難溶性の固体に混入している目的化合物を取り出す分離操作である．混合固体をフラスコなどに入れ，目的化合物のみを溶かすような溶媒で洗浄するのが最も簡便である．固-液相抽出では固体中での物質移動などの関係で平衡に達するのに時間を要するので，長時間よく撹拌して抽出を行う．超音波で振盪するのも効果的である．抽出溶媒に目的化合物があまり溶けないような場合には，ソックスレー抽出器を用いる連続抽出がよく行われる．

b. 再沈殿 (reprecipitation)

再沈殿は混合物の各成分の溶解性の差異に基づく分離操作である．まず全成分が溶けるような溶媒(A)に混合物を溶解しておき，この溶液にほかの溶媒(B)を加えていく．最初の溶液が反応液そのものである場合も多い．混合物をなす物質群のうちある成分グループが溶媒(B)に難溶で他の成分はよく溶けるように溶媒(B)を選択しておけば，溶媒(B)を加えていくと，難溶の成分グループが析出するので濾過分離する．

目的化合物が析出グループになるように溶媒系を選択するのが一般的である．A, Bは相溶性であることを要し，クロロホルム-ヘキサン，ベンゼン-ヘキサン，アルコール-水，酢酸-水，ピリジン-水などの系がよく用いられる．溶媒(B)を急激に加えると難溶の成分が油状で析出する場合があるので，かきまぜながらゆっくり加える．溶媒(B)を加える前に溶液を活性炭で処理するのも効果的である．顔料などでは，濃硫酸に溶かしておき水で希釈して再沈殿させるような例もある．

溶媒成分の混合比の変化ではなく，溶液のpHの変化で再沈殿を行う場合もある．たとえば，カルボン酸合成を行った反応混合物をアルカリ性の水で抽出し，水層を酸性にすればカルボン酸が再沈殿する．pH変化は，強酸と弱酸（たとえばスルホン酸とカルボン酸）の再沈殿による分離にも応用できる．

1.2.3 精製操作

a. 再結晶 (recrystallization)

固体化合物の精製法として最も基本的で効果的なものであり，多くの場合に再結晶が最終精製手段となる．再結晶の対象となる混合物は目的化合物に不純物がわずかに混入しているものであって，不適当な量の不純物が混在している場合にはクロマトグラフィーなどの手段で不純物の量を減らしておく．試料を適当な溶媒に加熱溶解し，不溶の不純物を熱濾過したのち濾液を冷却して目的物を析出させる．濾過の前に溶液を活性炭で処理するとよい結果が得られるときもある．

再結晶の溶媒の選択は経験に基づくもので，定則は示せない．よく似た化合物について用いられている溶媒も，化合物の構造がわずかに違えば不適当な場合すらある．少量の試料で適当な溶媒をあらかじめ探索しておくのがよい．再結晶はかならずしも1回の試みで成功するとはかぎらず，溶媒を留去して再度他の溶媒で行うことが必要な場合があるので，留去しやすい溶媒を選択するのがよい．温度変化に対して溶解度の変化が大きいような溶媒を選択する．目的化合物の非水

素結合性-水素結合性も重要で，水素結合性のものでは溶媒も水素結合性のものを用いるとよい結果が得られる場合が多い．目的化合物と不純物との極性の大小も一つの要素で，不純物がより極性の場合は極性の溶媒を選択するのが一般的である．不純物の構造は不明の場合がほとんどだが，順相の薄層クロマトグラフィーで相対的な極性の大小が判断できる．ヘキサン類，トルエン，ベンゼン，クロロホルム，酢酸エチル，アセトン，アルコール，水などがよく用いられる．

一般的には溶液を冷却することにより結晶を析出させる．急激に冷却すると不純物を含んだまま析出したり，油状で析出したりすることがあるので，ゆっくり冷却する．無機塩類などの再結晶と異なり有機化合物の場合は結晶の析出はさまざまな要因で左右され，冷却しても結晶が得られない場合も多い．このようなときには，(1) 結晶の種を入れる，(2) ガラス棒で容器壁をこすったり溶液を振動させるなど刺激を与える，(3) 溶液を極端に冷却して強引に固体を析出させ再度加熱溶解する，などの方法を施して結晶の析出を促す．

温度差によらず，溶液を室温で長時間放置したり，ビーカーなどで開放系にして溶媒を自然蒸発させておいたりすることで結晶を析出させる場合もある．オレンジⅡ(p-(2-ヒドロキシ-1-ナフチルアゾ)-ベンゼンスルホン酸ナトリウム塩)の場合のように，加熱溶解した水溶液に共通イオンをもつ食塩などを添加して析出を促すこともある．

b. 液体クロマトグラフィー
(liquid chromatography)

クロマトグラフィーは固定相の間を物質が移動するとき，固定相と物質の間の相互作用の大きさの違いで移動速度が異なることを利用する分離である．定方向の液体の流れで物質の移動を促す方式が液体クロマトグラフィーであり，操作の形態により，カラムクロマトグラフィー，薄層クロマトグラフィー(TLC)，高速液体クロマトグラフィー(HPLC)などに分類される．液体クロマトグラフィーは再結晶や蒸留では分離困難な複雑な混合物の分離精製の手段として応用範囲が広く，きわめて頻繁に用いられる．この方法で分離したのちさらに再結晶で精製するのが望ましいが，長鎖アルキル基を有する化合物のように擬固体(semisolid)で蒸気圧も低い物質では，液体クロマトグラフィーが最終精製手段となる．

1) カラムクロマトグラフィー(column chromatography)　カラムクロマトグラフィーは一端に開閉栓のついたガラス管に充塡剤をつめ，混合試料を上端よりいれ移動相溶媒を流通させる(図Ⅱ.1.6)．カラム中で各成分が分離し，移動速度(展開速度)の速い成分

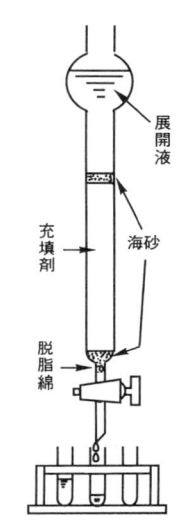

図 Ⅱ.1.6　カラムクロマトグラフィーの操作例

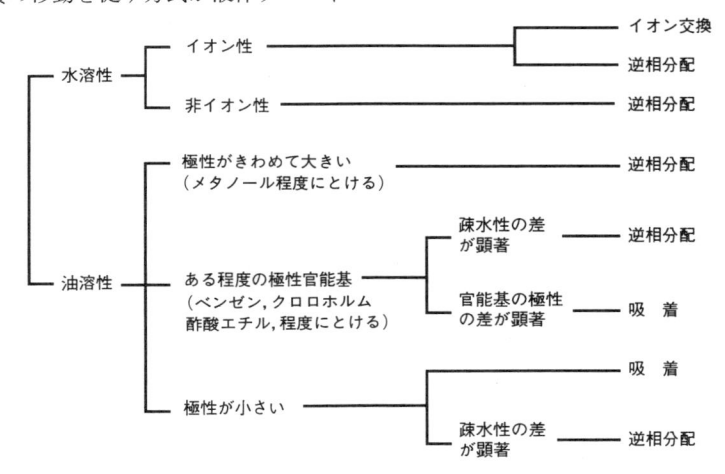

図 Ⅱ.1.7　カラムクロマトグラフィーの選択

から順に溶離して出てくる．分離した各成分を含むフラクションを集め，溶媒を留去する．大量の物質の分離に適しており，手軽で安価であるので最もよく用いられる．利用する相互作用の内訳により，吸着，分配，イオン交換，分子ふるいなどのカラムクロマトグラフィーがあり試料の性質によって最適のものを選択する（図Ⅱ.1.7）．

吸着カラムクロマトグラフィーはシリカゲルやアルミナを固定相とし有機溶媒を流動相として操作する．通常の非イオン性の有機化合物の分離精製にはこれが最も一般的である．移動の速さは官能基の極性に依存し，極性が大きいほど移動が遅い（順相）．極性基のうちカルボン酸基，アミド基，水酸基などが特に移動速度を遅くする．展開溶媒の極性が大きいほど移動速度は速くなる．ヘキサン，ベンゼン，クロロホルム，エーテル，酢酸エチル，アルコールなどやそれらの混合溶媒がよく用いられるが，まえもって同じ種類の固定相を担持したTLCを用いて分離効果がよい溶媒系や混合比を探索する．試料は展開溶媒より極性の低い溶媒に溶かして添加する．このとき溶媒の量をなるべく少量にするのがよい．展開は展開溶媒の自然落下で行えるが，粒子の小さい充塡剤を用いる場合には二連球による程度の圧力を加えることもある（フラッシュカラムクロマトグラフィー）．化合物が無色の場合には展開・分離のありさまは視察ではわからないので，溶離液をなるべく細かく分割採取し，各フラクション中の成分をTLCなどの手段で検出する．分割採取にはフラクションコレクターを用いると便利である．

分配カラムクロマトグラフィーは固定相に付着させた液相と移動液相との間の物質の分配を利用する液体クロマトグラフィーである．担体に付着した水を固定液相とする場合には，展開モードは順相になる．シリカゲルに化学結合させた疎水性物質を固定液相とする逆相分配クロマトグラフィーがよく利用される．極性がきわめて大きい化合物やイオン性物質のように吸着カラムクロマトグラフィーに適さない物質の分離に効果的である．シリカゲルやアルミナに対して不安定な化合物の分離などにも用いられる．

イオン交換カラムクロマトグラフィーでは，イオン交換性の置換基を有する高分子が固定相に用いられる．イオン性の化合物が対象で，イオン間の静電相互作用が分離原理に応用されている．移動相としては，緩衝液が用いられ，イオン強度やpHで溶離速度が制御される．

2) 薄層クロマトグラフィー（thin layer chromatography）　カラムクロマトグラフィーに用いられる

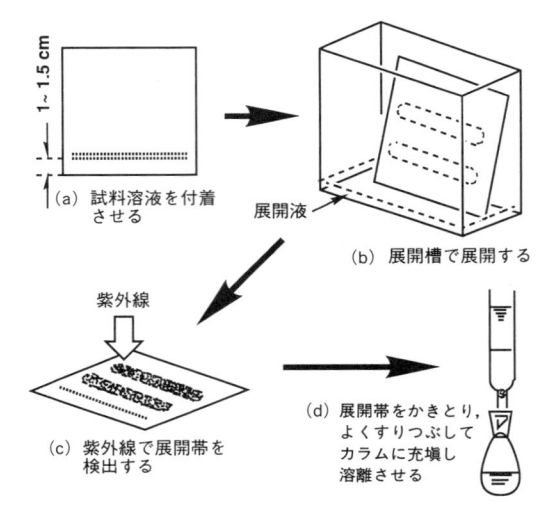

図 Ⅱ.1.8　薄層クロマトグラフィーの操作例

充塡剤をガラス板やプラスチック板に薄い層として付着させたものを用いる．試料の溶液を固定相に付着させ，底に展開液を浅くいれた容器に薄層板をたて，固定相に浸透してくる液で展開する．通常は試料の純度や成分の定性的分析に用いられるが，固定相を厚く塗布したものは分取用に用いることができる．分取用の薄層クロマトグラフィーは実験室でも作成できるが，各種のものが市販品として手にはいる．まず，薄層板の端から1～2cm程度のところへ，スポイトなどを用いて試料の溶液を帯状に付着させ，展開溶液を浅く入れた展開槽で展開する（図Ⅱ.1.8）．各成分は帯状をなして展開される．市販の薄層クロマトグラフィーでは固定層に蛍光物質が練りこんであるため紫外線を当てると，化合物が吸着していない部分は明るい蛍光が見え，化合物が吸着されている部分は暗く見えるので，直接に展開帯が検出できる．紫外線を吸収しない化合物では，この検出法は用いられない．目的化合物の展開帯の固定相をスパチュラなどでかきとり，よくすりつぶしたうえ，カラムなどに入れ，適当な溶媒で溶離させる．操作が簡便で分離・展開のありさまが直接に検出できるので，比較的少量の試料（20cm×20cm，厚さ1.5mm程度の板1枚あたり0.1～0.5g程度）の分離に適している．

c. 昇華（sublimation）
固体の蒸気圧の差を利用する分離精製法である．有機固体は常圧では蒸気圧が小さいのが普通で減圧昇華が一般的である．有機合成などで混入してくる不純物は目的化合物と構造が似ており蒸気圧にも大きな差異がない場合が多いので，精製法として効果的でない．また，ある程度分子量が大きい化合物では，蒸気圧を

得るのに加熱が必要なため昇華操作中に熱分解が起こり，かえって純度の低下をまねくときもあるので注意を要する．

テトラチアフルバレンとクロラニルを昇華速度を制御した条件で一つのセル内で昇華させることにより，電荷移動錯体の単結晶が得られている[4]．

テトラチアフルバレン ＋ クロラニル → 昇華 → CT錯体の単結晶

d. Zone Melting 法（帯融解法）

融解した物質が固化するとき，固化しはじめた部分と固化し終えた部分との間に純度の勾配が生じる現象を応用した精製法である[5]．発光スペクトルの測定に供する試料から超微量の発光性不純物を取り除くときなどに用いられる．融解-固化を連続して繰り返すように設計された専用の装置が市販されている．試料には融点温度においてきわめて安定であること，凝固が速やかであることなどが要求され，有機物では一部の芳香族化合物などに応用範囲が限られる．〔三木定雄〕

参考文献
1) 日本化学会編：実験化学ガイドブック(1984)，丸善
2) 日本化学会編：実験化学講座第4版2(1990)，丸善
3) 芝 哲夫監修：有機化学実験のてびき1(1989)，化学同人
4) 斎藤軍治，犬養鉄也：日本結晶成長学会誌，**16**(1989)，2
5) Wilcox, W. R. et al.: Chem. Rev., **64**(1964), 187

1.3 薄膜作製技術 湿式

1.3.1 はじめに

多様な光・電子機能有機材料を対象に，輸送機能をはじめ膜界面や膜内構造に特異な物性を顕在化させる薄膜機能は，材料分子の設計だけでなく薄膜作製方法に大きく依存する．したがって，薄膜作製においては目的に適した作製方法を採用するだけでなく，薄膜化過程の分子論的考察から作製方法自身を対象材料に合わせて工夫したり新たに開発する必要がある．表II.1.1に本項で取り扱う湿式薄膜作製技術をまとめた．

材料分子の溶液から薄膜を作製する湿式法は，均一溶液から溶媒蒸発によって適当な基体材料表面や相界面に材料分子を薄膜化させることが基本となる．さらに，薄膜化過程に化学吸着や化学反応を積極的に利用することも行われている．したがって，おもに高分子材料から物理的薄膜化過程によって得られるキャスト膜，スピンコーティング膜，ディッピング膜は，通常非晶質であるが，またそのため支持基板を必要としない自立型薄膜を与えるに充分な機械的強度を備えている．一方，結晶性の有機分子の場合，溶媒蒸発にともなって微結晶の析出のため強度的にもろい膜を与える．この場合は，成膜性に優れた高分子材料に対象とする分子をブレンドしたり，共有結合などによって修飾して薄膜化されている．

これらに対して，薄膜内における分子配向を制御する場合，適当な基板材料や相界面に対して対象分子を配向させながら不溶化堆積させる必要がある．これに適したラングミュア-ブロジェット法，セルフアッセンブリング法の場合，分子の自己凝集能による単分子膜形成過程を利用している．

1.3.2 塗布法

本法は，古くから簡便な薄膜作製法として，とくに自立型の高分子膜に適用されてきた．成膜材料の濃厚溶液を適当な基板上にコーティングした後，乾燥する方法で，図II.1.9に代表的な例を示す．

(a) 水平基板上に適当な間隙を有するアプリケー

表 II.1.1 湿式法による薄膜形成法

薄膜作製法	薄膜化過程	主な膜厚支配因子	膜厚制御分解能	配向制御性	生産性
キャスト法	溶媒蒸発	キャスト膜厚，溶媒含量	≥1 μm	非晶質	簡便，大量
スピンコーティング法	溶媒蒸発	基板回転数，溶液粘度，溶媒含量	≥0.1 μm	非晶質	簡便，大量
ディッピング法	溶媒蒸発	溶液粘度，溶媒含量	≥1 μm	非晶質	簡便，大量
電解重合法	高分子化による不溶化堆積	電解電気量，電極被覆膜の電導性	≥100 Å	非晶質	簡便，大量
ラングミュア-ブロジェット法	自己凝集能による単分子膜形成	単分子膜厚，単分子膜移し取り回数	分子長軸	高秩序配向性	煩雑，少量
セルフアッセンブリング法	自己凝集能による単分子膜形成，特異的化学吸着	単分子膜厚	分子長軸	高秩序配向性	簡便，少量

(a) キャスト法

(b) スピンコーティング法

(c) ディッピング法

図 II.1.9 塗布法の例

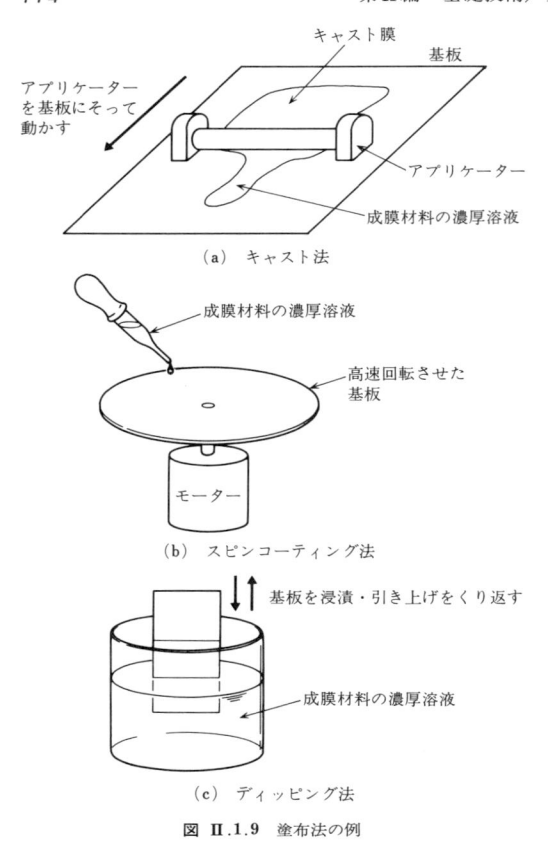

ターを用いて溶液を塗布する(キャスト法).

(b) 高速回転させた基板上に溶液を滴下し,遠心力により一定の膜厚でコーティングしたのち乾燥させる(スピンコーティング法).

(c) 溶液に基板を一定速度で浸漬・引き上げる(ディッピング法).

基本的には,基板上に塗布された濃厚溶液の溶媒蒸発によって薄膜形成させる.この過程で加熱,光照射などによる高分子化や架橋構造を生成させ不溶化ならびに強化することも行われている.この不溶化過程は,安定な薄膜を得るため,また本法のくり返しによって多層構造化する場合,すでに作製した薄膜の再溶解を抑制するためにも重要な後処理となる.本法は簡便かつ大面積化などのプロセシングに優れている反面,溶液濃度,粘度,溶媒,乾燥条件など技術的な支配因子も多く,またミクロ相分離や微結晶析出などによる膜組成の不均一化を伴うこともしばしば見られる.とくに,溶媒蒸発によって薄膜形成するため,界面近傍の組成と膜内部の組成にかたよりが存在し,これが薄膜機能に大きく影響を与える場合が多い.

成膜性に優れたポリアクリロニトリル,ポリビニルアルコールなどへの機能分子のブレンド,機能分子を共有結合させた機能性高分子,機能性モノマーとの共重合体やナフィオン・部分四級化ポリビニルピリジンなどイオン交換機能を有する高分子へのイオン性機能分子の固定など応用範囲は広い.分子・イオンの輸送をめざした機能性高分子膜や高分子修飾電極などは,本法で作製されたものが多い.一般に薄膜内における高秩序分子配向は期待できないが,國武らによる合成二分子膜のいくつかは,その自己凝集能により分子長軸を膜厚方向に配向させた長周期構造薄膜を与える.

1.3.3 電解薄膜形成法

溶質の電解生成物あるいはそれに続く反応生成物が電極表面に堆積し,電極被覆膜を与えることを利用した製膜法で,工業的にも重要な金属めっきに代表される.有機材料の場合,種々の薄膜形成法があげられるが,その過程は電解過程,後続反応,堆積過程より成り立ち,さらに被覆膜の導電性が重要な要素となる(表II.1.2).導電性被覆膜の場合,被覆膜による電位降下が小さく膜の電解液界面で引き続き所望の電解が起こるため,膜は厚膜の範囲まで連続的に成長する.さらに,後述するポリピロール・ポリチオフェンなどの導電性高分子の電解薄膜形成の場合,電気化学量論的に進行するので,被覆膜厚は通電量に比例する.いいかえれば,電解電流が薄膜成長速度に対応するため膜厚制御が容易である.一方,多くの有機電解薄膜は絶縁性のため,膜成長とともに電解液界面における電位降下が著しく,初期電解過程が起こらなくなった時点で膜成長は停止する.この場合,電解電気量による膜厚の制御は困難であるが,機能性電極などのように電極界面の電子移動・物質移動を制御する被覆膜を作製する方法として十分有効である.

表 II.1.2 電解薄膜形成法の要素

電解過程	後続反応	堆積過程	被覆膜
酸化	イオン重合	不溶化	絶縁性
還元	カップリング		導電性
溶質(材料分子)	⋮		⋮
電解質			
溶媒			

アミノ基・水酸基を有する芳香族化合物,ピロール・チオフェンなどの複素環化合物,多環式縮合芳香族化合物を電解酸化すると,カチオンラジカルが生成し,それらがカップリングを繰り返して不溶性の電極被覆重合体膜として得られる.この場合,重合体主鎖に共役系が生長すると導電性高分子となる.電解重合法は,電流によって膜厚を定量的に制御できる優れた方法である(図II.1.10にピロール・チオフェンの電

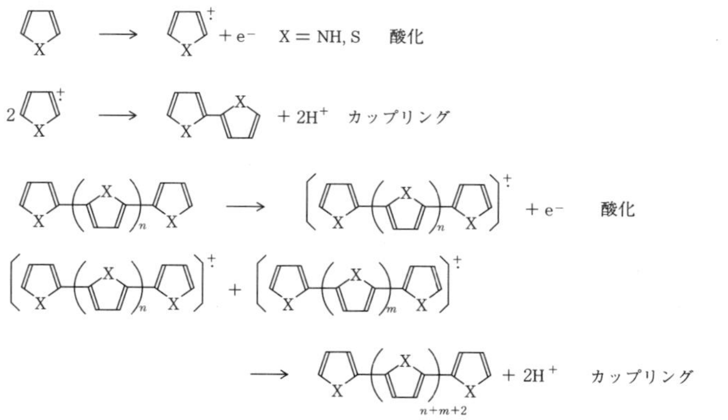

1.3 薄膜作製技術　湿式

$$\underset{X}{\bigcirc} \longrightarrow \underset{X}{\bigcirc}^+ + e^- \quad X = NH, S \quad 酸化$$

$$2\underset{X}{\bigcirc}^+ \longrightarrow \underset{X}{\bigcirc}-\underset{X}{\bigcirc} + 2H^+ \quad カップリング$$

$$\left[\underset{X}{\bigcirc}\left(\underset{X}{\bigcirc}\right)_n\underset{X}{\bigcirc}\right] \longrightarrow \left[\underset{X}{\bigcirc}\left(\underset{X}{\bigcirc}\right)_n\underset{X}{\bigcirc}\right]^+ + e^- \quad 酸化$$

$$\left[\underset{X}{\bigcirc}\left(\underset{X}{\bigcirc}\right)_n\underset{X}{\bigcirc}\right]^+ + \left[\underset{X}{\bigcirc}\left(\underset{X}{\bigcirc}\right)_m\underset{X}{\bigcirc}\right]^+$$

$$\longrightarrow \underset{X}{\bigcirc}\left(\underset{X}{\bigcirc}\right)_{n+m+2}\underset{X}{\bigcirc} + 2H^+ \quad カップリング$$

図 II.1.10　ピロール・チオフェンの電解重合と電気化学的ドーピング・脱ドーピング

表 II.1.3　電解重合に用いられるモノマー

モノマー	反応のタイプ
アミノ基・水酸基を有する芳香族化合物 アニリン*，ジアミノベンゼン*，メチルアニリン，メトキシアニリン，2-トリフルオロメチルアニリン，2,5-ジメトキシアニリン*，2,6-ジメチルアニリン*，N-メチルアニリン*，N-エチルアニリン* など フェノール，サリチルアルコール(o, m, p-)，サリチルアルデヒド(o, m, p-)，ヒドロキシアセトフェノン(o, m, p-)，o-クレゾール*，ジメチルフェノール*，4,4″-ジアミノジフェニルオキシド，1-ナフトール*，1-アミノピレン など	電解酸化重合
複素環式化合物 ピロール*，N-メチルピロール*，チオフェン*，フラン*，メチルチオフェン*，2,5-ジメチルチオフェン，2,2′-ビチオフェン，インドール，アミノピリジン など	電解酸化重合
縮合多環化合物 アズレン*，ピレン*，フルオレン* など	電解酸化重合
ジベンゾクラウンエーテル*	電解酸化重合
ビニル基を有する化合物 4-ビニルピリジン，4-メチル-4-ビニルビピリジン，4-ビニルフェナントロリン，ジビニルベンゼン，N-ビニルカルバゾール* など	電解酸化重合 または電解還元重合
ベンゼン*	電解酸化重合
アセチレンおよび誘導体 アセチレン*，フェニルアセチレン* など	電解還元重合

*　電気化学的に活性な重合膜になる．
(大坂武男，小山昇：膜，11 (1986)，261)

解酸化重合機構を示す)．薄膜作製法としての電解重合による導電性高分子薄膜の重要性は，得られた薄膜が導電性のため，前述した重合収量と電解電気量に良好な直線関係が成り立ち(電気化学的当量関係)，電解電流が膜厚成長速度に対応することである．表II.1.3に電解重合薄膜を与えるモノマーをあげる．

電解重合膜の構造や性質は，モノマーの種類，電解重合条件(電極材料，支持電解質，電解溶媒，pH，電流密度，温度など)，電解モード(定電位，定電流，電位走査など)によって異なる．たとえば，アニリンの電解酸化重合をアセトニトリルあるいは中性水溶液で行うと，電気化学的に不活性な重合被覆膜が得られるが，酸性水溶液で行うと，電気化学的に活性なポリアニリン薄膜が得られる．これは，前者が1,3-位結合重合体であるのに対して，後者が1,4-位結合重合体であることに起因している．

電解重合においては，酸化電位の近い複数のモノマー混合電解液より共重合も可能である．共重合組成は，重合電位における各モノマーおよび生成したオリゴマーの電解酸化速度にかかわる反応性ラジカルカチオン種の電極近傍における濃度分布，それらのカップリング反応性，および電極表面に不溶化堆積する重合度しきい値などに複雑に影響され，得られた薄膜の分析・物性より共重合が強く示唆されている．表II.1.4に代表的な導電性共重合薄膜をあげる．共重合組成は，おおむね各モノマー単独重合時の電解電流によって与えられ，主鎖シーケンスは幅広い分布をもっていると考えられるが，モノマーの仕込濃度と重合時の電極電位によって決定される．電解共重合時の電極電位によって共重合組成を制御できることは，薄膜作製法として

表 II.1.4　電解共重合による導電性高分子の例

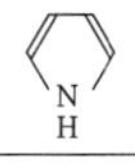 ピロール(NH)	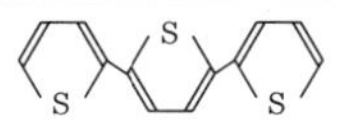 チオフェン三量体
 ピロール(NH)	 チオフェン
 ピロール(NH)	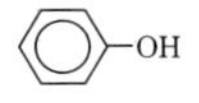 フェノール(OH)
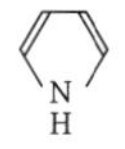 ピロール(NH)	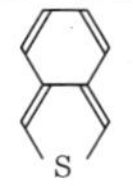 ベンゾチオフェン

は優れた方法といえる．

電解重合の古い例として，スチレンのニトロベンゼン中電解酸化重合，アクリロニトリルのジメトキシエタン中の電解還元重合などがあげられる．ビニル基を有する芳香族化合物やジアセチレン誘導体は，支持電解質イオン，溶媒分子，モノマー自身の電解生成物が重合開始剤となって，モノマーの連鎖的イオン重合反応を行い，不溶化によって電極表面に堆積させることも可能である（電気化学的開始重合）．この場合は，先に述べた電気化学的当量関係は成立しない．

ユニークな電解薄膜形成法として，佐治らはフェロセンやビオローゲンなどのレドックスグループを組み込んだ両親媒性分子を合成し，電解によるミセル形成，崩壊の制御を可能にした．フタロシアニンのような疎水性成膜物質を溶解したミセルは，電解によるレドックスグループの電荷変化を伴い，両親媒性バランスがくずれ崩壊する．このとき，ミセル内に溶解されていた成膜物質が電極上に不溶化・堆積するものである．成膜収率は，崩壊されたミセルの量に依存するため電解電気量に比例し，その膜厚制御性は数百 Å に及ぶ．

1.3.4　LB(Langmuir-Blodgett)膜法

1935年 Langmuir と Blodgett により開発された本法は，界面活性剤のような両親媒性分子が気液界面でその長軸をほぼ界面の法線方向に配向した単分子膜を形成させ，これを適当な固体基板上に移しとり固定された単分子膜，あるいはこの移しとりを繰り返して単分子膜を積層した累積膜を作製する方法である．

両親媒性分子のベンゼンなどの揮発性溶液をトラフと呼ばれる浅い水槽に張った水面上に展開し，圧縮すると水面上に単分子膜が形成される（図Ⅱ.1.11）．図Ⅱ.1.12に表面圧-分子占有面積の等温曲線を示す．面積 A の水面上に N 個の両親媒性分子を展開したときの1分子あたりの占有面積 (A/N) を横軸に，水の表面張力 (γ_0) に拮抗する表面圧 $(F = \gamma_0 - \gamma)$ を縦軸に一定温度下測定したもので，水面上分子の集合状態によって，気体膜，液体膜，固体膜と大きく類別される．とくに，表面圧が急激に上昇する固体膜領域は，水面上分子がほぼ最密充塡した二次元結晶状態とされ，一定表面圧下，垂直浸漬法・水平付着法（図Ⅱ.1.13）により，各種基板上に単分子膜を写しとることができる．この操作のくり返しにより単分子膜を数百層以上累積することができ，分子を高秩序に配向させた単分子膜を構成分子の長軸方向に積み上げる有力な方法である．水面上単分子膜の集合状態は，分子構造，水相のpHや金属塩の種類・濃度，表面圧，温度に影響されるため，表面圧-分子占有面積の測定によって，単分子膜の移しとりに適した安定な凝縮膜の形成条件を探索し，さらに基板上に高秩序累積膜を移しとるには，基板表面の性質・累積方法なども考慮する必要がある．

LB膜への光・電子機能の付与は，構成分子の設計段階で次のように行われている．図Ⅱ.1.14に光・電子機能をめざした代表的両親媒性分子を示す．

(1) 各種機能性分子に親水性エステル，エーテル，ケトン，アルデヒド，アミン，アルコール，カルボン酸，スルホン酸，硫酸エステルなどと疎水性長鎖アルキル基を導入した両親媒性分子を成膜分子とする高配向性単分子膜・累積膜が得られている．これら親水部に機能性を付与したものに対して，(2) 長鎖アルキル基の代わりにステロイド，ビキシン，パーメチルオリゴシランを疎水部に用いたり，長鎖アルキル基にブタジイン構造，アゾベンゼンなどを導入した機能性付与も行われている．また，(3) 複数の機能性部位を適当な配置に組み込んだ両親媒性分子も合成されている．一方，簡便な機能性LB膜の作製方法として，(4) 複数

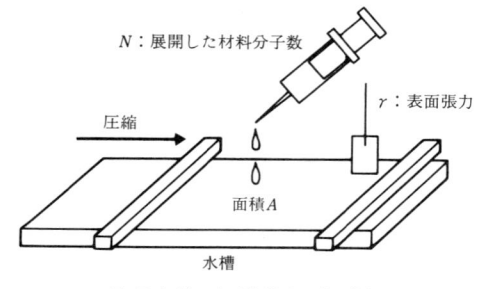

図Ⅱ.1.11 水面上単分子膜の作製

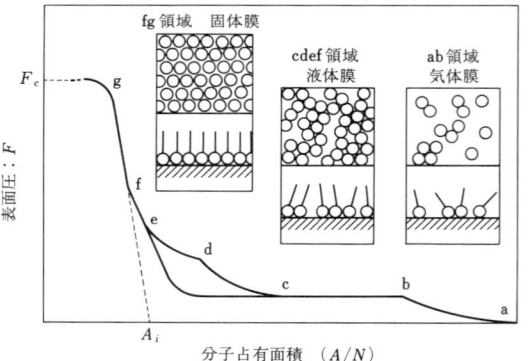

図Ⅱ.1.12 水面上単分子膜の集合状態

分子占有面積の減少に伴って分子が散在した気体膜(ab領域)，気体膜と液体膜の平衡状態(bc領域)，液体膜(cdef領域さらに液体膨張膜(cd領域)，中間膜(de領域)，液体凝縮膜(ef領域)と区別される)を経て，圧縮率の小さい固体膜(fg領域)を形成し，さらなる圧縮によって単分子膜は崩壊する（崩壊圧 F_c）．固体膜の直線部分を $F \to 0$ に外挿した面積 A_i は，最密パッキングした分子の断面積を与える（極限占有面積）．
図中の模式図は，水面上分子の集合状態(上図)と分子長軸の配向状態(下図)を示したものである．

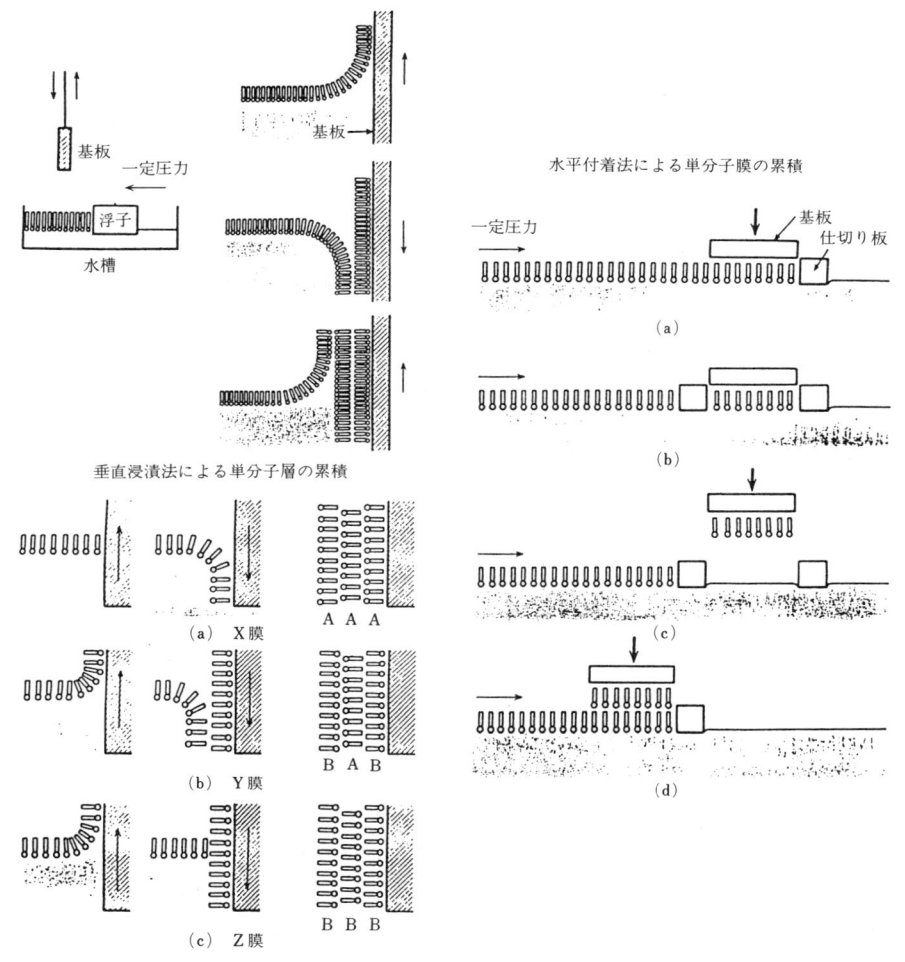

図 II.1.13 垂直浸漬法・水平付着法による単分子膜の累積

の両親媒性分子の混合単分子膜や安定な脂肪酸単分子膜の疎水部に溶解・包埋または包接機能を有する薄膜にゲスト分子を導入する方法も開発されている．混合単分子膜の場合，各構成分子間の自己凝集能が強いため，ミクロ相分離が起こりやすく，分子レベルで均質な混合単分子膜を得るのは困難である．さらに，生体系の細胞膜は一般に 2 分子膜構造を有しており，膜内外の分子・イオンの輸送は，細胞膜に埋め込まれてチャンネルを形成している膜タンパク質や酵素などによって制御されていることが知られている．酵素を用いたセンサーを構築する場合，安定な脂肪酸分子の単分子膜に対象とする酵素を混合単分子膜と同様な方法で埋め込むことも行われている．

本方法の最大の特徴は，両親媒性分子の分子長軸を単位とする累積膜を容易に得られることである．異なる単分子膜を積み上げたヘテロ累積膜では，これを利用してエネルギー移動・電子移動の距離依存性や MIM 構造におけるトンネル電流の距離依存性が検証されている．従来の LB 膜では，単分子膜機能とヘテロ累積膜機能に大別されるが，同じ単分子膜を積み上げたホモ累積膜において各単分子膜間の相互作用をあらわに反映した累積効果に関する研究が期待される．

1.3.5 セルフアッセンブリング法

清浄な金，白金，銀などの表面にチオール基(SH)，また酸化アルミニウムなどの金属酸化物表面にカルボキシル基(COOH)が特異的に強く化学吸着することを利用し，さらに適当な長鎖アルキル基を導入することにより成膜分子の自己凝集能を高めて，基体材料表面に単分子膜を作製する方法である．LB 法に比較して欠陥は少ない．Wrighton らは，リソグラフィー技術を用いて，基体表面に異なる吸着サイトをパターン化し，チオール基をもつ分子とカルボキシル基をもつ分子をパターンにしたがって選択的に吸着させることに

チオインジゴ誘導体の異性化反応

スピロピラン誘導体のフォトクロミック反応

導電性高分子LB膜

導電性電荷移動錯体

I : X=CMe :
II : X=S
III : S=Se

IV : R_1=H, R_2=Me, R_3=$C_{15}H_{37}$
V : R_1=Me, R_2=Me, R_3=$C_{15}H_{37}$
VI : R_1=OH, R_2=Et, R_3=$C_{15}H_{37}$

長鎖メロシアニン(a) とヒクアリリウム(b) 誘導体

1.3 薄膜作製技術 湿式

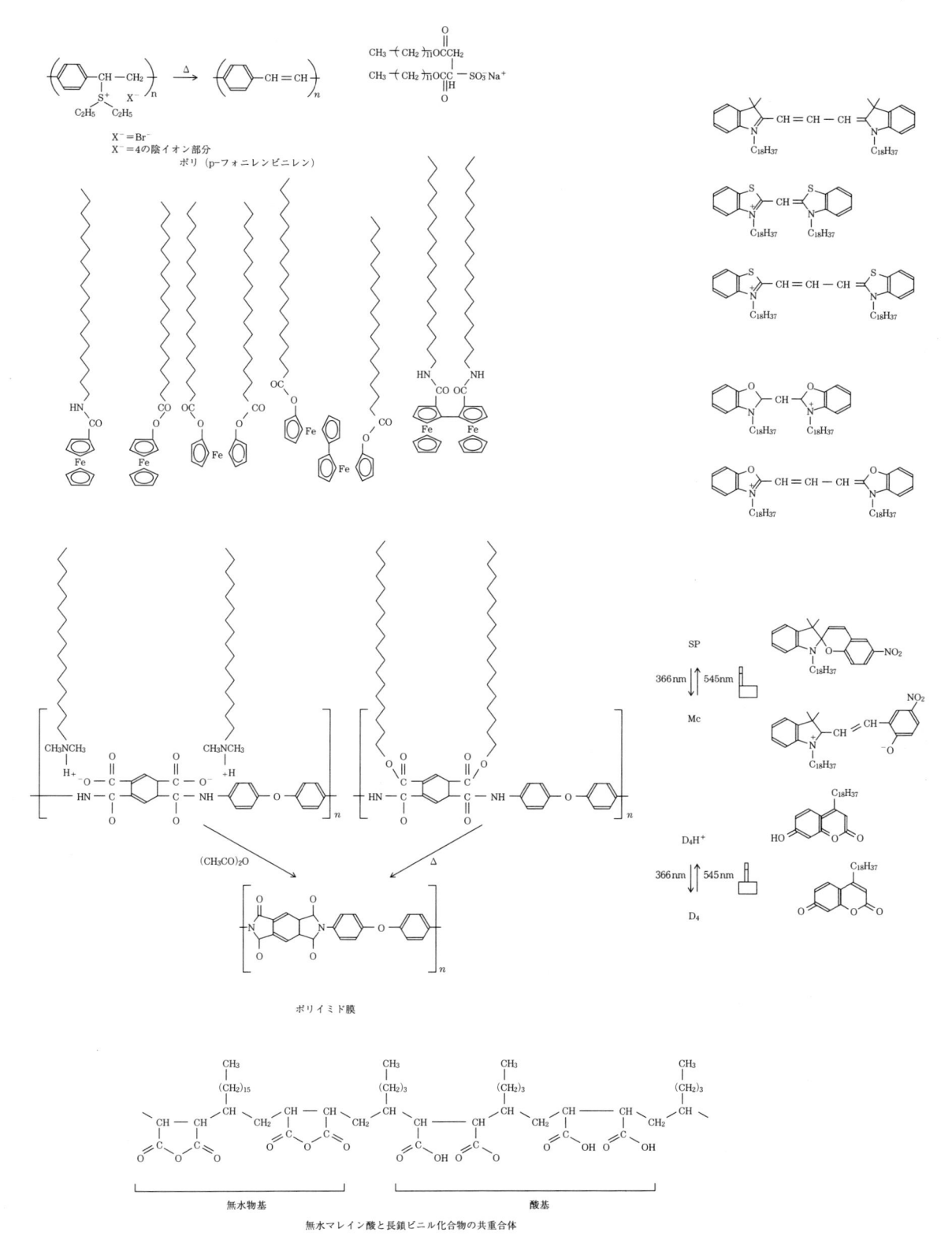

ポリ（p-フェニレンビニレン）

$X^- = Br^-$
$X^- = 4$の陰イオン部分

ポリイミド膜

無水マレイン酸と長鎖ビニル化合物の共重合体

(a) 機能性分子を親水基に用いた両親媒性分子

光二量化反応

非線形光学材料

π電子系を含む成膜分子

両親媒性アゾベンゼン誘導体

(b) 機能性分子を疎水基に用いた両親媒性分子

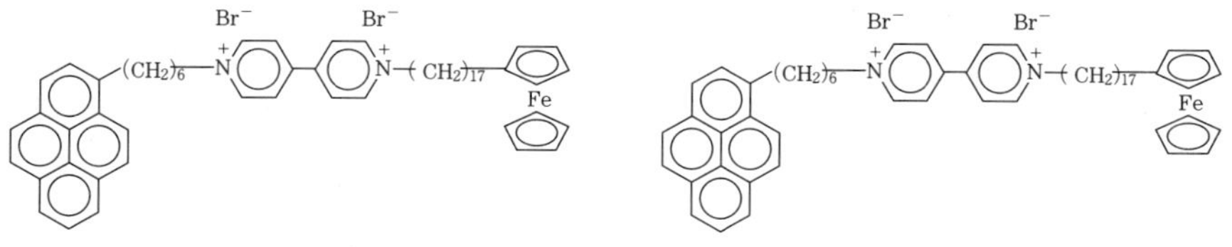

1.3 薄膜作製技術 湿式

(a) A-S-Dから成る三つ組分子 (a) と関連化合物 (b)

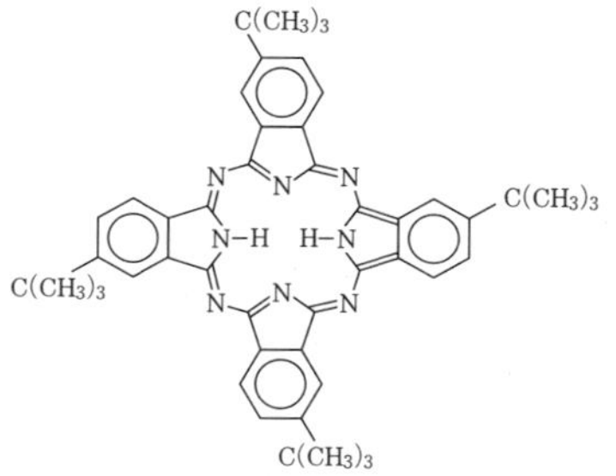

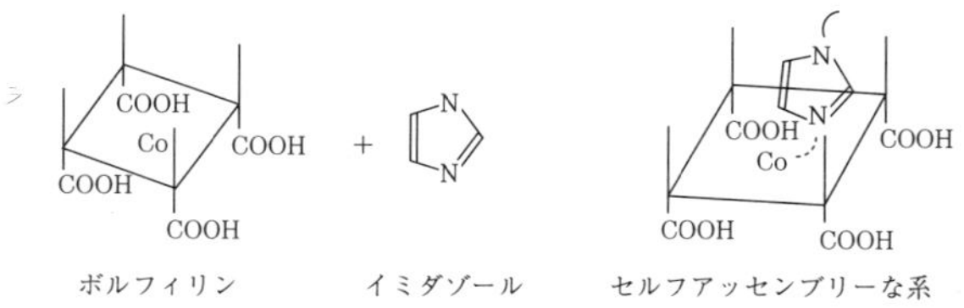

コバルトメソポルフィリン誘導体と長鎖イミダゾールとの分子組織化

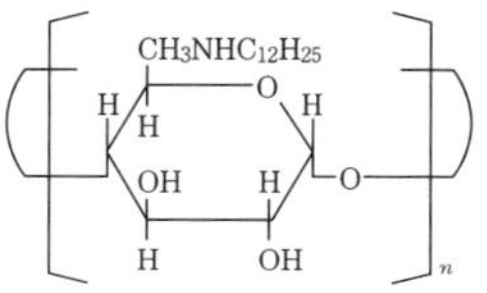

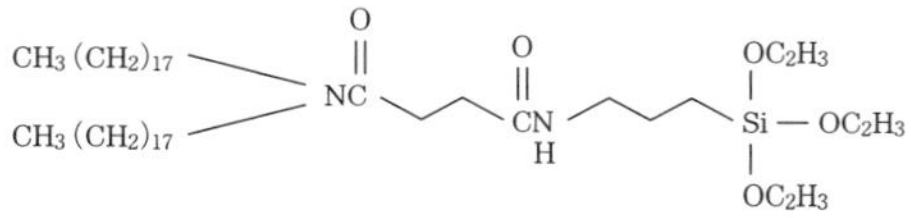

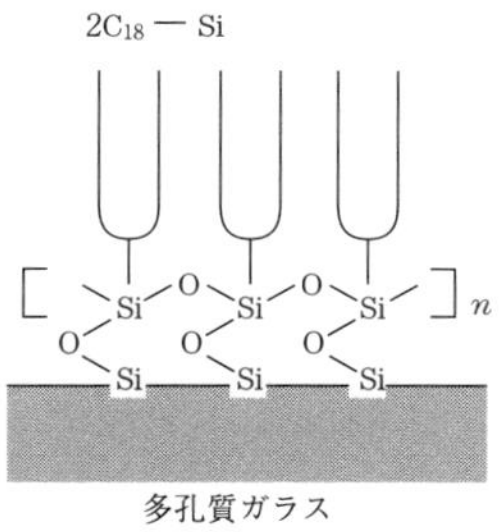

ジアルキルシラン重合膜による多孔質ガラスの表面被膜

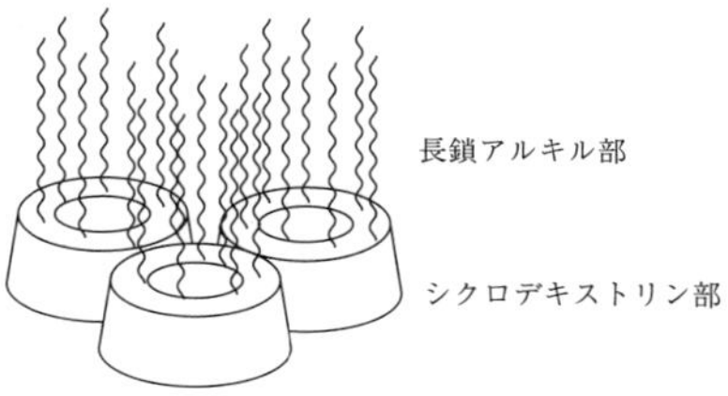

(c) その他の両親媒性分子

図 II.1.14 代表的な機能性LB膜の成膜分子

成功している．

1.3.6 化学吸着-化学結合法

有機材料分子を高秩序に配向させ単分子層ごとに累積するLB法の欠点は薄膜の安定性・強度が低いことである．多層構造薄膜の場合，おもに各単分子層の疎水部の弱い自己凝集能（ファン・デル・ワールス力）により組織化されているが，単分子層内分子間あるいは層間分子間に共有結合・イオン結合・配位結合を導入して強化する試みが行われている．原理的には，ポリペプチド合成におけるメリフィールド法（固相合成法）のように構成分子の両末端に変換可能な官能基を導入

した単分子膜構成分子を合成し，(1) 基板表面に単分子膜固定，(2) 末端官能基変換による単分子膜表面の活性化，(3) 第二層単分子膜の固定，(4) 第二層単分子膜最表面の活性化…をくり返す（図II.1.15）．官能基変換反応と活性化された最表面への第二層固定反応の効率およびこれらの反応にかかわる官能基と構成分子本体の断面積のマッチングが良質な多層構造薄膜を得るためのポイントとなる．とくに，すでに確立されているメリフィールド法においても固相担体への固定化表面密度はきわめて低く，本法に要求されている最密充填構造あるいはそれに近い表面密度ではほぼ100％収率で官能基変換・固定化反応をデザインすることが必

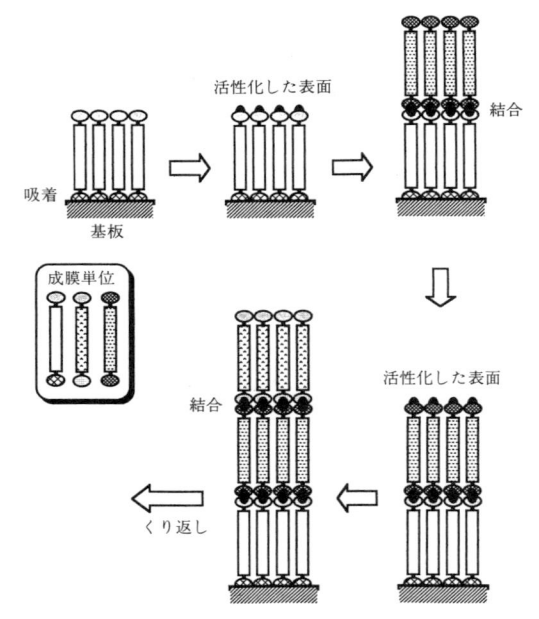

図 II.1.15 セルフアッセンブリング法と化学反応を利用したヘテロ構造薄膜作製の概念図

要条件となる。たとえば、第二層以後においては、水素結合のような互いに相補的な官能基を両末端にもつ構成分子（A および B）を用い、官能基変換反応なしで ABAB…と順次吸着させていく方法も考えられる。これらが技術的に克服された場合、本法は真空薄膜形成法における原子層エピタキシーに対抗できるきわめて強力な湿式薄膜作製法と期待されている。実際、Sagiv らは、長鎖アルキルの両末端にトリクロロシリル基と末端オレフィンを導入し、ガラス基板上の水酸基とシランカップリングさせた後、単分子膜表面のオレフィンを水酸基に誘導したのち、第二層をシランカップリングで積み上げる方法を実現した（図 II.1.16）。

〔彌田智一〕

参考文献

1) 日本化学会編：化学総説 No. 5, アドバンストマテリアルその設計思想(1989), 学会出版センター
2) 電気化学協会編：電気化学便覧, 第 4 版(1985), 丸善
3) 日本学術振興会薄膜第 131 委員会編：薄膜ハンドブック(1983), オーム社
4) 高分子学会編：高分子新素材便覧(1989), 丸善
5) 応用物理学会薄膜・表面物理分科会編：薄膜作製ハンドブック(1991), 共立出版

1.4 薄膜作製技術　乾式

1.4.1 はじめに

高い機能をもった有機薄膜素子を実現するには、有機分子を積木細工のように配列制御し、熱的・機械的・化学的に安定した薄膜を作製する必要がある。作製する方法は数多くあり、湿式法（ウェットプロセス）と乾式法（ドライプロセス）に大きく分類できる[1]。代表的な湿式法であるラングミュア-ブロジェット（LB）法では、単分子層の作製が容易であり、ヘテロ構造を

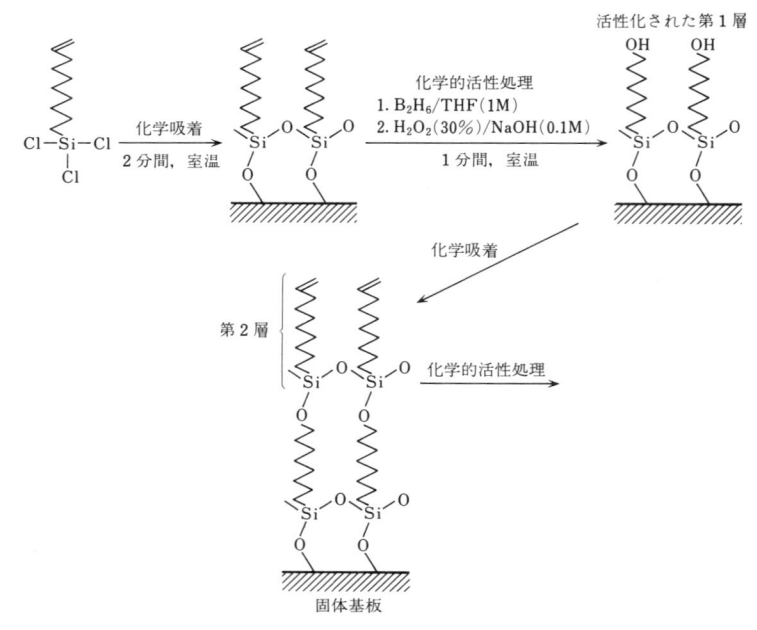

図 II.1.16　Sagiv らによる化学吸着-化学結合法の実施例

もつ累積膜もつくることができる．しかし，重合時および累積時に膜構造に乱れが生じたり，不純物が膜中へ混入すること，大面積の薄膜をつくりにくいこと，膜の作製に時間がかかることなどの問題点がある．一方，乾式法は真空中または減圧下での気相成膜法であるため，量産性や膜の純度などの面で有利である．本節では乾式成膜法について概説し，代表的な成膜法について具体例をあげて解説する．

1.4.2 乾式成膜法の種類

乾式法は，単純な真空蒸着法，スパッター法，イオンプレーティングなどの物理気相成長（PVD, Physical Vapor Deposition）法と，プラズマ重合法などの化学気相成長（CVD, Chemical Vapor Deposition）法に大別できる（表Ⅱ.1.5）．一般に，PVD法では蒸発物質と得られる薄膜の化学組成が同一であるが，CVD法では製膜時に化学反応を伴うため化学組成が異なる．PVD法の代表である真空蒸着法は，フタロシアニン・パラフィン・脂肪酸などの低分子有機物質の配列制御薄膜作製法として利用されている[2~7]．また，ポリエチレン（PE）[8~10]，ポリフッ化ビニリデン（PVDF）[11,12]などの高分子物質の真空蒸着薄膜においても，分子鎖の配向および結晶形の制御などが可能である．ただし，高分子を真空蒸着する場合には高分子鎖が熱分解し，分子量が数百から数千に低下する．CVD法にはプラズマ重合法や紫外線などによる光重合法などがあるが，生成する膜は一般に架橋を含む無配向の構造を示し，分子鎖の配列を制御することは困難である[13]．PVD法とCVD法の両面をもつ高分子膜作製法である蒸着重合法（Vapor Deposition Polymerization, VDP）[14,15]は，単純な真空蒸着法をもとにモノマーを加熱蒸発し，基板上で重合させることにより高分子薄膜を作製する方法である．一般のCVD法ではエネルギーを与えてモノマー物質を活性化するのに対し，縮合系高分子の蒸着重合においては単にモノマーを蒸着するだけで基板上での重合反応が進行する．したがって，蒸着重合法は本質的にCVD法よりもむしろPVD法に近い方法であるということができる．蒸着重合法は，単純な装置を用いて，無触媒で重合させて成膜することができ，真空中での乾式法であるために不純物の混入を避けられるのみならず，成膜速度が速い，分子配列の制御が可能など，多くの利点をもっている．

1.4.3 PVD法

a. 真空蒸着法

図Ⅱ.1.17に真空蒸着法の概念図を示す．この方法により，パラフィン[4,6,7]や脂肪酸[2,5]などの長鎖分子およびフタロシアニンなどの平板状分子[3]の真空蒸着膜における分子配向特性について，多くの研究が行われている．フタロシアニンでは，蒸着条件を制御すると分子平面を基板に対して平行または垂直に配列させることができる（図Ⅱ.1.18）．長鎖分子の蒸着膜では，LB

表 Ⅱ.1.5 乾式製膜法の種類

PVD法	真空蒸着法	真空中で加熱蒸発させ基板上に堆積
	分子線エピタキシー法（MBE法）	超高真空中での分子線による膜形成
	スパッター法	イオン化した原子により原料粒子をたたき出し基板上に堆積
	イオンプレーティング法	原料分子または不活性原子のイオンを利用して膜形成
	蒸着重合法	モノマー分子の基板上での反応により高分子膜形成
CVD法	熱CVD法	熱反応を利用して成膜
	プラズマ重合法	プラズマによる活性分子を利用
	光CVD法	光反応を利用

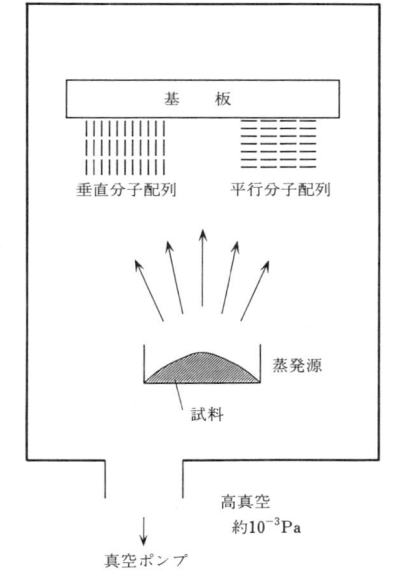

図 Ⅱ.1.17 真空蒸着法の概念図

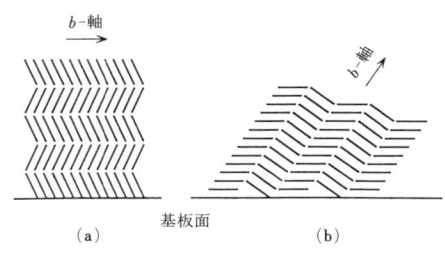

図 Ⅱ.1.18 フタロシアニン蒸着膜における2種類の分子配向

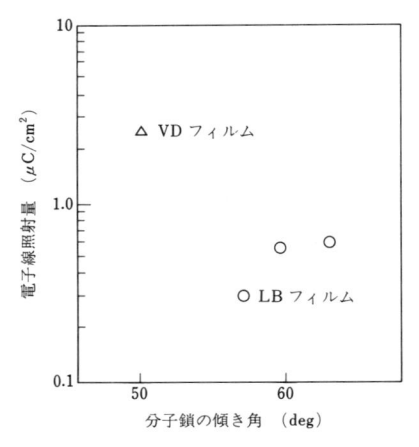

図 II.1.19 ω-トリコセン酸蒸着薄膜およびLB薄膜における分子鎖の傾きと重合反応に必要な電子線照射量の関係[16]

法と同様に分子鎖が基板に対して垂直方向に配列した積層膜およびLB法では困難である分子鎖が平行に配向した膜が蒸着条件によって構造制御できる．たとえば，ω-トリコセン酸の蒸着膜とLB膜では共に分子が基板に対して垂直方向に配列しているが，分子鎖の基板表面からの傾き角が異なり，図II.1.19のように電子線照射による重合の反応性に差異がみられる[16]．また，パラフィン蒸着膜では基板温度，蒸着速度を制御することにより，分子を基板に対して垂直または平行に配列させることができる．図II.1.20に鎖長の異なるパラフィンを過飽和度が比較的大きい条件，すなわち速い蒸着速度で真空蒸着した場合における，薄膜の分子配列特性と過冷却度の関係を示す[7]．過飽和度(σ)および過冷却度(ΔT)は次式により定義される．

$$\sigma = (P - P_0)/P_0$$

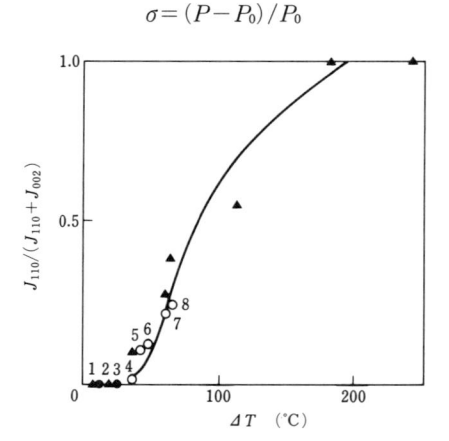

図 II.1.20 パラフィン蒸着薄膜の分子配列特性と過冷却度の関係
● : $T_s = 25°C$，数字1,2,3はそれぞれ炭素数20, 22, 24のパラフィンを表す．○ : $T_s = 15°C$，数字4～8はそれぞれ炭素数24, 26, 28, 36, 40の場合．▲ : さまざまな T_s における炭素数40のパラフィンの場合[7]．

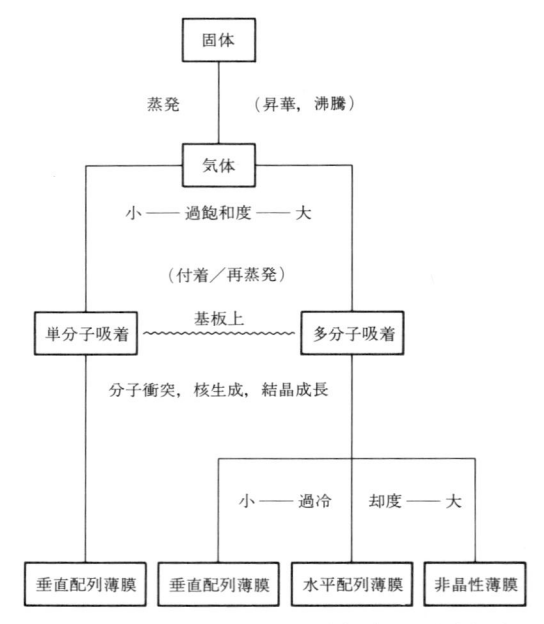

図 II.1.21 真空蒸着における過飽和度(ΔP)，過冷却度(ΔT)と分子配列特性の関係

$$\Delta T = T_m - T_s$$

ここで，P は真空系内における分子の蒸気圧，P_0 は蒸着基板温度における分子の平衡蒸気圧，T_s は基板温度，T_m は分子の融点である．図II.1.20の縦軸は，X線回折測定において，平行配列の際に観測される(110)面反射の相対強度を示している．図II.1.20から明らかなように，過冷却度の増加（基板温度の低下）とともに基板上における分子の平行配列性が高くなるが，基板温度が高い場合には過冷却度は小さくなりほとんど完全な垂直配列薄膜が得られる．図II.1.21に，真空蒸着における主な蒸着パラメーターである過飽和度および過冷却度と分子配列特性との関係をまとめた．過飽和度が大きくなると，分子は多分子吸着的に基板上に付着し疑似液体層を形成し，この疑似液体層からの薄膜構造形成は基板温度（結晶化温度）に大きく影響されることが考えられる．実際に，過冷却度が大きくなるにしたがって分子は垂直配列から水平配列へ変化し，さらに過冷却度が大きくなると非晶性の薄膜が形成される．一方，小さな過飽和度では分子が基板上に単分子的に吸着し，吸着した分子は自由に基板上を動きまわりながら再蒸発と吸着をくり返し，分子の大多数は基板上に垂直配列する．この真空蒸着条件下では，基板温度にあまり影響されずに垂直配列薄膜が形成する．

最近では，分子線エピタキシー（MBE）法による有機薄膜の作製も試みられている[17,18]．MBE法は，真空蒸

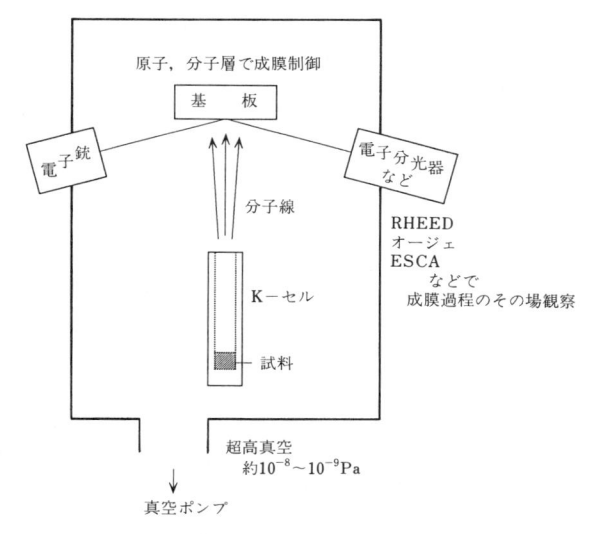

図 II.1.22 分子線エピタキシー法の概念図

着法の一種であり，クヌーセンセル（K-セル）などのるつぼに入れた蒸着物質を，超高真空中で加熱することによって蒸発させ，出てくる蒸気を分子線の形で基板上に入射して薄膜を基板上にエピタキシャル成長させる技術である（図II.1.22）．この方法は，超高真空中の蒸着であるため，残留ガスなどの不純物の混入を抑制することができ，基板表面を清浄に保つことが可能である．また，蒸着速度を非常にゆっくりとかつ正確に制御することができるため，数Åという単原子（分子）層のオーダーで膜厚を制御することができる．さらに，反射高速電子線回折（RHEED），オージェ電子分光法などの「その場観察」によって薄膜の成長過程を見ることができるという特徴をもっている．MBE法は，一般にガリウムヒ素超格子などの作製に用いられているが，最近では有機分子においてもフタロシアニン[17]，フラーレン（C_{60}：サッカーボール形分子）[18]などの薄膜がこの方法により作製されており，特にOMBE（有機分子線エピタキシーまたは有機分子線蒸着）法と呼ばれている．

以上のように，有機低分子の薄膜では分子配列を自由に制御できるが，この薄膜は一般的に安定性に乏しいという欠点をもっている．この欠点を解決する方法として，薄膜を高分子化することが考えられる．高分子物質の真空蒸着では，ポリエチレンを真空蒸着すると[8〜10]，基板温度が室温の場合には分子鎖が水平に配向する傾向を示し，アルカリハライド結晶基板上では分子鎖が基板結晶の［110］方向にエピタキシャル成長する．基板温度を高くすると（たとえば100℃），分子鎖は垂直に配向する．しかし，高分子を加熱して真空蒸着するため，分子鎖は熱分解し低分子量化する．真空中で蒸発する分子の分子量は真空度および蒸発源温度に依存（分子蒸留）する．したがって，ある真空度では蒸発できる分子の分子量は蒸発源温度によって決定され，また基板に付着する際にも分子量の選別が行われる．圧・焦電性を示す高分子として知られているポリフッ化ビニリデン（PVDF）の薄膜も真空蒸着法によって作製することが可能であり，蒸着速度，基板温度を制御することによって，分子鎖の配列，結晶形の異なる薄膜が作製できる（図II.1.23）[11,12]．ここで，β形またはγ形は自発分極をもつ結晶構造であり，分極処理によって圧焦電性や二次の非線形光学効果などが発現する．PVDFの真空蒸着においても，高分子鎖は熱分解によって低分子量化し，狭い分子量分布をもった薄膜が形成する[19]．また，蒸着過程において基板上に電場を印加すると，PVDF分子鎖中の双極子（分子鎖に垂直な方向）が配向し，圧電性を示す薄膜が得られる．電場印加下で作製した薄膜は，蒸着後にポーリング処理した薄膜の圧電性よりも大きな値を示す[11,12]．

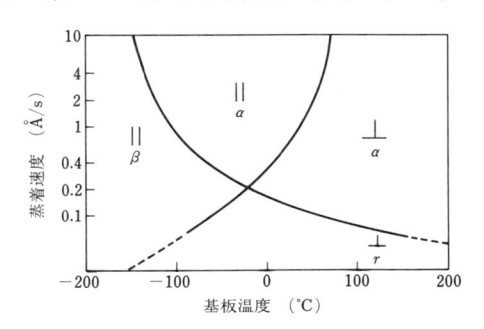

図 II.1.23 PVDF薄膜の分子配列特性と結晶構造の基板温度，蒸着速度依存性
分子鎖が基板表面に垂直（⊥），平行（∥），α, β, γ：結晶形[11]．

b. スパッター法

10^{-1}〜10^{-3}Torrの真空下で，電界により加速したアルゴンなどのイオンをターゲット（原材料）に衝突させ，ターゲットからたたき出された原材料分子を基板に付着させて成膜する方法である．有機物の場合，有機物を構成している共有結合が，イオンの衝突により切断されやすく，基板に形成した薄膜分子は原材料が変性（分解・架橋）された形となる場合が多い[20]．

c. イオンプレーティング法

イオンはその物質固有の物性とともに，運動エネルギー，電荷をもっており，これらの性質が膜形成時に重要なはたらきをする．第一に，イオンを電場によって加速することで，大きな運動エネルギーをもった粒子を基板上に入射できる．これによって，基板表面をスパッタリングすることで基板表面の不純物を除去す

るという清浄効果が期待される．さらに，基板に衝突した蒸着分子が基板表面を動きまわるマイグレーション効果を増大させ，低温の基板上でも良質の薄膜が形成する．また，イオン化により化学反応性が増加し，基板上での重合反応などを進行させることができる．

このようにイオンを利用して薄膜を作製する方法は，広い意味でイオンプレーティングと呼ばれており，代表的な方法として次の3種類があげられる（図II.1.24）．蒸着分子を断熱膨張による過冷却でクラスタ化し，さらに電子ビームを照射することにより得られたクラスターイオンを蒸着するクラスターイオンビーム法では，銅フタロシアニン，アントラセン，低分子量ポリエチレンなど[21]の比較的結晶性のよい膜が得られている．蒸着時に別の不活性ガスイオンを照射するイオンビーム照射法では，高結晶性のピレン薄膜が得られている[22]．ここで，強いイオン照射条件下では重合反応による蒸着物質の変化がみられる．また，狭義のイオンプレーティング法は，蒸着源と基板との間のグロー放電または高周波プラズマにより蒸着源からの分子をイオン化させ，さらに直流電圧により加速して成膜する方法であり，実際にナイロンなどの薄膜が作製されている[23]．

1.4.4 CVD法

CVD法は，成膜過程において化学反応を伴い，この反応を引き起こす活性化学種をつくる方法によって次の3種類に大別できる．

a. 熱CVD法

この方法では，モノマー蒸気に熱を加えることによって反応性の高い化学構造に変えて，高分子薄膜を作製する．たとえば，パラシクロファンを真空中600°Cで熱分解させ，その蒸気を基板上に導くことによりポリパラキシリレン（PPX）薄膜（図II.1.25）が作製できる[24]．この方法は活性化学種を特別な方法でつくらないことから蒸着重合法の一種とみなすこともできる．アルカリハライド単結晶基板を用いると，基板上にエピタキシャル成長したPPX結晶薄膜が得られる[25]．

b. プラズマCVD法

気化した原料ガスをプラズマによって励起し，薄膜を作製する方法である．この方法はアモルファス半導体（a-Si）や窒化ケイ素膜などの無機半導体のみならず，有機薄膜の作製にも用いられている．有機薄膜の場合には生成する膜が重合体であるため，とくにプラズマ重合法と呼ばれている．プラズマ重合法は，気化したモノマーをラジカルなどの化学活性種に変えて高分子薄膜を作製する方法であるが，熱的に分解しやす

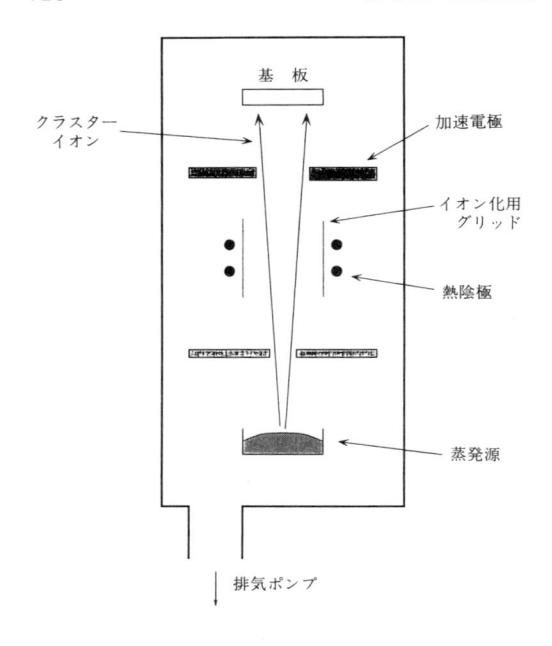

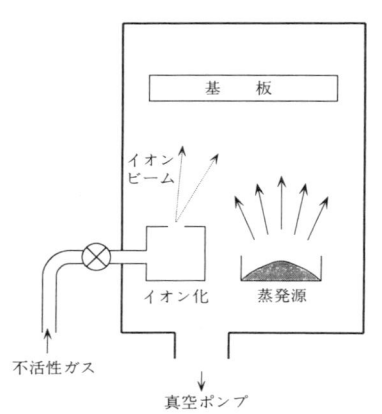

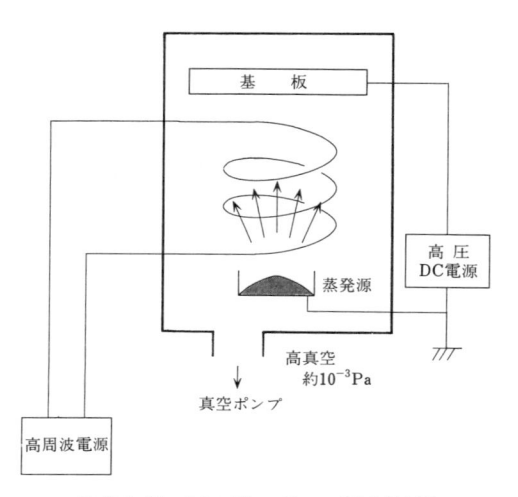

図 II.1.24 イオンプレーティング法の概念図

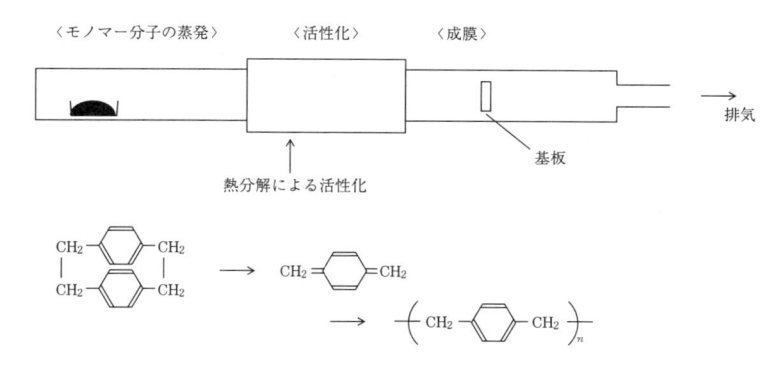

図 II.1.25 熱CVD法によるPPX薄膜の形成

表 II.1.6 プラズマCVDが適用されている各種モノマーガス

飽和炭化水素	メタン，エタン，プロパン，ブタン
不飽和炭化水素	アセチレン，エチレン，プロピレン，ブテン，ブタジエン，ベンゼン，トルエン，フェニルアセチレン，ビニルカルバゾル
フルオロカーボン	テトラフルオロエチレン
有機金属化合物	テトラメチルシラン，テトラメチルジシロキサン，トリメチルビニルシラン

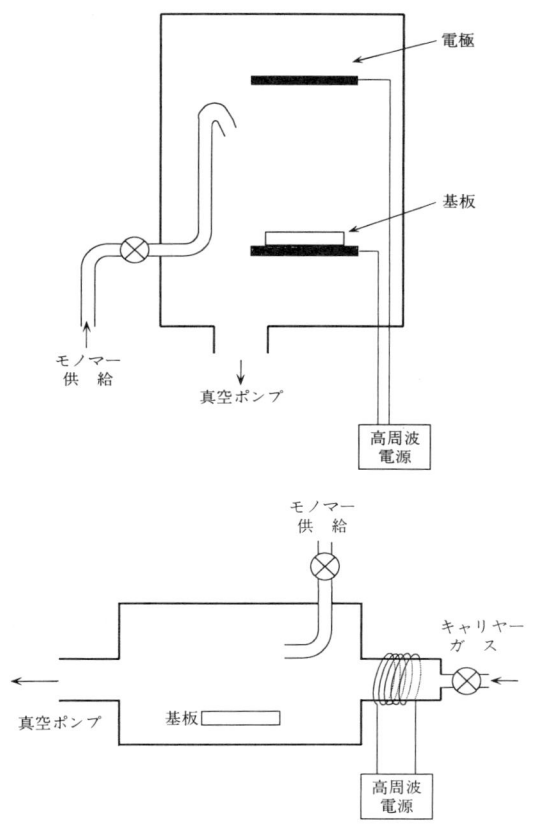

図 II.1.26 プラズマ重合装置の概略図

い有機物を対象としているため，低温プラズマであるグロー放電が主に利用されている．グロー放電は，ガス圧 10〜1000 Pa 程度で，平行平板に 1 kV 程度の直流または交流電圧を印加することによりつくられるが，安定なグロー放電を得るためには，13.56 MHz のラジオ波が広く使われている．プラズマ重合装置は，図II.1.26に示したように，真空装置の中に電極を設置する内部電極型と，ガラス管の外部に電極を設置する外部電極型とに大別される．基板を反応容器内に置き，所定圧力の反応ガスを導入し，プラズマを発生させると重合膜が形成する．表II.1.6にプラズマ重合が報告されている代表的なモノマーを示す[26,27]．プラズマ重合ではメタンなどの官能基をもたない分子からも高分子が生成するが，モノマーは分解活性化過程を経るため生成したポリマーはモノマーと異なる原子配置をとる．プラズマ重合膜の特徴としては，高密度に架橋した非晶構造，ピンホールの少ない連続膜構造などがあげられる．

c. 光CVD法

プラズマの代わりに光のエネルギーを利用してモノマーを活性化させ，高分子薄膜を作製する方法で，プラズマ重合法に比べて高エネルギー粒子による損傷や欠陥が少なく，また，照射する光のエネルギーを選択できるという長所を有している．光CVD法には，モノマー分子を直接励起する直接光CVD法と，Hgなどの増感剤を介してモノマー分子を励起する増感CVD法とがある．励起光源としては，水銀ランプやレーザーなどが用いられる．CVD法は成膜速度が遅いという欠点をもつが，マスクを利用して光が照射されている部分に選択的に薄膜を成長させることが可能であり，照射する光の波長により反応過程を制御することができるという利点もあるため，制御性の高い薄膜作製法として注目されている．

メタクリル酸メチル(MMA)，ヘキサクロロブタジエン，フェニルアセチレン(PA)などの光CVD膜の報

告がされている[28]．PA薄膜はプラズマ重合によっても得られるが，光CVD膜に比べて共役二重結合の拡がりが狭く，ドーピング効果も小さい．

1.4.5 蒸着重合法

蒸着重合法では真空槽中で加熱蒸発させたモノマー分子が基板に入射し，他種のモノマー分子と基板上で衝突することにより重合反応が生じ高分子薄膜が生成する．図II.1.27に蒸着重合装置の概要を示す．真空中でビス-4-アミノフェニルエーテル(ODA)とテレフタル酸ジクロリド(TDC)の両モノマーをそれぞれ加熱して蒸発させると，室温に保ったNaCl基板上に芳香族ポリアミド(図II.1.28(a))の薄膜が形成する[29]．ODAとピロメリット酸二無水物(PMDA)からポリアミド酸の薄膜を基板上に作製し，190℃で60分間熱処理するとポリイミド(カプトン)(図II.1.28(b))の薄膜が得られる[30]．

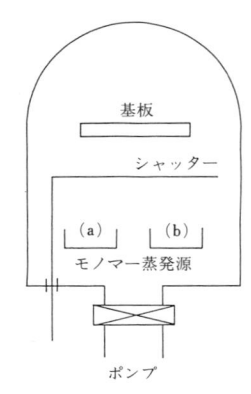

図 II.1.27 蒸着重合装置の模式図

蒸着重合薄膜は一般に非晶または無配向の多結晶構造を示すが，パラフィンや脂肪酸などの直鎖状低分子の蒸着膜における分子配列特性を蒸着重合に応用することにより，基板上に高分子鎖を配向させることが可能である．たとえば，あらかじめ1,10-ジアミノデカン(DAD)を蒸着して分子が基板に対して垂直に配列した薄膜基板を作製し，この基板上にDAD，セバシン酸ジクロリド(SDC)の2種類のモノマーを同時に蒸着すると，重縮合反応により脂肪族ポリアミド(ナイロン1010)(図II.1.28(c))薄膜が得られる[31,32]．この膜のX線解析から，高分子鎖が基板に対して垂直方向に配列していることが確認されている．DAD蒸着膜上でポリアミド分子が垂直配向して成長する理由として，DAD層にはSDCのみが付着(化学吸着，重合)し，SDCの単分子層が形成され，SDC層上にはDAD単分子層が形成される機構が考えられる(図II.1.29)．この過程をくり返すことにより，エピタキシャル的に下地のDAD分子の配向性を反映させながら，DADとSDC分子が交互に累積重合した垂直配列高分子薄膜が生成するものと考えられている．また，DADおよびテレフタル酸ジクロリド(TDC)両モノマーからガラス基板上に作製した脂肪族-芳香族ポリアミド(図II.1.28(d))薄膜[33]や脂肪族ジアミンとPMDAから作製したポリアミド酸(図II.1.28(e))[34]の蒸着重合薄膜についても，分子鎖が基板に対して垂直方向に配列している薄膜が得られている．下地の配向薄膜を用いなくても配向した高分子薄膜が基板上に直接生成する機構としては，次のようなモデルが考えられる[30]．ある蒸着条件下では，基板上に入射してきた各モノマー分子は基板上に短い時間滞在し(物理吸着)その後再蒸発するという過程をくり返している．その間に異種分子が衝突し重合する結果，多量体化した分子は蒸気圧が低下するため基板上に長時間滞在できるようになる．パラフィンや脂肪族カルボン酸などと同様に，反応した多量体などの分子の垂直配列した薄膜が形成され，その後は図II.1.29に示した機構と同様に各モノマーがエピタキシャル成長・重合して垂直配列薄膜が生成するものと考えられる．前述の垂直配列ポリアミド酸薄膜を熱処理すると，脱水イミド化しポリイミド(図II.1.28(e))の垂直配列薄膜が形成するが，基板温度を175℃にして蒸着重合すると，直接ポリイミド分子鎖が垂直配列した蒸着重合薄膜が得られている[35]．

芳香族ジアミンと芳香族ジイソシアナートとの重付加反応によりポリ尿素(図II.1.28(f))の蒸着重合薄膜を作製し，この薄膜を230℃，200MV/mでポーリングすると双極子が電場と平行に配向し焦電性を示す薄膜も得られている[36]．

縮合系高分子以外では，二重結合をもつオクタデシルメタクリレート(ODM)モノマーをタングステンフィラメント存在下で真空蒸着させると(図II.1.30)，基板上にポリオクタデシルメタクリレート(PODM)(図II.1.28(g))の薄膜が形成される[37]．この方法は一種の熱CVD法と考えることもできる．ここで，基板温度，フィラメント温度を制御することにより，側鎖のアルキル基が基板に対して垂直に配列した薄膜が得られている．

1.4.6 おわりに

乾式成膜法による有機薄膜の作製法は，簡便で量産性に優れ，また高純度高品質の薄膜作成法であることから，機能性有機薄膜の構築に大きな役割を果たすものと考えられる．また，薄膜形成機構が明らかになり，

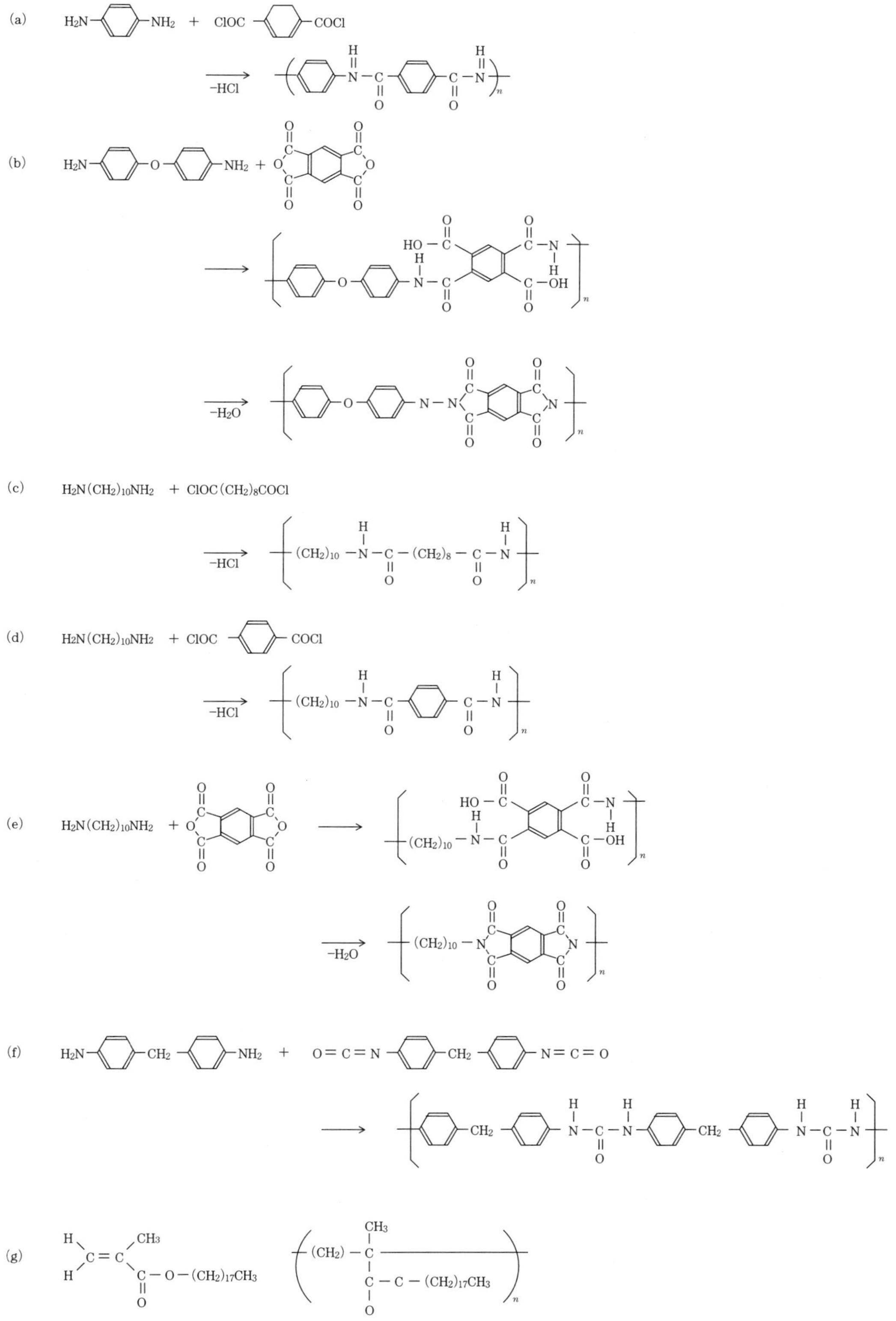

1.4 薄膜作製技術　乾式

図 II.1.28　蒸着重合反応

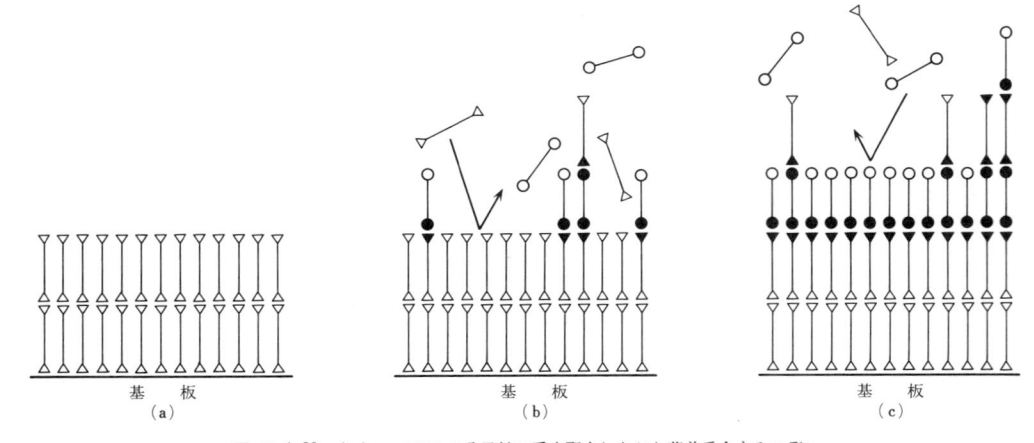

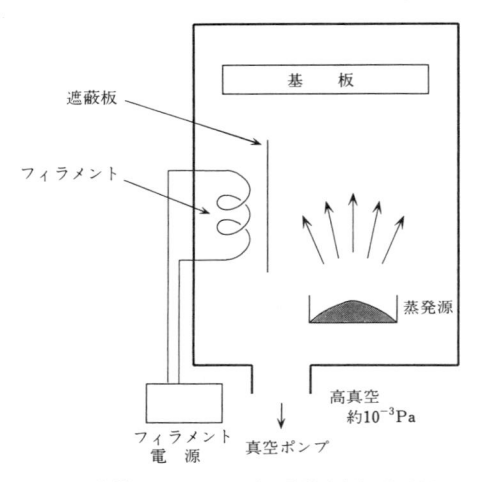

図 II.1.29 ナイロン 1010 の分子鎖が垂直配向しながら蒸着重合するモデル
▷――◁：ジアミンモノマー，○――○：ジクロリドモノマー，――●――：両モノマーの末端が反応したアミド結合[32]

図 II.1.30 フィラメント点火蒸着重合法の概念図

分子を自由に配列配向制御できるようになれば，次世代のデバイス材料作製法として期待される．

〔奥居徳昌・久保野敦史〕

参 考 文 献

1) 矢部明，谷口彬雄，増原宏，松田宏雄：有機超薄膜入門(1989)，培風館
2) 稲岡紀子生，八瀬清志：真空中で分子を並べる(1989)，共立出版
3) Ashida, M. : *Bull. Chem. Soc. Jpn.*, **39**(1986), 2625, 2632
4) 奥居徳昌：表面，**26**, 695(1988)
5) 八瀬清志，稲岡紀子生，岡田正和：高分子，**36**(1987), 270
6) Fukao, K., Kawamoto, H., Horiuchi, T., Matsushige, K. : *Thin Solid Films*, **197**(1991), 157
7) Tanaka, K., Okui, N., Sakai, T. : *Thin Solid Films*, **196**(1991), 137
8) Luff, P. P., White, M. : *Thin Solid Films*, **6**(1970), 175
9) 服部幸和，芦田道夫，渡辺禎三：日本化学会誌，**1975**(1975), 496
10) Ashida, M., Ueda Y., Watanabe T. : *J. Polymer Sci., Polymer Phys. Ed.*, **16**(1978), 179
11) Takeno, A., Okui, N., Muraoka, M., Hiruma, T., Umemoto, S., Sakai, T. : *Thin Solid Films*, **202**(1991), 205
12) Takeno, A., Okui, N., Muraoka, M., Hiruma, T., Umemoto, S., Sakai, T. : *Thin Solid Films*, **202**(1991), 213
13) 長田義仁：有機エレクトロニクス材料, p.206(1986)，サイエンスフォーラム
14) 飯島正行，高橋善和：真空，**32**(1989), 531
15) 久保野敦史，奥居徳昌：高分子加工，**40**(1991), 432
16) Fujioka, H., Sorita, T., Nakasuji, Y., Nakajima, H. : *Thin Solid Films*, **179**(1989), 59
17) Hara, M., Sasabe, H., Yamada, A., Garito, A. F. : *Jpn. J. Appl. Phys.*, **28**(1989), 310
18) Ichihashi, T. *et al* : *Chem. Phys. Lett.*, **190**(1991), 179
19) 武野明義，奥居徳昌，書間敏慎，鬼頭哲治，村岡道治，梅本晋，酒井哲也：高分子論文集，**48**(1991), 399
20) 宮田清蔵ほか：静電気学会誌，**27**(1985), 70
21) 高木俊宜：高分子，**36**(1987), 274
22) 谷口彬雄：機能材料，**5**(1985), 14
23) 高田忠彦，古川雅嗣：高分子論文集，**47**(1990), 237
24) Gorham, W. F. : *J. Polymer Sci. A-1*, **4**, 3027(1966)
25) Isoda, S. : *Polymer*, **25**, 615(1984)
26) Mort, J., Jansen, F. : Plasma Deposited Thin Films(1986), CRC Press, Inc.
27) 長田義仁ほか：プラズマ重合(1986)，東京化学同人
28) Inoue, M., Takai, Y., Mizutani, T., Ieda, M. : *Jpn. J. Appl. Phys.*, **9**(1986), L 716
29) 飯島正行，高橋善和，稲川幸之助，伊藤昭夫：真空，**28**(1985), 437
30) 高橋善和，飯島正行，稲川幸之助，伊藤昭夫：真空，**28**(1985), 440
31) Tanaka, K., Kubono, A., Umemoto, S., Okui, N., Sakai, T. : *Rep. Prog. Polymer Phys. Jpn.*, **30**(1987), 175
32) Kubono, A., Okui, N., Tanaka, K., Umemoto, S., Sakai, T. : *Thin Solid Films*, **199**(1991), 385
33) Kubono, A., Kanae, N., Umemoto, S., Sakai, T., Okui, N., : *Thin Solid Films*, **215**(1992), 94
34) Kubono, A., Higuchi, H., Umemoto, S., Okui, N. : *Thin Solid Films*, **229**(1993), 94
35) Takahashi, Y., Iijima, M., Fukada, E. : *Jpn. J. Appl. Phys. Lett.*, **28**(1989), 2245
36) Tamada, M., Asano, M., Yoshida, M., Kumakura, M. : *Polymer*, **32**(1991), 2064

1.5 結晶作製技術

1.5.1 はじめに

有機結晶は文献[5]の中で示されているように超伝導体物質からタンパク質まで多様な種類で結晶化されている。最近，有機物は非線形光学素子として有望視されており，またフラーレンなどのようにアルカリ金属をドーピングすると超伝導状態になるなど，興味のある性質をもつ有機結晶が開発されている。

一方，シリコンを中心とする現在使用されている無機半導体の素子や回路の開発，発展の歴史を見るとその高い完全性をもつ結晶を育成することの研究が電気的性質，光学的性質の改善に重要であったということを示している。それは，バルクの単結晶を育成するとき，いかに結晶欠陥の少ない結晶を育成するかということから始まり，素子を作製する際の拡散などの熱処理を行うときに導入される種々の結晶欠陥をいかに制御するかなどが工業的に重要な問題となっている。

高品質の結晶を得るためには，有機結晶の場合も無機結晶と同じように試料の純度を上げることが第一である。このために，再結晶，クロマトグラフィー，帯精製などによりなるべく純度の高い試料を用いることが望ましい。また，結晶の完全性は結晶の育成方法に依存するので，なるべく用いる試料の性質を知り，育成方法を決定する必要がある。たとえば，ブリッジマン法よりチョクラルスキー法の方が一般に転位密度の低い良質な結晶が得られる。

とくに結晶の完全性の評価として，結晶成長の方法によって成長の際に導入される欠陥はいろいろであるが，諸物性に影響のある転位について注意を払うことにした。そして，有機結晶の典型的な結晶成長の方法を具体的に例示し，その完全性を吟味する。

1.5.2 融液からの成長

融液法は物質を融点以上に温度を上げ，その後ゆっくり温度を下げ結晶化させる方法である。有機物を融液から育成するときの，最も注意しなければならないことは融点以上での有機物の熱的安定性である。有機物は低温では安定であるが高温になると不安定になり分解するものがある。たとえば，ウレア(尿素)は長時間融液の状態(約135℃以上)に保つと，ビュレットに一部分解する。このために，結晶成長を始める前に，物質の融液での安定性を確かめる必要がある。この方法にはおもに (1) ブリッジマン法，(2) チョクラルスキー法，(3) 過冷却法がある。これらの方法の特徴と実際の例について述べる。

a. ブリッジマン法

図Ⅱ.1.31にブリッジマン法に使用される炉と結晶管が示されている[2]。炉は融液状態を作る高温部と結晶状態を保つ低温部からなっている。ブリッジマン法によって結晶化された典型的な有機結晶のアントラセンの例を示す。アントラセン結晶は高温部を約240℃，低温部を約180℃で育成される。その結果バルクの結晶が得られ，その結晶中の転位の分布をエッチピット法によって測定すると，結晶中の転位の分布は図Ⅱ.1.32のようにほぼ場所によらず一定で，およそ$10^6/cm^2$となった[12]。一般に，有機結晶をブリッジマン法によって育成すると転位密度が$10^5 \sim 10^6/cm^2$以上となり，X線トポグラフの分解能($10^3 \sim 10^4/cm^2$)の範囲を越えてしまうので，X線トポグラフによる観察はむずかしい。転位密度を減少させる方法の一つは結晶を焼鈍することである。図Ⅱ.1.33に等温焼鈍と温度を周期的に変化させるサイクリック焼鈍を行ったときの転位密度の焼鈍時間に対する変化が示されている。どちらも急激な変化は見られなかったが，効果はサイ

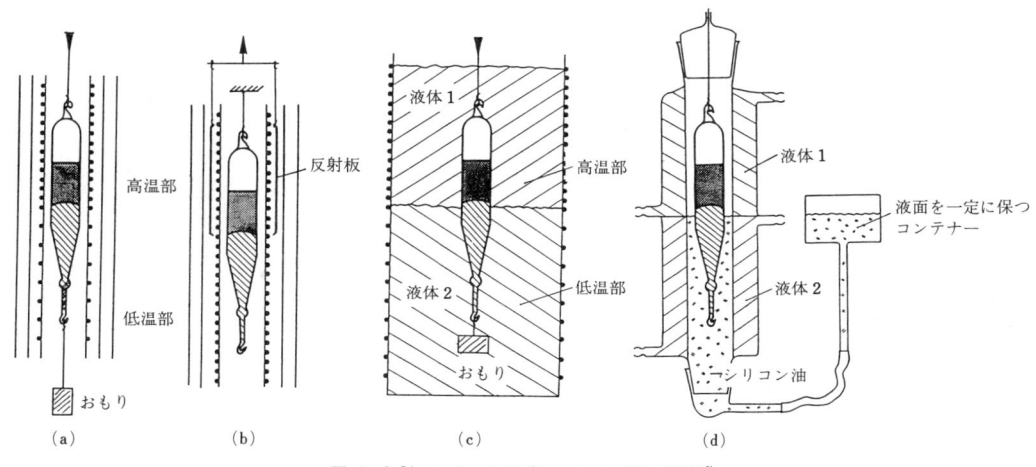

図Ⅱ.1.31 いくつかのブリッジマン炉と試料管[2]

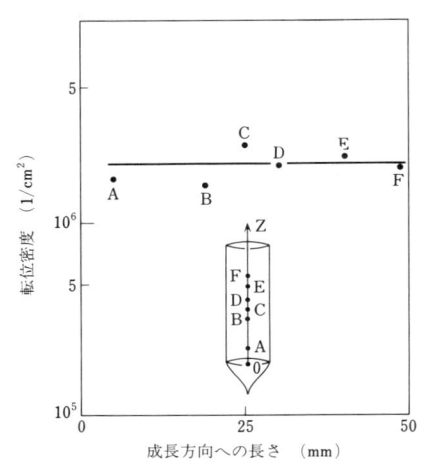

図 II.1.32 ブリッジマン法によって育成されたアントラセン結晶中の転位の分布[12]

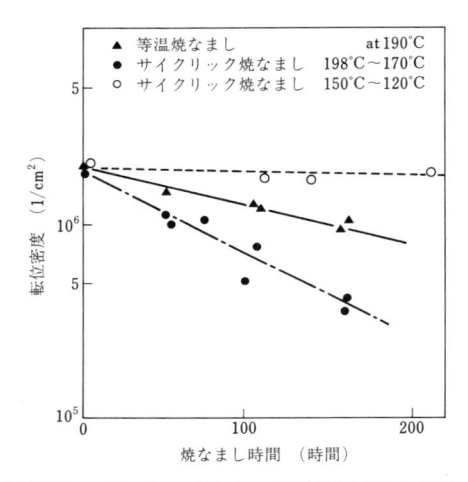

図 II.1.33 ブリッジマン法によって育成されたアントラセン結晶中の転位のいろいろな条件で行った焼鈍の効果[12]

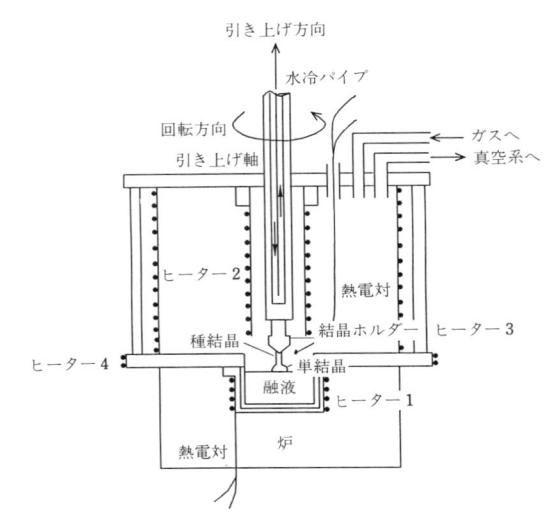

図 II.1.34 有機結晶用のチョクラルスキー炉[14〜16]

クリック焼鈍の方があることがわかった[12]．このようにブリッジマン法によって育成された結晶は比較的単結晶化されやすいが，転位密度を極端に低くすることはむずかしい．しかしながら，充分に成長条件に注意を払い育成されたジメチルナフタレン結晶は比較的良質で，X線トポグラフによっても観察できるほど転位密度の低い結晶を得ることができる[9,13]．

b. チョクラルスキー法

もう一つの融液からの方法はチョクラルスキー法である．この方法は結晶成長の際に，管壁の影響を受けないために完全性の高い結晶を有機結晶でも得ることが可能である．有機結晶用のチョクラルスキー炉を図II.1.34に示してある[14〜16]．無機結晶用と原理は同じであるが，有機結晶は昇華性が高いので引き上げ軸やガラス管のまわりに昇華による凝集を防ぐヒーターが取りつけられていることが特徴である．有機結晶におけるチョクラルスキー法の短所は，有機物は蒸気圧が高いので融液からの蒸発により単結晶化できる物質が限られてしまうことである．

いままでに，ベンゾフェノン[9,14,15]とベンジル[9,15,16]の単結晶がチョクラルスキー法によって育成されている．ベンゾフェノンとベンジルに関してはほぼ無転位の結晶を育成できるようになっている．図II.1.35に[100]方向に引き上げられたベンゾフェノン単結晶のX線トポグラフを示してある．これらの結晶は無転位の種結晶を使用しているので，種結晶からではなくて，種結晶と融液の境界から長く伸びた転位が発生しているのがわかる．これらの転位は境界付近の応力集中によって導入されたものと考えられる[20]．また，ベンジルも母材を精製し，無転位の種結晶を使うとほぼ完全な結晶を得ることができる[16]．

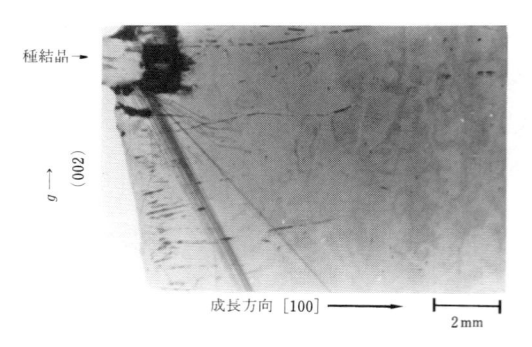

図 II.1.35 チョクラルスキー法によって育成されたベンゾフェノン結晶中のX線トポグラフによる転位像[20]
g は反射ベクトル

c. 過冷却法

融液を過冷却状態にして，種結晶から結晶成長させる過冷却法がある．この方法は大きな過冷却度をもった物質に限られる．いままでのところ，チョクラルスキー法によって得られている，ベンゾフェノン[9,17]，サロール[9]，ベンジル[9]がこの方法によって単結晶化されている．過冷却状態の融液に種結晶を浸し，そこから結晶成長させる．この方法はブリッジマン法のような管壁の影響がない．成長転位の導入の原因はおもに，種結晶中の転位か，種と結晶の接点の温度差による熱応力か，融液中の不純物ガスのバブルによるものと考えられる．以上のようなことを注意し，純度の高い試料を使うことによって，ベンゾフェノンではほぼ無転位に近い結晶を得ることができている[17]．

1.5.3 気相からの成長

一般に有機物は昇華しやすいので気相成長に適している．また，気相成長によって得られた有機物の結晶は比較的よい結晶性を有している．しかしながら，いくつかの短所もある．まず，結晶の形状は薄い板状か針状になり，大きなバルクの結晶は得にくいこと．さらに，種づけすることがむずかしいので任意の方向をもった結晶を育成することはむずかしいこと．また，カプセルの中で成長させるために，管壁の一部に結晶が必ず付着するのでその際に応力集中によって，転位が導入されることである．図Ⅱ.1.36にいくつかの気相成長のカプセルと結晶成長の方法について示している．基本は高温部に試料を置き，低温部に結晶を成長させる，ということである．

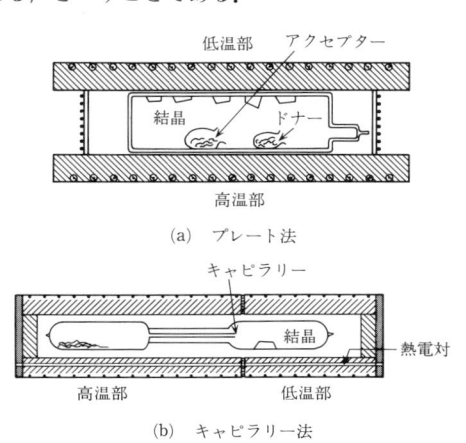

(a) プレート法

(b) キャピラリー法

図 Ⅱ.1.36　気相成長の方法[2]

気相成長はバルクの結晶のみならず，ドライプロセスによる有機薄膜の作製の場合にも使われている．ドライプロセスによる有機薄膜は，いろいろな物質によってつくられているが，とくに金属フタロシアニン薄膜の場合には電子線に対する寿命が長いので高分解能電子顕微鏡によって分子像が観察され，欠陥の研究がなされている[11]．この膜の作製法は，真空蒸着によって行われているために，基板の上に金属フタロシアニンを蒸着する．それゆえに，基板と薄膜の界面の不整合から転位などが導入される．この場合，高分解能電子顕微鏡のミクロの観察では完全性は一見，高く見えるが，バルクの結晶のX線トポグラフのようなマクロの観察では転位などのひずみによって完全性はよくないのが一般的である．

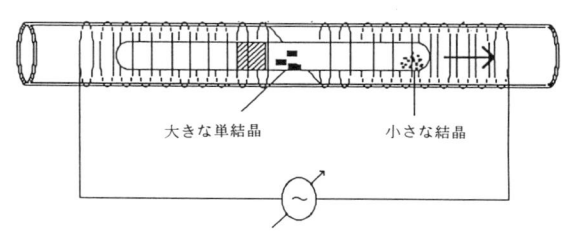

電荷移動錯体のように2成分以上含む結晶ではこの方法が有効なことがある．たとえば，TMTTF-TCNQ[18]，TTF-p-クロラニル[19]やピロメリット錯体などが図Ⅱ.1.36(a)のようなプレート昇華法によってつくることができる．

図 Ⅱ.1.37　C_{60}結晶の気相成長の方法[20]

最近，非常に注目されているC_{60}の単結晶を成長させるためには，現在，図Ⅱ.1.37のような装置を利用した昇華法が最も有効である．長さ120 mm，内径7 mm，肉厚1 mmのパイレックスあるいは石英ガラス管に5～30 mgのC_{60}粉末を入れる．その際，そのガラス管を10^{-6} Torrで真空シールする．この試料管を長さ200 mm，内径16 mm，肉厚2 mmのパイレックスあるいは石英ガラス炉の中に入れる．そのときC_{60}粉末を580℃の高温部に置く．530℃に保たれた低温部で結晶成長が起こる．24時間くらいで3～5 mmの大きさの良質なC_{60}単結晶が成長する[20,21]．

1.5.4 溶液からの成長

ほとんどの有機結晶は溶媒に溶けるので，この溶液成長法によって単結晶を育成するのが一番簡単な方法である．現在，この方法で育成されている有機結晶はナフタレンのような低分子結晶からタンパク質のような高分子結晶まで含めると，構造解析がなされている結晶の種類は数万に達するといわれている．これらの結晶の大きさは，X線の構造解析が可能なミクロンのオーダーのタンパク質からLAP結晶のように数十 cmの大きな結晶まで多様である．しかしながら，結晶

欠陥を評価できるほど大きな結晶はこの方法でも育成するのがむずかしく，そのうちの一部のみで欠陥の評価がされている．この方法で得られる結晶は種結晶から成長させれば，過冷却法と同じように，管壁との接触を避けることができるので比較的転位密度の低い結晶を得ることもできる．しかしながら，常に溶媒を含むために，主に溶媒からなる介在物とその周辺の応力集中から発生する転位の存在はさけがたい．また，溶液法で得られる結晶の中でみられる成長転位の特徴は

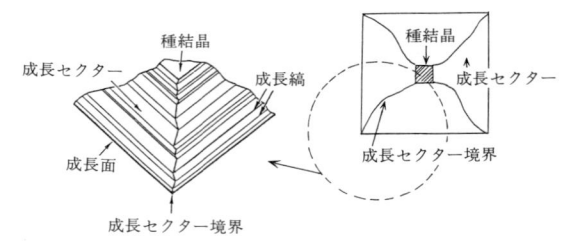

図 II.1.38 典型的な晶壁面をもった有機結晶の特徴の模式図

表 II.1.7 種々の方法によって育成され完全性が評価されている有機結晶

物　質	育成法	評　価　法	欠陥の種類	文　献
アントラセン	B	エッチピット	転位	12)
	V	X線トポグラフ	転位	25)
	V	エッチピット	転位	26)
	B	レーザートモグラフ	介在物	27)
ナフタレン	B	エッチピット	転位	28)
ジメチルナフタレン	B	X線トポグラフ	転位	9), 13)
p-ターフェニル	B	透過電子顕微鏡	転位	29)
アセブフチレン	B	光トモグラフ	転位, 介在物	50)
	B	エッチピット	転位	30)
アントラキノン	B	エッチピット	転位	31)
ビフェニル	B	エッチピット	転位	32)
テトラセン	B	エッチピット	転位	32)
ピレン	B	エッチピット	転位	32)
	S	X線トポグラフ, エッチピット	転位	39)
ベンジル	C	X線トポグラフ	転位	9), 15), 16)
	U	X線トポグラフ	転位	9)
ベンゾフェノン	S	X線トポグラフ	転位	9)
	C	X線トポグラフ	転位	9), 14), 15)
	U	X線トポグラフ	転位	9), 17)
サロール	U	X線トポグラフ	転位	9)
ヘキサメチレンテトラミン(HMT)	S	X線トポグラフ	転位	33)
テトラオカン	S	X線トポグラフ	転位	34)
ステアリン酸	S	エッチピット	転位	35)
n-オクタデカノール	S	X線トポグラフ	転位	36)
ジアセチレン(PTS)	S	X線トポグラフ	転位	37)
フェナセレン	B	エッチピット	転位	38), 40)
ウレア	S	X線トポグラフ	転位	22), 23)
	C	X線トポグラフ	転位	23)
ポタシウムチタニルフォスフォレート(KTP)	S	X線トポグラフ	転位, 成長境界, 介在物, 成長編	41)
ポタシュアルム	S	X線トポグラフ, エッチピット	転位	42)
4-メチル-N-(4-ニトロベンジリデン)アニリン(NMBA)	S	X線トポグラフ	転位	22)
2-アセトアミド-N,N-ジメチル-4-ニトロアニリン(DAN)	S	X線トポグラフ	転位	43)
3-ニトロアニリン(mNA)	B,S	X線トポグラフ	転位	10)
シクロトリメチレントリニトラミン(RDX)	S	X線トポグラフ, エッチピット	転位	44)
α硫黄	S	X線トポグラフ	転位	45), 46)
ペンタエリチロールテトラナイトレイト(PETN)	S	X線トポグラフ, エッチピット	転位	47)
ポリエチレン	S	透過電子顕微鏡	転位	48)
ポリオキシメチレン	S	透過電子顕微鏡	転位	49)
ポリ4メチルペンテン	S	透過電子顕微鏡	転位	49)
金属フタロシアニン	V	高分解能電子顕微鏡	転位, 積層欠陥, 点欠陥, 不純物	11)
グリシン	S	X線トポグラフ	転位	7)
アミノカプロン酸	S	X線トポグラフ	転位	7)

B：ブリッジマン法, C：チョクラルスキー法, U：過冷却法, V：気相成長法, S：溶液法を示す．

結晶の中心から結晶表面に向けて直線状に伸びる転位である．そのほかに，不純物濃度が周期的に変化する図Ⅱ.1.38のような成長縞(growth striation)や成長セクター境界が結晶表面にあらわれる．

ここで非線形光学素子として有望なウレアの結晶成長に関して例をとる．ウレア結晶は，メタノール，エタノール，あるいは水とメタノールの混合溶液から成長する．このウレアは，エタノール溶媒を室温(約20℃)で蒸発させることにより得られる．これは自然核発生により成長する．この方法により，[001]方向に成長し，(001)面(へき開面)が発達した板状結晶(面積5×20 mm^2, 厚さ2 mm)ができる[22,23]．

電荷移動錯体のように二成分以上を含む結晶を溶液成長でもつくることができる．ドナーとアクセプターの物質をガラスフィルターなどで分離し，溶媒と一緒にしておくと，電荷移動錯体の結晶が育成できる．この拡散法と呼ばれる育成の方法でTTF-TCNQなどはつくられる．さらに，電解質の溶媒の中で二成分の溶質を溶かし，電極に電流を通じ酸化還元を行うことにより，結晶を育成させることができる．この方法は電解法と呼ばれおもに有機超伝導結晶を育成するときに利用されている[5]．たとえば，$\varkappa$-(BEDT-TTF)$_2$Cu(NCS)$_2$錯体は超伝導転移温度が10.4Kになる高温超伝導有機結晶として有望であるが，この育成法は電解法によっている．KSCN 120 mg, CuSCN 70 mg, 18-クラウン-6-エーテル 210 mg, BEDT-TTF 30 mgを陽極側に入れ，TCE 100 mlを加え，1日撹拌し，溶けないものを除去したあと，電極を挿入し図Ⅱ.1.39のような装置で電解を行う[24]．1週間で六角板状の結晶が得られる．この方法の利点は単純な拡散法に比べると結晶成長速度が早いので時間の短縮につながることである．しかしながら，結晶性に対する評価がされていないのでどちらの方法が高品質であるかは不明である．

1.5.5 まとめ

有機結晶の育成の方法と技術の最終目標は，個々の物質によってそれぞれ異なるので一口ではいえないが，究極的には高純度で完全性の高いバルクの結晶を得ることにある．このために，最初の試料の純度を上げることと，結晶成長時に結晶欠陥の導入をいかに抑えるかが最大の問題となる．しかしながら，有機結晶においては，結晶欠陥の研究はまだ緒についたばかりである．これからはいろいろな結晶の欠陥の情報を集め，体系化する必要がある．そこで，最後に現在までにいろいろな方法で育成されたバルクの有機結晶で結晶欠陥が同定されている物質についてまとめ，表Ⅱ.1.7に示してあるので，結晶を育成する際に参考にしていただきたい．

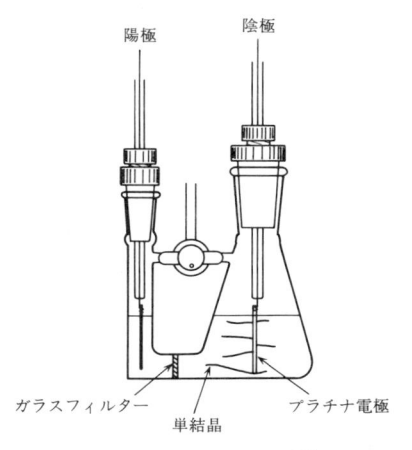

〔小島謙一〕

図 Ⅱ.1.39 電解法の装置[5,24]

参 考 文 献

総合報告など
有機結晶のバルクの結晶成長についての総合報告
1) 結晶工学ハンドブック(1971)，共立出版
2) Karl, N.: Crystals 4, p.1(1981), Springer-Verlag, Berlin
3) McArdle, B. J. et al.: Advanced Crystal Growth, p.179(1987), Prentice-Hall, New York
4) Chemla D. S., J. Zyss (eds.): Nonlinear Optical Properties of Organic Molecules and Crystals(1987), Academic Press, Oralndo
5) 日本結晶成長学会誌, **16**(1)(1989), 有機結晶特集号
6) Sato, K. et al.: Crystals 13, p.64(1991), Springer-Verlag, Berlin

有機結晶のバルクの結晶成長と結晶欠陥についての総合報告
7) 泉 邦英: 日本結晶成長学会, **11**, 117(1984)
8) Kojima, K.: Progress Crystal Growth and Characteristics of Materials, p.369(1992), Pergamon Press, London
9) Klapper, H.: Crystals 13, p.109(1991), Springer-Verlag, Berlin
10) Halfpenny, P. J. et al.: 化学総説, 15号(1992), (日本化学会編)

有機薄膜と欠陥の総合報告
11) Kobayashi, T.: Crystals 13, p.1(1991) Springer-Verlag, Berlin

原著論文
12) Kojima, K. et al.: *J. Cryst. Growth*, **67**(1984), 149
13) Karl: *Material Sci. Poland*, **10**(1984), 365
14) Tachibana, M. et al.: *Jap. J. Appl. Phys*., **31**(1992), 2202
15) Bleay, J. et al.: *J. Cryst. Growth*, **43**(1978), 589
16) Katoh, K. et al.: *J. Cryst. Growth*, **73**(1985), 203
17) Richard, A. et al.: *Phil. Mag.*, **A65**(1992), 1021, 1033
18) Ehrenfreund, E. et al.: *Solid State Comm.*, **22**(1977), 139
19) Mitani, T.: *Phys. Rev. Lett.*, **53**(1984), 842
20) Tachibana, M. et al.: *Phys. Rev.*, **B49**(1994), 14945
21) Meng, R. L. et al.: *Appl. Phys. Lett.*, **59**(1991), 3402
22) Halfpenny et al.: *Phil. Mag. Lett.*, **62**(1990), 1
23) Tachibana M.: *J. Phys. D, Appl. Phys.*, **26**(1993), B 145
24) Saito, G.: *Synth. Met.*, **27**(1988), 331
25) Michell, D. et al.: *Phys. Stat. Solidi*, **26**(1968), 93
26) Thomas, J. M. et al.: *Trans. Faraday Soc.*, **63**(1967), 1922
27) Chijiwa, E. et al.: *Mol. Cryst. Liq. Cryst.*, **116**(1984), 173
28) Corke, N. T. et al.: *Nature*, London, **212**(1967), 62

29) Jones, W. et al.: *J. Chem. Soc. Faraday Trans. II*, **71**(1975), 136
30) Williams, J. O.: *J. Chem. Soc.*, A 2939(1970)
31) Williams, J. O. et al.: *J. Mater. Sci.*, 4(1969), 1064
32) Sherwood, et al.: Organic Solid State Chemistry(Adler, G. ed.), p. 32(1969), Gordon & Breach, London
33) Di Persio, J. et al.: *Crystal Lattice Defects*, **3**(1972), 55
34) Watanabe et al.: *J. Cryst. Growth*, **46**(1979), 747
35) Sato et al.: *Jap. J. Appl. Phys.*, **17**(1978), 1483
36) Izumi, K.: *Jap. J. Appl. Phys.*, **16**(1977), 2103
37) Izumi, K. et al.: Defect Control in Semiconductors(Sumino, K. ed.), p. 1053(1990), North-Holland, Amsterdam
38) McArdle, B. J. et al.: *J. Cryst. Growth*, **22**(1974), 193
39) Robert, M. et al.: *J. Chem. Soc. Faraday Trans. I*, **72**(1976), 2872
40) Dudley, M. et al.: *Proc. R. Soc. London*, **A434**(1991), 243
41) Halfpenny et al.: *J. Cryst. Growth*, **113**(1991), 722
42) Bhat, H. L. et al.: *J. Cryst. Growth*, **121**(1992), 709
43) Sherwood, J. N.: Organic Materials for Nonlinear Optics (Bloor et al. eds.)(1988), Roy. Soc. of Chem, London
44) Halfpenny et al.: *J. Cryst. Growth*, **69**(1984), 73
45) Nampton, E. M. et al.: *Phil. Mag.*, **29**(1974), 743
46) Halfpenny et al.: *Phil. Mag.*, **A46**(1982), 559
47) Halfpenny et al.: *J. Appl. Cryst.*, **17**(1984), 320
48) Holland, V. F.: *J. Appl. Phys.*, **35**(1964), 1351, 3235
49) Basset, D. C.: *Phil. Mag.*, **10**(1964), 595
50) Cohen, M. D. et al.: *Nature, London*, **224**(1969), 167

第2章

材料処理，加工技術

2.1 ドーピング技術

2.1.1 はじめに

ドーピングは共役高分子の導電性発現に不可欠であるばかりでなく，導電性高分子に最も特徴的な技術である．共役高分子はイオン化電位が小さく電子親和力が大きいので，電子受容体または電子供与体と電荷の授受を行って導電性高分子に独特な機能を発現する．ドーピングにより共役高分子の電気伝導率は数桁高くなる．図Ⅱ.2.1に2倍延伸したアルコキシ置換ポリ(p-フェニレンビニレン)の電気伝導率と吸収ヨウ素量との関係を示す[9]．あるドーパント吸収量まで電気伝導率が高くなり，それ以上では一定または減少する一般的な傾向を示している．

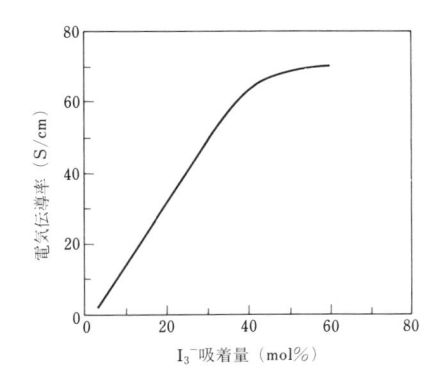

図 Ⅱ.2.1 2倍延伸ジアルコキシ置換ポリ(p-フェニレンビニレン)の電気伝導率とドーパント吸収量の関係

2.1.2 ドーパントの種類とドーピングの方法

ドーピングは，ドーピングによって高分子鎖上に生成する電荷によってp-ドーピングとn-ドーピングに分類され，手法に従って電気化学ドーピングとそれ以外の化学ドーピングに分類される．

導電性高分子にドーピングを行うと電荷移動が起こる．この様子をp-ドーピングについて図Ⅱ.2.2で模式的に説明する．ドーピングにより導電性高分子鎖上にラジカルカチオンが生成し，これはポーラロンとよばれる．ラジカルとカチオンは独立して存在するので

(a) ポーラロン

(b) バイポーラロン

図 Ⅱ.2.2 ドーピングによる電子構造の変化

はなく，電荷移動にともなう格子変形のエネルギーが極小になるように，高分子鎖の限られた範囲に局在する．また，バンドギャップ内にポーラロン準位が形成される．ドーピングがさらに進行して1本の高分子鎖上に2個以上のポーラロンが生成すると，2個のポーラロンが離れて存在するよりジカチオンになった方が安定となり，これはバイポーラロンとよばれる．この変化は吸収スペクトルとESRシグナル強度の変化として観測される．

多種類の電子受容体と電子供与体を共役高分子にドーピングして電気伝導率の向上が調べられている．とくにp-ドーピングについては200以上のドーパントが知られている．その中で化学ドーピングによく使用されるドーパントの性質を表Ⅱ.2.1に示す．n-ドーピングではアルカリ金属が有効である．ClO_4^-，BF_4^-，PF_6^-，$CF_3SO_3^-$，$CH_3C_6H_4SO_3^-$の第4アンモニウム塩，リチウム塩は電気化学ドーピングに用いられる．電気化学ドーピングに用いられる支持塩については電気化学の成書を参照していただきたい[4]．

化学ドーピングは，蒸気圧の高いドーパントでは共役高分子に四端子を装着し真空中でドーパント蒸気と接触させることによって行うことができる．ドーピングを行いながら電気伝導率を測定できるので経時変化

表 II.2.1　ドーパントの性質

ドーパント	分子量	比重(25°C)	融点(°C)	沸点(°C)	蒸気圧(mmHg)	溶媒	備考
AsF_5	169.91	2.33(液体)	-79.8	-52.8		アルコール，エーテル，ベンゼン	水で分解
SbF_5	216.76	3.01	8.3	141	$\log p = 8.567 - 2364/T$		吸湿性，水で分解 Sb_3F_{15}(152°C), Sb_2F_{10}(252°C)
$FeCl_3$	162.22	2.90	>300(分解)	316	$\log p = 13.742 - 6449.345/T$ (223-304°C)	水，アルコール，エーテル，アセトン	Fe_2Cl_6(>300°C) 濃塩酸中で $FeCl_4^-$ 高吸湿性，水和物を形成
I_2	253.81	4.93	113.6	185.24	$\log p = -3594.03/T + 0.0004434T - 2.9759\log T$	HI または KI 水溶液，ベンゼン，エタノール，二硫化炭素，エーテル	
SO_3	80.07		62.3(α) 32.5(β) 16.8(γ)	44.8(γ)	(α) $\log p = 13.9 - 3580/T$ (β) $\log p = 12.5615 - 3.0401\times10^3/T$ (γ) $\log p = 12.2346 - 2.9160\times10^3/T$		吸湿性
H_2SO_4	98.08	1.83	10.371	279.6			粘度 24.54 cP 誘電率 100
Li	6.94	0.534	180.54	1336		液体アンモニア	水と反応
Na	22.99	0.968(20°C)	97.82	881.4	$\log p = 6.354 - 5567/T - 0.5\log T$	液体アンモニア，水銀	水と激しく反応 空気中酸素と反応
K	39.10	0.856(20°C)	63.2	765.5	$\log p = 11.410 - 4.855/T - 1.275 \times \log T$	液体アンモニア，エチレンジアミン，アニリン	水と激しく反応 空気中酸素と反応

を追跡するのに便利である．AsF_5, SbF_5, I_2 などのドーピングがこの方法で行われる．また，K などのアルカリ金属の n-ドーピングも高真空下で可能である．ドーパントの溶液に共役高分子を浸漬することによって化学ドーピングが可能である．この方法により $FeCl_3$ など金属塩化物のドーピングが行われる．また，溶液中でのドーピングには $NOPF_6$, $NOSbF_6$ が用いられることもある．Li, Na による n-ドーピングは Na ナフタリン，Li ナフタリンの THF 溶液で行われる．ポリアセチレンでは Li とベンゾフェノンの THF 溶液でも n-ドーピングが可能である．$(C_6H_5)_3SAsF_6$ の溶液で処理したポリアセチレンフィルムに光照射すると，照射部分だけが AsF_6^- でドーピングされる．導電パータンの作製が可能となる[10]．

電気化学ドーピングは電極上の共役高分子を支持電解質の存在下で酸化または還元することによって行われる．導電性高分子が正極上にあれば p-ドーピングが起こり，支持電解質のアニオンが対イオンとして共役高分子に取り込まれる．負極上に共役高分子があれば n-ドーピングが起こりカチオンが取り込まれる．電気化学ドーピングでは，印加電圧によりドーピングレベルをコントロールできる，吸収スペクトルや ESR スペクトルをその場で測定できるなどの利点がある．図

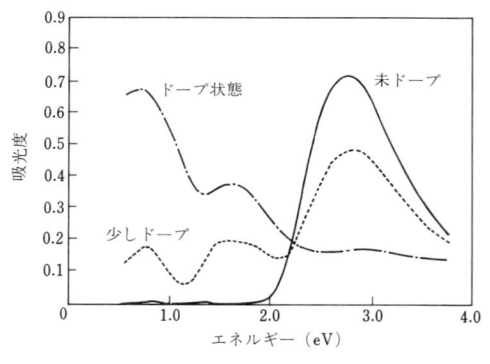

図 II.2.3　ポリ(3-アルキルチオフェン)のスペクトル変化

II.2.3 に電気化学ドーピングによる吸収スペクトルの変化の様子を示す．

ポリ(p-フェニレンビニレン)は芳香環に置換基を導入しても良質のフィルムを作製することができる．置換ポリ(p-フェニレンビニレン)に対する4種類のドーパントの効果を表 II.2.2 に示す．無置換体では SO_3, AsF_5, H_2SO_4 のような強いドーパントだけが大きな効果を示すが，アルコキシ置換体では I_2 のような比較的電子親和力の弱いドーパントでも 200 S/cm 以上の高い電気伝導率を示す．p-ドーピングの効果は共役高分子のイオン化電位と密接な関係があり，メトキ

表 II.2.2 置換ポリ(p-フェニレンビニレン)におけるドーピング効果

置換基	電気伝導率 (S/cm)			
	I_2	SO_3	AsF_5	H_2SO_4
H—	$2×10^{-3}$(0.1)	7.7(0.41)	38	27
CH_3O—	203(1.85)	159(2.00)	68	411
C_2H_5O—	257(1.17)	43(0.80)	14	—
CH_3—	$2×10^{-4}$(0.13)	10^{-4}(—)	—	—

( )内の数値はドーパント量(mol/モノマー単位).

シ基置換によりイオン化電位が低下すると,電子親和力の低いドーパントでもキャリヤー発生に十分な電荷移動が起こる.

2.1.3 ドーピングの化学

電気化学ドーピングのように支持電解質のイオンが対イオンとして高分子に取り込まれる場合には高分子中でのドーパントの化学種がはっきりしているが,中性ドーパントの場合には対イオンとして導電性高分子に取り込まれるイオン種が必ずしも明確ではない.トランス形ポリアセチレンを$FeCl_3$のニトロメタン溶液に浸漬してドーピングすると,

$$2 FeCl_3 + e^- \longrightarrow FeCl_4^- + FeCl_2$$

の反応によってポリアセチレンから電子移動が起こり$FeCl_4^-$が対イオンとして存在することが,メスバウアスペクトル,ESR,化学分析によって確かめられている[11].$FeCl_3$でピロールを重合したときにポリピロールに取り込まれる対イオンの化学種は反応溶媒によって異なる.エーテルを溶媒として重合すると$FeCl_4^-$が対イオンになり,メタノール中で重合すると主としてCl^-が対イオンとして取り込まれる[12].$FeCl_3$によるチオフェン,3-アルキルチオフェンの重合では,生成ポリマーの後処理の過程で脱ドーピングが起こるが,イオン化電位の低い3-メトキシチオフェンのクロロホルム中での重合ではモノマー単位あたり0.16 molの$FeCl_4^-$と0.11 molのCl^-を含むポリマーが得られる.これをジメチルスルホキシド/ベンゼン系で再沈殿すると0.12 molの$FeCl_4^-$を含むポリマーが得られる[13].

ポリアセチレンへのAsF_5気相ドーピングでは,AsF_6^-を対イオンとする説と$As_2F_{10}^{2-}$を対イオンとする説があるが,実際の反応はかなり複雑で,いくつかの化学種が混在していると考えられる.I_2のポリアセチレンへのドーピングでは,ラマン散乱スペクトルからI_3^-と2種類のI_5^-が対イオンになっている[1].シンクロトロン放射光を光源とした偏光X線吸収実験によりトランス形ポリアセチレンにドーピングしたハロゲンの化学種を調べた結果によれば,臭素では濃度1.5%でポリアニオンとして存在する臭素は1/3以下で,残りは炭素と共有結合している[14].濃度の増大とともに共有結合している臭素の割合は増加する.ヨウ素ドーピングではポリアセチレン主鎖との共有結合は少なく,ヨウ素はポリアニオンとしてポリアセチレン主鎖と平行に存在する.

AsF_5のドーピングにより芳香族高分子では化学反応が起こる.ポリ(p-フェニレンスルフィド)のAsF_5のドーピングでは,隣接するベンゼン環のα位における分子内架橋により環化が起こることが赤外吸収スペクトルから確認されている.また,同時に分子間架橋も起こる[5].真空蒸着したポリ(p-フェニレン)オリゴマーにAsF_5をドーピングすると末端における分子間結合が起きて分子量が増大する.ドーピングにより生成するこれらの構造は共役系を拡張し,電気伝導率の向上につながるものと考えられる.

85%シス形ポリアセチレンフィルムをベンゾフェノンとリチウムのTHF溶液に浸してLiドーピングを行った後ラマンスペクトルを測定したところ,シス形ポリアセチレンのラマン線が消滅し,トランス体に特有な線が1090と1480 cm^{-1}に現れるのでLiドーピングによりシス-トランス異性化が起きたことがわかる[15].

導電性ガラス上に重合した.85%シス形ポリアセチレンフィルムをBu_4NClO_4のTHF溶液中で電気化学的にn-ドーピングすると2.1と2.3 eVにピークのあるシス形ポリアセチレンの吸収が消失し,1.9 eVにトランス形ポリアセチレンのピークが現れる.同様にBu_4NClO_4のプロピレンカーボネート溶液中でp-ドーピングするとトランス形ポリアセチレンが生成する[16].

2.1.4 脱ドーピングとドーパント交換

電解酸化重合で合成したドープ状態の導電性高分子の電解還元を行うと脱ドーピングが起こり中性の導電性高分子が得られる.しかし,電解反応では脱ドーピングが完全に進行することは少ないので,さらにメタノールでソックスレー抽出を行う[17].ポリチオフェン,ポリ(3-アルキルチオフェン)ではメタノール抽出だけで脱ドーピングが進行する.$FeCl_4^-$をドーピングしたポリ(3-ノニルチオフェン)フィルムでは$FeCl_4^-$の電荷移動バンドの光照射によって脱ドーピングが起こる[18].

還元剤を用いて化学的な補償(chemical compensation)を行うときにはヒドラジン,アンモニアが用いられる.p-ドーピングした導電性高分子をヒドラジンの

メタノール溶液に浸漬する，アンモニアガスを吹き込むなどの方法がとられる．化学的な補償を行うと吸収スペクトルは中性状態のものになるが，ドーパントが高分子から抜けているとはかぎらない．

ポリピロールでは印加電位をサイクルさせるとドーパントの交換が起こる[3]．PF_6^- をドーパントとするときには，他のアニオンを含む電解質の溶液にポリピロールフィルムを浸漬するだけで100% 他のドーパントに交換する[2]．その様子を図II.2.4に示す．

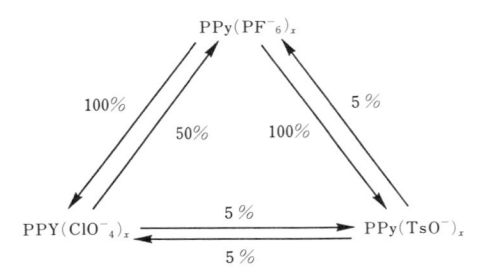

図 II.2.4 ポリピロールのドーパント交換率（20℃ プロピレンカーボネート中，ToS^-＝トルエンスルホン酸）

ドーパント交換後のフィルムの室温電気伝導率は元の PF_6^- をドーピングしたフィルムと変わらなかった．しかし，X線回折，ESR，比重によりドーパント交換後のフィルムを解析したところ，元のフィルムの構造を保持せず，新しく入ったドーパントを含む電解質を支持塩として重合したフィルムの構造に類似していた．

〔帰山享二〕

参考文献

1) 白川，山辺編：合成金属（化学増刊87），(1980)，化学同人
2) 次世代産業基盤技術研究開発制度　高機能性高分子材料研究開発総括報告書 (1991)，高分子基盤技術研究組合
3) Skotheim, T. A.: Handbook of Conducting Polymers(1986), Marcel-Dekker
4) 白川：高分子, **32**(1983), 431
5) 藤島，相澤，井上：電気化学測定法, p.116(1984)，技報堂
6) Baughman, R. H.: *Chem. Rev.*, **82**(1982), 209
7) Bailar, J. C. et al. ed: Comprehensive Inorganic Chemistry (1973), Pergamon Press
8) Book of Abstracts, ICSM'92 Göteborg(1992)
9) Motamedi, F. et al.: *Polym.*, **33**(1992), 1102
10) Clarke, T. C.: *JCS, CC*, (1981), 384
11) Jones, T. E. et al.: *J. Chem. Phys.*, **88**(1988), 3338
12) Walker, J. A. et al.: *JPS*, **A26**(1988), 1285
13) Tanaka, S. et al.: *BCSJ*, **62**(1989), 1908
14) Tokumoto, M. et al.: *Mol. Cryst. Liq. Cryst.*, **117**(1985), 139
15) Rachdi, F. et al.: *Polym. Commun.*, **23**(1982), 173
16) Chung, T. C. et al.: *Polym. Lett.*, **20**(1982), 427
17) Masuda, H. et al.: *JPS*, **A28** (1990), 1831
18) Sandberg, M. et al.: *Synth. Met.*, **60**(1993), 171

2.2 ビーム処理

放射線架橋，UV・EB（紫外線・電子線）表面加工，超LSI製造などの産業分野から宇宙線の測定などの基礎研究に至る広い分野で，有機材料のビーム処理が利用されている[1〜3]．有機材料のビーム処理の高度化に伴い，新ビーム開発も含めたビーム処理技術の高度化とビームの有機材料に対する作用機構の正確な把握が重要になってきている．

2.2.1 ビームの種類

有機物のビーム処理には粒子ビームとしては荷電粒子ビーム，とくに電子線が多く利用され，光量子ビームとしてはレーザー，放射光の研究もあるが，主として，紫外光が利用されている．

1992年の時点で，国内の放射線利用事業所は約5000，1 MV以上のビーム加速可能な国内の加速器は約900台である[4]．この中には産業分野で重要なEB硬化（キュアリング）用の低エネルギー電子線照射装置，超LSI製造用の電子線露光装置やイオン注入装置などの低エネルギー照射装置は含まれていないので，実際に民間企業で使用されている放射線照射装置は膨大な数になる．

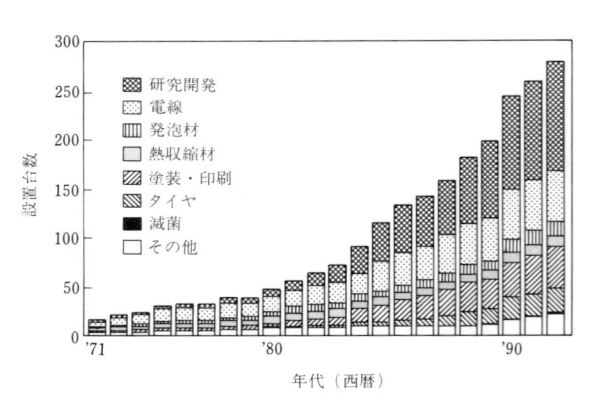

図 II.2.5 日本における電子加速器の普及状況

図II.2.5に国内の電子線加速器の有機材料のビーム処理分野を示す．電線，発泡材，熱収縮材などの放射線架橋利用分野の着実な増加と塗装・印刷分野での急激な増加がみられる．さらに，3割以上が研究開発用で，新しい利用分野の開発への期待が大きい．

2.2.2 放射線と物質との相互作用

有機材料の放射線ビーム処理は1フェムト(10^{-15})s程度で起こるイオン化や励起によって始まる．高エネルギービームでは有機物へのエネルギー付与（ほぼイ

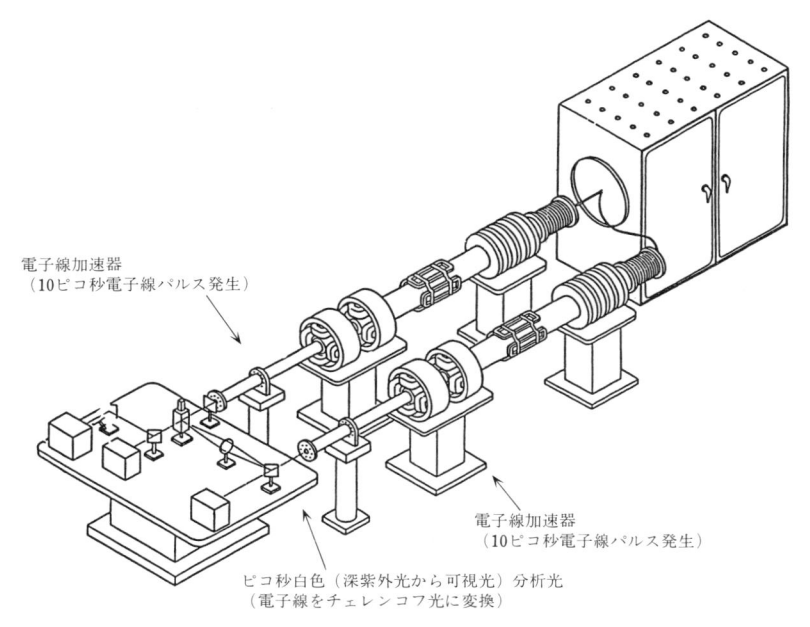

図中ラベル:
- 電子線加速器（10ピコ秒電子線パルス発生）
- 電子線加速器（10ピコ秒電子線パルス発生）
- ピコ秒白色（深紫外光から可視光）分析光（電子線をチェレンコフ光に変換）

図 II.2.6 ピコ秒パルスラジオリシスシステム

オン化や励起の総数)は入射一次ビームによる直接的なイオン化や励起の寄与より，有機物のイオン化で生じた二次以上の高次の電子によるイオン化や励起の寄与の方が大きい．二次電子のエネルギー分布は非常に広いので，生成する反応中間体は多様で予測がむずかしい．反応中間体の反応はサブピコ秒からピコ(10^{-12})秒の時間領域で始まる．現在，ストリークカメラによるピコ秒時間領域での励起状態からの蛍光測定以外に，図II.2.6に示すような同一のマイクロ波源で稼働する2台の加速器から同期したピコ秒電子パルスを発生させ，一方を照射に，他方をチェレンコフ光に変換して分析光に利用し，10ピコ秒の時間分解能で，イオンや励起状態の深紫外から可視までの過渡吸収スペクトルが測定可能である[5,6]．最新のピコ秒パルスラジオリシスではピコ秒電子線パルスとピコ秒レーザー光パルスを同期させ，赤外領域でのピコ秒時間分解の実験も可能になっている[7]．

2.2.3 ビーム処理

a. 放射線架橋

ポリエチレンのような高分子では放射線照射によって，高分子と高分子との間に新たに結合が生じる（いわゆる架橋反応）．この架橋反応によって，高分子の耐熱性の向上，高分子中へのガス閉じこめが可能になる．耐熱性改善技術は家庭製品や自動車から宇宙・航空機器やコンピューターなどの科学技術の最先端のものまで広く利用されている．

b. UV・EB 硬化

UV・EB 硬化では，反応性オリゴマーとモノマーからなる樹脂液を塗布し，照射によって材料表面に高分子塗膜を形成して機能性を向上させる．UVでは光開始剤を用いる．EB硬化は自己遮蔽型の低エネルギー電子線照射装置の普及により，磁気記録媒体（フロッピーディスク，磁気テープ），鋼板，印刷など広い分野で実用化されている．それぞれの用途に最適なオリゴマーなどの材料の開発も精力的に行われている．

c. 微細加工

現在，超LSIは主としてフォトリソグラフィーで生産されている．フォトリソグラフィーでは転写用マスクが必須で，超微細加工用のマスクは電子線リソグラフィーで製作されている．電子線リソグラフィーは生産性が悪いので量産には向かないが，マスクなしで微細加工できるので，少量生産の特殊な半導体デバイスの製作などには不可欠な技術である．また，超LSIの量産プロセスとしても，光の波長以下の微細加工ができないフォトリソグラフィーは限界に近づいているので，X線や電子線リソグラフィーへの期待が大きい．とくに生産性の高いX線リソグラフィーへの期待が大きく，小型シンクロトロン放射光装置などのX線源の開発が行われている．イオンビームは基礎研究に利用されている．

X線や電子線リソグラフィーによる量産化のため

には高解像度レジストの高感度化が不可欠で，酸触媒反応を用いる化学増幅型（一種の連鎖反応）の高感度電子線やX線レジストが注目されている．X線と電子線レジストの放射線化学反応はほとんど同じと考えてよいが，吸収線量は電子線ではほぼ物質の電子密度に比例するのに対して，X線では物質を構成している原子の種類に強く依存するなどエネルギー吸収過程には違いがある．電子線やX線レジストの反応機構の研究は上述のパルスラジオリシスを用いて行われている[8,9]．

d. 新しいビームの応用

電子線以外による有機材料のビーム処理ではイオンビームと放射光の研究が進んでいる．放射光以外の二次ビームの可能性も探られている．有機材料への放射光利用としては上述のX線リソグラフィーが主実用技術なので，ここではあるしきい値以上の励起密度（阻止能）をもつイオン照射のときに起こる高分子の高密度励起現象の例を示す．

1) 高分子の熔融と炭化 大電流電子線照射で，熱によって高分子のアブレーション（熔融現象）やカーボニゼーション（炭化現象）が起こるが，電流値を下げてもイオン照射では，熱以外の原因で熔融現象や炭化現象が起こる．一個一個のイオンによる熔融現象を用いると非常に小さい孔があけられるので，単孔膜や細胞加工が可能になる．高分子表面の炭化現象を利用すると，帯電防止，水分や酸素の内部への拡散防止，光学的性質の変化など高分子表面を改質できる．

2) 核飛跡 イオンの飛跡に沿って高密度のイオン化や励起が生じ，照射後アルカリ溶液でエッチングするとイオンの飛跡に沿って孔が生成する．これを核飛跡という．固体高分子での飛跡生成は阻止能がある一定値より大きいところのみで起こる．CR-39 などの飛跡検出感度の高い合成高分子を用いて，宇宙線や中性子の検出，イオン顕微鏡や中性子ラジオグラフィーなどが行われている．核飛跡を用いた多孔膜や単孔膜の作成も行われている．

3) 粒子選別プラスチックシンチレーター イオン化や励起密度が大きくなるとともに蛍光の時間波形の初期蛍光強度は電離消光現象によって低下し，後の方の蛍光強度は遅延蛍光によって強くなる．この現象を用いるとイオンの選別が行え，センサーや種々の測定機器に利用している． 〔田川精一〕

参考文献
1) 山岡仁史，田川精一：日本原子力学会誌，**26**(1984), 739
2) 田川精一：応用物理，**60**(1991), No.7, 699
3) Tabata, Y., Ito, Y., Tagawa, S.: CRC Handbook of Radiation Chemistry (1991), CRC Press
4) 放射線利用統計(1992), 日本アイソトープ協会
5) 田川精一，小林仁：日本物理学会誌，**41**(1986), 480
6) Tabata, Y. ed.: Pulse Radiolysis (1990), CRC Press
7) Yoshida, Y. et al.: *Nucl. Instr. Meth.*, **A327**(1993), 41
8) Tagawa, S.: *American Chemical Society Symposium Series*, **475**(1991), 2
9) Kozawa, T. et al.: *Japanese J. Appl. Phys.*, **31**(1992), 4301

2.3 プラズマ処理

2.3.1 はじめに

窒素，アルゴン，一酸化炭素など非重合性のガスをプラズマ化し，これを高分子化合物に接触させると表面に橋かけ反応が起こったり，プラズマ成分が導入されたりして高分子表面の性質を変えることができる．これをプラズマ処理という．たとえば，酸素プラズマを接触させれば酸化が起こるし，窒素と水素の混合ガスをプラズマ化すれば種々のアミノ基，イミノ基が簡単に導入される．こうしてこれまでに，フィルムやプラスチックのぬれ特性や親水性，接着性，物質透過性の改善，繊維の防縮加工，染色性向上，不燃性増大，さらに医用材料に対する滅菌，生体適合性付与など，数多くの応用研究が意欲的に展開されており，プラズマ重合とならんで高分子改質の新しい手法となっている．

2.3.2 プラズマ表面処理の方法

a. 表面処理装置

プラズマ表面処理の装置は原理的にプラズマ重合の場合と同じであるが，プラズマ重合に比べ繊維や布・フィルムなどを大量かつ連続的に処理するための工夫

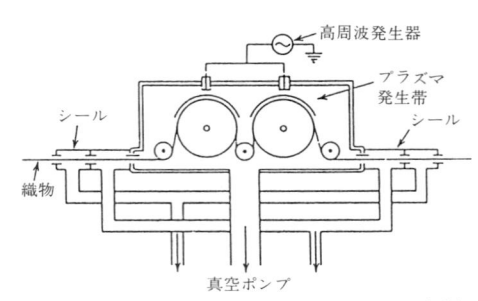

(a) 連続式プラズマ処理装置（スリットシール方式）

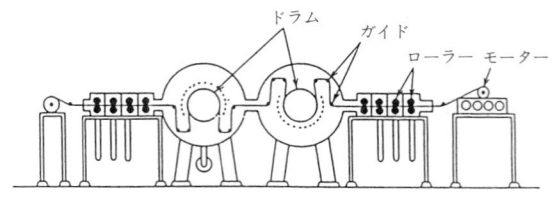

(b) 連続式低温プラズマ処理装置（ローラーシール方式）

図 II.2.7 プラズマ表面処理装置の一例

がなされていることが多い．プラズマ表面処理を行うには織布・フィルムなどの基材を真空に保ったまま走行させることが必要となる．基材全体を反応器内に入れて roll to roll で一方から他方へ巻取る方法（バッチ法）[1] と air to air で常圧状態からシール部を通して反応器内に基材を導入・導出させる方法（連続法）[1,2] に大別される．図II.2.7 はこのうち連続法の装置例である．おのおのを比較するとバッチ法は操作および真空保持が容易であるが，生産性が低く，大量生産には向いていない．また連続法では常圧から真空へのシールに高度の技術とエネルギーを要する．

b．処理条件

被処理物の表面物性は 1）～5）の条件により左右される．

1) ガスの種類
 i) 非反応性ガス（Ar，He など不活性ガス）
 ii) 反応性ガス（N_2，O_2，CF_4，CCl_4 など）
2) プラズマ発生方式
 i) 外部および内部電極方式：グロー放電処理とコロナ放電処理[3] とがある．
 ii) 無電極方式：13.56 MHz のラジオ波や 2.45 GHz のマイクロ波を用いた誘導式発生法がある．
3) 反応器形状を含む装置の構成，プラズマ発生空間に対する基材の位置
4) 放電条件（周波数，電圧，電流）
5) 真空度，ガス供給速度，滞留時間

よってこれらを適宜組み合わせて目的の表面状態を得ることが必要である．

2.3.3 プラズマ処理によって起こる反応

a．エッチングおよび粗化面の形成

陰極上にプラスチックを置いて処理を行うとプラスチックはスパッタエッチングを受けることになる[4]．たとえばポリテトラフルオロエチレンにこのような処理を行うと粗化面ができる．

このほか，ポリテトラフルオロエチレン-ポリヘキサフルオロプロピレン共重合体，ポリテトラフルオロエチレン-パーフルオロメチルビニルエーテル共重合体，ポリメタクリル酸メチルなどで粗化面が得られる．この方法は非常に短時間で処理がすむことが特徴である．

b．表面橋かけ層の形成

高周波放電などを利用して励起させた He や Ne などの不活性気体をプラスチックの表面に接触させると，次のような反応によって高分子表面に橋かけが起こる．たとえば活性化した He を He* とし，これをポリエチレン表面に接触させる．

$$RCH_2CH_2CH_3 + He^* \longrightarrow \overset{H\cdot}{RCHCH_2CH_3} + He$$

$$\overset{H\cdot}{RCHCH_2CH_3} \longrightarrow RCH=CHCH_2CH_3 + H_2$$

または

$$\overset{H\cdot}{RCHCH_2CH_3} + \overset{H\cdot}{RCHCH_2CH_3} \longrightarrow \begin{array}{c} RCHCH_2CH_3 \\ | \\ RCHCH_2CH_3 \end{array} + H_2$$

不活性ガスのプラズマ処理によって表面橋かけ層を形成する技術は casing といわれており，表面の硬化を促すことができる．

c．表面グラフト反応

高分子材料表面にプラズマ照射すると，多量の遊離ラジカルが表面に生成する．とくにプラズマ発生空間に酸素が存在すると，直接あるいは遊離ラジカルに酸素が反応してペルオキシドが生成するものと考えられる．ペルオキシドは加熱などによる分解で容易にラジカルを発生し，ここを開始点として重合が進行する．このような方法をプラズマ前処理グラフト重合と呼んでいる．

2.3.4 プラズマ表面処理の応用

a．親水性・ぬれ特性の向上

高分子材料をプラズマ処理すると表面に極性基が導入され，親水性・ぬれ特性を向上することができる．

撥水性の高い各種のフッ素系ポリマー（ポリフッ化ビニリデン，テトラフルオロエチレン-エチレン共重合体，ポリテトラフルオロエチレン，およびポリエチレン）を窒素プラズマで処理すると水との接触角はいずれも低下し，親水化が起こることを示した[5]．接触角の低下はいずれも 30 s 程度でほぼ飽和し，短時間の処理によって十分効果があがる．

疎水性表面に親水基を導入した際には，表面エネルギーを低下させるために親水基が材料内部に埋入してしまい，時間の経過とともに親水性が低下するという問題が生じる．プラズマ処理を行った場合にもこのようなことが問題となる．しかし，処理後の高分子表面には高度の橋かけ層が同時に形成されているために親水基の運動は抑制され，親水性の減少はそれほど大きくないという意見もある[6]．窒素プラズマの場合には処理によって表面にアミノ基（$-NH_2$）などの極性基の導入が考えられる．アルゴンプラズマによっても親水性が向上することが知られているが，Yasuda らはESCA の測定から高分子表面に酸素が導入されたた

表 II.2.3 高分子材料の低温プラズマ処理[*1]と接着性[*2](kg/cm^2)[8]

材料	未処理	ヘリウムプラズマ処理		酸素プラズマ処理		窒素プラズマ処理
		30秒	30分	30秒	30分	60分
低密度ポリエチレン	26.2	87.9	93.1	102	102	98.5
高密度ポリエチレン	22.3	65.0	220	139	171	246
ポリプロピレン	26.1	31.6	14.1	131	217	44.5
ポリスチレン	39.8	—	282	—	219	—
ナイロン6	59.5	85.8	278	114	27.4	—
ポリエチレンテレフタレート	37.3	—	117	—	85.4	—
ポリフッ化ビニル	19.6	90.7	84.4	96.3	90.0	—
酢酸ブチルセルロース	46.1	87.9	177	79.2	97.0	—
ポリカーボネート	28.8	46.4	59.1	56.3	65.3	—
ポリオキシメチレン	8.30	13.1	16.6	—	18.1	—

[*1] プラズマ処理条件:周波数 13.56 MHz, 高周波電力 50 W, 圧力 0.3 Torr, ガス流量 20 ml/min.
[*2] 剥離試験:接着剤 Epon 828:Vevsamid 140=7:3.

めであることを明らかにしている[7].

b. 接着性・塗装性の向上

プラズマが高分子表面に接触すると橋かけ反応やエッチング反応が起こる.これらの反応に伴って生じる基材の不飽和結合や凹凸は接着性や塗装性向上の要因となる.このためプラズマ表面処理を用いた接着性や塗装性改善の研究も数多くなされている.

ポリエチレン,ポリプロピレン,ポリテトラフルオロエチレンといったポリオレフィンや含フッ素樹脂は家電器具・家具・自動車車体として多量に使われている.しかし,これらの材料表面は非極性のため塗装性が悪く,通常の塗料をそのまま使用することはできない.また接着性にも欠ける.Hallら[8]は種々の高分子材料をヘリウム,窒素,酸素のプラズマで処理し,接着性が向上することを明らかにした(表II.2.3).ポリテトラフルオロエチレンの場合も,0.05 Torr で空気プラズマに 30 秒間接触させるだけでせん断接着強度が 80 kg/cm^2 にも改善することが明らかにされている[9].塗装膜と材料表面との接着強度が 100 kg/cm^2 を越えれば高度の耐久性を要求される系にも使用可能であるので,非重合性ガスによるプラズマ処理は条件設定さえ適当であれば十分期待できる.

c. 繊維の改質

繊維の親水化は染色などを容易にするためにも重要である.ポリエステル繊維を空気,酸素,窒素,アンモニア,二酸化炭素などの気体を用いてプラズマ処理すると,著しいぬれ特性の向上がみられる.ヘリウム,アルゴンなどの処理でも前出の気体に比べて効果は小さいもののやはりぬれやすくなる.これは繊維表面にラジカルが生成し,それが空気中の酸素を取り込んで親水化させるためである.水素プラズマの効果は親水性の付与よりも疎水性付与に効果的であることもわかっている.

もめんのプラズマ処理は Benerito らにより基礎的な研究が行われている[10~13].

アルゴン,窒素,空気のプラズマ処理はいずれも親水性を増大させる.ESCAによる解析から $-\overset{O}{\underset{\|}{C}}-O-$ や $-\overset{O}{\underset{\|}{C}}-$ 基の増加が観測され,これが親水化の原因となることが明らかになった.

そのほか,合成繊維をアンモニア,塩素,二酸化硫黄などのプラズマで処理することによって,特定の基を導入し,染料の吸着促進を図った例も知られている[14].

d. 医用材料への応用

低温プラズマの医用材料への応用はプラズマ重合だけでなく,プラズマ表面処理によっても行われている.

プラズマ表面処理による生体適合性増大の原因は単なる材料表面の親水化だけでない.それ以上にエッチングによる材料表面からの低分子物質や汚染物質の除去が重要である.また,プラズマが殺菌能力にすぐれていることもプラズマ処理が有望視される理由の一つである.その例として枯草菌(*B. subtilis* var. *niger*)などの細菌胞子をヘリウム,酸素,窒素,アルゴン,水素などのプラズマで処理すると,完全死滅するという報告もある[15].この殺菌作用は活性種のみによるものではなく,プラズマから放射される紫外線によるところも大きい.

高分子材料表面にすぐれた血液適合性を与える方法の一つとして化学的にヘパリンを材料表面に結合させる方法がある.ヘパリンは凝血防止作用をもつ糖類似

化合物であり，従来からも材料表面にコーティングまたはグラフトして凝血防止効果が検討されてきた[16]．

軟質ポリ塩化ビニル(PVC)からの可塑剤(フタル酸エステル)の浸出防止もプラズマ重合とともに行われている[17]．非重合性ガスを用いたプラズマ処理によって表面に緻密な橋かけ層を形成させて(casing)，低分子の可塑剤の浸出を阻止しようとするものである．

〔長田義仁・龔　剣萍〕

参考文献

1) Dolezalek, F. K.: 20th International Chemifaseertragung, Dornbin(1981)
2) 特開昭 57-18737，特開昭 57-30733(信越化学工業)
3) 東都正：実務表面技術，**27**(11)(1980)，554
4) 森内孝彦，山本英：日東技術，**18**(1)(1977)，29
5) Hirotsu, T., Ohnishi, S.: *J. Adhes.*, **11**(1980), 57
6) Yasuda, H., Sharma, A. K., Yasuda, T.: *J. Polym. Sci., Polym. Phys. Ed.*, **19**(1981), 1285
7) Yasuda, H., Marsh, H. C., Brandt, S., Reilly, C. N.: *J. Polym. Sci., Polym. Chem. Ed.*, **15**(1977), 991
8) Hall, J. R. et al.: *J. Appl. Polym. Sci.*, **13**(1969), 2085
9) 角田光雄，大場洋一，福村勉郎：工業化学雑誌，**72**(11)(1969)，2446
10) Benerito, R. R. et al.: *J. Appl. Polym. Sci.*, **23**(1979), 1987
11) Benerito, R. R. et al.: *Text. Res. J.*, **52**(1982), 256
12) Benerito, R. R. et al.: *Text. Res. J.*, **51**(1981), 244
13) Benerito, R. R. et al.: *Text. Res. J.*, **47**(1977), 217
14) 特開昭 52-99400，特開昭 58-81610(クラレ)
15) NASA Task, No. 193-58-63-02
16) Falb, R. D. et al.: U. S. Department of Commerce, Clearinghouse Report, PB 175668(1967)
17) 浅井道彦：低温プラズマ応用技術，CMC R&D レポート，No. 41, p. 127(1983)
18) 長田義仁編著：プラズマ重合(1986)，東京化学同人
19) 長田義仁：プラズマ化学入門，電子材料，**20**(1980)
20) 明石和夫他編：プラズマ材料ハンドブック(1992)，オーム社

2.4　レーザー加工

材料処理，加工のために各種のレーザープロセッシングが実用化されているが，対象となる材料の多くは金属・無機材料である[1]．しかし，1980年代以降エキシマーレーザーの開発により，ポリマーアブレーションという現象が発見され，有機・高分子材料にとって非常に優れた特徴的なレーザー加工技術が急速に進展し始めた．すでに，高分子材料の精密孔明け加工やマーキング技術としては実用化されているが，その他にもさまざまな新規材料処理・加工技術も活発に研究開発されており，ポリマーアブレーション応用技術は将来性が高い[2]．

a. 有機・高分子材料に対するレーザー加工の種類

表II.2.4にレーザー加工の種類と使用するレーザーおよび材料に起こる現象を示す．

b. ポリマーアブレーション

ポリマーアブレーションとは，高分子膜にエキシマーレーザーのような短パルス紫外光レーザーを照射すると，高密度に光吸収した高分子が爆発的に分解し，ガス化された分解片が超音速で飛散していく現象である．1980年代初めに河村らやSrinivasanらによりポリマー膜にエキシマーレーザーを照射して発見されたが[3,4]，ポリマーに限定された現象ではなく，ablative photodecomposition(APD)あるいは単にアブレーション(ablation)としても使われる．図II.2.8[5]にポリマーアブレーションの概念図を示す．

ポリマーのアブレーションは凝縮系への高密度光励起による高エネルギー状態での爆発的な超高速現象であり，詳細な機構は解明されていないが，アブレーションによる分解物を解析する研究が，種々の手法を用

表 II.2.4　レーザー処理・加工の種類・使用レーザー・現象

レーザー処理・加工	使用するレーザー	現　象	手　法
光硬化性樹脂の露光 (印刷インク，塗料，三次元造形)	He-Cd, Ar⁺, エキシマー	光化学反応	高分子架橋・光重合による硬化
フォトレジストの露光	エキシマー(KrF)	光化学反応	膜の溶解性変化
有機材料のマーキング	YAG，炭酸ガス，エキシマー	表面熱-光化学反応	着色変化 エッチング
高分子材料の孔明け	YAG，炭酸ガス，エキシマー	アブレーション	エッチング
有機薄膜の選択的除去・クリーニング	エキシマー	アブレーション	エッチング
高分子材料の表面改質	エキシマー	アブレーション 表面光化学反応	物理的・化学的変化
高分子薄膜作製	エキシマー	アブレーション CVD	分解片堆積 反応生成物堆積

表 II.2.5 代表的なポリマーのアブレーションによる分解物と解析手法[6]

ポリマー	レーザー波長 (nm)	照射条件 (J/cm²)	分解物(解析手法)	
ポリメチルメタクリレイト (PMMA)	193	0.04～18.0	C (a)	
			C_2 (a,b)	ポリマー (e,f)
	248	0.15～10.0	CN (a)	
			CO (c)	
	308	0.50～ 3.0	CO_2 (c)	
			MMA (c,d)	
			ギ酸メチル (c)	
ポリイミド (PI) (Kapton)	193	0.02～ 9.0	C (a)	固体状炭素 (f,g)
				ポリマー (f,g,h)
	248	0.07～ 5.0	C_2 (a,b)	
			CO (f)	
	308	0.05～ 2.0	CO_2 (f)	
	351	0.01～15	H_2O (f)	
			HCN (f)	
			ベンゼン (c,d)	
ポリエチレンテレフタレート (PET) (Mylar)	193	0.03～0.05	H_2 (c)	ポリマー (g,h)
	248	0.02～2.00	CO (c)	
	308	0.10～3.00	CO_2 (c)	
			C_2－C_{12} 含有物 (c)	
			ベンゼン，トルエン，ベンズアルデヒド (c)	

〔解析手法〕 (a) 蛍光分光，(b) レーザー誘起蛍光分光，(c) 質量分析，(d) ガスクロマトグラフ，(e) ゲルパーミエーションクロマトグラフ，(f) 赤外分光，(g) 走査電子顕微鏡，(h) 光学顕微鏡

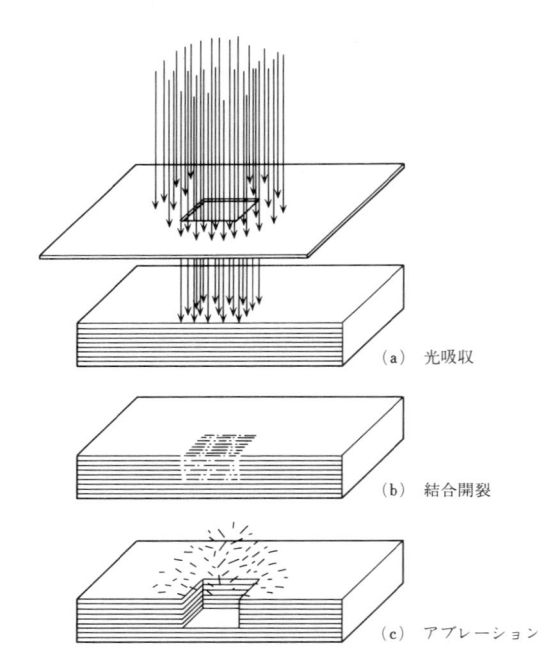

図 II.2.8 ポリマーアブレーションの概念図

(a) 光吸収
(b) 結合開裂
(c) アブレーション

いて行われている(表II.2.5)．

1) ポリマーアブレーションによるエッチング
従来，材料に対する孔明け，切断，切削などのエッチングは，YAGや炭酸ガスなどの赤外レーザーによる熱反応過程によるものであったが，エキシマーレーザーによるポリマーアブレーションは，紫外光での光反応過程を主とするので，次のような特徴のあるエッチング加工を提供する[7]．

① エッチングされる部分の断面がシャープである(高アスペクト比)．

② μm からサブ μm レベルの精度での任意の形状と位置制御ができる．

③ エッチング深さは±0.1 μm程度で制御できる．

④ 照射部分の周囲には熱的な損傷やひずみを与えない．

⑤ エッチングされた部分の分解片はガス化して飛散するので，残査の少ないクリーンなエッチングである．

⑥ 照射雰囲気は大気中でも可能である．

2) エッチング速度とレーザー強度の関係 アブレーションは高強度のレーザーに特有の現象であり，強度にはポリマーの種類と発振波長などに固有のしきい値がある．強度はフルエンス，たとえば，mJ/cm² (pulse⁻¹)で与えられる．

パルスあたりのエッチング深さ(l_f)はlog(フルエンス)(F)との関係で表すと，限られた領域では直線関係が見られる(図II.2.9)[8]．

$$l_f = \alpha^{-1}\ln(F/F_T)$$

ただし，αは定数(当初はポリマーの吸収断面積と考えられていたが実際には異なる)，F_Tはアブレーションの起こるしきい値である．

2.4 レーザー加工

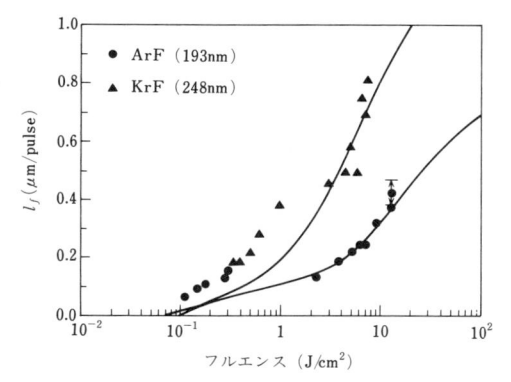

図 Ⅱ.2.9 ポリイミドのアブレーションによるエッチング速度とフルエンスの関係

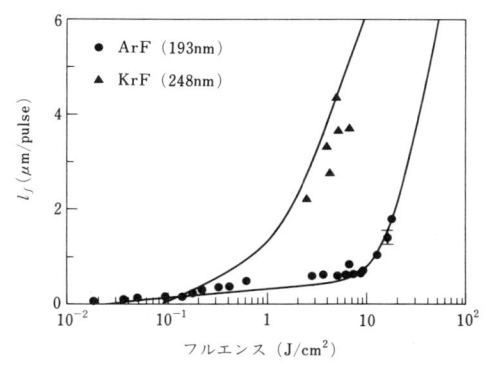

図 Ⅱ.2.10 ポリメチルメタクリレートのアブレーションによるエッチング速度とフルエンスの関係

しかし，非常に高い強度としきい値近くでは成立せず，傾斜の低い"緩いS字曲線"を示す場合が多い（図Ⅱ.2.9，Ⅱ.2.10）[9]．最もよく実験結果に対応する式として，低フルエンスでの光化学過程に加えて，高フルエンス領域での熱過程の寄与を考慮した次の実験式も提案されている[9]．

$$l_f = \alpha^{-1}\ln(F/F_T) + A\exp(-E/RT)$$

ただし，A は定数，R は気体定数，E は活性化エネルギー，T はレーザー照射後のポリマーの温度である．

3) しきい値 レーザー強度とエッチング速度との関係やしきい値の存在を理論的モデルで説明しようとする試みがあるが，まだ十分な理論式が得られていない．また，しきい値と高分子の吸光係数との関係についても単純には説明できない．水晶振動子を使用して精密な重量現象を観測することにより実験的に求められたしきい値を表Ⅱ.2.6に示す[10]．吸光係数と比較して，吸光係数の大きいものは，一般にしきい値は低い傾向がみられるが，例外もあり統一的な相関関係はない．

4) アブレーションによる高分子薄膜堆積 金属酸化物からなるhigh-Tc超電導体薄膜の作製のために，レーザーアブレーションが活発に研究されているが[11]，有機・高分子材料に対しての研究例は乏しい．表Ⅱ.2.7[12]にレーザーアブレーション堆積法による高分子薄膜の作製例を示す．

5) アブレーションによる高分子膜の表面改質 高分子材料のアブレーションされた表面には，固有の微細構造が生成したり，物理的変化や化学的変化が起きている[13,14]．これらの変化は表面改質技術として有用である．たとえば，接着性，親水性，導電性，摩擦

表 Ⅱ.2.6 吸光係数(α)とアブレーションのしきい値[10]，F_{th}(mJ/cm²)

レーザー波長	ポリマー	ポリエーテルスルホン (PS)	ポリカーボネート (PC)	ポリエチレンテレフタレート (PET)	ポリイミド (PI)	ポリメチルメタクリレート (PMMA)	ポリフェニレンキノキザリン (PPQ)
193 nm	α	8×10^5	5.5×10^5	3×10^5	4.2×10^5	2×10^3	0.28×10^3
	F_{th}	10	16	17	27	27	27
248 nm	α	6.3×10^3	1×10^5	1.6×10^5	2.8×10^5	65	0.16×10^5
	F_{th}	57	56	22	65	200	37

表 Ⅱ.2.7 レーザーアブレーション堆積法による高分子薄膜の作製[12]

ポリマー名称	RI	ArF(193 nm) 吸光係数	ArF(193 nm) 膜形成	KrF(248 nm) RI	KrF(248 nm) 吸光係数	KrF(248 nm) 膜形成	Nd:YAG(1064 nm) RI	Nd:YAG(1064 nm) 吸光係数	Nd:YAG(1064 nm) 膜形成
ポリテトラフルオロエチレン	1.376	1×10^2	形成せず		$<10^2$	形成せず		$<10^2$	形成せず
ポリエチレン	1.49	5×10^2	形成せず		$<10^2$			$<10^2$	
ポリメチルメタクリレート	1.49	1.4×10^4	平滑な膜		1×10^3	微粉		$<10^2$	微粒子
ナイロン6,6	1.53	4×10^4	平滑な膜	1.51	$\leq7\times10^3$	平滑な膜	1.52	$<10^2$	形成せず
ポリカーボネート	1.585	5×10^4	平滑な膜	1.79	$\geq6\times10^5$	平滑な膜	1.63	$<10^2$	微粉/膜
ポリエチレンテレフタレート	1.576	2×10^5	平滑な膜	1.71	1×10^5	平滑な膜	1.61	$<10^2$	微粉/膜
ポリイミド	1.695	4×10^5	平滑な膜	2.01	2×10^5	平滑な膜	1.89	$<10^2$	微粉/膜

RI：屈折率，吸光係数の単位：cm⁻¹；$<10^2$ は無視できるほど小さい．

表 II.2.8 表面レーザー光化学反応法によるフッ素含有高分子膜の表面改質

高分子膜の種類	改質の内容	使用レーザー	反応手法	文献
ポリテトラフルオロエチレン (PTFE)	親水化	ArF エキシマー	①ヒドラジン(H_2N-NH_2)を吸着させてレーザー照射.アミノ基置換.	15)
	親油化	ArF エキシマー	②手法①によりアミノ化された膜を無水酢酸に浸漬して,アセチル化.	15)
	金属めっき	ArF エキシマー	③手法①で親水化された膜を無電解めっき(銅あるいはニッケル).	15)
テトラフルオロエチレン-ヘキサフルオロプロピレン共重合体 (FEP)	親水化	ArF エキシマー	①と同様	15)
		ArF エキシマー	④アンモニアとジボラン(H_3B-BH_3)を吸着させてレーザー照射.アミノ基置換.	16)
	親油化	ArF エキシマー	②と同様	15)
		ArF エキシマー	⑤トリメチルボラン($B(CH_3)_3$)を吸着させてレーザー照射.メチル基置換.	17)
	金属めっき	ArF エキシマー	③と同様	15)

係数,表面電位,光学的透過率・反射率など.

c. 表面レーザー光化学反応による高分子膜の表面改質

高分子膜表面にある特定の分子を吸着させて,レーザー照射することによる表面光化学反応により高分子の表面改質ができる.表 II.2.8 に表面レーザー光化学反応法による高分子膜の表面改質の研究例[15]を示す.

〔矢部 明〕

参考文献

1) 矢嶋,霜田,稲葉,難波編:新版レーザーハンドブック,朝倉書店(1989), p. 655
2) 矢部 明:入門レーザー応用技術―有機・高分子材料(高分子学会編)(1993), p. 173, 共立出版
3) Kawamura, Y., Toyoda, K., Namba, S.: *APL*, **40**(1982), 717
4) Srinivasan, R., Leigh, W. J.: *JACS*, **104**(1982), 6784
5) Srinivasan, R.: *J. Vac. Sci. Tech.*, **B1**(1983), 923
6) Srinivasan, R., Braren, B.: *Chem. Rev.*, **89**(1989), 1303
7) 矢部 明,新納弘之:機能材料, No. 10(1989), p. 5
8) Srinivasan, R., Braren, B.: *JPS, Polym. Chem.*, **22**(1984), 2601
9) Srinivasan, V., Smrtic, M. A., Babu, S. V.: *JAP*, **59**(1986), 3861
10) Lazare, S., Granier, V.: *Laser Chem.*, **10**(1989), 25
11) Laser Ablation of Electronic Materials(1992), North-Holland (Elsevier)
12) Hansen, S. G., Robitaille, T. E.: *APL*, **52**(1988), 81
13) 新納弘之,矢部 明:機能材料, No. 11(1989), p. 12
14) Thomas, D. W., Foulkes-Williams, C., Rumsby, P. T., Gower, M. C.: Laser Ablation of Electronic Materials(1992), p. 221 North-Holland(Elsevier)
15) Niino, H., Yabe, A.: *APL*, **63**(1993), 3527
16) Okoshi, M., Murahara, M., Toyoda, K.: *Mat. Res. Soc. Symp. Proc.*, **201**(1991), 451
17) Okoshi, M., Murahara, M., Toyoda, K.: *J. Mat. Res.*, **7**(1992), 1912

2.5 熱処理

加熱処理には反応のような化学的変化を伴うものと,単に物理的状態が変化するものとがある.一般には製膜,成形などの加工プロセスあるいは熟成工程の一環に位置づけられ,用いる素材によって熱処理の効果は異なっている.電子機器に用いられる材料が熱処理によってどのような挙動をとるかについて,以下にまとめる.

2.5.1 TTT 図

熱硬化性樹脂は加熱により硬化反応が進み,液体状態からゴム状態を経て硬いガラス状態へと変化し,最終硬化物となって反応は完結する.さらに加熱すると劣化する.このような状態変化は概念的に TTT 図 (Time-Temperature-Transformation cure diagram) としてまとめられている[1,2].図 II.2.11 にその例を示す.等温硬化あるいは昇温硬化など,熱処理工程が異なった場合,どのような状態を経由して最終硬化物になるかが概略的に理解できる.

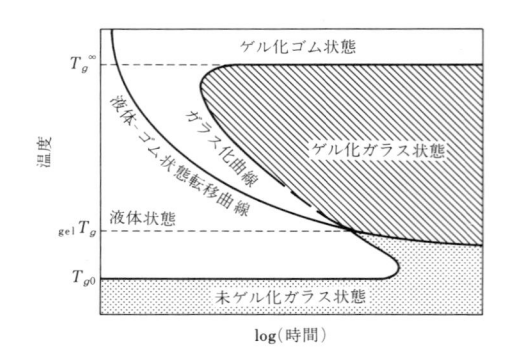

図 II.2.11 TTT 図

2.5.2 エポキシ樹脂

反応率 ξ は硬化反応の程度を示す重要な指標である. 反応率 ξ の決定には IR や DSC が用いられており, 両者を対応させて解析するのが一般的である. 図 II.2.12 に硬化温度を種々変えて硬化したエポキシ樹脂の反応率と T_g の関係を示す[2]. 反応の進行にともない, 橋かけ密度が増加するために T_g は高くなる. T_g と橋かけ密度 ρ の間には $T_g=K_1\log\rho+K_2'$ の関係式が知られている. 図 II.2.12 のように硬化温度によらず, T_g と反応率はほぼ一義的な関係にあることから, 熱硬化性樹脂の T_g を反応率の定性的な代用指標とする考え方もある[2,3].

半導体封止材料には現在フェノール硬化型のノボラックエポキシ樹脂が用いられている. 1分間くらいの熱処理(低圧トランスファ法)で成形・硬化を行うために十分に反応が進んでいない. このように一次反応では成形のみを行い, ポストキュアによって反応を完結させるのは生産性を高める手段としてよく用いられている.

フェノール硬化型ノボラックエポキシ樹脂に段階的なポストキュアを行った場合の T_g の変化を比容変化とともに図 II.2.13 に示す[4]. 硬化促進剤が変わると反応機構が異なるために最終硬化物の T_g(図 II.2.11 の $T_g\infty$ に相当)が異なっている. 220℃/2h の熱処理では変色が著しく劣化が始まっている. ポストキュアの条件は熱劣化と硬化反応のバランスによって決められるべきである.

図 II.2.13 で興味深いのは反応が進むとガラス状態での比容が大きくなっていること(密度は低下)である. すなわち, 橋かけが進むと分子鎖のパッキングが妨げられ, ガラス状態では分子レベルの空隙(自由体積)が多く粗い構造になっていることを示唆している. 橋かけ点が諸物性に及ぼす作用については別報にまとめた[5]. 自由体積が多くなると物理エージング(後述)にも影響すると考えられるが, 詳細な検討はまだなされていないようである.

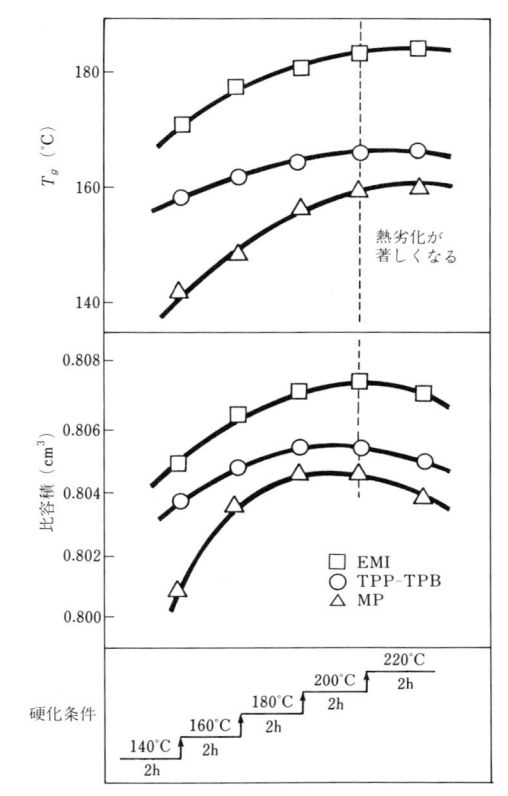

図 II.2.13 ポストキュアによる T_g と比容積の変化(硬化促進剤の異なるフェノール硬化型ノボラックエポキシ樹脂)
EMI: 2-エチル-4-メチルイミダゾール,
TPP-TPB: テトラフェニルホスホニウム-テトラフェニルボレート,
MP: N-メチルピペラジン.

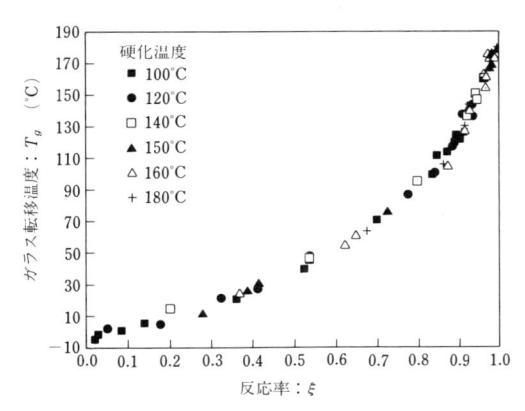

2.5.3 縮合型ポリイミド

半導体素子の層間絶縁膜, メモリー素子のバッファコート, マルチチップモジュール基板の Cu 配線の層間絶縁膜にはポリイミドが用いられている. また, 近年は非線形光学材料(NLO材)の実用化研究が盛んになり, 有機 NLO 材をポリイミドに分子状に分散した複合高分子材料を用いた光スイッチや光導波路が検討されている. ポリイミドは下記の反応式に従い, ポリアミド酸の脱水縮合反応によって合成される.

図 II.2.12 エポキシ樹脂の反応率とガラス転移温度の関係(ビスフェノール A のジグリシジルエーテルとトリメチレングリコールジ-p-アミノベンゾエートの反応物)

このイミド化反応の経時変化の一例を図II.2.14に示す[6]. ポリアミド酸は熱処理によってイミド化するが, 反応温度が低いときには反応率は経時的に飽和し, 反応が凍結する傾向を示している. したがって, イミド化反応を完結させるには高温が必要であり, プロセス上, 反応時間よりは反応温度の方が重要な因子であることがわかる. 反応率の温度依存性, および反応が完結する温度はポリイミドの種類によって異なっており, 図II.2.15のようになっている[6]. イミド化反応が始まる温度はポリイミドの種類によってそれほど異ならないが, 完結温度はポリイミドの種類によって著しく異なっており, 最終反応物のガラス転移温度 T_g に近くなっている(図II.2.16).

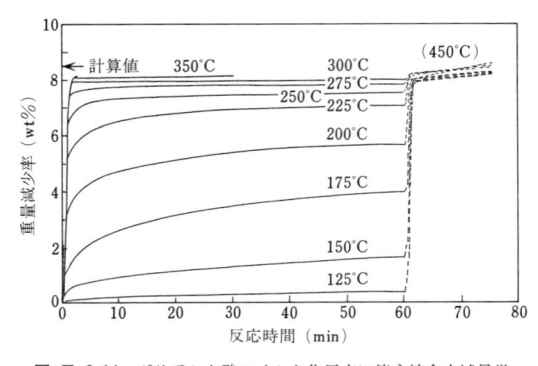

図 II.2.14 ポリアミド酸のイミド化反応に伴う縮合水減量挙動(無水ピロメリット酸と p-ジアミノジフェニルエーテルとの反応物)

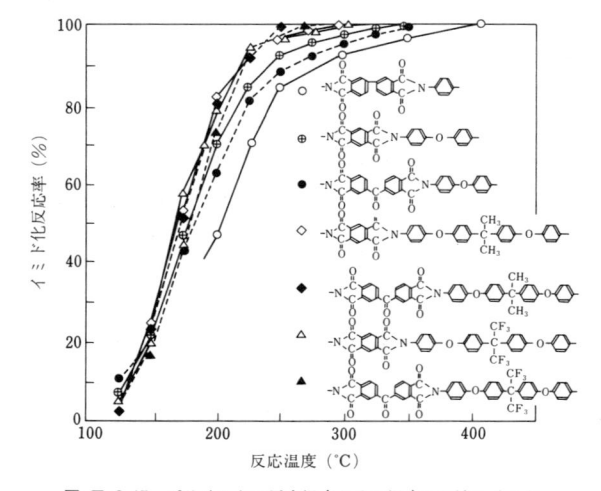

図 II.2.15 ポリイミドの反応温度とその温度におけるイミド化反応率の関係

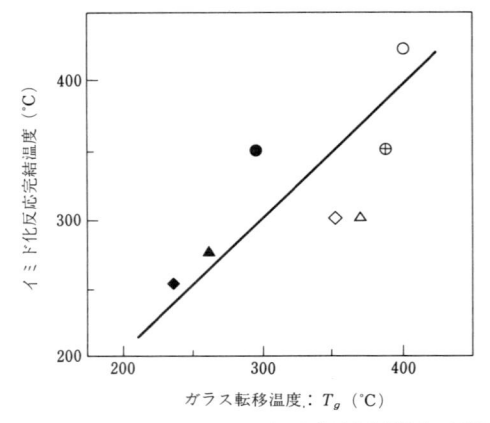

図 II.2.16 ポリイミドの T_g とイミド化反応完結温度の関係（図中の記号は図II.2.16に同じ）

2.5.4 プリント配線板材料

エレクトロニクス産業を支える重要技術の中にLSIで代表される半導体部品とそれの実装母体であるプリント配線板がある. 配線板は主として絶縁層を形成する樹脂材料と配線層を形成する金属材料から構成されている. 代表的な基板材料を図II.2.17にまとめた.

プリント配線板の中には, 配線シートとプリプレグを積層し, 加熱, 加圧下で多層化接着して多層板とするものが多い. プリプレグとはガラスや樹脂のクロスに熱硬化性樹脂のワニスを含浸させ, 加熱乾燥したシート状物である. 含浸樹脂はこの工程で少し反応して分子量が大きくなっているが, 溶剤には可溶である. この状態は一般にB-ステージと呼ばれ, 樹脂素材を配合しただけのA-ステージ, 硬化後のC-ステージと区別されている. B-ステージの反応をどの程度にコントロールするかはプロセス上の重要なノウハウとなっている.

大型計算機の分野では超高密度実装, 高速伝送を実現するために高耐熱・低誘電率を特徴とする樹脂開発が求められている. 多様な要求特性を同時に満たすためには各種のイオン重合性やラジカル重合性の官能基を適宜組み合わせて合成するポリマーアロイの開発へと力点が移っている. 難燃性, 耐熱性, 低誘電率, 成形時流動性, 硬化性, 接着性(銅やクロス材)を総合的に加味した樹脂のDSC曲線の一例を図II.2.18に示す[7]. まず137℃でBBMIが溶解し, 引き続いてA, B,

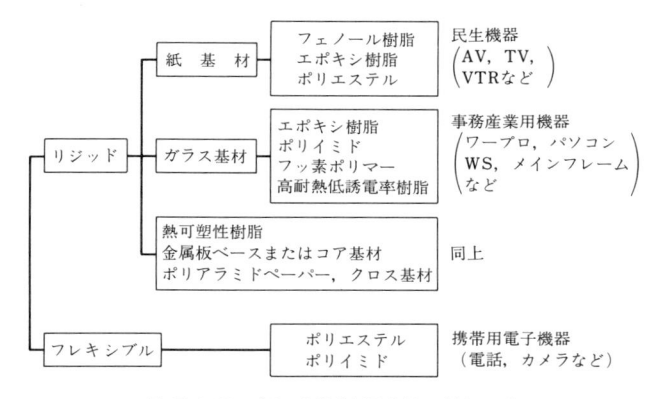

図 II.2.17 プリント配線板用素材の分類と用途

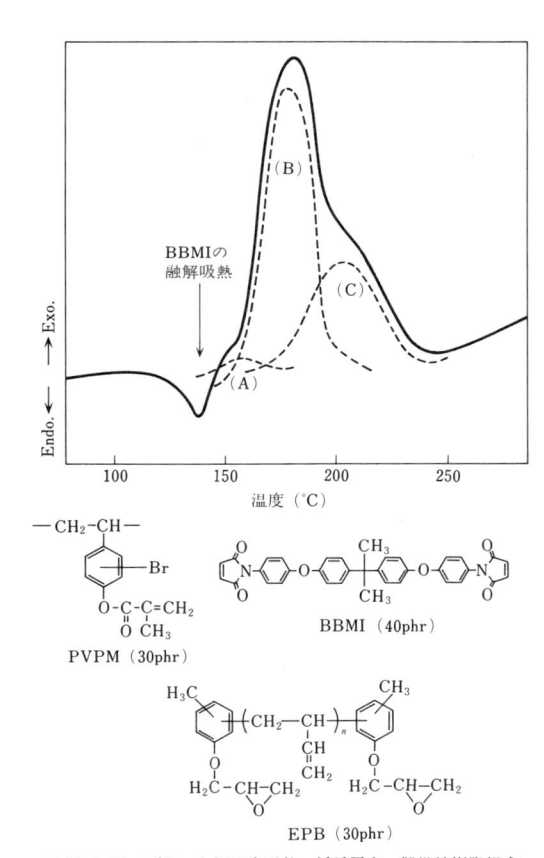

図 II.2.18 プリント板用高耐熱・低誘電率・難燃性樹脂組成物のDSC曲線（10℃/min、空気中）

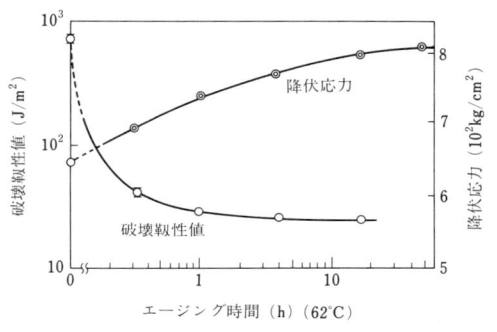

図 II.2.19 エポキシ樹脂の物理エージングによる破壊物性値の経時変化（DGEBA-ジアミノジフェニルスルホン系、T_g：77℃）

Cの3段階の反応が後続して最終硬化物を供することが知られている。このように実用化されている樹脂は特性バランスのために各種の素反応を複雑に組み合わせているので、反応挙動が非常に複雑である。

2.5.5 物理エージング

樹脂の T_g より低温に長時間放置する非反応性の工程を物理エージング（またはサブ-T_g エージング）とい

う。ガラス状態とは熱的に非平衡なまま分子運動が凍結してしまった状態である。それゆえ、T_g に近い温度に放置すると、熱的平衡に向かって凍結している分子鎖が微かに動き、自由体積が減少してより密なパッキング状態になろうとする。この際、体積の収縮（体積緩和）やエンタルピーの減少（エンタルピー緩和）を伴い、かつ密度、弾性率、吸湿率などの基礎物性あるいは塑性、タフネスのような破壊挙動に対する影響（図II.2.19）も大きい[8]。

この現象は熱硬化性樹脂に限られた現象ではなく、非晶質の熱可塑性樹脂、ポリマーブレンドあるいはガラスにも見られる[9,10]。ABS樹脂はミクロ相分離型ポリマーの典型例であるが、物理エージングによって応力緩和挙動の曲線形状は変化せずに単に長時間側にシフトすることが知られている[9]。いずれのポリマーにも同様な効果があると考えられる。

〔金城徳幸〕

参考文献

1) Gillham, J. E.: Development in Polymer Characterization 3 (J. V. Dawkins, ed), p. 159 (1982), Applied Science Pub.
2) Wang, X., Gillham, J. K.: *J. Appl. Polym. Sci.*, **47** (1993), 425
3) Cizmecioglu, M., Gupta, A., Fedors, R. F.: *J. Appl. Polym. Sci.*,

4) Ogata, M., Kinjo, N., Kawata, T.: *J. Appl. Polym. Sci.*, **48**, (1993), 583
5) 金城徳幸, 尾形正次: 高性能高分子系複合材料(高分子学会編), p.69(1990), 丸善
6) Numata, S., Fujisaki, K., Kinjo, N.: Polymides, vol.1 (K. L. Mittal ed.) p.259 (1984), Plenum Pub.
7) 高橋昭雄, 永井晃, 鈴木雅雄, 向尾昭夫: 高分子論文集, **50** (1993), 57
8) Chang, T. D., Brittain, J. O.: *Polym. Eng. Sci.*, **22** (1982), 1228
9) Mauer, F. H. J., Palmen, J. H. M., Booij, H. C.: *Rheol. Acta*, **24** (1985), 243
10) Tanaka, A., Nitta, K., Maekawa, R.: *Polym. J.*, **24** (1992), 1173

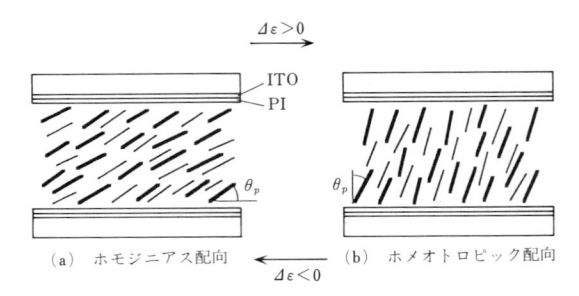

図 II.2.21 プレティルト角 θ_p をもったネマティック液晶のサンドイッチセルの中での配向

2.6 ラビング処理

2.6.1 はじめに

ラビングとは液晶の電気光学セルにおいて, 表面を機械的に一方向に布などでこすることにより, 液晶分子に一定の方向を与えモノドメイン液晶媒質をつくるための技術で, 今日実用的な液晶ディスプレイはほとんど100％この方法によりつくられている.

本節においては, ネマティック液晶を主な例として, 液晶分子の界面効果による配向状態, その方法(主として高分子ポリイミド膜をラビング処理する方法)に重点を置き, 液晶の配向機構などについても述べる.

2.6.2 液晶サンドイッチセル内のモノドメイン配向

液晶分子の形状は棒状である. 図II.2.20にその例を示す. これらの分子がサンドイッチセル内において, ほぼ方向をそろえて並んでいる(熱的ゆらぎのために完全にはそろわない)(図II.2.21(a), (b)). このような分子集団は誘電率 ε, 屈折率 n, および帯磁率 χ などのマクロな量において異方性を示す(たとえば $\varepsilon_\parallel - \varepsilon_\perp = \Delta\varepsilon$). 図II.2.21において, $\Delta\varepsilon > 0$ ならば, 印加電界があるしきい値以上のとき(a)→(b)へ, また $\Delta\varepsilon < 0$ ならば(b)→(a)へ移行する(この現象はフレデリクス転移と呼ばれる[1]). このとき, あらかじめ一定の傾き(プレティルト角)を与えておくと, 10^{19} 個もの分子が一斉に同じ方向に向きを変える. もしこのプレティルト角がないと, 分子はあらゆる向きに傾き, 多数のドメインに分かれてしまう(このとき逆傾き転傾が発生する)(reverse tilt disclination).

図II.2.21のサンドイッチセルにおいて, 液晶層の厚さは界面の配向効果により $1\mu m \sim 3mm$ くらいとすることができる. また面積については本来制限がないが, 製作治具などの関係で制限が生じる. 液晶ディスプレイパネルの大きさは現在最大対角線14インチ, また実験室などのサンプルでは普通 $2cm \times 3cm$ 程度である(高分子分散形液晶デバイスでは数 $m \times$ 数 m も可能である). セルに用いる基板はガラス板またはプラスチックフィルムなどであり, その上に透明導電膜(Indium Tin Oxide; ITO), さらにその上に配向膜が塗布してある.

2.6.3 プレティルト角をもったホモジニアス配向の方法[2]

図II.2.21(a)はプレティルト角を伴ったホモジニアス(水平またはプレーナー)配向と呼ばれる*.

このような分子配向を得る方法としては, 次のような配向膜を用いる.

1) SiO などの斜方蒸着[1,3]
2) ナイロンなどの布で機械的ラビングされたポリイミドなどの高分子膜[4]
3) 延伸高分子膜[5]
4) LB(ラングミュアーブロジェット)膜[6,7]
5) 液晶に磁界印加[8]
6) 高分子膜への偏光照射[9,10]
7) 溝をもった下地[11]

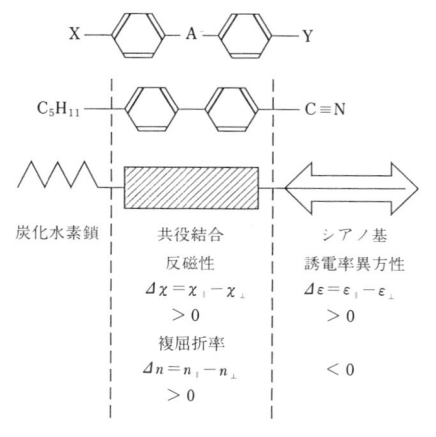

図 II.2.20 ネマティック液晶分子の一例 5CB

* 垂直配向は下地に両親媒性の分子を塗布するか, アルキル鎖をもったポリイミド膜を用いる.

これらのうち2)以外はノンラビング法である．

2.6.4 ラビング処理

モノドメインのネマティック液晶を得るためのラビング処理は1911年にさかのぼる．裸のガラス板でも紙や布でこすれば液晶分子の一方向への配向を得ることができる．実用的な配向膜としてポリイミド膜がよく用いられるのは，その化学的，機械的，および熱的安定性が優れているためである．

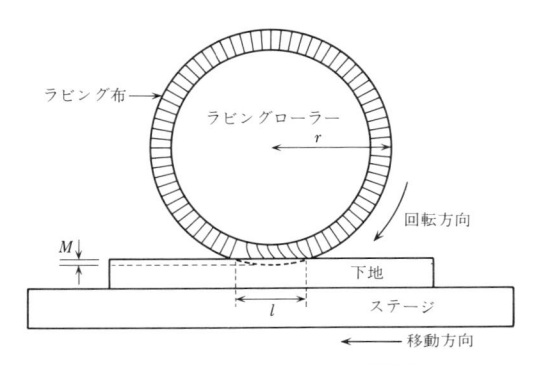

図II.2.22 ラビングマシンの断面図

図II.2.22にラビングマシンの断面図を示す[2,4]．ラビングの強さ(Rubbing Strength; RS)は，ナイロン布などの毛の変形の深さ(図でM=おし込み量)を変えてコントロールできる．

2.6.5 液晶配向状態の評価

ネマティックという言葉は，ネマティック相で観察される糸状構造にその語源がある．一方向に液晶分子がそろって並んでいるサンドイッチセルは直交偏光板の間に挟んで観察すると一様な黒(消光状態)が得られる．液晶ディスプレイ(LCD)としてよく用いられる"ねじれたネマティック"(Twisted Nematic; TN)LCDでは逆ねじれと逆傾斜転傾の発生を抑えなければならない[12]．

2.6.6 分子配向の機構

界面効果による液晶の配向は，1) 分子の吸着(stick)(重心の固定)と，2) 分子を一方向性にそろえて並べるという二つの効果で特徴づけられる．

1972年に界面配向制御による無欠陥のTN-LCDが実現して実用化されて以来，ラビングによる液晶分子の一方向配向の機構が研究されてきた．それらは1) 溝(畝)説[13]，2) 異方的分散力[14]，3) 排除体積最小効果[15]，4) 双極子-双極子相互作用[1] などである．

1)はラビングにより生じた溝に液晶分子が平行になった方が垂直のときより液晶媒質に生じる弾性変形によるエネルギーが小さく安定化することに起因する．外力を加えてねじれのエネルギーの増加ΔFを式で表すと

$$\Delta F = \frac{1}{2} A_\phi \sin^2\phi = \frac{K}{4} a^2 q^3 \sin^2\phi \quad (\mathrm{II}.2.1)$$

で与えられる[13]．ここでKは弾性定数，aとqは図II.2.23に示すとおりである．ラビングされたポリイミド(PI)の表面を見ると，PI材料により溝が生じるとき(図II.2.22)と生じないときがある．このとき，溝が見られなくても十分液晶を配向することができる[4]．溝が見られるとき式(II.2.1)に入れてアンカリングエ

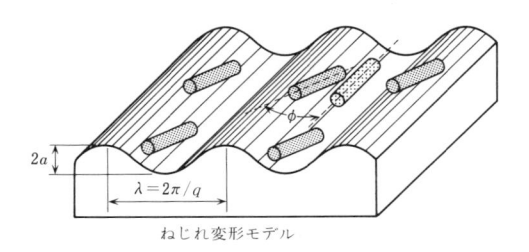

図II.2.23 溝(畝)にそろって並んだネマティック液晶分子集団のねじれ変形

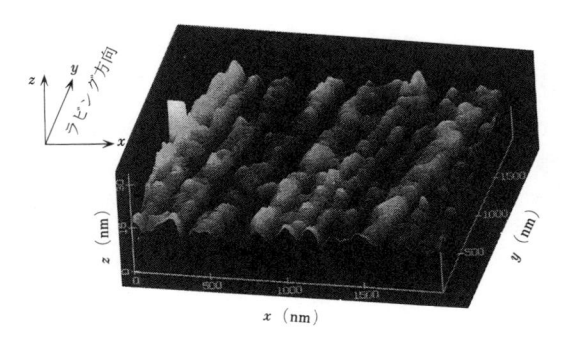

図II.2.24 ラビングで生じたポリイミド膜上の溝

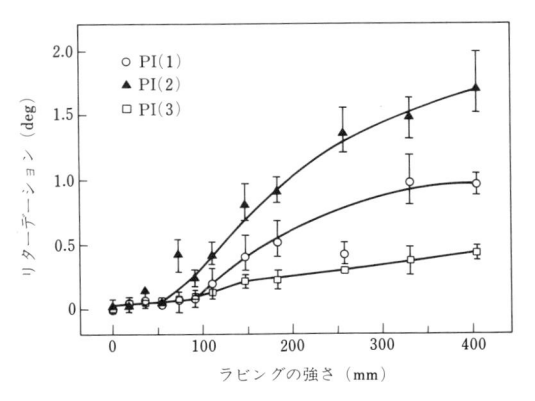

図II.2.25 ポリイミド膜表面にラビングで生じたリターデーション($R=2\pi d\Delta n/\lambda$)

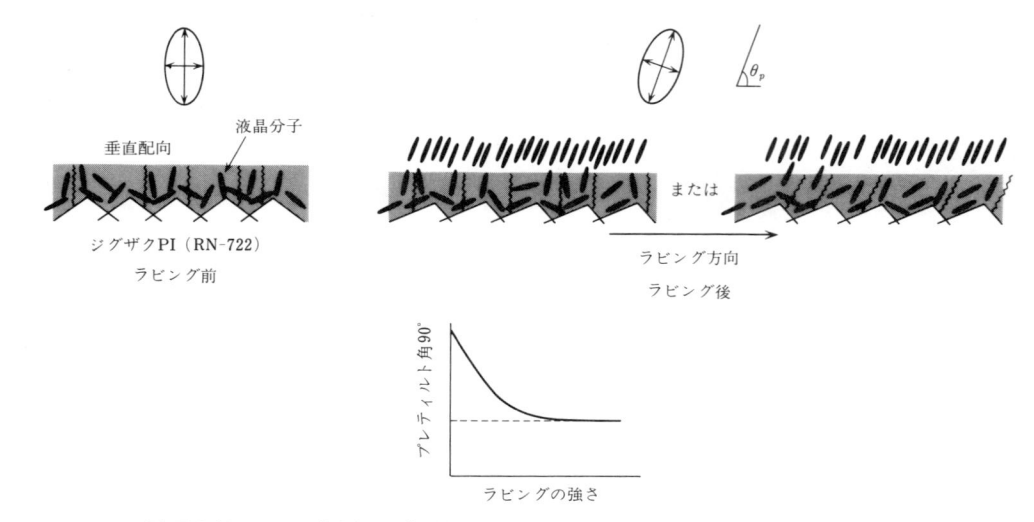

図 II.2.26 アルキル鎖をもった非直線性ポリイミドで生じるラビングによるプレティルト角の変化
アルキル鎖が多いとき，重量比で20%くらい．

ネルギー A_ϕ を求めると $A_\phi \simeq 10^{-6} \mathrm{J/m^2}$ となり実測値 $10^{-4} \mathrm{J/m^2}$ とは合致しない．

2)の異方的分散力によるねじれ変形によるエネルギーの増加は

$$\Delta F = \frac{h}{64\pi^2 d_0^2} \int_0^\infty \frac{\Delta\varepsilon^{(1)}(i\omega)\Delta\varepsilon^{(3)}(i\omega)}{\{\varepsilon_0^{(1)}(i\omega)+1\}^2\{\varepsilon_0^{(3)}(i\omega)+1\}^2}$$
$$\times d\omega \sin^2\phi$$
$$= \frac{1}{2} A_\phi \sin^2\phi \qquad (\text{II}.2.2)$$

で与えられる[14]．ここに $\Delta\varepsilon^{(1)}(i\omega)$，$\Delta\varepsilon^{(3)}(i\omega)$ は下地と液晶媒質の高周波複素誘電率の異方性，d_0 は媒質(1)と(3)の間の間隙であり，また ε_0 は ε の平均値である．

ラビングにより下地の複屈折率の増加はほぼ例外なく生じる（図II.2.25）．

ラビング処理によりつくられたセルでは溝の存在は有益であり，有用であるが，絶対必要条件ではない．しかし，異方性分散力が有力である証拠はたくさんある．2.6.3項で紹介したノンラビング法のうち，3），4），6）の方法では機械的に溝はつくっていない，しかし，それは複屈折率を示すことがわかっているので，異方的分散力が A_ϕ（式（II.2.1），（II.2.2）参照）の主な原因であるといえるだろう*．ただ，カイラル分子を液晶に添加すれば溝による $A_\phi \sim 10^{-6} \mathrm{J/m^2}$ 台であっても TN-LCD をつくることはできる[2]．

一方極角（液晶分子の一方がもち上がり分子が水平面から傾きをもつ）変形に対するアンカリングエネ

ギー A_θ は強いラビングのとき $10^{-3} \mathrm{J/m^2}$ 以上で，弱いラビングや，ノンラビングのとき $10^{-4} \mathrm{J/m^2}$ 台である．この機構は排除体積効果，分散力，双極子相互作用の複合であろう（$A_\theta/A_\phi \approx 100$ となる）．ネマティックデバイスでは A_θ，A_ϕ とも十分な大きさである（むしろ ∞ とみてさしつかえない）．

2.6.7 プレティルト角の発生[2]

TN-LCD およびスーパートウィステッドネマティック（STN）LCD では欠陥発生防止のためプレティルト角の発生が必要である．前者では 2～4° くらい，後者では 5～20° くらい必要である．

ラビング処理によりプレティルト角 θ_p を発生するためには，アルキル鎖なし PI で $\theta_p=2\sim3°$，アルキル鎖付 PI で $\theta_p=4°$～数十度が得られる[15]．PI としては 1）主鎖が屈曲またはらせん状，2）適度な硬さ，3）ベンゼン環を含み屈折率が大きめのものが好まれる[16,17]．

ラビングによるプレティルト角の発生モデルを図 II.2.26 に示す．

アルキル鎖のほか CF_3 付屈曲性 PI も使われているが，アルキル鎖付 PI の使用が主流となっている．

2.6.8　ま と め

高分子たとえばポリイミドをラビング加工すると，物質によりその方向に溝が生じたり生じないときもある．溝の方向と屈折率のスロー軸とが一致したときラビング方向に液晶分子は並ぶ．しかし溝と屈折率のスロー軸が直交するとき両者は競合し，後者が勝てば屈

---

* ポリエチレンではラビング方向に溝ができるが，生じる屈折率のスロー軸はラビング方向と直交し，液晶分子の配向方向もラビング方向と直交している．

折率のスロー軸方向に液晶分子が並ぶ．つまり異方性分散力が配向方向を決めていることになる．

〔小林駿介・飯村靖文〕

参考文献

1) 岡野光治，小林駿介共編：液晶　基礎編，応用編(1985)，培風館
2) 小林駿介，徐大植，飯村靖文，石崎淳：ディスプレイアンドイメージング，**1**(1993), 201
3) Janning, J.: *Appl. Phys. Lett.*, **21**(1972), 173; Hiroshima, K., Obi, H.: *Proc. 3rd IDRC*, Kobe(1983), 334
4) Seo, D.-S., Maeda, H., Oh-ide, T., Kobayashi, S.: *Mol. Cryst. Liq. Cryst.*, **224**(1993), 13.
5) Aoyama, H., Yamazaki, Y., Matsuura, N., Mada, H., Kobayashi, S.: *Mol. Cryst. Lig. Cryst. Lett.*, **72**(1981), 127
6) Makimoto, M., Suzuki, M., Tonishi, T., Imai, Y., Iwamoto, M., Hino, T.: *Chem. Lett.*, (1986), 823
7) Ikeno, H., Oh-saki, A., Nitta, M., Ozaki, N., Yokoyama, Y., Naraya, K., Kobayashi, S.: *Jpn. J. Appl. Phys.*, **27**(1988), L 475
8) Hiroshima, H. Maeda, H., Furihata, T.: *Proc. 12th IDRC*, Hiroshima(1992), pp. 3-12; Koshida, N., Kikui, S.: *Appl. Phys. Lett.*, **40**(1982), 541
9) Iimura, Y., Kusano, J., Kobayashi, S., Aoyagi, Y., Sugano, T.: *Jpn. J. Appl. Phys.*, **32** (1993), L 93, part 2
10) Schadt, M., Schmitt, K., Kozinkov, V., Chigrinov, V.: *Jpn. J. Appl. Phys.*, **31** (1992), 2155; Gibbons, W. M., Shannon, P. J., Sun, S. T., Swetlin, B. J.: *Nature*, **351** (1991), 1214
11) Kakimoto, M., Suzuki, M., Konishi, T., Imai, Y., Iwamoto, M., Hino, T.: *Chem. Lett.* (Chem. Soc. Jpn.), 823(1986)
12) Miyaji, A., Yamaguchi, M., Toda, A., Mada, H., Kobayashi, S.: *IEEE Tr. E. D.*, **ED-24** (1977), 811; 小林駿介：応用物理，**61**(1992), 388
13) Berreman, D. W.: *Phys. Rev. Lett.*, **28** (1972)1683
14) Okano, K., Matsuura, N., Kobayashi, S.: *Jpn. J. Appl. Phys.*, **21** (1982), L 109
15) Sugiyama, T., Kuniyasu, S., Seo, D.-S., Fukuro, H., Kobayashi, S.: *Jpn. J. Appl. Phys.*, **29**(1990), 2045
16) Fukuro, H., Kobayashi, S.: *Mol. Cryst. Liq. Cryst.*, **163**(1988), 157
17) 磯貝英之，鶴岡義博，佐藤暉美，袋裕善，阿部豊彦：ディスプレイアンドイメージング，**1**(1993), 211
18) 西川通則，津田祐輔，別所信夫：*ibid*, **1** (1993), 217

2.7 電界処理

2.7.1 はじめに

有機材料の電界処理は電場による有機分子(あるいは構成単位)の配向状態を制御することにより新しい光・電子機能の付与を目的とした加工技術といえる．有機分子に永久双極子モーメント(μ)や分極率の異方性および圧電性がある場合には，外部電場により配向させることができる．とくに，電場による双極子の配向制御をポーリング(poling)と呼び，(反転対称心のない)極性構造に起因する圧電性・焦電性・二次非線形線形光学効果の発現に広く応用されている[1]．

2.7.2 双極子の電場配向

固体状態では双極子はkTより大きなポテンシャルで束縛されており，通常の電界での配向はきわめて小さい．しかし，強誘電性ポリマー，ポリフッ化ビニリデン(poly(vinylidene fluoride); PVDF)などでは高電界で双極子が協奏的に配向し，結晶転移や向きの反転が起きる(図II.2.27)．一方，非晶性ポリマー，たとえばポリメタクリル酸メチル(poly(methylmethacrylate); PMMA)に双極子を有する色素を分散あるいは側鎖，主鎖に含む系では，ガラス転移点以上の温度で電場により回転可能な分子やセグメントの双極子を配向させ，冷却することにより配向を凍結させることができる(図II.2.28)．

等方性媒質における極性分子(分子内に電子供与基(ドナー)および受容基(アクセプター)を有する分子内電荷移動化合物)(A-○-D)はポーリングにより無

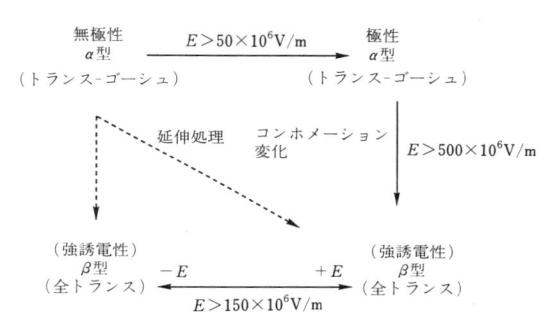

図 II.2.27　電界延伸処理による PVDF の結晶構造制御

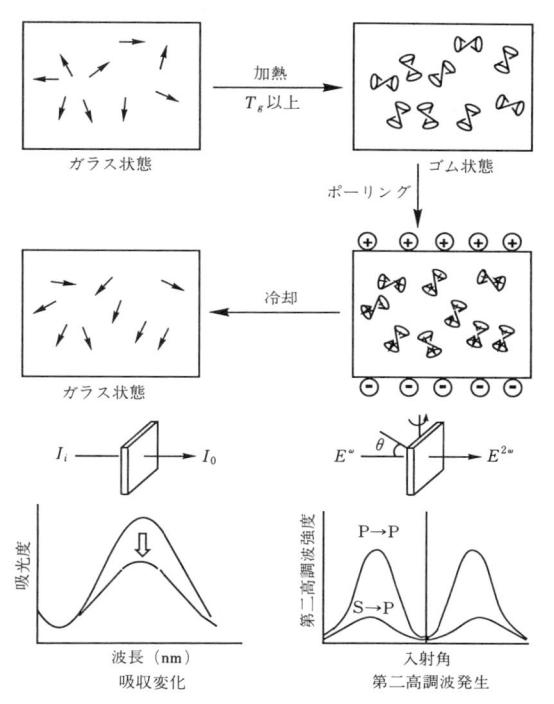

図 II.2.28　非晶性ポリマーのポーリング

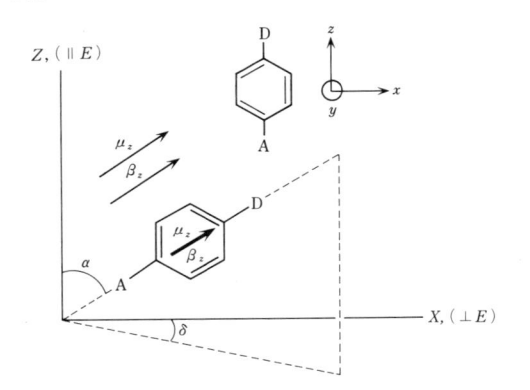

図 II.2.29 極性分子の電場配向と座標系

限の鏡映面を有する対称軸をもち，その対称性は∞mm あるいは $C_{\infty v}$ と表される．

A-◯-D 分子が電場により配向し（図II.2.29），電場（$E \parallel Z$ 軸）となす角度 α となる確率は，分布関数 $F(\alpha)$ を用い次式で書ける[2]．

$$F(\alpha)\sin\alpha d\alpha \quad (\text{II}.2.3)$$
$$F(\alpha) = e^{-U(\alpha)/kT} \quad (\text{II}.2.4)$$

ここで $U(\alpha)$ は電界（E）における極性分子のポテンシャルエネルギーで電場と双極子との相互作用により次式で表される．各種モデルにおけるエネルギー項を表 II.2.9 にまとめる（等方性媒質の場合には $U_1(\alpha) = -\mu E\cos\alpha$, $U_2(\alpha) = 0$ である）．

$$U(\alpha) = U_0(\alpha) + U_1(\alpha) + U_2(\alpha) = -\mu E\cos\alpha \quad (\text{II}.2.5)$$

また，ポーリング電場 E と外部電場 E_{ext} とは局所場の補正項 $f(0)$ を用いて $E = E_{\text{ext}} f(0)$ の関係にある．オンサガータイプの場合には $f(0) = (n^2+2)/(n^2/\varepsilon + 2) \approx 2$ となる．ボルツマン分布則より，配向係数は次式のように書ける．

$$\langle\cos\alpha\rangle = \frac{\int_0^\pi F(\alpha)\cos\alpha\sin\alpha d\alpha}{\int_0^\pi F(\alpha)\sin\alpha d\alpha} \quad (\text{II}.2.6)$$

式（II.2.5）より

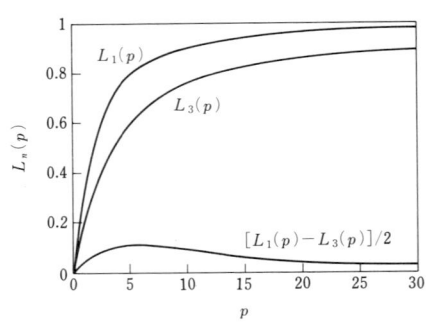

図 II.2.30 p と配向係数

$$\langle\cos\alpha\rangle = \frac{\int_0^\pi \cos\alpha \exp\left(\frac{\mu \cdot E}{kT}\right)\sin\alpha d\alpha}{\int_0^\pi \exp\left(\frac{\mu \cdot E}{kT}\right)\sin\alpha d\alpha}$$
$$(\text{II}.2.7)$$

この解はランジュバン関数として次式で与えられ，

$$\begin{cases} \langle\cos\alpha\rangle = \coth\dfrac{p-1}{p} = L_1(p) \\ L_1(p) = \dfrac{1}{3}p - \dfrac{1}{45}p^3 + \dfrac{2}{945}p^5 - \dfrac{2}{9450}p^7 + \cdots \end{cases}$$
$$(\text{II}.2.8)$$

$L_1(p)$ は無次元のポーリング電場 $p (p = \mu \cdot E / kT)$ の増大につれて 1 に近づく（図II.2.30）．

2.7.3 ポーリングによる機能発現

ポーリングによる新しい光・電子機能の発現として二次非線形光学応答について述べる．Q スイッチパルスレーザーなどの強いレーザー光の照射によって誘起される分極（$\boldsymbol{P}$）は光電場（$\boldsymbol{E}$）に対する高次の項が無視できなくなり次式のように表される[3]．

$$\boldsymbol{P} = \boldsymbol{P}_0 + \chi^{(1)}\boldsymbol{E} + \chi^{(2)}\boldsymbol{EE} + \chi^{(3)}\boldsymbol{EEE} + \cdots \quad (\text{II}.2.9)$$

ここで $\chi^{(i)}$ は i 次の光学感受率である．

∞mm 対称性を有する電場配向材料では 0 でない $\chi^{(2)}$ のテンソル成分は次のようになる．

$$\begin{pmatrix} 0 & 0 & 0 & 0 & \chi^{(2)}_{XXZ} & 0 \\ 0 & 0 & 0 & \chi^{(2)}_{YYZ} & 0 & 0 \\ \chi^{(2)}_{ZXX} & \chi^{(2)}_{ZYY} & \chi^{(2)}_{ZZZ} & 0 & 0 & 0 \end{pmatrix} \quad (\text{II}.2.10)$$

表 II.2.9 各種配向モデルにおけるエネルギー

エネルギー項	等方性モデル	アイシング(Ising)モデル	SKS モデル	VP モデル
$U_0(\alpha)$	0	$0 (\alpha=0,\pi)$ $\infty (\alpha=0,\pi)$	$f(\langle P_2\rangle, \langle P_4\rangle)$	$-k\langle P_2\rangle P_2[\cos\alpha]$
$U_1(\alpha)$	$-\mu E\cos\alpha$	$-\mu E\cos\alpha$	$-\mu E\cos\alpha$	$-\mu E\cos\alpha$
$U_2(\alpha)$	0	0	0	$-\dfrac{1}{3}\Delta\alpha E^2 P_2[\cos\alpha]$

$f(\langle P_2\rangle, \langle P_4\rangle)$ は液晶ホストにおけるオーダーパラメーターにより求まる関数，
$\Delta\alpha$ は分子分極率の異方性，
k は Maier-Saupe ポテンシャル係数，
$P_2[\cos\alpha]$ は $\cos\alpha$ の二次 Legendre 多項式．

これらのうち，透明領域におけるクライマン則により，独立な0でない成分として $\chi^{(2)}_{ZZZ}$，$\chi^{(2)}_{ZXX}$ が残る．局所場の補正項を考慮して単位体積あたり N 個の配向分子による二次非線形光学感受率 $\chi^{(2)}_{IJK}$ は個々の A−◯−D 分子の応答として次式で書ける．

$$\chi^{(2)}_{IJK} = N f_I(\omega_3) f_J(\omega_1) f_K(\omega_2) \langle b_{IJK} \rangle \quad (\text{II}.2.11)$$

種々の二次非線形光学応答のうち角周波数 $\omega = \omega_1 = \omega_2$ の入射光より $\omega_3 = 2\omega$ の光が発生する光第二高調波発生（Second Harmonic Generation; SHG）の光学感受率は，

$$\begin{cases} \chi^{(2)}_{ZZZ} = N f_z^2(\omega) f_z(2\omega) \langle b_{zzz} \rangle \\ \chi^{(2)}_{ZXX} = N f_x^2(\omega) f_z(2\omega) \langle b_{zxx} \rangle \end{cases} \quad (\text{II}.2.12)$$

ここで，

$$\begin{cases} \langle b_{zzz} \rangle = \langle \cos^3 \alpha \rangle \beta_z \\ \langle b_{zxx} \rangle = \langle (\cos \alpha)(\sin^2 \alpha)(\cos^2 \alpha) \rangle \beta_z \end{cases} \quad (\text{II}.2.13)$$

$$\begin{cases} \langle \cos^3 \alpha \rangle = \dfrac{\int_0^\pi F(\alpha) \cos^3 \alpha \sin \alpha d\alpha}{\int_0^\pi F(\alpha) \sin \alpha d\alpha} = L_3(p) \\ L_3(p) = \left(1 + \dfrac{6}{p^2}\right) L_1(p) - \dfrac{2}{p} \cdots \end{cases} \quad (\text{II}.2.14)$$

$$\begin{cases} \langle (\cos \alpha)(\sin^2 \alpha)(\cos^2 \delta) \rangle \\ = \dfrac{\int_0^\pi F(\alpha)(\cos \alpha)(\sin^3 \alpha) d\alpha}{\int_0^\pi F(\alpha) \sin^3 \alpha d\alpha} \int_0^{2\pi} \cos^2 \delta d\delta \\ = \dfrac{\langle \cos \alpha - \cos^3 \alpha \rangle}{2} = \dfrac{1}{2}(L_1(p) - L_3(p)) \end{cases} \quad (\text{II}.2.15)$$

である．したがって，式(II.2.12)は次式で表される．

$$\begin{cases} \chi^{(2)}_{ZZZ} = N f_z^2(\omega) f_z(2\omega) \beta_z L_3(p) \\ \chi^{(2)}_{ZXX} = \dfrac{N f_x^2(\omega) f_z(2\omega) \beta_z [L_1(p) - L_3(p)]}{2} \end{cases} \quad (\text{II}.2.16)$$

$L_3(p)$ および $[L_1(p) - L_3(p)]/2$ の p 依存性を図 II.2.30 に示す．$L_3(p)$ は電場，双極子モーメントの値が大きくなるにつれて増大する．通常，双極子モーメントの値は数デバイ（Debye：D）であり，通常の電場では得られる配向度は小さい（図 II.2.31）．一方，大きな双極子モーメントを有する α-ヘリックス（ポリL-グルタミン酸メチル，$\mu = 8000$ D）や頭尾主鎖型ポリマーを用いることにより，同一印加電圧で高配向させる試みがなされている．

電場および双極子モーメントが小さい場合（$p \ll 1$）には式(II.2.16)は次のように簡略化できる．

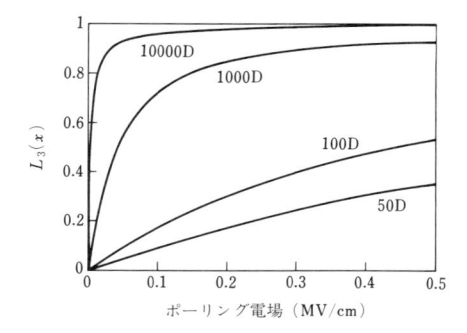

図 II.2.31 ポーリング電場における双極子の配向

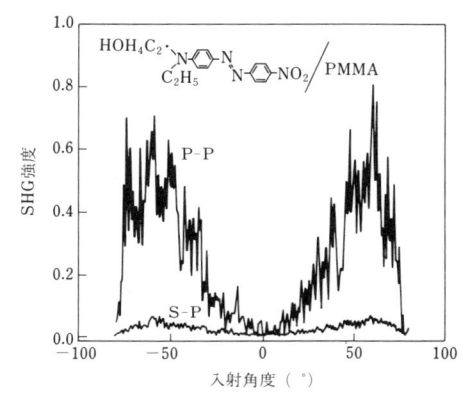

図 II.2.32 電界配向ポリマーの SHG

$$\begin{cases} \chi^{(2)}_{ZZZ} = \dfrac{N f_z^2(\omega) f_z(2\omega) \mu E \beta_z}{5kT} \\ \chi^{(2)}_{ZXX} = \dfrac{N f_x^2(\omega) f_z(2\omega) \mu E \beta_z}{15kT} \end{cases} \quad (\text{II}.2.17)$$

ポーリングによって得られる電場配向材料では直線偏光の基本波に対して図 II.2.32 に示すように p 偏光の SHG が観測される．

2.7.4 ポーリングの手法

ポーリングにはコロナポーリングおよびコンタクトポーリングがある（図 II.2.33）．これらのセルは温度制御されており，電圧印加により通常数 μA 程度の通電が観測される．コロナポーリングでは基板の伝導率を考慮すれば（表 II.2.10），電極を直接設ける必要もなく，簡便で in situ キャラクタリゼーションが可能である．しかし，荷電粒子の注入によって表面がダメージを受けることがある．また，くし形電極によるコンタクトポーリングの場合では基板に沿ってキャリヤー注入が起きることもある．いずれの手法でも電極，基板，ポーリング条件を吟味する必要があり，最適なポーリング効果を得るためには in situ のキャラクタリゼーションが望ましい[4]．

(a) コロナポーリング　　(b) コンタクトポーリング

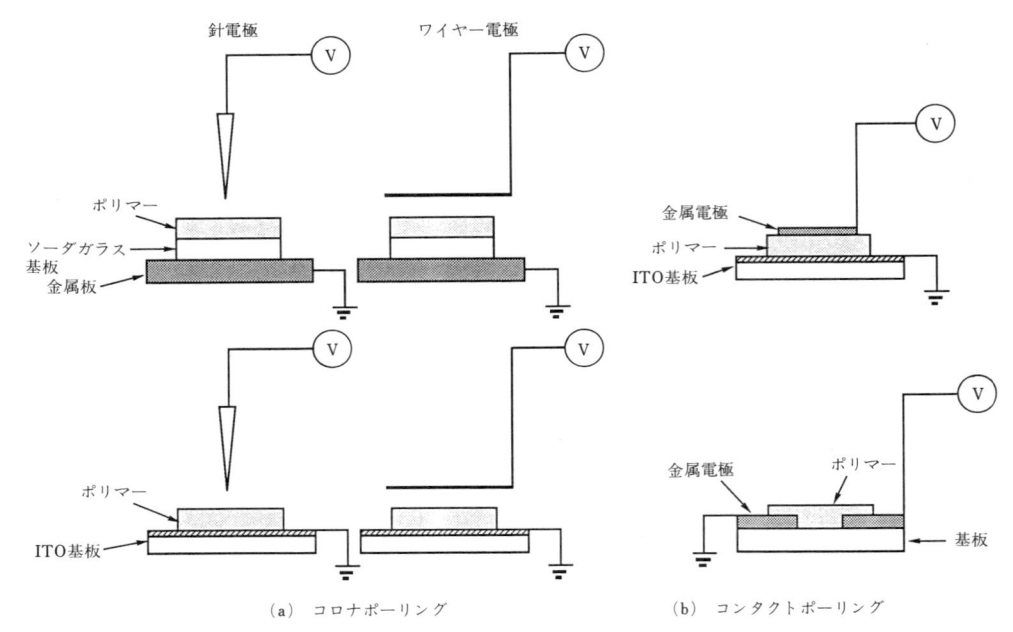

図 II.2.33　多種ポーリング法

表 II.2.10　電界処理基板およびポリマーの体積抵抗率（単位：Ω cm）

	ρ at 25°C	ρ at 100°C
PMMA	1×10^{17}	1×10^{16}
ソーダライムガラス	1×10^{12}	1×10^{9}
合成石英	1×10^{18}	1×10^{17}

表 II.2.11　DR1/PMMA 薄膜のコロナポーリングにおける諸物性値

$A_\perp/A_0$	ϕ	p	μ (D)	E (MV/cm)	$\delta\nu$ (cm^{-1})
0.74	0.26	2.5	7	4.8	720

表 II.2.12　DR1/PMMA 薄膜のコンタクトポーリングにおける諸物性値

N (10^{-20}/cm^3)	E (MV/cm)	n^*	ε	$\beta_z\mu_z$ (10^{-30}cm^{5}D/esu)	d_{33}^* (10^{-8}esu)
2.74	0.62	1.52	3.6	525	6.0

*　波長 1.58 μm.

2.7.5　電場配向の評価

電場配向材料は屈折率の異方性や熱刺激脱分極電流あるいは吸収変化や二次非線形光学応答を調べることにより，電場配向を評価できる．A—◯—D 分子はポーリングすることにより吸光度(A_0)の減少，吸収ピークのシフトが観測される（図 II.2.28）．この吸光度の異方性 $A_\perp$，$A_\parallel$ により配向のオーダーパラメーター(ϕ)が次式で計算できる．

$$\frac{A_\parallel - A_\perp}{A_\parallel + 2A_\perp} = \frac{A_\parallel - A_\perp}{3A_0} = 1 - \frac{A_\perp}{A_0} \qquad (\text{II}.2.18)$$

$p\leq 1$ の場合 $\phi=\mu^2/15$ と書ける．また，電場によるシュタルク(Stark)シフト Δ (cm^{-1})は $\Delta=\delta\mu E/\hbar c$ である．ここで，$\hbar$ はプランク定数，c は光速，$\delta\mu$ は基底状態と励起状態の双極子モーメントの差である．観測される吸収ピークシフトは $p\leq 1$ の場合 $\delta\nu_\perp \approx -p\Delta/5$ となる．実際に，ディスパースレッド 1 (disperse red 1, DR 1) をドープした PMMA の場合には〜2 MV/cm の外部電界により，$A_\perp/A_0=0.74$，吸収ピークは 490 nm から 510 nm へのシフトが観測されている．

DR 1/PMMA 薄膜の吸収変化測定によるコロナポーリングにおける諸物性値を表 II.2.11 に，SHG 測定によるコンタクトポーリングにおける諸物性値を表 II.2.12 に示す．

2.7.6　まとめ

電場という制御性のよい外部刺激を利用した電界処理は，A—◯—D 低分子のポーリングだけでなく，電場配向モノマーの重合[5]や反応蒸着と同時に行うこと[6]により配向有機材料の創製手法として広く応用されている．これらの電界処理を図 II.2.34 にまとめる．ポーリングでは配向緩和の抑制が重要であり，架橋，高 T_g ポリマー，耐熱性ポリマーマトリックスの応用などが検討されている．また，ポーリングは材料創製だけでなく，電場配向によって得られる屈折率の異方性を用いて，チャンネル導波路や EO 変調器などのデバイスの作製にも応用されている（図 II.2.35）．

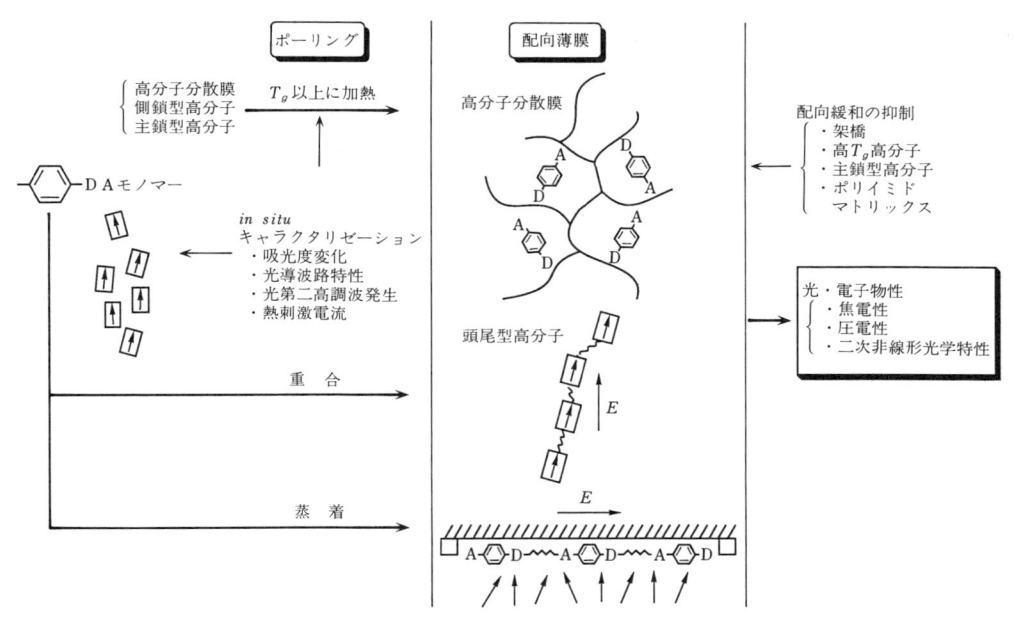

図 II.2.34 有機材料の電界処理による新しい光・電子物性の発現と材料創製

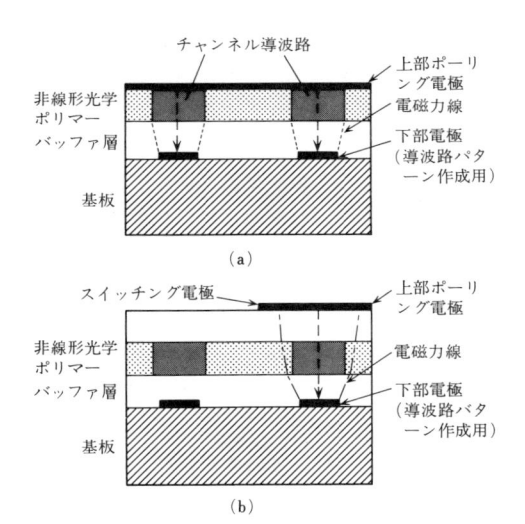

図 II.2.35 ポーリングによるチャンネル導波路(a)および EO 変調デバイス(b)の作成

〔和田達夫〕

参 考 文 献

1) 和田達夫ほか：ポールドポリマー，新・有機非線形光学材料 I（中西八郎ほか編），p.113(1991)，シーエムシー；和田達夫ほか：光学，**15**(1992)，275
2) Prasad, P. N. *et al.*: Introduction to Nonlinear Optical Effects in Molecules and Polymers, p.66(1991), John Wiley & Sons, Inc., New York
3) 和田達夫：非線形光学材料，高機能性高分子材料（妹尾学ほか編），p.349(1988)，ミマツデータシステム
4) Wada, T. *et al.*: *Mol. Cryst. Liq. Cryst.*, **224**(1993), 1
5) Sentel, R. *et al.*: *Makromol. Chem.*, *Rapid Commun.*, **14**(1993), 121
6) Yoshimura, T. *et al.*: *Thin Solid Films*, **207**(1992), 9

第3章

材料分析評価技術

3.1 元素分析

3.1.1 XPS(X線光電子分光法)

a. XPSの測定原理と特徴[1)~4)]

XPS(X線光電子分光法)は表面感度がきわめて高く、試料表面から数nm程度の深さまでの元素組成と元素の化学状態についての情報が得られる。このため、半導体、金属、有機薄膜などすべての固体試料の表面分析の手段として、きわめて多方面で使用されてきている。また、最近では分析領域を150 μm から数十 μm まで絞り込むことが可能な機種が上市されるようになり、手軽に微小領域のXPS測定を行うことが可能になってきている。

図II.3.1に一般的なXPS装置の概略図を示した。超高真空中に導入した試料表面にアルミニウムまたはマグネシウムの特性X線を照射し、光電効果で叩き出される光電子の運動エネルギーを測定する。照射したX線のエネルギーを $h\nu$、叩き出された光電子の運動エネルギーを E_k とすると電子が入っていた原子軌道のエネルギー、すなわち結合エネルギー E_b は、$h\nu = E_b + E_k$ のエネルギー保存則より求められる。なお、図II.3.2にこれらのエネルギー関係を示した。

電子の結合エネルギー値は各元素固有のものであり、また光電子の発生量は測定領域に存在する各元素の量に比例することから、この測定から存在元素とその存在量を得ることができる。各スペクトルのピーク面積比をもとに元素の存在比を求めることができる。なお、各元素および各原子軌道によって光電子の発生効率が異なるため、これを補正しておく必要がある。補正係数は一般的に感度因子と呼ばれ、理論的に求めることも可能であるが、高精度で定量するためには組成が明らかな標準サンプルを用いて、それぞれの装置で求めておく必要がある。

試料内部で発生した光電子は、表面に達するまでに試料構成原子と相互作用し、エネルギーを順次失う。光電子の平均自由行程は物質の種類や光電子のエネルギーに若干依存するが、通常の測定ではほぼ2~3nm程度であることから、XPSの検出深さはこの3倍程度すなわち10nm弱となる。

またさらに、原子軌道のエネルギーは原子の周囲の化学状態に依存してわずかに変化する。これは化学シフトと呼ばれ、たとえば炭素の1s軌道においてはCOOHとCOHでは1eV程度エネルギー値に違いがあり、これをもとに表面の化学構造についての情報が得られる。ただし、実際の測定においては空間電荷や接触電位差の影響があり、これらを補正する必要がある。通常は、試料自身に含まれていたり、表面有機汚染物として付着していたりする炭化水素のC1sスペクトルの結合エネルギー値を284.6eVに合わせてエネルギー補正を行う。以下に2,3の解析例を示す。

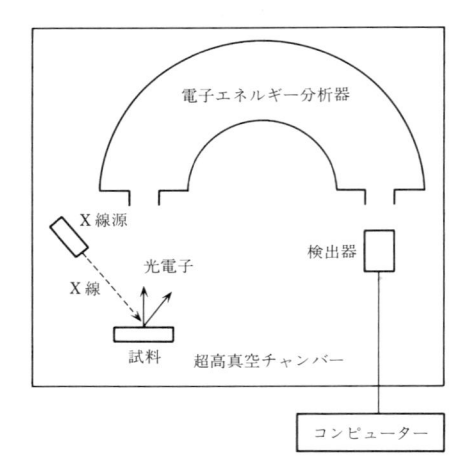

図II.3.1 X線光電子分光装置の概略図

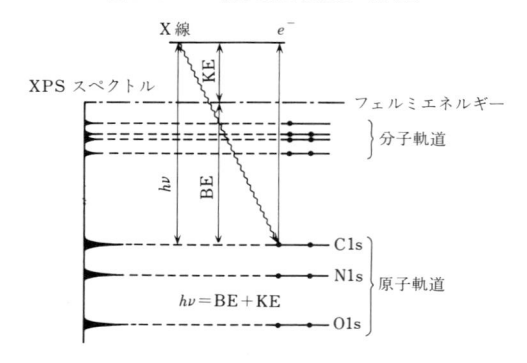

図II.3.2 X線光電子分光におけるエネルギー関係

b. シリコンウエハーの表面組成[5]

図II.3.3にSi(100)ウエハーのXPSワイドスキャンスペクトルを示した. (a)は購入した状態でのスペクトルで, ケイ素のピーク以外に, 大きな酸素のピークが認められる. またこれら以外に小さな炭素にピークも認められる. これらのピーク強度から, このシリコンウエハーの表面には1nm程度の酸化膜とさらにその上に0.2nm程度の有機汚染物が存在していることがわかる.

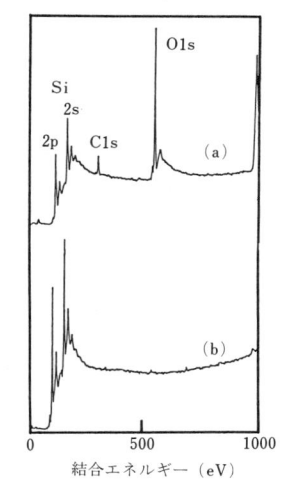

図II.3.3 Si(100)ウエハーのXPSワイドスキャンスペクトル
(a) 洗浄前, (b) 1% HFを用いたUV/HF洗浄後.

このようなシリコンウエハーをHFエッチングをベースにしたUV/HFという特殊な表面清浄化法で処理したもののスペクトルを(b)に示した. これによると, シリコンウエハー表面の酸化膜と有機汚染物は完全に除去されていることがわかる. また, ごくわずかであるが酸素とフッ素も存在していることがわかる. これらのXPSの解析結果に加えてFT-IR-ATR法での解析結果を合わせて, この表面の構造は図II.3.4のように, 表面は水素で覆われていて, 若干のフッ素とOH基が存在していることが明らかとなった.

c. 銅フタロシアニン薄膜の組成[6]

図II.3.5に, 真空蒸着法と分子線蒸着法を用いてシリコンウエハー上に作製した, 銅フタロシアニン薄膜のXPSワイドスキャンスペクトルを示した. 真空蒸着は4×10^{-6}Torrの高真空レベルで行ったのに対して, 分子線蒸着法は5×10^{-10}Torrの超高真空レベルで行った. 図II.3.5のワイドスキャンスペクトルより蒸着物質の構成元素である銅, 炭素と窒素が存在し, またXPSナロースキャンスペクトルから化学組成もほぼ銅フタロシアニンの組成に等しいことが明らかとなり, 銅フタロシアニン分子からなる薄膜が形成されていることが確認された. ただし, 蒸着膜には酸素のピークが認められるが, 分子線蒸着膜には酸素はまったく認められない. このことから, 蒸着膜は作製時の真空度が低いため堆積時に真空雰囲気として存在する水や炭酸ガスなどが膜内に取り込まれる. 一方, 分子線蒸着の場合にはこれに比べて雰囲気が清浄であるので, これらの化学種の取り込みが起こらず, きわめて純度の高い薄膜が形成できたものと考えられる.

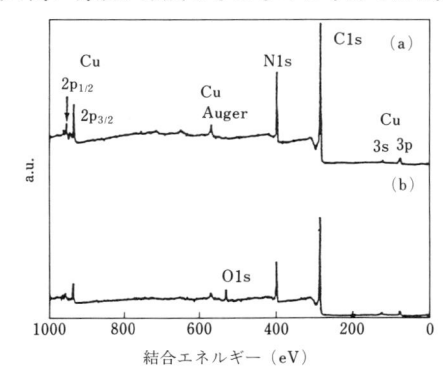

図II.3.5 蒸着銅フタロシアニンのXPSワイドスキャンスペクトル
(a) 分子線蒸着法, (b) 真空蒸着法.

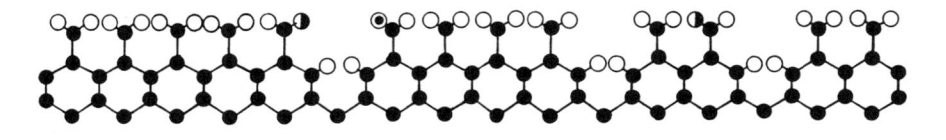

○: H
◉: F
◐: OH
●: Si

図II.3.4 UV/HF洗浄したSi(100)表面の化学構造

d. 脱出角度変化測定による深さ方向分析

XPSの検出深さ(d)と光電子の試料表面に対する脱出角度(θ)との間には，$d=n\lambda\sin\theta$ の関係が成り立つ．ただし λ は光電子の平均自由行程で通常 2～3 nm 程度である．また，n は 3 程度である．したがって，θ が小さくなればなるほど，より表面の情報を検出していることになる．これを利用することによって，試料の表面近傍での組成変化を議論することができる．図 II.3.6 はポリメチルメタアクリレート(PMMA)の主鎖にかなり長いシリコーン側鎖をグラフトしたポリマーをガラス表面にキャストして作成したフィルムの空気側表面について行ったXPSの光電子脱出角度変化測定の結果である．これによると脱出角度が小さくなるにしたがってケイ素の存在量が多くなっている．こ

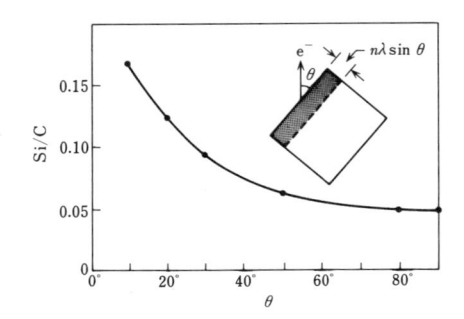

図 II.3.6 シリコーン鎖をグラフトしたポリメチルメタクリレートのキャストフィルムの空気面の角度変化XPS測定におけるケイ素量の変化挙動

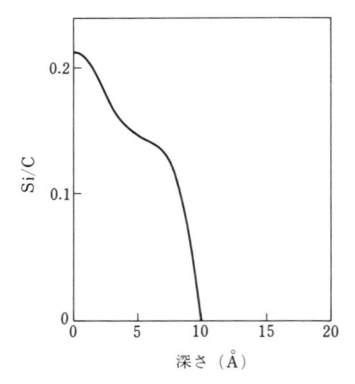

図 II.3.7 図 II.3.6 の角度変化 XPS 測定結果より求めたケイ素量の深さ方向変化

の結果をもとにケイ素濃度の深さ方向分布を理論計算すると図 II.3.7 のようになり，最表面 1 nm 程度はほとんどすべてシリコーンが占めていることがわかる．

〔高萩隆行〕

参 考 文 献

1) Siegbahn, K. et al.: ESCA; Atomic, Molecular, and Solid State Structure Studied by Means of Electronspectroscopy (1967), Nova Acta Regiae Soc. Sci.
2) 染野檀，安盛岩雄：表面分析，第6章(1977)，講談社サイエンティフィック．
3) 日本化学会編：電子分光，化学総説 No.16 (1977)
4) ブリッグス, D., シーア, M. P. 編(合志陽一, 志水隆一監訳, 表面分析研究会訳)：表面分析 基礎と応用 上巻および下巻(1990)，アグネ承風社
5) Takahagi, T. et al.: J. Appl. Phys., **64** (1988), 3516
6) 服部紳太郎：高分子表面研究会予稿集，1989年3月, p.1

3.1.2 AES(オージェ電子分光法)

a. 原理と特徴

オージェ電子分光法(Auger Electron Spectroscopy；AES)は，その存在を明確に示した P. Auger にちなんで命名されたオージェ効果を利用した電子分光法であり，表面元素分析の一手法として広く用いられている．

図 II.3.8 にオージェ電子放出過程の模式図を示す．試料にエネルギー線(電子，光，イオンなど)を照射した場合，内殻順位から電子が真空中にたたき出される．このとき生じた内殻の空順位を満たすためにエネルギーの高い順位から電子が落ちる．そのエネルギー順位間の余剰エネルギーにより，一定の確率で特性X線が放出されるか，または他の電子が放出される．この放出された電子をオージェ電子と呼び，オージェ電子が放出される過程をオージェ遷移という．図 II.3.8 の場合，K殻電子がたたき出され，L殻電子が落ち，他のL殻電子が放出されているため KLL オージェ遷移，放出された電子を KLL オージェ電子という．他に LMM, MNN などの遷移がある．

エネルギー線として電子線を用い，発生したオージェ電子を検出する場合をオージェ電子分光法と呼ぶ．

放出された KLL オージェ電子のエネルギー E は，ほぼ式(II.3.1)のように原子のエネルギー順位の関数として表すことができる．

$$E=E_K-E_{L1}-E_{L23}-\phi \qquad (\text{II}.3.1)$$

ここで，ϕ は試料の仕事関数である．

E は元素固有の値であり，E を求めることで，元素の同定が可能となる．実際にはエネルギー分光器と検出器により計測されたオージェ電子スペクトルのピーク位置を読み取ることで，元素の同定を行う．ただし H と He には内殻順位間の遷移がなくオージェ電子が発生しないため分析はできない．

オージェ電子は物質との相互作用が強いため，物質の内部で発生したオージェ電子は途中で吸収される．オージェ電子がエネルギーを失わずに物質から真空中

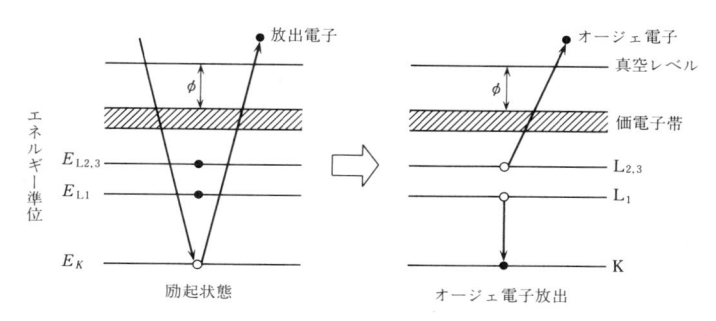

図Ⅱ.3.8 オージェ電子放出過程

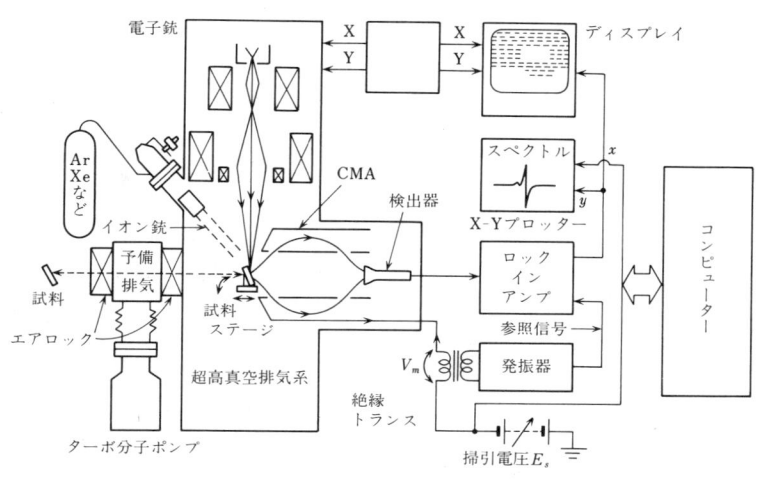

図Ⅱ.3.9 オージェ電子顕微鏡(SAM)装置の模式図

に脱出できるのは表面から約0.3～5nm程度の深さまでとなる．これが，オージェ電子分光法が表面の元素分析として利用可能な所以である．

AESの原理から以下の特徴が導かれる．

(1) H, Heを除き，固体表面から数nm深さまでの元素分析が可能である．検出限界は元素にもよるが約0.2at%である．

(2) エネルギー線として電子線を用いていることから，微小径に収束することができ，局所領域の分析が可能である．現在，ビーム径が15nmの仕様値を有する機種も市販されている．

(3) イオン銃によるスパッタリングで，固体表面層を順次露出させる手法を併用すると，深さ方向に分解能の高い分析が可能となる．

(4) 化学効果により，オージェ電子スペクトルのピーク位置や形状が変化する場合があり，系によっては状態分析も可能である．

(5) 電子線を走査させることと空間分解能の高さを組み合わせた，微小領域の線分析，面分析が可能である．

一方，AESはプローブとして電子線を用いるため，有機物などの導電性の低い試料では帯電現象が生じ，オージェピークのエネルギー値がシフトしたり，ゴーストピークの発生など正常な分析ができない場合がある．

b. 装　置

現代のAES装置は，エネルギー分析器として静電偏向型の一種である円筒鏡型分光器(Cylindrical Mirror Analyzer; CMA)を用い，電子線を走査させることにより走査型電子顕微鏡の機能をもたせた走査型オージェ電子顕微鏡(Scanning Auger Microscopy; SAM)が一般的である．図Ⅱ.3.9に典型的なSAM型装置の模式図を示す．

本装置は，電子線プローブを発生する電子照射系，試料を適切な位置に移動する機能をもつ試料系，エネルギー分光器と検出器，計測器からなる分析系，試料表面をスパッタリングするためのイオン銃系，これらを超高真空雰囲気(1×10^{-8}Pa以下)に保持する真空排

気系，信号の処理などのためのコンピューター系から成り立っている．装置によっては，試料を加熱，冷却，破断などを行う機能を有する場合もある．

c. 解　析

1) 定性分析　図II.3.10にオージェスペクトルの一例としてバリウムホウケイ酸ガラスの例を示す．オージェ電子は図II.3.11のように背面散乱電子などによる大きなバックグラウンド上に重なって検出されるため，1次微分型で示されることが多い．

定性分析は，微分型ピークのエネルギー値を読み取り，元素の標準オージェスペクトルと比較して行う．

2) 状態分析　オージェスペクトルには化学結合状態によるエネルギー準位の変化が反映されているはずであるが，三つのエネルギー準位が関連しているので理論的な解析が難しいことなどから，状態分析は補助的な手段に留まっている．

図II.3.12[1])におけるカーボンのように，状態が大きく変化したり，ピークエネルギーシフトが大きい場合には利用可能である．

3) 定量分析　定量分析の代表的な方法としては，オージェ電子ピーク強度を求め，相対感度係数により算出する方法，標準試料を用いる方法がある．

オージェ電子ピーク強度を求める方法としては微分ピークの振幅をとる方法が最も簡便で，広く利用されている．ただし，化学効果などによりピーク形状に変化が生じる場合などは注意が必要である．

相対感度係数法は，装置メーカーから出されている各元素の相対感度係数表を利用して相対濃度に換算する方法であり，標準試料法は，同一条件下で測定した未知試料と標準物質のオージェピーク強度を比較する

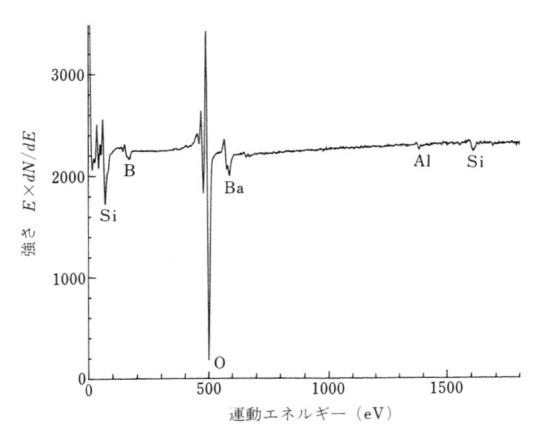

図 II.3.10　バリウムホウケイ酸ガラスのオージェスペクトル（微分型）

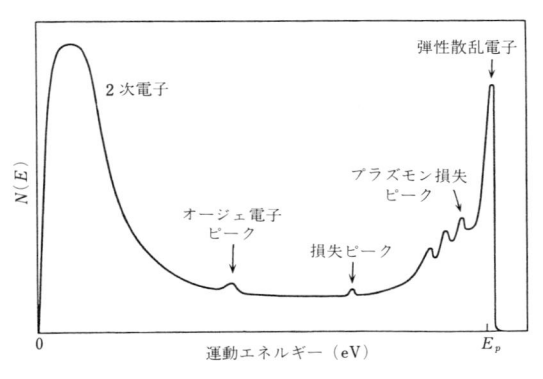

図 II.3.11　電子照射時の固体からの反射電子エネルギー分布曲線

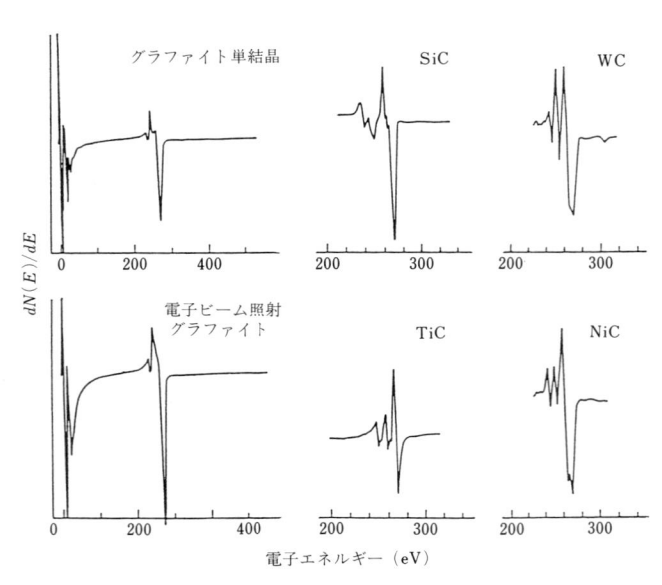

図 II.3.12　カーボンの化学シフト

ことにより濃度を求める方法である．

定量精度に関して，VAMAS-SCA ワーキンググループにより，Au-Cu 合金を用いて，分析装置，機関によるばらつき調査が行われ，相対感度係数法では平均して 30% 程度の誤差があったが，標準試料を用いた注意深い測定をすれば，ばらつきは 5% 程度に納まることが報告されている[2]．

4） 深さ方向分析　イオンスパッタを併用した内部方向への組成分布分析（デプスプロファイリング）はAES の特徴的な手法の一つである．

Si や Ta の酸化膜を基準としたスパッタリング速度で換算された深さで表されることが多い．イオンスパッタの場合，選択スパッタ，ミキシング，表面荒れなどの影響を考慮して測定結果を解析する必要がある．

以上の AES 全般に関する詳細については成書[3~5]を参照されたい．

d. 有機材料への応用

有機材料を AES により分析する場合，
（1）AES 励起線源の電子ビームは物質との相互作用が大きく，試料損傷が大きい
（2）導電性の低い材料が多いため，チャージアップの影響により測定が困難である
の 2 点が大きな問題となる．

（1）に関して，ポリ塩化ビニルからの電子線による塩素の脱離が，マススペクトルを併用して確認されている[6]．ハロゲン原子に加え酸素原子も電子線により容易に脱離を起こすことが知られている．AES により表面組成を分析する場合，こうした電子線誘起脱離（Electron Induced Desorption；EID）による変化を考慮せねばならない．

また，炭化水素類は電子線またはイオンスパッタによってグラファイト化する場合がある．グラファイト化することにより正確な表面組成を求めることはできなくなるが，表面に導電性が現れるため積極的に利用することもできる．

Au, Al, Pt などであらかじめ被覆後，スパッタして変成を促進する試みもなされている[7]．本方法によれば，表面の SEM 観察も可能となり，グラファイト化を積極的に利用した例として興味深い．

測定条件上において，電子線による損傷をできるだけ小さくするには，入射電流を小さくするかビーム径を大きくすることにより電流密度を下げる，あるいは照射時間を短くするなどの工夫が必要である．

（2）に関して，入射電流を I_P，背面散乱電子による電流を I_B，オージェ電子を含む 2 次電子による分を I_S，試料吸収電流を I_{ABS} とすると，試料に蓄積される電荷 I は

$$I = I_P - (I_B + I_S + I_{ABS}) \qquad (\text{II}.3.2)$$

で表される．導電性試料の場合は $I=0$ となるが，絶縁体の場合 I_{ABS} が流れず，$I>0$ となり電荷が試料に蓄積される．これをチャージアップと呼ぶ．I を 0 に近づけるには 2 次電子をより多く発生させるために，加速電圧を変えたり試料傾斜角を大きくすることが有効である．

試料側の工夫として，超薄切片化してチャージアップを防ぐ方法も試みられている[8]．

有機材料測定の具体例を以下に示す．

1）光磁気記録材料の深さ方向分析例　有機材料（フォトポリマー／ガラス）上に RF スパッタリングでドープされた光磁気記録材料（TbFeCo）の深さ方向分析の例を図 II.3.13 に示す[9]．ポリマー層表面をあらか

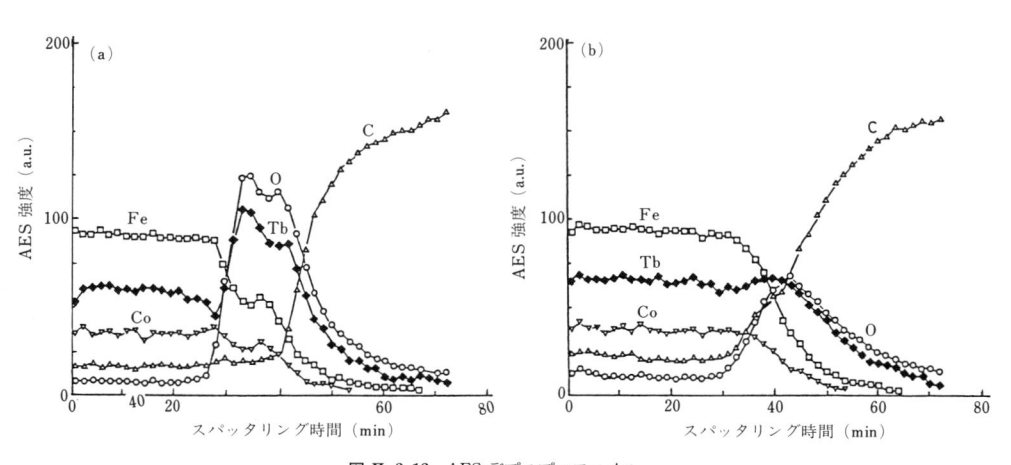

図 II.3.13　AES デプスプロファイル
(a) 無処理 2P，(b) スパッタエッチ 2P

じめ Ar スパッタすることで，Tb 酸化層生成が抑制されていることがわかる．

2) レジスト材料の評価例 ポリイミド表面のコンタクトホールの分析例を図Ⅱ.3.14に示す[10]．試料は Ar レーザー照射後，化学エッチングを行っている．

チャージアップを防ぐために，ホールの周りに Al 蒸着膜パターンを形成し，あらかじめ電子線を Al 膜まで掃引した後，線分析を行った結果である．

電子線掃引による表面のグラファイト化でチャージアップなく測定が可能となった．電子線の方が，Ar スパッタリングと比較して表面変成の程度が緩やかで組成分析には好ましいとされている．

図Ⅱ.3.14より，レーザー加工部の底部でポリイミド構成元素の C，N，O が検出され，レーザー照射により一部ポリイミドが，化学エッチングでは除去しきれない物質に変成したものと考えられる．

3) 導電性有機材料への応用例 AES 測定条件の最適化で電子線損傷を軽減することにより，ClO_4 をドープしたポリピロールの表面組成分析を可能とし，その結果，Cl の表面偏析が指摘されている[11]．

導電性有機多層膜として，ピロール-3-メチルチオフェン混合系の電位走査下電解重合法で作成した膜の深さ方向分析結果を図Ⅱ.3.15に示す[12]．

図Ⅱ.3.15により，S と N の相補的なプロファイル，Cl と N プロファイルの同調性などからドーパント濃度の変調を伴った周期構造が確認できる．

導電性有機材料であっても，チャージアップ，試料損傷防止のため測定条件の最適化が必要であるが，それにより AES 特有の空間分解能の高いデータ，深さ方向分析データを得ることが可能である．

〔萬ヶ谷康弘・石田英之〕

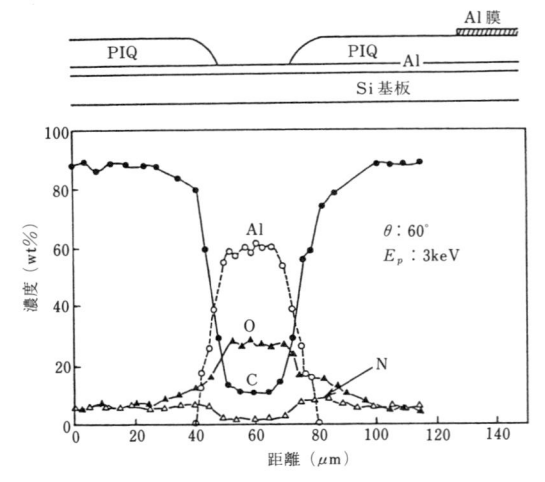

図Ⅱ.3.14 Ar レーザーによるポリイミド加工孔のオージェ線分析プロファイル

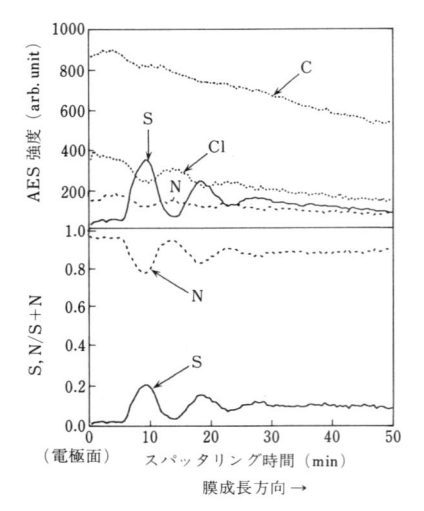

図Ⅱ.3.15 導電性高分子多層膜のデプスプロファイル

参 考 文 献

1) Kane, P. F., Larrabee, G. B.: Characterization of Solid Surfaces (1974), Plenum Press, NewYork
2) 吉原一紘，志水隆一：日本学術振興会マイクロビームアナリシス第141委員会，第56回研究会報告書，No. 626 (1988), p. 19
3) 志水隆一，吉原一紘編：実用オージェ電子分光法(1989)，共立出版
4) Briggs, D., Seah, M. P.: Practical Surface Analysis by Auger and X-ray Photoelectron Spectroscopy (1983), John Wiley & Sons, NewYork
5) Thompson, M., Baker, M. D.: Auger Electron Spectroscopy (1984), John Wiley & Sons, NewYork
6) Cota, L., Adem, E., Yacaman, M. J.: *Appl. Surf. Sci.*, **27** (1986), 106
7) Van Ooij, W. J., Visser, T. H., Biemond, M. E. F.: *Surf. Interface Anal.*, **6** (1984), 200
8) Kikuma, J., Konishi, T., Nakamura, A., Tamura, N.: *Anal. Sci.*, **7** (1991), 1609
9) Hashimoto, S.: *Appl. Surf. Sci.*, **47** (1991), 323
10) 岡本浜夫，尾嶋正治，峰岸延枝：金属表面技術，**36** (1985), 542
11) Jennings, W. D. *et al.*: *Appl. Surf. Sci.*, **21** (1985), 80
12) Iyoda, T. *et al.*: *Thin Solid Films*, **205** (1991), 258

3.1.3 SIMS（2次イオン質量分析法）

a. はじめに

SIMS(Secondary Ion Mass Spectrometry，2次イオン質量分析法)は1970年初めに開発，市販されてから着実にその装置および技術が発展し現在に至っている[1]．その応用分野は，半導体材料中の注入元素の深さ方向分析，半導体や金属のバルク中の不純物の定量分析，高分子材料中の添加物や特定元素の分布分析，鉱石中の微量元素や同位体の分析，ガラス中の脈理部の元素分析，生体材料中の微量元素分析など多岐にわた

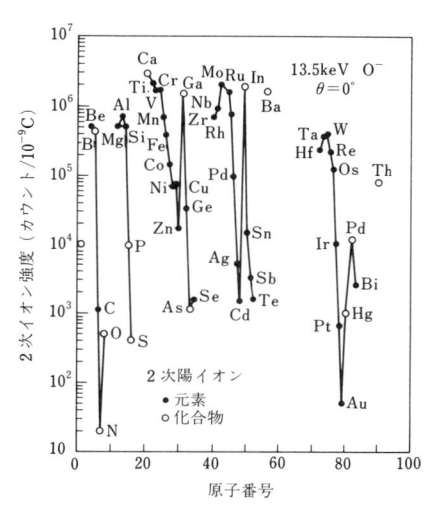

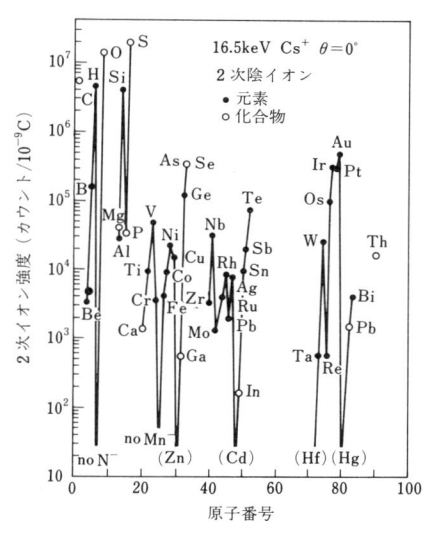

図Ⅱ.3.16 O⁻イオンビームによる正の2次イオン収率およびCs⁺イオンビームによる負の2次イオン収率の元素依存性

っている．また，表面汚染の高感度元素分析や化学構造分析，微小部や多層膜界面の分析，深さ方向分解能を生かした超格子膜の界面急峻性の評価などその応用範囲はきわめて広い．

b. 原理と特徴

SIMSは1次イオンビーム（O_2^+, O^-, Cs^+, Ga^+など）を数～数十keVで加速して試料表面に照射し，スパッタされてくる粒子のうちの2次イオンを電場勾配をかけて取り出し，質量分析器を用いて質量/電荷比に従って分離し，元素分析および表面化学構造を調べる分析技術である．SIMSは次に示す特徴をもっている．

(1) 高感度（ppm～ppb）である．
(2) 深さ方向（分解能は数～数十nm）の分析が容易である．
(3) 線分析，面分析ができる．
(4) 水素を含め，全元素の分析ができる．
(5) 同位体の分析ができる．

SIMSにおいて検出される元素Aの2次イオン強度（I_A）は一般に次式で表すことができる．

$$I_A = \eta_A \cdot Y_A \cdot C_A \cdot I_P$$

ここでη_AはイオンAの装置透過率，Y_AはイオンAの2次イオン収率（1次イオン1個あたり放出される2次イオンの個数），C_Aは元素Aの濃度，I_Pは1次イオン電流である．

また，2次イオン収率（Y_A）は次式で表される．

$$Y_A = \gamma_A \cdot Y_A^0$$

ここでγ_Aはイオン化率，Y_A^0は元素Aのスパッタリング収率（1次イオン1個あたりスパッタされる原子の個数）である．

2次イオン収率Y_Aは，1次イオン種および2次イオン種の極性により大きく異なる．図Ⅱ.3.16は単体や化合物を用いて求めた各元素の相対2次イオン強度である[2]．どちらのイオン（O^-, Cs^+）の場合も2次イオン収率は～5桁にわたって大きく変化している．2次イオン収率のこのような元素依存性は，正イオンの場合はイオン化ポテンシャルに，負イオンの場合は電子親和力に密接に関係している．しかし，同じ元素でも2次イオン収率は母材によって大きく異なる（マトリックス効果）．実用上はO_2^+1次イオンで正2次イオン，Cs^+1次イオンで負2次イオンを測定するという組み合わせでほとんどの元素を高感度で分析できる．

c. 装　置

装置の構成を図Ⅱ.3.17に示す．1次イオン照射系，2次イオン質量分析系，信号検出・処理系の三つより構成される．イオン銃は，デュオプラズマトロンと表面電離型Csイオン銃がよく用いられ，集束レンズ系やビーム偏向部を通して細束化されたイオンビームが得られる．スパッタリング現象によって発生した試料からの2次イオンを電場で引き出し，二重収束型あるいは四重極型質量分析器などに導きエネルギーと質量で分離する．2次イオンの検出にはファラデーカップ，2次電子増倍管あるいは蛍光スクリーンなどが用いられる．絶縁材料測定時のチャージアップ防止のため中和用電子銃が装備されている．

SIMSは測定条件の面からダイナミックとスタティックに分けられる．前者は，数～十数keVの加速電圧で，mA/cm²オーダーの1次イオン電流密度で行われる現在最もよく用いられている測定モードである．一

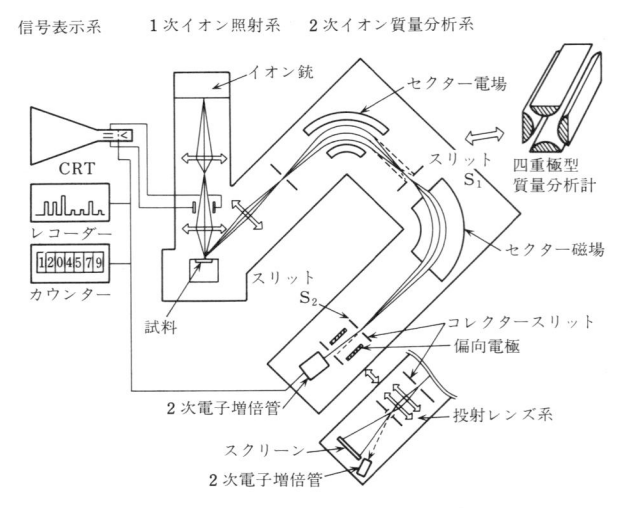

図 II.3.17 2次イオン質量分析装置の構成図

方,後者は低加速電圧(数百 eV~3keV),低電流密度 ($1\sim100\,nA/cm^2$)のイオンビームを用いる方法で,得られたマスフラグメントから最表面の化学構造分析を行うことができる.最近では,1次イオンの加速電圧が数十 keV でも電流密度が十分低い測定でフラグメント分析ができることから(TOF型),この場合もスタティック SIMS の範疇にはいっている.ダイナミック SIMS ではセクター型および Q マス型 SIMS,スタティック SIMS では Q マス型および TOF 型 SIMS が用いられている.

SIMS は2次イオン像によって特定元素の平面的な分布を得ることができる.これには,1次イオンビームを絞って試料上を走査し CRT 上に同期して2次イオン像を得る方法と1次イオンを試料の広い領域に照射し2次イオン光学系を利用して2次イオンの位置的情報を保ったまま2次イオン像を得る方法がある.前者を走査型 SIMS,後者を投影型 SIMS と呼んでいる.走査型の空間分解能は1次イオンのビーム径に依存し,通常 SIMS に用いられる Cs^+, O_2^+, Ga^+ イオンビームでは数十~数百 nm まで絞れる.投影型の像分解能は1次イオンビーム径とは無関係で2次イオン引出し電圧と2次イオン光学系の収差に依存し,現在では数百~千 nm の像分解能が得られている.

最近では,コンピューターによる画像処理能力を利用して3次元分析が可能になっている.2次イオン像をデジタルデータとしてコンピューターに取り込み,後からそのデータを処理することによって低濃度元素の2次イオン像のマッピングを得たり,深さ方向にスパッタしながら連続的にデジタルイメージデータを取り込み,後から特定の場所を選んでその部分のデプスプロファイルを得ること(部分デプスプロファイル)が可能になっている.これらはイメージング SIMS と呼ばれている.

d. 定量法

SIMS による定量分析には2次イオン生成モデルに基づいて理論計算から行う方法(局所熱平衡プラズマモデル[3,4]など)と標準試料を用いて検量線を作成して行う方法がある.前者は膨大な計算を必要とするわりには定量精度が劣るため,現在ではほとんど使用されていない.後者の定量方法は一般的で,注目元素のイオン注入標準試料を作製し,その深さ方向プロファイルの積分強度とドーズ量の比より相対感度係数(RSF)を求めて未知試料を定量するという方法である.また,バルクでの濃度が化学分析などで既知の場合はその濃度を参考に計算することもできる.

通常,分析対象元素が%オーダーをこえると2次イオン強度と濃度の間には比例関係が得られず(マトリックス効果)定量分析は難しい.しかしながら,最近では Cs^+ 1次イオンを用いて CsX^+ 2次イオン(X は注目元素)を検出することによって従来は困難であった主成分や濃度が高い元素でも定量分析が可能であることが示され始めている[5].これを CsX^+ SIMS と呼ぶ場合がある.

e. 分析例

1) PET 中のリチウムの定量 ポリエチレンテレフタレート(PET)中の微量元素の定量として Li の分析例を示す.図 II.3.18 は SIMS パラメーターである $^7Li^+/^{12}C^+$ 強度比と原子吸光分析から得た Li 濃度との関係である.両者は良い相関を示し,<ppm レベルの検出が可能である.ポリマーの C イオンとの相対

3.1 元素分析

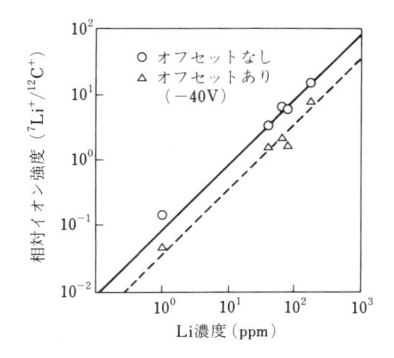

図Ⅱ.3.18 ポリエチレンテレフタレート(PET)中での相対イオン強度($^7Li^+/^{12}C^+$)と原子吸光分析から求めたLi濃度との関係

イオン強度を求めることによって微量元素の定量を行うことができる．

2) ポリイミドフィルムに拡散したメッキ膜成分の分析 Cu-Niメッキポリイミド("Kapton")フィルムのメッキ表面からの深さ方向分析結果を図Ⅱ.3.19に示す．メッキ成分のCuがポリイミドフィルム中に拡散している．核づけPd成分はメッキ膜/ポリイミド界面に局在せずメッキ膜中に拡散している．

3) 液晶ディスプレイ(LCD)カラーフィルター層

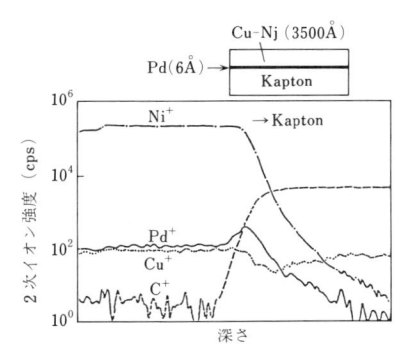

図Ⅱ.3.19 ポリイミドフィルム上にPd核づけを利用してメッキしたCu-Ni合金深さ方向分析

の分析 RGB別に選択して元素分析ができる．たとえば，Gのマススペクトル分析(図Ⅱ.3.20)から不純物金属元素としてNa, Mg, Al, K, Ca, Sr, Zr, Baなどが検出されている．Cu, Brは顔料成分であり，Crはブラックマトリックスからの拡散である．その他，配向膜，ITO，保護膜，ガラス基板などの不純物や汚染元素も分析対象となる．

4) 炭素繊維の酸素の深さ方向分析 炭素繊維単糸についてスパッタリングで単糸が切断するまで深さ方向分析を行った結果を図Ⅱ.3.21に示す．炭素繊維表面付近に酸素濃度が高く，ほぼ左右対称の分布が得られている．
〔冨田茂久・石田英之〕

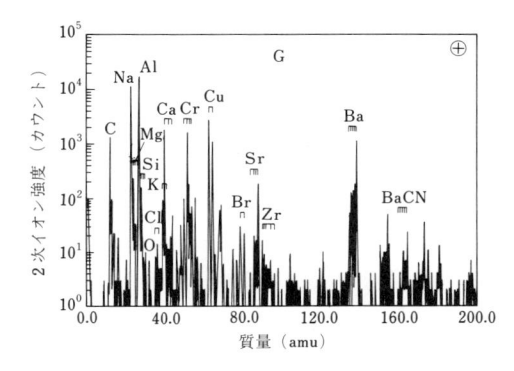

図Ⅱ.3.20 液晶カラーフィルターの画素Gのマススペクトル

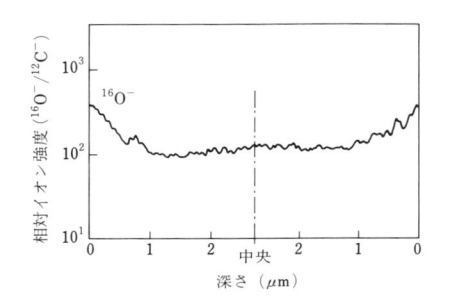

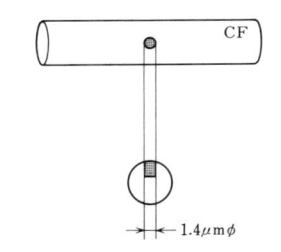

図Ⅱ.3.21 炭素繊維単糸の酸素の深さ方向分析

参考文献

1) 染野檀，安盛岩雄編：表面分析(1976)，講談社
2) Storms, H. A., Brown, K. F., Stein, J. D.: *Anal. Chem.*, **49** (1977), 2023
3) Andersen, C. A., Hinthone, J. R.: *Science*., **175** (1972), 843
4) Andersen, C. A., Hinthone, J. R.: *Anal. Chem.*, **45** (1973), 1421
5) Gao, Y.: *J. Appl. Phys.*, **64** (1988), 3760

3.2 化学構造解析

3.2.1 赤外・ラマン分光法

a. はじめに

赤外分光法(FT-IR)は有機材料の簡便な評価法として頻繁に用いられ,広範な分野に浸透している.ラマン分光法は,FT-IRに比べると普及度はかなり低いが,他の評価手法にはないユニークな特徴(たとえば共鳴ラマン効果)があるため,有機材料についてもその長所を積極的に利用した評価が行われている.

表II.3.1にFT-IR分光法とラマン分光法との比較を示す.一般的にいえば,赤外法は官能基(極性基)を,ラマン法は骨格構造を敏感に反映したスペクトルを示す.ラマン分光法が普及しない理由として,データベースの少なさと試料からの蛍光などによる適用範囲の狭さをあげることができる.

ここでは,赤外・ラマン分光法を用いた有機薄膜,微小部,有機材料の深さ方向の評価法と分析評価例を中心に解説する.

b. 有機薄膜の分析・評価

1) 評価方法　有機系の薄膜は,光・電子機能材料として用いられることが多い.したがって,薄膜の配向状態や秩序性などの評価に,赤外・ラマン分光法を用いた種々の評価法が試みられている.表II.3.2,II.3.3に,FT-IRおよびラマン分光法を用いた有機薄膜の評価方法をまとめて示す.装置のハード面やソフト面の進歩により,現在では,単分子膜レベルの薄膜の評価が可能になってきている.

FT-IRを用いた薄膜の評価には,ATR(全反射)法が最もよく用いられる.金属のような反射率の高い基板上の薄膜の評価には,RAS(高感度反射)法が有効で

表II.3.1　FT-IRとラマン分光法の比較

項　目	FT-IR	ラマン分光法(分散型)
活性な振動	双極子モーメントの変化	分極率の変化
主な情報	官能基	骨格構造
試料形態の制限	大きい	少ない(非破壊的)
顕微法の空間分解能	約10 μm	約1 μm
表面分析の表面感度	単分子層レベル	～100 Å
波数精度	± 0.1 cm^{-1}	± 1 cm^{-1}
データベース	多い	きわめて少ない
適用範囲	広い	狭い(蛍光など)
分析の内容	化合物の同定(定性・定量) 処理による構造変化 分子間相互作用 分子配向 反応の追跡	結晶性(結晶構造)・分子配向 共役系(二重結合・芳香環など) 低波数域(FIR)の情報 共鳴ラマン効果の利用
問題点	前処理(粉砕,フィルム化,ディスク化など) 結晶化度や配向の影響が大きい. クリスチャンゼン効果	蛍光による妨害 レーザー光によるダメージ 測定時間が長い 波数精度

表II.3.2　FT-IRによる有機薄膜の構造(配向)解析

手　法	基　板	感　度	備　考
偏光赤外吸収法	CaF$_2$, Si, Ge, KRS	累積膜	角度変化
高感度反射法 (reflection absorption spectroscopy)	金属(平面)	単分子膜	p-偏光 温度変化可能
ATR法 (attenuated total reflection)	ATR板(Si, Ge, KRS) ガラス,フィルム上	単分子膜	s,p-偏光
赤外発光法	金属	単分子膜	加熱 温度変化可能
SEWS法 (surface electromagnetic wave)	金属,ATR板(Ge, Si)	単分子膜	Ag蒸着膜

表II.3.3　ラマン分光法による有機薄膜の構造(配向)解析

手　法	基　板	感　度	備　考
偏光(共鳴)ラマン法	ガラスなど	単分子膜	波長依存性
鏡面反射法	金属	単分子膜(共鳴) 累積膜	最適入射角,集光角 p-偏光
全反射ラマン分光法	サファイア, 高屈折プリズム	単分子膜(共鳴)	s,p-偏光
光導波路法 (wave guide)	高屈折ガラス	単分子膜(共鳴)	カップラー(プリズム)
SERS (surface enhanced Raman scattering)	Ag, Ag蒸着膜	単分子膜	enhancement 波長依存性
高感度検出法	ガラス,金属など	単分子膜(共鳴)	CCD使用

ある[1].

ラマン分光法の場合には，共鳴ラマン法がフタロシアニンのような可視領域に吸収を有する薄膜の解析にしばしば用いられる．共鳴ラマン効果による散乱強度の増強のため，極薄膜でも良好なラマンスペクトルが測定できる．全反射ラマン法も薄膜の分子配向状態の評価に有用な手法である．

2) 分析・評価例 代表的な例として，LB膜のFT-IRによる評価例を示す．図II.3.22には，銀表面および臭化銀表面上のアラキジン酸カドミウムLB膜のIRスペクトルをバルク(KBrディスク)のスペクトルと比較して示す[2]．銀基板の場合には高感度反射(RAS)法で，臭化銀基板の場合には通常の透過法で測定している．RAS法の場合には，基板に垂直な遷移モーメントをもつ吸収帯が強く観測され，透過法の場合には，RAS法とは逆に基板に平行な遷移モーメントをもつ吸収帯が強く観測される[3]．図II.3.22に示した

RAS法と透過法で得られたスペクトルの比較から，アラキジン酸Cdの分子鎖が基板にほぼ垂直に配向していることが推察される．梅村らは，両者のスペクトルの強度比から，一軸配向した分子鎖の配向角を求める実際的な方法を提案している[3]．

ガラスや高分子フィルム上の有機薄膜の評価には，ATR法が有効である．図II.3.23にガラス基板上のLB膜のATRスペクトルの測定法を示す．高屈折率プリズムをガラス表面に圧着して，多重内部反射を利用して薄膜のIRスペクトルを測定する方法である．図II.3.24にガラス基板上のアラキジン酸カドミウムLB膜の測定例を示す．$1200\,cm^{-1}$以下の領域はガラスによる強い吸収のためLB膜の吸収帯の検出は困難であるが，高波数領域でLB膜による特徴的な吸収帯が検出できる．各吸収帯の遷移モーメントを考慮した配向解析から，分子鎖は基板にたいしてほぼ垂直に配向

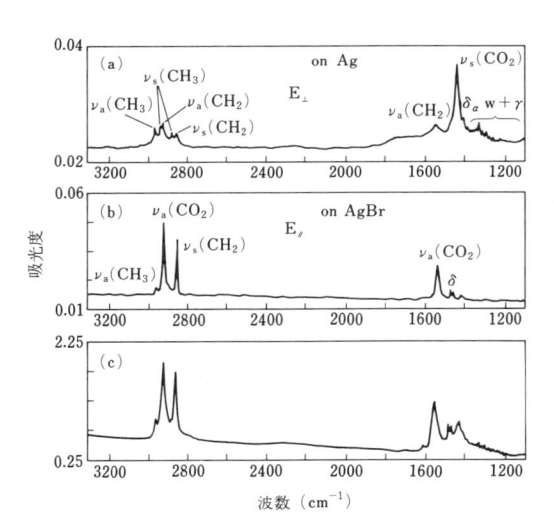

図II.3.22 アラキジン酸Cd LB膜のFT-IRスペクトル
(a) 高感度反射スペクトル(RAS)，Ag上6層
(b) 透過スペクトル，AgBr上18層
(c) 透過スペクトル，KBr disk法(isotropic)

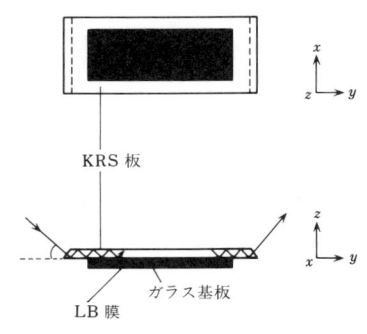

図II.3.23 ガラス基板上のLB膜のATRスペクトル測定法

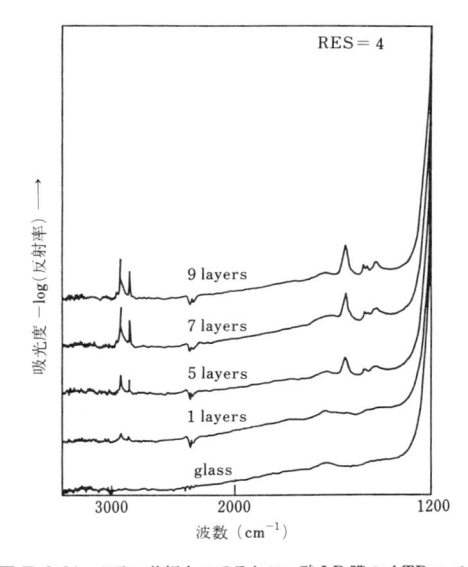

図II.3.24 ガラス基板上のアラキジン酸LB膜のATRスペクトル

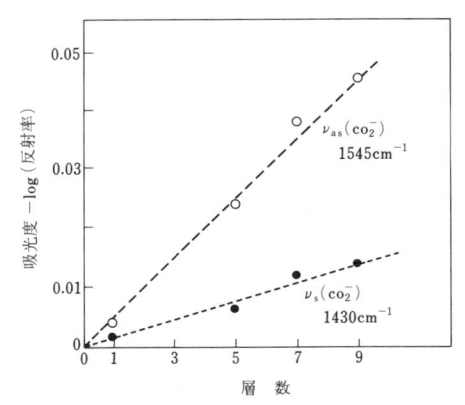

図II.3.25 LB膜の層数と吸収強度との関係

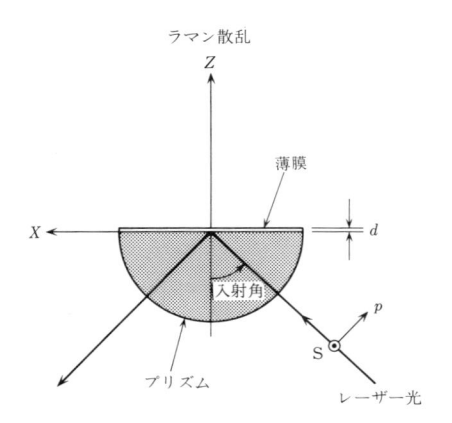

図Ⅱ.3.26 全反射ラマンスペクトル測定の光学系

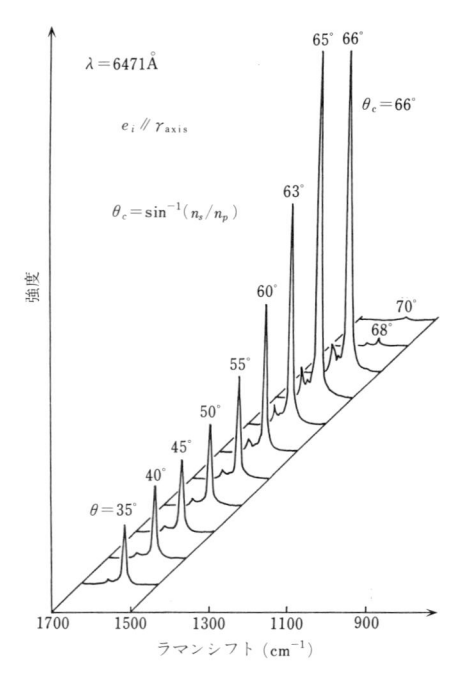

図Ⅱ.3.27 全反射ラマンスペクトルの入射角依存性
(MNBAの1580 cm^{-1}ラマンバンド)

していることも確かめられた[4]．図Ⅱ.3.25に示すように，LB膜の層数と吸収強度との間には比例関係が見いだされ，本測定法の定量性が確認される．

次に，全反射ラマン分光法を用いた，有機非線形単結晶薄膜の分子配向と屈折率の異方性の評価例を紹介する．本方法は原理的には，IR-ATR法と同様な方法であるが，図Ⅱ.3.26に示すように透明な半円球の高屈折率プリズムを用い，平坦部に薄膜を形成または圧着させる．全反射臨界角 θ_c とプリズムおよび薄膜の屈折率 n_p，n_s との間には次の関係式が知られている：

$$\theta_c = \sin^{-1}(n_p/n_s)$$

プリズムの屈折率が既知の場合，θ_c の測定から薄膜の屈折率を求めることができる．プリズムが回転できるため，薄膜の面内における屈折率の異方性の評価を行うこともできる．

高い2次の非線形光学定数を示すMNBA(4′-ニトロベンジリデン-3-アセトアミノ-4-メトキシアニリン)[5]の単結晶薄膜の評価例を示す．図Ⅱ.3.27にMNBA薄膜(分子の長軸である γ 軸方向)のラマンバンド強度の入射角依存性を示す．ラマンバンドの強度変化から，臨界角が $\theta_c = 66 \pm 0.5$ と見積もられ，γ 軸方向の屈折率が 2.11 ± 0.01 と算出された[6]．有機非線形光学材料の開発においては，このような屈折率の異方性の評価が重要であり，本手法の応用が期待される．

c. 微小部の分析・評価

1) 評価方法 最近，有機材料をはじめ各種材料の微小部の評価が重要な役割を占めてきている．表Ⅱ.3.4には，代表的な微小部の分析・評価手法をまとめて示した．これらの手法の中で，顕微FT-IR分光法や顕微ラマン分光法は，微小部の化学構造についての情報が得られる点が他の手法にない大きな特徴である[7]．図Ⅱ.3.28に顕微FT-IRや顕微ラマンの顕微鏡部分の光学系を示す．最小空間分解能は，顕微FT-IRで約10 μm，顕微ラマンで約1 μm である．有機電子材料の官能基を中心とした組成分析には顕微FT-IRが，結晶性や配向の評価には顕微ラマンが有効である．

表Ⅱ.3.4 代表的な微小部の分析手法の比較

手法	情報	空間分解能 径	空間分解能 深さ	測定雰囲気	分布
顕微赤外分光	化学構造(官能基)・配向	~10 μm	~0.5 μm(切片法)	大気下	○
顕微ラマン分光	化学構造(骨格)・配向・結晶構造	~1 μm	0.01~50 μm	大気下	○
μ-XPS(ESCA)	元素・結合状態	30 μm	数十Å	真空中	○
EPMA	元素	1 μm	0.3~数 μm	真空中	○
AES(SAM)	元素	0.1 μm	10~20 Å	真空中	○
SIMS(IMA)	元素(高感度)	1~2 μm	数十Å	真空中	○
XMD	結晶構造(化合物)	50 μm	50 μm	大気下	×
TEM(AEM)	微細構造，元素，結晶性	数Å	~100 Å	真空下	○

XMD：X-ray micro-diffractometry, μ-XPS：微小領域 XPS, AES：Auger electron spectroscopy, SIMS：secondary ion mass spectrometry

3.2 化学構造解析

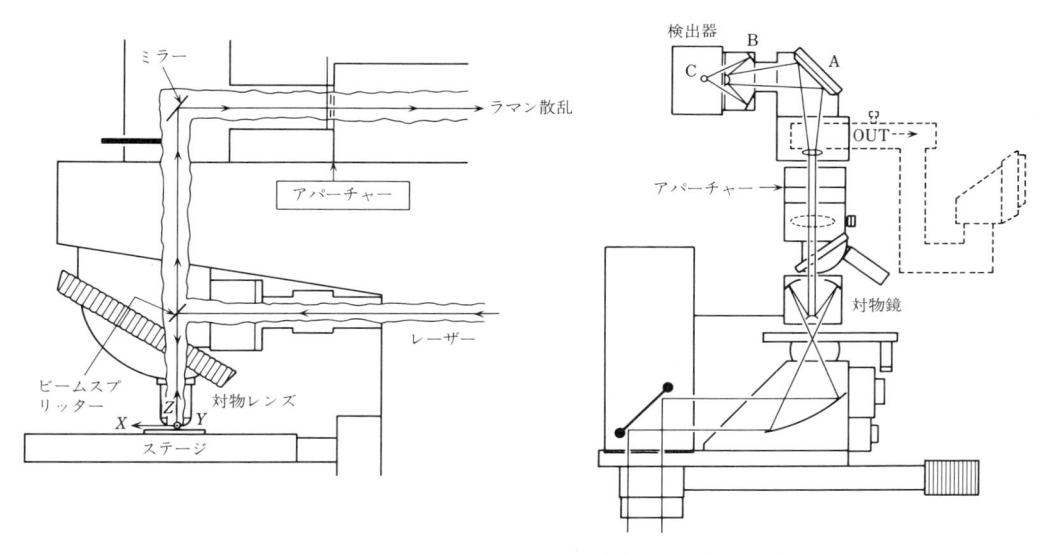

図Ⅱ.3.28 顕微FT-IR(右)および顕微ラマン(左)の顕微鏡部分の光学系

2) 分析・評価例 顕微FT-IRは微小異物や付着物の構造解析に頻繁に用いられているが，ここではブレンドフィルムの組成分布の評価例を紹介する．図Ⅱ.3.29に，エチレン-アクリル酸共重合体(EAA)とエチレン-メタクリレート共重合体(EMA)をブレンドしたフィルムの組成分布(分散状態)を調べた結果を示す．X-Yステージをステップ100μmで動かしてフィルム面内におけるEMA/EAAの吸収強度比(組成比)を2次元表示したものである．フィルム面内において，分散状態が均一ではなく組成ムラがあることが明確に把握される．

顕微ラマン法を用いた微小部の配向状態の評価例として，ポリエチレンテレフタレート(PET)フィルムの厚み方向における密度分布の解析例を図Ⅱ.3.30に示す．PETのカルボニル基(C=O)の伸縮振動によるラマンバンドの半値幅が密度に逆比例することを利用して，密度分布を求めたものである[7]．延伸前のフィルムでは厚み方向で密度は一定であるが，延伸により密度が高くなり，複雑な分布を示す．フィルム表層部の密度が中央部に比較して高くなってくる．延伸倍率が高くなるほどこの傾向は顕著である．ラマンスペクトル

図Ⅱ.3.29 顕微鏡分光法によるEAA/EMAブレンドフィルムの組成分布(分散状態)の解析
EAA : Ethylene-Acrylic Acid Copolymer,
EMA : Ethylene-Methacrylate Acid Copolymer.

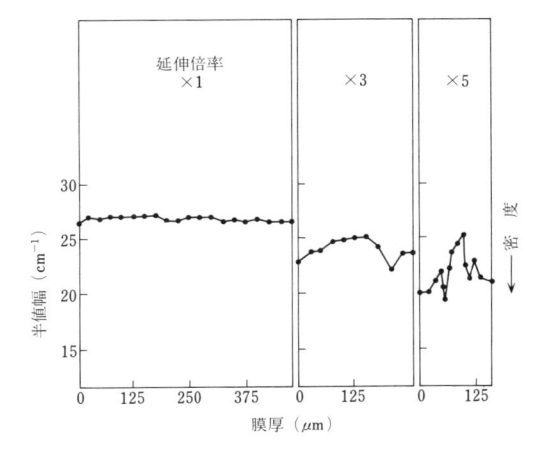

図Ⅱ.3.30 未延伸および一軸延伸(×3, ×5)したポリエチレンテレフタレートフィルムの断面方向での$\nu_{C=O}$(1760cm^{-1})吸収帯の半値幅のプロファイル

の偏光解析を行えば，フィルムの厚み方向における配向分布についての解析も可能である．

d. 深さ方向における分析

1) 分析方法　最近，材料をバルクとしてではなく，深さ方向で組成や劣化状態などを評価することが重要になってきている．表Ⅱ.3.5に，このような深さ方向の分析に有効な手法をまとめて示した．深さ方向における元素の分析法については，SIMS や AES などの確立された種々の手法があるが，組成や化学構造の分析については確立された手法があるわけではなく，表に示すように，赤外・ラマン分光法を駆使するのが最も効果的である．

表Ⅱ.3.5　深さ方向の分析手法

深さ(厚さ)	化学構造	元素
100 Å	(SERS, SEWS)	AES, XPS, SIMS
1000 Å	全反射ラマン法	AES, SIMS, XPS, RBS
1 μm	ATR(角度変化法) 顕微ラマン(斜め研磨法)	SIMS, AES, RBS
10 μm	顕微ラマン 顕微赤外(切片) PAS 法	EPMA, LIMS (SIMS)
100 μm	顕微赤外(切片) 顕微ラマン ATR(研磨法)	EPRA

2) 分析・評価例　深さ方向の評価例として，酸素イオンを注入したポリエチレンフィルムのFT-IR-ATR法による解析例を示す．図Ⅱ.3.31に酸素イオンを注入したポリエチレンフィルムのATRスペクトルを示す．注入によりフィルム表層部に酸素を含む種々の官能基や二重結合などが生成していることがわかる．ATR測定の際に，入射角とプリズムの屈折率を変えることにより表面約1μm層の深さ方向の分析を非破壊で行うことができる．図Ⅱ.3.32に示すように，酸素イオンの注入による反応で生成した官能基(カルボニル基や二重結合)は表層部約0.5μm付近に極大分布を示すことが明らかになった．このような分布は，SIMSで求めた酸素元素の深さ方向の分布とよく一致していることも確認された．高分子材料については，ミクロトームで切片を作製し顕微FT-IR・ラマン法で深さ方向の分析を行う方法も有用である．

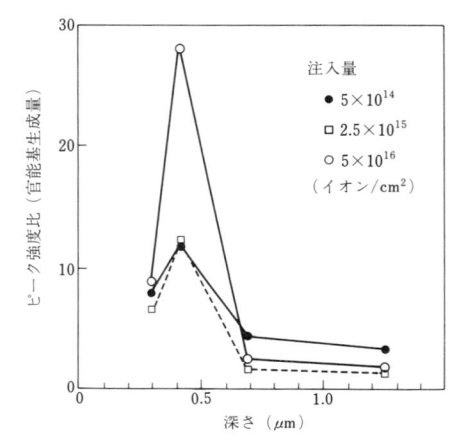

図Ⅱ.3.32　イオン注入によって生成した官能基の深さ方向における濃度分布

e. 最近のトピックス

赤外・ラマン分光についての最近のトピックスとして，時間分解赤外分光法とFTラマン分光法をあげることができる．時間分解赤外分光は，現在時間分解能が μs 以下になっており，液晶配向のダイナミクスなどの解析に用いられている[9]．FTラマン分光は，蛍光の問題などで制約の多かった有機・高分子材料の構造解析に特に有用である．検出器の進歩で感度もかなり向上してきている[10]．

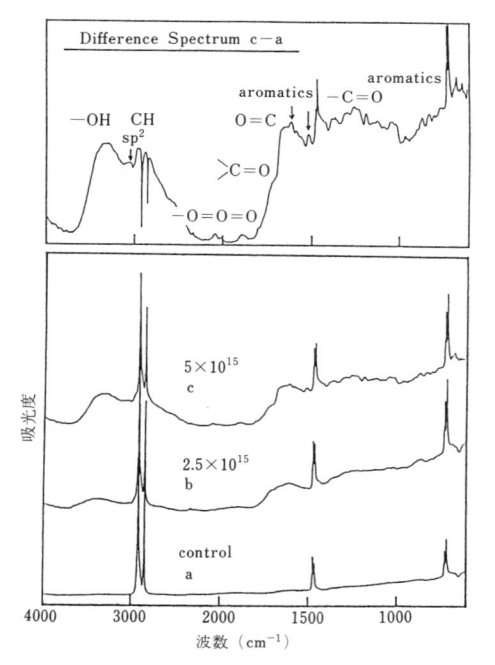

〔石田英之〕

図Ⅱ.3.31　酸素イオンを注入したポリエチレンフィルムのFT-IR-ATRスペクトル

参 考 文 献

1) 石田英之：高分子, **38** (1989), 274
2) Rabe, J. P., Rabolt, J. F., Brown, C. A., Swalen, J. D.: *J. Chem. Phys.*, **78** (1983), 946
3) 梅村純三：表面, **26** (1988), 180
4) Ohnishi, T., Ishitani, A., Ishida, H., Yamamoto, N., Tsubomura, H.: *J. Phys. Chem.*, **82** (1978), 1989
5) Tsunekawa, T., Gotoh, T., Iwamoto, M.: *Chem. Phys. Letters*, **166** (1990), 353

6) Yoshikawa, M. et al.: *Appl. Phys. Letters*, to be published
7) 石田英之: 繊維学会誌, **44** (1988), 211
8) Harthcock, M. A., Atkin, S. C.: *Appl. Spectrosc.*, **42** (1988), 449
9) 鳥海弥和: 分光研究, **42** (1993), 215
10) 石田英之: *The TRC NEWS*, **41** (1992), 13

3.2.2 NMR

a. NMRの基礎

NMR(核磁気共鳴吸収)法は,電磁場を用いて原子核を観測し,物質の情報を得るもので,有機分子のキャラクタリゼーションの手段としては最も強力かつ重要なものの一つとなっている.

原子核の核スピン量子数 I をもつ核は磁場中で,ゼーマン(Zeeman)分裂し,$2I+1$ のエネルギー準位をとる.たとえば,有機化合物においてよく測定する核は ^1H と ^{13}C であるが,これらは $I=1/2$ であり,図 II.3.33 に示すような磁気量子数 (m_I) が $1/2$ と $-1/2$ の二つのエネルギー準位に分裂する.このエネルギー差 ΔE は,$\Delta E = \gamma h B/2\pi$ と表される.ここで γ は磁気回転比と呼ばれる核に固有な定数であり,B は磁場強度である.これに相当するエネルギーのラジオ波 ($h\nu$) が照射されたとき,すなわち $\nu = \gamma B/2\pi$ の条件が満たされるときに共鳴が起こる.このように,エネルギーは磁場に比例するから,磁場が強いほど感度は増大する.

測定法には表 II.3.6 に示すように,CW(Continuous Wave)法とパルス(pulse)法がある.CW 法とは,ラジオ波を連続的に変化させながら掃引する方法で,現在はプロトンに対して 100 MHz 以下の電磁石による NMR 装置に用いられている.パルス法では,超伝導磁石を用いた FT(Fourier Transformation)法がコンピューターなどの発達により,一般的になっている.FT 法はパルスフーリエ変換法とも呼ばれ,試料に高周波の短いパルスを与え,測定対照のあらゆる核を同時に共鳴させる方法である.そして得られた自由誘導減衰(FID: Free Induction Decay)を,フーリエ変換処理することにより高分解能スペクトルを得る.短時間で得られる個々のスペクトルを積算することにより,S/N 比の改善が可能となった.測定物質に関する情報は化学シフト・スピン結合定数・緩和時間などとして得られる.パルス NMR は試料の緩和時間などにより,物質の高次構造と分子運動性を知る手法である.また近年は NMR イメージングが盛んになってきた.これらの NMR の詳細については多くの成書が出版されている[1~17].

b. 化学シフト

一つの分子中にある同じプロトンでも化学構造・立体構造などの環境の違いにより感じる静磁場の強度が異なり,ラジオ波の共鳴周波数が少しずつ異なる.これが化学構造にとって重要な情報となる.化学シフトと構造との関係については多くの成書に解説されている.各共鳴線を解析し,帰属を行うことにより,分子構造の詳細な知見を得ることができる.また,化学シフトは本来は静磁場の方向に対して異方的であるが,溶液や固体 CP/MAS 法ではそれを平均化し,シンプルな等方的なスペクトルにすることができる.しかし,化学シフトの異方性を残すことにより分子の状態に関するさまざまな知見を得ることができる.液晶分子などを磁場で配向させ,その化学シフトより逆に配向状態に関する情報を得ることも可能である.

強誘電性液晶化合物の ^{13}C NMR 測定を行った例を紹介する[18].図 II.3.34 に光学活性体 **1** とラセミ体 **2**

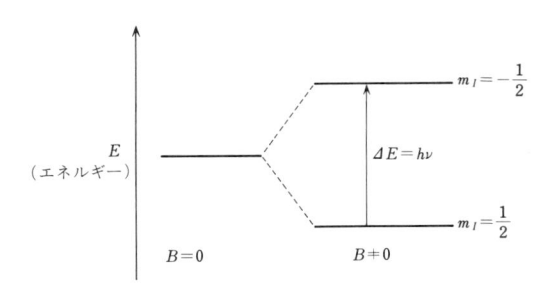

図 II.3.33 磁場の中におかれる $I=\frac{1}{2}$ の核のエネルギー準位

表 II.3.6 NMR の分類

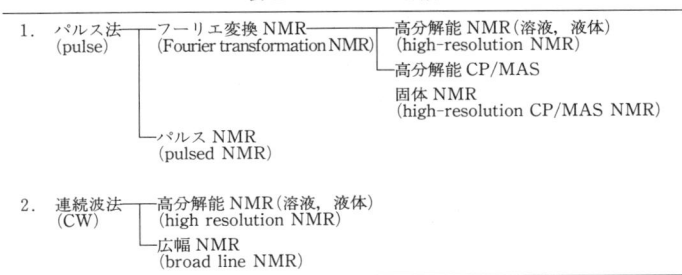

```
1. パルス法 ─┬─ フーリエ変換 NMR ─┬─ 高分解能 NMR(溶液,液体)
   (pulse)  │   (Fourier transformation NMR)  │   (high-resolution NMR)
            │                                  ├─ 高分解能 CP/MAS
            │                                  │
            │                                  └─ 固体 NMR
            │                                      (high-resolution CP/MAS NMR)
            └─ パルス NMR
                (pulsed NMR)

2. 連続波法 ─┬─ 高分解能 NMR(溶液,液体)
   (CW)     │   (high resolution NMR)
            └─ 広幅 NMR
                (broad line NMR)
```

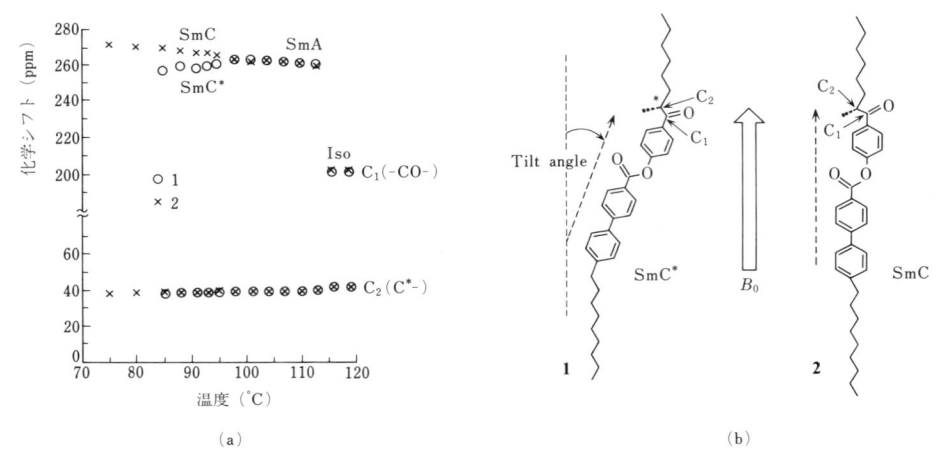

図Ⅱ.3.34 液晶化合物の光学活性体 1 とラセミ体 2 の磁場配向させたときの各温度・各相における ^{13}C NMR 化学シフト (A)とキラルスメクチック C(Sm C*)相およびスメクチック C(Sm C)相における分子配向(B)

を静磁場方向に配列させたときの化学シフトと温度の関係を示す．それぞれがスメクチック A 相を示すとき，化学シフトに違いはないが，1 がキラルスメクチック C 相，2 がスメクチック C 相をそれぞれ形成するとき，違いが現れる．これは，キラルスメクチック C 相においては，磁場にそった配向軸に対して分子の傾きが残るためであると説明されている．

c. スピン結合定数

分子中の核は，分子内の電子からの外部磁場のしゃへいの影響を受ける（核しゃへい）が，これに加えて隣接する核による磁場の影響を受ける．これによりピークは分裂し，その間隔をスピン結合定数と呼ぶ．3.2.2 a で示したように ν は磁場強度に比例して増大する．これに対してスピン結合定数は一定である．したがって超伝導磁石を用いた強磁場の装置を用いるとピークの分裂がより明瞭になり解析の容易な高分解能スペクトルが得られる．スピン結合定数は化学構造に関する多くの情報を与えてくれる[1~5]．これは特に ^{1}H NMR においてよく利用される．

d. 緩和時間

核スピンがラジオ波の摂動を受けたあと，それをとりのぞくと，核スピンはスピン－格子緩和およびスピン－スピン緩和により元の熱平衡状態にもどる．この緩和の時定数をそれぞれ T_1, T_2 と呼ぶ．また，回転系での T_1 を $T_{1\rho}$ という．これらは，さまざまな化学的意味をもっており，分子の配向性・運動性，高次構造などの研究に利用することができる[1)~6)]．これは特に ^{13}C NMR においてよく用いられる．

e. 高分解能固体 CP/MAS NMR

サンプルが固体のままで高分解能のスペクトルを得る手法である．光・電子機能有機材料のキャラクタリゼーションは今後より一般的になり，さまざまな重要な知見を提供していくであろう．

溶液中では分子は，速い運動をして核の間の双極子相互作用は平均化されてしまう．しかし，固体ではそれが無視できずブロードなピークとなり，情報はほとんど失われてしまう．高出力の ^{1}H 照射(dipolar decoupling)・交差分極(cross polarization)・マジック角回転(magic angle spinning)の組み合わせにより

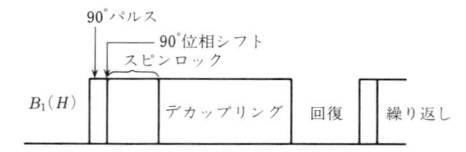

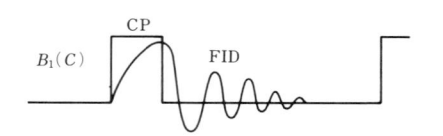

図Ⅱ.3.35 CP/MAS 固体 NMR 測定におけるハルトマン－ハーン条件下での交差分極のパルス

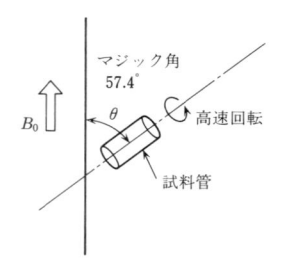

図Ⅱ.3.36 CP/MAS 固体 NMR 測定におけるマジック角の回転

これを解決して，高分解能スペクトルが得られるようになった．図II.3.35に示すように，90°パルスでスピンロックし，$r_H B_i(H) = r_C B_i(C)$（ハルトマン-ハーン条件）が満たされると交差分極（cross polarization）が行われ感度が向上する．また，マジック角により試料を高速回転させることにより，化学シフトの異方性を消去して高分解能のスペクトルを得る．これにより，不溶物質の測定が可能になっただけではなく，固体状態における特有の情報が得られるようになった．代表的なものの例は結晶性ポリエチレンのスペクトル[19~21]である（図II.3.37）．溶液ではメチレン基による等方的な吸収が1本観察されるだけであるが，固体NMRでは3種のピークがそれぞれ，33.0 ppm，31.0 ppm，31.3 ppmに観測された．これらは，ケミカルシフト，緩和時間などから結晶成分，非晶成分，界面成分に分けられた[20]．ポリエチレンのような脂肪族鎖においては，トランス体にくらべゴーシュ体のγ位に位置する炭素の化学シフトが高磁場シフトするγ-ゴーシュ効果によりコンホメーションが解析できる[21]．さらに芳香環と置換基のコンホメーションに関する情報も得られる[22]．また，不溶・不融でキャラクタリゼーションが困難なものが多い導電性高分子もCP/MAS法により，高分解能スペクトルが得られている[23~27]．たとえば，物性と密接な関係があるポリアセチレンのトランス体・シス体の異性体についての情報が得られた（図II.3.38）[23]．また熱処理によるトランス体からシス体への変化も明瞭に観察された[24]．ポリジアセチレンの温度によるスペクトル変化からサーモクロミズムにおける構造変化も論じられている[25]．このほか，ポリピロール[26]，ポリアニリン[27]の構造が固体NMRで調べられている．

またCP/MAS法では，ケミカルシフトの異方性の情報は失われるが，試料回転角をスイッチする手法（SASS法）により，化学シフトの異方性が測定できる[28]．

f. 2次元NMR

各ピークの相関関係を2次元スペクトルにして示すもので，複雑な構造の分子や立体構造の解析に威力を発揮する[1~5,12]．代表的なものにJ-分解2次元NMRと，COSY(Correlated Spectroscopy)，NOESY(Nuclear Overhauser Enhancement Spectroscopy)などの化学シフト相関2次元NMRがある．COSYは，スカラーカップリングしている核の相関を調べるものであり，化学構造に関する知見が得られる．またNOESYは，NOE(Nuclear Overhauser Effect)により空間的に近接している核の相関を観測するものであり立体的構造に関する知見を得ることができる．このほかにも，必要な情報に応じて，さまざまな2次元NMRがあり，最近のNMR装置には，これらのパルスシーケンスが標準装備されており，複雑な化合物の化学構造や立体構造の解析に威力を発揮している．

g. ^{2}H NMR

^{2}H(D)核のスピンIは1であり，核四極相互作用が存在しスペクトル線が分裂する．液晶相のような分子が配向した相では，核四極分裂の間隔（$\Delta\nu$）は次式で与えられる．

$$\Delta\nu = \frac{3}{4} \frac{e^2qQ}{h} S$$

$S(=1/2\langle 3\cos^2\theta\rangle)$は配向パラメーターで，この場合C-^{2}H結合の値である．またe^2qQ/hは核四極結合定数である．これにより分子の配向度を調べることができる[17,29,30]．例として，165℃で結晶-ネマチック相転

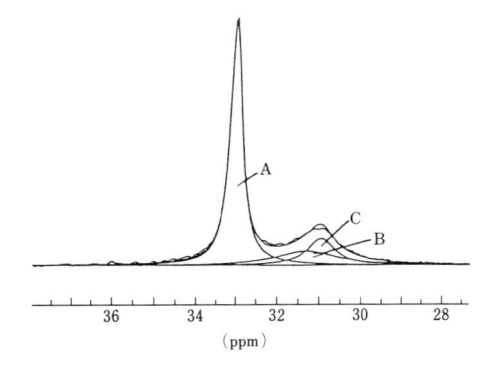

図II.3.37 ポリエチレンの固体NMRスペクトル
A：結晶成分，B：界面成分，C：非晶成分

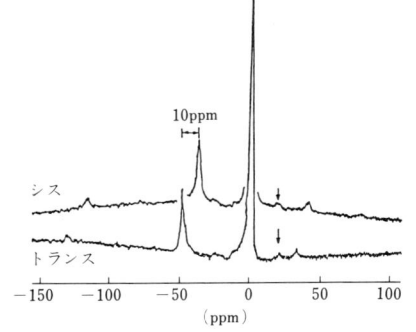

シス-ポリアセチレン　　トランス-ポリアセチレン

図II.3.38 シス体およびトランス体ポリアセチレンの固体NMRスペクトル（デルリン試料管のピーク基準）

NC—⟨⟩—⟨⟩—O—(CD$_2$)$_{10}$—O—⟨⟩—⟨⟩—CN

3

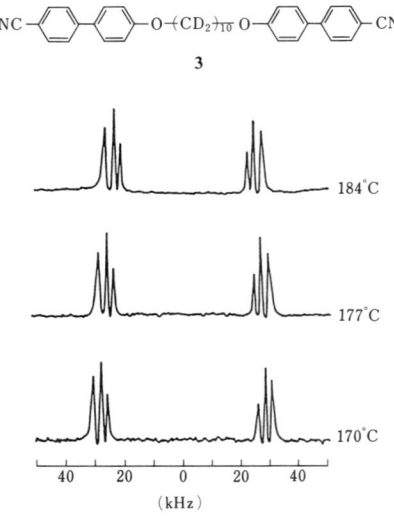

184°C

177°C

170°C

40 20 0 20 40
(kHz)

図 II.3.39　重水素化液晶化合物 3 の各温度における ^{2}H NMR スペクトル

移，184°C でネマチック-等方性液体相転移する重水素化液晶化合物 3 の ^{2}H NMR のスペクトルを図 II.3.39 に示す．昇温にともなう配向パラメーターの減少に従い分裂の間隔が狭まっていくのがわかる．この手法によりさまざまな液晶低分子・高分子の配向パラメーターが調べられている．

最近は，2 次元 ^{2}H 固体 NMR により，液晶分子の各部分の動的な状態を調べる試みもなされている[31]．

h.　多核種 NMR

^{1}H および ^{13}C 以外の核の NMR は多核種 NMR とよばれる．核スピンを有する核は原理的には NMR で測定することができる[1~5,13,14]．ほとんどの核には核スピンを有する同位体が存在し，NMR 測定をすることができる．現在市販の超伝導 NMR 装置もこれに対応するものとなってきている．表 II.3.7 にいくつかの多核 NMR のためのパラメーターを示す．

表 II.3.7　NMR のための核の磁気的性質

核種	核スピン量子数 (I)	共鳴周波数 (磁場：2.35 T)	天然存在比 (%)	天然存在比を計算に入れた感度
^{1}H	1/2	100(基準)	99.98	100(基準)
^{2}H	1	15.4	1.5×10^{-2}	1.45×10^{-6}
^{13}C	1/2	25.1	1.11	1.76×10^{-4}
^{14}N	1	7.2	99.63	1.01×10^{-3}
^{15}N	1/2	10.1	0.37	3.85×10^{-6}
^{17}O	5/2	13.6	3.7×10^{-2}	1.08×10^{-5}
^{19}F	1/2	94.1	100	0.83
^{31}P	1/2	40.5	100	6.63×10^{-2}

〔加藤隆史〕

参　考　文　献

1) 日本化学会編：新実験化学講座 5(第 4 版) NMR(1991)，丸善
2) Abraham, R. J. et al.(竹内敬人訳)：^{1}H および ^{13}CNMR 概説(第 2 版)(1993)，化学同人
3) 斎藤肇，森島績編：高分解能 NMR—基礎と新しい展開(1987)，東京化学同人
4) Emsley, J. W. et al. eds.: Progress in Nuclear Magnetic Resonance Spectroscopy (1966), Pergamon, Oxford
5) 小杉善男，浅井英彰：広領域の NMR(1988)，現代工学社
6) Kalinowski, H. -O., et al.: Carbon-13 NMR Spectroscopy (1988), Wiley
7) Levy, G. C. et al.: Topics in Carbon-13 NMR Spectroscopy, vol. 1-3 (1976), Wiley
8) 繊維学会編：繊維・高分子測定法の技術(1985)，朝倉書店
9) 安藤勲編：高分子の固体 NMR(1993)，講談社
10) 林繁信，中田真一編：チャートで見る材料の固体 NMR(1993)，講談社
11) Fyfe, C. A.: Solid-State NMR for Chemists (1983), C. F. C. Press, Guelph
12) Ernst, R. R. et al.: Principles of Nuclear Magnetic Resonance in One and Two Dimensions (1987), Oxford University Press
13) 宗像恵，北川進，柴田進：多核 NMR 入門(1991)，講談社
14) Handbook of High Resolution Multinuclear NMR (1981), Wiley-Interscience
15) Pouchert, C. P.: The Aldrich Library of NMR Spectra (1983), Aldrich, Milwaukee
16) 化学 1994 年 3 月号，化学同人
17) Dong, R. Y.: Nuclear Magnetic Resonance of Liquid Crystals (1994), Springer-Verlag, Berlin
18) Yoshizawa, A. et al.: Jpn. J. Appl. Phys., 29 (1990), L 1153
19) Earl, W. L. et al.: Macromolecules, 12 (1979), 762
20) Kitamaru, R. et al.: Macromolecules, 19 (1986), 636
21) Ando, I. et al.: Macromolecules, 17 (1984), 1955
22) Kato, T. et al.: Mol. Cryst. Liq. Cryst., 195 (1991), 1
23) Maricq, M. M. et al.: J. Am. Chem. Soc., 100 (1978), 7729
24) Gibson, H. W. et al.: J. Am. Chem. Soc., 103 (1981), 4619
25) Tanaka, H. et al.: Macromolecules, 20 (1987), 3094
26) Street, G. B. et al.: Mol. Cryst. Liq. Cryst., 83 (1982), 253
27) Kaplan, S. et al.: Synth. Metals, 29 (1989), E 235
28) Ashida, J. et al.: Chem. Phys. Lett., 168 (1990), 523
29) Abe, A. et al.: Macromolecules, 22 (1989), 2982
30) Bruckner, S. et al.: Macromolecules, 18 (1985), 2709
31) Leisen, J. et al.: Liq. Cryst., 14 (1993), 215

3.2.3　ESR

a.　はじめに

ESR とは，電子スピンの示す磁気共鳴現象であって，不対電子を有するイオンや分子が測定の対象となる．その測定は，有機ラジカルの構造，電子の移動，反応中間体および反応過程の研究に威力を発揮するほか，スペクトルの解析によって得られるパラメーターは分子運動や周りの状態を反映するという事実から，物性を調べる研究手段としても利用されている．特に，光・電子機能有機材料は，電子の示すさまざまな挙動を利用したものであり，ESR 測定は，その本質の理解と材料設計に有益な情報を提供する[1~3]．

b.　原　理

電子は，分子やイオンの中を回転している．その回転には軌道運動と電子の自転(スピン)があり，それぞ

れ小磁石を形成する．このような電子の集団に外部から磁場 H をかけると，電子のつくる小磁石と H との間に相互作用が生じる．

$$h\nu = g\beta SH + \beta LH \quad (\text{II}.3.3)$$

ただし，S および L はスピンおよび軌道角運動量の演算子，β はボーア磁子といい，磁気モーメントと角運動量とを結ぶ比例定数である．

通常，不対電子の属する軌道が縮退していないときには，第2項は0になるので，有機材料を対象にするような場合には無視でき，電子スピンのみの磁気共鳴を考えればよい．外部磁場 H をかけるとゼーマン分裂を起こし，磁気量子数（m_s +1/2 および -1/2）にしたがって，エネルギー準位は二つに分裂する（図 II.3.40）．その際の外部磁場と電子スピンとの相互作用のエネルギーは

$$E = g\beta m_s H \quad (\text{II}.3.4)$$

となる．

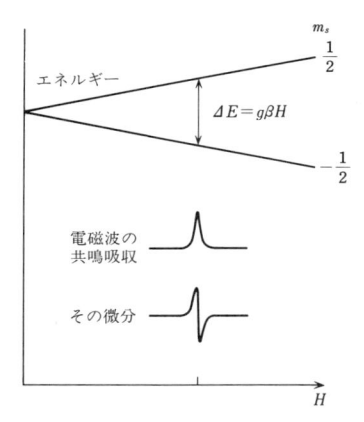

図 II.3.40 電子スピン共鳴の概念図

外部磁場が存在しないときには，$m_s = +1/2$ を示すスピンの割合は $-1/2$ を示すスピンと同じ割合で存在するが，外部磁場が存在すると，両準位に存在するスピンの数は異なり，ボルツマン分布に従う．それゆえ，二つの準位に等しいエネルギーをもつ電磁波を加えると，電磁波の吸収が起こり，電子スピン共鳴スペクトルが得られる．その際の共鳴条件は $\Delta m_s = \pm 1$ であるから

$$h\nu = g\beta H \quad (\text{II}.3.5)$$

となる．

このような電磁波による誘導遷移が起こると，下の準位から上の準位へ移るため上下の準位に存在する割合が等しくなると考えられるが，上の準位に上がったものは，余剰のエネルギーを周りの格子系に与えて，下の準位へ移るので，スピン系の分布に熱平衡状態が生じ，電磁波の吸収が定常に起こるようになる．このように，スピン系のエネルギーが格子のエネルギーと交換されて，系の磁化の大きさが次第に熱平衡値に近づく現象を磁気緩和という．磁気緩和をもたらすものには，このほかにスピン-スピン間の相互作用がある．前者はスピン-格子緩和，後者はスピン-スピン緩和として区別し，それぞれ T_1 および T_2 で緩和時間を表す．

その際，得られる電子スピン共鳴吸収強度は，共鳴をひき起こすために導入する電磁波出力の2乗に比例して増大するが，出力が大きすぎると，誘導遷移が大きくなりすぎて得られる ESR スペクトルの吸収は減少するようになる．この現象を飽和という．飽和の起こっていない条件下で測定する必要がある．

電子スピンによる ESR 吸収は，本来，図 II.3.40 に示すように1本線のシグナルであるが，電子の近傍に核磁気モーメントをもつ化学種が存在する場合，磁気的相互作用が加わり，エネルギー準位の分裂が起こる．そのような場合には，次式に示すように式(II.3.3)に第2項が加わった式(II.3.4)となる．電子スピンによる一本のシグナルは周りに存在する核の種類とその数に応じていろいろな多重線構造に分離するようになる．これは，超微細構造と呼ばれ，化学種の構造や電子状態に有益な知見を提供する．

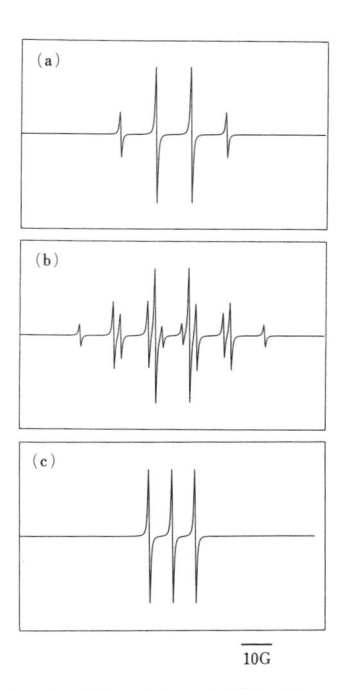

図 II.3.41 ESR スペクトルと超微細構造
(a) ·CH₃ (b) ·CH₂CH₃
(c) 2,2,6,6-テトラメチルピペリジン-1-オキシル

$$h\nu = g\beta S \cdot H + haS \cdot I \quad (\text{II}.3.6)$$

ここで，a は超微細結合定数である．これを解いてESRが観測される磁場を求めると

$$H = (h\nu/g\beta) - (ha/g\beta)m_1 \quad (\text{II}.3.7)$$

となる．ここで m_1 は近傍に存在する核のスピン量子数である．近傍に，核スピンが1/2の核が2組以上ある場合，それぞれの組の等価な核の数を l 個および m 個とすると，超微細構造は $(2l+1) \cdot (2m+1)$ 本に分裂する．しかし，多くの場合，一部の重なりが生じて大変複雑になる．近くに1個の核を有する水素原子，3個の核を有するメチルラジカル，2種類の異なる核を有するエチルラジカル，核スピンが1の2,2,6,6-テトラメチルピペリジン-1-オキシルのESRスペクトルを図II.3.41に示す．

c. ESR スペクトルからの情報

ESRスペクトルを解析して得られるパラメーターに g 値，線幅，強度，超微細構造および微細構造がある．

1) g 値 純粋に電子の自転によるものだけであれば，$g=2.0023$ になるはずであるが，ラジカルや常磁性イオン中の不対電子はそれからずれており，そのずれは電子の振舞いに関する情報を提供する．電子は自転のみならず軌道運動によっても磁気モーメントが生じ，お互いの磁気モーメントを介した相互作用がある．これをスピン-軌道相互作用といい，$\lambda L \cdot S$ で表す．λ はスピン-軌道結合定数といい，g 値の変化をもたらす．通常 λ は重い原子ほど大きい．したがって，g 値の2.0023からのずれは原子がおもくなるほど大きい．p, d, f 軌道に不対電子が存在するような場合には，電子分布に偏りがあるから，固体試料で測定すると，g 値に異方性が生じる．

2) 線幅 ESRスペクトルの線形は，ブロッホの方程式を解くことによって，理論的に算出され，下記のように，ローレンツ型曲線になる．

$$I(H) = \frac{I_m}{1 + \{(H_0 - H)/(\Delta H_{1/2}/2)\}^2} \quad (\text{II}.3.8)$$

ここで，H_0 は共鳴中心，I_m は H_0 における強度，$\Delta H_{1/2}$ は下記に示す半値幅である．

吸収として得られる場合には，強度が半分になる位置の間隔を半値幅と定義して線幅を示す．通常，磁場変調を利用して測定するので，シグナルは微分型で得られる．その際には，最大値と最小値を示す間隔 (ΔH_{pp}) で線幅を定義している．しかし，いつもローレンツ型になるとは限らない．たとえば，実験に用いる磁場の均一性が悪い場合や分離して観測されるほど大きくない超微細結合定数を有する多数のプロトンが存在する場合には，ガウス型の吸収として観測される．いずれにせよ，線幅の測定は，緩和時間の測定を促し，さらに常磁性種の運動性に関する情報を提供する．また，1次元鎖高分子では線幅が共役系の長さの評価に利用されている．その他，異性体の間を相互変換している場合にはその速度にしたがって線形が大幅に変化する．その一例を図II.3.42に示す[4]．メタクリル酸アルキルでは，本来，13本線からなるスペクトルであるはずであるが，アルキル基が大きくなるにつれてその相対強度がかわり，もっとも嵩高いメタクリル酸トリフェニルメチルの場合には内部の8本線がほとんど消滅し5本線のスペクトルとなる．これは，メタクリル酸エステルの成長ラジカルには相互変換する二つのコンホメーションが存在することを示している．

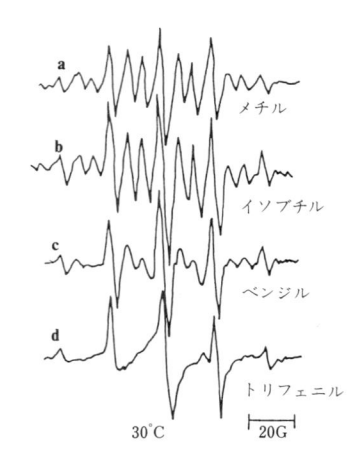

図 II.3.42 メタクリル酸エステルの成長ラジカルのESRスペクトル
(a) メタクリル酸メチル，(b) メタクリル酸イソブチル，(c) メタクリル酸ベンジル，(d) メタクリル酸トリフェニルチル．

3) シグナル強度 ESRスペクトルの線形は，通常，式(II.3.8)のようになるが，その強度 $I(H)$ にはいろいろな因子が関与している．すなわち，次のように書き換えられる．

$$I(H) \propto \beta\eta Q V(H)/(1+\beta)^2 \quad (\text{II}.3.9)$$

ここで，β は装置の調整によって変動するパラメーター，η は充塡因子，Q はキャビティの共振特性を示す因子である．$V(H)$ はブロッホの方程式を解いたときの吸収モードを示す．

$V(H)$ は磁化率 (x) に比例する．さらに，x は一般にキュリー-ワイス則に従うから常磁性種の濃度に比例する．したがって，常磁性種濃度とシグナルの面積強度との関係を明白にしておくことにより，未知の常磁

性種の濃度が決定できる．

4) 超微細構造 電子スピンと核スピンが相互作用する機構として，二つの場合が考えられる．電子は空間に雲のように分布しており，原子核の位置にもある確率で存在する．その結果，電子の磁気モーメントと核の磁気モーメントとの間にフェルミ接触相互作用と呼ばれる相互作用が働く．その相互作用の大きさは，原子核が $\mu_N = g_n\mu_n I$ の磁気モーメントをもつとすると，

$$a_{\mathrm{iso}} = \frac{8\pi}{3} g_n \mu_n \rho(0) \qquad (\mathrm{II}.3.10)$$

となる．ここで，$\rho(0)$ は核の位置における電子の存在確率である．この相互作用は，方向に無関係であるから，等方的な量である．

このほかにも電子と核が距離 r にあるとすると，双極子-双極子相互作用が働き，電子の位置に次のような磁場を生じる．

$$a_{\mathrm{aniso}} = (-1/r^3)\mu_n + (3(\mu_n\cdot r)/r^5)r \qquad (\mathrm{II}.3.11)$$

これは，核と電子の距離のみならず，その相対位置に依存する異方的な量である．

超微細結合定数 a は，等方的項と異方的項との和になっており，溶液中の測定ではブラウン運動により平均化され，異方項は現れないが，p, d 軌道に不対電子を有するラジカルを固体で測定する場合には，g 値の場合と同様に異方項を伴った超微細結合定数が現れる．

有機ラジカルの ESR 測定で観測される超微細構造は，エチルラジカルの ESR スペクトル (図 II.3.41) に示すように，通常，フリーラジカルの存在する炭素に結合した α 水素原子や隣接した炭素に結合した β 水素原子により生じ，ラジカルの同定，構造決定および電子の分布に有力な知見を提供する．

5) 微細構造 ビラジカルや三重項状態では，分子内に2個の不対電子が存在するので，それぞれの磁気モーメントの間に双極子-双極子相互作用が働き，シグナルは分裂する．このように電子スピンによる分裂を微細構造といって，核スピンによる分裂 (超微細構造) と区別する．電子の磁気モーメントは核の磁気モーメントの約1000倍であるから，相互作用によるエネルギー準位の分裂は数百 mT に及ぶこともある．そのために起こるエネルギー分裂は

$$H_D = (3/2)(3\cos^2\theta - 1)\mu_e/r^3 = (D/2)(3\cos^2\theta - 1) \qquad (\mathrm{II}.3.12)$$

ここで，D は $(3/2)\mu_e/r^3$，r は電子間の距離，θ はその方向と磁場のなす角である．したがって共鳴条件は

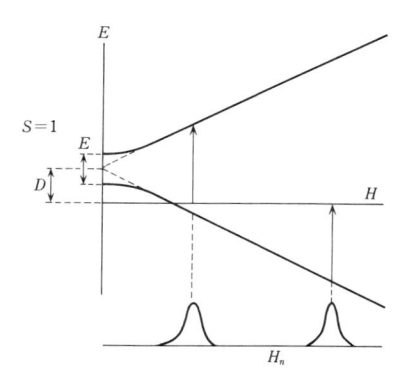

図 II.3.43 ゼロ磁場分裂と ESR スペクトル

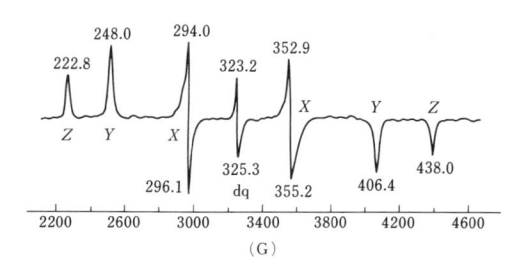

図 II.3.44 ナフタレンの三重項の ESR スペクトル
(デカリン-シクロヘキサン中 77 K)

$$h\nu = g\mu_e(H \pm H_D) \qquad (\mathrm{II}.3.13)$$

となり，外部磁場がないときでも，エネルギーレベルは D だけ分裂している．これはゼロ磁場分裂といわれ，固体での測定では D によって分裂したスペクトルが観測される (図 II.3.43)．しかし，H_D は双極子相互作用によるものであるから，溶液で測定する場合は，ブラウン運動による平均化のために $H_D = 0$ となって観測できない．双極子の相互作用の大きさは，両者の相対位置が磁場に平行にあるか垂直にあるかにより，分裂の大きさが異なるので実際は4本線または6本線として観測される (図 II.3.44)．後者では，対称性が悪いため，垂直方向での分裂が，単に $-D/2$ ではなく，対称性の悪さを示す新たなパラメーター E を含む $(D/2 \pm 3E)$ になったスペクトルが観測され，電子間距離や異方性に関する情報が得られる．

6) 交換相互作用 二つの不対電子が近づいてくると，双極子相互作用のほかに，もう一つの相互作用が働く．二つの不対電子が場所を交換する場合である．それに伴うエネルギー変化は，次のようになる．

$$H = -2J S_i \cdot S_j \qquad (\mathrm{II}.3.14)$$

これは交換相互作用といわれ，この相互作用が存在すると，その大きさによりスペクトルは著しく異なる．ニトロキシドを例にとり，濃度による波形変化の例を図 II.3.45 に示す[5]．また固体のラジカルのように広く

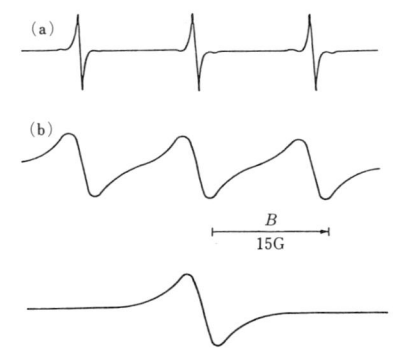

図 II.3.45 ジ-t-ブチルニトロキシドの ESR スペクトルの濃度依存性
(a) 10^{-4}M, (b) 10^{-2}M, (c) 10^{-1}M.
溶媒：エタノール．

交換相互作用が起こる場合にはスペクトルのさらなる先鋭化が起こる．たとえば，diphenylpycrylhydrazyl (DPPH)の溶液中のスペクトルは超微細構造を有する5本線よりなるが，固体では鋭い1本線となる．これらの現象は交換相互作用による線幅の先鋭化と呼ばれている．

d. 二重共鳴

ESR 吸収が起こっている状態で，NMR の共鳴条件に近いラジオ波を加えて周波数掃引すると，核スピンの共鳴周波数に一致したとき，ESR スペクトルのシグナル強度に変化が観測される．この変化をスペクトルとして書き出したのが電子核二重共鳴(ENDOR)スペクトルである．通常の ESR 測定では，等価な核が n 個含まれるならば，ESR スペクトルは $(2n+1)$ 本の超微細構造よりなり，等価な核が l 個および m 個からなる2種類の核からなるときは，$(2m+1)\cdot(2l+1)$ 本に分かれ，大変複雑な ESR スペクトルになるが，ENDOR では等価な核の組につき2本であるから，前者では2本，後者では4本となりスペクトルは大変簡単になる．一例を図 II.3.46 に示す[6]．

ENDOR は基本的には NMR の測定であるから，シグナルの半値幅が ESR スペクトルの 1/1000〜1/10000 となるため，スペクトルの構造はよく分離している．これらの利点があるので，ESR スペクトルの解析や超微細結合定数の精密決定に有効である．

e. ESR の光検出

ESR と光遷移を同一試料につき同時に測定することが可能である．反磁性化合物でも光励起した場合，励起一重項状態(S_1)となり，蛍光を発して元の状態にもどるが，ときには項間交差により励起三重項状態(T_1)になることがある．

三重項状態は $S=1$ であるから，3.2.2c で述べたようにゼロ磁場によりエネルギー準位が分裂している．この分裂に等しいマイクロ波を試料に照射すると，りん光強度に変化が観測される．この方法は光観測のため感度も高く，ESR 法では観測できない短寿命の三重項を観測できる点で励起状態の研究に強力な武器となる[7]．

〔蒲池幹治〕

参考文献

1) 桑田敬治，伊藤公一：電子スピン共鳴入門(1980)，南江堂
2) 大矢博昭，山内淳：電子スピン共鳴(1989)，講談社
3) 大矢博昭，山内淳：素材 ESR 評価法(1989)，アイピーシー社
4) 蒲池幹治：*Adv. Polym. Sci.*, **82** (1987), 262
5) Weil, J. A. *et al.*: Electron Paramagnetic Resonance, p. 310 (1994), Wiley
6) Kevan, L. *et al.*: Electron Double Resonance Spectroscopy (1976), Wiley
7) Clarke, R. H. ed.: Triplet State ODMR Spectroscopy (1982), Wiley

3.2.4 吸 収[1]

a. 原 理

光機能有機分子の基底電子状態は多くの場合 S_0 であり，しかもほぼ100%の分率で電子は最低振動レベル($v=0$)に存在している．この電子は紫外可視光線を照射すると，その波長のエネルギーに応じて励起電子状態(S_1, S_2, S_3, …)のさまざまな振動レベル($v=0$, 1, 2, …)に遷移し，このとき光を吸収する．この振動レベルのために，多くの吸収スペクトルが振動構造を示

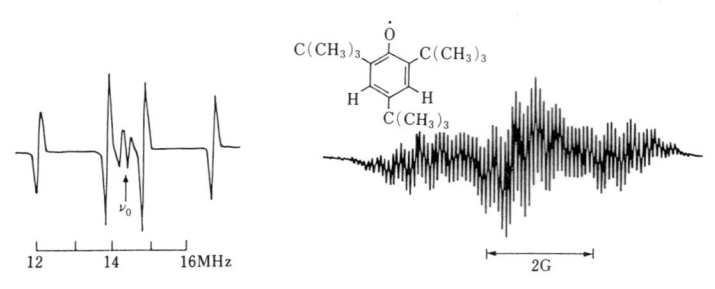

図 II.3.46 トリブチルフェノキシラジカルの ENDOR スペクトル(a)と ESR スペクトル(b)

すのである．図II.3.47にポリスチレンのモデル三量体(4, 6, 8-triphenylundecane)の3種類のジアステレオマーの紫外可視吸収スペクトル($S_0\ v=0 \to S_1\ v=0, 1, 2\cdots$)を示す[2]．吸収スペクトルに対する立体異性の影響を示す一例である．

b. 装置・測定

　紫外可視吸収の測定は，自記分光光度計として市販されている装置で簡便に測定できる．標準的な溶液測定用セルは1cm×1cm×4.5cmの2面が透明な四角セルで，可視光領域(330nm以上)だけの測定ならばガラス製でもよいが，紫外線領域の測定では石英製でなければならない．観測したい波長領域にほとんど吸収をもたず，不純物の吸収のない溶媒を使用する．各波長での吸収強度は，吸光度(absorbance, A)で表示されるのが一般的である．この値は光学濃度(Optical Density; OD)とも呼ばれ，照射光強度と透過光強度をI_0, Iとすると，式(II.3.15)のランベルト-ベール則が成り立つ．

$$A = \text{OD} = \log_{10}(I_0/I) = \varepsilon cl \quad (\text{II}.3.15)$$

ここに，cは試料の溶液濃度(M)，lは光路長すなわちセルの幅(cm)，εはモル吸光係数である．

　定量的な吸収測定は，測定値と濃度が完全に比例している条件で行うべきであり，OD値が1.5以下であれば安心である．

c. 吸収データから得られる情報

　測定の基本は，吸収ピークの波長とその強度であるモル吸光係数を求めることである．ピークや関心のある波長(たとえば窒素レーザーなどの光源波長)でのモル吸光係数がわかれば，適切な濃度で試料を光励起することができる．また未知濃度の試料の濃度決定にも使われる．たとえば，セルロースは250～350nmの波長領域に吸収をもたない(図II.3.48(a)の1)が，濃硫酸中に溶かすと(a)-2のように新しい吸収ピークが260と320nmに出現し，その吸収強度は一定値になるまでどんどん増加する(図II.3.48(b))．これはセルロースの加水分解と脱水によって5-hydroxymethyl-2-furfural (5HF)が生成したためで，その吸収強度の時間変化からセルロース分解に伴う5HFの生成速度が求められる[3]．

　紫外可視吸収スペクトル自体から未知物質の構造決定はできないが，形の比較から共鳴性，相互作用，ミクロ環境などの情報を得ることが可能である．二つだ

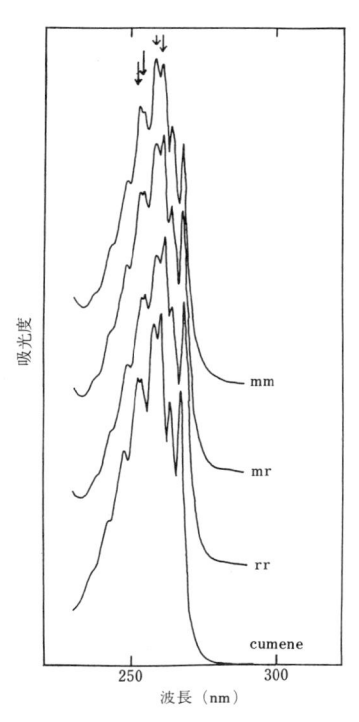

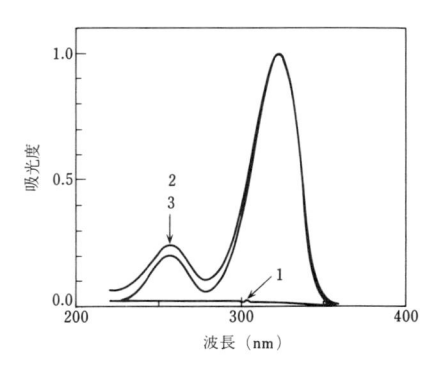

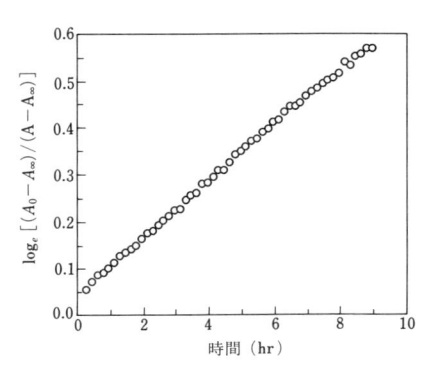

図II.3.47 スチレン三量体の3種類の立体異性体(m(メソ)m, mr(ラセミ), rr)とクメンのシクロヘキサン溶液の紫外吸収スペクトル．

図II.3.48
(上) 97%硫酸にセルロースを溶解させた直後(1)溶解して5日後(2)，5-hydroxy-methyl-2-furfuralの硫酸溶液(3)の紫外可視吸収スペクトル．
(下) 322nmの吸光度(A)変化の1次プロット．A_0とA_∞はそれぞれ溶解直後と5日後の吸光度．

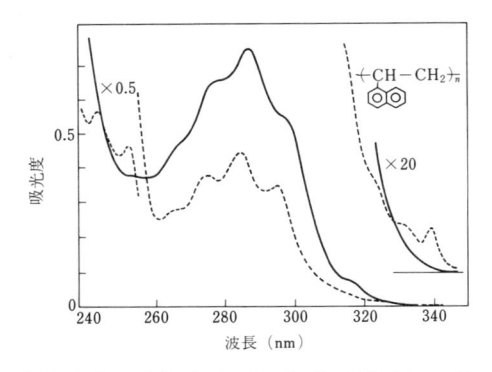

図 II.3.49 poly(1-vinylnaphthalene)の塩化メチレン溶液(実線)とシクロヘキサン溶液(破線)の吸収スペクトル
320 nm付近は通常のナフチル基の吸収であるが,シクロヘキサン溶液中では340 nm付近に基底状態ダイマーの吸収が観察される.

け例を示そう.一つは固体フィルムなどの濃厚系や凝集系でみられる電荷移動(CT)錯体や基底状態ダイマーの生成である.図 II.3.49に poly(1-vinylnaphthalene)の吸収スペクトルを示す[4].通常の吸収帯のほかに長波長側に基底状態ダイマーの吸収が観測される.これらの会合体は基底状態で強く相互作用しており,別の化学種として取り扱うほうがよい.第二の例はアゾベンゼンの光異性化である(図 I.3.7).アゾベンゼンはトランス形とシス形で吸収ピークが異なる上に光照射で異性化を起こし,体積を変化させる.高分子マトリックス中に添加したアゾベンゼンは,周囲に十分な自由体積がないと異性化ができないので,この異性化率からフィルム中の自由体積評価が可能である[5].種々のアゾ化合物の光異性化を利用して固体フィルム中の自由体積評価が行われている[6].

3.2.5 蛍 光[7]

a. 原 理

有機化合物が照射光を吸収すると,励起電子状態のさまざまな振動レベルに電子が遷移するが,このあと電子は非常に短時間で熱エネルギーを放出して最低一重項状態(S_1)の最低振動レベル($v=0$)で準安定化し,せいぜい数百ナノ秒の間に基底状態(S_0)のさまざまな振動レベル($v=0,1,2\cdots$)に戻ってくる.このとき放出される光が蛍光である.紫外可視吸収スペクトルは,$S_0\,v=0 \to S_1\,v=0,1,2\cdots$などの遷移に対応するが,蛍光は,$S_1\,v=0 \to S_0\,v=0,1,2\cdots$の遷移に対応する.$S_0$でも$S_1$でも振動レベルは類似なので蛍光スペクトルは吸収スペクトルと鏡像関係を示すのが一般的である.

b. 装置・測定

国産の分光蛍光光度計は,日立製作所,日本分光,島津製作所の3社で製造され価格は数百万円程度である.いずれも図 II.3.50のように,蛍光を検知するフォトマルは励起光に対して垂直方向に位置する.吸収の項で記したように,1 cm四方の四角セルを使用するのが標準的な試料溶液の測定方法である.ただしセルの四面は透明でなければならない.図 II.3.51に測定試料の種類別のセット方法を示す.濃厚溶液は光路幅が1 mmなどのマイクロセルに入れ,(b)のように反射型でとるのがよい.再吸収によるスペクトル型のひずみを解消できるからである.ディスクなどに挟まないフィルムの蛍光も同様である.しかし,たとえば石英ディスク上にスピナー法でコーティングしたフィルムの蛍光は(c)がよい.ディスクの表面と裏面で反射した散乱光が規則的なピークを与えるからである.蛍光測定は吸収測定よりも10〜100倍程度高感度であるので,溶媒をはじめ,試料の作製時には蛍光性不純物の混入に気をつけなければいけない.また,溶液中の溶存酸素は蛍光の消光剤となるので,蛍光の量子収率や寿命を決定する場合には高真空系で凍結-真空吸引-融解の過程を繰り返して酸素を除去し封管してから測定するのが望ましい.正確なスペクトルを求めるためにはス

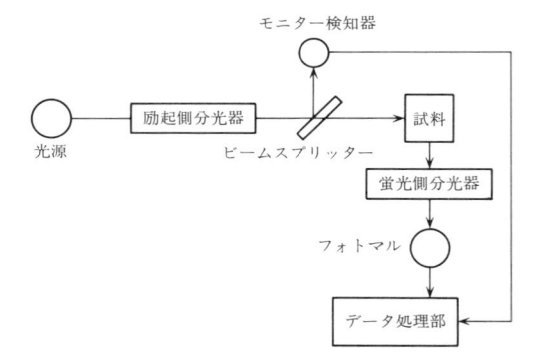

図 II.3.50 分光蛍光光度計の基本的な構成

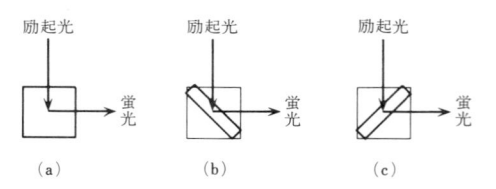

図 II.3.51 蛍光測定時の種類別の試料セット方法
(a) 1辺1 cmの四角セルによる希薄溶液の通常測定,(b) 光路幅の狭いマイクロセルによる濃厚溶液や,フィルムの測定,(c) 石英などのディスク上にコートしたフィルムや2枚のディスクに挟んでフィルム・液晶・膜などを測定する場合.

ペクトル補正が必要で，ローダミンBの測定によって補正関数を算出するのが一般的である．蛍光スペクトル測定に際しては，まず吸収スペクトルを測定して励起波長を選択し，濃度を決定してから測定を行う．吸収測定とは異なり，蛍光計で表示される蛍光強度は単なる相対値であり，装置によっても光源ランプの交換によっても異なる．1cmセルで図II.3.51(a)型で測定する場合，ある波長での見かけの蛍光強度 I_f は，励起波長での光学濃度(OD)に対して式(II.3.16)で示される．

$$I_f = K\Phi_f(1-10^{-OD}) \quad (II.3.16)$$

Φ_f は蛍光量子収率であり，K は装置定数，括弧内は光の吸収量を示す．ODが0.5以下では式(II.3.16)は精度よく成り立ち，特にODが0.06以下ではODすなわち濃度と蛍光強度が比例する．基本的には物質固有の定数である Φ_f を求めるのが筋だが，実際には形や相対強度で比較することが多い．測定に際しては，蛍光計で必ず蛍光励起スペクトルをとるべきである．観測蛍光の波長を固定し励起波長をスキャンして，どの波長で励起すると蛍光量が高くなるかを調べるのである．純粋な単一成分であれば励起スペクトルは吸収スペクトルと一致する．不純物の存在やどの成分からの発光であるかがわかる．

c. 蛍光から得られる情報

(1)蛍光ピークのシフト，(2)新しい蛍光成分の出現，(3)励起エネルギー移動による蛍光の消光や増感，(4)蛍光偏光解消などが重要である．ダンシル([5-(dimethylamino)-1-naphthalenyl]sulfonyl)基は溶媒など環境の極性変化によって蛍光ピーク波長が460nm(無極性)から540nm(極性)までシフトし，ミクロ環境の極性プローブとして利用される[8]．2,3,6-tri-O-ethylcellulose の片末端にダンシル基を結合させ，ジクロロメタン溶液でのリオトロピック液晶化にともなう蛍光変化を図II.3.52に示す．この実験によって，液晶化の過程で溶媒が各層から排除されていくことがわかった[9]．

(2)の代表例はエキシマー蛍光である．エキシマーは励起状態と基底状態の二つの芳香環が3.5Åの距離で平行に重なって形成される励起状態だけでの二量体で，通常の蛍光よりも長波長側にブロードな別の蛍光を示し，濃度，配向性のプローブとして使われるほか，蛍光寿命を測定することによってランダム状態からエキシマー構造をとるまでの分子運動の速度を調べるのにも利用される[10]．エキシマーは励起エネルギーを放出すると二つの基底状態分子に戻る．図II.3.53に隣接側鎖フェニル基間でエキシマーを形成するスチレン n 量体の蛍光スペクトルの重合度依存性を示す．重合度の増加に伴い分子内にエキシマーを形成しうる立体配座の出現期待値が上がるのがわかる[11]．

(3)の励起エネルギー移動についてはさまざまな機構[12]があるが，10nmもの距離を移動する場合もある．ポリスチレン800量体の片末端にアントリル基をつけて，フェニル基のみを励起した場合の蛍光スペクトルを図II.3.54に示す[13]．エネルギーが移動し，振動構造のあるアントリル基の強い蛍光が400から450nmに観察される．

(4)は，運動が抑制されている分子が偏光で励起されると偏光蛍光を示すことから，蛍光の偏光度を調べることによって分子の固定度をみる方法である．偏光付属装置は蛍光計購入の際にはぜひつけたいオプションである．

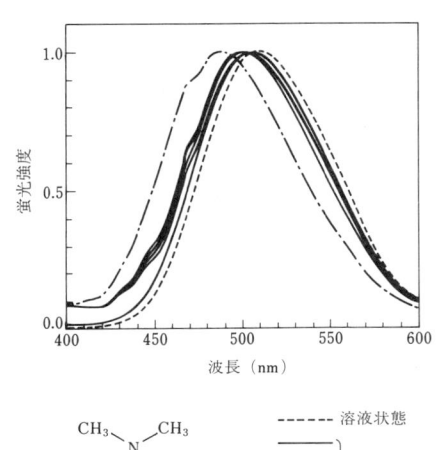

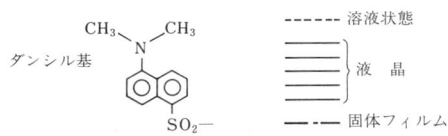

図II.3.52 片末端に dansylhydrazine を化学結合した 2,3,6-tri-O-ethylcellulose ジクロロメタン溶液の液晶化に伴う蛍光スペクトル変化(励起波長348nm)

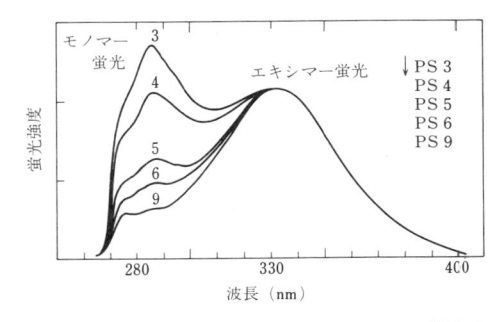

図II.3.53 スチレン n 量体(PSn)の蛍光スペクトル(励起波長250nm)
エキシマー蛍光ピーク(330nm)でスペクトルを規格化．

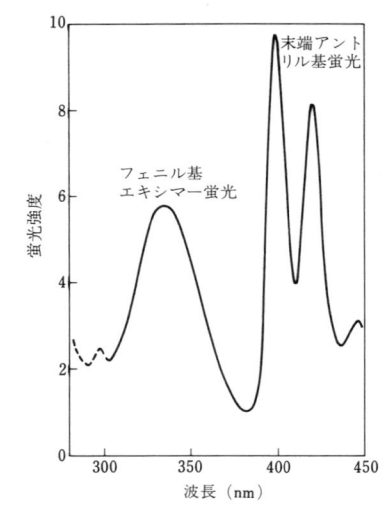

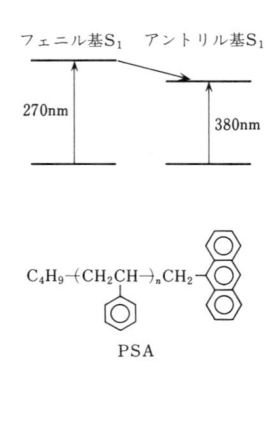

図 II.3.54 片末端にアントリル基を化学結合したポリスチレンのテトラヒドロフラン溶液の蛍光スペクトル
励起波長はポリスチレンが主に励起される270 nm.

3.2.6 過渡蛍光測定[14]

蛍光計での測定は，定常光をあて続け一定比率で発生する蛍光を観測するものだが，過渡蛍光測定は，励起光をパルスで与え，極短時間で発生した励起状態がどのように時間変化していくかを調べる方法である．光学系としては基本的に図II.3.50と同様だが，光源がパルスレーザーやナノ秒ランプであり，パルス光の発生と検知器での蛍光取り込みが連動するように電気系を組まなければならず，しかもこれらはナノ秒レベルで応答するものでなければならない．1波長での蛍光強度の時間変化，すなわち蛍光減衰曲線を求める場合と蛍光スペクトル全体の時間変化，すなわち時間分解スペクトルを求める場合がある．装置は光源，フォトマル，ディスクリミネーターなどを個別に購入して自作もできるが，ナノ秒レベルの蛍光寿命測定装置は，堀場製作所，大塚電子などから1000万円程度の定価で市販されている． 〔板垣秀幸〕

参考文献

1) I.2.3節およびI.3.1節参照．
2) Itagaki, H. et al.: *M*, **22** (1989), 2520
3) Itagaki, H.: *Polym.*, **35** (1994), 50
4) Irie, M. et al.: *JPC*, **81** (1977), 1571
5) Paik, C. S. et al.: *M*, **5** (1972), 171; Sung, C. S. P. et al.: *M*, **14** (1981), 1839
6) Horie, K. et al.: *AdvPS*, **88** (1989), 77; Naito, T. et al.: *M*, **24** (1991), 2907およびその引用文献参照．
7) 光物理過程の原理については，又賀昇:光化学序説(1975)，共立出版，蛍光測定の詳細については，蛍光測定-生物科学への応用(木下一彦ほか編)(1983)，学会出版センター，光機能分子に関するまとめについては，堀江一之ほか:光機能分子の科学-分子フォトニクス(1992)，講談社，に詳しいので参照されたい．蛍光プローブによる高分子固体の物性評価および調査については，Itagaki, H. et al.: *Prog. Polym. Sci.*, **15** (1990), 361に詳しい．
8) Li, Y.-H. et al.: *JACS*, **97** (1975), 3118
9) Kondo, T. et al.: *Polym. Prepr. Jpn.*, **43** (1994); 207 th ACS National Meeting (1994), CELL 65
10) Itagaki, H. et al.; *M*, **20** (1987), 2774; *M*, **23** (1990), 1686
11) Itagaki, H. et al.: *JCP*, **79** (1983), 3996
12) 溶液中から固体までの一重項および三重項の励起エネルギー移動については，Itagaki, H. et al.: Degradation and Stabilization of Polymers 2 (Jellinek, H. H. G. ed.) pp. 45-145 (1989), Elsevier, に詳しいので参照されたい．
13) Itagaki, H.: *M*, **24** (1991), 6531
14) 蛍光寿命測定およびその解析の詳細については，蛍光測定-生物科学への応用(木下一彦ほか編)(1983)，学会出版センター，およびPhillips, D.ほか:ナノ・ピコ秒の蛍光測定と解析法—時間相関単一光子計数法—(1986)，学会出版センター，に詳しい．

3.2.7 光電子分光[1]

光電子分光法は励起光源として使う光のエネルギーの大きさ，すなわち波長の長さによって，UPS(真空紫外光電子分光)とXPS(X線光電子分光)の二つに分けられる．UPSはHeI(21.22 V)に代表される数十eV程度までのエネルギーの真空紫外光によって励起する光電子分光法である．したがって，UPSで励起されるのは価電子帯の電子である．UPSはエネルギー分解能が数meVまでの高分解能測定が可能で，分子の価電子帯の電子のイオン化ポテンシャルを直接求めることが可能である．したがって，UPSはスピン-軌道分裂，ヤーン-テラー分裂などの微細構造に関する情報を得るためや，価電子帯のスペクトルを得るためなどに利用されている．一方，XPSはAl$K\alpha$(1486.6 eV)やMg$K\alpha$(1253.6 eV)などの軟X線領域の光を使用する．このX線のエネルギーによって内殻電子を励起する．この結果，XPSでは試料表面の元素組成とその元

3.2 化学構造解析

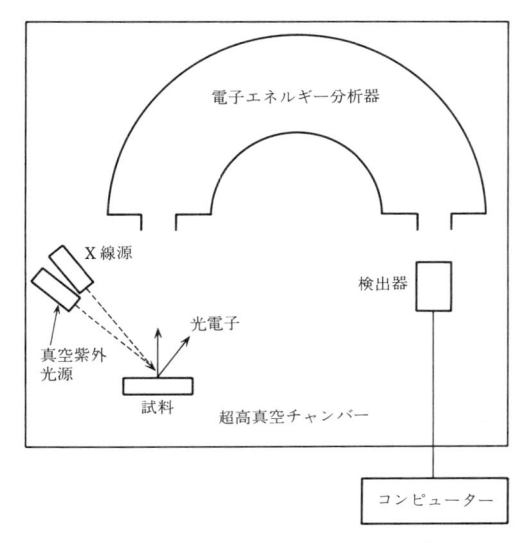

図 II.3.55 光電子分光装置の概略図

素の化学状態に関する情報が得られる．なお，XPS の特徴については 3.1.1 項に詳細に記されている．なお，光電子分光装置の概略図を図 II.3.55 に示した．真空紫外光源と X 線光源を併せて装備し，UPS, XPS 兼用になっている装置が多い．

a. 紫外光電子分光

図 II.3.56 に天然黒鉛，高配向性分解黒鉛（HOPG），分解黒鉛（PG），Ar イオンボンバードメントを 5 分間行った HOPG および黒鉛化炭素繊維（GF）の UPS スペクトルを示した．UPS 測定の光源は HeI（$h\nu=21.22\,eV$）を用い，フェルミレベルの校正には Pd のフェルミエッジを用いた．

3eV 付近のピークは $p\pi$ バンドによるピークと推定される．また，5eV 付近にピークを有し，10eV 付近まで伸びている成分は $p\sigma$ バンド成分と推定される．最も黒鉛化度の高い NG では $p\pi$ バンドの強度が強く，明瞭に認められる．NG → HOPG → PG となるに従って，この $p\pi$ バンドピークの強度は弱くなる．また，HOPG を Ar イオンボンバードメントしたものでは，$p\pi$ バンドピークは元の HOPG の場合よりも大幅に弱くなり，不明瞭なショルダー状の成分となっている．これは，Ar イオンボンバードメントによって，HOPG 試料表面の黒鉛化度が低下した結果である．

GF の UPS スペクトルは，試料状態が板状ではないため，スペクトル強度が非常に弱く，S/N 比が低くなっている．しかし，GF のスペクトルにおいても，3eV 付近に微弱な $p\pi$ バンドピークが認められる．この $p\pi$ バンドピークの状況から，GF の表面黒鉛化度は，PG と Ar イオンボンバードメントを行った HOPG の中間的なものと推定される．なお，GF のスペクトルの 5〜10eV 付近の $p\sigma$ バンド領域が PG や HOPG と異なっているが，これは，GF 表面に若干存在する表面官能基や黒鉛結晶の配向状態などの影響と考えられる．

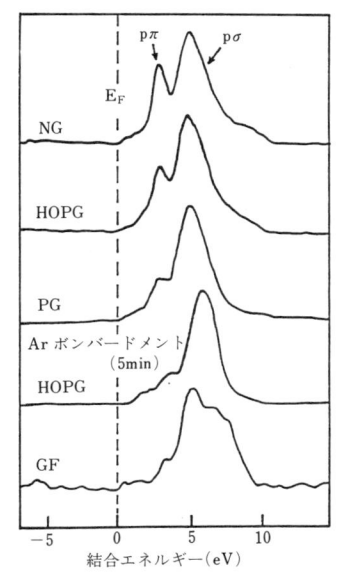

図 II.3.56 炭素材料の UPS スペクトル

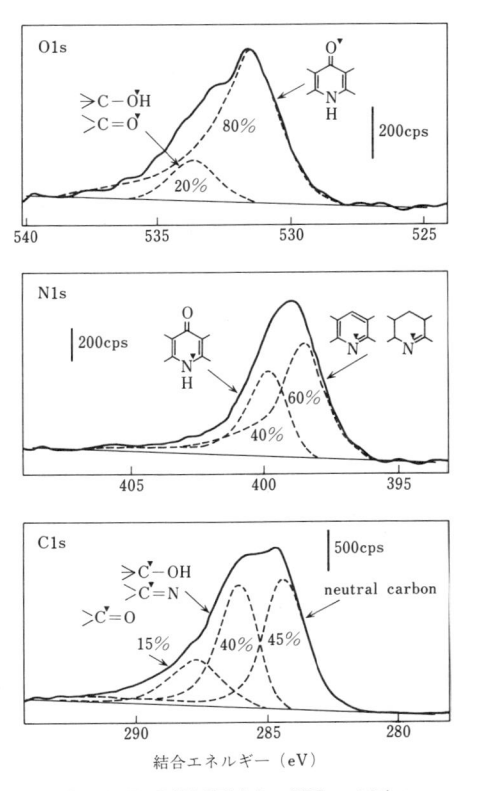

図 II.3.57 PAN 系耐炎糸の XPS スペクトル

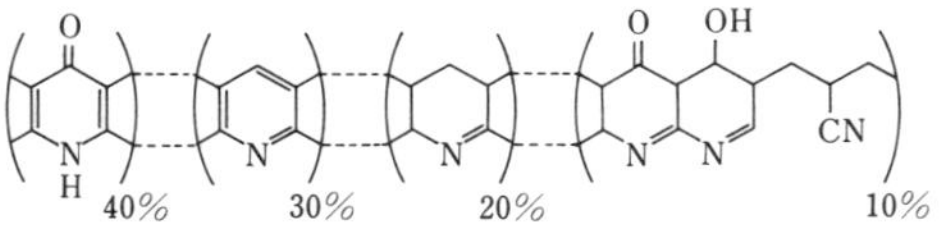

図Ⅱ.3.58 PAN系耐炎糸の化学構造

b. X線光電子分光

X線光電子分光法(XPS)を，有機化合物のバルクの化学構造解析に用いた例を紹介する．前述したようにXPSは表面感度が高く表面構造解析に利用するのが常道ではあるが，各元素ごとの化学状態の情報を個別に得ることができる上にさらに化学組成についての定量性があるという大きな特徴を有している．したがって，試料の平均構造をうまく表面に露出することができれば，バルクの化学構造を解析することができる．図Ⅱ.3.57にPAN(ポリアクリロニトリル)系炭素繊維製造のための中間体である，耐炎糸のXPSのスペクトルを示した．耐炎糸はPANの糸を空気中で300°C内外の温度に上げて，梯子状構造を形成し，耐熱性を向上させたものである．XPSとIRの測定結果をもとに，図Ⅱ.3.58に示したような化学構造が求められた[2]．この構造の特徴は，単にPANが閉環反応して生成した構造以外に，酸素を含んだアクリドン環構造が存在することで，この構造の存在は，図Ⅱ.3.57に示したO1sスペクトルの解析によって初めて明らかとなったものである．　　　　　　　　　　　〔高萩隆行〕

参考文献
1) 日本化学会編：電子分光，化学総説 No.16(1977)
2) Takahagi, T. et al.: J. Appl. Poly. Sci., Chem. Ed., **24** (1986), 310

3.2.8 液体クロマトグラフィー
a. 概　要

液体クロマトグラフィー(LC)とは，各種の固体あるいは液体の固定相の間を流れる液体の移動相の中に試料を導入し，固定相への分別的な捕集および脱離を繰り返し行うことにより，試料を各成分に分離する方法である．捕集・脱離の起こる相互作用の種類により，表Ⅱ.3.8に示したように分類される．また，その形状により，カラムクロマトグラフィー，薄層クロマトグラフィー(TLC)，ペーパークロマトグラフィーなどに分けられる．カラムクロマトグラフィーを高性能カラム，高圧液送ポンプ，高圧サンプル注入器，高感度検出器などの組み合わせにより装置化したものを，高速液体クロマトグラフあるいは高性能液体クロマトグラフ(HPLC)という．装置のブロック図を図Ⅱ.3.59に示した．現代のLCは，そのほとんどがHPLC化して使用されている．詳細は各種の成書を参照されたい[1]．

b. 基本パラメーター

試料がカラムに充填されている固定相と相互作用して溶出が遅れることをカラムに保持されたといい，その程度を表すパラメーターとして，各成分がカラムより溶出するのに必要な時間あるいは溶媒体積を表す保持時間 t_R あるいは保持体積 V_R とキャパシティファクター k' が用いられる．これらの値の間には次式の関係がある．

$$k' = \frac{t_R - t_0}{t_0} = \frac{V_R - V_0}{V_0}$$

ここで，t_0 および V_0 は保持されない成分の溶出する時間および溶媒体積である．各成分の分離の程度を表すパラメーターとして，次式で示される分離度 R_S と分離ファクター α がある．

$$R_S = \frac{2(V_{R2} - V_{R1})}{W_1 + W_2} \qquad \alpha = \frac{k'_2}{k'_1}$$

ここで，W はベースラインでのピーク幅である．カラムの効率を表すパラメーターとして，次式で示される

表Ⅱ.3.8　液体クロマトグラフィーの分類と特徴

名　称	相互作用	主な用途
液-液クロマトグラフィー 　（液-液分配クロマトグラフィー）	液-液溶解分配	低-中分子量の化合物の分離一般
液-固クロマトグラフィー 　液-固吸着クロマトグラフィー(LSC)	液-固吸脱着 （順相，逆相）	低-中分子量の化合物の分離一般， 高分子へも応用
イオン交換クロマトグラフィー(IExC)	イオン交換	イオン性化学種一般の分離
ゲル浸透クロマトグラフィー(GPC) 　またはサイズ排除クロマトグラフィー(SEC)	細孔中への浸透あるいは排除	中-高分子量の化合物の分子の大きさでの分離，分子量分布の測定
アフィニティークロマトグラフィー	生体分子間の特異的相互作用	生体分子の分離

3.2 化学構造解析

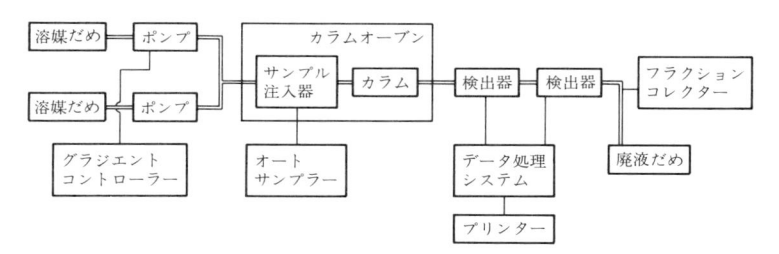

図 II.3.59 HPLC システムのブロック図

理論段数 N と理論高(HETP)がある.

$$N = \left(\frac{V_R}{\sigma}\right)^2 = 16\left(\frac{V_R}{W}\right)^2$$

ここで, σ は半値幅, W はピーク幅である. カラム長を N で割ったものが HETP で, これが短いほどよいカラムである.

c. 分離モードとカラム

表 II.3.8 に示したように種々のモードによる分離があるが, 有機材料の分析には, 主として順相と逆相の吸着クロマトグラフィーと GPC (次項を参照) が用いられる. 順相吸着モードでは, 高極性の表面 (OH, NH_2, CN 基など) をもった充塡剤のカラムと低極性の溶離液あるいは低極性溶媒と高極性溶媒の混合による低極性から高極性への組成勾配の組み合わせで, 試料中の成分を低極性のものから高極性のものへと溶出する. 逆相吸着モードでは, 非極性の表面 (オクタデシル C_{18}, オクチル C_8, メチル C_1, フェニル基など) の充塡剤カラムと高極性の溶離液あるいは高極性から低極性へ向っての組成勾配の組み合わせで, 試料中の高極性成分から低極性成分へと溶出する. それぞれの分離モードに応じた充塡剤用のクロマトゲルの開発は, 近年目ざましいものがある[2].

d. 低-中分子量化合物の分析

揮発性の低い低-中分子量の化合物は, LC の主要な適用対象である. 高分子材料に添加される可塑剤や酸化防止剤を始めとする劣化防止剤, 高分子中に残存するモノマー, 重合開始剤, 触媒などの分析に古くから LC が用いられてきた. 一例として, 図 II.3.60 に, シリカゲルカラムを用いて順相吸着の溶媒組成勾配法で得られた酸化防止剤のクロマトグラムを示す. このように調整された参照サンプルとの比較によって, 試料に含まれる各成分を同定することができる[3]. 近年, 不斉識別能をもったクロマトゲルが開発され, 医薬品な

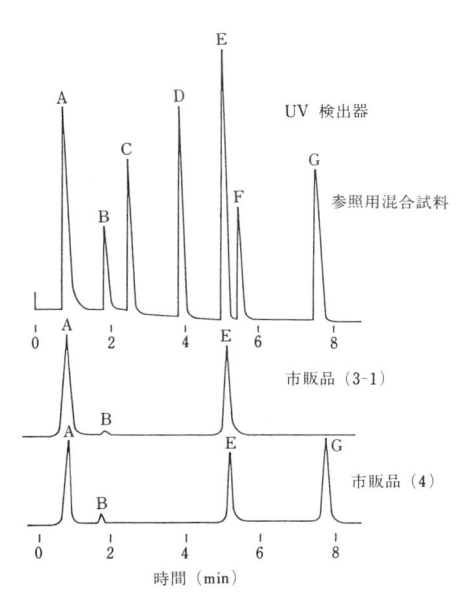

図 II.3.60 市販の酸化防止剤と参照用混合試料のクロマトグラムの比較
シリカ・カラム (Zorbax-SIL)/CH_2Cl_2/ヘキサン (CH_2Cl_2; 0.9-70vol%)/UV 検出器. 試料 (A) BHT, (B) Ionox 330, (C) A 0425, (D) Santanox R, (E) Irganox 1010, (F) Santowhite, (G) Topanol CA.
(*J. Appl. Polym. Sci.*, **19** (1975), 1243)

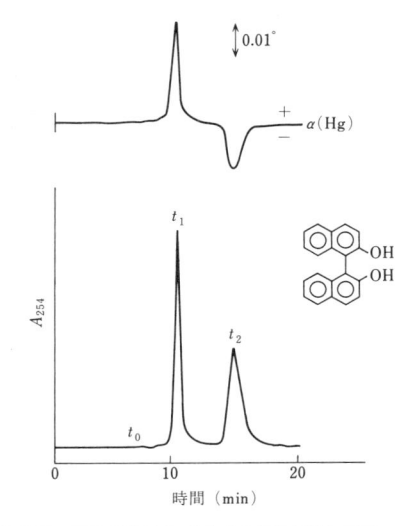

図 II.3.61 光学活性(+)-ポリメタクリル酸トリフェニルメチル・ゲルによる 2,2′-ジヒドロキシ-1,1′-ビナフチルの光学分割
溶離液: メタノール, 検出器: 旋光計 (上), UV (下).
(*CHEMTECH*, **1987**, 176)

どの他に，光機能材料としての非線形光学材料や強誘電性液晶などに使用される光学活性物質の分離，分析のためにも利用されている[4]．図II.3.61にその一例として，キラル充填剤として光学活性-ポリメタクリル酸フェニルメチルを用いて2,2′-ジヒドロキシ-1,1′-ビナフチルを光学分割した結果をUV検出器と旋光計とによって記録したクロマトグラムを示す[5]．

e. 高分子材料の分析

高分子のHPLCといえば次項に述べるGPCがよく知られているが，TLCによって吸脱着機構を用いて共重合体の組成その他の分子特性の違いによる分離が行われ[6]，近年はHPLCを用いてこうした分離が行われるようになるなど，高分子への非GPC的なLCの利用が広がっている[7]．最初の非GPC的HPLCの高分子への応用は順相吸着による共重合体の組成分別であったが[8]，その後，逆相吸着や相分離(溶解・沈殿)機構も利用されるようになり，分析される分子特性も立体規則性や結合様の差異などにも広がっている．図II.3.62には，スチレン-メタクリル酸メチル共重合体の組成の異なるものの混合物を順相(a)および逆相(b)で分離した例を示す[9]．図II.3.63には，同種の共重

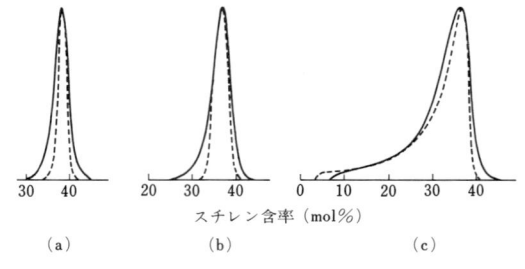

図II.3.63 吸着HPLCにより決定された組成分布と理論組成分布の比較
試料：スチレン-メタクリル酸メチル共重合体(重合率 a) 5%, b) 42%, c) 98%)．実線：HPLC(ポリアクリロニトリルゲル/クロロホルム/n-ヘキサン)．破線：理論計算．
(*Macromolecules*, **19** (1986), 2613)

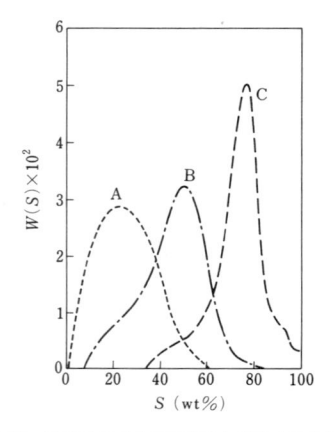

図II.3.64 HPLCにより決定されたポリメタクリル酸メチル-*graft*-ポリスチレンの組成分布
試料：ポリスチレン・マクロモノマー($Mn=1.24\times10^4$)により合成されたPMMA-*graft*-PS(スチレンwt%；A=27.0, B=46.3, C=74.4)．HPLC：ODS-カラム/THF/アセトニトリル(THF；20-60vol%)．
(*Macromolecules*, **25** (1992), 4025)

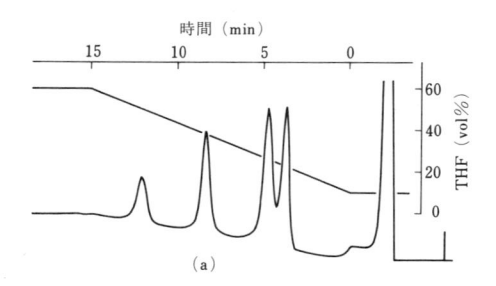

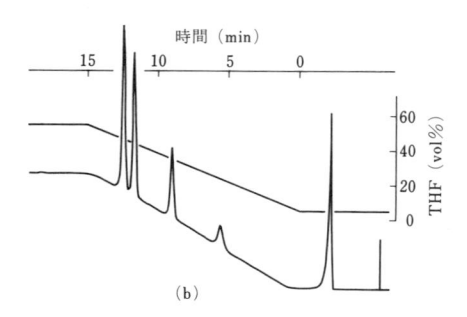

図II.3.62 スチレン-メタクリル酸メチル共重合体の順相および逆相吸着による分離
試料：S/mol%=23.1, 48.7, 74.5, 85.4．検出器：UV．
(a) 順相：CN-カラム/テトラヒドロフラン(THF)/シクロヘキサン(THF；10-60vol%)．
(b) 逆相：ODS-カラム/THF/アセトニトリル(THF；5-55vol%)．
(*Polymer J.*, **22** (1990), 489)

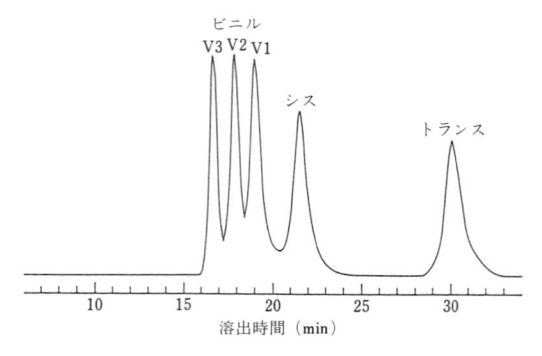

図II.3.65 ポリブタジエンの構造異性による分離
試料：トランス，シスおよび1,2(V-1；8%, V-2；45%, V-3；85%)ポリブタジエン．HPLC：ポリアクリロニトリルゲル・カラム/CH_2Cl_2/n-ヘキサン(CH_2Cl_2；0-40vol%)．
(*Polymer J.*, **23** (1991), 23)

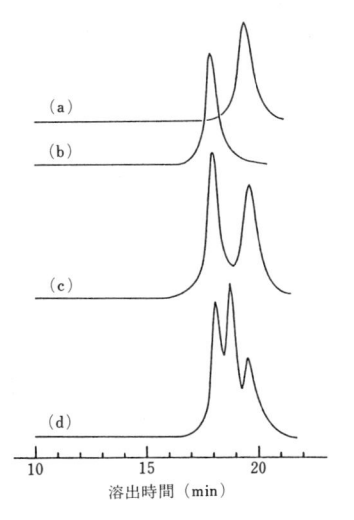

図 II.3.66 ポリメタクリル酸メチルの立体異性による分離
試料：(a) シンジオ，(b) イソ，(c) 両者の混合物，(d) シンジオ，イソおよびアタクチックの混合物．HPLC：ポリアクリロニトリルゲル・カラム/CH_2Cl_2/n-ヘキサン（CH_2Cl_2；40-100 vol%）．
(*Polymer J.*, **21** (1989), 965)

合体の組成分布を HPLC で決定したものと理論計算の結果を比較してある．少なくとも広い組成分布の試料についてはよい一致である[10]．また，図 II.3.64 には，マクロモノマー法で合成されたポリメタクリル酸メチル-*graft*-ポリスチレンの組成分布を逆相吸着 HPLC で決定した結果を示した[11]．図 II.3.65 には，ポリブタジエンの結合異性体の分離の例を[12]，図 II.3.66 にはポリメタクリル酸メチルの立体異性体の分離の例を示した[13]．　　　　　　　　　　〔寺町信哉〕

参 考 文 献

1) Snyder, L. R. and Kirkland, J. J.: Introduction to Modern Liquid Chromatography, 2nd ed. (1979), John Wiley & Sons, Inc.
  日本化学会編：季刊化学総説 No.9 クロマトグラフィーの新展開(1990)，学会出版センター
2) 平山忠一，岡本佳男：高分子新素材 One Point-21 クロマト用樹脂(高分子学会編)(1989)，共立出版
3) Wims, A. M. *et al.*: *J. Appl. Polym. Sci.*, **19** (1975), 1243
4) 日本化学会編：季刊化学総説 No.6 光学異性体の分離(1990)，学会出版センター
5) Okamoto, Y.: *CHEMTECH*, **1987**, 176
6) 神山文男：高分子実験学 11 高分子溶液(高分子学会編)，(1982)，共立出版
7) Glöckner, G.: Gradient HPLC of Copolymers and Chromatographic Cross-Fractionation (1991), Springer-Verlag
8) Teramachi, S. *et al.*: *Macromolecules*, **12** (1979), 992
9) Teramachi, S. *et al.*: *Polymer J.*, **22** (1990), 489
10) Sato, H. *et al.*: *Macromolecules*, **19** (1986), 2613
11) Teramachi, S. *et al.*: *Macromolecules*, **25** (1992), 4025
12) Sato, H. *et al.*: *Polymer J.*, **23** (1991), 23
13) Sato, H. *et al.*: *Polymer J.*, **21** (1989), 965

3.2.9 GPC

a. 概　要

GPC はゲル浸透クロマトグラフィー（Gel-Permeation Chromatography）の略称で，別名サイズ排除クロマトグラフィー（Size-Exclution Chromatography；SEC）ともいわれる．前節で示した HPLC の分離方式の一つで，主として高分子の分子量分布と平均分子量の測定やオリゴマーなどの分離分析にもちいられる．詳細は成書を参照されたい[1]．

b. 分離機構と基本パラメーター

試料の分子と同程度の大きさの細孔をもった多孔性のゲル（通常は架橋ポリスチレンゲル）を充填したカラムを用いる．充填剤と溶質との間に吸着などの相互作用がなければ，細孔中に入りにくい大きい分子は早く溶出し，細孔中に入りやすい小さい分子は遅く溶出する．すなわち，同種の線状高分子では分子量の大きいものから溶出することになる．

カラム内のゲル粒子間の体積を V_o，ゲルの細孔中の体積を V_i とすると，試料の保持体積あるいは溶出体積 V_e は次式で表される．

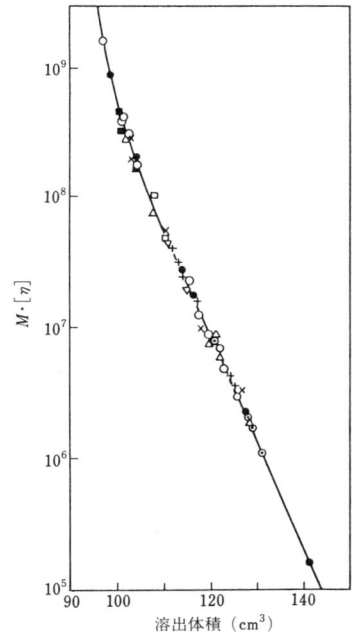

● 線状ポリスチレン
○ くし型ポリスチレン
+ 星型ポリスチレン
△ 枝分かれブロック共重合体
　　ポリスチレン/ポリメタクリル酸メチル
× ポリメタクリル酸メチル
⊙ ポリ塩化ビニル
▽ グラフト共重合体
　　ポリスチレン/ポリメタクリル酸メチル
■ ポリフェニルシロキサン
□ ポリブタジエン

図 II.3.67 汎用較正曲線の例
(*J. Polym. Sci., Lett, ed.*, **5** (1967), 753)

$$V_e = V_o + KV_i, \qquad 0 \leq K \leq 1$$

K の値は試料の分子の大きさに依存し,小さい分子ほど大きい.屈曲性の高分子であればその形(線状,分岐状)にかかわらず,図II.3.67に例を示したように,同じ条件下の測定で同一の V_e に出てくる A,B 二つの高分子について,固有粘度 $[\eta]$ と分子量 M の積は同一,すなわち $[\eta]_A M_A = [\eta]_B M_B$ である[2].このような関係を汎用較正曲線という.同一の線状高分子については,図II.3.68にその例を示したように,分子量によって V_e が決まる.用いるカラムによって,分離される分子量の範囲(分離域)が決まっており,それ以上大きい分子はすべて同一の V_e に溶出するような限界値を排除限界分子量という.

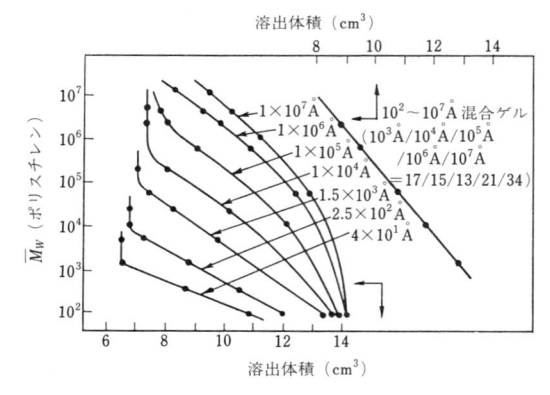

図II.3.68 ポリスチレンゲルカラムによる較正曲線の例
(東ソー株式会社,TSK gel)

c. 分子量分布と平均分子量の決定

(1) 分子量分布が狭く正確な分子量がわかっている標準試料(非水系ではポリスチレン,水系ではポリエチレンオキシドあるいはプルラン.デキストランも標準試料といわれているが,分岐があって不適)を用いて較正曲線をつくる.その中央部は直線で近似できるが,よいカラムは直線範囲が広い.全範囲は3次式で近似できることが多い.

(2) 被検試料(B)が標準試料(A)と同一種であれば,$M \sim V_e$ 較正曲線より $V_{e,i}$ を M_i に換算する.異種の場合は,両者の粘度式 $[\eta] = KM^\nu$ がわかっていれば,汎用較正曲線を用いて次式により M_B を求める.

$$\log M_B = \frac{1}{(1+\nu_B)} \log\left(\frac{K_A}{K_B}\right) + \frac{(1+\nu_A)}{(1+\nu_B)} \log M_A$$

粘度式が知られていないときは,高分子鎖を引き伸ばしたときの投影長1Åあたりの分子量に当たる Q ファクターを用いる方法や被検試料と同種のポリマーで平均分子量がわかっている分布の広い2次標準試料を用いる方法などがあるが,成書にゆずる[1].また,検出器に濃度検出器(通常は示差屈折計,RI)と低角度レーザー光散乱光度計(LALLS)を用いることができれば,両者のクロマトグラムの高さの比 $(h_{LS,i}/h_{RI,i}) = k(M_i C_i/C_i)$ より M_i を求めることができる.

(3) 濃度検出器によるクロマトグラムを等間隔 (ΔV_i) に分割し,各点でのベースラインよりの高さ H_i を求める.各点での較正曲線の傾き $dV_{e,i}/d(\log M_i)$ を用いて,次式により微分タイプの分子量分布曲線 $(dW/dM \sim M)$ を求めることができる.

$$\frac{dW}{dM} = \frac{H_i}{\sum H_i} \frac{1}{\Delta V_i} \frac{dV_{e,i}}{d(\log M_i)} \frac{1}{M_i}$$

汎用較正曲線を用いた場合や共重合体の場合などについては他にゆずる.

(4) 数平均分子量 $\overline{M_n}$ と重量平均分子量 $\overline{M_w}$ は,上記の M_i と H_i より次式で求められる.

$$\overline{M_n} = \frac{\sum H_i}{\sum (H_i/M_i)}, \qquad \overline{M_w} = \frac{\sum H_i M_i}{\sum H_i}$$

d. 高温 GPC

通常の測定は室温の近傍で行われるが,エンジニアリングプラスチックスは常温では溶解しない場合が多く,高温用のGPCとして,図II.3.69に模式図の例を示したように,注入器(あるいはプレヒーター)から検出器までを高温の恒温槽でおおうなどの工夫がなされている[3].通常,ポリオレフィンなどを対象とする140〜150℃を"高温"といい,高温用のポリスチレンゲルのカラムや示差屈折計(RI),粘度検出器,光散乱

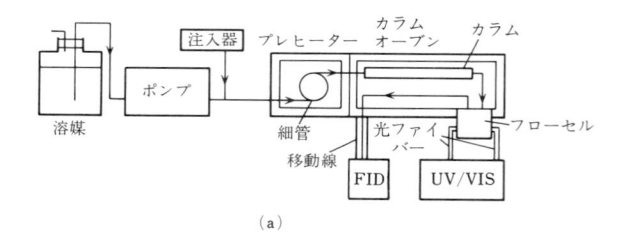

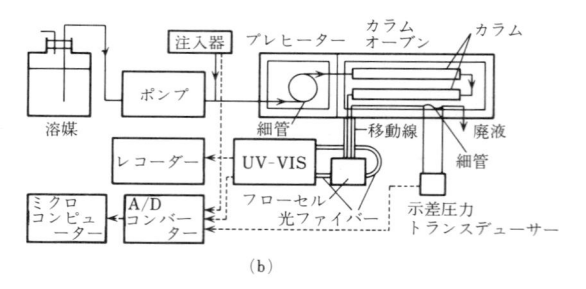

図II.3.69 高温GPCシステムの模式図
(a) 水素炎イオン検出器(FID)と紫外/可視検出器(UV/VIS),
(b) 示差圧力粘度検出器とUV/VIS検出器.
── : UV/VIS検出器,…… : 粘度検出器.
(*J. Appl. Polym. Sci., Appl. Polym. Symp.*, **48** (1991), 75)

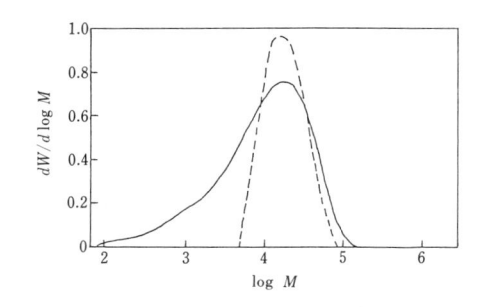

図Ⅱ.3.70 ポリフェニレンスルフィドの超高温GPCによる
クロマトグラムの例
(*J. Appl. Polym. Sci., Appl. Polym. Symp.*, **48** (1991), 75)

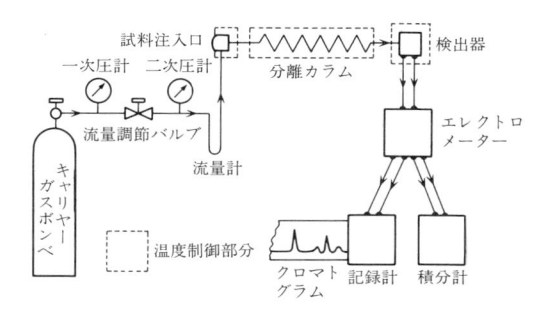

図Ⅱ.3.71 ガスクロマトグラフの構成図

検出器なども市販されている．ポリフェニレンスルフィド(PPS)などを対象とする200℃以上を"超高温"といい，技術上の困難が多い．従来の高温用カラムが使用可能ではあるが，劣化が速く頻繁な取り換えが必要である[4]．最も一般的な濃度検出用のRI検出器がこの高温では使用できず，粘度検出器[3,5]，水素炎イオン検出器[4]，紫外/可視検出器[3]などが用いられている．しかし，粘度検出器は，図Ⅱ.3.70に例を示したように，低分子量成分に感度を有しない[3]．超高温用の紫外線に透明度の高い溶媒を用いる工夫も行われている[6]．

〔寺町信哉〕

参考文献

1) たとえば，森定雄：サイズ排除クロマトグラフィー(1991)，共立出版
   Yan, W. W., Kirkland, J. J., Bly, D. D.: Modern Size Exclution Liquid Chromatography (1979), Wiley
2) Grubisic, Z. *et al.*: *J. Polym. Sci., Lett. Ed.*, **5** (1967), 753
3) Housaki, T.: *J. Appl. Polym. Sci., Appl. Polym. Symp.*, **48** (1991), 75
4) 絹川明男：高分子論文集，**44** (1987), 139
5) Stacy, C. J.: *J. Appl. Polym. Sci.*, **32** (1986), 3959
6) Mayeda, S. *et al.*: 5th International Symposium on Polymer Analysis and Characterization (1992)，犬山

3.2.10 ガスクロマトグラフィー

a. 概　要

気体状態の試料を不活性気体の移動相(キャリヤーガス)の中へ導入し，カラム中の固相あるいは液相の固定相への試料の分別的な捕集および脱離を繰り返し行うことによって試料を各成分に分離する方法を，ガスクロマトグラフィー(Gas Chromatography; GC)という．図Ⅱ.3.71にガスクロマトグラフのブロック図を示した．分離を起こす相互作用は，気-固吸着か気-液分配であり，液体クロマトグラフィー(LC)の場合の吸着，分配と同様であるが，GCは粘度が低く拡散速度の大きい気体状態での分離であるために，LCとくらべて格段に高分解能であり，迅速である．しかし，試料はカラムの操作温度(−50～450℃)において分解しないで数hPa程度の蒸気圧を示す必要があり，分子量数百以下の化合物にしか適用できない．揮発性を示さない高分子材料に関しては，熱分解ガスクロマトグラフィー(PyGC)が有効である．分離カラムは，内径3～4 mmの金属カラムにシリカゲルなどの充塡剤をつめた充塡カラムが古くから用いられているが，近年は，内径1 mm以下で内壁の膜厚が μm オーダーの溶融シリカキャピラリーカラムが用いられるようになり，分解能が格段に向上している．気-液分配機構での分離には，充塡剤やキャピラリー内壁の細孔に分離試料に適した極性の液体を含浸させて用いる．検出器は水素炎イオン化検出器や熱伝導率検出器などが汎用の代表的なものであるが，LC用とくらべると非常に多様な検出器が実用化されている．とくに，質量分析器(MS)を直結したGC-MSは各成分の分子量を測定できるので非常に有用である．カラム，固定相液体，検出器などの詳細は成書を参照されたい[1]．分離パラメーターについては基本的にLCと同じである．

b. PyGCによる高分子の分析

PyGCでは，図Ⅱ.3.72に装置の模式図を示したように，400～800℃で温度一定に制御された熱分解装置が試料注入器に直結されており，ここで，不活性キャリヤーガス中で試料が瞬時に熱分解される．この手法によって，高分子の同定[2,3]，組成分析，末端基分析[4]などのほかに，不溶性の三次元網目ポリマーに関してもその構造に関する情報が得られるので，PyGCは高分子分析の重要な手段となっている．装置や測定条件などの詳細は成書[2]にゆずって，ここでは，興味深い応用例のいくつかを紹介することとする．アルキルメタクリラート多元共重合体について，図Ⅱ.3.73にそのパイログラムを示したが，これより精度よく組成が定量されている[5]．ピーク強度比と組成とがこの例のようにきれいに対応しない場合も多いが，そういうときに

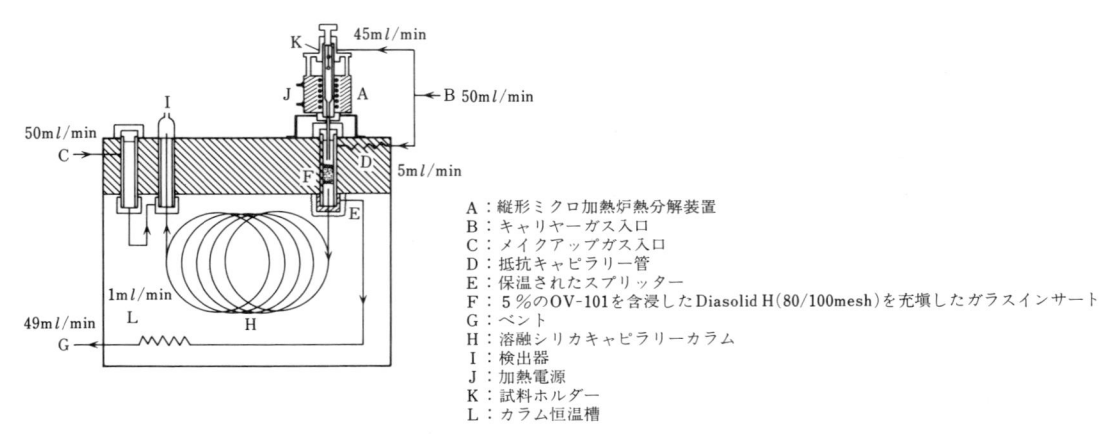

A：縦形ミクロ加熱炉熱分解装置
B：キャリヤーガス入口
C：メイクアップガス入口
D：抵抗キャピラリー管
E：保温されたスプリッター
F：5％のOV-101を含浸したDiasolid H(80/100mesh)を充填したガラスインサート
G：ベント
H：溶融シリカキャピラリーカラム
I：検出器
J：加熱電源
K：試料ホルダー
L：カラム恒温槽

図 II.3.72 熱分解ガスクロマトグラフの構成図
(*J. Anal. Appl. Pyrolysis*, **12** (1987), 97)

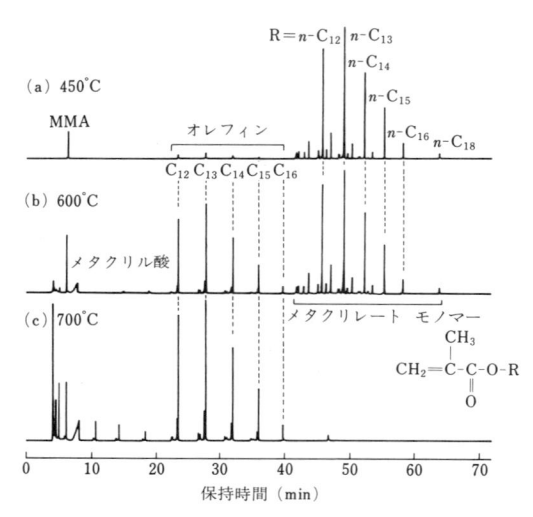

図 II.3.73 アルキルメタクリラート多元重合体の高分解能パイログラム
(*Macromolecules*, **18** (1985), 1148)

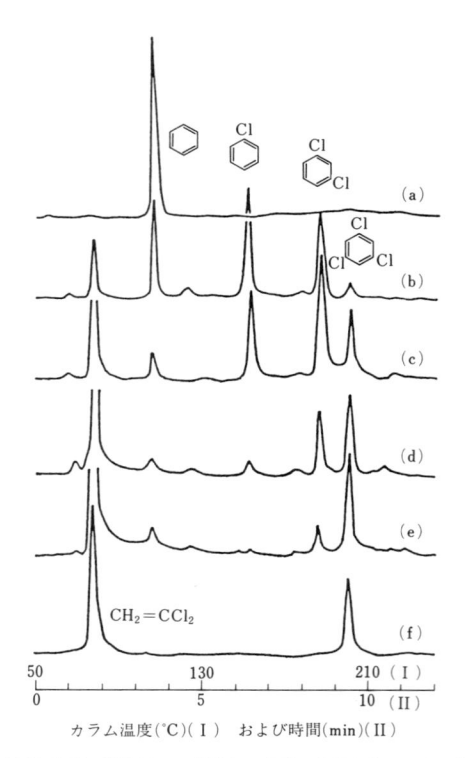

図 II.3.74 塩化ビニル-塩化ビニリデン共重合体のパイログラム
(a) PVC, (f) PVdC, (b)〜(e) 共重合体.
(化学の領域, 増刊, **120**(1978), 207)

は参照試料を用いた検量線によって定量される．図 II.3.74 には塩化ビニル-塩化ビニリデン共重合体のパイログラムを示したが，図中の特性ピークはいずれも脱塩化水素-環化反応による生成物で，これにより共重合体中のトリアド組成を推定することができる[6]．熱硬化性樹脂の三次元網目構造の生成過程を解析した例として，図II.3.75にエポキシ樹脂の硬化時間の異なる試料のパイログラムを，図II.3.76にはそれより得られた各特性基の濃度の時間変化を示した[7]．このような不溶不融化したポリマーの解析法として，PyGC は注目に値する．

〔寺町信哉〕

参 考 文 献

1) 舟坂渡, 池川信夫編：最新ガスクロマトグラフィー(I〜IV)(1965〜1981), 廣川書店
   正田芳郎, 小島次雄：高分解能ガスクロマトグラフィー(1983), 化学同人
   日本化学会編：季刊化学総説 9, クロマトグラフィーの新展開(1990), 学会出版センター

3.3 高次構造解析

3.3.1 X線回折

　有機薄膜を光デバイスや電子デバイスなどの機能性材料として利用する場合,表面の特異的な機能の利用,表面構造の制御が必要であり,これに対応した表面構造の解析の必要性が生じる.特に有機薄膜作成にはその結晶性,分子配向性を制御する技術の確立が必須であり,X線回折法の適用が不可欠である.

　有機物の薄膜を対象とするため,従来のX線回折法では,回折強度が極度に減少し,逆に基板からの散乱X線強度が増加し,測定データのS/N比が著しく低下する.そこで,これらの困難性を克服して,新しい評価方法を確立する種々の工夫がなされた.その一つが使用するX線の高輝度化であり,従来の2～3kWの封入管タイプから10～30kWの回転対陰極への切換であり,さらに高輝度で集束性のはるかに高い放射(Synchrotron Radiation;SR)光の利用である.もう一つの工夫は新しい回折装置の開発であり,従来とはまったく異なるジオメトリーを採用して薄膜からの有効な情報を取り出そうと努力されてきた.ここでは,有機薄膜の高次構造の解析結果とともに,その情報を取り出すために工夫された装置について説明する.

a. 測定原理および装置上の特徴

　薄膜試料を対象とした測定光学系を図II.3.77に示す.従来の回折法(Bragg-Brentano法)では[1],試料をθ,検出器を2θ走査するので,X線入射角(θ)と検体物質からの回折角(θ)が等しく,入・反射X線が対称になり,試料の内部深くまでX線が浸透し,強いX線強度が得られる.このため薄膜試料のように表層部分のみの情報をえるには,下地からの回折強度が強く影響し,薄膜からの回折情報が微弱になる.この方法を改善した図II.3.77(b)の回折計(表面回折計,薄膜回折計あるいはSeeman-Bahling法)は,X線を試料表面に対して入射角0.5～5°で入射させるので,薄膜部分のX線行路長が稼げ,表面情報を多く得ることができる.この方法で数十～数百Å厚の薄膜の成分同定,結晶性評価,デプスプロファイル測定が可能である[2].

　さらに表面構造の解明のために,X線の全反射を利用する方法(grazing incidence法,全反射回折法,斜視角入射法あるいは微小角入射法)が開発された(図II.3.77(c))[3].X線を試料表面すれすれの角度(通常0.5°以下)で入射すると全反射を起こす.このときX線は表面から100Å程度しか侵入しないので,基板からの散乱X線をきわめて少なくすることができ,表面に対する感度も高くなる.従来の回折法や表面回折法

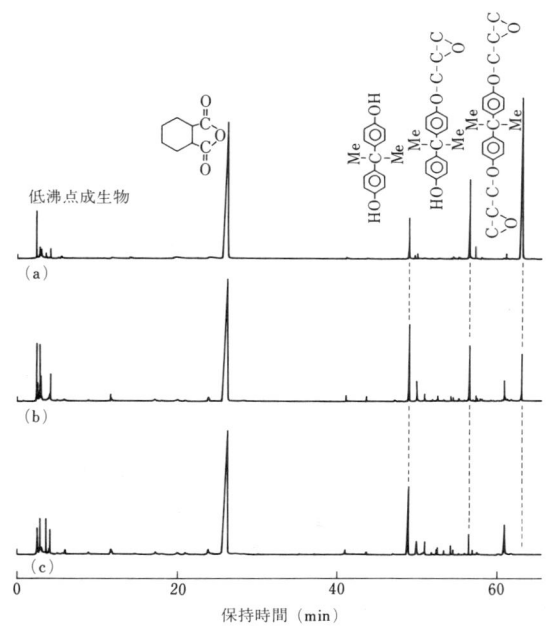

図II.3.75 硬化エポキシ樹脂のパイログラム
(a) 未硬化樹脂, (b) 100°C, 40分硬化, (c) 100°C, 7時間硬化.
(*Polymer J.*, **20** (1988), 9)

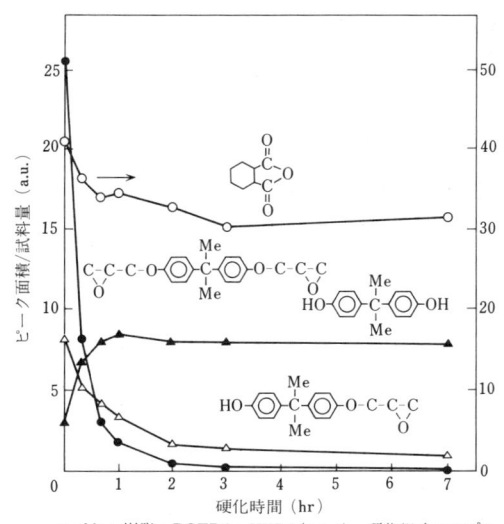

図II.3.76 硬化時間とパイログラム上の特性ピークの強度の関係
(*Polymer J.*, **20** (1988), 9)

2) 拓植新,大谷肇:高分子の熱分解ガスクロマトグラフィー基礎およびデータ集(1989),テクノシステム
3) 天野英彦,市川正寿,高田一郎:分析化学,**38**(1989), T 69
4) 拓植新,大谷肇:化学,**45**(1991), 214
5) Ohtani, H. *et al*.: *Macromolecules*, **18** (1985), 1148
6) 武内次夫,拓植新:化学の領域,増刊**120**(1978), 207
7) Nakagawa, H. *et al*.: *Polymer J.*, **20** (1988), 9

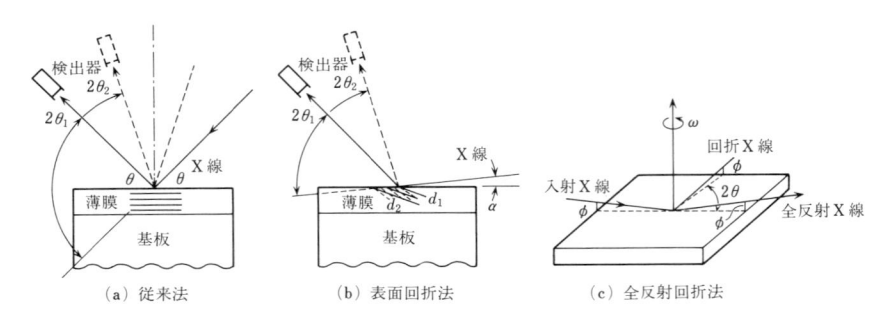

図 II.3.77 各種 X 線回折計の光学系
(a) 従来法　(b) 表面回折法　(c) 全反射回折法

では観察される原子面は，物質表面に平行な面であるが，全反射回折法では，物質の表面に垂直な，ごく表面部分の情報をえることができ，試料面に垂直な原子の面間隔を測定するとともに，ロッキングカーブを測定し，表面層での転位や積層欠陥，熱運動による無秩序性の増加などを確認することができる．

b. LB 膜の測定例

LB 膜の製造条件（表面圧，温度，基板ガラスの表面処理）を変えた 3 種のステアリン酸鉛 25 層累積分子膜の測定結果を，各試料の製膜条件とともに図 II.3.78 に示す[4,5]．回転対陰極を用いて測定した光学系（Kratky camera）を図 II.3.79 に，積層構造の乱れに関する解析結果を表 II.3.9 に示す．試料 A，B，C の順に積層構造の乱れが増大する．試料 A ではステアリン酸鉛とガラス基板との間のアラキジン酸カドミウムがガラス基板の凹凸を吸収し，積層構造の乱れはきわめて小さい．また試料 C では周期単位が 10% 程度小さい上に，第 1 種の乱れによる格子のずれも 10% 程度に達し，単に分子鎖が傾斜するだけでなく，分子鎖が相互に入り組んだり，格子が積層方向に圧縮されている可能性が示唆されている．

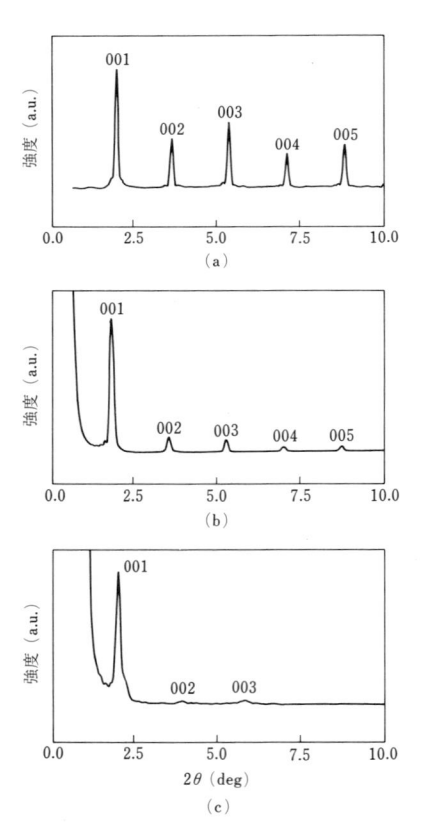

図 II.3.78 ステアリン酸鉛 25 層累積分子膜の X 線回折パターン[5]
製膜条件：(a) 試料 A：表面圧 15mN/m，温度 18℃，ステアリン酸鉛 25 層と基板ガラスの間にアラキジン酸カドミウム 3 層累積，(b) 試料 B：表面圧 15mN/m，温度 18℃，(c) 試料 C：表面圧 30mN/m，温度 15℃．

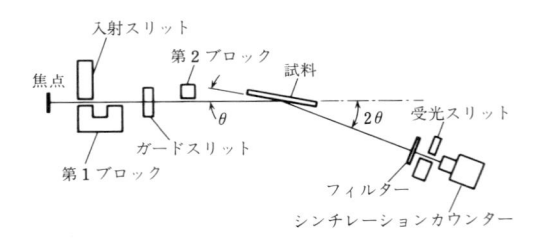

図 II.3.79 Kratky 型反射小角 X 線回折計[4]

次に陰イオン性界面活性剤 Sodium Dodecyl Sulfate（SDS）とペンタノール-塩水（または純水）の 3 成分系溶液が高含水領域で形成するリオトロピックスメクティック相に着目し，2 分子膜間に働く膜間相互作用を，SR 光を用いて，試料をキャピラリー内に調製して測定した結果を図 II.3.80 に示す[6]．塩水膨潤系も純水膨潤系も希釈していくと溶液が 2 分子膜間に取り込まれ，2 分子膜の繰り返し周期が長くなる．さらに 2 分子膜のみかけの膜厚と体積分率 ϕ の関係を調べる（図 II.3.81）と，純水系では膜厚が一定であるが，塩水系では SDS 濃度の減少について若干増加し，2 分子膜のゆらぎを反映している．純水系では静電相互作用が支配的であり，2 分子膜は剛体的で明瞭な層状構造を示すのに対し，塩水系では塩水中のイオンにより静電相

3.3 高次構造解析

表 II.3.9 ステアリン酸鉛累積分子膜の結晶サイズおよび格子乱れ度

試料	プロファイル関数	ひずみモデル							
		マイクロストレイン		パラクリスタル		ウィルソンタイプ			
		L_{001} (nm)	$\langle\varepsilon^2\rangle^{1/2}$ (%)	L_{001} (nm)	g_H (%)	L_{001} (nm)	e (%)	d_0^a (nm)	L_{001}^b (nm)
A	Cauchy	60.6	0.003	60.7	0.17	60.7	0.004	5.02	60.2
	Gaussian	60.7	0.09	60.8	0.76	60.7	0.11		
B	Cauchy	61.4	0.09	59.4	0.60	61.4	0.11	5.04	60.5
	Gaussian	59.5	0.32	58.4	1.23	59.5	0.40		
C	Cauchy	54.4	0.90	44.1	2.36	55.3	1.14	4.55	54.6
	Gaussian	44.8	1.50	40.4	3.39	45.2	1.89		

a l dool 対 $1/\sin^2\theta$ のプロットから導出.
b $L_{001} = Nd_0$ より計算.

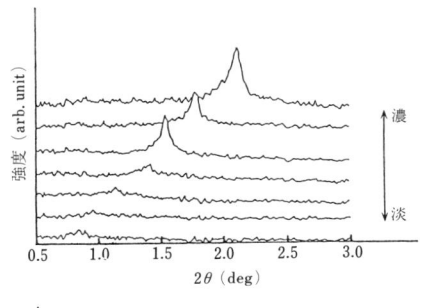

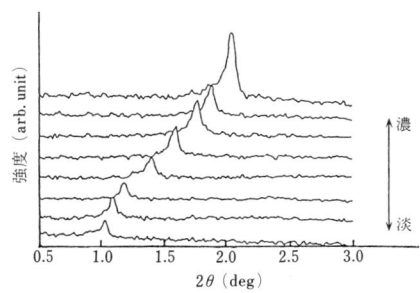

図 II.3.80 塩水膨潤系(上)と純水膨潤系(下)のSDS濃度依存性[6]

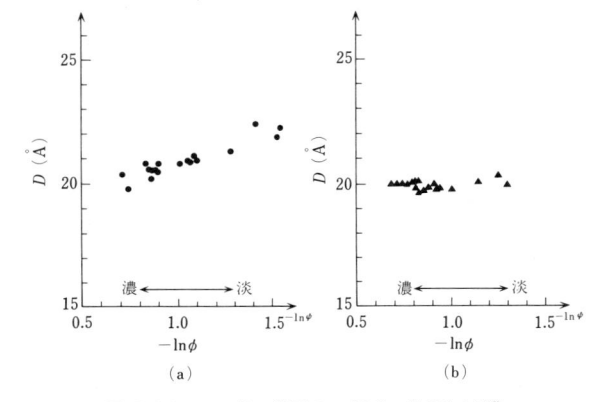

図 II.3.81 みかけの膜厚 D のSDSの濃度依存性[6]
(a) 塩水膨潤系, (b) 純水膨潤系.

互作用がしゃへいされ, 2分子膜が柔らかくなり, steric repulsion が強く作用し, 2分子膜のゆらぎが大きくなりぼやけた層状構造を呈するものと解釈される.

c. 有機単分子膜(ラングミュア膜, L膜)の測定例

膜の面内構造の制御性の向上や, 構造欠陥に関する2次元系モデルシステムとして, LB膜の前駆体であるL膜を用いた構造研究が拡がりつつある. 従来は表面圧-面積曲線の測定にもとづく熱力学的観点から研究されていたが, 表面圧変化に伴う分子レベルでの構造変化をSR光を用いて観察する方法が開発された(図II.3.82)[7]. あらかじめ水面上の分子を円筒形の散乱体と近似した単純なモデルを用いて回折パターンを予測すると理解しやすい(図II.3.83)[8]. 表面圧が十分高い領域では固体膜が形成され円筒分子は水面上で直立した六方格子を形成する. 表面圧が下がるにつれて分子が傾く. このとき分子列の間隔は, 分子列の方向と分子が傾いていく方向との間の角度に依存する. アラキン酸($CH_3C_{18}H_{36}COOH$)単分子膜の構造の表面圧依存性, 水中のプラスイオン種に対する依存性が調べられた(図II.3.84)[9]. 純水上に展開した場合, 図II.3.84(a)に示す強度分布を示し, 円筒分子が最近接分子の方向に傾く場合(図II.3.83(b))に相当する. 表面圧

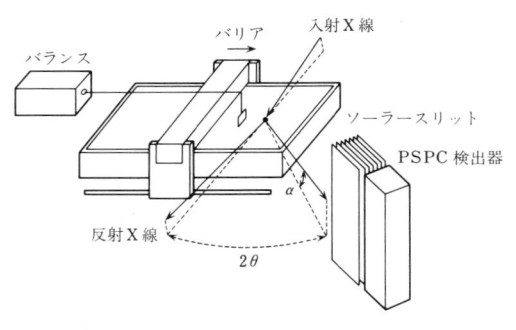

図 II.3.82 水面上単分子膜の構造評価のための実験配置[7]
2θ は水平面内の散乱角, α は鉛直方向(ブラッグロッドへ沿った方向)への散乱角.

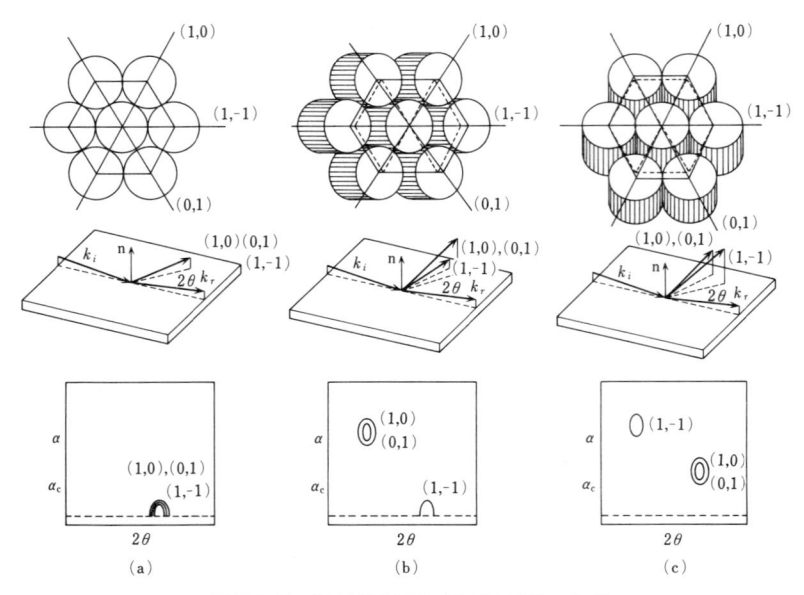

図Ⅱ.3.83 水面上単分子膜の円筒分子構造モデル[8]
(a) 分子が直立した六方格子，(b) 最近接原子方向への傾きをもつ場合，(c) 第2原子方向への傾きをもつ場合．上段は円筒で近似した分子列を鉛直方向に見た場合のモデル，下段は 2θ-α 面内での X 線強度分布の模式図，α_c は射出 X 線に対する臨界角．

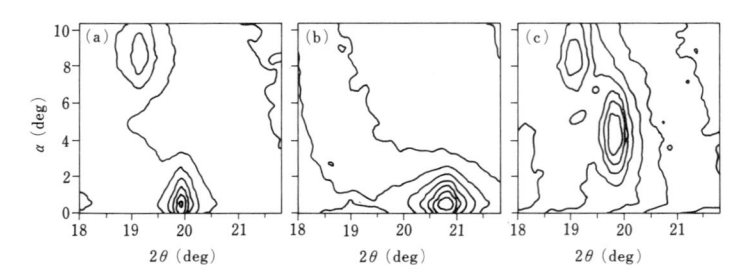

図Ⅱ.3.84 比較的低い表面圧の場合の 2θ-α 面内での X 線強度分布[7]
(a) 純水上($\pi=5.0$mN/m)，(b) 10^{-4}MCdCl$_2$ 水溶液上($\pi=1.0$mN/m)，(c) 10^{-4}M シアニン水溶液上($\pi=5.0$mN/m)にアラキン酸を展開した場合の低圧力相での実測データ．

が上昇すると図Ⅱ.3.83(a)になり，分子が水面上で直立してくる．CdCl$_2$ 水溶液上では低圧下でも図Ⅱ.3.84(b)のように，分子がすでに直立している．一方シアニン色素水溶液上では強度分布が図Ⅱ.3.84(c)になり，分子が第2近接分子の方向に傾く場合(図Ⅱ.3.83(c))に相当する．

d. 有機超格子の測定例

OMBD(Organic Molecular Beam Deposition)法を用いて 5, 10, 15, 20-tetraphenyl porphyrin(H$_2$TPP；C$_{44}$H$_{30}$N$_4$) と 5, 10, 15, 20-tetraphenyl porphyrinato zinc(ZnTPP, C$_{44}$H$_{28}$N$_4$Zn)分子を交互に Si 基板やガラス基板上に積層した有機超格子の周期と厚みの均一性の確認が図Ⅱ.3.79に示した装置を用いて行われた[10,11]．H$_2$TPP 2層/ZnTPP 2層からなる超格子と H$_2$TPP 1層/ZnTPP 1層からなる超格子のX線回折スペクトルを図Ⅱ.3.85(a)，(b)に，1層/1層超格子の構造モデルを図Ⅱ.3.85(c)に示す．両回折スペクトルに周期を示す明確なピークとともに，試料厚みの均一性を示す干渉縞が観測される．また基板に対する分子鎖のティルト角はIRの配向解析から2層交互積層格子で70°，1層交互積層格子で75°と決定され，X線回折で求められた値と完全に一致している．

次に真空蒸着装置内に回折光学計を組立て，蒸着有機薄膜分子の蒸着過程における結晶成長や熱処理過程における分子配向変化をその場観測した結果を示す[12]．図Ⅱ.3.86に示す装置でトリトリアコンタン(n-

3.3 高次構造解析

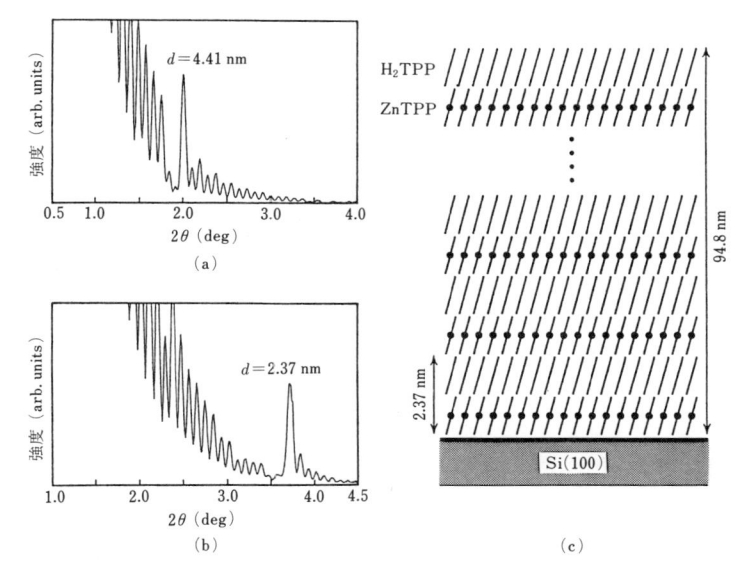

図 II.3.85 有機超格子 H₂TPP/ZnTPP の X 線回折スペクトルおよび超格子構造モデル[11]

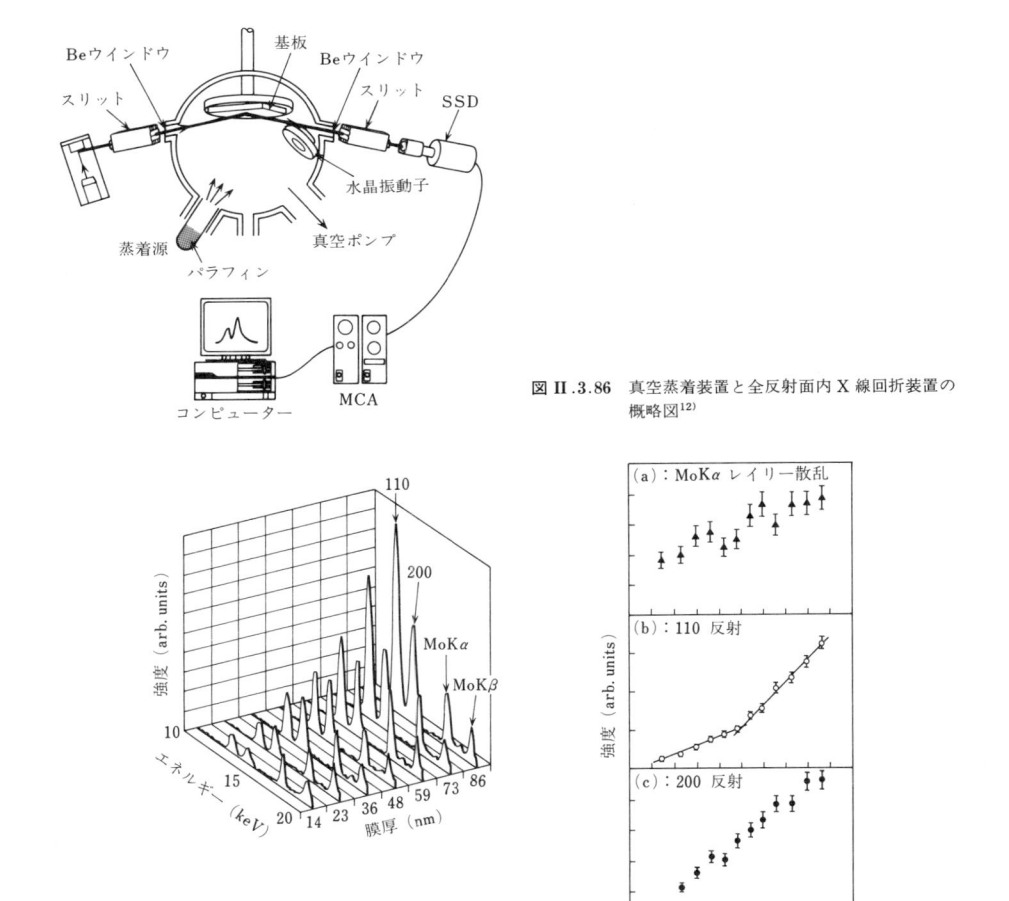

図 II.3.86 真空蒸着装置と全反射面内 X 線回折装置の概略図[12]

図 II.3.87 トリトリアコンタン分子蒸着膜の X 線回折プロファイルの膜厚依存性[12]

$C_{33}H_{68}$)分子蒸着膜の膜厚依存性を調べた結果を図 II.3.87 に示す. 装置は SSD によるエネルギー分散方式を用いており, MoKα のレイリー散乱強度を膜厚のモニターに利用できる利点がある. 200 反射強度の膜厚に対する傾きに大きな変化がないのに対し, 110 反射は膜厚約 50 nm あたりでその傾きがより大きくなる. この結果は膜厚 50 nm 以下ではパラフィン分子の (010) 面が SiO_2 基板表面に平行に配向している分子が多いが, 50 nm 以上では基板との相互作用の弱まりにより, パラフィンの分子軸が基板面に対して垂直に配向している分子が増加したことに対応する. さらに熱処理すると(図II.3.88), 昇温時に回折強度が減少し, 降温時には回折ピークがまったく検出されない. これは加熱による蒸着パラフィン分子の昇華を物語るものであり, 110 と 200 の反射で強度減少の挙動が異なるのは, パラフィン結晶面と基板面との相互作用の強さに差があるためであり, (100) 面が基板面と垂直に配向している分子の方が基板面との相互作用が強いことを示唆している.

e. 液晶の層構造の測定例

SR 光を約 $5×5μm^2$ のマイクロビームに絞り込み, SSFLC(Surface Stabilized Ferroelectric Liquid Crystal)液晶セル内の層構造(Local Layer Structure; LLS)欠陥の解明に適用された[13,14]. 図 II.3.89(a) は 2 枚のガラス板で挟んだ液晶層のジグザグ欠陥部分を順次測定したロッキングカーブである. ±18°の二つのシャープなピークはシェブロン構造に対応する. 0°付近のピークはブックシェルフ層構造に由来するが, 1 本のピークではなく多重ピークに分離している部分が観察される. これはブックシェルフ構造がキンクしてシェブロン構造に転移するものと解釈されている.

〔北野幸重・石田英之〕

参考文献

1) Cullity, B. D.: Elements of X-ray Diffraction, 2nd ed. (1978) Addison-Wesley, Reading, Massachusetts
2) Feder, R., Berry, B.: *J. Appl. Cryst.*, **3** (1970), 372
3) Marra, W. C., Eisenberger, P., Cho, A. Y.: *J. Appl. Phys.*, **50**

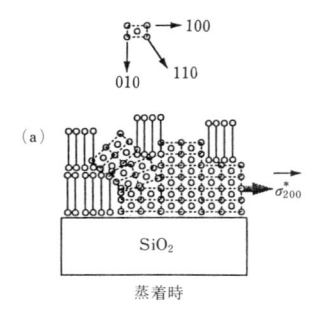

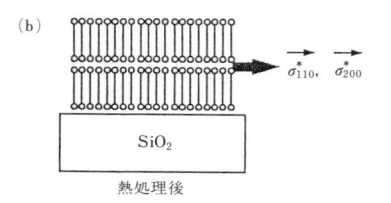

図 II.3.88 トリトリアコンタン分子蒸着膜の X 線回折プロファイルの温度変化[12]

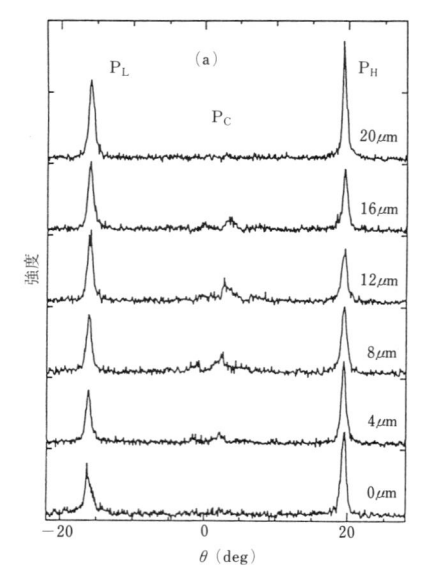

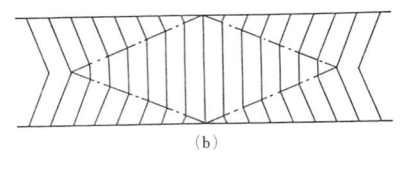

図 II.3.89 液晶ジグザグ欠陥部の X 線回折ロッキングカーブ(a)と構造モデル(b)[14]

(1979), 6927
4) Sasanuma, Y., Kitano, Y., Ishitani, A.: *Thin Solid Films*, **190** (1990), 317
5) Sasanuma, Y., Kitano, Y., Ishitani, A., Nakahara, H., Fukuda, K.: *Thin Solid Films*, **190** (1990), 325
6) Takahashi, M.: *SR Science and Technology Information*, **4** (1994), 8
7) Matsushita, T.: *SR Science and Technology Information*, **2** (1992), 4
8) Kjaer, K., Als-Nielsen, J., Helm, C. A., Tippman-Krayer, P., Mohwald, H.: *J. Phys Chem.*, **93** (1989), 3200
9) Matsushita, T., Iida, A., Takeshita, K., Saito, K., Kuroda, S., Ohnagi, H., Sugi, M., Furukawa, Y.: *Jpn. J. Appl. Phys.*, **30** (1991), L 1674
10) Nonaka, T., Mori, Y., Nagai, N., Matsunobe, T., Nakagawa, Y., Saeda, M., Takahagi, T., Ishitani, A.: *J. Appl. Phys.*, **73** (1993), 2826
11) Nonaka, T., Mori, Y., Nagai, N., Nakagawa, Y., Saeda, M., Takahagi, T., Ishitani, A.: *Thin Solid Films*, **239** (1994), 214
12) Hayashi, K., Ishida, K., Horiuchi, T., Matsushige, K.: *Jpn. J. Appl. Phys.*, **31** (1992), 4081
13) Pieker, T. P., Clark, N. A., Smith, G. S., Parmar, D. S., Sirota, E. B., Safinya, C. R.: *Phys. Rev. Lett.*, **59** (1987), 2658
14) Iida, A.: Prepr. 4th International Symposium on Synchrotron Radiation Facility and Advanced Science and Technology (1994), 56

3.3.2 中性子散乱[1]

a. 中性子の特徴（中性子と電磁波）

中性子は粒子波であるため，その波長とエネルギーの関係がX線や光などの電磁波と大きく異なる．図II.3.90に波長とエネルギーの関係を中性子と電磁波について示してある．ここでは波長の代わりに運動量 p が用いられているが，運動量と波長は逆数関係にあり（$p/h=1/\lambda$，h はプランク定数），横軸の値から波長の値がわかる．図から明らかなように，分子の構造を調べるのに手頃な波長をもつ熱中性子や冷中性子が分子の運動を調べるのにちょうどよいエネルギーをもつのに対して，電磁波の場合，構造解析に用いられるX線はエネルギーが非常に高すぎ分子運動の測定には用いることができず，また分子運動を調べる赤外線などは波長が長すぎ構造解析には用いられない．このように分子の静的な構造と動的な構造（分子運動）を同時に調べることができるのは中性子散乱の大きな特徴の一つである．

また，電磁波は通常，核外電子により散乱されるのに対して，電荷をもたない中性子は原子核により散乱される（核散乱）．ただし，中性子は磁気モーメントをもつため電子の磁気モーメントにより散乱され，磁性体などにおいては重要であるが，有機物質の場合特殊な例を除いては問題にならない．核散乱における散乱振幅は散乱長（scattering length）と呼ばれる．散乱長には散乱の際の中性子波の位相変化も含まれ，位相が180°変化するものが正，変化しないものが負である．表II.3.10に有機物質に代表的な元素の散乱長と散乱断面積が示してある．このように，中性子散乱のコントラストは散乱長密度の差によって決まるため，電子密度の差によってコントラストが決まる電磁波の散乱とは相補的な情報を得ることができる．有機物質の高次構造解析において，中性子散乱の最も特徴的な点は，軽水素と重水素の散乱長が大きく異なることである．通常，軽水素と重水素の化学的性質はあまり異ならないため，重水素ラベルにより化学構造を変えず，特定の部分のみを他と区別することができる．

表 II.3.10 有機物に代表的な元素の散乱長と散乱断面積

元素	散乱長 (fermi)	干渉性散乱 断面積 (barn)	非干渉性散乱 断面積 (barn)
H	−3.74	1.8	79.7
D	6.67	5.6	2.0
C	6.65	5.6	0.0
N	9.40	11.1	0.3
O	5.80	4.2	0.0

fermi=10^{-15}m, barn=10^{-28}m^2.

b. 中性子散乱の分類

中性子散乱測定においては，入射中性子と散乱中性子の間のエネルギー変化 ΔE と運動量変化 $\hbar \boldsymbol{Q}$（$\boldsymbol{Q}$ は散乱ベクトルで $|\boldsymbol{Q}|=4\pi\sin\Theta/\lambda$，$2\Theta$ は散乱角，λ は中性子波長）の関数として散乱中性子の強度を測定する．その際，散乱前後でエネルギー変化を起こさないものを弾性散乱，起こすものを非弾性散乱または準弾性散乱と呼ぶ．弾性散乱は分子の静的構造を調べるのに，準弾性散乱は分子の不規則な運動（たとえばブラウ

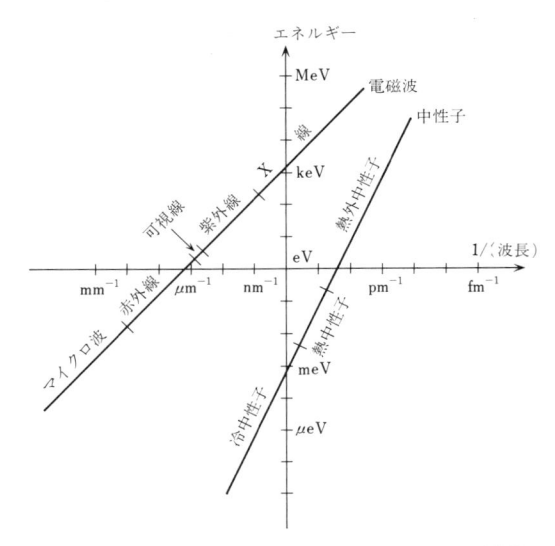

図 II.3.90 中性子および電磁波のエネルギーと波長の関係（対数目盛）

ン運動)を調べるのに,非弾性散乱は分子振動など規則的な運動を調べるのに用いられる.弾性散乱は結晶構造など局所構造を調べる広角散乱と相分離構造や高分子の形態など大きな構造を調べる小角散乱に分類できる.最近話題となっている中性子反射法は物質の表面や界面の構造を調べることができる.これらの散乱には,干渉性の散乱と非干渉性の散乱がある.静的構造研究においては非干渉性散乱はほとんど意味をもたないが,非弾性散乱では振動状態密度の決定に用いることができるなど非干渉性散乱も重要である.表II.3.11に各散乱の特徴を示してある.

1) 弾性散乱

小角散乱:小角中性子散乱で調べる散乱体の大きさは,おおよそ数十Åから数千Åである.先に述べたよ

表II.3.11 中性子散乱の分類とそれぞれの特徴

中性子散乱の分類	散乱ベクトルの範囲(対応する実空間の範囲)	エネルギー範囲(対応する時間範囲)	特徴	応用
弾性散乱				
干渉性			核散乱	
小角散乱	$10^{-3} \sim 0.5$ Å^{-1} (6000~10 Å)	—	HとDの散乱長が大きく異なる 重水素化ラベル法,コントラスト強化法,コントラスト変化法	バルク高分子中の1本鎖の形態の観察 特定の内部構造の決定
広角散乱	$0.5 \sim 50$ Å^{-1} (0.1~10 Å)	—	かなり大きなQまで測定可 HとDの散乱長が大きく異なる	アモルファス物質の動径分布解析 水素原子の位置の決定,X-N合成
反射率	$10^{-2} \sim 0.5$ Å^{-1} (600~10 Å)	—	表面解析,深さ方向の空間情報	多層膜の厚さの決定,表面粗さ
非干渉性	$0.5 \sim 50$ Å^{-1} (0.1~10 Å)	—		温度因子の決定
準弾性散乱				ブラウン運動などランダムな運動 並進拡散,回転拡散
干渉性	$0.1 \sim 6$ Å^{-1} (1~60 Å)	$10^{-3} \sim 10$ meV ($10^{-13} \sim 10^{-9}$s)	相互時空相関関数の測定 散乱体相互の相対運動	高分子セグメント運動
非干渉性	$0.1 \sim 6$ Å^{-1} (1~60 Å)	$10^{-3} \sim 10$ meV ($10^{-13} \sim 10^{-9}$s)	自己時空相関関数の測定 散乱体の自己拡散	水素原子の運動 金属内水素,KDPなど水素結合系
非弾性散乱				
干渉性	$0.1 \sim 50$ Å^{-1} (0.1~60 Å)	$0.1 \sim 300$ meV ($10^{-15} \sim 10^{-11}$s)	フォノン運動量の測定 分子,原子の相対振動	分子スペクトロスコピー フォノンの分散曲線の決定 結晶弾性率
非干渉性	$0.1 \sim 50$ Å^{-1} (0.1~60 Å)	$0.1 \sim 300$ meV ($10^{15} \sim 10^{-11}$s)	分子スペクトルに対する選択則なし H原子の運動を主に観測	フォノンの振動状態密度の決定 D置換により特定の分子振動の観測

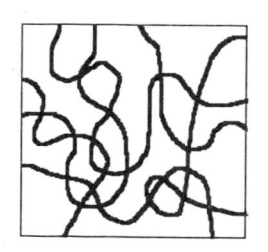

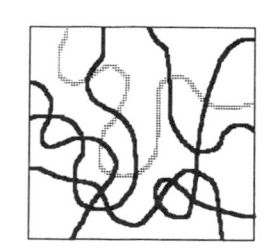

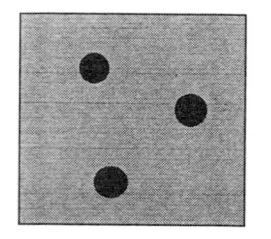

図II.3.91 中性子小角散乱の応用例
(a) 重水素化ラベル法.バルク高分子中の1本鎖の形態観測.
(b) コントラスト強化法.(c) コントラスト変化法.コア-シェル構造をもつラテックス粒子のコア部分のみの観測.

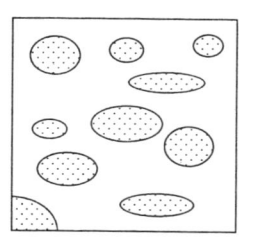

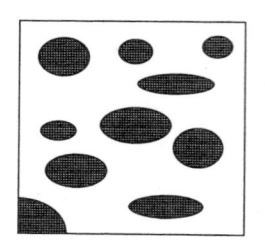

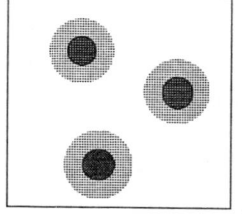

うに,有機材料の構造研究における中性子散乱の最大の特徴は軽水素と重水素の散乱長が大きく異なることである.このため,特定の部分を重水素化(または軽水素化)することにより,化学構造を変えることなく他の部分と区別することができる.この応用として,(1) 重水素化ラベル法,(2) コントラスト強化法,(3) コントラスト変化法がある.(1)では,たとえば,バルクの重水素化高分子中に少量の軽水素化高分子を混ぜて測定することにより,1本の高分子鎖の形態を調べることができる(図II.3.91(a)).(2)は,共に水素原子を含む2成分系のうち1成分を重水素化物に置き換えることにより,コントラストを強める方法である(図II.3.91(b)).(3)では,溶媒の散乱長密度を,軽水素化物と重水素化物の比率を変えることにより,溶質のある特定の部分の散乱長密度に一致させる.これによりその特定部分は中性子には見えなくなり,残りの部分だけの形態を知ることができる(図II.3.91(c)).

広角散乱:結晶構造など分子の局所構造の研究に用いられる.構造解析における基本原理は広角X線散乱と同じであるが,中性子散乱では散乱長密度の差により,コントラストが決まるためX線散乱では決定できない水素原子の位置を重水素化合物を用いることにより決めることができる.また,X線解析により求めた電子密度分布と中性子解析から得た原子核の位置より,電子雲のかたよりを調べることができる(X-N合成).図II.3.92はシュウ酸[2]について行われたX-N合成の例である.有機物質に多く含まれる水素原子は非干渉性散乱断面積が非常に大きく(表II.3.10),広角散乱においては大きなバックグラウンドを与えるため,通常は用いられない.

中性子反射法:中性子反射率の測定から物質の表面や界面構造に対する情報を得ることができる.物質の表面での中性子の反射率 $R(Q)$ は次式で与えられる.

$$R(Q) = 16\pi^2/Q^4 |\rho^{(1)}(Q)|^2$$

$$\rho^{(1)}(Q) = \int_{-\infty}^{\infty} e^{iQz}(d\rho/dz)\,dz$$

ここで,$\rho(Q)$は物質の深さzにおける散乱長密度であり,$\rho^{(1)}(Q)$は表面構造因子の意味をもつ.物質表面での中性子の反射率をQを変えて測定し,界面構造モデルに対する$\rho(z)$を仮定し,これより$R(Q)$を計算して実測値と比較することにより,表面構造を決定することができる.一例として,Si基板上にCVD(Chemical Vapor Deposition)法で積層されたSi_3N_4からの中性子反射率と構造モデルによる最適の理論曲線を図II.3.93に示してある[3].これにより積層膜中のSiNのアモルファス化の度合いや,界面粗さなどが議論できる.

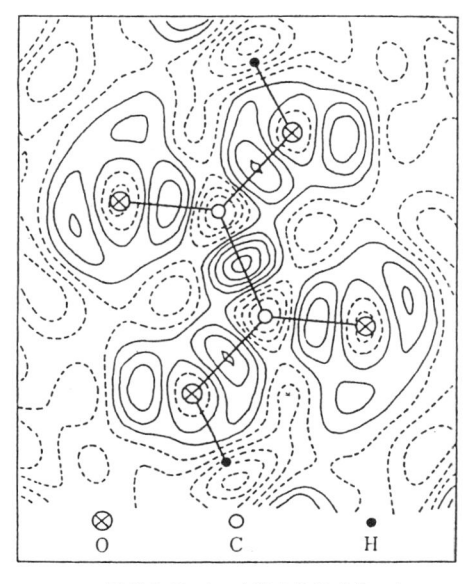

図II.3.92 シュウ酸のX-N合成

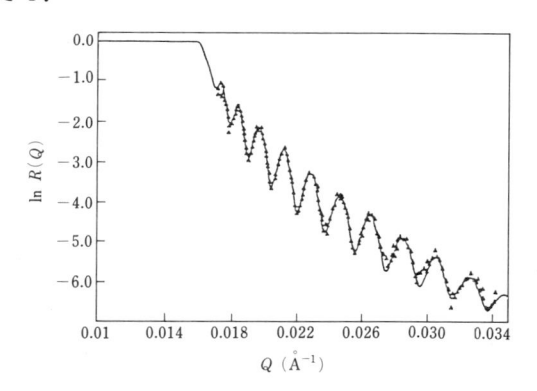

図II.3.93 CVD法でSi基板上へ積層したSiN薄膜からの中性子反射率測定
実線は最適モデルによる理論曲線.

2) 準弾性散乱 準弾性散乱においてはブラウン運動などランダムな運動が観測の対象となる.通常,干渉性および非干渉性動的散乱則(dynamic scattering law) $S_{coh}(\bm{Q},\omega)$ および $S_{inc}(\bm{Q},\omega)$ が観測され,これはファン・ホーフの時空相関関数 $G(\bm{r},t)$ と次のようなフーリエ変換の関係にある.

$$S_{coh}(\bm{Q},\omega) = (2\pi)^{-1}\int \exp\{i(\bm{Qr}-\omega t)\}G(\bm{r},t)\,d\bm{r}dt$$

$$S_{inc}(\bm{Q},\omega) = (2\pi)^{-1}\int \exp\{i(\bm{Qr}-\omega t)\}G_s(\bm{r},t)\,d\bm{r}dt$$

$$G(\bm{r},t) = G_s(\bm{r},t) + G_d(\bm{r},t)$$

ここで,$G_s(\bm{r},t)$ および $G_d(\bm{r},t)$ は自己および相互時

空相関関数と呼ばれ，その物理的意味は，時刻 $t=0$ に位置 $r=0$ にある粒子が存在したときに，時刻 $t=t$ に，位置 $r=r$ に同じ粒子もしくは他の粒子を見いだす確率密度である．通常物理モデルより $G(r, t)$ もしくは $S(Q, \omega)$ が計算され，実測結果と比較され，物理量の決定が行われる．たとえば単純拡散のような場合，

$$G_s(r, t) = (4\pi D|t|)^{-3/2} \exp\{-r^2/4D|t|\}$$
$$S_{\text{inc}}(Q, \omega) = \frac{1}{\pi} \frac{DQ^2}{\omega^2 + (DQ^2)^2}$$

で与えられる．ここで D は巨視的拡散定数であり，$S_{\text{inc}}(Q, \omega)$ の半値幅 $\Gamma = DQ^2$ の Q 依存性より求めることができる．

3) 非弾性散乱 主に分子分光の研究に用いられる．赤外分光やラマン分光と異なり，いわゆる選択則がないため，あらゆる振動モードが観測される．中性子非弾性散乱が得意とする周波数（エネルギー）範囲は赤外，ラマン分光のそれよりもかなり低く，分子結晶の格子振動を観測することができる．格子振動モードの量子をフォノンというが，その振動数 ω_0 はフォノンの波数ベクトル q に依存し，$\omega_0(q)$ をフォノンの分散関係（dispersion relation）という．干渉性の中性子非弾性散乱を用いることにより，フォノンの分散関係を直接観測することができる．それに対して，非干渉性散乱においては，フォノンの波数ベクトルについての積分値，すなわち振動状態密度 $g(\omega)$ が観測される．

c. 中性子散乱実験

中性子散乱実験を行う際に必要な要素として，中性子源，減速材，単色化装置，検出器，計測器などが必要である．中性子源と減速材以外の各要素の集合体として中性子分光器がある．詳細については文献4)を参照されたい．　　　　　　　　　　〔金谷利治〕

参 考 文 献

1) 化学，物理への応用を中心とした教科書として，
  (a) 梶慶輔：高分子実験学16 高分子の固体物性 I，中性子散乱，p. 257(1984)，共立出版
  (b) Willis, B. T. M. ed.: Chemical Application of Thermal Neutron Scattering, (1973), Oxford Univ. Press, London
  (c) Beé, M.: Quasielastic Neutron Scattering (1988), Adam Hilger, Bristol and Philadelphia
  (d) Kostroz, G. ed.: Treatise on Materials Science and Technology, **15** (1979), Academic Press, London
  (e) Bacon, G. E.: Neutron Scattering in Chemistry (1977), Butterworths, London
  (f) Springer, T.: Quasielastic Neutron Scattering for the Investigation of Diffusive Motions in Solids and Liquids, Springer Tracts in Modern Physics, **64** (1972), Springer, Berlin
    Boutin, H. and Yip, S.: Molecular Spectroscopy with Neutrons (1968), The M. I. T. Press, Massachusetts
2) Coppens, P., Sabine, T. M., Delaplane, R. G., Ibers, J. A.: *Acta Cryst.*, **B25** (1969), 2451
3) Ashworth, C. D., Messoloras, S., Stewart, R. J., Wilkes, J. G., Boldwin I. S., Penfold, J.: *Phil. Mag. Lett.*, **60** (1989), 37
4) Skold K. Price, D. L. ed.: Neutron Scattering, Methods of Experimental Physics, **23** (part A-C), (1986), Academic Press, London

3.3.3 光 散 乱

a. 光散乱とは

透明な媒質中に光を入射させると，一部は表面において反射し，他の大部分は媒質と大気の屈折率比に応じてすこし曲って媒質中を伝播し透過する．この際，入射光の振動数 ω_0 とは異なる振動数 ω（$\Delta\omega = \omega - \omega_0 \ll \omega_0$）や振動数はほぼ同じであるが異なった伝播方向をもつ散乱波が発生する．これは強度としては弱いが原理的には重要である．光の散乱現象は，光という電磁波により媒質の構成要素である電子の運動が変化することにより生じる[1),2)]．図II.3.94に液体からの散乱光強度スペクトル $I(q, \omega)$ を全散乱光強度 $I(q)$ で規格した形で示す[3)]．

$$\frac{I(q, \omega)}{I(q)} = I_R \frac{2\Gamma_R}{\omega_0^2 + \Gamma_R^2} + 2I_B \left(\frac{\Gamma_B}{(\omega_0 - \omega_B)^2 + \Gamma_B^2} + \frac{\Gamma_B}{(\omega_0 + \omega_B)^2 + \Gamma_B^2} \right)$$
(II.3.19)

入射光と同一の波長 ω_0 で極大となる中心ピークがレイリー散乱であり，中心から $\pm\omega_B$ 離れた2重項がブリュアン散乱である．散乱の基礎過程は，古典電磁気学の枠組で次のように考えればよい．光との相互作用により各分子中に分極率 α の誘起双極子が生じ，入射光と同一の振動数 ω_0 で強制振動する．各振動双極子からは入射光と同一周波数の光が放射され，その総和が観測点において散乱電場 E_q あるいは散乱光強度 $I(q)$ として観測される．散乱体となる分子間の距離は光の波長に比べて非常に小さく，分子が完全にランダムに媒質中に存在していれば $E_q = 0$ であり散乱は観測されない．したがって，光の散乱は，媒質中に光の波長 λ のオーダー，より正確にいえば散乱ベクトル q の絶対値 $|q|$（$\equiv q = (4\pi/\lambda)\sin(\theta/2)$；散乱角 θ は入射光と散乱光方向の単位ベクトルがなす角度）の逆数

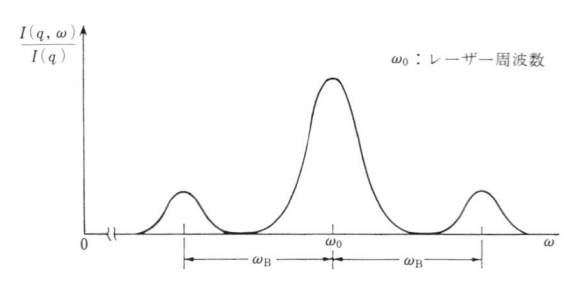

図 II.3.94 液体からの散乱光強度スペクトルの模式図

表 II.3.12 液体の散乱光スペクトルに関係する物理量（入射レーザー光周波数 ω_0）

ゆらぎ	レイリー散乱ピーク 熱および密度のゆらぎ	ブリユアン散乱ピーク 圧力の断熱ゆらぎ	物理量 $\overline{(\Delta T)^2}, \overline{(\Delta \rho)^2}, \overline{(\Delta P)^2}$
減衰係数 h^a の一般式	$\dfrac{8\pi^3}{3\lambda^4}V\left[T\rho\left(\dfrac{\partial \rho}{\partial P}\right)_T^2\left(\dfrac{\partial \varepsilon}{\partial \rho}\right)_T^2\right.$ $\left.+\dfrac{T^2}{\rho C_V}\left(\dfrac{\partial \varepsilon}{\partial T}\right)_\rho^2\right]$	$\dfrac{\rho T C_V}{V C_P}\left(\dfrac{\partial \rho}{\partial P}\right)_T^2\left(\dfrac{\partial \varepsilon}{\partial \rho}\right)_s^2$	$\left(\dfrac{\partial \varepsilon}{\partial T}\right)_\rho^2, \left(\dfrac{\partial \varepsilon}{\partial \rho}\right)_T^2, \left(\dfrac{\partial \varepsilon}{\partial P}\right)_s^2$
ピーク中心周波数の ω_0 からのずれ	0	$\omega_B = v_s q$	音速 v_s
相対散乱光強度	$I_R = 1 - C_V/C_P$	$2I_B = C_V/C_P$	定圧比熱, C_P 定積比熱, C_V
線幅	$\Gamma_R = D_T q^2$	$\Gamma_B = \dfrac{1}{2}D_s q^2$	熱拡散係数, D_T 音速減衰係数, $D_s{}^b$

a：各ピークの強度と入射光強度との比．
b：$D_s = \rho^{-1}(4\eta/3 + \zeta) + D_T(C_P/C_V - 1)$；$\eta$, ζ は液体の粘性係数．

q^{-1} の空間スケール程度のゆらぎが生じて, 巨視的物理量である誘電率 ε が変化することによりはじめて観測される. ちなみに $\theta = 10° \sim 150°$ で $q^{-1} = 30 \sim 150$ nm 程度である. 図 II.3.94 において, レイリー散乱は密度 ρ および温度 T のゆらぎ, $\delta \rho$ および δT, ブリユアン散乱は圧力 P の断熱ゆらぎ δP に関係しており, 線幅は各ゆらぎの減衰速度 Γ に直接関係づけられ, Γ が大きいほど線幅は広くなる. また圧力の断熱ゆらぎは音波として媒質中を伝播するから, 散乱波の周波数は, 音速を v_s とするとドップラー効果により, $\omega_B = v_s q$, 周波数変調する. 表 II.3.12 に, 図 II.3.94 のパワースペクトルから得られる物理量についてまとめておく.

ブリユアン散乱は, 液体のみならずガラス, 固体など凝集体の分子運動の研究に用いられ, ファブリ-ペローの干渉計が測光法として知られている.

レイリー散乱の場合は, 線幅 Γ_R は, $D_T = 10^{-5}$ cm²/s と大きくても 1 MHz 程度と小さい. したがって, 干渉法ではなく, ウィーナー-ヒンチンの定理[4,5],

$$g_q^{(1)}(t) = \frac{1}{I_R(q)} \int_{-\infty}^{\infty} I_R(q, \omega) e^{i\omega t} d\omega \quad (\text{II}.3.20)$$

を活用し, 散乱電場 $\boldsymbol{E}_q(t)$ の時間相関関数 $g_q^{(1)}(t) = \langle \boldsymbol{E}_q^*(0) \boldsymbol{E}_q(t) \rangle$ を直接求める光子相関法が一般に用いられる. $g_q^{(1)}(t)$ は

$$g_q^{(1)}(t) = e^{-\Gamma_R t} \quad (\text{II}.3.21)$$

で与えられるから, Γ_R は $g_q^{(1)}(t)$ の減衰速度として求めることができる. 光子相関法では, 実際には角度 θ での散乱光強度 $I_q(t)$ の規格化された時間相関関数 $A_q(t)$ を求めるが, 散乱体の数が非常に大きければガウスの中心極限定理が成立して,

$$A_q(t) = 1 + \beta_c |q_q^{(1)}(t)|^2 = 1 + \beta_c e^{-2\Gamma_R t} \quad (\text{II}.3.22)$$

となる. ここで β_c は測定装置, 試料によりきまる定数であり $\beta_c < 1$ である. 最近市販されている光散乱装置では, レイリー散乱光強度 $I(q)$ および $A_q(t)$ の両者を評価することが可能となっている. 以下高分子系を主として例にとり, 測定から何がわかるかを簡単に述べる.

b. 希薄溶液

静的光散乱では, 高分子濃度 C が 10^{-4} g/cm³ 以下の希薄溶液からの濃度ゆらぎによるレイリー散乱光強度を散乱角 $20° \sim 150°$ の範囲で四つ以上の濃度で測定する. 溶媒からの散乱を差引いた過剰散乱 $I(q)$, すなわち濃度ゆらぎ $\Delta C(r)$ の相関関数 $\langle \Delta C(0) \Delta C(r) \rangle$ の q フーリエ成分を, 図 II.3.95 に示す Z_{imm} プロットを行うと, 式 (II.3.23)～(II.3.25) から

$$\frac{K_C C}{I(q)} = \frac{1}{M P(q)} + 2A_2 \frac{P_2(q)}{P(q)^2} C + \cdots \quad (\text{II}.3.23)$$

$$P(q) = 1 - \left(\frac{1}{3}\right) R_G{}^2 q^2 + \cdots \quad (\text{II}.3.24)$$

$$P_2(q)/P(q)^2 = 0 ; \theta \to 0 \quad (\text{II}.3.25)$$

$C \to 0$, $q \to 0$ の二重外挿点は一致して分子量 M が求

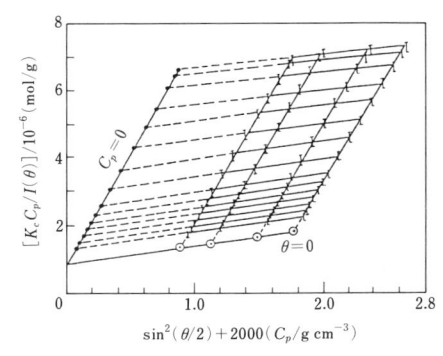

図 II.3.95 散乱光強度 $I(q)$ の Z_{imm} プロットによる孤立高分子鎖のキャラクタリゼーション[6]

まり，$c=0$，$q=0$ の各直線の勾配から高分子の拡がり R_G，分子間相互作用の強さを表す第2ビリアル係数 A_2 が求まる．M の評価には装置定数 K_c および K_c 中に含まれる屈折率増分 dn/dc の値が必要である．前者は散乱光強度既知のベンゼンなどで求めておけばよい．試料に分子量分布があるとき，光散乱から得られる分子量は重量平均分子量 M_w であり，R_G は Z 平均となる[6,7]．

粒子散乱関数 $P(q)$ は，分子が棒状，球状，屈曲性鎖など形状の違いにより，異なった q 依存性を示すから，分子の形状の判定に用いることができる．R_G と M の関係に着目すると，

$$R_G \propto \begin{cases} M & (\text{棒状分子}) \\ M^{0.5\sim 0.6} & (\text{屈曲性鎖}) \\ M^{1/3} & (\text{緻密な球状分子}) \end{cases}$$

（II.3.26）

のようにまとめられ，指数は分子形態により大きく異なる．光散乱はまた，DNA など固い高分子鎖を特徴づけるパラメーターである持続長 Q を求める最適の方法である[8]．

動的光散乱測定を高分子希薄溶液に対して行うと，協同拡散係数 $D(c)$ が得られる．濃度0に外挿し，並進拡散係数 D_{tr}，またストークス-アインシュタイン式より流体力学半径 $R_H = k_B T/6\pi\eta_0 D_{tr}$ が評価できる[9)~11)]．R_H の分子量依存性から，式（II.3.26）で示される R_G と M の関係と同様に，分子の形状の判定ができる．動的光散乱による R_H 測定の顕著な応用例として，エアロゾル，コロイド粒子の球径，球径分布がヒストグラムあるいはコンテインなどの非線形2乗法を用いて迅速に決定できる装置が市販されている．垂直偏光した入射光に対して水平方向に偏光した散乱光の $A_q(t)$ から，非対称分子の回転拡散係数 D_r も求めることができる．

溶液の光散乱は，溶質である高分子と溶媒間の誘電率（あるいは屈折率 $n = \varepsilon^2$）の差に基づく濃度ゆらぎにより生じる．高分子は並進・回転運動以外に分子内運動（ラウスモード）しており，濃度ゆらぎの減衰過程から分子内運動に関する情報が得られる．図II.3.96は，$A_q(t)$ の初期勾配として定義される1次のキュムラント Γ_e が $X^{1/2} = qR_G$ の大きいところで q^3 に比例することを示しており，図中の理論曲線と定性的に一致する．この結果から，ポリイソプレン，ポリスチレンなどの屈曲性鎖が強い流体力学相互作用の下に非す抜け球として溶媒中を熱運動していることがわかる[6,12]．R_G と R_H の測定を組み合せると，枝分れ高分子，ポリマクロモノマーなど複雑な幾何学的形状の高分子の拡がり，流体力学特性の定量的解析が行える．

c．準濃厚・濃厚溶液

高分子が互いに重なり合う濃度域では，濃度ゆらぎの空間的尺度は相関長 ξ となり，$I(q)$ は式（II.3.27）に従う[13]．

$$I(q) = \frac{I(0)}{1 + q^2\xi^2} \quad \text{（II.3.27）}$$

ξ はこの濃度域での溶液の熱力学的性質を定める量であり，浸透圧 π と同様に分子量に依存せず濃度のみの関数となり，スケーリングが成立する．溶液の相分離において，臨界点では ξ は発散するから（臨界たんぱく光が観測される），臨界現象の研究に光散乱は役立つ．動的光散乱から角度0への外挿により求まる D_{COOP} は協同拡散係数であり，溶液があたかもゲル網目のように振舞うことからゲル拡散係数とも呼ばれる．D_{COOP} がスケーリング則に従うことを図II.3.97に示す[14]．高角度側では Γ_e/q^2 は q 依存性を示し，Γ_e が動的スケーリング則が従うことが，ヒモ状ミセル系を用いて示されている[15]．

高分子はこの濃度域ではからみ合い効果で代表される顕著な粘弾性を示す[16),17)]．濃度ゆらぎと粘弾性応力との間にカップリングが存在することが示されてい

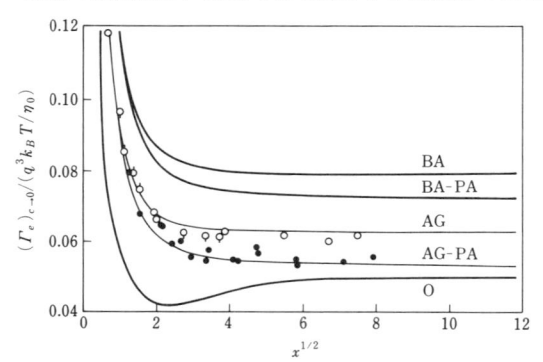

図II.3.96 1次のキュムラント Γ_e の換算プロットによる分子内運動の研究例[12]

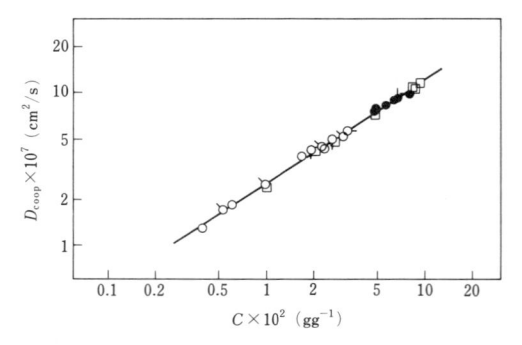

図II.3.97 協同拡散係数 D_{COOP} の C 依存性によるスケーリング則の適応性の検討[14]

る[18]．からみ合い高分子の拡散機構の研究には光散乱の特殊な応用技術である強制レイリー散乱法が有用である[19]．

d．溶融物，ガラス

高分子溶融物のレイリー散乱は3.3.4aに述べたように密度ゆらぎによる．主鎖は熱的刺激により広い緩和時間分布をもつミクロブラウン運動を行っているから，密度ゆらぎの減衰速度も広い分布をもち，$g_q^{(1)}(t)$は単一指数減衰型とはならず，コールラウシュ－ウィリアムス－ワッツ（KWW）型の式（II.3.28）で記述される．

$$g_q^{(1)}(t) = \exp[-(t/\tau^*(q))^\beta] \quad \text{(II.3.28)}$$

β は $0 \leq \beta < 1$ であり，β が小さいほど分布は広い．式（II.3.29）で定義される平均緩和時間 $\langle \tau \rangle$

$$\langle \tau \rangle = \int_0^\infty g_q^{(1)}(t) dt \quad \text{(II.3.29)}$$

は粘弾性諸量の温度依存性がWLF式で記述できるのに対応して，式（II.3.30）のVogel式で $\langle \tau \rangle$ の温度依存性は記述できる．

$$\langle \tau \rangle = \tau_0 \exp[B/(T-T_0)] \quad \text{(II.3.30)}$$

主鎖のミクロブラウン運動（α プロセス）以外に，側鎖の運動に起因するものと思われる β プロセスが動的光散乱により検出される例を図II.3.98に示す[20]．α プロセス（△，□，○印）は分子量により $\langle \tau \rangle$ はまったく異なるのに対し，β プロセス（▲，■）では分子量にほとんど依存せず，誘電緩和（DR）データと同様にアレニウス型の温度依存性を示している．

ガラス状高分子の $g_q^{(1)}(t)$ データの解析は現在不十分であるが，低分子ガラスについては動的光散乱，誘電緩和，NMRからそれぞれ求めた $\langle \tau \rangle$ の温度依存性はほぼ一致し，しかも式（II.3.30）に従っており，これら三つの方法が同一の分子運動をみていることは確かなようである[21]．

高分子混合物は組成比のゆらぎ，すなわち濃度ゆらぎによる散乱が観測され，$I(0)$ の値からフローリー－ハギンズの相互作用パラメーター χ が評価できる．動的光散乱は相互拡散係数 D を与える．実験と理論との比較において，拡散過程が成分A，B二つの高分子のうち，速い成分の拡散できまるのか，遅い成分の拡散が律速になるのか現時点では確定していない．最近の理論によれば，実験条件しだいでfast diffusionにもslow diffusionにもなるようである[22]．以上述べたことを表II.3.13にまとめておく．

e．混合物の相分離

高分子の相分離過程の特性時間は低分子に比べて数桁大きく実験が行いやすく，また工業的にもポリマーアロイとして単一高分子にはない性質を引きだすことができるため，最近詳細に研究が行われている．特にCahnにより最初定式化されたスピノーダル分解（SD）理論に基づき[23]，SD過程をX線，中性子，光などの電

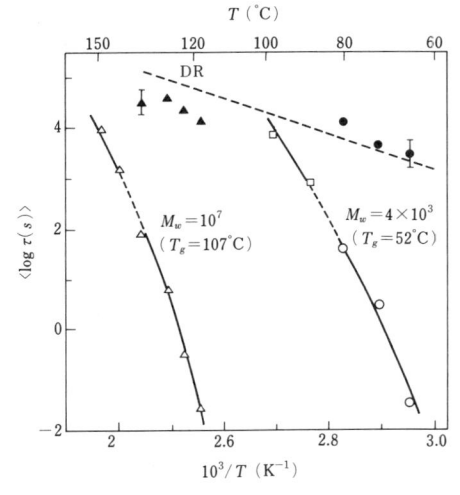

図II.3.98 高分子溶融物のセグメントおよび側鎖運動の動的光散乱による研究[20]

表II.3.13 高分子の光散乱

	希薄溶液	準濃厚・濃厚溶液	溶融物・ガラス固体
ゆらぎ	濃度ゆらぎ	濃度ゆらぎ	密度ゆらぎ，組成ゆらぎ
静的光散乱 $I(q)$	分子量 M，拡がり R_G，第2ビリアル係数 A_2	静的相関長 ξ	不均質度 静的相関長 ξ
動的光散乱 $A_q(t)$	並進拡散係数 D_{tr} 回転拡散係数 D_r 流体力学半径 R_H 分子内緩和運動 持続長 Q	協同（ゲル）拡散係数 D_c 動的相関長 ξ_H	相互拡散係数 分子運動
目 的	孤立鎖のキャラクタリゼーション 幾何学的形状因子，固さ	液－液相分離 スケーリング則 動的スケーリング則 溶液構造 粘弾性効果	混合物の相溶性，相分離 セグメント運動 側鎖運動

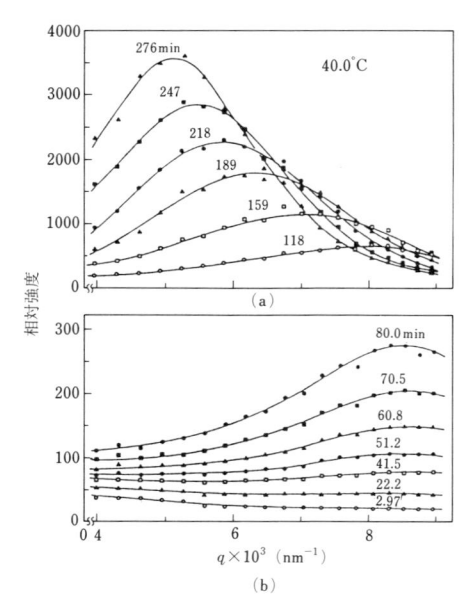

図 II.3.99 時間分割光散乱法による高分子混合物のスピノーダル分解過程の研究例[24]

磁波を用い，散乱強度の時間変化を時間分割法により調べる研究手法が有力である．AあるいはB成分の濃度ゆらぎ $\Delta\phi_k(\boldsymbol{r}, t)$ $(k=A, B)$ は，

$$\frac{\partial}{\partial t}\Delta\phi_k(\boldsymbol{r}, t) = L\nabla^2\left(\frac{\partial^2 f}{\partial C^2} - 2\kappa\nabla^2\right)\Delta\phi_k(\boldsymbol{r}, t)$$

(II.3.31)

の時間発展方程式で記述される．ここでLは輸送係数，fは自由エネルギー，κは相互作用の強さを表す距離である．図II.3.99に示すように[24]，SD初期では$\Delta\phi_k$はtの増加とともに指数関数的に増大するが，最大成長速度$R(q_m)$を与えるゆらぎの波数q_mはtに依存しない．

$$\Delta\phi_k(t) = \Delta\phi_k(0)\exp(R(q)t)$$

(II.3.32)

SD後期過程ではq_mは減少し，相分離構造の粗大化が起こり，最終的に巨視的二相分離構造が実現される．外力により一相状態から相分離への相転移，逆に非相溶から相溶状態への移行など興味深い現象が時間分割光散乱法により明らかにされている．

f．その他

本項では紙数の関係上，高分子ゲル，高分子電解質，生体高分子，ミセル系への光散乱法による研究について触れなかった．興味ある読者はW. Brown編のDynamic Light Scattering (文献18)中に最近の成果をみることができる．　　　　　　　〔根本紀夫〕

参考文献

1) Born, M., Wolf, E.: Principles of Optics (1974), Pergamon Press, London；日本語訳 草川ほか訳(1974)，東海大学出版会
2) ランダウ＝リフシッツ：電磁気学2, p. 479(1965)，東京図書
3) Stanley, H.: Phase Transitions and Critical Phenomena, p. 202 (1971), Clarendon Press, Oxford
4) 久保亮五：現代物理学の基礎6 統計物理学, p. 191(1972)，岩波書店
5) Pike, E. R.: The Theory of Light Scattering in Photon Correlation and Light Beating Spectroscopy (Cummins and Pike eds.), p. 15 (1973), Plenum Press, N. Y.
6) 倉田道夫，根本紀夫：生命科学の基礎5 生体分子系を測る(日本生物物理学会編), p. 113(1986)，学会出版センター
7) 倉田道夫：高分子工業化学III, p. 115(1975)，朝倉書店
8) Fujita, H.: Polymer Solutions, p. 139 (1990), Elsevier, London
9) Chu, B.: Laser Light Scattering (1974), Academic Press, N. Y.
10) Berne, B. J., Pecora, R.: Dynamic Light Scattering (1976), John Wiley, N. Y.
11) 根本紀夫：高分子溶液(高分子学会高分子実験学編集委員会編), p. 446(1982)，共立出版
12) Tsunashima, Y. et al.: *Macromolecules*, **20** (1987), 1992
13) de Gennes, P. G.: Scaling Concepts in Polymer Physics, p. 76 (1979), Cornell University Press, N. Y.
14) Nemoto, N. et al.: *Macromolecules*, **17** (1984), 2629
15) Nemoto, N., Kuwahra, M.: *Langmuir*, **9** (1993), 419
16) Ferry, J. D.: Viscoelastic Properties of Polymers, 3rd ed. (1980), John Wiley, N. Y.
17) Doi, M., Edwards, S. F.: The Theory of Polymer Dynamics, (1986), Oxford University Press, Oxford
18) Wang, C. H.: Dynamic Light Scattering (Brown, W. ed.), p. 241 (1992), Oxford University Press, Oxford
19) Nemoto, N. et al.: *Macromolecules*, **24** (1991), 1648
20) Fytas, G. et al.: *Macromolecules*, **21** (1988), 2253
21) Meier, G. et al.: *J. Chem. Phys.*, **94** (1991), 3050
22) Akcasu, A. Z.: *Macromolecules*, **24** (1991), 2109
23) Cahn, J. W.: *J. Chem. Phys.*, **42** (1965), 93
24) Izumitani, T. et al.: *J. Chem. Phys.*, **83** (1985), 3694

3.3.4 熱分析

有機材料，高分子材料を対象として用いられる熱分析法を表II.3.14にまとめた．これらのなかで，DSCが飛び抜けて多くの情報を提供するのがわかる．また，DSCは(1) 市販の装置がある，(2) 試料量が少なくてよい(数mg程度)，(3) 試料形態が固体，液体のいずれでもよい，(4) 簡便なわりに測定温度範囲が広い(−150℃から700℃程度)，などの理由で最も利用されている熱分析法となっている．

ここでは主としてDSCの原理について説明するが，

表 II.3.14 熱分析法の分類

名　称	測定される性質
DSC (示差走査熱量測定)	相転移(融点，ガラス転移，液晶の透明点) 熱物性定数(エンタルピー，エントロピー，熱容量) 化学変化(熱重合，熱分解)
DTA (示差熱分析)	相転移(融点，ガラス転移，液晶の透明点)
TG (熱重量測定)	分解，組成変化による質量変化
TMA (熱機械分析)	ガラス転移などの力学特性

3.3 高次構造解析

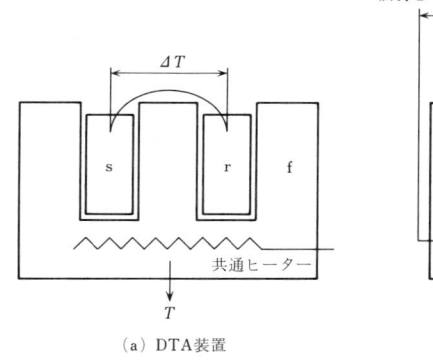

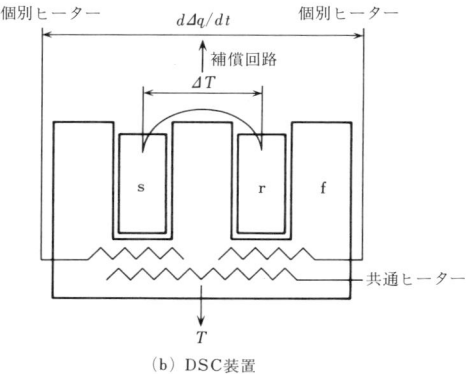

図 II.3.100 DTA装置とDSC装置の基本部分の外観
s：試料，r：基準物質，f：熱炉．

その原理はDTAに基づいているので，DTAについても併せて説明する[1)~3)]．DTAとDSCの装置の基本部分を図II.3.100に示した．DTAでは一定速度で昇温あるいは降温させながら試料と基準物質との温度差（ΔT）を記録するのに対し，DSCではこの温度差を打ち消すような熱量が補償回路を通して加えられ，その補償量（$d\Delta q/dt$）が記録される．これは入力補償型DSCと呼ばれ，後述の熱流束DSCとは別のものである．

試料に流れる熱量に対して，式（II.3.33），式（II.3.34）が成り立つ．式（II.3.33），式（II.3.34）はそれぞれエネルギー保存則，ニュートンの冷却則に基づいている．

$$\frac{dq_s}{dt} = C_s \frac{dT_s}{dt} + \Delta H \frac{dx}{dt} \quad \text{(II.3.33)}$$

$$\frac{dq_s}{dt} = \frac{T_f - T_s}{R} \quad \text{(II.3.34)}$$

基準物質に流れる熱量に対しても，同様にして式（II.3.35），（II.3.36）が成り立つ．

$$\frac{dq_r}{dt} = \frac{C_r dT_r}{dt} \quad \text{(II.3.35)}$$

$$\frac{dq_r}{dt} = \frac{T_f - T_r}{R} \quad \text{(II.3.36)}$$

ここで，dq/dt，C，T，Rは熱流速，熱容量，温度，熱抵抗であり，添字 f，s，r はそれぞれ熱炉，試料，基準物質を表している．x，ΔHは反応に伴う試料の重量と熱量である．

DSC測定は試料と基準物質の熱流速差の測定であるから，式（II.3.33）と式（II.3.35）を用いて次のDSCの基本式（II.3.37）が得られる．

$$\frac{d\Delta qt}{dt} = \frac{dq_s}{dt} - \frac{dq_r}{dt} = \frac{C_s dT_s}{dt} - \frac{C_r dT_r}{dt} + \frac{\Delta H dx}{dt}$$
$$\text{(II.3.37)}$$

他方，DTA測定は試料と基準物質の温度差の測定であるから，式（II.3.33）から（II.3.36）の全式を用いてDTAの基本式（II.3.38）が得られる．この基本式の導出において，試料と基準物質の熱抵抗Rが等しいと仮定した．

$$\Delta T = T_r - T_s$$
$$= R\left(\frac{C_s dT_s}{dt} - \frac{C_r dT_r}{dt} + \frac{\Delta H dx}{dt}\right)$$
$$\text{(II.3.38)}$$

式（II.3.37）と式（II.3.38）の比較から，DSC測定は熱抵抗に依存しない測定法であることがわかる．DSC測定がDTA測定より定量性に優れている理由である．ただし，DTA測定において温度測定部位を試料容器の外側に置くなどの工夫をすると定量化が可能である．すなわち，式（II.3.38）において熱抵抗Rは試料および基準物質ではなく装置だけに依存する量となり，また，試料と標準物質の熱抵抗Rが等しいという仮定も取り除かれるからである．これは，結局，温度測定部位近傍の熱流束差を測定していることから，上述の入力補償DSCと区別して，熱流束DSCと呼ばれる．または，定量DTAと呼ばれる．

1次の相変化のないところでは，$dx/dt = 0$であり，式（II.3.37）および式（II.3.38）から次式の関係が成り立つ．

$$\frac{dq_s}{dt} - \frac{dq_r}{dt} = \frac{T_r - T_s}{R}$$
$$= \frac{(C_s - C_r)dT_r}{dt} + C_s\left(\frac{dT_s}{dt} - \frac{dT_r}{dt}\right)$$
$$\text{(II.3.39)}$$

$t=0$で$dq_s/dt - dq_r/dt = 0$，$T_s - T_r = 0$として，一定速度 $\phi = dT_r/dt$ で昇温あるいは降温させたとき，式（II.3.39）の時間変化を解くと，

$$\frac{dq_s}{dt} - \frac{dq_r}{dt} = \frac{T_r - T_s}{R}$$
$$= (C_s - C_r)\phi - (C_s - C_r)\phi \exp(-t/C_s R)$$
$$\text{(II.3.40)}$$

となる．この式(II.3.40)の第2項は緩和時間($t=C_sR$)を過ぎると0に近づくので，測定開始後に熱流束差あるいは温度差が$(C_s-C_r)\phi$の値に収束することを意味している．これはDSC測定，DTA測定におけるベースラインに対応し，試料と基準物質の熱容量差に比例することがわかる．これから，熱容量変化である2次転移がベースラインの段差として観測されることが理解できる．また，この式を用いて試料の熱容量を精密に測定することも可能である[4]．

DSC測定において1次の相変化があるときは，熱流速差(補償量)がピークとなって検出される(DSC曲線と呼ぶ)．式(II.3.37)の右辺の第1項と第2項はベースライン($dT_s/dt = dT_r/dt = \phi$である)となるので，ピーク面積を積分すると相変化に伴うエンタルピーを直接求めることができる．

$$\int \left(\frac{dq_s}{dt} - \frac{dq_r}{dt}\right) dt = \Delta H \quad (\text{II}.3.41)$$

図II.3.101に結晶性高分子の昇温過程におけるDSC曲線を例示した．測定開始後に試料と基準物質の熱容量差に比例するベースラインが現れ，ガラス転移がベースラインの段差として観測される．その後，冷結晶化，融解がそれぞれ発熱ピーク，吸熱ピークとして観測される．ただし，これらのピークなどは試料の充填状態や時間経過に左右されるので2回以上の測定を行い，再現性を確認する必要がある．

DTA測定においても1次の相変化があるときは，

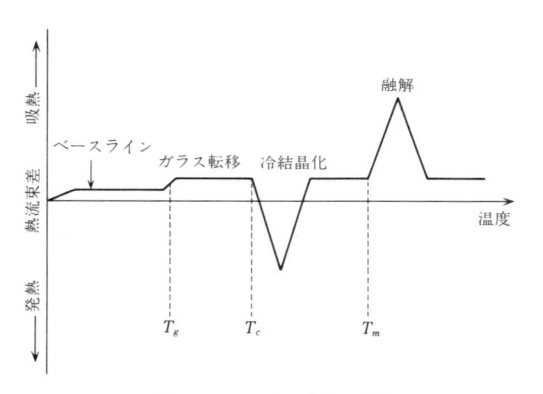

図II.3.101 DSC曲線の一例

温度差がピークとなって検出される(DTA曲線と呼ぶ)．定性的にはDSC曲線と同じものが得られる．式(II.3.38)からわかるように，ピーク面積から相変化に伴うエンタルピーを求めるとき熱抵抗Rの因子が含まれていることに注意しなければならない．

〔荒谷康太郎〕

参考文献

1) 日本化学会編：新実験化学講座2 基礎技術1 熱・圧力(1977), 丸善
2) 日本化学会編：第4版実験化学講座4 熱・圧力(1992), 丸善
3) 高橋洋一，神本正行：熱測定, **10**(1983), 115
4) 神本正行，高橋義夫：熱測定, **13**(1986), 9

3.4　表面形態観察

3.4.1　電子顕微鏡(EM)

試料を真空中に保持し，1~400kVに加速した電子線を入射させると，電子線は物質と図II.3.102に示すさまざまな相互作用を行う[1]〜[4]．

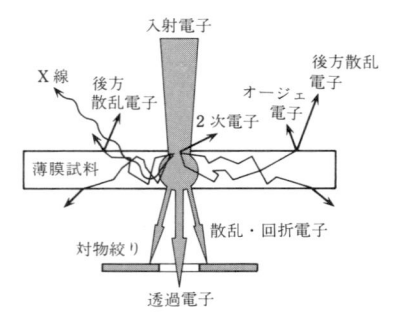

図II.3.102 電子線と物質との相互作用

電子線は試料中を散乱・拡散して構成元素の種類に固有なエネルギーを有するオージェ電子，後方散乱電子，X線などを生じる他に，2次電子を発生する．細く絞った入射電子を試料表面で走査し，それと同期させた2次電子検出器の出力を画像にすると，走査電子像(走査型電子顕微鏡(SEM))となる．

一方，エネルギーを失うことなく弾性散乱した透過電子線の散乱・回折・干渉による像を記録する方法が透過型電子顕微鏡(TEM)である．その場合，散乱・回折された電子線を対物絞りによって遮り直進した電子線だけで結像する"明視野法"と回折波だけを用いる"暗視野法"の二つがある．特に，暗視野結像法においては，特定の配向を有する結晶領域だけが明るくなるために，非晶質マトリックス中の結晶粒の分布，結晶粒界および欠陥の存在を可視化できるのでよく用いられている．

さらに，試料が結晶性であると，対物レンズの後ろ焦点面に回折パターンが得られる．これを中間および投射レンズで拡大したものが電子線回折である．回折に寄与する領域を中間レンズの前に置いた制限視野絞りで選択すれば，その領域だけの回折パターンになる．

倍率を十分に高くすると，結晶性試料の場合，回折

波の干渉により構造を反映した格子縞および原子・分子像が得られる．また，SEMのように試料表面を細い電子ビームで走査し，試料を透過した電子線を検出する走査透過型電子顕微鏡(STEM)も最近では用いられるようになっている．

しかし，通常の有機・高分子材料においては，電子線損傷が問題になる場合が多くそれを避ける工夫が必要である．表II.3.15に100kVの加速電圧で試料を観察した場合，特定反射の電子線回折強度が元の強度に比べて$1/e$になる電子線量(Total End Point Dose；TEPD)を示す[1]．少なくとも分子レベルの分解能で写真を撮影するためには，10万倍の倍率が必要であるが，その場合試料表面には$0.1\sim1C/cm^2$(原子あたり1個の電子)が入射することになり，フタロシアニンに代表される強固な分子以外は観察が不可能であることを示している．

SEMにおいては，1～5kVの低い加速電圧で観察するか，金などの重金属をコーティングする必要がある．一方，TEMでは焦点合わせのための視野と撮影する視野を電子顕微鏡中の偏向コイルで自動的に動かす手法(Minimum Dose System；MDS(最少電子線露光法))が用いられる他に，試料温度を液体ヘリウム温度まで冷却し，電子線損傷に伴う構造変化を凍結する手法がある．

a．透過型電子顕微鏡(TEM)

TEMにおいては，試料の厚さが問題になる場合が多い．それは，有機・高分子系材料においては，主な構成元素が炭素(原子番号6)であるために，試料厚さが10nmをこえると薄膜試料中での相互作用によって入射電子線の強度が減衰し，かつ試料中で多重散乱される確率が高くなる．したがって，厳密な意味での原子・分子レベルでの高分解能を得るためには，少なくとも10nm以下の厚さの試料を作製する必要がある．

機能性有機材料の試料は，真空蒸着法，LB法，スピン・コートまたはキャスト法により薄膜を作製する場合が多い．その際，試料が基板から容易に剥離できる場合は，そのまま電子顕微鏡用メッシュに移し換えて観察に供する．しかし，基板としてのガラス，石英などから剥離が困難な場合は，以下の"裏打ち"と呼ばれる操作を行って，基板から強制的にはがす．

基板上の薄膜にカーボンなどを真空蒸着し，均一な非晶質膜とした後，水またはフッ酸の希薄溶液の表面で試料のみを基板から剥離させる．これを電子顕微鏡用メッシュに移す．特に，基板がアルカリハライドなどの水溶性である場合，裏打ち膜と試料が水面に残る．

また，無機結晶表面に真空蒸着で作製した金属蒸着膜，多くはエピタキシャル成長した結晶性薄膜の場合は，その金属が溶解できる酸または塩基溶液に基板ごと浸すことによって，裏打ちされた有機蒸着膜が得られる．

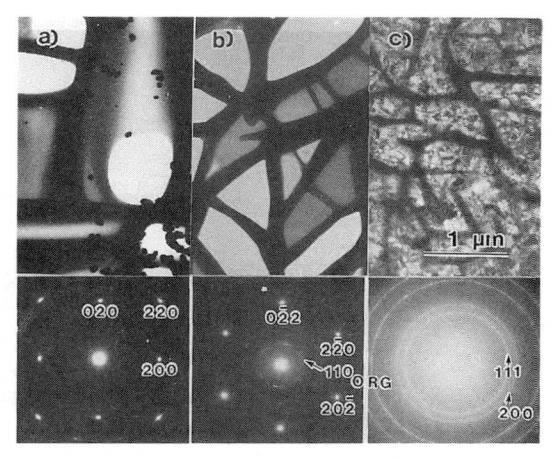

図II.3.103 KClおよび雲母のへき開面に真空蒸着した銀のエピタキシャル膜を基板としてステアリン酸カルシウム(Ca-C18)を蒸着した薄膜の電子顕微鏡像とその電子線回折パターン
(a) Ca-C18/Ag(001)/KCl　(b) Ca-C18/Ag(111)/mica
(c) Ca-C18/Ag(多結晶)/mica

図II.3.103にKClおよび雲母のへき開面に作製した銀の蒸着膜を基板として長鎖有機分子(ステアリン酸カルシウム：$Ca(CH_3(CH_2)_{16}COO)_2$)を真空蒸着した場合の薄膜の形態とその電子線回折パターンを示す[5]．TEM用試料は，上記の方法で母基板から銀および有機蒸着膜を剥離した後，希薄な硝酸溶液で銀を溶出した．銀は蒸着条件により4回対称の001面および6回対称の111面が発達したエピタキシャル薄膜，または多結晶体となる．その様子は電子線回折パターンから見てとれる．基板としての銀の構造を反映して長鎖分子の矩形結晶も直交，互いに120°の角度をなす，あるいは無配向の配列をしている．

高倍率での観察，すなわち分子レベルの分解能を保持した観察においては，電子線照射時の試料の熱的たわみ，移動が問題になる場合がある．そのために，十μmオーダーの穴が空いたプラスチック膜を支持膜として用いる．これを通常の電子顕微鏡メッシュ(銅メッシュ)に貼りつけたものが"マイクログリッド(MG)"として市販されている．このMGに上述の裏打ちされた蒸着膜を移し電子顕微鏡用試料とする．

高分解能観察においては，電子線損傷に留意するとともに，必要とする分解能の回折点のみを結像に用いるように対物絞りの大きさを選ぶことが重要である．市販の200kV TEMも保証分解能が0.2nmに達する

表 II.3.15

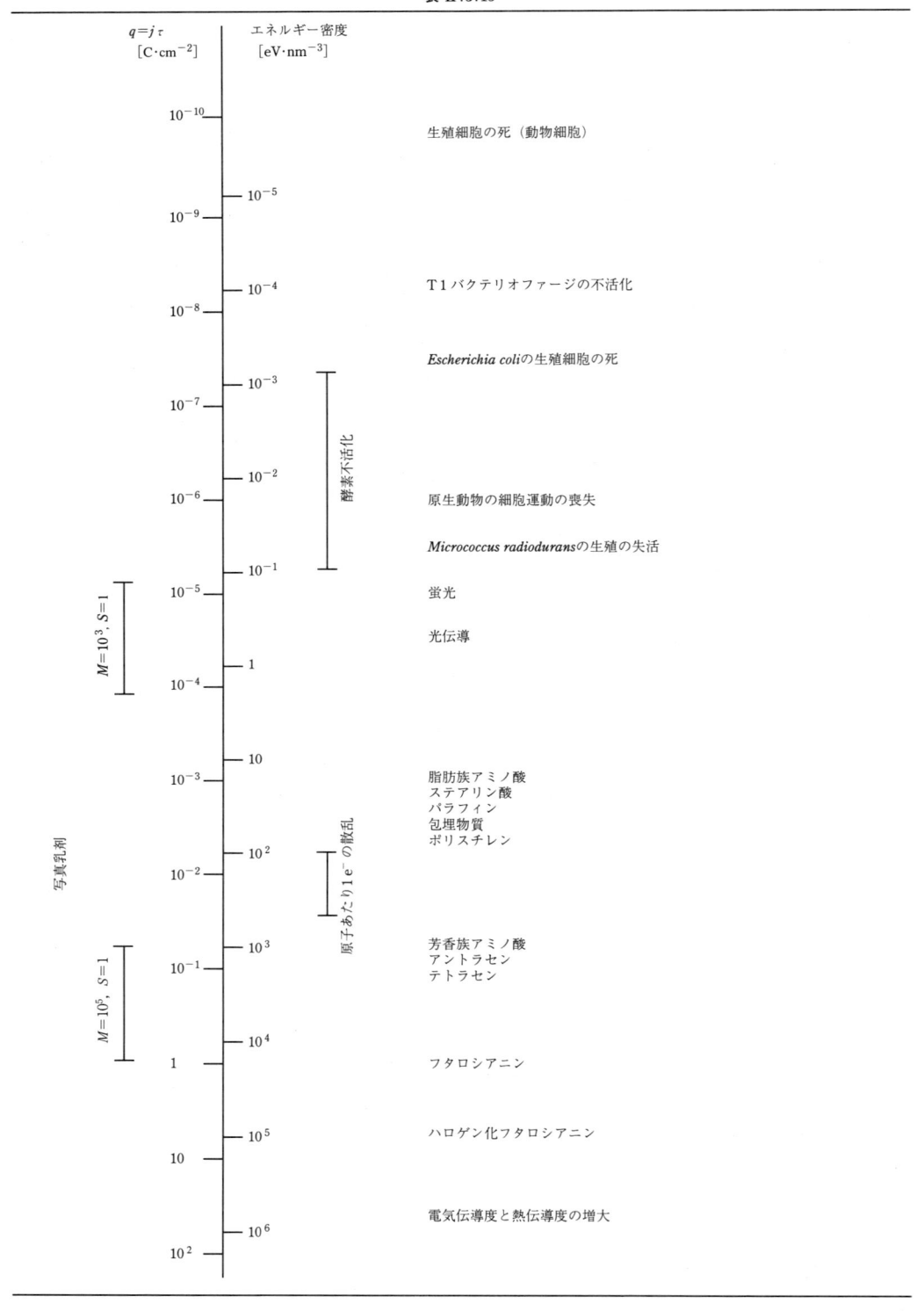

$q=j\tau$ [C·cm^{-2}]	エネルギー密度 [eV·nm^{-3}]	
	10^{-10}	
		生殖細胞の死（動物細胞）
	10^{-5}	
	10^{-9}	
	10^{-4}	T1バクテリオファージの不活化
	10^{-8}	
		Escherichia coli の生殖細胞の死
	10^{-3}	
	10^{-7}	
	10^{-2}	酵素不活化
	10^{-6}	原生動物の細胞運動の喪失
		Micrococcus radiodurans の生殖の失活
	10^{-1}	
$M=10^3, S=1$	10^{-5}	蛍光
		光伝導
	1	
	10^{-4}	
	10	
	10^{-3}	脂肪族アミノ酸
		ステアリン酸
		パラフィン
		包埋物質
	10^2	ポリスチレン
	10^{-2}	原子あたり1e$^-$の散乱
	10^3	芳香族アミノ酸
	10^{-1}	アントラセン
		テトラセン
$M=10^5, S=1$	10^4	
	1	フタロシアニン
	10^5	
	10	ハロゲン化フタロシアニン
	10^6	電気伝導度と熱伝導度の増大
	10^2	

写真乳剤

ようになり，有機・高分子材料の観察時にはコントラストが不足しがちである．

分解能が高いことは，結像に寄与する回折点がより広角のものまで互いに干渉し像形成に関与していることである．これは，焦点合わせの精度にもよるが，一義的には対物絞りの大きさで制限することができる．

通常の TEM には 200, 100 および 50 μm 径の対物絞りが装着されているが，回折モードでその大きさを選択できるようになっている．加速電圧に依存するが，200 μm 径のものは 0.2 nm の最高分解能に対応し，50 μm 径が 1 nm 程度のそれに当たる．したがって，0.5 nm の分解能を得るためには 100 μm の絞りで十分であり，それ以上ではコントラストが低く，逆では分解能が不足することになる．

図 II.3.104 はカーボン・ナノチューブ(直径 10 nm) の TEM 像である[6]．ナノチューブの 0.34 nm のグラファイト構造の積層に対する格子縞を記録するために，加速電圧 200 kV で 100 μm 径の絞りを用い，かつ焦点を 100 nm 程度不足気味(アンダー・フォーカス)にした．

また，アルカリハライドのへき開面に成長したフラーレン(C 60)蒸着膜の高分解能 TEM 像を図 II.3.105 に示す[7,8]．基板表面の対称性を反映したエピタキシャル膜となっているが，薄膜形成条件の制御により積層欠陥のない規則正しい斑点の配列として個々の分子が結像されている．

一方，ラングミュア-ブロジェット(LB)法などを用いて得られた単分子膜または非常に薄い膜の場合，低

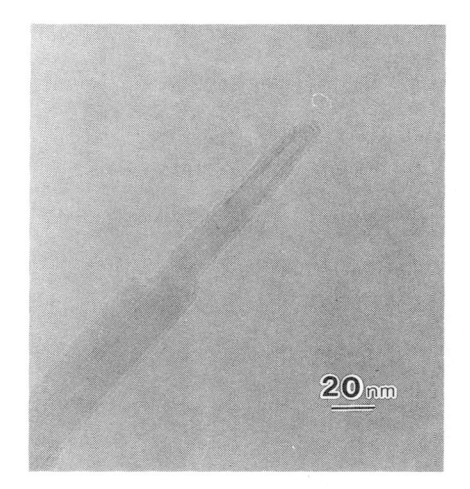

図 II.3.104 カーボン・ナノチューブの高分解能 TEM 像

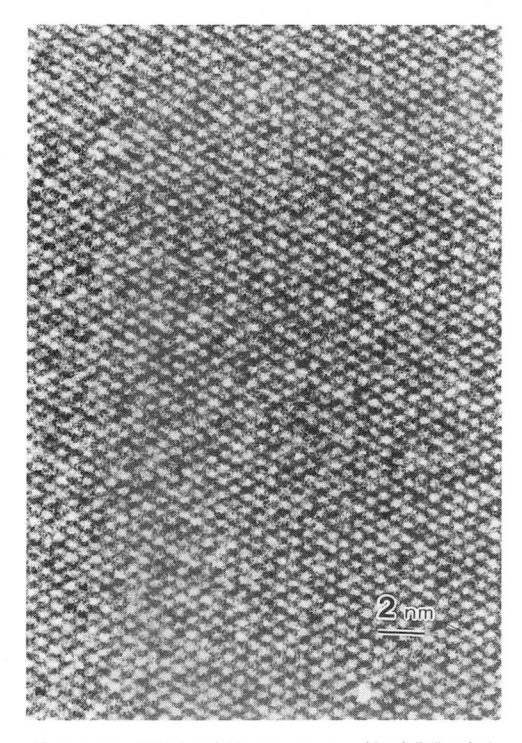

図 II.3.105 KCl 上に成長したフラーレン(C 60)薄膜の高分解能 TEM 像

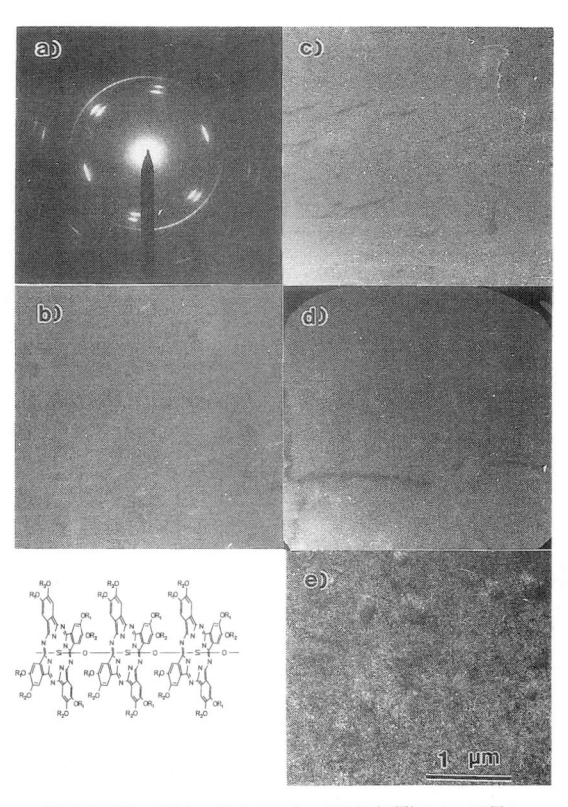

図 II.3.106 アラキン酸カドミウム LB 膜(9層)の上に積層したフタロシアニナト・ポリシロキサン LB 膜(10層)の電子線回折パターン(a)，明視野像(b)，暗視野像(c-e)
高分子の構造は左下に示す(TSF)．

加速,高コントラスト・モードでの観察が必要になる.
図Ⅱ.3.106にアラキン酸カドミウム(9層)とフタロシアニナト・ポリシロキサン(10層)の積層膜のTEM像を示す[9].

(a)の電子線回折パターンには,アラキン酸カドミウムLB膜からの単結晶パターン(格子間隔:0.4nm)に加えて,高分子の鎖間の間隔(1.2nm)およびフタロシアニン環の間隔(Si-O-Si:0.35nm)に対応した回折アークが得られている.(b)の明視野像では均一な膜構造を示しているにすぎないが,(c)〜(e)の暗視野像は,(a)の回折斑点またはアークを用いたもので,それぞれの凝集様式を反映した微細構造が可視化されている.図Ⅱ.3.107にアラキン酸バリウム(3層)とフタロシアニン高分子(2層)の積層LB膜の高分解能電顕像を示す[9].

(a)には高分子中の個々のフタロシアニン環が1.2nmの線として結像されており,その末端が識別できている.これを一つの高分子鎖として線分で表したものが(b)の模式図である.ここに初めて高分子の長さ分布(分子量分布)が直読されたことになる[10].

近年,分析電子顕微鏡としてエネルギー分散型X線分析(EDXまたはEDS),電子線エネルギー損失分光(EELS)を装着したものがある.ここでは紙面制限の関係上割愛する(参考文献[1〜4]を参照).

b. 走査型電子顕微鏡(SEM)

電界放射(field emission)型の電子銃を装着したSEMが市販されるようになって以来,1nmの分解能もSEMにおいても可能になり,かつ低加速での観察によって金属などのコーティングを必要としなくなってきた.それは,TEMと同様に対物レンズ中に試料を挿入し,高電磁場の中で観察するものである.また,試料がTEMと同様な薄膜状態であると試料を透過した電子線を検出することでTEMと同じく明視野および暗視野での構造観察が可能である.

しかし,SEMの利点は1インチ以上の大型の試料表面の観察ができることと走査電子と2次電子検出器の位置関係から得られる像に立体感が生まれてくる点

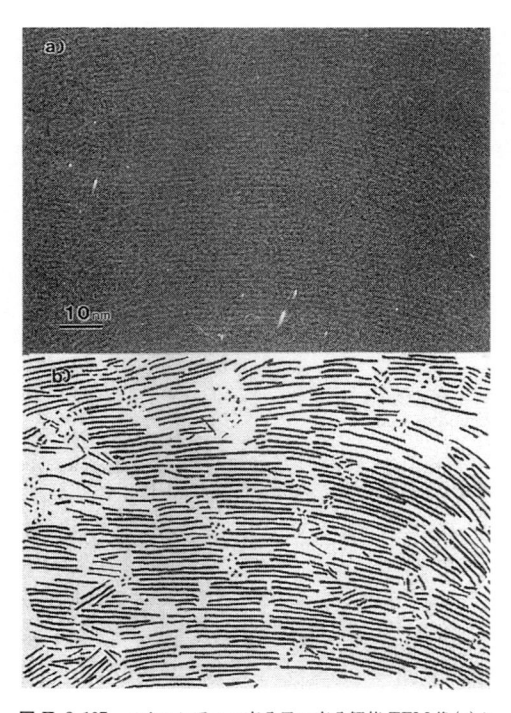

図Ⅱ.3.107 フタロシアニン高分子の高分解能TEM像(a)とその模式図(b)(TSF)

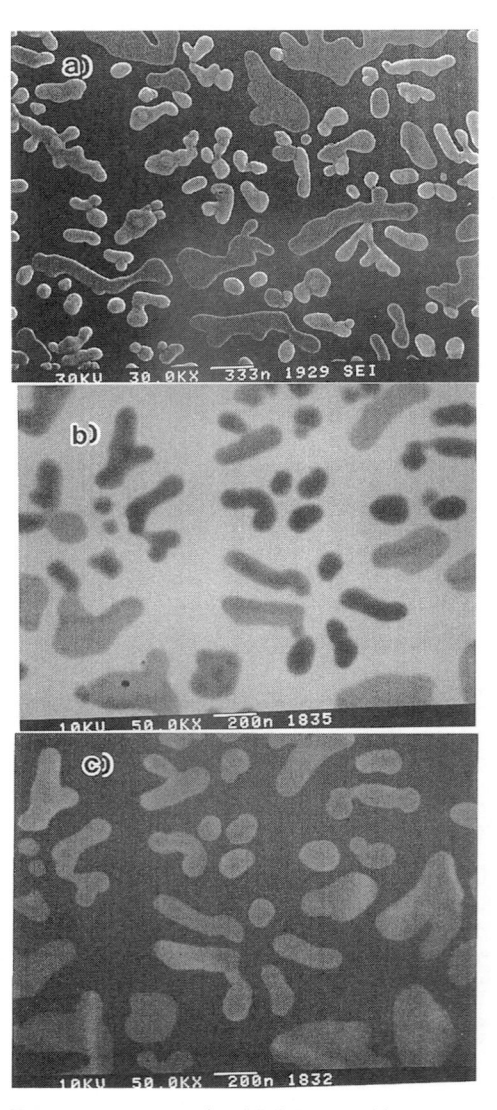

図Ⅱ.3.108 フラーレン(C60)蒸着膜のSEM(a),STEMの明視野(b)および暗視野像(c)

にある.

図II.3.108にフラーレン(C60)蒸着膜のSEM(a), STEMの明視野(b)および暗視野像(c)を示す[11]. KClのへき開面にC60を真空蒸着すると蒸着条件にも依存するが, C60はf.c.c.(面心立方格子)の(111)面を発達させた成長を行い, 基板の〈110〉方向に配向したエピタキシャル成長を示す. しかし, 多くの場合, 成長途中に導入された積層欠陥が存在し, STEMの暗視野像において細かなスジとして見えている. このスジは, 図II.3.105に示した高分解能TEM像において分子列の乱れていたところに対応してる. また, SEM像においては, 成長丘の表面の第2層目の形態も観察されている.

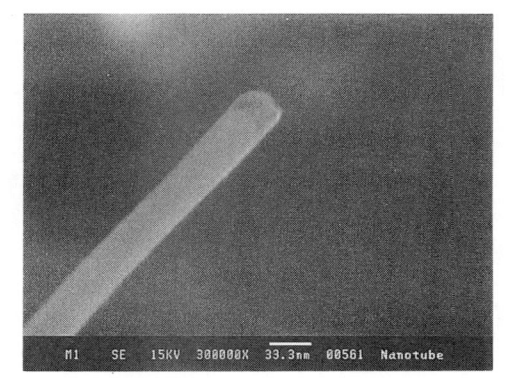

図II.3.109 カーボン・ナノチューブの高分解能SEM像

一方, カーボン・ナノチューブの観察においては, その末端部分の結像に成功している. 図II.3.109にその高分解能SEM像を示すが, 少なくとも末端はシャープではなくクビレも存在している. 現在, ナノチューブの生成機構の解析を行っているところである[6].

c. おわりに

電子顕微鏡は, 走査プローブ顕微鏡(SPM:走査トンネル顕微鏡(STM)および原子間力顕微鏡(AFM))と光学顕微鏡が得意とするnmオーダーの表面観察とμmオーダーの構造評価の間をつなぐものであるが, 物質と電子との相互作用を生かした物性をも視野に入れたさらに新しい構造評価法として期待されるものである[12]. 〔八瀬清志〕

参 考 文 献

1) Reimer, L.: Transmission Electron Microscopy-Physics of Image Formation and Microanalysis, 2nd ed. (1989), Springer-Verlag, Berlin
2) Reimer, L.: Scanning Electron Microscopy-Physics of Image Formation and Microanalysis (1985), Springer-Verlag, Berlin
3) 上田良二責任編集: 電子顕微鏡(実験物理学講座23)(1982), 共立出版
4) 多目的電子顕微鏡編集委員会編: 多目的電子顕微鏡-見る, 測る, 確かめる(1991), 共立出版
5) Yase, K. et al.: Jpn. J. Appl. Phys., **28** (5) (1989), 872
6) Yase, K. et al.: to be submitted to Jpn. J. Appl. Phys.
7) Yase, K. et al.: Mol. Cryst. Liq. Cryst., **247** (1994), 179
8) Yase, K. et al.: Adv. Mat. '93, I/B : Trans. Mat. Res. Soc. Jpn., **14B** (1994), 1235
9) Yase, K. et al.: Thin Solid Films, **210/211** (1992), 22
10) 八瀬清志: 応用物理, **61**(3)(1992), 274
11) Yase, K. et al.: to be submitted to J. Cryst. Growth
12) 八瀬清志: 高分子, **43**(2)(1994), 94

3.4.2 走査型プローブ顕微鏡(SPM)

a. はじめに

走査型トンネル顕微鏡[1,2](Scanning Tunneling Microscope ; STM)や原子間力顕微鏡[3,4](Atomic Force Microscope ; AFM)などの, 針先で試料表面をなぞりながら観察する顕微鏡が, 新しい表面の評価法として注目されている. これらは, 走査型プローブ顕微鏡(Scanning Probe Microscope ; SPM)と総称される.

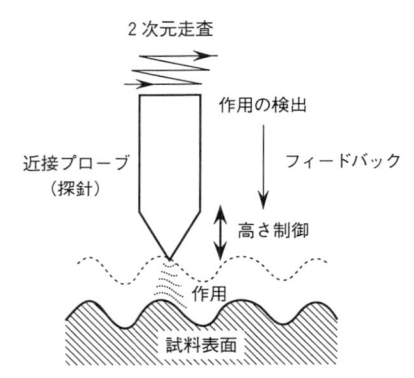

図II.3.110 走査型プローブ顕微鏡(SPM)の概念

図II.3.110に, SPMの概念図を示す. 従来の顕微鏡は, 試料から離れた位置にレンズを置き, レンズを用いて空間分解能を得ている. 一方, SPMは, レンズの代わりにプローブ(探針)を試料表面に近接させ, 試料とプローブの間に働く作用を利用して表面の局所情報を得る. 面全体の情報は, プローブを表面に沿って機械的に2次元走査することで得られる.

試料と探針とに働く各種の作用を用いることによって, 多くのSPMが考案されている. 電圧をかけたときに両者の間に流れるトンネル電流を用いるSTMや, 原子間力を用いるAFMがその代表的な例である. 主なSPMを表II.3.16にまとめた.

表 II.3.16 主な走査型プローブ顕微鏡(SPM)

略称	正式名称	検出する作用	分解能
STM	走査型トンネル顕微鏡 (Scanning Tunneling Microscope)	トンネル電流	0.2 nm
AFM	原子間力顕微鏡 (Atomic Force Microscope)	原子間力	0.3 nm
SNOM	走査型近接場光学顕微鏡 (Scanning Near-field Optical Microscope)	透過光・反射光	20 nm
MFM	磁気力顕微鏡 (Magnetic Force Microscope)	磁気力	25 nm
FFM	摩擦力顕微鏡 (Frictional Force Microscope)	摩擦力	0.3 nm(?)
SCaM	走査型キャパシタンス顕微鏡 (Scanning Capacitance Microscope)	キャパシタンス	25 nm
SICM	走査型イオンコンダクタンス顕微鏡 (Scanning Ion-Conductance Microscope)	イオンコンダクタンス	200 nm
STP	Scanning Thermal Profiler	熱伝導	35 nm

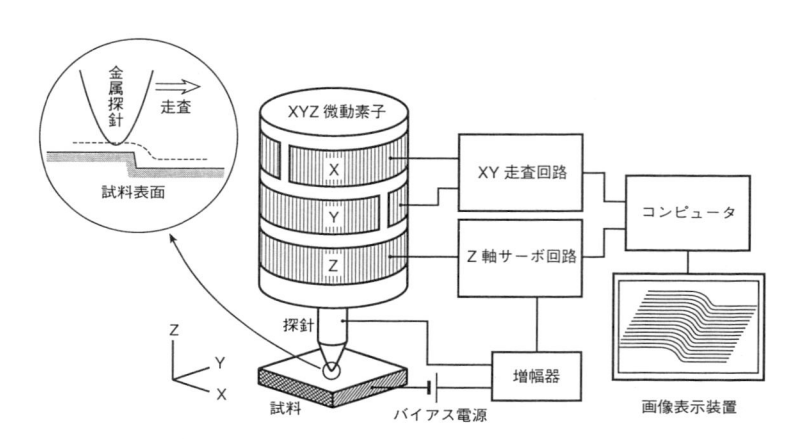

図 II.3.111 走査型トンネル顕微鏡(STM)の基本構成

数多いSPMの中でも,STM・AFMは原子レベルの分解能をもつことから,物質の表面構造や吸着状態の解明に活用されている.また,基礎科学の分野だけでなく,3次元形状把握能力をいかした"極限粗さ計"として,工業材料の評価にも広く用いられている.

b. 原理および装置

STMの模式図を図II.3.111に示す.この装置の動作原理は次の通りである.金属製の探針と試料との間に数mVから数Vの電圧(バイアス電圧)をかけ,両者を1nm程度に近づけると,トンネル効果によって,1 pA〜10nA程度の電流(トンネル電流)が流れる.サーボ回路を用いてトンネル電流を一定に保つよう探針の高さ(z)を制御しておき,探針をxy面内で2次元走査すると,探針先端は試料表面の起伏をなぞるように動く.この軌跡を画像化したものがSTM像である.

トンネル電流は距離に指数関数的に依存し,0.1 nm離しただけで約1/10にも減少する.したがってSTMは表面の非常にわずかな凹凸(<0.01 nm)をとらえることができる.また,トンネル電流の大部分は,最も接近した原子間を通じてのみ流れるため,高い横分解能(〜0.2 nm)が得られる.さらに,像は走査面内の各点での探針の高さをマッピングしたものであり,試料表面の3次元形状にほぼ対応している.ゆえに,像から任意の直線に沿った断面形状を描いたり,表面粗さを定量することが容易に行える.その上,非接触であり,試料-探針間にかける電圧も低いため,試料ダメージはほとんど起こらない.また,大気中[5],液中[6]でも動作するため,電子顕微鏡では観察できなかった環境下での表面を調べることができる.

AFMは,STMにおけるトンネル電流の代わりに,

探針と試料とに働く原子間力を利用して距離をモニターする．図II.3.112にAFMの主要部の模式図を示す．探針は柔かいカンチレバーの先端に取り付けられており，探針に働く力(通常10^{-9}N程度)に比例してカンチレバーが曲げられる．このわずかな曲がりを，レーザー光の反射方向の変化を利用して拡大し，二分割フォトダイオードによって検出する．なお，図の装置では試料側を動かして表面形状をトレースしている．

AFMは，STMの優れた特徴を引き継いでおり，加えて試料に導電性を必要としないという大きな利点をもつ．このため，大部分が絶縁体である有機材料の観察に適している．しかし，STMに比べれば分解能がやや劣ること，試料に与える力によって表面の変形が起こり得ることなどの欠点もある．

c. 応用例1：液晶分子のSTM観察

グラファイト上に液晶を塗布しSTM観察すると，規則的に配列した分子の姿を見ることができる[7,8]（図II.3.113）．これは，グラファイト上にエピタキシャル的に配列した第一層の液晶分子であると解釈されている．このように，導電性をもたない有機分子であっても，導電性基板上にごく薄く吸着したものはSTM観察することができる．

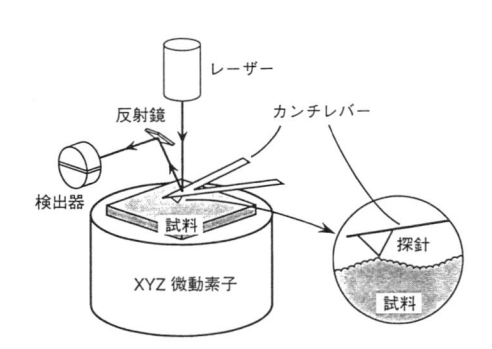

図II.3.112 原子間力顕微鏡(AFM)の主要部の模式図

図II.3.114 アラキン酸LB膜のAFM像
三角格子をなす各輝点は分子に相当する．像の1辺は10nm[9]．

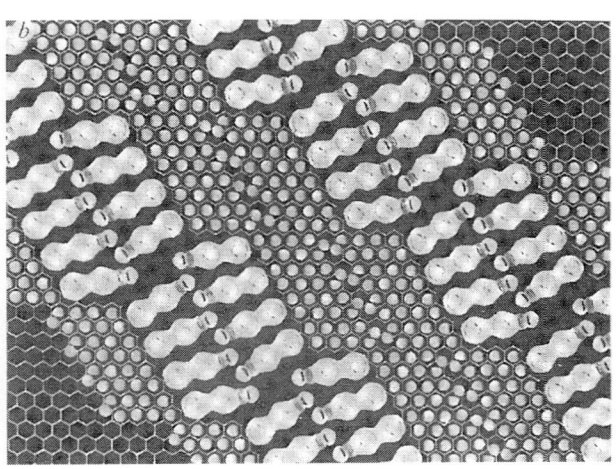

図II.3.113 グラファイト上の液晶(8CB)分子のSTM像と構造モデル
像の1辺は5.6nm[8]．

d. 応用例2：アラキン酸 LB 膜の AFM 観察

直鎖脂肪酸などの LB 膜は，絶縁層が厚いため，STM で分子配列が観察された例はあるものの，成功率が低く，また像が必ずしも分子配列を反映するとはいえない．一方，AFM では容易に分子像を得ることができる．図II.3.114 に，アラキン酸2層膜（下地：シリコンウエハー）の AFM 像[9]を示す．図において，三角格子をなすスポットの1個1個は，アラキン酸分子（の CH_3 末端）に対応すると考えられる．像より測った最近接分子間距離は，約 0.5nm であり，分子のサイズや表面圧-面積曲線（π-A 曲線）から予想される値に一致している．　　　　　　　　　　〔中川善嗣・石田英之〕

参 考 文 献

1) Güntherodt, H. -J., Wiesendanger, R. (eds.) : Scanning Tunneling Microscopy I (1992), Springer-Verlag, Berlin
2) Binnig, G. *et al.*: *Phys. Rev. Lett.*, **49** (1982), 57
3) Binnig, G. *et al.*: *Phys. Rev. Lett.*, **56** (1986), 930
4) Sarid, D.: Scanning Force Microscopy (1991), Oxford Univ. Press, New York
5) Sang-Il Park, Quate, C. F.: *Appl. Phys. Lett.*, **48** (1986), 112
6) Schneir, J. *et al.*: *Phys. Rev.*, **B34** (1986), 4979
7) Foster, J. S., Frommer, J. E.: *Nature*, **333** (1988), 542
8) Smith, D. P. E. *et al.*: *Nature*, **344** (1990), 641
9) 中川ほか：第39回応用物理学関係連合講演会予稿集, (1992), 1012

第4章

光物性評価技術

　近年のレーザー技術・半導体技術の進展によって，光源と光検出器は飛躍的進歩をとげている．これに伴い，光物性測定法も改良され，感度・精度が向上するとともに新たな測定法も続々と登場している．とりわけ非線形分光法の分野でこの傾向が顕著である．本章では光電子材料の光物性を評価する上で基礎的かつ一般的な測定技術を紹介する．具体的には，まずII.4.1節で代表的光源について，その波長域などについて説明する．特にレーザーについては，波長特性，繰返し周波数，パルス特性についても解説する．次に4.2節で光学素子について，4.3節では分光器，4.4節で光検出器についての概説と，近年の進歩が著しいものについて若干の解説を行う．最後に4.5節で，前節までに説明を行った装置類を用いた代表的で簡便な測定法について，基礎的分光法（反射・吸収分光法，各種外場（除電場）による変調分光法，発光分光法および光伝導）（以上4.5.1項）と非線形分光法（4.5.2項，電場変調分光法を含む）とに分けて説明する．本章の内容はII.3章とも密接な関連をもっているので，参照されたい．

4.1 光　　　源

　分光用光源は，可干渉性（コヒーレンス）の悪いものと良いものの二つに大別される．前者の例は，従来よりよく使用されてきた一般光源ランプ類である．これらのランプは輝度が低い，短パルス化が困難などの欠点もあるが，手軽に比較的強い光が広い波長領域にわたって得られるという特徴ももっており，盛んに使用されている．本章では使用する波長に応じて，タングステン（$3\mu m$〜$4000 Å$），キセノン（$1\mu m$〜$3000 Å$），重水素（$2000 Å$〜$4000 Å$）の各ランプを代表例としてとりあげることにする．これらのほかに，水銀などの各種輝線（波長較正用）ランプ，発光ダイオードもとりあげる．タングステンランプよりも長波長側の光源としては，グローバーランプやセラミック発熱体を使用するが，ここではその説明を省略する（II.3章を参照されたい）．一方，後者の例はレーザー光である．レーザー光はその可干渉性を利用して，さまざまなコヒーレント分光，高分解能分光や短パルス化による時間分解分光に用いられており，波長範囲も極端紫外から遠赤外まで幅広いものとなっている．しかしながら，一種類のレーザー媒体で得られる波長領域は分光ランプに比べれば狭く，装置もはるかに大がかりとなってしまうという欠点がある．ただ，レーザー技術は進歩が著しく，特に発振域が広く取扱いも容易な種々の固体レーザーが開発されつつある．本章では市販品が容易に得られる代表的ガス，固体，色素レーザーの発振波長域および時間特性，取扱い上の問題点について開発中の固体レーザーの話もまじえつつ記述する．さらに近年，波長領域が遠赤外からX線と単一光源としては極端に広く，輝度も比較的高く，パルス幅も約$400 ps$とある程度短い軌道放射光（Synchrotron Radiation, SR光）が一般利用に供されるようになってきているので，これについても簡単な解説を行う．

4.1.1　一般光源ランプ類
a.　タングステン・ハロゲンランプ
　石英ガラス管球にタングステンフィラメントが少量のヨウ素ガスとともに封入されている．このため，大きな電流を流してもフィラメントの消耗や管壁への汚れの付着が比較的小さく長寿命である．またスペクトルは，図II.4.1に示すように$3000 Å$から$3\mu m$程度まで構造のないなめらかなものとなっており，輝度は低

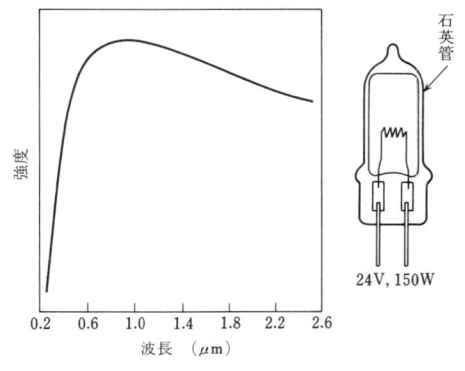

図 II.4.1　タングステン・ハロゲンランプの発光特性，およびその管球の代表的形態[1]

いが，可視〜近赤外域分光用光源としてすぐれている[1]．また，サイズも出力（定格入力200W程度）の割に数cm程度と小さく扱いやすく，安価である．ただし，小さな管球に大電流を流すために発熱が大きく，放熱・耐熱性のよいランプハウジングや専用ソケットを使用することが望ましい．またランプ表面の汚れは破損の原因となるためアルコールで使用前によく洗浄する必要がある．電源はAC，DCどちらでもよいが，安定性を考慮してDC安定化電源を使用することが望ましい．いずれを使用するにしても，配線の電流容量，ソケットの接触抵抗には注意を要する．また使用上のこつとして，定格入力よりも数％低い入力で使用すれば寿命は実用的にはほぼ無限に近くなる点をあげておく．このランプは標準照明光源としても利用されており，規格品が高価ではあるが市販され，検出器などの較正に便利である．

b. 高圧キセノンランプ

石英管球に封入された高圧（数十気圧）キセノンガスの直流放電による発光を利用する光源である．過去においては，放電がかなり不安定で強度のふらつきが大きかったが，最近の製品は1％以内まで改善されている．スペクトルは，図II.4.2に示すように2000Å〜1μmまで広がっている[2]．しかし，4500〜5000Åおよび8000Åより長波長側では鋭い構造が現れ，この範囲では，分光用としては若干使いづらいものとなっている．輝度は放電電極間距離に依存するが，近年の製品では定格入力150Wのものでも電極間距離2〜3mmとなっており，かなり高い輝度が得られる．逆にあまり高い出力のランプは電極間隔が広がって輝度が低下することになるので，目的に応じて選択する必要がある．キセノンランプは，発光輝度・強度が高く，強い紫外線，赤外部の輝線を含むため，フィルターなどの光学部品への損傷が起きやすく注意が必要である．また紫外光によってオゾンが発生するので換気も十分行うことが望ましい（紫外発光をカットするオゾンレス石英を使用した管球も市販されている）．さらに，高圧ガス

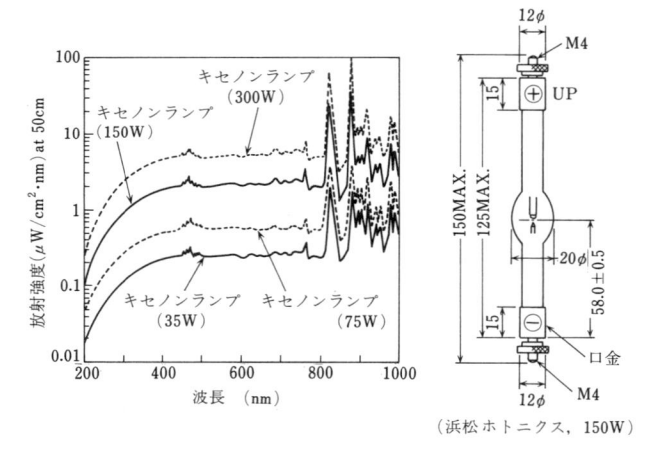

図 II.4.2　高圧キセノンランプの発光スペクトルと代表的な管球形態[2]

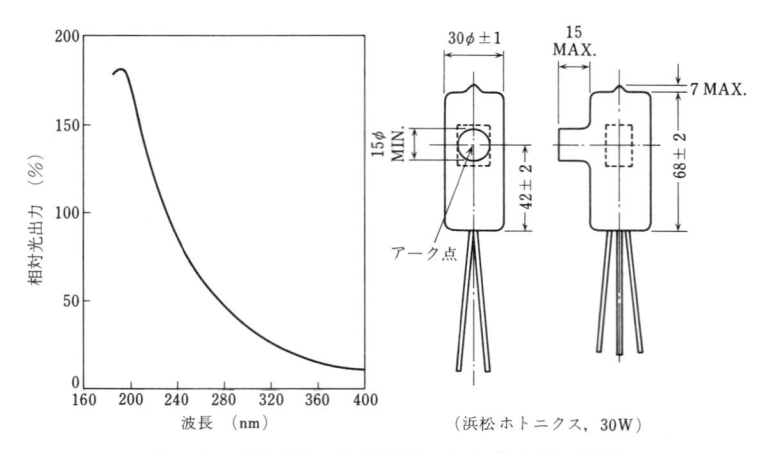

図 II.4.3　重水素ランプの発光特性ならびに代表的管球形態[2]

が封入された石英管が非常に高温になるので，ハウジングは堅固で放熱・耐熱特性にすぐれたものであることが必要である（市販品も種々ある）．電源には通常専用のDC電源を用いるが，点灯時にはトリガー用高圧パルス電流が，点灯後には約20A近い大電流が流れるので，耐熱性・絶縁性の確保に注意を払うとともに，点灯時に他の機器へ与える電気的損傷を防ぐ必要がある．最近は，高電圧発生部をランプのすぐ近くにおいて，漏電事故やノイズ発生を防ぐタイプの電源も市販されている．

c. 重水素ランプ

数気圧の重水素ガスの放電による発光を利用する光源である．図II.4.3に示すように1900Å～4000Åまで（これ以上短波長側の分光は空気中では不可能である）連続的で構造のない発光スペクトルとなっており，分光光源として扱いやすい特性をもっている[2]．従来は水冷式の大型（定格入力150～200W）のものがよく用いられたが，近年，高輝度で安定性も高く，かつ小型空冷式のものが市販されている．小型のものは，出力は小さい（定格入力30W）が高輝度のため用途（特に分光測定）によっては大型のものより明るい場合がある．電源は市販のトリガー機能のついた専用低圧DC電源を用いるのが適当である．空冷式ランプは点灯時の温度上昇もキセノンランプと比較すればずっと小さく，トリガー電圧も低く，容易に安心して取り扱えるランプである．ただし水冷式の高出力型は冷却水が止まるとランプがすぐに破損するので注意を要する．

d. 各種輝線（波長較正用）ランプ

輝線ランプのうちで特に高圧水銀（Hg）ランプは図II.4.4にも示したように可視～紫外部に強い発光線があり[3]，大型のもの（入力定格数kW）がつくられ，光化学などに実用励起光源として幅広く使用されている．高圧水銀ランプはAC, DC両点灯タイプがあるが，DCタイプの場合，接続の際管球の極性に注意を払う必要がある．低圧ガス封入の各種放電ランプは，高圧水銀ランプとは違って波長較正用としての用途が主である．各種低圧ガス（Ar, H_2, He, Hg, Kr, Ne, Xe）放電管は，伝統的に，AC点灯のH型管形のものが多く，両端の電極に市販のネオントランスを接続すれば容易に使用することができる（ただしネオントランスの10kV程度の高電圧には注意を要する．近年は，棒状ランプとケース，電源が一体化したものもある）．これら低圧ガスの発光線の波長は詳細な研究がなされており，理科年表などに膨大なデータが一覧表として記載されているので，波長データはそちらを参考とされたい[4]．発光線による波長較正を行うにあたっては，空気の屈折率補正を考慮する必要がある．これを無視すると，波長に1/500～1/1000の誤差が生ずるが，これは場合によっては無視できない大きさとなる．標準空気の屈折率の波長依存性は

$$n = 1 + \left\{6432.8 + 2949810/\left(146 - \frac{1}{\lambda^2}\right) + 25540/\left(41 - \frac{1}{\lambda^2}\right)\right\} \times 10^{-8}$$

$\lambda: 0.20 \sim 1.35\,\mu m$. λ：真空中での波長（μm）で与えられる[4]．これから，水銀の空気中で3650.15Åの輝線は真空中では3651.19Åとなる．

e. 発光ダイオード（LED）

近年の半導体技術の進歩にともなって数多くの種類の赤色域LEDが安価に入手可能となった．またつい最近になって青色域のLEDも市販されるようになった．これらのLEDはいずれも高輝度，数十mWの高出力，小型で，信頼性も高い．また発光スペクトルも300Å程度の幅をもっており，波長範囲も5500Å～1.3μm程度まで各種そろっており，分光用光源として有用である．また200ns程度のパルス動作が可能なもの

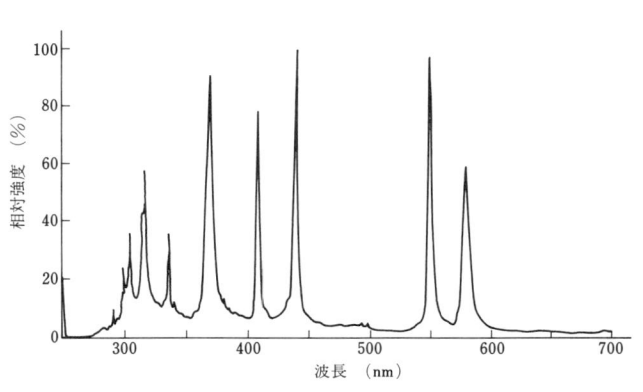

図II.4.4 高圧水銀灯のスペクトルと管球形態の典型例[3]

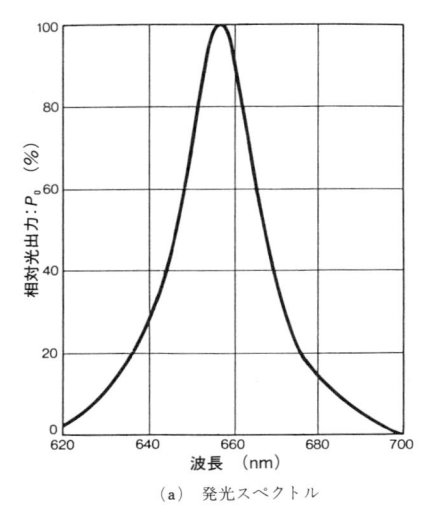

(a) 発光スペクトル

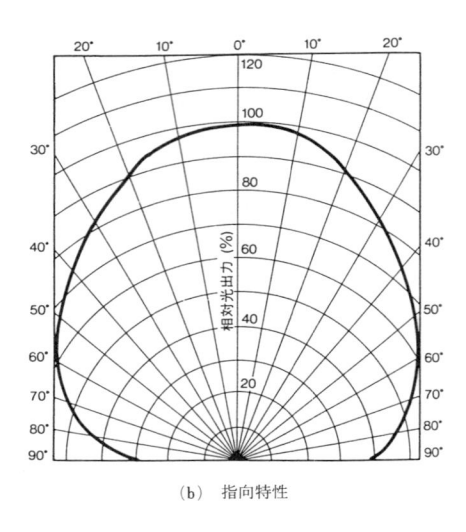

(b) 指向特性

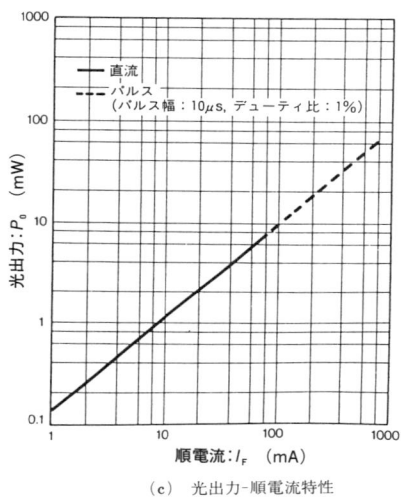

(c) 光出力-順電流特性

図 II.4.5 赤色域 LED の特性例(浜松ホトニクス社 3882)[2]
動的特性は，立ち上がり時間 100 ns，立ち下がり 70 ns．

も市販されている．詳しいデータは膨大なものになるので参考文献[5]にゆずることとし，図II.4.5に高速パルス応答可能な可視赤色域LEDの発光スペクトル，出力-電流特性，指向性特性を代表例として示す[2]．

4.1.2 レーザー(可干渉性(コヒーレンス)のよい光源)

レーザー技術の著しい進歩は，分光法にも大きな変革をもたらした．コヒーレンスがよく高輝度でスペクトル純度の高い(線幅 $0.1\,\mathrm{cm}^{-1}$ 程度は容易に得られる)レーザー光源の出現によって，分子や固体の非常に微細な電子・振動構造スペクトルが容易に得られるようになった．また短パルス化のためのさまざまな技術も開発され，$6\,\mathrm{fs}\,(\mathrm{fs}=10^{-15}\,\mathrm{s})$ といった極短パルスレーザー発振も行われている(もっともそのような短パルス発振の場合には当然スペクトル純度は犠牲になる).

この進歩の速いレーザー技術一般については，多くの優れた解説書があるのでそれら参考文献[6]を参照されたい．ここでは，市販品でよく使用されている気体，固体，液体(色素)各レーザーについて，その波長，時間特性(概略は図II.4.6にまとめて記す)および使用上の留意点について概説を行う．以下の説明でも触れるが，いずれのレーザーも最近では高出力化が図られており，取扱いに際して目への入射(たとえ散乱光であっても)は絶対に避けるよう注意しなければならない．

a. 気体レーザー

気体をレーザー媒体とし，これを放電によって励起して発振するレーザーである．媒体の気体が非常に均質であるため，(もちろん励起方式によるが)非常にコヒーレンスのよい光が得られる．概要は図II.4.6にもまとめてあるが，市販品で入手しやすいものについて，その特性を表としてまとめておく(表II.4.1)．これら

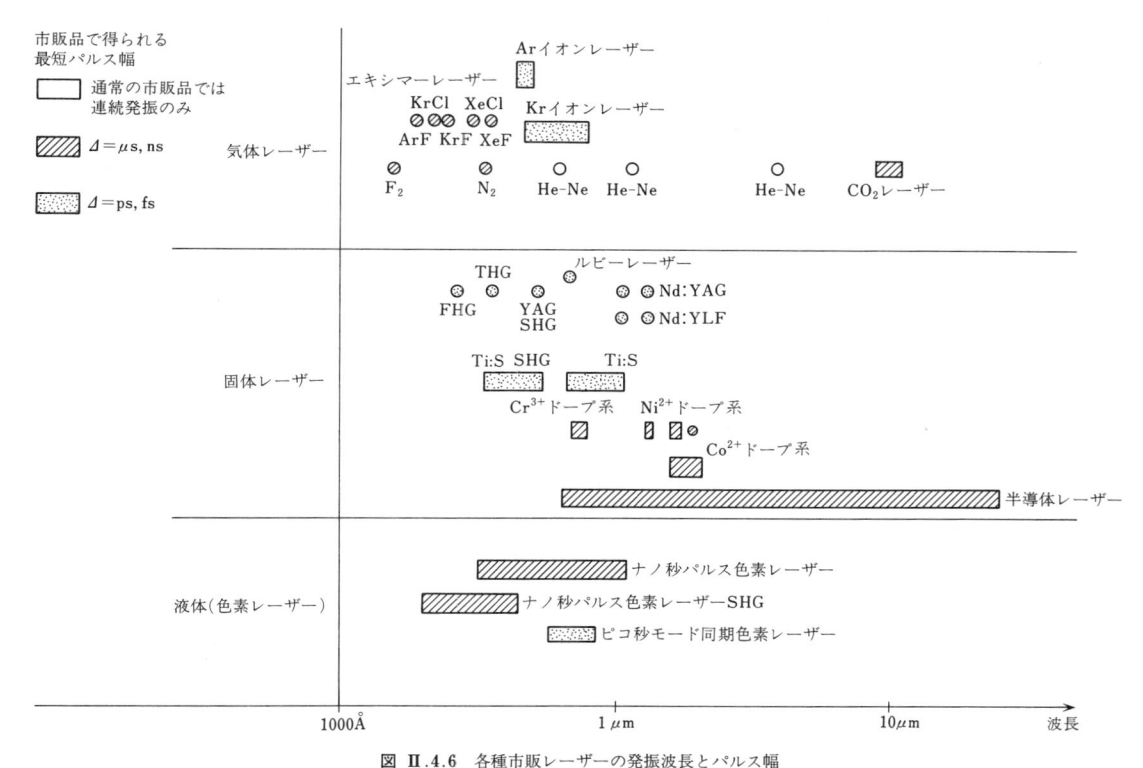

図 II.4.6 各種市販レーザーの発振波長とパルス幅
Nd：YAG, Nd：YLF, Ti：S は，それぞれ Nd^{3+} をドープした Yttrium Aluminum Garnet と LiYF$_4$，ならびに Ti^{3+} をドープしたサファイア結晶を表す．SHG は第 2 高調波を表す．

のうち(4)〜(6)は出力が大きく，可視〜紫外域に発振波長があり，最近は装置の信頼性も高いので，単独での使用よりも色素レーザーや他の固体レーザーの励起光源として使用されることが多い．というのは，気体レーザーの発振波長はかなり限定された離散的なものであり，光源として使用する場合にはこの点が大きな欠点となるからである．さらに，単独で使用する場合にも，発振波長に接近したガスプラズマの発光線が多いので，単色光源として使用する場合には耐高出力のプリズム分光器や，溶液フィルターを通す必要がある点も欠点といえよう．ただ，ここで紹介した気体レーザーはいずれもすでにかなりのノウハウが蓄積されており，市販品は比較的安心して使うことができる．ただ，(1)，(3)，(4)のレーザーを連続発振もしくは高繰返しで使用する場合には多少の注意が必要である．これらのレーザーは，共振器が長い(1〜1.5 m ほど)チューブで構成されており，管内を大放電電流が流れているために，発振中の突発的な冷却水の停止はチューブ破損・短寿命化につながりやすく，実験終了の際にもチューブへの熱ストレスを減らすためにしばらく冷却水を流し続けるなどの注意深い取扱いが望まれる．また，立ち上げ時も十分なウォームアップを行って熱的

安定状態にならないとレーザービームの位置がふらつきやすい．もっとも，ここ数年チューブの素材が，ガラスからセラミックスなどに代わりつつあり，またビームポジショニングシステムも開発され，この問題点も改善されつつある．

b. 固体レーザー

従来より使用されてきたフラッシュランプ励起のルビー(λ=6943Å)，Nd^{3+} をドープした Yttrium Aluminum Garnet(1.319, 1.064 μm)，LiYF$_4$ 結晶(1.313, 1.053 μm)(以後 Nd：YAG，Nd：YLF と略記)が代表的な固体レーザーであり，蛍光バンド幅が比較的広いので短パルス化も容易である．多種多様な製品が出まわり，多大なノウハウが蓄積されてきた結果，数 Hz〜数十 MHz までの広い発振繰返し，数十 W の高い連続出力，高光損傷域値，μs〜ps まで目的に応じて選択できるパルス幅等々の多様性を特徴としている(図 II.4.6)．さらに近年では高効率・高出力半導体レーザーを励起光源とするものも発売され，装置の小型化，高効率化，信頼性の向上が図られている(これらのレーザーの特性は製品ごとに非常に異なるので，詳細はここでは省略する)．ところが，これらのレーザーもやはり気体レーザーと同様，発振波長が限定されており，

表 II.4.1 気体レーザー

種類	波長：λ	出力：E	パルス幅：Δ	繰返し：f
(1) 炭酸ガスレーザー	9～11 μm の間に数十本のきわめて多数の発振線	<1 kW（連続発振の場合） <100 W（TEA タイプの場合）	TEA（大気圧横励起方式）タイプで<100 ns. ただし 1 μ 秒程度裾が残る	通常は連続発振，TEAタイプでは約150 Hz
(2) He-Ne レーザー	3.39 μm, 1.15 μm, 6328 Å, 5941 Å, 5435 Å	<数百 mW 通常の市販品では<50mW		通常連続発振のみ
(3) Kr イオンレーザー	7993, 7931, 7525*, 6764*, 6471*, 5682*, 5309*, 5208, 4825, 4762 Å	<1 W	<200 ps（モード同期の場合）	通常は連続発振 モード同期の場合 約82 MHz（共振器長による）
(4) Ar イオンレーザー	5287, 5145*, 5017, 4965, 4880*, 4765, 4727, 4658, 4579, 4545 Å	<10 W（可視） <1 W（紫外） <25 W（マルチライン）	<200 ps（モード同期の場合）	連続発振もしくは約82 MHz（共振器長による）
(5) 窒素レーザー	N_2 分子の第1正帯（1.23 μm 付近，1.05 μm 付近，8900 Å 付近），第2正帯（3365～3371 Å，3575～3577 Å）に帰属されるきわめて多数の発振線がある．通常 3371 Å の強い発振線が使われる．	<0.1 W <3 mJ/pulse	<0.6 ns	<30～40 Hz
(6) エキシマーレーザー	ガス種 XeF　3510 Å XeCl　3080 Å KrF　2490 Å KrCl　2220 Å ArF　1930 Å	エネルギー/パルス <400 mJ <500 mJ <700 mJ <100 mJ <500 mJ	10～30 ns	100～1 kHz
(7) ハロゲン分子レーザー	入手しやすい市販品は F_2：1580 Å	10～20 mJ/pulse	<10 ns	<100 Hz

＊ 強い発振波長を示す．

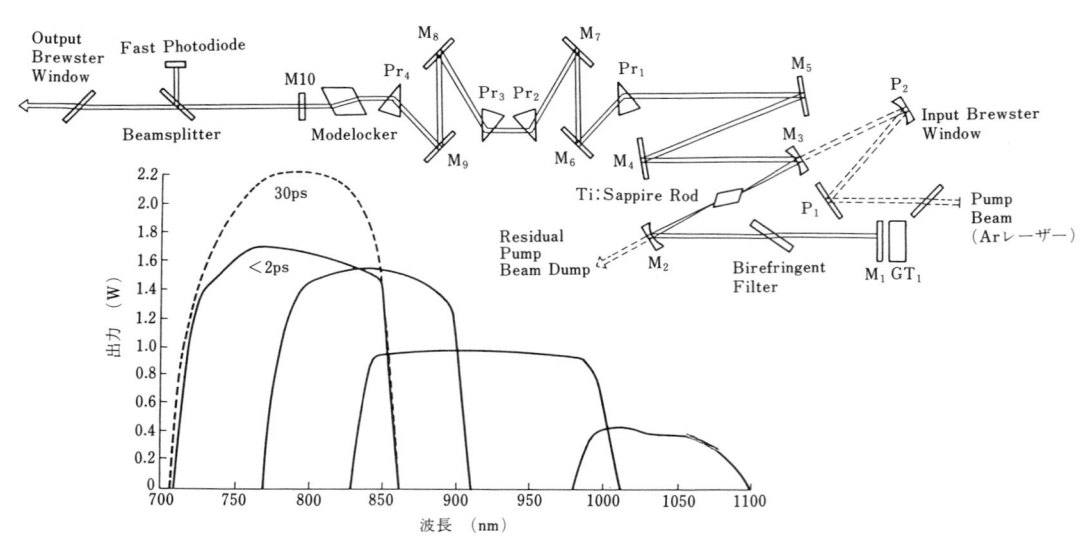

図 II.4.7 ピコ秒チタン（Ti）サファイアレーザーのシステム構成例と発振特性
スペクトラフィジクス社 TSUNAMI システムを，TEM 00 モードで発振させた 12 W アルゴンイオンレーザーで励起した場合の発振波長とパルス幅ならびに出力の関係[7].

色素レーザーや非線形結晶と組み合わせなければ，波長可変の光源とはなりえなかった．ところがTi^{3+}をドープしたサファイア(以後Ti：Sと略記)を媒体とするレーザーが最近登場し，事態がかなり変わりつつある．このレーザー媒質は6700Å～1.1μmという非常に幅広い波長域で，パルス・連続両方の発振が可能であり，パルス幅も14fs(中心波長7800Å)という短パルス化が実現している．また，損傷閾値，熱伝導率など結晶の物理的特性もよい．さらに非線形結晶と組み合わせて第2高調波(SHG)を出すことで(この非線形効果を起こすためには高出力・短パルスTi：Sレーザーと組み合わせる必要がある)，従来不安定で出力も弱い色素レーザーしかなかった青色域で，小型・短パルス・高出力のレーザーが，連続発振アルゴンイオンレーザーという汎用性の高い励起源を用いて手軽に構成可能となった．図Ⅱ.4.7に，市販品のピコ秒波長可変Ti：Sレーザーのシステム構成例と特性を示す[7]．現在，光通信領域の要請もあって各種近赤域固体レーザーが登場しており(図Ⅱ.4.6)短パルス化も進行中である．また光励起状態の高速分光や非線形効果を用いたVUV，XUV光領域の研究への応用を目指して，Ti：Sレーザーのさらなる高出力化も進行中である．そのシステム構成例を図Ⅱ.4.8に示す[8]．従来このようなシステムの代表的なものは，衝突モード同期型色素レーザーからの短パルスを色素レーザーで増強するという形のものであった．このタイプは，種々の技術的要請から発振波長が限定されており(6000～6200Å近辺)，さまざまな非線形効果を利用しなくては波長を変化させることが不可能であった．また色素の劣化や循環装置の安定性など，数々の不安定要因もかかえていた．この点でも，Ti：Sレーザーの登場は意義が大きいものといえよう．さらに，近年良質のものが得られるようになった非線形結晶を用いて非常に広いスペクトル領域のナノ秒パルス光を得る装置も，つい最近になって実用に供されるようになった．これは光パラメトリック発振器(Optical Parametric Oscillator；OPO)と呼ばれるシステムで，現在市販されているものはNd：YAGレーザーの第3高調波(3550Å)を励起源とし，4000Å～3μmの範囲のナノ秒パルス光(強度は50mJ/pulse以上)が得られる[7](図Ⅱ.4.6参照)．このシステムの登場で，ここ数年のうちに紫外～近赤外域の連続波長可変パルス光源に大きな変化が生ずる可能性がある．

c．半導体レーザー

Ti：Sレーザーのほかに，近年進歩の著しいレーザーとして半導体レーザーがあげられる．遠赤外(25μm)から赤色域(6400Å)までさまざまな発振波長の素子が各社から販売されている(図Ⅱ.4.6)．またエネルギー変換効率が高く，小型・高出力であり(連続出力で10Wを越えるものもある)，数ns程度のパルス化も容易である．またCW(連続)発振の場合，発振線のバンド幅が非常に狭く，気体分光に非常に有用な光源である．ただし，一つひとつの半導体素子の波長可変範囲が狭く波長可変分光光源として使用するためにはかなりの数の素子が必要になる，ビーム発散が大きい，励起状態の寿命が比較的短いので強力な短パルスを得にくい，といった欠点ももっている．これらの欠点を克服する目的で，前述したような他の固体レーザーとの組み合わせ使用も行われている．

d．色素(液体)レーザー

エキシマー，Nd：YAG，Nd：YLF，Arイオン，窒素レーザーを励起源として，もっとも手軽で安価に構成でき，豊富な種類の色素を使うことで波長可変範囲も広いレーザーである(図Ⅱ.4.9)[9]．図Ⅱ.4.10に自作の最も簡便なパルス色素レーザー構成例を示す．このようなレーザーでもエキシマーレーザー励起(数mJ)によって，波長5900Å付近で出力約100μJ，パルス幅<20ns，スペクトル幅数cm^{-1}程度の性能となる．市販品では(エキシマーレーザー励起の場合)パルス幅<20ns，スペクトル幅0.1cm^{-1}，繰返し周波数<2～300Hzのものが入手できる．出力や安定性は励起源およびその繰返し周波数に依存するが，50Hz以下で使用する場合，出力はおおむね励起源の10～15％である．次に図Ⅱ.4.11にモード同期CW Nd：YAGレーザーを励起源とする代表的な高繰返しピコ秒色素レーザ

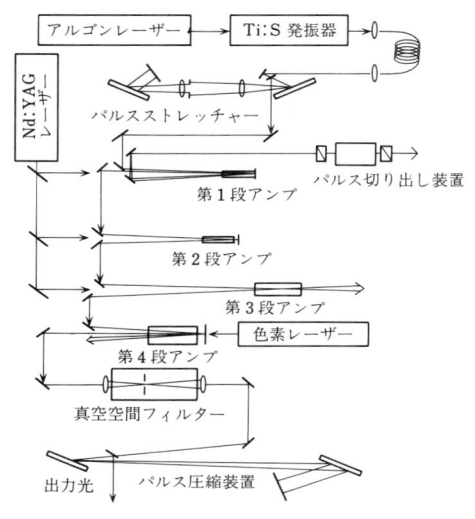

図 Ⅱ.4.8 Ti：サファイア(Ti：S)レーザー増幅システム構成例[8]

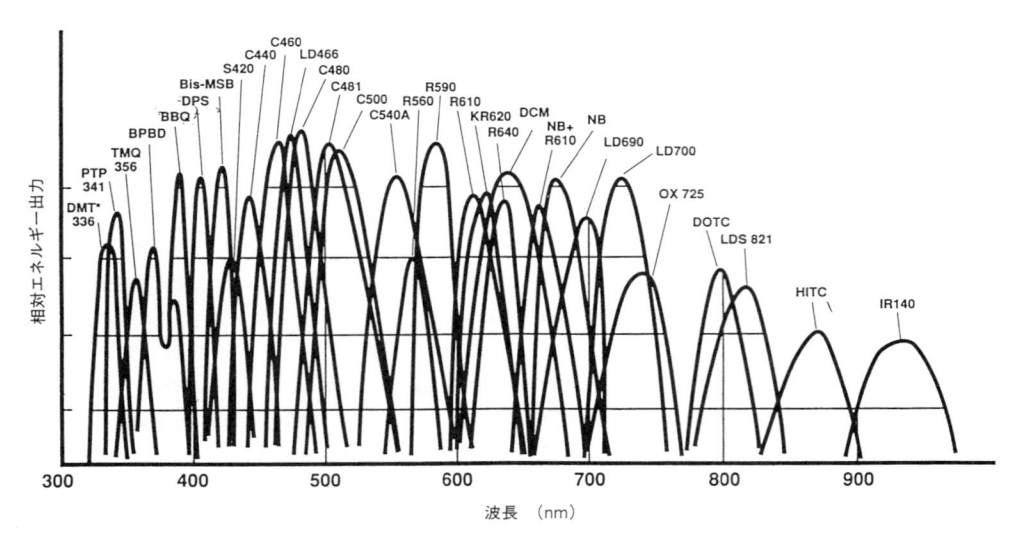

(a) エキシマーレーザー(KrF, XeCl)励起の場合

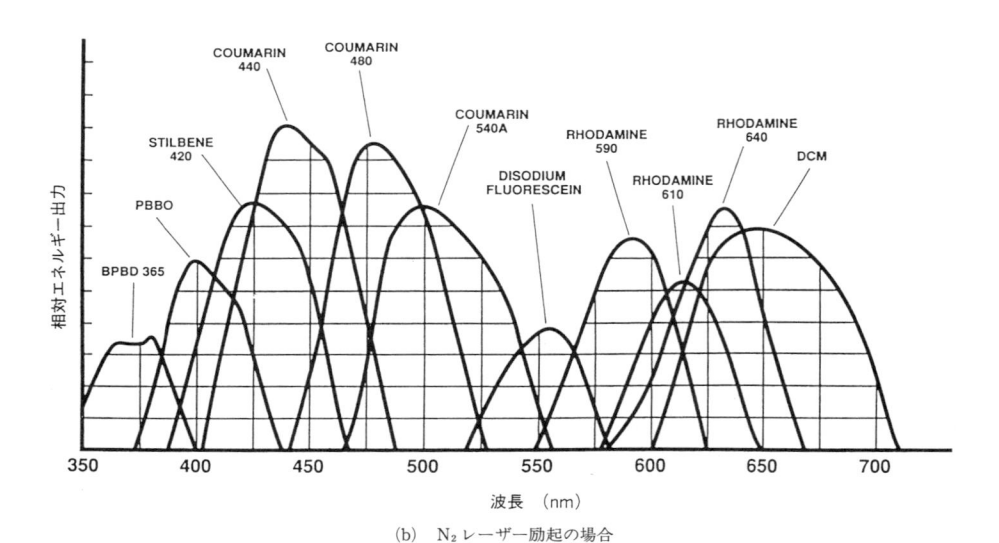

(b) N_2レーザー励起の場合

図 Ⅱ.4.9　各種色素レーザーの発振出力の波長特性

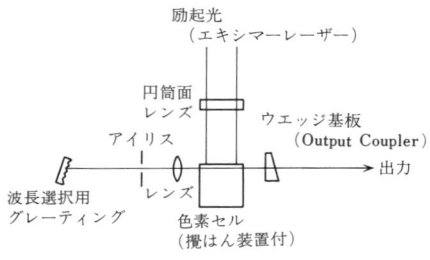

図 Ⅱ.4.10　自作ナノ秒色素レーザー

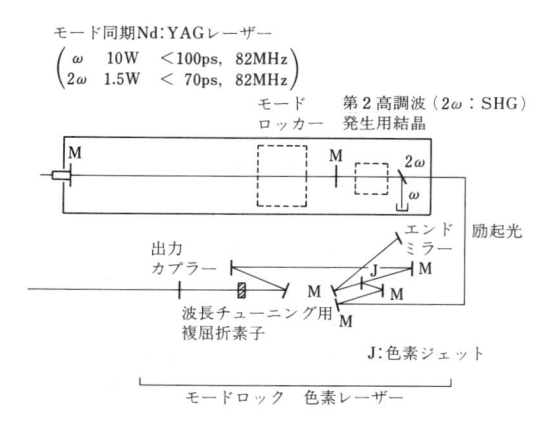

モード同期Nd:YAGレーザー[7)]
$\begin{pmatrix} \omega & 10W & <100ps, & 82MHz \\ 2\omega & 1.5W & <70ps, & 82MHz \end{pmatrix}$

```
              モード      第2高調波（2ω：SHG）
              ロッカー    発生用結晶
    ┌──────────────────────────────────┐
    │M              M         2ω      │
    │                                ω │
    └──────────────────────────────────┘
                                  エンド
                                  ミラー   励起光
         出力
         カプラー      M  M  J  M
                         M
              波長チューニング用
              複屈折素子            J：色素ジェット

              モードロック　色素レーザー
```

図 II.4.11 ピコ秒色素レーザーシステム（スペクトラフィジクス社3500システム）[7)]
励起源にモード同期Nd：YAGレーザー（出力はω(1064nm)で10W, パルス幅<100ps, 繰返し82MHz, 2ω(SHG：532nm)で1.5W, <70ps, 82MHz）を使用した場合, 同期励起色素レーザーの出力としては（色素にRh6Gを使用して）130mW, パルス幅<2.5ps, 繰返し82MHzが得られる.

一の構成例を示す[7)]. このシステムの場合, 色素としてローダミン6Gを用いると, 出力約100mW（5900Å近辺）, パルス幅<5ps, 繰返し82MHzの光が得られる. 以上のように便利な色素レーザーではあるが, 色素が損傷しやすく, 高速循環装置を使用してもやがて出力の低下や不安定化が起きるという欠点をもっている. 特に近赤外域と青色域の色素は, 出力が小さく, また分解されやすいため, この波長域の色素レーザーは非常に扱いづらいものがあった. 前述のように, 短パルスTi:Sレーザーとその第2高調波はこの部分をちょうどカバーしており, その登場は画期的なものである. このため, 特に短パルスレーザーを中心に, 色素レーザーは, ちょうどTi:Sレーザーとその第2高調波の狭間にあたる赤色域（図II.4.6参照）を除いて, Ti:Sレーザーに置き換わられつつある. 将来的には, この狭間も, 近赤域固体レーザーの第2高調波もしくは, 赤色—緑色域の新固体レーザーによって埋められる可能性もある. また, ナノ秒パルス光源に限定すれば, 前述のOPOシステムによって4000Å〜3μmの連続波長可変光源が最近になって実用化されており, 色素レーザーの代わりに使用される可能性が高くなっている.

e. 軌道放射光（SR光）

軌道放射（synchrotron radiation, SR）光は, 電子を加速運動させ, その加速の際放射される光を利用するものである. SR光は, X線領域から遠赤外領域まで幅広いスペクトルをもち, 高輝度, 高出力かつ短パルスといった多くの特徴を兼ね備えている. ただ, 装置が電子入射用加速器まで含んだ巨大なものであり, 従来は主に研究開発用として一部の研究者にのみ利用されてきた. ところが近年技術の進歩によって装置本体, 測定系ともに信頼性が向上, かつ取扱いも容易となり, いくつかの施設（表II.4.2）で一般利用に供されるようになってきた. また, 現在新たな共同利用施設も計画されており, 将来的には非常に身近な光源になると予測される. ここでは分子科学研究所の施設（略称UV-SOR）を例としてどのような共同利用施設が利用可能か概説する.

表 II.4.2 共同利用の可能な放射光施設

施設名（略称）	場所	電子エネルギー	最大電流
高エネルギー物理学研究所放射光施設 (Photon Factory, PF)	茨城県つくば市	2.5 GeV	360 mA
岡崎国立共同研究機構分子科学研究所放射光施設 (UV-SOR)	愛知県岡崎市	750 MeV	200 mA
東京大学物性研究所放射光施設 (SOR-RING)	東京都田無市	380 MeV	500 mA

図II.4.12はUV-SORストレージリングの平面配置図である[10)]. ビーム偏向磁石（図中ではB）, アンジュレーター（U）, 超伝導ウィグラー磁石部（W）において光が発生する. このうち偏向磁石とウィグラーで発生するSR光の強度分布を図II.4.13に示す[10)]. 図から明らかなように, SR光は非常に幅広い波長域をカバーしており, さらに時間幅も400psと短パルスになっている. ただこのようなSR光は, 積分強度は強いが, 分光して単色光源にすると弱くなってしまう, という欠点をもっている. この点を補うために考え出されたのがアンジュレーターである. アンジュレーターは図II.4.14に示すように, 電子蓄積リングの直線部に電子蛇行用磁石を設置して高輝度の準単色光を得るものであり, 磁石の間隔を変化させて単色光のエネルギーを変化させることもできる（UV-SORの場合には8〜50eV）[10)].

以上のようなビーム取出しラインがUV-SORの場合には計19本測定用に設置されており, 各種実験装置が設置されている. 各ポートに設置されている分光器・利用波長域・ビーム広がり・取り扱える試料の形態をまとめたのが表II.4.3である. これらのラインのうち, BL 1B, 2B1, 3A1, 3A2, 6A1, 7A, 7B, 8A, 8B1の9本が共同利用に供されており, 真空紫外域の電子スペクトル測定や光電子分光, 近-遠赤外分光といった従来困難であった各種測定が, 試料をもち込むだけで気軽に行えるようになっている. さらにビ

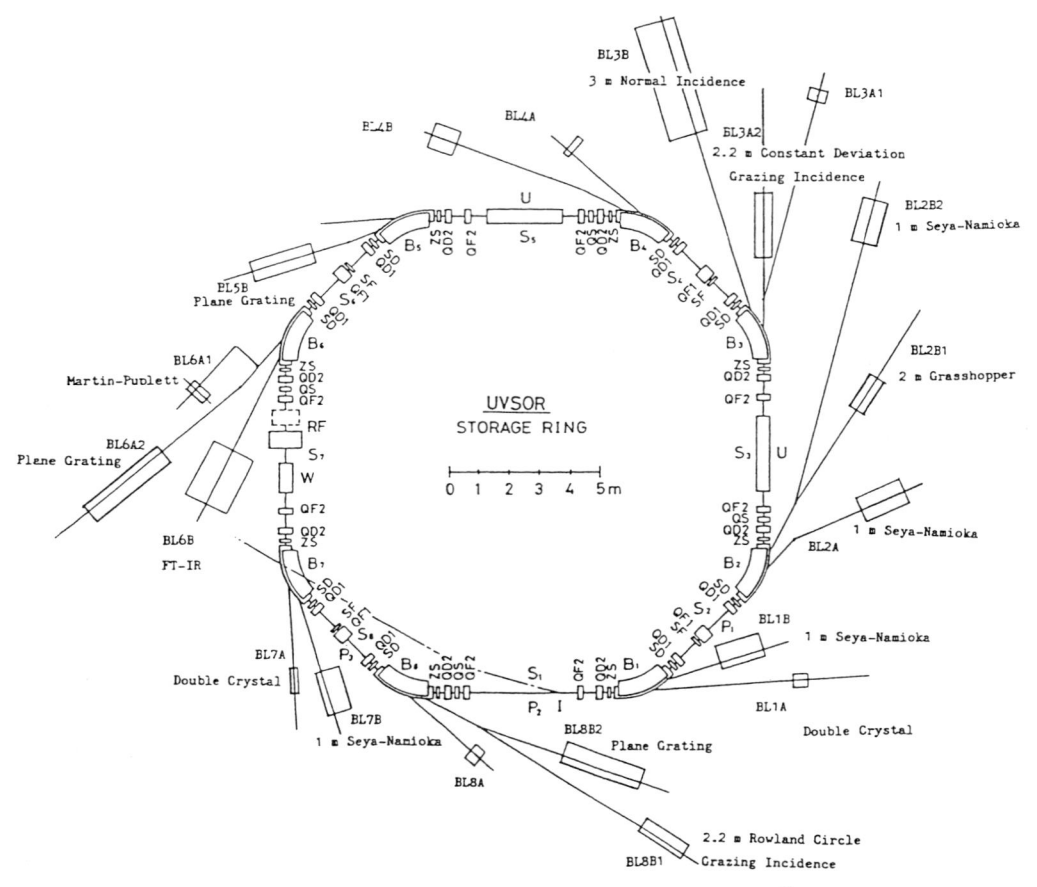

図 II.4.12 UV-SOR ストレージリングとビームラインの平面配置図[10]

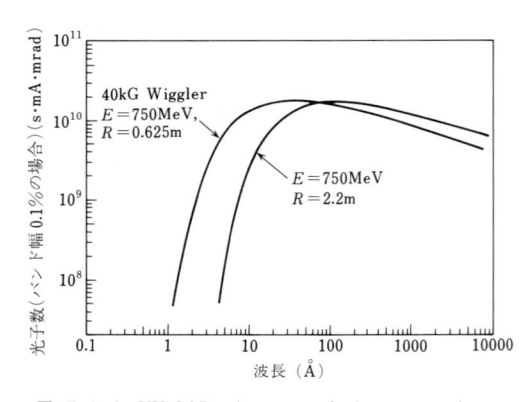

図 II.4.13 UV-SOR ストレージングからのシンクロトロン放射光の強度分布[10]

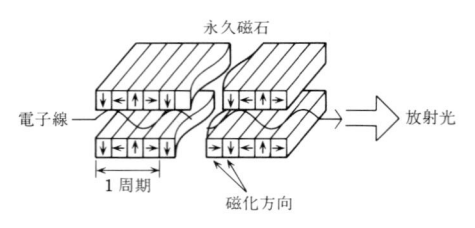

図 II.4.14 アンジュレーターの模式図[10]

ームライン8Aは利用者もち込み用ポートとして解放されており，利用者が自作のチャンバー・測定系を接続して利用できるようになっている．詳細は各施設に直接問い合わせられたい．

表 II.4.3 UV-SOR のビームライン[10]

ビームライン	モノクロメーター、スペクトロメーター	波長域	受光角 (mrad) 水平	垂直	実　験
BL1A	Double Crystal	15〜8 Å	4	1	固体
BL1	1m Seya-Namioka	6500〜300 Å	60	6	気体, 固体
BL2A	1m Seya-Namioka	4000〜300 Å	40	6	気体
BL2B1	2m Grasshopper	600〜15 Å	10	1.7	気体, 固体
BL2B2	1m Seya-Namioka	2000〜300 Å	20	6	気体
BL3A1	なし (フィルター, ミラー)	(U)	0.3	0.3	気体, 固体
BL3A2	2.2m Constant Deviation Grazing Incidence	1000〜100 Å	10	4	気体, 固体
		(U)	0.3	0.3	
BL3B	3m Normal Incidence	4000〜300 Å	20	6	気体
BL4A	なし		6	6	放射
BL4B	なし		8.3	6	放射
BL5B	Plane Grating	2000〜20 Å	10	2.2	校正*
BL6A1	Martin-Pupplet	5 mm〜50 μm	80	60	固体
BL6A2	Plane Grating	6500〜80 Å	10	6	固体
BL6B	FT-IR	200〜1.7 μm	70	25	固体
BL7A	Double Crystal	15〜8 Å	2	0.3	固体
		15〜2 Å (W)	1	0.15	
BL7B	1m Seya-Namioka	6500〜300 Å	40	8	気体, 固体
BL8A	なし (フィルター)		25	8	放射, 利用者持込み
BL8B1	2.2m Rowland Circle Grazing Incidence	440〜20 Å	10	2	気体, 固体
BL8B2	Plane Grating	6500〜80 Å	10	6	固体

* 国立核融合研究所
U：アンジュレーター，W：ウィグラー

4.2 光学素子

本節では，主な光学素子(レンズ，ミラー，ビームスプリッター，プリズム，フィルター，偏光素子)についてその形態，特性，使用法，について概説を行う．なお，これらの光学部品についてはそれぞれ解説書があり，またこれらの素子を組み合わせての光学系設計についても膨大な知識の蓄積があり出版されているので，詳細はそちらを参照されたい．

a. レンズ

レンズ系を使用するにあたってまず注意すべき点は使用する波長域である．これによって使用すべきレンズの材質が変わってくる．各種材料の使用波長範囲(透過範囲)を図 II.4.15 に示す．この図で透過範囲に入っていても，場合によっては水や不純物などにより局部的に吸収が大きくなることがあるので，使用にあたってはメーカーのカタログや各種ハンドブック[11]で詳細を確認されたい．また材料によっては潮解性を示す場合があり(KCl など)，使用にあたってはヒーターや乾燥装置を備えつける必要がある．

注意すべき第2の点は収差，特に色収差である．光学材料の屈折率は波長によって変化するため，波長の異なる光は異なる角度で屈折される．通常短波長ほど屈折率が大きくなるので，より短い距離で焦点を結ぶことになる．Xe ランプのような波長範囲の広い光源からの光をレンズで集光してみると波長ごとに焦点位置が違う様子がよくわかる．この点を考慮しないと，たとえば測定したい波長が可視域外にある場合，試料上で目視している限り光源からの光は集光されているのに(可視域の光は集光されているのに)，信号強度が極端に低いといったトラブルが発生するので注意を要する．次節でも述べるが，ミラーの場合には色収差の問題は基本的にないので可能ならばミラーの使用が望ましい．また，複数のレンズを組み合わせて色収差を打ち消すアクロマートレンズもあるが，レンズ間の接着剤によって使用できる波長範囲が限定されたり，強い光によって接着剤が損傷しやすい欠点がある．

第3の注意点は光学系の明るさ(F 値)の問題である．レンズの場合 F 値は (有効)焦点距離を有効口径で割った値であり，明るいレンズほど小さい値になる．この値が互いに異なるレンズどうしや，レンズと分光器などを組み合わせた場合，明るい光学系が少数の暗い素子のために全体が暗くなってしまったり，系の明るさは改善されないにもかかわらず暗い系に少数の明るい素子(通常は高価である)を入れる，といった無駄をすることになる．

第4の注意点はレンズの形態と入射光の向きの関係である．たとえば図 II.4.16(b) に示すような片側のみに曲面があるレンズの場合，平行光の入射は曲面側から行わないと収差が増えることになる．

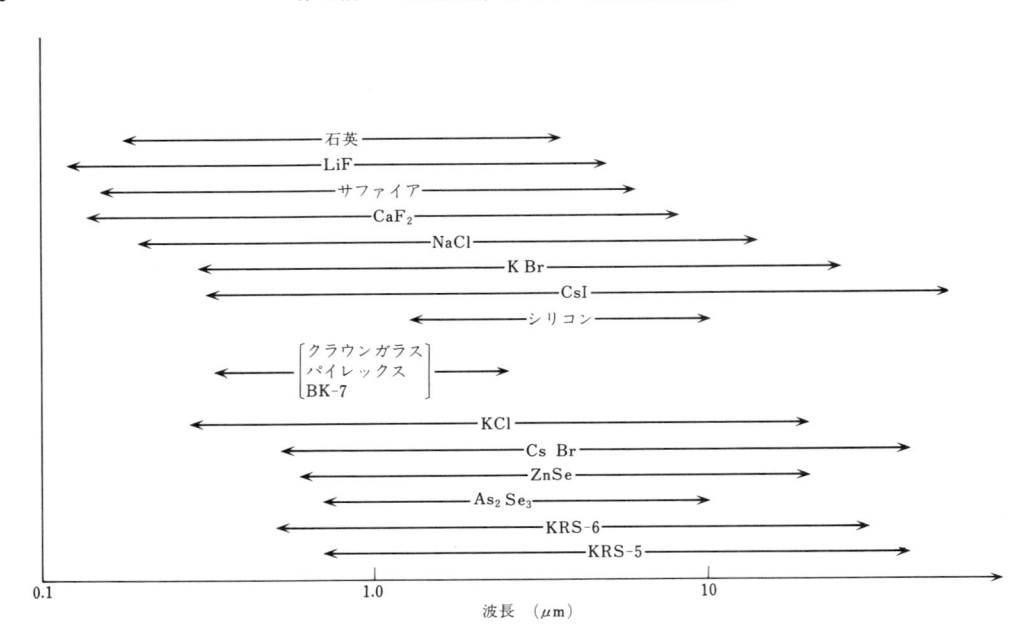

図 Ⅱ.4.15　各種光学材料の透過域

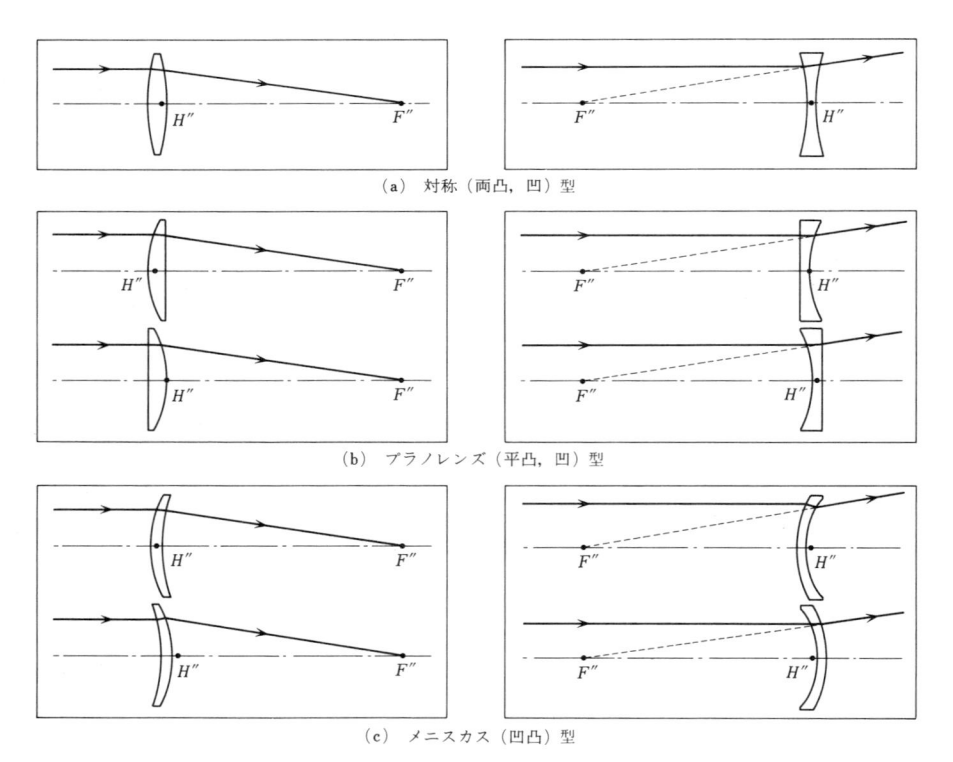

(a) 対称 (両凸, 凹) 型

(b) プラノレンズ (平凸, 凹) 型

(c) メニスカス (凹凸) 型

図 Ⅱ.4.16　各種レンズの形態

b. ミラー，スプリッター

ミラーを使用して光学系を組むことが可能ならば，レンズ系とは違って色収差の問題はない．ただし，鏡面の皮膜材質によって，反射率の波長特性が異なる点が，注意を要する．図Ⅱ.4.17に，ミラーによく使用されるアルミニウムと金の反射率の波長特性を示す．この図から明かなように，アルミニウムは紫外～近赤外域に，金は赤外域に適していることがわかる．これら金属皮膜を平面もしくはウェッジ基板上に薄く蒸着することで反射率を下げ，ビームスプリッターとして使用することもよく行われる．金属皮膜の欠点としては，一般に機械的強度が弱く，洗浄も不可能なことが多く，指紋などがついた場合には酸で皮膜を落とした後で再蒸着するしかない点があげられる．反射用皮膜材としては，他に誘電体多層膜がある．これはさまざまな屈折率をもつ誘電体薄膜を何層も積み重ねることによって，特別な波長領域だけ反射率を高くしたミラーである．この種の皮膜は，入力光強度に対する耐性がよく機械的強度も高く，有機溶剤での洗浄も可能である場合が多い．また，反射率の波長特性も多層膜を設計することでかなり自由に設定できるという特徴をもっているので，レーザー用ミラー・スプリッターやシャープカットフィルターとしても使われている．その一例を図Ⅱ.4.18に示す[12]．この図からもわかるように，反射角度や偏光方向によって反射率の波長特性が大きく異なる点が，誘電体ミラーの欠点である．さらに，誘電体多層膜ミラーは，金属蒸着ミラーに比べ10倍近く高価な点も欠点といえよう．

c. プリズム

プリズムの用途は大きく分けて二つある．一つは反射特性を使って光の進行方向を90°変えたり（直角・ルーフ・ペンタ・コーナーキューブプリズム，キューブビームスプリッター），像を回転するもの（ダブプリズム）である．いま一つは波長に応じて光を分ける分散プリズムである．図Ⅱ.4.19に各種プリズムの概要図[13]，入射・反射光の方向（矢印）および像の向き（アルファベットR）といった特性を示す．いずれのものも，レンズと同様使用する波長域に応じて材質を選択しなければならない．プリズムは一般に入射光に対する耐性が高く小型にできるので，高出力レーザーの反射や多色・高出力レーザー光を波長ごとに分けるスプリッターとして使われることが多い．さらにペンタ・コーナーキューブプリズムは，どちらも入射光角度によらずそれぞれ90°，180°の反射光が得られるため，振動などふらつきの多い環境下での使用に適しておりカメラなどに多用されている．

d. フィルター

ガラスを種々の添加物で着色した色ガラスフィルター，誘電体多層膜などを利用した干渉フィルター，金属塩の水溶液もしくは水自体を使った溶液フィルター，ニュートラルデンシティフィルター（NDフィルター）といったものがある．まず色ガラスフィルターには特定の波長より短波長側を吸収するカットオフフィルター，特定の波長域を透過するバンドパスフィルターの2種がある．その特性の例を図Ⅱ.4.20に示す[14]．これら色ガラスフィルターの波長依存性がかなり緩やかな裾をもつのに対し，干渉フィルターは一般に鋭い構造をもつ．図Ⅱ.4.21はその波長特性例である[15]．これらのフィルターは通常の光入力に対しては十分耐性があるが，非常に強い光とりわけ赤外光が入る場合（分光する前のXeランプやArレーザー光）発熱などによって破損することもある．このような場合には石英太鼓形セルを使った溶液フィルターを用いるとよい．特にXeランプの強い近赤外光を除去するためには水フィルターが有効である．

与えられた光を，反射もしくは吸収を利用して，一定の割合で減衰させるのがNDフィルターである．このフィルターを使用するにあたって注意すべき点が二つある．まずフィルターの入射光吸収率（反射率）は基本的には一定であるが，多少は波長依存性がある点である．使用するフィルターの透過率は自分達で調べておく必要がある．注意すべきもう1点は，入射光強度が上がった場合に，NDフィルターが可飽和色素的振

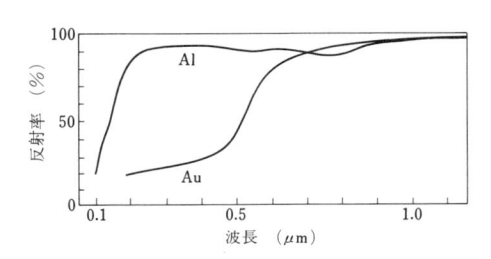

図Ⅱ.4.17 アルミニウムと金の反射率の波長依存性

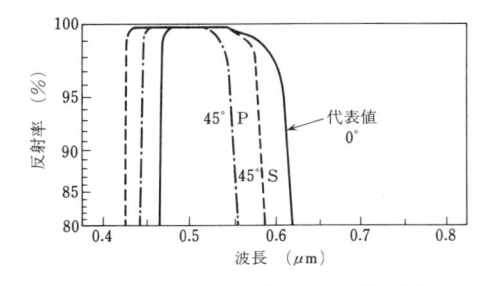

図Ⅱ.4.18 誘電体多層膜ミラーの反射特性[12]
実線は反射角0°，破線は45°S偏光，一点破線は45°P偏光．

(a) 直角プリズム
(b) ルーフプリズム
(c) ペンタプリズム
(d) コーナーキューブプリズム
(e) ダブプリズム
(f) 60°分散プリズム

図 II.4.19　各種プリズムの形態および特性[13]

(a) カットオフフィルター (Hoya O-54, 56, 58)

(b) バンドパスフィルター (B-370, 380, 390)

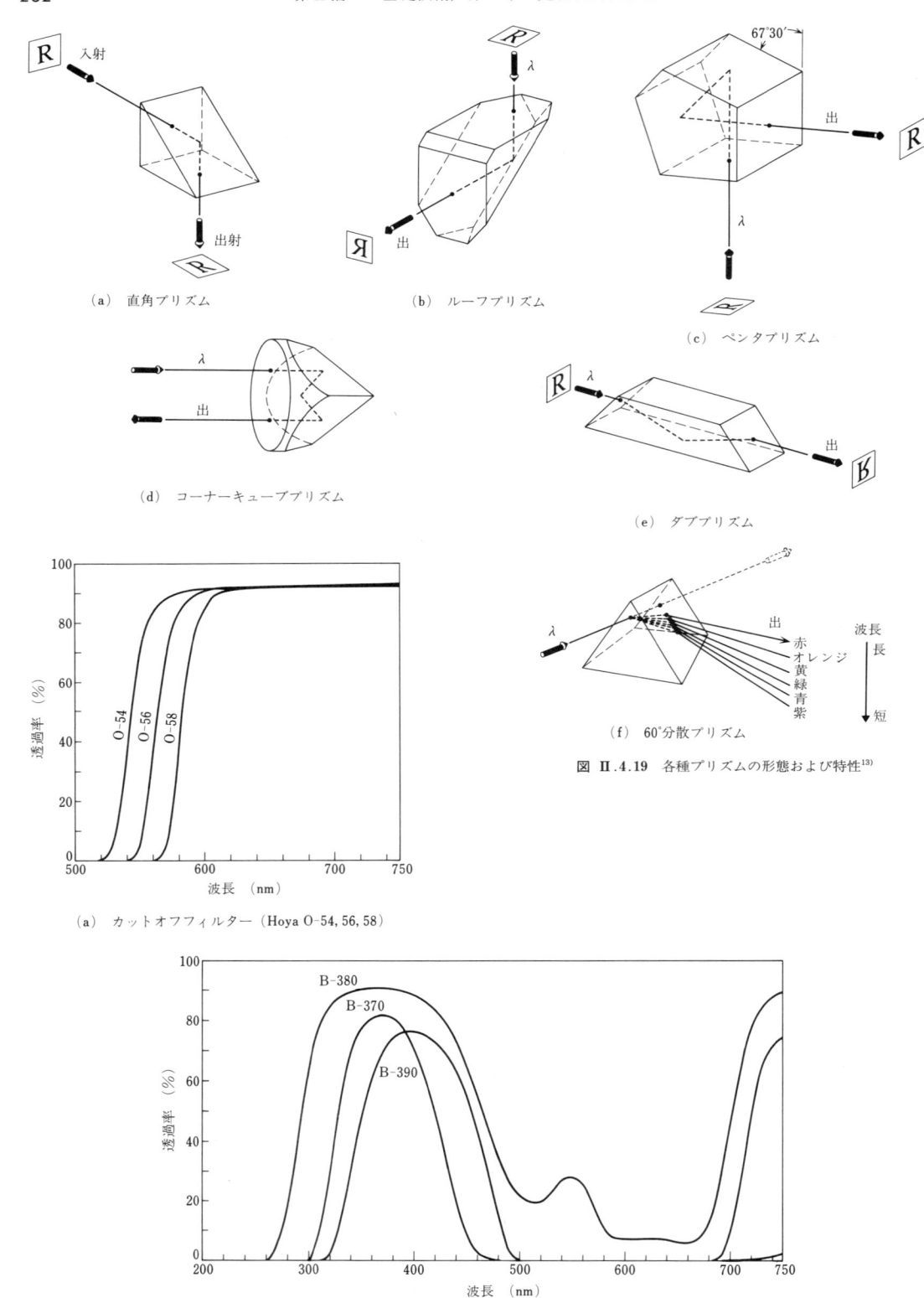

図 II.4.20　色ガラスフィルターの波長特性[14]

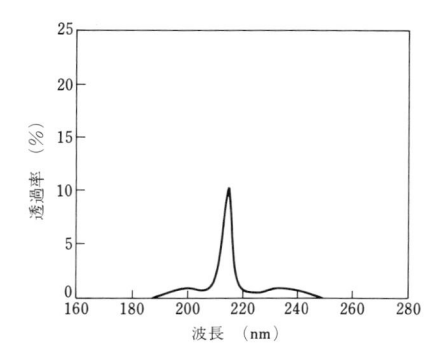

図 II.4.21 誘電体多層膜フィルターの波長特性[15]

舞いをしてしまう点である．つまり入射強度が強くなるほど透過率がよくなってしまうのである．したがって，レーザー光などの強度変化を ND フィルターを用いて行う場合には，つねにパワーメーターなどで透過光強度のモニターを行っておく必要がある．

e. 偏光素子

特定の偏光状態を取り出したり，偏光状態を変えたりするのに用いる光学素子である．無偏光状態から特定偏光状態を得るためには，(1) 2 色性フィルターか，(2) 複屈折を利用した偏光プリズム，を用いるのが一般的である．このほかに赤外域では (3) ワイヤーグリッドタイプの偏光子が使用される．(1)ではプラスチック基板内にヨウ素化合物が一定方向に配向して並んでいる．このため配向軸に平行な電気ベクトルをもった直線偏光とこれに垂直な直線偏光に対する吸収スペクトルに著しい差が生ずる (2 色性)．したがって，透過光は，配向軸と垂直な方向の成分が支配的となる．この 2 色性フィルターは，偏光プリズムと比べるとその偏光特性が若干劣っているが，薄くて大面積のものが安価に入手できるという利点がある．(2)は複屈折材料である方解石（紫外部では水晶または MgF_2 を用いる）でできたプリズムによって構成されており，高価ではあるが，高度に偏光した光を得ることができる．代表的形態としては，グラン-テイラー，グラン-トムソン，ウォラストン，ロションの四つがあげられる（図 II.4.22）．これらは似た形はしているが，それぞれ特徴をもっている．両方向の偏光を利用したいもしくは 3500 Å よりも短波長で使う場合には，ウォラストンまたはロションプリズムを使用する（グラン-テイラー，グラン-トムソンプリズムの場合，射出されない偏光方向の光は直角に曲げられてプリズム保持材料に吸収されてしまう）．レーザーなど強い光の場合にはプリズム間がエアギャップになっているグラン-テイラープリズムを用いるとよい．さらに，3500 Å よりも長波長側の光で許容角を大きくとる必要がある場合（たとえばランプ光源を使用する場合）には，ギャップに接着剤が塗布されているグラン-トムソンプリズムが適している．(3)ワイヤーグリッドタイプ偏光子は入射光の波長より狭い間隔をもつグリッドを多数平行に並べたワイヤーグリッドアレイに光を入射すると，グリッドアレイの整列方向と垂直方向に振動する偏光成分はほとんど反射されてしまう，という原理を使ったものである．工作精度の向上とともに近年では近赤外域用のものが発売されている．

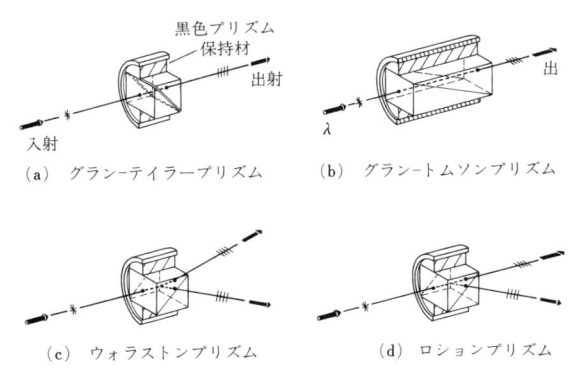

図 II.4.22 各種偏光プリズムの形態と特性[13]
(a) グラン-テイラープリズム
(b) グラン-トムソンプリズム
(c) ウォラストンプリズム
(d) ロションプリズム

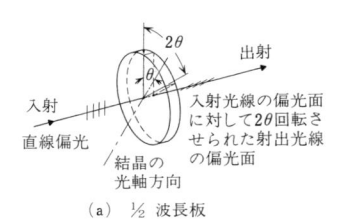

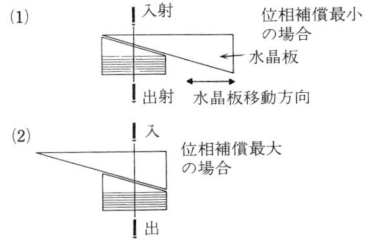

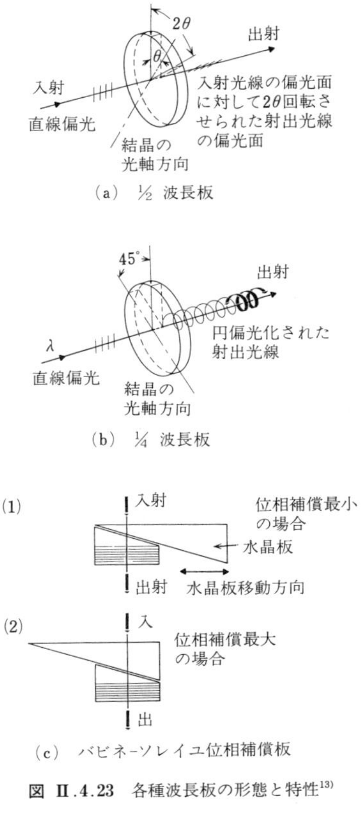

図 II.4.23 各種波長板の形態と特性[13]
(a) 1/2 波長板
(b) 1/4 波長板
(c) バビネ-ソレイユ位相補償板

次に，偏光状態を変える場合に用いられるのが波長板(位相板)である．これは，水晶では偏光方向に応じて屈折率が異なることを利用したものである．図II.4.23に(a) 1/2波長板と(b) 1/4波長板を例として示す．縦偏光と横偏光の屈折率をn_0，n_1とすると，素子の厚さをdとすれば，次式で与えられる位相差が生ずる．

$$\delta(位相差) = \frac{2\pi d}{\lambda} | n_0 - n_e |$$

ここに，n_0：常光線の屈折率，n_e：異常光線の屈折率，λ：真空中での波長．いまの場合，縦・横偏光が，常・異常光線どちらかに対応する．

これによって，1/2波長板の場合には直線偏光が他の向きの直線偏光に，1/4波長板の場合には直線偏光が(楕)円偏光(またはこの逆)に変化する．図II.4.23(b)では波長板の光学軸に対して45°の偏波面をもった直線偏光が入射した場合を示してあるが，この場合には出射光は円偏光となる．このように波長板は，偏光の種類や偏波面を変えるのに非常に便利な素子ではあるが，位相差(屈折率)は波長によって変わるわけであるから，波長ごとに波長板の厚さを変える必要性がある．また光学的異方性の残っている材料でできた光学素子(レンズなど)を通過すると，偏光の位相がずれてしまう場合もある．それらを補正するものがバビネ-ソレイユ補償板である．これは図II.4.23(c)に示すように，光路上の水晶板の厚さを変化させることで，補正する位相量・波長を可変にしたものである．さらに最近では，水晶板に圧電素子で異方的圧力を加えて屈折率を変化させ，位相変化量を電圧で制御するタイプのものも市販されている．これを使えば，出力の偏光状態を直線-楕円-円，と印可電圧に応じて変化させることができ，偏光変調分光を行う際に大変有用である．このほかに，一番古くから使用されている波長板として，全反射の際のS偏光とP偏光の位相のずれを利用するフレネル斜方体がある．図II.4.24にガラス($n=1.51$)を用いたフレネル斜方体の形態を一例として示す．ここに示した形態・光の入射条件の場合，

1回の反射でS偏光とP偏光の位相が$\pi/4$ずれるため，2回の反射で$\pi/2$位相板つまり1/4波長板と同じ働きをすることになり，斜方体に入射した直線偏光は円偏光として出力されることになる．このフレネル斜方体は，広い波長範囲で使えるという利点があるが，一方で許容入射角度が小さくレーザー光のようにビーム発散の小さいものでないと使いづらいという欠点ももっている．

4.3 分光器

現在実に多種多様な分光器がさまざまな会社から発売されている．大きく分けると出口がスリットになって単色光が出力されるモノクロメーターと，出口スリットがなくマルチチャンネルディテクター(多チャンネル検出器)のつけられるポリクロメーターの2種類になる．また分光するための光学素子としては，グレーティングとプリズムの2種類がある．最近ではグレーティングが安価になったために，プリズム式分光器はレーザーフィルターなど，耐高出力・高効率が要求される特殊用途に用いられている．典型的な分光器の光学配置図を図II.4.25に示す[16]．分光器で重要なパラメーターは分解能と分散，明るさ(F値)，波長域，そして迷光である．この五つのパラメーターについて以下で説明を行う．

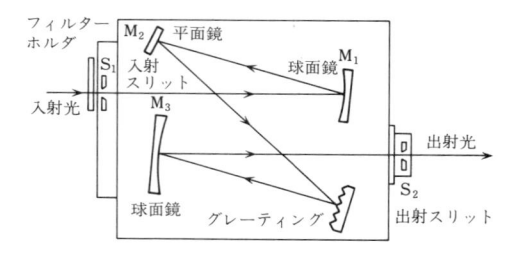

図II.4.25 分光器(モノクロメーター)の光学配置例(日本分光社CT型)[16]
M：ミラー，S：スリット．

a. 分解能

非常にスペクトル幅の狭い輝線を分光器に入力し，スペクトルをとった場合，入射・出射スリット(図II.4.25, S1・S2)を極限まで狭くしたとしても輝線本来の幅よりもかなり広いものとなってしまう．この幅は，グレーティングの性能(溝密度，大きさ)と分光器の焦点距離および工作精度によって決定される．したがって，分光器のスリットを分解能以下の幅にすることは，暗くなるだけで意味がない．同じ分散(項目b．で説明する)の分光器であるならば，グレーティングが大きいほど分解能は向上する[17]．分光器の分解能はよい

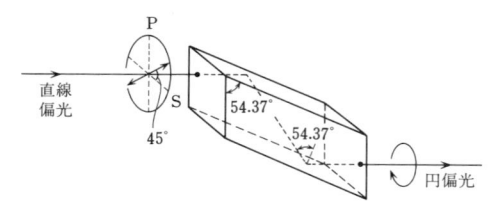

図II.4.24 フレネル斜方体
Pは入射面と平行な，Sは垂直な偏光方向．

にこしたことはないが，大型化や機械的信頼性，そして価格の問題が生ずるので，使用目的から考えて不必要な高分解能は避けるべきである．

b. 分　散

分光器に白色光を入射して出射スリット内側をのぞいてみると，さまざまな波長の光が連続的にならんでいるのが見える．波長が1Å異なったとき，出射スリット上で何mm離れているかを示すのが分光器の分散(mm/Å)である．分散は前記の分解能にも影響する（分散が大きくなれば分解能も向上する）．一般に分散は，グレーティングの刻線本数(本/mm)が多いほど，使用する回折光の次数が高いほど，そして分光器の焦点距離が長いほど大きくなるし，またその結果分解能も向上する．しかしながら，分散の大きい分光器は当然暗くなるという問題点がある(c.で説明する)ので，不必要に大きな分散，高い分解能は避けなくてはならない．

c. 明るさ(F値)

分光器の入射スリットから入った光のうちで，分光器の性能によって決まる一定の開口角以内の光が分光されて出射スリットから出てくる．よって開口角の大きい分光器ほど明るい分光器となる．これを表す指数が前にも説明したF値である（小さい値ほど明るいことを示す）．通常の市販品の分光器の場合，F値は4〜11の範囲である．また組み合わせるレンズやミラーなどの光学系のF値も分光器と整合するのが望ましい．このF値の整合性は，明るい光源を用いて試してみるとすぐにわかる．たとえば図II.4.25のように光を分光器に入射したとき，ミラー(M1)とグレーティング上での光源像が，ほぼミラーおよびグレーティングの有効面と同じ大きさになっていれば，入射側光学系と分光器のF値の整合性はほぼとれていることになる．分光器の本来の明るさを発揮させるためには，F値整合だけでなく，分光器と結合する光学系の相対配置が正しく調整されている必要がある．分光器内部をのぞいたときに，光源像の中心がミラー(M1)やグレーティングの中心と一致していれば，分光器と光学系の相対的配置が正しくなされていることが確認できる．光源が暗い場合には，分光器出射スリットのすぐ後ろに明るい光源を置き通常の分光器内光路をまったく逆にたどって入射スリットから出てくる光を使うことで，結合する光学系との相対配置をチェックすることもできる．

d. 波長域

通常分光器付属の分光素子の特性で決定される．グレーティング式の場合には，装備されたグレーティングの回折効率がよい波長域が，目的とする波長域に合致している必要がある．また分光器のグレーティング回転角にも限度があるので，長波長域を使用したい場合には刻線本数の小さいグレーティングを使用することになるが，この場合分解能は当然低下する．プリズム式の場合には，使用する波長域に応じてプリズムの材質を変える必要がある（特に紫外域の分光を行う場合）．

e. 迷　光

分光器の出射スリットからは，目的とする波長（もしくはその高次光）以外の光も出力される．この光は迷光と呼ばれ，分光器内部での不規則散乱光に起因する場合が多い．したがって，分光器の構造や使用される光学素子の汚れなどに敏感である．分光器のカタログにその機種の値が表示されているが，通常，回折光に対して1/10000〜1/100000程度の強度である（焦点距離50cm，グレーティングを一枚使用するシングルモノクロメーターの場合）．

分光器の性能がぎりぎりまで試されるのは，ラマン分光（ラマン分光法についての詳細な説明はII.3章を参照されたい）や非常に短寿命な励起種からの発光のような，非常に微弱な発光現象の分光実験の場合である．この場合励起光の強い散乱（レイリー散乱）を除去するために，低迷光（この場合迷光とは，目的とする波長以外の，分光器内壁からの散乱光などを指す）が要求される．また，微細な構造を知るために高い分解能が要求され，さらに検出感度を上げるため極力明るい分光器であることが要求される．前二つの要求を満足するために，従来は焦点距離0.5〜1.0mという大きな分光器が使われてきた．この場合3番目の要求は満足することができなかった．最近ではこれら三つすべてを満足すべく図II.4.26のような装置が市販されている[18]．まず迷光を減らすために，焦点距離10〜25cm程度の小さく明るい分光器を2台逆向きに組み合わせて非常に鋭いエッジをもったバンドパスフィルターを構

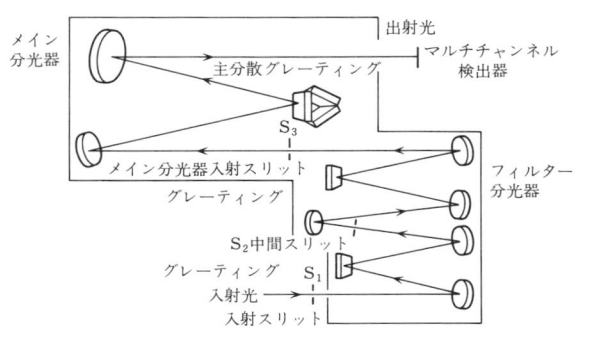

図 II.4.26　ラマン散乱光測定用分光器の光学配置例(SPEX社トリプルメイト型)[18]

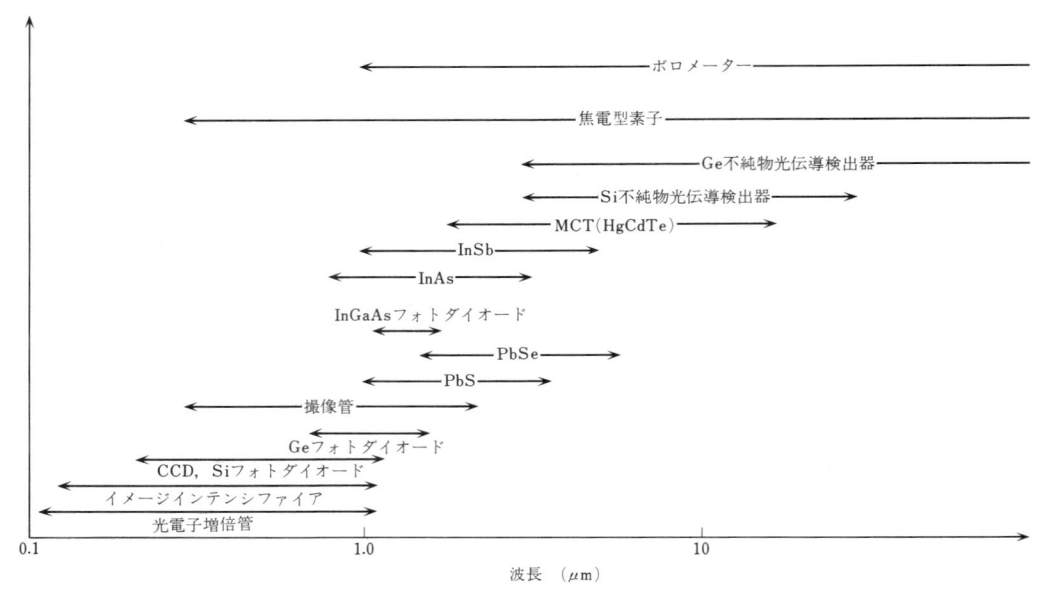

図 II.4.27 各種光検出器の一般的な使用波長域

成する．このフィルター分光器の透過バンド幅は中間スリット(S_2)によって決定される．この透過バンドのカットオフ波長を励起光ぎりぎりに設定する．つまり励起光の強い散乱はフィルター分光器内の中間スリットに当たって出力されないし，この散乱光に起因する迷光も，メイン分光器入射スリット(S_3)に妨げられて検出器までは到達しない，というわけである．次に分光系の明るさを確保するために3段目のメイン分光器（ポリクロメータ）の焦点距離を25～70 cmと短くし，分解能はメイン分光器のグレーティングに本数の多いもの(2400～3600 line/mm)を使うことで確保している(5 Å/mm程度)．またイメージインテンシファイア付き多チャンネル検出器，を用いて一層の高感度検出も行っている(検出器については次節で述べる)．

最後に，回折格子（グレーティング）式分光器では，プリズム式と違い高次回折光による問題点があることをつけ加えておく．これは，目的とする波長の他にその1/2, 1/3…といった波長の光が同時に出力されてしまうという現象である．これを解決するためには，フィルターなどを組み合わせて用いる必要がある．

いずれにせよ，分光器は分解能と明るさという相反する性能を要求されており，また高価でもあるので，購入・使用にあたっては実験条件との比較・検討を慎重に行う必要がある．

4.4 光検出器

近年の電子技術および微細加工技術の進歩によって種々の光検出器が登場している．本節では，光電子増倍管，フォトダイオード(含一次元イメージセンサー，マルチチャンネルディテクター)，CCDイメージセンサー(一，二次元イメージセンサー，マルチチャンネルディテクター)，撮像管(ビジコン)，イメージインテンシファイア，赤外線検出器について概説する．これらの検出器のおおよその使用波長域をまとめて図II.4.27に示す．詳細はそれぞれの参考文献や各種解説書，カタログを参照されたい．

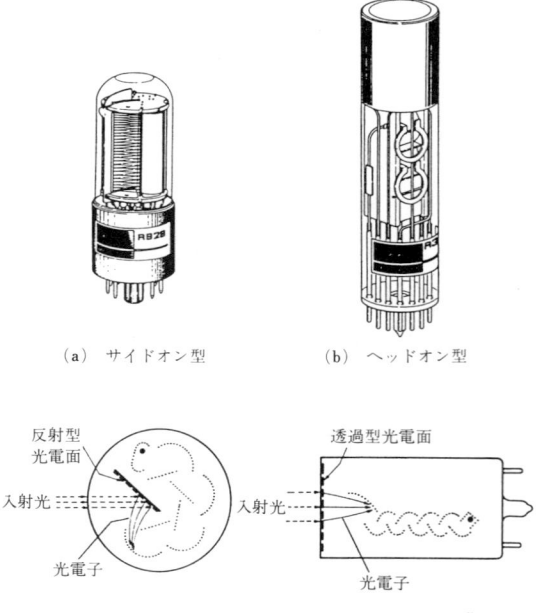

(a) サイドオン型　　(b) ヘッドオン型

図 II.4.28 光電子増倍管(フォトマル)の基本的構造[2]

4.4 光検出器

透過型光電面

反射型光電面

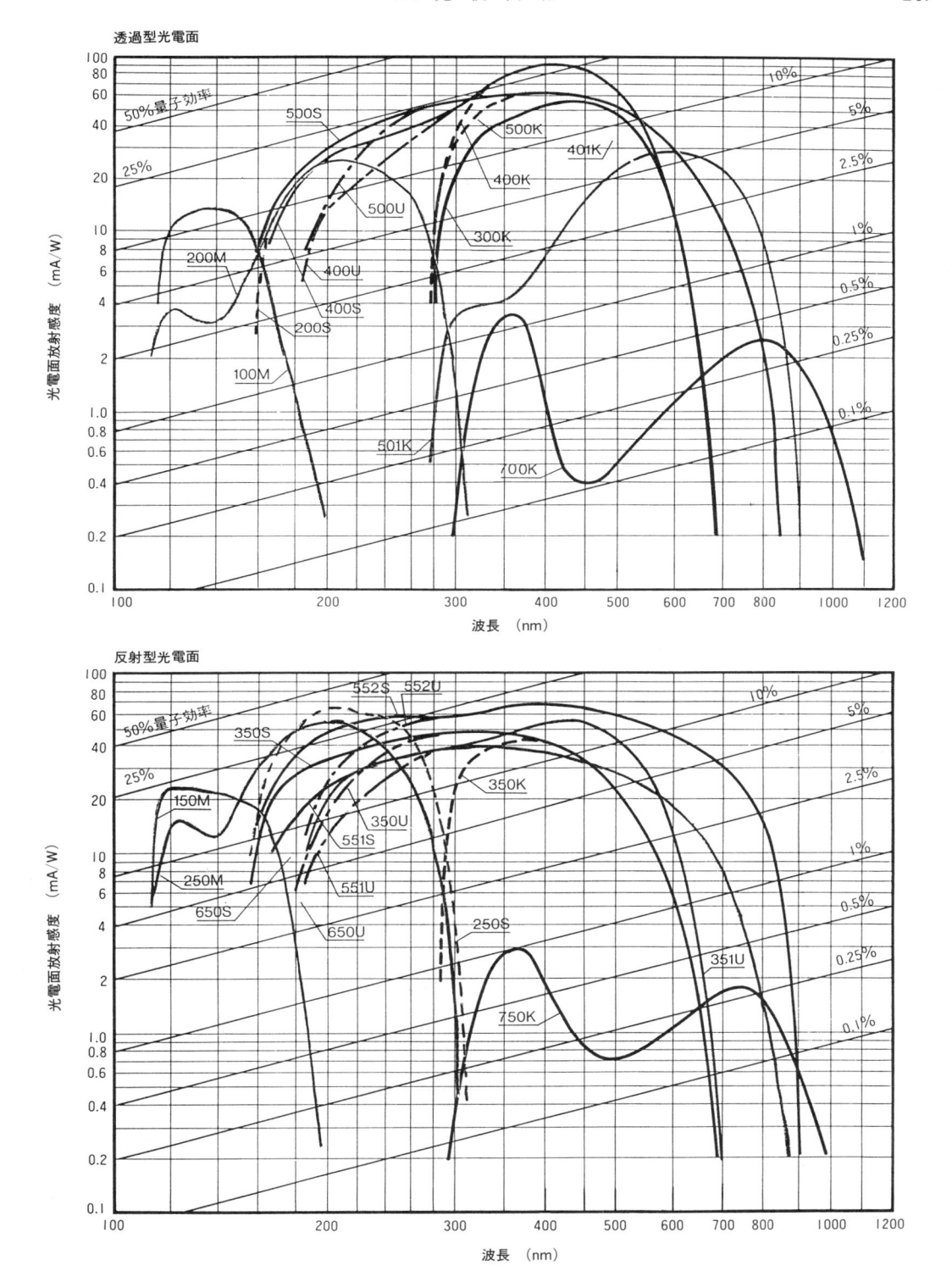

図 II.4.29 光電面分光感度特性[2]

a. 光電子増倍管(フォトマルチプライヤ(PM))

光電面より放出された光電子を高電界で加速して電極(ダイノード)に衝突させ，多量の二次電子を放出させる，さらにこの二次電子を再加速し次のダイノードに衝突させる，ということを何回も繰り返して微弱な光を効率よく検出するのがPMの動作原理である．従来よりよく用いられてきた代表的光検出器である．形態は大きく分けて，管球側部から光が入り主に反射型光電面を使用するサイドオン型と，管球頭部より光が入り主に透過型光電面を用いるヘッドオン型の2種がある(図II.4.28)．最近はこの他にマイクロチャンネルプレート(MCP)を使ったタイプのものも市販されている．基本的にPMは光電面の種類によってその感度の波長特性が異なるので目的に応じて選択する必要がある．図II.4.29に各種光電面の分光感度特性を示す[2]．PMは非常に感度が高いため強い光をを入力するとただちに感度の悪化を招くので注意を要する．また非常に高電圧を加えるので，絶縁に注意するとともに，カタログに記載されている最大定格を守らなければならない．PMの雑音の大きな原因の一つは熱電子である．特に近赤外域で感度のよいGaAs光電面のPMではそれが大きい．この雑音は，PMを冷却することによって減らすことができる(−30°Cまで冷やせばノイズは一般に激減する)．PM冷却用ホルダーは数種の市販品があるので，それを使用すれば断熱などを新たにする必要もなく，楽である．PMの時間特性は，通常，パルス励起に対する応答の立ち上がり時間で評価される．市販されている大部分のPMの立ち上がり時間は 1～10nsで，QスイッチYAGレーザーやエキシマーレーザーなどの代表的ナノ秒パルス光源を用いた実験の大部分には十分な速さである．ところが，ピコ秒パルスレーザーを励起源に用いた実験(たとえば蛍光寿命の測定)にはこれでは不十分である．それに対応すべく，MCPタイプのPMが近年市販されるようになった．MCPは図II.4.30上部に示すように，非常に細い(10～20μm)高鉛ガラス内壁パイプ(チャンネル)の集合体である．このパイプの両端に電圧を加えると，1本1本のパイプがそれぞれPMの増倍部としての役割をはたす(図II.4.30下部)．このMCPは非常に速い時間応答を示すので，これをPMに利用すると立ち上がり時間100～200ps程度のPMをつくることができる．これを高速フォトンカウンティングシステムと組み合わせれば，図II.4.31に示すような100ps程度の時間分解能を得ることができる．

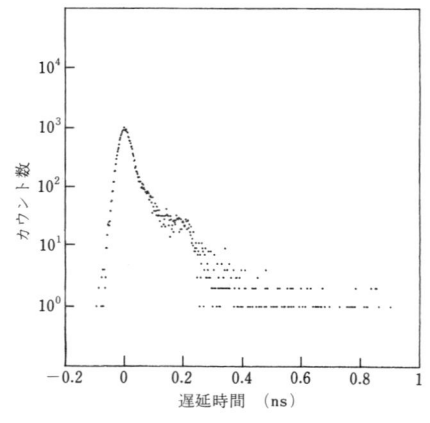

図 II.4.31 MCP式フォトマル(浜松ホトニクス社 R 2809 U-01)と高速フォトンカウンティングスシステムを用いての測定例[2]

b. フォトダイオード

受光部にpn接合を有する半導体素子で，光励起によって電子-正孔対が形成され，光電流が流れることを利用している．接合の作り方や組み合わせ方でフォトダイオードにもいくつかの形があるが，図II.4.32に拡散型と呼ばれるもっとも基本的なものを例として，閉回路の場合の基本的動作原理を示す．この素子を解放端で使用すれば，光起電力が得られる．この拡散型のほかにも，pn間に抵抗の大きな層を入れて高速応答性を確保したPIN型や，これにさらに内部増倍機能をもたせたアバランシェ型，金属(主にAu)との接合を用いたショットキー型(紫外部での感度がよくなる)などがよく使用される．分光感度は用いる半導体のバン

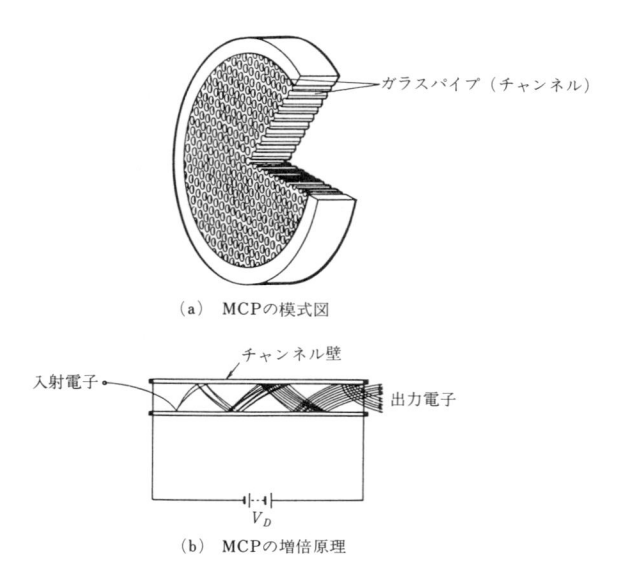

図 II.4.30 MCPの模式図と動作原理

4.4 光検出器

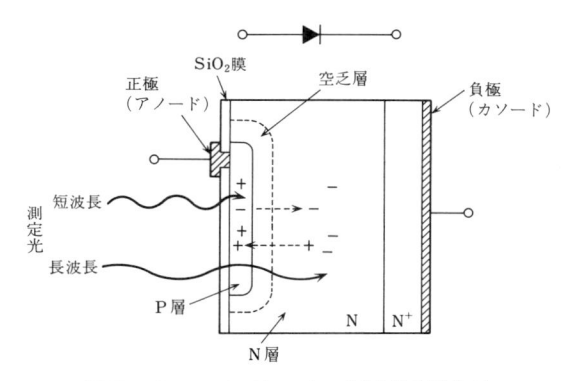

図 II.4.32 フォトダイオードの基本的構造(拡散型)

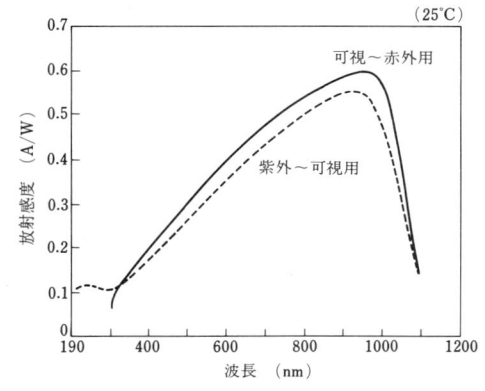

図 II.4.33 シリコンフォトダイオードの分光感度特性例[2]
可視―赤外用は浜松ホトニクス社 S 2386 を, 紫外―可視用は同 S 1336 を例としてあげてある.

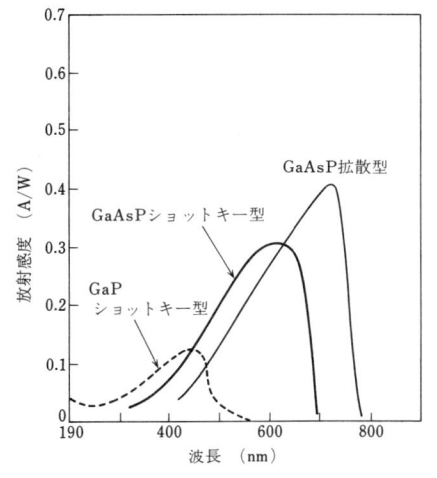

図 II.4.34 GaAsP(拡散型:実線右, ショットキー型:実線左)ならびに GaP(ショットキー型:破線)フォトダイオードの分光感度特性[2]

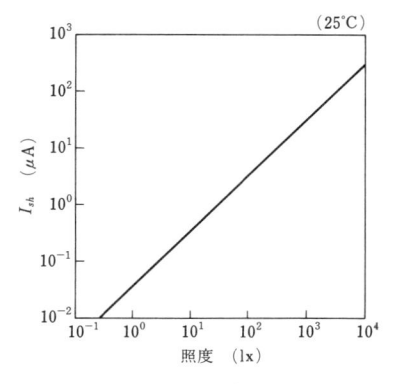

図 II.4.35 フォトダイオードの入射光強度と信号強度の関連(浜松ホトニクス社 S 2386)[2]
I_{sh}:出力端子を短絡した場合に流れる電流.

ドギャップよりも高エネルギー側で増大する. 図 II.4.33 に各種シリコンフォトダイオードの, 図 II.4.34 に GaAsP および GaP フォトダイオードの分光感度特性例を示す[2]. 放射感度が一般の PM よりも長波長側に延びており, また感度の直線性も図 II.4.35 に示すように非常によく, 紫外から近赤域で安価で高速応答の実用的な検出器である. またこのフォトダイオード数 100 個を数 cm の長さの中に一次元的に並べたフォトダイオードアレイも市販されており, 安価で高感度なイメージセンサー(マルチチャンネルディテクター)として, ポリクロメーターの出口につけて多波長における信号の同時検出に用いられている.

c. CCD(電荷結合素子)イメージセンサー

従来撮像管(次節で説明)が用いられてきた二次元画像検出器の固体化を図るために開発され, 最近民生品に多用され非常に安価となった検出器である. 構造的には MOS キャパシター(図 II.4.36)が多数近接して並んでいる. このキャパシターのゲートに正電圧をかけると表面近くの多数キャリヤー(図 II.4.36 の場合は正孔)が基板内部に押し込められ, 過渡的にゲート電極周辺に空乏層が出現する. この空乏層に光励起または電気的に少数キャリヤー(図 II.4.36 の場合は電子)を注入すると, 空乏層中の半導体表面に蓄積する. こ

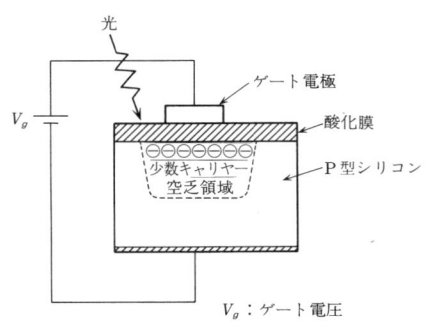

図 II.4.36 CCD(MOS キャパシター)の基本構造[19]

の電荷を読みだして信号として解析するのがCCDの原理である[19]．この検出器の信頼度は非常に高く，ガラスチューブではないので機械的ショックにも強い．また光強度に対する出力の直線性も約4桁とビジコン(2～3桁)より優れている．ただし感度の波長特性は図II.4.27に示すように紫外～近赤域でのみ感度をもっており(感度特性はシリコンフォトダイオードのそれと類似しているので図II.4.33を参照されたい)，ビジコンと比べて特に近赤外域の感度が悪いのが欠点である．

d. 撮像管(ビジコン)

前節でも述べた通り，二次元画像検出器はビジコンが主流であった．しかし残像や破損しやすいなどの問題から，現在順次CCDに置き換えられつつある．しかしながら，図II.4.37に示すようにPbO-PbSを受光面に使用したビジコンの感度域は近赤外域まで広範囲に広がっており，この点ではCCDより優れているため今日でもよく使用されている．

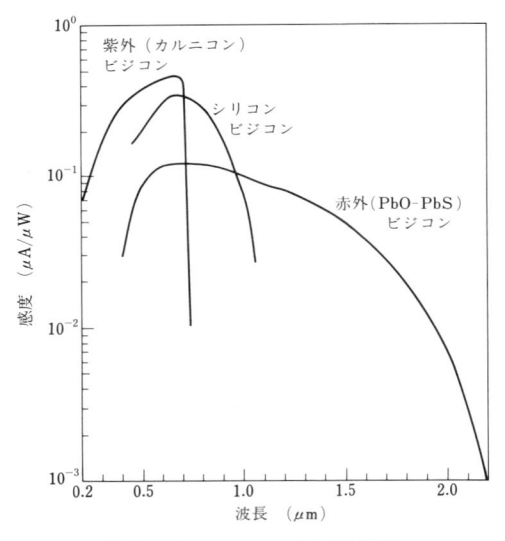

図II.4.38 (a) 静電集束(インバータ)型イメージインテンシファイア
(b) 近接型イメージインテンシファイア
図II.4.38 イメージインテンシファイア(I.I.)の構造

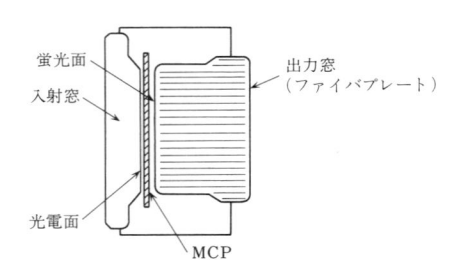

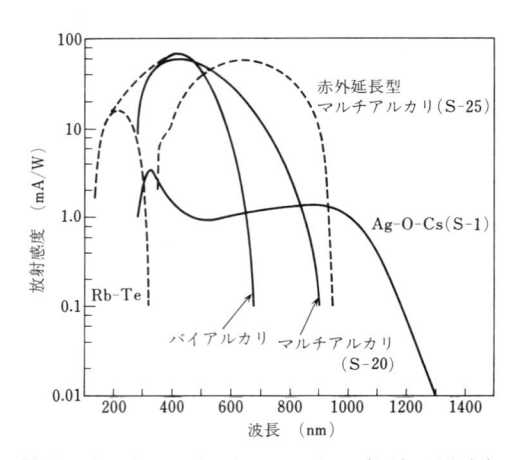

図II.4.37 ビジコンの分光感度特性[2]

図II.4.39 イメージインテンシファイアー(I.I.)の分光感度特性[2](浜松ホトニクス社の場合)

e. イメージインテンシファイア(I.I.)

PMの説明でも述べたMCPを用いて，微弱光二次元画像をそのまま検出するのがイメージインテンシファイア(I.I.)である．その基本的構造2種を図II.4.38に示す．MCPの各細管が画素に相当し，20～25mmφの大きさのMCPの場合で約240万個もの画素で構成されることになる．光電面から放出された光電子は，これら一つひとつの細管(画素)に入射し，電位勾配に引かれての内壁への衝突を数十回繰り返して増倍された後出力される(MCPについては図II.4.30参照)．そしてこの増倍された出力電子が蛍光板に衝突し，可視二次元像を再生する．この原理に基づいた増幅作用によって，入力された微弱光による二次元像は10^4～10^5明るくなって出力される．この検出器の分光感度およびその波長特性は光電面によって決定される．図II.4.39に市販品のI.I.に使用されている光電面の分光感度特性を，浜松ホトニクス社の製品を例にとってあげておく(他社製品もほとんど同じである)[2]．I.I.の特徴として，ゲート動作があげられる．近接型I.I.はゲートパルス電圧を加えることで，像のゆがみを生ずることなく，5ns程度の時間だけ感度をもつようにすることができる．ただし，このようなことが可能なのは近接型I.I.のみであり，静電集束型では像のゆがみ

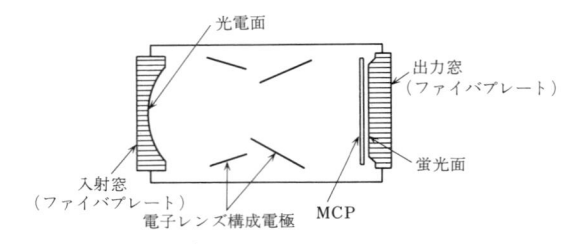

がひどく，消光比も悪いため高速ゲート動作は不可能である点を指摘しておく．この近接形 I.I. における高速ゲート動作は，ナノ秒領域までの時間分解分光法にとって非常に有用である．また MCP への電圧を調整することで増強度（像の明るさ）を変えられることも大きな特徴である．この I.I. の欠点としては，感度が非常に高いために強い入力光による損傷を受けやすい点があげられる．特にゲート動作をさせている場合に，強い光（パルスレーザーなど）の入力時間が検出器のゲートオンの時間とずれていることに気がつかずに感度を上げ，そのままゲートオン時間をずらして検出器を損傷させるというのがよくある事故である．ゲートオンのタイミングを変化させた場合には，一度感度を最低にして，そこから徐々に感度を上げるようにするのが鉄則である．

f. 赤外線検出器

赤外検出器は熱型検出器と量子（光子）型検出器の2種に大別される．前者は赤外光の吸収によって生ずる素子の温度上昇を利用するもので，一般に応答波長域は広いが応答は数 Hz〜数 kHz と遅い．代表例としては熱電対，焦電検出器，ボロメーターがあげられる．後者は赤外域の光子の吸収によって生ずる電子・正孔対を利用するものである．波長域は狭いが応答速度は速い（≲数百 MHz）．このため赤外域での励起状態の分光学的研究を行ううえで有用な検出器である．代表例としては PbS，PbSe，InSb，InAs，MCT（HgCdTe），Ge および Si 不純物光伝導検出器などがあげられる．図 II.4.40 に容易に入手できる量子型赤外検出器の波長特性例を示す．これらの赤外検出器は種類が豊富で，またさまざまな使用上のノウハウ（冷却方法など）があるので詳細は解説書や各社カタログを参考にされたい[20]．特に Ge および Si 不純物光伝導検出器は，不純物を10種近く入れ換える必要はあるが，2〜200 μm という幅広い帯域をカバーするので有用である[20]．ただ図 II.4.40 に例として記載した検出器と比較すると多少入手がむずかしく，また Si 系検出器の場合に分光感度特性に複雑な構造がある点が難点である．

4.5 各種分光法

本節では光物性の基礎的パラメーターを評価するためのいくつかの分光実験法を，(1) 基礎的分光法，(2) 非線形分光法に分けて実例をあげて説明する．前節までに説明した光学素子・機器を使用した測定系であるので，個々の装置・素子の詳細な説明は省略する．

4.5.1 基礎的分光法

ここでは一般的によく使用される，(1) 反射・吸収分光法，(2) 偏光解析（エリプソメトリー），(3) 各種外場（磁場，圧力，光）による変調分光法，(4) 発光測定法，(5) 光伝導測定法について概説する．(3) の磁場変調分光法では，ストレスモジュレーターを用いた偏光変調分光法を含めて説明を行う．また，光変調分光法の拡張として，パルス励起光を用いた時間分解分光法についても，光変調法の項で概説する．なお，外場として電場を使用する電場変調分光法については 4.5.2 項で説明する．これは電場変調分光法によって得られるデータが，非線形光学定数と密接な関連をもっているためである．

a. 反射・吸収分光法

媒質の光学的応答を記述する最も基本的なパラメーターは，複素屈折率 $\tilde{n}=n+ik$，もしくは複素誘電率 $\varepsilon=\varepsilon_1+i\varepsilon_2$

$$\varepsilon_1=n^2-k^2 \qquad \varepsilon_2=2nk \qquad \text{(II.4.1)}$$

もしくは位相情報まで含めた複素反射率

$$\tilde{r}=\sqrt{R}\exp[i\theta] \qquad R：反射率 \qquad \text{(II.4.2)}$$

である．各波長における1組の光学定数を実験的に決めることは，さまざまな実際的応用を考える際だけでなく，物質内部の電子状態を知るためにも重要である．これらの値を実験的に決定するには反射もしくは吸収分光法が最も適している．複素反射率と複素屈折率の関連は

$$\tilde{r}=\frac{\tilde{n}-1}{\tilde{n}+1} \qquad \text{(II.4.3 a)}$$

$$n=\frac{1-R}{1+R-2\sqrt{R}\cos\theta} \qquad \text{(II.4.3 b)}$$

$$k=\frac{2\sqrt{R}\sin\theta}{1+R-2\sqrt{R}\cos\theta} \qquad \text{(II.4.3 c)}$$

で与えられる[21]．さらに，1組の光学定数（n と k，R と θ，もしくは ε_1 と ε_2）の間には一般的にクラマース-クローニッヒの関係（式 (II.4.4)，(II.4.5)，(II.4.6)）が成り立っており，

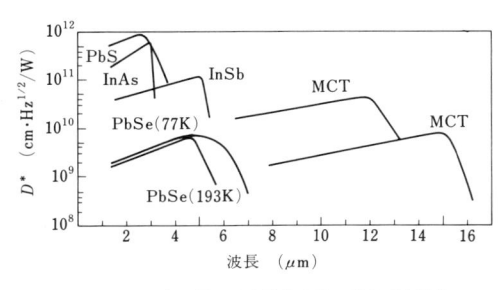

図 II.4.40 各種量子型赤外検出器の分光感度特性

$$n(\omega)-1=\frac{1}{\pi}P\int_0^\infty \frac{2\omega' k(\omega')}{\omega'^2-\omega^2}d\omega'$$
$$k(\omega)=-\frac{2\omega}{\pi}P\int_0^\infty \frac{n(\omega')-1}{\omega'^2-\omega^2}d\omega'$$
(Ⅱ.4.4)

$$\theta(\omega)=-\frac{\omega}{\pi}P\int_0^\infty \frac{\ln[R(\omega')/R(\omega)]}{\omega'^2-\omega^2}d\omega'$$
(Ⅱ.4.5)

$$\varepsilon_1(\omega)-1=-\frac{2}{\pi}P\int_0^\infty \frac{\omega'\varepsilon_2(\omega')}{\omega'^2-\omega^2}d\omega'$$
$$\varepsilon_2(\omega)=-\frac{2}{\pi}\omega P\int_0^\infty \frac{\varepsilon_1(\omega')-1}{\omega'^2-\omega^2}d\omega'$$
(Ⅱ.4.6)

P：コーシーの主値積分

一方を実験的に決定すればクラマース-クローニッヒ(K-K)変換によってもう一方も決定できる[21].

たとえば，バルク結晶は，電子遷移に共鳴するような波長域では一般に吸収係数が大きく，吸収を直接測定することは困難である．この場合，反射スペクトルRを測定し，K-K変換を用いてθを決め，さらに前記の関係式を使ってnとkまたはε_1とε_2を求めることができるのである．ただK-K変換のような積分変換の場合には，積分範囲（もとにするスペクトルの波長範囲），とりわけ短波長側をどこまでとるかによって，得られる光学定数のスペクトル形状が大きく変化してしまう場合があり，注意を要する．反射スペクトルとそこから決定された光学定数の例を図Ⅱ.4.41に示す．用いられた試料は側鎖にアルキルウレタン基を有する共役ポリマー・ポリジアセチレン(Poly-4 U 3と略称)($\fallingdotseq RC-C\equiv C-CR'\fallingdotseq_x$, R,R'：$(CH_2)_4$ $OCONH(CH_2)_2CH_3$)単結晶であり，図に示したのはそ

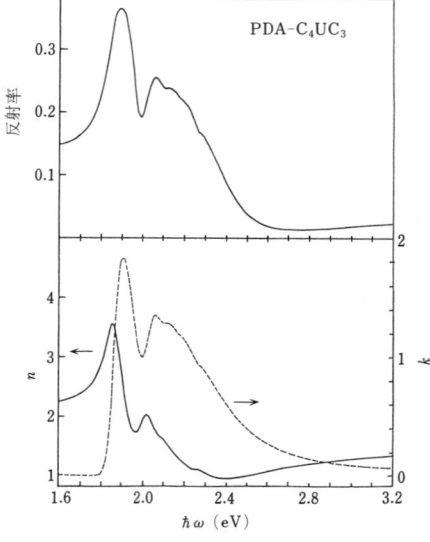

図 Ⅱ.4.41 ポリジアセチレン(Poly-4 U 3)単結晶の主鎖方向偏光反射スペクトルならびにそこからK-K変換で求めた光学定数(n,k)[22]

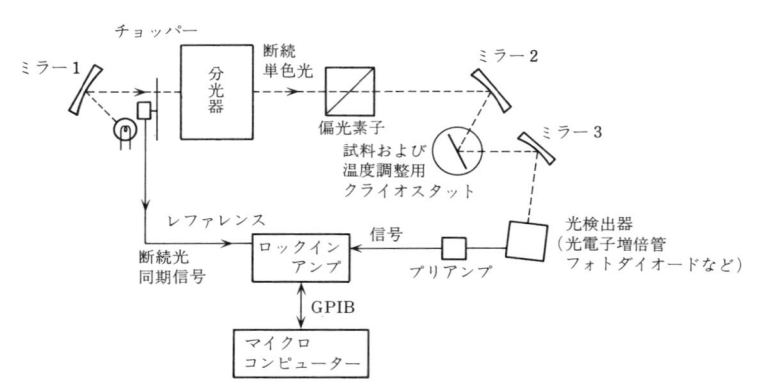

(a) 試料の反射スペクトル測定の場合の配置図

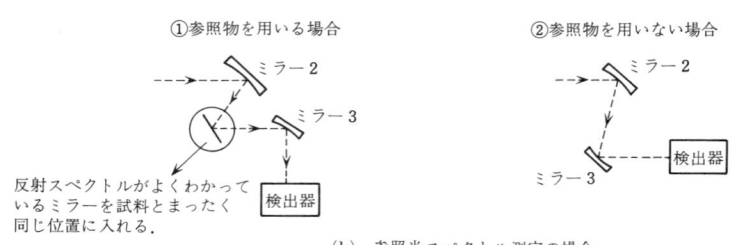

①参照物を用いる場合　　②参照物を用いない場合

(b) 参照光スペクトル測定の場合

図 Ⅱ.4.42 反射スペクトルおよび参照スペクトル測定用装置配置図

の主鎖方向の偏光反射スペクトルならびにそこから求めた光学定数である[22].

図II.4.42には，反射スペクトル測定のための具体的な実験装置配置図を示す．測定系の光学素子は，色収差を防ぐために可能な限りミラーで組むのが望ましい．試料に入射する光をチョッパーで断続し，検出器の出力の同周波数成分をロックイン検出すると試料に当たる光のみが検出され，非常に高精度の測定ができる．測定の際の注意点としては，試料を通さない参照光スペクトルをとる場合に，試料以外の光学系は極力同じに保たねばならないということがあげられる．たとえば，反射率測定の場合には，図II.4.42(b)に示したように，参照物(図の場合は反射スペクトルがよくわかっているミラー)の使用の有無にかかわらず，"測定系"で使用するミラーの枚数を同じにして測定を行う必要がある．これは，そのようにしないと，測定装置系のミラーの反射率が影響を及ぼすことになるからである．また前述のK-K変換を行うためには，反射率の絶対値が必要であるが，試料が小さい場合などにはレーザーなどビーム収束性のよい光源を使って，数種の波長で反射率を精度よく決定し，それらの値に基づいてスペクトル全体を較正する必要がある．このほかに注意すべき点としては電気系の取扱いがあげられる．よく行われるS/N比のあげ方として，電気的プリアンプを検出器とロックインアンプの間に置く，という方法がある．この方法も，プリアンプを検出器のすぐわきに置く，グランドラインがループをつくらないよう接地線のつなぎ方を工夫するなどしないとかえって悪い結果をまねく場合がある．

単結晶や良質の薄膜が得られず，粉末試料から光学定数を得たい場合には，拡散反射率と呼ばれるものの解析となり，事態は多少複雑になる．この場合には，粉末層の中まで入り込んで各粒子表面で乱反射される過程と粒子内に入って吸収をされながら透過する過程などが複雑に入り混じっており，実測される拡散反射率は，粒子の光学定数だけでなく粒子の大きさにも依存する．拡散反射率から光学定数を決定する方法はいくつか提案されているので参考文献を参照されたい[23].

b. 偏光解析(エリプソメトリー)

反射光には，反射の際の電磁場の振幅変化と位相角変化の2種の情報が含まれている．ところが前述のような垂直入射に近い光学系での測定法では，振幅変化はわかるが位相変化は直接的には得られず，位相情報を得るにはK-K変換を行うしかない．そこで反射光の偏光解析を行うことで位相情報を得，光学定数を

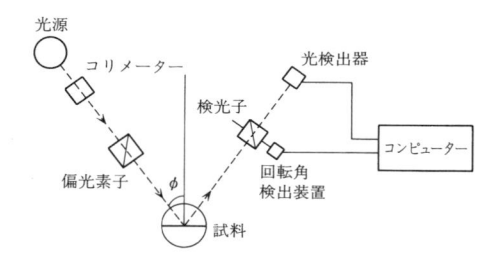

図 II.4.43 偏光解析(エリプソメトリー)用装置概略図

決定しよう，というのが偏光解析法(エリプソメトリー)である．具体的には図II.4.43に示すように，まずs, p両偏光成分を等分にもった直線偏光(45°偏光)をつくり，試料面に斜めに(図では角度ϕで)入射する．そして検光子を回転させて反射光の偏光角，反射強度を測定し，コンピューターで解析する．この方法は，薄膜などの光学常数を直接的に測定できる手段(多少解析は複雑になるが，積層多層膜にも応用できる)として，そして薄膜の評価や表面状態のモニター法として大変有用であり，数多くの製品が市販されている．また最近では，ストレスモジュレーター(後述する)を用いて入射光の偏光変調を行い，反射光の変調周波数成分(f)およびその2倍高調波成分($2f$)を同時測定して光学定数を決定するという少し進んだ測定方法も使用されている[24].

c. 変調分光法

物質に種々の外場(1) 磁場, 2) 圧力, 3) 光)変調を与えて，それによって生ずる光学スペクトルの変化を調べる方法は光物性の伝統的手法の一つである．この方法は，なだらかなスペクトルの中に，埋もれたり互いに重なっている構造を分離し敏感に検出するのに有効な手法である．以下に，上記3種の変調法について(ストレスモジュレーターを用いた偏光変調分光法については1)磁場変調法の項に，パルス光を用いた時間分解分光法については3)光変調分光法に含める)，その特徴や注意点を簡単に述べる．なお電場変調分光法については，前述のとおり4.5.2項で解説する．

1) 磁場下での偏光変調分光法 ゼーマン効果など種々の光磁気効果の測定に有用な方法である．これによって，磁気量子数に関して縮退している準位が分離できるとともに，有効質量などのバンドパラメーターも得られる．通常は静磁場を加えて，測定光をストレスモジュレーターによって左円偏光 ↔ 楕円偏光 ↔ 直線偏光 ↔ 楕円偏光 ↔ 右円偏光という形で変調し，それによる反射・透過率の変調成分を検出する(図II.4.44)．電磁石をパワーアンプに接続して磁場の強

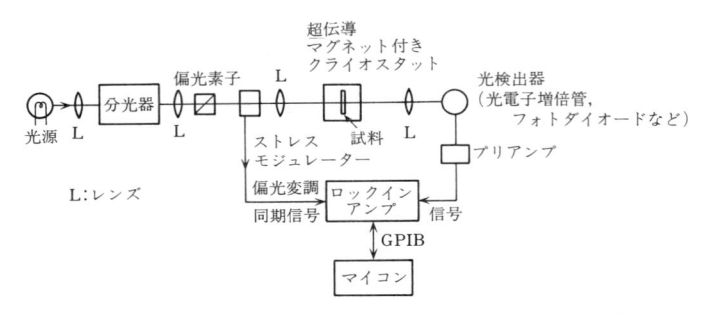

図 II.4.44 低温(～5 K)静磁場(<6 T)下での偏光変調スペクトル測定装置

さを電気的に変調し，その変調周波数に同期した光学的変化を検出する方法もあるが，変調周波数を高くできないなどの問題点があってあまり使用されることはない．この測定法に関しては種々の文献があるので，詳細はそちらを参照されたい[25]．

2) 圧力変調分光法　バンドの特異点の対称性を調べたり，バンドパラメーターの圧力効果を調べるのに有用な方法である．近年種々の形態・振動モードをもったピエゾ素子が安価に市販されており（図II.4.45参照）[26]，試料の形態や加えたい応力の方向に応じて選択することができる．ただし，低温でのピエゾ素子の性能は保証されておらず，また試料との接続を（特に低温で）どのようにするか，印加される圧・応力の大きさをどのように見積るか，試料の変形を防ぐ方法など，いまだかなり多くの困難が伴う測定法である．

3) 光変調分光法　光励起状態での光学スペクトルを得るためには，図II.4.46に示すように励起光強度をオプティカルチョッパーで変調し，それと同じ周波数成分をもった反射・吸収係数の変化を検出するのが最も基本的かつ簡便である．最近では検出系にFTIRを組み入れたものもよく利用されており，この方法による測定例として，図II.4.47にtrans-ポリアセチレンの光誘起吸収スペクトル（光励起によって生じたソリトンによると考えられている）を示す[27]．このように簡便で有用な方法ではあるが，マイクロ秒より短い寿命の励起種によるスペクトル変化はつかまえることがむずかしく，励起種のダイナミクスを測定することは原理的にほとんど不可能である．その点をカバーするのがパルス励起光を用いた時間分解分光法である．励起光源としては，パルスXeランプがよく使われていたが，近年では（光源に関する部分で説明したとおり）波長可変パルスレーザーが入手しやすくなってき

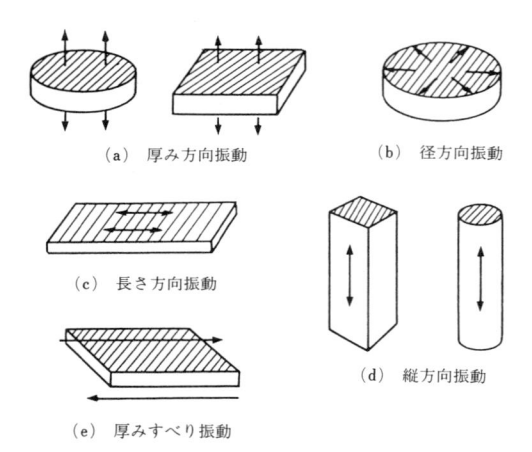

図 II.4.45　各種市販ピエゾ素子の形態と振動モード[26]
(a) 厚み方向振動　(b) 径方向振動　(c) 長さ方向振動　(d) 縦方向振動　(e) 厚みすべり振動

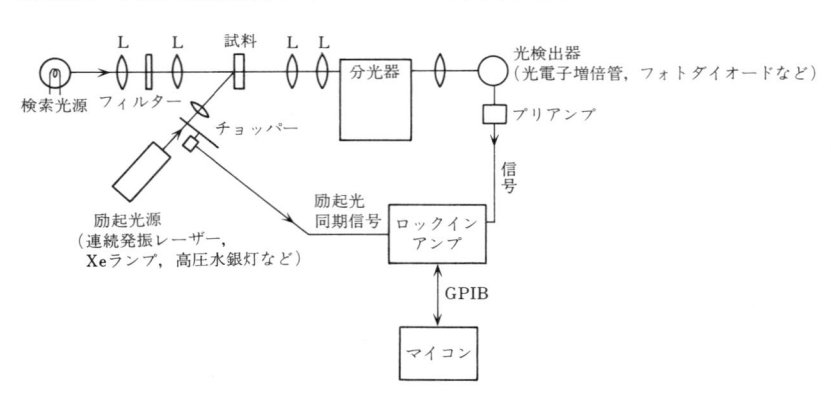

図 II.4.46　光変調スペクトル測定装置

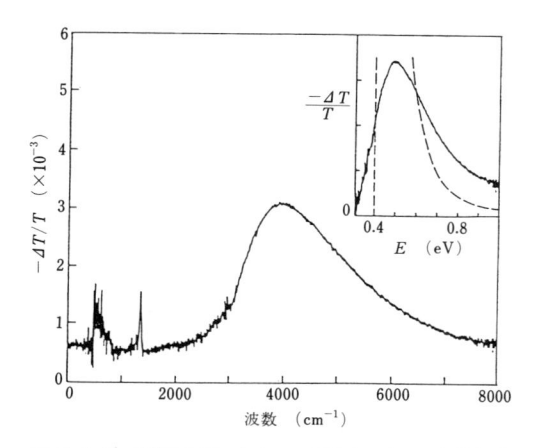

図 II.4.47 FTIRを用いた trans-ポリアセチレン光誘起吸収の測定例[27]
挿入図は 4000 cm^{-1} 付近のピークを理論計算（破線）と比較したもの．

ており，盛んに使用されている．図II.4.48は10ns程度の時間分解能をもつシステムの概略図である．励起光源としてはエキシマーレーザー励起の色素レーザーを用いており，励起波長域は3200Å～1μmと非常に幅広いものとなっている．また検索光光源として各種ランプを使用しており，試料を通過または反射した検索光を光電子増倍管（PM）によって検出後，デジタルオシロスコープやボックスカー積分器を用いてその強度の時間変化や波長依存性を測定している（この装置を用いる場合，測定したい時間領域に応じてPMの接地抵抗を変化させ，検出電圧を極力高くすることが良好な S/N 比のデータを得るためのこつである）．

図の装置の場合，PMに流れる平均電流を減らすために，チョッパーによって，検索光を励起光が入射する前後の時間のみ通すように断続させている．また検出器として，5ns程度の時間幅でゲートのかけられるI.I.（近年市販品がよく出まわっている），マルチチャンネル検出器，そしてポリクロメーターを組み合わせて用いれば，幅広い波長域のスペクトル変化を5～10ns程度の時間分解能でいっきに得られる．さらに励起レーザーの超短パルス化によって数十fsの時間分解能をもったシステムも，最近では市販されるようになった．ただこのような，1ns以下の時間幅をもつようなレーザーを励起光源として用いた系においては，検出系の時間分解能をいかにして向上させるかが重要な課題となる．電気的手法によってこの目的を達成する，とくに時間分解能を1ns以下にすることは非常な困難を伴うので，非線形光学的手法（自己位相変調法（SPM））を用いて検索光自体を短パルス化するという技法がよく用いられる．このようなシステムの一例として，図II.4.49に，チタンサファイアレーザーアンプシステム（繰返し10Hz）を用いた測定系の概略図を示す．検索用白色光源にはエチレングリコールや重水がよく用いられる．この他に2台のパルスレーザーを組み合わせて，一方を励起源，もう一方をラマンプローブ光として使用し，励起状態の振動・構造情報を得る，

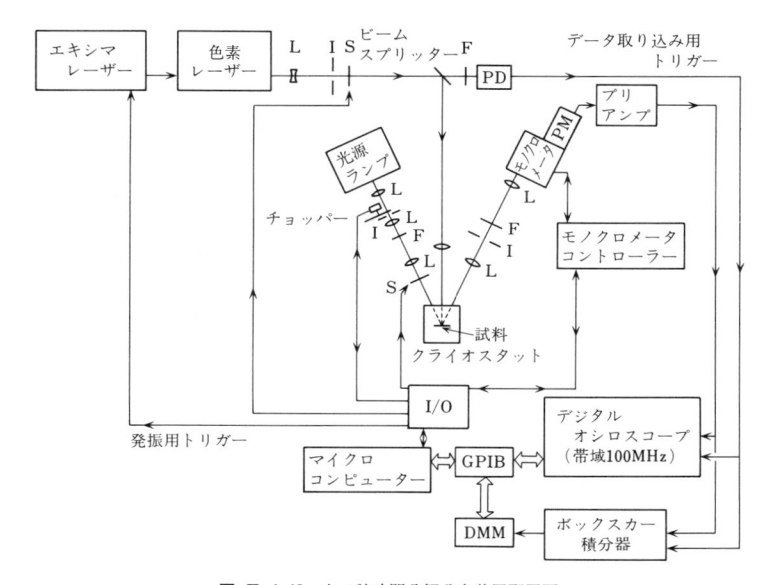

図 II.4.48 ナノ秒時間分解分光装置配置図
DMM：ディジタルマルチメーター，PD：フォトダイオード，I/O：マイクロコンピューター入出力ポート，L：レンズ，S：電動シャッター，F：フィルター．

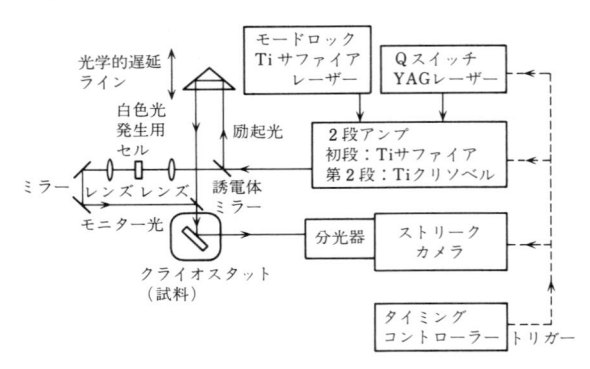

図 II.4.49 Ti：サファイア(Ti：S)レーザーアンプシステムを用いたポンプ-プローブ測定系

という実験方法もある[28]．

d. 発光(ルミネッセンス)測定法

発光スペクトルやその励起スペクトルには電子状態のエネルギー位置，線幅，緩和過程に関する情報が含まれている．発光強度やその時間変化からは，電子状態間の遷移強度や無輻射過程の速さといった重要な情報も得られ，従来から光物性における実験法の中心に位置してきた．また，バックグラウンドがまったくないところから生ずる光を測定するため非常に S/N 比が高い測定が可能であり，発光素子などへの応用面からもこの実験方法によって得られる情報は重要である．このため種々の測定法が開発され，また夥しい数の解説書が出版されてきた．そこで本書では，もっとも一般的かつ基礎的な発光・励起スペクトル測定法ならびにストリークカメラを用いた発光寿命の測定法についてのみ説明する．非線形効果を用いた高速測定法などの凝った方法については参考文献を参照されたい[29]．

図II.4.50 は，定常光励起による発光スペクトルならびに励起スペクトルを測定するために，よく使用す

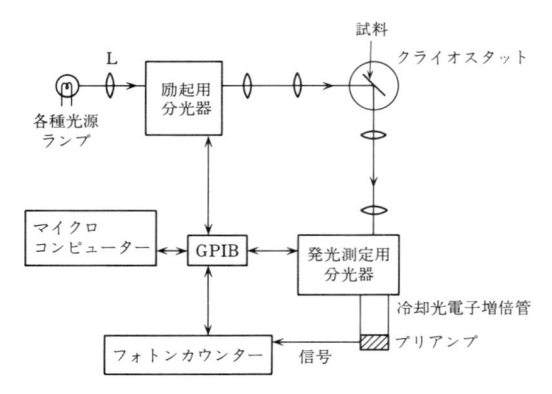

図 II.4.50 発光および励起スペクトル測定装置

る系の概念図である．2 台のモノクロメーターとフォトンカウンターおよび各種ランプを用いて，発光スペクトルと励起スペクトル両方が，同じ系で高感度に測定可能である．また，分光器のうち，発光スペクトル測定側のものはポリクロメーターとしても機能するものになっており，マルチチャンネルディテクターと組み合わせて，不安定な試料の測定も可能になっている．発光現象，特に微弱なものの場合，前に説明した光学機器と光学素子の明るさ(F 値)の整合性に注意を払う必要がある．また，測定を容易にしようとして分光器の入・出射スリット幅を不用意に広げると，分光器への入射光の角度を正しく合わせることが不可能となり，かえって検出効率が低下したり，はなはだしい場合波長表示が不正確となってしまう．このようなトラブルを防ぐためには，分光器の出射スリット側から逆向きに水銀灯などの明るい光を入射して，試料上にランプ像が結像されるように光学系を調整することが望ましい．もちろん調整の際には，実際に使用する光学素子と同じものを用い，水銀灯などからの光やその一部が途中の光学素子によって切られていないことを確認する必要がある．発光の励起スペクトルを測定するにあたっては，励起光の散乱が発光測定側に入って光電子増倍管などの検出器やアンプを損傷しないように試料表面の取扱い(試料表面が少しでも荒れていると散乱光が非常に増えてしまう)，スリット幅の設定，波長スキャン範囲に十分な注意をしなければならない．

次に発光のダイナミクスを測定するための実験系であるが，これにはゲートつきフォトンカウンター，ゲートつき I.I.，ストリークカメラといったものが用いられる．いずれも励起光にパルス光を用い，検出系にトリガー入力を行って特定遅延時間後の発光強度やスペクトルをデータとして取り込む，という点では共通している．ここではこれらのうち，発光のスペクトルとその時間変化を一度に得ることができるストリークカメラを用いる方法について説明する．図II.4.51 にストリークカメラの動作原理を示す[2]．被測定光は，入射横スリットを通過後光電面上に集光され，光電子を発生させる．発生する光電子の数は，光電子放出過程が非常に高速なため，被測定光強度の時間変化に即応して時間変化する．この光電子に縦方向の鋸歯状電場(高繰返し掃引の場合には正弦波を使用，図II.4.51 参照)を印加すると，電場印加開始後の遅延時間(t)に応じて電極間の電場強度が変化するため，蛍光面上に光電子が到達した際の縦方向の位置が光電子の発生時間(電場印加開始時からの相対的遅延時間)に応じて変化することになる．この原理を用いて，被測定光の非常

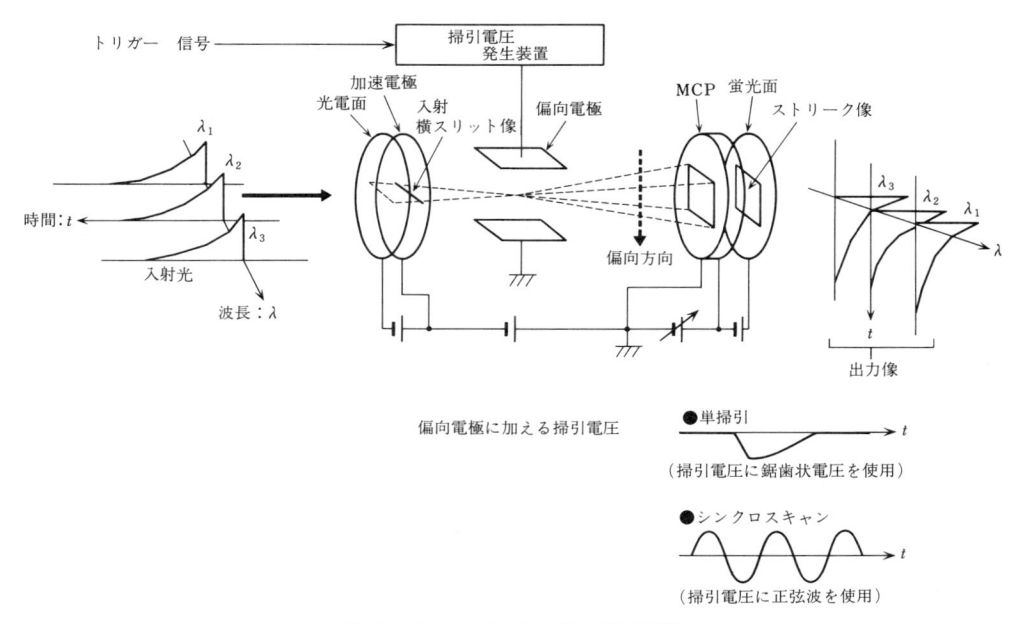

図 II.4.51 ストリークカメラの動作原理[2]

に高速な時間変化を蛍光面上での縦方向の位置変化として検出するのがストリークカメラである．

図II.4.51からもわかるように，この装置の時間分解能は縦方向の像のぼけ，つまり入射横スリットの幅によって決定される．したがって，被測定光が横スリット上に正しく結像されているか，また入射角が適当であるかどうかに時間分解能ならびにデータのS/N比が大きく依存するので注意を要する．実際の時間分解能は，もちろん入射横スリットの幅，被測定光の明るさにもよるが，実用的感度の範囲では数ps程度である．また，光電面は横方向にも広がっているので，ポリクロメーターを用いて横方向に波長分散させると，さまざまな波長における光強度の時間変化が一気に測定可能となる．その一例を図II.4.52に示す．現在では，被測定光の繰返し周波数(掃引用鋸歯状電場のトリガー周波数)も単発から30GHzまでユニット交換によって簡単に変化させることができ，高繰返しのモードロックレーザーなどに対応可能となっている．また市販されているシステムでは，測定感度を向上させるために鋸歯状電場によって光電子を偏向させた後，電子数をMCPを用いて増倍させ，さらに検出にも高感度二次元検出器(近年では冷却型CCD)を用いている．したがって，過度に強い光が不注意に入射されると，即ストリークチューブや検出器が損傷する．これを防止するために，フィルターなどで十分被測定光を弱くして試しの測定を行った後，適当なS/N比が得られる強度まで徐々に強くするとよい．特に，時間分解能を上げるために入射横スリットを細かくしている場合や分光器(ポリクロメーターなど)を通して入射している場合には，ちょっとした被測定光の位置のずれによって信号を見失ったり逆に突然強い光が入射したりする事故が発生しやすいので注意を要する．

e. 光伝導

半導体，絶縁体に光を照射すると，光励起によって自由電子-正孔対や緩和励起種(ポーラロン，ソリトンなど)などの荷電担体が生成され抵抗が低下する．これが光伝導現象であるが，この光伝導の作用スペクトル(励起波長依存性)を調べれば，固体内部での荷電担体発生にかかわる電子状態の情報(バンドギャップなど)

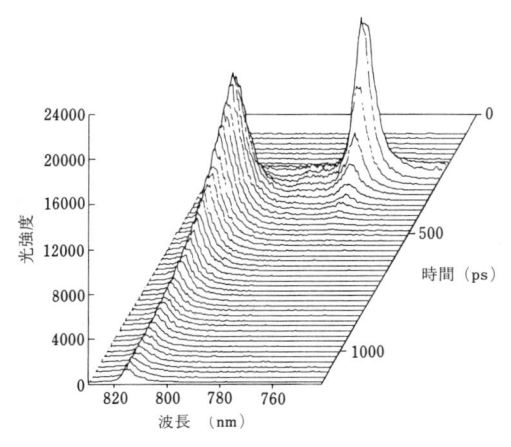

図 II.4.52 GaAlAsのフォトルミネッセンスの波長・時間分解測定例[2]

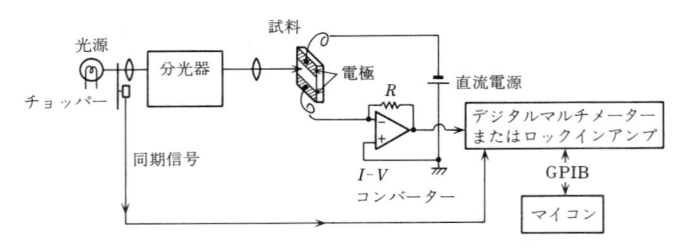

図 Ⅱ.4.53 光伝導測定装置

が得られる．またトラップの少ない良好な試料の場合，電極間に印加する電場の極性・強度を変化させながら，短パルス励起光によって発生した荷電担体の電極への到達時間を調べることで，荷電担体の電荷符号や易動度も得ることが可能である．これらの情報は，物質の物理的パラメーターとして重要なばかりでなく，光電材料としての応用を考える際にも最も基礎的かつ重要なものである．このため，測定法やデータの解釈について長年にわたって膨大なノウハウの蓄積がなされており，それらについては参考文献を参照されたい[30]．ここでは基本的な，連続微弱光励起による測定法について概説する．

図Ⅱ.4.53はそのための測定系である．まず試料上の電極間（図Ⅱ.4.54に縦，横，くし形の各種電極の拡大図を示す）に適当な電圧を印加したうえで，分光器を通した単色光によって試料の電極間（縦電極の場合は電極上）を励起する．この光励起によって試料の伝導率がわずかに増加するが，この伝導率変化に起因する極微弱な電流を，電流-電圧変換器（I-Vコンバーター）で電圧信号として検出する．これが測定原理である．感度を上げるために，励起光を断続し，ロックインアンプを使用して同期した信号を検出することもよく行われる．近年はI-Vコンバーター用の高入力インピーダンスFETオペアンプが多数市販されており，自作のものでもピコアンペア程度まで検出可能である．ただ，検出感度を上げるためにI-Vコンバーターのゲインを上げると測定周波数の上限が下がり，このためにロックインアンプのS/N比が落ちるという問題がある．また，高ゲインでの測定では外来ノイズに対しても極端に敏感になるので，試料の光伝導率の大きさに応じてI-Vコンバーターのゲインを切り替えてやる必要がある．また分光器から出力されてくる励起光強度の波長依存性は平坦ではない．そこで焦電素子や真空熱電対などの分光感度特性が平坦な検出器を用いて較正を行う必要がある．

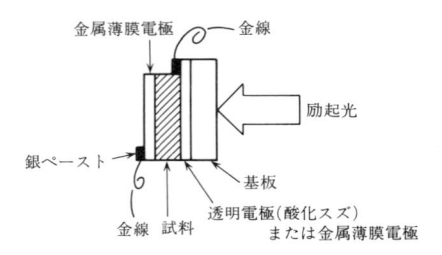

(a) 縦電極

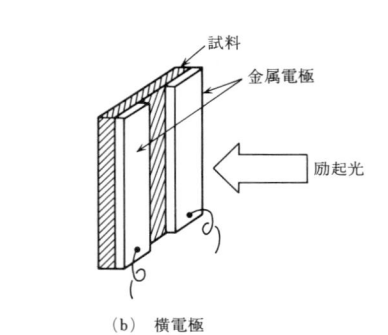

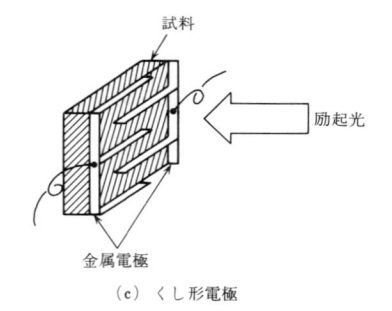

(b) 横電極

(c) くし形電極

図 Ⅱ.4.54 各種電極の取付け形態

4.5.2 非線形分光法

入力される光に対して物質内部に生ずる分極は，通常，式（Ⅱ.4.7）第1項で与えられる線形なもののみを考えている．

$$P = \varepsilon_0 \{\chi E_1(\omega_1) + \chi^{(2)} E_1(\omega_1) E_2(\omega_2) + \chi^{(3)} E_1(\omega_1) E_2(\omega_2) E_3(\omega_3) + \cdots\}$$

(Ⅱ.4.7)

ところがレーザー技術の進歩によって高い輝度・強度の光が得られるようになると第2項以後の高次効果が顕著に観測されるようになった．第2項は入力電場強度（$E(\omega_1)$, $E(\omega_2)$）の二次に比例するので $\chi^{(2)}$ は二次の非線形光学定数，同様に $\chi^{(3)}$ は三次の非線形光学定数と呼ばれている．この高次光学定数は，入・出力される光の周波数の組み合わせに応じて，実にさまざまな非線形光学効果の応答関数に対応することになる．たとえば $\chi(-2\omega;\omega,\omega)$ は第2高調波発生（SHG），$\chi(0;\omega,-\omega)$ は光整流，$\chi(-\omega;0,\omega)$ は線形（f 測定モード）電場変調，$\chi(-3\omega;\omega,\omega,\omega)$ は第3高調波発生，$\chi(-2\omega;\omega,\omega,0)$ は電場誘起第2高調波発生（DCSHG），$\chi(-\omega;0,0,\omega)$ は $2f$ 測定モード電場変調に対応するといった具合である．

このように非線形光学定数には原理的にさまざまな種類があり，それらの測定法についての膨大なノウハウもすでに蓄積されているし，また現在でも速い進歩を続けている．そこで詳細は参考文献を参照していただくこととして[31]，ここでは簡便に実行可能な非線形光学定数の4種の測定法，(1) 第2高調波発生法 (2) 電場変調分光法 (3) 第3高調波発生法 (4) 縮退4光波混合法について概説を行う．

a. 第2高調波発生法（SHG 法）

入力した光に対してその2倍の周波数をもった光が出力されてくるのが第2高調波発生（SHG）である．これは主に，前述した二次の非線形光学定数 $\chi(-2\omega;\omega,\omega)$ に起因する現象である．この $\chi(-2\omega;\omega,\omega)$ は試料に反転対称性があるとゼロになってしまう．そこで試料に電場を加えて，系に異方性を強制的に生じさせ（反転対称性を破る）SHG を引き起こすことも行われる（DCSHG）．この場合には $\chi(-2\omega;\omega,\omega,0)$ が寄与することになる．出力される第2高調波を強くするためには入・出力光の波数ベクトルの間に一定の関係が必要である．具体的には式（II.4.8）で与えられる形をしており，

$$\varDelta = 2\boldsymbol{k}(\omega) - \boldsymbol{k}(2\omega) = 0 \quad \boldsymbol{k}：波数ベクトル$$
（II.4.8）

位相整合条件（光の運動量保存則に相当する）と呼ばれている．この条件を満足させるためによく使われる手段は物質の複屈折性を用いる方法で，入力光（基本波）の周波数（ω）での常光線屈折率（もしくは異常光線屈折率）と出力光の周波数（2ω）での異常光線屈折率（もしくは常光線屈折率）が同じになる特定の結晶方位に光を入射して，位相整合させようとするものである．SHG の効率がいかにこの条件に強く依存しているかを示したのが図 II.4.55 であり[32]，実際の SHG 強度の

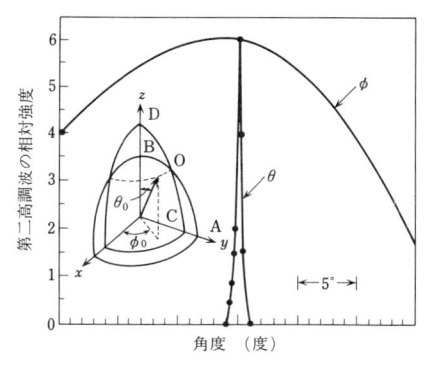

図 II.4.55 KDP 結晶からの SHG 強度の結晶方位角依存性 挿入図は KDP の屈折率楕円体[32]．

測定・評価，利用にあたってはこの条件に十分注意を払う必要がある．また，このほかにも，入力する基本波と出力される第2高調波の波長における吸収係数によって SHG の効率や試料の損傷閾値が大きく異なるので，この点の評価も，応用上重要である．

b. 電場変調分光法

この方法では，試料に数十～数 kHz の交流電場を加え，それに同期した（f 測定モード），もしくはその2倍

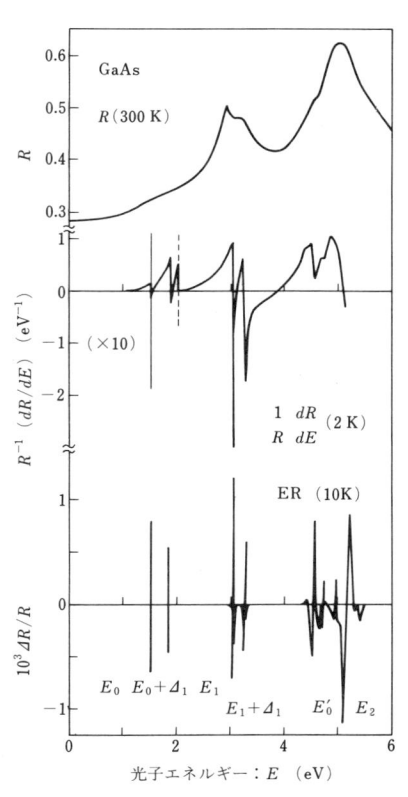

図 II.4.56 GaAs の反射スペクトル，その微分スペクトルならびにエレクトロリフレクタンススペクトル[33]

の周波数に同期した(2f測定モード)反射率や吸収係数の変化を検出する．この測定法では通常，試料スペクトルのバンド間遷移に起因するフランツ-ケルディッシュ効果が測定され，そこで得られるデータからは，還元質量や特異点のエネルギーなどの反射スペクトルからは得られないバンドパラメーターを求めることができる．一例としてGaAsの反射スペクトル，その微分スペクトルおよび電場変調反射(エレクトロリフレクタンス，ER)スペクトルを図II.4.56に示す[33]．このほかにも，対称性から本来光学禁制遷移であるはずの励起子準位までもが，電場による対称性の変化によって検出が可能となり，2光子準位の検出など非線形光学効果に関する基礎的データも得ることができる[34]．
図II.4.57はポリシラン(trans planer構造をとるpoly (di-n-hexylsilane)，略称PDHS)における1光子ならびに2光子吸収とその電場変調スペクトルである[35]．許容遷移である$^1B_{1u}(\nu=1)$対称性をもつ励起子のみならず，本来禁制であるはずの^1A_g励起子準位に起因する構造も電場変調スペクトルでは明瞭に確認できる．

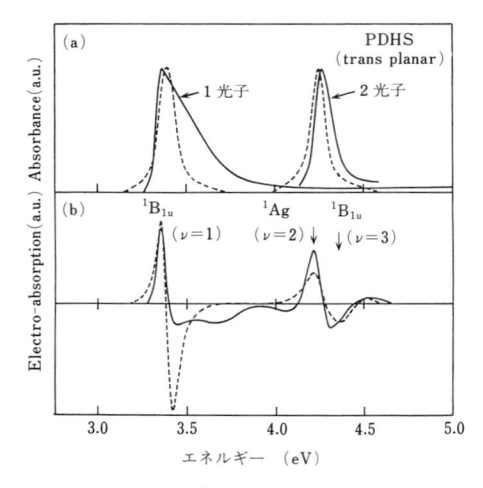

図II.4.57 ポリシラン(PDHS)における1光子・2光子吸収ならびに電場変調スペクトル(破線は理論計算)[35]

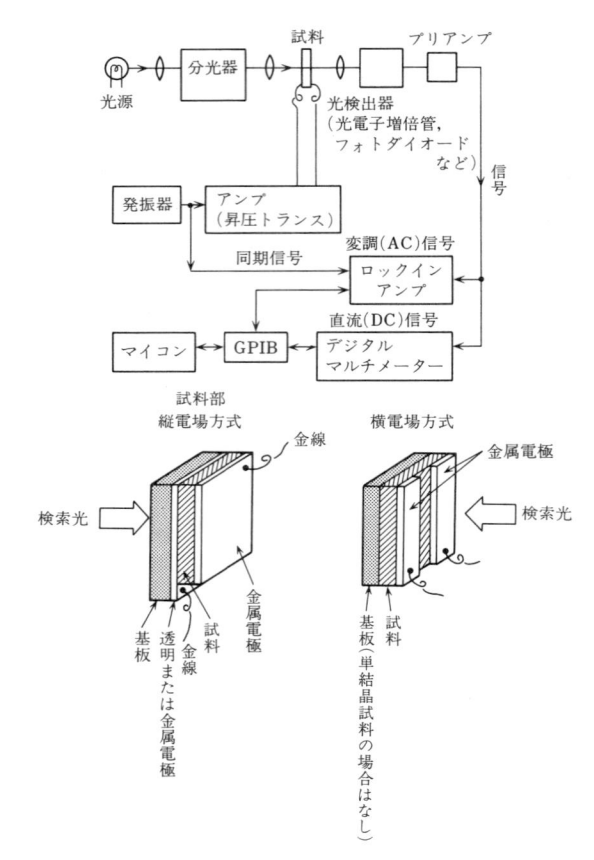

図II.4.58 電場変調スペクトル測定装置ならびに試料上の電極の形態

前述したように変調周波数fに同期した電場変調信号(f測定モード)は二次の非線形光学定数$\chi(-\omega;0,\omega)$に対応する応答であり，$2f$に同期したもの($2f$測定モード)は三次の非線形感受率$\chi(-\omega;0,0,\omega)$に対応したものである．さらに，電場変調分光法は，ごく簡単に非線形光学定数の波長分散を測定できる唯一の方法でもある．このため電場変調分光法を非線形分光法の一環として本節で取り上げたわけである．ただ，電場変調法で求められる三次の非線形感受率は，光周波数域でのそれ(たとえば$\chi(-\omega;\omega,-\omega,\omega)$)とは異なっており，いくつかの仮定が成立した場合に前者が後者の指標となりえるわけで，この点は当然注意しなければならない．

測定装置のブロック図と試料部の詳細を図II.4.58に示す．電場によるスペクトル変化は一般に小さいので，極力強い電場(10^3～10^5V/cm)を試料に加加する必要がある．そこで試料につける電極を工夫したり，昇圧トランスで高電圧を発生させる必要がある．まず電極のつけ方には縦・横の2通りがある(図II.4.58下部参照)．縦方式は，透過率の高い薄膜試料に適している．図には，有機薄膜(厚さ500～3000Å程度)の測定用に実際に使用しているものを例としてあげてある．試料は石英基板上に酸化スズの透明電極をつけたものの上にスピンコートもしくは蒸着してある．この試料の上に適度な透過率をもった厚さの金属(Al, Au, Agなど)電極を蒸着して電場を印加する．この方式の利点は，低い電圧でも強電場を試料に加えることが可能な点である．たとえば1000Å厚の試料の場合，1Vの電圧でも10^5V/cmもの強電場が発生することになる．

これに対し単結晶試料など透過光測定が不可能な場合には横電場方式を用いるが，この場合電極間隔を50 μm 以下にすることは困難で，このために高電圧を巻数1：300 程度の昇圧トランス(なるべく周波数帯域の広いものを用いるが，通常の市販品では数十〜1 kHz 程度である)で発生させる必要がある．低インピーダンスの昇圧トランスをドライブするためには，発振器出力を市販のオーディオアンプで1回昇圧・大電力化する必要がある．これを行わないと，発振器出力をオーバーロードによって焼損したり，トランスから十分な出力を得られない恐れがあるので注意を要する．

電場変調分光法の欠点としては，検出可能な大きさの信号($\Delta R/R$ や $\Delta T/T$ で 10^{-4}〜10^{-6})を得るためには，前述のように強い電場(10^3〜10^5 V/cm)を加えなければならない場合が多く，抵抗の小さな試料や，電極(通常 Au, Al, Ag などが使用される)と試料面との間に大きなショットキーバリヤをつくってしまうような試料では(加えた電場の大部分が試料と電極の接触面にかかってしまうので)，測定が困難になる点があげられる．また変調装置という大きな電気的ノイズ源が敏感な光電変換型検出器と同居するために，ノイズシールドをかなり注意深く行う必要があり，さらに(特に横電場方式での測定中)試料に加える高電圧に注意を払わねばならない．

c. 第3高調波発生法（THG 法）

前述の SHG 法と同様に，入力した光(基本波)の3倍の周波数の光が出力されるのが THG 法である．これは非線形感受率 $\chi(-3\omega;\omega,\omega,\omega)$ に対応する三次の効果である．この THG 発生強度の評価には，マーカーフリンジ法というのが一般的によく用いられる[36]．実験装置概略図を図Ⅱ.4.59 に，ポリシラン(PDHS) 薄膜(0.152 μm 厚)と SiO_2 基板(300 μm 厚)を用いた測定例を図Ⅱ.4.60 に示す[37](いずれの場合も，基本波は 2.05 eV のエキシマーレーザー励起の色素レーザー光である)．この方法の測定原理は，試料を入射してくる基本波(高次効果を出やすくするために通常はナ

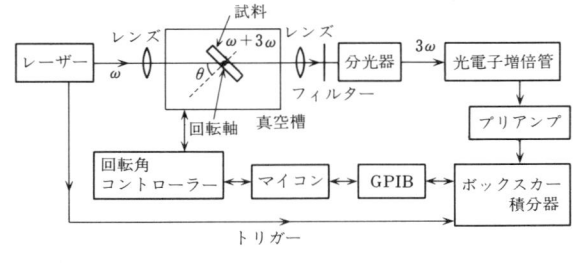

図Ⅱ.4.59 マーカーフリンジ法による THG 測定装置[22]

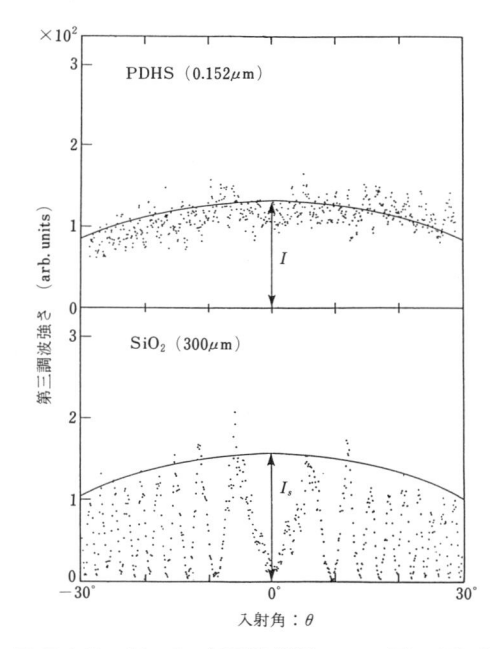

図Ⅱ.4.60 ポリシラン(PDHS)薄膜(0.152 μm 厚)と SiO_2 薄膜(300 μm 厚)のマーカーフリンジパターン　入力基本波は 2.05 eV[37].

ノ・ピコ秒パルスレーザー光を用いる)に対して垂直に回転させ，これによって基本波の実効的な試料中での通過距離を変えてそれによる THG 効率の違いを，石英など $\chi(-3\omega;\omega,\omega,\omega)$ がすでにわかっている物質のそれと比較することで評価しようとするものである．試料中を通過する基本波の光路長と試料のコヒーレント長のかねあいで，図Ⅱ.4.60 に現れている振動構造(マーカーフリンジパターン)のピッチが決定されるので，これから試料のコヒーレント長を決定することもできる．この方法は，薄膜形態の試料の評価には簡便で適当な評価手段である．しかしながら，光路途中の空気からの THG を除去する必要があったり，入射する基本波の波長を変化させるためにかなりの困難を伴う，といった欠点ももっている(通常，基本波としてはナノ秒パルス色素レーザー光や，それをもとに誘導ラマン散乱やさまざまな非線形光学効果を用いて波長変換された光を用いるが，これらの装置は大規模で高価である)．ただ，この方法は $\chi(-3\omega;\omega,\omega,\omega)$ の実用的評価方法としては唯一に近く，多くのノウハウがすでに蓄積され発表されている[36]．詳細はそれらを参照されたい．

d. 縮退4光波混合法

通常三つの入力光と一つの出力光，合計四つの光によって発生する三次の非線形光学効果であり，非線形感受率でいえば $\chi(-\omega;\omega,-\omega,\omega)$ に対応する．入・

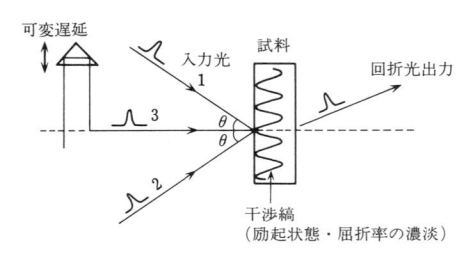

図Ⅱ.4.61 トランジェントグレーティング法の測定原理[38]

出力光の周波数は，四つとも同じ ω にとる必要はないし，実際入・出力光を違う周波数にして実験を行った実験例も多数ある．しかし，同期のとれた多数のパルスレーザー光が必要でありかなり高価な実験装置となってしまうので，一般的には同じ波長に縮退させる方法が用いられる．この $\chi(-\omega;\omega,-\omega,\omega)$ に起因して発生する現象としては，トランジェントグレーティング，自己収束，自己位相変調などいくつかあるが，本項では最も一般的なトランジェントグレーティングについて概説する．

図Ⅱ.4.61に実験系の概念図を示す[38]．互いに角度 2θ をなして入射する短パルス入力光1と2が干渉することによって，試料表面に式Ⅱ.4.9で与えられるピッチをもった干渉縞が生じ，

$$\Lambda = \lambda_{ex}/[2\sin\theta] \quad (\text{Ⅱ}.4.9)$$

Λ：グレーティングピッチ，λ_{ex}：入射光波長

試料表面の励起状態に濃淡が発生する．この励起状態（たとえば光キャリヤーなど）によって物質の屈折率に変化が起きる場合には，試料表面に屈折率の縞模様つまりグレーティングが生じ，短パルス入力光3の回折光が出射（出力光）されることになる．入力光1, 2と3との間の相対的遅延時間を変化させながら回折光の強度をモニターすれば，この干渉縞の寿命を決めることが可能である．干渉縞は，拡散によって励起状態密度の濃淡が消滅する，もしくは励起状態自体が消滅することによってなくなるのであるから，干渉縞の寿命から励起状態の寿命や拡散速度を求めることができる．図Ⅱ.4.62はその測定例である（試料はCuCl単結晶）．この例の場合には入力光1, 2と3を，同期した別の短パルスレーザー（パルス幅30 ps）を用いている．観測された回折光の時間依存性から，励起子（D_e）ならびに励起子分子（D_m）の拡散係数は，それぞれ 330 cm²/s と 45 cm²/s と決定されている．この実験法の問題点としては，相対的に強い入力光1, 2の散乱光が測定系に混入するのを防ぐ必要があり，このため試料表面に非常に敏感な測定法となっている点があげられる．また，信号強度の時間依存性に含まれている，励起状態の拡散と寿命の情報を分離するためにはさまざまなグレーティングピッチでの測定結果や，他の方法で測定した寿命に関するデータを総合する必要がある．

〔腰原伸也・十倉好紀〕

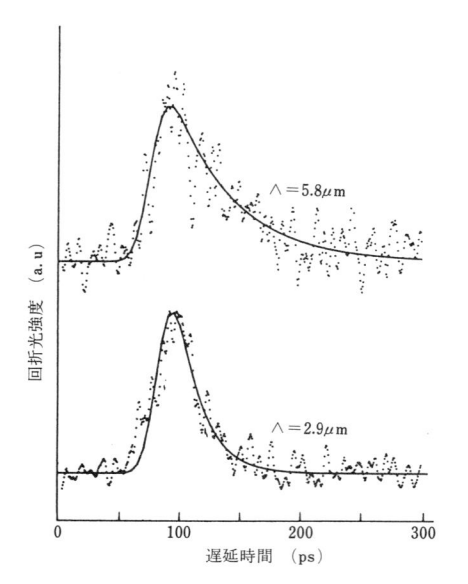

図Ⅱ.4.62 2種のトランジェントグレーティングピッチにおける回折光強度の時間依存性
試料は CuCl 単結晶[38]．

参考文献

1) 国府田隆夫，柊元宏：光物性測定技術（物理工学実験13），p. 13(1983)，東京大学出版会
2) 浜松ホトニクス社カタログ(1992)
3) ウシオ電機カタログ(1991)
4) 理科年表(1991年版)，p. 516，丸善
5) たとえば，最新光半導体素子規格表，CQ出版社
6) たとえば，矢島達夫ほか編：新版レーザーハンドブック，朝倉書店；レーザー学会編：レーザーハンドブック，オーム社
7) スペクトラフィジクス社カタログ(1993)
8) Sulliran, A. et al.: Optics Letter, 16(1991), 1406
9) エキシトン社カタログ(1992)
10) 分子科学研究所 UV-SOR パンフレット
11) たとえば，光学技術ハンドブック，p. 679，朝倉書店
12) Newport社カタログ(1992)
13) キノ・メレスグリオ社カタログ(1992)
14) 保谷ガラス社カタログ(1992)
15) アクトン社カタログ(1992)
16) 日本分光社カタログ(1992)
17) 吉原邦夫：物理光学，p. 117(1979)，共立出版
18) SPEX社カタログ(1992)
19) 塚本哲夫：CCDの基礎，オーム社；高村享：光検出器とその用い方(日本分光学会測定法シリーズ22)，p. 67，学会出版センター
20) たとえば，阪井清美，舞657俊憲：光検出器とその用い方(日本分光学会測定法シリーズ22)，p. 89，学会出版センター
21) 小野寺嘉孝：光物性ハンドブック，p. 6(1984)，朝倉書店
22) 金武達郎：博士論文，東大工学部
23) Kubelka, P. et al.: Z. Tech. Phys., 12(1931), 593
24) Azzam, P. M. A., Bashara, N. M.: Ellipsometry and Polarized Light, p. 153(1986), North-Holland, Amsterdam
25) たとえば，三浦登：光物性ハンドブック，p. 433(1984)，朝倉書

店；福谷博仁：同，p. 601；工藤恵栄：光物性の基礎，p. 385(1990)，オーム社
26) トーキン社カタログ(1992)
27) Blanchet, G. B. et al.: *Phys. Rev. Lett.*, **50**(1983), 1938
28) 腰原伸也，小林孝嘉：時間領域から見た生命現象，p. 249, 蛋白質・核酸・酵素 別冊 28(1985)，共立出版
29) 久我隆弘：固体物理，**27**(1992)，990
30) たとえば，及川充：光物性ハンドブック，p. 557(1984)，朝倉書店；Bube, R. H.: Photoconductivity of Solids(1960), John Wiley, New York
31) Yariv, A.: Quantum Electronics(1967, 1975), John Wiley, New York ; F. Kajzer, J. Meissier eds.: Nonlinear Optical Properties of Organic Molecules and Crystals, Vol. 1 and 2(1987), Academic Press, London；小林孝嘉ほか編：非線形光学材料，固体物理特集号 24, No. 11(1989)，アグネ技術センター
32) Maker, P. D. et al.: *Phys. Rev. Lett.*, **8**(1962), 21
33) 西野種夫：光物性ハンドブック，p. 445(1984)，朝倉書店；Aspnes, D. E.: Handbook of Semiconductors(M. Balkanski ed.), vol. 2, Ch. 4 A(1980), North-Holland
34) Tokura, Y. et al.: *Chem. Phys.*, **85**(1984), 437；Tokura, Y. et al.: *J. Chem. Phys.*, **85**(1986), 99；工藤恵栄：光物性の基礎，p. 371(1990)，オーム社
35) Tachibana, H. et al.: *Phys. Rev. B*, in press
36) 久保寺憲一，小林秀紀：応用物理，**59**(1990)，787
37) Hasegawa, T. et al.: *Phys. Rev. B*, **45**(1992), 6317
38) Aoyagi, Y. et al.: *Phys. Rev. B*, **25**(1982), 1453

第5章

光化学技術

本章では実際に光化学反応を行う場合の光源や反応装置について述べる．次に反応機構や速度定数の決定のための消光剤・増感剤あるいは捕捉剤などを用いた定常光測定による解析の仕方，またパルス光源を用いた実験手法について概説する．

5.1 光化学反応装置[1~7]

光化学反応装置には，実験室レベルのものから，大がかりな工業利用をめざしたものまで多種多様なものがある．光源とそれからの光を試料に照射する機器が反応装置の基本的条件となるが，実際には，① 照射光量が十分確保できること，② 照射光量が再現性を保ち，その定量が容易に行えること，③ 照射光量の調整，光の波長の選択が容易であること，④ 均一な光照射が行われること，⑤ 温度など付加的な実験条件の制御が確実であること，といった点に留意してさまざまな工夫が必要になる．

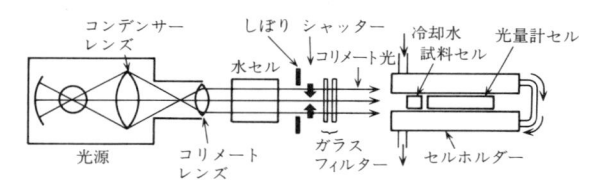

図 II.5.1 量子収率測定用の光化学反応装置（光学ベンチ）

例として，研究室レベルの光化学反応装置（光学ベンチと呼ばれる）[2,3]を図II.5.1に示す．これは反応収率を決定するために用いられる定量性を重視したもので，主に溶液系を対象としている．通常このような装置は日光や蛍光灯などの影響を受けないよう暗室や暗箱内に設置する．以下には，この装置を構成する光源や部品，また試料の調製法などについて概説する．

5.1.1 光源[8~10]

光源は長時間安定で，できるだけよくコリメートされた平行光線であることが望ましい．定常光源としては，水銀灯やキセノンランプが，レンズを含めランプハウスとセットになって市販されている．特に高圧水銀灯はその輝線を用いた紫外部の光源として，キセノンランプは紫外部から近赤外部までの連続光源として，互いに相補的な性格をもっている．なお可視部の光源として，スライドプロジェクターなどのタングステンランプやハロゲンランプを用いて照射するのも簡便である．これらの光源の特性についてはII.4章で示されている．

表 II.5.1 定常光化学反応の光源として用いることのできる連続光レーザー[10]

	基本発振波長(nm)
アルゴンレーザー	514.5
	488.0
	457.9~514.5(マルチライン)
クリプトンレーザー	647.1
	337.4~799.3(マルチライン)
ヘリウムカドミウムレーザー	441.6
ヘリウムネオンレーザー	632.8
YAGレーザー	1064
色素レーザー*	400~1000(可変)
チタンサファイアレーザー*	700~900(可変)

＊ 励起用のレーザーが別途必要．

表II.5.1にまとめたようなCW（連続光）レーザーを用いると，十分単色で偏光もそろった平行光線が得られる．しかし，CWレーザー光は波長幅が小さく光強度が弱かったり，光吸収量が小さい場合も多い．また，直線偏光をなすものが多いので，光学部品の表面反射の条件をそろえることも比較的むずかしい．レーザー光源の分光特性や使用上の注意などについては，II.4章や参考文献[11]を参照されたい．

5.1.2 照射波長の選別

高圧水銀灯を用いた場合，近紫外部に現れる強い輝線を用いることが多い．溶液フィルターと色ガラスフィルターを組み合わせて1本の任意の輝線を取り出すことができる．各輝線についてはすでによく知られた文献を参考にすることができる[12~18]．表II.5.2に，コーニング社と国内で手に入りやすい東芝とHOYAの色ガラスフィルターを用いた場合の組み合わせをまと

5.1 光化学反応装置

表 II.5.2 高圧水銀灯の輝線を抽出する溶液フィルターと色ガラスフィルターの組み合わせ[3]

輝線の波長 (nm)	溶液フィルター		ガラスフィルター Corning	HOYA	東芝	透過率(%) (文献値)	文献
253.7	$NiSO_4 \cdot 6H_2O$ aq (27.6 g/100 ml) $CoSO_4 \cdot 7H_2O$ aq (8.4 g/100 ml) I_2 (10.8 mg) aq + KI (15.5 mg) aq/100 ml	5 cm 5 cm 1 cm	—	—	—	17	12)
253.7	$NiSO_4$ aq (50 g/100 ml) $CoSO_4$ aq (14 g/100 ml) 2,7-ジメチル-3,6-ジアザシクロヘプタ-1,6-ジエン ヨウ化物 aq (0.1 g/100 ml)	2 cm 2 cm 2 cm				70	13)
265.2	$NiSO_4 \cdot 6H_2O$ aq (100 g/100 ml) $KMnO_4$ aq (840 mg/100 ml)	1 cm 5 mm				17	14)
313.0	$NiCl_2 \cdot 6H_2O$ aq (4.2 g/100 ml) K_2CrO_4 aq (10 mg/100 ml) 2フタル酸カリウム aq (0.5 g/100 ml)	5 cm 5 cm 1 cm	CS7-54	U-330	UV-D33S	25	15), 16)
334.1	$NiSO_4 \cdot 6H_2O$ aq (10 g/100 ml) ナフタレン (イソオクタン溶媒) (1.28 g/100 ml)	5 cm 1 cm	CS7-51	U-360	UV-D35	8	17)
336.0			CS0-52 CS7-60	UV-36 U-350	UV-35 UV-D36C	60	
404.7			CS3-75 CS7-51	L-40 U-360	L-39 UV-D35	12	
435.8			CS3-73 CS7-59	Y-44 B-380	Y-44 V-40	45	
546.1			CS4-102	G-545	G-54	14	
546.1			CS3-68 CS4-72 CS1-60	O-54 B-440 V-10	O-54 V-44 —	14	
577.0	$CuSO_4 \cdot 5H_2O$ aq (11.1 g/100 ml) $K_2Cr_2O_7$ (3 g/100 ml)	1 cm 10 cm	—	—	—	32	12)
577.0			CS4-74 CS3-66	B-460 O-56	O-56	15	

透過率は Corning 製フィルターを使ったときのもの. 東芝, HOYA 製の場合は多少異なる.

表 II.5.3 溶液フィルターの例[1,6]

記号	化合物	濃度 (g/l)	セル長 (cm)	文献
A 1	$NiSO_4 \cdot 6H_2O$ aq	50	5	12)
A 2	$NiSO_4 \cdot 6H_2O$ aq	100	5	12), 16)
A 3	$NiSO_4 \cdot 6H_2O$ aq	200	5	16)
A 4	$NiSO_4 \cdot 6H_2O$ aq	275	5	12)
B 1	$CoSO_4 \cdot 7H_2O$ aq	45	5	16)
B 2	$CoSO_4 \cdot 7H_2O$ aq	84	5	12)
C 1	$CuSO_4 \cdot 5H_2O$ (in 2.7M NH_3 aq)	4.4	10	12)
C 2	$CuSO_4 \cdot 5H_2O$	100	5	12), 16)
D 1	$KCrO_4$ (in 0.1% NaOH aq)	0.1	5	12)
D 2	$KCrO_4$ (in 0.1% NaOH aq)	0.2	1	16)
E 1	I_2 + KI aq	0.108 + 0.155	1	12)
E 2	I_2 (四塩化炭素溶液)	7.5	1	12)
F 1	2,7-ジメチル-3,6-ジアザシクロヘプタ-1,6-ジエン過塩素酸塩 aq	0.1	1	12)
F 2	2,7-ジメチル-3,6-ジアザシクロヘプタ-1,6-ジエン過塩素酸塩 aq	0.2	1	16)
G	フタル酸水素カリウム aq	5	1	12), 16)
H	ナフタレン (イソオクタン溶液)	12.8	1	12), 16)
I	1,4-ジフェニルブタジエン (エーテル溶液)	0.042	1	16)
J	$NaNO_2$	75	10	12)
K	キノン塩酸塩	20	1	12)
L	塩素ガス	1 atm	5	12)

めた．

キセノンランプの場合は可視部に輝線がほとんどなく，タングステンランプやハロゲンランプも広い発光バンドをもつので，波長の選別には，反射鏡の数が少なく F 値の小さな小型分光器や干渉フィルター，バンドパスフィルターを用いることが多い．しかし，光量は分光することによって極端に小さくなることに注意する．

市販の干渉フィルターは，210 nm 付近から 1600 nm までの範囲で任意の波長のものが得られ，最大透過率は約 10% から 75% 程度，半値幅が数十 nm のものが多品種存在する．これらは色ガラスフィルターと組み合わせて用いることが多い．例を表Ⅱ.5.3 に示す．

また，表Ⅱ.5.4 に示す複数の溶液フィルターや色ガラスフィルターを組み合わせて，狭い波長幅の光を取り出すこともできる．参考文献[19,20]に記載された一例を表Ⅱ.5.5 に示す．

表 Ⅱ.5.4 単色光取り出し用の溶液フィルターの組み合わせ
（主として高圧水銀灯の輝線の領域）

波長領域 (nm)	組み合わせ	最大透過波長 (nm)	透過率	文献
245～270	A4+B2+E1+L	256	15	12)
245～280	A4+B1+I	256	21	16)
256～290	A4+F2+L+CS7-54	273	25	16)
305～330	A1+D1+G+CS7-54	312	18	12)
290～335	A3+D2+CS7-54	311	40	16)
305～335	A3+D2+N+CS7-54	313	35	16)
290～335	D2+CS7-54	313	40	1)
322～364	A2+H+CS7-51	331	17	12)
340～390	C2+F1+CS7-37	367	24	12)
340～390	C2+F2+CS7-37	363	30	16)
370～440	C1+E2+K	400	30～50	12)
410～490	C1+J	425	70～80	12)

この他に文献 18) および 20) を参照のこと．

表 Ⅱ.5.5 連続光源から単色光を取り出す干渉フィルターに組み合わせるガラスフィルターの例[6,10]

干渉フィルターの波長領域(nm)	組み合わせるガラスフィルターの例		
	Corning	HOYA	東芝
330～370	CS7-60	U-350	UVD-36B
370～580	CS4-97	C-500	C-50S
450～580	CS3-73+CS4-97	Y-44+C-500	Y-44+C-50S
470～580	CS3-72+CS4-96	Y-46+CM-500	Y-46+(C-50S)
510～560	CS3-70+CS4-96	Y-50+CM-500	Y-50+(C-50S)
510～640	CS3-70+CS1-69	Y-50+HA-50	Y-50+IRA-25S
570～640	CS3-66+CS1-69	O-56+HA-50	O-56+IRA-25S
630～650	CS2-59+CS1-69	R-62+HA-50	R-62+IRA-25S

キセノンランプや高圧水銀灯では，かなりの量の熱線（赤外部の輻射）も発生するので，通常，水を光路長 5～10 cm 程度の円筒形の石英セル（太鼓セル）に入れ，これを光源のすぐ近くにおいて，熱によるガラス器具の破損および試料温度の上昇を防ぐ．特に色ガラスフィルターは，吸収した光がほとんどすべて熱に変換されるので，UV フィルターなど透過波長域が少ないものほど加熱されやすく，光吸収量が変化したり，割れたりする．また水フィルターの代わりに，溶液フィルターを用い，熱線吸収と波長選択の役目を兼ねさせることも合理的である．

5.1.3　照射光量・照射時間の調節

照射光量の調節には，ND（ニュートラルデンシティー）フィルターやピンホール，光彩絞りなどを用いるのが簡単でよい．さまざまな透過率のものを用意し，組み合わせて任意の強度を得る．フィルターは長時間光にさらされるので，光吸収により発生する熱や熱線による破損について十分に防止策を考えなくてはならない．ND フィルターを光源側から吸収の小さな順に並べることもこつである．

パルスレーザー光は尖頭出力が大きいため，しばしば ND フィルターを脱色する．また，吸収の飽和によって透過率が一定にならないことも多いので，レーザーパワーメーターなどを用いて実際に光量を確認する方がよい．

照射時間は，簡単に板などで光を遮ることによって，設定するが，1 秒以下の照射時間を得るためには，メカニカルシャッターを用いてもよい．また，さらに短い照射時間を得るためにパルスレーザーやキセノンフラッシュランプを使うこともある．この場合ショット数で光量を大まかに見積もることができる．

5.1.4　試　料　セ　ル

一般的には，図Ⅱ.5.2(a) に示すような玉付きの枝

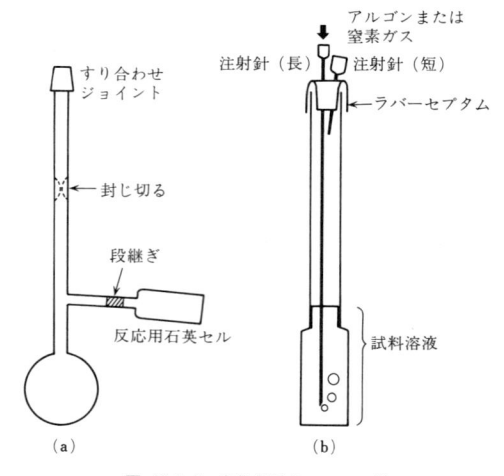

図 Ⅱ.5.2　光化学反応セルの一例
(a) 玉付き試料管，(b) 簡易脱気法．

付き試料管が用いられる．ガラス細工のしやすいように，パイレックスガラスを用いるが，光学平面に加工した反応石英セルと段継ぎで接続されている．このセルを真空ラインにすり合わせジョイントなどで接続し，球形フラスコ部分内で，凍結－排気サイクルを用いて溶存酸素を除く．試料管はそののち，ガスバーナーで封じ切って測定に供する．バーナーで封じ切るときに，ラジカルなどが発生することもあるので，適当なグリースレスコック（保持できる真空度に限界がある）やジョイント（グリースによる汚染に注意する）をつなぎ合わせた試料管を用いることもある．また，簡便に数分間アルゴンや窒素ガスをバブルして酸素を除くこともある．この場合，長短2本の注射針をラバーセプタムに刺して，図II.5.2(b)のようにガス管を接続すればよい．数十秒間から15分程度ガスを通じた後，短い針を先にぬいて，管内の気体部分の圧力を少し高目にしたのちに長い針をぬく．

5.1.5 試料の温度調整と攪拌

試料は光化学反応による温度の上昇を防ぐために，空冷や水冷を行うのが普通である．図II.5.3の例では市販の恒温槽から水を循環させ，セルホルダーを冷却し，できるだけ一定の温度に保つようにしている．光軸に垂直な平面内の光量むらを解消する目的に加え，実際は光吸収強度の強い試料を用いることも多いので，光軸方向の光吸収分布も均一にならない．したがって，マグネティックスターラーで，絶えず攪拌し，光照射量を溶液全体で均一にする．市販のセル用小型回転子などを利用するとよい．さらに，試料の固定位置，セルの形状，用いる溶液の量などを一定にすることも重要である．

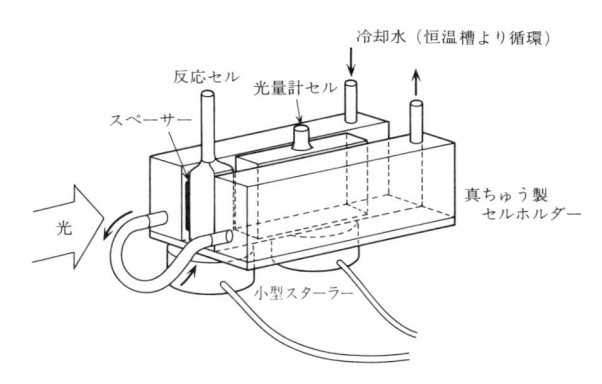

図 II.5.3 光化学反応セルホルダーの例

5.1.6 試料の吸収光量の測定

試料の位置に光量計を置き換える方法（図II.5.4(a)）もあるが，図II.5.4(b)のように目的の試料の後方に光量計を置いて同時に測定する方法が一般的である．この測定には化学光量計（アクチノメーター）[1〜6,21〜35]を用いることが多い．具体例は後述する

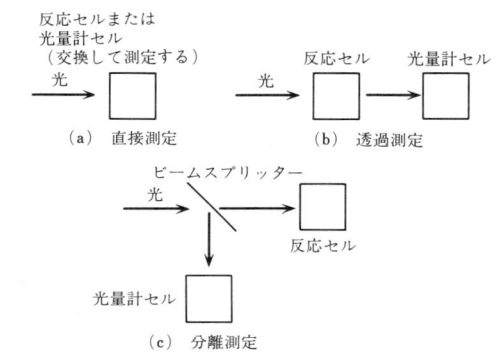

図 II.5.4 光化学反応における光量測定の配置

表 II.5.6 化学光量計の例

	波長領域 (nm)	備 考	参考文献
トリオキザレート鉄(III)カリウム	254〜577	最も一般的	1), 3), 6), 19), 21)〜24)
シュウ酸ウラニル	210〜435	国際規制物資	1), 3), 6), 21b), 23), 25)
ベンゾフェノン-ベンズヒドロール	366付近		1), 24), 26)
2-ヘキサノン	313付近		1), 27)
Reinecke 塩	316〜750	長波長領域ではほぼ唯一	19)
クロロ酢酸	254付近	低圧水銀灯用として	28)
シクロペンタノン	254〜313		29)
ベンゾフェノン-1,3-シクロペンタジエン	366付近		30)
マラカイトグリーン	225〜289		31)
マラカイトグリーンロイコシアニン	248〜313		32)
コバルト錯体	250〜750	低量子収率（レーザー向き）	33)
ケトン-ペンタジエン	300〜360		34)
o-ニトロベンズアルデヒド	310〜430	固体用	35)
2,4,6-トリイソプロピルベンゾフェノン	366付近	固体用	4)

表中に示す波長領域は，水銀ランプの輝線など，原報で照射に用いられている波長領域で，実際に適用できる波長領域はさらに広い．

が，比較的よく用いられる化学光量計を表 II.5.6 に掲げる．光量計のセルはできるだけ長いもの（たとえば 10cm）を用いて，光の漏れがないようにする．光量計の吸収強度も光照射中に刻一刻変化するので，できるだけ全光量を吸収させるのがよく，普通，吸光度＝3 に設定することが多い．このときの光量計の示す吸収光量と，試料の代わりに溶媒のみを入れたブランクセルをおいた場合の吸収光量の差が，試料に吸収された光量になる．また，図 II.5.4(c) に示すように，入射前の光線の一部を取り出して光量計に導く場合もある[36]．この方法は，化学光量計にくらべて，目的とする光化学反応の速度が遅い場合などに有効である．この場合はビームスプリッターの分離比をあらかじめ決めておかなくてはならない．

化学光量計の代わりに，フォトダイオード，サーモパイルなどの光センサーを用いることもできる．実験室用の照度計と呼ばれるものが最近では安価で手にはいるので，それを利用するのもよい．ただし，センサー感度のリニアリティーや波長依存性の補正はあらかじめ十分に行っておかなくてはならない．これらの装置は取扱いが簡単であり，化学光量計に比べてダイナミックレンジも広いので，これからますます普及すると思われる．

5.1.7 よく用いられる反応装置

回転型光化学反応装置（メリーゴーラウンド）[1,2,4,6,18]および超高圧水銀灯付き反応管[1,2,4]は，典型的な光化学反応装置であり，よく用いられる．

図 II.5.5(a) に示すのはメリーゴーラウンド型[18]の，光化学反応装置の原理図である．回転により，各試料にむらなく光が照射できるようになっており，一度に何本もの濃度の異なった試料や光量計を同じ条件で照射して，後述の Stern-Volmer 型のプロットを行うのに最も適している．図 II.5.5(b) に反応装置の概略図を示す．この装置の駆動部分は，上方にあるので，メリーゴーラウンド全体を適当な恒温槽に沈めて使うこともできる．

図 II.5.6 に，有機化学合成の光反応によく用いられる内部照射型の高圧水銀灯付き反応管の例を示した．この装置は，照射光量の定量性，波長依存性などをあまり考慮しなくてもよい場合には，最も適当である．各部分はガラスまたは石英でできており，図 II.5.6(b) のように，共通すり合わせで分解できるようになっているので，器具の交換や洗浄などが容易である．ランプのすぐ外側の第 1 槽に冷却と熱線除去を目的にしたウォータージャケットを備えており，その中に水

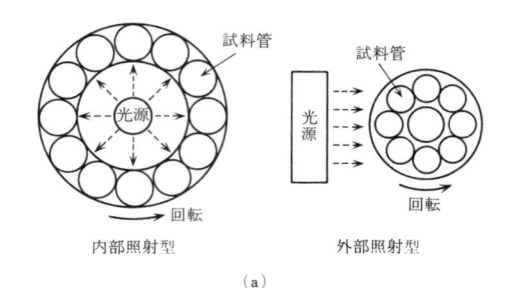

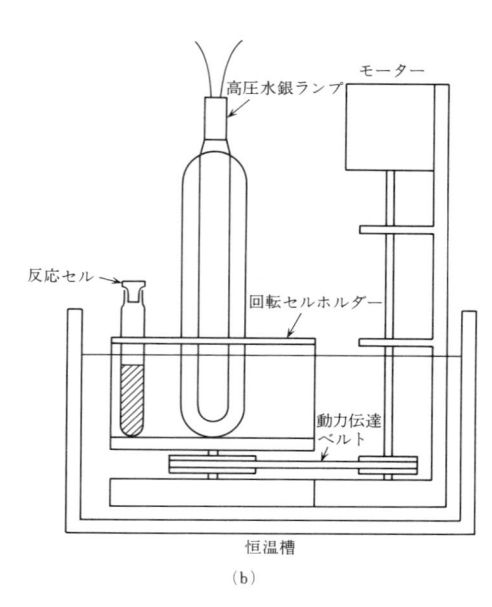

図 II.5.5 回転型光化学反応装置

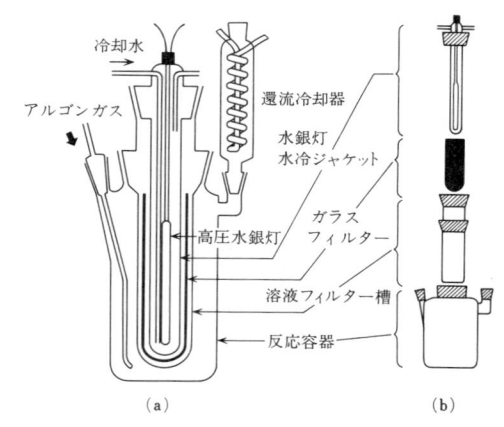

図 II.5.6 高圧水銀灯付き反応管
(a) 見取り図，(b) 分解図．

を循環させてランプを冷却する．その外側の第 2 槽の反応槽はランプに接近しているので，相当に大きな光量が期待できる．反応槽中には，窒素，酸素などのガスを通じることもできるし，低沸点の化合物のために還流冷却器を接続できるようになっている．実際の実

験ではこの装置全体をさらに恒温槽やヒーターに装着して，試料温度を調節するのが望ましい．

光の波長を選択したいときは，ランプの外側に円筒形の色ガラスフィルターを取り付けたり，冷却槽の中に前述の溶液フィルターを入れるようにする．

市販の器具には，高圧，中圧，低圧の各水銀灯を用いたものがあるが，低圧水銀灯で253.7 nmの光を用いるときは，一般のガラスで光が透過されないので注意を要する．この場合には，バイコールガラス，溶融石英などを用いた器具を使用する．

5.2 光化学反応機構と速度定数の決定[3]

いくつもの段階からなる光化学反応の解析のためには，それぞれの段階（反応素過程）の始状態・終状態や速度定数また競合する過程を決定し，これらの組み合わせとして全体の反応機構を構築することが必要となる．最近はレーザーなどのパルス光励起の測定方法を用い，ある化学種の生成減衰といった時間変化を直接観察することも可能となっているが，それだけでは十分ではなく，定常光源を用いて増感剤，消光剤，捕捉剤などを利用した量子収率の測定を同時に行い，総合的に反応機構を検討することも必要となることも多い．本項では，主に定常光源を用いた量子収率の測定および増感剤，消光剤，捕捉剤を用いる手法に基づいた反応機構および反応速度定数の決定法の概略を述べる．

5.2.1 量子収率

一般的には量子収率 Φ は，

$$\Phi = \frac{\text{ある過程を生ずる分子数}}{\text{吸収光子数}} \quad (\text{II}.5.1)$$

として定義される．たとえば光化学反応生成物に対しては，

$$\Phi_q = \frac{\text{反応生成物の分子数}}{\text{吸収光子数}} \quad (\text{II}.5.2)$$

であり，蛍光量子収率は，

$$\Phi_f = \frac{\text{蛍光として発光する全光子数}}{\text{吸収光子数}} \quad (\text{II}.5.3)$$

となる．

量子収率は，反応経路網（スキーム）が決定されれば，それに基づいて素過程の速度定数で表すことができる．実際には，類似の反応などを参考にしてあらかじめスキームを仮定し，それを個々の実験結果から吟味することが多い．例題として図II.5.7に最も簡単な光化学反応のスキームを示す．図II.5.7(b)には図

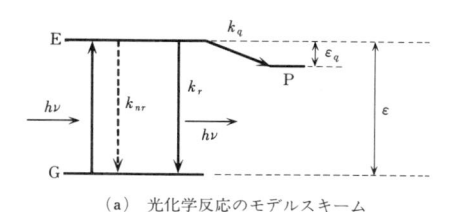

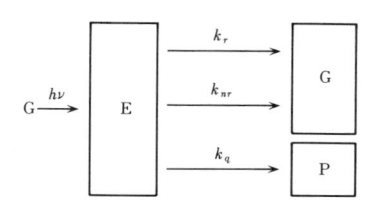

(a) 光化学反応のモデルスキーム

(b) 反応経路の分岐を展開したもの

図 II.5.7　光化学反応のスキーム

II.5.7(a)の分岐経路のみを模式的に示した．k は，それぞれの過程の速度定数を示す．光を吸収した分子は，いくつかの経路を通り生成物に至ったり，出発物質に戻る．たとえば輻射遷移と無輻射遷移のように，同じ始・終状態間の遷移（反応）でも複数の経路が存在する場合もある．

凝縮系の多くの光化学反応ではカーシャ則が成立し，蛍光状態（最低励起一重項状態）が迅速にほぼ100％生成するとみなせることが多く，この始状態の生成分子数が吸収した光子数と等しい．この場合，量子収率は蛍光状態を1(100%)として，各状態に分配される割合となる．

各反応は，一次反応や擬一次反応で書けることが多いので，図II.5.7(b)に示したように一次反応速度の和で書き表すことも多い．これは，非線形の項のない反応が最も取り扱いやすいためである．一般的には，図II.5.7(c)を参考にして，それぞれの化学種の，生成・減衰を微分方程式の形で書き表し，それを解くことによって，求められる実験値と速度定数の関係を得ることができる．たとえば，図II.5.7の中で，実験的に測定可能な反応速度や量子収率は，各素過程の化学反応速度定数と以下のような関係をもっている．

a. 励起状態の寿命

$$\tau = \frac{1}{k_{nr} + k_r + k_q} \quad (\text{II}.5.4)$$

具体的には，発光寿命あるいは励起状態 E の過渡吸収の減衰を測定することによって求めることができる．また，生成物 P の生成量の立上がりの反応速度 k_p も同じ値をもつ．$k_p = k_{nr} + k_r + k_q = 1/\tau$ である．

b. 蛍光量子収率 Φ_f

$$\Phi_f = \frac{k_r}{k_{nr} + k_r + k_q} \quad (\text{II}.5.5)$$

τ と k_f の両者が決定されれば求まるが、実際には Φ_f と τ から k_f を求めることが多い．

c. 反応の量子収率 Φ_q

$$\Phi_q = \frac{k_q}{k_{nr} + k_r + k_q} \quad (\text{II}.5.6)$$

基本的には、上記の a.～c. が決定されると、図II.5.7に掲げたすべての反応速度定数を求めることができる．しかし、実際には実験誤差やスキームの妥当性の検証を含め、d. および e. に示すような、別の測定法を用い情報を増やす必要がある．

d. 消光剤を用いた量子収率の決定

消光剤を用いた反応が二次反応速度定数 $k_q'(\text{M}^{-1}\text{s}^{-1})$ で表されるとすると、消光剤の濃度を $C(\text{M})$ として、

$$k_q = k_q' \times C \quad (\text{II}.5.7)$$

と表される．消光剤濃度 C とそれぞれの収率や発光寿命は、以下のような関係をもつ．

$$\frac{1}{\tau} = k_q' \times C + k_{nr} + k_r \quad (\text{II}.5.8)$$

$$\frac{1}{\Phi_f} = \frac{k_q'}{k_r} C + \frac{k_{nr} + k_r}{k_r} \quad (\text{II}.5.9)$$

$$\frac{1}{\Phi_q} = \frac{k_{nr} + k_r}{k_q'} \frac{1}{C} + 1 \quad (\text{II}.5.10)$$

以上の表式で明らかなように、各測定値の逆数が、C あるいは $1/C$ の一次関数で表されることにより、τ, Φ_f, Φ_q の濃度変化を測定し、プロットの切片と傾きから、a.～c. とは異なった手法により反応速度定数が得られる．

e. 無輻射遷移の量子収率 Φ_{nr}

消光反応のない場合 ($\Phi_q = 0$)、無輻射遷移の量子収率 Φ_{nr} は、

$$\Phi_{nr} = \frac{k_{nr}}{k_{nr} + k_r + k_q} \quad (\text{II}.5.11)$$

となる．この値を直接決定するのはむずかしいが最近では、反応機構がわかっている系には、光反応にともなう無輻射遷移による総発熱量 H_{PAS} を測定する光音響分光法(PhotoAcoustic Spectroscopy；PAS)[39,40] や熱レンズ法[40,41]などの方法も用いられている．図II.5.7(a)に示すように各状態間のエネルギーを ε, ε_q (cal/mol) で定義し、吸収光子数 $n_{\text{photon}}(\text{mol})$ を用いると、

$$H_{\text{PAS}} = (\Phi_{nr}\varepsilon + \Phi_q\varepsilon_q) \times n_{\text{photon}} \quad (\text{II}.5.12)$$

となり、ε は内部転換を無視すると励起エネルギーそのものであるから ε_q も決定できる[42]．

5.2.2 増感剤，消光剤，捕捉剤[43]

これらの化合物は、系に加えてその光化学反応に与える影響を検討し、反応速度や機構に関する情報を得るために用いられる．代表的な増感剤と消光剤のデー

表 II.5.7 よく用いられる増感剤消光剤の分光学的性質[1]

化合物名		一重項励起エネルギー (kcal/mol)	三重項励起エネルギー (kcal/mol)	蛍光量子収率	蛍光寿命 (ns)	項間交差量子収率	りん光寿命 (μs)
アセトン	n	88	—	9.3×10^{-4}	2.0	1.00	0.94
	p	—	79～82	0.01	2.3	0.98	—
アセトフェノン	n	78.7	73.7	$<10^{-6}$	—	1.00	3.5
	p	—	74.1	0.00	—	—	0.41
3-メトキシアセトフェノン	n	—	72.4	—	—	—	—
	p	—	72.4	—	—	—	—
4-フェニルアセトフェノン	n	—	61.1	—	—	—	—
	p	—	60.8	—	—	—	—
アントラセン	n	76.3	42.0	0.27	4.9	0.75	—
	p	76.3	42.7	0.01	5.3	0.72	—
アズレン	n	40.6	30.9	0.03	1.4	—	1
	p	—	—	—	—	—	—
ベンズアルデヒド	n	77.1	72.0	$<10^{-6}$	—	—	—
	p	—	71.7	0.00	—	—	—
ベンゼン	n	110	84.3	0.053	29	(*)	(*)
	p	110	84.3	0.042	31	(*)	—
ベンジル	n	59.0	53.4	10^{-3}	—	0.92	—
	p	—	54.3	—	—	—	—
ベンゾフェノン	n	75.4	68.6	4×10^{-6}	0.005	1.00	12
	p	74.4	69.2	0.00	—	—	—
4,4'-ビス(N,N-ジメチルアミノ)ベンゾフェノン	n	—	—	—	—	1.00	27
	p	—	～62	—	—	—	—

5.2 光化学反応機構と速度定数の決定

化合物	溶媒						
4-フェニルベンゾフェノン	n	—	59.5	—	—	1.0	—
	p	76.7	60.7	—	—	—	—
ビフェニル	n	—	65.7	0.15	16	0.81	—
	p	—	65.8	—	—	—	—
1,3-ブタジエン	n	—	59.7	—	—	—	—
	p	—	—	—	—	—	—
2,3-ブタンジオン	n	65.3	56.3	2.9×10^{-3}	10	1.0	—
	p	—	57.2	—	—	—	—
cis-2-ブテン	n	~138	78.2	—	—	—	—
	p	—	—	—	—	—	—
ブチロフェノン	n	—	—	—	—	—	0.15
	p	78.3	74.7	—	—	—	—
1,3-シクロヘキサジエン	n	~97	52.4	—	—	—	—
	p	—	—	—	—	—	—
エチレン	n	—	≤82	—	—	—	—
	p	—	—	—	—	—	—
フルオレン	n	94.9	68.0	0.66	10	0.32	—
	p	95.1	67.9	0.68	—	0.32	—
フルオレノン	n	—	—	0.013**	3**	0.93**	—
	p	63.2	—	(**)	—	(**)	—
2,5-ジメチル-2,4-ヘキサジエン	n	~103	~58.7	—	—	—	—
	p	—	—	—	—	—	—
2,4-ヘキサジエン-1-オール	n	—	59.5	—	—	—	—
	p	—	—	—	—	—	—
イソプレン	n	—	60.1	—	—	—	>5
	p	—	—	—	—	—	—
ナフタレン	n	92	60.9	0.19	96	0.82	—
	p	92	60.9	0.205	105	0.80, 0.71	—
1-アセチルナフタレン	n	—	56.4	—	—	—	—
	p	—	56.5	—	—	—	—
2-アセチルナフタレン	n	—	59.4	—	—	0.84	—
	p	77.7	59.4	—	—	—	—
1-ベンゾイルナフタレン	n	—	57.5	—	—	—	—
	p	76.3	57.5	—	—	—	—
2-ベンゾイルナフタレン	n	—	59.4	—	—	—	—
	p	—	59.6	—	—	—	—
1-メチルナフタレン	n	—	—	0.21	67	0.77	—
	p	90.0	59.6	—	—	—	—
ジ-tert-ブチルニトロキサイド	n	~63.5	—	—	—	—	—
	p	—	—	—	—	—	—
酸　素	n	22.5	102	—	2.4×10^4	—	—
	p	—	—	—	7×10^3	—	—
cis-1,3-ペンタジエン	n	—	58.3	—	—	—	—
	p	—	—	—	—	—	—
trans-1,3-ペンタジエン	n	—	59.2	—	—	—	—
	p	—	—	—	—	—	—
フェナントレン	n	82.8	61.9	0.11	57	0.82	—
	p	82.9	62.0	0.125	~61	0.85	—
ピレン	n	76.9	—	0.58	450	—	—
	p	77.0	48.12	0.53	475	0.38	—
cis-スチルベン	n	94.8	<57	—	—	—	—
	p	—	—	—	—	—	—
trans-スチルベン	n	94.2	<50	—	—	—	—
	p	—	—	—	—	—	—
フェニルテトラゾール	n	—	—	—	—	—	—
	p	—	79.4	—	—	0.41	—
トルエン	n	106	82.8	0.14	34	0.53, 0.45	3
	p	—	82.5	—	34	—	—
トリフェニレン	n	—	—	0.066	37	0.86, 0.95	—
	p	83.4	66.5	0.065	—	0.89	—
キサントン	n	77.6	74.0	—	—	—	50
	p	—	74.0	—	—	—	—

nは非極性溶媒，pは極性溶媒中での値を示す．
＊：濃度依存性大，　＊＊：溶媒依存性大．

タを表II.5.7に示す[1,6,43]．このほかに，特定の化合物を選択的に消失させる捕捉剤も消光剤と同様に用いられる．

1) 増感剤　増感反応とは，増感剤Sを光励起し，励起エネルギー移動により目的化合物Aの励起状態を生成する過程である．

$$S \xrightarrow{h\nu} S^*$$
$$S^* + A \longrightarrow S + A^* \quad (\text{II}.5.13)$$

この反応の始状態と終状態では電子スピンが保存され，一重項状態，三重項状態を選択的に生成することができる．したがって一重項状態を経由せず，直接Aの三重項状態を生成することにより，項間交差の収率の低い化合物でも三重項状態を多く生成することができる．

交換相互作用によるエネルギー移動機構の場合，SとAの直接の衝突によって反応が進行する．拡散律速の反応速度定数 k_{diff} は，

$$k_{\text{diff}} = 8RT/3000\eta \quad (\text{II}.5.14)$$

(η は溶媒の粘度）と表される．よく用いられる溶媒の，k_{diff} などの物性値を表II.5.8に示す．さらにこの場合のエネルギー移動の反応速度 k は，移動する両状態のエネルギー差 $\Delta E = E_S - E_A$ に対して，

$$k = \frac{k_{\text{diff}}}{1 + \exp(-\Delta E/RT)} \quad (\text{II}.5.15)$$

と表されることが，実験的に知られており，各消光剤のエネルギーと溶媒の k_{diff} を用いて増感反応の反応速度を見積もることもできる．また各種の増感剤を系統的に用いて，生成する状態のおおよそのエネルギーを決めることもできる．

2) 消光剤　一般的には多分子との反応により，励起分子が消失する反応を消光反応という．目的の化合物Aに対して消光剤Qを用いる反応は次のように表される．

$$A \xrightarrow{h\nu} A^*$$
$$A^* + Q \longrightarrow A + Q^* \quad (\text{II}.5.16)$$
$$\text{あるいは} \quad A + Q$$

quench に対する"消光"という訳語は，消光剤の存在によって励起状態にある分子が失活し，蛍光やりん光の発光収率が減少することから用いられている．しかし，この英語は蛍光やりん光を出さない状態に対しても広く用いられており，その訳語である"消光"も同様に使われている．この反応もエネルギー移動を介して起こることが多く，その場合には増感反応と同様の式(II.5.15)が成立し，電子スピンも保存される．なお，一般的な励起分子の反応については，I.3章に詳細が述べられている．

3) 捕捉剤　励起状態のみならず光化学反応で生成した活性中間体を，特異的な化学反応で消失させることもできる．このような作用を行う化合物を捕捉剤と呼ぶ．捕捉剤には，① 高い反応性と選択性，② 生成物が捕捉反応に影響がないこと，③ 生成物や反応物の定量が容易で捕捉剤の添加効果を確認しやすいこと，④ 化学的に安定で溶解しやすいこと，⑤ 取扱いが容易であること，といった条件が要求される．

実際に用いられる捕捉剤は，反応性が高いことを利用し，比較的短寿命の電子，ラジカルなどに対して用いられる．よく用いられる捕捉剤には次のような例がある[44]．

電子捕捉剤：N_2O，ハロゲン化アルキル，パーフルオロカーボン，塩化ベンジル，臭化ベンゼン，I_2，CCl_4，

表 II.5.8　主な溶媒の誘電率，粘度，および拡散律速速度定数

溶媒	誘電率	粘度 (cP)	拡散律速速度定数 ($M^{-1}s^{-1}$)
n-ヘキサン	1.88	0.313	2.1×10^{10}
イソオクタン	1.94	0.50	1.3×10^{10}
シクロヘキサン	2.02	0.980	6.6×10^{9}
$trans$-デカリン	2.17	2.128	3.1×10^{9}
cis-デカリン	2.20	3.381	1.9×10^{9}
ベンゼン	2.28(25)	0.649	1.0×10^{10}
トルエン	2.38(25)	0.587	1.1×10^{10}
ジオキサン	2.21(25)	1.439(15)	4.3×10^{9} (15)
ジエチルエーテル	4.34	0.24	2.7×10^{10}
THF	7.58(25)	0.55	1.2×10^{10}
四塩化炭素	2.24	0.969	6.7×10^{9}
クロロホルム	4.81	0.58	1.1×10^{10}
ジクロロメタン	8.93	0.449(15)	1.4×10^{10} (15)
1,2-ジクロロエタン	10.36(25)	0.887(15)	7.2×10^{9} (15)
		0.730(30)	9.2×10^{9} (30)
酢酸エチル	6.06(25)	0.455	1.4×10^{10}
ピリジン	12.3 (25)	0.952	6.8×10^{9}
アセトン	20.70(25)	0.304(25)	2.1×10^{10} (25)
2-プロパノール	19.92(25)	2.2 (25)	3.0×10^{9} (25)
エタノール	24.58(25)	1.20	5.4×10^{9}
メタノール	32.70(25)	0.551	1.2×10^{10}
エチレングリコール	37.7 (25)	19.9	3.3×10^{8}
ブチロニトリル	20.3 (21)	0.624(15)	1.0×10^{10} (15)
		0.515(30)	1.3×10^{10} (30)
プロピオニトリル	27.2	0.454(15)	1.4×10^{10} (15)
		0.389(30)	1.7×10^{10} (30)
アセトニトリル	37.5	0.36	1.8×10^{10}
DMF	36.71(25)	0.924	7.0×10^{9}
NMF	182.4 (25)	1.65 (25)	4.1×10^{9}
水	80.20	1.00	6.5×10^{9}

拡散律速速度定数は，$8RT/3000\eta$ として計算したもの．特に指定のないものは，20℃ での値．その他は，( )に温度/℃ を示した．

簡単な計算式　$k_{\text{diff}} = 2.21718 \times \dfrac{\text{温度(K)}}{\text{粘度(cP)}} \times 10^7$ ($M^{-1}s^{-1}$)

ただし，k_{diff} は拡散律速速度定数．粘度も温度に依存するので，その温度での値を用いる．

5.2 光化学反応機構と速度定数の決定

SF$_6$, CO$_2$, OCS, H$_2$S, ビフェニル, ナフタレン(その他の各種芳香族化合物).

ラジカル捕捉剤：I$_2$, O$_2$, オレフィン, NO, DPPH (1,1-ジフェニル-2-ピクリルヒドラジル), MMA (メチルメタアクリレート), FeCl$_3$, H$_2$S, p-ベンゾキノン.

5.2.3 励起分子および反応始状態の決定

多数の化合物を含む実際の光化学反応では，励起される分子の特定が必要な場合も多い．原則的には励起波長を変化させることにより，選択的に特定の分子のみを励起できるので，多種類の分子を含む系でも励起分子を特定できる．しかし，高濃度に分子が存在する場合には，会合体や分子錯体が形成されることも多いので，たとえ一種類の分子しか含まない系でも，基底状態の吸収スペクトルなどを検討して，あらかじめ詳しい状況を把握する必要がある．

次に，実際に光化学反応の起点となる励起状態（反応始状態）を決定する必要がある．前述のとおり凝縮系ではカーシャ則が成立するので，蛍光状態（最低励起一重項状態：S_1）あるいはりん光状態（最低励起三重項状態：T_1）が反応始状態であることが多い．しかしそればかりでなく，短い波長の光で励起した高い励起状態からの光イオン化や光分解が起こる場合や，蛍光状態やりん光状態から内部変換や項間交差によって生成した基底状態分子の高い振動励起状態が反応始状態となることもある．特に気相では，励起された状態から S_1 の最低振動状態への緩和や媒体と熱平衡の状態への緩和は，（試料の密度にも依存するが，）非常に遅いか，速くても励起状態の寿命の間には起こらないことも多いので，光化学反応の経路が励起波長に大きく依存することもしばしば見受けられる．

以下には，凝縮系における反応の始状態の決定によく用いられる手法を述べる．

1) りん光状態（最低励起三重項状態：T_1）が始状態と考えられる場合 りん光状態と次項に述べる蛍光状態の同定には，増感反応および消光反応を用いることが多い．この場合，特に効率よく反応が進行するよう配慮しなければならない．基質，増感剤，消光剤それぞれの寿命と濃度の設定が重要で，さらに溶液中で分子がある程度動ける場合に有効であって，固相系では困難である場合も多いことにも注意したい．

増感反応の利用：蛍光状態を経ずに，光増感反応を用いて選択的に三重項状態を生成し，反応挙動を検討する方法がよく用いられる．三重項増感剤は，三重項のエネルギーレベルが基質（エネルギー受容体）より高いことが必要であるが，一方で蛍光状態が基質よりも

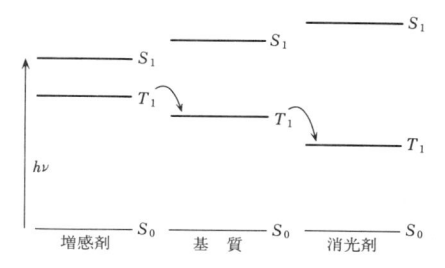

図 II.5.8 増感剤，消光剤と基質のエネルギーレベルの関係

低く，より長波長の光で選択的に励起可能なものを選ぶ（図II.5.8）．効率よくエネルギー移動が起こるためには増感剤の三重項状態の寿命が比較的長く，基質の濃度が大きいことも要求される．

消光反応の利用：一方，増感反応とは逆に選択的に三重項状態のみを消光することによってりん光状態の寄与を検討することもできる．この場合も基質の三重項状態から消光剤へのエネルギー移動を利用する．消光剤としては，増感剤とは逆に，三重項のエネルギーレベルが基質より低いことが必要であり，蛍光状態は基質よりも高く，より短い波長の光でないと励起できないものを選ぶ．増感剤と同様，消光剤は安定であること，基底状態および励起状態において基質と相互作用や反応を起こさないこと，三重項エネルギー移動のみが選択的に起こることが必要である．

2) 蛍光状態（最低励起一重項状態：S_1）が反応の始状態と考えられる場合 りん光状態と同様に増感剤や消光剤を用いた反応挙動の検討を行うことが可能であるが，実質的には増感反応を用いることは困難である場合が多い．これは，適当な一重項増感剤があまり存在しないことによる．したがって，蛍光状態に対しては，消光剤を用いる手法の方がより一般的である．

反応の収率 Φ_q は，$\Phi_q = k_q \cdot \tau_f$ と蛍光寿命 τ_f に比例した形になるので，蛍光状態の消光過程が存在する場合には τ_f が短くなり反応収率が減少することになる．ただし $1/\tau_f = \sum k_f$ であり，k_f は蛍光状態で起こる諸過程をすべて含んでいる．k_q は反応の速度定数であり，Stern-Volmer プロットから求める．ただし，通常は三重項への項間交差の収率 Φ_{isc} も蛍光寿命に比例し（$\Phi_{isc} = k_{isc} \cdot \tau_f$ と与えられる．k_{isc} は系間交差の速度定数），この消光実験による反応物の収量の検討だけでは，実際に反応の始状態が蛍光状態かりん光状態かを明確に決定することはできない．他の 1) の方法を用いるなどして，三重項状態の可能性を合わせて吟味する必要がある．

3) 蛍光状態以前の状態（励起直後の非緩和状態）が反応の始状態と考えられる場合 一般に励起波長が

短い(励起エネルギーが大きい)か,多光子吸収が起こる場合には,生成した励起状態の反応性も大きく,分解などの光反応が起こる可能性も高い.また,励起エネルギーがイオン化のエネルギーを越えた場合には,励起後速やかにイオン(ラジカルカチオン)が生成することもある.凝縮系ではS_n状態やS_1状態の高い振動状態から蛍光状態への緩和は非常に迅速であるので,これと競争する反応としては,単分子反応,すなわち,高い励起状態からの自己分解やイオン化にほぼ限られるのが実状である.このような場合には生成したラジカルやイオンが光化学反応の始状態となる.

高い励起状態でこのような反応チャンネルが存在する場合には,反応生成物や中間状態の生成収率に対する励起波長の依存性を検討することが必要にある.一般に生成物や反応中間体の収量を縦軸に,励起波長を横軸とするスペクトルは,励起スペクトルあるいはアクションスペクトルと呼ばれており,この励起スペクトルと吸収スペクトルの対応を検討することにより,高い励起状態やイオン化状態の寄与を検討することができる.

5.2.4 反応中間体の同定

反応の始状態が決定できれば,次は類似の光化学反応などを参考にして最終生成物が得られるまでの反応スキームや中間体を考えることになる.スキームを確かめるためには,Stern-Volmerプロットを用いることもあるが,まずどのような中間体が存在するかを知ることは必要である.

一般的には,中間体はイオン,ラジカルイオン,中性ラジカルなどが考えられることが多いので,選択的にこれらの分子種との反応を行う捕捉剤を添加して反応収率を検討し,中間体を探ることになる.定常光の実験だけでは反応の中間体を同定するのはむずかしいことが多い.

5.2.5 Stern-Volmerプロット

反応や発光の量子収率と消光剤の濃度(あるいはその逆数)には,式(II.5.8)〜(II.5.10)に示したように,ある一定の関係を導くことができる.これらの関係式をもとに,実験から得られる収率と消光剤の濃度をプロットしたものが,Stern-Volmerプロットと呼ばれるものである.

具体的には,消光剤の濃度を変化させた試料を5から10本程度作製し,同一の照射条件で光励起し反応収率や発光強度を求める.実際の実験では絶対反応収率を求めることが困難なことが多く,消光剤の入っていないものとの相対収量を検討することが多い.その際,試料作製時のばらつきや照射条件の不均一性などからくる誤差の見積りのために,試料の作製の際には消光剤をまったく含まないものを2本以上作製することが望ましい.求めたい反応速度に見当がつく場合には,試料を作製する際に変化が5から10倍程度になるような濃度を設定する.しかし,求めたい反応速度定数にまったく予想がつかない場合には,あらかじめ,大幅に消光剤濃度を変えた実験を行い,速度定数のオーダーを求め,その後に細かい実験を行う必要がある.おおよその目安としては,通常の室温溶液中の蛍光状態からの反応であれば,(消光剤濃度)×(溶媒の拡散律速速度定数)=1/(蛍光寿命)となる濃度から,約1桁から2桁程度濃い濃度まで消光剤を変化させれば,おおよその反応速度が見積もられる.以下には,いくつかの具体的なケースに対して概説する.

1) 蛍光強度をモニターしながら反応速度定数を求める場合 図II.5.7や式(II.5.8)および(II.5.9)に従う反応を考える.消光剤を含まない蛍光収率を$\Phi_f(0)$,消光剤濃度がCのときのものを$\Phi_f(C)$とすると,

$$\Phi_f(0)/\Phi_f(C) = 1 + k'_q \cdot \tau_0 \cdot C$$

(II.5.17)

という関係が得られる.ここでτ_0は,消光剤を含まないときの蛍光寿命である.したがって,蛍光光度計で蛍光強度をモニターし,$\Phi_f(0)/\Phi_f(C)$を縦軸に,Cを横軸にプロットしたときに得られる直線は,1を切片とし,傾きが$k'_q \cdot \tau_0$となる.具体的には,1を特定点とする最小二乗法などで勾配を求める.蛍光寿命τ_0が,他の測定から求まれば,k'_qが求まる.$\Phi_f(0)/\Phi_f(C)$は,5から10程度になる範囲でCを変化させることが望ましい.

この蛍光強度をモニターするStern-Volmerプロットは,反応機構を考える上での最も重要な情報となることが多い.消光された励起分子の量,$(\Phi_f(0)-\Phi_f(C))/\Phi_f(0)$,と反応生成物の収量が比例していれば,蛍光状態の消光から反応がスタートし,蛍光消光過程で生成する状態が反応中間体あるいは生成物となる可能性が大きい.また逆に,反応生成物が$\Phi_f(C)/\Phi_f(0)$に比例していれば,蛍光状態からの単分子的な反応あるいは溶媒や他の不純物,あるいは三重項状態からの反応である可能性を考えることができる.この場合は,消光剤は反応を阻害していることになる.

2) 反応収率から速度定数を求める場合 原則的には,反応生成物の収量と消光剤濃度の関係を検討する場合も,上に述べた蛍光収量に対する場合と同様の

実験を行う．ただし，反応系は光照射装置を用い，反応終了後吸収スペクトルやその他の同定法により，最終生成物の定量を行う．前述のように，①励起分子と消光剤の消光反応が最終生成物の生成に対する開始反応となる場合，②励起分子の反応を消光剤が阻害する場合，の二つの場合がある．①の場合は，式(II.5.10)のように，$1/\Phi_q(C)$は$1/C$に比例する．ここで，$\Phi_q(C)$は消光剤濃度がCのときの，生成物の量子収率である．$k_{nr}+k_r$は，消光剤のないときの蛍光寿命，τ_0，であるから$\Phi_q(C)$が量子収率として求まれば，k'_qが求まる．もちろん，蛍光強度のStern-Volmerプロットも可能であれば，$(\Phi_f(0)-\Phi_f(C))/\Phi_f(0)$と反応生成物の相関を検討することもできるし，消光速度定数を求めることもできる．

②の消光剤が反応を阻害する場合は，蛍光のStern-Volmerプロットと全く同じように，
$$\Phi_p(0)/\Phi_p(C) = 1 + k'_q \cdot \tau_0 \cdot C \quad (\text{II}.5.18)$$
という関係が得られる．ここで，Φ_pは，生成物の量子収率であり，k'_qは消光速度定数である．

実際にStern-Volmerプロットを行うと，直線関係が得られない場合も多い．このような場合は，消光剤濃度と収率の関係を得るために立てた反応スキームが誤っているか，あるいは他の経路も含めてスキームを再度考える必要がある．ここでは，蛍光収量をモニターした場合の代表的な二つの場合について述べる．

最初の例は，図II.5.9(a)に示すように，消光剤濃度の増大とともに，$\Phi_f(0)/\Phi_f(C)$が上にずれる場合である．このようなときには，基底状態で基質と消光剤がすでに錯体を形成しており，その錯体が励起されても蛍光を出さないためであることが考えられる．錯体の生成については基底状態の吸収スペクトルを検討すれば確認できる．また，消光剤濃度が10^{-1}M程度になると，消光反応速度定数が大きければ，基質の近傍にいる消光剤分子によって，励起された直後に消光が起こってしまうようなこともある（定常状態の拡散過程にならず，基質に近い消光剤分子が定常状態の拡散速度より速く消光を起こすことにより，より効果的に消光が起こる）．このような効率よい消光過程（過渡効果）のあるときも，$\Phi_f(0)/\Phi_f(C)$が上にずれる．

図II.5.9(b)のように，消光剤濃度の増大とともに$\Phi_f(0)/\Phi_f(C)$が下にずれ，飽和傾向を示す場合もある．このようなときには，消光反応によって生成した励起錯体と蛍光分子の間に平衡がある場合などが考えられる．

反応生成物の収量をモニターした場合にも同様なことは起こる．ここではすべての場合について述べることはできないが，原則的には，反応スキームを立て，それを解き，実験時に得られやすい蛍光寿命や反応速度，反応収量を含む式とし，それぞれの場合のStern-Volmerプロットを行うことが，反応機構，反応速度の検討のために重要である．

5.3 化学光量計[1~6),21~37)]を用いた光化学反応収率の決定

化学光量計は，既知の反応量子収率をもつ物質系（多くは溶液）であり，特に次のような特質が強く要求される．①吸収帯が広く，さらに反応の量子収率の波長依存性が小さい，②適当な大きさの量子収率をもつ，③温度効果が小さく，特に温度調整の必要がない，④濃度効果が小さく，光量計を幅広い吸収強度で用いることができる，⑤保存がしやすく，なおかつ光量計の調製がしやすい，⑥化合物と生成物が十分安定で，再現性のよいデータが得られる，⑦測定方法が簡便である，などである．すでに表II.5.6によく用いられる光量計をまとめた．

上の①から⑤までの条件をすべて満たすものは少なく，実際の光量計には調製方法や保存方法のむずかしいものも多い．ここでは，古くからよく使われるトリオキザレート鉄(III)カリウム溶液による方法[21~24)]を概説する．その他の光量計については，最近よく用い

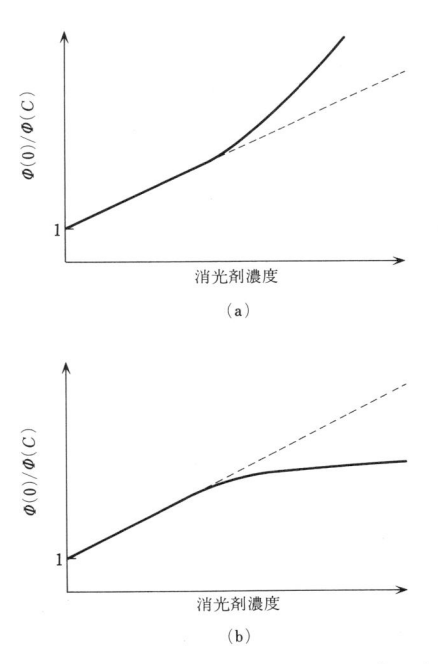

図 II.5.9 直線関係のえられないStern-Volmerプロットの例

られるようになったフォトクロミック材料のフルギド類[36,37]を含め，表II.5.6にあげた参考文献を参照されたい．

トリオキザレート鉄(III)カリウム($K_3[Fe(C_2O_4)_3]\cdot 3H_2O$)光量計は254〜277 nmの範囲の光に有効である．まず，この化学光量計を用いた反応の量子収率の決定法を述べる[21〜24]．

a. 試料の調整

以下の(1)および(2)の操作は，後処理を含めて，すべて必ず暗室内で赤色安全灯のもとで行い，使用まで光が絶対に当たらないようにする．

(1) トリオキザレート鉄(III)カリウム結晶の合成：1.5 M シュウ酸カリウム溶液と1.5 M 硫酸鉄(III)(もしくは1.5 M 塩化鉄(III))水溶液を3：1の割合で，激しく撹拌しながら手早く混合し，生じた沈殿を，熱水を用いて3回程度再結晶する．

(2) トリオキザレート鉄(III)カリウム溶液の調製：吸収の強さと量子収率の大きさを考慮して，最も適当な濃度の溶液を用いることが必要である．この光量計は416 nm以下の短波長領域では，吸収が強いために6 mM溶液を用いるが，それより長波長領域では150 mM溶液が用いられている．

溶媒は，0.05 M硫酸を用いる．容量分析用の標準溶液が市販されているので，これを用いると便利である．6 mMの場合は，トリオキザレート鉄(III)カリウム結晶を294.7 mg，0.15 Mの場合は7.368 gを秤量し，100 mlにする．

(3) 1,10-フェナントロリン溶液：鉄を錯体として検出するので0.1〜0.2 wt％の水溶液を調製しておく．

(4) 緩衝溶液：1 M酢酸ナトリウム水溶液600 mlに0.05 M硫酸を加えて1000 mlにする．

b. 光量の測定

目的の試料と交換する測定法(図II.5.4(a))の場合は，試料とできるだけ等しいセルを用いて，測定体積も等しくするのがよい．吸光係数も近い方が誤差も少ない．しかし，一般的に光量計の感度は目的試料より高いことが多いので，このように光量計セルの体積が小さい場合は，光吸収量が刻一刻変化するので，あまり長時間の光照射ができない場合がある．

その他の測定方法(図II.5.4(b)，(c))の場合は，常に全光量が吸収されるように調整すればよい．目安として吸光度が2〜3(吸収光量にして99〜99.9％)以上あれば十分であるので，濃度が一定の場合でも，光量計セルの光路長をできるだけ長くすればよい．全光量吸収の条件を照射時間の最後まで満たすようにする．

光量計として用いる溶液を一定量採取し，それを目的の単色光で一定時間光照射する．照射時間の設定は，測定可能なだけ十分なFe^{2+}が生成する長さで，なおかつ前述のとおり，反応による光量計分子の減衰の影響がない光量の範囲で行わなければならない．反応の量子収率を求める実験の項でも述べるが，光量計の消費量を10％以内に抑えると，確実である．

この試料を，照射後よくふって撹拌し，一定量V_2(ml)(たとえば1 ml)をピペットで採取し，V_3(ml)(たとえば20 ml)のメスフラスコに移す．

フェナントロリン溶液をおよそ$V_3/10$ ml加え，緩衝溶液をV_2の1.5倍加え，水で全量をV_3(ml)にする．フェナントロリン溶液および緩衝溶液の濃度および添加量は大体の目安で，文献によっては処方が異なる場合がある．

別経路である程度のFe^{2+}が生成しているおそれがあるので，光照射を行わない試料を用意し，ブランクとして用いる．

c. 光量の計算

このようにして得られた試料は吸光分析で定量する．測定は510 nmで行い，Fe^{2+}-フェナントロリン錯体の分子吸光係数εを文献値を用いて1.11×10^4として計算する．

分光セルの光路長をl(cm)とし，光照射で増加した510 nmの吸光度をDとする．生成したFe^{2+}の量N(quanta)はN_0をアボガドロ数として

$$N=\frac{N_0 V_1 V_3 D}{1000 V_2 \varepsilon/l} \qquad (\text{II}.5.19)$$

となる．測定に用いた波長の光量計の反応量子収率をΦとすると(表に示した)，吸収光量I(quanta)は

$$I=N/\Phi \qquad (\text{II}.5.20)$$

で求めることができる．すなわち，

$$I=\frac{N_0 V_1 V_3 D}{1000 V_2 \varepsilon l \Phi} \qquad (\text{II}.5.21)$$

を用いればよい．光子をモル数で表した方が実際は便利なことが多く，これをI'(mol)とすると同じく

$$I'=\frac{V_1 V_3 D}{1000 V_2 \varepsilon l \Phi} \qquad (\text{II}.5.22)$$

である．

d. 光化学反応量子収率の測定

前項の化学光量計による光量測定を用いて光化学反応の量子収率を決定する方法を具体的に述べる．

この方法では，あらかじめ，反応試料溶液の体積Vを正確に求めておく．また，昇温による溶媒の蒸発などがもたらす照射中の体積の変化についても注意しなければならない．

測定は，図II.5.1の装置を用いる．試料に対する光の吸収量を求めるには，必ず試料の後方に化学光量計を置き，ブランク試料と試料の差から，正味の吸収光量を求める．光照射中に反応物の吸収強度が刻一刻変化するので，正確な量子収率を求めるには，照射時間全体での全吸収光量を測定するようにした方がよい（試料の初期状態の吸光度を用いて計算しないこと）．

図II.5.1の装置で，よくコリメートされた光源を用いなければならないのは，この配置をとるためである．また，ブランク測定では，光量計の反応が速くなるため，測定時間を短縮して測定し，時間の比率をかけて外挿した方がよいことが多い．

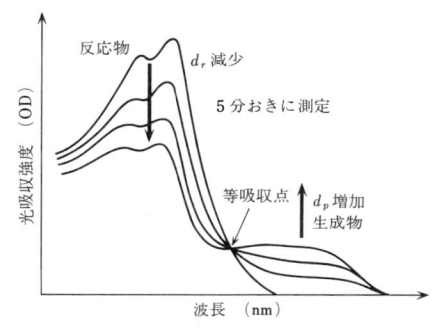

図 II.5.10 光化学反応による吸収スペクトルの変化の例

実際は，ある単位時間に区切って，吸収の変化を追っていくのが，手間はかかるがよい方法である．その様子を図II.5.10に示す．ここでよく錯覚するのだが，たとえば試料の吸光度が2から1に変化して，試料の半分が失われたとしても，単位時間あたりの光の吸収量は，セル全体で約10％減少するにすぎない．したがって，光化学反応の速度も10％程度遅くなるのみである．この場合，吸光度で表した吸収強度は，一見しただけでは，ほぼ等間隔で減少あるいは増加していくように見える．しかし，一般的には量子収率の大きさによって，吸収の変化は直線的でない．その様子を図II.5.11に示す．この初期部分の傾き（接線）を用いて反応の量子収率を決定してもよいが，ここでは詳しく述べないでおく．用いる光学系のくせによっては，この方がよい結果を与えることを指摘しておく．

いずれにしろ，反応物の消費量が10％以内になるように照射時間を限定して，全光量を測定するような場合は，ほぼ照射時間に対して直線的な変化が得られる．なお，実際にもう少し大きい濃度変化が起こる場合については次に述べる方法を用いる必要がある．

e. 反応量子収率の計算

反応物の照射光の波長における分子吸光係数を ε_r, 光路長を l (cm), 初期濃度を C_0 (mol/dm^3) とする．光強度 I_0 (mol/cm^2·s) の光を照射し，光反応が一次で起こるとして，その量子収率を Φ とすると，濃度 $C(t)$ の時間変化は，

$$-dC(t)/dt = \Phi \cdot I_0/l \times (1-10^{-\varepsilon_r \cdot C(t) \cdot l})$$
(II.5.23)

となる．この式を積分すれば，

$$\ln(10^{\varepsilon_r \cdot C(t) \cdot l} - 1) - \ln(10^{\varepsilon_r \cdot C_0 \cdot l} - 1)$$
$$= -1000 \cdot 2.303 \cdot \phi \cdot \varepsilon_r \cdot I_0 \cdot t$$
(II.5.24)

という式が得られる．ある時間での吸光度は，$\varepsilon_r \cdot C(t) \cdot l$ であるから，照射時間を決めながら，吸光度を測定し，濃度を求めて，上の式の左辺に代入し，t との関係を求めればよい．

$\varepsilon_r \cdot C_0 \cdot l \ll 1$ の場合には近似的に

$$\ln(C_0/C(t)) = 1000 \cdot 2.303 \times \Phi \cdot \varepsilon_r \cdot I_0 \cdot t$$
(II.5.24′)

と通常の一次反応式と同様の結果が得られる．その他，生成物が光を吸収する場合（内部フィルター効果）や単色光でない励起光源を用いた場合の取扱いなどについては，文献[45]を参照されたい．

5.4 発光量子収率の測定[46〜51]

発光の量子収率は振動子強度に結びつく物理的に意味のある量である[51]．しかし，発光の量子収率の決定のためには多くの実験上の問題が存在し，これは光化学の測定の中でも最もむずかしいものの一つである．

発光の量子収率は，入射した光子数に対する，放出された光子数の割合で定義される．分子1個に直線偏光した光を入射させる場合，ある確率である方向にあ

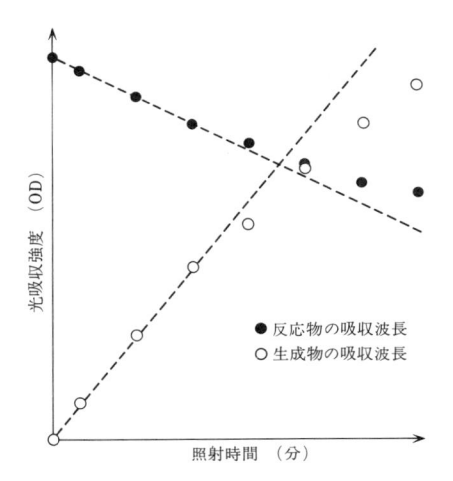

図 II.5.11 光化学反応による吸収強度の時間変化の例

る偏光をもった光が放出される．光の放出方向や偏光は分子運動を反映したものになる．ここでは偏光や異方性の問題は議論せず，すべてランダムに平均化された発光が得られるものとして取り扱う[52]．

まず測定上のむずかしさを述べる．

1) 光が全方向に放出される　光の観測面は1方向であることが多いので，全立体角に積分しなければならない．

2) 光の吸収が不均一である　入射面から直角方向から観測（側面観測）した発光の強度分布は濃度（直接には吸光度）に依存するので，図II.5.12に示した通り，濃度の大きい場合はセル横の観測位置によって発光強度が変わる．また，発光が点でなく面であるため，厳密には位置によって分光器への光の入射効率も変化する．

3) 試料自体の自己吸収や散乱，自己消光　試料から発生した光が，試料に再び吸収されたり，散乱を受けたりすると，みかけ上の発光量が変動する．溶液の内部からの発光が影響を受けやすい．また高濃度の溶液では，溶質どうしの相互作用により発光の収率が減少する場合がある[56]．

4) 機械の個性　用いる分光器の回折格子やスリット，サンプル形状（試料濃度なども含む），さらにサンプルまわりの光学系によって，信号変換効率は複雑な挙動をとり，しかも著しい波長依存性を示す．よって，市販の蛍光光度計やりん光光度計によって，真の蛍光スペクトルとの対応づけはむずかしい．最近は，コンピューターソフトウェアで補正することのできる装置が多いが，試料の条件や補正の適用範囲が必ず存在するので，その補正原理を心得ておくほうがよい．

絶対発光強度を測定するのは大変困難で，一般の研究者の手にあまる[54]．本項では，標準蛍光物質を用いた相対測定により蛍光の量子収率を決定する方法のみを簡単に述べる．りん光の測定については，微弱であること，低温マトリックスを用いることなど，実験上特別な配慮が必要であるが，ここでは，参考文献[46,49,50]を引用するにとどめることにする．

5.4.1 発光スペクトルの補正

光電子増倍管などのセンサーの感度や分光器の変換効率には，波長依存性がある．また，試料まわりの配置も信号検出効率に影響を与える．したがって，個々の装置について，既知の光源の発光スペクトルを再現するように，各波長での信号変換効率のチェックをすませておかなければならない．

測定器の感度の補正が終了しても，いくつかの理論上の補正が必要である．まず，発光スペクトルの面積を実際の発光量子収率に対応させるためには，横軸を波長でなく必ず波数で表示しなければならない．また，分光器は波長で光を選別しているので，スリットを固定しても測定波長によってスリット内に入射する波数幅が異なる．したがって，光量をさらに波数の自乗で割らなければならないのが原則である．日常の実験では，温度など他の実験条件を一定にすることの方がむずかしいので，この小さな差が問題になることはほとんどないが，理論と対応させるときなどは念頭にいれておく必要がある．

補正をすませると，強度分布ばかりでなく発光極大の波長などが変わってしまい，別のグループとのデータの対照に支障をきたすことも多く見られる．

標準光源や標準発光物質を用いて，検出器，分光器，試料まわりを含めた装置全体を一気に補正する方法[1,2]と，標準発光物質の蛍光に変換する光量子計を用いて検出器以外の装置を較正する方法[3]とがある．

1) 標準ランプを用いる方法[51,55]　発光強度分布が既知のランプが標準ランプとして市販されているので，これを用いる（タングステンリボンランプが発光領域も広く，よく利用される．水素放電管も用いた例がある）．この発光を検出器に入射させ，スペクトルを再現するように感度を比例配分して補正する．

2) 標準蛍光物質を用いる方法[51,56]　蛍光物質の溶液の蛍光スペクトルを光源として，1)と同様に文献を参考にして，その蛍光スペクトルを再現するように補正する．ランプに比べて，発光領域が狭いことにより，複数の化合物を用いる必要がある．よく用いられるのは，硫酸キニーネ，2-ナフトール，m-ジメチルアミノニトロベンゼン，4-ジメチルアミノ-4′-ニトロスチルベン，2-アミノピリジン，3-アミノフタルイミドなどであり，表になっている[47b,49,56]．

1)，2)で用いる光源は，比較的幅広く構造のない発光をもつことからよく用いられている．しかし，補正係数を求めた後の最終的な装置のチェックにはむしろ，構造のあるアントラセンやフルオレセインの発光スペクトルを測定し，振動構造のピーク比などが再現されるかどうかチェックする手法がとられる．

3) 標準発光物質の光量子計を用いる方法　高濃度の標準蛍光物質[57]（たとえばローダミンBの3g/lエチレングリコール溶液：濃度消光や自己吸収の影響が少ないものが用いられる）を図II.5.12(c)の三角セルに入れて側面から観測すると，溶液は吸収バンドのある全波長領域で十分大きな吸光度をもつので，観測される発光は全入射光量におおよそ比例する．これを

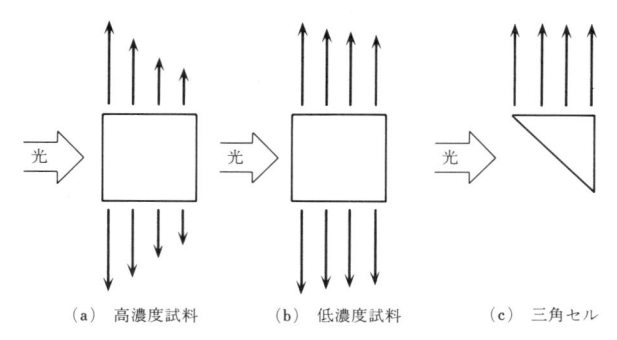

図 II.5.12 蛍光セルの形状および試料濃度と発光の分布
(a) 高濃度試料　(b) 低濃度試料　(c) 三角セル

光量子計と呼んでいる．検出器の前において，フィルターなどで615nm付近の発光を測定すると，入射光量の絶対値が直接測定できる．ローダミンBの場合600nm以下の波長に用いることができるが，他の色素の濃厚溶液(たとえばメチレンブルー)でさらに長波長領域をカバーすることができる．

最近の自動補正機能のついた蛍光光度計もこの原理を用いている．まず，試料室にローダミンBの濃厚溶液をいれた三角セルを装着し，発光側の分光器を615nmに固定して，励起光源および分光器の分光分布を測定する．次に散乱体を試料室に入れて，励起側と発光側の分光器を同時にスキャンして発光側の分光器と検出器の補正を行うようになっている．

5.4.2 相対量子収率の決定

未知の物質(x)の蛍光量子収率はある標準物質(st)を基準として，以下のように表される．吸収される光強度が等しいとすると

$$\frac{Q_x}{Q_{st}} = \frac{F_x A_{st} n_x^2}{F_{st} A_x n_{st}^2} \quad (\text{II}.5.25)$$

となる．量子収率既知の試料を用いて，未知の物質の蛍光量子収率を知ることができる．

ここでQを蛍光量子収率，Fは波数に変換した蛍光スペクトルの面積，Aは光学密度，nを屈折率とする．スペクトルの面積を求めるので，前項に述べた波長に対する感度補正はすませておかなければならない．

励起波長を変えたり，分光器のスリット幅を変えると，式(II.5.25)は成り立たないので注意する．また，条件2)で述べたことから，試料の吸光度をできるだけそろえて，観測面での蛍光の分布を等しくしておかなければならない．

また，式(II.5.25)では吸光度(光学密度)を用いているが，側面測光の場合，この式が成り立つためには，試料が十分希薄でなければならない．なぜなら，試料全体が吸収する光量は，Aではなく$1-T$(Tは transmittance)に比例するので，$\log T \sim 1-T$のおおよそ成立する範囲で測定する必要があるからである．具体的にいうと，およそ$A=0.05$以下で測定する必要がある(吸光分析での量子収率の測定を行う濃度範囲に比べて，たいへん小さい)．この範囲では，Aも小さく，入射光の深さ方向の分布の影響も少ない．さらに自己吸収や濃度消光の影響も小さく好都合である．

いずれにしろ，発光の測定は，感度を度外視すれば，できるだけ希薄な溶液で行うべきであることは確かである．均一な溶液の測定に限れば，発光強度が試料濃度に比例する範囲にある場合は，十分条件として，おおよそこの条件を満たすので，発光の濃度依存性を検量線を引いて，あらかじめ調べておくとよい．

標準蛍光物質[50,59]としては，これも硫酸キニーネの1N溶液[60]などがよく用いられる．しかし数多くの文献に既知の量子収率が掲げられているので，できるだけ多くの文献を引用しておく[56]．しかし，標準物質の量子収率については，測定条件や温度によって，さまざまな説があるので，複数の文献を参照する方が安心である．温度の影響を受けにくい化合物としては，9,10-ジフェニルアントラセンが知られている[61]．

Stern-Volmerプロットなどを行う際には，添加剤の吸収なども発光に影響することを忘れてはならない．また，こういった反応の解析には，相対的な量子収率の変化がわかればよいので，入射光の吸収が一定である条件をそろえれば，比較的濃度の大きい試料でも，目的を果たすことができることが多い．

5.5 光音響分光法による無輻射遷移の量子収率の測定[39〜42,62]

光音響分光法は，パルスレーザーやフラッシュランプなどのパルス光源を用いて一定量の励起分子をつくり，無輻射遷移によって生じた総熱量H_{PAS}(cal)を超音波の音圧として検出する方法であり，カロリメトリ

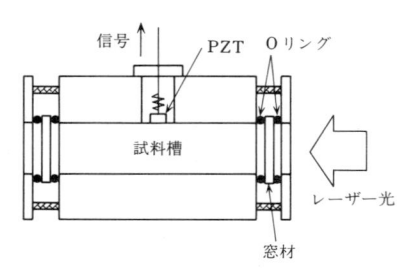

図 II.5.13 光音響分光セルの例

一の一種である．図 II.5.13 に測定用セルの一例を示す[39,59]．超音波は PZT などの圧電セラミックスを用いて検出する．PZT は高インピーダンスのセンサーなので，微小電流の変化を FET 入力のプリアンプなどを用いて増幅する．信号は，ゲートサンプリングするか，フーリエ変換で特定の共振成分だけを取り出すことで定量化する．この実験においては，信号強度 η_{PAS} が装置に依存する定数を ξ として

$$\eta_{PAS} = \xi \times H_{PAS} \quad (\text{II}.5.26)$$

となることを仮定している．

同様の測定法として熱レンズ法がある．この場合も熱レンズ信号が式（II.5.26）を満たすことを仮定している．

無輻射遷移の量子収率は標準サンプルを用いた相対測定を行う．量子収率が 1 の標準試料（酸化クロムなど）を用いると，その信号強度 η_{0PAS} は試料のパルスあたりの吸収光エネルギー量 I_0(cal) について

$$\eta_{0PAS} = \xi \times I_0 \quad (\text{II}.5.27)$$

となるので，装置定数 $\xi(\text{cal}^{-1})$ が

$$\xi = \eta_{0PAS}/I_0 \quad (\text{II}.5.28)$$

と決定できる．実際は，試料の濃度を変えるか励起光の強度を変えるかして，総光吸収量 I_0 の違う何点かで測定し，I_0 に対する η_{0PAS} のプロットの傾きから ξ を決定する．

光化学反応が一切起こらない試料で，吸収光量 I の試料について測定値 η を得たとすると，無輻射遷移の量子収率 Φ_{nr} と信号強度の関係は，式（II.5.27）と同様に

$$\eta = \xi \times \Phi_{nr} \times I \quad (\text{II}.5.29)$$

となる．この場合も，さまざまな光吸収量 I について測定を行う．η に対して I をプロットした傾きによって Φ_{nr} を決定する．

5.6 パルス光源を用いた測定法による光化学反応の解析

光化学反応を直接的に実時間で測定する手法は非常に強力な実験法であり，最近ではレーザーやエレクト

表 II.5.9 光化学反応解析に用いられる，パルス光源を用いたおもな測定装置とその特徴

測定法	得られる情報	時間分解能	対象となる化学種
過渡吸収分光（透過型）	中間体の電子スペクトルおよびその時間変化	約 10^{-14} s	励起状態，イオン，ラジカルなど（原則としてすべての化学種）
拡散反射過渡吸収分光	中間体の拡散反射スペクトルおよびその時間変化	約 10^{-10} s	励起状態，イオン，ラジカルなど（原則としてすべての化学種）
時間分解蛍光測定	発光寿命，発光挙動，時間分解発光スペクトル	約 10^{-11} s（単一光子計数法） 約 10^{-12} s（ストリークカメラ） 約 10^{-14} s（アップコンバージョン）	蛍光分子，励起分子，エキサイプレックス，エキシマー，りん光分子など，発光する中間体
時間分解ラマン分光	ラマンスペクトルとその時間変化	約 10^{-12} s	励起分子，イオン，ラジカルなど（原則としてすべての分子種）
時間分解赤外吸収分光	赤外吸収スペクトルとその時間変化	約 10^{-12} s	励起分子，イオン，ラジカルなど（原則としてすべての分子種）
強制レイリー散乱（過渡回折格子分光）	中間体の電子スペクトルおよび系の屈折率の変化，それらの時間変化	約 10^{-14} s	励起分子，イオン，ラジカルなど（原則としてすべての分子種）
時間分解 ESR	中間体の ESR スペクトルとその時間変化，スピン緩和	約 10^{-9} s	三重項状態，ラジカル，イオンラジカル，（不対電子をもつもの），常磁性物質

時間分解能は，現在得られているもので最も短いものに対応した値である．

ロニクスの進歩により，いくつもの手法が利用されている．表II.5.9に，現在よく使用されているパルス光源を用いた光化学反応の測定システムと，その特徴を示した．レーザー光源や測定法の詳細については，II.4章や他の成書[63,64]にも述べられているので，ここでは光化学反応の機構と速度の決定への応用の観点から概説を行う．

5.6.1 過渡吸収分光法

光励起後の中間体の時間分割電子スペクトルの変化から，光化学反応機構ならびに反応速度定数を求める過渡吸収分光法は，光化学反応過程の直接測定として最も一般的に用いられている．この手法は，原理的に，励起分子，ラジカル，イオン，ラジカルイオン，イオン対等々，あらゆる種類の中間体を観測でき（たとえば蛍光の測定では発光する励起状態分子しか直接的には観測できない），また，得られたスペクトルの同定も比較的容易に行える点に特徴をもつ．たとえば，得られたスペクトルの減衰が蛍光寿命と同じであれば，そのスペクトルを蛍光状態に帰属できる．また，化学的あるいは放射線照射などの別法によりラジカルやラジカルイオンなどを選択的に生成させ，そのスペクトルを過渡吸収スペクトルと比較し，反応中間体を同定することも可能であり，中間体の分子吸光係数がわかれば，反応量子収率も求まる．さらに，得られたスペクトルを分割しそれぞれの中間体の生成および減衰の時定数を求め，個々の中間体の相互の関係を探ることにより反応スキームも検討できる．また最近では透過型の過渡吸収だけでなく，表面や粉末固体試料も測定が可能になっている．これは，時間分割拡散反射分光法と呼ばれており，10ピコ秒程度の時間分解能の測定もなされている[65]．

図II.5.14に典型的な過渡吸収スペクトルの測定システムの図を示す．励起光源は，ナノ秒より長い時間領域では，エキシマーレーザーやQ-スイッチYAGレーザー，またこれらのレーザーで励起する色素レーザー，さらにそれぞれの高調波などの光源がよく用いられる．ナノ秒より長い時間領域では，図II.5.14(a)のように，モニター光としては非常に時間幅の長いパルスキセノンランプ（数十μsからms）を用いる．このモニター光は，試料透過後，分光され光電子増倍管などで受光し，オシロスコープを用いて単一波長の時間変化を解析する．スペクトルは，波長を掃引し同様の測定を繰り返し，特定の時間のデータを組み合わせて求める．したがって，スペクトルを得るためには求めたい波長の点数の測定が必要となる．時間分解能は，レーザーのパルス幅だけでなくオシロスコープ，光電変換素子の時定数に依存する．最近では数ナノ秒の時間分解能をもつゲートつきマルチチャンネル検出器を用い，時間分割スペクトルを一度に記録することもできる．

ピコ秒やフェムト秒の時間領域では，光源としてモ

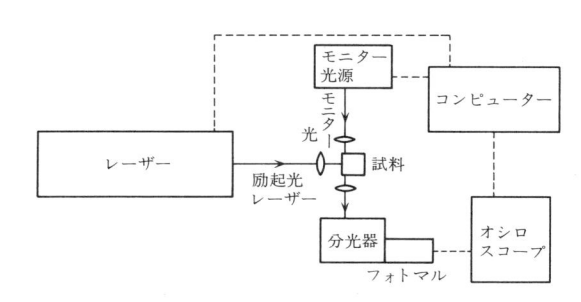

(a) おもにナノ秒以降の遅い時間領域のための測定システム

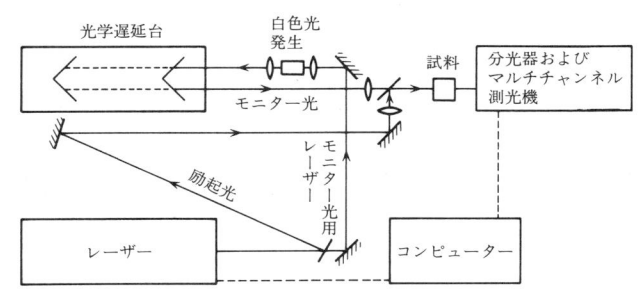

(b) おもにピコ秒・フェムト秒領域の速い時間領域のための測定システム

図 II.5.14 過渡吸収スペクトル測定装置の概念図

ード同期レーザーを用いる．この時間領域では，時間分解能の点で電気的に信号の変化を追跡する方法は使えないので，図II.5.14(b)に示すような手法を用いる．ピコ秒やフェムト秒レーザーを適当な媒質に集光すると，非線形光学効果（自己位相変調）によりレーザー光とほぼ同じ時間幅の白色光が得られる．この白色光をモニター光とし，励起光に対して走る距離を変え，遅延時間を決めた後に試料をモニターする（光は1ピコ秒で0.3mm進む）．白色モニター光は，分光器を通した後，通常はマルチチャンネルの測光装置で受光する．この受光装置は時間分解能はもたない．励起光を照射したときとしないときのモニター光の強度を比較し，過渡吸収スペクトルを得る．この測定では，ある遅延時間でのスペクトルを一度に得ることができるが，時間変化を測定するためには遅延時間を変えた複数回の測定が必要である．

5.6.2 時間分解蛍光測定装置[66]

高繰返しパルス光源を用いた時間相関単一光子計数法は，試料から発せられる蛍光の時間変化を精度よく広いダイナミックレンジ（10^4以上）で測定でき，蛍光分子からの反応の速度定数や発光種の生成減衰過程の情報を得るために広く使われている．ピコ秒の高繰返しレーザーを用いた場合の時間分解能は，10ps程度である．また，励起光は，非常に弱く（1mW以下）も十分に精度良い測定が可能である．ただし，この手法は高繰返しの光源を必要とするので，実際に反応が起こってしまうような場合には試料の循環や励起する箇所の移動などを行う必要がある．

ピコ秒より短い時間での蛍光挙動の測定には，フェムト秒ストリークカメラや周波数上昇変換（アップコンバージョン）といった手法も存在するが，かなりの実験的な技術が要求される．

5.6.3 時間分解振動分光[67]

新しいレーザーや受光素子の登場により，時間分解のラマンや赤外など，直接的に化学結合の分解・生成モニターできる振動スペクトル測定も光化学反応の解析に応用されている．

時間分解ラマン分光は，ゲートつきマルチチャンネル検出器や高性能のバンド除去フィルターの使用などにより，最近ではピコ秒の分解能をもつものも応用されている．ただし，短時間分解ラマン分光を行う場合，レーザーのバンド幅に注意する必要もある．またピコ秒レーザーでは，フーリエ変換限界が存在し，バンド幅$\Delta\nu$とパルス時間幅Δtの間には，

$$\Delta\nu \geq 0.44/\Delta t \quad (\text{II}.5.30)$$

が成立し，等号は性能のよいレーザーでしか達成されない．たとえば10psのパルス幅では，$1.5\,\text{cm}^{-1}$以上の分解能は得られない．

時間分解赤外吸収分光は，最近ピコ秒領域とマイクロ秒領域で別々の発展をとげている．ピコ秒領域では，パラメトリック発振などを用いて発生させたピコ秒赤外光で先述の電子スペクトルと同様のモニターを行う方法がとられる．またマイクロ秒領域では，定常赤外光源にマイクロ秒程度の応答速度をもつ赤外検出器を組み合わせた時間分解赤外分光が可能になっている．

振動分光の場合は，光励起で生成した短寿命種のスペクトルと，親分子のスペクトルがよく似通っていることが多く，スペクトルの同定のためにはピークの肩など微妙な線形の変化を観察する必要があり，測定には精度が要求される．時間分解ラマン分光では，プローブ光を過渡電子吸収領域で行う共鳴ラマンを用いて，バックグラウンドの寄与を無視できるように測定を行う場合も多い．

5.6.4 時間分解 ESR[68]

パルスレーザー光で生じたラジカルのESRシグナルを，ボックスカー積分器や，デジタルオシロスコープなどで検出し，磁場を掃引することによってESRスペクトルを得る方法により，短寿命のラジカルや励起三重項状態の検出ができる．実際の装置例を図II.5.15に示す．市販のESR装置に高速のプリアンプを装着し，出力をレーザーと同期させて積算し記録する．磁場変調を作動させないので，微分波形ではなく，分散波形が記録され，吸収と誘導放出の両方が測定できる．短寿命種の磁気共鳴では横および縦緩和時間が励起状態の寿命より長くなりえないので，ESRでは数

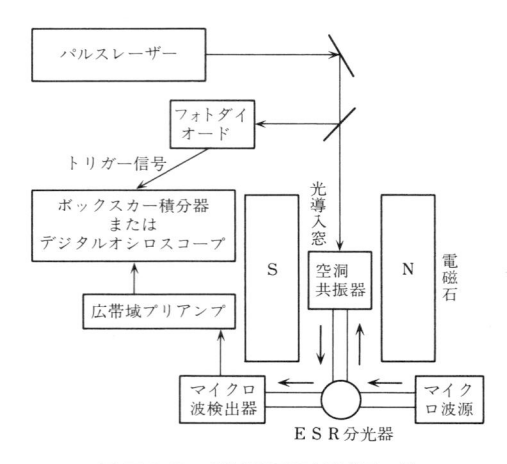

図 II.5.15 時間分解 ESR 測定装置の例

nsが実質上の測定限界で，横緩和時間が事実上測定を制限すると思ってよい．さらにマイクロ波空洞共振器の応答時間の関係で通常数百nsより短い時間領域の現象は測定できない．この装置で測定できるCIDEP (Chemically Induced Dynamic Electron spin Polarization)[69]は，光化学反応によって生成した中間体ラジカルのスピンが，前駆体のスピン状態を反映した異常分極を起こす現象で，マイクロ波の吸収および誘導放出からスピン状態を考慮した光化学反応や磁場効果の解析に有力情報を与える．

また最近では，パルスマイクロ波を用いたパルスESR法[38]も利用され，スピンエコー法やFT-ESRとパルスレーザーの励起を組み合わせた実験も可能となっている．

CIDNP (Chemically Induced Dynamic Nuclear spin Polarization)[70]は，光照射で生じたラジカルのスピンが引き起こす核スピンの異常分極を観察する方法で，短寿命のラジカルの電子スピンの記憶を核スピンに残して検出する．これは，核スピン系の遅い縦緩和時間を利用して実現した高感度の測定法であり，光化学反応の解析にも多く利用されている．

5.6.5 強制レイリー散乱（四光波混合・過渡回折格子分光）

一般的には四光波混合と呼ばれる方法[71]で，レーザービームを試料に交差し入射させ，光の干渉縞を利用して試料内に励起分子などの空間的分布をつくり，その時間変化を測定する．最近では，その一つである過渡回折格子分光が定着し，溶液，薄膜などさまざまな反応系に応用され，励起分子の寿命，熱拡散，音速，質量拡散，分子の回転緩和，非線形光学効果など，複素屈折率の変化に対応する情報を得ることができる[71~73]．この方法は，フェムト秒領域にまで適用が可能となっている．

［丑田公規・宮坂　博］

参　考　文　献

1) Murov, S. L.: Handbook of Photochemistry (1973), Marcel Dekker, Inc., New York
2) 斎藤烈：光化学反応装置の組立て，新実験化学講座4　有機化合物の合成と反応(V)（日本化学会編）(1976), 丸善
3) 関春夫：反応の量子収率, 新実験化学講座4　反応と速度（日本化学会編）(1976), 丸善
4) 伊藤義勝ほか：有機光化学反応, 有機化学実験のてびき（後藤俊夫ほか監修），化学同人
5) Lamola, A. A. ed.: Creation and Detection of the Excited State, vol. 1, 2 (1971), Marcel Dekker Inc., New York
6) 斎藤烈：有機光化学反応機構の研究法, 新実験化学講座4　有機化合物の合成と反応(V)（日本化学会編）(1976), 丸善
7) Zimmerman, H. E.: *Mol. Photochem.*, **3** (1971), 281
8) 神田慶也：可視・紫外の光源, 新実験化学講座4　基礎技術3　光(I)（日本化学会編）(1976), 丸善
9) 村山精一編：光源の特性と使い方―インコヒーレント光源(1985), 学会出版センター
10) 大竹祐吉：レーザの使い方と留意点(1989), オプトロニクス社
11) 末田哲夫：光学部品の使い方と留意点(1990), オプトロニクス社
12) Calvert, J. G. *et al.*: Photochemistry (1966), Wiley, New York
13) Braga, C. L. *et al.*: *J. Sci. Instrum.*, **43** (1966), 341
14) Maddock, J.: *J. Sci. Instrum.*, **12** (1985), 218
15) Hunt, R. E. *et al.*: *JACS*, **69** (1947), 1415
16) Kasha, M.: *J. Opt. Soc. Am*, **38** (1948), 929
17) Foss, R. P.: *JPC*, **68** (1964), 3747
18) Moses, M. G. *et al.*: *Mol. Photochem.*, **1** (1969), 245
19) Weger, E. E.: *JACS*, **88** (1966), 394
20) Wladimiroff, W. W.: *PP*, **5** (1966), 243
21) a) Baxendale, J. H. *et al.*: *JPC*, **59** (1955), 783
    b) Hatchard, C. G. *et al.*: *PRSL*, **A 235** (1956), 518; **A 220** (1953), 104
    c) Lee, J. *et al.*: *JCP*, **40** (1964), 519
    d) Karien, K. C.: *JCS(B)* (1971), 2081
    e) Cooper, G. D.: *JPC*, **75** (1971), 2897
22) Parker, C. A.: Photoluminescence of Solutions (1968), Elsevier, New York
23) Taylor, H. A.: Analytical Photochemistry and Photochemical Analysis (Fitzgerald, J. M. ed.) (1971), Decker, New York
24) Evans, T. R.: Energy Transfer and Organic Photochemistry, (Leermakers, P. A. *et al.* eds.) (1969), Interscience, New York
25) a) Leighton, W. G. *et al.*: *JACS*, **52** (1930), 3139
    b) Forbes, G. S. *et al.*: *JACS*, **56** (1934), 2363
    c) Pitts, J. N. Jr. *et al.*: *JACS*, **77** (1955), 5499
    d) Discher, C. A. *et al.*: *JPC*, **67** (1963), 2501
    e) Turro, N. J. *et al.*: *JACS*, **92** (1970), 320
26) a) Moore, W. M. *et al.*: *JACS*, **83** (1961), 2789
    b) Moore, W. M. *et al.*: *JACS*, **84** (1962), 1368
    c) Magner, P. J.: *JACS*, **89** (1967), 5898
    d) Pappas, S. P. *et al.*: *JACS*, **92** (1970), 6927
27) a) Coulson, D. R. *et al.*: *JACS*, **88** (1968), 4511
    b) Wagner, P. J.: *Tetrahedron Lett*, (1968), 5795
28) a) Frankenburger, W. *et al.*: *ZPC*, **B15** (1932), 421
    b) Farkas, L.: *ZPC*, **B23** (1933) 89
    c) Farkas, L. *et al.*: *JACS*, **59** (1937), 2450, 2453
    d) Thomas, L. B.: *JACS*, **62** (1940), 1879
29) a) Dunion, P.: *JACS*, **87** (1965), 4211
    b) Dalton, J. C. *et al.*: *JACS*, **92** (1970), 1318
30) Vesley, G. F. *et al.*: *Mol. Photochem.*, **5** (1973), 367
31) Fisher, G. E. *et al.*: *PP*, **6** (1967), 757
32) a) Harris, L. *et al.*: *JACS*, **57** (1935), 1154
    b) Calvert, J. G. *et al.*: *JACS*, **74** (1952), 2101
33) Pribush, R. A. *et al.*: *JACS*, **96** (1974), 3027, 3032
34) a) Lamola, A. A. *et al.*: *J. Chem. Phys.*, **43** (1965), 2129
    b) Wagner, P. J. *et al.*: *Mol. Photochem.*, **1** (1969), 173
    c) Wagner, P. J. *et al.*: *JACS*, **91** (1969), 4437
35) a) Pitts, J. N. Jr. *et al.*: *JACS*, **86** (1964), 3606
    b) Cowell, G. W. *et al.*: *JACS*, **90** (1968), 1106
    c) Moroson, H. *et al.*: *N*, **204** (1964), 676
36) Durr, H. *et al.* ed.: Photochromism: Molecules and Systems (1990), Elsevier, Amsterdam
37) a) 横山泰ほか：有合化, **49** (1991) 364
    b) 横山泰ほか：日化誌, **(1992)**, 998
38) Beckett, K. *et al.*: *TFS*, **59** (1963), 2038
39) a) 澤田嗣郎編：光音響分光法, 第4版実験化学講座7　分光(II)（日本化学会編）(1992), 丸善
    b) 澤田嗣郎編：光音響分光法とその応用―PAS (1982), 学会出版センター
40) Braslavsky, S. E. *et al.*: *CR*, **92** (1992), 1381
41) 寺嶋正秀：熱レンズ法, 第4版実験化学講座7　分光(II)（日本化学会編）(1992), 丸善
42) Simon, J. D. *et al.*: *JACS*, **105** (1983), 5156

43) a) 秦憲典:光増感と消光反応, 新実験化学講座 4 反応と速度(日本化学会編)(1976), 丸善
   b) Turro, N. J.: Organic Photochemistry, vol. 2 (Chapman, O. L. ed.) (1969), Marcel Dekker
   c) Saltiel, J.: Organic Photochemistry, Vol. 3 (Chapman, O. L. ed.) (1969), Marcel Dekker
   d) Sandros, K.: *Acta Chem. Scand.*, **18**(1964), 2355
44) Hatano, Y: Handbook of Radiation Chemistry, Chapt III A (Tabata, Y. et al. eds.) (1991), CRC press
45) a) 小泉正夫:化学反応定数の測定, 実験化学講座続 11 電子スペクトル(日本化学会編), 丸善
   b) Horie, K. et al.: *Macromolecule*, **20**,(1987), 54
46) 吉原經太郎ほか:蛍光およびりん光スペクトル, 第 4 版 実験化学講座 7 分光(II)(日本化学会編)(1992), 丸善
47) a) Förster, Th.: Fluorescenz Organoscher Verbindungen (1951), Vandenhoeck & Ruprecht, Göttingen
   b) 國分溟:けい光, 新実験化学講座 4 基礎技術 3 光(II)(日本化学会編)(1976), 丸善
   c) 神山勉:定常光励起蛍光光度計, 蛍光測定 生物科学への応用(木下一彦ほか編)(1983), 学会出版センター
48) a) Parker, C. A. et al.: *Analyst*, **87**(1962), 82
   b) Melhuish, W. H. et al.: *J. Res. Natl. Bur. Stand.*, **76A**(1972), 547
49) a) 安積徹:りん光, 新実験化学講座 4 基礎技術 3 光(II)(日本化学会編)(1976), 丸善
   b) Wineforder, J. D.: *J. Res, Natl. Bur. Stand.*, **76A**(1972), 579
50) Melhuish, W. H.,: *J. Am. Opt. Soc.*, **54**(1963), 183
51) a) Birks, J. B.: *J. Res. Natl. Bur. Stand.*, **80A**(1976), 389
   b) Demas, J. N. et al.: *JPC*, **75**(1971), 991
52) Cenelnik, E. D.: *J. Res. Natl. Bur. Stand.*, **79A**(1974), 1
53) Melhuish, W. H.: *JPC*, **65**(1961), 229
54) Melhuish, W. H.: *J. Sci. Technol. New Zealand*, **B37**(1955), 142
55) a) Weber, J. et al.: *TFS*, **53**(1957), 646
   b) Kortüm, G. et al.: *ZPC*, **19**(1959), 142
   c) Melhuish, W. H.: *JPC*, **64**(1960), 762
56) a) Velapoldi, R. A.: *J. Res. Natl. Bur. Stand.*, **76A**(1972), 641
   b) Lippert, E. et al.: *Z. Anal. Chem.*, **170**(1959), 1
   c) Melhuish, W. H.: *J. Opt. Soc. Am.*, **52**(1962), 1256
57) Parker, C. A.: *N*, **182**(1958), 1002
58) Chen, R. F.: *Anal. Biochem.*, **20**(1960), 339
59) Chen, R. F.: *J. Res. Natl. Bur. Stand.*, **A76**(1972), 593
60) a) Chen, R. F.: *Anal. Biochem.*, **19**(1967), 374
   b) Eastman, J. W.: *PP*, **6**(1967), 55
61) Mantulin, W. W. et al.: *PP*, **17**(1973)139
62) Patel, C. K. N. et al.: *Rev. Mod. Phys.*, **53**(1981), 517
63) 矢島達夫ほか編:新版レーザーハンドブック(1989), 朝倉書店
64) 日本化学会編:第 4 版実験化学講座 7 分光(II)(1992), 丸善
65) 増原宏:分光研究, **40**(1991), 99
66) O'Connor et al.: Time-Correlated Single Photon Counting (1985), Academic Press, London;平山鋭ほか訳:ナノ・ピコ秒の蛍光測定と解析法(1988), 学会出版センター
67) a) 浜口宏夫ほか:ラマン分光法(1989), 学会出版センター
   b) 浜口宏夫, 坪井正道ほか編, 赤外・ラマン・振動[III](1986), p. 11, 南江堂
68) 荒田洋治ほか:化学総説 49:新しい磁気共鳴と化学への応用, 学会出版センター
69) Muus, L. T. et al. ed.: Chemically Induced Magnetic Polarization(1977), Reidel Dordrecht
70) a) Mims, W. M.: Chap. 4 in Electron Paramagnetic Resonance (Geschwind, S. ed) (1972), Prenum Press
   b) Lin, T. S.: *Chem. Rev.* **84**(1984), 1
71) 左貝潤一:位相共役光学(1990), 朝倉書店
72) Tran-Cong, Q. et al.: *Polymer*, **29**(1988), 2261
73) Tamai, N. et al.: *CPL*, **198**(1992), 413

第6章

電気物性評価技術

6.1 はじめに

有機化合物の多くは絶縁体に近いものであるが，電荷移動錯体や導電性高分子の出現を契機に，半導体もしくは金属なみ，さらには超伝導など高い電気伝導率を示す材料が得られるようになった．これらの光・電子デバイスへの応用が始まり，電気物性を正確に評価することが重要となってきた．

材料には何らかの大きさの電気伝導を示し，それは絶縁体から金属，超伝導にいたるまできわめて広範囲な物理量である．電気伝導率はマクロな物理量で，ミクロには自由キャリヤーの散乱，熱励起や捕獲，異方性，分極による変位電流など，多くの要素が複雑に絡んでおり伝導機構は単純に議論できない．

直流法による定常状態での電気伝導率 σ は図 II.6.1 に示すように長さ l(m)，断面積 S(m²) の試料に電流 I(A) を流したとき，電圧端子の両端に現れる電位差 V(V) から，$\sigma = lI/VS$ (S/m) により測定から求められる．伝導率は固有抵抗あるいは抵抗率 ρ(Ωm) と逆数の関係，$\sigma = 1/\rho$ がある．伝導率の物性的内容は，動きうる荷電担体すなわちキャリヤーの密度 n(m⁻³) と1個のキャリヤーがもっている電気素量 e(C) とその動きやすさを示す移動度 μ(m²/Vs) の積，

$$\sigma = ne\mu \quad (\text{S/m}) \quad (\text{II}.6.1)$$

で与えられる．移動度はキャリヤーが電界によって加速され，次の衝突までに要する平均緩和時間 τ とキャリヤーの有効質量 m^* との間に $\mu = e\tau/m^*$ の関係がある．また，m^* は材料が結晶の場合，バンド理論におけるバンド幅と密接に関係しており，無機半導体では自由電子の数分の一になる材料もある．しかし，有機材料では低次元性もしくは弱い分子間力で結合しているため，バンド幅は狭く有効質量は自由電子に比べて一般に大きい．したがって，同じ電気伝導率を示したとしても n と μ の大きさにより物性は大きく異なる．

特に，半導体ではキャリヤー濃度はドナーやアクセプター濃度と直接関係し，界面における少数キャリヤーの注入効率やトランジスターの増幅率を決める決定的要因となる．また，移動度は半導体素子におけるスイッチング速度，応答特性を決める要因となり，これらを分離して求めることが重要である．多元方程式を解くように求めたい物理量の数だけ異なった測定が必要である．すなわち，電気伝導率の測定だけでは n と μ の積しかわからないが，ホール効果により n と μ を

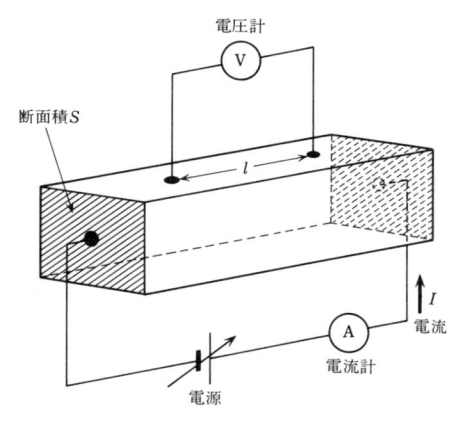

図 II.6.1 電気伝導率の測定

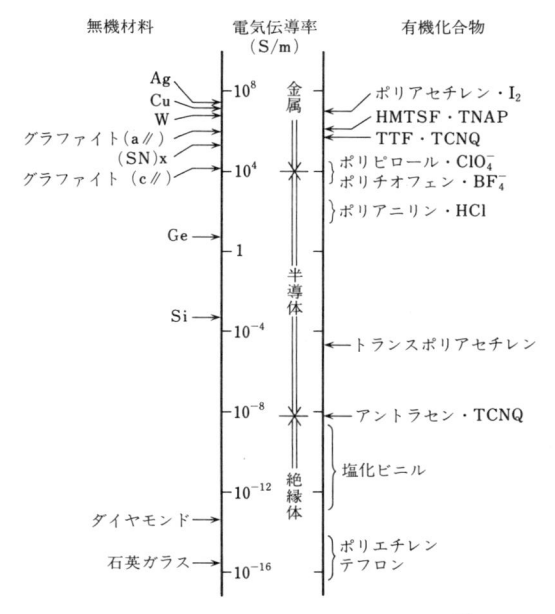

図 II.6.2 室温における各種材料の電気伝導率[1,2]

分離して求めることができ，また time of flight（TOF）法などによって μ を独立に求めることができる．

材料は大きく分けて，絶縁体，半導体，金属および超伝導体に分類できる．有機物で金属とは相いれないが，物性的にここでは金属と称する．各種材料の室温における電気伝導率を図 II.6.2 に示す[1,2]．電気伝導率の大きさだけで区分できないが，おおよそ 10^4 S/m 以上が金属的，それ以下が半導体，10^{-8} S/m 以下は絶縁体である．半導体の電気伝導率は不純物の存在によって大きく異なり，不純物濃度を高くすると金属に近い高い伝導率を示す．しかし，シリコンやゲルマニウムでも高純度のものでは，バンドギャップを越えて熱的に励起されるキャリヤー濃度はきわめて少なく，ほとんど電気を通さない．絶縁体では不純物を多少混入させても電気伝導率はあまり大きくならない．半導体と絶縁体の差はバンドギャップの大きさで分けることができ，5〜6 eV 以上であれば一般に絶縁体である．

金属と半導体の電気伝導率の特徴的な違いは，その温度依存性に見られる．金属の電気伝導率は低温ほど大きくなり，極低温で一定値に近づくか超伝導にいたる．これは金属のキャリヤー濃度が温度変化に対してほぼ一定で，移動度の温度依存性を反映するからである．すなわち，格子振動によるキャリヤーの平均緩和時間が温度に逆比例して増加するためである．一方，半導体もしくは絶縁体では電気伝導率は温度とともに指数関数的に減少する．この場合，キャリヤーは格子振動やイオン化した不純物により散乱を受け，またホッピング伝導により移動度の複雑な温度依存性を示すが，電気伝導率は主としてキャリヤー濃度の温度依存性を反映する．

6.2　電　　極

マイクロ波の吸収や光反射，渦電流損などによる非接触の方法を除いて，電気伝導率の測定には必ず電極をつけなければならない．試料の形状，電気伝導率の大きさ，および仕事関数の違いにより電極の配置，電極材料が異なる．電極は伝導率を測定するためだけでなく，各種デバイスを作成する上でも重要である．

6.2.1　電極形状

図 II.6.3 に形状，導電率の異なる試料の電極の付け方を示す．試料と電極との接触抵抗による誤差を除くために，四端子法により電気伝導率を測定するのが基本であるが，試料の形状や大きさの制限により四端子で測定できない場合がある．また，正確な伝導率を必

表 II.6.1　試料形状と伝導率による電極形状の分類

試料形状	電気伝導率	電極形状	備　考
自立薄膜	絶縁体	d	・金，アルミニウムなどで真空蒸着
	大	e	・短冊状に切り出し銀ペーストなどでリード線をつける
	中，大	f, h	
蒸着・キャスト膜	絶縁体	a, b, d	・金，アルミニウムなどで真空蒸着
	中，大	e, f, h	
粉　末	絶縁体	d	・加圧してペレットとする
	中，大	c	・加圧ペレットとした試料を棒状に切り出す
	大	f, h	・加圧ペレットとする
ブロック	絶縁体	d	・板状に成形もしくは切り出す
	中，大	c, f, g, h	・棒状，板状に成形もしくは端面を切り出し四探針法
繊維・粒状	絶縁体	d	・加圧してペレットとする
	中，大	c	・可能であれば繊維を 1 本取り出す
	大	e	・VSC 法

要としない場合，簡易的には二端子法で測定することができる．絶縁性の高い試料では高い電圧を印加するので，測定雰囲気中の水分，電極リード線の絶縁や匡体との距離などについて十分注意を要する．良導体の試料では電流端子と試料間のショットキー障壁，酸化膜などに起因する接触抵抗を除くために四端子法を用いる．電流計や電圧計には測定感度に限界があるので，絶縁体では大面積で薄い試料，良導体では細く長い試料がよい．試料形状と電気伝導率の大きさによって電極形状を表 II.6.1 に分類する．

a.　二端子電極

試料が蒸着膜やキャストフィルムとして得られ，伝導率が概して小さい場合は，絶縁性基板上にあらかじめ下部電極を図 II.6.3(a) のように金電極を蒸着しておきその上に試料をつけ，さらに上部金属電極を蒸着する．この場合，試料にピンホールができないように，また試料が厚い場合，上部電極のエッジ部分で電極がつながらないことがあるので注意を要する．このような不備が起こりにくい電極配置として，同図(b)のように，くし形電極を絶縁性基板上に蒸着しておき，その上に試料をつける方法もある．試料が小さい塊では，(c)に示すように両端に銀ペーストなどでリード線をつけることもできるが，伝導率がきわめて小さい場合は表面をリークする電流によって，伝導率を正確に評価できないこともある．伝導率が高い場合は，接触抵抗が問題となるので，四端子法で測定すべきである．

b.　三端子電極

伝導率がきわめて小さいシート状の絶縁材料ではガ

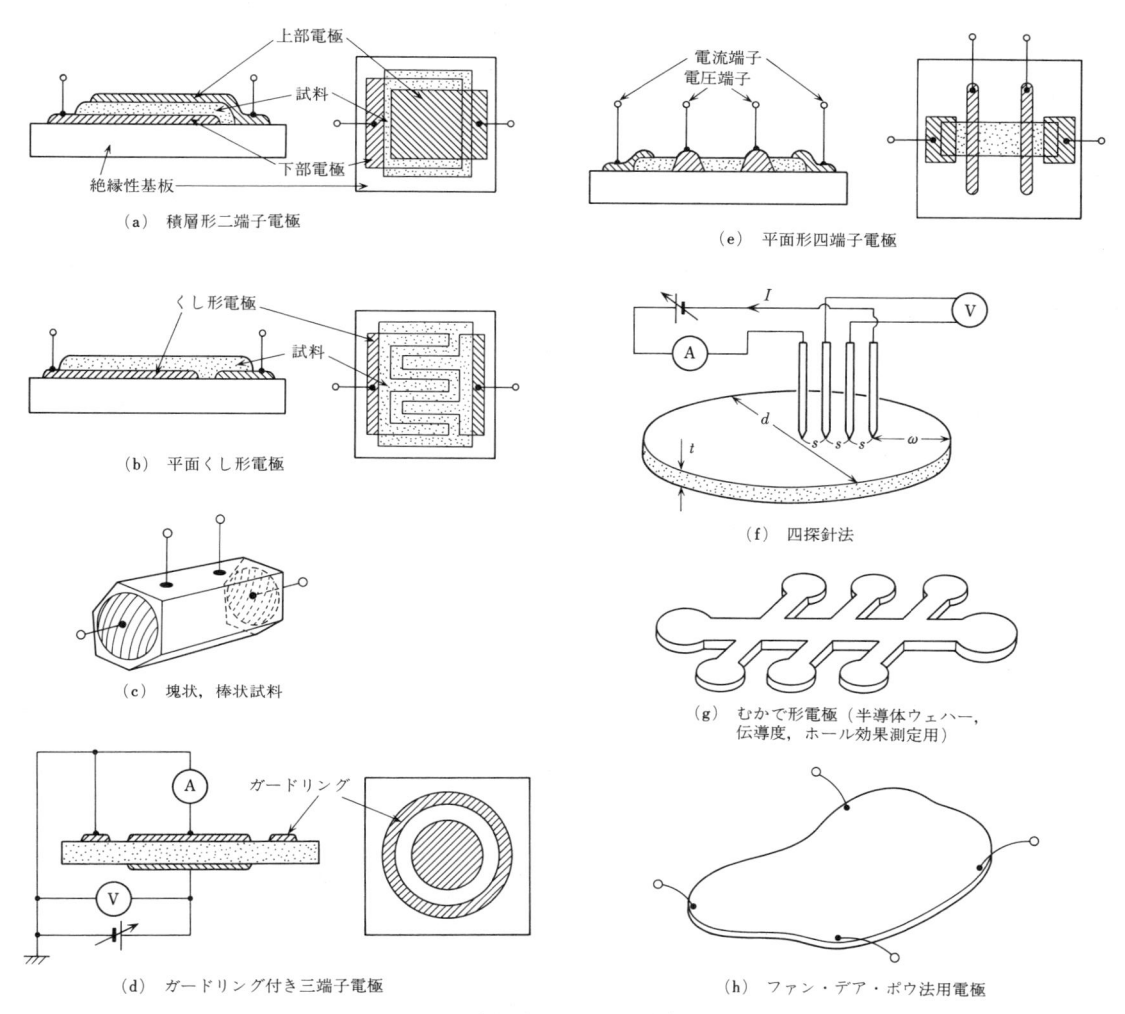

図 II.6.3 各種試料形状と電極構成

- (a) 積層形二端子電極
- (b) 平面くし形電極
- (c) 塊状，棒状試料
- (d) ガードリング付き三端子電極
- (e) 平面形四端子電極
- (f) 四探針法
- (g) むかで形電極（半導体ウェハー，伝導度，ホール効果測定用）
- (h) ファン・デア・ポウ法用電極

ードリングをつけた図II.6.3(d)に示す三端子法で測定する．ガードリングは上下の電極間を試料表面を介して流れるリーク電流を取り除くためにつける．試料面積が十分大きく電極を小さくつけることができる場合は，簡易的には二端子法でもよいが表面リーク電流が流れる可能性のあることを留意しておく．試料が自立薄膜として得られない蒸着膜やキャスト膜では，絶縁基板の上に下部電極を蒸着し，試料をつけた後，上部に電流電極とガードリングを蒸着する．

c. 四端子電極法

比較的伝導率が高い試料の測定法で，(e)は試料が蒸着膜やキャスト膜として得られる場合である．(f)は四探針法，(g)は半導体ウェハーを超音波カッターで切り出してつくり，伝導率とホール効果測定用の電極形状である．(h)は任意形状の板状試料に用いるファン・デア・ポウ法によって伝導率とホール係数を測定する電極形状である．この方法については後に述べる．

d. 四探針法

四探針法は古くからよく研究されている簡便な方法である．市販の探針は直径0.5mm程度のタングステンワイヤーの先端を数μmから数十μm程度に尖らせ，間隔が1mm程度の等間隔に1列に並べてある．適当な圧力で試料表面に探針を圧着して測定する．距離sの等間隔に1列に並べた4本の探針により，固有抵抗はFを補正因子として次式，

$$\rho = 2\pi s F V / I \quad (\Omega \text{m}) \quad (\text{II}.6.2)$$

で与えられる．Iは両外側の電流端子から流す電流，Vは内側の二端子間に現れる電圧である．この方法で伝導率は$10^{-2} \sim 10^5$ S/m程度の試料が測定できる．

補正因子はさまざまな形状の試料について計算され

ている[3,4]．探針間距離 s にくらべ試料が十分大きく探針が試料の中央にあれば，試料は無限大の半球と近似でき $F=1$ である．F は三つの補正因子として，

$$F = F_1 F_3 [(\ln 2) F_2 / \pi] \quad (\text{II}.6.3)$$

で与えられる．F_1 は試料の厚さ t, F_2 は試料面の直径 d, F_3 は試料端から探針までの距離 w に関する補正因子である．試料の裏面に何もない場合あるいは絶縁性基板上にある板状試料についてのこれらの補正因子は探針間の距離で規格化した関数として次式で与えられている．

$$F_1 = \frac{t/2s}{\ln\{[\sinh(t/s)]/[\sinh(t/2s)]\}} \quad (\text{II}.6.4)$$

$$F_2 = \frac{\pi}{\ln 2 + \ln\{[(d/s)^2 + 3]/[(d/s)^2 - 3]\}} \quad (\text{II}.6.5)$$

F_3 については探針が試料端に対して直角に配列した場合には，

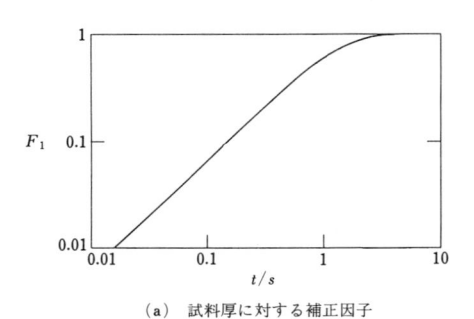

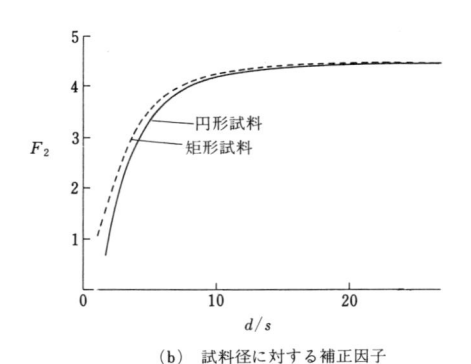

$$F_{31} = \frac{1}{1 + \dfrac{1}{1 + \dfrac{2w}{s}} - \dfrac{1}{2 + \dfrac{2w}{s}} - \dfrac{1}{4 + \dfrac{2w}{s}} + \dfrac{1}{5 + \dfrac{2w}{s}}} \quad (\text{II}.6.6)$$

また，探針が試料端に平行に配列しているときは，

$$F_{32} = \frac{1}{1 + 2\{1 + (2w/s)^2\}^{-1/2} - \{1 + (w/s)^2\}^{-1/2}} \quad (\text{II}.6.7)$$

で与えられる．これらの補正因子をそれぞれ図 II.6.4(a), (b), (c) に掲げる．これらの結果を要約すると，探針間距離を基準として厚さがその2～3倍以上，直径が10倍以上，探針が試料端より2倍以上あれば式(II.6.2)の補正係数 F は，$F_2 \simeq \pi/\ln 2$ なので，ほぼ1でよい近似が成り立つ．また，薄く面積の大きい試料では厚さの補正のみでよい．すなわち，$t < s/2$ のとき式(II.6.4)は簡単になり，$F_1 = (t/s)/2\ln 2$ なので固有抵抗は，

$$\begin{aligned}\rho &= (\pi/\ln 2)\, t\,(V/I) \quad (\Omega \text{m}) \\ &= 4.532\, t/VI \quad (\text{II}.6.8)\end{aligned}$$

から求まる．

絶縁基板上の金属薄膜，導電性透明電極(ITO)あるいは半導体ウェハー表面に不純物をドープした場合などは，面抵抗(シート抵抗)が用いられる．面抵抗は

$$\rho_s = F_2 (V/I) \quad (\Omega) \quad (\text{II}.6.9)$$

で与えられる．F_2 は式(II.6.5)の補正因子で，試料面積が $d > 10s$ と十分大きい場合は，$F_2 = \pi/\ln 2$ で近似できる．

6.2.2 電極材料

対象は有機材料なのではんだ付けは不可能であり，金属の蒸着，銀ペーストの塗布あるいは，金属製のワイヤーを用いて機械的接触により電極をつける．伝導度の測定では，電極は基本的にオーミック接合をつける必要があり，試料の仕事関数によって電極材料を選ばなければならない．また，ほとんどの有機材料は分子性の化合物であるから，無機半導体のように深い表面準位による整流性接触は起こりにくいが，また良いオーミック接合をつけるのもむずかしい．

a. 絶縁材料

一般に絶縁材料は仕事関数がきわめて大きいので，電極材料の仕事関数の大きさに接合状態はあまり影響を受けない．したがって，この場合アルミニウムあるいは金を真空蒸着する．また，試料表面に銀ペースト

(a) 試料厚に対する補正因子

(b) 試料径に対する補正因子

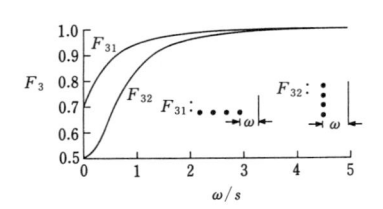

(c) 試料端から探針までの距離に対する補正因子

図 II.6.4 四探針における補正因子

表 II.6.2 各種金属材料の仕事関数[1]

金属	仕事関数	金属	仕事関数
Ag	4.21	Na	2.26
Al	4.25	Ni	4.96
Au	4.46	Pb	3.94
Cu	4.46	Pt	5.36
Fe	4.40	Sb	4.14
Hg	4.50	Sn	4.64
K	1.60	W	4.38
Li	2.49		
Mg	3.87		

接触電位差より求めた値.

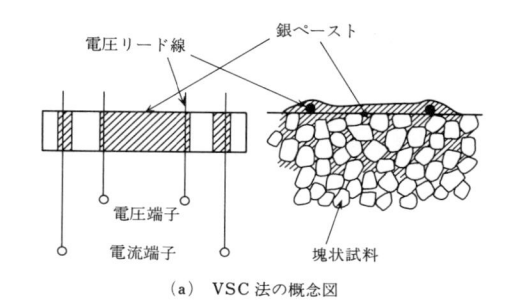

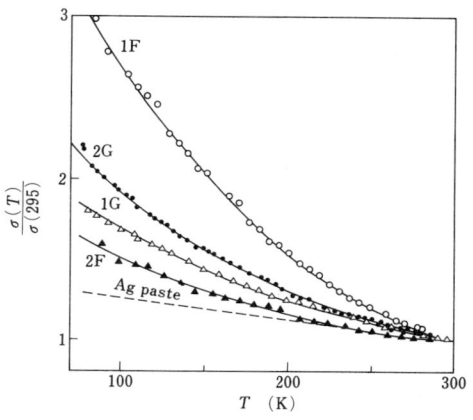

(a) VSC法の概念図

(b) ドープしたポリアセチレンのVSC法による伝導度の温度依存性, 1, 2はドーパントがそれぞれ, ClSO$_3$HおよびNOClO$_4$, F：フィブリル構造, G：塊状構造.

図 II.6.5 Voltage Shorted Compaction (VSC)法[6]

を塗布し常温で乾燥させるか，熱変性がなければ100～200°Cで加熱処理を行う．

b. 半導電性材料

無機半導体ほどでないにしても電極材料の選択が重要である．試料によっては，電子伝導性(n型)とホール伝導性(p型)に分かれ，前者の場合仕事関数の小さいリチウムやマグネシウムなどのアルカリ金属，後者では仕事関数の大きい金，白金などの貴金属を用いる．表II.6.2に各種金属材料の仕事関数を掲げておく．有機材料を用いて，電界発光素子や太陽電池などを作成する場合，オーミック接合あるいはショットキー接合の善し悪しが特性を大きく左右する．貴金属は安定であるから容易に蒸着法で電極をつけることができる．しかし，アルカリ金属は水分や酸素の影響を強く受けるので不活性ガス中で作業し，不活性ガスもしくは真空中で測定する．

c. 金属なみの高い導電材料

有機材料では表面層の劣化や電極金属の酸化によりオーム性接合にならない場合がある．特に，酸化剤を添加して得られる伝導性の高い材料では，銀ペーストは酸化され絶縁被膜を形成することがあるので，カーボンペーストや金ペーストを用いるか，金や白金の細いワイヤーを機械的に圧着する方法がとられる．

d. 高導電率の粒状物質（VSC法）

粒状，微結晶，多孔質あるいは繊維状の材料は，それ自体が高い導電率を有していても，それらの界面で伝導が阻害される．特に，試料が粉末あるいは粒状では，通常の四端子電極はつけられず，本質的な導電率を評価するのは困難である．粉末あるいは粒状試料では加圧してペレット状にして導電率を測定する方法がよく用いられるが，この場合でも，粒塊間の空隙や界面の接触抵抗は取り除けない．

粒塊界面での接触抵抗を除く方法として，Voltage Shorted Compaction (VSC)法がある[5,6]．これは図II.6.5に示すように，電圧端子間にある粒塊の空隙を銀ペーストなどで塗りつぶし，四端子法で測定する方法である．しかし，この方法では導電率の絶対値を評価することはできない．また，試料の導電率が銀ペーストなどの充填剤の導電率とほぼ同じ程度か，大きい場合に適用できる．特に，粒塊界面の特性がみかけの導電率に強く反映される試料では有効であり，温度依存性の測定において意味をもつ．また，常に銀ペーストなどの充填剤の導電率の温度依存性と比較する必要がある．たとえば，ドープしたポリアセチレン薄膜を通常の方法で測定すればホッピング伝導の特性を示し，温度とともに導電率が増加する温度依存性が得られるが，VSC法で測定すれば図II.6.5(b)に示すように，金属的な温度依存性が得られた報告がある[6]．

6.3 電気伝導率の測定回路

最近の電流電圧測定器は，半導体化およびデジタル化が進み，高い入力抵抗の電圧計，低抵抗の高感度電流計が開発され，低ノイズで高精度に測定できるようになった．しかし，電気伝導率の測定において留意すべき点がある．直流法による計器類の接続法を図

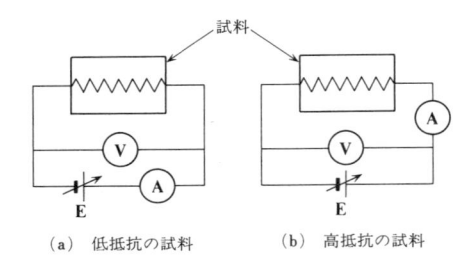

図 II.6.6 電気伝導率の測定回路
V：電圧計，A：電流計，E：電源．

II.6.6 に示す．(a) は試料に印加する電圧を，(b) は試料に流れる電流を正確に測定できる．理想的な電流計の内部抵抗はゼロ，電圧計の内部抵抗は無限大であるが，実際の計器類はそうではない．したがって，試料の抵抗によって接続方法を選択する必要がある．基本的には，低抵抗の試料では(a)，高抵抗では(b)の回路を用いる．たとえば，デジタルマルチメーターがよく用いられており，電圧計としての入力抵抗は 1000 MΩ 以上できわめて高い．しかし，それ以上の高抵抗の試料では，図 II.6.6(a) の接続では電圧計にも電流が流れ込み，試料に流れる電流を電流計で正確に測定できない．この場合は，もっと高抵抗の入力抵抗をもつ振動容量型電圧計を用いなければならない．これは，四端子法による測定でも同じである．

電源には，定電圧，定電流があり，最近では両者の機能を備えたものが市販されている．高抵抗の試料では，電流を精度よく測定するために，(b) の回路により定電圧モードで測定する．また，低抵抗の試料では電圧降下を測定するため，(a) あるいはより正確には四端子法により定電流モードで測定すれば解析が容易である．

6.4 電流-電圧特性

接合界面の状態を判断するには電流・電圧(I-V)特性は必要である．しかし，たとえ試料と電極がよいオーミック接合であっても，広い範囲にわたって I-V 特性が直線になることはない．高電界では，低抵抗試料に見られるジュール加熱による温度上昇，高抵抗の試料においてはプールフレンケル効果，空間電荷制限電流などにより非線形性が現れる．このような現象を避けるためには，できるだけ低電界(100 V/cm 以下)で測定をするのが望ましい．特に極低温での測定では，試料の熱容量が小さくなるので，ジュール加熱には注意を要する．

典型的な I-V 特性を図 II.6.7 に示す．よいオーミ

(a) オーミック性半導体（ジュール加熱）
(b) 金属（ジュール加熱）
(c) 整流性接触
(d) 両電極が整流性接触あるいは絶縁材料の高電界現象

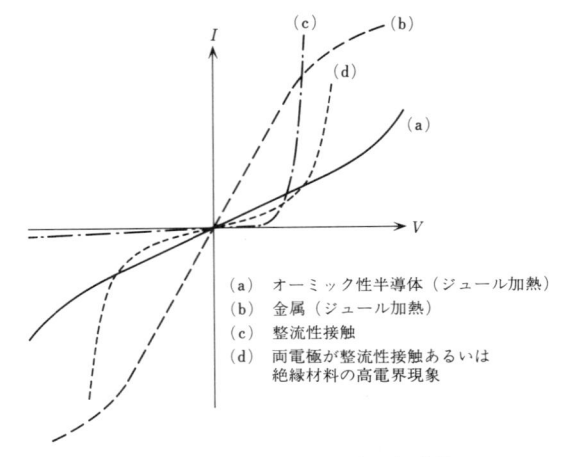

図 II.6.7 各種試料における電流電圧特性

ック性の接合であれば低電圧では直線となる．しかし，高電界ではジュール加熱によって直線性から外れる場合がある．電流が増加する(a)は半導体，電流が減少する(b)は一般の金属である．(c)は整流性接触で，一方の電極がオーミック接合，他方がショットキー接合である．(d)の I-V 特性が低電界で観測されれば両方の電極がショットキー型の接合であり，高電界で観測されれば絶縁材料の高電界現象である．

6.4.1 ショットキー接合

有機化合物と金属との接合は現在よくわかっていないが，整流性の I-V 特性は半導体とほぼ同じ振舞いをするので，ほとんどの場合ショットキー障壁のモデルで解析が行われている[7,8]．n型半導体と金属のショットキー接合のエネルギー模式図を図 II.6.8 に示す．I-V 特性および接合容量の測定より，障壁高さ $\varPhi_m - \chi_s$，拡散電位 V_D，不純物濃度 N_D および接合層（空乏層）の長さ d を求めることができる．整流性の I-V 特性は，

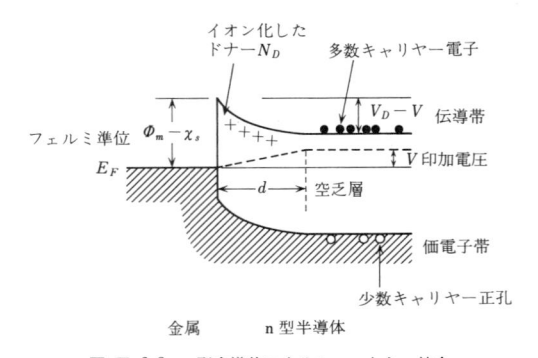

図 II.6.8 n型半導体によるショットキー接合
（順方向バイアスの場合）

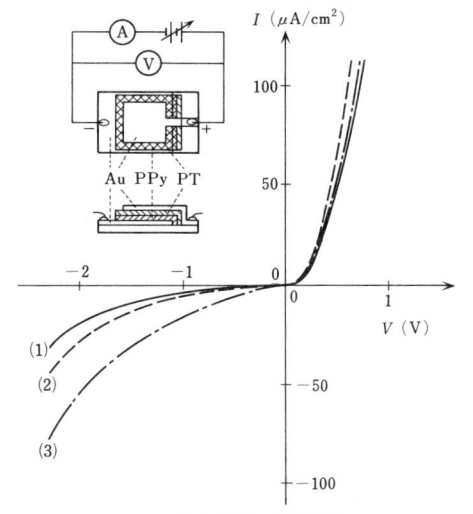

(a) 電流・電圧特性
(1)(2)(3)はPPyの酸化状態の異なる試料．

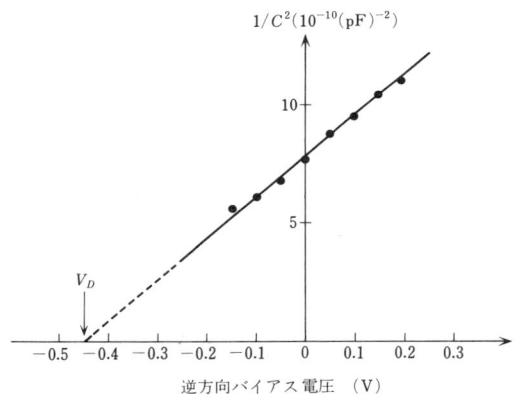

(b) 接合容量の逆バイアス電圧依存性

図 II.6.9 ポリピロール(PPy)とポリチオフェン(PT)のヘテロ接合素子[9]

$$J = J_s[\exp(eV/nkT) - 1] \quad (A/m^2) \quad (II.6.10)$$

で表される．ここで，J_s は逆方向飽和電流，e は電気素量，V は印加電圧，n は理想因子，k はボルツマン定数，T は絶対温度である．図II.6.9(a)に導電性高分子を用いたヘテロ接合素子の I-V 特性を示す[9]．実験で求めた I-V 特性の順方向バイアスにおける $\ln I$ 対 V プロットの傾きより，理想因子 n を評価する．シリコン半導体のショットキー接合では，n は1に非常に近いが，有機化合物では $n > 1$ である．

接合層の厚さは半導体の不純物濃度に依存し，接合層内の不純物濃度が一定とする段階接合ではその厚さ d は，

$$d = [2\varepsilon_s\varepsilon_0(V_D - V)/eN_D]^{1/2} \quad (m) \quad (II.6.11)$$

で示され，不純物濃度 N_D が高いほど薄くなる．また，d が逆方向電圧に依存することから，接合面積を S として，接合容量 $C = \varepsilon_s\varepsilon_0 S/d$ の関係より，

$$1/C^2 = 2(V_D - V)/\varepsilon_s\varepsilon_0 eN_D S \quad (F^{-2}) \quad (II.6.12)$$

が得られる．図II.6.9に示すように $1/C^2$ 対逆方向バイアス電圧 V のプロットから V_D，および直線の傾きより不純物濃度を求めることができる[9]．

I-V 特性における逆方向飽和電流は接合層の厚さ d が電子の平均自由行程 λ より短い場合は熱電子放出モデル，長い場合は拡散モデルで説明される．熱電子放出モデルは金属のフェルミ準位より見た障壁高さ $\Phi_m - \chi_s$ に熱的に励起された熱電子が半導体側に放出される電子による電流と，半導体側から見た障壁高さ $V_D - V$ を越える熱励起による電子電流の和より求める．このときの逆方向飽和電流は，

$$J_s = AT^2\exp\{-(\Phi_m - \chi_s)/kT\} \quad (A/m^2) \quad (II.6.13)$$

であり，$A = 4\pi em \cdot k^2/h^3$ はリチャードソン定数で自由電子の場合，$A = 1.20 \times 10^6 \, A/m^2 deg^2$ である．このモデルより測定温度の逆方向飽和電流から，金属側から見た障壁高さ $\Phi_m - \chi_s$ を求めることができる．

拡散モデルでは接合領域における電子濃度の勾配による電子の拡散電流と電位障壁の逆電界による電流が釣り合うとして方程式をたて，電流を求める．そのときの逆方向電流は，

$$J_s = eN_D\mu\{2eN_D(V_D - V)/\varepsilon_s\varepsilon_0\}^{1/2}$$
$$\times \exp(-eV_D/kT) \quad (A/m^2) \quad (II.6.14)$$

となり印加電圧に依存して飽和しない．

6.4.2 高電界現象

高電界現象は複雑に機構が重なり単一モデルで説明できない．絶縁体中には電子を捕獲するトラップ準位があり，電気伝導はなんらかの形でこの影響を受ける．図II.6.7(d)に示す非線形の I-V 特性を，次に示す関数でプロットし，その直線性からその伝導機構を推定する．実験結果を式(II.6.15)に示すように $\log I$ 対 $\sqrt{E}$ のプロットをし，それが直線であれば，

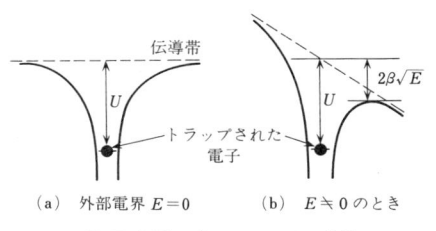

(a) 外部電界 $E = 0$ (b) $E \neq 0$ のとき

図 II.6.10 プールフレンケル効果

$$I = GV \exp[-(U-2\beta\sqrt{E})/kT] \quad (\mathrm{II}.6.15)$$

プールフレンケル効果として解釈できる[10,11]. ここで, G はコンダクタンスの次元をもつ定数, U はトラップの深さ, $\beta = (e^3/4\pi\varepsilon_s\varepsilon_0)^{1/2}$ である. プールフレンケル効果は, 図 II.6.10 に示すように印加された高電界によりトラップ障壁が $2\beta\sqrt{E}$ だけ低減されトラップに捕獲された電子が熱励起により自由電子として放出されることによる.

絶縁体中のトラップがキャリヤーを捕獲すると, バルク内に空間電荷が形成され, 電極からのキャリヤーの注入が抑えられる. しかし, 高電界ではトラップが埋められ, 電流は式(II.6.16)で表される空間電荷制限電流となり[11],

$$I = 9\varepsilon_s\varepsilon_0\mu SV^2/8d^3 \quad (\mathrm{A}) \quad (\mathrm{II}.6.16)$$

印加電圧の2乗に比例して増加する. S は試料の面積, d は厚さであり, この関係より, 移動度が評価できる.

6.5 温度依存性

材料が金属的であるか半導体的であるか, またさまざまな物理量を決定するうえで電気伝導率の温度依存性の測定は欠かせない. 一般に有機材料の導電率は熱活性化型の温度依存性を示し, その原因はキャリヤーの生成と伝導機構にある. しかし, 非晶質や深いトラップ準位のある材料では生成と伝導機構に熱活性過程が含まれ, その分離は困難である.

自由に移動するため, 同図(a)の(1)に示すように主にキャリヤー生成過程が熱活性型となる. また, フェルミ準位がモビリティー端より上部に存在すれば金属的振舞いをする.

非晶質あるいは不純物の多い材料では破線のようにバンド端はギャップ中に深く入り込む. バンドギャップ中にある孤立したトラップをギャップ準位といい, 価電子帯の端に近ければアクセプター, 伝導帯に近ければドナー準位となる. この場合バンド端は明確に定められないが, 電子が自由電子のように振舞える準位をモビリティー端といい, 活性化エネルギーはフェルミ準位からの差となる. 一種類の不純物では, ギャップ内に局在化した準位をつくる. ドナー性の不純物が多ければ, フェルミ準位はバンド端に近づき, 伝導率は大きくその温度依存性は小さくなる. しかし, 非晶質やさまざまな種類の不純物が存在しフェルミ準位が深い場合, キャリヤーはモビリティー端以上に熱励起されず, 同図(b)の(2)に示すフェルミ準位近傍にある不純物準位間のホッピング伝導となる.

6.5.1 温度依存性の測定方法

バルクの性質を調べるにはオーミック接合をつける. 室温以上で測定する場合は, ヒーターと熱電対による温度コントローラーでよい. 低温での測定は沸点77Kの液体窒素あるいは4.2Kの液体ヘリウムの寒剤を用いる. ヘリウムガスを冷媒とする冷凍機では10K程度まで冷やすことができる. 温度依存性を測定す

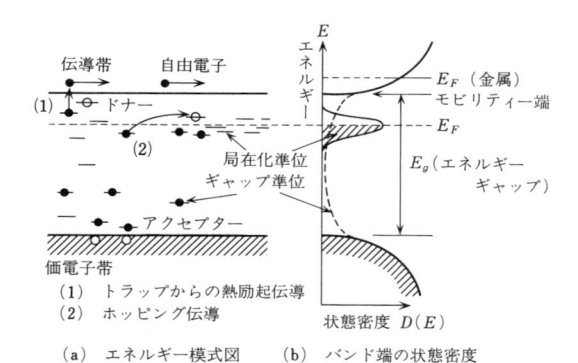

図 II.6.11 伝導機構の模式図

図 II.6.11 に伝導機構の模式図を示す. キャリヤーの伝導は結晶性および不純物濃度とフェルミ準位に依存する. 結晶性が良く不純物がなければ電子状態は非局在化し, バンド端は同図(b)の実線のようにシャープになり, 伝導帯にあるキャリヤーはほぼ自由電子のように振舞う. したがって, 不純物の少ない結晶では熱平衡状態で伝導帯にあるキャリヤーが伝導帯をほぼ

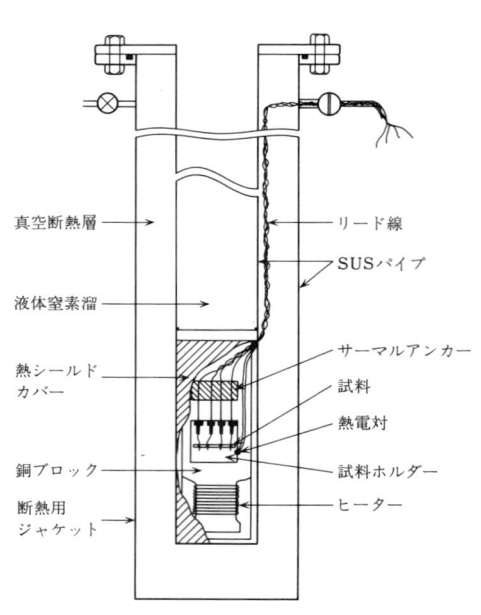

図 II.6.12 電気伝導率の温度依存性測定装置

る場合は，寒剤の自然蒸発による温度上昇過程で導電率を測定するのが最も簡便である．

絶縁体は，極低温では抵抗が非常に高くなるので，主として室温以上で測定を行うが，高い導電率の試料では極低温まで測定することがある．図Ⅱ.6.12に低温用測定装置の概略図を示す．ガラスエポキシのプリント基板に図のように四端子のパターンを描き，その上に外部からのリード線をはんだ付けで固定する．試料に銀ペーストなどで金線などのリード線をつける．下部にヒーターをつけた銅ブロックの試料ホルダーをステンレス製の液体窒素溜の下につけ，試料の周囲は銅製の熱シールドで覆う．さらに，真空断熱ができるようにジャケットの中に入れる．窒素溜に液体窒素を注入すれば液体窒素温度以上の温度依存性が測定でき，また全体を液体ヘリウムに浸すと極低温からの測定ができる．

6.5.2 熱活性化型伝導

熱活性化型の導電率は，E_aを活性化エネルギーとして，

$$\sigma = \sigma_0 \exp(-E_a/kT) \quad (\text{Ⅱ}.6.17)$$

で表される．σ_0は温度を無限大に外挿した値でプレエキスポネンシャルファクターと呼ばれる．これを図Ⅱ.6.13のように$\log \sigma$対$1/T$のグラフにプロットしたものがアレニウスプロットと呼ばれる．プロットが広い温度範囲で単純な直線であればトラップ準位が一つであり，折れ曲がれば，2種類のE_aをもつことになる．多くは(c)に示すように上に湾曲する．湾曲すればトラップ準位が連続的に分布するかホッピング伝導で

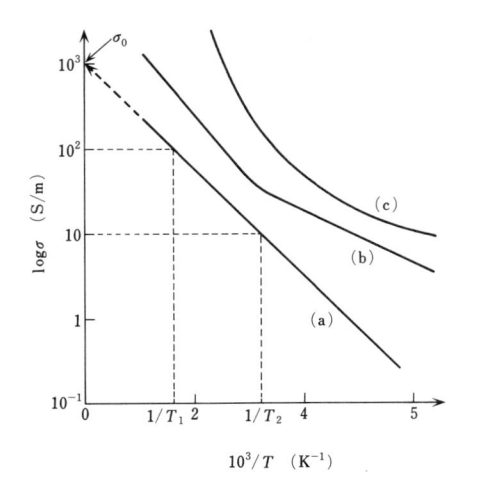

図 Ⅱ.6.13 電気伝導率のアレニウスプロット
(a) 1種類のドナーあるいはアクセプターの存在
(b) 2種類のドナーあるいはアクセプターの存在
(c) 連続的トラップ準位の存在

ある．この直線の傾きから活性化エネルギーが求まり，傾きが大きいほど活性化エネルギーは大きい．また，低温では浅い準位から，高温では深い準位からの熱励起となり，一般に下に凸の温度依存性を示す．簡単なE_aの求め方は，図Ⅱ.6.13に示すように縦軸の伝導率が1桁変化するときの温度の逆数の差より式（Ⅱ.6.18）から求められる．

$$E_a = (k/\log e)\{(1/T_1 - 1/T_2)\}^{-1}$$
$$= 1.984 \times 10^{-4}\{(1/T_1 - 1/T_2)\}^{-1} \quad (\text{eV})$$
$$(\text{Ⅱ}.6.18)$$

真性半導体ではフェルミ準位がバンドギャップ（E_g）の中央に位置するので，$E_g = 2E_a$となる．

6.5.3 ホッピング伝導

トラップ準位が深くモビリティー端へキャリヤーが十分に熱励起されない場合，不純物準位間の熱励起ホッピング伝導をとる．温度が高い場合，フェルミ準位より下にトラップされているキャリヤーはフォノンのエネルギーにより最隣接のフェルミ準位より高いエネルギー準位にある空のトラップ準位へ移動する．この場合の導電率の温度依存性は式（Ⅱ.6.17）と同じで，活性化エネルギーは，$N(E_F)$をフェルミ準位の状態密度，aを最隣接のトラップ間距離として[13,14]，

$$E_a \sim 1/N(E_F)a^3 \quad (\text{Ⅱ}.6.19)$$

で表され，これをホッピングエネルギーという．この現象は不純物準位がエネルギー的に局在化し，モット転移が起こるより不純物密度が低い場合にみられ概してホッピングエネルギーは小さい．

不純物準位がバンドギャップ中に深く分布し低温では，最隣接間のトラップ準位間でホッピングするより，遠くにあってもエネルギー的に近いトラップ準位にホッピングする方が有利に起こる場合がある．これをバリアブルレンジホッピング（VRH）伝導といい，三次元媒体での伝導率の温度依存性は，

$$\sigma = \sigma_0 \exp[-(T_0/T)^{1/4}] \quad (\text{Ⅱ}.6.20)$$

となり，$\log \sigma$は温度の$-1/4$乗に比例する．T_0は式（Ⅱ.6.21）で表される温度の次元をもつ定数で，

$$T_0 = 8^3 a^3/3^2 \pi k N(E_F) \quad (\text{K}) \quad (\text{Ⅱ}.6.21)$$

と表される．aは局在化した電子の波動関数の広がりの減衰定数で，その距離は$1/a$である．

VRHはホッピング距離をRとし，Rだけ離れた電子の波動関数は$\exp(-2aR)$で減衰するが，半径R内にあるフェルミ準位近傍のトラップ準位をホッピング先とする．この場合，トンネル過程も含まれ，その範囲は，三次元では式（Ⅱ.6.19）におけるa^3の代わりに$(4\pi/3)R^3$がホッピング対象となる．したがって，

$$\sigma \propto \exp[-2aR - 1/(4\pi/3)R^3 N(E_F)T] \quad (\text{II}.6.22)$$

が最大となるように R が決められる．すなわち，R として

$$R = [9/8\pi a N(E_F)kT]^{1/4} \quad (\text{II}.6.23)$$

が得られ，これを式(II.6.22)に代入して式(II.6.20)が求まる．これは三次元の VRH の温度依存性となる．

二次元ではホッピング先は πR^2 の二次元円内にあるフェルミ準位近傍のトラップ準位が対象，一次元では直線距離 R 以内が対象となる．それぞれ，式(II.6.22)の $(4\pi/3)R^3$ の代わりに πR^2 あるいは R を入れ，同様の計算を行う．その結果，導電率は，二次元では

$$\sigma_2 = \sigma_{02}\exp[-(T_{02}/T)^{1/3}] \quad (\text{II}.6.24)$$

一次元では

$$\sigma_1 = \sigma_{01}\exp[-(T_{01}/T)^{1/2}] \quad (\text{II}.6.25)$$

となり，$\log\sigma$ はそれぞれ $T^{-1/3}$ および $T^{-1/2}$ に比例する．ここで，$T_{02} = 27a^2/\pi k N(E_F)$，$T_{01} = 8a/kN(E_F)$ である．また，それぞれのジャンピング距離は $R_2 = [\pi a N(E_F)kT]^{-1/3}$，$R_1 = [2aN(E_F)kT]^{-1/2}$ である．

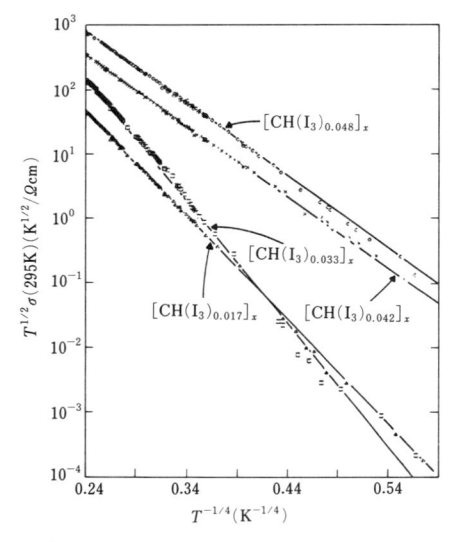

図 II.6.14 ヨウ素とドープしたポリアセチレン薄膜における VRH による電気伝導率($T^{1/2}\sigma$)の温度($T^{-1/4}$)依存性[14]

一般に，σ_0 も温度に弱く依存する関数である．VHR モデルでは，ν_0 をホッピングのジャンピング周波数として[13]，

$$\sigma_0 = 0.39[N(E_F)/akT]^{1/2}\nu_0 e^2 \quad (\text{II}.6.26)$$

で与えられる．これは，σ_0 が $T^{-1/2}$ に比例するとして，図6.14に示すように $\log\sigma T^{1/2}$ 対 $T^{-1/4}$ のプロットをしてその直線性より，伝導が三次元の VRH によるものと結論している[6,14]．伝導率の温度依存性の測定より，$\log\sigma$ あるいは $\log\sigma T^{1/2}$ 対 $T^{-1/(n+1)}$，n は次元，のグラフを描きその直線性が最もよい n から VRH の次元性を推定し，その直線の傾きから T_0 を求める．T_0 より波動関数の減衰距離 a^{-1} を数 Å から数十 Å としてフェルミ準位の状態密度を見積ることができる．VRH 伝導は比較的高い導電率を示す低温での現象である．有機材料では，ポリアセチレンに代表される導電性高分子によく適用され解析されている．特に，それらの分子構造が擬一次元的であるため，伝導機構に一次元の VRH モデルが期待されるが，一軸配向した試料でもむしろ三次元の VRH が実験的には適合する場合が多い．

6.5.4 金属型伝導

キャリヤー濃度が温度に対して一定でキャリヤーの散乱機構のみが温度に依存する場合が金属型伝導で，伝導率は温度低下とともに増加する．散乱の原因として，温度にほとんど依存しない不純物散乱と温度に依存するフォノン散乱およびキャリヤー間散乱がある．

抵抗率を温度に依存しない項と依存する項に分け，

$$\rho(T) = \rho_0 + aT^n \quad (\text{II}.6.27)$$

で表すと，フォノン散乱による場合 $n=1$ となり，これがマチーセンの法則である[15]．

n を求めるには，極低温での温度に依存しない抵抗分を差引き，室温の抵抗値 ρ_{RT} で規格化した値を求める．すなわち，

$$\{\rho(T)-\rho_0\}/(\rho_{RT}-\rho_0) \propto T^n \quad (\text{II}.6.28)$$

の両辺を両対数グラフにプロットし，その傾きより n を求める．たとえば，ポリチアジル(SN)$_x$ の場合，$n=2$ が得られ，その散乱過程が電子・正孔のキャリヤー間散乱と推定されている[16]．

6.6 移動度の測定

移動度は単位電界を印加したときのキャリヤーの速度で，その次元は $(\text{m/s})/(\text{V/m}) = \text{m}^2/\text{V}\cdot\text{s}$ である．測定方法は磁場を用いるホール効果，磁気抵抗効果，パルス光による TOF，空間電荷制限電流法，MOS 型電界効果トランジスタによる方法などがある．電界方向に移動するキャリヤーの移動度をドリフト移動度 μ といい，磁場の印加によって得られるホール移動度 μ_H とは補正因子 γ だけ異なり，その関係は $\mu = \mu_H/\gamma$ である．キャリヤーの散乱が音響フォノンの場合は $\gamma = 3\pi/8$，イオン化不純物では $\gamma = 315\pi/512$ である[8]．いずれも，1 に近いので考慮しない場合が多い．

6.6.1 ホール効果

図II.6.15に示すように，試料に流れる電流方向と垂直に磁場を印加し，それらと垂直に起電力(V_H)が発生する現象をホール効果という．キャリヤーが正の場合，電界によりドリフトするキャリヤーは，磁場によるローレンツ力で手前に曲げられホール電界が生じる．キャリヤーはこの電界から受ける力とローレンツ力とのつりあいで平衡状態を保つ．キャリヤーが負のときはこれとは反対の起電力が生じる．したがって，ホール効果の測定よりキャリヤーの符号を知ることができる．また，キャリヤーの速度分布により磁気抵抗効果も同時に起こる．ホール効果の測定は，半導体結晶では容易であるが，金属や絶縁体では一般にむずかしい．

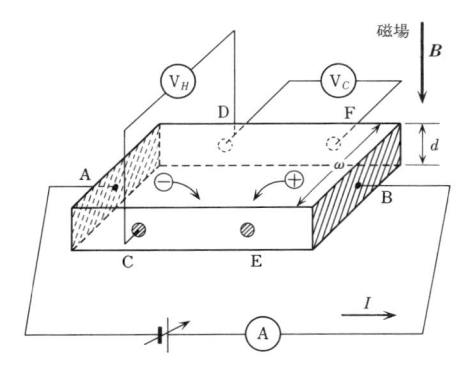

図 II.6.15 ホール効果の概念図

ホール電圧は，試料の厚さがd(m)のとき，電流I(A)と磁場B(Wb/m^2)に関して一次の関数として次式で与えられる．

$$V_H = R_H IB/d \quad \text{(V)} \quad \text{(II.6.29)}$$

ここで，R_Hはホール係数と呼ばれ，

$$R_H = 1/ne \quad (\text{m}^3/\text{C}) \quad \text{(II.6.30)}$$

よりキャリヤー濃度が求められる．試料が薄いほど，また，キャリヤー濃度が低いほどホール効果は測定しやすい．試料，電流，磁場などの不均一性を除くために電流，磁場を反転させ，その平均値よりホール係数を求める．また棒状試料の場合，図II.6.15の電極CとDの幾何学的位置のずれにより電位差が生じることがあるので，その電位差をホール電圧より差し引くことも必要である．

また，正負のキャリヤーが2種類存在する場合[8]，ホール係数は

$$R_H = (p\mu_p^2 - n\mu_n^2)/\{(n\mu_n + p\mu_p)^2 e\}$$
$$\text{(II.6.31)}$$

で与えられる．ここで，p, μ_p, n, μ_nはそれぞれ，正のキャリヤー(正孔)濃度，移動度，負のキャリヤー(電子)濃度と移動度である．したがって，ホール効果は両方のキャリヤーからお互いに打ち消し合うようにホール電界を生じる．温度によってホール係数の符号が変わることもある．特殊な場合を除いて，多くは多数キャリヤーの特性が現れる．

ホール効果の測定では，このようにキャリヤー濃度を求めることができ，移動度を求めるには同じ試料の導電率を測定する必要がある．このために図II.6.15に示すように電極Fをつけ導電率σを測定する．式(II.6.1)と(II.6.30)よりホール移動度は，

$$\mu_H = R_H \sigma \quad (\text{m}^2/\text{Vs}) \quad \text{(II.6.32)}$$

より求められる．

6.6.2 ファン・デア・ポウ法による導電率とホール係数の測定

任意の形状の薄膜あるいは板状試料では，図II.6.16(a)，(b)に示すファン・デア・ポウ法[17]による導電率およびホール効果による移動度の測定が多くなされている．この測定には次の条件が満たされていることが必要である．(1) 試料には穴などがなく厚さが均一である．(2) 電極の接触面積が試料の大きさにくらべ十分小さく，試料の端に接続されている．(3) オーミック接合されている．(4) 試料面内方向に異方性はないと仮定する．

a. 導電率の測定

図II.6.16(a)に示すように，厚さdの試料のAB間に直流電源を接続し，そのとき流れる電流をI_{AB}，CD間に現れる電位差をV_{CD}とし，みかけの抵抗値$R_{AB,CD}$を次のように定義する．

$$R_{AB,CD} = V_{CD}/I_{AB} \quad (\Omega) \quad \text{(II.6.33)}$$

また，BC間に電流I_{BC}を流し，そのときのDA間に現れる電位差V_{DA}を測定し，同様にみかけの抵抗を$R_{BC,DA} = V_{DA}/I_{BC}$を求める．これら二つの抵抗値より，試料の抵抗率$\rho(=1/\sigma)$を下式より計算する．

$$\rho = (\pi d/\ln 2)[(R_{AB,CD} + R_{BC,DA})/2] \cdot f \quad (\Omega \text{m})$$
$$\text{(II.6.34)}$$

fは試料形状と電極の位置に依存する関数で，二つの抵抗値の比，$R_{AB,CD}/R_{BC,DA}$($R_{AB,CD} > R_{BC,DA}$のとき)より，次式で与えられている．

$$(R_{AB,CD} - R_{BC,DA})/(R_{AB,CD} + R_{BC,DA})$$
$$= (f/\ln 2)\text{arccosh}[\{\exp(\ln 2/f)\}/2]$$
$$\text{(II.6.35)}$$

この式から数値計算により得られるfと$R_{AB,CD}/R_{BC,DA}$の関係を図II.6.16(c)に示す．円形もしくは正方形に近い試料で電極がほぼ等間隔についている場合は，抵

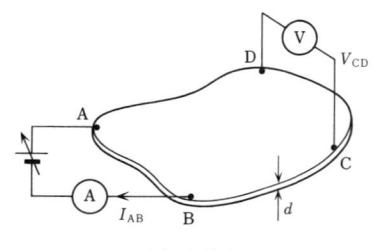

$$R_H = d\Delta R_{AC,BD}/B \quad (\mathrm{m}^3/\mathrm{C}) \quad (\mathrm{II}.6.38)$$

で与えられる．式(II.6.30)および(II.6.32)から試料のキャリヤー濃度および移動度を求める．

6.6.3 磁気抵抗効果による移動度の評価

図II.6.15および図II.6.17(a),(b),(c)に示すように試料の電流方向と垂直に磁場を印加した場合，磁場強度の2乗に比例して増加する横磁気抵抗効果が現れる．これはキャリヤーのドリフト速度が一定でないために起こる現象で，ホール電界とローレンツ力が平衡にならないキャリヤーに起因する．すなわち，半金属や移動度の大きい材料で顕著に現れ，また試料形状に大きく依存する[4]．特に，ホール電界が小さくなるように，図II.6.17(a)ではwを大きくした電極配置の試料では測定しやすい．また，図II.6.17(b)ではd/wが小

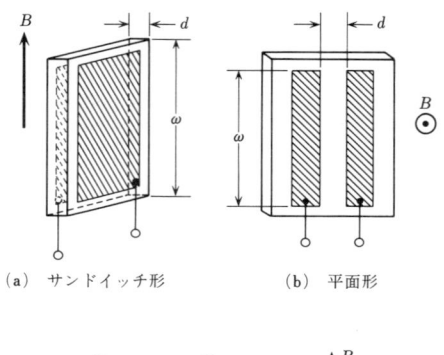

(a) 伝導度の測定

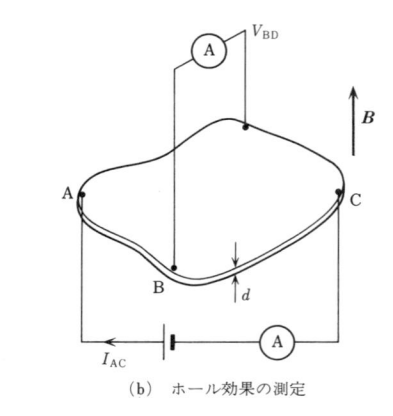

(b) ホール効果の測定

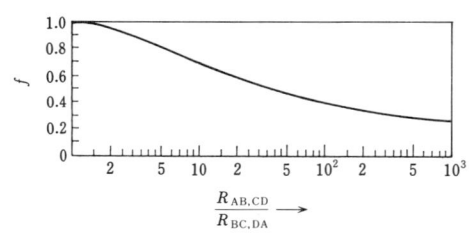

(c) fと$R_{AB,CD}/R_{BC,CA}$の関係

図 II.6.16 ファン・デア・ポウ法[17]

抗値の比は1に近く，また，$f \fallingdotseq 1$になる．

b. ホール効果の測定

図II.6.16(b)に示すように，対角線上に位置する電極AC間に電流I_{AC}を流し，残りの電極間の電位差V_{BD}が磁場Bを試料面に垂直に印加したときとしていないときの差$\Delta V_{BD} = V_{BD}(B) - V_{BD}(0)$より得られる抵抗値の変化分を求める．

$$\Delta R_{AC,BD} = \Delta V_{BD}/I_{AC} \quad (\Omega) \quad (\mathrm{II}.6.36)$$

この中には，磁気抵抗効果による抵抗の増加も含まれるので，同じ大きさで磁場を反転させたときの電位差$V_{BD}(-B)$を求め，

$$\Delta R_{AC,BD} = [\{V_{BD}(B) - V_{BD}(-B)\}/2 - V_{BD}(0)]/I_{AC}$$
$$(\Omega) \quad (\mathrm{II}.6.37)$$

から磁場による抵抗の変化分を求めると磁気抵抗効果は除かれる．式(II.6.37)より得られる$\Delta R_{AC,BD}$を用いて，ホール係数は

(a) サンドイッチ形　　(b) 平面形

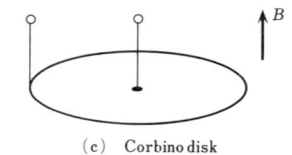

(c) Corbino disk

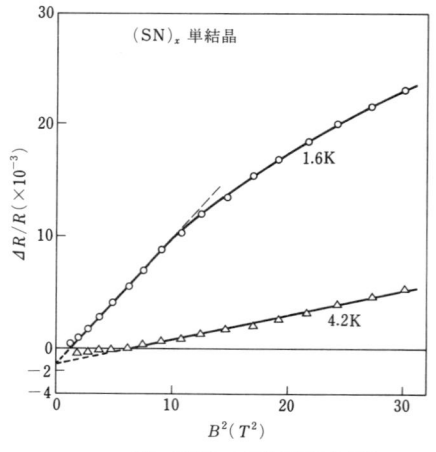

(d) $(SN)_x$の横磁気抵抗効果[18]

図 II.6.17 横磁気抵抗効果の測定

さいほど磁気抵抗効果は大きく現れ，$d/w=0$ は理想的な(c)に示す Corbino disk と同じになる．したがって，(c)以外の方法では移動度を正確に求めることはできないが，おおよその値を見積ることができる．

磁気抵抗効果は，磁場を印加しないときの抵抗値を $R(0)$，磁場を印加したときの抵抗値を $R(B)$ として，
$$\Delta R/R = \{R(B)-R(0)\}/R(0) \propto (\mu_{MR}B)^2 \quad (\text{II}.6.39)$$
で与えられる[15,18]．一般に磁場の印加により抵抗値は増加する正の磁気抵抗効果を示すが，金属材料においては磁性不純物の存在によって，負の磁気抵抗効果を示す場合がある．磁気抵抗効果により移動度 μ_{MR} は，図 II.6.17(d)に示すように横軸に B^2，縦軸に $\Delta R/R$ をとり，その直線部分の傾きの平方根より m²/Vs の単位で直接求めることができる[18]．B の単位はテスラ $(\text{T}=\text{Wb/m}^2=\text{V}\cdot\text{s/m}^2)$ を用いる．

電子の速度分布としてマックスウェル-ボルツマン分布を仮定すると
$$\Delta R/R = 0.273(\mu_{MR}B)^2 \quad (\text{II}.6.40)$$
で与えられるが[15]，むしろ形状効果や異方性による誤差の方が重要である．

6.6.4 タイムオブフライト(TOF)法による移動度の測定

a. 光パルス法

ホール効果，磁気抵抗効果により，無機半導体結晶では，容易に移動度を評価できるが，アモルファス半導体や絶縁性の有機薄膜では一般にキャリヤー濃度が小さく，また，格子不整や不純物などにより移動度はきわめて小さいのでこの方法ではむずかしい．このような試料では，光パルスにより生成した光キャリヤーの電界による光電導の測定から移動度を求める．

図 II.6.18 に示すように，厚さ d の試料表面に，一方は導電性半透明の電極，たとえば，ITO 電極もしくは金電極を薄く真空蒸着し，他方に電流のコレクターとなる電極を真空蒸着などによりつけ，サンドイッチ構造の試料を作成する．パルス光による測定では試料と電極は必ずしもオーミック接合をつける必要はなく，薄い絶縁膜を挟んだブロッキング電極でもよい．試料の抵抗より十分小さい(1/100 以下程度)電流読取り用の負荷抵抗 R_L を電源，試料と直列に入れ，その両端に現れる起電力から過渡光電流の時間依存性を測定する．容量 C_0 は直流分の電流を除く結合コンデンサーである．照射光の一部は半透明ミラーにより取り出し，オシロスコープのトリガーおよび照射光の波形モニターに用いる．光誘起電流が小さい場合は，電流の積分用に容量の大きいコンデンサー C_L を R_L に並列に入れることがある．このとき，測定時間が時定数 $C_L R_L$ より十分短い時間内に測定を行う必要がある．また，印加電圧の極性を変えることによって，正負それぞれのキャリヤー移動度を測定することができる．照射する光の波長は，試料の吸収係数が大きい領域の波長を用い，試料表面近傍に光キャリヤーが生成されるように試料の厚さも考慮する．典型的な有機薄膜の吸収ピークの吸収係数は約 10^5cm^{-1} であるから，試料厚さは数 μm 程度以上あればよい．

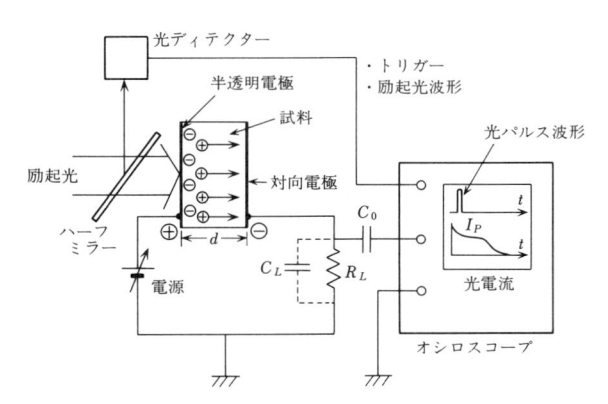

図 II.6.18 TOFにおける光電流の測定回路

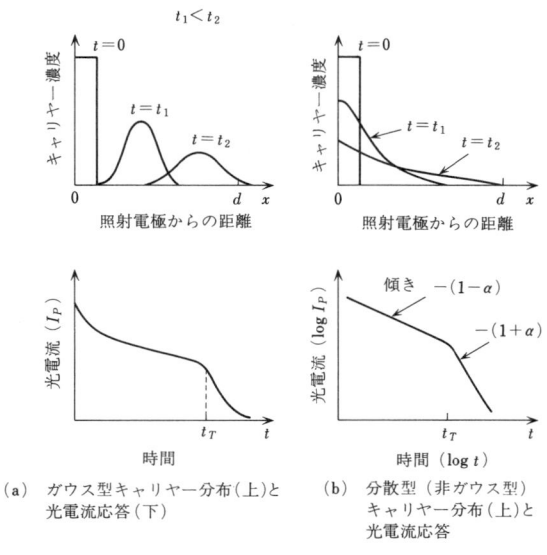

図 II.6.19 光キャリヤー分布の時間依存性と光電流応答の模式図

(a) ガウス型キャリヤー分布(上)と光電流応答(下)
(b) 分散型(非ガウス型)キャリヤー分布(上)と光電流応答

図 II.6.19(a)および(b)に，厚さ方向に見たある時間後における光キャリヤーの分布状態を，それぞれ，ガウス型と分散型(非ガウス型)の例を示す[19]．(a)は時間とともにキャリヤーのシートはガウス型に広がりながら対向電極にドリフトしていくモデルで，キャリヤ

一濃度のピークが対向電極に到達した時間を t_T として，移動度を次式より求める．

$$\mu = d^2/V \cdot t_T \quad (\text{m}^2/\text{Vs}) \quad (\text{II}.6.41)$$

分散型は，キャリヤーがエネルギー準位の等しいトラップ間をランダムにホッピングするとして，H. Scher と E. W. Montroll により提唱されたモデルである[19]．図II.6.19(b)に示すようにキャリヤー分布の最大値は照射電極近傍にあり，キャリヤーは時間とともに対向電極側へ尾を引いてドリフトし，その分散の平均距離を $t^\alpha (0<\alpha<1)$ に比例すると仮定したものである．この場合，キャリヤーの走行時間は光電流応答波形から容易に求められないが，光照射が終了した時点からの光誘起電流 I_p と時間 t の $\log I_p$ 対 $\log t$ のプロットは，図II.6.19(b)に示すように t_T で折れ曲がる．その時間をキャリヤーの走行時間として，式(II.6.41)により移動度を評価する．その傾きは，$t<t_T$ で $-(1-\alpha)$，$t>t_T$ では $-(1+\alpha)$ となり，傾きの和は α に無関係で -2 となる．また，分散の平均距離が電極間距離に等しくなったときの時間は走行時間と考えることができるので，t_T は $d^{1/\alpha}$ に比例する．α が大きいほど走行時間は短くなり，試料はより均質といえる．α は二つの領域の傾きの和が -2 とはならない場合が多いが，キャリヤーの走行時間を評価する方法としては意味がある．

b. 電圧パルス法

基本的には光パルス法と同じであるが，主として半導体の少数キャリヤーのドリフト移動度を求める方法として用いられている[4]．たとえば，図II.6.20に示すように長さ L の棒状試料(p型半導体)に，一定電圧 V_a を印加しドリフト電界 $E_D = V_a/L$ を与えておく．入力端子Aに負電圧パルスを印加し，少数キャリヤーを注入する．注入された少数キャリヤーは多数キャリヤーと再結合し，さらに拡散しながら出力電極Bへドリフトする．入力パルスを印加後，出力電圧のピークが現れる時間が電極間距離 d をキャリヤーが走る走行時間 t_d として求められる．したがって，少数キャリヤー(電子)の移動度は，

$$\mu_n = d/t_d \cdot E_D \quad (\text{m}^2/\text{Vs}) \quad (\text{II}.6.42)$$

より求まる．さらに，出力電圧の詳細な解析から少数キャリヤーの拡散係数や多数キャリヤーとの再結合寿命などを求めることができる．しかし，この方法は少数キャリヤーの注入が高効率に行える場合に有効で，有機材料ではほとんど例がない．

6.6.5 電界効果トランジスターの特性より移動度を求める方法

電界効果トランジスターは半導体素子の主流であり，有機材料を用いた素子も多く試作されるようになった．素子の一般的構造は，図II.6.21に示すように，絶縁性基板上に l だけ離したソースSとドレインD電極をつけ，その間に半導電性チャンネルをつけ，その上に厚さ d の絶縁膜と幅 w のゲート電極Gをつけ

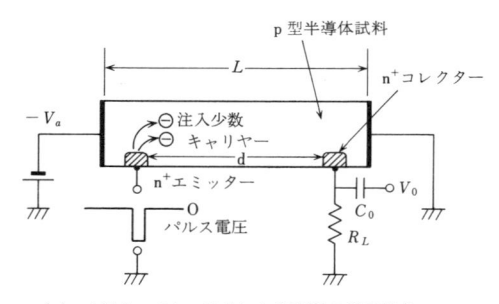

(a) 少数キャリヤー注入によるTOFの電極構成

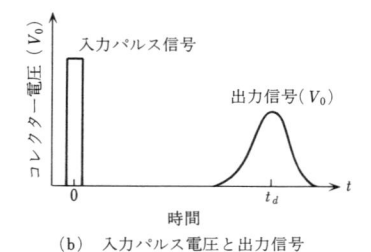

(b) 入力パルス電圧と出力信号

図 II.6.20 電圧パルスによる半導体試料における少数キャリヤー移動度の測定[4]

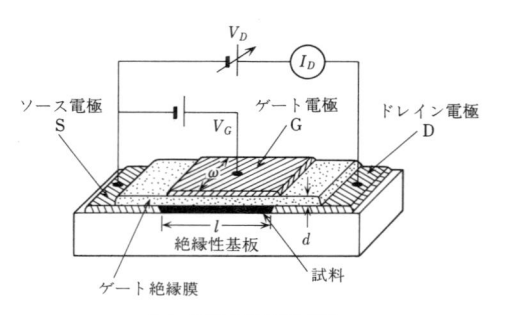

(a) MOS型FETの構造

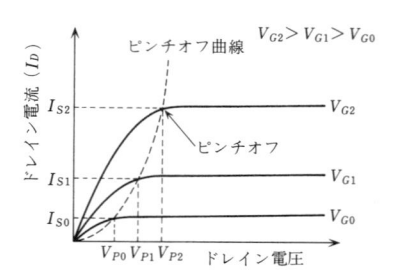

(b) FETのドレイン電圧・電流特性

図 II.6.21 MOS型FETの構造と電流電圧特性

る．半導電性チャンネルがp型の場合，ソースとドレインは電子の注入電極となるように電極材料を用いる．この場合，ゲートにソースに対して正の電圧を印加すると，絶縁膜の下方に電子が誘起されて電子のチャンネルが形成され，ソースとドレイン間の抵抗は減少する．これがn-チャンネルFETの原理である．与えられたゲート電圧におけるドレイン電圧 V_D に対するドレイン電流 I_D は，同図(b)に示すようにあるドレイン電圧で飽和する．この電圧がピンチオフ電圧 V_P といい，そのときの飽和電流 I_S は次式で与えられる[8]．

$$I_S = \mu w \varepsilon_i \varepsilon_0 V_P^2 / (2Id) \quad (A) \quad (\text{II}.6.43)$$

したがって，絶縁膜の比誘電率 ε_i と，w, I, d を測定することによって，式(II.6.43)より移動度を求めることができる．ドレイン電流は飽和しないことがあり，このときはカーブが屈曲するドレイン電圧より求める．また，絶縁膜のリーク電流によって，同様の特性が得られるので，同時にゲート電流を測定し，その確認をする必要がある．良い絶縁膜ではゲートへのリーク電流は流れない．

6.7 熱起電力(熱電能)

図II.6.22(a)に示すように試料の両端に同一の金属ワイヤーで電極をつけ，温度差を与えると温度差 ΔT に比例した起電力 V_S が発生する．これをゼーベック効果といい，$V_S = S\Delta T$ の比例定数 S がゼーベック係数である．厳密には，熱起電力はゼーベック係数がゼロの金属との間に生じる起電力を絶対熱電能という．ゼーベック効果は，高温側にあるキャリヤーが熱拡散によって低温側へ拡散し，拡散によって生じた電界と拡散が平衡状態を保つときの電位である．キャリヤーが負であれば，高温側が正，低温側が負となり，試料内部に生じる電界が温度勾配と向きが反対となるので，負の起電力と定義する．したがって，熱起電力によりキャリヤーの符号を決定することができる．熱起電力は試料の長さに依存せず，温度差と対となる金属電極の種類によって決まる．また，熱起電力は，電流が流れない状態での現象であるから，電流に伴う外的要因を排除した物理量の測定が可能である．

ボルツマン輸送方程式から導かれるゼーベック係数は ζ をフェルミエネルギーとして[20]，

$$S = \pi^2 k^2 T / 3e [\partial \ln \sigma(\varepsilon)/\partial \varepsilon]_{\varepsilon = \zeta} \quad (V/K) \quad (\text{II}.6.44)$$

で与えられる．一般の金属では，$\sigma = ne\mu$ を仮定して，式(II.6.45)のように絶対温度に比例した小さい値を示す．

$$S_M = \pi^2 k^2 T / 3e [D(\varepsilon)/n + \partial \ln \mu(\varepsilon)/\partial \varepsilon] \quad (\text{II}.6.45)$$

ここで，$D(\varepsilon)/n$ は1電子あたりのフェルミ準位での状態密度である．無機半導体では，フェルミ準位が温度に大きく依存するため単純ではなく，さまざまな制限が付随するが，音響フォノン散乱が支配的な非縮退半導体ではゼーベック係数は[21]，

$$S_S = -[(\varepsilon_c - \varepsilon_F)/eT + 2k_B/e] \quad (\text{II}.6.46)$$

で表される．これらの項はいずれもキャリヤーの生成

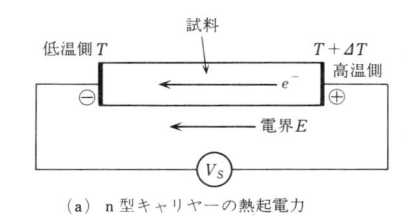

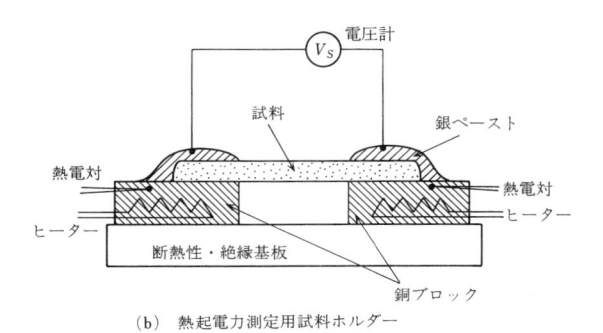

図 II.6.22 熱起電力の測定

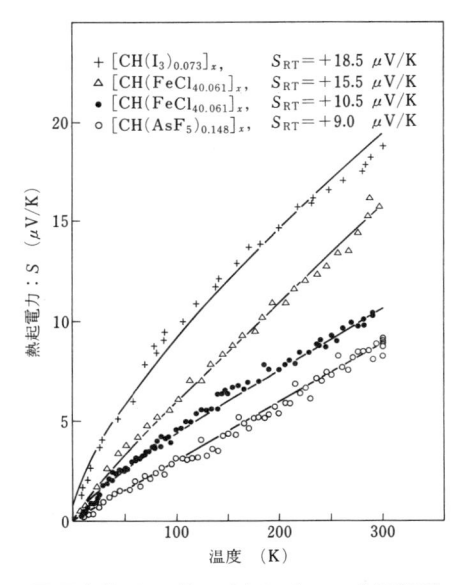

図 II.6.23 ドープしたポリアセチレンの熱起電力[22]

に起因しており，第1項は生成の活性化エネルギー，第2項は伝導帯の実効状態密度の温度依存性に起因するもので約 $0.2\,\mathrm{mV/K}$ の一定値である．

測定方法は，図II.6.22(b)に示すように，絶縁基板上に置いた銅ブロックに試料を銀ペーストで接合し，銅ブロックにヒーターにより温度差を与え，起電力を測定する．温度差はせいぜい数度以内に保つ．電極材料として高温側と低温側に同じ金属を用いて閉ループを形成すれば，熱起電力は温度差が存在する間にだけ生じるので，接合に銀ペーストを用いても問題はない．試料が金属のように熱起電力が小さい場合，リード線による熱起電力を補正しなければならないが，半導体ではその効果を考慮する必要はあまりない．銅の絶対熱電能は室温で約 $+1.7\,\mu\mathrm{V/K}$ である．

熱起電力の温度依存性の測定より，キャリヤーの符号および試料の金属的性質について議論することが可能である．たとえば，図II.6.23に示すドープしたポリアセチレンの熱起電力の実験例のように，ゼーベック係数が数十 $\mu\mathrm{V/K}$ 以下で温度に比例すれば，式(II.6.45)で示すフェルミ準位での状態密度などを評価することができる[22]．また，半導体では式(II.6.46)に示すように熱起電力は数 $\mathrm{mV/K}$ の大きさを示し低温ほど大きくなる． 〔金藤 敬一〕

参考文献

1) 飯田修一ほか：新版物理定数表(1988)，朝倉書店
2) 斉藤軍治：有機エレクトロニクス(谷口彬雄編)，p.285(1986)，サイエンスフォーラム
3) 日本化学会編：第4版実験化学講座9電気・磁気，p.161(1991)，丸善
4) Schroder, D. K.: Semiconductor Material and Device Characterization(1990), J. Wiley
5) Coleman, L. B. *et al.*: *Rev. Sci. Instrum.*, **49**(1978), 58
6) Meixiang, W. *et al.*: *Solid State Commun.*, **47**(1983), 759
7) 深海登世司：半導体工学(1988)，東京電機大学出版局
8) 松波弘之：半導体工学(1988)，昭晃堂
9) Kaneto, K. *et al.*: *Jpn. J. Appl. Phys.*, **24**(1985), L 533
10) Frenkel, J.: *Phys. Rev.*, **54**(1938), 647
11) 和田八三久：高分子の電気物性，p.127(1987)，裳華房
12) Mott, N. F.: Conduction in Non-Crystalline Materials, 2nd ed. p. 28(1987), Clarendon Press, Oxford
13) Mott, N. F., Davis, E. A.: Electronic Process in Non-Crystalline Materials(1979), Clarendon Press, Oxford
14) Epstein, A. J. *et al.*: *Phys. Rev. Lett.*, **50**(1983), 1866
15) 浜口智尋：電子物性入門(1979)，丸善
16) 鹿児島誠一：一次元電気伝導体，p.244(1987)，裳華房
17) Van der Pauw, L. J.: *Philips Res. Reports*, **13**(1958), 6
18) Kaneto, K. *et al.*: *J. Phys. Soc. Jpn.*, **47**(1979), 167
19) Scher, H., Montrol, E. W.: *Phys. Rev.*, **B15**(1975), 2455
20) Ziman, J. M.: Principles of the Theory of Solids, 2nd ed., p. 235(1972), Cambridge Univ. Press
21) 犬石嘉雄ほか：半導体物性I，p.220(1987)，朝倉書店
22) Park, Y. W. *et al.*: *Phys. Rev.* **B30**(1984), 5847

第7章

電気化学技術

7.1 はじめに

有機化合物の酸化還元挙動はその電極反応を調べることにより解明できる．測定は電解液に溶かした形ならびに電極基体上に膜状に固定された形のいずれについても行われるが，電解液中に溶かした場合の方が，理論的な解析には適している．膜上に固定されている場合には分子間に相互作用が存在するが，その評価が容易でなく，これがあいまいさを導入する原因となる．

電極反応の研究の目的は千差万別である．電極反応に関与する電子数，反応物質の溶液中における拡散定数，電極反応の可逆性，酸化還元電位，あるいは，反応機構といった純粋に電気化学計測が対象とすることから，種々の電気化学現象を利用した電池，センサー，表示素子などのデバイス機能の開発と評価に関するものまでも含まれる．ここでは，電気化学計測の基礎にかかわる事項に焦点を絞って要点を述べる．

7.2 電気化学実験[1~8]

7.2.1 電解セル

電解質溶液(electrolyte solution．以下，電解液という)に浸された不溶性の2本の電極を基本構成とする(図II.7.1)．2本の電極のうち，片側が目的とする情報を測定する電極として働き，他側が閉回路を形成するための対となる電極として働く．前者を作用電極(working electrode)あるいは試験電極(test electrode)といい，後者を対極(counter electrode)という．

作用電極で生成したものが対極で逆反応を受けることを望まない場合には，電解セルをイオン交換膜や多孔性のガラスフィルターで仕切って作用電極と対極とを別々に設置する(図II.7.1)．しかし，きわめて短時間に測定を終える場合や，作用電極室と対極室を分離する必要がない場合には，ビーカー形の電解セルを用いることができる．

7.2.2 電極

電解液に溶けている有機物質の電気化学特性を調べるために用いる作用電極と対極は，電気化学測定の間にいずれも安定でなければならない．この意味で実験室では金，白金，ならびにカーボン電極を用いることが多い．カソード反応を対象とする場合には水銀もよく使用される．カーボン電極としては，グラシーカーボン，熱分解グラファイト(pyrolytic graphite)およびカーボンペースト電極[9]が用いられる．

電極は測定に先立って前処理を施す必要がある．前処理の標準的手順は，微細なダイヤモンド粉末やアルミナ研磨用粉末で表面を研磨したのち，超音波洗浄を行い，その後酸もしくはアルカリ洗浄を行う．

一方，有機物質を導電性の電極基体表面に塗付して作用電極を作成して測定に供する場合も多い．この場合にも電極基体には上記の電気化学的に安定な材料を

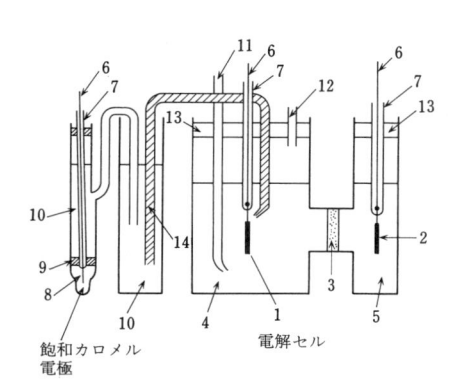

図II.7.1 電解セルの構成
1:作用電極 2:対極 3:隔膜 4:測定浴(目的物質を溶かした電解液) 5:電解液 6:銅リード線 7:ガラス管 8:水銀 9:塩化水銀(I) 10:飽和した塩化カリウム水溶液 11:脱気用窒素またはアルゴンガス導入口 12:ガス出口 13:セルキャップ(セル本体とのすり合わせが望ましい) 14:塩橋

表II.7.1 有機物を固定した電極の調製

1. 有機物を溶かした溶液を電極基体表面に滴下し乾燥させる．
2. 有機物を溶かした溶液に電極基体を浸漬し，取り出し乾燥する操作を繰り返す．
3. スピンコーティング．
4. 電解重合により電極基体上に析出させる．
5. プラズマ重合により電極基体上に析出させる．
6. 電極基体表面に真空蒸着する．
7. 電極表面の水酸基などと反応させる(化学修飾)．

用いる．上記の手順によって表面を清浄にした後に有機物質の塗付膜を作成する．適当な溶媒に溶かした有機物質を表Ⅱ.7.1に示す方法で調製する．

水溶液中で水素を発生しない陰極が望ましいときには水銀が用いられる．また，電極反応進行中に溶液中の反応種や電極基体上の電極反応物質の吸収スペクトル変化を同時に計測する目的では，光学透明電極 (Optically Transparent Electrode; OTE)を用いる (7.11.1項参照)．代表的な OTE には ITO (Indium Tin Oxide-coated glass)もしくは金の超薄膜を蒸着したガラス板がある．

7.2.3 電 解 液

有機物質を電解液に溶かして測定する場合には，その溶解性の点から非水溶液を用いることが多い．目的とする物質が電極反応を起こす電位で溶媒ならびに溶質ともに電気化学的に安定でなければならない．図Ⅱ.7.2に代表的な非水電解液の安定な電位領域(電位窓)を示す[10〜12]．非水電解液中に微量の水が含まれていると電位窓は著しく狭くなる．溶媒の精製のみならず，溶質の脱水にも十分注意を払う必要がある．溶媒としてはアセトニトリル(AN)，ジメチルホルムアミド(DMF)，ジメチルスルホキシド(DMSO)，プロピレンカーボネイト(PC)，が広く使われており，電解質には分解電圧が大きい点から四級アルキルアンモニウムの過塩素酸塩(R_4NClO_4)および四フッ化ホウ酸塩(R_4BF_4)，ならびにそれらのリチウムもしくはナトリウム塩，あるいは六フッ化リン酸塩(KPF_6)などが用いられる．

水溶液の電位窓を飽和カロメル電極に対して求めると，溶液 pH が1増加するごとに25℃では約60mV ずつカソードシフトする．また，電位窓は用いる電極材料によっても異なる．カソード側の安定性は水銀や鉛を用いたときに最大であり，一方，アノード側の安定性は白金や金を用いたときが最大である．

7.2.4 参 照 電 極[13〜15]

作用電極と対極との間に電圧を加えたとき，それぞれの電極電位がどれだけ変化するかを理論的に予測することはできない．そこで，一定の電極電位を有する参照電極(reference electrode)を電解セルに組み入れ，これを基準にして作用電極の電位の測定を行う．参照電極の接続の一例は図Ⅱ.7.1に示した．電解時の測定は図Ⅱ.7.3に示すようにポテンショスタット(potentiostat，定電位電解装置)を用いて行うことが多いが，この場合には，作用電極の電位が参照電極に対して設定した値になるように機器が自動的に働く．

用いられる参照電極は使用する人にかかわらず再現性のある電位を示すことが必要である．代表的な参照電極を表Ⅱ.7.2に示す．水溶液を対象とした測定でもっとも広く用いられるものは，飽和カロメル電極であり，銀・塩化銀電極もよく用いられる．硫酸第一水銀電極は，硫酸イオンを含む電解液を使用する場合に用いる．水酸化カリウム(または水酸化ナトリウム)水溶液を測定浴に使用するときには，同一濃度の水溶液を

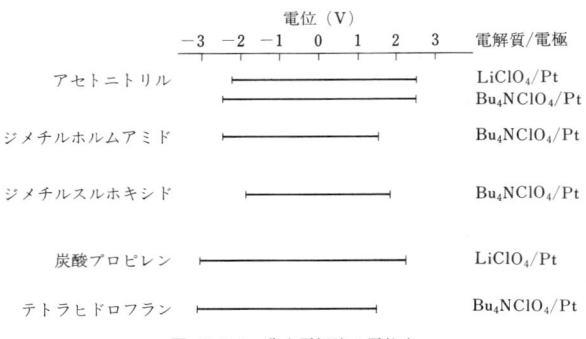

	電位 (V)	
	-3 -2 -1 0 1 2 3	電解質/電極
アセトニトリル	——————	$LiClO_4$/Pt
	——————	Bu_4NClO_4/Pt
ジメチルホルムアミド	————	Bu_4NClO_4/Pt
ジメチルスルホキシド	————	Bu_4NClO_4/Pt
炭酸プロピレン	————————	$LiClO_4$/Pt
テトラヒドロフラン	————	Bu_4NClO_4/Pt

図Ⅱ.7.2 非水電解液の電位窓

表Ⅱ.7.2 代表的な参照電極

	名 称	構 成	略式表示	電極反応	電位 (V vs. SHE)
水溶液系	標準水素電極	HCl($a=1$)/H_2(1 atm)/Pt	SHE	$H^+ + e^- \rightleftarrows \frac{1}{2} H_2$	0
	可逆水素電極	$H^+(10^{-pH})$/H_2(1 atm)/Pt	RHE	$H^+ + e^- \rightleftarrows \frac{1}{2} H_2$	-0.0591 pH
	銀・塩化銀電極	Cl^-(1 mol/dm³)/AgCl/Ag	Ag/AgCl	$AgCl + e^- \rightleftarrows Ag + Cl^-$	0.233
		KCl(飽和)/AgCl/Ag		$AgCl + e^- \rightleftarrows Ag + Cl^-$	0.196
	カロメル電極	Cl^-(1 mol/dm³)/Hg_2Cl_2/Hg	NCE	$\frac{1}{2} Hg_2Cl_2 + e^- \rightleftarrows Hg + Cl^-$	0.281
		KCl(飽和)/Hg_2Cl_2/Hg	SCE	$\frac{1}{2} Hg_2Cl_2 + e^- \rightleftarrows Hg + Cl^-$	0.244
	硫酸第一水銀電極	H_2SO_4(0.5 mol/dm³)/Hg_2SO_4/Hg	Hg_2SO_4/Hg	$\frac{1}{2} Hg_2SO_4 + e^- \rightleftarrows Hg + \frac{1}{2} SO_4^{2-}$	0.615
		K_2SO_4(飽和)/Hg_2SO_4/Hg		$\frac{1}{2} Hg_2SO_4 + e^- \rightleftarrows Hg + \frac{1}{2} SO_4^{2-}$	0.640
	酸化水銀電極	KOH(1 mol/dm³)/HgO/Hg	HgO/Hg	$HgO + H_2O + 2e^- \rightleftarrows Hg + 2OH^-$	0.110
非水溶液系	銀・銀イオン電極	Ag^+(0.01 mol/dm³)/Ag	Ag^+/Ag	$Ag^+ + e^- \rightleftarrows Ag$	0.54*

* 溶媒にアセトニトリルを用いた場合．

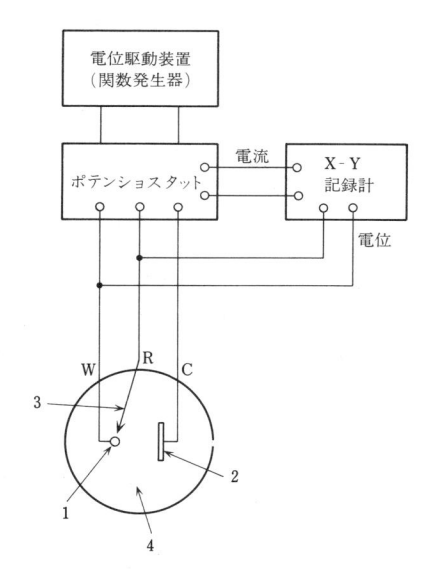

図 II.7.3 ポテンショスタットを用いた電解測定回路の構成
1：作用電極 2：対極 3：参照電極 4：電解液
サイクリックボルタンメトリーのときには電位駆動装置をポテンショスタットにつなぐとともに X-Y 記録計で電流と電位の関係を記録する．

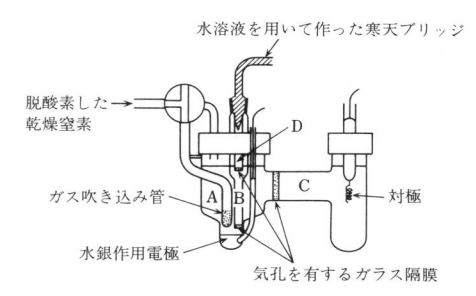

図 II.7.4 飽和甘こう電極を接続した非水電解液を用いる電気化学測定セル[17]
寒天ブリッジを非水電解液の管 D にセットし，非水電解液 B を仲立ちにして作用電極の浸されている電解液と接続する．

電解液に用いた酸化水銀電極を参照電極に用いることが多い．

参照電極の電解液と測定浴の電解液の組成は，通常は異なるので，両者の接続には図 II.7.1 に示すように塩橋(salt bridge)を用いる．通常用いる塩橋は，寒天(agar)を塩化カリウムの飽和水溶液で煮て，これをガラス管に入れて冷却固化したものである．作用電極の電位を正確に測定するためには，塩橋の先端をできるだけ作用電極に近づけなくてはならない．そして，測定時に電極表面での電流分布を均一にするため，塩橋の先端は細くしなければならない．

非水電解液を用いるときの参照電極としては，銀電極(Ag^+/Ag)と飽和甘こう電極がもっともよく用いられる．これらの参照電極と作用電極との接続では，用いる非水電解液を構成する溶媒と溶質を用いた塩橋で接続することが望ましい．しかし，溶媒の関係で固化した塩橋を作製できないことが多い．このような場合には，きわめて目の細かいガラスやセラミックスの隔板で参照電極の先端を封じて使用する．参照電極の電解液が直接測定浴に混入するのを防ぐためには，参照電極の接続を工夫する必要がある．一例を図 II.7.4 に示す．

非水電解液の場合には，参照電極を用いる代わりにフェロセン/フェリセニウム対[16]もしくはビス(ビフェニル)クロミウム(0)/ビス(フェニル)クロミウム(I)対[17]を溶かして参照レドックスシステムとして用いることも有効なことが多い．非水電解液を用いる測定で，しばしばトラブルの原因になるのは，そこに含まれている微量の水であるので，電解液の調製には細心の注意を払わなければならない．

7.3 電極反応の速度式

7.3.1 電極反応速度と電流の関係

有機化合物 Ox を作用電極で R に還元する場合を考える．

$$Ox + ne^- \rightleftarrows R \qquad (II.7.1)$$

電流 I(A)を時間 t(s)流すと電気量 Q(C)になる．

$$Q = It \qquad (II.7.2)$$

$$I = \frac{dQ}{dt} \qquad (II.7.3)$$

電流 I が Ox の還元にのみ使われたとすれば反応した Ox および生成する R のモル数 N はファラデーの法則により次式で与えられる．

$$Q/nF = N \qquad (II.7.4)$$

F：ファラデー定数(96487 C/mol)

一方，R の生成速度(mol/s)は

$$dN/dt = (dQ/dt)\left(\frac{1}{nF}\right) = I/nF \qquad (II.7.5)$$

すなわち，電流は電極反応の速度に他ならない．

7.3.2 反応速度と過電圧

式(II.7.1)に記した電極反応で，R と Ox が 1 mol/dm³ のときの電極電位を式量電極電位(formal electrode potential)といい記号 $E^{o\prime}$ で示す．R と Ox が任意の濃度のときの平衡電極電位，すなわち外部から電極に電圧を加えていないときの電極電位 E_{eq} は，ネルンストの電極電位の式によって与えられる．

$$E_{eq} = E^{o\prime} - \frac{RT}{nF} \ln \frac{C_R}{C_{ox}} \qquad (II.7.6)$$

ここで C_R と C_{ox} は還元体 R と酸化体 Ox のモル濃度であり，R は気体定数である．

還元反応を進行させるためには，平衡電位から作用電極が負，対極が正になるように電圧を加えなければならない．加える電圧の大きさに応じて作用電極の電子のエネルギーが上昇し，対極の電子のエネルギーは下がる（図Ⅱ.7.5）．電圧を加えたときの電極電位 E と平衡電位の差を過電圧といい記号 η で示す．

$$\eta = E - E_{eq} \qquad (\text{Ⅱ}.7.7)$$

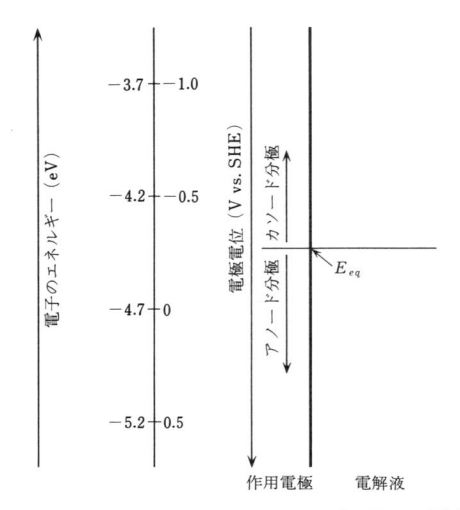

図 Ⅱ.7.5 電極中の電子のエネルギーと電極電位との関係
SHE：標準水素電極，SHE は真空準位基準で約 $-4.7\,\mathrm{eV}$ の電子のエネルギーを有している[8]．図は $E_{eq} = -0.26\,\mathrm{V\ vs\ SHE}$ の場合について描いてある．

溶液中の酸化還元対の有する電子のエネルギーは平衡電位に等価であるので，η が大きくなればなるほど電極の有する電子のエネルギーと溶液中の酸化還元対の電子のエネルギー差が大きくなる．エネルギー差が生じれば，その大小に応じてエネルギーの高い電子が低い方へ移動する．このとき，化学物質は酸化もしくは，還元を受ける．外部から電圧を加えて電極電位を平衡状態からずらすことを分極（polarization）といい，電位をカソードシフトさせる分極をカソード分極という．アノードシフトさせる分極はアノード分極である．カソード分極することによって作用電極はカソード（陰極）として働くようになり，対極はアノード（陽極）として働くようになる．

化学電池では，外部から電圧を加えないが電池が働くときには，正の極では還元反応が起こり，一方，負の極では酸化反応が起こる．したがって，電池の正極はカソードであり，負極はアノードである．

7.3.3 電極反応の起こるプロセス

電極反応は反応物質が電極表面で電子のやりとりを行うことによって進行する．この電子のやりとりを行う過程を電子移動過程（electron transfer process）という．電極表面で反応種が消費されると，新たな反応種が電解液の沖合から電極表面に主として拡散により補給される（図Ⅱ.7.6）．一方，電極で新たに生成したものは，電解液の沖合に向って拡散により移動する．反応種や生成物の電解液内における移動には，電気泳動や対流の寄与もあるが，濃度勾配に基づく拡散の寄与に比べると小さい．いずれにしろ，反応種の補給が電極反応の速度を決める場合にはこれを物質移動

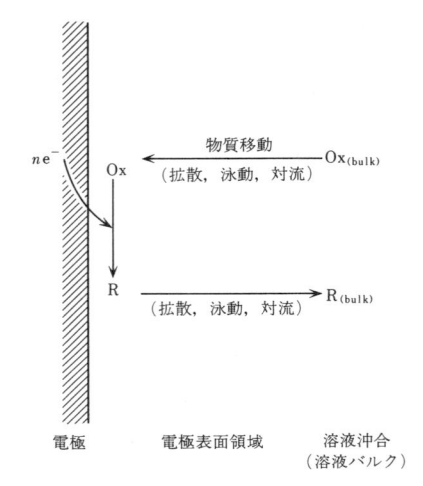

図 Ⅱ.7.6 もっとも単純な電極反応過程

表 Ⅱ.7.3 代表的な電極反応過程

電極反応の形	電極反応
反応物質の吸着を伴う反応 （AE 反応）	$Ox \rightleftarrows Ox(ad)$ $Ox(ad) + ne^- \rightleftarrows R$
生成物の吸着を伴う反応 （EA 反応）	$Ox + ne^- \rightleftarrows R$ $R \rightleftarrows R(ad)$
化学反応後電子移動 （CE 反応）	$Z \rightleftarrows Ox$ $Ox + ne^- \rightleftarrows R$
電子移動後化学反応 （EC 反応）	$Ox + ne^- \rightleftarrows R$ $R \rightleftarrows Z$
電子移動後接触再生反応 （EC(catalytic) 反応）	$Ox + ne^- \rightleftarrows R$ $R + Z \rightarrow Ox + P$
電子移動後二量化反応 （EC(dimerization) 反応）	$Ox + ne^- \rightleftarrows R$ $2R \rightarrow Z$
電子移動後不均化反応 （EC(disproportionation) 反応）	$Ox + ne^- \rightleftarrows R$ $2R \rightarrow Ox + Z$
逐次電子移動反応 （EE 反応）	$Ox + e^- \rightleftarrows A$ $A + e^- \rightleftarrows R$
電子移動・化学反応・電子移動 （ECE 反応）	$A + ne^- \rightleftarrows B$ $B \rightarrow C$ $C + ne^- \rightleftarrows R$

ad：adsorption　C：chemical　E：electrochemical.

(mass transfer)律速という．

図Ⅱ.7.6にはもっとも単純な電極反応の過程を示したが，有機化合物の電極反応過程は一般にもっと複雑であると考えられる．物質移動過程を除いた電極反応過程のみについて代表的な反応様式を表Ⅱ.7.3に示す．

溶媒和した反応種は電極表面の溶媒分子1分子層を隔てた外部ヘルムホルツ面で電極と電子交換を起こす（図Ⅱ.7.7）．外部ヘルムホルツ面は溶媒和した反応種が電極にもっとも近づきうる場所であり，ここから遠ざかるにつれて反応種と電極との間で電子移動が起こる確率は指数関数的に減少する．

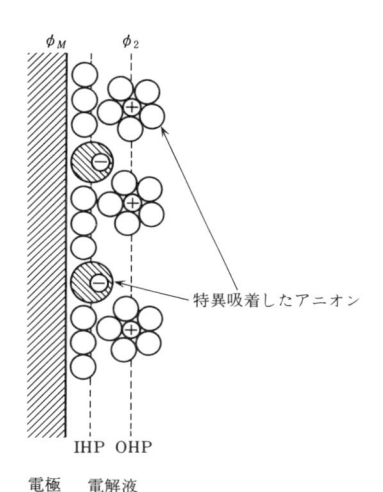

図 Ⅱ.7.7 電極表面/電解液界面の構造
IHP：内部ヘルムホルツ面，OHP：外部ヘルムホルツ面，○：溶媒分子，⊕：電極反応を起こす溶媒和したカチオン．

作用電極をカソード分極（もしくはアノード分極）すると，作用電極と溶液バルクの間に分極に相当する電位差が生じる．しかし，電極反応は外部ヘルムホルツ面で起こるので，電極反応の駆動には電極と外部ヘルムホルツ面の間の電位差が重要になる．電気二重層に関するシュテルンの理論をもとにすると，電極と溶液の沖合の間の電位差（$\phi_M - \phi_S$）のうち，電極と外部ヘルムホルツ面の間の電位差（$\phi_M - \phi_2$）がどれほど占めるかを概算することができる[19]．図Ⅱ.7.8は水銀電極を帯電のない電位から分極したときに，外部ヘルムホルツ面と溶液の沖合との間に生じる電位差を電解質濃度をパラメーターとして示している．横軸に任意の電位差を選び，そこから，縦軸の電位差を差し引くと，電極と外部ヘルムホルツ面の間に生じる電位差（$\phi_2 - \phi_S$）が求められる．図Ⅱ.7.8によれば，電解質濃度が大きければ $\phi_2 - \phi_S$ が小さい．すなわち $\phi_M - \phi_2$ が大きい

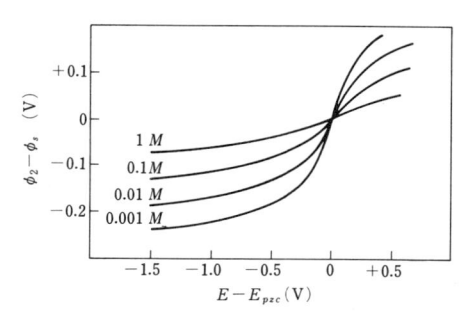

図 Ⅱ.7.8 電極を帯電のない電位（E_{pzc}）から E に分極したときの外部ヘルムホルツ面の電位 ϕ_2 と電解液沖合の電位 ϕ_S との差

ことがわかる．このことから，電解液には反応種以外に反応を起こさない電解質を多量に加えておく必要性が理解できる．

表 Ⅱ.7.4 電極反応の速度式

バトラー-ボルマー式
$$I = nFAk^0 \left\{ C_{ox}(0,t) \exp\left[\frac{-\alpha n_a F}{RT}(E-E^{o\prime})\right] - C_R(0,t) \left[\exp\frac{(1-\alpha) n_a F}{RT}(E-E^{o\prime})\right] \right\} \quad (\text{Ⅱ}.7.8)$$

交換電流密度（$E = E_{eq}$ における I/A）
$$i_0 = nFk^0 C_{ox}^* \left[\exp\frac{-\alpha n_a F}{RT}(E_{eq}-E^{o\prime})\right]$$
$$= nFk^0 C_R^* \left[\exp\frac{(1-d) n_a F}{RT}(E_{eq}-E^{o\prime})\right] \quad (\text{Ⅲ}.7.9)$$

ネルンストの電極電位の式（式（Ⅱ.7.9）より）
$$E_{eq} = E^{o\prime} - \frac{RT}{n_a F} \ln \frac{C_R^*}{C_{ox}^*} \quad (\text{Ⅱ}.7.10)$$

式（Ⅱ.7.9）と（Ⅱ.7.10）より
$$i_0 = nFk^0 C_R^{*\alpha} C_{ox}^{*(1-\alpha)} \quad (\text{Ⅱ}.7.11)$$

式（Ⅱ.7.8）と（Ⅱ.7.9）より
$$i = i_0 \left\{ \frac{C_{ox}(0,t)}{C_{ox}^*} \exp\left[\frac{-\alpha n_a F}{RT}\eta\right] - \frac{C_R(0,t)}{C_R^*} \exp\left[\frac{(1-\alpha) n_a F}{RT}\eta\right] \right\} \quad (\text{Ⅱ}.7.12)$$

$C_{ox}(0,t) = C_{ox}^*$, $C_R(0,t) = C_R^*$ のとき
$$i = i_0 \left\{ \exp\left[\frac{-\alpha n_a F}{RT}\eta\right] - \exp\left[\frac{(1-\alpha) n_a F}{RT}\eta\right] \right\} \quad (\text{Ⅱ}.7.13)$$

η が負で大（$|\eta| > 100$ mV）のとき，
$$i = i_0 \exp\left(\frac{-\alpha n_a F}{RT}\eta\right) \quad (\text{Ⅱ}.7.14)$$

η が正で大（$\eta > 100$ mV）のとき，
$$i = i_0 \exp\left[\frac{(1-\alpha) n_a F}{RT}\eta\right] \quad (\text{Ⅱ}.7.15)$$

式（Ⅱ.7.14）と（Ⅱ.7.15）の一般式（ターフェルの式）
$$\eta = a \pm b \log i \quad (\text{Ⅱ}.7.16)$$

（カソード反応に対して）
$$a = \frac{RT}{\alpha n_a F} \log i_0, \quad b = \frac{RT}{\alpha n_a F} \quad (\text{Ⅱ}.7.17)$$

（アノード反応に対して）
$$a = \frac{-RT}{(1-\alpha) n_a F} \log i_0, \quad b = \frac{RT}{(1-\alpha) n_a F} \quad (\text{Ⅱ}.7.18)$$

η がきわめて小（$|\eta| \ll 5$ mV）のとき
$$i = i_0 \frac{n_a F}{RT} \eta \quad (\text{Ⅱ}.7.19)$$

I：電流，A：電極面積，k^0：標準速度定数，$C_{ox}(0,t)$, $C_R(0,t)$：酸化体，還元体の時間 t における電極表面（$x=0$）での濃度，α：遷移係数（$0 < \alpha < 1$），n_a：律速段階に関与する反応電子数，$E^{o\prime}$：式量電極電位．C_{ox}^*, C_R^*：溶液結合における酸化体と還元体の濃度．

7.3.4 電流-電位の関係式[4,20〜24]

電流 I と電極電位 E との間には，表II.7.4中の式(II.7.8)で示すバトラー-ホルマーの関係式が成り立つ．電極に電圧をかけず平衡電位にあるとき ($E=E_{eq}$)，右辺第1項と第2項が等しくなり，このときの電流を交換電流，単位電極面積あたりの電流を交換電流密度といい，記号 i_0 で示す(式(II.7.9))．i_0 はまた式(II.7.11)でも与えられる．電極反応進行時に電極表面の反応種の濃度が電解液の沖合の濃度に実質上等しいときには，バトラー-ホルマー式は式(II.7.13)で与えられる．このような条件が成り立つのは，電解電流が小さいときである．

電流-電位曲線の測定に際して過電圧 $|\eta|$ が100mVを越えると，対象とするアノード反応(ηが正)もしくはカソード反応(ηが負)の電流は i_0 に比べて大きくなり，逆反応の電流は，実質上無視できる．このようなときには，ターフェルの式(式(II.7.16))が成立し，式中の係数は式(II.7.17)と式(II.7.18)で与えられる．

7.3.5 電流-電位曲線の表し方

作用電極の電位と電流(密度)との関係は，通常は電圧を X 軸に，電流を Y 軸にとって示す．そして，X 軸の右ほど正電位に，また Y 軸の上方ほどアノード電流が大きくなるように座標をとって描く．IUPAC規約では，正の電荷が電極から電解液相に流れ込むときを電流の正とするので，アノード電流が正である．一方，電極反応の理論がカソード反応を対象としたポーラログラフィーを基礎に発達したという歴史を反映して，カソード電流を正とする取扱いが多く見られる．そこでここでは，電流-電位曲線の表示はIUPAC規約に従い，理論式の取扱いではカソード電流を正，アノード電流を負として記述する．すでに，これまでの式もこの取扱いで進めてきた．

図II.7.9には電流-電位曲線のターフェルプロットを示す．$\log i$ と η との間で直線関係が成り立つとき，これを $\eta=0$ に外挿したときの Y 軸の切片から交換電流密度 i_0 が求められる．また，$\log i$ と η の直線関係の勾配から αn_a が求まる．

7.3.6 可逆な電極過程と非可逆な電極過程

図II.7.9に示したようなターフェルの関係式が成り立つのは，電流-電位曲線の測定中に反応物質の電極表面における濃度が実質上変化しないような場合であって，流れる電流が小さいことが不可欠である．すなわち，交換電流密度が小さい反応でなければならない．水の酸化や還元反応ではターフェル式がよく成立する．このような交換電流密度の小さい電極反応過程を非可逆電子移動過程(irreversible electrode process)という．

交換電流密度の大きな電極反応系では，ごくわずかの過電圧を加えるだけでも正逆両方向に大きな電流が流れる．i_0 が大きいので式(II.7.13)において $i/i_0=0$ と置いて式を整理する．

$$E = E^{\circ\prime} - \frac{RT}{nF} \ln \frac{C_R(0,t)}{C_{ox}(0,t)} \quad (\text{II}.7.20)$$

が得られる．すなわち，i_0 の大きな電極過程は反応物質の電極表面濃度がネルンストの電極電位の式を満足するように，速やかに反応する性質を有している．このような電極過程を可逆電極過程(reversible electrode process)という．

7.3.7 拡散律速のもとにおける電解電流

反応物質 Ox のみを含む静置した電解液中に平板電極を浸し，Ox が還元されない十分に正の電位から，大きなカソード電流が流れて Ox の電極表面における濃度が瞬時にゼロになるような大きなカソード過電圧を加えたとする．このとき，電解時間の経つにつれて電極表面で Ox の濃度勾配を有する層(拡散層)が広がる．図II.7.10にフィックの拡散方程式を解くことによって求められた拡散層の成長の様子を示す．電解時間 t の増加による拡散層の成長を反映して，電解電流は表II.7.5の式(II.7.21)で示されるように逆比例する．この式はコットレル(Cottrell)の式といわれる．電流の大きさは反応物質が電極表面に拡散で送られてくる速度によって決定される．これを拡散律速という．

電極反応が拡散律速で進行するときには式

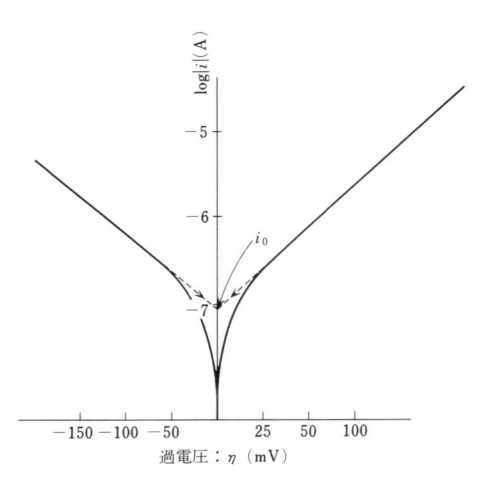

図 II.7.9 電流-電位曲線のターフェルプロットの一例

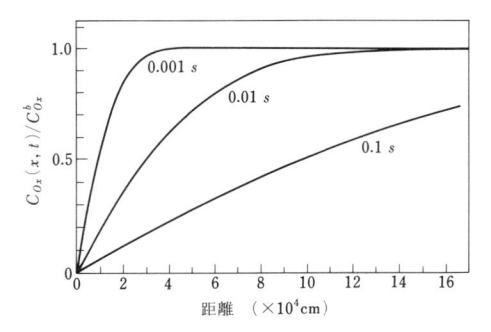

図 II.7.10 電極表面における反応種 Ox の濃度が瞬時にゼロになるような大きなカソード電流を通したときの電極表面から電解液の沖合に向けての濃度勾配を有する層（拡散層）の広がり

$C_{ox}(x,t)$：電解時間 t における電極表面から距離 x 離れた電解液における Ox の濃度，$C_{ox}{}^b$：電解液の沖合における Ox の濃度．図中の数字は電解時間を示す．$D_{ox}=1.0\times10^{-5}\,\mathrm{cm^2/s}$ の場合についての計算結果を示す．

表 II.7.5 拡散過程が支配する電解電流（$Ox+ne^-\rightleftarrows R$）

コットレルの式
$$i(t)=\frac{nFD_{ox}{}^{1/2}C_{ox}{}^*}{\pi^{1/2}t^{1/2}} \quad (\mathrm{II}.7.21)$$

拡散過程が律速する電解電流（$Ox+ne^-\rightleftarrows R$）
$$i=nFD_{Ox}\left(\frac{\partial C_{Ox}(0,t)}{\partial x}\right)-nFD_R\left(\frac{\partial C_R(0,t)}{\partial x}\right) \quad (\mathrm{II}.7.22)$$

$$\frac{\partial C_{Ox}(0,t)}{\partial x}=\frac{C_{Ox}{}^*-C_{Ox}(0,t)}{\delta_{ox}},\quad \frac{\partial C_R(0,t)}{\partial x}=\frac{C_R{}^*-C_R(0,t)}{\delta_R} \quad (\mathrm{II}.7.23)$$

拡散限界電流
（カソード反応 $C_{ox}(0,t)=0$）
$$i_{l,c}=nFD_{ox}\frac{C_{ox}{}^*}{\delta_{ox}} \quad (\mathrm{II}.7.24)$$

（アノード反応 $C_R(0,t)=0$）
$$i_{l,a}=-nFD_R\frac{C_R{}^*}{\delta_R} \quad (\mathrm{II}.7.25)$$

式（II.7.24）と式（II.7.25）より
$$\frac{C_O(0,t)}{C_{ox}{}^*}=1-\frac{i}{i_{l,c}} \quad (\mathrm{II}.7.26)$$

$$\frac{C_R(0,t)}{C_R}=1-\frac{i}{i_{l,a}} \quad (\mathrm{II}.7.27)$$

式（II.7.26）と式（II.7.27）を式（II.7.12）に代入
$$i=i_0\left[\left(1-\frac{i}{i_{l,c}}\right)\exp\left(\frac{-\alpha n_aF}{RT}\eta\right)-\left(1-\frac{i}{i_{l,a}}\right)\exp\left(\frac{(1-\alpha)n_aF}{RT}\eta\right)\right] \quad (\mathrm{II}.7.28)$$

D_{ox}, D_R：Ox と R の拡散定数，δ_{ox}, δ_R：電極表面に形成される Ox と R の濃度勾配を有する層（拡散層）の厚さ．

（II.7.22）と式（II.7.23）が成立する．そして，最大の電流は反応種の電極表面濃度がゼロのときであり，このときに得られる電流を拡散限界電流といい，式（II.7.24）と式（II.7.25）で与えられる．したがって，式（II.7.22）～（II.7.25）を組み合わせると，式（II.7.26），（II.7.27）が得られ，これを式（II.7.12）に代入することによって，拡散限界電流を加味したバトラー–ホルマー式（II.7.28）が得られる．

静止溶液を用いて定常法（7.4節参照）で電流-電位曲線を測定するとき，非可逆な電極過程でも過電圧がある程度以上に大きくなると，電流と電位の関係はターフェルの式からずれて，電流が次第に一定値に飽和する傾向を示す．この飽和電流が限界電流である．

7.3.8 電流-電位曲線の測定法

測定方法には定常法と非定常法がある．

a. 定常法

1） 定電位法 作用電極を一定の電極電位に分極して観測される定常電流を読み取るという操作を種々の電極電位について行うことによって，電流-電位曲線を得る方法である．

2） 定電流法 作用電極に一定の電流を流したときに測定される定常電位を電流の大きさを変えて求めることによって，電流-電位曲線を得る方法である．

いずれも非可逆反応系の測定に対してのみ有効である．

b. 非定常法

1） 電位規制法（potentiostatic electrolysis） 作用電極に時間の関数として規制された電位もしくは電位ステップを加えたときに観測される電流や電気量の時間変化を調べる方法．

2） 電流規制法（galvanostatic electrolysis） 電流パルスを加えたときに観測される電位の時間変化を調べる方法．

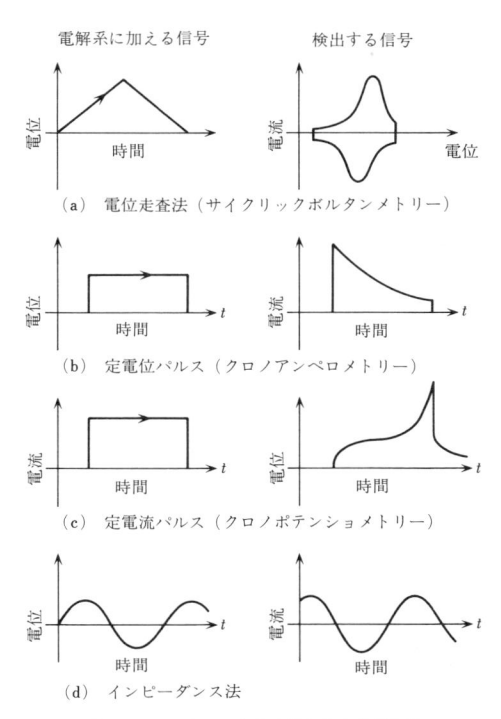

図 II.7.11 もっとも基本的な非定常測定法

（a） 電位走査法（サイクリックボルタンメトリー）
（b） 定電位パルス（クロノアンペロメトリー）
（c） 定電流パルス（クロノポテンショメトリー）
（d） インピーダンス法

3) 電気量規制法(coulostatic electrolysis)　電気量を時間の関数として外部より規制し電極電位の時間変化を調べる方法.

これらの電位ステップや電流パルスを加える計測法について，加える信号と解析すべき応答信号を図Ⅱ.7.11に示す.

非定常測定法のなかで電位走査法(potential sweep method)が最も広く用いられており，なかでもサイクリックボルタンメトリー(cyclic voltammetry)が人気が高い．そこで，ここでもサイクリックボルタンメトリーを中心に測定法の概要を記す．ボルタンメトリーは広義には，電流と電位の関係を調べることをいうが，作用電極の電位を一定の速度で変化させながら電流と電位の関係を求めて解析する方法に対して，この用語が使われることの方が多い．

7.4　サイクリックボルタンメトリー[25〜28]

作用電極に加える電位の上限 E_1 と下限 E_2 を設定し，この間を一定の速度で繰り返し変化させて，電流を記録することによって電流と電位の関係を求め，これを解析する手法をサイクリックボルタンメトリーという．得られる電流と電位の関係図をサイクリックボルタモグラム(cyclic voltammogram)という．電解液は静置して求める．

7.4.1　可逆電子移動過程のボルタモグラム

電解液中に可逆反応性(7.3.6項参照)を示す酸化還元対の酸化体のみが存在し，それが設定された電位範囲内で式(Ⅱ.7.1)に示す酸化還元反応を受けるものとする．この場合に平衡電位は式(Ⅱ.7.6)で与えられる．電位走査開始時には $C_R=0$ であるので，E_{eq} は理論的には正で無限大である．しかし，実際に平衡電位を測定すると，E_{eq} は式量電極電位 $E^{o'}$ よりも $+0.2〜+0.3$ V であることが多い．かりに $+0.3$ V とすると，このことは反応電子数 $n=1$ の反応種であれば C_R が C_{Ox} の 10^{-5} 倍存在していることと等価である．いずれにしろ Ox を還元させるのであるから電位の上限を $E^{o'}$ よりも $0.2〜0.3$ V 正側に設定し，ここから電位走査速度 v(V/s)でカソード方向に電位走査を行う．この操作をカソードスイープという．時間 t 秒後の電位は

$$E = E_1 - vt \qquad (Ⅱ.7.29)$$

t_1 秒後に折返し電位 E_λ に達し，ここでアノード方向に電位走査を行うと，この間の電位は

$$E = E_\lambda + v(t-t_1) = E_1 - 2vt_1 + vt \qquad (Ⅱ.7.30)$$

第1回目のカソードスイープとアノードスイープで得られるボルタモグラムと電極表面における Ox と R の濃度プロファイルを模式的に図Ⅱ.7.12に示す．電位をカソード方向に動かすにつれて，還元反応を起こす速度が増し，電流は図Ⅱ.7.12の a → d へと増加する．これにつれて Ox の減少と R の増加傾向が強まる．

電極表面における Ox の減少につれて拡散層が拡がり(7.3.7項参照)，拡散層の濃度勾配が減少してくる．このことによって，Ox の電極表面への補給速度が低下し，電流が低下する(図Ⅱ.7.12の d → f)．カソード電流が最大になる電位のことをカソードピーク電位といい，記号 E_p^c で示す．そして，このときの電流をカソードピーク電流といい I_p^c で示す．アノード反応についても同様である．可逆反応系では，電位走査は E_p^c を過ぎて $0.2〜0.3$ V くらいで逆向きに折り返す．

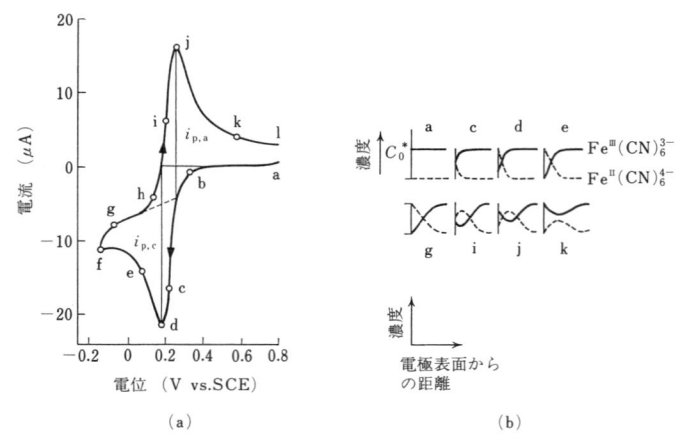

図 Ⅱ.7.12　可逆反応系($Fe^{III}(CN)_6^{3-} + e^- \rightleftarrows Fe^{II}(CN)_6^{4-}$)のサイクリックボルタモグラム(a)と反応種の電極近傍における濃度プロファイル(b)
　　　　　電解開始の a 点では $Fe^{III}(CN)_6^{3-}$ のみが存在する．

このとき，カソードスイープで生成したRがもとのOxに酸化される．アノードスイープの増すにつれてRの酸化速度が大きくなり，それにつれて電極表面濃度が減少する．電位走査を開始するときの電位E_1に戻ったときの反応種RとOxの濃度プロフィル（図II.7.12(j)）はスタート時の(a)と完全には合致しない．そして二度目の電位走査はほぼ(k)に近い状態からスタートすることになる．このため，サイクリックボルタモグラムは第1回の電位走査と二度目とでは若干異なる．何回もスイープを繰り返すと，開始と終了時の濃度プロフィルはほぼ同じになる．電位走査を一度だけa→f→lと行うのを単掃引ボルタンメトリーといい，これを繰り返すのを多重掃引ボルタンメトリーという．理論的に取り扱うには，単掃引ボルタンメトリーが最も適している．

可逆反応系では，電極表面における反応物質の濃度$C_{Ox}(0,t)$，$C_R(0,t)$は式（II.7.6）で与えられるネルンストの式を満足する．それゆえ，第1回目のカソードスイープ時には

$$\frac{C_{Ox}(0,t)}{C_R(0,t)} = \exp\frac{nF}{RT}(E_1 - E^{0\prime} - vt)$$

が成立する．C_{Ox}とC_Rに対してフィックの拡散方程式を適用し，初期条件と境界条件を用いて解き，サイクリックボルタモグラムの理論式が求められる．

平板状電極を用いる場合には[29]，

$$I = nFA\left(\frac{nF}{RT}v\right)^{1/2} D_{ox}^{1/2} C_{ox}^* \sqrt{\pi}\chi(at) \quad (\text{II}.7.32)$$

が成り立つ．水銀吊り下げ電極のような球状電極を用いるときには式（II.7.33）が成立する[30]．

$$I = nFA\left(\frac{nF}{RT}v\right)^{1/2} D_{ox}^{1/2} C_{ox}^{*1/2} \sqrt{\pi}\chi(at)$$
$$+ \left(\frac{nF}{RT}v\right)^{1/2} FAD_{ox}C_{ox}^*\left(\frac{1}{r_0}\right)\phi(at)$$
$$(\text{II}.7.33)$$

表 II.7.6 可逆電子移動過程の電流関数の値

$(E-E^{1/2})n$ (mV)	$\sqrt{\pi}\chi(at)$	$\phi(at)$
120	0.009	0.008
80	0.042	0.041
60	0.084	0.087
40	0.160	0.173
20	0.269	0.314
10	0.328	0.403
0	0.380	0.499
−5.34		
−10	0.400	0.596
−20	0.441	0.685
−28.50	0.4463	0.7516
−30	0.438	0.763
−40	0.421	0.826
−50	0.399	0.875

ここで，Aは電極面積，r_0は球状電極の半径であり，$\sqrt{\pi}\chi(at)$と$\phi(at)$は電流関数といわれ，表II.7.6で与えられる．R, T, Fに数値を代入すると25°Cで式（II.7.32）は式（II.7.34）になる．

$$I = 602An^{3/2}D_{ox}^{1/2}v^{1/2}C_{ox}^*\sqrt{\pi}\chi(at) \quad (\text{II}.7.34)$$

ここで，D_{ox}の単位をcm^2/s，濃度をmol/dm^3，Aをcm^2で与えると電流はアンペアの単位になる．$\sqrt{\pi}\chi(at)$について図示したのが図II.7.13である．

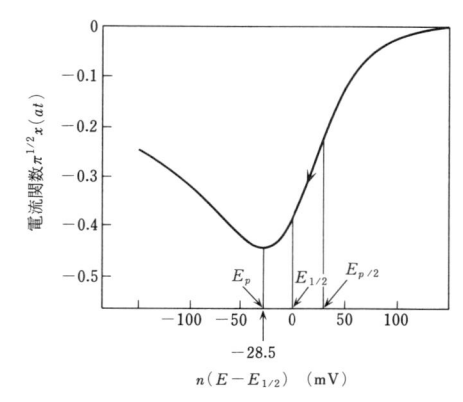

図 II.7.13 可逆反応系の25°Cにおける電流関数

表 II.7.7 可逆電子移動反応（$Ox + ne^- \rightleftarrows R$）のサイクリックボルタモグラム

$i_p^c(A) = 2.69 \times 10^5 n^{3/2} D_{ox}^{1/2} v^{1/2} C_{ox}^*$	(II.7.35)
$E_p^c(V) = E^{0\prime} + \frac{2.3RT}{n}\log\left(\frac{D_{ox}}{D_R}\right)^{1/2} - 1.109\frac{RT}{nF}$	(II.7.36)
$E_p^c(V) = E_{1/2} - 1.109\frac{RT}{nF} = E_{1/2} - \frac{0.0285}{n}$ (25°C)	(II.7.37)
$\left(E_{1/2} = E^{0\prime} + \frac{2.3RT}{n}\log\left(\frac{D_{ox}}{D_R}\right)^{1/2}\right)$	
$E_p^c(V) = E^{0\prime} - \frac{0.0285}{n}$ (25°C) ($D_{ox}=D_R$のとき)	(II.7.38)
$E_p^a(V) = E_{1/2} + \frac{0.0285}{n}$ (25°C)	(II.7.39)
$E_p^a - E_p^c = \frac{0.057}{n}$ (25°C)	(II.7.40)
$E_{p/2}^c = E_{1/2} + \frac{0.028}{n}$ (25°C)	(II.7.41)
$E_p^c - E_{p/2}^c = -\frac{0.0565}{n}$	(II.7.42)
$E_p^a - E_{1/2}^a = \frac{0.0565}{n}$	(II.7.43)

i_p^cは$\sqrt{\pi}\chi(at) = 0.0463$のときに得られ，その値は，平板電極については表II.7.7の式（II.7.35）で与えられる．そして，E_p^cは式（II.7.36）で与えられる．式（II.7.36）の右辺第1項と第2項の和はポーラログラフィー（7.5節参照）における半波電位といわれ，反応系に固有の値を有する．これを用いるとE_p^cは式（II.7.37）で与えられる．

E_λで折り返したときに得られるアノード反応に対しても，カソード反応と同様な関係式（II.7.39）が成り

立つ．それゆえ，E_p^a と E_p^c の差は電位走査速度に無関係であり，式（II.7.40）で与えられる．i_p の1/2の大きさの電流を与える電位を半ピーク電位といい，記号 $E_{p/2}$ で示すと，これも $E_{1/2}$ と式（II.7.41）で関係づけられる[31]．それゆえ，式（II.7.42）と式（II.7.43）が得られる．

7.4.2 準可逆および非可逆電子移動過程のボルタモグラム

可逆電子移動過程では電位走査の間の任意の電極電位において，電極電位と電極表面における反応種の間に電極電位に関するネルンストの式（II.7.6）が成り立つ．電位走査速度が遅い場合にこのような条件が満たされても，走査速度が速くなると電極反応が追従できなくなって，可逆反応系の条件が満たされなくなることが生じる．すなわち，電気化学でいう可逆と非可逆の電子移動あるいは反応系は，反応系に固有のものではなく測定条件により変りうるものである[32]．表II.7.8に可逆，非可逆ならびに準可逆電子移動過程の反応速度定数 k^0 と電位走査速度 v との関係を示す．

表 II.7.8 可逆，準可逆，非可逆電子移動過程を区別する規準[33]

可逆電子移動	$k^0 > 0.3(nv)^{1/2}$
準可逆電子移動	$0.3(nv)^{1/2} > k^0 > 2 \times 10^{-5}(nv)^{1/2}$
非可逆電子移動	$k^0 < 2 \times 10^{-5}(nv)^{1/2}$

a. 非可逆電子移動過程

反応種の電極表面における電子移動過程が律速であり，電極表面における反応種の濃度は電解液の沖合と変わらないとして取り扱うことができる．平板電極を用いたときの単位電極面積あたりの電流は表II.7.9，式（II.7.44）で与えられ，ピーク電流は式（II.7.45）および式（II.7.46）で与えられる．そして，ピーク電位は式（II.7.47）で示され，電位走査速度の関数になる．式

表 II.7.9 非可逆電子移動過程のボルタモグラム

$$i(\text{A/cm}^2) = nFA\, C_{ox}^* D_{ox}^{1/2} \left(\frac{\alpha n_a F}{RT}\right)^{1/2} v^{1/2} \sqrt{\pi}\chi(bt) \quad (\text{II}.7.44)$$

最大電流
$$i_p(\text{A/cm}^2) = 0.4958 \times 10^{-3} nF^{3/2}(RT)^{-1/2} D_{ox}^{1/2} C_{ox}^* v^{1/2} (\alpha n_a)^{1/2} \quad (\text{II}.7.45)$$

25℃において
$$i_p = 299(\alpha n_a)^{1/2} D_{ox}^{1/2} C_{ox}^* v^{1/2} \quad (\text{II}.7.46)$$

ピーク電位
$$E_p = E^{0\prime} - \frac{RT}{\alpha n_a F}\left[0.780 + \ln\left(\frac{\alpha n_a F}{RT}v\right)^{1/2} - \ln k^0\right] \quad (\text{II}.7.47)$$

$$E_p - E_{p/2} = \left(\frac{1.857 RT}{\alpha n_a F}\right) = \frac{47.7}{\alpha n_a} \quad (\text{mV}) \quad (\text{II}.7.48)$$

$\chi(bt)$：電流関数（表II.7.10参照），k^0：標準速度定数（cm/s），D_{ox} と C_{ox} の単位はそれぞれ cm^2/s と mol/dm^3 である．

表 II.7.10 非可逆電子移動の電流関数[29]

電位* (mV)	$\sqrt{\pi}\chi(bt)$	電位* (mV)	$\sqrt{\pi}\chi(bt)$
140	0.008	−5	0.496
120	0.016	−5.34	0.4958
80	0.073	−10	0.493
60	0.145	−15	0.485
40	0.264	−20	0.472
20	0.406	−30	0.441
10	0.462	−40	0.406
5	0.480	−50	0.374
	0.492	−70	0.323

* 電位スケールは，
$$(E - E^{0\prime})\alpha n_a + \frac{RT}{F}\ln\sqrt{\pi D_{ox} b}/k^0$$
で与えられている．ここで $b = \frac{\alpha n_a F}{RT}v$ である．

（II.7.47）と式（II.7.48）の関係を用いると αn_a と k^0 を決定することができる．

b. 準可逆電子移動過程

可逆過程と非可逆過程の中間をなすものであり，電位走査速度が小さいと可逆系に近づき，大きいと非可逆系に近づく．電流-電位曲線の形状は式（II.7.49）で与えられる Λ 関数と電荷移動過程の遷移係数 α の大小により大きく影響される．図II.7.14に $\alpha = 0.7$，0.5および0.3の場合について，電流と電極電位の関係を示す．この図において電流は式（II.7.50）で定義される ψ 関数によって与えられている[33]．

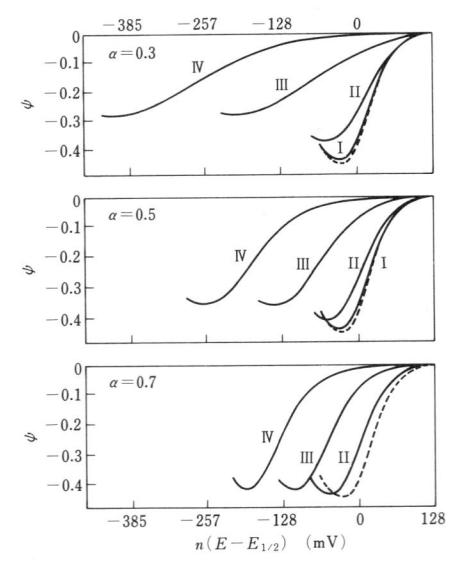

図 II.7.14 準可逆反応系の電流関数の電位依存性

$$\psi = \frac{i}{nFAC_o^* D_o^{1/2}(nF/RT)^{1/2}v^{1/2}}$$

$$\Lambda = \frac{k^0}{D^{1/2}(nF/RT)^{1/2}v^{1/2}} \quad (D_o = D_R \text{ の場合})$$

I：$\Lambda = 10$，II：$\Lambda = 1$，III：$\Lambda = 0.1$，IV：$\Lambda = 0.01$．

表 II.7.11 可逆, 準可逆, および非可逆電子移動過程の特徴

	可逆系	準可逆系	非可逆系
E_p の v への依存性	v に無関係	E_p は v に依存. v が小さいとき $E_p^a - E_p^c \simeq 60$ mV, v が大きくなるにつれ次第に幅広のボルタモグラムになる.	v の10倍の増加で $\frac{30}{an}$ mV シフト (式(II.7.47))
$i_p/v^{1/2}$	一定 (式(II.7.35))	v にわずかに依存	一定 (式(II.7.46))
i_p^a/i_p^c	1	$a=0.5$ のとき 1	片側のみが現れることが多い
v の波形への影響	v によらず同じ形状	v が増すにつれてブロードになる.	波形は v ではなく a により決まる.
$E_p - E_{p/2}$ (式(II.7.42))	v によらず一定	v に依存	v によらず一定 (式(II.7.48))

表 II.7.12 走査速度(v)の増加に対する応答性

反応の種類*	E_p	$i_p/v^{1/2}$	i_p^a/i_p^c	その他	文献 理論	文献 実験
AE 反応 EA 反応				強吸着のとき新たな波形が出現	34)	48)
CE 反応	アノード側へシフト	減少	増加(vの小さいときは ≈ 1)		29)	37)
EC 反応	カソード側へシフト (v の10倍の増加で最大 $\frac{30}{n}$ mV)	不変	1 に向って増加	E_p のシフトは v が大きくなるにつれ減少	29)	38), 39)
EC(接触再生)	アノード側へシフト (v の10倍の増加で最大 $\frac{60}{n}$ mV)	v が小さいとき増加	i_p^c が可逆反応のときよりも大	i_p^c は可逆電子移動よりも常に大	29), 40)	40)
EC(二量化)	カソード側へシフト (v の10倍の増加で $\frac{20}{n}$ mV)	最大 20% 減少	増加	Ox の初期濃度を $\frac{1}{10}$ にすると $E_p = \frac{20}{n}$ mV カソード側へ	42), 43)	45), 46)
EC(不均化)	カソード側へシフト (v の10倍の増加で $\frac{20}{n}$ mV)	減少	増加	小さい v のとき i_p^c は可逆応答よりも大	35), 47)	36), 43)
EE 反応	後続反応が起こりやすいとき: 一つの E_p^c 先行反応が起こりやすいとき: 二つの E_p^c	不変 不変	一定 一定	一つの2電子反応波 二つの独立した波	29), 44)	49)
ECE 反応	化学反応速度が小さいと可逆波に似る	一定値に近づく	i_p^c が n_1+n_2 の関数	二つの独立した波. 化学反応速度の大小によって複雑	29), 50)	51)

* 表 II.7.3 参照のこと.

$$\Lambda = \frac{k^0}{\left[D_{ox}^{1-a} D_R^a \left(\frac{nF}{RT}\right) v\right]^{1/2}} \quad (II.7.49)$$

$$\psi = \frac{i}{nFAC_{ox}^* D_{ox}^{1/2} (nF/RT)^{1/2} v^{1/2}} \quad (II.7.50)$$

可逆, 準可逆, 非可逆電子移動過程を識別する指標を表 II.7.11 にまとめて示す. これらはいずれも電極反応が $Ox + ne^- \rightleftarrows R$ の電子移動過程のみからなるものであって複雑な反応については表 II.7.12 に示す.

7.4.3 複雑な電極反応に関するボルタモグラム

電極反応は式(II.7.1)で与えられるような単純なものは少なく, 表 II.7.3 に示したように種々の化学反応過程を含んでいるものが多い. 特に有機化合物の電極過程では, この傾向が強いと考えられる. 表 II.7.3 に示した種々の反応過程に対する理論的なボルタモグラムは求められているので, それらをもとに実験結果を検討することはできる. 表 II.7.12 にこれら反応過程

のボルタモグラムの特徴をまとめて示したが，実際に反応解析を進めるにあたっては，原著論文や電極反応測定法の専門書[4,6,7]を参照していただきたい．なお，ここで扱う理論式は，すべて還元反応に対して求められている（酸化反応でも本質的には同じ）．

一例として吸着を伴う反応について説明する．吸着種間に相互作用が存在しなければ，ラングミュアの吸着等温式が成立し，吸着種の表面濃度 Γ とそれが飽和吸着したときの表面濃度 Γ^* ならびに濃度 C には

$$\Gamma = \frac{\Gamma^*\beta C}{1+\beta C} \qquad (\text{II}.7.51)$$

の関係が成立する．ここで β は比例定数であり，電極材料，溶媒の種類や他の競争的に吸着する物質の有無により変わる．

吸着の自由エネルギーは

$$-\varDelta G_{ads} = RT\ln\beta \qquad (\text{II}.7.52)$$

で与えられ，吸着の強弱に応じて吸着種と溶液中の反応種との間に酸化還元電位の差異が生じる．

吸着が弱い場合には，吸着の自由エネルギーが小さいので，反応物質の拡散に基づく還元波と吸着種の還元波は同じ電位域に現れる．しかし，吸着の影響は波形の大きさの違いに現れ，吸着の生じる場合には吸着に関与する反応物質（もしくは生成物）の量に相当するだけボルタモグラムの波形は大きくなる．

Ox が還元されて R が生成し，それが電極に強く吸着する場合には，吸着を起こす還元応答が現れてから，拡散律速に基づく大きな電流が流れる（図Ⅱ.7.15）．メチレンブルーの還元ではこのような挙動が現れ，濃度が薄い場合には拡散電流が小さいので，特に認められやすい．

反応物質 Ox が強く吸着してから電子移動を受ける場合には，吸着した Ox は吸着エネルギー分だけ安定化しているので，拡散による反応電流が現れてからさらにカソード側で吸着種の還元が起こる．表Ⅱ.7.3に示したその他の反応形式についても実験例が報告されている．表Ⅱ.7.12に示した文献などを参照されたい．

サイクリックボルタンメトリーはもっとも手広く使われている電気化学反応に対する測定法であるが，得られるボルタモグラムの解釈については完全に理論に合う可逆電子移動と非可逆電子移動の場合を除いては慎重に行う必要がある．可逆反応系の指標に照らすと少し合わない点があるような反応系は表Ⅱ.7.12に示した複雑な電気化学反応である可能性が大きいといえる．このような場合を明確にするには，電位ステップ法など他の電気化学計測による解析も併用することが望ましい．

7.4.4 薄層セルおよび電極表面に固定された反応物質のボルタモグラム

a. 薄層セル[52]

電極反応過程を調べる方法として光を透過するような薄い電解液相を有する薄層セルを用いて電極反応をさせながら，そのときに生じる化学変化を可視吸収スペクトルで同時に測定する方法がある（7.10.1項参照）．μm サイズの肉厚を有する薄層セルを用いると，電解時に生成する拡散層の厚みよりもセルの肉厚が薄く，拡散層は成長しきれない（図Ⅱ.7.10参照）．このよ

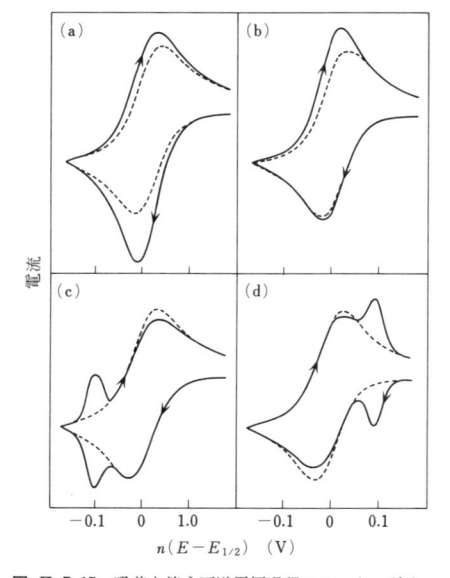

図 Ⅱ.7.15 吸着を伴う可逆電極過程のボルタモグラム
A：反応種が弱く吸着する場合，B：生成物が弱く吸着する場合，C：反応種が強く吸着する場合，D：生成物が強く吸着する場合，点線は吸着が起こらないときに得られるボルタモグラム．

表 Ⅱ.7.13 拡散層よりも薄い肉厚の薄層セルにおけるサイクリックボルタンメトリー[52]

可逆系

$$i = \frac{n^2F^2C_{ox}{}^*Al}{RT}v\frac{\exp\left[\dfrac{nF}{RT}(E-E^{\circ\prime})\right]}{\left\{1+\exp\left[\dfrac{nF}{RT}(E-E^{\circ\prime})\right]\right\}} \qquad (\text{II}.7.53)$$

$$E_p{}^c = E_p{}^a = E^{\circ\prime} \qquad (\text{II}.7.54)$$

$$i_p = \frac{n^2F^2C_{ox}{}^*Al}{4RT}v \qquad (\text{II}.7.55)$$

$$\varDelta E_{p/2} = \frac{90.6}{n} \ (\text{mV}) \qquad (\text{II}.7.56)$$

非可逆系

$$i = nFAC_{ox}{}^*k^0\exp\left\{-\alpha n_a\frac{F}{RT}(E-E^{\circ\prime})\right.$$
$$\left.+\frac{RTk^0}{\alpha n_a Flv}\exp\left(\frac{-\alpha n_a F}{RT}(E-E^{\circ\prime})\right)\right\} \qquad (\text{II}.7.57)$$

$$E_p{}^c = E^{\circ\prime}+\frac{RT}{\alpha n_a F}\ln\left(\frac{RTk^0}{\alpha n_a Fvl}\right) \qquad (\text{II}.7.58)$$

$C_{ox}{}^*$：反応種の濃度，A：電極面積，l：薄層セルの肉厚，v：電位走査速度，n_a：律速過程に含まれている反応電子数，$\varDelta E_{1/2}$ は $E_{p/2}{}^c$ と $E_{p/2}{}^a$ の差

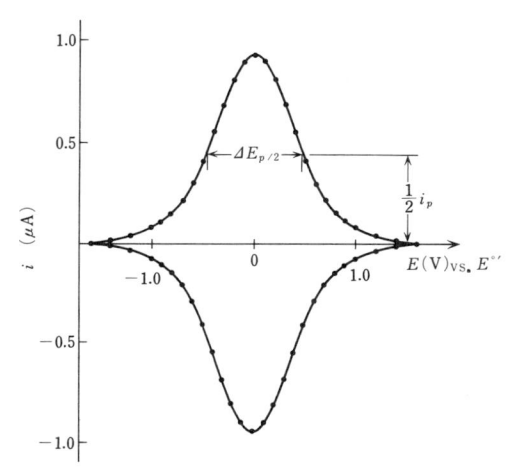

図 II.7.16 薄層セルを用いたときに得られる可逆一電子反応系サイクリックボルタモグラム
$Al = 10^{-3}\,\text{cm}^3$, $v = 1\,\text{mV/s}$, $C_{ox}^* = 1 \times 10^{-3}\,\text{mol/dm}^3$.

うな場合は多量の電解液が存在する場合と異なり，表II.7.13に示す特徴を有するボルタモグラムが得られる．可逆系ではアノード走査とカソード走査で得られるボルタモグラムは電位軸に対して対称である（図II.7.16）．

b. 電気化学活性種が電極表面に固定されている場合[53]

薄層セルの場合に似て，可逆電子移動のサイクリックボルタモグラムは電位軸に対して対称である．サイクリックボルタモグラムの特徴を表II.7.14に示す．ボルタモグラムにおいて i_p の前後の $\frac{1}{2}i_p$ を与える電位の差（$\Delta E_{p/2}$）（図II.7.16参照）は理論的には $\frac{90.6}{n}$ mV であるが，実際には 100〜250 mV の値が観測されることが多い．電極表面に固定されている反応活性種

表 II.7.14 電極表面に固定された反応種のサイクリックボルタンメトリー

可逆系

$$i = \frac{4i_p \exp\left[\dfrac{nF}{RT}(E-E^{\circ\prime})\right]}{1+\exp\left[\dfrac{nF}{RT}(E-E^{\circ\prime})\right]} \quad (\text{II}.7.59)$$

$$i_p = \frac{n^2 F^2 A \Gamma_0}{4RT} v \quad (\text{II}.7.60)$$

$$\Delta E_{p/2} = \frac{90.6}{n}\,(\text{mV}) \quad (\text{II}.7.61)$$

非可逆系

$$i = nFAk_f\Gamma_0 \exp\left[\left(\frac{RT}{\alpha n_a F}\right)\left(\frac{k_f}{v}\right)\right] \quad (\text{II}.7.62)$$

$$k_f = k^0 \exp\left\{-\alpha n_a \frac{F}{RT}(E-E^{\circ\prime})\right\} \quad (\text{II}.7.63)$$

$$i_p = \frac{n\alpha n_a F^2 vA}{2.718\,RT}\Gamma_0 \quad (\text{II}.7.64)$$

$$E_p = E^{\circ\prime} + \frac{RT}{\alpha n_a F}\ln\left(\frac{RT}{\alpha n_a F}\frac{k^0}{v}\right) \quad (\text{II}.7.65)$$

Γ_0：反応物質の表面被覆量，n：反応電子数，n_a：律速段階における反応電子数．

間に相互作用があることによると考えられている．ボルタモグラムの面積に相当する電気量から反応活性種の表面濃度 Γ_0 を決定できる．

c. 高分子被覆電極[53]

高分子膜内に分散して存在している電気化学活性種（活性点）が電気化学反応を行う場合には，図II.7.17に示すように，活性サイト間を電荷が順次移動して反応が進むと考えられる．そして，高分子膜が全体として電荷的に中性を保つために，活性サイトの酸化・還元に際して，電解液中のアニオンかカチオンが高分子膜に出入りする．

高分子膜内の電荷の移動は電荷の拡散として扱われ，これが速いか遅いかによって，高分子内の反応種

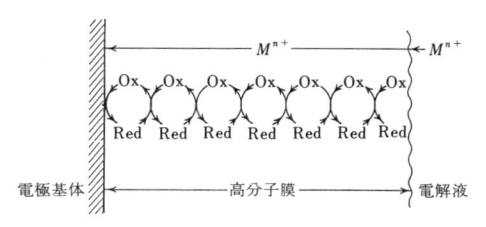

図 II.7.17 高分子被覆電極における電荷の移動
($Ox + e^- \longrightarrow Red$ の反応の場合)

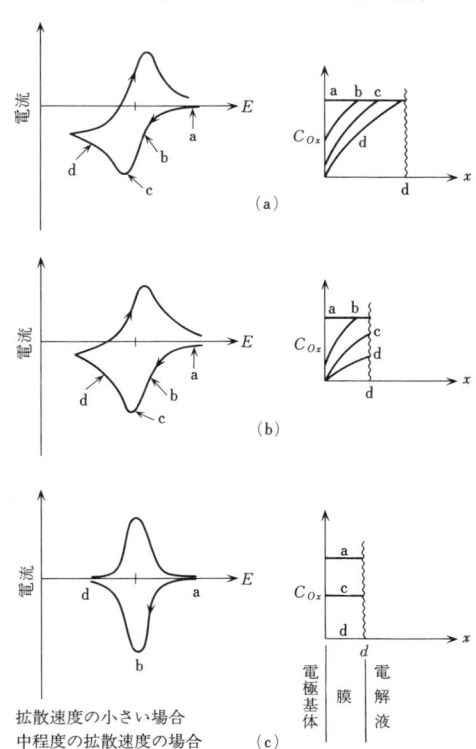

(a) 拡散速度の小さい場合
(b) 中程度の拡散速度の場合
(c) 拡散速度の大きい場合

図 II.7.18 高分子膜内の電荷の拡散速度が反応種 Ox の濃度プロフィルおよびサイクリックボルタモグラムの形状に及ぼす効果

の濃度プロフィルが図II.7.18 に示すように異なる．そして，濃度プロフィルの違いを反映して得られるサイクリックボルタモグラムの形状も異なる．

電荷の拡散が早いと電位軸に対して対称なボルタモグラムが得られる．電荷の拡散が非常に遅く，拡散層の厚さが膜厚以内に収まる場合には，多量の電解液が存在する場合に得られるボルタモグラムと基本的に同じになる．

7.5 ポーラログラフィー[59,60]

7.5.1 ポーラログラフ

図II.7.19 に模式的に示すような水銀だめに接続されている毛細管の先端の水銀が作用電極として働く電解装置をポーラログラフという．水銀は一定速度でキャピラリーの先端で球状に成長して落下するという挙動を繰り返す．そこでこの電極のことを滴下水銀電極という．対極には通常セルの下部に敷きつめてある水銀を用いる．これを水銀プール電極という．水銀はカソード分極では安定であるが，アノード分極によって容易に溶解するので，ポーラログラフはカソード反応を調べるのに適しているといえる．

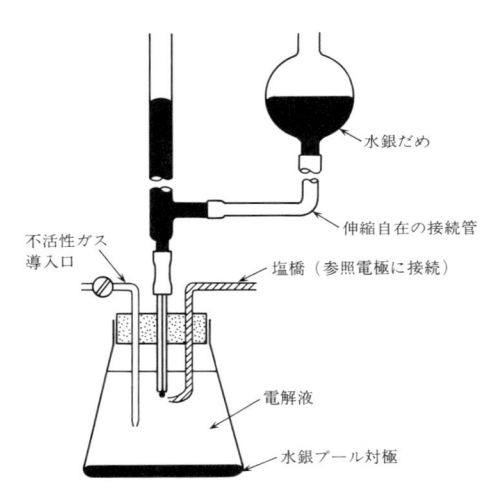

図 II.7.19 ポーラログラフ電解槽

ポーラログラフによって得られる電流-電位曲線をポーラログラムという．この測定に際して参照電極を使用せずに滴下水銀電極の電位を水銀プール電極に対して求める場合もある．このようなことが実用上意味があるのは，水銀プール電極の面積が滴下水銀電極の面積に比べて圧倒的に大きいことによっている．すなわち，ポーラログラム測定時において，水銀プール電極における電流密度はきわめて小さく，水銀プール電

極の電位は電解を行わないときの電極電位と実質上変わらず一定と考えられる．しかし，水銀プール電極の電位は適当な参照電極を用いて測定しない限り不明なので，酸化還元電位など反応物質のエネルギー状態に関する知見を求める場合などでは，参照電極を用いなければならない．

7.5.2 ポーラログラム

ポーラログラムには，図II.7.20 に示すようにのこぎり状の電流が描かれる．水銀滴下電極から水銀滴が落下した瞬間は，滴下水銀電極の電極面積は小さく，毛細管の先端で水銀滴が時間とともに成長することによって電極面積が大きくなり，電解電流も増す．このように水銀滴が成長と落下を繰り返すことによって電流の増加と急な落ち込みを繰り返す．

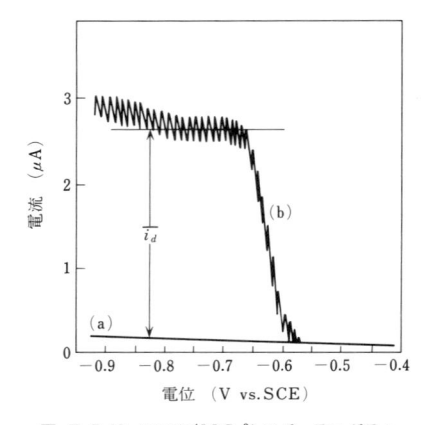

図 II.7.20 5×10^{-4} M Ca^{2+} のポーラログラム
(a) 支持電解質 0.1 M KCl のみ
(b) Cd^{2+} のポーラログラム

表 II.7.15 ポーラログラフィーにおける電流と電位の理論式

平均拡散限界電流
$$\bar{i}_d = 0.627\, nFC_{ox}^* D_{ox}^{1/2} m^{2/3} t^{1/6} \qquad (II.7.66)$$

可逆電子移動過程
$$E = E^{o\prime} \mp \frac{RT}{nF}\ln\left(\frac{\bar{i}}{\bar{i}_d-\bar{i}}\right) \mp \frac{1}{2}\frac{RT}{nF}\ln\left(\frac{D_{ox}}{D_R}\right) \qquad (II.7.67)$$

半波電位
$$E_{1/2} = E^{o\prime} + \frac{RT}{nF}\ln\left(\frac{D_{ox}}{D_R}\right)^{1/2} \qquad (II.7.68)$$

非可逆電子移動過程
$$E = E_{1/2} + \frac{RT}{\alpha n_a F}\ln\left(0.886 k^0 \left(\frac{t}{D_{ox}}\right)^{1/2}\right) \mp \frac{RT}{\alpha n_a F}\ln\left(\frac{\bar{i}}{\bar{i}_d-\bar{i}}\right) \qquad (II.7.69)$$

式(II.7.67)，(II.7.68)でマイナスはカソード反応，プラスはアノード反応に対応する．
$\bar{i}$：平均電流，m：単位時間あたりの毛細管からの水銀の流出速度(g/s)，t：水銀滴が落下してから次の落下が起こるまでの時間，n_a：律速段階の電子移動過程に関与する反応電子数，k^0：標準速度定数，C_{ox}^*：反応種(酸化体)の濃度，D_{ox}：その拡散定数．

電流が電位の変化によって変わらない拡散律速条件下における電流の最大と最小の平均値 $\bar{i}_d$ は表

II.7.15の式(II.7.66)で与えられる．水銀滴の落下時間 t は水銀だめの高さ h に，$\bar{i}_d$ は $h^{1/2}$ に比例する．

電位と電流の関係を示す式(II.7.67)で $i=\frac{1}{2}\bar{i}_d$ のときには右辺第2項が消える．このときの電位を半波電位といい記号 $E_{1/2}$ で示す．式(II.7.68)に示される内容から明らかなように $E_{1/2}$ は反応物質に固有の値である．

可逆反応系の場合には，$E_{1/2}$ は反応物質の濃度に無関係であり，また，$\bar{i}/\bar{i}_d$ は水銀だめの高さ，ならびに，水銀滴の滴下時間に無関係である．$D_{ox}\fallingdotseq D_R$ の場合が多いので E と $\ln[\bar{i}/(\bar{i}_d-\bar{i})]$ のプロットの勾配から反応電子数を求めることができ，また，式(II.7.66)を用いることにより D を決定することができる．

非可逆電子移動過程を伴う反応については，電流が電位によって変化する部分について E と $\log[\bar{i}/(\bar{i}_d-\bar{i})]$ のプロットを行うとその勾配から αn_a を求めることができる．そして D が既知ならば，h を変えることによって t の異なる条件下で電流-電位曲線を求め，これを解析すると k^0 を決定することができる．

7.6 電流パルスおよび電位パルスを用いる計測

電極反応が起こらない初期電位 E_1 から電極反応が十分に大きい速度で進行する電位 E まで電位を瞬間的に変化させ，そのときに流れる電流の時間変化を測定し解析する方法をクロノアンペロメトリーという(図II.7.11)．これに対して，電流変化の代わりに電気量変化を測定し解析する方法をクロノクーロメトリーという．一方，電極反応が拡散限界電流で進むような大きな一定の電流を流したときに生じる電極電位の時間変化を測定し解析する方法をクロノポテンショメトリーという．

このようなパルス技術を用いる測定は，きわめて短時間(1秒以内)で完結する．しかし，電極/電解液界面に存在する電気二重層を充電する電流(充電電流)が必ず流れるために測定される電流は電極反応による電流と充電電流の和になる．電解液の抵抗をできるだけ小さくして，小さな電極を用いると，充電電流は測定開始後 0.1 ms 程度でほぼ無視できるような値になる．

7.6.1 クロノアンペロメトリー[61,62]

電解液中に酸化体と還元体の両者が含まれているときには，平衡電位を初期電位 E_1 に選ぶ．カソード反応を対象とするときには，負の電圧パルス E_2 を加える．電位パルス E_2 が切れるときにもとの平衡電位に電位を戻す方式と，t_1 秒後にもとの平衡電位よりも正の電位を加えてカソードパルス印加時に生成した還元体を酸化させる方式がある．

表 II.7.16 パルス技術を用いる測定($Ox + ne^- \rightleftarrows R$)

クロノアンペロメトリー

電解開始直後(物質移動が影響しないとき)

$$i = nFA\{k_R C_{ox}^* - k_{ox} C_R^*\}\left(1 - \frac{2\lambda t^{1/2}}{\sqrt{\pi}}\right) \quad (\text{II}.7.70)$$

$$\lambda = k_R D_{ox}^{-1/2} + k_{ox} D_R^{-1/2} \quad (\text{II}.7.71)$$

$$k_R = k^0 \exp\left\{\frac{-\alpha n_a F}{RT}(E - E^{o\prime})\right\} \quad (\text{II}.7.72)$$

$$k_{ox} = k^0 \exp\left\{\frac{(1-\alpha) n_a F}{RT}(E - E^{o\prime})\right\} \quad (\text{II}.7.73)$$

電解開始後物質移動の影響が現れるとき

$$i = nFA C_{ox}^* \left(\frac{D_{ox}}{\pi t}\right)^{1/2} \quad (\text{II}.7.74)$$

クロノポテンショメトリー

可逆反応系

$$E = E_{\tau/4} - \frac{RT}{nF}\ln\frac{t^{1/2}}{\tau^{1/2} - t^{1/2}} \quad (\text{II}.7.75)$$

$$i\tau^{1/2} = \frac{nFC_{ox}^* D_{ox}^{1/2}\pi}{2} \quad (\text{II}.7.76)$$

非可逆反応系

$$E - E^{o\prime} = \frac{RT}{\alpha n_a F}\ln\left(\frac{2k^0}{\pi^{1/2} D_{ox}^{1/2}}\right) + \frac{RT}{\alpha n_a F}\ln(\tau^{1/2} - t^{1/2}) \quad (\text{II}.7.77)$$

パルス印加直後では充電電流と電極反応の電流が流れるが，充電電流が無視できるときには表II.7.16の式(II.7.70)が成り立つ．そこで，電解電流を $t^{1/2}$ に対してプロットし $t^{1/2} \to 0$ に外挿すると $nFA\{k_R C_{ox}^* - k_{ox} C_R^*\}$ が得られる(図II.7.21)．種々の E_2 についてこれを求めて式(II.7.72)と式(II.7.73)の関係を用い

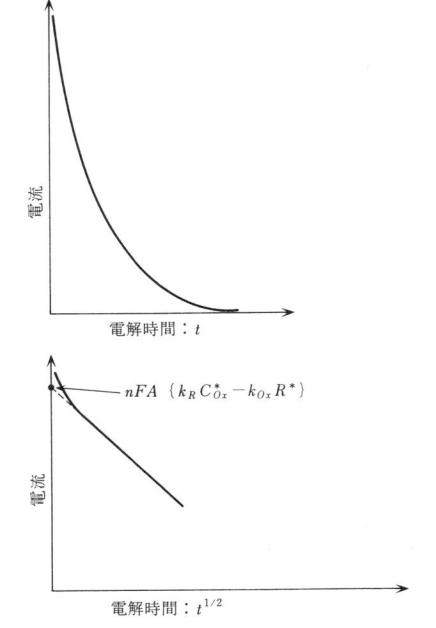

図 II.7.21 クロノアンペロメトリーによる電極反応の解析

ると k^0 を求めることができる．

測定時間が長くなると拡散の影響が強く現れ電流は式（II.7.74）で与えられるようになる．式（II.7.74）はコットレルの式といわれ，拡散支配下におけるクロノアンペロメトリーを特徴づける重要な関係式である．

7.6.2 クロノポテンショメトリー[62]

拡散限界電流を与えるような大きな電流を作用電極に加えると，その電極電位は電極表面濃度がゼロになる時間 τ に依存して変化する（図II.7.22）．可逆反応系では表II.7.16 の式（II.7.75）〜（II.7.76）が成立する．$E_{\tau/4}$ は $\frac{1}{4}\tau$ のときの電位であり，ポーラログラフの半波電位に等しい．それゆえ，$E_{\tau/4}$ の測定から式量電極電位 $E^{o\prime}$ を求めることができる．式（II.7.76）はサンドの式といわれ，左辺の $i\tau^{1/2}$ は反応物質とその濃度によって決まる固有値であり，D を求めるために用いることができる．

非可逆系では式（II.7.75）の代わりに式（II.7.77）が成立する．$\ln(\tau^{1/2}-t^{1/2})$ と E の関係をプロットすることにより，その勾配から αn_a が，また，切片を解析することによって k^0 を求めることができる．

7.7 回 転 電 極

7.7.1 回転ディスク電極[63,64]

テフロンなどの絶縁性の円柱の先端に同心円状に電極が埋め込まれている．電極が心振れすることなく滑らかに回転することによって，電極表面に層流が生じ，反応物質が電解液の沖合から一定の速度で補給される（図II.7.23）．過電圧を大きくして電極表面で反応物質が速やかに消費されるときには，限界電流は表II.7.17 の式（II.7.78）で与えられる．

電解液中に Ox と R が共存し，それらが可逆電子移動をする場合には，拡散限界電流が現れる前に式（II.7.79）の関係が成立する．

非可逆反応系では，電流 i が小さいと電流は電極の

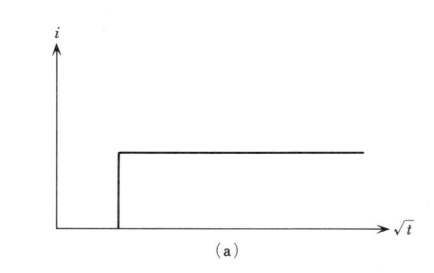

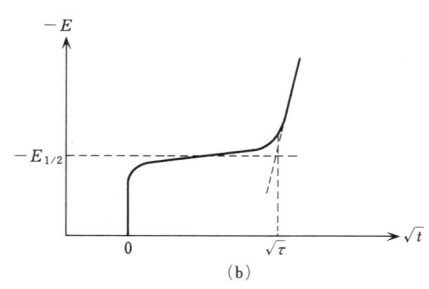

図 II.7.22 クロノポテンショメトリーによる電極反応
(a) 電解セルに加える電流パルス
(b) 反応 $Ox+ne^-\rightleftarrows R$ によって得られるクロノポテンショグラム

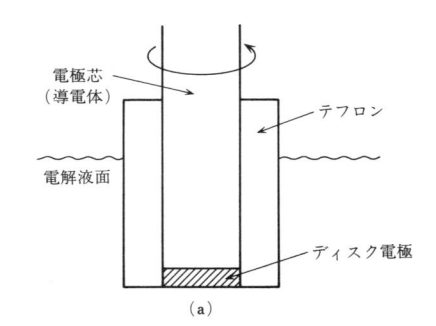

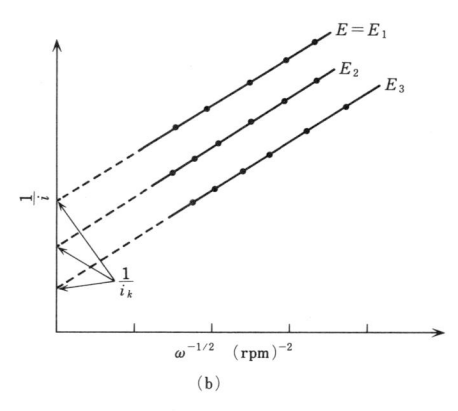

図 II.7.23 回転電極の構造と電流の解析法
(a) 電極構造
(b) 式（II.7.81）を用いて電子移動律速過程の電流 i_k の決定

表 II.7.17 回転電極における電極反応（$Ox+ne^-\rightleftarrows R$）の電流と電位の関係

限界電流	
$i_d=1.55nFD^{3/2}w^{1/2}\nu^{-1/6}AC^*$	(II.7.78)
可逆反応系	
$E=E_{1/2}-\dfrac{RT}{nF}\ln\left(\dfrac{i_d^c-i}{i-i_d^a}\right)$	(II.7.79)
非可逆反応系	
$i_k=nFAC_{ox}^*k^0\exp\left[\dfrac{-\alpha n_aF}{RT}(E-E^{o\prime})\right]$	(II.7.80)
拡散電流 i_d と荷電移動反応律速の電流が混在するとき	
$\dfrac{1}{i}=\dfrac{1}{i_k}+\dfrac{1}{i_d}$	(II.7.81)

ν：電解液の動粘性率（cm²/s），w：電極回転数（Hz/s），C：濃度（mol/dm³），電流 i：mA，電極面積：cm².

回転速度，すなわち反応物質の電極表面への補給速度には影響されず式(II.7.80)の関係が成り立つ．電極の回転数に影響される電位領域では，式(II.7.81)が成立し，測定した電流の逆数 $\left(\dfrac{1}{i}\right)$ を電極の回転数の2乗の逆数 $\left(\dfrac{1}{\omega^2}\right)$ に対してプロットし，$\dfrac{1}{\omega^2} \to 0$ に外挿すると i_k を決定することができる．異なる電位で i_k を求め(図II.7.23)，これらを式(II.7.80)に適用すると標準反応速度定数 $k°$ を求めることができる．

7.7.2 リング・ディスク電極[65]

回転ディスク電極のまわりを同心円状にリング電極が囲んだ構造であり(図II.7.24(a))，ディスク電極における反応生成物をリング電極で酸化もしくは還元して電流として検出する．ディスク電極で生成したものがリング電極に到達する割合を捕捉率といい，リング電極とディスク電極の間の絶縁層のギャップの大きさに影響され，ギャップの小さいものほど捕捉率は大きい．捕捉率は電極構造の関数として理論的に求められているが[65]，使用する電極について実験的に決定することが多い．すなわち，可逆電子移動過程の反応(たとえば $Fe(CN)_6^{3-} + e^- \rightleftharpoons Fe(CN)_6^{4-}$)を用いてディスク電流 i_D に対するリング電流 i_R として求める．当然リング電極の電位は，ディスク電極の電位とは異なり，生成物の検出に適した値を選定しなければならない．この目的のためにバイポテンショスタットを用いる．図II.7.24(b)のBにポリアニリンの還元に伴うドーパントアニオンの放出をリング電極で検出した例を示す[73]．リングディスク電極は，リング電極における電極反応生成物が電気化学活性種であるか否かの定性をはじめとして，生成物の同定に効力を発する．

7.8 定電位クーロメトリー[66]

サイクリックボルタンメトリーなどから目的とする反応のみが起こる電位を選択し，その電位に保って電解を行い，生成物の同定と定量を行う．そしてこのことによって，電気化学反応に関与する電子数も決定することができる．

$$Q = nFN°$$

ここで，$N°$ は反応した分子の数である．多くの場合には，電解セル中に存在する目的物質すべてを反応させる．電解反応を受けた物質が対極で逆反応を受けない

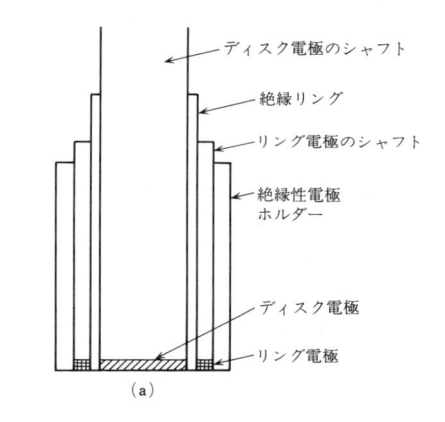

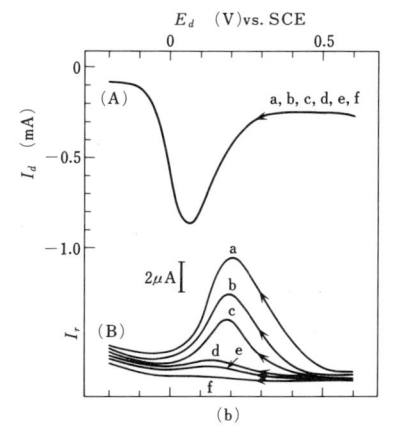

図 II.7.24 リングディスク電極の構成(a)とリングディスク電極における電流応答(b)
電流応答の測定においては，ポリアニリン被覆白金電極を1M KBrに溶かした0.5M H_2SO_4 中で0.6V(a)，0.5V(b)，0.4V(c)，0.3V(d)，0.2V(e)，-0.2V(f)に分極し，その後0.5M H_2SO_4 水溶液中で0.6Vからカソード方向に電位を50mV/sで走査した．その際得られたディスク電流が(A)であり，リング電極の電位を+1.2Vに保ってディスク電極から溶出する Br^- を酸化させたときの電流挙動が(B)である．

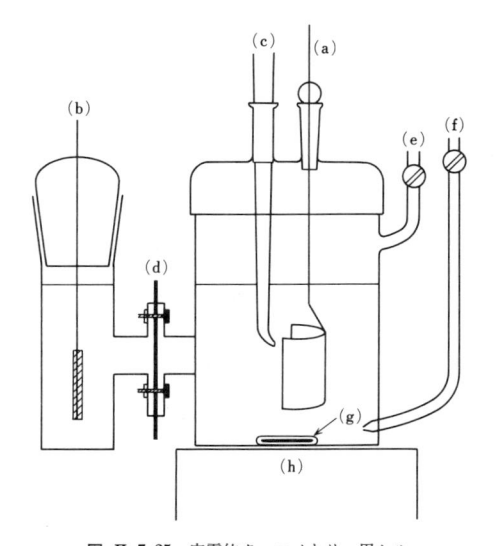

図 II.7.25 定電位クーロメトリー用セル
(a) 作用電極　(b) 対極　(c) 塩橋(参照電極に接続)　(d) イオン交換膜　(e) ガス出口　(f) ガス導入口　(g) 攪拌子　(h) スターラー

ために，作用電極と対極とを別々のセルに分離する．一例を図II.7.25に示す．電解液を攪拌しながら電解すると反応を早く完結させることができる．電解反応は電解電流が電解時間に対して変化しなくなったときに完結したものと見なすことができる．一次反応では電解電流は電解時間に対して指数関数的に減少する（図II.7.21）．電解を続けても電解電流がゼロに収れんする傾向が現れず，一定値で落ち着くときには，接触再生反応が起こっている可能性が大きい．

$$Ox + ne^- \rightleftarrows R$$
$$R + Z \rightleftarrows Ox$$

定電位クーロメトリーを行う際には電解質と溶媒をあらかじめ高純度に精製するとともに調製した電解液から溶存酸素を除かなければならない．

7.9 インピーダンス法[67,68]

直流に分極した電極に±5mV以下程度の微小な交流を重畳させて測定したインピーダンスを解析する．重畳させる交流の周波数を広範囲に(10^{-3}～10^6 Hz)変化させて測定する．電極/電解液界面のインピーダンスには電極反応による抵抗のみならず，二重層容量と電解液の抵抗が加わり，一般には図II.7.26(a)に示すRandles等価回路で近似されることが多い．この図で，Z_Wはワールブルグインピーダンス(Warburg impedan-ce)といわれ，電極反応における拡散の寄与を示すものである．求められたインピーダンスの実数部と虚数部を図II.7.26(b)に示すように複素平面でプロットしたものをCole-Coleプロットという．この図において電解液の抵抗 R_{sol}，電極反応抵抗 R_{CT}，二重層容量 C_{dl} はインピーダンス軌跡の実数軸への外挿によって求めることができる．そして，ワールブルグインピーダンス Z_W と R_{CT} は式(II.7.83)～(II.7.85)で与えられる．

$$Z_W = \sigma \omega^{1/2}(1-j) \quad (II.7.83)$$

$$R_{CT} = \frac{RT}{nFi_0} \quad (II.7.84)$$

$$\sigma = \frac{RT}{n^2F^2\sqrt{2}}\left[\frac{1}{D_{Ox}^{1/2}C_{Ox}} + \frac{1}{D_R^{1/2}C_R}\right]$$
$$(II.7.85)$$

インピーダンス解析は，電極自身の反応解析によく用いられ，高分子被覆電極の電極反応解析にも有効に活用されている．詳しくは文献を参照されたい[69,70]．

7.10 分光電気化学計測

電気化学反応が進行しているときに，その場で化学変化に関する情報を得るために種々の分光計測法が用いられている．おもなものを図II.7.27に示す．

7.10.1 可視・紫外吸収スペクトル測定[71,72]

電解の進行中に電解液もしくは電極上の反応物質の吸収スペクトルの変化をその場で測定する．化学変化の証拠が得られるのみならず，変化量の定量もきわめて容易に行うことができる．

作用電極には光学透明電極（インジウム・スズ酸化薄膜電極(ITO)，金の網電極など）を用いることが必要である．電解液中に溶けている反応物質の吸収スペクトル変化を in situ に調べるためには，光の透過する電解液の厚さを極力小さくしなければならない．電解によって，直ちに電解液中で大きな吸収変化を起こすような組成変化を起こす必要があるとともに，光が検出器に到達する必要があるからである．このような目的のための簡便な電解セルの作成も報告されている[75]．

測定には光源，モノクロメーター，検出器などを組み合わせる必要があるが，簡便な方法として電解セルを分光光度計のセルボックスに入れて電解を行いながら吸収スペクトルを測定する方法がある．また，フォトダイオードアレイ分光光度計を用いると簡単に測定することができる．

電極基体上に固定されている物質の電気化学反応が測定対象である場合には電解液が測定光を吸収しない

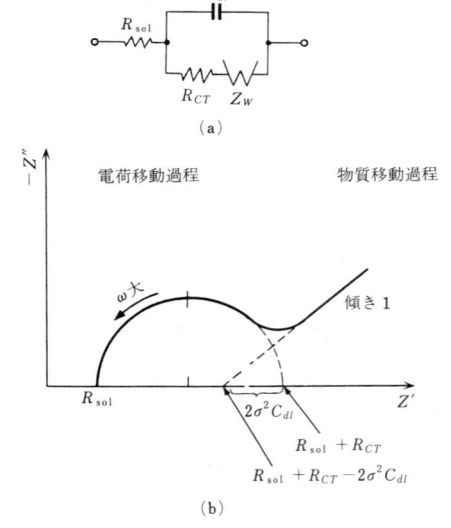

図 II.7.26 Randles等価回路と複素インピーダンス表示（Cole-Coleプロット）

Z_W：ワールブルグインピーダンス，式(II.7.83)で与えられる．
R_{sol}：電解液の抵抗　C_{dl}：二重層容量　R_{CT}：電荷移動抵抗
σ：式(II.7.85)で与えられる．

7.10 分光電気化学計測

(a) 透明電極法
(b) ミニグリッド法
(c) 鏡面反射法，偏光解析法
(d) 内部反射法
(e) ラマン散乱測定法
(f) 蛍光測定法
(g) 光音響分光法
(h) 光熱分光法
(i) ESR測定法，NMR測定法など（典型的な二つのタイプ）

図 II.7.27 代表的な分光電気化学計測法[2]

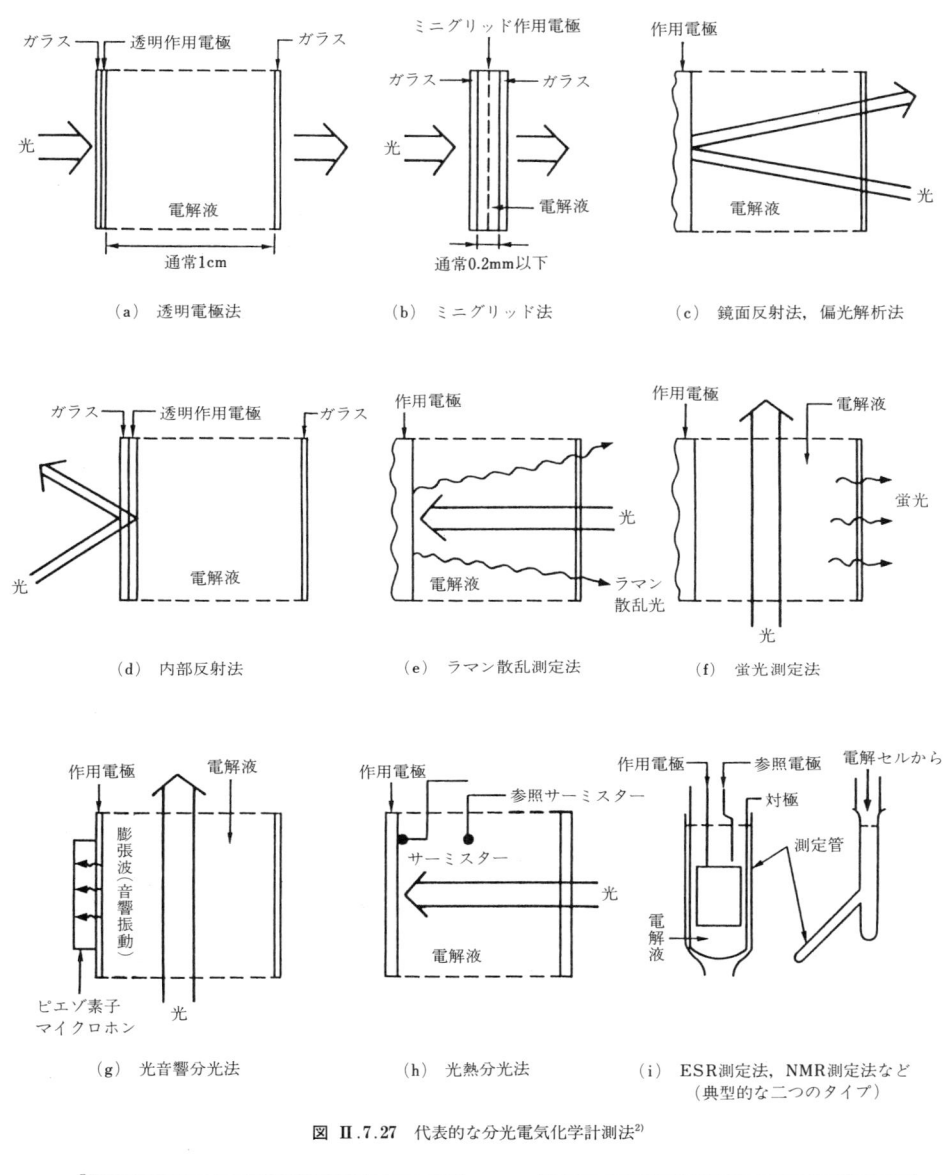

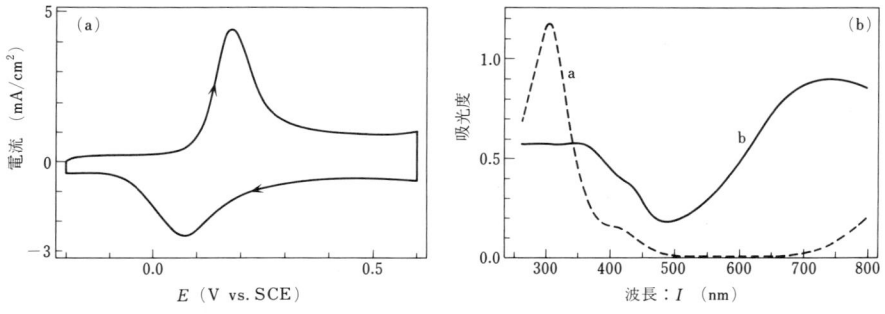

図 II.7.28 電解時におけるポリアニリンの吸収スペクトル
(a) ポリアニリン膜被覆電極の1M HCl水溶液中におけるサイクリックボルタモグラム（$dE/dt=50\,\mathrm{mV/s}$）
(b) 上記水溶液中で$-0.2\,\mathrm{V}$(a)と$+0.6\,\mathrm{V}$(b)に保持したときのポリアニリンの吸収スペクトル（ポリアニリンは$48\,\mathrm{mC/cm^2}$でITO電極上に析出したものを使用）

限り，電解液量は問題にならない．電解反応につれて吸光度変化が大きく計測できるように，電極上に固定する量に考慮を払う必要がある．図II.7.28に電解重合法によりITO電極上に析出させたポリアニリン膜の電解還元に伴うスペクトル変化を示す[73]．

7.10.2 反射スペクトル測定[74]

セルに垂直に光が透過する光吸収測定に比べて，斜めからの光入射や多重反射を採用することなどにより高感度に測定できる場合がある．たとえば，レーザー光を電極面に対して角度 α で入射させ，その反射光を測定する場合には，電解液層における光の吸収は，光を光学透明電極に垂直に入射させる通常の吸収測定に比べて $1/\sin\alpha$ 倍増加する[77]．多重反射については原報[78]を参照されたい．反射スペクトル測定では電極表面は鏡面であることが必要である．

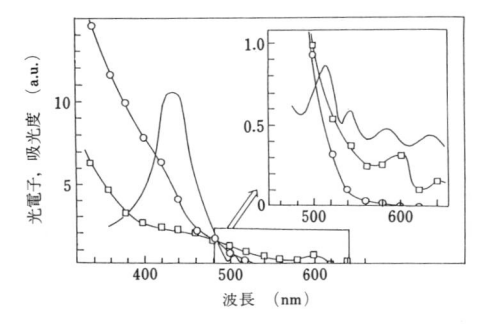

図II.7.29 p型GaP電極上に塗布したテトラフェニルポルフィリン膜の in situ 測定反射スペクトルとカソード光電流スペクトル
—□—：テトラフェニルポルフィリン被覆p型GaP
—○—：p型GaP(リン酸緩衝水溶液中で−1.0V vs SCEに保持して測定)
—：ガラス板上に塗布したポルフィリン膜の吸収スペクトル

電極上に固定された有機層の電気化学変化を吸収スペクトル測定を併用して調べるに際して，電極基体に光学透明なものを用いられない場合がある．このような場合には，吸収スペクトル測定に代わって反射スペクトルの測定が有効である．図II.7.29にp型GaP半導体電極上に塗付されたポルフィリン膜電極の光電気化学反応に際して測定した反射スペクトルを示す[76]．

7.10.3 その他の分光法

a. IR と FTIR

溶媒がIRを強く吸収するので，光路長を $100\,\mu m$ 程度に短かくするような電解セルや電極の工夫を施す必要がある．電極反応に際して電極表面に生成する吸着中間体の同定などに活用されている．詳細は文献を参照されたい[79,80]．

b. Ramann

可視光を使うのでIRのような電極や溶媒による吸収の問題は軽減される．しかし，ミリモルレベルの化学種の変化を調べるのには感度が不足する[81]．

c. Surface Enhanced Ramann[82]

電極表面に吸着する化学種の構造と分子の配向ならびに被覆率に関する情報が得られる．しかし，用いることのできる電極材料は銀ならびに550nm以上の波長域に関して銅と金に限られる．

d. ESR[83,84]

電極反応で生成するラジカルの検出に用いられている．10^{-8} Mレベルのラジカルの検出が可能であるが，溶媒が電磁波を吸収するので，セルデザインに工夫が必要である．一例を図II.7.30に示す．

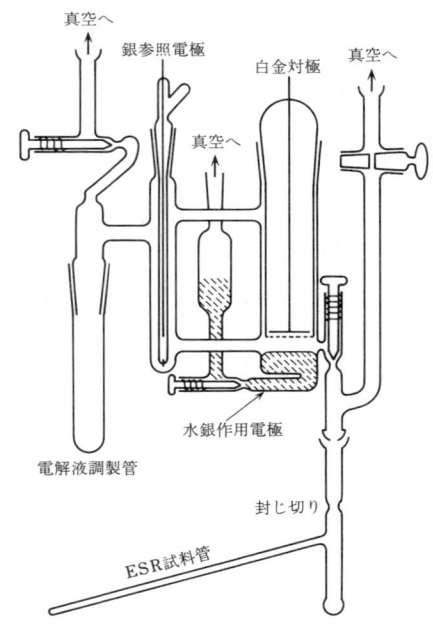

図II.7.30 ESR測定のための電解セル

e. 光音響分光 (photoacoustic spectroscopy)

断続光を電極にあてたときに光吸収が起こると溶媒中に一連の断続波を生じる．これをマイクロフォンもしくはピエゾエレクトリックディテクターで検出する．信号強度は光吸収量に比例する．電極電位の関数として電極表面の化学状態の変化や化学種の吸着を調べるのに有効である[86]．

f. フォトサーマル分光

かなり強い光を電極にあてると，それが吸収された

表 II.7.18 *In situ* 表面分光法の特徴[89]

方　法	基本現象	得られる情報	応答性	備　考
紫外, 可視 吸収, 反射	反射性 光吸収	界面の光学特性	<1 ms	光を透過もしくは反射する電極に適用
赤外反射	光吸収	吸着種のスペクトル	~1 s	吸収を電極電位で調整する必要あり
エリプソメトリー	反射の際の位相変化	表面膜厚と光学定数	>1 s	反射性表面上の薄膜
表面ラマン	ラマン散乱	吸着種の振動スペクトル	~ms	電極材料に限りがある
フォトサーマル, 光音響	光吸収	吸収スペクトル	~10 s	十分に吸収するものであればよい

ときに熱に変わる．その際の温度変化を高感度のサーミスターで検出する[87,88]．光音響分光と同じ用途を有しており，光を透過しない粗い表面状態の電極にも適用することができる．

表 II.7.18 に電極の表面状態を *in situ* に調べる種々の分光法の特徴をまとめて示す．

7.11　光電気化学計測

7.11.1　半導体の電気化学特性[90~94]

電極を光照射したときに電極電位の変化などの光照射効果が認められるのは，半導体を電極に用いたときである．また，ポルフィリンなどの色素分子の膜を電極に用いたときにも光照射効果が認められ，半導体の電気化学に基づいた解釈がなされることがある．

半導体電極を調製するに際しては，半導体へのリード線の取りつけにオーム性接触をつくる金属を選ぶことが不可欠である．

半導体は電荷担体濃度が小さく，電極として用いるとき，それが接触する電解液の電荷濃度（電解質イオンによる電荷濃度）よりも小さい．このことによって半導体電極と電解液の界面のエネルギー構造は，半導体が金属と接触するときに形成されるエネルギー構造によく似たものになる．たとえば，n 型半導体電極をアノード分極すると半導体電極表面に正の空間電荷層が生じる．空間電荷層の電場により価電子帯の正孔は電極表面に，一方伝導帯の電子は電極内部に送られる（図 II.7.31）．しかし，n 型半導体では価電子帯の正孔濃度は乏しいので，正孔が関与するアノード反応は電極内における正孔の拡散が律速となって，アノード分極を増しても電流は増加せず飽和電流が観測される（図 II.7.32）．一方，カソード分極すると電極表面に電子が供給されて金属電極的な挙動をする．p 型半導体電極では，アノード分極によって電極表面に正孔がたまりやすくなり，金属電極に似た挙動を示す．これに対

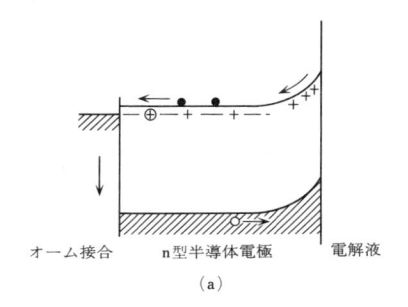

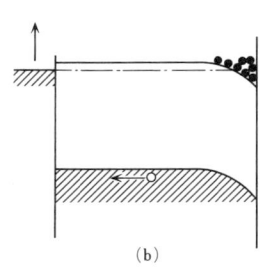

図 II.7.31　n 型半導体電極のアノード分極(a)とカソード分極(b)

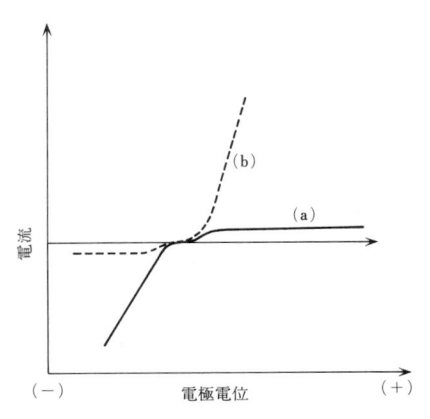

図 II.7.32　半導体電極の電流-電位曲線の特徴
(a)　n 型半導体電極
(b)　p 型半導体電極

して，カソード分極の場合には，負の空間電荷層が生じ，電子が電極表面に送られるがこの濃度が小さいため，電極反応(カソード反応)は電子の拡散律速になりやすい．

n型半導体電極上でのアノード電流とp型半導体電極上でのカソード電流は図Ⅱ.7.32に示すように抑制されるが，半導体のバンドギャップよりも大きなエネルギーを有する光を電極表面に照射することにより，これらの電流は光強度に応じて増大する．

光照射に際してみられるもう一つの現象は光起電力の発生である．電解液に浸漬した半導体電極表面には空間電荷層が生じていることが多く，このような状態のときに半導体のバンドギャップ以上のエネルギーを有する光を照射すると，空間電荷層領域で生成した電子と正孔は，そこの電場によって反対方向に移動する．その結果，n型半導体電極では電極内部に電子がたまり電極電位が負に(図Ⅱ.7.33)，一方p型半導体電極では内部に正孔がたまり電極電位が正に移行する．光照射前後における電極電位の差が光起電力であり，光照射強度が強ければ強いほど光起電力は大きくなる[95]．

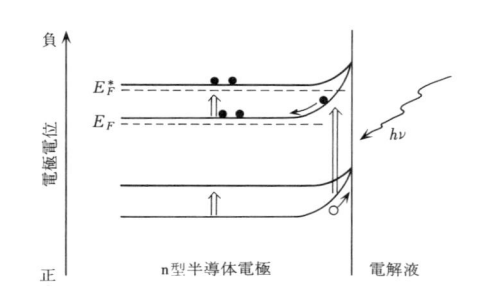

図Ⅱ.7.33 光照射によるn型半導体電極における光起電力の発生
E_F と E_F^*：光照射前後におけるフェルミ準位(半導体電極の電極電位)

7.11.2 色素増感[96~98]

半導体電極を色素を溶かしている電解質溶液に浸す．半導体電極にはバンドギャップの大きいものを選び，色素を励起する光エネルギーでは伝導帯と価電子帯に電子と正孔が生成しないようにする．

バンドギャップの大きいn型のZnOやSnO₂電極を色素を含む溶液でアノード分極すると表面に正の空間電荷層が生じる．この状態で色素の光吸収域の波長の光を電極表面に照射したとき，色素の励起準位のエネルギーが半導体の伝導帯下端のエネルギーよりも高ければ(電極電位が負であれば)励起電子は半導体電極の伝導帯に注入され，アノード電流が流れる(図Ⅱ.7.34)．この電子注入に関与する色素は半導体電極

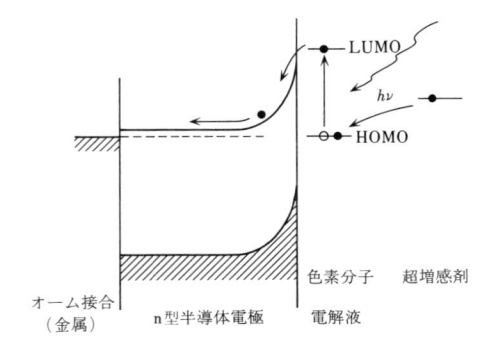

図Ⅱ.7.34 n型半導体電極を用いる色素増感

に吸着したモノレイアの色素である．色素から半導体へ電子が注入されると，色素は酸化されるので，電子を注入する能力を消失する．そこで，継続的に光電流を観測するために，色素溶液中には酸化された色素を還元再生することのできるレドックス剤(超増感剤)を入れておく．測定した光電流が色素増感に基づくものであるか否かは，単色光を用いて波長の関数として測定した光電流のスペクトル(アクションスペクトル)と色素の吸収スペクトルとを対比することによって判断できる(図Ⅱ.7.35)．この測定では，測定される光電流は一般にきわめて小さいので，ロックイン増幅器を用いる必要がある．色素増感の量子効率(η)は次式で与えられる．

$$\eta = \frac{光電流を構成する電子数}{単色光に含まれる量子数}$$

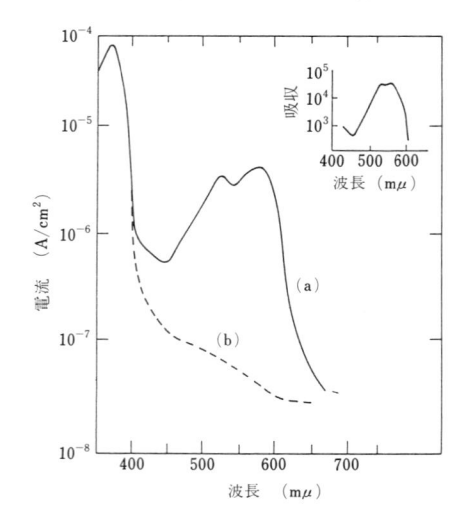

図Ⅱ.7.35 n型ZnO電極上におけるローダミンBの分光増感電流と吸収スペクトル
ZnO電極は溶かしたローダミンBが存在する1MKCl中(a)および存在しない溶液中(b)，で0.5V vs SCEに分極．

〔米山　宏〕

参 考 文 献

1) 藤嶋昭, 相沢益男, 井上徹:電気化学測定法, 上, 下(1984), 技報堂出版
2) 逢坂哲弥, 小山昇, 大坂武男:電気化学法 基礎測定マニュアル(1989), 講談社サイエンティフィック
3) 日本化学会編:新実験化学講座第4版9電気・磁気(1991), 丸善
4) Bard, A. J., Faulkner, L. R.: Electrochemical Methods—Fundamental and Applications (1980), John-Wiley, New York
5) White, R. E. et al.: Comprehensive Treatise of Electrochemistry, vol. 8, Experimental Methods in Electrochemistry (1984), Plenum Press
6) Geiger, W. E., Hawley, M. D.: Physical Methods in Chemistry, 2nd ed., vol. II, Electrochemical Methods (Rossiter, B. W., Hamilton, J. F. eds.), pp. 1-52 (1985), Wiley-Interscience, New York
7) Yeager E., Kuta, J.: Physical Chemistry—An Advanced Treatise, vol. IXA (Eyring, H. et al. eds.), pp. 346-462 (1975), Academic Press, New York
8) Headridge, J. B.: Electrochemical Techniques for Inorganic Chemists (1969), Academic Press, New York
9) Adams, R. N.: *Anal. Chem.*, **30** (1958), 1576
10) Bauer, D., Breant, M.: Electroanalytical Chemistry, vol. 8 (Bard, A. J. ed.), pp. 170-281 (1975), Dekker, New York
11) Mann, C. K.: Electroanalytical Chemistry, vol. 3 (Bard, A. J. ed.), pp. 57-138 (1968), Dekker, New York
12) Sawyer, D. T., Robert, Jr., J. L.: Experimental Electrochemistry for Chemists, p. 65 (1974), John Wiley, New York
13) Butler, J. N.: Advance in Electrochemistry and Electrochemical Engineering, vol. 7 (Delahay, P., Tobias, C. W. eds.), pp. 77-175 (1970), Interscience, New York
14) 電気化学協会編:電気化学便覧, p. 71 (1986), 丸善
15) 日本化学会編:化学便覧 基礎編II, p. 247 (1984), 丸善
16) Gagne, R. R. et al.: *Inorg. Chem.*, **19** (1980), 2854
17) Gritzner, G., Kuta, J.: *Pure Appl. Chem.*, **54** (1982), 1527
18) Gerischer, H: Photovoltaic and Photoelectrochemical Energy Conversion (Cardon, F. et al. ed), pp. 201-218 (1981), Plenum Press, New York
19) Parsons, R. G.: Advance in Electrochemistry and Electrochemical Engineering, vol. 1 (Delahay, P. ed.), pp. 32 (1961), Interscience, New York
20) Vetter, K. J.: Elektrochemische Kinetik (1961), Springer-Verlag, Berlin
21) Delahay, P.: Double Layer and Electrode Kinetics (1965), Interscience, New York
22) Andersen, J. N., Eyring, H: Physical Chemistry, An Advanced Treatise (Eyring, H. et al. ed.), pp. 247-340 (1970), Academic Press, New York
23) Thirsk, H. R., Harrison, J. A.: Guide to Study of Electrode Kinetics (1972), Academic Press, New York
24) Bockris, J. O'M., Reddy, A. K. N.: Modern Electrochemistry, vol. 2, chapt. 8, 9.
25) Adams, R. N.: Electrochemistry at Solid Electrodes (1967), Marcel Dekker, New York
26) Delahay, P.: New Instrumental Methods in Electrochemistry (1954), Interscience, New York
27) Brown, E. B., Sandifer, J. R.: Physical Methods in Chemistry, vol. II, Electrochemical Methods (Rossiter, B. W., Hamilton, J. F. eds.), pp. 273-432 (1986), Wiley-Interscience, New York
28) Galus, Z.: Physical Methods in Chemistry, vol. II, Electrochemical Methods (Rossiter, B. W., Hamilton, J. F. eds.), pp. 191-272 (1986), Wiley Interscience, New York
29) Nicholson, R. S., Shain, I.: *Anal. Chem.*, **36** (1964), 706
30) Matsuda, H.: *Z. Elektrochem.*, **61** (1957), 489
31) Evans, D. H.: *J. Phys. Chem.*, **76** (1972), 1160
32) Nicholson, R. S.: *Anal. Chem.*, **37** (1965), 1351
33) Matsuda, H., Ayabe, Y.: *Z. Elektrochem.*, **59** (1955), 494
34) Wopshall, R. H., Shain, I.: *Anal. Chem.*, **39** (1967), 1514
35) Olmstead, M. L., Nicholson, R. S.: *Anal. Chem.*, **41** (1968), 862
36) Farina, G. et al.: *J. Chem. Soc. Perkin. Trans.*, **2** (1982), 1153
37) Bailey, et al.: *J. Electrochem. Soc.*, **116** (1969), 190
38) Stapelfeldt, H. E., Perone, S. P: *Anal. Chem.*, **41** (1969), 623
39) Perone, S. P., Kretlow, W. T.: *Anal. Chem.*, **38** (1966), 1761
40) Saveant, J. M., Vianello, E.: *Electrochim. Acta*, **10** (1965), 905
41) Saveant, J. M., Vianello, E.: *Electrochim. Acta*, **12** (1967), 629
42) Olmstead, M. L. et al.: *Anal. Chem.*, **41** (1969), 260
43) Nadjo, L., Saveant, J. M.: *J. Electroanal. Chem.*, **48** (1973), 113
44) Richardson, D. E., Taube, H.: *Inorg. Chem.*, **20** (1981), 1278
45) Richard, J. A., Evans, D. H.: *J. Electroanal. Chem.*, **81** (1977), 171
46) Wilson, G. S. et al: *J. Am. Chem. Soc.*, **101** (1979), 1040
47) Mastregostino, M. et al: *Electrochim. Acta*, **13** (1968), 721
48) Whopshall, R. H., Shain, I.: *Anal. Chem.*, **39** (1967), 1527
49) Ryan, M. D.: *J. Electrochem. Soc.*, **125** (1978), 547
50) Niholson, R. S., SDhain, I.: *Anal. Chem.*, **37** (1965), 178
51) Seo, E. T. et al.: *J. Am. Chem. Soc.*, **88** (1966), 3498
52) Habbard, A. T., Anson, F. C.: Electroanalytical Chemistry, vol. 4 (Bard, A. J. ed.), pp. 129-214 (1970), Dekker, New York
53) Murray, R. W.: Electroanalytical Chemistry, vol. 13 (Bard, A. J. ed.), pp. 191-368 (1984), Marcel-Dekker
54) Laviron, E.: Electroanalytical Chemistry, vol. 12 (Bard, A. J. ed.), pp. 53-158 (1982), Dekker
55) Brown, A. P., Anson, F. C.: *Anal. Chem.*, **49** (1977), 1589
56) Laviron, E.: *J. Electroanal. Chem.*, **100** (1979), 263
57) Danisevich, et al.: *J. Am. Chem. Soc.*, **103** (1981), 4727
58) Kaufman, et al.: *J. Am. Chem. Soc.*, **102** (1980), 1183
59) Bond, A. M.: Modern Polarographic Methods in Analytical Chemistry (1980), Dekker, New York
60) Vlcek, A. A. et al.: Physical Methods of Chemistry, vol. II, Electrochemical Methods (Rossiter, B. W., Hamilton, J. F. eds.), pp. 797-887 (1986), Wiley-Interscience, New York
61) Murray, R. W.: Physical Methods of Chemistry, vol. II, (Rossiter, B. W., Hamilton, J. F. eds.), pp. 525-589 (1986), Wiley-Interscience, New York
62) Davis, D. G.: Electroanalytical Chemistry, vol. 1 (Bard, A. J. ed.), pp. 157-196 (1966), Marcel-Dekker, New York
63) Riddford, A. C.: Advance in Electrochemistry and Electrochemical Engineering, vol. 4 (Delahay, P. ed.), pp. 47-116 (1966), Interscience, New York
64) Levich, V. G.: Physicochemical Hydrodynamics (1962), Prentice-Hall
65) Albery, W. J., Hitchman, M. L.: Ring Disk Electrodes (1971), Oxford University Press, London
66) Meites, L.: Physical Methods in Chemistry, vol. II, Electrochemical Methods (Rossiter, B. W., Hamilton, J. F. eds.), pp. 433-523 (1986), Wiley-Interscience, New York
67) MacDonald, D. D. and Mckubre, Modern Aspects of Electrochemistry, vol. 14 (Bockris, J. O'M. et al. eds.), pp. 61-146 (1982), Plenum Press, New York
68) Sluyters-Rehbach, Sluyters, J. H.: Electroanalytical Chemisyry, vol. 4 (Bard, A. J. ed.), pp. 1-128 (1970), Dekker, New York
69) Osaka, T. et al.: *J. Electrochem. Soc.*, **134** (1987), 2101
70) Osaka, T. et al.: *J. Electrochem. Soc.*, **138** (1991), 2853
71) Kuwana, T., Winograd, N.: Electroanalytical Chemistry, vol. 7 (Bard, A. J. ed.) (1977), Dekker, New York
72) Heinemann, W. R. et al.: Electroanalytical Chemistry, vol. 13 (Bard, A. J. ed.), pp. 1-79 (1980), Dekker, New York
73) Kobayashi, T. et al.: *J. Electroanal. Chem.*, **177** (1984), 281
74) McIntyre, J. D. E.: Advance in Electrochemistry and Electrochemical Engineering, vol. 9 (Delahay, P., Tobias, C. W. eds.), pp. 61-166 (1973), Wiley-Interscience, New York
75) Heineman, W. R., et al.: *Anal. Chem.*, **47** (1975), 79
76) Yoneyama, H. et al.: *J. Electroanal. Chem.*, **159** (1983), 361

77) McGreery, R. L. *et al.* : *Anal. Chem.*, **51**(1979), 749
78) Baumgartner, C. E. *et al.* : *Anal. Chem.*, **52**(1980), 267
79) Beden, B. *et al.* : *J. Electroanal. Chem.*, **121**(1981), 343
80) Davidson, T. *et al.* : *J. Electroanal. Chem.*, **125**(1981), 235
81) Jeanmaire, D. L. *et al.* : *J. Am. Chem. Soc.*, **97**(1975), 1699
82) Jeanmaire, D. L. *et al.* : *J. Electroanal. Chem.*, **84**(1977), 1
83) McKinney, T. M. : Electroanalytical Chemistry, vol. 10 (Bard, A. J. ed.), pp. 97-278 (1977), Dekker, New York
84) McIntyre, G. L. *et al.* : *J. Phys. Chem.*, **84**(1980), 916
85) Allendoerfer, R. D., *et al.* : *Anal. Chem.*, **47**(1975), 890
86) Malpas, R. E., Bard, A. J. : *Anal. Chem.*, **52**(1980), 109
87) Fujishima, A. *et al.* : *J. Electrochem. Soc.*, **127**(1980), 840
88) Brilmyer, G. H., Bard, A. J. : *Anal. Chem.*, **52**(1980), 685
89) McGreery, R. L. : *Physical Methods in Chemistry*, vol. II, Electrochemical Methods, (Rossiter, B. W., Hamilton, J. F eds.), pp. 651 (1986), Wiley-Interscience
90) Gerischer, H. : Advance in Electrochemistry and Electrochemical Engineering, vol. 1 (Delahay, P. ed.), pp. 132-232 (1961), Academic Press, New York
91) Memming, R. : Comprehensive Treatise of Electrochemistry, vol. 7 (Conway, B. E. *et al.* eds.), pp. 529-588 (1983), Plenum Press, New York
92) Pleskov, Yu. Y., Gurevich, Yu. Ya. : Semiconductor Photoelectrochemistry (1986), Plenum Press, New York
93) Morrison, S. R. : Electrochemistry at Semiconductors and Oxidized Metal Electrodes (1980), Plenum Press, New York
94) Gerischer, H. : Physical Chemistry, An Advanced Treatise, vol. XA (Eyring, H. *et al.* eds.), pp. 463-542 (1970), Academic Press, New York
95) Gerischer H. : *J. Electroanal. Chem.*, **58**(1975), 263
96) Gerischer, H., Willing, F. : Topics in Current Chemistry, vol. 61, p. 31 (1976), Springer-Verlag, Berlin
97) Gerischer, H. : *J. Electrochem. Soc.*, **125**(1978), 218 C
98) Memming, R : Electroanalytical Chemistry, vol. 11 (Bard, A. J. ed.), pp. 62-81 (1979), Marcel Dekker, New York

第Ⅲ編　材　　　料

序章　光・電子機能有機材料の概観

　材料の光機能は，光すなわちフォトンと材料との関わりであり，材料の電子状態，電子の光励起状態に関係する．また，材料の電子機能は，電子の移動・伝導など，電子の振る舞いに起因する．すなわち，光・電子機能はすべて何らかの形で電子の振る舞いに起因している．

　機能は材料への何らかの刺激に対する何らかの応答であるといえる．このように考えると，材料に加えられる刺激としての物理量を入力とし，変化する物性を出力として整理すると種々の入出力関係が得られる．これらの関係を整理することは，材料を機能の観点から探索するうえで有効である．

　光の関連した応答機能の代表例を整理すると表Ⅲ.1[1]となる．

　有機材料に光を照射すると，すなわち光を入力刺激として加えると，有機材料はその光学的・電気的・化学的物性変化，あるいは形状変化を生じる．逆に，電気・電子線・熱・化学物質などの刺激によって，物質の光学的物性も変化する．これらの物性変化の一例は表Ⅲ.1に示されている．

表 Ⅲ.1　光の関連した応答機能の分類

加える物理量 （入力）	変化する物性 （出力）	
光	光学的性質	吸収スペクトル，透過率，反射率，屈折率，波長変換，発光，増幅，位相
	電気的性質	光電変換，スイッチング
	化学的性質	親和性，溶解性，粘性，水素イオン濃度，エネルギー貯蔵
	形状	体積，形態
電気	光学的性質	吸収スペクトル，透過率，反射率，屈折率，発光
電子線，X線		吸収スペクトル
熱		吸収スペクトル
化学物質		吸収スペクトル

　さらに詳細に，光を入力刺激とする場合の光学的物性変化の代表例を表Ⅲ.2[1]に示す．フォトクロミズムによる吸収スペクトル変化など多くの例が知られている．一方，電気刺激・電子線照射・熱刺激などを入力刺激とした光学的物性変化の代表例を表Ⅲ.3[1]に示す．ここでも，エレクトロルミネッセンス・ケミルミネッセンスなど多くの例が知られている．

　これらの代表的な物性変化は本編において詳細に紹介されている．

　材料の電子機能は，負の電荷と磁気的スピンという2つの属性を有する電子の振る舞いに起因する．電界の変化によって電子やイオンの電荷が変位したり，電気的双極子が回転することによって生じる機能が誘電機能である．誘電体の分極現象は電荷を貯めるコンデンサーであるが，双極子の配列の制御に

表Ⅲ.2 光入力による光学的物性の変化

加える物理量（入力）	変化する物性（出力）	原理
光	透過率(1)	フォトクロミズムによる吸収スペクトルの変化
	透過率(2)	光励起状態の吸収スペクトルの変化
	透過率(3)	光化学ホールバーニング（PHB）
	透過率(4)	分子配向による吸収の異方性
	波長変換(1)	非線形特性，高調波発生
	波長変換(2)	蛍光，りん光による長波長化
	屈折率変化(1)	光異性化による屈折率の変化
	屈折率変化(2)	分子配向による屈折率異方性の変化
	反射率変化	光照射による溶発，凹凸変化
	光電変換	光キャリヤー発生による光起電力
	スイッチング	光キャリヤー発生による導電性の変化
	親和性	光異性化，光反応による電子状態の変化
	溶解性	光異性化，光反応による溶媒親和力の変化
	粘性	光異性化，光反応による分子回転半径の変化
	水素イオン濃度	光異性化，光反応による解離定数の変化
	エネルギー貯蔵	光異性化，光反応によるエンタルピーの変化
	体積変化，形態	光異性化，光反応に伴う体積の変化

表Ⅲ.3 加える物理量による光学的物性の変化

加える物理量（入力）	変化する光物性（出力）	原理
電気	吸収スペクトル	酸化還元反応による吸収スペクトルの変化
	透過率	電場による配列状態の変化
	屈折率	電場による媒質の変化
	発光	エレクトロルミネッセンス
電子線，X線	吸収スペクトル	発色物質の生成
熱	吸収スペクトル	発色物質の生成
化学物質	吸収スペクトル	発色物質の生成
	発光	ケミルミネッセンス，発光物質の生成

表Ⅲ.4 電子機能による高分子材料の分類

性質	原因	高分子材料
誘電性	電子，イオンの変位 双極子の回転	絶縁材料 誘電材料
導電性	電子，ホールの移動 イオンの移動	半導体材料 電子伝導材料 イオン伝導材料 超伝導材料
磁性	スピンの整列	磁性材料

表Ⅲ.5 電子機能物性

基本物性	協同現象	結合効果		
		力	熱	光
誘電性	エレクトレット 強誘電性	圧電 電歪	焦電	電気光学
導電性	ダイオード 超伝導	圧抵抗	熱起電	光電変換 光導電
磁性	強磁性	磁歪		磁気光学

より，圧電性・焦電性・電気光学効果という機能が発現する．電荷の変位を積極的に生じさせない材料，すなわち電気を積極的に流さない材料としての絶縁機能も実用的にはきわめて重要な機能材料である．エレクトロニクスの分野では，絶縁基板・層間絶縁膜・封止材料などとして必須の役割を果たしている．

電子やホール，イオンなどの電荷の移動によっては，半導体特性・電気伝導性・超伝導性などの機能が現れる．電子の移動をコントロールすることにより，トランジスタ特性を示す高分子も実現している．また，電気を積極的に流す有機材料では，金属に匹敵する導電性高分子が得られており，有機超伝導性も多くの化合物で確認されている．

一方，電子のスピンを配列させることにより磁性機能が生じる．

これらの電子機能をそれぞれの物性とその原因で整理したのが表Ⅲ.4[2]である．

誘電性・導電性・磁性は他の物理量との相互作用，相乗効果によって種々の電子機能が新たに現れる．誘電性は，力学量との結合効果によって圧電効果や電歪，熱との関係では焦電効果が現れる．また，導電性は，熱との関係で熱起電力，光との関係で光電変換・光導電性などがある．これらの相乗効果，結合効果による機能物性の例を表Ⅲ.5[2]に示した．これらの中の代表的な機能が本編で詳しく紹介されている．

〔谷口　彬雄〕

参考文献

1) 谷口彬雄：光機能材料（高分子学会編），pp.2-4（1991），共立出版
2) 古川猛夫：電子機能材料（高分子学会編），pp.2-4（1992），共立出版

第1章

光記録関連材料

1.1 光ディスク材料

1.1.1 はじめに

現代における情報処理の主役はコンピューターである．コンピューターの高速，高性能化が進み，大量のデータ（情報）を瞬時に検索して処理することが可能となった．これに伴い，コンピューターの周辺機器として機能する大容量の情報記憶媒体が必要となり，半導体メモリーと磁気記憶媒体が多用されるに至った．

ところで，情報記憶媒体と称される情報格納容器は多種多様に存在する．身近なものでは本が代表的な情報格納容器であり，コンパクトディスク(CD)，レーザーディスク(LD)，カセットテープ(CC)，フロッピーディスク(FD)なども同様である．また，ノートは内容を順次書き込むことができる情報格納容器と位置づけることができる．

コンピューターで制御する情報記憶媒体は，
(1) 情報の再生あるいは記録が高速で完了すること(アクセスが速いこと)
(2) 大容量であること(記録密度の向上)
(3) 高い信頼性を有すること
(4) 長期保存が可能であること
(5) 安価であること
(6) 安定供給が可能なこと

などの要件を具備する必要がある．(1)の要件に合致するものは半導体メモリーであるが，容量の点では不十分である．これに対して円盤状に媒体を加工することで(1)をある程度確保した大容量の記憶媒体が磁気ディスク(ハードディスク)である．

さて，大容量を達成するためには単位面積あたりの記憶容量を大きくし，かつ大面積化をすればよい．このためには書き込むあるいは読み出すための"筆の先"をきわめて細くすることが必要であり，光がその筆として使用される[1]．光を回折限界まで絞ることで(約 $1 \sim 2\mu m$ 直径)記録される情報の最小単位をサブミクロンのオーダーとすることができるのであって，情報の記録面密度を飛躍的に向上させることができる．音声情報記録を例として，どの程度記録面密度が向上す

るのかを図Ⅲ.1.1に示す．(a)はアナログレコード(30 cm LPレコード)の溝であり，その針先は大略 $20 \sim 30\ \mu m$ である．これに対して(b)はコンパクトディスクの情報面である．(b)は針として絞られた光を使用している．単純な計算ではアナログレコードが1分あたり $20\ cm^2$ の面積が必要なのに対し，CDは $1.5\ cm^2$ である．いかに情報の記録密度が上がっているか，換言すれば，針先の大きさによっていかに高密度化が可能かがわかる．さらに(c)には，アナログの映像記録を実行したLDの記録面を示した．さらに小さい記録の最小

(a) アナログレコード(30 cm LP)の記録面SEM像 拡大倍率100

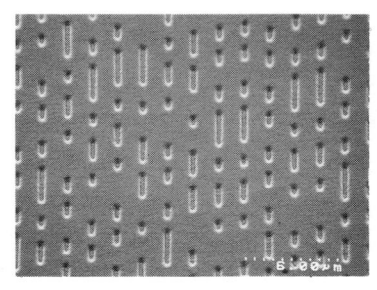

(b) コンパクトディスクの記録面SEM像 拡大倍率5000

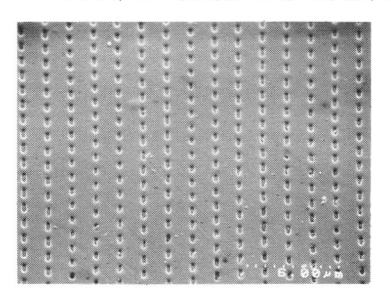

(c) レーザーディスクの記録面SEM像 拡大倍率5000

図 Ⅲ.1.1

単位であることがわかる．

光ディスクとは，円盤状の情報格納容器の一つであって，情報の読み出しあるいは書き込みに極度に絞られた光を使用する情報記憶媒体と定義できる．情報をいったん電気信号に変換したものをさらに光変調信号に置き換え記録し，再生にあっては連続光を情報が記録された面に照射し，書き込まれた情報部分で回折あるいは干渉あるいは吸収の差などによって光の強弱として取り出し，この光変調信号を再び電気信号に変え，判別可能な情報へと変換するものである．しかも大容量，可搬である点が特徴である．

本節は，有機系の記録膜材料について概述することが使命であるが，理解を深めるために，光ディスク全般についてもその概略を記述することとする．

1.1.2 光ディスクの分類と機能

光ディスクは，その機能から2種に分類される．供給する側がディスク上に情報をあらかじめ記録しておき使用者は再生のみ行い情報を復元するもの（再生専用型），使用者が情報を自由に書き込みあるいは読み出すことができるもの（記録可能型）である．後者を光メモリーディスクと呼ぶ場合がある．

記録可能型は機能からさらに二つに分類される．追記型と消去可能型である．

追記型はいったん書き込んだ情報を消去することはできないが，記録領域に未記録部がある場合にはそこに追加して書き込むことができる．DRAW（Direct Read After Write media）とか WORM（Write Once Read Many media）と呼ばれる．現在実用化されているもののうち5インチ直径のものは，記録容量が300〜400メガバイト/面（5インチFDは1メガバイト/面）である．追記型の用途は情報保存（アーカイバルメモリー）である．

消去可能型は広範囲に普及している磁気記録媒体と同様，いったん書き込んだ情報を消去してそこに再度書き込むことが可能な記録媒体である．図III.1.2に光ディスクの種類とその実用化例を示した．

さて，光メモリーディスク用記録媒体として，さまざまな材料が提案されているが，視点を変えれば，記録の原理が多岐にわたるために多くの材料が提案されていることになる．図III.1.3に記録原理に従っての分類を示す．変調された光（光の強弱の列）が記録膜に照射され，強弱に対応した記録膜の変化が起こる．変化は微弱な連続光を照射することにより光の強弱に変換され（再生），再び元の情報が構築される．したがって変化は大きいほうがよい．図III.1.4に記録の原理を模式的に示す．穴開け型は実用化されているものの代表格である．光の中の熱エネルギーを使って記録膜に穴を開けてマークする方法である．基板変形型は記録膜の変化が基板の変化を惹起することで記録が完了する方式である．ただし，基板の変形が信号の形成に必ずしも積極的に関与してはいないことを付記する．発泡型は記録膜の部分的分解あるいは昇華によって，膜中に不均一部分をつくり出して光の反射を減少させることで記録する．バブル形成型は昇華性の強い材料を昇華させ，その発生ガスを反射膜で閉じ込めることによりそこに膨らみをつくり記録する方法である．モスアイ（蛾の眼）型ははじめ記録膜表面を格子状にあらして

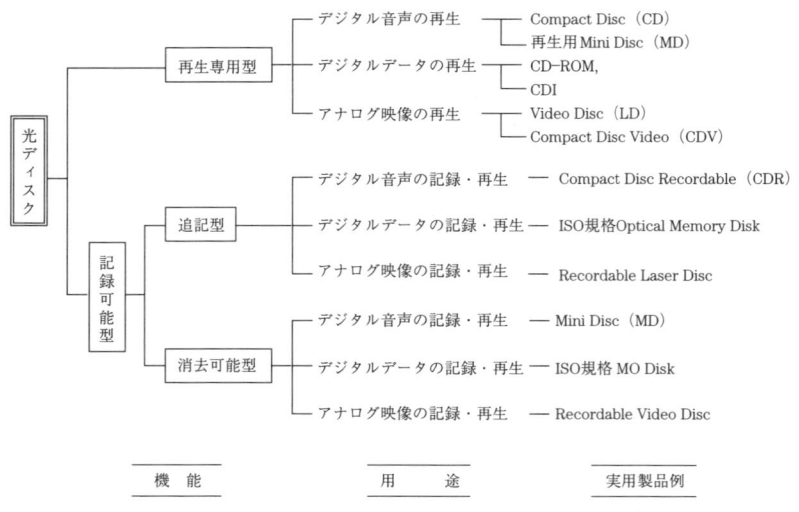

```
                    ┌─ デジタル音声の再生 ─┬─ Compact Disc（CD）
                    │                      └─ 再生用Mini Disc（MD）
          ┌─ 再生専用型 ─┼─ デジタルデータの再生 ─┬─ CD-ROM,
          │           │                      └─ CDI
          │           └─ アナログ映像の再生 ─┬─ Video Disc（LD）
光ディスク ─┤                                  └─ Compact Disc Video（CDV）
          │           ┌─ デジタル音声の記録・再生 ── Compact Disc Recordable（CDR）
          │    ┌─ 追記型 ─┼─ デジタルデータの記録・再生 ── ISO規格Optical Memory Disk
          │    │       └─ アナログ映像の記録・再生 ── Recordable Laser Disc
          └─ 記録可能型 ─┤
               │       ┌─ デジタル音声の記録・再生 ── Mini Disc（MD）
               └─ 消去可能型 ─┼─ デジタルデータの記録・再生 ── ISO規格 MO Disk
                       └─ アナログ映像の記録・再生 ── Recordable Video Disc

              機　能            用　途            実用製品例
```

図 III.1.2　光ディスクの機能別分類

1.1 光ディスク材料

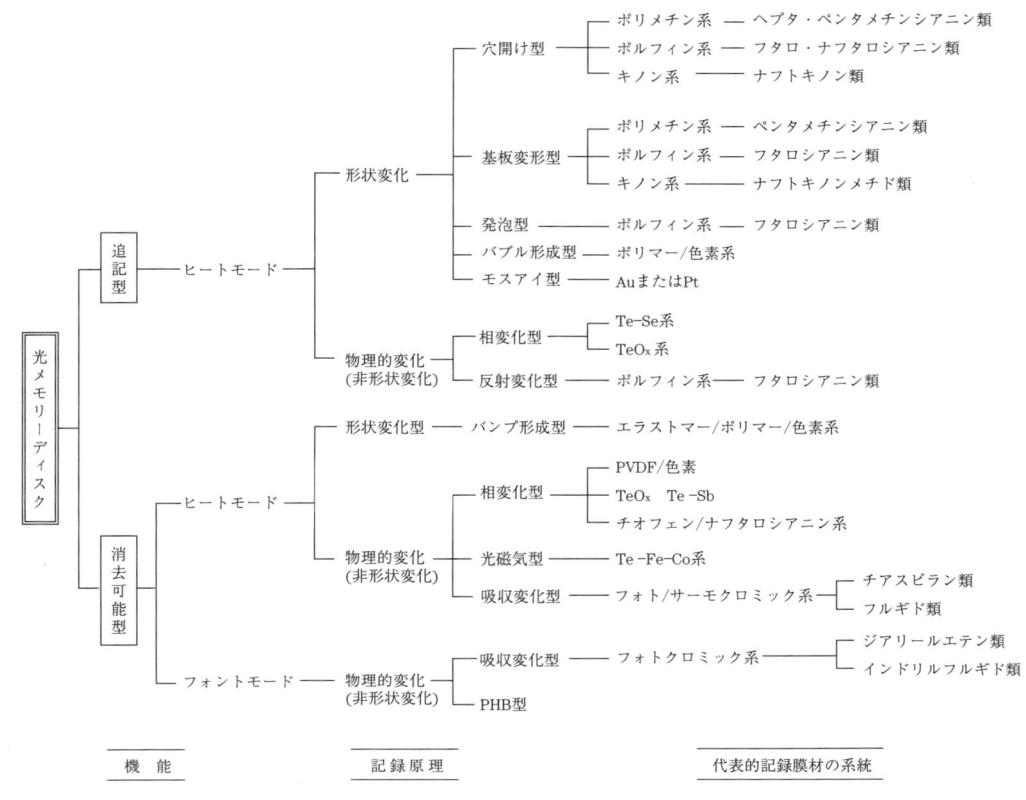

図 Ⅲ.1.3 光ディスクの記録原理による分類

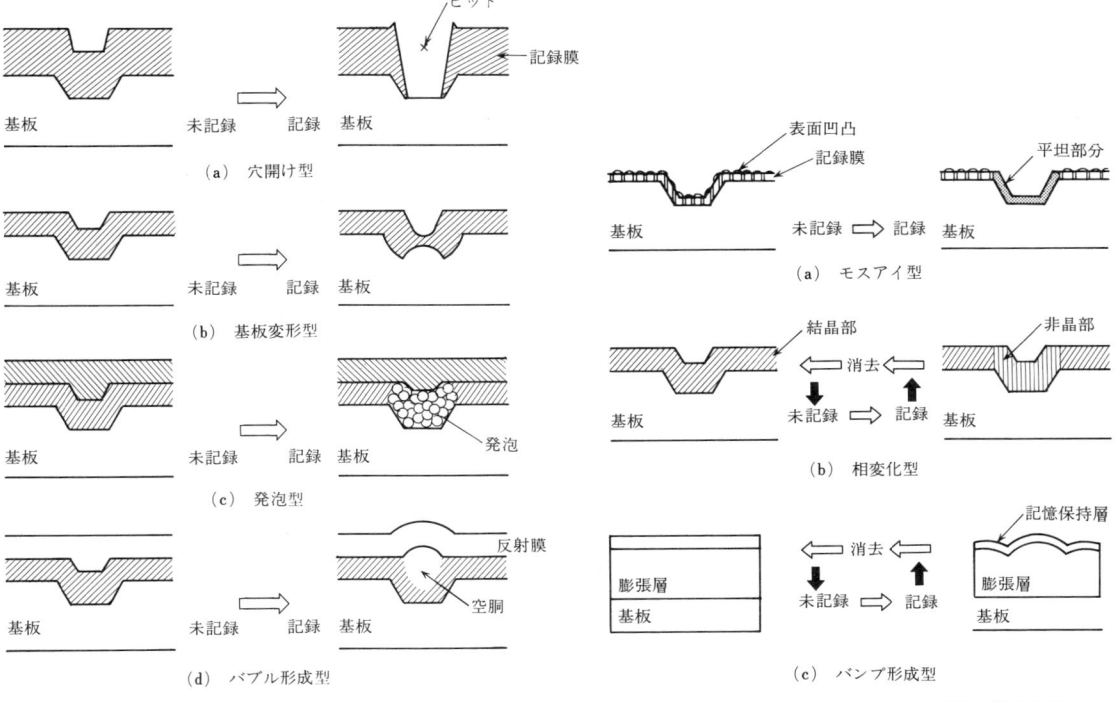

図 Ⅲ.1.4 光メモリーディスクの記録原理模式図(1)

図 Ⅲ.1.4 光メモリーディスクの記録原理模式図(2)

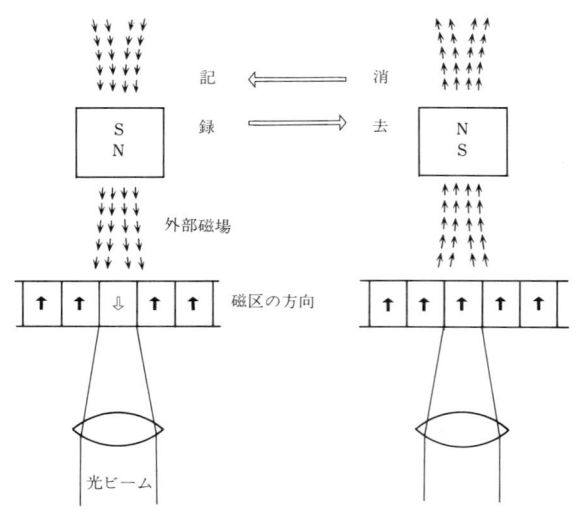

図 III.1.4 光メモリーディスクの記録原理模式図(3)

おき、これを光の熱エネルギーにより平坦化させることで反射率を大きくする記録方法である．

相変化型とは，記録膜の結晶状態を変えて光の反射を制御する方式である．可逆不可逆の両方が存在する．結晶・非晶状態まで明確でなくても，分子スタッキングを変化させることでも同様の効果が得られる場合がある．バンプ形成型は，バブル形成型とほぼ同様であるが，いったん作成したものをもとに戻す工夫がしてある．光磁気型とは，材料のキュリー点を使用した記録方法である．外部磁界を使用して光照射した部分の温度を上げることで磁区の方向を反転させて記録を完成させる．吸収変化型はフォトクロミック材料の項を参照されたい．

ところで，光メモリーディスクの機能は三つある．
① 情報を記録し，必要に応じて再生する．
② 情報を保存する．
③ システムあるいはディスクドライブの制御に必要な信号を出力する．

前二者は主として記録膜がその性能を左右するが，システム制御信号出力は記録膜の反射特性とともに記録膜を支持する基板表面に付された微細な構造が重要である．構造の詳細は後述するが，ここでは光メモリーディスクと記録再生を実行するハードウェア(ディスクドライブ)との接点である光ピックアップ(ディスクドライブの中の部分で，たとえばアナログレコードプレーヤーの針の部分に相当)について概述する．

図III.1.5にWORM型のピックアップを示した．半導体レーザーから出射された光(記録時は強い光が変調された状態で，再生時は弱い光が連続的に出射)は種々の光学部品により成形され顕微鏡の対物レンズに相当するレンズ(これは通常ボイスコイルを有しており，光ディスクのうねりなどに追従して記録面に焦点を結ぶように制御される．アクチュエーターと称される場合がある)からディスク面に出射され，基板を通過して記録膜上に焦点を結ぶ．このとき直径はおおよそ$1.5\,\mu m$である．基板表面で反射された光はさまざまな

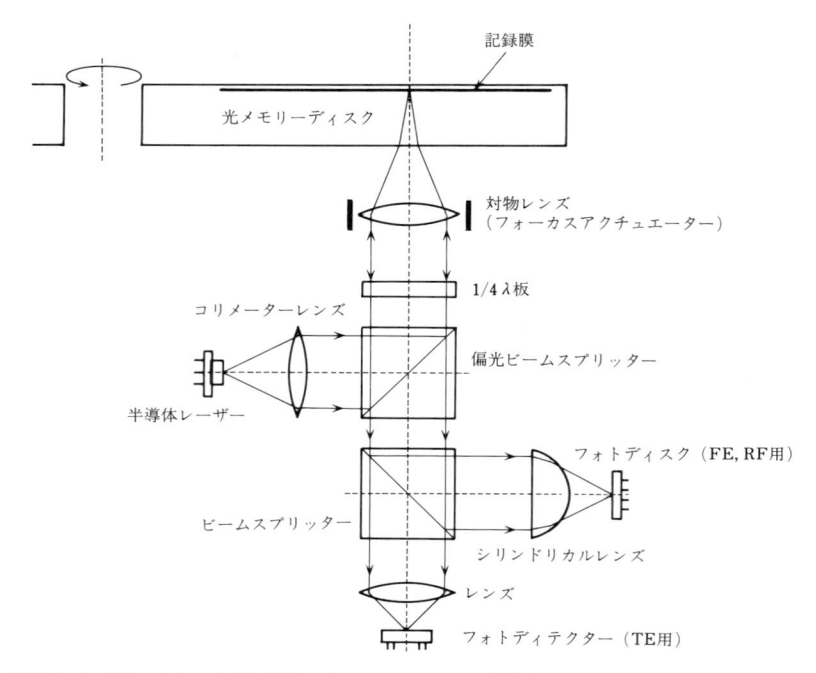

図 III.1.5 光ピックアップの概略構造と光メモリーディスクの関係(WORM用ピックアップを例として)

1.1 光ディスク材料

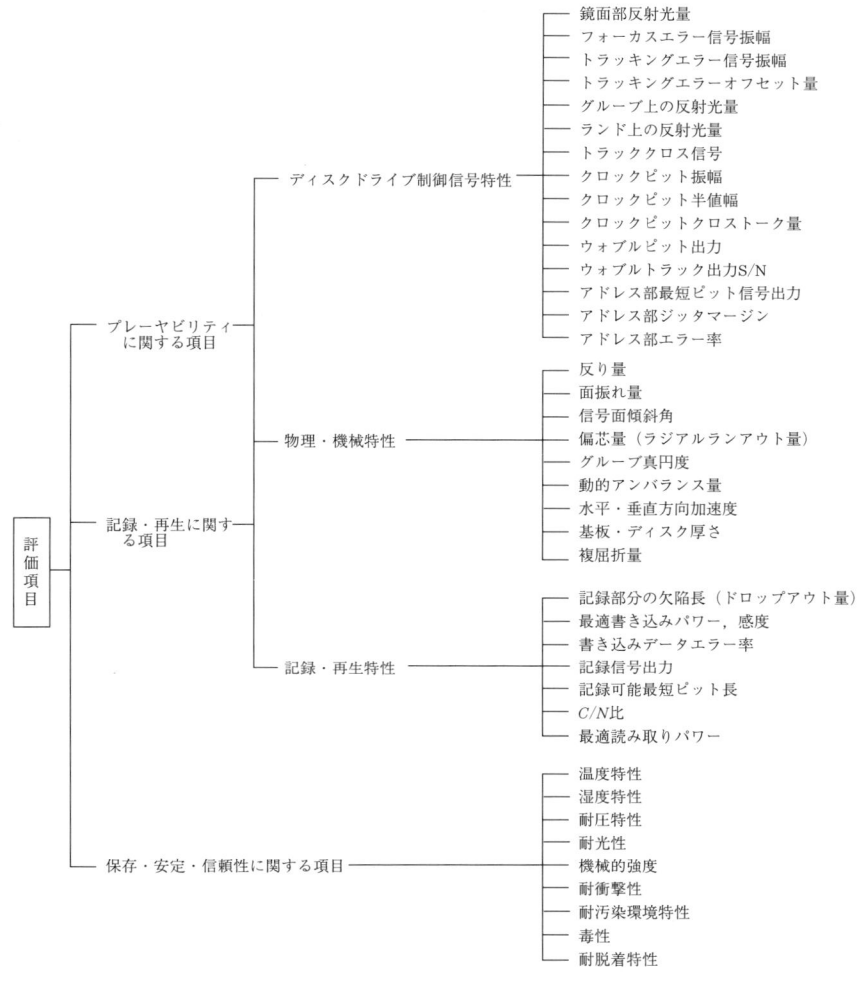

```
評価項目
├─ プレーヤビリティに関する項目
│   └─ ディスクドライブ制御信号特性
│       ├─ 鏡面部反射光量
│       ├─ フォーカスエラー信号振幅
│       ├─ トラッキングエラー信号振幅
│       ├─ トラッキングエラーオフセット量
│       ├─ グルーブ上の反射光量
│       ├─ ランド上の反射光量
│       ├─ トラッククロス信号
│       ├─ クロックピット振幅
│       ├─ クロックピット半値幅
│       ├─ クロックピットクロストーク量
│       ├─ ウォブルピット出力
│       ├─ ウォブルトラック出力S/N
│       ├─ アドレス部最短ピット信号出力
│       ├─ アドレス部ジッタマージン
│       └─ アドレス部エラー率
├─ 記録・再生に関する項目
│   ├─ 物理・機械特性
│   │   ├─ 反り量
│   │   ├─ 面振れ量
│   │   ├─ 信号面傾斜角
│   │   ├─ 偏芯量（ラジアルランアウト量）
│   │   ├─ グルーブ真円度
│   │   ├─ 動的アンバランス量
│   │   ├─ 水平・垂直方向加速度
│   │   ├─ 基板・ディスク厚さ
│   │   └─ 複屈折量
│   └─ 記録・再生特性
│       ├─ 記録部分の欠陥長（ドロップアウト量）
│       ├─ 最適書き込みパワー，感度
│       ├─ 書き込みデータエラー率
│       ├─ 記録信号出力
│       ├─ 記録可能最短ピット長
│       ├─ C/N比
│       └─ 最適読み取りパワー
└─ 保存・安定・信頼性に関する項目
    ├─ 温度特性
    ├─ 湿度特性
    ├─ 耐圧特性
    ├─ 耐光性
    ├─ 機械的強度
    ├─ 耐衝撃性
    ├─ 耐汚染環境特性
    ├─ 毒性
    └─ 耐脱着特性
```

図 III.1.6 光メモリーディスクの評価項目一例（フォーマットによっては不要の項目もある）

情報をもつようになり（いずれも光の強弱として）再び光路を逆にたどりビームスプリッターからフォトディテクターに入り電気信号に変換される．光メモリーディスクが十分に機能するためには先述の三つの機能をバランスよく果たさなければならず，ただ記録膜のみが重要ではない．

筆者の経験から光メモリーディスクの性能を評価する項目を整理すると図III.1.6のようになる．各評価項目は光メモリーディスクの構成部材の性能によって決定されるものと，ディスクドライブ，特に光ピックアップとの適合性によって決定されるものがあるため，ディスク単体で開発を進めるべきではない．

1.1.3 光ディスクの構造

光メモリーディスクの代表的構造を図III.1.7に示す．どの構造をとるかは主として記録材料の記録時の挙動により決定される．穴開け記録型の場合はエアサンドイッチ構造が望ましい．また単板，密着張り合わせの場合はディスクの反りなどの変形が記録膜に影響する場合があるので注意を要する．製造コストの面から，あるいはハードウェアとの関係からもディスク構造は慎重に決定すべきである．

図III.1.8にはディスク表面に存在する微細な構造の一例を示した．通常はグルーブと呼ばれる案内溝があり，これにそって光ピックアップから出射された光はトレースをする．また要所要所には番地なども付されており，さらに回転を制御するためにクロックあるいはグルーブを左右に振ったウォブルがある場合もある．どのような要素を配置するかはフォーマットにより異なるが，記録再生を効率よく実行するためにこれらのものが配置される．いずれもサブミクロンの精度でつくられている．記録膜上に焦点があっているのか，

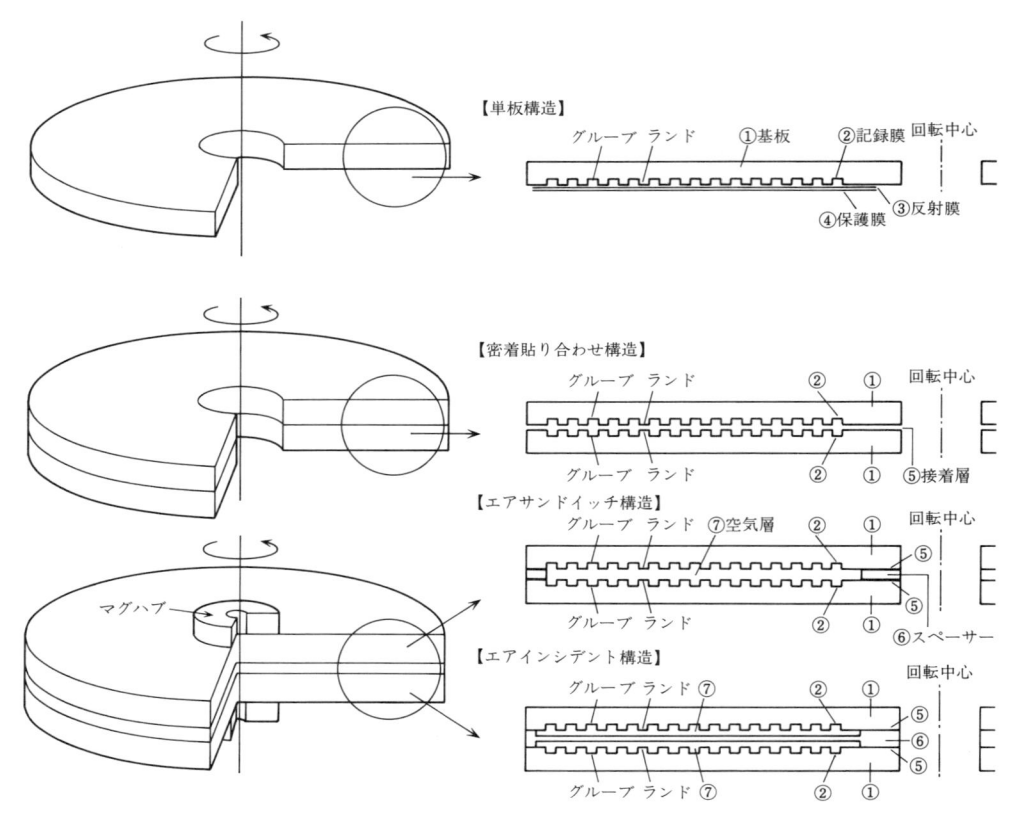

図 III.1.7　光メモリーディスクのディスク構造

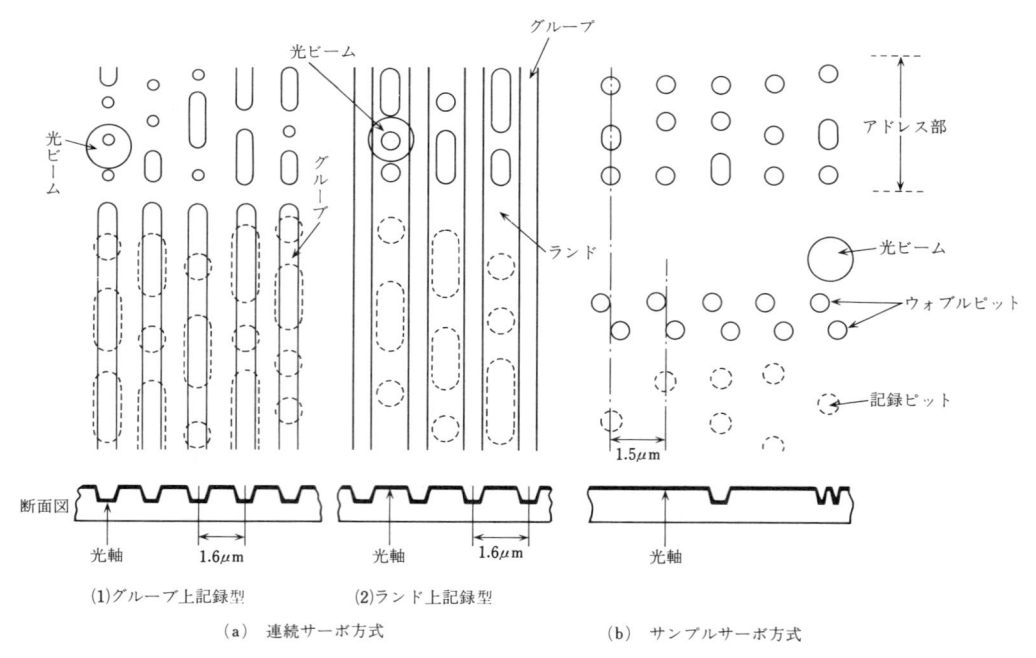

図 III.1.8　光メモリーディスク表面の微細パターン概略（松井文雄：新・光機能性高分子の応用，p.150(1988)，CMC)

1.1 光ディスク材料

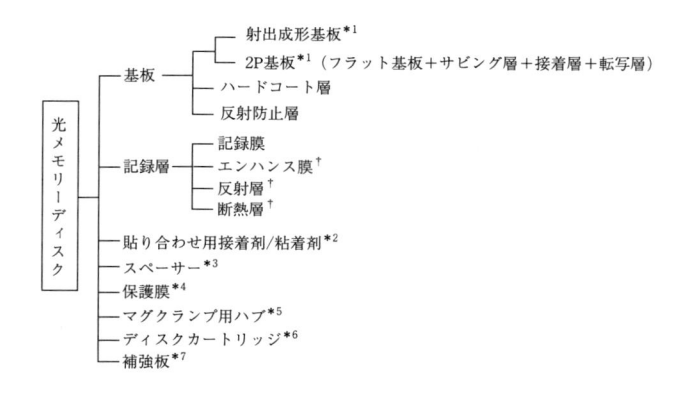

```
                    ┌─ 射出成形基板*1
              ┌ 基板 ┼─ 2P基板*1（フラット基板＋サビング層＋接着層＋転写層）
              │      ├─ ハードコート層
              │      └─ 反射防止層
              │
              │      ┌─ 記録膜
光メモリーディスク ┼ 記録層 ┼─ エンハンス膜†
              │      ├─ 反射層†
              │      └─ 断熱層†
              │
              ├─ 貼り合わせ用接着剤/粘着剤*2
              ├─ スペーサー*3
              ├─ 保護膜*4
              ├─ マグクランプ用ハブ*5
              ├─ ディスクカートリッジ*6
              └─ 補強板*7
```

†：必ず必要というものではない．
*1：どちらか一方を使用する．
*2：両面盤の場合必要である．
*3：エアサンドイッチ構造（補強構造，エアインシデント構造含む）のディスクの場合必要．
*4：単板構造の場合記録層保護のため必要となる．
*5：クランプ方式によっては必要ない．
*6：外部光遮断，取扱いの容易さ，ほこり・きず対策の目的で付属させる場合がある．
*7：エアインシデント構造の場合，中板として使用する．

図 Ⅲ.1.9 光メモリーディスク構成部材

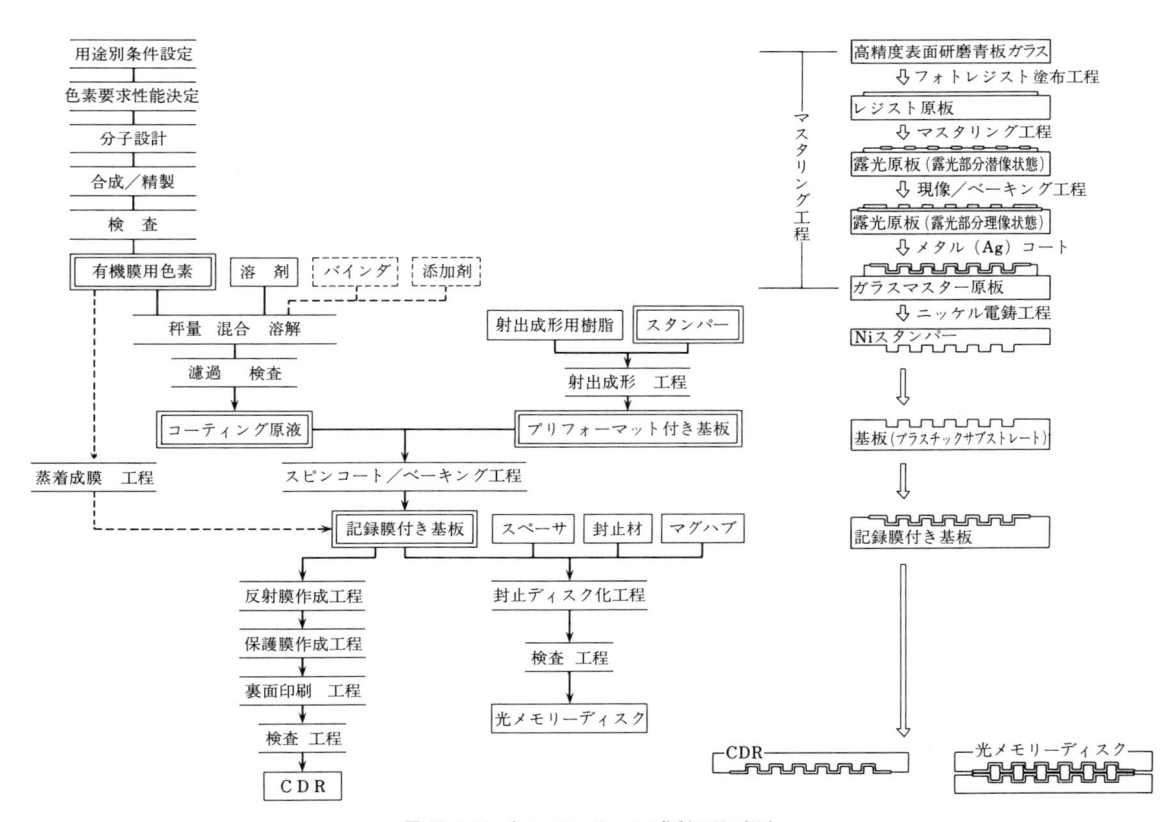

図 Ⅲ.1.10 光メモリーディスク作製工程の概略

ピックアップはどちらの方向に移動しているのか，トレース精度は良好かなどの制御に必要な種々の信号を反射光の大小で示すためのものである．

こうした基板上に記録膜を配置し，さらに取り扱い上容易なようにさまざまな部材が使用される．図III.1.9に光ディスク構成部材を示す．すべての部材は必要というわけではないが，何れの使用部材も信頼性確保の観点からあるいは記録再生を良好に実行する観点からは重要である．

こうした部材をどのように組み上げるのかについて，図III.1.10に光メモリーディスク作製工程図を示した．

1.1.4 主要構成部材

a. 基板材料

記録薄膜を支持し，さまざまな信号を確実に出力するための微細構造を有し，かつ外乱から記録膜部分を保護する目的をもつ基板は光ディスク構成部材中でもきわめて重要である．基板材料に要求される条件は以下の通りである．

(1) 使用光の波長に対して透明であること(透過率は垂直入射で90%以上あることが望ましい)
(2) 複屈折をもたないか少ないこと(許容値はピックアップの性能に左右される．ダブルパスで40nm以下が望ましくかつ周内変動は極力小さい必要がある．さらに急激な変動も好ましくない)
(3) 機械的強度が十分であること
(4) 外乱(温度，湿度)による反り・寸法変化など，機械的特性変化が少ないこと
(5) 光などの外乱により化学的変質を伴わないこと

表 III.1.1 光ディスク用基板材料特性比較一覧表

項目	測定方法など	単位	基板材料の種類			
			エポキシ[*1]	ポリカーボネート[*2]	ポリメチルメタクリレート[*3]	アモルファスポリオレフィン[*4]
光透過率	ASTM D-1003	% at 830 nm	92	90	92	90
屈折率	ASTM D-542		1.51	1.58	1.49	1.53
アッベ数			—	30	58	54
複屈折量	エリプソメータ (ダブルパス)	nm at 630 nm	<5	<60	<20	<25
屈折率温度係数		$°C^{-1}$	—	$-1.4×10^{-4}$	$-1.2×10^{-4}$	$-1.6×10^{-4}$
光弾性係数	エリプソメータ (630 nm)	$cm^2/dyne$	—	$72×10^{-13}$	$3×10^{-13}$	$7×10^{-13}$
比重	ASTM D-792		1.19	1.20	1.19	1.01
吸水率	ASTM D-570	% in 24hr	0.30	0.25	0.54	<0.01
透湿度	JIS Z-0208	$g/m^2·24hr$	2.5	3.6	2.8	0.1
T_g	DSC	°C	125	145	100	145
熱変形温度	ASTM D-648	°C	135	125	93	120
線膨張係数		deg^{-1}	$7×10^{-5}$	$7×10^{-5}$	$8×10^{-5}$	$7×10^{-5}$
曲げ弾性率	ASTM D-790	kg/cm^2	—	$2.4×10^4$	$3.0×10^4$	$2.4×10^4$
曲げ強度	ASTM D-790	kg/cm^2	—	$9.3×10^2$	$11.5×10^2$	$10.0×10^2$
引張弾性率	ASTM D-638	kg/cm^2	—	$2.4×10^4$	$3.1×10^4$	$2.4×10^4$
引張強度	ASTM D-638	kg/cm^2	—	$6.4×10^2$	$7.3×10^2$	$6.4×10^2$
鉛筆硬度	JIS K-5401			B	2H	H
ロックウェル硬度	ASTM D-785	M-scale	90	75	90	—
アイゾット衝撃強度	ASTM D-256	$kg·cm/cm$	1.6	1.5	1.6	—
耐溶剤性	メタノール		不変化	不変化	膨潤	不変化
	IPA		不変化	不変化	膨潤	不変化
	エチセロ		不変化	不変化	溶解	不変化
	アセトン		不変化	溶解	溶解	不変化
	MEK		不変化	溶解	溶解	不変化
	トルエン		不変化	溶解	溶解	溶解

(注) 本表は，以下の出典からの値と，
  *1：住友ベークライト製キャスト製法板
  *2：帝人化成製 AD 5503 を用いた射出成形板
  *3 三菱レイヨン製 F-1000 を用いた射出成形板
  *4 日本ゼオン製 ZEONEX 280 を用いた射出成形板
を例とした筆者の測定値を一覧としたものである．
　成形方法，重合方法などによりこれらの詳細の値は変わることが予想される．したがって本表の値はおおよそのオーダーを知る程度として利用されたい．

(出典) S. Ohsawa, et. al.: Technical Digest of Topical Meeting on Optical Data Strage (Washington D. C. 1985) ThCC4-1.
  小原禎二ら：プラスチック，**41**(10) (1990), 81.

(6) 微細構造転写時の製造コストが安いこと
(7) 微細構造の転写が確実であること
(8) 基板中にサブミクロン径以上の異物などなきこと
(9) 耐溶剤性を有すること（記録膜作製時に有効）
(10) 構成成分が記録膜に影響しないこと

コスト面からは射出成形可能な材料が有利である．再生専用の分野では，CD はポリカーボネート(PC)を，LD はポリメチルメタクリレート(PMMA)あるいは PC を使用している．

光メモリーディスク用の基板材料[2]に関しては，実用化初期の段階ではガラスあるいは 3 次元架橋された PMMA の表面にアクリレート系の紫外線硬化形樹脂を用いて微細構造を転写して使用していた(Photo Polymer molded substrate；2P 基板)．現在でも一部の製品はこの方法を使っている．その後，エポキシ樹脂が PMMA のかわりに検討されたこともあったが，現在では，射出成形のポリカーボネート樹脂基板が多用されている．ただし PC 基板は成形時の残留ひずみに伴う複屈折という光学的欠点を有し，これの低減に関して，材料，成形条件両面から検討しなければならない．近年アモルファスポリオレフィン[3]が PC の上述の欠点を克服したということで応用され始めている．なお，代表的な基板材料の物性を表III.1.1 に示す．参考にされたい．

基板表面には先述の通り種々の制御をするための細かなパターンが配置されている．転写する微細パターンの設計（深さ，幅，断面形状，など）の良否がディスクの性能を左右するといって過言ではなく，最悪の場合は使用不可能ということもありうるので，注意を要する．ハードウェア，特にピックアップの特性と記録膜の反射特性を考慮する必要があり，さらに材料のもつ転写特性を考慮する必要がある．

もう少しマクロな視点からは，基板の厚み精度にも留意せねばならない．図III.1.11 には基板厚みを変化させた光メモリーディスクに記録を実行し記録信号の再生信号振幅を測定した結果を示す．記録再生光学系は基板厚さ 1.2 mm，屈折率 1.5 に合致するよう設計されたものである．1.15 から 1.25 mm 間での範囲では厚さの影響が顕著でないが，その範囲を越えると記録が不十分になることを示している．厚みの変化に応じて記録光が十分絞られず，エネルギー密度が低下したものと推定される．

複屈折の影響はエネルギー密度の低下（したがって不十分な記録しかできない）と同時に記録あるいは再生光の光源への再突入による異常発振(SCOOP 現象)を引き起こすので注意を要する．図III.1.12 には，複屈折が反射光強度に及ぼす影響の一例を示した．複屈折 20 nm で約 20% 程度の反射光強度の低下が認められ

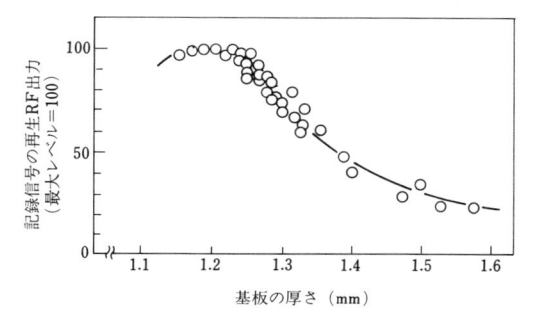

図 III.1.11 基板厚みの記録再生特性に及ぼす影響
(松井文雄：新光機能性高分子の応用，p.138(1988)，CMC)

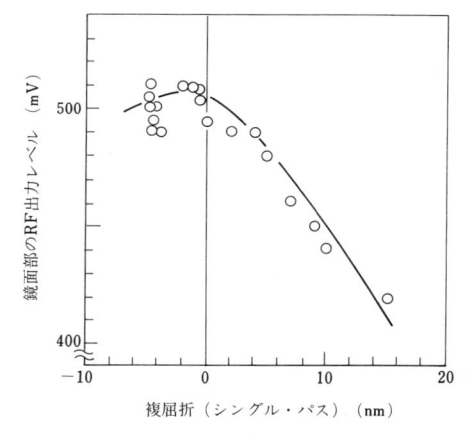

図 III.1.12 基板複屈折の反射光強度に及ぼす影響

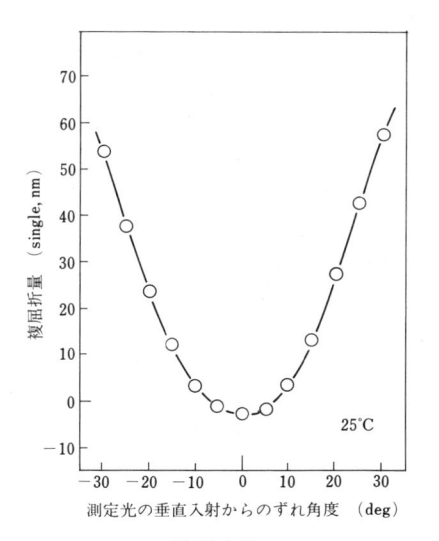

図 III.1.13

る．

図Ⅲ.1.13 には垂直入射からのずれ角度によって複屈折がどのくらい増加するかの測定例を示す．基板が反ることによって複屈折は見かけ上変化することを示している．ピックアップのレンズから投射される光に関しても，ビームの周辺部は基板に対してある角度で入射することになり，図Ⅲ.1.13 の特性は基板の反りを考慮することはもちろんであるが，どの開口数のレンズを使用するかによっても問題となるので慎重に検討しなければならない．

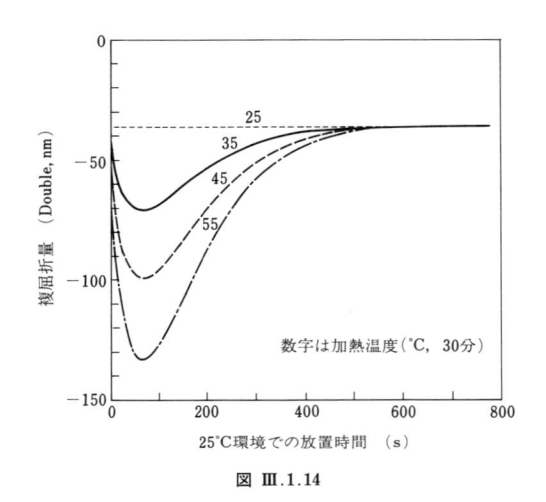

図 Ⅲ.1.14

図Ⅲ.1.14 には，PC 基板をある温度に加熱して再び一定値に戻したときの熱歪に起因する複屈折の変化を示した．PC 基板を使用した光メモリーディスクについて急激な温度変化を与えた場合は，一定時間経過後に使用を開始することの重要性を示唆し，興味深い．

b. 記録膜材料

有機物を光記録材料に応用する試みの根底には，記録に使用する波長光を効率よく吸収させて記録膜を比較的低エネルギーの光照射で変化させようという発想がある．色素あるいは顔料・染料といわれる一群の物質は，分子内の共役系の存在により特定の波長域の光を選択的に吸収する．したがってさまざまな色を発現するわけであるが，この吸収と光記録用光源の波長を合致させ得るならば，照射光は効率よく記録膜に吸収される．さらにさまざまな発振波長に対応する物質が選択できることになる．どのような物質が存在あるいは提案されているかは後述するが，記録膜材料に要求される条件を著者の経験から列挙すると以下のようになる．

［必要条件］
① 300～3 000 Å 程度の薄膜化が可能であること
② 薄膜は粒子性を示さないこと
③ 使用波長域の光に対して 20% 以上の反射率を有していること
④ 使用波長域の光を十分に吸収すること
⑤ 確実にかつ明確に形態変化，光学変化などを起こすこと
⑥ 変化に伴う副反応あるいは反応残渣がないこと
⑦ 温度変化湿度変化などの耐環境特性に優れること
⑧ 毒性のないこと

［十分条件］
① 薄膜化に際してはスピンコート可能であること
　→本成膜法は製造コスト上有利である
　→基板を侵さない溶媒に可溶であること
　→単独でピンホールのない良好な成膜性を有すること
② 吸収特性は波長に対してブロードなこと
　→半導体レーザーは規格中心波長に対して固体差として ±10 nm 程度は振れる
　→発振時の温度上昇に伴い同一固体でも 5 nm 程度長波長側にシフトする
③ 反射特性は同上の理由から波長に対してブロードなこと
④ 使用波長域の光に対して耐久性のあること

反射率に関しては，有機薄膜は概して低いものが多く，この場合反射膜を付すなどの必要性が生じ，膜構造が複雑になる．

所定の厚みを有する有機薄膜のある波長の光に対す

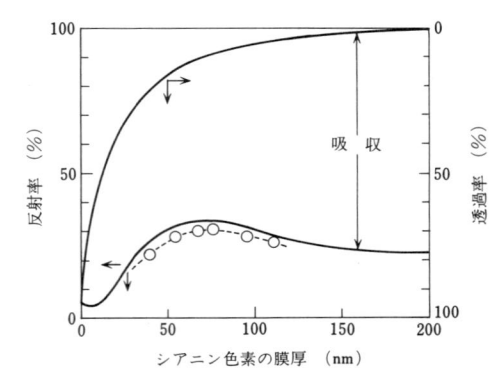

図 Ⅲ.1.15 シアニン色素薄膜を使用した光ディスクの反射率，透過率と吸収の関係
図中実線は計算値，図中白丸および点線は実測値．
波長：830 nm 基板側から垂直入射
基板：$\tilde{n}_1=1.48+0.0i$
薄膜：$\tilde{n}_2=2.70-1.7i$
空気：$\tilde{n}_3=1.00+0.0i$
（松井文雄：光機能材料，p.456(1991)，共立出版）

1.1 光ディスク材料

る反射率を R, 透過率を T, 吸収率を A とすると, $R+T+A=1$ という等式が成立する. R が大きい値を示せば $T+A$ の値はそれだけ小さくなり, 感度が不足する事態となる. ただし, R, T, A はいずれも膜厚の関数であるから[4], どの膜厚において記録膜を設計するかも重要になる[5]. 図Ⅲ.1.15に R, T, A と膜厚の関係の一例をシアニン色素薄膜を用いて示す. これらはいずれも理論的に計算可能であるが, 前提とし

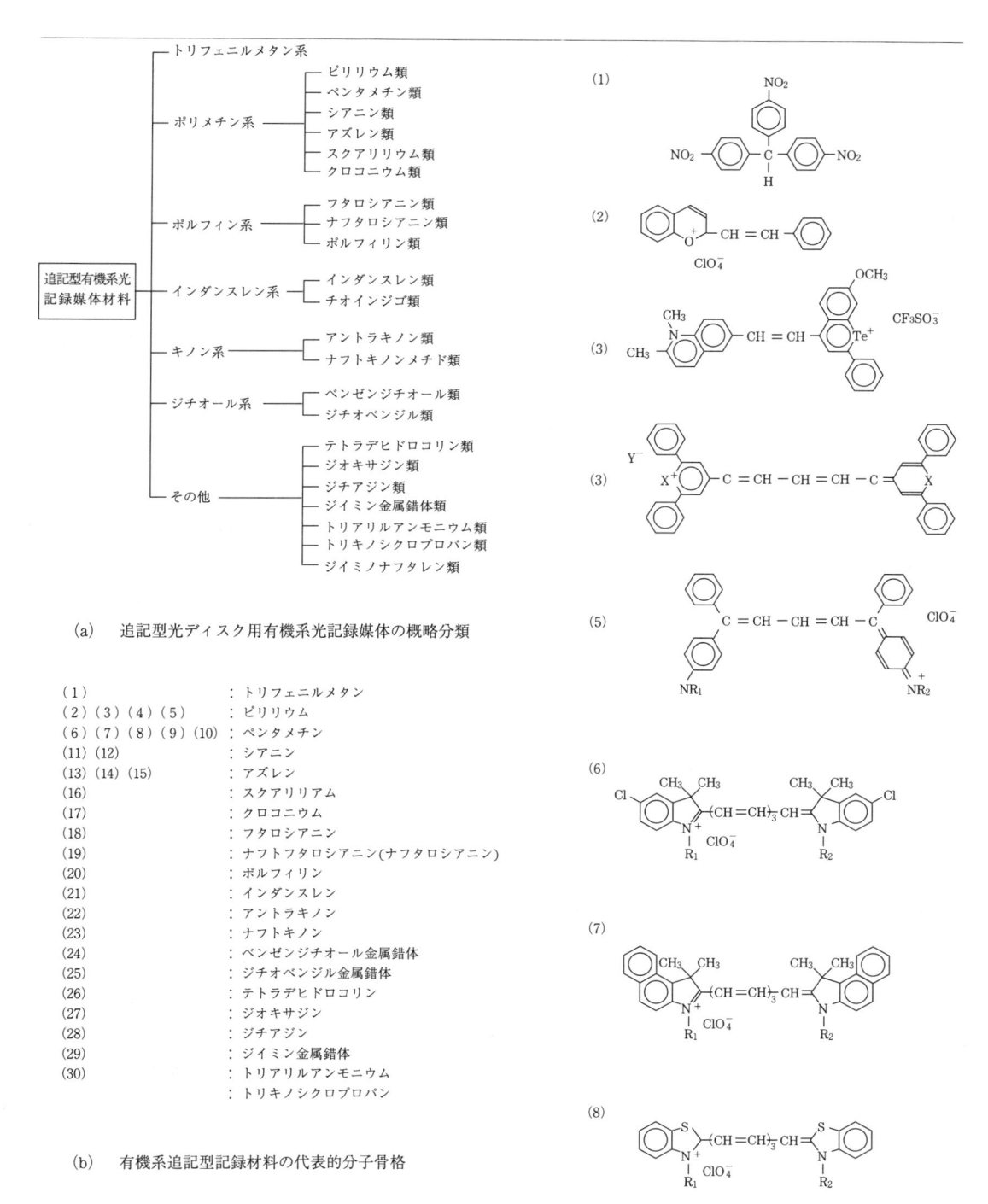

(a) 追記型光ディスク用有機系光記録媒体の概略分類

(1)	: トリフェニルメタン
(2)(3)(4)(5)	: ピリリウム
(6)(7)(8)(9)(10)	: ペンタメチン
(11)(12)	: シアニン
(13)(14)(15)	: アズレン
(16)	: スクアリリウム
(17)	: クロコニウム
(18)	: フタロシアニン
(19)	: ナフトフタロシアニン(ナフタロシアニン)
(20)	: ポルフィリン
(21)	: インダンスレン
(22)	: アントラキノン
(23)	: ナフトキノン
(24)	: ベンゼンジチオール金属錯体
(25)	: ジチオベンジル金属錯体
(26)	: テトラデヒドロコリン
(27)	: ジオキサジン
(28)	: ジチアジン
(29)	: ジイミン金属錯体
(30)	: トリアリルアンモニウム
	: トリキノシクロプロパン

(b) 有機系追記型記録材料の代表的分子骨格

図 Ⅲ.1.16(1)

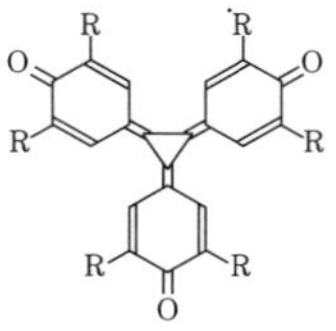

図 III.1.16(2)

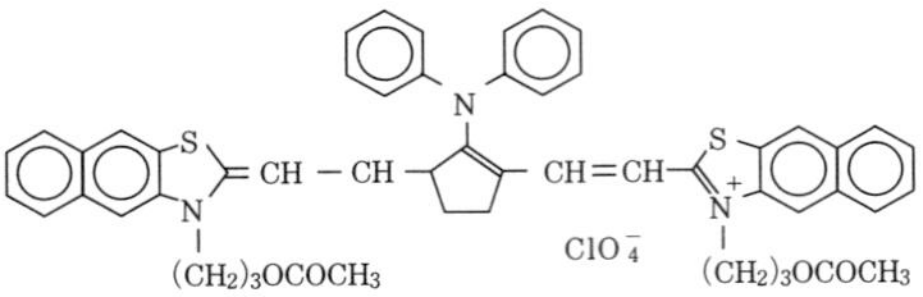

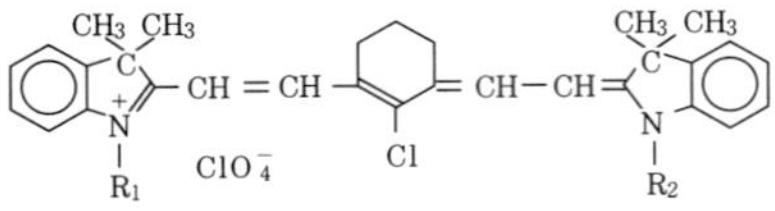

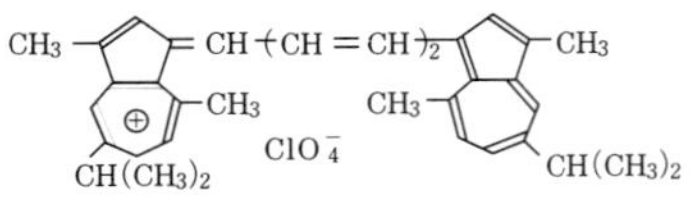

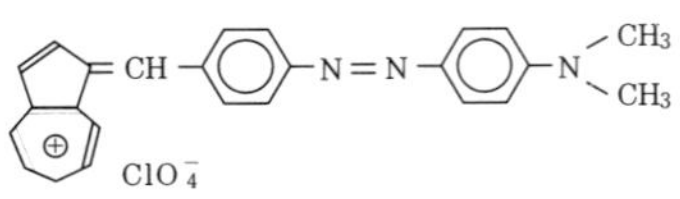

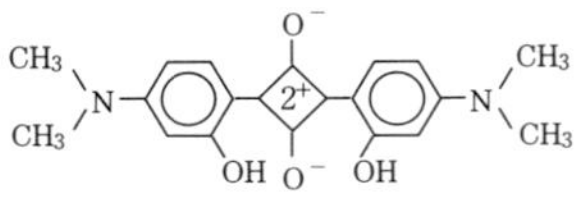

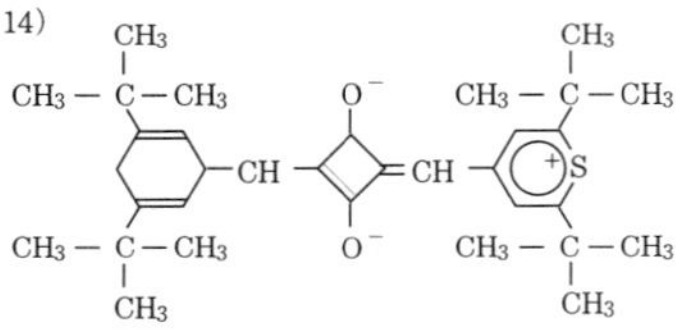

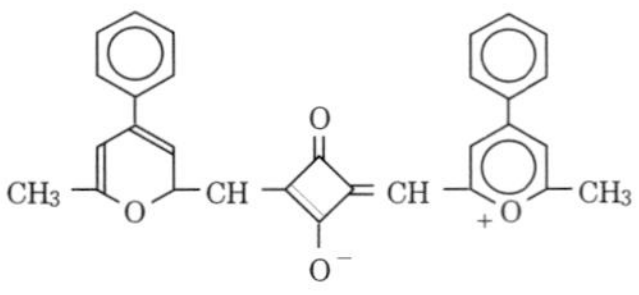

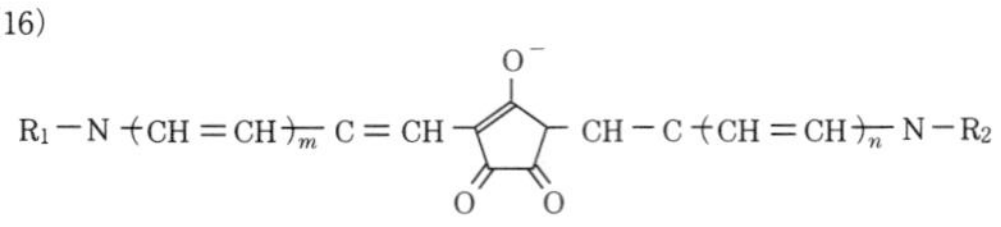

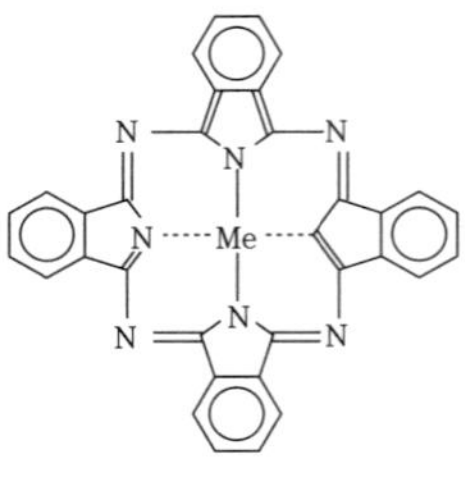

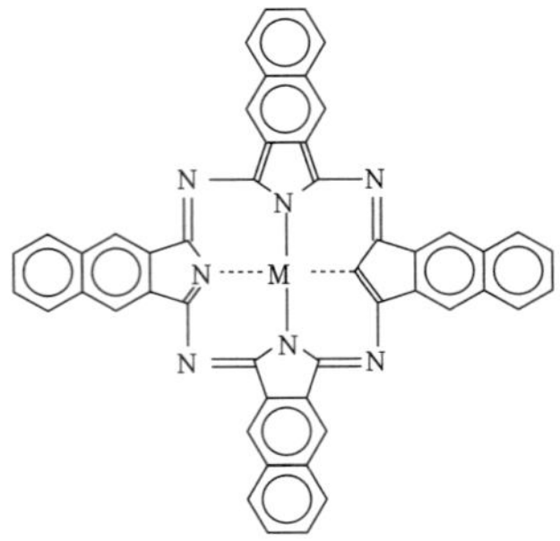

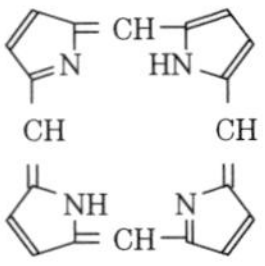

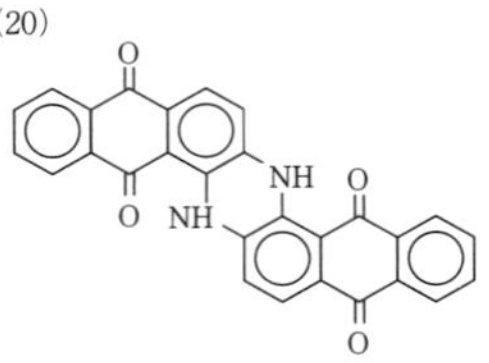

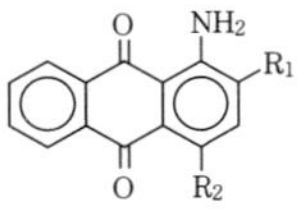

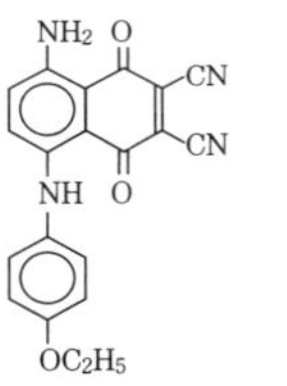

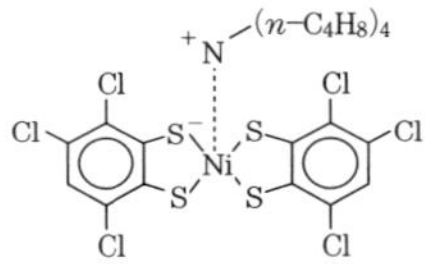

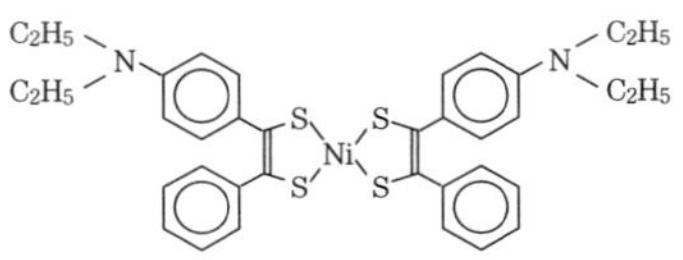

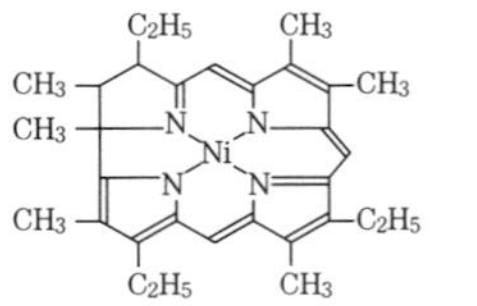

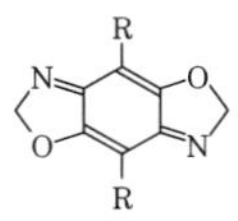

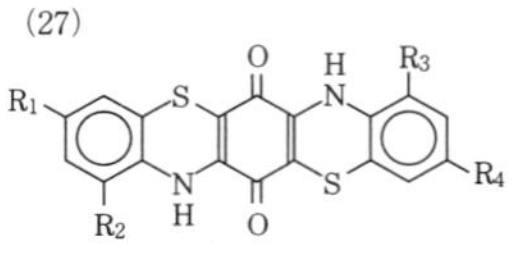

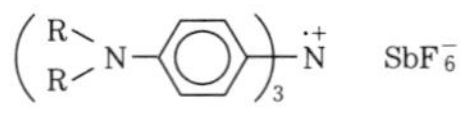

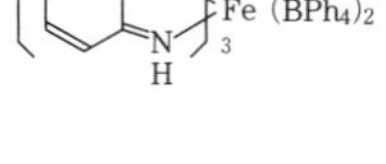

て膜の複素屈折率を知るかまたは正確な膜厚とそのときの絶対反射率，透過率を知る必要があり，これら測定には注意を要する．複素屈折率の測定[6]，膜厚の測定[7]に関しては既往の文献を参照されたい．

1) 追記型記録膜材料　高密度化の要求にそって短波長化する傾向はあるものの，現時点での実用可能な高出力半導体レーザー発振波長域は，大略 780～830 nm の範囲である．したがって記録膜材料もこの範囲の波長を選択的に吸収する構造が望ましい．これまでに報告されている骨格分類を図Ⅲ.1.16(a)[6,8]に，代表的骨格を(b)[6]に示す．このうちで実用化されているものはヘプタメチンシアニン，ペンタメチンシアニン，フタロシアニン，キノン程度である．ただし，ジチオール系ニッケル錯体は光照射に伴う分子の崩壊を遅延させる添加剤として主としてシアニン系薄膜に添加されている．

i) シアニン：シアニンとは，2個の含窒素複素環をメチンまたはその連鎖で結合した陽イオン構造をとる色素の総称である．ヘプタメチンシアニンはデータ記録用として単層膜で1985年に実用化され[9]，ペンタメチンシアニンは音声信号記録用として1988年に反射膜を付した形で実用化[10]されている．

シアニン色素は単独で良好な成膜性を示し，かつ反射率も高い．図Ⅲ.1.17にインドレニンヘプタメチンシアニンの溶液，薄膜の透過，反射特性を示した．シアニンの場合は，薄膜化に伴い λ_{max} が長波長側にシフトし，かつブロード化するのが特徴である．シアニンは数多くの誘導体があるが，溶解性に富みかつ吸光度の大きいものでさらに反射率がかせげるものはそう多くはない．著者が検討したものの一例を表Ⅲ.1.2[6]に紹介する．表中の溶媒はいずれも PC 基板に直接塗布可能なものであり，何れの構造も記録膜としては機能する．溶解度は窒素につく側鎖の長さに依存する傾向はあるものの一定の規則はない．

図 Ⅲ.1.18　ヘプタメチンシアニン薄膜に形成されたピットのSEM像
記録膜構成　　：600Å 単層
トラックピッチ：1.8 μm
基板　　　　　：PMMA-2 P
記録線速度　　：4 m/s
記録パワー　　：7 mW（ピーク値）
記録方式　　　：グルーブ上記録

図 Ⅲ.1.19　ヘプタメチンシアニン薄膜に形成されたピットのSEM像
記録膜構成　　：600Å 単層
トラックピッチ：1.5 μm
基板　　　　　：PC-injection molding
記録線速度　　：10 m/s
記録パワー　　：11 mW（ピーク値）
記録方式　　　：サンプルドサーボ方式

これらの物質の場合は主として単層膜で使用する．記録再生波長は830 nm である．図Ⅲ.1.18にはトラックピッチ1.8 μm のグルーブ上に記録した場合のピットのSEM像を，また図Ⅲ.1.19にはトラックピッチ1.5 μm のサンプルドサーボ方式で記録したピットのSEM像を示した．いずれの場合もディスク構造はエアサンドイッチである．記録に要するエネルギーは記録線速度により異なるが，5 m/s で大略 8 mW，11 m/s で12 mW 程度である．図Ⅲ.1.20に記録線速度をパラメーターとした記録パワーと C/N の関係を示す．デジタルデータ記録用としては50 dB 以上あれば十分であるが，重要なことはこの程度の記録特性を常時確保することであって，ばらつきおよび成膜法などによって特性が左右される場合は実用化への道は遠いとい

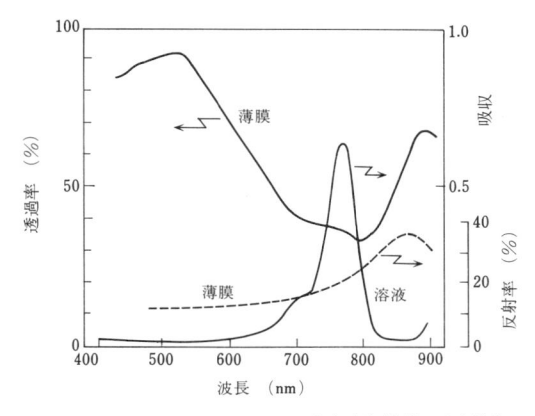

図 Ⅲ.1.17　ヘプタメチンシアニン色素溶液/薄膜の分光特性
（松井文雄：光機能材料，p. 455(1991)，共立出版）

表 III.1.2 ヘプタメチンシアニンの構造と溶液特性

基本骨格: R$_1$ と R$_2$ 置換インドレニン骨格、(CH=CH)$_3$-CH 連結、N-R$_3$, N-R$_4$, Ion$^-$

No.	R$_1$	R$_2$	R$_3$	R$_4$	Ion$^-$	2-methoxyethanol λ_{max}	$\varepsilon(\times 10^4)$	2-ethoxyethanol λ_{max}	$\varepsilon(\times 10^4)$	diacetonealcohol λ_{max}	$\varepsilon(\times 10^4)$
01	H	H	CH$_3$	CH$_3$	ClO$_4^-$	746	2.42	738	0.50	750	2.51
02	H	H	C$_2$H$_5$	C$_2$H$_5$	ClO$_4^-$	750	2.62	748	1.06	751	2.99
03	H	H	n-C$_3$H$_7$	n-C$_3$H$_7$	ClO$_4^-$	750	2.50	750	1.23	754	2.70
05	H	H	i-C$_3$H$_7$	i-C$_3$H$_7$	ClO$_4^-$	751	2.55	751	2.51	753	2.75
06	H	H	n-C$_5$H$_{11}$	n-C$_5$H$_{11}$	ClO$_4^-$	752	2.38	752	2.38	755	2.66
07	H	H	n-C$_6$H$_{13}$	n-C$_6$H$_{13}$	ClO$_4^-$	752	2.56	752	2.56	755	2.79
08	H	H	CH$_2$CH=CH$_2$	CH$_2$CH=CH$_2$	ClO$_4^-$	750	2.59	750	0.40	752	2.90
09	H	H	CH$_2$CH$_2$OH	CH$_2$CH$_2$OH	ClO$_4^-$	752	0.26	752	2.27	755	2.06
10	H	H	CH$_2$CH$_2$OCOCH$_3$	CH$_2$CH$_2$OCOCH$_3$	ClO$_4^-$	750	2.29	750	2.60	752	2.78
11	Cl	Cl	CH$_3$	CH$_3$	ClO$_4^-$	752	0.83	755	0.05	756	2.73
12	Cl	Cl	C$_2$H$_5$	C$_2$H$_5$	ClO$_4^-$	756	0.20	755	0.05	757	1.82
13	Cl	Cl	n-C$_3$H$_7$	n-C$_3$H$_7$	ClO$_4^-$	757	1.69	758	0.44	760	2.93
14	Cl	Cl	i-C$_5$H$_{11}$	i-C$_5$H$_{11}$	ClO$_4^-$	757	2.26	758	2.63	761	2.86
15	Cl	Cl	CH$_2$CH=CH$_2$	CH$_2$CH=CH$_2$	ClO$_4^-$	755	0.16	755	0.05	758	1.32
16	Cl	Cl	CH$_2$CH$_2$OCH$_3$	CH$_2$CH$_2$OCH$_3$	ClO$_4^-$	757	2.09	757	0.57	—	—
17	H	H	CH$_3$	CH$_3$	SbF$_6^-$	746	2.28	741	0.02	750	2.56
18	Cl	Cl	CH$_3$	CH$_3$	SbF$_6^-$	752	2.17	難溶解		756	2.94
19	F	F	CH$_3$	CH$_3$	SbF$_6^-$	746	2.86	745	0.86	750	3.34
20	Cl	Cl	C$_2$H$_5$	C$_2$H$_5$	BF$_4^-$	754	0.34	758	0.07	758	2.95

(松井文雄：光機能材料, p.454(1991), 共立出版)

基本骨格: ベンゾ[g]インドレニン系、(CH=CH)$_3$-CH 連結

No.	R$_1$	R$_2$	R$_3$	R$_4$	Ion$^-$	2-methoxyethanol λ_{max}	$\varepsilon(\times 10^4)$	2-ethoxyethanol λ_{max}	$\varepsilon(\times 10^4)$	diacetonealcohol λ_{max}	$\varepsilon(\times 10^4)$
21	—	—	CH$_3$	CH$_3$	I$^-$	785	2.09	785	1.63	788	2.38
22	—	—	C$_2$H$_5$	C$_2$H$_5$	ClO$_4^-$	787	1.09	781	0.83	790	2.67
23	—	—	n-C$_5$H$_{11}$	n-C$_5$H$_{11}$	ClO$_4^-$	790	2.43	791	0.63	793	2.65
24	—	—	CH$_2$CH$_2$OCH$_3$	CH$_2$CH$_2$OCH$_3$	ClO$_4^-$	790	1.91	790	0.34	—	—

基本骨格: チアゾリン-シクロヘキセン-インドレニン系ヘプタメチン

No.	R$_1$	R$_2$	R$_3$	R$_4$	Ion$^-$	2-methoxyethanol λ_{max}	$\varepsilon(\times 10^4)$	2-ethoxyethanol λ_{max}	$\varepsilon(\times 10^4)$	diacetonealcohol λ_{max}	$\varepsilon(\times 10^4)$
25	phenyl	phenyl	C$_2$H$_5$	CH$_3$	ClO$_4$	787	1.00	781	0.76	790	2.43
26	naphthyl	phenyl	C$_2$H$_5$	CH$_3$	ClO$_4$	748	0.20	難溶解		750	0.84
27	phenyl	naphthyl	C$_2$H$_5$	CH$_3$	ClO$_4$	764	0.63	764	0.15	764	1.15
28	phenyl	naphthyl	C$_2$H$_5$	PRS	ClO$_4$	難溶解		難溶解		793	0.08

1.1 光ディスク材料

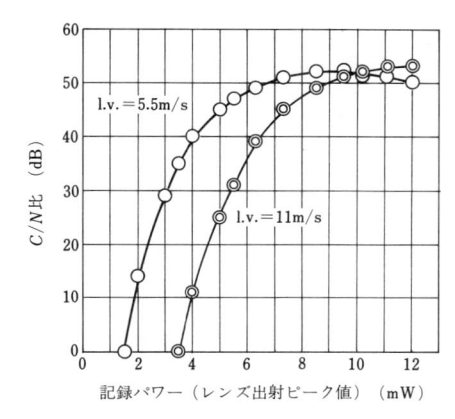

図Ⅲ.1.20 シアニン色素薄膜の記録パワーと C/N の関係

わざるをえない．

なお，著者の経験ではシアニンに限らず多くのヒートモード穴開け記録の有料材料はこの程度の記録感度であることを付記する．したがって，無機金属型の記録材料にくらべて熱伝導率が低いために記録感度に優れるといった期待は今のところ当てはまらない．ただし，照射光のエネルギー強度および照射時間に従って大小長短のピットをつくりうるので，この点からは非常に使いやすいかつ変調方式を選ばない記録膜を得ることができる．

さて，現在ではシアニンは Compact Disc Recordable (CDR) への応用がさかんである．CDR とは再生専用の CD と同一のフォーマットで，記録済みの光ディスクは既存の市販 CD プレーヤーで再生可能なものである．したがってこの光ディスクは 65% 以上という光反射率を規格上確保しなければならない．シアニン色素の反射率はたかだか 30% 程度であるから，工夫が必要である．記録を 780 nm 波長で実行する場合，これまでの考え方では薄膜の吸収を 780 nm 付近にする必要があった．こうすると照射光の大半は膜に吸収されてしまい，反射光は決して多くはない．そこで吸収を短波長側に移しかつ反射膜を付すことでこの問題を解決しようとしている．

図Ⅲ.1.21 にペンタメチンシアニン溶液の分光特性と薄膜の透過率および反射膜を付した場合の反射率を示す[11]．記録波長 780 nm に対して溶液の λ_{max} は 650 nm に設定し，薄膜のそれも 700 nm 以下になっている．すなわち 780 nm の光に対しては，ほとんど吸収を有することのない記録膜を用意し，透過した光のほとんどをそのまま反射膜にて反射させもとに戻すことで高反射率を確保することになる．ただし吸収の少ない分だけ記録感度は落ちることになる．実際この種のものは記録線速度 1.4 m/s で 8 mW 程度必要となる．表Ⅲ.1.3 にいくつかの骨格のペンタメチンシアニンの記録に関する特性を示す．溶液状態での吸収ピークは溶媒の種類により異なるもののインドレニンの場合，おおよそ 640 nm 付近であるのに対して，ナフトインドレニンは 680 nm 付近であった．約 40 nm の差が記録の可否を決定していることがわかり，かなり微妙であることを示唆している．さらにトラッキングエラーの出力値も分子構造とは一定の関係のないことがわかり，経験的に選択することの重要性を示唆している．

また CDR の場合，シアニン薄膜に穴は開かずむしろ分解したシアニン色素が基板中に拡散し，この結果基板変形を惹起し，同時に光学定数，特に減衰係数を増大させ記録が完了すると推定される．図Ⅲ.1.22 には CDR の基板表面の SEM 写真を示す．この場合記録薄膜である色素は剝離してある．

さて，シアニンは概して光堅牢性がないが，この現象に関しては 2 通りの解釈をすべきである．すなわち

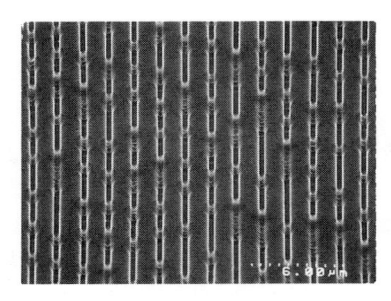

図Ⅲ.1.22 ペンタメチンシアニン薄膜を用いた RCD の記録部分 SEM 像
基板部分を観察したもののため，色素薄膜は除去されている．
記録膜構成　：色素膜＋反射膜＋保護膜
トラックピッチ：1.6 μm
基板　　　　：PC-injection molding
記録線速度　：1.4 m/s
記録パワー　：8 mW (ピーク値)
記録方式　　：グルーブ上記録

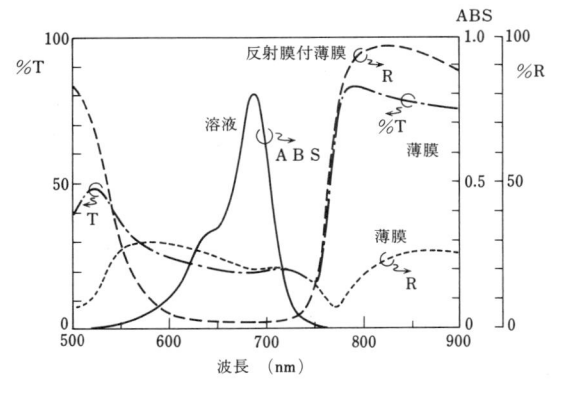

図Ⅲ.1.21 CDR 用ペンタメチンシアニン色素の分光特性

表 III.1.3 ペンタメチンシアニン色素薄膜の諸特性

基本骨格: [構造式]

	R_3	R_4	R_5	R_6	X^-	λ_{max}	記録前 $TE_{(P-P)}$	記録信号再生時の信号振幅 グルーブ電位 196 kHz	720 kHz
1	CH_3	CH_3	CH_3	CH_3	ClO_4^-	640	7.7 V	記録できず	
2	H	H	C_2H_5	C_2H_5	ClO_4^-	643	1.2	記録できず	
3	H	H	$n\text{-}C_4H_9$	$n\text{-}C_4H_9$	ClO_4^-	646	1.4	記録できず	
4	Cl	Cl	$i\text{-}C_5H_{11}$	$i\text{-}C_5H_{11}$	ClO_4^-	649	1.0	記録できず	
5	Cl	Cl	$CH_2CH_2\text{-}Ph$	$CH_2CH_2\text{-}Ph$	Br^-	651	1.0	記録できず	

基本骨格: [構造式]

	R_1	R_2	X^-	λ_{max}	記録前 $TE_{(P-P)}$	グルーブ電位	196 kHz	720 kHz
6	C_2H_5	C_2H_5	Br^-	682	2.8	0.58 V	0.26 V	0.19 V
7	C_2H_5	C_2H_5	$CH_3\text{-}C_6H_4\text{-}SO_2^-$	680	1.0	0.65	0.22	0.16
8	$n\text{-}C_3H_7$	$n\text{-}C_4H_9$	ClO_4^-	681	9.9	0.48	0.32	0.23
9	$n\text{-}C_5H_{11}$	$n\text{-}C_5H_{11}$	ClO_4^-	680	8.0	0.50	0.32	0.22
10	$n\text{-}C_5H_{11}$	$n\text{-}C_5H_{11}$	I^-	683	7.5	0.49	0.32	0.22
11	$n\text{-}C_8H_{17}$	$n\text{-}C_8H_{17}$	ClO_4^-	681	7.4	0.59	0.37	0.22
12	$n\text{-}C_4H_9$	$n\text{-}C_4H_9$	ClO_4^-	680	7.6	0.48	0.32	0.23
13	$CH_2CH_2OCH_3$	$CH_2CH_2OCH_3$	$2\text{-Cl-}C_6H_4\text{-}SO_3^-$	682	0.8	0.61	0.12	—
14	[構造式 trimethine型, ClO_4^-, nC_4H_9]			679	2.9	0.66	0.27	0.20

薄膜化(スピンコート)条件：溶媒 エチルセロソルブ, 色素濃度 25 mg/ml, 膜厚 約 1000 Å, Groove-pich 1.6 μm, Groove-width 0.6 μm, Groove-depth 600 Å, 反射膜 Au 2000 Å, 記録 778 nm 1.4 m/s, write power = 6 mW, read power = 0.5 mW, NA = 0.5.

いわゆる日光堅牢性という意味合いと，光ディスク特有の読み出し光による劣化である．前者にしろ後者にしろメチン連鎖が酸素により切断されるのであろうと推定しているが詳細は不明である．ヘプタメチンシアニンの読み出し光耐久性に関しては図III.1.23に示すようにシアニン単独の膜では照射近赤外光に対して極端に弱いが，いくつかの一重項酸素失活剤(クエンチャー)を導入することで劣化が食い止められるあるいは遅延することがわかる[6]．さらにペンタメチンシアニンのCDR膜に関しても，図III.1.24に示すように劣化を遅延させている[12]．しかしながらこれら系でも全波長帯照射の日光堅牢性に関していうならば決して強くなってはいないことが著者の経験である．

図III.1.23 シアニン色素薄膜の繰り返し読み出し耐久性に及ぼす種々のクエンチャーの影響
(松井文雄：光機能材料, p. 475 (1991), 共立出版)

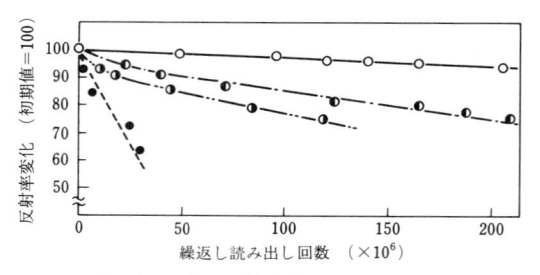

● クエンチャー添加なし
○ ジチオベンジル系添加
◐ ベンゼンジチオール系添加
◑ イモニウム塩系添加

1.1 光ディスク材料

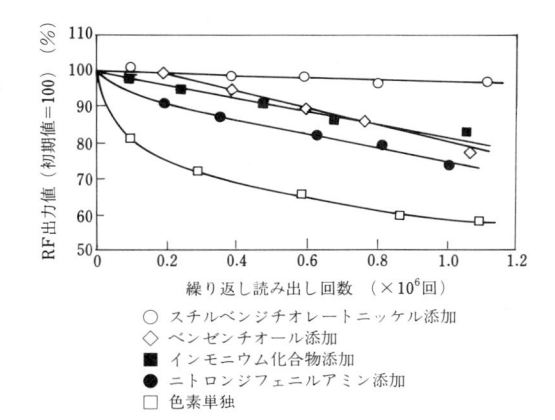

図 Ⅲ.1.24 ペンタメチンシアニン薄膜の読み出し光耐久性
- ○ スチルベンジチオレートニッケル添加
- ◇ ベンゼンチオール添加
- ■ インモニウム化合物添加
- ● ニトロンジフェニルアミン添加
- □ 色素単独

シアニン色素は，光ディスク用記録膜材料としては使いやすいものである．しかし，耐光性の点で今後改良する必要があるものである．なおその他の耐環境性に関しては，既報告[5,8,9]を参照されたい．

ⅱ）フタロシアニン：フタロシアニン骨格を有する色素の歴史は古く19世紀にさかのぼる[13]．現在でも青あるいは緑の色材として大量に使用されている．フタロシアニンは概して光に対して堅牢であり，上述のシアニンの欠点を単独で克服できる可能性がある．この観点から光メモリーディスクへの応用研究が活発である．これまでのものは有機溶媒に不溶（したがって，スピンコートできない）なものが多く，また溶解してもレーザー発振波長と吸収波長帯が合わない，あるいは吸光度がたりないなどの欠点があった．しかしながら今日では金属フタロシアニン，あるいは金属ナフトフタロシアニンの中心金属を種々交換することで特性も多彩となり，大環状部分の周辺官能基の検討も進み，十分利用に耐えうるものが出現している．

管野ら[14]は溶解性の良否という条件を外し，真空蒸着法により成膜を行い金属ナフトフタロシアニンの記録特性を検討している．その報告によれば，表Ⅲ.1.4のように中心金属を変化させることで吸収波長を長波長化しえ，かつフタロ環をナフトフタロ環に変更することで熱分解温度を100度以上低下させ，高感度の記

表 Ⅲ.1.4 （ナフト）フタロシアニン中心金属の最大吸収波長に及ぼす影響（蒸着膜を例として）*

化合物基本骨格	中心金属	熱分解温度(℃)	λ_{max}(nm)
フタロシアニン	Co	426	610
ナフトフタロシアニン	Co	385	660
フタロシアニン	Al	543	720
ナフトフタロシアニン	Al	483	825
フタロシアニン	H_2	540	720
ナフトフタロシアニン	Ni	450	700
ナフトフタロシアニン	Ti	433	840

（管野敏之，上野直之，渡辺均：表面, **26**(9)(1988), 664-674）

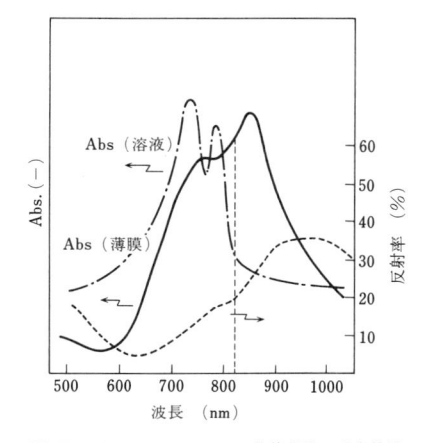

図 Ⅲ.1.25 フタロシアニン蒸着薄膜の分光特性

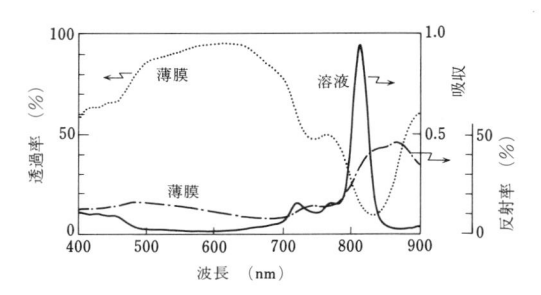

図 Ⅲ.1.26 Siナフトフタロシアニン薄膜の分光特性

録膜を得ることが可能であるとしている．図Ⅲ.1.25には管野らが検討した薄膜の分光特性を示した．

分子修飾の多彩さをねらい中心金属をSiにし，環平面に対し垂直に種々の官能基を導入したコマ形分子の検討も盛んである．著者の経験からすれば，この種の分子および中心金属がAlあるいはSiのものは溶媒可溶性も比較的容易に確保しえ，かつ吸収波長も制御しやすくなり，PC基板にスピンコート可能である．Siナフトフタロシアニンの分光特性を図Ⅲ.1.26に示す．この場合，薄膜に吸収はシアニンほどはブロードにならない．ただし，反射率の波長依存性はかなり大きくこの点は注意を要する．記録感度といった面からは，すでに実用化されているシアニン薄膜とも大差なくきわめて良好である．フタロシアニンの場合は，種々の結晶系を呈することが知られており[15]，成膜時の条件によっては予測できない特性を呈することがあるのでこの点留意されたい．

ⅲ）ナフトキノンメチド：久保ら[16]の研究グループは，ナフトキノンメチド系の近赤外吸収色素を合成しその特性を検討している．応用例の詳細に関しては述べられていないが，特性的に見て明らかに光メモリーディスク用記録膜に応用可能である．またジイミノ

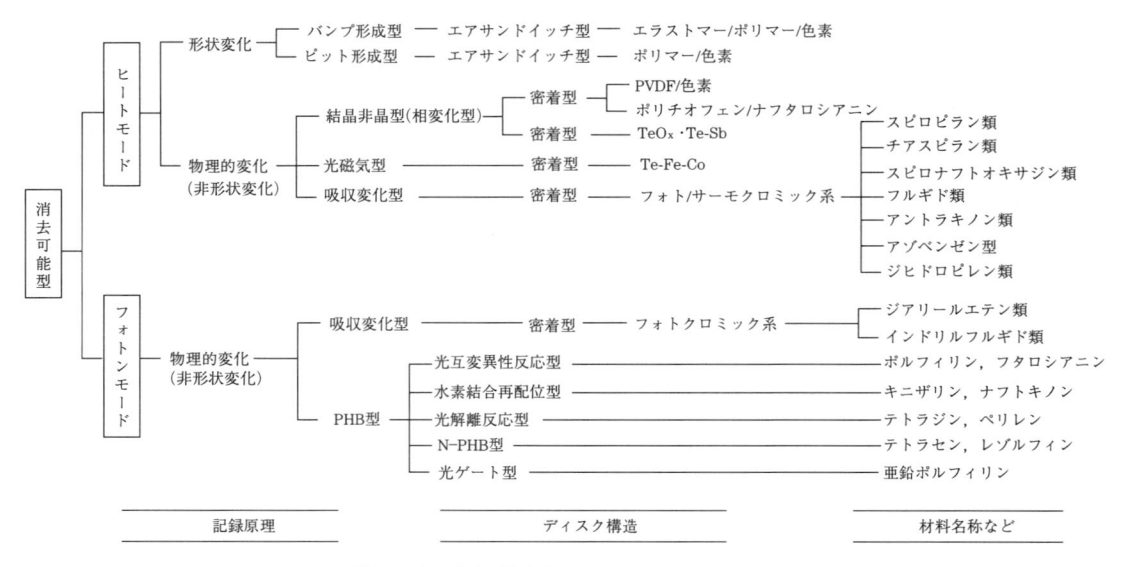

図 Ⅲ.1.27 消去可能型光メモリーディスクの概略分類

ナフタレン系色素に関しても同様のことが推定される．今後この種の実用化検討も盛んになるであろう．

2) 消去可能型有機系光記録媒体の概要 有機系光記録媒体を使用した消去可能な光メモリーディスクは，これまでの実用化報告はない．現在実用化されているものはいずれも無機金属系のみであって，その代表格は光磁気記録媒体である．図Ⅲ.1.27にこれまでに研究報告あるいは実用化されている消去可能型光記録媒体を一括する．有機系の媒体の研究が行われているのは，製造コストの観点で無機金属系に比して有利であろうという予測があると同時に，高密度，高速化に対応できる要素が含まれているからである．その一つが波長情報まで取り込む高密度化の流れであり[17]，フォトンモードに代表される高速化の可能性[18]である．

しかしながら，有機系消去可能型光記録材料に関しては，現時点ではヒートモードを応用した媒体の応用研究が主であるが，実用化にはまだ越えなければならない壁が多々存在する．ジアリールエテン誘導体あるいはインドリルフルギドに代表されるフォトンモードフォトクロミック材料が唯一将来を指向している（フォトクロミックに関しては次節を参照されたい．）．ここではフォトクロミック以外の若干の研究を紹介することとする．

i) **バンプ形成材料**[19]：検討されている方式の原理を図Ⅲ.1.28に示す．この記録媒体は2層構造である．各々膨張層，記憶層と呼ばれる．膨張層に830 nmの光を照射するとこの波長の光を選択的に吸収する色

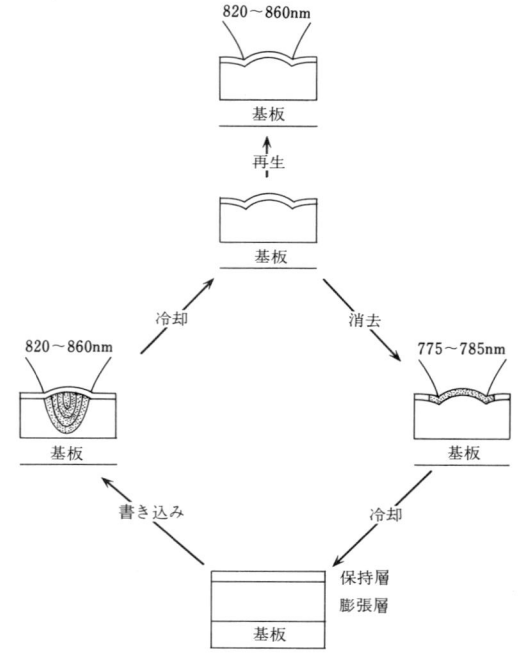

図 Ⅲ.1.28 バンプ形成型光メモリーディスクの記録，再生，消去の原理

素によって蓄熱され，膨張する．このとき比較的硬い記憶層は膨張層によって押し上げられほぼ球形の状態で固定され記録が完了する．消去は780 nmの光を照射する．この時記憶層中に混在した色素が光を吸収し，記憶層を軟化させ残留応力によって球形の膨らみを平坦化し，消去が完了する．ただし，膨らみ部分の高さをいかにして保持するかが難しく，実用化には距離が

あろうというのが筆者の考えである[20]．

ⅱ) 相転移形：この範ちゅうに属するものに二つ存在する．一つはヘキサフルオロアセトンとフッ化ビニリデン共重合体と，アクリル酸エステル系重合体の混合物の薄膜である[21]．記録，消去の概念を図Ⅲ.1.29に示す．膜に熱を加えた場合，昇温速度と加熱最高温度，冷却速度によって膜の光透過率が大幅に変化する特性を応用しようというものである．ただし，応答速度が遅くまた高温に加熱した場合には，熱による膜の変形が起こり，よい結果は得られていない．

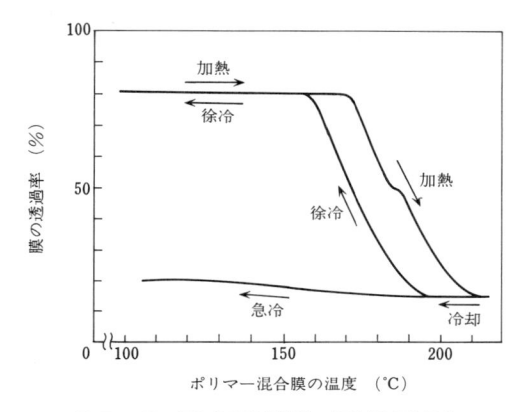

図 Ⅲ.1.29 相転位形記録媒体の記録/消去法概念
(松井文雄：光機能材料, p.462(1991), 共立出版)

もう一つの物質は，ポリチオフェン中に分散したナフタロシアニンである[22]．共役系高分子マトリックスに分散した色素の集合状態を変化させることで吸光度を変化させ，記録消去を行おうというものである．加熱急冷によって記録し，T_g以上に加熱して徐冷することで消去するという．

1.1.5 おわりに

以上光メモリーディスクの概略を記述したが，光メモリーディスクが実用化されてから10年以上が経過しているにもかかわらず，その普及ははかばかしくない．原因の一つは，光メモリーディスクの特徴を生かした使用方法が提示されないまま，磁気記録媒体と同様の使い方のみを追求しているからであろう．しかしながら，光メモリーディスクへの期待は大きい．情報の"ゴミバコ"として大容量を全面に押し出すことで普及が拡大すると思われる．

さらに，有機系の光記録膜材料もヒートモード形記録が主である現在では，もてる可能性を十分に活用してはいない．光のもつ"熱(ヒート)"情報以外に"光(フォトン)"としての情報，あるいは"波長"情報，"位相"情報を活用してこそ真の光記録といえよう．これらを活用しうる最右翼の材料群が有機系材料であると筆者は確信している．一つの方向が波長情報を活用する高密度化への方向であり，他がフォトンモード記録での高速化の方向である．これらが実用化されるならば有機系記録膜材料を用いた光メモリーディスクはその地位を確立するであろう．今後の研究に期待したい．

〔松井　文雄〕

参 考 文 献

1) Gregg, D. P. : USP-3430966 (1969)
2) 松井文雄(市村国宏監修)：新・光機能性高分子の応用, p.136 (1988), CMC
3) 小原禎二, 大島正義, 夏梅伊男：光メモリシンポジウム'88 論文集, p.15 (1988)
　小原禎二, 夏梅伊男：プラスチックス, **41**(10)(1990), 81
　小原禎二：プラスチック, **42**(9)(1991), 69
4) 金原粲, 藤原英夫：薄膜(応用物理学選書3), p.193(1979), 裳華房
5) 松井文雄(高分子学会編)：光機能材料, pp.435-476(1991), 共立出版
6) Tie-Nan Ding, Elsa Garmire, : *Apple. Opt.*, **22** (20) (1983), 3177
　Dobrowolski, J. A., Ho, F. C., Waldorf, A. : *ibid.*, 3191 (1983)
　Siqueiros, J. M., Regalado, L. E., Machorro, R. : *Appl. Opt.*, **27** (20) (1988), 4260
　Hsue, Cheng-Wen, Hechtman, C. D. : *J. Opt. Soc. Am.*, A **6** (11) (1989), 1669
7) Piegari, A., Masetti, E. : *Thin solid films*, **124**(1985), 249
　Holtslag, A. H. M., O. Scholte, P. M. L. : *Appl. Opt.*, **28** (23) (1989), 5095
8) Matsui, F. : Infrared Absorbing Dyes (Matsuoka, M. ed.), p.125 (1990), Plenum Press (N. Y.)
9) Ogoshi, K., Matsui, F., Suzuki, T., Yamamoto, T. : Tech. Digest of Topical Meeting on Optical Data Storage WDD-2 (Washington DC, 1985)
　Ohba, H., Abe, M., Umehara M. Satoh, T., Ueda Y., Kunikane, M. : *Appl. Opt.*, **25** (22) (1986), 4023
10) 石黒隆：JASコンファレンス'88 予稿集 40(1988), 東京
11) 荒木泰志：パイオニア技報, **5**(1992), 15
12) 柳沢秀一, 松井文雄, 岡崎庸樹：日本化学会誌, 1992(10), 1141
13) Moser, F. H., Thomas, A. L. : The Phthalocyanines, vol. I (1983), Pl CRC Press
14) 菅野敏之, 上野直之, 渡辺均：表面, **26**(9)(1988), 664
15) 田中正夫, 駒省二：フタロシアニン, pp.25-39(1991), ぶんしん出版
16) 久保由治, 吉田勝平：染料と薬品, **36**(8)(1991)
　Kubo, Y., Yoshida, K., Adachi, M., Nakamura, S., Maeda, S. : *J. Am. Chem. Soc.*, **113** (8) (1991), 2868
17) 日比野純一：第3回光電子材料シンポジウム予稿, p.165(1992), 東京
18) 入江正浩：光機能材料(高分子学会編), p.415(1991), 共立出版
19) Halter, J. M., Iwamoto, N. E. : Proceedings of SPIE (the International Society of Optical Engineering), **889**(1988), 201
20) 吉沢淳志, 松井文雄：材料技術, **9**(3)(1991), 93
21) 前田一彦, 山内拓, 堤憲太郎：繊維学会第6回オプティックスとエレクトロニクス有機材料に関するシンポジウム予稿 3 B-01(1989.6)
22) 渡辺伊津夫, 桑野敦司, 竹田津潤, 山田三男：高分子学会第41回春季大会予稿, IH-16(1992)

1.2 フォトクロミック材料

1.2.1 はじめに

フォトクロミズムとは，光の作用により単一の化学種が分子量を変えることなく，化学結合の組換えにより，吸収スペクトルの異なる二つの異性体を可逆的に生成する現象をいう．

$$A \underset{h\nu', \Delta}{\overset{h\nu}{\rightleftarrows}} B$$

フォトクロミズムを示す分子は，光励起状態において化学結合を組換える性質をもつため，光を受けると電子状態の異なる別の異性体へ変換し，これが吸収スペクトル変化の原因となる．

フォトクロミック反応を光記録に用いることは，古く1956年にHirshberg[1]により最初に提案されている．フォトクロミック分子の光着色，退色は分子自身の構造変化によるものであるため，解像度が非常に高く，また現像処理を必要とせずDRAW型(Direct Read After Write)光記録に適している．また，この光記録は光をそのまま光反応のエネルギーとして用いるフォトンモード記録になる．光エネルギーを記録媒体上でいったん熱エネルギーに変換して記録する現状のヒートモード光記録では，記録密度を向上させるにはピットの形状を制御する方法(ピットエッジ記録，短波長光源による記録，超解像技術など)しかなく，すでに限界にきている．フォトンモード光記録では，光のもつ特性(波長・位相・偏光性など)がそのままフォトクロミック分子の電子状態変化として記憶され，また読み出される．このフォトンモード光記録には次の特徴がある．

① 光の特性(波長，位相，偏光など)を生かした多重記録が可能．
② 光反応は電子励起状態の寿命で完了することから，速い書込み速度(ナノ秒以内)が得られる．
③ 熱拡散，物質移動を伴わないため高解像性があり，記録層の劣化が少ない．
④ 低毒性，低公害性である．

フォトクロミック反応を用いる光記録の本質的な欠点として，記録・消去に二つの光源を必要とすること，および光反応に閾値がないため読み出しの際記録が消滅するの2点が指摘されてきた．しかし，前者についていえば，最近のレーザー技術の進歩(特に光導波路を用いた高効率SHG材料の開発)により，一つの光源から二つの波長の光を取り出すことも可能になってきており，必ずしも重大な障害とはならなくなっている．

フォトクロミック化合物を光記録媒体として用いようとする際には，化合物自身について次の問題点が解決されなければならない．

（1）両異性体の保存安定性
（2）繰り返し耐久性
（3）半導体レーザー感受性
（4）非破壊読み出し機能
（5）高感度性
（6）速い応答速度
（7）高分子媒体との相溶性

以下では，これらの要件を満たすことをめざした光メモリー用フォトクロミック分子・材料を分子別にまとめる．

1.2.2 スピロベンゾピラン系分子

スピロベンゾピランは次のフォトクロミック反応をする．

(1) ⇌ (2)

紫外光照射によりメロシアニン形を生成し可視光照射によりスピロ形を再生する．1970年以前に合成されたスピロピラン誘導体は文献[2]にまとめられている．一般に光生成するメロシアニン形は熱的に不安定であり暗黒中においてもとのスピロ形にもどるため，光記録媒体として用いる場合，メロシアニンを安定化する何らかの工夫が必要になる．安定化剤を添加することおよび会合体を形成させることが試みられている．

スピロナフトオキサジン(表Ⅲ.1.5)は，顕著な繰り返し耐久性をもつことから1980年代に入ってから注目され，調光材料への応用が始まっている[3]．

(3) ⇌ (4)

しかし，開環体が熱的に不安定でありそのままでは光記録には用いることはできない．安定化剤(5),(6)を添加し，開環状態を安定化することが試みられている[4]．

(5)　(6)

(5)の添加により(4)は安定化し，25℃，25時間後も

1.2 フォトクロミック材料

表 III.1.5 スピロナフトオキサジン誘導体

構造	開環体の λ_{max}(媒体)	
(構造式)	610 nm (MeOH)	a
(構造式)	560 nm (MeOH)	b
(構造式)	460 nm 632 nm (MeOH)	c
(構造式)	548 nm (PMMA)	d
(構造式)	orange (EtOH)	e
(構造式)	blue (PMMA)	f

a : *J. Photochem. Photobiol.*, A **49**, 63 (1989).
b : *BCSJ*, **63**, 267 (1990).
c : PCT Int. Appl. WO 89/007104
d : 特開昭 64-17081
e : U. S. P. 4816584
f : 特開昭 60-112880

退色は認められていない．光劣化も著しく抑制されることが示されている．

スピロピラン分子を化学修飾し，金属イオンとのキレート形成能を付与し，金属イオン添加により開環状態の熱安定性を向上させることも試みられている[5]．

(構造式)

(構造式)

a R^1: H, R^2: OCH_3 R^3: H
b R^1: OCH_3, R^2: OCH_3, R^3: H
c R^1: H R^2: R^2: SO_3^-

Cd^{2+}，Ni^{2+}，Co^{2+}，Cu^{2+} などの2価イオンを添加することにより，これらのメロシアニン形は安定化する．安定化は金属イオンの電気陰性度に依存し，電気陰性度が大きいほど，安定化効果は増大する．Ni^{2+}，Cu^{2+} で顕著な安定化が観測されている．

スピロベンゾピラン系分子の開環状態は，比較的長波長域に吸収をもつが，780 nm の半導体レーザー光に感度をもつ分子は得られていなかった．吸収域を長波長化することをめざし，ベンゾチオピラン環を有するスピロベンゾピラン誘導体が合成された（表III.1.6，図III.1.30）．

表 III.1.6 ベンゾチオピラン(8)の λ_{max}[6]

R^1	R^2	R^3	λ_{max}(nm)
OCH_3	H	H	660
CH_3	H	H	670
H	H	H	680
Cl	H	H	690
NO_2	H	H	750
OCH_3	OCH_3	H	690
OCH_3	CH_3	H	675
OCH_3	H	OCH_3	650
OCH_3	Cl	H	650
OCH_3	Br	H	645

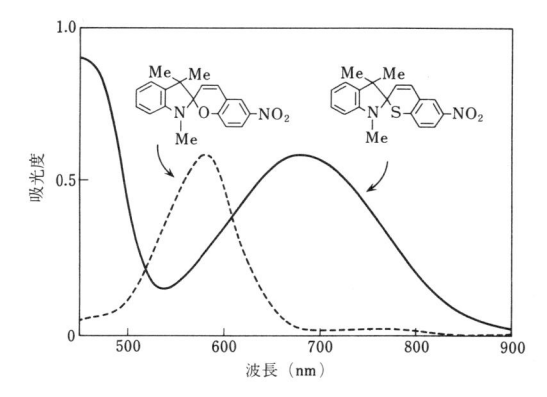

図 III.1.30 ベンゾチオピラン環をもつスピロベンゾピランの開環体のスペクトル（塩ビ系高分子中）

(構造式 (7) ⇌ (8))

メロシアニン開環体のJ会合体，H会合体形成を利用し，熱安定性を向上させることが試みられている．アルキル鎖をスピロベンゾピランへ導入することにより，混合LB膜あるいは高分子電解質中においてJあるいはH会合体を形成することが認められている．波長多重記録を行うには，異なった波長域に鋭い吸収をもつ会合体を多数個用意することが必要となる．そのために数多くの誘導体が合成され，表III.1.7に示す分子が会合体を形成することが見いだされている[7,8]．

これらのJ会合体を多層に積み重ね，波長多重記録が試みられている．その概念を図III.1.31に示す[8]．表III.1.7に示した幅の狭い吸収をもつJ会合体を5つ

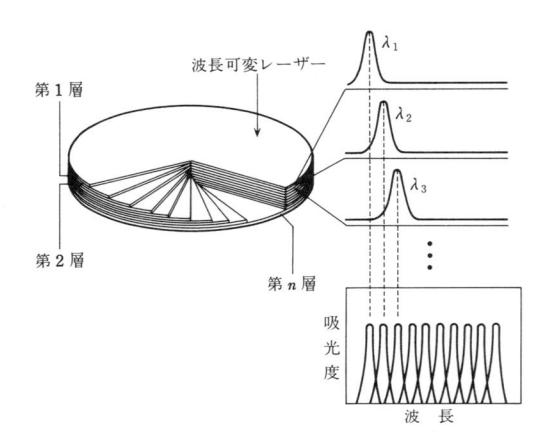

図 Ⅲ.1.31 スピロベンゾピランのJ会合体を用いた波長多重記録の概念図

表 Ⅲ.1.7 会合体形成能をもつスピロベンゾピラン[7,8]

構造	λ_{max} (nm)	会合状態
(構造式)	492	H
(構造式)	578	J
(構造式)	618	J
(構造式)	650	J
(構造式)	508	H
(構造式)	644	J
(構造式)	633	J

用いることにより5多重記録に成功している．また，直交した直線偏光を光源とすることにより，クロストークすることなしに多重度を2倍にあげる（あわせて10多重）ことが可能なことも示されている．

スピロベンゾピラン系分子を用いて，吸収位置，熱安定性に関して要件を満たした記録媒体をつくりあげることには成功しているが，繰り返し耐久性はまだ十分とはいえない．

1.2.3 フルギド系分子

フォトクロミック分子に熱安定性を付与するもう一つのアプローチは，分子設計により分子骨格そのものに熱不可逆性をもたせることである．分子設計により熱逆異性化反応が抑制された最初の例は，フルギド誘導体である．

無置換フェニル基をもつフルギド誘導体は，閉環体において不可逆な[1,5]水素シフトが生じ，繰り返し耐久性のあるフォトクロミック反応は望めない[9]．[1,5]水素シフトを抑えるためにメチル基を置換したフラン環をもつフルギド(9)が合成され，この分子を用いた光記録媒体の研究が開始された．

(反応式 (9) ⇌ (10))

しかし，分子(9)を光記録媒体として用いようとする場合，開環体(9)の熱安定性が十分でない，酸化されやすい，繰り返し耐久性が低い，半導体レーザー感受性をもたない，などの問題点がある．これらの欠点を改良することをめざして，多くの誘導体が合成された．表Ⅲ.1.8，Ⅲ.1.9にそれらを示す[11〜15]．また，スペクトル変化の一例を図Ⅲ.1.32に示す．

(反応式 (11) ⇌ (12))

フリルフルギド誘導体について，光反応量子収率へ及ぼす置換基効果が報告されている[14]．

(反応式 Z(13) ⇌ E(14) ⇌ C(15))

R^1, R^2 が異なる8種のフリルフルギド誘導体が合成され，それらの量子収率が測定された（表Ⅲ.1.10）．R^2 がイソプロピリデン基の場合には，R^1 が，メチル，エチル，n-プロピル，イソプロピルと嵩高になると ϕ_{EZ} は減少し，ϕ_{EC} は増加する．R^2 がイソプロピリデン基，R^1 がイソプロピル基の場合には，EZ異性化反応はま

1.2 フォトクロミック材料

表 III.1.8 フルギド誘導体-I [11]

Ar	開環体 λ_{max}	開環体 A_E [a]	閉環体 λ_{max}	閉環体 A_0 [b]
Me—furan—Me	344	0.31	503	0.40
Me—thiophene—Me	335	0.31	526	0.20
Me—N(Me)pyrrole—Me	370	0.26	622	0.10
Me—N(Ph)pyrrole—Me	379	0.32	635	0.20
Me—N(Au)pyrrole—Me	380	0.14	636	0.10
Nc—N(Me)pyrrole—Me	345	0.50	579	0.16
H₂NOC—N(Me)pyrrole—Me	355	0.10	629	0.05
Me—N(Me)pyrazole—Me	336	0.35	546	0.04
Me—N(Ph)pyrazole—Me	336	0.38	539	0.04
MeO—N(Ph)pyrazole—Me	—	—	545	0.06
Me—isoxazole—Me	304	0.27	435	0.04
indoline—Me	392	0.35	589	0.07
Ph—oxazole—Me	338	0.52	462	0.45
Ph—thiazole—Me	305	0.55	486	0.29

a) PMMAフィルムに 15 wt% 化合物を分散したときの吸光度.
b) A_0：紫外光 (310<λ<380 nm) 照射の際の光定常状態の吸光度.

表 III.1.9 フルギド誘導体-II [15]

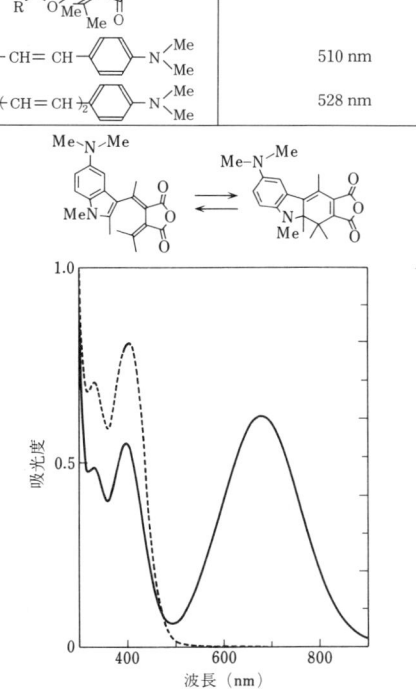

Ar	閉環体の λ_{max}（トルエン）
N-methylpyrrole-indole-Me	633 nm
indole-N(Me)-Me	584 nm
MeS-indole-N(Me)-Me	600 nm
MeO-indole-N(Me)-Me	625 nm
Me₂N-indole-N(Me)-Me	672 nm
R: —CH=CH—C₆H₄—NMe₂	510 nm
R: —(CH=CH)₂—C₆H₄—NMe₂	528 nm

図 III.1.32 インドールフルギドのスペクトル変化

表 III.1.10 フリルフルギド誘導体(14)の量子収率

		366 nm				492 nm
R^1	R^2	Φ_{EC}	Φ_{EZ}	Φ_{ZE}	Φ_{CE}	Φ_{CE}
Me	IPD	0.18	0.13	0.11	0.00	0.048
Et	IPD	0.34	0.06	0.12	…	0.027
n-Pr	IPD	0.45	0.04	0.10	…	0.044
i-Pr	IPD	0.58	0.00	…	0.00	0.043
Me	NBD	0.20	0.30	0.42	0.01	0.057
i-Pr	NBD	0.56	0.01	0.01	0.00	0.049
Me	ADD	0.12	0.10	0.10	0.06	0.21
i-Pr	ADD	0.51	0.02	0.05	0.28	0.26

IPD：isopropylidene,
NBD：7-norbornylidene,
ADD：2-adamantylidene

表 III.1.11 インドリルフルギドの量子収率[15]

フルギド	ϕ_{EC} (403nm)	ϕ_{CE} (403nm)	ϕ_{CE} (608nm)
(Me, Me, Me, N-Me)	0.040	0.067	0.051
(nPr, Me, Me, N-Me)	0.14	0.12	0.049
(iPr, Me, Me, N-Me)	0.23	0.31	0.054
(Me, Me, ADD, N-Me)	0.011	0.19	0.83
(nPr, ADD, N-Me)	0.054	0.22	0.33
(iPr, ADD, N-Me)	0.066	0.91	0.42
(MeS, Me, Me, N-Me)	0.028	0.027	0.011
(MeO, Me, Me, N-Me)	0.024	0.024	0.012
(Me_2N, CH_3, N-Me)	0.015	0.001	0.00004
R: -CH=CH-C₆H₄-N(Me)₂	—	—	0.0027 (511 nm)
R: -(CH=CH)₂-C₆H₄-N(Me)₂			1.8×10^{-4}

ADD: adamantylidene.

ったく起こらず,ϕ_{EC} は 0.58(トルエン)にまで増大する.R^2 にアダマンチリデン基を導入すると ϕ_{CE} が著しく増大することも見いだされている.インドリルフルギドについても量子収率に及ぼす置換基効果が調べられている(表III.1.11).

高分子媒体中に分散されると,これらの量子収率はわずか低下する.これは,反応の際分子体積変化が伴うため,その変化を許容する自由体積をもつ媒体部分においてのみ反応がすすむためと考えられている[16].閉環反応の量子収率は T_g に依存し,T_g 以下では,T_g 以上の値と比較して,2/3 以下に減少することが認められた.しかし,開環反応については,T_g の影響は現れていない.高分子の側鎖へ直接導入した際にも同様の結果が得られている.光異性化量子収率を低温において評価することも試みられている[17].

1.2.4 ジアリールエテン系分子

シス-スチルベンは,紫外光照射により閉環体へ変換し,酸素が存在すると脱 H_2O_2 が続いて起こり,フェナンスレン環を生成する.このとき反応部の水素をメチル基で置換すると,もはや不可逆な脱離反応は起こらなくなり,熱反応によりシス体へもどり,可逆なフォトクロミック反応を示すようになる.シス-2,3-ジフェニル-2-ブテンは,脱気下紫外光照射により 445nm に吸収極大をもつ閉環体へ変換し,暗黒中で直ちに($\tau_{1/2}$ ~1.5min)シス体へもどる.熱反応でもとの異性体へもどるのでは記録材料として用いることはできない.記録材料として用いるためには閉環体の寿命をのばすことが必須である.このことがベンゼン環をヘテロ五員環で置き換えることで解決されて,それを契機として記録材料への応用をめざし研究が開始された[18~22].

$$R^3-X-\underset{R^4}{R^1}-Y-R^6 \rightleftarrows R^3-X-\underset{R^4}{R^1}-Y-R^6$$
(16)　　　　(17)

合成された対称構造ジアリールエテンをまとめて表III.1.12に示す.閉環体の吸収極大は,ベンゾチオフェン環,チオフェン環,インドール環の順に長波長シフトしている.環上部の置換基を CN 基から酸無水物基に置き換えると約 50nm 長波長化することも認められている.パーフルオロシクロペンテン環も酸無水物基と同様の働きをする.しかし,同じアリール基をもつ対称構造ジアリールマレイン酸無水物の閉環体の吸収極大は,ビスインドリルマレイン酸無水物でもその極大波長は 620nm にまでしかのびない.さらに長波長化をめざして,いくつかの非対称構造ジアリールエテンが合成された[22].表III.1.13にその結果を示す.メトキシインドールとシアノチオフェンとをアリール基としてもつジアリールマレイン酸無水物の吸収極大は 680nm にあり,半導体レーザー感受性をもつ.閉環反応は,490nm 光によりすすむ(図III.1.33).

これらのジアリールエテン誘導体のうち,アリール基としてフラン環,チオフェン環,ベンゾチオフェ

1.2 フォトクロミック材料

表 III.1.12 対称構造ジアリールエテン[21]

構　造		閉環体の λ_{max} (ベンゼン)
(構造図)	X=O	391 nm
	X=S	431 nm
(構造図)	X=S	512 nm
	X=Se	525 nm
(構造図)	X=S	505 nm
	X=NCH$_3$	570 nm
(構造図)	X=S	550 nm
	X=Se	560 nm
(構造図)		620 nm
(構造図)		526 nm
(構造図)		595 nm

表 III.1.13 非対称構造ジアリールエテン[22]

構　造	閉環体の λ_{max} (ヘキサン)
(構造図)	578 nm
(構造図)	583 nm
(構造図)	626 nm
(構造図)	611 nm
(構造図)	680 nm
(構造図)	570 nm
(構造図)	572 nm
(構造図)	665 nm

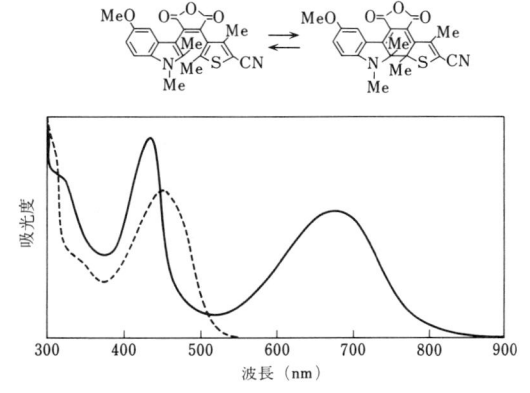

図 III.1.33 ジアリールエテン誘導体のスペクトル変化

環をもつ場合，80℃において12時間後も閉環体の吸収スペクトルにまったく変化はなく，十分に保存安定性をもつ[19]．しかし，インドール環を二つもつジアリールエテンは熱的に不安定であり，数時間で減衰する．ベンゼン環をもつ場合は，前述のように直ちにもとの異性体へもどる．興味深い例は，非対称ジアリールエテンで一方にチオフェン環をもてば他方がインドール基でも熱的に安定になる．これら閉環体の熱安定性は，アリール基の芳香族安定化エネルギーに依存することが分子軌導計算から明らかにされている[20]．

フォトクロミック分子の光記録媒体への応用に際し，熱安定性と同様に重要な要件は繰り返し耐久性である．フォトクロミック反応は，化学結合の組換えを必要とすることから，必ず副反応（組換え間違え）が共存し，それが繰り返し回数を重ねると蓄積し，ついには光反応を示さなくなると予想される．簡単な見積りからも繰り返し回数を上げることが容易でないことは理解される．次に示すように，望むAからBへの反応

以外にB′への副反応が共存するとする.

$$B' \xleftarrow{h\nu} A \xrightleftharpoons[h\nu']{h\nu} B$$

BからAへのもどりには副反応はないとする.AからB′への副反応の起こる割合が,1万分の1しかないとしても,1万回AからB,BからAへの反応を繰り返すと,Aの63%がつぶれてしまうことになる.1万回以上の繰り返し耐久性をもつためには,望ましい反応が99.99%以上の確率で起こる必要がある.このような反応系を構築することはほとんど不可能と考えられてきた.しかし,1万回以上の繰り返し耐久性をもつ分子がこの2~3年相次いで見いだされてきている.

表Ⅲ.1.14にジアリールエテン誘導体の繰り返し耐久性を示す.それぞれの化合物をベンゼンに溶解し(λ_{max}での吸光度~0.6),①適切な波長の光(最も転換率の高い波長の光)で光定常状態にする,②別の波長の光で完全に退色させる,のサイクルを繰り返した結果を示している.この表ではn回のサイクルで最初の閉環体の吸光度の80%に減衰したとき,そのn回を繰り返し耐久性としている.フリルフルギド(9)はこの条件下では21回の耐久性しかない.チオフェン環をもつジアリールエテンは,それよりも耐久性を示したが十分とはいえない.チオフェン環をベンゾチオフェン環に置き換えると耐久性は著しく向上する.インドール環も耐久性を向上させるのに有効である.ビスベンゾチエニルペルフルオロシクロペンテンは,空気存在下においても1万回の繰り返しが可能である.フィルム状態においても同等の耐久性が報告されている.

ジアリールエテン系分子は,保存安定性,繰り返し耐久性,半導体レーザー感受性をもち光メモリーに適した分子として最も期待されている.

1.2.5 シクロファン系分子

アントラセン環を含むシクロファンは,光照射により分子内光二量化反応する.この二量体の熱安定性を化学修飾により向上させることが試みられている.アントラセンが光二量化することはよく知られている.しかし,2分子反応であるため分子拡散速度の小さい高分子マトリックス中では進行しない.また光酸素付加反応が共存するため脱気条件を必要とする.これらの欠点は,アントラセン2分子を同一分子内に含むシクロファンを合成すれば解決される.この目的で,アントラセンを含むシクロファン(18),(20)が合成されている(表Ⅲ.1.15)[23,24].

表 Ⅲ.1.14 ジアリールエテン誘導体の繰り返し耐久性

構造	繰り返し回数	
	空気中	真空中
(NC,CN,Me,Me,Me,Me,S,S)	10	—
(O,O,O,Me,Me,Me,Me,S,S)	70	—
(O,O,O,Me,Me,S,S ベンゾ)	3.7×10^3	1.0×10^4
(O,O,O,Me,Me,N-Me,S インドール)	—	8.7×10^3
(O,O,O,Me,Me,N-Me,S)	—	$>1.1 \times 10^4$
(F_2,F_2,Me,Me,S,S ベンゾ)	$>1.3 \times 10^4$	—

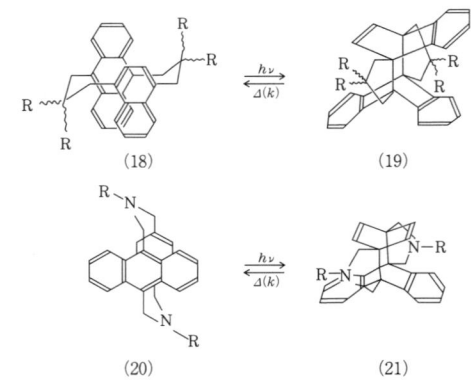

表 Ⅲ.1.15 アントラセンを一成分として含むシクロファンの閉環量子収率と熱安定性

	R	Φ^{N_2}	Φ^{air}	k(熱開環反応速度),s^{-1}
(18)⇌(19)	$COOC_2H_5$	0.31	0.32	1.13×10^{-5} (130°C)
	$COO(n\text{-}C_4H_9), H$	0.28	0.26	4.88×10^{-4} (130°C)
(20)⇌(21)	H	0.048	0.034	8.0×10^{-6} (70°C)
	$SO_2\phi$	0.116	0.088	5.6×10^{-6} (70°C)
	$COCH_3$	0.183	0.130	5.7×10^{-6} (70°C)
	$COCF_3$	0.31	0.21	2.3×10^{-6} (70°C)
	CH_3	0.45	0.39	8.6×10^{-7} (70°C)
	$COC(CH_3)_3$	0.46	0.46	3.5×10^{-7} (70°C)

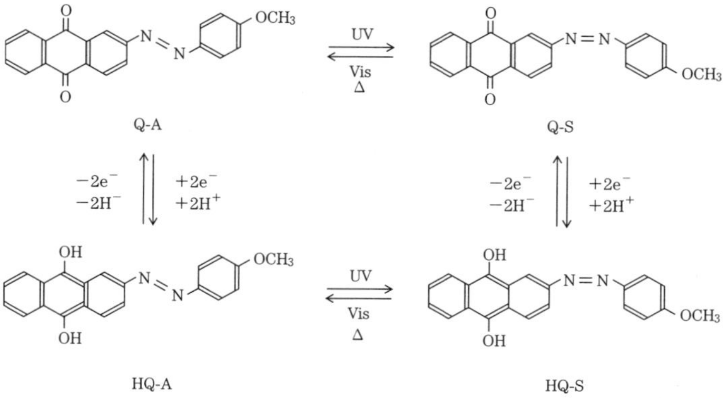

1.2 フォトクロミック材料

図 Ⅲ.1.34 電気化学的酸化/還元反応とフォトクロミック反応による4状態の生成

これらの分子では, 分子設計を適切にすすめることによりさらに熱安定性を高められる可能性がある. しかし, 現在までのところ熱開環反応を完全に止めることができるかどうかは明らかではない.

1.2.6 その他の分子

非破壊読み出しを可能にする一つの方法として, 光反応に伴う旋光度変化をフォトクロミック反応を誘起しない波長の光で読み出すことが提案されている.

その一つは, 高い旋光度をもつポリペプチド中に下記の色素結合アゾベンゼン分子を分散し, アゾベンゼン部のトランス⇌シス異性化による色素の誘起旋光度変化を読み出す提案である[25].

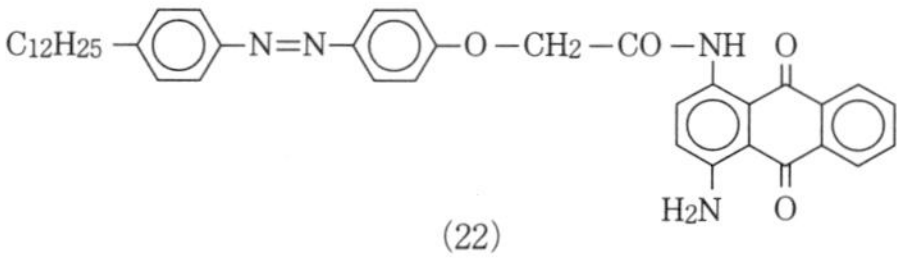

(22)

色素の吸収部に旋光度変化の生じることが確認されている. 他の一つは, 分子自身の旋光度がフォトクロミック反応に伴い光変化する分子を設計することである. 下記の分子は, 紫外光照射により M(*cis*) と P (*trans*) の間で異性化する. 300 nm 光を照射すると P (*trans*) の割合が増加し, 250 nm 光を照射すると逆に M(*cis*) の割合が増加する[26].

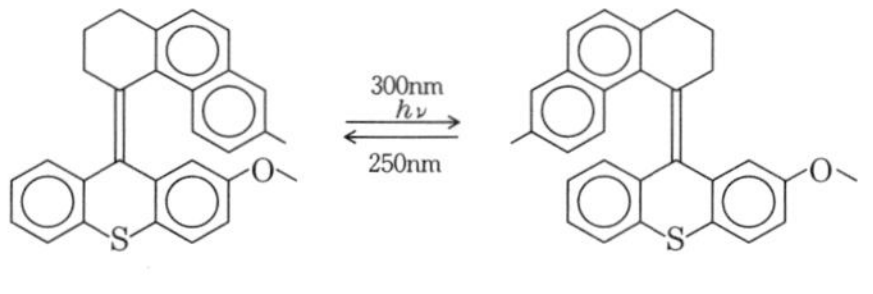

(23) 68Z M-*cis* 32Z P-*trans*   (24) 68Z M-*cis* 32Z P-*trans*

いずれの状態も旋光度をもち, その値が異なるため, 300 nm 光と 250 nm 光とを交互に照射すると, 旋光度が可逆的に変化することになる.

電気化学的酸化/還元反応とフォトクロミック反応とを組み合わせて, 一つの分子から四つの状態をつくりあげ, それらを浅い記憶と深い記憶とに対応させることも試みられている(図Ⅲ.1.34)[27].

また, アゾベンゼン分子を含む LB 膜を用いて光反応(トランス→シス異性化)と電気化学反応(還元反応)とを組み合わせて書き込み, 電気化学反応(酸化反応)により読み出す手法も提案されている(図Ⅲ.1.35)[28].

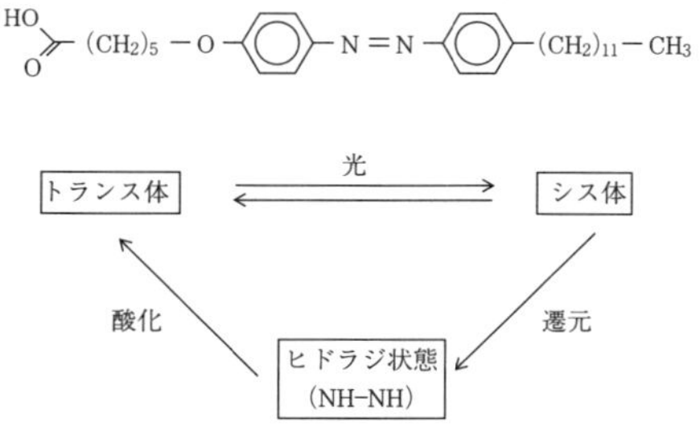

図 Ⅲ.1.35 アゾベンゼン分子を含む LB 膜による電気化学光メモリーの概念図

1.2.7 液晶系

液晶分子とフォトクロミック分子とをポリシロキサンの側鎖へ導入することにより, 光表示材料へ応用することも試みられている. スピロベンゾピラン基を含むポリシロキサンは光照射前は黄色, 紫外光照射により青色, さらに温度をわずか上げると赤色と, 一つの材料で条件をととのえることにより3原色をつくり出せることが示されている(図Ⅲ.1.36)[29].

(25), (26)に示すようにフォトクロミック分子を高分子液晶系へ導入し, フォトンモード光記録, 特に可逆ホログラム光記録の可能性が検討されている[30,31].

図 III.1.36 フォトクロミック液晶による多色系の構築

高分子(25)は 94℃ においてスメクチック A 相からネマチック相へ，104℃ において等方相へ転移する．

(25)

(26)

この高分子(25)を 7 μm の間隔をもつ透明電極へはさみ込み，電場をかけて配向させる．この配向膜は透明になる．ここへ 514 nm の Ar イオンレーザー光を照射すると屈折率変化が生じ光情報が書き込まれる．消去は 104℃ 以上に昇温したのち再配向させることにより達成される．

高分子液晶(27)にアゾベンゼン分子(28)を分散して

(27)

(28)

同様のことが試みられている[32]．

アゾベンゼン基をトランス→シス光異性化するとこの高分子液晶はネマチック相から均一相へ変化する．可視光照射によりシス→トランス異性化させると再びもとの状態にもどる．この変化は，複屈折変化を伴うため偏光を用いて読み出すことが可能である．この系は，しかし，シス体が熱的に不安定なため可視光照射しなくとも暗黒中において置くだけでもとにもどり，保存安定性に欠けている．保存安定性を高めるために，熱不可逆性のあるフリルフルギドを側鎖にもつ高分子液晶も検討されている[33]．

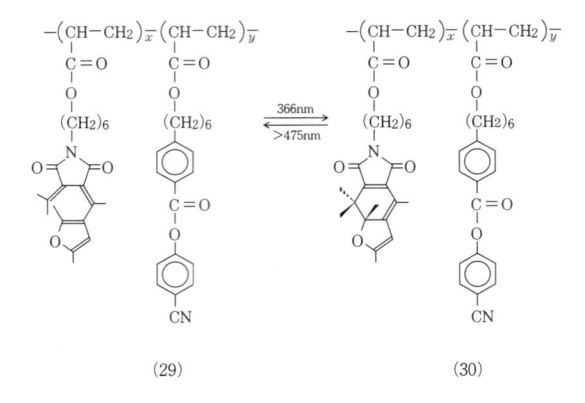

(29)　　　(30)

液晶セル基板表面にフォトクロミック分子を配置し，その光異性化により液晶分子の配列の光制御が試みられている[34～38]．その概念を図III.1.37に示す．基板表面上に導入した構造異性化する分子(たとえばアゾベンゼン)のトランス→シス異性化反応により，ネマチック液晶の配向がホメオトロピック(垂直)→パラレル(水平)に可逆的に変化することが見い出された．この液晶セルの複屈折変化は表示あるいはメモリーに用いることができる．

代表例は次の通りである．基板表面を下記のアゾベ

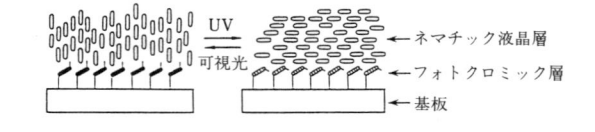

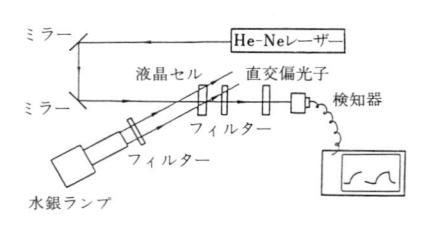

図 III.1.37 ネマチック液晶の光制御の模式図と光記録・再生・消去の光学系

ンゼン基を含む分子で表面処理する．

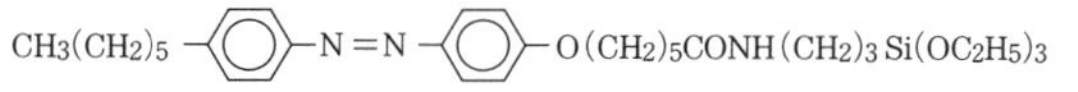

$$CH_3(CH_2)_5-\bigcirc-N=N-\bigcirc-O(CH_2)_5CONH(CH_2)_3Si(OC_2H_5)_3$$

シラン結合によりガラス表面にアゾベンゼンが導入される．この基板にシクロヘキシルカルボン酸フェニルエステル系のネマチック液晶を $8\mu m$ のガラススペーサーを介してはさみ込みセルを構成する．光を照射する前は，アゾベンゼン基はトランス体で液晶分子はホメオトロピック配向しており，He-Ne レーザー光は液晶にさまたげられず透過する．このとき，偏光子を回転し直交状態にし，透過光が 0 になるように設定する．ついで，紫外光を照射し，アゾベンゼン基をトランス体からシス体へ異性化させると，液晶分子はパラレル配向となる．パラレル配向の液晶分子は複屈折を示すので，レーザー光の偏光面は回転し，直交偏光子を透過できるようになる．光情報は，基板に固定されたアゾベンゼン分子の構造変化として書き込まれているので，液晶の流動による記録像の低解像度化は起きない．たとえ液晶が流動しても，基板上のアゾベンゼン分子の異性化構造に従って配向変化が生じるからである．実際 $2\mu m$ の解像度が得られている．

表面の処理は，さまざまな手法で試みられている（図III.1.38）．

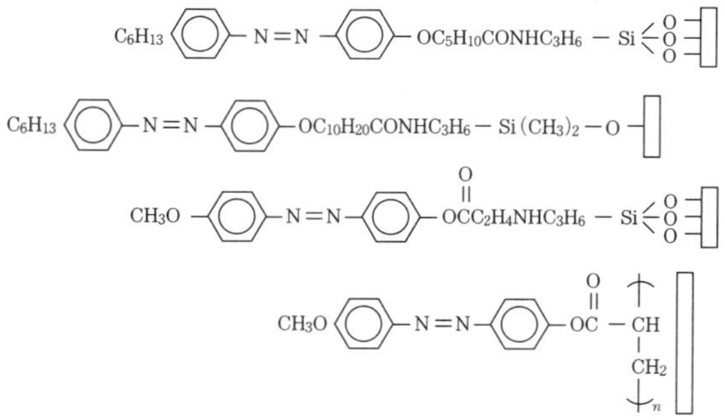

図 III.1.38 液晶の配向を光制御する基板表面

最後に，ここに紹介したフォトクロミック分子および光応答性液晶の光記録材料としての特性をまとめて表III.1.16 に示す．　　　　　　　　　〔入江　正浩〕

参 考 文 献

1) Hirshberg, Y.: *J. Am. Chem. Soc.*, **78**(1956), 2304
2) Brown, G. H.: Technique of chemistry, vol. 3, Photochromism (1971), Wiley-Interscience, N. Y.
3) 中村ほか：有機合成化学, **49**(1991), 392
4) 織田博則, 北尾悌次郎：日化第 58 春季年会予稿集 II(1989), 1874
5) Tamaki, T. et al.: *J. Chem. Soc.*, Chem. Commun., 1477 (1989)
6) Arakawa, S. et al.: *Chem. Lett.*, (1985), 1805
7) Ando, E.: *Thin Solid Film*, 133(1985), 21
8) 日比野純一：第 3 回光電子シンポジウム予稿集
9) Stobbe, H.: *Chem. Ber.*, **37**(1904), 2232, **38**(1905), 368
10) Heller, H. G.: *Chem. Ind.* (*London*), 193 (1978)
11) Kaneko, A. et al.: *Bull. Chem. Soc. Jpn.*, **61**(1988), 3569
12) Suzuki, H. et al.: *Bull. Chem. Soc. Jpn.*, **62**(1989), 3968
13) Yokoyama, Y. et al.: *Chem. Lett.*, (1988), 1049
14) Yokoyama, Y. et al.: *Chem. Lett.*, (1990), 263
15) a) 横山泰, 栗田雄喜生：有機合成化学, **49**(1991), 364
    b) 横山泰, 栗田雄喜生：日本化学会誌, (1992), 998
16) Deblauwe, U., Smets, G.: *Makromol. Chem.*, **189**(1988), 2503
17) Horie, K. et al.: *Makromol. Chem. Rapid Commun.*, **9**(1988), 267
18) Irie, M., Mohri, M.: *J. Org. Chem.*, **53**(1988), 803
19) Irie, M.: *Jpn. J. Appl. Phys.*, **28**(1989),, 3, 215
20) Nakamura, S., Irie, M.: *J. Org. Chem.*, **53**(1988), 6136
21) 入江正浩：有機合成化学, **49**(1991)(1992), 373, 165
22) Irie, M.: *Mol. Cryst. Liq. Cryst.*, **227**(1993), 263
23) Tazuke, S., Watanabe, H.: *Tetrahedron Lett.*, (1982), 197
24) Usui, M. et al.: *Chem. Lett.*, (1984), 1561
25) Kishi, R., Sisido, M.: *Makromol. Chem.*, **192**(1991), 2723
26) Feringa, B. L. et al.: *J. Am. Chem. Soc.*, **113**(1991), 5468
27) Liu, Z. F. et al.: *Nature*, **347**(1990), 658
28) Iyoda, T. et al.: *Tetrahedron Lett.*, **30**(1989), 5429
29) Cabrera, I. et al.: *Ang. Chem. Int. Ed.*, **26**(1987), 1178
30) Eich, M., Wendorff, J. H.: *Makromol. Chem. Rapid Commun.*, **8**(1987), 467
31) Eich, M., Wendorff, J. H.: *Makromol. Chem. Rapid Commun.*, **8**(1987), 59
32) Tazuke, S. et al., *Macromolecules*, **23**(1990), 36
33) Ringsdorf, H. et al.: *Angew. Chem. Int. Ed.*, **30** (1991), 76
34) Ichimura, K. et al.: *Langmuir*, **4**(1988), 1214
35) 青木功荘ほか：高分子論文集, **47**(1990), 771
36) Aoki, K. et al.: *Langmuir*, **8**(1992), 1007
37) Ichimura, K. et al.: *Makromol. Chem. Rapid Commun.*, **10**(1989), 5
38) Seki, T. et al.: Macromolecules, **22**(1989), 3505

表 III.1.16 代表的フォトクロミック分子の光記録特性

特　性	スピロベンゾピラン*	フルギド	ジアリールエテン	シクロファン**	光応答性液晶
保存安定性	○	○	○	△	△
繰り返し耐久性	×	×	○	×	△
半導体レーザー感受性	○	○	○	×	×
非破壊読み出し機能	○	○	○	×	×
高感度性	○	△	△	○	○
速い応答速度	×	○	○	○	×
高分子との相溶性	○	○	○	○	○

*：J-会合体，**：アントラセンを含むシクロファン．

1.3 PHB, フォトンエコー材料

1.3.1 PHBおよびPHBメモリーの原理

光化学ホールバーニング(Photochemical Hole Burning; PHB)の原理を図III.1.39に示す．光化学的に活性な色素を高分子や無機ガラスなどの固体媒質中に分散させて極低温に冷却すると，種々の温度ゆらぎが抑えられるため，色素分子個々の吸収スペクトルの線幅は非常に狭くなる．しかし，実際の固体媒質中では，それぞれの分子周囲の環境が微妙に異なるため，各々の共鳴周波数に分布を生じ，全体としては不均一に広がった幅の広い吸収帯となる(図III.1.39(a))．そこにレーザー光のような線幅の狭い光を照射し，ある周波数(波長)に共鳴する分子のみを選択的に励起して光反応を起こさせれば，吸収スペクトル中にくぼみ(ホール)を形成させることができる(図III.1.39(b))．この現象をPHBと呼び，また，光物理的な機構によってホールを形成する場合を含めて，PSHB(Persistent Spectral Hole Burning)と呼ぶ場合もある[1~4]．

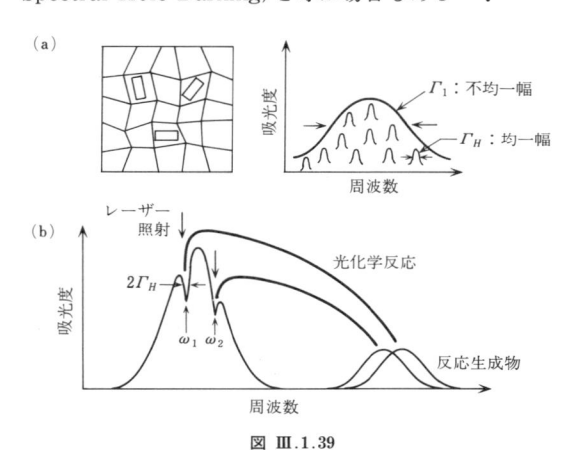

図III.1.39
(a) 固体中に分散された色素の吸収スペクトル．
(b) PHBの原理．

このPHBを光メモリーに応用すると，図III.1.40に示すように特定周波数におけるホールの有無をデジタル信号の0と1に対応させて，現行の光メモリーの1スポット中に約1000個(多重度1000)のホールを形成することができるので，原理的には現在の約1000倍の記録密度(約100Gbit/cm^2)が可能であるとされ，盛んに研究がすすめられている[2]．

PHBおよびフォトンエコー実験法の詳細は，それぞれ文献[5]に詳しい．図III.1.41に，PHB実験装置の例を示す．試料を冷却するクライオスタットには，液体ヘリウムを流すタイプとヘリウムガスを使った冷凍機形がある．スペクトルの検出には，分光器を用いる

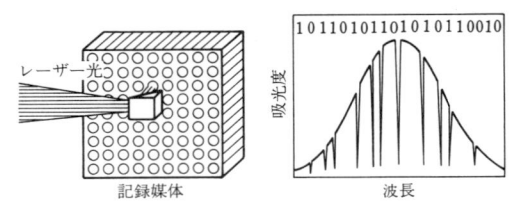

図III.1.40 PHBメモリーの原理

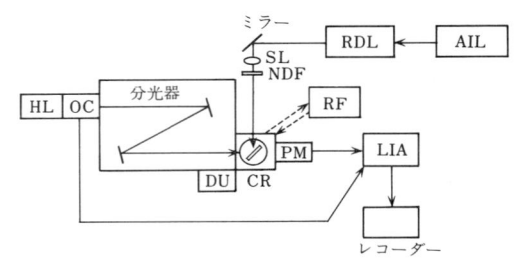

図III.1.41 PHB実験装置の例[22]
HL：ハロゲンランプ，OC：光チョッパー，DU：波長送り装置，CR：クライオスタッド，AIL：アルゴンイオンレーザー，RDL：リング色素レーザー，RF：冷凍機，LIA：ロックイン増幅器，NDF：NDフィルター，SL：単レンズ，PM：光電子増倍管．

方法以外にも，波長スキャンのできるレーザーを用いてより高分解能の測定をする方法がある．散乱の大きい試料では，透過光ではなく蛍光の励起スペクトルでホールを検出する方法が用いられ，また，レーザーに周波数変調をかけて，より高感度にホールを検出する方法も報告されている[2]．

超高密度光メモリー材料としてPHB材料を考えるとき，①ホール(メモリー)の形成および保存温度の高温化，②光反応(書き込み)の高効率化，③非破壊読み出しの実現，④深いホールの高多重度形成の実現，が必要である．②は書き込みの高速化に，③④は読み出しの高速化にそれぞれ必要不可欠であり，特に④は実現可能な記録密度を見積もる際にきわめて重要な意味をもつとされている[6]．

1.3.2 PHB材料のホール形成反応機構

これまでに報告されている主なPHB材料をその反応機構で分類すると，表III.1.17に示すように，水素原子互変異性[7~27]，光イオン化[28~46]，光誘起電子移動[47~59]，分子内・分子間水素結合移動[60~67]，光分解[68~74]，光増感[75~78]のようになる．このうち最も広く研究されているのは，水素化ポルフィリン類などの水素原子互変異性化反応を用いた材料系である．光イオン化反応，光分解反応，光増感反応を利用する材料は，後に述べる光ゲート型のPHBを示すものが多い．表III.1.17には載せていないが，色素周囲のマトリック

1.3 PHB, フォトンエコー材料

表 III.1.17 PHB 反応機構と主な材料系

反応機構	ゲスト分子または色中心	マトリックス	文献
水素原子互変異性化	水素ポルフィリン類 水素化フタロシアニン類 (TPP, TPPS, OEP etc.)	n-アルカン 有機ポリマー(ポリエチレン, ポリメタクリル酸メチル(PMMA), フェノキシ樹脂, エポキシ樹脂, ポリビニルアルコール(PVA) etc.), シリカガラス etc.	7～27
光イオン化	Sm^{2+}	CaF_2, $BaClF$, $BaFCl_{0.5}Br_{0.5}$, $SrFCl_{0.5}Br_{0.5}$, $Sr_{0.5}Mg_{0.5}F$, $Cl_{0.5}Br_{0.5}$, フッ化物ガラス	28～41
	Co^{2+}	$LiGa_5O_8$	34
	Ti^{3+}	$Y_3Al_5O_{12}$	31
	Cr^{3+}	$SrTiO_3$	31
	F_2 カラーセンター	中性子線照射サファイア	46
	カルバゾール	ホウ酸ガラス	44
光誘起電子移動	Zn(またはMg)テトラベンゾポルフィリン誘導体 (ZnTTBP, ZnOPBP etc.)	有機ハロゲン化物—PMMA 芳香族シアン化合物—PMMA p-ヒドロキシベンズアルデヒド—PMMA	47～50 58 59
	Zn(またはCd)ポルフィリン類(ZnOEP etc.) TPP	ピリジンダイマーアニオン—エーテル溶媒 ハロゲン化アントラセン, p-ベンゾキノン—PMMA	51～54 55～57
分子内—分子間 水素結合移動	キニザリン ヒドロキシナフトキノン	有機ポリマー(PMMA, ポリビニルブチラール etc.) シリカガラス アルコールガラス γ-アルミナ etc.	60～67
光分解	アントラセン-テトラセン付加物 s-テトラジン誘導体 5,10-ジヒドロフェナジン	PMMA 有機分子結晶(ベンゼン, p-ターフェニル) フルオレン分子結晶	71 70 72, 73
光増感	ZnTTBP	アジドポリマー(GAP) アシルオキシイミノ基を含むポリマー ノルボルナジエン—PMMA	75～77 77, 78 78

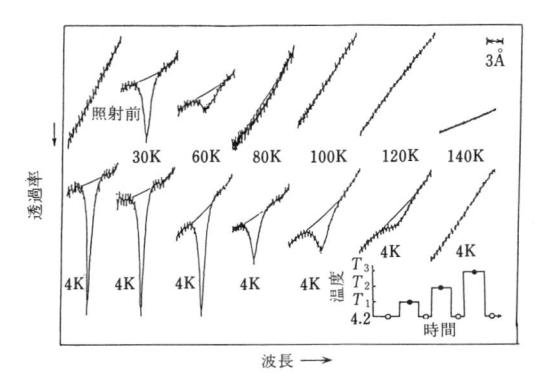

図 III.1.42 TPP/PhR 系[13,15]で, 4K で形成したホールに温度サイクル実験(図右下)を施した際のホール形状の変化

スのコンフォメーション変化などの光物理的な機構によってホールが形成する例(Photophysical Hole Burning または Non-Photochemical Hole Burning; NPHB)も, 種々の有機色素/ポリマー系[79]を中心に数多く報告されている. また, 赤外領域の振動準位間の吸収に対して PSHB を行った研究もある[80].

ホール形成の量子効率(ホール形成効率)は, 単位時間あたり吸収した光子数に対するホール形成に寄与した分子数の比としてホール幅(均一幅), 不均一幅, ホール深さなどから算出される[9,22,63]. 一般に有機色素/ポリマー系では, ホール形成効率は色素の振動準位の重なりによる影響で, 波長依存性を示す[81].

1.3.3 高温 PHB 材料

PHB メモリー実現のためには, 当然, より高温でホールが形成, 保持できる方が望ましい. しかし, PHB を起こさせるには, 色素周囲の環境が固定され, なおかつ色素の吸収の線幅が十分狭い必要がある. そのため, 当初 PHB は液体ヘリウム温度程度の極低温下に限られた現象とされていた. しかし, 1985年に Sm^{2+}/BaClF 系[32]において室温でもホールが保持できることが見いだされ, その後サファイア[46]や分子結晶[73]中でも室温でホールが保持できる例が報告された. また, 1988年には水素化ポルフィリン/ポリマー系[13,23]で液体窒素温度でもホールが形成できることが報告され, その後もあいついで液体窒素温度以上の 80～120K でホール形成が可能な系が報告された[16,67]. 図 III.1.42 に, テトラフェニルポルフィン(TPP)/フェノキシ樹脂系[13,15]での, 温度サイクル時のホール形状の変化を, また図 III.1.43 に, テトラフェニルポルフィンスルホン酸ナトリウム(TPPS)/ポリビニルアルコール(PVA)および TPPS/重水素化 PVA 系におけるホール幅の形成温度依存性[24]を示す. 1992年には, マトリックスの組成を変えて不均一幅を広げる工夫をした

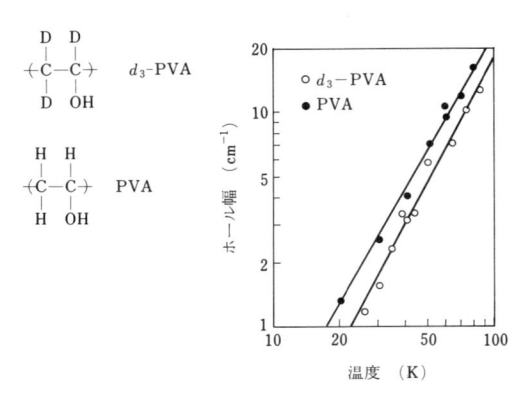

図 III.1.43 TPPS/PVA および TPPS/d_3-PVA 系における、ホール幅のホール形成温度依存性[24]

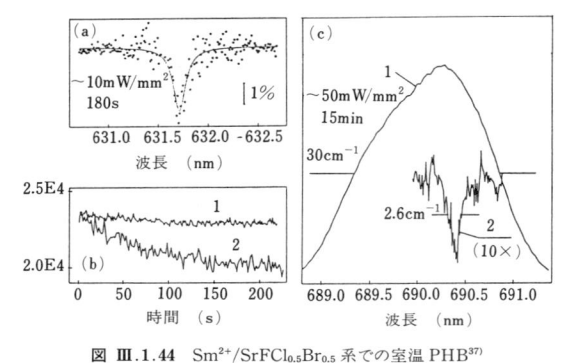

図 III.1.44 Sm^{2+}/$SrFCl_{0.5}Br_{0.5}$ 系での室温 PHB[37]
(a) $^5D_1$-$^7F_0$ 遷移の吸収帯(631.7nm)に形成したホールおよびホール形成の様子(b). あらかじめ Ar^+ レーザーを強く照射した後で PHB を行う方が(2), 照射せずに PHB を行った場合(1)より効率よくホール形成している.
(c) $^5D_0$-$^7F_0$ 遷移の吸収帯(694.0nm)に形成したホール

いる[40,41]. 表III.1.18 に代表的な PHB 材料におけるホール形成および保持が可能な最高到達温度を示す. なお, 超高密度記録には直接つながらないが, ポリマー微粒子での光の共鳴を利用した室温での PSHB の報告もある[82].

1.3.4 光ゲート型 PHB 材料

1985年ごろ IBM のグループ[30,44]は, 読み出し光によるホールの破壊の問題と高速書き込みを同時に解決する方法として, 光ゲート型 PHB を提案した. 図 III.1.45 に, 光ゲート型 PHB の原理を示す. 光ゲート型 PHB では, ホール形成に 2 光子反応を利用し, 波長選択光(ホールの波長に対応する光)と同時にゲート光を照射して初めてホールを形成する(光反応する)ので, 読み出し光のみを照射しても記録は破壊されない.

現在までのところ, Sm^{2+}/BaClF 系[32]やカルバゾール/ホウ酸ガラス系[44]などの光イオン化反応もしくは亜鉛ポルフィリン誘導体(ZnTTBP)-$CHCl_3$/PMMA

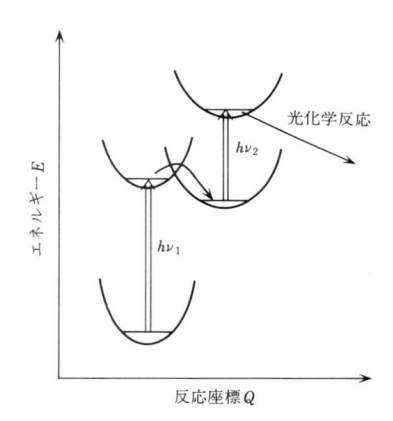

図 III.1.45 光ゲート型 PHB の原理

Sm^{2+}/$SrFCl_{0.5}Br_{0.5}$ 系[37], Sm^{2+}/$BaFCl_{0.5}Br_{0.5}$ 系[38], および Sm^{2+}/$Sr_{0.5}Mg_{0.5}FCl_{0.5}Br_{0.5}$ 系[39]で室温でのホール形成が報告され(図 III.1.43), その後も Sm^{2+} をドープした別の系において室温でのホール形成が報告されて

表 III.1.18 高温 PHB 材料

材料系	低温で形成したホールが再び低温で観測される最高熱処理温度 (K)	ホール形成および観測の最高温度 (K)	文献
TPPS/PVA	150	120	23
TPP/フェノキシ樹脂	120	100	13, 15
TPP/エポキシ樹脂		80	16
キニザリン/α-SiO_2	65		62
キニザリン/γ-Al_2O_3 表面		77	67
ZnTTBP-$CHCl_3$/PMMA		90	50
ZnTTBP/GAP	>80	80	76
5,10-ジヒドロフェナジン/フルオレン分子結晶	320		73
中性子線照射サファイア	520		46
Sm^{2+}/BaClF	300		32
Sm^{2+}/$SrFCl_{0.5}Br_{0.5}$		296	37
Sm^{2+}/$Sr_{0.5}Mg_{0.5}FCl_{0.5}Br_{0.5}$		室温	39
Sm^{2+}/$BaFCl_{0.5}Br_{0.5}$		室温	38
Sm^{2+}/フッ化物ガラス		室温	40, 41

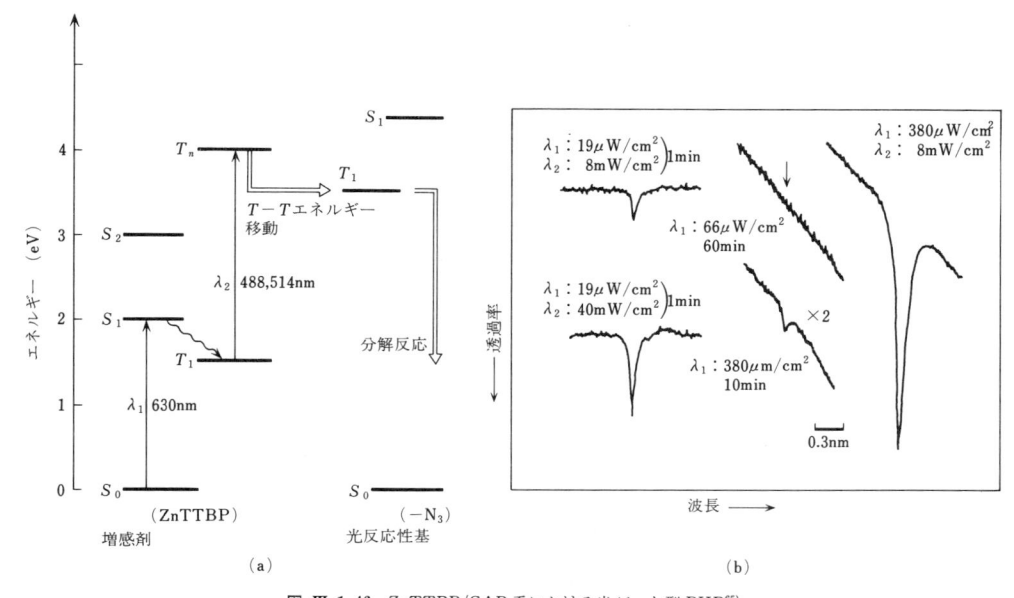

図 III.1.46 ZnTTBP/GAP 系における光ゲート型 PHB[65]
(a) 二波長増感光反応によるホール形成機構, (b) 630nm 付近の吸収帯に行った光ゲート型 PHB の様子.

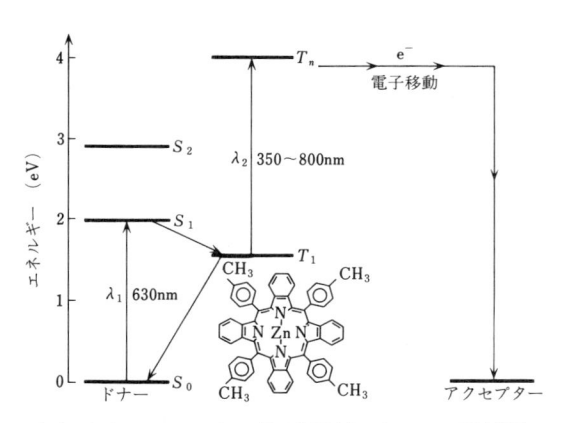

(a) ドナー・アクセプター電子移動反応によるホール形成機構

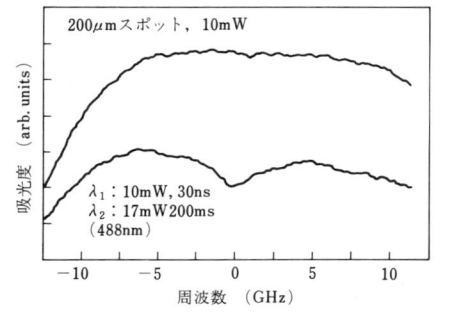

(b) 200μm 径スポットへの高速光ゲート型 PHB
図 III.1.47 ZnTTBP-CHCl$_3$/PMMA 系での小スポットへの高速光ゲート型 PHB[48,49]

系[47~50]などの光誘起電子移動反応を利用するもの, アントラセン-テトラセン付加物/PMMA 系[71]などの光分解反応を用いるもの, ZnTTBP/グリシジルアジドポリマー(GAP)系[75]などの光増感反応によるものが報告されている. 図 III.1.46 に, ZnTTBP/GAP 系[75]における光ゲート型 PHB の実例を示す. また, 表 III.1.19 に, 代表的な光ゲート型 PHB 材料における, 波長選択光およびゲート光の波長域, ゲート比(ゲート光の照射によりホール形成効率が増加する割合)を示す. ZnTTBP-CHCl$_3$/PMMA 系[48,49]では, 最低励起三重項からの T-T 吸収で ZnTTBP を励起して電子受容体である CHCl$_3$ に不可逆な電子移動を起こさせており, 200μm のスポット中に高速(30ns)でホールを形成させるのに成功している(図 III.1.47). なお, 光ゲート型ではないが, テトラフェニルポルフィンをドナー, p-ベンゾキノンをアクセプターとする 1 光子電子移動反応を用いた材料[55]では, 0.5ns という高速の 1 パルス書き込みによるホール形成が報告されている.

1.3.5 波長多重デジタル記録実用化のために PHB 材料に求められる条件

1985 年に Moerner ら[83]は, 実用的な観点から PHB メモリー材料に要求される条件を最初に検討した. それによると, 1 光子型の PHB 材料では実用化に必要な条件を満たすのは困難であり, また, 光ゲート型の材料では色素の吸収断面積と材料単位面積あたりの色素濃度との間に最適値があることを提唱した[84]. 図 III.1.48 に, 記録材料として用いるのに許容される色素の吸収断面積および濃度の範囲を, 光反応の量子収

第III編 材料／第1章 光記録関連材料

表 III.1.19 光ゲート型 PHB 材料

機構	系	位置選択光波長(nm)	ゲート光波長(nm)	ゲート比	文献
光イオン化	Sm^{2+}/BaClF	688	454-630	10^6	30
	Sm^{2+}/SrClF	691	350		31
	Sm^{2+}/CaF$_2$	696	515		31
	Co^{2+}/LiGa$_5$O$_8$	660	680	20	31
	Cr^{3+}/SrTiO$_3$	794	780-1060		31
	カルバゾール/ホウ酸ガラス	335	407-515	400	44
	ペリレン/ホウ酸ガラス*	440	440		45
光誘起電子移動	ZnTTBP-CHCl$_3$/PMMA	630	350-500	10^2-10^4	47〜50
	NZT-AC/PMMA	630	488-515	10	58
	ZnTPBP-PHBA/PMMA	630	488-515		59
	TPP/芳香族ハロゲン化物	643	515		57
光分解	アントラセン-テトラセン付加物	327	442	〜2	71
	s-テトラジン誘導体/分子結晶*	580	580		70
	5,10-ジヒドロフェナジン/フルオレン分子結晶	360	500		72
	カルバゾール/PMMA	337	488		74
光増感	ZnTTBP/GAP	630	488-515	2450	75〜77
	ZnTTBP/アシルオキシイミノポリマー	630	488-515	90	77, 78

* ペリレン/ホウ酸ガラスおよびs-テトラジン誘導体/分子結晶の系では、ホール形成効率が照射強度の二乗に比例することから、ホール形成が2光子反応であり、書き込み光と読み出し光の照射強度を変えることにより光ゲート型 PHB が実現できるとしている。また、これらの系と他の系を区別して、ゲート光の波長が波長選択光と違う場合を2波長励起 PHB と呼ぶ場合もある。

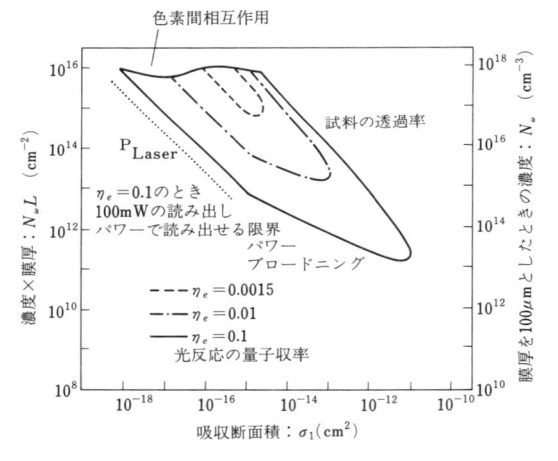

図 III.1.48 実用化に許容されるゲート型 PHB 材料の吸収断面積 σ_1 および色素濃度×膜厚 N_wL の範囲[83]

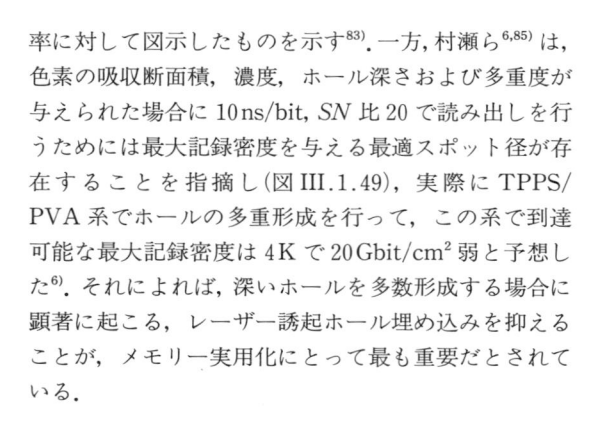

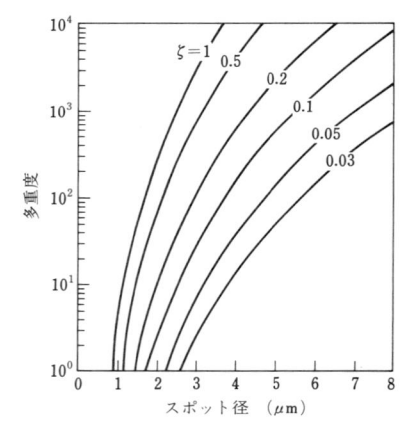

図 III.1.49 TPPS/PVA 系を用いて、多重度とホール深さが与えられたときに 10ns/bit, SN 比で読み出すために必要なスポット径[6]

率に対して図示したものを示す[83]。一方、村瀬ら[6,85]は、色素の吸収断面積、濃度、ホール深さおよび多重度が与えられた場合に 10ns/bit, SN 比 20 で読み出しを行うためには最大記録密度を与える最適スポット径が存在することを指摘し(図III.1.49)、実際に TPPS/PVA 系でホールの多重形成を行って、この系で到達可能な最大記録密度は 4K で 20Gbit/cm^2 弱と予想した[6]。それによれば、深いホールを多数形成する場合に顕著に起こる、レーザー誘起ホール埋め込みを抑えることが、メモリー実用化にとって最も重要だとされている。

1.3.6 電場領域への記録およびホログラムの記録

PHB 現象は、色素周囲の環境に対しきわめて敏感であるために外部からの摂動を受けるとホールの位置や形状が大きく変化することがある[2]. 特に、外部から電場をかけることにより生ずるシュタルク効果は、色素周囲の環境場の違いによって各色素に固有の周波数シフトを引き起こし、結果的に各色素の共鳴周波数を再分配させることができる。これを利用して、1985年に Wild ら[86]および Bogner ら[87]は、周波数領域だけでなく電場領域にもホール形成が可能なことを示した。図III.1.50 に、9-アミノアクリジン/ポリビニルブ

チラール系で電場領域に形成されたホールスペクトルを示す[87]．

一方，ホールをホログラムとして検出する方法は，試料に対して二方向から波長選択光を照射して空間的な回折格子を形成させて（図III.1.51(a)），ホールが形成した周波数でのみ回折光が強くなることを利用するため，図III.1.51(b)に示すようにバックグラウンドがなく非常に高感度である[88]．Wildら[89〜93]は，PHB材料の周波数領域および電場領域にホログラムを記録する研究をすすめてきたが，1992年には，電場および周波数領域に記録された二つのホログラム間の干渉を利用して論理回路を形成させる"モレキュラー・コンピューティング"という概念を提唱し[94]（図III.1.52），さらに，ホログラムの回折効率が印加電場に対して非線形応答することを利用して光双安定素子を作成している[95]．（図III.1.53）．

1.3.7 単一分子の分光学的検出

PHBを究極までつきつめると，不均一吸収帯中の分子個々のスペクトルを独立に観測できる可能性がある[96]．1990年にOrritらは，p-ターフェニル中にわずかに含まれるペンタセン分子の蛍光励起スペクトルを測定し，分子一つの吸収スペクトルを観測することに

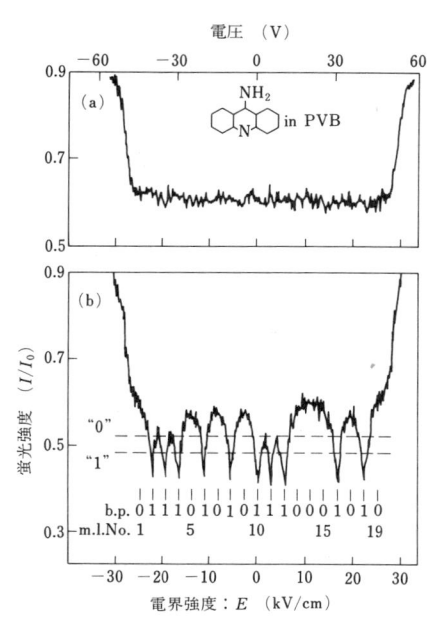

図 III.1.50 9-アミノアクリジン/ポリビニルブチラール系を用いた，電場領域へのホール書き込み[87]
(a) ホール形成前
(b) He-Cdレーザーで，電場領域に記録された19ビットの信号

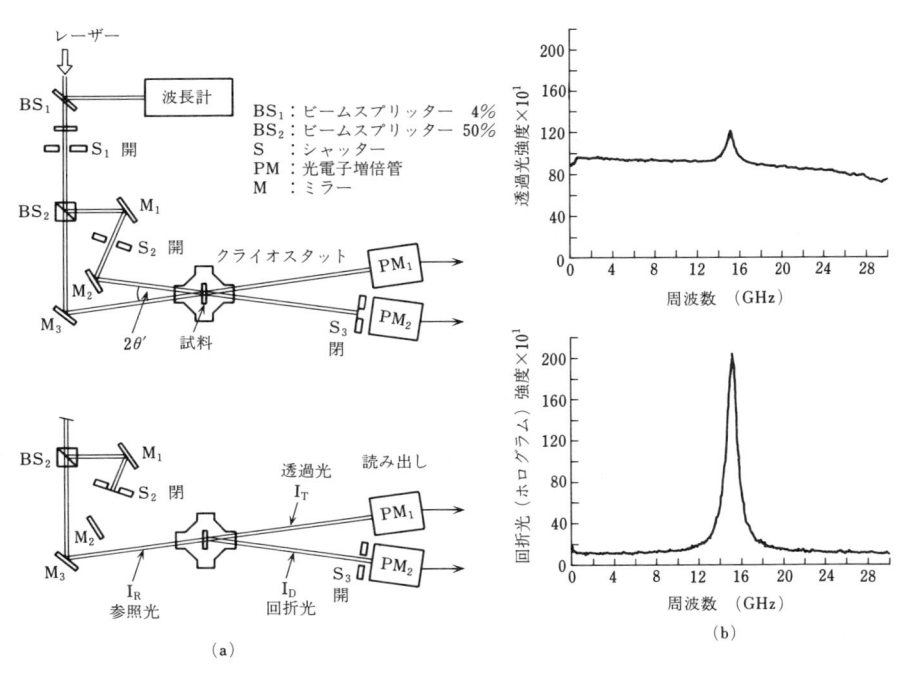

図 III.1.51 クロリン/ポリビニルブチラール系による，ホログラムを利用したPHB[35]
(a) ホログラムによるホールの書き込み（上）および読み出し（下）の実験装置
(b) 同じホールを透過光で検出した場合（上）およびホログラムで検出した場合（下）

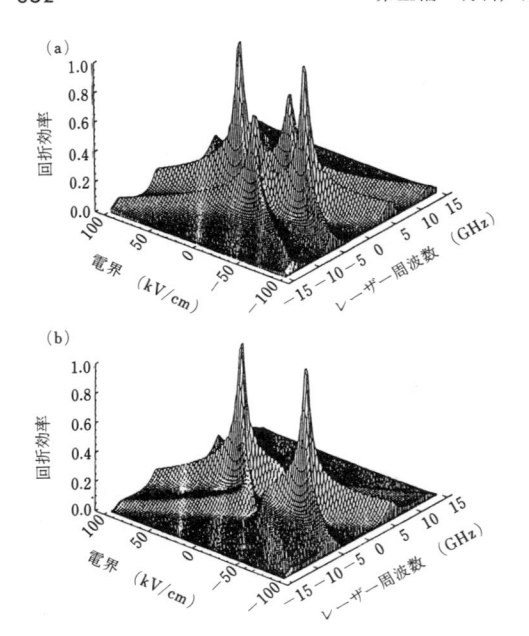

図 III.1.52 周波数-電場領域に形成した二つのホログラム間の干渉を利用した"モレキュラー・コンピューティング"[94]

同一周波数で異なる電場に形成した二つのホログラムの位相がそろっている場合(a)とπずれている場合(b)に表れる, 強め合う干渉(a)および打ち消し合う干渉(b). この性質を利用して, "AND"や"XOR"の演算を行わせることができる.

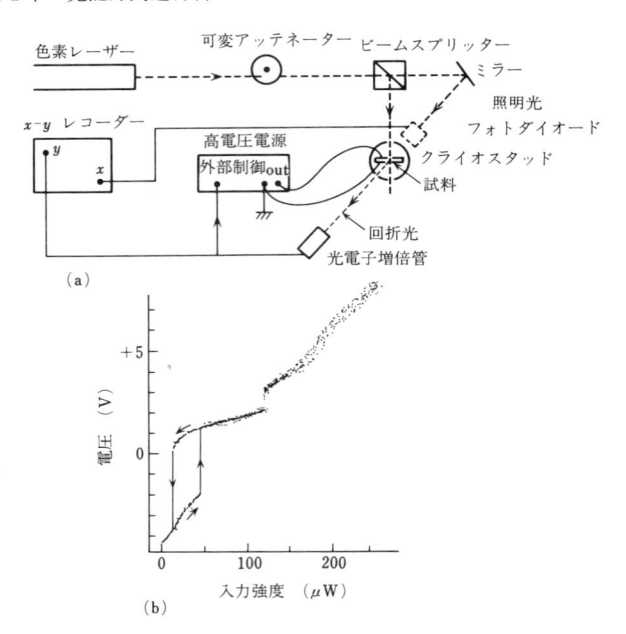

図 III.1.53 PHB材料による電場ホログラムを用いた光双安定素子[95]

(a) 実験装置. 参照光と照明光を照射してホログラムを記録する. 照明光の強度を外部電場装置にフィードバックし, 回折光が電場に対し非線形応答することに基づいて, 光双安定が観測される.

(b) 観測された光双安定. 光の入力に対して出力がヒステリシスを示している.

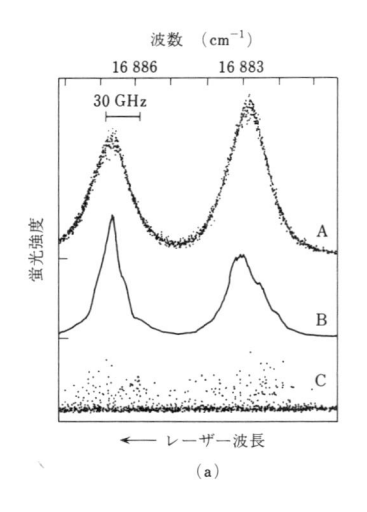

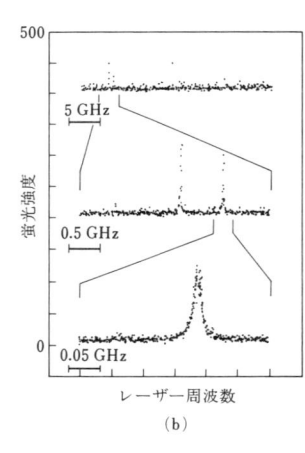

(a) p-ターフェニル結晶中に含まれるペンタセンの蛍光励起スペクトル
A: バルクの結晶のスペクトル
B: 昇華法で作製したきわめて薄い結晶のスペクトル
C: Bのごく小さい部分のみの発光を観測したスペクトル

(b) (a)Cのスペクトルを高い分解能で測定したもの. 一番下のスペクトルは分子一つのスペクトルに対応する.

図 III.1.54 単一分子の分光学的検出[97]

成功した[97](図III.1.54). その後, この手法を用いて分子レベルでのホールバーニングおよびスペクトル拡散[98~100], シュタルク効果[101]を測定する研究が行われ, 単分子分光(Single Molecule Spectroscopy)という, PHBから派生した一分野を形成しつつある.

1.3.8 フォトンエコーメモリーの原理

フォトンエコーは, 量子光学における代表的なコヒーレント過渡現象として知られていたが, 1982年にMossberg[102]は, 初めてそれを時間領域のメモリーに利用する提案を行った. 図III.1.55に, フォトンエコーメモリーの基本となる誘導フォトンエコー現象およ

1.3 PHB，フォトンエコー材料

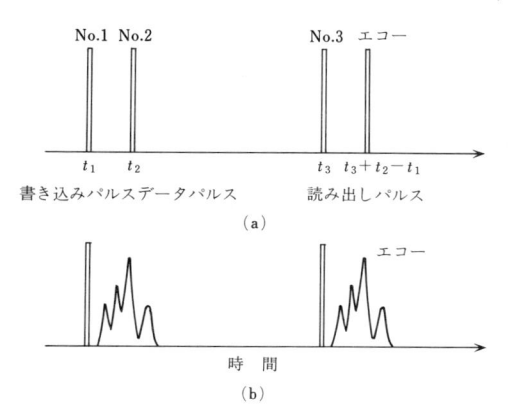

図 III.1.55 誘導フォトンエコー現象（a）およびフォトンエコーメモリー（b）の説明図[103]

（a）時刻 t_1，t_2，t_3 にパルス（#1，#2，#3）が試料に照射されると，誘導フォトンエコーは時刻 $t_3+t_2-t_1$ に，すなわち第1パルスと第2パルスの間隔分だけ第3パルスより遅れてパルス状に試料より放射される．

（b）誘導フォトンエコーにおいて，第2パルスが何らかの時間情報をもったデータで置き換えられると，エコーはデータパルスを再現する形で観測される．第1，第2パルスはこの場合，それぞれ書き込みパルス，読み出しパルスと呼ばれる．

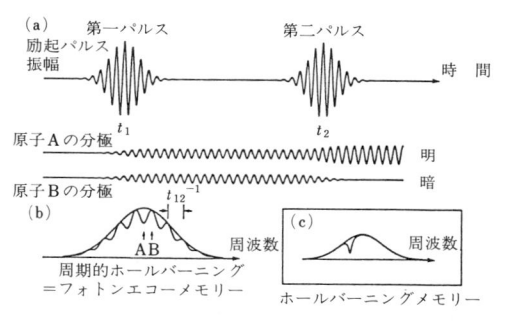

図 III.1.56 フォトンエコーメモリーの原理[103]

（a）時刻 t_1 における第1パルスにより励起された A と B は，最初同位相で振動しているが，固有周波数のずれにより，時刻 t_2 付近では逆位相になる．そこに第2パルスがくると，A の振動はますます励起されるのに対し，B は逆向きの強制力により振動が消滅する．このようにして，明暗の縞模様が周波数領域に出現し，明るい領域のものは光を吸収する結果，周期的なホールバーニングがつくられる（b）．これがフォトンエコーメモリーにおいて記録されるべき1情報で，PHB メモリーにおける1ビットの情報（c）とは明確な差異がある．

びフォトンエコーメモリーの説明図を示す．媒質の吸収線に共鳴する周波数をもった十分短いレーザー光パルスが時刻 t_1，t_2，t_3 に媒質に照射されると，時刻 t_3 より t_2-t_1 時間分だけ遅れて媒質から光パルスが放射される（図 III.1.55(a)）．これが誘導フォトンエコー（Stimulated Photon Echo）である[103]．フォトンエコーメモリーでは，第2番目のパルスが何らかの時間情報をもったデータになっており，エコーはデータパルスの波形を忠実に再現する形で観測される（図 III.1.55(b)）．第1，第3パルスはこの場合，それぞれ書き込みパルス，読み出しパルスと呼ばれる．信号（エコー）の強度を大きくするために繰り返し書き込む場合は蓄積フォトンエコー（Accumlated Photon Echo）と呼ばれる．

フォトンエコーメモリーの原理を図 III.1.56 に示す．時刻 t_1 において第1パルスに共鳴した原子（または分子）A および B の分極は，最初は同位相で振動しているが，それぞれの共鳴周波数が異なるために時刻 t_2 付近では逆位相になる．そこに第2パルスがくると，A の振動はますます励起される一方，B の振動は逆向きの強制力により消滅させられ（図 III.1.56(a)），周波数領域に明暗の縞模様が出現する．明るい領域のものは光を吸収してホールバーニングを起こすから，結果的に周期的なホールバーニングがつくられることになる[103]（図 III.1.56(b)）．

時刻 t_3 に第3のパルスを照射すると，周波数変調のかかった分極が一斉に振動を開始し，その t_2-t_1 秒後には分極の位相がそろった原子（分子）からエコーが放射される（図 III.1.55(a)）．第2パルスの代わりに何らかの時間情報をもったデータパルスを照射すると，第3パルスの t_2-t_1 秒後にデータパルスを再現する形で信号が観測されることとなる（図 III.1.55(b)）．また，第1，第2パルスが共に時間情報をもったデータの場合には，第1データと第2データの相関が記憶されるので，この性質を用いると時間領域での信号処理[104~105]やパターン認識が可能となる[103]．

1.3.9 フォトンエコーメモリー材料の分類および研究の動向

フォトンエコーメモリー動作のためには，① 均一幅（T_2^{-1}）が小さい，② 不均一幅（$(T_2^*)^{-1}$）が大きい，③ 記憶（ホール）の寿命が長い，④ エコー信号に変調がかからない，⑤ 信号強度が大きい，⑥ 温度特性がよい，などの条件が材料に要求される[102]．現在までに実験が行われているフォトンエコーメモリー材料は，大きく3種類に分けることができる．すなわち，金属蒸気[104~112]，ポリマー中の色素（PSHB 材料）[113~121]，結晶中の希土類[122~136]であり，いずれの材料も長所，短所をもっていて，目的とする用途によって選択されている．表 III.1.20 にそれぞれの代表的な材料の特性を示す．また，図 III.1.57~59 に，Yb 蒸気[106]，レゾルフィン/PVA[120]，Eu^{3+}：$YAlO_3$[132] を用いたフォトンエコーメモリーの実験例をそれぞれ示す．Yb 蒸気の実験[106]は，時間幅の短いパルスの代わりに相関時間の短い周波数チャープされたパルスを用いている．レゾルフィ

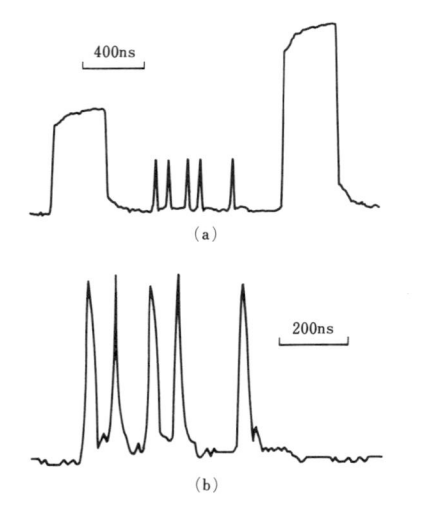

図 III.1.57 Yb蒸気を用いたフォトンエコーメモリーの実験例[106]
（a）励起パルス群．時間順に，書き込みパルス，14ビットのデータ，読み出しパルスで，書き込みパルスと読み出しパルスは周波数チャーピングを受けている．
（b）フォトンエコー信号．入力データを再現する形で観測されている．

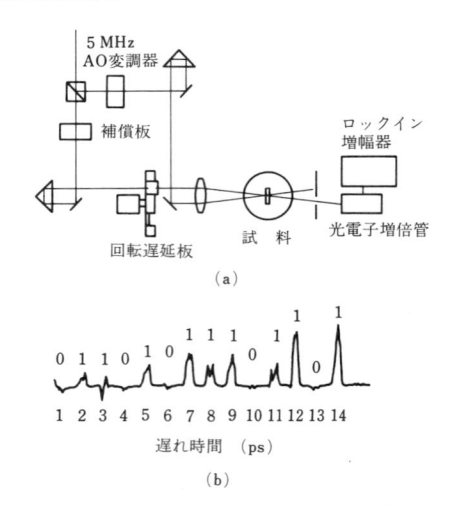

図 III.1.58 He温度のレゾルフィン/PVA系におけるピコ秒領域フォトンエコーメモリーの実験例[120]
（a）実験装置．ピコ秒の色素レーザーパルスは二つのパスに分けられ，一つのパスは回転遅延版により14種類の一定の遅延が加えられる．書き込みは遅延版を固定してビットごとになされた．読み出しは，読み出しパルスを固定し，回転遅延版を回転させることによる可変遅延参照光とのヘテロダイン信号をとることによりなされた．
（b）出力データ．遅れ時間の関数としてのエコー強度として観測される．

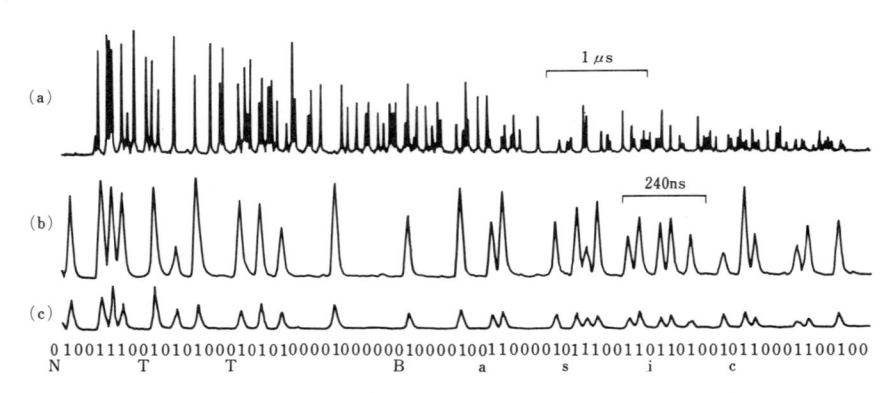

図 III.1.59 He温度のEu^{3+}/YAlO$_3$系におけるフォトンエコーの実験例[132]
（a）248ビットのフォトンエコー信号．ビットごとの書き込みの手法がとられ，読み出しは書き込み数秒後になされた．
（b）最初の77ビット（"NTT Basic"に相当する）を拡大したもの．
（c）（b）と同じデータを2時間後に読み出した場合．

ン/PVA系[120]では，ピコ秒領域の実験なので，光路差を変えることによりパルス間隔を変えて書き込み，読み出しパルスとそれに可変遅延を加えた参照パルスとのヘテロダイン信号を検出することで読み出しを行っている．

前項で述べたように，フォトンエコーメモリーでは画像および時間情報の記憶だけでなく演算が可能である．図 III.1.60 に，フォトンエコーを用いた画像処理の例を示す[137]．一方，光永ら[134〜136]は，周波数領域と時間領域の両方を利用したハイブリッド型の光メモリ

表 III.1.20 フォトンエコーメトリーの候補となる代表的な材料の諸特性[103]

材　料	金属蒸気	ポリマー中の色素	結晶中の希土類
代表例	Yb蒸気[106]	OEP/ポリスチレン[120]	Eu/YAlO$_3$[132]
T_2	1 μs	1 ns	10 μs
T_2^*	1 ns	100 fs	100 ps
記憶容量 (T_2/T_2^*)	10^3	10^4	10^5
記憶時間	1 μs	秒〜∞	秒〜時間
動作温度	数百℃	ヘリウム温度	ヘリウム温度

1.3 PHB, フォトンエコー材料

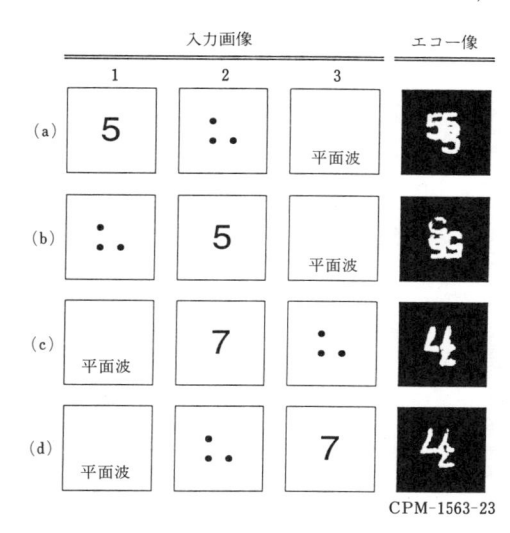

図 III.1.60 Pr^{3+}/LaF_3 結晶を用いたフォトンエコーメモリーによる画像処理[137]
データ像と書き込み像の相関に，読み出し像の畳み込みをとった形でエコー像が表れている．

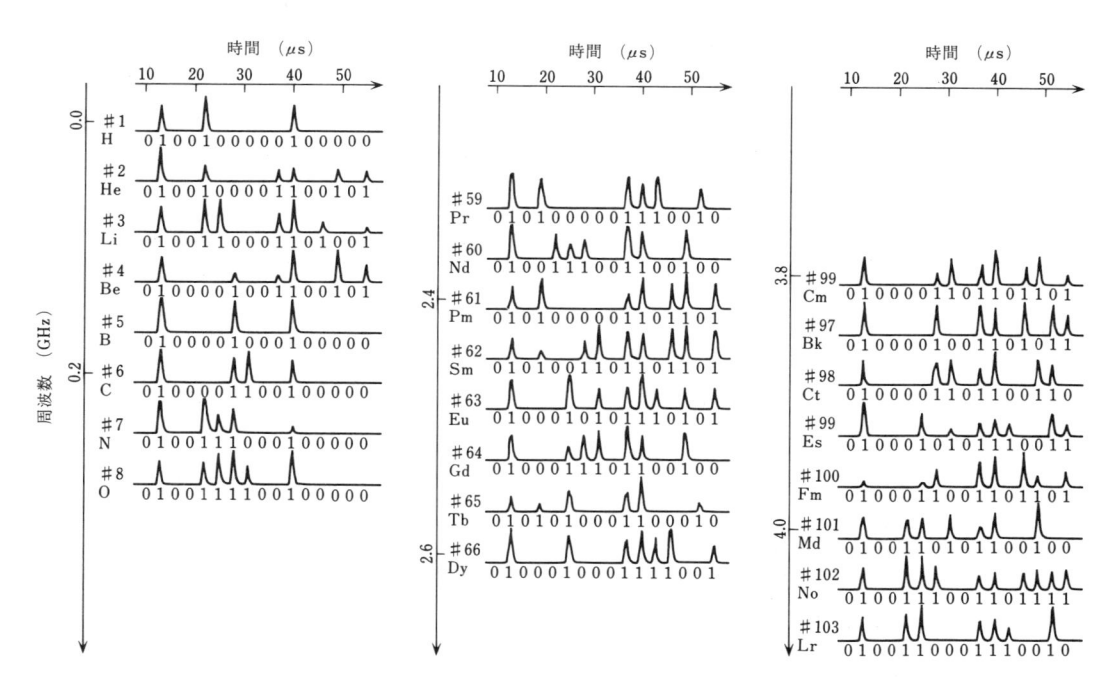

図 III.1.61 Eu^{3+}/Y_2SiO_5 系での周波数領域および時間領域の両方を利用する，ハイブリッド型の光メモリー[134,136] 周波数領域上の103の場所に，周期表の各元素のアスキーコードを16ビットの時間情報として記録している．すべてのデータは，単一のレーザースポットに記録されており，図中には103のうちの24元素の情報を示してある．

―（図III.1.61）[135,136] およびPHBでデータを書き込みフォトンエコーで読み出す新しいタイプの光メモリー[134,136] を提案し，その可能性を実証している．また，蛍光によるエコーの検出[138]，位相シフトしたデータの書込みによる情報の消去[121,139]，光ゲート型PHB材料と組み合わせた連続演算素子の提案[140]，電場による変調[141,142]，材料実用化への条件検討[143] などの研究も行われている．

〔堀江一之・町田真二郎〕

参考文献

1) Friedrich, J. *et al.*: *Angew. Chem. Int. Ed. Eng.*, **23** (1984), 113
2) Moerner, W. E. ed.: *Persistent Spectral Hole Burning: Science and Applications* (1988), Springer Verlag, Berlin
3) Horie, K. *et al.*: *Progress in Photochemistry and Photophysics* (1992), vol. V, Chapt. 2, CRC Press, Boston
4) 谷：フォトケミカルホールバーニング (1988)，ぶんしん出版
5) a) 内川：フォトンエコー，新実験化学講座 8，分光 III (1993)，丸善
   b) PHB：堀江ほか；新実験化学講座 29，高分子材料 (1993)，丸善
6) 村瀬ほか：日化誌，**10** (1992)，1117

7) Gorokhovskii, A. A. et al.: *JETP Lett.*, **20** (1974), 216
8) Völker, S. et al.: *Molec. Phys.*, **32** (1976), 1703
9) Moerner, W. E. et al.: *J. Phys. Chem.*, **88** (1984), 6459
10) Sesselmann, Th. et al.: *J. Lumin.*, **36** (1987), 263
11) Romagnoli, M. et al.: *J. Opt. Soc. Am. B : Optical Pysics*, **1** (1984), 341
12) Meixner A. J. et al.: *J. Phys. Chem.*, **90** (1986), 6777
13) Horie, K. et al.: *Appl. Phys. Lett.*, **53** (1988), 935
14) Furusawa, A. et al.: *Chem. Phys. Lett.*, **161** (1989), 227
15) Furusawa, A. et al.: *J. Appl. Phys.*, **66** (1989), 6041
16) Furusawa, A. et al.: *Appl. Phys. Lett.*, **57** (1990), 141
17) Furusawa, A. et al.: *J. Mol. Electron.*, **6** (1990), 123
18) Furusawa, A. et al.: *J. Chem. Phys.*, **94** (1991), 80
19) Furusawa, A. et al.: *J. Mol. Electron.*, **7** (1991), 69
20) Furusawa, A. et al.: *Polymer*, **32** (1991), 851
21) Furusawa, A. et al.: *Polymer*, **32** (1991), 2167
22) Suzuki, T. et al.: *Chem. Mater.*, **5** (1993), 366
23) Sakoda, K. et al.: *Jpn. J. Appl. Phys.*, **27** (1988), L1304
24) Sakoda, K. et al.: *1992 Tec. Dig. OSA*, **16**, 150 (Sep. 26-28 1991, Monterey).
25) Kishii, N. et al.: *Appl. Phys. Lett.*, **51** (1988), 16
26) Tani, T. et al.: *Mol. Cryst. Liq. Cryst.*, **183** (1990), 475
27) Inoue, H. et al.: *J. Opt. Soc. Am.*, **B9** (1992), 816
28) Macfarlane, R. M. et al.: *Phys. Rev. Lett.*, **42** (1979), 788
29) Macfarlane, R. M. et al.: *Opt. Lett.*, **9** (1984), 533
30) Winnacker, A. et al.: *Opt. Lett.*, **10** (1985), 350
31) Macfarlane, R. M. et al.: *J. Lumin.*, **38** (1987), 20
32) Winnacker, A. et al.: *J. de Phys.*, **C7** (1985), 543
33) Macfarlane, R. M. et al.: *Phys. Rev.*, **B33** (1986), 4207
34) Macfarlane, R. M. et al.: *Phys. Rev.*, **B34** (1986), 1
35) Oppenländer, A. et al.: *J. Lumin.*, **50** (1991), 1
36) Wei, C. et al.: *J. Lumin.*, **50** (1991), 89
37) Jaaniso, R. et al.: *Europhys. Lett.*, **16** (1991), 569
38) Zhang, J. et al.: 発光学報, **12**(1991), 181
39) Holiday, K. et al.: *1991 Tec. Dig. OSA*, vol. **16**, p. 118 (Sep. 26-28 1991, Monterey)
40) Kurita, A. et al.: *1992 Tec. Dig. OSA*, **22**, 163 (Sep. 14-18 1992, Ascona)
41) Hirao, K. et al.: *J. Non-Cryst. Solids.*, **152** (1993), 267
42) Hager, S. L. et al.: *J. Chem. Phys.*, **61** (1974), 3244
43) Boer, S. D. et al.: *Chem. Phys. Lett.*, **137** (1987), 99
44) Lee, W. H. et al.: *Chem. Phys. Lett.*, **118** (1985), 611
45) Alshits, E. I. et al.: *Opt. Spectrosk.*, **65** (1988), 548
46) Sildos, I. et al.: *Opt. Commun.*, **73** (1989), 223
47) Carter, T. P. et al.: *Opt. Lett.*, **12** (1987), 370
48) Moerner, W. E. et al.: *Appl. Phys. Lett.*, **50** (1987), 430
49) Carter, T. P. et al.: *J. Phys. Chem.*, **91** (1987), 3998
50) Ambrose, W. P. et al.: *Chem. Phys.*, **144** (1990), 71
51) Maslov, V. G.: *Opt. Spectrosk.*, **43** (1977), 388
52) Maslov, V. G.: *Opt. Spectrosk.*, **45** (1978), 824
53) Maslov, V. G.: *Opt. Spectrosk.*, **45** (1978), 1019
54) Maslov, V. G.: *Opt. Spectrosk.*, **51** (1981), 1009
55) Suzuki, H. et al.: *Appl. Phys. Lett.*, **59** (1991), 1814
56) Suzuki, H. et al.: *Chem. Phys. Lett.*, **183** (1991), 570
57) Suzuki, H. et al.: *J. Lumin.*, **53** (1992), 271
58) Wang, D. et al.: *J. Opt. Soc. Am.*, **B9** (1992), 800
59) Luo, B. et al.: *J. Lumin.*, **53** (1992), 247
60) Breinl, W. et al.: *Phys. Rev.*, **B34** (1986), 7271
61) Horie, K. et al.: *J. Fac. Engr., Univ. Tokyo*, (**B**) **39** (1987), 51
62) Tani, T. et al.: *J. Appl. Phys.*, **58** (1985), 3559
63) Iino, Y. et al.: *Chem. Phys. Lett.*, **140** (1987), 76
64) Tani, T. et al.: *J. Lumin.*, **38** (1987), 739
65) Tani, T. et al.: *J. Chem. Phys.*, **88** (1988), 1272
66) Yoshimura, M. et al.: *Chem. Phys. Lett.*, **143** (1988), 342
67) Sauter, B. et al.: *J. Opt. Soc. Am.*, **B9** (1992), 804
68) de Vries, H. et al.: *Phys. Rev. Lett.*, **36** (1976), 91
69) Burland, D. M. et al.: *IBM J. Res. Devel.*, **23** (1979), 534
70) Hochstrasser, R. M. et al.: *J. Am. Chem. Soc.*, **97** (1975) 4760
71) Iannone, M. et al.: *J. Chem. Phys.*, **85** (1986), 4863
72) Prass, B. et al.: *J. Lumin.*, **38** (1987), 48
73) Prass, B. et al.: *J. Phys. Chem.*, **93** (1989), 8276
74) Alshits, E. I. et al.: *Opt. Spectrosk.*, **65** (1988), 290
75) Machida, S. et al.: *Appl. Phys. Lett.*, **60** (1992), 286
76) Horie, K. et al.: *1991 Tec. Dig. OSA*, **16**, 154 (Sep. 26-28, 1991, Monterey)
77) Horie, K. et al.: *1992 Tec. Dig. OSA*, **22**, 107 (Sep. 14-18, 1992, Ascona)
78) 興野ほか: *Polym. Prep. Jpn.*, **41** (1992), 547
79) 例えば, Jankowiak, R. et al.: *Science*, **237** (1987), 618
80) 例えば, 参考文献2)の6章
81) Horie, K. et al.: *Chem. Phys. Lett.*, **195** (1992), 563
82) Arnold, S. et al.: *Opt. Lett.*, **16** (1991), 420
83) Moerner, W. E. et al.: *J. Opt. Soc. Am.*, **B9** (1985), 915
84) Lenth, W. et al.: *Opt. Commun.*, **58** (1986), 249
85) Murase, N. et al.: *J. Opt. Soc. Am.*, **B9** (1992), 998
86) Wild, U. P. et al.: *Appl. Opt.*, **24** (1985), 1526
87) Bogner, U. et al.: *Appl. Phys. Lett.*, **46** (1985), 534
88) Renn, A. et al.: *Chem. Phys.*, **93** (1985), 157
89) Meixner, A. J. et al.: *J. Chem. Phys.*, **91** (1989), 6728
90) Renn, A. et al.: *J. Chem. Phys.*, **92** (1990), 2748
91) Renn, A. et al.: *J. Chem. Phys.*, **93** (1990), 2299
92) Holliday, K. et al.: *J. Lumin.*, **48** (1991), 329
93) Bernet, S. et al.: *J. Opt. Soc. Am.*, **B9** (1992), 987
94) Wild, U. P. et al.: *J. Lumin.*, **48** (1991), 335
95) Schworer, H. et al.: *1992 Tec. Dig. OSA*, **22**, 135 (Sep. 14-18, 1992, Ascona)
96) Moerner, W. E. et al.: *Phys. Rev. Lett.*, **62** (1989), 2535
97) Orrit, M. et al.: *Phys. Rev. Lett.*, **65** (1990), 2716
98) Moerner, W. E. et al.: *Phys. Rev. Lett.*, **66** (1991), 1376
99) Ambrose W. P. et al.: *Nature*, **349** (1991), 225
100) Basché, Th. et al.: *Nature*, **335** (1992), 335
101) Wild, U. P. et al.: *Chem. Phys. Lett.*, **193** (1992), 451
102) Mossberg, T. W.: *Opt. Lett.*, **7** (1982), 77
103) 光永: 応用物理, **60**(1)(1991), 21
104) Bai. Y. S. et al.: *Appl. Phys. Lett.*, **45**(1984), 714
105) Babbitt, W. R. et al.: *Appl. Opt.*, **25** (1986), 962
106) Babbitt, W. R. et al.: *Proc. Soc. Photo-Opt. Instrum. Eng.*, **639** (1986), 240
107) Carlson, N. W. et al.: *Opt. Lett.*, **8** (1983), 483
108) Carlson, N. W. et al.: *Opt. Lett.*, **8** (1983), 623
109) Carlson, N. W. et al.: *Opt. Lett.*, **9** (1984), 232
110) Carlson, N. W. et al.: *Phys. Rev.*, **A30** (1984), 1572
111) Carlson, N. W. et al.: *J. Opt. Soc. Am.*, **B2** (1985), 908
112) Bai, Y. S. et al.: *Opt. Lett.*, **11** (1986), 724
113) Rebane, A. K.: *Opt. Commun.*, **47** (1983), 173
114) Rebane, A. K.: *Opt. Spectrosk.*, **55** (1983), 405
115) Rebane, A. K. et al.: *Chem. Phys. Lett.*, **101** (1983), 317
116) Rebane, A. K. et al.: *JETP Lett.*, **38** (1983), 383
117) Saari, P. et al.: *J. Opt. Soc. Am.*, **B3** (1986), 527
118) Rebane, A. et al.: *Opt. Lett.*, **13** (1988), 993
119) Rebane, A. et al.: *Appl. Phys. Lett.*, **54** (1989), 93
120) Saikan, S. et al.: *Opt. Lett.*, **14** (1989) 841
121) Kaarli, R. et al.: *Opt. Commun.*, **86** (1991), 211
122) Kim, M. K. et al.: *J. Opt. Soc. Am.*, **B4** (1987), 305
123) Kim, M. K. et al.: *Opt. Lett.*, **12** (1987), 593
124) Mitsunaga, M. et al.: *Opt. Lett.*, **13** (1988), 536
125) Kim, M. K. et al.: *Appl. Opt.*, **28** (1989), 2186
126) Kim, M. K. et al.: *Opt. Lett.*, **14** (1989), 423
127) Xu, E. Y. et al.: *Opt. Lett.*, **15** (1990), 562
128) Kröll, S. et al.: *Opt. Lett.*, **16** (1991), 517
129) Babbitt, W. R. et al.: *Phys. Rev.*, **B39** (1989), 1987
130) Babbitt, W. R. et al.: *Opt. Commun.*, **65** (1988), 185
131) Mitsunaga, M. et al.: *Phys. Rev. Lett.*, **63** (1989), 754
132) Mitsunaga, M. et al.: *Opt. Lett.*, **15** (1990), 195

133) Mitsunaga, M. et al.: *Phys. Rev.*, **A42** (1990), 1617
134) Mitsunaga, M. et al.: *Opt. Lett.*, **16** (1991), 264
135) Mitsunaga, M. et al.: *Opt. Lett.*, **16** (1991), 1890
136) Yano, R. et al.: *J. Opt. Soc. Am.*, **B9** (1992), 992
137) Shen, X. A. et al.: *1992 Tec. Dig. OSA*, **22**, 138 (Sep. 14-18, 1992, Ascona)
138) Uchikawa, K. et al.: *Opt. Lett.*, **16** (1991), 13
139) Kaarli, R. et al.: *1992 Tec. Dig. OSA*, **22**, 228 (Sep. 14-18, 1992, Ascona)
140) Babbit, W. R. et al.: *1992 Tec. Dig. OSA*, **22**, 222 (Sep. 14-18, 1992, Ascona)
141) Gygax, H. et al.: *1992 Tec. Dig. OSA*, **22**, 74 (Sep. 14-18, 1992, Ascona)
142) Rebane, A.: *1992 Tec. Dig. OSA*, **22**, 196 (Sep. 14-18, 1992, Ascona)
143) Kröll, S. et al.: *1992 Tec. Dig. OSA*, **22**, 232 (Sep. 14-18, 1992, Ascona)

第2章

表示関連材料

2.1 表示用液晶化合物

2.1.1 はじめに

　1888年にオーストリアの植物学者F. Reinitzerによるとされている液晶の発見[1]以来,約1世紀が経過した.今では,われわれの周囲を見回すと必ず一つや二つ液晶表示パネルが目につく時代となった.1968年の液晶の光散乱(DS)を利用した表示装置の発表以来,新しい表示方法の開発・改良などの応用研究や周辺技術の開発が活発に行われた.これと相まって精力的に新しい液晶化合物の開発が行われた結果,液晶化合物の種類ははるかに一万種類を超え,多種多様な液晶化合物が知られている.

　液晶化合物を分子設計する場合,まず化学構造と液晶性の関係を明らかにすることが重要であるが,これらの相関はきわめて複雑であり,液晶相の種類およびリエントラント現象まで含めるとまことに複雑である.ある範囲内で適用される経験則が他の場合には適用できないことが往々にしてある.1978年および1984年に刊行されたDemusらの著書[2]には合計一万余種の液晶化合物の相転移温度が記載され,それ以前の液晶化合物のリストは不要であろうと考えられる.中田らの著書[3],佐々木編の著書[4],艸林編の著書[5]およびGrayの総説[6]に化学構造と液晶性に関する詳細な記述があるのでこれらとの重複を避け,実用的な表示用材料として使用されている液晶化合物の化学構造と物性との相関を中心に記述する.

2.1.2 液晶の種類

　液晶は,液体の性質を示しながら結晶のもつ光学的異方性を兼ね備えた物質で,結晶と液体との中間の性質を示す.このような液晶状態を示す物質は,多くの有機化合物の中で細長い棒状の分子からなる物質である.液晶状態は加熱または冷却過程のその化合物に特定の温度範囲で現れ,その分子配列によってネマチック,スメクチック,コレステリックの3種類に分類される.これらの分子配列の様子を図Ⅲ.2.1に示した.結晶が融解して,分子の重心に関して長距離方向の秩

(a) スメクチック
(b) ネマチック
(c) コレステリック
液晶分子　配向ベクトル

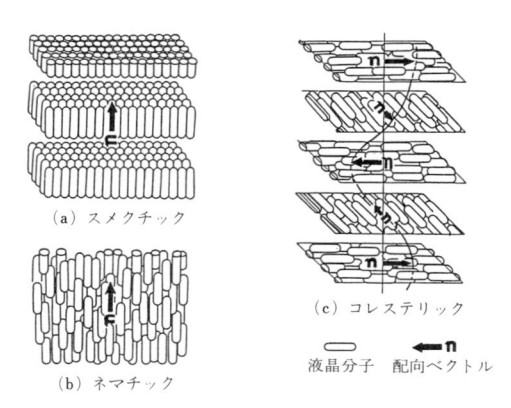

図 Ⅲ.2.1 液晶相における3種類の分子配列構造

序は失われるが,分子の方向性に関する秩序,いい換えれば配向の秩序が保たれているものをネマチック液晶状態(ネマチック相)という.通常の物質では,融解により2種類の秩序は同時に失われる.この意味から,液晶相は秩序をもった液体ということができ,この配向の秩序によって種々の性質に異方性が与えられる.この異方性は自発的なもので,分子の形や分子間力に由来し,外力に依存しない.

　スメクチック相は,配向の秩序がネマチック相と同様であり,分子が層状に配列した状態である.スメクチック液晶は層構造などの相違により細かく分類され,配向ベクトル(分子長軸の平均的な方向の単位ベクトル)が層の法線方向を向いている.スメクチックA(S_A),スメクチックB(hex)(S_B(hex)),スメクチックB(cryst)(S_B(cryst)),スメクチックE(S_E),配向ベクトルが法線方向から傾いているスメクチックC(S_C),スメクチックF(S_F),スメクチックI(S_I),スメクチックG(S_G),スメクチックJ(S_J),スメクチックH(S_H),スメクチックK(S_K)などが見いだされている.さらにS_A,S_B相は各々4種類に細分化されることが明らかになっている.

　一方,コレステリック相は各層内ではネマチック相と同様に配列しているが,各層間で配列方向が異なり,その方向が一定の距離で一回転する分子配列の状態である.これら3種類の液晶は,分子配列の相違によって流動性などの性質が異なっている.化合物の分子構

造としてネマチック液晶とスメクチック液晶とは類似であり，コレステリック液晶となるものは光学活性（キラル）な化合物である．

2.1.3 液晶の電気光学効果と表示用液晶化合物

液晶の電気光学効果(electro-optic effect)とは，液晶分子のある配列状態が電場印加でまったく別の配列状態に変化することにより液晶セルの光学的な性質が変化し，光変調が生じる現象をいう．電場印加で液晶分子の配列が変化し光が変調されるのは，液晶分子が誘電率異方性，電導率異方性や自発分極をもち，複屈折にもとづく旋光性，光干渉や光散乱などの光学的性質を有するからである．

液晶の電気光学効果を応用した表示素子の動作モードは，これまでに数多く発表されているが，これらの中で重要なものを表III.2.1に示す．歴史的に見ればR. Williamsによるネマチック液晶への電場印加時に観察される電気光学的な縞状パターンの発見(1963年)[7]に端を発し，1968年にJ. Wysockiらにより相転移(Phase Change; PC)効果[8]が発表され，さらに同年G. Heilmeierらにより動的散乱(Dynamic Scattering; DS)効果[9]およびゲスト・ホスト(Guest-Host; GH)効果[10]が発表された．このDS効果およびそのディスプレイデバイスへの応用への活発な研究に伴い種々の電気光学効果が発表された．中でも重要な物が1971年にM. Schadtらにより発表されたねじれネマチック(Twisted Nematic; TN)効果[11]とM. SchiekelらやM. Harengらによりほぼ同時に発表された複屈折制御(Electrically Controlled Birefringence; ECB)効果[12]であった．一方，N. ClarkとS. Lagerwallによって発表された強誘電性(Ferroelectric Liquid Crystal; FLC)効果[13]は比較的新しい電気光学効果で，1975年のR. MeyerらによるキラルスメクチックC(S_C^*)液晶の合成とその強誘電性の発見に端を発している[14]．そして，超ねじれネマチック効果(Super-twisted Birefringence Effect; SBE/Super-Twisted Nematic; STN)は1984年にT. Schefferらにより発表された[15]．最新の電気光学効果である．当然のことながらこれらの各種動作モードに用いられる液晶材料は各々の動作モードに適した化合物で構成されなければならない．各種動作モードに使用される液晶材料を構成する液晶化合物の分類と重要な物理量との相関を表III.2.2に示した．ここに示したように表示材料として重要な液晶化合物はネマチック(N)，キラルネマチック(N*)，スメクチックA(S_A)，スメクチックC(S_C)，キラルスメクチックC(S_C^*)である．

ここでまず現在，液晶ディスプレイの主流であるTNモードとSTNモードに関してその動作原理を図III.2.2で説明する．TNモードでは液晶分子の配列の方向が上下の電極ガラス基板間に5～7μm程度の厚さで90度ねじれたセル配列をしている．電圧が印加されないOFF状態では，偏光板(1)で直線偏光となった入射光は，液晶分子のねじれ方向に沿って90度ねじれる．したがって，偏光板(2)を偏光板(1)と直交するように配置しておくと，光は透過できる．一方，電圧を印加したON状態では，液晶分子は電場方向に配列し，電極ガラス基板間で立った状態となり，ねじれ構造は消失する．したがって，ON状態では入射直線偏光は偏光板(2)を透過できず，光は遮断される．以上が液晶セルの旋光効果にもとづく，TNモードの白黒表示の動作原理である．

STNモードでは液晶分子の配列の方向が上下の電極基板間に5～6μm前後の厚さで240度程度ねじれ

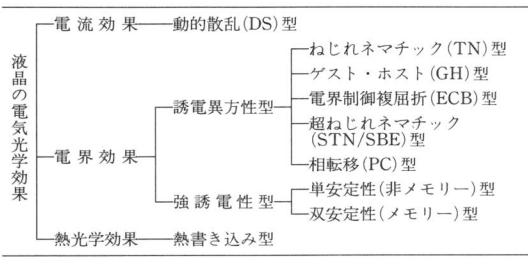

表 III.2.2 素示素子の動作モードと液晶材料および重要物性

動作モード	使用される液晶材料	重要な物性
ねじれネマチック型 (TNモード) 電界制御複屈折型 (ECBモード) (DAPモード)	ネマチック液晶 ＋ （キラルネマチック液晶またはキラル化合物）	・誘電率異方性 ・屈折率異方性 ・弾性定数 ・粘性係数
超ねじれネマチック型 (STNモード) (SBEモード) 相転移型 (PCモード)	誘電率異方性が正のネマチック液晶 ＋ キラルネマチック液晶（またはキラル化合物）	・屈折率異方性 ・らせんピッチ（大きさ，方向，温度依存性） ・弾性定数 ・粘性係数
熱書き込み型	スメクチックA液晶	・比熱，潜熱 ・相系列 ・誘電率異方性
強誘電型	スメクチックC液晶 ＋ カイラルスメクチックC液晶（またはキラル化合物）	・傾き角（大きさ，温度依存性） ・自発分極（大きさ，温度依存性，方向） ・らせんピッチ（大きさ，ねじれ方向） ・粘性係数（大きさ，温度依存性）

表 III.2.1 液晶の各種電気光学効果

```
                ┌ 電流効果 ── 動的散乱(DS)型
                │              ┌ ねじれネマチック(TN)型
                │              │ ゲスト・ホスト(GH)型
液晶の          │   誘電異方性型┤ 電界制御複屈折(ECB)型
電気光学  ──────┤              │ 超ねじれネマチック
効果            │ 電界効果 ────┤   (STN/SBE)型
                │              └ 相転移(PC)型
                │              ┌ 単安定性(非メモリー)型
                │   強誘電性型─┤
                │              └ 双安定性(メモリー)型
                └ 熱光学効果 ── 熱書き込み型
```

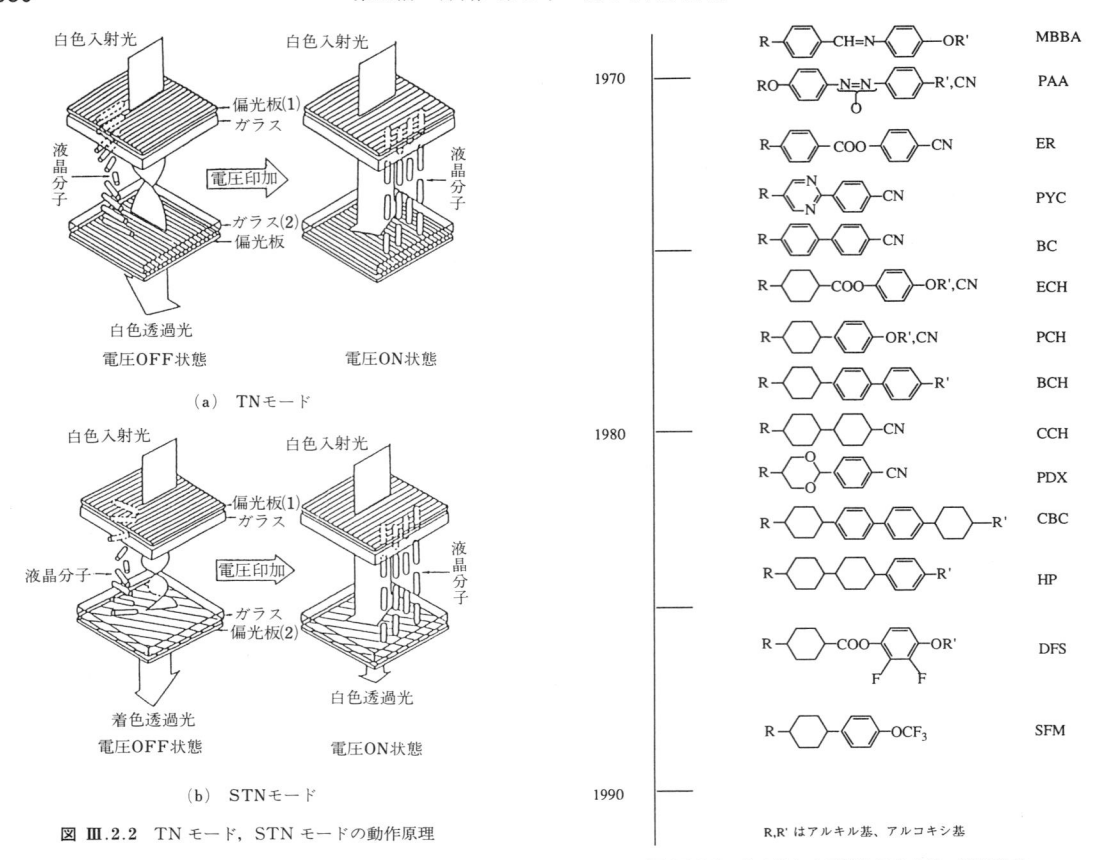

図 III.2.2 TN モード，STN モードの動作原理

図 III.2.3 代表的な表示用液晶化合物の開発推移

た液晶セルを配列している．偏光板(1)で直線偏光となった入射光は，液晶分子の長軸に対しある一定角度で入射する．このため，電圧無印加時の OFF 状態の透過光は，液晶セルの複屈折効果で黄色や青色に着色する．一方電圧を印加した ON 状態では，液晶分子は電場方向に沿って配列し，ねじれ構造は解消されるので透過光は着色されない．この場合の無着色の透過光量は，偏光板(1)と(2)の直交配置からのずれの角度で決まる．以上が STN モードの動作原理で，原理的には着色表示となる．

2.1.4 TN，STN および ECB 用ネマチック液晶
a. 代表的な化合物

代表的なネマチック液晶化合物を開発年代順に図 III.2.3 に示した．この図からわかるように液晶化合物は分子の形状として通常，骨格と呼ばれる比較的硬い部分とアルキル鎖に代表される複数の柔軟性に富んだ部分からなる．骨格に相当する部分はベンゼン環に代表される剛直な芳香環，シクロヘキサン環のような飽和環およびピリミジン環，ピリジン環，ジオキサン環などのヘテロ環が含まれる．骨格部分は通常，複数個の環からなっており，これらをつなぐための結合基が用いられることがある．この結合基は骨格部分の延長が主たる役割であるが，分子全体の形状を支配すると共に，分子の分極率，分極性を変化させ分子の液晶性に強く影響する．結合基としては三重結合，二重結合，エステル結合やジメチレン結合に代表される単結合がある．しかし実用的な観点からは結合基が存在しない直結構造が最も頻繁に使用される．

棒状液晶においては分子の幾何構造ないし静電的性質を変化させるために骨格の両端に種々の置換基を導入する．この末端置換基としてはアルキル，アルコキシ鎖のような飽和炭素鎖(アルキル鎖には直鎖状のほか分岐鎖，キラル炭素鎖，不飽和鎖がある)，シアノ基やニトロ基のような大きな双極子モーメントと強い電子吸引性をもつ置換基などがある．

分子の液晶性の発現には直接的な関係はないが，液晶相の熱安定性の検討，分子側面方向の誘電率の検討といった特殊な目的で，分子の側面方向に置換基を導入することがある．側面方向の置換基は分子幅を増加させ，その結果として液晶相の熱安定性の低下をもたらすため，その選択に関してはおのずと制約がある．

アゾメチン系化合物(シッフ塩基)で最初の実用的な液晶材料として，MBBA(p-methoxybenzylidene-p'-butylaniline)が1969年に発表された[16]．MBBAは学術上の物性研究で最も詳細に研究された化合物の一つであり，DSモードの液晶材料として好適である．アゾメチン化合物は加水分解されやすいがガラスフリットシールされた無水条件下では十分安定である．

アゾキシ化合物に関しては詳細な研究がある[17]．特にPAA(para-azoxyanisole)は学術的研究で古くから有用な物質であり，同族体は液晶諸物性の実験，理論計算に広く使用された[18,19]．液晶性を示すものはトランス形であり400～450 nmに可視吸収をもち明黄色を有するが，紫外光によりシス形に変化して深黄色となる．したがって表示用材料として使用するためには劣化防止用の黄色フィルターが必要である．

2個のベンゼン環をエステル基で結合した基本構造の安息香酸エステル系液晶化合物(ER)は，化学的安定性が比較的良好で種類も多く多様な特性を示す[20]．N形構造(末端基として極性基をもたない化合物の意)の化合物は各種のアルキル鎖長のものが調査され，スメクチック相変態の決定が行われた興味ある物質群である[2]．比較的短鎖長のものでも粘性が高い．末端基としてシアノ基置換構造の化合物は誘電率異方性が著しく大きい液晶化合物であり駆動電圧低下用の材料として有用性が高い[20]．またシアノ基のオルト位がフッ素置換した化合物はさらに大きな誘電率異方性を有する．

化学的に安定で室温動作をする液晶化合物として1973年にシアノビフェニル誘導体(BC，Hull大学)が発表された[21]．シアノビフェニル誘導体はベンゼン環とベンゼン環の間の結合基が存在しない液晶化合物であり，それまでに合成された液晶化合物はどれをとっても化学的安定性や高粘性などの実用化上の難点を抱えていたが，中央の結合基をなくすことで諸特性の優れた液晶化合物をめざして分子設計されたものがシアノビフェニル系液晶である．この化合物の開発を契機としてさまざまな物質を有する化合物が次々に創製され，液晶材料の正の誘電率異方性がもたらすTN型電気光学効果の実用化に拍車をかけた．

1973年にHalle大学において開発されたシクロヘキサンカルボン酸エステル系液晶(ECH)[22]は，結合基に同じエステル基を有する前述の安息香酸エステル系にくらべ粘性がかなり低く，ネマチック相温度範囲が広いことを特徴とする．末端基がアルキル基，アルコキシ基である数種の化合物を混合することにより低粘性の組成物を調製することが可能である．

1976年から79年にかけて一連のフェニルシクロヘキサン系の液晶化合物が開発された(PCH, BCH)[23]．これらの液晶化合物は先に述べたビフェニル系液晶がもつ安定性とシクロヘキサンカルボン酸エステル系液晶がもつ低粘性を併せもつ優れた液晶化合物である．両末端基がアルキル，アルコキシ基である化合物[23]は単変転移性(温度下降時にのみ液晶相を示す)の液晶であるが，著しく低粘性を有するので混合液晶の低粘性化剤としてきわめて有用である．

一方，誘電率異方性を大きい方向に改良したフェニルピリミジン系(PYC)[24]やフェニルジオキサン系(PDX)[25]の液晶化合物も開発された．

これまでに述べた2環系の液晶化合物は，その液晶相温度範囲が室温付近であるために，その温度範囲を上昇すべく3環および4環系の液晶化合物も開発された．これらは，BCH, HP, CBCのように2環系の液晶化合物にベンゼン環やシクロヘキサン環を付加したものである．6員環1個あるいは2個ぶん分子が長いため，液晶相転移温度が上昇する．これらでは融点よりも透明点の上昇が大きく，液晶相温度範囲としては2環系液晶化合物よりもかなり広くなっている．これら3環系液晶化合物を2環系液晶化合物と混合することにより，-20～100℃の広い液晶温度範囲を示す液晶組成物が得られる．

近年の開発傾向として，上記の2環系骨格へフッ素原子やトリフルオロメチル基などの導入が盛んな点があげられる．これらの液晶化合物は低粘性や低い屈折率異方性，化学的安定性が高いなどの特徴を有する．特に後述のアクティブマトリックス駆動用の液晶材料を構成する化合物として重要である．

ディスプレイに適用される液晶材料は10成分あるいはそれ以上の成分の組成物となっている．これはディスプレイからの要求性能を満たすためのものであり，その目的は広い液晶相温度範囲の確保に加えて，諸物性の最適化あるいは相反する関係にある物性の両立である．次に重要な物性と化学構造との相関について記述する．

b. 誘電率異方性と分子構造

液晶分子は一般に棒状であり，長軸が電界と平行に配向した状態の誘電率($\varepsilon_\parallel$)と単軸が電界と平行に配向した状態の誘電率($\varepsilon_\perp$)との値は異なり，液晶分子は誘電率異方性$\Delta\varepsilon(=\varepsilon_\parallel-\varepsilon_\perp\neq0)$を有する．TNモードでは$\Delta\varepsilon$が正のネマチック液晶化合物が使用される[11,15]．電界制御複屈折モードではホモジニアス配向セルに対して誘電率異方性が正の化合物が，ホメオトロピック配向セルに対しては負の誘電率異方性の化合物が使用される[12]．誘電率異方性$\Delta\varepsilon$は分子構造に大きく依存

する物理量であり，その正負は液晶分子の分極率と双極子モーメント μ の分子長軸に対する方向で決まる．MaierとMeierによる液晶の誘電率に関する検討[26]から直流電場下の $\Delta\varepsilon$ は近似的に次式で示される[27]．

$$\Delta\varepsilon \propto \left\{\Delta X - C\frac{\mu^2}{2kT}(1-3\cos^2\beta)\right\} \cdot S \quad (\text{III}.2.1)$$

(ΔX は分子の分極率異方性，C は定数，S は秩序パラメーター，μ は双極子モーメント，β は分子長軸と双極子モーメントのなす角度である)．第一項は分子分極に関係する項で常に正であるが，第二項は双極子モーメントに関する項で，$\beta=55$ 度でゼロになる．双極子モーメントが分子の長軸方向に対してどの方向に向くかにより誘電率異方性は正にも負にもなり得る．$\Delta\varepsilon$ を大きくするには μ を大きくかつ分子長軸に平行 ($\beta=0$ 度) に近い角度にすることが，正で大きな $\Delta\varepsilon$ を得るのに有効であることがわかる．

表III.2.3に誘電率異方性が正 ($\Delta\varepsilon>0$) の代表的な液晶化合物の誘電率異方性を転移温度および粘性と共にあげた．シアノビフェニル類は前述のように2個のベンゼン環が直結した構造にアルキル置換基とシアノ基が置換した化学的に安定で，かつ大きな正の $\Delta\varepsilon$ を有する化合物である．1個のベンゼン環をシクロヘキサン環に換えると誘電率異方性は減少するが，ジオキサン環，さらにピリミジン環などの複素環に換えると誘

表 III.2.3 代表的な $\Delta\varepsilon>0$ の液晶化合物

	構造式		*1 $\Delta\varepsilon$	*2 $V/\text{mm}^2\text{s}^{-1}$	*3 Δn	文献
a)	C_7H_{15}-◯-COO-◯-CN	C 45 N 57 I	+20.7	56	0.16	20)
b)	C_5H_{11}-◯-◯-CN	C 23 N 35 I	+11.0	24	0.184	21)
c)	C_5H_{11}-◯-◯-CN	C 31 N 55 I	+13.0	21	0.124	23)
d)	C_5H_{11}-◯-◯-CN	C 31 N 83 I	+4.5	65	0.06	28)
e)	C_5H_{11}-◯-COO-◯-CN	C 47 N 69 I	+9.3	44	0.129	22)
f)	C_5H_{11}-◯-CH_2CH_2-◯-CN	C 38 N 44.5 I	+11.4	19.5	0.117	29)
g)	C_5H_{11}-◯-◯-CN, F	C 13 (N 5) I	+17.7	28	0.092	30)
h)	C_5H_{11}-◯(O,O)-◯-CN	C 55 (N 48) I	+17.4	47	0.141	25)
i)	C_5H_{11}-◯(N,N)-◯-CN	C 71 (N 53) I	+34.0	55	0.224	24)
j)	C_5H_{11}-◯-COO-◯-CN, F	C 30 (N 24) I	+35.9	65	0.150	31)
k)	C_5H_{11}-◯-◯-NCS	C 67.5 (N 49.5) I	+10.8	12	0.173	32)
l)	▱-◯-◯-CN	C 60 N 74 I	+13.7	23	0.147	33)
m)	C_5H_{11}-◯-◯-◯-CN	C 60.4 N 233.6 I	+13.2	94	0.212	34)
n)	C_5H_{11}-◯-◯-◯-CN	C 96 N 219 I	+11.0	90	0.254	35)
o)	C_3H_7-◯-◯-CH_2CH_2-◯-CN	C 69 N 196 I	+12.0	75	0.208	36)

( ) は相転移がモノトロピックであることを示す．C, N, I は各々C：結晶　N：ネマチック相　I：等方相を表す．たとえばC) では融点31℃でN相となり55℃でI相となる．
*1 Merck社 ZLI-1132に15 wt% 溶解した混合物の測定結果からの外挿値：20℃, 1 kHz.
*2 同条件：20℃．
*3 同条件：20℃, 589 nm.

表 III.2.4 代表的な $\Delta\varepsilon<0$ の液晶化合物

	構造式	*1 $\Delta\varepsilon$	*2 V/mm^2s^{-1}	文献
a)	C₃H₇—〈〉—〈〉—COO—〈〉—C₅H₁₁ (NC) C 57 N 111 I	−4.0	200	38)
b)	C₃H₇—〈〉—〈〉—COO—〈〉—OC₅H₁₁ (NC, CN) C 142.5 N 145.5 I	−20	400	39)
c)	C₅H₁₁O—〈〉—(N–N)—C₅H₁₁ C 93.5 S_c 100.5 I	−6.0	100	40)
d)	C₅H₁₁—〈〉—〈〉—C(CN)—〈〉—C₃H₇ C 73 N 135 I	−4.7	130	41)
e)	C₅H₁₁—〈〉—〈〉—〈〉—OC₂H₅ (F, F) C 68 S_A 87 N 172 I	−4.1	46	42)

*1 $\Delta\varepsilon=0$ の N 液晶に 10 wt% 溶解した混合物の測定値からの外挿値:20℃,1 kHz.
*2 同条件:20℃.

電率異方性は大きく増加する.最近の傾向としては末端シアノ基のオルト位をフッ素原子で置換した(g),(j)のような構造が誘電率異方性を大きくするユニットとして多用されているが,透明点の減少と同時に $\varepsilon_\parallel$, $\varepsilon_\perp$, $\Delta\varepsilon$ を上昇させ $\Delta\varepsilon/\varepsilon_\perp$ を低下させる.これはオルト位のフッ素原子がネマチック状態でのシアノ基による反平行な分子対の割合を減少させるためと考えられている[37].逆に $\Delta\varepsilon$ が負の液晶は分子の短軸方向に大きな双極子モーメントを発生させる置換基を導入した場合に得られる.表III.2.4 に $\Delta\varepsilon$ が負の代表的な液晶化合物をあげた.$\Delta\varepsilon$ に関してはこのように比較的分子設計が行いやすい.しかし誘電率の絶対値を大きくする努力は一般的には粘性を増加させる結果となる場合が多いことがこの表からわかる.

c. 屈折率異方性と分子構造

電界効果型光学効果では光の旋光あるいは複屈折が利用される.偏光板を通過して直線偏光となった光が液晶媒体中を伝播すると,直線偏光の偏波面の回転や直線性が失われ,楕円,あるいは円偏光となる.そこでさらに偏光板を通過してくる光は変化の度合に応じて強度が大きく変化する.すなわち外部電界により液晶化合物の旋光性,複屈折性が変化する現象が電気光学効果であり,液晶デバイスの基本動作原理である.光の変化の度合は液晶媒体を伝播する光の位相差により決まり,この位相差は液晶化合物の屈折率異方性 Δn とセルギャップ d との積で表されるリターデーション $\Delta n\cdot d$ により大きく変化する.光との相互作用を有する液晶化合物はその特性の一つとして屈折率異方性 Δn がきわめて重要である.Δn はネマチック液晶または一軸性スメクチック液晶では,

$$\Delta n = n_e - n_o = n_\parallel - n_\perp \quad (\text{III}.2.2)$$

で与えられる(n_e は異常光屈折率,n_o は常光屈折率,$n_\parallel$ は配向ベクトルの方向に偏っている光に対する屈折率,$n_\perp$ は配向ベクトルに垂直な方向に偏っている光に対する屈折率である).また屈折率 n は,光の周波数に対する誘電率 ε と $n^2\cdot\chi=\varepsilon\cdot\chi$ なる関係から($\chi=x, y, z$)

$$n_\parallel^2 - n_\perp^2 = \Delta\varepsilon \propto \Delta\chi\cdot S \quad (\text{III}.2.3)$$

なる関係が得られる[43](S は秩序パラメーター).これは屈折率異方性が分子の誘電率異方性とネマチック相の配向秩序とに大きく依存することを示している.したがって液晶単分子中に存在する極性基,共役二重結合の分子長軸方向への寄与率が Δn を決定する.液晶化合物の屈折率異方性 Δn はベンゼン環をシクロヘキサン環に換えると小さくなる.表III.2.5 に示すようにベンゼン環をシクロヘキサン環に換えることによりその値は順次小さくなっていく.末端基に関してはアルキル基がシアノ基よりも Δn を小さくする.またフッ

表 III.2.5 代表的な液晶化合物の屈折率異方性と粘性

	構造式	*1 Δn	*2 V/mm^2s^{-1}	文献
a)	$CH_3O-\bigcirc-N=N(O)-\bigcirc-OCH_3$	0.26	34	44)
b)	$CH_3O-\bigcirc-CH=N-\bigcirc-C_4H_9$	0.27	30	45)
c)	$C_7H_{15}-\bigcirc-COO-\bigcirc-CN$	0.16	56	19)
d)	$C_5H_{11}-\bigcirc-\bigcirc-CN$	0.18	24	21)
e)	$C_5H_{11}-\bigcirc-\bigcirc-CN$	0.12	21	23)
f)	$C_5H_{11}-\bigcirc-\bigcirc-CN$	0.06	65	28)
g)	$C_5H_{11}-\bigcirc-\bigcirc-C_2H_5$	0.08	5	35, 46)
h)	$C_5H_{11}-\bigcirc-\bigcirc-OC_2H_5$	0.09	8	23)
i)	$C_5H_{11}-\bigcirc-CH_2CH_2-\bigcirc-OC_2H_5$	0.07	8	47)
j)	$C_5H_{11}-\bigcirc-COO-\bigcirc-OC_2H_5$	0.09	19	22)
k)	$C_5H_{11}-\bigcirc-\bigcirc-C_2H_5$	0.02	7	48)
l)	$C_5H_{11}-\bigcirc-C\equiv C-\bigcirc-OC_2H_5$	0.26	22	49, 50)
m)	$C_5H_{11}O-\bigcirc-\underset{N}{\overset{N}{\bigcirc}}-C_2H_5$	0.16	34	51)
n)	$C_5H_{11}-\bigcirc-\bigcirc-\bigcirc-C_2H_5$	0.08	22	52)
o)	$C_5H_{11}-\bigcirc-\bigcirc-\bigcirc-C_2H_5$	0.18	20	53)

*1 Merck社ZLI-1132に15wt%溶解した混合物の測定結果からの外挿値：20℃,589nm.
*2 同条件：20℃.

素置換することによりさらに Δn を小さく調整することができる(表III.2.7参照).

最近のSTNモードの傾向として，セルギャップを薄くして応答速度を速くしコントラストを向上させることが主流となっているが，この目的のために Δn が大きい化合物が要求されている．このような液晶化合物としてトラン系液晶化合物が注目されている(表III.2.5(1))．トラン系液晶化合物は1971年に初めて報告された[49]．しかし安定性に疑問がもたれたために実用に供されるようになったのは，その低い粘性，高い Δn と安定性が認められてからである[50]．たとえば置換基が (C_5H_{11}, CH_3O) のもの40%；$(C_3H_7, C_5H_{11}O)$ のも

の20%；(C_4H_9, C_2H_5O) のもの40%の混合物はネマチック液晶温度範囲が 23〜68℃，$\Delta n=0.27$ を示す．$\Delta \varepsilon$ が小さく(~ 0.5)，Δn がこのように大きいことが特徴である．トラン系液晶化合物のこの優れた特徴が注目されてシクロヘキサン環やベンゼン環を付加してネマチック相の温度範囲を拡大する試みが続けられている[54〜56]．

d. 弾性定数と分子構造

$\Delta n \cdot d$ が外部電界により変化することを述べたが，これは先にも述べたように液晶分子が誘電率異方性 $\Delta \varepsilon$ を有するからである．平衡状態において分子は自由エネルギーが最も小さくなるように安定化する．正の

誘電率異方性($\Delta\varepsilon>0$)を有する材料は外部電界により分子の長軸が電界と平行になるように配向することになる。液晶分子の配向が変化して分子にひずみが生じると系の弾性ひずみエネルギーが増大する。したがって液晶分子は静電エネルギーと弾性ひずみエネルギーのバランスがかみ合った状態で落ち着く。

液晶分子の配向を左右する物性として弾性定数(ひ

弾性定数(K_{ii})

Splay　　　Twist　　　Bend
K_{11}　　　K_{22}　　　K_{33}

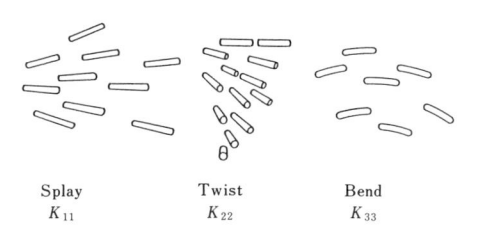

図 III.2.4　液晶の3種類の弾性定数

ずみに対して，Splay K_{11}，Twist K_{22}，Bend K_{33} の3種類の定数がある。図III.2.4参照)が重要である。弾性定数は，その物理的な意味からも明らかなように，分子構造だけに依存するものではなく分子間力により決定される性質であるから，分子構造との対応づけがきわめて難しい物性である。液晶分子の形を円柱棒状とみなした分子統計理論によれば，ネマチック液晶化合物の弾性定数の比 K_{33}/K_{11} は分子の長さ l と分子の幅 w との比 l/w の二乗に比例している[57]。しかし，Leenhouts らの実験では K_{33}/K_{11} は l/w に比例している[58]。K_{33}/K_{11} が l/w に比例するという関係は，液晶分子があまり長い側鎖をもっていない場合，すなわち，分子の骨格部が分子の長さと幅を主として決定しているような場合に成り立つものである。K_{33}/K_{11} は分子の骨格部の構造により多少変化する。l/w が似たような分子では骨格に含まれる構造が

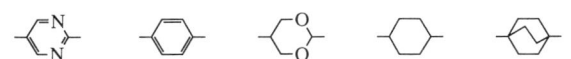

のように変化すると，この順に K_{33}/K_{11} は増加する。また分子骨格が同じ同族体では，長鎖になると K_{33}/K_{11} は減少する[59]。末端基が CN 基の場合はこの関係は複雑である。これらの化合物の S_A 相は A1, Ad, A2 といった構造(これらの構造の詳細は文献[5]の第2章を参照)を示すために S_{Ad} 相をとりやすい構造の場合，ネマチック相でも2分子の液晶が反平行に会合した l/w を考える必要があることが示されている[60]。

最近，既存のネマチック液晶のアルキル置換基をアルケニル基に置換した液晶化合物[33]，表III.2.3の(1)が注目されている。この化合物の特徴は弾性定数の比が特異的に大きいことである。たとえば表III.2.3の(c)は $K_{33}/K_{11}=2.03$ に対して，アルケニル置換の(1)は $K_{33}/K_{11}=2.56$ と増大している。この系に共通した特徴は二重結合の位置(偶数位/奇数位)，結合基の種類や末端基の極性により K_{33}/K_{11}, $\Delta\varepsilon$, Δn や粘性が大きく変化する。アルケニル系液晶の特異な性質は二重結合間の双極子-双極子相互作用によると考えられており，K_{33}/K_{11} の変化の範囲は通常の同族液晶化合物では1.0～2.0程度であるが，アルケニル系では0.5～3.0である。詳細は文献[33]を参照されたい。

また表III.2.4の(e)に示した側方位フッ素原子置換の化合物は，無置換の化合物と比較すると弾性定数比 K_{33}/K_{11} が増大しており，STN モード用の材料として好ましいと報告されている[42]。

液晶組成物の弾性定数は成分の値に対して複雑な挙動を示す。Schadt, Osman および Scheuble, Raynes らは極性の強いネマチック液晶と極性の弱いネマチック液晶を混合すると，その弾性定数 K_{33} は各成分の K_{33} より小さくなることを報告している[61]。図III.2.5にかれらの実験結果の一部を示す。かれらは同じ極性同士の混合系では K_{11}, K_{22}, K_{33} の値と共に成分の値に対して加成性が成り立つことも示している。Bradshaw, Raynes らは，極性の異なるネマチック液晶化合物の混合系での弾性定数に関する研究から，ある濃度範囲で誘起 S_A 相が存在するような濃度範囲のネマ

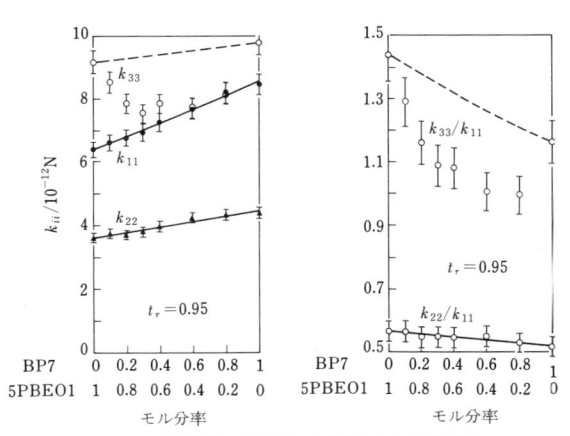

実線は最小自乗法により求められた実測値．
破線は加成性が成立するとした場合の計算値．

BP7: C_7H_{15}—〈〉—〈〉—CN

5PBEO1: CH_3O—〈〉—O-C-〈〉—C_5H_{11}

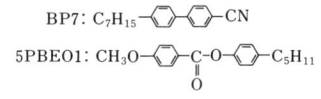

図 III.2.5　極性の強い液晶と極性の弱い液晶の混合系での弾性定数
(J. Chem. Phys., **79** (1983), 5714)

チック相では K_{33}/K_{11} が小さくなることを示している[62]. 誘起 S_A 相をもつネマチック相の X 線解析による研究から弾性定数と S_A 相との秩序が密接に関連していることが報告されている[63].

液晶の分子配列を Oseen, Frank の弾性体連続理論にもとづいて計算した結果によると, 電気光学特性の急峻さを向上させるためには STN モードの場合, K_{33}/K_{11} および K_{33}/K_{22} が大きい化合物が有利であるが[64], TN モードの場合は逆に, K_{33}/K_{22} が大きく K_{33}/K_{11} が小さい化合物が優れたマルチプレックス特性を示すことに注意したい[65].

e. 粘性と分子構造

液晶化合物の粘性係数は液晶分子が安定な配向状態に落ち着くまでの時間を支配するきわめて重要な物理量である. 粘性係数が小さいほど表示画面の切り替えに要する時間は短縮される. この粘性係数の測定は困難を伴うことが多く, 実際の液晶デバイス用液晶化合物の粘性評価には回転粘度計で測定される粘性係数や毛細管粘度計で求められる粘性係数が常用されている. 液晶の粘性係数には異方性があり, しかも流動は分子長軸をその方向に配向させるトルクを働かせる. このために粘度計で測定された粘性係数は平均的なものであり, 実際の 90 度ツイストセルにおける電界印加による配向変形での粘性係数に必ずしも対応しない. ところで応答時間 T_{on}, 緩和時間 T_{off} は次式で与えられる.

$$T_{on} = \frac{\gamma_1 d^2}{\pi^2 K(V^2/V_c^2 - 1)} = \frac{\gamma_1 d^2}{\varepsilon_0 \Delta \varepsilon (V^2 - V_c^2)}$$
$$T_{off} = \frac{\gamma_1 d^2}{\pi^2 K}$$

(III.2.4)

で与えられる[66] (ここで d は液晶層の厚さ, γ_1 は回転粘性係数で, 弾性定数 $K = K_{11} + (K_{33} - 2K_{22})/4$, V_c は閾値電圧, V は印加電圧である).

T_{on} と T_{off} を短くするためには, 液晶層の厚さをできるだけ薄くすることが効果的であるが, セルの均一性や製造歩留りなどのために大きなパネルになるほど薄くすることは技術的に難しい. このため, 弾性定数が大きく回転粘性係数 γ_1 ができるだけ小さい化合物が望まれている. 回転粘性係数 γ_1 と分子構造との明確な相関は得られていないが Schadt と Zeller らは種々の混合液晶の回転粘性係数を測定した結果, 次の近似式を得ている[67].

$$\log \gamma_1 \propto \frac{1}{T - T_0}$$

(III.2.5)

ただし, $T_0 = T_g - 50 (K)$, T_g はガラス転移温度.

この関係から T_g が低い液晶は小さい回転粘性係数をもつことがわかる. さらに, 混合液晶のガラス転移温度 T_g^M と成分 A, B のガラス転移温度 T_g^A, T_g^B との間に

$$T_g^M = X_A T_g^A + X_B T_g^B$$

(III.2.6)

(X_A, X_B は成分 A, B のモル分率を示す.) の関係があることも示された. 表III.2.6 にこれまでに実測されているネマチック液晶化合物のガラス転移温度を示した. 末端基がアルキル基, アルコキシ基, シアノ基と変わるとこの順に T_g は上昇する. 環構造から見ると

のように変化するとこの順に T_g は上昇している. この傾向は実測された粘性の結果とほぼ一致している. 低粘性のためにはシクロヘキサン環やジメチレン結合の使用が有効であり, 極性化合物より非極性化合物が有効であることがわかる. さらに粘性と誘電率異方性が相反する関係にある物性であることもよく理解できる. 表III.2.3, 表III.2.5 および表III.2.7 に代表的な化合物の粘性係数を示した. 回転粘性係数ではないが参考にされたい.

ところで粘性係数は分子の運動方向により 6 種類に細分化される. 詳しくは Leslie の文献[68]を参照された

表 III.2.6 ネマチック液晶のガラス転移温度

	構造式	ガラス転移温度 T_g(K)
a)	C_5H_{11}—⟨⟩—⟨⟩—CN	207
b)	C_7H_{15}—⟨⟩—⟨⟩—CN	207
c)	C_7H_{15}—⟨⟩—COO—⟨⟩—CN	214
d) 1:2	$\begin{cases} C_5H_{11} \\ C_7H_{15} \end{cases}$—⟨⟩—⟨N⟩—CN	215
e)	C_4H_9—⟨⟩—⟨N⟩—CN	235
f) 1:1	$\begin{cases} C_5H_{11} \\ C_7H_{15} \end{cases}$—⟨⟩—⟨⟩—CN	200
g)	C_3H_7—⟨⟩—⟨⟩—OC_2H_5	191
h)	C_3H_7—⟨⟩—⟨⟩—C_2H_5	159
i)	C_5H_{11}—⟨⟩—COO—⟨⟩—OCH_3	197

(Phys. Rev. A, **26** (1982) 2942)

い.

f. 電圧保持率（化学的安定性）と分子構造

最近アクティブマトリックスLCD[69]に関する研究報告が多い．表Ⅲ.2.1に示したように動作モードとしてはTNモードである．アクティブマトリックス用液晶材料に対して要求される最も重要な特性の一つに高い電圧保持率(Voltage Holding Ratio; VHR)がある．これは，アクティブマトリックス駆動では，アドレス時に画素の電極間に蓄えられた電荷をフレーム時間の間保持する必要があるからである．高い電圧保持率を得るためには，液晶組成物の比抵抗ρを大きくすることが有利である．構造的な特徴から見ると，平均誘電率$\bar{\varepsilon}=(\varepsilon_{\parallel}+2\varepsilon_{\perp})/3$の小さい材料ほど大きいバルク比抵抗$\rho$が得られ，この結果として電荷の減衰に対応する$RC$時定数は平均誘電率$\bar{\varepsilon}$の小さい液晶化合物を用いるほど大きくなることが実測されている[70]．このアクティブマトリックスLCD用液晶化合物の最近の開発傾向の特徴は，直結構造のフッ素系の化合物開発に集中していることである．フッ素系の液晶化合物はきわめて低粘性でかつ誘電率異方性が小さい割には駆動電圧を低下させる際だった特性を有する．最も特筆すべきはシアノ基置換の化合物よりも優れた化学的安定性を有する化合物である点である[71~75]．図Ⅲ.2.6にシアノ基置換の化合物とフッ素系化合物の電圧保持率の温度依存性の測定結果を示した．フッ素系の化合物は広い温度範囲で高い電圧保持特性を示すことがわかる．

またアクティブマトリックスLCDでは高視野角が要求されるので，Gooch-Tarryの透過率曲線における透過光量ミニマム条件(1st-minimum)，すなわち$\Delta n \cdot d=0.5$前後が使用される[76]．これは本質的に低いΔn値を有するフッ素系の化合物には好都合である．

1981年頃からフッ素系の化合物開発が精力的にすすめられて，数多くの化合物が報告されている．これらの中で代表的な化合物を表Ⅲ.2.7に示す．モノフルオロ基，ジフルオロ基が主であるが最近，トリフルオロメチル基($-CF_3$)，トリフルオロメトキシ基($-OCF_3$)，ジフルオロメトキシ基($-OCF_2H$)などの新規な置換基も報告されている．

液晶化合物をデザインするには，以上述べてきた，誘電率異方性，屈折率異方性，弾性定数，粘性，化学的安定性といった材料物性がきわめて重要である．最適化された特性をすべて兼ね備えた化合物の設計は困難な仕事であり，一つの液晶化合物でこれらの特性をすべて満足させる化合物は実際にはまだ発見されていない．前述のように実用的な液晶材料は10成分，またはそれ以上の化合物をブレンドした組成物として使用されている．このため，特徴的な特性を有する化合物，あるいは優れた特性を発現させる置換基の設計開発が強く望まれている．

2.1.5 熱書き込み用スメクチックA(S_A)液晶

垂直配向処理を施した透明基板間にS_A液晶をいれたセルを等方性液体相になる温度以上までいったん加熱し，続いて冷却すると，急冷の場合はセル全体が白濁し，徐冷の場合はセル全体が透明となる．この白濁状態と透明状態は，それぞれS_A液晶の急冷による乱れたフォーカル・コニック配列と徐冷によるホメオトロピック配列の形成にもとづいている．前者は，等方性液体相のランダムな分子配列状態が急激な冷却でメモリーされたことに相当する．このS_A液晶セルの熱光学効果は，加熱手段としてレーザービーム照射を用いることで熱書き込みによる大容量表示が可能である．S_A液晶を用いた熱書き込み型表示素子の動作モードには前述のレーザーアドレス型のほかに抵抗加熱型がある．この動作原理はレーザーアドレス型と同じであるが，熱エネルギーは金属電極に電流を流して加熱することにより得られる．いずれのモードでも少ないパワーで書き込み，消去ができることが必要である．動作原理の詳細に関しては成書，文献[84]を参照してい

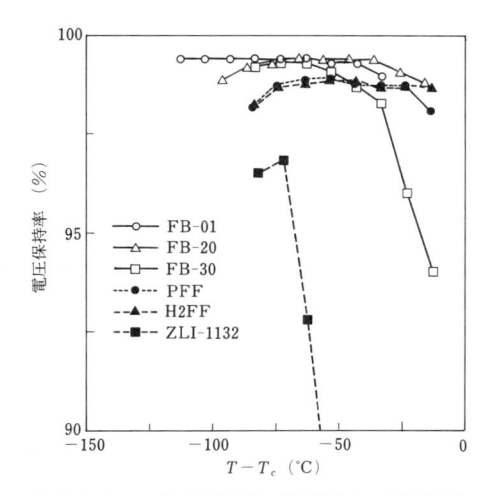

図 Ⅲ.2.6 フッ素系液晶材料の電圧保持率の温度依存性
T：測定温度，T_c：透明点温度．
FB-01：表Ⅲ.2.7の化合物(d)とアルキル鎖長の異なる他の二種類の同族体との組成物．
FB-20：表Ⅲ.2.7の化合物(e)とアルキル鎖長の異なる他の二種類の同族体との組成物．
FB-30：表Ⅲ.2.7の化合物(h)とアルキル鎖長の異なる他の二種類の同族体との組成物．
PFF：表Ⅲ.2.7の化合物(a)：FB-01=20：80の組成物．
H2FF：表Ⅲ.2.7の化合物(b)：FB-01=20：80の組成物．
ZLI-1132：Merck社，ベンゾニトリル系液晶組成物．

表 III.2.7 代表的なフッ素系液晶化合物

	構造式	*1 $\Delta\varepsilon$	*2 $V/\text{mm}^2\text{s}^{-1}$	*3 Δn	文献
a)	C$_5$H$_{11}$–[Cy]–[Ph]–F,F C –6.1 I	6.0	7.0	0.024	77)
b)	C$_5$H$_{11}$–[Cy]–CH$_2$CH$_2$–[Ph]–F,F C 2.8 (N –30.1) I	6.0	16.0	0.024	78)
c)	C$_5$H$_{11}$–[Cy]–[Cy]–[Ph]–F C 66.4 S$_B$ 75.4 N 156.1 I	7.0	16.0	0.100	79)
d)	C$_5$H$_{11}$–[Cy]–[Cy]–[Ph]–F,F C 45.2 N 125.0 I	9.0	21.0	0.080	79)
e)	C$_5$H$_{11}$–[Cy]–CH$_2$CH$_2$–[Cy]–[Ph]–F,F C 37.6 N 110.6 I	9.0	22.0	0.079	80)
f)	C$_5$H$_{11}$–[Cy]–[Cy]–CH$_2$CH$_2$–[Ph]–F,F C 50.8 S$_B$ 74.1 N 121.5 I	9.0	21.0	0.079	78)
g)	C$_5$H$_{11}$–[Cy]–CH=CH–[Cy]–[Ph]–F,F C 31.0 N 136.2 I	9.0	22.0	0.114	81)
h)	C$_5$H$_{11}$–[Cy]–[Ph]–[Ph]–F,F C 55.1 N 108.2 I	10.0	30.0	0.120	82)
i)	C$_5$H$_{11}$–[Cy]–[Ph]–OCF$_3$ C 14 I	7.1	4.0	0.040	83)
j)	C$_5$H$_{11}$–[Cy]–[Cy]–[Ph]–OCF$_3$ C 52 S$_B$ 73 N 156 I	8.0	17.0	0.100	83)
k)	C$_5$H$_{11}$–[Cy]–[Cy]–[Ph]–OCHF$_2$ C 37 S$_B$ 102 N 147 I	9.0	19.0	0.110	83)
l)	C$_5$H$_{11}$–[Cy]–[Ph]–[Ph]–OCF$_3$ C 43 S$_B$ 128 N 147 I	8.9	16.0	0.140	83)
m)	C$_5$H$_{11}$–[Cy]–[Ph]–C≡C–[Ph]–OCF$_3$ C 88 S$_B$ 126 S$_A$ 163 N 198 I	9.7	17.0	0.190	83)

*1 a)～h)はフッ素系液晶に 15 wt% 溶解した混合物の測定値からの外挿値：20℃, 1 kHz.
*2 同条件：20℃.
*3 同条件：20℃, 589 nm.
　i)～m) は Merck 社発表データ.

ただきたい．この方式に使用される液晶化合物に必要とされる特性をまとめると次のようになる．
① 比熱，潜熱が小さいこと
② 室温を含む広い範囲で S$_A$ 相を示すこと
③ S$_A$-N-I の相系列を示すこと
④ ネマチック相の温度範囲が適当であること
⑤ 誘電率異方性が大きいこと
⑥ 三重臨界点に近い弱い一次の S$_A$-N 転移を示すこと

これらの要求に実用的に合致する化合物は表III.2.8 に示すシアノビフェニル骨格を有する化合物群である．オクチルシアノビフェニル(8 CB)の場合，比熱は

表 III.2.8 代表的なスメクチックA液晶

構造式	相転移温度(℃)
a) C_8H_{17}-⟨⟩-⟨⟩-CN	C 21.0 S_A 32.5 N 40.0 I
b) C_9H_{19}-⟨⟩-⟨⟩-CN	C 40.5 S_A 44.5 N 47.5 I
c) $C_8H_{17}O$-⟨⟩-⟨⟩-CN	C 54.5 S_A 67.0 N 80.0 I
d) $C_{12}H_{25}O$-⟨⟩-⟨⟩-CN	C 69.0 S_A 89.0 I
e) $C_8H_{17}COO$-⟨⟩-⟨⟩-CN	C 53.5 S_A 58.0 N 76.0 I
f) $C_8H_{17}O$-⟨⟩-COO-⟨⟩-CN	C 64.0 S_A 91.0 N 92.0 I

S_A 相で約 0.6 kJ/mol K, ネマチック相で 0.7 kJ/mol K であるが, S_A-N 転移の潜熱は 0.4 kJ/mol 以下で 2次転移を示し, N-I 転移の潜熱は約 0.6 kJ/mol の弱い一次転移である[85]. ノニルシアノビフェニル(9 CB)の S_A-N 転移は三重臨界点に近く, 潜熱は 5 J/mol 以下で, N-I 転移の潜熱は 1.2 kJ/mol である[85]. 実際には単独で使用されることはなく混合物が使用されている. つい最近の報告でシアノビフェニル誘導体をベースに, 高い S_A-I 点を有する側方位がフッ素置換の化合物を混合することにより S_A-N：87.1℃, N-I：92℃といった広い温度範囲の組成物も得られている[86].

2.1.6 TN, STN 用キラルネマチック液晶

TN, STN 用液晶組成物はネマチック液晶にキラル剤(光学活性体)を添加したものである. キラル剤としてはステロイド系のコレステリック液晶と全合成品があるが最近は後者の使用が多い. ステロイド系で重要

表 III.2.9 代表的なキラルネマチック液晶の構造と螺旋のねじれ方向およびねじり力との関係

	絶対配置	構造式	ねじれの向き	*1 $1/P_c$ (mm^{-1})
a)	(S)	C_2H_5CH*CH$_2$-⟨⟩-⟨⟩-CN (CH$_3$) BDH 社 CB-15	右	6.6
b)	(S)	C_2H_5CH*CH$_2$O-⟨⟩-⟨⟩-CN (CH$_3$) BDH 社 C-15	左	1.3
c)	(S)	$C_6H_{13}O$-⟨⟩-COO-⟨⟩-COOCH*C$_6$H$_{13}$ (CH$_3$) Merck 社 S-811	左	13.0
d)	(S)	$C_6H_{13}O$-⟨⟩-COO-⟨⟩-COOCH$_2$CH*C$_2$H$_5$ (CH$_3$) Merck 社 S-1082	右	2.8
e)	(S)	C_5H_{11}-⟨⟩-⟨⟩-COOCH$_2$CH*C$_2$H$_5$ (CH$_3$) チッソ㈱ CM-19	右	4.1
f)	(S)	C_2H_5CH*CH$_2$O-⟨⟩-COO-⟨⟩-CN (CH$_3$) チッソ㈱ CM	左	1.1
g)	(S)	C_2H_5CH*CH$_2$-⟨⟩-⟨⟩-COO-⟨⟩-C$_5$H$_{11}$ (CH$_3$) チッソ㈱ CM-20	右	5.5
h)	(R)	C_6H_{13}CH*O-⟨⟩-COO-⟨⟩-C$_5$H$_{11}$ (CH$_3$) チッソ㈱ CM-21	左	1.2
i)	(S)	C_6H_{13}CH*O-⟨⟩-COO-⟨⟩-C$_5$H$_{11}$ (CH$_3$) チッソ㈱ CM-22	右	1.2

*1 Merck 社 ZLI-1132 に 1 wt% 加えた混合物の測定結果から得られたピッチの値から計算. 20℃.

なものはコレステリルノナノエートであり，これらはネマチック相に左ねじりのらせん構造を誘起し，そのねじり力 $1/PC$（P はコレステリックピッチ（μm），C は濃度）が $3～5\mu m^{-1}$ である．一般にコレステロール自体は左ねじりのらせん構造を誘起させる．コレステリルクロライドは右ねじりのらせん構造をもつが，希釈されると左ねじりのらせん構造を発生させる．詳細は文献[87]を参照されたい．表Ⅲ.2.9 に代表的な全合成キラルネマチック液晶の化学構造とねじり力を示す．重要な物性は混合液晶でのらせんのねじれ方向，ピッチの大きさと温度依存性である[88]．誘起されるコレステリックピッチは一般に温度と共に長くなる．その温度依存性が種類により異なるので右ねじりの化合物（CB-15）と左ねじりの化合物（S-811）を適当量混合してピッチの温度依存性を補償することが可能である．誘起されるコレステリックピッチが温度の上昇と共に短くなる化合物もある（同表の h, j）．また，江本[89,90]，Leenhouts[91]らもピッチが温度の上昇に伴い短くなるキラル化合物を報告しているので参照されたい．Gray, MacDonnell はキラル化合物の光学活性側鎖とらせんのねじれの方向との関係をキラル中心での絶対配置を用いて表Ⅲ.2.10 のようにまとめた[92]．これを sed, sol 則と呼ぶ．しかしこれは光学活性基が $-CH_2CH(CH_3)C_2H_5$ なる部分構造を含む場合に得られた経験則であるので注意したい．

表 Ⅲ.2.10 光学活性基が 2-メチルブチル基である場合のねじれ方向と絶対配置の関係

キラル中心の絶対配置	ベンゼン環から見た不斉炭素の位置	らせんのねじれ方向
S	偶 数	右
	奇 数	左
R	偶 数	左
	奇 数	右

2.1.7 強誘電性液晶

ここでは，実用的な表示材料として使用されている強誘電性液晶化合物の化学構造と物性との相関を中心として記述するが，紙面の関係上紹介できない化合物も多く，また説明も不十分であるので，より詳しく調べられたい方は強誘電性液晶についての成書を参照されたい[93]．

a. S_C^* 相と強誘電性について

通常，強誘電性液晶と呼ばれているものは S_C^* 相を指している場合がほとんどである．

他にも強誘電性を示すスメクチック相は存在するが，電気光学特性における応答速度が非常に遅く表示素子としては適さず，強誘電性液晶の研究はほとんど

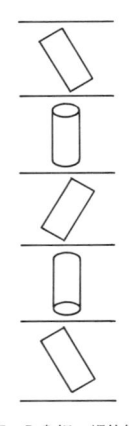

図 Ⅲ.2.7 S_C^* 相の螺旋構造模式図
実際のねじれのピッチはこの模式図よりもはるかに長い（たとえば 1μm 程度）．
(Smectic Liquid Crystals-Textures and Structures (1984), Leonard Hill, Glasgow G 64 2 NZ)

S_C^* 相が対象となっている．実用化を検討されている強誘電性液晶はスメクチック C 相を示す液晶（ベース液晶，ホスト液晶などと呼ばれている．ここではホスト S_C ミクスチャーと呼ぶ）に光学活性化合物（キラルドーパントなどと呼ばれる）を混合したものである．

S_C^* 相においては，分子の長軸は層の法線からある角度傾いている．また，その角度は少しずつ変化し，らせん構造になっている（図Ⅲ.2.7）．強誘電性は分子長軸まわりの回転が抑えられ，その結果として層内において永久双極子モーメントがある定まった方向を向く確率が増加するために生じるとされているが，傾きの方向が少しずつ変化しているので，このままでは全体としての分極は生じない．Clark と Lagerwall ら[13]は薄いホモジニアスセル中で分子をセル表面にそって配向させると，このらせん構造がとけ，分子の長軸がセル基板に平行でかつ，層に対して θ または $-\theta$ だけ

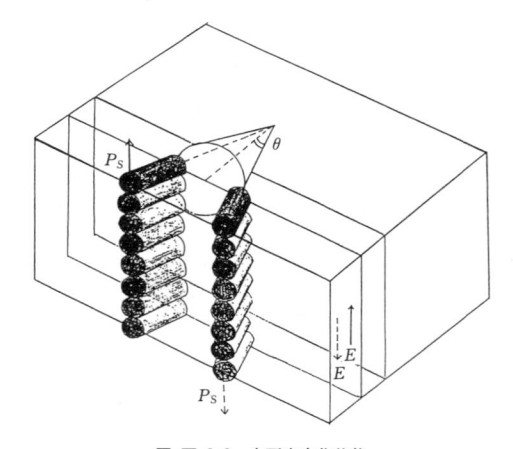

図 Ⅲ.2.8 表面安定化状態
ここでは P_s を負としてある．

傾いた構造(図Ⅲ.2.8)となり強誘電体としての利用が可能となることを提案した．これにより現在最も一般的である複屈折型表示素子としての利用の可能性が開かれた．このようにしてらせん構造を消失させられた分子の配列状態を表面安定化状態(Surface Stabilized State; SS state)と呼び，このような配向状態をもつセルを表面安定化強誘電性セル(Surface Stabilized Ferroelectric Liquid Crystal Cell; SSFLC cell)と呼ぶ．

b. S_C^* 相を利用した表示素子について

SSFLC セルによる複屈折型表示方式の概念図を図Ⅲ.2.9に示した．層に対する分子の傾き角は電界の向きの違いに応じて θ または $-\theta$ に揃えられる．また，電圧をパルス的に印加したときに閾値が存在し，双安定性(メモリー性)を示す．θ が 22.5 度であれば，光が入射する側の偏光板の偏光軸を分子の配列方向と一致させ，出射側をこれに直交して配置すると，明暗二状態を得ることができる．この双安定状態間のスイッチングを利用し走査線ごとに書き込みを行い表示する方法が一般的である．したがって，一画面を表示する速さは応答速度と走査線の積となる．応答速度は，温度，印加電圧などに依存するが，現在のところ室温での実用的なレベルで 100 μs より速いものが作成されているようである．SSFLCD の応答速度はネマチック液晶を用いた TN または STN 方式などと比較するとおよそ 3 桁も速い．しかし，累積応答効果を利用する TN または STN 方式とは駆動方法が異なるなどの理由により一画面を表示する速度は SSFLCD が著しく速いということはない．

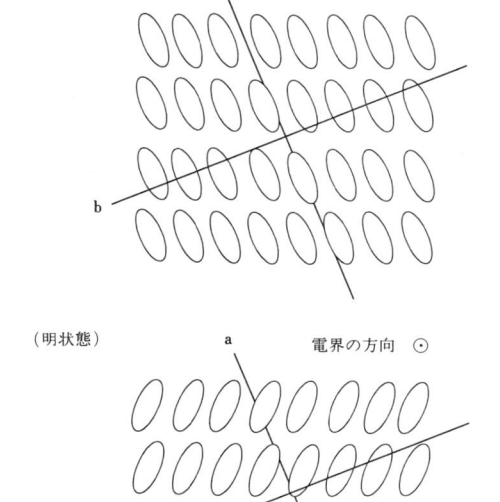

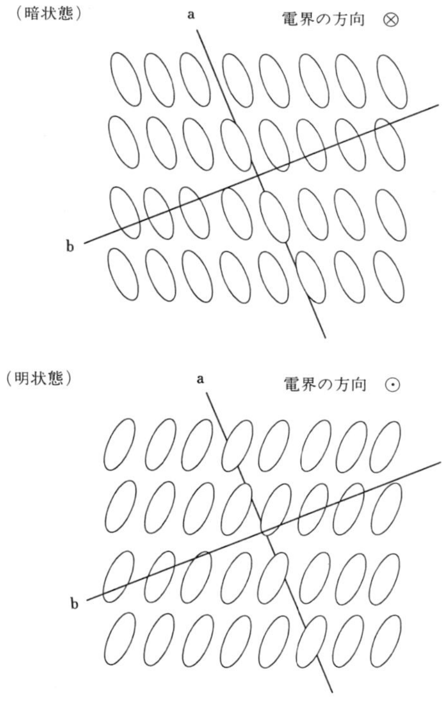

図Ⅲ.2.8に示したような分子の配列はブックシェルフ構造と呼ばれているが，実際にはほとんどの場合，分子の配列にはねじれ構造があり，また層がシェブロン構造と呼ばれている「く」の字をした構造となる．この結果，ジグザグ欠陥が生じる[94]と表示の質を低下させる．この欠陥をなくす方法はいくつか提案されている．上村ら[95]は，SiO の斜方蒸着により大きなプレチルトを与える配向膜を作成して，欠陥の現れない SSFLCD を作成している．また，神部ら[96]は，液晶分子の配向処理としてほとんどの場合に用いられている有機配向膜のラビングによる配向処理を検討することによりこれらの問題を解決し表示品質の高い表示素子が作成できることを示している．望月ら[97]は，ナフタレン環を含む化合物を用いると，従来のポリマーのラビングによる配向処理においてもブックシェルフ構造を示すことを発表している．

佐藤ら[98]は，シェブロン構造を電界印加により疑似的なブックシェルフ構造にかえることができ，高コントラスト，高透過率を有する SSFLCD が作成できることを示している．

c. S_C^* 相を示す液晶化合物の材料定数

S_C 相を示す化合物を表示素子に使用する場合に考慮しなければならないことについて簡単に紹介する．

(相系列と転移温度) 室温を含む広い温度範囲で S_C^* 相を示すことは当然であるが，この他に，均一な配向を得るために高温側から N^*-S_A-S_C^* となることが好ましい．液晶の相の種類と特徴，並びに判別のしかたについては Demus[99]，Gray と Goodby[100] による成書に詳しく記載されている．

(らせんピッチ) N^* 相，S_C^* 相ともに長いことが好ましい．N^* 相においてピッチが短いと均一な配向が得られにくく，S_C^* 相においてピッチが短いとメモリー性を悪くする．

N^* のピッチは Cano くさび[101] を用いる方法，S_C^* 相のピッチは転傾線により生じた縞を測定するもの[102]と周期的な屈折率変化による入射光の集光，発散効果により生じた縞を測定するもの[103]がある．

(傾き角) 傾き角は複屈折型，ゲスト-ホスト型の場合，それぞれ 22.5 または 45 度であることが好ましい．実用上できるだけ動作温度範囲で変動しないことが望ましい．傾き角は X 線回折により層間隔を求め，

図 Ⅲ.2.9 複屈折型表示
a，b はそれぞれ光の入射，出射側の偏光板の偏光軸．

S_A 相での測定と比較して求める方法と配向させたセルを偏光顕微鏡下で観測する方法[104]がある．X線回折では分子の平均的な傾き，光学的な測定では，主として，骨格部分の傾きが測定されるといわれている[105]．

（自発分極）　自発分極の符号は，層法線方向，分子ダイレクタ，自発分極が右手系をなすときに（＋），左手系をなすときに（−）と定義される[106]．混合する際には，自発分極が互いに打ち消さないように同じ符号の化合物を混合しなければならない．自発分極の値は傾き角に依存するので，次の関係式により規格化した P_0 を参考にする場合がある．

$$P_s = P_0 \cdot \sin\theta$$

自発分極，応答速度，粘性係数との間には近似的に次のような関係がある．

$$\tau = \eta/(P_s \cdot E)$$

τ：応答速度，η：C-配向ベクトルの回転粘性係数，P_s：自発分極，E：電界強度．

C-配向ベクトルとはスメクチックC相において，配向ベクトルの層面に平行な成分と同じ方向を向いた単位ベクトルをいう．この式からわかるように他の条件が同じだとすると，自発分極が大きいほど応答速度は速くなる．ただし，自発分極が大きすぎると，メモリー性などを悪くするといわれている．測定方法にはソーヤ-タワー法，三角波法[107]などがある．自発分極は重要な値であるにもかかわらず，正確な測定が難しく，測定者により大きく異なることがあるので注意を要する．また，ホスト S_C ミクスチャーにも依存する．

（粘性）　粘性係数はほとんどの場合自発分極と応答速度の関係式から計算により求められる．C-配向ベクトルと，配向ベクトルの回転粘性係数 γ_n，傾き角 θ との間に $\eta = \gamma_n \sin^2\theta$ の関係がある[108]ので，$\eta/\sin^2\theta$ の値で粘性係数をくらべることもある．応答時間から粘性係数を求める方法は木村ら[109]による方法を参照

されたい．現在のSSFLCDの応答速度は十分に速いとはいえず，より低い粘性が求められている．

（弾性定数）　大きいほどメモリー性やしきい値特性がよくなるという報告がある．測定例が少なくこれからの研究課題である．

（屈折率異方性）　複屈折形表示素子においては屈折率異方性とセル厚の積が $\sim 0.26\,\mu m$ が好ましい．現在の標準的なセル厚はおよそ $2\,\mu m$ なので，屈折率異方性の値は 0.13 程度である．また，動作温度範囲での温度変化，波長分散の小さいことが望ましい．

d. 自発分極と分子構造

キラルドーパントとして使用される化合物が強誘電性液晶中で主として果たす役割は，S_C 相を示すホスト S_C ミクスチャーに混合することによって，S_C^* を出現させることと，自発分極を発現させることである．キラルドーパント自体は必ずしも S_C^* 相を示す必要はない．応答速度は粘性係数が同じだとすれば，自発分極が大きいほど速くなるので，キラルドーパントの開発の目標の一つはいかにして大きな自発分極を得るかにある（ただし，大きすぎる自発分極はスイッチング特性などに悪い影響を与えるといわれている）．

Meyerらは，分子長軸まわりの分子の回転と不斉部分と極性の部分との結びつきが自発分極に大きく関連しているとし，キラルな 2-methylbutyl group がエステル基の隣りにあることにより，分子内回転の影響が小さくなっていることが予想される p-decyloxybenzylidene p'-amino 2-methyl butyl cinnamate（DOBAMBCと略称される）を合成した結果，初めて液晶が強誘電性（自発分極の値は $4\,nC/cm^2$）を示すことを実証した[14]．しかし，DOBAMBCの自発分極の大きさは，主たる要因である C=O の向きが揃ったときに期待される値の数百分の1である．その後，表III.2.11 に示したようなDOBAMBCの類似化合物が

表 III.2.11　DOBAMBCとその類似化合物

略称	構造式
DOBAMBC	$C_{10}H_{21}O$-〈〉-CH=N-〈〉-CH=CH-CO-O-CH$_2$CH(CH$_3$)C$_2$H$_5$
DOBA-1-MBC	$C_{10}H_{21}O$-〈〉-CH=N-〈〉-CH=CH-CO-O-CH(CH$_3$)C$_3$H$_7$
DOBACPC	$C_{10}H_{21}O$-〈〉-CH=N-〈〉-CH=CH-CO-O-CH$_2$CH(Cl)CH$_3$
DOBAC-3-MPC	$C_{10}H_{21}O$-〈〉-CH=N-〈〉-CH=CH-CO-O-CH$_2$CH(Cl)CH(CH$_3$)C$_2$H$_5$

合成された.不斉炭素に直接カルボニル基を結合させた化合物(DOBA-1-MBC)は,DOBAMBCと比較して1桁大きな自発分極を示す[110].不斉炭素原子に直接双極子モーメントを発現させる置換基を導入した化合物[111](DOBACPC)の自発分極の大きさは $10 nC/cm^2$ 程度であり,結合モーメントから期待される値とくらべると相当に小さい.これは,分子の自由回転が抑えられていないこと,他の双極子との効果が相殺しあっているなど自発分極を小さくする要因がのぞかれていないためであると考えられている.不斉部位に分岐鎖を有するアルキル基を導入した化合物(DOBAC-3-MPC)は大きな自発分極($60 nC/cm^2$)を示す[112].これは分岐アルキル基が不斉炭素まわりの自由回転を抑制するためと考えられている.また,この分岐鎖は S_C^* 相を示す温度範囲を広げる効果もある.これらの化合物は加水分解しやすいアゾメチン結合($-CH=N-$),光に対して不安定なビニレン結合($-CH=CH-$)を有しており実用上好ましくはないが,自発分極を大きくするための分子設計の指針となる.

次に今までに合成されたキラルドーパントのいくつかとその分子構造上の特徴を紹介する.2-メチルブチル基を有することに特徴がある化合物[113,114,115]の例を表III.2.12に示した.アゾメチン結合,ビニレン結合を含まず化学的安定性は向上したが,自発分極の値はDOBAMBC程度である.次に,光学活性部位に1-メチルヘプチル基を有することに特徴がある化合物[113,114,116]の例を表III.2.13に示した.表III.2.12の化合物と比較すると自発分極の大きさが1桁大きいが,これは分子長軸の垂直方向に永久双極子モーメントをもつカルボニル基,またはエーテル酸素を不斉炭素原子に近づけたことによるためと考えられている.DOBAMBCの光学活性基を1-メチルブチル基にかえることによって自発分極の値が1桁大きくなった結果と類似している.

表 III.2.12 2-メチルブチル基を有する化合物

	構 造 式	P_s (nC/cm^2)	θ (deg)	P_0 (nC/cm^2)	P_s の符号
(S)	$C_{10}H_{21}O$-〔〕-CH=N-〔〕-CH=CH-CO-O-CH$_2$*CH(CH$_3$)C$_2$H$_5$	3.1	22.5	8.1	—
(S)	$C_8H_{17}O$-〔〕-CO-O-〔〕-O-CH$_2$*CH(CH$_3$)C$_2$H$_5$	3.0	19.7	8.9	—
(S)	$C_8H_{17}O$-〔〕-CO-O-〔〕-〔〕-O-CH$_2$*CH(CH$_3$)C$_2$H$_5$	1.4	41.8	2.1	—
(S)	$C_8H_{17}O$-〔〕-CO-O-〔〕-CO-O-CH$_2$*CH(CH$_3$)C$_2$H$_5$	5.9	17.1	20.1	—
(S)	$C_8H_{17}O$-〔〕-CO-O-〔〕-〔〕-CO-O-CH$_2$*CH(CH$_3$)C$_2$H$_5$	4.3	21.4	11.8	—
(S)	$C_8H_{17}O$-〔〕-〔〕-CO-O-〔〕-CO-O-CH$_2$*CH(CH$_3$)C$_2$H$_5$	3.1	17.2	10.5	—
(S)	$C_8H_{17}O$-〔〕-〔〕-CO-O-CH$_2$*CH(CH$_3$)C$_2$H$_5$	8.3	21.3	22.9	—

S_C^* 相を示す上限温度の 10°C 下で測定.
(静電気学会誌, **14** (1990), 299)

表 III.2.13 1-メチルヘプチル基を有する化合物

	構造式	P_s (nC/cm²)	θ (deg)	P_0 (nC/cm²)	P_s の符号
(S)	$C_8H_{17}O$-〇-COO-〇-〇-O-$\overset{*}{C}H(CH_3)C_6H_{13}$	40.6	32.0	76.6	−
(S)	$C_8H_{17}O$-〇-〇-COO-〇-O-$\overset{*}{C}H(CH_3)C_6H_{13}$	38.2	17.4	128	−
(S)	$C_8H_{17}O$-〇-OCO-〇-〇-O-$\overset{*}{C}H(CH_3)C_6H_{13}$	76.0	36.8	127	−
(S)	$C_8H_{17}O$-〇-〇-OCO-〇-O-$\overset{*}{C}H(CH_3)C_6H_{13}$	52.9	44.5	75.5	−
(S)	$C_8H_{17}O$-〇-COO-〇-〇-OCO-$\overset{*}{C}H(CH_3)C_6H_{13}$	49.1	16.6	172	+
(S)	$C_8H_{17}O$-〇-〇-COO-〇-OCO-$\overset{*}{C}H(CH_3)C_6H_{13}$	69.9	21.8	188	+
(S)	$C_{12}H_{25}O$-〇-〇-OCO-〇-OCO-$\overset{*}{C}H(CH_3)C_6H_{13}$	68.4	29.5	139	+
(S)	$C_{12}H_{25}O$-〇-COO-〇-O-$CH_2\overset{*}{C}H(CH_3)OC_2H_5$	12.3	20.5	35.1	+

Sc* 相を示す上限温度の 10℃ 下で測定.
(静電気学会誌, **14** (1990), 299)

大きな自発分極を得る方法は，大きな値をもった双極子の向きが，時間平均として分子軸の垂直方向のある向きに存在する確率をできるだけ大きくすることであるとされている．このために，いろいろな分子構造が考えられている．表III.2.14 に示した化合物[117]においては，大きな双極子モーメントを生じさせるため，また，分子内回転を抑えるためなどの目的でハロゲン原子を骨格に導入している．化合物(i)以外は分子長軸と垂直な方向の双極子モーメントを大きくするためにフェニル基の側方位にハロゲン原子を導入したものである．

(a)〜(g)はいずれも側方置換されていない化合物にくらべて非常に大きな自発分極が得られている．自発分極が大きくなった理由として，不斉炭素に結合したメチル基とフェニル基に導入されたハロゲン原子との立体反発によりハロゲン原子による分極と，エーテル酸素原子による分極の向きが揃ったためと考えられている．メチル基で置換した(i)の自発分極は小さくなっているが，メチル基の極性がハロゲン原子とは逆であり，双極子モーメントの総和を小さくしたためであると考えられる．(j)についてはハロゲン原子による置換の効果はほとんど認められない．これは，(a)〜(h)に見られるような分子内での回転を阻害するような要素が少ないために，ハロゲン原子とカルボニル基との間の反発により，双極子モーメントの総和を減少させるようなコンフォメーションが有利となった結果であると考えられている[117,118]．不斉炭素原子にフッ素原子が直接結合した 2-フルオロ-2-メチルアルカノイル基を有した化合物の例を表III.2.15 に示した．

自発分極の値は骨格の違いによって大きく異なっていることがわかる．この結果は，骨格の周囲の分子との相互作用の違いが不斉部分の運動と関係しており，環が直結している構造をもつ分子が，より抑制されているためと説明されている．表III.2.16 に側鎖中にフッ素，塩素原子が直接結合した不斉炭素を二つもつ化合物の例を示した．ハロゲン原子の向きの違いが自発

2.1 表示用液晶化合物

表 III.2.14 ハロゲン原子などで側方置換した化合物

	構造式	P_s (nC/cm²)	θ (deg)	P_0 (nC/cm²)	P_s の符号
a) (S)	$C_8H_{17}O$–⟨⟩–OC(=O)–⟨⟩–⟨⟩(F)–O–*CH(CH$_3$)C$_6$H$_{13}$	85.0	29.6	172	−
b) (S)	$C_8H_{17}O$–⟨⟩–OC(=O)–⟨⟩–⟨⟩(Cl)–O–*CH(CH$_3$)C$_6$H$_{13}$	156	38.1	253	−
c) (S)	$C_8H_{17}O$–⟨⟩–OC(=O)–⟨⟩–⟨⟩(Br)–O–*CH(CH$_3$)C$_6$H$_{13}$	166	39.3	262	−
d) (S)	$C_8H_{17}O$–⟨⟩–OC(=O)–⟨⟩–⟨⟩(CN)–O–*CH(CH$_3$)C$_6$H$_{13}$	182	22.3	480	−
e) (S)	$C_8H_{17}O$–⟨⟩–⟨⟩–OC(=O)–⟨⟩(F)–O–*CH(CH$_3$)C$_6$H$_{13}$	77.9	35.5	134	−
f) (S)	$C_8H_{17}O$–⟨⟩–⟨⟩–OC(=O)–⟨⟩(Cl)–O–*CH(CH$_3$)C$_6$H$_{13}$	123	40.1	191	−
g) (S)	$C_8H_{17}O$–⟨⟩–⟨⟩–OC(=O)–⟨⟩(Br)–O–*CH(CH$_3$)C$_6$H$_{13}$	131	40.4	202	−
h) (S)	$C_8H_{17}O$–⟨⟩–⟨⟩–OC(=O)–⟨⟩(CN)–O–*CH(CH$_3$)C$_6$H$_{13}$	160	24.6	384	−
i) (S)	$C_8H_{17}O$–⟨⟩–⟨⟩–OC(=O)–⟨⟩(CH$_3$)–O–*CH(CH$_3$)C$_6$H$_{13}$	37.8	47.0	51.7	−
j) (S)	$C_8H_{17}O$–⟨⟩–⟨⟩–CO$_2$–⟨⟩(F)–OC(=O)–*CH(CH$_3$)C$_6$H$_{13}$	60.3	25.3	141	+

S_C^* 相を示す上限温度の 10°C 下で測定.
(静電気学会誌, **14** (1990), 299)

分極に大きく影響を与えていることがわかる.

以上のように, 自発分極の大きさは, 不斉炭素原子と極性基との相関, 分子内回転, 層内での分子回転, 不斉炭素原子と相関のある極性基の向きと関連していると考えられている. また, 骨格の種類も大きく関係している. これらの条件のいくつかを効率よく満たす方法として, 最近では, 双極子と不斉炭素を含む環をもつ化合物が多く合成されている. 表III.2.17 に例を示した. このような環においては, 双極子の向きがある一定の方向を向く確率が大きくなり, また, 複数個の極性基の向きを効率的に揃えることが可能であるとされている. S_C 相における分子の配列は図III.2.10 に示したようなジグザグ構造[116,119]が提案されているが, これら, 不斉炭素と極性基を含む環をもつ化合物の自発分極の大きさと S_C 相における分子の配列との関連が指摘されているものがある[120]. 表III.2.18 に示した γ-ラクトンを含む化合物 a のコンフォメーションは, γ-ラクトン環の向きの違いによって, S_C 相のジグザグ構造に類似したものになる場合がある. また, このときのコンフォメーションは 1 分子についての計

表 III.2.15 不斉炭素にフッ素が直接結合した化合物

$$X-\text{C}_6\text{H}_4-\text{O}-\underset{\underset{O}{\|}}{\text{C}}-\underset{\underset{F}{|}}{\overset{\overset{CH_3}{|}}{\text{C}}}-\text{C}_5\text{H}_{11}$$

X	相転移温度 (°C)	自発分極 (nC/cm²) *1	*2
$C_8H_{17}O-C_6H_4-COO-C_6H_4-$	C 108 S_C^* 113 S_A 130 I	76	176
$C_6H_{13}O-C_6H_4-C_6H_4-$	C 172 S_C^* 174 S_A 191 I	87	87
$C_6H_{13}O-C_6H_4-\text{(pyrimidine)}-$	C 88 S_C^* 130 I	250	438

*1 S_C^*-S_A 転移温度 -2°C で測定した値.
*2 最大値.
(*Jpn. J. Appl. Phys.*, **29** (1990), L2086)

表 III.2.16 ハロゲン原子が直接結合した不斉炭素を二つもつ化合物

$C_8H_{17}-\text{(pyrimidine)}-C_6H_4-O-X$

X	P_s (nC/cm²)	θ (deg)	P_0 (nC/cm²)	P_s の符号
-CH(F)-CH(F)-C_3H_7 (diF)	8.9	23	23	−
-CH(F)-CH(F)-C_3H_7	1.5	18.5	4.7	+
-CH(F)-CH(Cl)-C_3H_7	9.5	26.5	21	−
-CH(Cl)-CH(F)-C_3H_7	7.3	21.5	20	−
-CH(Cl)-CH(Cl)-C_3H_7	5.1	26.5	11	−

アルコキシフェニルピリミジンの混合物 (I 90 N 83 S_A 65 S_C) に 5 wt% 混合したときの値.
(*Ferroelectrics*, **121** (1991), 213)

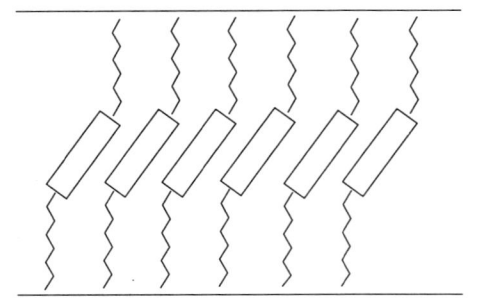

図 III.2.10 S_C 相における分子の配列モデル

算結果からも安定構造であるとされている.このことから,この化合物においては,γ-ラクトンがある特定の向きを向く確率が増大し双極子モーメントの向きが限定され大きな自発分極を生じていると考えられている.一方,化合物 b のコンフォメーションはこのような制限が少なくその結果として自発分極が小さいとされている.化合物 c のジグザグ構造に類似したコンフォメーションは 1 分子としては安定ではなく,この結果この構造になる確率が低下し自発分極が小さくなったと考えられている.化合物 d の 1 分子としての安定構造は比較的ジグザグ構造に類似しており,この結果 b と比較して自発分極が大きくなったと考えられている[121].このような環を用いることによって大きな自発分極を得ることができることが示されているが,これらの化合物は S_C 相の上限温度を低下させたり,粘性係数が非常に大きいものが多い.しかし,自発分極の値が非常に大きければ,添加量が少なくてすむため,これらの悪影響を低く抑えることも可能である.

最後に不斉源が乳酸に由来するもの[122]を表 III.2.19 にあげた.光学活性な乳酸は入手しやすいこともあり今までこれを不斉源とする多くの化合物が合成されている.双極子と不斉炭素を中に含む環をもつ化合物とくらべると,著しく大きな自発分極は示さないが,粘性が低い,ホスト S_C ミクスチャーの S_C 相を示す温度範囲に大きな影響を与えない,添加量を多くできるなどの利点があり実用上有用な化合物である.

e. ホスト S_C ミクスチャーを構成する化合物の分子構造

主としてホスト S_C ミクスチャーに使用される化合物について特に考慮しなければならない特性は,相系列,粘性,屈折率異方性である.屈折率異方性と分子構造の関係はネマチック液晶の場合と同じであると考

表 III.2.17 環の中に不斉炭素を含む化合物

	構 造 式	P_s (nC/cm²)	θ (deg)	P_0 (nC/cm²)	文献
a)	$C_8H_{17}O$-[pyrimidine]-[phenyl]-O-CO-C*-C*-CO-C_5H_{11} (トランス)	2.3	—	—	1)
b)	$C_8H_{17}O$-[pyrimidine]-[phenyl]-O-CO-C*-C*-CO-C_5H_{11} (シス)	77	—	—	1)
c)	$C_8H_{17}O$-[biphenyl]-CO-O-[lactone]-C_6H_{13} (トランス)	−1.8	19	−5.5	2)
d)	$C_8H_{17}O$-[biphenyl]-CO-O-[lactone]-C_6H_{13} (シス)	2.7	20	7.9	2)

測定温度 25°C.
a), b)はホスト S_C ミクスチャー (C 10 S_C 84.5 S_A 93.5 N 105 I) に 10 wt% 混合したものについて測定.
c), d)は 2-(4-alkoxyphenyl)-5-alkylpyrimidine の混合物 (S_C 51 S_A 61 N 68 I) に 2 wt% 混合したものについて測定.
1) *Jpn. J. Appl. Phys.*, **27** (1988), L2241; 2) *Mol. Cryst. Liq. Cryst.*, **199** (1991), 119

表 III.2.18 γ-ラクトンを含むキラルドーパント

C_7H_{15}—X—[biphenyl]—OC_9H_{19}

X	a	b	c CH₃	d CH₃
P_s (nC/cm²)	+2.9	+*	+0.7	−0.8

スメクチック C 相を示すホスト S_C ミクスチャーに各化合物を 2 wt% 添加したときの値. 測定温度.
* 絶対値が 0.5 以下.
(*Ferroelectrics*, **121** (1991), 205)

えられるので，相系列，粘性について以下に示す.

1) 骨格と相系列 相系列は骨格と密接に関連しているといわれている. 図III.2.11 に環を二つ含む化合物で S_C 相を示す代表的な例を示した. フェニルベンゾアート誘導体, フェニルピリミジン誘導体は好ましい相系列を示す. フェニルピリジン誘導体は低温側で高次のスメクチック相を示す. また, 組成物に混合すると他のネマチック相を打ち消す傾向があるといわれている. チアジアゾール誘導体は, ネマチック相を示しにくい. このように相系列は骨格と密接に関連して

表 III.2.19 不斉源が乳酸に由来する化合物

	構 造 式	P_s (nC/cm²)	θ (deg)	P_0 (nC/cm²)	P_s の符号
(s)	$C_8H_{17}O$-[biphenyl]-O-CH₂-CH*(CH₃)-O-CO-C_4H_9	10.9	11.5	54.7	−
(s)	$C_6H_{13}O$-[phenyl]-[pyrimidine]-O-CH₂-CH*(CH₃)-O-CO-C_4H_9	25.5	27.4	55.4	−
(s,s)	$C_8H_{17}O$-[biphenyl]-O-CH₂-CH*(CH₃)-O-CO-CH*(CH₃)-OC_4H_9	13.9	9.5	84.2	−
(s,s)	$C_6H_{13}O$-[phenyl]-[pyrimidine]-O-CH₂-CH*(CH₃)-O-CO-CH*(CH₃)-OC_4H_9	38.7	25.0	91.6	−

S_C^* 相を示す上限温度の 10°C 下で測定.
(静電気学会誌, **14** (1990), 299)

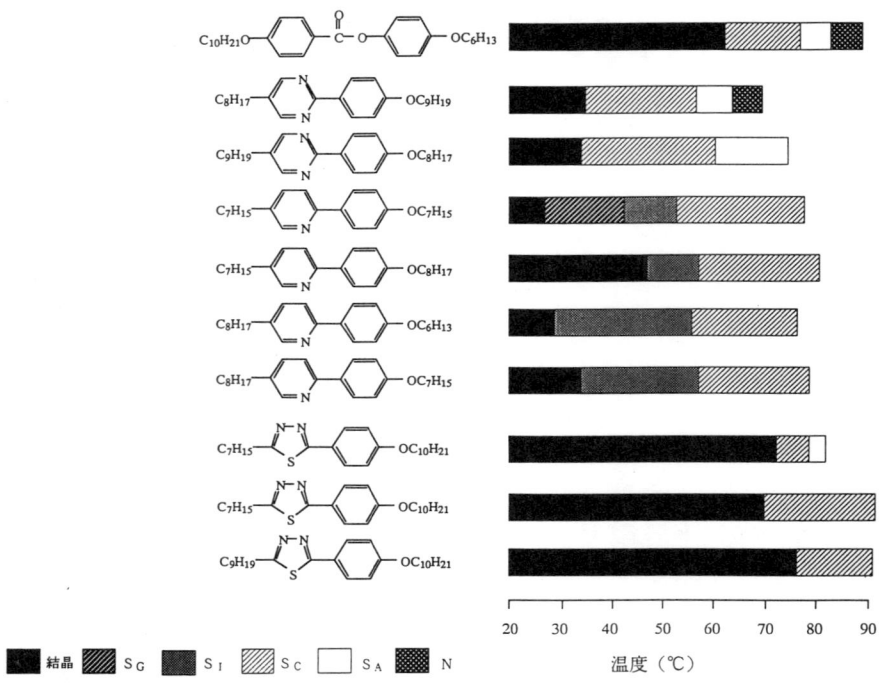

図 III.2.11 S_C 相を示す化合物-1 (*Ferroelectrics*, **85** (1988), 329)

表 III.2.20 S_C 相を示す化合物-2

構造式	相転移温度(℃)
$C_5H_{11}O$-〈〉-ピリミジン-〈〉-C_5H_{11}	C 87 S_C 111.5 S_A 197 N 201 I
$C_6H_{13}O$-〈〉-ピリミジン-〈〉-C_6H_{13}	C 75 S_C 151.5 S_A 193 I
C_3H_7-〈〉-ピリミジン-〈〉-OC_3H_7	C 132 S_C 184 S_A 205 N 216 I
C_4H_9-〈〉-ピリミジン-〈〉-OC_4H_9	C 88 S_G 114 S_C 119.5 S_A 214 I
C_4H_9-〈〉-ピラジン-〈〉-C_4H_9	C 161.3 S_C 166.4 N 181.9 I
C_5H_{11}-〈〉-ピラジン-〈〉-C_5H_{11}	C 143.3 S_C 173.6 S_A 182.2 N 191.3 I
C_6H_{13}-〈〉-ピラジン-〈〉-C_6H_{13}	C 116.1 S_C 172.3 S_A 179.2 I
C_7H_{15}-〈〉-ピラジン-〈〉-C_7H_{15}	C 109.6 S_C 175.0 S_A 187.0 I

(Flussige Kristalle in Tabellen, p. 263 (1976), VEB Deutshe Verlag für Grundstoff Industrie, Leipzig)

2.1 表示用液晶化合物

表 III.2.21 S_C 相を示す化合物-3

構造式	相転移温度(°C)
C_5H_{11}—〈Ph〉—[チアジアゾール]—〈Ph〉—OC_8H_{17}	C 80 S_C 167 N 182 I
C_7H_{15}—〈Ph〉—[チアジアゾール]—〈Ph〉—OC_8H_{17}	C 79 S_C 174 N 178 I
$C_{10}H_{21}$—〈Ph〉—[チアジアゾール]—〈Ph〉—OC_8H_{17}	C 79 S_C 173 I

(*Ferroelectric*, **85** (1988), 329)

表 III.2.22 S_C 相を示す化合物-4

構造式	相転移温度(°C)
C_6H_{13}—〈Ph〉—〈Ph〉—[ピリミジン]—C_6H_{13}	C 68 S_C 95 N 115.2 I
C_6H_{13}—〈Ph〉—〈Ph〉—[ピリミジン]—C_7H_{15}	C 72 S_C 107.6 S_A 134.1 N 160.7 I
C_7H_{15}—〈Ph〉—〈Ph〉—[ピリミジン]—C_6H_{13}	C 68 S_C 97 N 156 I
C_7H_{15}—〈Ph〉—〈Ph〉—[ピリミジン]—C_8H_{17}	C 58 S_C 134 S_A 144 N 157 I

(特開昭 63-301290)

いるが，その理由はあまり明らかではない．

これらの化合物のうちで，フェニルベンゾアート誘導体はホスト S_C ミクスチャーとして広く用いられてきた化合物であるが，表中の他の化合物と比較すると粘性係数が大きく，高速の応答速度を得る場合には不向きである．チアジアゾール誘導体は S_C 相を示す温度範囲が他の化合物とくらべると高温側にあり，かつ粘性係数が小さく，屈折率異方性が 0.12 程度であり，ホスト S_C ミクスチャーを構成する成分として有用であるといわれている．現在最も広く使用されている化合物はフェニルピリミジン誘導体である．他の化合物と比較すると S_C 相を示す温度範囲が広くまた，その下限も低い．また，屈折率異方性が 0.14 程度でありホスト S_C ミクスチャーを構成する成分としてはこの中では最も適している．環を三つ含む化合物の代表的な例を表III.2.20, 21, 22 に示す．ビフェニリルピリミジン誘導体と 2,5-ジフェニルピリミジン誘導体とを比較す

ると骨格中のピリミジン環の位置で各相の温度範囲，特にこの場合はネマチック相の温度範囲が大きく影響をうけていることがわかる．2,5-ジフェニルピラジンの融点は他の化合物と比較すると高いこともあり，ホスト S_C ミクスチャー中に多くは混合できないとされている．これらの中で，2,5-ジフェニルチアジアゾール誘導体，ビフェニリルピリミジン誘導体は広い温度範囲で S_C 相を示し，また粘性係数も小さいとされており，ホスト S_C ミクスチャーを構成する成分として好ましい．

2) 側鎖の長さと相系列 側鎖としては枝別れのないアルキルまたはアルコキシ基が代表的である．側鎖の長さと S_C 相の出現のしやすさは，Walba[116] らによりまとめられた経験則によると側鎖をアルキルまたはアルコキシ基とした場合，炭素数がおよそ 7〜10 の場合が最も出現しやすいとされている．また，化合物の側鎖のうち，少なくとも一方はアルコキシ基をもっ

表 III.2.23 フッ素置換が相系列に与える影響

構造式	相転移温度(℃)
C_5H_{11}–⟨⟩–⟨F,F⟩–⟨⟩–C_5H_{11}	C 60.0 N 120.0 I
C_5H_{11}–⟨F,F⟩–⟨⟩–⟨⟩–C_5H_{11}	C 81.0 S_C 115.5 S_A 131.5 N 142.0 I
C_5H_{11}–⟨⟩–⟨⟩–⟨F,F⟩–C_9H_{19}	C 42.5 S_C 66.0 N 110.0 I
C_7H_{15}–⟨F,F⟩–⟨⟩–⟨⟩–C_9H_{19}	C 49.0 S_C 77.0 S_A 93.0 N 108.5 I

(J. Chem. Soc., Perkin Trans. II, 1989, 2041)

表 III.2.24 アルキル基とアルコキシ基の違いによる粘性の違い

(ホスト S_C ミクスチャー A〜D に次の化合物を 20 wt% 加えたときの自発分極と応答速度)

C_5H_{11}–⟨⟩–⟨⟩–⟨pyrimidine⟩–O-CH$_2$CH*-O-C*-CH*-O-C$_4$H$_9$ (CH$_3$, O, CH$_3$)

ホスト S_C ミクスチャー	P_s (nC/cm²)	θ (deg)	P_0 (nC/cm²)	τ^{*1} (μsec)	η_0^{*2} (mPa/s)
A	14.4	12.0	70	9	139
B	58.6	30.5	104	43	288
C	45.0	19.5	118	19	298
D	66.1	28.0	141	54	558

*1 $E = 10\,\text{V}/\mu\text{m}$ 25℃ における値.
*2 $\eta_0 = \eta/\sin^2(\theta)$, η は分極反転電流の半値幅, P_s, E より計算した粘度.

(測定に使用したホスト S_C ミクスチャーの組成と相転移温度)

C_mH_{2m+1}–X–⟨⟩–⟨pyrimidine⟩–Y–C_nH_{2n+1}

	X	Y	m	n	wt%	相転移温度(℃)
A	–	–	8 9	11 12	50 50	S_C^* 37.5 S_A 61.0 I
B	O	–	9 10	8 8	50 50	S_C^* 54.8 N^* 68.3 I
C	–	O	7 7	7 9	50 50	S_C^* 41.4 S_A 77.0 I
D	O	O	10 8 4	7 7 7	44 31 25	S_C^* 64.6 S_A 69.4 N^* 88.8 I

第17回液晶討論会(北海道大学, 1991)講演予稿集, 2 F 309 (p. 112)

ているものがほとんどであるとされている.

3) 分子の修飾と相系列 種々の骨格の適当な位置の水素をフッ素で置換することにより, 広い S_C 相が得られることがいくつか報告されている. 表III.2.23 に例を示した.

側鎖にラセミ分岐, 二重結合を導入することによっても S_C 相を示す温度範囲が広がる例が報告されている[123].

f. 粘性と分子構造

粘性は骨格, 側鎖の構造によって異なると考えられ

2.1 表示用液晶化合物

表 III.2.25 ナフタレン環を含む化合物

構造式	相転移温度(°C)
*1 $C_{10}H_{21}O$–⟨⟩–CO–O–⟨ナフタレン⟩–OCH$_2$CHOC$_2$H$_5$ (CH$_3$側鎖,*不斉)	C 49.0 S$_C$* 59.0 S$_A$ 64.0 N* 73.0 I
*2 $C_9H_{19}O$–⟨⟩–CO–O–⟨ナフタレン⟩–CO–CH$_2$CHC$_2$H$_5$ (CH$_3$側鎖,*不斉)	S$_C$* 55 S$_A$ 95 I

*1 *Mol. Cryst. Liq. Cryst.*, **199** (1991), 111
*2 *Jpn. J. Appl. Phys.*, **29** (1990), L984

表 III.2.26 不斉炭素に結合しているアルキル鎖の長さと反強誘電性

(a)*1 $C_{10}H_{21}O$–⟨⟩–⟨⟩–CO–O–⟨F⟩–CO–O–CH–C$_n$H$_{2n+1}$ (CF$_3$,*不斉)

反強誘電相を示すもの　$n=6,8,10$
示さないもの　$n=7,9$

(b)*2 $C_8H_{17}O$–⟨⟩–⟨⟩–CO–O–⟨⟩–CO–O–CH–C$_n$H$_{2n+1}$ (CH$_3$,*不斉)

反強誘電相を示すもの　$n=3,4,6,8,9,10$
示さないもの　$n=2,5,7$

*1 第17回液晶討論会(北海道大学, 1991)講演予稿集, 2F302 (p.98)
*2 第38回物理学関連連合検討会(東海大学, 1991)講演予稿集, 29p-H-5 (p.1059)

るが，比較できる測定例は限られている．ここでは，同一骨格がフェニルピリミジンの場合の側鎖の違いによる応答速度の測定例を表III.2.24に示した．S$_C$相を示す上限温度が異なるので同一の比較は難しいが，アルキル基とアルコキシ基を比較するとアルキル基を用いたほうが粘性を大幅に低くできることがわかる．

g. 層構造と分子構造

表III.2.25に示したナフタレン環を含む強誘電性液晶を用いた組成物は，ポリマーのラビングにより配向処理したセル中でブックシェルフ層を示す[97]．この理由として，高西[124]らはX線回折より層間隔の温度変化を測定し，S$_A$相からS$_C$*相に相変化するとき，層間隔が短くならないためであるとしている．

2.1.8 反強誘電性液晶

反強誘電性液晶は最初MHPOBCと呼ばれる化合物が古川[117]らによって未知のスメクチック相を示すものとして報告され，のちにChandani[125]らによって，反強誘電相(S$_{CA}$*)であることが明らかにされた．反強誘電相では隣接した層で分子の傾きの方向が逆になっているとされている．電界印加によってS$_{CA}$*相からS$_C$*相に転移を起こし，このことにより表示を行うこ

とができ[126]，いくつかのディスプレーが試作されている．

反強誘電性液晶材料を用いた表示素子の特徴を，SSFLCDと比較してその特徴をまとめると，1)配向が比較的容易，2)機械的ショックに強い，3)電気光学特性に直流しきい値と二重ヒステリシスが存在する，3)無電界時に自発分極のつくる逆電界がないといった利点があげられる．一方，メモリー性がない，化合物の種類が少なく，現在のところしきい電圧が高い，相転移の前駆現象が表示に影響を与えることがあるなどの欠点があげられる．実用的に検討されている反強誘電性液晶材料は他の表示方法に用いられている液晶材料と同じく混合物であるが，主成分として反強誘電性を示す化合物を用いなければならない．光学活性ではなく反強誘電性を示さない化合物に光学活性な化合物を混合することによっても反強誘電相が生じるという報告[127]があるが，このような例はいまのところわずかである．

a. 反強誘電性を示す化合物の分子構造

ここでは反強誘電性と分子構造の関連について以下に記すが，より詳細については文献[93-c)]の第13章から第16章に詳しくまとめられているので参照されたい．

表 III.2.27 不斉炭素に結合した置換基と反強誘電性(1)

$C_9H_{19}O$-⟨⟩-CO-O-⟨⟩-⟨⟩-CO-O-CH*(R)-C_6H_{13}

R	降温時における相転移温度(°C)	絶対配置
(1) CH_3	I 96.9 S_A 67.1 C I 92.7 S_A 65.8 S_C* 54.0 C	S
(2) C_2H_5	I 70.8 S_A 46.8 S_C* 46.5 $S_{CA}*$ 室温以下 C (51.3)	S
(3) C_3H_7	I 62.9 S_A 44.3 $S_{CA}*$ 室温以下 C (36.4)	R

括弧内は融点.
(1) の下段は厚さ 3 μm のポリイミドでコートしたセル中にて測定した値.
(*J. Mater. Chem.*, **3** (1993), 149)

表 III.2.28 不斉炭素に結合した置換基と反強誘電性(2)

分子構造	$S_{CA}*$ 相の有無	文献
$C_8H_{17}O$-⟨⟩-⟨⟩-CO-O-⟨⟩-CO-O-CH*(CH_3)-C_6H_{13}	○	1)
$C_8H_{17}O$-⟨⟩-⟨⟩-CO-O-⟨⟩-CO-O-CH*(CF_3)-C_6H_{13}	○	2)
$C_8H_{17}O$-⟨⟩-CO-O-⟨⟩-⟨⟩-CO-O-CH*(CH_3)-C_6H_{13}		3)
$C_8H_{17}O$-⟨⟩-CO-O-⟨⟩-⟨⟩-CO-O-CH*(CF_3)-C_6H_{13}		4)
C_8H_{17}-⟨⟩-CO-O-⟨⟩-⟨⟩-CO-O-CH*(CH_3)-C_6H_{13}		3)
C_8H_{17}-⟨⟩-CO-O-⟨⟩-⟨⟩-CO-O-CH*(CF_3)-C_6H_{13}	○	5)

1) *Ferroelectrics*, **85** (1988), 451; 2) *Liquid Crystals*, **6** (1989), 167; 3) 第 15 回液晶討論会(大阪大学, 1989)講演予稿集, 3A18 (p.304); 4) 第 15 回液晶討論会(大阪大学, 1989)講演予稿集, 3A16 (p.300); 5) 特開平 2-160748

1) 側鎖の長さと反強誘電性 表III.2.26 に示した化合物においては不斉炭素に結合しているアルキル基の長さの変化が反強誘電相の出現に影響を与えている. 化合物 a ではこのアルキル鎖長の範囲で偶数の場合反強誘電相を示し, 奇数の場合示さない. 化合物 b の場合このような偶数, 奇数に別れてはいないがアルキル基の長さの増減が反強誘電性に大きく影響を与えている. 不斉炭素を含まない側のアルキル鎖長は炭素原子 1 個の違いによるこのような影響は与えないようである.

2) 不斉炭素の置換基と反強誘電性 表III.2.27 に示した化合物において炭素数 1〜3 の間でアルキル基の長さが長くなると強誘電相が消失し, 反強誘電相が生じることが示されている. このほかにも表III.2.28 に示したようにメチル基をトリフルオロメチル基にかえることで反強誘電性が生じる例もある.

不斉炭素の置換基は反強誘電性に大きく影響を与えるようである.

3) 結合子 ここで, 結合子とは仮に不斉炭素と骨格とを結びつけている部分を指すことにする.

表 III.2.29 結合子の種類

結合子の種類	文献

$C_8H_{17}O$—⟨⟩—⟨⟩—CO·O—⟨⟩—CO·O—CH(CH_3)*—C_6H_{13} (MHPOBC)   1)

C 84 S_{CA}^* 118.4 $S_{C\gamma}^*$ 119.2 $S_{C\beta}^*$ 120.9 $S_{C\alpha}^*$ 122 S_A 148 I

$C_8H_{17}O$—⟨⟩—⟨⟩—CO·O—⟨⟩—CO—CH(CH_3)*—C_6H_{13} 2)

(融点 63.2°C) S_{CA}^* 60 S_C* 132 S_A 150 I   降温時の値

C_8H_{17}—⟨⟩—⟨⟩—CO·O—⟨⟩—CH=CH—CO—CH(CF_3)*—C_7H_{15} 3)

C 39 S_{CA}^* 50 S_A70 I

$C_{10}H_{21}O$—⟨⟩—⟨⟩—CO·O—⟨⟩—CH_2CH_2—CO—CH(CF_3)*—C_7H_{15} 4)

C 14 S_{CA}^* 55 S_C^* 78 S_A 123

1) *Jpn. J. Appl. Phys.*, **29** (1990), L103 ;
2) *Jpn. J. Appl. Phys.*, **28** (1989), L1269
3) 特開平 4-33861 ; 4) 特開平 4-266853

表III.2.29にいままでに合成された反強誘電性を示す化合物に含まれる結合子の例を示した．1の構造をもつ化合物が最も多く合成されているようである．また，反強誘電性を示す化合物の結合子の多くはこれらに限定されているようである．

〔後藤泰行・田中雅美〕

参考文献

1) Reinitzer, F.: *Wiener Monatshefte für Chemie.*, **9** (1888), 421
2) a) Demus, D., Demus H., Zaschke, H.: Flussige Kristalle in Tabellen (1976), VEB Deutsche Verlag fur Grundstoff Industrie, Leipzig
   b) Demus, D., Zaschke, H.: Flussige Kristalle in Tabellen II (1984), VEB Deutsche Verlag fur Grundstoff Industrie, Leipzig
3) 中田一郎, 堀文一: 液晶の製法と応用, pp. 30-129(1974), 幸書房
4) 佐々木昭夫編: 液晶エレクトロニクスの基礎と応用, pp. 49-79(1979), オーム社
5) 岬林成和編: 液晶材料, pp. 7-13, 67-92(1991), 講談社サイエンティフィック
6) Gray, G. W., Luckhurst, G. R.: The Molecular Physics of Liquid Crystal, pp. 1-29, 263-284 (1979), Academic Press
7) Williams, R.: *J. Chem. Phys.*, **39** (1963), 384
8) Wysoki, J. J., Adams, A., Haas, W.: *Phys. Rev. Lett.*, **20** (1968), 1024
9) Heilmeier, G. H., Zanoni, L. A. and Barton, L. A.: *Proc. IEEE.*, **56** (1968), 1162
10) Heilmeier, G. H., Zanoni, L. A.: *Appl. Phys. Lett.*, **13** (1968), 91
11) Schadt, M., Helfrich, W.: *Appl. Phys. Lett.*, **18** (1971), 127
12) a) Schiekel, M. F., Fahrenschon, K.: *Appl. Phys. Lett.*, **19** (1971), 391
    b) Hareng, M., Assouline, G., Leiba, E.: *Electron. Lett.*, **7** (1971), 699 ; *Proc. IEEE*, **60** (1972), 913
13) Clark, N. A., Lagerwall, S. T.: *Appl. Phys. Lett.*, **36** (1980), 899
14) Meyer, R. B., Liebert, L., Strzelecki, L., Keller, P.: *J. de Phys.*, **36** (1975), 69
15) Scheffer, T. J., Nehring: *Appl. Phys. Lett.*, **45** (1984), 1021
16) Kelker, H., Scheurle, B.: *Angew. Chem.*, **81** (1969), 903
17) Weyand, C., Gabler, R.: *Ber. deutsch. Chem. Ges.*, **71** (1938), 2399
18) Marcelija, S.: *J. Chem. Phys.*, **60** (1974), 3599
19) Pines, A., Ruben, D. J., Allison, S.: *Phys. Rev. Lett.*, **37** (1974), 1002
20) a) Boller, A., Scherrer, H., F. Hoffmann-la Roche & Co: DE-OS 2415929 (1974)
    b) Boller, A., Scherrer, H., Schadt, M., Wild, P.: *Proc. IEEE.*, **60** (1972), 1002
21) a) Gray, G. W., Harrison, K. J., Nash, J. A.: *Electron Lett.*, **9** (1973), 130
    b) Gray, G. W.: *J. Phys. (Paris)*, **36** (1975), 337
    c) Gray, G. W., Harisoon, K. J., Nash J. A.: *J. Chem. Soc. Chem. Commun.*, (1974), 431
    d) Gray, G. W., Mosely, A.: *J. Chem. Soc. PerkinII.*, (1976), 97
22) a) Deutscher, H. J., Kuschel, F., Schubert, H., Demus, D.: DDR Pat. 105701 (1974)
    b) Deutscher, H. J., Lasser, B., Dölling, W., Schubert, H.: *J. Prakt. Chem.*, **320** (1978), 191
23) a) Eidenschink, R., Erdmann, D., Krause J., Pohl, L.:

　　　　Angew. Chem., **89** (1977), 103
　b) Eidenschink, R., Erdmann, D., Krause, J., Pohl, L.: *Phys. Lett.*, **60A** (1977), 421
　c) Eidenschink, R., Erdmann, D.: *Angew. Chem.*, **89** (1977), 130
24) Boller, A., Cereghetti, M., Schadt, M., Scherrer, H.: *Mol. Cryst. Liq. Cryst.*, **42** (1973), 1225
25) a) Verbrodt, H. M., Deresch, S., Kresse, H., Wiegeleben, A., Demus, D., Zaschke, H.: *J. Prakt. Chem.*, **323** (1981), 902
　b) Demus, D., Zaschke, H.: *Mol. Cryst. Liq. Cryst.*, **63** (1981), 129
26) a) Maier, W., Meier, G.: *Z. Naturforsch.*, **16a** (1961), 262
　b) Maier, W., Meier, G.: *Z. Naturforsch.*, **16a** (1961), 470
27) de Jeu, W. H.: Liquid Crystals Solid State Physics, Suppl. 14 (L. Liebert ed.), p. 109 (1978), Academic Press
28) Eidenschink, R., Erdmann, D., Krause, J., Pohl, L.: *Angew. Chem.*, **90** (1978), 133
29) Carr, N. Gray, G. W., McDonnell, D. G.: *Mol. Cryst. Liq. Cryst.*, **97** (1983), 13
30) Osman, M. A., Huynh-BA, T.: *Mol. Cryst. Liq. Cryst.*, **82** (1983), 331
31) Sasaki, M., Takeuchi, K., Sato, H., Takatsu, H.: *Mol. Cryst. Liq. Cryst.*, **109** (1984), 169
32) Dabrowski, R., Diaduszeki, J., Szszucinski, T.: *Mol. Cryst. Liq. Cryst.*, **124** (1985), 241
33) a) Petrzilka, M.: *Mol. Cryst. Liq. Cryst.*, **131** (1985), 109
　b) Schadt, M., Petrzilka, M., Gerber, P. R., Villiger, A.: *Mol. Cryst. Liq. Cryst.*, **122** (1985), 241
　c) Buchecker, R., Schadt, M.: *Mol. Cryst. Liq. Cryst.*, **149** (1987), 359
34) Kojima, T., Tuji, M., Sugimori, S., Chisso Corp: US Pat. 4439340 (1984)
35) Eidenschink, R., Krause, J.: *Proc. of 7th. Freiburger Arbeitstagung Flussigkristalle* (1977)
36) Romer, M., Eidenschink, R., Krause, J., Merk Patent GbmH: US Pat. 4606845 (1986)
37) Osman, M. A.: *Mol. Cryst. Liq. Cryst., Lett.*, **82** (1982), 295
38) Toriyama, K., Dunmur, D. A.: *Mol. Phys.*, **56** (1985), 475; Toriyama, K., Dunmur, D. A.: *Mol. Cryst. Liq. Cryst.*, **149** (1987), 359
39) a) Toriyama, K., Dunmur, D. A.: *Mol. Phys.*, **56** (1985), 479
　b) Toriyama, K., Dunmur, D. A.: *Mol. Cryst. Liq. Cryst.*, **139** (1986), 123
40) Zaschke, H., Schubert, H.: *Z. Chem.*, **17** (1977), 333
41) Eidenschink, R., Hopf, R., Scheuble, B. S., Wachtler, A. E. F.: *Proc. of 16th. Freiburger Arbeitstagung Flussigkristalle* (1986), 8
42) Reiffenrath, V., Krause, J., Plach, H. J., Weber, G.: *Liq. Cryst.*, **5** (1989), 159
43) deu Jen, W. H.: Physical Property of Liquid Crystalline Materials, Chap 4 (1980), Gordon and Breach
44) a) Chatelain, P., Germain, M.: *C. R. Hebd. Sean. Acad. Sci.*, **259** (1964), 127
　b) Dewar, M. J. S., Goldberg, R. S.: *Tetrahedron Lett.*, (1971), 2717
45) a) Kelker, H., Scheurle, B.: *Angew. Chem.*, **81** (1963), 903
　b) Diquet, D., Rondeley, F., Durand, G.: *C. R. Acad. Sch. Ser.*, **B271** (1970), 954
　c) Chang, R.: *Mol. Cryst. Liq. Cryst.*, **34** (1976), 65
46) Osman, M. A.: *Z. Naturforsch.*, **38A** (1983), 693
47) Schadt, M., Petrzilka, M., Gerber, P. R., Villger, A.: *Mol. Cryst. Liq. Cryst.*, **94** (1983), 139
48) 後藤泰行，井上博道，福井優博，チッソ(株)：特公昭63-10137
49) a) Malthete, J., Leclercq, M., Gabard, J., Billard, J., Jacques, J.: *C. R. Acad. Sci.*, Paris, **273c** (1971), 265
　b) Malthete, J., Leclercq, M., Dvolaitzky, M., Gabard, J., Pontikis, V., Jacques, J.: *Mol. Cryst. Liq. Cryst.*, **23** (1973), 233
50) a) 竹内清文，田中靖之，佐々木誠，高津晴義：第11回液晶討論会(金沢大学，1985)講演予稿集，1 N 01 (p. 6)
　b) Takatsu, H., Takeuchi, K., Tanaka, Y., Sasaki, M.: *Mol. Crysy. Liq. Cryst.*, **141** (1986), 279
51) a) Zaschke, H., Schubert, H., Kuschel, F., Dinger, F., Demus, D.: DDR Pat. 95892 (1973)
　b) Zaschke, H.: *J. Prakt. Chem.*, **317** (1975), 617
52) Sugimori, S., Kojima, T., Tsuji, M., Chisso Corp: US Pat. 4422951 (1983)
53) a) Eidenschink, R., Erdmann, D., Krause, J., Pohl, L., Merck Patent GmbH: US Pat. 4330426 (1982)
　b) Eidenschink, R.: *Mol. Cryst. Liq. Cryst.*, **94** (1983), 119
54) Takatsu, H., Sasaki, M., Tanaka, Y., Sato, H., Dainippon Ink and Chemicals: US Pat. 4705870 (1987)
55) Goto, Y., Ogawa, T., Chisso Corp: US Pat. 4778620 (1988)
56) Goto, Y., Kitano, K.: *Liq. Cryst.*, **5** (1989), 225
57) van der Meer, B. W., Postma, F., Dekker, A. J., de Jeu, W. H.: *Mol. Phys.*, **45** (1982), 1227
58) Leenhouts, F., Dekker, A. J., de Jeu, W. H.: *Phys. Lett.*, **72A** (1979), 155
59) a) Leenhouts, F., Roebers, H. J., Dekker, A. J., Jonker, J. J.: *J. Physique Colloque 3*, **40** (1979), C3-291
　b) Leenhouts, F., Dekker, A. J.: *J. Chem. Phys.*, **74** (1981), 1956
60) Schadt, Hp., Osman, M. A.: *J. Chem. Phys.*, **75** (1981), 880
61) a) Scheuble, B. S., Baur, G., Meier, G.: *Mol. Cryst. Liq. Crys.*, **99** (1983), 107
　b) Bradshaw, M. J., Raynes, E. P.: *Mol. Cryst. Liq. Cryst.*, **91** (1983), 145
　c) Schadt, Hp., Osman M. A.: *J. Chem. Phys.*, **79** (1983), 5710
62) Bradshaw, M. J., Raynes, E. P.: *Mol. Cryst. Liq. Cryst.*, **99** (1983), 107
63) Bradshaw, M. J., Raynes, E. P., Fedak, I., Leadbetter, A. J.: *J. Physique*, **45** (1984), 157
64) Akatuka, M., Katoh, K., Sawada, K., Nakayama, M.: *Proc. of Japan Display 86.*, (1986), 388
65) a) Nehring, J.: Advance in Liquid Crystal Research and Applications (L. Bata ed.), p.1155 (1980), Pergamon Press
　b) Baur, G.: The Physics and Chemistry of Liquid Crystal Devices (G. J. Sprokel ed.), p. 61 (1980), Plenum
　c) Takahashi, Y., Uchida, T., Wada, M.: *Mol. Cryst. Liq. Cryst.*, **66** (1981), 171
66) Jakeman, E., Raynes, E. P.: *Phys. Lett.*, **39A** (1972), 69
67) Schadt, Hp., Zeller, H. R.: *Phys. Rev. A.*, **26** (1982), 2940
68) Leslie, F. M.: Advances in Liquid Crystals, vol. 4 (G. H. Brown ed.), (1979), Academic Press
69) 小林駿介編：カラー液晶ディスプレイ，pp. 138-181(1990)，産業図書
70) Plach, H. J., Rieger, B., Weber, G., Oyama, T., Scheuble, B. S.: 3rd Merck LC seminar (1989)
71) Plach, H. J., Rieger, B., Poetsch, E., Reiffenrath, V.: Proc. of Eurodisplay 90 (Amsterdam), (1990), 136
72) Weber, G., Finkenzeller, U., Geelhaar, T., Plach, H. J., Rieger, B., Pohl, L.: *Liq. Cryst.*, **5** (1989), 1381
73) Goto, Y., Sawada, S., Sugimori, S.: *Mol. Cryst. Liq. Cryst.*, **209** (1991), 1
74) Plach, H. J., Weber, G., Rieger, B.: Proc. of SID 90 (Lasvegas), **7.1** (1990)
75) 佐々木圭，岡田正子，神崎修一，船田文明，粟根克昶：第17回液晶討論会(北海道大学，1991)講演予稿集，3 F 122(p. 184)
76) Gooch, C. H., Tarry, H. A.: *Appl. Phys.*, **8** (1975), 1575
77) Goto, Y., Ogawa, T., Sugimori, S., Chisso Corp.: US Pat. 4695398 (1987)
78) Goto, Y., Sugimori, S., Ogawa, T., Chisso Corp.: US Pat. 4797228 (1989)

79) Sugimori, S., Kojima, T., Tsuji, M., Chisso Corp.: US Pat. 4405488 (1983)
80) Goto, Y., Ogawa, T., Chisso Corp.: US Pat. 4820443 (1989)
81) Goto, Y., Uchida, M., Ogawa, T., Chisso Corp.: US Pat. 5055200 (1991)
82) 杉森滋, 小島哲彦, 辻正和, チッソ(株): 特公昭 64-4496
83) Reiffenrath, V., Finkenzeller, U., Poetsch, E., Rieger, B., Coates, D.: *Proc. of SPIE conference* (Santa Clara), (1990), 84
84) a) 松本正一, 角田市良: 液晶の基礎と応用, pp. 87-89(1991), 工業調査会
    b) 苗村省平: 第10回液晶討論会(東海大学短期大学部, 1984)講演予稿集, 13 A 10(p. 22)
85) Marynissen, H., Thoen, J., van Del, W.: *Mol. Cryst. Liq. Cryst.*, **97** (1983), 149
86) Coates, D., Merck Patent GmbH: 特開平 4-227682
87) 大塚哲朗: 応用物理, **45**(1976), 498
88) チッソ(株)カタログデータ
89) Emoto, N., Saitoh, H., Furukawa, K., Inukai, T.: *Proc. of Japan Display 86*, (1986), 286
90) Emoto, N., Tanaka, M., Saitoh, S., Furukawa, K., Inukai, T.: *Jpn. J. Appl. Phys.*, **281** (1989), L121
91) Leenhouts, F., Kelly, S. M., Villiger, A.: *Appl. Phys. Lett.*, **54** (1989), 696
92) Gray, G. W., McDonnell, D. G.: *Mol. Cryst. Liq. Cryst. Lett.*, **34** (1977), 211
93) a) 吉野勝美編著: 高速液晶技術(1986), シーエムシー
    b) 福田敦夫, 竹添秀夫: 強誘電性液晶の構造と物性(1990), コロナ社
    c) 福田敦夫監修: 次世代液晶ディスプレーと液晶材料(1992), シーエムシー
94) Ouchi, Y., Takano, H., Takezoe, H., Fukuda, A.: *Jpn. J. Appl. Phys.*, **27** (1988), 1
95) Uemura, T., Ohba, P., Wakita, N. Ohnishi, H., Ota, I.: Proc. 6th Int. Display Research Conf. (Japan Display '86, Tokyo, 1986), 12. 3 (p. 464)
96) Kanbe, J., Inoue, H., Mizutome, A., Hanyuu, Y., Katagiri, K., Yoshihara, S.: *Ferroelectrics*, **114** (1991), 3
97) Mochizuki, A., Yoshihara, T., Iwasaki, M., Nakatsuka, M., Takanishi, Y., Ouchi, Y., Takezoe, H., Fukuda, A.: *Proc. of the SID*, **31** (1990), 123
98) Sato, Y., Tanaka, T., Kobayashi, H., Aoki, K., Watanabe, H., Takeshita, H., Ouchi, Y., Takezoe, H., Fukuda, A.: *Jpn. J. Appl. Phys.*, **28** (1989), L483
99) Demus, D., Richter, L.: The Textures of Liquid Crystals (1978), VEB Deutscher Verlag fur Grundstoff industrie, Leipzig
100) Gray, G. W., Goodby, J. W.: Smectic Liquid Crystals-Textures and Structures (1984), Leonard Hill, Glasgow G64 2NZ
101) Cano, R.: *Bull. fr. Mineral. Cristall.*, **91**, (1968), 20
102) Glogarova, M., Pavel, J.: *J. Phys. (France)*, **45** (1984), 143
103) Kondo, K., Takezoe, H., Fukuda, A., Kuze, E.: *Jpn. J. Appl. Phys.*, **21** (1982), 224
104) Martinot-Lagarde, Ph., Duke, R., Durand, G.: *Mol. Cryst. Liq. Cryst.*, **75** (1981), 249
105) Goodby, J. W., Chin, E.: *J. Am. Chem. Soc.*, **108** (1986), 4736
106) Lagerwall, S. T., Dahl, I.: *Mol. Cryst. Liq. Cryst.*, **114** (1984), 151
107) Miyasato, K., Abe, S., Takezoe, H., Fukuda, A., Kuze, E.: *Jpn. J. Appl. Phys.*, **22** (1983), L661
108) Skarp, K.: *Ferroelectrics*, **84** (1988), 119
109) Kimura, S., Nishiyama, S., Ouchi, Y., Takezoe, H., Fukuda, A.: *Jpn. J. Appl. Phys.*, **26** (1987), L255
110) a) Sakurai, T., Sakamoto, M., Honma, M., Yoshino, K., Ozaki, M.: *Ferroelectrics*, **58** (1984), 21
     b) Yoshino, K., Ozaki, M., Sakurai, T., Sakamoto, K., Honma, M.: *Jpn. J. Appl. Phys.*, **23** (1984), L175
111) 吉野勝美, 岩崎泰郎, 上本勉, 柳田祥三, 岡原三男: 応用物理, **49**(1980), 876
112) Sakurai, T., Mikami, N., Ozaki, M., Yoshino, K.: *J. Chem. Phys.*, **85** (1986), 585
113) 犬飼孝, 古川顕治, 寺島兼詞, 斉藤伸一, 磯貝正人, 北村輝男, 向尾昭夫: 第11回液晶討論会(金沢大学, 1991)講演予稿集, 2 N 22(p. 172)
114) 犬飼孝, 古川顕治, 寺島兼詞, 斉藤伸一, 井上博道, 市橋光芳: 第11回液晶討論会(金沢大学, 1991)講演予稿集, 2 N 23(p. 174)
115) Inukai, T., Saito, S., Inoue, H., Miyazawa, K., Terashima, K., Furukawa, K.: *Mol. Cryst. Liq. Cryst.*, **141** (1986), 251
116) Walba, D. M., Slater, S. C., Thurmes, W. N., Clark, N. A., Handschy, M. A., Supon, F.: *J. Am. Chem. Soc.*, **108** (1986), 5210
117) Furukawa, K., Terashima, K., Ichihashi, M., Saito, S., Miyazawa, K., Inukai, T.: *Ferroelectrics*, **85** (1988), 451
118) 市橋光芳, 寺島兼詞, 古川顕治, 宮沢和利, 斉藤伸一, 犬飼孝: 第13回液晶討論会(九州大学, 1987)講演予稿集, 1 Z 05(p. 50)
119) Keller, E. N., Nachaliel, E. Davidov, D., Böffel, C.: *Phys. Rev. A*, **34** (1986), 4363
120) a) Koden, M., Kuratate, T., Funada, F., Awane, K., Sakaguchi, K., Shiomi, Y.: *Mol. Cryst. Liq. Cryst. Letters*, **7** (1990), 79
     b) Sakaguchi, K., Kitahara, T., Shiomi, Y., Koden, M., Kuratate, T.: *Chem. Lett.*, (1991), 1383
     c) Kusumoto, T., Nakayama, A., Sato, K., Nishide, K., Hiyama, T., Takehara, S., Shoji, T., Osawa, M., Kuriyama, T., Nakamura, K., Fujsawa, T.: *J. Chem. Soc., Chem. Commun.*, (1991), 311
121) Sakaguchi, K., Shiomi, Y., Koden, M., Kuratate, T.: *Ferroelectrics*, **121** (1991), 205
122) a) 市橋光芳, 菊地誠, 竹下房幸, 寺島兼詞, 古川顕治, 宮沢和利, 斉藤伸一, 犬飼孝: 繊維学会シンポジウム(東京, 1988)講演予稿集, 3 B 04(p. B-9)
     b) 大野晃司, 潮田誠, 井上博道, 宮沢和利, 斉藤伸一, 古川顕治, 犬飼孝: 第14回液晶討論会(東北大学, 1988)講演予稿集, 1 B 101(p. 16)
     c) 宮沢和利, 潮田誠, 井上博道, 大野晃司, 斉藤伸一, 古川顕治, 犬飼孝: 第14回液晶討論会(東北大学, 1988)講演予稿集, 1 B 119(p. 52)
123) 文献 93-c, pp. 153-154 に関連するデータがまとめられている.
124) Takanashi, Y., Ouchi, Y., Takezoe, H., Fukuda, A., Mochizuki, A., Nakatsuka, M.: *Mol. Cryst. Liq. Cryst.*, **199** (1991), 111
125) Chandani, A. D. L., Gorecka, E., Ouchi, Y., Takezoe, H., Fukuda, A.: *Jpn. J. Appl. Phys.*, **28** (1989), L1265
126) Chandani, A. D. L., Hagiwara, T., Suzuki, Y., Ouchi, Y., Takezoe, H., Fukuda, A.: *Jpn. J. Appl. Phys.*, **27** (1988), L729
127) Nishiyama, I., Goodby, J. W.: *J. Mater. Chem.*, **2** (1992), 1015

2.2 発 光 材 料

2.2.1 レーザー色素

a. 色素レーザーの特徴

本項では色素レーザー(dye laser)に使われる有機蛍光材料について述べる．それに先立ち，まず色素レーザーとその特徴について概観してみよう[1,2]．

物質に何らかの形でエネルギーを与え，原子・分子を高いエネルギー準位に励起したとき，その緩和過程で発光を起こす場合がある．これは自然放出(spontaneous emission)あるいは蛍光と呼ばれる．それに対して，外部からの摂動電磁界によって強制的に発光する誘導放出(stimulated emission)と呼ばれる現象がある．レーザー(laser)というのは Light Amplification by Stimulated Emission of Radiation の略号で，"誘導放出を利用した光の増幅器"の意味である．

レーザーは使われる媒質によって気体レーザー，固体レーザー，液体レーザー，半導体レーザーとに分類される．色素レーザーは通常液相媒体を使う唯一の実用的な液体レーザーである．また多くのレーザーは単純な原子，分子，イオンの発光を使うのに対して，複雑な化学構造をもった有機分子を使う点でも特異なレーザーである．

実用面から見た色素レーザーの最大の特徴は，可変波長性(tunability)にある．通常レーザーの発振波長は，誘導放出を行う際の媒質のエネルギー準位によって固定されている．図Ⅲ.2.12に色素レーザーにおいて最もよく知られた材料であるローダミン6G色素のアルコール溶液の吸収・蛍光スペクトルを示す．複雑な化学構造をもった分子では，このように分子の振動・回転準位が重なり合ってバンド状の吸収・発光を行う．誘導放出は自然放出(蛍光)と同様の確率で起こるので，この色素を強く励起するとその蛍光スペクトル内の波長で，増幅利得をもつようになる．そこで図

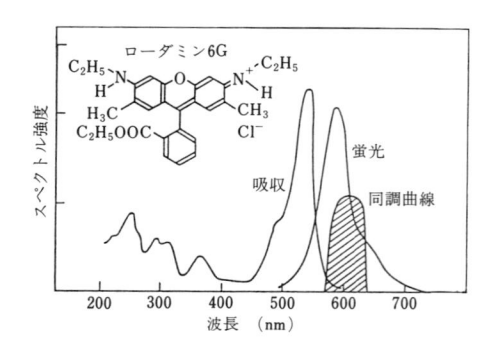

図 Ⅲ.2.12 ローダミン6G色素のアルコール溶液の吸収・蛍光スペクトルと同調曲線

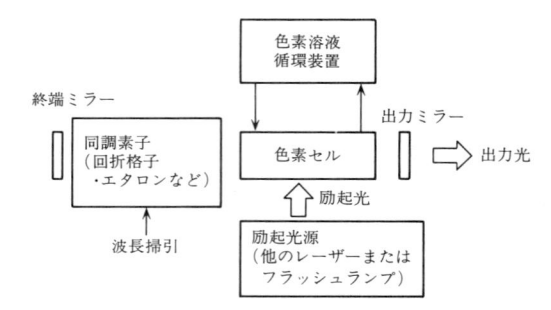

図 Ⅲ.2.13 色素レーザー基本的構成

Ⅲ.2.13に示したように，共振器内に回折格子やエタロンなどの光学的フィルターを導入し，その透過域を変化させると，その発振波長を変化することができる．図Ⅲ.2.12にはその同調曲線も示した．

このように色素レーザーはその蛍光スペクトル幅内で通常数十nmの可変波長域をもっている．可変波長性はこのほか，ある種の固体レーザー(色センターレーザー，アレキサンドライトレーザー，Ti：サファイアレーザーなど)，半導体レーザーなどでも見られる．しかし，色素レーザーは材料が有機物であるため，いろいろな波長域で発振可能な材料が豊富に存在し，近紫外から近赤外域にかけての重要な波長域を連続的にカバーしているので，可変波長レーザーとして最も重要な地位を占めている．

有機色素のレーザー発振は最初1966年にIBM社のSorokinなどによって見いだされた[3]．その後，非常に多くの蛍光性有機化合物においても同様の発振が見いだされると共に，その可変波長性が注目され，同調技術の研究が進められた．1970年代後半にはいると，色素レーザーが市販され，改良を重ねつつ各種の分光計測用光源として広く使われるようになっていった．また，モード同期(modelocking)をかけることにより，1ピコ秒以下の超短光パルスの発生が可能となり，色素レーザーは次々に超短パルス発生の記録を書き換えていった[4]．

色素レーザーは分光光源としてはきわめて理想的な特性をもち，今日のレーザー分光法(laser spectroscopy)は色素レーザーの実用化によって成長したといっても過言ではない[5]．レーザー分光法の用途は，基礎的な分光学はもとより，最近では分光分析，プロセス計測，燃焼計測，プラズマ計測，生体計測，大気環境計測など工業分野への進出が著しい[6]．さらに，ウラン同位体分離への色素レーザーの適用は[7]，物質プロセスへ可変波長レーザーの応用域を拡張したものとして注目され，現在大型高出力の色素レーザーの開発が国家プロジェクトとして進められつつある．

b. 色素レーザーの構造

固体レーザーと同様,色素レーザーは光励起(光ポンピング)によって動作する.表III.2.30に色素レーザーの代表的な励起光源を示す.励起光源によって色素レーザーの構造は大きく3種類に分類される.

第一は,エキシマーレーザー,Nd:YAGレーザー(高調波),窒素レーザー,銅蒸気レーザーなどの短パルス高出力レーザーを励起源とするグループで,これらは数ns～数十nsのパルス光を速い繰り返しで発生できる点で共通している.図III.2.14,図III.2.15に代表的なエキシマーレーザー励起色素レーザーの写真とその同調特性を示す.このタイプの色素レーザーは励起光の尖頭出力が大きいために,広い波長域にわたって多くの色素を容易に発振させることができる点にあり,波長アクセスが良好である.また得られる光の尖頭出力も大きいので,第2高調波発生器やラマンシフターを使ってその波長域を紫外・赤外へ拡張していくことができる.

第二は,アルゴンレーザー,クリプトンレーザーで励起されるCW(連続発振)色素レーザーである.図III.2.16,図III.2.17にアルゴンレーザー励起のリング型色素レーザーの写真とその同調特性を示す.このタイプの特徴は,高いコヒーレンスが得られることで,高分解能・高精度の分光計測に適している.図III.2.17に示した個々の同調曲線を得るには色素を変えるだけでなく,共振器ミラーや励起ラインなどの変更も必要で,広い波長域のアクセスは容易でない.(　)の中に

図III.2.14　エキシマーレーザー(後方)励起パルス色素レーザー(ラムダ・フィジーク社製)

表III.2.30　色素レーザーの代表的な励起源とその特徴

励起源	波長	尖頭出力	繰り返し	特長
フラッシュランプ	白色	―	0.1～10 Hz	パルスあたりのエネルギー大
窒素レーザー	337 nm	0.1～1 MW	50～200 Hz	装置が簡単で安価 安価で使いやすい 可視全域がカバーできる
エキシマーレーザー	308 nm (249, 351 nm)	10～50 MW	50～500 Hz	高出力・高繰返し 同調域が広く,UV発振効率大
Nd:YAGレーザー	1064 nm (高調波 532, 355, 266 nm)	10～50 MW	10～30 Hz	高出力,ローダミンの発振効率大 高調波を使えば広帯域
銅蒸気レーザー	511, 578 nm	0.1～1 MW	3～10 kHz	高繰返し,高平均出力 ローダミンの発振効率大
アルゴンレーザー	448, 514 nm ほか (紫外も可)	5～25 W (平均値)	CW	CWレーザーでは最も高出力 ローダミンの発振効率大
クリプトンレーザー	647 nm ほか (紫外,赤外も可)	3～10 W (平均値)	CW	長波長域の発振効率大

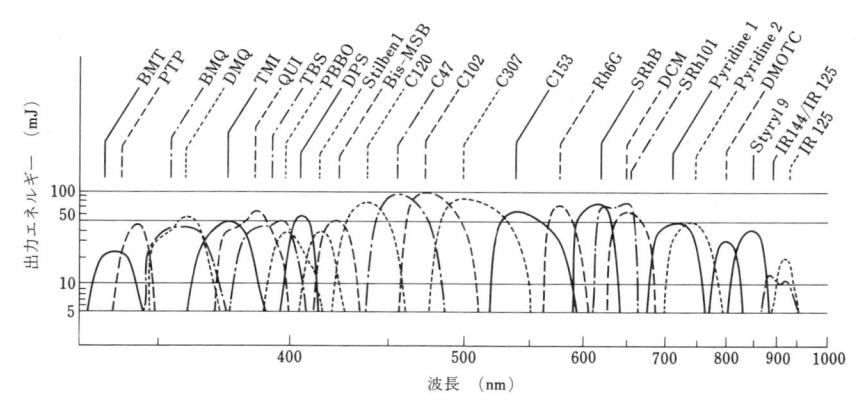

図III.2.15　エキシマーレーザー励起色素レーザーの各種色素による発振同調曲線(ラムダ・フィジーク社のカタログより)

図 III.2.16 アルゴンレーザー(左)励起リング型CW色素レーザー(コヒーレント社製)

使用された励起ラインと励起パワーが示されている。

第三はフラッシュランプ励起色素レーザーである。このタイプは小型で安価にパルスあたり1Jをこえる出力エネルギーを得ることができるのが特徴であるが、実用的には色素やランプの劣化が問題で、スペクトルの制御も容易でないために、用途は限られている。

色素レーザーの波長制御には、上述のタイプに応じて回折格子、複屈折フィルター、エタロンなどがよく使われている[8]。これらの光学フィルターは発振波長を可変にすると同時に、得られるレーザー光のスペクトル幅を狭くする働きもある。これは分光計測の際には分解能を決める重要なファクターである。CW色素レーザーではフィードバック制御を用いて500kHz以下の分解能を得ることができる。それに対して、パルス色素レーザーの分解能は数GHz程度が普通である。市販品ではコンピューター制御により自動的に波長スキャンが可能になっているものが多い。

c. 色素レーザー材料

色素レーザーに使われる有機分子は必ずしも"色素"でないこともある。短波長域で発振する材料の多くは吸収帯が紫外部へ移行しているので、無色透明である。一般的にいえば、この種の材料の吸収・蛍光帯はいわゆる共役π電子系の許容遷移(一重項遷移)によって形成されており、そのような遷移にもとづいてレーザー動作する有機レーザーを色素レーザーと定義する[1,2]。

色素レーザーは通常有機分子をアルコールや水に溶かして、液体で動作させる。プラスチックなどのマトリックスに拡散した固体や、蒸発させて気体としてもレーザー動作を行わせることは可能であるが、色素の交換や冷却を考えると液体が一番便利である。動作中色素は常に劣化してゆくので、溶液はときどき取換える必要がある。

発振効率の高い材料に求められる第一の特性は、蛍光の量子収率が高いことである。また、測定が容易でないけれども、励起準位からの吸収や、三重項準位による吸収もレーザー効率を下げる原因となるので、少ない方がよい。最もよい条件では、励起エネルギーに対する発振効率が40%を越える材料もある。このほか、耐光性や溶解度なども実用的には材料の選択における重要なファクターとなる。

これまでにレーザー発振した色素の最も詳しい一覧表は1984年に出版された文献[9]で、546種の化合物が

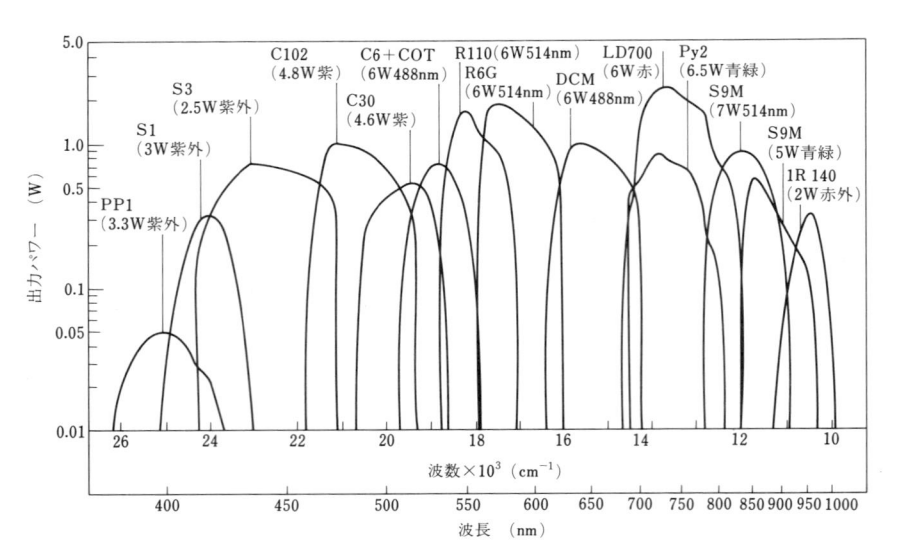

図 III.2.17 アルゴンレーザー励起リング型CW色素レーザーの同調曲線(コヒーレント社のカタログより)

2.2 発光材料

その発振特性と共に収録されている．その後の報告を加えると700種類をこえているものと思われる．

これまでに報告された色素レーザーの最短波長と最長波長は308.5nm, 1.4μmである[10,11]．表Ⅲ.2.31に，代表的な色素レーザー材料の一覧を示す．発振波長域は条件によって大幅にかわるので，この表の値は一つの目安と考えてほしい．いくつかの会社からレーザー用色素が発売されているが，その名前が必ずしも統一されていないので，この表では代表的なものを併記した．○印の色素は，アルゴンまたはクリプトンレーザー励起によってCW動作が可能なものである．CW動作はこれまでに362〜1084nmの範囲で得られている[12,13]．

次に代表的なグループごとに，これらの材料の特徴

表Ⅲ.2.31 代表的な色素レーザー材料とその同調域

材料名	同調域	CW	族	別名
BM-Terphenyl	312〜352 nm		H	DMT
p-Terphenyl	322〜365 nm		H	PTP
p-Quaterphenyl	362〜390 nm		H	
BBQ	380〜410 nm		H	BiBuQ, Pilot 386
Butyl-PBD	354〜390 nm		G	BPBD-365
BBD	370〜405 nm		G	
Polyphenyl 1	362〜412 nm	○	H	
DPS	394〜416 nm		F	4,4'-Diphenylstilbene, Pilot 409
Stilbene 1	395〜440 nm	○	F	
Stilbene 3	408〜460 nm	○	F	Stilbene 420
POPOP	411〜454 nm		G	Pilot 423
Bis-MSB	412〜435 nm		G	
Carbostyryl 3	415〜440 nm	○	I	Carbostyryl 165
Coumarin 120	420〜470 nm	○	C	Coumarin 440
Coumarin 2	432〜475 nm	○	C	Coumarin 450
Coumarin 1	440〜490 nm	○	C	Coumarin 460, Coumarin 47, Pilot 449
Coumarin 102	460〜530 nm	○	C	Coumarin 480
Coumarin 152A	471〜553 nm	○	C	Coumarin 481
Coumarin 500	480〜562 nm	○	C	
Coumarin 522	505〜565 nm	○	C	C8F
Coumarin 6	520〜570 nm	○	C	Coumarin 540
Coumarin 153	522〜580 nm	○	C	Coumarin 540A, C6F, Pilot 495
Rhodamine 110	540〜590 nm	○	A	Rhodamine 560
Rhodamine 19	552〜582 nm	○	A	Rhodamine 575
Rhodamine 6G	565〜618 nm	○	A	Rhodamine 590, Pilot 559
Rhodamine B	588〜640 nm	○	A	Rhodamine 610, Rhodamine 578
Kiton Red S	598〜645 nm	○	A	Sulphorhodamine B, Kiton Red 620, Xylene Red B
Rhodamine 101	607〜659 nm	○	A	Rhodamine 640
DCM	610〜703 nm	○	E	
Sulforhodamine 101	616〜667 nm	○	A	Sulforhodamine 640
Cresyl Violet	630〜688 nm	○	B	Cresyl Violet 670, Oxazine 9
Nile Blue A	683〜750 nm	○	B	Nile Blue 690, Pilot 730
LD 700	700〜798 nm	○	A	Rhodamine 700
Pyridine 1	670〜760 nm	○	E	LDS 698, NK 2826
Pyridine 2	695〜790 nm	○	E	LDS 722, NK 2827
Oxazine 1	692〜768 nm	○	B	Oxazine 725, Pilot 740
Carbazine 122	690〜800 nm	○	I	Carbazine 720
Oxazine 170	670〜728 nm	○	B	Oxazine 720
Oxazine 750	735〜796 nm		B	
HITC	827〜891 nm	○	D	NK 125, Hexacyanine 3
DOTC	768〜810 nm		D	DMOTC, NK 199
Styryl 8	703〜780 nm	○	E	LDS 751, NK 2783
Styryl 9M	790〜875 nm	○	E	LDS 821
IR 125	890〜960 nm		D	
IR 140	882〜985 nm	○	D	
HDITC	880〜960 nm	○	D	Hexadibenzocyanine 3
Styryl 14	928〜1084 nm		E	NB 117
IR 26	1200〜1320 nm		D	
IR 5	1180〜1400 nm		D	

[族の略号] A：ローダミン系色素, B：オキサジン系色素, C：クマリン誘導体, D：シアニン系色素, E：スチリル系色素, F：スチルベン誘導体, G：オキサゾール・オキサジアゾール誘導体, H：パラ-オリゴフェニレン類, I：その他

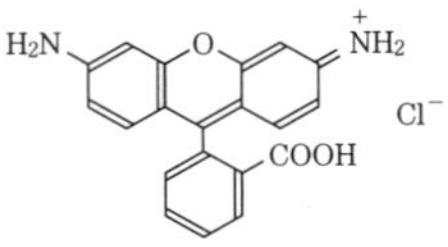

(a) Rhodamine 110

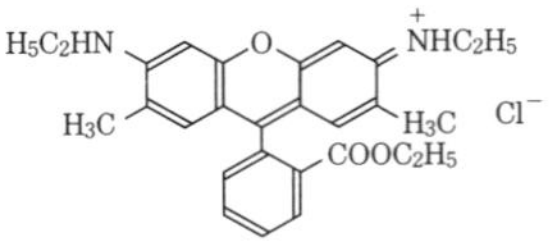

(b) Rhodamine 6G

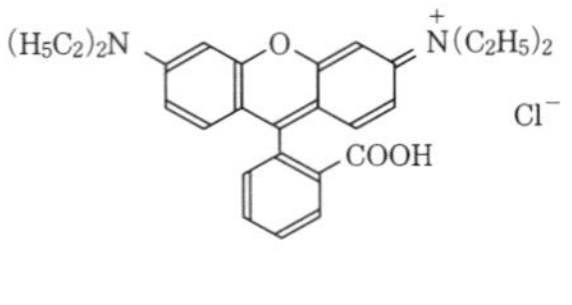

(c) Rhodamine B

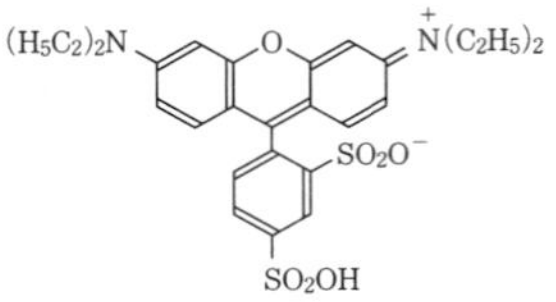

(d) Kiton Red S

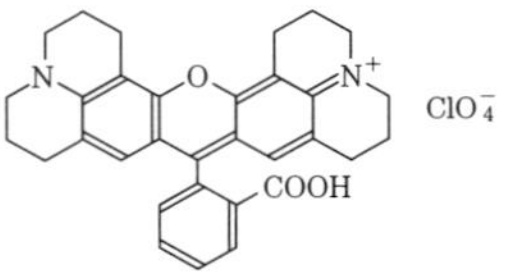

(e) Rhodamine 101

図 III.2.18 代表的なローダミン系色素

を簡単にまとめておく．

1) ローダミン(rhodamine)系色素 一般に酸素を含むキサンテン環をもつキサンテン色素はピロニン系，ローダミン系，フルオレセイン系に分類される．いずれもレーザー発振は可能であるが，ローダミン系が最も優れている[14]．ことにローダミン 6 G は最も広く使用され，標準的な材料となっている．通常はエタノール，メタノール類に溶解して用いられるが，CW 色素レーザーでは粘性を高めるためにエチレングリコールが用いられる．水溶液でも使用は可能であるが，二量体の生成を防止するために界面活性剤を添加する．

図III.2.18(a)(b)(e)に示した三種類のローダミン色素で(110, 6 G, 101)540～690 nm がカバーでき，この波長域ではこの種の色素が最も効率がよい．フルオレセインは従来からグリーン域の代表的な蛍光材として有名であるが，この波長域ではむしろ後に示すクマリン系化合物のほうがレーザー効率が高い．

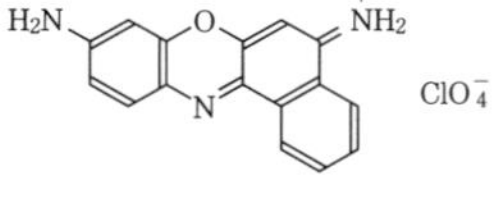

(a) Cresyl Violet

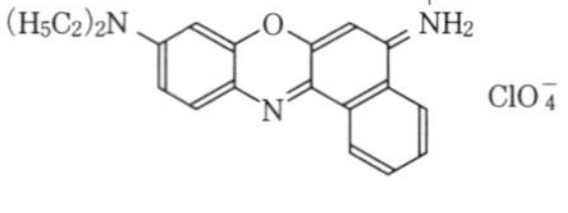

(b) Nile Blue A

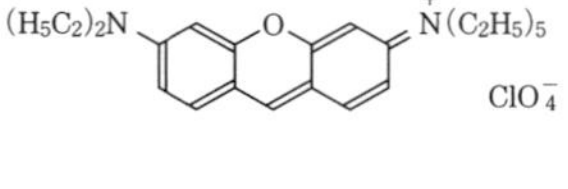

(c) Oxazine 1

図 III.2.19 代表的なオキサジン系色素

2) オキサジン(oxazine)系色素 アジン系色素中では，縮合環の中に N と O を含むオキサジン系色素が有用である．図III.2.19 に示したクレジルバイオレットやナイルブルーなどがこのグループに属する[14]．化学的な性質やレーザー特性はローダミン系色素に似ているが，発振域がローダミンより長波長にあり，850 nm 付近まで発振できるものもある．ローダミン色素と混合して励起エネルギー伝達効率を高めることも多い．

3) クマリン(coumarin)誘導体 図III.2.20 に示したようなクマリン誘導体は，レーザー材料中最も系統的かつ広範に探索され，その数は 100 種をこえる[14,15]．構造的にはクマリン環の 7-位の置換基が特性に最も大きな影響を与え，クマリン 1 や 120 のようにアミノ基のものが一般に効率がよい．クマリン系化合物のみで 420～580 nm の波長域がカバーできるので，可視部の重要な波長域を同調するにはクマリンとローダミンで足りる．ローダミン色素にくらべ効率は悪くないが，若干耐光性に劣るものが多い．

7-位が水酸基である 7-ハイドロキシクマリンはウンベリフェロンとも呼ばれ，pH によってそのスペクトル構造を変えるため，非常に広い波長(370～600

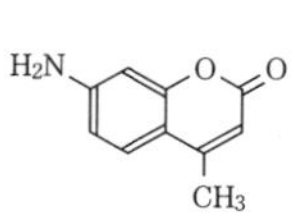

図 III.2.20　代表的なクマリン誘導体

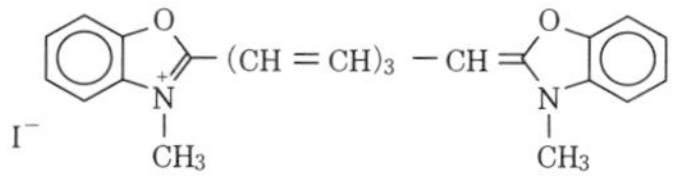

(a) Coumarin 120
(b) Coumarin 2 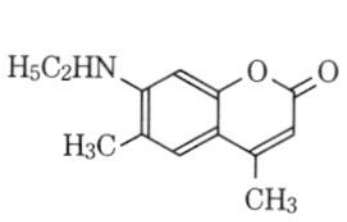
(c) Coumarin 1 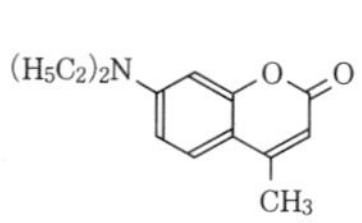
(d) Coumarin 102 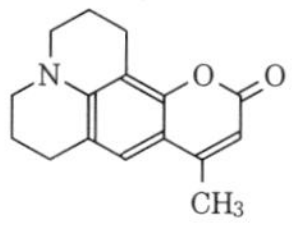
(e) Coumarin 500 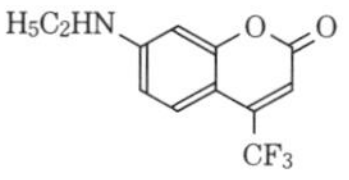
(f) Coumarin 6 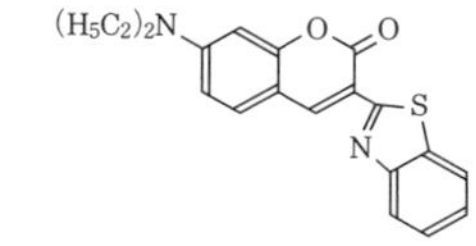
(g) 4-Methylumbelliferone 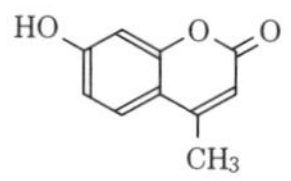

図 III.2.21　代表的なシアニン系色素

(a) DOTC
(b) HDITC
(c) IR5

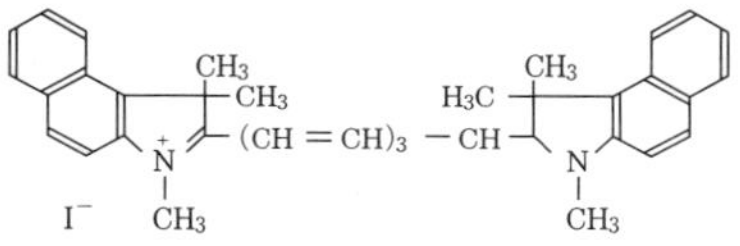

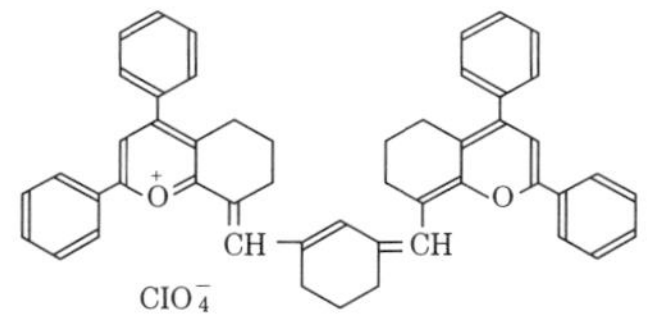

nm)を同調できることが知られているが[16]，不安定なため実用性はうすい．

4) シアニン(cyanine)系色素　赤外域の色素として初期のころから知られているのが，シアニン(あるいはポリメチン)色素である[17,18]．これは図III.2.21に示したように，メチン基の長い連鎖をもち，その長さが長いほどスペクトルが長波長にシフトする．そのため最も長い波長域で発振しているのはこの種の色素である．原理的にはメチン鎖を長くしていけばどんどん長波長の色素を得ることができるが，化学的にきわめて不安定で，1 μm以上の波長で発振する色素は実用性がうすい．それ以下の波長でも耐久性が弱いのが欠点である．溶媒としては，アルコールよりジメチルスルホキシド(DMSO)が良好な発振効率をもたらす．

5) スチリル(styryl)系色素　赤-赤外域をうめる色素として，比較的新しく開発された材料である[19~21]．図III.2.22に示したようなものがあるが，特にDCMは高い発振効率と広い同調域をもった注目すべき材料である．この種の色素でも，溶媒はアルコールよりDMSOのほうが優れていることが多い．一般的にみて赤外域はシアニン系色素より，スチリル系色素のほうが効率や耐久性に優れているため，最近では後者が用いられることが多い．

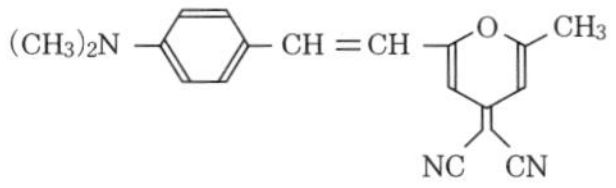

(a) DCM
(b) Pyridine 1 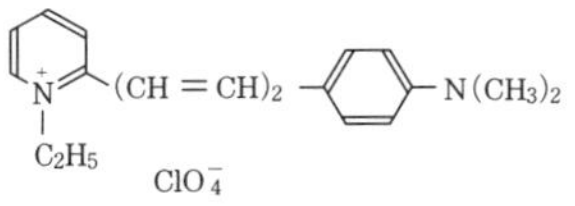
(c) Pyridine 2 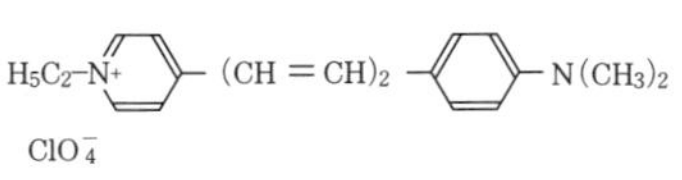

図 III.2.22　スチリル系色素

6) スチルベン(stilbene)誘導体　ブルー域の蛍光物質として多くの蛍光増白剤が開発されているが，レーザー材料として効率のよいものは少ない．その中では図III.2.23に示したようなスチルベンやジスチルベンゼン誘導体が390~500 nm域で比較的効率のよい発振をする[22,23]．これらはクマリンの発振効率が下がる430 nm以下で重要である．

7) オキサゾール(oxazole)・オキサジアゾール

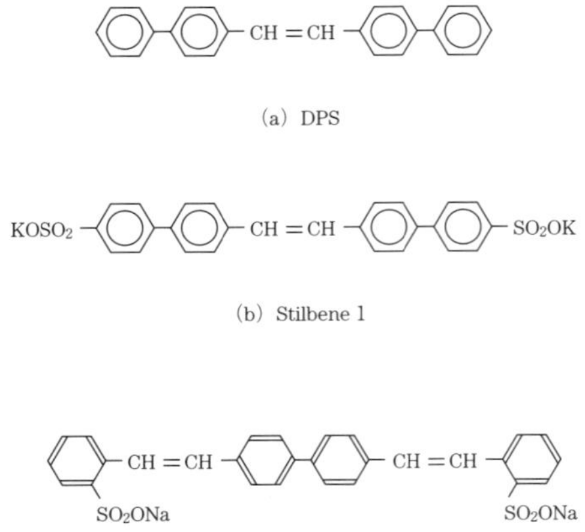

図 III.2.23 代表的なスチルベン誘導体

(a) DPS
(b) Stilbene 1
(c) Stilbene 3

(oxadiazole)誘導体　紫外部の蛍光物質には有機シンチレーションカウンター材料が各種知られている．その中では，図III.2.24に示したオキサゾール・オキサジアゾール環を中心にした芳香族化合物がレーザー発振している[24,25]．これらは短パルスレーザーの励起では比較的高効率で発振するが，CW動作はできない．アルコールに溶けるものはまれで，溶媒としてはトルエン・ジオキサン・シクロヘキサンなどが使われている．

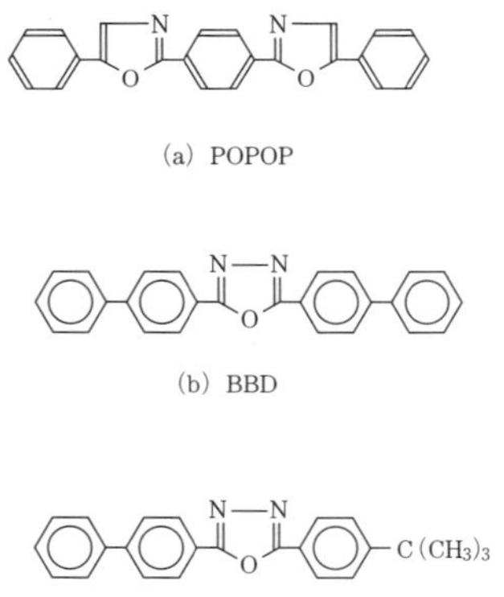

(a) POPOP
(b) BBD
(c) Butyl-PBD

図 III.2.24 代表的なオキサゾール(a)・オキサジアゾール(b)(c)誘導体

8) パラ-オリゴフェニレン(*p*-origophenilene)誘導体　図III.2.25に示したような，ベンゼン環を直鎖状に並べたパラ-オリゴフェニレンやその誘導体は最短波長域では最も有用な材料である．ベンゼン環数が3個のパラ-ターフェニルやその誘導体のBM-ターフェニルは，最短311.2nmまでの短い波長で発振する材料として知られている[10,26]．ベンゼン環数が4の

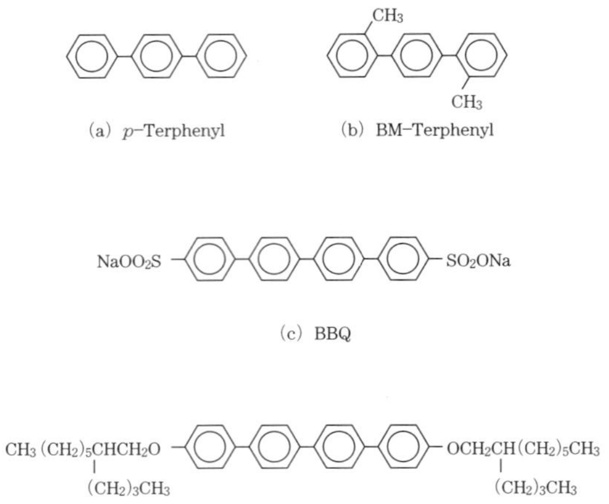

(a) *p*-Terphenyl
(b) BM-Terphenyl
(c) BBQ
(d) Polyphenyl 1

図 III.2.25 代表的なパラ-オリゴフェニレン誘導体

ポリフェニル1やBBQもまた紫外域では最も効率のよい材料で，特に前者は最短362nmまでCW動作が可能である[12]．溶媒は同様に芳香族系のものが使われるが，200nm近くまで透明度が高いシクロヘキサンが短波長ではよい．

〔前田　三男〕

参考文献

1) Schäfer, F. P. ed.: Dye Laser (1973), Springer-Verlag, Berlin
2) 前田三男：レーザー研究, **17**(1989), 759
3) Sorokin, P. P., Lankard, J. R.: *IBM J. Res. Dev.*, **11** (1966), 162
4) Shapiro, S. L. ed.: Ultrashort Light Pulses (1977), Springer-Verlag, Berlin
5) Demtröder, W.: Laser Spectroscopy (1981), Springer-Verlag, Berlin
6) Klinger, D. S.: Ultrasensitive Laser Spectroscopy (1983), Academic Press, New York
7) Tuccio, S. A., Kubrin, J. W., Peterson, O. G., Snavely, B. B.: *IEEE J. Quantum Elect.*, **QE-10** (1974) 790
8) 前田三男：光学, **17**(1988), 635
9) Maeda, M.: Laser Dyes (1984), Academic Press, New York
10) Zhang, F. G., Schäfer, F. P.: *Appl. Phys.*, **B26** (1983), 211
11) Elsaesser, T., Polland, H. J., Seilmeier, A., Kaiser, W.: *IEEE J. Quantum Elect.*, **QE-20** (1984), 191
12) Höffer, W., Schieder, R., Telle, H., Raue, R., Brinkwerth, W.: *Opt. Comm.*, **33** (1980), 85
13) Kato, K.: *Opt. Lett*, **9** (1984), 55
14) Drexhage, K. H.: *Laser Focus*, **9**, 3 (1973), 35
15) Drexhage, K. H., Erikson, G. R., Hawks, G. H., Reynolds, G. A: *Opt. Comm.*, **15** (1975), 399
16) Dienes, A., Shank, C. V., Kohn, R. L.: *IEEE J. Quantum Elect.*, **QE-9** (1973), 833
17) Miyazoe, Y., Maeda, M.: *Opt-Electronics*, **2** (1970), 227
18) Webb, J. P., Webster, F. G., Plourde, B. E.: *IEEE J. Quantum Elect.*, **QE-11** (1975), 114
19) Hoffnagle, J., Roesch, L. P., Schlumpf, N., Weiss, A.: *Opt. Comm.*, **42** (1982), 267
20) Kato, K.: *Opt. Lett.*, **9** (1984), 544
21) 松谷謙三・神宝昭・内海通弘・岡田龍雄・前田三男・村岡克紀・赤崎正則：応用物理, **59**(1990), 1089
22) Hüffer, W., Schieder, R., Telle, H., Raue, R., Brinkwerth, W.:

Opt. Comm., **28** (1979), 353
23) Kuhl, J., Telle, H., Schieder, R., Brinkmann, V.: Opt. Comm., **24** (1978), 251
24) Maeda, M., Miyazoe, Y.: Japan J. Appl. Phys., **13** (1974), 827
25) Myer, J. A., Itzkan, I., Kierstead, E.: Nature, **255** (1970), 544
26) Furumoto, H. W. and Ceccon, H. L.: IEEE J. Quantum Elect., **QE-6** (1970), 262

2.2.2 エレクトロルミネッセンス材料

a. 研究のながれ

有機材料への電荷注入による明確な電場発光現象(electroluminescence: EL)は,1965年Helfrichら[1]により報告された.以来,特にアントラセンの単結晶の他ナフタレン,テトラセン,ピレン,ペリレンなどの蛍光性縮合多環芳香族化合物を用いてキャリヤー注入や発光に関する多くの研究がなされた[2~8].しかし,単結晶ではあまり薄くできないため数百V以上の発光電圧が必要でまた発光も微弱であった.そこで真空蒸着法やLB法を用いた薄膜素子の研究がすすめられた[9~14].あるいは今日の研究の主流である積層構造も提案された[15]が実用的な高い発光効率の素子を得るには至らなかった.

1987年,Tangらは蛍光性キレート錯体と,ジアミン化合物を真空蒸着法により2層構造とした素子により,駆動電圧10Vで$1000 cd/m^2$以上の高い発光効率の緑色の発光を得ることに成功した[16].

以来,真空蒸着法で大面積の発光素子が簡単に作成でき,発光層に使用する色素をかえることにより青,緑,赤の発光が得られることから自発光型フルカラーフラットパネルディスプレイ実用化への期待がふくらみ,研究が活発に行われるようになった.

その間,素子構造は2層構造のみならず3層構造,あるいは1層構造も提案され,材料では低分子化合物のみならず,高分子化合物を用いたもの,成膜法では真空蒸着法のみならず溶液からの塗布法も提案されている.さらに応用的使い方として,微小共振器効果の確認[17,18]や光増幅器[19,20]が提案されるなど,研究の裾野が広がりつつある.

b. 素子構造と特性

電荷注入型発光素子である有機EL素子の発光過程は,①陽極からのホールの注入および陰極からの電子の注入(二重注入),②注入されたホールおよび電子の移動,③ホールと電子の再結合による一重項励起子の生成,④励起子からの発光に分けて考えることができる[21].

①の過程は有機固体のイオン化ポテンシャルと電子親和力ならびに電極の仕事関数によって支配される.②は有機固体中のキャリヤー移動能によって決まり,③,④は有機分子の励起状態の性質に依存する.

このようなことから有機EL素子で高い発光効率を得るには,ホールおよび電子の注入特性がよく同時に高いキャリヤー移動度を有する有機固体の選択,ホール注入特性のよい陽電極材料と電子注入特性のよい陰電極材料の選択,さらには固体状態で高い蛍光量子収率を有する有機物を選択することが重要になってくる.

これらのことをアントラセンのような単一の化合物で効率よく行わせるには困難があった.前述のTangらの報告した積層型有機EL素子の構造を図Ⅲ.2.26に示す.透明電極(ITO)を形成したガラス基板上にジアミン誘導体層(75nm)とアルミキノリノール錯体層(60nm)を順次真空蒸着し,Mg・Agを上部電極として蒸着した構造である.

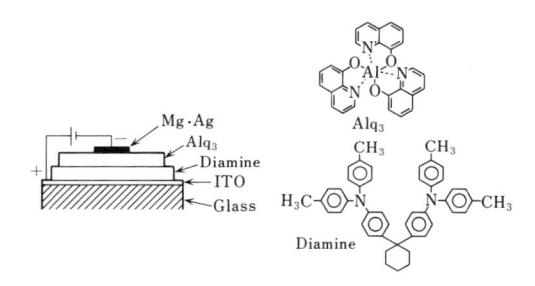

図Ⅲ.2.26 有機EL素子の構造と材料
(Appl. Phys. Lett., **51** (1987), 913)

発光は順方向電圧を印可したときのみ観測され,ジアミンとアルミキノリノールの界面付近のアルミキノリノール側で生じ,アルミキノリノールに起因する緑色の発光を示す.この素子は,6V印加時$10 mA/cm^2$の電流が流れ,$250 cd/m^2$の輝度を示し,$1000 cd/m^2$以上の高輝度の発光が可能である.量子効率(photons/electron)が1%に達する高効率の素子であり,応答速度もマイクロ秒オーダーで速い[22].

この素子の特徴は,①キャリヤーの注入・移動と発光の機能分離を行い積層構造としたこと(ホール注入層を発光層と陽電極の間に挿入しホール注入効率の向上を図った),②各層の膜厚を100nm以下の薄膜にしたこと,③良好な薄膜を得るための分子設計を行い成膜法に真空蒸着法を用いたこと,④電子注入電極としてMgを用い,安定性を向上させるためAgを添加したことである.さらにつけ加えるならば,積層構造にすることによりキャリヤーの発光領域内への効率のよい閉じ込めを可能にすると同時に,成膜時に生じるピンホールなどの膜欠陥を回避でき,薄膜の信頼性が向上したことである.

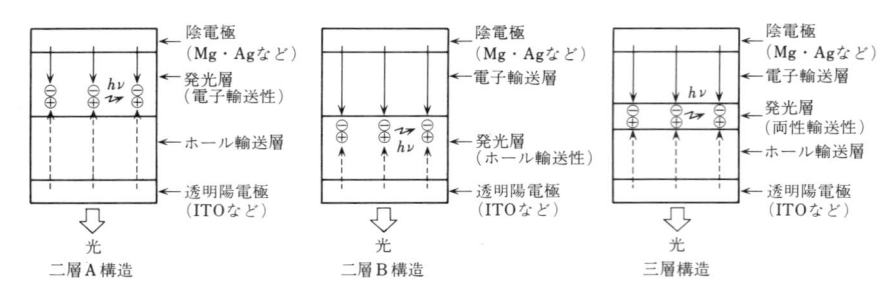

図 III.2.27 積層型有機 EL 素子の構造

　こののち，蒸着積層型素子の研究がすすむにつれ，用いる有機物の性質や組み合わせによってホール注入層が発光する素子[52]やホールおよび電子輸送層の間に発光層を挟み込んだ三層構造の素子[31]が提案されている．これらの素子の構造を図III.2.27に示す．

　前述の図III.2.26の素子は二層A構造である．二層B構造の素子はホール輸送層が発光する．三層構造の素子では発光層には両性輸送性（ホールと電子の両方の輸送が可能）の化合物が用いられる．二層構造素子にくらべキャリヤーの閉じ込めがより効率よく行えるため，発光層を薄くしても（5nm以上）高い発光効率が得られることが報告されている[23]．

　図III.2.27に示した2種の二層構造素子はどちらもホール輸送層/電子輸送層の組み合わせであり，またどの層も固体で強い蛍光を示す．発光を担う層がどちらの側にあるかが異なるだけである．有機化合物の電子物性が十分には理解されていない現時点では種々の化合物を組み合わせた結果として機能を理解し，化合物の構造と結びつけているのが現状である．界面でのエキサイプレックス形成[24]や界面接合状態の解析[25]など発光原理の解明も進められており，多くの有機化合物の構造とその電子物性を評価，整理していくことにより，より一層の高効率化が期待される．

c. 材料と特性

1) ホール輸送材料 　ホール輸送材料に関しては電子写真感光体の分野で多くの研究がなされ，多種の化合物が開発されている．しかしながら一般に電子写真感光体は結着剤樹脂と混合して用いられるため，ホール移動能と共に溶媒への溶解性や樹脂との相溶性が重視されてきた．したがって，真空蒸着法によって低分子化合物のみの安定な薄膜が必要とされる有機EL素子材料としては必ずしも適切でない場合がある．特に，発光時のジュール熱による結晶化や凝集を起こさず安定な非晶質薄膜を形成する材料を用いることが重要で，そのための分子設計指針や材料の混合による安定化が提案されている[26〜29]．検討された化合物を図III.2.28に示す．これらの他に陽極とホール輸送層の間にホール注入層としてフタロシアニンなどのポルフィリン誘導体を用いると，発光効率が向上することが報告されている[30]．

2) 発光材料 　発光材料については，電子輸送性発光材料（表III.2.32），ホール輸送性発光材料（表III.2.33），三層構造素子における発光材料（表III.2.34）の他，ドーパントとして用いられる発光色素（表III.2.35）が数多く検討されている．

　薄膜化が容易なキャリヤー移動性マトリックス中に少量の蛍光性ゲスト色素をドープすることによりゲスト色素からの発光が得られると同時に発光効率も向上することがTangら[61]により報告された．このドーピングという手法を用いることにより，高い蛍光量子収率を有するもののキャリヤー移動能が低い化合物や良好な薄膜形成が困難な化合物も発光させることができ，さらに発光剤濃度を低くすることにより濃度消光を起こさず，色素が本来有する高い蛍光収率を有効に利用できる．また，発光剤色素の種類をかえることによりホスト材料と異なった発光色を容易に得ることが可能になる．

3) 電子輸送材料 　電子輸送層に用いられる電子輸送材料についての提案は少ない．従来電子輸送性化合物については，強い電子受容体について多くの研究がなされてきたが，強い電子受容体を電子輸送層に用いた素子で高い発光効率が得られた報告はない．強い電子受容性化合物は，一般に電子親和力が大きく，ホール輸送層や発光層と電荷移動錯体を形成したり，あるいは発光物質からエネルギー移動を起こしやすいためと考えられる．いままでに提案された化合物を図III.2.29に示す．これらの他にも電子輸送性発光層に用いられる化合物は良好な電子輸送材料である．

4) 電極材料 　有機EL素子は電荷注入型素子であり，その発光効率は電極からのキャリヤー注入特性に大きく依存するため，電極材料の選択は非常に重要である．

2.2 発光材料

ジアミン　　　　　　　　　　　　ヒドラゾン

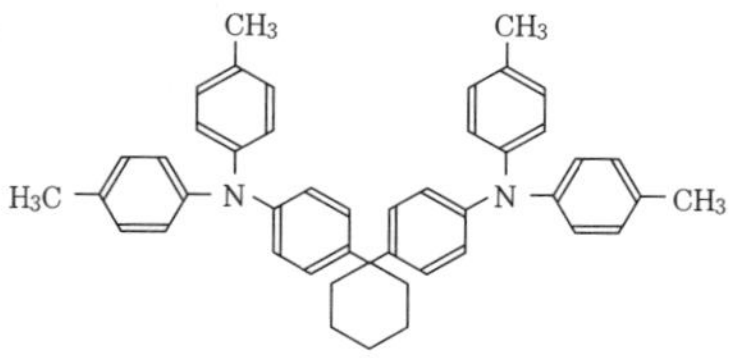

(文献16)
(文献32) 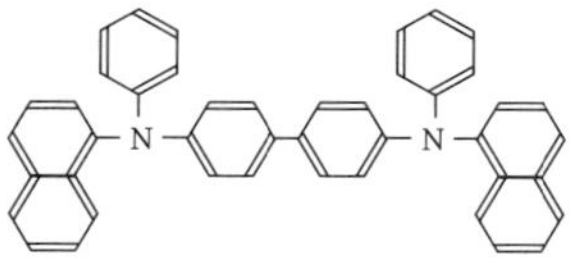
(文献31) 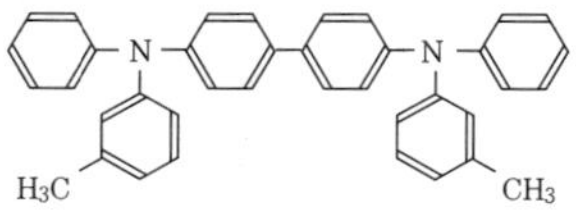
(文献19) 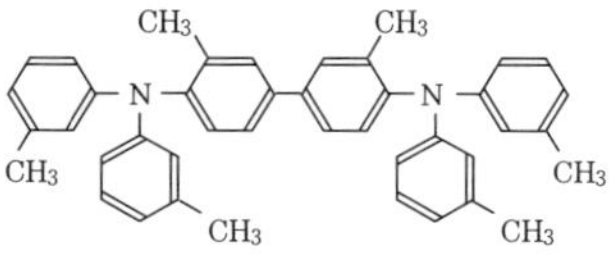

フタロシアニン

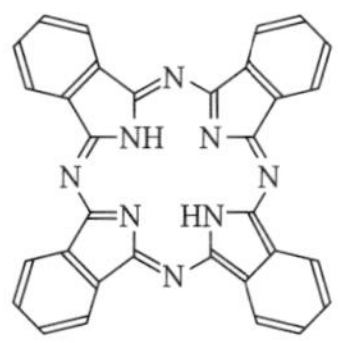

(文献32)
(文献32) 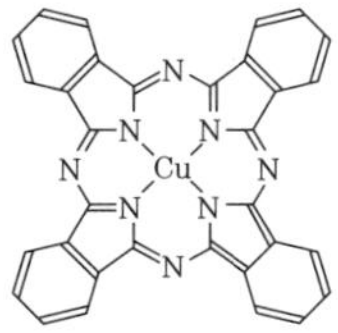
μc-SiC:H
(文献38)

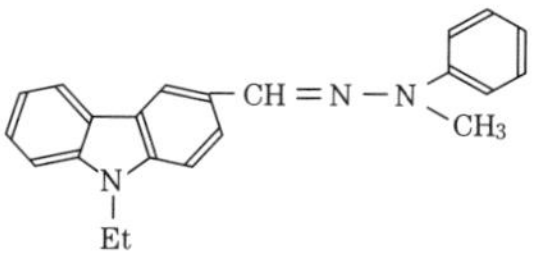

(文献33)
(文献33) 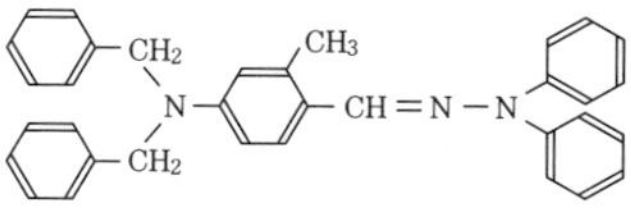
(文献29) 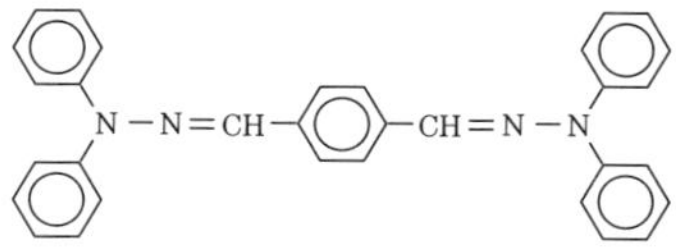
(文献29) 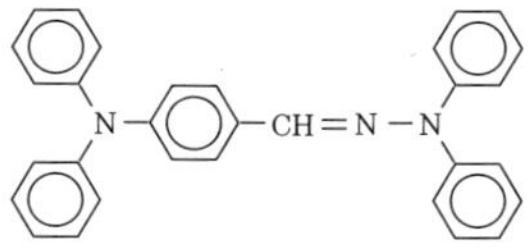
(文献28) 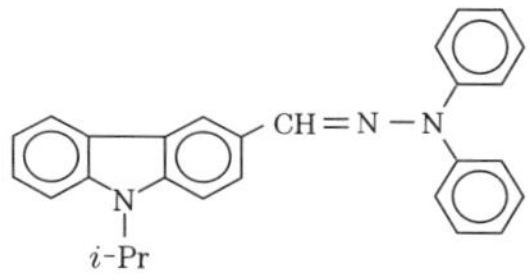
(文献28) 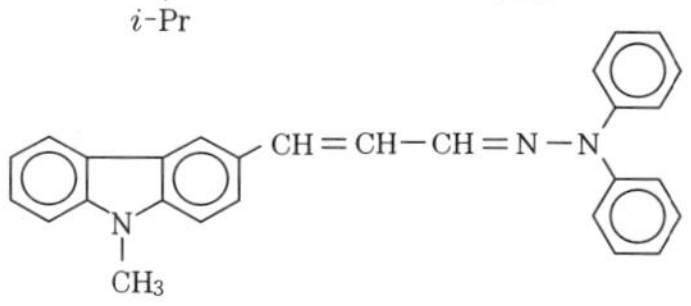
(文献33) 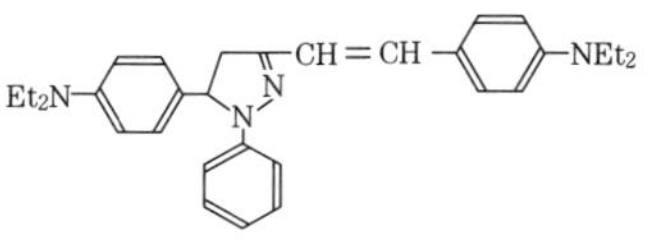
(文献34) 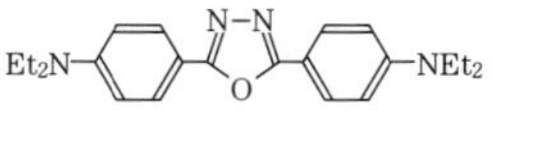
(文献33) 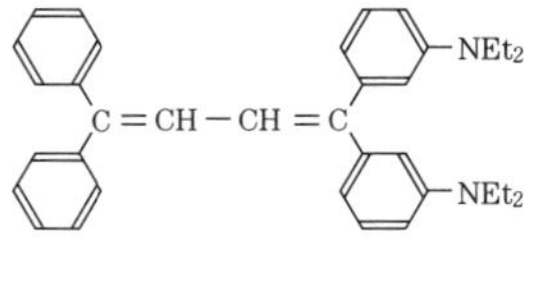
(文献35) 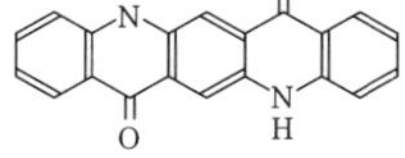
(文献36) 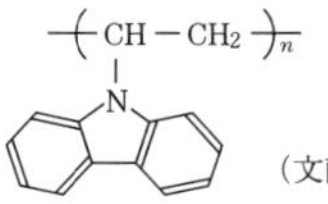
(文献37) 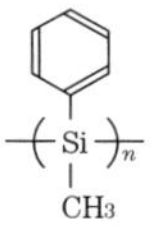

図 III.2.28　ホール輸送材料

表 III.2.32 電子輸送性発光材料 (1)

発 光 層		発光波長(nm)	電流(mA/cm²)	輝度(cd/m²)	文 献
(金属キノリノール錯体, n=2 or 3)	M=Al	515	10	250, 460	39),40)
	Ga	533	10	80, 130	39),40)
	In	537	10	63	39)
	Zn	550	10	6, 465	39),40)
	Sn	570	10	8	39)
	Pb	580	10	0.5	39)
	Be	518	10	600	40)
	Mg	516	10	100	40)
(ナフタルイミド-OCH₃ 誘導体)		580	2	1 μW/cm²	41)
(ナフタルイミド-フェナントレン誘導体)		590	100	800	42)
(アミノナフタルイミド誘導体 2種)					43)
(EtO₂-N-Me ナフタルイミド)		520	100	35	27)
(HN-NH ナフタルジイミド)		560	100	0.08	27)
(ビスベンゾオキサゾリルチオフェン, tBu)		530	100	12	27)
*：単独では青空の螢光を示すが，積層により緑色の発光を示す．					
(R-C₆H₄-CH=CH-アントラセン-CH=CH-C₆H₄-R)	R=CN	535	10	100	49)
	Cl	504	10	50	49)
	CH₃	507	10	10	49)
(X-C₆H₄-CH=CH-ピラジン-CH=CH-C₆H₄-X)	R=H	not measured		—	44)
	CH₃	473	10	14	44)
	C₂H₅	512	10	270	44)
	フェニル	548	10	50	44)
	OCH₃	497	10	160	44)
Tb(アセチルアセトナト)₃		544	0.4	5	50)

2.2 発光材料

表 III.2.32 電子輸送性発光材料 (2)

発　光　層	発光波長(nm)	電流(mA/cm²)	輝度(cd/m²)	文　献
(構造式)				29)
(構造式)	465	100	120	27)
(構造式)	460	100	70	27)
(構造式)	475	100	0.09	27)
(構造式) R : H, -CH₃(o, m, p), -Et, -i-Pr, -ᵗBu, -OMe,				47)
(構造式) 電子供与性基／電子吸引性基				47)
(構造式) R : H, -CH₃(o, m, p)	460	10	60	46)

表 III.2.32 電子輸送性発光材料 (3)

発光層	発光波長(nm)	電流(mA/cm²)	輝度(cd/m²)	文献
(構造式: ジスチリル化合物, X = フェニレン/キシリレン/ビフェニル)	Blue~Yellow-Green			48)
(構造式: ジフェニルアミノスチリル系およびカルバゾール系化合物)	Blue			47)
(構造式: Zn錯体)	White		~100	51)
(構造式: ペリレンジイミド tBu置換体)	630	100	630	42)
(構造式: ピリミジン系 OMe/OEt置換体)	630			45)

表 III.2.33 ホール輸送性発光材料 (1)

発光層	発光波長(nm)	電流(mA/cm²)	輝度(cd/m²)	文献
(構造式: ナフチルビニル-ジ(メトキシフェニル)アミン)	520	10	100	52)
(構造式: ビス(ジメチルアミノフェニル)オキサジアゾール)	524	10	30	55)
(構造式: ビス(ジメチルアミノフェニル)ビオキサジアゾール)	525	10	100	55)
(構造式: ナフチルビニル-ジフェニルアミン)	480	100	180	27)

2.2 発光材料

表 III.2.33 ホール輸送性発光材料 (2)

発　光　層	発光波長(nm)	電流(mA/cm²)	輝度(cd/m²)	文　献
(構造式)	460	100	400	27)
(構造式)	460	100	220	27)
(構造式)	470	100	360	27)
(構造式)	490	10	100	54)
(構造式)	430		0.2mW/cm²	56)
(構造式)	470	80	130	53)

表 III.2.34 3層構造素子における発光材料 (1)

発　光　層	発光波長(nm)	電流(mA/cm²)	輝度(cd/m²)	文　献
(構造式)	500	3	0.01μW/cm²	31)
(構造式)	580	10	30	57)
(構造式)	510	20	10	59)

表 III.2.34　3層構造素子における発光材料 (2)

発　光　層	発光波長(nm)	電流(mA/cm²)	輝度(cd/m²)	文　献
(構造式)	560	100	30	60)
(構造式)	420	3	0.01 μW/cm²	31)
(構造式)	430	100	6	27)
(構造式)	600			58)
(構造式)	600			31)
(構造式)	453	10	2	49)

表 III.2.35　ドーピング色素(発光剤) (1)

発　光　層	発光波長(nm)	電流(mA/cm²)	輝度(cd/m²)	文　献
(構造式)	510	40	2.5mW/cm²	61)
(構造式)	560 590			62)
(構造式)	540	10	1000	63)

2.2 発光材料

表 III.2.35 ドーピング色素(発光剤) (2)

発 光 層	発光波長(nm)	電流(mA/cm²)	輝度(cd/m²)	文 献
(構造式)	515 540	10	900	63)
(構造式)	540	10	950	63)
(構造式)	535	10	500	63)
(構造式)	495			62)
(構造式)	600	40	2.1mW/cm²	61)
(構造式)	630	40	1.9mW/cm²	61)
(構造式)	550	100	1000	45)
(構造式)	640	100	100	64)
(構造式)	650			65)

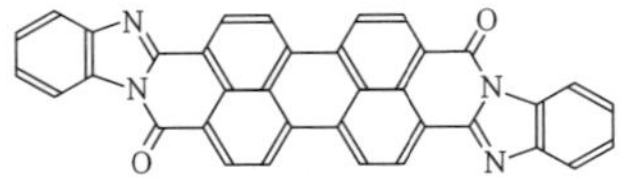

図 III.2.29 電子輸送材料

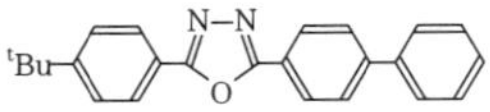

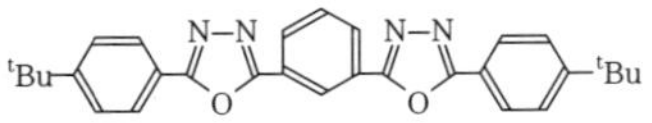

陰電極材料としては一般的には仕事関数の小さい材料が望ましいと考えられている。そのため Na 電極が用いられたこともあったが，仕事関数の小さい金属は不安定で容易に酸化され，実用的な電極材料は見いだされていなかった。

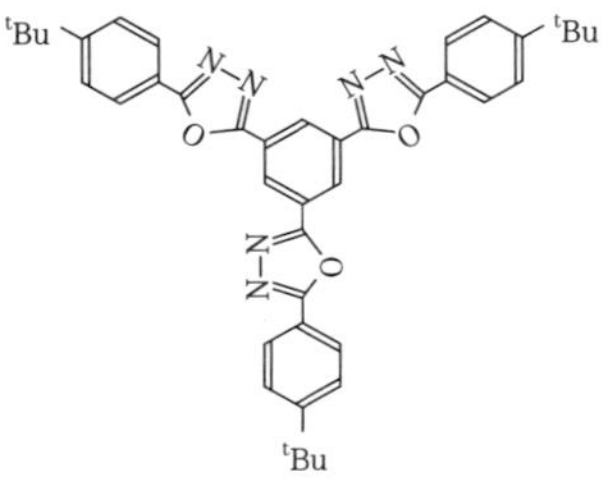

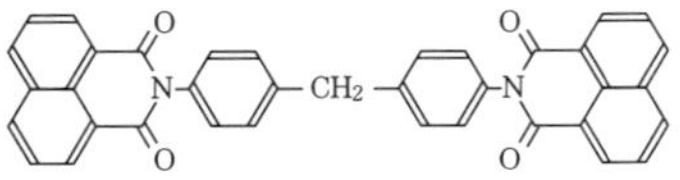

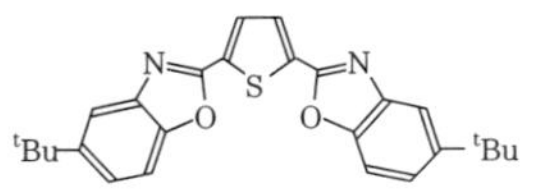

Tang らは Mg と Ag の共蒸着電極を用いることにより良好な電子注入特性と安定性が両立できることを報告している[16]。この場合，電子注入に有効な金属は Mg であり，酸化されやすい Mg の安定性を向上させ，同時に有機層への付着力を向上させる目的で Ag を混入する。Mg への共蒸着金属としてはほかに Cu[47] や In[22] などが検討されている。Mg と Ag の共蒸着電極ではその組成比により仕事関数をかえることができる。この場合，電極の仕事関数が低いほど発光効率は高く，電子の注入特性が電極の仕事関数と有機層の電子親和力の関係に依存することが明確に説明できる[67]。

しかし，より仕事関数の小さい Li, Sr, Ca などのアルカリ金属およびアルカリ土類金属を用いた場合，発光効率は必ずしもその仕事関数に従わない。このようなことから，電極と有機層の接合界面状態の差が仕事関数とは別のパラメーターとして注入特性に影響を与えていると考えられる。この点については今後の詳細な検討が必要である。

ホール注入電極(陽極)としては，一般的には陰電極が不透明なため ITO などの透明導電性膜が用いられる。このほかに CuI，ポリ 3-メチルチオフェン[14]，ポリチェニレンビニレン[68] やポリアニリン[69] などの導電性高分子も検討されている。

d. 単層型素子

多くの化合物の EL 発光特性が明らかになるにつれ，積層型でなく，発光層を陽極と陰極の間に設けた単層型素子でも高い発光効率が得られることが明らかになってきた。特に 100 nm 程度の薄膜，良好な電子注入電極の採用などにより，アントラセンなどを用いた初期の研究にくらべ，格段に高い特性が得られるようになってきている。

単層型素子の考え方は，単一の化合物を用いる場合と複数の化合物を混合する素子が提案されている。

単一の化合物を用いる素子では，ホール，電子の両方の移動が可能な両性化合物を用い，真空蒸着法により薄膜化した素子において，積層型とかわらない高い発光特性が得られている[70]。また，最近導電性高分子を用いた素子の研究が盛んになっており，低分子化合物の蒸着薄膜でしばしば問題になる結晶化や凝集，耐熱性などの問題がなく，スピンコート法などによる大面積化が可能な素子として注目されている。表III.2.36に検討されている化合物を示す。いずれにしてもこのタイプの素子では一つの化合物が，ホール輸送，電子輸送，発光の三つの機能を兼ねることになり，材料選択，素子設計の自由度という点で，克服すべき問題が多い。

複数の化合物を混合する素子では，2層積層型素子に用いられる 2 種類の化合物を混合した膜を用いることが提案されている[82,83]。この素子においては，一つの材料がキャリヤー輸送と発光の二つの機能を兼ねる。

さらに，より機能分離をすすめ，ホール移動性の化合物，電子移動性の化合物，発光材料の 3 種類の化合物を混合した単層型素子が提案されている[84]。この素子においては，3 種類の化合物の酸化電位，還元電位を指標にして適切に組み合わせることにより高い発光効率が得られ，発光材料の選択により発光色を容易にかえることが可能である。また，高分子分散型であるの

2.2 発光材料

表 III.2.36 単層型素子の発光材料 (1)

発光層	発光波長(nm)	電流(mA/cm²)	輝度(cd/m²)	文献
Et₂N-C₆H₄-pyrazoline-CH=CH-C₆H₄-NEt₂ (構造式)	540			10) 11)
ビスベンゾオキサゾール CH=C(Et)-CH 構造 (SO₃⁻, SO₃⁻Na⁺)	560			13)
ベンゾオキサゾール-CH=CH-C₆H₄-NMe₂ / ベンゾチアゾール-CH=CH-C₆H₄-NMe₂ / ナフトチアゾール-CH=CH-C₆H₄-NMe₂ (構造式)				71)
TCNQ様構造 (NC)₂C=C₆H₄=C(CN)₂	550			72)
C_{60}	530			73)
Et₂N-C₆H₄-CH=CH-アントラセン-CH=CH-C₆H₄-NEt₂		10	100	70)
9-C₄H₉-10-(CH₂)₂COOH アントラセン				12)
PPV	Green-Yellow			74)
MeO/OMe 置換 PPV 共重合体	Yellow/Green			78)
OMe置換スチレン共重合体	508			79)
ポリ(9,9-ジヘキシルフルオレン) (H₁₃C₆, C₆H₁₃)	470			75)
ポリ(p-フェニレン)	472			81)

表 III.2.36 単層型素子の発光材料 (2)

発 光 層	発光波長(nm)	電流(mA/cm²)	輝度(cd/m²)	文 献
HO-PPV	580 620	20	20	76)
MEH-PPV	604 652			77)
(OMe共重合体)	620			78)
ポリチオフェン $n=12, 18, 22$	640			80)

で膜の安定性に優れ，塗布法による成膜が可能であるなどの特徴がある．

e. 劣化機構

有機EL素子はいままでの発光素子にはない多くの優れた特徴をもった素子であるが，その最大の課題は耐久性の改善である．

一般的には，一定電流で駆動した場合，輝度は初期急激に低下し，その後緩やかに低下していく．同時に駆動電圧も上昇する．この輝度低下は駆動電流にも大きく依存し，駆動電流が大きいほど輝度の低下率も大きい[34]．

劣化機構についてはまだ十分に解明されてはいない．劣化の様子は，基板電極表面の清浄度や使用する材料の純度などによって異なってくるが，これらがある程度管理された状態では，劣化の要因として次のようなことが考えられている．

1) 陰電極のMg・Ag電極の酸化　Mg・Ag電極は水分や酸素により酸化され，有機層/金属界面に酸化マグネシウム層が形成される．これにより電子の注入特性が低下したり，あるいは金属が有機層から剥離していき，ダークスポットと呼ばれる非発光点が徐々に拡大していく現象が観測されている．この問題を解決する手段は，安定でしかも優れた電子注入性をもつ電極材料を探索することであり，あるいは徹底した封止技術で安定化させることであろう．

2) 駆動時の電流により発生するジュール熱による劣化　発光時の素子の温度は1000cd/m²で100℃以上にも達する[85,86]．温度上昇による有機層の結晶化や凝集の促進，熱劣化あるいは熱膨張係数の差による電極金属の剥離の可能性などが指摘されている．発光効率を向上させ，同一輝度での駆動条件を緩和することが重要であり，10ルーメン/ワットという無機発光素子に劣らない高い発光効率の素子も開発されている[87]．また有機層の耐熱性を向上させるため，分子量の大きい有機物を用いるなどの検討も行われている[27,29]．

3) 空間電荷などによるキャリヤー注入の抑制
連続発光時の初期の急激な輝度低下の途中で発光を中止し放置する，あるいは逆方向電圧を印可すると発光はほぼ初期の状態に復帰する．連続発光時間の経過と共に回復率は低くなっていくが，いずれにしてもこのような可逆的な変化は電極/有機層界面で生じるキャリア注入特性の変化と考えられる．

4) 有機材料そのものの変化　有機材料の溶液中での酸化，還元の繰り返しによる変化の測定によりモデル的に劣化の検討が行われている[29]．しかし，素子形態で，有機材料そのものが電流，熱などによって分解や変化することが直接とらえられた報告はない．超薄膜中の少量の材料の微量の変化を捉えることには多くの困難が伴うと思われる．

電子写真感光体の分野でキャリヤー移動に伴う有機材料の変化については種々の研究がなされてきた．しかし，電子写真感光体の寿命中に流れる電流を，有機EL素子ではわずか1秒で流してしまう[88]．有機物にこ

れほどの大電流を流し続けることは，きわめて過酷である．しかし，4千時間以上の連続発光が可能な長寿命の素子も報告されており[87]，耐久性も大きく向上することが期待される．

f. 今後の課題

有機EL素子の研究が活発化してまだ数年である．その間に多くの材料の検討が行われ，有機材料の化学構造とその電子物性への理解が深まりつつある．

有機EL素子は低電圧駆動が可能であるが，それは薄膜化によるものであり，実際の膜にかかる電界強度は無機EL素子の発光電圧に匹敵するほどである．キャリヤー移動度の小さい有機物を薄膜化することにより見かけ上低電圧駆動できるようにしているにすぎない．

有機EL素子のように大電流を流す素子においては，キャリヤー移動度の高い材料を用いることが発光効率，耐久性の両面で有利である．ホール移動性化合物については従来から多くの知見が積み重ねられてきているが，電子移動性化合物，特に弱い電子受容体で電子移動度の高い化合物についての知見は少なく，今後の材料開発が望まれる．

電子写真感光体をはじめとする有機デバイスの研究は，多様な有機化合物の電子物性が十分に理解されなくても大きな展開をしてきた．有機EL素子もまさに同じ状況にあり，その電子物性は本質的理解よりも機能による分類がなされている．今後，より高度な機能を有機材料に行わせるには，より深い理解が必要になってくるであろう．　　　　　　　　　　　〔森　吉彦〕

参 考 文 献

1) Helfrich, W. et al.: *Phys. Rev. Lett.*, **14** (1965), 229
2) Helfrich, W. et al.: *J. Chem. Phys.*, **44** (1966), 2902
3) Schadt, M. et al.: *J. Chem. Phys.*, **50** (1969), 4364
4) Schwob, H. P. et al.: *J. Appl. Phys.*, **45** (1974), 2638
5) Kawabe, M. et al.: *Jpn. J. Appl. Phys.*, **10** (1971), 527
6) Kslinowski, J. et al.: *Chem. Phys. Lett.*, **36** (1975), 345
7) Basurto, R. et al.: *Mol. Cryst. Liq. Cryst.*, **31** (1975), 211
8) Nowak, R. et al.: *Mol. Cryst. Liq. Cryst.*, **72** (1981), 113
9) Vinsett, P. S. et al.: *Thin Solid Films*, **94** (1982), 171
10) Hayashi, S. et al.: *Mol. Cryst. Liq. Cryst. Lett.*, **2** (1985), 201
11) Hayashi, S. et al.: *Mol. Cryst. Liq. Cryst.*, **135** (1986), 355
12) Roberts, G. G, et al.: *Solid State Commun.*, **32** (1979), 683
13) Era, M. et al.: *J. Chem. Soc., Chem. Commun.*, (1985), 558
14) Hayashi, S. et al.: *Jpn. J. Appl. Phys.*, **25** (1986), L773
15) Partridge, R. H.: *Polymer*, **24** (1982), 748
16) Tang, C. W. et al.: *Appl. Phys. Lett.*, **51** (1987), 913
17) Adachi, C. et al.: *Acta Polytech. Scand. Appl. Phys.*, **170** (1990), 215
18) 安達ほか：第51回応用物理学会学術講演会(1990), 1042
19) Hiramoto, M. et al.: *Appl. Phys. Lett.*, **57** (1990), 1625
20) Hiramoto, M. et al.: *Appl. Phys. Lett.*, **58** (1991), 1146
21) Dresner, J.: *RCA Rev.*, **30** (1969), 322
22) Ishiko, M. et al.: *Proc. Int. Display Res. Conf.*, (1989), 704
23) Adachi, C. et al.: *Appl. Phys. Lett.*, **57** (1990), 531
24) 東ほか：日本化学会誌, 10(1992), 1162
25) 江草ほか：信学技報, EID 90-79(1990)
26) 岩崎ほか：第51回応用物理学会学術講演会(1990), 1039
27) Adachi, C. et al.: *Appl. Phys. Lett.*, **56** (1990), 799
28) 佐藤ほか：第52回応用物理学会学術講演会(1991), 1093
29) 佐藤ほか：有機エレクトロニクス材料研究会ワークショップ '92, (1992), 31
30) Tang, C. W. et al.: USP4720432
31) Adachi, C. et al.: *Jpn. J. Appl. Phys.*, **27** (1988), L269
32) Vanslyke, S. A. et al.: USP5061569
33) 森ほか：有機エレクトロニクス材料研究会第36回研究会予稿集(1990), 17
34) 石子ほか：信学技報, EID 88-40(1988)
35) 藤田ほか：第39回応用物理学会学術講演会(1992), 1036
36) 藤井ほか：信学技報, EID 90-77, (1990)
37) Kido, J. et al.: *Appl. Phys. Lett.*, **59** (1991), 2760
38) 大橋ほか：第51回応用物理学会学術講演会(1990), 1041
39) 森川ほか：電子情報通信学会論文誌, J 73-C-II(1990), 661
40) 佐野ほか：学振第125委員会第8回研究会資料(1992), 38
41) Adachi, C. et al.: *Jpn. J. Appl. Phys.*, **27** (1988), L713
42) 安達ほか：テレビジョン学会誌, 44(1990), 578
43) 宇津木ほか：信学技報, OME 89-46(1989)
44) Nohara, M. et al.: *Chemistry Lett.*, (1990), 189
45) Adachi, A. et al.: *Optoelectronics Devices and Technologies*, **6** (1991), 25
46) 仲田ほか：第51回応用物理学会学術講演会(1990), 1205
47) 楠本ほか：信学技報, EID 92-37(1992)
48) 東ほか：日本化学会第64回秋季年会, 4A2 11(1992)
49) 左近ほか：信学技報, EID 92-38(1992)
50) Kido, J. et al.: *Chemistry Lett.*, (1990), 657
51) 浜田ほか：第39回応用物理学会学術講演会(1992), 1035
52) Adachi, C. et al.: *Appl. Phys. Lett.*, **55** (1989), 1489
53) 細川ほか：第39回応用物理学会学術講演会(1992), 1035
54) Hamada, Y. et al.: *Jpn. J. Appl. Phys.*, **31** (1992), 1812
55) 浜田ほか：日本化学会誌, 11(1991), 1540
56) 東海林ほか：第39回応用物理学会学術講演会(1992), 1037
57) Adachi, C. et al.: *Proc. Int. Display Res. Conf.*, (1989), 708
58) 小倉ほか：シャープ技報, 52(1992), 15
59) 江良ほか：第39回応用物理学会学術講演会(1992), 1036
60) Era, M et al.: *Chem. Phys. Lett.*, **178** (1991), 488
61) Tang, C. W. et al.: *J. Appl. Phys.* **65** (1989), 3610
62) 高野ほか：第51回応用物理学会学術講演会(1990), 1205
63) Wakimoto, T. et al.: *Polymer Preprints, Japan*, **40** (1991), 3600
64) 藤田ほか：日本化学会第64回秋季年会, 4A2 12, (1992)
65) 吉見ほか：第53回応用物理学会学術講演会(1992), 1050
66) 江草ほか：信学技報, EID 92-40(1992)
67) Tomikawa, N. et al.: *Polymer Preprints, Japan*, **40** (1991), 3582
68) 大西ほか：信学技報, EID 92-39(1992)
69) Gustafsson, G. et al.: *Nature*, **357** (1992), 477
70) 網中ほか：第52回応用物理学会学術講演会(1991), 1092
71) 松岡ほか：日本化学会第60回秋季年会, 2E3 17(1990)
72) 小嶋ほか：信学技報, OME 91-50(1991)
73) Uchida, M et al.: *Jpn. J. Appl. Phys.*, **30** (1991), L2104
74) Burroughes, J. H. et al.: *Nature*, **347** (1990), 539
75) Ohmori, Y. et al.: *Jpn. J. Appl. Phys.*, **30** (1991), L1941
76) 土居ほか：信学技報, EID 91-92(1991)
77) Braun, D. et al.: *Appl. Phys. Lett.*, **58** (1991), 1982
78) Burn, P. L. et al.: *Nature*, **356** (1992), 47

79) Burn, P. L. *et al.* : *J. Chem. Soc., Chem. Commun.*, (1992), 32
80) Ohmori, Y *et al.* : *Jpn. J. Appl. Phys.*, **30** (1991), L1938
81) Grem, G. *et al.* : *Adv. Mater.*, **4** (1992) 36
82) 安達ほか：第36回応用物理学会学術講演会(1989), 209
83) Kido, J. *et al.* : *Appl. Phys. Lett.*, **61** (1992), 761
84) 森ほか：応用物理, **61**(1992), 1044
85) 中野ほか：第52回応用物理学会学術講演会(1991), 1094
86) 藤田ほか：第52回応用物理学会学術講演会(1991), 1095
87) 脇本ほか：有機エレクトロニクス材料研究会ワークショップ '92, (1992), 23
88) 野守ほか：有機EL素子開発戦略, p.112(1992), サイエンスフォーラム

第3章

光　学　材　料

3.1　線形光学材料

本節は，光電変換といった光エネルギー変換を伴わない線形光学材料を取り扱う．ここでは，屈折率，複屈折，透明性（吸収，散乱），耐熱性などをポリマーの化学構造と関係づけ，それらの制御の方法や改善の可能性について述べる．また，高屈折率ポリマーや，低複屈折ポリマー，屈折率分布型ポリマー材料といった最近のトピックス材料を解説する．

3.1.1　屈折率とアッベ数

a. 屈折率と化学構造

屈折率 n_D と化学構造を関係づける式は多数提案されているが[1]，構造論的には次のローレンツ-ローレンス式を用いるのが好ましい．

$$\frac{n_D{}^2-1}{n_D{}^2+2}=\frac{4}{3}\pi N\alpha\equiv\frac{[R]}{V}\equiv\phi \qquad (\mathrm{III}.3.1)$$

$$n_D=\sqrt{\frac{2\phi+1}{1-\phi}} \qquad (\mathrm{III}.3.2)$$

ここで，N は単位体積中の分子数，α は分極率，$[R]$ は分子屈折（一般に原子屈折の和），$V(=M/\rho$，M は分子量，ρ は密度）は分子容である．

b. ポリマーの屈折率

ポリマー中の繰り返し単位であるモノマーユニットの原子団屈折を $[R]_i$，その容積を V_i，繰り返し単位数（重合度）を m とすると，$[R]=m[R]_i$，$V=mV_i$ であるのでポリマーの屈折率 n_D は $\phi=[R]_i/V_i$ により求められる．

屈折率と化学構造との関係は，分子容 V を横軸に，分子屈折 $[R]$ を縦軸にとって，ポリマー P をベクトル表示する[2]（式($\mathrm{III}.3.1$)より）とわかりやすい（図 $\mathrm{III}.3.1$）．傾きは $(n_D{}^2-1)/(n_D{}^2+2)$ となるので，高屈折率ほど急傾斜である．いま，ポリマー P が原子団 G_1，G_2 および G_3 から成っていれば，ベクトル P は原子団それぞれのベクトルの和となる．

図 $\mathrm{III}.3.2$ に数種の原子団の分子容 V_g-分子屈折 $[R_g]$ プロットを示す．図 $\mathrm{III}.3.2$ からわかるように，水素をフッ素で置換すると C-F 結合は分極を起こしに

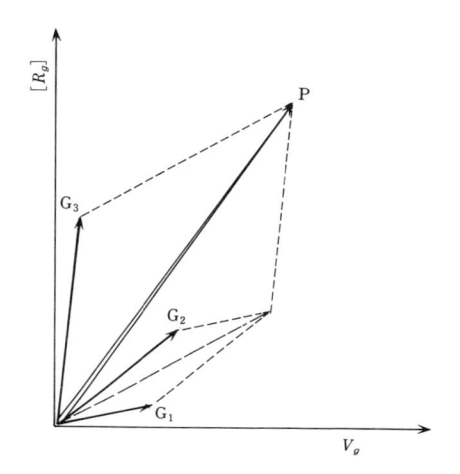

図 Ⅲ.3.1　V_g-$[R_g]$ のベクトル表示

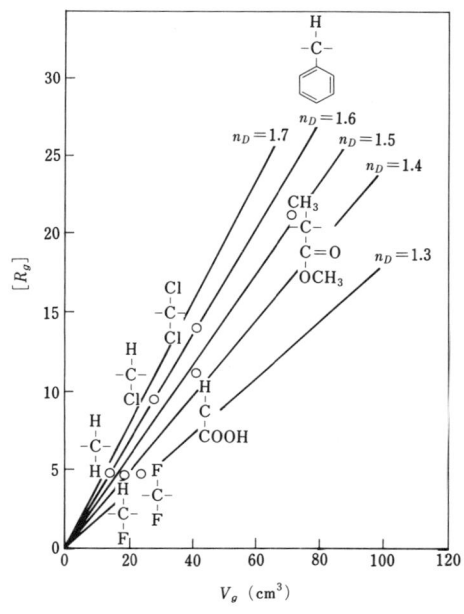

図 Ⅲ.3.2　原子団の V_g-$[R_g]$ プロット

くいので $[R_g]$ の増加は見られずに V_g だけが増すことになって傾斜が緩やかになり，低屈折率となる．また，ベンゼン環などの芳香族基の導入は π 電子による分極率の増加のために逆に高屈折率となる．このほか，

表 III.3.1 屈折率の調整（PMMA（$n_D=1.495$）を基準）

ポリマー構造	実 例	屈折率の変化
F以外のハロゲンの導入	塩素化フタル酸エステル 塩素化テレフタル酸エステル ハロゲン化ビスフェノールA	上昇（$n_D=$約1.6）
Sの導入	ポリスルフォン ポリフェニレンサルファイド	上昇（$n_D=1.63\sim 1.78$）
芳香族基の導入	ポリカーボネート ポリアリレート	上昇（$n_D=$約1.61）
フッ素の導入	テフロンAF*1, サイトップ*2	低下（$n_D=1.29\sim 1.34$）

*1：デュポン商標名，*2：旭硝子商標名．

屈折率を高めるにはフッ素以外のハロゲンの導入および硫黄（S）の導入が効果的である．表III.3.1に屈折率調整の例を示す．

c. アッベ数

色収差（光の分散性）を決定するアッベ数 ν_D は，式（III.3.3）で与えられる[3]．

$$\nu_D \equiv \frac{n_D-1}{n_F-n_C} = \frac{6n_D}{(n_D^2+2)(n_D+1)} \frac{[R]}{[\varDelta R]} \quad (\text{III}.3.3)$$

ここで，添字はF線（486 nm），D線（589 nm），C線（656 nm）を示す．$[\varDelta R]=[R]_F-[R]_C$ は分子分散と呼ばれ，原子分散の和である．上式より，アッベ数は，n_D，$[R]$ と分子分散 $[\varDelta R]$ から，式（III.3.3）を用いて

表 III.3.2 原子屈折と原子分散（単位：cm³/mol）[4]

結合様式	記 号	原子屈折 $[R]_D$	分散 $[R]_F-[R]_C$
水素	$-$H	1.100	0.023
塩素（アルキル基に結合）	$-$Cl	5.967	0.107
（カルボニル基に結合）	$(-C=O)-$Cl	6.336	0.131
臭素	$-$Br	8.865	0.211
ヨウ素	$-$I	13.900	0.482
酸素（ヒドロキシル基）	$-$O$-$(H)	1.525	0.006
（エーテル）	>O	1.643	0.012
（カルボニル基）	$=$O	2.211	0.057
（過酸化物）	$-$O$_2-$	4.035	0.052
炭素	>C<	2.418	0.025
メチレン基	$-$CH$_2-$	4.711	0.072
シアノ基	$-$CN	5.415	0.083
イソシアノ基	$-$NC	6.136	0.129
二重結合	＝	1.733	0.138

表 III.3.3 屈折率とアッベ数

ポリマー	n_D		ν_D	
	測定値	計算値	測定値	計算値
PMMA	1.492	1.494	56.3	55.8
PSt	1.60	1.605	30.8	33.9
Poly(ethyleneglycol dimethacrylate)	1.506	1.508	53.4	56.7
CR-39	1.500	1.487	58.8	59.1
Nylon 6	1.53	1.535	—	42.6

計算することができ，分散が大きいと小さくなることから逆分散率とも呼ばれる．

表III.3.2に，ポリマーを構成する原子の原子屈折 $[R]_D$ と原子分散 $[\varDelta R]\equiv[R]_F-[R]_C$ の値を示す[4]．この表の原子屈折の総和と，密度からポリマー屈折率が算出でき，さらに式（III.3.3）を用いてアッベ数を求めることができる．屈折率およびアッベ数の計算値と測定値を表III.3.3に示すが，比較的よい一致が見られる．

d. 屈折率とアッベ数の関係

ハロゲンやベンゼン環の導入によって屈折率を制御できることを述べたが，これらの基の導入によってアッベ数も変化する．PMMAのエステルのメチル基の水素を臭素Brおよびベンゼン環で置換した場合の屈折率とアッベ数の計算結果を表III.3.4に示す．どちらで置換した場合も分極率が増大するので得られるポリマーの屈折率はPMMAより高くなっているが，アッベ数は，π電子をもつベンゼン環で置換したほうは大幅に減少している一方，臭素で置換されたほうはそれほど減少していない．したがって，高屈折率，高アッベ数のポリマーを得るためには，臭素などのハロゲン（フッ素を除く）の導入や，π電子をもたない脂環式基を導入すればよい．

表 III.3.4 屈折率，アッベ数の置換基効果

ポリマー	屈折率	アッベ数
PMMA	1.49	56
Br-MMA	1.54	48
⌬-MMA	1.56	39

現在つくられている代表的な有機ポリマーをガラス材料と共に，アッベ数 ν_D を横軸に，屈折率 n_D を縦軸にとってプロットしたものを図III.3.3に示す．有機ポリマーの傾向としては，高屈折率は低アッベ数，低屈折率は高アッベ数であったが，プロット18などに見られるように高屈折率で高アッベ数の光学ポリマーが合成されてきている．

e. 屈折率制御の実際

現在，その用途に応じてさまざまな屈折率およびアッベ数を有するポリマーが求められている．たとえば，レンズ材料としては高屈折率，低収差（高アッベ数）のポリマーが求められている．ここでは，実例をあげて屈折率制御方法について述べる．

1）高屈折率ポリマー 図III.3.4に，高屈折率ポリマーの構造式およびその屈折率とアッベ数を示す．(f)のモノマーは，ベンゼン環に臭素が導入されていることから，高屈折率が達成されており，また機械特性

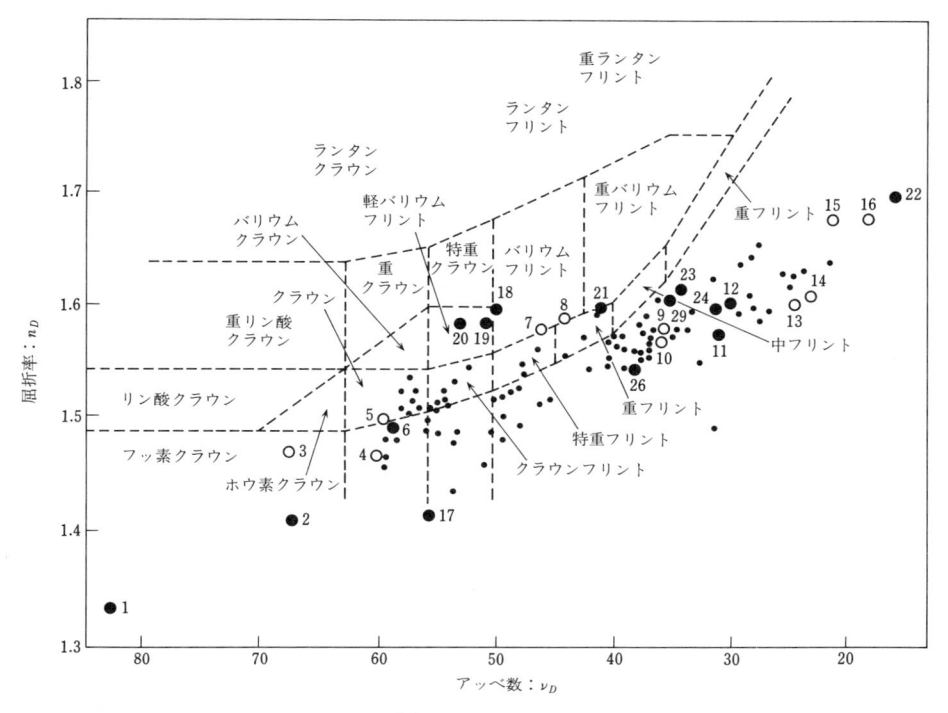

図 III.3.3 有機ポリマーの屈折率とアッベ数

1. $CF_2=CF_2-CF_2=CF(CF_3)$ 共重合体
2. ポリメタクリル酸トリフルオロエチル
3. ポリアクリル酸イソブチル
4. ポリメタクリル酸メチル
5. ジエチレングリコールビスアリルカーボネート (CR-39)
6. ポリメタクリル酸メチル
7. ポリα-ブロムアクリル酸メチル
8. ポリメタクリル酸-2,3-ジブロムプロピル
9. フタル酸ジアリル
10. ポリメタクリル酸フェニル
11. ポリ安息香酸ビニル
12. ポリスチレン
13. ポリメタクリル酸ペンタクロルフェニル
14. ポリo-クロルスチレン
15. ポリビニルナフタレン
16. ポリビニルカルバゾール
17. シリコーンポリマー
● はその他のポリマー, 文字は光学ガラス

(18~26は特許より)
18[5], 19[5], 20[5], 21[6], 22[7], 23[8], 24[9], 25[10], 26[11].

にも優れ眼鏡用プラスチックレンズ材料として市販されている. (d), (e), (g)に見られるように, Sの導入は, 屈折率を大幅に増大させるが, 一方アッベ数は低下する.

その他, パラビフェニレン基の2,2'位にバルキーな基を導入した芳香族ポリアミドがある. 高屈折率, 高T_gであり, ポリマー鎖が剛直鎖状構造であってもベンゼン環が非同一平面構造をとっているため, 紫外部吸収帯 (λ_{max})は短波長で無色透明であり, 溶剤易溶性なポリマーが得られている[12].

アッベ数を低下させることなく屈折率を高くするためには, 3.1.1項で述べたようにフッ素以外のハロゲンまたは脂環式基の導入が考えられるが, 高T_g, 低吸水率という点でも有利になることから, 近年脂環式基の導入が検討されている.

i) 側鎖への導入: (b), (c)のモノマーがこれに相当する. π電子構造を含まないため, 高アッベ数化が達成されている. 特に, (b)のポリマーは脂環構造に臭素を結合させ, 高屈折率が得られている. 脂環構造の臭素の耐候性に問題がなければきわめて興味深い材料である. 市販されているものとしては, 日立化成工業のオプトレッツ OZ-1000 などがある.

ii) 主鎖への導入(環状オレフィンの共重合): たとえば, 図III.3.4の(j)の縮合環形オレフィンとエチレンとの共重合により, $n_D=1.54$, 非晶質で, 透明性・耐熱性・耐溶剤性に優れ, 複屈折がきわめて小さい光学材料が得られるなど[13], 種々の縮合環型オレフィンとの共重合体が開発されている[14].

2) 低屈折率ポリマー 低屈折率ポリマーを得るには, フッ素の導入が有効である. 含フッ素エポキシ樹脂では, 屈折率が $n_D=1.40$ までのものが得られ, SiO_2系光ファイバーの鞘材としても利用できる[15] (一般のエポキシ樹脂の屈折率は $n_D=1.55~1.60$).

また, α-フルオロアクリル酸ポリマー(PF)では, フ

(a) 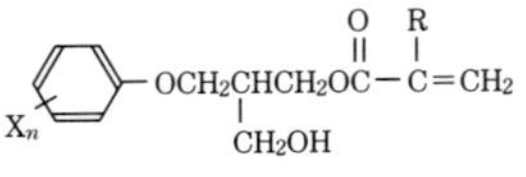 構造: X$_n$-C$_6$H$_4$-OCH$_2$CHCH$_2$OC(=O)-C(R)=CH$_2$ 側鎖 CH$_2$OH
  (X=I または Br, R=H または CH$_3$, n=1〜5)
  n_D=1.60〜1.63, v_D=30〜35

(b) 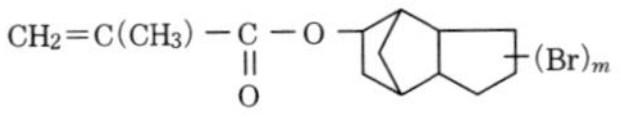 CH$_2$=C(CH$_3$)-C(=O)-O-[ジシクロペンタジエニル]-(Br)$_m$
  m=1 n_D=1.551, v_D=53
  m=2 n_D=1.570, v_D=51.3
  m=3 n_D=1.594, v_D=49.8

(c) 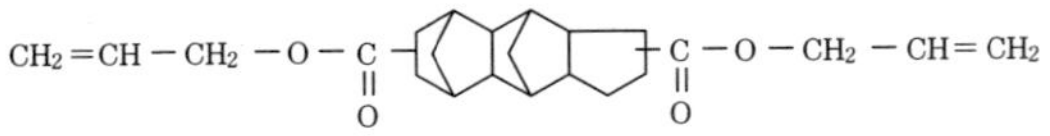 CH$_2$=CH-CH$_2$-O-C(=O)-[ジシクロペンタジエニル]-C(=O)-O-CH$_2$-CH=CH$_2$
  n_D=1.570, v_D=52.6

(d) 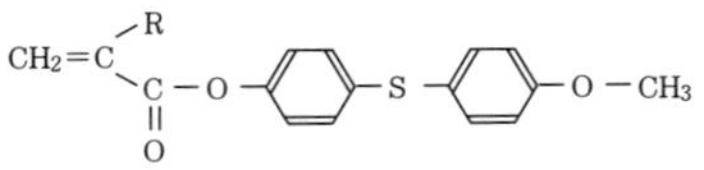 CH$_2$=C(R)-C(=O)-O-C$_6$H$_4$-S-C$_6$H$_4$-O-CH$_3$
  R=H n_D=1.698, v_D=16
  R=CH$_3$ n_D=1.690, v_D=16

(e) 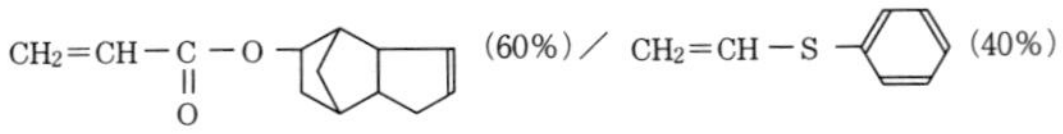 CH$_2$=CH-C(=O)-O-[ジシクロペンタジエニル] (60%) / CH$_2$=CH-S-C$_6$H$_5$ (40%)
  n_D=1.587, v_D=41

(f) 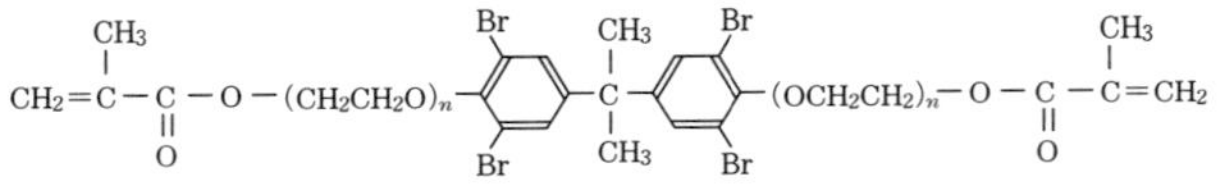 CH$_2$=C(CH$_3$)-C(=O)-O-(CH$_2$CH$_2$O)$_n$-[3,5-Br$_2$-C$_6$H$_2$]-C(CH$_3$)$_2$-[3,5-Br$_2$-C$_6$H$_2$]-(OCH$_2$CH$_2$)$_n$-O-C(=O)-C(CH$_3$)=CH$_2$
  n_D=1.60

(g) 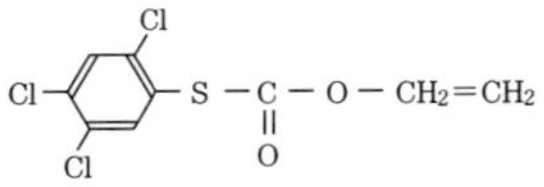 2,4,5-Cl$_3$-C$_6$H$_2$-S-C(=O)-O-CH$_2$=CH$_2$ (70%) / diallyl iso-phthalate (30%)
  n_D=1.611

(h) 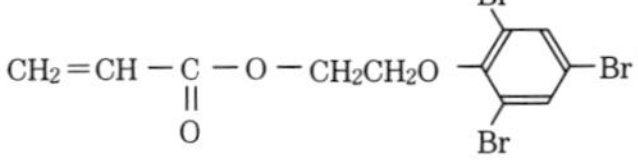 CH$_2$=CH-C(=O)-O-CH$_2$CH$_2$O-[3,5-Br$_2$-C$_6$H$_3$]-Br (60%) / (f) のモノマー (40%)
  n_D=1.605, v_D=33.5

(i) 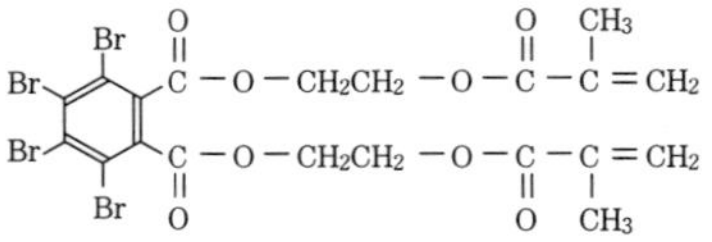 3,4,5,6-Br$_4$-C$_6$-(C(=O)-O-CH$_2$CH$_2$-O-C(=O)-C(CH$_3$)=CH$_2$)$_2$
  n_D=1.596, v_D=32

(j) 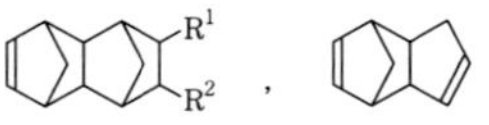 [ジシクロペンタジエニル-R^1,R^2] , [ジシクロペンタジエニル]
  n_D=1.54

図 III.3.4 高屈折率光学ポリマー材料

ッ素置換前(メタクリル酸エステルポリマー)とくらべて,屈折率の低下だけでなく,密度,T_gの上昇,弾性率の低下,熱安定性の上昇がもたらされている[16].

フッ素導入により,無定形の透明ポリマーで最も屈折率を低下させた例としては,表Ⅲ.3.1のテフロンAF(n_D=1.29～1.33),サイトップ(n_D=1.34)があげられる.

f. 屈折率の温度依存性

屈折率の温度依存性は,式(Ⅲ.3.1)のローレンツ-ローレンス式から,式(Ⅲ.3.4)のようになる[3].

$$\frac{dn_D}{dT}=\frac{(n_D^2+2)(n_D^2-1)}{6n_D}\left(\frac{1}{\alpha}\frac{d\alpha}{dT}+\frac{1}{\rho}\frac{d\rho}{dT}\right) \quad (Ⅲ.3.4)$$

共有結合主体の有機ポリマーでは,分極率の温度変化$(1/\alpha)(d\alpha/dT)$がきわめて小さいので,密度変化$(1/\rho)(d\rho/dT)$が屈折率の温度変化に支配的な影響を及ぼすことになる.したがって,ポリマーの屈折率温度依存性は簡単に式(Ⅲ.3.5)で与えられる.

$$\frac{dn_D}{dT}=\frac{(n_D^2+2)(n_D^2-1)}{6n_D}\frac{1}{\rho}\frac{d\rho}{dT} \quad (Ⅲ.3.5)$$

表 Ⅲ.3.5 屈折率,体積の温度依存性

	屈折率 n_D	$-\frac{dn_D}{dT}$ ($\times 10^{-5}$°C^{-1}) 実測値	計算値	体積膨張係数 $\frac{1}{\rho}\frac{d\rho}{dT}$ ($\times 10^{-5}$°C^{-1})
ポリカーボネート (PC)	1.59	9 ～14	14	20
ポリスチレン (PSt)	1.60	12 ～14	13～18	13～24
ポリメタクリル酸メチル (PMMA)	1.49	8.5～11	8	13
CR-39 ポリマー	1.50		14	24
光学ガラス	1.46～1.96	0.5～-1.0	—	1.5～4.5
石英ガラス	1.45		0.09	0.17

$d\rho/dT$ は,すべてのポリマーに対して負であるため,温度の上昇に伴い屈折率は減少する.表Ⅲ.3.5[3]に有機ポリマーおよび無機光学ガラスの体積膨張係数と屈折率の温度依存性を示す.有機ポリマーの体積膨張係数は,無機光学ガラスにくらべて約1桁大きく,dn_D/dT は 10^{-4}°C^{-1}のオーダーであることから,精密光学の分野での使用にあたっては屈折率の温度依存性には注意しなければならない.プラスチックレンズの場合,温度変化は絶対焦点距離を変化させるが,球面収差カーブはほとんど変化しない.このため,CD用ピックアップレンズのように,オートフォーカス機構を備えた光学系では高精度レンズとして使用されている.たとえば,PMMAのガラス転移温度以下での屈折率温度依存性は式(Ⅲ.3.6)で近似される.

$$n_D=1.4933-1.1\times 10^{-4}t-2.1\times 10^{-7}t^2 \quad (Ⅲ.3.6)$$

g. 屈折率の波長依存性

屈折率の波長依存性は,コーシーの近似式を用いると,PMMAの場合,式(Ⅲ.3.7)で表される.代表的なポリマーの波長依存性を図Ⅲ.3.5に示す[17].

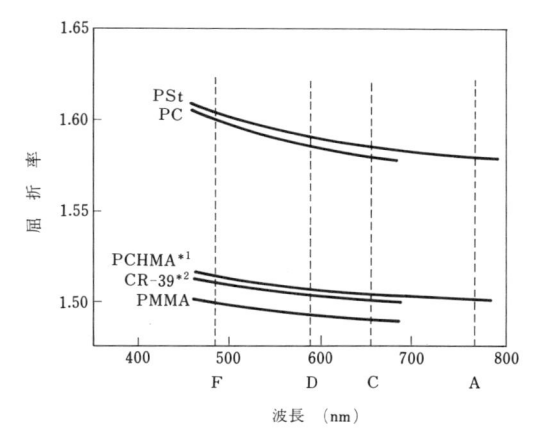

図 Ⅲ.3.5 屈折率の波長依存性
＊1 PCHMA:ポリシクロヘキシルメタクリレート
＊2 CR-39:ジエチレングリコール・ビス・アリルカーボネート

$$n=1.4779+\frac{5.0496\times 10^5}{\lambda^2}-\frac{6.9486\times 10^{11}}{\lambda^4} \quad (Ⅲ.3.7)$$

3.1.2 複屈折

複屈折現象は,近年その開発が著しいプラスチックレンズ,コンパクトディスク,光導波路などのオプトエレクトロニクスポリマーデバイスに悪影響を及ぼす.ここでは,高分子材料から見た複屈折の基本特性について述べる.

a. 複屈折現象とは

3.1.1項において,屈折率と化学構造の関係について述べたが,高分子固体内に,マクロ的に見て配向が起こると,光線はポリマーの配向に起因する光学軸に平行な偏波とそれに垂直な偏波に分かれ,各々異なる速度で媒体中を透過する.したがって,あらゆる偏波面をもついわゆる自然光が,単一光軸をもつ複屈折媒体に斜めから入射すると,媒体中では光学軸に平行な偏波とそれに垂直な偏波しかとりえないために,自然光の偏波成分はこの二つの偏波に分けられて媒体中を透過する.単一結晶(方解石など)を,斜めに透かして物体を見ると二重に見えるのはこのためである.また,直線偏波が媒体面に垂直に入射した場合は,やはり媒体内で二つの偏波に分解され,異なる速度で伝搬するために,媒体出口で合成された光は,もはや入射時の

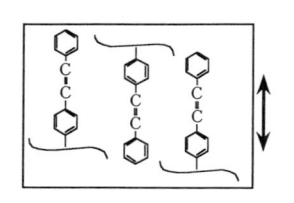

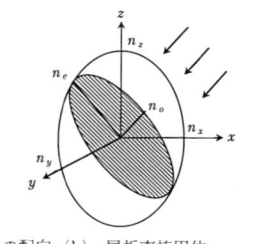

(a) スチルベン基を有するポリマーの配向　(b) 屈折率楕円体

図 III.3.6　ポリマーの配向と屈折率楕円体

直線偏波を維持しておらず，後述するように一般には楕円偏光となる．

高分子固体内の複屈折を議論する場合には，屈折率楕円体を用いて説明すると理解しやすい．

図III.3.6(a)に示すように，たとえばスチルベン基が縦(z軸)方向に配向している場合の屈折率楕円体は，(b)のように表される．光線は電磁波であるが，その電場ベクトルと媒体の分極により，屈折率が決定されるため，ここでは電場ベクトル方向を偏波方向とする．縦偏光を考えると，偏波方向(電場ベクトルの向き)は光線の進行方向と垂直である．(a)のポリマー中を光線がすすむとき，光線の偏波面が x，y，z 軸に平行な場合に受ける屈折率がそれぞれ n_x，n_y，n_z である．つまり屈折率楕円体とは，それぞれの屈折率が x，y，z軸の切片となるように決めた仮想の楕円体である．

(a)のスチルベン基に注目すると，縦軸(z軸)には，長い共役結合が形成されており，大きな分極率をもつが，x，y軸方向はそれにくらべて小さい．このため，$n_z > n_y = n_x$ となる．いま(a)のポリマーに(b)に示すように斜め方向から自然光を入射したときの複屈折を考える．

複屈折は，光線の進行方向に対して垂直に切った原点を含む屈折率楕円体の断面により表される(図中の斜線部分)．複屈折媒体中では，光線の偏波は，最も分極率の大きい方向とそれに垂直な方向の偏波に分かれて進行する．それぞれの偏波方向をもった光の屈折率が，(b)の断面の長軸 n_e とそれと垂直な短軸 n_o である．したがって，この方向の光線が受ける複屈折 Δn は

$$\Delta n = n_e - n_o \qquad \text{(III.3.8)}$$

で定義される．ここでは，n_o の光を常光線(ordinary ray)と呼ぶのに対し，n_e の光を異常光線(extraordinary ray)と呼ぶ．

b. 光弾性複屈折

ポリマー特有の配向複屈折は，たとえば溶融状態での射出成形でレンズなどを作製する場合，ポリマー鎖がずり応力により塑性変形を受け，流れ方向に配向してポリマーを構成する原子団の分極方向がマクロ的に揃うことにより生じる．

一方，ポリマー固体内に応力ひずみが残っている場合，また外力を加えた場合にも複屈折が生じる．この場合も同様に考えられ，応力の付加によるひずみによって，ある原子団が一定方向にわずかに向きをかえるために生じる．T_g 以下の温度でポリマー固体に外力を加えた場合に生じるひずみは弾性変形であり，外力を取り除くと複屈折は消失する．このときの複屈折 Δn は式(III.3.9)で表される．

$$\Delta n = c\delta \qquad \text{(III.3.9)}$$

ここで δ は応力，c は光弾性定数であり，複屈折 Δn は δ に比例する．

一般に，無定形ポリマーは，ファン・デル・ワールス半径から見積もられる体積を固有体積とすると，これが占める割合は，全ポリマー体積の 60～70% であり，残りがいわゆる自由体積である．ポリマー間およ

図 III.3.7　低複屈折ポリカーボネート誘導体
カッコ内の数字は光弾性定数を示す．($10^{-13} \text{cm}^2/\text{dyne}$)

びポリマーを構成する原子団間のインターラクションは典型的なもので8〜20 J/kmolで，共有結合などの一次結合に比べ（150〜900 J/kmol），1桁から2桁小さいことを考えると，外力によるひずみは，自由体積を介して弾性変形するものと考えられる．つまり，光弾性による複屈折の発現も原子の結合角の変化によるものではなく，自由体積をバッファー相とした弾性変形によってわずかにひずみを受け，特定の原子団が，マクロ的に外力に対して一定方向を向いて分極異方性（複屈折）を生じる現象と考えられる．

ポリカーボネートは，比較的大きな光弾性定数を有するため，高精度な集光素子材料には適さないと考えられてきた．近年，主鎖に垂直方向の分極率を高めることによる低複屈折化が検討されている．図Ⅲ.3.7[18]にその構造式と括弧内に光弾性定数を示す．

一方，複屈折の原因となるひずみを生じさせない方法として，モノマーとポリマーの比重が比較的近い，非収縮性ポリマー，たとえば下記のスピラン樹脂[19]が検討されている．これは，ジアリリデンペンタエリスリット（DAPE）と多官能性のアルコール・チオールとで水素移動による付加反応を起こさせたもので，この系は硬化収縮がビニル重合に比べて半分程度となるので光弾性複屈折を発生しにくい．

c. 配向複屈折

ポリマー鎖を構成するモノマーユニットには，多かれ少なかれ分極異方性が存在するため，ポリマー鎖の接線方向からある一定の角度方向に分極率が最大となる方向がある．ポリマー鎖に対し，モノマーユニットの分極率が垂直方向に最大となる場合の模式図を図Ⅲ.3.8に示す．ポリマー鎖がランダムな場合には，モノマーユニットの分極異方性は打ち消し合って0である（図Ⅲ.3.8(a)）が，ポリマー鎖が配向すると，各々のモノマーユニットの分極異方性は，マクロ的に見てある一定方向に配向する（図Ⅲ.3.8(b)）．

一般に，ポリマー鎖の配向に伴う複屈折 Δn は次式で表される．

$$\Delta n = n_{//} - n_\perp \tag{Ⅲ.3.10}$$

ここで，$n_{//}$ および $n_\perp$ はそれぞれ，ポリマー鎖の配向方向に平行および垂直な偏波を有する光線の屈折率である．配向に伴う屈折率楕円体の長軸方向はポリマー鎖に対し垂直または平行とは限らず，したがって $n_{//}$ および $n_\perp$ は n_e, n_o に相当している．

いま，ポリマー鎖が完全に配向したときの複屈折を固有複屈折（intrinsic birefringence）Δn^0 と定義すると，配向度 f における配向複屈折 Δn は式（Ⅲ.3.11）となる．

$$\Delta n = f \cdot \Delta n^0 \tag{Ⅲ.3.11}$$

固有複屈折は，式（Ⅲ.3.12）[20]から得られる．

$$\Delta n^0 = \frac{2\pi}{9} \frac{(\bar{n}^2+2)^2}{\bar{n}} \frac{\rho}{M} N_A \Delta \alpha,$$

$$\Delta \alpha = \alpha_X - \frac{\alpha_Y + \alpha_Z}{2} \tag{Ⅲ.3.12}$$

ここで ρ は密度，N_A はアボガドロ数，n は平均屈折率，M は単位ユニットあたりの分子量であり，α はそれぞれの方向の分極率を示す．

d. 分子配向と複屈折

配向度 f は，図Ⅲ.3.9[20]に示されるポリマー鎖の接線と延伸方向との角度 θ によって式（Ⅲ.3.13）[20]で表される．

$$f = \frac{3\cos^2\theta - 1}{2} \tag{Ⅲ.3.13}$$

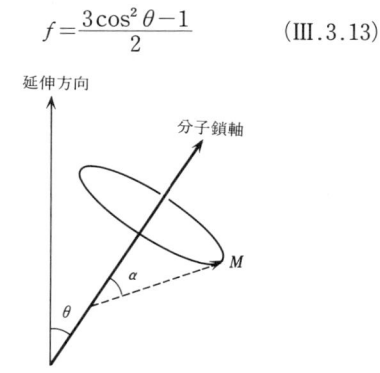

図 Ⅲ.3.9 分子鎖軸と配向方向（θ），遷移モーメントベクトル M 方向（α）

配向度 f は，赤外二色性比 $D = A_{//}/A_\perp$（例：図Ⅲ.3.9）を測定して，式（Ⅲ.3.14）[20]で求められる．

$$f = \frac{D-1}{D-2} \frac{2\cot^2\alpha + 2}{2\cot^2\alpha - 1} \tag{Ⅲ.3.14}$$

ここで α は，図（Ⅲ.3.9）に示される，ある原子団の吸収遷移モーメントベクトル方向とポリマー鎖のなす角である．したがって，これより f が求まり，そのときの複屈折を測定すると，式（Ⅲ.3.11）より固有複屈折 Δn^0 を求めることができる．代表的なポリマーの固有複屈折の値を表Ⅲ.3.6に示す．

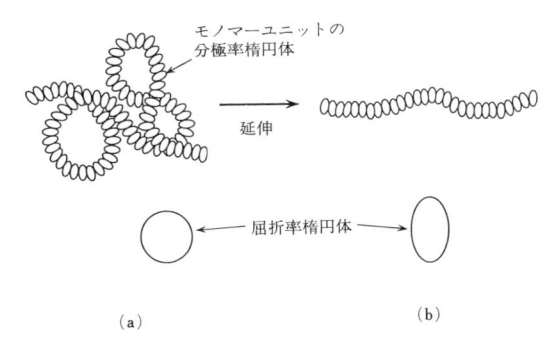

図 Ⅲ.3.8 ポリマー鎖の配向に伴う複屈折の発現

表 III.3.6 代表的なポリマーの固有複屈折の値

ポリマー	固有複屈折
polystyrene	−0.100
polyphenyleneoxide	0.210
polycarbonate	0.106
polyvinylchloride	0.027
polymethylmethacrylate	−0.0043
polyethyleneterephthalate	0.105
polyethylene	0.044

e. 非複屈折ポリマー

配向複屈折を低減化させる方法として，複屈折の正負が異なるポリマーどうしを混ぜ合わせて複屈折を消去するブレンド法[20,21]および共重合法[22]が提案されている．ブレンド法では，ポリマーを複屈折相殺組成で混合することによって，分子配向が存在していても成形物の複屈折を0にしうる．一方，共重合法は，ポリマー鎖を構成するモノマーユニット単位で複屈折が消去できるため，光導波路媒体としての透明光学材料への応用が期待されている．本項においては，非複屈折性ポリマーの作製原理と実例について述べる．

1) ブレンド法[20] モノマーユニットに分極異方性が存在する無定形ポリマーは，多かれ少なかれ配向複屈折が本質的なものである(固有複屈折)．ブレンド法は，固有複屈折が正のポリマーと負のポリマーを適当なブレンド比で混合することで複屈折の消去を行う．この場合，ブレンドするポリマーどうしの相溶性がその透明性を大きく左右するため，ポリマーの組み合わせが非常に重要である．このような立場から，複屈折が0となるポリマー対を探索した結果，表III.3.7[20]の非複屈折性ポリマーブレンドが見い出されている．これらのブレンドポリマーは，互いに相分離することなく，透明であることが報告されている．

2) 共重合[22] それぞれ正負の複屈折を与えるモノマーどうしをランダムに共重合させると，異なるモノマーユニットの分極率楕円体の長軸の向きが異なるために，数Åオーダーでお互いの分極異方性を打ち消

表 III.3.7 非複屈折ポリマーブレンド

ポリマーの組み合わせ (負の Δn/正の Δn)	複屈折が0となるポリマー配合比 (wt. ratio)	延伸温度(℃)
PMMA/PVDF	80 : 20	90
PMMA/VDF・TrFE-58	90 : 10	90
PMMA/PEO	65 : 35	90
PS/PPO	71 : 29	180
S・LMI-19/PPO	73.5 : 26.5	180
S・PMI-16/PPO	74.5 : 25.5	180
S・CMI-17/PPO	75.5 : 24.5	180
S・MAN-8/PC	77 : 23	180
AS-25/NBR-40	40 : 60	90

しあう．モノマーユニット単位での分極異方性が0になれば配向によっても複屈折を生じないので，これにより非複屈折性透明ポリマー固体を得ることができる．図III.3.10にその模式図を示す．表III.3.8に正および負の複屈折を与えるモノマーの例を示す．この表の中では，MMA-3FMA および MMA-BzMA の組み合わせでランダム共重合となり，光学的に均一な透明ポリマーが報告されている．

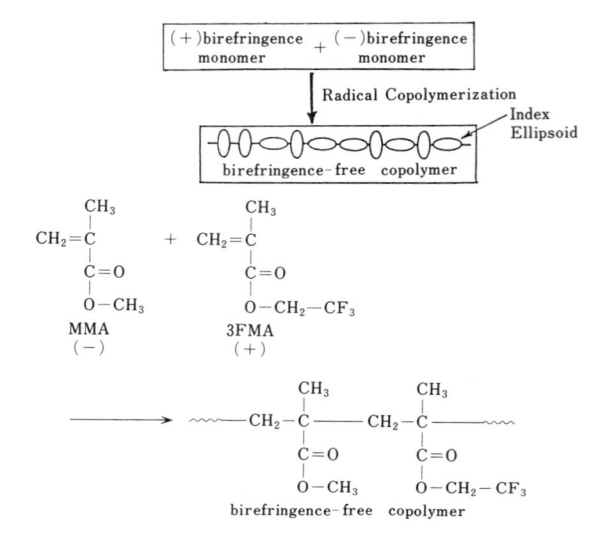

図 III.3.10 ランダム共重合法による配向複屈折消去の原理

表 III.3.8 正および負の複屈折を与えるモノマー

負の複屈折	正の複屈折
methyl methacrylate (MMA)	trifluoroethyl methacrylate (3 FMA)
styrene	trihydroperfluoropropyl methacrylate (4 FMA)
butyl methacrylate (BMA)	benzyl methacrylate (BzMA)
cyclohexyl methacrylate (CHMA)	

図III.3.11に組成を変化させた MMA-3FMA 系ポリマーフィルムの延伸による配向複屈折の変化を示す．この図によると，モノマー組成比 MMA/3FMA＝44/56(wt/wt)で合成すると，延伸によってほとんど複屈折を生じないポリマーフィルムが得られることがわかる．さらに，MMA-BzMA 系では，組成比 82/18(wt/wt)で，複屈折がほぼ完全に消去される．

また，これらの非複屈折ポリマーの散乱損失値は数十dB/kmと，MMAホモポリマーに匹敵する透明性を有し，光学材料としての応用が期待できる．

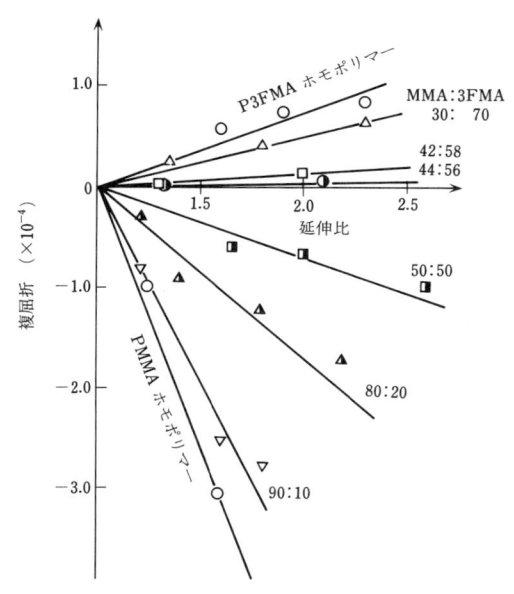

図 III.3.11 MMA-3FMA ポリマーフィルムの延伸に伴う複屈折の発現

3.1.3 透明材料

ポリマーの透明性は，一般に伝送損失で表され，吸収損失と散乱損失に大別される．不純物などの外的要因の排除によって，透明性は大幅に向上するが，ポリマーの固有の透明性を向上させるには，伝送損失と化学構造との関係やその極限を理解していなければならない．本項では，吸収損失と散乱損失それぞれについて，本質的な原因およびそれらの低減化の方法について解説する．

a. 光吸収損失

1) 電子遷移吸収　ポリマー固有の吸収損失には，短波長側で増大する電子遷移吸収と長波長側で周期的に現れる原子振動吸収がある．電子遷移吸収は，主にエステル基にもとづく $n \to \pi^*$ 遷移および，ベンゼン環やカルボニル基などの π 電子 $\to \pi^*$ 遷移によって生じる．短波長側（紫外光域）では，レイリー散乱が支配的である場合が多く，光通信で考えられている光源の波長領域（可視から近赤外）では，レイリー散乱の大きさに比べると無視できるほど小さいものが多い．

表 III.3.9 ポリマーの電子遷移吸収 α_e

ポリマー	α_e (dB/km)		
	$\lambda=600$ nm	$\lambda=700$ nm	$\lambda=800$ nm
PC	250	110	60
PSt	210	60	20
PMMA	0.0	0.0	0.0

しかし，耐熱性ポリマーで知られるポリカーボネート（PC）のように分子骨格に多数のエステル基やフェニル基の存在する場合は，むしろ電子遷移吸収による伝送損失が大きくなり，透明性に大きく影響を与える．PC，ポリスチレン（PSt），PMMA の各波長における電子遷移吸収の値を表 III.3.9 に示す．

2) 原子振動吸収　物質はすべて原子から構成されており，原子の種類や，原子どうしの結合の種類がその物質を特徴づけている．ところがこれらの原子間の結合は，ある結合の振動エネルギーをもっており，物質にエネルギーを照射すると，結合の伸縮振動や，変角振動，あるいは回転振動など（図 III.3.12 参照）のエネルギーの倍音（倍の周波数）の吸収が現れる．

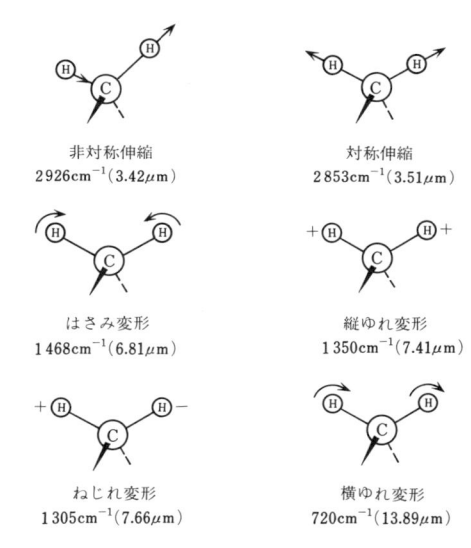

非対称伸縮　2926cm^{-1} ($3.42 \mu\text{m}$)
対称伸縮　2853cm^{-1} ($3.51 \mu\text{m}$)
はさみ変形　1468cm^{-1} ($6.81 \mu\text{m}$)
縦ゆれ変形　1350cm^{-1} ($7.41 \mu\text{m}$)
ねじれ変形　1305cm^{-1} ($7.66 \mu\text{m}$)
横ゆれ変形　720cm^{-1} ($13.89 \mu\text{m}$)

図 III.3.12 赤外領域での吸収振動

i) 振動による吸収の波長：まず，質量 m_1，m_2 の原子が，力の定数 k のばねに対して振動する場合（ポテンシャルエネルギー $U=1/2 kx^2$；ここで x は平衡点からの変位），基本振動数 ν_0 は式（III.3.15）で示される．

$$\nu_0 = (1/2\pi c) \cdot (k/m_r)^{1/2} \quad \text{(III.3.15)}$$

ここで c は光速，m_r は換算質量（還元質量）であり，式（III.3.16）で表される．

$$m_r = m_1 \cdot m_2 / (m_1 + m_2) \quad \text{(III.3.16)}$$

特に CH を基本とするポリマーでは，水素原子が軽量で振動しやすいため，基本吸収は，赤外域において低波長側に現れる．したがって，光源の波長である近赤外域（600～1000 μm）では，この CH 伸縮振動の比較的低倍音がとびとびに現れ，これが吸収損失の大きな原因となっている．たとえば，水素原子を重水素原子

やフッ素原子に置換すると，それらの倍音吸収ピークの波長は長波長側に移動し，上記近赤外域での吸収量が減少する．

吸収エネルギーは，主に原子間の結合の伸縮振動の倍音によるものである．以下に，その倍音の吸収が，どの波長にどの程度の大きさで現れるかを説明する．

ii) 吸収の基本振動と倍音：振動吸収がとりうるエネルギーレベル E は，量子数 v により，式(III.3.17)のように表される．

$$E = \left(v + \frac{1}{2}\right)\frac{2\pi}{h}\left(\frac{k}{m_r}\right)^{1/2} = \left(v + \frac{1}{2}\right)hc\nu \quad \text{(III.3.17)}$$

ここで h はプランク定数，v は $v = 0, 1, 2, 3, \cdots$ である．

図III.3.13(a)にそのポテンシャルエネルギー曲線を示す．ここで縦軸はエネルギーレベル，横軸は平衡点からのずれの量を表している．ところが，実際の分子や原子について考えると，結合している原子は2原子だけではないために，その非調和性により，高次の倍音エネルギーは，理想分布にくらべ，エネルギーレベルが低くなり，倍音吸収が起こりやすくなる．

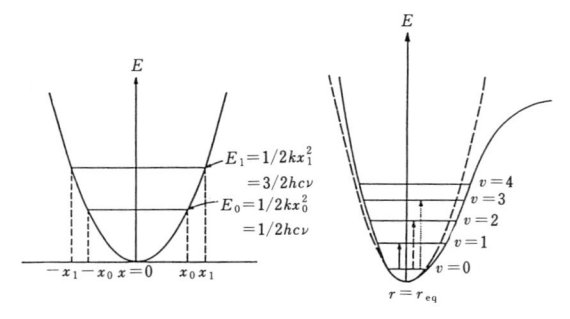

図III.3.13 振動吸収のエネルギーレベル

このようなエネルギー曲線は，非調和定数 χ を導入したモースポテンシャルエネルギー理論とよく一致する[23]．

モースポテンシャルによるエネルギーレベル $G(v)$ は式(III.3.18)のように示される．

$$G(v) = \nu_0\left(v + \frac{1}{2}\right) - \nu_0\chi\left(v + \frac{1}{2}\right)^2 \quad \text{(III.3.18)}$$

ここで χ は非調和定数である．この式を変形すると式(III.3.19)となる．

$$\nu_v = G(v) - G(0) = \nu_0 v - \chi\nu_0 v(v+1) \quad \text{(III.3.19)}$$

ここで理想基本振動数 ν_0 および実際の基本振動数 ν_1 の関係は式(III.3.20)で表される．ここで，ν_0 は直接測定することはできない．

$$\nu_0 = \frac{\nu_1}{1 - 2\chi} \quad \text{(III.3.20)}$$

以上のことから，もし ν_1 および ν_2 の振動数がわかれば χ の値がわかることになり，式(III.3.21)により，すべての倍音の位置を計算することができる．

$$\nu_v = \frac{\nu_1 v - \chi\nu_1 v(v+1)}{1 - 2\chi} \quad \text{(III.3.21)}$$

また，基本振動吸収に対する倍音での振動吸収の強度比も χ の値がわかれば，容易に計算することができる[23]．

図III.3.14に炭素原子と各種の原子が結合した場合の倍音振動吸収の位置と，その大きさを上式を用いて計算した結果を示す[23]．縦軸の値 E_v/E_1^{CH} は，炭素-水素結合の基本振動エネルギーに対するその倍音での振動エネルギーの大きさの比であり，吸収損失の大きさの目安となる．損失に換算すると $E_v/E_1^{CH} = 3.1 \times 10^{-8}$ が，約 $1\,\text{dB/km}$ に対応する．

図III.3.14 異なる C-X 振動での倍音吸収エネルギー量の計算結果

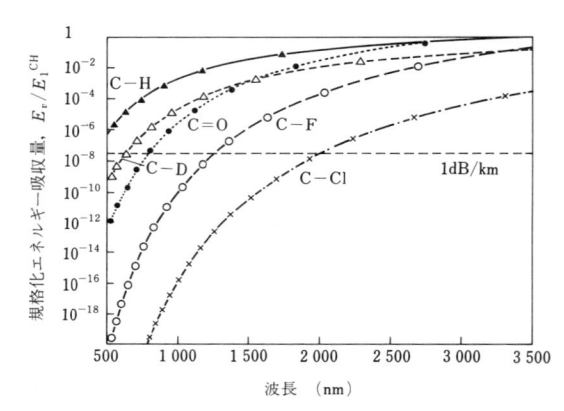

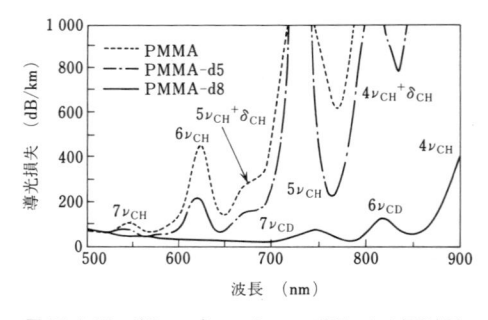

図III.3.15 ポリマー光ファイバーの吸収による伝送損失

iii) 近赤外低損失ポリマー：ポリマー材料の光学系への応用を考えた場合には，近赤外域において低損失なものが望ましい．

図III.3.15[24,25]は，PMMA，PMMA-d5 コアのファイバーおよび PMMA-d8 コアのファイバーの伝送損

失スペクトルであり，ここでPMMA-d8は，PMMAのすべての水素を重水素で置換したものである．波長630nmに注目すると，PMMAの場合にはC-Hの6倍音による吸収損失は約400dB/km($E_v/E_1^{CH}=1.4\times10^{-5}$)と見積もられており，図Ⅲ.3.14の計算結果とよく一致している．一方，同じ波長において，PMMA-d8の場合にはC-Dの8倍音が現れ，その吸収損失は図Ⅲ.3.14から見積もると約2dB/km($E_v/E_1^{CH}=2.9\times10^{-8}$)であり，PMMAにくらべて非常に低損失となる．さらに重水素に代えてフッ素化を行えば，図Ⅲ.3.14より，さらに数桁低損失となる．これは近赤外域で実質的に光吸収がないことを意味する．

PMMA-d8コアの光ファイバーでは，波長650～680nmでの伝送損失が約20dB/km，850nmでも約50dB/kmのファイバーが報告されており[25]，近赤外光域で，プラスチックファイバーとしてはきわめて低損失な値が達成されている．しかし，近赤外光域では吸湿によって吸収損失が増大するという欠点を有している．

フッ素を導入した場合は，フッ素の撥水性によって吸湿性の影響を抑制することができるため，無定形フッ素ポリマーは近赤外域においてきわめて興味深い光学材料となる可能性がある．

b. 光散乱損失

1) 透明性と不均一性 散乱は，不均一な構造（屈折率のゆらぎ）の存在により起こる．たとえば，グラフトポリマーやブロックポリマーに存在するミクロ的な相分離や，結晶性ポリマーにおける結晶領域の混在などによる不均一な構造が散乱の要因になる．また，無定形ポリマー固体は，むかしは構造ゆらぎをもたない液体構造と考えられていたが，測定技術の進歩によりさまざまな疑問が投げかけられてきた．たとえば，X線，中性子散乱測定からは異方性構造が認められない高純度PMMA（ポリメタクリル酸メチル）固体中にも1000Å程度の屈折率の不均一構造が，光散乱法の角度依存性の測定により検出されている[26~28]．これらは，Einsteinの光散乱の揺動説理論である式(Ⅲ.3.22)[29]から予測される散乱強度(10dB/km)よりも一般に1桁大きいものである[26,27]．

$$V_V^{Iso}=\frac{\pi^2}{9n^4\lambda^4}(n^2-1)^2(n^2+2)^2kT\beta \quad (Ⅲ.3.22)$$

ここで，V_V^{Iso}のisoとは等方性散乱を意味し，垂直偏光(V)で入射した光が垂直偏光(V)で散乱した場合の強度を示す．nはポリマーの屈折率，kはボルツマン係数，Tは絶対温度，βは等温圧縮係数，λはポリマー中の光線の波長である．

たとえば，PMMAの場合，室温ではT_gでの不均一構造が凍結されていると考えて，T_gにおけるβの文献値[30] $\beta=3.55\times10^{-11}(cm^2/dyn)$を用いると，PMMAの屈折率は$n=1.49$であるので，式(Ⅲ.3.22)より，$V_V^{Iso}=2.65\times10^{-6}(cm^{-1})$（波長$\lambda=633$nm）となる．この値は，$T_g$以上の温度で十分な熱処理をされ，不均一構造が取り除かれたPMMA固体の実験値とよく一致しており，T_g以下の凍結された固体状態においても，式(Ⅲ.3.22)が成立することが報告されている[31]．比較のため，βの値を固定して，屈折率の違いがV_V^{Iso}に与える影響を式(Ⅲ.3.22)より求めると，$n=1.6$の場合$V_V^{Iso}=5.06\times10^{-6}(cm^{-1})$，$n=1.3$の場合$V_V^{Iso}=6.48\times10^{-7}(cm^{-1})$となる．これより，無定形ポリマー固体の光散乱損失が式(Ⅲ.3.22)に従うならば，ポリマーの屈折率が低下すると，その散乱損失は大幅に低減されることがわかる．$n=1.6$のポリスチレンの場合，βの文献値$3.8\times10^{-11}(cm^2/dyn)$[32]を用いると，$V_V^{Iso}=5.41\times10^{-6}(cm^{-1})$となり，PMMAの約2倍の散乱損失値となる．この値も実験値とよい一致を示している[33]ことから，不均一構造をもたない無定形ポリマーの等方性散乱損失は，式(Ⅲ.3.22)に従うものと考えてよいであろう．

しかし，実際には注意深く精製されたポリマー固体でも，これらの理論値より1桁大きな実験結果が報告されており，重合過程で生じるある大きさをもった不均一構造が散乱損失値を大幅に上昇させているといえる．無定形ポリマーの透明性は，その重合条件に大きく依存し[31]，従来考えられてきたように，不純物の除去も重要なファクターであるが，過剰散乱の制御には，重合条件をいかに設定して高次構造を制御するかがきわめて重要である．

以下に，実際の重合中に生じるこの過剰散乱について定量的に述べる．

2) ポリマー固体中の不均一構造と光散乱の関係 強度I_0の自然光を無定形ポリマーに入射し，距離yを透過した後，光の強度が散乱によりIに減衰したとすると，濁度τは，式(Ⅲ.3.23)で定義される．

$$\frac{I}{I_0}=\exp(-\tau y) \quad (Ⅲ.3.23)$$

τは全方向への散乱光を積分したものに相当するので，式(Ⅲ.3.24)の関係がある．

$$\tau=\pi\int_0^\pi (V_V+V_H+H_V+H_H)\sin\theta d\theta \quad (Ⅲ.3.24)$$

HおよびVはそれぞれ水平，垂直偏光を意味し，記

号 A_B の A は検光子の偏光方向を，添字 B は入射光の偏光方向を示す．θ は散乱角である．$H_v(=V_H)$ は異方性に起因するものであり，フェニル基などの分極異方性基が存在する場合は大きくなる．

$$H_H = V_v \cdot \cos^2\theta + H_v \cdot \sin^2\theta$$

であるので，結局 τ は V_v と H_v の関数として式（Ⅲ.3.25）で表される．

$$\tau = \int_0^\pi \{(1+\cos^2\theta)V_v + (2+\sin^2\theta)H_v\}\sin\theta d\theta \quad (Ⅲ.3.25)$$

得られたポリマー固体からの V_v 散乱強度は，固体内の比較的大きな屈折率不均一性のために角度依存性を示す．そこで，V_v を角度依存性のない，いわゆるレイリー散乱による等方性散乱強度を $V_{v_1}^{iso}$，ある大きさの屈折率不均一領域から生じる角度依存性を示す等方性散乱強度を $V_{v_2}^{iso}$ とすると式（Ⅲ.3.24）の V_v は，式（Ⅲ.3.26）となる．

$$V_v = V_{v_1}^{iso} + V_{v_2}^{iso} + \frac{4}{3}H_v \quad (Ⅲ.3.26)$$

$V_{v_2}^{iso}$ は，Debye らにより式（Ⅲ.3.27）[34] で与えられる．

$$V_{v_2}^{iso} = \frac{8\pi^3\langle\eta^2\rangle a^3}{\varepsilon^2 \lambda^4 (1+\nu^2 s^2 a^2)^2} \quad (Ⅲ.3.27)$$

ここで，ε は固体の平均誘電率 $(\varepsilon = n^2)$，$\langle\eta^2\rangle$ は誘電率ゆらぎの二乗平均を表し，$\nu = 2\pi/\lambda$，$s = 2\sin(\theta/2)$ である．λ および λ_0 はそれぞれ，媒体および真空中での光線波長である $(\lambda = n\lambda_0)$．a は長さの単位をもち，相関距離と呼ばれるもので，固体内の屈折率の不均一領域の大きさの目安となる重要なパラメーターである．

濁度 τ は，式（Ⅲ.3.28）のように三つに分けられる．

$$\tau = \tau_1^{iso} + \tau_2^{iso} + \tau^{aniso} \quad (Ⅲ.3.28)$$

ここで，τ_1^{iso} は $V_{v_1}^{iso}$ による濁度，τ_2^{iso} は $V_{v_2}^{iso}$ による濁度，そして τ^{aniso} は異方性散乱 H_v による濁度である．

また，散乱損失 α (dB/km) は濁度 τ と式（Ⅲ.3.29）の関係がある．

$$\alpha(\text{dB/km}) = 4.342 \times 10^5 \times \tau(\text{cm}^{-1}) \quad (Ⅲ.3.29)$$

したがって，V_v，H_v の測定により全散乱損失 α_t を以下の三つに分けて求めることができる．

α^{aniso}：材料の異方性のために生ずる散乱損失
α_1^{iso}：レイリー散乱により生ずる散乱損失
α_2^{iso}：ある大きさの不均一性を有するため散乱光強度に角度依存性を示す等方性散乱による損失

$$\alpha_t = \alpha_1^{iso} + \alpha_2^{iso} + \alpha^{aniso} \quad (Ⅲ.3.30)$$

3）導光材料としての無定形ポリマー固体

PMMA の場合，重合条件の違いによって 10 から 800 dB/km までの散乱損失値を有するポリマーが得られることが実験的にわかっている[31]．これは，固体内の高次構造が光散乱に大きく関与していることを意味する．以下に，PMMA 固体について縦偏光の He-Ne レーザー（波長 633 nm）を入射し，θ 方向への散乱強度の測定により散乱損失値を見積る．

i) PMMA の過剰散乱：重合温度を変化させると，分子量や残存モノマー量などポリマーの特性が大きく変化する．図Ⅲ.3.16 に PMMA 固体の V_v 散乱強度の重合温度依存性を示す．また，その散乱パラメーターの値を表Ⅲ.3.10 に示す．図Ⅲ.3.16 からわかるように，重合温度 70℃ では V_v 散乱強度に角度依存性が存在するが，温度上昇につれて角度依存性はなくなり V_v 散乱強度は大幅に減少する．表Ⅲ.3.10 を見ると，全光散乱損失 α_t が 62 dB/km から 14.4 dB/km に減少している．これは主に約 $a = 700$ Å で $\langle\eta^2\rangle = 10.5 \times 10^{-9}$ の誘電率ゆらぎをもつ不均一領域が消滅したことによる．また，異方性散乱 α^{aniso} はほぼ一定であるので，重合温度上昇によって等方性散乱が大きく減少したことがわかる．では，どうして重合温度が上がると等方性散乱が減少するのだろうか．

ii) 過剰散乱の原因[31]：過剰散乱に影響を及ぼすファクターは，分子量や残存モノマー，重合中のゲル

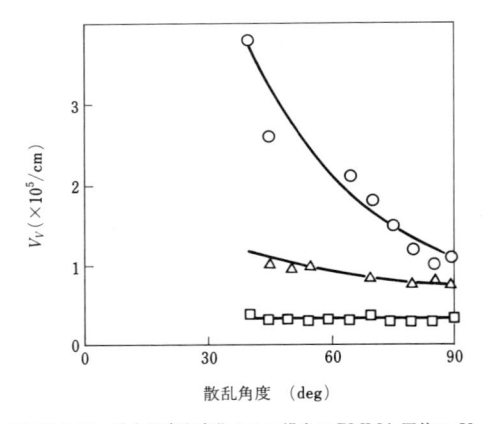

図 Ⅲ.3.16 重合温度を変化させた場合の PMMA 固体の V_v 散乱強度（重合時間：96h）
70℃(○), 100℃(△), 130℃(□).

表 Ⅲ.3.10 サンプルの散乱パラメータ

重合温度 (℃)	a (Å)	$\langle\eta^2\rangle$ ($\times 10^{-9}$)	α_1^{iso} (dB/km)	α_2^{iso} (dB/km)	α^{aniso} (dB/km)	α_t (dB/km)
70	676	10.5	16.8	40.8	4.4	62.0
100	312	20.0	8.9	18.8	4.0	31.7
130	—		9.7		4.7	14.4

3.1 線形光学材料

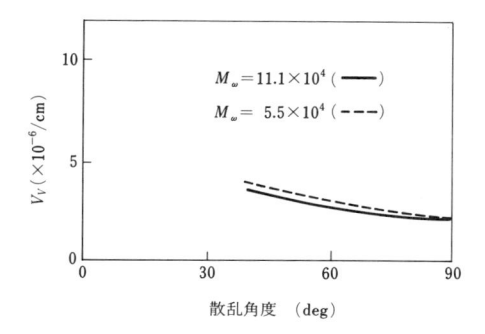

図 III.3.17 V_V と分子量の関係
(—)：重合温度 70〜150℃,
(---)：重合温度 130〜150℃.

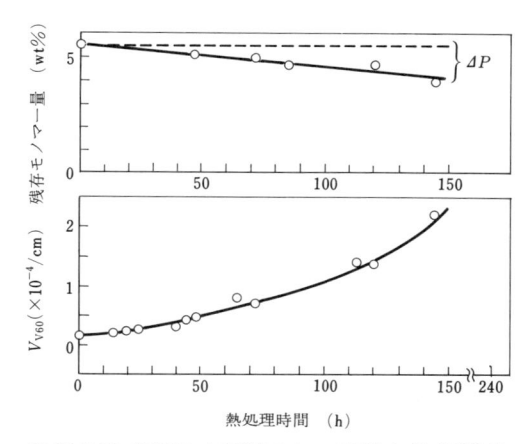

図 III.3.18 熱処理による残存モノマー量変化と V_V 散乱強度の関係
熱処理温度 70℃.

効果による架橋構造の形成，固有のタクティシティーによる立体規則性などが議論されてきたが，これらのファクターが異なる PMMA の散乱損失は，T_g 以上の温度における十分な熱処理によってほぼ等しくなる．図 III.3.17 に V_V 散乱強度と分子量の関係を示す．この場合，重合温度は 70℃ と 130℃ であるが，いずれも T_g 以上の温度(150℃)で熱処理を行った．これより，分子量が約 2 倍異なる PMMA であっても T_g を越える高温で熱処理を行うと，散乱強度 V_V はほとんど同じであることがわかる．また，残存モノマーの影響に関しては，非重合性のモノマーのモデルとしてプロピオン酸メチルを数% まで混入したものについて添加量の変化に対する散乱損失値への影響が報告されている[31]．高温での十分な熱処理を行うと，散乱損失は添加量にほとんど関係なく，全散乱損失値 $α_t$ は 12 dB/km 程度である．タクティシティーについても同様で，重合温度の違いにより異なったタクティシティーを有する PMMA 固体であっても triad 表示でヘテロタクティック(P_H)とシンジオタクティック(P_S)の比が，$P_H/P_S=0.69〜0.93$ の範囲で，高温での熱処理により散乱損失の違いは消失する．

さまざまな条件で重合された PMMA の散乱損失はまちまちであるが，それらを高温(T_g 以上)で熱処理するとすべて 10 dB/km 強の損失値まで下がる．表 III.3.11 にその一例を示す．熱処理前に 325 dB/km であったサンプルが熱処理後には 13 dB/km まで減少している．これは，Einstein の揺動説の理論限界値にほぼ等しい．

T_g を越える温度での熱処理で過剰散乱が消失するメカニズムであるが，T_g 以下の温度での重合では重合時のモノマーからポリマーへの体積収縮などで生じたひずみ，不均一性が，T_g 以上での熱処理によって緩和されて不均一性が消失，つまり過剰散乱が消失するものと考えられる．重合時のモノマーからポリマーへの体積収縮時に生じる不均一構造が，過剰散乱の原因であることが最近報告されている[31]．

この不均一構造の原因は，特に高転化率での重合によるわずかに局在化した微小な空隙の生成であると考えられる．図 III.3.18 に熱処理による残存モノマー量の変化と V_V 散乱強度の関係を示す[31]．この図からも高転化率時のわずかな転化率の上昇(0.5〜1%)により，急激な散乱強度の増加が認められる．

3.1.4 耐 熱 性

ポリマーには，加熱することにより可塑性を示し，外力により容易に変形が可能な熱可塑性ポリマーと，熱を加えて重合することにより固い網目構造を形成する熱硬化性ポリマーがある．一般に，熱硬化性ポリマーは，熱可塑性を示さず変形しないことから，熱可塑性ポリマーに比べて耐熱性に優れている．一方，生産性などにおいて有利な熱可塑性ポリマーの耐熱性は，ガラス転移温度(T_g)と関係がある．光学材料として適している無定形ポリマーの比容積は，T_g を境に変化の割合が大きくなる．つまり，T_g 以下のガラス状態ではポリマー鎖のシーケンスが凍結されているのに対して，T_g を越えるとシーケンスの熱運動の始まりにより体積が増大し，さらには粘ちょう流体へ変化する．こ

表 III.3.11 70℃ で 216 時間重合した PMMA と，熱処理後の散乱損失

	a (Å)	$\langle η^2 \rangle$ (×10⁻⁹)	$α_1^{iso}$ (dB/km)	$α_2^{iso}$ (dB/km)	$α^{aniso}$ (dB/km)	$α_t$ (dB/km)
重合直後	856	43.2	79.7	238.9	6.3	324.9
180℃ で十分熱処理後	—	—	8.9	—	4.0	12.9

のことから、熱可塑性ポリマーでは、T_gを高くすることにより耐熱性が向上する。

たとえば、耐熱性光ファイバー材料として、古くから知られるものにポリカーボネート（PC）があるが、クラッド材にポリ4-メチルペンテン-1を使用したPCコア光ファイバーと従来のPMMAコア光ファイバーの耐熱性変化と導光損失の変化を対応させてみると（図III.3.19）[35]、いずれもT_gを境に損失が増加している。

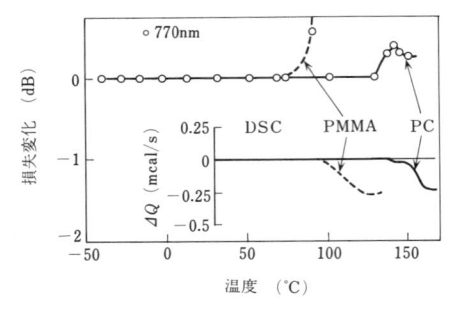

図III.3.19 導光損失とDSC曲線の温度変化

これらのことから、耐熱性の向上には網目構造の導入、またはT_gの上昇が有効であると考えられる。

耐熱性ポリマー

まず、T_gの上昇についてであるが、T_gはポリマーの主鎖や側鎖が剛直であるほど、また水素結合や極性基等の存在により主鎖間の凝集力が強いほど高くなる。PCが、PMMAに比べてT_gが高いことも、PCにベンゼン環を含む剛直な構造を有するためである（図III.3.19）[35]。高T_gポリマーの例をいくつか示す。PMMA（T_gは105℃付近）のエステル部のメチル基を図III.3.20(a)に示すようなトリシクロデカニル基やボルニル基で置換して側鎖を剛直にすることによりT_gが数十℃上昇し、また吸湿性の大幅な低減にもつながる[36]。

また、図III.3.20(b)に示す構造を有する芳香族ポリエステル（polyarylate）のように主鎖が剛直なものも高T_gを示す[37]。

また、網目構造の導入については、光ファイバーにおいて試みられており、熱硬化性アクリレートを用いて硬化反応を行いながら連続的に紡糸するプロセスが開発されており、PCよりさらに30～50℃程度高い耐熱性が報告されている[38]。

3.1.5 屈折率分布型材料

媒体内の屈折率が徐々に変化する材料を屈折率分布型（graded-index：GIあるいはGRIN）材料という。

メタクリル酸トリシクロデカニル　　メタクリル酸ボルニル

(a)

$m-, p-$
混合物

(b)

図III.3.20 耐熱性ポリマー

光線は屈折率の高い方向へ曲がろうとする性質がある。そこで屈折率の分布を円柱（ロッド）状材料の中に同心円状に（中心部分で最も屈折率が高く、周辺部分では屈折率を低くする）形成すると、この円柱に平行に入射した光線は一点に収束するようにすすむ。

これは入射端面が平らであるにもかかわらず、屈折率分布を有するために、凸レンズと同様の特性を有していることになる。このように屈折率分布を形成させることにより、材料の形状に依存せず光線を集光あるいは発散させることが可能となる。

以下に線形ポリマー材料で作製されるいくつかの屈折率分布型材料の例を示す。

a. ポリマー光ファイバー

ポリマー光ファイバー（POF）は、加工性に優れ、高い可撓性を有するために大口径化が可能であり、通常のガラス（石英系）光ファイバーと比較して接続・分岐が容易である。そのために、取り扱いに優れまた価格も安い。

しかし、現在市販されているポリマー光ファイバーは、光線の全反射を利用したステップインデックス型（SI型）であり、図III.3.21に示されているように光はコアとクラッド界面で全反射を繰り返しながら進行する。

しかし、このSI型ファイバーの場合、直進した光線（ファイバー端面に垂直に入射した光線）と、反射を多く繰り返した光線（端面にある角度をもって入射した光線）とでは、ある位置までに到達する時間が異なるため、パルス波形の光を入射しても、出射光はパルス波形ではなくなる。つまりパルス間隔が短くなるとパルスどうしの区別がつかなくなるため、伝送帯域は小さい（約5MHz・km）。

これにくらべてGI型光ファイバーは、先の図

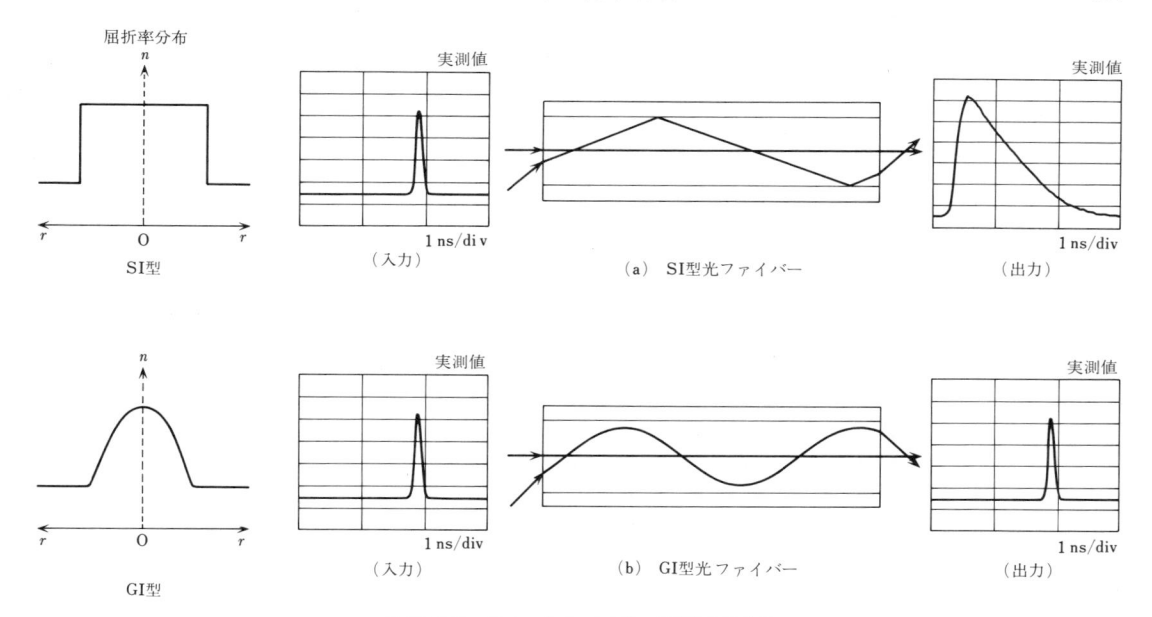

図 Ⅲ.3.21 光ファイバー中の光の伝搬と出射波形

Ⅲ.3.21 に示したような屈折率分布を同心円状に有するファイバーであり，光線はファイバーの中をサインカーブを描きながら進行する．

光線のすすむ速度はその媒体の屈折率の逆数に比例するため，屈折率が高ければ高いほど光線のすすむ速度は遅くなる．つまりファイバーの中心軸を直進する短い光線はゆっくりすすみ，大きくサインカーブを描く長い光線は速くすすむことになる．このために，ファイバー端面にある角度をもって入射した光線も，垂直に入射した光線もある位置までに到達する時間は等しくなる．つまり，端面にパルス光線を入射すれば，どの位置においても出射パルスは入射パルスにほぼ等しい．実際に，SI 型および GI 型 POF にパルス波形を入射させ，55m 伝送させた後の出射波形を図Ⅲ.3.22[39] に示す．

現在までに報告されている GI 型 POF の伝送帯域は最高約 2GHz·km であり，SI 型 POF に対し約 400 倍の伝送帯域を有している．

b. 屈折率分布型(GRIN)ポリマー球レンズ

球レンズとは直径約 1mm 程度の球状レンズである．現在球レンズは光ファイバーのコネクターやレーザーダイオードのヘッドなどに用いられているが，球面収差や開口数の関係上，通常のガラスや均一ポリマー材料では作製できず，現在は屈折率の高い高価なルビー球レンズを用いている．しかし，屈折率分布を有するレンズでは，球内の屈折率分布を適切に制御することにより，低球面収差，高開口数といった特徴をもたせることが可能となるため，低コストで球面収差の小さい高性能な球レンズを作製することができる．

GRIN ポリマー球レンズは懸濁重合を利用した特殊

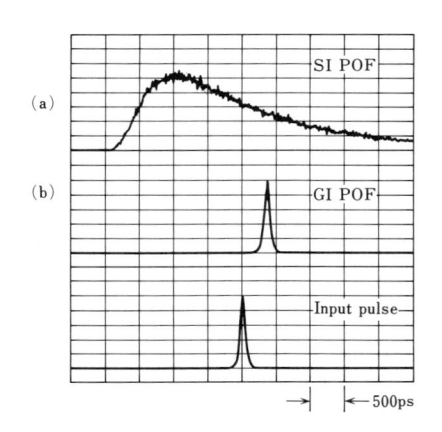

図 Ⅲ.3.22 GI 型および SI 型 POF からの出射パルス光の広がり

図 Ⅲ.3.23 GRIN 球レンズ

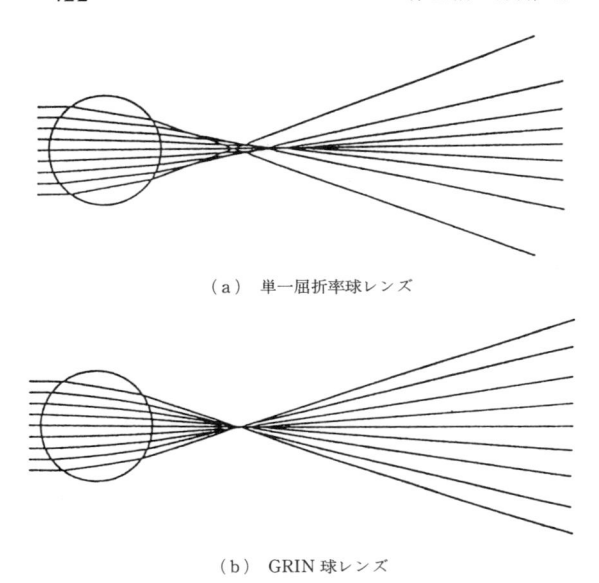

(a) 単一屈折率球レンズ

(b) GRIN 球レンズ

図 III.3.24 GRIN 球レンズと単一屈折率球レンズの集光特性

な重合法[40]により容易に作成される.

図 III.3.23 に作製された球レンズの写真を示す.また図 III.3.24 にはマイクロビームを用いて測定した GRIN ポリマー球レンズと単一屈折率レンズの集光特性の違いを示す.ここで測定した GRIN ポリマー球レンズの屈折率は中心から周辺にかけてほぼ 2 乗の関数で減少する分布を有しており,中心と周辺との屈折率差は約 0.06[41] である.図 III.3.24 から明らかなように屈折率均一球に比べ,球面収差(周辺部付近に入射した光線の集光特性)が改善されていることがわかる.

また,それぞれの球全体にわたってレーザー光を入射し,焦点での集光スポットを測定したところ,図 III.3.25 に示されるように球レンズの集光特性は屈折率分布をもたせることにより大幅に改善されることがわかる.

以上のように,屈折率分布型材料は既存の屈折率均一材料で作製された光学素子を改良し,優れた特性を付加することが可能な材料であり,今後さらに発展していくものと思われる.　　　　　〔小池　康博〕

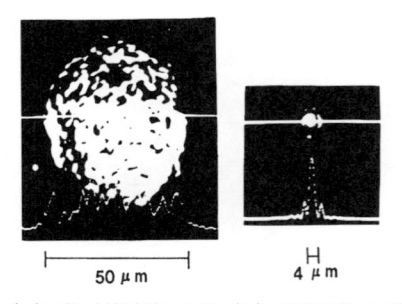

(a) 単一屈折率球レンズ　　(b) GRIN 球レンズ

図 III.3.25　測定されたスポット

参 考 文 献

1) 高分子実験学 12「熱力学的・電気的および光学的性質」,共立出版
2) 大塚保治:オプトテクノロジーと高機能材料 (1985),CMC
3) 大塚保治:高分子,**33** (1984),266
4) 日本化学会編:改訂 3 版化学便覧,基礎編 II,II-558 (1984),丸善
5) 特開昭 60-124607 (日本合成ゴム)
6) 特開昭 59-7901 (保谷)
7) 特開昭 60-26010 (小西六)
8) 特開昭 60-124606 (呉羽化学)
9) 特開昭 59-96113 (三井東圧)
10) 特開昭 59-133211 (東レ)
11) 特開昭 59-15118 (保谷)
12) Rogers H. et al.: *Macromolecules*, **18** (1985),1058
13) 三井石油化学:特開昭 61-271308, 61-2722216, 61-292601
14) 日本合成ゴム:MH 樹脂(仮称)
15) Nakamura, K., Maruno, T., Ishibashi, S.: Japan-US Polymer Symposium (1985),118
16) 石割和夫,大森晃,小泉舜:日化誌,**1985**,118
17) 「プラスチックレンズ設計と精密加工技術」,(株)トリケップス (1985)
18) Shirouzu, S., Shigematsu, K., Sakamoto, S., Nakagawa, T., Tagami, S.: *Jpn. J. Appl. Phys.*, **28** (1989) 801
19) 昭和電工(株)
20) Saito, H., Inoue, T.: *J. Polym. Sci: PartB: Polym. Phys.*, **25** (1987),1629
21) Hahn, B. R., Wendorff, J. H.: *Polymer*, **26** (1985),1619
22) 小池康博:光学,**20** (1991),No.2
23) Groh, W.: *Makromol. Chem.*, **189** (1988),2861-2874
24) Kaino, T., et al.: *Polymer Preprints, Japan*, **31** (1982), 9, 2357
25) Kaino, T., et al.: *Appl. Phys., Lett.* **41** (1982),802
26) Dettenmaier, M., Fischer, E. W.: *Kolloid-Z. U. Z. Polymer*, **251** (1973),922
27) Judd, R. E., Crist, B.: *J. Polym. Sci., Polym. Lett. Ed.*, **18** (1980),717
28) Crist, B., Marhic, M.: *SPIE*, **297** (1981),169
29) Einstein, A.: *Ann. Phys.*, **33** (1910),1275
30) Hellwege, K. H., Knappe, W., Lehman, P.: *Kolloid z. z. Polym.*, **183** (1962),110
31) Koike, Y., Matsuoka, S., Bair, H. E.: *Macromolecules*, **25** (1992),4807
32) Rebage, G., Bunsengers, Ber.: *f. Phys. Chemie*, **74** (1970),796
33) Claiborne, C. and Crist, B.: *Colloid & Polymer Sci.*, **257** (1979),457
34) Debye, P. et al.: *J. Appl. Phys.*, **28** (1957),679
35) 田中章,高橋栄悦,沢田寿史,若月昇:電子情報通信学会,EMC 87-9 (1987),1
36) 日立化成工業(株)高機能アクリレート FA-513 M カタログ
37) ユニチカ U-100(ユニチカ(株)),Ardel D-100 (Union Carbide 社)
38) 阿部富也,丹野清吉羅:電子通信学会総合全国大会,EMC 87-9 (1987) 1
39) Koike, Y.: *Polymer*, **32** (1991),1737
40) Koike, Y., Sumi, Y., Otsuka, Y.: *Appl. Opt.*, **25** (1986),3356
41) Koike, Y., Kanemitsu, A., Shioda, Y., Nihei, E., Otsuka, Y.: *Applied Optics*, **33**(16)(1994),3394-3400

3.2 二次非線形光学材料

3.2.1 研究の経緯と概要

1960年にレーザーが発明されて以来[1]，光に関する研究は年を追うごとに盛んになってきている．また，このレーザーの進歩と時期を同じにして非線形光学効果の研究さらにはその応用に関する研究も活発化している．有機材料に関する探索もこの時代から始まっている[2]．

まず，はじめに非線形光学効果について簡単に記す．光学現象は以下に記す分極によって説明することができ，分極 p と光による電界の強さ E は以下の関係で示される．

$$p = \chi^{(1)}E + \chi^{(2)}EE + \chi^{(3)}EEE + \cdots\cdots \quad (\text{III}.3.31)$$

ここで $\chi^{(2)}$, $\chi^{(3)}$ はそれぞれ二次，三次の非線形光学効果感受率を表す．

通常の光の強さでは二次以上の項は無視できるものであるが，非常に強い光電界のもとでは二次以上の項が無視できなくなり，さまざまな光学現象が観測される[3]．このような高次の項によってもたらされる光学現象を非線形光学効果と呼んでいる．三次の非線形光学効果については 3.3 節で述べられるので，ここでは二次の非線形光学効果についてその現象と応用について簡単に記す．

二次の非線形分極の項を古典的に説明する．いま角周波数 ω および ω_m の二つの入射光を物質に照射したとする．その光電界を $E = E_0 \sin\omega t + E_m \sin\omega_m t$ として，式(III.3.31)に代入すると，二次の項の効果からは 2ω（第二高調波；Second Harmonic Generation (SHG)），$\omega + \omega_m$, $\omega - \omega_m$（いわゆる和周波，差周波）など，入射波と異なる周波数の光が発生することがわかる．さらに光より低周波数の電界と光電界の相互作用におきかえれば，電界の一次に比例して，物質の屈折率変化を引き起こすことがわかる．これはポッケルス効果と呼ばれるものである．応用上重要な効果について表 III.3.12 に記した．

ただし，二次の非線形光学効果は反転対称性を欠く物質にのみ現れ，多くの場合，結晶材料によりこの条件を実現している．たとえば代表的な二次の非線形光学材料である LiNbO$_3$, KTP などはいずれも無機の結晶材料である．表 III.3.13 に無機材料の代表例を記す．LiNbO$_3$, KTP などは実際にレーザーの波長変換光源，あるいは光変調素子の材料として実用化され，市販されるに至っている．また，近年の光通信の発展に伴い，導波路形素子が注目されているが，その機能性導波路材料としても LiNbO$_3$ などは注目を集めている[4]．

このように無機材料が非線形光学材料としてある程度の地位を築きつつある中で最近，有機材料が新しい非線形光学材料として注目を集めている[11]．有機非線形光学材料の特長としては，(1) 非線形光学定数が大

表 III.3.12 非線形光学効果

感受率	現象	二次非線形光学効果	応用	
$\chi^{(2)}$	$\omega + \omega \rightarrow 2\omega$	第二高調波(SHG)	光源	可視半導体レーザー化
	$\omega_1 + \omega_2 \rightarrow \omega_3$	光混合	光源	紫外レーザー
	$\omega_1 + \omega_2 \rightarrow \omega_3$	パラメトリック発振	光源	可変波長レーザー
		パラメトリック増幅	増幅	光増幅
	$\omega - \omega \rightarrow 0$	光整流		
	$\omega + 0 \rightarrow \omega$	ポッケルス効果（一次電気光学効果）	光変調器，光スイッチなど	

表 III.3.13 代表的な非線形光学材料

材料名	結晶系	非線形光学定数(pm/V)	用途	文献
LiNbO$_3$ (LN)	三方晶 3m	$d_{31} = -5$ $d_{33} = -40$	レーザー光源 光変調器，光スイッチ	5)
KNbO$_3$	斜方晶 mm2	$d_{31} = 12$ $d_{33} = -20$	レーザー光源	6)
Ba$_2$NaNb$_5$O$_{15}$ (BNN)	斜方晶 mm2	$d_{31} = -13.2$ $d_{33} = -18.2$		7)
KTiOPO$_4$ (KTP)	斜方晶 mm2	$d_{31} = 6.5$ $d_{33} = 13.7$	高出力レーザー用光源	8)
β-BaB$_2$O$_3$ (BBO)	三方晶 3	$d_{22} = 2.1$	高出力レーザー用光源	9)
KH$_2$PO$_4$ (KDP)	正方晶 42m	$d_{36} = 0.43$	高出力レーザー用光源	10)

きい，(2) オプティカルダメージに強い，(3) 応答速度が高速である，(4) 材料設計の自由度/多様性，(5) 特に高分子材料では加工性に富む材料が多い，(6) 生産コストが安い，(7) 大量生産に適している，などがあげられ，また逆に，欠点としては，(1) 信頼性が低い，(2) 耐環境性/耐薬品性に劣る，(3) 加工技術が未開発，(4) 可視域，近赤外領域に吸収，がある．

このような特徴を有する有機非線形光学材料の探索は，無機材料の探索と同時に進められてきたが，系統的な研究が盛んになったのは1979年にLevineらが，2-メチル-4-ニトロアニリンの非線形光学定数が$LiNbO_3$より1桁程度大きいことを明らかにして以来である[12]．

以下，分子設計指針，実際の材料例，二次の非線形光学定数の測定法，さらにはデバイス化への試みなどについてふれる．

3.2.2 二次有機非線形光学材料
a. 分子設計指針

有機非線形光学材料の非線形性は材料を構成する分子の非線形性によって決定される．このため，材料の非線形性を考えるときは，材料を構成する分子の二次の非線形分極率(β)(あるいは分子超分極率；3階のテンソル)が重要な要因となる．特に，このβ値に対しては有機分子中の非局在π電子が大きな影響力をもつ．β値はπ電子の基底状態と励起状態を考慮した2準位モデルを用いて，以下のように近似できる[13](詳しくは，入射光周波数ωの第二高調波発生に関与する$\beta(-2\omega;\omega,\omega)$の値である)．

$$\beta=3e^3\omega_0^2(\mu_{11}-\mu)(\mu_{01})/2h^3(\omega_0^2-\omega^2)(\omega_0^2-4\omega^2)$$
(Ⅲ.3.32)

ここで，ω_0は吸収極大周波数，μ_{11}およびμはそれぞれ励起状態および基底状態の双極子モーメント，μ_{01}は遷移モーメントを表す．この式より，β値をあげるためには以下の条件が重要となる．

① ω_0をできるだけ小さくすること
② μ_{01}をできるだけ大きなものとすること
③ $\mu_{11}-\mu$をできるだけ大きなものとすること

上記3条件を同時に満足する材料として，分子内電荷移動型化合物が知られており，分子軌道計算により，これらの$\mu_{11}-\mu$およびμ_{01}の計算も行われている[14]．以下にあげる材料例ではいずれも有効な分子内電荷移動が行われるような分子設計がなされている．図Ⅲ.3.26によく用いられるπ電子共役系骨格，電荷移動をおこさせる電子吸引基，電子供与基を模式的に示した．

b. 二次有機非線形光学材料例

非線形性の大きな分子が得られても，二次の非線形光学効果を示すためには，材料の反転対称性がないという条件を満足する必要がある．以下，二次の有機非線形光学材料を結晶材料，高分子材料，LB膜の3種にわけ解説する．

1) 有機結晶材料

ⅰ) 反転対称性の制御：有機非線形光学材料は，有機結晶材料から研究が開始され，最も多くの研究がなされている．現在では非線形分極率(β)がわかり，結晶

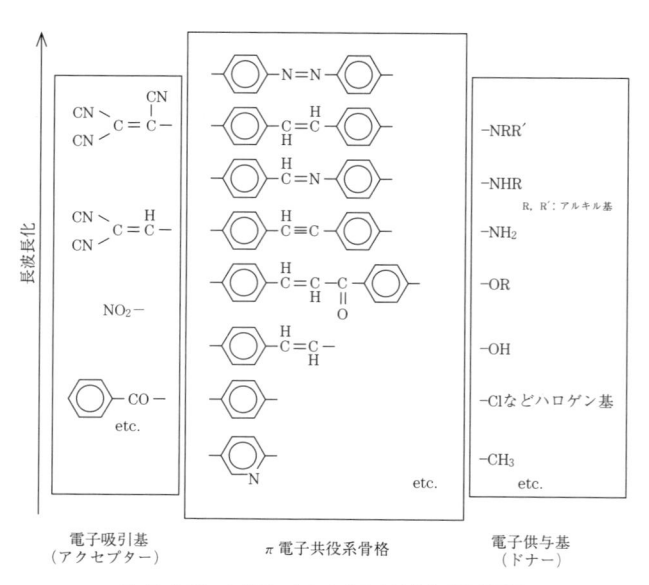

図Ⅲ.3.26 よく用いられる分子内電荷移動材料骨格

3.2 二次非線形光学材料

表 III.3.14 二次有機結晶材料

材料	分子構造	結晶系	線形光学定数 (pm/V)	備考	文献
m-ニトロアニリン(m-NA)		斜方晶 C2v	$d_{13}=30$ $d_{33}=30$	非常に研究経緯の古い材料	24)
メチル-(2,4-ジニトロフェニル)-アミノプロパネート (MAP)		単斜晶 P2$_1$	$d_{21}=16.7$ $d_{22}=18.4$	光学活性基の導入による反転対称性制御	20)
2-アセタミド-4-ニトロ-N,N-ジメチルアニリン(DAN)		単斜晶 P2$_1$	$d_{23}=50$ $d_{22}=5.2$	ファイバー化による波長変換	17)
4-ニトロフェニルカルバミン酸イソプロピルエステル (PCNB)		斜方晶 Pnb2$_1$	$d_{33}=50$ $d_{31}=13$	青色変換 λ_c(カットオフ波長) 420 nm(0.3 mm 厚)	25)
N-(4-ニトロフェニル)-L-プロリノール(NPP)		単斜晶 P2$_1$	$d_{21}=82.6$ $d_{22}=30$	光学活性基,水素結合基の導入,パラメトリック発振	26)
2-メトキシ-5-ニトロフェノール(MNP)		単斜晶 P2$_1$	$d_{33}=130$	水素結合基の導入	27)
2-メチル-4-ニトロアニリン (MNA)		単斜晶 Cc	$d_{11}=230$ $d_{12}=30$	有機材料の可能性を示した最も著名な材料	12)
3-メチル-4-ニトロピリジン-1-オキシド(POM)		斜方晶 P2$_1$2$_1$2	$d_{14}=9.4$	基底状態での双極子モーメント制御,市販材料	18)
2-シクロオクチルアミノ-5-ニトロピリジン(COANP)		斜方晶 Pca2$_1$	$d_{33}=13.7$ $d_{32}=32$	バルキーな置換基導入による反転対称性制御	19)
N-(4-ニトロピリジル)-L-プロリノール(PNP)		単斜晶 P2	$d_{21}=48$ $d_{22}=17$	NPPのピリジン環	28)
(−)2-(α-メチルベンジルアミノ)-5-ニトロピリジン (MBANP)		単斜晶 P2$_1$	$d_{22}=63$	大型単結晶育成例あり	29)
2-アダマンチルアミノ-5-ニトロピリジン(AANP)		斜方晶 Pna2$_1$	$d_{33}=60$ $d_{31}=80$	パラメトリック発振報告あり	30)
3,5-ジメチル-1-(4-ニトロフェニル)ピラゾール(DMNP)		斜方晶 Pca2$_1$	$d_{32}=90$	波長変換効率大,半導体レーザーによる青色変換	31)
3,9-ジニトロ-5a,6,11a,12-テトラヒドロ-[1,4][3,2-b]ベンズオキサジノ[1,4]ベンズオキサジン(DNBB)		単斜晶 Cc	$d_{11}=83$ $d_{31}=126$	sp^{3}軌道利用のd定数上昇,ビッカース硬度33.6	32)
o-xトキシベンズマロノニトリル(DIVA)		単斜晶 P2$_1$	$d_{22}=11$	青色変換,紫外レーザー,和周波発生	33)
4-ブロモ-4'-メトキシカルコン (BMC)		単斜晶 Pc	$d_{13}=27$ $d_{22}=6.3$	共振器挿入による高効率変換,青色変換	34)
3-メチル-4-メトキシ-4'-ニトロスチルベン(MMONS)		斜方晶 Aba2	$d_{33}=184$ $d_{24}=71$	長鎖共役系スチルベン	35)
メロシアニン-p-トルエンスルホン酸		三斜晶 P1	$d_{11}=314$	対イオン利用による反転対称性制御	21)
4'-ニトロベンジリデン-3-アセタミノ-4-メトキシアニリン (MNBA)		単斜晶 P2$_1$	$d_{11}=454$	既知材料中最大のd定数	36)

構造が判明すれば有機結晶の非線形光学定数がおおよそ計算できるモデルが提案されている[15]. 1981年にZyssらにより提案された，配向ガスモデル(oriented gas model)と呼ばれるものである[16]. 有機分子を基本とし，分子の二次の非線形分子感受率 β_{ijk} を単位体積にわたり足し合わせたものが全体の巨視的非線形性として表せるとする．この結果，結晶構造における分子の向きにより，非線形光学定数(d_{IJK})を算出するもので，d_{IJK}は以下の式で表される．

$$d_{IJK} = \frac{1}{V} f_I^w f_J^w f_K^w \sum_{s=1}^{n} \sum_{i,j,k} C_{Ii}^{(s)} C_{Jj}^{(s)} C_{Kk}^{(s)} \beta_{ijk}^{(s)}$$

(III.3.33)

ここで，I, J, Kは結晶の光学主軸，Vは単位胞体積，$C_{Ij}^{(s)}$は分子軸と結晶軸との方向余弦，fは局所場補正因子である．この式から，それぞれの結晶系においてd定数を最大にする分子軸と結晶軸の角度が見積もれる．β値の大きな分子を最適な角度で配置すれば大きな非線形光学定数を得ることができる．しかしながら，現状では分子構造のみから結晶の構造までは予測することが困難なこと，また，β値の大きな分子は一般的には基底状態での双極子モーメントが大きく，結晶化する際，双極子の向きを打ち消し合うように配向しやすいことなどがあり，結晶材料の探索では，この反転対称性をなくす点において試行錯誤的な面が多くなってくる．これまでに反転対称性を崩す点で有効な手法についてその例をいくつか列記する．

① 分子間水素結合[17]，② 基底状態での双極子モーメントの低下[18]，③ バルキーな置換基付与[19]，④ 光学活性基の導入[20]，⑤ 対アニオンの効果[21]，⑥ 極性溶媒効果[22]，⑦ 複合体形成[23]，⑧ 配向角の分子内制御[32]

ii）非線形光学定数：報告されている主な結晶材料のd定数をまとめて表III.3.14に記す．代表的な無機材料である$LiNbO_3$などの非線形光学定数より大きな材料が数多く見いだされていることがわかる．波長変換の効率を表す材料性能指数は式(III.3.35)にもあるようにd^2/n^3で表され，無機材料に比較すると非常に大きく，このため，特に有機結晶材料では半導体レーザーの可視化などをねらいとした波長変換材料への応用が期待されている．ただし，分子内電荷移動によりβ値を大きくしてゆくと，一般には吸収端が長波長側に移動する傾向があるため，非線形光学定数と透過波長域はトレードオフの関係になるので注意が必要である．

iii）ポッケルス定数：結晶のポッケルス定数については測定例が少ないこと，また，後述する高分子材料が応用を考えたとき有利であることもあり，簡単に結晶での主な測定例を表III.3.15にあげるにとどめる．

2) 高分子材料　ポリメタクリル酸メチルやポリカーボネートなどの透明(非晶質)高分子材料は光透過性，加工性に優れ，また，比較的安価なことから，光ファイバーや光コネクターなどの光部品に使用されている[39,40]. これら透明高分子材料の特長を二次の非線形光学材料に生かすべく，二次の非線形光学特性を有する成分を含有した透明高分子材料の研究開発が進められている．これらを大別すれば，図III.3.27に示すようなドープ型，結合型(さらに主鎖型と側鎖型に分類できる)および架橋型の構造のものが知られている．いずれの材料系も非晶性であるため反転対称性(図III.3.27中の光非線形成分の双極子がランダムに配向している状態)を有する．したがって，二次の非線形光学効果の発現には光非線形成分の反転対称性をくずすことが必須となり，通常，分極処理(ガラス転移温度以上で直流電界を印加する)が行われる．このように分極処理した高分子(以下，ポールドポリマーと呼ぶ)は，有機結晶材料に比べ，光透過性や加工性において格段に優れており，応用上きわめて重要な位置づけがなされている．

i）ポールドポリマーの二次の非線形感受率：分極処理により発現する二次の非線形感受率($\chi_{ijk}^{(2)}$)は以下のように表されることがSingerらにより報告されている[41].

表 III.3.15 有機結晶のポッケルス定数

材料	構造	ポッケルス定数(pm/V)	測定波長	文献
m-NA	NO_2-⟨⟩-NH_2	$r_{33}=16.7$ $r_{13}=7.4$	$0.633\ \mu m$	37)
MNA	NO_2-⟨⟩-NH_2, CH_3	$r_{11}=67$	$0.633\ \mu m$	38)
MNBA	NO_2-⟨⟩-CH=N-⟨⟩-OCH_3, NHCOCH$_3$	$r_{11}=220$	$0.633\ \mu m$	36)

3.2 二次非線形光学材料

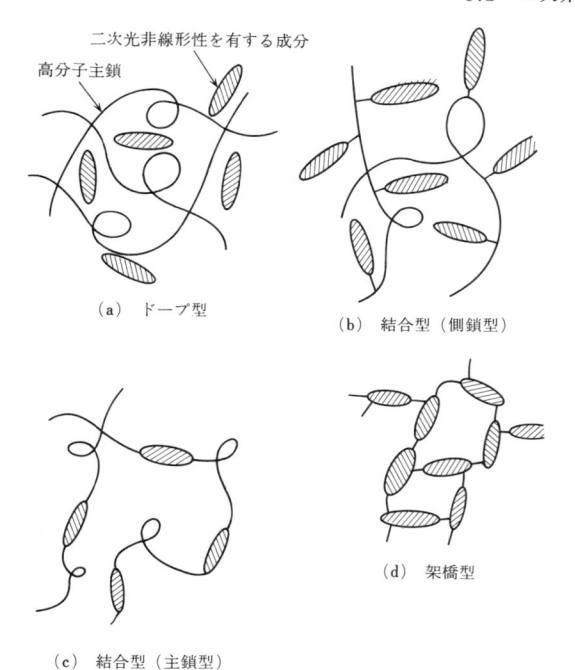

二次光非線形性を有する成分
高分子主鎖

(a) ドープ型
(b) 結合型（側鎖型）
(c) 結合型（主鎖型）
(d) 架橋型

図 III.3.27 ポールドポリマーの構造

$$\chi_{ijk}^{(2)} = \frac{NfE\beta_{ijk}\mu}{5kT} \quad \text{(III.3.34)}$$

ここで，E は分極処理電界強度，f は局所場補正因子，N は単位体積あたりの分子数を表す．k はボルツマン定数，T は絶対温度である．式(III.3.34)より，大きな

$\chi^{(2)}$ を得るには，大きな $\beta\mu$ 値を有する材料を高分子中に高濃度に含有させ高電界下で分極処理することが必要なことがわかる．

分極処理（ポーリング処理）は，① 高分子材料に電極を装着しガラス転移温度（T_g）近傍の温度で直流電界を加える方法，② T_g 近傍の温度で材料表面をコロナ放電下で帯電させることにより行う方法[42]が最も一般的である．なお，分極処理中の絶縁破壊や分極状態の熱緩和などの解決が技術的課題として残されている．このため，高圧下における方法[43]，分極処理過程における熱処理[44]や硬化反応[45,46]など分極処理法の改良が試みられると共に分極処理メカニズムの分子論的考察[47,48]も行われ，さまざまな角度から解決へのアプローチがなされている．

$\beta\mu$ 値の大きな材料としては，図 III.3.26 に示したような電子吸引基と電子供与基が π 共役系に結合した分子内電荷移動形化合物が知られており，ポールドポリマーには，もっぱら，これらの化合物系が用いられている．$\beta\mu$ 値は，材料溶液に直流電圧を印加する際に発生する二次高調波強度から求める方法（EFISH（dc Electric Field-Induced Second-Harmonic generation）法，dcSHG（dc-induced Second-Harmonic Generation）法とも呼ばれる）が一般的である[49,50]．ポールドポリマーに採用される高 $\beta\mu$ 化合物のうち代表的なものの分子構造とその $\beta\mu$ 値を表 III.3.16 に示す．同表より，強い電子吸引基，強い電子供与基およ

表 III.3.16 各種有機分子における $\beta\mu$ 値

分子 構造	$\beta_{xxx}\mu$ (10^{-30}esuD)	測定法	λ_{max} (溶媒)	研究機関	文献
(CH₃)₂N–C₆H₄–NO₂	138 (1.356 μm)	EFISH	404 nm (DMSO)	AT & T	50)
H₃CO–C₆H₄–CH=CH–C₆H₄–NO₂	648 (1.064 μm)	—	430 nm	アクゾ	53)
(CH₃)₂N–C₆H₄–CH=CH–C₆H₄–NO₂	760 (1.356 μm) 3340 (1.064 μm)	EFISH EFISH	453 nm (DMSO) 453 nm (DMSO)	AT & T CNET	50) 49)
(C₂H₅)(HOC₂H₄)N–C₆H₄–H=H–C₆H₄–NO₂	1090 (1.356 μm)	EFISH	508 nm (DMSO)	AT & T	50)
(CH₃)₂N–C₆H₄–N=N–C₆H₄–C=C(H)(CN)–CN	1880 (1.356 μm)	EFISH	513 nm (CH₃Cl)	AT & T	50)
(C₂H₅)₂N–C₆H₄–N=N–C₆H₄–N=N–C₆H₄–NO₂	4600 (1.30 μm) 3200 (1.50 μm) 2700 (1.70 μm)	ソルバトクロミック		NTT	54)
(C₂H₅)₂N–C₆H₄–N=N–C₆H₃(CH₃)₂–N=N–C₆H₄–C=C(H)(CN)–CN	4700 (1.30 μm) 3300 (1.50 μm) 2700 (1.70 μm)	ソルバトクロミック		NTT	55)

表 III.3.17 ドープ型のポールドポリマー例

材料 ホスト	ゲスト	非線形性 $\chi^{(2)}$(esu) r定数(pm/V)	特徴 ( )内研究機関	文献
液晶高分子	(CH₃)₂N-C₆H₄-CH=CH-C₆H₄-NO₂	$\chi^{(2)}=3.1\times10^{-9}$ (1.06 μm)	分極処理高分子系で初の報告(ゼロックス)	56)
ポリメチルメタアクリレート	(C₂H₅)(HOC₂H₄)N-C₆H₄-N=N-C₆H₄-NO₂	$\chi^{(2)}=1.2\times10^{-8}$ (1.58 μm) $r=2.5$	分極処理メカニズムの説明,ポールドポリマーの概念提示(AT&T)	41) 60)
ポリフッ化ビニリデン	(H₃COOCH₂)₂N-C₆H₄-N=N-C₆H₄-CN	$\chi^{(2)}=1.2\times10^{-8}$ (1.06 μm)	強誘電性ホストによりゲスト分子の緩和抑制(BT)	57)
ポリイミド(pyralin 2611 D)	ナフトール-N=N-ナフトール-SO₃H,NO₂	—	熱安定性の向上 (ロッキード)	58) 59)

び長いπ共役長を有する材料ほど大きな$\beta\mu$値が得られる傾向にあること,また,材料により波長分散特性が大きく異なることがわかる.材料選択にあたっては,使用する波長における透明性と$\beta\mu$値の大きさを考慮する必要がある.$\beta\mu$値の簡便な算出法として,ソルバトクロミック法[51]を利用する方法がある.$\beta\mu$値は式(III.3.32)より

$$\beta\mu=3e^3\omega_0^2\mu(\mu_{11}-\mu)(\mu_{01})/2h^3(\omega_0^2-\omega^2)(\omega_0^2-4\omega^2)$$
(III.3.35)

となる.$\mu(\mu_{11}-\mu)$をソルバトクロミック法により,μ_{01}を吸収スペクトルの積分強度から求め,$\beta\mu$値を推定する方法である[52].EFISH法にくらべきわめて簡便に行えるが,数値の算出には多くの仮定をもとに行われているため,その取扱いには注意が必要である.

ii)ドープ型:ドープ型材料は,表III.3.17に示したような二次の非線形光学材料を透明高分子にドープし分極処理することにより作製される.比較的簡単な作製プロセスなため,表III.3.17に示すように古くから報告がある.分極処理による二次の非線形光学効果の発現機構を明確にモデル化したのはSingerらで,以後のポールドポリマーの発展に不可欠な知見を与えた[41].ただし,ドープ形材料は,二次光非線形成分を高濃度化して,性能向上を図ろうとすると結晶化により透明性,加工性が低下することや,結合型にくらべ二次光非線形成分の配向緩和による光非線形性能の経時劣化が顕著で熱安定性が劣るなどの問題点を有する.このため,現在では,主に分極処理機構や効果的な分極処理条件の検討対象とされているのみである.

なお,熱安定性を高めるためには,ホストポリマーに内部電界が在留する強誘電高分子(たとえばポリフッ化ビニリデン[57])や高耐熱性を有するポリイミドに二次非線形光学材料をドープした系[58]が検討されている(表III.3.17).後者については,光非線形性能は低いものの,きわめて高い熱安定性が示されており,今後の展開が注目される.

iii)結合型:側鎖型材料が上述のドープ型の欠点を補うことは古くから期待されていた[61,62].それを明確に実証したのはSingerらのグループである[42].その後,表III.3.18に示すようなより大きな$\beta\mu$値を有する材料を結合したものなど,さまざまな材料が報告されている.また,高分子主鎖や非線形光学成分の結合比率の選択により,透明性や加工性に優れた材料とすることができる.後に述べるような光導波路型素子などの材料として使われており,応用面での展開が最も著しい材料系である.分極処理メカニズムの理解に必要な誘電特性についてもいくつかの報告がある[63,64].ただし,透明性,加工性,熱安定性のすべてに優れた材料は見あたらず今後の展開が期待されるところである.

このほか,非線形光学特性の熱安定性を高めることを意図し主鎖型,架橋型も提案されている.報告例を表III.3.18に示す.

3) LB膜 有機配向膜の作製法の代表的な方法としてラングミュアーブロジェット法があるが,この手法も配向膜の作製による反転対称性の制御に有効な手法である.この非対称LB膜の種類を図III.3.28に示した.この方法においては,高分子材料の場合と異なり,電界などの外部力により配向させるわけではないので配向緩和の問題は生じない.問題としては,LB法に適したβ値の大きな色素分子の合成,膜作製の際の配向制御がある.導波路化に関しても散乱損失の少ない報告例[76]もあり,今後の発展が期待される.材料

3.2 二次非線形光学材料

表 III.3.18 結合型のポールドポリマー (1)

分類	材料 高分子構造	非線形性 $\chi^{(2)}$ (esu) $d,\ r$ 定数 (pm/V) ( ) 内測定波長	特徴 ( ) 内研究機関	文献
測鎖型	(側鎖型ポリマー構造:主鎖 $-[C(CH_3)(C=OOCH_3)-CH_2]_m-[C(CH_3)(C=OOC_2H_4-N(C_2H_5)-C_6H_4-N=N-C_6H_4-CH=C(CN)_2)-CH_2]_n-$)	$\chi^{(2)}_{339}=9.2\times10^{-8}$ (1.58 μm) $r_{33}=18$ (0.799 μm)	側鎖型ポールドポリマー最初の報告 (AT&T)	42)
	—	$r_{33}=28$ (1.3 μm)	EO素子化例あり 分子構造詳細不明 (アクゾ)	53)
	(側鎖型:$-[C(CH_3)(C=OOCH_3)-CH_2]_m-[C(CH_3)(C=OOC_2H_4-N(C_2H_5)-C_6H_4-N=N-C_6H_4-NO_2)-CH_2]_n-$)	$r_{33}=40$ (1.3 μm) $r_{33}=100$ (0.633 μm) $d_{33}=57.9$ (0.633 μm)	EO素子化例あり (ヘキストセラニーズ) (トムソン-CSF)	65) 66)
	(側鎖型:$-[CH_2CH(O-CH_2-CH(OH)-CH_2-N(C_6H_4-NO_2))]_n-[CH_2CH]_m-$)	$d_{33}=30$ (1.06 μm) $r_{33}=10$ (0.633 μm)	p-NA系ブランチ (宇部興産)	67)
	(NPPスチレン側鎖:$-[CH_2CH(C_6H_4-CH_2O-pyrrolidine-C_6H_4-NO_2)]_n-$)	$d_{33}=7.5$ (1.06 μm)	NPPスチレンブランチ (ノースウエスタン大)	68)
	(側鎖型:$-[C(CH_3)(C=OOCH_3)-CH_2]_m-[C(CH_3)(C=OOC_2H_4-N(C_2H_5)-C_6H_4-N=N-C_6H_4-N=N-C_6H_4-NO_2)-CH_2]_n-$)	$\chi^{(2)}_{333}=3.3\times10^{-7}$ (1.06 μm) $\chi^{(2)}_{333}=1.5\times10^{-7}$ (1.55 μm)	長い共役鎖を有する色素ブランチ (NTT)	55)
	(側鎖型:$-[C(CH_3)(C=OOCH_3)-CH_2]_m-[C(CH_3)(C=OOC_2H_4-N(C_2H_5)-C_6H_4-N=N-(2,6-CH_3)_2C_6H_2-N=N-C_6H_4-CH=C(CN)_2)-CH_2]_n-$)	$\chi^{(2)}_{333}=1.0\times10^{-6}$ (1.06 μm) $\chi^{(2)}_{333}=3.0\times10^{-7}$ (1.50 μm) $r_{33}=40$ (0.633 μm)	EO素子化例あり (NTT)	54)
	(側鎖型:$-[C(CH_3)(C=OOCH_3)-CH_2]_m-[C(CH_3)(C=OO(CH_2)_6-O-C_6H_4-CH=CH-C_6H_4-SO_3R)-CH_2]_n-$)	$d_{33}=9$ (0.82 μm)	導波路型波長変換 (フィリップス)	69)
	(側鎖型:$-[C(CH_3)(C=OOCH_3)-CH_2]_m-[C(CH_3)(C=OO(CH_2)_6-O-C_6H_4-CH=CH-C_6H_4-NO_2)-CH_2]_n-$)	$d_{33}=6.7$ (1.06 μm) $d=1$ (1.06 μm)	導波路型波長変換 (NTT) 導波路型波長変換 (ヘキストセラニーズ)	70) 71)

表 III.3.18 結合型のポールドポリマー(2)

分類	材料 高分子構造	非線形性 $\chi^{(2)}$ (esu) d, r 定数(pm/V) ( )内測定波長	特徴 ( )内研究機関	文献
主鎖型	(構造式)	$d_{33}=223(1.06\,\mu m)$ $r_{33}=22(0.8\,\mu m)$	$T_g=140°C$ 主鎖型 (南加大)	72)
	(構造式)	$d_{33}=89(1.06\,\mu m)$ $r_{33}=8(0.633\,\mu m)$	緩和時間 100°C で 100 hr (IBM) 主鎖型	73)
架橋型	(構造式)	$d_{33}=7.8$ $r_{33}=4.8$	光架橋性 熱安定性(ローウェル大)	74)
	(構造式)	$d_{33}=14(1.06\,\mu m)$	熱架橋 (IBM)	75)

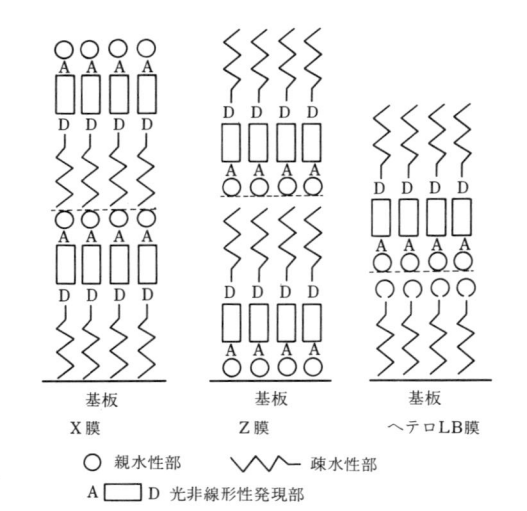

図 III.3.28 非対称LB膜による二次非線形性の発現

○ 親水性部 〜 疎水性部
A □ D 光非線形性発現部

例については文献を参照されたい[77〜79].

3.2.3 非線形光学定数測定法

a. 分子の二次非線形分極率(β)の測定

この測定法についてはいくつかの手法が提案されているが,ここでは最も例が多い EFISH 法(dc-SHG 法)による β の測定について簡単にのべる.

分子の非線形分極率(β)については有機溶媒に被測定非線形分子を溶かした溶媒を用いる.溶液中の分子はランダムな配向性のため,二次の非線形光学効果を示さないが,静的な電場を加えることによって,分子配向し,二次の非線形性,SHGが観測される.その強度から,分子1個あたりの β を求めることができる.SHG のメーカーフリンジを溶液試料を用いて測定する方法であり,実験配置は文献を参照されたい[19].

b. 非線形光学定数(d 定数)の測定

この測定法については,ほぼSHGのフリンジパターンから d 定数を決定する方法が一般的である[80]. 図 III.3.29 にあげるのはこの測定の際によく用いられる光学系の配置例であり,光源としては Nd: YAG レーザーのような光源がよく用いられる.発生する SHG 強度 $P_{2\omega}$ は次式で与えられる[81].

$$P_{2\omega}=2\left(\frac{\mu_0}{\varepsilon_0}\right)^{3/2}\frac{\omega^2 d^2 l^2}{n^3}\frac{\sin^2(\Delta\kappa l/2)}{(\Delta\kappa l/2)^2}$$
$$\times\left(\frac{P_\omega}{A}\right)^2 (T_\omega)^2 T_{2\omega}$$
$$\Delta\kappa=\kappa^{2\omega}-\kappa^\omega=2\omega(n^{2\omega}-n^\omega)/C_0 \quad (\text{III}.3.36)$$

ただし,P_ω/A は基本波ビームの単位面積あたりの強度,l は試料長,P_ω は基本波の強度,$\kappa^{2\omega}$ は SH 波の伝搬定数,κ^ω は基本波の伝搬定数,n^ω, $n^{2\omega}$ はそれぞれ ω, 2ω における試料の屈折率,T_ω, $T_{2\omega}$ はそれぞれの

3.2 二次非線形光学材料

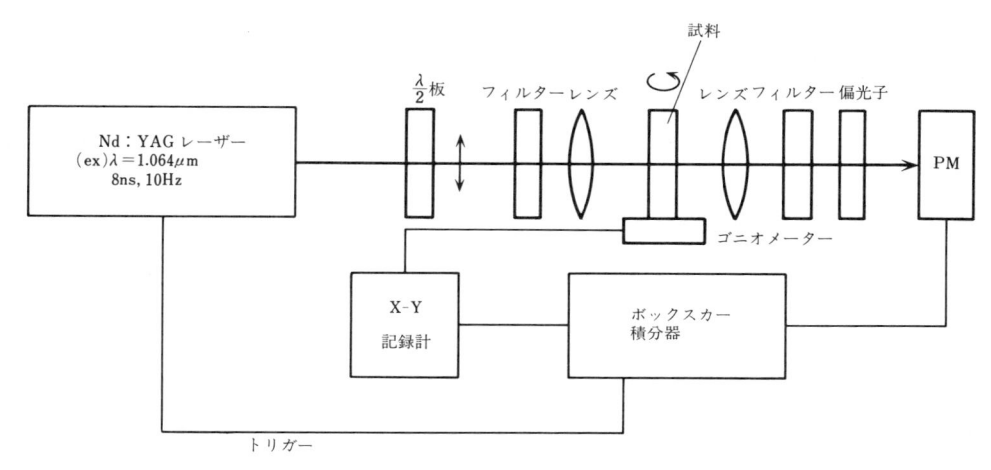

図Ⅲ.3.29 SHGメーカーフリンジの測定系の一例

波長における透過率である.

　試料が結晶の場合は薄片結晶が,高分子材料の場合には基板上に塗布された薄膜が用いられる.試料はいずれも回転ステージ上に固定され回転しながら光を照射し,発生するSHGのフリンジ強度を検出器により検出する.SHG強度は上式に示すように試料の厚みと関係し,通常の場合は,試料に屈折率分散があるため,基本波とSHGの波長における屈折率は異なり,SHG強度は周期的に変化する(図Ⅲ.3.30(a)参照).この間隔がコヒーレント長 l_c と呼ばれ,

$$l_c = \frac{\pi C_0}{\omega(n^{2\omega} - n^{\omega})}$$

である.コヒーレント長より試料厚が薄い場合は図Ⅲ.3.30(b)に示すようなパターンが観測される.得られたSHG強度を基準材料(非線形光学定数が既知である材料,たとえば石英,$LiNbO_3$,KTP)からのSHG強度と比較することにより,d 定数を求めることができる.ただし,この d 定数は実効上の d 値であり,試料面の配向面の違いにより,非線形光学定数 d_{ijk} の寄与の仕方が異なるので注意が必要である.

　メーカーフリンジ法による評価のためには,平行平板状の結晶が必要となる.有機材料は大きな結晶が得にくいため,粉末結晶を利用した簡便な方法がしばしば利用される.

　粉末法の単純な方法は,単に粉末結晶にレーザー光を照射し,発生する二次高調波の強度を比較する方法である.この方法は簡便ではあるが,その信号強度が試料の位相整合条件により大きく変わるため,試料の粒径に大きく左右され,ときには2桁程度の誤差を生じる場合があるので注意を要する.

　単純な粉末法に代わる新評価法としては,SHEW

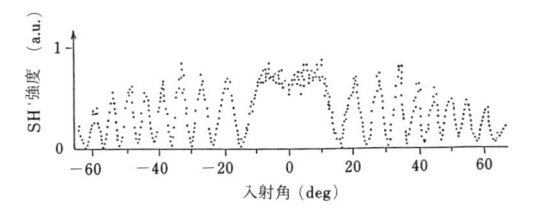

(a) 試料厚 l がコヒーレント長 l_c より厚いフリンジパターン ex. 結晶材料($l > l_c$)

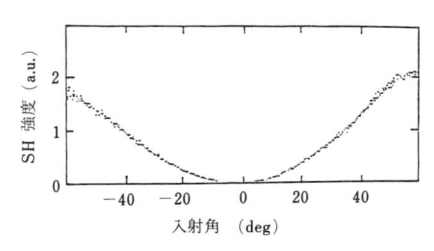

(b) 試料厚 l がコヒーレント長 l_c より薄いフリンジパターン ex. 高分子薄膜($l < l_c$)
ただし,上記の例は右図に示すようなコロナポーリング装置を用いて膜厚方向に分極した試料.

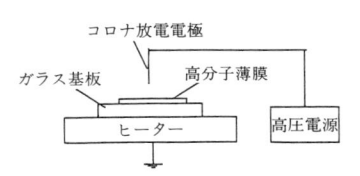

図Ⅲ.3.30 各種試料におけるSHGフリンジパターン例

(Second-Harmonic generation with Evanescent Wave) 法がある[82].本方法では,基本波をプリズムを用いて全反射させ,エバネセント波により励起された二次高調波強度を測定する(図Ⅲ.3.31).界面から放射される二次高調波は試料の位相整合条件によらず,次

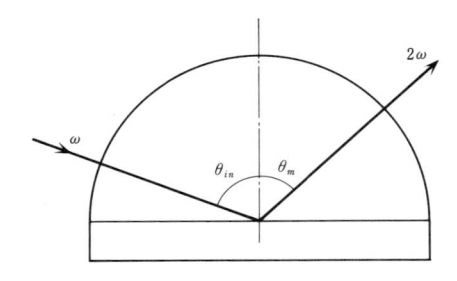

図 III.3.31 SHEW法の概念図

の条件の角度方向に必ず位相整合がとれて出射される.

$$n_p{}^\omega \sin\theta_{in} = n_p{}^{2\omega} \sin\theta_m$$

ここで, $n_p{}^\omega$, $n_p{}^{2\omega}$ はプリズムの ω および 2ω の周波数での屈折率である. これによれば, 粉末試料を用いても位相整合条件によらず, 二次非線形光学定数の最大テンソル成分を評価できる.

c. ポッケルス効果の測定

二次非線形光学材料における電界印加時の屈折率変化は以下のような関係にあり, この屈折率変化の大きさ Δ を示す係数がポッケルス定数 r として表される[83].

$$\Delta\left(\frac{1}{n^2}\right)_i = \sum_{j=1}^{3} r_{ij} E_i \qquad \text{(III.3.37)}$$

この屈折率変化を光学実験により求め, ポッケルス定数が計算できる. 結晶の場合, 試料的には厚みが比較的大きくとれるため, 結晶の光学的質がよければ, 感度よく定数の測定ができる. ここでは m-NA(メタニトロアニリン)を用いた測定例を図 III.3.32 に記す[37]. マッハ-ツェンダー干渉系をくみ, m-NA への電界印加による位相差変化分を求める方法である.

これに対し, 高分子薄膜については分極処理により, 電気光学効果が生ずるが, 薄膜のためあまり有効な光路差をとることができず, 多重反射を利用する方法[84], 導波路により光路差を稼ぐ方法[85], 薄膜斜め方向に光を入射する方法など[86]があるが, 一般的にはかなり高感度な検出系が必要である. 実際の測定系についてはそれぞれの文献を参照されたい.

3.2.4 デバイス化

a. デバイス化の動向

二次の有機非線形光学材料を加工し, デバイス化する研究は最近になって開始された. 表 III.3.19 に結晶材料, 高分子材料のデバイス化概要を示す.

b. 波長変換応用

波長変換の高効率化をめざし, 結晶材料ではバルク材料を共振器中に挿入して利用する方法, 導波路化して光パワー密度をあげる方法, 高分子材料では導波路化して光パワー密度をあげる方法がよく用いられている. いずれの場合もこの波長変換では位相整合をいかに達成するかが課題である. 式(III.3.36)において

$$\Delta\kappa = \kappa^{2\omega} - \kappa^{2\omega} = (n^{2\omega} - n^\omega)2\omega/c_0 = 0$$

が位相整合条件であり, 基本波と高調波の屈折率が一致することが必要条件となる. 以下には位相整合方法

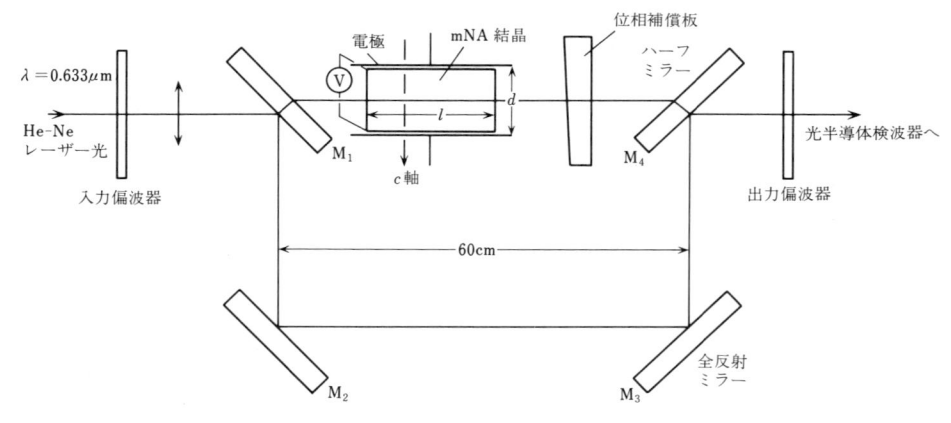

図 III.3.32 結晶材料における r 定数(EO定数)測定例[37]

$V\pi = \lambda d / n_3 r_{33} l$
実験により $V\pi$ を求め, r_{33} を上式より見積る
ただし, $V\pi$: 半波長電圧
d : 電極間距離
l : 結晶における光路長
n_3 : mNAc軸の屈折率
λ : 測定波長

3.2 二次非線形光学材料

についてのべる.

1) バルク材料(主に単結晶)での位相整合 一般には材料の屈折率分散があるため,波長が異なれば,屈折率は一致することはない.しかしながら,複屈折性をもっているような材料では図Ⅲ.3.33(a)に示すように常光,異常光が存在するため,基本波と高調波のような波長が異なる場合でもそれぞれの屈折率が一致する条件がある.これを利用し,バルク結晶に基本波を入射する角度を調整して位相整合をとることができる.これが角度位相整合であり,多くの結晶材料ではこの整合法により高効率な波長変換を実現している.

2) 導波路における位相整合 導波路化すると光は閉じ込められるため,離散的な固有のモードが伝搬する.このことを利用し,伝搬モードどうしでの整合により,基本波,高調波の位相整合を達成することができるようになる.実際に,LiNbO$_3$導波路では高効率な波長変換が実現されている.ただし,この整合法では導波路条件などが非常に厳しいため,整合させるモードの一方を連続する放射モード(クラッドモード)にして整合条件を満たす方法も盛んに行われている.これがチェレンコフ放射による位相整合であり,この方法(図Ⅲ.3.33(b)参照)では下記の条件を満足するだけで位相整合が達成できるため,有機材料においても多くの報告例がある[31),87~90].

$$N^\omega = n_{2\omega,\text{clad}} \cos\theta \ (n_{\omega,\text{clad}} < n_{\omega,\text{core}} < n_{2\omega,\text{clad}})$$
(Ⅲ.3.38)

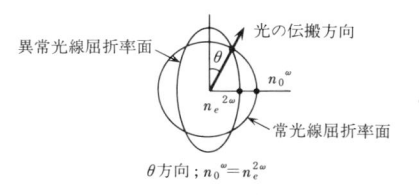

(a) 複屈折利用の角度位相整合;負の ($n_e < n_0$) 結晶

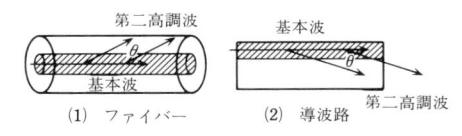

(b) チェレンコフ放射による位相整合

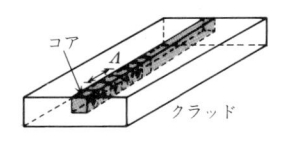

(1) ファイバー　(2) 導波路

(c) 周期構造による疑似位相整合

図 Ⅲ.3.33　各種位相整合法の概念図

ただし,N^ω は伝搬する基本波の実効屈折率,$n_{\omega,\text{clad}}$,$n_{2\omega,\text{clad}}$ はそれぞれクラッドの基本波,SH 波に対する屈折率,$n_{\omega,\text{core}}$ はコアの基本波における屈折率を表す.この方法を利用した結晶ファイバーについての詳しい解説は文献を参照されたい[91].

また一方で最近研究例が無機材料で多く見られるのが,周期構造を利用した擬似位相整合である[92].図Ⅲ.3.33(c)に示すようにこの方法では分極の向きがあ

表 Ⅲ.3.19　結晶材料,高分子材料のデバイス化概要

	結晶材料		高分子材料	
主たる目標デバイス	波長変換応用	可視光レーザー 波長可変光源	波長変換応用 EO効果応用	可視光レーザー 光変調素子 光スイッチ
	主に波長変換をねらいとし,半導体レーザの可視化をねらう研究が多い		光変調素子など導波路型 EO デバイスをめざした研究が多い	
デバイス作製技術	単結晶育成技術	溶液法 融液法 気相法	膜作製技術 導波路作製技術	スピンコート法など フォトリソグラフィー ドライエッチング(RIE) フォトブリーチング
	結晶加工技術	研磨/切り出し		
	導波路作製技術	ファイバー化 薄膜単結晶	ポーリング技術 電極作製技術	

表 Ⅲ.3.20　波長変換に関する研究例

材料		概　要	変換効率	研究機関	文献
結晶	DMNP	ファイバ化/チェレンコフ位相整合 0.884 μm LD → SHG 0.422 μm	25% W^{-1}	富士フィルム	31)
結晶	チェニルカルコン	内部共振器 1.06 μm → SHG 0.53 μm	0.09% W^{-1}	大阪大学	93)
結晶	MNA	薄膜単結晶/テーパ構造,モード整合	0.64% W^{-1}	慶応大学	94)
高分子	MONS/PMMA	薄膜導波路/周期構造	0.04% W^{-1}	ヘキストセラニーズ	71)

(a) 進行波型光変調器[98]

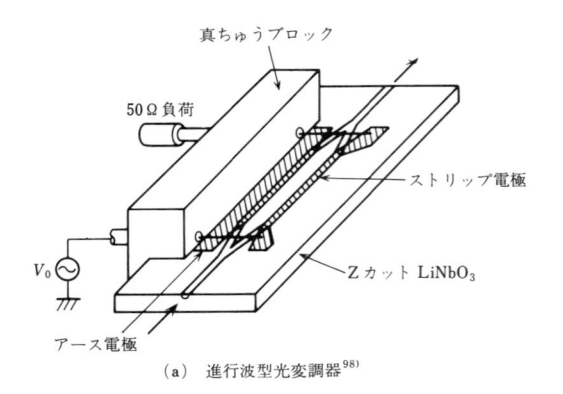

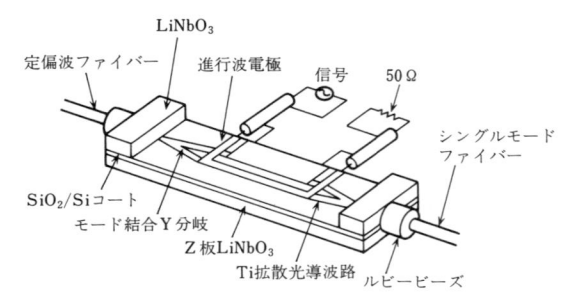

(b) マッハ・ツェンダー型光変調器[99]

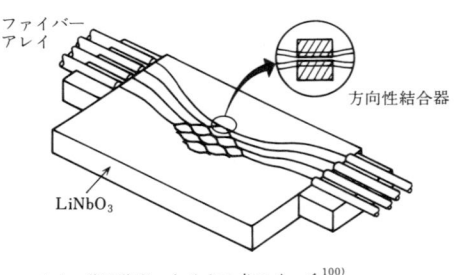

(c) 導波路型マトリクス光スイッチ[100]

図 III.3.34 LiNbO₃ 導波路を用いた EO 素子の例

る周期で反転していれば位相整合が擬似的に達成されるもので効率よく波長変換が実現する．有機結晶材料では分極反転を起こすことが困難なため，研究例はほとんどないが，ポーリングにより分極の向きが制御できる高分子系では研究が開始されはじめた[69,71]．これについては今後の研究動向が注目される．周期間隔 Λ については以下の条件を満足すればよい．

$$2\beta^\omega + K \simeq \beta^{2\omega}, \quad K = 2\pi/\Lambda$$
$$\therefore \Lambda \simeq (\lambda/2)/(N^{2\omega} - N^\omega) \quad (\text{III}.3.39)$$

ただし，β^ω，$\beta^{2\omega}$ は基本波，SH 波の伝搬定数，N^ω，$N^{2\omega}$ は基本波，SH 波の実効屈折率，また Λ は周期構造の間隔である．表 III.3.20 に波長変換に関する研究例をあげる．

c. EO 素子（空気光学素子）

EO 材料によるデバイスは，電場により屈折率が変化することを利用するものであり，変調素子，スイッチング素子などさまざまな応用が考えられる．導波路デバイス例を図 III.3.34 に記す．無機材料では導波路化技術がほぼ完成している LiNbO₃ を利用した例がほとんどである．これに対し，有機材料では導波路化，加工性に富む高分子材料を用いた EO 素子形成が主流である．有機結晶を用いて EO 素子をめざす研究例は少ない[36]．表 III.3.21 に LiNbO₃ を用いたデバイスとポールドポリマーを用いた EO 素子との比較例を示す．また，表 III.3.22 にポールドポリマーを用いて行われた EO 実験の代表例を記した．

3.2.5 まとめ

これまで述べてきた，二次有機非線形光学材料，およびそのデバイス化などをまとめて，材料探索のフローチャート，および今後の課題を図 III.3.35 に記し，まとめとする．〔天野道之・栗原 隆・都丸 暁〕

表 III.3.21 EO 素子材料としての LiNbO₃ とポールドポリマーの比較

	LiNbO₃	ポールドポリマー
・材料定数	研究の歴史古い	研究の歴史新しい
屈折率(n)	$n:>2$	$n:1.5\sim2$
電気光学定数(r)	r_{33}；32 pm/V	r_{33}：10～50 pm/V
誘電率(ε)	高誘電率($\varepsilon=28$)	低誘電率($\varepsilon=3\sim4$)
	光波，マイクロ波のミスマッチ大きい	光波，マイクロ波のミスマッチ小さい
・素子作製関連	技術的にほぼ確立	作製技術検討の要あり
導波路作製プロセス	高温プロセス	低温プロセス
	ドーパント拡散/単結晶育成	フォトブリーチング/ドライエッチング
導波損失	0.1 dB/cm	0.5～1.0 dB/cm
	（透過波長域広い）	（可視，近赤外域吸収あり）
変調速度	75 GHz の報告例あり	100 GHz 以上可能性あり
量産性	量産性にややかける	量産性に優れる
信頼性	比較的良	信頼性に難

3.2 二次非線形光学材料

表 III.3.22 ポールドポリマーを用いた EO 素子

素子形態	性能		研究機関	使用材料	文献
・マッハ-ツェンダー型変調器	変調速度	20 GHz	ロッキード	表III.3.18の文献 53)	95)
	$V\pi$	9 V			
・方向性結合器 2×2 スイッチ	$V\pi$	8 V	アクゾ	同 上	53)
・マッハ-ツェンダー型変調器	変調速度	40 GHz	ヘキストセラニーズ	表III.3.18中の文献 65)	96)
	$V\pi$	6 V			
・直線導波路型位相変調器	$V\pi$	5 V	NTT	表III.3.18中の文献 54)	54)
・薄膜形状 EO チップセンサー			NTT	同 上	97)

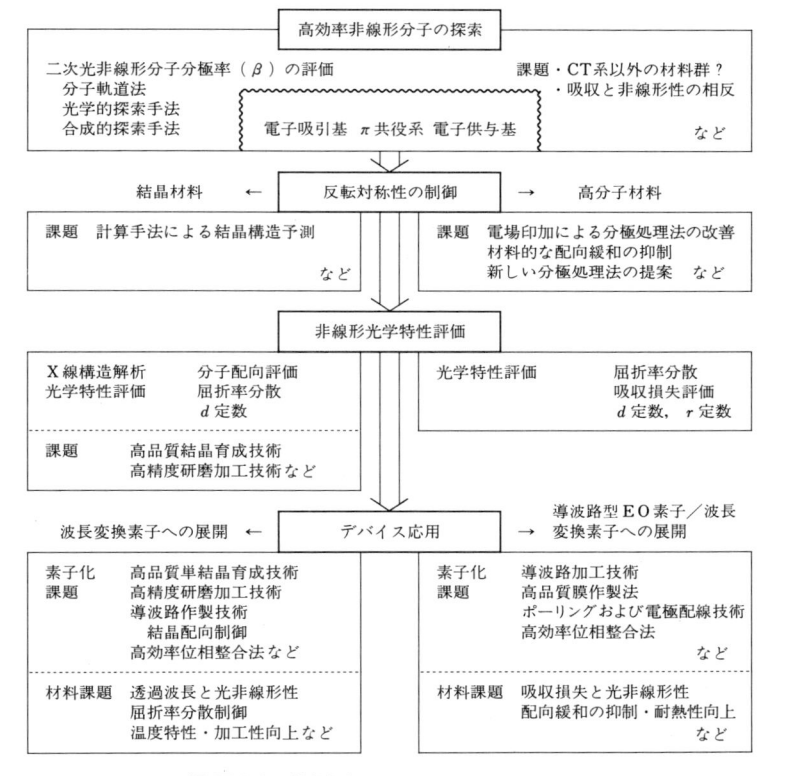

図 III.3.35 材料探索のフローチャートと今後の課題

参 考 文 献

1) Mainman, T. H. et al.: *Phys Rev.*, **123** (1961), 1151
2) Rentzepis, P. M. et al.: *Appl. Phys. Lett.*, **5** (1964), 156
3) Bardwin, G. C.: Nonlinear Optics (1969), Plenum Press
4) Nishihara, H. et al.: 光集積回路 (1985), オーム社
5) Bryan, D. A. et al.: *Appl. Phys. Lett.*, **44** (1984), 847
6) Baumert, J. C. et al.: *Opt. Commun.*, **48** (1983), 215
7) Singh, S. et al.: *Phys. Rev.*, **B2** (1970), 2709
8) Zumsteg, F. C. et al.: *J. Appl. Phys.*, **47** (1976), 49
9) Chen, C. T. et al.: IQEC' 84 MCC5 (1984)
10) Kato, Y. et al.: レーザー研究, **14** (1986), 34
11) Nakanishi, H. et al.: 新・有機非線形光学材料 I, II (1991), CMC
12) Levine, B. F. et al.: *J. Appl. Phys.*, **50** (1979), 2523
13) Singer, K. D. et al.: *J. Opt. Soc. Am. B*, **6** (1989), 1339
14) Lalama, S. J. et al.: *Phys. Rev.*, **A20** (1979), 1179
15) Zyss, J., et al.: *Phys. Rev.*, **A26** (1982), 2028
16) Zyss, J., et al.: *Mol. Cryst. Liq. Cryst.*, **137** (1986), 303
17) Norman, P. A. et al.: *J. Opt. Soc. Am. B*, **4** (1987), 1013
18) Sigelle, M. et al.: *J. Non-Cryst. Solids*, **47** (1982), 287
19) Gunter, R. et al.: *Appl. Phys. Lett.*, **50** (1987), 1484
20) Oudar, J. L. et al.: *J. Appl. Phys.*, **48** (1977), 2699
21) Okada, S. et al.: *Jpn. J. Appl. Phys.*, **29** (1990), 1112
22) Kurihara, T. et al.: *J. C. S. Chem. Comm.*, (1987), 959
23) Tomaru, S. et al.: *J. C. S. Chem. Comm.*, (1984), 1207
24) Southgate, P. D. et al.: *Appl. Phys. Lett.*, 18 (1971), 456
25) Miyata S. et al.: 新・有機非線形光学材料 I, p. 82 (1991), CMC
26) Zyss, J. et al.: *J. Chem. Phys.*, **81** (1984), 4160
27) Asano, K. et al.: *Konica Tech. Rep.*, **4** (1991), 72

28) Sutter, K. et al.: *Ferroelectrics*, **92** (1989), 395
29) Sherwood, J. N.: CGOM III-4 (1989), 180
30) Tomaru, S. et al.: *Appl. Phys. Lett.*, **58** (1991), 2583
31) Harada, A. et al.: *Tech. Digest of CLEO*, **CFE3** (1990)
32) Tunekawa, T. et al.: *Proceedings SPIE*, **1337** (1990), 285
33) Wada, T. et al.: 新・有機非線形光学材料I, p. 44 (1991), CMC
34) Goto, Y. et al.: 化学と工業, **42** (1989), 1377
35) Bierlein, J. D. et al.: *Appl. Phys. Lett.*, **56** (1990), 423
36) Tunekawa, T. et al.: *Proceedings SPIE*, **1337** (1990), 272
37) Stevenson, J. L. et al.: *J. Phys. D Appl. Phys.*, **6** (1973), L 13
38) Lipscomb, G. F. et al.: *J. Chem. Phys.*, **75** (1981), 1509
39) 吉澤鉄夫ら: 信学会光量エレ研究会, **OQE81-32** (1981)
40) 戒能俊邦: 繊維と工業, **42** (1986), 113
41) Singer, K. D. et al.: *J. Opt. Soc. Am. B*, **4** (1987), 968
42) Singer, K. D. et al.: *J. Appl. Phys. Lett.*, **53** (1988), 1800
43) Barry, S. E. et al.: *Appl. Phys. Lett.*, **58** (1991), 1134
44) Hampsch, H. L. et al.: *Polym. Commun.*, (1989), 30
45) Wu, J. W. et al.: *Appl. Phys. Lett.*, **59** (1991), 2213
46) Eich, M. et al.: *J. Appl. Phys.*, **66** (1989), 3241
47) Singer, K. D. et al.: *J. Appl. Phys.*, **70** (1991), 3251
48) Kohler, W. et al.: *J. Chem. Phys.*, **93** (1990), 9157
49) Oudar, J. L.: *J. Chem. Phys.*, **67** (1977), 446
50) Singer, K. D. et al.: *J. Opt. Soc. Am. B*, **6** (1989), 1339
51) Kuhn, H. et al.: *Chem. Phys. Lett.*, **1** (1967), 255
52) Suzuki, H. et al.: *SPIE*, **971** (1988), 97
53) Mohlmann, G. R. et al.: *SPIE*, **1147** (1991), 245
54) Shuto, Y. et al.: *IEEE Trans. Photo. Tech. Lett.*, **3** (1991), 1003
55) Amano, M. et al.: *J. Appl. Phys.*, **68** (1990), 6024
56) Meredith, G. R. et al.: *Macromolecules*, **15** (1982), 1385
57) Hill, J. R. et al.: *Electron. Lett.*, **23** (1987), 700
58) Wu, J. W. et al.: *Appl. Phys. Lett.*, **58** (1991), 225
59) Wu, J. W. et al.: *J. Appl. Phys.*, **69** (1991), 7366
60) Singer, K. D. et al.: *Appl. Phys. Lett.*, **49** (1986), 248
61) Barny, Le et al.: *SPIE*, **682** (1986), 56
62) Griffin, A. C. et al.: *SPIE*, **682** (1986), 65
63) Man, H. et al.: *Adv. Mater.*, **4** (1992), 159
64) Schen, M. A. et al.: *SPIE*, **1560** (1991), 315
65) Mann, H. T. et al.: *SPIE*, **1213** (1990), 7
66) Esselin, S. et al.: *SPIE*, **971** (1988), 120
67) Yokoh, Y. et al.: *Polymer Preprints Japan*, **41** (1992), 779
68) Li, D. et al.: *Synthetic Metals*, **28** (1989), D 585
69) Rikken, G. L. J. A. et al.: *SPIE*, **1337** (1990), 35
70) Shuto, Y. et al.: *Jpn. J. Appl. Phys.*, **28** (1989), 2508
71) Khanarian, G. et al.: *SPIE*, **1337** (1990), 44
72) Chen, M. et al.: *Macromolecules*, **24** (1991), 5421
73) Jungbauer, D. et al.: *J. Appl. Phys.*, **69** (1991), 8011
74) Zhu, X. et al.: *Optics Communications*, **88** (1992), 77
75) Eich, M. et al.: *J. Appl. Phys.*, **66** (1989), 3241
76) Hickel, W. et al.: *Thin Solid Film*, 210/211 (1992), 182
77) Lupo, D. et al.: *J. Opt. Soc. Am.*, **B5** (1989), 300
78) Era, M. et al.: *Langmuir*, **5** (1989), 1410
79) Decher, G. et al.: *J. C. S. Chem. Comm.*, (1988), 933
80) Maker, P. D. et al.: *Phys. Rev. Letters*, **8** (1962), 21
81) Tada, K.ほか訳: 光エレクトロニクスの基礎, p. 199 (1974), 丸善
82) Kiguchi, M. et al.: *Appl. Phys. Lett.*, **60** (1992), 1935
    Kiguchi, M. et al.: *Mol. Cryst Liq. Cryst.*, **227** (1993), 133
83) Tada, K.ほか訳: 光エレクトロニクスの基礎, p. 235 (1974), 丸善
84) Van der Vorst, C. P. J. M. et al.: *SPIE*, **1337** (1990), 246
85) Horsthins, W. H. G. et al.: *Appl. Phys. Lett.*, **55** (1989), 616
86) Teng, C. C. et al.: *Appl. Phys. Lett.*, **55** (1990), 1734
87) Nayar, B. K.: *ACS Symp. Ser.*, **233** (1983), 153
88) Harada, A. et al.: *Appl. Phys. Lett.*, **59** (1991), 1535
89) Rush, J. D. et al.: *SPIE*, **1017** (1988), 135
90) Nonaka, Y. et al.: *CLEOs*, **CTuP 4** (1991)
91) Chikuma, K.: 新・有機非線形光学材料II, p. 134 (1991), CMC
    Umegaki, S.: 新・有機非線形光学材料II, p. 99 (1991), CMC
92) Armstrong, J. A. et al.: *Phys. Rev.*, **27** (1962), 1918
93) Sasaki, T.: 新・有機非線形光学材料II, p. 151 (1991), CMC
94) Sugihara, O. et al.: *Opt. Lett.*, **16** (1991), 702
95) Girton, D. G. et al.: *Appl. Phys. Lett.*, **58** (1991), 1730
96) Teng, C. C. et al.: *Appl. Phys. Lett.*, **60** (1992), 1538
97) Nagatsuma, T. et al.: *Electron. Lett.*, **27** (1991), 932
98) Izutsu, M. et al.: *Trans. IECE Japan*, **E-63**, 11 (1980), 817
99) Kiyono, S. et al.: *OQE*, **89-35** (1989)
100) Bogert, G. A. et al.: *IEEE J. Lightwave Tech.*, **LT-4**, 10 (1986), 1542

3.3 三次非線形光学材料

三次非線形光学効果によるフォトニクスデバイスは，光スイッチ・光動的メモリーなど，純光コンピューター用の論理演算素子を構成する．これは，光の時空間および波長における並列・多重性，空間結合性，低雑音などの特性をいかして，画像情報やパターン認識などの視覚情報を，大容量・高速に処理する光情報システムとして期待されている．そのような応用展開に向けて，優れた性能を有する三次非線形光学材料を探索・設計合成するには，三次非線形光学感受率のテンソル成分の大きさと併せて，その実部と虚部の大きさ（複素表示の位相），符号，応答速度，それらの波長依存性を知ることが必要である．そこで，まずはじめに，さまざまな三次非線形光学効果の観測とそれから得られる物性情報をまとめ，次に，有機材料に期待される優れた非線形光学特性の起源と素材探索の現状を整理した．

三次非線形分極 P_i と非線形感受率 $\chi_{ijkl}^{(3)}$，光電界 E との関係は，

$$P_i \propto \chi_{ijkl}^{(3)} \cdot E_j \cdot E_k \cdot E_l$$

と表される．表III.3.23にさまざまな三次非線形効果の対応する光周波数 ω との関係を示した．

表 III.3.23 三次非線形光学効果とその感受率

非線形光学効果	感受率
第三高調波発生（THG）	$\chi^{(3)}(-3\omega; \omega, \omega, \omega)$
和周波発生	$\chi^{(3)}(-\omega_4; \omega_1, \omega_2, \omega_3)$
	$\omega_4 = \omega_1 + \omega_2 + \omega_3$
電界誘起第二高調波発生（EFISH）	$\chi^{(3)}(-2\omega; \omega, \omega, 0)$
縮退四光波混合（DFWM）	$\chi^{(3)}(-\omega; \omega, \omega, -\omega)$
光自己回折（SD）	$\chi^{(3)}(-\omega; \omega, \omega, -\omega)$
self-action（非線形屈折率）	
自己収束効果，自己発散効果，自己位相変調	$\mathrm{Re}\,\chi^{(3)}(-\omega; \omega, -\omega, \omega)$
光カー効果	$\mathrm{Re}\,\chi^{(3)}(-\omega; \omega, \omega, -\omega)$
二光子吸収	$\mathrm{Im}\,\chi^{(3)}(-\omega; \omega, \omega, -\omega)$
吸収飽和	$\mathrm{Im}\,\chi^{(3)}(-\omega; \omega, \omega, -\omega)$
コヒーレントラマン散乱	$\mathrm{Im}\,\chi^{(3)}(-\omega_R; \omega_2, \omega_2, -\omega_1)$
	$\omega_R = 2\omega_2 - \omega_1$

$\chi^{(3)}$ を

$$\chi^{(3)} = \mathrm{Re}[\chi^{(3)}] + i\,\mathrm{Im}[\chi^{(3)}]$$

$\mathrm{Re}[\chi^{(3)}]$：実部, $\mathrm{Im}[\chi^{(3)}]$：虚部

と複素表現にすると，実部は屈折率の変化，虚部は吸収の変化を表す．

入射光レーザー波長が3分の1に変換される第三高調波発生(THG)は，即応現象であるので応答時間に関する情報は得られないが，熱の発生や実励起の影響を受けず，励起レーザー波長とは異なる波長を測定することによる容易さのため物質探索によく用いられている．THG測定は，二次非線形光学特性の測定でも述べられているメーカーフリンジ法で行われるのが最も一般的である．THG強度 $I_{3\omega}$ は，試料の回転角 θ に対して

$$I_{3\omega} = \frac{256\,\pi^4\,T(\theta)}{c^2(n_\omega^2 - n_{3\omega}^2)^2}|\chi^{(3)}|^2(I_\omega)^3 \sin^2(\Delta\psi/2)$$

$$\Delta\psi = 3\omega l(n_\omega \cos\theta_\omega - n_{3\omega}\cos\theta_{3\omega})/c$$

$T(\theta)$：透過および境界条件，c：光速，
$n_\omega, n_{3\omega}$：基本波および TH 波における屈折率，
I_ω：入射光強度, l：試料の厚さ

と与えられ，励起光 ω と非線形分極波 3ω の干渉パターンとなる．位相整合長 l_c より十分薄い試料を用いる場合がほとんどであるため，

$$I_{3\omega} = \frac{576\pi^4 \omega T(\theta)}{c^4(n_\omega + n_{3\omega})^2}|\chi^{(3)}|^2 \cdot l^2 \cdot (I_\omega)^3$$

と近似される．ここで試料に吸収がある場合には，入射角0°に外挿したTHG強度を

$$I_{3\omega} = I_{3\omega,o} \cdot f(\alpha)$$

$$f(\alpha) = \left[\frac{\alpha l}{2} \middle/ (1 - \exp(-\alpha l/2))\right]^2$$

α：吸収係数，$I_{3\omega,o}$：観測された THG 強度

により補正し，溶融石英 ($\chi^{(3)} = 1 \times 10^{-14}$ esu at $1.9\,\mu\mathrm{m}$) などの参照試料のそれと比較して $\chi^{(3)}$ が決定される．$\chi^{(3)}$ の小さな参照試料では，空気層と試料から生ずる非線形分極波の干渉によって THG 強度の減少があり，真空中での測定が推奨されている．厚さ数 mm の厚い試料，焦点距離が 10 cm 程度と短いレンズを用いることによってこの空気層による干渉効果を除くことができる．基板の THG 強度に比べて基板上薄膜試料の THG 強度が数倍から10倍程度の場合，基板のフリンジパターンがシフトする様子から，試料の $\chi^{(3)}$ の実部，虚部を分離して解析できる．

非線形光学現象の応答速度については，縮退四光波混合(DFWM)，光自己回折効果(SD)，光誘起吸収変化(二光子吸収, 吸収飽和), 光カー効果などで, ポンプ光とプローブ光の間でパルス相関時間を遅延させて測定する．実験配置を図Ⅲ.3.36に示す．DFWMは同一周波数の三つの入射光が相互作用するときに第4の光を生ずる現象である．特に，位相共役配置で得られる位相共役波は，信号波と同一空間分布をもち符号が逆転している時間反転波であることが，光伝送で生ずる位相情報の乱れを復元する応用技術として重要である．実験配置から明らかなように, SDはDFWMにおいて入射光波が一つ少ない場合に相当し，ポンプ光自身が光回折して新たな光波を生ずるため自己回折と呼ばれる．DFWMにおいてポンプ光どうしの時間相関を変化させることによって，励起された電子のかたよりが熱平衡状態へ緩和するエネルギー緩和時間 T_1 が，ポンプ光とプローブ光の時間相関を変化させることによって，位相のそろった微視的電子分極が形成する巨視的分極が消失する位相緩和時間 T_2 が求められ

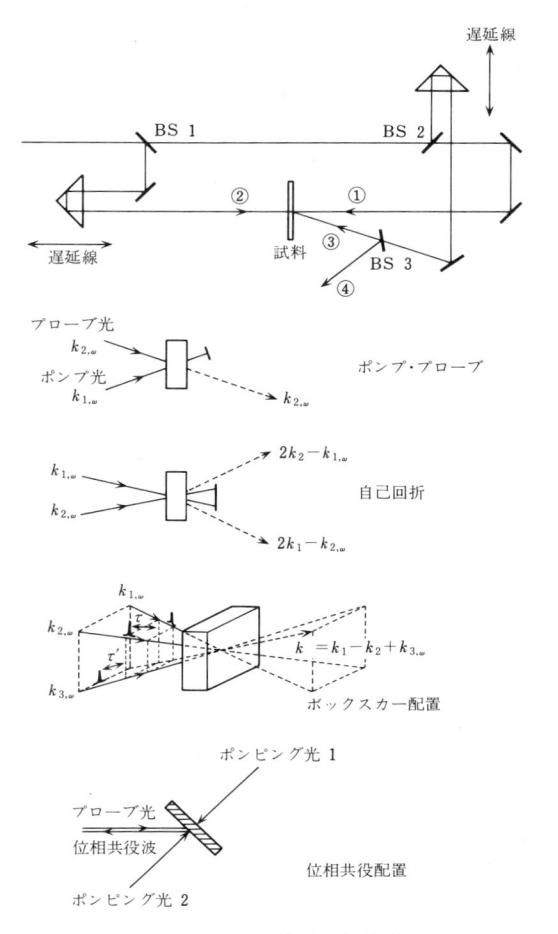

図 Ⅲ.3.36 パルス相関時間波形の測定配置図
最上図が位相共役配置(phase conjugation)における光パルス遅延回路を示す．①のポンプ光に対して②のポンプ光および③のプローブ光が遅延回路を通って入射し，④の位相共役波を観測する．

る．非線形分極波 P_i は，$\chi^{(3)}$，入射電界 E_j, E_k, E_l，緩和時間 T とパルス相関時間 t によって

$$p_i(\omega, t) = \chi_{ijkl}^{(3)} \cdot E_j(t) \cdot E_k(t) \cdot E_l(t) \exp(-t/T)$$

と得られる．通常，固体や液体などの凝縮系では，T_2 は T_1 よりはるかに短い．また結晶場の不均一性によるスペクトル広がりがある場合は，位相緩和による減衰定数は $T = T_2/2$ と観測される．信号強度の緩和曲線は，たとえば位相共役配置の DFWM では

$$I_c(t) = \frac{e^{-\alpha l}(1-e^{-\alpha l})^2}{\alpha^2}\left[\frac{2\omega}{nc}\right]^2\left[\frac{2\pi}{nc}\right]^2 \frac{I_{p1}I_{p2}I_{pr}}{S^2}$$
$$\times |\chi^{(3)}|^2 \cdot \frac{\exp(-2t/T)}{T^2(1-t_0/T)^2(1+2t_0/T)}$$

$I_c(t)$：位相共役波強度，n：屈折率，S^2：入射光面積ファクター，I_{p1}, I_{p2}, I_{pr}：それぞれポンプ光，プローブ光強度，t_0：入射光パルス幅

と与えられ，この理論曲線とのフィッティングによって $\chi^{(3)}$, T を決定する．二硫化炭素などの参照試料を用いて，信号強度の比較から $\chi^{(3)}$ を次のように求めることもできる．

$$\frac{\chi_{\text{sample}}^{(3)}}{\chi_{CS_2}^{(3)}} = \left(\frac{n_{\text{sample}}}{n_{CS_2}}\right)\frac{l_{CS_2}}{l_{\text{sample}}}\sqrt{\frac{I_{\text{sample}}}{I_{CS_2}}}$$

この場合，参照試料と測定試料での緩和定数や信号飽和レベルの違いがあり，正確な評価は難しい．

光誘起吸収変化は，ポンプ-プローブ配置で観測され，励起子による光の再吸収や励起順位の飽和による吸収強度の減少など，励起種の寿命に関係した変化，あるいは2光子吸収や光シュタルク効果などの電子構造のひずみに関連した速い緩和現象が認められる．この光学配置で SD の信号も観測することができ，Im$[\chi^{(3)}]$ と $|\chi^{(3)}|$ が同時に求められる．ポリジアセチレン単結晶についてパルス幅 800 fs のレーザー光を用いて観測された，SD および誘導吸収の時間相関波形を図III.3.37 に示す．誘導吸収にはエキシトンの寿命に相当する 2 ps の緩和が認められているが，SD はパルス相関波形となっており，位相緩和は 800 fs よりはるかに速いことがわかる．

光の self-action は入射光強度に依存して屈折率が変化することによる現象で，光スイッチなどの応用展開に直接関係するため重要である．光カー効果はまさしく self-action であり，光電界に誘起された屈折率の異方性が偏光面を回転させる現象である．溶液試料を用いた光カーシャッター測定では，分子再配列の緩和が測定される．非線形屈折率 n_2 を用いると，

$$n = n_0 + n_2 I, \qquad I = \frac{n_0 c}{2\pi}E^2$$
$$n_2 = \frac{12\pi^2}{n_0^2 c}\text{Re}[\chi^{(3)}]$$

n_0：線形屈折率，I：光強度，E：光電界

と関係づけられ，位相のずれ $\delta\phi$ は

$$\delta\phi = \frac{2\pi l}{\lambda}n'_2 I$$
$$n'_2 = \frac{12\pi}{n_0}(\chi_{1111}^{(3)} - \chi_{1122}^{(3)})$$

となる．溶液試料などの等方性媒質では，テンソル成分の関係は

$$\chi_{1111} = \chi_{2222} = \chi_{3333}$$
$$= \chi_{1122} + \chi_{1212} + \chi_{1221}$$
$$= 3\chi_{1122}$$

である．

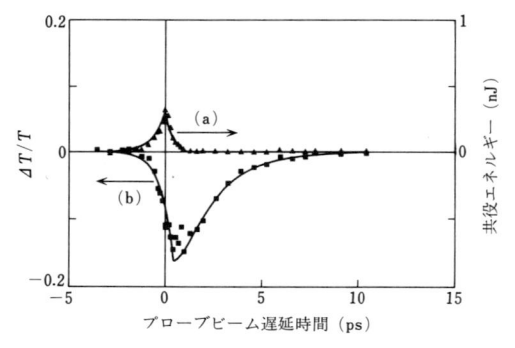

図 III.3.37 ポリジアセチレン(poly-DCH)の自己回折効果(a)および誘導吸収変化(b)に見られる時間相関波形

(S. Molyneux, H. Matsuda, A. K. Kar, B. S. Wherrett, S. Okada, H. Nakanishi : *Nonlinear Optics*, **4** (1993), 299 から改変して引用)

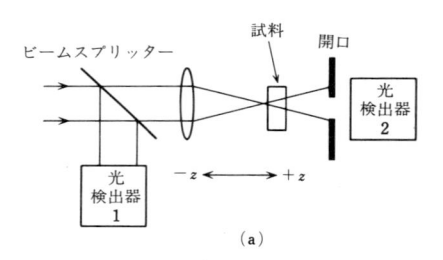

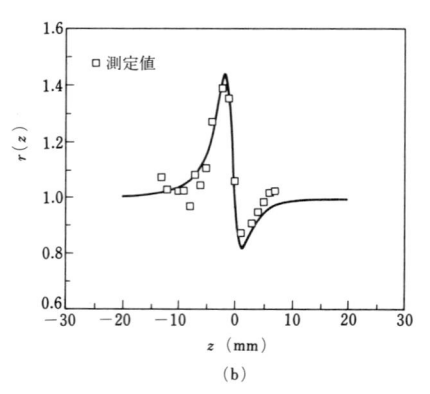

図 III.3.38 z-スキャン実験配置(a)とその結果例(b)

3.3 三次非線形光学材料

表 III.3.24 非線形光学過程の機構と感受率，緩和時間の大きさの目安

機構	$\chi^{(3)}_{1111}$ (esu)	緩和時間 T (sec)	物質例 $\chi^{(3)}$ (esu)	T
電子分極	10^{-14}	10^{-15}	光学ガラス $10^{-12} \sim 10^{-14}$	very fast
			ポリジアセチレン 10^{-10} (非共鳴)	very fast
分子の再配列	10^{-12}	10^{-12}	CS_2 10^{-12}	2 ps
電歪効果	10^{-12}	10^{-9}		
励起準位の飽和	10^{-8}	10^{-8}	半導体粒子ドープガラス 10^{-8}	30 ps
			ポリジアセチレン 10^{-6} (共鳴)	2 ps
熱効果	10^{-4}	10^{-3}		

ガウス空間分布をもつ入射レーザー光に対して n_2 が正の場合は，レーザー光の中心ほど屈折率が大きくなって物質が凸レンズ様の働きをするため自己収束効果が観測され，逆に n_2 が負の場合は自己発散効果が観測される．これを利用した $\text{Re}[\chi^{(3)}]$ の符号決定法が図 III.3.38 に示した z-スキャン法である．焦点に対して試料の位置を z 方向に移動し，後方のスリットを透過する光量変化を記録するとき，図 III.3.38 のように z が負の側で光量が増大する場合 n_2 は負，この逆の場合 n_2 は正である．

物質探索では，薄膜化などの材料化手法が確立していない場合が多く，前述の光カーシャッター法のように溶液試料について非線形光学特性を評価することも多い．この場合，$\chi^{(3)}$ と分子の二次超分極率 $\langle \gamma \rangle$ は

$$\chi^{(3)} = f^4 [N\langle\gamma\rangle] + \chi^{(3)}_{\text{solvent}}$$

$$f = \frac{n_0^2+2}{3} : \text{局所場補正のローレンツ因子}$$

$$N \quad : \text{単位体積あたりの分子数}$$

$$\langle\gamma\rangle = \frac{1}{5}(\gamma_{xxxx} + \gamma_{yyyy} + \gamma_{zzzz} + 2\gamma_{xxyy} + 2\gamma_{xxzz} + 2\gamma_{yyzz})$$

と関係づけられる．一次超分極率 $\beta \neq 0$ である場合は分子配向による効果も混入するので，注意が必要である．文献[1]にすべての結晶点群について独立なテンソル成分の関係がまとめられているので参照されたい．

次に，有機非線形光学材料の探索にかかわる非線形分極の起源について考える．物質に誘起される分極は，電子雲のひずみ（電子分極），光電界による密度の変化（電歪効果，熱効果），励起準位の飽和，液体や気体試料での分子の再配列などに大別される．それぞれの誘起分極に含まれる非調和振動成分から非線形光学効果が発現する．この非線形屈折率の発生機構別に感受率の大きさと応答時間の目安，およびいくつかの実例を表 III.3.24 に示した．電歪効果の代表的なものに誘導ブリルアン散乱が知られており，音響フォノンの伝搬に関係する．熱効果は光エネルギーの吸収に伴う温度上昇が原因で，熱伝導性に関係する．これらの効果は応答速度が遅く，非線形分極が蓄積して他の高速応答性の効果が埋もれて見えなくなる．そこで，高速応答性の非線形光学効果を他の成分と分離して観測するためには，パルス幅の十分短いレーザー光を低繰り返しで用いる必要がある．表 III.3.24 のポリジアセチレンの例で明らかなように，有機材料における大きな非線形光学特性は，非局在化した共役 π 電子が外部電界によって受ける変位が含む非調和性による．すなわち，高速応答性の電子分極が大きく貢献しており，加えて比較的寿命の短いエキシトン励起による大きな非線形光学応答も注目されている．

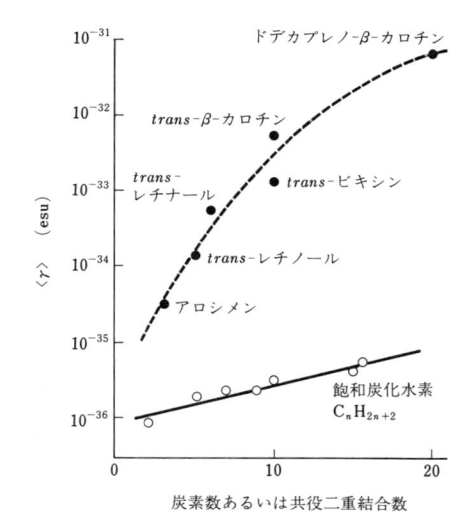

図 III.3.39 飽和炭化水素と共役ポリエンの $\langle\gamma\rangle$

図 III.3.39 に飽和炭化水素と共役ポリエンの $\langle\gamma\rangle$ を比較して示したが，共役鎖長の伸びによって $\langle\gamma\rangle$ は指数関数的に増大している．最も簡単な励起状態 e と基底状態 g の二準位のみを考慮する理論計算から，

$$\gamma \propto \frac{F^2 |\Delta\mu_{eg}^2 - F^2|}{E_g^3}$$

F：遷移の振動子強度，$\Delta\mu_{eg}$：励起状態と基底状態

の双極子モーメントの差，E_g：2準位間のエネルギー差

とγが予測される．二準位間のエネルギー差が小さいほど，また遷移の確立が大きいほどγが増大する．すなわち，吸収極大がより長波長側にあり，その吸収係数が大きくかつ鋭い（半値幅が狭い）材料ほど大きな非線形光学特性を有すると予測される．さらに時間依存を含む摂動計算では，分母の項が

$$E_g^3 = \left(\frac{h}{2\pi}\right)^3 (\omega_{eg} - \omega - i\Gamma)^3$$

h：プランク定数，ω_{eg}：遷移エネルギー周波数，Γ：2状態間の緩和周波数

となって，非線形光学過程に関与する光の周波数が遷移エネルギーのそれに近づくほどγは増大する．これを共鳴効果という．純粋に電子共鳴によって$\chi^{(3)}$が増大する効果は，線形屈折率が吸収極大付近で増加する波長分散特性と同様に理解されるが，1光子共鳴などによって実励起された状態の濃度が高くなってくると，その寄与が非常に大きくなる．後者の効果をインコヒーレント非線形性とも呼び，応答時間は励起種の寿命に相当する．このような実励起の寄与がないTHG 3光子共鳴による$\chi^{(3)}$増大は，図III.3.40のtrans-ポリアセチレンの例で示されるように10倍程度である．一方，DFWMなど1光子共鳴では10^3倍以上にも達する共鳴効果が発現する．図III.3.41にポリジアセチレンのpump-probe法によるIm$\chi^{(3)}$，光自己

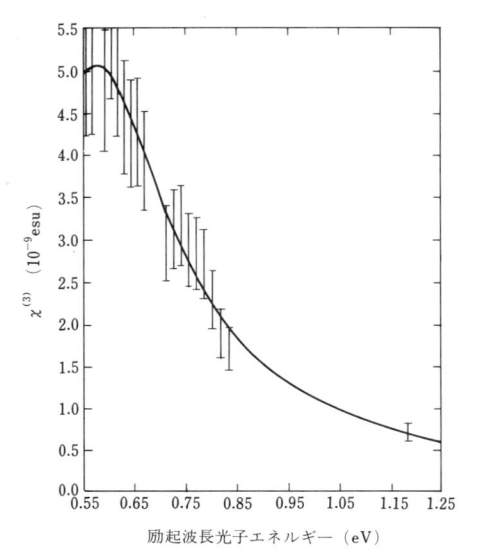

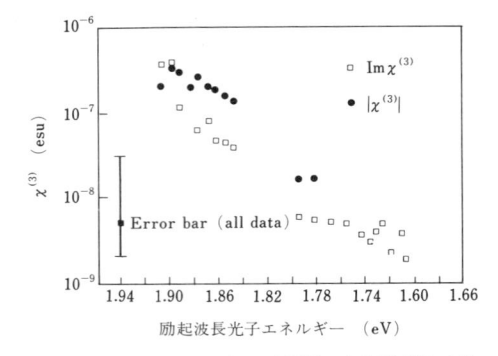

図III.3.41 ポリジアセチレン（PTS）の光自己回折による$|\chi^{(3)}|$および光誘起吸収変化によるIm$\chi^{(3)}$の励起波長依存性

(Bolger, J., Harvey, T. G., Kar, A. K., Molyneux, S., Wherrett, B. S., Bloor, D., Norman, P.: *J. Opt. Soc. Am. B*, **9** (9) (1992), 1552)

回折効果からの$|\chi^{(3)}|$値について，共鳴近傍から非共鳴領域にわたる結果を示した．さらに完全な1光子共鳴下では，$\chi^{(3)}$は10^{-6}esu以上に達する．

以上のように，三次非線形感受率$\chi^{(3)}$を比較検討するためには，測定方法，波長と材料の吸収など光学的性質の関係などに注意を払わなければならない．表III.3.25に代表的有機化合物（構造式は図III.3.42参照）の$\chi^{(3)}$をその測定波長および方法を明示してまとめた．上記の分子設計指針を背景に，主にπ電子共役高分子化合物が検討されてきている．これらは，非共鳴領域ですでに従来材料にない大きな非線形光学特性と速い応答性を有することが明らかに示されている．

最後にこれまで述べた有機非線形光学材料の探索的研究から一歩踏み込んだ光スイッチデバイス研究の例を紹介して，要求される非線形光学性能と問題点を明らかにしよう．大きな非線形光学特性とその化学・立体構造が明確であることから，ポリジアセチレンを用いたデバイス化の検討が早くから試みられてきた．そのLB膜や可溶性誘導体のキャスト膜を用いた光双安定デバイスや方向性結合器などがいくつか報告された中で，マッハ-ツェンダー干渉計にポリ4BCMUの導波路を挿入し，光強度による位相シフト量を測定した実験が，これらのアプローチにおける問題点を明確に示した[5]．このポリ4BCMUは，THGで$\chi^{(3)}=10^{-11}$esuオーダーであるので，非線形光学効果が十分大きいとはいえない．実験では$\chi^{(3)}$から予測されるよりも弱い光強度で位相シフトが観測され，その応答速度は100 psより遅いものであった．これは，共役系高分子材料のブロードな吸収や2光子吸収などによる熱効果が，純光効果を上まわってしまうという問題点を示したものであった．しかし，この実験系で明かな失敗は，

図III.3.40 trans-ポリアセチレンの$\chi^{(3)}(-3\omega;\omega,\omega,\omega)$の励起波長依存性

(Halvorson, C., Moses, D., Hagler, T. W., Cao, Y., Heeger, A. J.: *Synthetic Metals*, **49-50** (1992), 49 から改変して引用)

3.3 三次非線形光学材料

表 III.3.25 代表的有機化合物の三次非線形光学特性

略号	測定方法	測定波長[注1] (μm)	$\chi^{(3)}$[注2] (esu)	略号	測定方法	測定波長[注1] (μm)	$\chi^{(3)}$[注2] (esu)
trans-PA	THG	2.06 R	5×10^{-9}	PT	DFWM	0.65	1.5×10^{-9}
	THG	1.06	7×10^{-10}		DFWM	0.532 R	5×10^{-9}
cis-PA	THG	1.72 R	1×10^{-9}		Z-Scan	0.532 R	6.4×10^{-9}
	THG	1.06	2×10^{-10}	PAn	THG	1.89 R	1.7×10^{-10}
PPA	THG	1.06	1×10^{-12}	PBZT	THG	2.4	6.0×10^{-12}
PDA	DFWM	0.65	1×10^{-10}		THG	1.3 R	8.3×10^{-11}
PTS	THG	2.62	1.6×10^{-10}		DFWM	0.602	3.7×10^{-10}
	THG	1.89 R	8.5×10^{-10}	PBTBQ	DFWM	0.532 R	2.7×10^{-7}[注3]
	DFWM	0.70	5×10^{-10}		THG	2.03 R	9.1×10^{-12}
	DFWM	0.65	9×10^{-9}		THG	1.05	4.3×10^{-13}
	SD	0.73	2×10^{-9}	PMMA-3R	THG	1.5 R	4.8×10^{-11}
	SD	0.65	3×10^{-7}	PU-STAD	THG	2.1	6×10^{-11}
DCH	THG	1.97 R	6×10^{-10}		THG	1.65 R	1.5×10^{-10}
	THG	1.06	1×10^{-10}	PdPY	THG	1.064 R	3×10^{-11}
	EFISH	1.3	5×10^{-11}	PMPS	THG	1.064 R	4.4×10^{-11}
	SD	0.72	1×10^{-7}	DEANST	THG	1.064	7.4×10^{-12}
	SD	0.65 R	2×10^{-6}	SBAC	THG	2.1	4×10^{-11}
4BCMU	THG	1.06	3×10^{-11}		THG	1.65 R	1.3×10^{-10}
	DFWM	1.17	2×10^{-11}	phthalocyanine			
	DFWM	0.602 R	4×10^{-10}	Cu	THG	2.10 R	1.1×10^{-12}
C$_4$UC$_4$	THG	1.95 R	1.6×10^{-9}	Pt	DFWM	1.064	2×10^{-10}
	THG	1.55	5×10^{-10}	V=O	THG	2.10 R	4×10^{-11}
5BCMU-4A	THG	2.10 R	6.4×10^{-10}	Al-F	THG	1.064 R	5×10^{-11}
MADF	THG	1.96 R	3.0×10^{-10}	Si-O	DFWM	0.605 R	2×10^{-9}
PPV	THG	1.06 R	2×10^{-10}	(SC$_3$)$_4$ Cu	THG	2.10 R	5×10^{-11}
	DFWM	0.6	1.2×10^{-9}	(t-Bu)$_4$ V=O	THG	1.91 R	2×10^{-11}
MOPPV	THG	1.85	5.5×10^{-11}	(BEDT-TTF)$_2$I$_3$	DFWM	0.65 R	5×10^{-8}
PTV	THG	1.8 R	3×10^{-10}	Fullerene C$_{60}$	THG	1.064 R	8.2×10^{-11}
					DFWM	1.064	6×10^{-8}[注3]

注1) 測定波長につけた R は,共鳴波長であることを表す.
注2) THG 測定では,溶融石英の $\chi^{(3)}$ を基準として,比較法で $\chi^{(3)}$ を求める場合がほとんどである.従来,溶融石英の $\chi^{(3)}$ は 2.8×10^{-14} esu(1.9 μm)とされてきたが,最近その約 1/3 が正確な値であることが報告された.よって,表中の THG による $\chi^{(3)}$ の値はすべて約 1/3 とするのが妥当である.
注3) 溶液測定からの推定値.

図 III.3.42 表III.3.25 に三次非線形光学特性を示した有機化合物の化学構造(1)

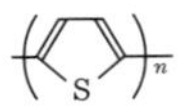

図 III.3.42 表III.3.25に三次非線形光学特性を示した有機化合物の化学構造(2)

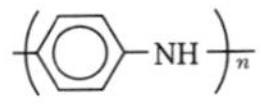

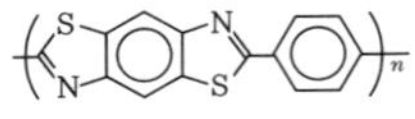

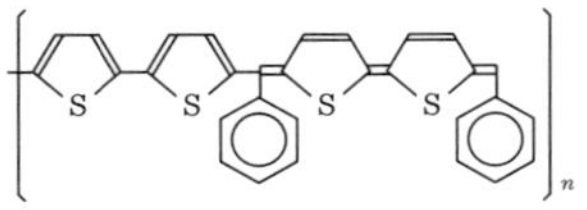

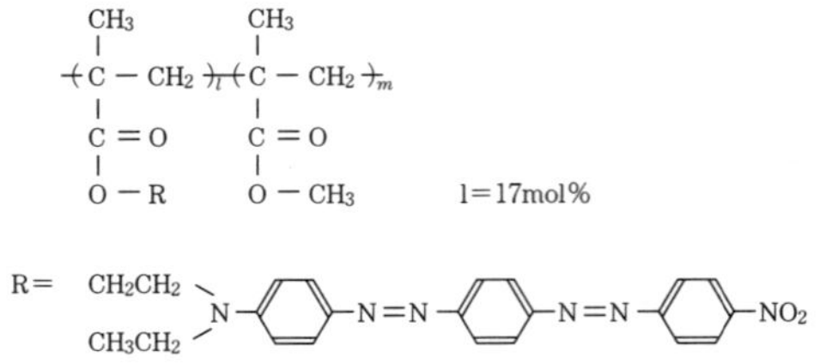

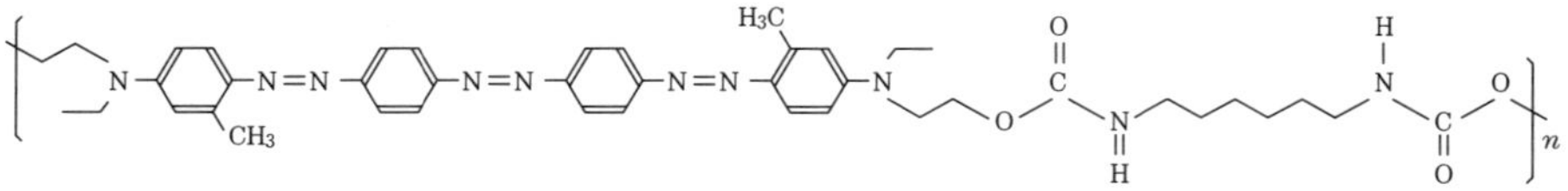

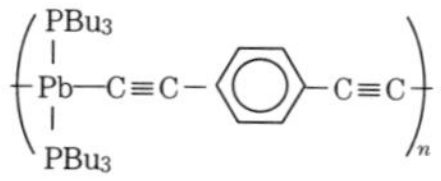

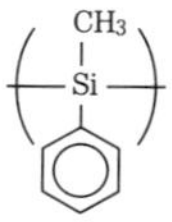

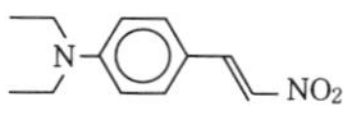

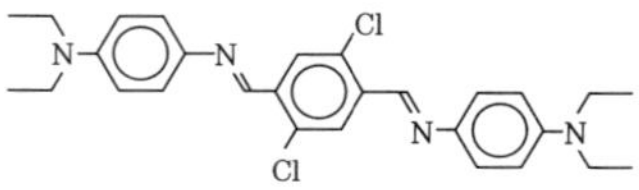

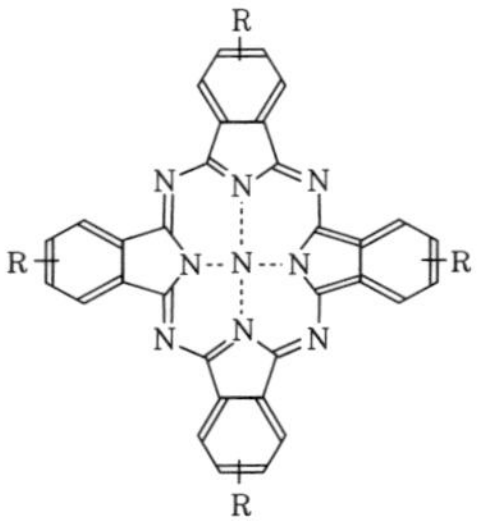

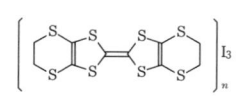

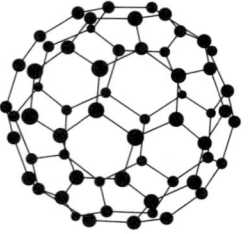

デバイス形成の容易さを重視して可溶性のポリジアセチレンを用いたことである．共役主鎖が完全に一次元配向したポリジアセチレン単結晶は，10^{-9} esu と大きな非線形光学性能に加えて，エキシトン吸収領域の狭領域化など多くの有利な点があるが，確実なデバイス動作を報告した例はない．これは材料を低損失の単一モード導波路にする技術が困難なためであり，今後の発展的展開が強く望まれる．

一方では，デバイス化が容易な素材の扱いに主眼をおいた検討も始められている．比較的大きな $\chi^{(3)}$ 性能を有する DEANST を，光源に用いる Nd：YAG の 1.06 μm で十分透明にするために，重水素化 DMF に溶解して中空ファイバーに充填したデバイスで，光カーシャッター動作が確認された．その π 位相シフトは 1W 以下の光強度で達成され，応答速度は 1 ps 程度であると報告されている[6]．

このように，三次非線形光学材料の素材探索的研究とともに実用光デバイスを模索する研究も着実に展開されてきており，今後の産業界の大きな材料シーズとなるものと期待される．

総説的な内容については，さらに以下の文献 1)～4) を参照されたい．
〔松田　宏雄〕

参考文献

1) Boyd, R. W.: Nonlinear Optics, p. 439 (1992), Academic Press
2) Prasad, P. N., Williams, D. J.: Introduction to Nonlinear Optical Effects in Molecules and Polymers, p. 307 (1991), John Wiley & Sons
3) Chemla, D. S., Zyss, J. eds.: Nonlinear Optical Properties of Organic Molecules and Crystals, Vol. 2, p. 276 (1987), Academic Press
4) 高分子学会編：光機能材料，高分子機能材料シリーズ 6 (1991)，共立出版
5) Krug, W., Miao, E., Bcranek, M., Rochfold, K., Zanoni, R., Stegeman, G.: SPIE Proceedings, **1216** (1990), 226
6) Kanbara, H., Asobe, M., Kubodera, K., Kaino, T., Kurihara, T.: Appl. Phys. Lett., **61** (1992), 2290

第4章

感 光 性 材 料

4.1 レジスト材料
4.1.1 リソグラフィー
a. リソグラフィーとは

　レジストは，半導体集積回路を製造するプロセスへの適用と共に発展してきた．特にDRAM(Dynamic Random Access Memory)はつねに時代の最先端の解像度を要求してきたので，その製造技術であるリソグラフィー技術とレジストとは密接な関係にある．リソグラフィー(lithography)とは半導体素子をつくるために用いられる微細加工技術である[1~3]．リソ(litho)は石，グラフ(graph)は描かれたものを意味し，もともとは石版で印刷する意味に用いられていた．リソグラフィー工程を図Ⅲ.4.1に示す．感光性有機膜であるレジストを微細加工しようとする薄膜上に塗布する．このレジスト上に，マスク上の明暗パタンを露光により転写する．露光によりレジスト内では光化学反応が起こり，露光部と未露光部で現像液に対する溶解性の差が生じる．現像後得たレジストパタンを保護膜として下の薄膜をエッチングする．レジスト膜を除去してリソグラフィー工程を終える．転写する線源として光を用いたときフォトリソグラフィー，電子線を用いたとき電子線リソグラフィーと呼ぶ．その他X線リソグラフィー，イオンビームリソグラフィーも開発されている．しかし，X線，イオンビームリソグラフィー技術は実用化まで解決しなければならない課題が数多くある．現在も将来もフォトリソグラフィーと電子線リソグラフィーが重要であり，これらの技術に用いられるレジストに絞って考えることにする．レジストに関する総説[4~12]も多いので，ここでは現在利用されているレジストおよび将来利用されるであろうレジストを主体に述べることとする．

b. フォトリソグラフィー

　半導体集積回路の量産に用いられる技術はフォトリソグラフィーである．リソグラフィー技術の流れを図Ⅲ.4.2に示す．1970年代後半までは密着露光法が主流であった．この時代に用いられたレジストは環化イソプレン-アジド化合物からなる系である．このレジストは密着に対する強度，ウェットエッチング時の基板との接着性がよいため長く利用された．レジストの解像度は現像時に膨潤するためあまり高くない．その当時フォトリソグラフィーの解像限界は2〜3μmである

図 Ⅲ.4.1　リソグラフィーの工程

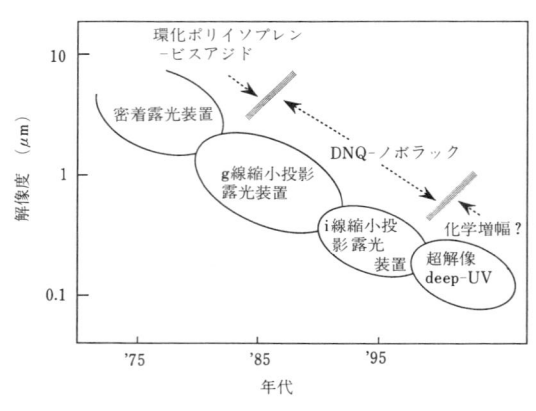

図 Ⅲ.4.2　リソグラフィーの流れ

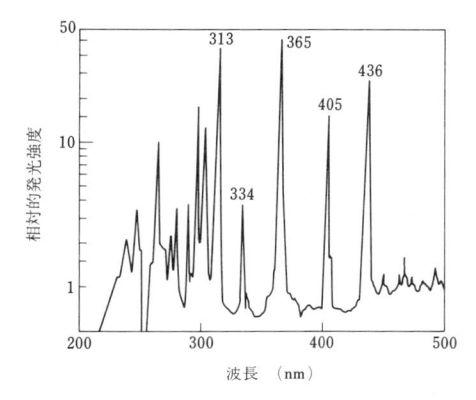

図 III.4.3 高圧水銀ランプの発光スペクトル

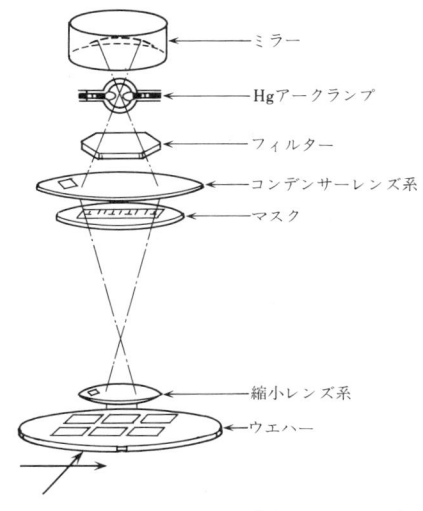

図 III.4.4 縮小投影露光装置[2] (*ACS Sym. Ser.*)

といわれていた．ところが，GCA 社から 1979 年 g 線縮小投影露光装置が発表されて以来状況は変わった．g 線とは高圧水銀ランプからの 436 nm 発光線（図 III.4.3）である．縮小投影露光装置の構成を図 III.4.4 に示す[2]．この装置はマスク製作に用いられていたフォトリピーターと呼ばれる装置をウエハープロセス用に改良したものである．縮小投影露光装置を用いるリソグラフィーでは密着露光法でもろくて利用できなかったジアゾナフトキノン-ノボラック樹脂からなるポジ型レジストが用いられるようになった．このレジストの特徴は膨潤がなく解像度が高いこと，パターン形成後のプラズマを用いるドライエッチング耐性があることである．

縮小投影露光装置の導入後もより微細な加工に対する要求が続いている．投影露光装置において，解像度は λ/NA に比例する[1〜3]（ここで λ は露光波長，NA は開口数（ニューメリカルアパーチャー）である）．したがって，さらに高い解像度の要求に対しては，大きい開口数（NA）をもつ光学系を用いるか，短波長光源を用いることによって原理上達成できる．g 線縮小投影露光装置においては今まで高 NA 化の努力が続けられた．しかし，実際の LSI (Large Scale Integrated circuit) 生産に用いるためにはさまざまな条件がクリアされねばならない[13]．特に，レジストの膜厚方向の解像度に関係した焦点深度は重要である．焦点深度は λ/NA^2 に比例することから，あまり大きな NA をもつ光学系では焦点の深度が小さくなってしまう．そこでより短波長の輝線である i 線（図 III.4.3 の 365 nm）露光装置が検討され，16 M DRAM 生産に利用される．i 線露光でもジアゾナフトキノン-ノボラック樹脂からなるポジ型フォトレジストがつかわれる．

この次にどんなリソグラフィーを利用するかは議論のわかれるところである．i 線縮小投影露光装置を利用した位相シフトリソグラフィー[14]，変形照明[15]，空間フィルタリング[16] などの超解像リソグラフィーと露光波長の短波長化の流れがある．超解像リソグラフィーの詳しいことはここでは述べないが，変形照明法については縮小投影露光装置メーカーが真剣に検討しており，位相シフトリソグラフィーについては LSI メーカーからの発表が多い．変形照明，空間フィルタリング法ではポジ型フォトレジストがそのまま利用できる．しかし，位相シフトリソグラフィーでは，パターン形成の原理的問題からネガ型レジストが必要となる．

短波長（300 nm 以下の波長）露光法としては KrF エキシマレーザーを光源とする縮小投影露光装置を用いる場合と反射投影光学系の流れをくむ高圧水銀ランプを光源とするステップ-アンド-スキャン方式の縮小反射型露光装置がある．短波長（deep-UV）リソグラフィーではいずれの露光装置を用いるにしろ，露光強度が弱くなる．図 III.4.3 において高圧水銀ランプの発光強度は 300 nm 以下で小さくなっている（縦軸が対数であることに注意）．KrF エキシマレーザー（248 nm）を光源とする場合にも，縮小投影露光装置に搭載するときは発振波長の狭帯化した光源を使わなければならず，露光強度は低下する．これらの理由から deep-UV 領域では高感度のレジストが必要となり，酸触媒反応を組み込んだ化学増幅系レジストの開発が活発化した[17〜22]．

さらに短波長の光源である ArF エキシマレーザー（193 nm）を光源とする露光装置も検討されはじめている．もっと短波長化されれば，真空紫外光，X 線縮小投影露光装置も考えられる．現在まで DRAM の生

産にはフォトリソグラフィーが利用されている．さらに今後も短波長化や超解像リソグラフィーなど種々方法が加味されるにしろ，しばらくはフォトリソグラフィーが半導体の量産工程に用いられることは疑いのないところである．

c. 電子線リソグラフィー

電子線リソグラフィーの特徴は電子線の軌道を制御することにより任意のパターンを描けるということである[2]．この特徴をいかして電子線リソグラフィーはフォトリソグラフィーで用いるフォトマスク製作と基板に直接回路を形成する直接描画法に応用されている．欠点は描画するサイズが小さくなるにつれ，描画にかかる時間が多くなる，すなわちスループットが落ちることである．スループットを向上させるため電子線描画装置の面でも一括照射法(cell projection)などが報告[23]されている．一般に，電子線リソグラフィーにおいては数 $\mu C/cm^2$ の感度を有する高感度レジストが必要である[24]．電子線レジストに要求される感度とフォトレジストの感度と比較した結果を図III.4.5に示す．数十 keV のエネルギーをもつ電子はレジスト内であまりエネルギーを失うことなくレジスト膜を突き抜けてしまう．電子がレジスト内で失うエネルギーは次に示すベーテ式[25]を用いて求めることができる．

$$\frac{dE}{dx} = \frac{-2\pi e^4 n_e}{E} \ln\left[\frac{E}{I}\left(\frac{e}{2}\right)^{1/2}\right]$$

E は電子エネルギー，x は飛跡，e は電子電荷，n_e はレジストを構成する原子の電子密度，I は平均励起エネルギーである．ベーテ式にもとづく計算によれば数十 keV のエネルギーをもつ電子が $1\mu m$ のレジストに付与するエネルギーは 10% 以下である．以上のことを考慮した結果が図III.4.5である．大ざっぱにいって電子 $1\mu C/cm^2$ の照射量のときレジストに付与されるエネルギーを計算すると $1 mJ/cm^2$ 程度になる．この値はもちろん電子のエネルギーによってかわる．このことは電子線リソグラフィーでは $1 mJ/cm^2$ 程度の感度をもつレジストが必要であることを意味する．なお，上述のジアゾナフトキノン-ノボラック樹脂からなる汎用ポジ型レジストの感度はg線において~$100 mJ/cm^2$ である．電子線リソグラフィーにおいてはレジスト内での前方散乱をできるだけ少なくするため，電子の加速エネルギーを高くする傾向[26]にある．ベーテ式からわかるようにエネルギーの高い電子ほどレジスト内で失うエネルギーは少なく，さらに高感度のレジストが必要となる．

4.1.2 ポジ型フォトレジスト

a. ジアゾナフトキノン(DNQ)-ノボラック樹脂系ポジ型フォトレジスト

DNQ-ノボラック樹脂からなるポジ型フォトレジストは現在半導体集積回路製造の汎用レジストとして用いられている．DNQ は 450 nm 以下の露光波長に感光する．縮小投影露光装置の露光波長であるg線(436 nm)，i線(365 nm)に感度をもつ．このレジストの原理は大変すばらしい．DNQ は図III.4.6[7]に示すように露光によりインデンカルボン酸にかわる．DNQ は現像液であるアルカリ水溶液に溶解せず，これがノボラック樹脂のアルカリ水溶液に対する溶解性を抑制する．一方，露光部に形成されたインデンカルボン酸は溶解

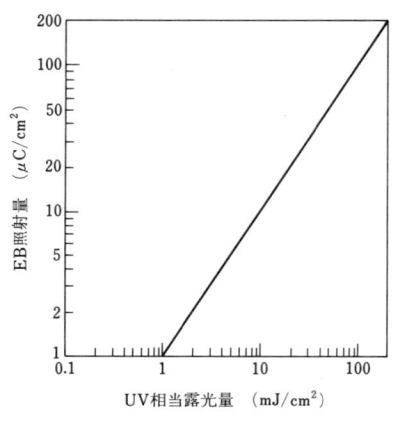

図 III.4.5 電子線照射量とUV露光量との比較

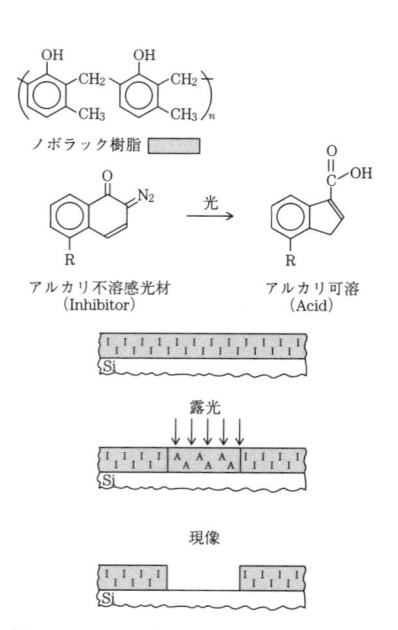

図 III.4.6 ジアゾナフトキノンの光化学反応[7]
(ACS Sym. Ser.)

し，ノボラック樹脂のアルカリ水溶液に対する溶解性を促進する．この溶解性の差，溶解阻害から溶解促進の変化によりポジ型のパターンを得ることができる．DNQ は光化学反応前後で溶解性が反転するのである．このような光化学反応をする化合物をどうして見いだすことができたのか不思議である．1940 年代に Süss[27] により提案された光化学反応機構は，Packansky[29] によって若干修正されたもののほとんど正しいのも驚きである．また，DNQ からインデンカルボン酸に変化するときブリーチング（露光波長において吸収が減少）する．このブリーチングは，4.1.7.d. で述べるコントラストエンハンスメントがレジスト自体で起こっているといえる．また，ブリーチングが起こるため，露光による DNQ 濃度の変化を透過率（または吸光度）の変化から容易に求めることができる．DNQ の露光による濃度変化と溶解速度との関係（溶解抑制効果）を詳細に調べるモデル[29] も提案された．

このレジスト（ベース樹脂はノボラック樹脂）のアルカリ水溶液への溶解は，膜の表面から溶解し，エッチング様である．この現象はノボラック樹脂の塗布膜をアルカリ水溶液に浸したとき，溶解と共に膜の干渉色が時間と共に変化することからわかる．この現象の様子をレーザー光をモニター光として用いて溶解の様子を調べることもできる（図Ⅲ.4.7）[7]．レーザー光反射光強度は溶解により変化するレジスト膜厚の変化により周期的に変化する．その様子を図Ⅲ.4.8の点線で示す[7]．これはレジスト表面から反射された光と基板から反射された光が干渉することにもとづく．膜厚が変化することにより二つ光の光路差が変化するために二つの反射光の重ね合わせ強度に強弱が生じる．これらの反射光強度の時間変化から図Ⅲ.4.8の実線に示すように膜厚の時間変化が求まる．この溶解速度を定義できることは，ノボラック樹脂がアルカリ水溶液で現像されるときに樹脂が膨潤しないことを意味する．ネガ型フォトレジストとしてよく用いられた環化ポリイソプレン系のフォトレジスト（4.1.3項）は現像時に膨潤するため現像中のレジスト膜厚の変化を調べることはできない．

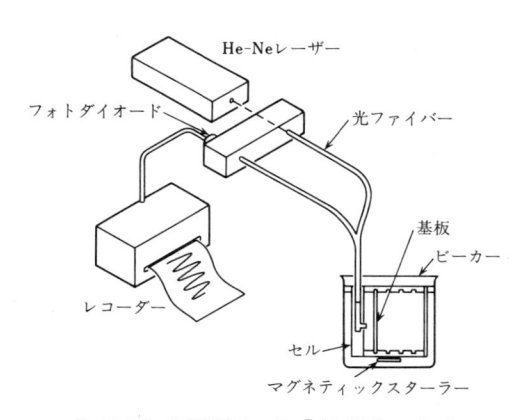

図 Ⅲ.4.7 溶解速度モニター[7] (*ACS Sym. Ser.*)

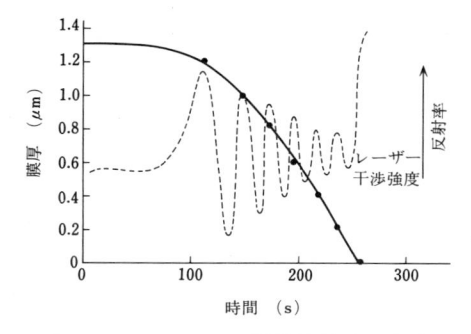

図 Ⅲ.4.8 レジスト膜の溶解[7] (*ACS Sym. Ser.*)

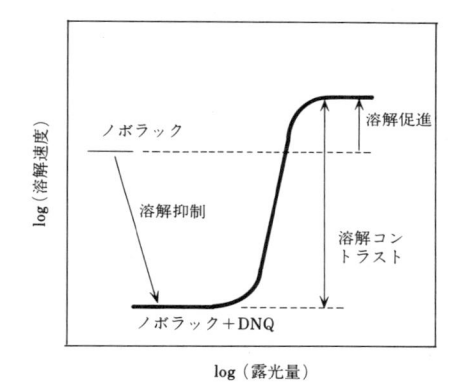

図 Ⅲ.4.9 ポジ型レジストの溶解速度と露光量の関係

DNQ-ノボラック樹脂からなるレジストの溶解速度と露光量の関係を図Ⅲ.4.9に示す．解像度の高いレジストでは，露光部と未露光部との溶解速度の差が大きく，露光量の変化に対する溶解速度の変化が大きい．この系の高解像度化に向けた研究開発はレジストメーカーを中心に活発に行われている[30~46]．特にノボラック樹脂の溶解機構に関して系統的に研究した住友化学のグループの報告[30~38]は特筆に値する．ポジ型フォトレジストの開発は基本的に露光部と未露光部との溶解速度の差をいかに大きくするかに帰着する．その中でも，未露光部の DNQ による溶解抑制を大きくするためのノボラック樹脂の構造，DNQ の種類を変えた場合のノボラック樹脂との相互作用に関する研究が多い．DNQ とノボラック樹脂からなるレジストの mid-UV（290~340 nm）用レジストも開発された[47,48]．しかし日本ではこの波長領域の露光装置を用いないので使われていない．

b. 溶解抑制型ポジ型レジスト

DNQ を溶解抑制剤とするポジ型レジストは deep-UV リソグラフィー用のレジストとしては適さない．それは deep-UV 領域においてジアゾナフトキノンがブリーチされないこと，光反応生成物にも吸収があること，またノボラック樹脂も吸収することの理由による[18]．すなわち，deep-UV 領域では光吸収が大きすぎて表面付近だけ光化学反応が起こり，プロファイルのよいパターンが得られない．そこで溶解抑制剤とアルカリ可溶性樹脂の組み合わせという組成にもとづく，deep-UV 領域で透過率が高くなるようなレジストの検討がなされた．deep-UV 用溶解抑制剤を表Ⅲ.4.1 にまとめた．しかし，deep-UV 領域における感度および解像度が不十分で，4.1.5 項で述べる化学増幅系レジストが検討されている．

表Ⅲ.4.1 溶解抑制剤

		文献
ジアゾケトン	$R-\overset{O}{\underset{}{C}}-\overset{N_2}{\underset{}{C}}-\overset{O}{\underset{}{C}}-R$	49〜55)
o-ニトロベンジルエステル	⌬-NO$_2$, CH$_2$-O-R	56〜58)
オニウム塩	Ar$_2$I$^+$X$^-$, Ar$_3$S$^+$X$^-$	59)

c. 主鎖切断（崩壊）型ポジ型レジスト

電子線レジストでもあるポリメチルメタクリレート (PMMA) が deep-UV ポジ型レジストとして機能する[60,61]ことが，deep-UV リソグラフィーの発端となった．ポリマーの主鎖切断を利用するには deep-UV の波長領域のエネルギーが必要である．deep-UV 露光で主鎖切断を起こすポリマーとしては PMMA のほか，メチルメタクリレートとの共重合体，ポリイソプロペニルケトン (PMIPK) などがある．いずれも感度が低く，ドライエッチング耐性が低いのでこれらのレジストを deep-UV レジストとして用いるのは現実的ではない．詳しくは総説を参照されたい[18]．

4.1.3 ネガ型レジスト

a. 環化ポリイソプレン-アジド化合物系レジスト

縮小投影露光装置が用いられる前は密着露光装置が用いられ，このとき利用されていたレジストが環化ポリイソプレン-アジド化合物系レジストである[4]．密着露光用に最もよく用いられたビスアジド化合物は 2,6-ジ(4-アジドベザール)-4-メチルシクロヘキサノンである．ビスアジド化合物に光照射したときに生じる反応性の高いナイトレンが二重結合へ挿入反応を起こし，高分子間の架橋を起こす（図Ⅲ.4.10）．ナイトレン

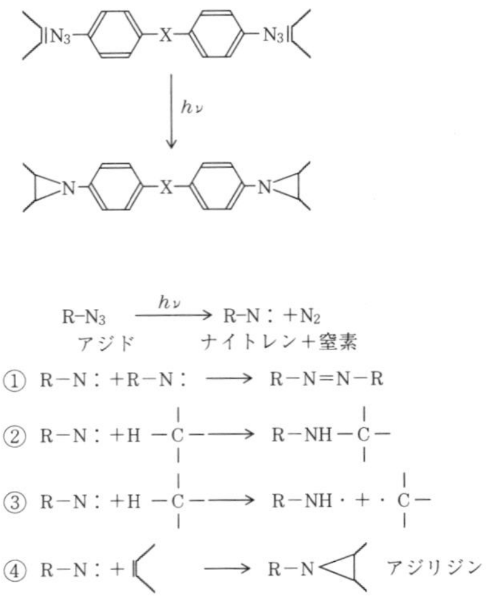

図Ⅲ.4.10 ビスアジド-環化ゴム系レジストの架橋反応

の反応を図Ⅲ.4.10 に示す．架橋反応は挿入反応だけでなく，炭素-水素間への挿入反応によっても起こる．架橋した高分子は現像液に対する溶解に抵抗し，ネガ型のパターンを形成する．

このタイプのレジストはウェットエッチング時の接着性がよく，またノボラック樹脂のようにもろくないので密着露光用としては最適のレジストであった．しかし，環化ポリイソプレンをベースポリマーとする系は現像時に膨潤する問題があり，解像限界は 2〜3 μm と考えられていた．膨潤の現象としてはパターン間の橋かけ，蛇行などがある．このような問題からプロセス担当者に"ポジ型は解像度が高く，ネガ型は解像度が悪い"という先入観念を植付けてしまった．

b. ポリスチレン系ネガ型フォトレジスト

ポリスチレン系ネガ型フォトレジストは，ドライエッチング耐性のある電子線レジストとして活発に研究された (4.1.4 項)．芳香環をもつポリマーは deep-UV 領域に吸収をもつため，deep-UV レジストとしての検討もすすんだ．しかし，これらのレジストは，環化ポリイソプレン-アジド化合物系レジストと同様架橋反応を利用するため，現像時に膨潤し，高解像度のパターンを得るのは難しい．詳しくは総説を参照していただきたい[18]．

c. フェノール樹脂-アジド化合物系フォトレジスト

ネガ型レジストでもベースポリマーを選ぶことにより，高い解像度のレジストが得られることを示した[62]．ジアゾナフトキノン-ノボラック樹脂からなるポジ型フォトレジストの解像度が高いのはベース樹脂としてアルカリ可溶性のノボラック樹脂を用いているためと

考えた．このポジ形レジストを deep-UV（300 nm 以下の波長の光）で露光してみると，感度は悪いものの高解像度のネガ型パターンが得られた．このような実験結果をもとにアルカリ可溶性ポリマーと感光剤としてアジド化合物からなる一連のネガ型フォトレジストが開発された[62,65]．アジド化合物に光照射したときに生じる反応性の高いナイトレンはポリマーどうしの架橋反応を誘起し，分子量を増加させる．しかし，環化ポリイソプレンをベースポリマーとする系とは異なり，分子量が増大しても膨潤の現象は見られない．分子量の増加はフェノール樹脂のアルカリ水溶液に対する溶解速度の低下を起こすのである．

これらのレジストは，DNQ-ノボラック樹脂からなるポジ型フォトレジストをおきかえるにはいたらなかったが，位相シフトリソグラフィーが注目されるに及んで再びこの系のレジストが注目されるようになった．位相シフトリソグラフィーではマスク製作の制約からネガ型レジストが必要である[14]．3,3′-ジメトキシ-4,4′-ジアジドビフェニルとノボラック樹脂からなるレジスト[65]は i 線における透過率が高いため高解像度のパターンが得られる．特殊な露光法により，0.15 μmのスペースパターンが得られている[66]．反面，光吸収の効率が低いため，感度が低い．高透過率を保ったまま感度を改善するには 4.1.5 項で述べる化学増幅系レジストが必要となってくる．

d. イメージリバーサル

ポジ型フォトレジストの高解像性を利用した像反転プロセスも提案された．そのプロセスを図Ⅲ.4.11 に示す[67]．パターン露光後ベークにより現像液に不溶になる反応を起こさせる．次いで全面露光によりパターン未露光部の溶解性を上げ，ネガ型として作用させる．

レジスト組成は DNQ とノボラック樹脂からなり，溶解性を反転させるための化合物が添加されている．溶解性を反転させるための露光後ベークの反応には塩基触媒反応による脱炭酸反応[68]，架橋反応[69]などがある．それぞれ，塩基性化合物，架橋剤が加えられている．このタイプのレジストは基本組成として汎用ポジ型レジストと同等であるが，プロセスが複雑でプロセス依存性も大きいため実際には利用されていない．架橋反応を用いるレジスト[69]は，イメージリバーサルというより化学増幅系レジストともいえる．

その他，ノボラック樹脂に DNQ 基を共有結合で導入したネガ型レジスト LMR（Low Molecular weight Resist）が報告された[70]．LMR は deep-UV 露光した後有機溶媒で現像するとネガ形レジストとして機能する．

4.1.4 電子線レジスト

電子線レジストを分類する[71,72]と表Ⅲ.4.2のようになる．ポジ型レジストでは主鎖切断（崩壊）型と溶解抑制型に，ネガ型では架橋型のエポキシ系，ポリスチレン系およびアルカリ現像可能なレジストに分類される．すでに電子線リソグラフィーの項で述べたように，高感度の電子線レジストが必要であり，化学増幅系レジストが注目されている．化学増幅系レジストについては（4.1.5 項）でまとめて述べることにする．

a. 主鎖切断（崩壊）型電子線ポジ型レジスト

ポリマーに電子線を照射すると主鎖切断も架橋反応も起こりうる．主鎖切断の割合（放射線化学では 100 eV あたりの反応数を表す G 値を用いる）が大きいときにポジ型レジストとなる．主鎖に 4 級炭素をもつポリマーは主鎖切断の G 値がそれをもたないポリマー

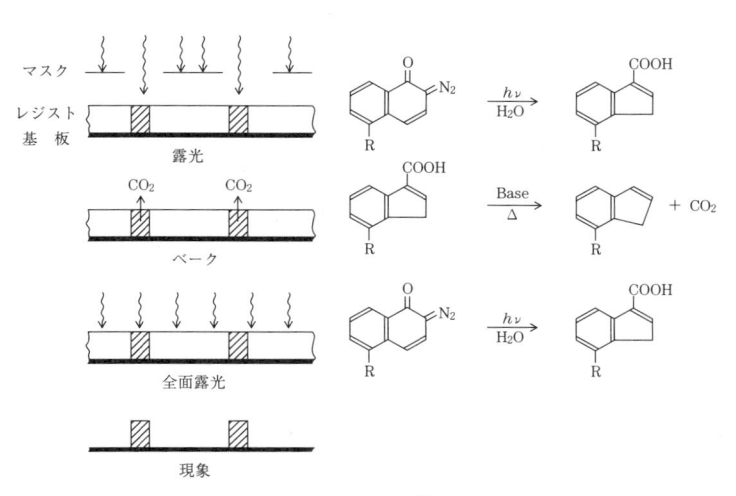

図 Ⅲ.4.11　イメージリバーサル[10]（*ACS Symp. Ser.*）

表 III.4.2 電子線レジスト

ポジ型	主鎖切断型	PMMA[75] $+CH_2-\underset{\underset{COOCH_3}{\vert}}{\overset{\overset{CH_3}{\vert}}{C}}+$ FBM[76] $+CH_2-\underset{\underset{COOCH_2CF_2CFHCF_3}{\vert}}{\overset{\overset{CH_3}{\vert}}{C}}+_n$ PBS[79] $+CH_2-\underset{\underset{CH_3}{\vert}}{\overset{}{CH}}-SO_2+$		MMAとの共重合体 EBR-9[77] $+CH_2-\underset{\underset{COOCH_2CF_3}{\vert}}{\overset{\overset{Cl}{\vert}}{C}}+$
	溶解抑制型	NPR[84] (PMPS+ノボラック) $+CH_2-\underset{\underset{CH_3}{\vert}}{\overset{\overset{CH_3}{\vert}}{C}}-SO_2+_m-$ + phenol/CH_3 structure		
ネガ型	架橋型	エポキシ系	PGMA[90] $+CH_2-\underset{\underset{COOCH_2CH-CH_2}{\vert}\;\underset{O}{\diagdown\diagup}}{\overset{\overset{CH_3}{\vert}}{C}}+$	COP[89] $+CH_2-\underset{\underset{COOCH_2CH-CH_2}{\vert}\;\underset{O}{\diagdown\diagup}}{\overset{\overset{CH_3}{\vert}}{C}}+CH_2-CH+_{COOC_2H_5}$
		ポリスチレン系	ハロゲン化ポリスチレン[92~94] $+CH_2-CH+$ -C_6H_4-X アリル化ポリマー[97]	クロルメチル化ポリマー[95,96] $+CH_2-CH+$ -C_6H_4-CH_2Cl
	アルカリ可溶	イメージリバーサル[98] アジド-フェノール樹脂[99] $N_3-C_6H_4-SO_2-C_6H_4-N_3$	DNQ+ノボラック	$+CH_2-CH+$ -C_6H_4-OH

にくらべて大きいといわれている．Charesby の理論[73]からは感度と初期分子量との定量的な関係は得られていない[74]．定性的には平均分子量が高く，分子量分布が狭ければ，照射部と未照射部との分子量分布の重なりが減少し，現像液に対する溶解性の差がつきやすく，高感度になると考えられる．

ポリメチルメタクリレート（PMMA）[75]がその代表であり，電子線レジストとして最初のものである．このレジストの最大の欠点は感度が低いことである．感度を向上させるため，ポリヘキサフルオロブチルメタクリレート（FBM）[76]，ポリトリフルオロエチル-α-クロロアクリレート（EBR-9）[77]などのハロゲン化ポリアクリレート系や MMA との共重合などさまざまな試みがなされた．しかし，このような改良にもかかわらず，解像度を保ったままの感度の向上には成功していない．照射部が現像液に溶解するのは分子量低下による．しかし，それだけではない．電子線照射後分子量と同じ分子量の PMMA の溶解速度を調べると電子線照射後 PMMA のほうが溶解速度が大きい[78]．このことから主鎖切断によって生じる微小空間も照射部の溶解性を大きくすることがわかる．PMMA のもう一つの特徴は溶解速度が定義できることである．通常ポリマーの溶解は溶媒分子がポリマー層に浸透しポリマー層を膨潤する．この膨潤層中のポリマーの絡みがとれたときポリマーは溶液相へ拡散し，溶解する．溶解速度が定義できるということは，PMMA では膨潤層が小さいと考えられる．この意味で現像液中における PMMA の溶解は，ノボラック樹脂がアルカリ水溶液に溶解する場合と類似している（4.1.2項参照）．これが高解像性の要因の一つであると考えられる．

ポリ（ブテン-1-スルホン）（PBS）[79]は電子線照射により分子量低下を起こす感度の高い（$\sim 1\,\mu C/cm^2$）レジストである．PBS はポリオレフィンスルホン[80]の一種であり，ポリマーの天井温度が低い．このためポリマーはいったん主鎖切断が起こると連鎖的に解重合を起こす．電子線照射中にも膜べりを起こす自己現像

(vapor development)の現象もある．このレジストはマスク製作に用いられている．

あらかじめ架橋させたポリマーを電子線照射により分解させることを利用する架橋型ポジレジストもある[81]．

b．溶解抑制型電子線ポジ型レジスト

DNQ-ノボラック樹脂系ポジ型フォトレジストも，ポジ形電子線レジストとして作用する[83]．ドライエッチング耐性があり，アルカリ水溶液による現像が可能なので実用面からは魅力的である．しかし，感度は100〜200 $\mu C/cm^2$ と低く，実用的ではない．ポジ型フォトレジストの利点を保ったまま高感度化した電子線レジストが NPR（New Positive Resist）である[84]．Bell 研究所の Bowden らにより提案された．ポリメチルペンテンスルホン（PMPS）とノボラック樹脂からなり，PMPS がノボラック樹脂のアルカリ水溶液に対する溶解性を抑制する．電子線照射により PMPS が解重合を起こすとその溶解抑制機能を失い，ポジ型として作用する．PMPS はポリオレフィンスルホンの一種で天井温度が低く，電子線照射により主鎖切断を起こすと容易に解重合を誘発する．このため高感度を達成することができた．PMPS がポジ型フォトレジストにおける DNQ の役割をしている．このレジストの難しいところは相溶性である．ポリマーどうしの混合なので相分離を起こしやすく，ノボラック樹脂[84]，ポリオレフィンスルホン[85]，塗布溶媒[86]がそれぞれ独立に検討された．このレジストは製品化されている．

c．架橋型電子線ネガレジスト

架橋反応の G 値が崩壊反応の G 値より大きいときに，ネガ型レジストとして働く．ネガ型レジストとして作用するレジストの架橋の G 値は，分子量分布がランダム分散のとき Charesby の理論にもとづく次式から求まる[73,74,87]．

$$s+\sqrt{s}=\frac{G(S)}{2G(X)}+\frac{100\,ldN_Ae}{2\cdot G(X)\cdot \Delta E\cdot M_n}\cdot\frac{1}{Q}$$

ここで $s=1-g$（g はゲル分率であり，残膜率に対応する）．$G(X)$ は架橋の，$G(S)$ は崩壊の G 値を表す．e は電子電荷，l は膜厚，d はポリマーの密度，N_A はアボガドロ数，ΔE はレジスト内で失われる電子エネルギー，M_n は数平均分子量，Q は電子線照射量である．左辺の値（残膜率より求まる）を $1/Q$ に対してプロットした傾きから $G(X)$ が切片から $G(S)$ が求まる．$G(S)$ が無視できるときには，感度は架橋の G 値と分子量とに比例する[74]．架橋反応を利用したネガ型レジストの感度を上げるには同じ分子構造ならば，大きい分子量のポリマーを用いればよい．しかし，高分子量ポリマーを用いると架橋密度が小さくなるので膨潤しやすくなる．適度な高分子量のポリマーを用いる必要がある．

1）エポキシ系ネガ型電子線レジスト　エポキシ基を含むポリマーが電子線に対する感度が高いことが見いだされた[88]．さまざまなエポキシ基を含むエポキシ化ポリブタジエン（EPB）や，ポリ（グリシジルメタクリレート）（PGMA）などのポリマーが検討された．そのなかでもエポキシ化ポリブタジエン（EPB）は $0.08\,\mu C/cm^2$ と感度が高い．その後マスク製作用電子線描画装置 MEBES に適したレジスト COP（グリシジルメタクリレートとエチルアクリレートとの共重合体）[89]が発表された．このレジストはメタクリル酸グリシジルとアクリル酸エチルとの共重合ポリマーである．PGMA[90]もマスク製作用レジストとして製品化された．

2）ポリスチレン系ネガ型電子線レジスト　エポキシ系レジストである COP や PGMA は，アクリル系ポリマーであるのでドライエッチング耐性が低い．直接ウエハー上に回路を形成する直接描画用レジストにはドライエッチング耐性が必要である．芳香環を含むポリマーはドライエッチング耐性があるので，ポリスチレン系レジストが各所で検討された．ポリスチレン自体は感度が低く[91]，感度向上のため官能基としてハロゲン[92〜94]やクロルメチル基[95,96]，アリル基[97]が導入された．そのなかでクロルメチル化ポリスチレン（CMS）が製品化された．この系は電子線照射による架橋反応を利用しているので，現像時に膨潤し，解像性には限界がある．

d．アルカリ水溶液現像ネガ型電子線レジスト

上記ネガ型レジストの最大の欠点は膨潤による解像度の低下である．DNQ-ノボラック樹脂からなる汎用ポジ型フォトレジストの反転プロセスによりネガ型レジストとして用いられた[98]．そのプロセスはパターン露光が電子線照射である以外はイメージリバーサルと同じである．電子線照射後ベークし，全面露光することにより，電子線照射部がアルカリ水溶液に対する溶解性が低下することを利用する．感度は $\sim 100\,\mu C/cm^2$ と低いが，現像中に膨潤を起こさないので高解像性のネガ型レジストとして作用する．非膨潤タイプのポリビニルフェノールとアジド化合物からなる deep-UV レジスト[62]も電子線レジストとして検討された[99]．しかし，このレジストも感度が $10\sim 20\,\mu C/cm^2$ と低い．電子線リソグラフィーでは数 $\mu C/cm^2$ 程度の感度が必要とされるので解像度と感度の両方を満足する次に述べる化学増幅系レジストがもっぱら検討されている．

4.1.5 化学増幅系レジスト

a. 化学増幅系レジストの必要性

すでに述べたように deep-UV や電子線リソグラフィーにおいては高感度レジストが必要とされる．この高感度の要求を満たすため IBM の Ito と Willson は酸触媒反応を組み込んだ化学増幅系レジストを発表した[100,101]．IBM では半導体の生産に反射系露光装置を用い，高解像性のため deep-UV リソグラフィーの利用を検討していた．この露光装置では光源として高圧水銀ランプを用いているので deep-UV 領域では強度が弱く，高感度のレジストが必要とされていた．KrF エキシマレーザーを光源とする露光装置においてもレーザー発振波長の狭帯化のためウエハー面上での露光強度は弱い．また，位相シフトリソグラフィーにおいてはコヒーレンシーの高い照明系が高い解像度を与えるため，光源を絞って使うことになり，露光強度が弱くなる．電子線リソグラフィーにおいてもレジスト膜中で失われるエネルギーが少ないため高感度のレジストが必要である．このように将来利用されるであろうリソグラフィーにおいて高感度で高解像度のレジストが必要となり，化学増幅系レジストの研究開発が活発化してきた．

b. 化学増幅系レジストの作用原理

化学増幅の増幅とは化学反応を多数起こすという意味を込めて用いられており，触媒反応を意味する．化学増幅系レジストということばを導入したのは Ito と Willson である[100]．酸触媒を利用したパターン形成法[6]は，それ以前からも報告されており，その他 NPR[84]，プリント配線基板用光重合レジスト[5]も化学増幅系といえるかもしれない．しかし，"化学増幅系レジスト"が広く受け入れられた理由は電子デバイスを扱う人々にとっても親しみやすい命名にあったと思える．もう一つの理由は酸触媒反応をレジストに応用するとき，酸の拡散による解像性の低下が懸念されていたにもかかわらず，高い解像性が得られることを実際に示したことによる．

ポジ型レジストを例にとって化学増幅系レジストを説明する（図III.4.12）．化学増幅系レジストでは露光により酸を発生する酸発生剤と，酸に対して反応性の高いポリマーを用いる．露光により発生した酸は多数回の化学反応を引き起こす触媒として働く（一般には加熱下）．図III.4.12に示したように現像液に溶解しない官能基(I)を含むポリマーが酸触媒反応により現像液に溶解する官能基(S)になるように設計する．こうすることにより露光部が現像液に溶解し，ポジ型として働く．Ito と Willson は酸発生剤としてオニウム塩を

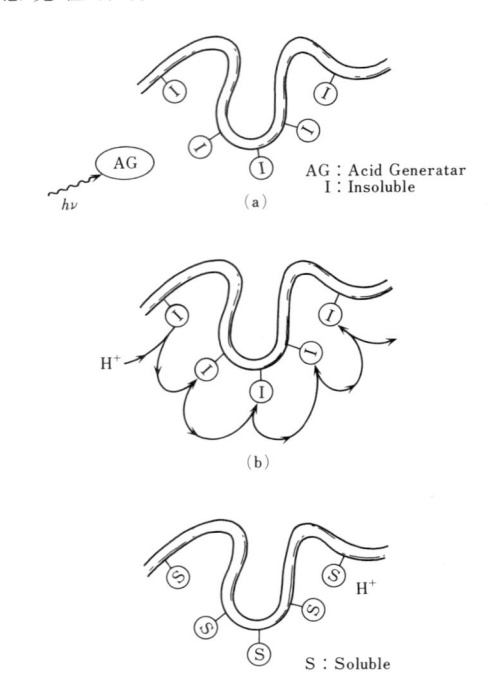

図III.4.12 ポジ型化学増幅系レジストの作用原理

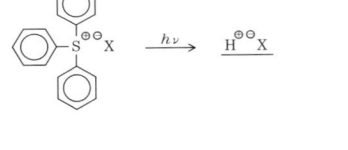

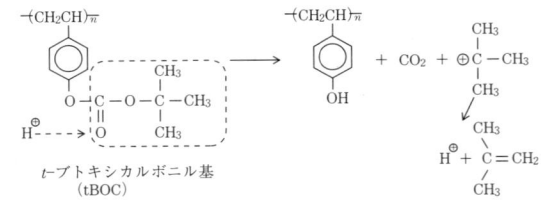

図III.4.13 ポリ(p-ブトキシカルボニルオキシスチレン) PBOCST-オニウム塩系の化学増幅[18]

酸触媒反応により溶解性が変化する系としてポリヒドロキシスチレン(PHS)の水酸基を t-ブトキシカルボニル(t-BOC)で保護したポリマー(PBOCST)を利用した（図III.4.13）[101]．オニウム塩の光分解により生じた酸が，露光後ベークにおいて PBOCST から PHS への脱保護反応の触媒となる．PHS はアルカリ可溶で非極性有機溶媒に不溶であり，PBOCST はこれとまったく逆の溶解性を示す．したがって，この系はアルカリ水溶液やアルコールなどの極性溶媒で現像するとポジ型レジストとして機能する．ネガ型の場合を図III.4.14に示す．酸触媒縮合反応などにより分子量増

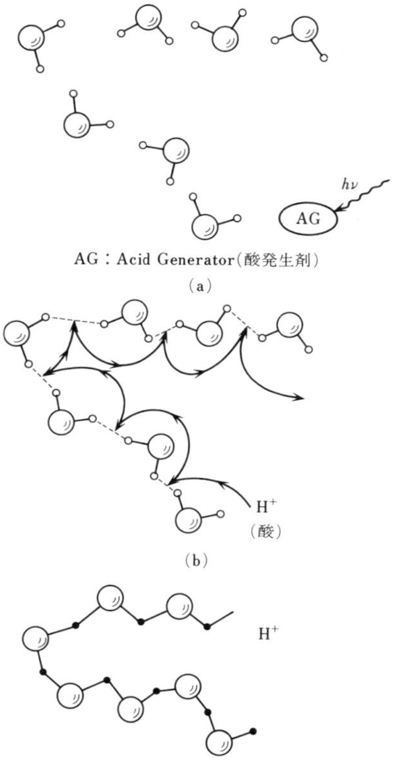

大を起こし露光部の現像液に対する溶解性が低下する．すなわち，露光により発生する酸の量子収率は1以下であるが，溶解性の変化を起こす実効的な反応の量子収率は1よりずっと大きくなる．これが化学増幅系レジストにおける高感度化の機構である．

c. 酸発生剤

化学増幅系レジストにおいては酸触媒反応を利用しているのがほとんどである．化学増幅系レジストを開発するにあたっては露光，電子線照射により酸を発生する酸発生剤の選択が重要である．酸発生剤を表III.4.3にまとめる．酸発生剤としては図III.4.13の例でも示したようにオニウム塩[102]がよく利用されている．オニウム塩は，図III.4.15に示すように，露光により分解し，MX_{n-1}（ルイス酸）もしくはHMX_n（ブレンステッド酸）なる酸を発生する．溶液中におけるオニウム塩の光化学反応の研究によれば，反応は複雑であり，引用するにとどめる[103]．

非イオン性酸発生剤として，ハロゲン化イソシアヌ

図 III.4.14 ネガ型化学増幅系レジストの作用原理

$$ArN_2^+ MX_n^- \xrightarrow{h\nu} ArX + N_2 + MX_{n-1}$$

$$Ar_2I^+ MX_n^- \xrightarrow{h\nu} ArI + HMX_n + others$$

$$Ar_3S_n^+ MX_n^- \xrightarrow{h\nu} Ar_2S + HMX_n + others$$

$MX_n = BF_4, PF_6, AsF_6, SbF_6$ etc.

図 III.4.15 オニウム塩の光分解

表 III.4.3 酸発生剤

オニウム塩		$Ph_2I^+MX_n^-$　　$Ph_3S^+MX_n^-$	102)
ハロゲン	イソシアヌレート系	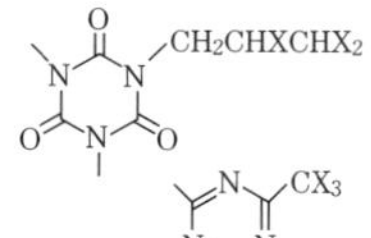 （構造式）	104)
	トリアジン系	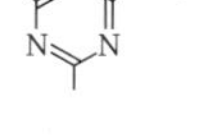 （構造式 CX_3）	105, 106)
	その他		105)
スルホン酸エステル	ニトロベンジルエステル	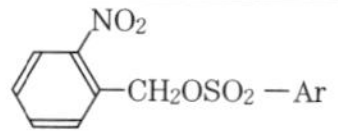 CH_2OSO_2-Ar（NO_2置換ベンジル）	107, 108)
	アルキルスルホン酸エステル	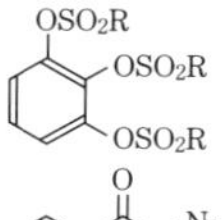 （OSO_2R 三置換ベンゼン）	109)
	4-DNQ スルホン酸エステル	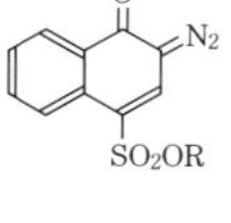 （ナフトキノンジアジド SO_2OR）	69)
	イミノスルホネート	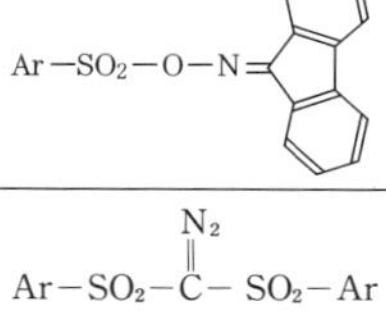 $Ar-SO_2-O-N$=（フルオレニリデン）	112)
スルホニル化合物	スルホニルジアゾメタン	$Ar-SO_2-\underset{N_2}{C}-SO_2-Ar$	110)
	ジスルホン	$Ar-SO_2-SO_2-Ar$	111)

レート[104], ハロゲン化トリアジン[105,106], その他ハロゲン化合物[105], ニトロベンジルエステル[107,108], 4-ジアゾナフトキノンスルホン酸エステル[69], アルキルスルホン酸エステル[109], ビスアリールスルホニルジアゾメタン[110], ジスルホン[111], イミノスルホネート[112] などが報告されている. ハロゲン化イソシアヌレートやアルキルスルホン酸エステルの248 nm における吸光度は小さく, 増感反応により酸が発生する機構が提案されている[104,109].

d. 酸触媒反応による分類[22]

化学増幅系レジストの酸触媒反応による分類を表Ⅲ.4.4に示す.

図Ⅲ.4.13で説明した PBOCST とオニウム塩からなる化学増幅系レジストは, フェノール性水酸基の保護基である tBOC が酸触媒脱保護反応によりはずれて水酸基が出現することを利用した系である[101]. フェノール性水酸基の保護基としては tBOC[113~116] の他, トリメチルシリル基[107], テトラヒドロピラニル基[117,118] などがある. これらの脱保護反応はポジ型レジストとして利用するが, 露光部の極性変化が大きいので非極性溶媒現像によりネガ型として利用する場合もある. 実際 IBM ではネガ型の作用を利用して 1MDRAM の生産を行っている[134].

ポジ型としては酸触媒解重合により低分子量化することを利用する系もある[100,127]. 天井温度の低いポリマーの末端を保護し, 酸触媒反応で分解することにより解重合を行わせる. 代表的なのがポリフタルアルデヒドである. また, ポリマーの主鎖に酸触媒反応で結合

表 Ⅲ.4.4 化学増幅系レジスト

脱保護反応	t-ブトキシカルボニル (^{t}BOC)	$-C(=O)-O-C(CH_3)_3$	101) 113~116)
	アセタール	テトラヒドロピラニル (THP)	117, 118)
		フェノキシエトキシ $-CH(CH_3)-O-C_6H_5$	185)
		N, O-アセタール	6, 120)
	トリメチルシリル基	$-Si(CH_3)_3$	107)
	t-ブトキシカルボニルオキシ	$-CH_2-C(=O)-O-C(CH_3)_3$	119)
解重合	ポリフタルアルデヒド	$+CH(C_6H_4)-O+$	100, 127)
	ポリカーボネートほか	$+R_1-O-C(=O)-O-R_2+$	132, 133)
	ポリシリルエーテル	$+R_1-O-Si(R_2)(R_3)-O+$	106)
縮合反応	アルコキシメチルメラミン	メラミン構造 $(CH_2OR)_n$	104) 120) 186)
	アセチルオキシメチル	$-CH_2OC(=O)CH_3$	121)
	シラノール	$-Si-OH$	122~124)
カチオン重合	エポキシ	$-CH_2-CH(O)CH_2$	125, 126)
その他	ピナコール転移		128, 129)
	分子内脱水		130)

図 III.4.16 ノボラック樹脂-メラミン樹脂-酸発生剤からなる酸硬化型レジストの反応[186]

が切断されるような官能基を組み込んだポリカーボネート[132,133]，シリルエーテル[106]などもある．

ネガ型としては縮合反応，カチオン重合を利用する系が報告されている．縮合反応の代表的な例がメトキシメチルメラミンの脱アルコール反応による高分子量化を利用する系である[104,120,186]．図III.4.16にその反応機構を示す．図III.4.16にはCアルキル化反応を示すが，Oアルキル化反応であるという報告もある．求電子置換反応を利用するアセトキシメチル基を含有する系[121]，シラノールの脱水縮合反応[122~124]を利用する系も報告されている．その他の酸触媒反応を検討すれば化学増幅系レジストとして利用できる系があるかもしれない．興味深い例としてピナコール転移反応[128,129]，分子内脱水反応[130]を利用した系が報告されている．今後の進展が期待される．一方で化学増幅系レジストには課題もある．保存安定性，プロセス安定性，酸の拡散による解像度劣化などの問題である[134]．材料面での解決には限界があるのでプロセス担当者との協力がぜひとも必要である．

4.1.6 ドライ現像

ドライ現像の検討がはじまったのは環化ポリイソプレン-ビスアジド系レジストの現像時の膨潤が解像度低下の原因とされたからであった．現像時の膨潤がなければ高解像度のパターンが得られると考え，溶液で現像するのではなくプラズマで現像するドライ現像が検討された．内容は明らかにされなかったが，TIからの発表[135]が注目された．露光部のみモノマーが重合するようにしたレジスト系がBell研究所から[136]，ビスアジド-PMIPK系レジストが千葉大学-東京応化から[137]報告されている．しかし，縮小投影露光装置の高NA化などの露光プロファイルの改善，高解像性DNQ-ノボラック系ポジ型フォトレジストの導入によりしばらくは注目されなかった．

現在は別の立場から見直されるようになった．集積回路の製作にあたっては基板の凹凸すなわち，段差が大きくなり，多層レジストプロセス(4.1.7項参照)の適用も考えられるようになった．基板の凹凸の影響をあまり受けないドライ現像プロセスがDESIRE[138]

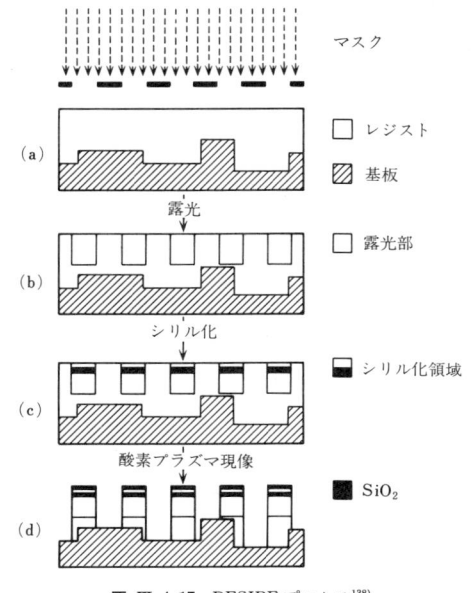

図 III.4.17 DESIREプロセス[138]

(Diffusion Enhanced SIlylating Resist)である．図III.4.17にそのプロセスを示す．パターン露光後，基板を加熱しながらシリコン化合物蒸気と接触させると，露光部のみにシリコン化合物が拡散していく．シリコン化合物はフェノール性水酸基と反応し，露光部の酸素プラズマ耐性が増し，酸素プラズマによる現像によりネガ型として機能する．基板までシリル化を行う必要はなく，光は基板まで到達する必要がないので基板の凹凸の影響を受けないでパターン形成ができることになる．このレジストの材料組成については明らかにされていないが，基本的にはDNQ-ノボラック系レジストである．シリコン化合物の拡散を溶液中で行おうという試み[139]もある．

この表面イメージングの基本的アイデアはBell研究所のTaylorら[140]による．表面イメージングの実用化はまだなされていないが，今後短波長リソグラフィーでは重要になるかもしれない．KrFエキシマレーザーの波長(248nm)においてもフェノール樹脂の光吸収が問題になり始めており，ArFエキシマレーザーの波長(193nm)では芳香族系ポリマーの吸収はきわめて大きく，基板まで光が到達しない[141]という問題が起こる．表面イメージングにもとづくドライ現像は段差の問題のみならず，将来のリソグラフィーのレジストプロセスという意味で注目を集めている．

化学増幅系レジストの露光部の極性が変化することを利用したドライ現像レジストも報告されている[142]．この場合は，酸触媒反応により露光部がシリコン化合物と反応しやすくなる官能基に変換される．パターン露光後，基板を加熱しながらシリコン化合物蒸気と接触させると露光部のみがシリル化される．露光部の酸素プラズマに対する耐性が上がりネガ型のパターンが得られる．酸硬化型レジストのドライ現像プロセス[143]もある．この場合は露光部が架橋されてシリコン化合物が拡散できないので，ポジ型となる．

化学増幅系レジストの中でポリフタルアルデヒドは末端の保護基がはずれると解重合を起こすため，露光後ベークすることなしに現像できる(自己現像)[100]．電子線レジストの中でポリオレフィンスルホンは自己現像可能である[80]．しかし，この自己現像レジストは露光装置を汚染する可能性があるので露光後加熱により現像できる熱現像レジストも報告されている[132,133,144]．

4.1.7 多層レジストプロセス[145~147]
a. 三層レジストプロセス
多層レジストプロセスは段差の基板上に高解像度のパターンを形成するときに用いられる方法である．

1979年にPhotopolymer ConferenceでBell研究所[148]からアスペクト比の高いパターンが報告されて以来注目されるようになった．レジストの解像度の面からはレジスト膜厚は均一で薄いほうが望ましい．一方，レジスト膜厚は段差をカバーするためには厚く，またパターン形成後のドライエッチングの観点からも厚いほうが望ましい．耐ドライエッチング性と解像度の相矛盾する要求を満たそうというのが，多層レジストプロセスである．ドライエッチング耐性の層とイメージング層とに分けて役割を分担しようというものである．

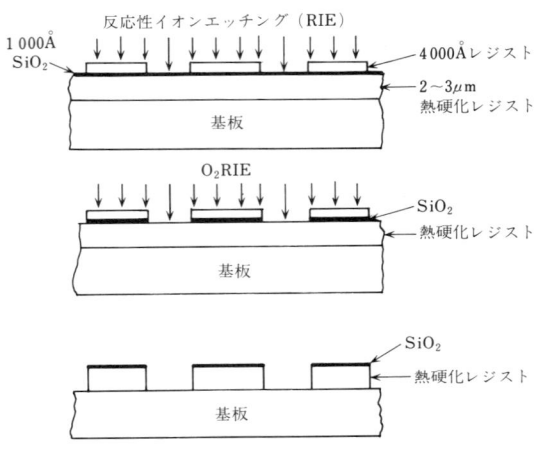

図III.4.18 三層レジストプロセス[148]

その方法を図III.4.18に示す．まず有機層を厚く塗布し下層膜を形成する．次に耐酸素プラズマ性のある無機層，主に塗布可能なSiO₂膜である中間層を形成する．その上にイメージング層であるレジストを塗布する．通常の露光，現像後，中間層へプラズマエッチングで転写する．中間層をマスクにして下層有機膜を方向性のいいエッチングO₂-RIE(Reactive Ion Etching)で転写してパターン形成を終える．

このような三層レジストプロセスはいまのところ量産には用いられていない．複雑なプロセスであるうえに，O₂-RIEの設備投資が大きく，スループット低下が著しい．縮小投影露光装置とDNQ-ノボラック系レジストの単層レジストプロセスが依然用いられている．多層レジストプロセスの役割はデバイス開発の段階で大変厳しいプロセスに用いられることが多い．

b. O₂-RIE二層レジストプロセス[149]
三層レジストプロセスはあまりに複雑であるので二層にしようという努力が行われた．三層を二層にするには上層レジストにイメージング機能とO₂RIE耐性

表 III.4.5 ポリシルセスキオキサン

ポリシルセスキオキサン $\begin{pmatrix} R_1 \\ | \\ -Si-O- \\ | \\ O \\ | \\ -Si-O- \\ | \\ R_2 \end{pmatrix}_n$	官能基	メタクロイル基	$-CH_2-OC-C=CH_2$ の上に CH_3, 下に O	150)
		シンナモイル基	$-CH_2OC-CH=CH-\bigcirc$ 下に O	151)
		ビニル基	$-CH=CH_2$	152)
		アリル基	$-CH_2-CH=CH_2$	153)
	三次元シルフェニレンシロキサン			154)
	アルカリ可溶化			155〜161)

を併せもつレジストが必要である.三層レジストプロセスの発表以来シリコン含有レジストの研究が活発化した.しかし,いずれのレジストも炭素,水素,酸素を含むので三層レジストプロセスに用いられる塗布性 SiO_2(中間層)にくらべて O_2-RIE 耐性が低い.レジストの O_2-RIE 耐性の向上には限界があるので,プラズマ条件の制御がこのレジストプロセス実用化の鍵となる.しかし,O_2-RIE を用いること自体は三層レジストプロセスの簡略化になっていないともいわれており,実用化は難しい.これはドライ現像で用いられる O_2-RIE にもいえることである.O_2-RIE 耐性のシリコン含有レジストの報告は大変多いが,最近の傾向はポリシルセスキオキサンをベースポリマーとするレジストが主流[150〜154]である.また,ポリシルセスキオキサンを骨格とするアルカリ可溶性樹脂の開発も行われている[155〜161].表III.4.5 にまとめた.

c. PCM

PCM(Portable Conformable Mask)は IBM の Lin により提案された二層レジストプロセスである[162,163].段差のある基板を平坦化する下層用ポリマーとして PMMA を用い,上層には DNQ-ノボラック樹脂系ポジ型レジストを用いる.上層のパターン形成は薄いレジストに縮小投影露光装置で行い,高解像度のパターンを得る.次に,このパターンをマスクにして下層 PMMA に deep-UV による露光を行う.下層 PMMA は deep-UV 露光に対してポジ型レジストとして機能するのでパターン転写が可能となる.

このレジストプロセスは材料面で二つの特徴をもつ.一つは下層 PMMA は 240 nm 以下で吸収があり,上層レジストのノボラック樹脂系ポジ型レジストは PMMA が吸収をもつ領域,240 nm 以下で強い吸収をもつ.したがって,上層レジストパターンは deep-UV 全面露光のとき PMMA のよいマスクとなる.もう一つの特徴は PMMA の上にノボラック樹脂系ポジ型レジストが塗布できるということである.一般に下層レジストの現像特性を乱すことなく上層レジストを塗布

するのは難しい.PMMA はガラス転移温度が高く,150°C でベークできることが一つの要因であろう.下層レジストとして PMMA 以外の材料[18,146]も検討されている.たとえば PMIPK[164] やアルカリ現像可能なポリジメチルグルタルイミド(PMGI)[165] などがある.下層レジストとしてはドライエッチング耐性がないのでノボラック系のレジスト[166]を用いる検討もされた.しかし,プロセスは複雑で実用化にはいたっていない.

d. CEL

露光によるブリーチング特性を利用して解像度改善をはかる方法である.GE の Griffing と West[167] により提案された CEL(Contrast Enhancement Lithography)の原理を図III.4.19 に示す.縮小投影露光装置におけるウエハー面上での露光プロファイルは回折の効

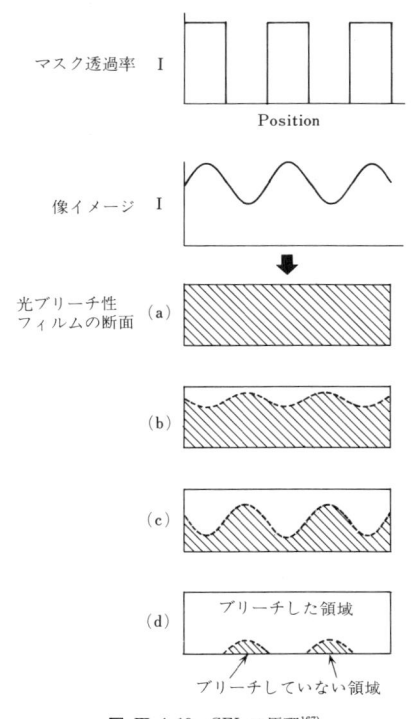

図 III.4.19 CEL の原理[167]

果のためコントラストがよくない．このコントラストを改善するため上層に露光によりブリーチングする層を形成する方法である．この層は光強度の大きいところでまずブリーチングし，透過率が高くなる．一方，光強度の小さいところではブリーチングが遅いので透過率は低い．露光の途中で露光すべきでないところに密着したマスクがあることになる．Griffing らが用いた材料はニトロン[168]というフォトクロミズムに利用される材料である．その後，ポリシラン[169]，ジアゾニウム塩[170〜175]，スチリルピリジニウム塩[176]を用いた材料も報告されている[177]（表III.4.6）．コントラストの改善をより効果的にするには CEL 材料のブリーチング速度とレジストの感度の関係を調べる必要がある[178,179]．量産には利用されていないが，一部実用化されているようである．

表 III.4.6 CEL 材料

ニトロン	$\begin{array}{c}Ar\\ \diagdown \\ C=N^+\\ \diagup \quad \diagdown \\ H \quad\quad Ar\end{array}^{O^-}$	168)
ポリシラン	$\begin{array}{c}R_1\\ \mid \\ +Si\!\!+\\ \mid \\ R_2\end{array}$	169)
ジアゾニウム塩	⌬-N$_2^+$X$^-$ (R)	170〜175)
スチリルピリジニウム塩	Ar+CH=CH⌬N$^+$X$^-$	176)

e． 反射防止膜（ARC）

基板の反射率が高いときにはハレーションや定在波などの影響でレジストパターンの劣化を起こす．このようなときレジストの下に露光波長の光を吸収する層 ARC(Anti-Reflecting Coating)を形成して反射を防ごうという方法である[180,181]．材料組成は明らかにされていない[182]．ARC に対する材料面の要求はレジストが吸収層の上に塗布できること，すなわち吸収層がレジスト溶媒に溶解しないことである．現像時にこの ARC 層を一緒に溶解する場合と酸素プラズマによって除去する場合とがある．

f． 多重反射防止膜

多重反射効果によりレジスト寸法が変わることがある．これは基板上のレジスト膜厚の違いによりレジスト内で吸収するエネルギーが変わることに起因する．レジストの膜厚が変わることによって全体の反射率が変わるとみることもできる．レジスト膜上にさらに膜を形成する．この膜は基板からの反射光がレジストと空気との界面からの反射（図III.4.20 の e_2）を抑制するので多重反射効果が抑制できる[183,184]．$n_{ARCOR}=\sqrt{n_{RESIST}}$ を満たす膜を形成することにより，多重反射効果を防

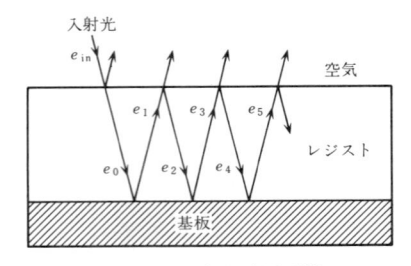

図 III.4.20 多重反射効果[183]

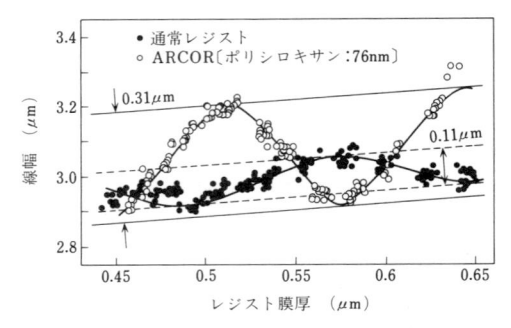

図 III.4.21 多重反射効果の軽減[183]

ぐことができる．これを ARCOR(Anti-Reflecting Coating On Resist)と呼ぶ．しかし，その条件を満足する理想的な屈折率をもつ材料を得ることは困難である．ポリシロキサンを ARCOR 層として用いた場合の効果を図III.4.21 に示す．ライン幅の変動が小さくなっているのがわかる．まだ実用化されていないが，注目されているプロセスである．

4.1.8 まとめ

レジストは解像度を決定する重要な材料である．縮小投影露光装置が使われはじめた頃は露光装置の性能によって解像度が決まっていた．その後，露光装置と DNQ-ノボラック樹脂系ポジ型フォトレジストの性能向上がなされた．1975 年以来 deep-UV レジストの重要性が指摘されていたが，いまだに実用化にはいたっていない．レジストの解像度はそのときの装置，リソグラフィー技術，材料の進歩により決定されてきたが，ここ 10 年間基本的には装置構成，材料組成とも変わっていない．しかし，パターン形成の寸法が露光波長に近づきつつあるいま，リソグラフィーの選択は難しくなってきた．この選択にマッチするレジストの開発が望まれている． 〔上野 巧〕

参考文献

1) 野々垣：マイクロリソグラフィ (1986)，丸善
2) Thompson, L. F., Bowden, M. J.: *ACS Symp. Ser.*, **219** (1983), 15
3) Moreau, W. M.: Semiconductor Lithography (1988), Plenum Press
4) DeForest, W. S.: Photoresist Materials and Processes (1975), McGraw Hill, New York
5) 永松, 乾：感光性高分子 (1977)，講談社サイエンティフィク
6) Steppan, H. et al.: *Angew. Chem., Int. Ed. Engl.*, **21** (1982), 455
7) Willson, C. G.: *ACS Symp. Ser.*, **219** (1983), 87
8) Bowden, M. J.: *ACS Symp. Ser.*, **266** (1984), 39
9) Reiser, A.: Photoreactive Polymers (1986), John Wiley & Sons, New York
10) Willson, C. G., Bowden, M. J.: *Adv. Chem. Ser.*, **218** (1988), 75
11) 山岡：フォトポリマーハンドブック, p.17 (1989)，工業調査会
12) レジスト材料・プロセス技術 (1991)，技術情報協会
13) Okazaki, S.: *J. Vac. Sci. Technol.*, **B9** (1991), 2829
14) 岡崎：応用物理, **60** (1991), 1076
15) 日経マイクロデバイス, (1992) 4月, 29
16) Fukuda, H. et al.: *J. Vac. Sci. Technol.*, **B9** (1991), 3113
17) 伊藤：Semiconductor World, (1987), 11月号, 91
18) 上野, 岩柳, 野々垣, 伊藤, Willson：短波長フォトレジスト材料 (1988)，ぶんしん出版; Iwayanagi, T. et al.: *ACS Adv. Chem. Ser.*, **218** (1988), 109
19) Sheats, J. R.: *Solid State Technol.*, **32** (6) (1990), 79
20) 上野：表面, **29** (1991), 439
21) 上野：文献 12) p.104
22) Reichmanis, E. et al.: *Chem. Mater.*, **3** (1991), 394
23) Nakayama, Y. et al.: *J. Vac. Sci. Technol.*, **B8** (1990), 1836
24) 白石：Semiconductor News, (1989) 6月, 34
25) Bethe, H.: *Ann. Physik*, **5** (1930), 325
26) Broers, A. N.: *IBM J. Res. Develop.*, **32** (1988), 502
27) Süss, O.: *Ann. Chem.*, **556** (1944), 65
28) Packansky, J., Lyerla, J. R.: *IBM J. Res. Develop.*, **23** (1979), 42
29) Dill, F. H. et al.: *IEEE Trans. Electron Devices*, **ED-22** (1975), 445
30) 花畑：Semiconductor World, 1992 (1), 176
31) 花畑：日経マイクロデバイス, (1992) 4月, 44
32) Hanabata, M. et al.: *SPIE*, **631** (1986), 76
33) Hanabata, M. et al.: *SPIE*, **771** (1987), 85
34) Hanabata, M. et al.: *SPIE*, **920** (1988), 349
35) Hanabata, M. et al.: *J. Vac. Sci. Technol.*, **B7** (1989), 640
36) Hanabata, M., Furuta, A.: *SPIE*, **1262** (1990), 476
37) Hanabata, M. et al.: *SPIE*, **1466** (1991), 132
38) Hanawa, R. et al.: *SPIE*, **1672** (1992), 231
39) 小久保：日経マイクロデバイス, (1991), 5月, 71
40) Honda, K. et al.: *SPIE*, **1262** (1990), 493
41) Honda, K. et al.: *SPIE*, **1466** (1991), 141
42) Honda, K. et al.: *SPIE*, **1672** (1992), 305
43) Koshiba, M. et al.: *SPIE*, **920** (1988), 364
44) Murata, M. et al.: *SPIE*, **1086** (1989), 48
45) Kajita, T. et al.: *SPIE*, **1466** (1991), 161
46) H. Nemoto et al.: *SPIE*, **1672** (1992), 305
47) Willson, C. G. et al.: *Polym. Eng. Sci.*, **23** (1983), 1004
48) Miller, R. D. et al.: *ACS Symp. Ser.*, **242** (1984), 25
49) Grant, B. D. et al.: *IEEE Trans. Electron Devices*, **ED-28** (1981), 1300
50) Willson, C. G. et al.: *SPIE*, **771** (1987), 2
51) Schwartzkopf, G.: *SPIE*, **920** (1988), 51
52) Schwartzkopf, G. et al.: *SPIE*, **1262** (1990), 456
53) Kotani, T. et al.: *SPIE*, **1262** (1990), 468
54) Sugiyama, H. et al.: *Polym. Eng. Sci.*, **29** (1989), 863
55) Tani, Y. et al.: *SPIE*, **1086** (1989), 22
56) Reichmanis, E. et al.: *J. Vac. Sci. Technol.*, **19** (1981), 1338
57) Wilkins, C. W. Jr. et al.: *J. Electrochem. Soc.*, **129** (1982), 2552
58) Reichmanis, E. et al.: *J. Electrochem. Soc.*, **130** (1983), 1433
59) Ito, H., Flores, E.: *J. Electrochem. Soc.*, **135** (1988), 2322
60) Moreau, W. M. et al.: 138th Electrochem. Soc. Meeting Extended Abstract, (1970), p. 459
61) Lin, B. J.: *J. Vac. Sci. Technol.*, **12** (1975), 1317
62) Iwayanagi, T. et al.: *IEEE Trans. Electron Devices*, **ED-28** (1981), 1306
63) Nonogaki, S. et al.: *SPIE*, **539** (1985), 189
64) Toriumi, M. et al.: *Polym. Eng. Sci.*, **29** (1989), 868
65) Uchino, S. et al.: *J. Vac. Sci. Technol.*, **B9** (1991), 3162
66) Tanaka, T. et al.: *Jpn. J. Appl. Phys.*, **30** (1991), 1131
67) MacDonald, S. A. et al.: Proc. Kodak Microelectronics Seminar Interface'82, Eastman Kodak Rochester, NY, (1982), p. 114 ; MacDonald, S. A. et al.: *Microelectronic Eng.*, **1** (1983), 269
68) Moritz, H.: *IEEE Trans. Electron Devices*, **ED-32** (1985), 672
69) Buhr, G. et al.: *SPIE*, **1086** (1989), 117
70) Yamashita, Y. et al.: *J. Vac. Sci. Technol.*, **B3** (1985), 314 ; Itoh, T. et al.: *Polym. Eng. Sci.*, **26** (1986), 1105
71) 野々垣三郎：日経エレクトロニクス, (1977) 1月, 86
72) Tamamura, T. et al.: *ACS Symp. Ser.*, **242** (1984), 104
73) Charesby, A.: Atomic Radiation and Polymers (1960), Pergamon Press, Oxford
74) Ku, H. Y., Scala, L. C.: *J. Electrochem. Soc.*, **116** (1969), 980
75) Haller, I. et al.: *IBM J. Res. Develop.*, **12** (1968), 251
76) Kakuchi, M. et al.: *J. Electrochem. Soc.*, **124** (1977), 1648
77) Tada, T.: *J. Electrochem. Soc.*, **126** (1979), 1829
78) Ouano, A. C.: *ACS Symp. Ser.*, **242** (1984), 79
79) Bowden, M. J. et al.: *J. Vac. Sci. Technol.*, **12** (1975), 1294
80) Bowden M. J., Thomson, L. F.: *J. Appl. Polym. Sci.*, **17** (1973), 3211
81) Robert, E. D.: *ACS Div. Org. Coating and Plast. Chem. Preprints*, **33** (1973), 359 ; Robert, E. D., *ACS Div. Org. Coating and Plast. Chem. Preprints*, **35** (1975), 281
82) Hiraoka, H.: *IBM J. Res. Develop.*, **21** (1977), 121
83) Shaw, J. M. and Hatzakis, M.: *IEEE Trans., Electron Devices*, **ED-25** (1978) 425
84) Bowden, M. J., et al.: *J. Electrochem. Soc.*, **128** (1981), 1304
85) Ito, H. et al.: *J. Electrochem. Soc.*, **135** (1988), 1504
86) Shiraishi, H. et al.: *ACS Symp. Ser.*, **242** (1984), 167
87) Ueno, T. et al.: *J. Appl. Polym. Sci.*, **29** (1984), 223
88) Hirai, T. et al.: *J. Electrochem. Soc.*, **118** (1971), 669
89) Thompson, L. F. et al.: *Polym. Eng. Sci.*, **14** (1974), 529
90) Taniguchi, Y. et al.: *Jpn. J. Appl. Phys.*, **18** (1979), 1143
91) Lai, J. H., Shepherd, L. T.: *J. Electrochem. Soc.*, **126** (1979), 696
92) Feit, E. D., Stillwagon, L. S.: *Polym. Eng. Sci.*, **20** (1980), 1058
93) Shiraishi, H. et al.: *Polym. Eng. Sci.*, **20** (1980), 1054
94) Kamoshida, Y. et al.: *J. Vac. Sci. Technol.*, **B1** (1983), 1156
95) Imamura, S.: *J. Electrochem. Soc.*, **126** (1979), 1628 ; Imamura, S. et al.: *J. Appl. Polym. Sci.*, **27** (1982), 937
96) Sukegawa, K., Sugawara, S.: *Jpn. J. Appl. Phys.*, **20** (1981), L 583
97) Yoneda, Y. et al.: *Polym. Eng. Sci.*, **20** (1980), 1110
98) Mochiji, K. et al.: *Jpn. J. Appl. Phys.*, **20** (1981), 63
99) Shiraishi, H. et al.: *ACS Symp. Ser.*, **346** (1987), 77
100) Ito, H., Willson, C. G.: *Polym. Eng. Sci.*, **23** (1983), 1012
101) Ito, H., Willson, C. G.: *ACS Symp. Ser.*, **242** (1984), 11
102) Crivello, J. V.: *Polym. Eng. Sci.*, **23** (1983), 953
103) Dektar, J. L., Hacker, N. P.: *J. Am. Chem. Soc.*, **112** (1990) 6004 ; Dektar, J. L., Hacker: *J. Org. Chem.*, **55** (1990), 639
104) Berry, A. K. et al.: *SPIE*, **1262** (1990), 575
105) Buhr, G. et al.: *ACS Polym. Mater. Sci. Eng.*, **61** (1989), 269
106) Aoai, T. et al.: *Polym. Eng. Sci.*, **29** (1989), 887

107) Yamaoka, T. *et al.*: *Polym. Eng. Sci.*, **29** (1989), 856
108) Neenan, T. X. *et al.*: *SPIE*, **1086** (1989), 2
109) Ueno, T. *et al.*: Polymers for Microelectronics-Science and Technology, (1990) Kodansha, p. 413; Schlegel, L. *et al.*: *Chem. Mater.*, **2** (1990), 299
110) Pawlowski, G. *et al.*: *SPIE*, **1262** (1990), 16
111) Aoai, T. *et al.*: *J. Photopolym. Sci. Technol.*, **3** (1990), 389
112) Shirai, M. *et al.*: Polymers for Microelectronics-Science and Technology (1990), Kodansha, p. 149
113) Turner, S. R. *et al.*: *ACS Symp. Ser.*, **346** (1987), 200
114) Tarascon, R. G. *et al.*: *Polym. Eng. Sci.*, **29** (1989), 850
115) McKean, D. R. *et al.*: *SPIE*, **920** (1988), 60
116) O'Brien, M. J. and Crivello, J. V.: *SPIE*, **920** (1988), 42
117) Hayashi, N. *et al.*: *ACS Polym. Mater. Sci. Eng.*, **61** (1989), 417
118) Kikuchi, H. *et al.*: *J. Photopolym. Sci. Technol.*, **4** (1991), 357
119) Onishi, Y. *et al.*: *J. Photopolym. Sci. Technol.*, **5** (1992), 47
120) Lingnau, J. *et al.*: *Solid State Technol.*, **32** (9) (1989), 105; *ibid*, **32** (10) (1989), 107
121) Fréchet, J. M. J. *et al.*: *ACS Symp. Ser.*, **412** (1989), 74
122) Shiraishi, H. *et al.*: *Chem. Mater.*, **3** (1991), 621; Ueno, T. *et al.*: *SPIE*, **1262** (1990), 26
123) McKean, D. R. *et al.*: *SPIE*, **1262** (1990), 110
124) Kawai, Y. *et al.*: *J. Photopolym. Sci. Technol.*, **5** (1992), 431
125) Stewart, K. J. *et al.*: *Polym. Eng. Sci.*, **29** (1989), 907
126) Conley, W. E. *et al.*: *SPIE*, **1262** (1990), 49
127) Ito, H.: *SPIE*, **920** (1988), 33
128) Uchino, S. *et al.*: *SPIE*, **1466** (1991), 429
129) Sooriyakumaran, R. *et al.*: *SPIE*, **1466** (1991), 419
130) Ito, H. *et al.*: *Polym. Mater. Sci. Eng.*, **66** (1992), 45
131) 上野: *Semiconductor World*, (1992) 1月, p. 181
132) Fréchet, J. M. J. *et al.*: Proc. Reg. Tech. Conf. Photopolymers, (1985), SPE, Ellenville, New York, p. 1
133) Fréchet, J. M. J. *et al.*: *ACS Symp. Ser.*, **346** (1987), 138
134) Maltabes, J. G. *et al.*: *SPIE*, **1262** (1990), 2
135) Penn, T. C.: *IEEE Trans. Electron Device*, **ED-26** (1979), 640
136) Taylor, G. N. *et al.*: *J. Electrochem. Soc.*, **128** (1981), 361
137) Tsuda, M. *et al.*: *Jpn. J. Appl. Phys.*, **22** (1983), 1215
138) Coopmans, F., Roland, B.: *SPIE*, **631** (1986), 34
139) Sezi, R. *et al.*: *SPIE*, **1262** (1990), 84
140) Taylor, G. N. *et al.*: *J. Electrochem. Soc.*, **131** (1984), 1658
141) Hartney, M. *et al.*: *SPIE*, **1466** (1991), 238
142) MacDonald, S. A. *et al.*: Proc. Reg. Tech. Conf. Photopolymers, p. 177 (1985), SPE, Ellenville, New York
143) Thackeray, J. W. *et al.*: *J. Vac. Sci. Technol.*, **B7** (1989), 1620
144) Ito, H., Schwalm, R.: *J. Electrochem. Soc.*, **136** (1989), 241
145) Hatzakis, M. *Solid State Technol.*, **24** (8) (1981), 74
146) Lin, B. J.: *ACS Symp. Ser.*, **219** (1983), 287
147) Ong, E., Hu, E. L.: *Solid State Technol.*, **27** (6) (1984), 155
148) Moran, J. M., Maydan, D.: *Polym. Eng. Sci.*, **20** (1980), 1097
149) 田中: 文献12), p. 95
150) Tanaka, A. *et al.*: *Jpn. J. Appl. Phys.*, **24** (1985), L 112
151) Rosillio, C. *et al.*: *J. Electrochem. Soc.*, **136** (1989), 2350
152) Watanabe, K. *et al.*: *SPIE*, **920** (1988), 198
153) Sakata, M. *et al.*: *J. Phtopolym. Sci. Technol.*, **3** (1990), 173
154) Watanabe, K. *et al.*: *J. Phtopolym. Sci. Technol.*, **3** (1990), 201
155) Hayashi, N. *et al.*: *ACS Symp. Ser.*, **346** (1987), 211
156) Toriumi, M. *et al.*: *J. Electrochem. Soc.*, **134** (1987), 936
157) Sugiyama, H. *et al.*: *SPIE*, **920** (1988), 268
158) Sugiyama, H. *et al.*: *Polym. Eng. Sci.*, **29** (1989), 863
159) Ban, H. *et al.*: *Polymer*, **31** (1990), 564
160) Tanaka, A. *et al.*: *J. Vac. Sci. Technol.*, **B7** (1989), 572
161) Tanaka, A. *et al.*: *ACS Symp. Ser.*, **412** (1989), 175
162) Lin, B. J.: *SPIE*, **174** (1979), 114
163) Lin, B. J.: *J. Electrochem. Soc.*, **127** (1980), 202
164) Watts, M. P. C.: *SPIE*, **469** (1984), 2
165) de Grandpre, M. P. *et al.*: *SPIE*, **539** (1985), 103
166) Yamashita, Y. *et al.*: *SPIE*, **771** (1987), 273
167) Griffing, B. F., West, P. R.: *Polym. Eng. Sci.*, **23** (1983), 947
168) West, P. R. *et al.*: *J. Imag. Sci.*, **30** (1986), 65
169) Hofer, D. C. *et al.*: *SPIE*, **469** (1984), 108
170) Halle, L. F.: *J. Vac. Sci. Technol.*, **B3** (1985), 323
171) Nakase, M.: *SPIE*, **537** (1985), 160
172) Sasago, M. *et al.*: *SPIE*, **631** (1986), 321
173) Niki, H. *et al.*: Extended Abstract of 17 th Conf. Solid State Device and Materials, (1985), p. 361
174) S.-I. Uchino, *et al.*: *ACS Symp. Ser.*, **346** (1987), 188
175) S.-I. Uchino, *et al.*: *ACS Symp. Ser.*, **412** (1989), 319
176) 米澤ほか: *J. Photopolym. Sci. Technol.*, **1** (1988), 36
177) 仁木: 文献12), p. 71
178) Oldam, W. G.: *IEEE Trans. Electron Devices*, **ED-34** (1987), 247
179) Ueno, T. *et al.*: *J. Imag. Sci.*, **32** (1988), 144
180) Brewer, T. *et al.*: *J. Appl. Photograph. Engrs.*, **7** (1981), 184
181) Barnes, G. A. *et al.*: Proc. Reg. Tech. Conf. Photopoymers, SPE, Ellenville, New York, (1991), p. 259
182) 特開昭 59-93448, 特開昭 60-227254, 特開昭 61-190942
183) Tanaka, T. *et al.*: *J. Electrochem. Soc.*, **137** (1990), 3900
184) Bruner, T. A. *et al.*: *J. Vac. Sci. Technol.*, **B9** (1991), 3418
185) Jiang, Y., Bassett, D.: *Polym. Mater. Sci. Eng.*, **66** (1992), 41
186) Feely, W. E. *et al.*: *Polym. Eng. Sci.*, **26** (1986), 1101

4.2 印刷における感光材料

4.2.1 製版・印刷システム

　印刷は原稿にもとづいて作製した「版」を媒体とし，印刷インキを被印刷体に転写し原稿の文字や画像を高速度で大量複製する技術である．原稿から「版」を作製する工程は「製版」と呼ばれ，版から被印刷体にインキを転写する工程を「印刷」という．「版」は，「凸版」，「平版」，「グラビア」，「凹版」，「スクリーン版」などに大きく分類され，それぞれの版式により印刷物は異なった特徴を有し，被印刷体の種類や印刷物の目的によって版式が選択される．

　原稿が文字，あるいは濃淡のない画線のみからなる場合には活字や罫線をならべて凸版を作製することができる．また，石板や表面処理した金属板に油性のインキを用いて文字や画像を手書きして平版が作製できる．さらに，金属板に画像を彫刻し，くぼみにインキを詰めると凹版となる．しかし，このような手工的製版は最近では特殊な目的の場合に使用され，通常は凸版，平版，グラビア，スクリーン版などすべての版式が写真的方法で製版され，写真製版と呼ばれる．

　原稿は，文字，線画，連続階調写真，モノクロマチック，フルカラー，あるいはこれらが複雑に入り交った原稿など多種多様であり，写真製版工程も原稿の種類および版式によってそれぞれ異なる．しかし，基本的に図Ⅲ.4.22 に示す工程で製版される．文字は写真植字機でフィルムや画紙に焼き付け，濃淡が連続的に変化する写真原稿はハーフトーン（疑似階調）画像に

4.2 印刷における感光材料

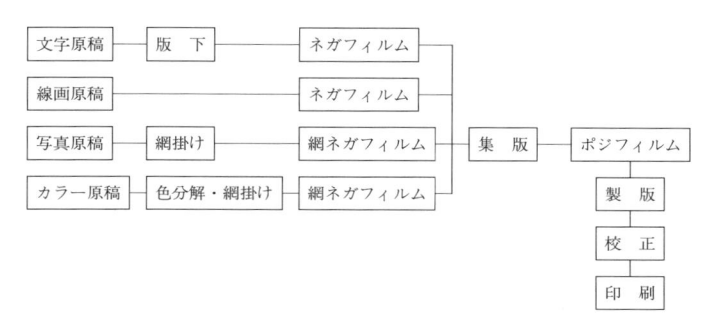

図 III.4.22 製版・印刷システムの概念図

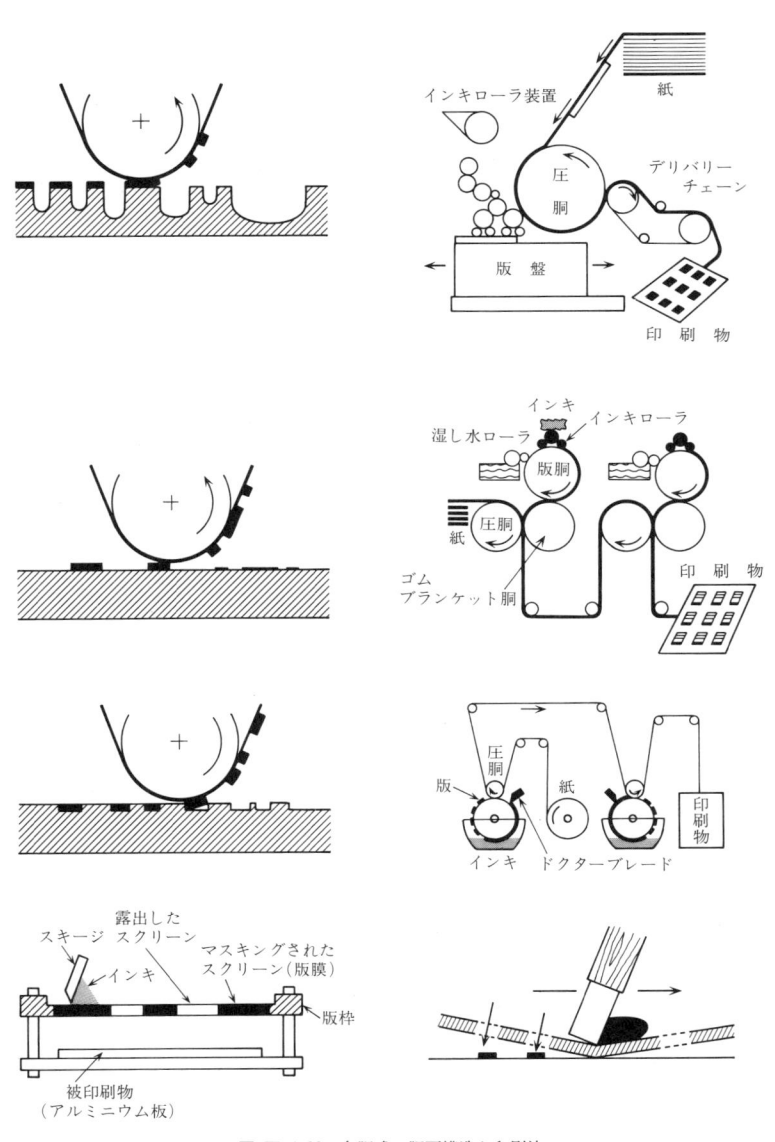

図 III.4.23 各版式の版面構造と印刷法
上から順に凸版, 平版, グラビア版, スクリーン版.

変換し，これらを組み合わせて刷上がりに相当する原稿（版下）を作成する．

フルカラーが含まれる原稿の場合は，これをイエロー，シアン，マゼンタの3原色と黒（墨）に分解し4枚の版下を作製する（色分解という）．この版下からさらに写真撮影，あるいはスキャナーで原寸大のフィルムを作製し，印刷用の版に密着露光して製版を行う．製版後，校正刷を行い印刷物の色や階調の再現性などを検討した後，本機で印刷する．

凸版は画像部と非画像部が凹凸で区別され，インキは凸部に付着し被印刷体に転写される．

平版は画像部と非画像部で凹凸がほとんどないが，画像部は親油性表面から，また，非画像部は親水性表面からなっている．インキを与える前に全面に「湿し水」を供給することにより，非画像部表面に水の薄膜が形成される．油性のインキを与えると非画像部では水の薄膜によりインキはまったく付着せず画像部にのみ付着する．すなわち，画像部と非画像部は表面の界面化学的性質によって区別されている．平版の中で，「水なし平版」と呼ばれるものは，非画像部がシリコーン樹脂のようなインキ反発性の材料で形成されるもので，湿し水を供給しなくともインキは画像部のみに付着する．平版では通常オフセット印刷と呼ばれる方法で印刷が行われる．これは版表面のインキをいったんブランケットというゴムシートの表面に転写しこれを再び被印刷体に転写するもので，ゴム弾性を利用して種々の材料の表面に高い品質の印刷が行えるようになっている．

凹版は画像部がくぼんでおり，このくぼんだ部分にインキを詰め込んで印刷するものである．画像部のくぼみは金属板を手工的，または機械的に彫刻してつくるものと，写真的方法で一定の形をしたセルをつくるものがある．後者は「グラビア」と呼ばれる．

スクリーン版は薄い紗に画像部のみが開口されたマスクをフォトポリマーで形成させ，フォトポリマーでマスクを形成し，この開口部からインキを押し出すものである．その特徴は厚い（25～1000 μm）インキ膜の印刷が可能なことである．このため，印刷以外の分野でも膜形成法として広く利用されている．各版式の版面構造と印刷法を図III.4.23にまとめて示す[1]．

4.2.2 凸版の製版工程と刷版材料
a. 金属凸版

マグネシウム，亜鉛，銅などの金属板にフォトレジストを用いてエッチングにより作製したレリーフ版である．活版印刷で写真などが挿入される場合に金属凸版を作製して活字と共に組み込んで用いられた．現在は凸版用にはあまり用いられていないようであるが，エレクトロニクスなど印刷以外の分野でエッチングによる精密加工のために利用されている．エッチング用レジストの例として以下に記載しておく（表III.4.7）．

水溶性高分子-重クロム酸塩レジスト：水溶性の高分子として，フィッシュグルー，カゼイン，PVAなどが使用されこれらの水溶液に重クロム酸アンモニウムを加え感光液とする金属板に塗布，乾燥して1～2 μmの膜を形成させフィルムマスクを通して紫外線露光する．続いて水洗すると非露光部は溶解除去され，露光部のみPVA膜により覆われる．無水クロム酸水溶液に浸したのち，約240℃でバーニングし膜を強化する．最後に希硝酸でエッチングすると金属レリーフ（写真凸版）が得られる．

ポリ（ビニルシンナメート）[2~4]：PVAの側鎖水酸基にケイ皮酸をエステル化したもので，光照射で下記のようにケイ皮酸残基の二量化により架橋構造が形成され溶剤に不溶化する．溶剤に溶かした状態，あるいは金属板に塗布した状態で安定で変化しないため，上記重クロム酸塩系レジストに変わって使用されている．5-ニトロアセナフテンなどを添加すると増感される．

表 III.4.7 金属凸版の製版に使用されるフォトレジスト

フォトレジスト組成	工程	現像液	感光波長	特徴
フィッシュグルー/重クロム酸アンモニウム	露光-現像-硬膜-エッチング	水	紫外～500 nm	暗反応
カゼイン/重クロム酸アンモニウム				
ポリビニルアルコール/重クロム酸アンモニウム				
ポリ（ビニルシンナメート）	露光-現像-エッチング	有機溶剤	紫外～430 nm	暗反応なし
ポリ（p-アジドベンゾエート）	露光-現像-エッチング	有機溶剤	紫外～430 nm	暗反応なし
クレゾールノボラック樹脂/アジド化合物	露光-現像-エッチング	アルカリ水溶液	紫外～430 nm	暗反応なし

現像液はトリクレンなどの有機溶剤が必要である．

アジド系レジスト[5~9]：高分子の側鎖にアジド基を導入したアジドポリマー，クレゾールノボラック樹脂に芳香族アジド化合物を加えたものが開発されている．前者では，アルカリ可溶性の高分子に芳香族アジド化合物を側鎖基として導入したものである．後者はノボラック樹脂，ポリ（p-ヒドロキシスチレン）のようなアルカリ可溶性の高分子化合物に芳香族アジド化合物を混合したものである．いずれも，希アルカリ水溶液で現像でき，かつ，耐酸性の強い膜を与える．また，微細光加工に使用されているレジストとしてゴム系レジストと呼ばれているのは部分環化したポリイソプレンやポリブタジエンにビスアジド化合物を数パーセント加えた組成である．

b. 感光性樹脂凸版

光を照射すると不溶化したり，あるいは，液体から固体に変化するタイプの感光性樹脂を使用し，リスフィルムのマスクを通して紫外線露光した後，現像してレリーフを作製する方法である．エッチング工程が必要ないため製版工程が単純になり危険性も少ない．現在，凸版はほとんどこの方法で製版されている．

固形感光性樹脂凸版は，ポリアミド，ポリビニルアルコールなどのバインダー高分子にアクリレートモノマーと光重合開始剤を混ぜて板状に成形したものである．モノマーが光重合して高分子化する際にバインダー高分子を絡めこんだり，連鎖移動反応により架橋構造を形成して不溶化させる．

液状感光性樹脂はフマル酸などを用いた不飽和ポリエステル樹脂やウレタンアクリレートなどの液状プレポリマーを主成分とし，光重合開始剤を加えて感光性の液状樹脂とする．樹脂を一定の厚さに延ばしマスクを通して露光する．露光部はプレポリマーの重合により高分子量化してプラスチック状の固体になる．非露光部は液状であるため，これを界面活性剤水溶液で洗い流したり，圧搾空気で吹き飛ばしたりしてレリーフ版を得る．製版プロセスの例を図Ⅲ.4.24に，また，主な感光性樹脂凸版を表Ⅲ.4.8に示す．

c. フレキソ版[10]

凸版の一種であるがゴム弾性のある軟質材料で製版したレリーフ版である．圧力をほとんどかけずに印刷できるためセロハン，プラスチックフィルム，ダンボール紙など軟質素材の印刷に使用される．また，水性，アルコール性印刷インクが使用でき経済性にも優れるため，アメリカでは新聞印刷に使用している例もある．

原稿のパターンが単純なものはゴムシートに直接彫刻するが，複雑な絵柄，写真，あるいはカラー画像では写真製版する．写真製版する場合は，成形法と感光性フレキソ版による方法がある．

成形法は，金属凸版を作製しこれから母形をつくり生ゴムシートに加圧，加熱して成形と同時に架橋して作製する．

感光性フレキソ版による方法は感光性ゴムやウレタンアクリレートなど，光照射により柔らかいレリーフが得られる材料を用いる．固形状と液状のものがあり，前者はポリイソプレンやポリブタジエンなどの未架橋ゴムにアクリレートモノマーと光重合開始剤を添加しシート状に成形したものである．後者はポリエーテルのようなソフトセグメントを含むウレタンアクリレートなどを使用し，光重合開始剤を加えたものである．最近は水系溶液で現像できるタイプも開発されている．主な感光性フレキソ版の特性例を表Ⅲ.4.9に示す．

表 III.4.8 主な感光性樹脂凸版の成分，および現像液[10]

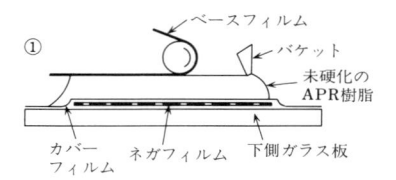

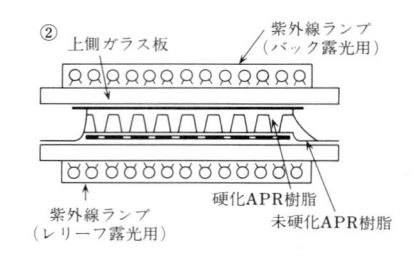

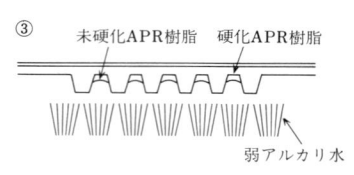

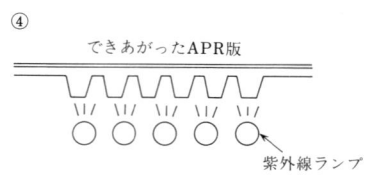

版の形態	材料系の種類	主な構成成分(重量比)(光重合開始剤を除く)		現像液	特許出願人および特許番号
固体版	アクリルモノマー/ポリマー混合系	・アクリルモノマー ・部分けん化ポリ酢酸ビニル	100 100	水	日本ペイント US 3,801,328 (1964)
		・アクリルモノマー ・部分けん化ポリ酢酸ビニルのエチレンオキシド付加体	85 100	水	BASF US 4,272,611 (1974)
	オリゴマー/ポリマー混合系	・尿素-メチロールアクリルアミド重縮合体 ・部分けん化ポリ酢酸ビニル	100 100	水	東京応化工業 US 4,209,581 (1980)
	アクリルモノマー/ポリアミド混合系	・アクリルモノマー ・ポリアミド	30〜90 100	アルコール	BASF US 3,787,211 (1974)
		・アクリル酸 ・水溶性ポリアミド	100	水	東洋紡績 US 4,145,222 (1979)
液体版	アクリルモノマー/ポリマー混合系	・アクリルモノマー ・不飽和ポリエステル	50〜100 100	希アルカリ水溶液	旭化成 US 4,209,581 (1980)
	アクリルモノマー/プレポリマー混合系	・アクリルモノマー ・ポリチオール ・ポリウレタンポリエン	35 7 100	希アルカリ水溶液または圧縮空気流による除去	W. R. GRACE US 4,234,676 (1980)

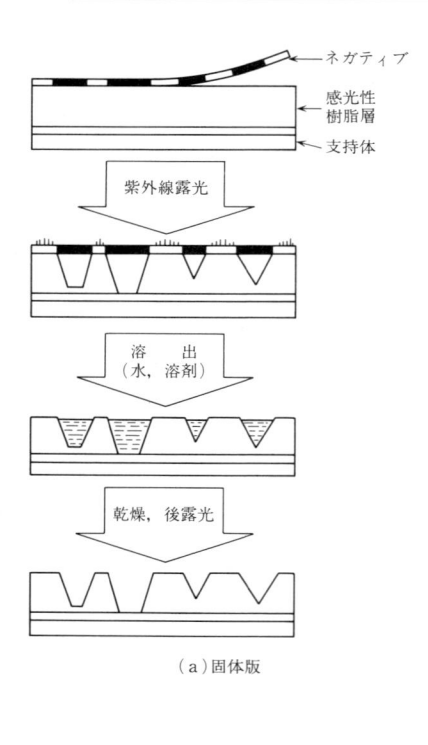

図 III.4.24 感光性樹脂凸版の製版工程

表 Ⅲ.4.9 感光性フレキソ版（固形状，および液状）の組成例

固形状フレキソ版	
バインダーポリマー	スチレン/イソプレンブロック共重合体 シン型 1,2-ポリブタジエン アクリロニトリル/ブタジエン/アクリル酸共重合体，など
モノマー	トリメチロールプロパントリアクリレート 2-ヒドロキシエチルメタクリレート-酸付加物
光重合開始剤	ベンゾインイソブチルエーテル ジメトキシベンジルケタール
液状フレキソ版	
プレポリマーA	ポリエステル/ジイソシアネート/トリエチレンジアミン/2-ヒドロキシエチルアクリレートの反応によるウレタンアクリレート
プレポリマーB	ポリエーテル/無水マレイン酸反応生成物
モノマー	2-ヒドロキシエチルメタクリレート
光重合開始剤	ジメトキシベンジルケタール

4.2.3 平版刷版の材料

平版は製版が容易なこと，高品質の画像が再現できること，簡易印刷から高級な印刷まで，それぞれに対応できることなどから各版式の中で最も広く使用されている．

平版は，大部数，高品質の印刷に使用されるもの，小部数を簡易に印刷するものなど，また，光により焼き付けて製版するもの，感熱ヘッドや放電破壊で製版するものなど種々のタイプがある．図Ⅲ.4.25に各種平版の分類を示す．

a. 卵白平版

卵白を水に溶かし重クロム酸アンモニウムを加えた感光液を表面処理した亜鉛板に塗布，乾燥する．原稿から作製した網分解ネガフィルムを密着して紫外線で露光する．露光後，全面に油性の現像インキを塗布，乾燥したのち水洗する．露光部の卵白は不溶化しているため非露光部の卵白層のみが溶解除去されポジの画像が形成される．非画像部の亜鉛表面にアラビアゴムを塗布して親水性を強化しオフセット印刷する．卵白に重クロム酸塩を混合すると暗反応のため保存性がない．そのため，製版を行う度に感光液を調整し塗布，乾燥させすぐに露光，現像しなければならない．わが国では1964年頃まで使用されたが現在は用いられていない．

b. 多層平版（バイメタル，トライメタル版）

支持体表面に親水性金属層（ステンレス，ニッケル，アルミニウム，クロム，亜鉛など）を設ける．この親水性表面に親油性金属（銅，真ちゅうなど）で画像部を形成する．版面に湿し水を与えると非画像部に湿し水が吸着して液膜ができるが，親油性金属からなる画像部は水を反発し液膜層の形成は行われない．このような状態で平版用インキを供給すると，画像部のみにインキが付着する．この原理で平版印刷が可能になる．他の方式に比較し耐刷性が高いため大部数の印刷に使用された．製版は2層，または3層の金属層からなる支持体にフォトレジストを用いて，エッチングやメッキを組み合わせて行われる．

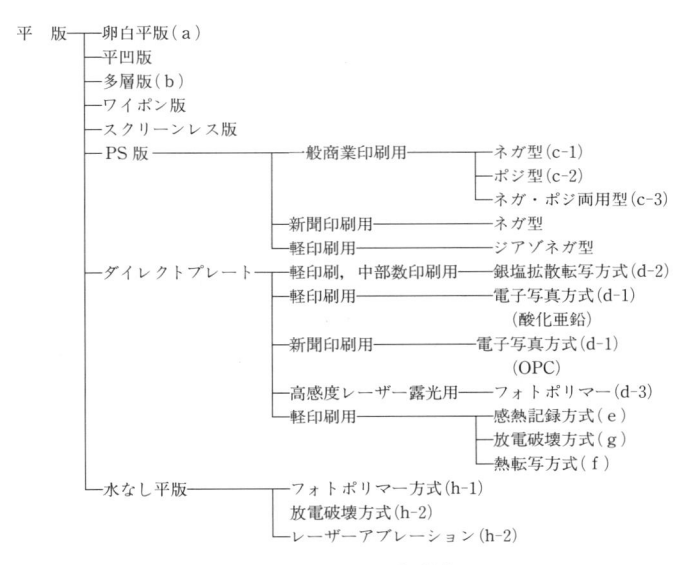

```
平版─┬─卵白平版(a)
     ├─平凹版
     ├─多層版(b)
     ├─ワイポン版
     ├─スクリーンレス版
     ├─PS版─┬─一般商業印刷用─┬─ネガ型(c-1)
     │      │                 ├─ポジ型(c-2)
     │      │                 └─ネガ・ポジ両用型(c-3)
     │      ├─新聞印刷用───ネガ型
     │      └─軽印刷用────ジアゾネガ型
     ├─ダイレクトプレート─┬─軽印刷，中部数印刷用─銀塩拡散転写方式(d-2)
     │                   ├─軽印刷用──────電子写真方式(d-1)
     │                   │                    （酸化亜鉛）
     │                   ├─新聞印刷用─────電子写真方式(d-1)
     │                   │                    （OPC）
     │                   ├─高感度レーザー露光用─フォトポリマー(d-3)
     │                   └─軽印刷用──┬─感熱記録方式(e)
     │                              ├─放電破壊方式(g)
     │                              └─熱転写方式(f)
     └─水なし平版─┬─フォトポリマー方式(h-1)
                 ├─放電破壊方式(h-2)
                 └─レーザーアブレーション(h-2)
```

図 Ⅲ.4.25 種々の平版材料
（ ）内は本文 4.2.3 中の a, b, …に対応．

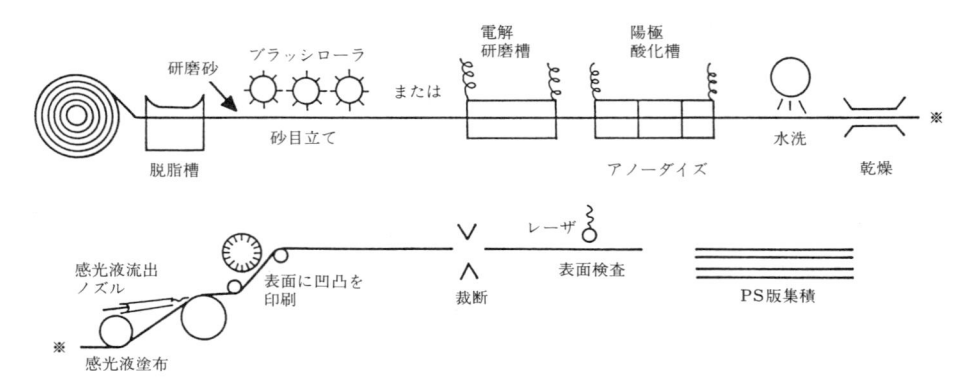

図 III.4.26 オフセットPS版製造概念図[25]

c. PS版

表面を研磨，陽極酸化して親水性を強化したアルミニウム板にジアゾ樹脂やフォトポリマーを塗布した平版用の刷版である．わが国では1960年代中頃から使われ始めたが，それまで使用されていた卵白平板のような暗反応が少ないため刷版メーカーから感光材を塗布した状態で入手できる．製版者が自分で感光材料を塗布する必要がなくすでに感光性を有することから Pre-Sensitized plate と呼ばれ，略してPS版という．基板にアルミニウムを使用するため寸法精度がよく耐刷性も高い．アルミニウムの表面処理が重要で，耐刷力，印刷品質に大きく影響する．図III.4.26に示すように，アルミニウム板の表面を研磨して親水性，保水性を与え，さらに，陽極酸化により表面の安定化，感光材料との接着性を強化する．

1) **ネガ型** ネガ型はジアゾ樹脂，光架橋型フォトポリマー，光重合型フォトポリマーが用いられる．最も広く使用されているのはジアゾ樹脂である．これは次のように p-アミノジフェニルアミンをジアゾ化し，さらに，パラホルムアルデヒドで縮合したものを使用する[11]．通常，アルカリ可溶性高分子と混合して支持体に塗布する．露光部ではジアゾ樹脂が分解し，中間体として生成するラジカル種の反応で水に不溶で親油性の強い物質に変化する．アルカリ性水溶液で現像することにより，非露光部の感光層は溶解除去され露光部のみが残り画像部を形成する．

・ジアゾ樹脂

・アルカリ可溶性高分子

ジアゾ樹脂の他に，下記のような光架橋型や光重合形のフォトレジストも使用される．これらは，感度，耐刷性が優れるため特に大量部数の印刷を行う際に使用される．

4.2 印刷における感光材料

2) ポジ型 ポジ型は1,2-ナフトキノンジアジドスルホン酸エステルをノボラック樹脂やアルカリ可溶性樹脂と共に塗布したものが使われている．下記の反応により露光部の感光層がアルカリ現像液に溶解し除去される[12]．

3) ネガ・ポジ両用型[13] ネガ・ポジ両用型があり同一の版でプロセスを変えることによりネガ型とポジ型になる．原理は図III.4.27のようであるが，文字と写真原稿が組み合わさった画像の際，写真はポジ法で，また，文字はネガ法で製版することにより両方を高品質に再現できるという．

d. 可視レーザー露光用高感度平版刷版[14]

原稿から平版用の銀塩リスフィルムを作製する工程までは，文字情報処理システムと画像処理システムにより行われ，ほとんどコンピュータの工程化されている．しかし，その後の工程はフィルムを通して刷版(PS版など)に焼き付けるところは手工的に行われている．最近途中の銀塩フィルム作製工程を省き，原稿から刷版までを自動化する全デジタル製版システムが研究され始めている．新聞印刷やビジネスフォーム印刷の分野ではヨーロッパを中心にこのようなシステムが実用化されはじめている．

デジタル製版システムにより製版を行うためにはレーザーにより高速で走査露光できる刷版が必要である．現在，実用化されているPS版の感度は紫外線領域で数十〜数百 mJ/cm^2 程度であるので，これをそのま

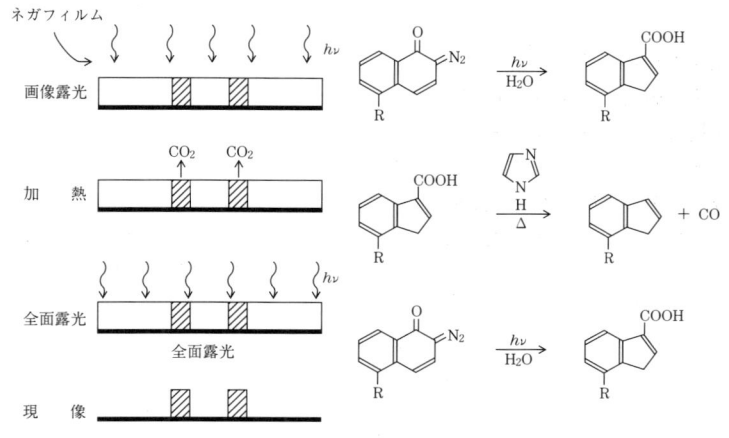

図 III.4.27 ネガ・ポジ両用のPS版の原理

表 III.4.10 主な感光材料と感度

感光材料	感度(mJ/cm²)	感光波長(nm)
ハロゲン化銀感光材料		
モノクロマチック	10^{-7}	UV～近赤外
カラーフィルム	10^{-6}	400～700
リスフィルム	10^{-3}	UV～450
熱現像型(ドライシルバー)	10^{-2}	UV～450
拡散転写平版(シルバーマスター)	10^{-3}	UV～450
電子写真方式		
酸化亜鉛	10^{-2}	UV～500
有機光半導体	10^{-3}	UV～800
有機感光材料		
ダイラックス	10	200～380
ジアゾコピー	100	UV～380
ラジカル写真	10	UV～500
フォトポリマー		
重クロム酸塩/ゼラチン	100	UV～500
ポリ(ビニルケイ皮酸)	100	UV～380
化学増幅型フォトレジスト	10	DVU～633
光ラジカル重合型高感度ポリマー	10^{-2}	UV～650
結晶マトリックス型フォトポリマー	10^{-3}	UV～380
NQD/ノボラック樹脂	100	UV～490

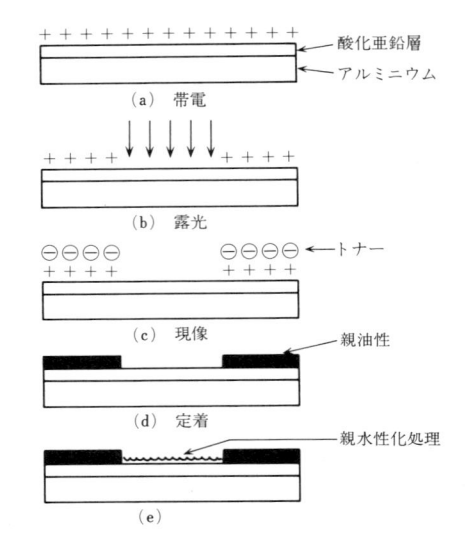

図 III.4.28 酸化亜鉛を感光体とする電子写真の製版プロセス

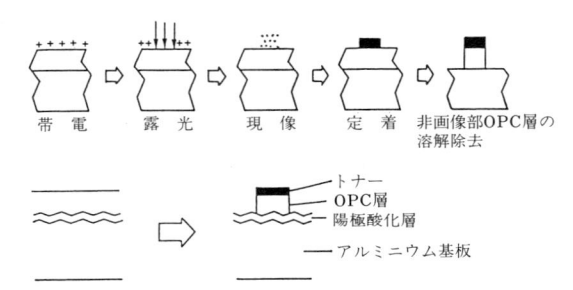

図 III.4.29 OPC感光体の電子写真法による平版製版プロセス

表 III.4.11 OPCダイレクト刷版の特性

分解能	15 Lines/mm (40～50 Lines/mm contact exposure)
ハーフトーン形成	120 Lines/inch
耐刷性	150,000 impressions
感度	7 lux·sec (Halogen lamp)
サイズ	405 mm×570 mm×0.24 mm
製版スピード	100 sec/cycle 3 plates/min (duplicate)

まレーザー露光用に使用することは困難である．露光光源としてアルゴンイオンレーザーを使用する場合は488 nmに，ヘリウム-ネオンレーザーの場合は633 nmに，また半導体レーザーの場合は700～830 nm付近に感光性を有し，かつ数十μJ/cm²程度の感度が要求される．電子写真やハロゲン化銀を用いた版(後述)ではこの要求感度を満たしている．各種感光材料の感度を表III.4.10に示す．

1) 電子写真方式　電子写真感光体は銀塩感光材料に次いで感度が高く，刷版に応用すれば銀塩フィルムによる透過原稿を作製せずに原稿からカメラ撮影方式により直接刷版に露光したり，スキャナーや文字情報処理システムによってページアップされた信号からレーザーなどによりやはり直接走査露光でき，製版工程が簡易化，自動化できる．

感光体として酸化亜鉛を用いた電子写真マスターによる平版の製版は軽印刷分野では早くから使用されている．酸化亜鉛感光体層表面にトナー画像を形成させる．また，非画像部の酸化亜鉛層を赤血塩水溶液で処理すると親水層が形成される．トナー画像が親油性に，非画像部表面が親水性になり平版刷版として印刷が可能となる．

酸化亜鉛感光体を用いた平版は非画像部の親水性層の耐久性不足などから，比較的印刷部数の少ない軽印刷用に使用される．一方，感光体にOPC(有機光半導体)を用い，PS版と同様の表面処理を施したアルミニウム板に塗布したOPC版は高画質の印刷が可能なほ

か，高感度で感光波長域も800 nm付近まであり，半導体レーザーによる走査露光も可能なため新聞印刷への実用化も試みられている．図III.4.29のような工程で製版する[15]．スペックの例を表III.4.11に示す．

2) 銀塩拡散転写方式[16～17]　銀塩感材は実用化されている感光材料の中で最も高感度であり，かつ，画質もよいため，銀塩を利用した平版刷版は以前から開発されていた．ただし，感光層にゼラチンを使用するため，フォトポリマーを使用したPS版と同等の耐刷力を得ることは困難なことから比較的小部数印刷の分

4.2 印刷における感光材料

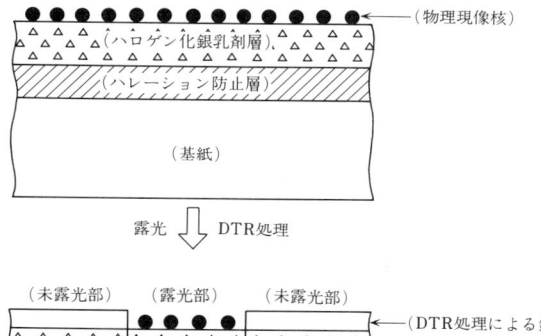

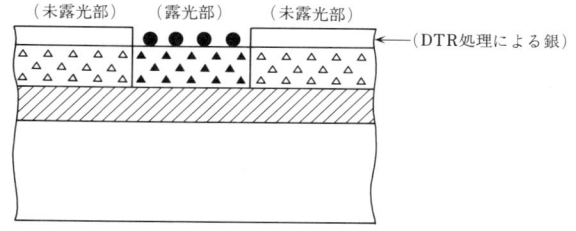

図Ⅲ.4.30 DTR版の構造と平版の原理

野で使用されている．種々のタイプが開発されているが，広く使用されているタイプを図Ⅲ.4.30に示す．

3) 高感度フォトポリマー[18〜21]

1991年現在，フォトポリマーを用いたレーザー露光用PS版として，Hoechst社から"N-90"，"N-91"，Horsell社から"ELECTRA"，また銀塩とフォトポリマーを組み合わせて多層化した版としてChemco-Europe社から"SHP"，富士写真フィルム社から"FNH"などが発表されている．研究レベルでは数十$\mu J/cm^2$のかなり高感度なフォトポリマーが開発されている．さらに，これらの高感度フォトポリマーを使用したレーザー露光用PS版の開発も進められているようである．可視光高感度フォトポリマーとして報告されている組成と感度の例を表Ⅲ.4.12に示す．

e. 感熱ヘッドによる製版

プラスチックフィルム表面をあらかじめ親水性化して，表面をサーマルヘッドなどで加熱すると親油性に変化し平版印刷インキ受理性となる感熱式刷版が開発されている．通常の感熱プリンターで印字することにより，無処理で即座に製版でき，明室で取り扱える点でオフィスユースの平版システムに適している．解像度は感熱ヘッドによって決まり，熱モードのレーザーを使用すれば高画質な版が得られる可能性がある．

f. 感熱転写方式による製版

表面親水化処理を施したアルミニウムに転写フィルムを密着し，YAGレーザーで画像走査露光する．転写フィルムに塗布されたグラファイトが熱によってアルミニウム表面に転写され，これが画像部となって印刷できる．デジタル信号の画像出力から製版が即時にできることからアメリカの新聞社で使用されている．

g. 放電破壊による製版

アルミニウム支持体にカーボンブラックを分散したエポキシ樹脂が塗布されており，その表面に親水性ポリマーをグラフト重合させ親水性表面としている．この表面を原稿に従って放電破壊により画像部の親水性層を除去し，親油性であるエポキシ樹脂層を露出させる．このままオフセット印刷ができる．

h. 水なし平版（フォトポリマー方式）[22]

平版刷版で非画像部をインキ反発性材料で形成すれば，湿し水を使用しないで平版印刷ができる．フォトポリマー方式は20年以上前から特許などが出願されている．しかし，製品として上市されているのは日本のメーカーによるネガ型およびポジ型のみである．

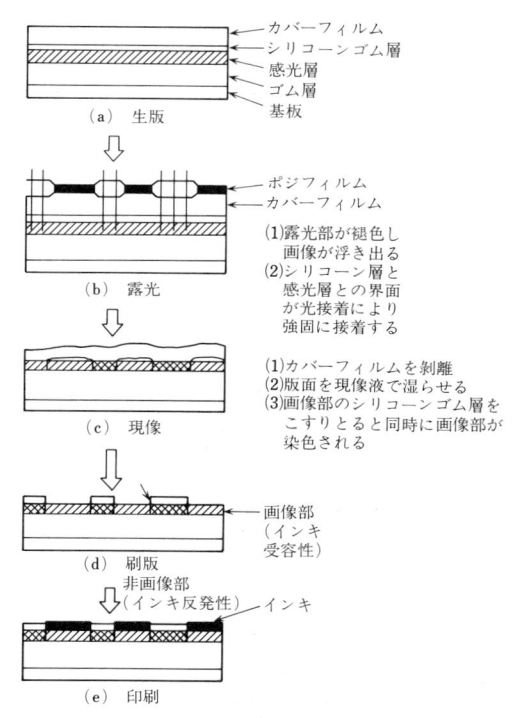

図Ⅲ.4.31 東レ"水なし平板（ポジタイプ）"の製版工程

図Ⅲ.4.31に版の構造と製版法を示す．非画像部のインキ剝離性が完全でなければならないため，特別のインキが開発されており，印刷機のロールに冷却水を通して印刷中に版面温度が一定になるような工夫がなされている．

湿し水を使用しないことによりインキの乳化による印刷効果の変動がないこと，インキ膜厚が大きいため印刷画像の階調再現が優れるなどのメリットがある．

i. 水なし平版（放電破壊方式）

フォトポリマーを使用せずに放電破壊方式およびヒ

表 III.4.12 光ラジカル重合機構による高感度フォトポリマーの組成例

感度 (mJ/cm²)	開始系	バインダー樹脂/モノマー
10^{-3}	BTTB + クマリン誘導体	ポリ（ビニルピロリドン）/PETA
10^{-2}	BTTB + BC BTTB + TX BTTB + クマリン誘導体	ポリ（アクリル酸-n-ブチルアクリレート） または ポリ（ビニルピロリドン）/PETA
10^{-1}	PBIF + トリアリールスルホニウム塩 PBIF + ベンゾチアゾール誘導体 TX + N-フェニルグリシン チオキサントン誘導体 + N-フェニルグリシン シアニン色素 + ボレート錯体 ビス(シクロペンタジエニル)ビス(ペンタフルオロフェニル)チタン ビイミダゾール誘導体 + ベンゾチアゾール誘導体（＊メルカプトベンゾチアゾール）	ポリ（ビニルピロリドン）/PETA アクリレートモノマーに溶解しマイクロカプセルに封入 ポリ（アクリレート）/多官能アクリレートモノマー ポリ（メチルメタクリレート）/トリメチロールプロパントリアクリレート/メルカプトベンゾチアゾール＊
1	ジフェニルヨードニウム塩 + ビスチアゾリジン誘導体 PBIF + キノリン誘導体	ウレタン系ポリマー/多官能アクリレートモノマー ポリ（ビニルピロリドン）/PETA

PETA：ペンタエリスリトールトリアクリレート

ートモードレーザーでダイレクト製版する方法が最近発表された．支持体にアルミニウム蒸着層，その表層にシリコーン樹脂が塗布されている．この版を印刷機に装着し，放電破壊法またはレーザーによって画像部に相当する部分のシリコーン層を除去し，下層のインキ受理性表面を露出させる．直ちに印刷を始めることができることから，ダイレクト製版用として将来的に期待できる．

4.2.4 凹版（グラビア）の製版工程と刷版材料

グラビアは銅のシリンダーに写真製版や機械彫刻で製版した凹版で最終的にクロムメッキを行う．耐刷力が高く，かつ高速で品質の高い印刷物が得られるため大部数の印刷に適している．コンベンショナルグラビア，網グラビア，電子彫刻グラビア，などに分類される．版面は画像部がセル状に凹んでおり，このセルにインキが詰められる．コンベンショナルグラビアは，同じ大きさでそれぞれの深さが異なる（3〜40μm）セルで，インキ膜厚を変えて画像の濃淡を表現するものである．

紅柄を分散したゼラチン層（カーボンティッシュ）を重クロム酸アンモニウム水溶液で感光化し銅シリンダーに張り付ける．白線スクリーンと連続階調のポジフィルムを通して画像露光し，続いて温水による現像を行う．原稿のフィルムの濃淡に応じてゼラチン層の厚みが異なり，エッチングを行うと深さの異なったセルが得られる．

最近，多く使用されるのは網グラビアで，セルの深さが同一で大きさを変化させて階調を表現するものとセルの深さと大きさの両方を変化させるものがある．

4.2.5 スクリーン版の製版工程と材料

スクリーン版はポリエステル，ナイロンなどの繊維で編んだメッシュ表面に水溶性フォトポリマーにより画像のマスクを形成し，マスクの開口部からインキを押し出して印刷するものである．高精度を要する場合には，ステンレス繊維，ニッケルメッキを施したポリエステル繊維，カーボン繊維などで編んだメッシュ，ステンレス板をエッチングで加工し開口部を形成したメッシュが開発されている．また，メッシュの代りに金属薄板を使用するメタルスクリーンもあり，高精度，高耐刷性が必要な場合に用いられる．

スクリーン印刷の特色は，厚いインキ皮膜を印刷できること，種々の特性のインキで印刷できること，曲面印刷ができること，などである．従来，なっ染印刷，陶磁器の転写紙印刷，ガラスへの印刷，看板などに用いられていたが，最近はエレクトロニクスの分野で広く用いられている．プリント基板，ハイブリッド厚膜IC製造の工程でエッチングレジスト，ソルダーレジスト，表面実装のハンダインキ，回路形成のための導電性インキなどの印刷に必要不可欠である．印刷画像の精細度も50〜100μm程度まで可能になっている．

パターンマスク形成のフォトポリマーとしては水で現像できること，露光，現像後の膜の耐水性，耐溶剤性が高いこと，メッシュとの接着性に優れること，膜が柔軟性を有することなど要求が厳しい．フォトポリマーとしてはポリ酢酸ビニルエマルジョンにジアゾ樹脂や水溶性光架橋形ポリマーを加えたもの，アクリレートモノマーを主成分とする光重合型フォトポリマーなどが使用される．例として，広く使用されている感光材料の構造式を下記に示す．

$X^- = PO_4^{3-}, HSO_4^-$

高分子エマルジョンの光架橋剤として使用されるジアゾ樹脂の例

x: Ca. 3%
y: Ca. 58%
z: Ca. 39%

スクリーン製版に使用される水溶性光ラジカル重合形フォトポリマーの例

光架橋形水溶性フォトポリマーの例

表 III.4.13 スクリーン版用感光材料の分類と組成[23]

形 態	感 光 材 料	感光層形成法
溶液 2ポット	高分子エマルジョン/PVA/ジアゾ樹脂	直接法
溶液 1ポット	高分子エマルジョン/光架橋型水溶性高分子	直接法
溶液 1ポット	ポリアミド/アクリレートモノマー/光重合開始剤	直接法
フィルム	高分子エマルジョン/PVA/ジアゾ樹脂	直間法
フィルム	ゼラチン/アクリルアミド系モノマー/第2鉄塩(過酸化水素現像液を使用)	間接法
フィルム	水溶性フォトポリマー	間接法
フィルム	高分子エマルジョン/水溶性フォトポリマー/多官能アクリレートモノマー/光重合開始剤	直間法
PS版	水溶性ポリアミド/アクリレートモノマー/光重合開始剤	
PS版	水溶性高分子/多官能アクリレートモノマー/光重合開始剤	
PS版	高分子エマルジョン/光架橋型水溶性高分子	
PS版	高分子エマルジョン/光架橋型水溶性高分子/多官能アクリレートモノマー/光重合開始剤	

直接法：製版を行う際にスクリーン版メッシュに感光液を直接塗布する方法
間接法：フィルムに予め塗布された感光層に露光，現像して形成した画像をスクリーン版のメッシュに転写する方法
直間法：フィルムに予め塗布された感光層をスクリーン版メッシュに張り付けて露光，現像を行う方法．この際，感光層と同様の組成を有する感光液を薄くメッシュに塗布し，これを接着剤として感光層を張り付ける．

製版の方法としては，直接法，間接法，直間法などがある．直接法はメッシュ表面に感光液をバケットを用いて直接塗布，乾燥し，ポジフィルムを密着して露光，現像するもので最も古くから行われている．間接法はプラスチックフィルムにコーティングされた感光層に露光，現像して画像を形成させこれをスクリーンメッシュに張り付けるものである．また，直間法はこれらを組み合わせた方法でフィルムにコーティングされた感光層をメッシュに張り付けた後に露光，現像を行うものである．一定膜厚の感光層が得られ，かつ，スクリーン上で製版することからパターン精度もよい点が特長である．

銅やステンレスの薄い金属板にフォトレジストとエッチングにより画像部のパターンを打ち抜き，これをスクリーン枠に張り付けるメタルスクリーン版，ステンレス製のスクリーンメッシュにニッケルメッキを施し，このメッキ層をフォトエッチングで打ち抜いて画像形成するロータリースクリーン版などもある．

4.2.6 カラープルーフ

カラー原稿からシアン，マゼンタ，イエロー，ブラックの色分解フィルムが得られると，実際に校正用の版を製版して校正刷を行う代りに，校正刷に相当するカラー画像を再現し色校正を行うための材料である．近年，製版工程のコンピューター化がすすむに従い重要性をましている．カラースキャナーで色分解したフィルムから作製するものと，レイアウトスキャナーから出力される画像信号からレーザーを用いて直接作製する方法があり，後者はデジタルカラープルーフ(DDCP)と呼ばれる．

カラープルーフ材料としては，フォトポリマー，電子写真，レーザー昇華転写，銀塩カラー感材，感熱昇華転写，などによるものが開発されている．フォトポリマーを使用したカラープルーフのプロセスを図III.4.32に示す．

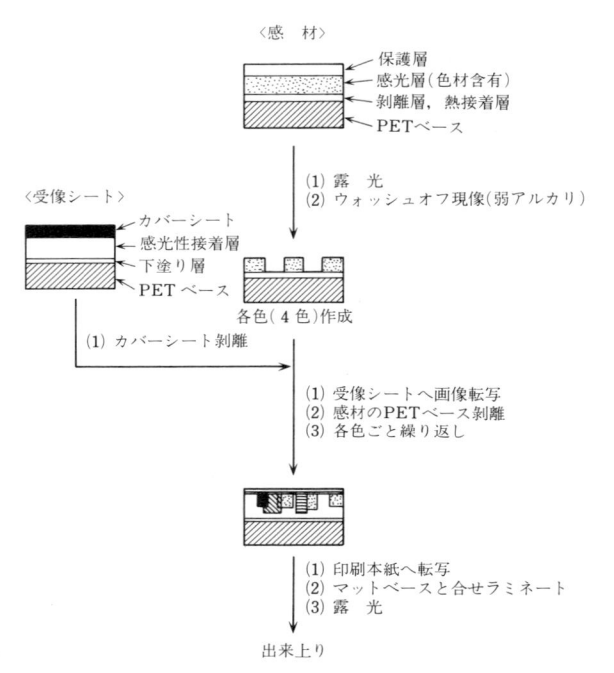

図 III.4.32 フォトポリマーを用いたカラープルーフのプロセス

表 III.4.14 主なカラープルーフの材料および方式[24]

メーカ	システム名	材料，方式	デジタル(D)/アナログ(D)
DuPont	Cromalin	フォトポリマー	A
	EUROSPRINT	〃	A
	EPM	〃	A
	4CAST	〃	D
3M	MATCHPRINT	フォトポリマー	A
	DDCP	電子写真	D
Kodak	SIGNATURE	電子写真	A
	Approval	感熱昇華転写	D
富士フイルム	Color-Art	フォトポリマー	A
コニカ	Konsensus	銀塩	A
Hoechst	PRESSMATCH	フォトポリマー	A
Stork	Colorproofer	電子写真	A
	〃	電子写真	D
山陽国策パルプ		フォトポリマー	A

表III.4.14に，現在発表されているカラープルーフの例をまとめて示す．

4.2.7 印刷インキ

印刷インキは基本組成として下記のようにビヒクル（バインダー樹脂），色料，助剤からなっている．

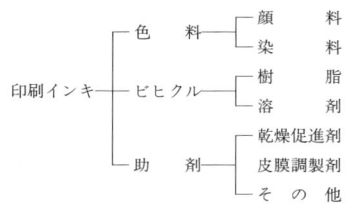

```
                ┌ 色 料 ┬ 顔　料
                │       └ 染　料
印刷インキ ─────┼ ビヒクル ┬ 樹　脂
                │         └ 溶　剤
                └ 助 剤 ┬ 乾燥促進剤
                        ├ 皮膜調製剤
                        └ その他
```

印刷の版式によって使用するインキの物性値は異なり，したがって，使用されるビヒクル，助剤の種類も異なる．また同じ版式に使用されるインキでも乾燥機構や印刷目的によって種々異なったビヒクルや助剤が用いられている．

光を使用するインキは，1970年頃からUVインキとしてオフセットインキを中心に商品化されている．現在では電子部品製造分野でスクリーン印刷インキなどに広く使用されるようになった．

a. UVインキの乾燥機構と組成

印刷後，水銀灯で紫外線を照射することにより瞬間的に硬化し乾燥状態となる．アクリレート系モノマー，およびプレポリマーに光重合開始剤を加えた光硬化性樹脂をビヒクルとして用いる．紫外線を照射すると開始剤から遊離基が生成しアクリレートモノマー，プレポリマーが連鎖重合し高分子量化して硬化する．有機溶剤を含まないため環境衛生面に優れ，かつ，高速乾燥できるため印刷速度を上げることができる．凸版インキ，平版インキ，スクリーンインキなど高粘度のインキはこの方法でつくることができる．紫外線の短時間照射で硬化することが必要であるがその他に，(b)および(c)の特性をみたさなければならない．

b. 平版用インキ

最も大きな特色は印刷に際し湿し水を使用することで，インキは水と乳化しにくいタイプでなければならない．枚葉インキとオフセット輪転インキがあり，粘度は200〜2000ポイズと比較的高い．

c. スクリーン印刷用インキ

スクリーン印刷は厚いインキ皮膜の印刷が可能なことから，印刷物で特殊な効果を表す場合に使用される．インキ皮膜が厚いため速乾性で，チクソトロピーが大きくなるように設計され，粘度は50〜200ポイズである．工業用，特に電子部品の製造に用いられる場合が多く，インキは単に画像や文字を印刷するのみではなく，特殊な機能をもたせた特殊が多い．

スクリーン印刷用特殊インキには，エッチングレジストインキ，ソルダーレジストインキ，メッキレジストインキ，導電性インキ，液晶インキ，なっ染インキ，磁性体インキ，陶磁器インキ，転写インキ，など非常に種類が多い．

エッチングレジストインキはプリント配線板製造に使用されるインキで，耐エッチング膜のパターンをスクリーン印刷で形成するために使用される．したがって，エッチング液に耐えることが必要であり，また，エッチングが終了すると希アルカリ水溶液で剥離できることも必要である．

メッキレジストインキはプリント配線板のメッキ工程で，必要部分にのみメッキを施すためにメッキが不必要な部分に膜形成を行うものである．したがって，メッキ液に耐性をもつ必要があり，また，メッキが行われた後は溶剤，あるいはアルカリ水溶液で剥離できることが条件となる．

ソルダーレジストインキはプリント配線板に各種素子を取り付けハンダづけを行う際に，必要以外の場所にハンダがつかないように保護するために使用されるインキである．240〜260℃の溶融ハンダ浴に耐えること，洗浄に使用される溶剤に耐えることと同時に永久膜として残されるため，鉛筆硬度，4H以上の硬度が要求される．レジストインキの中でも特に厳しい信頼性

表 III.4.15 凸版用UVインキの組成例

成　分	重量比
エポキシアクリレート プレポリマー	18
物性調整用アクリレート プレポリマー	15
反応性希釈剤	30
ベンゾフェノン	8
トリエタノールアミン	3
ポリエチレンワックス	2
色料	22
その他	2

表 III.4.16 輪転オフセット用UVインキの組成例

成　分	重量比
エポキシアクリレート プレポリマー	20
物性調整用樹脂	15
反応性希釈剤	27〜40
光重合開始剤	5〜8
アミン重合促進剤	3〜6
ワックス	1〜2
顔料	15〜20
タルク	1〜2

表 III.4.17 スクリーン印刷用UVインキの組成例

成　分	重量比
顔料	10〜30
アクリレート プレポリマー	35〜60
反応性希釈剤	15〜50
光重合開始剤	3〜7
助剤	1〜5

表 III.4.18 ソルダーレジスト UV インキの組成例
（スクリーン印刷）

成　分	重量比
エポキシアクリレート プレポリマー	45
トリメチロールプロパン トリアクリレート	18
ベンゾフェノン	6
ミヒラーズケトン	2
フタロシアニン グリーン	1
界面活性剤	3
硫酸バリウム	25

が要求される．

主な UV インキの組成例を表 III.4.15〜表 III.4.18 に示す[26]．

〔山岡　亜夫〕

参考文献

1) 角田隆弘，西田駿之介，藤岡浄編：基本印刷技術，p.9 (1986)，産業図書
2) Minsk, L. M., Smith, J. G., Van Deusen, W. P., Wricht, J. F.: *J. Appl. Polym. Sci.*, **2** (1959), 302
   Robertson, E. M., Van Deusen, W. P., Minsk, L. M.: *ibid*, **2** (1959), 308
3) 角田隆弘：日本印刷学会論文集，**6** (1963), 65
4) Tsuda, M.: *Bull. Chem. Soc. Japan*, **42** (1969), 905
5) USP. 2,852,379 (1958, E. Kodak)
6) Tsunoda, T., Yamaoka, T., Osabe, Y., Hata, Y.: *Photgr. Sci. Eng.*, **20** (1976), 188
7) Merrill, S. H., Unruh, C. H.: *J. Appl. Polym. Sci.*, **7** (1963), 273
8) USP. 2,852,379 (1958); 2,940,853 (1960)
9) Brit. Pat. 892811 (1962); 886100 (1961)
10) 滝本靖之（フォトポリマー懇話会編）：フォトポリマーハンドブック，p.184 (1989)，工業調査会
11) Ger. Pat. 596731 (1934)
12) Sus, O.: *Ann.*, **556** (1944), 65, 85
13) Thompson, L. F., Willson, C. G., Bowden, M. J., eds.: Advances in Chemistry Series No. 219, American Chemical Society: Washington, D. C., 1983; p. 87
14) 印刷製版デジタル処理システム化技術開発公開説明会資料（中小企業事業団）1991年2月28日
15) OPC 版
16) USP. 3,728,114 (1973)
17) 特公昭 48-16725
18) Shimizu, S.: TAGA Proceedings (1985), p. 232
19) Yamaoka, T., Nakamura, Y., Koseki, K., Shirosaki, T.: *Polym. Adv. Technol.*, p. 287 (1990)
20) 清水茂樹：日本印刷学会誌，**27** (1990), 371
21) 山岡亜夫，小関健一：表面，**27** (1989), 548
22) 森与一：日本印刷学会誌，**27** (1990), 368
23) 種田靖夫：文献 10), p. 197
24) 青谷能昌：文献 10), p. 203
25) 角田隆弘著：新感光性樹脂 (1983)，印刷学会出版部
26) 印刷インキ工業会編：印刷インキハンドブック (1978)

4.3　写真材料

本節ではハロゲン化銀（銀塩）を光センサーとする写真材料について述べる．ハロゲン化銀に光があたり金属銀が析出し画像が形成できることが発見され，いわゆる写真術が起こってから150年の歳月が過ぎた．この間に白黒写真からカラー写真へと技術の進歩があり，銀塩写真の商品規模が大きく広がった．X線フィルム，印刷製版用リスフィルムなどの白黒写真から，カラーネガ・カラーペーパー，カラーインスタント写真，カラー熱現像材料などのカラー写真へと各種多様な商品が市販されている．

本節では，多くの有機化合物がその機能をいかんなく発揮しカラー画像を形成するカラー写真材料について述べる[1]．

4.3.1　光捕獲記録要素

写真材料において光捕獲を行う基本要素は，ハロゲン化銀結晶である．微少なハロゲン化銀結晶または粒子がゼラチン中に分散されていることから，ハロゲン化銀乳剤という言葉がこの分野では用いられている．カラー画像が形成されるには，次の四つの過程が必要である．

（1）ハロゲン化銀結晶による光吸収過程
（2）潜像形成にいたる固体物理過程
（3）潜像を保持するハロゲン化銀結晶を弱い還元剤で金属銀に還元する過程
（4）（3）の過程で生成した生成物（還元銀または還元剤の酸化生成物）を，色素形成，色素分解，色素転写のいずれかに利用してカラー画像を形成する過程

写真の感度は，上記(1)と(2)に関係するハロゲン化銀結晶の調整方法によって大きく変化する．結晶の形状，サイズ，結晶格子欠陥の導入などをコントロールする技術が著しくすすんでいる[2]．

ハロゲン化銀結晶単独では，紫外光と青光にしか感光しない．1873年 Vogel はハロゲン化銀結晶に色素を吸着させ，その色素の可視光吸収でハロゲン化銀結晶が感光することを見いだした[3]．分光増感技術の幕明けである．

最も一般的に用いられている増感色素はシアニン色素（図 III.4.34）である．ヘテロ環母核が共役メチン鎖でつながっている構造で，$n=0$ のとき，色素は黄色で青光を増感する．$n=1$ のとき，色素はカルボシアニンと呼ばれ，マゼンタ色を示し，緑光を増感する．$n=2$ のとき，色素はジカルボシアニンと呼ばれシアン色を示

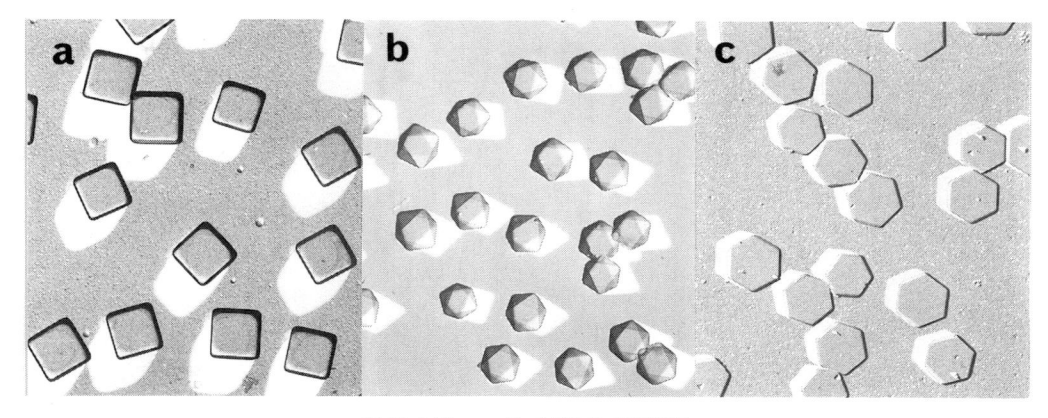

図 Ⅲ.4.33 ハロゲン化銀粒子の電顕写真
(a) 立方体粒子，(b) 八面体粒子，(c) 平板粒子．

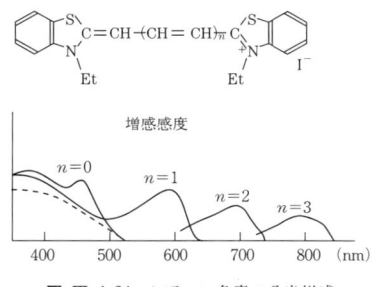

図 Ⅲ.4.34 シアニン色素の分光増感

し，赤光に対しハロゲン化銀結晶を増感する．

ハロゲン化銀結晶の調整技術，分光増感技術は写真材料の性能を左右する技術であるが本節ではこれ以上述べない[2]．

カラー画像が形成される四つの過程のうちの(3)の過程は，現像といわれる過程である．

$$AgX + [Red] \longrightarrow Ag + [Ox] + X^{\ominus}$$

弱い還元剤 [Red] としては，ヒドロキノン(1)，カテコール(2)，ピロガロール(3)，p-アミノフェノール(4)，p-フェニレンジアミン(5)とその誘導体がある．Kendall および Pelz は

$$a-(\overset{|}{\underset{|}{C}}=\overset{|}{\underset{|}{C}})_n-a', \qquad a-(\overset{|}{\underset{|}{C}}=N)_n-a'$$

(a および a' は $-OH$，$-NH_2$，$-NHR$ あるいは $-NR_2$ で，n は整数を表す）の一般式で表される化合物はハロゲン化銀の還元剤（現像主薬）になりうることを提唱し，アスコルビン酸(6)や1-フェニル-3-ピラゾリドン(7)も現像性があることを示した．

上記(1)，(2)，(3)の過程で白黒画像が得られる．カラー画像は，(3)の過程で形成された現像主薬の像様分布や銀像の像様分布を使用した後続の化学反応（過程(4)）によって形成される．

4.3.2 減法混色のカラー写真の原理

支持体上に減法混色の3原色，シアン色素(650 nm の色素吸収)，マゼンタ色素(530 nm の色素吸収)およびイエロー色素(430 nm の色素吸収)を重ねることによって，任意の天然色が再現できる．図Ⅲ.4.35 に3色の吸収スペクトルを示す．

減法混色の色素を像様に生成させるには，これまで三つの方法が実用化されてきた．前節で述べた(4)の過程で，色素形成，色素転写，色素分解を行う方法で，画像形成法の概略を表Ⅲ.4.19に示した．

表 III.4.19 銀塩カラー写真材料の画像形成法比較

画像形成法	現像前の色材の姿	画像色素	カラー写真材料
現像によって無色の化合物を色素に変換（発色現像法）	活性メチレン化合物（カプラー）	アゾメチン色素 インドアニリン色素	カラーネガ カラーペーパー カラー反転
現像によって色素を受像層に転写（拡散転写法）	色素―redox拡散制御部	アゾ色素 キレート色素	インスタント写真 熱現像写真
現像によって色素を漂白（銀色素漂白法）	色素そのもの	ビスアゾ色素 トリスアゾ色素	CBプリント

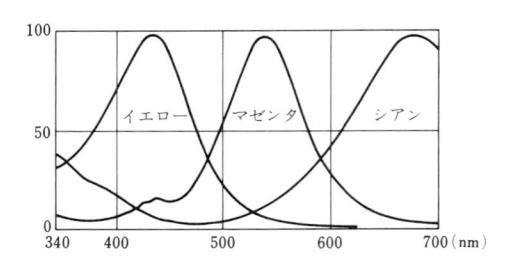

図 III.4.35 代表的色素の分光吸収スペクトル（メタノール中）

発色現像法で色素を形成する方法の化学は次節で詳細に説明するが，カプラーと呼ばれる無色の活性メチレン化合物が，現像主薬の酸化体（露光されたハロゲン化銀を銀に現像する際に生ずる）とカップリングして色素が形成される方法である．現在ネガ・ポジ写真として最も一般的な方法である．1935年にこの原理を使用した初めてのフィルム（Kodachrome）が世に出て以来，幾多の改良が加えられシステムの簡便化が図られている．

イエロー，マゼンタ，シアンの3原色を支持体に発色させる重層構成を図III.4.36に示す．青色感光層（BL）には，青色感光ハロゲン化銀乳剤とイエロー発色カプラーが存在し，緑色感光層（GL）には，緑色に感光する分光増感されたハロゲン化銀乳剤とマゼンタ発色カプラーが存在し，赤色感光層（RL）には，赤色に感光する分光増感されたハロゲン化銀乳剤とシアン発色カプラーが存在している．

図III.4.36に示すようなネガ処理によって，ネガカラー像が生成する．このネガフィルムを通して同様の感光材料を露光，現像処理することでポジカラー画像が得られる．重層構成の感光材料を露光後，まず第一現像（白黒現像）を行い，次に発色現像を行うことによって図のようにポジ像が得られる．カラースライド写真などはこの方法で作成される．

拡散転写法によるカラー画像形成を簡単に説明する．図III.4.36の感光材料のカプラーの代りに，イエロー色材（色素-redox拡散制御部の構造），マゼンタ色材，シアン色材をそれぞれ入れておき，1-フェニル-3-ピラゾリドンなどの現像主薬による現像後，後続の化学反応を受け，ネガ像としてまたはポジ像として，色素が受像層に転写する方法（詳細は4.3.4項で説明）である．この方法がカラーインスタント写真や熱現像カラーハードコピーに実用化されている．

次に銀色素漂白法によるカラー画像形成を説明する．拡散転写法のときと同様に，図III.4.36の感光材料のカプラーの代りに，イエロー，マゼンタ，シアンアゾ色素を各層に内蔵させておく．露光後，反転処理と同様に第一現像（白黒現像）を行い，露光された部分に銀像を形成させる．この金属銀を触媒とし，酸性条件でアゾ色素を無色のアミン化合物に分解させると反応せずに残っているカラーポジ像が観察される（詳細は4.3.5項で説明）．この方法はCibachromeプロセスとして，CBプリントに実用化されている．

4.3.3 発色現像法の有機材料

a. 現像主薬……N,N-ジ置換 p-フェニレンジアミン（PPD）

PPD型現像主薬は露光されたハロゲン化銀（潜像銀）を現像する役目とPPDの酸化生成物であるキノンジイミン（QDI）が後述の発色剤（カプラー）とカップリングして色素を形成する役目をもつ．

ハロゲン化銀結晶が現像される過程を図III.4.37に示す．電気化学的電極モデル[4]で説明され，現像過程で生成した銀フィラメントを通って電子が流れ自動触媒的に反応がすすみ，約10^7倍増幅される．

酸化されたQDIとカプラーとの反応は，図III.4.38に示される．開鎖ケトメチレン(8), 5-ピラゾロン(9), フェノール系化合物(10)などの活性メチレン化合物を適当に選ぶことにより，それぞれイエロー，マゼンタ，シアンまでの減法混色の3原色を一種類のPPDから

4.3 写真材料

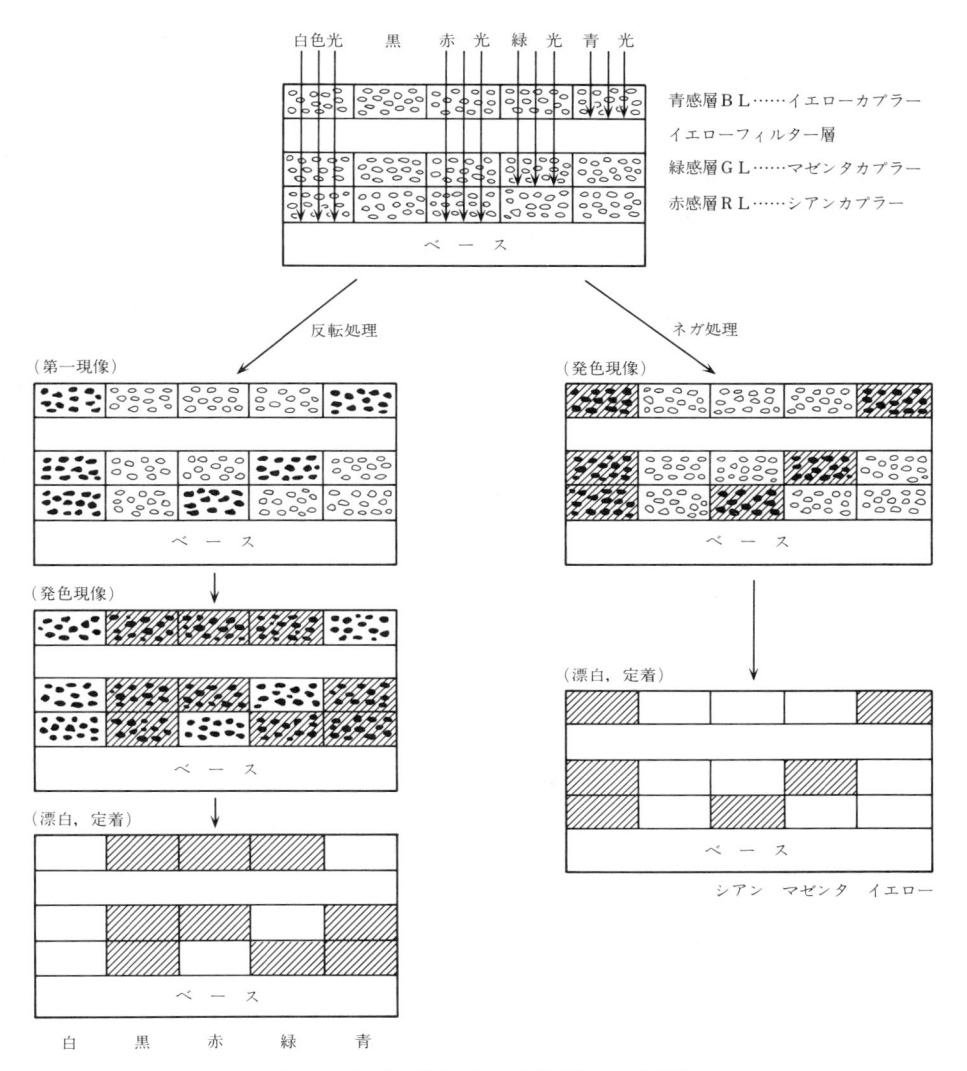

図 III.4.36 重層構成とネガ, 反転処理による色再現

図 III.4.37 電気化学的電極モデルによる
ハロゲン化銀の現像

図 III.4.38 発色現像法の反応スキーム

生成できるところに発色現像法の特徴がある．

現在実用化されている発色現像主薬は次の3種である．CD-IIは映画用ポジに，CD-IIIはカラー印画紙，カラー反転に，CD-IVはカラーネガの発色現像に用いられている．

CD-II, CD-III, CD-IV の構造式

b. カプラー一般

フェノール，ナフトールから誘導されるカプラーは，発色現像後の色素が600〜700 nmに吸収を有しシアンカプラーと呼ばれ，ピラゾロン，ピラゾロトリアゾール，その他から誘導されるカプラーは500〜600 nmに吸収を有しマゼンタカプラーと呼ばれ，環を形成しないケトメチレンから誘導されるカプラーは430〜470 nmの吸収を有しイエローカプラーと呼ばれる．

一般にカプラーは写真フィルムに内蔵されており，内蔵され不動化されるために耐拡散基（バラスト基）が置換されている．耐拡散基には，水溶性基と長鎖脂肪族基を有するミセル分散タイプ[5]と，ポリマー鎖長を有する水分散ラテックスタイプ[6]，油溶性タイプ[7]のポリマーカプラーと，分子量の大きな油溶性基を有する油溶性カプラー[8]が知られている．

(11), (12), (13) の構造式

油溶性カプラーはTCP（トリクレジルフォスフェート），DBP（ジブチルフタレート）などの高沸点有機溶媒に溶解され，機械的に微細化され微少油滴として分散し使用される．大部分のカラー感光材料には，この油溶性カプラーの分散物が使用されている．代表例を下に示す．

カプラー(13)の構造式

カプラー(13)は，耐拡散油溶性イエローカプラーでKodak社のカラーペーパーに20年以上も実用化されているカプラーである．各線で囲んだ部分が，それぞれの機能を有している．……の線で囲んだ部分がイエロー発色骨格で，———の線で囲んだ部分が耐拡散性油溶性基である．耐拡散油溶性基には，下記のような基が知られている．

$-C_{12}H_{25}$, $-C_{16}H_{33}$ などのアルキル基

$-(CH_2)_3-O-C_nH_{2n+1}$ [9]

$-\underset{O}{C}-CH_2CH_2-N\begin{subarray}{l}C_nH_{2n+1}\\C-C_mH_{2m+1}\\O\end{subarray}$ [10]

$-CH-O-\phi-C_5H_{11}(t)$ 、$C_5H_{11}(t)$
$\ \ R$ [11]

$-CH-O-\phi-C_5H_{11}(n)$
$\ \ R$ [12]

$-\underset{O}{C}-O-\underset{R}{CH}-COOC_nH_{2n+1}$ [13]

$-N\underset{O}{\overset{O}{\diagup}}C_nH_{2n+1}$ [14]

$-NHSO_2-C_nH_{2n+1}$ [15] $-NHSO_2-\phi-O-C_nH_{2n+1}$ [16]

$-NHSO_2-\phi\begin{subarray}{l}O-C_nH_{2n+1}\\C_mH_{2m+1}\end{subarray}$ [17] $-SO_2NHC-C_nH_{2n+1}$ [18]
$\qquad\qquad\qquad\qquad\qquad\qquad\quad\ \ O$

$-\underset{R}{CH}-O-\phi-SO_2-\phi-OH$ [19] $-\underset{R}{CH}-O-\phi\begin{subarray}{l}OH\\C_4H_2(t)\end{subarray}$ [20]

$-\underset{C_nH_{2n+1}}{\overset{C_mH_{2m+1}}{CH}}-N-CO-(CH_2)_l-COOH$ [21]

化合物(13)において，- - -の線で囲んだ部分は離脱基と呼ばれるもので，発色の化学量論や発色反応速度を支配している．

発色反応を化学量論の立場から示すと下のようになる．

[PPD → QDI reaction scheme with 2AgX, hν, 2Ag]
(PPD)   (QDI)

[化合物(14) + OH⁻/QDI → 中間体(15) → QDI → 色素(16)の反応式]
(14)
(15)
(16)

[化合物(17) + OH⁻/QDI → (18) → OH⁻ →]
(17)
(18)

化合物(14)の色素形成部位は無置換であり，QDI と反応するとまず中間体(15)となる．(15)はさらに QDI によって酸化されて色素(16)になる．上の式から明らかなように，色素(16)が生成するには 2 分子の QDI が必要であり Ag^+ に換算すると 4 原子の Ag^+ が必要であることから，化合物(14)のタイプの色素形成部位が無置換のカプラーは 4 当量カプラーと呼ばれている．一方，化合物(17)のように，あらかじめ中間体(18)からアニオンとして離脱する基が置換しているカプラーは，色素形成に 2 原子の Ag^+ で十分なことから 2 当量カプラーと呼ばれている．2 当量カプラーは，少ない銀量で色素が形成されることや反応過程で副生成物が少ない点で 4 当量カプラーより優れている．

2 当量離脱基は下記のような基が知られている[22]．

－ハロゲン原子 （－F, －Cl, －Br, －I）
－O－アルキル，－O－アリール，－O－C(=O)－R
－NHSO₂－R,

－N(Q)   （Q：5～6員環形成基）

－S－R

次にカプラーの発色反応速度について述べる．カプラーを CH で表し，途中の中間体を I で表すと，発色反応は下記で表される．

$$CH \rightleftharpoons C^{\ominus} + QDI \underset{k_2}{\overset{k_1}{\rightleftharpoons}} I \xrightarrow{k_3} Dye$$

定常状態法で色素生成速度を求めると，下式となる．

$$d[Dye]/dt = k_1 k_3/(k_2+k_3) \cdot [C^-][QDI]$$
$$= k_1 k_3/(k_2+k_3) \cdot [CH]_0 [QDI]/(1+10^{pK_a-pH})$$
$$= k_{\bar{c}}/(1+10^{pK_a-pH}) \cdot [CH]_0 [QDI]$$

この式の意味するところは，カプラーのアニオン量が反応速度に影響することから，カプラーの pK_a が重要である．また，$k_3 \gg k_1$ の場合には，カプラーアニオンのカップリング速度はブレーンステッドの直線的自由エネルギー関係により，pK_a が高いほど大きくなる．現像液のある一定の pH では，カプラーの発色反応速度は，図III.4.39 のようにカプラーの pK_a に対し，極大値を有することがある．k_3 が律速反応の場合や，k_2 の逆反応が存在する場合には，反応の速度式は複雑となる[23]．

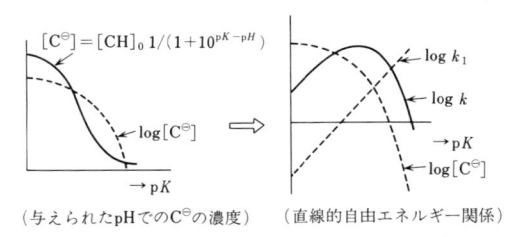

[図：log[C⁻] vs pK のグラフと log k vs pK のグラフ]
$[C^{\ominus}] = [CH]_0 1/(1+10^{pK-pH})$
（与えられたpHでのC⁻の濃度）（直線的自由エネルギー関係）

図 III.4.39 色素形成速度と pK_a との関係の模式図

カプラー一般の分子設計には，カプラーの不動化，発色の化学量論，発色反応速度のほかに，色相，色素の堅牢性が重要である．最近，色相や色像堅牢性を追求した研究も多いが，これらについては各論で述べる．

c. シアンカプラー

シアンカプラーの研究の流れは，ナフトールカプラーの 2 当量化，色像の熱堅牢化と色相改良をめざした新しい骨格の研究である．

ナフトールカプラーの 2 当量化はカラーネガ感材の高感度をめざしたカプラーの発色速度の上昇である．下記のカプラーが開発された．このうち，(19)で示されるスルホンアミド基を離脱するナフトールカプラーは，4.3.4 項で述べるインスタント写真のアゾ色素を

放出するレドックス母核に発展していった．

(19) X : $-NHSO_2-C_6H_5$ [24)]
(20) X : $-O-CH_2CONH-(CH_2)_2-O-R$ [25)]
(21) X : $-O-(CH_2)_2-NHSO_2-R$ [26)]
(22) X : $-O-(CH_2)_2-S-CH-COOH$ [27)]

シアン色素の熱堅牢化は，1980年代に大きく進展した技術分野である．カラーペーパー，カラーネガ系と研究され四つの路線の進歩があった．第一は，古くから色像堅牢性が強いことで知られる2,5-ジアシルアミノフェノール骨格の色素吸収の調整である．カプラー(23)は，Kodak社で開発されたカプラーで，これにヒントを得て，富士フィルム，コニカ社はそれぞれ(25)，(26)を開発し，カラーペーパーに使用した．(27)，(28)の縮環系カプラーは，色相と色素の堅牢性に優れたカプラーである．第2の路線は，カプラー(29)の5位のメチル基をエチル基に変え，色素の堅牢化を図る路線である．3M社から提案されたカプラー(30)は，確かに，色素の熱堅牢性が飛躍的に増大したことから各社の採用するところとなった．第三の路線はカラーネガの熱堅牢性と漂白液中の第一鉄イオン(Fe^{2+})の存在でも色素が還元されないように設計されたカプラー群である．カプラー(31)，(32)から形成される色素は，溶液系でフェノール色素の短波長吸収を示すが，濃厚溶液またはフィルム系では色素が会合してナフトールと同じ700nmの長波長吸収にシフトする．これは濃厚溶液で色素どうしが会合するからであり，カプラー(32)の色素はεがさらに増大することが示された．第四の路線はナフトールの5位にアミド基を連続させ，色素のアゾメチン部と水素結合を形成させて堅牢化を図る路線である．カプラー(33)は高沸点有機溶媒を減らしても高発色性を維持できる点で優れている．

1980年代後半から90年にかけて活発に研究されているのは，シアン色素の色相改良である．マゼンタカプラーで採用しているピラゾロトリアゾール骨格に電子吸引基を置換させて長波化させたカプラー(35)[36)]，ジフェニルイミダゾール(38)やジシアノエチリデン基を有するカプラー(39)，3-ヒドロキシピリジン骨格(40)のほか，コニカ社から多くの骨格が提案されている．

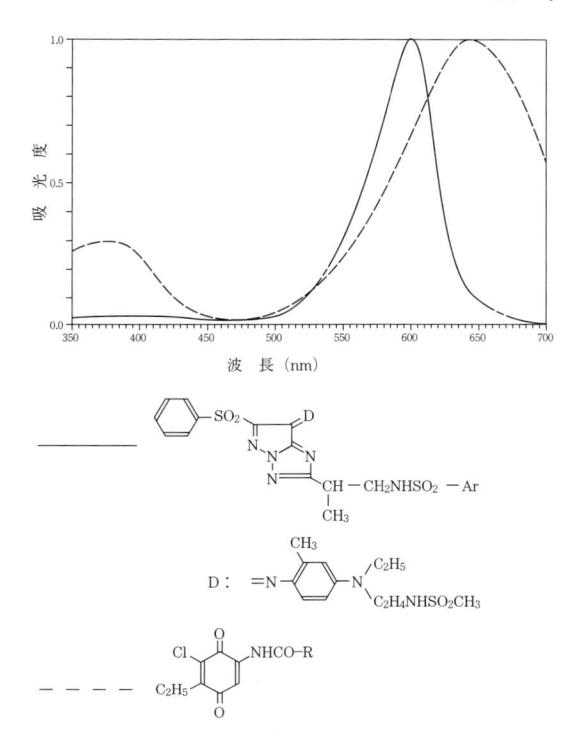

図 Ⅲ.4.40 電子吸引基をもつピラゾロトリアゾール色素の吸収

図 Ⅲ.4.41 マゼンタカプラーの変遷

第一から第三まではピラゾロン骨格の3位置換基の変更である．第二世代の3-アシルアミノピラゾロンは，カラーネガ，反転に現在でも使用されている．第三世代の3-アニリノピラゾロンは，1970年初頭，Kodak社がカラーペーパーに下記のカプラー(48)を採用し，マゼンタ色を改良した．

d. マゼンタカプラー

マゼンタカプラーの研究の流れは，5-ピラゾロンの改良と新規骨格，ピラゾロトリアゾールへの展開で図Ⅲ.4.41に示されるような，5世代の進歩があった[42]．

シアン，イエローカプラーで実現していた2当量カプラーの開発研究が活発に展開された．これが第四世代のカプラーである．表Ⅲ.4.20に2当量ピラゾロンカプラーの開発が困難であった理由を示した．富士フィルムは，カラーペーパー系，カラーネガ系用途の2系統のカプラーを開発した．アリールチオ基を放出する

表 III.4.20 2当量ピラゾロンカプラー開発の困難性

離脱基	ピラゾロンマゼンタカプラー	
	3-アシルアミノ	3-アニリノ
―ハロゲン	カブリ生成	カブリ生成
―O―alkyl	長い合成工程	長い合成工程
―O―Aryl	長い合成工程	長い合成工程
―NHSO$_2$R	不安定	不安定
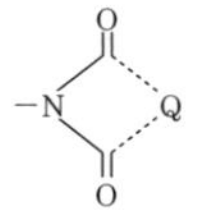 ―N(C=O)(C=O)	低い色素形成能	低い色素形成能
 ―N(環)	?	不安定
―S―R	低い色素形成能	?

カプラー(49)がカラーペーパーに,ピラゾールを離脱するカプラー(50),(51)がカラーネガに実用化された.

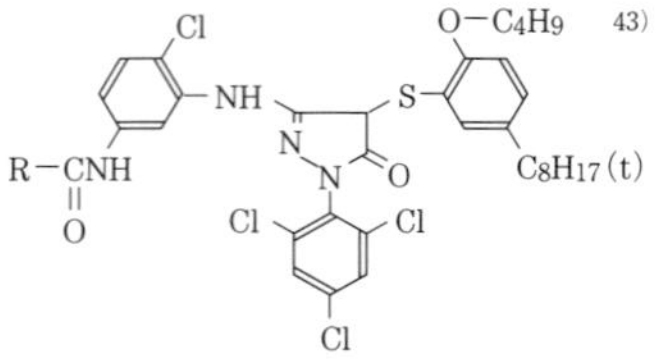

(49)

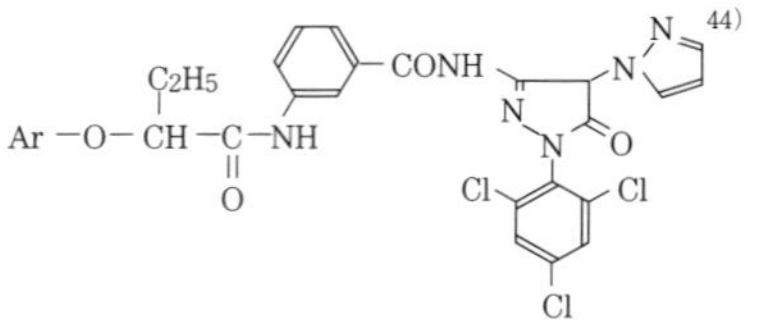

(50)

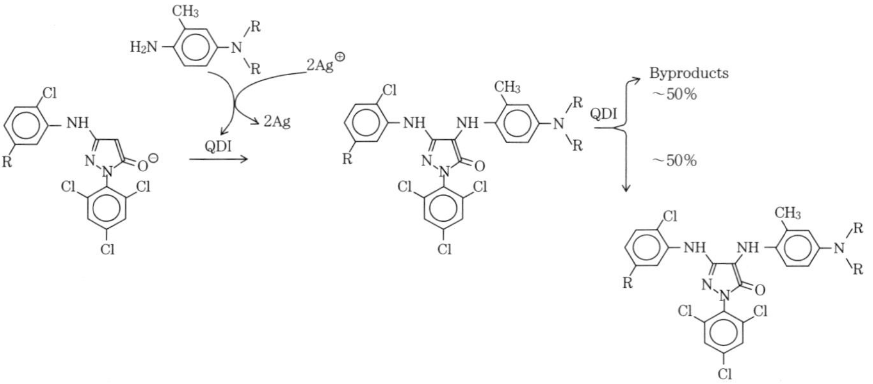

図 III.4.42 無置換アニリノピラゾロンカプラーの化学量論

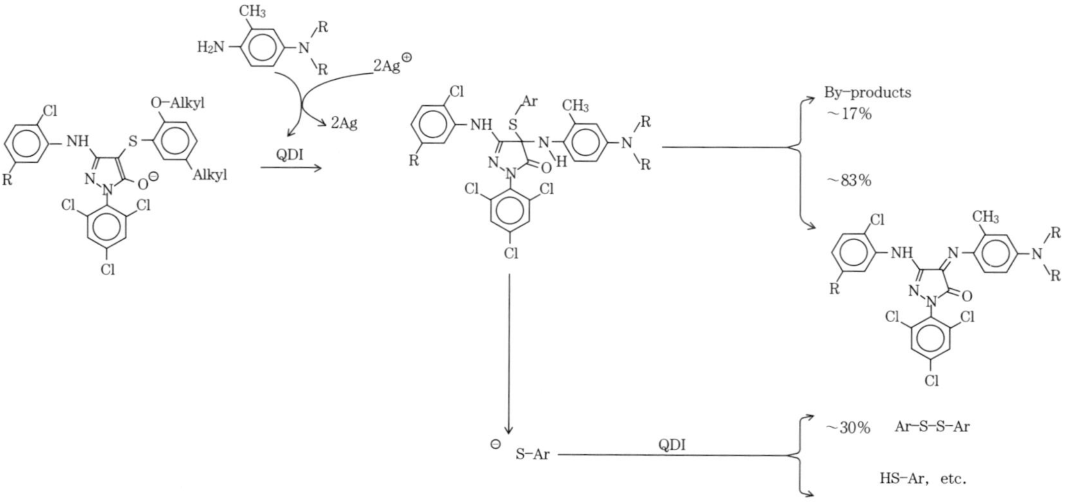

図 III.4.43 アニオン離脱アニリノピラゾロンカプラーの化学量論

これらの2当量ピラゾロンカプラーの実現により，4当量カプラーの次の四つの欠点が改良された．

(1) 色素形成収率が低く，銀とカプラーが無駄に使用されていた．
(2) 未反応のカプラーが空気酸化を受けやすく，写真保存時に黄変(ステイン)をもたらしていた．
(3) カプラーがホルマリンなどの活性ガスと反応し，無効化するため，写真の3色のバランスがくずれやすかった．
(4) 共存している色素と反応し退色を起こしやすく，これを防止するため環境保全に問題のあるホルマリンスタビライザー浴を必要としていた．

(1)の化学量論の向上について，詳細に述べる．図III.4.42に4当量カプラーの化学量論を示す[22]．

また，図III.4.43に2当量ピラゾロンの化学量論を示す．2当量カプラーでは，副生成物の生成が著しく抑制され，銀量が1/8近くに，カプラー量が1/2近くに削減できた．(3)，(4)に関係する4当量カプラーのホルマリンとの反応について述べる．3-アシルアミノピラゾロンは下記の反応によりメチレンビス体(51)に変化する．2当量ピラゾロンはホルマリンと反応しない．また2当量ピラゾロンは色素とも反応しないので，ホルマリンスタビライザー浴は不要である．

カラーペーパー用途の(49)は迅速処理液中では，離脱基の離脱速度が遅く，発色直後の発色濃度が低かったので，離脱速度の速い離脱基が種々提案された．

1980年代の後半から，5-ピラゾロンに対し色素の吸収特性が優れた2種類のピラゾロトリアゾール骨格(46)，(47)が実用化された．

骨格(46)からは，バラスト基が種々工夫され，ネガ用途に実用化された．下に例を示す．

(R'：アルキル)

しかし，ピラゾロトリアゾール骨格の特徴は，その色素の優れた分光吸収特性にある．骨格(47)の酢酸エチル中の吸収を図III.4.44に示す．カラーペーパーに，(58)，(59)などが実用化されカラープリント上の赤系統の色が鮮やかになった．同じ置換基の場合，色素の光堅牢性は，骨格(47)の方が高いと報告されている[51]．コニカ社は，骨格(46)をカラーペーパーに採用するために，6位に t-ブチル基を有するカプラー(60)を開発した[52]．骨格(46)，(47)をカラーペーパーに導入するために，色素の光堅牢性を補う光退色防止剤の研究が活発に展開された[53]．

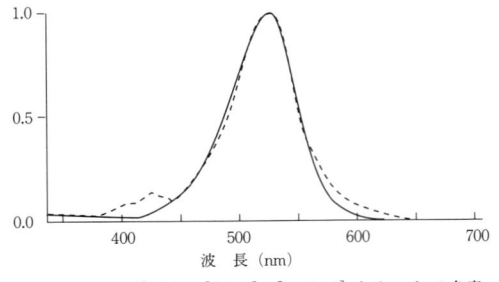

図 III.4.44 1H-ピラゾロ [1,5-b] [1,2,4] トリアゾール色素と5-ピラゾロン色素の分光吸収比較

e. イエローカプラー

イエローカプラーの骨格は，アシル基としてベンゾイル基(61)が主としてカラーネガ用途に，ピバロイル基(62)がカラーペーパーなどに使用されている．先のカプラー一般の項で述べたイエローカプラー(13)がKodak社で開発されて以来，各社が離脱基 X を開発するのにしのぎをけずった．下に各社の代表例を示す．

イエローカプラーの研究は，最近，再び活発となってきた．

1991年コニカ社は，イエロー色素の λ_{max} を短波長化し，色再現性を改良する目的で，アニリド部分のオルト位にメトキシ基を導入したカプラー(63)を開発し，カラーペーパーに使用した．

今後のマゼンタカプラーの方向は第四世代の2当量ピラゾロンと第五世代のピラゾロトリアゾールの併用がしばらく続くであろう．

また，最近になって，アシル基を改良し色素の分子吸光係数を高めたり，色素の色相，堅牢性を高めたり，また，発色速度を速めようとする研究が活発である．

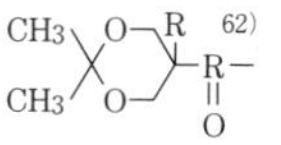

f. 色補正カプラー（カラードカプラー）

図III.4.35にイエロー，マゼンタ，シアンの減法混色の3原色のスペクトル図を示したが，それぞれの色素の吸収が幅が広かったり，副吸収をもっていて，色にごりの原因となっている．カラーネガフィルムは，この色にごりを補償する機能をもったカプラーを内蔵し，色再現性向上に努めている[63]．

例で説明する．5-ピラゾロン色素は，430 nm付近に副吸収を有する．マゼンタの主吸収が増加すれば，副吸収も増加する（図III.4.45(b)）．マゼンタカラードカプラー(64)は下に示すイエローのアゾ色素で，QDIと反応してマゼンタ色素を生成する．図III.4.45(a)に示すように，(64)が多量QDIと反応すれば，イエロー色素が減じてマゼンタ色素が生成する量が多くなる．ピラゾロンカプラーと，このカラードカプラーを適当な比率で混合しておけば（図III.4.45(c)），QDIによる色素生成の量に依存せず，430 nm付近の副吸収量を一定量にコントロールできる．これが色補正カプラーの原理である．

カプラー(65)は，マゼンタカラードシアンカプラーであり，シアン色素の色補正に用いられている．

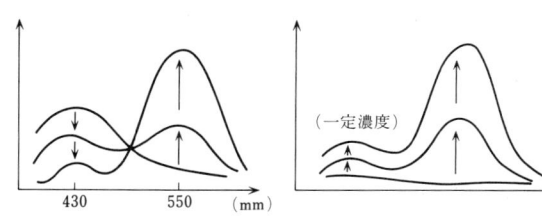

図 III.4.45 カラードカプラーによる色補正

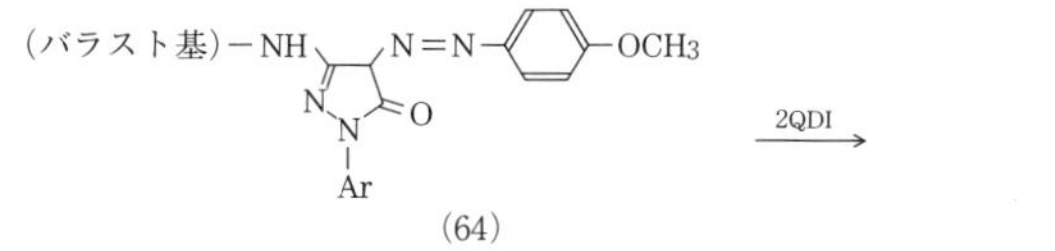

(a) カラードカプラーのカップリング進行
(b) アンカラードカプラーのカップリング進行
(c) （カラードカプラー）＋（アンカラードカプラー）のカップリング進行

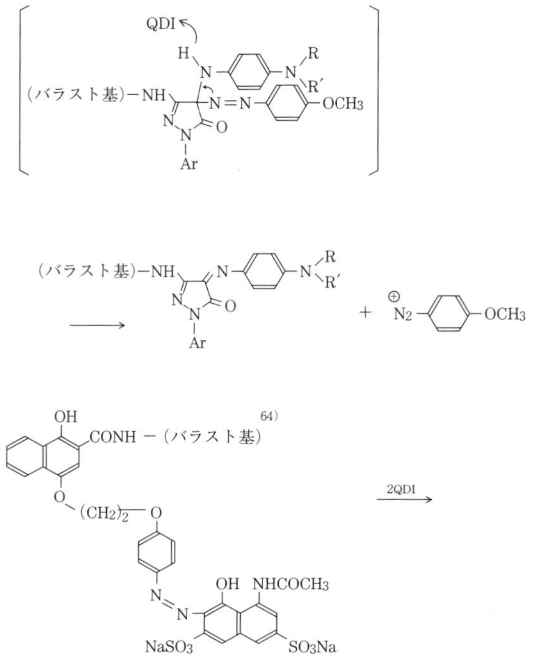

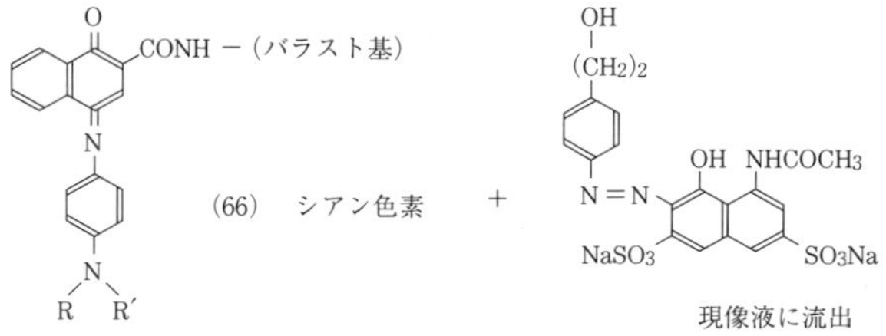

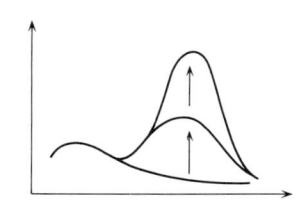

g. DIRカプラー

DIRカプラーは，現像抑制剤放出（Development Inhibitor Releasing）カプラーのことであり，カラーネガの性能を向上させる上で革命的な役割を演じている機能性素材である．DIRカプラーはQDIと反応し，現像抑制剤(DI)を放出することにより，近傍のハロゲン化銀の現像を遅らせたり停止させたりする機能を有する．この機能の発現により三つの効果が得られる[65]．

第一はカラーネガの粒状改良効果である．図III.4.46に，この概念を示す．先に説明した通常のイエロー，マゼンタ，シアンカプラーはハロゲン化銀粒子の大きさに従い，色素分子の集合体（色素雲）を形成する．DIR

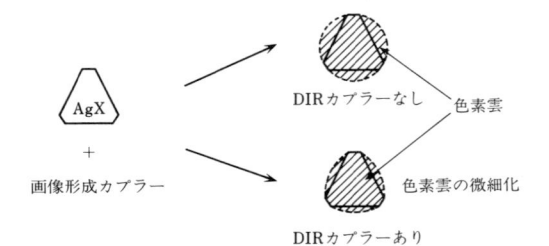

図 III.4.46 DIR カプラーによる色素雲の微細化

カプラーがこれらの画像形成カプラーと共存すると，ハロゲン化銀の現像が抑制され色素雲が小さくなる．色素雲が小さくなるとトータルの色素濃度も減少するので，ある一定濃度を得るためにはハロゲン化銀粒子数を増大させなければならない．その結果，小さな色素雲の数が増えることとなり，粒状は細かくなる．

第二はエッジ効果であり，画像の鮮鋭度を改良することができる．その概念を図III.4.47で説明する．DIRカプラーより放出される現像抑制剤は，写真層を拡散して画像の中心より離れるに従ってその濃度が低下する．その結果，画像のふちでは現像抑制の程度は小さくなり，色素濃度は画像中心部より増大する．この効果は露光域と未露光域（または低露光域）の境界を強調する効果であり，鮮鋭度（画像のシャープネス）が強調される．

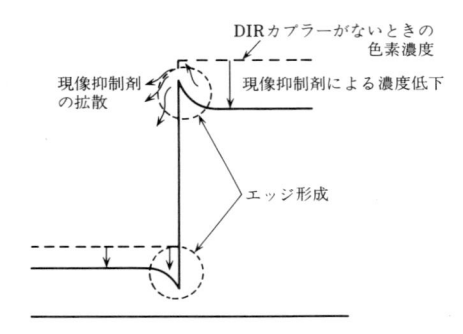

図 III.4.47 DIR カプラーによるエッジ効果の発現

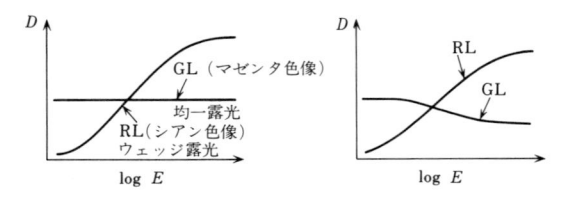

図 III.4.48 DIR カプラーによる重層効果

第三は重層効果（インターイメージ効果）である．これは先の色補正カプラーと同じ効果を有するもので，その概念を図III.4.48で説明する．エッジ効果が水平方向への現像抑制剤の拡散によって生じる効果だとすると，重層効果は上下方向の拡散によって生じる効果である．図III.4.48のシアン発色層とマゼンタ発色層の二層構成において，シアン層をウェッジ露光し，マゼンタ層を均一露光する．DIRカプラーがシアン層にシアン色像カプラーと共に内蔵されていると，現像処理によってイメージワイズにシアン層から放出された現像抑制剤がマゼンタ層の現像を抑制し図III.4.48のようになる．すなわち，2色発色している場合，マゼンタ発色を抑制することにより，シアン色素のマゼンタ成分を減じる効果に相当し色再現の改良に寄与する．

初期の DIR カプラーは，(67)，(68)のように色素発生部位に直接現像抑制剤が結合したタイプのカプラーであった．

しかし，研究がすすみ現像抑制剤の放出速度，抑制剤の拡散速度を適度にコントロールすることにより，重層効果やエッジ効果を高められることがわかった．現像抑制剤のタイミングを調整するために，分子内タイミング型 DIR カプラー(69)と電子移動型 DIR カプラー(72)が開発された．

4.3 写真材料

(構造式 70, 71, 72, 73, 74, 75, 76, 77, 78 の反応機構図)

現像抑制剤放出のタイミングを選択的にコントロールした DIR カプラー(75)も知られている。すなわち，(75)から放出されたレドックス化合物がさらに QDI によって酸化され(76)になって初めて $^{\ominus}$OH などの求核剤によって現像抑制剤が放出される機構である．

カラーネガが現像処理されるに従って放出された抑制剤が処理液に蓄積し，新しいカラーネガの現像で無差別に抑制され，減感するという問題が生じた．現像処理液に放出された抑制剤が加水分解されると抑制作用を示さなくなる DIR カプラー(77)が開発され，この

問題が解決された[76b,71]. 加水分解型 DIR カプラーと呼ばれる.

このように DIR カプラーは高度に機能化されたカプラーであり，カラーネガの性能を大きく左右することから現在でも活発に研究が展開されている.

h. その他の機能性化合物

DIR カプラーは QDI と反応し, 離脱した現像抑制剤が銀現像を抑制することにより種々の効果が発現できたように, 離脱基に他の効果をもたせたカプラーが種々開発されている.

DAR(Development Accelerator Releasing)カプラー(79)[72]は, 離脱基がハロゲン化銀に電子注入反応を起こし現像開始点を増加させることができ, カラーネガの高感化に寄与した[72].

(79)

カプラー放出カプラー(80)や還元剤放出カプラー(81)は多量の QDI を必要とするよう設計されており, 粒状性改良に寄与できるとされている.

(80)

(81)

BAR(Bleach Accelerator Releasing)カプラーは(82)漂白促進剤を放出するカプラーで, 定着時の脱銀を速める効果がある[75].

(82)

重層感材の画像形成層と画像形成層の中間に存在する層は中間層(inter layer)と呼ばれ, QDI 捕獲剤が内蔵されている. これは画像形成層で発生した QDI を捕獲し他層での混色を防止する機能を有している.

(83)

(84)

j. 色像安定剤(退色防止剤)

カラーペーパーを現像処理した後に形成されるカラープリントは, 光や湿度や熱にさらされるために, 色像の退色が起きる. この色素の退色を防止する化合物が色像安定化剤である. 光退色を防止する光安定化剤, 湿熱での退色を防止する湿熱安定化剤が数多く開発され実用化されている.

カラープリントの色素の光退色は図Ⅲ.4.49に示す

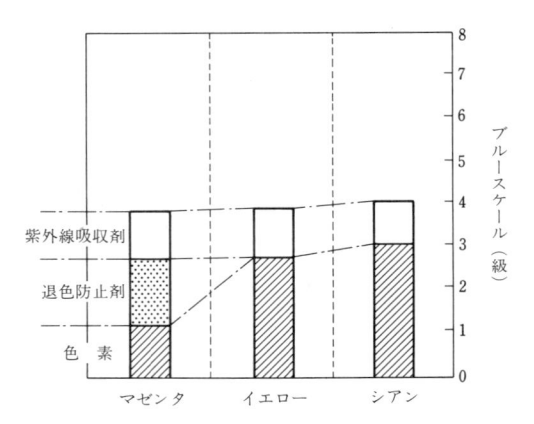

図 Ⅲ.4.49 カラー印画紙用色素の光安定性
ブルースケールは色素の光堅牢度を示す尺度(JIS-LO 841-1974)で, 1級から8級まである. 1級上のランクは, もとの2倍, 光に対し堅牢になる. 図の棒グラフでは, マゼンタは, 色素単独で光堅牢度が1.2級くらい, 退色防止剤で2.6級に, 紫外線吸収剤で3.8級くらいになることを示す.

ように，マゼンタ色素が著しく光に弱いのでその補強が必要である．マゼンタ色素が光酸化分解することから，多くの酸化防止剤が開発されている．5-ピラゾロン色素には，(85)のような核置換ハイドロキノンのほか，(88)，(89)のヒドロキシクロマン化合物や(90)，(91)のようなベンゼンジエーテルや(93)のアミン系化合物が有効である．一方，ピラゾロトリアゾール色素には，(90)，(91)，(92)が特に有効である．

(85)　R = −CH₂−C(CH₃)₃
(86)　R = −C₃H₇
(87)　R = −(CH₃)₃−COOC₆H₁₃

図Ⅲ.4.49に示されるように，紫外線吸収剤はイエロー，マゼンタ，シアン色素すべてに有効であり，上層に内蔵され紫外線カットに用いられる．ベンゾトリアゾール(94)やベンゾフェノン(93)が知られている．

イエロー色素の光退色防止剤に Ciba 社が開発したヒンダードフェノール化合物が有効である．シアン色素の光退色にもヒンダードフェノール(97)が有効である．

シアン色素は，湿熱条件での退色が起きやすく，カプラー骨格の変更で退色防止に努めているもののまだ不十分で，ベンゾトリアゾール化合物(94)や下記のポリマー化合物が退色防止に有効である[86]．

4.3.4 拡散転写法の有機材料

a. インスタントカラー写真の基本概念[87]

図Ⅲ.4.50に示すように，インスタントカラー写真は，基本的に三つの部分—感光部，受像部および処理液から成り立っている．露光するとハロゲン化銀に潜像として情報が記録され，ここに処理液を展開すると化学反応によって色素像が形成される．発生した色素像は拡散により受像部に転写媒染される．

色素像を形成する色材部分は下に示すように，色素部と redox 拡散制御部が連結基によって結合されている．

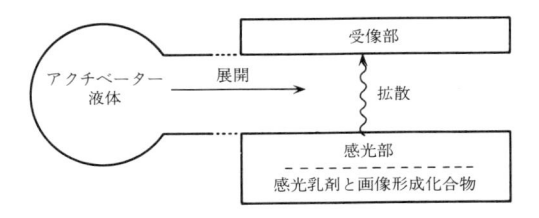

図 Ⅲ.4.50　インスタントカラー写真(拡散転写法)の概念図

色材が redox 制御部によって，拡散性から非拡散性に変わる場合を色素固定(dye-stopping)といい，逆に非拡散性の化合物から拡散性の色素が放出される場合を色素放出(dye-releasing)という．

b. 色素固定方式ポジ作用色材

ポラロイド製品の色素現像薬(dye developer)が知られており，色素部分とヒドロキノンが共有結合で結合している化合物群である[88]．高 pH でヒドロキノンが解離し拡散性であるが，酸化されてキノンになると不動化する．露光されたところで酸化が起こり，色素が拡散してこないのでポジ作用となる．代表的な色材を下に示す．

c. 色素放出方式ネガ作用色材

この方式の第一の例は色素放出カプラーである[89]．これは，4.3.3 項で述べたカプラー発色方式と同じで，たとえば下記イエローカラードシアンカプラー(103)では，QDI とのカップリング後，イエロー色素を放出する．また，色補正カプラーのところで述べたカプラー(65)は，マゼンタ色素放出カプラーとして有効である．

次に示す例は，色素放出レドックス化合物である．Kodak 社の p-スルホンアミドナフトール色素放出化合物[90]と富士フィルムの o-スルホンアミドフェノール色素放出化合物[91]がある．

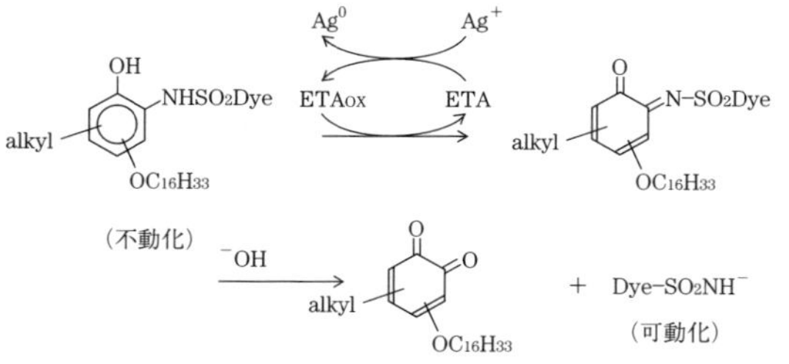

図 III.4.51 o-スルホンアミドフェノール色素放出剤の色素放出機構

これらの色素放出レドックス化合物の色素放出機構を図III.4.51に示す．色素放出レドックス化合物がETA(電子伝達剤)の酸化体によって酸化され，キノンモノイミン化合物となりそれが強アルカリで加水分解を受け，色素を放出する．ETAは下に示す3-ピラゾリドン化合物である．

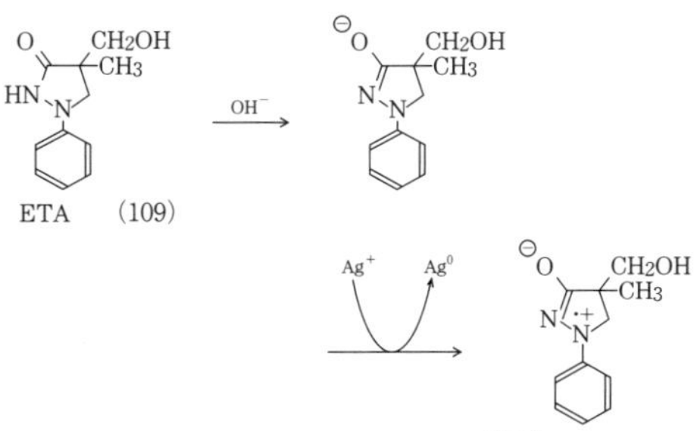

ETA (109)
(110) ETA ox

色素放出方式ネガ作用色材はインスタント写真のみならず，熱現像カラーハードコピー材料にも展開されている．色素放出カプラー方式が，コニカ社から提案されている[92]．また富士フィルムは，色素放出レドックスの化学を利用し，熱現像高画質フルカラー感光材料を開発した[93]．感材と装置を組合せて，高画質フルカラープリンター「ピクトログラフィー」として市販している．

d. 色素放出方式ポジ作用色材

ポジ作用とは，還元されたところで色素を放出する方式で，このタイプの色材がいくつか報告されている．ニトロ型色素放出剤[94](111)を下に示す．キノン化合物(112)[95]も同様な作用をもつ．Agfa社から提案され，印刷用感材に使用されているキノンメチド化合物(113)[96]は分子内電子移動型色材である．

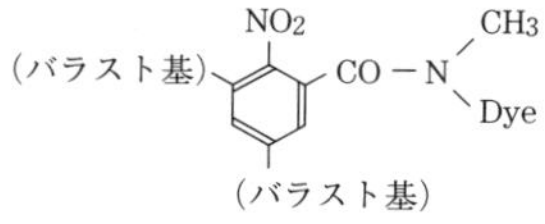

(111)

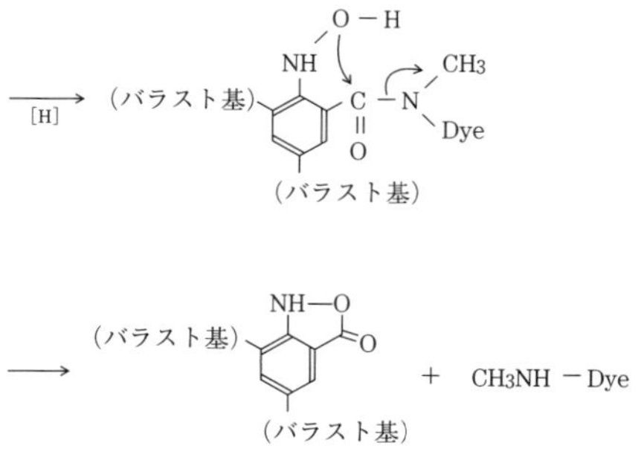

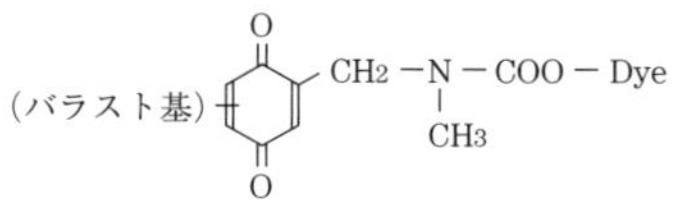

(112)

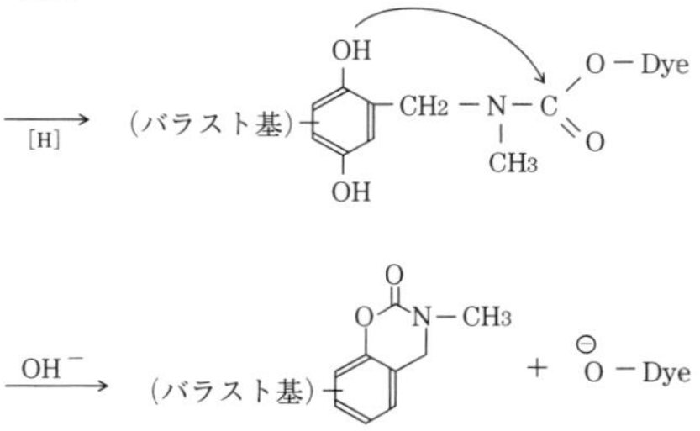

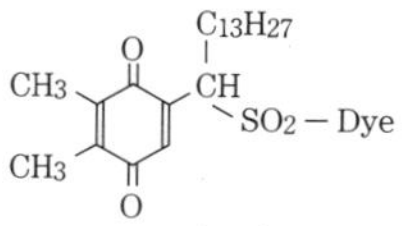

(113)

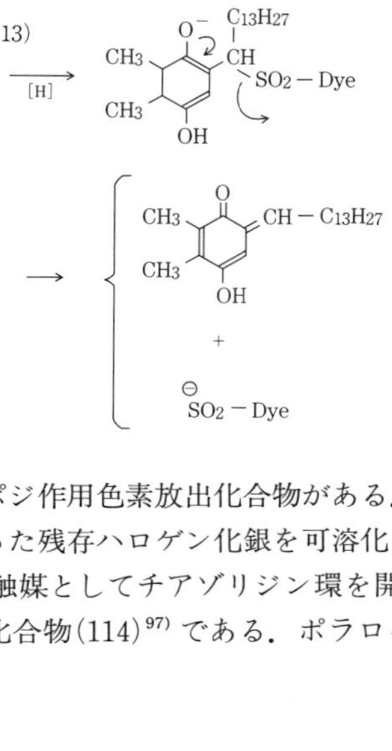

別のタイプのポジ作用色素放出化合物がある．銀現像に関与しなかった残存ハロゲン化銀を可溶化し，可溶化したAg^+を触媒としてチアゾリジン環を開裂し，色素を放出する化合物(114)[97]である．ポラロイド社

図 III.4.52 ROSET 化合物の色素放出反応

が一部の色材で，この化合物を使用している．

(114)

e. ROSET 化合物[98]

富士フィルムが開発したレドックス反応をトリガーとする単結合開裂反応を利用した新しい放出機能性化合物，2-ニトロアリール-4-イソオキサゾリン-3-オン誘導体，ROSET (Ring Opening by Single Electron Transfer) は，上記のポジ作用化合物に属するが，特異な作用機構と汎用性の高さから1項目設けた．

色素放出機構を図III.4.52に示す．電子供与体 (ED) から電子を受容し，アニオンラジカル中間体 (b) となり，(b)から直ちに窒素-酸素結合の開裂が進行し，β-ケトアミドアニオン (c) が生成する．(c) から β 脱離により，色素が放出される．ED として機能するハイドロキノン類，スルホンアミドフェノールなどと中性以下のpHで安定に共存できるところに特徴がある．

富士フィルムはROSETを利用した新しい熱現像フルカラーコピア「フジックスピクトロスタット100」を1991年に発売し[99]，1992年末に「ピクトロスタット200」を発売した．ピクトロスタットに用いた画像形成原理を図III.4.53に示す．①露光されたハロゲン化銀が現像主薬 (ETA, 109) によって現像され ETA_{ox} を形成．② ETA_{ox} が電子供与体 (ED) を酸化し ED_{ox} となる．未露光部分のEDはROSET色材と反応し，一電子還元を受けたROSETは先に述べた機構で色素を放出する．

拡散転写法の有機材料として，システムの根幹をなす色材とその作用機構について述べその他の有機化合物については省略した．成書を参考にしていただきたい．

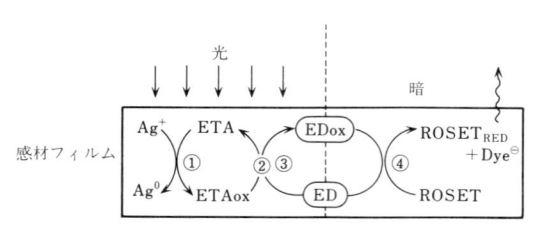

図 III.4.53 ピクトロスタット100で用いられている画像形成

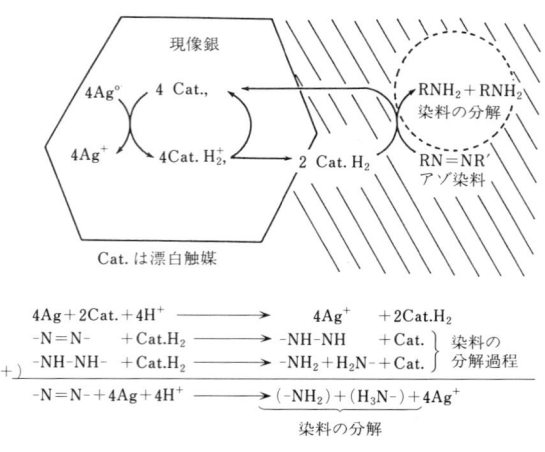

図 III.4.54 色素漂白過程と化学反応式

4.3.5 銀色素漂白法の有機材料[100]

白黒現像によって生成した現像銀を触媒として，近傍に存在する色素を還元漂白し，ポジ像を得る画像形成法である[101]．図Ⅲ.4.54に色素漂白のredox過程を模式的に示した．一番重要な過程は色素を還元する過程で，強酸性条件下で漂白がすすむ．図中のCat.は色素漂白促進触媒で，下記の化合物などが用いられている[102]．

(115) ピラジン　(116) キノキサリン

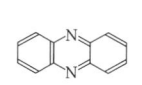

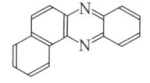

(117) フェナジン　(118) ナフタジン

この色素漂白促進触媒は，分子量が小さい場合には乳剤層内の拡散範囲が大きくなり余分の色素まで漂白するし，分子量が大きすぎると乳剤層内の拡散が遅くなり漂白効果が減少する．漂白されるべきアゾ色素とのマッチングを考慮したバランスのとれた分子設計が必要である．

次に代表的なアゾ染料の構造[103]を図Ⅲ.4.55に示す．

銀色素漂白法は，Ciba-Geigy社が1964年写真材料としての開発に成功し，チバクローム(フジクロームCBプリント)の名で市販されている．CBプリントは，独得な色再現性と高い色像安定性でカラー写真の特徴ある一分野を占めている．

4.3.6 お わ り に

写真材料として，銀塩カラー写真感光材料に使用されている有機材料を概説した．画像形成の化学(ケミストリー)は成熟しつつある．それでも何年かに一度の割で，新しい化学が誕生し，商品の枠を広げたり，商品の品質向上に貢献している．21世紀に向けてシステムの簡便化，無公害化がすすむであろう．〔**古舘信生**〕

参 考 文 献

1) a) 新井厚明編：高機能フォトケミカルス(1986)，シーエムシー
   b) James, T.H. ed.: The Theory of The Photographic Process, 4 th ed, (1977) pp. 291-372, Macmillan Publishing
   c) Kirk-Othmer Encyclopedia of Chemical Technology 4 th ed. vol. 6, Color Photography, John Wiley & Sons, New York (1993)
2) a) 谷忠昭：Physics Today Sept. 1989, p. 36
   b) 谷忠昭：光化学, **15** (1991), 1
   c) Tani, T.: J. Soc. Photogr. Sci. Technol. Japan, **53** (1990), 87
3) Vogel, H.: Ber, **6** (1873) 1302-1306.
4) Friedrich, L.E. et al. eds.: Progress in Basic Principles of Imaging Systems, p. 385 (1987), Vieweg & Sohn, Wiesbaden
5) Schneider, et al.: Die Chemie, **57** (1944), 113
6) Brit. Pat. 1, 130, 581 (1965) (to Agfa-Gevaert)
7) U. S. Pat. 3, 451, 820 (1969) (to du Pont)
8) Brit. Pat. 540, 535 (1944) (to Eastman Kodak)

図Ⅲ.4.55　アゾ染料の例

9) 特公昭 39-27,653 (1964) (to Fuji Film)
10) U. S. Pat. 3,337,344 (1967) (to Fuji Film)
11) U. S. Pat. 2,600,788 (1952) (to Eastman Kodak)
12) U. S. Pat. 2,908,573 (1959) (to Eastman Kodak)
13) 特公昭 49-16,057 (1974) (to Konica)
14) 特公昭 46-19,026 (1971) (to Konica)
15) U. S. Pat. 3,933,501 (1976) (to Eastman Kodak)
16) 特公昭 57-146,251 (1982) (to Konica)
17) 特開昭 61-147,254 (1986) (to Fuji Film)
18) 特開昭 57-22,238 (1982) (to Konica)
19) E. Pat. 73,636 A (1983) (to Eastman Kodak)
20) U. S. Pat. 3,519,429 (1970) (to Eastman Kodak)
21) 特開昭 63-291,058 (1988) (to Eastman Kodak)
22) a) 古舘信生ほか：日化協月報, **3** (1986), 1
    b) 古舘信生ほか：有合化, **45** (1987), 151
23) Kapecki, J. A. *et al.*: *The Society for Imaging Sci. and Tech.*, 2nd. East-West Symposium (1988) p. D-11
24) U. S. Pat. 3,737,316 (1973) (to Eastman Kodak)
25) 特開昭 53-52,423 (1978) (to Konica)
26) 特開昭 54-48,237 (1979) (to Fuji Film)
27) 特開昭 56-27,147 (1981) (to Fuji Film)
28) U. S. Pat. 2,895,826 (1959) (to Eastman Kodak)
29) U. S. Pat. 4,124,396 (1978) (to Eastman Kodak)
30) 特開昭 60-24,547 (1985) (to Fuji Film)
31) 特開昭 59-121,332 (1984) (to Konica)
32) 特開昭 56-104,333 (1981) (to Fuji Film)
33) 特開平 1-105,248 (1989) (to Fuji Film)
34) U. S. Pat. 3,772,002 (1972) (to 3 M)
35) U. S. Pat. 4,333,999 (1982) (to Eastman Kodak)
36) U. S. Pat. 4,775,616 (1988) (to Eastman Kodak)
37) 特開昭 60-237,448 (1985) (to Fuji Film)
38) a) 特開昭 64-552 (1989) (to Konica)
    b) 特開昭 63-264,753 (1988) (to Fuji Film)
39) 特開昭 63-226,653 (1988) (to Konica)
40) 特開昭 64-32,260 (1989) (to Fuji Film)
41) E. Pat. 333,185 A (1989) (to Fuji Film)
42) 古舘信生：日写誌, **55** (1992), 192
43) 特開昭 57-35,858 (1982) (to Fuji Film)
44) 特開昭 51-20,826 (1976) (to Fuji Film)
45) 特開昭 57-94,752 (1982) (to Fuji Film)
46) 特開昭 60-23,855 (1985) (to Fuji Film)
47) WO 88/04,795 (1988) (to Eastman Kodak)
48) E. Pat. 284,240 A (1989) (to Eastman Kodak)
49) 特開昭 62-125,349 (1987) (to Fuji Film)
50) 特開平 2-201,443 (1990) (to Fuji Film)
51) 佐藤忠久：日写誌, **52** (1989), 162
52) a) 久保走一：写真工業, (1992), 46
    b) 梶原眞, ほか：Konica Technical Report, **5** (1992), 25
53) 小川正, ほか：日化誌, (1991), 719
54) 特開昭 48-66,834 (1973) (to Konica)
55) 特開昭 48-73,147 (1973) (to Fuji Film)
56) 特開昭 51-102,636 (1976) (to Fuji Film)
57) E. Pat. 30,747 A (1981) (to Agfa-Geva)
58) U. S. Pat. 4,206,278 (1980) (to Ciba-Geigy)
59) 特開昭 63-123,047 (1988) (to Konica)
60) E. Pat. 482,552 A (1992) (to Fuji Film)
61) 特開平 4-218,042 (1992) (to Fuji Film)
62) U. S. Pat. 5,118,599 (1992) (to Eastman Kodak)
63) a) Hansonm, W. T.: *J. Opt. Soc. Am.*, **40** (1950), 166
    b) U. S. Pat. 2,449,966 (1948) (to Eastman Kodak)
64) 特開昭 50-123,341 (1975) (to Eastman Kodak)
65) Barr, C. R. *et al.*: *Photo. Sci. Eng.*, **13** (1969), 74, 214

66) 特開昭 52-82,424 (1977) (to Fuji Film)
67) U. S. Pat. 3,615,506 (1971) (to Eastman Kodak)
68) U. S. Pat. 4,248,962 (1981) (to Eastman Kodak)
69) a) 特開昭 57-154,234 (1982) (to Konica)
    b) 木田修二：日写誌, **52** (1989), 150
70) a) 特開昭 60-185,950 (1985) (to Fuji Film)
    b) 市嶋靖司：日写誌, **52** (1989), 145
71) a) U. S. Pat. 4,477,563 (1983) (to Fuji Film)
    b) 安達慶一ほか：SPSE's 37th Annual Conference, 5月 (1984)
72) U. S. Pat. 4,390,618 (1983) (to Fuji Film)
73) U. S. Pat. 4,283,472 (1981) (to Eastman Kodak)
74) 特開昭 57-138,639 (1982) (to Konica)
75) 特開昭 61-201,247 (1986) (to Eastman Kodak)
76) U. S. Pat. 4,447,523 (1983) (to Eastman Kodak)
77) 特開昭 58-24,141 (1983) (to Ciba-Geigy)
78) 特公昭 45-14,034 (1970) (to Eastman Kodak)
79) 特公昭 49-20,977 (1974) (to Fuji Film)
80) 特開昭 54-48,538 (1979) (to Konica)
81) 特開昭 56-159,644 (1981) (to Fuji Film)
82) 特開昭 58-105,147 (1983) (to Fuji Film)
83) U. S. Pat. 4,268,593 (1978) (to Ciba-Geigy)
84) 特開昭 62-262,047 (1987) (to Eastman Kodak)
85) 特開昭 54-48,535 (1979) (to Konica)
86) a) WO 88/00723 (1988) (to Fuji Film)
    b) 特開昭 63-44,658 (1988) (to Fuji Film)
87) 藤田真作：高機能フォトケミカルス(新井厚明編), p.241(1986), シーエムシー
88) Land, E. H.: *Photogr. Sci. Eng.*, **16** (1972), 247
89) U. S. Pat. 900,029 (1972) (to Eastman Kodak)
90) a) Hanson, Jr. W. T.: *Photogr. Sci. Eng.*, **20** (1976), 155
    b) U. S. Pat. 3,928,312 (1975) (to Eastman Kodak)
91) a) 藤田真作：有合化, **39** (1981), 331；**40** (1982), 176
    b) 藤田真作ほか：日化誌, (1991) #1, 1
    c) Fujita, S. *et al.*: *Reviews on Heteroatom Chem.*, **7** (1992), 229
92) a) Komamura, T.: *J. Soc. Photogr. Sci. Tech. Japan*, **52** (1989), 167
    b) Suda, Y. *et al.*: *The Society for Imaging Sci. and Tech.* 3rd. East-West Symposium (1992), p. C-32
93) 原宏ほか：日写誌, **50** (1987), 402
94) a) 特開昭 53-110,828 (1978) (to Eastman Kodak)
    b) 特開昭 53-110,827 (1978) (to Eastman Kodak)
95) U. S. Pat. 4,278,750 (1981) (to Eastman Kodak)
96) 特開昭 57-119,345 (1982) (to Agfa-Geva)
97) 特開昭 48-12,022 (1973) (to Polaroid)
98) a) 中村剛希：日写誌, **55** (1992), 185
    b) 特開昭 62-215,270 (1987) (to Fuji Film)
99) a) 加藤正俊ほか：IS&T, 44th Annual Conference 5月 (1991)
    b) 横川拓哉ほか：第3回 East - West Symposium, 11月 (1992)
100) 中村敬：高機能フォトケミカルス(新井厚明編), p.277 (1986), シーエムシー
101) a) Gaspar, B.: U. S. Pat. 2,020,775 (1935), U. S. Pat. 2,217,544(1940), U. S. Pat. 2,699,394 (1955)
     b) Meyer, A.: *J. Photogr. Sci.*, **13** (1965), 90；*ibid.*, **20** (1972), 81
102) a) U. S. Pat. 2,270,118 (1942) (to Chromogen Inc.)
     b) U. S. Pat. 2,627,461 (1953) (to General Aniline)
103) a) U. S. Pat. 2,420,630 (1947) (to Eastman Kodak)
     b) U. S. Pat. 2,286,714 (1942) (to Eastman Kodak)

第5章

光導電材料

アントラセンが光導電性をもつことは1906年から1913年頃にかけて報告されている[1,2]ことから，歴史的に見れば有機光導電材料(Organic Photoconductor; OPC)はそれほど新しいものではない．無機光導電材料が物性的な研究と進歩した製造技術に助けられてその特性が大幅に改良されテレビ撮影管の光導電面として，また太陽電池，可視・赤外光導電性セル，電子写真用材料などとして電子工業の発展に重要な役割を担っている．このような状況下で，OPCが再度注目されだしたのは，比較的最近になってからである．

一般に，光エネルギーを電気エネルギーに変換する光電変換には，電子写真感光体で代表される光導電現象に基づくものと，太陽電池で代表される光起電力現象に基づくものとに大別できる．

有機材料という観点から眺めると，有機電子写真感光体はすでに実用化に至っており，有機材料としての特徴をいかんなく発揮している．一方，有機太陽電池の方はその材料研究によって，変換効率が大幅に向上してきてはいるものの，品質面での課題が残されている．

本章では，有機電子写真感光材料の研究開発を中心に，その構成材料についての諸物性について解説する．

電子写真用感光材料にOPCを用いようとしたのは電子写真の発明者であるCarlsonであり，アントラセンなどのOPCをあげている[3]．しかし，その後セレン，酸化亜鉛を用いた電子写真が発展する一方でOPCを用いようとする研究はほとんどなされなかった．ところが，1959年になってOPCを電子写真用感光材料に用いようとするドイツのKalle Co.の報告[4]，またポリビニルカルバゾールなどの電子供与性化合物に電子受容性化合物を添加することによって，その光導電性が著しく増大するというHoeglの報告[5]以来，特に電子写真用感光材料への応用という観点から再び興味がもたれるようになった．それ以後，OPCとして報告されている物質は膨大な数にのぼっている．

5.1 高分子光導電材料

Hoeglを中心とするKalleグループは1957年，ポリビニルカルバゾールの皮膜が光導電性を有し，電子写真用感光体として用いることができることを見いだした[4]．当時，光導電性を示す多くの有機材料のうち，カルバゾール系重合体は他の化学構造をもつものに比べて特性面で無機物と比較されるほど良好な特性を示したため，特に早くから研究がなされてきた．

このため本節では，高分子系ポリビニルカルバゾールに焦点を絞り物性，光導電性などについて紹介する．

5.1.1 ポリビニルカルバゾール(PNVC)

a. 高分子特性

PNVCの諸特性を表Ⅲ.5.1に示すが，屈折率はポリスチレン(1.56～1.60)，ポリメチルメタクリレート(1.49)，ポリカーボネート(1.58)など他の無定形のポリマーに比べて1.69～1.70と高い．商品としては(株)アナンから"ツビコール"という商品名で市販されているが熱可塑性の白色粒状樹脂である．

表Ⅲ.5.1 PNVCの諸特性

項　目	単　位	測定法(DIN)	数　値
比重	g/cm^3	1306	約1.19
ガラス転位点	℃		173
流動温度	℃		270
屈折強度	kg/cm^2	53452	200～300
衝撃強度	cm・kg/cm^2	53453	2～4
熱形状安定性	℃		200(ビカット)
比抵抗	Ω・cm		10^{16}～10^{17}
誘電率	ε (10^4Hz)	57303	3.0～3.1
tan δ	(10^4Hz)	57303	2～6
収縮率	% at 20℃		0.5
屈折率	at 20℃		1.69～1.70
破壊電圧	kV/mm at 20℃	57303	50
重合収縮率	%		7.5
溶解性			ベンゼン，トルエン，テトラヒドロフラン，シクロヘキサノン，塩素系溶剤など
可塑性			ジオクチルフタレート，トリフェニルホスフェート，ジブチルフタレートなど

PNVCの弾性率は温度に対して変化が小さく200℃近くになってはじめて軟化を始める．したがって，熱可塑性ポリマーとはいうもののきわめて熱安定性を

有するポリマーである．

PNVCの良溶剤はベンゼン，クロロベンゼン，テトラヒドロフラン，シクロヘキサノン，ジクロロメタン，ジクロロエタンなどであり，式(III.5.1)にて示されるシュタウディンガーの粘度式について，各種溶剤のk_1，a値を表III.5.2に示す．

$$[\eta] = k_1 \cdot M^a \qquad (\text{III}.5.1)$$

ここで，$[\eta]$：極限粘度，M：粘度平均分子量．

表 III.5.2 PNVC溶液におけるシュタウディンガー式のk_1，a値(25℃)[5]

溶 剤	$k_1 (\times 10^4)$	a
ベンゼン	3.05	0.58
シクロヘキサノン	2.00	0.61
テトラヒドロフラン	1.44	0.65
クロロホルム	1.36	0.67
テトラクロロエタン	1.29	0.68

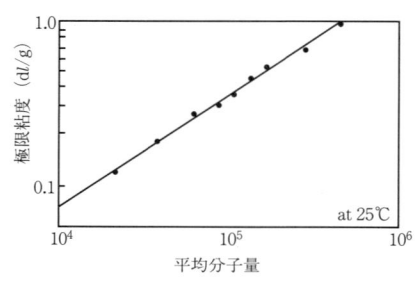

図 III.5.1 テトラクロロエタン中におけるPNVCの平均分子量と極限粘度の関係

また図III.5.1には，テトラクロロエタン中における平均分子量と極限粘度の関係を示す．

b. 光吸収および蛍光スペクトル

PNVCは溶液および固体状態で蛍光を発する．図III.5.2にPNVCの光吸収およびベンゼン溶液，固体フィルムの蛍光スペクトルを示した．

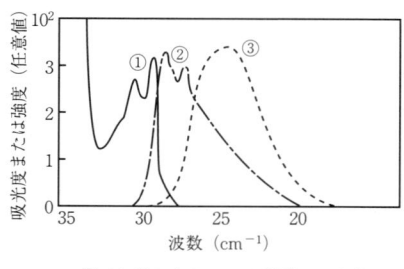

①ベンゼン中のPNVCの吸収スペクトル
②ベンゼン中のPNVCの蛍光スペクトル
③PNVC薄膜の蛍光スペクトル

図 III.5.2 PNVCの吸収曲線および蛍光スペクトル[7]

c. 光 導 電 性

1) 純PNVCの光導電性 PNVCを光照射したときのキャリヤー生成に関する報告は多い．不純物を

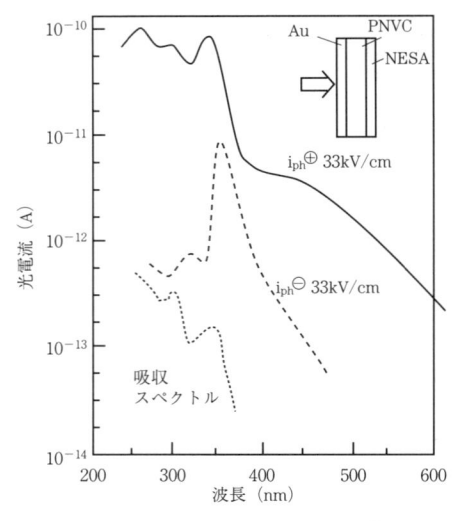

図 III.5.3 PNVCの分光光電流曲線[8]
i_{ph}^+：照射側＋，i_{ph}^-：照射側－．

ドープしていない純粋なPNVCの分光光電流スペクトルを図III.5.3に示す．

光伝導のメカニズムについては三川らの総説[9]で詳しく述べられているが，PNVCの光照射時でのフリーキャリヤーであるラジカルカチオン（ホール）の生成は，まずイオンペアが生成し，それが電場の助けによる熱的解離によって起こるといわれている．

一般に光吸収によるキャリヤーの生成効率ϕは，式(III.5.2)にて示される．

$$\phi = n/n_{ph} \qquad (\text{III}.5.2)$$

式中n_{ph}は試料が吸収したフォトン数，nは生成したキャリヤー数である．またこのキャリヤー生成効率ϕは式(III.5.3)によって理論的に表される．

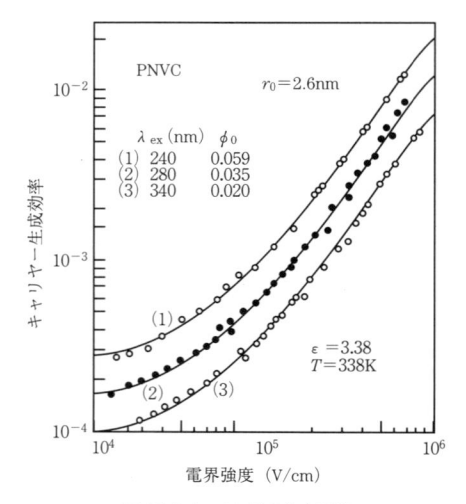

図 III.5.4 ϕの電界依存性[10]
実線は図中のr_0，ϕ_0値を用いて，オンサーガーモデルよりの理論曲線．

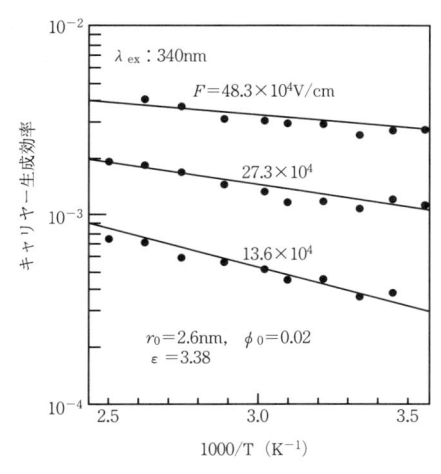

図 III.5.5 ϕ の温度依存性[10]
実線はオンサーガーモデルより得られた曲線.

$\lambda_{ex}:340$ nm
$F=48.3\times10^4$ V/cm
27.3×10^4
13.6×10^4
$r_0=2.6$ nm, $\phi_0=0.02$
$\varepsilon=3.38$

$$\phi=\phi_0\cdot P(F) \qquad (\text{III}.5.3)$$

式中 ϕ_0 はイオンペアが生成する初期の量子収量であり，$P(F)$ はオンサーガーの解離確率すなわち距離 r_0 離れたイオンペアが電場 F にてフリーキャリヤーに解離する確率である．

純 PNVC フィルムのキャリヤー生成効率の電界および温度依存性を図III.5.4，図III.5.5 に示す．

図III.5.4 より純 PNVC のイオンペアの初期の量子収量 ϕ_0 は照射光の波長が短くなると共に 0.02 から 0.059 に増大し，またイオンペアのイオン間距離 r_0 は 2.6 nm に対応していることがわかる．キャリヤー輸送については PNVC のような非晶質ポリマー中のキャリヤー輸送はアントラセン結晶などにみられるバンド型伝導ではなく，一つのトラップサイトから別のサイトへの熱的活性化によるホッピング伝導と考えられている．このためトラップの影響を大きく受けドリフト移動度 μ は小さい値を示している．純 PNVC のホール移動度は数多くの研究者によって測定されてきており[11~14]，一般に $10^{-6}\sim10^{-7}$ cm^2/V・s の値を示している．

2） PNVC の色素による増感　色素による増感は光学増感とも呼ばれ，少量の添加でそのポリマーの分光光導電スペクトルを染料のもつ吸収帯にまで広げる役目をするものである．トリフェニルメタン系色素，キサンテン系色素などの微量（0.01～0.1％）を添加して光学増感した PNVC の電子写真法による表面電位光減衰特性の結果を表III.5.3 に示す．

表中の $E_{1/2}$ は半減露光量と呼ばれるもので，表面電

表 III.5.3　PNVC の光学増感[15]

染　料	感度($E_{1/2}$)(lx・s)	染　料	感度($E_{1/2}$)(lx・s)
トリフェニルメタン系		アクリジン系	
Victoria pure blue	1137	Pinacryptol yellow	2800
Victoria blue	612	Acridine orange	3355
Crystal violet	350	Tripafravine	5900
Brilliant green	420	トリアジン系	
Methyl violet	1015	Methylene blue	1750
Acid violet 6B	10850	New methylene blue	402
Fuchsine	none	シアニン系	
Basic cyanine BX	612	Chinoline blue	42000
Basic cyanine 6G	4550	Pinacyanole	none
Malachite green	490	1,1′-Diethyl-4,4′-quino-carbocyanine iodide	4000
Auramine	13300		
Naphthalene green	none	1,1′-Diethyl-4,4′-quino-cyanine iodide	22000
キサンテン系			
Rhodamine 6G	657	3,3′-Diethyl-thiacarbo-cyanine iodide	8250
Acid rhodamine G	none		
Rhodamine B extra	725	3,3′-Diethyl-2,2′-thia-cyanine iodide	15500
Fluorescein	none		
Rose bengale	none	2-(p-Dimethylaminostyryl)benzothiazole-ethiodide	4650
Sulforhodamine B	4290		
Eosine A	6300	1,1′-Diethyl-2,4′-quino-cyanine iodide	16000
Eosine S	5250		
Phloxine	15750	アゾ系	
アジン系		Oil red B	14000
Phenosaflanine	6650	Chrom blue black RC	none
Pinacryptol green	13300	Butter yellow	1400
Selestine blue	none	Fast light yellow G	none
		Neutral red	8205

表 III.5.4 染料増感 PNVC 試料[16]

PNVC中の染料	染料濃度(mol%)	フイルム厚(μm)
なし	0	12.7
T-5	0.2	13.6
B-20	0.2	18.3
CV	0.2	17.6

染料の構造式

B-20: [構造式] ClO_4^-

T-5: [構造式] ClO_4^-

CV: [構造式] Cl^-

位が半分にまで減衰するのに要する露光量で，未増感での $E_{1/2}$ は $4\sim5\times10^4$ lx・s である．表に示す染料の中では，n 型のカチオン染料であるクリスタルバイオレットが最も高い増感能を示している．

　また，表III.5.4 に示すベンゾピリリウム塩，トリアリルカルボニウム塩を添加した PNVC フィルムの吸収スペクトルおよび分光光電流スペクトルをそれぞれ図III.5.6, III.5.7 に示す．光電流の測定試料は，PNVC フィルムの両面にアルミニウムを蒸着して電極としたサンドイッチ構造である．

　また $\phi\mu\tau$ (ϕ：キャリヤー生成効率，μ：キャリヤー移動度，τ：再結合によるキャリヤーの寿命) の値を照

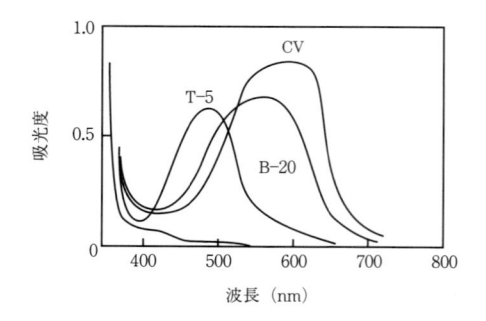

図 III.5.6 色素添加 (0.2mol%) PNVC 膜の吸収曲線[16]

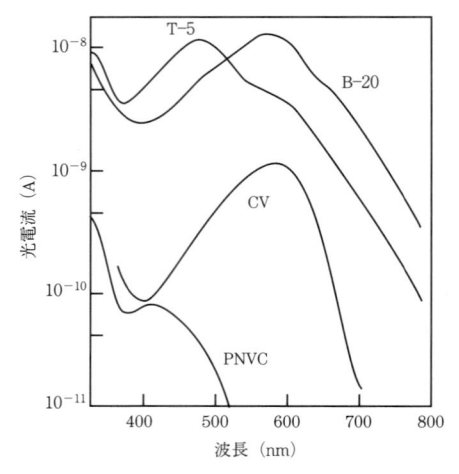

図 III.5.7 色素増感 PNVC 膜の分光光電流曲線[16]

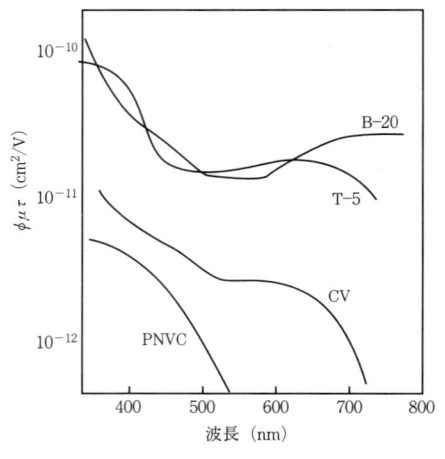

図 III.5.8 色素増感 PNVC 膜の $\phi\mu\tau$ [16]

射光の波長の関数として計算した結果を図III.5.8 に示す．キャリヤー生成効率 ϕ は試料が吸収したフォトンあたりの生成したキャリヤーの数であり，$\mu\tau$ は単位電界あたりのキャリヤーの再結合までに動く距離を表している．したがって，$\phi\mu\tau$ は系に固有の値であり，PNVC の光電流に対する色素の増感能を表すものである．図III.5.7, III.5.8 にて，クリスタルバイオレットの置換基であるジメチルアミノ基をメトキシ基で置き換えると，分子の電子親和性が増大し，その結果増感能が高められている．

　また 3,3'-ジカルバゾリルフェニルメタン色素も，PNVC に対して高い増感能を示す．色素の構造と分光特性および電子写真特性について表III.5.5, III.5.6 に示す．

　表III.5.5, III.5.6 にて置換基の電子受容性が増大するほど，PNVC に対する増感能が大きくなっている．

5.1 高分子光導電材料

表 III.5.5 3,3′-ジカルバゾリルフェニルメタンの特性[17]

No.	置換基			吸収ピーク	
	R_1	R_2	R_3	λ_{max}(nm)	$\varepsilon(\times 10^4)$
1	H	H	H	613	1.2
2	CH_3	H	H	637	1.7
3	C_2H_5	H	H	639	3.7
4	$n\text{-}C_8H_{17}$	H	H	642	4.7
5	C_2H_5	NO_2	H	612	1.2
6	C_2H_5	Cl	H	641	3.4
7	C_2H_5	CH_3	H	655	2.7
8	C_2H_5	CH_3O	H	678	1.4
9	C_2H_5	H	NO_2	688	1.2
10	C_2H_5	H	Cl	653	2.5
11	C_2H_5	H	CH_3O	613	2.8
12	C_2H_5	H	$(CH_3)_2N$	598	4.4

表 III.5.6 3,3′-ジカルバゾリルフェニルメタンの光減衰特性[17]

No.	$E_{1/2}$ (lx·s)	分光感度	
		波長域(nm)	ピーク(nm)
1	8.5	443〜702	629
2	6.5	380〜764	645
3	6.0	448〜747	654
4	5.8	408〜742	654
5	168.5	—	—
6	4.6	431〜736	653
7	6.6	414〜710	665
8	18.7	427〜755	695
9	14.1	444〜739	700
10	5.8	466〜707	670
11	7.2	415〜729	625
12	11.2	512〜694	610

またトリメチン構造を有するベンゾ(チア)ピリリウム塩はブロム化PNVCに対して高い増感能を示し，その分光感度域は近赤外域にまで拡がっている．色素の構造と分光特性および電子写真特性をそれぞれ表 III.5.7, III.5.8 に示す．特にベンゾピリリウム環のO原子をS原子に置き換えることが分光感度域を長波長へ移行させるのに有効である．

表 III.5.7 ベンゾ(チア)ピリリウム塩の特性[18]

No.	置換基					融点(℃)	λ_{max}(nm)
	R_1	R_2	R_3	R_4	X		
1	C6H5	H	H	H	O	260(dec.)	707
2	C6H5	H	H	CH_3O	O	282(dec.)	715
3	C6H5	H	C6H5	H	O	>300	734
4	C6H5	H	CH_3O	H	O	285(dec.)	745
5	C6H5	H	NO_2	H	O	198(dec.)	704
6	H	CH_3O-C6H4	H	H	O	153(dec.)	727
7	C6H5	CH_3O-C6H4	H	H	O	243(dec.)	726
8	C6H5	CH_3O-C6H4	C6H5	H	O	>300	749
9	H	CH_3O-C6H4	H	H	S	185(dec.)	789
10	C6H5	CH_3O-C6H4	H	H	S	255(dec.)	827
11	C6H5	CH_3O-C6H4	C6H5	H	S	261(dec.)	854

表 III.5.8 ベンゾ(チア)ピリリウム塩の光減衰特性[18]

No.	感光ピーク波長(nm)	V_9(V)	$E_{1/2}$(lx·s)
1	730	790	4.5
2	740	950	8
3	750	980	4.5
4	770	1000	8
5	720	940	4.5
6	750	1000	7.5
7	750	990	15
8	770	800	4
9	810	1000	26
10	850	930	18
11	870	910	10

3) PNVCの電子受容性化合物による増感

PNVCに数mol%添加することによって，その光応答性を著しく改良する電子受容性化合物として，表

表 III.5.9 電子受容性化合物の分子構造式[5]

表 III.5.10 PNVC の電子受容性化合物による増感[19]

No.	電子受容性化合物	λ_{max} (nm)	E_A(calc) (eV)	k_2 (s^{-1})
1	2,5-Dinitrofluorenone	400	0.73	0.75
2	2,6-Dinitrofluorenone	428	0.94	1.05
3	3,6-Dinitrofluorenone	465	1.20	0.42
4	2,7-Dinitrofluorenone	422	0.90	0.85
5	2,4,7-Trinitrofluorenone	428	0.94	1.95
6	2,4,5,7-Tetranitrofluorenone	469	1.19	2.90
7	2,5-Dinitrofluorene-MN	484	1.29	2.45
8	2,6-Dinitrofluorene-MN	506	1.39	3.20
9	3,6-Dinitrofluorene-MN	485	1.30	2.55
10	2,4,7-Trinitrofluorene-MN	503	1.37	3.60
11	2,4,5,7-Tetranitrofluorene-MN	540	1.54	3.32
12	3-Nitrofluorene-MN	503	1.37	2.10
13	Fluorene-MN	384	0.60	0.70
14	Benzophenone-MN	378	0.55	0.12
15	2-p-Toluenesulfonamidofluorene-MN	381	0.60	0.30
16	1,3,7,9-Tetranitrodibenzosuberone	394	0.69	0.40
17	1,3,5-Trinitrobenzene	388	0.64	0.45
18	p-Benzoquinone	394	0.69	0.10
19	1,4-Naphthoquinone	397	0.70	0.20
20	9,10-Anthraquinone	395	0.70	0.25
21	3,3′,5,5′-Tetramethyldiphenoquinone	475	1.23	1.20
22	o-Chloranil	580	1.70	0.35
23	p-Chloranil	544	1.56	1.00
24	2-Dicyanomethylene-1,3-indanedione	523	1.49	1.00
25	2,3-Dichloro-5,6-dicyano-p-benzoquinone	662	1.97	0.85
26	Tetracyanoethylene	588	1.73	1.95
27	7,7,8,8-Tetracyanoquinodimethane	566	1.72	3.05

III.5.9 に示すような化合物がある.

また表III.5.10 に，電子受容性化合物を添加した光導電膜の電子写真による電位減衰速度定数を示す．表中の k_2 は単位表面電位あたりの電位減衰速度を表している．また表には電荷移動（CT）錯体の吸収極大波長および電子親和力をも示している．図III.5.9 には電子親和力に対して k_2 をプロットしているがそれらに相関が見られる.

電子受容性化合物としてトリニトロフルオレノン

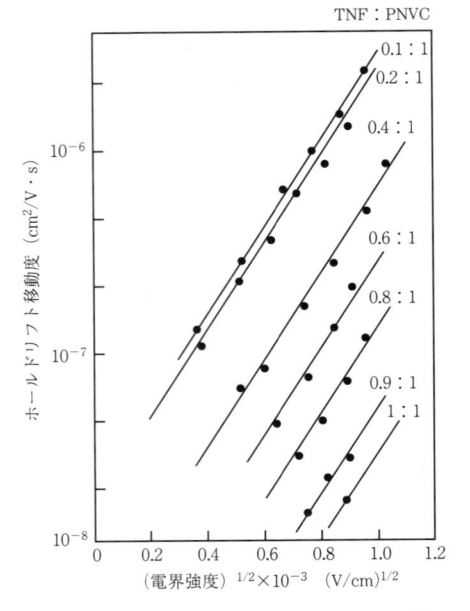

図 III.5.10 TNF/PNVC 膜の μ_p の電界依存性[14]

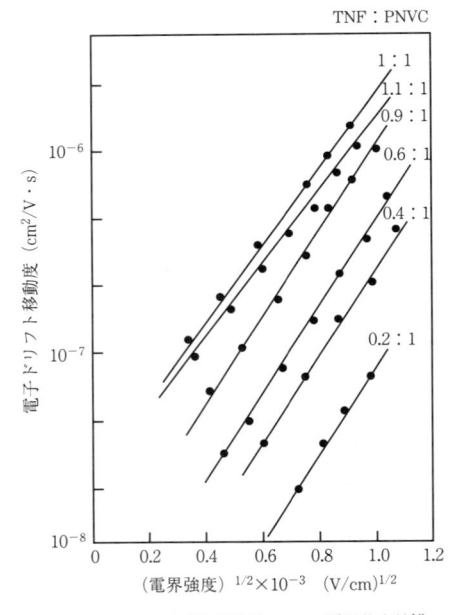

図 III.5.11 TNF/PNVC 膜の μ_n の電界依存性[14]

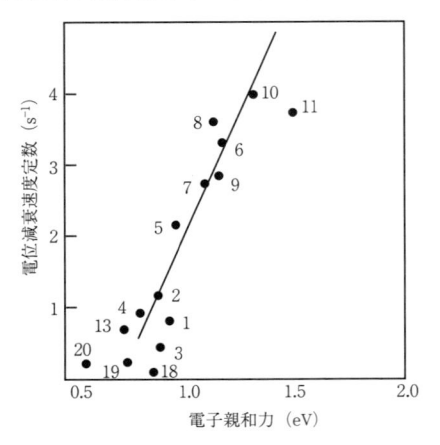

図 III.5.9 ニトロフルオレノン誘導体の電子親和力と電位減衰速度定数との関係[19]

(TNF)を用い，PNVC との CT 錯体からなる薄いフィルムについて，TNF/PNVC のモル比の関数としてホール（μ_p）および電子（μ_n）の各ドリフト移動度の電界依存性を図III.5.10, III.5.11 に，また電界強度を変えたときの温度依存性を図III.5.12, III.5.13 に示す．各ドリフト移動度は電界強度，温度に強く依存し，Gill の経験式として式（III.5.4）が知られている．

$$\mu = \mu_0 \exp[-(E_0 - \beta F^{1/2})/k_B \cdot T_{eff}] \quad \text{(III.5.4)}$$

5.1 高分子光導電材料

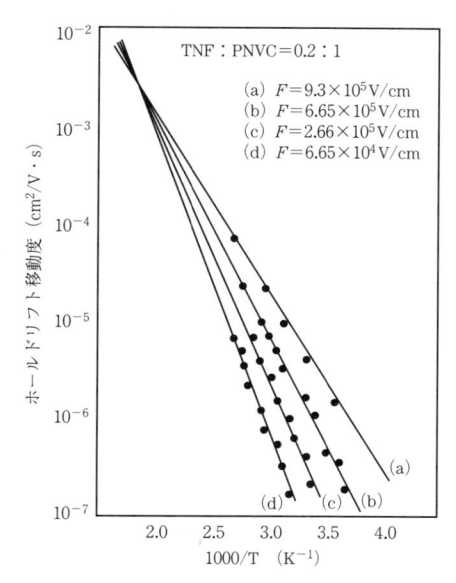

図 III.5.12 TNF/PNVC 膜の μ_p の温度依存性[14]

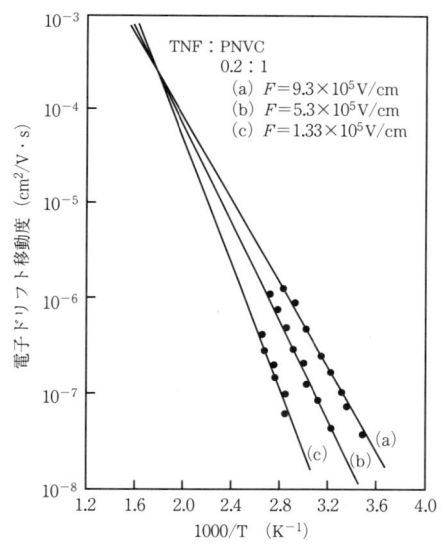

TNF : PNVC = 0.2 : 1
(a) $F = 9.3 \times 10^5$ V/cm
(b) $F = 6.65 \times 10^5$ V/cm
(c) $F = 2.66 \times 10^5$ V/cm
(d) $F = 6.65 \times 10^4$ V/cm

図 III.5.13 TNF/PNVC 膜の μ_n の温度依存性[14]

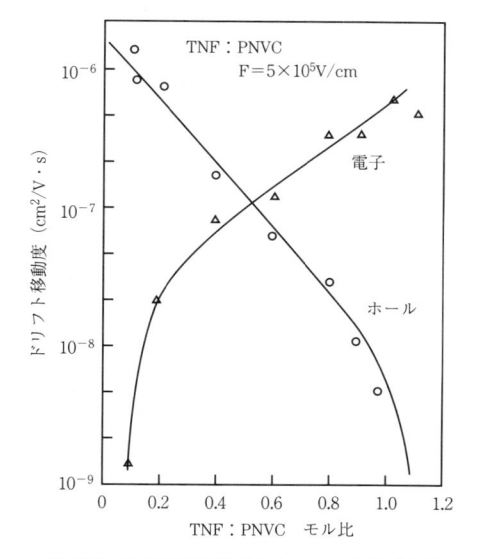

TNF : PNVC 0.2 : 1
(a) $F = 9.3 \times 10^5$ V/cm
(b) $F = 5.3 \times 10^5$ V/cm
(c) $F = 1.33 \times 10^5$ V/cm

図 III.5.14 TNF/PNVC 比と μ_p, μ_n の相関性[14]

TNF : PNVC
$F = 5 \times 10^5$ V/cm

$$\frac{1}{T_{\text{eff}}} = \frac{1}{T} - \frac{1}{T_0} \tag{III.5.5}$$

μ は温度 T でのドリフト移動度, μ_0 はドリフト移動度の電界依存性がなくなる温度 T_0 でのドリフト移動度, E_0 は電界 0 での活性化エネルギーすなわちトラップの深さを表し, β は Poole-Frenkel 係数, 有効温度 T_{eff} は式(III.5.5)にて T_0 と対応している. 電界強度を一定 ($F = 5 \times 10^5$ V/cm) にして, TNF/PNVC モル比を変えたときのホールおよび電子ドリフト移動度の様子を図 III.5.14 に示す.

PNVC に, ジメチルテレフタレート(DMTP), p-ジシアノベンゼン, 1,3,5-トリシアノベンゼンのような一連の弱い電子受容性化合物を加えた系あるいは, 1,2,4,5-テトラシアノベンゼンのような比較的強い電子受容性化合物を加えた系のキャリヤー生成のメカニズムが提案されている[20,21]. それによると電子受容性化合物を PNVC に加えた系での extrinsic なキャリヤー生成は, nonrelaxed exciplex 状態あるいは CT 錯体の高い励起状態から, やや大きな間隔をもつ電子-ホールのイオンペアの生成と, それに引き続く電界に助けられたフリーキャリヤーへの熱的解離によって起こる.

キャリヤーの生成効率 ϕ は式(III.5.3)で示したように, 初期のイオンペアの量子収量 ϕ_0 とそのイオンペアがフリーキャリヤーに解離する確率(オンサーガーの解離確率)$P(F)$ の積で表され, また $P(F)$ はイオンペアの間隔 r_0, イオンペアが電界となす角 θ, 電界強度 F の関数である. したがって実測のキャリヤー生成効率 ϕ と理論計算値である $P(F)$ とを対応させることによって r_0, ϕ_0 を求めることができる.

種々の電子受容性化合物を PNVC に加えた系について, r_0, ϕ_0 の値を表 III.5.11 に示す. テトラシアノエチレン(TCNE), TNF などの強い電子受容性化合物を PNVC に添加した系では, イオンペア生成の初期の量子収量は小さいが, イオン間隔が 3 nm 前後のやや束縛力の弱いイオンペアが生じている. 一方 DMTP などの弱い電子受容性化合物の場合は, イオンペア生成の量子収量は大きいが間隔 2.2 nm 程度の束縛力のあるイオンペアが生じている.

表 III.5.11 電子受容性化合物添加 PNVC 系の r_0, ϕ_0

電子受容性化合物	添加量	励起光(nm)	r_0(nm)	ϕ_0
(NC)₂C₆H₂(CN)₂ (tetracyanobenzene)	2.0 mol %[22] (15°C)	337 470	3.0	0.16 0.74
TCNE	4.0 mol %[23] (15°C)	337 580	2.8	0.08 0.04
TNF	4.0 mol %[23] (15°C)	337 500	2.8	0.11 0.16 0.23
N-ethylcarbazole-C(CN)=C(CN)₂	0.5 mol %[23] (15°C)	337 470 500 530	2.2	0.15 0.49 0.67 0.59
N-carbazole-CH=CH-C(CN)=C(CN)₂	0.5 mol %[23] (15°C)	337 440 470 500	2.2	0.23 0.67 0.75 0.70
N-ethylcarbazole-CH=CH-C(CN)=C(CN)₂	0.5 mol %[23] (15°C)	337 520 550 580	2.2	0.23 0.62 0.77 0.66
CH₃OCO-C₆H₄-COOCH₃ (DMTP)	0.5 mol %[20] (27°C)	360	2.2	
	1.8 mol %[10] (65°C)	340 280	2.2	0.90
NC-C₆H₄-CN	0.5 mol %[20] (20°C)	360	2.3	—
NC-C₆H₃(CN)-CN	0.5 mol %[20] (20°C)	360	2.4	—
HOOC-C₆H₃(COOH)-COOH	0.5 mol %[20] (20°C)	360	2.4	—
CCl₃COOH (TCAA)	0.1 wt %[25]	345	3.0	0.11
None	(65°C)[10]	240 280 340	2.6	0.059 0.035 0.002
	[25]	345	2.25	0.14
	(23°C)[26]	345	2.6	0.11

次に,表III.5.11 中のいくつかの電子受容性化合物添加の PNVC フィルムについて,そのキャリヤー生成効率の電界依存性を示す.図III.5.15 は TNF 6 mol% 添加のフィルムの結果であり,図III.5.16 は DMTP 1.8 mol% 添加のフィルムの場合,また図III.5.17 はトリクロロ酢酸(TCAA)0.1 wt% 添加のフィルムの結果である.

5.1.2 その他の高分子光導電材料

PNVC 以外の高分子光導電材料として表III.5.12 に示すビニルポリマーがあり,PNVC と同様に電子受容性化合物の添加によって光感度が向上することが知られている[5].

ビニルカルバゾールと別なモノマーとの共重合体も光電流を示す.図III.5.18 には,Au/ポリマー/NESA サンドイッチセルの分光光電流を示す.電界強度は 7×10^3 V/cm,単色光強度 2×10^{13} photons/cm²·s,測定

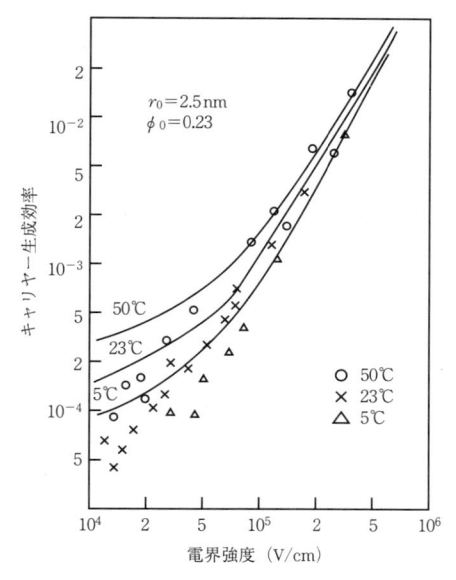

図 III.5.15 TNF 6mol%添加 PNVC 膜のキャリヤー生成効率の電界依存性[24]
実線は図中の r_0, ϕ_0 値を用いて，オンサーガーモデルよりの理論曲線．

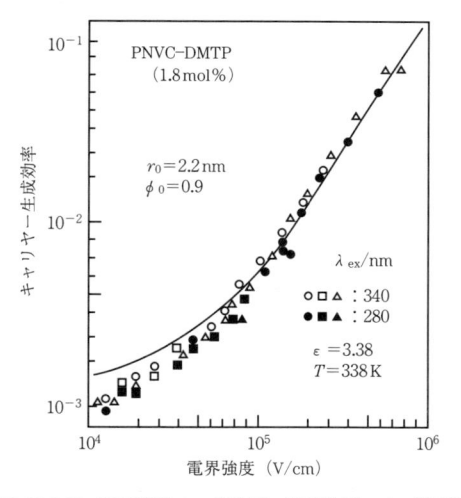

図 III.5.16 DMTP(1.8mol%)添加 PNVC 膜の ϕ の電界依存性[10]
実線は図中の r_0, ϕ_0 値より得られた理論曲線．

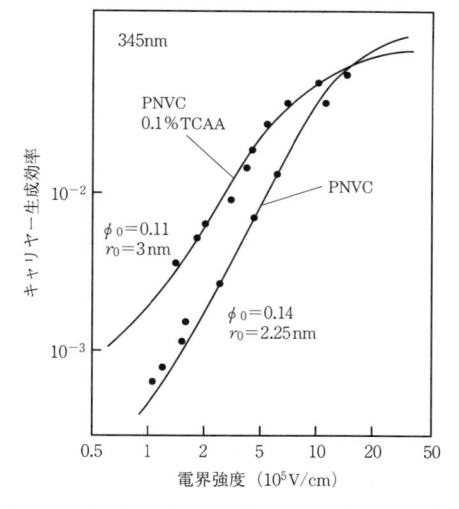

図 III.5.17 PNVC 膜および TCAA(0.1wt%)添加 PNVC 膜の ϕ の電界依存性[25]

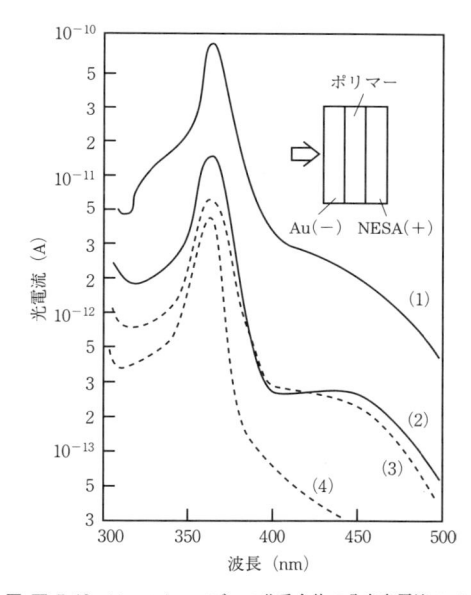

図 III.5.18 ビニルカルバゾール共重合体の分光光電流スペクトル
(1) PNVC, (2) NVC-スチレン(15mol%), (3) NVC-酢酸ビニル(17mol%), (4) NVC-N-ビニルピロリドン(20mol%)[27].

温度20℃である．

またモノブロモピレンをホルムアルデヒドで縮合したポリマーが光導電性を示すことが知られている．このブロモピレン樹脂に電子受容性化合物が添加された光導電膜の分光感度スペクトルを図III.5.19〜III.5.22に示す．電子受容性化合物の添加量はブロモピレン樹脂の単位構造あたり 0.1mol であり，光導電膜の厚みは 6〜9 μm である．

表 III.5.12 PNVC 以外の高分子光導電材料[5]

名　　称	名　　称
ポリスチレン	ポリ-9-ビニルアントラセン
ポリビニルキシレン	ポリ-3-ビニルピレン
ポリ-1-ビニルナフタレン	ポリ-2-ビニルキノリン
ポリ-2-ビニルナフタレン	ポリインデン
ポリ-4-ビニルビフェニル	ポリアセナフチレン

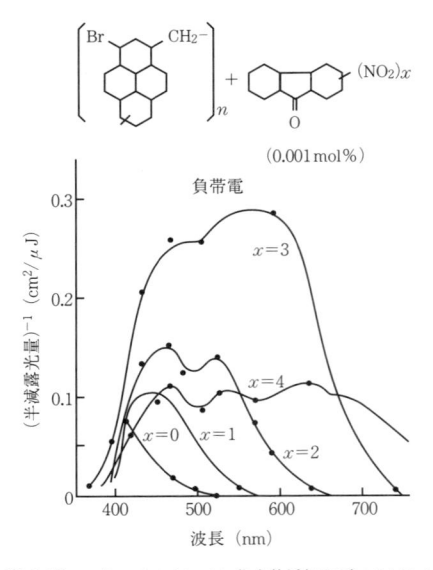

図 III.5.19 ニトロフルオレノン化合物添加のブロモピレン樹脂膜の負帯電での分光感度[28]

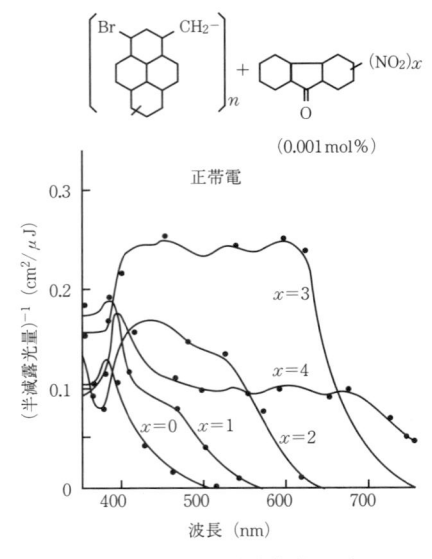

図 III.5.21 ニトロフルオレノン化合物添加のブロモピレン樹脂膜の正帯電での分光感度[28]

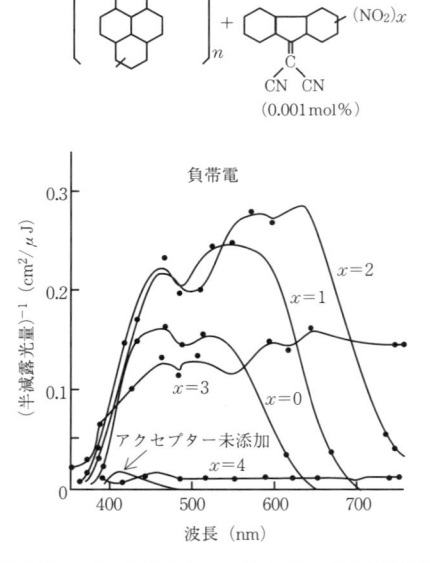

図 III.5.20 ニトロシアノメチレンフルオレン化合物添加のブロモピレン樹脂膜の負帯電での分光感度[28]

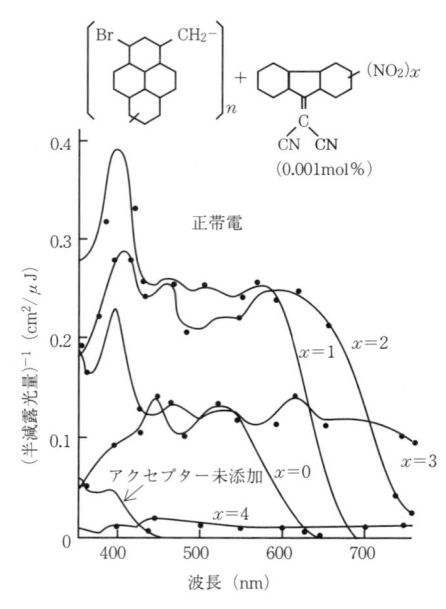

図 III.5.22 ニトロシアノメチレンフルオレン化合物添加のブロモピレン樹脂膜の正帯電での分光感度[28]

5.1.3 高分子光導電材料の応用

a. スライド用電子写真感光フィルム

1973年に松下電器から,白黒用としてパナコピースライド作成機KV-1000が,続いてカラー用として1978年にパナコピーKV-5000が発売された.いずれもOPCの透光性,高解像性と電子写真プロセスの迅速性を用いたものである.白黒用のときは40秒,カラー用のときは120秒間に,ワンタッチ操作でマウントずみの35mmスライドをつくることができる.学会などの講演用,学校・企業での教育用として広く用いられている.

これに使用する感光フィルムは図III.5.23のような構成をもつ.ベースフィルムとしては,ポリエチレンテレフタレートフィルムが用いられ,透明性導電層と

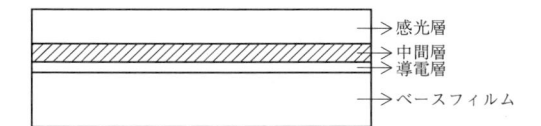

図 III.5.23 スライド用感光フィルムの構成

しては Pd 蒸着膜が用いられている．下引層は，低抵抗化したポリ酢酸ビニル薄膜が用いられている．感光層の組成は OPC，増感剤，可塑剤，補強剤からなる．これらを適当な溶剤に均一に溶解して塗料とし，下引層を設けた Pd 蒸着のベースフィルム上に塗布する．OPC としてはブロム化 PNVC が用いられ，増感剤としてのベンゾピリリウムパークロレートが光導電物質中に均一に分散されている．さらに帯電特性，膜の機械的特性を改良するためにエステル系可塑剤，ポリカーボネート樹脂が添加されている．このような構成の感光フィルムは図 III.5.24 に示すような分光感度をもつ．白色光に対する透過率は 70% であり，スライド用として透光性は十分である．またこの感光フィルムは，液体現像によって解像力 150 本/mm，最大濃度 2 の性能を示す．

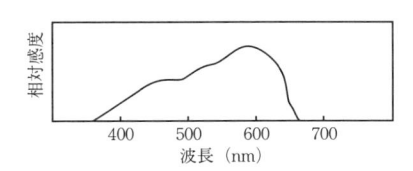

図 III.5.24 スライド用感光フィルムの分光感度

b. TNF/PNVC 系感光体

電子写真プロセスを複写機用感光体に応用する場合，電位の繰り返し安定性が要求される．この要求を OPC で最初に満足させたのが，PNVC と TNF からなる CT 錯体を用いた普通紙複写機 (Plain Paper Copier; PPC) 用感光体であった[29,30]．この感光体は PPC 用としてだけではなく，He-Ne レーザーを用いた最初の高速レーザービームプリンター (LBP) 用としても適用された．

PNVC に数 mol% のニトロ化合物を添加することによって，生成する CT 錯体の長波長域に現れる新しい吸収域に光導電性を生じる．しかし PNVC に対して，ほぼ等モルの TNF を加えたものが感度もよく，PPC 用感光体として実用化された．添加物の濃度と比感度(ある一定量の光を照射したときの表面電位が半分になるのに要する時間の逆数)の関係を図 III.5.25 に示す．負帯電で PNVC の感度が大幅に向上しており，かつ TNF による PNVC の増感という観点より

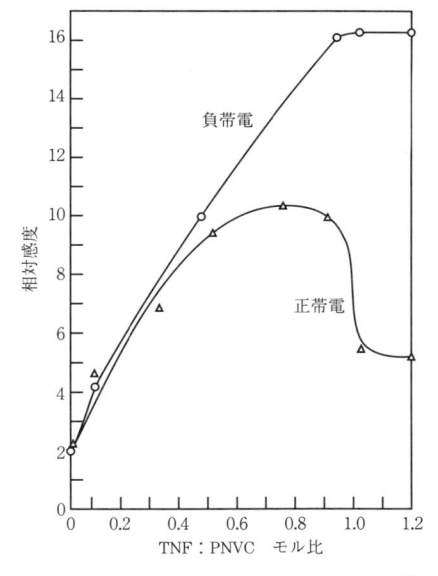

図 III.5.25 TNF/PNVC 膜の濃度と感度の関係[30]

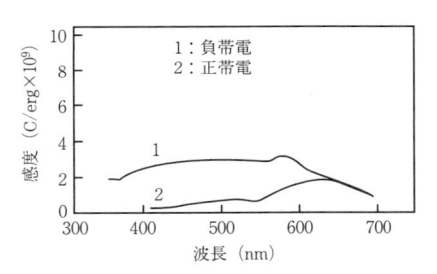

図 III.5.26 TNF/PNVC 感光体の分光感度[30]

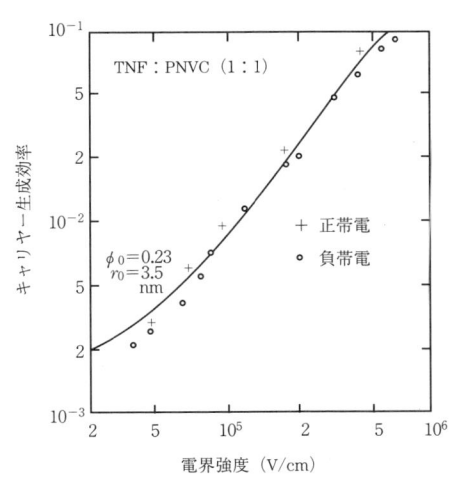

図 III.5.27 TNF/PNVC 感光体の ϕ の電界依存性における測定値と理論曲線[24]

も，CT 錯体そのものを感光体として実用化したという点で画期的といえる．感光体の分光感度スペクトルおよびキャリヤー生成効率の電界依存性をそれぞれ図 III.5.26，III.5.27 に示す．

5.2 低分子有機光導電材料

5.2.1 固溶体型有機光導電膜

1959年にKalle Co.から発表されたOPCのうち,代表的な化合物を表III.5.13に示す.

低分子のOPCの場合,それが溶剤可溶のときは何らかのバインダー樹脂とともに溶剤に溶かし,塗布,乾燥して得られる固溶体の形で実用に供される.バインダー樹脂としては,たとえば次のようなものが用いられる.スチレン-ブタジエン共重合体,シリコーン樹脂,スチレン-アルキッド樹脂,ポリ塩化ビニル,ポリ塩化ビニリデン,塩化ビニリデン-アクリロニトリル共重合体,酢酸ビニル-塩化ビニル共重合体,ポリビニルアセタール,ポリ(メタ)アクリル酸エステル,ポリスチレン,ポリエステル,フェノール-ホルムアルデヒド樹脂,ケトン樹脂,ポリアミド,ポリカーボネートなどである.

このようなバインダー樹脂に低分子のOPCを分散,相溶させて得られる透明な光導電膜に,感度を高めるための増感剤が添加されるのが一般である.この増感剤としては,5.1.1項にて述べたような各種の色素類,キノン類などの電子受容性化合物あるいはこれらの混合物が用いられる.

最近では,上述の光学増感,化学増感以外に,特に複写機用あるいはプリンター用の電子写真感光材料として用いる場合に,注入増感という手法が用いられている.これは,光学増感,化学増感においては,その均一な光導電膜中で,キャリヤー生成の問題とキャリヤー移動の問題を同時に考慮しなければならず,しばしばこれらの現象が互いに干渉して特性の向上を阻害する原因になっているからである.これに対し注入増

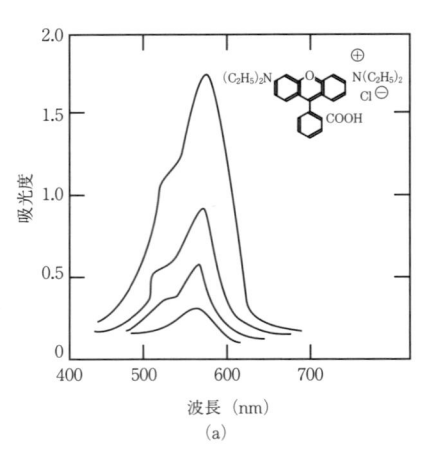

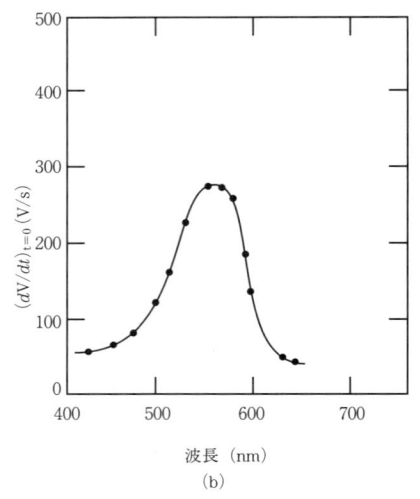

図 III.5.28
(a) ローダミンBの吸収曲線, (b) ローダミンB/TPA添加PCB膜の分光感度[31].

表 III.5.13 Kalle Co.から発表されたおもなOPC

名称 代表的な構造式	名称 代表的な構造式	名称 代表的な構造式
アシルヒドラゾン誘導体	オキサジアゾール誘導体	トリアゾール誘導体
ピラゾリン誘導体	イミダゾチオン誘導体	ベンズイミダゾール誘導体
ベンズチアゾール誘導体	ベンズオキサゾール誘導体	ポリビニルカルバゾール

感では，光導電膜を電荷輸送層と電荷発生層とからなる積層構成にしているため，キャリヤーの生成，移動をそれぞれ独立に考慮するだけでよい．

本項では，低分子OPCをバインダー樹脂中に相溶，分散させた固溶体型有機光導電膜の光学増感，化学増感，注入増感について解説する．

a. 光 学 増 感

トリフェニルアミン（TPA）/ポリカーボネート（PCB）系で，色素としてローダミンB，チアピリリウム塩を用い，各系での光学増感のプロセスについての詳しい報告がある．図III.5.28(a)は濃度の異なるローダミンB溶液の吸収スペクトル，図III.5.28(b)は，PCB 1g，TPA 0.5gおよびローダミンB 0.005gからなる光導電膜を基板（ネサガラス）上に設けた試料の，電子写真法による光減衰より求めた分光感度スペクトルを示す．

感度は初期の光減衰速度 $(dV/dt)_{t=0}$ で表す．増感剤によるキャリヤー生成効率は $C(dV/dt)_{t=0}/en_{ph}$（C は試料の静電容量，n_{ph} は吸収フォトンの数）で表され，その値は $70 V/\mu m$ で ~ 0.004 という非常に小さい値である．

図III.5.29はTPA濃度を一定にしてローダミンBの濃度を変えた実験結果で，(a)の縦軸は図中に示した構成の試料に550nm光を照射したときの最大のコントラスト電位を得るに必要な最適露光量の逆数を表している．(b)は(a)の構成の試料にさらに $1\mu m$ 厚の α-Se層を設けた試料で得られた結果で，縦軸は α-Seの吸収する430nm光を照射したときの10秒後の残留電位の逆数を示している．ローダミンBの添加により，光の吸収の増加にともなって最初は感度が増加す

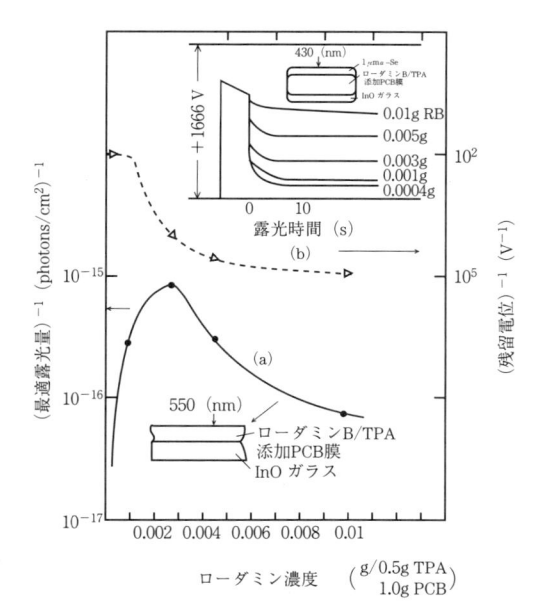

図 III.5.29 ローダミンB/TPA添加PCB膜でのローダミン濃度の（a）最適露光量，（b）残留電位への各影響[31]
上の挿入図はローダミン濃度と表面電位減衰曲線の関係を示している．

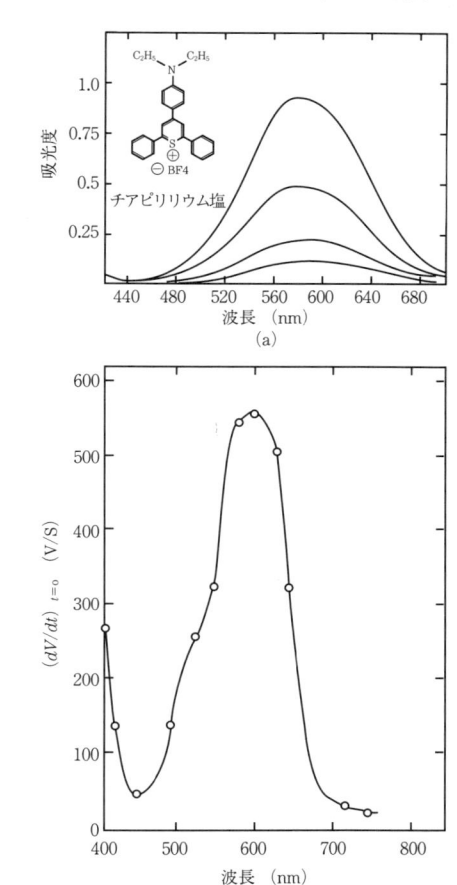

図 III.5.30
（a）チアピリリウム塩の吸収曲線，（b）チアピリリウム塩/TPA添加PCB膜の分光感度[31]．

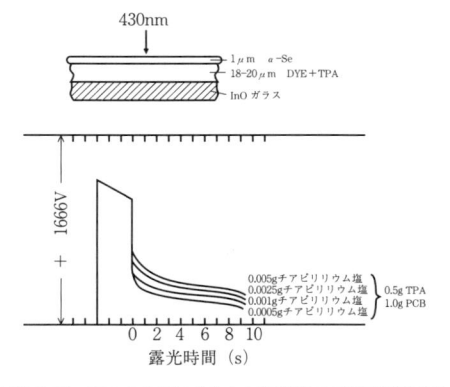

図 III.5.31 種々のチアピリリウム塩濃度での表面電位減衰曲線[31]

るが，さらに色素濃度を上げると励起されていない色素分子がホールの移動距離に悪影響を及ぼし，その結果，感度はやがて下降する．ローダミンBの代わりにチアピリリウム塩を用いて行った同様の結果を，図III.5.30, III.5.31に示す．

チアピリリウム塩の場合は，ローダミンBに比べて，濃度を上げてもそれ程顕著な残留電位の増加は見られない．このことは，用いた系ではチアピリリウム塩が効果的なトラップになっていないことを示している．またチアピリリウム塩で増感された系のキャリヤー生成効率の電界依存性を図III.5.32, III.5.33に示す．図にて，色素濃度を変えても色素-輸送分子間の距離に影響を及ぼさないため，増感能には差が現れていない．しかし輸送分子の濃度を変えると，色素-輸送分子間の距離を変えることになるため，増感能にその濃度依存性が強く現れるようになる．

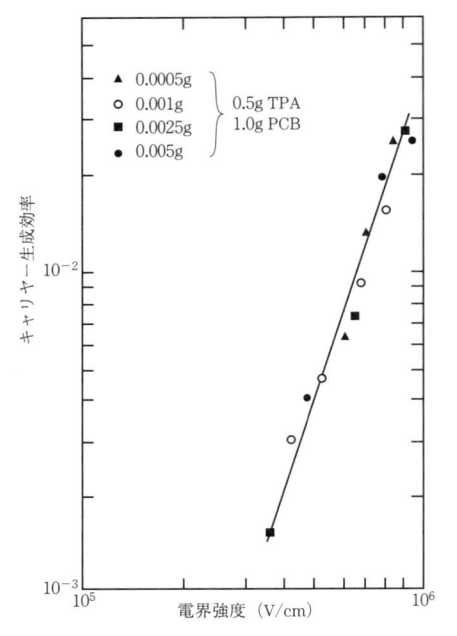

図 III.5.32 種々のチアピリリウム塩濃度でのチアピリリウム塩/TPA/PCB 膜の ϕ の電界依存性[31]

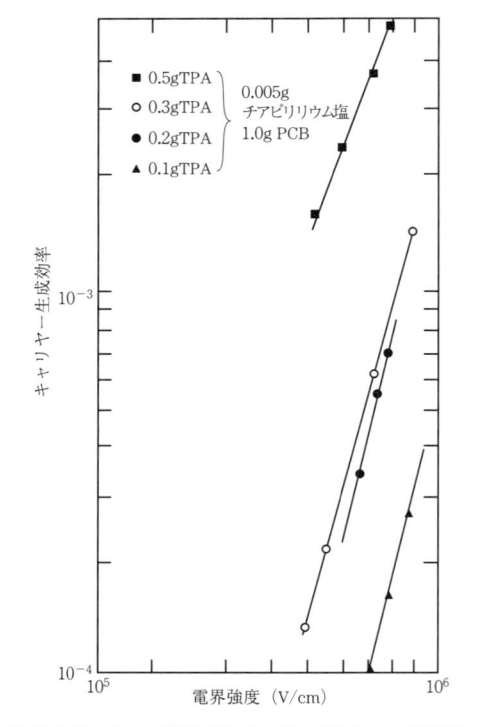

図 III.5.33 種々の TPA 濃度でのチアピリリウム塩/TPA/PCB 膜の ϕ の電界依存性[31]

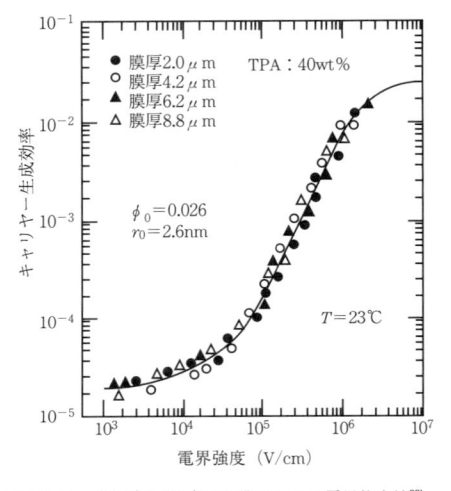

図 III.5.34 未増感 TPA/PCB 膜での ϕ の電界依存性[32] 実線は図中の r_0, ϕ_0 値よりの理論曲線

未増感 TPA/PCB 系のキャリヤー生成効率の電界依存性を図III.5.34に示すが，増感された光導電膜のキャリヤー生成効率の電界依存性は，未増感光導電膜のそれに比べてきわめて大きい．

b. 化学増感

Hoegl は[5]，PNVCの電子受容性化合物による増感の研究と同様に低分子OPCの電子供与性化合物あるいは電子受容性化合物による増感の研究についても行っている．バインダー樹脂としてポリ酢酸ビニル，塩素化ポリ塩化ビニル，塩素化ゴム，スチレン-ブタジエン共重合体を用い，図III.5.35に示す電子供与性化合物と，図III.5.36に示す電子受容性化合物の組み合わせからなる host, dopant（0.1～2mol%）の系について，主に density strip 法といわれる，多数の濃度段階よりなるグレースケールを原稿に用い，現像して得られる画像より増感能の評価を行った．その結果は，電

5.2 低分子有機光導電材料

図 Ⅲ.5.35 電子供与性化合物

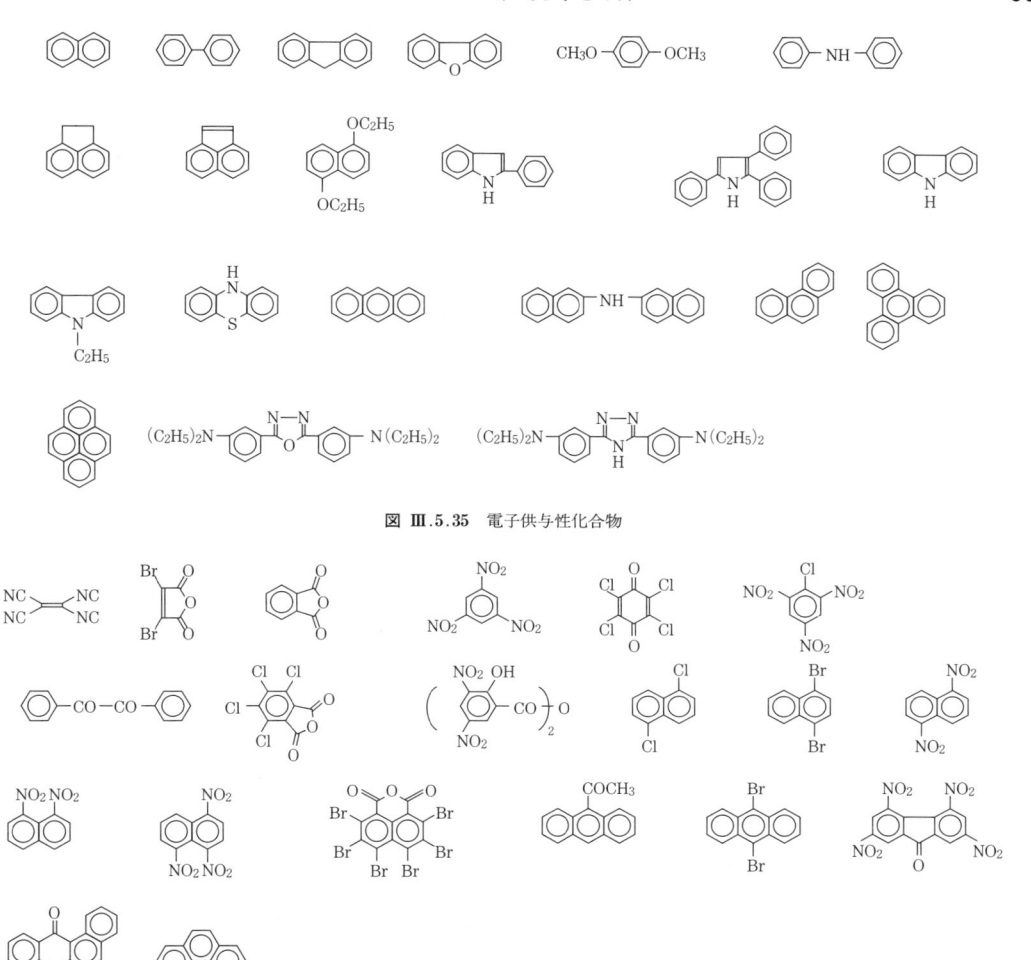

図 Ⅲ.5.36 電子受容性化合物

子供与性のOPCに少量の電子受容性化合物あるいは電子受容性OPCに少量の電子供与性化合物を加えた系では増感能が認められるが，host, dopantとも電子供与性化合物，あるいは電子受容性化合物の場合は逆に減感作用が認められている．

c. 注 入 増 感

すでに報告したように，特にPPCあるいはLBPに用いる電子写真用のOPC感光体には，その特性向上のために，電荷発生層（Charge Generation layer；CG層）と電荷輸送層（Charge Transport layer；CT層）に機能を分離し，その両層を積層した構成の光導電膜が用いられている．この機能分離タイプの考え方は目新しいものではなく，たとえば導電性基板上にセレンなどの無機光導電性蒸着層を設け，その上に未増感のOPC層を設けた電子写真用フィルムが，1966年にすでに報告されている[33]．すなわちOPCが，蒸着された無機光導電材料によって増感されているのである．また，同じ時期に，逆の構成の感光体も提案されている[34]．

この機能分離タイプOPC感光体の表面電荷の中和の様子を図Ⅲ.5.37に示すが，照射光の吸収およびキ

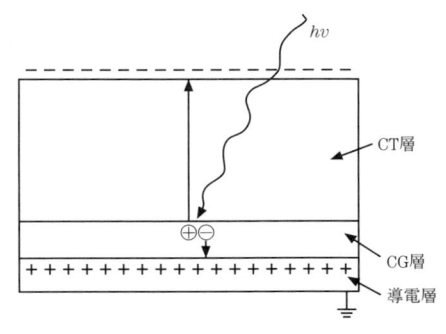

図 Ⅲ.5.37 表面電荷の中和

ャリヤー対の生成は電荷発生能力の大きいCG層にて行われる．このCG層で生成したフリーキャリヤーが，電荷輸送能力の大きいCT層に注入され，速やかに移動して表面電荷を中和する．

CT層を構成するCT剤としては，電子供与性化合物，電子受容性化合物のどちらでも使用することができる．キャリヤーは前者ではホール，後者では電子となる．最近のOPCに実際に使用されているのは電子供与性化合物で，キャリヤーはホールのため帯電極性は負となる．電子受容性化合物はニトロ基，シアノ基などの電子受容性置換基を分子内に導入すると得られる．溶剤に対する溶解性，バインダー樹脂との相溶性あるいは有害性などの点で解決すべき課題が多い．したがって，CG層とCT層に機能を分離した構想によりCG剤，CT剤の設計が容易である．この機能分離タイプの場合はCG層-CT層間のキャリヤー注入効率も感度の要因となる．図III.5.38に示すように，CG層，CT層のイオン化ポテンシャル(I_p)や電子親和力(E_A)の差によって電荷注入効率が左右される[35]．

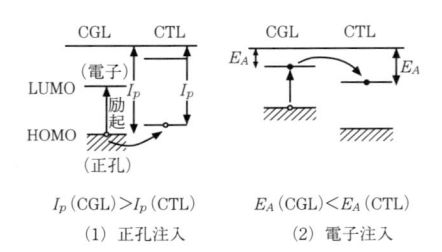

図 III.5.38 CG層-CT層間のキャリヤー注入モデル

1) CG剤 表III.5.14には代表的なCG剤を示す．ここに示すアゾ顔料，ペリレン顔料，フタロシアニン顔料などの光導電性有機顔料の他に，スクアリリウム塩，アズレニウム塩などの有機色素が用いられる．

CG剤は，形成される機能分離型感光体の分光感度を決定する．もし，PPC用の感光体として使う場合は550〜600 nmの領域に吸収ピークをもたせなければならない．一方，液晶光シャッタプリンターの光源は白色光のためPPC用感光体が使えるが，LEDには650〜680 nmの波長域に高感度な感光体が必要になる．またLBPの場合，使用するCG剤は，LBPのレーザー光源の単波長光に対応するものでなければならない．

PPC用感光体に用いられるCG剤としては，ビスアゾ顔料，ペリレン顔料がある．また，LBP用のCG剤としてはトリスアゾ顔料[36]，フタロシアニン顔料などがある．

CG層はCG剤を単独で，あるいはバインダー樹脂中に分散させて，導電性支持体上に薄層として形成される．前者の場合，たとえばフタロシアニン顔料では蒸着によって均一な膜を形成することができる．後者の場合，バインダー樹脂，溶剤の選択は，用いるCG剤の分散性と，次にその上に塗布するCT剤塗液の溶剤に対して溶解しないという条件から決定される．主に使用されるバインダー樹脂としては，熱硬化型の変性アクリル樹脂，フェノール樹脂あるいはブチラール樹脂などがあげられる．CG剤とバインダー樹脂との比

表 III.5.14 代表的なCG剤

5.2 低分子有機光導電材料

表 III.5.15 各種フタロシアニン結晶（β形）の単位格子[37]

化合物	空間群	a(Å)	b(Å)	c(Å)	β(°)	密度[a]	密度[b]
無金属フタロシアニン	$P2_1/a$	19.85	4.72	14.8	122.2	1.445	1.44
Be-フタロシアニン	$P2_1/a$	21.2	4.84	14.7	121.0	1.33	—
Mn-フタロシアニン	$P2_1/a$	20.2	4.75	15.1	121.7	1.52	—
Fe-フタロシアニン	$P2_1/a$	20.2	4.77	15.0	121.6	1.52	—
Co-フタロシアニン	$P2_1/a$	20.2	4.77	15.0	121.3	1.53	—
Ni-フタロシアニン	$P2_1/a$	19.9	4.71	14.9	121.9	1.59	1.63
Cu-フタロシアニン	$P2_1/a$	19.9	4.79	14.6	120.6	1.61	1.63
Pt-フタロシアニン	$P2_1/a$	23.9	3.81	16.9	129.6	1.97	1.98

a) 計算値, b) 測定値.

表 III.5.16 各種フタロシアニンの準安定型結晶（α形）の単位格子[38]

	無金属フタロシアニン	Fe-フタロシアニン	Co-フタロシアニン	Ni-フタロシアニン	Cu-フタロシアニン	Pt-フタロシアニン
a(Å)	26.14	25.90	25.88	26.15	25.92	26.18
b(Å)	3.814	3.765	3.750	3.790	3.790	3.818
c(Å)	23.97	24.10	24.08	24.26	23.92	23.84
β(°)	91.1	90.0	90.2	94.8	90.4	91.9
空間群	$C2/c$	$C2/c$	$C2/c$	$C2/c$	$C2/c$	$C2/c$
格子あたりの分子数	4	4	4	4	4	4
密度（計算値）	1.42	1.59	1.61	1.57	1.62	1.96
密度（測定値）	1.44		1.65	1.62	1.62	1.94

表 III.5.17 金属フタロシアニンの電気化学的特性[39]

	E^{ox} (V vs SCE)	I_p (eV)	E^{red} (V vs SCE)	E_A (eV)
H₂Pc	0.9	5.2	−1.10	3.20
MnPc	−0.14	4.16	−1.02	3.28
FePc	0.39	4.69	−1.05	3.25
CoPc	0.77	5.07	−0.55	3.75
NiPc	0.98	5.28	−0.70	3.60
CuPc	0.87	5.17	−0.84	3.46
ZnPc	0.68	4.98	−0.90	3.40
CdPc	0.54	4.84	−1.17	3.13
CrPc	0.52	4.82	−1.35	2.95
PbPc	0.67	4.97	−0.72	3.58
MgPc	0.65	4.95	−0.96	3.34
Na₂Pc			−1.06	3.24
CaPc				3.30
AlXPc	0.91	5.21	−0.66	3.64
InClPc	0.84	5.14	−0.65	3.65

表 III.5.18 フタロシアニン蒸着膜の溶剤処理による λ_{max} の移行[40]

Pc	処理前 λ_{max} (O.D.)	処理後 λ_{max} (O.D.)
I. CH₂Cl₂ による処理		
MgPc	625 nm (0.72)	620 nm (0.36)
	695 nm (1.0)	700 nm (0.46)
		832 nm (1.0)
ZnPc	625 nm (1.0)	610 nm (0.86)
	700 nm (0.83)	700 nm (1.0)
		820 nm (0.86)
VOPc	630 nm (0.56)	630 nm (0.52)
	740 nm (1.0)	740 nm (0.74)
	830 nm (0.77)	830 nm (1.0)
AlClPc	660 nm (0.60)	650 nm (0.89)
	730 nm (1.0)	720 nm (0.96)
		810 nm (1.0)
II. THF による処理		
AlClPcCl	660 nm (0.6)	640 nm (0.73)
	750 nm (1.0)	720 nm (0.76)
		820 nm (1.0)
AlClPc	660 nm (0.6)	640 nm (0.62)
	750 nm (1.0)	720 nm (0.65)
		820 nm (1.0)
InClPc	660 nm (0.56)	650 nm (0.82)
	740 nm (1.0)	740 nm (0.75)
		810 nm (1.0)

率は，特性的には CG 剤の含有量が多いほど好ましい．多すぎると基材との接着性あるいは CG 層塗膜の機械的強度が低下する．そのため，通常はバインダー樹脂に対して 1～1.5 倍重量の CG 剤が用いられる．CG 層の厚みは薄いよりも厚い方が感度はよい．しかし，厚くなるとともに表面電位の低下，暗減衰の増大，また繰り返しによる残留電位の増大をひきおこす．このため，バランスのよいところで厚みを決定する必要がある．

i) フタロシアニン顔料：フタロシアニン顔料には多くの種類が知られている．それらの顔料の β 形，α 形の単位格子定数を表 III.5.15，III.5.16 に，イオン化ポテンシャル，電子親和力の値を表 III.5.17 に示す．

フタロシアニン系顔料の蒸着膜を加熱処理あるいは特定の溶剤蒸気に曝すことによって，表 III.5.18，図 III.5.39，III.5.40，III.5.41 に示すように吸収ピークの長波長域への移行と感度の向上が認められる．このことは，無金属はもちろん，各種の金属フタロシアニンにおいても報告されているが，これはフタロシアニン分子の配列の規則性が高められた結果，分子間の強くなった相互作用によって吸収ピークが長波長側へ移行

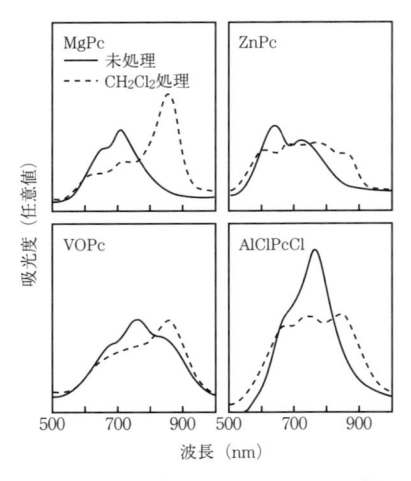

図 Ⅲ.5.39 蒸着膜の可視吸収スペクトル[40]

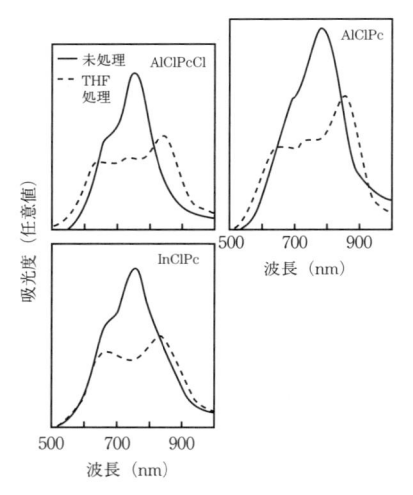

図 Ⅲ.5.40 蒸着膜の可視吸収スペクトル[40]

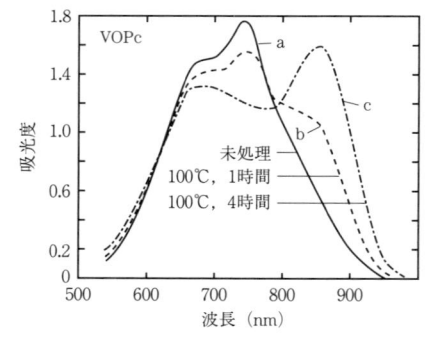

図 Ⅲ.5.41 VOPc 蒸着膜の加熱処理による可視吸収曲線の変化[41]

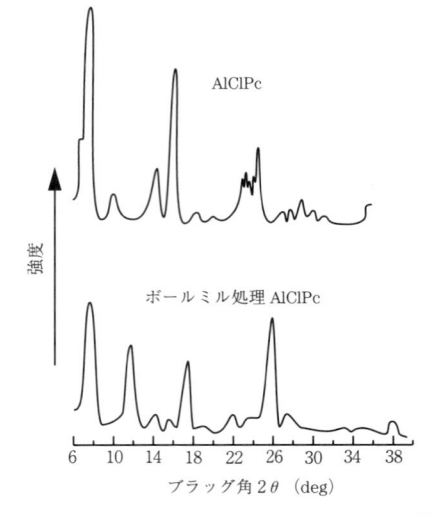

図 Ⅲ.5.42 未処理,溶剤処理 AlClPc の X 線回折図[40]

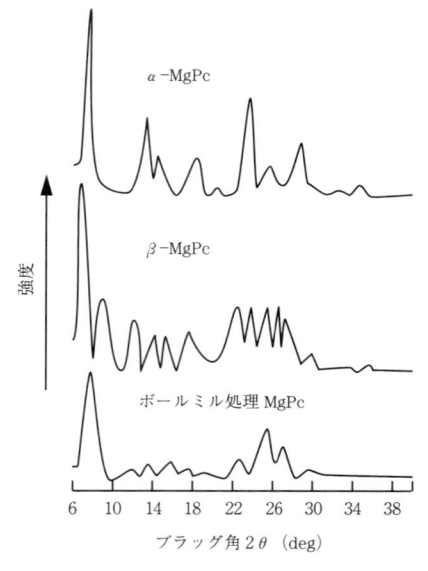

図 Ⅲ.5.43 α,β および溶剤処理 MgPc の X 線回折図[40]

したものと思われ,X 線回折(図Ⅲ.5.42,Ⅲ.5.43),IR スペクトル(図Ⅲ.5.44,Ⅲ.5.45,Ⅲ.5.46)にも変化が認められる.

　フタロシアニン顔料では,同一中心金属のものでもいろいろな結晶形のものが存在する.それぞれの結晶形によって吸収ピーク,X 線回折ピークが異なる.図Ⅲ.5.47,Ⅲ.5.48,Ⅲ.5.49 および表Ⅲ.5.19 に示すように,銅フタロシアニンでは α,β,γ,δ,ε 形の銅フタロシアニンが,無金属フタロシアニンでは図Ⅲ.5.50,Ⅲ.5.51,Ⅲ.5.52 に示すように α,β,τ,χ 形の無金属フタロシアニンが,またチタニルフタロシアニンでは図Ⅲ.5.53,Ⅲ.5.54 に示すように,α,β,γ,m,Y 形のチタニルフタロシアニンが知られてい

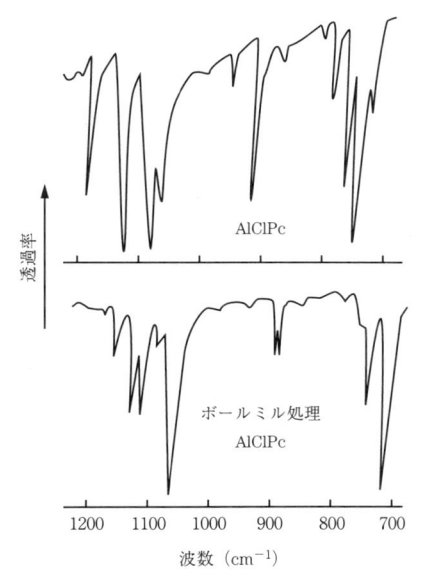

図 III.5.44　未処理,溶剤処理 AlClPc の赤外吸収曲線[40]

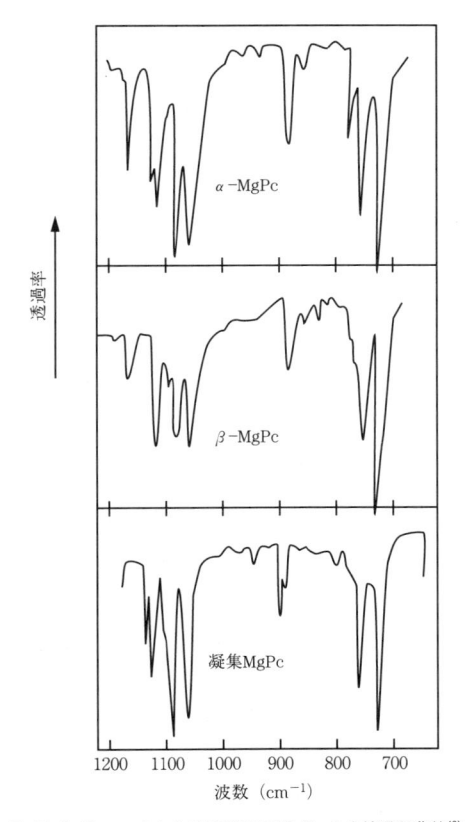

図 III.5.45　α, β および溶剤処理 MgPc の赤外吸収曲線[40]

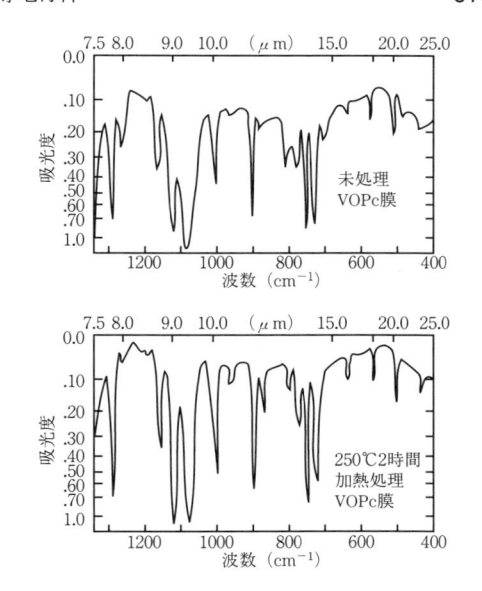

図 III.5.46　未処理,加熱処理 VOPc 蒸着膜の赤外吸収曲線[41]

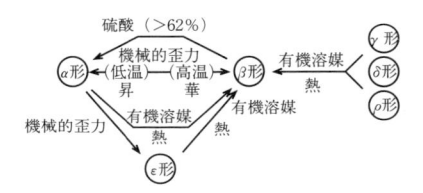

図 III.5.47　CuPc 結晶の転移[42]

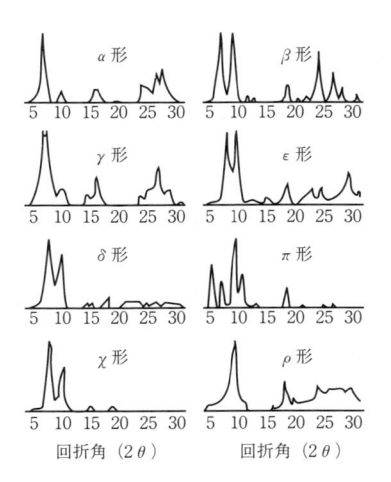

図 III.5.48　CuPc の X 線回折図[42]

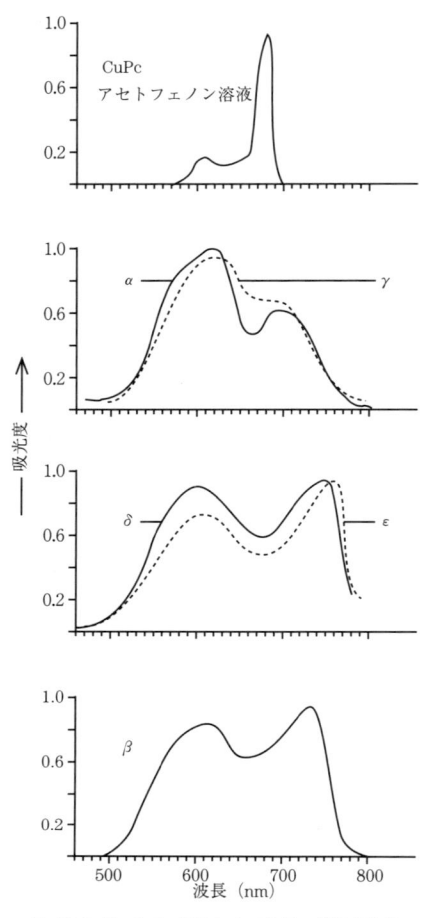

図 III.5.49 CuPc 溶液および結晶の吸収曲線[42]

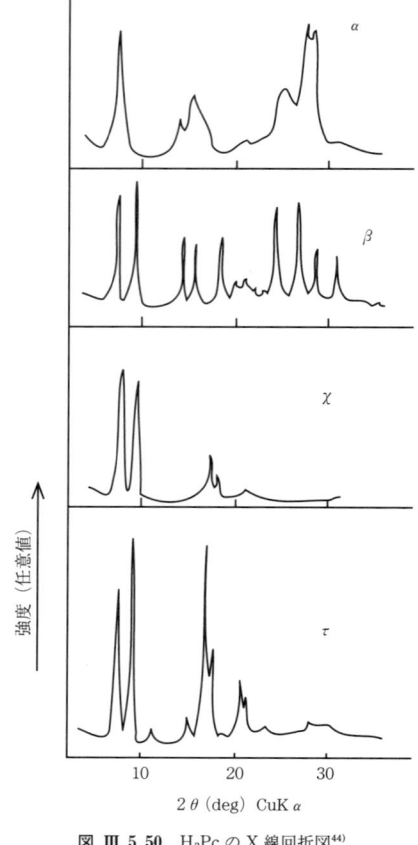

図 III.5.50 H₂Pc の X 線回折図[44]

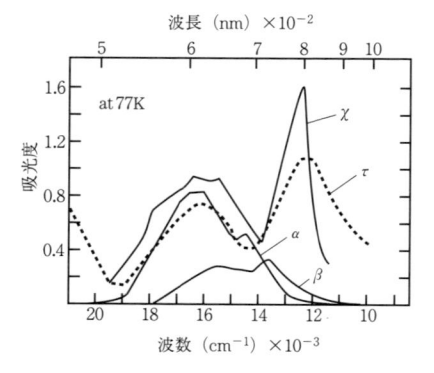

図 III.5.51 H₂Pc 膜の可視, 近赤外吸収曲線[43]

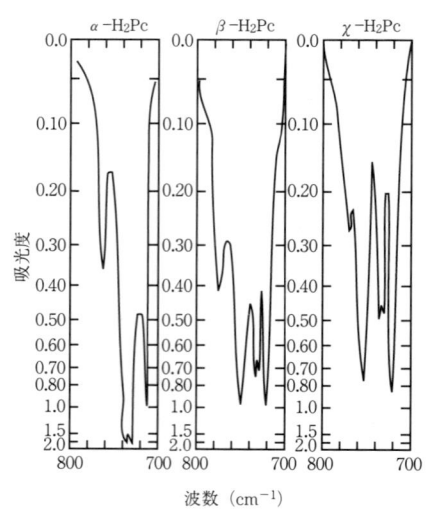

図 III.5.52 H₂Pc 膜の赤外吸収曲線[43]

5.2 低分子有機光導電材料

表 III.5.19 フタロシアニン顔料の吸収と色[42]

結晶形	λ_{max}(nm)	明度(%)
α	621, 706	6.8
β	640, 740	6.4
γ	625, 702	6.5
δ	619, 736	7.0
ε	616, 778	6.6
ρ	610, 758	6.0

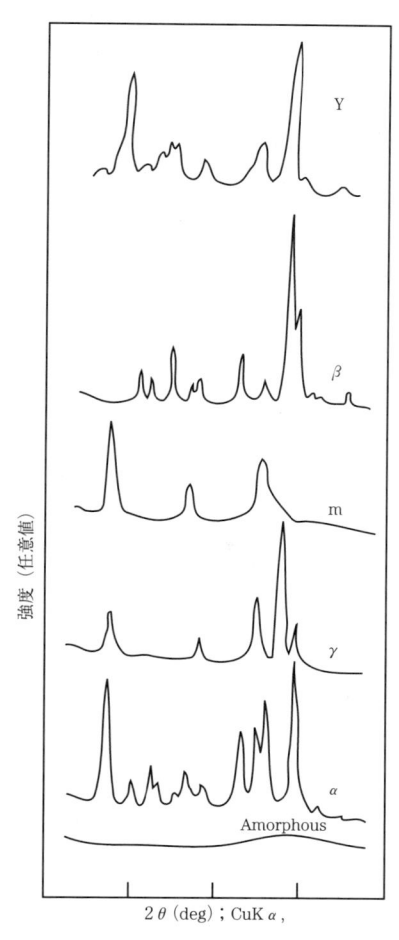

図 III.5.53 TiOPc の X 線回折図[45,46]

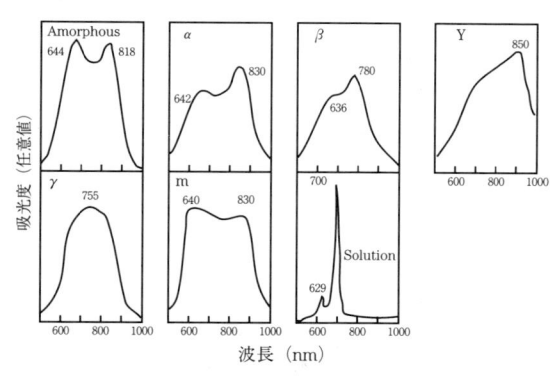

図 III.5.54 TiOPc 膜の可視吸収曲線[45,46]

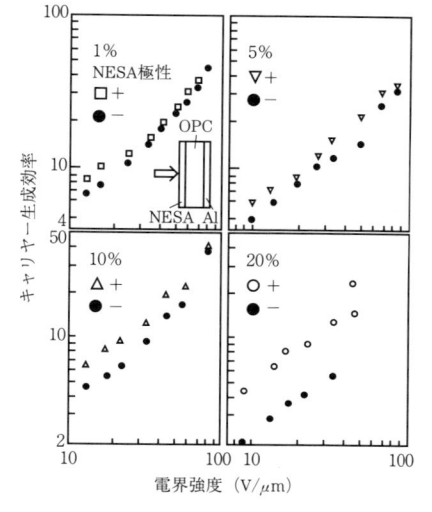

図 III.5.55 χ-H$_2$Pc 光導電膜での ϕ の電界依存性[47]

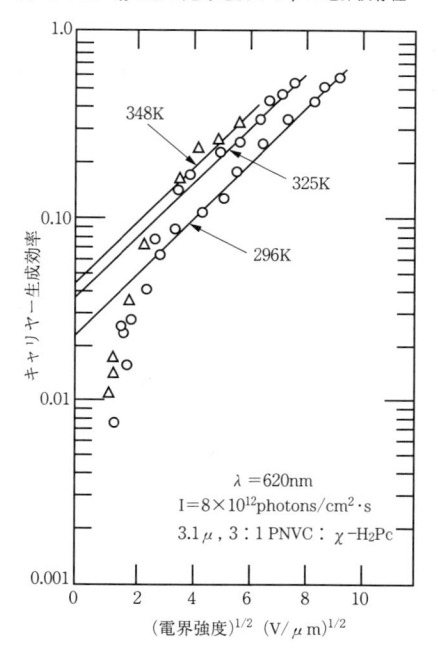

図 III.5.56 χ-H$_2$Pc/PNVC 膜での ϕ の電界依存性[48]

る．つまり α 形 (不安定形) と β 形 (安定形) の間に，準安定形と呼ばれるいくつかの結晶形が存在している．中心金属の種類が変わると吸収ピーク，光導電性が左右されると同時に，結晶形の種類によってもこれらの特性が左右される．

χ 形無金属フタロシアニンをスチレン-n-ブチルメ

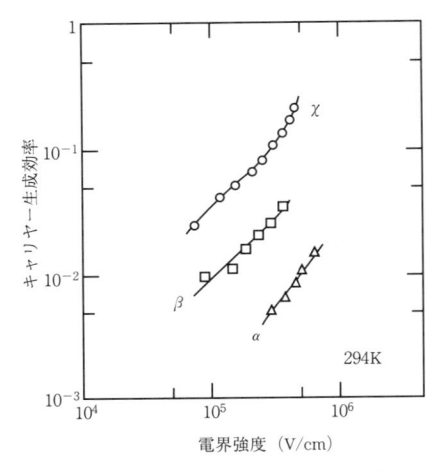

図Ⅲ.5.57 各種結晶形 H_2Pc 光導電膜での ϕ の電界依存性[49]

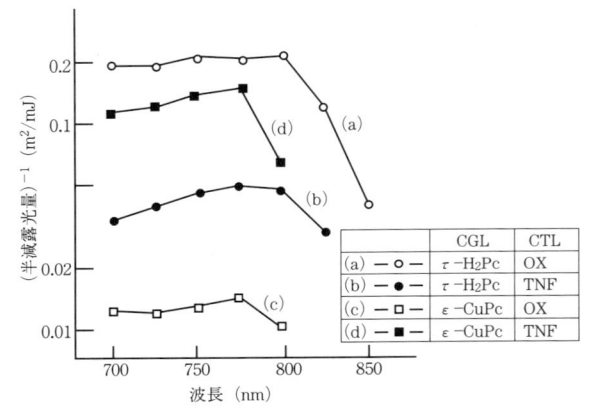

図Ⅲ.5.58 CG層,CT層の組み合わせからなる積層型光導電膜の分光感度[44]

		CGL	CTL
(a)	—○—	τ-H_2Pc	OX
(b)	—●—	τ-H_2Pc	TNF
(c)	—□—	ε-CuPc	OX
(d)	—■—	ε-CuPc	TNF

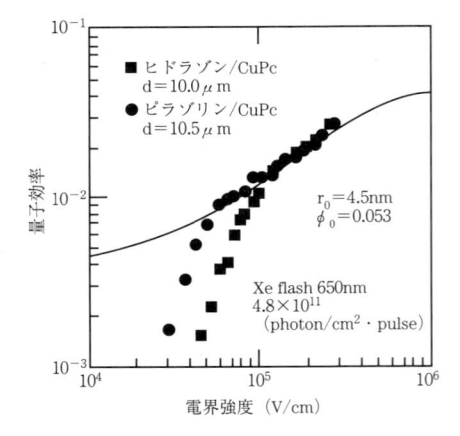

図Ⅲ.5.59 β-CuPc 積層型光導電膜での量子効率の電界依存性[50]
実線は図中の r_0, ϕ_0 値よりの理論曲線.

タクリレート共重合体に分散させた光導電膜(2～3 μm 厚サンドイッチセル)について,顔料濃度を変えたときのキャリヤー生成効率の電界依存性を図Ⅲ.5.55に示す.同じく,PNVC 中の χ 形無金属フタロシアニン分散光導電膜の表面電位減衰法によるキャリヤー生成効率を図Ⅲ.5.56 に,またポリエステル樹脂中の α, β, χ 形無金属フタロシアニンの各分散光導電膜の表面電位光減衰法によるキャリヤー生成効率を図Ⅲ.5.57 にそれぞれ示す.

図Ⅲ.5.58 は CG 剤として ε 形銅フタロシアニン,τ 形無金属フタロシアニンを用い,CT 剤として 2-(p-ジプロピルアミノフェニル)-4-(p-ジメチルアミノフェニル)-5-(o-クロロフェニル)-1,3-オキサゾール(OX),トリニトロフルオレノン(TNF)をそれぞれ用いた系の積層型光導電膜の分光感度スペクトルである.

また β 形銅フタロシアニンからなる積層型光導電膜の量子効率の電界依存性を図Ⅲ.5.59 に,r_0, ϕ_0 の値を χ 形無金属フタロシアニン系とともに表Ⅲ.5.20 に示す.

表Ⅲ.5.20 積層型光導電膜の r_0, ϕ_0 の値

構成	r_0(nm)	ϕ_0
ヒドラゾン/β-CuPc[50]	4.5	5.3×10^{-2}
ピラゾリン/β-CuPc[50]	4.5	5.3×10^{-2}
ヒドラゾン/χ-H_2Pc[51]	2.6	1

表Ⅲ.5.21 3価金属フタロシアニンの吸収ピーク(THF 溶液)[52]

Pc	λ_{max}(nm)
InClPcCl	691, 623
InBrPcBr	688, 621
InClPc	691, 624
InBrPc	688, 621
InIPc	687, 621
GaClPcCl	681, 617
GaBrPcBr	681, 616
GaClPc	681, 616
GaBrPc	681, 617
GaIPc	681, 617
AlClPcCl	676, 612
AlBrPcBr	675, 611

また 3 価金属フタロシアニンについて,表Ⅲ.5.21 には吸収ピーク値(THF 溶液)を,In 系フタロシアニン蒸着膜の吸収スペクトルを図Ⅲ.5.60 に示す.

同じく図Ⅲ.5.61 には InClPcCl の印加電圧と光電流,暗電流との関係を,図Ⅲ.5.62 にはインジウムフタロシアニンの分光光電流スペクトル,図Ⅲ.5.63 にはこれを用いた感光体の分光感度スペクトルを示す.ただし CT 剤としては PNVC を用いている.

これらのフタロシアニン顔料の中で,最近 LBP 用

5.2 低分子有機光導電材料

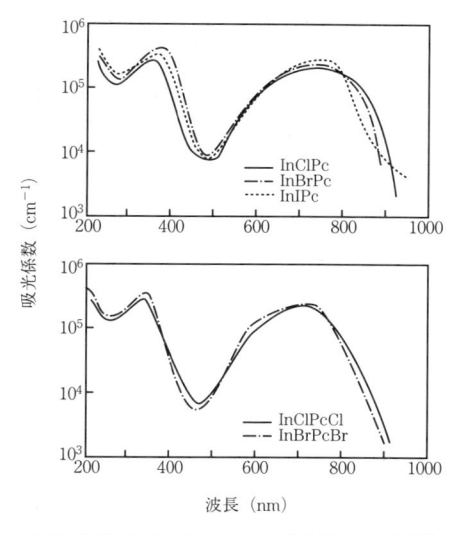

図 Ⅲ.5.60 In系フタロシアニン蒸着膜の吸収曲線[52]

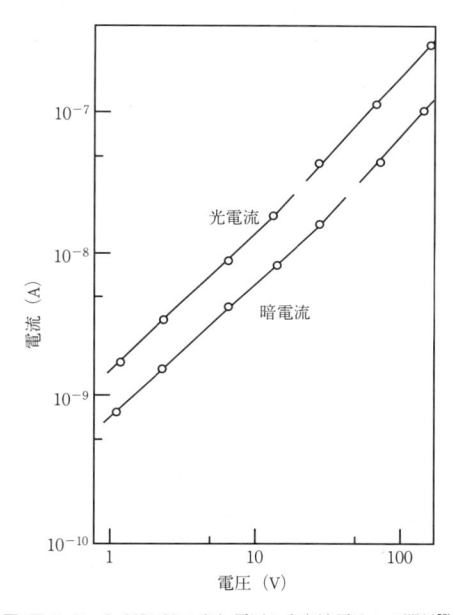

図 Ⅲ.5.61 InClPcCl の印加電圧と光(暗)電流との関係[52]

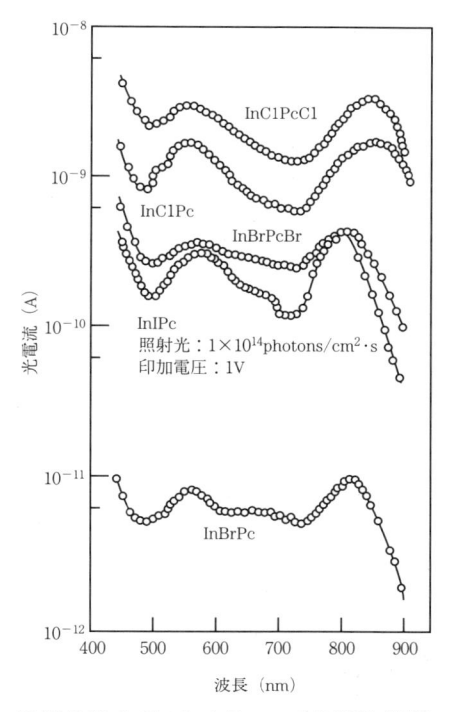

図 Ⅲ.5.62 In系フタロシアニンの分光光電流曲線[52]

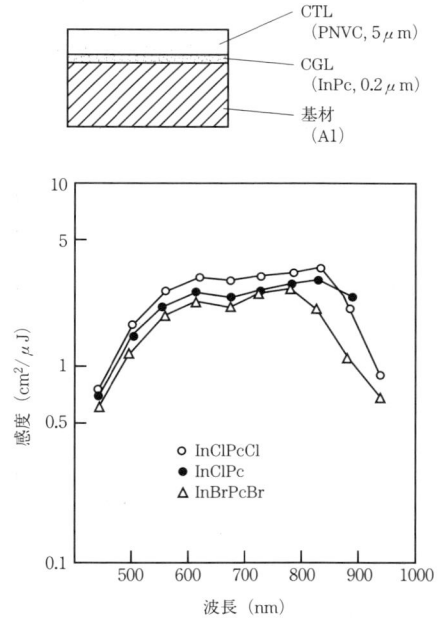

図 Ⅲ.5.63 In系フタロシアニン顔料からなる積層型光導電膜の分光感度[52]

表 Ⅲ.5.22 フタロシアニン顔料の粉体特性[45]

Pc	粒子径 (μm)	比表面積 (m^2/g)
Amorphous TiOPc	0.05	117
α-TiOPc	0.08	57
β-TiOPc	0.09	61
γ-TiOPc	0.07	71
m-TiOPc	0.09	67
χ-H$_2$Pc	0.07	78
τ-H$_2$Pc	0.21	23
ε-CuPc	0.13	35

表 III.5.23 チタニルフタロシアニンの
イオン化ポテンシャル(I_p)[45]

TiOPc	I_p(eV)
Amorphous TiOPc	5.39
α-TiOPc	5.34
β-TiOPc	5.27
γ-TiOPc	5.38
m-TiOPc	5.35

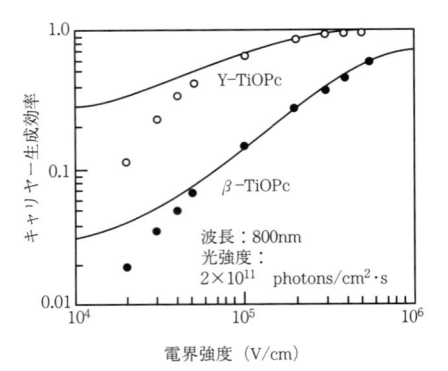

図 III.5.64 量子効率の電界依存性[46]

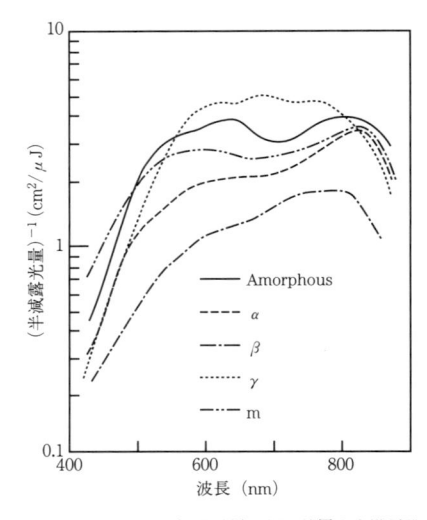

図 III.5.66 ブタジエン系CT剤/TiOPc積層型光導電膜の分光感度[45]

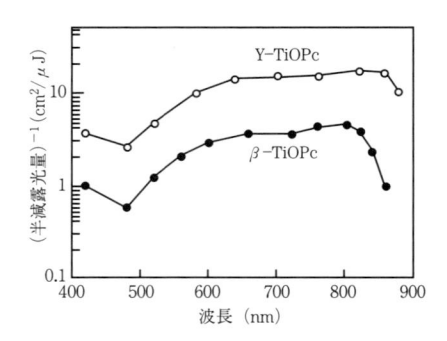

図 III.5.67 トリフェニルアミン系CT剤/TiOPc積層光導電膜の分光感度[46]

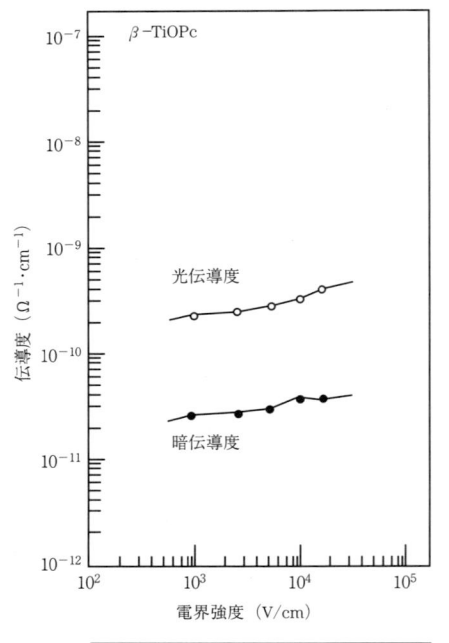

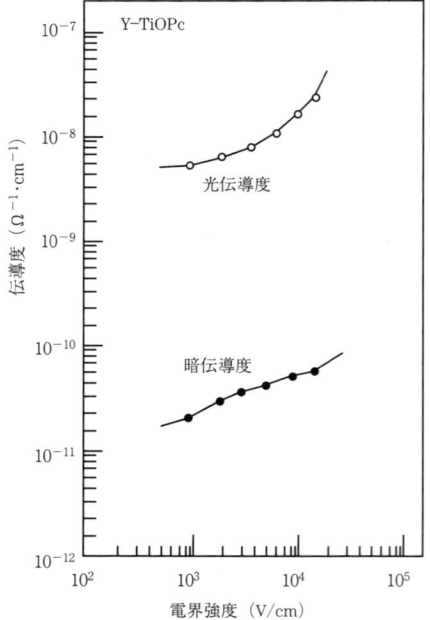

図 III.5.65 TiOPcの印加電圧と光(暗)電流との関係[46]

の有機感光体のCG剤として注目されているチタニルフタロシアニンの，各種結晶形顔料の粉体特性，イオン化ポテンシャル，量子効率，光電流を表III.5.22，III.5.23，図III.5.64，III.5.65にそれぞれ示す．

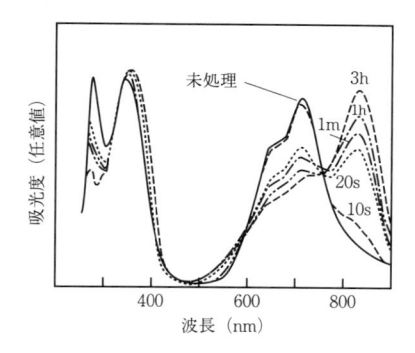

図III.5.68 TiOPc 蒸着膜の溶剤処理時間と吸収曲線の関係[53]

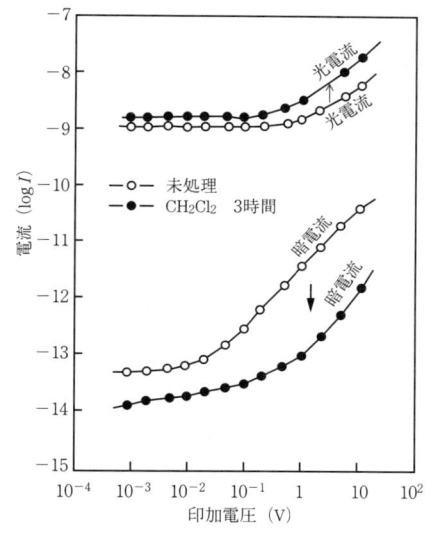

図III.5.69 TiOPc 蒸着膜の溶剤処理前後の印加電圧と光（暗）電流との関係[53]

表III.5.24 代表的なカプラー

またチタニルフタロシアニン蒸着膜についても，塩化メチレン蒸気に曝すことによって吸収ピークの長波長への移行と光電変換効率の向上が認められている．図III.5.68 はチタニルフタロシアニン蒸着膜の吸収スペクトルの変化を，図III.5.69 は，Al 電極の表面型セルを用いて得られた光（暗）電流と印加電圧との関係である．

ii) アゾ顔料：アゾ顔料は，ジアゾ成分とカプラーとの組み合わせで数多くの種類を合成することができ，その組み合わせによって光感度などの特性が決ってくる．代表的なカプラー成分として表III.5.24 に示すような構造のものがある．

フタロシアニン顔料と同様にアゾ顔料についても，たとえば図III.5.70 に示すビスアゾ顔料をシクロヘキサノンなどの溶剤中で分散させることによって，吸収スペクトルが長波長に移行すること，それを CG 剤として用いると電子写真特性が向上することが知られている．図III.5.71 に分散液の分光吸収スペクトルを，図III.5.72, III.5.73, III.5.74 には，分散時間による吸収スペクトルの変化，800 nm における電子写真感度の変化および X 線回折スペクトルの変化をそれぞれ示す．

図III.5.70 ジフェニルアミン系ビスアゾ顔料

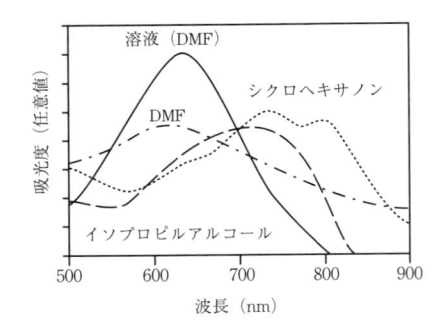

図 Ⅲ.5.71 溶液と分散液の吸収曲線[54]

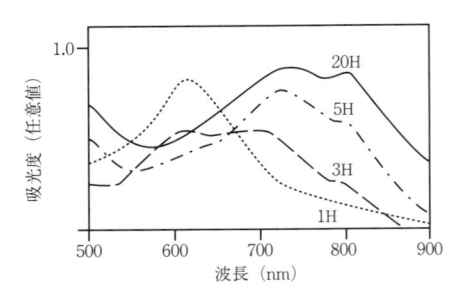

図 Ⅲ.5.72 分散時間と吸収曲線[54]

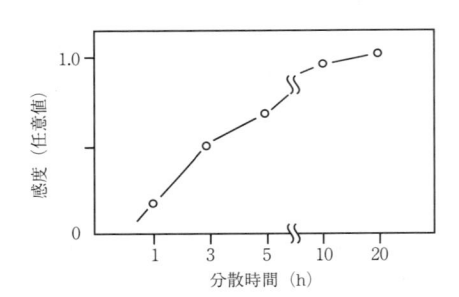

図 Ⅲ.5.73 分散時間と電子写真感度[54]

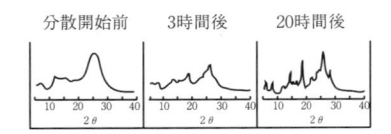

図 Ⅲ.5.74 分散時間とX線回折図[54]

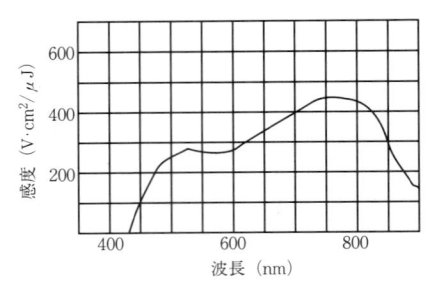

図 Ⅲ.5.75 ヒドラゾ系CT剤/ビスアゾ顔料積層型光導電膜の分光感度[54]

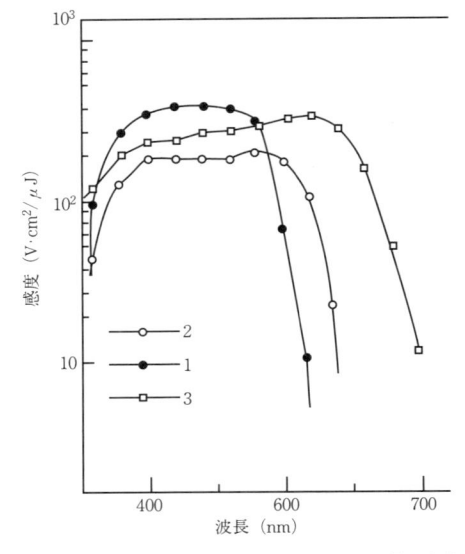

図 Ⅲ.5.76 ピラゾリン系CT剤/ビスアゾ顔料積層型光導電膜の分光感度[55]

図Ⅲ.5.75は,結晶変換させたビスアゾ顔料をCG剤として用い,CT剤にp-ジメチルアミノベンズアルデヒド-N-α-ナフチル-N-フェニルヒドラゾン(バインダー樹脂;PCB)を用いた積層型感光体の分光感度スペクトルである.ただし感度は,表面電位が-700Vから-200Vに減衰するのに必要な露光量より求めている.

また表Ⅲ.5.25のジスチリルベンゼン系ビスアゾ顔

表 Ⅲ.5.25 ジスチリルベンゼン系ビスアゾ顔料の特性[55]

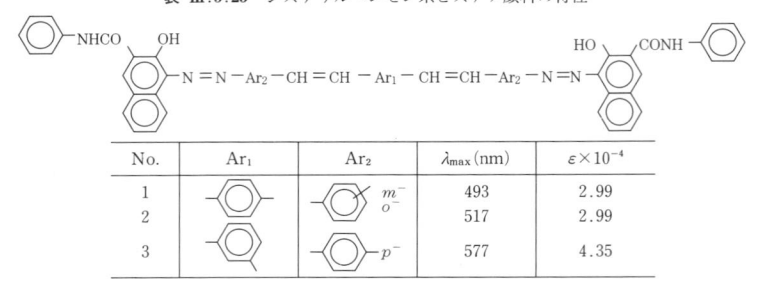

No.	Ar₁	Ar₂	λ_{max}(nm)	$\varepsilon \times 10^{-4}$
1	◯	◯ m-	493	2.99
2	◯	◯ o-	517	2.99
3	◯	◯ p-	577	4.35

5.2 低分子有機光導電材料

表 III.5.26 CG 層に用いたアゾ顔料[57]

CG-1	(構造式)
CG-2	(構造式)

図 III.5.77 アントラキノン系ビスアゾ顔料[56]

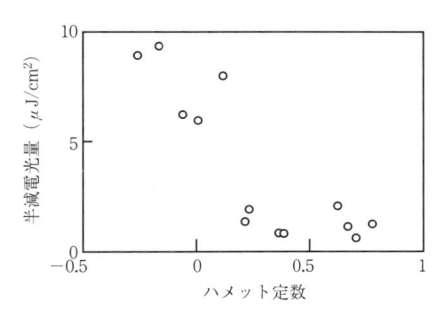

図 III.5.78 ハメット定数と感度との関係[56]

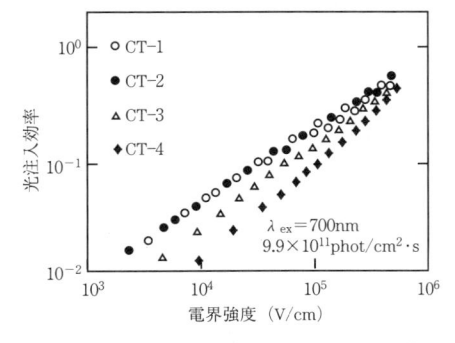

図 III.5.79 CT 剤/CG-1 光導電膜の光注入効率の電界依存性[57]

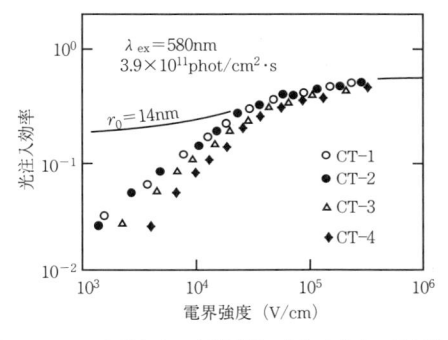

図 III.5.80 CT 剤/CG-2 光導電膜の光注入効率の電界依存性[57]
実線はオンサーガーモデルより得られた理論曲線.

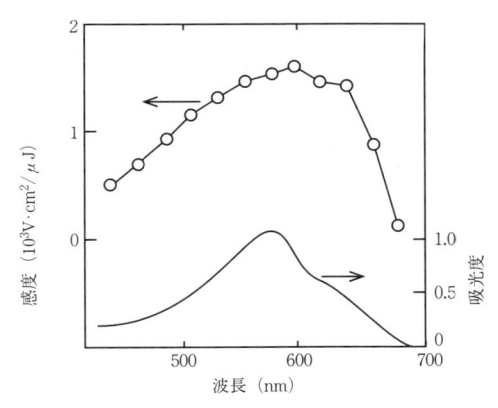

図 III.5.81 CT-2/CG-2 光導電膜の分光感度と CG-2 吸収曲線

料を CG 剤に用い，CT 剤に 1-フェニル-3-(p-ジエチルアミノスチリル)-5-(p-ジエチルアミノフェニル)-2-ピラゾリン(バインダー樹脂；ポリエステル樹脂)を用いた感光体の分光感度スペクトルを図III.5.76に示す．ただし感度は，表面電位が−800 V から−400 V に減衰するのに必要な露光量より求めている．

ビスアゾ顔料の置換基の電子写真特性への影響を見るために，図III.5.77に示すアントラキノン系ビスアゾ顔料の置換基Rのハメット定数と感度との関係が調べられ，図III.5.78に示すように相関が認められている．

表III.5.26のアゾ顔料と表III.5.27のCT剤からなる積層光導電膜について，光注入効率の電界依存性を図III.5.79，III.5.80に示す．高電界域ではCT剤の種類による差は認められないが，低電界域では電界依存性に差が見られる．またCT-2/CG-2系の積層光導電膜について，図III.5.81には分光感度スペクトルをCG-2の分光吸収スペクトルとともに示す．また図III.5.82はCG層のみの光導電膜と，積層光導電膜の各量子効率の電界依存性である．

また別なアゾ顔料として，図III.5.83のオキサジアゾール骨格を有するビスアゾ顔料は，積層型光導電膜

表III.5.28 オキサジアゾール系ビスアゾ顔料の特性[58]

	I_p(eV)[*1]	λ_{max}(nm)[*2]
CG-3	5.71〜5.85	585
CG-4	5.61〜5.72	505
CG-5	5.10〜5.13	535

[*1] 顔料粉末を atmos photoelec. emiss. 分析にて測定．
[*2] バインダー樹脂分散状態での吸収極大波長．

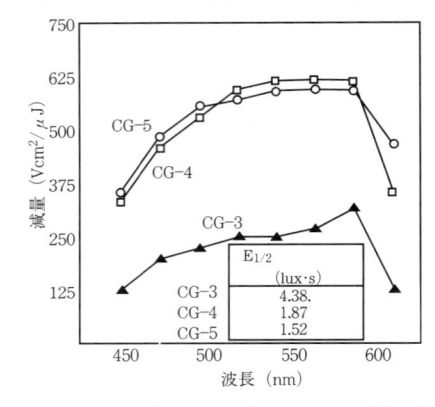

図III.5.84 ヒドラゾン系CT剤/ビスアゾ顔料積層型光導電膜の分光感度[58]

図III.5.85 アズレニウム塩

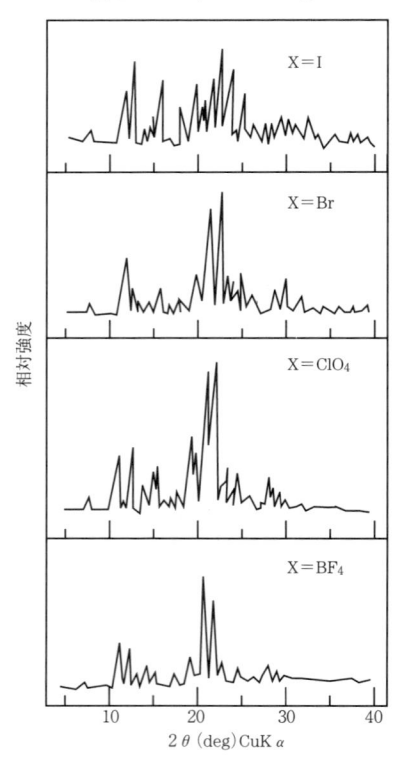

表III.5.27 CT層に用いたスチルベン化合物[57]

	R_1	R_2	E^{ox} (V vs SCE)	μ_h^* (cm^2/V·s)
CT-1	$-OCH_3$	$-H$	0.74	1.6×10^{-5}
CT-2	$-CH_3$	$-CH_3$	0.77	3.8×10^{-5}
CT-3	$-CH_3$	$-H$	0.81	3.3×10^{-5}
CT-4	$-H$	$-H$	0.86	2.5×10^{-5}

* 2×10^5 V/cm にて測定．

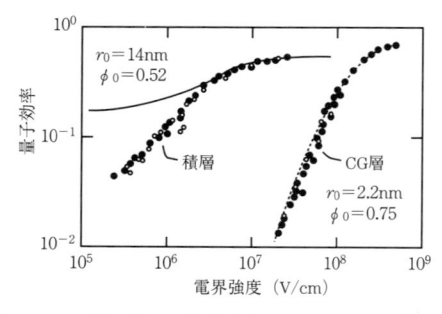

図III.5.82 CT-2/CG-2光導電膜およびCG-2光導電膜の各量子効率の電界依存性[57]
実線，点線はOnsagerモデルによる理論曲線．

図III.5.83 オキサジアゾール系ビスアゾ顔料

図III.5.86 アズレニウム塩のX線回折図[59]

のCG剤として有効であり，表III.5.28にはそれら顔料の物性値を，また図III.5.84はN-メチルカルバゾール-3-アルデヒド-N', N'-ジフェニルヒドラゾンをCT剤に用いたCT剤/ビスアゾ顔料系の分光感度スペクトルである．

iii) その他の電荷発生剤：図III.5.85のアズレニウム塩化合物をCG剤に用いた系の光導電特性が報告されている．図III.5.86にはアニオンの種類によるX線回折スペクトルを，図III.5.87にはCT剤にp-ジエチルアミノベンズアルデヒド-N, N-ジフェニルヒドラゾン（バインダー樹脂；スチレン-アクリロニトリル共重合体）を用いた積層型感光体の分光感度スペクト

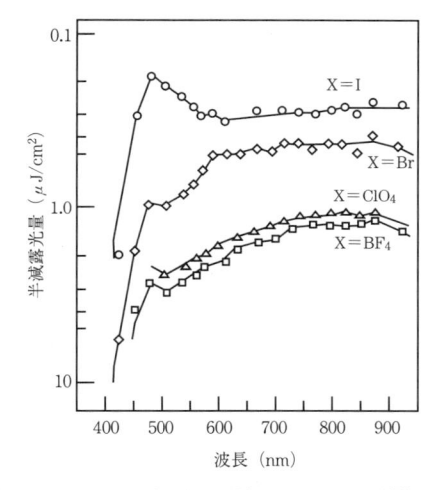

図 III.5.87 ヒドラゾン系CT剤/アズレニウム塩積層型光導電膜の分光感度[59]

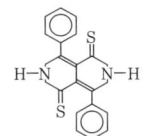

図 III.5.88 DTPP

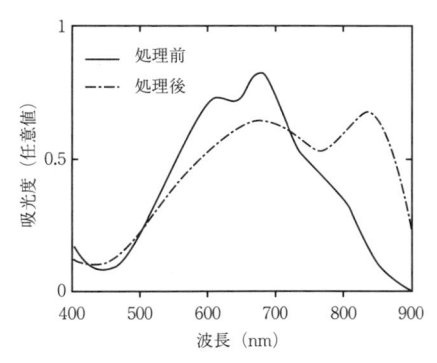

図 III.5.89 DTPP蒸着膜の蒸気処理前後の吸収曲線[60]

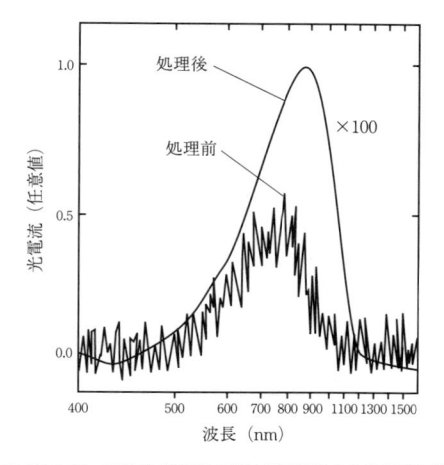

図 III.5.90 DTPP蒸着膜の蒸気処理前後の分光光電流[60]

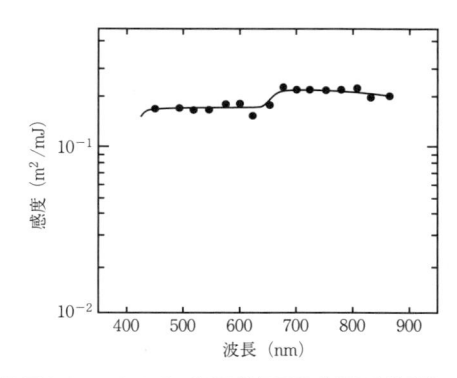

図 III.5.91 ヒドラゾン系CT剤/DTPP積層型光導電膜の分光感度[60]

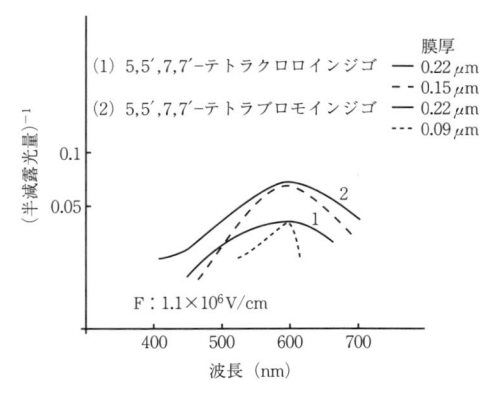

図 III.5.92 オキサジアゾール系CT剤/インジゴ顔料光導電膜の分光感度[61]

ルをそれぞれ示す．

電子写真用の新しい有機光導電材料としてピロロピロール誘導体が報告されている．図III.5.88の1,4-ジチオケト-3,6-ジフェニルピロロ[3,4-c]ピロール（DTPP）で，図III.5.89は，その蒸着膜のアセトン蒸気の処理前後の分光吸収スペクトルであり，図III.5.90

はその分光光電流スペクトル（櫛形の ITO 電極）である．溶剤蒸気に曝すことによって約 200 倍光電流が増加するとともに，光電流ピーク波長が 700 nm から 830 nm に移行している．図Ⅲ.5.91 は p-ジエチルアミノベンズアルデヒド-N,N-ジフェニルヒドラゾンを CT 剤に用いた CT 剤/DTPP 系の分光感度スペクトルである．

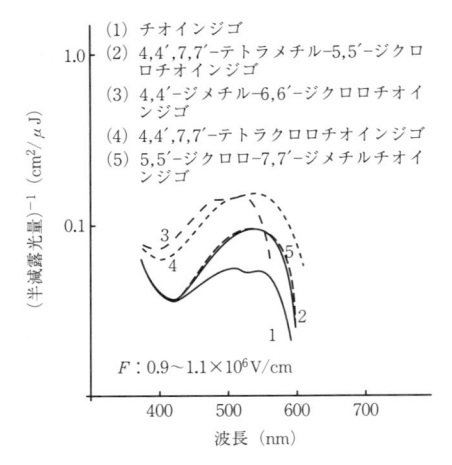

図 Ⅲ.5.93 オキサジアゾール系 CT 剤/チオインジゴ顔料光導電膜の分光感度[61]

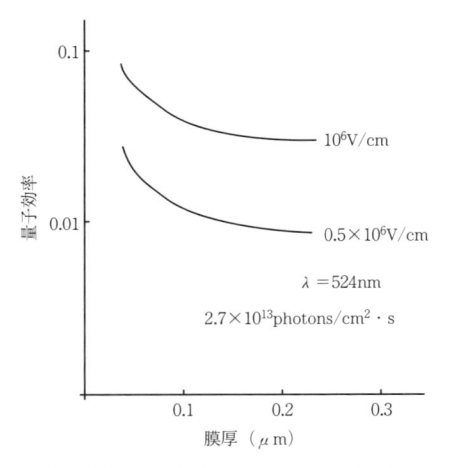

図 Ⅲ.5.94 チオインジゴ膜厚と量子効率の関係[61]

またその他の CG 剤として（チオ）インジゴ誘導体がある．図Ⅲ.5.92，Ⅲ.5.93，Ⅲ.5.94 は，これらの蒸着膜を CG 層に，CT 剤に 2,5-ビス（p-ジエチルアミノフェニル）-1,3,4-オキサジアゾールを用いた積層光導電膜の電子写真的挙動である．図Ⅲ.5.92，Ⅲ.5.93 はインジゴ誘導体，チオインジゴ誘導体を用いたときの分光感度スペクトル，図Ⅲ.5.94 は 4,4′,7,7′-テトラクロロチオインジゴを用いた系の量子効率を示している．

2) **CT 剤**　表Ⅲ.5.29 に代表的な CT 剤を示す．表からも明らかなように CT 剤としては，PNVC で代表される高分子系の OPC よりも，最近では低分子系の OPC の例が圧倒的に多い．後者の場合，塗膜形成のために適当なバインダー樹脂中に，重量比でほぼ 1：1 の割合で分散させて CT 層が形成される．

CT 層に要求される特性は次のようなものがある．
（1）CG 層中で発生した光キャリヤーを，CT 層中に効率よく注入させ得ること
（2）注入されたキャリヤーを早い速度で表面に移動させ得ること

複写機あるいはプリンターの感光体として使う場合には，その他に
（3）クリーニングブレードあるいはコピー用紙との摩擦に対する機械的強度を有していること

などがあげられる．最初の二つの特性は主に CT 層中の CT 剤によって決ってくる．また，最後の特性は，

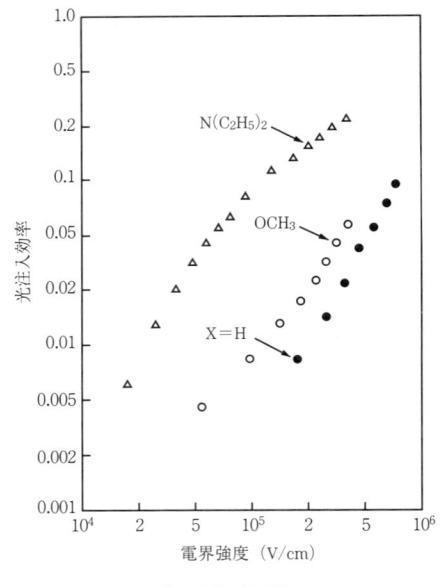

ピラゾリン化合物

X : H, OCH$_3$, N(C$_2$H$_5$)$_2$

$$\text{注入効率} = \frac{C}{eI}\left[\frac{dV}{dt_{\text{light}}} - \frac{dV}{dt_{\text{dark}}}\right]_F$$

C：感光体の静電容量
I：光強度
e：電子の電荷
F：電界強度

図 Ⅲ.5.95 ピラゾリン分子の置換基による注入効果[62]

5.2 低分子有機光導電材料

表Ⅲ.5.29 代表的なCT剤

種類	構造式	
ヒドラゾン化合物	(C₂H₅)₂N-C₆H₄-CH=N-N(カルバゾリル)	DEH
ピラゾリン化合物	(C₂H₅)₂N-C₆H₄-[ピラゾリン環(N-Ph)]-CH=CH-C₆H₄-N(C₂H₅)₂	PRA
オキサゾール化合物	(C₂H₅)₂N-C₆H₄-[オキサゾール環(5-(2-クロロフェニル))]-C₆H₄-N(C₃H₇)₂	
オキサジアゾール化合物	(C₂H₅)₂N-C₆H₄-[1,3,4-オキサジアゾール]-C₆H₄-N(C₂H₅)₂	OXD
トリフェニルアミン化合物	(3-CH₃-カルバゾリル)-C₆H₄-C₆H₄-(3-CH₃-カルバゾリル)	
スチルベン化合物	(R置換カルバゾリル)-N-C₆H₄-CH=C(Ph)₂	PS (R=H), MPS (R=CH₃)
ブタジエン化合物	[(C₂H₅)₂N]₂-ジフェニル-C=CH-CH=C-ナフチル	BD

CT剤を分散するバインダー樹脂によって決定される。

i) イオン化ポテンシャル：このことから，CT剤の分子設計を行うにあたって，まずCG層からCT層へのキャリヤー注入効率を向上させる必要がある．図Ⅲ.5.95は，CG剤としてクロルジアンブルー，CT剤として置換基の異なるピラゾリン化合物を用いた系での注入効率の結果である．図に示すように$10^4 \sim 10^6$ V/cmのあらゆる電界下で，置換基として水素＜メトキシ基＜ジエチルアミノ基の順に注入効率が大きい．電子供与性置換基の導入によって，分子のイオン化ポテンシャル (I_p) が小さくなり，CG層からのホールの注入効率が向上したものと考えられる．

また，I_pの異なるCT剤とフタロシアニン系顔料を組み合わせた積層型の光導電膜についての報告がある．表Ⅲ.5.30には用いたCT剤の構造式，表Ⅲ.5.31にはCG剤，CT剤のI_p，電界強度5×10^5 V/cmでのホールドリフト移動度を示す．また図Ⅲ.5.96，Ⅲ.5.97には，それらの積層型光導電膜の電子写真特性として，

表Ⅲ.5.30 CT剤の構造式[63]

R₁R₂N-C₆H₄-CH=N-N(Ph)(R₃)

	R₁	R₂	R₃
CT-5	C₄H₉	C₄H₉	Ph
CT-6	C₂H₅	C₂H₅	Ph
CT-7	CH₃	CH₃	Ph
CT-8	CH₃	Ph	CH₃
CT-9	CH₃	Ph	Ph

(R₁-C₆H₄)(R₂-C₆H₄)N-C₆H₄-X

	R₁	R₂	R₃
CT-10	CH₃	CH₃	CH=NNPh₂
CT-11	H	H	CH=NNPh₂
CT-12	CH₃	CH₃	CH=CPh₂
CT-13	H	H	CH=CPh₂
CT-14	H	H	H

表 III.5.31 CG 剤, CT 剤の物性値[63]

試料	I_p (eV)	μ (cm^2/V·s)	Conc. (wt%)
CG 剤：H$_2$Pc	5.53		29.1
PbPc	5.28		36.5
CT 剤：CT-5	5.11	0.78×10^{-6}	50.0
CT-6	5.23	0.92×10^{-6}	50.0
CT-7	5.28	0.90×10^{-6}	50.0
CT-8	5.38	1.05×10^{-6}	50.0
CT-9	5.47	0.86×10^{-6}	40.0
CT-10	5.42	1.88×10^{-6}	35.0
CT-11	5.46	1.70×10^{-6}	30.0
CT-12	5.52	1.50×10^{-6}	30.0
CT-13	5.62	1.30×10^{-6}	30.0
CT-14	5.74	0.80×10^{-6}	40.0

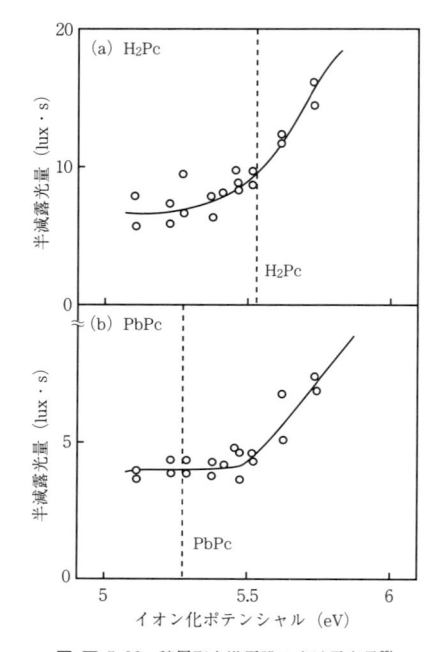

図 III.5.96 積層型光導電膜の半減露光量[63]

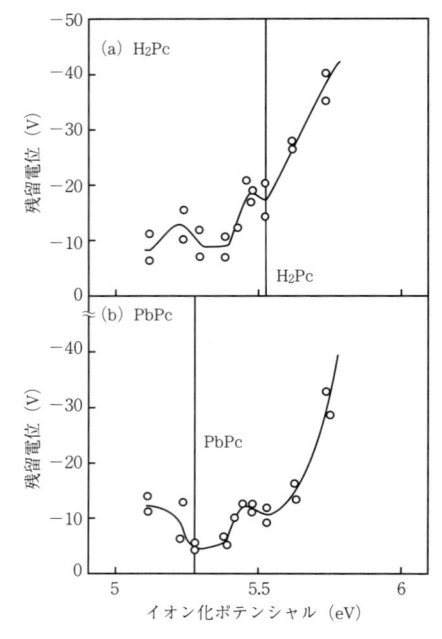

図 III.5.97 積層型光導電膜の残留電位[63]

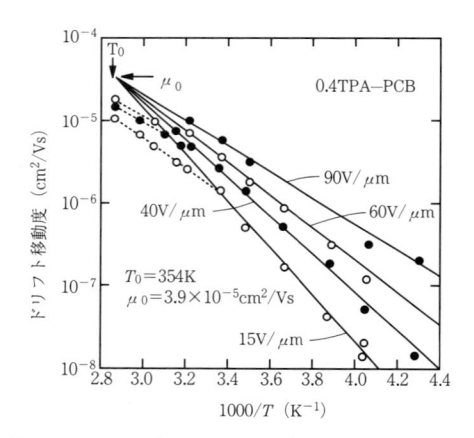

図 III.5.98 TPA/PCB 膜のドリフト移動度の温度依存性[64]

白色光に対する半減露光量および白色光を 180 lx·s 照射したときの残留電位を示してある. 半減露光量は, 高電界下での特性であり, CG 層, CT 層の I_p に基づく接合状態のバリアの状態が現れにくいが, 残留電位は低電界下での特性であるため, 各層の接合状態が測定結果に現れ, 基本的には CG 層と CT 層との I_p が近いほどよい特性を示している.

ii) ドリフト移動度：CT 層中でのキャリヤーの移動度に関しては, CT 剤としてトリフェニルアミン (TPA) およびその一連の誘導体を用いた系の研究が多い. 図 III.5.98, III.5.99, III.5.100 は, TPA をポリカーボネート樹脂 (PCB) 中に分散した非晶質光導電膜について, 電界, 温度, TPA 濃度, 膜厚を変えたときのホールドリフト移動度を示している.

一方, I_p の異なる 2 種の CT 剤をポリマー中に添加した光導電膜では, トラップの関与したホッピングが観測されている. 図 III.5.101 は, N-イソプロピルカルバゾール (NIPC, I_p：7.27 eV) を PCB 中に分散した系に, TPA (I_p：6.8 eV) を添加した光導電膜のホールドリフト速度を示したものである.

同様の現象が PNVC 中に, 図 III.5.102 の N, N'-ジフェニル-N, N'-ビス (3-メチルフェニル)-(1,1'-ビフェニル)-4,4'-ジアミン (TPD) を添加した光導電膜についても観測されている. 図 III.5.103 は PNVC (I_p：7.6〜7.8 eV) 中への TPD (I_p：7.1〜7.3 eV) の添加量を変えたときの光導電膜のホールドリフト移動度を

5.2 低分子有機光導電材料

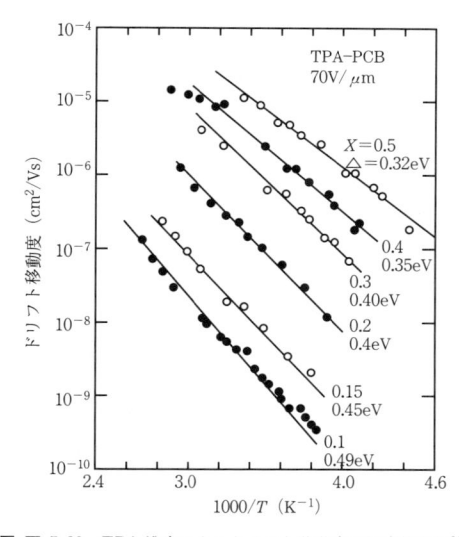

図 Ⅲ.5.99 TPA 濃度によるドリフト移動度の温度依存性[64]
x：重量比，△：活性化エネルギー．

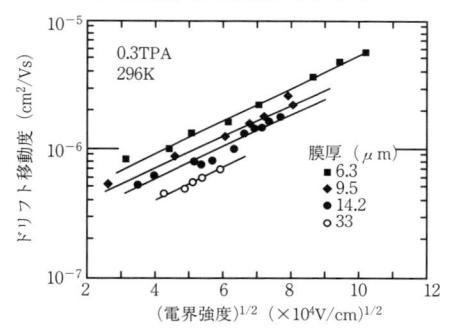

図 Ⅲ.5.100 種々の膜厚でのドリフト移動度の電界依存性[64]

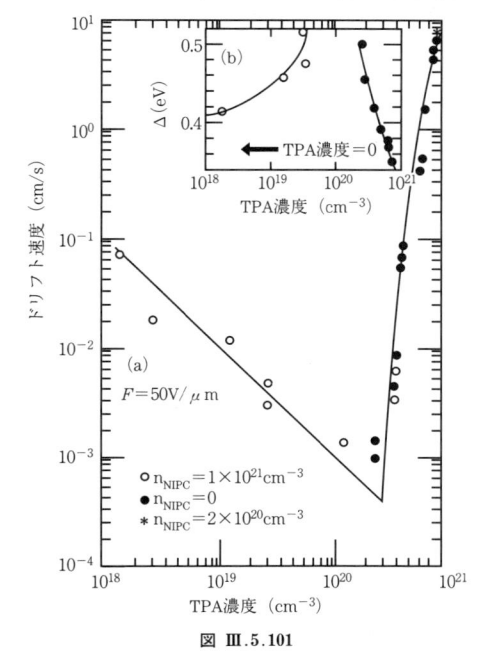

図 Ⅲ.5.101
（a）NIPC/TPA/PCB 膜のドリフト速度と TPA 濃度との関係，（b）75V/μm 電界下での移動の活性化エネルギーと TPA 濃度との関係[65]

図 Ⅲ.5.102 TPD

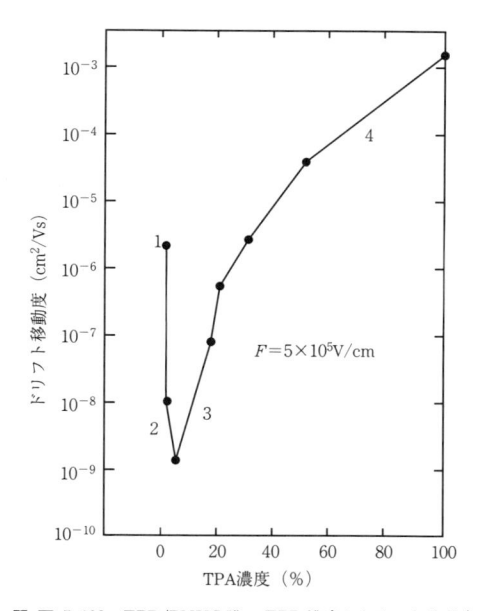

図 Ⅲ.5.103 TPD/PNVC 膜の TPD 濃度とドリフト移動度との関係[66]

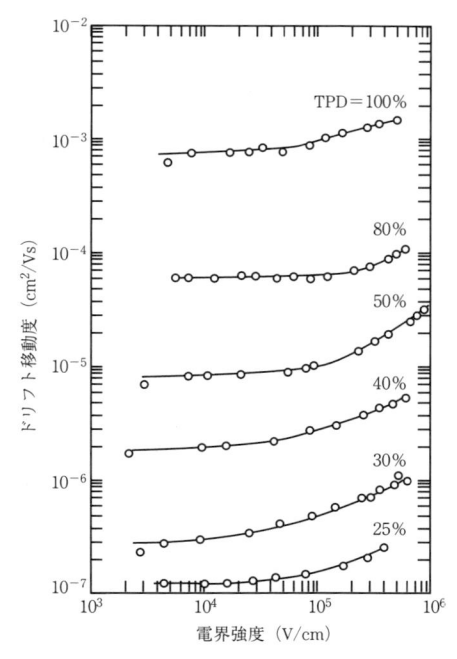

図 Ⅲ.5.104 TPD/PCB 膜のドリフト移動度の電界依存性[67]

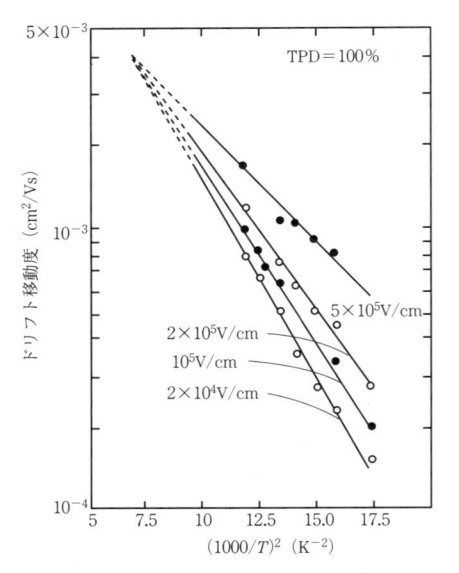

図 III.5.105 100% TPD 膜のドリフト移動度の温度依存性[67]

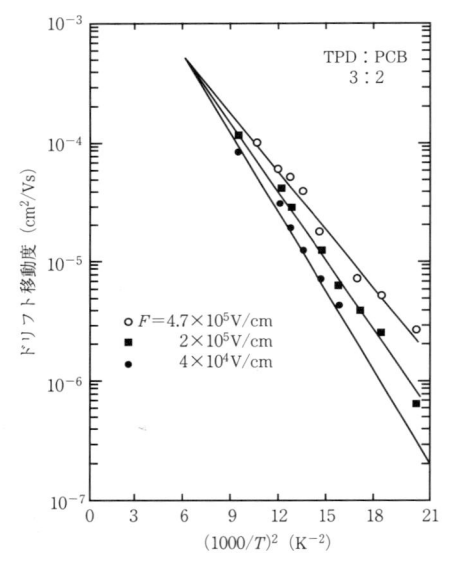

図 III.5.106 60% TPD/PCB 膜のドリフト移動度の温度依存性[67]

示している.

上述の TPD は大きな移動度を示す CT 剤であり,PCB 中に分散した非晶質光導電膜のホール輸送が詳しく調べられている. 図 III.5.104 はホールドリフト移動度の電界依存性を TPD 濃度の関数として示したものである. また図 III.5.105, III.5.106 は TPD 100%, 60% での各 μ の温度依存性をそれぞれ示したものである. 図にて室温あるいは 10^4 V/cm 程度の電界強度でも 10^{-3} cm^2/V·s 程度の移動度が得られている.

また CT 剤の移動度向上のために, 一連のトリフェニルアミン系 CT 剤を合成し, CT 剤の分子設計が行われている. 表 III.5.32 に示すように, 感応基 $=$N$-$C$_6$H$_5$ の数と移動度とは明らかな対応が見られ, 感応基数が 0 の TMB では移動度が観測されなかった. このことより, トリフェニルアミン系の CT 剤において移動度を向上させるためには, (イ) 分子内に $=$N$-$C$_6$H$_5$ 基を数多く導入し, (ロ) 分子の大きさが大きく, しかも上記感応基に基づく共鳴構造が分子全体にかかわっている必要があることを示している.

図 III.5.107 に示す置換基位置の異なる各種のトリフェニルアミン誘導体のホールドリフト移動度を表 III.5.33 に示す.

図 III.5.107, 表 III.5.33 より, ホールドリフト移動度の向上には, $=$N$-$C$_6$H$_5$ 感応基の数だけでなく, その結合様式として p-位よりも m-位の位置関係にある方が移動度向上のためには有利である.

表 III.5.29 にあげた代表的な CT 剤のうちのいくつかについて, PCB 中に分散した光導電膜 (CT 剤濃度: 50 wt%) のホールドリフト移動度の電界依存性を図 III.5.108 に示す. なお, 表 III.5.29 以外の CT 剤として図中の HD は 1-フェニル-1,2,3,4-テトラヒドロキノリン-6-カルボキシアルデヒド-N', N'-ジフェニルヒドラゾンを表している. また, I_p に差のない OXD と PS を共分散した分散膜の電界依存性を図 III.5.109 に示すが, 図 III.5.108, III.5.109 とも $\ln\mu$ と $F^{1/2}$ とに

表 III.5.32 トリフェニルアミン系 CT 剤の物性値[68]

化合物	官能基	酸化電位 E vs 0.01 MAg/Ag$^+$	ドリフト移動度 μ(cm^2/V·s)	減衰速度 (V/s)
(構造式)	4	0.45 V	2.7×10^{-6}	101.4
(構造式)	2	0.31	2.0×10^{-8}	26.4
(構造式)	0	0.18	—	減衰せず

5.2 低分子有機光導電材料

表 III.5.33 トリフェニルアミン誘導体のドリフト移動度[69]

化合物	置換基位置	官能基の数	μ^{*1} (10^{-7}cm^2/V·s)
Me-TPA	—	3	0.92
m-PDA	meta	5	23
4Me-m-PDA	meta	5	38
5Me-m-PDA	meta	5	27
6Me-1,3,5-DPAB	meta	7	110
p-PDA	para	5	1.1
pp-PDA	para	7	4.6
TPD*2			30

*1 分子間距離 1.25 nm にて測定, $F=5\times10^5$V/cm, at 298 K.
*2 N,N'-diphenyl-N,N'-bis(3-methylphenyl-[1,1'-biphenyl]-4,4'-diamine.

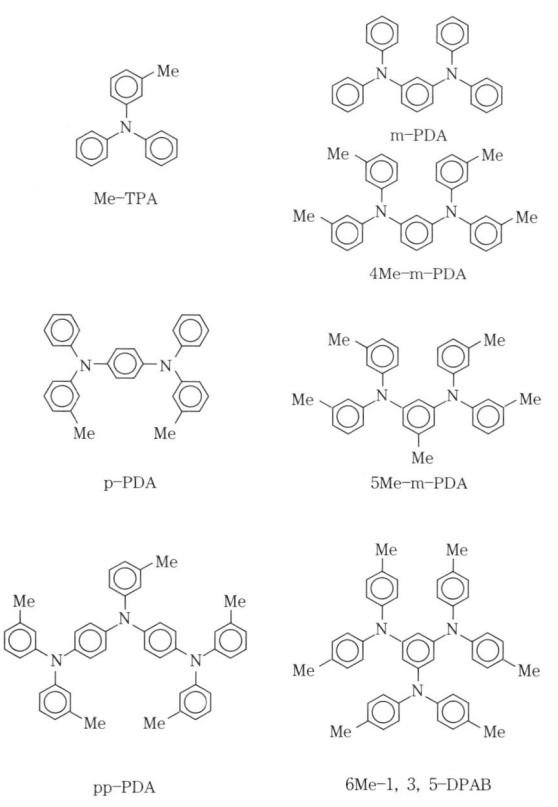

図 III.5.107 トリフェニルアミン誘導体

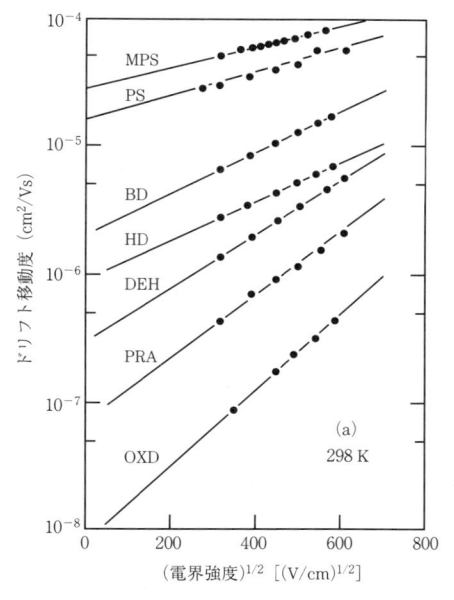

図 III.5.108 種々のCT剤を添加したPCB膜のドリフト移動度[70]

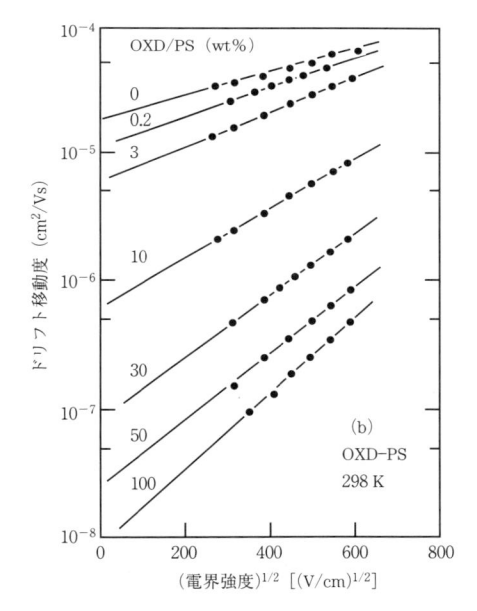

図 III.5.109 OXD/PS/PCB膜のドリフト移動度の電界依存性[70]

図 III.5.110 CT剤

は直線関係が見られる.

各種のCT剤を含有する光導電膜のホールドリフト移動度を表III.5.34にまとめた. 数値は文献より引用あるいは数値が記載されていない場合はグラフより読みとった. そのときの測定条件も記載した. なお測定温度は室温である.

CT層塗膜形成のために, 一般に使用されるバインダー樹脂としては, アクリル樹脂, ポリエステル樹脂, ポリカーボネート樹脂などが知られている. バインダー樹脂と移動度との関連性を検討するために, 図

表 III.5.34　各種CT剤のホールドリフト移動度

化合物分類	構造	CT剤濃度(%), (樹脂)	電界強度 (V/cm)	μ (cm²/V·s)
ヒドラゾン化合物 $Ar-CH=N-N\langle{}^{R_1}_{R_2}$	$R_1=R_2=Ph$, $Ar=Et_2N-C_6H_4-$	40.7(PCB)[71]	3.2×10^5	2.6×10^{-6}
		40.7(PCB)[72]	3.2×10^5	8.5×10^{-7}
		40.7(PCB)[73]	3.0×10^5	1.6×10^{-6}
		50.0(PCB)[63]	5.0×10^5	9.2×10^{-7}
	$R_1=R_2=Ph$, $Ar=Me_2N-C_6H_4-$	41.8(PCB)[74]	3.6×10^5	2.0×10^{-7}
		50.0(PCB)[63]	5.0×10^5	9.0×10^{-7}
	$R_1=Me$, $R_2=Ph$, $Ar=$ Ph,Me-N-C_6H_4-	41.8(PCB)[74]	3.6×10^5	4.0×10^{-7}
		50.0(PCB)[63]	5.0×10^5	1.1×10^{-6}
	$R_1=R_2=Ph$, $Ar=$ Ph,Me-N-C_6H_4-	46.2(PCB)[74]	3.6×10^5	9.0×10^{-7}
		40.0(PCB)[63]	5.0×10^5	8.6×10^{-7}
	$R_1=R_2=Ph$, $Ar=Ph_2N-C_6H_4-$	50.0(PCB)[74]	3.6×10^5	5.0×10^{-6}
		46.8(PCB)[72]	3.2×10^5	9.6×10^{-6}
		30.0(PCB)[63]	5.0×10^5	1.7×10^{-6}
	$R_1=R_2=Ph$, $Ar=$ N-Et carbazole	43.8(PCB)[72]	3.2×10^5	2.9×10^{-6}
		43.8(PCB)[73]	3.0×10^5	3.8×10^{-6}
	$R_1=Me$, $R_2=Ph$, $Ar=$ N-Et carbazole	39.5(PCB)[72]	3.2×10^5	3.9×10^{-7}
		39.5(PCB)[73]	3.0×10^5	6.6×10^{-7}
		47.4(PCB)[75]	2.5×10^5	8.0×10^{-7}
	$R_1=R_2=Ph$, $Ar=$ pyrene	44.2(PCB)[72]	3.2×10^5	6.0×10^{-6}
		44.2(PCB)[73]	3.0×10^5	3.5×10^{-6}
	$R_1=R_2=Ar=Ph$	35.2(PCB)[72]	3.2×10^5	6.0×10^{-7}
		35.2(PCB)[73]	3.0×10^5	9.2×10^{-7}
トリフェニルアミン誘導体	TPA	40.0(PCB)[63]	5.0×10^5	8.0×10^{-7}
		17.4(PCB)[68]	5.0×10^5	1.3×10^{-7}
	m-Me-TPA	18.4(PCB)[69]	5.0×10^5	9.2×10^{-8}
フェニレンジアミン誘導体	$R_1=R_2=H$	29.2(PCB)[69]	5.0×10^5	2.3×10^{-6}
	$R_1=m$-Me-, $R_2=H$	33.2(PCB)[69]	5.0×10^5	3.8×10^{-6}
	$R_1=m$-Me-, $R_2=$Me-	34.2(PCB)[69]	5.0×10^5	2.7×10^{-6}
	$R_1=p$-Me-, $R_2=(p$-Me·$C_6H_4)_2$N-	47.0(PCB)[69]	5.0×10^5	1.1×10^{-5}
ビフェニレンジアミン誘導体	$R_1=R_2=R_3=H$	34.6(PCB)[68]	5.0×10^5	1.3×10^{-6}
	$R_1=R_3=H$, $R_2=m$-Me-	40.0(PCB-Z)[76]	3.0×10^5	3.6×10^{-6}
	$R_1=H$, $R_2=p$-Me-, $R_3=$Me-	40.0(PCB-Z)[76]	3.0×10^5	1.2×10^{-5}
	$R_1=p$-Me-, $R_2=m$-Me-, $R_3=$Me-	40.0(PCB-Z)[76]	3.0×10^5	1.5×10^{-5}
	$R_1=R_3=H$, $R_2=p$-Et-	40.0(PCB-Z)[76]	3.0×10^5	6.3×10^{-6}
	$R_1=p$-Et-, $R_2=p$-Me-, $R_3=H$	40.0(PCB-Z)[76]	3.0×10^5	1.2×10^{-5}
	$R_1=p$-Me-, $R_2=m$-Me-	40.0(PCB-Z)[76]	3.0×10^5	2.5×10^{-5}
	$R_1=p$-Me-, $R_2=o$-Me-, $R_3=$Me-	40.0(PCB-Z)[76]	3.0×10^5	1.3×10^{-5}
スチルベン誘導体	$R_1=R_2=$Me-	30.0(PCB)[63]	5.0×10^5	1.5×10^{-6}
		47.4(PCB)[57]	2.0×10^5	3.8×10^{-5}
	$R_1=R_2=H$	30.0(PCB)[63]	5.0×10^5	1.3×10^{-6}
		47.4(PCB)[57]	2.0×10^5	2.5×10^{-5}
	$R_1=H$, $R_2=$Me-	47.4(PCB)[57]	2.0×10^5	3.3×10^{-5}
	$R_1=H$, $R_2=$MeO-	47.4(PCB)[57]	2.0×10^5	1.6×10^{-5}
その他のCT剤	(Et$_2$N)$_2$-C$_6$H$_3$-C=CH-CH=CH-Ph	50.0(PCB)[71]	3.2×10^5	7.5×10^{-6}
	Me$_2$N-クロロベンゾオキサゾール-NPr$_2$	46.7(PCB)[71]	3.2×10^5	1.1×10^{-6}

表 Ⅲ.5.35 バインダー樹脂[77]

樹　脂	記号	ε_r(1 kHz)
polystyrene	PS	2.5
polycarbonate	PC	2.9
polyester	PES	3.1
polymethylmethacrylate	PMMA	3.2
polyvinylbutyral	PVB	3.3

Ⅲ.5.110 の CT 剤を表Ⅲ.5.35 に示すバインダー樹脂中に分散させた系でのホールドリフト移動度が測定されている．その結果を図Ⅲ.5.111，Ⅲ.5.112 に示す．図は低分子分散系におけるホールドリフト移動度の濃度依存性を表した式(Ⅲ.5.6)にしたがって，$\log \mu / R^2$ を R に対してプロットした結果である．ただし R は分子の重心間距離で，C は CT 層中の CT 剤の重量分率である．

$$\mu \propto R^2 \exp(-2R/R_0) \quad (\text{Ⅲ.5.6})$$

ⅲ) 新しい光導電材料としての有機ポリシラン：1980 年 R. West が溶剤に可溶な有機ポリシランの存在を発見して以来，OPC として新しく分子設計を行い，それを合成，評価しようという動きが活発化しつつある．

CT 剤として検討されている有機ポリシランの構造と λ_{max}，I_p を表Ⅲ.5.36 に示す．

図Ⅲ.5.113 にはいくつかの有機ポリシランについて，ホールドリフト移動度の温度依存性を示す．図中には代表的な有機 CT 剤である DEH/PCB 分散膜（ただし電界強度は $F=5\times 10^5$ V/cm）についても示してある．さらに図Ⅲ.5.114 の各種の CG 剤との組み合わせからなる積層型光導電膜を，電子写真用感光体とし

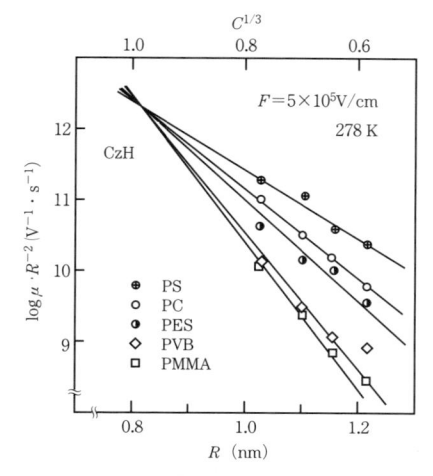

図 Ⅲ.5.111　CzH 樹脂光導電膜のドリフト移動度の濃度依存性[77]

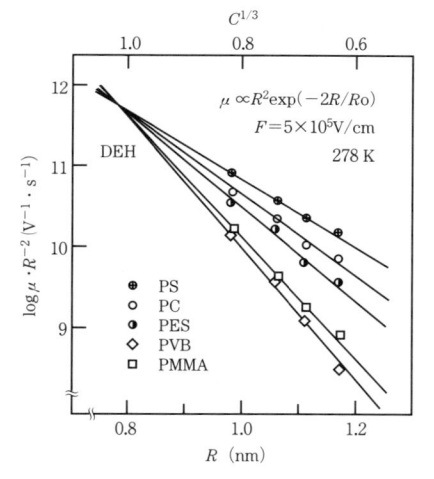

図 Ⅲ.5.112　DEH 樹脂光導電膜のドリフト移動度の濃度依存性[77]

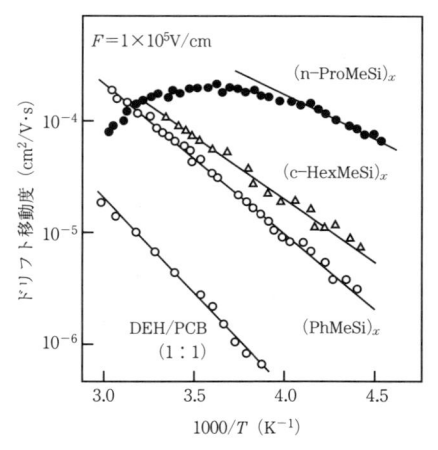

図 Ⅲ.5.113　有機ポリシランのドリフト移動度の温度依存性[78]

表 Ⅲ.5.36　有機ポリシランの構造と物性値[78]

ポリシラン		R_1	R_2	T_{meas} (°C)	λ_{max} (nm)	I_p (eV)
	$(\text{PhMeSi})_x$	C_6H_5	CH_3	20	331	5.62
	$(\text{Me}_2\text{Si})_x$	CH_3	CH_3	20	—	5.73*
$\begin{array}{c}R_1\\|\\\!\!-\!\!Si\!\!-\!\!\\|\\R_2\end{array}\!\!\bigg)_x$	$(c\text{-HexMeSi})_x$	$cyclo\text{-}C_6H_{11}$	CH_3	20	313	5.92
	$(n\text{-ProMeSi})_x$	$n\text{-}C_3H_7$	CH_3	20	325	5.77
				50	304	5.89
	$(n\text{-Hex}_2\text{Si})_x$	$n\text{-}C_6H_{13}$	$n\text{-}C_6H_{13}$	20	367	5.78
				50	315	5.94

＊　粉末にて測定．

表 III.5.37 有機ポリシラン系積層光導電膜の半減露光量と顔料の I_p[78]

顔料	I_p (eV)	半減露光量 (lx·s)			
		$(PhMeSi)_x$	$(n\text{-}ProMeSi)_x$	$(c\text{-}HexMeSi)_x$	PDA
PbPc	5.28	4.4	4.4	7.9	5.2
TiOPc	5.38	1.4	1.1	2.1	4.2
H$_2$Pc	5.40	6.4	7.2	8.3	6.5
azo-A	5.47	3.8	2.7	5.2	2.5
azo-B	5.65	1.8	2.5	2.6	1.6
Per	5.83	41.3	96.0	230.0	13.6
azo-C	5.92	56.0	59.9	50.9	2.6

フタロシアニン顔料 (MPc)

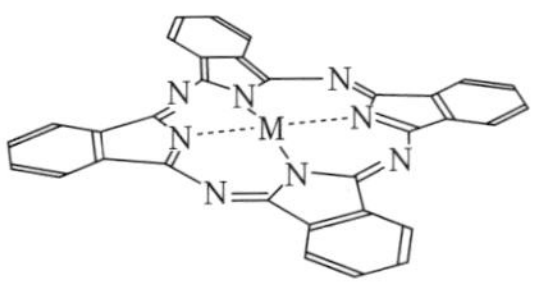

M=Pb 5.28eV
TiO 5.38eV
H$_2$ 5.40eV

アゾ顔料

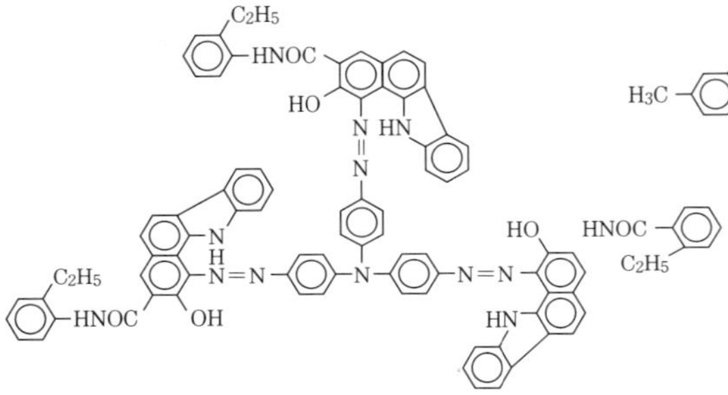

azo-A 5.47eV

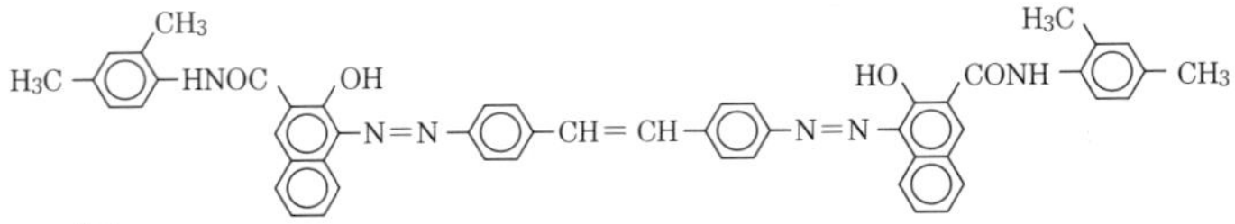

azo-B 5.65eV

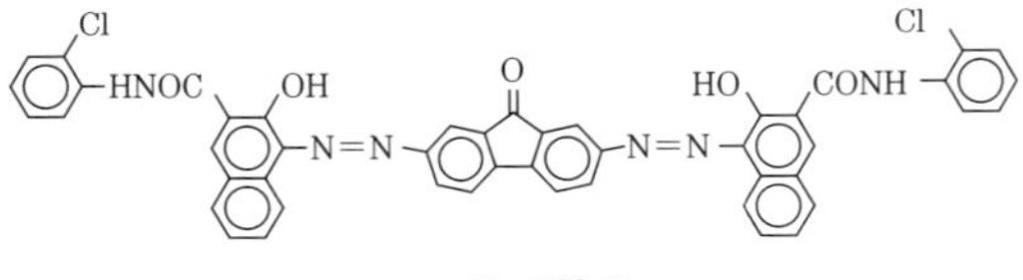

azo-C 5.92eV

ペリレン顔料

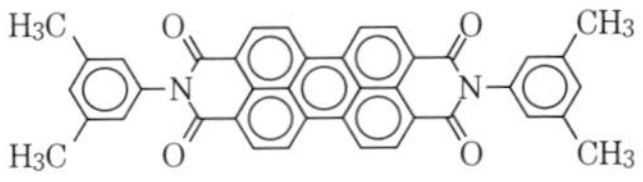

pery 5.83eV

図 III.5.114 CG層に用いた有機顔料とその I_p[78]

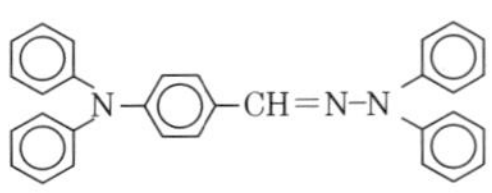

CT1 (5.46eV)

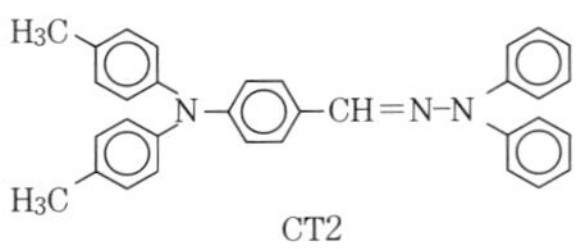

CT2 (5.42eV)

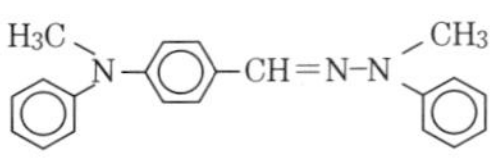

CT3 (5.38eV)

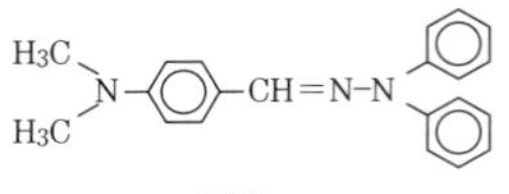

CT4 (5.28eV)

図 III.5.115 ヒドラゾン化合物とその I_p[79]

5.2 低分子有機光導電材料

て用いたときの白色光に対する半減露光量を表III.5.37に示す.

有機ポリシランについても，別のCT剤を添加するとトラップが形成されることが，確認されている．ポリ(フェニルメチルシラン)に図III.5.115の種々のI_pをもつCT剤が添加された光導電膜について，ホールドリフト移動度の電界依存性を図III.5.116に示す．この光導電膜に対して，式(III.5.4)のGillの経験式で表される各パラメーターを，各CT剤のI_pとともに表III.5.38に示す．

CT剤のうちCT-17の添加濃度を変えたときの光導電膜のホールドリフト移動度の温度依存性およびGillの経験式の各パラメーターを図III.5.117, 表III.5.39に示す.

iv) 電子輸送能をもつ有機光導電材料：樹脂相溶性の良好な電子輸送剤として非対称なジフェノキノン(DQ)誘導体が報告されている．表III.5.40にDQ誘導体の化学構造と，PCB-Zとの相溶性を示す．PCB-Zとの相溶性に示す値は，溶剤蒸発後透明なフィルムが得られる最大の相溶量を示している．

表III.5.41にはDQ誘導体の特性を，図III.5.118には種々のDQ誘導体に対する電子ドリフト移動度をDQ分子の重心間距離の関数として示してある．

また，DQ誘導体の中で，すぐれた電子ドリフト移動度を示した図III.5.119のDMDBとすぐれたホールドリフト移動度を示すPDAとをPCB-Z中に分散させた光導電膜は，両極性の電荷移動を示す．各CT剤単独を分散した系の添加量と移動度との関係および共分

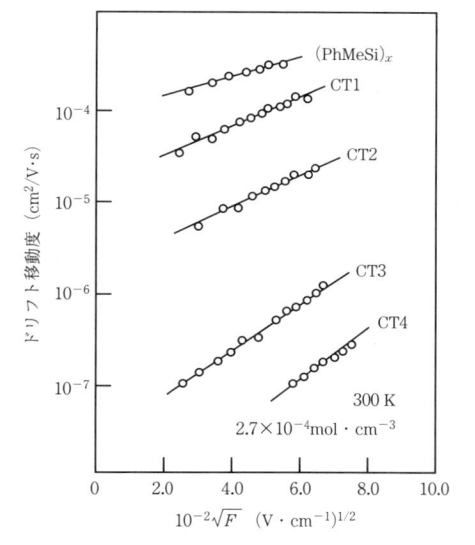

図 III.5.116 ヒドラゾン化合物添加のポリ(フェニルメチルシラン)膜のドリフト移動度[79]

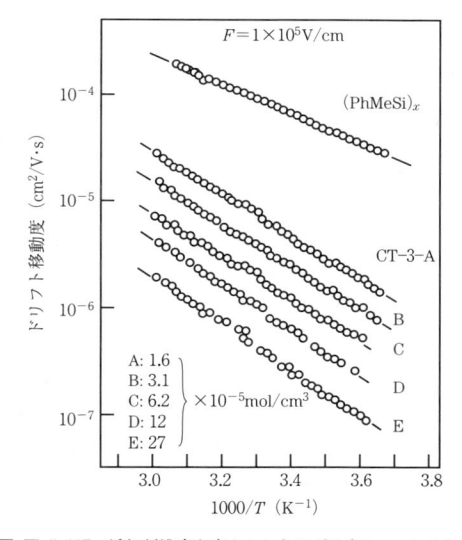

図 III.5.117 添加剤濃度を変えたときのポリ(フェニルメチルシラン)膜のドリフト移動度[79]

表 III.5.38 CT剤添加(PhMeSi)$_x$フィルムでのGillの式の各パラメーター値[79]

CT剤	I_p (eV)	ΔI_p (eV)	T_0 (K)	μ_0 (10^{-3}cm^2/V·s)	E_0 (eV)	β [meV(V/cm)$^{-1/2}$]
CT-15	5.46	0.16	448	2.4	0.42	0.26
CT-16	5.42	0.20	505	1.9	0.47	0.30
CT-17	5.38	0.24	562	0.9	0.49	0.31
CT-18	5.28	0.34	667	1.1	0.60	0.32
(PhMeSi)$_x$	5.62	—	418	2.0	0.36	0.26

表 III.5.39 CT剤濃度を変えた(PhMeSi)$_x$フィルムでのGillの式の各パラメーター値[79]

CT剤	C (10^{-4}mol/cm^3)	T_0 (K)	μ_0 (10^{-3}cm^2/V·s)	E_0 (eV)	β [meV(V/cm)$^{-1/2}$]
CT-17A	0.16	436	1.3	0.52	0.28
CT-17B	0.31	467	1.6	0.50	0.21
CT-17C	0.62	495	1.6	0.53	0.22
CT-17D	1.2	515	1.8	0.53	0.22
CT-17E	2.7	562	0.9	0.49	0.31

表 III.5.40 ジフェノキノン誘導体の樹脂に対する相溶性[80]

構造式		PCB-Z に対する相溶性 (wt%)
	R	
DQ-1	Me	insol
DQ-2	i-Pr	30
DQ-3	s-Bu	30
DQ-4	t-Bu	25
DQ-5	c-Hex	insol
DQ-6	Ph	insol
DQ-7	Me, t-Bu / t-Bu, Me	40
	R	
DQ-8	i-Pr	>80
DQ-9	t-Bu	80
DQ-10	c-Hex	40

表 III.5.41 (非)対称ジフェノキノンの特性[80]

DQ	E_{red}^{*} (V vs SCE)	溶解性 (mmol/l)		mp (℃)
		in Hexane	in CH₃CN	
DQ-1	−0.44	0.3	1.2	216-218
DQ-2	−0.45	61	36	202-204
DQ-4	−0.51	45	3.1	245-247
DQ-5	—	0.1	0.0	262-265
DQ-8	−0.45	137	460	124-126
DQ-9	−0.48	52	57	180-181
DQ-10	−0.45	12	7.1	196-197

* Measured in CH₃CN at a sweep rate of 10 mV/s.

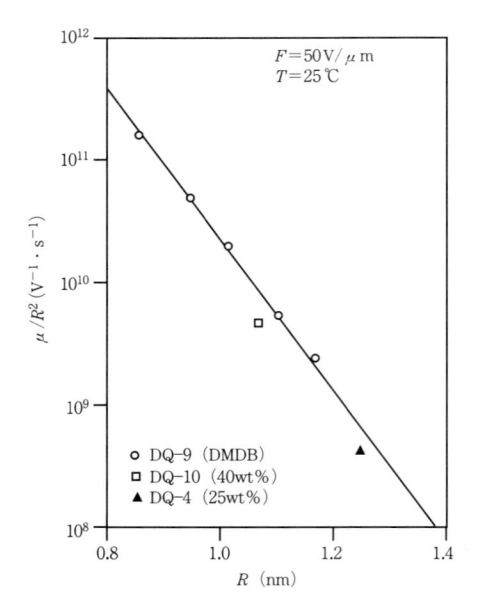

図 III.5.118 DQ 添加 PCB-Z 膜の電子ドリフト移動度の濃度依存性[80]

図 III.5.119 DMDB, PDA の構造式

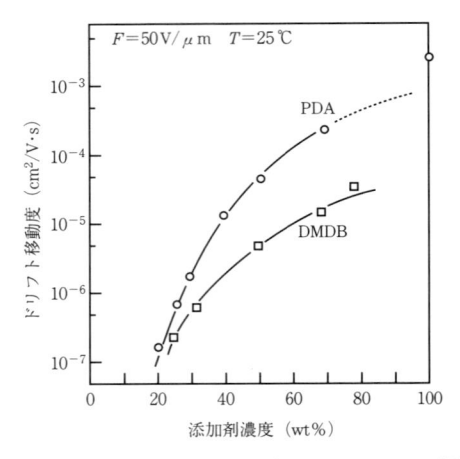

図 III.5.120 DMDB, PDA 添加の各 PCB-Z 膜のホール (○) および電子 (□) のドリフト移動度[81]

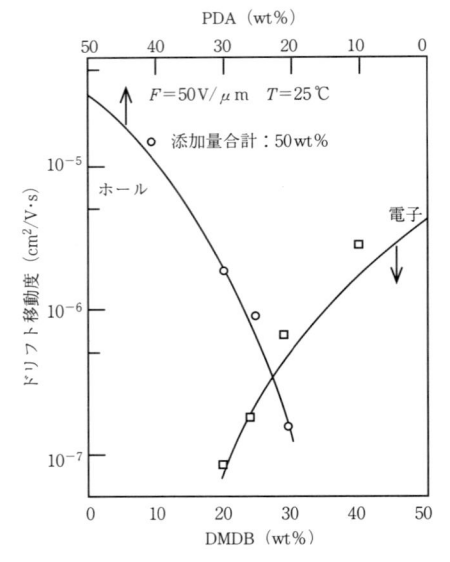

図 III.5.121 DMDB, PDA を共分散 (total:50 wt%) した PCB-Z 膜のドリフト移動度[81]

散した系での添加量と移動度との関係をそれぞれ図 III.5.120, III.5.121 に示す.また共分散した光導電膜を CT 層とし,CG 剤に α 形チタニルフタロシアニンを用いた積層型光導電膜を電子写真用感光体として用いたときの,各 CT 剤添加量と白色光に対する半減露光量との関係を図 III.5.122 に示す.

5.2 低分子有機光導電材料

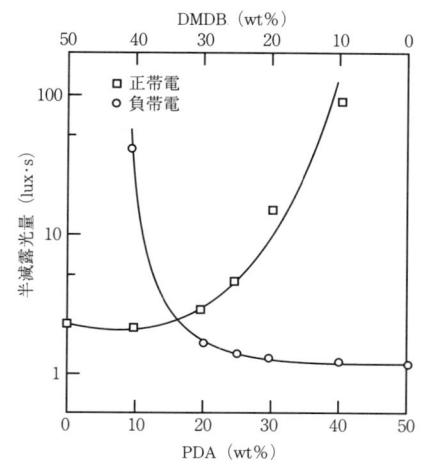

図III.5.122 DMDB, PDA を共分散した CG 層をもつ積層型光導電膜の半減露光量[81]

5.2.2 顔料分散型光導電膜

a. フタロシアニン顔料分散膜

 無金属フタロシアニンを樹脂バインダー中に分散させた顔料分散型光導電膜を電子写真用感光材料として用いた場合の電子写真特性についての報告がある．図III.5.123 は，無金属フタロシアニンの α, β, χ 形各結晶をエポキシ系樹脂バインダー中に分散させた光導電膜の光減衰特性である．表面に正電荷を帯電させるのと負電荷の場合とでは，前者の方がはるかに光感度が大きい．これはキャリヤーの移動がホールに基づいていることによる．もちろんこの光感度は顔料濃度が増加すると高くなる．β 形結晶，特に χ 形結晶を含有する光導電膜には，インダクション効果が顕著に観測さ

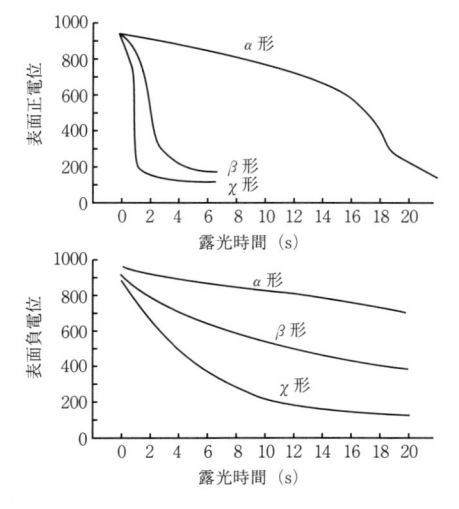

図III.5.123 α, β, χ 形無金属フタロシアニン膜の光減衰曲線[82]

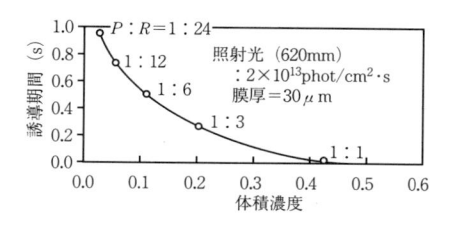

図III.5.124 χ-H_2Pc 顔料の体積濃度とインダクション期間の関係（P：R は顔料と樹脂の重量比）[82]

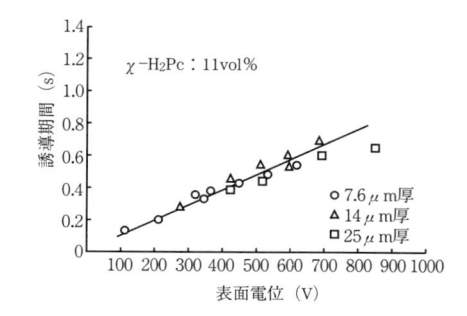

図III.5.125 χ-H_2Pc 樹脂膜の表面電位とインダクション期間の関係[82]

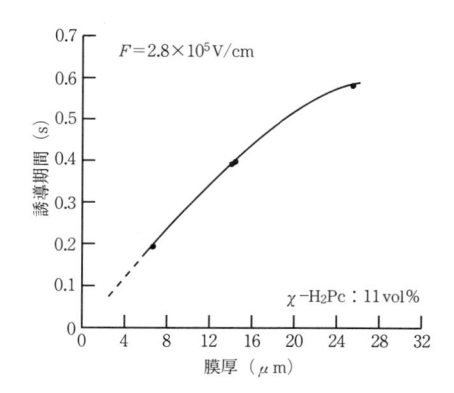

図III.5.126 χ-H_2Pc 樹脂膜の膜厚とインダクション期間の関係[82]

れる．このインダクション期間は顔料濃度，初期の表面電位，膜厚に依存する．それらの関係を図III.5.124，III.5.125，III.5.126 に示す．

 図にて，このインダクション期間は，顔料濃度が小さくなるとともに長くなり，また表面電位の増大あるいは試料膜厚が厚くなることによっても長くなっている．

 β 形無金属フタロシアニンをポリエステル樹脂に分散させ，電子受容性化合物として 2,5-ジクロロ-p-ベンゾキノン（DCBQ）を添加した光導電膜の電子写真特性が調べられている．図III.5.127，III.5.128 は，DCBQ 添加量の，光減衰曲線および感度（半減露光量の逆数）におよぼす影響をそれぞれ示している．DCBQ を添加

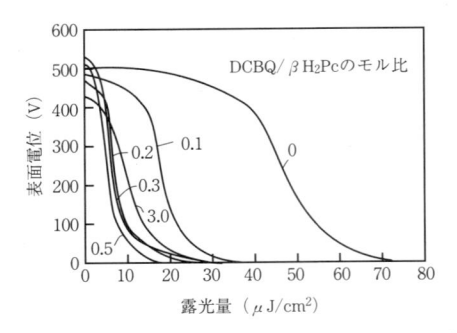

図 Ⅲ.5.127 DCBQ 添加 β-H₂Pc 光導電膜の光減衰曲線[83]

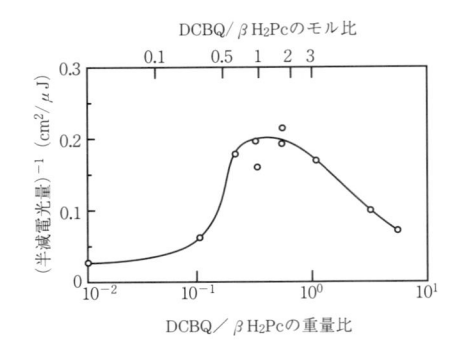

図 Ⅲ.5.128 DCBQ 添加 β-H₂Pc 光導電膜の電子写真感度[83]

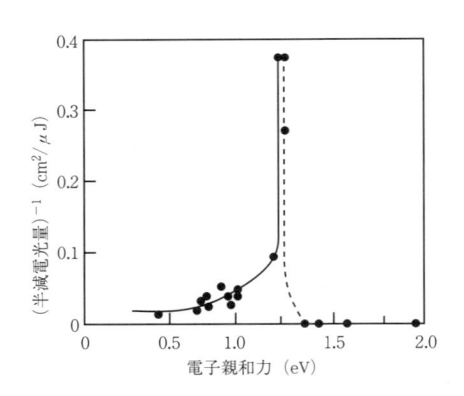

図 Ⅲ.5.129 β-H₂Pc 光導電膜への電子受容性化合物添加の感度におよぼす影響[84]

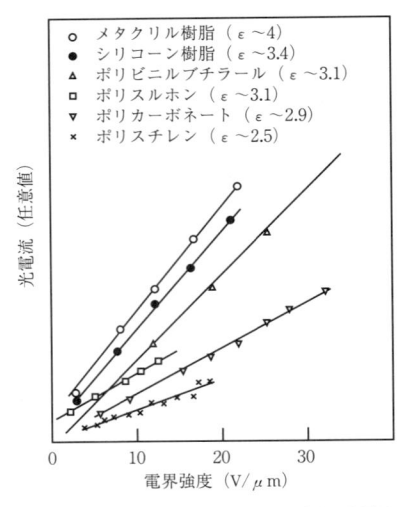

図 Ⅲ.5.130 τ-H₂Pc 樹脂分散膜の印加電圧と光電流の関係[85]

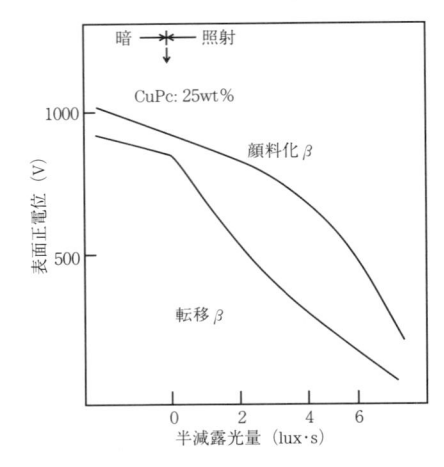

図 Ⅲ.5.131 CuPc 光導電膜の光減衰曲線[86]

すると，その添加量に比例してインダクション効果が減少している．また DCBQ/β 形無金属フタロシアニンのモル比が1：1から1：2の添加量の付近で感度が最大になっている．

さらに図Ⅲ.5.129には，DCBQ 以外の種々の電子受容性化合物を β 形無金属フタロシアニン樹脂分散系に添加した顔料分散光導電膜について，電子写真特性として感度とその電子受容性化合物の電子親和力との関連性を示す．図より，電子親和力が1.2付近で感度の極大が見られる．用いた電子受容性化合物の中では，2,4,5,7-テトラニトロ-9-フルオレノンが最も大きな感度を示している．

また図Ⅲ.5.130には，τ形無金属フタロシアニン樹脂分散膜で，バインダー樹脂を変えたときの光電流の電界依存性を示す．誘電率の大きいポリマーをバインダーに用いた場合ほど発生電荷量が多い．

また銅フタロシアニンについて，顔料の大きさが電子写真特性に影響をおよぼすことが知られている．色材として使用するため細かく粉砕された（約10nmの大きさ）顔料化 β-銅フタロシアニンと，α-銅フタロシアニンを芳香族溶剤中で β 形に転移させた（1～5μmの大きさ）転移 β-銅フタロシアニンを熱硬化型ポリウレタン中にそれぞれ分散させ，得られた顔料分散光導電膜の光減衰曲線および顔料濃度の感度におよぼす影響を図Ⅲ.5.131，Ⅲ.5.132に示す．転移 β-銅フタロシ

5.2 低分子有機光導電材料

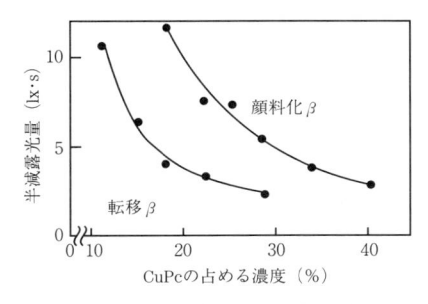

図 III.5.132 β-CuPc光導電膜の顔料濃度の感度におよぼす影響[86]

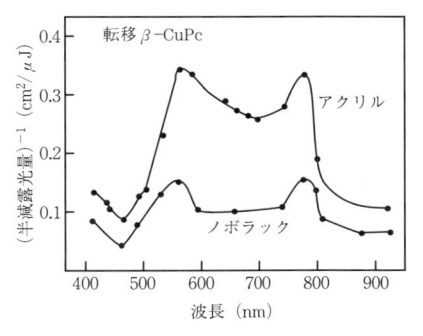

図 III.5.133 転移β-CuPcの分光感度[87]

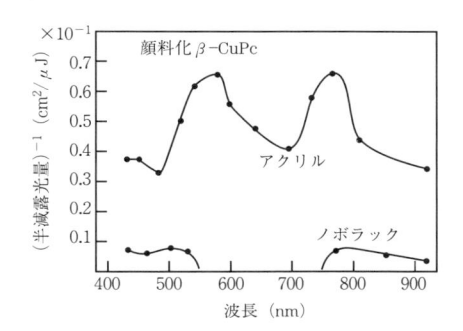

図 III.5.134 顔料化β-CuPcの分光感度[87]

アニンは顔料化β-銅フタロシアニンに比べて光応答が早くインダクション効果も少ない．また同じ添加量で転移β-銅フタロシアニンの方が高感度である．

この顔料化β-銅フタロシアニンを分散するバインダー樹脂の電子写真感度におよぼす影響を表III.5.42に示す．アクリル樹脂のようにエステル基などの比較的電子密度の小さい基をもつ樹脂の方が，ノボラック樹脂のようにフェニル基などの電子密度の高いベンゼン環を多くもつ樹脂に比べ高い光感度を示している．

表 III.5.42 β-CuPc/樹脂光導電膜の分光感度[87]

バインダー樹脂	V_0 (V)	$E_{1/2}(\mu J/cm^2)$	
		640 nm	763 nm
Acrylic resin-A	430	27.6	32.0
Acrylic resin-B	413	24.0	24.0
Polyester	507	56.5	45.5
Polyvinyl acetate	457	96.0	72.0
Novolak	580	459	109
Styrene-acryl copoly.	563	39.0	16.5
Polystyrene	636	120	45.0
Styrene-maleic copoly.	448	858	78.0
Silicone	444	65.0	36.0
Polycarbonate	649	296	87.0

図III.5.133, III.5.134は，転移β-銅フタロシアニン，顔料化β-銅フタロシアニンをアクリル樹脂，ノボラック型樹脂にそれぞれ分散させた光導電膜の分光感度スペクトルである．また転移β-銅フタロシアニンを用いた2種類の光導電膜の，光減衰の初期速度から求めたキャリヤー生成効率の電界依存性を図III.5.135, III.5.136に示す．キャリヤー生成効率の実測値とオンサーガーモデルによる理論計算の対応から，電子-ホールイオンペアの距離r_0とイオンペア生成の初期量子収量ϕ_0を求め，アクリル樹脂分散系では$r_0=5$nm, $\phi_0=0.036$が得られている．バインダー樹脂の違いによりr_0の変化は認められないが，ϕ_0が大きく異なっており，これが光感度に差を生じた一つの原因と思われる．

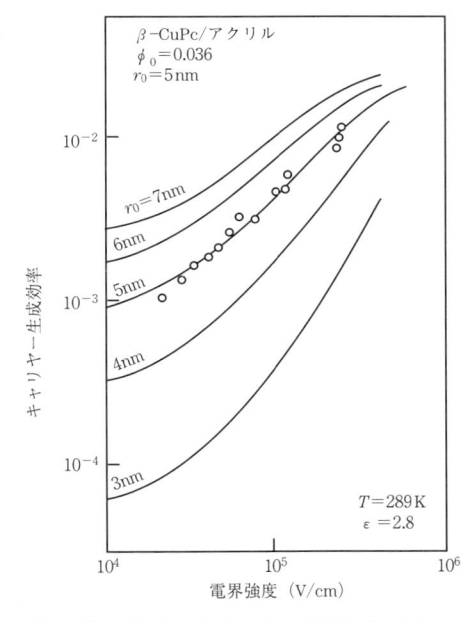

図 III.5.135 転移β-CuPc/アクリル樹脂膜のキャリヤー生成効率[88]

また表III.5.43は，各種のフタロシアニン顔料をポリエステル樹脂中に分散した顔料分散膜(顔料濃度: 15wt%)についての量子効率を示している．

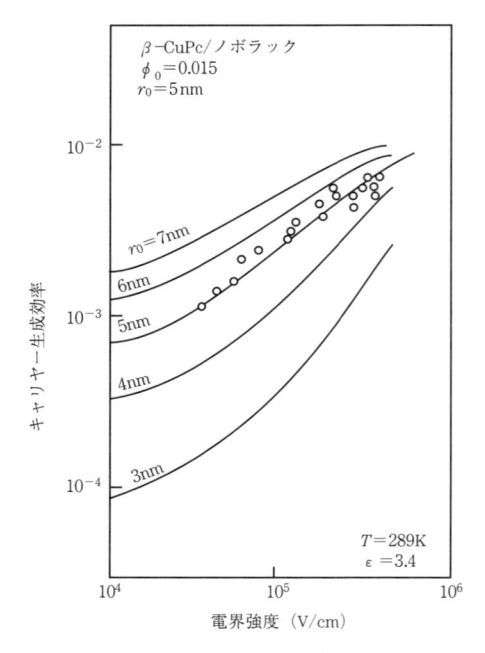

図 Ⅲ.5.136 転移 β-CuPc/ノボラック樹脂膜のキャリヤー生成効率[88]

表 Ⅲ.5.43 各種フタロシアニン顔料の量子効率[89]

顔料	$d(\mu m)$	$V_0(V)$	Gain	$F(V/\mu m)$	nm
ε-CuPc	16.5	575	0.022	36.0	780
χ-H$_2$Pc	11.0	560	0.060	54.0	780
InClPc	13.0	710	0.035	55.0	800
MgPc	19.0	620	0.30	33.0	850

b. ペリレン顔料分散膜

図Ⅲ.5.137に示すペリレン顔料の樹脂分散膜に少量のロイコマラカイトグリーン(LMG)を添加すると,電子のドリフト移動度が向上し,光感度が増大する.図Ⅲ.5.138にはLMG添加量(樹脂に対する重量比)を変えたときの電子のドリフト移動度の電界依存性を示す.また,図Ⅲ.5.139のペリレン顔料とカルバゾール系ヒドラゾン化合物を含む樹脂分散膜に少量のβ形無金属フタロシアニンを添加しても光感度が向上す

図 Ⅲ.5.137 ペリレン顔料および添加剤の構造式

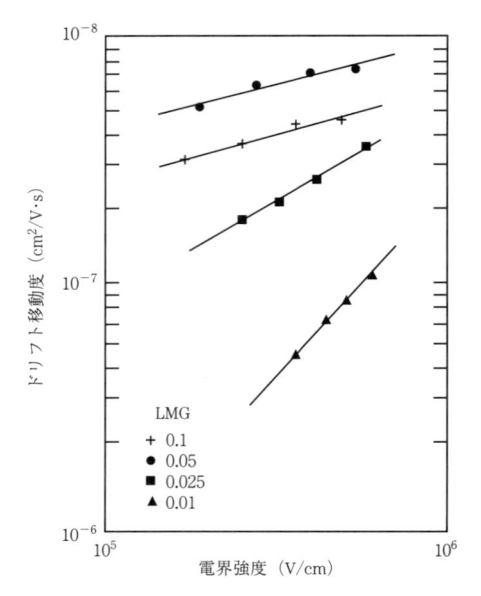

図 Ⅲ.5.138 ペリレン系樹脂分散膜のドリフト移動度の電界依存性[90]

図 Ⅲ.5.139 ペリレン顔料および添加剤の構造式

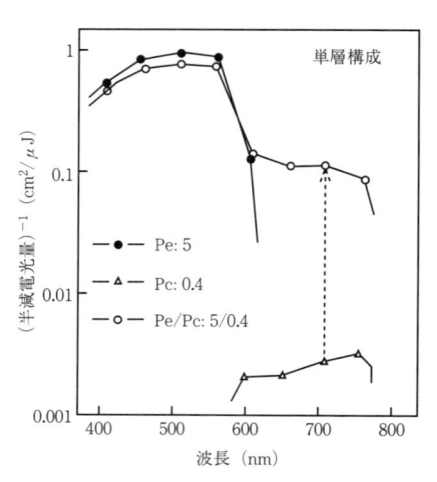

図 Ⅲ.5.140 ペリレン系樹脂分散膜の分光感度[91]

る．図Ⅲ.5.140 は，その樹脂分散膜の分光感度スペクトルである．図にてフタロシアニンの吸収波長域で添加効果以上の増感能の向上が見られる．

5.2.3 低分子光導電材料の応用

a. 共晶錯体形感光体

図Ⅲ.5.141 に示す色素としてアリル置換のチアピリリウム塩，CT 剤としてジエチルアミノ基を有するトリフェニルメタン誘導体，バインダー樹脂としてPCB からなる光導電膜をジクロロメタン蒸気に曝すと，バインダー樹脂とチアピリリウム塩との間で共晶体を形成し，図Ⅲ.5.142 に示すように色素の吸収ピーク波長が 580 nm から 690 nm へと移行する．この凝集相を有する光導電膜からなる感光体の感度は図Ⅲ.5.143 に示すように，溶剤蒸気で処理をしない均一相の光導電膜のものに比べて約 100 倍感度が向上し，PPC 用感光体として実用化された[92]．この光導電膜のホールによる量子効率の電界依存性を図Ⅲ.5.144 に示す．この凝集相からなる光導電膜の特性は

(1) 電子およびホール生成効率の電界依存曲線は $r_0=5.4$ nm, $\phi_0=0.59$ と仮定したオンサーガー理論曲線とよく一致している．
(2) 電子およびホールのドリフト移動度は 10^{-8} cm^2/V·s の領域にある．

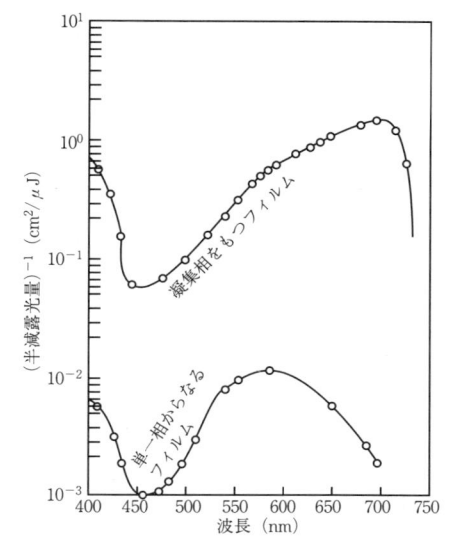

図 Ⅲ.5.143 凝集相，均一相からなる各光導電膜の正帯電での分光感度曲線[92]

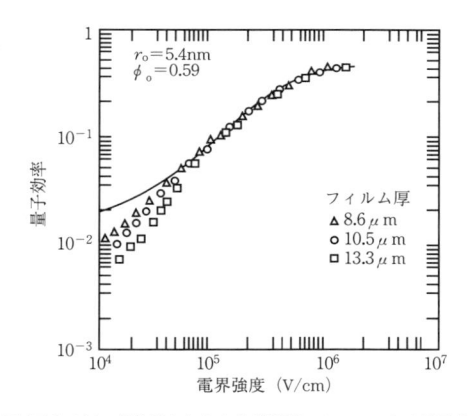

図 Ⅲ.5.144 凝集相からなる光導電膜のホールによる量子効率の電界依存性[93]

図 Ⅲ.5.141 共晶錯体型感光体の構成成分[92]

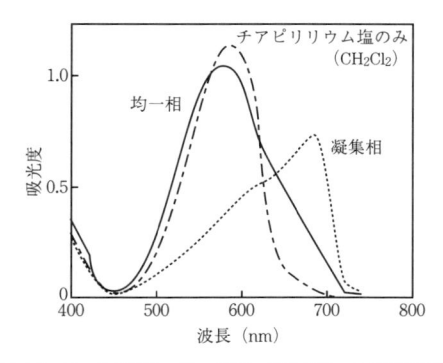

図 Ⅲ.5.142 染料単独，均一相膜，凝集相膜の分光吸収特性[92]

b. 積層型感光体

現在，PPC 用あるいは LBP 用の電子写真感光体として，注入増感による積層型の光導電膜が用いられて

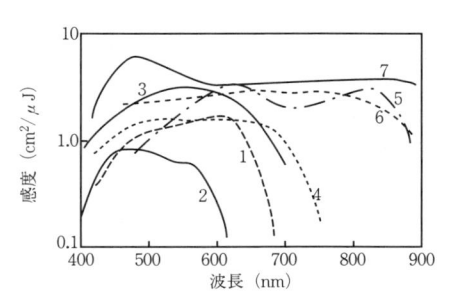

図 Ⅲ.5.145 積層型感光体の分光感度曲線

表 III.5.44 代表的な積層型感光体の構成

開発メーカー	No.	CG剤	CT剤
IBM	1	(構造式)	(構造式)
Kalle	2	(構造式)	(構造式)
三菱化成	3	(構造式)	(構造式)
リコー	4	(構造式)	(構造式)
茨城通研	5	AlClPcCl	(構造式)
リコー	6	(構造式)	(構造式)
キャノン	7	(構造式)	(構造式)

いるケースが圧倒的に多い.

実用化された代表的な感光体の構成を表III.5.44に示した. また, それらの感光体について分光感度スペクトルを図III.5.145に示した. 〔村上 嘉信〕

参 考 文 献

1) Pocchettino, A.: *Acad. Lincei Rendic*, **15** (1906), 355
2) Volmer, M.: *Ann. Phys.*, **40** (1913), 775
3) Carlson, C. F.: U. S. P., 2, 297, 691 (1942)
4) Kalle Co.: 特公昭 34-10366, 特公昭 34-10966
5) Hoegl, H.: *J. Phys. Chem.*, **69** (1965), 755
6) Sitaramaiah, G. *et al.*: *Polymer*, **11** (1970), 165
7) Klopffer: *Ber.*, **73** (1969), 864
8) Okamoto, K. *et al.*: *Bull. Chem. Soc. Jpn.*, **46** (1973), 1948, 2328, 2613
9) 横山正明ほか: 電子写真学会誌, **19** (1981), 3
10) Okamoto, K. *et al.*: *Bull. Chem. Soc. Jpn.*, **57** (1984), 1626
11) Regensburger, P. J.: *Photochem. Photobiol.*, **8** (1968), 429
12) Lakatos, A. I. *et al.*: *Phys. Rev. Lett.*, **21** (1968), 1444
13) Pai, D. M.: *J. Chem. Phys.*, **52** (1970), 2285
14) Gill, W. D.: *J. Appl. Phys.*, **43** (1972), 5033
15) Hayashi, Y. *et al.*: *Bull. Chem. Soc. Jpn.*, **39** (1966), 1660
16) 森本和久ほか: 電子写真学会誌, **9** (1970), 89
17) 松本正和ほか: 電子写真学会誌, **12** (1973), 102
18) 村上嘉信ほか: 電子写真学会誌, **23** (1984), 199
19) Wagner, W. J. *et al.*: *Photogr. Sci. & Eng.*, **14** (1970), 205
20) Yokoyama, M. *et al.*: *J. Chem. Phys.*, **75** (1981), 3006
21) Yokoyama, M. *et al.*: *J. Chem. Phys.*, **76** (1982), 724
22) 三川礼ほか: 電子写真学会誌, **21** (1982), 25
23) 横山正明ほか: 電子写真学会誌, **21** (1983), 169
24) Melz, P. J.: *J. Chem. Phys.*, **57** (1972), 1694
25) Pfister G. *et al.*: *J. Chem. Phys.*, **61** (1974), 2416
26) Borsenberger, P. M. *et al.*: *J. Appl. Phys.*, **49** (1978), 4035
27) Okamoto, K. *et al.*: *Bull. Chem. Soc. Jpn.*, **46** (1973), 2883
28) Lohr, B. *et al.*: *Current Problems in Electrophotography*, p. 219
29) Shattuck, M. D. *et al.*: U. S. P., 3, 484, 237 (1969)
30) Schaffert, R. M.: *IBM J. Res. Develop.*, **15** (1971), 75
31) Grammatica, S. *et al.*: *J. Chem. Phys.*, **67** (1977), 5628
32) Borsenberger, P. M. *et al.*: *J. Chem. Phys.*, **68** (1978), 637
33) 松下電器(株), 特公昭 45-5349
34) Xerox Co., U. S. P., 3 573 906 (1971)
35) 森下康定ほか: 化学と工業, **34** (1981), 489
36) リコー(株), 特開昭 57-195767
37) Robertson, J. M.: *J. Chem. Soc.*, **1935**, 615; **1936**, 1736
38) Suito, E. *et al.*: *Bull. Chem. Soc. Jpn.*, **39** (1966), 2616
39) Loutfy, R. O. *et al.*: *J. Chem. Phys.*, **73** (1980), 2902
40) Loutfy, R. O. *et al.*: *J. Imaging Sci.*, **29** (1985), 116
41) Griffiths, C. H. *et al.*: *Mol. Cryst. & Liq. Cryst.*, **33** (1976), 149
42) 熊野勇夫: 電子写真学会第 27 回技術研究会予稿集, p. 1 (1982)
43) Sharp, J. H. *et al.*: *J. Phys. Chem.*, **72** (1968), 3230
44) 角омо敦ほか: 電子写真学会誌, **24** (1985), 102
45) 榎田年男ほか: 電子写真学会誌, **29** (1990), 373
46) 織田康弘ほか: 電子写真学会誌, **29** (1990), 250
47) Popovic, Z. D.: *J. Appl. Phys.*, **52** (1981), 6197
48) Hackett, C. F.: *J. Chem. Phys.*, **53** (1971), 3178
49) Kanemitsu, Y. *et al.*: *J. Appl. Phys.*, **69** (1991), 7333
50) 北村孝司ほか: 電子写真学会誌, **28** (1989), 32
51) 北村孝司ほか: 電子写真学会誌, **28** (1989), 371
52) 加藤雅一ほか: 昭和 58 年電子通信学会技術研究報告 CPM 83-51
53) 榎田年男ほか: Japan Hardcopy '91 論文集, p. 301
54) 宮崎元ほか: 電子写真学会第 59 回技術研究会予稿集, p. 179 (1987)
55) 佐々木正臣: 日化, **1986** (1986), 379
56) 橋本充ほか: 電子写真学会第 59 回技術研究会予稿集, p. 169 (1987)
57) Umeda, M.: Japan Hardcopy '88 論文集, p. 39
58) 小野均ほか: Japan Hardcopy '90 論文集, p. 57
59) 片桐一春ほか: 日化, **1986** (1986), 387
60) Mizuguchi, J. *et al.*: Japan Hardcopy '88 論文集, p. 62
61) Wiedemann, W.: Second International Conference on Electrophotography, p. 224
62) Melz, P. L. *et al.*: *Photogr. Sci. Eng.*, **21** (1977), 73
63) 北村隆ほか: 電子写真学会誌, **27** (1988), 31
64) Pfister, G.: *Phys. Rev.*, **B16** (1977), 3676
65) Pfister, G. *et al.*: *Phys. Rev. Lett.*, **37** (1976), 1360
66) Pai, D. M. *et al.*: *J. Phys. Chem.*, **88** (1984), 4714
67) Stolka, M. *et al.*: *J. Chem. Phys.*, **88** (1984), 4707
68) 高橋隆一ほか: 電子写真学会第 57 回技術研究会予稿集, p. 65 (1986)
69) 田中聡明ほか: 電子写真学会誌, **29** (1990), 366
70) Kanemitsu, Y. *et al.*: *J. Appl Phys.*, **71** (1992), 300
71) 加藤千尋ほか: 電子写真学会第 62 回技術研究会予稿集, p. 50 (1988)
72) 荒牧晋司ほか: 電子写真学会第 59 回技術研究会予稿集, p. 154 (1987)
73) 荒牧晋司ほか: 電子写真学会第 53 回技術研究会予稿集, p. 31 (1984)
74) 北村孝司ほか: 電子写真学会第 61 回技術研究会予稿集, p. 321 (1988)
75) 大田勝一: 電子写真学会誌, **25** (1986), 303
76) 額田克己ほか: 電子写真学会誌, **30** (1991), 16
77) 松瀬高志ほか: 電子写真学会第 62 回技術研究会予稿集, p. 134 (1988)
78) 横山健児ほか: 電子写真学会誌, **29** (1990), 138
79) Yokoyama, K. *et al.*: *J. Appl. Phys.*, **67** (1990), 2974
80) 山口康浩ほか: 電子写真学会誌, **30** (1991), 266
81) 山口康浩ほか: 電子写真学会誌, **30** (1991), 274
82) Weigl, J. W. *et al.*: Current Problems in Electrophotography, p. 287 (1972), Berlin,
83) 北村孝司ほか: 電子写真学会誌, **20** (1982), 60
84) 北村孝司ほか: 電子写真学会誌, **20** (1982), 116
85) 斉藤俊郎ほか: Japan Hardcopy '91 論文集, p. 285
86) 有川昌右ほか: 電子写真学会誌, **17** (1979), 16
87) 岸淳一ほか: 電子写真学会誌, **23** (1984), 203
88) 相沢吉昭ほか: 電子写真学会第 54 回技術研究会予稿集, p. 35 (1984)
89) グエン・チャン・ケーほか: 電子写真学会第 54 回技術研究会予稿集, p. 30 (1984)
90) 陳進ほか: Japan Hardcopy '90 論文集, p. 69
91) 川原在彦ほか: 電子写真学会第 68 回技術研究会予稿集, p. 72 (1991)
92) Dulmage, W. J. *et al.*: *J. Appl. Phys.*, **49** (1978), 5543
93) Borsenberger, P. M. *et al.*: *J. Appl. Phys.*, **49** (1978), 5555

第6章

導電性材料

6.1 導電性高分子

導電性高分子については，すでに数多くの解説，総説，専門書[1~19]が出版されており，また二年ごとに開催される合成金属国際会議のプロシーディングをまとめた学術雑誌[20]が出版されている．本節で述べることがらのより詳細はこれらの総説や専門書を参照されたい．

6.1.1 概　要
a. 導電性高分子の分類

一般に導電性高分子は表Ⅲ.6.1のように分類される．図Ⅲ.6.1は表Ⅲ.6.1のポリマーユニットの分子構造を示す．さらに，鎖状共役系高分子のみについて分類すると表Ⅲ.6.2のようになる．

（1）脂肪族共役系：炭素–炭素の単結合の二重結合が交互に長く連なった共役系で，置換基をもつ場合もある．

一般的に，アセチレン誘導体の重合により合成される．ポリアセチレンの場合，アセチレンを触媒溶液界面で重合して，直接フィルム状ポリアセチレンを合成する方法が一般的である．アセチレンの触媒による重合では広範のチグラー–ナッタ触媒が有効であるが，不均一系触媒はフィルムの均一性やフィルム中の不純物除去がむずかしいため現実的ではなく，ほとんどの場合可溶性触媒が使われている．

（2）芳香族共役系：芳香族炭化水素が結合して共役系が発達した高分子で，耐熱性に優れている．芳香族炭化水素の酸化重合および電気化学的酸化重合による方法のほか，可溶性の先駆体を経由する方法が知られている．

（3）複素環式共役系：複素環式化合物が結合して共役系が発達した高分子で，比較的安定性が高いとされている．

通常，電解酸化重合法により白金またはネサガラスなどの電極上でフィルム状に合成する．ポリマーの酸化電位はモノマーより低いので，電解質アニオンがドープしたポリマーが得られる．電位を操作することにより，脱ドープしたり，共役系の種類によってはカチオンをドープすることもできる．

化学的重合も可能で，2,5-ジハロゲノチオフェンやN-2,5-ジハロゲノピロールでは，グリニャール誘導体をへる縮合重合が可能である．ピロールは塩化鉄(Ⅲ)や塩化スズ(Ⅳ)などの酸化剤により重合し，塩素イオンがドープされたポリピロールを生成する．

（4）含ヘテロ原子共役系：脂肪族または芳香族の

表Ⅲ.6.1　導電性高分子の分類

(1) 脂肪族共役系
　　トランス-ポリアセチレン(1)，シス-ポリアセチレン(2)，ポリ(置換アセチレン)(3)，たとえば，ポリフェニルアセチレン(4)，ポリフェニルクロロアセチレン(5)，ポリ(1,6-ヘプタジイン)(6)，ポリ(1,4-二置換ジアセチレン)(7)
(2) 芳香族共役系
　　ポリ(p-フェニレン)(8)，ポリ(m-フェニレン)(9)，ポリナフタレン(10)，ポリアントラセン(11)，ポリピレン(12)，ポリアズレン(13)，ポリフルオレン(14)
(3) 複素環式共役系
　　ポリピロール(15)，ポリフラン(16)，ポリチオフェン(17)，ポリセレノフェン(18)，ポリテルロフェン(19)，ポリイソチアナフテン(20)，ポリイソナフトチオフェン(21)，ポリジチエノチオフェン(22)，ポリ(3-アルキルチオフェン)(23)，ポリ(3-チオフェン-β-エタンスルホン酸)(24)，ポリ(N-アルキルピロール)(25)，ポリ(3-アルキルピロール)(26)，ポリ(3,4-ジアルキルピロール)(27)，ポリ(2,2'-チエニルピロール)(28)，ポリ(p-フェニレン-2,5-ピラジン)(29)，ポリカルバゾール(30)
(4) 含ヘテロ原子共役系
　　ポリ(p-フェニレンオキシド)(31)，ポリ(p-フェニレンスルフィド)(32)，ポリ(p-フェニレンセレニド)(33)，ポリ(ビニレンスルフィド)(34)，ポリアニリン(35)，ポリ(ジベンゾチオフェンスルフィド)(36)
(5) 混合型共役系
　　ポリ(p-フェニレンビニレン)(37)，ポリ(チエニレンビニレン)(38)，ポリ(フリレンビニレン)(39)，ポリ(1,4-ナフタレンビニレン)(40)，ポリ(2,6-ナフタレンビニレン)(41)
(6) はしご型共役系
　　ポリアセン(42)，ポリアセナセン(43)，ポリペリナフタレン(44)，ポリペロアントラセン(45)，ポリシアノアセチレン(ポリピリジノピリジン)(46)，ポリシアノジエン(47)，ポリジシアノアセチレン(48)
(7) ネットワーク状共役系
　　パイロポリマー，たとえば，ポリ(p-フェニレン1,3,5-オキサジアゾール)，グラファイト
(8) その他の導電性高分子
　　ポリ(N-ビニルカルバゾール)(49)
　　金属フタロシアニン系高分子

高分子名の後の番号は図Ⅲ.6.1の番号に対応する．

6.1 導電性高分子

共役系をヘテロ原子で結合した高分子.

ジハロゲン化物のナトリウムスルフィドによる縮合が芳香族系および脂肪族系に適用できる．ポリアニリンはアニリンの酸化重合や電解重合によって合成される．アミノ基をもった芳香族化合物でも，電解重合法でポリアニリンの誘導体とすることができる．

（5）混合型共役系：上記各共役系の構成単位が交互に結合した構造をもつ共役系．

ウィッティヒ反応によりオレフィンや p-キシレンジクロリドの脱塩化水素により合成できるが，可溶性スルホニウム塩の前駆体ポリマーを熱分解する方法を用いると，導電率の高いものが得られる．

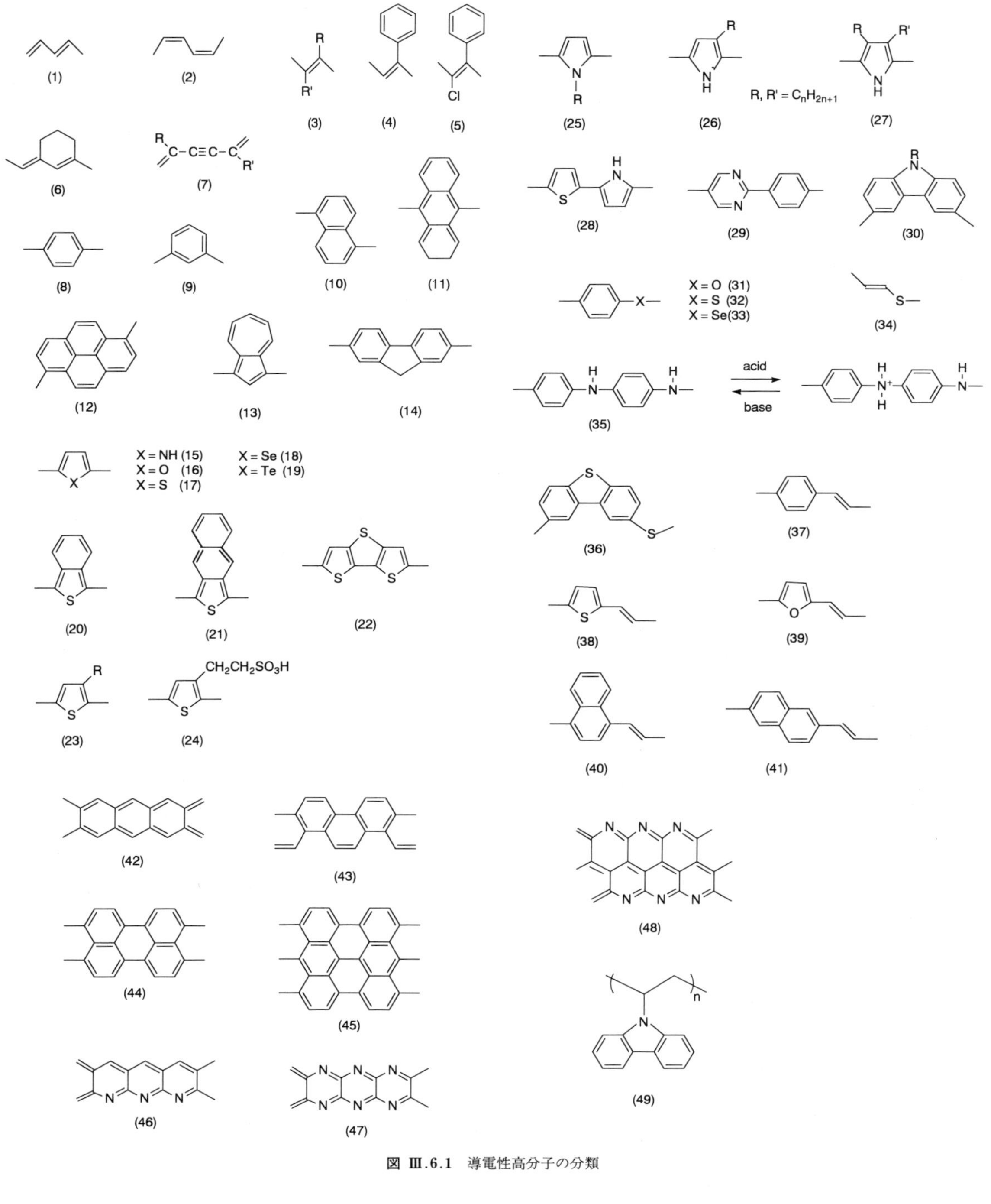

図 III.6.1 導電性高分子の分類

表 III.6.2 鎖状共役系導電性高分子の分類

- ポリアセチレン類
  - A. ポリアセチレン
  - B. ポリ(置換アセチレン)
- ポリチオフェン類
  - A. ポリ(一置換チオフェン)
    - ポリ(アルキルチオフェン)
    - ポリ(アルコキシチオフェン)
    - ポリ(アリールチオフェン)
    - ポリ(ビチオフェン)
  - B. ポリ(二置換チオフェン)
  - C. 新しいクラスのポリマー
    - ヘテロサイクルポリマー(コポリマー)
    - ポリ[ジアルコキシ-ビス(2-チエニル)シラン]
  - D. オリゴマー
    - ペンダントオリゴマー
- ポリフラン類
- ポリピロール類
- ポリ(*p*-フェニレン)類
- ポリ(*p*-フェニレンビニレン)類
- ポリ(チエニレンビニレン)類
- ポリアニリン類
- その他のポリマー(ポリイン, カルビノール)

表 III.6.3 ドーパントの種類

〈アクセプター〉

i) ハロゲン
   Cl_2, Br_2, I_2, ICl, ICl_3, IBr, IF_5

ii) ルイス酸
   PF_5, AsF_5, SbF_5, BF_3, BCl_3, BBr_3, SO_3, $GaCl_3$

iii) プロトン酸
   HF, HCl, HNO_3, H_2SO_4, HBF_4, $HClO_4$, FSO_3H, $ClSO_3H$, CF_3SO_3H

iv) 遷移金属ハロゲン化物
   NbF_5, TaF_5, MoF_5, WF_5, RuF_5, BiF_5, $TiCl_4$, $ZrCl_4$, $HfCl_4$, $NbCl_5$, $TaCl_5$, $MoCl_5$, $MoCl_3$, WCl_6, $FeCl_3$, $TeCl_4$, $SnCl_4$, $SeCl_4$, $FeBr_3$, $TeBr_4$, $TaBr_5$, TeI_4, TaI_5, SnI_5

v) 遷移金属化合物
   $AgClO_4$, $AgBF_4$, H_2IrCl_6, $Ce(NO_3)_3$, $Dy(NO_3)_3$, $La(NO_3)_3$, $Pr(NO_3)_3$, $Sm(NO_3)_3$, $Yb(NO_3)_3$

vi) 有機化合物
   TCNE, TCNQ, クロラニル, DDQ

vii) その他
   O_2, $YeOF_4$, XeF, $NOSbF_6$, $NOSbCl_6$, $NOBF_4$, $NOPF_6$, FSO_2OOSO_2F, $(CH_3)_3OSbCl_6$

〈ドナー〉

i) アルカリ金属
   Li, Na, K, Rb, Cs

ii) アルカリ土類金属およびその他の金属
   Be, Mg, Ca, Sc, Ba, Aq, Eu, Yb

iii) 電気化学的ドーピング
   $MClO_4$ (M=Li^+, Na^+), R_4N^+, R_4P^+ (R=CH_3, n-C_4H_9, C_6H_5)

(6) 複鎖型共役系(はしご型共役系): 分子中に複数の共役鎖をもつ共役系で, 芳香族共役系に近い構造を有し, バンドギャップが小さい.

(7) 金属フタロシアニン系: 金属フタロシアニン類またはこれらの分子間をヘテロ原子や共役系で結合した高分子.

(8) 導電性複合体: 上記共役系高分子を飽和高分子にグラフトまたはブロック共重合した高分子, および飽和高分子中で上記共役系高分子を重合することによって得られる複合体.

b. 化学ドーピング

共役系高分子に導電性を与えるためには, ドーピングによって共役系の結合性π軌道にある電子の一部を取り除くか, 反結合性π軌道の一部に電子を送り込み, キャリヤーをつくる必要がある. したがって, 共役系高分子のドーピングは無機半導体のシリコンやゲルマニウムのそれと異なり, ドーパントと共役系高分子との間の電荷移動反応であるといえる. この電荷移動反応には, 共役系高分子とドーパントとの反応, および電解質溶液に共役系高分子を浸して電気化学的に電解質イオン(ドーパント)をドープする方法とがある. 後者を電気化学的ドーピング(エレクトロケミカルドーピング)とよんでいる. 種々のドーパントを表III.6.3に示す. 表III.6.4に代表的な導電性ポリマーのバンドギャップと電気伝導度(導電率)を示す.

c. 導電率の特徴

高分子の導電性を高めて, 半導性さらには金属並みの導電体にするための研究が最近極めて活発に押し進

表 III.6.4 各種導電性ポリマーの最高導電率とドーパント

ポリマー	バンドギャップ (eV)	導電率 (S/cm)	ドーパント
ポリアセチレン	1.4	10^4〜10^5	I_2
ポリチオフェン	2.1	500	BF_4^-
ポリピロール	3.6	1500	ClO_4^-
ポリアニリン	3.0	5	HCl
ポリドデシルチオフェン	2.1	10	I_2
ポリオクチルピロール	3.6	8	$FeCl_3$
ポリ(*p*-フェニレンビニレン)	2.5	6000	H_2SO_4
ポリ(チエニレンビニレン)	1.7	1000	H_2SO_4

められている. 導電率は電荷量を q とすると, キャリヤー濃度 n とキャリヤー移動度 μ との積で与えられる.

$$\sigma = q \cdot n \cdot \mu$$

そのため, 導電性を高くするためには, キャリヤー濃度を高めるか, あるいはキャリヤー移動度を大きくする必要がある. キャリヤー濃度はバンドギャップあるいはp型ドーピングの場合はイオン化ポテンシャルが小さいほど増大することが期待できる. また, 価電子帯のバンド幅は広いほどキャリヤーは共役鎖上を非局在化でき移動度の増大につながる. 表III.6.5に代表的な導電性高分子のバンドギャップ, イオン化ポテンシャル, バンド幅を示す.

表 III.6.5 導電性高分子のバンドギャップ(E_g)，イオン化ポテンシャル(IP)およびバンド幅(BW)[21,22]

導電性高分子	E_g(eV)	IP(eV)	BW(eV)
ポリアセチレン			
トランス	1.4(1.4)	4.7(4.7)	6.5
シス-トランソイド	1.5(1.7)	4.8	6.4
トランス-シソイド	1.3	4.7	6.5
ポリジアセチレン	2.1	5.1	—
ポリ-p-フェニレン	3.5(3.4)	5.6(5.5)	3.5
ポリ-m-フェニレン	4.5	6.1	—
ポリ-p-フェニレンビニレン	2.5(〜3)	5.1	2.8
ポリ-p-フェニレンキシリデン	3.4	5.6	2.5
ポリベンジル	—	6.5	0.6
ポリペリナフタレン	0.44	4.0	4.4
ポリペリアントラセン	2.26	4.4	3.3
ポリピロール	3.6(3.2)	3.9(4.0)	3.8
ポリ-β,β'-ジメチルピロール	3.7	3.6	3.2
ポリ-N-メチルピロール	3.7	3.9	3.4
ポリチオフェン	2.0(2.2)	5.0	2.5
ポリビニレンスルフィド	3.3(3.6)	5.6	3.3

括弧内は実測値(eV).

6.1.2 ポリアセチレン類

a. ポリアセチレン

共役系高分子に期待される性質としては，電子の自由な移動（導電性を代表とする電子的機能），内部エネルギーの低下（熱安定性），触媒活性などである．ポリアセチレン系導電性高分子には，トランスおよびシス-ポリアセチレンを代表として，フェニル基あるいはハロゲン元素で置換したポリアセチレンが含まれる．これらは通常，アセチレン誘導体（R−C≡CH）から遷移金属触媒を用いて重合される．アセチレンガスを有機金属錯体を触媒として重合させる最初の合成例は1930年に報告されている[23]．1958年にはチグラー−ナッタ触媒による重合が可能となり，1960年には有機半導体として取り上げられ，粉末の試料を用いて導電性の測定が行われた[24]．

ポリビニルアルコールあるいはポリ塩化ビニルの脱水あるいは脱塩酸反応から合成しようとする試みも古くから行われている[25]．熱安定性の高いポリアセチレンとして，ポリフルオロアセチレンが考えられるが，これは後者の方法（ポリフッ化ビニリデンのフッ酸反応）により合成される[26]．

ポリアセチレンは最も単純な共役系高分子であり，特異な性質を示す高分子として古くからその合成が望まれていた[25]．導電性高分子のリード役は現在でもポリアセチレンであるが，そのきっかけになったのは，白川らによるフィルム状サンプルの合成（S-PA），シス-トランス体の制御[27]，および五フッ化ヒ素のドーピングによる1kS/cm以上の導電性の発現であった[28]．トルエンなどの溶媒に溶かした高濃度のTi(OC₄H₉)₄-Al(C₂H₅)₃触媒を容器の壁に塗布し，ドライアイス温度（−78°）でアセチレンを導入すると，85〜95%シス形のポリアセチレンのフィルムが得られる．これを真空中で150〜200°Cに加熱すると95%トランス形ポリアセチレンへ異性化する（図III.6.2）[27,28]．

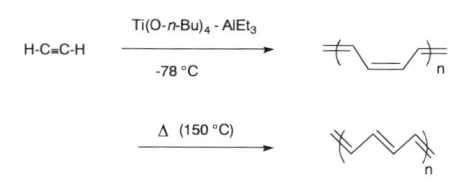

$$H-C≡C-H \xrightarrow[-78°C]{Ti(O-n-Bu)_4 - AlEt_3} \cdots$$

$$\xrightarrow{\Delta \ (150°C)} \cdots$$

図 III.6.2 チグラー−ナッタ触媒によるポリアセチレンの合成

ポリアセチレンの固体構造は，トランス形では$P2_{1/n}$の単斜晶（$a=4.24$，$b=7.32$，$c=2.36$Å，$\beta=91.5°$）に属する．直径20 nmのフィブリル結晶が寄り集まって，しなやかで黒色光沢を有するフィルムを形成している．その分子量（M_n）は500から36000の間にばらついているといわれている．トランス-ポリアセチレンは，未ドープ状態では光学的吸収端が1.4 eV（π−π* 遷移）にあり，ドープされた場合は，0.7 eVに新たな吸収が生じる[29]．ドープしたトランス-ポリアセチレンの導電率は通常は0.5〜3 kS/cmである．重合時に直接的に配向フィルムを得る方法として，ビフェニル[30]やベンゼン[31]，あるいはナフタレン，アントラセン[32]の芳香族化合物の結晶表面でアセチレンの重合を行うエピタキシャル重合や，液晶を溶媒としてせん断力[33]や流動落下[34〜36]あるいは外部磁場[37]で液晶を配向させ，その異方性反応場でアセチレン重合を行う液晶法が開発されている．特に液晶磁場法で合成したポリアセチレン薄膜は，高度に配向したフィブリル構造のため，10 kS/cm以上の高導電率を有している[37〜39]．

最近Naarmannらにより合成されたポリアセチレン（N-PA）は，触媒を比較的高い温度で長時間熟成してから使用して得られるものである[40]．たとえば，Ti(OC₄H₉)₄-Al(C₂H₅)₃触媒−シリコーン油からなる触媒を120°Cで熟成したのちに，n-ブチルリチウムなどの還元剤を添加して，通常の白川法によりアセチレンの重合が行われる．N-PAはsp³欠陥を含まないことが特徴とされ，重合後6倍程度の延伸が可能である．N-PAにヨウ素をドープして，約100 kS/cmの導電率が達成されている[41,42]．この値は高分子の極限構造を有するグラファイトのそれ（25 kS/cm）[43]をはるかにしのぐものであり，銅，銀などの金属のそれ（600 kS/

cm)に迫るものである．さらに，N-PA の特徴としては，シス成分が多い(80%)，高密度かつ非常に緻密なフィブリル構造そして高い安定性があげられている．

近年，高温熟成したチグラー–ナッタ触媒を用いて，アセチレンガスを導入する直前にトルエン，クメンなどの溶媒を真空脱気して取り除き，無溶媒のもとで重合を行う方法(脱溶媒法)[44]や，触媒の調製時から一切溶媒を用いず，触媒の高温熟成を経て重合を行う方法(無溶媒法)[45]が開発され，ヤング弾性率や引張り強度などの力学強度の優れた，高強度，高延伸性のポリアセチレンフィルムが合成されるようになった(表III.6.6)．その力学強度は，代表的な高強度プラスチックであるケブラーのそれに匹敵し，延伸倍率は最大7~9に達し，その結果，延伸後の電気伝導率はヨウ素ドーピングに際して最大 40 kS/cm と高く，しかも再現性も優れたものが得られるようになった(表III.6.7)[46]．

ポリアセチレンの加工性　ほとんどの導電性高分子は，低い内部エネルギーをもつために，溶媒に溶けず，溶融もしない．そこで，可溶性の導電性高分子へのアプローチとして，ポリアセチレンと加工性のある汎用高分子との共重合が検討されはじめた．

ポリスチレンなどの汎用高分子へのポリアセチレンのグラフト化は，最初 Bell 研究所のグループにより単結晶ポリアセチレンの合成として発表された[47]．次にイタリアのグループによりさらに詳細な検討がなされている[48]．ポリアセチレンのグラフト化のひとつの例として，ポリブタジエンマトリックスの 1,2-ユニットへチグラー–ナッタ触媒を挿入し，アセチレンの重合を行わせたものがある．

ブロック共重合体の合成は，Galvin と Wneck[49]により行われ，Aldissi[50]により発展させられた．この場合，アニオン性の高分子，たとえばリチウム–ポリスチレンにより $Ti(OC_4H_9)_4$ をアルキル化し，アセチレンを重合させる．その導電率は 1S/cm のオーダーであるが，導電率の空気中での安定性は著しく向上することが報告されている．このように加工性あるいは安定性の向上は導電性を犠牲にして行われることが多いので，その妥協点をどこに求めるかが問題となる．

以上の例に対して，もっと積極的な加工性の付与方法として二つのアプローチがとられている．一つは，置換基により可溶性を出現させることで，フェニルアセチレン，フェニルクロロアセチレンなどに例がみられる．他のアプローチは溶媒に溶ける前駆体を用いるものである．図III.6.3 は，最初に前駆体方式として導入された Durham ポリアセチレンの反応図式である[51]．前駆体(ポリマー)はアセトンなどの溶媒からキャストして良好な皮膜として得られ，150℃以下の温

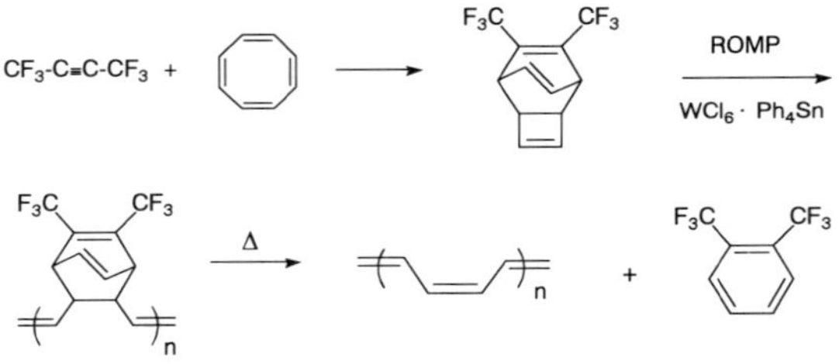

図 III.6.3　Durham 法によるポリアセチレンの合成

表 III.6.6　高強度，高延伸性ポリアセチレンフィルム合成のための最適触媒調製条件[44,45]

	脱溶媒法 (solvent evacuation method)	無溶媒法 (intrinsic non-solvent method)
溶媒種	n-ヘキサン，トルエン，クメン	無使用
触媒濃度：$[Ti(OBu)_4]$ (mol/l)	0.5~1.0	0.8~1.6
助触媒と触媒との濃度比：$[AlEt_3]/[Ti(OBu)_4]$	2	4~5
触媒の熟成	室温熟成，0.5~1 時間の後 高温熟成(70~150℃)，1~5 時間	室温熟成，1 時間の後 高温熟成(150℃)，1 時間

表 III.6.7　脱溶媒法および無溶媒法で重合したポリアセチレンフィルムの物性[44~46]

		脱溶媒法	無溶媒法	理論値 $(CH)_x$	実験値 ケブラー
かさ密度(g/cm³)		1.0~1.15	1.0~1.15		
シス率(%)		60~90	85~95		
最大延伸率(l/l_0)		6~8	6~9		
ヨウ素ドープ後の導電率(S/cm)		$1.0×10^4$~$2.2×10^4$	$2.2×10^4$~$4.3×10^4$		
ヤング率(GPa)	シス	30~40	28	100	
	トランス	100	40	300~400	132
引張り強度(MPa)	シス	600	800		
	トランス	900	2100		3900

度でポリアセチレン（フィブリル構造を有しない均質膜）へ変換される．熱転移の間に延伸を施すと，ほとんど 100% 配向した完全一次元性の導電体が得られる．導電率は約 1.3 kS/cm で白川法のそれと変りない．

また，図III.6.4 は Swager ら[52]により発表された，ベンズバレンの開環オレフィン重合（ROMP）[53,54]を経由した前駆体方式のポリアセチレンの合成方法である．前駆体（ポリマー）からポリアセチレンへの異性化反応は熱的（150〜200°C）あるいは化学的（$HgCl_2$ 触媒など）に行われる．この場合も前駆体の延伸が約 6 倍まで可能であるが，最終生成物の結晶性が極端に低いため，ヨウ素ドープ後の導電率も 50 S/cm と低い値に留まっている．Durham 法に比較して，この方法は前駆体から飛散する分子の量が少ないこと，そして ROMP がモノマーの二重結合を犠牲にしない重合反応である，という特徴がある．

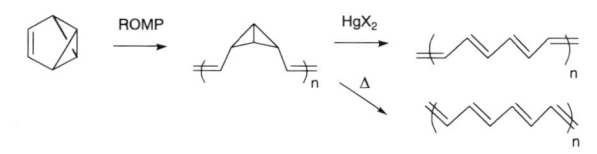

図III.6.4 ポリベンズバレンの異性化によるポリアセチレンの合成

b. ポリ（置換アセチレン）

置換基を有するアセチレンの重合体は，ポリアセチレンに比べ一般に導電性は劣るが，溶媒に可溶なものが多く，酸化安定性や成形性に優れ，導電性のほかに気体透過性や光導電性などの機能性の面からも興味あるポリマーである．置換アセチレンの重合触媒は，チグラー–ナッタ系触媒，Mo，W などのメタセシス系触媒，Ta，Nb 系触媒，その他の遷移金属系触媒の四つに大別できる．

アセチレンの水素をアルキル基やアリル基または種々の官能基で置換した置換アセチレンの重合により，置換アセチレンのポリマーが合成できる[55]．一般に立体効果の小さい一置換アセチレン，たとえば，メチルアセチレン，フェニルアセチレンなどは，アセチレンと同様にチグラー–ナッタ触媒で重合することが可能である．しかし，立体効果の大きい置換基をもつ一部の一置換および二置換アセチレンの重合には活性を示さず，オレフィンのメタセシス触媒として知られているモリブデン（Mo）やタングステン（W）の塩化物やカルボニル化合物がよい触媒となる[56]．これらのポリマーは置換基のため平面構造をとれず，π 電子が局在した絶縁体ないし半導体であり[57]，かつドーピング効

表III.6.8 ポリ（置換アセチレン）（$-CR=CR'-$）$_n$ の導電率[59]

R	R'	導電率(S/cm)	温度(K)
H	フェニル	$\geq 10^{-18}$	293
H	p-アミノフェニル	9×10^{-17}, 3×10^{-16}	343
H	p-ニトロフェニル	10^{-15}	343
H	p-フォルアミドフェニル	10^{-14}	343
H	p-メトキシフェニル	$10^{-14} \sim 10^{-18}$	293
H	p-クロロフェニル	10^{-18}	293
H	p-フェノキシフェニル	$>10^{-18}$	293
フェニル	フェニル	10^{-14}	293
H	ニトリル	10^{-17}	293

果は極めて小さいか，ほとんど示さない．

比較的ドーピング効果を示すものとして，ポリフェニルアセチレンがあり，五フッ化ヒ素でドープすると 10^{-17} S/cm から 10^{-4} S/cm 程度の半導体となる[58]．表III.6.8 にポリ（置換アセチレン）の導電率を示す．直鎖状ポリエン（$-CH=CR'-$）$_n$ に対して，バンドギャップ E_g は共役系の長さ（n 量体）が増すにつれて減少する．

$$E_g = 4.75 \frac{(2n+1)}{n^2} \quad (\text{eV})$$

1,6-ヘプタジインは共役したジアセチレンではないが，重合してトランス形ポリアセチレン骨格をもつ共役ポリマー，ポリ（1,6-ヘプタジエン）となる[60]（図III.6.5）．ヨウ素や五フッ化ヒ素でドープすると 0.1 S/cm 程度の導電性を示す[61]．

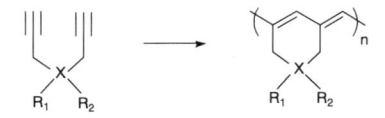

図III.6.5 α，ω-ジエンの環化重合によるポリエン誘導体の合成

近年，置換基として液晶基を導入した，液晶性ポリアセチレン誘導体が合成された[62〜66]．フェニルシクロヘキサン系あるいはビフェニル系液晶基で置換したアセチレンモノマーを合成し，これらをチグラー–ナッタ触媒［$Fe(acac)_3-AlEt_3$］あるいはメタセシス触媒［$MoCl_5-SnPh_4$］を用いて重合することにより，側鎖型液晶高分子，ポリ（一置換アセチレン）が得られる（図III.6.6）．示差走査熱量計の測定や偏光顕微鏡による光学模様の観察から，これらのポリマーはすべてエナンチオトロピックなスメクティック液晶（SmA）を示すことが確認された[63〜65]．せん断応力や磁場などの外部応力によって，液晶性側鎖を配向させることで，結果的にポリエン主鎖が一方向にそろった配向キャストフィルムが得られる．液晶状態で磁場配向したサンプルについて，ヨウ素ドーピングを行うと，巨視的配向と

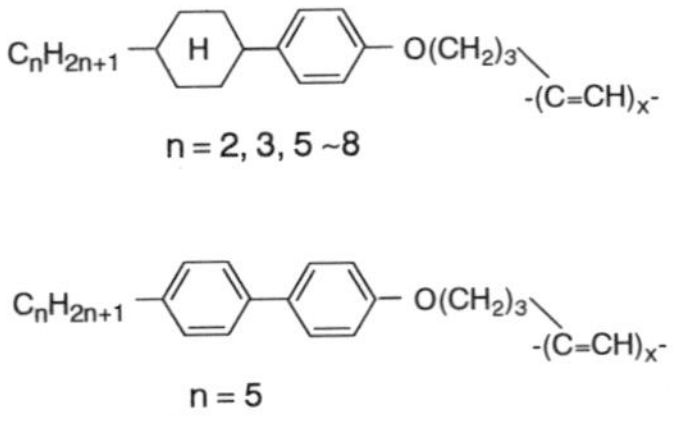

図Ⅲ.6.6 液晶性ポリ置換アセチレン

共役主鎖の共平面性の向上により，導電率は 10^{-6} S/cm と 4～5 桁の伝導率の上昇と電気的異方性が確認された[66]．また，溶融 ^{13}C-NMR 法を用いて，液晶状態の異方性をケミカルシフトから解析し，磁場中での配向挙動と配向秩序度も明らかにされている[67]．

6.1.3 ポリチオフェン類

複素環高分子の代表としてポリチオフェンと次節で述べるポリピロールがある．ポリフラン，ポリセレノフェン，ポリテルロフェンも同種の化合物である．これらの高分子は，電気化学的重縮合[68]，$FeCl_3$ による酸化的重合（図Ⅲ.6.7）[69]，あるいは 2,5-ジブロモ体のグリニャール反応（図Ⅲ.6.8）[70] により合成される．電解重合法はきわめて単純な方法で良質の皮膜状の高分子を調製する方法で，ドーピングが重合と同時に強制的に行われるため，より安定な導電性高分子が得られる．

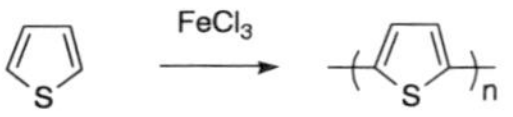

図Ⅲ.6.7 酸化重合法によるポリチオフェンの合成

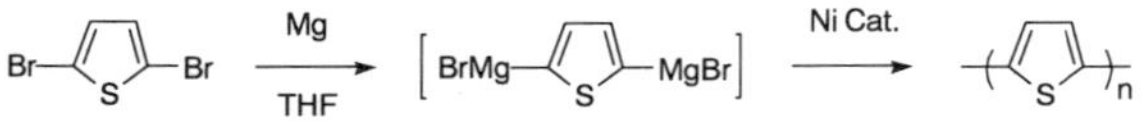

図Ⅲ.6.8 脱ハロゲン化重縮合法によるポリチオフェンの合成

脱ハロゲン化重縮合反応は，規則正しい繰り返し単位をもつポリチオフェンを与える[70,71]．2,5-ジブロモチオフェンとマグネシウム（Mg）を THF を溶媒として反応させ，グリニャール試薬を調製した後，触媒として二塩化ニッケルビピリジン錯体を加えることで重合が進行し，暗褐色の不溶物が沈殿する．塩酸酸性にしたメタノールでポリマー中の無機物を溶解除去した後，ポリマーをメタノールと水で洗浄して，さらにソックスレー抽出器を用いてメタノールを溶媒として低分子量体を抽出除去し生成する．

この方法で得られたポリ（2,5-チエニレン），いわゆる通称ポリチオフェンは重合度が約 35 の暗褐色の重合体でヨウ素ドープにより 10^{-1} S/cm の導電率を示す．2,5-ジブロモチオフェンの代りに，2,5-ジヨードチオフェンを出発原料としたものは重合度が 46 と大きく，それにヨウ素ドープしたものは導電率が 10 S/cm 以上になると報告されている[72]．

2,5-ジブロモチオフェンの代りに，2,5-ジブロモセレノフェンや 2,5-ジブロモピロール誘導体を用いると，ポリ（2,5-セレニレン）通称，ポリセレノフェン（18）やポリ（2,5-ピロリレン）通称，ポリピロール（15）が合成できる．

最近，高価なマグネシウムに代って，安価な亜鉛を用いても同様にして 2,5-ジブロモチオフェンからポリチオフェンが得られることがわかり，実用上も有用な方法であるといえる[73]．

複素五員環化合物であるチオフェンは電解重合により[74]，均一かつ柔軟性に富んだフィルムとして合成される[75~76]．ポリチオフェンはドープ状態，脱ドープ状態ともに比較的安定であるので，導電機構の解明の面から，また実用面からも重要視されている．電解重合でポリチオフェンを合成する場合，ポリピロールの場合と比べて使用できる溶媒および電解質が限られる．溶媒としては，アセトニトリル，プロピレンカーボネートなどの非プロトン性溶媒，支持電解質としては BF_4^-，PF_6^-，AsF_6^-，ClO_4^- などを陰イオンとする塩が使用できる[77,78]．重合電圧は一般にポリピロールの場合よりも高く 20 V でも高導電性のフィルムができる．たとえば，溶媒ベンゾニトリル，支持電解質 $LiBF_4$ で 20 V で重合すると，導電率 100 S/cm のポリチオフェンが得られる[79]（表Ⅲ.6.9）．

表Ⅲ.6.9 複素環化合物の電解酸化重合におけるモノマーの酸化電位とポリマーの導電率[80]

モノマー	酸化電位[*1] vs. SCE (V)	導電率 (S/cm) 300 K
ピロール	+0.8	30~300
インドール	+0.9	$5 \times 10^{-3} \sim 10^{-2}$
アズレン	+0.9	$10^{-2} \sim 10^{-1}$
チオフェン	+1.6	10~100
フラン[*2]	+1.85	10~80

*1 電解溶液：アセトニトリル．
　支持電解質：Bu_4NClO_4 0.1 M，モノマー：0.1 M．
*2 支持電解質：Bu_4NBF_4．

電解重合で合成されるポリチオフェンの導電率はフィルム面内と膜厚方向で大きく異なり，異方性を示す[75]．これは X 線回折の結果から，分子鎖の配向に起因することが確かめられている[81]．また，ポリチオフェンは柔軟性に富み，空気中でも安定で，ポリピロールと異なり，アクセプター性分子ばかりでなくドナー性

分子もドーパントして安定に取り込むことができる[82]．

チオフェンを電解酸化すると，α位の炭素が脱水素されて重合につながるものと考えられ，IR[77]，固体NMR[83]の結果はチオフェンリング間の結合がα-α'結合であることが確かめられている．特に固体NMRからは電解重合で得られたポリチオフェンが，枝分かれや架橋などをもたない構造という結果が得られている．しかしながら，その高次構造はX線的には非晶質[81]であるといわれており，詳細は明らかでない．

チオフェンの酸化電位(E_p)は2.07Vで，ピロールのそれ(1.20V)に比して著しく高い．これが望ましくない副反応，たとえばβ位での結合を引き起こす原因ではないかと考えられ，より低い酸化電位をもつ誘導体が導入された．それらには，3-メチルチオフェン(E_p=1.86V)，α-(あるいは2,2'-)ビチオフェン(1.31V)α-ターチエニル(1.05V)がある．

ポリチオフェンあるいはポリビチオフェンの導電率は20S/cm以下[84]であるが，ポリ(3-メチルチオフェン)(P3MT)(23)では高い導電率が再現性よく与えられる．5℃の(Bu)$_4$NClO$_4$/ニトロベンゼン中で得られたP3MTの導電率は750S/cmである[85]．一方，(Bu)$_4$NPF$_6$/ニトロベンゼン中で得られた厚さが約200nmの薄膜は2kS/cmという高い導電率を与える[86]．

このP3MT膜の可視吸収スペクトルは，膜厚を200から10nmに変化させると，約20nm長波長側へシフトするという結果が観測されている．したがって，超薄膜においては，高分子中の平均の共役長が上昇し，非常に高い導電率が実現するのではないかと思われる．α-ターチエニルは，すでにα,α'-結合しているので，重合位の制御されたポリチオフェンを与えると期待される．これを硫酸支持電解質を用いて重合したところ，30%程度の結晶性を有するフィブリル状のポリチオフェンが得られた．これは電解重合高分子でははじめての結晶性高分子[87]となったが，均一膜として得られなかったため，導電率はたかだか10S/cmに留まった．

導電性高分子の重合を構造制御しつつ行わせる新しい方法として，超微細空間中での化学重合(テンプレート重合)が注目されている．たとえば，膜の垂直方向に細孔を有するミクロポアフィルター[88]中での不均一化反応，あるいはゼオライト，モルデナイトのチャネル中での包接重合[89]などの例がある．特に，前者の例では，細孔(ファイバー)径が30nmでは，通常の高分子の1桁上の導電率が実現されている．

近年，3-ヘキシルチオフェンのような3位の位置に長鎖アルキル基をもつ3位置換チオフェンを電気化学的に酸化重合して得られる3位置換のポリチオフェン誘導体が有機溶媒に可溶であることが報告されているが[90]，この3位置換チオフェンを塩化第二鉄を触媒に用いて化学重合することにより同じポリマーが得られる[91]．しかも，この方法で得られるポリチオフェン誘導体は電気化学的に重合して得られるポリマーよりも有機溶媒に対する溶解性が高く，ポリ-3-ヘキサデシルチオフェン(23)のように長鎖の置換基を有するポリマーは，ドーピングされているものでも通常の有機溶媒に完全に溶解する．このことは，電気化学的に重合して得られるポリマーよりもこの触媒を用いて合成した試料の方が架橋構造が少ないためと考えられる．Ni触媒を用いた脱ハロゲン化重縮合では2,5'位間での結合が保証され，立体規則性の観点からは，塩化第二鉄による化学重合より優位である(図III.6.9)．

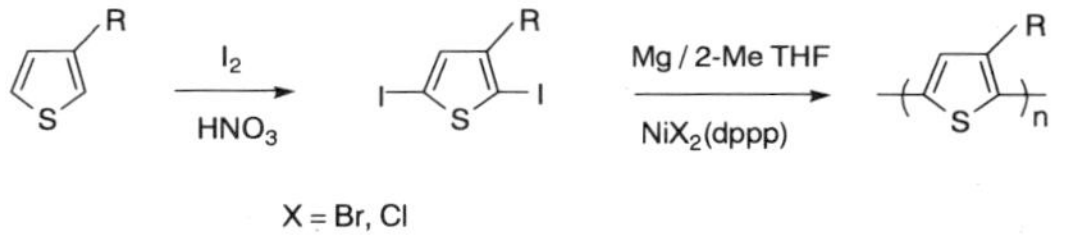

図 III.6.9 脱ハロゲン化重縮合法による置換ポリチオフェンの合成

チオフェン系の高分子では，バンドギャップ(E_g)の非常に小さな導電体が分子設計されている．最初の例は化学重合で調製されたポリイソチアナフテン(PINT)(21)[92]で，E_gは1eVである．ポリチオフェン(E_g=2.1eV)よりキノイド性の高い高分子が低いE_gを与えると計算されている．さらに，ポリイソナフトチオフェンが合成されれば，そのE_gは0.01eV[93]と予想され，ドーピングなしで高い導電率を示すICP(Intrinsic Conducting Polymer)になる可能性がある．電解重合で得られるポリジチエノチオフェン(PDDT)(22)[94]もE_gが1.1eVの低バンドギャップ導電体である．PINTおよびPDDTの導電率は1から5S/cmの範囲にあるが，ドープされた酸化体は透明であるという特徴をもつ．それは，中性分子のπ-π*吸収(可視領域)がドーピングによりポーラロン，バイポーラロンなどのギャップ内吸収(赤外領域)に変換されるからである[93]．

フレキシブルな置換基を有するモノマーを出発物質として電解重合が試みられ，溶媒に溶ける導電性高分子が数多く合成されてきた．そのような考え方からつくられた最初の可溶性高分子はポリ(3-メトキシチオ

表 III.6.10 複素環共役系高分子のエレクトロクロミズム[98]

モノマー	モノマーの酸化電位 vs. SCE(V)	ポリマーの酸化還元電位		ポリマーの色	
		E_{pa}	E_{pc}	酸化状態	還元状態
ピロール	0.8	−0.12	−0.29	茶色	黄色
N-メチルピロール	0.8	0.46	0.19	赤茶色	橙黄色
チオフェン	1.6	1.12	0.75	緑青色	赤色
ビチオフェン	1.1	1.03	0.6	青灰色	赤色
3-メチルチオフェン	1.4	0.9	0.4	青色	赤色
3,4-ジメチルチオフェン	1.35	1.1	0.77	深青色	青色

フェン)(23)[95]である．その還元体はアセトニトリルなどの多くの有機溶媒に可溶である．その後，長鎖アルキル基で3位を置換した可溶性のチオフェンが相次いで登場した．アルキル基の長さと溶解性の間には定量的な関係は存在しないようであるが，導電率はアルキル基の長さとともに減少する傾向を示している[96]（ヘキシル置換体で95S/cm，エイコサン置換体で11 S/cm)．

このようなポリ(3-アルキルチオフェン)は，膜質の向上により1kS/cmの導電率を示すもの[97]，高分子溶液がエレクトロクロミズム(表III.6.10)のほか，サーモクロミズム，ソルバトクロミズムを示すもの[99]，ドーピングにより体積変化の異常に大きいもの[100]，あるいは熱溶融成形が可能なもの[101]など，多くの興味ある物性を示す．また，ポリ(3-アルキルチオフェン)はステアリン酸と混合して空気-水界面に展開すると，安定な単分子膜として得られ，導電性のラングミュア-ブロジェット(LB)多層膜を調製することが可能である[102]．

さらに，水溶性の導電性高分子としてポリ(3-チオフェン-アルキルスルホネート)の塩(24)[103]が新たに登場した．これは，スルホン酸基がチオフェンユニットに2から4個の炭素($-CH_2-$)を介して連なっているもので，ドープ，未ドープ状態で水に可溶である．この高分子は，イオン性高分子に属し，スルホン酸アニオンによる自己ドーピングの性質を有する．白金電極上にキャストした膜を電極として電解質中で電位走査を行うと，電解質中のプロトンあるいは対カチオンの濃度が電位により変化する．このように電界により電解質のpHを制御できるのは，自己ドープ高分子の一つの特徴である[104]．

最近，ポリ(一置換アセチレン)の場合と同様に，液晶基を側鎖に導入して外部応力により，主鎖を配向させることで高い導電率を達成させようとする試みがあり，この側鎖型液晶性ポリチオフェン誘導体の合成例が報告されはじめている(図III.6.10)[105,106]．

6.1.4 ポリピロール類

ピロールを電気化学的に陽極酸化して得られる重合体で，この重合体が電気化学的に活性で高い導電率を有することは古くから知られていた[107]．その後，ポリアセチレンフィルムの合成[108]とそれに引き続き，Diazら[109]によってピロールの電解重合およびその結果として得られる導電性のポリピロール(15)が再発見された．すなわち，電解重合法で合成された最初の導電性高分子がポリピロールであるといえる(図III.6.11)．

重合方法に関する初期の研究[110,111]では電解重合の溶媒としてアセトニトリルなどの非プロトン性の有機

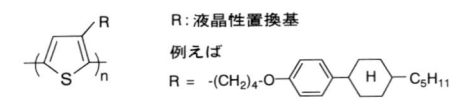

図 III.6.10 液晶性ポリ置換チオフェン

図 III.6.11 ピロールの電気化学重合

溶媒，支持電解質として LiClO$_4$，LiBF$_4$ などが使われたが，その後の研究で多様な溶媒や電解質が使用可能であることが明らかとなった．すなわち，ポリピロールは適当な電解質を選べば，ベンゾニトリル，ニトロメタン，ニトロベンゼン，プロピレンカーボネート，無水酢酸などの非プロトン性溶媒ばかりでなく，メタノールやエタノールなどのプロトン性溶媒やさらには，水までも溶媒として重合することができる．支持電解質としても LiPF$_6$，LiAsF$_6$ などの無機塩のほかに，p-トルエンスルホン酸塩[112,113]や m-ニトロベンゼンスルホン酸塩[114]を使用した例も報告されている．特に溶媒としての水が注目されて以来，アルキルスルホン酸塩[115]やアルキルベンゼンスルホン酸塩[116]などの界面活性剤，ポリアクリル酸や β-ナフタレンスルホン酸のホルムアルデヒド重縮合化物などの水溶性高分子[116]，さらには各種アミノ酸[117]や核酸[118]，タンパク質[119]，ペニシリン G カリウムなどの生理活性物質を支持電解質としても重合が行われている．

これらの場合には，ポリピロールが使用した電解質の陰イオンとの複合物の形で得られるので，導電性高分子自体の機能に加えて，生理活性機能などの新たな機能を付与できる可能性があり興味深い．

複合物の作成に関して，導電性高分子は電気化学的にドープ，脱ドープが可能であるので，一度重合したポリピロールのドーパントを電気化学的に交換して複合物とすることもできる[120~122]．

ピロールの電解重合は通常，標準カロメル電極 (SCE) に対し 1.0 V 程度までの電位，すなわち，印加電圧で示すと非プロトン性溶媒と電解質 Li 塩，あるいはテトラアルキルアンモニウム塩の場合には 4.0 V までの電圧で行われる．

ポリピロールの導電率は，非プロトン性溶媒と無機塩から重合した場合には 100 S/cm に達し[123,124]，サイクリックボルタモグラムでは -0.22 V (対 Na/Na$^+$) 付近の電位でドープ，脱ドープ，すなわち導電性状態と絶縁性状態の間で反覆することができる[125]．さらに脱ドープした中性ポリピロールの電気化学的酸化は多段階で進み，低電圧では陰イオンのドーピングが行われ導電率に寄与するが，電圧が高すぎると窒素原子の化学酸化をもたらす[126]．

高い導電性をめざす試みが多くなされている．吉野らは水を溶媒として p-トルエンスルホン酸ナトリウムの系から，最高 500 S/cm の高導電性ポリピロールフィルムを合成した[127]．この値は無配向フィルムとしては最高の値である．一方，プロピレンカーボネートを溶媒とする系では低温で重合するほど導電率の高いポリピロールが得られることが報告されている[128]．

電解重合で得られるポリピロールの力学的性質に関する報告は少ないが，引張り強度や弾性率はポリエチレンなどの一般の高分子材料と同等またはそれ以上である．引張り強度は室温で 48 MPa，180°C の高温においても 39 MPa に低下するにすぎない．しかし，弾性率は 140～160°C 付近から急激に低下する．これは，複素弾性率の損失正接が 150°C 付近にピークを示すことから，この温度でポリピロールのガラス転移またはそれに類似の転移が起こると考えられている[129]．なお，ポリピロールの導電率は温度の上昇とともに 160°C まで増加し，それ以上では低下する[112,113]．

小笠原ら[130]は，プロピレンカーボネート中，(Et)$_4$NClO$_4$ 存在下，低温で重合したフィルムは 2.2 倍まで延伸可能であり，延伸フィルムは 1005 S/cm というきわめて高い導電率を示すことを報告している．これはこれまでに報告された中で最も高いものである．これに対し Wynne ら[131]はフィルム中の溶媒量と延伸性の関係を検討し，延伸が溶媒による可塑化によるものと報告している．彼らの報告によると，30% 延伸したフィルムでは配向が認められず，導電率に異方性は観測されない．

ポリピロールは非晶性であり[132,133]，しかも不溶不融であるので構造や分子量，また，フィルム中のドーパントの状態に関しての明確な知見は少ない．XPS[134]や ^{13}C-NMR[135]の研究によると，ピロールリング間の結合はすべてが α-α' 結合ではなく，非 α-α' 結合も含まれている．Werbet ら[115]は水溶液系で種々のアルキル鎖長のアルキルスルホニウム酸ナトリウムを支持電解質として重合を行い，アルキルスルホン酸とポリピロールの層状構造を有するポリマーコンプレックスが形成されると報告している．

ポリピロールの他に，置換ピロールなどのピロール誘導体をモノマーとする電解重合でも，種々の導電性高分子が得られている．これらの誘導体としては，N-アルキルピロール(25)[136,138]，3-アルキルピロール(26)および 3,4-ジアルキルピロール(27)[138]が検討されているが，得られるポリマーは導電率が低いものが多く，また膜質も悪いようである．

ポリピロールの導電率は，普通につくると 50 から 100 S/cm 程度であるが，重合法の改良により，1 kS/cm まで上昇させることは可能である．たとえば，重合温度 ($\sim -20°C$) の制御，延伸 (~ 2.2 倍)[130]，あるいは電極間隔，電極表面などの電解条件の最適化[139,140]による．

重合技術の改良に関し，水溶液での重合[141]が盛んに

検討され，工業的にも安全な工法が確立されつつある．また，溶融塩($AgCl_2$-塩化ブチルピリジン)電解[142]，超音波下での重合[143]，水銀電極上での重合[144]などにより，重合膜の膜質の改善でも目ざましい進展がみられる．さらに，ドラム状電極[145]を用いた大面積フィルム(30cm×数 m)の連続製造，あるいは電解液の連続供給による重合[146]も可能である．

電解重合のメカニズムの追及に関しては，重合中の導電率を in situ で測定しつつ，重合条件の最適化を行うデバイス[147]も考案されている．また，一般に採用される定電流法あるいは定電圧法ではなく，従来から電気化学反応の解析に活用されている周期的電位走査法により，反応の律速過程の決定が行われる[148]．これによれば，図III.6.11の重合機構のように，ポリピロールの成長は電子移動で制御される反応で，同時にモノマーの再水素化により反応が制御される．ピロールの電解重合において水の存在が重合性を向上させるのは，水分子がプロトン除去剤として働くためと推察されている[148]．

ポリピロールの性質として，ドーパントの種類により膜の形態，機械的性質および導電率が制御できることがある．たとえば，支持電解質としてパラトルエンスルホン酸ナトリウム(Naトシレート)[149]を用いることにより，水溶液から機械強度，安定性の優れたポリピロール膜[150]が調製される．500S/cm までの高導電率が得られ，引張り強度およびヤング率はそれぞれ最高 69MPa，4.1GPa と特に強度の向上が著しい[151]．また，トシレートを用いれば，1mm の厚板[152]が電解重合でつくられる．トシレートのメチル基を連ねた高分子が，スルホン化ポリスチレン[153]で，これもドーパントとして働く．このような高分子電解質を含む重合膜では，導電率は 10S/cm 止まりであるが，強度の上昇とともに成形性が現れる．

このほかに，ポリメタクリル酸，スルホン化したポリビニルアルコール，ポリアクリルアミドなど多くの例[154]が知られている．大環状分子や高分子電解質のような大きな分子がドーパントになった場合，還元条件でドーパントが膜から出てゆくこと(脱ドーピング)が不可能になる．その代りに，ドーパント自身が還元されたり，カチオンのドーピングが起こったりする．これが，電解着色，光触媒電極，イオン選択膜などとしての新しい機能の発現につながっている．たとえば，メソ-テトラキス(4-スルホナートフェニル)ポリフィリン・コバルトをドープしたポリピロールは，酸素の還元を促進する触媒電極として働く．

種々の有機カルボン酸(強酢酸および安息香酸誘導体)およびスルホン酸(芳香族スルホン酸)をドーパントとして含むポリピロールの導電率は，前者で 0.13～60S/cm，後者で 3.0～230S/cm である[155,156]．ナフタレン，アントラセンなどの比較的大きな分子からなるドーパントは，安定性の高い高導電性ポリピロールを与えるドーパントとして工業的応用の面から注目される[157]．

ポリピロール系の新しい出発モノマーとしては，α-ビピロール[158]を用いた電解重合が行われ，初期値で 170S/cm の導電率が得られている．3位をアルキル基で置換したピロールを電解重合して得られるポリピロールは有機溶媒に可溶な導電性高分子となる．n が 18 までのアルキル置換体が得られているが[159,160]，有機溶媒溶液の安定性はアルキル置換ポリチオフェンと比べて低いことが報告されている．さらに，新しいモノマーとして，ジヒドロベンゾジピロール(DHBPy)[160]の重合の検討が行われ，可塑性の高い皮膜が得られている(図III.6.12)．このような縮合多環化合物は一般にイオン化ポテンシャルが低いため，低い電位で電解重合を行わせることが可能である．事実，DHBPy の酸化電位(E_p)は約 0.3V(vs. SCE)で，ピロール(1.20V)，α-ビピロール(0.55V)よりはるかに低い．

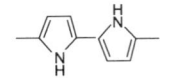

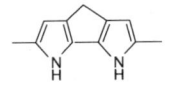

α-ビピロール　　ジヒドロベンゾジピロール

図 III.6.12　ピロール系モノマー

以前からポリピロールの導電性には異方性があることが認識されている．最近，van der Pauw 法[62]の測定により，膜面方向の導電率は膜厚方向により 2～4 倍高いことが実証された[140,163]．これは中性子散乱データ[164]によれば，芳香環の面が基板に平行(重合の垂直方向)に優先的に配列している結果であると解釈される．

6.1.5　ポリ(p-フェニレン)類

ポリフェニレン系の最も単純なものは，パラあるいはメタ位で結合したポリフェニレン(8, 9)である．その誘導体としては，異種元素，分子を介して連なった導電性高分子がある．その仲介役としては$-O-$(ポリフェニレンオキシド)(31)，$-S-$(ポリフェニレンスルフィド)(32)，$-Se-$(ポリフェニレンセレニド)(33)などがある．

ベンゼン環をパラ位でつないだポリ(p-フェニレ

ン)(8)は最も高い耐熱性をもつ高分子の一つとして古くから知られており,以下に述べるさまざまな合成法が報告されている.

(1) ルイス酸-酸化剤系触媒($AlCl_3$-$CuCl_2$, $AlCl_3$-PbO_2, $SbCl_5$, $CuCl_2$, $AlCl_3$-MnO_2 など)を用いて,ベンゼンを直接酸化カチオン重合することにより,温和な条件で合成することができる(Kovacic法)(図III.6.13)[165,166].

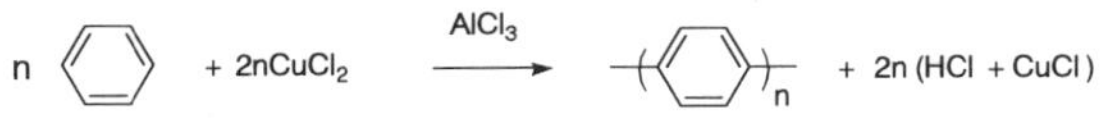

図 III.6.13 Kovacic法によるポリ(p-フェニレン)の合成

ルイス酸と酸化剤の両方の役割を果たす $FeCl_3$ や $MOCl_5$ もポリ(p-フェニレン)の重合に有効な触媒である.重合物は赤褐色粉末で平均重合度は15程度であるが,550°Cまでは溶融せず,しかし有機溶媒に不溶で成形加工性が悪いが,AsF_5 などのルイス酸をドープすると 10^2 から 10^3 S/cm の導電率を示す[167].アルカリ金属をドープしたポリ(p-フェニレン)はポリアセチレンに比べて安定性が高いことが特徴である.一方,ポリ(m-フェニレン)は溶融成形ができるが,導電率は 10^{-2} S/cm とかなり低い.

(2) ベンゼンの代りに,ビフェニルやターフェニルを原料として,オルト-ジクロロベンゼンを溶媒として同様の方法で重合してもポリ(p-フェニレン)が得られる[168].

一方,2,5位にブトキシ基などのアルコキシ基を有するポリ(2,5-ジアルコキシ-1,4-フェニレン)も同様にして合成されるが,このポリマーはトルエンに可溶でありフィルム化することができる.

(3) 最近,触媒として,$AlCl_3$-$CuCl_2$ の代りに $AlCl_3$ と CuCl とからなる複塩(Al-$CuCl_4$)を用いて,酸化剤として酸素を用いてベンゼンを重合する方法が開発された[169].この方法では CuCl は触媒として働いている(図III.6.14).

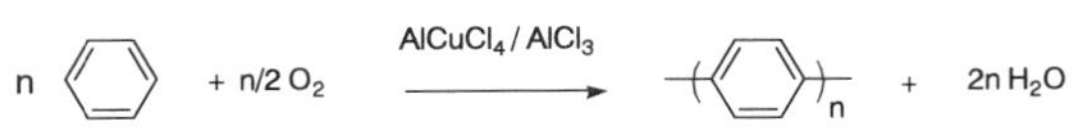

図 III.6.14 複塩を用いたポリ(p-フェニレン)の合成

(4) 古くから行われている方法に,ベンゼンのジハロゲン化物をナトリウムや銅を用いて脱ハロゲン化重縮合する方法がある(図III.6.15)[170].

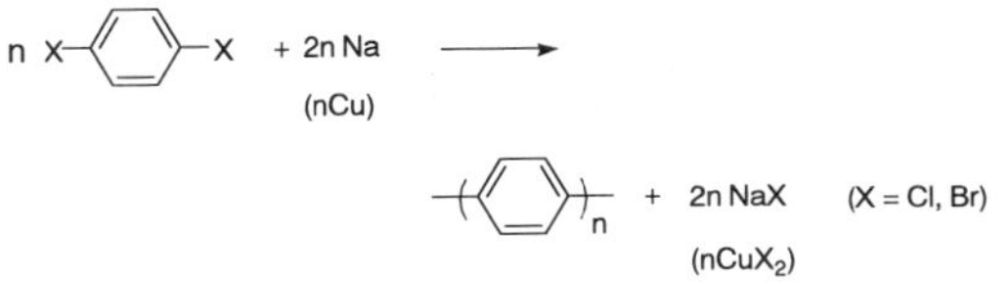

(5) 山本らは,ジハロゲン化物の脱ハロゲン化剤としてマグネシウムを用いた反応で,触媒として Ni, Pd 化合物などを添加すると,脱ハロゲン化重縮合がスムーズに進行し,高収率で重合体が得られると報告している(図III.6.16)[171].

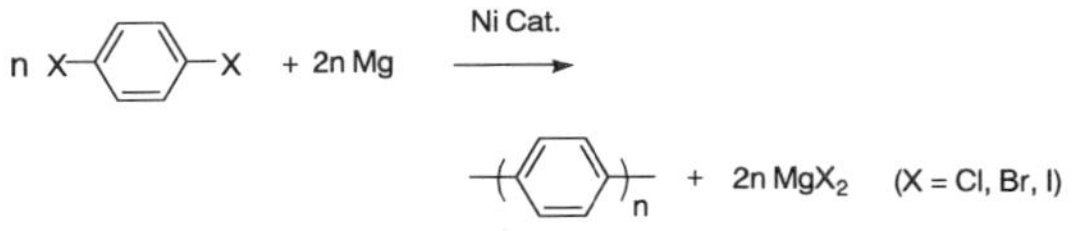

図 III.6.16 脱ハロゲン化重縮合法によるポリ(p-フェニレン)の合成

この方法では,Ni, Pd 上での RMgX と R'MgX との選択的カップリング反応を重合に応用したもので,パラ-ジブロモベンゼンを THF 溶媒としてグリニャール試薬化した後,塩化ニッケルビピリジン($NiCl_2$(2,2'-bipyridine))を触媒として添加することで縮重合を行う.重合物は淡黄色で Kovacic 法で得られたものより高い結晶性を有しており,粉末X線回折図に非常にシャープな回折像を示す.この反応は非常に位置選択的に進行し,規則正しい結合を有し,パラ位で結合した繰り返し単位を有している.この位置選択性を利用してパラ-ジブロモベンゼンの代りにメタ-ジブロモベンゼンを用いれば,ポリ(m-フェニレン)も得られる.

(6) Marvel らは,シクロヘキサジエンを有機リチウムやチグラー系触媒($TiCl_4$-Al(iso-Bu)$_3$)で重合したポリ(1,3-シクロヘキサジエン)を自動酸化などで脱水素反応を行うことにより,ポリ(p-フェニレン)を合成している(図III.6.17)[172].

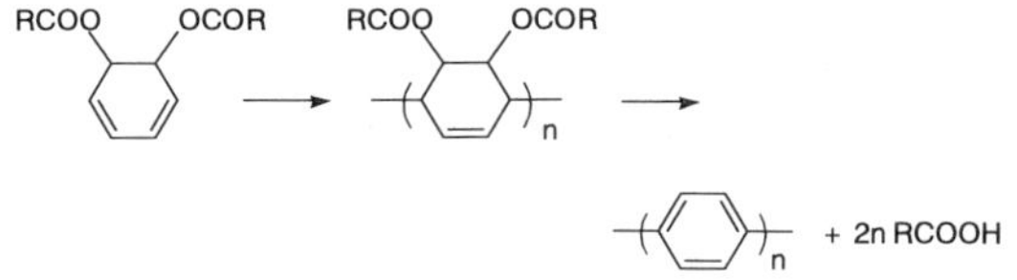

図 III.6.17 ポリシクロヘキセンを前駆体とするポリ(p-フェニレン)の合成

(7) Baughman らは,ビフェニル,p-ターフェニル,p-クオーターフェニルなどのパラフェニレンオリゴマーを AsF_5 などのルイス酸で固相重合させ,導電

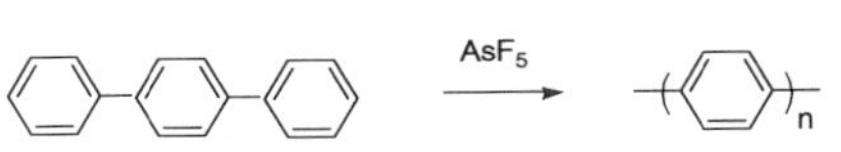

図 III.6.15 ナトリウムや銅を用いた脱ハロゲン化重縮合

図 III.6.18 ルイス酸を用いた固相重合によるポリ(p-フェニレン)の合成

率50 S/cm を示すポリ(*p*-フェニレン)を得ている(図III.6.18)[173]．

この方法ではパラフェニレンオリゴマーの粉末，単結晶，あるいは基板上に薄膜状に展開させたものを用いることにより，それぞれ粉末，単結晶，フィルム状のポリ(*p*-フェニレン)が得られる．

(8) ポリ(*p*-フェニレン)類似のポリマーとして，ポリ(1,5-ナフチレン)(10)やポリ(9,10-アントラセン)(11)などの多核芳香族重合が Kovacic あるいは山本らの方法を応用して合成されている[174]．

(9) 電解重合法によってもポリ(*p*-フェニレン)の膜が合成されることが最近確立されつつある．支持電解質に $CuCl_2/LiAsF_6$ という酸化触媒を用い，導電率が 100 S/cm の強度，可撓(かどう)性の著しく高い皮膜が得られている[175]．ナフタレン，アントラセンも同様の方法で皮膜になり，それぞれ 10^{-4}〜10^{-3}, 10^{-3}〜10^{-2} S/cm の導電率が得られる[175](表III.6.11)．ベンゼンとナフタレンの共重合体を電解法で合成した例[177]もあり，1 kS/cm の導電率が報告されている．なお，$AlCl_3/CuCl_2/H_2O$(Kovacic)触媒で得られたベンゼンとナフタレンの共重合体は有機溶媒に可溶な，賦型(ふけい)性の高分子である[178]．

表III.6.11 ビフェニル，ナフタレンおよびアントラセンの電解重合条件と得られるフィルムの導電率[175,176]

モノマー	溶媒	電解質	導電率(S/cm)
ビフェニル	ベンゾニトリル	$LiBF_4/CuCl_2$	2×10^{-1}
ナフタレン	ニトロベンゼン	$LiAsF_6/CuCl_2$	10^{-4}〜10^{-3}
アントラセン	オルトジクロロベンゼン	$(n-Bu)_4NClO_4/CuCl_2$	10^{-3}〜10^{-2}

(10) 室温で液体(融解)状態になる溶融塩中での電解重合も報告されている．$AlCl_3$/塩化セチルピリジンからなる溶融塩を用いてベンゼンの電解を行うと，比較的低い陽極電圧(1.5 V)で重合が起こり，10 μm 厚のポリベンゼン膜で，10 kS/cm の導電率が得られる[179]．この非常に高い導電率の理由としては，共役の拡張された高分子が合成されたと推論されている．この溶融塩電解により合成されたポリベンゼンの拡散反射スペクトルでは，吸収バンドが Kovacic 法のポリフェニレン($\lambda_{max}=363$ nm)に比して長波長側に伸びている($\lambda_{max}=413$ nm)ことが特徴である[179]．

このほか，縮合多環芳香族化合物を電解重合して得られる高分子には，ポリピレン(12)[180]，ポリアズレン(13)[180,181]，ポリフルオレン(14)[180,151]などがある．いずれも 1 S/cm 以下の導電率の化合物である．

6.1.6 ポリ(*p*-フェニレンビニレン)類

ポリ(*p*-フェニレン)のフェニルリングの間に−CH=CH−を挿入したポリ(*p*-フェニレンビニレン)(PPV)(37)は，ポリアセチレンとポリ(*p*-フェニレン)の交互共重合体である．分子としての性質，たとえば光学的吸収端などは，両者の中間になる[182]．一方，電気的な現象ではホモポリマーでないため，バンド幅は減少し，キャリヤーの移動度は低下する．

(1) 従来からウィッティヒ反応を利用した合成が行われているが，この方法では不溶不融の粉末として得られるため，良好な物性を有するものは得られなかった[183]．

(2) 一方，スルホニウム塩分解法により，PPV 構造が生成することは従来より知られており，村瀬らは，この方法を改良して熱分解を不活性雰囲気中で注意深く行うことにより，ヨウ素や無水硫酸などのドーピングによって高い導電性の PPV フィルムを合成することに成功した(図III.6.19)[184]．合成方法は，神部[185]や Wessling ら[186] の方法と同様にして，パラ-キシレンビス(ジエチルスルホニウムブロミド)を蒸留水に溶解して水酸化ナトリウム水溶液を滴下して 5°C で反応させた後，透析膜を用いて透析処理して無機塩およびオリゴマーを除去する．得られたポリマーである中間体のスルホニウム塩高分子は水やアセトンなどの溶媒に可溶であり，基板上にキャストして 30°C で乾燥することにより前駆体ポリマーフィルムが得られる．このポリマーを減圧下または窒素雰囲気下で 100 から 300°C で脱離反応を行うことにより薄黄色の PPV フィルムを得る．

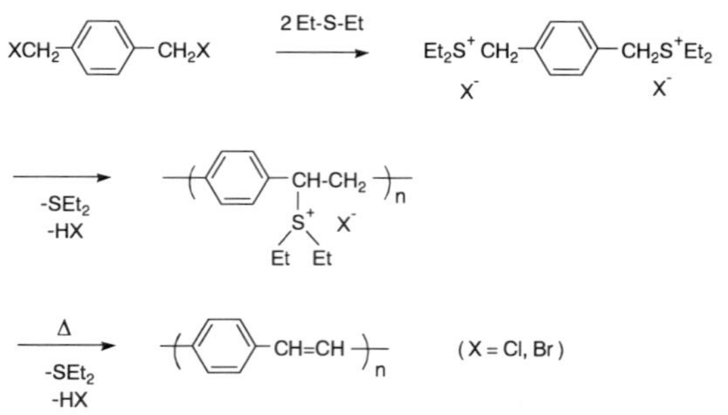

図III.6.19 スルホニウム塩分解法によるポリ(*p*-フェニレンビニレン)の合成

このフィルムに無水硫酸をドープすると 10 S/cm 程度の導電率を示す．しかし，熱処理を空気中で行うと酸化され高導電率のフィルムは得られない[187]．前駆体ポリマーフィルムは延伸することが可能で，延伸した高配向スルホニウム塩高分子を脱スルホニウム塩処

理した PPV フィルムは導電率において大きな異方性を示す．AsF$_5$ をドープしたものは約 2800 S/cm の高導電性を示す．

（3） この方法で，ベンゼン環の 2,5 位にメトキシ基，エトキシ基を有するスルホニウム塩を出発原料として用いることにより，アルコキシ置換 PPV が得られる（図III.6.20）[188]．

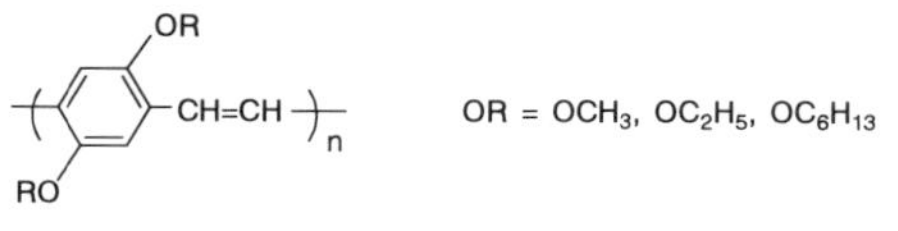

OR = OCH$_3$, OC$_2$H$_5$, OC$_6$H$_{13}$

図 III.6.20 アルコキシ置換ポリ（p-フェニレンビニレン）

このフィルムは赤色透明で可撓性を有しており，空気中でも比較的安定で酸化安定性にも優れている．未延伸フィルムをヨウ素ドープしたものは 200 S/cm 以上の導電率を示し，無置換 PPV がヨウ素ドープで 10^{-3} S/cm，無水硫酸で 10 S/cm の導電率を示したのに比べて非常に高い．これは，2,5 位のアルコキシの導入によりポリマーのイオン化ポテンシャルが低下し，ドーパントとの錯化が容易になるとともに，生成するキャリヤーが安定化したためと考えられている．

ポリ（1,4-ナフタレンビニレン）(40)[189] やポリ（2,5-チエニレンビニレン）(38)[190]，ポリ（2,5-フリレンビニレン）(39)[191] なども同様な方法で得られる．

（4） 最近は Pd 触媒を用いた Heck 反応がポリアリレンビニレンの合成に用いられている．この反応では副生成物が生じず，オールトランスのポリマーのみを選択的に与えるため，近年広範囲に利用されている（図III.6.21）[192,193]．

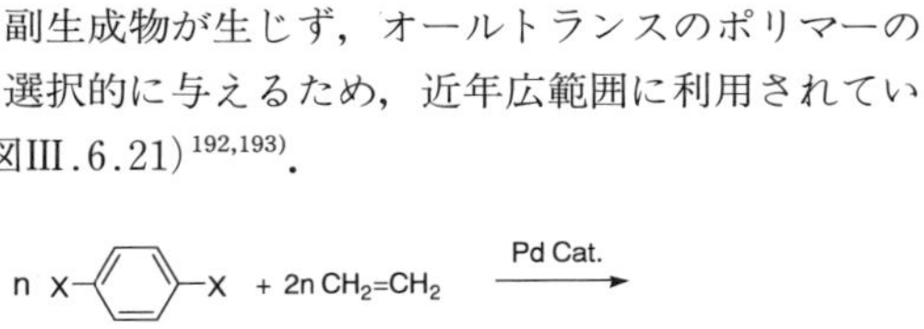

(X = Br, I)

図 III.6.21 Heck 反応によるポリ（p-フェニレンビニレン）の合成

PPV の合成は，(1) で示したスルホニウム塩分解法が代表的であるが[194]，ポリスルホニウム塩は水溶性で，そのキャスト膜は無色透明あるいは弱蛍光性の電解質膜である．スルホニウム塩の分解は室温でも進行するが，一般には 200℃ 以上の温度で行われ，鮮やかな黄色を呈する膜に転換される．この熱転換過程の途中で膜に引張り応力を与えると，最高 15 倍までに延伸される．熱分解後，硫酸をドープすることにより 1 kS/cm を超す導電率[184] が容易に観測される．ポリアセチレンの場合と同様に，ポリマーの配向性が導電性に密接に関係することを示すよい例である．PPV の場合は水溶液からキャスト膜を調製するので，膜の均質性を得るには乾燥法などに注意が必要である．これに関し，熱分解および一軸配向処理を連続的に行い，良質の PPV 膜をつくる自動熱ローラ・プロセスの検討が行われている．そのようにして得られた PPV（延伸倍率 12）は，AsF$_5$ のドープ後，10 kS/cm 以上の導電性を示した[195]．また，延伸方向と垂直方向の導電率の異方性は 80 であった．この異方性は Durham ルート・ポリアセチレンの場合（延伸倍率 20）の 3～4 倍である．

この材料では，最近新しい誘導体の合成例が多く発表されている．フェニルをアルコキシ基で置換したもの，たとえば，2,5-ジエトキシ PPV[196] は未延伸状態では PPV より高い導電率（ヨウ素ドーピングで 50 S/cm）を示す．空気中での安定性も置換体の方が良いようである．さらに長鎖のアルコキシ基で二置換した PPV は溶媒に可溶あるいは溶融可能となることが予想される．実際に，ジヘキシロキシ PPV[197] の有機溶液を用いて，ソルバトクロミズムやサーモクロミズムが観測されている．このように，ジアルコキシ PPV はアルコキシ基の長さの変化，共重合体の形成[198] など多くの興味ある検討課題を有している．

フェニルをナフタレンに変えたポリナフタレンビニレン（PNV）(40)[199] も合成された．PPV から PNV になると，色が黄色から赤に変化し，光学的なバンドギャップの減少（0.4 eV）がみられる．チオフェンとビニレンからなるポリチエニレンビニレン（PTV）(38)[190] では，バンドギャップはさらに減少し，1.7 eV になる．導電率は 2.5 kS/cm であり，改良の余地を残している．

スルホニウム塩分解法による合成ルートにおいて，前駆体高分子である高分子電解質の対アニオン（X）は，任意である．X の種類を変えると，熱分解時に X が PPV のドーパントとして系内にとり残されることがある．たとえば，X が I$_3^-$，PF$_6^-$，AsF$_6^-$ の場合がそうで，示差走査熱量（DSC）測定に複雑な吸熱ピークが現れ，走査後サンプルは黒色を呈し，高い導電性を示した．この減少を発見した Wudl らは，新しい概念として "Incipient Doping" と名づけた[200]．

PPV 系の導電性高分子では，同種の高分子が数多く出現してきたので，それらの組み合わせから生まれるブレンドにも新しい可能性が期待できる．すなわち，前駆体での水溶性ブレンドから出発し，広範囲の高分子ブレンドを合成することができる．たとえば，PPV と PTV[201]，PPV と 2,5-ジメトキシ PPV[202]，あるい

はPPVとポリアクリルアミド[203]のポリブレンドを調製し，導電率，光学特性などを広い範囲にわたって制御しようという仕事が盛んに行われている．

6.1.7　ポリアニリン類

芳香族アミン類(アニリン，アミノピレンなど)を重合して得られる高分子で，イオン性高分子とも呼ばれる．その理由は，この高分子ではドーパントによる酸化還元状態に加え，プロトン放出によるイオン化状態(=NH⁺−)が存在するからである．ポリアニリン(35)において，還元体ユニットと酸化体(キノイド)ユニットを等モルを含む構造は“エメラルジン塩基”と呼ばれ(図III.6.22)，塩酸のドーピングにより，約5S/cmの導電率を示す．導電率は低いものの熱安定性の高い導電性高分子として蓄電池(二次電池)，表示デバイスの中心となりつつある．

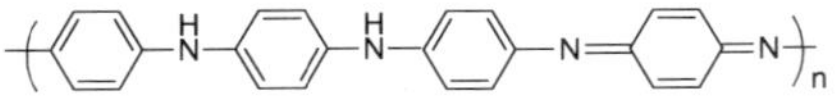

図 III.6.22　ポリアニリンのエメラルジン塩基

アニリンの化学酸化[204]，また電気化学的酸化[205,206]による生成物(アニリンブラック)は古くから知られていた．1980年になって電解酸化で得られるポリアニリンが電気的に活性であることがDiazら[207]によって報告され，新しいタイプの導電性高分子として注目されるようになった．

アニリンの電解重合は無機酸を支持電解質とする水溶液系で行われる．この反応で特徴的なことは電圧の印加方法が直流電圧を直接印加するのではなく，−0.2から+0.8V(vs. SCE)の間で適当な電位走査した方が良質のフィルムが得られる点である．つまり，直流電圧で重合したものは均一で平滑な表面を有している．しかしながら，この電位走査法でも10μm以上の厚い膜を均一に重合することは難しい．

ポリアニリンの分子構造は，主鎖がC−N=CまたはC−NH−Cで高分子化したエメラルジンと類似の構造であるとされている(図III.6.23)．この分子構造から計算したバンドギャップは3.1eVであるが[208,209]，ドーピングによって構造は変化する．

ポリアニリンのドーピング過程は電解重合で合成し

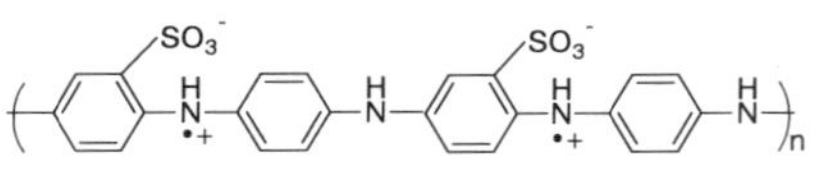

図 III.6.23　カウンターイオンを置換基にもつポリアニリン

たフィルムよりも化学的に得られた粉末で詳細に検討されている[210]．MacDiarmidらによれば，ポリアニリンは水素原子が関与する3種の酸化状態をとることができる[211]．

しかし，このスキームには異論もあって，実際には非常に複雑である．いずれにしてもポリアニリンの導電率は，pHと電気化学的酸化，還元状態によって決まる[212]．

ポリアニリンは多くの色相にわたって吸収スペクトルが変化するので，これを利用した表示素子への応用が検討されている[213]．また，酸化状態が複雑で多段階にわたることから，充電可能な二次電池へも応用されており，エネルギー密度の大きな電極活性物質となり得ることが報告されている[214,215]．現在，ポリアニリンの二次電池については実用化されている．

皮膜状の高分子の合成は，硫酸支持電解質中でアニリンを電解重合するのが一般的であるが，溶融塩(NH_4F, 2.3 HF)電解も同様に可能である[216]．酸化触媒(KIO_3, $(NH_4)_2S_2O_8$など)を用いた化学的重合では，一般に粉末状の高分子(アニリンブラック)が得られる[217]．

ところが，最近可溶性のポリアニリンを合成する方法が見いだされている．一つはアセトニトリル中で過塩素酸銅とともに重合するもの[218]で，他は低温の酸性(HCl-H_2SO_4)水溶液中でペルオキソ二硫酸アンモニウムとともに重合するもの[219]である．後者の可溶性ポリアニリンからは大面積のキャスト膜がつくられ，導電率もドープ後30S/cmまで上昇している．また，ポリアニリンの薄膜はアニリンの真空蒸着[220]あるいはグロー放電中のプラズマ重合[221]によっても合成することができる．

汎用高分子の中に導電性高分子を分散した高分子アロイを合成する手法が確立されている．高分子中に触媒を分散させてモノマー蒸気にさらす化学的重合法，あるいは汎用高分子で覆った電極を用いる電解重合法[222]のいずれも可能で，機械的特性，加工性あるいは他の物性値が制御された導電性フィルムを製造する画期的な技術である．この技術は，ポリピロール，ポリチオフェン同様に，ポリアニリンにも応用され，安定性の高い複合膜をめざした開発が行われている．

ポリメチルメタクリレート[221]，およびポリウレタン[223]との高分子アロイは電気的に活性で，ポリアニリンと同様のスイッチング現象を示す．イオン性高分子としては，他にポリ(チオフェン-アルキルスルホネート)およびβ位にカルボキシル基をもつポリピロールが知られている．後者からは導電率の異方性が著しく

大きいLB多層膜[224]が調製される．

6.1.8 ラダー状高分子類

ラダー状高分子は何本もの鎖を並行にして連ねた高分子である．最も簡単なラダー状高分子はポリアセン（42）であるため，この系の高分子はポリアセン系高分子とも呼ばれる．また，ラダー状高分子はベンゼン環が一方向のみに連なったものであるから，一次元グラファイトと呼ばれることもある．ポリアセチレンの鎖を平行に並べて，炭素どうしをつなげるとラダー状のポリマーが描かれる．トランス-およびシス-ポリアセチレンを2本結合したものが，それぞれ，ポリアセン，ポリアセナセン（43）である．

3,4,9,10-ペリレンテトラカルボン酸二無水物（PTCDA）を800℃で化学蒸着すると，比較的高い導電率（250 S/cm）を有するカーボン皮膜が得られることが知られていた[225]．同じPTCDAモノマーのペレットを520℃以上に不均一加熱することにより，ホイスカー状のポリペリナフタレン（PPN）（44）が得られた[226]．これは，カルボン酸基が熱分解脱離して生じたペリレンのテトララジカルを中間体とする気相重合の結果生じたものと推察される．PPNは構造が同定された純粋な一次元グラファイトの最初の例である．

530℃で重合したPPNの導電率は，ドーピングなしで0.2 S/cmであった．PPNのE_gは0.29～0.44 eVと計算されているので[227]，合理的な導電率であると思われる．重合温度をあげると，ラダーの幅が広がり，遂には2800℃で，グラファイト，それも一次元性の高いグラファイトに転換されることがわかり[228]，その詳細なグラファイト化機構の解明が行われている[229]．また，最近，PPNは非水系リチウム二次電池における安定性の高い電極材料として使われることが示されている[230]．

純粋に化学的方法で一次元グラファイトを合成する試みとして，置換ブタジイン（HC≡C−C≡R）の重合がある[231]．具体的には，R=SiMe₃を重合したポリ（トリメチルシリルエチニルアセチレン）のアルカリ（KOH）による脱シリル反応で，ポリ（エチニルアセチレン）に転換し，さらに熱処理によりポリアセンを得ようとするものである．しかしながら純粋なポリアセンへの転換は達成されておらず，導電率も530℃の熱処理で10⁻⁴ S/cm程度であった．

窒素を含むヘテロラダーの例も数多く知られている．ニトリル基を含むモノマーからは，ピリジン，ピラジン型のラダー状ポリマーが得られることが予想される．そのような例としては，シアノジエン（47），シアノアセチレン（46）（図Ⅲ.6.24）およびジシアノアセチレン（48）などがある．ベンゼン環に窒素を2個含むポリシアノジエンはπバンドとσバンド（窒素のローンペアー）の重なりで，金属的な導電性を示す可能性がある[232]．また，ポリアレンメタイドはポリアセチレンの場合と同様に二つの縮退した構造が描けるので，ソリトンの存在する可能をもつ高分子であり，バンドギャップも小さい（0.60 eV）ことが予想される．その合成も最近試みられている[233]．

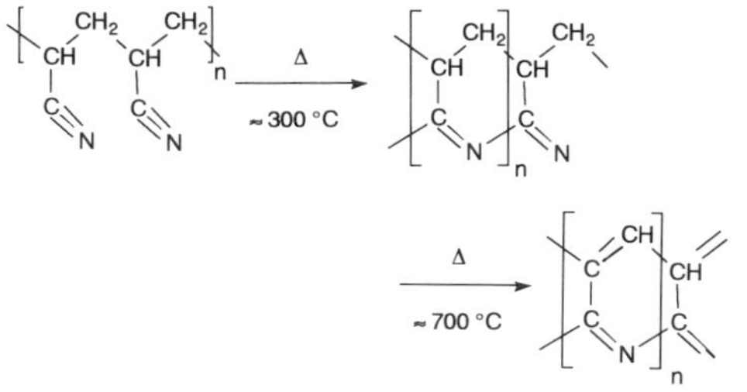

図Ⅲ.6.24 ポリアクリロニトリルの熱処理によるポリシアノアセチレンの重合

すでに合成されているラダー状高分子にアルカリ金属をドープして，導電性高分子を得ることも可能である[234]．耐熱性縮合系高分子にはBBL（ベンズイミダゾベンゾフェナンスロリン）など多くのラダー状高分子が候補として存在している[235]．

6.1.9 ネットワーク状高分子類

ネットワーク状高分子はラダーがさらに広がった二次元的な高分子である．その例としては，Cu-フタロシアニンがある．テトラシアノベンゼンをメチルピロリドン中で$CuCl_2$と反応させ，二次元的に広がった高分子として得られる．これを900℃で熱処理し，約10 S/cmの導電体が得られる[236]．トリアミノベンゼンも穏やかな条件で重合（プロトン付加および脱NH_4）し，電子密度の高いネットワーク高分子となる．導電性あるいは強磁性高分子として期待される材料である[237]．

従来，特殊な高分子あるいは低分子を高温（200～1000℃）で処理すると，ドーピングなしで高い導電率が得られることから，ICPの存在が認められていた．縮合系ポリマー，たとえば，ポリイミド[238]，ポリベンズイミダゾールを1000℃付近の温度で熱分解（固相反応）して得られるパイロポリマーは一種のネットワーク状高分子である．ポリ（p-フェニレン-1,3,4-オキサジアゾール）（POD）は1000℃の処理で340 S/cmまで導電率が上昇し，その構造は窒素を含む芳香族系の大分子（ヘテログラファイト）からなることが明らかにされている[239]．

また，最近では，ポリキノリンを出発原料とするパイロポリマーの研究が盛んに行われている．キノリンオリゴマーの気相熱分解により，可撓性のあるフィルムとして沈殿し，パイロポリマーとして最高の導電率（400 S/cm以上）を示している[240]．導電率の温度依存性は非常に小さく，室温では半導性であるが，29 K以下で抵抗の減少を示し，超伝導の存在の可能性を示唆している[241]．

このようなネットワーク状パイロポリマーは，安定性の高い導電材料として応用面からの期待が大きい．特に，前駆体高分子の成形が可能であり[242]，イオンビーム，電子ビームなどにより高導電性（～数 kS/cm）のパターン形成ができ[243]，また，高品質グラファイトの原料になる[244]，などの価値が認識されている．さらに，有機強磁性体[245]を設計，合成する上でも重要なアプローチであると認識されている．

6.1.10 その他の導電性高分子類

電解重合法によってアズレン(13)，ピレン(12)，カルバゾール(43)およびピリダジンなどからも導電性高分子が合成されている．ポリアズレンの電解重合はアセトニトリル，プロピレンカーボネート，またはベンゾニトリルを溶媒に用いて行う．

フタロシアニン(Pc)などの大環状分子が面をつき合わせてスタックした高分子では，伝導キャリヤーはπ電子の縦共役により移動する（図Ⅲ.6.25）．この分子構造，伝導形式は，超伝導を示す分子結晶のそれと酷似している．FePcをテトラジンのリガンドでつないだものはドーピングなしで0.3 S/cmの導電率を有する[246]．CoPc-CNからなる高分子は赤外線領域で高い光伝導を示す[247]．フタロシアニン環の結合法としては他に酸素あるいはフッ素によるものが知られている．これらはドーピングによってのみ導電性を示し，気体分子のドーピングによっても導電率が変化する[248]．[Si(Pc)O]$_n$を溶剤で処理して，ポリイミドなどとの複合体繊維に加工したものは2 S/cmの導電率を示す[249]．[Si(Pc)O]$_n$の導電性は，固体重合反応[250]における鎖の展開の長さに依存することが予想され，その特異な反応メカニズムが追及されている．

ポリシクロファンは同様にπ電子の縦共役によりキャリヤー伝導を示す高分子として設計された新しい高分子である．ターゲットとした高分子は，キンヒドロン相互作用を有するポリパラシクロファンであった[251]．現在合成されているのは，キノイドおよびフェノール型のポリメタシクロファンである[252]．その重合反応は，ジヒドロキシメタシクロファンダイマーの分子内プロトン転移を伴う固相重合反応による．導電率は，ドーピング後でも0.1 S/cmのオーダーであるが，フェノール型のポリシクロファンは結晶性および耐熱性に優れる高分子ホイスカーとして注目されている．

ポルフィリンあるいはフタロシアニンなどの大環状分子は，電解重合高分子の安定なドーパントになる一方，最近これらの化合物の電解重合による膜形成が可能となった[253,254]．Pcの場合，CoPcあるいはNiPcのテトラアミノ誘導体を極性溶媒（DMF，DMSO）に溶解して，0.8 V以上の電圧で重合が可能であった．得られた膜は非常に脆いが，O_2あるいはCO_2の還元に対する電気化学的な活性が期待されている．

〔赤木和夫〕

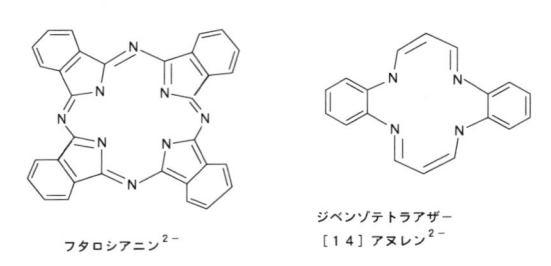

図Ⅲ.6.25　金属フタロシアニン高分子

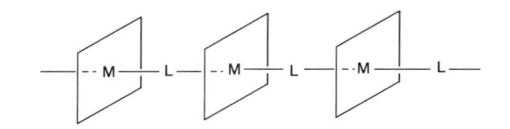

M = Fe, Co, Ru, Cr, Si, Ge, Sn, etc.
L$_{non-conjugated}$ = O, S, etc. ; L$_{conjugated}$ = -CN, -C≡C-, -N◯N-, etc.

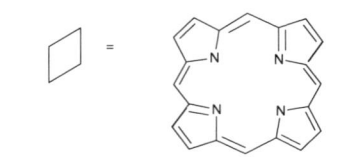

ポルフィリン$^{2-}$
フタロシアニン$^{2-}$
ジベンゾテトラアザー[14]アヌレン$^{2-}$

参考文献

1) 白川英樹，山邊時雄共編：合成金属―ポリアセチレンからグラファイトまで―(1980)，化学同人
2) 鹿児島誠一編著：一次元電気伝導体(1982)，裳華房
3) 雀部博之監修：導電性高分子材料(1983)，シーエムシー
4) 日本化学会編：化学総説 No.42，伝導性低次元物質の化学(1983)，学会出版センター
5) 雀部博之監修：新・導電性高分子材料(1987)，シーエムシー
6) 家田正之ほか編：電気・電子材料ハンドブック(1987)，朝倉書店
7) 石川欣造編：最新高分子材料・技術総覧(1988)，産業技術サービスセンター

8) 吉野勝美編著：導電性高分子の基礎と応用—合成・物性・評価・応用技術—(1989), アイピーシー
9) 緒方直哉編：導電性高分子(1990), 講談社サイエンティフィック
10) 高分子学会編：高分子機能材料シリーズ5, 電子機能材料(1992), 共立出版
11) 高分子学会編：高分子新素材材料便覧(1989), 丸善
12) 清水剛夫, 吉野勝美監修：分子機能材料と素子開発(1994), NTS
13) Ladik, J. et al. eds.: Quantum Chemistry of Polymers-Solid State Aspects, NATO ASI Series, Vol. C 123 (1984), D. Reidel Pub., Dordrecht, Holland
14) Kuzmany, H. et al. eds.: Electronic Properties of Polymers and Related Compounds, (1985), Springer Series in Solid-State Sciences 63, Springer-Verlag, Berlin
15) Skotheim, T. A. ed.: Handbook of Conducting Polymers (1986), Marcel Dekker, New York
16) Heeger, A. J. et al. eds.: Nonlinear Optical Properties of Polymers (1988), Material Research Society Symposium Proceedings, Vol. 109, Pittsburgh, Pennsylvania
17) Bredas, J. L., Chance, R. R. eds.: Conjugated Polymeric Materials: Opportunities in Electronics, Optoelectronics, and Molecular Electronics (1990), Series E, Applied Science, NATO ASI Series, Vol. 182, Kluwer Academic Pub., Netherland
18) Bredas, J. L., Silbey, R. eds.: Conjugated Polymers: The Novel Science and Technology of Highly Conducting and Nonlinear Optically Active Materials (1991), Kluwer Academic Pub., Netherland
19) Andre, J. M. et al. eds.: Quantum Chemistry Aided Design of Organic Polymers-An Introduction to the Quantum Chemistry of Polymers and Its Applications (1991), World Scientific Lecture and Course Notes in Chemistry, Vol. 2, Chapter 3, World Scientific, Singapore
20) Proceedings of the International Conference of Science and Technology of Synthetic Metals, (ICSM'86 ICSM '88, ICSM '90, ICSM '92, ICSM '94),
   Synth. Met., **17**, 1-3 (1987), 1-696;
   Synth. Met., **18**, 1-3 (1987), 1-872;
   Synth. Met., **19**, 1-3 (1987), 1-1070;
   Synth. Met., **28**, 1-2 (1989), C 1-C 886;
   Synth. Met., **28**, 3 (1989), D 1-D 740;
   Synth. Met., **29**, 1 (1989), E 1-E 574;
   Synth. Met., **41**, 1-2 (1991), 1-774;
   Synth. Met., **41**, 3 (1991), 775-1404;
   Synth. Met., **43**, 1-2 (1991), 2803-3582;
   Synth. Met., **55**, 1 (1993), 1-736;
   Synth. Met., **55**, 2-3 (1993), 737-1674;
   Synth. Met., **57**, 1 (1993), 3469-4210;
   Synth. Met., **57**, 2-3 (1993), 4211-5106.
21) 雀部博之：文献 3), p. 8
22) Bredas, J. L.: 文献 5), p. 69
23) Job, A.: Compt. Rend., **189** (1930), 1089, cited by Naarmann, H.: Angew. Makromol. Chem., **109/110** (1982), 295
24) Hatano, H. et al.: J. Polym. Sci., **51** (1961), 26
25) Davydov, B. E. J. et al.: Adv. Polym. Sci., **25** (1977), 1
26) Kise, H. et al.: Angew. Makromol. Chem., **168** (1989), 205
27) Ito, T. et al.: Polym. Sci. Polym. Chem. Ed., **2** (1974), 11; 白川英樹：文献 4), p. 120
28) Shirakawa, H. et al.: J. Chem. Soc., Chem. Comm., (1977), 578; Shirakawa, H.: Mol. Cryst. Liq. Cryst., **171** (1989), 235
29) Heeger, A. J.: 文献 5), p. 3
30) Woerner, T. et al.: J. Polym. Chem. Polym. Lett. Ed., **20** (1982), 305; ibid., **22** (1984), 119
31) Ozaki, M. et al.: J. Polym. Chem. Polym. Lett. Ed., **21** (1983), 989
32) Yamashita, Y. et al.: Makromol. Chem., **187** (1986), 1757
33) Meyer, W. H.: Synth. Met., **4** (1981), 81; Mol. Cryst. Liq. Cryst., **77** (1981), 137
34) Araya, K. et al.: Chem. Lett., (1984), 1141; Synth. Met., **14** (1984), 199
35) Aldissi, M. et al.: J. Polym. Chem. Polym. Lett. Ed., **23** (1985), 167
36) Akagi, K. et al.: Polymer J., **19** (1987), 185
37) Akagi, K. et al.: Synth. Met., **17** (1987), 241; Synth. Met., **28** (1989), D 51; Mol. Cryst. Liq. Cryst., **172** (1989), 115
38) 赤木和夫：化学(化学同人), **44**(1989), 408
39) Shirakawa, H. et al.: J. Macromol. Sci. -Chem., **A25** (1988), 643; Frontiers of Macromolecular Science-IUPAC 32nd International Symposium of Macromolecules, Saegusa, T. et al., eds., p. 419 (1989), Blackwell Sci.
40) Naarmann, H. et al.: Synth. Met., **22** (1987), 1
41) Schimmel, Th. et al.: Solid. State Comm., **65** (1988), 1311
42) Theophilou, N.: Solid State Ionics, **32/33** (1989), 582; Theophilou, N. et al.: Makromol. Chem. Macromol., **24** (1989), 115
43) Spain, L. L.: Chemistry and Physics of Carbons (Walker, P. L. ed.), Vol. 8, p. 105 (1971), Marcel Dekker
44) Akagi, K. et al.: Synth. Met., **28** (1989), D 1
45) Akagi, K. et al.: Macromolecules, **25** (1992); 6725, Synth. Met., **55** (1993), 779; Proc. of the 36th Jap. Cong. on Material. Research, **36** (1993), 260
46) Akagi, K. et al.: Synth. Met., **69** (1995), 29
47) Bates, F. S. et al.: Macromoleculs, **16** (1983), 1015
48) Destri, S. et al.: Macromole. Chem., Rapid Comm., **51** (1984), 353
49) Galvin, M. E. et al.: Polym. Comm., **23** (1982), 795
50) Aldissi, M. et al.: Synth. Met., **13** (1983), 87
51) Edwards, J. H. et al.: Polym. Commun., **21** (1980), 595; Polymer, **25** (1984), 395
52) Swager, T. M. et al.: J. Am. Chem. Soc., **110** (1988), 2973; ibid., **111** (1989), 4413
53) Korshak, Y. V. et al.: Makromol Chem. Rapid Commun., **6** (1985), 685
54) Klavetter, F. L. et al.: J. Am. Chem. Soc., **110** (1988), 7807
55) 増田俊夫：化学(化学同人), **37**(1982), 570
56) Masuda, T. et al.: J. Polym. Chem. Sci., Polym. Chem. Ed., **20** (1982), 1043
57) Holob, G. et al.: J. Polym. Chem. Sci., Polym. Chem. Ed., **15** (1977), 627
58) Kang, E. T. et al.: J. Polym. Chem. Sci., Polym. Chem. Ed., **20** (1982), 143; Chiang, A. C. et al.: J. Polym. Chem. Sci., Polym. Chem. Ed., **20** (1982), 180
59) Block, H: Adv. Polym. Chem., **33** (1970), 93
60) Stille, J. K. et al.: J. Am. Chem. Soc., **83** (1961), 1697; Gibson, H. W. et al.: ibid., **105** (1983), 4417
61) Gibson, H. W. et al.: J. Chem. Soc., Chem. Comm., (1980), 436; Am. Chem. Soc. Org. Coat. Plast. Chem., **42** (1980), 603; Pochan, J. M. et al.: Polymer, **23** (1982), 435
62) Oh, S. -Y. et al.: J. Polym. Sci., Part A: Polym. Chem., **31** (1993), 781 & 2977
63) Oh, S. -Y. et al.: Macromolecules, **26** (1993), 6203
64) Akagi, K. et al.: Trans. Mat. Res. Soc. Jap. (Elsevier Science), **15A** (1994), 259
65) Shirakawa, H. et al.: Mol. Cryst. Liq. Cryst., **255** (1994), 213
66) Akagi, K. et al.: Synth. Met., **69** (1995), 13; 赤木和夫ほか：表面, **32**, 6(1994), 386
67) Akagi, K. et al.: Synth. Met., **69** (1995), 33; Mol. Cryst. Liq. Cryst., (1995), in press
68) Diaz, A. F. et al.: Extended Linear Chain Compounds (Miller, J. S. ed.), Vol. 3, p. 417 (1983), Plenum
69) Bocci, V. et al.: J. Chem. Soc., Chem. Comm., (1986), 148
70) Yamamoto, T. et al.: J. Polym. Sci., Polym. Lett. Ed., **18** (1980), 9
71) Yamamoto, T. et al.: Bull. Chem. Soc. Jpn., **56** (1983), 1497 & 1503
72) Kobayashi, M. et al.: Synth. Met., **9** (1984), 77

73) Yamamoto, T. et al.: *Makromol. Chem. Rapid. Comm.*, **6** (1985), 671
74) Afanasev, V. L. et al.: *Izv. Akad. Nauk USSR, Ser. Khim.*, (1980), 1687
75) Kaneto, K. et al.: *Jpn. J. Appl. Phys.*, **21** (1982), L 567
76) Tourillon, G. et al.: *Electroanal. Chem.*, **135** (1982), 173
77) Tourillon, G. et al.: *J. Phys. Chem.*, **87** (1983), 2289
78) Hotta, S. et al.: *Synth. Met.*, **6** (1983), 69
79) Kaneto, K. et al.: *J. Chem. Soc., Chem. Comm.*, (1983), 382
80) 白川英樹：文献 4), p. 128
81) Ito, M. et al.: *J. Polym. Sci., C. Polym. Lett. Ed.*, **24** (1986), 147
82) Kaneto, K. et al.: *Jpn. J. Appl. Phys.*, **23** (1984), L 189
83) Hotta, S. et al.: *J. Chem. Phys.*, **80** (1984), 954
84) Diaz, A. et al.: *New J. Chem.*, **12** (1988), 171
85) Hotta, S.: *Synth. Met.*, **22** (1987), 103
86) Roncali, J.: *J. Chem. Soc., Chem. Comm.*, (1988), 581
87) Yumoto, Y. et al.: *Synth. Met.*, **13** (1986), 185
88) Cai, Z. et al.: *J. Am. Chem. Soc.*, **111** (1989), 4138
89) Enzel, P. et al.: *J. Chem. Soc., Chem. Comm.*, (1989), 1326
90) Sato, M. et al.: *J. Chem. Soc., Chem. Comm.*, (1986), 873
91) Sugimoto, R. et al.: *Chem. Express*, **1** (1986), 635
92) Kobayashi, M. et al.: *J. Chem. Phys.*, **82** (1985), 5717
93) Bredas, J. L.: 文献 5), p. 57
94) Bolognesi, A. et al.: *J. Chem. Soc., Chem. Comm.*, (1988), 246
95) Blankespool, R. L. et al.: *J. Chem. Soc., Chem. Comm.*, (1985), 90
96) Sato, M. -A. et al.: *Makromol. Chem.*, **188** (1987), 1763
97) Bryce, M. R. et al.: *J. Chem. Soc., Chem. Comm.*, (1987), 466
98) 白川英樹：文献 5), p. 69
99) Rughooputh, S. D. D. V. et al.: *Synth. Met.*, **21** (1987), 41 ; Ingnas, O. et al.: *Synth. Met.*, **22** (1988), 395
100) Gu, H. B.: *Jpn. J. Appl. Phys.*, Part 1, **27** (1988), 311
101) Yoshino, K. et al.: *Polym. Comm.*, **28** (1987), 309
102) Watanabe, Y. et al.: *J. Chem. Soc., Chem. Comm.* (1989), 123
103) Patil, A. O. et al.: *J. Am. Chem. Soc.*, **109** (1987), 1859 ; Havinga, E. E. et al.: *Polym. Bull.*, **18** (1987), 277
104) Ikenoue, Y. et al.: *J. Am. Chem. Soc.*, **110** (1988), 2983
105) K. Akagi, et al.: *Trans. Mat. Res. Soc. Jpn.* (Elsevier Science), **15A** (1994), 513
106) Toyoshima, R. et al.: *Synth. Met.*, **69** (1995), 289
107) Dall'Olio, A. et al.: *Comptes Rendus Hebd. Seances Acad. Sci.*, Ser. **C267** (1968), 433
108) Ito, T. et al.: *J. Polym. Sci., Polym. Chem. Ed.*, **12** (1974), 11
109) Diaz, A. F. et al.: *J. Chem. Soc., Chem. Comm.* (1979), 635
110) Kanazawa, K. K. et al.: *J. Chem. Soc., Chem. Comm.* (1979), 845
111) Kanazawa, K. K. et al.: *Synth. Met.*, **1** (1980), 329
112) Diaz, A. F. et al.: *IBM J. Res. Develop.*, **27** (1983), 342
113) Salmon et al.: *Mol. Cryst. Liq. Cryst.*, **83** (1983), 1297
114) Naarmann, H. et al.: *Ger. Offen.*, DE 3, 215, 970
115) Wernet, W. et al.: *Macromol. Chem., Rapid Comm.*, **5** (1984), 157
116) Satoh, M. et al.: *Jpn. J. Appl. Phys.*, **24** (1985), L 423
117) Shinohara, H. et al.: *Kobunshi Ronbunshu*, **43** (1986), 725
118) 吉野勝美：日経マテリアル, 6月9日号, (1986), 50
119) Umana, M. et al.: *Anal. Chem.*, **58** (1986), 2979
120) Diaz, A. F. et al.: *J. Electroanal. Chem. Interfacial Electrochem.*, **108** (1980), 377
121) Diaz, A. F., Hall, B.: Handbook of Conducting Polymers (Scotheim, T. A. ed.), Marcel Dekker, New York, **1** (1986), 82
122) Noufi, R. et al.: *J. Am. Chem. Soc.*, **103** (1981), 1849
123) Salmon, M. et al.: *Mol. Cryst. Liq. Cryst.*, **83** (1982), 265
124) Geiss, R. H. et al.: *IBM J. Res. Develop.*, **27** (1983), 321
125) Diaz, A. F. et al.: *J. Chem. Soc., Chem. Comm.*, (1986), 397
126) Pfluger, P. et al.: *J. Chem. Phys.*, **78** (1983), 3212
127) Satoh, M. et al.: *Synth. Met.*, **14** (1986), 271
128) Ogasawara, M. et al.: *Mol. Cryst. Liq. Cryst.*, **118** (1985), 159
129) Satoh, M. et al.: *Synth. Met.*, **20** (1987), 79
130) Ogasawara, M. et al.: *Synth. Met.*, **14** (1986), 61
131) Wynne, K. J. et al.: *Macromol.*, **18** (1985), 2361
132) Street, G. B. et al.: *J. Phys. (Paris) Colloq.*, **44** (1983), C 3-599
133) Street, G. B. et al.: *Polym. Mater. Sci. Eng.*, **49** (1983), 84
134) Pfluger, P. et al.: *J. Chem. Phys.*, **80** (1984), 544
135) Clarke, T. C. et al.: *IBM J. Res. Develop.*, **27** (1983), 313
136) Diaz, A. F. et al.: *J. Electroanal. Chem.*, **133** (1981), 237
137) Bidan, G. et al.: *Synth. Met.*, **15** (1986), 49
138) Bargon, J. et al.: *IBM J. Res. Develop.*, **27** (1983), 330
139) Moss, B. K. et al.: *Mater. Forum*, **13** (1989), 35
140) Nakazawa, Y. et al.: *Jpn. J. Appl. Phys.*, Part 1, **27** (1988), 1304
141) Murthy, A. S. N. et al.: *J. Mater. Sci. Lett.*, **3** (1984), 745
142) Pickup, P. G. et al.: *J. Am. Chem. Soc.*, **106** (1984), 2294
143) Osawa, S.: *Synth. Met.*, **18** (1987), 145
144) Kaye, B. et al.: *Synth. Met.*, **18** (1987), 31
145) Naarmann, H.: US Patent, (1984), 4468291
146) Merz, A. et al.: *Synth. Met.*, **25** (1988), 89
147) Olmendo, L. et al.: *Synth. Met.*, **30** (1989), 159
148) Zotti, G. et al.: *J. Electroanal. Chem.*, **235** (1987), 259
149) Diaz, A.: *Chem. Scr.*, **17** (1981), 145 ; Buckley, L. J. et al.: *J. Polym. Sci.*, Part B, **25** (1987), 2179
150) Rault-Berthelot, J. et al.: *Electrochim. Acta*, **33** (1988), 811
151) Satoh, M. et al.: *Synth. Met.*, **14** (1986), 289
152) Bloor, D. et al.: *Springer Ser. Solid State*, **63** (1985), 179
153) Glatzhofer D. T. et al.: *Polym.*, **28** (1987), 449 ; Wernet, W. et al.: *Makromol. Chem.*, **188** (1987), 1465
154) Bates, N.: *J. Chem. Soc., Chem. Comm.*, (1985), 871
155) Kuwabata, S. et al.: *J. Chem. Soc., Chem. Comm.*, (1988), 779
156) Kuwabata, S. et al.: *J. Chem. Soc., Faraday Trans 1*, **84** (1988), 2317
157) Kudoh, Y. et al.: *Synth. Met.*, **41-43** (1991), 1133
158) Linderberger, H. et al.: *Synth. Met.*, **18** (1987), 37
159) Masuda, H. et al.: *J. Chem. Soc., Chem. Comm.*, (1989), 725
160) Ruhe, J. et al.: *Makromol. Chem., Rapid Comm.*, **10** (1989), 103
161) Zotti, G. et al.: *Makromol. Chem.*, **190** (1989), 405
162) 吉村 進ほか：高分子(高分子学会), **37**(1988), 886
163) Cvetko, B. F. et al.: *J. Appl. Electrochem.*, **17** (1987), 1198 ; Sun, B. et al.: *J. Electrochem. Soc.*, **136** (1989), 698
164) Mitchel, G. R. et al.: *Polym. Chem.*, **30** (1989), 98
165) Kovacic, P. et al.: *J. Am. Chem. Soc.*, **85** (1963), 454 ; *J. Org. Chem.*, **29** (1964), 100
166) Kovacic, P. et al.: *Chem. Rev.*, **87** (1987), 357
167) Baughman, R. H. et al.: *Chem. Rev.*, **82** (1982), 209
168) Hsing, C. F. et al.: *J. Polym. Sci., Polym. Chem. Ed.*, **21** (1983), 457
169) Hirai, H. et al.: *Chem. Lett.*, (1987) 1461
170) Goldfinger, G. J. et al.: *Polym. Sci.*, **93** (1949), 4 ; Ibuki, E. et al.: *Bull. Chem. Soc. Jpn.*, **48** (1975), 1868
171) Yamamoto, T. et al.: *Bull. Chem. Soc. Jpn.*, **51** (1978), 2091
172) Marvel, C. S. et al.: *J. Am. Chem. Soc.*, **81** (1959), 448
173) Baughman, R. H. et al.: *J. Chem. Phys.*, **73** (1980), 15
174) Kovacic, P. et al.: *J. Org. Chem.*, **30** (1965), 3176 ; *J. Polym. Sci., Polym. Chem. Ed.*, **19** (1981), 973
175) Satoh, M. et al.: *J. Chem. Soc., Chem. Comm.*, (1986), 550 ; Yoshino, K. et al.: *Synth. Met.*, **18** (1988), 741
176) 吉野勝美ほか：文献8), p. 162
177) Trivedi, D. C. et al.: *J. Mater. Sci. Lett.*, **8** (1989), 741
178) Trivedi, D. C. et al.: *J. Chem. Soc., Chem. Comm.*, (1988), 410
179) Trivedi, D. C. et al.: *J. Chem. Soc., Chem. Comm.*, (1989), 544
180) Waltman, R. J. et al.: *Can. J. Chem.*, **64** (1986), 76
181) Bruckenstein, S. et al.: *J. Electroanal. Chem., Interfacial Electrochem.*, 1/2 (1988), 211
182) Bradley, D. D. C. et al.: *Synth. Met.*, **17** (1987), 667
183) Hancok, L. F. et al.: *ACS. Polym. Prep.*, **27** (1986), 359

184) Murase, I. *et al.*: *Polym. Comm.*, **25** (1984), 27
185) Kanbe, M. *et al.*: *J. Polym. Sci.*, A-1, **6** (1968), 1058
186) Zimmerman, R. G. *et al.*: US. Patent, (1968), 3,401,152, (1972), 3,706,677
187) Gagnon, D. R. *et al.*: *Polym. Bull.*, **12** (1984), 293; *ibid.*, **15** (1986) 181
188) Murase, I. *et al.*: *Polym. Comm.*, **26** (1985), 362
189) Antount, S. *et al.*: *J. Polym. Sci., Part C, Polym. Lett.*, **24** (1986), 503; *Polym. Bull.*, **15** (1986), 181
190) Murase, I. *et al.*: *Polym. Comm.*, **28** (1987), 229
191) Elsenbaumer, R. L. *et al.*: *Polym. Mater. Sci. Eng.*, **56** (1987), 49
192) Heitz, W. *et al.*: *Makromol. Chem.*, **189** (1988), 119; Martelock, H. *et al.*: *ibid.*, **192** (1991), 967
193) Weitzel, H. -P. *et al.*: *Makromol. Chem.*, **191** (1990), 2815 & 2837
194) Wessling, R. A. *et al.*: US Patent (1972) 3,706,677
195) Machado, J. H. *et al.*: *New Polym. Mater.*, **1** (1989), 189
196) Murase, I. *et al.*: *Synth. Met.*, **17** (1987), 639
197) Askari, S. H. *et al.*: *Synth. Met.*, **29** (1989), E 129
198) Jin, J. -I. *et al.*: *J. Chem. Soc., Chem. Comm.*, (1989), 1205
199) Antoun, A. *et al.*: *J. Polym. Sci., Polym. Lett. Ed.*, **24** (1986), 504
200) Patil, A. O. *et al.*: *Synth. Met.*, **29** (1989), E 115
201) Jin, J. -I, *et al.*: *Mol. Cryst. Liq. Cryst.*, in press.
202) Shim, H. -K. *et al.*: *Polym. Bull.*, **21** (1989), 409
203) Machado, J. *et al.*: *Polym.*, **29** (1988), 1412
204) Willstatter, Beriche: *Deutch Chem. Gesellschaft*, **40** (1906), 2665
205) Mohilner, D. M. *et al.*: *J. Am. Chem. Soc.*, **84** (1962), 3618
206) Bacon, J. *et al.*: *J. Am. Chem. Soc.*, **90** (1968), 6596
207) Diaz, A. F. *et al.*: *J. Electroanal. Chem.*, **173** (1980), 111
208) Boudreaux, D. S. *et al.*: *J. Chem. Phys.*, **85** (1986), 4584
209) Chance, R. R. *et al.*: *Synth. Met.*, **18** (1987), 329
210) Oyama, N. *et al.*: *J. Phys. Chem.*, **88** (1984), 5274
211) MacDiarmid, A. G. *et al.*: *Mol. Cryst. Liq. Cryst.*, **121** (1985), 291
212) Salaneck, W. R. *et al.*: *Synth. Met.*, **18** (1987), 291
213) Kobayashi, T. *et al.*: *J. Electroanal. Chem.*, **161** (1984), 419
214) MacDiarmid, A. G. *et al.*: *Mol. Cryst. Liq. Cryst.*, **121** (1985), 187
215) Kitani, A. *et al.*: *Bull. Chem. Soc. Jpn.*, **57** (1984), 2254
216) Genies, E. *et al.*: *Synth. Met.*, **24** (1988), 61
217) Pron, A. *et al.*: *Synth. Met.*, **24** (1988), 193
218) Inoue, M. *et al.*: *Synth. Met.*, **30** (1988), 193
219) Abe, M. *et al.*: *J. Chem. Soc., Chem. Comm.*, (1989), 1736
220) Uvdal, K. *et al.*: *Synth. Met.*, **29** (1989), E 451
221) Diaz, A.: *Makromol. Chem., Macromol. Symp.*, **8** (1987), 17
222) Niwa, O. *et al.*: *J. Chem. Soc., Chem. Comm.* (1985), 375
223) Pei, O. *et al.*: *Synth. Met.*, **30** (1989), 351
224) Iyoda, T. *et al.*: *Langmuir*, **3** (1987), 1169
225) Kaplan, M. L. *et al.*: *Appl. Phys. Lett.*, **36** (1980), 867
226) Murakami, M. *et al.*: *J. Chem. Soc., Chem. Comm.*, (1976), 1649; *J. Appl. Phys.*, **60** (1986), 3856
227) Bredas, J. L. *et al.*: *J. Chem. Phys.*, **83** (1985), 1316; Lehman, G. *et al.*: *Synth. Met.*, **28** (989), D 521
228) Murakami, M. *et al.*: *Appl. Phys. Lett.*, **48** (1986), 390
229) Murakami, M. *et al.*: *J. Appl. Phys.*, **67** (1990), 194
230) Wuckel, L. *et al.*: *Mater. Sci. Forum*, **42** (1989), 121
231) Ozeki, M. *et al.*: *Synth. Met.*, **18** (1987), 485
232) Bredas, J. L. *et al.*: *J. Chem. Phys.*, **78** (1983), 6137
233) Al-Jumah, K. *et al.*: *Macromolecules*, **20** (1987), 1181
234) Kim, O. -K.: *J. Polym. Sci., Polym. Lett.*, **20** (1982), 663; Wilbourn, K. *et al.*: *Macromolecules*, **21** (1988), 265
235) Arnold, Jr., C.: *Macromol. Rev.*, **14** (1979), 265
236) Show, A. W.: *Macromolecules*, **17** (1984), 1614
237) Johannsen, I. *et al.*: *Macromolecules*, **22** (1989), 566
238) Bohm, H. B. *et al.*: *Solid State Comm.*, **35** (1980), 135
239) Murakami, M. *et al.*: *Solid State Comm.*, **45** (1983), 1085; *J. Phys.*, **C3** (1983), 705
240) Chaing, J. Y.: *J. Chem. Soc., Chem. Comm.*, (1987), 304
241) Chaing, J. Y.: *Synth. Met.*, **29** (1989), E 483
242) Walton, T. R.: *J. Appl. Polym. Sci.*, **37** (1989), 1921
243) Kaplan, M. L. *et al.*: *J. Appl. Phys.*, **55** (1984), 732
244) Murakami, M. *et al.*: *Appl. Phys. Lett.*, **48** (1986), 1594; *Synth. Met.*, **18** (1987), 509; 吉村 進ほか: 文献9), p. 178
245) Ovchinnikov, A. A.: MACRO 88, Aug. 1. 1988, Kyoto
246) Hanack, M. *et al.*: *Synth. Met.*, **29** (1989), F 1
247) Meier, H.: *Synth. Met.*, **11** (1987), 333
248) Blanc, J. P. *et al.*: *Sens. Actuators*, **14** (1988), 143
249) Inabe, T. *et al.*: *J. Chem. Soc., Chem. Comm.*, (1983), 1084
250) Beltsios, K. G. *et al.*: *Synth. Met.*, **29** (1989), F 31
251) Bohm, M. C. *et al.*: *Phys. Rev.*, **B28** (1983), 3342
252) Mizogami, S. *et al.*: *J. Macromol. Sci. Chem.*, **A25** (1988), 601
253) Bennet, J. E. *et al.*: *J. Chem. Soc., Chem. Comm.*, (1989), 723
254) Li, H. *et al.*: *J. Chem. Soc., Chem. Comm.*, (1989), 832

6.2 電荷移動錯体

6.2.1 電荷移動相互作用

無色の芳香族炭化水素ピレンを，それ自身は濃い色をもたないポリニトロ化合物，酸無水物，キノンなどと組み合わせると橙～紫色に着色した分子化合物ができる．このような現象は古くから知られていたが，Mullikenの電荷移動理論によってこのような相互作用について満足のいく説明が与えられ，こうした電荷移動錯体の研究が急速に進展した[1]．

電荷移動錯体をつくる有機分子の組合せでは，一方（上の場合ピレン）は比較的小さいイオン化ポテンシャルをもち，ドナー（電子供与体）と呼ばれ，他方（上の場合ポリニトロ化合物など）は比較的大きな電子親和力をもち，アクセプター（電子受容体）と呼ばれる．ドナーDは比較的容易に酸化されうる分子であり，HOMO（最高被占分子軌道）が比較的高いエネルギー準位をもつ．一方，アクセプターAは比較的還元されやすい分子であり，LUMO（最低空軌道）が低いエネルギー準位をもつ．このようにDのHOMOとAのLUMOがエネルギー的に比較的近いところにある場合（図Ⅲ.6.26），ドナーとアクセプターが空間的に近づいてDのHOMOとAのLUMOの間にある程度の重なりを生じた場合，もともとの状態D^0A^0にドナーからアクセプターに電子が1個移動した状態D^+A^-を若干混成させた状態

$$\phi_1 = \psi(D^0A^0) + c\psi(D^+A^-)$$

の方が，もとの$\psi(D^0A^0)$よりも若干エネルギーが低くなる．このような電荷移動相互作用によって，電荷移動錯体が生成する．

このような錯体ではD^0A^0からD^+A^-（正確には図

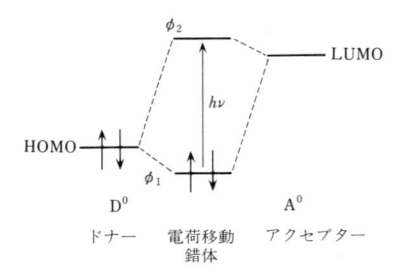

図 Ⅲ.6.26 電荷移動錯体のエネルギーレベル

Ⅲ.6.26 の ϕ_1 から ϕ_2) への励起に相当する吸収 $h\nu$ が現れるが, これはドナー, アクセプター単独のときには存在しなかったものであり, 電荷移動吸収と呼ばれる. これは通常近赤外から可視領域に現れ, 電荷移動錯体の着色の原因となっている. ドナーのイオン化ポテンシャルを I_D, アクセプターの電子親和力を E_A とすると, 電荷移動吸収 $h\nu$ は,

$$h\nu = I_D - E_A - E_\alpha$$

で表される. ここで E_α は D^+ と A^- との間の静電的エネルギーである. このように I_D はドナーの, E_A はアクセプターの強さを測る重要な尺度である.

図Ⅲ.6.27 に主な芳香族炭化水素のイオン化ポテンシャル I_D の値を示した. ベンゼン自身はきわめて弱いドナーであるが, ベンゼン環の数が多くなるに従って I_D が小さくなり, ドナー性が強くなっていくことがわかる. I_D の代わりに溶液中でより容易に測定することができる電気化学的酸化還元電位(ドナーの場合酸化側の第一波)を比較することも行われる. 図Ⅲ.6.27~Ⅲ.6.29 に主なドナーについてイオン化ポテンシャルの値と, 酸化還元電位の値を示した. また図Ⅲ.6.30 に主なアクセプターについて電子親和力と酸化還元電位の値を示した. これらを酸化還元電位についてプロットしたものが図Ⅲ.6.31 である. 左側のドナーのプロットは, 左下のペリレンなど芳香族炭化水素系の弱いドナーに始まり, 次第に上にいくにしたがって強いドナーとなる. TTF, TTT などの強いドナーは 0~0.5 V 程度の酸化電位をもち, 負の電位をもつピリジニウムイオン系の分子は通常カチオンとして働く. 一方右側のアクセプター系列では, 上端付近の芳香族炭化水素系の分子が弱いアクセプターとしても働くことに始まり, 下にいくにしたがって次第に強いアクセプターとなる.

このようなドナーとアクセプターを組み合わせてできる電荷移動錯体について, 電荷移動吸収 $h\nu$ をドナーとアクセプターの酸化還元電位の差に対してプロットすると, 図Ⅲ.6.32 のような相関がある.

(1) $\Delta E_{\text{REDOX}} > 0.1\,\text{V}$ では $h\nu\,(\text{eV}) = \Delta E_{\text{REDOX}}\,(\text{V}) + 0.5$ の直線によくのる. この状態では $D^0 A^0$ が $D^+ A^-$ という状態より安定であり, 中性の電荷移動錯体と呼ばれる.

(2) $\Delta E_{\text{REDOX}} < 0.1\,\text{V}$ では $D^+ A^-$ という状態の方が $D^0 A^0$ という状態より安定であり, イオン性の電荷移動錯体と呼ばれる. 電荷移動吸収はアニオンからドナーへ電子を戻す励起, $D^+ A^- \rightarrow D^0 A^0$ に対応し,

$$h\nu = E_\alpha' - (I_D - E_A)$$

E_α' は静電的エネルギー

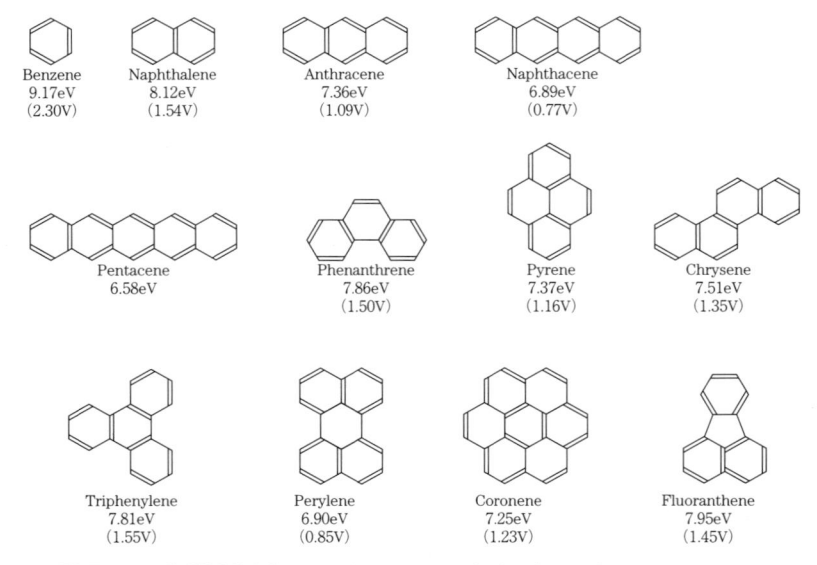

Benzene 9.17eV (2.30V)
Naphthalene 8.12eV (1.54V)
Anthracene 7.36eV (1.09V)
Naphthacene 6.89eV (0.77V)

Pentacene 6.58eV
Phenanthrene 7.86eV (1.50V)
Pyrene 7.37eV (1.16V)
Chrysene 7.51eV (1.35V)

Triphenylene 7.81eV (1.55V)
Perylene 6.90eV (0.85V)
Coronene 7.25eV (1.23V)
Fluoranthene 7.95eV (1.45V)

図 Ⅲ.6.27 芳香族炭化水素のイオン化ポテンシャル(eV)と酸化電位(V vs. SCE, 括弧内)
(Seki, K.: *MCLC*, **171** (1989), 255)

と表される.

このようなドナーとアクセプターの組み合わせによって, 多くは 1:1 の組成をもつ電荷移動錯体の結晶が得られる(2:1 などの組成もみられるが 1:1 の組成が最も一般的である). このような結晶構造の例として中性の(ピレン)(TCNE)の構造を図Ⅲ.6.33 に, イオン性の(TMPD)(TCNQ)の構造を図Ⅲ.6.34 に示した. このような平面的なドナーとアクセプターの錯体では, ドナーとアクセプターが交互に積み重なった交互積層型(mixed stack)と呼ばれる構造をとる[2]. ドナーとアクセプターの重なり方としては, ドナーの HOMO とアクセプターの LUMO の重なりが最大になる重なり方が電荷移動相互作用による安定化を最大にすると期待されるが, 実際にはこのような配置が実現されていることはあまり多くなく, 原子コア間の反発や結晶内でのパッキングが重なり方を決めていると考えられる場合が多い[2].

以上述べてきたのは, 有機分子の π 電子が電荷移動に関わる場合で, π-ドナー, π-アクセプターと呼ばれる. これ以外に孤立電子対を供与する n-ドナー, σ 軌道に電子を受容する σ-アクセプターなどがあり, 多くの無機のドナー, アクセプターも存在する[3]. たとえば(アセトン)Br_2, (1,4-ジオキサン)Br_2 などは有機分子の酸素の孤立電子対から臭素への電荷移動相互作用による n-σ 型錯体である. また多くの芳香族炭化水素はハロゲンと π-σ 型の錯体をつくる.

中性とイオン性の境界付近(図Ⅲ.6.32 参照)では, 圧力・温度などによって中性からイオン性への転移が

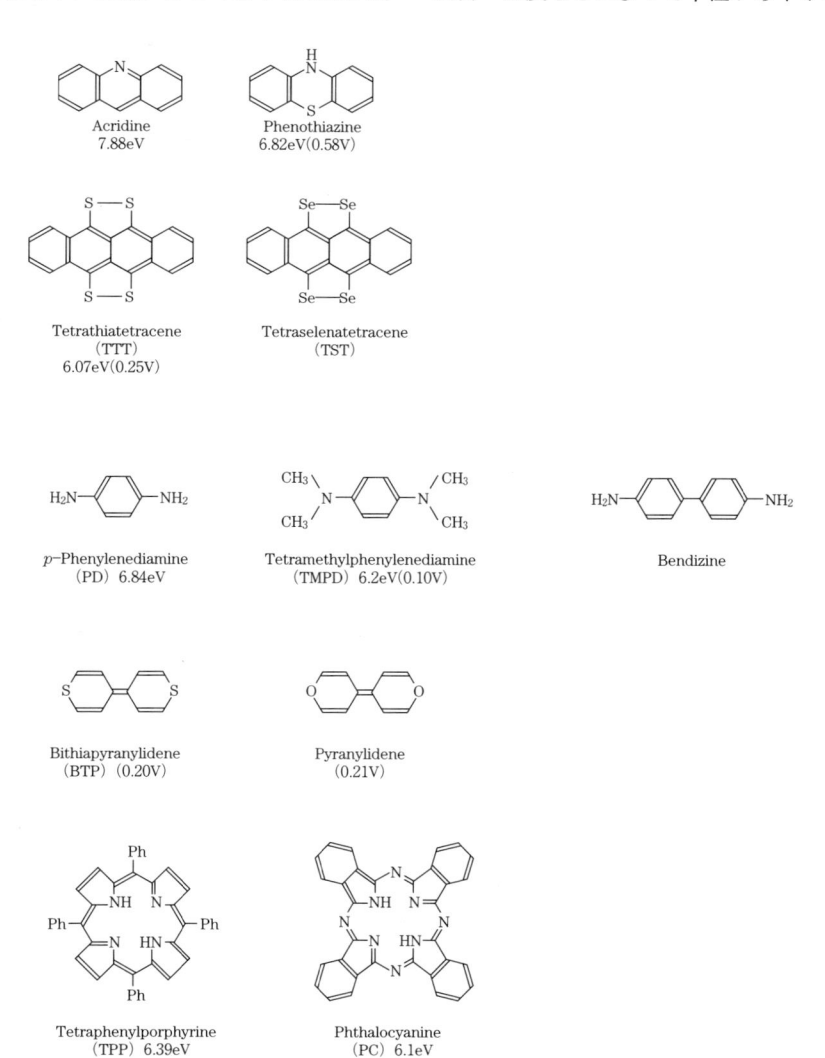

Acridine
7.88eV

Phenothiazine
6.82eV(0.58V)

Tetrathiatetracene
(TTT)
6.07eV(0.25V)

Tetraselenatetracene
(TST)

p-Phenylenediamine
(PD) 6.84eV

Tetramethylphenylenediamine
(TMPD) 6.2eV(0.10V)

Bendizine

Bithiapyranylidene
(BTP) (0.20V)

Pyranylidene
(0.21V)

Tetraphenylporphyrine
(TPP) 6.39eV

Phthalocyanine
(PC) 6.1eV

図 Ⅲ.6.28 主なドナーのイオン化ポテンシャル(eV)と酸化電位(V vs. SCE, 括弧内)
(Seki, K.: *MCLC*, **171** (1989), 255)

みられることがある。一般に圧力をかけると格子が縮むため静電的エネルギー（マーデルング・エネルギー）が増加し，イオン性状態がより安定になる。このため境界に近い中性のいくつかの錯体では数 kbar から数 10 kbar の圧力をかけることによってイオン性への転移が起こる[4]。また(TTF)(クロラニル)では $T_c=81$ K 以下に冷やすことによってイオン性への転移が見られる[5]。詳しい研究によれば，この転移に伴って電荷移動量は 0.3 から 0.7 へと変化し（ドナー・アクセプター間の軌道の重なりのため電荷移動量は $0 \to 1$ と変化するのではなく中途半端な値となる），交互積層型のカラムが二量化するという構造上の変化も伴っていることが明らかになっている[6]。

最後に電荷移動量 ρ の見積りについて述べる。ρ の値は赤外スペクトルのシフトから求めることもできるが[6,7]，結合距離の変化から求めることが広く行われている。たとえば TTF は表Ⅲ.6.12 に示したような HOMO をもっているため，TTF$^0 \to$ TTF$^+$ となることによって HOMO から一電子がぬけるのに伴って HOMO に節がない（結合性の）C=C 結合 a, d は伸び，HOMO の節に相当する（反結合性の）C-S 結合 b, c は縮む。この変化から TTF 上の電荷を見積ることができる。この方法は同じ結晶中の異なった TTF 分子が異なった電荷を担っている場合（電荷分離の起こっている場合）にも適用することができる。

6.2.2 電荷移動錯体の電気伝導性

1954 年にペリレンの臭素錯体が室温で 10 Ωcm という低い電気抵抗を示すことが発見され[8]，電荷移動錯体が"有機半導体"としてかなり良い電気伝導性をもちうることが示唆されたが，1960 年代に入ると DuPont のグループによって合成された TCNQ の錯体によって電気伝導性電荷移動錯体の研究が大きく進展した[9]。1970 年には TTF が合成され[10]，1973 年に (TTF)(TCNQ) が 53 K という低温まで金属的伝導性を示すことが報告されて[11]，"Organic Metal"の研究は大きな注目を集めることになる。その後さらに金属状態を安定化する努力が積み重ねられ，1980 年の"有機超伝導"の発見に至る（6.4 節参照）。

前項で述べたような交互積層形の構造をもつ中性の

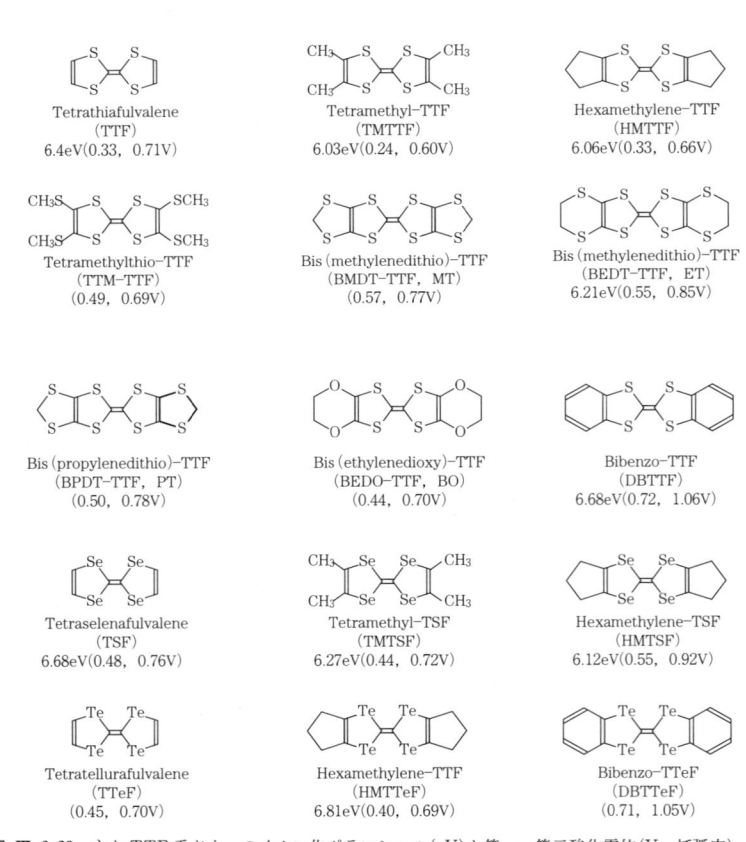

Tetrathiafulvalene
(TTF)
6.4eV (0.33, 0.71V)

Tetramethyl-TTF
(TMTTF)
6.03eV (0.24, 0.60V)

Hexamethylene-TTF
(HMTTF)
6.06eV (0.33, 0.66V)

Tetramethylthio-TTF
(TTM-TTF)
(0.49, 0.69V)

Bis(methylenedithio)-TTF
(BMDT-TTF, MT)
(0.57, 0.77V)

Bis(methylenedithio)-TTF
(BEDT-TTF, ET)
6.21eV (0.55, 0.85V)

Bis(propylenedithio)-TTF
(BPDT-TTF, PT)
(0.50, 0.78V)

Bis(ethylenedioxy)-TTF
(BEDO-TTF, BO)
(0.44, 0.70V)

Bibenzo-TTF
(DBTTF)
6.68eV (0.72, 1.06V)

Tetraselenafulvalene
(TSF)
6.68eV (0.48, 0.76V)

Tetramethyl-TSF
(TMTSF)
6.27eV (0.44, 0.72V)

Hexamethylene-TSF
(HMTSF)
6.12eV (0.55, 0.92V)

Tetratellurafulvalene
(TTeF)
(0.45, 0.70V)

Hexamethylene-TTeF
(DHMTTeF)
6.81eV (0.40, 0.69V)

Bibenzo-TTeF
(DBTTeF)
(0.71, 1.05V)

図Ⅲ.6.29 主な TTF 系ドナーのイオン化ポテンシャル(eV)と第一，第二酸化電位(V，括弧内)
(Seki, K.: *MCLC*, **171** (1989), 255 ; Schukat, G. et al.: *Sulfur Reports*, **7** (1987), 155)

6.2 電荷移動錯体

電荷移動錯体は電気抵抗率 $10^4 \sim 10^6 \Omega \text{cm}$ の半導体で，あまり良い電気伝導体ではない．しかし，中性とイオン性との境界付近では $0 < \rho < 1$ の部分電荷移動(partial charge transfer)が生じ，このような錯体ではしばしばドナーはドナーどうし，アクセプターはアクセプターどうし別々に分離積層型カラム(segregated column)構造をつくり，高い電気伝導性が実現される．完全にイオン性になってしまうと伝導性は再び低くなるので，ドナーとアクセプターの酸化還元電位の差が $-0.02 \text{V} < \Delta E_{\text{REDOX}} < 0.34 \text{V}$ 程度の組み合わせが良いといわれているが[12]，(BEDT-TTF)(TCNQ) のように同じ組み合わせで交互積層型と分離積層型の2種類の結晶をつくるような例も存在する[13]．

部分電荷移動を実現するさらに容易な方法は，アニオン(非常に強いアクセプター) N^- との間に D_2N のように 1:1 以外の組成の錯体を形成する方法である．この場合，ドナー D は必ず $D^{1/2+}$ のように部分酸化された状態となる．同様にカチオン M^+ とアクセプター A 間では MA_2 のような組み合わせが考えられる．このような錯体は，ラジカルカチオン塩，ラジカルアニオン塩とも呼ばれるが，有機超伝導体をはじめ最近合成される高伝導性の錯体にはむしろこのタイプのものが多い．

電気伝導性の電荷移動錯体をめざして多くの π-ドナー，π-アクセプターの合成が試みられてきた[14~18]．高伝導の錯体をつくるドナー・アクセプターの条件として，$0 \sim 0.6 \text{V}$ 程度の電位で1波目の酸化還元を受ける良好なドナー・アクセプターであるということだけでなく，最低2段階の可逆な酸化還元が可能な系であることが必要である．このような多段階酸化還元系の分子設計の例として，図Ⅲ.6.35のように TTF の酸化を考えてみる．TTF の五員環(ジチオール環)は七

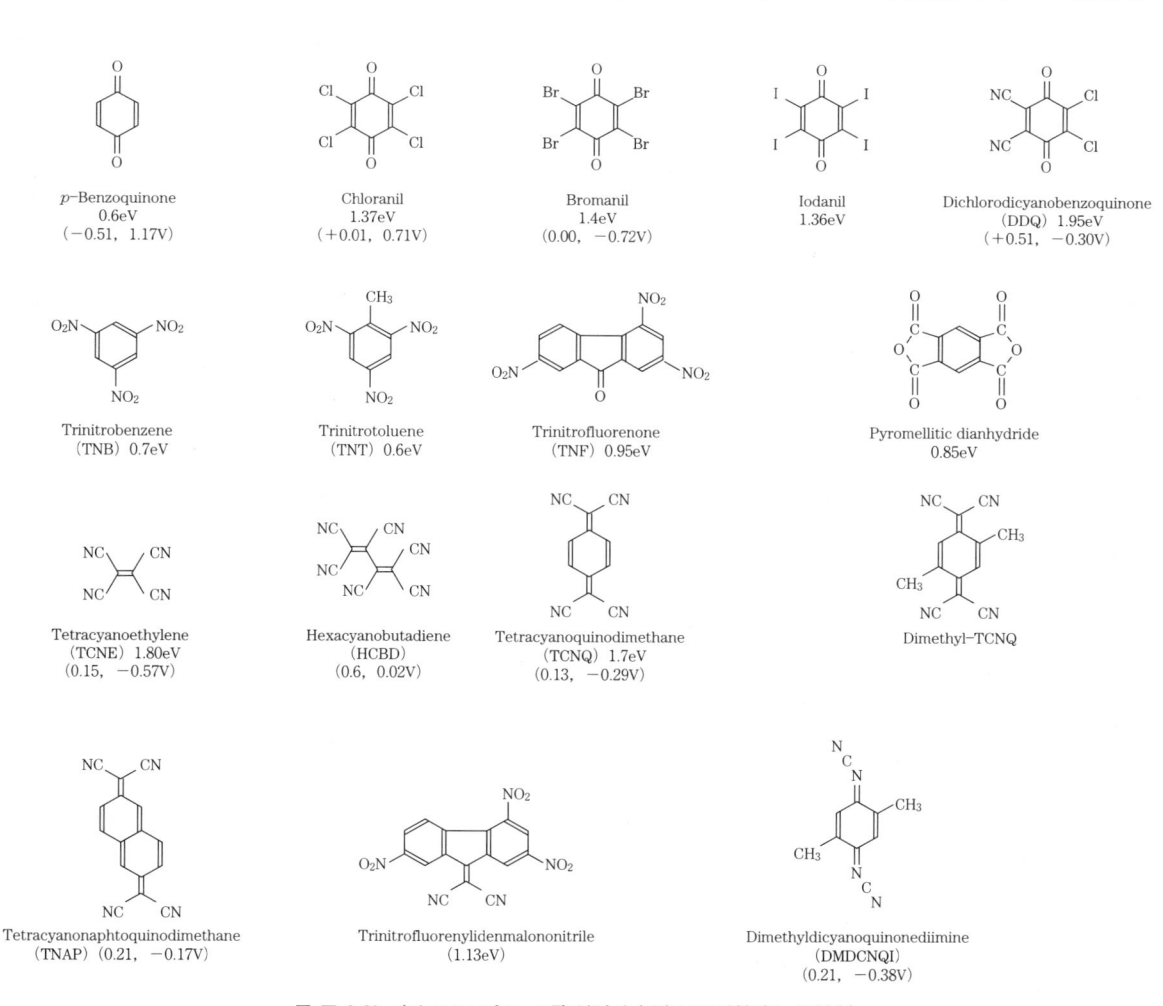

p-Benzoquinone 0.6eV (−0.51, 1.17V)

Chloranil 1.37eV (+0.01, 0.71V)

Bromanil 1.4eV (0.00, −0.72V)

Iodanil 1.36eV

Dichlorodicyanobenzoquinone (DDQ) 1.95eV (+0.51, −0.30V)

Trinitrobenzene (TNB) 0.7eV

Trinitrotoluene (TNT) 0.6eV

Trinitrofluorenone (TNF) 0.95eV

Pyromellitic dianhydride 0.85eV

Tetracyanoethylene (TCNE) 1.80eV (0.15, −0.57V)

Hexacyanobutadiene (HCBD) (0.6, 0.02V)

Tetracyanoquinodimethane (TCNQ) 1.7eV (0.13, −0.29V)

Dimethyl-TCNQ

Tetracyanonaphtoquinodimethane (TNAP) (0.21, −0.17V)

Trinitrofluorenylidenmalononitrile (1.13eV)

Dimethyldicyanoquinonediimine (DMDCNQI) (0.21, −0.38V)

図 Ⅲ.6.30 主なアクセプターの電子親和力(eV)と還元電位(V，括弧内)
(Herbstein, F. H.: *Perspect. Struct. Chem.*, **4** (1971), 166)

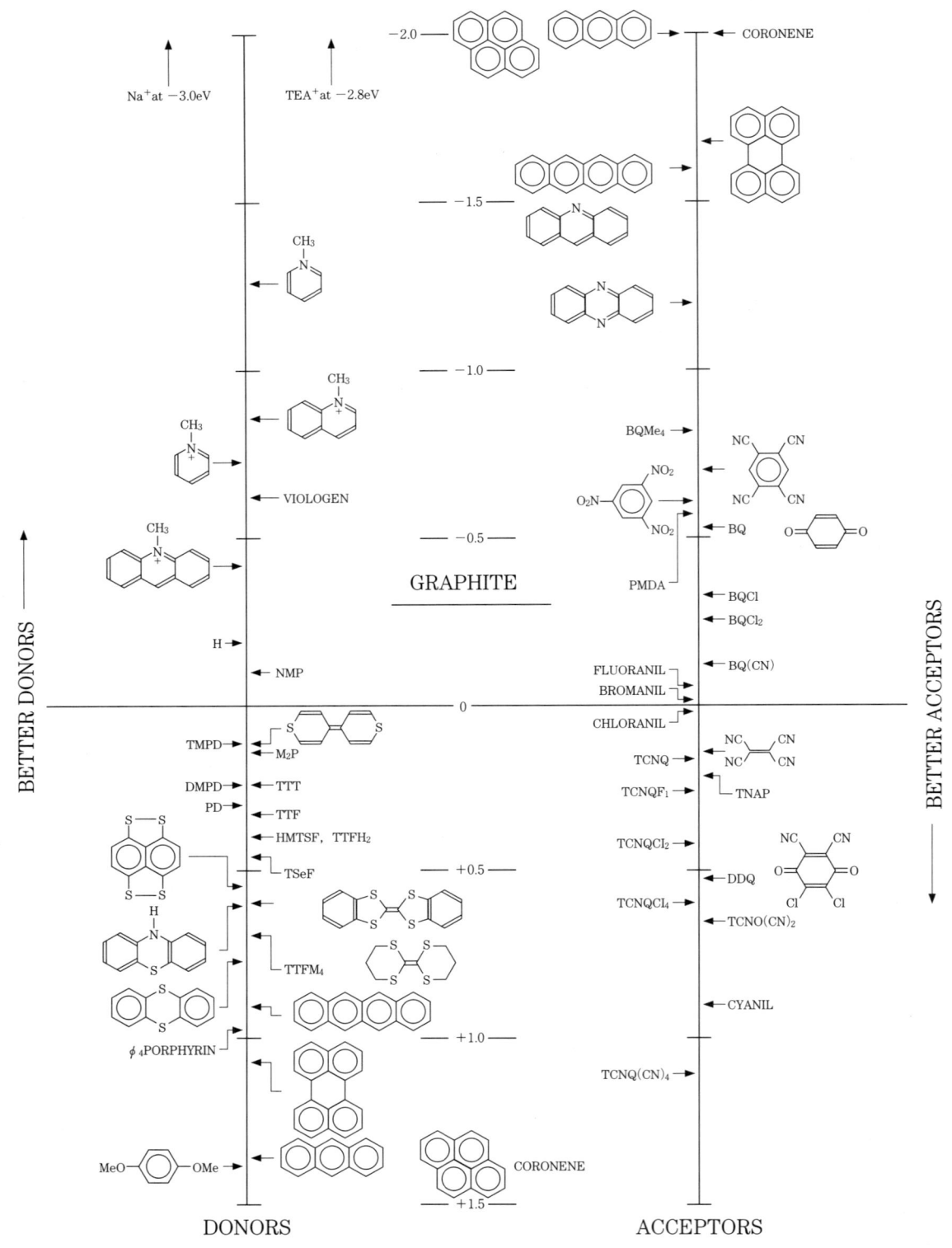

図 III.6.31 主なドナー・アクセプターの酸化還元電位
(Torrance, J. E.: *MCLC*, **126** (1985), 55)

6.2 電荷移動錯体

つの π 電子をもっており（炭素上に 1 個, 硫黄上に各 2 個と数える），ヒュッケル則を満たす安定な 6π よりも 1 個多いため余分な一電子を放出して 1+ のカチオン（ジチオリウムイオン）になりやすい．TTF では，ジチオール環が二つあるので，2 電子まで放出して TTF^{2+} にまで容易に酸化される．このように分子構造の末端に酸化状態で 6π 系を生成する酸化還元系を，Hünig は Weitz 型酸化還元系と呼んでいる[14]．これに対し，TCNQ などのように分子の中側に還元状態で 6π 系を生成する系は Wurster 型酸化還元系と呼ばれる．いずれにしても，酸化還元を受けると芳香族性が現れるような構造をもつことによって容易に酸化還元が起こり，固体内での電子の移動に伴って芳香族性も動き回るような系であることが，Organic Metal を形成する上での必要条件であると考えられている[19]．

6.2.3 TCNQ 錯体

TCNQ はアルカリ金属や Cu, Ag などの 1 価の金属と 1 : 1 の錯体をつくる（表Ⅲ.6.13）[9]．これらでは TCNQ は 1− に完全にイオン化しているため電気伝導率はあまり高くなく，$10^{-2} \sim 10^{-5}\,\mathrm{S\,cm^{-1}}$ 程度である．結晶構造は基本的には類似していて，図Ⅲ.6.36 のように正方晶からひずんだような構造である．TCNQ はカラムをつくっており，カラムの間に入った金属原子のまわりに CN の窒素が配位している（Na の場合は 6

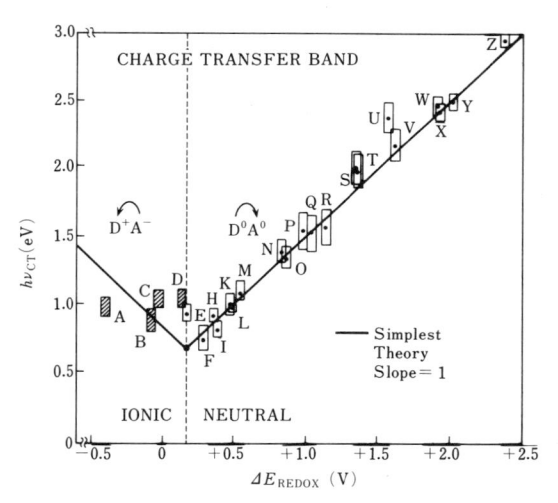

図 Ⅲ.6.32　電荷移動吸収 $h\nu$ とドナー・アクセプターの酸化還元電位の差 $\Delta E_{\mathrm{REDOX}}$ との相関
(Torrance, J. E. et al.: *PRL*, **46** (1981), 253)

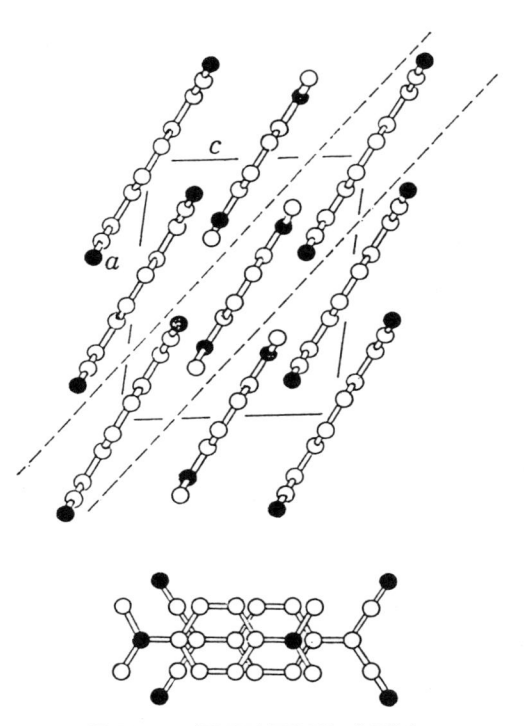

図 Ⅲ.6.34　(TMPD)(TCNQ) の結晶構造
(Hanson, A. W.: *Acta Cryst.*, **19** (1965), 610)

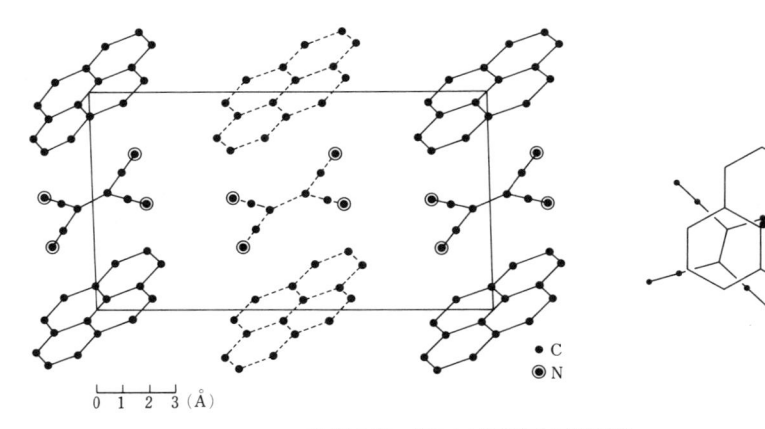

図 Ⅲ.6.33　(ピレン)(TCNE) の結晶構造
(Ikemoto, I., Kuroda, H.: *Acta Cryst.*, **B 24** (1968), 383)

表 III.6.12 TTF，BEDT-TTF，TCNQ の結合距離の電荷移動量 ρ による変化

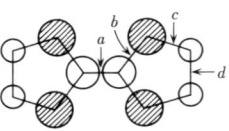

TTF　　　　　　　　　　　　　　　HOMO

ρ	錯体	a	b	c	d
0	TTF	1.349	1.757	1.726	1.314
0.55	(TTF)(TCNQ)	1.372	1.745	1.739	1.326
0.71	(TTF)I$_{0.71}$	1.350	1.732	1.721	1.336
1	(TTF)ClO$_4$	1.404	1.713	1.725	1.306

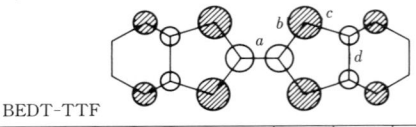

BEDT-TTF　　　　　　　　　　　　HOMO

ρ	錯体	a	b	c	d
0	BEDT-TTF	1.31	1.757	1.754	1.332
1/2	α-(BEDT-TTF)$_2$PF$_6$	1.365	1.740	1.750	1.345
2/3	(BEDT-TTF)$_3$(ClO$_4$)$_2$	1.366	1.731	1.743	1.345
1	(BEDT-TTF)ReO$_4$(THF)$_{0.5}$	1.38	1.72	1.73	1.37

TCNQ　　　　　　　　　　　　　　LUMO

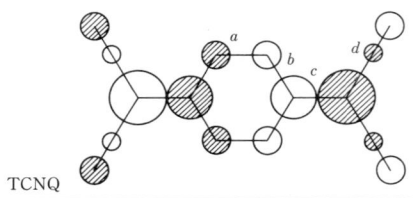

ρ	錯体	a	b	c	d
0	TCNQ	1.344	1.446	1.371	1.434
0.5	(TMPD)(TCNQ)$_2$ など	1.354	1.434	1.396	1.428
0.55	(TTF)(TCNQ)	1.356	1.433	1.402	1.423
1	K(TCNQ)など	1.356	1.425	1.401	1.417

mmm 対称をもつように 1～4 本の結合について平均をとったもの．TCNQ についてはさらにいくつかの錯体について平均をとったもの．
Legros, J.-P. et al.: *MCLC*, **100** (1983), 181.
Kobayashi, H. et al.: *MCLC*, **107** (1984), 33.
Herbstein, F. H.: *Perspect. Struct. Chem.*, **4** (1971), 355.

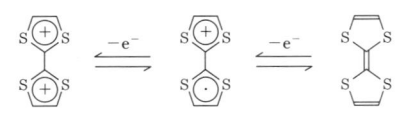

図 III.6.35 Weitz 型および Wurster 型レドックス系における酸化と還元
(a) Weitz 型ドナー（TTF）
(b) Wurster 型アクセプター（TCNQ）

表 III.6.13 TCNQ 錯体の電気伝導率

錯体	σ_{rt} (S cm^{-1})*	構造の文献
Na(TCNQ)	1×10^{-3}	1)
K(TCNQ)	2×10^{-4}	2)
Rb(TCNQ)	1×10^{-2}	3)
Cs(TCNQ)	2×10^{-3}	
Cs$_2$(TCNQ)$_3$	2×10^{-3}	4)
Cu(TCNQ)	1×10^{-2}	5)
Ag(TCNQ)	2×10^{-5}	5)
(C$_2$H$_5$)$_4$N(TCNQ)$_2$	1	6)
(Quinolinium)(TCNQ)$_2$	100	7)
(Acridinium)(TCNQ)$_2$	70	
(NMP)(TCNQ)	170	8)

* 単結晶についてカラム方向の室温電気伝導率．
(Sakai, N. et al.: *BCSJ*, **45** (1972), 3314)

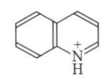

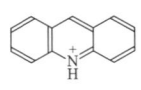

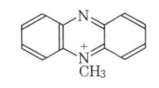

Quinolinium　　Acridinium　　N-methylpenazinium (NMP)

1) Konno, M., Saito, Y.: *Acta Crys.*, **B30** (1974), 1294
2) Konno, M. et al.: *Acta Crys.*, **B33** (1977), 763
3) Hoekstra, A. et al.: *Acta Crys.*, **B28** (1972), 14
4) Firtchie, C. J., Arthur, P.: *Acta Crys.*, **21** (1966), 139
5) Shield, L.: *JCS. Faraday* II, **81** (1985), 1
6) Kobayashi, H. et al.: *Acta Crys.*, **B26** (1970), 459
7) Kobayashi, H. et al.: *Acta Crys.*, **B27** (1971), 373
8) Fritchie, C. J.: *Acta Crys.*, **20** (1966), 892

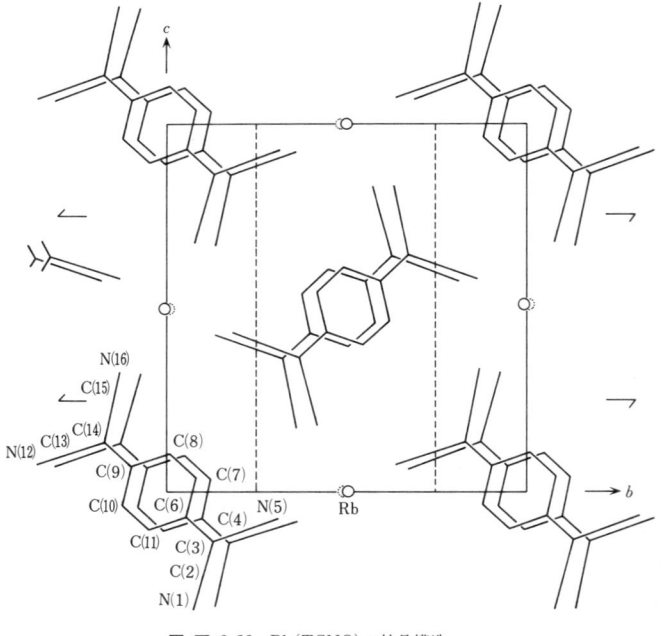

図 III.6.36 Rb(TCNQ) の結晶構造
(Hoekska, A. et al.: *Acta Crys.*, B **28** (1972), 14)

配位，K，Rb，Cs は 8 配位，Cu，Ag は 4 配位）．Cs の場合には Cs$_2$(TCNQ)$_3$ という錯体もできるが，TCNQ は 3 倍周期のカラムをつくり A$^-$A^{0}A$^-$ という

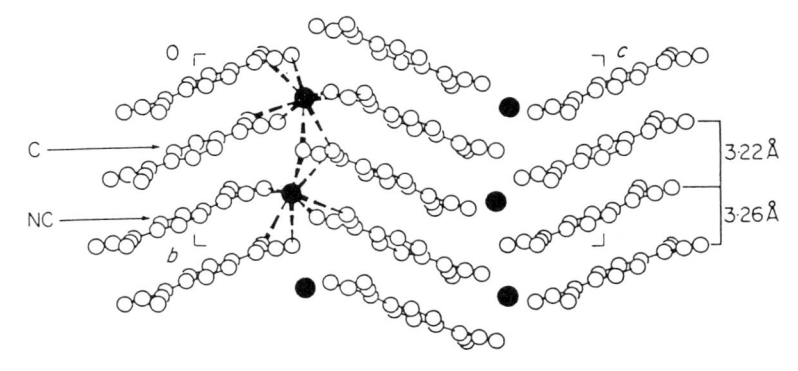

図 III.6.37 Cs$_2$(TCNQ)$_3$の結晶構造
(Fritchie, C. J.: *Acta Crys.*, **21** (1966), 139)

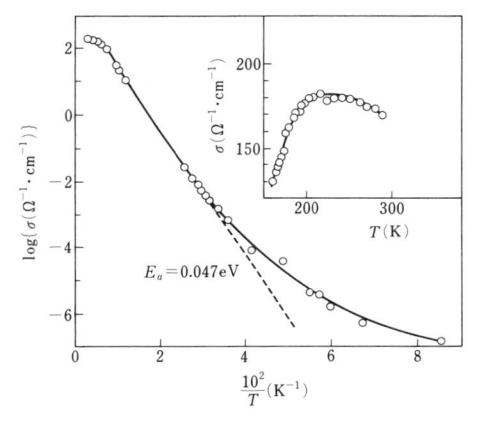

図 III.6.38 (NMP)(TCNQ)の電気伝導率[20]

ように電荷分離を起こしているため電気伝導性は $2\times 10^{-3}\mathrm{S\,cm^{-1}}$ とあまり高くない(図III.6.37). このほかアルカリ土類金属や2価の遷移金属 M^{2+} とは M(TCNQ)$_2$ という組成の錯体ができるが, いずれの場合も TCNQ は 1− に完全にイオン化している[9].

アンモニウム塩やピリジニウム系のカチオンとは普通 1:2 の錯体をつくり, これらは比較的高伝導性である. 特に Quinolinium, Acridinium (表III.6.13参照) との錯体は室温で $100\,\mathrm{S\,cm^{-1}}$ 程度の導電率を示し, それぞれ 250 K, 150 K 付近まで金属的な導電率の温度依存性がみられる[20]. 磁化率は 100 K 以下の温度までほぼ平坦であり, 熱起電力は $-60\,\mu\mathrm{V/K}$ 程度の一定値では

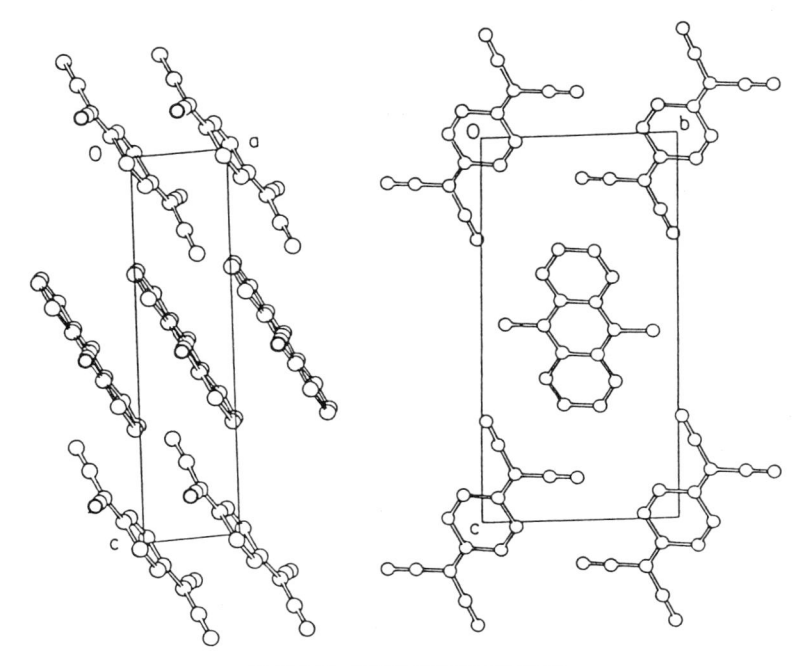

図 III.6.39 (NMP)(TCNQ)の結晶構造
(Fritchie, C. J.: *Acta Crys.*, **20** (1966), 892)

図 III.6.40 (TTF)(TCNQ)の結晶構造[22]

とんど温度変化しない(これはハバードモデルの U が大きい極限として解釈されている)[21]. これらの錯体では, カチオンと TCNQ とがそれぞれ分離積層型のカラムを形成している.

(NMP)(TCNQ)は 1:1 の錯体であるが, 室温で 170 S cm^{-1} と非常に高伝導であり, 200 K 付近まで金属的温度依存性を示す(図III.6.38). 図III.6.39 のように分離積層型の結晶構造をもつが, NMP のメチルには乱れがある. 室温で 3 倍周期の, 70 K 以下で 6 倍周期の散漫散乱が現れることなどから電荷移動量は $\rho=2/3$ と考えられている.

6.2.4 (TTF)(TCNQ)

(TTF)(TCNQ)は, アセトニトリル中の拡散法によって短冊状の結晶として得られる. 結晶構造は図III.6.40 のような典型的な分離積層型の構造であり, TTF と TCNQ がそれぞれ独立に b 軸方向に一次元カラムを形成している[22]. バンド構造は, TTF と TCNQ とがそれぞれバンド幅 0.4〜0.5 eV, 0.5〜0.7 eV の一次元バンドを形成していると考えられる[23].

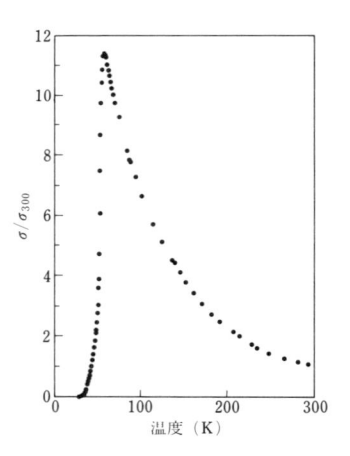

図 III.6.41 (TTF)(TCNQ)の電気伝導率
(Ishiguro, T. et al.: JPSJ, 41 (1976), 351)

電気伝導率は室温で 500 S cm^{-1} 程度で, 58 K の極大ではその 10 倍以上となり, 53 K で金属・半導体転移を起こす(図III.6.41). Coleman らは 58 K の極大が室温の 500 倍以上に達するデータが 70 個の試料のうち 3 個から得られたことから, 高温超伝導のゆらぎが見

えているという議論をして非常に大きな注目を集めた[11]．後にこのようなデータは，測定上の問題で生ずるというコンセンサスが得られるに至って，通常の超伝導の可能性は否定されたが[24]，金属相での電気伝導率の大きな温度依存性には，電荷密度波の集団運動が関与しているという説は肯定的に受け止められている．通常の金属では電気抵抗はフォノンによる電子の散乱によって支配され $\rho \propto T$ に従うが，(TTF)(TCNQ) の 58 K 以上の電気抵抗は $\rho \propto T^2$ に従う大きな温度依存性を示す．このような T^2 の依存性は無機物の場合にもときどきみられ，① 電子・電子散乱，② 特殊なフォノンによる散乱，などによっても説明されているが，(TTF)(TCNQ) の場合，高圧下でのカラム方向の導電率が図III.6.42のように 19 kbar 付近でディップをもつことと，15 kbar 付近で電荷密度波の周期が $2k_F = (1/3)b^*$ と整合になることを考え合わせると，電荷密度波の運動が伝導に寄与していると考えるのが妥当であろう．このことは，直流伝導度の値が光学伝導度の値よりもかなり大きいことからも支持される[25]．半導体相では非線形伝導が観測されているが[26]，これは電荷密度波のピン止めがはずれて集団運動をするために起こると考えられている．

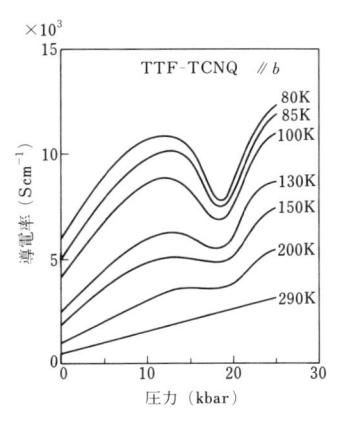

図 III.6.42 (TTF)(TCNQ)の電気伝導率の圧力依存性
(Andrieux, A. et al.: PRL, 43 (1979), 227)

(TTF)(TCNQ) の電気抵抗は $\rho_b : \rho_c^* : \rho_a = 1 : 160 : 500$ という大きな一次元的異方性をもつことが報告されている[27]．光学反射率の測定にも，$//b$ 偏光のみにドゥルーデ的な分散がみられる（図III.6.43）[28]．熱起電力は負で，T に比例する金属的挙動を示す[29]．このことから TTF 上のホールよりも TCNQ 上の電子の方がより伝導に寄与していることが示唆されるが，これは TCNQ の方がバンド幅が広いことと一致する．帯磁率は，図III.6.44のように半導体相では指数関数的にゼロにむかい，典型的なパイエルス転移をした後の挙動をするが，金属相でもパウリ常磁性的な一定値とならずかなり温度変化している[29]．これは電荷密度波のゆらぎが状態密度を下げていると考えると説明できる．また室温での絶対値は，バンド幅から予想される値の数倍大きいが，これはクーロン相互作用による効果であると考えられる．

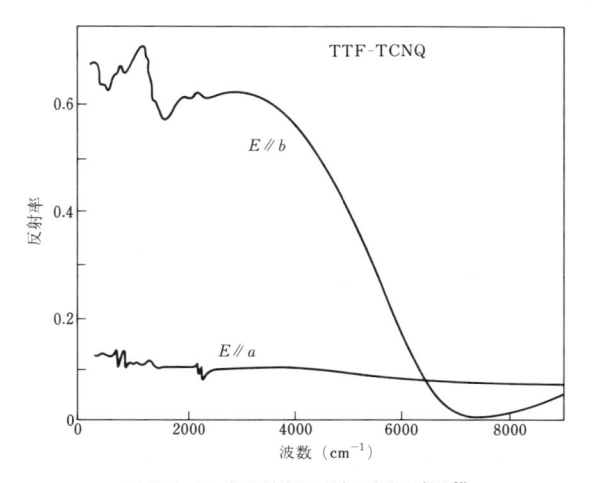

図 III.6.43 (TTF)(TCNQ)の光学反射率[28]

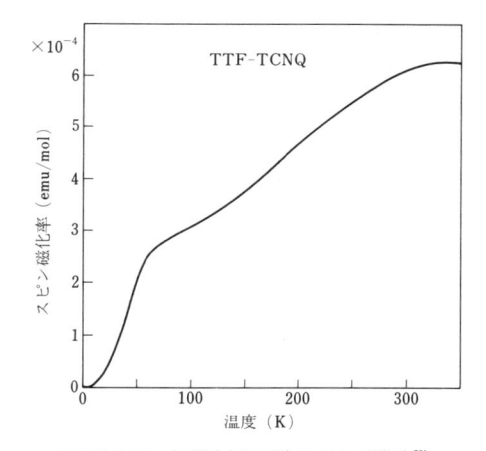

図 III.6.44 (TTF)(TCNQ)のスピン磁化率[29]

(TTF)(TCNQ) の電荷密度波の挙動は，TTF と TCNQ という 2 種類の鎖があるためにかなり複雑である[30]．室温では主に TTF 上の $4k_F$ 電荷密度波による $0.55b^*$ のシート状散漫散乱が観測されるが，これは電荷移動量が 0.55 であることに対応している．この値は温度を下げると次第に大きくなり，150 K では 0.59 に達するが，この温度以下で今度は TCNQ 鎖上の $2k_F = 0.295b^*$ 電荷密度波によるシート状散漫散乱が現れる．53 K で TCNQ 上の $2k_F$ 電荷密度波は $(0.5a^*, 0.295b^*, 0)$ の三次元秩序をもって凍結する

が，これが金属・半導体転移の原因となっている．さらに，49KでTTF上の$4k_F$波が三次元秩序をもつが，これと同時に$2k_F$波，$4k_F$波ともa軸方向の周期が次第に変化して，38Kに至って$2k_F=(0.25a^*, 0.295b^*, 0)$，$4k_F=(0.50a^*, 0.59b^*, 0)$となって一定となる．$a$軸方向の周期の変化は，2種類の鎖上の電荷密度波間に働くクーロン相互作用が最も安定な位置におちつくように位相を調整するために起こる．TTF鎖上に$2k_F$ではなく$4k_F$の電荷密度波が立つ原因は，バンド幅がより狭いためクーロン相互作用が重要になっているためと考えられる．

(TTF)(TCNQ)以後，1970年代の後半にかけて類縁化合物でパイエルス転移温度を下げる試みが数多く行われた．TTFの硫黄をセレンに代えた(TSF)(TCNQ)は同形の構造をとるが，パイエルス転移の温度は29Kに下がっている[31]．硫黄をセレンに代えたことによって，TSFのバンド幅はTCNQよりもむしろ広くなっており，このため$4k_F$の波は立たずに$2k_F$波のみが立つ．(HMTSF)(TCNQ)(図Ⅲ.6.29参照)は24Kで$2k_F$波によるパイエルス転移をするが，高圧下ではこの転移はおさえられて低温まで金属的になる[32]．また(TMTSF)(DMDCNQI)の42Kのパイエルス転移も10kbar以上の圧力では完全におさえられて低温まで金属的となる[33]．

6.2.5 TTF系ラジカルカチオン塩

TTFはハロゲンとの間に(TTF)X_x(X=Cl, Br, I, SCN, SeCN, $x=0.58〜0.76$, とりうるxの範囲はアニオンによって若干違いがある)といった組成の塩をつくる[34]．これらは図Ⅲ.6.45のような正方晶のひずんだタイプの構造をもっている．TTFは紙面に垂直方向に一次元カラムを形成しており，ハロゲンはこのカラムの間に入ってxの不定比性に対応する長周期をもって分布している[35]．室温での導電率は500S cm^{-1}程度あり200K前後まではほぼ平坦でそれ以下で半導体的伝導性を示すが，しばしば抵抗の飛びがみられ，ヒステリシスを示す[26]．

このほか(TTF)X_2(X=Cl, Br)といった1:2塩，(TTF)X(X=Cl, Br, ClO$_4$, 二量体構造をもつ)といった1:1塩も報告されているが，いずれも伝導性は低い[34]．(TTF)$_3$(BF$_4$)$_2$は$D^+D^+D^0$と電荷分離したカラムをもち，やはり伝導性は低い[37]．

(TMTTF)$_2$Xは超伝導を示す(TMTSF)$_2$X(6.4節参照)と同形の構造をもつにもかかわらず比較的高い温度でアニオンの秩序化などに伴って金属・半導体転移を起こす．

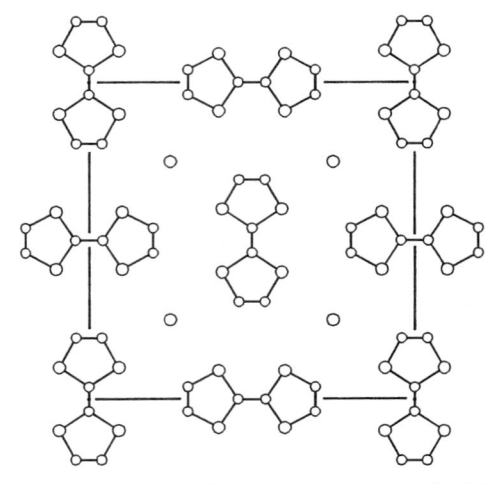

図Ⅲ.6.45 (TTF)X_x(X=ハロゲン，$x≃0.58〜0.76$)の結晶構造

TMTSF，BEDT-TTFの錯体で超伝導が実現されて以来(6.4節参照)，非常に多数のTTF系ドナーが合成され，その錯体の電気伝導性が調べられてきた．まずBEDT-TTFの末端のエチレン-(CH$_2$)$_2$-をトリメチレン-(CH$_2$)$_3$-に変えてスタック方向の立体障害をさらに大きくすることが試みられたが，こうして合成されたBPDT-TTF(図Ⅲ.6.29参照)の錯体はいずれも半導体的で低い電気伝導性しか示さず，しかもいずれも一次元性の強いものであった[39]．この原因は，(1)トリメチレンの立体障害が大きすぎるため，ドナーはこれを避けてかえって一次元的にスタックする構造しかとりえないこと，(2)ドナーの内側が五員環，外側が七員環とサイズが異なるためドナーの横幅が不揃いで，スタック間のS-S接触にとって不利になること，(3)外側のSへのHOMOの広がりが少なくなってスタック間の重なり積分が小さくなること，といった要因によって説明されている．

逆にメチレンを1個にしたBMDT-TTFは上の逆の理由からカラム間の相互作用の大きい二次元的な錯体をつくる．特に(BMDT-TTF)$_2$Au(CN)$_2$はほぼ理想的に二次元のκ形構造をもっている(図Ⅲ.6.80(e)参照)[40]．BEDT-TTFの場合はκ形の塩はほとんどすべて超伝導となるが，この物質では超伝導はみつかっていない．この物質は30Kで金属・半導体転移を起こすが，高圧でこの転移を完全におさえても超伝導にはならない．通常のBEDT-TTFのκ塩では二量体内で五員環が互いにずれて重なり合っているが，BMDT-TTFの場合は真上に重なっている，という構造上の違いが指摘されている．このほか，いくつかの金属的

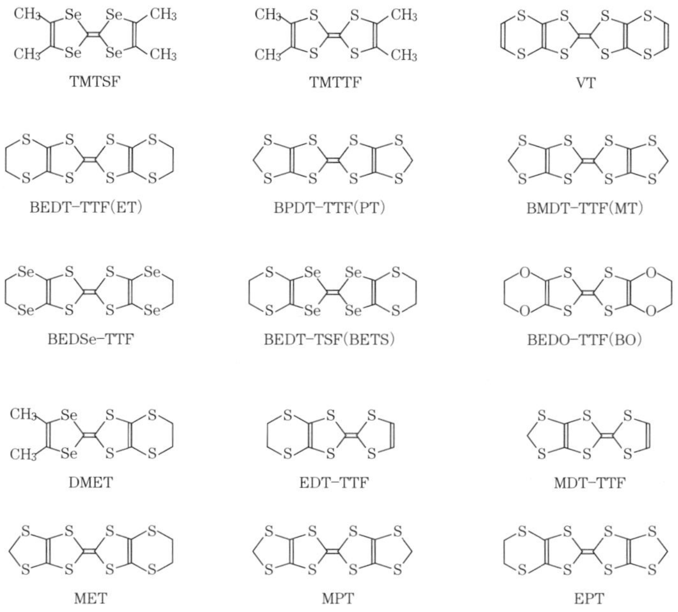

6.2 電荷移動錯体

図 III.6.46 主な TTF 系ドナーの分子構造

なBMDT-TTF錯体が知られているが，超伝導はみつかっていない[41]．

BEDT-TTFの外側のエチレン基を二重結合としたVT（図III.6.46参照）では外側の六員環が8π系となるため非平面となり，BPDT-TTFと同じように一次元カラムをつくってしまうため伝導性の高い錯体は得られていない[42]．

BEDT-TTFの外側のSをSeにかえたBEDSe-TTFは上のBPDT-TTFと同様外側の六員環が大きくなってしまうため，電気伝導性の高い錯体は得られない[43]．逆に内側のSのみSeにかえたBEDT-TSFは二次元性の強い構造になりやすく，多くの塩が低温まで金属的である[44]．

BEDT-TTFの外側のSをOにかえたBEDO-TTF(BO)の錯体はいずれも低温まで金属的である．BO錯体はClO_4形（6.4.3項の図III.6.80(b)参照）の配列を非常にとりやすい[45]．このような性質は外側の六員環が小さくなったというより，酸素原子と隣りのBO分子との水素結合によって説明されている．いくつかのBO錯体では超伝導性も見出されている（6.4節）．

TMTSFとBEDT-TTFの半分ずつをつなげたDMETの錯体が超伝導性を示すことから，左半分と右半分に異なった構造をもつ数々の非対称TTFが合成された．BEDT-TTF，BPDT-TTF，BMDT-TTFを半分ずつ組み合わせたMET，MPT，EPTがつくられ

たが，これらの錯体ではTTFの左右が乱れて入っており，あまり伝導性の高いものはみつかっていない[46,47]．これに対しBEDT-TTFとTTFとの非対称のEDT-TTFではTTFの左右の乱れはなく，構造的にはTMTSFと同程度に一次元的なカラム構造をとり，数十Kで金属・半導体転移を起こすものが多い[48]．BMDT-TTFとTTFとの非対称のMDT-TTFはBEDT-TTFに似た二次元的配列をとる．$(MDT-TTF)_2AuI_2$はκ形構造をとり超伝導性を示し，$(MDT-TTF)_2Au(CN)_2$はθ形となり20KでSDW転移を起こす[49]．

6.2.6 その他のドナーの錯体

TST（図III.6.28参照）はハロゲン X=Cl, Br, Iとの間に非常に高導電性の錯体$(TST)_2X$をつくる[50]．これらは図III.6.47のようにTSTがc軸方向にスタックした正方晶系の構造をもち（I塩のみはややひずんで斜方晶系）ハロゲンはこのスタックの間に入っている．室温の導電率は$2000\,S\,cm^{-1}$程度と非常に高く，Cl, Br塩は26Kまで金属的でここで金属・半導体転移を起こすが，抵抗は室温と同じ値程度にしか上がらない[50]．転移点以下で磁化率は減少するがゼロにはならず，転移点以上のパウリ磁化率の半分くらいの一定値になる．このことは転移点以下でもフェルミ面が残っていることを示唆しており，不完全なネスティングによって半金属的なフェルミ面が残るのか，あるいは2種類

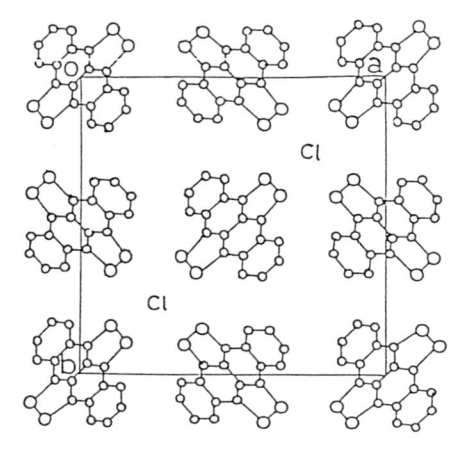

図Ⅲ.6.47 (TST)$_2$Cl の結晶構造[50]

以上のフェルミ面が存在して，その一部のみがネストするためと考えられる．またI塩については，40～70K付近でなだらかな金属・半導体転移を起こす．これらの物質は低温まで金属的な有機物がまれであった1970年代後半に非常な注目を集めた．また(TST)(BTDA-TCNQ)(図Ⅲ.6.48参照)は分離カラム構造をもち，低温まで金属的な伝導性を示す[52]．

BTDA-TCNQ
(−0.02V)

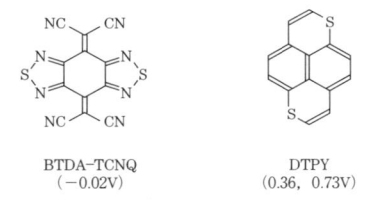

DTPY
(0.36, 0.73V)

図Ⅲ.6.48 BTDA-TCNQ, DTPY の分子構造と酸化還元電位(vs. SCE)

(TTT)$_2$I$_3$ は図Ⅲ.6.49のようにこれらとは異なった斜方晶系の結晶構造をとるが，やはりTTTが一次元的にスタックしており，その間にIが入っている．室温の導電率は1000 S cm^{-1} 程度と高く，100K程度で抵抗極小をつくって金属・半導体転移を起こす．ただし(TTT)I$_x$において$x=1.5$～1.55程度のIの不定比性があり，I含有量が多いと抵抗極小の温度は35K程度まで下がる[53]．転移点以下で磁化率は指数関数的に減少する．

芳香族炭化水素のラジカルカチオン塩としては，歴史的に重要なペリレンのハロゲン錯体[8]は不安定かつ不定比なため(ヨウ素について(ペリレン)I$_{2.92}$という組成が報告されている[54])詳しい構造などは知られていない．しかしながらPF$_6$, AsF$_6$, SbF$_6$ などの塩は比較的安定で[55], 2:1の組成の針状の単結晶が得られ

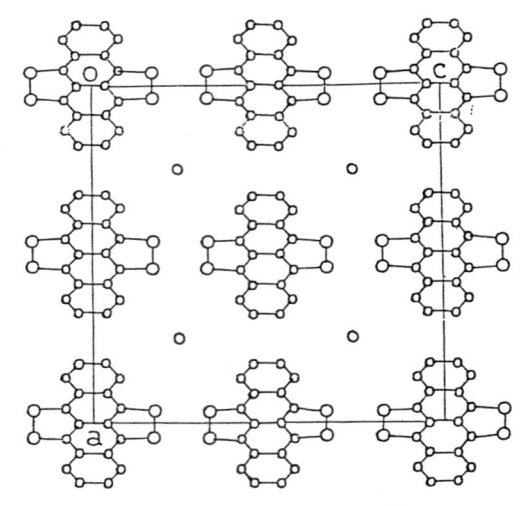

図Ⅲ.6.49 (TTT)$_2$I$_3$ の結晶構造[50]

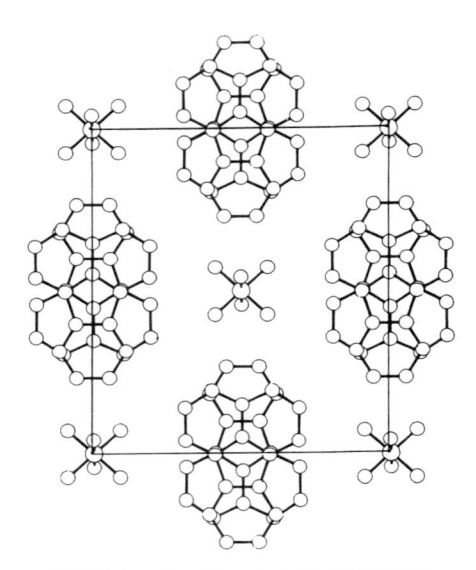

図Ⅲ.6.50 (フルオランテン)$_2$PF$_6$ の結晶構造[55]

る．これらの塩ではドナーがスタックして一次元的カラムをつくっており，アニオンがカラム間に入っている(図Ⅲ.6.50)[56]．特にペリレン，フルオランテンなどの塩はかなり高伝導性で，たとえば(フルオランテン)$_2$PF$_6$ は室温で100 S cm^{-1} という導電率を示し，180K付近までほぼ平坦でここで金属・半導体転移を起こす[57]．

ピレン骨格に硫黄を導入した1,6-dithiapyrene (DTPY)(図Ⅲ.6.48参照)では7π系の導入によってTTFと同程度までドナー性が向上している．特に(DTPY)(TCNQ)は分離カラム構造をとり，ヘリウム温度まで金属的な伝導性を示す[58]．

6.2 電荷移動錯体

表 III.6.14 金属錯体系アクセプター(ドナー)の酸化還元電位*[61]

構造	名称	金属	$n=0/0-$	$n=1-/2-$
[NC,S,S,CN / NC,S,M,S,CN]$^{n-}$	$[M(mnt)_2]^{n-}$ mnt=malononitriledithiolate	M=Ni Pd Pt	+1.05 V +1.00 +0.85	+0.26 V +0.47 +0.24
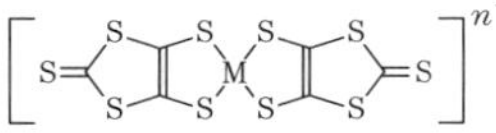 [S,S,S,S,S / S,S,M,S,S,S]$^{n-}$	$[M(dmit)_2]^{n-}$ dmit=isotrithionedithiolate	M=Ni Pd Pt		−0.19 −0.09 −0.27
[S,S,S,S / S,S,M,S,S]$^{n-}$	$[M(dddt)_2]^{n-}$ dddt=5,6-dihydro-1,3-dithiin-2,3-dithiolate	M=Ni Pd Pd	+0.01 +0.21 +0.02	−0.81 −0.42 −0.59

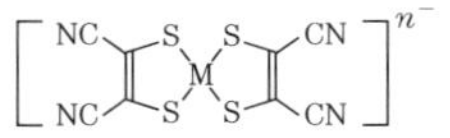

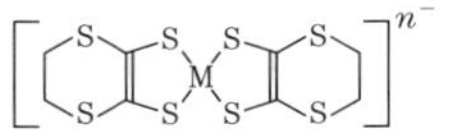

* DMF 中 vs. Ag/AgCl.

6.2.7 金属錯体

KCP と呼ばれる $K_2Pt(CN)_4Br_{0.3}\cdot 3H_2O$ といった組成をもった金属錯体は Pt が一次元的につながった鎖状構造をもち,1960 年代以降一次元金属の代表的物質の一つとして多くの研究がなされてきた[30,59]. KCP の電気伝導率は室温で 300 S cm^{-1} 程度で弱い金属的挙動を示し,250 K 以下でパイエルスひずみのために半導体的になる.KCP の CN の代わりにシュウ酸を配位子とする $Rb_{1.67}[Pt(C_2O_4)_2]1.5H_2O$ などの物質も似たような挙動を示すが[60],さらに配位子を表III.6.14のようなジチオレートに代えた錯体では金属・金属結合による金属の一次元鎖は存在せず,むしろ一つひとつの錯体が独立した分子として TTF などと同じようにスタックした結晶構造をもつ電気伝導体をつくるので,分子性導体と呼んで広い意味で有機電荷移動錯体に準ずるものとして扱われることが多い[62].

これらのジチオレート錯体は,表III.6.14に示したように何段階かの酸化還元を受ける.これは中心金属の形成酸化数が $4+\rightleftarrows 3+\rightleftarrows 2+$ と変わることに対応しているが,実際に酸化還元を受けるのは中心金属よりもむしろ配位子の方であると考えられている.中心金属が Ni, Pd, Pt, Au の場合には平面四配位となり,分子全体として平面分子となる.このほかの金属の場合は,一般に四面体配位(あるいは 3 分子の配位子がついて八面体配位)となり,分子全体は平面分子にはならず,電気伝導性の化合物は得られていない[63].

表III.6.14 の酸化還元電位からわかるように [M(mnt)$_2$] は良いアクセプターであり,アルカリ金属,アンモニウム,TTF などと 1:1 あるいは 2:1 の電荷移動錯体をつくる[62].これらは通常室温導電率 10^{-4} S cm^{-1} 程度の半導体であるが,(ペリレン)$_2$[Pt(mnt)$_2$]は室温導電率 280 S cm^{-1} 程度で 10〜20 K まで金属的であり,そこで金属・半導体転移を起こす[64].

[M(dmit)$_2$] もアクセプターとして働いてアルキルアンモニウム,TTF などと 1:2 の錯体をつくる.これらのいくつかは超伝導性を示すことが知られている(6.4 節参照).

[M(dddt)$_2$] は BEDT-TTF の中央の C=C を金属で置きかえたものと見ることができる.この分子はアクセプターとしては弱いが(表III.6.14),むしろドナーとして働いて ClO_4, BF_4 などのアニオンと錯体をつくる[65].これらの中には室温で数十 S cm^{-1} 程度の金属的な伝導性を示すものもある.

6.2.8 DCNQI 錯体

図III.6.51のような分子構造をもつ DCNQI (N,N'-dicyanoquinonediimine) は金属と M(DCNQI)$_2$ といった 1:2 の塩をつくるが,これらはアニオンラジカル塩として高い電気伝導性を示すばかりでなく,シアノ基の N が金属に配位していることが原因でいくつかの奇妙な性質を示すことが知られている[66]. 図III.6.52に DMDCNQI の銅錯体の結晶構造を示す.DCNQI は紙面に垂直方向にスタックして一次元的カラムをつくっている.銅原子はカラム間の空間に入っているが,周囲の DCNQI のシアノの N がひずんだ四面体状に配位している.金属原子としては Cu の他に Ag やアルカリ金属が入るが,Cu, Ag, Li が四配位であるのに対し,Na は六配位,K,NH$_4$ では八配位となり,結晶の空間群も若干変化するが,基本的な構造のコンセプトは同じである.

銅以外の金属の錯体はいずれも典型的な一次元伝導体で,室温の電気伝導率 100〜300 S cm^{-1} で 100 K 付近

	R_1	R_2
DMDCNQI	CH_3	CH_3
DMODCNQI	CH_3O	CH_3O
MeBrDCNQI	CH_3	Br
DBrDCNQI	Br	Br
MeClDCNQI	CH_3	Cl
DClDCNQI	Cl	Cl
MeIDCNQI	CH_3	I

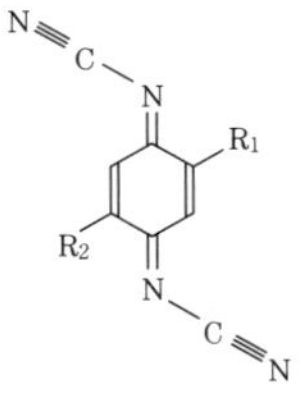

図 III.6.51 DCNQI の分子構造

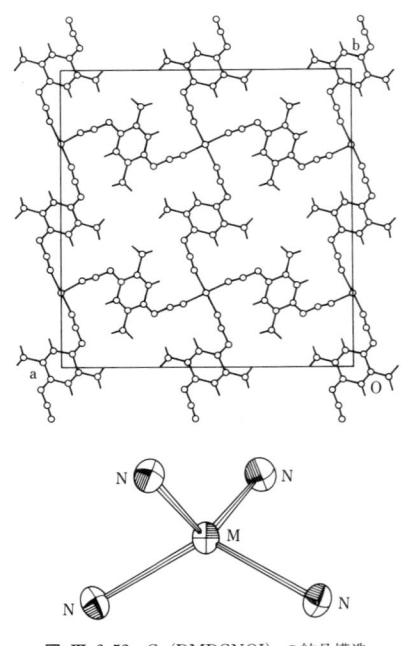

図 III.6.52 Cu(DMDCNQI)₂の結晶構造

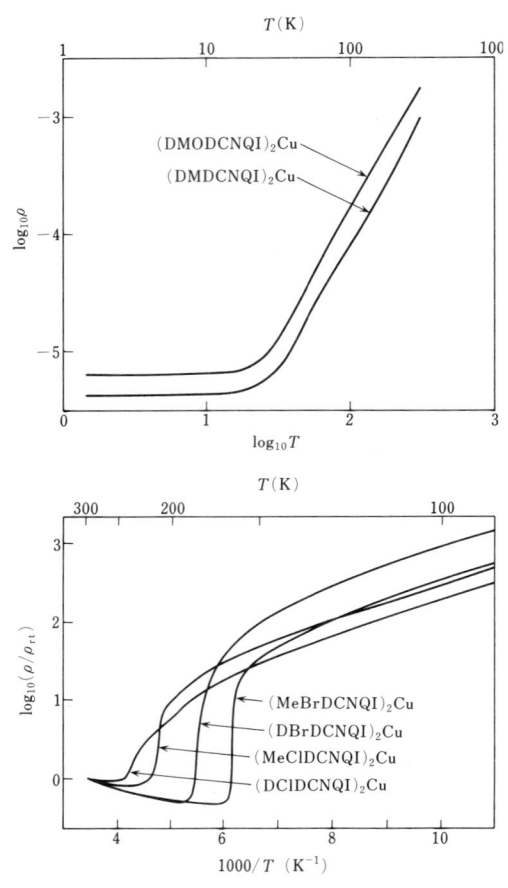

図 III.6.53 DCNQI銅錯体の電気抵抗

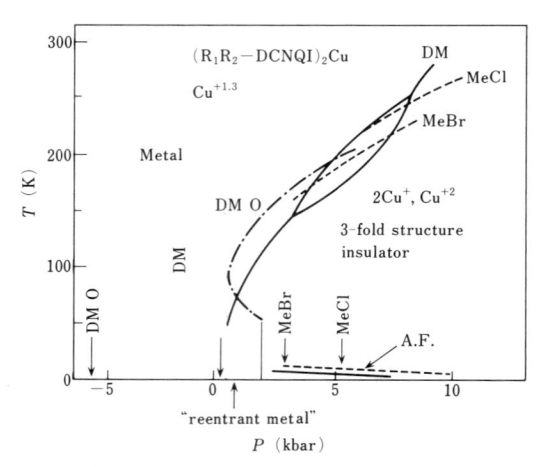

図 III.6.54 DCNQI銅錯体の相図

で電荷密度波が立って金属・半導体転移する．これに対し銅の錯体の性質は置換基によって大きく変化し，置換基としてメチルやメトキシを含むものは室温で$1000～2000\,\mathrm{S\,cm^{-1}}$という非常に高い導電率を示し低温まで金属的であるのに対し，置換基にBrやClを含むものは160～235Kといった比較的高温で金属・半導体転移を起こす(図III.6.53)．低温まで金属的なものでも圧力を加えると同様の金属・半導体転移が起こるようになる．したがって置換基をかえることは化学的に圧力を加えることに相当しており，これらの物質の温度・圧力相図を図III.6.54のように横軸をずらすことによって重ね合わせることができる．特にDMDCNQIは金属・半導体の境界近くにあり，常圧では低温まで金属であるが100bar程度のわずかな圧力で半導体相が現れる．しかも最初に半導体相が現れるところにはリエントラントな領域があり，高温から試料を冷やしていくと金属からいったん半導体になり，さらに低温で再び金属にもどる．圧力のかわりに，(1) DMDCNQIに5％ほどMeBrDCNQIを混ぜる，(2) DMDCNQIの水素を部分的に重水素化する[67]，といった方法によってもリエントラント領域をつくることができる．

半導体相では電荷密度波による格子変調が現れるが，その周期が3倍周期であることからDCNQIは1/2−ではなく2/3−となっており，Cuは平均して4/3+となっていることが示唆される．XPSによればすでに金属相において銅は1+と2+がほぼ2：1に混じった混合原子価状態になっており，平均して4/3+となっている．これは銅の3dバンドの上端がフェル

ミレベルにかかってきたためで，このため銅の軌道が DCNQI の伝導バンドに混じってきてカラム間の相互作用を媒介するため一次元性が弱められ，いくつかの銅錯体は低温まで金属的となる．実際このような銅錯体の反射スペクトルでは，横方向にもある程度の分散が見られる．これに対して銅以外の金属はフェルミエネルギー付近に金属のエネルギーレベルをもたないため，単純な一次元金属となる．一方 Cu^{2+} はヤーン-テラー効果を起こしやすいイオンのため電子・格子相互作用が大きくなり，Br，Cl が置換基に入った錯体ではかえって高い温度で電荷密度波による転移が起こるようになる．

銅錯体の半導体相では，銅の3個に1個 Cu^{2+} の局在スピンが存在するが，これは10K 付近で反強磁性的に秩序化する．$Cu(DMDCNQI)_2$ では金属相であるにもかかわらず約100K 以下で Cu^{2+} の局在スピンによる磁化率の上昇が見られるが，10K 付近であたかも反強磁性的になるかのように磁化率が急激に減少する．こうした奇妙な挙動は，半導体相の境界が近く，しかもリエントラントになっていることと何らかの関係があると思われるが，ここでは DCNQI 上の伝導電子と Cu^{2+} 上の局在電子が共存する状況が出現している．$Cu(DMDCNQI)_2$ の低温電子比熱は $45\,mJ/mol\,K^2$ と有機伝導体としては異常に大きく，リエントラント領域ではさらに大きくなる． 〔森　健彦〕

参考文献

1) 坪村, 久保山: 化学と工業, **14**(1960), 539
2) Herbstein, F. H.: *Perspect. Struct. Chem.*, **4** (1971), 166
3) Bent, H. A.: *Chem. Rev.*, **68** (1968), 587; Prout, C, K., Wright, J. D.: *Angew C.*, **7** (1968), 659
4) Torrance, J. B. et al.: *PRL*, **46** (1981), 253
5) Torrance, J. B. et al.: *PRL*, **47** (1981), 1747
6) 十倉, 永長: 固体物理, **21**(1986), 779
7) Matsuzaki, S. et al.: *Solid State Commun.*, **33** (1980), 403; Kobayashi, H. et al.: *PR*, **47** (1993), 3500
8) Akamatsu, H. et al.: *N*, **173** (1954), 168
9) Acker, D. S. et al.: *JACS*, **82** (1960), 6408; **84** (1962), 3370; Melby, L. R.: *JACS*, **84** (1962), 3374
10) Wudl, F. et al.: *JCS, CC*, **1970**, 1453
11) Coleman, L. B. et al.: *Solid State Commun.*, **12** (1973), 1125
12) Saito, G., Ferraris, J. P.: *BCSJ*, **53** (1980), 2141; Torrance, J. E.: *MCLC*, **126** (1985), 55
13) Mori, T., Inokuchi, H.: *Solid State Commun.*, **59** (1986), 355; *BCSJ*, **60** (1987), 402
14) Deuchert, K., Hünig, S.: *Angew C.*, **17** (1978), 875
15) 中筋ほか: 有機合成化学, **41**(1983), 204
16) Narita, M., Pittman, U.: *Synthesis*, **1976**, 489
17) Krief, A.: *Tet.*, **42** (1986), 1209
18) Schukat, G. et al.: *Sulfur Reports*, **7** (1987), 155
19) Perlstein, J. H.: *Angew C.*, **16** (1977), 519
20) Shchegolev, I. F.: *Phys. Stat. Sol.*, **12** (1972), 9
21) Chaikin, P. M. et al.: *PRL*, **42** (1979), 1178
22) Kistenmacher, T. et al.: *Acta Crys.*, **B30** (1974), 763
23) Shitzkovsky, S. et al.: *J. Physique.*, **39** (1978), 711
24) Thomas, G. A. et al.: *PR*, **B13** (1976), 5105
25) Tanner, D. B. et al.: *PRL*, **32** (1974), 1301
26) Cohen, M. J. et al.: *PRL*, **37** (1976), 1500
27) Cohen, M. J. et al.: *PR*, **10** (1974), 1298
28) Jacobsen, C. J. et al.: *PRL*, **33** (1974), 1559
29) Chaikin, P. M. et al.: *PRL*, **31** (1973), 601
30) 鹿児島: 一次元電気伝導体(1982), 裳華房
31) Etemad, S.: *PR*, **B13** (1976), 2254
32) Bloch, A. N. et al.: *PRL*, **34** (1975), 1561; Cooper, J. R. et al.: *Solid State Commun.*, **19** (1976), 749
33) Andrieux, A. et al.: *J. Physique*, **40** (1979), L 381
34) Scott, B. A. et al.: *JACS*, **99** (1977), 6631
35) Daly, J. J., Sanz, F.: *Acta Crys.*, **B31** (1975), 620
36) Somoano, R. B. et al.: *JCP*, **63** (1975), 4970; *PR*, **B15** (1977), 595
37) Legros, J. -P. et al.: *MCLC*, **100** (1983), 181
38) Delhaes, P. et al.: *MCLC*, **50** (1979), 43
39) Kato, R. et al.: *CL*, **1984**, 781; Mori, T. et al.: *CL*, **1984**, 1335
40) Nigrey, P. J. et al.: *Synth. Metals*, **16** (1986), 1
41) Kato, R. et al.: *CL*, **1987**, 567
42) Kobayashi, H. et al.: *CL*, **1987**, 557
43) Wang, H. H. et al.: *Chem. Mater.*, **1** (1989), 140
44) Kato, R. et al.: *Synth. Metals*, **42** (1991), 2093
45) Yamochi, H. et al.: *Synth. Metals*, **41** (1991), 1741
46) Beno, M. A. et al.: *Synth. Metals*, **27**, A 209, (1988)
47) Williams, J. M. et al.: Organic Superconductors (1992), Prentice Hall, New Jersey
48) Kato, R. et al.: *CL*, **1989**, 781; Mori, T. et al.: *Solid State Commun.*, **70** (1989), 823
49) Nakamura, T., et al.: *Solid State Commun.*, **75** (1990), 583
50) Schegolev, I. F., Yagubskii, E. B.: Extended Linear Chain Compounds (Miller, J. S. ed.), vol. 2, p. 385, 435 (1982), Plenum
51) Zolotukhin, S. P. et al.: *JETP Lett.*, **25** (1977), 451
52) Ugawa, A. et al.: *PR*, **B43** (1991), 14718
53) Kaminskii, V. F. et al.: *Phys. Stat. Solidi*, **44** (1977), 77
54) Teitelbaum, R. C. et al.: *JACS*, **101** (1979), 7568
55) Kröhnke, C. et al.: *Angew C, IEE*, **19** (1980), 912
56) Enkelmann, V. et al.: *Chem. Phys.*, **66** (1982), 303
57) Schimmel, Th. et al.: *Ber. Bunsenges. Phys. Chem.*, **91** (1987), 901; Keller, H. J. et al.: *MCLC*, **62** (1980), 181
58) Bechgaard, K.: *MCLC*, **125** (1985), 81
59) Underhill, A. E., Watkins, D. M.: *Chem. Soc. Rev.*, **9** (1980), 429; Williams, J. M. et al.: Extended Linear Chain Compounds (Miller, J. S. ed.), vol. 1, p. 73 (1982), Plenum
60) Underhill, A. E.: Extended Linear Chain Compounds, ed. Miller, J. S. vol. 1, p. 119 (1982), Plenum
61) Vance, C. T., Bereman, R. D.: *Inorg. Chim. Acta*, **149** (1988), 229
62) Alcacer, L., Novais, H.: Extended Linear Chain Compounds, ed. Miller, J. S. vol. 3, p. 319 (1982), Plenum
63) McCleverty, J. A.: *Prog. Inorg. Chem.*, **10** (1968), 49
64) Alcacer, L. et al.: *Solid State Commun.*, **35** (1980), 945
65) Yagubskii, E. B. et al.: *Synth. Metals*, **41** (1991), 2515
66) 森: 固体物理, **24**(1989), 47; 鈴村: 固体物理, **17**(1993), 87; 小林: 日本物理学会誌, **47**(1992), 889
67) Aonuma, S.: *CL*, **1993**, 513

6.3　イオン導電体

1970年代後半から80年代にかけて，アルカリ金属塩などの電解質を高濃度まで溶解し，かつ固体状態で高いイオン伝導性を示す高分子材料が数多く見いださ

れ，イオン伝導性高分子あるいは高分子固体電解質(polymer electrolyte)と呼ばれる一群の新素材が登場した．電荷担体をイオンとする電気伝導体は，通常電解質溶液のように液体であることが多く，結晶固体やガラスでは，特殊な構造をもつ一群の物質(固体電解質)以外，そのイオン伝導性は低い．一方，ここで述べるイオン伝導性高分子は軽量で成形性に富む固体膜として得られるため，弾性(可塑性)を有する新しい固体電解質としてエネルギー，エレクトロニクス分野への応用が広がることが期待されている．

イオン伝導性高分子は，一般に高分子を溶媒とする電解質の固溶体であり，イオン伝導性をもたらす原因を高分子自身が担っている．すなわちキャリヤーイオンの生成は，共有結合で連結した配位子(極性基)とイオンの錯形成(溶媒和)によって起きる．また生成したキャリヤーイオンは，高分子鎖の局所的な運動によって運ばれ，高いイオン伝導性が発現する．つまり，キャリヤーイオンはガラス転移温度(T_g)以上の温度域の無定形相(ゴム状態)中を移動する．無機ガラスや有機低分子ガラスは T_g を過ぎると流動するが，高分子の場合，化学的あるいは物理的な橋架けが存在すれば T_g 以上の温度域でも流動しない固体膜，多くの場合弾性体になる．ここでは微視的な粘性率は低いが巨視的な粘性率は高い(流動性のない)状態が実現されている．また溶媒として働く高分子鎖は長距離移動ができないために，長距離のイオン移動には，高分子鎖の局所運動と協同的なイオンの局所移動に加え，イオンに錯形成した高分子配位子の交換が必須な過程となる．つまり，イオンと高分子配位子との相互作用は，過渡的錯形成ともいうことができ，イオン伝導性高分子を特徴づけている．

6.3.1 イオン伝導性高分子の化学構造

図III.6.55に代表的なイオン伝導性高分子の化学構造を，表III.6.15に電解質を溶解した複合体のイオン導電率の値を示す．1～7はイオン伝導性高分子の基本骨格に相当する．特にポリエチレンオキサイド(PEO, 1)の複合体はPEO結晶相の融点(約60℃)以上で高いイオン伝導性を示す．PEO複合体の室温付近での導電率は $10^{-8} Scm^{-1}$ 程度と低いが，これが高い結晶化度によることが明らかにされたため，8～20に示すような短いPEOセグメントを有するくし形高分子や共重合体が合成され，無定形化が図られた．これらの高分子に電解質を溶解した複合体のイオン導電率は，室温で $10^{-5} Scm^{-1}$ 以上に達する．しかし T_g が低くかつ無定形の線状高分子では力学的性質に劣る．21～25に示す

表 III.6.15 イオン伝導性高分子-電解質複合体の導電率

高分子	電解質	M^+ 繰り返し単位	温度 (℃)	導電率 (Scm^{-1})
1	LiCF$_3$SO$_3$	0.05	65	$3×10^{-5}$
	LiClO$_4$	0.083	65	$4×10^{-4}$
2	LiCF$_3$SO$_3$	0.063	30	$1×10^{-6}$
3 ($m=2$)	LiClO$_4$	0.12	90	$1×10^{-5}$
4	LiClO$_4$	0.10	70	$3.5×10^{-5}$
5	NaCF$_3$SO$_3$	0.20	41	$3.1×10^{-7}$
7 ($m=5$)	AgNO$_3$	0.25	63	$7.5×10^{-6}$
8	LiCF$_3$SO$_3$	0.25	30	$2.7×10^{-5}$
	AgCF$_3$SO$_3$	0.125	30	$2.6×10^{-4}$
10 ($m=7$)	LiClO$_4$	0.04	25	$7×10^{-5}$
11 ($m=9$)	LiCF$_3$SO$_3$	0.055	20	$5×10^{-6}$
11 ($m=22$)	NaCF$_3$SO$_3$	0.33	20	$1×10^{-5}$
12 (R=H, $m=3$)	LiClO$_4$	0.05	20	$1.5×10^{-6}$
15 ($m:n=3:7$) の架橋体	LiClO$_4$	0.02	20	$2.3×10^{-5}$
		0.03	20	$2.5×10^{-5}$
		0.04	20	$1.8×10^{-5}$
		0.05	20	$1.0×10^{-5}$
20 ($m=4$)	LiClO$_4$	0.03	25	$1.5×10^{-4}$
22 (R=H, $n=22$)	LiClO$_4$	0.01	30	$1.0×10^{-5}$
		0.02	30	$1.3×10^{-5}$
		0.05	30	$5.4×10^{-6}$
		0.10	30	$8.9×10^{-7}$

ような架橋構造は，力学的強度を保持したまま無定形化するための非常に有効な方法である．また，電解質を固溶したイオン伝導性高分子中では，通常カチオンおよびアニオンの両者が可動であるが，ある特定のイオンの輸率を1にするために，電解質モノマーとイオン伝導性モノマーとの共重合体を合成した試みもある(26～29)．

これらイオン伝導性高分子の合成は，特に新しい手法によるというよりも，有機化学および高分子化学の手法が駆使されて行われている．

以上のようなイオン伝導性高分子は，一般に以下にあげるような化学構造上の特徴を有する．

① カチオンに配位するために必要な電子対供与性(ルイス塩基)の極性基(配位子)を高密度に有する．
② 配位子間の間隔が適当であり，隣接配位子がイオンに協同的に相互作用するのに必要なコンフォメーションを容易にとる．
③ 高分子鎖の結合の回転障壁が低く柔軟性に富み，また分子間相互作用も弱く，低い T_g を有する．

①，②は高分子中でのキャリヤーイオン生成に係わる特徴であり，③は生成したキャリヤーイオンの移動に係わる．これまでの研究は，カチオンに強く配位する高分子に限定されている．これは，アニオンへの配位にはルイス酸性度の高い配位子が要求され，通常の

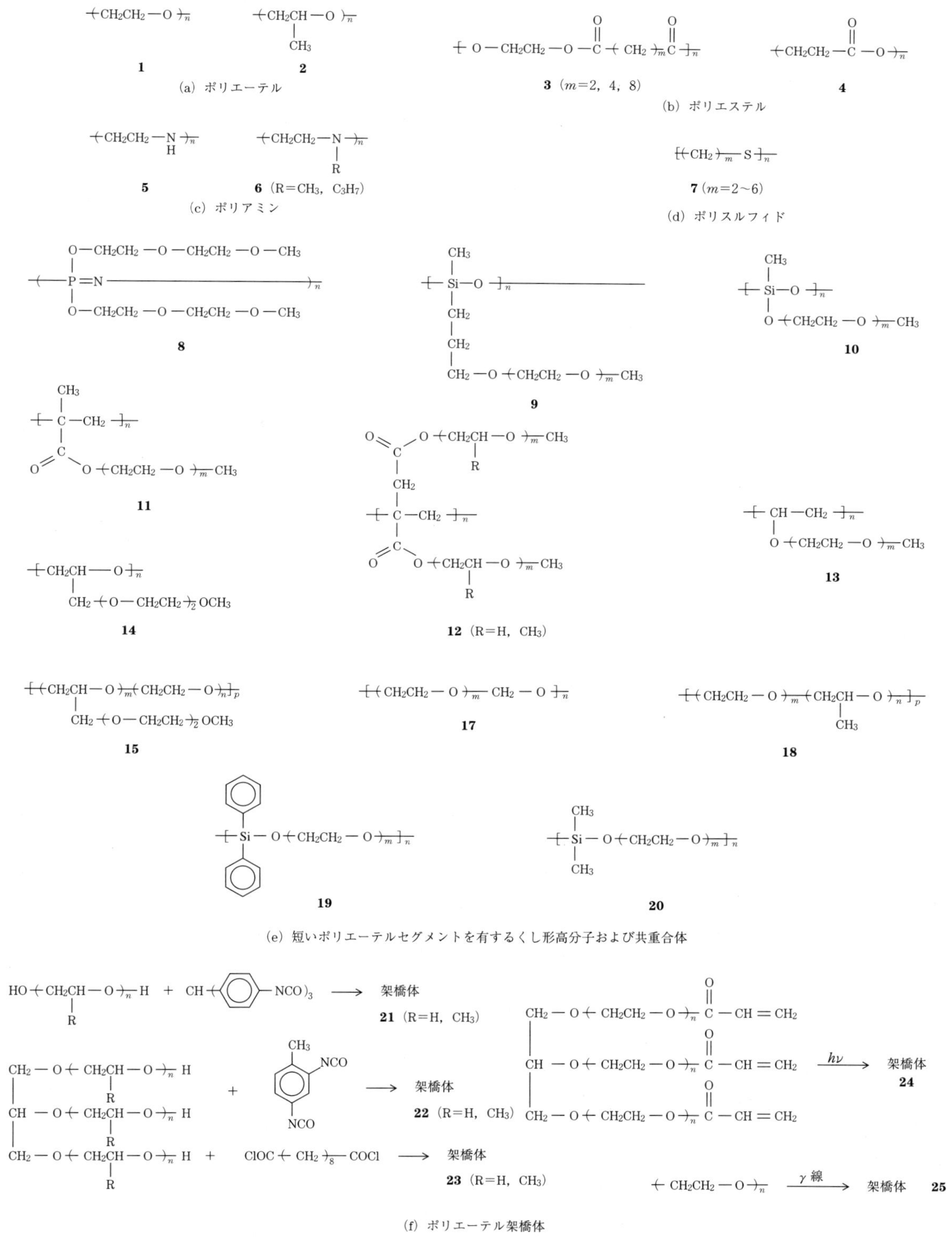
1
2
(a) ポリエーテル
3 (m=2, 4, 8)
4
(b) ポリエステル
5
6 (R=CH3, C3H7)
(c) ポリアミン
7 (m=2~6)
(d) ポリスルフィド
8
9
10
11
12 (R=H, CH3)
13
14
15
17
18
19
20
(e) 短いポリエーテルセグメントを有するくし形高分子および共重合体
架橋体
21 (R=H, CH3)
22 (R=H, CH3)
23 (R=H, CH3)
24
γ線
25
(f) ポリエーテル架橋体

図 III.6.55 イオン伝導性高分子化学構造(1)

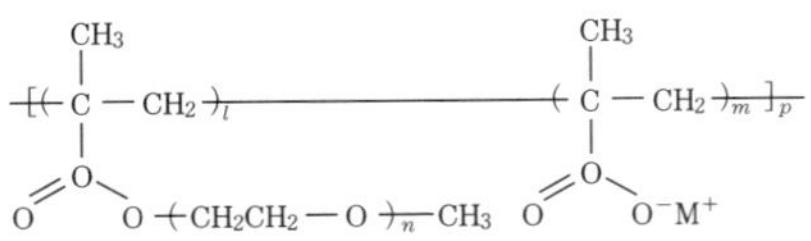

26 ($M^+=Li^+$, Na^+, K^+)

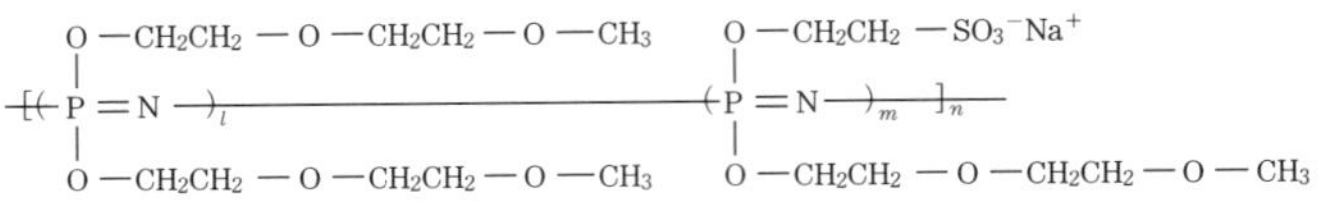

27

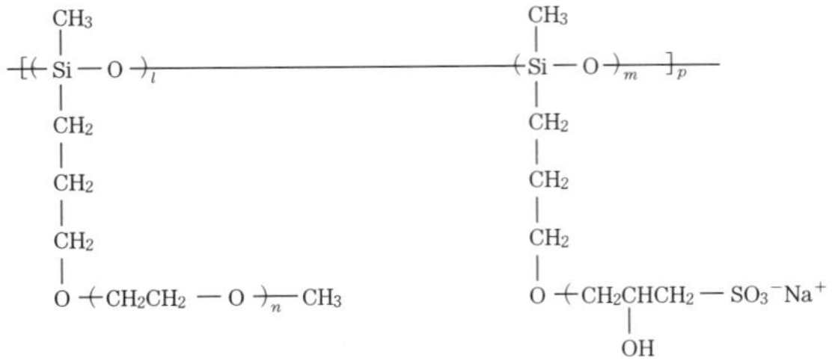

28

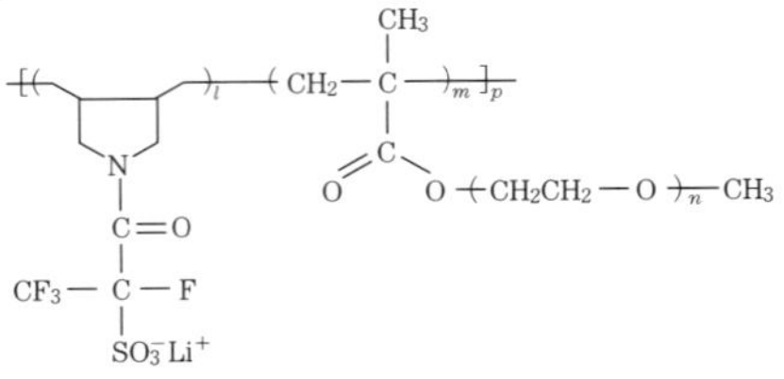

29

(g) 高分子電解質形

図 III.6.55　イオン伝導性高分子化学構造(2)

有機高分子では，プロトンドナー性の高分子となるために分子間水素結合によって T_g も高くなってしまうためである．

6.3.2　複合体形成と構造

a.　複合体形成

カチオンへの極性基の配位によって高分子中に電解質が溶解し，複合体が形成される過程は，

$$n\mathrm{MX}+[(\mathrm{L})_m]_n \rightarrow [\mathrm{M}(\mathrm{L})_m{}^+\mathrm{X}^-]_n$$

(L はカチオンに配位する高分子の繰り返し単位，m は配位数)

で表される．すなわち，電解質の格子エネルギーおよび高分子の凝集エネルギーを，イオンの高分子鎖による溶媒和エネルギーおよび複合体の凝集エネルギーが補償することによって複合体形成が起きる．したがって，電解質の格子エネルギーが低いほど複合体形成は容易に起きる．同一アニオンの電解質で比較するとカチオン半径が小さいほど，また配位子のドナー性が高いほど，カチオン-配位子間の相互作用は大きくなるため複合体形成は起こりやすくなる．しかし，カチオンと単一の極性基の相互作用は比較的弱く，複合体形成に必要な溶媒和エネルギーを得るためには複数の極性基の配位が不可欠である．アルカリ金属カチオンへの PEO のエーテル酸素の配位数(m)は，最低3～4と考えられている．高分子鎖中の極性基のイオンへの配位には，分子間および分子内の2種類の様式が考えられ，実際にイオンが伝導する過程では，両者が混在する．分子内配位では，隣接極性基間の協同的配位がエントロピー的にも立体的にも有利であり，これが可能か否かには，極性基間の間隔，高分子鎖のコンフォメーションの問題が密接に係わる．典型的なイオン伝導性高分子である PEO およびポリプロピレンオキサイド (PPO, **2**)は，極性が特に高い高分子ではないにも係わらず，表III.6.16のように非常に多くの電解質と複合体を形成する．

複合体の作成は，高分子と電解質を共通溶媒に溶かし，流延，乾燥して試料を得るキャスト法，溶融状態の高分子に電解質を直接溶解し，その後冷却する溶融法などが，図III.6.55，**1**～**20** などの線状高分子では広く用いられている．溶解性のない **21**～**25** のような架橋体では，電解質を溶解したプレポリマーと架橋剤の反応により直接複合体を得る方法，はじめに架橋体を合成し，これを電解質溶液に浸しドープ後，乾燥する方法が用いられている．

b.　複合体の構造

線状の PEO(**1**)やポリエチレンイミン(**5**)のような結晶性高分子では，電解質と一定組成をもつ錯体結晶を形成する系がある．PEO との錯体形成が報告されている電解質は，一部の Li^+, Na^+, K^+, NH_4^+ の塩である．Na^+ や Li^+ の塩では，カチオンと PEO 繰り返し単位との比が3：1で，融点が150～200°C の錯体形成が起きる．K^+ や NH_4^+ の塩では4：1の錯体形成が起き，融点も80～100°C 程度に低下する．構造が確定されている錯体は，PEO-NaI，および PEO-NaSCN の3：1錯体だけであるが，いずれもヘリックス状の PEO 鎖の中にカチオンが位置し，そのまわりにアニオンが配

6.3 イオン導電体

表 III.6.16 PEO および PPO の複合体形成能 (PEO / PPO)

アニオン \ カチオン	Li⁺	Na⁺	K⁺	Rb⁺	Cs⁺	NH₄⁺	Mg²⁺	Ca²⁺	Zn²⁺	Cu²⁺	Pb²⁺
F⁻	−/−	−/−	−/−	−/−	−/−	−/−	−/−	−/−	−/−	−/−	−/−
Cl⁻	+/−	−/−	−/−	−/−	−/−	−/−	−/−	−/−	+/+	+/−	+/−
Br⁻	+/−	−/−	−/−	−/−	−/−	−/−	−/−	−/−	−/−	−/−	−/−
I⁻	+/+	+/+*	+/+	+/−	+/−	+/+	+/−	+/−	+/−	−/−	+/−
NO₃⁻	+/−	−/−	−/−	−/−	−/−	−/−	−/−	−/−	−/−	−/−	−/−
SCN⁻	+/+	+/+	+/+*	+/+*	−/−	−/−	−/−	−/−	−/−	−/−	−/−
ClO₄⁻	+/+	+/+	+/+*	−/−	−/−	−/−	−/−	−/−	−/−	−/−	−/−
CF₃SO₃⁻	+/+	+/+	+/+	−/−	−/−	−/−	−/−	−/−	−/−	−/−	−/−
BF₄⁻	+/+	+/+	−/−	−/−	−/−	−/−	−/−	−/−	−/−	−/−	−/−
AsF₆⁻	+/+	+/+	−/−	−/−	−/−	−/−	−/−	+/−	−/−	−/−	−/−
BPh₄⁻	+/+	+/+	+/+	−/−	−/−	−/−	−/−	−/−	−/−	−/−	−/−

+：複合体形成，−：溶解性なし．
*：高濃度，高温で相分離．

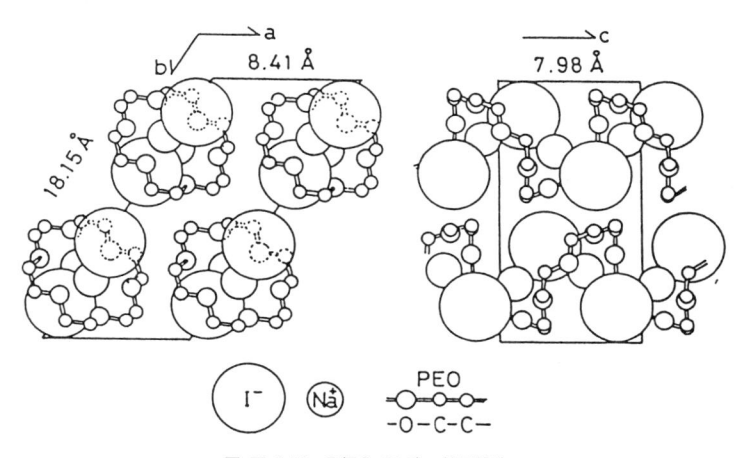

図 III.6.56 P(EO₃-NaI) の結晶構造
(*Polym.*, **28** (1987), 1819)

置している．図III.6.56にP(EO)₃-NaIの結晶構造を示す．錯体中のPEO鎖は，(TTGTTGTT$\overline{\text{G}}$)₂形の2/1ヘリックスでありその繊維周期は7.98Åである．Na⁺とI⁻は繊維軸に沿ったジグザグ構造をとり，Na⁺は隣接する酸素3原子と二つのI⁻によって配位を受けている．純粋なPEO結晶は(TTG)₇形の7/2ヘリックス，繊維周期19.3Åであるのに対し，錯体中のPEO鎖のヘリックスはその内径が大きくNa⁺のヘリックス内への配置を可能にしている．PEOは，カチオン半径の大きな塩と錯体結晶を生成しないが，これはヘリックス内に納まらないためと考えられている．

錯体形成を起こす複合体中の電解質組成が，錯体組成以下の場合には，複合体中に錯体結晶相，PEO結晶相，電解質を溶解した無定形相(L)の三相が存在する可能性がある．図III.6.57にPEO-LiCF₃SO₃の相図を示す．錯体結晶の融点は電解質組成の減少とともに低下し，60：1付近の組成でPEO結晶と共融点(eutectic point)を与える．このような錯体融点の低下と共融点

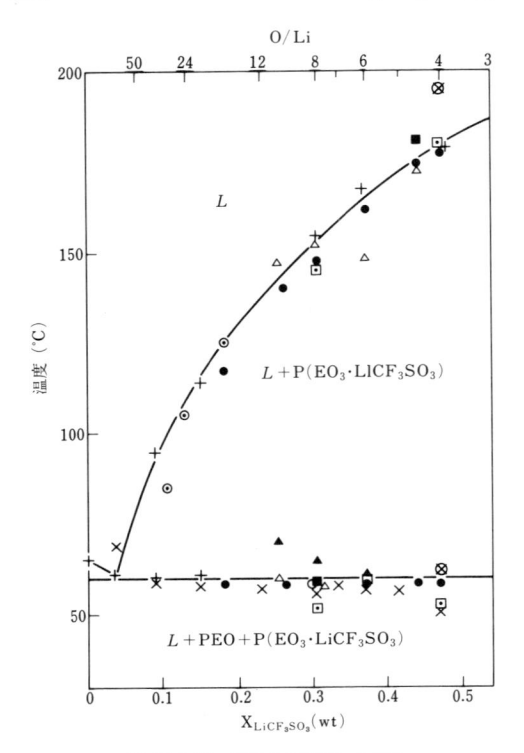

図 Ⅲ.6.57 PEO-LiCF$_3$SO$_3$ の相図
□,NMR;●,△,⊗,DSC;○,▲,×,導電率;⊙,力学的性質;■,+,顕微鏡観察から求めた転移.
(*JEC*, **133** (1986), 317)

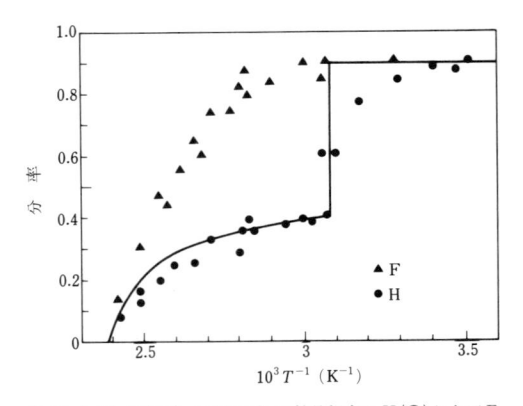

図 Ⅲ.6.58 P(EO)$_8$-LiCF$_3$SO$_3$ の結晶相中の H(●) および F(▲) の分率の温度依存性
(*J. Physique*, **45** (1984), 741)

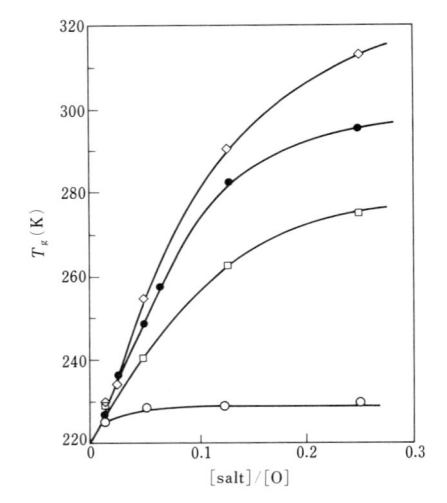

図 Ⅲ.6.59 12(R=CH$_3$, m=17)複合体の T_g の電解質濃度依存性
◇, NaClO$_4$;●, LiClO$_4$;□, ZnCl$_2$;○, LiCl.
(*Polym.*, **28** (1987), 628)

組成の存在は,結晶性 PEO 複合体に広く認められる.複合体中の伝導相は,電解質を溶解した無定形相(L)であるため,組成および温度変化による相変化は,イオン伝導特性に大きな影響を与える.図Ⅲ.6.58 に P(EO)$_8$-LiCF$_3$SO$_3$ の結晶相中の H および F 原子の分率の温度依存性を示す.温度上昇に伴う,PEO 結晶相および P(EO)$_3$-LiCF$_3$SO$_3$ 錯体相の融解,さらに溶融した PEO 相への錯体の溶解による結晶相中の LiCF$_3$SO$_3$ 分率の低下の様子がわかる.また,結晶性の複合体では,その結晶化速度が遅いため,相図の確定や,イオン伝導特性の熱履歴には注意を要する.

一方,無定形の複合体は,電解質を溶解した高分子単一相となる.結晶性あるいは無定形を問わず,複合体形成に伴う共通した特徴は電解質濃度増大に対しその T_g が著しく上昇することであり,図Ⅲ.6.59 にその一例を示す.

6.3.3 イオン伝導特性の評価法

イオン伝導性高分子を材料として応用する際,一般的に以下のような特性が求められる.

① イオン伝導性が高くかつその温度依存性が小さい
② 広い電位窓
③ 目的にあったイオン輸率
④ イオン伝導体/電極界面の形成の容易さと,電気化学反応に伴う電極活物質の体積変化を補う弾性(可塑性)
⑤ 良好な成形性および力学的強度

ここでは,イオン伝導体を特徴づける最も重要な特性である,導電率,イオン輸率,電位窓の評価法について述べる.

a. イオン導電率

イオン伝導性高分子の導電率は,電極/試料/電極の対称構造をもつ平行平板型セルに対し複素インピーダンス法を適用することにより求めるのが一般的であ

る．試料への電極の取り付けには，蒸着，圧着などの方法を用いる．一般に，イオン伝導体の導電率は雰囲気の影響を受けやすく，また電極にも水分，酸素，窒素などと反応する物質を用いる場合が多いので，測定あるいはセルの容器への封入は，不活性ガス雰囲気のドライボックス中で行う．図III.6.60に密閉型セル容器の構造の一例を示す．複素インピーダンス法は，セルのインピーダンスの周波数依存性を複素インピーダンス平面(複素インピーダンスの実数部を横軸，虚数部を縦軸とした平面)にプロット(複素インピーダンスプロット)し，その軌跡を説明する等価回路の要素の値を求める方法である．イオン伝導体の導電率，イオン伝導体/電極界面の特性を明らかにするためには，10^{-3}〜10^6 Hz程度の周波数領域の測定が有効である．図III.6.61にイオン伝導性高分子を用いたセルの複素インピーダンスプロットを説明するためにしばしば用いられる等価回路とその典型的な軌跡を示す．ここでR_bは試料の導電率を反映するイオン伝導体バルクの抵抗，C_bは試料の誘電率を反映する幾何学的容量，R_eは試料/電極界面での電気化学反応の速度を反映する電荷移動抵抗，C_eは電気二重層容量を表す．イオン伝導体セルでは，一般に$R_bC_b \ll R_eC_e$の関係を満足するため，インピーダンスプロットは，用いる電極の種類によって図III.6.61(b)または(c)のようになる．(b)は試料/電極界面で電気化学反応が生起しないブロッキング電極を用いた場合，(c)は反応が生起するノンブロッキング電極を用いた場合の軌跡である．ここで，R_b値が求まれば，導電率σは，

$$\sigma = d/R_b A \qquad \text{(III.6.1)}$$

から算出される．またC_bおよびR_eは，

$$C_b = (\varepsilon_r \varepsilon_0 A)/d \qquad \text{(III.6.2)}$$
$$R_e = RT/(nFi_0) \qquad \text{(III.6.3)}$$

となる．ここでd, A, ε_r, ε_0, R, T, n, F, i_0は，それぞれ試料の厚み，電極面積，比誘電率，真空の誘電率，ガス定数，絶対温度，反応電子数，ファラデー定数，交換電流密度である．

複素インピーダンス法を適用するに際し，試料バルクのインピーダンスと試料/電極界面のインピーダンスとの分離が重要である．一般的に，バルクのインピーダンスは，試料の厚さに比例，面積に反比例，用いる電極に依存しないのに対し，界面のインピーダンスは，面積には反比例するが厚さ依存性がないこと，電極に大きく依存することを利用する．また，試料バルクの特性に加え界面の特性も求めたいときには，印加交流電圧を10 mV以下とする．

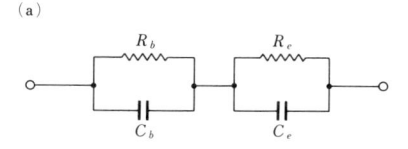

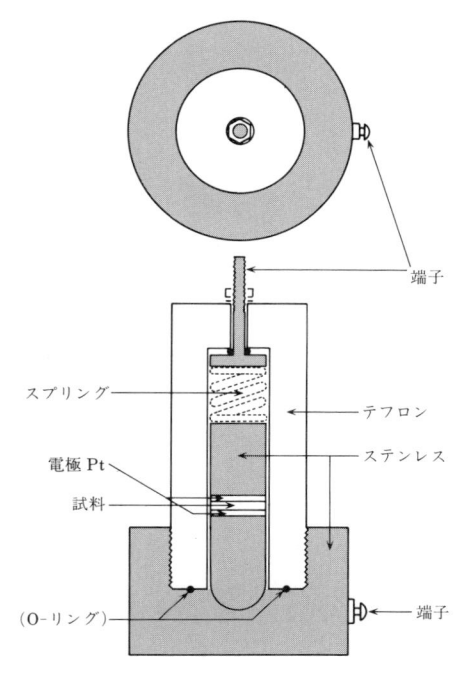

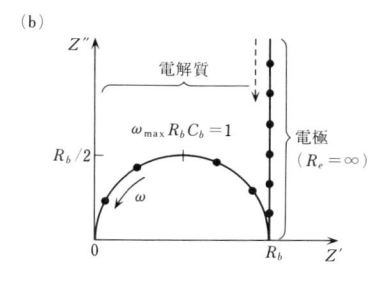

図 III.6.60　密閉型セル容器の構造例

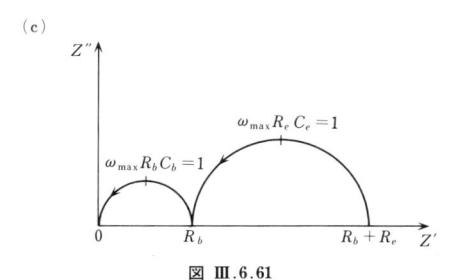

図 III.6.61
(a) イオン伝導性高分子を用いたセルの等価回路；(b) ブロッキング電極($R_e = \infty$)を用いた場合の複素インピーダンスプロット；(c) ノンブロッキング電極を用いた場合の複素インピーダンスプロット

b. イオン輸率

伝導に関与するキャリヤーが一種類以上存在する場合に，ある特定のキャリヤーによる導電率の，全導電率に対する比を輸率という．特に，そのキャリヤーが特定のイオンのとき，そのイオンのイオン輸率という．ここでは，直流分極測定と複素インピーダンス測定の併用によってイオン輸率を求める方法を述べる．いま M^+ および X^- が移動する可能性をもつイオン伝導体 (M^+X^-) に関し $M/M^+X^-/M$ 形セルを考える．このセルの複素インピーダンス測定をした後(図Ⅲ.6.61(c)のような複素インピーダンスプロットが測定される)，10 mV 以下の直流分極電圧(ΔV)を加え，セルを流れる電流の経時変化を測定する．M電極は，M^+ イオンに対してはノンブロッキングであるが，X^- に対してはブロッキングであるため，セルを流れる電流は初期値 $[I(0)]$ から経時的に減少し，定常電流 $[I(\infty)]$ に到達する．このとき，セル中の電流は，カチオンだけによって運ばれていることになる．ここでカチオン輸率(t_+)は

$$t_+ = R_b/[\Delta V/I(\infty) - R_e]$$
$$r = \frac{I(\infty)\{\Delta V - I(0)R_e\}}{I(0)\{\Delta V - I(\infty)R_e\}} \quad (\text{Ⅲ}.6.4)$$

で与えられる．R_b, R_e を複素インピーダンス測定から求め，$I(0)$, $I(\infty)$ を直流分極測定から求めることにより，カチオン輸率が算出できる．図Ⅲ.6.62に直流分極測定および複素インピーダンス測定結果の一例を示す．

本法以外にも，極低周波数までの複素数インピーダンス測定, Tubandt 法, Hittorf 法, ラジオトレーサー法，磁場勾配 NMR 法などが，イオン伝導性高分子のイオン輸率測定に用いられている．一般に，イオン伝導性高分子中には，イオンペアーのような非荷電イオン種が存在するが, Tubandt 法, Hittorf 法など限られた方法以外は，求められるイオン輸率の値にこの非荷電イオン種の移動も影響を及ぼすことに注意する必要がある．

c. 電位窓（分解電圧）

電位窓とは，イオン伝導体に酸化反応が生起する電位と還元反応が生起する電位の間の電位幅のことであり，この電位差のことを分解電圧と呼ぶ．電位窓は，イオン伝導性高分子を種々の電気化学素子に応用する場合に，適用可能な電極活物質を決める値になる．電位窓を決めるためには，三極式のセルを用い電流-電位曲線の測定を行う．イオン伝導性高分子の導電率は，電解溶液などと比較して低いので，電極配置に留意し，さらに電位補償装置あるいは超微小電極を使用するなどして，伝導損(iR 損失)の影響を除く工夫が必要である．図Ⅲ.6.63に超微小電極を用いた三極セルの構造を例示する．

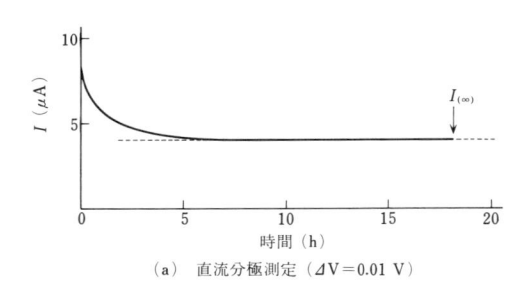

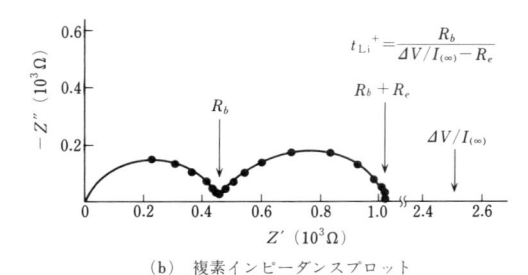

図Ⅲ.6.62 直流分極測定および複素インピーダンス測定結果
(*Solid State Ionics*, **40/41** (1990), 635)

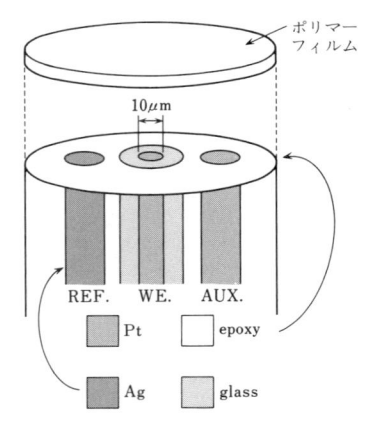

図Ⅲ.6.63 超微小電極を用いた三極セルの構造例

6.3.4 イオン伝導性高分子の電気的性質

イオン伝導性高分子の導電率(σ)の温度依存性は，多くの場合以下の3種に類別される．

① $\log \sigma$ と $1/T$ が直線関係を示すアレニウス式に従う．しばしば特定の温度で傾きが変化し活性化エネルギーが変わる．

② $\log \sigma$ と $1/T$ はある温度まではアレニウス式に従うが，その温度以上で上に凸の曲線を描く．

③ 測定温度範囲全域で $\log \sigma$ と $1/T$ は上に凸の

曲線を描く．

図Ⅲ.6.64 に，PEO 複合体が電解質の種類によってこの3種類の温度依存性を与える例を示す．①と②の挙動は，結晶性のイオン伝導性高分子でしばしば観測される挙動である．①は測定温度範囲全域で比較的結晶化度が高くかつ相転移をともなう場合である．②は結晶性のイオン伝導性高分子が，結晶相の融点以上で無定形になる場合である．このような結晶性高分子で観測されるアレニウス型の温度依存性から求められるみかけの活性化エネルギーは，無定形相が伝導相である場合，物理的意味をもたないので注意が必要である．また，導電率の温度依存性は，高分子の結晶化速度が遅いため，温度昇降に対し履歴を伴うことが多い．③は測定温度範囲で完全に無定形である場合にしばしば観測される挙動であり，伝導相が無定形相である高分子の導電率に関する本質的な情報といえる．この変化は，過冷却のガラス形成液体や T_g 以上の無定形高分子鎖の動的挙動（たとえば粘性率や緩和時間）の温度変化に対して成立する Williams-Landel-Ferry(WLF) 式

$$\log[\sigma(T)/\sigma(T_g)] = C_1(T-T_g)/[C_2+(T-T_g)] \tag{Ⅲ.6.5}$$

あるいは，Vogel-Tamman-Fulcher(VTF) 式

$$\sigma(T) = AT^{-1/2}\exp[-B/(T-T_0)] \tag{Ⅲ.6.6}$$

に相関よく適合することが多い．ここで $\sigma(T)$ は温度 T におけるイオン導電率，C_1，C_2，A，B は定数，T_0 は理想的な T_g（自由体積または配位エントロピーが 0 になる温度）である．図Ⅲ.6.65 に無定形高分子の典型的なイオン導電率の温度依存性を，表Ⅲ.6.17 に導電率の WLF パラメーターの値を示す．

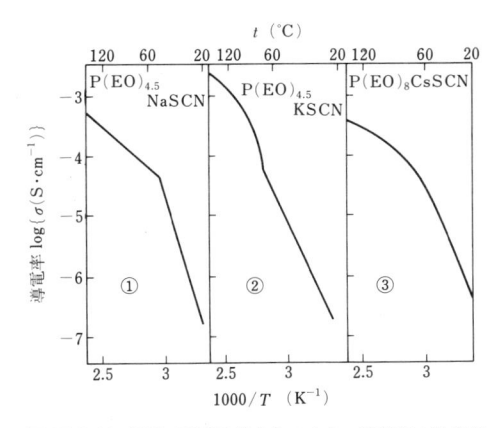

図 Ⅲ.6.64 PEO-MSCN 複合体のイオン導電率の温度依存性
(Fast Ion Transport in Solids, Elsevier, New York, p.133 (1979))

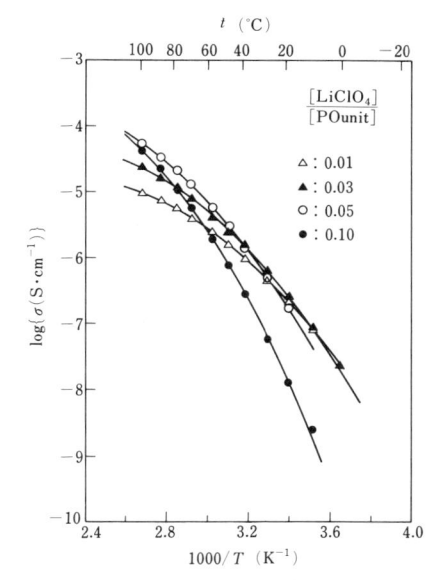

図 Ⅲ.6.65 無定形イオン伝導性高分子(**23**, R=CH$_3$, n=4)のイオン導電率の温度依存性
(日化誌，**1986**, 428)

イオン輸率は，PEO-リチウム塩系複合体で多くの検討がなされ，リチウムイオン輸率で 0.2〜0.5 の値が報告されている．これは，カチオンに高分子鎖が強く配位し，その移動は高分子鎖の局所運動に制限されるのに対し，アニオンと高分子鎖とに相互作用は比較的小さいためと考えられている．また **26〜29** に示すような高分子電解質形高分子では，カチオンあるいはアニオン輸率が 1 となるが，イオン導電率も複合体系と比較すると低い．

PEO 複合体の電位窓は，適当な電解質を選択すると，卑側はカチオンの還元，貴側はアニオンまたは高分子鎖の酸化によって決定され（表Ⅲ.6.18），3〜5V と非常に広いことが報告されている．図Ⅲ.6.66 に PEO-NaCF$_3$SO$_3$ の電流-電位曲線を，また図Ⅲ.6.67 に，種々の電極活物質の酸化還元電位と容量の関係の中に典型的な有機溶媒と PEO の電位窓を図示した結果を示す．

6.3.5 高分子中でのイオン移動，イオン解離過程
a. イオン移動過程

イオン伝導性高分子の導電率変化が，WLF 式や VTF 式で説明されるということは，溶液に似た導電機構を示す．しかし，電解質を低分子溶媒中に溶解した溶液とは，以下の点で重要な違いをもつ．第一に，イオン伝導性高分子中では高分子鎖の巨視的運動は通常凍結されているために，局所運動だけがイオン移動

表 III.6.17 イオン伝導性高分子の導電率の WLF パラメーター

高分子	電解質	M^+/O	T_g (K)	C_1	C_2 (K)	$\sigma(T_g)$ (Scm^{-2}) $\left[\tau(T_g)\text{(s)}\right]^*$
2	—	0*	211*	11.6*	38.3*	8.4×10^{-2}*
	LiCF$_3$SO$_3$	0.125	248	12.9	32.0	6.3×10^{-16}
	LiClO$_4$	0.125	281	8.8	44.4	6.3×10^{-11}
	LiI	0.125	283	11.2	36.9	1.0×10^{-12}
	LiSCN	0.125	266	9.9	60.9	1.3×10^{-11}
23 (R=CH$_3$, n=4)	LiClO$_4$	0.01	228	10.6	43.7	1.0×10^{-13}
		0.03	242	9.3	69.7	2.9×10^{-11}
		0.05	257	9.4	89.9	2.3×10^{-10}
		0.10	276	11.1	117.8	4.9×10^{-10}
22 (R=H, n=22)	LiClO$_4$	0.01	230	9.6	31.6	2.1×10^{-12}
		0.02	230	10.6	29.9	4.0×10^{-13}
		0.05	243	10.2	36.4	2.4×10^{-12}
		0.10	258	9.9	65.6	8.2×10^{-11}

* 電解質を溶存していない高分子の誘電緩和時間の WLF パラメーター.

表 III.6.18 PEO 複合体の電位窓

電解質	温度 (°C)	電位窓 (V) 卑側	貴側	基準極
LiI	85	0	2.8 (I$^-$ の酸化)	Li/Li$^+$
NaI	60	0	3 (I$^-$ の酸化)	Na/Na$^+$
LiClO$_4$	100	0	4.3	Li/Li$^+$
NaClO$_4$	80	0	4.0	Na/Na$^+$
LiCF$_3$SO$_3$	80	0.5 (CF$_3$SO$_3^-$ の還元)	4.8	Li/Li$^+$
	130	0	3.5	Li/Li$^+$
NaCF$_3$SO$_3$	80	0	4.9	Na/Na$^+$
LiNO$_3$	110	1 (NO$_3^-$ の還元)	4.0	Li/Li$^+$
KSCN	80	1.5 (SCN$^-$ の還元)	3.5	K/K$^+$

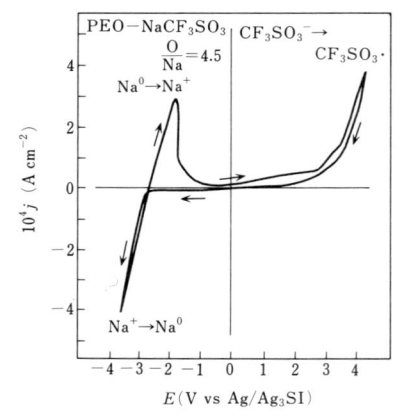

図 III.6.66 P(EO)$_{4.5}$-NaCF$_3$SO$_3$ のサイクリックボルタモグラム
温度, 80°C; 掃引速度, 40 mVs^{-1}
(*Solid State Ionics*, **3/4** (1981), 430)

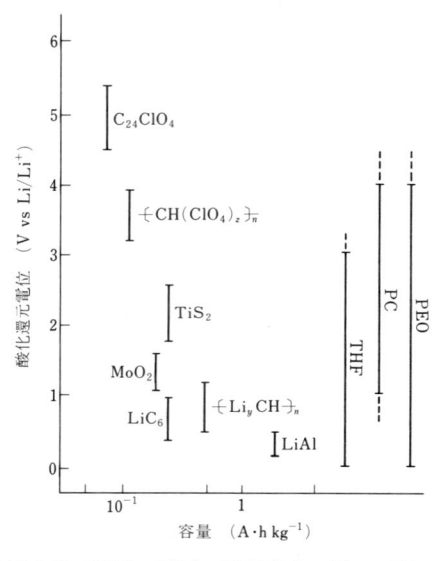

図 III.6.67 電解質の電位窓と電極活物質の酸化還元電位・容量
(J. R. MacCallum, C. A. Vincent ed.: Polymer Electrolyte Reviews 1, p. 14 (1987), Elsevier)

に寄与する.導電率の温度依存性に対する WLF 式あるいは VTF 式の成立は,高分子中でのキャリヤーイオン生成が高分子鎖との強い相互作用によって起きるため,図III.6.68(a)に示すように,その局所運動とイオン移動が協同的な過程になるためと考えられている.図III.6.69に,PEO 架橋体に種々の電解質を溶解した複合体の導電率の WLF プロットを示す.T_g で規格化することによって導電率の温度依存性は一つのマスターカーブで表されることがわかる.また表III.6.17に示すように,イオン導電率と高分子鎖の誘電緩和時間の温度依存性は,類似した WLF パラメーターで整理されることも,高分子鎖の局所運動とイオン移動の協同性を示す.高分子鎖自身の緩和時間の温度依存性が,イオン伝導の温度依存性より多くの場合大きいのは,高分子中ではイオン対などの非荷電種が生成するため,高分子鎖の局所運動が必ずしもイオン移動を伴わないためと解釈されている.一方,局所運動によっ

オン輸率が0であるのに対し，交換速度の大きなHg^{2+}，Cu^{2+}などは移動可能であると報告されている．またクラウンエーテルなど錯形成定数が大きな配位子を固定化した高分子ではカチオン輸率が低下する．

第二に，高分子中では，一つのイオンの存在が他のイオンの移動に，イオン-双極子相互作用，およびイオン-イオン相互作用を通して大きな影響を与える．これは高分子中のイオンの存在が一種の架橋点として働くためである．たとえば，図Ⅲ.6.70に示すように，分子間溶媒和されたカチオンや，分子内溶媒和されたカチオンがアニオンとの相互作用によって凝集した三重イオンなどが，架橋点として働く．イオン濃度増大に伴

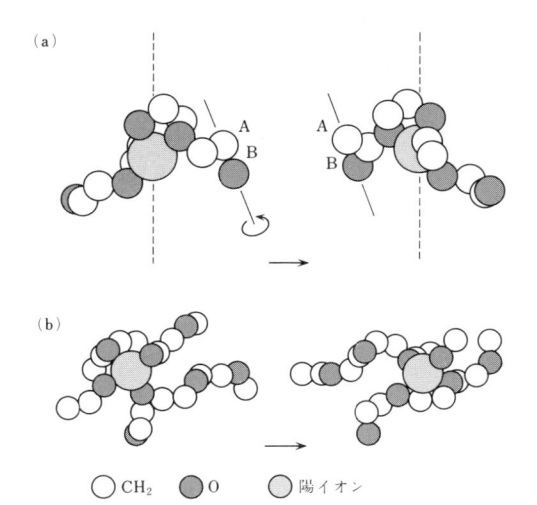

図Ⅲ.6.68 PEO(**1**)中のカチオン移動の模式図
(a) 高分子鎖の局所運動とイオン移動の協同性（カチオンの移動はC-O結合ABの180°の回転によって引き起こされている）; (b) 高分子鎖間のカチオンの配位交換過程．
(*Chemistry in Britain*, **1989**, 391)

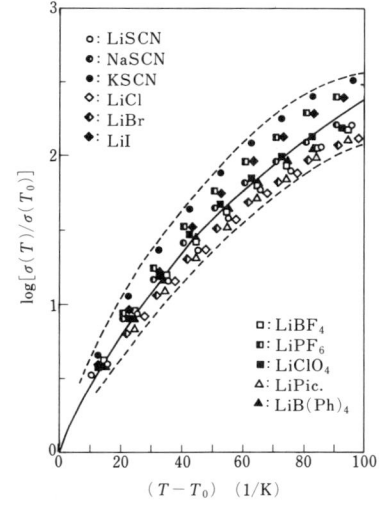

図Ⅲ.6.69 種々の電解質を溶解したPEO架橋体(**22**, R=H, $n=22$)における$\log[\sigma(T)/\sigma(T_0)]$と$T-T_0$の関係: $T_0=T_g+50\,\mathrm{K}$
(*M*, **20** (1987), 572)

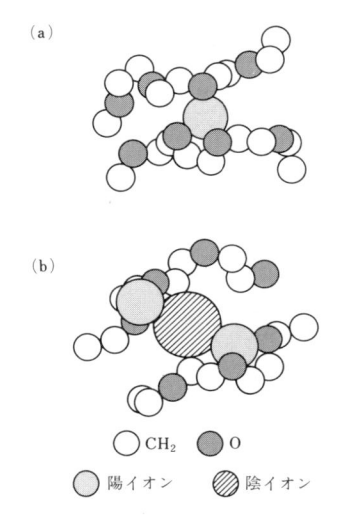

図Ⅲ.6.70 過度的イオン架橋点の形成
(a) 分子間溶媒和されたカチオン; (b) 分子間溶媒和されたカチオンがアニオンとの相互作用によって形成した三重イオン
(*Chemistry in Britain*, **1989**, 394)

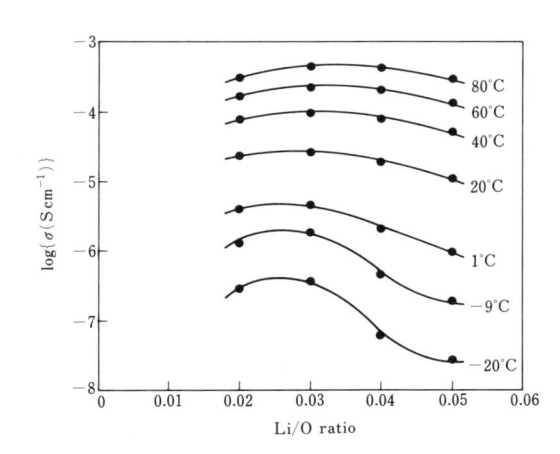

図Ⅲ.6.71 15($m:n=3:7$)の架橋体のイオン電導率の$LiClO_4$濃度依存性
(*Polym. Adv. Tech.*, **4** (1993), 90)

て移動したイオンがさらに移動を続けるためには，溶媒和している配位子の交換が必要となる（図Ⅲ.6.68(b)）．低分子溶媒系では，このイオンに配位した溶媒の交換反応速度定数はイオン移動度に大きな影響を与えないが，イオン伝導性高分子中でこの速度定数が低いことは，そのイオンが巨視的には移動できないことを意味する．事実，水溶液中でこの交換速度の小さいMg^{2+}，Zn^{2+}の塩とPEOとの複合体では，カチ

う架橋効果の増大は，イオン伝導性高分子の T_g の上昇という共通した現象になって現れる（図III.6.59参照）．図III.6.71に一例を示すように，イオン伝導性高分子の一定温度における導電率は，比較的低い電解質濃度に対し極大を示し，高濃度で急激に減少する．この減少はイオン架橋効果による移動度の低下が主因である．

b. イオン解離過程

一般にイオン伝導性高分子中の電解質濃度は

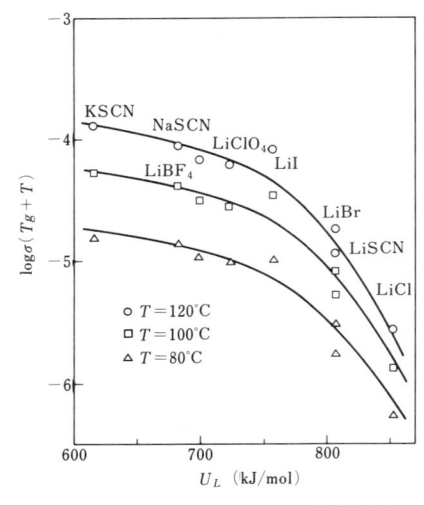

図 III.6.72 等自由体積温度における PEO 架橋体 (**22**, R＝H, n＝22) のイオン導電率と溶存電解質の格子エネルギーの関係
(*M*, **20** (1987), 572)

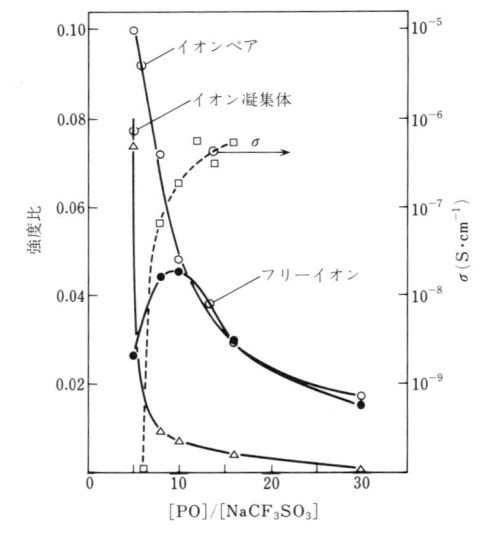

図 III.6.73 PPO(**2**)-NaCF$_3$SO$_3$ 中の溶存イオン種のラマン散乱強度比および導電率の電解質濃度依存性
(Polymer Electrolyte Reviews 2, p. 35 (1989), Elsevier)

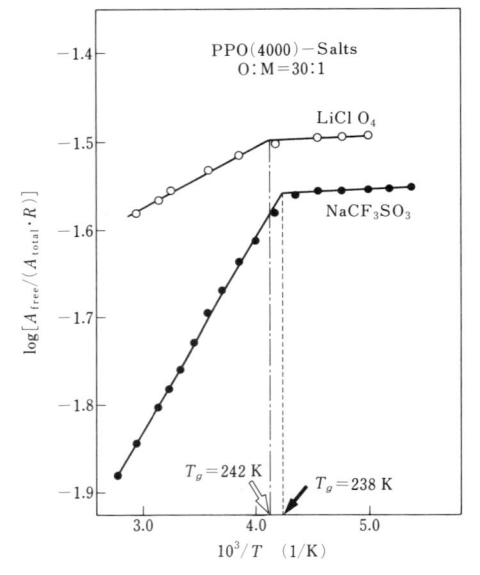

図 III.6.74 PPO(**2**)複合体中のフリーイオンのラマン散乱強度比の温度依存性
(2nd International Symposium on Polymer Electrolytes, p. 29 (1990), Elsevier)

0.1～数 M と高く，誘電率のさほど高くない高分子中ではイオン会合が進行する．種々の電解質を一定濃度溶解した **22** の等自由体積温度におけるイオン導電率は，図III.6.72に示すように電解質の格子エネルギーの増大とともに減少する．これは高分子中のキャリヤーイオン数が減少するためと考えられている．また高分子中のイオンの溶存状態は，電解質濃度の増大や温度変化によっても変化し，ラマン散乱測定の結果が有力な情報を与えている．図III.6.73に，電解質濃度変化に伴うイオン種の変化を，図III.6.74に温度変化に伴うイオン種の変化を示す．図III.6.74は，温度上昇によるフリーイオン数の減少を示している．この傾向はPEOやPPOなどで認められ，分子内溶媒和されたイオンが温度上昇に伴う高分子鎖の配位エントロピー上昇によって脱溶媒和される過程に対応すると考えられており，イオン伝導性高分子におけるイオンの分子内溶媒和の重要性を示すものとして興味深い．

〔渡辺正義〕

参考文献

1) 渡辺正義，緒方直哉：導電性高分子（緒方直哉編），pp. 30-50, pp. 95-150 (1990)，講談社サイエンティフィック（測定法の解説および1989年までのイオン伝導性高分子に関する文献が網羅されている）
2) 大野弘幸，土田英俊：高分子錯体 3 電子機能（高分子錯体研究会編），pp. 99-123 (1990)，学会出版センター
3) Polymer Electrolyte Reviews 1 (1987), Polymer Electrolyte

Reviews 2 (J. R. MacCallum, C. A. Vincent, eds.)(1989), Elsevier Appl. Sci., London (イオン伝導性高分子に関する詳細な成書)
4) 渡辺正義：高分子新素材便覧(高分子学会編)，pp. 74-82 (1989), 丸善
5) Ratner, M. A., Shriver, D. F.: *Chem. Rev.*, **88** (1988), 109
6) Watanabe, M., Ogata, N.: *Br. Polym. J.*, **20** (1988), 181
7) Vincent, C. A.: *Prog. Solid State Chem.*, **17** (1987), 145
8) Armand, M. B.: *Ann. Rev. Mater. Sci.*, **16** (1986), 245
9) *Br. Polym. J.*, **20** (1988), 171-297 (イオン伝導性高分子の特集号)
10) Second International Symposium on Polymer Electrolytes (B. Scrosati ed.) (1989), Elsevier Appl. Sci., London
11) *Electrochim. Acta*, **37** (1992), 1471-1745 (イオン伝導性高分子の特集号)
12) *Polym. Adv. Tech.*, **3** (1993), 51-214 (イオン伝導性高分子の特集号)

6.4 超 伝 導 体

6.4.1 概説

1979年に最初の有機超伝導体(TMTSF)$_2$PF$_6$が発見されて以来，1994年までに表Ⅲ.6.19に示したような約50種の電荷移動錯体で超伝導が報告されている[1,2]。ここでTMTSFなどの略号は表Ⅲ.6.20に示した名称の略であり，これらは図Ⅲ.6.75に示したような形の分子である。ここで[M(dmit)$_2$]以外はすべてTTF(tetrathiafulvalene, 6.2節参照)骨格をもつ電子供与体(ドナー)である。[M(dmit)$_2$]はC$_{60}$以外としては電子受容体(アクセプター)として働いて超伝導になる唯一の分子であるが，TTFの中央のC＝C二重結合を金属原子に置き換えたような，TTFに非常に似た形の分子である。

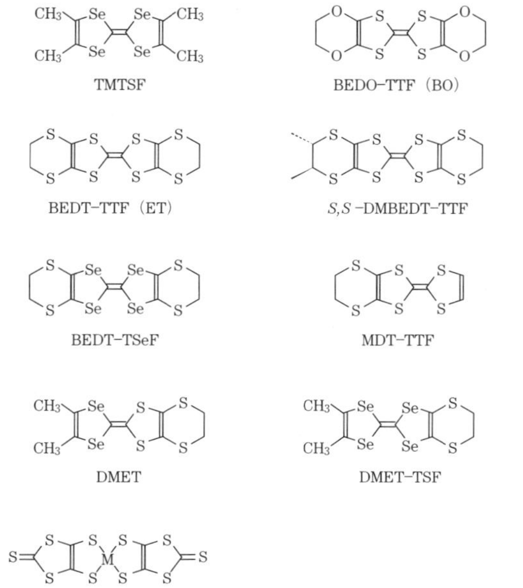

表Ⅲ.6.19のT_cのうち括弧中に圧力を示したものは，高圧下でのみ超伝導になるものである。約半数の有機超伝導体が高圧下でのみ超伝導となる。

このようなTTF系の有機超伝導体のT_cは，これまでのところ12.5Kが最高であったが，1991年に至ってサッカーボール形の構造をした炭素クラスターC$_{60}$にアルカリ金属をドープしたものが表Ⅲ.6.21のような温度で超伝導になることが発見された。さらに高いT_cの報告例もあるが，これまでにはっきりと確認されているなかではRbCs$_2$C$_{60}$がT_c＝33Kという最も高いT_cをもっている。このようなC$_{60}$系の超伝導体も広い意味での有機超伝導体の一種と考えることができる。

6.4.2 (TMTSF)$_2$X

TTFなどの電荷移動錯体では平面分子であるTTFが積み重なった結晶構造をとるため，π軌道の分子間の重なりはこの積み重なり方向(スタック方向)のみに大きく，その一方向のみに電気伝導性の高い一次元伝導体となる。このような一次元伝導体では，パイエルス転移などの一次元不安定性が起きて，低温では絶縁化してしまい，超伝導は実現されない。そのためスタック間の伝導性を高めるために，さまざまなTTF誘導体が合成されたが，TTFの四つの硫黄をセレンに置き換えることによってスタック間相互作用を大きくしたTMTSFで最初の有機超伝導が実現された。

TMTSFを有機溶媒中さまざまなアニオンXのテトラブチルアンモニウム塩の存在下電気化学的に酸化することによって(TMTSF)$_2$Xなる組成の黒色短冊状結晶を成長させることができる[3]。本章で以下に述べる他の有機超伝導体もすべて同様の電気化学的結晶成長によって合成される。溶媒としては1,1,2-トリクロロエタンが最も頻繁に用いられるが，THF，ベンゾニトリル，クロロベンゼン，ジクロロメタンなどもしばしば用いられる。

(TMTSF)$_2$Xはさまざまなアニオンとの間で同形の構造をもつ図Ⅲ.6.76のような結晶構造の塩をつくる。TMTSF分子はa軸方向にスタックしているが，分子の横方向であるb軸方向にスタック方向よりもむしろ短いSe-Se間距離が存在するため，この方向にもある程度のπ軌道間の相互作用が存在する。分子軌道法の計算や光学反射率の測定よりトランスファー積分はt_a, t_b, t_cがそれぞれ0.25, 0.025, 0.0015eV程

図 Ⅲ.6.75 有機超伝導体をつくる電子供与体・電子受容体の分子構造

表 III.6.19 有機超伝導体

化合物	T_c	文献
$(TMTSF)_2PF_6$	1.4 K (6.5 kbar)	1)
$(TMTSF)_2AsF_6$	1.4 K (9.5 kbar)	2)
$(TMTSF)_2SbF_6$	0.38 K (10.5 kbar)	3)
$(TMTSF)_2TaF_6$	1.35 K (11 kbar)	3)
$(TMTSF)_2ClO_4$	1.4 K	4)
$(TMTSF)_2ReO_4$	1.2 K (9.5 kbar)	5)
$(TMTSF)_2FSO_3$	2.1 K (6.5 kbar)	6)
$(BEDT-TTF)_2ReO_4$	2 K (4 kbar)	7)
β-$(BEDT-TTF)_2I_3$	1.5 K	8)
	8 K (1.3 kbar)	9)
β-$(BEDT-TTF)_2IBr_2$	2.5 K	10)
β-$(BEDT-TTF)_2AuI_2$	3.8~5 K	11)
γ-$(BEDT-TTF)_3(I_3)_{2.5}$	2.5 K	12)
θ-$(BEDT-TTF)_2I_3$	3.6 K	13)
κ-$(BEDT-TTF)_2I_3$	3.6 K	14)
κ-$(BEDT-TTF)_4Hg_2Cl_8$	1.8 K (12 kbar)	15)
κ-$(BEDT-TTF)_4Hg_3Br_8$	4.3 K	16)
$(BEDT-TTF)_2NH_4Hg(SCN)_4$	0.8 K	17)
$(BEDT-TTF)_3Cl_2(H_2O)_2$	2 K (16 kbar)	18)
κ-$(BEDT-TTF)_2Cu(NCS)_2$	10.4 K	19)
κ-$(BEDT-TTF)_2Cu[N(CN)_2]Br$	11.2 K	20)
κ-$(BEDT-TTF)_2Cu[N(CN)_2]Cl$	12.5 K (0.3 kbar)	21)
κ-$(BEDT-TTF)_2Cu(CN)[N(CN)_2]$	10.7 K	22)
κ-$(BEDT-TTF)_2Cu_2(CN)_3$	2.8 K (1.5 kbar)	23)
κ-$(BEDT-TTF)_2Ag(CN)_2H_2O$	5 K	24)
$(BEDT-TTF)_4Pt(CN)_4H_2O$	2 K (6.5 kbar)	25)
$(BEDT-TTF)_4Pd(CN)_4H_2O$	1.2 K (7 kbar)	26)
κ-$(BEDT-TTF)_2Cu(CF_3)_4(TCE)$	9.2 K	43)
κ-$(BEDT-TTF)_2Ag(CF_3)_4(TCE)$	11.1 K	44)
$(BEDT-TSeF)_2GaCl_4$	8~10 K	27)
$(BEDO-TTF)_3Cu_2(NCS)_3$	1 K	28)
$(BEDO-TTF)_2ReO_4H_2O$	1.3 K	29)
$(DMET)_2Au(CN)_2$	0.8 K (5 kbar)	30)
$(DMET)_2AuCl_2$	0.83 K	31)
$(DMET)_2AuI_2$	0.55 K (5 kbar)	31)
$(DMET)_2I_3$	0.47 K	32)
$(DMET)_2IBr_2$	0.58 K	32)
κ-$(DMET)_2AuBr_2$	1 K (1.5 kbar)	33)
$(DMET-TSF)_2AuI_2$	0.58 K	34)
$(DMET-TSF)_2I_3$	0.4 K	
κ-$(MDT-TTF)_2AuI_2$	3.5 K	35)
κ-$(DMBEDT-TTF)_2ClO_4$	2.6 K (6 kbar)	36)
$TTF[Ni(dmit)_2]_2$	1.6 K (7 kbar)	37)
α-$TTF[Pd(dmit)_2]_2$	6 K (19 kbar)	38)
$[(CH_3)_4][Ni(dmit)_2]_2$	5 K (7 kbar)	39)
β-$[(CH_3)_4N][Pd(dmit)_2]_2$	6.2 K (6.5 kbar)	40)
$[(CH_3)_2(C_2H_5)_2N][Pd(dmit)_2]_2$	4 K (2.4 kbar)	41)
$(EDT-TTF)[Ni(dmit)_2]$	1.3 K	42)

1) Jerome, J. et al.: *J. Phys.*, **41** (1980), L95; Andres, K. et al.: *PRL*, **45** (1980), 1449
2) Brosetti, R. et al.: *J. Phys.*, **13** (1982), 801
3) Parkin, S. S. P. et al.: *J. Phys.*, **C14** (1981), L445
4) Bechgaard, K. et al.: *PRL*, **46** (1981), 852
5) Parkin, S. S. P. et al.: *MolCrys*, **79** (1982), 213
6) Lacoe, R. C. et al.: *PR*, **B27** (1983), 1947
7) Parkin, S. S. P. et al.: *PRL*, **50** (1983), 270
8) Yagubskii, E. B. et al.: *JETP Lett.*, **39** (1984), 12
9) Murata, K. et al.: *JPSJ*, **54** (1985), 1236; Laukin, V. N. et al.: *JETP* Lett., **41** (1985), 81
10) Williams, J. M. et al.: *IC*, **23** (1984), 3839
11) Wang, H. H. et al.: *IC*, **24** (1985), 2465
12) Shivaeva, R. P. et al.: *MolCrys*, **119** (1985), 361
13) Kobayashi, H. et al.: *CL*, **1987**, 507
14) Kato, R. et al.: *CL*, **1987**, 507
15) Lyubovskaya, R. N., et al.: *JETP Lett.*, **42** (1985), 188
16) Lyubovskaya, R. N., et al.: *JETP Lett.*, **46** (1987), 188
17) Wang, H. H. et al.: *Physica*, **C 166** (1990), 57
18) Mori, T. et al.: *Solid State Commun.*, **64** (1987), 335
19) Urayama, H. et al.: *CL*, **1988**, 55, 463
20) Kini, A. M. et al.: *IC*, **29** (1990), 2555
21) Williams, J. M. et al.: *IC*, **29** (1990), 3272
22) Komatsu, T. et al.: *Solid State Commun.*, **80** (1991), 843
22) Geiser, U. et al.: *IC*, **30** (1991), 2586
23) Mori, H. et al.: *Solid State Commun.*, **76** (1990), 35
25) Mori, H. et al.: *Solid State Commun.*, **80** (1991), 411
26) Mori, T. et al.: *Solid State Commun.*, **82** (1992), 177
27) Kobayashi H. et al.: *CL*, **1993**
28) Beno, M. A. et al.: *IC*, **29** (1990), 1599
29) Kahlich, S. et al.: *Solid State Commun.*, **80** (1991), 191
30) Kikuchi, K. et al.: *CL*, **1987**, 931
31) Kikuchi, K. et al.: *JPSJ*, **56** (1987), 4241
32) Kikuchi, K. et al.: *JPSJ*, **56** (1987), 3436
33) Kikuchi, K. et al.: *JPSJ*, **56** (1987), 2627
34) Oshima, K. et al.: *Synth. Metals*, **56** (1993), 2780
35) Papavassiliou, G. C. et al.: *Synth. Metals*, **27** (1988), B379
36) Zambounis, J. S. et al.: *Adv. Mater.*, **4** (1992), 33
37) Brossard, L. et al.: *C. R. Acad. Sci. Paris, Ser. 2*, **302** (1986), 205
38) Brossard, L. et al.: *Synth. Metals*, **27** (1988), B157
39) Kobayashi, A. et al.: *CL*, **1987**, 1819
40) Kobayashi, A. et al.: *CL*, **1991**, 2163
41) Kobayashi, H. et al.: *CL*, **1992**, 1909
42) Tajima, T. et al.: *CL*, **1993**, 1225
43) Schlueter, J.A. et al.: *Physica*, **C 230** (1994), 378
44) Schlueter, J.A. et al.: *Physica*, **C 233** (1994), 379

表 III.6.20 有機超伝導体の構成分子の名称と略号

略号	名称	
TMTSF	Tetramethyltetraselenafulvalene	1)
BEDT-TTF (ET)	Bis(ethylenedithio)tetrathiafulvalene	2)
BEDO-TTF (BO)	Bis(ethylenedioxy)tetrathiafulvalene	3)
DMBEDT-TTF	Dimethyl-bis(ethylenedithio)tetrathiafulvalene	4)
DMET	Dimethyl(ethylenedithio)diselenadithiafulvalene	5)
MDT-TTF	Methylenedithiotetrathiafulvalene	6)
dmit	Isotrithionedithialate (dimercaptoisotrithione)	7)
BEDT-TSeF	Bis(ethylenedithio)tetraselenafulvalene	8)
DMET-TSF	Dimethyl(ethylenedithio)tetraselenafulvalene	9)

1) Bechgaard, K. et al.: *JOC*, **40** (1975), 746
2) Mizuno, M. et al.: *JCS CC*, **1978**, 18
3) Suzuki, T. et al.: *JACS*, **111** (1989), 3108
4) Zambounis, J. S. et al.: *Tet. Lett.*, **23** (1991), 2737
5) Kikuchi, K. et al.: *JCS CC*, **1986**, 1472
6) Papavassiliou, G. C. et al.: *Synth. Metals*, **27** (1988), B373
7) Steimecke, G. et al.: *Phosphorus and Sulfur*, **7** (1979), 49
8) Kato, R. et al.: *Synth. Metals*, **42** (1991), 2093
   Lee, V. Y.: *Synth. Metals*, **20** (1987), 161
9) Oshima, K. et al.: *Synth. Metals*, **56** (1993), 2780

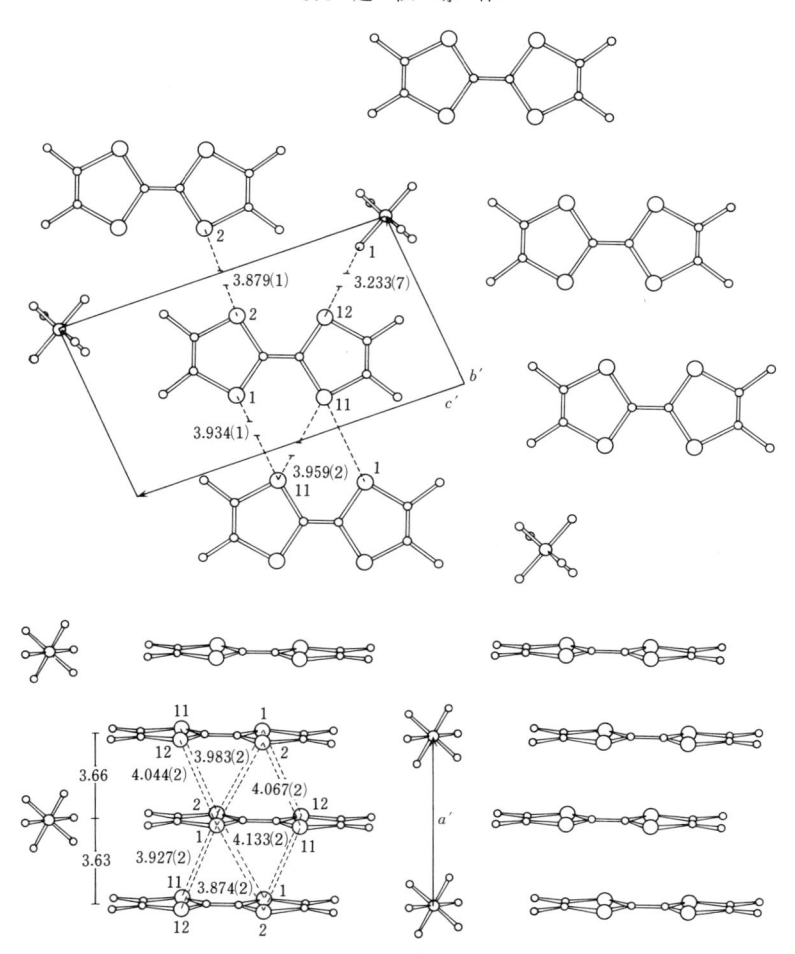

図 III.6.76 (TMTSF)$_2$PF$_6$ の結晶構造
(Thorup, N. et al.: Acta Crys., **B 37** (1981), 1236)

表 III.6.21 C$_{60}$ 超伝導体

化合物	T_c
Na$_2$KC$_{60}$	2.5 K
Na$_2$RbC$_{60}$	2.5 K
Li$_2$CsC$_{60}$	12 K
Na$_2$CsC$_{60}$	12 K
K$_3$C$_{60}$	19 K
K$_2$RbC$_{60}$	22〜23 K
K$_2$CsC$_{60}$	24 K
KRb$_2$C$_{60}$	27 K
Rb$_3$C$_{60}$	29 K
Rb$_2$CsC$_{60}$	31 K
RbCs$_2$C$_{60}$	33 K

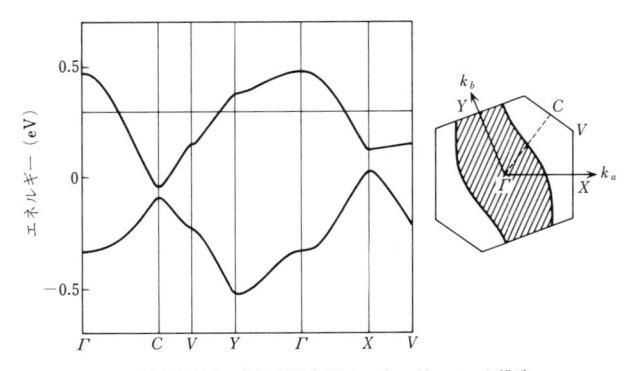

(Fleming, R. M. et al.: N, **352** (1991), 787; Tanigaki, K. et al.: N, **356** (1992), 419)

図 III.6.77 (TMTSF)$_2$X のエネルギーバンド構造
(Mori, T. et al.: BCSJ, **57** (1984), 627)

度と見積もられている．強結合近似で計算されたエネルギーバンド構造は図III.6.77のようにバンド幅1eV程度で a 軸方向に開いたフェルミ面をもつ一次元金属的なものとなるが，b 軸方向にも a 軸方向の十分の一程度のトランスファーがあるため，フェルミ面はかなり波打っている．

図III.6.78に示すようにこれらの(TMTSF)$_2$X 塩はいずれも室温で金属的電気伝導性を示す．PF$_6$, AsF$_6$

などの八面体形アニオンの塩は12K付近で金属-半導体転移を起こす．磁化率やESRの測定により，この転移はSDW（スピン密度波）の発生によるものであることがわかっている．金属-半導体転移温度は圧力を加えると図Ⅲ.6.79のように低下し，10kbar以上でSDW相は消滅して超伝導相が現れる．こうしたT-P相図が現れるのは，圧力を加えることによって系のトランスファーが増大し，特にスタック間のトランスファーがある程度の大きさになることによってSDWが抑えられるためであると考えられている．

(TMTSF)$_2$X塩のアニオンは結晶中の対称心の位置に入っているため，ReO$_4$，FSO$_3$など対称心をもたないアニオンでは無秩序性が存在する．これらの塩では低温でアニオンがa軸方向に2倍の周期性を伴って秩序化することによってフェルミ面にギャップが生じ，半導体化する．FSO$_3$の場合には圧力を加えることによってこの秩序化に伴う転移が抑制され，高圧下で超伝導が出現する．ClO$_4$の場合も24Kでアニオンの秩序化が起こるが，($a, 2b, c$)と，a軸方向性の一次元的なフェルミ面にギャップを生じないようなb軸方向に秩序化するため，常圧でも低温まで金属的で，1.4Kで超伝導になる．24K付近を徐冷(0.1K/min)した試料では超伝導がみられるが，急冷した場合にはアニオンが無秩序のままとなり，そのランダムポテンシャルの影響で超伝導にはならない．

(TMTSF)$_2$Xは第二種超伝導体であり，臨界磁場とそれより求めたコヒーレンス長ξとして表Ⅲ.6.22のような値が報告されている．ξの異方性は電子系の異方性を反映しており，特にξ_cは格子定数$c=13.5$Åのオーダーである．低温の比熱測定より電子比熱係数は$\gamma=10.5$mJ/mol K^{2}であり，超伝導に伴う比熱のとびは$\Delta C/\gamma T_c=1.67$で，BCSの値1.43に近い[4]．またトンネルスペクトルから求められたエネルギーギャップの大きさも$2\Delta=0.44$meVと，BCS理論と矛盾しない[5]．しかし^{1}H-NMRでは転移点付近でT_1^{-1}のピークが見られないことから，異方的な超伝導である可能性が示唆されている[6]．

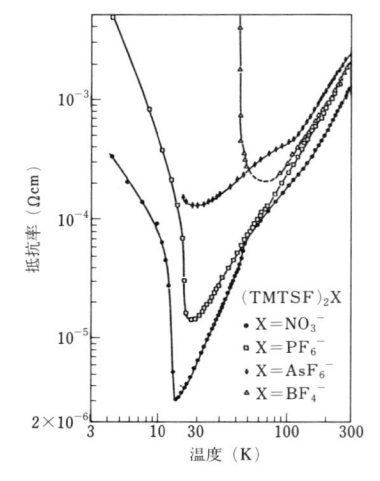

図Ⅲ.6.78 (TMTSF)$_2$Xの電気抵抗
(Bechgaard, K. et al.: Solid State Commun., **33** (1980), 1119)

表Ⅲ.6.22 (TMTSF)$_2$ClO$_4$の臨界磁場 H_{c1}, H_{c2}とコヒーレンス長

軸方向		a	b	c
H_{c1} (50 mK)	[mT]	0.02	0.10	1.0
H_{c2} (0 K)	[T]	2.8	2.1	0.16
ξ (0 K)	[Å]	706	335	20.3

(Murata, K. et al.: Jpn. J. Appl. Phys., **26** (1987), Suppl. 26-3, 1367)

ClO$_4$塩や高圧下のPF$_6$塩など低温まで金属的な相で1K程度の温度で4～10T程度の磁場をかけると，電気抵抗，ホール効果，磁化率などに大きな不連続の変化が何段階にもわたって現れる．これは磁場によって電子の運動がより一次元化することによってスピン密度波が現れることによる(磁場誘起SDW)[1]．段階的な転移がみられるのは，最適のSDWネスティングベクトルをもったサブフェイズ間の相続く相転移として理解されている[1]．

6.4.3 BEDT-TTF塩

BEDT-TTFの塩は，有機超伝導体の中では最も高い10Kを超えるT_cをもつものをはじめ，有機超伝導体全体のほぼ半数を占め，最もよく研究された重要なグループである．BEDT-TTFはTTFの外側に硫黄を2個含む六員環をつけたもので，TMTSFと異なり

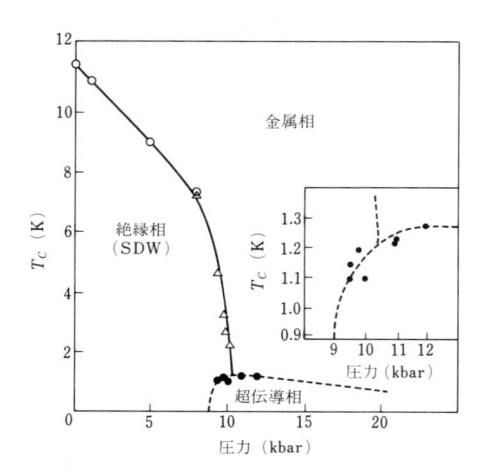

図Ⅲ.6.79 (TMTSF)$_2$AsF$_6$の相図
(Brusetti, R. et al.: J. Phys., **43** (1982), 801)

6.4 超伝導体

表 III.6.23 金属的な BEDT-TTF 塩（超伝導体を除く）の金属半導体転移温度 T_{MI} と構造（M は低温まで金属的なものを示す[7]）

化合物	T_{MI}	構造	文献
$(BEDT-TTF)_2Cl(H_2O)_2$	20 K		1)
$(BEDT-TTF)_2Cl(H_2O)_3$	120 K	β-PF_6 形	2)
$(BEDT-TTF)_2ClO_4(TCE)_{0.5}$	M	ClO_4 形	3)
$(BEDT-TTF)_3(ClO_4)_2$	170 K	ClO_4 形	4)
$(BEDT-TTF)_3Br_2(H_2O)_2$	185 K	ClO_4 形	5)
$(BEDT-TTF)_2BrO_4$	150 K	ReO_4 と同形	6)
$(BEDT-TTF)_2BrO_4(TCE)_{0.5}$	M	ClO_4 と同形	7)
$(BEDT-TTF)_3(BrO_4)_2$	210 K	ClO_4 形	7)
α-$(BEDT-TTF)_2I_3$	135 K	α 形	8)
$(BEDT-TTF)I_3(TCE)_{0.33}$	130 K		9)
β''-$(BEDT-TTF)_2ICl_2$	M	β''-$AuBr_2$ と同形	10)
α-$(BEDT-TTF)_2I_2Br$	265 K	α-I_3 と同形	11)
β-$(BEDT-TTF)_2I_2Br$	M	β-I_3 と同形	12)
α-$(BEDT-TTF)_3(NO_3)_2$	20 K	ClO_4 形	13)
β-$(BEDT-TTF)_2PF_6$	297 K	β-PF_6 形	14)
$(BEDT-TTF)_2AsF_6$	264 K	β-PF_6 と同形	15)
$(BEDT-TTF)_2SbF_6$	273 K	β-PF_6 と同形	15)
$(BEDT-TTF)_2BF_4(TCE)_{0.5}$	M	ClO_4 と同形	16)
$(BEDT-TTF)_3(BF_4)_2$	150 K	ClO_4 と同形	17)
$(BEDT-TTF)_4Hg_2Cl_6(CB)$	M	ClO_4 形	18)
$(BEDT-TTF)_4Hg_2Br_6(CB)$	90 K		19)
$(BEDT-TTF)_5Hg_3Br_{11}$	120 K	β 形	20)
$(BEDT-TTF)_2Li_{0.5}Hg(SCN)_4(H_2O)_2$	170 K	β 形	21)
$(BEDT-TTF)_2KHg(SCN)_4$	M	α 形	22)
$(BEDT-TTF)_2RbHg(SCN)_4$	M	K と同形	21)
$(BEDT-TTF)_2CsHg(SCN)_4$	210 K	Cu_5I_6 と類似	22)
$(BEDT-TTF)_3CuCl_4H_2O$	M		23)
$(BEDT-TTF)_2Cu_5I_6$	M	α 形	24)
α-$(BEDT-TTF)_2Cu(SCN)_2$	200 K	α 形	25)
$(BEDT-TTF)_3Ag_{6.4}I_8$	60 K		26)
θ-$(BEDT-TTF)_2Ag(CN)_2$	M	θ 形	27)
$(BEDT-TTF)Ag_4(CN)_5$	100 K ?		28)
β''-$(BEDT-TTF)_2AuBr_2$	M	β'' 形	29)
$(BEDT-TTF)_2Au(CN)_2Cl_2$	250 K	β-PF_6 形	30)
β''-$(BEDT-TTF)_2AuBrI$	M	β'' 形	31)
$(BEDT-TTF)_4Ni(CN)_4$	230 K	$Pt(CN)_4$ と同形	32)
$(BEDT-TTF)_4Ni(CN)_4H_2O$	100 K	$Pt(CN)_4H_2O$ と同形	33)
$(BEDT-TTF)_4Pd(CN)_4$	250 K	$Pt(CN)_4$ と同形	34)
$(BEDT-TTF)_4Pt(CN)_4$	250 K	ClO_4 形	35)
$(BEDT-TTF)_4[Pt(C_2O_4)_2]$	60 K		36)
α-$(BEDT-TTF)_3(ReO_4)_2$	88 K	ClO_4 形	37)
β-$(BEDT-TTF)_3(ReO_4)_2$	100 K		17)
$(BEDT-TTF)_4Re_6S_5Cl_9$	M		38)
$(BEDT-TTF)_4Re_6Se_5Cl_9$	20 K		38)
$(BEDT-TTF)_2[C(CN)_3]$	180 K	β-PF_6 形	39)
$(BEDT-TTF)_2Br[C_2H_4(OH)_2]$	200 K	β-PF_6 形	40)

TCE=1,1,2-trichloroethane, CB=Chlorobenzene
1) Shibaeva, R. P., et al.: *Synth. Metals*, **27** (1988), A189
2) Bravic, G., et al.: *Synth. Metals*, **42** (1990), 2035
3) Kobayashi, H., et al.: *J. Am. Chem. Soc.*, **105** (1983), 297
4) Kobayashi, H., et al.: *Chem. Lett.*, **1984**, 179
5) Urayama, H., et al.: *Chem. Lett.*, **1987**, 1753
7) Williams, J. M., et al.: *Inorg. Chem.*, **23** (1984), 1790
8) Bender, K., et al.: *Mol. Cryst. Liq. Cryst.*, **108** (1984), 359
9) Shibaeva, R. P., et al.: *Sov. Phys. Crystallogr.*, **31** (1986), 546
10) Ugawa, A., et al.: *Synth. Metals*, **27** (1988), A407
11) Zhu, D., et al.: *Solid State Commun.*, **57** (1986), 843
12) Emge, T. J., et al.: *Inorg. Chem.*, **24** (1985), 1736
13) Weber, A., et al.: *Z. Naturforsch.*, **40B** (1985), 1658
14) Kobayashi, H., et al.: *Chem. Lett.*, **1983**, 581
15) Laversanne, R., et al.: *Solid State Commun.*, **52** (1984), 177 ; Leung, P. C. W., et al.: *Acta Crystallogr.*, **C40** (1984), 1331

16) Armbruster, K., *et al.*: *Synth. Metals*, **42** (1990), 2025 ; Kushch, *et al.*: *Synth. Metals*, **42** (1990), 2131
17) Parkin, S. S. P., *et al.*: *Mol. Cryst. Liq. Cryst.*, **119** (1985), 375
18) Lyubovskaya, R. N., *et al.*: *Synth. Metals*, **42** (1990), 1907
19) Lyubovskaya, R. N., *et al.*: *Synth. Metals*, **42** (1990), 2143
20) Mori, T., *et al.*: *Solid State Commun.*, **64** (1987), 733
21) Mori, H., *et al.*: *Synth. Metals*, **42** (1990), 2013
22) Mori, H. *et al.*: *Bull. Chem. Soc. Jpn.*, **63** (1990), 2183
23) Kurmoo, M., *et al.*: The Physics and Chemistry of Organic Superconductors, p. 290 (1990), Springer ; Gudenko, *et al.*: *ibid*., p. 364
24) Shibaeva R P., *et al.*: *Sov. Phys. Crystallogr.*, **33** (1988), 241
25) Kinoshita, N., *et al.*: *Solid State Commun.*, **67** (1988), 465
26) Geiser, U., *et al.*: *Inorg. Chem.*, **25** (1986), 401
27) Kurmoo, M., *et al.*: *Synth. Metals*, **27** (1988), A177
28) Geiser, U., *et al.*: *J. Am. Chem. Soc.*, **107** (1985), 8305
29) Mori, T., *et al.*: *Chem. lett.*, **1986**, 1037
30) Geiser, U., *et al.*: *Mol. Cryst. Liq. Cryst.*, **181** (1990), 105
31) Ugawa, A., *et al.*: *Chem. Lett.*, **1986**, 1875
32) Tanaka, M., *et al.*: The Physics and Chemistry of Organic Superconductors, p. 298 (1990), Springer
33) Mori, H., *et al.*: *Solid State Commun.*, **80** (1991), 411
34) Mori, T., *et al.*: *Solid State Commun.*, **82** (1992), 177
35) Ouahab, L., *et al.*: *J. Chem. Soc., Chem. Commun.*, **1989**, 1038
36) Gartner, S. *et al.*: *Synth. Metals*, **31** (1989), 199
37) Kanbara, H. *et al.*: *Chem. Lett.*, **1986**, 437
38) Batail, P. *et al.*: The Physics and Chemistry of Organic Superconductors, p. 353 (1990), Springer
39) Yamochi, H. *et al.*: *Synth. Metals*, **27** (1988), A479
40) Zhilyaeva, E. I., *et al.*: *Izv. Akad. Nauk USSR, Ser. Khim.*, **1990**, 1438

重たいセレン原子を含まない代わりに硫黄を8原子をもっている．外側のエチレン基にはπ系はのびておらず，この部分の炭素は分子平面から上下に0.3～0.6Å程度ずれており，かつ激しく熱振動している．この部分の立体障害のため，分子はスタック方向にあまり近づくことができず，結果的に分子の横方向とスタック方向のπ軌道の重なりが同程度となる．このためBEDT-TTF塩は二次元伝導体となる．

非常に多数のアニオンを相手に多様な構造の塩をつくるのがBEDT-TTFの特徴である．これまでに150種以上のカチオンラジカル塩の構造が報告されているが，そのうち超伝導体，および超伝導にはならないが低温まで金属的なものがそれぞれ約10％ずつ，金属・半導体転移を起こすものが20％で，他は室温から半導体的伝導性を示す(表III.6.23)[7]．また同じアニオンかつ同じ組成で構造の異なった多数の相を形成するのもBEDT-TTFの特徴である．たとえば(BEDT-TTF)$_2$I$_3$という組成をもつ塩はα, β, θ, χと呼ばれる4種類が知られているが，このうちα以外の3種類の結晶構造の塩が超伝導となる．このようにギリシャ文字の記号によって異なった結晶構造を区別することが行われている．また異ったアニオンをもつ塩でも類似のドナー配列をもつ塩は同じギリシャ文字で呼ばれている．たとえば，6.4.1の表III.6.19にはχのついた塩が14個あるが，これらはいずれも類似のドナー配列をもった塩であり，χ形という名前がドナー配列の名前として使用されている．

このようにBEDT-TTF塩の結晶構造は非常に多様であるが，代表的なものは次のようにいくつかにまとめられる(図III.6.80, III.6.81)．

1) β-PF$_6$形

"スタック"方向にドナーの長軸が平行でなく，末端のエチレン基を避け合うようにしてスタックしているのが特徴である．この構造は非常に広くみられるが，スタック方向への強い二量化のためにそれと直交する横方向に一次元的であり，室温付近の比較的高い温度で電荷密度波転移する[7]．

2) ClO$_4$形

スタックがなく，分子平面に対して0°, 30°, 60°の方向に隣りの分子がきて，いわば六方格子のような配列をもつ．この構造はサイズの小さいアニオンのときにできやすく，必ず半金属的なバンド構造をもつ．室温で金属的で低温で金属・半導体転移を示すものが多いが，高圧下で超伝導になるものもある．

3) α形

隣り合う"スタック"間でドナーが互いちがいに別の方向に傾いているのが特徴である．この構造のバンド構造は基本的には二次元的であるが，超伝導になるのは(BEDT-TTF)$_2$NH$_4$Hg(SCN)$_4$と，類似の構造をもつθ-(BEDT-TTF)$_2$I$_3$のみである．(BEDT-TTF)$_2$KHg(SCN)$_4$では8K付近で開いたフェルミ面にSDWが立つがこの温度以下でも金属的であり[8]，低温で閉じたフェルミ面によるシュブニコフ-ドハース効果が観測されている(表III.6.24)[9]．

4) β形

従来のTMTSF塩などの構造に最も近い構造をと

6.4 超伝導体

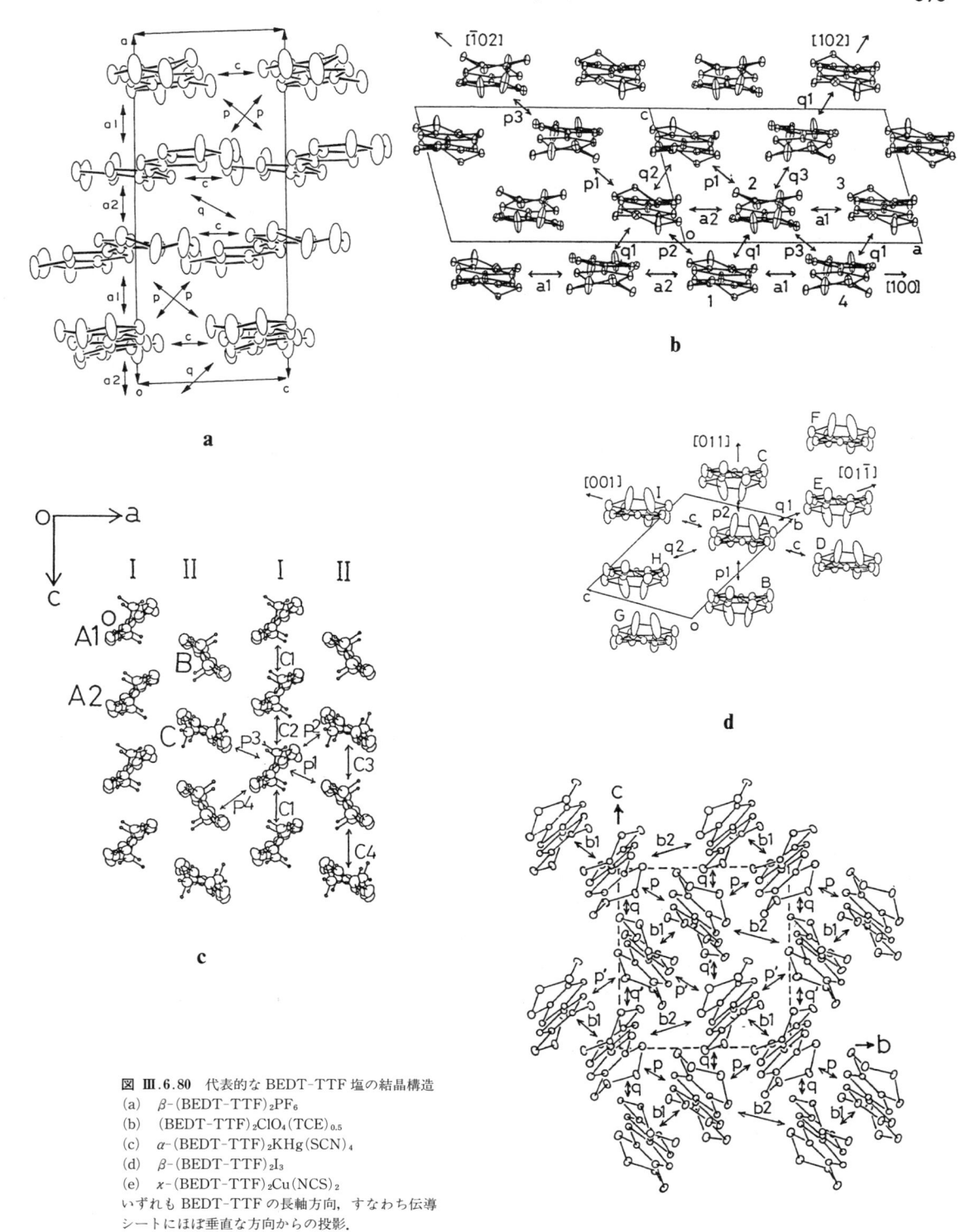

図 III.6.80 代表的な BEDT-TTF 塩の結晶構造
(a) β-(BEDT-TTF)$_2$PF$_6$
(b) (BEDT-TTF)$_2$ClO$_4$(TCE)$_{0.5}$
(c) α-(BEDT-TTF)$_2$KHg(SCN)$_4$
(d) β-(BEDT-TTF)$_2$I$_3$
(e) κ-(BEDT-TTF)$_2$Cu(NCS)$_2$
いずれも BEDT-TTF の長軸方向, すなわち伝導シートにほぼ垂直な方向からの投影.

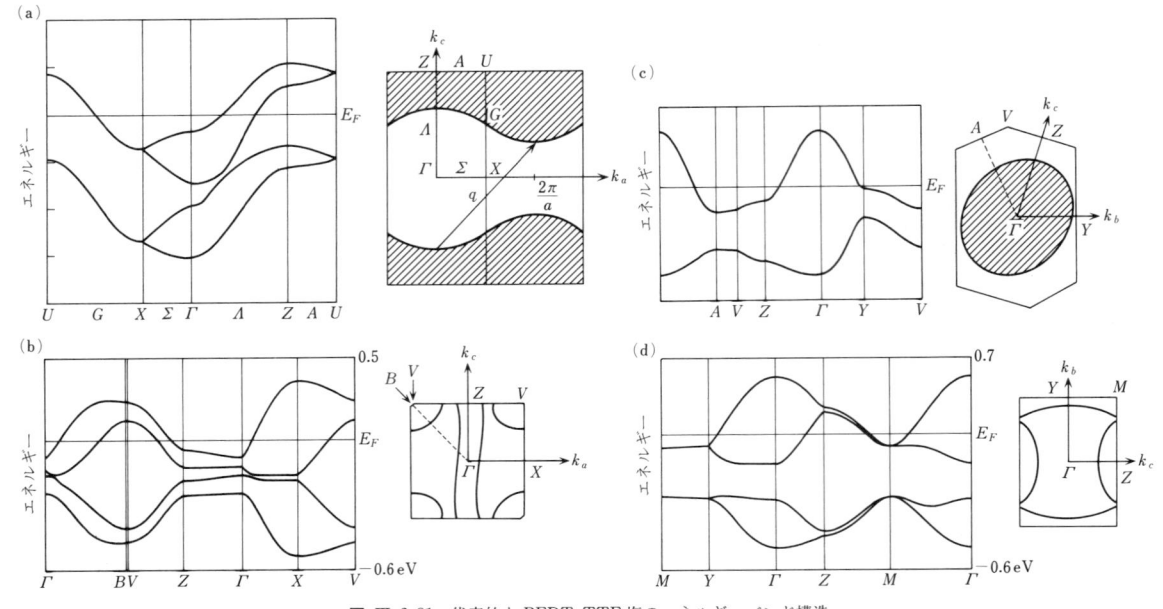

図 III.6.81 代表的な BEDT-TTF 塩のエネルギーバンド構造
(a) β-(BEDT-TTF)$_2$PF$_6$
(b) α-(BEDT-TTF)$_2$NH$_4$Hg(NCS)$_4$
(c) β-(BEDT-TTF)$_2$I$_3$
(d) $\varkappa$-(BEDT-TTF)$_2$Cu(NCS)$_2$
いずれも伝導面内での二次元バンド構造.

表 III.6.24 BEDT-TTF 塩のフェルミ面の断面積 S_{FS}/S_{BZ} の計算値と実験値の比較

化合物	計算	実験	文献
β_H-(BEDT-TTF)$_2$I$_3$	0.5	0.51	1)
β-(BEDT-TTF)$_2$IBr$_2$	(0.50)	0.50	2)
β-(BEDT-TTF)$_2$AuI$_2$	(0.50)	0.40*	3)
$\varkappa$-(BEDT-TTF)$_2$Cu(NCS)$_2$	0.18(1.0)	0.18(1.0)	4)
$\varkappa$-(BEDT-TTF)$_2$Ag(CN)$_2$H$_2$O	0.17(1.0)	0.17*	5)
$\varkappa$-(BEDT-TTF)$_2$I$_3$	1.0	1.0	6)
(BEDT-TTF)$_2$KHg(SCN)$_4$	0.19	0.16	7)
(BEDT-TTF)$_2$NH$_4$Hg(SCN)$_4$	0.19	0.13	8)
(BEDT-TTF)$_2$TlHg(SCN)$_4$	(0.19)	0.15	9)
θ-(BEDT-TTF)$_2$I$_3$	0.50	0.50*	10)
β''-(BEDT-TTF)$_2$AuBr$_2$	0.043	0.027	11)

* はドハース-ファンアルフェン効果による．その他の実験はシュブニコフードハース効果による．

1) Kang, W., et al.: *PRL*, **62** (1989), 2559
2) Kartstovnik, M. V., et al.: *JETP Lett.*, **48** (1988), 541
3) Parker D., et al.: *Synth. Metals*, **27** (1988), A387
4) Oshima, K., et al.: *RP*, **B38** (1988), 938
5) Oshima, K., et al.: *Synth. Metals*, **56** (1993), 2339
6) Oshima, K., et al.: *Synth. Metals*, **56** (1993), 2334
7) Osada, T., et al.: *PR*, **B41** (1990), 5428
8) Osada, T., et al.: *Solid State Commun.*, **75** (1990), 901
9) Kushch, N. D., et al.: *Synth. Metals*, **46** (1992), 271
10) Tokumoto, M., et al.: *Solid State Commun.*, **75** (1990), 439
11) Pratt, F., et al.: *PRL*, **61** (1988), 2721

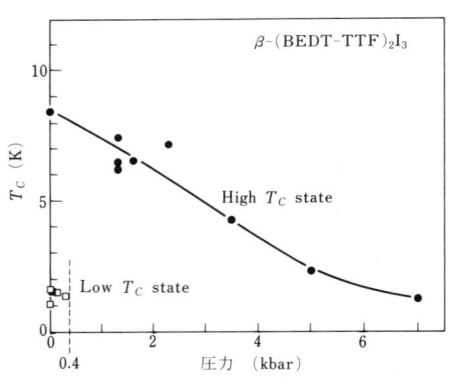

図 III.6.82 β-(BEDT-TTF)$_2$I$_3$ の T_c の圧力依存性
(Murata et al.: *J. Phys. Soc. Jpn.*, **54** (1985), 2084)

るが，スタック内では非常に二量化が強いため，全体として横方向とスタック方向のトランスファーが同程度となり，フェルミ面は典型的な二次元金属のフェルミ面に近い図III.6.81(c)のような円筒状のものとなる．このような円筒状のフェルミ面によるシュブニコフードハース効果も観測されている[10]．

β形は I$_3$，IBr$_2$，AuI$_2$ といった比較的サイズの大きい直鎖状アニオンのときに出現し，これらの塩は超伝導となる．特に β-I$_3$ 塩の T_c は常圧では 1.5K 程度であるが，1.3kbar 程度の低い圧力を加えると突然 $T_c=$ 8K に上昇する（図III.6.82）．これは常圧では BEDT-TTF のエチレン基の乱れが 195K 以下で凍結して長周期構造をつくるため T_c が低く抑えられているが，わずかの圧力でこの長周期が立たなくなるため T_c が上昇するためと考えられている[11]．さらに興味深いこ

6.4 超伝導体

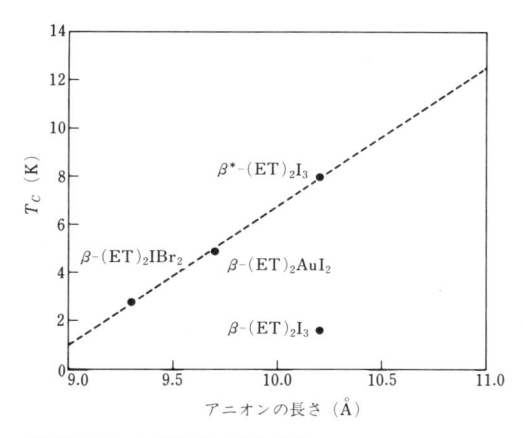

図III.6.83 β-(BEDT-TTF)$_2$X 塩の T_c とアニオン X の長さ[2]

とに，100K 以上を圧力下で冷却した後 100K 以下で圧力をとり去ると，長周期の凍結がおさえられるため常圧 8K の超伝導が出現する[12]．

β 形の塩ではアニオンのサイズが IBr$_2$ < AuI$_2$ < I$_3$ と大きくなるに従って T_c も高くなる（図III.6.83）．これはアニオンが大きくなるのに従って格子体積が増大し，状態密度が増加するためであると考えられている．これはアニオンが小さくなることは圧力をかけたことに相当し，図III.6.82 の相図に従って T_c が下がることに相当している．

5) κ 形

κ 形と呼ばれる塩では図III.6.80(e)のように平行に向きあった二つの BEDT-TTF の二量体が互い違いに井桁状に並んだ構造をとる．この構造で伝導面内での異方性が小さいことは結晶構造からも直観的に明らかである．この塩のバンド構造は図III.6.81(d)のようになる．まず近似的に二次元電子的な（伝導面内で）円形のフェルミ面ができるが，単位格子中の 4 分子に 2 個のホールが存在することからこのフェルミ面の面積は第一ブリルアンゾーンの面積に等しいという要請が生じ，フェルミ面はゾーンの境界 ZM を横切って，隣りのセルの円と重なる．ここで結晶の対称性に従って二つのレベルの縮退が解けるものと解けないものが生じ，前者では円形のフェルミ面が分裂して Z 点を中心とする閉じたフェルミ面と YM にそった開いたフェルミ面が生じる．このようなフェルミ面が存在することはシュブニコフードハース効果からも精密に調べられている[13]．

これまでにつくられた 12 種類の κ 形構造をもつ BEDT-TTF 塩のうち 11 種類で超伝導がみつかっている．この中で κ-(BEDT-TTF)$_2$Cu(NCS)$_2$（T_c=10.4K）と κ-(BEDT-TTF)$_2$Cu[N(CN)$_2$]X, X=Br, Cl, CN（T_c=11.2K, 12.5K（圧力下），10.7K）が有機超伝導体の中で最も T_c の高いグループを形成している．

いくつかの κ 塩では，電気抵抗は 100K 付近まで増大し，ここでピークをつくってからそれ以下で金属的に減少するという奇妙なふるまいを示す（図III.6.84）．

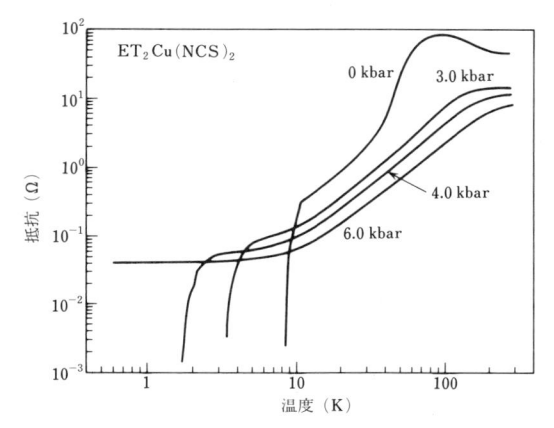

図III.6.84 κ-(BEDT-TTF)$_2$Cu(NCS)$_2$ の電気抵抗率 (Murata *et al.*: *Synth. Metals*, **27** (1989), A 263)

BEDT-TTF 塩の室温導電率は，一般に 20～100 S cm^{-1} のものが多く，TMTSF 塩が 500 S cm^{-1} 程度の値を示すのに対して約 1 桁低い．しかしながら伝導面内の異方性は小さく，金属的伝導性を示すものでは面内異方性がほとんどないものが多い．二次元的な電子構造を反映して光学反射スペクトルには伝導面にそった二つの方向の偏光についてドゥルーデ的なスペクトルがみられる（図III.6.85）．しかし単純にデュルーデ的ではなく，2000～3000 cm^{-1} の領域に伝導度スペクトルにピークをつくることがしばしばみられる．これは，二量体的構造が存在する場合，バンド間遷移が重要になってくるためと解釈されている．主な超伝導体の臨界磁場とコヒーレント長を表III.6.25 に示したが，面内の異方性が非常に小さいため，$H_{c2\parallel}$，$\xi_\parallel$ などと表してある．面内のコヒーレンス長が数百 Å であるのに対し，面に垂直方向のコヒーレンス長は 10～30 Å で格子間隔のオーダーである．

電子比熱の値はいくつかの塩について 20～25 mJ/mol K という値が報告されており，TMTSF 塩の場合の約 2 倍である．T_c での比熱のとびやトンネルスペクトルからのエネルギーギャップの値についてはまちまちの値が報告されており一致をみていない[2]．

同位体効果については，エチレン基の H を D に置換したものについては T_c が D 体の方が高くなる逆同位体効果を示す場合が多く報告されているが，逆の場

(a) β-(BEDT-TTF)$_2$I$_3$

(b) θ-(BEDT-TTF)$_2$I$_3$

(c) κ-(BEDT-TTF)$_2$I$_3$

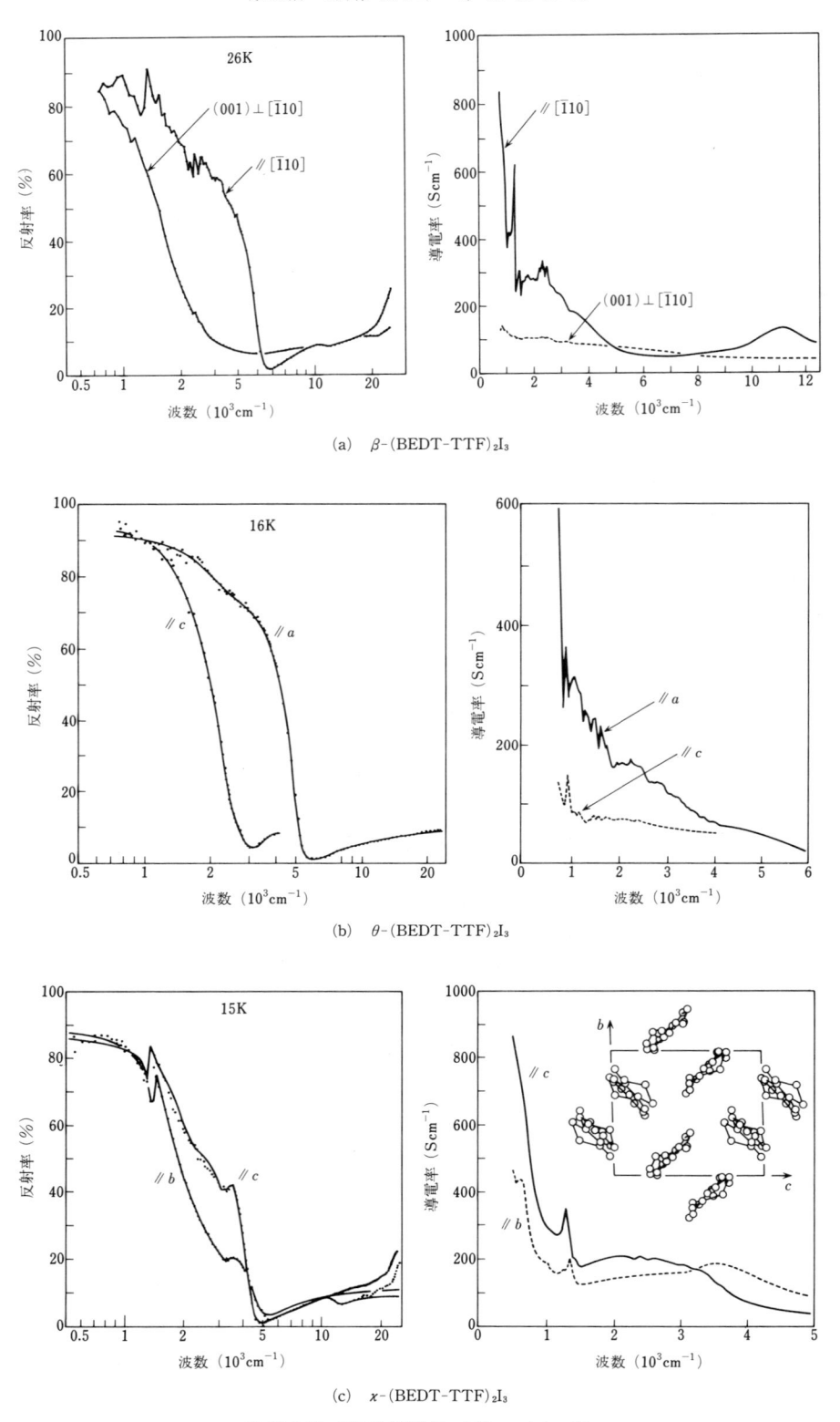

図 III.6.85　BEDT-TTF 塩の反射スペクトル(1)

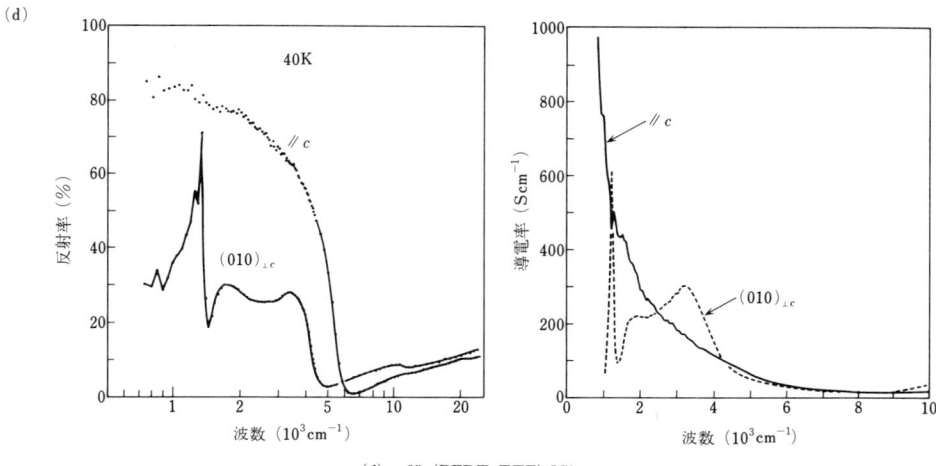

(d) β''-(BEDT-TTF)$_2$ICl$_2$

図 III.6.85 BEDT-TTF 塩の反射スペクトル(2)
(Kuroda, H. et al.: *Synth. Metals*, **27** (1988), A 491)

表 III.6.25 主な BEDT-TTF 超伝導体の臨界磁場 H_{c1}, H_{c2} とコヒーレント長 ξ

	$H_{c2//}(0)$ [T]	$H_{c2\perp}(0)$ [T]	$\xi_{//}$ (Å)	$\xi_{\perp}$ (Å)	$H_{c1//}$ [mT]	$H_{c1\perp}$ [mT]	文献
β_L-(BEDT-TTF)$_2$I$_3$	1.78	0.08	626	28	0.09	0.36 (0.12 K)	1,2)
β_H-(BEDT-TTF)$_2$I$_3$	25.0	2.0	128	10			3)
β-(BEDT-TTF)$_2$IBr$_2$	3.22	0.13	503	20	3.9	16.5 (0.5 K)	4,5)
β-(BEDT-TTF)$_2$AuI$_2$	6.63	0.51	254	20	4.0	20.5 (1.2 K)	5)
χ-(BEDT-TTF)$_2$I$_3$	6.8	0.26	256	14			6)
χ-(BEDT-TTF)$_2$Cu(NCS)$_2$	19.0	1.0	182	9.6	1.5	4.5 (4.2 K)	7,8)
χ-(BEDT-TTF)$_4$Hg$_{2.89}$Br$_8$	5.6	0.28	343	17			9)

1) Tokumoto, M. et al.: *J. Phys. Soc. Jpn.*, **54** (1984), 869
2) Schwenk, H. et al.: *PR*, **B31** (1985), 3138
3) Murata, K. et al.: *Synth. Metals*, **13** (1986), 3
4) Tokumoto, M. et al.: *J. Phys. Soc. Jpn.*, **54** (1985), 1669
5) Schwenk, H. et al.: *PR*, **B34** (1986), 3156
6) Kajita, K. et al.: *Solid State Commun.*, **64** (1987), 1279
7) Oshima, K. et al.: *J. Phys. Soc. Jpn.*, **57** (1988), 730
8) Sugano, T. et al.: *CL*, **1988**, 1171
9) Lyubovskaya, R. N. et al.: *JETP Lett.*, **46** (1987), 188

合も存在する．中には D 体の方が T_c が 20% も高くなる例も報告されている．しかし D 置換の効果については格子体積の変化や水素結合の変化などによる影響が大きいと考えられている（表III.6.26）．中心の C を ^{13}C に変えたものについては，β 塩について大きな変化があるという報告と，χ 塩についてまったく変化がないという報告とがある[14)]．

NMR の T_1^{-1} 測定では，二次元性が強いために磁束の凍結に伴うピークが T_c の半分程度の温度に観測され，T_c での異常は観測されていない．磁化や μSR から侵入長の温度変化を見積る測定がいくつものグループによって行われているが，通常の等方的な超伝導に合うという結果と合わないという結果が得られており，活発な議論が続いている[15)]．

6.4.4 その他の有機超伝導体

TMTSF の半分と BEDT-TTF の半分とをつなげた非対称の DMET 塩で，6 種類の超伝導体がみつかっている．DMET 塩の構造はどちらかというと TMTSF 塩に近い一次元的なもので，Au(CN)$_2$, AuCl$_2$, AuI$_2$ の塩では実際 SDW の出現が報告されている．χ-(DMET)$_2$AuBr$_2$ は例外的に χ 形構造をもつ二次元金属で，T_c も一番高い．

やはり非対称ドナーの χ-(MDT-TTF)$_2$AuI$_2$ でも

表 III.6.26 有機超伝導体における H → D 置換による同位体効果

化合物	$T_c(D) - T_c(H)$ [K]
(TMTSF)$_2$ClO$_4$	−0.13
β_L-(BEDT-TTF)$_2$I$_3$	+0.28
χ-(BEDT-TTF)$_2$Cu(NCS)$_2$	+0.6
χ-(BEDT-TTF)$_2$Cu[N(CN)$_2$]Br	−0.8
χ-(BEDT-TTF)$_2$(CN)[N(CN)$_2$]	+1.1
χ-(BEDT-TTF)$_2$Ag(CN)$_2$H$_2$O	+1.0

(Mori, H. et al.: *Synth. Metals*, **56** (1993), 2437)

常圧超伝導がみつかっているが，この塩も κ 形構造をとる．BEDT-TTF 以外のドナーで，このほかにも κ 形構造に近い構造をとる塩がいくつか存在するが，二量体間の重なり方が真上に重なっているといった若干の構造上の相違があるためか，超伝導にはならない．

BEDT-TTF の片方のエチレン上の H のうちの 2 個をメチルに置換した分子が DMBEDT-TTF である．この分子では，エチレン炭素が不斉中心となるため，いくつかの異性体が存在するが，S,S-体という単独の異性体のみを用いて ClO_4 塩をつくると超伝導になることが知られている．

BEDT-TTF の外側の六員環の S を O に代えた BEDO-TTF の塩は低温まで金属的になるものが多いが，2 種類の塩で 1 K 級の超伝導がみつかっている．

金属 dmit の塩は通常高圧下でしか超伝導にならないが，アクセプター型の超伝導体が他に存在しない点で重要である．このうち $(TTF)[Ni(dmit)_2]_2$ は図 III.6.86 のように TTF と $[Ni(dmit)_2]$ が分離積層型のカラムを形成しており，TTF ではほぼ +1 となっているため，$[Ni(dmit)_2]$ のカラムが主に伝導に寄与している．同じく $(CH_3)_4N[Ni(dmit)_2]_2$ などのアンモニウム塩においては，金属 dmit のカラムが伝導性を担っていることは明らかである（図 III.6.87）．

金属 dmit の塩は BEDT-TTF とは異なりいずれも擬一次元的伝導体である．BEDT-TTF の場合には，伝導バンドはほぼ分子の HOMO のみから形成されると考えてよかったが，金属 dmit の場合，特に金属が Pd, Pt と重くなるに従って，HOMO と LUMO 両者の寄与が重要になることが示唆されている[16]．

6.4.5　C_{60} 超伝導体

C_{60} はドナーとしては弱いドナーであるが，電気化

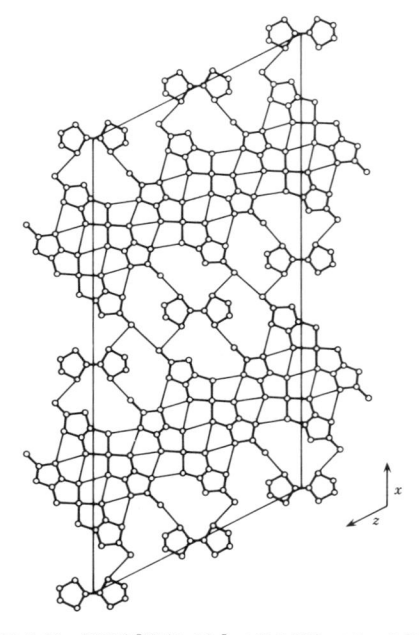

図 III.6.86　$(TTF)[Ni(dmit)_2]_2$ の結晶構造．スタック方向から見た投影
(Brossard, L. *et al.*: *Physica*, **143 B** (1986), 378)

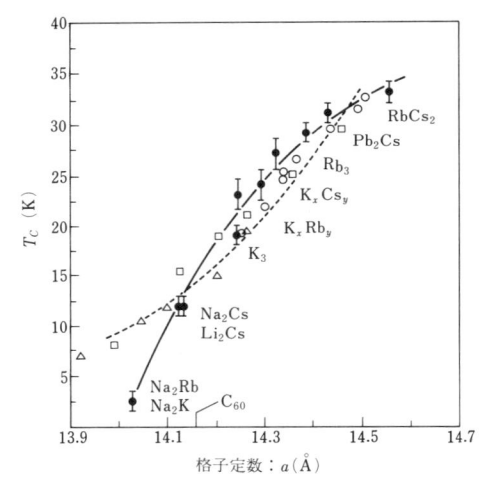

図 III.6.88　C_{60} 超伝導体 M_3C_{60} の T_c と格子定数
(Tanigaki, K. *et al.*: *N*, **356** (1992), 419)

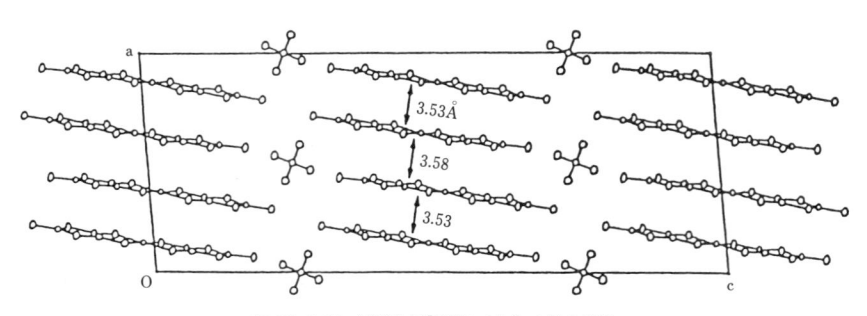

図 III.6.87　$(CH_3)_4N[Ni(dmit)_2]_2$ の結晶構造
(Kim, H. *et al.*: *CL*, **1987**, 1799)

学的に-0.3V付近で還元されることからもわかる通り，かなり良いアクセプターであり，かつLUMOが三重縮退しているため最高C_{60}^{6-}まで還元される．C_{60}を高温でアルカリ金属Mの蒸気にさらすことによってMをドープすることができ，M_3C_{60}の組成で導電率が最大となり，超伝導がみられる．これ以上ドープを続けると構造がfccからbctのM_4C_{60}を経てbccのM_6C_{60}へと変化する．これらの相は半導体である[17]．

アルカリ金属を変えるとさまざまなT_cのものがつくられるが，図III.6.88のように格子定数が大きくなるとT_cも高くなることが知られている．磁化の測定からK_3C_{60}について$H_{c2}(0)=49$T，$\xi=26$Å，$H_{c1}(0)=132$mT，$\lambda_L=2400$Å，$J_c(1\,\text{T})=1.2\times10^5$A/cm^{2}といったパラメーターが見積もられている[18]．またT_cは圧力をかけると$dT_c/dP=-0.63$K/kbar程度のスピードで低下していくことが報告されている[19]．

〔森　健彦〕

参考文献

1) Ishiguro, T., Yamaji, K.: Organic Superconductors (1989), Springer-Verlag, Berlin
2) Williams, J. M. et al.: Organic Superconductors (1992), Prentice Hall, New Jersey
3) 日本化学会編：伝導性低次元物質の化学(化学総説 No. 42) (1983)
4) Garoche, P. et al.: J. Phys. Lett., **43** (1982), L 147
5) Bando, H. et al.: Mol. Cryst., **119** (1985), 41
6) Takigawa, M. et al.: JPSJ, **56** (1987), 873
7) 森：固体物理，**26** (1991) 149
8) Sasaki, T. et al.: Solid State Commun., **75** (1990), 93
9) Osada, T. et al.: PR, **B41** (1990), 5428
10) Kang, W. et al.: PRL, **62** (1989), 2559
11) Leung, P. C. W. et al.: JACS, **107** (1985), 6184
12) Creuzet, F. et al.: J. Physique Lett., **46** (1985), L 1079
13) 大嶋：固体物理，**25** (1990), 229
14) Carlson, K. D. et al.: IC, **31** (1992), 3346
15) Lang, M. et al.: Synth. Metals, **56** (1993), 2401
16) Tajima, H. et al.: Synth. Metals, **42** (1991), 2417
17) Haddon, R. C.: ACR, **25** (1992), 127
18) Holczer, K. et al.: PRL, **67** (1991), 271
19) Sparn, G. et al.: Science, **252** (1991), 1829

第7章

誘電材料

7.1 誘電体材料

7.1.1 誘電機能材料

誘電性の機能材料として強誘電体がある．有機材料としては，フッ素系高分子強誘電体がある．以下，高分子強誘電体の基本特性をまとめる[1]．

a. 強誘電性(ferroelectricity)[2]

物質の電気的性質について，図Ⅲ.7.1のように分類することができる[3]．物質が対称心をもたない場合，この物質は圧電性をもつことができる[*1]．さらに，物質が極性をもつとき焦電性をもつ．この分極が電場によって反転するとき，強誘電性をもつという．強誘電性が実現するためには，安定な双極子が平行に配列し(自発分極)，かつそれらが電場によって反転しなければならない．低分子強誘電体においては，クーロン相互作用が自発分極の安定化に影響することが多いが，高分子強誘電体の代表であるフッ化ビニリデン系高分子では，分子鎖のパッキングすなわちファン・デル・ワールス相互作用が支配的である(表Ⅲ.7.1)[4]．高分子結晶の自発分極は，パッキングのエネルギーが最小になるようなコンフォメーションをとったときに，分子鎖に存在する双極子が互いに打ち消さないとき現れる．高分子中の双極子としては，C-F, C-CN, N-H, C=O などが大きなモーメントをもっており，これらが打ち消さないような結晶構造をとるものは，自発分極をもつことになる．ファン・デル・ワールス力は，凝集力としては弱い反面，原子間距離が小さくなると強い反発が起こる．したがって，分子が密にパックした結晶内で分子鎖が回転することはたやすいことではなく，それを可能にするような機構が必要であると考えられる．

実際の系では，試料作成直後にはマクロな分極をもたない．特に多結晶性の試料の場合には，結晶軸がランダムに配向しているため，これを電場によってそろえる操作が必要である．これをポーリング(poling)と呼ぶ．高分子強誘電体には，この操作によって非極性結晶から極性結晶に転移し，強誘電性が出現するものもある．

b. 分極反転(polarization reversal, switching)

電場によって分極が反転することは，交流電場 E に

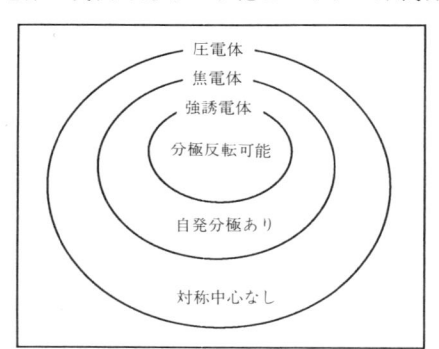

図Ⅲ.7.1 物質の電気的性質

表Ⅲ.7.1 PVDFの相互作用エネルギー(kcal/mol)

	α 相	β 相
分子内相互作用	−0.48	−1.46
van der Waals	−1.19	−1.57
静電的相互作用	0.71	0.11
分子間相互作用	−5.25	−4.57
van der Waals	−5.06	−4.44
静電的相互作用	−0.19	−0.13
合　計	−5.73	−6.03

(Polym. J., **3**(1972), 591)

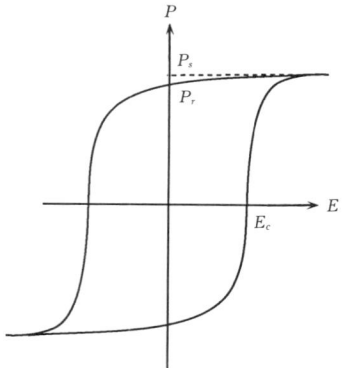

図Ⅲ.7.2 P-E ヒステリシス
$P=0$ となる電場 E_c を抗電場，$E=0$ における分極 P_r を残留分極，E が十分大きいときの P を $E=0$ へ外挿した値 P_s を自発分極と呼ぶ．

[*1] 点群 O-432 を除く．

対する分極 P の変化を調べる P-E ヒステリシス(hysteresis)の測定によって示される(図III.7.2). これから抗電場(coersive field)E_c, 残留分極量(remnant polarization)P_r, 自発分極量(spontaneous polarization)P_s が求められる. 高分子強誘電体では抗電場は非常に高い. したがって, 絶縁破壊強度が十分高いことが必要である. また高分子物質は, 結晶と非晶の混合系であるため, 結晶のもつ自発分極に対しマクロに得られる分極量は小さい. さらに界面に現れる電荷のために, 外場ゼロにおいても結晶中に反電場(depolarization field)が生じるため, P_r は P_s より小さくなる(図III.7.3)[5,6]. 結晶化度が低い場合には, この効果のため分極形成が阻害され, 強誘電性が失われると考えられる.

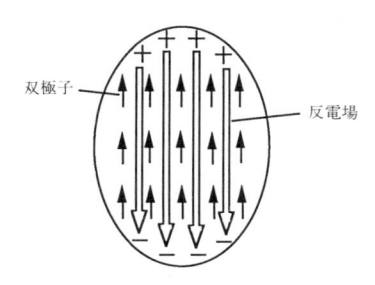

図 III.7.3 反電場

分極反転の動的特性は, 階段状電場を加えた際, 試料中に生じる電気変位の時間変化 $D(t)$ を測定するスイッチングの測定から得られる. スイッチング曲線は, D を時間の対数に対してプロットしたもので, D から誘電率, および直流伝導を分離することができる(図III.7.4). さらに, D を時間の対数で微分した $dD/d\log t$ のピークより反転時間 τ_s が求められる. その電場依

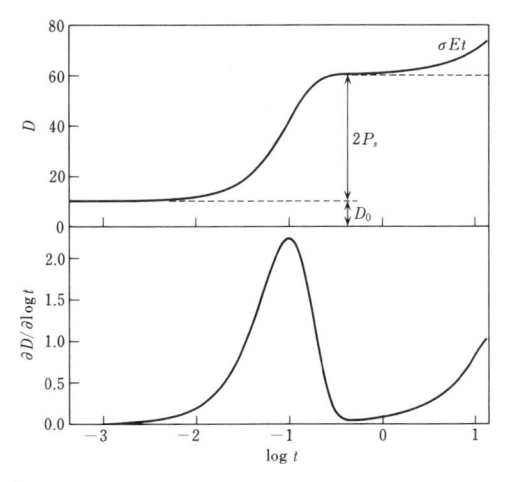

図 III.7.4 スイッチング曲線

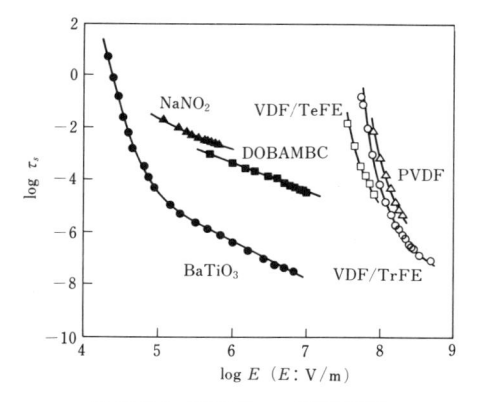

図 III.7.5 反転時間 τ_s の電場依存性[1]

存性を図III.7.5に示す[1]. これは反転時間と電場の両対数プロットで, 直線にのっているものは冪乗則に従うことを示す. 通常の強誘電体と比較すると, 高分子強誘電体では反転に高い電場が必要であることがわかる. これらは指数則に従うため, このプロットでは曲線上にのっている(図III.7.22参照).

自発分極の外部から加えた電場による反転は, 反転分域(ドメイン domain)の核生成-成長(nucleation and growth)過程によって進行する. 高分子では, 分子鎖方向に薄い板状結晶(ラメラ晶)が積み重なった高次構造をとるため, 反転分域はラメラ内を二次元的に成長すると考えられる(図III.7.6).

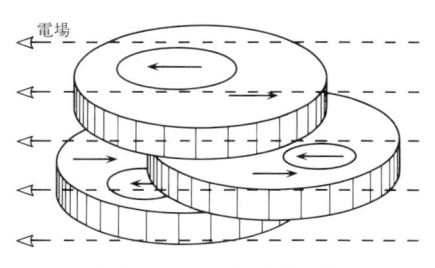

図 III.7.6 ラメラ中の分極反転
ラメラ内に核生成した反転分域が成長する.

c. 強誘電相転移

強誘電相(ferroelectric phase)は, 一般に温度をあげると相転移を起こし自発分極が失われ, 対称中心をもつ常誘電相(paraelectric phase)になる. この相転移温度をキュリー点(Curie point, Curie temperature)と呼ぶ. 自発分極が失われる機構として, i)双極子の方向が乱れてマクロな分極がなくなる秩序-無秩序型(order-disorder type), およびii)双極子を構成している正負の電荷中心がそれぞれ変位して一致し, 双極子能率がなくなる変位型(displacive type)の二つが知られている(図III.7.7)[7]. 高分子強誘電体の場合, キュ

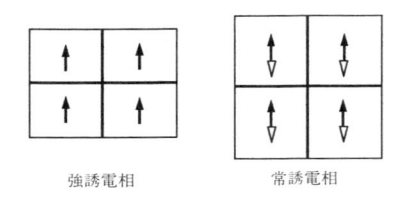

(a) 秩序-無秩序型（常誘電相では，双極子の向きはランダム）

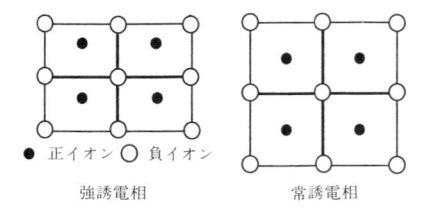

● 正イオン ○ 負イオン

(b) 変位型（常誘電相では，正負の電荷中心は一致）

図 Ⅲ.7.7 強誘電相転移の機構による強誘電体の分類

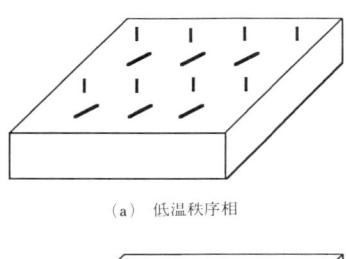

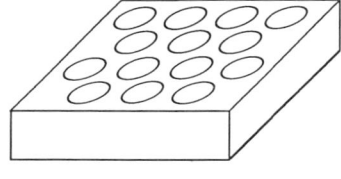

(a) 低温秩序相

(b) 高温相

図 Ⅲ.7.8 無秩序相への構造相転移

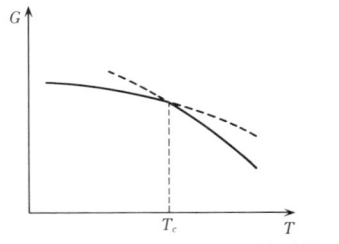

(a) 一次相転移（交点で二つの直線の傾きが異なる）

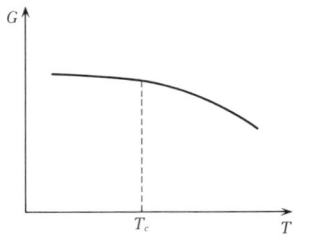

(b) 二次相転移（交点で二つの曲線が接している）

図 Ⅲ.7.9 相転移の次数と自由エネルギー曲線

リー点は秩序-無秩序転移の性格が強い．高分子結晶には，低温秩序相から分子鎖のコンフォメーションが乱れる高温相への相転移を起こすものがある．これは，高分子結晶の大きな異方性のため，まず分子鎖方向の秩序が乱れるもので（図Ⅲ.7.8），ポリエチレンの回転相などにも例が見られる．このコンフォメーションの乱れによって双極子がランダムに配向し，対称性が上がるため自発分極が失われる．

強誘電相転移には，一次相転移（first-order transition）であるものと，二次相転移（second-order transition）であるものがある[8]．熱力学的には，二つの相の自由エネルギーの温度変化曲線を考え，それらの交点において，より自由エネルギーの低い相への転移が起こると考えられる（図Ⅲ.7.9）．一次転移は，自由エネルギーの一次導関数（分極，比体積，エントロピーなど）が転移点で不連続に変化するもので，潜熱を伴う．構造が不連続的に変化するために，母相中に新しい相が核生成することで転移が始まる．核が小さいうちは，その表面自由エネルギーのために不安定であり，ある程度大きな核がゆらぎによってできなくては転移が始まらない．このような核ができる確率は，両相の自由エネルギーの差がある程度大きくないと小さい．したがって，両相の自由エネルギーが等しくなる熱力学的転移点では相転移は起こらず，過熱，過冷却が起き，ヒステリシス（熱履歴）が観測される．二次転移は，一次導関数は連続であるが，二次導関数（誘電率，比熱，熱膨張率など）が転移点で不連続になるものである．ヒステリシスを伴わない．図Ⅲ.7.10に一次転移，二次転移の転移挙動をまとめる．

高分子強誘電体の強誘電相転移では，構造変化のほか，残留分極の消失，潜熱，誘電率・比熱の異常などが観測されている．混合系のため，転移挙動は必ずしも明瞭ではないが，一次転移性が強いと考えられる．

d. 強誘電体の機能性

強誘電体は，大きな誘電率をもつ．このほか圧電体，焦電体でもあるため，各種のセンサーとして実用化されている．圧電性，焦電性については，Ⅲ.7.3節，Ⅲ.7.4節で詳しく述べる．ここでは，強誘電性を利用した記録媒体について触れる．強誘電体は，二つの安定な向きをもち，電場によってその向きが変えられる．したがって分極がどちらを向いているかによって情報

7.1.2 フッ化ビニリデン系高分子

1969年，ポリフッ化ビニリデン (poly(vinylidene fluoride), PVDF) に大きな圧電性が見いだされ，その後，強誘電体であることが明らかにされてきた．さらに，フッ化ビニリデン (VDF) とトリフルオロエチレン (trifluoroethylene, TrFE)，テトラフルオロエチレン (tetrafluoroethylene, TeFE, TFE) などとのランダム共重合体において，より優れた電気的特性が得られたほか，キュリー点の存在が見いだされた．これらの共重合体の物性は，各モノマーのモル分率によって異なっている．P(VDF-TrFE) では，VDF 分率50%以上のものについて，強誘電性が認められる．また50～80%のものについてキュリー点が存在する．また，P(VDF-TeFE) についても，70～80%程度のVDF分率のものについて，強誘電性が認められる．

a. 構造[9]

VDF基，TrFE基，TeFE基を図III.7.12に示す．PVDFは，いくつかの結晶多形をもち，結晶化の条件によって異なった結晶形をとり，機械的，電気的処理によって，結晶変態を起こす．結晶構造を図III.7.13に[10]，これらの関係を図III.7.14に示す[9]．通常最も安定な結晶形は，α 相（II形）と呼ばれる結晶で，TGTG′コンフォメーションをとった分子鎖が反平行にパッキングした構造である．β 相（I形結晶）は，分子鎖がTT（平面 zigzag）コンフォメーションをとり，平行にパッキングしたものである．γ 相（III形結晶）は，T_3GT_3G' コンフォメーションをとって平行にパッキングしたものである．ポーリング処理によって，α 相の分子鎖が反転して平行パッキングをとった δ 相（IV形，II_p 形，α_p 相）が現れるが，電場が十分強いとさらに β 相に転移する．極性をもつ結晶形は，β 相，γ 相，δ 相であるが，最も双極子能率が大きく，強誘電性が確認されているのは β 相である．市販されているPVDFでは，結晶化度は最大50%程度にしかできない．これは，重合連鎖中にわずかに存在する頭頭尾尾結合のために結晶化

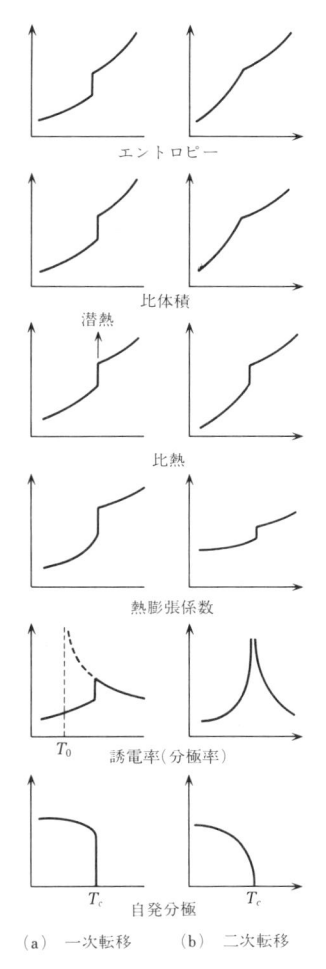

図 III.7.10 相転移に伴う熱力学変数の変化

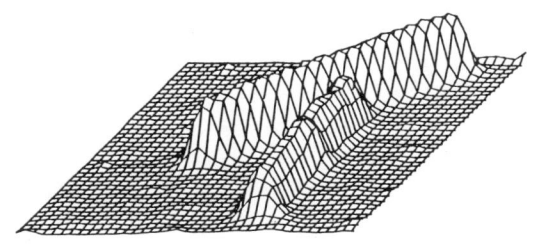

図 III.7.11 強誘電高分子フィルムに記録した文字を読み出した結果（ステップ：10μm）

を記録することができる．あらかじめ分極させた強誘電フィルムに，常温では分極が反転しない程度の逆電圧をかけておき，ここにレーザーを照射して局所的に温度を上げると，その部分だけが分極を反転する．こうして書き込んだ情報は，やはりレーザーを照射して焦電応答の符号として読み出すことができる（図III.7.11）．

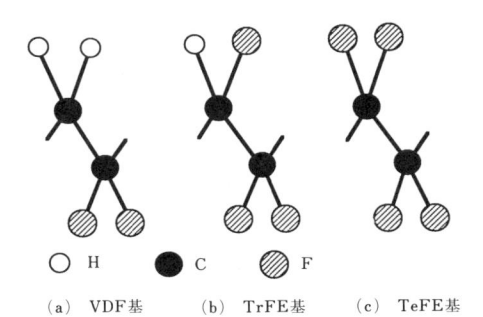

図 III.7.12 VDF，TrFE，TeFE基

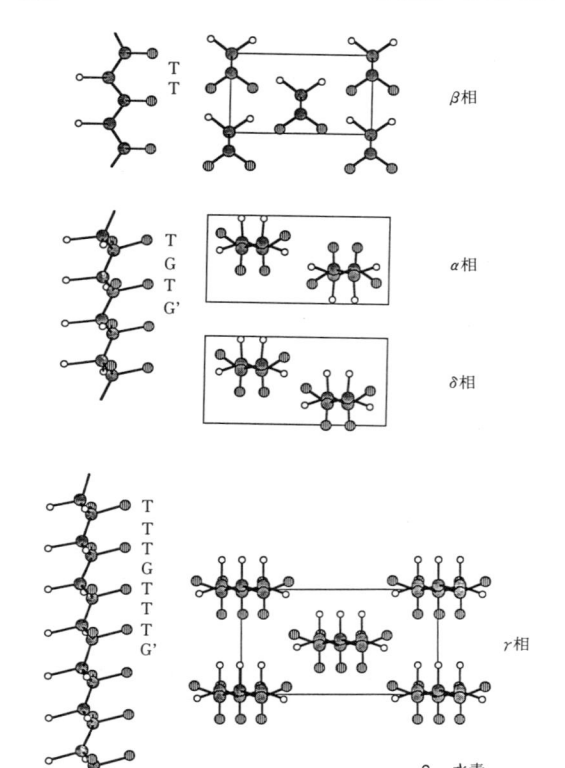

(a) コンフォーメーション　(b) パッキング

図 III.7.13　PVDF の結晶構造

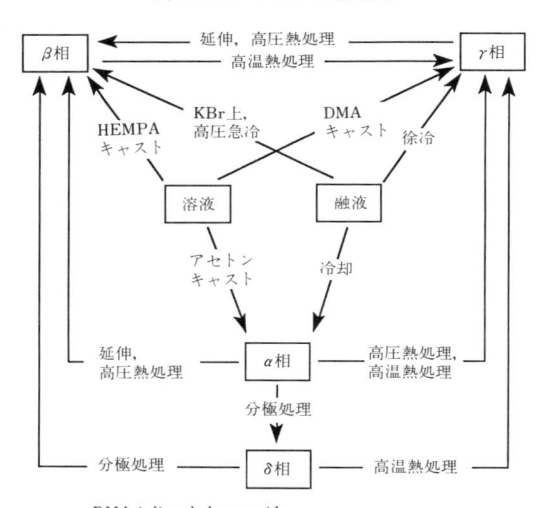

DMA : dimethylacetamide
HEMPA : hexamethylphosphoric triamide

図 III.7.14　PVDF の各相の関係[9]

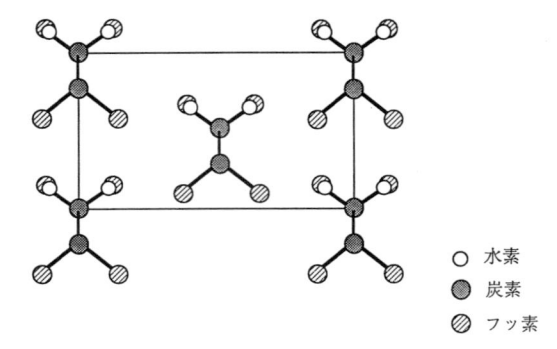

図 III.7.15　P(VDF-TrFE)VDF 55mol% の低温相の結晶構造

に置きかわったフッ素のファンデルワールス半径が大きいために，α 相の TGTG′ コンフォメーションではフッ素原子どうしのぶつかりが起こるためと考えられる．このため極性結晶が得られるうえ，パッキングがルーズなため，分極反転が容易なものと思われる．また，ランダム共重合体であるにもかかわらず，結晶化度は 90% 以上になる場合もある．これらの共合重体は，融点以下で構造相転移を起こし，コンフォメーションが乱れた高温相が現れる．この構造を図III.7.16に示す[11]．この相は，自発分極をもたない常誘電相である．

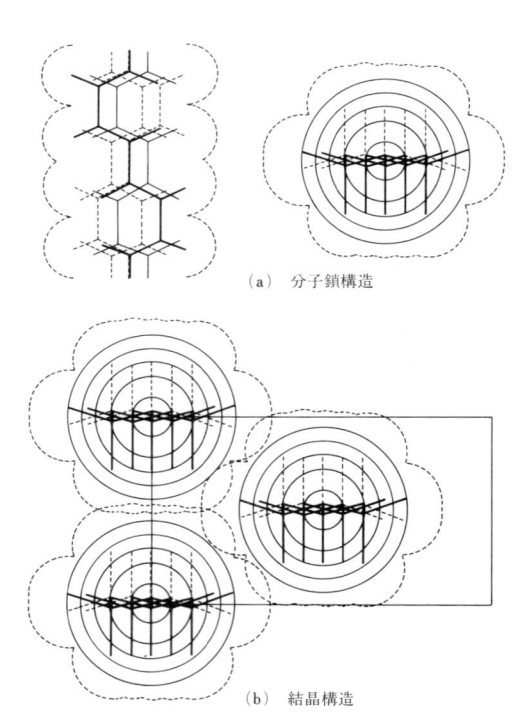

(a) 分子鎖構造

(b) 結晶構造

図 III.7.16　P(VDF-TrFE)VDF 55mol% の高温相[11]
T_3GT_3G'，TGTG′ の規則連鎖が統計的に組み合わされている．

阻害されるためと考えられる．

VDF と TrFE，TeFE の共重合体は，PVDF の β 相と同様の結晶構造をとる（図III.7.15）[11]．これは，水素

b. 自発分極

自発分極量 P_s, 残留分極量 P_r は, 分極反転の実験から測定される. D-E ヒステリシスから P-E 曲線を求める際, 反転に伴い誘電率が大きく変化するため, このことを考慮する必要がある. 図Ⅲ.7.17 に誘電率の変化と D-E ヒステリシス, およびそれらから求めた P-E 曲線を示す[12]. このようにして求めた P_r は試料の結晶化度に依存する(図Ⅲ.7.18)[13]. 結晶化度が低いものでは P_r は小さいが, 熱処理によって結晶化度をあげると, 結晶化度に比例した P_r が現れる. 各VDF分率の共重合体について, 得られた最大の P_r を図Ⅲ.7.19 に示す[1]. PVDFについては, 結晶化度が低いことから値が低い. VDF 分率 60%~80% のものでは, 高い結晶化度の試料が得られるため, P_r は大きくなっている. VDF 分率が低いものについては, 強誘電性が

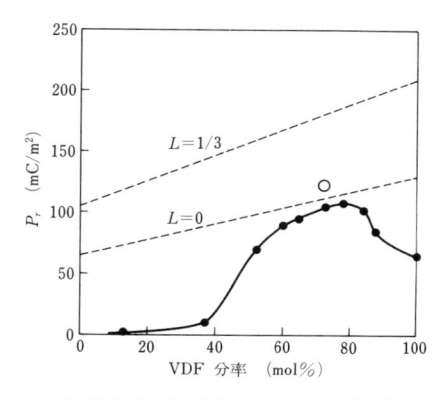

図 Ⅲ.7.19 残留分極の VDF 分率依存性[1]
●: 実験で得られた最大の値, ○: 結晶化度 100% へ外挿した値. 破線は結晶化度 100% の試料について, ローレンツ因子 $L=0$ および $1/3$ の場合についての計算値.

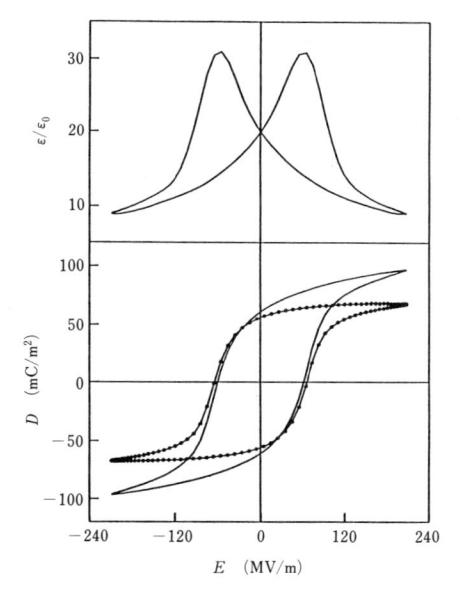

失われてゆくため, P_r が小さい. 局所場の効果を無視して, コンフォメーションとパッキングから計算される PVDF の自発分極量は $130\,\mathrm{mC/m^2}$ である. これを各 VDF 分率のものについて求めたものが $L=0$ の破線で示してある. 一般に結晶中では, 局所的な電場は外場と異なっている. 局所場を分極 P に比例するとしたローレンツ場 $E_{loc}=LP/\varepsilon_0$ の形として導入し, 点双極子が立方対称に分布しているとした $L=1/3$ の場合の P_r も破線で示してある[14]. さらに VDF 73% のものについて, 図Ⅲ.7.18 から結晶化度 100% へ外挿して求めた P_s を示したが, これは $L=0$ の値に近く, 局所場の効果が小さいことを示している. 計算による局所場の評価でも, $L=-0.007$ となり非常に小さい[15]. このように, これらの高分子では静電的相互作用は打ち消し合っており, 高い結晶化度においては, 分子鎖のもつ双極子能率が有効に自発分極に寄与する.

図 Ⅲ.7.17 ε-E, D-E ヒステリシスループ(実線)およびそれから計算した P-E ヒステリシス(黒丸)[12]

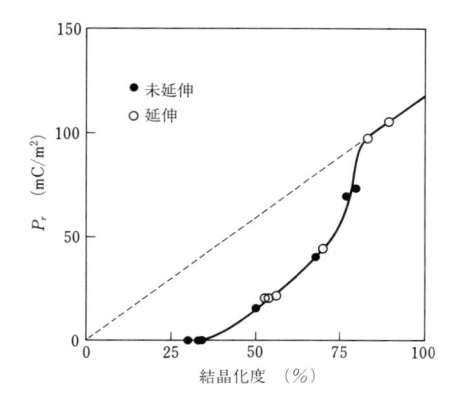

図 Ⅲ.7.18 残留分極の結晶化度依存性[13]

c. 分極反転

図Ⅲ.7.20 に D-E ヒステリシス曲線を示す[1,16]. 加える電場の振幅にしたがってループが成長してゆき, ある程度電場が強くなると飽和して, 一定の抗電場, 残留分極を与える. PVDF に比べ, P(VDF-TrFE)(VDF 65%)では, よりシャープな反転を示す. 図Ⅲ.7.21 にスイッチング曲線を示す[1]. これらの曲線は,

$$D=\varepsilon E+2P_r\left[1-\exp\left\{-\left(\frac{t}{\tau_s}\right)^n\right\}\right]$$

でよく表せる. ここで, ε は誘電率, τ_s は反転時間, n は反転の鋭さを示すパラメーターである. 図Ⅲ.7.22 に反転時間の電場 E への依存性を示す[1]. この図からわかるように, τ_s は指数則

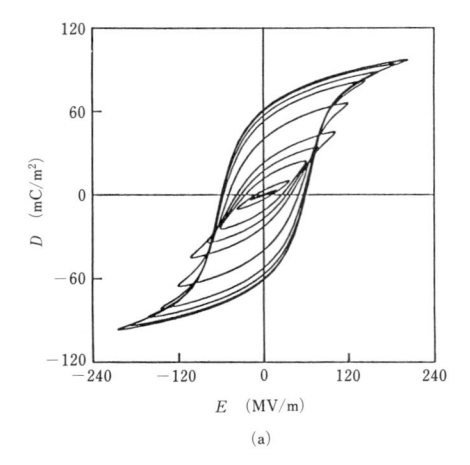

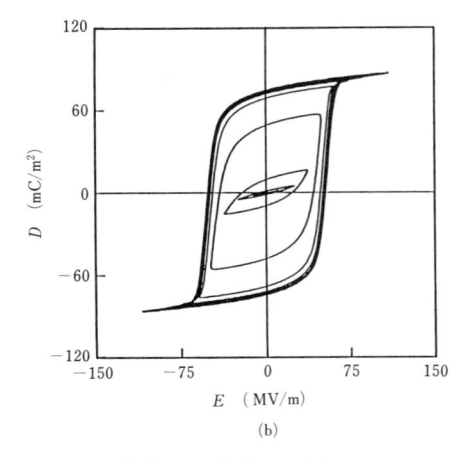

図 III.7.20 D-E ヒステリシス
(a) PVDF(20℃, 1 Hz)[12]
(b) P(VDF-TrFE)VDF 65 mol%(20℃, 10 Hz)[1]

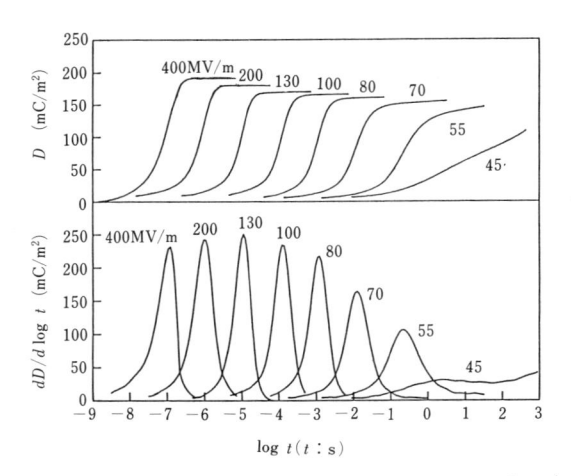

図 III.7.21 P(VDF-TrFE)VDF 65 mol% のスイッチング曲線(20℃)[1]

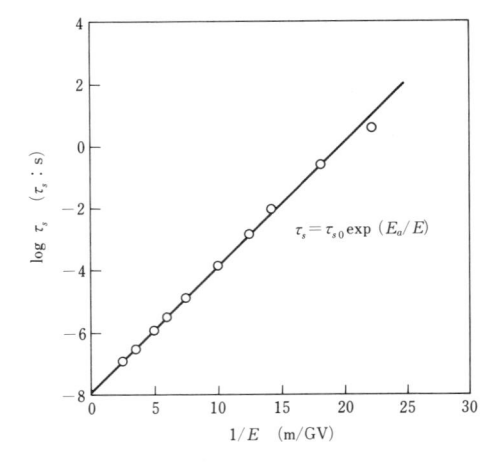

図 III.7.22 反転時間の電場依存性(P(VDF-TrFE)VDF 65 mol%)[1]

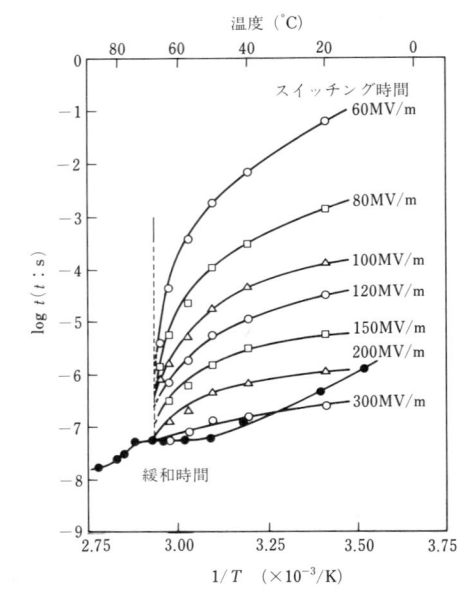

図 III.7.23 反転時間の温度依存性(P(VDF-TrFE)VDF 65 mol%)
誘電緩和の緩和時間も黒丸で示す[17].

$$\tau_s = \tau_{s0} \exp\left(\frac{E_a}{E}\right)$$

に従う.ここで,τ_{s0} は定数,E_a は活性化電場である.
　反転時間の温度依存性を図III.7.23に示す[17].キュリー点で急速に反転時間が短くなり,分子運動の緩和時間に近づく.
　VDF分率が50%より小さいものは,図III.7.24のようなダブルヒステリシスを示す場合があり[18],反強誘電性(antiferroelectricity)を示唆する.反強誘電体とは,単位格子内において二つの双極子が反平行にパッキングしており,電場によって双極子が反転して大

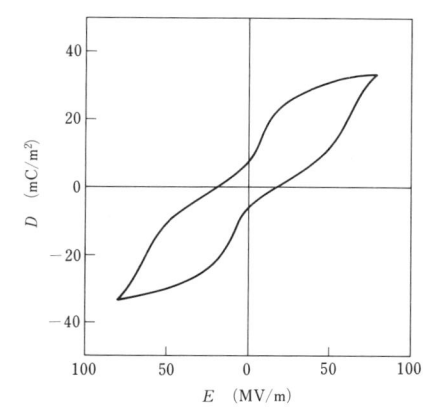

図 III.7.24 P(VDF-TrFE) VDF 37 mol% の D-E ヒステリシス[18]

きな分極をつくるものであるが[19]，これらの共重合体については，その機構ははっきりしていない．

d. 強誘電相転移

図III.7.25 に P(VDF-TrFE) の VDF 分率に対する相図を示す[1]．VDF 分率 50〜80% の範囲で，キュリー点が存在するが，昇温時と降温時で異なる（熱履歴）．VDF 分率がこれより高いと融点と融合して強誘電相転移は現れなくなるが，高圧力下での実験で相転移が見いだされている．VDF 分率が低いところでは，強誘電性は不明瞭であるが構造変化が認められる．図 III.7.26 に昇温に伴う X 線回折の変化を示す[20]．キュリー点の前後で不連続な面間隔の変化が起きている．VDF 分率が 50〜65% のものでは，このほか放冷相と呼ばれる相が降温によって得られるが，これは延伸処理，ポーリングによって低温相に転移する．低温相は，TT コンフォメーションをとった β 相と類似の構造で，分極をもつ強誘電相である．高温相は，ゴーシュを含む統計的に乱れたコンフォメーションであり，分極をもたない常誘電相である．

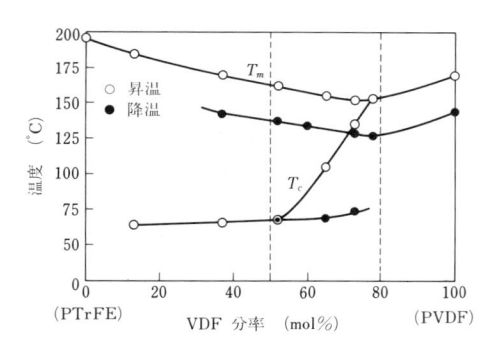

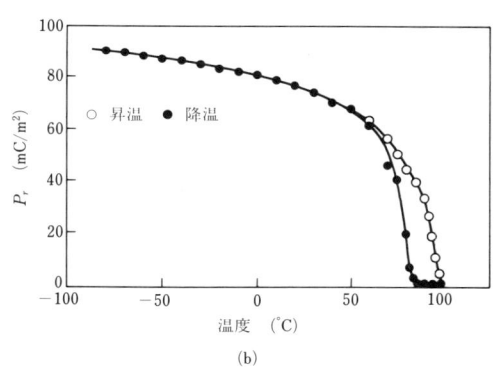

図 III.7.25 VDF 分率に対する相図[1]
○：昇温，●：降温．

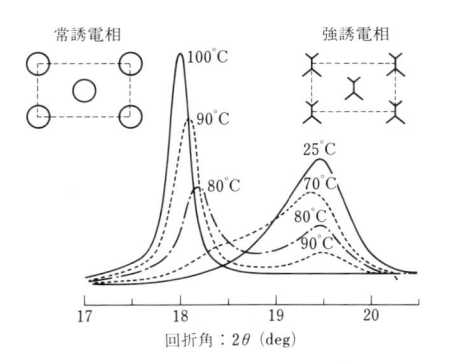

図 III.7.26 昇温に伴う X 線回折の変化[20]

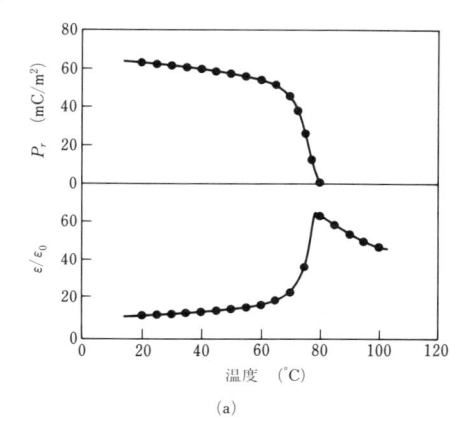

図 III.7.27
（a）VDF 52 mol% の P(VDF-TrFE) の残留分極および誘電率の温度変化[21]
（b）VDF 65 mol% の P(VDF-TrFE) の残留分極の温度変化[1]．○：昇温，●：降温．

図III.7.27 に相転移点における，残留分極量および誘電率の温度変化を示す[1,21]．VDF 65% の結果は熱履歴を示しているが，VDF 52% の結果は熱履歴を示さない．常誘電相の誘電率は，キュリー−ワイス則[22]

$$\varepsilon = \frac{C}{T - T_0}$$

に従うが，T_0 はキュリー点より低く一次の相転移に対

7.1.3 その他の高分子

a. シアン化ビニリデン系高分子

シアン化ビニリデン(vinylidene cyanide)と酢酸ビニル(vinyl acetate)の共重合体(図III.7.28)は,ガラス転移点近傍でのポーリング処理によって大きな圧電性をもつことが見いだされ,強誘電体ではないかと考えられた.この高分子は,シアノ基のために双極子能率をもつが,結晶化せずアモルファス状態のものしか得られない.ガラス転移点 T_g は170℃であり,常温においては分子鎖の運動は凍結されている.したがって,T_g 以上で電場を加えることによって双極子が配向し,その状態が凍結されることによって残留分極を形成したものである.常温においては分極は反転可能ではないが,圧電性が顕著である.ポーリングした状態は,アモルファスではあっても双極子がある程度向きを揃えた状態と考えられる.誘電緩和を測定すると,非常に大きな緩和強度を示す[23].30モノマー程度の双極子が協同的に運動していることが知られている.この共重合体は,分極をもつ状態がとくに安定化された状態とは考えにくく,分極の反転も不可能であり,厳密には強誘電体とはいえない.

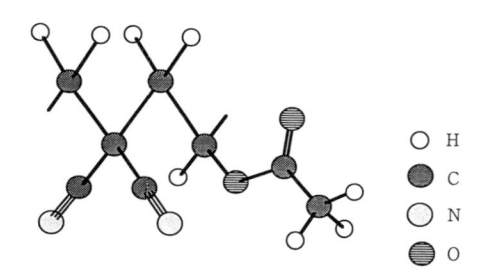

図III.7.28 シアン化ビニリデン-酢酸ビニル共重合体

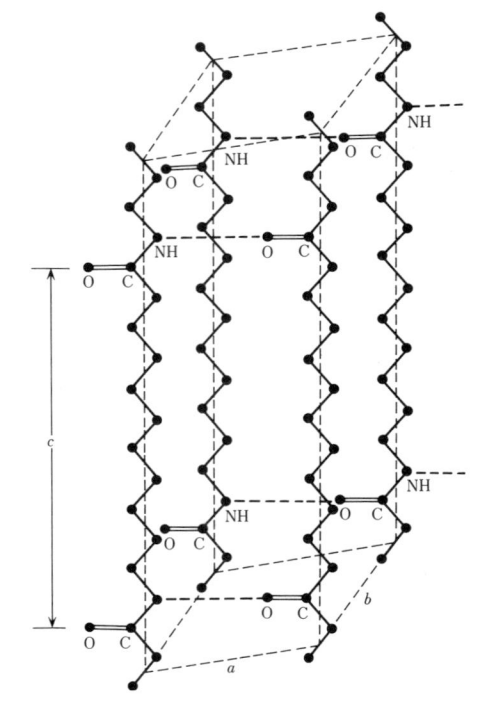

図III.7.29 ナイロン11の結晶構造[24]

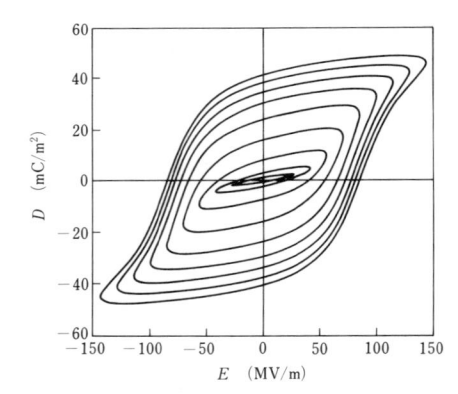

図III.7.30 ナイロン11の D-E ヒステリシス曲線(室温)[26]

b. 奇数ナイロン

奇数ナイロン(nylon, polyamide)は,平面zigzagコンフォメーションをとると,アミド基の双極子が平行に並ぶため,結晶が極性をもつ可能性がある.図III.7.29にナイロン11の結晶構造を示す[24].この構造は極性をもつが,分子鎖間が水素結合で結ばれており,反転することができないと考えられた.ところが,溶融試料を急冷し,冷延伸することによって作製した試料が,D-E ヒステリシスを示し[25],フッ化ビニリデン系高分子と同様のスイッチング特性をもつことが見いだされた[26].図III.7.30は D-E ヒステリシス曲線である.直流伝導のためにやや丸みを帯びてはいるが,明瞭なヒステリシスを示している.図III.7.31にスイッチング曲線を示す.このように,奇数ナイロンは,新しい強誘電体として注目されている.この高分子は,熱処理によって強誘電性を失う.これは,結晶内の水素結合が発達するために分子鎖の反転が阻害されるものと考えられる.このことは,結晶化度の高いものに強誘電性が現れるフッ化ビニリデン系高分子とは対照的である.

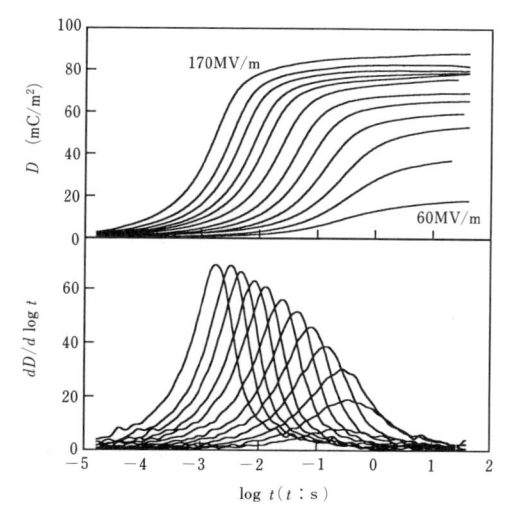

図 III.7.31 ナイロン11のスイッチング曲線(室温)[26]
電場60MV/mから170MV/mまで10MV/mごとの測定値.

7.2 帯電材料

7.2.1 高分子の絶縁機能

絶縁体は，電荷を伝えにくいものであるから，電荷を注入するとこの電荷は長時間保持される．高分子材料の中には，電気絶縁性に優れたものが多く，帯電材料としても用いられている[27]．

a. 高分子の電気伝導機構

高分子に電場 E をかけたときの電流 J は，図III.7.32のように変化する．電場が小さいときは，オームの法則に従うが，電場が大きくなると非線形性が現れ電流が増大する．伝導機構には，電子伝導(electronic conduction)とイオン伝導(ionic conduction)が考えられる．たとえば結晶内の電子伝導は，バンドギャップ中の不純物準位から励起された電子が伝わると考えられるが，高分子では一般に結晶が小さく，結晶間に非晶部分が存在するため，結晶間はホッピング(hopping)によって電子が伝わると考えられる．一方，高分子中に含まれる不純物などのイオンが，準安定なサイト間をホッピングして移動してゆくのがイオン伝導である．いずれにしても，伝導性はキャリヤーの濃度とその移動度(mobility)による．絶縁材料としては，これらを制御することが重要である．

b. 高分子の絶縁特性

高分子が絶縁破壊(dielectric breakdown)を起こす機構にはいろいろあるが，大きく分けると，電子破壊，熱破壊，電気力学的破壊の三つに分けられる[28]．通常，電子伝導は電場によって加速された電子が一定確率で散乱されるために，平均として一定のドリフト速度で移動してゆく．しかし電場が強くなると散乱によってもドリフト速度が一定におさまらず，加速され続けることによって破壊が起こる．これが電子破壊である．このほか，電子の速度があまり大きくなると他の原子をイオン化して，キャリヤーが増加し，電子なだれ(electron avalanche)を起こす破壊も起きる．一方，電気伝導によるジュール発熱のために試料の温度が上昇し，そのため伝導性が大きくなり，さらに多くの電流が流れるのが熱破壊である．試料が電極にはさまれている場合，電圧を加えることによって電極間に引力が働く．この引力は極板間距離が小さくなるほど電場が強くなるため大きくなる．この力が大きくなると，試料の圧縮による弾性力では支えられなくなり破壊する．これが電気力学的破壊である．実際の高分子では，高分子の構造，硬さなどの要因，および熱拡散の程度によって温度とともに破壊電場強度が変化する．

c. 電荷減衰特性

帯電した高分子の表面電位の減衰特性の例を図III.7.33に示す[27]．表面の電位は帯電量に対応する．この例では，PTFE(テフロン)の電荷はほとんど減衰しないことがわかる．さらに図III.7.34に表面電位の温

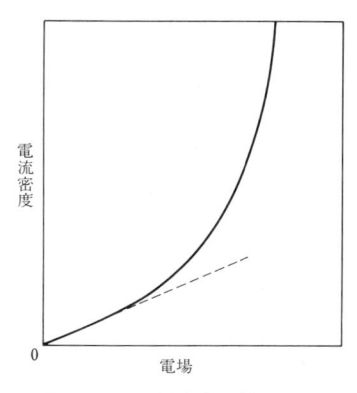

図 III.7.32 電流密度の電場依存性

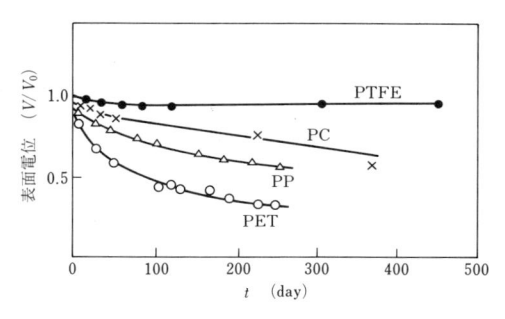

図 III.7.33 表面電位の減衰特性[27]

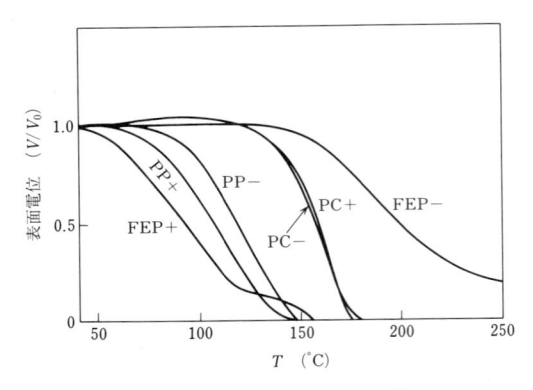

図 Ⅲ.7.34 表面電位の温度変化[27]

度に伴う変化を示す[27]．帯電している電荷の極性によって異なり，FEP は特に負電荷を良く保持することがわかる．

7.2.2 エレクトレット

a. 帯電体とエレクトレット

一般に異なる物質を接触させたのち引き離すと，それぞれの物質は帯電する．これが接触帯電で，それぞれの物質の仕事関数の差から電荷の移動が起こるためである．摩擦によってこの効果が促進される（摩擦帯電）．試料に向けた針状電極でコロナ放電を起こし，生じた電荷で試料を帯電させるコロナ帯電や，高温で直流高電圧をかける方法，電荷を加速して試料に打ち込む電荷注入などもある．

エレクトレット（電石，electret）は，電場をつくる物体である．これは，磁石（マグネット）に対応する概念であるが，単極子の存在しない磁気と異なり電荷の存在する電気ではいくつかの存在形態がある．図Ⅲ.7.35 にエレクトレットの生成機構を示す[29]．それぞれ，(a) 電場によって内部の電荷が分離する場合，(b) 電場によって内部の永久双極子が配向する場合，(c) 電極から電荷が注入され，試料が帯電する場合である．(a)，(b)は極板の電荷と極性の異なる電荷が現れ，ヘテロチャージと呼ばれる．(c)は極板と同じ極性の電荷で帯電し，ホモチャージと呼ばれる．特に(c)の場合は，正または負に帯電した単極の帯電体となることもある．実際のエレクトレットでは，複数の機構が起きている場合があるが，最も長時間安定に存在する形態は(c)の電荷である．

エレクトレットは，内部が均一である場合には，圧電性・焦電性を示さないが，内部に力学的不均一性があるとき圧電性を示す．また熱膨張率の不均一があると焦電性を示す．

b. エレクトレットの作製

電荷の注入のやり方としていくつかの方法がある．(ⅰ) コロナ帯電によって電荷を注入する方法が，最もよく用いられている（図Ⅲ.7.36）．試料の温度をあげることによって電荷の注入が促進され，電荷の安定性もよくなることがある．(ⅱ) 高温において試料に電場をかけ，分極や電荷の注入を起こさせ，その後電場中で温度を下げるとその状態を凍結することができる．(ⅲ) イオンや電子を直接照射して注入する，粒子線照射も行われる．

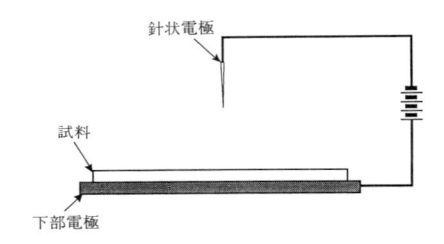

図 Ⅲ.7.36 コロナ帯電装置
針状電極の尖端でコロナ放電が発生し，電離した気体のイオンが試料に注入される．

c. 帯電状態の評価[30]

エレクトレットの帯電状態は，表面の電位に反映される．内部の電荷の分布状態を知る方法として，表面から熱パルスまたは音波を伝播させ，その際の電気信号の時間変化を測定する方法がある（図Ⅲ.7.37）．内部

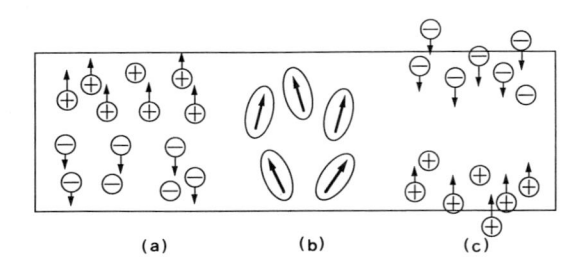

図 Ⅲ.7.35 エレクトレットの生成機構
(a) 内部イオンの移動，(b) 双極子の移動，(c) 電荷の注入．

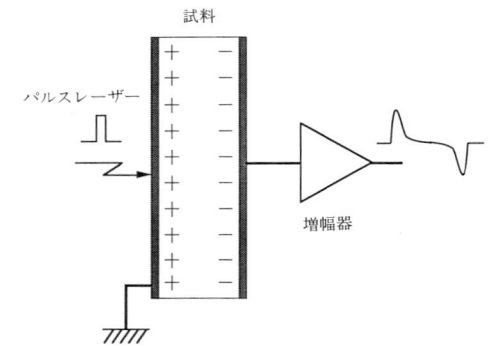

図 Ⅲ.7.37 パルスレーザーによる電荷分布の測定

の電荷がパルスによって変位すると，表面の電位が変化する．パルスの伝播速度を考慮して，信号の時間変化から内部の分布が求められる．

帯電体は，温度の上昇とともに捉えられていた電荷が開放され，また双極子の配向が乱れてくるため，帯電状態が変化する．したがって，エレクトレットの両面に電極を付け，これらを短絡して流れる電流を測定すると，内部の電荷や双極子の束縛状態を知ることができる．これが熱刺激電流(thermally stimulated current, TSC)である．このほか，温度に伴う表面の電位の変化の測定や，逆に電圧をかけた状態で温度を上げ，分極が起こる際に流れる電流の測定などが行われる．

7.2.3 エレクトレットの応用

エレクトレットの機能性としては，静電場の利用，圧電性・焦電性の利用が考えられる．ここでは，静電場を利用した応用例を示す．

a. マイクロフォン

高分子フィルムは薄くて軽いため，これをエレクトレット化して静電マイクロフォンに利用されている．その構造を図III.7.38に示す．エレクトレットと信号検出電極の間には電場ができており，音声信号によるエレクトレットの振動が，検出電極の電位の変化になり，これをフォロワ回路で信号として取り出すようになっている．磁気的なものに比べ構造が簡単で，広く使われている．

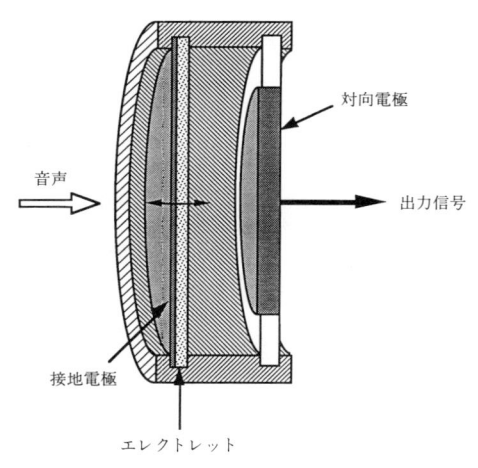

図 III.7.38 エレクトレットマイクロフォン

b. 静電フィルター

静電場中では，物質は分極して電場から偶力を受ける．電場が不均一な場合は，電場の強いほうに引かれる．したがって，空気中の微粒子をろ過するフィルターにエレクトレットを用いると，集塵効率が高くなりフィルターの能力が大幅に向上する．このことから，空気清浄器やマスクなどに使われている．

〔古川猛夫・高橋芳行〕

参考文献

1) Furukawa, T.: *Phase Transitions*, **18** (1989), 143
2) 古川猛夫: 強誘電ポリマー(1988), 共立出版
3) 中村輝太郎: 強誘電体と構造相転移, p.7(1988), 裳華房
4) Hasegawa, R. et al.: *Polym. J.*, **3** (1972), 591
5) 和田八三久: 高分子の電気物性, p.61(1987), 裳華房
6) キッテル, C.: 固体物理学入門(下)第6版, p.79(1988), 丸善
7) 文献6), p.92
8) 文献6), p.99
9) 田代孝二ほか: 日本結晶学会誌, **26**(1984), 103
10) Hasegawa, R. et al.: *Polymer J.*, **3** (1972), 591; *Polymer J.*, **3** (1972), 600
11) Tashiro et al.: *Polymer*, **25** (1984), 195
12) Furukawa, T. et al.: *Jpn. J. Appl. Phys.*, **26** (1987), 1039
13) Tajitsu, Y. et al.: *Jpn. J. Appl. Phys.*, **26** (1987), 554
14) Ogura, H. et al.: *Ferroelectrics*, **74** (1987), 347
15) Al-Jishi, R. et al.: *J. Appl. Phys.*, **57** (1985), 897
16) Furukawa, T. et al.: *Jpn. J. Appl. Phys.*, **26** (1987), 1039
17) Tajitsu, Y. et al.: *Jpn. J. Appl. Phys.*, **26** (1987), 1749
18) Oka, Y. et al.: *J. Polym. Sci. B*, **24** (1986), 2059
19) 文献6), p.103
20) Lovinger, A. J. et al.: *Polymer*, **24** (1983), 1225
21) Furukawa, T. et al.: *Macromolecules*, **16** (1983), 1885
22) 文献5), p.90
23) Furukawa, T. et al.: *Jpn. J. Appl. Phys.*, **25** (1986), 1178
24) Scheinbeim, J. I.: *J. Appl. Phys.*, **52** (1981), 5939
25) Lee, J. W. et al.: *J. Polym. Sci. B*, **29** (1991), 273
26) 古川猛夫ほか: 高分子学会予稿集, **41**(1992), 4562
27) van Turnhout, J.: Thermally Stimulated Discharge of Polymer Electrets (1975), Elsevier
28) 文献5), p.101
29) 文献5), p.97
30) 文献5), p.95

7.3 圧電材料

7.3.1 はじめに

圧電効果は，1880年にキュリー兄弟によって水晶において発見された．高分子化合物の圧電性の研究は1950年代の木材や骨といった生体関連物質に始まり[1,2]，トランスデューサー材料として応用面において注目され始めたのは，1969年の河合によるポリフッ化ビニリデン(PVDF)の圧電性の発見からである[3]．これ以後，新規な圧電性高分子の合成や，圧電性フィルムの延伸方法や分極方法などの加工面での工夫により，高分子圧電材料の圧電特性は大きく向上し，応用面においてセラミック圧電材料と並んで重要な地位を占めるに至っている．また，高分子圧電材料独自の応用例も多く提案されている．

7.3.2 圧電性とは

圧電性(piezoelectricity：piezoはギリシャ語でpressの意味)とは，固体に力やひずみを加えるとそれに比例した分極が現れ，逆に電場を与えると応力やひずみが生じる現象をいい，力学エネルギーと電気エネルギーの相互変換を行うものである．前者を圧電正効果，後者を圧電逆効果という．

7.3.3 圧電性物質（結晶）[4]

結晶が圧電効果を有するかどうかは，それのもつ空間対称性によって決定される．32種ある晶族は次のように分類される（図Ⅲ.7.39）．

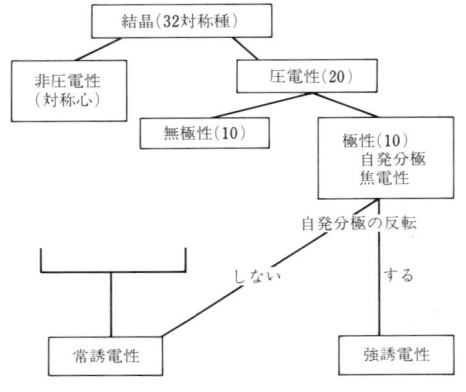

図Ⅲ.7.39 誘電体の分類

圧電性結晶：対称中心のない結晶で，20の晶族があり，圧電効果を有する．
焦電性結晶：圧電性結晶のうち自発分極をもつ結晶で，10の晶族があり焦電効果も有する．
強誘電性結晶：焦電結晶の中で自発分極が電界によって反転する結晶．
非圧電性結晶：点対称をもつもの．極性があり変形によって一つの双極子が変化しても常にそれと打ち消す相手がいるために結晶として極性は変形前後で変化せず圧電性はない．
常誘電性結晶：圧電，非圧電に関係なく強誘電性結晶以外の結晶．

7.3.4 圧電定数の基本式[4,5]

圧電性は力学的エネルギーと電気的エネルギーとの結合に起因する．圧電効果を表す物理定数は，弾性変数として応力TとひずみS，また，誘電変数として電界Eと電気変位Dを選ぶと，結晶のもつギブス自由エネルギーGは

$$G = U - TS - ED \tag{Ⅲ.7.1}$$

となる．ここでUは内部エネルギーである．この四つの独立変数の組み合わせにより四つの圧電定数が定義できる．

a. 圧電d定数

独立変数として応力Tと電界Eを選ぶと，線形範囲では式(Ⅲ.7.1)は

$$S = -(\partial G/\partial T)_E = s^E T + dE \tag{Ⅲ.7.2}$$
$$D = -(\partial G/\partial E)_T = dT + \varepsilon^T E \tag{Ⅲ.7.3}$$

となる．ここで，

$s^E = (\partial S/\partial T)_E$：$E$一定の弾性コンプライアンス
$d = (\partial S/\partial E)_T = (\partial D/\partial T)_E$：圧電$d$定数
$\varepsilon^T = (\partial D/\partial E)_T$：$T$一定の誘電率

となる．圧電d定数は物質に電圧を加えたときに誘起するひずみを表す．このd定数は電気エネルギーを力学エネルギーに変換するときに用いるのでアクチュエーター定数ともいう．

b. 圧電e定数

独立変数としてひずみSと電界Eをとると，線形範囲では，式(Ⅲ.7.1)は

$$T = c^E S - eE \tag{Ⅲ.7.4}$$
$$D = eS + \varepsilon^S E \tag{Ⅲ.7.5}$$

となる．ここで

$c^E = (\partial T/\partial S)_E$：$E$一定の弾性定数
$e = (\partial T/\partial E)_S = (\partial D/\partial S)_E$：圧電$e$定数

となる．圧電e定数は物質に電圧を加えたときに誘起する応力を表す．

c. 圧電g定数

独立変数として応力Tと電気変位Dをとると，線形範囲では式(Ⅲ.7.1)は，

$$S = s^D T + gD \tag{Ⅲ.7.6}$$
$$E = -gT + \beta^T D \tag{Ⅲ.7.7}$$

となる．ここで，

β^T：T一定の誘電率の逆数
$g = (\partial S/\partial D)_T = (\partial E/\partial T)_D$：圧電$g$定数

となる．圧電g定数は物質に応力を加えたときに誘起する電圧を表す．力学エネルギーを電気エネルギーに変換するときに用いるのでセンサー定数ともいう．

d. 圧電h定数

独立変数としてひずみSと電気変位Dをとると，線形範囲では式(Ⅲ.7.1)は，

$$T = c^D S - hD \tag{Ⅲ.7.8}$$
$$E = -hS + \beta^S D \tag{Ⅲ.7.9}$$

となる．ここで

$h = -(\partial T/\partial D)_S = -(\partial E/\partial S)_D$：圧電$h$定数

となる．圧電h定数は物質にひずみを加えたときに誘電する電圧を表す．

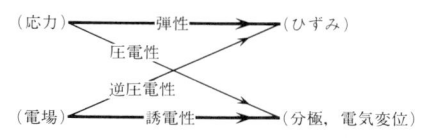

図 III.7.40 圧電における変数の相互変換

このように圧電基本式における各定数間には相互作用が存在し，図III.7.40に示すように既知の定数から他の定数を算出できる．たとえば，圧電 g 定数は誘電率を介して圧電 d 定数に変換できる．

$$d = \varepsilon' g \qquad \text{(III.7.10)}$$

また，同じように圧電 d 定数は弾性スティフネスを介して圧電 e 定数に変換できる．

$$e = c^E d \qquad \text{(III.7.11)}$$

e. 電気機械結合定数

電気機械結合定数(k)は電気エネルギーと力学エネルギーの変換効率を表すパラメーターで，圧電定数とともに物質の圧電性の評価によく用いられる．

Maisonによれば，k は

$$k^2 = \frac{\text{力学的蓄積エネルギー}}{\text{電気的入力エネルギー}} \qquad \text{(III.7.12)}$$

または

$$k^2 = \frac{\text{静電的蓄積エネルギー}}{\text{力学的入力エネルギー}} \qquad \text{(III.7.13)}$$

と定義される．

また，圧電 d 定数を用いると

$$k^2 = \frac{d^2}{\varepsilon^T \cdot s^E} \qquad \text{(III.7.14)}$$

と表される．

7.3.5 測定方法

a. 強制振動法[6]

試料に正弦振動の外力を加えてひずみを与え，発生する電荷を測定する(図III.7.41)．測定周波数は 10^{-2} ～10^2 Hz である．

b. 共振法[7]

圧電体に交流電圧を加えると圧電結合により振動子となる．このとき，圧電体の機械的固有振動数 W_0 の近くに周波数 W を合わせ，図III.7.42の示す回路に流れる電流 I を測定すると，発振器と同位相および90°ずれた位相の電流は，周波数に対して図III.7.43に示す共振カーブを描き，これより

電気機械結合定数 $k = (\pi^2/4)(W_A - W_0)/W_0$
弾性コンプライアンス $S^E = \pi^2/(\rho W_0^2 I^2)$

が求まる．試料の弾性損失が大きいと測定が困難で，共振法は力学分散の小さい高周波領域での測定に限定される．

7.3.6 圧電性高分子の種類

多くの高分子化合物は圧電性を示す．その圧電発現機構は，セラミック圧電体が結晶の対称性のみに依存しているのに対し，高分子は一般に結晶相と非晶相の

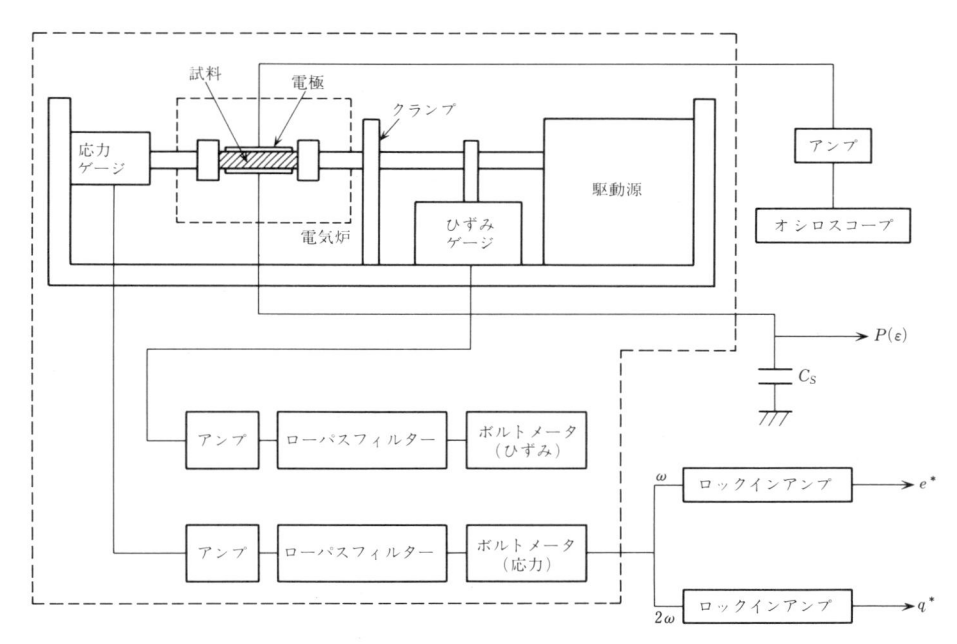

図 III.7.41 強制振動法による圧電定数の計測[6]

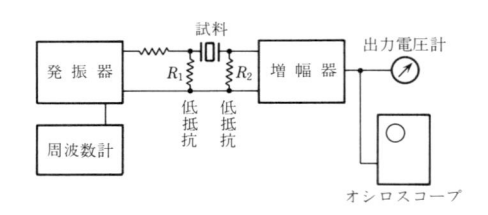

図 III.7.42 共振法による圧電定法の計測（定電圧法）[7]

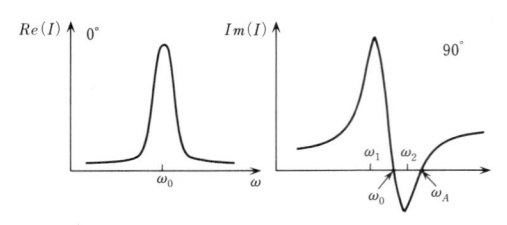

図 III.7.43 共振カーブ[7]

混在系で、その圧電性は分子または結晶の対称性ばかりでなく、その焦合状態（高次構造）にも依存する。圧電性高分子は圧電発現機構より強誘電体高分子、極性高分子、セラミック複合体、光学活性高分子の4種類に分類できる[8]（表III.7.2）。

a. 強誘電体高分子

圧電発現機構は高分子の強誘電的性質によっている。強誘電体の自発分極の分極反転はスイッチング電流や、電気変位(D)-電界強度(E)のヒステリシス曲線で観察できる。図III.7.44にVDF/TrFE共重合体（VDF 58モル%）の分極反転を示す[9]。このPVDF系高分子は、電気陰性度が2.5の炭素原子の両側に電気陰性度が、それぞれ0.1と4.0の水素原子とフッ素原子が対峙しており、モノマーあたり$7.0×10^{-30}$C·mという大きな双極子モーメントをもち、圧電性高分子の中でも特に強い圧電性を発現する。

b. 極性高分子

高分子の主鎖や側鎖の双極子モーメントが、室温下で配向凍結されることにより圧電性が発現する。VDCN/VAc共重合体はシアノ基（—C≡N）による$12×10^{-30}$C·mという大きな双極子モーメントがあり、また、ガラス転移温度(T_g)が170℃と高く、極性高分子としては非常に大きくまた安定した圧電性を示す。

そのほか、ポリ塩化ビニルなど多くの極性高分子は、圧電性を発現するが、その圧電性は低く実用的な価値はほとんどない。

c. セラミック複合圧電材料

複合圧電材料はセラミック圧電材料の優れた圧電性と高分子のもつ加工性や柔軟性を併せもったものであり、圧電性はセラミックに起因しており、高分子はバインターのみとして使われている。市販されている複合圧電材料は、チタン酸ジルコン酸鉛(PZT)やチタン酸バリウムなどのセラミック圧電体の微粉末を誘電率の高いフッ素系高分子や柔軟性のよいシリコンゴムやクロロプレンゴムなどのゴム状高分子に混合分散させたものである。

d. 光学活性高分子[10]

圧電発現機構は、フィルムの巨視的なひずみと分子鎖内での局所的な変形（内部ひずみ）が異なることによ

表 III.7.2 高分子圧電材料の種類[8]

	高分子材料	圧電性発現の要因
強誘電性高分子	(1) β形ポリフッ化ビニリデン(PVDF) (2) ビニリデンフルオライド/トリフルオロエチレン共重合体(VDF/TrFE) (3) ビニリデンフルオライド/テトラフルオロエチレン共重合体(VDF/TFE)	自発分極
極性高分子	(1) ポリ塩化ビニル(PVC) (2) ポリフッ化ビニル(PVF) (3) シアン化ビニリデン/酢酸ビニル共重合体(VDCN/VAc) (4) 主鎖・側鎖に極性基のある高分子化合物	凍結分極
セラミック複合体	(1) チタン酸ジルコン酸鉛(PZT)/PVDF複合体 (2) PZT/ポリオキシメチレン(POM)複合体 (3) チタン酸バリウム($BaTiO_3$)/クロロプレンゴム複合体)	セラミックの自発分極
光学活性高分子	〔天然高分子〕 　(1) タンパク質：コラーゲン 　(2) ポリヌクレオチド：DNA 　(3) 多糖：セルロース、アミロース 〔天然高分子関連合成高分子〕 　(4) ポリアミノ酸：ポリ-γ-ベンジル-L-グルタメート 　(5) ポリハイドロキシブチレート(PHB)	不斉炭素原子と不斉性のあるコンフォーメーション

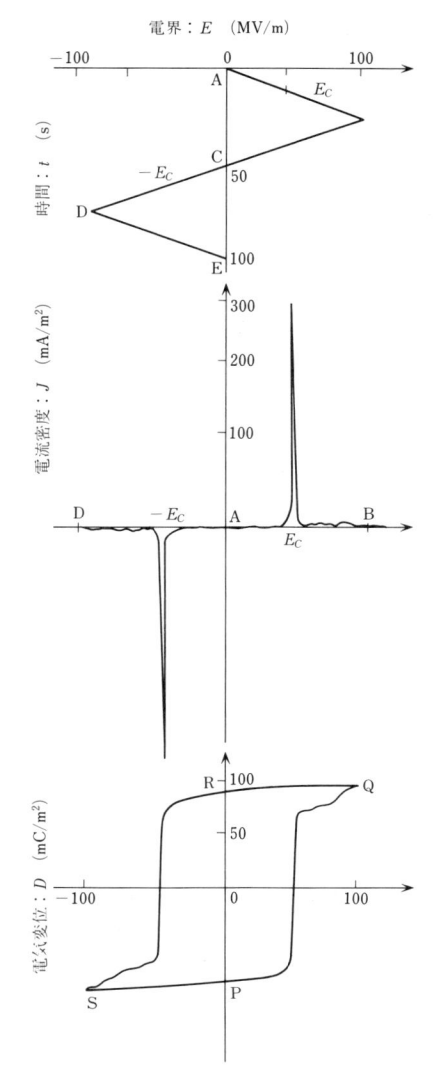

図 III.7.44 VDF-TrFE共重合体(VDF 58 mol%)分極反転とD-Eヒステリシス曲線[9]

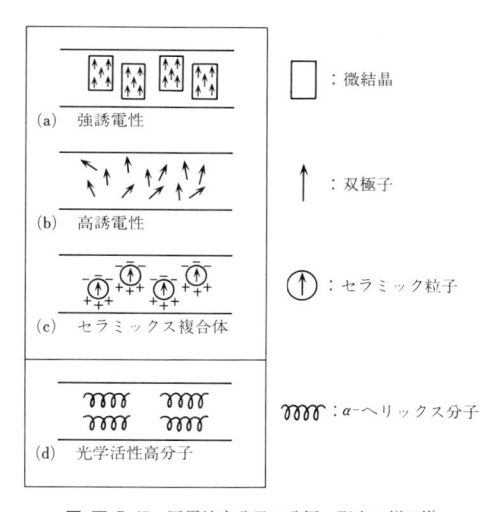

図 III.7.45 圧電性高分子の分極,配向の様子[11]

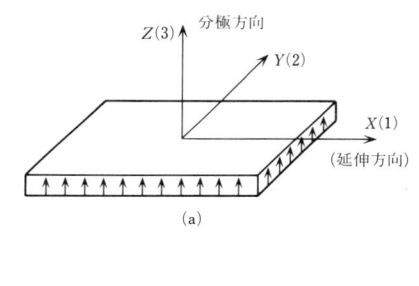

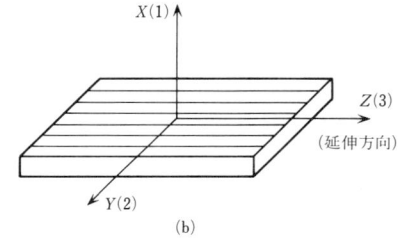

図 III.7.46 圧電性高分子フィルムの座標系

っており,本来の圧電性に基づいている.表III.7.2には光学活性高分子の構造による分類もあわせて示したが,今までに研究された生体材料は,木材,骨,腱,筋肉,毛髪,絹など多種にわたっている[10].光学活性高分子として生体関連高分子以外に,光学活性な単量体の重合を光学活性な触媒で重合を行うと光学活性高分子が得られる.光学活性高分子の圧電性は低く,センサーなどへの応用といった実用的なことよりは,生体機能の研究といった基礎研究面で大切である.

7.3.7 圧電性高分子の特質

圧電性高分子がその圧電機能を発現するには,強誘電性高分子,極性高分子,セラミック複合材料は分極処理(ポーリング)が,また,光学活性高分子は一軸延伸処理が必要である.分極処理や延伸処理により,図III.7.45に示すように[11],分子双極子や結晶双極子が配向し圧電性高分子フィルム中に異方性が生じる.圧電物質に異方性があるとき圧電定数はテンソル表現となる.分極処理をした強誘電性高分子,極性高分子,セラミック複合体では,座標系として図III.7.46(a)に示すように,膜面に垂直に$Z(3)$軸,延伸方向に$X(1)$軸を選ぶと,その対称性はC_{2v}となり,圧電マトリックスはたとえば圧電d定数を例にとると,

$$d_{ij} = \begin{pmatrix} 0 & 0 & 0 & 0 & d_{15} & 0 \\ 0 & 0 & 0 & d_{24} & 0 & 0 \\ d_{31} & d_{32} & d_{33} & 0 & 0 & 0 \end{pmatrix}$$

となる．もし，フィルムが非延伸で Z 軸が回転対称軸であれば，$d_{15}=d_{24}$, $d_{32}=d_{31}$，となる．実際面において，フィルム状の圧電性高分子では圧電率の［31］成分と［33］成分による圧電効果が期待できる．

a. 圧電率の［31］成分（たとえば d_{31}）

圧電横効果という．電場の方向と変形の方向が直交している．圧電率の測定は正弦振動法がよく用いられる．

b. 圧電率の［33］成分（たとえば d_{33}）

圧電縦効果または圧電厚み効果という．電場の方向と変形の方向が同じである．圧電率の測定には共振法がよく用いられ，電気機械結合定数で表現されることが多い．

光学活性をもつ高分子フィルムを一軸延伸して配向させると鏡映対称が存在しないので D_∞ の対称性をもつ圧電体となる．圧電マトリックスは，座標系を図Ⅲ.7.46(b)に示すように，延伸軸を Z 軸，フィルム面に垂直に X 軸を選ぶと，たとえば圧電 d 定数の場合，

$$d_{ij}=\begin{pmatrix} 0 & 0 & 0 & d_{14} & 0 & 0 \\ 0 & 0 & 0 & 0 & -d_{14} & 0 \\ 0 & 0 & 0 & 0 & 0 & 0 \end{pmatrix}$$
(Ⅲ.7.16)

となる．圧電率の［14］成分は，フィルム面内のズリ応力に対する面に垂直方向の分極を示す．圧電分極電荷としてはフィルム面に平行に，延伸軸から 45°の方向に伸縮力を加えたとき最大となる．天然高分子は生体内では自然配向している．

7.3.8 マクロな圧電効果

PVDF について結晶本来の性質としてどの程度の大きさの圧電性をもっているのか格子力学の理論をベースとして求められた[12,13]．それによれば，結晶の圧電定数 d_{31} は，マクロなフィルムの圧電定数 $d_{31}{}^M$ に比べて2桁も小さく，高分子圧電フィルム全体としての圧電効果を結晶のみで説明のつかないことが明らかになった．

和田，早川の球状分散モデルでは[14,15]，図Ⅲ.7.47に示すように非晶性で非圧電性のマトリックスの中に自発分極 P_{sc} をもつ微結晶球が浮いている．このとき，圧電応力定数 e_{31} は近似的に次式で現される．

$$e_{31}=P_s\left[\left(\frac{\varepsilon_c}{2\varepsilon+\varepsilon_c}\right)\left(\frac{k}{\varepsilon}\right)+m_{31}\right]+e_{31}{}^c$$
(Ⅲ.7.17)

ここで，

P_s：フィルム全体の自発分極
ε：フィルム全体の誘電率
ε_c：微結晶の誘電率
k：電わい定数
m_{31}：ポアソン比
$e_{31}{}^c$：微結晶の圧電率

圧電性高分子フィルムの自発分極 P_s と結晶の自発分極 P_{sc} とは

$$P_s=\phi\cdot\chi\left(\frac{3\varepsilon}{2\varepsilon+\varepsilon_c}\right)P_s \quad (Ⅲ.7.18)$$

の関係がある．ここで，

ϕ：微結晶の体積分率
χ：結晶 b 軸の配向上

式（Ⅲ.7.17）の第1項は電わい効果，第2項はポアソン効果（寸法効果），第3項は結晶相固有の圧電率である．実験値との比較により圧電定数 e_{31} の値はポアソン効果の寄与が全体の 50〜60% を占めることが指摘されている[16]（図Ⅲ.7.48）．こうした寸法効果の強いことが高分子圧電体の特徴である．

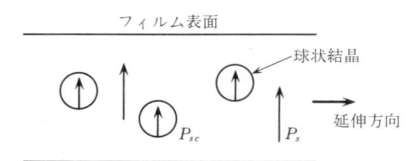

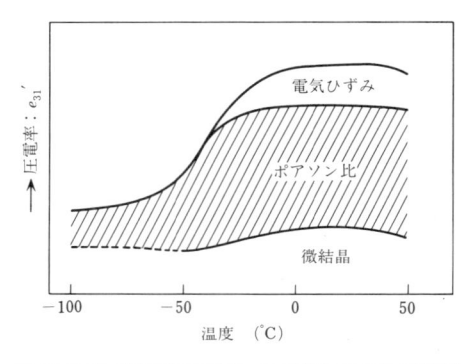

図Ⅲ.7.48 PVDF の圧電率へのポアソン比効果の寄与[16]

7.3.9 圧電フィルムの製造プロセス

圧電性高分子が圧電機能の発現するのに，次のようなプロセスが必要である．

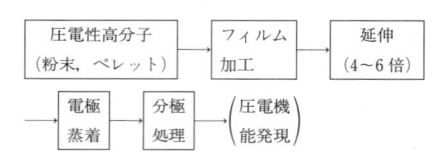

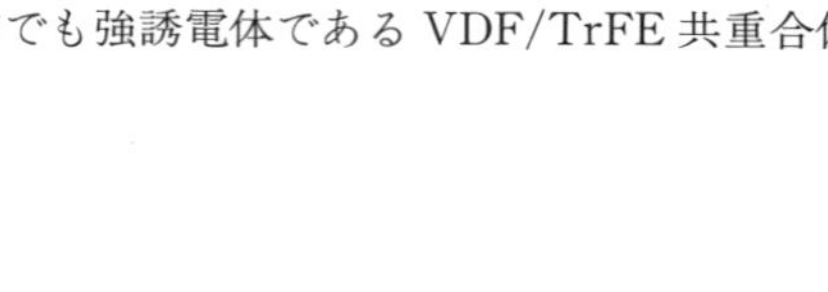

図Ⅲ.7.47 球状分散モデル[14,15]

未延伸でも強誘電体である VDF/TrFE 共重合体やセ

ラミック複合材料は延伸工程がなくても圧電機能は発現する．

a. フィルム加工

圧電材料の原料樹脂の通常の形状は粉末かペレットである．フィルム作成には樹脂を加熱して軟化させ成膜する溶融キャスト法（ホットプレス法やフィルム押出法）と，樹脂を有機溶媒に溶かして行う溶液キャスト法がある．溶融キャスト法は連続製造が可能で工業的製法に適している．以下に代表的圧電性高分子のフィルム加工法を示す．

1) ポリフッ化ビニリデン PVDF　PVDFはフィルムの製法により4種類の結晶系が得られる（図 III.7.49）[17]．このうち結晶が自発分極をもち大きい圧電性を発現するのは $\beta(\mathrm{I})$ 形結晶である．溶融キャスト法で得られる $\alpha(\mathrm{II})$ 形結晶は分子鎖は極性を有するが結晶全体としては無極性となり圧電機能はない．α 形から β 形への標準的加工条件は

延伸（65℃×4倍）⟹

　　　　熱処理（120℃×24時間，定長）

である．

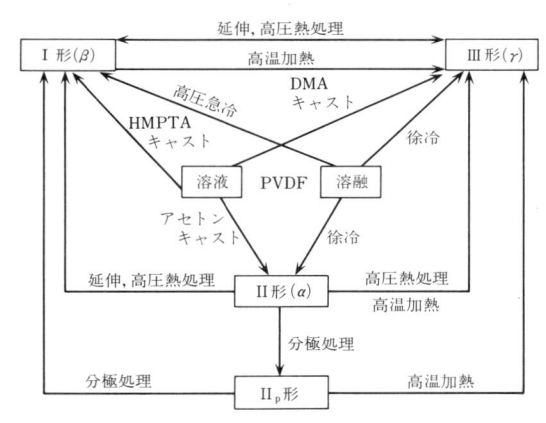

図 III.7.49　PVDFの結晶系とその変換[17]

DMA：dimethylacetamide
HMPTA：hexamethylphosphoric triamide

2) ビニリデンフルオライド/トリフルオロエチレン VDF/TrFE 共重合体　VDF/TrFE 共重合体は全組成にわたって結晶性で同形置換を示す．図III.7.50にVDF/TrFE共重合体の融点（T_m）とキュリー点（T_c）の組成変化を示す[18]．この共重合体が強誘電性を示すのは次の組成範囲である．

未延伸：VDF 50～80 mol%

延伸（4～6倍）：VDF 50～100 mol%

PVDFは圧電機能が発現するためには延伸処理により β 形結晶に変換が必要で10 μm のフィルム厚み

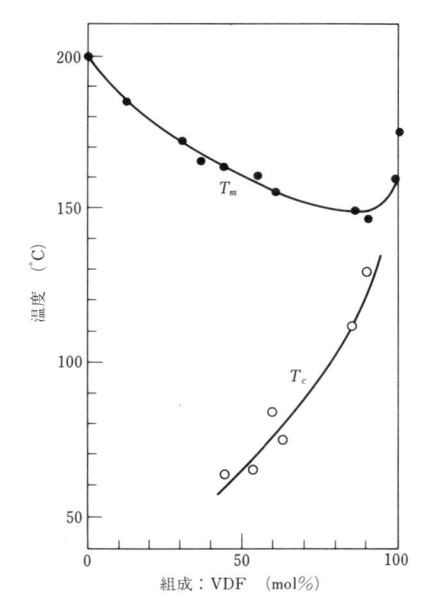

図 III.7.50　VDF-TrFE共重合体の融点（T_m）およびキュリー点（T_c）の組成変化[18]

表 III.7.3　VDF/TrFE共重合体の製膜法

溶液法	溶媒：MEK DMF （濃度：5～15 wt%）	静置法 （cf. 水平ガラス板）	5～50 μm
		スピンコート法	0.2～3 μm
融液法	加工温度： 融点＋（50～80℃）	ホットプレス法	10～2,000 μm
		フィルム押出法	10～2,000 μm

MEK：メチルエチルケトン
DMF：ジメチルフォルムアミド

が限界となるが，VDF/TrFE共重合体（VDF 50～80 mol%）では非延伸フィルムでも圧電性は発現するので 0.1 μm の薄膜圧電材料として，あるいは直接金属ワイアに被覆してそのまま同軸ケーブル形センサとして用いることができる．表III.7.3にVDF/TrFE共重合体の製膜方法とそれによって得られる標準的フィルム厚みを示す．いずれの場合でも，製膜後にフィルムの熱処理を行うと圧電性能は向上する．熱処理条件は 120～140℃×30 分程度である．

3) シアン化ビニリデン/酢酸ビニル VDCN/VAc 共重合体　非晶性高分子であるが，延伸によってはじめて大きい圧電性が発現する．加工方法として，たとえば，ジメチルアセトアシド溶液から型成形されたものを 150℃ で4倍に一軸延伸を行う．

4) セラミック複合圧電材料[19,20]　シート成形の製造プロセスは次のようになる．

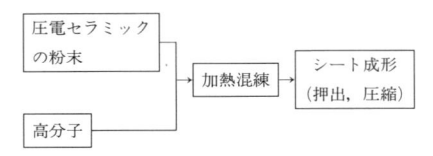

圧電セラミックの粉末は 5〜120 μm である．

セラミックと高分子の混合割合は，体積分率でセラミックは 60〜70% である．

b. 電極蒸着

電極材料にはアルミニウムや金が用いられ，真空蒸着法やスパッタリング法で加工される．また，アルミニウム箔を熱プレスで圧電フィルムに圧着したものも用いられる．

c. 分極処理（ポーリング）

圧電体フィルム中の分子双極子や結晶双極子（PVDF 系の場合は b 軸）を一方向に並べるための工程で，この処理によってはじめて圧電性高分子が圧電機能を発現する．標準的方法に次の三つがある．

1) エレクトレット法 図Ⅲ.7.51 に示すような方法で行う．標準的な条件は，

印加電圧強度：30〜100 MV/m
処理温度　　：50〜120℃
処理時間　　：30〜60 min

で，電圧を印下したまま徐々に温度を下げ，室温で電圧を除く．より高温下でより高電圧をより長時間印加すれば分極量が多くなり圧電特性は向上するが，同時に分極処理中にフィルムが絶縁破壊する確率も高くなる．VDF/TrFE 共重合体ではキュリー点以上の温度で分極処理を行う．

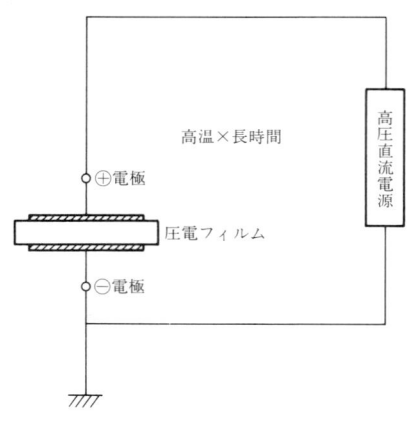

図 Ⅲ.7.51 エレクトレット法による分極処理

2) コロナ放電法 フィルムの片面のみにあらかじめ電極をもうけ，この面をアース電極側とし，フィルムの他面に針状電極を用いて直流のコロナ放電を行い分極する（図Ⅲ.7.52）．この方法では絶縁破壊させずに高電場が印加できるので大きな圧電率が得られる．

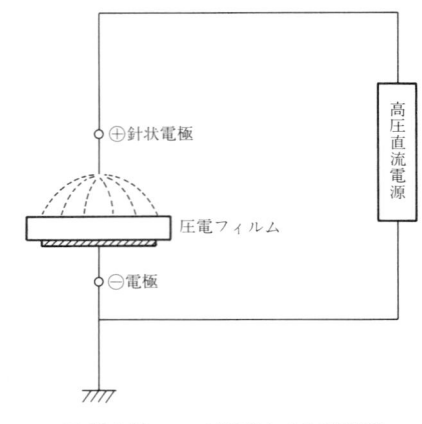

図 Ⅲ.7.52 コロナ放電法による分極処理

3) 分極反転法 強誘電体フィルムのみに可能な方法で，図Ⅲ.7.44 に示したように低周波の三角波をフィルムに印加して分極反転を行い電場がゼロのときに電場を除いて残留分極を得る．印加電場強度は分極反転の抗電場強度以上が必要で，標準値は 50〜100 MV/m である．処理温度は室温でもよいが温度を 50〜100℃ に上げると抗電場が下がり低い電場強度で分極処理が可能となる．

4) 分極の確認 圧電定数を測定するのが最も簡単である．これ以外に赤外線吸収スペクトル（IR）でも確認できる．

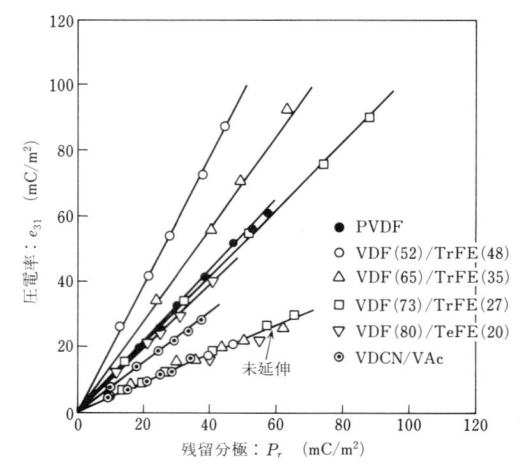

図 Ⅲ.7.53 延伸および未延伸分極化高分子の圧電率 e_{31} の残留分極 P_r 依存性[21]

7.3.10 圧電性高分子の特性

a. 強誘電性高分子

（1） β 形 PVDF, VDF/TrFE 共重合体の横効果の圧電率(e_{31})は残留分極(P_r)に比例する(図III.7.53)[21]. また，縦方向の圧電性についても，電気機械結合定数(k_{33})は残留分極に比例する(図III.7.54)[22].

（2） PVDF の圧電率(d_{31})は β 形結晶の割合に比例して大きくなる(図III.7.55)[23].

（3） PVDF の圧電率(e_{31})は延伸における b 軸配向度に比例する(図III.7.56)[24].

（4） PVDF の圧電率(e_{31})は電わい定数に比例する(図III.7.57)[25].

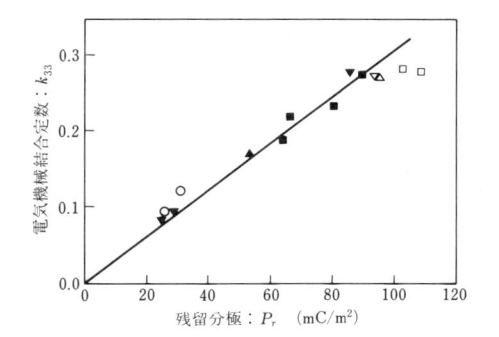

図 III.7.54　VDF/TrFE の電気機械結合係数 k_{33} の残留分極 P_r 依存性[22]

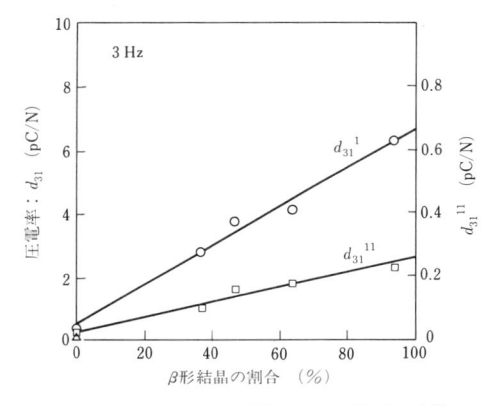

図 III.7.55　PVDF の圧電定数と β 形(結晶)分率[23]

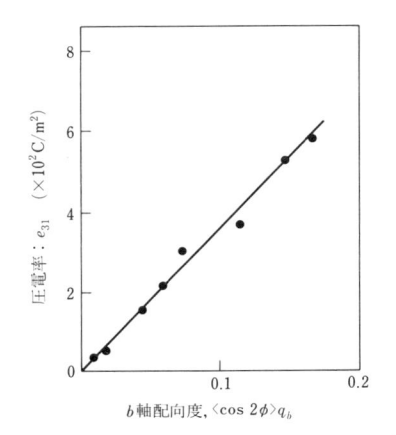

図 III.7.56　PVDF の圧電定数と結晶の b 軸配向度[24]

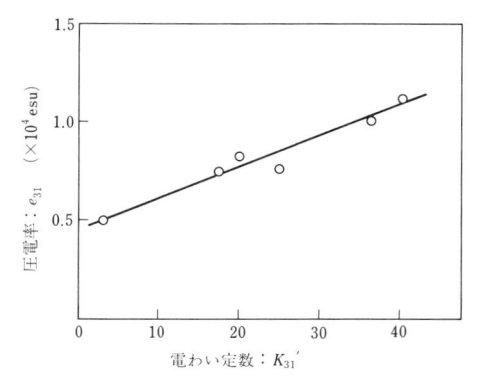

図 III.7.57　PVDF の圧電定数と電わい定数[25]

（5） VDF/TrFE 共重合体の圧電定数(d_{31})は未延伸でも圧電性が発現し，延伸すると圧電率はさらに大きくなる(図III.7.58)[26]. また，共重合体の横方向の圧電率は VDF 55 mol% で最大となる.

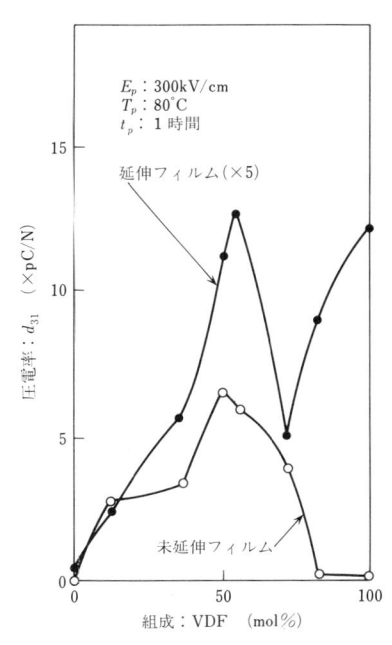

図 III.7.58　VDF/TrFE 共重合体の d_{31} 圧電定数の組成変化[26]

（6） VDF/TrFE 共重合体の厚み方向の電気機械結合定数(k_{33})は，VDF 75 mol% で最大となる(図III.7.59)[27].

（7） β 形 PVDF の圧電率の温度特性は，横効果の圧電率(d_{31})は PVDF のガラス転移点(T_g)を境に 0.1

pC/N オーダーから 10 pC/N オーダーへ急激に上昇するが,縦効果の圧電率(d_{33})は広い温度範囲にわたってほぼ一定の-10 pC/N である(図III.7.60)[28].

(8) VDF/TrFE 共重合体(VDF 75 mol%)の圧電率(d_{31})はキュリー点(この場合は 100℃)を境に急激に低下する(図III.7.61)[29].

(9) VDF/TrFE 共重合体の厚み方向の電気機械結合定数(k_{33})の温度特性は広い温度範囲にわたって安定である(図III.7.62)[30].

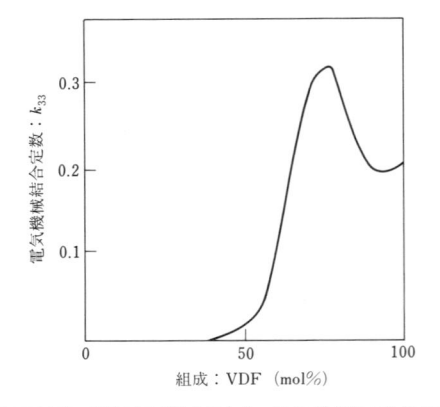

図 III.7.59 VDF/TrFE 共重合体の電気-機械結合定数(厚み方向)の組成変化[27]

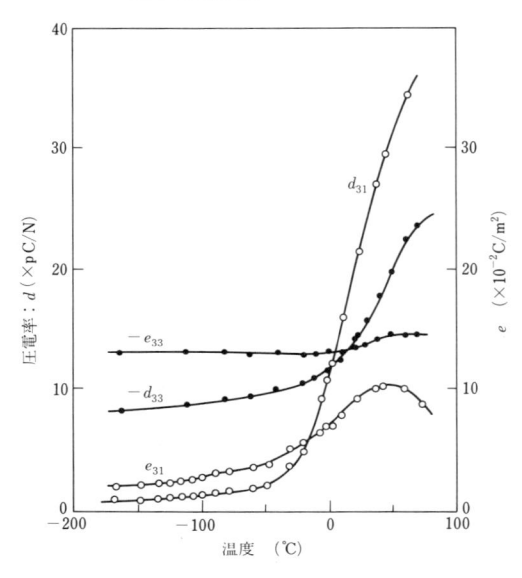

図 III.7.60 PVDF(ρ)圧電定数(d, e)の温度依存性[28]

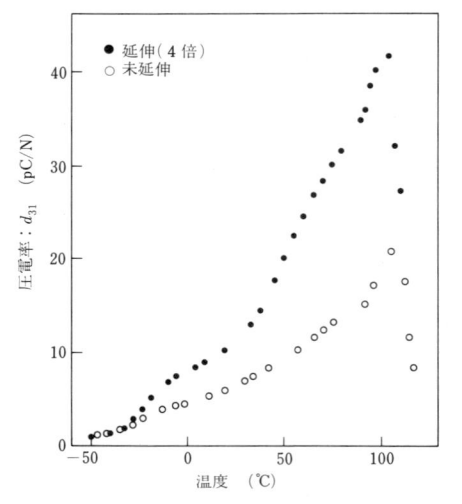

図 III.7.61 VDF/TrFE 共重合体(VDF 75 mol%)の d_{31} 圧電率の温度依存性,11 Hz[29]

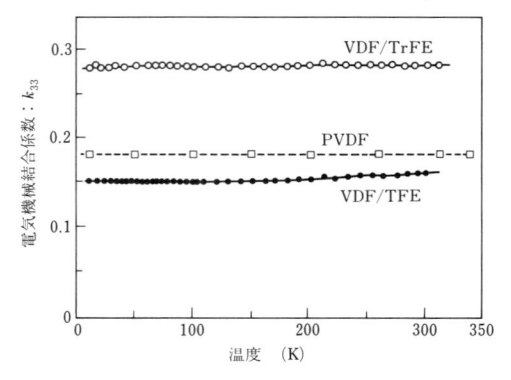

図 III.7.62 フッ素系圧電性高分子の電気機械結合定数 k_{33} の温度依存性[30]

(10) 厚み方向の電気機械結合定数(k_{33})の耐熱性は,VDF/TrFE 共重合体ではキュリー点まで安定であるが,PVDF は 100℃ 程度の低い温度の熱処理でその圧電性は消失する(図III.7.63)[31].

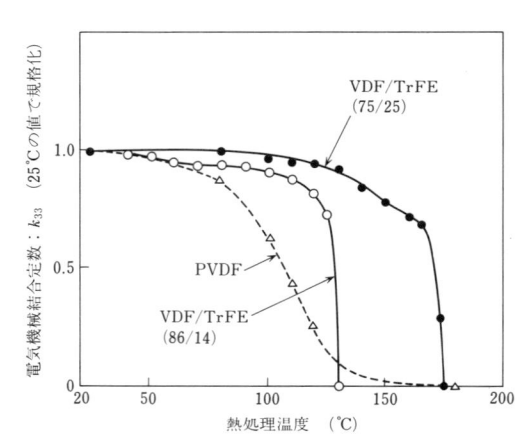

図 III.7.63 VDF/TrFE の圧電効果の耐熱性
分極試料を熱処理したのち測定された k_{33} を熱処理温度に対してプロットしてある[31].

b. 極性高分子

表III.7.4 に各種の極性高分子の圧電率(d_{31})を示す[32].大きい圧電性を示すのは VDCN/VAc 共重合体のみである.この共重合体は強い厚み方向の圧電性も

表 III.7.4 極性高分子の圧電性 d_{31} 定数(単位 pC/N, 20°C)[32]

ポリフッ化ビニル	1.8
ポリ塩化ビニル	1.7
ポリ塩化ビニリデン	3.3
ポリアクリロニトリル	1.8
ポリ-α クロロアクリロニトリル	2.1
ナイロン 3	0.1
ナイロン 11	0.5
ポリカーボネート	0.3
ポリサルフォン	0.1
ポリメチルメタクリレート	0.4
アクリロニトリル/塩化ビニル共重合体	0.5
シアン化ビニリデン/酢酸ビニル共重合体	6.0
シアン化ビニリデン/ビニルベンゾエート共重合体	1.6
シアン化ビニリデン/メチルメタクリレート共重合体	0.4
シアン化ビニリデン/イソブチレン共重合体	0.2

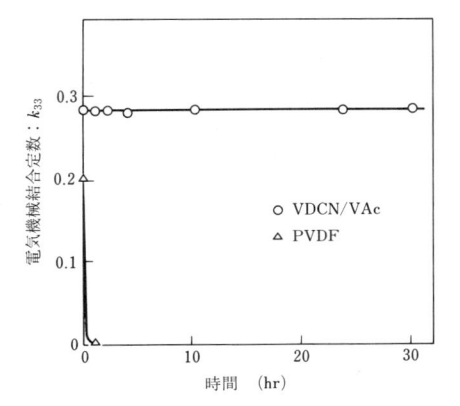

図 III.7.64 シアン化ビニリデン共重合体と PVDF 圧電フィルムの 150°C における電気機械結合定数 k_{33} の経時変化[33]

発現し,150°C の高温下においても経時変化は安定している(図III.7.64)[33].

c. セラミック複合材料

圧電率($-d_{31}$)はセラミックの体積分率の増加に従い強くなる(図III.7.65)[34]. しかし,高充填密度になるに従い強度や柔軟性は低下する.

実用上は体積分率で 60～70% であり,圧電材料としての特徴はセラミックのそれよりも PVDF 系高分子のそれに近い.

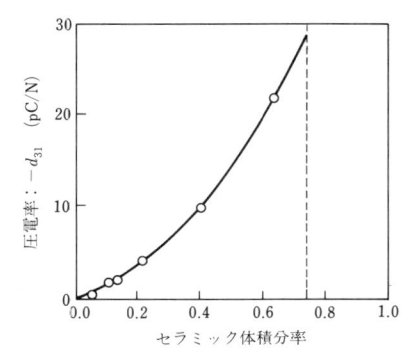

図 III.7.65 高分子セラミックス複合体の圧電性 d_{31} のセラミックス体積分率依存性[34]

d. 光学活性高分子

ポリ-γ-ベンジルグルタメート(PBG,代表的なポリアミノ酸)の圧電率(d_{14})は一軸延伸の配向度の向上とともに向上する(図III.7.66)[35]. 表III.7.5にコラーゲン,ポリアミノ酸,腱の圧電諸特性を示す[36].

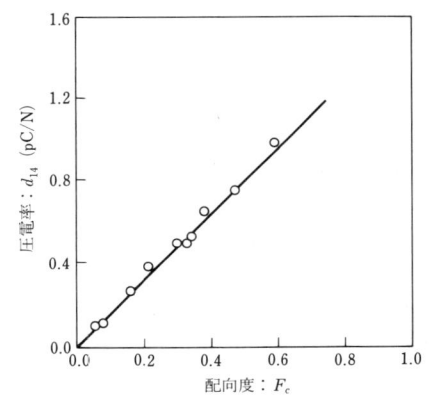

図 III.7.66 PBG の圧電率 d_{14} の配向度 F_c 依存性[35]

7.3.11 圧電率の向上

圧電高分子の中で最も大きい圧電性を発現するのは,強誘電体高分子である PVDF 系高分子で,その圧電率の向上のため式(III.7.17),(III.7.18)からも理解されるように,結晶化度の向上,b 軸配向度の向上,ポアソン比の向上といったことを目的として,さまざま

表 III.7.5 光学活性高分子の圧電的定数[36]

	密度 10^3(kg/m³)	誘電率 ε'	圧電率 d (pC/N)	結合定数 k_e	弾性率 (10^9N/m²)
コラーゲン 45° カット	1.2	8	2.3	0.014	2
PMLG 45° カット	1.3	10	5	0.017	1
馬アキレス腱			2.9(d_{14})		
水晶 x カット	2.65	4.5	2.3	0.10	85

PMLG:ポリメチル-L-グルタメート

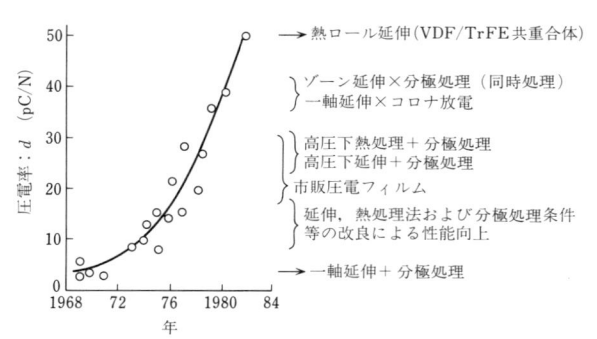

図 III.7.67 PVDF フィルムの圧電率向上の年次変化[37]

な工夫がなされ，年々圧電率は向上している（図 III.7.67）[37]．

現在，最も大きな圧電率は熱ロールで延伸した VDF/TrFE 共重合体（VDF 52 mol%）の 50 pC/N である[38]．

圧電率の極限値として，β 形 PVDF において田代らが求めた値は，$d_{31}=145$ pC/N，電気機械結合定数 $k_{31}=63\%$ である[39]．現在，実験的に得られている値はその 28% である．

7.3.12 圧電性高分子の特徴

表 III.7.6 に代表的な圧電性高分子の標準的な圧電諸特性を示す[40,41]．高分子圧電材料の特徴はセラミック圧電材料と比べて次のようになる．

（1）圧電 d 定数は小さいが，誘電率も小さく，その結果として圧電 g 定数が大きくなり，センサーとして用いるのに有利である．

（2）音響インピーダンスが小さく，かつ，水の固有インピーダンスに近い．そのため水や生体とのマッチングがよく超音波領域での応用に有利である．音響インピーダンスは音速×密度で定義され，圧電振動膜と媒質との音響インピーダンスが小さいほど媒質への音波伝達が効率よく行われる．PVDF の場合，発生した音波エネルギーの約 50% を水中発振させることができ，セラミックに比べて約 10 倍も高い．

（3）機械的共振の鋭さ（力学損失の逆数）が小さいので，短パルスの発振が得られ，距離分解能が優れており超音波領域での応用が有利である．

（4）高分子材料本来の性質として可撓性，柔軟性，力学的耐衝撃性に優れている．また，薄膜化，大面積化が容易で，任意の形態のものがつくれる．

（5）化学安定性に優れている．

（6）高分子強誘電体の抗電場は 30～50 MV/m と圧電セラミックの抗電場の 0.1～1 MV/m と 30～100 倍も大きく耐電圧性に優れている．

（7）欠点としては，圧電 d_{31} 定数が小さいこと，圧電材料として耐熱性に難点があって，作用温度範囲がやや狭いこと，それに，耐クリープ性がおとることである．

7.3.13 応用面での基本動作と応答性

応用面での高分子圧電材料の基本動作は表 III.7.7 のようになる．また，圧電フィルムを2枚はり合わせたバイモルフは圧電横効果を応用したもので，片方の圧電フィルムが伸のとき他方の圧電フィルムが縮になるように分極の方向をセットすれば，非常に大きな変

表 III.7.6 高分子圧電材料の圧電諸特性[40,41]

			一軸延伸 PVDF	VDF/TrFE 共重合体 (55:45)	VDF/TrFE 共重合体 (75:25)	VDF/TFE 共重合体 (80:20)	VDCN/VAc 共重合体 (50:50)	チタン酸ジルコン酸鉛 (PZT)	PZT/PVDF 複合体
密度 ρ (低周波領域)	(10^3 kg/m³)		1.78	1.90	1.88	1.90	1.20	7.5	5.5
弾性率 C	(10^9 N/m²)	10 Hz	3	1.2	2	1.8	4.5	83	0.5
力学損失 $\tan\delta_m$		10 Hz	0.07		0.03	0.3			0.07
圧電 d_{31} 定数	(pC/N)	10 Hz	20	25	10	12	6	180	25
圧電 g_{31} 定数	(10^{-3} Vm/N)	10 Hz	180	160	110	130	169	10	19
誘電率 ε'		1 kHz	8	18	10	7.6	4.5	1200	150
誘電損失 $\tan\delta_e$		1 kHz	0.03		0.05	0.07			
(高周波領域)									
音速 V_3	km/s	数十 MHz	2.26		2.4	2.2	2.5	4.0	
音響インピーダンス	10^6 kg/m²·s	数十 MHz	4.02		4.51	4.18	3.14	34	
弾性率 C	10^9 N/m²	数十 MHz	11.3		9.1	9.2	8.2	159	
力学損失 $\tan\delta_m$		数十 MHz	0.10		0.04	0.06		0.004	
圧電 e_{33} 定数	C/m²	数十 MHz	−0.14		−0.22	−0.14	−0.14	15.1	
圧電 h_{33} 定数	10^9 V/m	数十 MHz	−2.6		−4.7	−2.9	−2.6	2.7	
電気機械結合定数 k_{33}		数十 MHz	0.20		0.30	0.21	0.22	0.51	
誘電率 ε'		数十 MHz	6.2		5.3	5.5	6.0	635	
誘電損失 $\tan\delta_e$		数十 MHz	0.25		0.14	0.19		0.004	

表 III.7.7 高分子圧電材料の基本動作

基本動作	利用する圧電効果	動作可能な周波数
横方向の伸縮運動	圧電横効果 (圧電率の31成分)	$0 \sim 10^6$ Hz
縦(厚み)方向の振動運動	圧電縦効果 (圧電率の33成分)	$0 \sim 10^{10}$ Hz

位が得られる．

このような基本動作でのPVDF圧電フィルム(サイズは長さ $l=30$ mm, 幅 $w=10$ mm, 厚み $t=50$ μm)の刺激に対する応答は表III.7.8のようになる[31]．圧電縦効果を利用する超音波トランスデューサーの用途では膜の共振を利用するので，変位の振幅や発生する力はもっと大きい．

7.3.14 応用例

高分子圧電材料のセンサー的応用，アクチュエーター的応用，これらの相互変換的応用の産業別応用例を表III.7.9に示す．この中にはすでに実用化されているものから，研究開発中，単なる応用の提案レベルのものまで含んでいる．

a. センサー的応用

高分子圧電材料の圧電 g 定数は大きく，力学エネルギーを電気エネルギーに変換するセンサーとしての応用が有利で，表III.7.8に示すように感圧センサーとして多くの応用例がある．たとえば，図III.7.68は路上での自動車の単位時間あたりの通行台数，速度，車種の識別を目的とした交通管理システムへの応用を示したものである．図III.7.69は圧力分布イメージ像のシステムを示したものである．この圧力センサーはマトリックスのセンシングを行い，テレビカメラで撮られた被検出物の視覚像と重ね合わせて圧力分布のイメージ

表 III.7.8 PVDFフィルムの刺激に対する応答[31]

	刺激	応答
正の横効果	長さ方向に1Nの力	23Vの電圧
正の縦(厚み)効果	同上	0.07Vの電圧
逆の横効果	100Vの電圧	長さ方向の0.11Nの力 長さ方向の0.8 μmの変位
逆の縦効果	同上	33Nの力

1N：100g重に相当．

表 III.7.9 高分子圧電材料の応用[40]

分野	力学エネルギー ⇒ 電気エネルギー センサー的(* 発電的)	力学エネルギー ⇐ 電気エネルギー アクチュエーター的	力学エネルギー ⇔ 電気エネルギー 相互変換的
医療機器	血圧計 脈拍計 脳波計 血流計 体重計 心音マイク * 心臓のペースメーカー * 整骨治療	補聴器	超音波医療変換子
音響機器	マイクロフォン 電気ピアノのピックアップセンサー	ヘッドフォン 高音用スピーカー パネルスピーカー	
計測機器	衝撃センサー 振動センサー 加速度センサー 落石センサー 地震計 曲率センサー 標的センサー 集積化Si音圧センサー 流量計 応力ゲージ ハイドロフォン	光変調器 電界センサー	超音波カメラ 超音波顕微鏡 近接距離型
情報機器	キーボードスイッチ 座標入力装置 ソナー	ディスプレーのセグメント デジタルスピーカー	電話の受送話機
産業機器	触覚センサー タッチセンサー 防犯センサー コインセンサー * 海洋波浪発電機	圧電ファン 圧電リレー 小型ポンプ マイクロ触刺子 船体異物付着防止	超音波探傷子 超音波厚み計

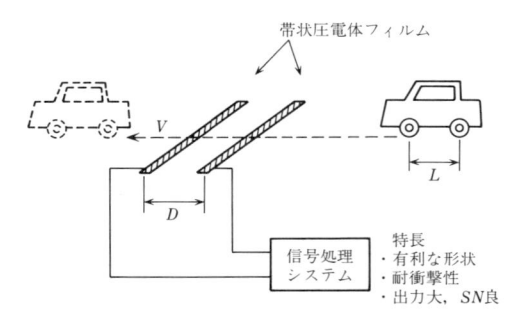

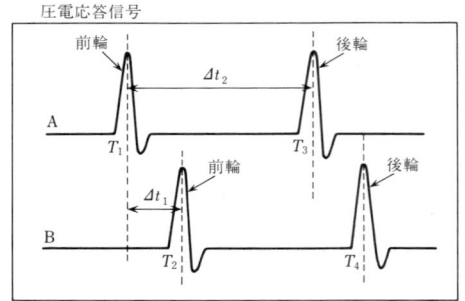

図 III.7.68 車速センサー

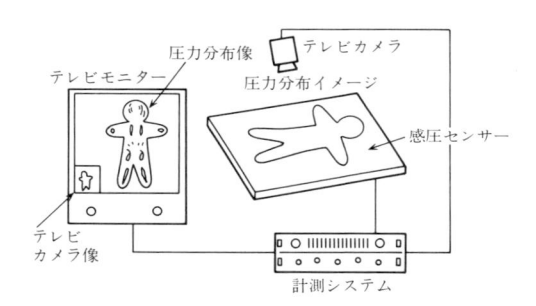

図 III.7.69 圧力分布イメージ像のシステム図[42]

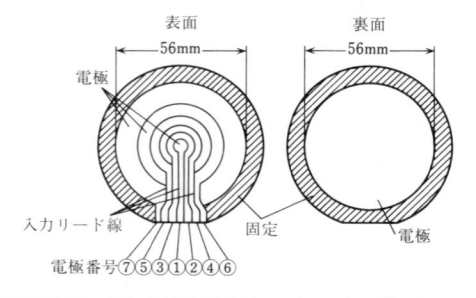

図 III.7.70 高分子圧電材料を用いた8ビットのデジタルスピーカーの振動板[43]

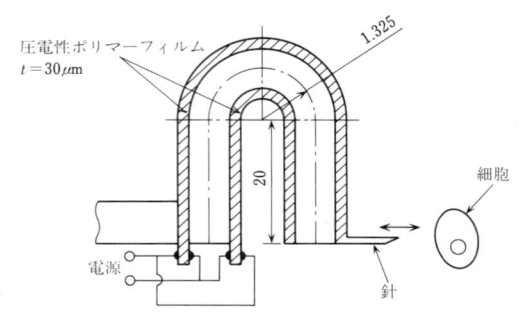

図 III.7.71 マイクロ触刺子[44]

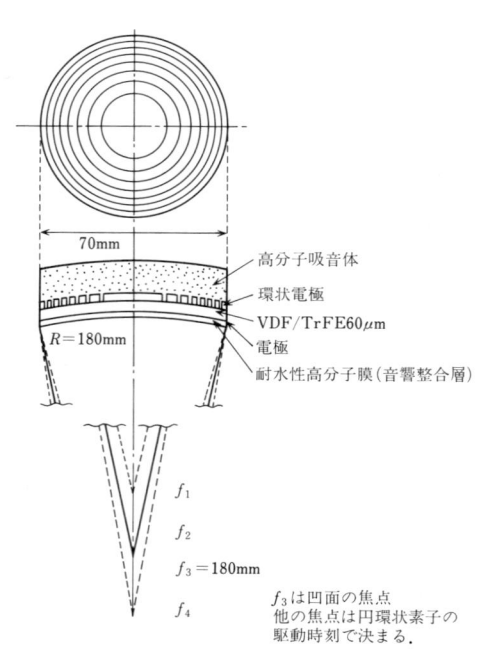

図 III.7.72 VDF/TrFEのアニュラ・アレイ型超音波変換子[45]

像を得る[42].

b. アクチュエーター的応用

高分子圧電材料の圧電 d 定数は，セラミック圧電材料の d 定数の数分の一程度で，電気エネルギーを力学エネルギーに変換するアクチュエーター的な応用は不利で，実際の応用例としては表III.7.8に示すような小エネルギーの変換で対応できる用途に限定されている．その中でたとえば，図III.7.70はデジタルスピーカーを示したもので，トランスデューサーでかつ音響振動板でもある高分子圧電フィルムを，デジタル入力信号のビット数に対応させて同心円状に電極を分割し，どの電極に電圧パルスを加えるかにより音の大きさを決め，デジタル信号を直接に音声に変換するものである[43]．図III.7.71はPVDFバイモルフを用いた微生物を取扱うバイオマイクロマニュピレーターを示したもので，直流電圧を加えることにより針の先端は動き（300 V の電圧で $80\,\mu m$ の移動）微生物を針で突き刺すこともできる[44].

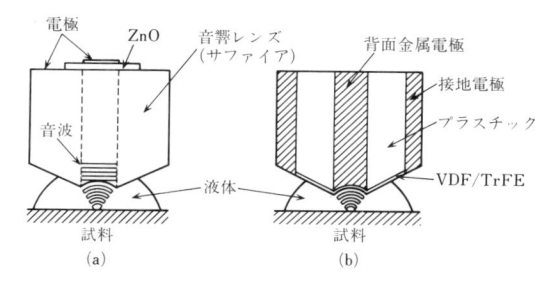

図Ⅲ.7.73 ZnO と VDF/TrFE を振動子とする超音波顕微鏡用変換子[46]

c. 相互変換の応用[41]

力学エネルギーと電気エネルギーの相互変換を同じ圧電素子で行う用途として超音波の送受信のトランスデューサーがある．高分子圧電材料は水，生体，高分子などの音響伝播媒体に近い音響インピーダンスをもつので，広帯域・短パルス特性をもつ，感度の高い変換子を簡単な構造で構成することができる．図Ⅲ.7.72 は VDF/TrFE 共重合体を用いたアニュラ・アレイ型医療用超音波変換子を示したもので，7.5 MHz，8 素子からなり，大口径と長い焦点距離をもち，解像度の高い断層像が得られる[45]．図Ⅲ.7.73 は VDF/TrFE 共重合体を用いた超音波顕微鏡用変換子を示したもので，ZnO 圧電体系変換子に比べ音響レンズが不用なので，ノイズが少なく，音場が均一になり解像力の高い像が得られる[46]．

〔八木俊治〕

参 考 文 献

1) Fukada, E.: *J. Phys. Soc. Jpn.*, **10** (1955), 149
2) Fukada, E., Yasuda, I.: *J. Phys. Soc. Jpn.*, **12** (1957), 1158
3) Kawai, H.: *Jpn. J. Appl. Phys.*, **8** (1969), 975
4) 超音波技術便覧(1966)，日刊工業新聞社
5) 池田拓郎：圧電現象，固体の音波物性(和田八三久編)(1967)，槇書店
6) Tamura, M., Hagiwara, S., Matsumoto, S., Ono, N.: *J. Appl. Phys.*, **48** (1977), 513
7) 丸竹正一：圧電性，物理測定技術4 電気的測定(1966)，朝倉書店
8) 八木俊治：圧電・焦電材料，高分子材料技術総覧(石川欣造編) (1988)，テック出版
9) 小泉直二：高分子加工，**35**(8) (1986)，366
10) Fukada, E.: *Adv. Biophys.*, **6** (1974), 121
11) 古川猛夫：圧電性・焦電性高分子，電子機能材料(高分子学会編) (1991)，共立出版
12) Tashiro, K., Kobayashi, M., Tadokoro, H., Fukada, E.: *Macromolecules*, **13** (1980), 691
13) 田代孝二，小林雅通，田所宏行：日本学術振興会情報科学用有機材料第142委員会研究報告書, p.117(1974年11月)
14) Hayakawa, R., Wada, Y.: *Rep. Progr. Polym. Phys. Jpn.*, **19** (1976), 321
15) 和田八三久：高分子の電気物性(1987)，裳華房
16) Tasaka, Miyata: *Ferroelectrics*, **32** (1981), 17
17) Lovinger, A. J.: Polyvinylidene Fluoride, Chapter 5, in Developments in Crystalline Polymer (Bassett, D. C. ed.) (1982), Applied Science Publishers
18) Yagi, T., Tatemoto, M., Sako, J.: *Polym. J.*, **12** (1980), 209
19) 塩崎忠：新・圧電材料の応用(1987)，シーエムシー
20) 坂野久夫：圧電材料の製造と応用，第7章(1984)，シーエムシー
21) Furukawa, T.: *IEEE Trand. Electr. Insul.*, **24** (1989), 375
22) Koga, K., Ohigashi, H.: *J. Appl. Phys.*, **59** (1986), 2142
23) Scheinbeim, J. I., Chung, K. T., Pae, K. D., Newman, B. A.: *J. Appl. Phys.*, **50** (1979), 6101
24) Yamada, K. et al.: *J. Polym. Sci., Polym. Phys. Ed.*, **22** (1984), 245
25) Tasaka, S., Miyata, S.: *Koubunshi-ronbunshu*, **36** (1979), 689
26) Higashihata, Y., Sako, J., Yagi, T.: *Ferroelectrics*, **32** (1981), 85
27) Ohigashi, H., Koga, K.: *Polym. Prepr., Jpn.*, **30** (1981), 1104
28) Ohigashi, H.: *J. Appl. Phys.*, **47** (1976), 949
29) Kubouchi, Y., Kometani, Y., Yagi, T., Matsuda, T., Nakajima, A.: *Pure & Appl. Chem.*, **61** (1) (1989), 83-90
30) Ohigashi, H., Takahashi, S., Tasaki, Y., Li, G. R.: *Proc. 1990 IEEE Ultrasonics Symposium*, p.753
31) 大東弘二：圧電材料としての機能と実用技術(1988)，ミマツデータシステム
32) 日本電子工業振興会編：新電子材料に関する報告書XI，60-M-232(1985)
33) 瀬尾巌：高分子エレクトロニクス研究会要旨集，p.9(1986)
34) Yamada, T., Ueda, T., Kitayama, T.: *J. Appl. Phys.*, **53** (1982), 4328
35) Furukawa, T., Fukuda, E.: *J. Polym. Sci.*, **14** (1976), 1979
36) 深田栄一：高分子，**16**(1967), 795
37) 松重和美：機能材料, **30**, (1986-07)
38) Yagi, T., Higashihata, Y., Fukuyama, K., Sako, J.: *Ferroelectrics*, **57** (1984), 327
39) Tashiro, K., Tadokoro, H.: *Macromolecules*, **16** (1983), 961
40) 八木俊治：ピエゾ高分子，ハイテク高分子材料，中島章夫，筏義人共編(1986)，アグネ
41) 大東弘二：高分子圧電材料の超音波への応用,電子機能材料(高分子学会編)(1991)，共立出版
42) 下条誠：センサ技術, **10**(13) (1990), 31
43) Sakai, S., Kyono, N., Fujiwara, S.: Audio Eng. Soc. Preprint 78th Cony., 2231 (E-7) (1985)
44) Umetani, Y.: 10 th ISIR, 571 (1980)
45) Hashimoto, N., Miya, T., Yoneya, K., Ando, A., Ohigashi, H.: *Acoustical Imaging*, **17** (1989), 561
46) Ohigashi, H., Koyama, K. Takahashi, S., Wada, Y., Maida, Y., Suganuma, R., Jindo, T.: *Acoustical Imaging*, **16** (1988), 521

7.4 焦 電 材 料

7.4.1 は じ め に

焦電性の観察は古くから電気石などについてなされていたようであるが，実際の焦電体の応用は圧電体に比べて非常に遅れた．焦電型赤外線検出器の実用化が可能と判断されるようになったのは1960年代以降で[1]，固体電子工学の進歩と大きく関係している．高分子焦電材料が注目され始めたのは，1971年の山香とBergmanによるPVDFの大きな焦電性の発見からである[2,3]．

7.4.2 焦 電 性 と は

焦電性(pyroelectricity：pyro はギリシャ語で fire の意味)とは物質に熱変化を与えることによって電荷

が発することで，この変化は圧電性と同じく可逆的である．

7.4.3 焦電性物質（結晶）

焦電効果は自発分極をもつ結晶に観察される（7.3.3項参照）．

7.4.4 焦電定数の基本式

焦電性は熱と電気エネルギーとの結合に起因する．焦電効果を現す物理定数は熱の変数として温度 θ とエントロピー S，また，誘電変数として電界 E と電気変位 D を選ぶと，結晶のもつギブス自由エネルギー G は

$$G = U - ED - \theta S \qquad (\text{III}.7.19)$$

となる．ここで U は内部エネルギーである．焦電効果も圧電効果と同じように（7.3.4項参照）4種類の変換定数が定義されるが，通常よく用いられるのは焦電率 p で，p は自発分極量の温度変化として次式で定義される．

$$p = \left(\frac{\partial D}{\partial \theta}\right)_E = \left(\frac{\partial S}{\partial E}\right)_\theta \qquad (\text{III}.7.20)$$

実際の焦電素子による赤外線検知に関しては，電圧出力が測定される．電圧出力と焦電率の関係は次のようになる[4]．いまここで焦電素子が赤外線エネルギーを吸収して $\delta\theta$ だけ温度が上昇したとする．このとき電極間に現れる電荷 Q は式（III.7.20）より，

$$Q = AD = Ap\delta\theta \qquad (\text{III}.7.21)$$

となる．ここで A は電極面積である．赤外線吸収エネルギーを W とすると，

$$W = \delta\theta \cdot C_v \cdot A \cdot t \qquad (\text{III}.7.22)$$

となる．ここで C_v は単位体積あたりの熱容量（体積比熱），t はフィルムの厚みである．したがって，電荷 Q は

$$Q = A \cdot p \cdot \delta\theta = p \cdot W/(C_v \cdot t) \qquad (\text{III}.7.23)$$

この素子の出力電圧 V はフィルムの電気容量を C $(=\varepsilon \cdot A/t)$ として

$$V = Q/C = p \cdot W/(C_v \cdot \varepsilon \cdot A) \qquad (\text{III}.7.24)$$

となる．したがって，焦電素子の物性としては，
(1) 焦電係数 p が大きいこと
(2) 誘電率 ε が小さいこと
(3) 体積比熱 C_v が小さいこと

が望まれる．$p/(C_v \cdot \varepsilon)$ を性能指数といい，V/W を電圧感度という．

7.4.5 測 定 方 法[5]

a．定速昇降温法

温度 θ を一定速度で昇温し，次いで降温させそのときの電流 i を測定する．焦電性により発生する電荷 Q は電極面積を A，焦電率を p とすると，

$$dQ = A \times p d\theta \qquad (\text{III}.7.25)$$

となる．温度変化率を

$$\beta = d\theta/dt \qquad (\text{III}.7.26)$$

とすると，焦電流は

$$i = dQ/dt = A \times p d\theta/dt = A \times P \times \beta \qquad (\text{III}.7.27)$$

となる．測定法は熱刺激脱分極電流（TSC）の測定と同じであるが，非可逆的な脱分極電流と可逆的な焦電流を区別するためには，昇温時と降温時の電流-温度特性

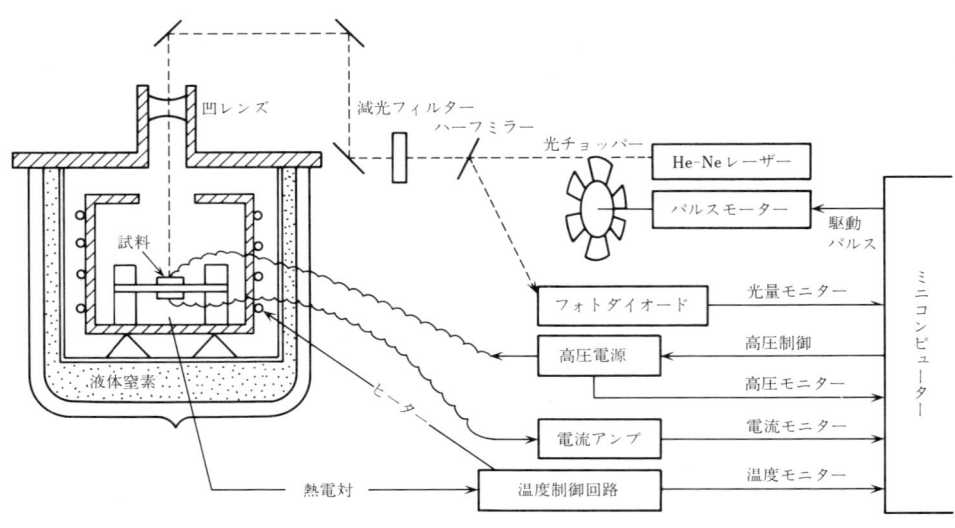

図 III.7.74 動的焦電率の測定システム[5]

を測定する必要がある．焦電流による電流であれば，電流の温度変化曲線は昇温降温時で温度軸に対して対称となるべきである．実際に焦電率を求める場合は，脱分極電流の影響をなくすために再現性を得るまで繰り返しの昇温測定が行われる．

b. 動的温度変化法

これは温度を微小幅で上下させ，そのときの試料の分極変化より焦電流を求める方法である．温度変化は普通外部より断続光を入射させ加熱することにより行う（図III.7.74）．この方法で行うと試料の平均温度一定で焦電率の測定が可能となる．図III.7.75は入射光パルス(a)，温度変化(b)，焦電流(c)を示したものである．

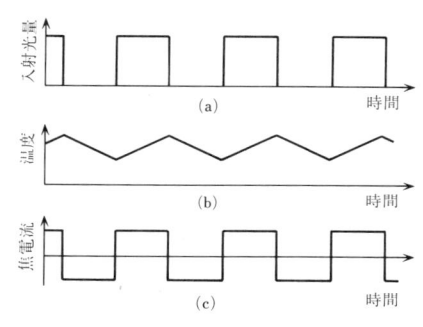

図 III.7.75 動的焦電率の入射光と焦電流[5]

7.4.6 焦電性高分子の種類

高分子強誘電体，極性高分子，セラミック複合圧電材料に焦電効果が観察される（7.3.6項参照）．大きな焦電性を発現するのはポリフッ化ビニリデン（PUDF）とフッ化ビニリデン/トリフルオロエチレン共重合体（VDF/TrFE）である．これらの焦電性を発現するフィルムに分極処理（7.3.9項参照）を行った焦電体の対称性は $C_{\infty v}$ となり焦電マトリックスは

$$p_i = \begin{pmatrix} 0 \\ 0 \\ p_3 \end{pmatrix} \quad (\text{III}.7.28)$$

となる．i は分極の成分である．温度変化により焦電フィルムの厚み方向（膜面）に電荷が生じ焦電性が観察される．

7.4.7 マクロな焦電効果[6]

和田・早川の非晶性マトリックスの海の中に自発分極 P_s をもつ微結晶が浮いている球状分散モデルによる理論的解析によれば，焦電係数 p_3 は近似的に次式で表される．

$$p_3 = -\beta p_s + p_3{}^c \quad (\text{III}.7.29)$$

ここで
 β：厚さ方向のフィルムの線膨張率
 p_{3c}：結晶の焦電係数
である．式(III.7.26)の第一項はフィルムの厚みの温度変化で，第二項は結晶の焦電効果である．その他誘電率の温度変化に起因する効果は非常に小さいとして省略した．PVDFの p_3 について具体的に計算され $p_3 = -27.4\,\mu\text{C/m}^2\cdot\text{K}$ となり，実測値（$-27\times\mu\text{C/m}^2\cdot\text{K}$）を再現している[7]．式(III.7.26)の各項の寄与は次のようになる．

 フィルム厚の温度変化：47％
 結晶の焦電効果：53％

7.4.8 焦電特性

PVDF，VDF/TrFE共重合体，VDCN/VAc共重合体の焦電率（p_3）は分極量（P_r）に比例する（図III.7.76）[8]．β形PVDFの焦電率（p_3）は圧電 d_{31} 定数と比例する（図III.7.77）[9]．VDF/TrFE共重合体の焦電率は

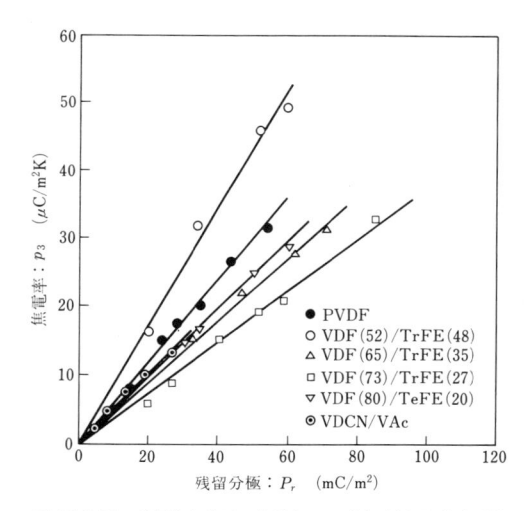

図 III.7.76 分極化高分子の焦電率 p_3 の残留分極 P_r 依存性[8]

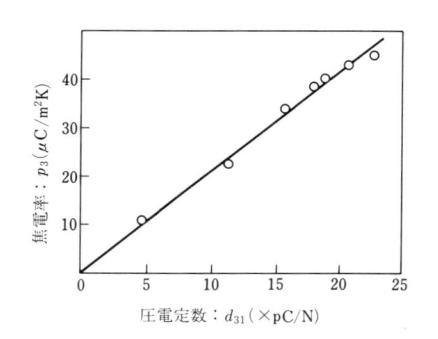

図 III.7.77 β形PVDFの圧電定数と焦電率の関係[9]

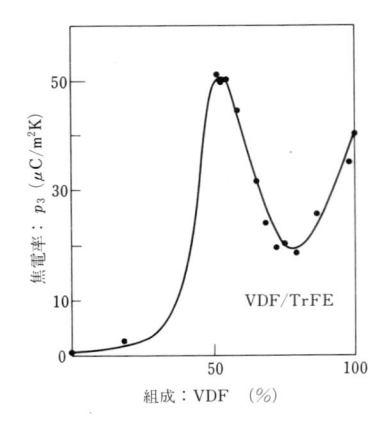

図 III.7.78 VDF/TrFE 共重合体の焦電率(p_3)の組成変化[10,11]

VDF組成が55mol%で最大値を示す(図III.7.78)[10,11].

セラミック複合材料の中で，焦電係数の大きいチタン酸鉛($PbTiO_3$)と誘電率の大きいPVDFとの組み合わせは焦電係数の大きい複合膜となる．図III.7.79はこの複合膜の焦電率の組成変化を示したもので[12]，目的に応じて可塑性と焦電率を考慮して混合比を選ぶ必要がある．

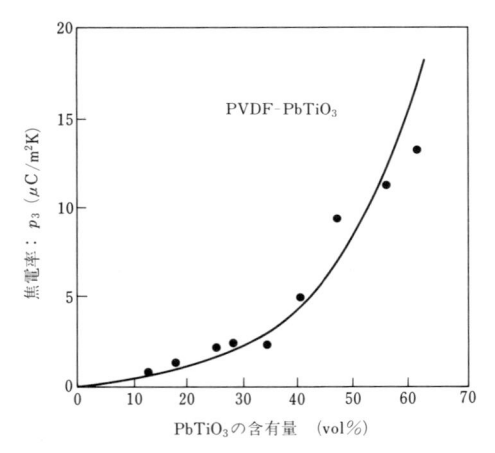

図 III.7.79 $PbTiO_3$とPVDFの複合膜の焦電係数[12]

表III.7.10にPVDF, VDF/TrFE共重合体，チタン酸鉛($PbTiO_3$)，チタン酸ジルコン酸鉛(PZT)の焦電諸特性を示す[13,14]．高分子焦電材料の特徴はセラミックと比べて次のようになる．

（1） 誘電率が小さいので性能指数(7.4.4項参照)は高く，電圧感度は高い．
（2） 熱拡散係数が小さいので空間分解能が高い．
（3） 薄膜化が容易で薄膜化により実際使用時の熱容量が下るため応答速度が上る．

表III.7.11はPVDF圧電焦電材料の1年間の経時変化と70℃での熱劣化を示したもので，圧電率d_{31}，焦電率p_3は減衰するが[13]，同時に誘電率ε_rも低下するため，出力電圧としてみると減衰率は小さい．

表 III.7.11 PVDF焦電材料の分極処理1年後の各定数の減衰率[13]

	圧電率 d	焦電率 p	誘電率 ε_r	d_{31}/ε_r	p/ε_r
分極処理1年後の室温での減衰率	14%	8.4%	2.4%	11.6%	6.0%
70℃ 20時間熱処理後の1年後の室温での減衰率	4.2%	—	2.2%	2%	

7.4.9 応用

高分子焦電体の刺激に対する応答は，たとえば，焦電率p_3を$50 \times \mu C/m^2 \cdot K$としフィルムサイズの長さ$l=5 cm$，幅$w=1 cm$，厚み$t=20 \mu m$とすると，1Kの温度変化を与えたときの誘起電荷$Q$は，$Q=20 nC$で，電圧出力で約10Vとなる．

PVDFやVDF/TrFE共重合体などの高分子が焦電材料として適用されるのは火災検知器や人間の侵入検知器などの赤外線ポイントセンサーとしてである(図III.7.80)[15]．この赤外線センサーは本質的に波長依存性がなく，誤動作の防止目的で被検出物固有の波長のみを透過する赤外線窓材を目的に応じて適当に選択の必要がある[13]．

赤外線の二次元センサーとしてパイロビジコンの撮

表 III.7.10 焦電材料の焦電諸特性[13,14]

	VDF/TrFE 共重合体 (78/22)	PVDF	$PbTiO_3$	PZT-4
焦電率 p ($\mu C/m^2 \cdot K$)	50	40	600	370
誘電率 ε'	7	13	200	1200
体積比熱 c_v (J/cm·K)	2.4	2.4	3.2	3.0
性能指数 $p/c_v \cdot \varepsilon_r$ (10^{-10})	3.4	1.3	0.94	0.01
熱伝導率 K (W/cm·K)		1.3	3.2	
熱拡散係数 α (10^{-3} cm²/s)		0.53	9.9	

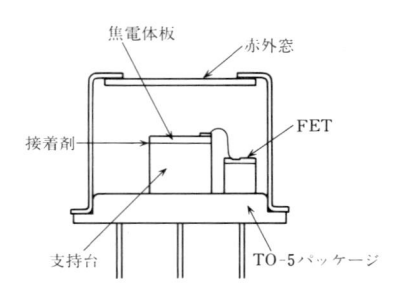

図 III.7.80 焦電型赤外線ポイントセンサーの構造[15]

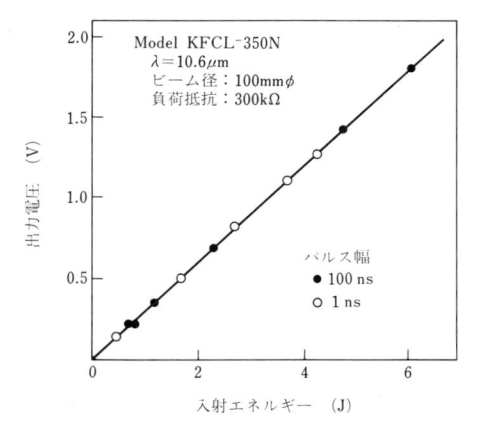

図 III.7.81 PVDF 大口径パルスレーザー用カロリメーターの出力電圧と入射エネルギーの関係[13]

像管への応用がある[16]．これは薄膜化，大面積化が可能という利点に加え熱拡散係数が小さいため熱像のにじみの少ない被検出物の温度分布像が得られる．

大口径パルスレーザー用カロリーメーターへの応用も高分子焦電材料の特徴を生かしたものである．図 III.7.81 は PVDF を赤外線センサーに用いたカロリーメーターの出力電圧と入射エネルギーの関係を見たもので[13]，良好なリニアな関係が認められる．特徴としては，

（1） 入射レーザーパルス幅の変化に対して出力感度に影響がない．
（2） 入射レーザー光ビーム径の変化に対して出力感度に影響がない．
（3） 熱電対型カロリーメーターに比べて約 30 倍感度が高い．

などがあげられる． 〔八木俊治〕

参 考 文 献

1) 塩嵜忠：新・圧電材料の製造と応用(1987)，シーエムシー
2) 山香英三：第 32 回応用物理学会予稿集，3 P-K-8(1971)
3) Bergman, J. G. et. al.: *Appl. Phys. Lett.*, **18**(1971), 203
4) 呉羽化学工業(株)電子材料部：高分子エレクトロニクス研究会要旨集，p. 13，1986 年 2 月(東京)
5) 伊達宗宏：静電気学会誌，**9**(4)(1985)，289
6) Wada, Y., Hayakawa, R.: *Ferroelectrics*, **32**(1981), 115
7) Broadhurst, M. G., Davis, G. T., McKinney, J. E., Collins, R. E.: *J. Appl. Phys.*, **49**(1978), 4992
8) 古川猛夫：高分子の誘電機能，電子機能材料(高分子学会編)，p. 76(1991)，共立出版
9) 中村謙一，寺本嘉吉，村山直広：固体物理，**18**(1983)，344
10) 古川猛夫：有機合成化学会誌，**42**(1984)，986
11) Oka, Y., Koizumi, N.: *Jpn. J. Appl. Phys.*, **23**(1984), 748
12) Yamazaki, H. et al.: *Ferroelectrics*, **32**(1981), 85
13) 中村謙一：赤外線センサー，電子機能材料(高分子学会編)，p. 145(1984)，共立出版
14) 大東弘二：圧電材料としての機能と実用技術(1988)，ミマツデータシステム
15) Kuwano, et al.: *Ferroelectrics*, **46**(1983), 175
16) 山香英三：静電気学会誌，**7**(2)(1983)，85

第8章

センサー材料

8.1 有機材料の特徴とセンサー応用

センサーとは外界からの入力信号を電気信号に変換する素子と定義されるが,より一般的にはシステムに必要な情報を取り出す装置や素子をさす.センサーはその変換機能から大きく物理センサーと化学センサーに分けられる.特に,生物のもつセンサー機能を積極的に模倣したり直接利用したバイオセンサー(生物センサー)を化学センサーと区別し,表Ⅲ.8.1のように分類するのが一般的である.また,測定対象,検出方法,構成材料や構造によっても多種のセンサーに分類されている.有機材料系のセンサーを概観する場合,現実に有機物で構成されている人間(動物)の優れたセンサー機能(五感)に対比してみるのも興味深い.これらのセンサーにおいて有機材料は単なるマトリックス(バインダー)や保護膜(封止材)としてではなく,有機物のもつ本来のセンサー機能を能動的に活用した例が急速に増加している.たとえば,有機色素系の特異な吸収スペクトルと光電特性を利用した光センサー,物理化学的性質を利用した圧力,温度,放射線センサーやガス,湿度,イオンなどを検知する化学センサー,さらには優れた生物の機能性を利用したバイオセンサーなどがある.特に,有機材料は無機材料にない特質(可とう性,フィルム成形,軽量・大面積化や水・生体系物質との整合性),さらには多様な分子構造に起因する物理化学的選択性を有することから生物・医療分野や家電製品用センサーなど,広い分野での応用が期待される.センサー機能の詳細については参考文献にあげた成書[1~6]にゆずり,ここでは有機材料の特徴を生かしたセンサーに焦点を絞り,その特性と各種センサーへの応用について述べる.

表Ⅲ.8.2に機能別に分類したセンサーの物理化学効果と使用される代表的な有機材料を示す.以下,表中の測定対象で分類したセンサーの中で有機材料が有望な分野を中心に紹介する.

表Ⅲ.8.1 センサーの分類

変換機能	測定対象	構成材料	感覚
物理センサー	光センサー 放射線センサー 圧力センサー 温度センサー 音響(超音波)センサー 電磁気センサー ガスセンサー	半導体センサー セラミックセンサー 金属センサー 有機半導体センサー	視覚(目) 触覚(皮膚) 聴覚(耳)
化学センサー	湿度センサー においセンサー イオンセンサー 味センサー	高分子センサー 酵素センサー	嗅覚(鼻) 味覚(舌)
バイオセンサー	成分センサー 免疫センサー	微生物センサー	

表Ⅲ.8.2 有機材料を用いたセンサー応用

機能別センサー	物理化学効果	センサー用有機材料
光センサー	光起電力効果 光導電効果 焦電効果	有機半導体 導電性高分子 焦電性高分子
温度センサー	導電率変化 焦電効果 光透過率変化 光反射率変化 相転移	有機半導体 焦電性高分子 液晶,パラフィン 液晶 電荷移動錯体
圧力センサー	圧電効果 導電率変化	圧電性高分子 高分子複合体
ガスセンサー	導電率変化 誘電率変化 選択的透過性 選択的吸着	有機半導体 高分子固体電解質 ガス透過性高分子膜 導電性高分子
湿度センサー	導電率変化 誘電率変化 選択的透過性 選択的吸着	感湿性高分子 高分子固体電解質 ガス透過性高分子膜 感湿性高分子
イオンセンサー	選択的透過 電気化学反応	イオン透過膜 イオン導電性高分子
バイオセンサー	選択的触媒反応 抗原抗体反応 微生物反応	高分子固定化膜 抗原・抗体 微生物

8.2 有機材料を用いたセンサー応用

8.2.1 光センサー

光を検出する上で利用される物理化学現象としては,光起電力効果,光導電性,ルミネッセンス,焦電

8.2 有機材料を用いたセンサー応用

光センサー用有機色素分子

光センサー用有機高分子

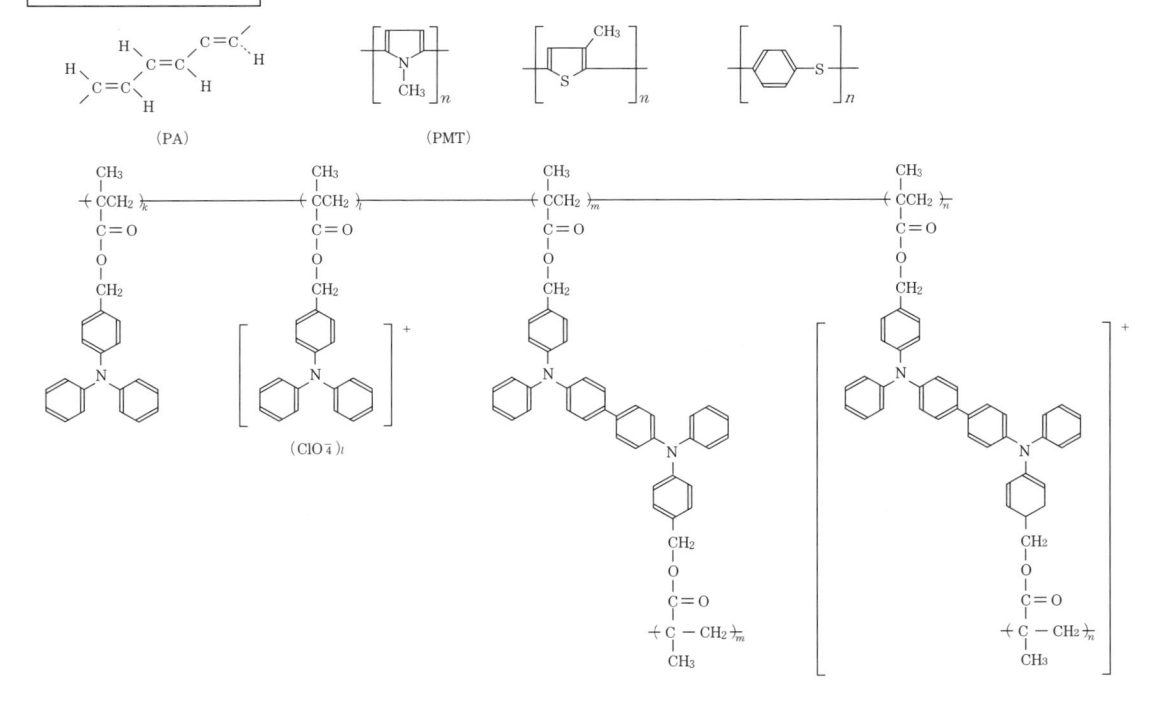

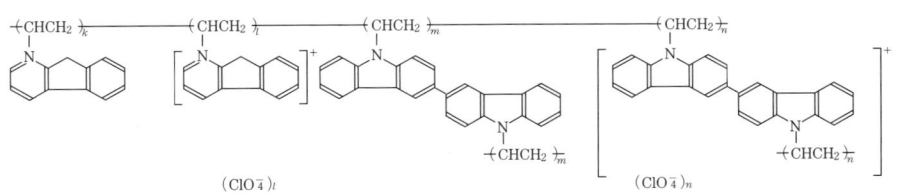

図 III.8.1 代表的な光センサー用有機材料の分子構造
(高分子学会編：高分子新素材便覧, pp. 181, 182 (1989), 丸善, 表 3.69, 3.70 を一部変更して掲載)

表 III.8.3 光センサーに使われる素子構造と有機材料

効　果	素子構造	有機材料
光起電力効果	pn 接合	ポリアセチレン(PA) メロシアニン色素(MC) トリフェニルメタン(TPM)系色素 ローダミンB色素(RB) フタロシアニン誘導体(Pc) ペリレン誘導体(PV)
	ショットキー障壁	PA, Pc, MC, ペリレン アントラセン, テトラセン スクアリリウム色素(SQ) PVK-TNF ポルフィリン誘導体(PP) クロロフィル ポリメチルチオフェン(PMT) ポリビニルカルバゾール(PVC)
光導電性	表面抵抗型	PVK-TNF Pc
	積層型	PVK/増感色素 アゾ顔料, ヒドラゾン誘導体
ルミネッセンス		蛍光色素
焦電性		ポリフッ化ビニリデン(PVDF) フッ化ビニリデン(VDF) テトラフルオロエチレン(TFE)

(高分子データハンドブック―応用編―, 高分子学会(1986), 582；化学と工業, **34**(1981), 489；電子写真, **19**(1981), 3 を参考に作成)

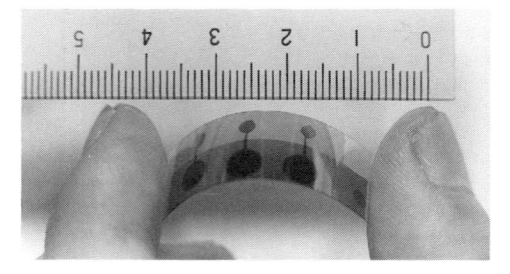

図 III.8.2 フィルム状光電変換素子

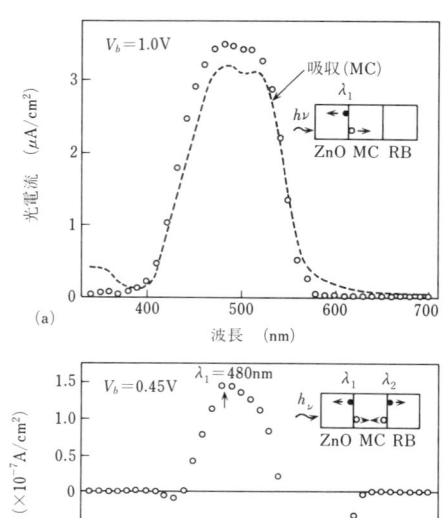

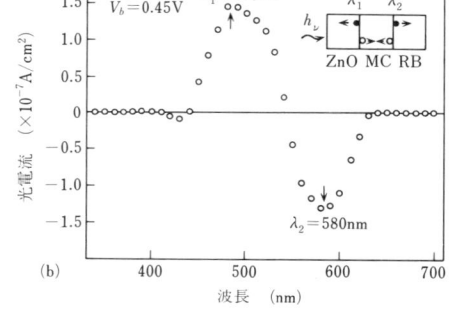

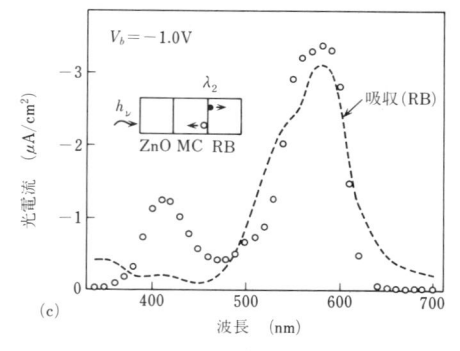

図 III.8.3 スペクトル感度可変形有機色素光センサーの構造と特性

性, 光化学反応などがあり, 電気信号を出力とするものには無機半導体を用いた種々の光センサーが実用化されている. 有機材料を用いた光センサーの実用化例はまだ少なく, 研究段階のものが多い. 表 III.8.3 には光センサーとして研究されている素子構造とその有機材料を示した. また, 使用される代表的な有機材料の分子構造を図 III.8.1 に示した.

有機材料の光起電力効果を利用したものは pn 接合型, 金属電極とのショットキー障壁型, 内部電界型, 濃度勾配型などがある. 光センサーとしての研究例はショットキー型が中心であるが, 有機物 pn 接合セルも数例報告されている[7~9]. 有機半導体を用いた光センサーは光電変換効率, 応答速度, 寿命, 信頼性の点で無機半導体素子に比べ性能が劣っている. しかしながら, 有機材料の特徴を積極的にいかした研究例もある. たとえば, 導電性プラスチック上に作製したフィルム状セル[10]や色素の光フィルター効果とキャリヤー解離効率の電界依存性を積極的に利用した電圧可変カラーセンサーへの応用例[11]は有機系光センサーとして注目される部分である. 図 III.8.2 にフィルム状光電変換素子の写真, 図 III.8.3 にスペクトル感度可変形カラーセンサーの構成と特性を示す.

光導電性を利用したセンサーは有機薄膜に一定電界を印加し, 光照射に伴う電気抵抗変化を測定するもの

である. アントラセンなどの有機材料が光導電性を有することは古くから知られており, フィルム成形, 高い暗抵抗, 無公害, 軽量, 安価といった特徴から電子写真感光材料[12]として活発な研究が進められている

系でもある．よく知られた光導電材料としてポリビニルカルバゾール(PVK)がある．PVK の吸収は紫外域にあるので，可視域で使用するにはトリニトロフルオレノン(TNF)との電荷移動錯体を形成するか，色素などの添加による光増感が必要である．その他，金属フタロシアニン系の低分子材料や高分子導電性材料が最近活発に研究されているが，光センサーというよりは電子写真用感光体として実用化されているものも多い．このような分野での研究が進むことにより，無機半導体素子が中心である光センサー領域でも有機材料が使用されてくる可能性は大きい．

焦電性を利用したものではポリフッ化ビニリデン(PVDF)などの強誘電性高分子フィルムが赤外線センサーとして応用されている．この場合，赤外線を熱として検出しているため，検出すべき赤外線エネルギーと出力特性との関係をよく設定しておくことが重要である．表III.8.4 に代表的焦電性高分子と無機焦電性物質の特性を示す．

表 III.8.4 焦電特性の比較

物 質	焦電率 $p^3(\mu C/m^2)$	性能指数 λ (V/J)	比熱 C(MJ/m^3K)	誘電率 $\varepsilon/\varepsilon_0$	キュリー点 T_c (°C)
PVDF	40	0.14	2.4	13	～200
VDF-TrFE	50	0.17	2.2	2～15	70～140
VDCN-VAc	15	0.15	2.3	5	—
PbTiO$_3$-PVDF	150	0.13	2.7	50	—
PZT*	370	0.01	3.0	1 200	386
PbTiO$_3$	600	0.11	3.2	200	470

PVDF：ポリフッ化ビニリデン，
VDF-TrFE：フッ化ビニリデン-トリフルオロエチレン共重合体，
DVCN-VAc：シアン化ビニリデン-酢酸ビニル共重合体，
PZT：PbZrO$_3$-PbTiO$_3$固溶体
(高分子学会編：高分子新素材便覧, p.177(1980), 丸善，(表 3.68 を転載)

8.2.2 温度センサー

有機材料を温度センサーに応用した例として PVDF やフッ化ビニリデン(VDF)などの焦電性を利用したものや，高分子感熱抵抗体による電気抵抗変化を利用するものなどがある．電気毛布などに使われている感熱ヒーター[5]は有機物の可とう性がいかされている代表例である．

一方，有機分子結晶の相転移に伴う電気抵抗の急激な変化を利用する提案もある．たとえば，TCNQ とジエチルシクロヘキシルアンモニウム [(C$_6$H$_{11}$)(C$_2$H$_5$)$_2$NH] からなるラジカル塩結晶は室温から 70°C 付近までは抵抗値が温度とともに緩やかに減少するが 74°C の相転移点で抵抗値は急上昇する[13]．TTF-TCNQ 電荷移動錯体結晶では 58 K の低温においてパイエルス転移と呼ばれる金属-絶縁体転移が起き[14]，低温域での指標となりうる．

電気信号ではなく物質の色変化を応用したものに液晶や示温塗料がある．液晶はある条件で結晶の性質をもつ液状の有機物質で種々のセンサーに応用できる可能性がある[15]．コレステリック液晶と呼ばれる層状らせん構造に分子配列した液晶が温度センサーとして利用されている．この液晶の配列ピッチが温度によって変化することによって光の干渉色が変わることを利用している．温度に対する色調は液晶の分子構造と配合比によって変化し，−40～285°C の温度範囲で使用できる液晶が開発されている．しかしながら，一種の液晶では変色の温度範囲が狭く温度差の大きい場合には不向きである．一方，液晶は以前より寿命は格段に改善されたものの，外部環境(電磁界，圧力など)によって誤差を生じることなどに注意が必要である．

示温塗料はある一定温度になると変色するもので，永久変色するものと可逆的に変化するものとがある．これらの温度センサーは広い面積の温度分布を知る上では熱電対のような点測定より有効である．ある温度で色調変化または溶融・軟化する示温有機材料[16](ドナー性色素とアルコール・エステル混合物，ナフタレン，サーモクレオンなど)は安価で簡易に温度を知ることができ，便利である．

8.2.3 圧力センサー

導電性ゴムと呼ばれる材料は不導体であるゴムベース材にカーボンブラック，金属や半導体の導電性微粒子を添加してつくられている．現在，カーボンブラックを添加したシリコーンゴムが一般的に使用されている．この材料は広範囲な使用温度(−55～200°C)と優れた耐環境性(耐オゾン性，耐久性など)を有するため，圧力センサー以外にも静電防止，キーボード，コネクターなどのエレクトロクス機器の部品としても広く利用されている[17]．

最近，導電性ゲルと呼ばれる高分子ゲルが圧力センサーとしての応用が考えられている．たとえばロボット用腕センサーへの応用例[18]では，使用する導電性シリコーンゲルが低硬度であり，小さな外力に対しても敏感に応答できるという特徴を有する．また，感圧導電性ゲル部分を非感圧ゲルで取り囲んだ構造にすることにより圧力分布を独立に感知することができる．

圧電性高分子は焦電性を併せもつことからすでに述べたように赤外線，温度センサーにも使われている．表III.8.5 に代表的圧電性高分子と無機材料の特性比較を示す．この圧電性高分子フィルムは音響センサー

表 III.8.5 高分子圧電体とPZTの特性

物 質	圧電率 d_{31}(pC/N)	結合係数 k_{33}(%)	ヤング率 $1/s_{11}$(GPa)	弾性率 c_{33}(GPa)	誘電率 $\varepsilon/\varepsilon_0$	密度 $\rho(10^3\text{kg/m}^3)$
PVDF	25	20	3	9.1	13	1.78
VDF-TrFE	40	30	2〜8	11.3	8〜15	1.88
VDCN-VAc	6	25	3	8.2	5	1.20
PZT-PVDF	25	10	2〜5	—	100	5.5
PZT	200	67	70	130	120	7.5

PVDF：ポリフッ化ビニリデン
VDF-TrFE：フッ化ビニリデントリフルオロエチレン共重合体
DVCN-VAc：シアン化ビニリデン-酢酸ビニル共重合体
PZT：PbZrO$_3$-PbTiO$_3$固溶体
（高分子学会編：高分子新素材便覧, p.171(1989), 丸善, 表3.65を転載）

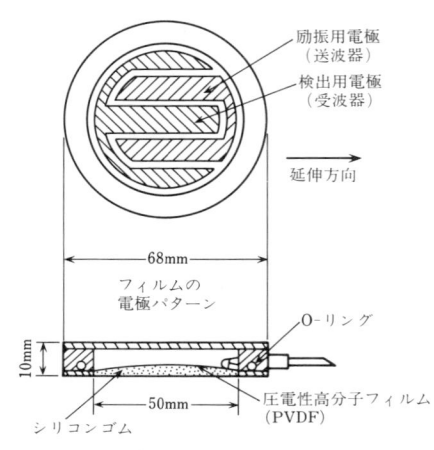

図 III.8.4 圧電性高分子フィルムを用いた胎児心音マイクロホン

（マイクロホン）としても広く応用されている．特に小型，軽量化とコンデンサーマイクロホンのような直流バイアス電源を必要としないことから補聴器などの小型マイクロホンとして実用化されている．一方，高分子は水や生体の音響インピーダンス（たとえば水の値 1.6×10^6 kg/m^{2}s）が近いため，心音をはじめとする生体器官から発する音や超音波診断用音響センサーとしても重要である[2,19]．図 III.8.4 に PVDF フィルムを用いた胎児心音マイクロホンの例を示す．

8.2.4 湿度・ガスセンサー

有機材料を用いた湿度センサーの研究は古くから行われており，人間の毛髪を用いた湿度計は有名である．一方，有機材料を用いたガスセンサーの開発は遅れているが，動物の有する嗅覚器ではある種のガスに対して優れた感度とガス識別能力をもっていることから，有機材料に対する期待は大きい．表 III.8.6 に代表的な湿度・ガスセンサーの研究例を示した．有機材料系における湿度，ガス検出方法は共通する部分が多く，ガス吸着による電気抵抗，誘電率，重量変化や色調変化などを利用したセンサーが研究開発中である．また，湿度，ガスに対するニーズは身近な家庭製品（家電製品，ガス機器など）においても大きく，安価，軽量，保守といった点からの開発も重要である．

電気抵抗変化を利用した湿度センサーは高分子電解質や吸湿性樹脂にカーボンなどの導電性粉体を加えた有機膜の電気抵抗変化から湿度を検出するものである．感湿材としてアンモニウム塩ポリマーやポリスチレンスルホン酸塩などを使用し，湿度20〜80%変化で抵抗は3桁程度変化し動作も安定している．特にアクリル系モノマーに架橋性モノマーとカーボン微粒子を混合してつくった共重合体湿度（結露）センサーはビデオテープレコーダーなどに内蔵され，実用化されている[5]．

細孔構造をもつ有機膜が吸湿したとき，電気抵抗以外にも誘電率が見かけ上変化する．電極で感湿材料をサンドイッチした素子構造の静電容量を測定することによって湿度を検出でき，種々の感湿性高分子膜が検討されている．

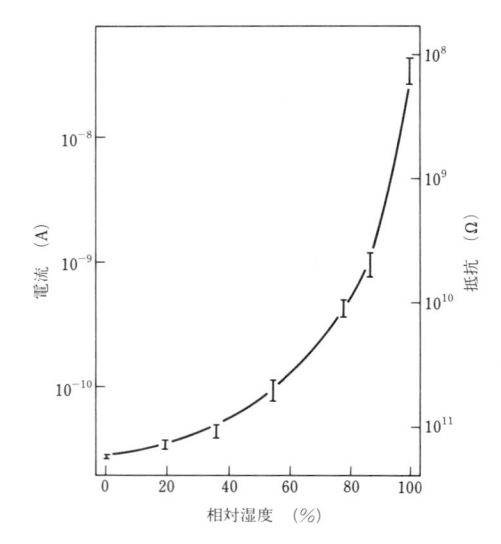

図 III.8.5 ローダミンB色素を用いた湿度センサーの電気抵抗変化

8.2 有機材料を用いたセンサー応用

表 III.8.6 湿度・ガスセンサーの研究例

検出ガス		検出方式	有機材料
湿度センサー	H_2O	抵抗変化	セルロース ポリビニルアルコール 高分子電解質
		静電容量変化	酢酸セルロース セルロース ポリスチレン ポリイミド
		水晶振動子 (共振周波数変化)	ポリアミド 酢酸セルロース スチロール ゼラチン エポキシ樹脂
		色調変化	トリフェニルメタン系色素
ガスセンサー	NO_2, SO_2 I_2, 酢酸 O_2, NO_2, SO_2 NH_3, O_2, Cl_2 NH_3, NO_2, H_2S	抵抗変化	フタロシアニン アントラセン β-カロチン 金属ポルフィリン ポリピロール
	CO, CO_2, CH_4 SO_2	静電容量変化	ポリフェニルアセチレン [ジエチルアミノプロピル＋ トリメトキシシラン縮合重合物]
	HCl SO_2 酢酸蒸気 NH_3	水晶振動子	ポリメチルアミン トリエタノールアミン アミノウンデシルトリクロロシラン アスコルビン酸＋硝酸銀
	ジメチルアセトアミド, トルエン, ブタン	弾性表面波 発振周波数	フルオロポリオール
	アルコール 種々ガス	色調変化	トリフェニルメタン色素 液晶
	H_2	起電力 (濃淡電池)	PVA-リン酸

(電気学会雑誌, **102**(1982), 360；センサ技術, p.173(1991), 丸善；高分子学会編：高分子新素材便覧, p.408-411(1989), 丸善を参考に作成)

図 III.8.6 マラカイトグリーン色素を用いたガスセンサーの吸収スペクトル変化

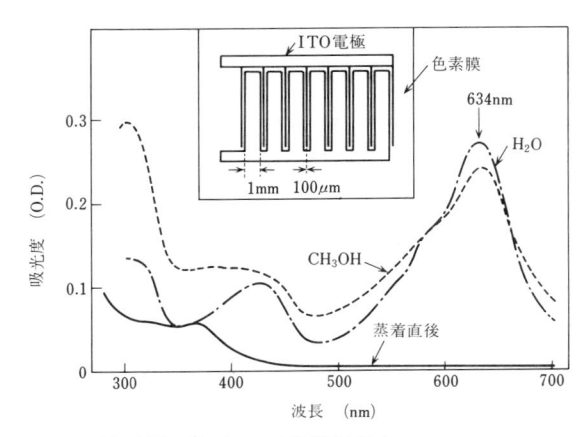

図中, 測定に用いたセルの模式図を示す.

　水晶振動子の共振周波数はその表面に吸着した物質の質量によって変化する．この現象を利用して，水晶振動子の表面に吸着膜を塗布しておき，共振周波数の変化から湿度を検出することができる．この質量変化に対する感度は非常に高く，種々の吸着ガスの高感度な測定が可能である．

　色素薄膜を用いた湿度センサーは湿度によって電気抵抗変化以外にもその吸収スペクトルが大きく変化する場合がある．一例としてトリフェニルメタン系色素薄膜を用いた湿度センサーの報告例[20]を示す．マラカイトグリーンなどの色素を真空蒸着すると無色透明膜が形成される．この有機膜は吸湿することによって色素本来の緑色を呈する．また，電極により電界を印加しておくとこの発色現象は陽極近傍で起こり，電圧印加や加熱によって可逆的変化を示す．図III.8.5, III.8.6に湿度に対する抵抗変化と吸収スペクトル変化を示す．

湿度(H_2O)以外のガスセンサーとして酸素センサー，一酸化炭素センサー，可燃性ガスセンサーや有機系ガスに対するセンサーがあるが，実用化されているもののほとんどは無機系のものである．しかし，ガス選択性が悪いなど，実用化には多くの問題点が残されている．かなり以前から，β-カロチンが多くのガスに対して電気伝導率が急激に増加することが知られており[21]，ガスセンサーとしての応用が考えられた．しかし，β-カロチン薄膜を用いたガスセンサーは応答速度が遅い（数十分）ことや安定性に欠けるなどの問題点からその後の進展は見られない．現在，高選択性，高信頼性，長寿命のガスセンサーの開発が進められている．最近ではフタロシアニン誘導体薄膜が有望視され，数多くの研究例が報告されている．フタロシアニンは熱的に安定な材料であり，電子受容性ガスと錯体をつくることによりその電気伝導率が増加するため，二酸化窒素やハロゲンガスセンサーとして研究が行われている．分子の中央に金属(Pb, Ru, Cu, Mg, Co, Pt, Ni, Zn, Fe, Al など)が置換した金属フタロシアニンに対して酸素，塩素，ヨウ素，アンモニア，窒素酸化物(NO_x)，塩素置換炭化水素（トリクロロエチレンなど）などのガス応答特性が報告されている[22,23]．

フタロシアニン以外でも，ピリジンや多環化合物，TCNQなどの電荷移動錯体，高分子系ではポリピロール，ポリフェニレンアセチレンなどの導電性高分子が調べられており，種々のガス分子に対する大きな導電率変化が報告されている．また，湿度センサーと同様，静電容量型，水晶振動子や弾性表面波素子の発振周波数変化を利用するものも報告されている．

通常，有機薄膜はキャスト法，電解重合法，真空蒸着法で形成されているが，LB(Langmuir-Blodgett)法で作製した有機超薄膜の報告例[24,30]もある．一方，液晶がガス雰囲気中で色調が変わる現象を利用したセンサー[25,26]やガス透過選択性をもつ高分子膜（酸素透過膜など）を用いたガスセンサーも研究されている．

8.2.5 イオンセンサー

溶液中の特定のイオン種を電気信号として検出するにはイオン選択性電極が中心であり，古くからH^+(pH)センサーとしてガラス電極が使われている．各種イオンに対する選択性を向上させるためにバリノマイシン，クラウンエーテル誘導体などをPVC(Poly Vinyl Chloride)などの高分子に含浸させたイオン感応膜がすでに使われており，今後，医療分析や環境分析の分野でますます重要になってくるであろう．

MOSFET(Metal Oxide Semiconductor Field Effect Transistor)のゲート金属電極のかわりに電解液が直接接触した構造で電解液中のイオンを検知するものをISFET(Ion Sensitive FET)と呼ぶ．ISFETのイオン選択性はゲート酸化膜の表面組成によって決まり，その表面イオン感応層が重要な研究課題となっている．イオン感応膜としてSiO_2, Si_3N_4, Al_2O_3, Ta_2O_5の無機絶縁膜以外にイオン選択性（イオン交換）有機薄膜が検討されている．PVC，パリレン膜(UCC社)などの高分子フィルムやバリノマイシンなどのイオン交換物質を用いたISFETが試作され，種々のイオン(H^+, Li^+, K^+, Na^+, NH_4^+, Mg^+, Ca^+)の応答特性[27,28]が調べられている．また，このISFETの小形・集積化の利点を活かして，複数のイオン感応膜の出力からイオン種を決定することを目的とした集積化センサーはイオン選択性を上げるための有効な手段となろう．

8.2.6 バイオセンサー

バイオセンサーは生体のもつすぐれた検知能力を真似したり，直接生体を利用して特定の化学物質を検出するものである．基本構成は，分子認識機能を有する生体関連物質をその活性を維持させたまま固定化した生体機能性膜と，生体関連物質や微生物などが引き起こす物理化学的現象を出力信号に変換するトランスジューサーとからなっている．

生体関連物質としては酵素，抗原・抗体，細胞小器官，微生物などが用いられ，それらの識別機能性により各種センサーがある．これらの生体活性物質は主に有機系薄膜に固定化される．吸着法，共有結合法，架橋化法，包括法などの固定化法が一般に使われているが，成膜条件によって壊れたり活性を失いやすい生体物質を安全に高密度に並べるために脂質二分子膜やLB法による累積膜に固定化し，バイオセンサーとして利用しようという試みも見られる[29,30]．一方，トランスジューサーには，電極（金属，イオン電極など），半導体素子（シリコンFETなど），サーミスター，光検出

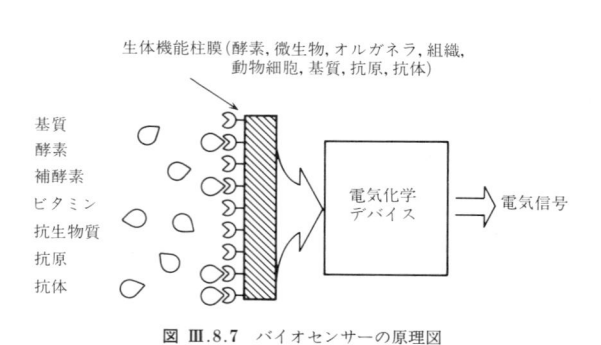

図 III.8.7 バイオセンサーの原理図

8.2 有機材料を用いたセンサー応用

表 III.8.7 バイオセンサーの研究例

バイオセンサー	センサーの構成	測定対象例
酵素センサー	酵素膜/O_2透過膜/O_2電極	グルコース,コレステロール,尿酸,エタノール,ピルビン酸,モノアミン
	酵素膜/H_2O_2透過膜/H_2O_2電極	グルコース,コレステロール
	酵素膜/pH電極	中性脂質,ペニシリン
	酵素膜/CO_2透過膜/pH電極	アミノ酸
	酵素膜/NH_3透過膜/pH電極	尿素,クレアチニン,NO_3^-,アミノ酸
	酵素膜/CN電極	アミグダリン
	酵素膜/O_2電極またはH_2O_2電極	グルコース,アセチルコリン
	酵素-フェロセン/カーボン電極	グルコース
酵素サーミスター	酵素粒子/サーミスター	ペニシリンG,乳糖,パラチオン,ATP
酵素FET	酵素膜/ISFET	ペニシリン,アルブミン,尿素,グルコース
	酵素膜/Pd-FET(H_2感応)	NADH
	酵素膜/Ir・Pd-FET(NH_3感応)	
酵素フォトダイオード	酵素膜/フォトダイオード	H_2O_2,グルコース
酵素オプトロード	酵素膜/光ファイバー	グルコース
酵素SAW	酵素膜/SAWデバイス	グルコース
微生物センサー	微生物膜/O_2電極	グルコース,資化糖,メタノール,エタノール,酢酸,アンモニア,ナイスタチン,BOD
	微生物膜/白金電極	ギ酸,ビタミンB_1
	微生物膜/CO_2透過膜/pH電極	グルタミン酸,リジン
	微生物膜/NH_3透過膜/pH電極	グルタミン,アルギニン,アスパラギン酸
	微生物膜/pH電極	ニコチン酸,セファロスポリン
	白金電極	菌数
免疫センサー	抗体/TiO_2電極	HCG
	抗体(抗原)膜/Ag-AgCl電極	梅毒抗体,血液型,アルブミン,IgG
	抗体/圧電体	IgG
	抗体/Ag薄膜/石英(サーフェイスプラズモン)	
	抗体/FET	
	酵素標識抗原(抗体)/抗体膜/O_2電極	IgG,HCG,AFP
	酵素標識抗体-抗原アナログ複合体膜/O_2電極	オクラトキシンA,インシュリン,チロキシン(T_4)
	酵素標識抗原(抗体)/抗体膜/光ファイバー	アルブミン,IgG,$β_2$-ミクログロブリン
	酵素標識抗体-抗原アナログ複合体膜/光ファイバー	インシュリン
	電気化学活性物質標識抗原(抗体)/抗体/電極	
	電気化学活性物質標識抗原(抗体)/抗体/光ファイバー	アルブミン
オルガネラセンサー	オルガネラ膜/O_2電極	NADH
組織センサー	組織/Ag-AgCl電極	Na^+

(日本化学会編:化学総説 No.1,バイオセンシングとそのシステム,p.83(1988),表1を転載)

器(フォトンカウンターやフォトダイオード),音波検出器などが使われる.図III.8.7にバイオセンサーの原理とその基本構成を示す.また,表III.8.7には代表的バイオセンサーの研究例を示す.これらの基礎的な構成法と研究例の詳細についてはすでに成書[31,32]としてまとめられている.ここでは,比較的研究例の多い酵素センサー,微生物センサー,免疫センサーと今後期待されるバイオセンサーについて述べる.

酵素を物質識別部位に用いるセンサーを酵素センサー(または酵素電極)と呼ぶ.たとえばグルコース(ブドウ糖)を選択的に検知するために使われる酵素はグルコースオキシターゼ(グルコース酸化酵素,GOD)であり,高分子膜に固定化して使われる.この酵素はグルコースを選択的に識別し触媒的反応を起こす.このとき,酸素を消費して過酸化水素を生成するため,酸素の消費と過酸化水素の生成を検出することによってグルコースの選択的計測を行うことができる.酸素検出方式では固定化した酵素膜が酸素電極に装着されている.酸素電極では酸素がプラスチック膜(酸素透過膜)を拡散してカソード電極に達し,電気化学的に還元される.このとき流れるカソード電流が溶液中の酸素分圧に比例する.一方,過酸化水素検出方式では固定化酵素膜と過酸化水素電極とで構成される.

微生物は呼吸機能や代謝機能をもっており,種々の物質に対する微生物反応を利用したバイオセンサーが構成できる.たとえば,好気性微生物は基質を酸化して呼吸を行い,酸素消費量が増す.また,代謝により生成される分子種を検知することによっても特定の物

質を検知することができる．微生物センサーは他のバイオセンサーと同様に微生物固定化膜と電気化学デバイスとから構成される．微生物センサーは固定化されている状態で生存する微生物細胞を用いる場合がほとんどであり，他のバイオセンサーに比べてセンサー機能に関与する反応系は複雑で，取扱いや定量化が難しい場合もある．

生体での防御機構として知られている免疫性（抗原・抗体反応）は優れた分子認識機能を有する．ある種の抗原に対して特異的に結合できる抗体を利用したバイオセンサーを免疫センサーと呼び，通常，高分子や電極表面に固定化して膜電位や電極電位として検出する．代表的な血清タンパク質である免疫グロブリン（IgG，IgA，IgM），アルブミン，ペプチドホルモン，α-フェトプロテイン（ATP）などを抗体に用いた免疫センサーが研究されている．

以上のバイオセンサーは研究例も多く，すでにその一部は実用化されている．現在開発中のものでは細胞中の組織・オルガネラを用いたバイオセンサーの研究[33]が進行している．一方，生物化学反応に伴う熱や生物化学発光を指標として特定の微量物質分析や医療センサーとして応用する試み[34,35]もなされており，今後の研究進展が期待されている．

8.2.7 その他のセンサー

以上紹介したセンサー以外にも，放射線，光に対する化学反応やルミネッセンスを利用したセンサーがある．X線に感光するプラスチックプレートはX線回折用，被曝検出用として実用化している．一方，光化学反応を伴うものはセンサーというよりは光記録材料として急速な進展が見られている．光-光変換に関するものも非線形光学有機材料としての新しい研究分野として活発な研究が進められている．

表III.8.1に示した人間の五感の中で現在最も遅れているのが，におい，味センサーである．これらのセンサーについても，複数のセンサーからの出力を総合判定する手法を用いた研究[36,37]が進められ，ある程度の識別が可能となっている．快適さ，料理のできあがりなどのあいまい度のあるセンサーや総合的情報に基づく感覚は現在実用化されているセンサーの組み合わせだけでは実現不可能であり，新しい機能を付加したセンサーが要望されている．さらには生物・医療関連のセンサーなどは生体の本質にかかわる部分も多く，より複雑な物理化学現象の絡むセンサー開発が必要である．その点，人間，生体が有する優れたセンサー機能は学ぶところが多く，今後有機材料がセンサー材料として注目される分野でもある．

8.3 おわりに

以上，有機材料本来のセンサー機能を利用したセンサーを中心に述べてきたが，現時点では使う側からの要望を満たすものはかなり少なく，より一層の進展が望まれる．有機材料を使った新しいセンサーが数多く開発中または研究中であり，今後，有機材料の特徴を生かしたセンサーの実用化が期待されるところである．特に，生体感覚に関係するセンサーについては物理・化学分野以外の医学，薬学，生物さらにはソフト面を含めた多方面の協力関係の下に開発研究を進めて行く必要があろう．　〔工藤一浩〕

参 考 文 献

1) 片岡照栄ほか編：センサハンドブック(1989)，培風館
2) 高橋 清ほか：センサエレクトロニクス(1984)，昭晃堂
3) 高橋 清ほか：センサ工学概論(1988)，朝倉書店
4) 森泉豊栄：センサ技術(多田邦雄編)，p.165(1991)，丸善
5) 赤亦忠泰：有機エレクトロニクス材料(谷口彬雄編)，p.118(1986)，サイエンスフォーラム
6) 大森豊明編：センサ実用便覧(1978)，フジテクノシステム
7) Kudo, K. et al.: Jpn. J. Appl. Phys., **20** (1981), 553
8) Tang, C. W.: Appl. Phys. Lett., **48** (1986), 183
9) Saito, M. et al.: Thin Solid Films, **100** (1983), 117
10) Moriizumi, T.: Appl. Phys. Lett., **38** (1981), 85
11) Kudo, K. et al.: Appl. Phys. Lett., **39** (1981), 609
12) 村上嘉信：高分子機能材料シリーズ・光機能材料(鶴田禎二編)，p.310(1991)，共立出版
13) Flandrois, S. et al.: Phys. Lett., **45A**, (1973), 339
14) Cohen, M. J. et al.: Phys. Rev., **B10** (1974), 1298
15) 佐々木昭夫：応用物理, **50**(1981), 1261
16) 二木久夫：応用物理, **51**(1982), 672
17) 森 滋：電子通信学会誌, **63**(1980), 415
18) 中西幹育ほか：工業材料, **40**(1992), 35
19) Kobayashi, K. et al.: Ferroelectrics, **183/184** (1981), 32
20) 工藤一浩ほか：電気学会論文誌, **A-103**(1984), 577
21) Rosenberg, B.: J. Chem. Phys., **47** (1961), 2238, Oirschot, T. H., et al.: J. Electroanal. Chem., **37** (1972), 373
22) 定岡芳彦ほか：電気化学, **46**(1980), 597
23) Sadaoka, Y. et al.: DENKI KAGAKU, **50** (1982), 457
24) Ross, J. F.: Proc. 2nd Int. Meet. on Chemical Sensors, (1987), 704
25) Fargason, J. L.: Scientific American, **76** (1964), 211
26) Ikeda, M. et al.: Proc. 6th Sensor symposium (1986), 315
27) 松尾生之ほか：応用物理, **49**(1980), 586
28) Miyahara, Y. et al.: Electroanalysis, **3** (1991), 287
29) Krull, U. J. et al.: Bioelectrochem. Bioeng., **15** (1986), 371
30) 森泉豊栄：膜, **14**(1989), 292
31) 鈴木編：バイオセンサ(1984)，講談社
32) 日本化学会編：化学総説バイオセンシングとそのシステム，No 1 (1988)，学会出版センター
33) 松永 是：化学, **36**(1981), 521
34) Aizawa, M. et al.: Proc. 4th Sensor Symposium, (1984), 197
35) 稲葉文男：化学と工業, **42**(1989), 865
36) 森泉豊栄：電学論 A, **112**(1992), 751
37) 池崎秀和ほか：電子情報通信学会論文誌, **J74-C-II**(1991), 434

第9章

磁 性 材 料

9.1 次世代技術としての分子性・有機磁性

　有機物質固有の磁気的機能・一般的特性は反磁性であり，物質の巨視的形態で出現した電子的量子機能としての磁性は金属元素に固有の物性であり，したがって，磁性材料は有機物質とは無縁の存在とみなされてきた．ところが近年，非金属元素を組成としs電子やp電子スピンを磁性の担い手とする新規な磁性体，分子性・有機磁性体の基礎研究が進展し，すでに最新の学際領域を形成している[1~3]．1980年代後半から活発化した国際的な学際化の動向についても文献[1,2]に詳しい．分子性・有機磁性のみをテーマとした国際会議は1989年以来すでに4回を数え，それらの成果はproceedings[4,5]あるいは成書[6,7]として刊行されている．一方，国内の産業・官界においても，応用基礎研究を射程にすえたナショナルプロジェクト化のための動きが活発化しつつあり，調査対象年が限定されているため包括的とはいえないが，有機磁性材料探索・開発の立場からの調査報告書が出版されている[8~11]．これらの調査報告書では，分子性・有機磁性の概念的提案（1967年）にさかのぼる基礎研究報告に関する検索・記載は不完全であるが，特に文献[10,11]は有機磁性材料を現段階において多面的・系統的に網羅した有用な報告書である．国内学界においては，1989年を前後してナショナルプロジェクト化の動きが活発化し，1992年度から重点領域研究「分子磁性」が始動し，基礎研究分野での急進展が見られつつある．このプロジェクトの期間は短期3年間であるが，現在までに蓄積された研究実績は，すでに年次別成果報告書およびニュースレター"分子磁性"上に公表されており，いずれも文献として入手可能である[12~14]．

　分子性・有機磁性（分子磁性または有機磁性と省略する）は，本来的にシステム化された生体高分子機能との類似性を内在しているので，高度超機能の一つであるシステム磁性とも呼ぶべき技術への発展が期待されるものである．また，有機磁性材料はその潜在的応用の視点からは，"有機物質の光・電子機能"と"その磁気的機能"との複合化による"機能の増幅・強化"あるいは"新規機能の発現"の範疇においてのみ把握されるべき新材料ではなく，"粒子的描像"を基調とする今世紀のエレクトロニクスの枠組を越えた次世代（第3世代）の超機能材料・未来技術の一つとして位置づけることができる．分子性・有機磁性の基礎研究が，ここ数年急速に新しい展開をみせつつある根底には，無機物質と有機物質，および電子・電気的機能と磁気的機能の4大組み合わせのうち，残された物性として大きな期待が込められていること，有機材料が特に半導体にとって代わるようなデバイスや素材を探索している研究者・技術者にとって未知の可能性を秘め，従来の固体物性論では必ずしも把握・予測しきれない物質群であり，かつそれらの化学修飾の多様性・高分子性および生体高分子機能物質との類似性のゆえに魅力ある素材であるという新物質・素材観があることの指摘は重要である[2]．

　新産業革命ともいわれる昨今の技術革新のもとでは，人工格子・超薄膜などの用語に集約的に表現されているように，従来のさまざまの科学技術専門分野は，原子・分子から巨視的形態に至るさまざまの物質レベルにおいて，新規機能・特性を具現する素材を生み出す新材料・新物質科学に収斂しつつあるが，今日，有機磁性の基礎研究は新段階に入ったとはいえ，化学をはじめ有機磁性に関連した研究領域を新規機能材料を創出する立場からみると，その研究の規模はなおきわめて手薄である．分子性・有機磁性（体）の概念的提案は，有機超伝導（体）のそれと同時期に行われたが，応用基礎技術としては誕生したばかりの揺籃期の技術である．この認識は，新材料・新物質科学の学際領域においてのみならず純粋科学の見地からも有機磁性のさまざまの可能性を正当に評価し，その本格的応用を射程内においた応用基礎研究に着手しようとする場合に重要な出発点となるものである．今日展開・確立されつつある既存あるいは新技術体系の中で次世代技術としての有機磁性をどのように位置づけるべきか，また現段階で有機磁性の応用あるいはプロセス化技術の開発に言及する場合どのような過程が本質的かつ高度な技術過程であるかなどについては，すでに文献[2]に包

括的な記述と提案がなされている．

9.1.1 有機磁性と無機磁性の相違点

さて，有機磁性が応用的にも従来までの無機物質（鉄，コバルト，ニッケルや種々の遷移金属の酸化物，あるいはそれらの合金）を基調とするバルクな物質形態の無機磁性（化合物磁性系に対しては用語使用上不適当ではあるが，便宜上原子磁性と呼ぶ）とどのような点で異なるか，両者の本質的差異を総括的に明らかにするために，代表的指標を設けて両者の特徴を表III.9.1に列記する．これらの内容は，スピン化学，スピン秩序制御の分子科学・物質科学，高分子磁性工学／分子磁性工学，などの新学術研究領域をめざす研究者や，有機磁性の本格的応用を射程内においた応用基礎研究に着手する研究・技術者にとって，研究・技術開発の有力な指針となるものである．表は，有機磁性が従来の磁性とすべての点できわめて対照的であることを明瞭に示している．無機磁性は，これからも4f希土類イオンの特徴（不完全充填内殻をもつ電子構造）を一層利用しつつ，物質形態としては超格子・薄膜・微細構造化の方向を指向する推移にあるが，特にシステム磁性に代表的に表現される機能面における両者の差異がきわだっていることに注目すべきである．高（多）スピンユニットの構築の設計に関しては，磁性研究史上きわめてユニークなトポロジー的対称性を根幹とした設計理論の導入によって，有機磁性概念が誕生したことは，有機磁性が内在的にもつ分子素子的特徴をよく表している．

9.1.2 分子性・有機磁性の応用

有機磁性集積系の巨視的・半巨視的な磁気的機能の創製制御の基礎研究は，緒についたところであるが，潜在的応用は生の素材としての応用例から磁気的量子井戸効果に至るまですでに提案されてきた[1,2,10,11,15,16]．有機磁性の潜在的応用に関しては，本節で詳述する余裕はないので重要な例は表III.9.1(8)に列記するにとどめたが，有機磁性の本格的応用を検討するためには，記憶デバイスに代表されるような既存あるいはそれらの延長線上にある応用ではなく，システム性，ソフト性，機能の可複合性・増幅性，分子素子・波動性，液晶性（第四の物質形態），高分子性，生体適合性など有機磁性の本質的特徴に立脚する考察が重要となる[1,2]．

9.1.3 磁気特性を表す基礎的諸量・単位系と物質の分類

磁場 H（定義は以下参照）存在下におかれた物質は，

表 III.9.1 分子性・有機磁性と従来の磁性（無機磁性：原子磁性）との相違

指　標	無機磁性	分子性・有機磁性
(1) 基本構成元素	Fe, Co, Ni, Nd, Sm, Eu などの遷移金属元素	H, C, N, O, S など軽い非金属元素
(2) 物質形態	無機物質的 超格子・薄膜・超細線など微細加工構造化 固体的 金属／合金，絶縁体	有機物質的，高分子的，アモルファス的，低次元的 超薄膜・量子ワイヤ／ドット 液体的，液晶的 絶縁体的，有機合成金属的
(3) 磁性担体	3d, 4f 電子スピン	2s, 2p 電子スピン
(4) スピン源	天与（天然に存在）	人工的（新分子の合成）
(5) 高（多）スピン体構築の設計原理	幾何学的対称性・軌道縮重，不完全充填内殻電子配置 "多スピンユニット構築の設計理論"不要	（有機分子は群論的に低対称．高スピン系（$S \geq 3/2$）は存在せず，またヤーン-テラー相互作用と競合し幾何学的対称性低下） 新概念の導入・集積化設計理論不可欠⇒自然界を支配するもう一方の対称性（＝トポロジー）の利用． トポロジー的軌道縮重 トポロジー的スピン分極機構
(6) 磁性発現機構	固体物性理論	新概念・新理論 既成理論の新適用・検証 （含 MO, VB 理論，バンド理論）
(7) 機能性	多々あり 微細加工構造化による超"粒子的"機能実現へ	システム化された生体高分子機能物質との類似性． 高分子性・自己組織化機能． 電子構造の連続可調節性，光適合性，変調機能． 化学修飾による多様性． 他機能との複合化． 超機能的 ソフトスピン・古典的スピン
(8) 応　用	歴史は古く，記憶メディア，エレクトロニクス，通信・弱強電，印刷など実用分野はきわめて広い．	潜在的，次世代未来技術（インテリジェント化・アメニティ性） 感温磁性体，分子デバイス・エレクトロニクス素子，DDSなどの臨床医学的応用，液体マグネット，マイクロポンプ，磁気-光レンズ，光シャッター，温度センサー，印刷，磁気紙・繊維，複合記憶メディア，量子磁気井戸効果，液晶磁性体

すべて何らかの磁気応答・磁気誘導（磁束密度 B で表す）を示す．したがって，物質の磁気的性質に関して単純に活性あるいは不活性という表現は適切ではない．H と B の関係は，その物質の透磁率 μ をもって表す

9.1 次世代技術としての分子性・有機磁性

($B=\mu H$). 磁束密度 B は H そのものからの寄与と，物質の磁化 M からの寄与からなるが，H(A/m)と B(Tesla)に関しては概念的混乱をひき起こさないようにする必要がある．また，従来までの磁気特性を表す諸量は，圧倒的に CGS 単位系で記述されてきたが，今後は IUPAP(International Union for Pure and Applied Physics)の公認単位系であるゾンマーフェルト表示の SI 単位系に移行するので，CGS 単位系と SI 単位系の換算を明瞭にしておくことが大切である．ゾンマーフェルト表示は，磁性の起源，すなわち磁気モーメントを微小な環電流で定義する，いいかえれば電荷の移動が磁束密度 B をつくり出すという基本認識（E-B 対応という）に立脚し形式は別として磁性の本質に合致した考え方といえる．

ゾンマーフェルト表示では，環電流 i の回る向きに右ねじを回すときにねじが進む向きに環面の法線ベクトルを磁気モーメント $\boldsymbol{\mu}_{orb}$ と定義し，その大きさを電流 i と環面積 A の積 $iA(=|\boldsymbol{\mu}_{orb}|)$ とする．このように定義すると，時間反転操作に対しては，環電流 i の向きは逆になるので $\boldsymbol{\mu}_{orb}$ の向きは逆転する．鏡映対称操作に対しては，$\boldsymbol{\mu}_{orb}$ ベクトル成分のうち鏡映面に平行な成分は逆転するが，垂直な成分は不変である（図Ⅲ.9.1参照）．パリティ対称性も上記の定義にもどって考察すればよい．いま環を半径 r の円と単純化し静止質量 m の電子の角速度を ω とすると

$$iA = -e\frac{\omega}{2\pi}\pi r^2 = -\frac{1}{2}e\omega r^2$$

を得るので，1個の電子の軌道角運動量は

$$|\hbar \boldsymbol{l}| = |\boldsymbol{r}\times \boldsymbol{p}| = m|\boldsymbol{r}\times \boldsymbol{v}| = m\omega r^2$$

で与えられる（$\hbar = h/2\pi = 1.0546\times 10^{-34}$ Js）．したがって，電子の軌道運動による磁気モーメント $\boldsymbol{\mu}_{orb}$ は

$$\boldsymbol{\mu}_{orb} = -\frac{e\hbar}{2m}\boldsymbol{l} = -\mu_B \boldsymbol{l} \quad (\text{III}.9.1)$$

で表される．ここに

$$\mu_B = \frac{e\hbar}{2m} = 0.9274078\times 10^{23} \quad (\text{Am}^2) \quad (\text{III}.9.2)$$

は磁気モーメントの自然単位でボーア磁子と呼ばれる（ただし，Am^2=J/T）．CGS 単位系では

$$\mu_B = 0.9274078\times 10^{-20} \quad (\text{erg/Oe}) \quad (\text{III}.9.3)$$

一方，電子は内部自由度として自転運動に相当するスピンに付随した角運動量 $\hbar \boldsymbol{s}$（大きさ $(1/2)\hbar$）をもつので，電子の寄与による物質の磁気的機能は，スピン磁気モーメント $\boldsymbol{\mu}_s$ によっても特徴づけられる．

$$\boldsymbol{\mu}_s = -g_s\mu_B \boldsymbol{s} \quad (g_s=2.002319) \quad (\text{III}.9.4)$$

電子の寄与に基づく磁性の微視的起源は電子の磁気モーメントであり，巨視的機能発現としての磁性は，それらの統計的集積の結果である（magnetostatics）．そこで巨視的な磁気的諸量は古典電磁気学的に扱うことができる．磁気モーメントがバルクな物質中に存在する場合には，そのベクトル平均をとった単位体積あたりの磁気モーメントが磁化 M(A/m)と定義され，バルク空間の位置の関数となる．いまベクトルポテンシャルを A とすると，物質の磁気誘導を表す磁束密度 B(T)は

$$\text{rot}\boldsymbol{A} = \boldsymbol{B} \quad (\text{III}.9.5)$$

で表される．SI 単位系では，磁場 H と M は同じ単位(A/m)で表され，空間の場の方程式は

$$\boldsymbol{B} = \mu_0(\boldsymbol{H}+\boldsymbol{M}) \quad (\text{III}.9.6)$$

で与えられる．ここで，

$$\mu_0 = 4\pi \times 10^{-7} \quad \text{H/m} \quad (\text{H/m})=(\text{Tm/A}) \quad (\text{III}.9.7)$$

で与えられ，真空の透磁率と呼ばれる．CGS 単位系では，B(G)，H(Oe)および磁化 I(erg/Oecm^3)の間の関係式は

$$\boldsymbol{B} = \boldsymbol{H}+4\pi \boldsymbol{I} \quad (\text{III}.9.8)$$

と表される．$4\pi \boldsymbol{I}$ は磁気分極と呼ばれる．SI 単位系では $\boldsymbol{B}_0 = \mu_0 \boldsymbol{H}$ を定義し，真空中すなわち $M=0$ の場合の磁束密度とする．H と区別するために B 磁場と呼

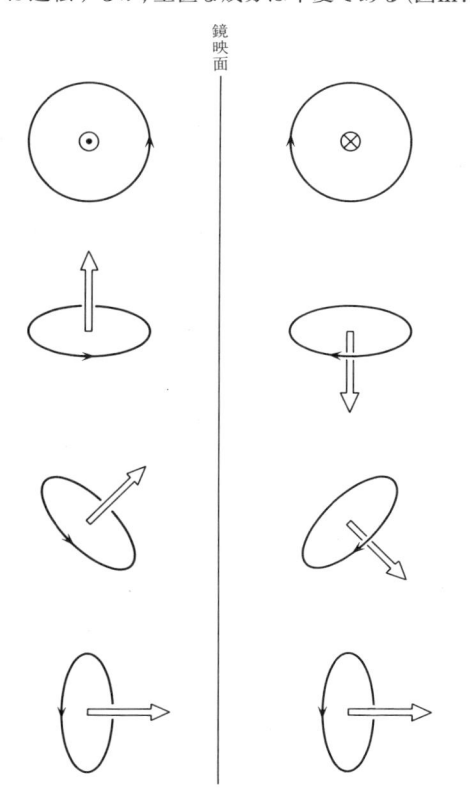

図Ⅲ.9.1 環電流による磁気モーメント（白ぬき矢印）$\boldsymbol{\mu}_{orb}$ の定義とその鏡映対称性[17]

ぶ．

さて磁気的機能・特性による物質の分類は，透磁率 μ と磁化率 χ（帯磁率と呼ぶこともある）に基づいて行うことができる．これらは，本来テンソル量であるが，μ についてはすでに述べたように，

$$\mu = B/H \quad (\text{III}.9.9)$$

で定義される．磁化率 χ は SI 単位系では主として次の二つの定義式があるので，CGS 単位系との変換には注意を要する．

$$\chi = M/B_0 = M/(\mu_0 H)（または \chi = M/H） \quad (\text{III}.9.10)$$

CGS 単位系では，

$$\chi = I/H \quad (\text{III}.9.11)$$

と定義する．単位系間の換算因子は

$$1\,\text{A}/(\text{m}\cdot\text{T}) = 1\,\text{J}/(\text{T}^2\text{m}^3) = 10^{-7}\,\text{erg}/(\text{Oe}^2\text{cm}^3) \quad (\text{III}.9.12)$$

となる．ただし SI 単位系においても磁化率 χ を

$$\chi = M(\text{Am}^{-1})/H(\text{Am}^{-1})$$

と定義すると[18]，χ の単位は無名数となる．その場合，CGS 単位系の体積磁化率 $1\,\text{emu/cm}^3$ は，SI 単位系（E-B 対応）の体積磁化率 4π に等しい．CGS 単位系ではある量を CGS ガウス単位系で表示したことを示すために (emu) という単位を多用する．たとえば，磁気モーメントの単位 (erg/Oe) を単に (emu) と表記するので，どんな物理量を emu 表示したのかを知る必要がある．表 III.9.2 に，磁気的諸量の定義と SI 単位系/CGS 単位系の換算因子をまとめた．磁化率の換算においては，定義を明確にして換算因子を使用することに注意すべきである．

表 III.9.2 SI 単位系と CGS 単位系の換算因子

磁気的諸量と定義式		SI 単位系	CGS 単位系
磁束密度	B	1 T	10^4 G
B 磁場	$B_0 = \mu_0 H$	1 T	10^4 G
磁場	H	1 A/m	$4\pi \times 10^{-3}$ Oe
磁化	M（CGS 系では I）	$1\,\text{J}/(\text{Tm}^3)$	$10^{-3}\,\text{erg}/(\text{Oe cm}^3)$
体積磁化率	$\chi = M/B_0$	$1\,\text{J}/(\text{T}^2\text{m}^3)$	$10^{-7}\,\text{erg}/(\text{Oe}^2\text{cm}^3)$
モル磁化率	$\chi_{\text{mol}} = (M/B_0)V_m$	$1\,\text{J}/(\text{T}^2\text{mol})$	$10^{-1}\,\text{erg}/(\text{Oe}^2\text{mol})$

ただし，V_m はモル体積を表す．(T) = (Tesla)，(G) = (Gauss)．

物質の相対的な比透磁率 μ_r は，μ_0 を基準にして定義される．すなわち，

$$\mu_r = \mu/\mu_0 \quad (\text{III}.9.13)$$

μ_r と χ の間には，次の関係式が常に成り立つ．

$$\mu_r = 1 + \mu_0 \chi \quad (\text{III}.9.14)$$

ただし，$\chi = M/H$ と定義すると，$\mu_r = 1 + \chi$ の関係式が成り立つ．

一方，物質の透磁率と磁化率については，物質が B_0 下におかれるときに，これらの量が B_0 に対して一定でないことを明確に表現するために，微分透磁率 μ' と微分磁化率 χ' を以下のように定義できる．

$$\mu' = dB/dH \quad (\text{III}.9.15)$$
$$\chi' = dM/dB_0 \quad (\text{III}.9.16)$$

磁気的機能を示す特性値として，これらの定義によって初透磁率 μ_{in} と初磁化率 χ_{in} を導入できる．

$$\mu_{\text{in}} = (dB/dH)_{B_0 = H = 0} \quad (\text{III}.9.17)$$
$$\chi_{\text{in}} = (dM/dB_0)_{B_0 = H = 0} \quad (\text{III}.9.18)$$

これらは，特に磁化過程がヒステリシス（履歴現象）を示す磁性体（強磁性体など）の特性値として用いられる．これらは磁気的ヒステリシスをまったくうけていない消磁状態からの処女磁化曲線（B-H 曲線または M-B_0 曲線）において定義される．

μ_{in} に対して，原点からみるときの処女磁化曲線の最大傾斜 $\mu_m = (B/H)_{\max}$ を最大透磁率と定義し，磁心材料を評価する重要な材料因子とされている．磁心材料としては，当然 μ_{in}，μ_m が大きいものが優れていることになる．それは，小さな磁場 B_0 で容易に磁化されるからである．その上，飽和磁化 M_s を与える磁場が高ければ，大きな磁束密度 B が誘起されることになり，磁心としては一層優れていることになる．磁化されやすい性質を，磁気的に軟らかいと表現する．

磁場 B_0 におかれた磁化 M，体積 V の物質の磁気的エネルギー $U(\text{J} = \text{Am}^2\text{T})$ は，

$$U = -V\boldsymbol{M} \cdot \boldsymbol{B}_0 \quad (\text{III}.9.19)$$

で与えられ，$\boldsymbol{M}$ は $\boldsymbol{M} \times \boldsymbol{B}_0$ のトルクをうける結果，$\boldsymbol{B}_0$ の向きに平行に整列しようとする性質をもつ．

物質中に存在するすべての磁気モーメント $\boldsymbol{\mu}$ が平行に整列するときの磁化 M を完全飽和磁化 M_0 という．一方，テクニカル飽和磁化 M_s とは，物質全体が巨視的サイズの一つの磁区とみなせる状態にあるときに示す磁化に相当する．したがって，$|M_s| < |M_0|$ である．さらに高磁場下に物質がおかれるときには，巨視的サイズの単一磁区内の自発磁化は B_0 の増加に対して，M_0 に向かって漸近的に増大する．図 III.9.2 に M-B_0 磁化ヒステリシス曲線とそれから得られる物質の磁気的性質を特徴づける基礎的諸量の関係を示した．図 III.9.38 には，これまでに報告された分子性・有機磁性体の中から最も大きな M_s を記録したハイブリッド型分子性磁性体と最初の純正有機強磁性体結晶の磁気特性の比較をレーダーチャートによって示した．比較のために純鉄の値も併せて示した．図 III.9.38 の諸量は，あくまでも磁性体を特徴づける基礎的な諸量にすぎず，有機磁性体の新材料としての特性や潜在的可能性を直接示すものではない．

物質の特性値 χ によって一般に物質を磁気的に分

9.2 磁気的機能・特性評価の方法論の基礎

に相転移する。この分類には，反強磁性体，フェリ磁性体などを含む。一方，反強磁性体への転移温度はネール温度という。この第3の分類に属する物質は，磁気モーメント間のコヒーレントな相互作用が物質の巨視的サイズにまでおよんで発現した秩序磁性をもつが，スピン構造の違いあるいは物質形態の違いによっても種々の名称で呼ばれている。従来型の無機磁性中心の物質の磁気的性質・特性を包括的に扱ったハンドブックとして文献[19]をあげることができる。従来型の磁性体に関する単行本は，これまで多数刊行されてきたが，すでに文献[19,20~23]の引用文献として多くを参照することができる。

9.2 磁気的機能・特性評価の方法論の基礎

本章では分子性・有機磁性体の基礎的物性のうち，量子物性としての磁気的機能・特性の評価に必要な基礎的方法論に限定する。バルクな物質としての電気的応答・性質，機械的性質，光学的性質については他章および文献[19~22]を参照することができる。有機磁性の磁気的機能については有機磁性の概念そのものをはじめ，すでに確立された方法論の体系外に属する概念，機能もあり，今後もさらに現れることが予測できるが，有機磁性の磁気特性評価は基本的にはこれまでの体系とその発展途上の成果に基づいている。したがって，磁気的機能・特性に限定しても有機磁性に関してそれらの基礎理論と基礎評価技術を網羅的・系統的に記述する紙面の余裕はないので，その詳細および体系的記述は引用文献に依拠できる。

9.2.1 交換相互作用

磁性は本来的に量子機能が物質の巨視的形態をとって発現したもので，すでに述べたようにその微視的起源は電子の磁気モーメントであるが，磁気モーメント間の単純古典的な磁気双極子相互作用は距離～0.1 nm$(=1\text{Å})$に対して10^{-23}J$(=10^{-16}\text{erg})$であるから，この相互作用は1K以下の熱エネルギーに相当し室温$(k_B T_c \sim 10^{-21}\text{J})$を越える強磁性などの秩序磁性を古典物理学の概念で説明することはできなかった。これはハイゼンベルグの量子力学的解釈によってはじめて可能となった[24]。磁性発現の本質は電子間の静電クーロン力とパウリの排他原理の概念的結合によって生じる量子力学的な力，交換相互作用である。

いま二つの原子a, bに属する波動関数をφ_a, φ_bとすると2電子系の波動関数$\varPsi_{\chi_a \chi_b}$は次のスレーター行列式で与えられる。

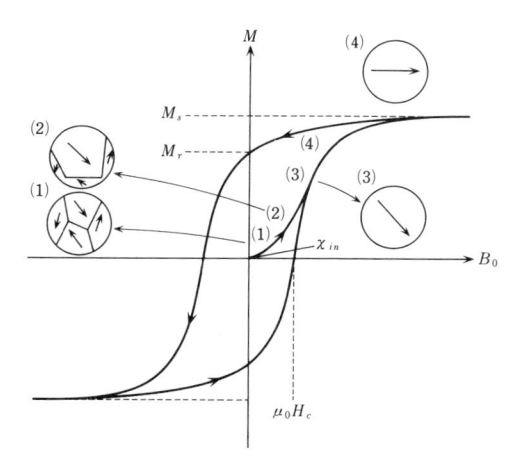

図Ⅲ.9.2 磁化ヒステリシス(M-B_0)曲線と磁気特性諸量との関係（矢印は変化の向きを示す）
M：磁化，B_0：磁場$(=\mu_0 H)$，M_s：飽和磁化，M_r：残留磁化，B_c：保持力（磁性体内部の磁化を消失させるのに必要な逆磁場，$B_c = \mu_0 H_c$），χ_{in}：初磁化率．
(1) 磁化$M=0$，(2) B_0の向きに近い磁区が成長する。(3) 磁区がさらに成長しMは増大する。(4) 磁区の磁化方向はB_0の向きに回転しMは最大値に漸近する。

類することができる。小さくかつ負のχの値($\chi \sim -10^{-5}$emu/cm$^3 = -10^2$J/T^{2}m^3)で特徴づけられる物質は，反磁性的であるといい，加えられた磁場$\boldsymbol{B}_0$に対して逆向きの磁束密度$\boldsymbol{B}$が誘起される。閉殻電子構造をもつ原子，イオン，分子などで構成される物質は反磁性を示し，磁気モーメントをもたないことに由来する。圧倒的多数の有機物質，すべての希ガス，貴金属，ビスマス，亜鉛，水銀などの金属，硫黄，ヨウ素，ケイ素などの非金属物質，それらの酸化物および超伝導体が反磁性物質に分類される。第1種超伝導体は完全反磁性体と呼ばれ，超伝導状態では物質内部では$\boldsymbol{B}=0$（磁束が内部に侵入しない状態）となり（マイスナー効果），$\chi = -1/\mu_0 = -(1/4\pi) \times 10^7$J/T^{2}m$^3 = -1/4\pi$(emu/cm^3)という大きな負の値をもつ。$\chi>0$の小さい値($\chi \sim 10^{-3} \sim 10^{-5}emu/cm^3 = 10^4 \sim 10^2$J/T^{2}m^3)を示す物質は，常磁性的であるといい，誘起された$\boldsymbol{B}$は弱いが，その向きは$\boldsymbol{B}_0$と同じである。常磁性物質に分類される物質には，永久磁気モーメントをもつ物質，すなわち遷移金属元素とそれらの化合物，希土類元素，アルカリ金属および二重項有機ラジカル，捕捉電子，励起または基底三重項状態の有機物質などが含まれる。これに対して，$\chi(>0)$が$\sim 10^7$J/T^{2}m^{3}よりも著しく大きな値をもつ物質は，強磁性的であるといい，外部磁場$\boldsymbol{B}_0 = 0$でも有限の自発磁化をもつ磁性体は強磁性体と呼ぶ。常磁性物質に属する物質のうち，数少ない物質が，ある転移温度（キュリー温度）未満で強磁性体

$$\Psi_{\chi_a\chi_b}=\frac{1}{\sqrt{2}}|\varphi_a(r_1)\chi_a(s_1)\varphi_b(r_2)\chi_b(s_2)|$$

(III.9.20)

χ_a, χ_b はスピン関数であるから，内部量子数$+1/2$（αスピン）か$-1/2$（βスピン）の組み合わせによって$\Psi_{\alpha\alpha}$, $\Psi_{\alpha\beta}$, $\Psi_{\beta\alpha}$, $\Psi_{\beta\beta}$の四つの状態が2電子系の$\Psi_{\chi_a\chi_b}$に生じるが，二つの電子の交換に対して対称的な2電子系スピン関数をもつ2電子系波動関数，すなわち$\Psi_{\alpha\alpha}$, $\frac{1}{\sqrt{2}}(\Psi_{\alpha\beta}+\Psi_{\beta\alpha})$, $\Psi_{\beta\beta}$と，交換に対して反対称な性質を示す2電子スピン関数をもつ関数，$\frac{1}{\sqrt{2}}(\Psi_{\alpha\beta}-\Psi_{\beta\alpha})$によって2電子系全体の固有状態が記述できる（電子波動関数に対する粒子交換の反対称の要請；パウリの原理）．このとき前者三つの状態（$S=s_1+s_2$, $S=1$；三重項）に対する固有エネルギーはすべて$K-J$，残る一つの状態（$S=0$；一重項）に対するエネルギーは$K+J$で与えられる．ここに

$$K=\iint\varphi_a{}^*(r_1)\varphi_b{}^*(r_2)\mathcal{H}\varphi_a(r_1)\varphi_b(r_2)dv_1dv_2$$

(III.9.21)

$$J=\iint\varphi_a{}^*(r_1)\varphi_b{}^*(r_2)\mathcal{H}\varphi_b(r_1)\varphi_a(r_2)dv_1dv_2$$

(III.9.22)

Jは電子1，2が$\varphi_a\varphi_b$を交換する形をとっているので交換積分と呼ばれる．三重項$E_{s=1}$と一重項状態$E_{s=0}$間のエネルギー差は$E_{s=0}-E_{s=1}=2J$で与えられる．ただし，$\mathcal{H}$は2電子-2核系のすべての粒子間のクーロン相互作用項を表す．

一方，電子1，2に関するスピン関数$\chi_a(s_i)$, $\chi_b(s_j)$ ($i, j=1, 2$) を用いた記述に対して，原子a, bに属する電子のスピン演算子をs_a, s_bとし，そのスカラー積$s_a\cdot s_b$を用いて，形式的に

$$K-\frac{1}{2}J-2Js_a\cdot s_b$$

のエネルギー行列要素を先の四つの状態$\Psi_{\alpha\alpha}$, $\Psi_{\alpha\beta}$, $\Psi_{\beta\alpha}$, $\Psi_{\beta\beta}$に対応するスピン関数

$\alpha(a)\alpha(b)$, $\alpha(a)\beta(b)$, $\beta(a)\alpha(b)$, $\beta(a)\beta(b)$

を基底として記述すると

$$\langle\Psi_{\chi_a\chi_b}|\mathcal{H}|\Psi_{\chi_a\chi_b}\rangle$$

とまったく同じとなる．したがって，同じ固有エネルギーが得られる．そこでスピン演算子に関する部分$-2Js_a\cdot s_b$をとり出して交換相互作用を

$$\mathcal{H}_{ex}=-2Js_a\cdot s_b \quad (\text{III}.9.23)$$

と表す．この記述は交換相互作用を単に形式的にモデルとして扱ったもので，スピンベクトルs_aとs_bとの間に物理的な結合が存在するわけではないことに注意する必要がある．この記述によれば，

$s_a\cdot s_b=|s_a|\cdot|s_b|\cos\theta_{ab}$（$\theta_{ab}$は$s_a$と$s_b$のなす角）

であるから$J>0$ならばs_aとs_bは平行に整列する方がエネルギー的に安定となり，$J<0$ならば反平行の方が安定となる．上記のモデルは量子力学的な力である交換相互作用を原子a, bに属する電子のスピンベクトルで記述する点において典型的な局在化モデルであるが，きわめて有用な理論モデルとして，その後の磁性研究の発展に著しく寄与した．このモデルは多核多電子系，したがって任意の大きさのスピン系[25]へと拡張された．

$$\mathcal{H}=-\sum_{i=1}^{N}\sum_{j=1}^{N}J_{ij}S_i\cdot S_j \quad (\text{III}.9.24)$$

ここでS_iはi番目の原子の全スピン演算子であり，J_{ij}は原子間距離$|R_i-R_j|$の関数となる．

ところで交換相互作用の時間発展の物理的描像を得ておくことは，磁性の本質を理解するだけでなく物性評価に新しい方法論を適用する上で有用であるので，以下に簡単に示す．2電子系の交換相互作用を

$$\mathcal{H}_{ex}=-2Js_a\cdot s_b$$

とし，時間依存のシュレディンガー方程式

$$\mathcal{H}_{ex}\Psi=i\hbar\partial\Psi/\partial t$$

を解く．ここに

$$\Psi(t)=C_{00}\chi_{00}e^{-iE_0t/\hbar}$$
$$+(C_{11}\chi_{11}+C_{10}\chi_{10}+C_{1-1}\chi_{1-1})e^{-iE_1t/\hbar}$$

とおける．また2電子系の全スピン関数は

$$\chi_{00}=\frac{1}{\sqrt{2}}\{\alpha(a)\beta(b)-\alpha(b)\beta(a)\} \quad (\text{III}.9.25)$$

$$\left.\begin{array}{l}\chi_{11}=\alpha(a)\alpha(b)\\ \chi_{10}=\dfrac{1}{\sqrt{2}}\{\alpha(a)\beta(b)+\alpha(b)\beta(a)\}\\ \chi_{1-1}=\beta(a)\beta(b)\end{array}\right\}$$

(III.9.26)

で与えられ，$E_0=(3/2)J$, $E_1=-(1/2)J$である．始状態$t=0$において，原子サイトaのスピンはα，原子サイトbのスピンはβであると仮定すると，$\Psi(0)=\alpha(a)\beta(b)$，したがって

$$\Psi(t)=\{\alpha(a)\beta(b)\cos(Jt/\hbar)$$
$$+i\beta(a)\alpha(b)\sin(Jt/\hbar)\}e^{-iJt/2\hbar}$$

(III.9.27)

原子サイトa, bでの時刻tにおけるS_zの期待値は，

$$\overline{S_z}(a)=\frac{1}{2}\cos\left(\frac{2Jt}{\hbar}\right), \quad \overline{S_z}(b)=-\frac{1}{2}\cos\left(\frac{2Jt}{\hbar}\right)$$

(III.9.28)

で与えられる．すなわち，二つのスピンは原子a, b間で連続的に交換し，$\tau_{ex}=\pi\hbar/(2J)$後には原子aとbのスピンは完全に入れ換わり，$2\tau_{ex}$後には始状態のスピン配列にもどる．τ_{ex}は二つの電子スピンが，それらの平衡位置でのスピン配列を互いに完全に交換するのに

9.2 磁気的機能・特性評価の方法論の基礎

要する特性時間であるという描像を与える．したがって，局所的に生じた磁気的な分極が，そこにとどまらずに交換相互作用を通じて物質全体へ伝播する描像を時間依存の側面から与える．このダイナミクス的な描像は，格子変形の伝播に対応するスピン波にも適用することができる．交換相互作用の大きさ J が室温程度に相当する場合には，$\tau_{ex}\sim10^{-14}$ 秒のオーダーとなる．

交換相互作用は，基本的に三つの機構によって支配されている．第一の機構は平行スピン間の静電クーロンエネルギーが反平行配列のものよりも低くなるというもので，電子波動関数に対する粒子交換反対称性の要請（パウリの原理）に由来する（ポテンシャル交換機構と呼ぶ）．これは一つのイオン内で成り立つフント則と本質的に同じ機構であるが，有機分子などの多中心系のスピン整列を考察するときに，あたかもフント則が破綻したかのような誤った解釈がなされることがあり，注意が必要である（9.3.2項参照）．第二の機構は電子の運動エネルギーの増減にかかわるもので，電子移動を伴う機構である．いま一つの原子から他の原子へ電子が移動するとき，同一軌道に対してはスピンが反平行であれば許されるが，平行の場合には許されない（パウリの原理）．電子移動が起これば，電子位置の不確定さが増大しその分だけ電子の運動エネルギーは減少し，反平行スピン配列の方が安定化される（運動交換機構と呼ぶ）．第二の機構を有機分子間の電子移動へと拡張して，分子性・有機磁性体の設計や分子集積化をめざす結晶分子工学の指針の確立に役立てられている（9.3節参照）．

磁気モーメントをもつサイト a, b が，直接的に隣接しないで閉殻電子構造をもつイオンや官能基など（c）を介在して間接的に相互作用することができる．これらの間に共有結合がある場合，閉殻構造の軌道から磁気モーメントをもつサイト（a または b）の軌道へスピンが移動する場合，磁気モーメントをもつサイトのスピンに対して反平行の場合が許されるから，閉殻構造軌道のスピンは，打ち消されずにスピン偏極する．これがサイト a または b の磁気モーメントと直接交換相互作用（大きさ J または J'）をする（図Ⅲ.9.3）．その結果 a, b サイトの磁気モーメント間に相互作用が生じる．相互作用の大きさは，実効的に $-(J'+J)b^2/(\Delta E)^2$ と表される．ここに b は共有結合形成にかかわる共鳴積分（トランスファー積分ともいう），ΔE は閉殻電子構造の軌道からサイト a または b の軌道に電子が移動するときに必要な励起エネルギーである．この間接的交換相互作用は，磁気モーメントサイト間の距離は比較的大きくても働き，超交換相互作用と呼ばれ[26]，

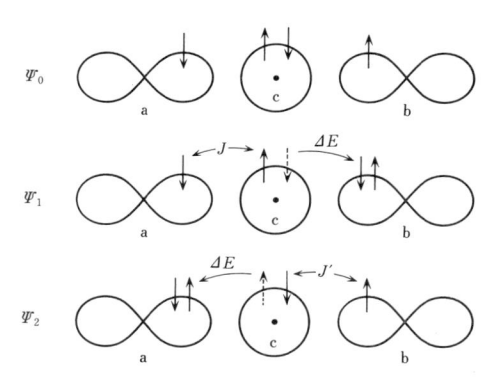

図Ⅲ.9.3 二次摂動的交換相互作用（超交換相互作用）の概念図
Ψ_0：基底状態，$\Psi_{1,2}$：励起状態．
a, b は磁気モーメントをもつサイト，c は閉殻電子構造をもつサイトを示す．

分子軌道理論の立場から詳細に考察され[27]，今日まで多くの成果が蓄積されている[19]．

超交換相互作用は分子性・有機磁性分野においても，スピン整列制御を支配する重要な相互作用として実験・理論の両面から研究され，すでに有用な概念として確立されている[28~30]．

間接的な交換相互作用として，伝導電子のスピン密度を媒介にして金属中の格子点に局在したスピン間に働く交換相互作用がある．これは，伝導電子の一様なスピン密度分布を仮定すると，

$$\mathcal{H}_{ij}=-J_s a^2(2mk_F^4/\pi^3)f_0(2k_F R_{ij})\boldsymbol{S}_i\cdot\boldsymbol{S}_j \tag{Ⅲ.9.29}$$

$$f_0(x)=-\frac{\cos x}{x^3}+\frac{\sin x}{x^4} \tag{Ⅲ.9.30}$$

で与えられる．ここに $\boldsymbol{S}_i$ は格子点 i における局在スピン，k_F はフェル半径，R_{ij} は格子点 i, j 間の距離である．この間接的な交換相互作用は RKKY 相互作用と呼ばれる長距離型の相互作用として，スピングラス，希薄磁性合金，希土類金属やそれらの金属間化合物の電子・磁気物性を考察する上で重要な概念・モデルとなっている[19,31~33]．この相互作用は $f_0(x)$ の形に現れているように伝導電子である s スピン（その固有状態 $|k\rangle$ は，ブロッホ状態 $|\boldsymbol{k}\rangle$ とスピン状態 $|m_s\rangle$ の積，$|k\rangle=|\boldsymbol{k}\rangle|m_s\rangle$ で表す）の偏極によって局在 d または f スピンが変調をうけ伸縮する効果を二次摂動的取扱いによって導いたものである．有機磁性金属高分子系を考察する場合には，伝導電子のスピン密度は高分子特有のトポロジー的対称性質に支配されるだけでなく，高分子自体が局在的および非局在的スピンの両方をもつ場合もあるので，物質の低次元性とも密接に関連してより発展したトポロジー的理論が待たれる領域

である[30,34].

9.2.2 非相互作用スピン集合系の取扱い

相互作用する磁気モーメント集合系の取扱いを述べる前に,磁気モーメント間の相互作用が無視できるほど小さな集合系の分配関数と熱力学的性質について述べる. 非相互作用系モデルから導かれる結果は,磁性体の有効分子場近似(各磁気モーメントは,それ以外の磁気モーメントの平均磁化に比例する場を媒介にして相互作用するという平均場近似)を考察する上で有用である.

外部磁場 B_0 におかれた N 個の孤立磁気モーメント $-g\mu_B S_i$ の集合系のハミルトニアンは,

$$\mathcal{H} = g\mu_B \sum_{i=1}^{N} S_i \cdot B_0 \quad \text{(III.9.31)}$$

で表される. ここに $S_i \cdot B_0 = m_i B$ ($m_i = -S, -S+1, \cdots, 0, S-1, S$) である. したがって, この集合系の分配関数 Z は,

$$Z = \sum_{m_1=-S}^{S} \cdots \sum_{m_N=-S}^{S} \exp\left(x \sum_{i=1}^{N} m_i\right) \quad \text{(III.9.32)}$$

$$= \left[\exp(-xS) \frac{1-\exp\{(2S+1)x\}}{1-\exp(x)}\right]^N \quad \text{(III.9.33)}$$

$$= \left[\frac{\sinh[\{S+(1/2)\}x]}{\sinh(x/2)}\right]^N \quad \text{(III.9.34)}$$

$$x = -g\mu_B/k_B T$$

として任意の大きさの S_i に対して与えられる. 特に $S=1/2$ に対しては

$$Z = \prod_{i=1}^{N} \left\{ \sum_{m_i=-1/2}^{1/2} \exp(xm_i)\right\} \quad \text{(III.9.35)}$$

$$= \prod_{i=1}^{N} 2\cosh(x/2) = [2\cosh(x/2)]^N \quad \text{(III.9.36)}$$

で表される. したがって,分配関数から導出できる熱力学的諸量は,非相互作用スピン集合系モデルに関する限り基本的に計算することができる. ギブスポテンシャルエネルギー $G(T, B_0)$ は,

$$G(T, B_0) = -kT \ln Z \quad \text{(III.9.37)}$$

$$= -NkT \ln\left[\frac{\sinh[\{S+(1/2)x\}]}{\sinh(x/2)}\right] \quad \text{(III.9.38)}$$

で与えられるので, 磁化 $M(T, B_0)$ (等温磁化) は

$$M(T, B_0) = -(\partial G/\partial B_0)_T \quad \text{(III.9.39)}$$

$$= M_0 B_s(Sx) \quad \text{(III.9.40)}$$

$$M_0 = M(T=0, B_0=0) = -g\mu_B SN \quad \text{(III.9.41)}$$

$$B_s(y) = \frac{2S+1}{2S}\coth\left(\frac{2S+1}{2S}y\right) - \frac{1}{2S}\coth\left(\frac{1}{2S}y\right) \quad \text{(III.9.42)}$$

で与えられる. ここに M_0 は磁化の量子的極限値の意味をもつ最大磁化, $B_s(y)$ はブリルアン関数と呼ばれ

$\lim_{y\to\infty} B_s(y)=1$, $B_s(-y)=-B_s(y)$ である. $S=1/2$ に対しては $B_{1/2}\left(\frac{1}{2}x\right)=\tanh(x/2)$ である. 図III.9.4に $B_s(y)-yB_0$ プロットの例を示す. $B_s(y)$ は古典的極限値をとると,すなわち $\mu_B\to 0$ ($\hbar\to 0$), $S\to\infty$,そして $-g\mu_B S\to$ 有限値という極限操作を施すと

$$\lim_{S\to\infty} B_s(y) = \coth(y) - \frac{1}{y} = L(y)$$

となりランジュヴァン関数 $L(y)$ と一致する.

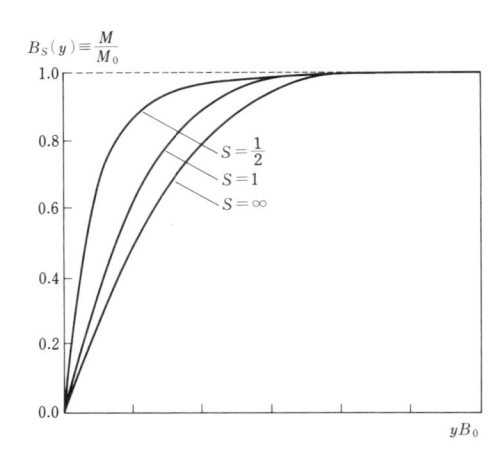

図 III.9.4 $B_s(y) = M/M_0$ の外部磁場 B_0 依存性 ($B_s(y)$-yB_0 プロット) $y=\frac{g\mu_B}{k_B T}S$.

9.2.3 有効分子場近似

$M(T, B_0)$ がブリルアン関数で記述される孤立スピン集合系モデルでは, $M(T, B_0=0)=0$ であるから自発磁化(外磁場 $B_0=0$ における磁化)は発生しない. したがって, このような集合系で近似できる物質は,あくまでも常磁性物質に分類される. 物質が自発磁化をもつには, 磁気モーメント間に何らかの磁気的相互作用を導入する必要がある. まわりの磁気モーメントとの相互作用を平均場 B_m ($B_m=\lambda M(T, B_0)$) に置き換えることができると仮定すると, 各磁気モーメントが経験する有効磁場 B_{eff} は

$$B_{\text{eff}} = B_0 + \lambda \mu_0 M(T, B_0) \quad \text{(III.9.43)}$$

で与えられる. ここに λ は有効分子場パラメーターという. このモデル系の分配関数は,孤立スピン集合系における B_0 を B_{eff} に置き換えれば得られるので,等温磁化 $M(T, B_0)$ は

$$M(T, B_0) = M_0 B_s\{xS(B_0+\lambda\mu_0 M(T, B_0))\} \quad \text{(III.9.44)}$$

となる. したがって, $B_0=0$ に対して

$$M = M_0 B_s(xS\lambda\mu_0 M) \quad \text{(III.9.45)}$$

ここに $M=M(T, B_0=0)$ である. $M\neq 0$ の解が存在す

れば，すなわち
$$M_0 x S \lambda \mu_0 \partial B_s^{(y)}/\partial y|_{M=0} > 1$$
が成り立つならば，自発磁化が存在することになる．$|y| \ll 1$ のもとで，$B_s(y)$ は y の幅で展開できる．
$$B_s(g) = \frac{S+1}{3S} y - \frac{(S+1)(2S^2+S+1)}{90S^3} y^3 + \cdots$$
(III.9.46)

したがって，
$$\mu_0 M_0 x S \lambda \partial B_s(y)/\partial y = \mu_0 C \lambda / T$$
(III.9.47)

ここに
$$C = N(g\mu_B)^2 S(S+1)/k_B \quad (k_B : \text{ボルツマン定数})$$
(III.9.48)

であり，$\lambda C > T$ ならば $M \neq 0$ を満足する解が存在する．$\lambda C = T_c$ は分子場近似の臨界温度（常磁性キュリー点，またはワイス定数と呼ぶ）を与え，有効分子場パラメーターに比例する（$\lambda \to 0$ ならば，$T_c \to 0$）．このモデルでは，スピンの集合系は，$T > T_c$ では常磁性的に振舞い，$T < T_c$ では自発磁化をもつ強磁性体の特徴を示すことになる．

9.2.4 分子場近似における臨界指数[35]

分子場近似パラメーター λ の中味と交換相互作用との関連を吟味する前に，臨界現象としての磁気的相転移を特徴づける臨界指数が分子場近似ではどのように与えられるかを知ることは，新しい磁性体を開発していく上で重要である．

簡単のために，$S=1/2$ の場合について議論を進めるが，後に述べるように得られる臨界指数は任意の S に対しても成り立つ．$S=1/2$ に対しては，
$$\sigma = \frac{M}{M_0} = \tanh\left\{\frac{g\mu_B}{2k_B T}(B_0 + \lambda M)\right\}$$
(III.9.49)

σ は換算磁化と呼ばれる．$\widetilde{T} = T/T_c$ とすると
$$\sigma = \tanh\left(\frac{-g\mu_B}{2k_B T}B_0 + \sigma/\widetilde{T}\right)$$
(III.9.50)

したがって，
$$h = \tanh\left(\frac{-g\mu_B}{2k_B T}B_0\right) = \frac{\sigma - \tanh(\sigma/\widetilde{T})}{1 - \sigma\tanh(\sigma/\widetilde{T})}$$
(III.9.51)

臨界点の近傍では，
$$\tanh(x) = x - \frac{1}{3}x^3 + \frac{2}{15}x^5 + \cdots$$

と展開できるので，
$$h = \sigma\left(1 - \frac{1}{\widetilde{T}}\right) + \sigma^3\left\{\frac{1}{3\widetilde{T}^3} + \left(1 - \frac{1}{\widetilde{T}}\right)\widetilde{T}\right\} + O(\sigma^5)$$
(III.9.52)

を得る．$O(\sigma^5)$ は σ^5 次以上の項を表す．

a. 磁化臨界指数 β

$M_0(T) = M(T, B_0 = 0)$ とするとき，β は $\varepsilon = (T - T_c)/T_c$ とおくと
$$\sigma = M_0(T)/M_0(0) \propto \{1 - (T/T_c)\}^\beta [1 + \cdots]$$
$$= (-\varepsilon)^\beta [1 + \cdots] \quad \text{(III.9.53)}$$

と定義される．$\boldsymbol{B}_0 = 0$ に対しては，式(III.9.52)において $h = 0$ とすると，
$$\sigma^2 \simeq 3\left(\frac{T}{T_c}\right)^2 \left(-\frac{T - T_c}{T_c}\right) \quad \text{(III.9.54)}$$

したがって，$\beta = 1/2$ を得る．

b. 比熱(熱容量)臨界指数 α, α'

$$C_{B_0} \propto \begin{cases} (-\varepsilon)^{-\alpha'}(1+\cdots) & (T<T_c, B_0=0) \\ \varepsilon^{-\alpha}(1+\cdots) & (T>T_c, B_0=0) \end{cases}$$
(III.9.55)

$$C_{B_0} = -T(\partial^2 G/\partial T^2)_{B_0} = T\chi_T^{-1}\{(\partial M/\partial T)_{B_0}\}^2$$
$$= T\chi_T\{(\partial B_0/\partial T)_M\}^2$$

を用いて，$T > T_c$, $B_0 = 0$ に対して $C_{B_0} = 0$. $T < T_c$, $B_0 = 0$ に対しては
$$C_{B_0} = \frac{3}{2} Nk[1 - \{OT_c - T)/T_c\} + \cdots] \quad \text{(III.9.56)}$$

したがって，$\alpha = \alpha' = 0$ を得る．

c. 磁化率臨界指数 γ, γ'

$$\chi_T/\chi_T^0 \propto \begin{cases} (-\varepsilon)^{-\gamma'}(1+\cdots) & (T<T_c, B_0=0) \\ \varepsilon^{-\gamma}(1+\cdots) & (T>T_c, B_0=0) \end{cases}$$
(III.9.57)

ここに χ_T^0 は，孤立スピン集合系の $T = T_c$ における磁化率を示す．等温磁化率 χ_T は，
$$\chi_T = (\partial M/\partial B_0)_T = (\partial M/\partial \sigma)_T(\partial \sigma/\partial h)_T(\partial h/\partial B_0)_T$$
$$= \left(\frac{1}{2}Ng\mu_B\right)\left(\frac{g\mu_B}{2k_B T}\right)(\partial \sigma/\partial h)_T$$
$$= \frac{C}{T}(\partial \sigma/\partial h)_T \quad \text{(III.9.58)}$$

で与えられる．式(III.9.52)から $(\partial \sigma/\partial h)_T$ を得て式(III.9.58)へ代入すると，
$$\chi_T = \frac{C}{T}\{\varepsilon \widetilde{T}^{-1} + \sigma^2 \widetilde{T}^{-3} + O(\sigma^4)\}^{-1} \quad \text{(III.9.59)}$$

$T > T_c$, $B_0 = 0$ に対しては，$\sigma = 0$ だから
$$\chi_T = \frac{C}{T}\left(\frac{T_c}{T} \cdot \frac{T - T_c}{T_c}\right)^{-1} = \frac{C}{T - T_c} \quad \text{(III.9.60)}$$

したがって，$\gamma = 1$ を得る．$T < T_c$, $B_0 = 0$ に対しては，式(III.9.54)から $\sigma^2 \simeq -3\varepsilon$ であるから
$$\chi_T \simeq \frac{1}{2}\frac{C}{T}\left(-\frac{T - T_c}{T_c}\right)^{-1} \quad \text{(III.9.61)}$$

したがって，$\gamma' = 1$ を得る．

任意の大きさの S に対する換算磁化 σ は，
$$\sigma = B_s\left\{\frac{g\mu_B S B_0}{k_B T} + \left(\frac{3S}{S+1}\right)\frac{\sigma}{\widetilde{T}}\right\} \quad \text{(III.9.62)}$$

で与えられるので，ε^λ にかかる係数は S の関数となる

だけで，臨界指数は S には依存しない．たとえば，

$$\sigma^2 = \frac{10}{3} \frac{(S+1)^2}{S^2+(S+1)^2}(-\varepsilon) \quad (\text{III}.9.63)$$

$$\varDelta C = \frac{5}{2} N k_B \frac{(2S+1)^2-1}{(2S+1)^2+1} \quad (T<T_c) \quad (\text{III}.9.64)$$

ここに $\varDelta C = C - C^0$．C^0 は孤立スピン集合系に対する比熱(定数)である．

9.2.5 交換相互作用に対する分子場近似—強磁性体

式(III.9.24)に与えた交換相互作用についてシュレディンガー方程式を厳密に解くことは困難である．そこで最も簡単な近似は，交換相互作用ハミルトニアンを線形化する，すなわち一方のスピンをその熱平均で置き換えることである．いま，スピン $\boldsymbol{S}_i$ は，磁気モーメント $\boldsymbol{\mu}_i = -g\mu_B \boldsymbol{S}_i$ をもつので，$\boldsymbol{S}_i$ と相互作用する他のスピン $\boldsymbol{S}_j$ が作る有効磁場 $\boldsymbol{B}_{\text{eff}}(i)$

$$\boldsymbol{B}_{\text{eff}}(i) = -\frac{1}{g\mu_B} \sum_j 2J_{ij} \boldsymbol{S}_j \quad (\text{III}.9.65)$$

を経験するとみなすことができる．このとき式(III.9.24)は

$$\mathcal{H} = -\sum_i \boldsymbol{\mu}_i \cdot \boldsymbol{B}_{\text{eff}}(i) \quad (\text{III}.9.66)$$

と書き換えることができる．$\boldsymbol{B}_{\text{eff}}(i)$ は $\boldsymbol{S}_j$ に依存して時間とともに揺動するが，この揺動を無視して $\boldsymbol{B}_{\text{eff}}(i)$ の熱平均値で置き換え，その平均値を分子場 $\boldsymbol{B}_m(i)$ と呼ぶ．

$$\boldsymbol{B}_m(i) = \langle \boldsymbol{B}_{\text{eff}}(i) \rangle = -\frac{1}{g\mu_B} \sum_j 2J_{ij} \langle \boldsymbol{S}_j \rangle \quad (\text{III}.9.67)$$

$\boldsymbol{B}_m(i)$ を決めるのは $\boldsymbol{S}_i$ 以外の周囲のスピン $\boldsymbol{S}_j (j=1,2,\cdots)$ であるが，$\boldsymbol{S}_j$ も分子場 $\boldsymbol{B}_m(j)$ を経験するので，本来ならば反作用分子場[36]

$$\boldsymbol{B}_{\text{react}}(i) = -\frac{1}{g\mu_B} \langle \boldsymbol{S}_i \rangle \sum_j 2J_{ij} \langle \boldsymbol{S}_i \cdot \boldsymbol{S}_j \rangle \quad (\text{III}.9.68)$$

を $\boldsymbol{B}_m(i)$ から差し引いた新有効分子場 $\boldsymbol{B}_m^{\text{react}}(i)$ の下で，$\boldsymbol{\mu}_i$ は運動する．

$$\begin{aligned}\boldsymbol{B}_m^{\text{react}}(i) &= \boldsymbol{B}_m(i) - \boldsymbol{B}_{\text{react}}(i) \\ &= -\frac{1}{g\mu_B} \sum_j 2J_{ij}\{\langle \boldsymbol{S}_j \rangle - \langle \boldsymbol{S}_i \rangle\langle \boldsymbol{S}_i \cdot \boldsymbol{S}_j \rangle\}\end{aligned}$$

$$(\text{III}.9.69)$$

ここに，$\langle \boldsymbol{S}_i \cdot \boldsymbol{S}_j \rangle$ はスピン-スピン相関関数である．通常の分子場近似では，反作用分子場は考慮せず，スピン間の相関も無視するので $\langle \boldsymbol{S}_i \cdot \boldsymbol{S}_j \rangle \approx \langle \boldsymbol{S}_i \rangle\langle \boldsymbol{S}_j \rangle$ と近似していることに対応する．一方，分子場近似は，i，j については和をとる場合，最隣接について($|i-j|=1$)だけでなく，任意の範囲の i，j を考慮に入れることができる．

外部磁場 $\boldsymbol{B}_0$ のもとでは N スピン系のハミルトニアンは，

$$\mathcal{H} = g\mu_B \sum_{i=1}^N \boldsymbol{S}_i \cdot \boldsymbol{B}_0 - \sum_{i=1}^N \sum_{j=1}^N 2J_{ij}\boldsymbol{S}_i \cdot \boldsymbol{S}_j \quad (\text{III}.9.70)$$

で与えられる．

$$S_{iz} = \langle S_{iz} \rangle, \quad S_{ix} = S_{iy} = 0 \quad (\text{III}.9.71)$$

および分子場近似では

$$\begin{aligned}\mathcal{H} &= \sum_i \mathcal{H}(i) \\ &= \sum_i (g\mu_B B_0 - \sum_j 2J_{ij} \langle S_{jz} \rangle) S_{iz}\end{aligned}$$

$$(\text{III}.9.72)$$

$$= g\mu_B \sum_i B_m(i) S_{iz} \quad (\text{III}.9.73)$$

ここに $B_m(i)$ は外部磁場下の有効分子場であり，

$$\begin{aligned}B_m(i) &= B_0 + \left(-\frac{1}{g\mu_B}\right) \sum_j 2J_{ij} \langle S_{jz} \rangle \\ &= B_0 + [J_0/\{N(g\mu_B)^2\}] M(T)\end{aligned}$$

$$(\text{III}.9.74)$$

と表すことができる．ただし，$J_0 = \sum_j 2J_{ij} (i \neq j)$ である．式(III.9.74)を式(III.9.43)と比較すると

$$\lambda = J_0/\{N(g\mu_B)^2\} \quad (\text{III}.9.75)$$

が得られ，臨界温度 T_c は

$$T_c = \{J_0 S(S+1)\}/3k_B \quad (\text{III}.9.76)$$

となる．自発磁化は，$M(T) = -Ng\mu_B\langle S_z \rangle$ で与えられ，飽和磁化は $M(0) = -Ng\mu_B S$ となる．最も簡単な場合として最隣接スピン間の相互作用のみを考慮し($|i-j|=1$)，$J_{ij} = J$ と仮定すると $J_0 = 2qJ$ となる．q は最隣接スピンサイトの数である．したがって，この場合には

$$T_c = \{2qJS(S+1)\}/3k_B \quad (\text{III}.9.77)$$

となる．一般に分子場近似で得られる T_c は，50%程度高めの臨界温度を与える．これは分子場近似がスピン間の相関を無視しているためで，臨界温度近傍では特に近似の程度が悪くなり，常磁性状態のエネルギーを高く評価しすぎることに由来する．式(III.9.77)を与えるモデルの最大の欠点は，T_c が格子の次元性に依存するにもかかわらず，サイトがつくる格子の次元が異なっても q が同じであれば，同じ T_c を与える点である．以上の分子場近似は強磁性体を構成する多磁区構造の一つの磁区の磁化に対して適用される．

図III.9.5にハイゼンベルグ型の交換相互作用で記述できる強磁性体の実験と分子場近似の結果を概念的に比較した．

比熱については，$T>T_c$，$B_0=0$ では $C_{B_0}=0$，そして $T<T_c$ に対しては，式(III.9.64)で与えられるので，図III.9.5にみられるように分子場近似では $T=T_c$ において比熱の不連続が現れる(第二種相転移)．

一方，$T=0$ 近傍においては

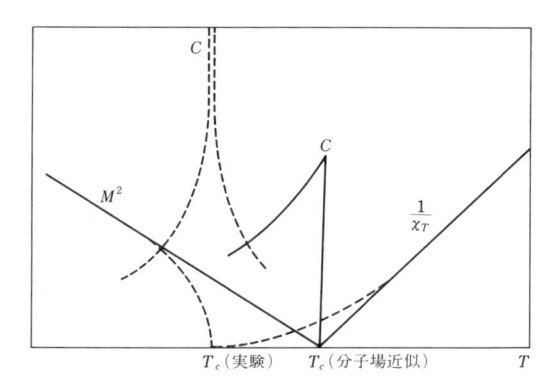

図 Ⅲ.9.5 ハイゼンベルグ型強磁性体の等温磁化率(χ_T),自発磁化(M^2)および比熱(C)の概念図
実線は分子場近似による理論値,破線は実験値をそれぞれ示す.

$$B_S(y) = 1 - \frac{1}{S} e^{-\frac{1}{S}y} \{1-(2S+1)e^{-2y}\} + \cdots$$
(Ⅲ.9.78)

と展開できるので,

$$\sigma = \frac{M}{M_0} \sim 1 - \frac{1}{S} e^{-\frac{3}{S+1}\tilde{T}^{-1}} \quad (\tilde{T}=T/T_c)$$
(Ⅲ.9.79)

と表される.すなわち,$T \sim 0$ では,M は指数関数的に減衰し,スピン状態(m_i)を S から $S-1$ に変えるには,$3k_BT_c/(S+1)$ の有限の励起エネルギーが必要であることを意味する.スピン系の励起状態をスピン波理論で考察すると,この励起エネルギーは 0 からの連続値をとることが示され,このときは σ の減衰は温度のべきで与えられる[37].

9.2.6 反強磁性,フェリ磁性秩序配列などの分子場近似

式(Ⅲ.9.67)で近似される分子場によれば,$\sum_j 2J_{ij} > 0$ の場合,磁気モーメント $-g\mu_B\langle S_i \rangle$ は $-\langle S_j \rangle$ の方向に配向するので,$\langle s_i \rangle$ と $\langle s_j \rangle$ は平行に整列する.どのスピンも同等であるので結局すべてのスピンは同一方向に平行整列した強磁性状態(強磁性秩序)が基底状態となる.

ここでは,$\sum_j 2J_{ij} < 0$ の秩序磁性の分子場近似による取扱いを述べる.

a. 反強磁性秩序配列

二つの部分磁区構造(部分格子)M_a, M_b から構成され,各部分格子内ではスピンが強磁性秩序配列をするが,M_a と M_b は磁化の大きさは等しいが,互いに逆平行であると仮定する.すなわち,

$$M_a = -M_b \qquad (Ⅲ.9.80)$$

この場合,全磁化 $M = M_a + M_b$ は 0 となる.このような秩序磁性配列を反強磁性と呼ぶ.本章では扱う余裕はないが,反強磁性の秩序磁気構造の単位胞が化学的単位胞よりも大きいので,中性子回折像に超格子線が出現する.M_a と M_b は逆平行であるが,磁化の大きさが異なる秩序磁性をフェリ磁性と呼ぶ.

反強磁性秩序配列においては,各部分格子内の磁気モーメントは,相手の部分格子の磁化と自分自身の部分格子の磁化による分子場,$B_m{}^\alpha (\alpha=a,b)$ を経験するとみなせるので,

$$B_m{}^a = \mu_0(\lambda_2 M_b + \lambda_1 M_a), \quad B_m{}^b = \mu_0(\lambda_2 M_a + \lambda_1 M_b)$$
(Ⅲ.9.81)

と表すことができる.9.2.5項に従って $B_m{}^\alpha(i)$ は

$$B_m{}^\alpha(i) = -\frac{1}{g\mu_B}\sum_j 2J_{ij}{}^{(\alpha)}\langle S_{jz}\rangle$$
(Ⅲ.9.82)

である.部分格子のスピンの数を N_a とすると,部分格子の磁化 M_a は,外部磁場 B_0 存在下において,

$$M_a = N_a g\mu_B S B_S[\{g\mu_B S(B_0 + B_m{}^a)\}/k_BT]$$
(Ⅲ.9.83)

で与えられる.$N_i = N/2$ とおくと部分磁化の大きさ $M = |M_a|$ は,$B_0 = 0$ において

$$M = (N/2)g\mu_B S B_S[\{g\mu_B S(\lambda_1-\lambda_2)\mu_0 M\}/k_BT]$$
(Ⅲ.9.84)

で与えられる.部分格子の自発磁化(自発部分磁化)が消失する.温度 T_N はネール温度と呼ばれ,以下で与えられる.

$$T_N = \{(\lambda_1-\lambda_2)C\}/2 \qquad (Ⅲ.9.85)$$
$$C = \{N(g\mu_B)^2 S(S+1)\}/3k_B \qquad (Ⅲ.9.86)$$

ここで,最隣接スピン間の交換相互作用のみを考慮する近似のもとでは,部分格子内の分子場は,

$$B_m{}^a = -\frac{2}{g\mu_B}(q_b J_b \langle S_z\rangle_b + q_a J_a \langle S_z\rangle_a)$$
(Ⅲ.9.87)

$$B_m{}^b = -\frac{2}{g\mu_B}(q_b J_b \langle S_z\rangle_a + q_a J_a \langle S_z\rangle_b)$$
(Ⅲ.9.88)

で与えられる.ここに $\langle S_z\rangle_a = -\langle S_z\rangle_b$ である.q_a は,スピン S_i で最隣接するサイト(部分格子 a に属する)の数である.この単純な近似では,

$$T_N = -2S(S+1)(q_b J_b - q_a J_a)/3k_B$$
(Ⅲ.9.89)

となる.このモデルは,部分格子内の強磁性的交換相互作用は,相手の部分格子に属するスピンとの反強磁性的相互作用より弱いことを意味する.すなわち,

$$q_b|J_b| > q_a|J_a| \qquad (J_b < 0) \qquad (Ⅲ.9.90)$$

ネール温度以上では,自発部分磁化は消失し,M_a は外部磁場 B_0 のもとでは,

$$M_a = \frac{N}{2} \cdot \frac{(g\mu_B)^2 S(S+1)(B_0 + B_m^a)}{3k_B T}$$
(Ⅲ.9.91)

で与えられるので，全磁化 M は
$$M = \chi B_0 = \frac{C}{T-(-\Theta)} B_0 \quad (Ⅲ.9.92)$$
$$C = N(g\mu_B)^2 S(S+1)/3k_B \quad (Ⅲ.9.93)$$
$$\Theta = (\lambda_1 + \lambda_2) C/2 = -2S(S+1)(q_b J_b + q_a J_a)/3k_B$$
(Ⅲ.9.34)

で与えられ，強磁性秩序の場合と同じようにキュリー－ワイスの法則に従うが，相手の部分格子からの寄与が支配的であれば（$|\lambda_2| \gg |\lambda_1|$，すなわち $q_b|J_b| \gg q_a|J_a|$），$-\Theta \simeq T_N$ であり，式(Ⅲ.9.92)において $-\Theta < 0$ となる．

$T < T_N$ では，外部磁場 B_0 のもとでは B_0 に無関係に結晶異方性エネルギー E_a（結晶軸に対するスピンの向きに依存する）が，最小となるように部分格子の磁気モーメントの方向は支配されている．反強磁性体では交換相互作用の他に，この結晶異方性エネルギーが存在する．その大きさは交換相互作用に比べるとはるかに小さいが，$T < T_N$ では反強磁性体全磁化 $M \sim 0$ であるので M_a の平行・反平行の配列ではなくスピン軸の空間的配向を決めるのに重要な役割を果たす．これは外部磁場 B_0 存在下でも，磁化の B_0 との相互作用は $-M \cdot B_0 \sim 0$ なので，異方性エネルギーの作用が重要となる．$T < T_N$ において B_0 を磁気容易軸（スピン軸）に平行にかけられた場合，式(Ⅲ.9.83)を B_0 による変化は小さいとして展開すると，

$$\chi_\parallel(T) = \frac{N(g\mu_B)^2 S^2 B_S'(y)}{\left\{ k_B\left(T + \frac{3S}{S+1} B_S'(y) \Theta\right) \right\}}$$
(Ⅲ.9.95)

が得られる．ここに
$$y = g\mu_B S(\lambda_1 - \lambda_2) M/k_B T, \quad B_S'(y) = dB_S(y)/dy$$

$\chi_\parallel(T)$ は平行磁化率と呼び，$\chi_\parallel(T_N) = (-\lambda_2)^{-1}$ となる．$\chi_\parallel(T)$ は温度とともに減少し，$\chi_\parallel(0) = 0$ に漸近する[37]．

B_0 がスピン軸に垂直にかけられた場合は，M_a, M_b は B_0 に対して対称であるから，B_0 によってスピン軸から等しい角度 θ だけわずかに傾く（図Ⅲ.9.6 参照）．θ は，B_0 と B_m^a の合成ベクトルの方向で決まるので，$-2\lambda_2 M \sin\theta = B_0$ が成り立つ．したがって

$$\chi_\perp(T) = \frac{2M\sin\theta}{B_0} = -\frac{1}{\lambda_2} = \chi(T_N)$$
(Ⅲ.9.96)

となり，垂直磁化率 $\chi_\perp(T)$ は温度に依存しない．式(Ⅲ.9.92)～(Ⅲ.9.94)から，

$$\chi_\perp(T) = \frac{C}{T_N + \Theta} = \frac{(g\mu_B)^2 N}{4q_b|J_b|^2} \quad (T < T_N)$$
(Ⅲ.9.97)

を得る．

粉末試料においては，B_0 に対してスピン軸はランダムに配向すると仮定すれば，粉末試料の平均磁化率 $\chi_{powder}(T)$ は，

$$\chi_{powder}(T) = \chi_\parallel \overline{\cos^2\psi} + \chi_\perp \overline{\sin^2\psi}$$
$$= \frac{1}{3}\chi_\parallel(T) + \frac{2}{3}\chi_\perp$$
(Ⅲ.9.98)

で与えられ，
$$\frac{\chi_{powder}(0)}{\chi_{powder}(T_N)} = \frac{2}{3} \quad (Ⅲ.9.99)$$

という関係が得られる．

反強磁性体では，T_N と $T > T_N$ の磁化率から求めた $-\Theta$ との相違が著しい場合があるが，これは部分格子の分け方に由来する[37]．上記のモデルでは $\Theta/T_N = (\lambda_1 + \lambda_2)/(\lambda_1 - \lambda_2)$ で与えられ，$\lambda_1/\lambda_2 = 3/2$ ならば $\Theta = 5T_N$ に達する．

反強磁性体においては，$\chi_\parallel$ と $\chi_\perp$ が異なることに由来して，$B_0 \perp$ スピン軸のときの磁気的エネルギーは $(-1/2)\chi_\parallel B_0^2$ だけ減少するが，$B_0 \parallel$ スピン軸のときは，$(-1/2)\chi_\perp B_0^2$ だけ減少するので，スピン軸は B_0 に垂直になった方が自由エネルギーは低くなる（$\chi_\parallel < \chi_\perp, T < T_N$）．この傾向は，結晶異方性エネルギー E_a と競争関係にあるので，B_0 が大きくなって

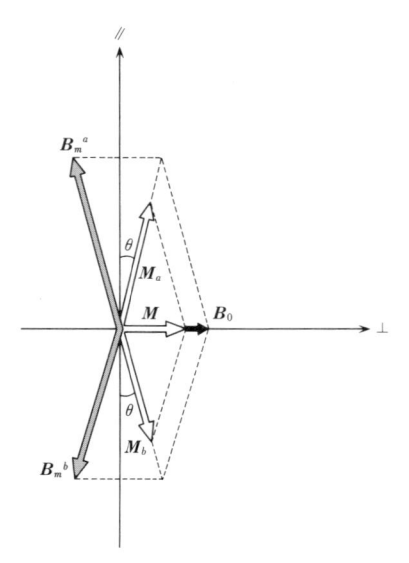

図Ⅲ.9.6 反強磁性体の外磁場 B_0 による磁化機構（$T < T_N$）．$B_0 \perp$ スピン軸の場合

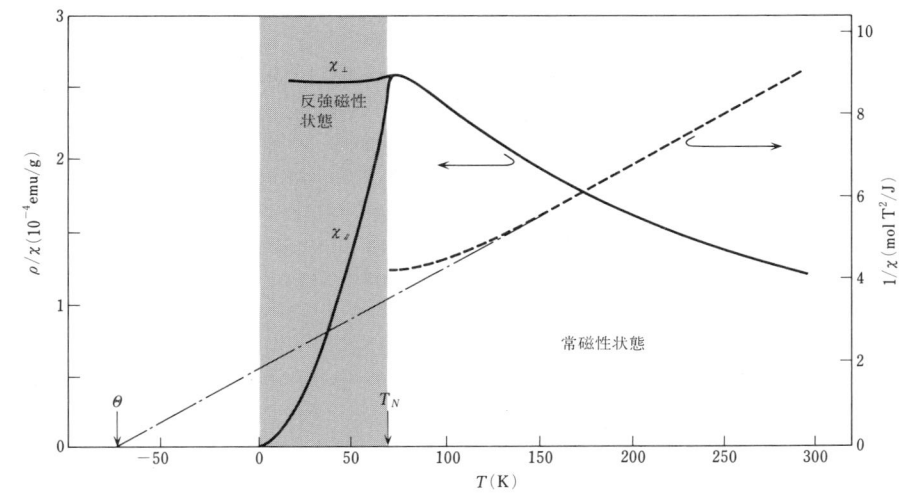

図Ⅲ.9.7 反強磁性体の磁化率の温度依存性[38]
破線は常磁性状態($T>T_N$)における逆数磁化率(縦軸右側)を示す.

$$-\frac{1}{2}\chi_{/\!/}B_0^2\cos^2\psi-\frac{1}{2}\chi_\perp B_0^2\sin^2\psi$$

が異方性エネルギーに打ち勝てば,スピン軸は$\boldsymbol{B}_0$に対して垂直に方向を変える(スピンフロップと呼ぶ,ψはスピン軸と$\boldsymbol{B}_0$のなす角である).このときの外磁場B_0を臨界(または限界)磁場B_0^cと呼ぶ.$E_a=K\sin^2\beta$(βは結晶エネルギー最小の方向とスピン軸のなす角度)としてスピン系の自由エネルギー

$$E=-\frac{1}{2}B_0^2(\chi_{/\!/}\cos^2\psi+\chi_\perp\sin^2\psi)+K\sin^2\beta$$

を最小にするψを求めれば,B_0^cを決めることができる[37].

$$B_0^c=\sqrt{\frac{2K}{\chi_\perp-\chi_{/\!/}}} \quad (\text{Ⅲ}.9.100)$$

したがって,スピンフロップ現象を観測できれば,異方性エネルギーの目安を得ることができる.図Ⅲ.9.7,反強磁性秩序状態の磁化率の温度依存性の例を与えた[38].

b. フェリ磁性秩序配列

$\boldsymbol{M}_a$と$\boldsymbol{M}_b$は逆平行であるが,部分磁化の大きさが異なる秩序磁性をフェリ磁性と呼び,正味の自発磁化が現れる.部分格子の磁化M_aは式(Ⅲ.9.83)と同様に

$$M_a=N_ag_a\mu_BS_aB_{S_a}[g_a\mu_BS_a(B_0+B_m^a)/k_BT]$$

(Ⅲ.9.101)

で表せる.ただし部分格子の属する磁気モーメントは,$\boldsymbol{\mu}_a=-g_a\mu_B\boldsymbol{S}_a$,その数は$N_a$とする.分子場$\boldsymbol{B}_m^a$は

$$\boldsymbol{B}_m^a=\mu_0\sum_\beta\lambda_{a\beta}\boldsymbol{M}_\beta \quad (\lambda_{a\beta}=\lambda_{\beta a})$$

(Ⅲ.9.102)

で与えられ,$\lambda_{a\beta}$は部分格子間の分子場パラメーターである.二つの部分格子a,bからなるフェリ磁性秩序配列に対しては,

$$T_N=\frac{C_a\lambda_{aa}+C_b\lambda_{bb}}{2}$$
$$\pm\frac{1}{2}\sqrt{(C_a\lambda_{aa}-C_b\lambda_{bb})^2+4C_aC_b\lambda_{ab}^2}$$

(Ⅲ.9.103)

$$\chi(T)=\frac{(C_a+C_b)T+C_aC_b(2\lambda_{ab}-\lambda_{aa}-\lambda_{bb})}{(T-C_a\lambda_{aa})(T-C_b\lambda_{bb})-C_aC_b\lambda_{ab}^2}$$

(Ⅲ.9.104)

が得られる.ここに,

$$C_\alpha=\{(g_\alpha\mu_B)^2N_\alpha S_\alpha(S_\alpha+1)\}/3k_B \quad (\alpha=a,b)$$

(Ⅲ.9.105)

である.$\chi^{-1}(T)$は高温においてのみTの1次関数であり,$\chi(T_N)=0$となる.フェリ磁性秩序配列では,

$$\lambda_{ab}<0 \text{ かつ } |\lambda_{ab}|>|\lambda_{aa}|, \quad |\lambda_{bb}|, \quad \lambda_{aa}\neq\lambda_{bb}$$

なので,$\chi(T)$は温度に対して一様な挙動を示さない.また,$\lambda_{aa}\neq\lambda_{bb}$なので,部分磁化が互いに打ち消し合う温度(補償温度)が存在し,それより高温で自発磁化がまた現れる.T_Nをフェリ磁性キュリー点と呼ぶこともある.フェリ磁性秩序の発生条件は,$T_N>0$から求めることができるが,そのいくつかを図Ⅲ.9.8に概念的に示した.図Ⅲ.9.9に,強磁性秩序,反強磁性秩序およびフェリ磁性秩序状態の磁化率の温度依存性の概念図を与えた.

c. らせん磁性(またはヘリ磁性)秩序配列

物質の秩序磁性には,ほかに,面内では強磁性秩序配列をとるが,磁気モーメントが隣り合う面内でらせん構造をとる秩序配列(らせん磁性またはヘリ磁性)がある.このような磁気秩序配列はj番目の隣接面からの交換相互作用J_{ij}を考慮して説明される.らせん回

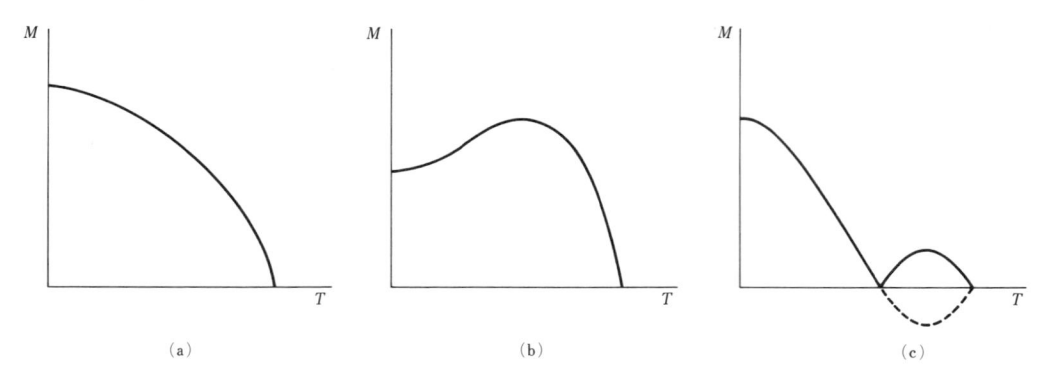

図Ⅲ.9.8 フェリ磁性秩序配列における自発磁化過程の温度依存性の概念図(代表例)[17]

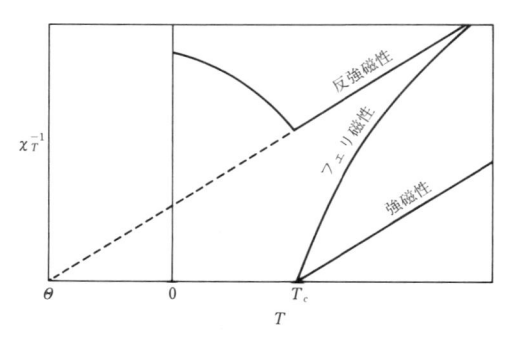

図Ⅲ.9.9 強磁性,反強磁性およびフェリ磁性秩序配列の逆数磁化率(χ_T^{-1})の温度依存性の概念図

転角を $j\varphi_i$ とすると,交換相互作用 E_{ex} は

$$E_{ex} = -\sum_i \sum_j J_{ij} \cos(j\varphi_i) S^2 \quad (\text{Ⅲ}.9.106)$$

と表され,エネルギーが極値をとる安定なスピン配列は,$J_{i1}=J_1$,$J_{i2}=J_2$ とし,第3番目以上の隣接面からの寄与を無視すると,

$$E_{ex} = -NS^2(2J_1\cos\varphi + 2J_2\cos 2\varphi)$$
$$(\text{Ⅲ}.9.107)$$
$$dE_{ex}/d\varphi = 2NS^2 \sin\varphi(J_1 + 4J_2\cos\varphi)$$
$$(\text{Ⅲ}.9.108)$$

から,$\varphi=0, \pi, \cos^{-1}(-J_1/4J_2)$ のときに得られる.したがって,何らかのらせん構造(スクリュー構造ともいう)をとる条件は

$$|J_2| > J_1/4 \quad (\text{Ⅲ}.9.109)$$

すなわち,第2隣接面間との負の交換相互作用がある程度大きいときに成り立つ.

d. 傾角(canted)磁性(または寄生強磁性)

これは,はじめに,Néel によって寄生強磁性と名づけられ強磁性であるが,弱強磁性(weak ferromagnetism)とも呼ばれる.磁化機構は,$\boldsymbol{S}_i$ と $\boldsymbol{S}_j$ との間のベクトル積 $\boldsymbol{S}_i \times \boldsymbol{S}_j$ に比例する反対称相互作用 $\boldsymbol{D} \cdot (\boldsymbol{S}_i \times \boldsymbol{S}_j)$ に由来する[39].$D<0$ ならば,$\boldsymbol{S}_i$ と $\boldsymbol{S}_j$ が 0 または π からずれた有限な角度をなす方がエネルギー的に低くなる.$\boldsymbol{S}_i$ と $\boldsymbol{S}_j$ の傾いた成分が弱い自発磁化の原因である[40,41].M-B_0 磁化曲線は,B_0 に対して飽和する部分と比例する部分とからなり,その磁化率 χ の温度依存は極大を示すという反強磁性的挙動を現すが,T_N において強磁性自発磁化は消失する.

e. ミクト磁性(mictomagnetism)[42]

ミクト(micto)とは,ギリシャ語で mix を意味する接頭語で,いろいろな種類の秩序磁性が混合した系の磁気構造を指す磁性概念である.低温にしたときにこれまでに述べた強磁性,反強磁性などの秩序配列磁性を形成することなしに,スピンの方向が凍結する磁気構造がミクト磁性の由来である.ミクト磁性を示す物質は,$B_0=0$ で冷却する場合,磁化が極大値から激減する.これは低温では反強磁性相互作用によって,一部の磁化がクラスターをつくり反強磁性秩序を形成したことに由来する.$B_0\neq 0$ で冷却すると,磁化の減少は生じないが,M-B_0 磁化ヒステリシス曲線は冷却中に加えた B_0 と反対向きにずれるのが観測される.これは,B_0 に追随する磁化が,反強磁性的スピンと相互作用することに由来する.

f. スピングラス

最初のスピングラス現象は,AuFe 希薄合金について弱い交流磁場で測定された磁化率に見いだされた[43].その磁化率は,ある温度(T_g)で鋭いカスプを示した.Fe 濃度 C が $\sim 10\%$ 以上では強磁性秩序磁性を示し,$C<10\%$ での T_g は,$T_g \propto \sqrt{C}$,かつキュリー点 $T_C \sim 0$ であった.これらの現象は $T<T_g$ では自発磁化,すなわち $\sum_j \langle \boldsymbol{S}_j \rangle = 0$ であるが,個々のスピン $\boldsymbol{s}_j$ は $\langle \boldsymbol{S}_j \rangle \neq 0$ と分極し,それらがランダムな向きに凍結した状態に由来するもので,スピングラスと呼ばれる.スピングラス現象は,相互作用が混在するランダム磁性体に共通して見られることが明らかとなり,相互作用の競合とその結果生じるスピンフラストレーション

(いずれかの相互作用がその効果を最大限に発揮できないスピン配列状態がひきおこされること)と密接に関係することがわかった．フラストレーションとランダムネスが共存する系では，エネルギーの縮重状態が多数存在し，これらの縮重状態は，局所的なスピン反転に由来するものから，巨視的なサイズのスピンクラスターの反転に由来するものまで存在する．このような系およびそれにかかわる相転移現象は，これまでの多体系には見られなかったため，協力現象に関する新しい概念・物理的描像および解明のための新しい理論的方法の開発が得られることが期待され，今日まで固体物理の最も活発な分野として発展している．スピングラス現象の特徴を以下にまとめる[44]．

(1) χ_0 はある温度 T_g で鋭いカスプを示す．
(2) 比熱 C は，T_g よりわずかに高い温度でブロードなピークをもつが，T_g ではカスプや発散異常を示さない．
(3) 非線形磁化率 χ_{2n} は，T_g で発散する($n=1, 2, \cdots$)．

以上の基本的熱力学量の特徴に加えて，

(4) 低温相($T<T_g$)では，スピンの配向に空間的規則性がない．
(5) 低温相において，顕著な不可逆性，履歴現象が観測される．
(6) T_g 近傍から低温にかけて遅い緩和現象が観測される．

(1)〜(3)については，各熱力学的量の温度依存を図III.9.10に概念的に示した[44]．

ランダムな向きに凍結するスピングラスの描像は，スピンクラスターが反強磁性的に配向するミクト磁性と異なる．ここでランダムな向きへの凍結とは，

$$\langle\langle \boldsymbol{S}_i \rangle\rangle_J = 0$$
$$\langle\langle \boldsymbol{S}_i \rangle\langle \boldsymbol{S}_j \rangle\rangle_J = 0 \quad (i \neq j) \quad \text{(III.9.110)}$$
$$\langle\langle \boldsymbol{S}_i \cdot \boldsymbol{S}_j \rangle\rangle_J = 0 \quad (i \neq j)$$

と仮定することができる．ここに $\langle \cdots \rangle_J$ は系全体の空間平均(サンプル平均ともいう)を表し，熱平均とは区別する．式(III.9.110)の仮定は，磁化=0，異なるスピン間の向きはランダムであり強磁性秩序のような空間的なスピン相関はないことを表現する．ここで $\boldsymbol{S}_i$ が経験する有効分子場を反作用分子場の効果も考慮すると $\boldsymbol{B}_0=0$ 下で

$$\boldsymbol{B}_m^{\text{react}}(i) = -\frac{1}{g\mu_B}\sum_j 2J_{ij}\langle \boldsymbol{S}_j \rangle \cos\phi_{ij} - \left(-\frac{1}{g\mu_B}\sum_j \frac{S(S+1)}{3k_BT}J_{ij}^2\right)\langle \boldsymbol{S}_i \rangle$$

と書ける[45]．ここに，ϕ_{ij} は $\boldsymbol{S}_i$ と $\boldsymbol{S}_j$ がなす角である．第2項が $\boldsymbol{S}_i$ の分極($\langle \boldsymbol{S}_i \rangle \neq 0$)による周囲のスピン分極の反作用分子場である．強磁性秩序配列の場合とは異なり，スピングラスでは第1項〜0なので第2項の寄与が重要となる．反作用としての力を受けて系全体として最も安定になる向きに $\boldsymbol{S}_i$ が凍結した状態がスピングラスの物理的描像であり，この安定な向きは多数存在し，エネルギー的に縮重することになる．

有機磁性体高分子がスピングラスを形成する可能性は，高スピンまたは超高スピン高分子の形成と高分子固体物性・高分子間の磁気的相互作用と密接に関連しており，新しいスピングラスモデルとなることが期待される．スピングラスについては，いまなお精力的研究が展開されており，多くの優れた解説や成書を参照できる[44,46〜75]．

9.2.7 スピン波近似

強磁性または反強磁性秩序状態の基底エネルギー状態は，各スピンが一方向(z軸)に平行または反平行に整列した状態である．最低励起状態は，強磁性体では一つのスピンの z 成分($S_z; m_i$)が S から $S-1$ に変わった状態，反強磁性体では一方の部分格子のスピンの S_z が $S-1$ に他方のスピンの S_z が $-S+1$ に変わった状態である．分子場近似ではこの励起に要するエネルギーは $g\mu_B B_m(i)$ となり，式(III.9.79)の指数部分に相当する．実際の $\sigma(T)=M/M_0$ の温度依存性は式(III.9.79)で期待されるものよりはるかに大きく，$\sigma \sim 1+CT^{3/2}$(3/2乗法則)に従う．すなわち，$T \sim 0$ 近傍での励起は分子場近似で予測されるより容易に行われることを示す．これはスピン波近似でうまく説明できる．スピン波近似によれば[76]，格子振動において最低の励起状態が一つの格子点だけが変位した状態ではなく，

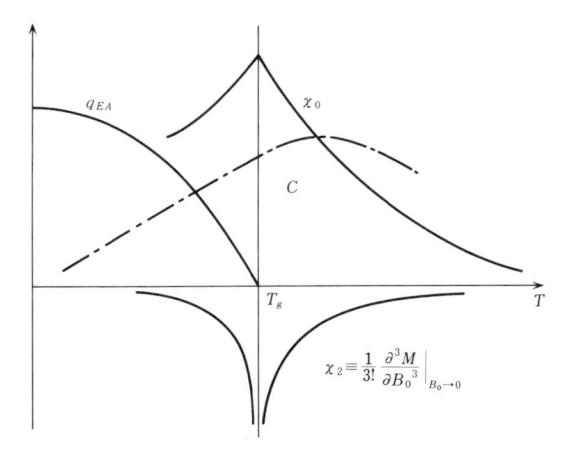

図III.9.10 スピングラスの非線形磁化率，比熱などの温度依存性の概念図[44]
q_{EA} はアンダーソン秩序変数を，一点鎖線は比熱それぞれ示す．

$$\chi_2 \equiv \frac{1}{3!}\frac{\partial^3 M}{\partial B_0^3}\bigg|_{B_0 \to 0}$$

変位のゆらぎが系全体に拡がった振動のモードになるのと同様に，スピンのゆらぎが波動として系全体に伝播したモードが最低励起状態となる．この励起エネルギーは一つのスピンを反転させるよりもはるかに小さい．分子場近似は格子振動におけるアインシュタインモデルに対応し，スピン波近似はデバイ-フォン・カルマンモデルに相当する．後者は S_z が $S-1$ に変化した励起状態が一つのサイトに局在する状態は，$\mathcal{H}_{ex} = -\sum 2J_{ij}\boldsymbol{S}_i\cdot\boldsymbol{S}_j$ の固有状態にはならず，局在励起状態の1次結合が固有状態を与えるという近似である．この状態をスピン波励起状態といい，励起スピンが一つのサイトに局在されず系全体に拡がるという描像を与える．スピン波の量子をマグノンと呼ぶ．

$\boldsymbol{\mu}_i = -g\mu_B\boldsymbol{S}_i$ に働く力のモーメント $\boldsymbol{\mu}_i\times\boldsymbol{B}_m(i)$ は，$\hbar\boldsymbol{S}_i$ に歳差運動を起こす．歳差運動は次式で表される．

$$\hbar d\boldsymbol{S}_i/dt = \boldsymbol{\mu}_i\times\boldsymbol{B}_m(i) \qquad (\text{III}.9.111)$$

いま簡単のために一次元系を考え，最隣接スピン間の交換相互作用のみを考慮し，歳差運動は十分小さいと仮定すると，$S \gg S_{ix}$, S_{iy}, $S_{iz} \sim S$

$$\begin{aligned}\hbar dS_{ix}/dt &= 2JS(2S_{iy}-S_{i-1y}-S_{i+1y}) \\ \hbar dS_{iy}/dt &= -2JS(2S_{ix}-S_{i-1x}-S_{i+1x})\end{aligned} \qquad (\text{III}.9.112)$$

式(III.9.112)の解は，進行波(travelling wave)の形で与えられる．すなわち

$$\begin{aligned}S_{ix} &= u_k(t)e^{ikia} = u_k e^{i(kai-\omega t)} \\ S_{iy} &= v_k(t)e^{ikia} = v_k e^{i(kai-\omega t)}\end{aligned} \qquad (\text{III}.9.113)$$

ここに，a はスピン間の距離である．式(III.9.112)，(III.9.113)より

$$\hbar\omega_k = 2JS(1-\cos ka) \qquad (\text{III}.9.114)$$

となり，これがスピン波の分散関係を与える．この振動モードは，$v_k = -iu_k$ となり，スピンは振幅 $|v_k| = |u_k|$ をもつ歳差運動を行うことになる．$u_k(t)$, $v_k(t)$ は振動数 ω_k の調和振動を行っているので，そのエネルギー ε_k は量子化され，$\varepsilon_k = \hbar\omega_k\{n_k+(1/2)\}$ で与えられる．このスピン波の量子をマグノンと呼び，フォノンなどと同様に準粒子である．n_k は波数 k のマグノンの数で，温度 T において

$$n_k = \{\exp(\hbar\omega_k/k_BT)-1\}^{-1} \qquad (\text{III}.9.115)$$

で与えられる．全体のスピンは

$$NS_z \simeq NS - n_k \qquad (\text{III}.9.116)$$

で与えられ，マグノンが n_k 個励起されるとスピンは n_k だけ減少する．スピン波励起による磁化の減少 $-(M-M_0)/M_0$ は，

$$-(\sigma-1) = (M-M_0)/M_0 = (NS-NS_z)/NS$$

$$= (\sum_k n_k)/NS$$

$$= (0.0587r)/S\left(\frac{k_BT}{2JS}\right)^{3/2} \qquad (r: 自然数)$$

$$\qquad (\text{III}.9.117)$$

で与えられ，3/2乗法則が得られ，実測をよく説明する．式(III.9.114)の分散関係とスピン波近似による一次元スピン波の運動を図III.9.11に模式的に与えた．

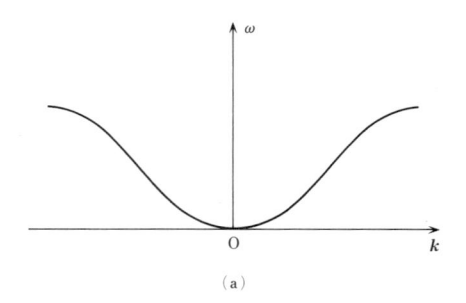

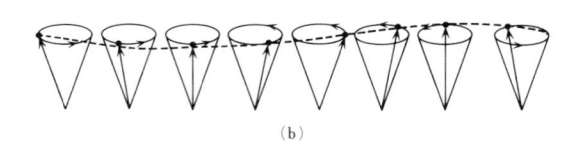

図III.9.11 スピン波近似の分散関係(a)と一次元スピン波の運動(b)

スピン波近似は，反強磁性体にも適用できる[77〜79]．反強磁性秩序配列の場合には，強磁性体の場合に比べて励起状態の数が多い．外部磁場 $\boldsymbol{B}_0$ ($\boldsymbol{B}_0$ // スピン軸) と結晶異方性エネルギーを加えた場合，

$$\hbar\omega_k = \{(2|J|qS+\mu_B B_0^c)^2 - (2|J|qS)^2\gamma_k^2\}^{1/2} \pm g\mu_B B_0 \qquad (\text{III}.9.118)$$

で与えられる．ここに $\gamma_k = q^{-1}\sum_j e^{i\boldsymbol{k}\cdot\boldsymbol{R}_j}$ で，$\boldsymbol{R}_j$ は一つのスピンとその最近接スピンを結ぶベクトル，$\boldsymbol{k}$ は波数ベクトルである．B_0^c はスピンフロップを引き起こす臨界磁場である(9.2.6.a参照)．スピン波近似は新しい物質形態の秩序磁性や超薄膜，超格子微細構造など半巨視的サイズの形態をとる磁性秩序配列を研究する上でも有用なモデルである．stress-freeの境界面の近傍に局在する振動モード(レーリー波)に対応する表面スピン波の存在[80]，強磁性薄膜の定在波スピン波共鳴の可能性[81]など早くから検討されてきたが，超微細構造制御技術による超薄膜，強誘電性磁性有機薄膜，二次元アレイ状あるいは縞状超薄膜などに期待される新しい磁気的機能の探索・評価に重要となることが予想される．最近のこの分野の発展を知るには文献[82]を参照できる．

表 III.9.3 臨界現象を記述するモデルハミルトニアンとスピン次元 D の関係[83]

D (スピン次元)	モデルハミルトニアン $\mathcal{H}$	呼 称	物質系
1	$\mathcal{H}=-2J\sum_{\langle i,j\rangle} S_{iz}S_{jz}$	イジングモデル	単成分流体, 二次合金
2	$\mathcal{H}=-2J\sum_{\langle i,j\rangle}(S_{ix}S_{jx}+S_{iy}S_{jy})$	Vaks-Larkin モデル XY モデル	ボーズ流体の λ 転移
3	$\mathcal{H}=-2J\sum_{\langle i,j\rangle}(S_{ix}S_{jx}+S_{iy}S_{jy}+S_{iz}S_{jz})$	古典的ハイゼンベルグモデル	強磁性体 反強磁性体
⋮			
∞	$\mathcal{H}=-2J\sum_{\langle i,j\rangle}(\sum_{n=1}^{\infty}S_{in}S_{jn})$	球面モデル	なし

表 III.9.4 モデルハミルトニアン式 (III.9.119) の厳密解が得られる場合と物質(格子系)の次元数 d の関係[83]

D	$d=1$	$d=2$	$d=3$	$d>3$
1	$B_0\neq 0$ 最隣接対近似 $r^{-(d+x)}$ 近似	$B_0=0$ 最隣接対近似	—	—
2	$B_0=0$, 最隣接対近似	—	—	—
3	$B_0=0$, 最隣接対近似	—	—	—
⋮				
∞	$B_0\neq 0$ 最隣接対近似 $r^{-(d+x)}$ 近似	$B_0=0$ 最隣接対近似 $r^{-(d+x)}$ 近似	$B_0=0$ 最隣接対近似 $r^{-(d+x)}$ 近似	臨界指数の厳密解のみ

9.2.8 多スピンモデル系の厳密解

最も単純かつ現象論的近似としての分子場近似は,各スピンは他のすべてのスピンと同じ強さで相互作用する(無限長の相互作用)という非現実的な粗いモデルに相当し,物質(格子系)の次元性に依存しない臨界指数を与えるので実験事実を合理的に説明するには難点がある.新しいタイプの秩序磁性配列を創製し磁気的機能・特性を評価していく上でもより現実的な多スピンモデル系(表III.9.3[83])の厳密解は,臨界現象としての磁性を解明するために重要である.ところが表III.9.4[83]に示すように,より現実的なモデル系といっても物質(格子系)の三次元系に対する厳密解は,今日なお得られていない.一方,有機磁性体は本来低次元系としての特徴をもっているので,モデル系厳密解による評価は量子スピン系,古典的スピン系にかかわらず静的および動的な磁気的性質を解明していく上で重要となる.以下にいくつかの厳密解の結果を与える.なお,最近までの一次元系厳密解については文献[84,85]を参照できる.

a. 一般化されたハイゼンベルグハミルトニアン:古典的スピン系のモデルハミルトニアン[35]

より単純なモデルのハミルトニアンを

$$\mathcal{H}^{(D)}=-2J\sum_{\langle ij\rangle}\boldsymbol{S}_i^{(D)}\cdot\boldsymbol{S}_j^{(D)} \qquad \text{(III.9.119)}$$

とする.ここにスピン $\boldsymbol{S}_i^{(D)}$ は D 次元の単位ベクトルで $-2J$ は最隣接対($\langle ij\rangle$)の平行スピン間に働く相互作用エネルギーである.また $\sum_{n=1}^{D}S_{iD}^2=1$, $\boldsymbol{S}_i^{(D)}\cdot\boldsymbol{S}_j^{(D)}=\sum_{n=1}^{D}S_{in}S_{jn}$ である.$D=1$ の場合をレンツ-イジング(単にイジングと呼ぶことが多い)モデルという.$D=2$ の場合を平面ハイゼンベルグまたは XY モデルという.Vaks-Larkin モデルと呼ばれることもある[86].$D=3$ の場合を古典的ハイゼンベルグモデルと呼ぶ.ここでは量子論的スピンの大きさ $[S(S+1)]^{1/2}$ を 1 に規格化し,連続的空間配向を仮定する.このモデルは臨界温度近傍では量子論的結果にきわめて近い臨界指数を与える.$D>3$ の物理的系は非現実的にみえるが,$D\to\infty$ によって $d>2$ の系の厳密解が得られ,他のモデルとの等価性などが考察できる利点をもつ.

表III.9.3 および式(III.9.119)で与えるモデルは,最隣接対間 $\langle ij\rangle$ の相互作用は,すべて等価でかつ等方的である($J_{ij}=J$)という一様性相互作用近似に基づいている.すなわちこの近似は,相互作用の一様性・均一性,最隣接対のみの考慮,等方性の仮設を内容とする.これらの仮設の有無は,モデル系の臨界現象の本質的変化に影響しないことがわかっている.以下に式(III.9.119)よりもより高い近似の取扱いの結果の一部を与える.

1) 非一様性相互作用の導入 J_{ij} はスピンサイト i, j に依存するとして,$\mathcal{H}^{(D)}$ は

$$\mathcal{H}^{(D)}=-\sum_{\langle ij\rangle}2J_{ij}\boldsymbol{S}_i^{(D)}\cdot\boldsymbol{S}_j^{(D)} \qquad \text{(III.9.120)}$$

と近似する.二次元イジング系($D=1$, $d=2$)正方格子モデル(J_h, J_v はそれぞれ水平および垂直方向の相互作用を示す)に対しては,J_h, J_v の大きさに関係なく,磁化 $M(T)$ の厳密解が得られ,$J_v/J_h\neq 0$ なら $\boldsymbol{B}_0=0$ 下有限温度にて磁化をもち,$J_v/J_h>0$ に対して磁化臨界指数 $\beta=1/8$(9.2.4項参照)となる[87].

2) 隣接間相互作用 $|i-j|>1$ の導入 最隣接間以外の相互作用を導入すると,

$$\mathcal{H}^{(D)}=-\sum_{i,j}2J_{ij}\boldsymbol{S}_i^{(D)}\cdot\boldsymbol{S}_j^{(D)} \qquad \text{(III.9.121)}$$

と表すことができ,より現実的モデルとなる.同様のモデルはすでにらせん磁性の発生機構の説明に導入された(9.2.6項参照).$J_{ij}=r^{-(d+x)}$(ただし r はスピ

3) 異方的交換相互作用の導入

$$\mathcal{H}^{(D)} = -\sum_{\langle ij\rangle}\sum_{n=1}^{D} 2J_n S_{in} S_{jn} \quad (\text{III}.9.122)$$

に対して数値的厳密解が得られている．異方性相互作用を考慮すると，臨界指数は $D=1$ から $D=3$ に至るとき不連続的に変わる[89]．

b. 一次元イジングモデル($d=1$, $D=1$)の厳密解 (ただし $B_0=0$)[35]

一次元イジングモデルでは，相互作用が短距離的である限り有限温度($T_c>0$)では相転移は生じない．非一様性相互作用を仮定すると，

$$\mathcal{H} = -\sum_{i=1}^{N-1} 2J_i S_i S_{i+1} \quad (\text{III}.9.123)$$

と表せる．系の分配関数 Z_N は

$$Z_N(J_1, J_2, \cdots, J_{N-1}) = \sum_{s_1=-1}^{1}\sum_{s_2=-1}^{1}\cdots\sum_{s_N=1}^{1} \exp\left(\sum_{i=1}^{N-1}\mathcal{J}_i S_i S_{i+1}\right)$$
$$= 2^N \prod_{i=1}^{N-1}\cosh\mathcal{J}_i \quad (\text{III}.9.124)$$

で与えられる．ここに $\mathcal{J}_i = 2J_i/k_BT$ である．一様性相互作用近似($J_j=J$)では，式(III.9.124)は

$$Z_N = 2^N \cosh^{N-1}\mathcal{J} \quad (\text{III}.9.125)$$

と簡単になる．零磁場磁化率 $\chi(T, B_0=0)$ や等温比熱 $C_{B_0}(T, B_0=0)$ を導くには，次式で定義する2-スピン相関関数 $\Gamma_k(r)$ を用いる．

$$\Gamma_k(r) = \langle S_k S_{k+r}\rangle = Z_N^{-1}\sum_{\{s\}} S_k S_{k+r} \exp\left(\sum_{i=1}^{N-1}\mathcal{J}_i S_i S_{i+1}\right)$$
$$(\text{III}.9.126)$$

ここで，$\sum_{\{s\}}$ は式(III.9.124)に現れた 2^N 個の和を意味する．r はスピン間の距離を示す量で格子定数単位で与える．最隣接対相互作用近似では $r=1$ として

$$\Gamma_k(1) = Z_N^{-1}\sum_{\{s\}} S_k S_{k+1}\exp\left(\sum_{i=1}^{N-1}\mathcal{J}_i S_i S_{i+1}\right)$$
$$= Z_N^{-1}\frac{\partial}{\partial\mathcal{J}_k}\sum_{\{s\}}\exp\left(\sum_{i=1}^{N-1}\mathcal{J}_i S_i S_{i+1}\right)$$
$$(\text{III}.9.127)$$

で与えられる．任意の r に対しては

$$\Gamma_k(r) = Z_N^{-1}\frac{\partial}{\partial\mathcal{J}_k}\frac{\partial}{\partial\mathcal{J}_{k+1}}\frac{\partial}{\partial\mathcal{J}_{k+r-1}}(Z_N)$$
$$(\text{III}.9.128)$$

が成り立つ．したがって

$$\Gamma_k(1) = \tanh\mathcal{J}_k \quad (\text{III}.9.129)$$

$$\Gamma_k(r) = \prod_{i=1}^{r}\tanh\mathcal{J}_{k+i-1} \quad (\text{III}.9.130)$$

一様性相互作用近似($\mathcal{J}_i = \mathcal{J}$)では，

$$\Gamma_k(r) = \tanh^r\mathcal{J} \quad (\mathcal{J}_i = \mathcal{J}) \quad (\text{III}.9.131)$$

となり，2-スピン相関関係 $\langle S_k S_{k+r}\rangle$ はサイト k に依存しない．

換算磁化 $\sigma = M(T, B_0=0)/M(T=0, B_0=0)$ は，

$$\sigma^2 = \lim_{r\to\infty}\Gamma_k(r) \quad (\text{III}.9.132)$$

で与えられる．式(III.9.130)から，すべての $\mathcal{J}_i \neq 0$ ならば $\Gamma_k(r) \to 0 (r\to\infty)$，また $\mathcal{J}_i \to\infty (V\to 0)$ ならば，$\Gamma_k(r)\to 1$ となることが導かれる．したがって，$T=T_c=0$ において磁化は不連続的に飽和磁化 $M(T=0, B_0=0) = M_0$ をとることになり，分子場近似の結果とは異なり，一次元系は $T_c>0$ なる相転移を示さない．

$B_0=0$ 下の磁化率 $\chi(T, B_0=0)$ は，揺動-散逸の定理によって $\langle S_i S_j\rangle$ を用いて

$$\chi(T, B_0=0) = (g\mu_B/k_BT)\sum_{i,j}\langle S_i S_j\rangle \quad (\text{III}.9.133)$$

で与えられる．一様性相互作用近似($\mathcal{J}_i = \mathcal{J}$)では $v = \tanh\mathcal{J}$ とおくと $\langle S_i S_j\rangle = v^{|i-j|}$ となり

$$\chi(T, B_0=0)$$
$$= (g\mu_B/k_BT)\left\{N\left(1 + \frac{2v}{1-v}\right) - \frac{2v(1-v^N)}{(1-v)^2}\right\}$$
$$(\text{III}.9.134)$$

が厳密解析解として得られる．熱力学的極限($N\to\infty$)では，

$$\chi(T, B_0=0)_{N\to\infty} = \left(\frac{g\mu_B}{k_BT}\right)N\frac{1+\tanh\mathcal{J}}{1-\tanh\mathcal{J}}$$
$$= \left(\frac{g\mu_B}{k_BT}\right)Ne^{2\mathcal{J}} \quad (\text{III}.9.135)$$

となる．

一方，比熱 $C_{B_0}(T, B_0=0)$ も揺動-散逸の定理より，

$$C_{B_0}(T, B_0=0) = k_B\sum_{i=1}^{N-1}(\mathcal{J}_i\,\text{sech}\,\mathcal{J}_i)^2 \quad (\text{III}.9.136)$$

で与えられる．$\mathcal{J}_i = \mathcal{J}$ の近似に対しては，

$$C_{B_0}(T, B_0=0) = k_B(N-1)(\mathcal{J}\,\text{sech}\,\mathcal{J})^2 \quad (\mathcal{J}_i = \mathcal{J}) \quad (\text{III}.9.137)$$

が得られる．図III.9.12に一様性相互作用近似($\mathcal{J}_i = \mathcal{J}$)の場合の磁化率逆数 χ_T^{-1} と比熱 C_{B_0} の温度依存性(式(III.9.135)および(III.9.137))を模式的に示した．零磁場エントロピー $S(T, B_0=0)$ は $\mathcal{J}_i = \mathcal{J}$ 近似に対しては次式で与えられ，$S\to k_B\ln 2 (T\to 0)$，$S\to Nk_B\ln 2 (T\to\infty)$ が得られる(図III.9.13参照)．

$$S(T, B_0=0) = k_B\{N\ln 2 + (N-1)\ln\cosh\mathcal{J} - (N-1)\mathcal{J}\tanh\mathcal{J}\}$$
$$(\text{III}.9.138)$$

以上の式は，反強磁性秩序配列($J<0$)の場合にも適用できる．2-スピン相関関数 $\langle S_k S_{k+r}\rangle$ は，$J<0$ の場合には r の関数として符号を交互に変化させることに注意する必要がある(図III.9.14参照)．比熱やエントロピーについては強磁性秩序配列($J>0$)の場合とそれらの挙動は本質的に異ならないが，磁化率は

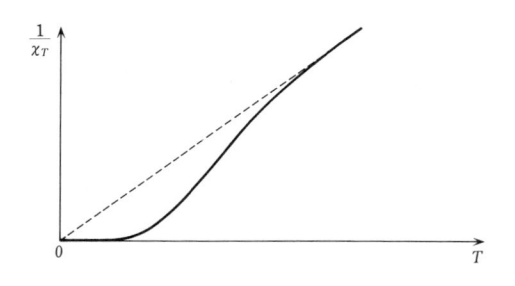

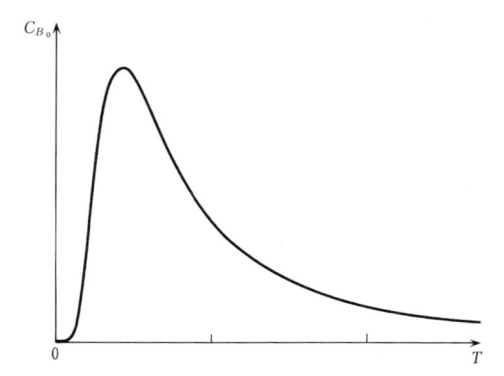

9.2 磁気的機能・特性評価の方法論の基礎

図Ⅲ.9.12 一次元磁性鎖イジング系($J>0$)の逆数磁化率(χ_T^{-1})・比熱(C_{B_0}; $B_0=0$)の温度依存性概念図

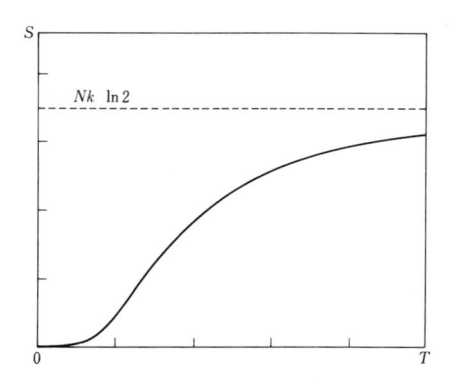

図Ⅲ.9.13 一次元磁性鎖イジング系($J>0$)エントロピーの温度依存性

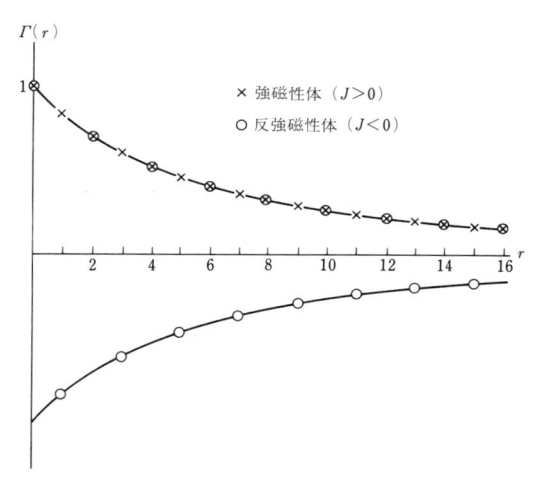

図Ⅲ.9.14 一次元磁性鎖イジング系の2体スピン相関関数 $\Gamma(r)=\langle S_j S_{j+r}\rangle(B_0=0)$ のサイト r 依存性(ただし $J=J_{ij}$ 近似)[35]

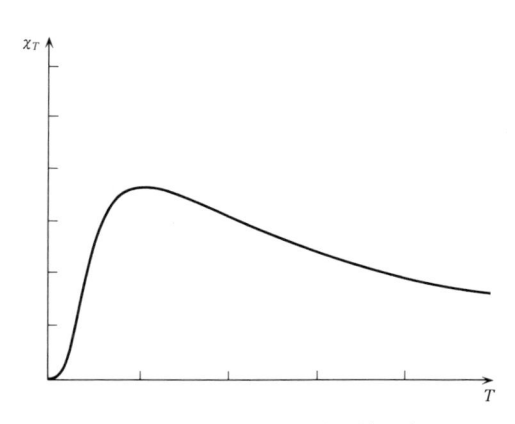

図Ⅲ.9.15 一次元磁性鎖イジング反強磁性系($J<0$)の磁化率の温度依存性[35]

$\sum_{i,j}\langle S_i S_j\rangle$ の影響を直接反映し,反強磁性体($J<0$)の $\chi(T,B_0=0)$ の温度依存性は $J>0$ の場合とはかなり異なる(図Ⅲ.9.15参照).

c. 任意次元スピンの一次元系の厳密解(ただし $B_0=0$)[90]

D 次元の単位ベクトルで表されるスピン $s_i^{(D)}$ の一次元系($d=1$)の分配関数は,外部磁場 $B_0=0$ に対して次式で与えられる.

$$Z_N^{(D)}(T,B_0=0)$$
$$=(1+\delta_{1,D})^N \prod_{i=1}^{N-1}(\mathscr{J}_i/2)^{1-D/2}\Gamma(D/2)I_{D/2-1}(\mathscr{J}_i)$$
(Ⅲ.9.139)

ここに $\delta_{1,D}$ はクロネッカーのデルタ関数,$\Gamma(x)$ はガンマ関数,$I_\nu(x)$ は次数 ν の第1種修正(または変形)ベッセル関数である.最隣接対相互作用近似のもとで2-スピン相関関数 $\Gamma_k^{(D)}(r=1)$ は,

$$\Gamma_k^{(D)}(r=1)=\langle\boldsymbol{S}_k^{(D)}\cdot\boldsymbol{S}_{k+1}^{(D)}\rangle=I_{D/2}(\mathscr{J}_k)/I_{D/2-1}(\mathscr{J}_k)$$
(Ⅲ.9.140)

で与えられ,$\chi(T,B_0=0)$ などの諸量を得ることができる.D 次元スピンの三次元格子(fcc)系について各種の臨界指数の理論値は,文献[91,92]を参照できる(表Ⅲ.9.5).一次系($d=1$)について得られた結果と同様,スピンの次元数 D の増加に対して臨界指数は,単調な振舞いをすることがわかっている.

d. 外部磁場存在下の一次元イジングモデルの厳密解[35]

ここでは,最隣接対相互作用($|i-j|=1$)および一様性相互作用($\mathscr{J}_i=2J_i k_B/T=2J/k_B T=\mathscr{J}$)の近似の下

表 III.9.5　D 次元スピンの三次元格子 (fcc) 系の臨界指数 (T_M は分子場近似から得られる転移温度を示す)

D	T_c/T_M	γ	α	ν	$\eta\equiv 2-\gamma/\nu$	$d\nu-(2-\alpha)$	$\beta\equiv(2-\alpha-\gamma)/2$	$\delta\equiv\dfrac{2-\alpha+\gamma}{2-\alpha-\gamma}$
1	0.816	1.25	0.125	0.638	0.041	0.04	0.3125 (5/16)	5
2	0.804	1.32 (~4/3)	0.02 (~0)	0.675	0.04	0.04	0.33 (~1/3)	5
3	0.793	1.38 (~11/8) (~7/5)	−0.07 (~−1/16) (~−1/10)	0.70	0.03	0.03	0.345 (~11/32) (~7/20)	5
⋮								
∞	0.7436	2	−1	1	0	0	½	5

ではイジングハミルトニアンは,

$$\mathcal{H}=-k_BT\sum_{i=1}^N \mathcal{J}S_iS_{i+1}-k_BTb_0\sum_{i=1}^N S_i \quad \text{(III.9.141)}$$

と表せる.ただし周期的境界条件として $S_{N+1}=S_1$ を仮定する.また $b_0=-g\mu_BB_0/k_BT$ である.転移関数 $f(S_i,S_{i+1})$ は

$$f(S_i,S_{i+1})=\exp[-U(S_i,S_{i+1})/k_BT] \quad \text{(III.9.142)}$$

$$U(S_i,S_{i+1})=-k_BT\mathcal{J}S_iS_{i+1}-\frac{1}{2}k_BTb_0(S_i+S_{i+1}) \quad \text{(III.9.143)}$$

で与えられるので,分配関数 $Z_N(T,B_0)$ は,

$$Z_N(T,B_0)=\sum_{S_1=-1}^1\cdots\sum_{S_N=-1}^1 f(S_1,S_2)f(S_2,S_3)\cdots f(S_N,S_1) \quad \text{(III.9.144)}$$

と表すことができ,$f(S_i,S_{i+1})$ をトランスファー関数と呼ぶ.ここで,次のトランスファー行列 $\boldsymbol{F}$ を定義できる.

$$\boldsymbol{F}=\begin{pmatrix} F_{++} & F_{+-} \\ F_{-+} & F_{--} \end{pmatrix},\quad F_{\pm\pm}=f(S_i=\pm 1,S_{i+1}=\pm 1) \quad \text{(III.9.145)}$$

したがって

$$\boldsymbol{F}=\begin{pmatrix} e^{\mathcal{J}+b_0} & e^{-b_0} \\ e^{-\mathcal{J}} & e^{\mathcal{J}-b_0} \end{pmatrix} \quad \text{(III.9.146)}$$

となり,分配関数 $Z_N(T,B_0)$ は,

$$Z_N(T,B_0)=\sum_{S_i=-1}^1 (\boldsymbol{F}^N)_{S_i,S_i}=\mathrm{Trace}[\boldsymbol{F}^N] \quad \text{(III.9.147)}$$

で与えられる.$\boldsymbol{F}$ の固有値を λ_1,$\lambda_2(<\lambda_1)$ とすると

$$Z_N(T,B_0)=\lambda_1^N+\lambda_2^N \quad \text{(III.9.148)}$$

$$\lambda_1,\lambda_2=e^{\mathcal{J}}\cosh b_0\pm(e^{2\mathcal{J}}\sinh^2 b_0+e^{-2\mathcal{J}})^{1/2} \quad \text{(III.9.149)}$$

となる.熱力学的な極限 ($N\to\infty$) では

$$Z_N(T,B_0)=\lambda_1^N\{1-(\lambda_2/\lambda_1)^N\}\to\lambda_1^N \quad \text{(III.9.150)}$$

となる.$B_0=0$ に対しては,式 (III.9.148) は

$$Z_N(T,B_0=0)=2^N(\cosh^N\mathcal{J}+\sinh^N\mathcal{J}) \quad \text{(III.9.151)}$$

となり,式 (III.9.125) とは周期的境界条件が課せられたために異なるが,熱力学的極限では,1 スピンあたりのギブスエネルギーは周期的境界条件の有無にかかわらず等しい.

e.　二次元イジングモデル ($d=2,D=1$) の厳密解 (ただし $B_0=0$)

ここでは二次元系は正方格子に限定し,最隣接対相互作用および一様性相互作用を仮定すると,分配関数 $Z_N(T,B_0=0)$ は熱力学的極限 ($N\to\infty$) の下で,

$$\ln Z_N(T,B_0=0)\sim \ln 2+\frac{1}{2}\frac{1}{(2\pi)^2}\iint_0^\pi \ln\{\cosh^2 2\mathcal{J} -2\sinh 2\mathcal{J}(\cos q_1+\cos q_2)\}dq_1dq_2 \quad \text{(III.9.152)}$$

で与えられる.1 スピンあたりの内部エネルギー (エンタルピー) $\bar{E}$ は

$$\bar{E}=-2J(\partial/\partial g)(N^{-1}\ln Z_N)$$

で与えられるので,

$$\bar{E}=kT\mathcal{J}\coth 2\mathcal{J}\left\{1\pm\frac{2}{\pi}(1-z^2)^{1/2}K(z)\right\} \begin{pmatrix} +:z>1 \\ -:z<1 \end{pmatrix} \quad \text{(III.9.153)}$$

ここに $K(z)$ は楕円積分で

$$\left.\begin{array}{l} K(z)=\int_0^{2\pi}(1-z^2\sin^2 q)^{-1/2}dq \\ z=2\sin 2\mathcal{J}/\cosh^2 2\mathcal{J} \end{array}\right\} \quad \text{(III.9.154)}$$

で定義される.式 (III.9.154) は $z=1$ すなわち $\sinh 2\mathcal{J}_c=1$ ($\mathcal{J}_c=2J/k_BT_c$) のとき発散するので,比熱 $C_{B_0}=(\partial\bar{E}/\partial T)_{B_0}$ は $T=T_c$ 近傍で発散する ($C_{B_0}\propto$

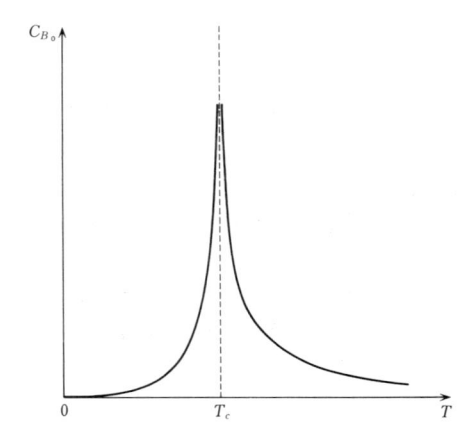

図 III.9.16　二次元正方平面格子イジング系 ($J>0$) の比熱 ($B_0=0$) の温度依存性
転移温度 T_c (キュリー点近傍の挙動は対数関数的立ち上がりを示す.

$\ln|\mathcal{I}-\mathcal{I}_c|$. 図III.9.16参照). このとき$\mathcal{I}_c=-(1/2)\ln(\sqrt{2}-1)$となり, 分子場近似における臨界温度$T_M$との間には, $k_BT_M/2J=q=4$ を用いて,
$$T_c/T_M \simeq 0.5673$$
なる関係式が得られる. したがって, 正方格子系に対しては分子場近似が与える臨界温度は50~60%程度過大であることが示される.

秩序磁性配列状態の統計力学的取扱いの詳細, 最近までの実験結果の集積などについては, 文献[97~107,108]をそれぞれ参照できる.

9.2.9 磁性体の磁区・磁壁構造と単磁区粒子・超常磁性体

分子性・有機磁性体の磁気的機能を評価する過程で, 磁区・磁壁構造についての知見は純正有機磁性体では磁気異方性が特に小さいとはいえ結晶構造との関連を考察する場合に必要となる. 単磁区粒子の理論は, 特に高分子磁性体が超常磁性状態をとる可能性があるので, これらの磁気的機能を評価する新しい実験的方法論の確立と共に発展が期待される. これまでの到達点については文献[19~21,23]を参照できる.

9.2.10 秩序磁性, 低次元磁性およびランダム磁性体のCWおよびFTパルス電子スピン磁気共鳴

a. 磁気緩和と磁化の運動方程式

磁性体においては, 各スピンS_iは熱的揺動をうけた局所磁場環境のもとにあって, 空間配向も考慮すれば, 一般に不規則な運動をする. 巨視的な磁化Mの緩和過程はこの微視的なスピンの動的過程の結果である. 巨視的磁化の緩和過程を取扱うアプローチとしては, 緩和過程で磁化Mの大きさが不変であるとして記述する立場と, Maxwell型の緩和項を導入して, たとえば外部磁場存在下で生じる磁化(スピン偏極)をはじめ保存されない磁化Mを記述する立場がある. 前者には, ランダウ-リフシッツの磁化運動方程式[109]
$$\mu_0\frac{d\boldsymbol{M}}{dt}=\gamma[\boldsymbol{M}+\boldsymbol{B}]-\lambda[\boldsymbol{M}\times[\boldsymbol{M}\times\boldsymbol{B}]]$$
(III.9.155)

ギルバートの磁化運動方程式[110] (キッテルの運動方程式[111]を含む),
$$\frac{d\boldsymbol{M}}{dt}=\gamma\left\{\boldsymbol{M}\times\left[\frac{\boldsymbol{B}}{\mu_0}-\frac{\lambda}{\gamma^2}\cdot\frac{d\boldsymbol{M}}{dt}\right]\right\} \quad (\text{III}.9.156)$$

が含まれる. ここに$\gamma\hbar=-g\mu_B$である. 後者の代表は, ブロッホの磁化運動方程式[112]であり, 磁場方向の磁化成分M_z(縦磁化成分)がその熱平衡値M_0に至る緩和と磁場に垂直な磁化成分$M_{x,y}$(横磁化成分)が消失する緩和は互いに独立に起こると仮定する. ブロッホ方程式は, したがって2種類の緩和時間T_1, T_2を導入し
$$\left.\begin{array}{l}\dfrac{dM_z}{dt}=\dfrac{\gamma}{\mu_0}[\boldsymbol{M}\times\boldsymbol{B}]_z-\dfrac{(M_z-M_0)}{T_1}\\[6pt]\dfrac{dM_{x,y}}{dt}=\dfrac{\gamma}{\mu_0}[\boldsymbol{M}\times\boldsymbol{B}]_{x,y}-\dfrac{M_{x,y}}{T_2}\end{array}\right\}$$
(III.9.157)

と表す. T_1はスピン-格子緩和時間と呼ばれ, スピン系のゼーマン磁気エネルギーが熱浴である格子系の熱エネルギーとして転換される過程の特性時間に相当する. T_2はスピン-スピン緩和時間と呼ばれ, 磁場$\boldsymbol{B}$のまわりを歳差運動する個々の磁気モーメント$\boldsymbol{\mu}_i=-g\mu_B\boldsymbol{S}_i$の回転位相が$\mu_i$間の相互作用のために乱れ横磁化成分$M_{x,y}=\sum_i(\boldsymbol{\mu}_i)_{x,y}$が0になっていく過程の特性時間(位相記憶時間)を示す. 横磁化成分の緩和の原因は, 磁化$\boldsymbol{M}=\sum_i\boldsymbol{\mu}_i$, すなわち$\boldsymbol{S}=\sum_i\boldsymbol{S}_i$とは交換しない(量子力学的意味において)相互作用である(スピン双極子相互作用, 異方性交換相互作用をはじめ種々の原因による局所場の熱揺動など).

b. 巨視的磁化の緩和過程と微視的スピンの動的過程[113]

磁化の巨視的緩和過程をスピン系の微視的な運動に基づいて記述する代表的理論に, 久保-富田の理論[114], 森の理論[115]および徳山-森の理論[116]がある. 横磁化成分μ_xの緩和は, 久保-富田の理論によればμ_xが0へ減衰する巨視的緩和過程を記述する緩和関数$\phi(t)$によって表せる.
$$\phi(t)=\langle M_x(t)M_x(0)\rangle/k_BT \quad (\text{III}.9.158)$$
$\langle M_x(t)M_x(0)\rangle$は$M_x$の熱揺動の時間相関関数であり$\phi(t)$は古典系に対する記述である. 磁気共鳴を誘起するマイクロ波振動磁場($\boldsymbol{B}_1(\omega); B_{1x}(t)=B_1e^{i\omega t}$)に対する応答$\chi(\omega)$は, 揺動-散逸の定理を用いて
$$\chi(\omega-\omega_0)=\frac{1}{2\pi}\int_{-\infty}^{\infty}\phi(t)\exp[-i\omega t]dt$$
(III.9.159)

で与えられる. 式(III.9.159)の虚部が磁気共鳴スペクトルを表す. 上述したように, スピン間相互作用のうち, 等方的交換相互作用
$$\mathcal{H}_{\text{ex}}=-\sum 2J_{ij}\boldsymbol{S}_i\cdot\boldsymbol{S}_j$$
は$\boldsymbol{S}=\sum_i\boldsymbol{S}_i$と交換するため, 位相を乱さず横緩和に寄与しないが, $\boldsymbol{S}$と交換しない局所磁場の揺動を, 局所場の時間相関関数$\varphi(\tau)$を用いて次のように表す.
$$\varphi(\tau)=\langle\omega_l(\tau)\omega_l(0)\rangle/\langle\omega_l^2(0)\rangle \quad (\text{III}.9.160)$$
$$\omega_l(t)=\gamma B_{\text{loc}}(t)$$
$\varphi(\tau)$を用いると巨視的緩和過程を表す緩和関数$\phi(t)$は,

$$\phi(t) = \exp\left[-\langle \omega_i^2(0)\rangle \int_0^t (t-\tau)\varphi(\tau)\,d\tau\right]$$
(III.9.161)

で与えられる.

等方的交換相互作用 $\mathcal{H}_{ex}$ は横緩和には寄与しないので,あるスピン S_i がもつ位相記憶は $\sim \pi\hbar/2J$ 後には(9.2.1項参照)相互作用する周囲のスピンとの交換相互作用のために失われる(一方,巨視的磁化 M すなわち $S=\sum_i S_i$ の運動は $\mathcal{H}_{ex}$ と交換して長時間保存される).個々のスピンの微視的動的過程を式(III.9.160)にならって自己スピン時間相関関数 $\Phi(t)$ で表す.

$$\Phi(t) = 3\langle S_{zi}(t)S_{zi}(0)\rangle/S(S+1) \quad \text{(III.9.162)}$$

$\omega_0 = \gamma B$ で定義される回転座標系において,$\Phi(t)$ を展開すると,最初の3項までは $\Phi(t)$ は次のガウス型関数

$$\Phi(t) \sim \exp\left[-\frac{1}{2}(t/\tau_e)^2\right] \quad (t<\tau_e) \quad \text{(III.9.163)}$$

$$\tau_e = \frac{\pi\hbar}{|2J|}\left\{\frac{3}{2qS(S+1)}\right\}^{1/2}$$

で近似できる.ここで,J は最隣接スピン対の交換相互作用の大きさ(交換積分),q は最隣接スピン数を表す.式(III.9.163)は短い時間($t<\tau_e$)に対してはよい近似であるが,十分大きな時間($t>\tau_e$)に対しては,

$$\Phi(t) \propto \frac{S(S+1)}{3} t^{-d/2} \quad \text{(III.9.164)}$$

となる.ここに d はスピン系の次元数を表す.したがって,$d=1, 2$ の低次元磁性体では,$\Phi(t)$ は急速に減衰せず,横緩和は特徴的な長い裾を引く.この自己スピン時間相関関数の長い裾は LTT (long time tail) と呼ばれる.LTT の由来は,$\Phi(t)$ を波数ベクトル q でフーリエ解析したときの $q=0$ の成分(長波長モード)が時間に依存しない定数となることにある.$q\sim 0$ モードはゆっくり減衰し長時間生き残るので,大きな t に対しては $q\sim 0$ モードのみが $\Phi(t)$ に寄与する.$q\sim 0$ の長波長モードからなる $\Phi(t)$ は空間的にゆっくり変化するので連続体における拡散過程[117,118]と同じように見なすことができ式(III.9.164)で近似できる.すべてのモードの中で $q\sim 0$ モードが占める割合はスピン系の次元数が下がるほど急に大きくなるので,マイクロ波周波数 $\omega_0/2\pi \sim 10\sim 10^2$ GHz の周期 ($2\pi/\omega_0$) よりはるかに短時間内にスピン相関が減衰する三次元系に比べると低次元磁性体に対しては,マイクロ波を用いる通常の CW 電子スピン共鳴吸収スペクトルにも,時間領域分光学としてのパルス電子スピン共鳴における横磁化自由減衰にも低次元系固有の現象が現れる.

スピン系における LTT の存在は,一次元系の TMMC において見いだされ[119],多くの他の低次元磁性体について研究されており[120],これらの成果については優れた総説[121]や解説[113,122~125]を参照できる.文献[121,123]は森の理論による解説であり,文献[123]は低次元磁性体の電子スピン共鳴スペクトルの久保-富田の理論による解釈の限界・問題点に言及している.文献[126,127]では森の理論を基にした記憶関数法が用いられ,$q\sim 0$ 長波長モードのみに対する緩和関数が提起されている.

スピン担体としては遷移金属イオンなどを含まない純正有機磁性体は,分子構造・結晶構造論的に擬低次元系として現れる可能性が高いので,スピン双極子相互作用によるサテライト吸収線の出現や LTT などにみられる低次元系固有の異常磁気緩和を次元数の視点のみからみるのではなく,$T\to T_c$(または T_N)における短距離秩序の形成過程で $q\sim 0$ モードの寄与が強磁性,反強磁性秩序配列において異なり,これが吸収線や FT パルス電子スピン共鳴の時間領域の諸性質に現れることに注意することは,新しいタイプの磁性体の物性評価を微視的視点から試みる上で大切である.

c. 強磁性共鳴とスピン波共鳴

通常の電子スピン常磁性共鳴については,他章で材料評価の観点から取り上げられているが,秩序磁性配列状態のスピン共鳴現象は前者とは,物理的に異なる点も多い.強磁性秩序状態の磁気モーメント $\boldsymbol{\mu}(=\boldsymbol{\mu}_i)$ の運動は,磁場 $\boldsymbol{B}$ の存在下では,

$$\frac{d\boldsymbol{\mu}}{dt} = \gamma\left(\boldsymbol{\mu}\times\frac{\boldsymbol{B}}{\mu_0}\right) - \frac{\alpha}{\gamma\mu}\boldsymbol{\mu}\times\frac{d\boldsymbol{\mu}}{dt} \quad \text{(III.9.165)}$$

で表すことができる.ここに $\gamma = ge/2mc$ である.第2項は $\boldsymbol{\mu}\times\boldsymbol{B}$ 方向の歳差運動に対する制動の役割を果たす項である.式(III.9.165)からランダウ-リフシッツの運動方程式[109],あるいはキッテルの式[111]を α についての高次の項に無視することによって導くことができる[110].$\boldsymbol{B}$ は外部磁場 $\boldsymbol{B}_{ex}$,分子場 $\boldsymbol{B}_m$ および磁性体表面に発生する自由磁気のつくる反磁場 $\boldsymbol{B}_d$ の和として与えられる.

$$\boldsymbol{B} = \boldsymbol{B}_{ex} + \boldsymbol{B}_m + \boldsymbol{B}_d \quad \text{(III.9.166)}$$

分子場近似では $\boldsymbol{B}_m$ は $\boldsymbol{\mu}$ に比例するので,式(III.9.165)のベクトル積には寄与しない.一方,反磁場 $\boldsymbol{B}_d$ は,強磁性体試料の形状に依存する.形状が楕円体ならば,B_d は内部で一様で,

$$\boldsymbol{B}_d = (-N_x\mu_x, -N_y\mu_y, -N_z\mu_z)\mu_0 \quad \text{(III.9.167)}$$

で与えられる.ここに N は一般にはテンソルであるが,楕円体の主軸に変換すれば主値は N_x, N_y, N_z となり,これらは反磁場係数と呼ばれ,$N_x+N_y+N_z=1$ である.簡単のために式(III.9.165)の制動項を無視する.磁気共鳴現象を引き起こすためには外部磁場とし

9.2 磁気的機能・特性評価の方法論の基礎

て振動磁場 B_1 が必要であるので，$B_{ex}=B_0+B_1$ とし静磁場 $B_0 /\!/ Z$, $B_0 \perp B_1 (/\!/ x)$ とすると，式(III.9.155)は成分で書き表すと，

$$\left.\begin{aligned}\frac{d\mu_x}{dt} &= \gamma\{\mu_y(B_0-N_z\mu_z\mu_0) - \mu_z(-N_y\mu_y\mu_0)\} \\ \frac{d\mu_y}{dt} &= \gamma\{\mu_z(B_{1x}-N_x\mu_z\mu_0) - \mu_x(B_0-N_z\mu_z\mu_0)\} \\ \frac{d\mu_z}{dt} &= \gamma\{\mu_x(-N_y\mu_y\mu_0) - \mu_y(-N_x\mu_x\mu_0+B_{1x})\}\end{aligned}\right\} \quad \text{(III.9.168)}$$

となる．強磁性体は比較的小さい静磁場 B_0 に対してその磁化 $M = \sum_i \mu_i$ は飽和する．このとき，$dM_z/dt \sim 0$, dM_x/dt, dM_y/dt は B_{1x}, M_x, M_y の一次式で近似でき，式(III.9.168)から，

$$\chi = \frac{M\mu_0\{B_0-(N_x-N_y)\mu_0 M\}}{\{B_0-(N_z-N_y)\mu_0 M\}\{B_0-(N_z-N_x)\mu_0 M\}-\frac{\omega^2}{\gamma^2}} \quad \text{(III.9.169)}$$

が得られる．ここに，ω は振動磁場 B_1 の角周波数，$M \sim M_0$ である．したがって，共鳴周波数は

$$\omega_0 = \gamma[\{B_0-(N_z-N_y)\mu_0 M\} \times \{B_0-(N_z-N_x)\mu_0 M\}]^{1/2} \quad \text{(III.9.170)}$$

で与えられる．y 方向に薄い円板試料に対しては，$N_x=N_z=0$, $N_y=1$ なので，

$$\omega_0 = \gamma\sqrt{B_0(B_0+\mu_0 M)} \quad \text{(III.9.171)}$$

となる．マイクロ波振動磁場の周波数 ω を固定する実験においては，B_0 を変化させて式(III.9.171)を満足する共鳴磁場を得る．低磁場 B_0 に対しては，ここでの取扱いは適用されず，低磁場共鳴に固有の磁化の挙動が得られる[128,129]．磁性体内の微視的スピンの動的過程を量子論的にあるいは確率過程的に考察する上で，低磁場共鳴は強い B_0 下の時間領域のパルス磁気共鳴とともに今後次第に重要になる．一方，異方性エネルギーを考慮する場合には，B に加えればよいが B_d と類似の役割を果す．

波数ベクトル k のスピン波の励起エネルギー($\hbar\omega_k$)(9.2.7項参照)は k^2 で増大するが，$k=0$ モードは各スピンの位相がそろって歳差運動に対応するので，交換相互作用からの寄与はない．振動磁場 B_1 をマイクロ波とする電子スピン共鳴では，$k=0$ モードの波の励起($\hbar\omega_0$)は式(III.9.170)で与えられる．反磁場 B_d は磁気双極子相互作用に由来するので，有限波長をもつスピン波の固有角周波数 ω_k は，磁気双極子相互作用の影響をうける．$k /\!/ z$ の場合には，スピン波の波長が試料の大きさに比べて十分に小さいと仮定すると，x, y 方向の反磁場は相殺されるので，

$$\omega_{k/\!/} = \omega_k^0 - \gamma(B_0-N_z\mu_0 M) \quad \text{(III.9.172)}$$

で与えられる．ここに ω_k^0 は交換相互作用のみの寄与である．$k \perp z$ の場合には，k 方向にのみ反磁場が現れるから，

$$\omega_{k\perp} = \gamma\left[\left\{\frac{\omega_k^0}{\gamma}-B_0-(1-N_z)\mu_0 M\right\} \times \left\{\frac{\omega_k^0}{\gamma}-B_0+N_z\mu_0 M\right\}\right]^{1/2} \quad \text{(III.9.173)}$$

となる．k が z 軸と θ_k の角度をなすときは，上式の $(1-N_z)\mu_0 M$ を $(\sin^2\theta_k-N_z)\mu_0 M$ を置き換えればよい($k_\perp \to k_\theta$)．

スピン波の波長が長くなり，試料サイズにも達すると x, y 方向の反磁場はもはや相殺されず，試料の表面効果の寄与を考慮せねばならない．この場合，スピン波は定常波として記述され，磁化の空間変化はゆるやかなので，交換相互作用は磁気双極子相互作用に対して無視することができる．このような固有振動モードは静磁モード(Walker モード)と呼ばれる[130abc]．磁気双極子相互作用の寄与によって固有振動モードは拡がりをもつことになるが，上限と下限は式(III.9.172)，(III.9.173)で与えられる．一方，複数のスピン波励起が生じる場合には，スピン波間に相互作用が働くが(干渉現象)，励起スピン波の数が少ない極低温などの条件下では，この相互作用は無視し独立スピン波として取扱ってよい．

磁性薄膜に垂直に B_0 を加えて，膜面に垂直に発生したスピン波の干渉による定常波に由来するスピン共鳴吸収スペクトルの例を図III.9.17[130de] に示す．T_c 近傍を含むスピン波共鳴の時間領域磁気分光(FT パルス電子スピン共鳴分光)による研究はスピン波共鳴吸

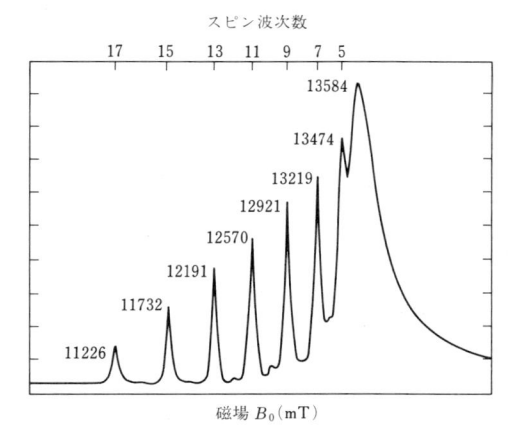

図 III.9.17 パーマロイ薄膜のスピン波共鳴定常波吸収スペクトル[13(0d,e)]
ピークに対応する数字は，共鳴磁場/m を表す．

収幅の由来，スピン波励起の由来，スピン波の緩和過程，薄膜の物性評価などの情報を新しい視点から与える有力な方法論である[131]．

d. 反強磁性共鳴とフェリ磁性共鳴

反強磁性秩序状態では，部分格子 a, b の磁化 M_a, M_b が相殺しあっていれば（$M_a=-M_b$），マイクロ波振動磁場 B_1 によってスピンの蔵差運動を誘起することはできない．ところが M_a と M_b が磁化容易軸に対してある角度をなせば共鳴が誘起される[132,133]．強磁性共鳴では分子場 B_m は共鳴点に寄与しないが，反強磁性共鳴では B_m, すなわち交換相互作用，異方性エネルギーが重要な効果を与える．一軸性結晶における異方性エネルギーの異方性定数を K とし磁化容易軸を z 軸とすると反強磁性共鳴周波数 ω は，

$$\frac{\omega}{\gamma} = \left[\left\{2\lambda K + \left(\frac{K}{M_0}\right)^2 + \frac{1}{4}\lambda^2 \chi_\parallel B_0^2\right\}^{1/2} \pm B_0\left(1 + \frac{K\chi_\parallel}{2M_0^2} - \frac{\lambda\chi_\parallel}{2}\right)\right] \quad (\text{III}.9.174)$$

で与えられる．ここに，λ は分子場パラメータ，M_0 は飽和磁化を表す．$\alpha = (\chi_\perp - \chi_\parallel)/\chi_\perp$ としさらに近似すると，

$$\omega/\gamma = \{2\lambda K + (1-\alpha)^2 B_0^2/4\}^{1/2} \pm (1+\alpha) B_0/2 \quad (\text{III}.9.175)$$

となるので，$T \sim 0$ では $\alpha \sim 0$ ($x(T) \sim 0, T \sim 0$)，したがって

$$\omega/\gamma = \sqrt{2\lambda K} \pm B_0 \quad (\text{III}.9.176)$$

が得られる．$\sqrt{2\lambda K} > B_0$ だから外部静磁場 $B_0=0$ でも磁気共鳴が誘起される．スピンが磁化容易軸 z から B_0 に垂直に向きを変える臨界磁場 B_0^c は，式(III.9.175)より

$$B_0^c(1+\alpha)/2 = \{2\lambda K + (1-\alpha)^2 B_0^{c2}/4\}^{1/2} \quad (\text{III}.9.177)$$

とおけば得られ，B_0^c は式(III.9.100)と一致する．

フェリ磁性共鳴[134]は M_a と M_b ($|M_a| \neq |M_b|$) が反平行の磁化配列状態をとる限り，強磁性共鳴と同じ挙動をする磁気共鳴現象であるが，M_a と M_b がなす傾斜角を考慮に入れると，反強磁性共鳴と同様に一般に高周波数側にもう一つの共鳴が現れる．これは交換モードの共鳴と呼ばれ[135]，有機磁性体ではマイクロ波領域の周波数で観測される可能性が高い．

e. 低次元磁性体の電子スピン共鳴

磁性体の電子スピン常磁性共鳴現象においては，臨界温度（T_c または T_N）に近づくと共鳴吸収線の線型（線形関数，線幅，共鳴磁場，サテライト吸収線など）に変化や異常が現れる．$T \gg T_c, T_N$ では吸収線の特徴に強磁性，反強磁性の差はない．しかしながら，温度を下げて T_c または T_N に近づくと，スピン間の短距離秩序が発達する領域では，両者に対する $q \sim 0$ モードの吸収線への寄与は異なる．また，低次元系では個々のスピン間の相関は長時間保持され LTT に代表される異常磁気緩和が現れることはすでに本項b．で述べた．ここでは低次元磁性体の電子スピン常磁性共鳴の特徴を他章との重複がないように簡単に述べる．

スピン集合系のハミルトニアン $\mathcal{H}$ は，一般に

$$\mathcal{H} = \mathcal{H}_{ez} + \mathcal{H}_{ex} + \mathcal{H}' \quad (\text{III}.9.178)$$

で表すことができ，ここに $\mathcal{H}_{ez}$ は電子スピンゼーマン項，$\mathcal{H}_{ex}$ はスピン間交換相互作用，$\mathcal{H}'$ は2体スピン相互作用項（スピン磁気双極子相互作用項 $\mathcal{H}_{dip}$ など）である．$\mathcal{H}_{ex}$ や $\mathcal{H}_{dip}$ の相互作用は（擬）一次元系では磁気的一次元鎖軸方向に，（擬）二次元系では磁気的平面内に制限される．一次元の等方的ハイゼンベルグ反強磁性体とみなされている TMMC や $CsMnCl_3 \cdot 2H_2O$ などに対しては，$\mathcal{H}$ は

$$\mathcal{H} = g\mu_B B_0 \sum_i S_{iz} + \sum_i -2J\mathbf{S}_i \cdot \mathbf{S}_{i+1}$$
$$+ \sum_{i>j}\sum_j (g\mu_B)^2/r_{ij}^3 \{\mathbf{S}_i\mathbf{S}_j$$
$$- (3/r_{ij}^2)(\mathbf{r}_{ij}\cdot\mathbf{S}_i)(\mathbf{r}_{ij}\cdot\mathbf{S}_j)\}$$
$$(\text{III}.9.179)$$

で与えられる．ここでは一次元磁性鎖間の相互作用は無視し，最隣接対交換相互作用が仮定されている．r_{ij} はスピン格子点 i から格子点 j に向かう位置ベクトルである．磁気双極子相互作用 $\mathcal{H}_{dip}$ は，一次元磁性鎖の方向と $z(// B_0)$ 軸とのなす角 θ に依存する．二次元系の典型例として平面正方格子の場合には，$\mathcal{H}_{dip}$ は平面

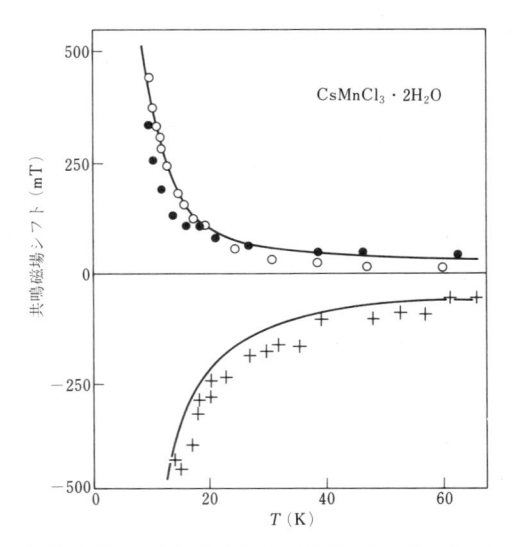

図III.9.18 $CsMnCl_3\cdot 2H_2O$ 単結晶の共鳴磁場シフトの温度依存性[136a]

$+$：$B_0 // a$ 軸（一次元磁性鎖の方向），$\bigcirc$：$B_0 // b$ 軸，$\bullet$：$B_0 // c$ 軸．実線は計算値を示す．

の法線と B_0 とのなす角 θ に依存する(後述). 図III.9.18に CsMnCl$_3$·2H$_2$O 単結晶の共鳴磁場シフトの温度変化を示す[136a]. この温度依存性は, 温度降下によって発達したスピン間短距離秩序(5〜10スピンクラスターの形成)に由来する分子場が B_0 に平行あるいは反平行に加わった現象として解釈できる(現象的には反強磁性共鳴に類似する). 共鳴磁場のシフトはスピンを古典系として取扱い[136],

$$\left.\begin{array}{l}\hbar\omega_{/\!/} = g_{/\!/}\mu_B B_0 \\ \qquad + 12\alpha g_\perp \mu_B B_0 \dfrac{\{(2+ux)/(1-u^2)\}-(2/3)x}{10x} \\ \hbar\omega_\perp = g_\perp \mu_B B_0 \\ \qquad - 6\alpha g_\perp \mu_B B_0 \dfrac{\{(2+ux)/(1-u^2)\}-(2/3)x}{10x}\end{array}\right\}$$

(III.9.180)

$$u = \coth(K) - (1/K)$$
$$K = \{2JS(S+1)\}/k_B T = -1/x$$
$$\alpha = (g\mu_B)^2/(2Jr^3)$$

から得られる. ここに, r は最隣接スピン間の距離である. $/\!/$ あるいは $\perp$ は, B_0 が一次元磁性鎖方向に平行にあるいは垂直に配向することを示す. 図III.9.18において実線は式(III.9.180)に基づく計算値である. 式(III.9.180)は, より一般的に

$$B_r^i = \{(\sqrt{\chi_i\chi_k}/\chi_i)\hbar\omega\}/g_i\mu_B \quad (\text{III.9.181})$$

と表すことができる[113a,137]. ここに B_r^i は B が i 方向に配向するときの共鳴磁場, χ_l および $g_l(l=i,j,k)$ は B_0 が l 方向に配向するときの異方性磁化率および g 値である. したがって, 式(III.9.181)より

$$B_r^i B_r^j B_r^k = \left(\frac{\hbar\omega}{\mu_B}\right)^3 (g_ig_jg_k)^{-1} \quad (\text{III.9.182})$$

は温度に依存しない一定値をとる. 式(III.9.181)は, マイクロ波周波数を一定とする通常の電子スピン常磁性共鳴実験において(擬)一次元磁性体の g 値がどのように挙動するかの予測を与える. 一次元磁性鎖の方向を i 方向とすると, 強磁性, 反強磁性秩序配列のいずれに対しても $\chi_i > \chi_j, \chi_k$ が成り立つので, g_i シフト Δg_i は正となる. 一方, フェリ磁性秩序配列に対しては $\chi_i < \chi_j, \chi_k$ となり, $\Delta g_i < 0$, $\Delta g_{i,k} > 0$ が得られる[138]. 異なる種類のスピン(S_a, g_a; S_b, g_b)から構成される一次元フェリ磁性体に対しては, 古典的スピン系の取扱いの下に,

$$\chi_0 = \frac{N\mu_B^2}{3k_B T}\left[\frac{g^2(1+u)}{1-u} + \frac{\delta^2(1-u)}{1+u}\right]$$

$$\chi_i = \frac{g_a'g_b'\mu_B^4}{r^3kT^2}\left\{\frac{2}{15}\left(\frac{2-u}{K}\right)\left[\frac{g^2}{(1-u^2)} - \frac{\delta^2}{(1+u^2)}\right]\right.$$
$$\left. + \frac{4}{45}K\left[\frac{g^2(1+u)}{(1-u)} - \frac{\delta^2(1-u)}{(1+u)}\right]\right\} \quad (\text{III.9.183})$$

$$K = \frac{J[S_a(S_a+1)S_b(S_b+1)]^{1/2}}{k_B T}$$
$$u = \cosh K - (1/K)$$
$$g_a' = g_a[S_a(S_a+1)^{1/2}], \quad g_b' = g_b[S_b(S_b+1)]^{1/2}$$
$$g^2 = (g_a' + g_b')/2, \quad \delta^2 = (g_a' - g_b')/2$$

が導かれている[138,139]. ここに χ_0 は等方的磁化率である. また, マジックアングル $\theta = 54.7°$ ($\theta = \cos^{-1}1/\sqrt{3}$)では, $\Delta g_i = 0$ となり共鳴磁場のシフトは観測されない[140].

正方格子系二次元磁性体に対しても, それが一様なスピン構造をもつならば, 式(III.9.182)は成り立つ. スピン相関が切断された有限長(面)の, 一次元磁性鎖(面)の集合体としてのランダム磁性体(非一様スピン構造系)は, 式(III.9.181)〜(III.9.183)に従わない.

次に, 低次元磁性体の次元数やスピン配列の対称性の低下を本質的に反映し, したがって, 低次元系磁性に固有であるともいえる異常磁気緩和現象の評価方法を述べる. 本項 b. では異常磁気緩和の本質的側面を概説し, スペクトル解析の二大アプローチがあることを紹介した. ここでは, 久保-冨田の理論に基づく解析を文献[123]によって述べる.

ハミルトニアンが式(III.9.178)で与えられるスピン集合系の電子スピン磁気共鳴吸収スペクトルは, 式(III.9.158)と同様に磁化の緩和関数(横成分時間自己相関関数)$\phi(t) = \langle \tilde{M}_+(t)M_-(0)\rangle/\langle M_+M_-\rangle$ のフーリエ変換として得られる. ここに $\tilde{M}_+(t)$ は無摂動ハミルトニアンに関する相互作用表示であり, M_+ の時間依存が $\mathcal{H}'$ のみで変調される緩やかなものであることを示す. $\phi(t)$ はキュムラント展開の2次の項として,

$$\phi(t) = \exp\left[-\sum_m \int_0^t (x-\tau)\psi_m(\tau)e^{im\omega_0\tau}d\tau\right]$$

(III.9.184)

$$\psi_m = [[M_+, \mathcal{H}_m'(\tau)][\mathcal{H}_m'(0), M_-]\rangle/\langle M_+M_-\rangle\hbar^2$$

(III.9.185)

で与えられる. $\mathcal{H}_m'$ は $\mathcal{H}'$ の電子ゼーマン成分で $\mathcal{H}' = \sum_m \mathcal{H}'_m$, m は電子ゼーマン指数($m = 0, \pm1, \pm2$)である. $\psi_m(\tau)$ は波数ベクトル q-空間において, $\mathcal{H}_m'(\tau)$ で支配される2体スピン摂動項 α 角度部分を含む項 $F_q^{(m)}$ と次に示すような4体スピン相関関数の積から構成される. たとえば, 指数 $m=0$ に対しては

$$\psi_0(\tau) = \sum_q\sum_{q'} F_q^{(0)} E_{q'}^{(0)}\langle S_{z,q}(\tau)S_{+,t-q}(\tau)S_{z,q'}S_{-,-q'}\rangle$$

(III.9.186)

で与えられる. LTTの緩和現象を解析する場合, $q\sim 0$ モードの寄与が重要になる. いま鵠として式(III.9.179)の第3項で表されるスピン磁気双極子相互作用を考慮すると, 一次元磁性鎖系では, スピン配列は B_0 に

対してすべて同じ角をなすので，$\psi_m(\tau)$ の角度依存性は $q=0$ のみを考慮する場合も，すべての q について和をとる場合も同じである．一方，二次元磁性面系では，これらは異なる角度依存性を示す．たとえば正方格子平面系では，平面の法線と $\boldsymbol{B}_0$ とのなす角を θ とすると，

$$|F_{q=0}^{(0)}|^2 \propto (3\cos^2\theta - 1)^2 \quad \text{(III.9.187)}$$

$$\sum_q |F_q^{(0)}|^2 \propto (3\cos^2\theta - 1)^2 + 9\sin^2\theta \quad \text{(III.9.188)}$$

となる．このように低次元磁性系では次元数の違いが，吸収線の線幅の角度依存性に顕わに現れる．$T \gg T_c$, T_N においては，一次元系では $\psi_m(\tau)$ の短時間部分からの寄与は長時間減衰成分 $\tau^{-d/2}(d=1)$ からの寄与に比べて無視できる．一方，二次元系では $\tau^{-d/2}(d=2)$ と短時間領域の減衰 $\exp[-(\tau/\tau_e)^2/2]$（式（III.9.13）参照）が同程度に $\phi(t)$ に寄与する．したがって，二次元系では $\sum_q$ の寄与を無視できない．二次元磁性系では LTT の減衰 τ^{-1} を考慮すると緩和関数 $\phi(t)$ は，

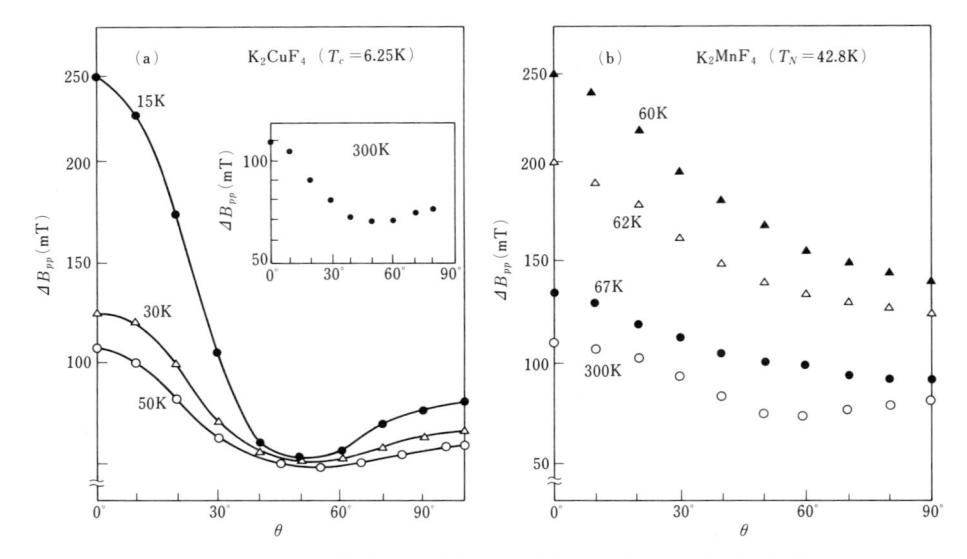

図 III.9.19 二次元正方平面格子系磁性体の ESR 吸収線幅の角度および温度依存性[123,141]
(a) K_2CuF_4 ($T_c=6.25$ K)：強磁性体，(b) K_2MnF_4 ($T_N=42.8$ K)：反強磁性体．ΔB_{pp} は微分線形の peak-to-peak 間隔を示す．θ は二次元平面の法線と $\boldsymbol{B}_0$ がなす角を示す．

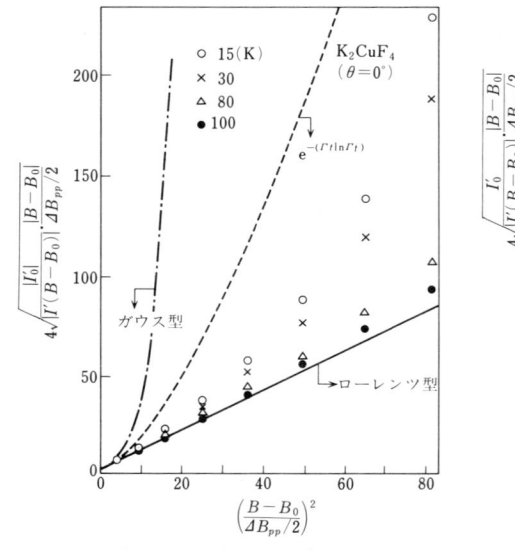

(a) K_2CuF_4 ($T_C=6.25$ K)：強磁性体

(b) K_2MnF_4 ($T_N=42.8$ K)：反強磁性体

図 III.9.20 二次元正方平面格子系磁性体の ESR 吸収線形（$\theta=0°$）の温度依存性[123,141]

9.2 磁気的機能・特性評価の方法論の基礎

$$\phi(t) = \exp[-\Gamma t \ln \Gamma t - \eta t] \quad (\text{III}.9.189)$$

で与えられる．ここで

$$\Gamma \propto |F_{q=0}^{(0)}|^2, \quad \eta \propto \sum_q |F_q^{(0)}|^2, \quad \sum_{m \neq 0} \sum_q |F_q^{(m)}|^2$$

である．一般に $\eta \sim \Gamma$ で，二次元磁性系では短時間減衰成分からの寄与を無視できないことを意味する．図III.9.19は同型の二次元正方格子系の強磁性体(a)と反強磁性体(b)の線幅の角度依存性の温度変化を示す[123,141]．温度を T_c（または T_N）に向かって降下させるとき，(a)では $(3\cos^2\theta-1)^2$ の挙動は顕著になるが，(b)では $T \sim 2T_N$ 以下では $\theta=54.7°$ $(\theta=\cos^{-1}1/\sqrt{3})$ のマジックアングルでの極小線幅はもはや消失する．$\theta=0$ における両者(a)，(b)の線形の温度変化を図III.9.20に示す[123,141]．(a)では，$T>80°$K でローレンツ型に近く，$T<80°$K では低温になるに従ってローレンツ型からのずれが増大する．一方，(b)では300Kでローレンツ型からの若干のずれが観測されるが $T<2T_N$ では逆にローレンツ型に近づく．以上の線幅の角度依存性や線形の温度依存性は式(III.9.183)に基づいて解釈できる．(a)の場合，温度降下 $T \to T_c$ により強磁性的スピン相関すなわち $q \sim 0$ モードが他の q モードより支配的となる．これは，$\psi_m(\tau)$ のLTTの寄与 ($\Gamma t \ln \Gamma t$ の効果) が強まり，短時間減衰部分の寄与 ($-\eta t$) が相対的に弱まることを意味する．$T \to T_c$ に従い $\Gamma \propto \langle S_{z,0} S_{z,0} \rangle^2$ が増大し

$$-\ln\phi(t) \propto (3\cos^2\theta - 1)^2 (1 - T_\theta/T)^{-1}$$

$\langle S_{z,0} S_{z,0} \rangle \propto (1-T_\theta/T)^{-1}$，$T_\theta$：常磁性キュリー温度）となる．このとき線形は $\phi(t) = \exp[-\Gamma t \ln \Gamma t]$ のフーリエ変換に近づく．一方，(b)では短距離秩序領域における反強磁性的ゆらぎ ($q \neq 0$) が強まり，$q=0$ の寄与を相殺する．その結果，$T<2T_N$ では三次元系の場合の線幅の θ-依存性 $(1+\cos^2\theta)$ に近づき，線形もローレンツ型に近づく．

$\psi_m(\tau)$ が三次元磁性系におけるように $2\pi/\omega_0$ よりも早く減衰する場合には，$\psi_{m \neq 0}(\tau)$ はゼーマン変調部 $e^{im\omega_0\tau}$ の影響をうけず，ω_0 に中央共鳴吸収線のみが観測される．$\psi_m(\tau)$ がLTTの寄与をうけるようになると，$\psi_{m \neq 0}(\tau)$ はゼーマン変調をうけて $2\omega_0, 3\omega_0$ などの

表 III.9.6 磁性体の次元数，緩和関数とESR吸収スペクトルの線形および線幅の関係

次元数 d	緩和関数 $\phi(t)$	線形	線幅 $\Delta B_{1/2}(\theta) \propto$
1	$\exp(-\Gamma t^{3/2})$	$\phi(t)$ のフーリエ変換	$(3\cos^2\theta-1)^{4/3}$
2	$\exp(-\Gamma t \ln \Gamma t)$	$\phi(t)$ のフーリエ変換	$(3\cos^2\theta-1)^2$
3	$\exp(-\Gamma t)$	$\phi(t)$ のフーリエ変換	$(\cos^2\theta+1)$

(1) $d=1,2$ の場合，$\theta=54.7°$（マジック角）以外では非ローレンツ型を示し，かつ線幅はマジック角において極小値をとる．
(2) θ は，$d=1$ においては一次元磁性鎖の方向と $\boldsymbol{B}_0$ のなす角，$d=2$ においては二次元磁性平面の法線と $\boldsymbol{B}_0$ のなす角を指定する．

サテライト吸収線が出現する（式(III.9.184)）．これらの強度の強弱は全モードに対して $q \sim 0$ モードの寄与の大小に直接的に対応する．

式(III.9.184)，(III.9.185)は，磁性系のスピン配列が外部磁場のまわりで空間的に高い対称性をもつことが仮定されているが，本来磁性系の低次元性はスピン配列の空間的低対称性に由来する．この低対称性を考慮すると，LTTの寄与がある場合吸収線に J の連なり（トポロジー）の次元性を反映した新たな共鳴磁場シフトが観測される[141,142]．

最後に，磁性系のスピン配列の次元数と横成分時間自己相関関数 $\phi(t)$ および $\phi(t)$ のフーリエ変換によって得られる線形関数の線幅 $\Delta B_{1/2}$ を θ の関数としてそれぞれ表III.9.6に示す．

低次元系の分子性・有機磁性体のこれまでの成果は文献[108,143]を参照できるが，すべてCW-磁気共鳴によるものである．時間領域分光としてのFTパルス電子スピン共鳴は $\phi(t)$ を直接観測することができるので，低次元磁性段の解析・新規磁性材料の評価に今後ますます不可欠な手段となる[131,144]．

f．ランダム磁性体の電子スピン共鳴[113a]

非一様性のスピン配列（スピン配列の不規則性に由来する）に特徴づけられるランダム磁性体では，外部磁場 $\boldsymbol{B}_0$ の方向に関係なく，低温になると常に共鳴磁場は低磁場側へシフトする（$\Delta g > 0$）．ランダム磁性体では J の連なりが不規則であるため，一様な外部磁場 $\boldsymbol{B}_0$ を加えても，局所内部磁場は非一様となり，非一様な磁化 $\boldsymbol{M}(\boldsymbol{r})$ が誘起される．現象論的にはこの非一様性を局所的な反磁場 $-N(\boldsymbol{r})\chi(\boldsymbol{r})$ として表すと

$$g = g_\infty \left[1 + \frac{B_0}{\mu_0 M} \int \frac{(N_\perp - N_\parallel)\chi^2}{(1+N_\parallel \chi)^2} dv \right]$$
$$(\text{III}.9.190)$$

ここに g_∞ は高温極限における g 値である．式(III.9.190)の積分は，$N(\boldsymbol{r}), \chi(\boldsymbol{r})$ の空間分布が完全に統計的であると仮定すると，$N_\parallel \chi \ll 1$ ならゼロとなり，$g \sim g_\infty$ が得られる．低温になって短距離秩序が局所的に発達すると，χ の寄与は大きくなり ($N_\parallel \chi \sim 1$)，式(III.9.190)の積分値 >0 が得られる．すなわち，$\Delta g = g - g_\infty > 0$ が観測される．これは微視的にはランダムスピン集合系が低温において長距離秩序相をもつことに由来する．スピン相関関数のLTTは低次元ランダム磁性系にも現れるが，スピン情報の伝播・拡散は低次元ほど不純物の影響を直接的にうけるので，低次元系のLTTは微量の不純物スピンにも敏感であり，不純物濃度の増加とともにLTTは急速に消失する．不純物サイトがスピンをもたない場合には，スピン系は有

限長の磁性鎖・クラスターとなり，あるサイズ以下になると局所場の時間相関関数(式(III.9.160)または式(III.9.185))は時間に依存しない一定値をとる．その場合吸収線形はガウス型に急速に近づく．このように低次元磁性系のLTTは，磁気的機能の見地から新しい磁性材料を評価する上でもきわめて有用である．

9.2.11 交換相互作用有限系・クラスターの磁気共鳴

交換相互作用有限系・クラスターの特徴は，交換相互作用の大きさによって多様な高スピン状態を形成し，きわめて異方的な電子スピン共鳴(ESR)スペクトルを与えることである．高スピン状態($S \geq 1$)のESRスペクトルの解析法については，任意の大きさのスピンについて摂動論に基づく一般的解析解，$S=1, 3/2$に対する厳密解析解，スピンハミルトニアンエネルギー行列の直接対角化法による数値的厳密解，固有共鳴磁場を直接求めるEigenfield法による数値的および解析的[145b]厳密解などがすでに確立されており，これらについては，文献[145a]およびそこでの引用文献を参照できる．

交換相互作用有限系のESRを解析する出発点として，一般的に次のスピンハミルトニアン$\mathcal{H}^{\text{spin}}$を導入することができる．

$$\mathcal{H}^{\text{spin}} = \mathcal{H}_A^{\text{spin}} + \mathcal{H}_B^{\text{spin}} - 2J_{AB} \boldsymbol{S}_A \cdot \boldsymbol{S}_B + \boldsymbol{S}_A \cdot \boldsymbol{D}_{AB} \cdot \boldsymbol{S}_B$$
$$+ \boldsymbol{d}_{AB} \cdot \boldsymbol{S}_A \times \boldsymbol{S}_B \qquad (\text{III}.9.191)$$

$$\mathcal{H}_\alpha^{\text{spin}} = \mu_B \boldsymbol{B}_0 \cdot \boldsymbol{g}_\alpha \cdot \boldsymbol{S}_\alpha + \sum_k \boldsymbol{I}^k \cdot \boldsymbol{A}_\alpha^k \cdot \boldsymbol{S}_\alpha + \boldsymbol{S}_\alpha \cdot \boldsymbol{D}_\alpha \cdot \boldsymbol{S}_\alpha$$
$$(\alpha = A, B) \qquad (\text{III}.9.192)$$

ただし，ここでは，核ゼーマン相互作用項，電気的核四極子相互作用項および微細構造項(スピン-スピン相互作用項)の高次項などは無視されている．強い交換相互作用の近似の下では，$2J_{AB}\boldsymbol{S}_A \cdot \boldsymbol{S}_B$が支配的な項で他は摂動項とみなせる．$\boldsymbol{S} = \boldsymbol{S}_A + \boldsymbol{S}_B$の$z$成分$S_z$と$\boldsymbol{S}^2$は$2J_{AB}\boldsymbol{S}_A \cdot \boldsymbol{S}_B$と交換するので，$\boldsymbol{S}^2$と$S_z$の固有状態は$2J_{AB}\boldsymbol{S}_A \cdot \boldsymbol{S}_B$の固有状態でもある．ここに$|S_A - S_B| \leq S \leq S_A + S_B$で，固有エネルギー$E(S)$は

$$E(S) = -J_{AB}[S(S+1) - S_A(S_A+1) - S_B(S_B+1)]$$
$$(\text{III}.9.193)$$

で与えられる．強い交換相互作用の近似の下では，$[S_A+S_B-|S_A-S_B|+1]$個の異なるスピン状態間のESR遷移は生じないので，ある温度でのESRスペクトルは異なるスピン状態Sのボルツマン分布を考慮した，それぞれのスペクトルの単なる重ね合わせと等価となる(ただし，一遷移確率や共鳴磁場間に限定された関係が生じる)．スピン状態Sに由来するスペクトルは，

$$\mathcal{H}_S^{\text{spin}} = \mu_B \boldsymbol{B}_0 \cdot \boldsymbol{g}_S \cdot \boldsymbol{S} + \boldsymbol{S} \cdot \boldsymbol{D}_S \cdot \boldsymbol{S} + \sum_k \boldsymbol{I}^k \cdot \boldsymbol{A}_S^k \cdot \boldsymbol{S}$$
$$(\text{III}.9.194)$$

に基づいて解析できる．任意の$S(\boldsymbol{S} = \boldsymbol{S}_A + \boldsymbol{S}_B)$について，$\boldsymbol{g}_S, \boldsymbol{D}_S, \boldsymbol{A}_S^k$と$\boldsymbol{g}_\alpha, \boldsymbol{D}_\alpha, \boldsymbol{A}_\alpha^k (\alpha = A, B)$との間の関係式は，既約テンソル演算子，Wigner-Eckartの定理，Clebsch-Gordan係数を用いて一般的に任意の$\boldsymbol{S}_\alpha(\alpha = A, B), S(|S_A - S_B| \leq S \leq S_A + S_B)$について以下のように得られる(ただし$\boldsymbol{d}_{AB} \cdot \boldsymbol{S}_A \times \boldsymbol{S}_B$は省略した)[146]．

$$\mathcal{H}_S^{\text{spin}} = \mu_B \left[\boldsymbol{B}_0 \cdot \frac{1}{2}(\boldsymbol{g}_+ + c\boldsymbol{g}_-) \cdot \boldsymbol{S} \right]$$
$$+ \sum_k \boldsymbol{I}^k \cdot \frac{1}{2}[(1+c)\boldsymbol{A}_A^k + (1-c)\boldsymbol{A}_B^k] \cdot \boldsymbol{S}$$
$$+ \boldsymbol{S} \cdot \frac{1}{2}[(1-c_+)\boldsymbol{D}_{AB} + c_+ \boldsymbol{D}_+ + c_- \boldsymbol{D}_-] \cdot \boldsymbol{S}$$
$$- J_{AB}[\boldsymbol{S} \cdot \boldsymbol{S} - S_A(S_A+1) - S_B(S_B+1)]$$
$$(\text{III}.9.195)$$

ここにc, c_+, c_-はS, S_A, S_Bのみの関数で表され，表III.9.7に与えた．式(III.9.194)，(III.9.195)から求める関係式は

$$\left. \begin{array}{l} \boldsymbol{g}_S = c_1 \boldsymbol{g}_A + c_2 \boldsymbol{g}_B \quad (\boldsymbol{g}_\pm = \boldsymbol{g}_A \pm \boldsymbol{g}_B) \\ \boldsymbol{D}_S = d_1 \boldsymbol{D}_A + d_2 \boldsymbol{D}_B + d_{12} \boldsymbol{D}_{AB} \quad (\boldsymbol{D}_\pm = \boldsymbol{D}_A \pm \boldsymbol{D}_B) \\ \boldsymbol{A}_S^k = c_1 \boldsymbol{A}_A^k + c_2 \boldsymbol{A}_B^k \end{array} \right\}$$
$$(\text{III}.9.196)$$

$$\left. \begin{array}{l} c_1 = (1+c)/2, \quad c_2 = (1-c)/2 \\ d_1 = (c_+ + c_-)/2, \quad d_2 = (c_+ - c_-)/2 \\ d_{12} = (1-c_+)/2 \end{array} \right\}$$
$$(\text{III}.9.197)$$

交換相互作用が中間的な強さ，あるいは弱い場合についても，式(III.9.191)のスピンハミルトニアンについて一般的取扱いがなされ，解析的な式が詳細に与えられているのでESRスペクトルの実例とともに参照できる[146a]．

式(III.9.191)を，3, 4体クラスターに拡張した場合

表 III.9.7 任意のS_A, S_Bに対する係数c, c_+, c_-の計算式

$$c = \{S_A(S_A+1) - S_B/(S_B+1)\}\{S(S+1)\}$$
$$c_+ = [3\{S_A(S_A+1) - S_B(S_B+1)\}^2 + S(S+1)\{3S(S+1)-3$$
$$\quad -2S_A(S_A+1) - 2S_B(S_B+1)\}]/\{(2S+3)(2S-1)S(S+1)\}$$
$$c_- = \frac{4S(S+1)\{S_A(S_A+1) - S_B(S_B+1)\} - 3\{S_A(S_A+1) - S_B(S_B+1)\}}{(2S+3)(2S-1)S(S+1)}$$

$|S_A - S_B| \leq S \leq S_A + S_B, \quad \boldsymbol{S} = \boldsymbol{S}_A + \boldsymbol{S}_B.$

については，強い交換相互作用近似の下での解析式が文献143)の4章に与えられている．文献143)にはオリゴマークラスター，一次元鎖($\sum_{i=1}^{N-1}2J_{i,i+1}S_i \cdot S_{i+1}$)クラスターについての解析式も与えられている．

有限系・クラスタースピン系のESRスペクトルの複雑さは，式(III.9.191)あるいは多体クラスターへの拡張系にみられるように，交換相互作用以外の項間では電子ゼーマン相互作用項に対する相対的大きさに支配されるので[145]，～100 GHz以上の高周波数マイクロ波/高磁場ESR分光器の普及によってスペクトルの直接的解析と解析の精度・信頼度の向上とが期待できる．一方，時間領域磁気分光法としてのFTパルスESR法は，時間位置，時間幅，磁場・空間配向，磁化の移送などを変数として観測量の多次元化を容易に行うことができるという本質的特徴をもつだけでなく，技術的向上によってCW-ESRなみの高感度を確立しているので，CW-法との併用によって新しい磁気的機能の評価が可能となっている．高スピン状態の有限分子系・クラスタースピン系へのFTパルスESR法の適用は始まったばかりであるが，多スピン混合系のスピン多重度および存在比率の決定一つをとってみても過渡的量子スピン減衰運動(章動)法(transient quantum spin nutation spectroscopy)[147,148]によって時間領域分光学的に決定することができる[131]など，FTパルスESR法適用によって実現する"多次元化による解析分解能の向上"のメリットは大きい．

9.2.12 中性子非弾性磁気散乱，SOR磁気散乱および μ^+中間子スピン回転(μSR)

中性子は電荷をもたない素粒子であるため，物質中に存在する荷電粒子の影響をうけずに透過することができるが，磁気モーメントをもつため，これがつくる磁場B_nが物質中のスピン磁気モーメントμ_iと磁気的相互作用をする結果散乱される．中性子の非弾性散乱を利用して磁性体のスピン配列構造，臨界遅緩現象，スピン波励起エネルギーの観測などが，これまで1，2の適用例[5,149]を除いて多くの無機磁性体について研究されてきた[19,23,103,113a,150,151]．有機磁性体を含む有機物質への中性子散乱の最近の適用例は，文献[152]を参照できる．

光磁気散乱は，1954年頃から理論的に考察されてきたが，実験的には最近SOR光の利用が可能になり，適用例が報告されはじめた．電荷密度と磁化密度間の干渉効果が円偏光の散乱断面積に現れることが予測されるなど，新しい物質形態，あるいは不斉中心をもつ有機磁性系の新しい物性評価に今後有用になる．

μ中間子は，質量は電子質量の207倍で，電子と核子の中間的な大きさの磁気モーメントをもつ人工素粒子である．μ中間子をプローブとして磁性体内部の磁場に関する情報を得る研究が，固体物性の他の研究手段とは異質の情報を与えるものとして注目されてきた[153～153]．μ中間子は，生成時には～100 MeVの高エネルギーで高速で物質中に飛行してくるが(スピン軸は速度方向と一致する)，物質中を通過するうちにエネルギーを失って格子中に静止する．$^+\mu$中間子は$+e$電荷をもつため，原子核から反発されて格子間に静止するが，進行方向に垂直な成分の磁場をうけると$^+\mu$の磁気モーメント(スピン軸は進行方向)は，磁場のまわりに歳差運動を開始し(μSR: Muon Spin Rotation)，～2.2 μsの平均寿命で崩壊していく．この歳差運動を観測すれば，磁性体の内部磁化の強さやスピンの空間的配列に関する情報を直接的に得ることができる．特に，歳差運動の角周波数は，$^+\mu$磁気モーメントが感ずる磁場の大きさに比例するので，零外部磁場下の内部磁化の解析にとってμSRは有力な研究手段である．最初の純正分子性有機ラジカル強磁性結晶($T_c \sim 0.6$ K)に対してもμSRがいち早く適用され，内部磁化が零外部磁場下で直接観測された(後述)．

9.3 有機磁性体の分子設計

9.3.1 有機磁性体の分子設計理論の系譜
―2大アプローチと六つの代表的モデル―

有機磁性体の応用あるいはプロセス化技術の開発に言及する場合，これまであるいは新しい技術体系における集積化・高次元構造化に伴う分子の配列・配向制御は，有機物質がもつ磁気モーメント間に長距離の相関をもった巨視的あるいは半巨視的な磁気的秩序(量子機能)を発現させる上で，本質的かつ高度な過程である．この過程は，他の有機機能材料における場合よりもはるかに困難でかつ重要である点は，強調してもしすぎることはない．しかしながら，分子設計レベルにおいては，この高度な過程は今日ではほぼ解明されたといってよい．

有機(強)磁性体の研究には，分子設計・スピン整列機構の観点からみると二大系譜・アプローチがある．第一のものは，"超高スピン高分子モデル"ともいうべきもので，π共役系をもつ有機分子に固有の"化学結合のトポロジー的対称性"(π共役電子網のつながり方の対称性)(表III.9.1参照)に着目し，相互に強いスピン相関をもった(強いトポロジー的スピン分極機構)平行電子スピンの集合系(有機高スピン分子)を高分子化な

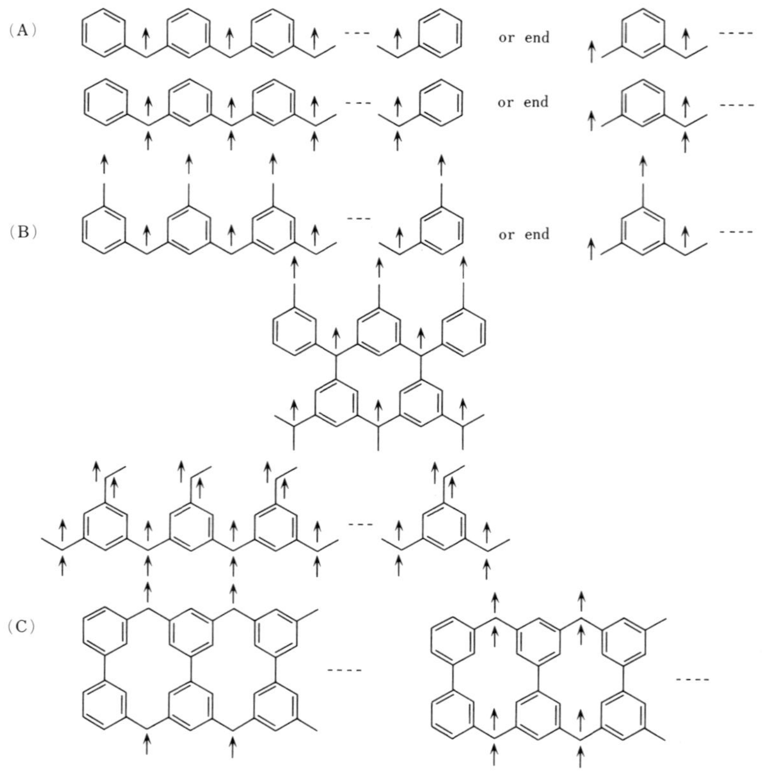

図III.9.21 π電子ネットワークのトポロジー的対称性を利用して設計された最初の有機強磁性体高分子（伊藤-又賀アプローチ）[157 b,c)]

ど高次元化集積化することによって，強磁性秩序磁性を発現させる発想に基づくもので[157)]，伊藤-又賀アプローチと呼ばれる[158,159)]．このアプローチは，有機強磁性の概念的提案がなされた時点から，有機分子におけるスピン整列・秩序の制御という分子素子的発想に立脚し，したがって，このアプローチに基づく有機磁性の研究は，必然的に合成磁性体の実現に収れんしていく特徴をもっていた．

分子素子・超機能性という本質的特徴をもつ有機磁性は，従来の無機材料を主流とする磁気化学・磁気工学における磁性研究[22,160~163)]とは設計の方法論の段階から異質のものである．それは，磁気モーメントの担い手として遷移金属イオンを単に有機分子開殻電子系・有機ラジカルにおきかえるという発想ではなく，理論的作業としてはπ系の分子軌道理論に"πトポロジー的対称性制御によるスピン整列・磁性発現"という新しい視点を導入することによって，はじめて"有機(強)磁性(体)"の可能性が明らかにされたものである(表III.9.1および図III.9.21参照)．この視点は"πトポロジー的動的スピン分極制御によるπスピンネッ

トワークの安定化"として把握することができ，開殻系分子間の空間的スタッキング型スピン整列などの三次元的スピン構造をもつ高次構造型分子設計にも拡張することができる(9.3.3項参照)．

第二のアプローチは，"分子性結晶スタッキングモデル"とも呼ぶべきもので，電荷移動前のスピン三重項安定状態の性格をとり込んだ分子間電荷移動有機錯体を集積化(結晶化はその一つ)して，物質全体(三次元系)として平行電子スピンの集合系を得ようという着想による(McConnell-Breslowアプローチ)[164)]．通常の電荷移動錯体では電子供与体をD，電子受容体をAとすると，その基底状態はD$^+$A$^-$，励起状態はDAと表せる．したがって，同一のスピン多重度・軌道対称性をもつ電子配置間に働く配置間相互作用によって，D$^+$A$^-$には励起状態DAの性格が混ざり安定化する．したがって，D，Aが閉殻構造をもつ分子では，基底状態D$^+$A$^-$は一重項状態が安定化される．ところが，Dが基底三重項状態で，Aが一重項状態では(DとAのスピン状態を入れ換えてもよい)，配置間相互作用(エネルギー的に近接する[DA]^{3}の混ざり)によって電荷移動錯

体 D^+A^- の基底状態は三重項状態 $[D^+A^-]^3$ が安定化される．この安定化が結晶スタッキングによって物質全体に伝播すれば，強磁性結晶が得られることになる．D，A としては中性分子である必要はなく，D^{2+}，A^{2-} がそれぞれ基底三重項分子であってもよいし，電子供与体と受容体が同種の分子であってもよい．後者のアプローチに基づく系統的研究によって，through-space アプローチによる最初の純正有機ラジカル結晶強磁性体が見いだされた（"木下-菅野-阿波賀モデル"，後述）．前者のアプローチの問題点は，多価イオン分子を得るためにどうしても分子構造の高対称性（C_3 以上）に由来する縮重軌道を利用する．この軌道縮重は，振電相互作用（ヤーン-テラー効果）による対称性低下と競合することになり多くの有機分子の場合縮重は解けるので，分子設計にあたってはこのヤーン-テラー分裂に打ち勝つ分子内スピン分極をもつ分子，あるいは対称性を高める方向に働くスピン軌道相互作用をもつヘテロ原子分子を設計することが不可欠となる（表III.9.1参照）．先に配置間相互作用によって $[D^+A^-]^3$ が安定化されると述べたが，$[D^+A^-]^1$ が安定化される配置間相互作用も必ず存在するので，結局一重項と三重項状態の安定化の競合によって電荷移動相互作用型のスピン整列は支配されることになる[165]．

電子供与体または受容体にラジカルスピンサイトをもたせ，電荷移動錯体形成時に，分子内スピン分極効果によって強磁性的スピン配列をもつ錯体形成能を増幅させる（トポロジー的分子内スピン分極機構を利用する）分子設計も提案されている[166]．これは，有機分子のスピン整列の本質的機構ともいえるトポロジー的スピン分極を看破した through-bond アプローチ（"伊藤-又賀モデル"）と "McConnell-Breslow モデル" の両者の利点をハイブリッドした着想に基づく具体的モデル提案で，"山口モデル" と呼ばれる．

McConnell-Breslow モデルおよびそのバリエーション[164b,167~170]，木下-菅野-阿波賀モデル，山口モデルはいずれも，分子間の（電荷移動）相互作用をスピン整列を考察する基調とする点に特徴がある．

第一のアプローチは，分子間に及ぶスピン分極機構によるスピン整列をも考慮することを内包し，また三次元的分子設計へも拡張することができるものの，化学結合を通じてのスピン整列が支配的な役割を演じていることに立脚する through-bond アプローチの最初である点で，磁性研究史上際立ったユニークさをもつ．一方，第二のアプローチでは，着想および分子設計の当初から分子間相互作用の制御に力点をおいた through-space アプローチである点に特徴があり，有機（超）伝導体形成の方法論に形式的に近いものである．事実，このアプローチに立脚する研究者は有機（超）伝導体研究の系譜を汲む研究者が多い[4~7]．

through-bond アプローチの一つとして，反磁性高分子のドーピングによって，高分子内に平行スピンを発生させるポーラロン型高分子強磁性体モデル（福留モデル）が提案され[30,171]，高スピン高分子の生成が実験的に検証されている[172]．このモデルは，元来，開殻系有機分子が概して化学的に不安定であるので，プロセス化によって安定スピンを発生させるという着想に基づく．しかし実際の高分子のスピンサイトは，酸素に対してはきわめて不安定であった．図III.9.22にポーラロン型高分子強磁性体のモデルを示す．

伝導電子の介在によって長距離型の磁性秩序を有機物質で実現させる試み（有機磁性合成金属モデル）も，through-bond と through-space の両方のアプローチにおいてなされており[12~14]，結晶スタッキングアプローチでは，RKKY 型の相互作用（9.2.1項参照）類似モデルが可能である．一方，through-bond アプローチでは，伊藤-又賀モデルを原型とするイオン化高分子が理論と実験の両面から検討されている[30,173~175]．後者の場合は，π共役系分子骨格の変位と電荷・スピンのゆらぎが連動する系の代表例の一つとして興味深い（9.2.1項参照）．

以上，有機磁性体の分子設計に対する六つの代表的モデルは，いずれも当然基底状態でのスピン整列を制

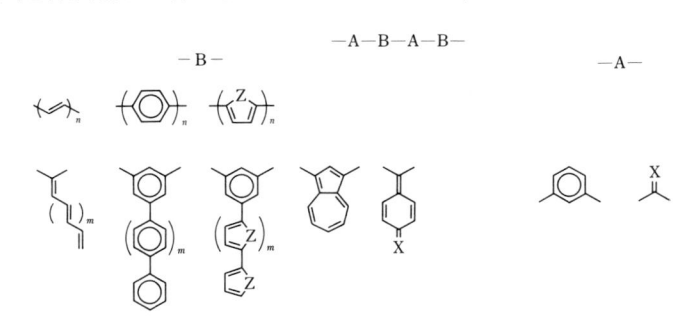

図III.9.22 ポーラロン型有機強磁性体高分子（through-bond アプローチ：福留モデル）

御する方法論であるが，励起状態のスピン分極が介在するスピン整列の考察や分子設計にも，方法論の本質的部分を適用することができる．励起状態の分子および錯体集合系のスピン整列制御の研究もすでに行われており，これらの場合でも，分子内のトポロジー的スピン分極機構（トポロジー的励起スピン分極制御）がスピン整列の本質的役割を果す．

有機磁性体の分子設計については，量子化学的視点から包括的に記述した解説[30]をはじめ，いろいろな角度から書かれた優れた解説・総説を参照できる[157c,d,164b,176~179]．これらの解説類では，考察の基本的視点が専ら有限系有機分子のスピン整列・配列制御に限定されており，無限スピン系としては顕わに取り扱われていない．本項では，以下に無限系の物理的描像を強調した分子設計を述べる（9.3.3, 9.3.4 項参照）．有限系の取扱いあるいはその結果の類推のみからは予測し得ない磁気的性質が無限系に現れる．

9.3.2 有限系有機分子の分子内スピン整列とトポロジー的スピン分極（through-bond アプローチ）

有機無限スピン系の取扱いを述べる前に，有機分子のスピン整列制御，したがって，分子性・有機磁性体の分子設計・指針の本質的部分であるトポロジー的（動的）スピン分極機構について概説する．このスピン分極機構は，分子フント則（フント則の有機分子への適用・拡張）の妥当性と正しい解釈とも深くかかわっており，スピン化学の基調をなす重要な概念である．

図Ⅲ.9.23にキノジメタンの単純分子軌道計算によって得られた π-軌道エネルギーと電子配置の概略を与えた．図から明らかなように m-置換体のみに縮重した π-非結合性軌道（π-non-bonding MO, π-NBMO；ゼロエネルギー軌道ともいう）が二つ出現し，分子フント則"直交軌道間の電子スピンの向きは同じ電子配置が安定である"が成り立てば二つの不対電子は基底状態では図に示すようにスピン三重項状態を形成する．一方，p-および o-キノジメタンには，π-NBMOは現れず，基底一重項状態となる．この例が示すように，π-共役系のつながり方によって現れる軌道縮重を，分子の群論的（幾何学的）対称性に由来する軌道縮重と区別してトポロジー的軌道縮重と呼ぶ[157c]．π-共役系のつながり方は，トポロジー的対称性そのも

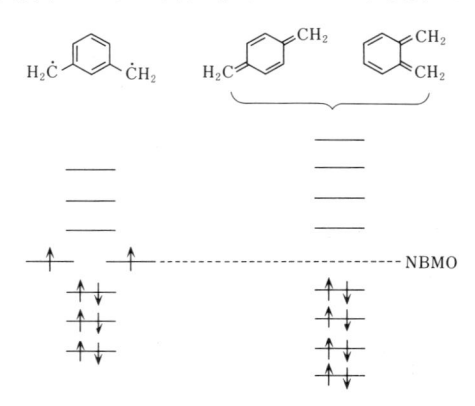

図Ⅲ.9.23 π 共役系のトポロジー的対称性（meta-connectivity）に由来する非結合性縮重軌道の出現（キノジメタンの例）

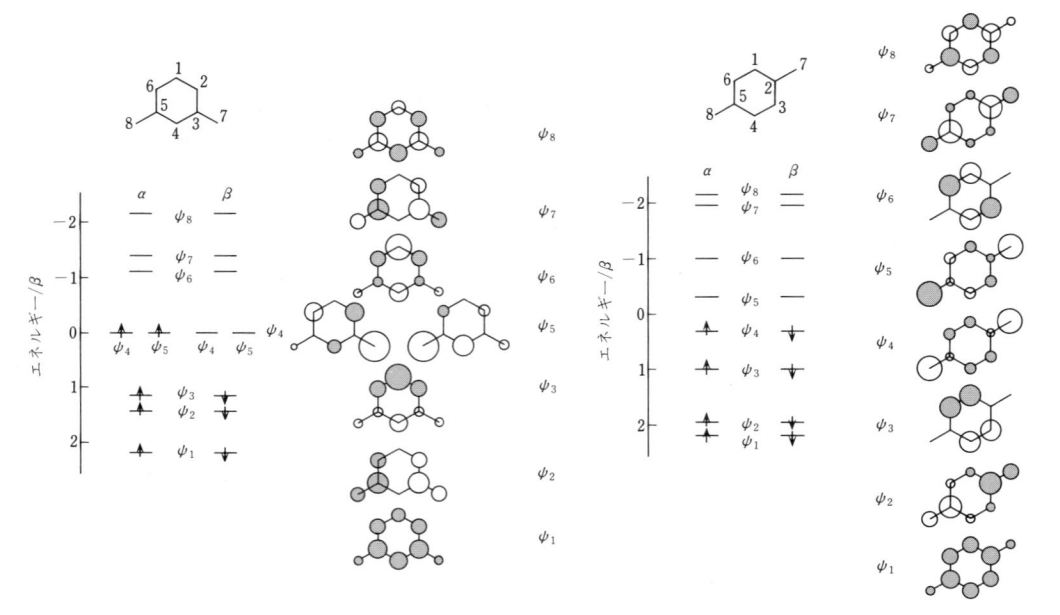

図Ⅲ.9.24 トポロジー的スピン分極機構に支配されたスピン整列（キノジメタンの π 系電子状態の DODS 表現）

のを反映したもので，分子の群論的対称性には無関係である．トポロジー的対称性に由来する軌道縮重度は，メタ位のつながり方(meta-connectivity)さえ保持すれば，数に制限はない．("π-トポロジー的軌道縮重の無制限性")．この無制限性は，群論的軌道縮重が分子の幾何学的対称性に制限があるために有限であることと本質的に異なる．この無制限性を分子設計の指導原理とすれば，分子フント則が成り立つ限り，原理的に1分子中に無数の平行電子スピンを整列させることができる(有機強磁性的状態)．この分子設計に基づく高次元スピン構造の高分子が合成できれば，π結合を介した交換相互作用は大きいので高温有機強磁性体が得られる．このような理論的考察に基づいて最初の有機強磁性の概念とモデル強磁性高分子が提案された[157]（図Ⅲ.9.21参照）．ただし図Ⅲ.9.21中(c)は，その後モデル実験によって基底状態は強磁性的スピン整列を形成しないことが示された[157d,180]．

上記のメタトポロジー異性体の基底状態が三重項となり，一方パラ(またはオルト)トポロジー異性体の基底状態は一重項となることは，電子間反発(スピン相関)を正しく考慮することによって導くことができる．そのことは，分子フント則が妥当であることを意味し，その妥当性は，動的スピン分極機構に由来することを以下に示す("トポロジー的スピン分極機構")．図Ⅲ.9.24には，キノジメタンのメタおよびパラトポロジー異性体の非制限的π-MOとそれらの電子配置をDODS(Different Orbital for Different Spin)形式を用いて示した．メタ異性体のNBMOの一つψ_4をαスピンが占めると(ψ_4^α)，ψ_3, ψ_2, ψ_1の炭素サイト 2, 4, 5, 7, 8 上のαスピンの存在確率が高まる．第二のスピンがψ_5^αを占めると(三重項状態)，やはり炭素サイト 2, 4, 5, 7, 8 を分極し，分極効果は加算的である("動的スピン分極")[181]．しかしながら，第二のスピンがψ_5^βを占めると(一重項状態)，炭素サイト 2, 4, 5, 7, 8 上のβスピンの存在確率が高められる，すなわちαスピンの存在確率を減少させるのでψ_4^αとψ_5^βによる分極効果は競合的となり，サイト上での電子間反発を増大させる結果となる．したがって，一重項状態は不安定化し，三重項状態が基底電子配置となる．DODS形式でNBMOの形をみて各炭素サイト上のスピン分極が加算的であるような電子配置は，かならず基底状態を形成する．メタ異性体では，動的スピン分極効果がトポロジー的対称性に由来しているわけである("トポロジー的スピン分極機構")．

パラトポロジー異性体では，縮重NBMOは現れないが，LUMO ψ_5 が ψ_4 に近くなっているために，電子配置 $|\psi_1^\alpha \psi_2^\alpha \psi_3^\alpha \psi_4^\alpha \psi_1^\beta \psi_2^\beta \psi_3^\beta \psi_4^\beta|$ ($S=0$) と $|\psi_1^\alpha \psi_2^\alpha \psi_3^\alpha \psi_4^\alpha \psi_5^\alpha \psi_1^\beta \psi_2^\beta \psi_3^\beta|$ ($S=1$) のいずれが，電子間反発を考慮する場合にエネルギー的に安定となるかが問題となる．電子間反発を減少させる点では ψ_4^α と ψ_5^α によるスピン分極効果は加算的であるので，後者の電子配置が有利であるが(ポテンシャル交換機構)，異なる軌道 ψ_5^α を占めることによる電子の運動エネルギーの減少は，反平行スピン配列を有利にする(運動交換機構)．パラトポロジー異性体の場合スピン分極機構は，反平行スピン配列の競合機構に優ることができないが，ψ_5 は ψ_4 にエネルギー的に接近しているために励起三重項状態は，基底一重項状態に近接する．

以上の考察は，配置間相互作用を考慮した非局在型のMOを，原子軌道AO基底のスレーター行列式(局在スピン構造を表す)に成分分解して，多電子系population解析を行うことによって定量的に扱うことができる．閉殻構造の分子では，ネットのスピン分極は生じないので，スピン分極の概念を直接的に適用できないが，直交AO内電子スピン間のスピン整列・配列の問題に還元すれば，基本的には正しい分子フント則の解釈が得られる．その意味において，多中心核系である有機分子にフント則を適用する場合でも，"フント則の破綻・破れ"はなく，これまでに主張されてきたこの表現は，むしろ分子フント則を単純化しすぎたために生じた誤った解釈である[30,180a]．

メタ置換(あるいはベンゼン環の 1, 3, 5 位置換)のトポロジー的対称性を保持する限り，上記のトポロジー的スピン分極機構の加算性には制限はない．図Ⅲ.9.21には，トポロジー的スピン分極機構に基づいて設計された最初の有機強磁性高分子の例を示した．トポロジー的動的スピン分極が強く出現するπ共役系ネットワークを設計できるならば，骨格はベンゼン環に限定する必要はなく，ヘテロ原子の導入も可能である．through-bondであれ through-space アプローチであれ，強いトポロジー的スピン分極機構をもち化学的に安定に存在する有機分子と，その高次元構造・環境をいかに化学結合論的に設計するかが，高温有機磁性体設計の基本である．なお，トポロジー的スピン分極機構の概念は，電子的励起状態が介在するスピン整列・分子設計を考察する場合にも適用できる．

9.3.3 低次元有機無限スピン系の設計とスピン配列 ―有機磁性体高分子のバンド構造―

π-トポロジー的軌道縮重の無制限性を，無限系超高スピンポリマーに適用した最初の分子設計計算は，最初の有機高スピン分子の擬一次元拡張系について早い

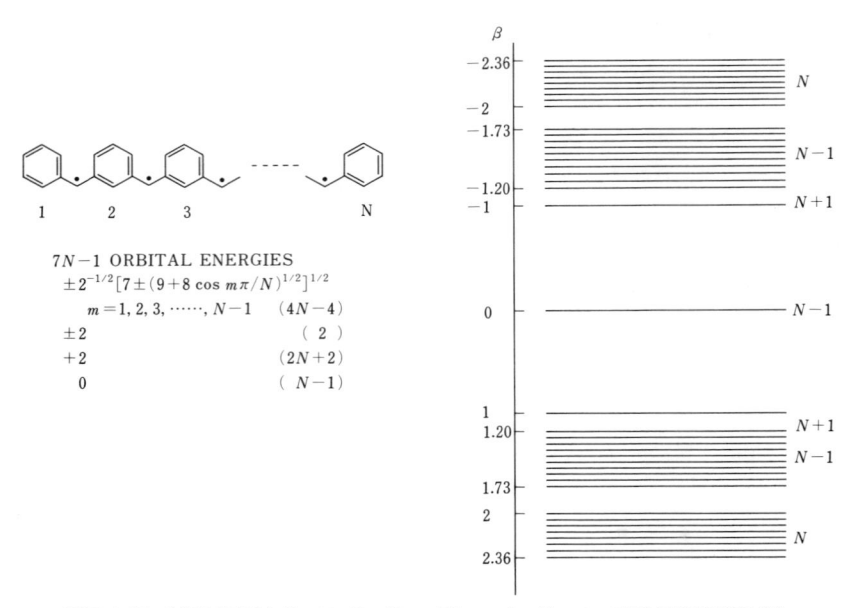

7N−1 ORBITAL ENERGIES
$\pm 2^{-1/2}[7\pm(9+8\cos m\pi/N)^{1/2}]^{1/2}$
$m=1, 2, 3, \cdots, N-1$ $(4N-4)$
± 2 (2)
$+2$ $(2N+2)$
0 $(N-1)$

図Ⅲ.9.25 有機強磁性体無限スピン系モデルの最初のエネルギーバンド構造計算(解析解)[157a]

時期になされ,無制限性が顕わに示された[157a].その結果を図Ⅲ.9.25に示す[157a].これは有機磁性体モデルに対して行われた最初の電子状態バンド構造計算であり,高分子の電子状態に対して行われる結晶軌道理論が確立される前になされたものである.その後,近似のレベルの異なるバンド構造計算がなされ,それぞれ興味ある知見が報告されているが[182~185],高次元系のバンド・スピン構造の物理的描像の特徴や無限系に,固有のトポロジー的性質などが明らかにされたことはないので,ここでは無限スピン系の分子設計理論の視点を強調しながら,これらの点を述べる[186].

以下に述べる結果は,最も簡単なモデルに基づくバンド構造計算による.分子構造については並進対称操作 ($\boldsymbol{R}=l_1\boldsymbol{a}_1+l_2\boldsymbol{a}_2+l_3\boldsymbol{a}_3$) が適用できるセグメント構造を仮定し ($V(\boldsymbol{r})=V(\boldsymbol{r}+\boldsymbol{R}_l)$ ($l=1,2,\cdots,N$)),系全体を記述する波動関数 $\Psi(\boldsymbol{r})$ は $\boldsymbol{R}$ に関してBorn-von Kármánの周期的境界条件を満たすものとし,($\phi(\boldsymbol{r})+\boldsymbol{R}_N)=\phi(\boldsymbol{r})$),単純MO的アプローチ(1電子波動関数はブロッホ型関数を仮定する)に基づくエネルギーバンド構造を計算し,波数ベクトル空間 $\boldsymbol{k}$ の関数として表現する(non-zero linear momentumに基づく進行波アプローチまたは結晶軌道アプローチと呼ぶ).定義されたセグメント間の相互作用は,ここでの近似では簡単化のために最隣接セグメント間以外のものはすべて無視する.ここに $V(\boldsymbol{r})$ は無限系のポテンシャル関数,l はセグメント番号,N はセグメント数を表す.無限系の波動関数 $\Psi(\boldsymbol{r})$ を各セグメント l を記述するセグメント波動関数 $\phi_m(m=1,2,\cdots)$ の線形結合で近似すると,

$$\Psi_m(\boldsymbol{r})=\sum_{l=1}^{N}C_{m,l}\phi_m(\boldsymbol{r}-\boldsymbol{R}_l) \quad (\text{Ⅲ}.9.198)$$

と書ける.係数 $C_{m,l}$ は進行波アプローチの解として得る.擬一次元無限系では,$C_l=Ce^{ikl}$, $C_{l+N}=C_l$,したがって,$N_k=2\pi j(j=0, \pm 1, \pm 2, \cdots)$ が得られる.高次元分子構造に対しては,$C_l=e^{i\boldsymbol{k}\cdot\boldsymbol{l}}$ とすればよい ($\boldsymbol{R}_l=l_1\boldsymbol{a}_1+l_2\boldsymbol{a}_2+l_3\boldsymbol{a}_3$).この近似の下では,無限系の波動関数 $\Psi_m(\boldsymbol{r})$ は,

$$\Psi_{m,j}(\boldsymbol{r})=(1/\sqrt{N})\sum_{l=1}^{N}e^{i(2\pi j/N)l}\phi_m(\boldsymbol{r}-\boldsymbol{R}_l)$$
$$(\text{Ⅲ}.9.199)$$

セグメント波動関数 $\{\phi_m(\boldsymbol{r}-\boldsymbol{R}_l)\}$ に対しては,

$$\langle\phi_m(\boldsymbol{r}-\boldsymbol{R}_l)|\phi_m(\boldsymbol{r}-\boldsymbol{R}_{l'})\rangle=\delta_{ll'}$$
$$(\text{Ⅲ}.3.200)$$

を仮定する.また最隣接セグメント間の相互作用のみを考慮するので,$l=l'$, $l=l'\pm 1$ に対してのみエネルギー行列要素はゼロとならない.したがって,

$$\langle\Psi_{m,j}|\hat{H}|\Psi_{m,j}\rangle$$
$$=\langle\phi_m(\boldsymbol{r}-\boldsymbol{R}_l)|\hat{H}|\phi_m(\boldsymbol{r}-\boldsymbol{R}_l)\rangle$$
$$+e^{-ik}\langle\phi_m(\boldsymbol{r}-\boldsymbol{R}_l)|\hat{H}|\phi_m(\boldsymbol{r}-\boldsymbol{R}_{l-1})\rangle$$
$$+e^{+ik}\langle\phi_m(\boldsymbol{r}-\boldsymbol{R}_l)|\hat{H}|\phi_m(\boldsymbol{r}-\boldsymbol{R}_{l+1})\rangle$$
$$(\text{Ⅲ}.9.201)$$

ここに $\hat{H}$ は $V(\boldsymbol{r})$ を含む無限系のハミルトニアン演算子である.以下では,セグメント波動関数をLCAO近似で記述し,変分法によって無限系の電子状態エネ

9.3 有機磁性体の分子設計

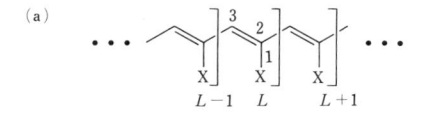

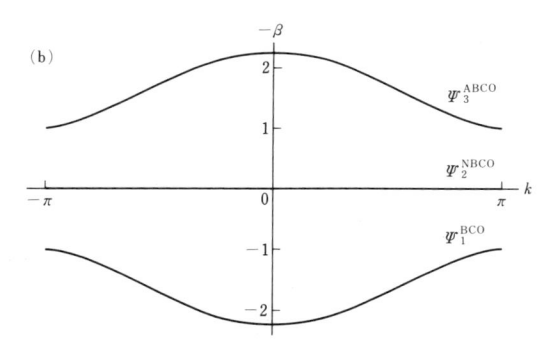

図Ⅲ.9.26 擬一次元無限スピン系モデル高分子
(a) セグメント構造，Xはスピンサイトを示す．Lはセグメント番号，1, 2, 3は構成原子のサイト番号をそれぞれ示す．
(b) 結晶軌道エネルギーバンド構造）結合交替のない場合）基底状態では，ゼロエネルギーに現れる非結合性決しよう軌道（NBCO：バンドインディクス2）をN個の電子スピンがhalf-filled状態で占める．

ルギー（結晶軌道エネルギー）とLCAOの係数を計算した結果を与える．無限系におけるセグメント間の相互作用および高分子・無限系間の相互作用のトポロジー的性質の本質と物理的描像を得るためには，上記のように単純化した近似でも十分である．

擬一次元無限スピン系の最も簡単なモデルのセグメント構造と，電子状態のバンド構造を図Ⅲ.9.26(a), (b)にそれぞれ与えた．X・はスピンサイトを代表し，内部構造（後述）をもってもよい．図Ⅲ.9.26(a)中の1, 2, 3はセグメントを構成する原子サイトrを区別する番号である．図(b)のバンド構造は，Xが炭素原子であるホモサイト系に対して結合交替がない場合に得られたものである．結合交替の効果も，各バンドの状態密度も容易に得られるが，ここでは省略した[186,188]．図Ⅲ.9.26(b)中，ゼロエネルギーの非結合性結晶軌道（NBCO：バンドインデックス2）をはさんで，エネルギーの低い方に結合性結晶軌道（BCO：バンドインデックス1），高い方に反結合性結晶軌道（ABCO：バンドインデックス3）が現れ，バンド構造の形成を示す．NBCOバンドのエネルギー幅は無限に小さく，無限系におけるトポロジー的軌道縮重の性質を反映している．無限系の多重（無限）軌道縮重は，超軌道縮重（super-degeneracy）[187]と呼ばれるが，図Ⅲ.9.26(b)におけるNBCOバンドの無限軌道縮重は，縮重出現がセグメント構造のトポロジー的対称性に由来するので，トポロジー的超軌道縮重（topological superdegeneracy）と定義する．この超軌道縮重バンドの特徴は，非局在性にあることに注目すべきである．このNBCOバンドをN個の電子スピンが占めるとき，非局在性の故にhalf-filledの状態がスピン間に大きな正の交換相互作用を得ることになり，強磁性的状態が電子的基底状態となる．いいかえれば，超軌道縮重バンドからセグメント内局在型のワニヤー軌道関数をつくることができないことを意味する．図Ⅲ.9.27に，擬一次元無限スピン系高分子（図Ⅲ.9.26(a)）の炭素原子サイトr上の結晶軌道iの振幅$|C_{i,r}|^2$ ($r=1,2,3$)をkベクトルの関数として示す．ここでは，電子相関を考慮に入れていないために，NBCOバンドの$r=2$における振幅$|C_{2,2}|^2$は常にゼロである．図Ⅲ.9.28に，電子相関を考慮した場合の$|C_{2,r}|^2$ ($r=1,2,3$)を実線で示す．破線は電子相関を考慮しない場合の$|C_{2,r}|^2$である．これらはkベクトル空間，すなわち無限スピン系での$|C_{2,r}|^2$の挙動は，孤立分子系のそれときわめて異なることを明瞭に示している．$k=\pm\pi$におけるπスピン密度分布は，図Ⅲ.9.26(a)のモデル高分子がXをス

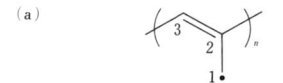

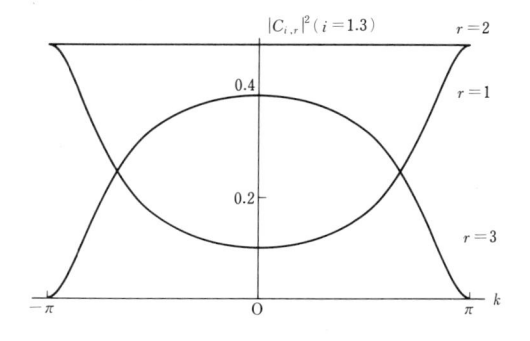

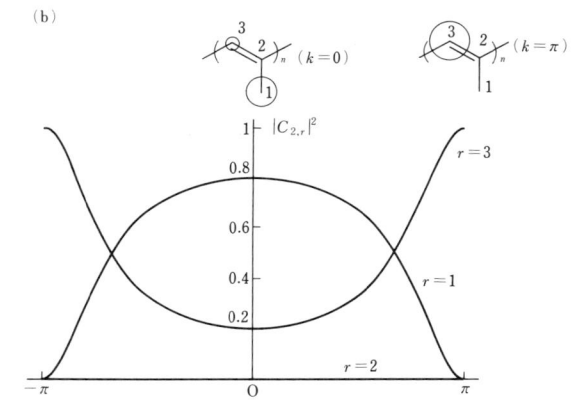

図Ⅲ.9.27 擬一次元無限スピン系モデル高分子の結晶軌道バンドでの炭素サイトr上における振幅$|C_{i,r}|^2$（電子相関を考慮しない場合）
(a) Ψ_1^{BCO}, Ψ_3^{ABCO}の振幅，(b) Ψ_2^{NBCO}の振幅（スピン密度）．

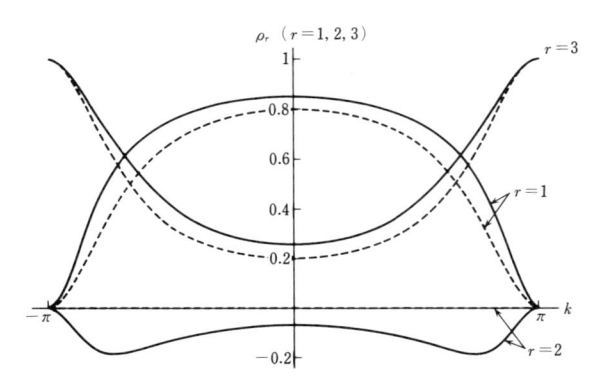

図III.9.28 擬一次元無限スピン系モデル高分子の基底状態における炭素サイト上のスピン密度
実線は電子相関を考慮した場合，破線は考慮しない場合の値をそれぞれ示す．

ピンサイトとする側鎖型モデルというよりも主鎖骨格にまるまる1個のスピンをもつ主鎖型モデルの性格を強くもつことを示す．この点の考察は，いわゆる側鎖型モデルの分子設計上，あるいは高分子スピン競合系の分子設計上重要である．

図III.9.29(a)には，πトポロジー的超軌道縮重に由来する擬一次元有機強磁性高分子として最初に提案されたm-トポロジカル高分子[157a]のエネルギーバンド構造を一次元波数ベクトルkに対して示す．図III.9.29(b)には同じくp-ベンジルラジカルをセグメント構造にもつp-トポロジカル高分子のバンド構造を示す．状態密度はいずれも省略した．図III.9.29(a)から，m-トポロジカル高分子のゼロエネルギーのNBCOバンドはN重に縮重した非局在超縮重バンドであり，かつバンド幅は無限に狭いこと，その結果N個の電子はhalf-filledの状態でNBCOバンドに収容された強磁性的状態が基底状態となることがわかる．この描像は，高スピン分子などの有限系のトポロジー的対称性に由来する非結合性軌道（NBMO）の高い縮重度や，NBMOの軌道縮重度の無制限性からの予測とよく合致する．一方，p-トポロジカル高分子のバンド構造（図III.9.29(b)）は(a)とは本質的に異なる．ゼロエネルギーをはさむバンド（(b)図中矢印で示す）は大きな幅をもつため，結合交替がない場合にはN個の電子は最高被占バンド（矢印）に反強磁性的なスピン構造をとって収容される状態が基底状態となり，p-トポロジカル高分子では，有限系から単純に得られるスピン構造とは必ずしも対応しない描像が得られる．BCOおよび

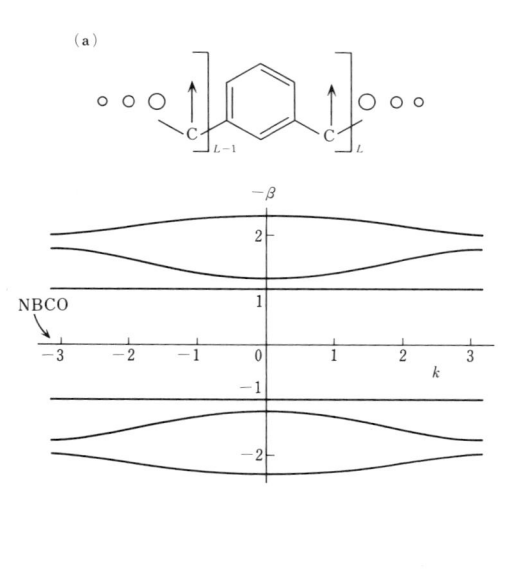

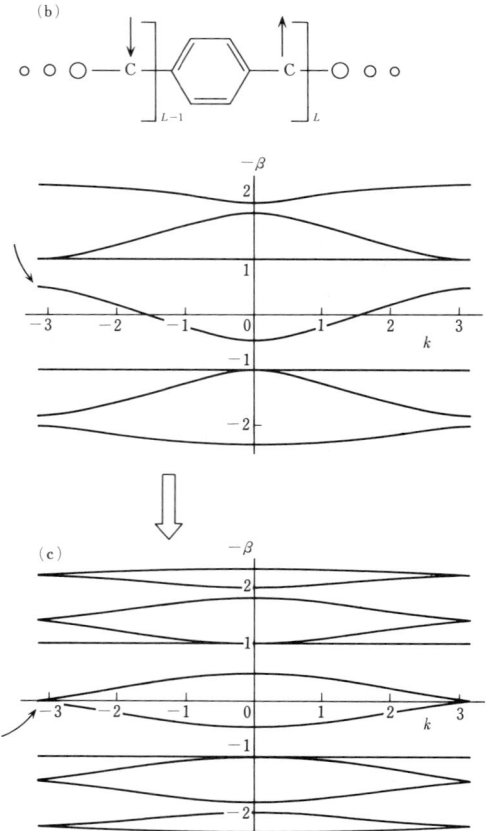

図III.9.29 ベンジルラジカルをセグメント構造にもつ擬一次元有機磁性高分子の結晶軌道エネルギーバンド構造
矢印は基底状態における最高被占バンドを示す．
(a) m-トポロジカル高分子
(b) p-トポロジカル高分子．セグメントの二量化によるパイエルス型不安定化の結果生じるバンド構造を(c)に示す．

ABCOバンドには超縮重軌道が一つずつ出現し、ドーピングなどによって荷電をもたせることができれば、m-トポロジカル高分子とは異なる新規な物性が予測される。p-トポロジカル高分子では、パイエルス型不安定性に由来する二量化反磁性（2倍周期化）の状態が最安定状態になることは図III.9.29(c)に示す通りである。有機強磁性発現の視点からは、p-トポロジカル高分子は特別の注目を集めてこなかったが、セグメントの π 電子網の拡張やトポロジー的修飾によって、ドーピングあるいは中性状態でも弱常磁性や複合機能をもつ磁性を示す可能性を有するので、合成上の容易さを考慮するとスピン制御エレクトロニクス（スピニクス）などの新規機能物質探索上興味ある高分子である。

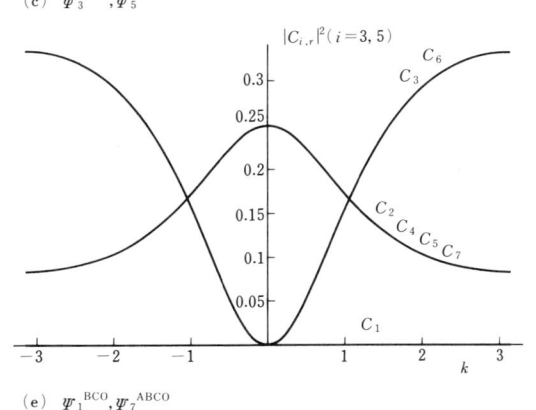

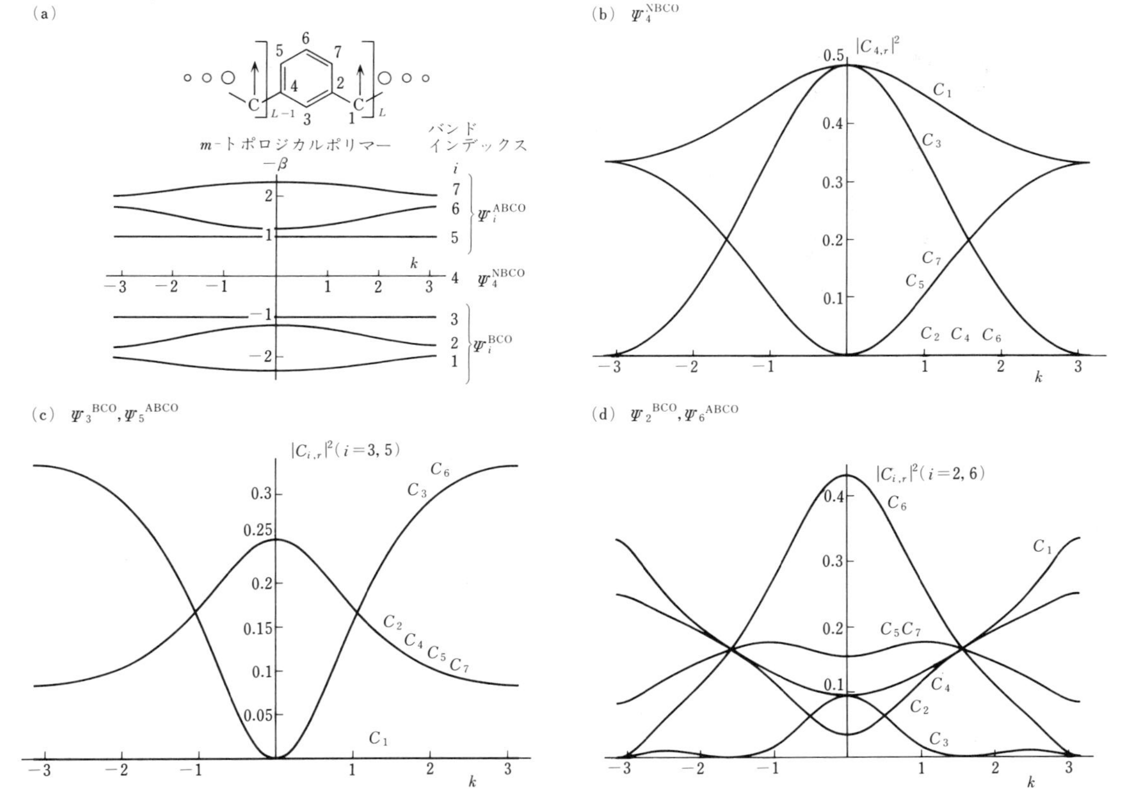

m-トポロジカル高分子では、結合交替に由来するスピン構造の本質的変化は現れず、これは無限スピン系のトポロジー的性質の一つといえる。無限系のトポロジカルスピン分極について、これまでに明らかにされたことはなかったが、今後さまざまの物質形態でのスピン制御エレクトロニクス（spin-manipulated electronics）＝スピニクス（spinics）に関連するデバイス物質を設計・開発していく上で、高分子系あるいは分子クラスター・結晶分子集積系などの拡張・無限系を取

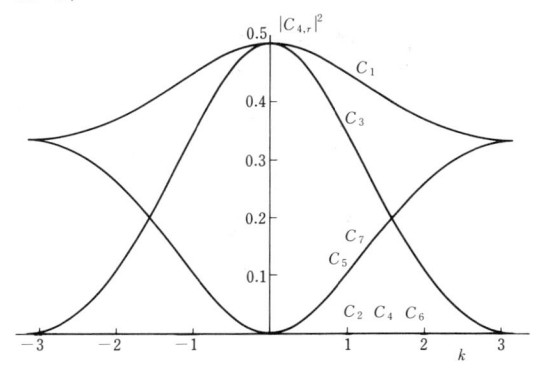

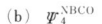

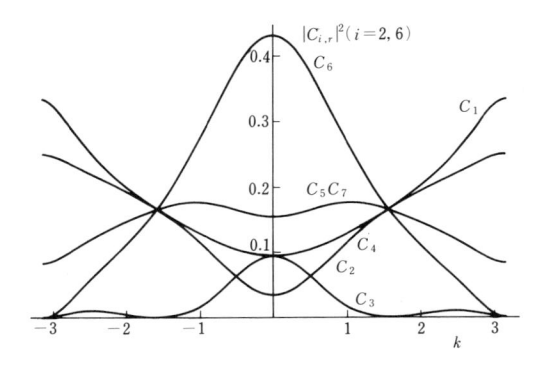

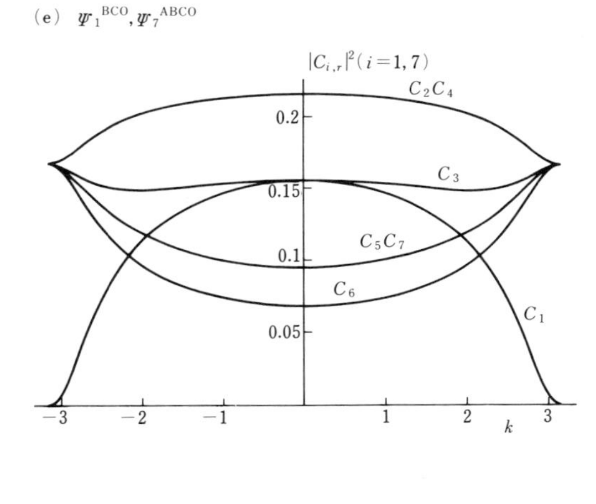

図III.9.30 m-トポロジカル高分子における炭素原子サイト上の結晶軌道の振幅およびスピン密度（スピン相関を考慮しない場合）
(a) セグメント構造と結晶軌道バンド構造
(b) 基底状態におけるサイト上のスピン密度
(c)～(e) 結晶軌道 i のサイト r 上の振幅 $|C_{i,r}|^2$ の一次元波数ベクトル表示．

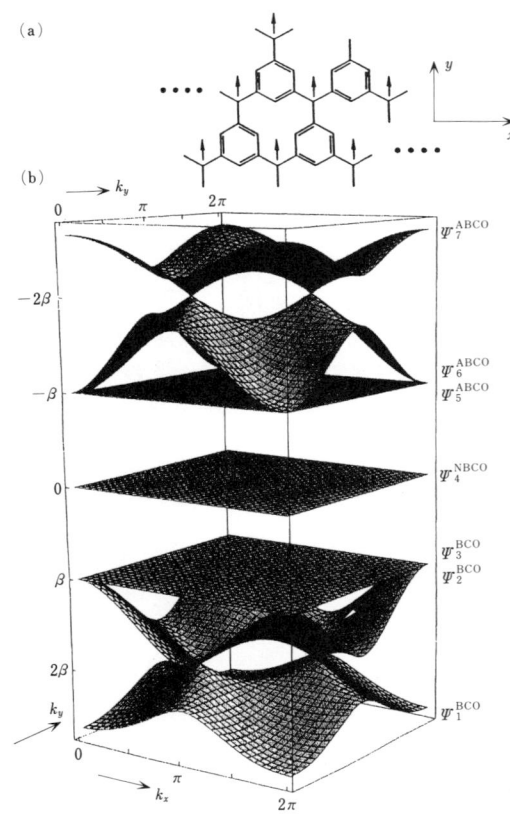

図 III.9.31 二次元無限スピン系モデル高分子の結晶軌道バンド構造
(a) 分子構造と座標系
(b) 結晶軌道バンド構造の二次元波数ベクトル (k_x, k_y) 表示．Ψ_3^{BCO}, Ψ_4^{NBCO}, Ψ_5^{ABCO} は，それぞれトポロジー的超縮重軌道からなる．電子的基底状態における最高被占バンドは，half-filled の Ψ^{NBCO} である．

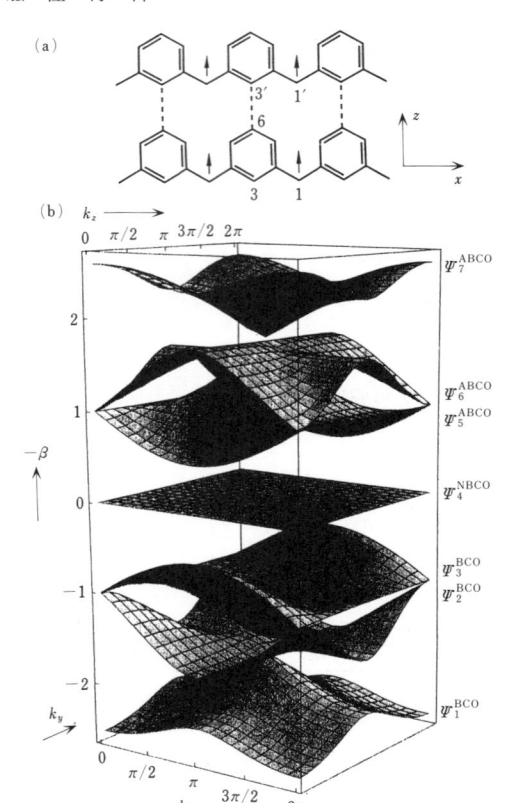

図 III.9.32 反強磁性コンタクト $(3', 6)$ をもつ擬二次元無限スピン系高分子の結晶軌道バンド構造
(a) 構造．破線は反強磁性コンタクトを示す．
(b) 結晶軌道バンドの二次元波数ベクトル (k_x, k_z) 表示．Ψ_4^{NBCO} バンドは超縮重構造をもつ．Ψ_3^{BCO}, Ψ_5^{ABCO} はもはや超縮重構造をもたない．

扱うときの重要な概念の一つとして無限系スピン分極を把握する必要がある．図III.9.30(b)～(e)に，m-トポロジカル高分子について炭素原子サイト r 上のスピン密度((b))およびBCO/ABCOバンド構造 i に寄与する πAO（原子軌道）の振幅 $|C_{i,r}(k)|^2$ ((c)～(e))を一次元波数ベクトルの関数として示す．i は図III.9.30(a)に示すバンドインデックスに対応する．図III.9.30は，無限系のトポロジカルスピン分極の現れ方が，有限系の場合（図III.9.24参照）と比較して複雑であることを示す．すなわち，各サイトは全体として，k 空間においてゆらいだ動的スピン分極（超縮重に由来する）の寄与を受けることを意味する．したがって，一般的には有限系について得られた動的スピン分極の寄与・描像をそのまま，直接的あるいは定性的に無限系の分子設計・物性予測に適用することはできない場合があることに注意すべきである．

次に図III.9.31に，典型的な C_3 並進対称性をもつ擬二次元無限スピン系高分子のエネルギーバンド構造について二次元波数ベクトル空間 (k_x, k_y) に対して計算した結果を示す．平面バンド構造は，全体として C_3 並進対称性を反映していることがわかる．二次元のトポロジー的対称性に由来する N 重超縮重非局在NBCOバンドがゼロエネルギーに現れ，バンドの厚みは擬一次元系の場合と同様に無限に薄いので，基底状態では最高被占バンドはNBCOバンドとなり，N 個の電子は強磁性的に収容される．

擬一次元無限系間に強磁性的あるいは反強磁性的コンタクトをもたせた二次元（または積層型擬二次元）無限スピン系のエネルギーバンド構造も得ることができる．コンタクトの性質およびどのサイトがコンタクトに関与するか（コンタクトトポロジー，contact-connectivity topology）に依存してバンド構造および無限系のトポロジカルスピン分極は著しい変調を受け，これらに対応して系全体のスピン状態は変化する．コン

9.3 有機磁性体の分子設計

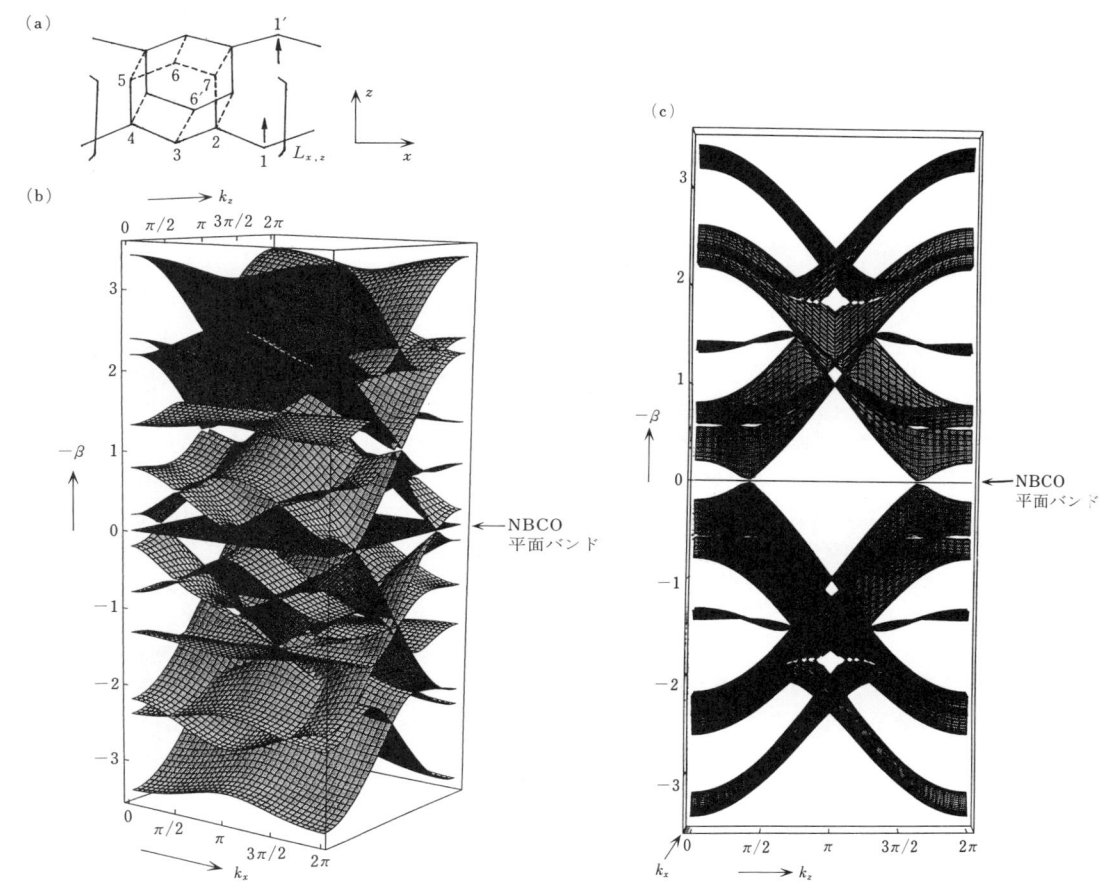

図Ⅲ.9.33 積層形擬二次元無限スピン系高分子の結晶軌道バンド構造
(a) セグメント構造．炭素原子サイト間の破線は反強磁性的コンタクトを示す．
(b) 結晶軌道バンド構造の二次元波数ベクトル(k_x, k_z)表示．ゼロエネルギーに現れたNBCO平面バンドは基底状態では half-filled 超縮重最高被占バンドを形成する．
(c) 二次元結晶軌道バンド構造のk_x方向への透視図

タクトを生ずる前の結晶軌道バンドのπAO振幅が大きいサイト間にコンタクトが生じると，結合性あるいは反結合性結晶軌道に現れていた超縮重は，破れることもある．図Ⅲ.9.32に反強磁性的コンタクト(3′, 6位)をもつ二次元(積層型擬二次元)無限スピン系高分子の結晶軌道バンド構造を二次元ベクトル空間で示す[188]．バンドインデックス3および5は，コンタクト前では超縮重構造を形成するが，(3′, 6)位サイトは最も大きな振幅をもつためにコンタクト後はもはや超縮重バンドを形成しえない．この二次元無限系高分子のNBCOバンド(最高被占バンド)は非局在性超縮重構造をもち，half-filledの強磁性状態が基底状態となる．コンタクトの箇所が増えるとバンド構造と無限系のトポロジカルスピン分極はきわめて複雑な変調を受けるが，その結果無限スピン系高分子に固有の性質(機能化しうる潜在機能)の出現が予測できる．最高被占バンドNBCOと，他の結晶軌道バンドBCOおよびABCO間のエネルギーギャップの制御や性質の異なるコンタクトをもつ混在系によるスピンフラストレーションの形成は，直ちに予想される．前者はセグメント構造の設計とコンタクトトポロジーによって，電気伝導性と強磁性の複合機能をもつ純粋有機強磁性金属高分子の新たなモデルを提供できる．図Ⅲ.9.33に一例として，セグメントのm-フェニレン環の炭素原子サイト間すべてに，反強磁性的コンタクトをもつ積層型擬二次元無限スピン系高分子の結晶軌道バンド構造を二次元波数ベクトル空間で示す[188]．非局在性のトポロジー的超縮重は，ゼロエネルギーに出現した half-filled NBCO 最高被占バンドにのみ現れている．コンタクト前の超縮重BCOおよびABCOは，反強磁性的コンタクトによって著しく変調され，バンド構造の特徴から上記の典型的なモデル系であることがわかる[188]．これらのモデ

ル系では，セグメント構造間の相互作用をトポロジー的および分子構造的に制御することによって，高分子などの分子集積体の機能・物性を変調することができるので，これらのモデル系はセグメント間の光双安定性を利用したオプトスピニクス(optospinics: optical spin manipulated electronics)デバイスの原型となるものである．

セグメント構造が非交互炭化水素系である場合には，ここで取扱ったような単純計算の結果から，定性的にしろ無限スピン系高分子のさまざまの電子状態や物性・機能を予測するときには，注意が必要である．ここでの取扱いは，元来二中心/一電子近似の下に一電子項が支配的である場合に，よい近似を与えるが，一中心/二電子相互作用の寄与を顕わに考慮しなければならない系(非交互炭化水素系はその一つ)に対しては，一中心/二電子相互作用項を直接取り入れたハバードモデルハミルトニアンアプローチ[189,190]などによる考察が必要である．

9.3.4 無限スピン系高分子のVB的スピン描像と高分子スピン競合系の設計

今日，新規機能・物性/電子的機能を示す有機物質探索において，分子軌道法的量子化学計算やアプローチが主流となっているが[30,191,192]，ここでは，無限スピン系高分子のスピン整列・スピン構造の物理的描像を，むしろ局在モデルとしての原子価結合法（valence bond theory)的アプローチによって記述する．このVB的描像は，主として一つのπAOは1個の電子で占められる局在モデルに基づくので，9.3.3項で用いたバンド理論やハバードモデルなどの非局在モデルに比べて，直観的理解が得やすい利点をもつ．

任意の局在電子状態をAOスレーター行列式(AO-based Slater Determinant: AO-based SD)$|\cdots\chi\cdots\bar{\chi}_s\cdots|$($r, s$は炭素原子サイト番号，$\chi_r$はサイト$r$のスピン軌道$\pi$AOを示す)で表す．一方，系の任意の電子状態はMOスレーター行列式(MO-based Slater Determinant, MO-based SD)(複数のMO-based SDでもよい)$|\cdots\Psi_i\cdots\overline{\Psi}_j\cdots|$($i, j$はMOのインデックスを指す)で記述する．この電子状態を得るためのMO計算は，どんなレベルの近似を用いてもよいが，ここでは9.3.3項において得られた非局在バンド構造計算の結果を利用する．VB的描像を得るためには，系のある電子状態$|\cdots\Psi_i\cdots\overline{\Psi}_j\cdots|$に対する任意のAO-based SD, $|\cdots\chi_r\cdots\bar{\chi}_s\cdots|$の寄与$\langle\cdots\chi_r\cdots\bar{\chi}_s\cdots||\cdots\phi_i\cdots\overline{\phi}_j\cdots|\rangle$を成分分解する[193]．このとき相対的位相(符号)と数値が得られ，位相は系の対称性に関係づけられる[194]．

無限スピン系高分子の最も簡単な系として図III.9.26に示す一次元無限系の強磁性基底状態について計算された代表的なVB的局在スピン構造A($|\chi_1\bar{\chi}_2\chi_3|$), B($|\chi_1\chi_2\bar{\chi}_3|$), C($|\bar{\chi}_1\chi_2\chi_3|$)の寄与の厳密解を，一次元波数ベクトルの関数として図III.9.34に示す．Bの寄与の位相は常に負または0であり，Cの寄与の位相は常に正であるが，図中では寄与の相対比較のために絶対値を示す．強磁性的基底状態では，局在スピン構造Aの寄与が$k=\cos^{-1}(-1/4)$付近を除くほとんどのk領域において圧倒的に大きいことがわかる．局在スピン構造Aは，電子スピンの向きを隣接サイト間で交互にするπスピン密度波(π-SDW)に相当し，エネルギー的に最も低い状態を形成する．この局在スピン構造の寄与の相対的重みは，非制限(different spin for different orbital)的バンド構造の計算結果を用いると一層大きくなる．Aの寄与がゼロとなるkが存在すること，およびBの寄与がAの寄与よりも大きいk領域が存在することは，有限系に対するVB的描像からは予測できず，無限スピン系固有の興味ある現象である．Aが支配的な局在スピン構造であることは，強いトポロジカルスピン分極が無限スピン系の強磁性的ス

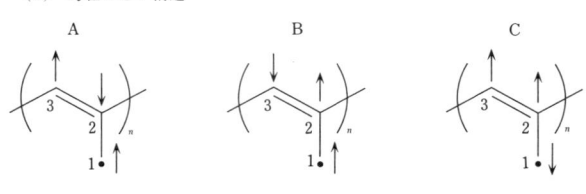

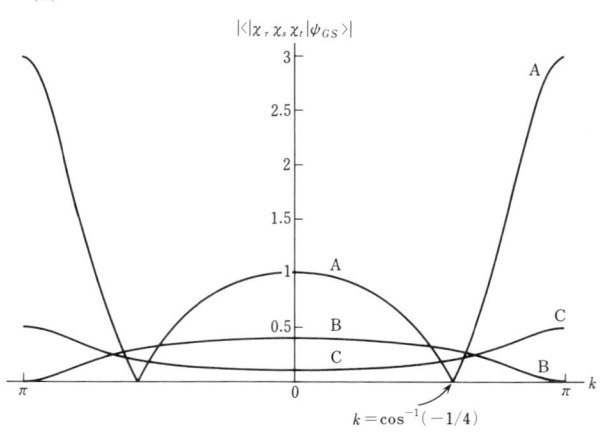

図III.9.34 擬一次元無限スピン系モデル高分子(図III.9.26参照)のスピン配列のVB的描像
(a) 局在スピン構造 $|\chi_r\chi_s\chi_t|$ の寄与．A: $|\chi_1\bar{\chi}_2\chi_3|$, B: $|\chi_1\chi_2\bar{\chi}_3|$, C: $|\bar{\chi}_1\chi_2\chi_3|$.
(b) $|\Psi_{GS}\rangle$に対するA, B, Cの相対的寄与：$\langle|\chi_r\chi_s\chi_t|\Psi_{GS}\rangle$の絶対値．$\Psi_{GS}=|\Psi_{BCO}\overline{\Psi}_{BCO}\Psi_{NBCO}|$.

ピン配列を引き起こすことを明確に示している．ここでの取扱いは一次元無限スピン系高分子のVB的描像を厳密解として与えたものであるが，方法論的にはバンド構造計算の近似の程度には依存しないので，複雑なセグメント構造をもつ高次元無限スピン系分子集積体のスピン配列に対しても適用することができ，その本質的部分を直観的に理解させる有用なアプローチである．

VB的アプローチによって，支配的な局在スピン構造が特定されると，一次元無限スピン系高分子間に性質の異なるコンタクトを導入することによって，高次元高分子スピン競合系を設計することができ，三角格子型反強磁性コンタクトをもつ高分子スピンフラストレーション系の実現も予期される．

また，9.3.3項において指摘したように，非交互炭化水素系をセグメント構造にもつ無限スピン系のスピン配列は，VB的アプローチ・解析によって興味深い性質を示すことがわかる．

9.4 分子性・有機磁性体の分類と物性評価

9.3.1項において述べた六つの代表的モデルの範疇に入る有機磁性体および高スピン常磁性体については，文献[16a,177~179]を参照することができる．特に文献[16a,177z,178b,178g,178k,178n]は，これまでの報告例を包括的に取り上げ，スピンサイトに遷移金属イオンを含むハイブリッド型分子性磁性体については物質の磁気的性質を特徴づける基礎的諸量(図III.9.2参照)もまとめられている[16a,179,195]．文献[178n]は，最初の純正有機強磁性体結晶(p-ニトロフェニルニトロニルニトロキシドラジカル(p-NPNN)のβ相結晶)について詳細な物性測定の結果を記載している(一部は図III.9.35参照)．この結晶性ラジカル強磁性体(木下-菅野-阿波賀モデル)に端を発する研究の波及および展開は，総括的に文献[12~14]に見ることができる(μSRの測定結果を含む)．T_c(強磁性秩序磁性への転移温度：キュリー温度)はいずれも1K未満であるがすでに第二，第三の純

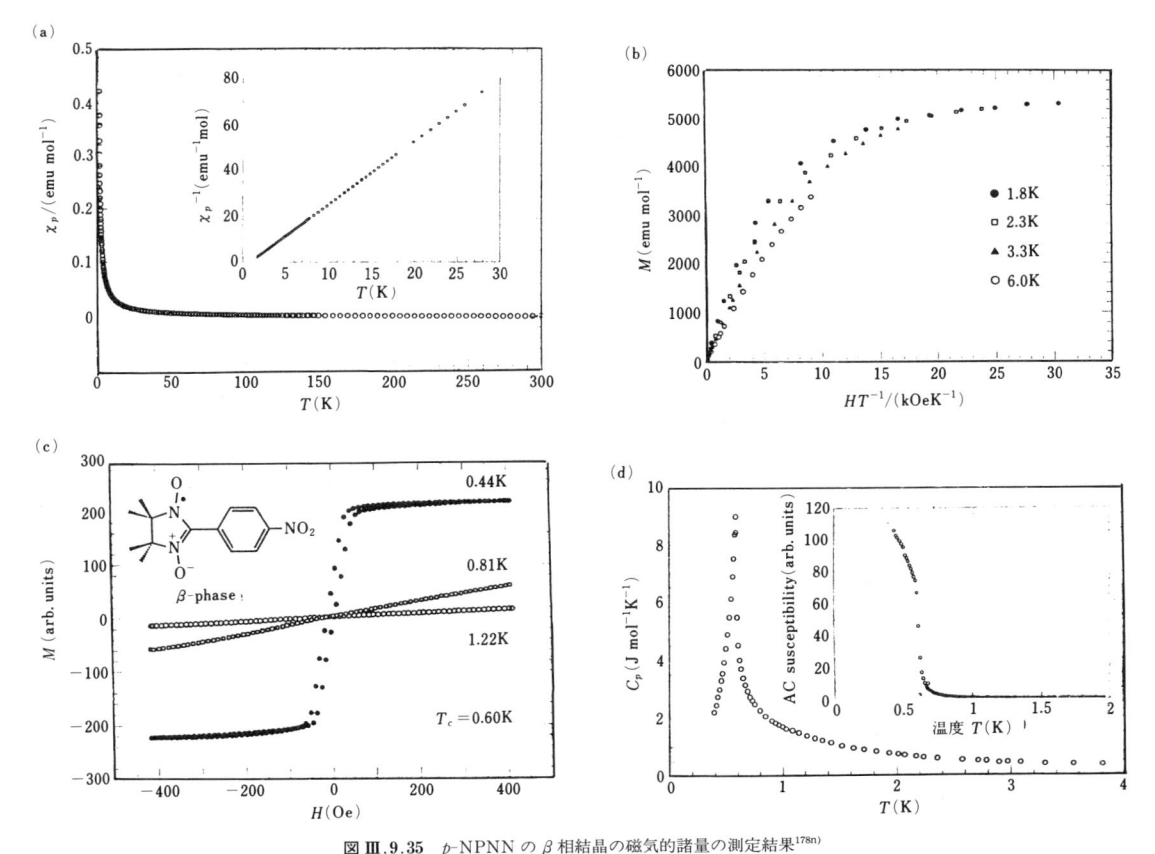

図III.9.35 p-NPNNのβ相結晶の磁気的諸量の測定結果[178n]
(a) 磁化率の温度依存性．挿入図は磁化率の逆数の低温領域での温度依存性を示す．
(b) 磁化曲線とその温度依存性
(c) 磁化ヒステリシス曲線．$T<T_c(=0.60K)$では履歴現象を示す．
(d) ゼロ外部磁場下での熱容量(比熱)の温度依存性．挿入図は交流磁化率の温度依存性を示す．

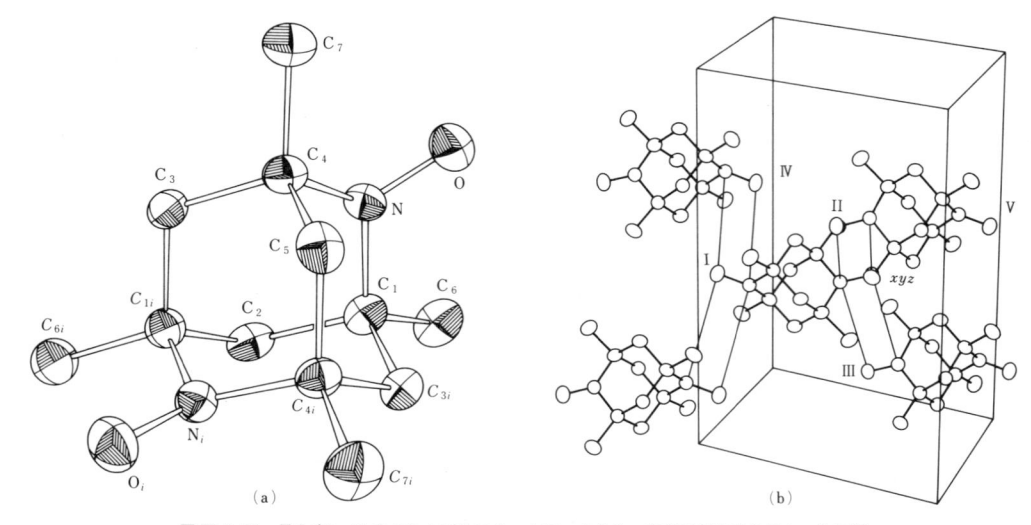

図III.9.36 最も高い T_c を示した三次元ネットワークをもつ有機強磁性体ラジカル結晶[196]
(a) N,N'-ジオキシ-1,3,5,7-テトラメチル-2,6-ジアザアダマンタンの構造. C_6, C_7, C_{6i}, C_{7i} は CH_3 である.
(b) 結晶構造. I～IVは NO ラジカルサイト間の隣接相互作用を示す.

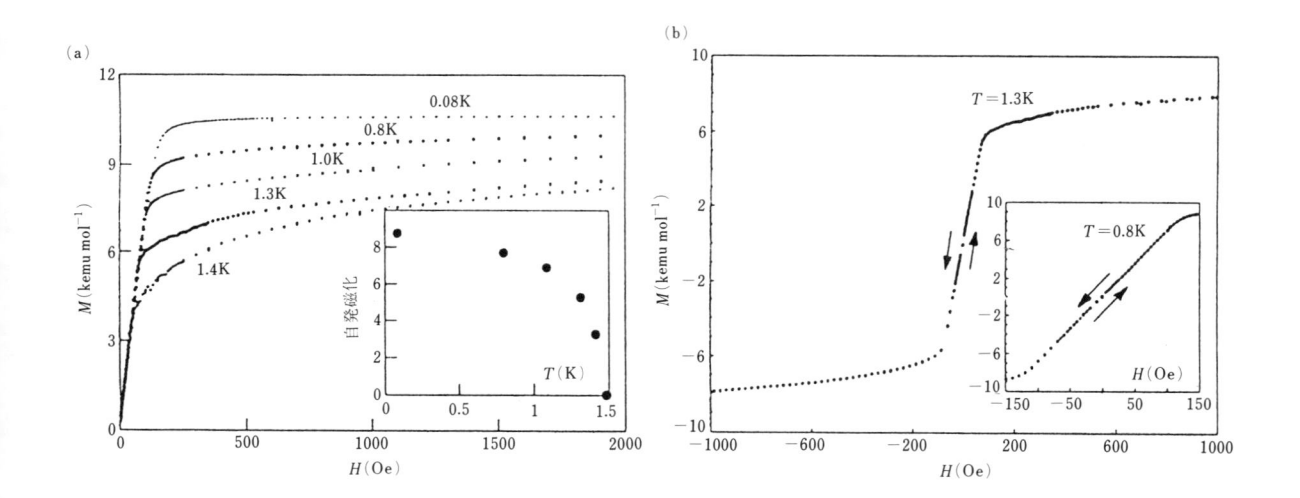

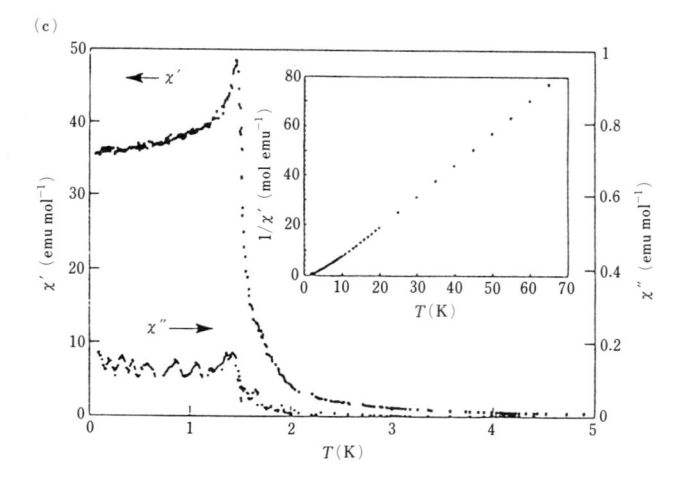

図III.9.37 アダマンタン NO ラジカル結晶(図III.9.36 参照) の磁気的諸量の測定結果
(a) 低磁場領域の磁化曲線とその温度依存性. 挿入図は自発磁化曲線を示す.
(b) 1.3 K および 0.8 K における磁化ヒステリシス曲線. $H_c <$ 0.1 Oe
(c) 交流磁化率の温度依存性, χ': 実数部分, χ'': 複素部分.

9.4 分子性・有機磁性体の分類と物性評価

正有機強磁性体結晶が続々現われつつある.一方,結晶性ラジカル強磁性体のうちで,最も高い T_c を示した磁性体は,N,N'-ジオキシ-1,3,5,7-テトラメチル-2,6-ジアザアダマンタン(図III.9.36~37参照)のラジカル結晶である($T_c=1.48$K)[196].純正有機反強磁性体結晶(1,3-ビスジフェニレン-2-(p-クロロフェニル)アリルラジカル結晶:$T_N=3.25$K)については,すでに先駆的研究であり[197],反強磁性秩序状態への転移が有機溶媒の種類に影響されることを明らかにしている[198].磁場存在下での反強磁性転移についても,等方性的量子スピン系の特徴をもつ純正有機反強磁性体ラジカル結晶(トリフェニルフェルダジルなど)は興味ある現象を示すことが報告されている[199].結晶性ラジカル秩序磁性体については,転移温度はなお極低温領域にあるので,T_c あるいは T_N の上昇を目標とした物質探索と磁性結晶工学的研究の進展が待たれると同時に,有機物質としての本来的特徴(表III.9.1参照)を機能化するためのマイクロマグネティクス(micromagnetics)的方法論・着想にもとづく展開が重要になる.また,システム性や超機能性を新規物性として確立するためには,メゾスコピック領域の物性評価法の開発も今後ますます大切になる(9.2.9~9.2.12項参照).

ハイブリッド型分子性磁性体の物性評価についての詳細は文献[16a,195]を参照できるので,分子性・有機強磁性体の物性的特徴を把えるため,ここでは大きな飽和磁化 M_s(図III.9.2参照)を示した代表的ハイブリッド型分子磁性体(5例)[200]と純正有機強磁性体結晶(3例)[201]の磁気特性の諸量を図III.9.38にレーダーチャートで示す(比較のために純鉄の M_s および他の諸量も示す).M_s の大きな三つ磁性体はいずれも形式的には McConnall-Breslow モデルによる電荷移動型とみなされ,これらのモルあたりに換算した M_s は純鉄より大きく,Miller らが見いだした $[\text{Mn(II)}(\text{C}_5\text{Me}_5)_2]^+[\text{TCNE}]^-$ に至っては純鉄の M_s の1.65倍に及び(むろん g あたりに換算すると純鉄の M_s の方が大きい)その残留磁化 M_r も保磁力 H_c($H_c=B_c/\mu_0=1.2\pm0.2$ kG)もかなり大きく硬磁性材料に分類できる.Hoffman らは,電子受容体として TCNE の代わりにテトラシアノ-p-キノジメタン(TCNQ)を用いて,H_c(=3.6kG)が硬磁性材料のフェライトを超える分子性磁性体をつくり出している[200d].図III.9.39には McConnell-Breslow モデル形式の分子性結晶有機強磁性体のスタッキング構造の模式図(a)と $[\text{Mn(II)}(\text{C}_5\text{Me}_5)_2]^+[\text{TCNQ}]^-$ の結晶構造(b)を示す.

最初の純正有機強磁性体結晶(β相)p-NPNN のモル換算の M_s は 0.44K にて純鉄の1/6にも匹敵し,非常に小さい H_c(≲1G)を記録し,磁気的挙動は等方的な三次元ハイゼンベルクモデルで説明されている[12~14,178n].Buckminsterfullerene(C_{60})と TDAE(テトラキス(ジメチルアミノ)エチレン)の錯体 $\text{C}_{60}\text{TDAE}_{0.86}$ は M_s も小さいうえに,$M_r\sim0$,$H_c\sim0$ の軟

(a) ハイブリッド型分子磁性体

(b) 純正有機強磁性体 ただし H_c/G

$[\text{Mn(II)}(\text{C}_5\text{Me}_5)_2]^+[\text{TCNE}]^-$ [200a]

$[\text{Fe(III)}(\text{C}_5\text{Me}_5)_2]^+[\text{TCNE}]^-$ [200b]

$\text{V(TCNE)}_x\cdot1/2(\text{CH}_2\text{Cl}_2)$(アモルファス)($T_c>350$K) [200c]

p-ニトロフェニルニトロニルニトロキシド(β相結晶)[178n, 201a]

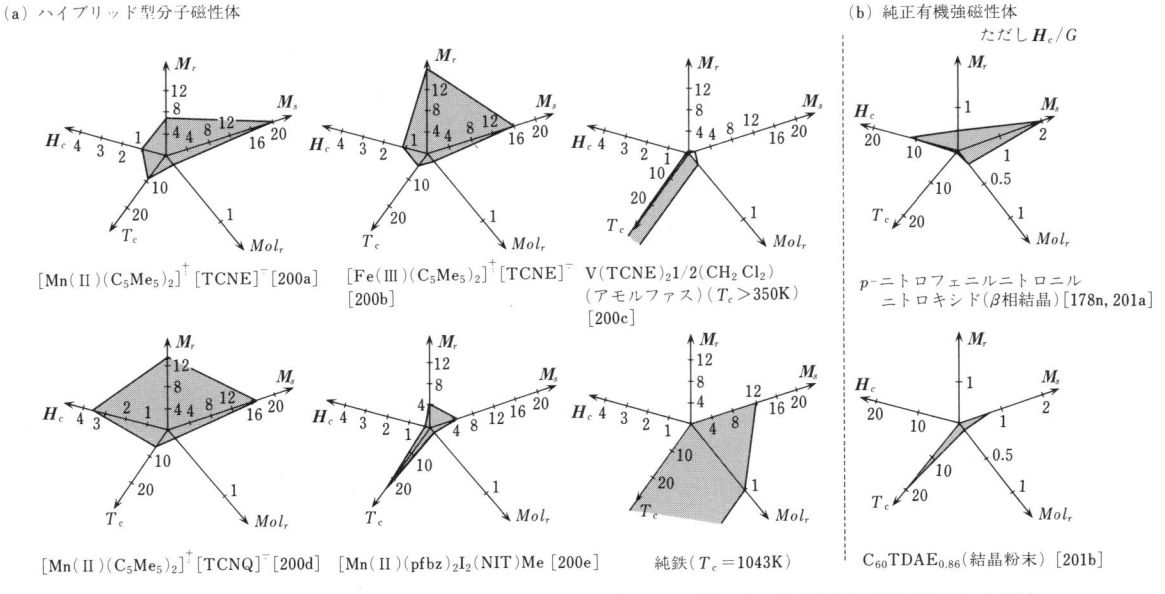

$[\text{Mn(II)}(\text{C}_5\text{Me}_5)_2]^+[\text{TCNQ}]^-$ [200d]

$[\text{Mn(II)}(\text{pfbz})\text{I}_2](\text{NIT})\text{Me}$ [200e]

純鉄($T_c=1043$K)

$\text{C}_{60}\text{TDAE}_{0.86}$(結晶粉末)[201b]

図III.9.38 最強の磁性(M_s)を記録したハイブリッド型分子磁性体ベスト5(a)および純正有機強磁性体結晶ベスト2(b)の磁気特性比較[3]

M_s(飽和磁化)/emu·kG·mol^{-1},M_r(残留磁化)/emu·kG·mol^{-1},H_c(保磁力)/kG,T_c(キュリー温度)/K,Mol_r/mol(Fe)·mol^{-1}.ただし(b)では H_c/G であることに注意する.

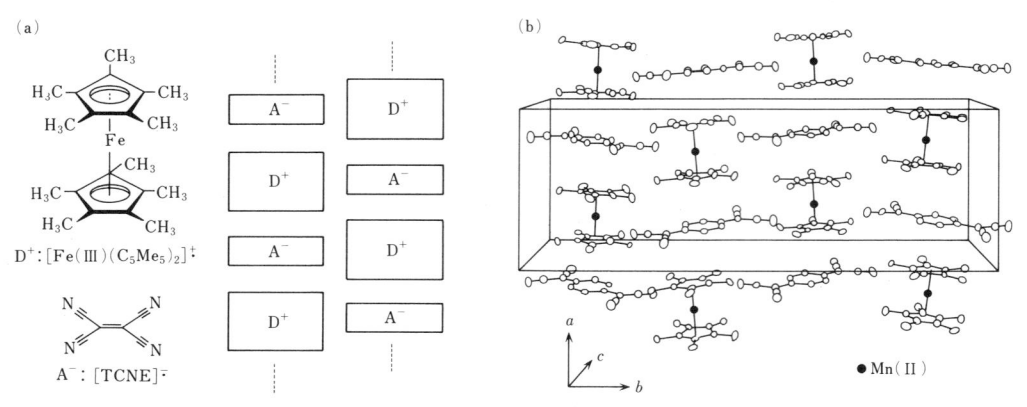

図Ⅲ.9.39 (a) McConnell-Breslow モデル形式の分子性結晶有機強磁性体のスタッキング構造，(b) $[Mn(II)(C_5Me_5)_2]^+$：$[TCNQ]^{-\,200d}$ のスタッキング構造[3] (a) の D^+ は電子供与体を，A^- は電子受容体を表し，それぞれ基底状態では不対電子一つをもつスピン2重項である．

磁性材料的挙動を示したが，高い $T_c(=16.1\text{K})$ を特徴とすることが図Ⅲ.9.38(b)からよくわかる．C_{60} 自体有機分子としては最も高い幾何学的対称性をもつことで特徴づけられる分子の一つであり，高い群論的軌道縮重（HOMOは5重縮重，LUMOは3重縮重をそれぞれもつ．ただしスピン-軌道相互作用は小さいのでヤーン-テラー効果による対称性の低下の競合は不可避である）を利用しうる刺激的存在である．

9.5 複合多重機能化された分子システム磁性とスピニクスデバイスへの展望

本格的応用・デバイス化を展望できる分子性・有機磁性体は，まだ実現されてはいないが，冒頭に述べたように，有機磁性が従来までの無機磁性（原子磁性）と本質的に一体どのように異なるかを見極め，分子性有機物質に固有の性質（さまざまの物質形態において多様である）と巨視的・半巨視的磁性を複合多重化した，分子システム磁性の開拓が当面重要になる．分子性有機物質がもつ多様な双安定性，外場可変調性などは，電気伝導性，光適合性，不斉誘起（反）強誘電性，感温性などを有機磁性と結合して新規な機能を設計するうえで，最も現実的な契機となるものである．一方，分子性・有機磁性体をスピニクスデバイスとして展望するためには，超細線化，超薄膜化など今日の新技術体系下における高度なプロセス化技術を駆使した物質探索・創製が不可欠である[13]．　　〔工位武治〕

参考文献

1) 工位武治，伊藤公一：ポリファイル，No. 314(1990)，39
2) 工位武治，伊藤公一：材料科学，**28**(1991)，315
3) 工位武治：化学，**47**(1992)，167
4) Miller, J. S., Dougherty, D. A. eds: *Mol. Cryst. Liq. Cryst.*, **176** (1989), 1-562
5) Iwamura, H., Miller, J. S. eds: *Mol. Cryst. Liq. Cryst.*, **232/233** (1993), 1-724
6) Chang, L. Y., Chaikin P. M., Cowan, D. O.: Advanced Organic Solid State Materials, 1-92 (1990), MRS
7) Gatteschi, D., Kahn, O., Miller, J. S., Palacio, F. eds: Molecular Magnetic Materials, pp. 1-410 (1990), Kluwer Academic Press
8) 新エネルギー・産業技術総合開発機構編：有機系・金属系・セラミックス系材料に関する調査，平成2年度調査報告書(NEDO-IT-9001)，(1991)
9) 岩村秀編：有機磁性体(1991)，シーエムシー
10) 新化学発展協会編：有機磁性材料調査研究会中間報告書(1991)，新化学発展協会
11) 新化学発展協会編：有機磁性材料調査研究会最終報告書(1992)，新化学発展協会
12) 文部省科学研究費補助重点領域研究「分子磁性」総括班編：平成4年度研究成果報告書(1993)，領域代表者伊藤公一(大阪市立大学理学部)
13) 同上：平成5年度研究成果報告書(1994)，領域代表者伊藤公一(大阪市立大学理学部)
14) 同上：「分子磁性」ニュースレター No. 1(1992)—，重点領域研究「分子磁性」総括班(事務局；大阪市立大学理学部工位武治)
15) 工位武治：海外高分子研究，**39**(1987)，217
16) (a) Miller, J. S., Epstein, A. J.: *Chemtech.*, **21** (1991), 168
    (b) Landee, C. P., Mellville, D., Miller, J. S.: Molecular Magnetism (Gatteschi, D., Kahn, O., Miller, J. S., Palacio, F. eds.) (1991), Kluwer Academic Press
17) 溝口正：物性物理学(1989)，裳華房
18) 岡本祥一：磁気と材料(1988)，共立出版
19) 近角聰信ほか編：磁性体ハンドブック(1981)，朝倉書店
20) 近角聰信：強磁性体の物理(上)(1978)，裳華房
21) 近角聰信：強磁性体の物理(下)(1984)，裳華房
22) Schieber, M. M.: Experimental Magnetochemistry, Nonmetallic magnetic materials (1967), North-Holland
23) Jiles, D.: Introduction to Magnetism and Magnetic Materials (1991), Chapman and Hall
24) Heisenberg, W.: *Z. Phys.*, **49** (1928), 619
25) Van Vleck, J. H.: *Rev. Mod. Phys.*, **17** (1945), 27
26) Kramers, H. A.: *Physica*, **1** (1934), 182
27) Anderson, P. W.: *Phys. Rev.*, **79** (1950), 79
28) Itoh, K., Takui, T., Teki, Y., Kinoshita, T.: *J. Mol. Electronics*, **4** (1988), 181

29) Itoh, K., Takui, T., Teki, Y., Kinoshita, T.: *Mol. Cryst. Liq. Cryst.*, **176** (1989), 49
30) 山口兆：分子設計のための量子化学(西本吉助，今村詮編), p. 195(1989), 講談社
31) Ruderman, M. A., Kittel, C.: *Phys. Rev.*, **96** (1954), 99
32) (a) Kasuya, T.: *Prog. Theor. Phys.*, **16** (1956) 45
    (b) Yoshida, K.: *Phys. Rev.*, **106** (1957), 893
33) (a) Yoshida, K.: Progress in Low Temp. Phys., IV, p. 265 (1964), North Holland
    (b) Elliott, R. J.: Magnetism, II A (Rado, G. T., Suhl, H. eds.), p. 385, (1965), Academic Press
34) Fukutome, H., *et al.*: to be published.
35) Stanley, H. E.: Introduction to Phase Transitions and Critical Phenomena (1971), Oxford Univ. Press
36) Onsager, L.: *J. Am. Chem. Soc.*, **58** (1936), 1486
37) 芳田圭：物質の磁性, 3章(1958), 共立出版
38) Foner, S.: Magnetism, I (1963), Academic Press
39) Moriya, T.: *Phys. Rev. Letters*, **4** (1960), 228
40) Moriya, T.: Magnetism, I (Rado, G. T., Shul, H. eds.), p. 86 (1963), Academic Press
41) 望月和子：日本物理学会誌, **15**(1960), 620
42) (a) Beck, P. A.: *J. Les Common Metals*, **28** (1972), 193
    (b) Kouvel, J. S., Graham, C. D.: *J. Appl. Phys.*, **30** (1959), 3125
43) Cannella, V., Mydosh, J. A.: *Phys. Rev.*, **B6** (1972), 4220
44) 高山一：スピングラス(1991), 丸善
45) Cyrot, M.: *Phys. Rev. Letters*, **43** (1979), 173
46) 都福二：日本物理学会誌, **32**(1977), 463
47) 小口武彦：日本物理学会誌, **30**(1976), 866
48) 小口武彦, 上野陽太郎：固体物理, **12**(1977), 641
49) 桂重俊：フィジクス, **4**(1982), 17
50) 高山一, 都福仁編：スピングラス(物理学論文選集218)(1982), 日本物理学会
51) Huang, C. Y.: *J. Mag. Mag. Mater.*, **57** (1985), 1
52) 鈴木増雄：固体物理, **19**(1984), 387
53) 鈴木増雄：固体物理, **20**(1985), 30
54) Binder, K., Young, A. P.: *Rev. Mod. Phys.*, **58** (1986), 801
55) 「三角格子反強磁性体」特集記事：日本物理学会誌, **41**(1986)
56) 都福仁：固体物理, **22**(1987), 631
57) Beck, P. A., Chakrabarti, D. J.: Amorphous Magnetism (Hooper, H. O., de Graaf, A. M. eds.) (1973), Plenum Press, p. 273
58) Levy, R. A., Hsegawa, R. eds.: Amorphous Magnetism, II (1977), Plenum Press
59) 小口武彦：物理学最前線8(1984), 共立出版
60) Chowdhury, D.: Spin Glasses and Orher Frustrated Systems (1986), World Scientific Pub
61) Souletie, J., Vannimenus, J. eds.: Chance and Matter (1986), Les Houches
62) Mézard, M., Parrisi, G., Virasaro, M. A.: Spin Glass Theory and Beyond (1987), World Scientific Pub.
63) 西森秀稔：物理学最前線21(1988), 共立出版
64) Anderson, P. W.：パリティ, **3**, No.6, 8, 10(1988), 丸善
65) Anderson, P. W.：パリティ, **4**, No.2(1989), 丸善
66) Anderson, P. W.：パリティ, **5**, No.7, 4, 9(1990), 丸善
67) 伊藤厚子：材料科学, **28**(1991), 1
68) van Hemmen, J. L., Morgenstern, I. eds.: Heidelberg Colloquium on Glassy Dynamics (1987), Springer-Verlag
69) van Hemmen, J. L., Morgenstern, I. eds.: Heidelberg Colloquium on Spin Glasses (1983), Springer-Verlag
70) Takayama, H. ed.: Cooperative Dynamics in Complex Physical Systems (1989), Springer-Verlag
71) Fisher, K. H., Hertz, J. A.: Spin Glasses (1991), Cambridge Univ. Press
72) (a) 宮下精二：数理科学, No.301(1988), 15, サイエンス社
    (b) 西森秀稔：数理科学, No.301(1988), 31, サイエンス社
73) (a) 都福仁：固体物理, **22**(1987), 631
    (b) 目片守：固体物理, **22**(1987), 640
74) 守田徹：新しい物性(石原明, 和達三樹編), p.27(1990), 共立出版
75) 日本物理学会編：ランダム系の物理学(1981), 培風館
76) (a) Bloch, F.: *Zeits. F. Phys.*, **61** (1930), 206
    (b) Heller, H., Kramers, H. A.: *Proc. Roy. Acad. Sci. Amsterdam*, **37** (1934), 378
    (c) Holstein, T., Primakoff, H.: *Phys. Rev.*, **58** (1940), 1908
77) Anderson, P. W.: *Phys. Rev.*, **86** (1952), 694
78) Kubo, R.: *Phys. Rev.*, **87** (1952), 568
79) Ziman, J.: *Proc. Phys. Soc. (London)*, **A65** (1952), 548
80) Ipatova, I. P., Klochikhin, A. A., Maradudin, A. A., Wallis, R. F.: Elementary Excitations in Solids (eds. Maradudin, A. A., Nardelli, G. F. eds.), p. 476 (1969)
81) Kittel, C.: *Phys. Rev.*, **110** (1958), 1295
82) Borovik-Romanov, A. S., Sinha, S. K. eds.: Spin Waves and Magnetic Excitations, Vol. 1, 2 (1988), North-Holland
83) Stanley, H. E., Lee, M. H.: *Int. J. Quant. Chem.*, **4S** (1970), 407
84) Lieb, E., Mattis, D.: Mathematical Physics in One-Dimension (1966), Academic Press
85) (a) Takahashi, M.: 固体物理, **16**(1981), 508
    (b) Takahashi, M.: 重点領域研究「分子磁性」成果報告書(平成5年度)(1993)重点領域研究「分子磁性」, 領域代表者伊藤公一
86) Vaks, V. G., Larkin, A. I.: *Soviet Phys. JETP*, **22** (1966), 678
87) Chang, C. H.: *Phys. Rev.*, **88** (1952), 1422
88) (a) Hiley, B. J., Joyce G. S: *Proc. Phys. Soc.*, **85** (1965), 493
    (b) Joyce, G. S.: *Phys. Rev.*, **146** (1966), 349
89) Jasnow, D., Wortis, M.: *Phys. Rev.*, **176** (1968), 739
90) (a) Stanley, H. E.: *Phys. Rev.*, **179** (1969), 570
    (b) Stanley, H. E., Blume, M., Matsuno, K., Milošević, S.: *J. Appl. Phys.*, **41** (1970), 1278
91) Betts, D. D., Elliott, C. J., Ditzian, R. V.: *Can. J. Phys.*, **49** (1971), 110
92) Stanley, H. E., Hankey, A., Lee, M. H.: Proc. Varenna Summer School on Critical Phenomena (Green, M. S. ed.) (1971), Academic Press
93) Onsager, L.: *Phys. Rev.*, **65** (1944), 117
94) (a) Vdovicherno, N. V.: *Soviet Phys. JETP*, **20** (1965), 477
    (b) Vdovichenko, N. V.: *Soviet Phys. JETP*, **21** (1965), 350
95) Schultz, T. D., Mattis, D. C., Lieb, E. H.: *Rev. Mod. Phys.*, **36** (1964), 856
96) Glasser, M. L.: *Am. J. Phys.*, **38** (1970), 1033
97) Mattis, D. C.: The Theory of Magnetism, I (1981), Springer
98) Mattis, D. C.: The Theory of Magnetism, II (1985), Springer
99) Thompson, C. J.: Mathematical Statistical Mechanics (1972), Princeton Univ. Press
100) Tyablikov, S. V.: Methods in the Quantum Theory of Magnetism (1967), Prenum Press
101) White, R. M.: Quantum Theory of Magnetism (1983), Springer
102) 小口武彦：磁性体の統計理論(1970), 裳華房
103) (a) 芳田奎：磁性 I, II(1972), 朝倉書店
     (b) 芳田奎：磁性(1991), 岩波書店
104) Caspers, W. J.: Spin Systems (1989), World Scientific Pub
105) 川畑有郷：電子相関(1992), 丸善
106) 小田垣孝：パーコレーションの科学(1993), 裳華房
107) Moriya, T.: Spin Fluctuations in Itinerant Electron Magnetism (1985), Springer
108) Carlin, R. L.: Magnetochemistry (1986), Springer
109) Landau, L., Lifshitz, E.: *Phys. Zeits. Soviet Union*, **8** (1935), 153
110) Gilbert, T. L.: *Phys. Rev.*, **100** (1955), 1243
111) Kittel, C.: *Phys. Rev.*, **8** (1950), 918
112) Bloch, F.: *Phys. Rev.*, **70** (1946), 460
113) (a) 永田一清：ランダム系の物理学, 第13章(1981), 培風館
     (b) 永田一清：物性, **13**(1972), 149
     (c) 永田一清：日本物理学会誌, **28**(1973), 670
     (d) 永田一清：日本物理学会誌, **34**(1979), 838

(e) 永田一清：数理科学, No. 321(1990), 5
114) (a) Kubo, R., Tomita, K.: *J. Phys. Soc. Japan.* **9** (1954), 888
(b) Kubo, R.: Fluctuation, Relaxation and Resonance in Magnetic Systems (D. ter Haar ed.), p. 23 (1962), Oliver and Boyd
115) (a) Mori, H.: *Prog. Theor. Phys.*, **33** (1965), 423
(b) Mori, H.: *Prog. Theor. Phys.*, **34** (1965), 399
(c) Dupuis, M.: *Prog. Theor. Phys.*, **37** (1967), 502
(d) 湯川秀樹監修：現代物理学の基礎5, 統計物理学(1978)
116) Tokuyama, M., Mori, H.: *Prog. Theor. Phys.*, **55** (1976), 411
117) (a) Alder, B. J., Wainwright, T. E.: *Phys. Rev. Lett.*, **18** (1967), 988
(b) Alder, B. J., Wainwright, T. E.: *J. Phys. Soc. Japan Suppl.*, **26** (1967), 267
(c) Alder, B. J., Wainwright, T. E.: *Phys. Rev.*, **A1** (1970) 18
118) (a) Kawasaki, K. Oppenheim, I.: *Phys. Rev.*, **139** (1965), A 1763
(b) Pomeau, Y., Resibois P.: *Phys. Rev. (Phys. Letters C)*, **19** (1975), 63
119) (a) Carboni, F., Richards, P. M: *Phys. Rev.*, **177** (1969), 889
(b) Carboniyp, F., Richards, P. M.: *Phys. Rev.*, **B5** (1972), 2014
(c) Dietz, R. E. *et al.*: *Phys. Rev. Lett.*, **26** (1971), 1186
120) (a) Steiner, M. Villani, J., Windson, C. G.: *Advances in Phys.*, **25** (1971) 1186
(b) Lovesey, S. W., Meserve R. A.: *Phys. Rev. Lett.*, **28** (1972), 614
(c) Reiter, G. F., Boucher, J. P.: *Phys. Rev*, **B11** (1975), 1823
121) Richards, R. M.: *Proc. Int. School of Phys.* "Enrico Fermi" Course LIX (1976), North-Holland
122) 岡本寿夫, 長野勝彦, 烏谷隆：日本物理学会誌, **32**(1977), 653
123) 山田勲：固体物理, **16**(1981), 464
124) 岡本寿夫, 森肇：数理科学, No. 321(1990), 24
125) Okamoto, H., Nagano, K., Karasatani, T., Mori, H.: *Prog. Theor. Phys.*, **66** (1981), 53, 437
126) Lagendijk, A.: *Phys. Rev.*, **18B** (1978), 1322
127) Benner, H.: *Phys. Rev.*, **18** (1978), 319
128) Kubo, R., Toyabe, T.: Proc. XIV Colloque Ampere Ljubjana 1966, Magnetic Resonance and Relaxation (Blinc, R. ed.), p. 810 (1967) North-Holland
129) Shibata F., Sato, I.: *Physica*, **143A** (1987), 468
130) (a) White, R. L., Solt Jr., I. H.: *Phys. Rev.***104** (1956), 56
(b) Mercereau, J. E., Feynman, R. P.: *Phys. Rev.*, **104** (1956), 63
(c) Walker, L. R.: *Phys. Rev.*, **105** (1957), 390
(d) Clogston, A. M., Suhl, H., Walker, L. R., Anderson, P. W.: *Phys. Rev.*, **101** (1956), 903
(e) Clogston, A. M., Suhl, H., Walker L. R., Wacker L. R., Anderson, P. W.: *Phys. Chem. Solids*, **1** (1956), 129
131) Takui, T., Itoh, K.: unpublished.
132) Nagamiya, T.: *Prog. Theor. Phys.*, **6** (1951), 342
133) Kittel, C.: *Phys. Rev.*, **82** (1951), 565
134) (a) Tsuya, N.: *Prog. Theor Phys.*, **7** (1952), 263
(b) Wangsness, R. K.: *Phys. Rev.*, **93** (1954), 68
135) (a) Wangsness, R. K.: *Phys. Rev.*, **97** (1955), 831
(b) McGuire, T. R.: *Phys. Rev.*, **97** (1955), 831
(c) Geschwind, S., Walker, L. R.: *J. Appl. Phys.*, **30** (1959), 1635
136) (a) Nagata, K., Tazuke, Y.: *J. Phys. Soc. Japan*, **32** (1972), 337
(b) Tazuke, Y., Nagata, K.: *J. Phys. Soc. Japan*, **30** (1971), 285
137) Karasutani, T., Okamoto, H.: *J. Phys. Soc. Japan*, **43** (1977), 1131
138) Caneschi, A., Gatteschi, D., Rey, P., Sessoli, R.: *Inorg. Chem.*, **27** (1988), 1756
139) Caneschi, A., Gatteschi, D., Renard, J-P., Rey, P., Sessoli, R.: *Inorg. Chem.*, **28** (1989), 1976
140) Boucher, J.-P.: *J. Mag. Mag. Mat.*, **15-18** (1980), 687
141) Natsume, Y., Sasagawa, F., Toyoda, M., Yamada, I.: *J. Phys. Soc. Japan.*, **48** (1980), 50
142) Yamada, I., Natsume, Y.: *J. Phys. Soc. Japan*, **48** (1980), 58
143) Bencini, A., Gatteschi, D.: "EPR of Exchange Coupled Systems" (1990), Springer
144) Turek, P. *et al.*: Private Communications, to be published.
145) (a) 伊藤公一, 工位武治：第4版実験化学講座8, 分光III(1993), 第8章4節, 丸善
(b) Sato, K., Takui, T., Itoh, K.: unpuflished.
146) (a) Bencini, A., Gatteschi, D.: "EPR of Exchange Coupled Systems" (1990), Springer, Chap. 3
(b) Teki, Y.: unpublished.
(c) Takui, T., Itoh, K.: unpublished.
147) Isoya, J., Kanda, H., Norris, J. R., Tang, J., Bowman, M. K.: *Phys. Rev.*, **B41** (1990), 3905
148) Astashkin, A. V., Schweiger, A.: *Chem. Phys. Lett.*, **174** (1990), 595
149) Brown, P. J., Capiomont, A., Gillon, B., Schweizer, J.: *J. Mag. Mag. Mat.*, **14** (1979),289
150) Hone, D. W., Richards, R. M.: *Ann. Rev. Mat. Sci.*, **4** (1974), 337
151) Steiner, M., Villain, J., Windsor, C. G.: *Adv. Phys.*, **25** (1976), 87
152) Lechner, R. E., Richter, D., Riekel, C.: Neutron Scattering and Muon Spin Rotation (1983), Springer
153) Yamazaki, T., Nagamiya, S., Hashimoto, O., Nagamine, K., Nakai, K., Sugimoto, K., Crowe, K. M.: *Phys. Lett.*, **53B** (1974), 117
154) (a) 山崎敏光, 永嶺謙忠：固体物理, **12**(1977), **681**
(b) 山崎敏光, 植村泰明, 永嶺謙忠：固体物理, **22**(1987), 723
155) 山崎敏光, 永嶺謙忠編：ミュオンスピン回転(物理学論文選集205)(1979), 日本物理学会
156) Schenk, A.: Muon Spin Rotation Spectroscopy (1985), Adam Hilger
157) (a) 森本進, 田中文夫, 伊藤公一, 又賀昇：分子構造総合討論会要旨集(1968), p. 67
(b) Nataga, N.: *Theor. Chim. Acta*, **10** (1968), 372
(c) 伊藤公一, 物性, **12**(1971), 635
(d) Itoh, K.: *Pure Appl. Chem.*, **50** (1978), 1251
158) 工位武治：化学, **44**(1989), 148
159) (a) 伊藤公一：化学, **44**(1989), 441
(b) 伊藤公一：日本応用磁気学会第62回研究会資料, 62-6(1989), 51
160) 磁性材料の進展：化学と工業, **37**(1984), 807-848
161) A. ヴィス, H. ヴィッテ(徂徠道夫訳)：磁気化学(1980), みすず書房
162) (a) 磁性：固体物理, **12**(1977), 626-716
(b) 磁性(II)：固体物理, **22**(1987), 581-751
163) 足立吟也：現代化学, No. 252(1992), 32
164) (a) H. M. McConnell: *Proc. R. A. Welch Found. Chem. Research*, **11** (1967), 144
(b) Breslow, R.: *Pure Appl. Chem.*, **54** (1982), 927
165) (a) Kollmar, C. Kahn, O.: *J. Am. Chem. Soc.*, **113** (1991), 7987
(b) Kollmar, C., Couty, M., Kahn, O.: *J. Am. Chem. Soc.*, **113** (1991), 7994
166) (a) 山口兆, 豊田泰之, 笛野高文：化学, **41**(1986)585
(b) Yamaguchi, K., Toyoda, Y., Fueno, T.: *Synthetic Metals*, **19** (1987), 81, 87
(c) Yamaguchi, K., Namimoto, H., Fueno, T.: *Chem. Phys. Letters*, **166** (1990), 408
167) (a) Breslow, R., Jaun, B., Klutz, R., Xia, C.-Z.: *Tetrahedron*, **38** (1982), 863
(b) Breslow, R., Maslak, P., Thomaides, J. S.: *J. Am Chem. Soc.*, **106** (1984), **6453**
(c) Breslow, R.: *Mol. Cryst. Liq. Cryst.*, **125** (1985), 261
168) Dormann, E., Nowak, M. J., Williams, K. A., Angus Jr., R. O., Wadl, F.: *J. Am. Chem. Soc.*, **109** (1987), 2594
169) Torrance, J. B., Bagus, P. S., Johannsen, I., Nazzal, A. I., Parkin, S. S. P.: *J. Appl. Phys.*, **63** (1988), 2967
170) Chiang, L. Y., Johnston, D. C., Goshorn, D. P., Bloch, A. N.: *J. Am. Chem. Soc.*, **111** (1989), 1925

171) (a) Fukutome, H., Takahashi, A., Ozaki, M.: *Chem. Phys. Letters*, **133** (1986), 34
(b) 山口兆：私信
172) Kaisaki, D. A., Chang, W., Dougherty, D. A.: *J. Am. Chem. Soc.*, **113** (1991), 2764
173) (a) Matsushita, M., Momose, T., Shida, T., Teki, Y., Takei, T., Kinoshita, T., Itoh, K.: *J. Am. Chem. Soc.*, **112** (1990), 4700
(b) Matsushita, M., Nakamura, T., Momose, T., Shida, T., Teki, Y., Takui, T., Kinoshita, T., Itoh, K.: *J. Am. Chem. Soc.*, **114** (1992), 7470
174) Matsushita, M., Nakamura, T., Momose, T., Shida, T., Teki, Y., Takui, T., Kinoshita, T., Itoh, K.: *Bull. Chem. Soc. Japan*, **66** (1993), 1333
175) Fukutome H., *et al.*: to be published.
176) (a) 伊藤公一：物性, **12** (1971), 635
(b) 伊藤公一：化学の領域, **27** (1973), 1063
177) (a) 木下實：高分子, **30** (1981), 830
(b) 岩村秀：化学の領域, **37** (1983), 146
(c) 伊藤公一：化学の領域, **37** (1983), 152
(d) 工位武治：現代化学, No. 9 (1985), 34
(e) 手木芳男, 伊藤公一：固体物理, **20** (1985), 347
(f) 山口兆, 豊田泰之, 笛野高之：化学, **41** (1986), 585
(g) Iwamura H.: *Pure Appl. Chem.*, **58** (1986), 187
(h) 現代化学, No. 12 (1986), 12
(i) 山口兆：機能材料, **7** (1987), 5
(j) 岩村秀, 泉岡明：日本化学会誌 (1987), 595
(k) 岩村秀：化学と工業, **40** (1987), 585
(l) 現代化学, No. 7 (1987), 9
(m) Friend, R.: *Nature*, **326** (1987), 335
(n) 那須圭一郎：半導体 (パリティ別冊) (1987), 142
(o) 日経ニューマテリアル/「討論/磁性ポリマー」: No. 31 (1987), 82
(p) 工位武治：海外高分子研究, **39** (1987), 217
(q) 村田滋：化学と工業, **41** (1988), 286
(r) 蒲池幹治：化学と工業, **41** (1988), 1025
(s) 松本尚英：化学と工業, **41** (1988), 1159
(t) 山口兆：海外高分子研究, **40** (1988), 217
(u) 工位武治：化学, **44** (1989), 148
(v) 山邊時雄, 田中一義：化学, **44** (1989), 270
(w) 菅原正：有機合成化学, **47** (1989), 306
(x) 岩村秀：サイエンス, **19** (1989), 76
(y) 岩村秀：応用物理, **58** (1989), 1061
(z) 木下實：固体物理, **24** (1989), 623
178) (a) 伊藤公一：化学, **44** (1989), 441
(b) 伊藤公一：日本応用磁気学会誌, **14** (1990), 9
(c) 手木芳男：化学と工業, **43** (1990), 167
(d) 木下實, 菅野忠：現代化学, No. 4 (1990), 14
(e) 岩村秀：固体物理, **25** (1990), 539
(f) 田畑昌祥：高分子, **39** (1990), 359
(g) 工位武治, 伊藤公一：ポリファイル, No. 314 (1990), 39
(h) 田畑昌祥：機能材料, **11** (1991), 44
(i) 田中一義：化学, **46** (1991), 72
(j) 太田忠甫, 田中均：化学と工業, **44** (1991), 282
(k) 工位武治, 伊藤公一：材料科学, **28** (1991), 315
(l) 工位武治：ポリファイル, No. 334 (1992), 48
(m) 工位武治：化学, **47** (1992), 167
(n) 木下實：応用物理, **61** (1992), 996
179) (a) Miller, J. S., Epstein, A. J.: *Chem. Rev.*, **88** (1988), 201
(b) Miller, J. S., Epstein, A. J., Reiff, W. M.: *Acc. Chem. Res.*, **22** (1988), 114
(c) Ganeschi, A., Gatteschi, D., Sessoli, R., Rey, P.: *Acc. Chem. Res.*, **22** (1989), 392

180) (a) Takui, T.: Doctor's Thesis (1973), Osaka University
(b) Itoh, K., Takui, T., Asano, M., Naya, S.: Preprints of XI International Symposium on Free Radicals (1973), p. 46
181) (a) Kalafilouglu, P.: personal communication.
(b) Kalafilouglu, P.: *J. Chem. Edu.* (1990)
182) (a) Tyutyulkov, N., Schuster, P., Polansky, O.: *Theor. Chim. Acta*, **63** (1983), 291
(b) Tyutyulkov, N., Polansky, O. E., Schuster, P., Karabunarliev, S., Ivanov, C. I.: *Theor. Chim. Acta*, **67** (1985), 211
(c) Tytyulkov, N. N., Karabunarliev, S. C.: *Int. J. Quantum Chem.*, **29** (1986), 1325
183) Nasu, K.: *Phys. Rev.*, **B33** (1986), 330
184) Yoshizawa, K., Takata, A., Tanaka, K., Yamabe, T.: *Polym. J.*, **24** (1992), 857
185) Hughbanks, T., Kertesz, M.: *Mol. Cryst. Liq. Cryst.*, **176** (1989), 115
186) Takui, T., Itoh, K., Mataga, N.: unpublished.
187) Hughbanks, T.: *J. Am. Chem. Soc.*, **107** (1985), 6851
188) Takui, T., Sato, K., Itoh, K.: unpublished.
189) Hubbard, J.: *Proc. R. Soc. London*, Ser. **A276** (1963), 238
190) Shiba, H., Pincus, P.: *Phys. Rev.*, **B5** (1972), 1966
191) 西本吉助, 今村詮編：分子設計のための量子化学, 講談社 (1989)
192) (a) Szabo, A., Ostlund, N. S.: Modern Quntum Chemistry (1982), Macmillan, New York
(b) A. ザボ, N. S. オストランド (大野公男, 阪井健男, 望月祐志訳): 新しい量子化学 (上, 下) (1987), 東京大学出版会
193) Kalafiloglou, P.: personal communication.
194) Kalafiloglou, P., Takui, T., Itoh, K.: unpublished.
195) (a) Miller, J. S.: *Adv. Mater.*, **6** (1994), 322
(b) Miller, J. S.: personal communication.
196) Chirarelli, R., Novak, M. A., Rassat, A., Tholence, J. L.: *Nature*, **363** (1993), 147
197) (a) Yamauchi, J., Adachi, K., Deguchi, T.: *J. Phys. Soc. Japan*, **35** (1973), 443
(b) Ozaki, H., Ohya-Nishiguchi, H., Yamauchi, J.: *Phys. Lett.*, **54A** (1975), 227
(c) Yamauchi, J.: *J. Chem. Phys.*, **67** (1977), 2850
198) (a) Yamauchi, J.: *Bull. Chem. Soc. Japan*, **67** (1994), 633
(b) Yamauchi, J.: personal communication.
199) (a) Takeda, K., Deguchi, H., Hoshiko, T., Konishi, K., Takahashi, K., Yamauchi, J.: *J. Phys. Soc. Japan*, **58** (1989), 3361
(b) Duffy, W. Jr., Dubach, J. F., Pianetta, P. A., Deck, J. F., Strandburg, D. L., Miedema, A.: *J. Chem. Phys.*, **56** (1972), 2555
200) (a) Yel, G. T., Manriquez, J. M., Dixon, D. A., Mclean, R. S., Groski, D. M., Flippen, R. B., Narayan, K. S., Epstein, A. J., Miller, J. S.: *Adv. Mater.*, **9** (1991), 309
(b) Miller, J. S., Epstein, A. J., Reiff, W. M.: *Chem. Rev.*, **88** (1988), 201: *idem*.: *Acc. Chem. Res.*, **22** (1988), 114
(c) Manriquez, J. M., Yee, G. T., McLean, R. S., Epstein, A. J., Miller, J. S.: *Science*, **252** (1991), 1415
(d) Broderick, W. E., Thompson, J. A., Day, E. P., Hoffman, B. M.: *Science*, **249** (1990), 401
(e) Ganeschi, A., Gatteschi, D., Sessoli, R., Rey, P.: *Acc. Chem. Res.*, **22** (1989), 392: cf. Pfbz=pentafluorobenzoate
201) (a) Tamura, M., Nakazawa, Y., Shiomi, D., Nozawa, K., Hosokoshi, Y., Ishikawa, M., Takahashi, M., Kinoshita, M.: Technical Report of ISSP, Ser. A, No. 2452 (1991)
(b) Allemand, P. M., Khemani, K. C., Koch, A., Wudl, F., Holczer, K., Donovan, S., Grüner, G., Thompson, J. D.: *Science*, **253** (1991), 301

第10章

生体光・電子材料

10.1 光・電子機能

　光・電子機能有機材料の視点から生体材料・生体機能を眺めると、"光エネルギー伝達能"、"電子伝達能"、"イオン輸送能"などにみられる機能が、自己組織化能や分子認識能などの構造形成能に基づき、いずれも分子レベルで機能発現しており、後述するように光エネルギーが巧みに電子・イオン移動に関連している事実に多くの示唆が得られる。一例として、光合成反応中心タンパク質複合体においては、アンテナタンパクにより捕獲された太陽光エネルギーがエネルギー移動により反応中心部、すなわち、クロロフィル二量体(スペシャルペア)へ受け渡され、そのエネルギーにより電子と正孔が発生する。こうして発生した電子は正孔と再結合して失活するより速く、1ps程度の時定数で異なる分子団へ分子スケールの空間制御能のもとに一方向的に伝達されている。

　このように、生物は、巧みに設計された量子波分子デバイスともいうべき機能をもっている。この生体の高度な量子機能を人工系で再構築することができれば光・電子機能有機材料としての究極の材料となろう。

　表III.10.1に主な生体光・電子機能材料を分類して示し、また、図III.10.1に材料の機能の中心的役割を担っている低分子機能団を示しておく。以下では10.2節に主な材料の性質を、10.3節でその応用研究例、10.4節に応用のための分子組織体の構築・評価技術を述べる。

10.2 代表的材料の性質

10.2.1 光合成反応中心[1～3]

　光合成細菌 *Rhodopseudomonas viridis* から単離され、1985年に構造解析された光合成反応中心(RC)複合体は[4～6]、光合成の初期過程における電荷分離を担っているタンパク質複合体であり、量子収率ほぼ1の光電変換素子といえる。すなわち、後述のアンテナタンパク質によって吸収、集光された光エネルギーがRCへ転移されるとそれがきっかけとなって高効率の一方向的電子移動が引き起こされる。

　図III.10.2にRC複合体の全体構造を示す。単離されたRC複合体は三つのサブユニット(H, M, L)からなり、これにシトクロム c サブユニットが結合している。また、これらに、光電変換機能を担う補欠分子(4分子のバクテリオクロロフィル b、2分子のバクテリオフェオフィチン b、1原子の鉄、1分子のキノン(Q_A))が結合している(図III.10.3)。さらに、生体中では第二のキノン(Q_B)が結合している。RC複合体は非常に相同性の高いHとMのサブユニットによりほぼ2回転対称の構造をとっている。その中でバクテリオクロロフィル2個(中心金属のMgにはヒスチジン残基が配位している)が二量体(スペシャルペアと呼ばれる、以後Pと略す)を形成している(図III.10.4)。その結果タンパク質全体と同様に、キノン以外の機能団はそのスペシャルペアと鉄原子を結ぶ線を中心としたほぼ2回転対称構造をとっている。キノン Q_A は他の補欠分子から少し離れた位置にある。大まかな電子移動経路は、励起されたスペシャルペアからLサブユニット内のもう一つのバクテリオクロロフィル(アクセサリバクテリオクロロフィルと呼ばれる、以後 B_L と略す)、バクテリオフェオフィチン(以後 H_L と略す)、Q_A を通り最終的に Q_B に電子が渡される。このときの電子移動過程の理論的な解析は、RC複合体の結晶構造が解析されて以来精力的に行われている。まず電荷分離はPと H_L の間で3ps以内で起こり、H_L から Q_A への電子移動は200psの時定数で起こる。Pと Q_A は空間的に分離され、Q_A からPへの逆反応は10nsの時定数であり、この大きな差(〜50倍)により逆反応は実質的に起こらず、高い光電変換効率の一つの要因となっている。B_L については、この補欠分子に電子移動が起こっているかどうかはよくわかっていない。Holzapfelらはフェムト秒過渡吸収法により $P^*B_LH_L$ → $P^+B_L^-H_L$ および $P^+B_L^-H_L$ → $P^+B_LH_L^-$ の時定数がそれぞれ3.5、0.9psであることを示し、B_L に電子移動が起こっていることを主張している[7]。一方KirmaierとHoltenは B_L^- の存在は必ずしも認められず、あるとしても時定数は0.5ps以下であると主張し

10.2 代表的材料の性質

表 III.10.1 生体光・電子機能材料の分類

生体機能	基本構成材料	基本機構	機能団	起源	参考
光合成	光合成反応中心	光電子移動	クロロフィル	藻類・高等植物の PS I・II	
			バクテリオクロロフィル	光合成細菌	
			フェオフィチン		
			バクテリオフェオフィチン a, b		
			キノン類		
			鉄-硫黄センター		
	アンテナタンパク質会合体	集光エネルギー移動	クロロフィル a, b	高等植物，藻類	
			バクテリオクロロフィル a	光合成細菌	
	クロロゾーム		カロテノイド	光合成生物	
	フィコビリソーム		バクテリオクロロフィル c	緑色光合成細菌	
	フィコシアニン		フィコシアノビリン	ラン藻	
	フィコエリトリン		フィコエリトロビリン	紅藻	
	バクテリオロドプシン	光-プロトンポンプ	レチナール	高度好塩菌	
電子伝達系	電子伝達タンパク質	電子移動			
	シトクロム a（シトクロム c オキシダーゼ）		ヘム a, 銅	ミトコンドリア，（酵母 etc）	
	シトクロム b		プロトヘム	ミトコンドリア	$E^{o'} = +0.090$, -0.034 V
	シトクロム b_2		プロトヘム, FMN	酵母	
	シトクロム b_{559}		プロトヘム	植物葉緑体	
	シトクロム c		ヘム c	ミトコンドリア，酵母	$E^{o'} ≒ +0.26$ V
	シトクロム c_{551}		ヘム c	Pseudomonas	
	シトクロム c_1		ヘム c	ミトコンドリア	$E^{o'} ≒ +0.255$ V
	シトクロム c_2		ヘム c	光合成細菌	$E^{o'} ≒ +0.35$ V
	シトクロム f		ヘム c	葉緑体	$E^{o'} ≒ +0.35$ V
	シトクロム c_3		4 ヘム c	硫酸還元菌など	$E^{o'} ≒ -0.205$ V
	細菌型フェレドキシン		2(4Fe-4S)	細菌	$E^{o'} ≒ -0.4$ V
			3Fe-4S	Azotobacter	
	植物型フェレドキシン		2Fe-2S	植物，好塩菌	
	高ポテンシャル鉄-硫黄タンパク質		4Fe-4S	細菌	$E^{o'} ≒ +0.35$ V
	ルブレドキシン		鉄（システイン配位）	細菌	$E^{o'} ≒ -0.060$ V
	アズリン		銅（タイプ I）	細菌	$E^{o'} ≒ +0.38$ V
	プラストシアニン		銅（タイプ I）	藻類，植物葉緑体	$E^{o'} ≒ +0.37$ V
	チオレドキシン		$-S-S-$	バクテリオファージ，細菌	$E^{o'} ≒ -0.26$ V
	フラボドキシン		FMN	嫌気性細菌	$E^{o'} ≒ -0.399$, -0.092 V
酸化還元触媒	酸化還元酵素	基質の酸化還元反応			
	アルコールデヒドロゲナーゼ		亜鉛	ほ乳類，酵母	EC 1.1.1.1
			NADP	微生物	EC 1.1.1.2
			NAD(P)	動物	EC 1.1.1.71
			ピロロキノリンキノン	細菌	EC 1.1.99.8
	乳酸デヒドロゲナーゼ		NAD	動物	EC 1.1.1.27
	ペルオキシダーゼ		プロトヘム	動物，植物，微生物	EC 1.11.1.7
			ヘム a	白血球	
			Se	赤血球	
			FAD	Streptococcus	
	グルコースオキシダーゼ		FAD	微生物	EC 1.1.3.4
	クレゾールメチルヒドロ		ヘム c, FAD	微生物	
	NADPH：シトクロム P-450 レダクターゼ		FMN, FAD	真核生物	EC 1.6.2.4
	アスコルビン酸デヒドロゲナーゼ		2Cu（タイプ I, III）	植物	EC 1.10.3.3
	トリメチルアミンデヒドロゲナーゼ		FMN, 4Fe-4S	細菌	EC 1.5.99.7
	亜硫酸オキシダーゼ		Mo, ヘム b	動物ミトコンドリア	EC 1.8.3.1
	亜硝酸リダクターゼ		ヘム c, ヘム d	細菌	EC 1.7.2.1
			2Cu（タイプ I, II）	細菌	
視覚	網膜	光-膜電位変化			
	ロドプシン				
発光	ルシフェリン（発光素）	励起状態緩和	ルシフェリン（基質）	ホタル	
	+ルシフェラーゼ（発光酵素）		ホタルルシフェリン		
			ウミホタルルシフェリン	ウミホタル	
			ランプテロフラビン	ツキヨタケ	
			ポルフィリン誘導体	オキアミ	
	エクオリン（発光タンパク質）		セレンテラジン	オワンクラゲ	
磁気検知	磁気微粒子		マグネタイト（Fe_3O_4）	モネラ	
				原生生物（磁性細菌）	粒径 40〜60 nm
				植物（藻類）	
				動物（軟体動物）	
				（節足動物）	
				（脊索動物）	〜30 nm（ヒト）
			Fe_3S_4	磁性細菌	
			FeS_2		

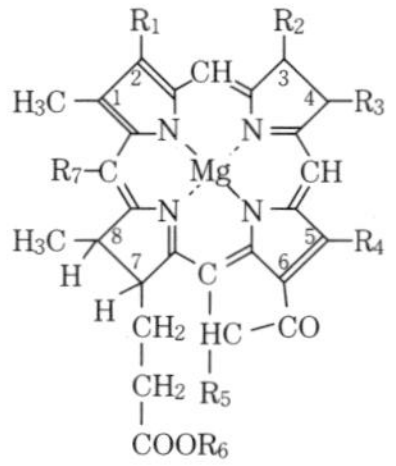

(a) クロロフィル類とフェオフィチン類

クロロフィル	R_1	R_2	R_3	R_4	R_5	R_6	R_7	備考
クロロフィル a	$-CH=CH_2$	$-CH_3$	$-CH_2CH_3$	$-CH_3$	$-COOCH_3$	フィチル[a]	$-H$	3, 4 は二重結合
クロロフィル b	$-CH=CH_2$	$-CHO$	$-CH_2CH_3$	$-CH_3$	$-COOCH_3$	フィチル	$-H$	3, 4 は二重結合
クロロフィル c	$-CH=CH_2$	$-CH_3$	$-CH=CH_2$	$-CH_3$	$-COOCH_3$	$-H$	$-H$	3, 4 / 7, 8 は二重結合
クロロフィル d	$-CHO$	$-CH_3$	$-CH_2CH_3$	$-CH_3$	$-COOCH_3$	フィチル	$-H$	3, 4 は二重結合
フェオフィチン a〜d	クロロフィル a〜d の Mg のないもの							
バクテリオクロロフィル a	$-COCH_3$	$\begin{pmatrix}-CH_3\\-H\end{pmatrix}$	$\begin{pmatrix}-CH_2CH_3\\-H\end{pmatrix}$	$-CH_3$	$-COOCH_3$	フィチル/ゲラニルゲラニオール[b]	$-H$	
バクテリオクロロフィル b	$-COCH_3$	$\begin{pmatrix}-CH_3\\-H\end{pmatrix}$	$\begin{pmatrix}=CHCH_3\\-H\end{pmatrix}$	$-CH_3$	$-COOCH_3$	フィチル/ゲラニルゲラニオール[b]	$-H$	
バクテリオクロロフィル c	$-CHCH_3$ | OH	$-CH_3$	$\begin{pmatrix}-C_2H_5\\-C_3H_7\\-iC_4H_9\end{pmatrix}$	$\begin{pmatrix}-C_2H_5\\(-CH_3)\end{pmatrix}$	$-H$	ファルネシル[c]	$-CH_3$	3, 4 は二重結合
バクテリオクロロフィル d	$-CHCH_3$ | OH	$-CH_3$	$\begin{pmatrix}-C_2H_5\\-C_3H_7\\-iC_4H_9\end{pmatrix}$	$\begin{pmatrix}-C_2H_5\\(-CH_3)\end{pmatrix}$	$-H$	ファルネシル	$-CH_3$	3, 4 は二重結合
バクテリオクロロフィル e	$-CHCH_3$ | OH	$-CHO$	$\begin{pmatrix}-C_2H_5\\-C_3H_7\\-iC_4H_9\end{pmatrix}$	$\begin{pmatrix}-C_2H_5\\(-CH_3)\end{pmatrix}$	$-H$	ファルネシル	$-CH_3$	3, 4 は二重結合
バクテリオクロロフィル g	$-CH=CH_2$	$\begin{pmatrix}-CH_3\\-H\end{pmatrix}$	$=CH-CH_3$	$-CH_3$	$-COOCH_3$	ゲラニルゲラニオール		
バクテリオフェオフィチン a〜g	バクテリオクロロフィルフィル a〜g の Mg のないもの							

a) $C_{20}H_{39}-$, b) $C_{20}H_{33}-$, c) $C_{15}H_{25}-$.

(b) ヘム

ヘム	骨格	X	Y	Z
プロトヘム	(A)	$-CH=CH_2$	$-CH=CH_2$	$-CH_3$
ヘム c	(A)	$-CHSR_1$ | CH_3	$-CHSR$[d] | CH_3	$-CH_3$
変形ヘム c	(A)	$-CHSR_1$ | CH_3	$-CH=CH_2$	$-CH_3$
クロロクルオロヘム	(A)	$-CHO$	$-CH=CH_2$	$-CH_3$
ヘム a	(A)	$-CHOHCH_2R_2$ \newline $-CHOHCH_3$	$-CH=CH_2$ ←変わりうる→	$-CHO$ \newline $-CH=CH_2$
ヘム d	(B)			
ヘム d_1	(C)			
シロヘム	(D)			

$R_1: -CH_2CH(NH_2)COOH$

$R_2: -CH_2-CH=\underset{CH_3}{C}-CH_2-CH_2-CH=\underset{CH_3}{C}-CH_2-CH_2-CH=\underset{CH_3}{C}-CH_3$

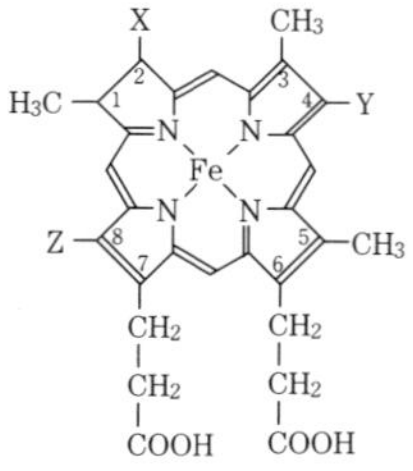

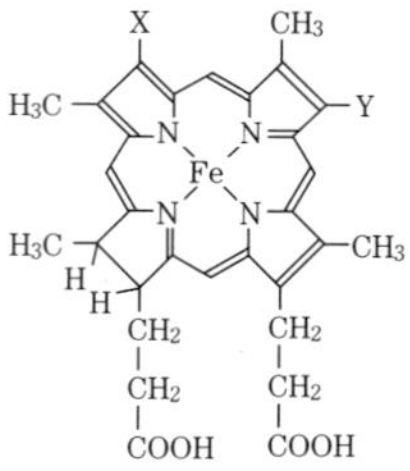

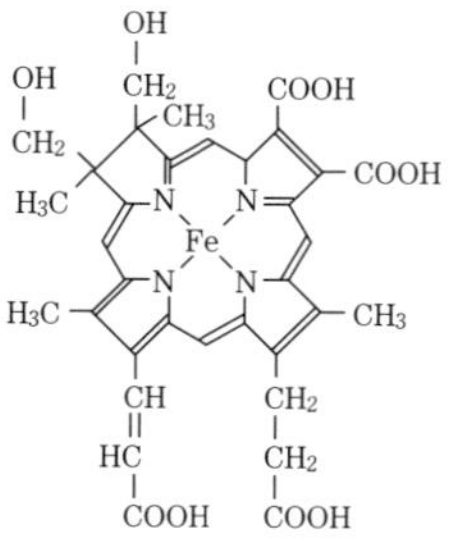

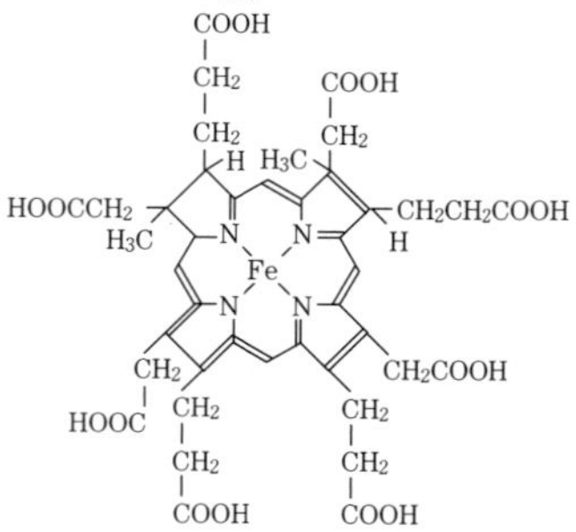

図 III.10.1 機能団の構造 (1)

10.2 代表的材料の性質

(c) キノン類

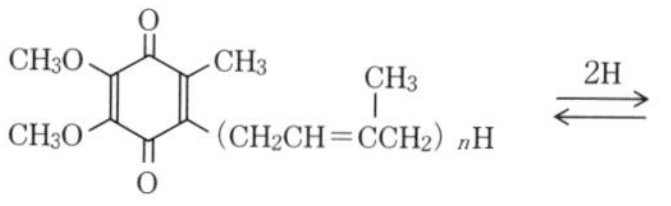

ユビキノン

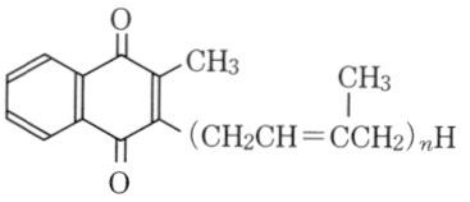

メナキノン

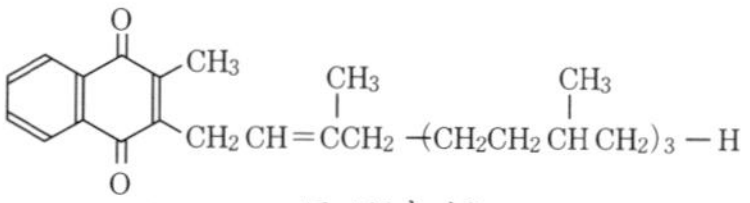

フィロキノン

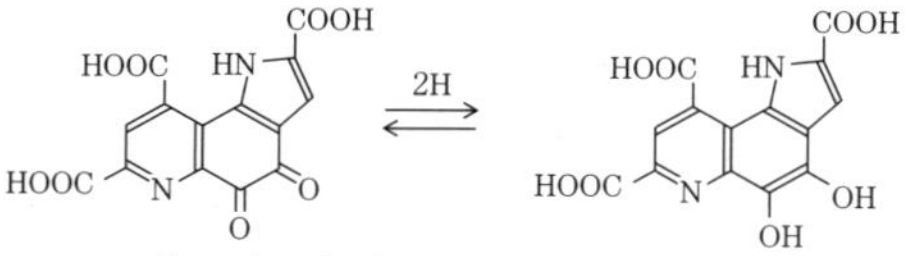

ピロロキノリンキノン

(d) 鉄—硫黄クラスター

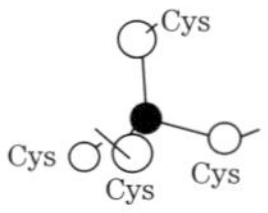

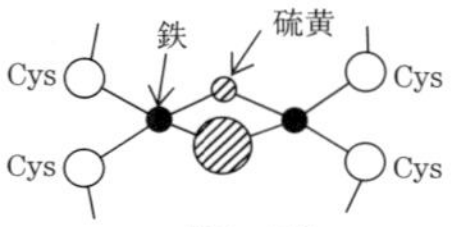

[2Fe–2S]

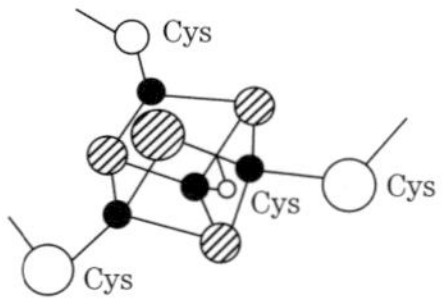

[4Fe–4S] 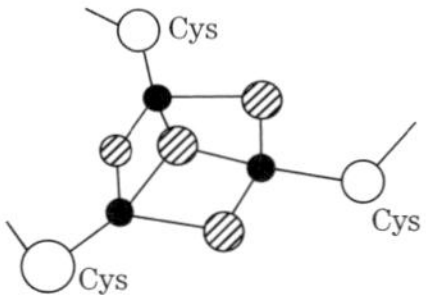   [3Fe–4S]

(e) レチナール

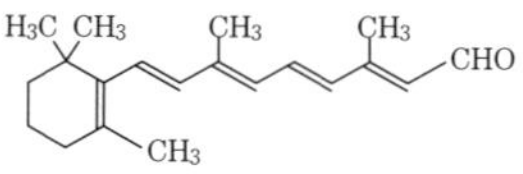

全trans-レチナール

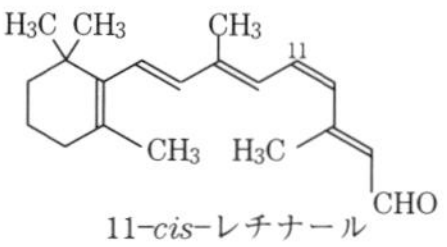

11-cis-レチナール

(f) カロテノイド

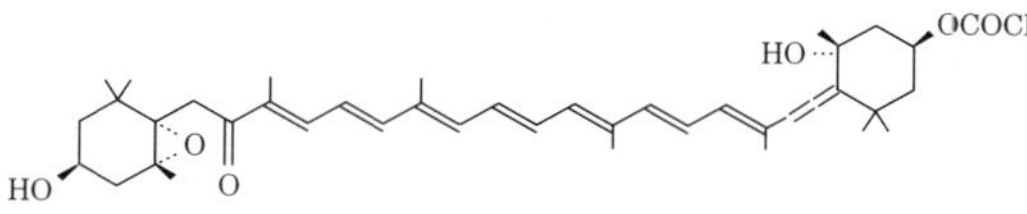

フコキサンチン

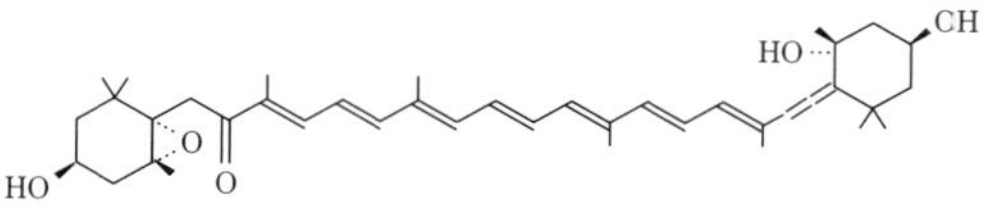

ネオキサンチン

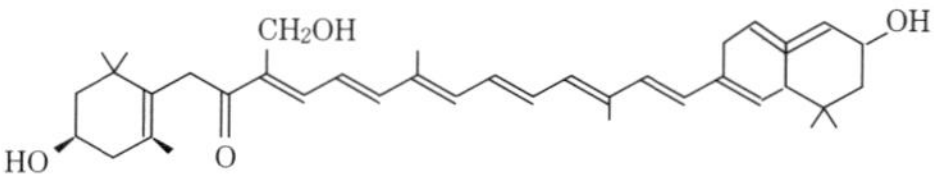

シフォナキサンチン

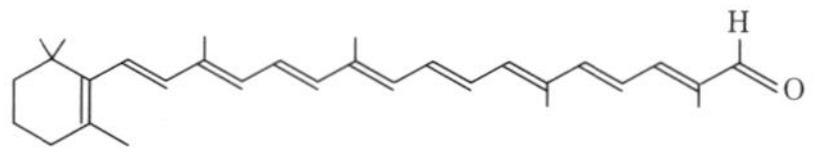

β-アポ-8′-カロテナール

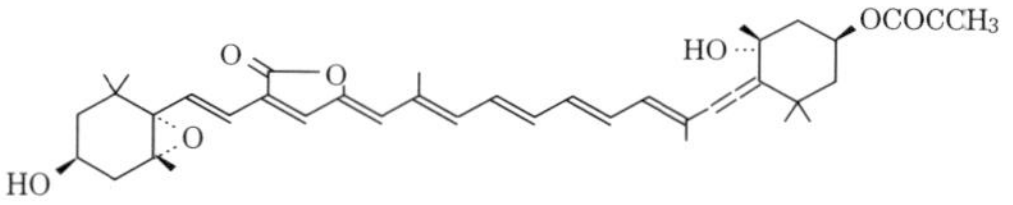

ペリゾニン

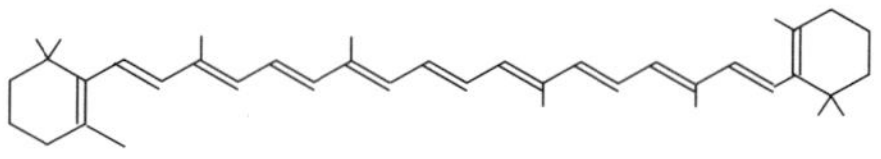

β-カロテン

(g) フィコシアノビリンとフィコエリトロビリン

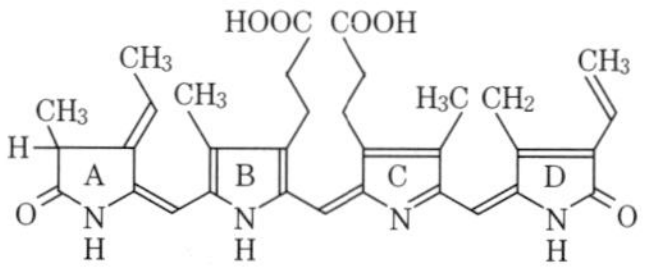

フィコシアノビリン

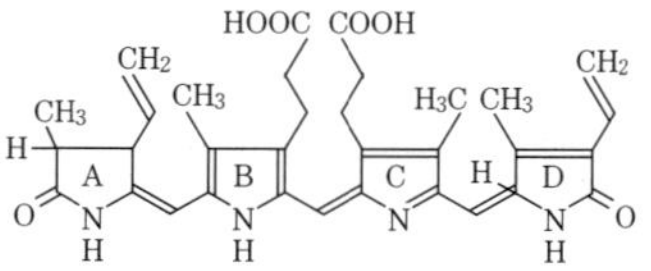

フィコエリトロビリン

図 III.10.1 機能団の構造(2)

(h) フラビン類　　　　　　　　　　　　　　　　　(i) NADとNADP

図 Ⅲ.10.1　機能団の構造(3)

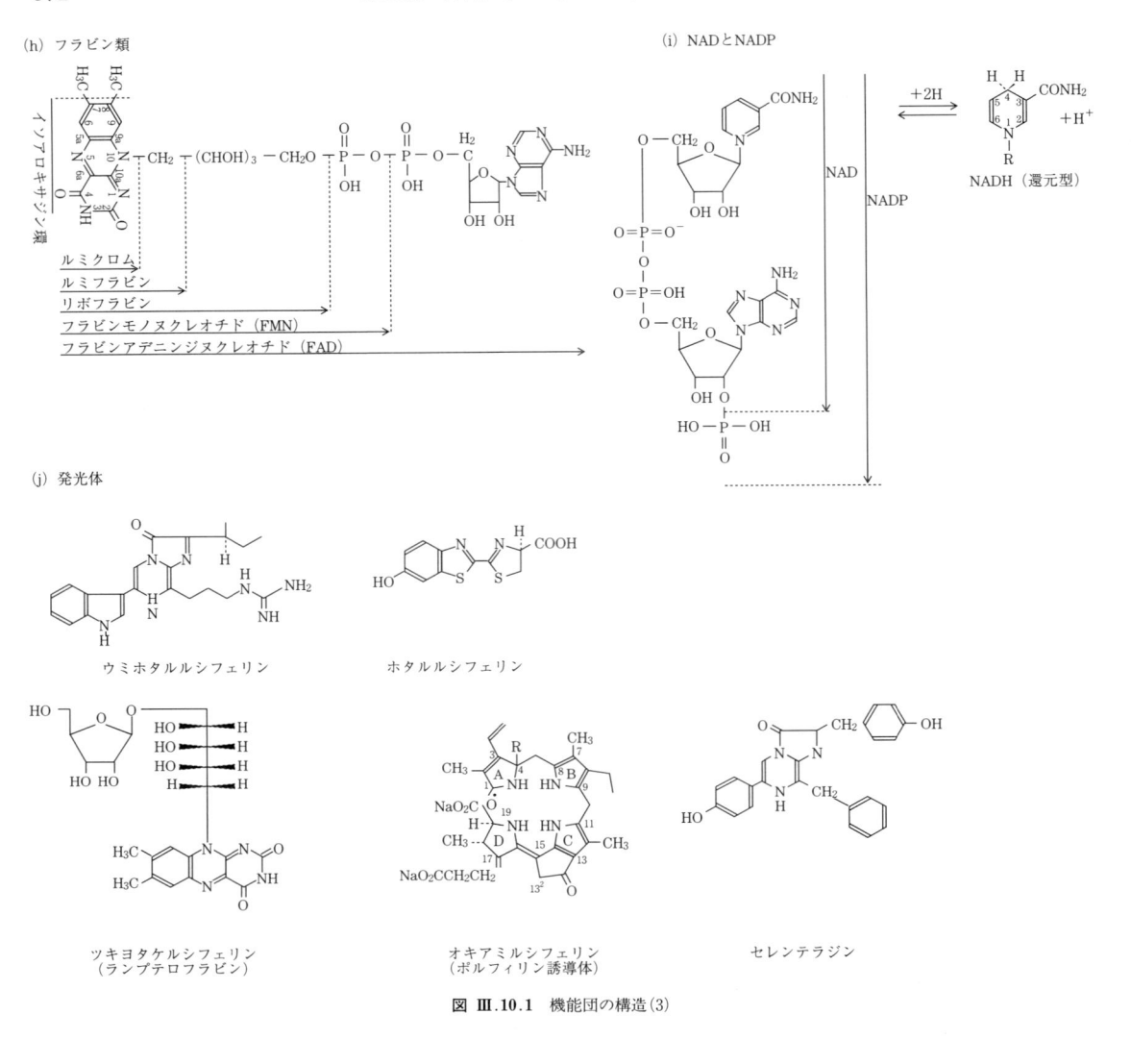

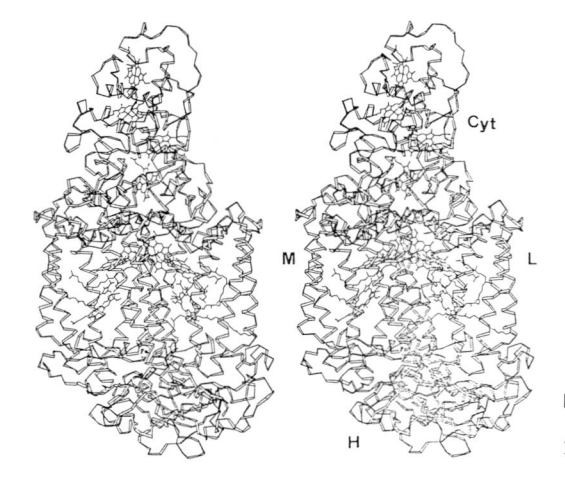

(j) 発光体

ウミホタルルシフェリン　　　ホタルルシフェリン

ツキヨタケルシフェリン　　オキアミルシフェリン　　セレンテラジン
（ランプテロフラビン）　　（ポルフィリン誘導体）

図 Ⅲ.10.2　紅色光合成細菌 *R. viridis* の反応中心複合体の構造（ステレオ図）
H, M, L, Cyt：H, M, L, シトクロム c 各サブユニット．

ている[8]．また，Fleming らのグループは，50 fs の分解能システムによる計測から過渡吸収過程は非指数関数的であることを示し，この原因として，(1) 機能団間の距離，エネルギー状態などのパラメーターにある程度分布がある，(2) $P^*B_LH_L \to P^+B_L^-H_L \to P^+B_LH_L^-$ の2ステップ機構と $P^*B_LH_L \to P^+B_LH_L^-$ の1ステップ機構が両方存在する（後者では B_L は電子移動の場を与えており，この機構を超交換相互作用(super exchange)[9] という），(3) 遅いか不完全な振動緩和過程が存在する，の三つをあげている[10]．

ところで，RC複合体はほぼ同じ構造をした，L，Mのサブユニットをもつが，電子移動は実質的にLユニットのみに起こり一方向的である．これは，スペシャルペア近辺のアミノ酸の分布の影響が大きい．すなわち，タンパク質におけるアミノ酸は単なる構造体ではなく，機能性溶媒[1] とでも呼ぶべきものである．

以上のように，RC複合体における電子移動過程は非常に高速に起こるため，現在のところ機構解析は不完全である．しかしながら，ナノメータースケールで制御された量子的な反応であり，高速，高効率，一方向的といったきわめて興味深い性質をもっているので，今後の展開が期待される．

10.2.2 （光合成）アンテナタンパク質[1,11]

光合成における最初の光エネルギー吸収物質がアンテナ複合体内のアンテナタンパク質と呼ばれる物質である．図III.10.5に色々な光合成生物のアンテナ複合体の構造を示す．アンテナタンパク質にはアンテナ色素と呼ばれる機能団が結合している．前述の1RCあたりのアンテナ色素は約50〜200といわれている．すべての光合成生物はアンテナ色素として少なくとも1種類のクロロフィルと複数のカロテノイドを含む．このように複数種類の色素が機能している理由はエネルギー移動において，エネルギー供与体と受容体のエネルギー準位が重なることと，RCへのエネルギー供給経路を複数形成しRCの稼働率を上げるためである．しかしながらエネルギー移動機構はまだ完全に解明されていない．励起寿命の短いカロテノイド（20 ps 以下）は供与体-受容体が近距離（約5Å）にあり，電子交換相互作用[12] によりエネルギー移動が起こっている可能性が強い．一方励起寿命の長いクロロフィル（6 ns）は比較的長距離（15〜50Å）に配置しており[13]，双極子-双極子相互作用[14] によるエネルギー移動が起こっていると考えられている．

アンテナタンパク質はチラコイド膜（葉緑体）または細胞膜（光合成細菌）中のRCスペシャルペアへエネル

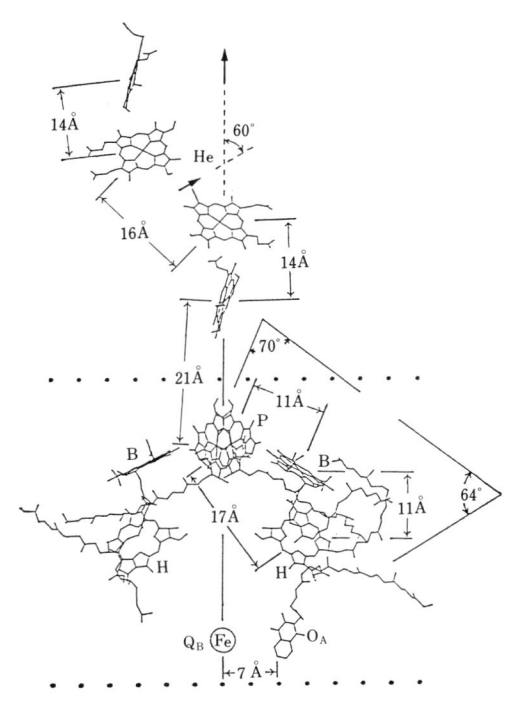

図 III.10.3 反応中心複合体における機能団の相互配置（相互距離と角度）
P：バクテリオクロロフィル二量体（スペシャルペア），B：バクテリオクロロフィル単量体（アクセサリバクテリオクロロフィル），H：バクテリオフェオフィチン，QA：メナキノン，QB：ユビキノン，Fe：非ヘム鉄，He：ヘム c．
垂直の矢印は2回回転対称軸，点線は膜の両面の推定位置．

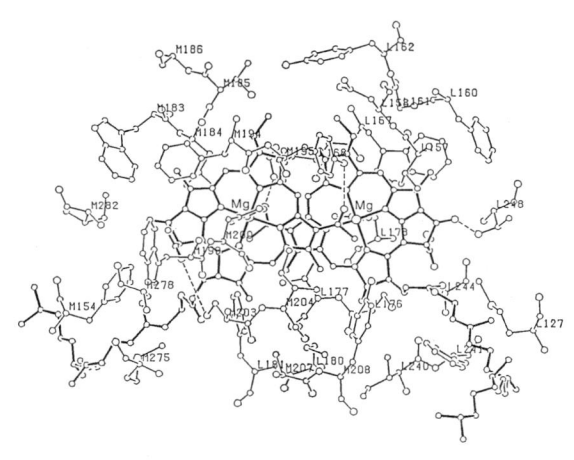

図 III.10.4 スペシャルペアと周辺アミノ酸残基
破線は水素結合．

図 Ⅲ.10.5 各種光合成生物のアンテナ複合体の構造
RC：反応中心複合体，LH：アンテナタンパク質，Core：Core アンテナ，FCPA：フコキサンチン-クロロフィルタンパク質複合体，LHC：集光タンパク質複合体

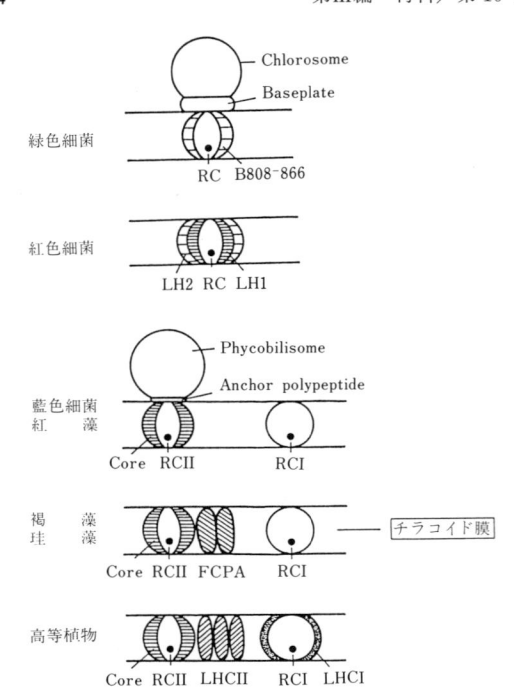

ギーを伝達する機能をもっているが，スペシャルペアへの直接のエネルギー供与体はスペシャルペアと強い相互作用をもち，やはり膜中に存在する core アンテナと呼ばれる複合体である（図Ⅲ.10.5）．キノン型 RC（植物またはラン藻の光合成系Ⅱ（PSⅡ）および紅色光合成細菌の RC をキノン型と呼ぶ）にはアンテナ色素が存在せず他のアンテナタンパク質が強く結合して core アンテナを形成している．一方 Fe-S 型 RC（PSⅠおよび緑色嫌気性光合成細菌）では RC 内に多くのアンテナ色素が存在し，RC 自体が core である．

次にすでに三次元構造が解明されているラン藻（シアノバクテリア）のチラコイド膜中に存在するアンテナタンパク質複合体であるフィコビリソーム（PBS）について記す（図Ⅲ.10.6）[15,16]．PBS は二つの部分，フィコシアニン（PC）とアロフィコシアニン（APC）に分けられる．PC の立体構造は Huber などのグループが明らかにし，C3 対称構造をもつ三量体が機能単位となり，さらに二つの三量体が会合して六量体を形成する．そして六量体が三層重なり円筒状となる．各単量体は α ユニット（色素1分子，α84）と β ユニット（色素2分子，β84，β155）からなる．1 PBS 中に円筒状会合体が6個存在するので，色素数は324分子（3×3×2×3×6）である．各色素はアミノ酸残基と水素結合して立体構造が安定化し，エネルギー準位は固定され，β155，α84，β84 の順に低くなる．さらに六量体の形成および円筒状会合体の形成によりエネルギー準位が変化する

ことにより，表面側から内側に向かって効率的なエネルギー移動が起こり，最後に APC に渡される．最終的にそれらが次々と RC にエネルギーを伝達する（集光機能）．

APC 内でのエネルギー移動経路は複雑であるので文献[17,18]を参照されたい．いずれにしても同じ色素分子がタンパク質に結合することによりエネルギー準位を変化させ，かつ，その配向が制御されることにより RC へのエネルギー移動を高効率に行えるようにしていることは非常に興味深いものである．

緑色光合成細菌のクロロゾームは色素分子（バクテリオクロロフィル c）が自己会合体を形成し，タンパク質と結合していない例外的なケースである（図Ⅲ.10.7）．

10.2 代表的材料の性質

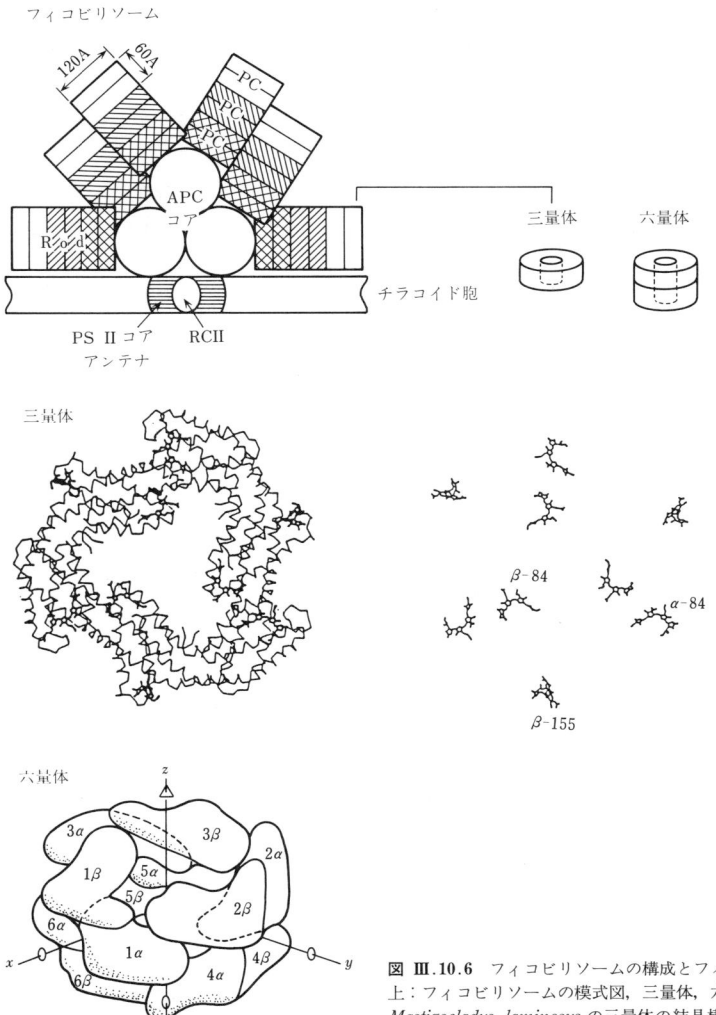

図 III.10.6 フィコビリソームの構成とフィコビリンの構造
上：フィコビリソームの模式図，三量体，六量体．中：ラン藻 *Mastigocladus laminosus* の三量体の結晶構造と色素の位置．
下：六量体の各サブユニットの位置．

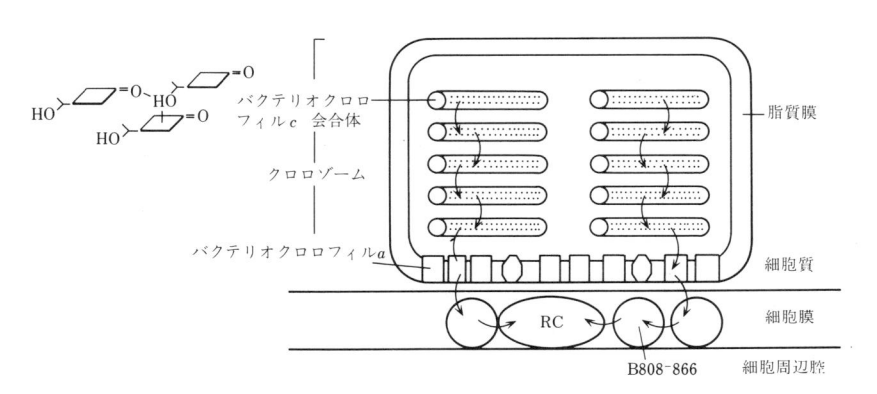

図 III.10.7 クロロゾームの構造
矢印は光エネルギーの移動を示す．バクテリオクロロフィル c の自己会合体のモデルを左上に示す．

10.2.3 バクテリオロドプシン

高度好塩菌(古細菌の1種)*Halobacterium halobium*の紫膜から発見された膜タンパク質バクテリオロドプシン(bR)は，1分子のタンパク質のみで光によるプロトンの濃度勾配形成を行い，電子伝達系の関与なしにATPを合成することができる[19]．高度好塩菌の紫膜は脂質とbRのみから構成されている．bRは1分子あたり1個のレチナール分子を含んでおり，レチナールのπ電子が可視光を吸収するため紫色に見える．bRのタンパク質部分(オプシン)は249残基からなる直径4.5nmの球状タンパク質で，そのペプチド鎖は7本のα-ヘリックス(A～G)に折り畳まれて厚さ40Åの細胞膜をほぼ垂直に貫通している(図Ⅲ.10.8，Ⅲ.10.9)[20,21]．紫膜のX線および電子線回折よりbRが紫膜平面内で三量体を形成し，この三量体が二次元結晶化していることがわかっている．

bRの構造は，GヘリックスのC末端を細胞質側に，AヘリックスのN末端を膜の外側へ向けており，発色団レチナール(*trans*：13-*cis*≒1：1)はシッフ塩基を形成して，Gヘリックスのリシン-216残基のε-アミノ基に結合している．560nmに極大吸収をもち($\varepsilon = 63.0 \times 10^3/\text{M}\cdot\text{cm}$)，光を受けるとレチナールがオールトランス形に変わるのに始まり，吸収波長の異なるK，L，M，N，Oの中間体を経由する一連の光化学反応を起こす．その際，黄色のM中間体の生成に対応して紫膜の外側にプロトンを放出し，M中間体の崩壊に対応して細胞質側からプロトンをとり込み，電気化学ポテンシャルを形成する(図Ⅲ.10.10)．レチナールを結合しているリシン-216はGヘリックスの中央付近にあり，レチナールは膜に対しほぼ水平に位置している．光化学反応に伴い，ここからアスパラギン酸-85，-212残基を経由してプロトンが細胞外へ排出され，一方，細胞内からアスパラギン酸-96残基を経由してプロトンが本タンパク質内へとり込まれる機構が提案されている[22]．この機構によれば，光によって駆動されるプロトン移動では，bR分子中で少なくとも4回の構造変化と3回のプロトン移動が起こっていると考えられる．

bRとATP合成酵素をリポソームに再構成し光を照射すると，bRによるプロトン濃度勾配を利用してATPの合成が起こる．この反応はプロトン濃度勾配に共役したATPの合成(化学浸透説)を支持する強力な証拠の一つである．高度好塩菌はこのbRの存在に

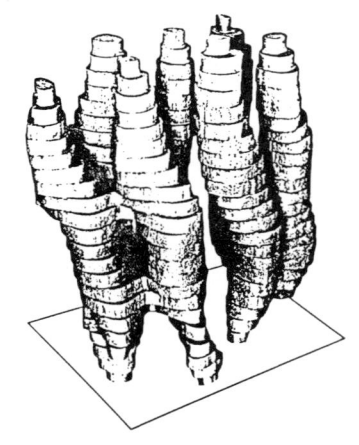

図 Ⅲ.10.8　バクテリオロドプシンの立体構造

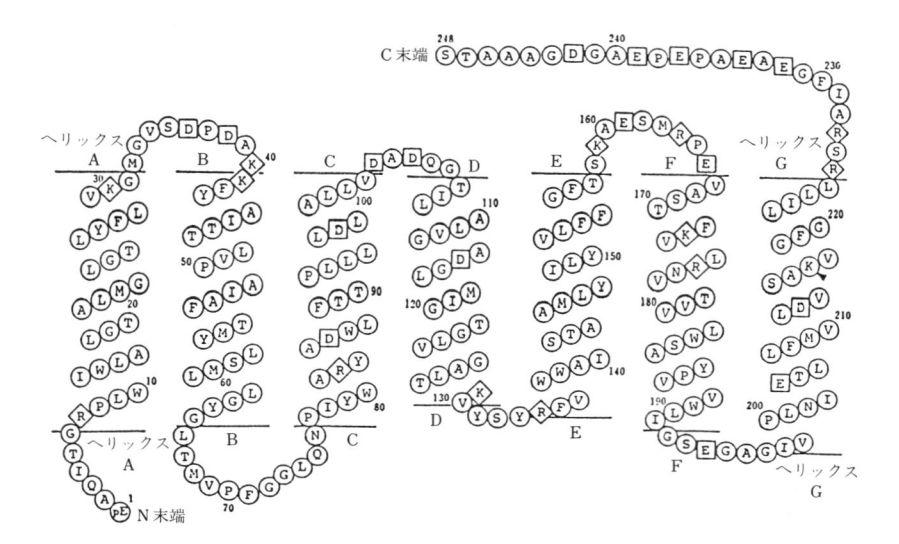

図 Ⅲ.10.9　バクテリオロドプシンのアミノ酸配列

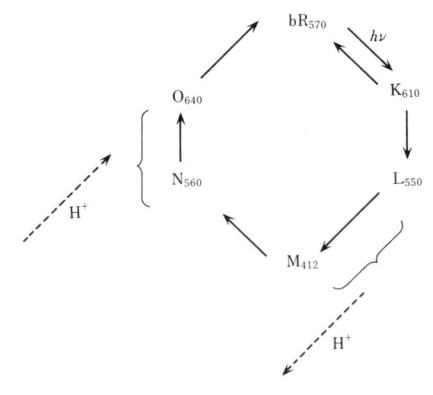

図 Ⅲ.10.10 光サイクル

より光の下で嫌気的に増殖できる．高度好塩菌細胞膜には類似の構造をもつ光 Cl⁻ イオンポンプ（ハロドプシン：hR）や，光走性受容体といわれるフォボロドプシン（pR），センサリーロドプシン（sR）なども存在している．

10.2.4 ロドプシン

ロドプシンは視覚をもつ動物の網膜に存在する光受容体で，バクテリオロドプシンと同様に発色団レチナールとアポタンパクであるオプシンからなる．網膜（0.1～0.5 mm）の内側には多数の感光細胞が二次元的に高密度で配置されており，この感光細胞は桿体（rod）と錐体（cone）の2種類からなっている．桿体は直径 $2\mu m$，長さ $60\mu m$ の円柱状であり，その中に 10^8 個のロドプシンが含まれている．ロドプシンは受容した光情報を細胞質のトランスデューシン（Gタンパク）に伝達し次のターゲットである情報伝達分子の活性化を引き起こす．ロドプシンは分子量約4万，半径約5 nmの球状の色素タンパク質で，11-cis-レチナールを発色団とし，Gヘリックスのリシン残基にシッフ塩基結合している．レチナールの吸収極大は380 nmでプロトン化シッフ塩基結合の形成によって440 nmに赤色シフトする．この440 nmとロドプシンの最大吸収波長500 nmの差は，レチナール分子とアポタンパクオプシンとの相互作用に起因し，オプシンシフトと呼ばれている．ロドプシンは桿体から界面活性剤で抽出され，α(500 nm)，β(350 nm)，γ(280 nm)の三つの吸収帯をもち，光の照射により赤色，橙色を経て，黄色のレチナール（レチネン），レチノール（ビタミンA）となり，無色となる．ロドプシンからバソロドプシン（555 nm）までの反応が光の照射により起こり，11-cis-レチナールが全 trans-レチナールに異性化される以後の反応は熱反応として進行する．オプシンが構造変化して発色団との相互作用が変わるため，吸収極大波長の異なる中間体が順次出現して，最終的に全 trans-レチナールとなりオプシンからレチナールが遊離し無色となる[23,24]．ロドプシンの構造は詳細にはわかっていないが，ウシロドプシンのオプシンは348残基のアミノ酸からなり，バクテリオロドプシンとの相同性により7本の膜貫通領域をもつと推定され，11-cis-レチナールはリシン-296残基に結合している（図Ⅲ.10.11）[25]．

10.2.5 シトクロム c [26,27]

シトクロム c とは，広義にはヘム c を機能団とするシトクロムのうち，生理的にシトクロム c オキシダー

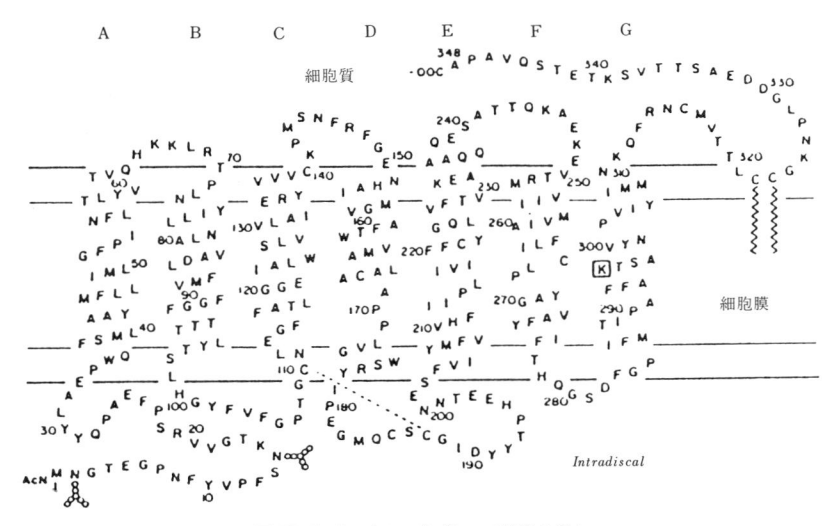

図 Ⅲ.10.11 ウシロドプシンの構造モデル

ゼまたは光合成反応中心に対して直接電子移動を起こすモノヘムの電子伝達タンパク質である。いわゆるミトコンドリア型シトクロム c(狭義のシトクロム c)，好気性細菌がもつ分子量1万前後の c 型シトクロム（ヘム c をもつタンパク質のうち，還元型で α, β, γ 吸収帯を示すもの），光合成細菌がもつシトクロム c_2，葉緑体のシトクロム f が含まれる。このように広範囲の生物に含まれるシトクロム c の構成アミノ酸数は80～134とさまざまであるが，一次構造だけでなく三次構造においても明らかな相同性がみられる。しかしながら，酸化還元電位，表面電荷などの性質は大きく異なっている。

ミトコンドリアシトクロム c について詳しく記す。ミトコンドリア呼吸鎖においてユビキノンに達した電子はシトクロム c 還元酵素複合体→シトクロム c →シトクロム c 酸化酵素→酸素分子と移動する。その結果酸化的リン酸化によりATP生成が起こる。シトクロム c は呼吸鎖中唯一の水溶性タンパク質である。図Ⅲ.10.12にウマ心筋シトクロム c の立体構造[28]，図Ⅲ.10.13にウシ心筋シトクロム c の酸化体および還元体の吸収スペクトル[29]を示す。ウマの場合大きさは $25\times25\times37$ Å である。分子中ヘムは疎水的ないわゆるヘムクレバス中に埋もれて存在している。アポタンパク質との結合は，プロピオン酸残基による水素結合，ビニル基とシステイン残基とのエーテル結合，中心金属の鉄へのヒスチジン-18，メチオニン-80の配位結合による。ヘムはヘムクレバスからわずかに露出し，そのまわりをリシン残基が取り囲んでいる。このリシン残基はそのプラス電荷により，シトクロム c がシトクロム c 還元酵素や酸化酵素と静電的相互作用により複合体を形成するとき，ヘムの露出部分を酵素側に配向させるという重要な働きをしている。酸化体における総電荷は+9，双極子モーメントは酸化体で325，還元体で308Debyeである。酸化還元電位は+0.260Vである。

TollinとCusanovichのグループはさまざまの c

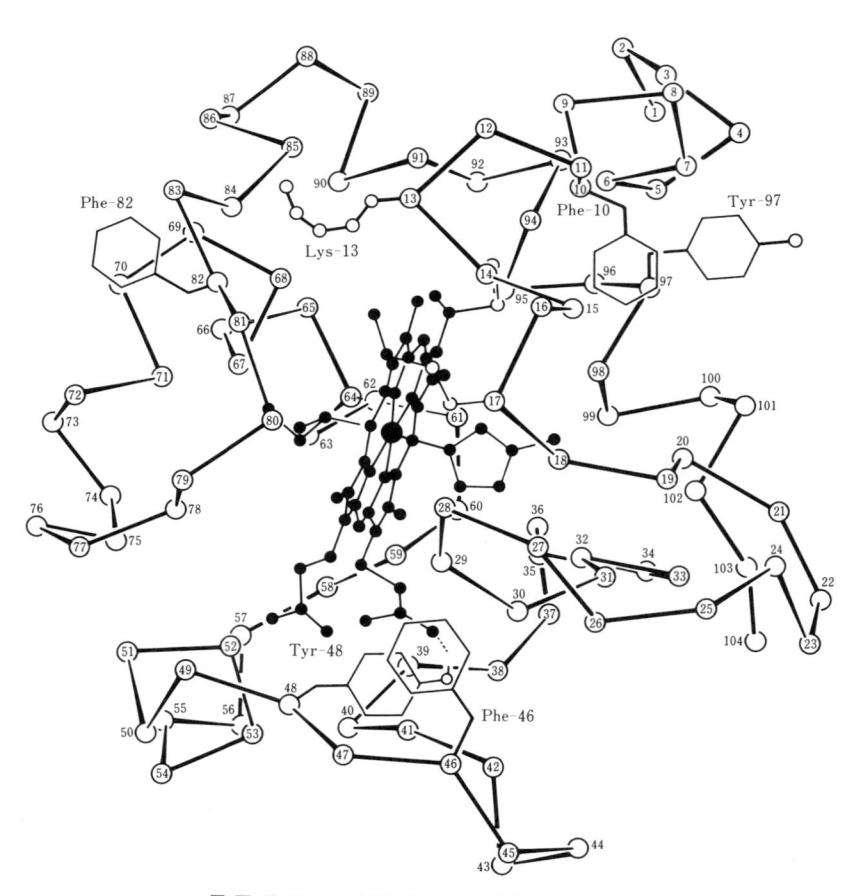

図 Ⅲ.10.12 ウマ心筋シトクロム c (酸化型)の立体構造

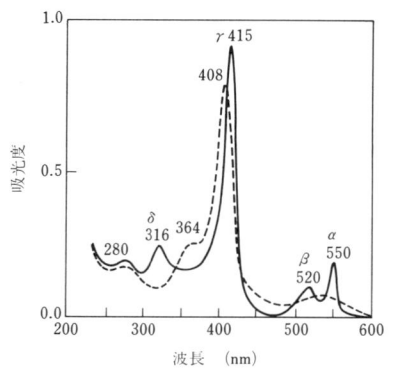

図 III.10.13 ウマ心筋シトクロム c (酸化型) の吸収スペクトル
――:酸化体,‥‥:還元体.

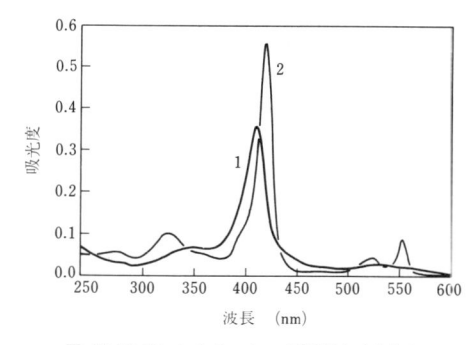

図 III.10.15 シトクロム c_3 の吸収スペクトル
1:酸化体,2:還元体.

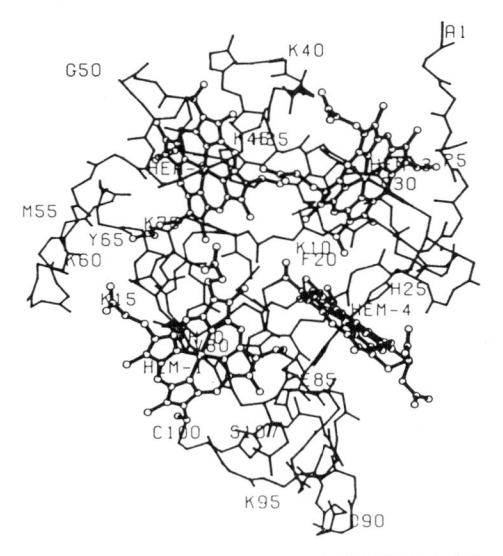

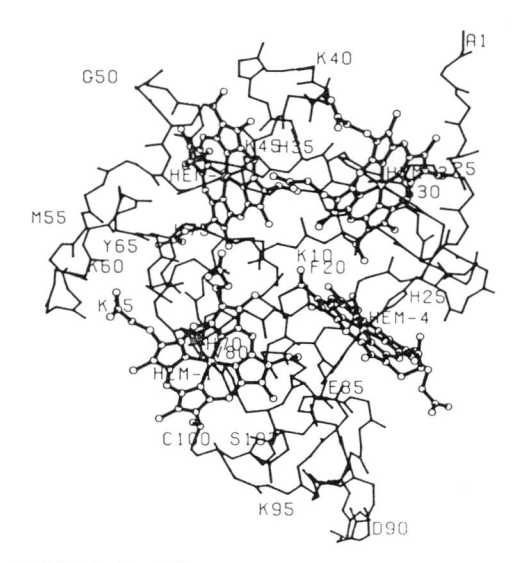

図 III.10.14 シトクロム c_3 の立体構造(ステレオ図)

型シトクロムがフラビンを機能団とする電子伝達タンパク質であるフラボドキシンと安定な複合体を形成し,フラビン→ヘムの電子移動が起こること,さらに,コンピュータシミュレーションの結果から,フラボドキシンのマイナス電荷とシトクロム c のリシンのプラス電荷による静電的相互作用による複合体形成であることを示した[30,31]. このことは,フラビンなど電子伝達機能団をもつ分子にマイナス電荷をもたせれば,シトクロム c がうまく配向して電子移動を高速に起こす複合体を形成できることを意味する.

10.2.6 シトクロム c_3 [26,32,33]

硫酸還元菌 *Desulfovibrio* は乳酸やピルビン酸を電子供与体,硫酸イオンを最終電子受容体とする嫌気性細菌であるが,シトクロム c_3 はヒドロゲナーゼと組んでその電子伝達系を構成している.シトクロム c_3 は分子量約 13000, pI=10, ヘム c を四つもつ.酸化還元電位が -0.29 V であり,c 型シトクロムの中では最も低い.図III.10.14 に立体構造,図III.10.15 に吸収スペクトルを示す[34]. 各ヘムはシトクロム c と同様にシステイン残基とエステル結合しているが,ヘム鉄への配位子はシトクロム c と異なりすべてヒスチジン残基である.そのため鉄は低スピン状態にあり,完全酸化状態では常磁性を,完全還元状態では反磁性を示す.ヘムは互いにほぼ直交しており,ヘム 1,ヘム 2 を除けば互いの距離はほぼ等しい(図III.10.14)[35,36]. ところで,ヘムが四つあることは五つの巨視的酸化還元状態(完全酸化,1電子還元,…,完全還元) および,16 個の酸化還元状態(2^4),そして各ヘムに対し,他のそれぞれのヘムの酸化還元状態に対応して酸化還元状態を考える

てさまざまな酸化還元状態をつくり出し，NMRを用いてこの複雑な系の解析を行っている[39,40]．その結果，シトクロム c_3 分子間電子移動は $10\,\mu s$ より遅く，分子内（ヘム間）電子移動はそれより速いことを示した．また，ヘムの酸化還元電位はまわりのヘムの酸化還元状態の影響を強く受ける．そのためヘム間の順序も変わり，たとえばヘム2は完全酸化状態で電子を受け取りやすい性質であるが，完全還元状態では電子供与性が最も強くなる．ところで，井口らのグループはシトクロム c_3 固体膜の電気電導率を測定している[41]．完全酸化体と完全還元体では大きく異なり，前者では抵抗率 $\rho = 2 \times 10^{12}$，後者では $6 \times 10\,\Omega\mathrm{cm}$ であった（なお，シトクロム c ではそれぞれ 3×10^{11}，3×10^{9} で機能団のないタンパク質よりかなり高い）．この値は金属に近く異常な高導電率であり，電子材料として期待される．

と32個の微視的酸化還元電位が存在する（図Ⅲ.10.16）[37,38]．阿久津らは，シトクロム c_3 溶液に微量のヒドロゲナーゼを加え，気相の水素分率を変化させ

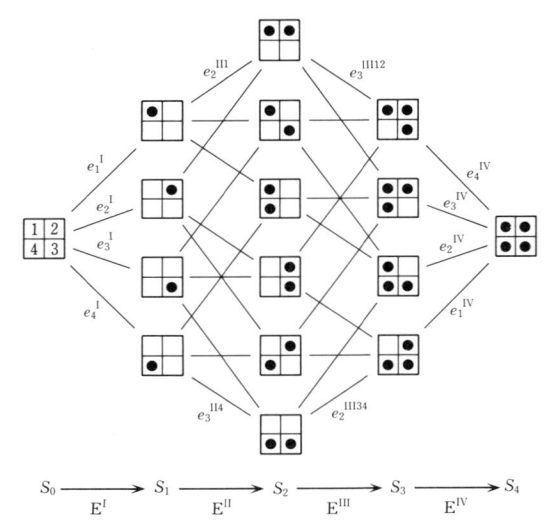

図Ⅲ.10.16 4ヘムタンパク質（シトクロム c_3）における五つの巨視的酸化還元状態（S_i）と16個の酸化還元分子種（□）

S_i は，i は電子還元状態を，E_j は j 番目の還元ステップの巨視的酸化還元電位を，e_i はヘム i の微視的酸化還元電位を示す．肩のローマ数字は還元ステップを，アラビア数字はすでに還元されているヘムの番号を示す．ただし，Ⅳ番目の還元ステップでは他のヘムはすべて還元されているのでアラビア数字は省略されている．

10.2.7 ウミホタルルシフェラーゼ-ウミホタルルシフェリン[42,43]

ウミホタル（*Vargula hilgendorfii*）は甲殻類の2～3mmの米粒状の生物である．夜行性で，遊泳中に外敵に刺激されると2～3μmの無色の顆粒と10μmの黄色顆粒を放出する．これらが溶解混合され青紫の光が放出され，ウミホタル自身は反対方向に逃げ去る．この発光は酵素反応であり，黄色顆粒に含まれるウミホタルルシフェリン（VHL）が無色顆粒に含まれるウミホタルルシフェラーゼ（VHLase）の働きで溶存酸素に

(a) ホタルの発光

(b) ウミホタルの発光

(c) 発光バクテリアの発光

図Ⅲ.10.17 発光生物における各種生物のルシフェリンの発光反応経路

図 III.10.18 CIEEL 機構によるジオキセタノンの分解

より酸化されるときに発光する。量子収率は 31% である[44]。VHLase はグルタミン酸, アスパラギン酸の含有量の高い, 金属を含まない分子量 68 000 の疎水性糖タンパク質である. ウミホタルの発光反応は VHLase, VHL, 分子酸素のみを必須成分とし[45], 基質に対して一次反応であり, ホタル発光反応に対して単純である.

発光反応経路をホタルおよび発光バクテリアの場合と合わせて図III.10.17 に示す[46]. ホタルと同様にルシフェリンのジオキセタン中間体の開裂反応による CIEEL (Chemically Initiated Electron Exchange Luminescence) 機構 (図 III.10.18)[46] に基づくといわれるが問題点も指摘されている. CIEEL 機構は, まず分子内電子移動によりジオキセタン部分にラジカルアニオン, 他の部分 (図III.10.18 では activator) にラジカルカチオンができ, 前者は脱炭酸してアセトンのラジカルアニオンとなる. そして分子内電子移動により励起一重項状態となったのち電荷消滅が起こり発光するというものである. しかしながら, 人工的な系では高収率な発光は再現されず (量子収率<10^{-4}), CIEEL の正当性は現在のところ証明されていない. McCapra は電荷移動錯体あるいはエキサイプレックスの生成を仮定し, そこから直接励起一重項状態となることを主張している[47].

10.2.8 磁気微粒子[48,49]

Lowenstam らによって, 1962 年, ヒザラガイからマグネタイト (Fe_3O_4) が発見された[50]のが, 生物から見つかった最初の磁性物質である. 1972 年に磁気微粒子をもつ走磁性細菌が発見され[51] (図III.10.19 に松永らが発見した走磁性細菌の電子顕微鏡写真を示す), さらにハト, サケ, ミツバチなどの地磁気を検知して行動していると考えられる動物からも次々と発見されてい

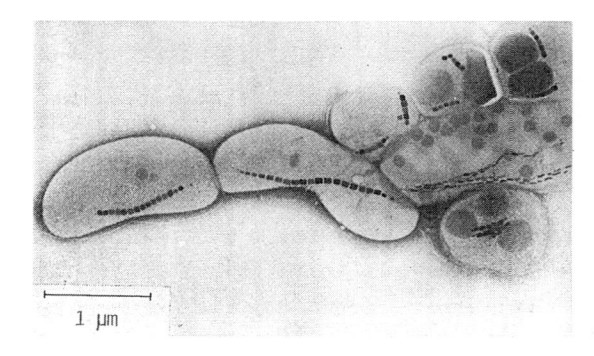

図 III.10.19 走磁性細菌の透過型電子顕微鏡写真

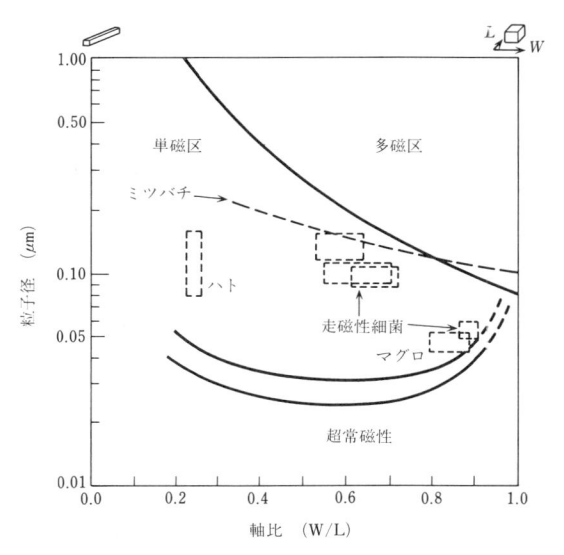

図 III.10.20 各種生物由来の磁性微粒子の大きさと形状

る. 図III.10.20 に種々の生物由来の磁気微粒子の形状と大きさを示す[48]. さらに 1992 年には, ヒトの脳にも存在することが報告された[52]. また, 磁気に応答する藻類も発見され[53], 非常に広範囲の生物に磁気微粒子が

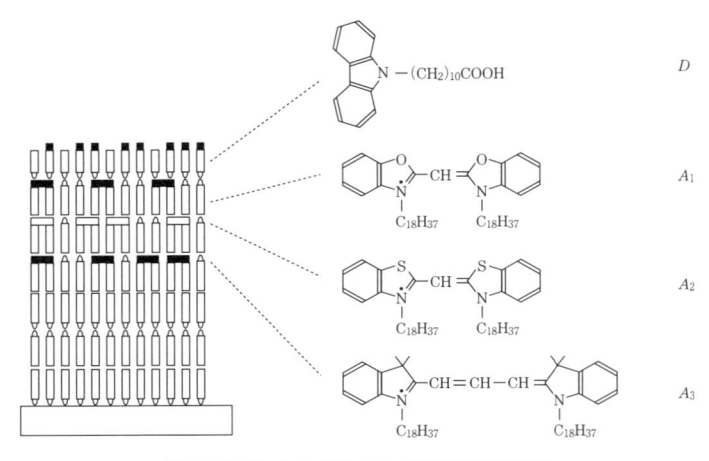

図 III.10.21 人工系アンテナ LB 膜多層膜の構造
D：光エネルギー供与体カルバゾール，A_1，A_2，A_3：エネルギー受容体である3種のオキサシアニン系色素．

存在することがわかってきた．ここでは工学的な応用面から，培養の比較的簡単ないわゆる磁性細菌から得られる磁気微粒子について記す．

嫌気性海洋磁性細菌 MV-1 は菌体内に10個ほどの微粒子を連ねている[54]（これをマグネトソームと呼ぶ）．その粒径は40〜60 nm であった．また，菌体外にマグネタイトをつくり出す嫌気性細菌 GS-15 の磁気微粒子は，粒径10〜50 nmの結晶の凝集塊であり，結晶は単磁区構造（磁区の方向が揃っている）である．松永らが新たに単離した好気性磁性細菌の磁気微粒子はマグネタイトの結晶であり，六角柱のへりを削ったような構造をしており，人工のマグネタイトと同じく単磁区の磁気微粒子である[49]．また，磁気特性も人工物と同じである．ところが懸濁液は人工のマグネタイト微粒子に比べて非常に分散性に優れている．マグネタイトを覆っている膜は薄層クロマトグラフィーによって分析するとリン脂質が50%を占め，それらのほとんどはパルミトオレイン酸とオレイン酸である．

10.3 光・電子材料としての応用

10.3.1 光合成機能材料

前節で述べたように，光合成はアンテナタンパク質複合体と反応中心複合体が共同して，高効率の光-化学エネルギー変換を行っている．この高効率反応を人工的に構築することができれば，分子スケールの光電変換素子や安定・高性能の太陽光発電が可能となるが，光合成は実に巧みな分子構成による協調反応であり実現は非常に難しい．そのためそれを克服すべく多くのいわゆる人工光合成研究が行われている．

山崎らはリン脂質2分子膜によるベシクルに色素を吸着した系[56]，オキソシアニン色素 LB 膜の系[57]，天然のアンテナ複合体のフィコビリソームの系[57] で励起エネルギー緩和の研究を行っている．LB 膜の系では（図III.10.21），色素の会合状態や配向変化などにより色素分子のエネルギー準位の分布が生じ，エネルギー移動が起こることが示された．さらに色素のフラクタル分布を仮定して解析を行っている．色素-色素間エネルギー移動効率はフィコビリソームの場合0.9である

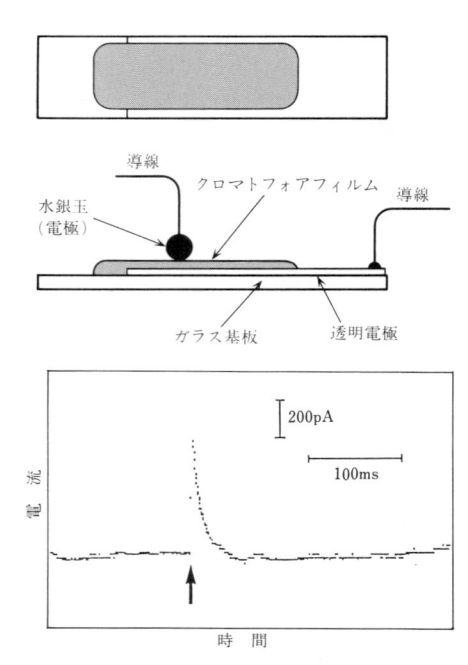

図 III.10.22 クロマトフォア（光合成膜）による光電変換フィルムと光電流応答

図 III.10.23　LB膜による光電変換
(a) A(アクセプター)-S(センシタイザー)-D(ドナー) triad 分子と H(アンテナ)分子；(b) LB 膜構造の模式図；(c) 電子移動とエネルギー移動の模式図；(d) H：ASD＝4：1 LB 膜における光応答(波長 350nm，＋0.2V vs SCE 印加)．

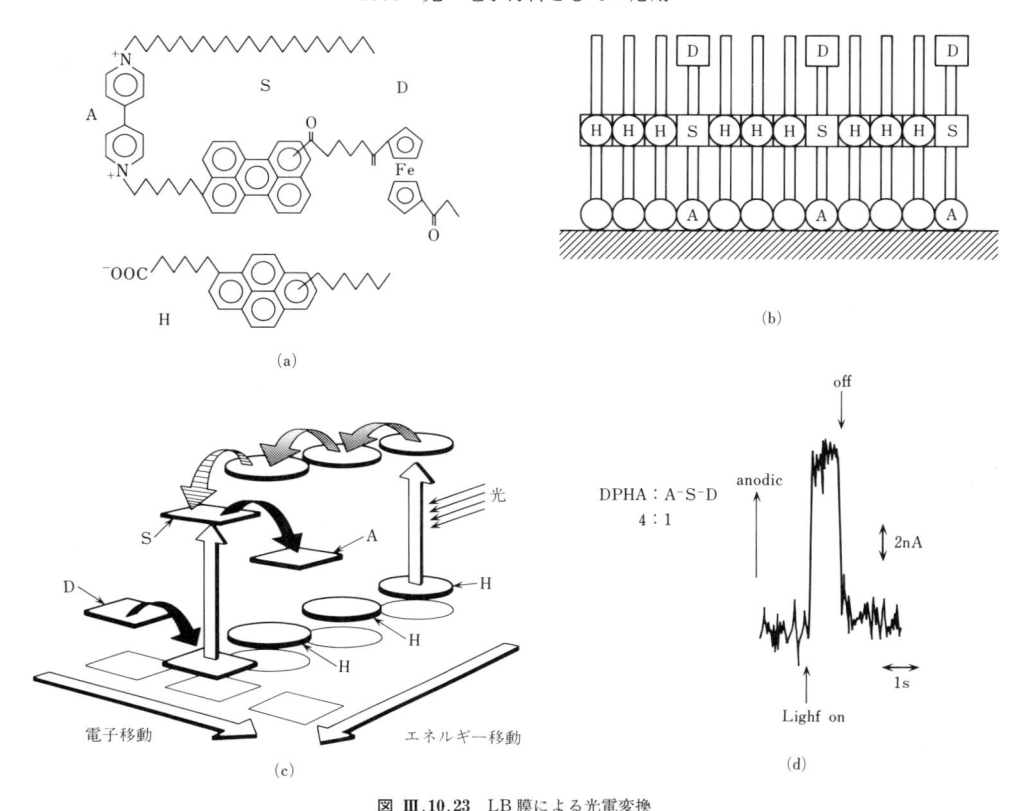

が，LB 膜の場合 0.5～0.8 であった．これはフィコビリソームでは個々の色素分子が最も効率的に配向・分布しているのに対して LB 膜では色素がドメイン構造をとっているためである．

一方光合成反応中心そのものを使って光電変換素子をつくる研究も行われている．三宅らのグループは $R.$ $viridis$ から単離されたクロマトフォア(反応中心などを含む膜)をビオチンとアビジンという結合機能をもつタンパク質ペアを用いて電極上に配向吸着させ透明電極ではさんで光を照射し光電変換機能を調べた．図 III.10.22 に示すように光照射に対応した電流応答が得られた[58]．

人工系での光電変換素子としては Kuhn らが提唱した LB 膜系[59] で多くの研究が行われている．ここでは藤平らの研究を紹介する[60]．前述のように光合成反応中心における初期過程ではエネルギーを受けて励起されるセンシタイザー S，励起された電子を受け取るアクセプター A，電子を供給するドナーの3分子系で電荷分離が起こっている．光合成ではこれらがうまく配向し，かつまわりのアミノ酸残基の影響を受けて非常に高効率・高速に起こっている．そこで藤平らは1 LB 膜分子に 3 機能団(A-S-D triad 分子)を導入し，互いの距離を制御し，さらにアンテナ分子と混合して光電変換を実現した(図 III.10.23)．

10.3.2　電子伝達機能材料の応用技術
a．分子素子

光合成反応中心における高度に制御された一方向性電子移動は分子スケールで働く整流機能素子とも考えることができる．これに McAlear らによって提唱されたタンパク質の高度な自己組織化能および分子認識能を応用したバイオチップ[62]の考え方を応用すると，分子スケールで電子移動が制御された分子素子による超高集積回路の実現も可能である．Hopfield は分子レベルで電子移動を制御した分子メモリー(molecular shift register)を提案した(図 III.10.24)[61]．分子は α，β，γ の 3 種の機能団をもち，繰り返し構造をもっている．分子の還元状態を '1' 酸化状態を '0' とする．機能団間の電子移動を光パルスにより制御することにより '1' '0' を制御してメモリーとする．実現条件として，① 分

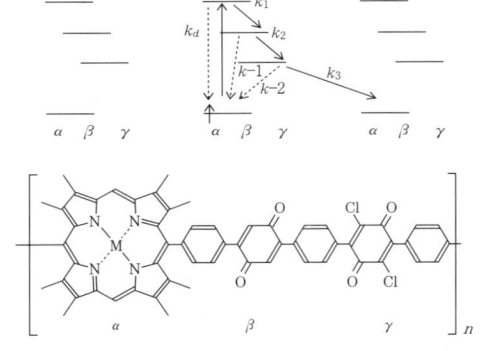

図 III.10.24 Molecular shift resister の動作機構と候補分子
$k_1 \gg k_d$, $k_2 \gg k_{-1}$, $k_3 \gg k_{-2}$.

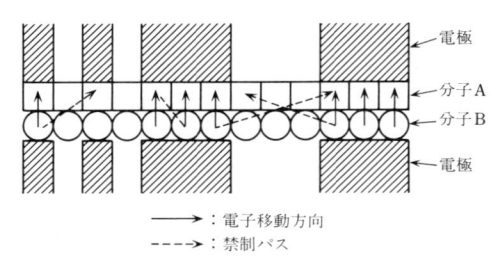

図 III.10.25 分子素子による電子移動の分子機構

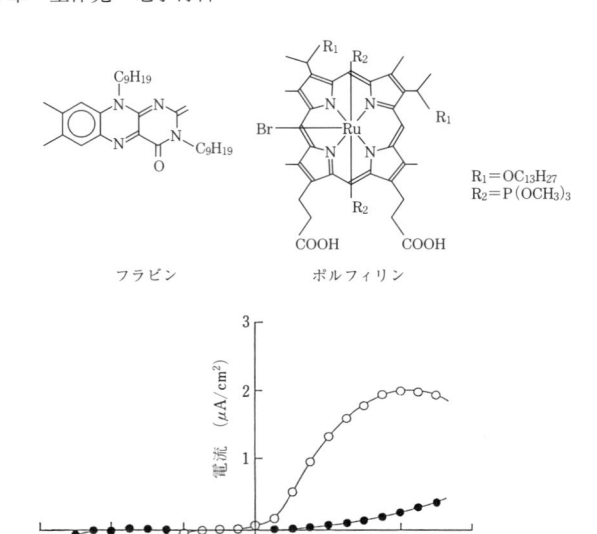

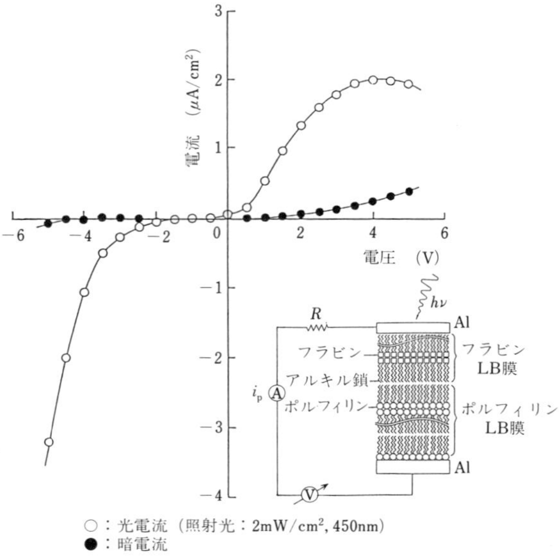

図 III.10.26 フラビン-ポルフィリン LB 膜 MIM 素子の構造と i-V 特性
○：光電流（照射光：2mW/cm², 450nm）
●：暗電流

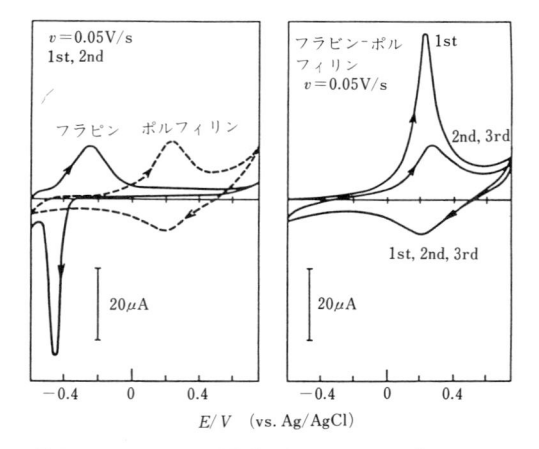

図 III.10.27 フラビン LB 膜, ポルフィリン LB 膜, フラビン LB 膜-ポルフィリン LB 膜修飾電極のサイクリックボルタモグラム
第1酸化ピークが大きいことから整流性が証明された．

子にエネルギーを供給する方法, ② クロック信号を素子に与える方法, ③ アセンブリー方法, ④ 配線方法, ⑤ 誤動作補償方法, をあげている. これらの条件は生体材料（またはその模倣材料）を利用した分子素子の実現には必須であろう.

磯田らのグループはフラビン（LB 膜またはタンパク質）やポルフィリン（LB 膜またはタンパク質）機能団間の整流機能および光スイッチ機能を応用した分子素子を提案している（図III.10.25）[63]. タンパク質の機能団間電子移動速度は前節の"光合成反応中心"の項で説明したように, 機能団の配向, 距離, エネルギー準位およびアミノ酸残基や他の機能団による雰囲気に大きく影響を受ける. 逆にいえばこれらの因子をうまく制御してやれば, 分子スケールで電子移動経路をコントロールできると考えられる. 機能団の配向と距離を制御するために, 酸化還元電位差（エネルギー準位差）の大きい（約 600mV）フラビンとポルフィリンを LB 膜に導入しアルミ電極ではさんだ MIM 素子をつくり高い光電変換特性を得ている（図III.10.26）[62]. また電気化学的にフラビン→ポルフィリンの整流性（図III.10.27）[64] およびフラビン→シトクロム c の整流性についても証明している[65]. さらに, 1分子中にフラビンとヘムをもつ人工タンパク質による分子素子についても提案している（図III.10.28）[66].

b. 電極-タンパク質間電子移動インターフェース

分子素子やバイオセンサーなど, タンパク質による

10.3 光・電子材料としての応用

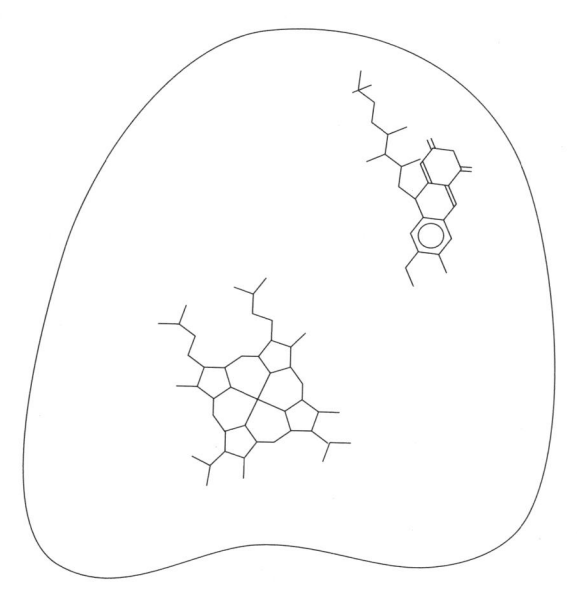

図 III.10.28 分子内にフラビン-ポルフィリン接合をもつ人工タンパク質の模式図
分子スケールの整流機能が期待できる.

酸化還元反応に基づいて機能するものは，電子伝達タンパク質や酸化還元酵素と金属・半導体電極との間での電子移動をいかに効率化するかが一つの課題である．それを解決する手段として，メディエーター・プロモーター・導電性高分子がある（図III.10.29）.

メディエーターは，タンパク質の酸化還元機能団と直接電子授受を行う低分子である．メディエーターとタンパク質の酸化還元電位がほぼ一致する場合メディエーター⇌タンパク質両方向電子移動が起こるが，大きく異なる場合はより低い（卑の）電位側から高い（貴の）側に一方向の電子移動が起こる．インターフェースとして使う場合，メディエーター分子を電極に固定（修飾）する方法と，タンパク質分子に直接修飾する方法が考えられる．前節に記したフラビン→シトクロム c の整流性はより卑の電位をもつフラビンをメディエーターとして利用している（図III.10.30）．また，タンパク質に直接修飾した例としてグルコースバイオセンサーに用いられるグルコースオキシダーゼ（GOD）にフェロセンを修飾した Degani らの研究がある[67]．GOD は機能団であるフラビンがタンパク質の内部に埋もれていると考えられ距離が長いために直接電極との電子移動ができない．フェロセンがあるとフェロセン間で酸化還元を起こしながら電子移動が起こると考えられる（図III.10.31）.

プロモーターとはタンパク質の変性を防ぎ酸化還元電位を溶液状態での値を保ったまま直接電極と反応ができるようにする物質である[68,69]．たとえば，金電極を用いて溶液中シトクロム c を酸化還元しようとしても反応が非常に遅いだけでなく酸化還元電位が大きく卑側に移動する．プロモーターには溶液状態で使う場

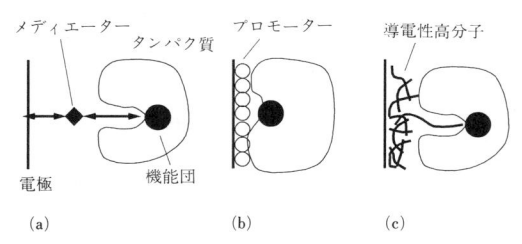

図 III.10.29 電極タンパク質間インターフェースの模式図
(a) メディエーター修飾電極：間接的な電子移動
(b) プロモーター修飾電極：直接的な電子移動
(c) 導電性高分子修飾電極：直接的な電子移動

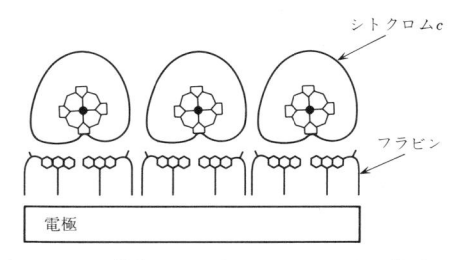

図 III.10.30 修飾フラビンをメディエータとして利用した金属-シトクロム c 整流機能性インターフェース
フラビンがシトクロム c に比べて酸化還元電位が低い．またシトクロム c の電極上での変性，直接の電子移動も防ぐ．

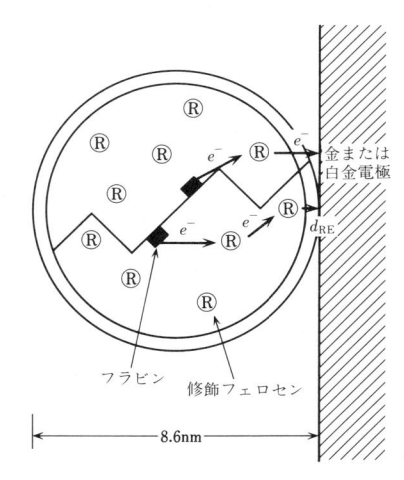

図 III.10.31 フェロセンを分子内メディエーターとして利用したグルコースオキシダーゼと電極との電子移動
金属-フラビン双方向電子移動を起こすためにはフラビンとフェロセンの酸化還元電位がほぼ一致する必要がある.

表 III.10.2 タンパク質と直接速い電子移動を行う電極

電極またはプロモーター	タンパク質	電子移動速度定数 10^3 (cm/s)	文献
4-メルカプトピリジン	シトクロム c (ウマ)	6	70)
4-メルカプトアニリン	〃	3	
4,4′-ジチオジピリジン	〃	6	71)
3-メルカプトプロピオン酸	〃 (吸着)	0.2	70)
2-メルカプトコハク酸	〃 (吸着)	0.1	
ポリアニオンゲル	〃 (包埋)		72)
レシチン単分子膜	〃 (吸着)		73)
4,4′-ビピリジル (溶液)	〃	2	70)
SnO$_2$, In$_2$O$_3$, RuO$_2$	〃		
ポリグルタミン酸	〃		
ウシ血清アルブミン	〃		69)
4,4′-ビピリジル (溶液)	シトクロム c_{551} (P. aeruginosa)	0.3	
	シトクロム c_{553} (D. vulgaris)	1	
Cys-Lys-Cys	シトクロム b_5	1	74)
Arg-Cys	〃		
His-Cys	〃		
メチルビオロゲン高分子	フェレドキシン (ホウレンソウ)	0.5	69)
Mg^{2+} または Cr(NH$_3$)$_6^{3+}$/グラファイト	フェレドキシン (C. pasteurianum)	1	
	ルブレドキシン (C. pasteurianum)	5	
	フラボドキシン (M. elsdenii)	1	
アミノグリコシド/グラファイト	フラボドキシン (A. chrolococcum)	0.7	75)
グラファイト	アズリン (P. aeruginosa)	1	69)
RuO$_2$	〃	4.5	76)
	フェレドキシン (C. pasteurianum)	2	
	ルブレドキシン (C. pasteurianum)	3	
	プラストシアニン (ホウレンソウ)	1	

合と金属電極に修飾して使う場合がある.また,電極によっては必要がないものもある.また,タンパク質が自由に吸脱着できるものとプロモーターに吸着して固定される場合とある.シトクロム c について特に多くの研究がなされているが,表III.10.2にまとめて示す.

相沢らは導電性高分子であるポリピロールによりグルコースオキシダーゼを電極表面に固定化した.すると電極と GOD 間で速い電子移動が可能となり基質であるブドウ糖濃度に対応した電流応答が得られた.さらに酵素活性は電極電位に大きく依存していることが示された[77].

10.3.3 バクテリオロドプシン[78]

bR の応用研究が盛んに行われている現状には,前述の光反応サイクルおよびプロトンポンプ機能を保持することももちろんであるが,その優れた安定性に負うところが大きい.

bR のフォトクロミズムは有機材料と比較しても,感度,光安定性,光情報の保持時間の点で優れている.光反応サイクル中間体(主に M 中間体)のフォトクロミズムを応用して,i) 空間変調素子(SLM) M 1),ii) ホログラフィックメモリー[79,80],iii) 位相共役素子[81]

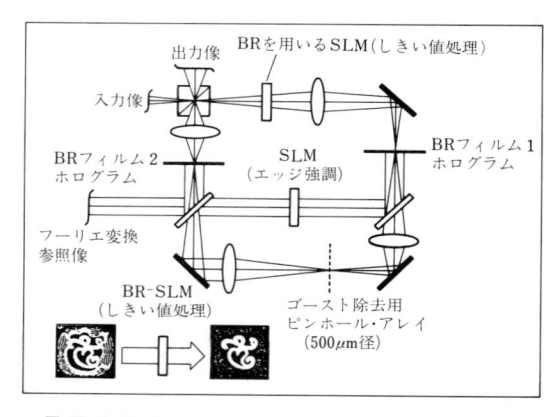

図 III.10.32 bR の SLM を用いるフーリエ変換フィードバック型ホログラフィーの概要

などへの光学材料の開発が進められている.これらの研究は主に Birge らのグループにより提唱された.彼らが製作した SLM 素子では,印加電圧により M 中間体寿命を制御し,入力光による光スイッチングのしきい値が調節可能である.この SLM を特徴抽出のためのしきい値素子としたフィードバック形の動的フーリエ変換ホログラフィー M 1)の概要を図III.10.32に示す.また彼らは低温状態での bR と K 中間体のスイッチング現象による光記録も行っている.

bRを光電変換材料とした研究[82,83]については,光起電力効果が大きい,電気応答が速い時定数で生じるなどのメリットがある反面,応答特性が湿度に影響されるという欠点を伴うこともあり,これを光電変換素子とした視覚情報処理(視覚センサー)の実現に目が向けられている.一例としてLewisらによる輪郭認識のためのニューラルネットワークの製作[84],宮坂らによるイメージセンサーの製作[85]があげられる(図III.10.33, III.10.34).素子の特徴は,応答が光強度に対して微分形で出力されることである.これはbRの光サイクルに伴う電荷分布の変化による.微分応答形のためこの素子を用いて製作したイメージセンサーは,動画抽出および輪郭成分抽出が可能となる.

10.4 分子組織体の構築・評価技術

生体分子,特に機能性タンパク質を用いたデバイスをめざす場合,集合状態・配向性を制御した分子組織体を構築する技術が必須となる.その有力な手段としてタンパク質二次元結晶法がある.方法としては,i)水面上の脂質単分子膜に吸着あるいは結合させる方法[86,87], ii)清浄な水銀表面を使用する方法[88], iii)抗原・抗体反応による方法[89]などがある.磯田らはi)の方法により作製したフラボリン脂質/シトクロム c ヘテロ分子膜において整流機能性を確認している[90].その他にX線構造解析用のタンパク質単結晶の作製法[91]も利用可能である.しかし上記方法は未だ基礎段階にあり,素子機能実現に向けての課題は多い.

構造評価に関しては,電子顕微鏡[92]による観察技術が最も確立されている.各種分光法および光学顕微鏡は低分解能ではあるが標準的な計測手段であり, in situ 観察には有効である.この他に電子顕微鏡と比較して分解能が高い,試料の着色・化学修飾が不要,電子線による破壊を受けないなどのメリットをもつことから,最近STM(走査型トンネル顕微鏡)[93]およびAFM(原子間力顕微鏡)[94]により構造を評価する技術が進んでいる.特に,AFMは絶縁物にも適用できるので,LB膜の分子スケール観察に適している(図III.10.35)[95].

さらにトンネル電流以外の磁力,蛍光,熱伝導,イ

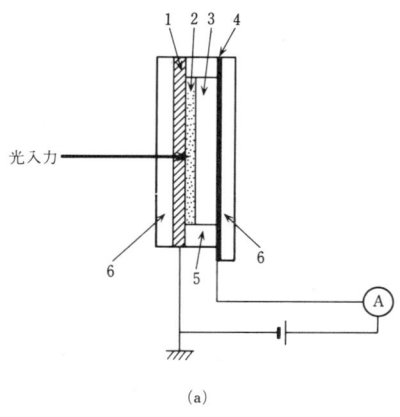

1:SnO_2(あるいはITO)準電膜, 2:紫膜LB膜, 3:電解ゲル層, 4:金薄膜(対極), 5:テフロンスペーサー(200〜500μm), 6:ガラス基板

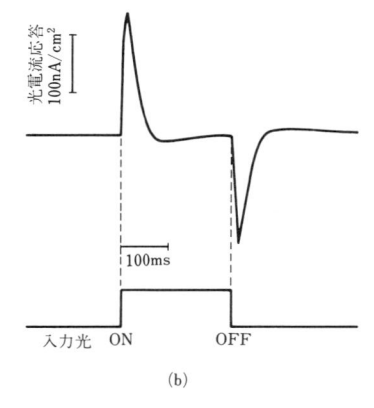

図 III.10.33 bRを用いた光電変換素子(a)と光応答(b)

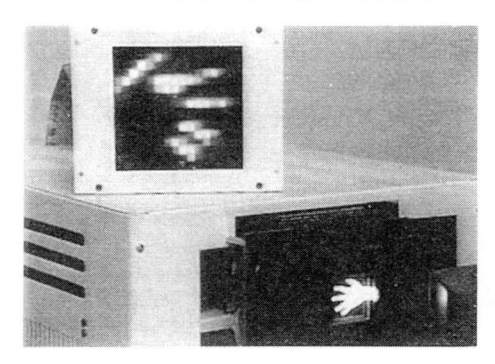

図 III.10.34 bRイメージセンサーを用いた動く手(右下)の輪郭認識像(256画素,画素サイズ1.3×1.3mm)

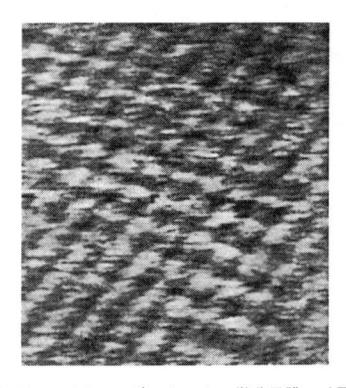

図 III.10.35 アラキジン酸カドミウム単分子膜のAFM像(53×47Å)

オン伝導,化学ポテンシャルなどの物理化学量の検出により,膜面内の物性を知ることも可能となった.これらを総称してSPM(走査型プローブ顕微鏡)[96]と呼ぶ.またSTMを応用したSTS(走査型トンネル分光)[97]という手法により,個々の分子の電子状態を知ることも可能となってきており,STM・AFMは生体分子薄膜の構造と物性評価の両面に対して,今後ますます重要な役割を果たすと考えられる.

〔磯田　悟・上山智嗣・稲富健一・宮本　誠〕

参考文献

1) 三室守:パリティ, **6**, 8(1991), 36
2) 三木邦夫ほか:蛋白質核酸酵素, **34**(1989), 728
3) 伊藤繁:蛋白質核酸酵素, **34**(1989), 755
4) Michel, H.: *J. Mol. Biol.*, **158** (1982), 567
5) Deisenhofer, J. *et al.*: *Nature*, **318** (1985), 618
6) Michel, H.: *EMBO J.*, **4** (1985), 1667
7) Holzapfel, W. *et al.*,: *Proc. Natl. Acal. Sci. U.S.A.*, **87** (1990), 5168
8) Kirmaier, D., Holten, D.: *Biochem.*, **30** (1991), 609
9) Bixon, M. *et al.*: *Chem. Phys. Lett.*, **140** (1987), 626
10) Du, M. *et al.*: *Proc. Natl. Acad. Sci. U.S.A.*, **89** (1992), 8517
11) 三室守:細胞, **22**(1990), 296
12) Dexter, D. L.: *J. Chem. Phys.*, **21** (1953), 836
13) Mimuro, M. *et al.*: *J. Phys. Chem.*, **3** (1989), 7503
14) Forster, T.: *Ann. Phys. Leipzig*, **2** (1948), 55
15) Glazer, A. N.: *Biochim. Biophys. Acta*, **768** (1984), 29
16) Huber, R.: *EMBO J.*, **8** (1989), 2125
17) Mimuro, M. *et al.*: *Biochim. Biophys. Acta*, **973** (1989), 155
18) 三室守:分光研究, **37**(1988), 425
19) Oesterhelt, D., Stoeckenius, W.: *Nature*, **233** (1971), 149
20) Khorana, H. G. *et al.*: *Proc. Natl. Acad. Sci. USA.* **76** (1979), 5046
21) Henderson, R., Unwin, P. N. T.: *Nature*, **257** (1975), 28
22) Henderson, R. *et al.*: *J. Mol. Biol.*, **213** (1990), 899–929.
23) Birge, R. R.: *Biochem, Biophys, Acta.*, **1016** (1990), 293
24) 徳永史生,久富修:*PETROTECH*, **13** (1990), 67
25) 中山朋子:生物物理, **31**(1991), 7
26) 高野常広:蛋白質核酸酵素, **27**(1982), 1543
27) 堀尾武一:化学総説, **6**(1974), 25
28) Dickerson, R. E. *et al.*: *J. Biol. Chem.*, **246** (1971), 1511
29) Hagihara, B. *et al.*: *Nature*, **178** (1956), 531
30) Weber, P. C., Tollin, G.: *J. Biol. Chem.*, **260** (1985), 5568
31) Cheddar, G. *et al.*: *Biochem.*, **25** (1986), 6502
32) 阿久津秀雄:蛋白質核酸酵素, **37**(1992), 834
33) 井口洋夫ほか:化学, **33**(1978), 918
34) 八木達彦,井口洋夫:太陽エネルギーの生物・化学的利用, p.45(1978), 学会出版センター
35) Haser, R. *et al.*: *Nature*, **282** (1979), 806
36) Higuchi, Y. *et al.*: *J. Mol. Biol.*, **172** (1984), 109
37) Santos, H. *et al.*: *Eur. J. Biochem.*, **141** (1983), 283
38) Kimura, K. *et al.*: *Bull. Chem. Soc. Jpn.*, **58** (1985), 1010
39) Fan, K. *et al.*: *J. Electroanal. Chem.*, **278** (1990), 295
40) Fan, K. *et al.*: *Biochemistry*, **29** (1990), 2257
41) Nakahara, Y. *et al.*: *Chem. Phys. Lett.*, **47** (1977), 251
42) 後藤敏夫:フォトバイオロジー(吉田正夫ほか編), p 61(1987), 講談社サイエンティフィック
43) 戸田義明:日本農芸化学会誌, **66**(1992), 742
44) Shimomura, O., Johnson, F. H.: *Photochem. Photobiol.*, **12** (1970), 291
45) Shimomura, O., Johnson, F. H.: *Photochem. Photobiol.*, **30** (1979), 89 および引用文献
46) 大橋守:日本農芸化学会誌, **66**(1992), 757
47) McCapra, F., Chang, Y. C.: *J. Chem. Soc. Chem. Commun.*, (1967), 1011
48) 松永是:生命情報工学(松永是編), p 199(1990), 裳華房
49) 松永是:日本応用磁気学会誌, **15**(1991), 754
50) Lowenstam, H. A.: *Geol. Soc. Am. Bull.*, **73** (1962), 435
51) Blakemore, R. P.: *Science*, **190** (1975), 377
52) Kirschvink, J. L. *et al.*: *Proc. Natl. Acad. Sci. U.S.A.*, **89** (1992), 7683
53) Torres de Araujo, F. F. *et al.*: *Biophys. J.*, **50** (1986), 375
54) Bazylinski, D. A. *et al.*: *Nature*, **334** (1988), 518
55) Lovley, D. R. *et al.*: *Nature*, **330** (1987), 252
56) 山崎巌,玉井尚登:応用物理, **57**(1988), 1842
57) Yamazaki, I. *et al.*: *J. Phys. Chem.*, **92** (1988), 5035
58) Tamura, T. *et al.*: *Bioelectrochem. Bioeng.*, **26** (1991), 117
59) Kuhn, H. *et al.*: *J. Photochem.*, **10** (1979), 111 およびその参考文献
60) Fujihira, M. *et al.*: *Thin Solid films*, **180** (1989), 43
61) Hopfield, J. J.: *Science*, **241** (1988), 817
62) McAlear, J. H., Wehrung: Molecular Electronic Devices (1982), Marcel Dekker, New York
63) 磯田悟:バイオインダストリー, **8**(1991), 465
64) Ueyama, S. *et al.*: *J. Electroanal. Chem.*, **293** (1990), 111 & 125
65) Ueyama, S., Isoda, S.: *J. Electroanal. Chem.*, **310** (1991), 281
66) Hanazato, Y. *et al.*: 10th Sympo. Future Electron Devices (Tokyo), 125
67) Degani, Y., Hellar, A.: *J. Phys. Chem.*, **91** (1987), 1285
68) Eddowes, M. J., Hill, H. A. O.: *J. Chem. Soc. Chem. Commun.*, (1977), 771
69) Allen, P. M. *et al.*: *J. Electroanal. Chem.*, **178** (1984), 69
70) Taniguchi, I. *et al.*: *J. Electroanal. Chem.*, **140** (1982), 187
71) 赤池ほか:膜, **14**(1989), 319
72) Yokota, T. *et al.*: *J. Electroanal. Chem.*, **216** (1987), 289
73) 谷口功,安河内一夫:表面, **23**(1985), 597
74) Bagby, S. *et al.*: *Biochem. Soc. Trans.*, **16** (1988), 958
75) Barker, P. D. *et al.*: *Biochem. Soc. Trans.*, **16** (1988), 959
76) Harmer, M. A., Hill, H. A. O.: *J. Electroanal. Chem.*, **189** (1985), 229
77) 相沢益男:電気化学と工業物理, **58**(1990), 608
78) 宮坂力:*O plus E*, **149**(1992), 121
79) Birge, R. R.: *Annu. Rev. Phys. Chem.*, **41** (1990), 683
80) Hampp, N. *et al.*: *Biophys. J.*, **58** (1990), 83
81) Werner, O. *et al.*: *Opt. Lett.*, **15** (1991), 1117
82) Varo, G.: *Acta. Biol. Acad. Sci. Hung.*, **32** (1981), 301
83) Furuno, T. *et al.*: *Thin Solid Films*, **160** (1988), 145
84) Haronian, D., Lewis, A.: *Appl. Opt.*, **30** (1991), 597
85) 宮坂力,小山行一:第52回応用物理学会秋期講演会予稿集, (1991), 1080
86) Uzgiris, E. E., Kornberg, R. D.: *Nature*, **301** (1983), 125
87) 古野泰二,雀部博之:表面, **28**(1990), 170
88) 吉村英之ほか:生物物理, **30**(1990), 55
89) Ahles, M. *et al.*: *Thin Solid Films*, **180** (1989), 93
90) Ueyama, S. *et al.*: *J. Electroanal. Chem.*, **347** (1993), 443
91) Glaeser, R. M.: *Annu. Rev. Phys. Chem.*, **36** (1985), 243
92) Amos, L. A. *et al.*: *Prog. Biophys. Molec. Biol.*, **39** (1982), 183
93) Binnig, G. *et al.*: *Phys. Rev. Lett.*, **49** (1982), 57
94) Binnig, G. *et al.*: *Phys. Rev. Lett.*, **56** (1986), 930
95) Meyer, E. *et al.*: *Nature*, **349** (1991), 398
96) Wickramasinghe, H. K.: *J. Vac. Sci. Technol.*, **A8** (1990), 363
97) Nishikawa, O. *et al.*: *Materials Sci. Engineering*, **B8** (1991), 81

あとがき

　本ハンドブックの企画が始まってから，すでに3年あまりになろうとしている．本企画は，朝倉書店から堀江への有機光機能材料のハンドブックを編集してはどうかという働きかけと，有機エレクトロニクス材料研究会での谷口を中心とした同趣旨の企画とがうまく合体し，別掲のような編集委員会を構成して準備されたものである．基本方針として，有機物質の光機能および電子機能に範囲を定め，現在各種産業分野において急速に発展しつつある本分野の基礎理論，基礎技術，各種材料について，それぞれ系統的な整理を行い，読者に本書一冊でこの分野の全体像をつかんでもらえるようにすることを第一の目的とした．本書を通読された読者は，光・電子材料分野における有機材料はまだまだその多くが基礎研究の段階にあり，チャレンジャブルな課題に満ちあふれていることに驚かれたことと思う．

　第Ⅰ編の基礎理論では，これまで有機化合物にあまりなじみのなかった人々のために，まず有機化合物の分類と命名法をとりあげ，吸収スペクトルなどの基本物性を整理した．後半は，どちらかといえば有機化学，あるいは合成化学分野の人々を意識して，光物性・光物理化学・固体の電子物性の基礎を簡潔にまとめるようにした．第Ⅱ編では，物質調整・加工技術から分析と構造解析，さらに各種物性評価技術まで，有機の光・電子機能材料に特徴的な基礎技術を重点的にとりあげたつもりである．第Ⅲ編は，それぞれの機能発現を目的とした材料の各論であり，本ハンドブックの中心をなす部分である．読者がこれらの各種材料について，必要事項を辞書的あるいは便覧的に検索する場合が多いであろうことを考慮して，説明は思い切って必要最小限にとどめ，図，表，数式を中心とした使いやすいハンドブックとなるように努力した．巻末の用語定義および光学装置・部品・材料取扱い会社資料も，同様の趣旨から作成したものである．このような意図がどこまで現実のものとなっているかどうか，読者諸兄の忌憚のないご意見を期待している．

　執筆者諸兄には，研究や教育活動でいずれも非常にお忙しい身でありながら本書の分担執筆を快く引き受けていただき，すばらしい原稿を執筆下さったことを深く感謝し，また編集・執筆の順調な進行のために終始お骨折りをいただいた朝倉書店に厚くお礼を申し述べる．

1995年9月

編集委員会を代表して　堀江一之・谷口彬雄

【資料】

光学装置，部品，材料等取扱いメーカー

1. 試薬・光学機能材料・電子機能材料

会 社 名	製 品
岩井化学薬品(株)	レーザー色素，重水素化合物，spin labels and spin traps, 蛍光プローブ
触媒化成工業(株)	透明帯電防止塗料，ハードコート材，屈折率調節用ゾル，帯電防止フィルム，有機溶剤分散シリカゾル(ハードコートや艶消し用)
神東塗料(株)	EMI シールド製品(導電性塗料，導電性テープ，導電性布)
	静電気障災害防止製品(美装型帯電防止用塗料，透明導電性コーティング剤)，回路形成材料(導電性インク，導電性接着剤，レジスト)
積水化成品工業(株)	導電性高分子ゲル，生体電位測定用ゲル，低周波治療器用ゲルパッド
積水ファインケミカル(株)	カラーフィルター用レジスト(染色タイプ，顔料タイプ)，導電性微粒子，導電性インク
東京応化工業(株)	フォトレジスト，感光性樹脂版，オフセット印刷用 PS 版
(株)トリケミカル研究所	機能性有機材料，化合物半導体用有機金属，光導波路用無機試薬，特殊試薬
(株)日本感光色素研究所	色素(写真用増感，光ディスク用，レーザー用)，クロミック材料，カラー液晶材料
日本合成ゴム(株)	フォトレジスト，光硬化型コーティング材，液晶用配向膜剤
日本特殊薬品(株)	シグマ社製試薬
(株)ニューメタルス・エンド・ケミカルズ・コーポレーション	光学機能材料(YAG 結晶，結晶，非線形結晶，AO-Oswitch)
富士写真フイルム(株)	位相差フィルム，偏光板・表面保護材料
富士電機(株)	有機感光体
ヘキストジャパン(株)	フォトレジスト，現像液，セラゾール/PBI, CVD 用超高純度 TEOS およびドープ剤
メルクジャパン(株)	液晶材料(TN, STN, TFT 用各種)，液晶用配向膜剤
(株)理経	接着剤
ローム(株)	発光ダイオード，液晶

2. 部品および周辺材料

会 社 名	製 品
旭化成工業(株)	プラスチック光ファイバーおよび関連加工品
(株)インデコ	光学マウント類，光学結晶類，オートトラッカー，オートコリレーター
(株)応用光電研究室	偏光素子，位相板，ミラー，加工，ファイバー関連機器，光モジュール
神東塗料(株)	LCD カラーフィルター
日東光器(株)	光ピックアップ光学部品(光磁気ディスクドライブ用，コンパクトディスク用)，光通信用光学部品
	液晶プロジェクター，ダイクロイックミラー・フィルター，半導体製造装置用光学部品，レーザー用光学部品
積水ファインケミカル(株)	LCD 用樹脂スペーサー，封口剤
(株)ニューメタルス・エンド・ケミカルス・コーポレーション	部品(グレーティング)
富士電気化学(株)	光アイソレーター，光サーキュレーター，光スイッチ，EDFA 用光アイソレーター複合モジュール

会社名	製品
(株)溝尻光学工業所	光学研磨製品・研磨加工

3. 合成・試料作成用実験器具

会社名	製品
(株)石井理化機器製作所	マグネチックスターラー,フレキシブル攪拌器,オイルバス,共通摺合硝子実験器具,フッ素系樹脂製品および加工,接触還元装置
キョーエイセミコン(株)	ポリミド印刷機,液晶注入器,パネルスクライバー,パネルブレーカー,パネル焼成治具,ラビング機
サヌキ工業(株)	フローインジェクション分析装置,オートサンプラー,点滴用輸液ポンプ
(株)センシュー科学	超高温GPC装置,高温ポリマー溶解装置,高圧定流量ポンプ類,自動切換バルブ類,マスディテクター
東京理化器械(株)	乾燥器,真空乾燥器,攪拌機,電気炉
日本レーザ電子(株)	L-B膜製膜装置,プラズマ製膜装置,フラーレン製造装置,非線形光学材料評価装置
(有)幕張理化学硝子製作所	理化学実験用硝子製品,医学用硝子製品,真空装置
ヤマト科学(株)	クリーンオーブン,トンネル電子顕微鏡
(株)エリオニクス	走査電子顕微鏡,電子描画装置,電子線レジスト評価装置
理工科学産業(株)	水銀ランプ(高圧,低圧),光化学反応装置,メリーゴーランド照射装置,UV-BOX, SUN-BOX

4. 物性測定機器

会社名	製品
(株)インデコ	物理特性評価装置
大塚電子(株)	高分子フィルムダイナミックス解析装置,マルチチャンネルキャピラリー電気泳動装置,液クロ用マルチチャンネル検出器
サヌキ工業	高速液体クロマトグラフ,全自動便中ヒトヘモグロビン測定装置,全自動免疫化学分析装置
セキテクノトロン(株)	物性測定器
(株)センシュー科学	結晶性ポリマー自動分析・分取昇温分別装置
東京理化器械(株)	高速液体クロマトグラフ,晶析装置
(株)東洋精機製作所	熱刺激電流測定装置,複素誘電率・複素圧電率測定装置,高分子材料物性評価試験機
(株)東陽テクニカ	電流-電圧特性測定器,微少電流測定器,液晶透過率/反射率測定システム,液晶電圧保持率測定システム,複合系材料インピーダンス測定システム,電気化学測定システム
日本分光(株)	微弱吸収測定装置,高速液体クロマトグラフ,GPC,質量分析計
北斗電工(株)	ポテンショスタット,電池試験器,EV充電器,クーロンメーター,水質計器
ヤマト科学(株)	熱分析システム,プラズマリアクター,クロマトグラフィー,実験・研究設備の設計・施工
(株)理経	非破壊検査システム

5. 分光器・構造解析機器

会社名	製品
(株)アドバンテスト	光パワーメーター,光スペクトル・アナライザー,スペクトル・アナライザー,ネットワーク・アナライザー
(株)インデコ	レーザーパワーメーター,レーザービーム評価装置,ウェーブメーター,インチワーム
(株)エリオニクス	X線マイクロアナライザー,電子線三次元粗さ解析装置,ECRイオンシャワー装置
大塚電子(株)	光散乱光度計,分光光度計,多機能瞬間マルチ測光システム
オーラックス(株)	分光分析コンポーネント
キヤノン販売(株)	表面構造解析顕微鏡,干渉計
金門電気(株)	蛍光寿命測定装置,パワーメーター

光学装置，部品，材料等取扱いメーカー

会　社　名	製　　　品
昭和電工(株)	HPLC用充塡カラム・RI検出器，各種検出器，GPC専用機，リサイクルGPC分取システム，有機酸分析計，イオンクロマトセット
セイコー電子工業(株)	熱分析装置，SIMS，ESCA，走査型プローブ顕微鏡
セキノトロン(株)	構造解析機器
中央精機(株)	光学測定機
(株)東京インスツルメンツ	顕微ラマン分光装置，CCD検出器，マグネットメーター，レーザー誘起蛍光測定システム，ピコ秒時間分解システム
(株)東陽テクニカ	スキャニングプローブマイクロスコープ，高速PLマッパー，高速DCD X線回析マッパー
(株)ニコン	定エネルギー分光照射装置，その他分光分析機器，モノクロメーター，位相差測定装置
日本分光(株)	光硬化樹脂評価装置，照射分光器，マルチチャンネルファイバー分光器，プラズマ測定測置，カー効果測定装置，フーリエ変換赤外分光光度計，紫外可視分光光度計，分光蛍光光度計，レーザーラマン分光光度計，円二色性分散計，分光エリプソメーター
浜松ホトニクス(株)	ストリークカメラ，蛍光寿命測定装置，分光スペクトル測定装置，分光反射率測定装置，ラマン散乱測定装置，ストリークカメラ
(株)構尻光学工業所	複屈折測定装置

6. レーザーとその応用機器

会　社　名	製　　　品
(株)インデコ	半導体励起固体レーザー，半導体チューナブルレーザー
オーラックス(株)	He-Ne/空冷Arレーザー，レーザービームプロファイラー，LD励起固体レーザー，パワーメーター/エネルギメーター
カンタムエレクトロニクス(株)	CO_2, He-Ne, N_2, アルゴンイオン各レーザー，パワーメーター，ビームプロファイラー
金門電気(株)	He-Cd, He-Ne, CO-CO_2, FIR各レーザー
シグマ光機(株)	レーザー用光学基本機器，レーザー用光学研磨製品，薄膜製品，自動位置決め装置，レーザー用光学システム製品，レーザーマーカー
セイコー電子工業(株)	エキシマーレーザー微細加工装置
セキテクノトロン(株)	レーザー
チッソ(株)	半導体レーザー励起YAGレーザー，レーザーディスク等応用機器
中央精機(株)	レーザー実験基礎機器，レーザー応用測定機
(株)東京インスツルメンツ	YAGレーザー装置
日本レーザー電子(株)	各種レーザー応用計測装置
浜松ホトニクス(株)	パラメトリック波長可変レーザー
富士電機(株)	レーザーマーキング装置
日置電機(株)	レーザー変位計
HOYAコンテニュアム(株)	パルスYAGレーザー，色素レーザー，OPO，再生増幅器
丸文(株)	アルゴンイオン・クリプトンイオンレーザー，CWチタン・サファイア/色素波長可変レーザー，フェムト秒・ピコ秒モードロックチタン・サファイアレーザー，エキシマーレーザー/色素レーザー
(株)理経	アレキサンドライトレーザー
ローム(株)	半導体レーザー

7. その他測定機器

会　社　名	製　　　品
(株)アドバンテスト	ディジタル電圧計
(株)インデコ	高速ディテクター

会　社　名	製　　品
オーラックス(株)	位置検出センサ
(株)菅原研究所	ストロボスコープ，トルクダイナモメーター，ベアリング検査器
大日本スクリーン製造(株)	光学式膜厚計，精密測長機，ウエハ外観検査装置，全自動マスク測定システム
(株)中央理研	環境試験装置
トレックジャパン(株)	静電気測定器，感光ドラム測定システム，複写機用プロセスローラー測定システム
(有)日厚計測	回転リングディスク電極装置，デュアルポテンショガルバノスタット，ポテンショガルバノスタット，ディジタルクーロンメーター，定電流定電圧充放電装置，カーレントパルスゼネレーター
(株)扶桑製作所	ポテンショスタット，四端子電気伝導度計
丸文(株)	ラブマスターレーザー光出力計測装置，モードマスターレーザーモード測定装置
(株)溝尻光学工業所	自動エリプソメーター，干渉式平面度検査器
ローム(株)	センサ

8. その他

会　社　名	製　　品
(株)アドバンテスト	電圧電流発生器
中央精機(株)	メカニカルステージユニット，特殊光学機器
(株)中央理研	洗浄装置，コーター，乾燥装置
トレックジャパン(株)	高圧電源/アンプリファイアー
日本真空光学(株)	多層薄板光学製品全般，干渉フィルター，レーザー用ミラー，ビームスプリッター，コールドミラーフィルター，ダイクロイックミラーフィルター
富士写真フィルム(株)	カラーフィルター製造用コーター
富士電機(株)	光ファイバー式フィールド計装システムとその圧力，差圧，流量等各種センサ，各種アクチュエーター，光分波器，光押ボタンスイッチ，光温度スイッチ，光小型スイッチ，光リミットスイッチ，光磁気近接スイッチ，トランシーバー(光電気変換器)
ヘキストジャパン(株)	半導体・液晶用高純度化学品供給装置・製造装置
(株)溝尻光学工業所	位相シフトマスク評価装置，シュリーレン法装置

9. 関連会社連絡先

会　社　名	連絡先：　住所(〈代〉は代理店など)	電話番号(FAX 番号)
旭化成工業(株)	光ファイバー・光学製品販売グループ：〒100 東京都千代田区有楽町 1-1-2 日比谷三井ビル	03-3507-2461(03-3507-2616)
(株)アドバンテスト	計測器販売推進部：〒163-08 東京都新宿区西新宿 2-4-1 新宿 NS ビル	03-3342-7500(03-5381-7661)
(株)石井理化機器製作所	〒564 吹田市南高浜町 16-29	06-382-4752(代)(06-382-6246)
岩井化学薬品(株)	〒103 東京都中央区日本橋本町 3-2-10	03-3241-0376(03-3270-2425)
(株)インデコ	営業部：〒112 東京都文京区春日 1-11-14 S・I ビル	03-3818-4011(03-3818-4015)
(株)エリオニクス	営業部：〒192 八王子市元横山町 3-7-6	0426-26-0611(0426-26-9081)
(株)応用光電研究室	営業部：〒335 戸田市新曽南 3-1-23	048-445-6911(048-445-6901)
大塚電子(株)	〒573 牧方市招提近 3-26-3	0720-55-8550(0720-55-8557)
オーラックス(株)	営業一部：〒162 東京都新宿区富久町 2-14 松本ビル	03-3226-6321(代)(03-3226-6290)
カンタムエレクトロニクス(株)	営業部：〒146 東京都大田区千鳥 3-25-10	03-3758-1113(03-3758-8066)
キャノン販売(株)	E・S 営業部：〒108 東京都港区港南 2-13-29	03-3740-3334(03-3740-3356)
キョーエイセミコン(株)	営業技術部：	03-5800-4061(03-5800-4062)

光学装置，部品，材料等取扱いメーカー

会　社　名	連絡先：住所(〈代〉は代理店など)	電話番号(FAX番号)
金門電気(株)	〒113 東京都文京区湯島 1-11-8　岡ビル 特機営業部光波営業課：	03-5248-4811(03-5248-0018)
サヌキ工業(株)	営業部：　〒205 羽村市緑ケ丘 3-4-13 〒173 東京都板橋区板橋 1-53-2 TM 21 ビル 7 F	0425-55-1310(代) (0425-54-9185)
シグマ光機(株)	営業部：　〒350-12 日高市下高萩新田 17-2	0429-85-2362(0429-85-3568)
昭和電工(株)	特殊化学品事業部： 〒105 東京都港区芝大門 1-13-9 〈代〉昭光通商(株)ショウデックス部： 〒105 東京都港区西新橋 3-8-3	03-5470-3180(03-3436-4668) 03-3459-5104(03-3459-5081)
触媒化成工業(株)	ファイン事業部： 〒100 東京都千代田区大平町 2-6-2	(03-3270-6238)(03-3242-4927)
神東塗料(株)	ケミトロン事業部： 〒136 東京都江東区新木場 4-12-12	03-3522-2171(03-3522-2180)
(株)菅原研究所	営業管理課：　〒215 川崎市麻生区南黒川 8-2	044-989-7314(044-989-7334)
セイコー電子工業(株)	科学機器事業部：　〒261 千葉市美浜区中瀬 1-8	043-211-1335(043-211-8067)
積水化成品工業(株)	機能樹脂事業部東京機能樹脂グループ： 〒163-04 東京都新宿区西新宿 2-1-1 新宿三井ビル	03-3347-9695(03-3344-2269)
積水ファインケミカル(株)	〒528 滋賀県甲賀郡水口町大字泉 1259 〈代〉積水化学工業(株)化学品事業本部ファインケミカル企画部：　〒530 大阪市北区西天満 2-4-4	0748-62-7110(0748-62-9618) 06-365-4281(06-365-4383)
セキテクノトロン(株)	営業管理部：　〒135 東京都江東区木場 5-6-35	03-3820-1720(03-3820-1731)
(株)センシュー科学	本社営業部：　〒167 東京都杉並区井草 3-31-10	03-3395-3251(03-3395-3268)
大日本スクリーン製造(株)	電子機器営業本部：　〒170 東京都豊島区東池袋 3-23-14 ダイハツ・ニッセイ池袋ビル	03-3989-3711(03-3989-3750)
チッソ(株)	新事業開発室レーザー販売グループ：　〒261-71 千葉市美浜区中瀬 2-6 WBG マリブウェスト 24 F	043-297-3755(043-297-3997)
中央精機(株)	営業部：　〒101 東京都千代田区神田淡路町 1-9	03-3257-1911(03-3257-1915)
(株)中央理研	営業本部：　〒136 東京都江東区東砂 8-5-1	03-3646-3511
(株)東京インスツルメンツ	営業部レーザ・計測課： 〒134 東京都江戸川区西葛西 6-18-14	03-3686-4711(03-3686-0831)
東京応化工業(株)	電子営業一部・二部/画像材料営業部： 〒211 川崎市中原区小杉町 1-403	044-722-7191(044-733-7948)
東京電子工業(株)	営業推進部：　〒101 東京都千代田区岩本町 2-1-18	03-3863-6632(03-3863-6650)
東京理化器械(株)	本社営業部：　〒101 東京都千代田区神田富山町 18	03-3252-8291(03-3252-3002)
(株)東洋精機製作所	営業部：　〒114 東京都北区滝野川 5-15-4 〈代〉アドバンテック東洋(株) 　　　(株)東栄科学産業 　　　カイセ理化(株) 　　　轟産業(株) 　　　ミツワ理化学工業(株) 　　　(株)水上洋行	03-3916-8181(03-3916-8173) 01-726-0451 0222-95-5125 0559-21-1058 0776-36-5522 082-271-2181 092-641-2561
(株)東陽テクニカ	エレクトロニクス事業部汎用計測営業部/営業第 1 部/ 営業第 6 部：　〒113 東京都文京区湯島 3-26-9 〈代〉東海理機(株)静岡営業所汎用計測営業部： 〒420 静岡県静岡市大岩 2-14-20 　　高山理化精機(株)松本営業所： 〒399 松本市大字笹賀 5652-18 　　(株)システム・ブレイン：	03-5688-6800(03-5688-6900)

会　社　名	連絡先：住所（〈代〉は代理店など）	電話番号（FAX 番号）
トリケミカル研究所	〒003　札幌市白石区栄通9-5-8	
	営業部：	
	〒243-03　神奈川県愛甲郡愛川町中津字桜台4002	0462-86-3000（0462-86-3003）
トレック-ジャパン(株)	営業技術部：　〒141　東京都品川区東五反田1-21-10	
	住友海上五反田ビル	
(株)ニコン	特機営業部第2グループ：　〒140　東京都品川区西大井1-4-25　コア・スターレ西大井第1ビル	03-5742-1821（03-5742-1825）
(有)日厚計測	〒243　厚木市緑ケ丘2-10-4	0462-24-3328（0462-21-4087）
日東光器(株)	営業部：　〒151　渋谷区代々木1-3-6	03-3370-2201（03-3370-2207）
(株)日本感光色素研究所	技術部：　〒701-02　岡山市藤田錦566-139	086-296-5037（086-296-5079）
日本合成ゴム(株)	電子材料事業部/機能性材料事業部：	03-5565-6600/5565-6607
	〒104　東京都中央区築地2-11-24	（03-5565-6641）
日本真空光学(株)	東京事務所営業部：　〒136　東京都江東区南砂2-6-3	03-5632-2331（03-5632-2330）
	サンライズ東陽ビル2F	
日本特殊薬品(株)	〒562　箕面市船場東1-15-20	0727-28-9200（0727-28-5399）
日本分光(株)	営業部：　〒192　八王子市石川町2967-5	0426-46-4116（0426-46-4515）
日本レーザ電子(株)	営業部：　〒468　名古屋市天白区保呂町2318	052-805-5301（代）
		（052-805-5305）
	〈代〉竹田理化工業(株)：	03-5489-8531（03-5489-8503）
	〒150　東京都渋谷区恵比寿西2-16-8	
(株)ニューメタルス・エンド・ケミカルス・コーポレーション	電子材料営業部：　〒103　東京都中央区日本橋3-4-13　新第一ビルディング	03-3201-6585（代）
		（03-3271-5860）
浜松ホトニクス(株)	システム営業部：　〒430　浜松市砂山町325-6	053-452-2141（053-456-7889）
	企画営業部：　〒434　浜北市平口5000	053-586-8611（053-586-8467）
富士写真フイルム(株)	産業材料部：　〒106　東京都港区西麻布2-26-30	03-3406-2229（03-3402-2271）
	〈代〉富士フイルムビジネスサプライ(株)	03-3564-2233（03-3564-1535）
	産業用フイルム部：	
	〒104　東京都中央区銀座2-2-2　新西銀座ビル	
	〈代〉パナック(株)産業材料事業部：　〒101　東京都千代田区神田須田町1-23-2　大本須田町ビル	03-3256-3114（03-3256-3130）
富士電機(株)	機器制御事業本部パソコン・特機業務部：	03-3211-7242（03-3211-7907）
	〒100　東京都千代田区有楽町1-12-1	
	標準機器事業本部器具事業部：	03-3211-9167（03-3214-2838）
	〒100　東京都千代田区有楽町1-12-1	
	制御システム事業本部技術企画統括部：	0425-85-6020（0425-85-6029）
	〒191　日野市富士町1	
	情報機器事業本部感光体・特機事業部：	0263-27-6340（0263-27-6643）
	〒390　松本市筑摩4-18-1	
富士電気化学(株)	電子セラミックス販売促進部：	03-3434-1271（03-3434-1375）
	〒105　東京都港区新橋5-36-11	
(株)扶桑製作所	〒213　川崎市高津区子母口438	044-755-3541（044-755-3885）
ヘキストジャパン(株)	電子材料本部事業開発部：	03-3479-5126, 8683
	〒107　東京都港区赤坂8-10-16　新ヘキストビル	（03-3479-6712）
	電子材料本部電子材料部：	03-3479-5120（03-3479-4770）
	〒107　東京都港区赤坂8-10-16　新ヘキストビル	
日置電機(株)	営業企画部：　〒386-1　上田市小泉81	0268-28-0555（0268-28-0569）
北斗電工(株)	〒152　東京都目黒区碑文谷4-22-13	03-3716-3235（03-3793-8787）
HOYAコンテニュアム(株)	営業部：　〒169　東京都新宿区大久保2-4-15	03-3208-1064

会　社　名	連絡先：住所（〈代〉は代理店など）	電話番号（FAX 番号）
(有)幕張理化学硝子製作所	〒262　千葉市花見川区幕張町 5-144	043-273-8111（043-275-6648）
丸文(株)	機器事業部機器営業本部レーザ機器部： 　　〒103　東京都中央区日本橋大伝馬町 8-1	03-3639-9811（03-3662-1349）
(株)溝尻光学工業所	営業部：　〒141　東京都品川区西品川 2-8-2	03-3492-1900（03-3492-1921）
メルク・ジャパン(株)	化成品事業本部液晶事業部営業部： 　　〒153　東京都目黒区下目黒 1-8-1　アルコタワー 5 F	03-5434-4730（03-5434-4707）
ヤマト科学(株)	科学機器事業部商品企画グループ： 　　〒103　東京都中央区日本橋本町 2-1-6	03-3231-1132（03-3231-1149）
(株)理経	電子機器部品営業本部：　〒163-05　東京都新宿区西新宿 1-26-2　新宿野村ビル 35 F	03-3345-2185（03-3345-2167）
理工科産業(株)	営業部：　〒273　船橋市東船橋 4-2-8	0474-22-1811（代） （0474-22-1220）
ローム(株)	〒615　京都市左京区西院溝崎町 21	075-311-2121（075-315-0172）

用語定義集

ISFET
　溶液中のイオン濃度を検出することのできる小型半導体電極．MOSFETからゲート電極を除去した構造を有する．
　　　　　　　　　　　　　　　　　　　　　　　［工藤］

アインシュタインのA係数とB係数
　光の吸収と放出についてのEinsteinの理論においては，その速度方程式（Ⅰ.2.53）の中に光の誘導放出過程が含まれている．光の自然放出の単位時間あたりの確率をA係数，光の照射によって引き起こされる光の吸収および誘導放出の速度係数をB係数という．
　　　　　　　　　　　　　　　　　　　　　　　［堀江］

アーカイバルメモリー
　記録した情報を長期間保存するために用いられる光メモリーディスクのこと．アーカイバル用の特別なものが存在するわけではないが，主として大容量の追記型がこの用途に用いられる．いったん記録した情報をどの程度保存できるかの寿命をアーカイバルライフといい，これに対して未記録部分にどの程度の年月経過後も記録できるかという寿命をシェルフ（shelf）ライフといって区別する場合がある．
　　　　　　　　　　　　　　　　　　　　　　　［松井］

圧　電　性
　物質に応力またはひずみを加えることにより分極が発生したり，逆に電圧を加えることにより力やひずみが得られる現象で，力学エネルギーと電気エネルギーの相互変換を行う．圧電効果の有無は結晶系またはその物質の対称性に支配され，対称中心のない結晶（物質）がこの性質を示す．高分子材料ではポリフッ化ビニリデン系高分子が大きい圧電性を示す．
　　　　　　　　　　　　　　　　　　　　　　　［八木］

アノードとカソード
　酸化反応が起こる電極をアノード，還元反応が起こる電極をカソードという．外部から電圧を加えて電解反応を進行させるときにはアノードは陽極であり，カソードは陰極となる．しかし電池反応では放電時の電池の正極はカソードであり，負極がアノードである．
　　　　　　　　　　　　　　　　　　　　　　　［米山］

RIE
　リアクティブイオンエッチングの略称で，反応性のガスを流しながら，イオンエッチングを行う加工法で無機，半導体，有機材料の加工法として広く用いられている．有機物の場合には，O_2ガスを用いることが多く，異方性エッチングが可能であり，高分子材料（レジストなど）のパターニング，導波路加工に用いられる．
　　　　　　　　　　　　　　　　　　　　　　　［都丸］

暗視野法
　透過型電子顕微鏡（TEM）または走査透過電子顕微鏡（STEM）において，試料を透過した電子線のうち，回折または散乱された電子のみを用いて結像する方法．薄膜中の結晶領域，電子密度の差を高コントラストで結像することができる．
　　　　　　　　　　　　　　　　　　　　　　　［八瀬］

イエローカプラー
　カラー写真において，420nmから450nmに吸収を有する色素を形成する発色剤で，非環状アシルアセトアニリド骨格が用いられている．アシル基の種類として，ベンゾイル基，ピバロイル基がある．また最近，色素の色相，堅牢性を改良するための新しいアシル基が提案されている．
　　　　　　　　　　　　　　　　　　　　　　　［古舘］

イオン伝導性高分子
　電解質溶液の溶媒のように，電解質を溶解解離させ，生成したキャリヤーイオンを泳動させる能力をもつ高分子をいう．イオン伝導性高分子に電解質を固溶させた複合体は，軽量で形成性に富む固体膜として得られるため，弾性（可塑性）をもつ新しい固体電解質（高分子固体電解質）としてエネルギー，エレクトロニクス分野への応用が期待されている．代表例としてポリエチレンオキシド，ポリプロピレンオキシドなどのポリエーテル系高分子およびこの誘導体がある．室温でのイオン導電率は，$10^{-5} \sim 10^{-4} \, \mathrm{S\,cm^{-1}}$に達する．イオン性基を高分子鎖に結合させた高分子電解質型の高分子も開発されてきている．
　　　　　　　　　　　　　　　　　　　　　　　［渡辺］

イオンビーム照射法
　蒸着時に別の不活性ガスイオンを照射する方法．強いイオン照射条件下では重合反応による蒸着物質の変化がみられる．
　　　　　　　　　　　　　　　　　　　　　　　［奥居］

イオンプレーティング法
　狭義の意味では，蒸着源と基板との間のグロー放電または高周波プラズマにより蒸着源からの分子をイオン化させ，さらに直流電圧により加速して成膜する方法．
　　　　　　　　　　　　　　　　　　　　　　　［奥居］

位相共役光
　ある進行波に対し，空間的に逆向きの進行方向をもち，時間経過も反転した形で進行する波を位相共役波という．大きな3次の非線形感受率をもつ物質を使って，縮退4波

混合を行うと，プローブ光に対して位相共役光（図Ⅰ.2.24）が発生する． ［堀江］

1 次反応

A→B という反応で，速度式が，
$$d[A]/dt = -k[A]$$
という形となるものを示す．
k は1次反応速度定数とよばれ，その単位は 1/(時間)，たとえば $\sec^{-1}$ となる． ［宮坂］

色補正カプラー

カラーネガにおいて，イエロー，マゼンタ，シアン色素の色にごりを補償するために用いられる機能性カプラーである．5-ピラゾロン色素の430nm付近の吸収を補償する黄色ピラゾロンアゾ色素や，シアン色素の短波長側の副吸収（マゼンタ吸収）を補償するマゼンタカラードシアンカプラーが用いられている． ［古舘］

インダクション効果

一定の表面電位に帯電させた電子写真感光体を露出したときに，照射後の表面電位の減衰に遅れが生じることで，この遅れの時間は顔料濃度，初期の表面電位，試料膜厚などに依存している． ［村上］

エキシマーレーザー

希ガスとハロゲンとの混合気体中の放電によって生じる励起状態の希ガスハライドエキシマーの誘導放出による紫外レーザー．希ガスハライドの励起状態は準安定状態があるが，基底状態は反発状態（不安定）なので反転分布が容易に形成できる．エキシマーレーザーリソグラフィー用の光学系は光学材料が限られ，色収差補正が困難なので発振波長の狭帯化したレーザーを利用しなければならない． ［上野］

液体クロマトグラフィー

各種の固体あるいは液体の固定相の間を流れる液体の移動相の中に試料を導入し，試料の何らかの特性の差によって両相への分配が異なることを利用して，固定相への捕捉，脱離を繰り返し行うことにより試料を各成分に分離する方法をいう． ［寺町］

STN モード

TN モードと類似したモードであるが，分子の配列が 90°ではなく，180°よりもさらに（最近のセルでは240°程度といわれている）ねじれた（STN：超ねじれネマチック）分子配列をさせたセルを用いた表示方法をいう．このようなねじれは基盤表面の処理のみでは行えず，ネマチック相を示す材料にキラル化合物を添加し自発的に生じるようにしてある．TN モードよりも電気光学的応答曲線の急峻性が鋭く，このため画素数の多いディスプレーをつくることができる．STN モードによる表示は着色しているが，セルを二枚重ねたり，高分子フィルムを重ねたりすることによって無色に近づけることができる． ［後藤・田中］

SPM

STM（走査型トンネル顕微鏡），AFM（原子間力顕微鏡）は，それぞれ探針先端と試料表面との間のトンネル電流および原子間力を検出することにより，原子オーダーでの試料表面形状・物性を観察できる装置である．このように探針と試料との間に働く種々の物理量（磁気力，静電容量，超音波，電気ポテンシャル，熱伝導，光，エバネッセント光，熱起電力，イオン電流）を検出することにより，原子オーダーでの試料表面物性を観察するものを総称して SPM とよぶ．SXM と略す場合もある． ［磯田］

X 線トポグラフ

転位密度が少ないときに転位などの欠陥を観察するのに有機結晶では大変有効な方法である．結晶中に入射された X 線がひずみのあるところとないところで回折された場合，回折強度に差ができる．その結晶を透過，または反射してきた回折線の強度差による像を写真またはビデオによって画像にしそれを解析する方法である．入射 X 線とひずみの方向によって回折強度が異なることを利用してバーガスペクトルを決めることができる． ［小島］

NA

像面からレンズをみる角度を 2α とするとき $n\sin\alpha$（n は媒体の屈折率：空気ではほとんど1）で与えられる．マスクの情報をどれだけ集められるかを示す量である．マスク面に回折格子（ラインとスペースのパターン）を置いたとき，0次光，±1次回折光がレンズを通過して像面で干渉しあってパターンを再生できると考える（アッベの理論）．このときマスクからの±1次回折光は $\sin\theta = \lambda/d$（λ は露光波長，d は回折格子の周期）の方向にでる．この方向にでた光がレンズを通過することができる場合パターンを再生できる．θ はパターンサイズ（d）が小さいほど大きくなるので NA が大きいほど解像度がよくなる． ［上野］

エピタキシャル成長

下地となる結晶の表面上に，下地結晶の格子を反映して結晶が成長する現象．有機物では，アルカリハライド上のフタロシアニン薄膜や脂肪酸薄膜などで観察されている． ［奥居］

F 値

光学系の明るさを表す量であり，明るいほど小さな値をとる．レンズの場合，有効焦点距離を有効口径で割った値（f/D）で定義される．光学系で組む際には，組み込む光学素子（レンズ，ミラー，分光器など）の f 値を揃えておくのが望ましい． ［腰原］

MDS

有機・高分子系材料において電子線損傷を避ける結像法の一つ．視野捜し，焦点合わせおよび撮影という3つのモードを独立に低電子線量または別の視野で行う手法である． ［八瀬］

エリプソメトリー

反射光には，反射の際の電磁場の振幅と位相両方の変化が情報として含まれている．そこで浅い入射角での反射光の偏光解析を行うことで両者をいっぺんに求めるのがこの方法である．最近では手軽な測定装置として，薄膜の光学定数の決定や膜厚の測定に利用されている． ［腰原］

LB 膜

ラングミュア-ブロジェット法（LB 法）により形成され

る単分子膜および累積膜．LB法は，両親媒性の直鎖脂肪酸，色素を含む長鎖分子などを水面上に展開し，一定の圧力を加え単分子膜(ラングミュア膜(L膜))を形成し，これを基板に移し取る方法．　　　　　　　　　　　[磯田]

エレクトロルミネッセンス

蛍光体に電場を印加したときに発光する現象(電場発光)．ZnS：Cu，ZnS：Mnに代表される，誘電体中の蛍光体を強い外部電場によって励起し発光させる真性EL(intrinsic EL)と，LEDに代表される，電極から蛍光体に電荷担体が直接流入し発光する電荷注入型EL(carrier injection EL)が知られている．　　　　　　　　[森(吉)]

オージェ電子分光(AES)法

励起状態にある原子が非放射的に基底状態に戻るときに放出するオージェ電子のエネルギーを分析して，固体表面にある元素の同定や分析を行う方法．　　　　　　[奥居]

OD

吸光度，光学密度ともいう．試料に対する入射光強度をI_0，透過光強度をIとしたとき，$OD=\log(I_0/I)$として定義できる．　　　　　　　　　　　　　　　　　　　[宮坂]

オーミック接合

金属と半導体の接合においてその界面に空間電荷層を形成しない，電流-電圧特性が直線となる接合．これは金属と半導体の仕事関数によって決まり，n型半導体ではその仕事関数が金属より大きい場合，p型半導体では仕事関数が金属より小さい場合オーミック接合となる．無機半導体の場合，同種の不純物を多量にドープした低抵抗層を埋め込みオーミック接合とする．　　　　　　　　　　[金藤]

解像度

レジストの解像度は露光(照射)装置が与える露光プロファイルによって決まる．その意味でレジストの解像度を定義するのは難しいが，ある膜厚(通常は$1\mu m$)で解像できるパターンサイズをいう．基板からの反射光と入射光の干渉によってレジスト内に定在波が形成され，現像後その定在波を解像していることがある．そのときの幅は$\lambda/4n$(λは露光波長，nはレジストの屈折率)であり，i線(365nm)のとき60nmほどになる．これがレジストの解像度ということもできる．リソグラフィーではこのような定在波は解像度劣化としてみなされる．　　　　　　　　　　　[上野]

化学気相成長(CVD)法

真空中で蒸発させた物質を気相中または基板上で反応させて成膜する方法．熱，光，プラズマなどを用いて反応を活性化させるのが一般的である．形成した膜は化学反応を伴うため蒸発物質とは異なる化学組成をもつ．　　[奥居]

化学シフト

核遮蔽を外部磁場で割った値．化学シフトδは次のように表される．

$$\delta=\frac{(B_{\text{reference}}-B_{\text{sample}})}{B_{\text{reference}}}\times 10^6 \text{ppm}$$

[加藤]

可逆電極過程

電解時に電極の電位を変化させると電極表面における反応種の濃度がネルンストの電極電位の式(II.7.6)を満たすように電解電流が流れる反応系を可逆反応系といい，このような電極過程を可逆電極過程という．電極反応速度が非常に大きな反応系ではこのような関係が成立する．電極反応速度が小さいと電極表面における反応種の濃度がネルンストの電極電位の関係式を満たすためには電極反応速度に応じてある電解時間を必要とする．このような電極過程を非可逆電極過程という．　　　　　　　　　　[米山]

拡散限界電流

作用電極における過電圧が十分に大きいと電極反応が速やかに進行し，電極表面における反応種の濃度は実質上ゼロになる．このときには電極表面と溶液沖合との間に存在する濃度勾配により，反応種が電極表面に補給され電解反応が継続する．濃度勾配が一定であれば電極表面への反応種の補給速度が一定であるので，電解電流は過電圧に無関係に一定となる．このような電解電流を拡散限界電流という．　　　　　　　　　　　　　　　　　　　[米山]

拡散転写法

カラー写真をつくる3つの方式(発色現像法，銀色素漂白法，拡散転写法)のうちの一つ．アゾ色素などの色素と酸化還元する部分が連続した化合物(色材)が，露光量に応じたハロゲン化銀の現像により，像様分布で色素を放出し，色素が拡散し受像層で固定化される方法である．種々の色材が提案され実用化されている．インスタント写真や熱現像カラーハードコピーに用いられている．　　　[古舘]

拡散律速

電極反応速度，すなわち電解電流密度が，反応種と電極の間の電子の交換の速度で決定されるのではなく，電極表面への反応種の補給速度で決まる場合をいう．このような状況下では電極電位を変えても電解電流は大きくは変わらない．　　　　　　　　　　　　　　　　　　　[米山]

拡散律速反応速度定数

2分子反応などで，反応速度が十分に大きく，両分子の拡散による出会い衝突により反応が行われる場合，拡散律速反応といわれる．溶液での拡散律速反応の速度定数は，溶媒の粘度や反応に与る分子の大きさ，反応半径などに依存するスモルコフスキー式で与えられるが，ストークス-アインシュタインの関係式に基づき，両分子の半径を同一とし，その半径の2倍が反応半径であると仮定すると，式(II.5.14)が導かれる．　　　　　　　　　　[宮坂]

核生成・成長

一次相転移においては，多くの場合，母相中に新しい相の核が生成し，それが成長することによって転移が進行する．強誘電体の分極反転においても，各双極子が個々に反転するのではなく，反転核が結晶中に生成して，そこから成長すると考えられている．　　　　　　　　　[古川]

カッシャの法則

発光は同じスピン多重度に属する励起電子状態のうちでエネルギー最低の状態(たとえばS_1やT_1)から起こるという法則．M. Kashaによって提案された．ある程度大きな分子(原子数が約10程度以上)にはよくあてはまるが，アズレ

ンのように，この法則に従わないものも存在する．

[宮坂]

活性化エネルギー

不純物や格子欠陥に捕獲された電子が，その束縛を離れて自由に動けるようになるためのエネルギー．すなわち，固体が結晶の場合，トラップ準位から伝導帯の底までのエネルギー差を指す．非晶質では明確な伝導帯の底がないため，活性化エネルギーからトラップ準位を求めることはできないが，モビリティー端を定義しそこからの深さをトラップ準位とする．

[金藤]

過電圧

作用電極と対極との間に外部から電圧を加えなければ，作用電極は電解液と平衡状態にある．このときに作用電極が示す電位を平衡電位という．外部から電圧を加えると作用電極の電位は平衡電位からずれる．この電位と平衡電位の差を過電圧という．

[米山]

カプラー

現像主薬の酸化体とカップリングしてアゾメチン色素を形成する無色の活性メチレン化合物．カラーネガ，カラーペーパー，カラー反転などの発色剤で，イエロー，マゼンタ，シアン色の画像形成色素を形成するカプラーとカラーネガの画質を改良する機能をもつ機能性カプラーがある．

[古舘]

可変波長レーザー

通常のレーザーの発振波長が2つのエネルギー準位のエネルギー差で決まる一定の値にほとんど固定されているのに対して，バンド状に拡がったエネルギー準位を利用して数nm～100nmの波長域で発振波長を変えることのできるレーザー．代表的なものとして，色素レーザー，色中心レーザー，半導体レーザー，Ti：サファイアレーザーなどがあげられる．

[前田]

過飽和度

$\sigma=(P-P_0)/P_0$ で定義される．P は真空系内における分子の蒸気圧，P_0 は蒸着基板温度における分子の平衡蒸気圧．気相または溶液からの結晶成長における駆動力の大きさを表す．

[奥居]

過冷却度

$\Delta T=T_m-T_s$ で定義される．T_s は基板温度，T_m は分子の融点．融液からの結晶成長における駆動力の大きさを表す．

[奥居]

乾式法

真空中または減圧下での気相成膜法．

[奥居]

感受率

単位電場を印加したときに誘電媒質中に誘起される分極を，真空中の誘電率を単位として表したものを電気感受率 χ（式（Ⅰ.2.36））という．χ は複素数で，その実数部 χ' と虚数部 χ'' は，物質の屈折率 n および消衰係数 κ と式（Ⅰ.2.41）の関係がある．

[堀江]

慣性半径

重心のまわりの高分子鎖の平均的広がりを表す量．主鎖の空間配置が重心からの n 個の座標（$r_1, r_2, \cdots, r_n$）で表されるとき，

$$R_G=\langle S^2\rangle^{1/2}=\frac{1}{n}\langle \sum_i r_i^2\rangle$$

で定義される．〈…〉はあらゆる可能なコンホメーションについての平均を表す．

[根本]

感　　度

レジストの感度は照射量（フォトレジストでは mJ/cm²，電子線レジストでは μC/cm²）の対数に対して現像後の残存膜厚をプロットして求める．ポジ型レジストの場合，露光量とともに残膜が減少し，残膜が0になる露光量をレジストの感度という．ネガ型レジストの場合，露光量とともに残膜が増大し，残膜率が100%になる付近の露光量を感度という．残膜率が50%の露光量を感度という場合もある．一般に，微細パターンを形成する場合の感度は上記露光量の2～3倍の露光量を必要とする．

[上野]

緩和時間

キャリヤーは電界によって加速され速度が増加していくが，常に格子振動や不純物などによって散乱され平均として速度は一定値に近づく．キャリヤーの散乱から散乱までの時間を緩和時間という．電界がかかっていない場合でもキャリヤーは運動して常に散乱を受けており，緩和時間は定義される．

[金藤]

疑1次反応

A+B→C という反応では，$d[A]/dt=-k[A][B]$ となり，k は2次反応速度定数とよばれ，その単位は（時間）$^{-1}$（濃度）$^{-1}$，たとえば，$M^{-1}\cdot sec^{-1}$ となる．ただし，Aに比べBの濃度が大きく反応の間でほとんどBの変化を無視できるような場合には，$d[A]/dt=-k[B][A]$ のうち，$k[B]$ は一定値と考えられ，Aの時間変化は1次反応のように表される．このような場合，疑1次反応過程という．

[宮坂]

疑似液体層

気相と融点直下の結晶相の界面に存在する層．1859年にM. Faradayによって提唱された．現在ではNMRなどによってその存在が確認されている．

[奥居]

気体レーザー

気体をレーザー媒体とし，これを放電によって励起して発振するレーザーで，Arイオンレーザーが代表例である．発振波長が離散的なため，他の固体・色素レーザーの励起源として用いられることが多い．

[腰原]

軌道相

分子軌道あるいは結晶軌道を図示したもの．これにより，軌道の形状，張り出し方，符号変化などがわかる．最高被占分子軌道（HOMO），最低空分子軌道（LUMO），最高被占結晶軌道（HOCO）および最低空結晶軌道（LUCO）などの軌道相は特に重要である．

[田中]

軌道放射光

電子の加速運動の際に発生する光を利用するのが軌道放射光（SOR光）である．SOR光は，X線領域から遠赤外域までの広い波長域，高輝度かつ短パルスといった特徴を兼ね備えている．ただ巨大な装置を必要とする点に問題がある

逆合成

retro synthesis（もしくは antithesis）の和訳．有機合成計画を立案するうえで，実際なされるべき合成経路とは逆に，標的化合物を順次より単純な構造の化合物に分解し，最終的に手に入りやすい出発原料に到達させる思考過程．この解析手段のコンピューター化を試みたものに LHASA（Logic and Heuristics Applied to Synthetic Analysis）がある． ［三木］

逆転領域

反応の始・終状態間のエネルギー差とその速度定数の関係に関したもので，終状態の方がエネルギー的により安定でありながら，始・終状態間のエネルギー差の増大とともにその反応速度定数が小さくなるエネルギー差の領域． ［宮坂］

キャリヤー生成効率

キャリヤー生成効率は，試料が吸収したフォトン数に対して生成したキャリヤーの数である．その測定は主に，初期の表面電位減衰速度を求め，
$\phi = C \cdot (dV/dt)_{t=0}/en_{ph}$ （n_{ph} は吸収したフォトン数）
より求める．単層光導電膜の場合は ϕ はキャリヤー生成効率を表しているが，積層光導電膜の場合は，キャリヤー生成効率と層間のキャリヤー注入効率の両者の影響が反映してくる．量子収率ともいう． ［村上］

QDI 捕獲剤

混色防止剤ともよばれ，カラー写真のイエロー，マゼンタ，シアン色にそれぞれ発色する層を区切る層（中間層）に入っていて，他層で発生した QDI（キノンジイミン）を捕獲し色濁りを防止する機能をもっている．耐拡散基を有するヒドロキノン，ヒドラジンや QDI とカップリングしても発色しないカプラー（無呈色カプラー）などが用いられている． ［古舘］

協奏的反応

一般的にはラジカルやラジカル対，イオン，イオン対などが中間体となり進行する反応が多いが，このような中間体がまったく含まれず一段階で進む反応を示す． ［宮坂］

強誘電性

自発分極をもった結晶で，その分極が外場によって反転するものを，強誘電体とよぶ．分極反転は，D-E ヒステリシスとして観測される．温度を上げると構造変化を起こし，自発分極が消失して強誘電性が失われる．これを強誘電-常誘電相転移とよび，その温度をキュリー点とよぶ． ［古川］

強誘電性液晶

強誘電性を示す液晶．強誘電性液晶とよばれるものは，ほとんどの場合キラルスメクチック C 相を示す液晶をさす．他にも強誘電性を示す相があるが，表示素子への利用を考えた場合実用的ではない．また，実用を検討されているものはほとんどスメクチック C 相を示す化合物と光学活性化合物との混合物である． ［後藤・田中］

強誘電体

物質が安定な自発分極をもち，この自発分極が反対方向の電場によって反転し，再び安定構造をとるときこれを強誘電性という．自発分極の反転は電気変位・電場のヒステリシス曲線として観察される．また強誘電体には自発分極の消失する強誘電相から常誘電相への転移温度（キュリー点）が観察される．フッ化ビニリデン/トリフルオロエチレン共重合体は代表的な高分子強誘電体である． ［八木］

局在準位

固体物質が非晶性であるとき，1個ないし数個程度の原子の近傍にだけかたよって存在する（すなわち局在した）電子波動関数がみられることがある．そのような軌道に収容された電子のもつエネルギー値を局在準位とよぶ．これはフェルミ準位近傍に存在することが多いが，金属的導電キャリヤーを収容するものではない．局在準位間の電子移動にはホッピングモデルを用いることが多い． ［田中］

キラルスメクチック C 相

液晶の相の種類．スメクチック C 相の分子の傾きの方向が層の法線方向に進むに従って回転した螺旋構造を示す相．強誘電性を示す． ［後藤・田中］

銀色素漂白法

カラー写真をつくる3つの方式（発色現像法，拡散転写法，銀色素漂白法）のうちの一つ．イエロー，マゼンタ，シアン色のアゾ色素そのものが，白黒現像で形成された金属銀を触媒とし，酸性条件下で還元され無色のアミン化合物に変換され，残存色素でポジ像が形成される方式である．Ciba 社で開発されたもので，CB プリントに実用化されている． ［古舘］

空間電荷層

半導体は金属に比べて電荷密度が低いために，これが電解液と平衡状態にあるときや，あるいは電極として分極すると，電解液と接する半導体の表面から内部に向かってある深さの電荷の過不足を生じる層ができる．この層のことを空間電荷層という． ［米山］

クラスタイオンビーム（ICB）

断熱膨張による過冷却でクラスタ化し，さらに電子ビームを照射することにより得られたクラスタイオンを蒸着する方法． ［奥居］

クラマース-クローニッヒの関係

線形受動系の応答の実部がすべての周波数についてわかっていれば，積分変換（クラマース-クローニッヒの関係式，K-K 変換）を用いてその虚部を求めることが可能である．もちろんその逆も可能である．この関係は，光学定数に適用した場合，n（屈折率の実部）と κ（屈折率の虚部），R（反射率）と θ（反射における位相変化），ε_1（誘電率の実部）と ε_2（誘電率の虚部）との間に成り立っている． ［腰原］

グルーブ

光メモリーディスクのトラッキングを司るために透明な基板内に設けられた極微細な溝のこと．幅 0.5 μm，深さ 0.1 μm 程度であり，ピッチ 1.6 μm のスパイラル状に配置される．グルーブ間ランドと称する． ［松井］

結晶欠陥

結晶中にできる欠陥の総称．単純な金属，半導体，イオン結晶中でみられるような欠陥は以下のように分類されている．点欠陥とよばれる原子や分子が正常の格子位置から抜けたり（空孔），よぶんの位置に入ったりする点状の欠陥（格子間原子），転位とよばれる線状の欠陥，積層欠陥とよばれる面状の欠陥などがある．また，点状欠陥の複合体やボイド，さらに巨視的クラックなどもある．有機結晶の場合，低分子結晶は金属，半導体，イオン結晶と似たような欠陥が導入されるが，高分子結晶では分子鎖自身の欠陥，たとえば折れ曲がり，交差，架橋などがあり単純な結晶中の欠陥とは異なるところがある． ［小島］

ゲル浸透クロマトグラフィー

サイズ排除クロマトグラフィーの項を参照．

現像，現像主薬

潜像（露光されたハロゲン化銀結晶内に形成された銀原子クラスター）を有するハロゲン化銀結晶を弱い還元剤で金属銀に還元される過程を現像という．この弱い還元剤を現像主薬とよぶ．銀像のみを形成する白黒写真には，ヒドロキノン，N-置換-p-アミノフェノール類，アスコルビン酸などが使用される．カラー写真には，現像後その酸化体がカラー画像形成に関与する p-フェニレンジアミンが使用される．現像により，潜像中心からハロゲン化銀粒子全体まで還元反応が進み，光化学反応は 10^6 倍以上も増幅される． ［古舘］

減法混色

加法混色に対する言葉で，イエロー，マゼンタ，シアン色素の2種または3種の色素の重ね合わせによって，白色光を吸収し別の色を生じることをいう．色を重ねることによって明るさは暗くなっていくことから，この重ね合わせを減色法という．現在のカラー写真のすべてが減色法の3原色（イエロー，マゼンタ，シアン色）の重ね合わせによって天然の色を再現している． ［古舘］

光学活性基

光学活性とは左右の円偏光に対し，屈折率や吸収係数が異なる現象をさし，反転対称性をもたない構造に限られる．通常は不斉炭素原子（4個の異なる原子または基と結合，C*と記述）によって実現される． ［都丸］

光学活性高分子

高分子化合物の光学活性は，主鎖に存在する不斉炭素原子と主鎖のヘリックス構造のような不斉性のあるコンフォメーションに基づいている．光学活性高分子としてはタンパク質，多糖，核酸のような生体高分子や，ポリアミノ酸，ポリヒドロキシブチレートのような生体関連合成高分子がある．一軸延伸した光学活性高分子フィルムにはズリの圧電性が観察される． ［八木］

項間交差

異なるスピン多重度をもつ他の電子状態への遷移過程．（内部変換の項も参照） ［宮坂］

交換電流密度

作用電極が電気化学活性な反応種を含む電解液と接触しているとき，外部から電圧を加えなければ電流は流れない．しかしこのときには，作用電極の表面では，正方向と逆方向（酸化と還元もしくはその逆）の反応が等速度で起こっている．この反応速度を電極の単位面積あたりの電流の大きさで示したものを交換電流密度という．交換電流密度は反応速度定数の指標であり，交換電流密度が大きい反応系は，一定の過電圧のもとで大きな電解電流密度が得られ（式（II.7.4）），反応が起こりやすい系であるといえる． ［米山］

抗原・抗体

体内に病原菌や異質なタンパク質などの生体にとっての異物（抗原）が入るとこれを排除する抗体がつくられ，生体を守る機能（免疫）を有する． ［工藤］

光合成細菌

光合成により二酸化炭素の同化，有機化合物の合成などを行う細菌の総称．緑色植物と異なり，二酸化炭素の同化のために水を電子供与体として利用できず，S^{2-}，$S_2O_3^{2-}$，H_2，有機物などを電子供与体とする． ［磯田］

交差分極

固体NMR測定において，感度をあげるため，^{1}H の磁化エネルギーを ^{13}C に移すこと．$\gamma_H B_{1H} = \gamma_C B_{1C}$（$B$：振動磁場）の条件（ハルトマン-ハーン条件）を満たすとき交差分極の効率が最大になる． ［加藤］

酵素

生物細胞により生産される高分子で有機触媒機能を有するものをいい，生体内での複雑な生物化学反応を常温，常圧下で行う働きをもつ． ［工藤］

光伝導

半導体・絶縁体に光を照射すると，光励起によって自由電子-正孔対や緩和励起種（ポーラロン，ソリトンなど）などの荷電キャリヤーが生成され，試料の電気抵抗が低下するが，この現象が光伝導である．この現象の作用スペクトル（励起波長依存性）を調べれば，荷電キャリヤー発生に関与する固体内部の電子状態の情報（バンドギャップなど）が得られる．また，短パルス励起光を用いて発生させた荷電キャリヤーが電極へ到達するのに必要な時間を計測すれば，荷電キャリヤーの符号や易動度を得ることも可能である． ［腰原］

高分解能電子顕微鏡

転位密度が多いときはX線トポグラフの方法では分解能が低いので，転位を個々に分解できない．このようなときは電子顕微鏡を使う．有機結晶の場合電子線に対する寿命が一般に短いので観察するのが難しいが，長いものに対しては有効である．電子顕微鏡像はX線トポグラフと同じように歪場の回折強度から像をつくる場合と原子・分子の直接像を観察する場合がある．直接像に関しては高分解能となるので，欠陥の構造を詳しく調べることができる． ［小島］

高分子ゲル

固体と液体の中間の物質形態を示し，一般に長鎖の高分子や架橋した重合体からなっている．この物理的化学的性

質が多くの用途に用いられる新素材として注目されている．　　　　　　　　　　　　　　　　　　　　[工藤]

高分子固体電解質
イオン伝導性高分子の項を参照．

固体電解質
固体状態で高いイオン伝導性を有する物質をいう．α-AgI, Na$^+$-β-alumina などの無機結晶，AgI-Ag$_2$MoO$_4$ などの無機ガラス，ポリエチレンオキシド-アルカリ金属塩複合体などの高分子物質がその代表例である．特に，室温付近で液体と同じようなイオン伝導性を示す固体電解質を超イオン伝導体(super ionic conductor)とよぶこともある．
[渡辺]

固体レーザー
希土類などをドーピングした結晶をレーザー媒体とし，これをフラッシュランプや他のレーザーで励起して発振を行うレーザーを指す．従来より用いられてきた Nd：YAG レーザーなどは発振波長がかなり限定されていたのに対し，近年実用化された Ti：サファイアレーザーは発振波長域が 670 nm～1.1 μm と広く，実用光源として大きな変化を分光研究の分野にもたらしつつある．
[腰原]

コヒーレント光
ある光源から出る光に対し，空間・時間座標における2つの点でのその強度間の相関の大きさを，光のコヒーレント性の度合いとして表す．光の干渉は，コヒーレント性の現れである．レーザー光は，単色性と指向性に優れたコヒーレント光であり，結果として高強度のものが得られる．レーザー光に対して観測される電場の振幅は一定の大きさをもつ(図Ⅰ.2.29)．水銀灯などの気体放電ランプから放射された光は，その電場の振幅や位相が原子の速度分布とその間で起こるランダムな衝突によって決まり，カオス光とよばれる．
[堀江]

コロナ帯電
気体放電の一種であるコロナ放電を利用して，絶縁性表面を帯電すること．ボールドポリマーではこの手法を利用して，ポーリングさせることが多い．試料直上にタングステン線などを配置し，高電圧を印加し，放電を行わせる．
[都丸]

サイズ排除クロマトグラフィー(ゲル浸透クロマトグラフィー)
液体クロマトグラフィーの一種で，試料分子と同程度の大きさの細孔をもった多孔質の充填剤をつめたカラムを用いて，試料を分子の大きさで分離する方法をいう．高分子化合物の分子量分布，平均分子量の決定に用いられる．
[寺町]

材料性能指数
非線形光学材料の応用上，実際に重要なのはその効率であり，波長変換の効率を示す性能指数としては d^2/n^3，電気光学効果の性能指数としては n^3r がよく用いられる．これらの関係からわかるように屈折率が大きな材料は波長変換には不利となり，逆に電気光学効果には有利となる．
[都丸]

作用電極
電解現象を調べるために用いる電極をいい，試験電極(test electrode)ともいう．電解現象を調べる過程で，作用電極自身が電気化学変化を示してはならないので，白金，金，カーボンなどの安定な材料が選ばれる．
[米山]

参照電極
作用電極の電位を測定するための基準として用いる電極．電解液の種類により使い分けることが望ましいが，最も広く用いられているのは，飽和カロメル電極である．(表Ⅱ.7.2参照)
[米山]

シアンカプラー
カラー写真において，650 nm から 700 nm に吸収を有する色素を形成する発色剤で，フェノール，ナフトール骨格が用いられている．最近は，それ以外の単環性，二環性ヘテロ環シアンカプラーが提案されている．
[古舘]

色像安定剤(退色防止剤)
カラー写真の色像が光，湿度，熱に暴されて退色するのを防止する添加剤である．発色現像で得られたイエロー，マゼンタ，シアン色素のうち，マゼンタ色素がいちばん光に弱かった．マゼンタ色素の光安定化剤の研究が活発で，アルキル置換ヒドロキノン，6-ヒドロキシクロマノール，2,2′-スピロ(ビス-6,6′-ヒドロキシクロマノール)，ヒドロキノンジアルキルエーテル，スピロインダン，アルコキシ置換アニリン化合物などが知られている．3色のうち，湿度，熱に対して弱い色素はイエロー，シアン色素で，ヒンダードフェノール，ヒンダードアミン化合物が退色防止に有効である．また，色素の分散状態を変化させて堅牢化を図る方法として，アクリルアミド系ポリマーが有効である．
[古舘]

色素現像薬
ポラロイド社のインスタント写真に用いられている色材で，ヒドロキノン部とそれに連結した色素部を有している．高 pH でヒドロキノン部が解離し拡散性を示すが，ハロゲン化銀で酸化されキノン体となった色材は不動化する．ネガ乳剤を使用した感材では，露光量に応じてポジ画像が転写像として得られる．
[古舘]

色素増感電流
色素はそれぞれが色素に固有の波長の光を吸収したとき，その色素の基底状態の電子が励起準位に高められる．半導体電極を用いるとこの励起準位に高められた電子を電流として検出することができる．これが色素増感電流である．
[米山]

色素漂白促進触媒
銀色素漂白法によるカラー画像形成の重要な触媒化合物で，ピラジンやフェナジンなどの芳香族窒素複素環化合物が用いられている．白黒現像によって形成された金属銀を触媒とし，強酸性条件下で，これらの窒素複素環はジヒドロ体に還元される．ジヒドロ還元体はアゾ色素をアミンに分解し，再び芳香族複素環化合物にもどる．Ciba-Geigy 社が開発したチバクローム(CB プリント)に使用されている．
[古舘]

色素レーザー

共役π電子系を有する有機化合物の一重項許容遷移を利用した液体レーザー．複雑な振動・回転準位の重なりによってスペクトルが拡がり，波長可変性をもつ．多数の色素化合物が近紫外から近赤外域にかけてレーザー発振を示し，短パルス化も容易なので，波長可変レーザーとして最も広く用いられ，実用化が進んでいる． ［前田］

仕事関数

固体から電子を無限遠の真空中まで取り去るときのエネルギーで，溶液中のイオン化エネルギーと密接に関連している．金属の場合は金属結合に寄与する自由電子が関与するが，一般に最外郭の電子が少ない方が仕事関数は小さい．半導体ではフェルミ準位から真空準位までが仕事関数となる． ［金藤］

CCDイメージセンサー

光励起によって発生した電荷をMOSキャパシタに蓄積し，読み出すことで光検出を行うセンサーである．このセンサーを多数近接して並べることによって，2次元画像検出器の固体化を図る目的で開発された．ガラス管である撮像管と比較して機械的ショックに強く，またダイナミックレンジも4桁と優れている．近年では民生用に感度，信頼性の高い製品が多数，安価に市場に出回っている． ［腰原］

システム制御信号

光ディスクあるいは光メモリーディスクが出力する信号の一種．アドレス情報，フォーカスエラー信号，トラッキングエラー信号，クロック情報，トラッククロス信号などがこれに入る．光ディスク/メモリーディスクをハードウエアとの関連において使用する場合に特に重要な信号である． ［松井］

湿式法

溶媒などの液体を用いて成膜する方法． ［奥居］

自発分極

誘電体物質が電場や応力を加えない自然な状態で電気分極を生じていることを自発分極といい，対称中心のない結晶（物質）のうち極性結晶（物質）に観察される．自発分極は，温度や応力によってその大きさが変化するので，極性結晶（物質）は焦電性，圧電性を示す． ［八木］

縮合系高分子

2個の分子が反応し，水などの分子が脱離し，2つの分子が1つの分子として結合する縮合反応によって構成される高分子． ［奥居］

純度

興味の対象である物質が大部を占める混合物において，その物質が混合物中に占める量的な比率のこと．残りの成分は不純物とよばれる．純度は重量比で表されるのが通常であるが，不純物が特定されており，使用目的に関してモル当量的に作用するようなときにはモル比で表現される場合もある． ［三木］

純物質

純物質の厳密な定義には0Kにおける残留エントロピーが0であることが含まれており，実在しないとされる．一般的には，"機械的操作あるいは状態変化によって2種の物質に分離することのできない物質"（岩波『理化学辞典』）のように，言葉の使用目的の実情に即した定義がなされている．しかし，有機化合物には多くの場合，現在の技術での分離の可否は別として，配座異性体が存在しており上記の定義にもあいまいさが残っている． ［三木］

消去可能型光メモリーディスク

光メモリーディスクのうちで，情報を自由に書いたり消去したりすることができるタイプのもの．E-DRAWと称される場合がある． ［松井］

少数キャリヤー

電気伝導に寄与するキャリヤーは常に電子であるが，電子受容性の不純物を添加したp型半導体では電子の抜けた穴，すなわち正の電荷が見かけ上移動する．このキャリヤーを正孔あるいはホールといい，p型半導体では支配的に存在し多数キャリヤとなる．ところが結合から離れた電子や電極から注入された電子あるいは光励起によって生成された電子も同時に存在し，これらを少数キャリヤーという．n型半導体では電子が多数キャリヤー，ホールが少数キャリヤーとなる． ［金藤］

状態密度

原子からそれぞれの価電子が供出されて固体が形成される．したがって，全価電子数に相当する数の電子を収容する状態が存在することになる．単位体積あたりの状態の数を状態密度といい，固体の対称性や結合の様式によって状態密度はエネルギーの関数となる．フェルミ準位近傍あるいは価電子帯，伝導帯での状態密度が伝導機構を左右する． ［金藤］

蒸着重合法

真空槽中で加熱蒸発させたモノマー分子を基板に入射し，他種のモノマー分子と基板上で衝突することにより重合反応を生じさせて高分子薄膜を作製する方法．ポリアミド，ポリイミドなどの縮合系高分子の薄膜が，この方法で作製されている． ［奥居］

焦電性

焦電性は物質に温度変化を与えると分極が変化したり，逆に電場によって熱の発生する現象をいい，熱エネルギーと電気エネルギーの相互変換を行うものである．焦電効果は自発分極をもつ結晶（物質）に観察される．高分子化合物ではポリフッ化ビニリデン系高分子が強い焦電性を示す． ［八木］

触媒反応

なんらかの化学反応を起こすべき系のなかに比較的少量存在して，自らはほとんど変化せず，反応速度を大きくするか，あるいは反応を開始させる役目をする物質（触媒）の関与する反応をいう．化学増幅系レジストでは主に酸触媒反応を利用する． ［上野］

真空蒸着法

真空中で加熱により蒸発させた物質を，そのまま基板などに付着させて成膜する方法． ［奥居］

振動緩和

分子内で起こるある特定の振動モードが他の多くの振動モードに分配され（分子内振動緩和：横緩和），他の分子へその振動エネルギーが与えられ（クーリング：縦緩和），媒体と熱平衡の振動状態へ変化していく過程．分子内振動緩和の速度は，状態密度や非調和結合 (unharmonic coupling)，フェルミ共鳴などによって律せられている．

[宮坂]

振動子強度

単位時間に1個の分子が吸収する光エネルギーを，電子1個からなる調和振動子の $v=0$ から $v=1$ への吸収強度を強度単位として表したもの（式（I.2.110））．　[堀江]

スイッチング現象

強誘電体に階段電場を印加すると，分極の反転が起こる．これをスイッチングと呼び，生じる電気変位の時間変化 $D(t)$ を測定すると，分極反転の動的な振る舞いがわかる．これから反転時間，反転分極量が求められ，その電場・温度依存性から反転機構が議論される．

[古川]

ストークスシフト

励起光と発光のエネルギー差を指す．有機化合物などでは，吸収スペクトルと発光スペクトルの極大などから求まる．発光遷移の関係する状態や周囲との相互作用などに依存する．

[宮坂]

スパッター法

10^{-1}〜10^{-3} Torr の真空下で，電界により加速したアルゴンなどのイオンをターゲット（原材料）に衝突させ，ターゲットからたたき出された原材料分子を基板に付着させて成膜する方法．有機物の場合，有機物を構成している共有結合が，イオンの衝突により切断されやすく，基板に形成した薄膜分子は原材料が変性（分解・架橋）された形となる場合が多い．

[奥居]

スピン・パイエルス転移

一次元スピン系において単純な反強磁性的状態が実現されるかわりに，格子間隔が交互に変化し，スピンが2個ずつ一重項になった状態．数学的には一次元スピン系のハミルトニアンをヨルダン‒ウィーグナー変換すると一次元電子ガスと同様のものになり，パイエルス転移に相当するものが期待されることによる．しかしながら通常は格子変調を伴わない反強磁性が実現されることが圧倒的に多い．スピン・パイエルス転移は厳密には高温相においても絶縁相である局在スピン系においてみられる転移であり，金属・半導体転移を伴うものは通常のパイエルス転移とみなすべきである．(Bray, J. W. et al.: Extended Linear Chain Compounds (Miller, J. S. ed.), vol. 3, p. 353 (1982), Plenum)

[森(建)]

スピン密度波

上向きスピンの密度 $P_\uparrow$ と下向きスピンの密度 $P_\downarrow$ の差 $P_\uparrow - P_\downarrow$ が0ではなくなり一定の周期をもって変化する現象．遍歴電子的な描像でとらえた反強磁性．低次元的なフェルミ面をネストさせるようなスピン密度波が生じると金属・半導体転移が起こるが，パイエルス転移とは異なり格子変調は伴わず，静磁化率は反強磁性の場合と同様の異方性を示すようになる．ESR は通常線幅の急激な増大と強度の急激な減少を伴っている．

[森(健)]

スメクチックA相

液晶の相の種類．ネマチック相と同様に分子の配向に長距離相関があり，かつ層を形成している．層内での分子の位置に長距離相関はないといわれている．層の厚さは分子長程度から2分子長程度である．

[後藤・田中]

スメクチックC相

液晶の相の種類．スメクチックA相の分子配列の規則性に加えて，分子が層の法線に対してある方向に傾いた構造をもつ相．

[後藤・田中]

正常領域

反応の始・終状態間のエネルギー差とその速度定数の関係に関したもので，始・終状態間のエネルギー差の増大とともにその反応速度定数が大きくなるエネルギー差の領域．

[宮坂]

生成消滅演習子

光の場を調和振動子として量子化するときに導入される演習子で，数（整数）を固有値としてもつ．数を1つ大きくするものを生成演習子（式（I.2.80）），数を1つ小さくするものを消滅演習子（式（I.2.79））という．　[堀江]

成長縞

チョクラルスキー法などで結晶成長させるときに成長条件の不均一性などで不純物の集合体などが周期的に並ぶことによって結晶表面に縞が現れる．

[小島]

成長転位

転位が導入される際にいくつかの方法がある．一般的な場合はすべり変形（塑性変形）によって導入される転位で，これをすべり転位という．融液成長の場合，高温で結晶化させるためすべり変形以外にいくつかの原因で転位が発生する．熱応力などの応力集中による転位の発生，過剰点欠陥からの転位ループの発生などすべり以外でも転位は導入される．溶液成長では析出した溶媒付近での応力集中による転位の発生などがある．これら結晶成長の際に導入される転位を成長転位という．最近は結晶成長の際に十分な配慮をするとこれらの転位の発生を抑えられ，無転位の結晶も育成できるようになっている．

[小島]

赤外線センサー

赤外線を検出するセンサーで熱型と量子型がある．焦電材料を用いた赤外線センサーは熱型に属し，火災検知器，人間の侵入検知器，パイロビジョン，パルスレーザー用カロリメーターなどに用いられている．高分子圧電材料としてはポリフッ化ビニリデン系高分子が代表的である．

[八木]

旋光度

光学活性物質を直線偏光が通過すると，偏光面が回転する．この回転角度をいう．これは，光学活性物質が左右の円偏光に対して異なる屈折率をもつことによる．偏光面を回転する方向により，右旋性物質と左旋性物質に分けられる．

[入江]

増感色素

1873年,H. W. Vogel はハロゲン化銀表面に色素を吸着させると,ハロゲン化銀が可視光にまで感光することを発見した.分光増感の始まりであり,この役目を行う色素を増感色素という.増感色素には主にシアニン色素とメロシアニン色素が用いられる.シアニン色素の中でもJ会合体(Jバンドとよばれる単量体よりも長波長域の強く鋭い吸収帯を与える会合体)を形成する色素が有用である.

[古舘]

双極子-双極子相互作用と電子交換相互作用

双極子-双極子相互作用は励起状態にある分子の電子の運動(振動)が基底状態にある分子の電子の運動に摂動を与え,両者が共鳴したときにエネルギーが移動する機構で,長距離間(数十Å)においても有効に機能する.電子交換相互作用は互いに接近した分子間に起こり,励起状態の電子と,基底状態の電子が直接交換するもの.両者の電子軌道が実質的に重複する必要があり,近接しているときにのみ有効である.

[磯田]

その場観察

試料の作製後における観察ではなく,試料の形成過程を作製中に測定すること.MBE法における,薄膜形成過程のRHEED観察などが代表的である.

[奥居]

ソルバトクロミック効果

物質の電子遷移スペクトルが溶媒の種類により変化する現象をいい,物質の励起状態,基底状態双方の双極子モーメントと溶媒との相互作用が溶媒種により異なることに起因するとされる.したがって吸収スペクトルや蛍光スペクトルの溶媒種依存性から励起状態,基底状態双方の双極子モーメントの大きさに関する情報が得られる.

[都丸]

耐拡散基(バラスト基)

発色現像法に使用されるカプラーを各感光層に固定化するための置換基で,3種の方式がある.第一は,水溶性基と長鎖脂肪族基を有するミセル形成基.第二は,ポリマー鎖長を有する基.第三は,分子量の大きい油溶性基で高沸点可塑剤に分散されて固定化される基である.現在は第三の方式の置換基を有するカプラーが多く実用化されている.

[古舘]

第3高調波発生

物質にある周波数 ω の光を入射したとき,内在する3次の非線形応答(非線形感受率 $\chi(-3\omega;\omega,\omega,\omega)$ に対応する)によって3倍の周波数 (3ω) をもつ光が出力される現象のこと.

[腰原]

多光子過程

2個以上の光子の吸収または放出が同時に生ずる過程を多光子過程という.レイリー散乱やラマン散乱は,2個の光子が同時に関与する相互作用の形態であるので,2光子過程とみなされ,その選択律に従う.第2二高調波発生(SHG)は3光子過程,CARS や4波混合は4光子過程の例である.

[堀江]

WLF 式

Williams, Landel, Ferry によって1955年に提出された,ゴム状態の無定形高分子あるいは過冷却のガラス形成液体の粘性率(η)あるいは緩和時間(τ)の温度依存性を説明する経験式.基準温度を T_0 とすると

$$\log\left[\frac{\eta(T)}{\eta(T_0)}\right]=\log\left[\frac{\tau(T)}{\tau(T_0)}\right]=-\frac{C_1(T-T_0)}{C_2+(T-T_0)}=\log a_T$$

となる.ガラス転移温度(T_g)を基準温度とすると,$T_g<T<T_g+100$ の温度範囲で,系の化学構造によらず $C_1=17.44$,$C_2=51.6$ になるとされる.また a_T は時間と温度を換算するシフトファクターとよばれる.その後,WLF式は,自由体積理論や配位エントロピー理論など,ガラス形成液体中の低分子物質(高分子の場合はセグメント)の輸送あるいは再配置の理論によって説明された.WLF式は,粘性率,緩和時間だけでなく,ガラス形成液体中の低分子物質の拡散現象に対しても広く成立することが見いだされている.

[渡辺]

超音波トランスデューサー

20 kHz 以上の振動数をもつ音波を超音波という.超音波トランスデューサーは超音波を受けてこれを電気信号に変換したり,逆に電気信号を超音波に変換するのに用いられる素子をいい,超音波送受話素子ともいう.超音波の発生方法には圧電効果と磁歪効果がある.前者が広く利用されている.高分子圧電材料としてはポリフッ化ビニリデン系高分子が代表的で,超音波顕微鏡や超音波医用診断のトランスデューサーとして用いられている.

[八木]

超交換相互作用

機能団間の波動関数の重なりによる直接相互作用は機能団間距離に対して指数関数的に減衰するため,光合成反応中心複合体での電子移動過程に関する実験結果を説明できない.そのため機能団間の機能団または原子の軌道を介した間接相互作用を考慮して提案されたのが超交換相互作用である.しかし,超交換相互作用は機能団間の軌道の最低励起エネルギーがドナー,アクセプターの分子軌道エネルギーに近いほど大きくなり,電子と核振動の相互作用の効果も考慮した解釈が必要となっている.

[磯田]

超格子

自然に存在する結晶格子とは異なり,人工的に秩序構造をもたせた格子を超格子とよぶ.ガリウムや砒素のように異なる2つの物質を,MBE法によって層状に交互に積み重ねることにより超格子構造をもった薄膜が得られている.

[奥居]

超分極率

外部電界によって分子に誘起される分極は,電界強度に関するテーラー展開で表される.ここで電界の一次に比例する項の比例定数を分極率(polarizability),電界の二次以上に比例する項の比例定数を超分極率(hyperpolarizability)とよぶ.

[松田]

追記型光メモリーディスク

光メモリーディスクのうちで,いったん書いた情報を消すことはできないが,記録領域が空いている場合は次々に情報を追加書込みできるタイプのもの.DRAW(Direct Read After Write)あるいは WORM(Write Once Read

Many)と略称される場合がある． [松井]

DIR カプラー
現像抑制剤放出(Development Inhibitor Releasing)カプラーのことである．現像抑制剤としては，ヘテロ環メルカプタンやベンゾトリアゾールが使用されている．DIR カプラーの機能には，粒状改良効果，エッジ効果，重層効果の3つがある．粒状改良効果は，銀現像を途中で止めて粒状を細かくする効果であり，エッジ効果はエッジの部分をきわ立たせてくっきりさせる効果であり，重層効果は，色補正カプラーとも似た機能を示し，他層の不要吸収を減らし色再現を改良する効果である．離脱した後の銀現像抑制までのタイミング時間により，上記3つの効果は異なってくる．DIR カプラーは，カラーネガの画質を改良するための重要な機能性カプラーで，エッジ効果に特徴をもたせるためのタイミング調整 DIR カプラーや離脱後処理液中で現像抑制作用を失活させ現像処理の安定化を図っている加水分解型 DIR カプラーなどが開発されている． [古舘]

DRAM
大規模集積回路メモリーの一種であり，任意に記憶番地の読み出しが実行できるメモリである(Dynamic Random Access Memory)．酸化シリコンなどの絶縁層のコンデンサを記憶要素として使用し，少数のトランジスタで1ビットの記憶ができるため大記憶容量のものを製造するのが比較的容易である．したがって，リソグラフィーの最先端技術を利用して DRAM の集積度向上を図ってきた．ただし，コンデンサーに貯えた電荷は少しずつ漏洩するため，一定時間ごとに記憶内容を読み出して書き込みするリフレッシュが必要となる． [上野]

TEPD
電子線損傷を定量的に表す指標(Total End Point Dose)．結晶性試料の電子顕微鏡観察において，特定回折点の強度が $1/e$ になる電子線量である．一般的な有機・高分子材料においては，$0.1 \sim 1 C/cm^2$ である． [八瀬]

DAR カプラー
現像促進剤放出(Development Accelerator Releasing)型カプラーのことで，ヒドラジンなどの現像開始点を増加させる離脱基を連結したカプラーで高感度を得るために有用である． [古舘]

TN モード
ネマチック相を示す液晶(通常は混合物)，またはこれにキラル化合物を添加したものを，配向処理を施した2枚の基板ではさむことにより，分子の配列を基板に平行で，かつ基板間でおおよそ90度ねじれている(TN: Twisted Nematic)ようにしたセルを用いる表示方法をいう．セルの両側は偏光板ではさまれている．表示は液晶層に電圧をかけ分子の配列を変化させることにより，光の偏光状態を変え行う．配向処理は，基板表面を高分子でコートしたあとラビングにより行うのが一般的である． [後藤・田中]

定常法
作用電極の電位を一定の値に保ったときに流れる定常的な電流を，電位を変えて測定して電流と電位の関係を求めるか，もしくは一定の電流を流したときに得られる定常的な作用電極の電位を，電流を変えて測定して電流と電位の関係を求める方法をいう． [米山]

デバイ温度
結晶内の原子の振動(格子振動)を連続弾性体の弾性振動として近似するデバイモデルでの振動数の上限値を温度に換算したもの．固体の種類によって異なるが，普通数百 K の程度である．狭義の BCS 理論における重要なパラメーターである． [田中]

転　位
結晶成長の際に導入されやすい結晶欠陥の一つである．転位の幾何学的構造を特徴づける量としてバーガスベクトルとよばれる基本格子ベクトルに対応するものがある．転位を一次元の線としてとらえるとその歪場はバーガスベクトルに依存するので，この大小が問題となる．転位の導入にはいくつかの方法があるが，塑性変形によって導入されるすべり転位が一般的な方法である． [小島]

電荷密度波
低次元金属においてフェルミ面に平面的な部分があり，格子の周期よりも長い特定の周期性の導入によってこのようなフェルミ面を重ね合わせることができる場合，このような周期で格子が歪むことによってフェルミ面にギャップを生じて電子的に安定化することがある．これによって低次元金属電子の分布は空間的に一様ではなくなり，新たに生じた格子の長周期に相当する周期をもって変化し，電荷密度波を生じる． [森(健)]

電気光学効果
物質に電場を加えたとき，その物質の屈折率が変化する現象をいう．電場の一次に比例するときをポッケルス効果，二次に比例するときをカー効果という．カー効果の場合，物質の対称性に依存することなく，どのような物質でも起こり，カーセルなどの電気シャッターに用いられる． [都丸]

電子線損傷
高速電子線による試料の損傷，結晶構造の破壊をいう．有機・高分子系材料においては，試料が絶縁性であるために 100～200 kV に加速された電子線による観察において，発熱，チャージ・アップなどの結果，結晶領域が乱れ化学結合が破壊される． [八瀬]

電子伝達剤
インスタント写真や熱現像カラー写真の系でハロゲン化銀を還元し，自分自身は一電子酸化され，色素放出レドックス色材を酸化し元の還元体にもどる化合物をいう．3-ピラゾリドン化合物が用いられている．電子を伝達する触媒の役を演じ，酸化還元のサイクルをくり返す． [古舘]

ドーピング
共役高分子に電子供与体または電子受容体を添加して導電性を付与する操作．添加する物質をドーパントという．半導体におけるドーピングとの類似からこの言葉が用いられるが，化学的には共役高分子の酸化または還元である． [帰山]

ドリフト移動度

キャリヤーの単位電界強度下で単位時間あたりに移動する平均距離をいう．その測定には，Time-Of-Flight (TOF)法やXerographic-Time-Of-Flight (XTOF)法が用いられる．前者ではサンドイッチ型セルを用いて，短時間の光パルスを照射して過渡光電流を測定し，波形より試料膜中の走行時間を求めて移動度を計算する．後者では片面電極を設けた試料に，同様のパルス光を当て，表面電位減衰曲線より走行時間を求め移動度を求める． ［村上］

トンネル過程

電子が低い障壁のトラップの中に閉じ込められ，隣のトラップとの距離が数十Åと近く，そこが空の場合，電子は障壁を滲み出して隣のトラップに移動することができ，これをトンネル過程という． ［金藤］

内部変換

同じスピン多重度をもつ他の電子状態への遷移過程．厳密には，遷移の速度に関係した不確定性のエネルギー幅はあるが，始状態である電子状態 A_v から，同じエネルギーにある終状態 $B_{v'}$ (v, v' はそれぞれ振動状態) に対する等エネルギー的な遷移を示す．現象論的に，生成した終状態 B の高い振動状態 v' からの振動緩和(エネルギー緩和)を含めて内部変換として示している場合も多い． ［宮坂］

二次元結晶

脂肪酸，タンパク質などの有機物質が二次元面内で規則配列構造をとった状態のことをいう．LB膜は人工的に作製された二次元結晶の最も代表的なものである．タンパク質の二次元結晶化は，電子顕微鏡による結晶構造解析という基礎分野においても，またタンパク質を使ったバイオ素子への応用という意味でも盛んに行われている．生体膜内では自己組織化・自己凝集により二次元結晶となっているタンパク質があり，その代表的なものが紫膜中のバクテリオロドプシンである． ［磯田］

2当量カプラー

カラー写真に用いられる発色剤(カプラー)で，色素を形成する部位にアニオンとして離脱する置換基を結合させたカプラーをいう．1分子のカプラーから1分子の色素を形成するのに，理論的に2原子の銀イオンが消費されることから名づけられた． ［古舘］

熱刺激電流

エレクトレット中の電荷は，さまざまな状態で束縛されている．温度を上げてゆくと束縛の深さに応じた温度で動き始める．フイルム状の試料の両面に電極を付け，これを短絡しておき，一定速度で昇温しながら流れる電流を測定することによって，内部の電荷の束縛状態が求められる． ［古川］

熱CVD法

モノマー蒸気に熱を加えることによって反応性の高い化学構造に変えて，高分子薄膜を作製する方法．この方法は活性化学種を特別な方法でつくらないことから蒸着重合法の一種とみなすこともできる． ［奥居］

熱分解ガスクロマトグラフィー

ガスクロマトグラフィーとは，不活性気体の移動相(キャリヤーガス)の中へ気体状態の試料を導入し，固定相への試料の分別的な捕集，脱離を繰り返し行うことによって試料を各成分に分離する方法をいう．不揮発性の高分子化合物などを瞬時に熱分解させて，ガスクロマトグラフィーでこの分解物を分離する方法を，熱分解クロマトグラフィーという． ［寺町］

ネマチック相

液晶の相のうち，分子の配列の仕方の規則性が最も少ない相である．分子の重心の分布に長距離相関はないが，分子の配向に長距離相関がある．液体と同様に流動性が高い．

現在，液晶表示素子に使用されている化合物(通常は混合物)は，ほとんどこの相を示すもの，またはこれに光学活性な化合物を添加したものである． ［後藤・田中］

パイエルス転移

一次元金属において電荷密度波が生じ，これが三次元的にも凍結することによって起こる金属・半導体転移．通常 $-k_F$ のフェルミ面を k_F のフェルミ面にネスト(nest)させることによって生じるので $2k_F$ の電荷密度波が発生する．ただしクーロン斥力がバンド幅に比べて大きい場合には，まずクーロン斥力でバンドを2つに分裂させてからバンドに電子をつめることになるので実効的な電子の占有数が倍になったのと同じことになり，$4k_F$ の電荷密度波が発生する．転移点以下ではX線や中性子線回折で $2k_F$ または $4k_F$ の衛星反射が現れ，磁化率は $\chi \propto (1/T)\exp(-E_g/T)$ に従って指数関数的に0に落ちる． ［森(健)］

バイオセンサー

生体系の有する優れた機能を利用し，被検出物を識別し検出するセンサー．生体機能を模擬したバイオミメティックなセンサーを含めることもある． ［工藤］

配向緩和

広義には電場，磁場やせん断応力などの外力によって形成された分子の配向状態が，外力を取り除いた際に，その度合が低下する現象をいう．ポールドポリマーに関して用いられる場合は，二次の非線形光学効果を有する成分の双極子モーメントの平均的な分極状態の低下を意味する． ［都丸］

パウリ磁化率

金属的バンド構造をもつ物質において現れる常磁性磁化率で，温度に依存しない正値をとる．フェルミ状態密度 ($N(E_F)$) に比例する値を示すので，その値が測定できれば $N(E_F)$ がわかることになる． ［田中］

発色現像法

1914年，Fisherによって発明されたカラー写真の発色法の原理で，一種類の現像主薬(p-フェニレンジアミン，PPD)の酸化体が3原色の前駆体である3種類の活性メチレン化合物(カプラー)とカップリング反応を起こし3原色の色素(イエロー，マゼンタ，シアン)を形成する原理である．簡便な方法で天然のすべての色が再現できることから，今日でもカラー写真の主流として発展している． ［古舘］

ハロゲン化銀

銀塩感光材料(写真)で，光に感じる光センサーの役目と銀像形成の役目を行う．ハロゲン化銀結晶の調整の仕方で，結晶の形状(晶癖という)，サイズおよびサイズ分布(分散状態)が変化する．高感度の感光材料では，化学増感を施し，微結晶の表面に感光中心を形成させる．ハロゲンは塩素，臭素，ヨウ素イオンが用いられ，溶解度，感度，現像性がそれぞれ異なる．ハロゲン化銀結晶そのものは，紫外光または青色光にしか感度(固有感度)を示さないが，表面に可視光を吸収する色素を吸着させ，可視域にも感度をもたせること(分光増感)ができるようになり初めてカラー写真が可能となった． [古舘]

半減露光量

電子写真感度を表す方法で，試料を一定の表面電位になるまで帯電させ，次に露光してその表面電位が半分にまで減衰するのに要する露光量(照度と時間の積)をいう．照射光が白色光の場合は lux·s で，単色光の場合は $\mu J/cm^2$ の単位で表される場合が多い．数値が小さいほど，高感度であることを意味している． [村上]

反射高速電子線回折

高エネルギー(数 MeV)の電子線を照射し，反射した回折電子線の強度を調べることによって，薄膜表面の構造を解析する方法．表面の動的研究などに用いられることが多い． [奥居]

半導体レーザー

接合によってキャリヤーを注入し，媒体である半導体を励起，発振させるレーザーである．遠赤外($25\mu m$)から赤色域(640nm)，最近では青色域(500nm 近辺)まで各種波長の素子がある．小型，高出力($>10W$)，高効率を特徴とする． [腰原]

バンドギャップ

原子の並びが長距離にわたって秩序が保たれて，格子間隔の弱い周期ポテンシャルがある場合，結合に寄与する価電子を連ねて波動関数を構成する．波動関数の波長が格子間隔に一致するとき定在波が立つ．価電子をエネルギーの低い準位から埋めていくとこの波数の波動関数まで詰まる．これが価電子帯で，これよりエネルギー的に高い状態は周期ポテンシャルと位相が反転した状態で，その間のエネルギーには状態が存在せずエネルギーギャップという．周期ポテンシャルの高さによってバンドギャップの大きさが決まる．正しくはないがわかりやすく表現すれば，価電子が結合を離れて自由電子となり伝導帯に上がるためのエネルギー差である． [金藤]

P-E ヒステリシス曲線

強誘電体に電場 E を印加し，生じる電気変位 D を測定すると，電場が小さい間は D が E に比例するが，電場が大きくなると履歴を示すようになる．特に，交番電場を印加すると，特徴的なループを描く．これが，D-E ヒステリシス曲線で，D から誘電応答 εE を差し引いて分極 P を求めたものが，P-E ヒステリシス曲線である． [古川]

BAR カプラー

漂白促進剤放出(Bleach Accelerator Releasing)カプラーのことで，カルボキシアルキルメルカプタンなどを放出するカプラーである．漂白浴で脱銀を促進する機能を有する． [古舘]

光コンピューター

光を用いた演算装置で，光がもつ高速性，並列性，空間結合性などを活用した大容量並列情報処理システム．現在のコンピューターが不得手とするパターン認識，実時間画像処理などに威力を発揮すると考えられている．非線形光学素子は，光による光のスイッチやメモリー機能を有し，光論理演算の心臓部を構成する． [松田]

光 CVD 法

光のエネルギーを利用してモノマーを活性化させ，高分子薄膜を作製する方法．プラズマ重合法に比べて高エネルギー粒子による損傷や欠陥が少なく，また，照射する光のエネルギーを選択できるという長所を有している． [奥居]

光ディスク

情報記憶媒体のうちで円盤状の形状をし，かつ，その中に格納された情報は光を使用して読み出すものの総称．大半は 1.2mm 程度の厚みをもつ透明な基板に保護された部分に凹凸のくぼみを有し，ここに光が照射されると，凹凸に従った光の反射光強度差が回折あるいは干渉などの現象により生じ，情報を読み出すことができる．狭義では再生専用のみをさすが，広義には光メモリーディスクをも含む． [松井]

光ピックアップ

光ディスク・メモリーディスクから情報を読み取るあるいは書き込む場合に光を照射しあるいは反射した光を受光し，これら光を電気信号に変える部分であって，半導体レーザーとレンズなどの光学部品から構成され，ディスクドライブの重要な部分である． [松井]

光メモリーディスク

光ディスクのうち自由に情報を書き込むあるいは呼び出すことができる情報記憶媒体．追記型と消去可能型が存在する．しばしば光ディスクと呼称される場合がある．また，書き込むことができないものを再生専用型(Read Only Memory；ROM)といい，区別する． [松井]

BCS 理論

1957 年に Bardeen, Cooper, Schrieffer によって提唱された超伝導の微視的理論．2 個の電子間に働くクーロン斥力を上回る何らかの引力が働けば，これらの電子はクーパー対を形成して系がより安定な状態(超伝導状態)へと転移することを示した．狭義の BCS 理論ではこの引力を電子-フォノン相互作用とする． [田中]

非線形光学効果

一般に光の電場 E により誘起される分極 P は，
$$P=\chi^{(1)}E+\chi^{(2)}E\cdot E+\chi^{(3)}E\cdot E\cdot E+\cdots\cdots$$
と表されるが，通常の線形効果(第 1 項)のほかに，レーザー光などの強い電磁波に対しては光の振幅に比例しない非

線形効果(第2項以降)が観測されることがある.このうち,第2項によるものを第2次高調波発生(SHG),第3項によるものを第3次高調波発生(THG)とよぶ.　　　[奥居]

非線形光学定数

各種文献で非線形光学定数の表記が単位系の違いにより異なる.単位系の換算は以下のようになる.d定数に関しては

$$d_{IJK}(\text{m/V}) = 4\pi/3 \times 10^{-4} d_{IJK}(\text{esu})$$
$$\rightarrow d(\text{esu}) = 2.387 \times 10^{-9} d(\text{pm/V})$$
$$d_{IJK} = 1/2 \chi_{IJK}^{(2)}(-2\omega; \omega, \omega)(\text{m/V})$$

β値に関しては

$$\beta_{IJK}(\text{m}^4/\text{V}) = 4\pi/3 \times 10^{-10} d_{IJK}(\text{esu})\quad[都丸]$$

非定常法

電解時における電流や電位の時間変化を測定して電極反応を解析する方法をいう.　　　[米山]

表面安定化強誘電性セル

キラルスメクチックC相の螺旋構造を,表面処理を施した2枚の基板間に入れることによりほどいたセルをいう.ただし,基板間の距離は短く(実用を検討されているセルではほぼ2μm)なければならない.　　　[後藤・田中]

ファラデーの法則

電極を流したことによって生じる化学変化の量は流した電気量に比例する.電子1モルの電気量は96487クーロンであり,これがファラデー定数として知られているものである.分子もしくはイオン1個が反応するときにn個の電子が関係する場合には,1ファラデー(96487クーロン)の電気量を通じたときに$1/n$モルの化学変化が生じる.　　　[米山]

フェルミ準位

粒子の統計的分布関数,フェルミ分布関数においてその存在確率が1/2となるエネルギー準位.金属ではすべての電子をエネルギーの低い準位から詰めていき,最もエネルギーが高い準位がほぼフェルミ準位となり,真性半導体ではバンドギャップの中央,n型およびp型半導体ではそれぞれドナーおよびアクセプター準位近傍にフェルミ準位が位置する.　　　[金藤]

フォトブリーチング

光化学反応により,材料の光学的性質,化学的性質などが変化する現象をさす.有機材料の場合,紫外域から可視域にかけ吸収をもつものが多く,通常はこの領域の光を照射し,反応を誘起する.ポールドポリマーの導波路化ではこの現象を利用し,光照射部と未照射部の屈折率を変化させ,導波路を作製する例がある.　　　[都丸]

フォトンモード光記録

現行のレーザーを用いた光ディスク記録はいずれも光を熱エネルギーに変換し,加熱効果により記録する方式を採用している.それに対して,直接光量子により誘起される光反応による物性変化を用いた記録方式をいう.この方式は,高速応答性,多重記録性に優れ,また熱拡散を伴わないことから本質的に高い耐久性をもつ.　　　[入江]

フォノン

原子は隣の原子と結合して固体を構成して,熱エネルギーにより平衡距離を中心に振動している.その振動は原子間の相互作用により集団の調和振動をし,音波も伝えるのでフォノンという.2種類以上の原子からなる結晶では,分極を生じ光との相互作用もするので光学フォノンも存在する.これと区別するため分極を生じないフォノンを音響フォノンという.　　　[金藤]

複屈折

媒質に入射する光の(互いに直交する)偏光方向に対する屈折率が異なる現象.この性質をもった結晶を利用してさまざまな偏光素子がつくられる.　　　[腰原]

複素インピーダンス法

インピーダンスに周波数依存性のある物質あるいは物質系の特性を,その周波数依存性を説明する等価回路解析から明らかにする手法.通常,インピーダンスの実数部(レジスタンス)と虚数部(リアクタンス)を複素平面上にプロットし(複素インピーダンスプロット),これを説明する等価回路の要素(抵抗,コンデンサー,コイルなど)の値を測定系の特性値とする.　　　[渡辺]

物理気相成長(PVD)法

真空中で蒸発などにより気化させた物質を,そのまま基板上に凝集させて成膜する方法.蒸着物質と得られる膜の化学組成は同一であり,真空蒸着法,スパッタ法,MBE法などの方法がある.　　　[奥居]

プラズマエッチング

放電を利用してガスを分解させ活性種を形成し,これらの活性種の反応を利用して基板をエッチングする方法である.加工する基板の種類によりガスの種類を変える.基板にバイアスがかかるようなラジオ波(13.56MHz)による放電を利用し,これによりプラズマから基板へのイオン入射に方向性をもたせるエッチングを利用する方式が反応性イオンエッチング(RIE)とよばれる.マイクロ波放電を利用するプラズマも利用される.気相中の反応を利用することから溶液エッチング(ウェットエッチング)に対してドライエッチングともいう.　　　[上野]

プラズマCVD法

気化した原料ガスをプラズマによって励起し,薄膜を作製する方法.有機物の場合は得られる膜が重合物であることから,特にプラズマ重合法とよばれている.　　　[奥居]

フラーレン

60個の炭素が12個の正5角形と20個の正6角形からなる正20面体分子.サッカーボール型の構造をとっている.このほかにも,C_{70}やC_{76}などのフラーレン族がある.　　　[奥居]

フランク-コンドンの原理

電子遷移に要する時間は核の振動に比べて非常に速いので,その間に核の変位は起こらないことを表す.　　　[宮坂]

ブリュースター角

TEモードの偏光(S偏光)は,入射角の正接が2層の屈折率の比に等しくなったとき(式(I.2.23))境界面での反

射率が0となり，全部透過する．このような入射角をブリュースター角という．　　　　　　　　　　　　　　[堀江]

ブリルアン域
逆格子空間内での単位セルに相当するもの．厳密には第1ブリルアン域ともいう．波動ベクトル $k_i=(k_x, k_y, k_z)$ が張る空間が逆格子空間であり，$|k_i|\leq\pi/a_i$ (a_i は並進ベクトル)で定義される．エネルギーバンドはブリルアン域でプロットする．　　　　　　　　　　　　　　　　　[田中]

分極
作用電極に外部から電圧を加えて，作用電極の電位を平衡電位からずらすことをいう．　　　　　　　　[米山]

分極処理
電場を印加することにより物質中の双極子配向を変化させ，電場を取り除いた後も分極(自発分極)をもつようにする処理．ポーリングとも呼ばれる．　　　　　　　[奥居]

分光感度
感光体の各種波長の照射光に対する感度をいう．照射光の波長を変えて半減露光量を測定し，一般に，横軸に光源の波長，縦軸に半減露光量の逆数をとって図に示す場合が多い．　　　　　　　　　　　　　　　　　　[村上]

分子線エピタキシー(MBE)法
PVD法の一種であり，クヌーセンセル(Kセル)などのるつぼに入れた蒸着物質を，超高真空中で加熱することによって蒸発させ，出てくる蒸気を分子線の形で基板上に入射して薄膜を基板上にエピタキシャル成長させる技術．
　　　　　　　　　　　　　　　　　　　　　　[奥居]

偏光
光はその伝播方向に垂直な面内で振動する横波であるので，その面内で方向性のある振動を行っている．電場ベクトルの終点の時間変化のトレースは，一般に楕円形であるので，それを直線と円に分解することができ，それぞれを直線偏光，円偏光と呼ぶ．偏光板を通して直線偏光を取り出すことができ，$\lambda/4$ 板で直線偏光が円偏光に変えられる．
　　　　　　　　　　　　　　　　　　　　　　[堀江]

変調分光法
物質に種々の外場(電場，磁場，圧力，光など)変調を与え，外場がある場合とない場合での光学スペクトルの差を検出する実験方法である．これによって，光学禁制準位や，半導体のバンドパラメーターなどに関する情報が比較的安価で簡便な実験装置から得ることができる．特に電場変調分光法の場合，その応答は二次ならびに三次の非線形感受率，$\chi(-\omega;0,\omega)$ と $\chi(-\omega;0,0,\omega)$ に相当するものとなっており，非線形感受率の周波数特性を調べるのに有用な方法である．　　　　　　　　　　　　　　　　　　　[腰原]

放射モード
一般に導波路構造とするコア部を通る伝搬モードはそのモードごとに固有の伝搬定数 β を有するが，対応するモードの実効屈折率がコア部の屈折率より低い場合には閉じ込め作用がなく，クラッド側へ放射される．その場合を放射モードとよび，伝搬定数は連続的に変化する．　　[都丸]

膨潤
ポリマーの溶解時に溶媒分子がポリマーに浸透してポリマーの体積を増加させる現象をいう．レジストを現像するときに膨潤が起こるとパターンどうしが接触して溶媒を乾燥させたときに橋かけや蛇行が起こったりする．一般にポリマーが溶解するときには溶液とポリマーの境界面で膨潤層(ゲル層)が形成されると考えられている．フェノール樹脂をアルカリ水溶液で現像するときにはほとんど膨潤が認められないことから，膨潤層が極端に薄いと考えられる．このためアルカリ水溶液による現像が高解像性を与え，現在開発中のレジストはほとんどがアルカリ水溶液による現像を利用するものである．　　　　　　　　　　　　[上野]

ポリイミド
主鎖中にイミド環構造をもつフィルム成形可能な主鎖芳香族高分子で，優れた耐熱性をもつ．前駆体であるポリアミド酸を加熱することにより水の脱離とともにイミド環が形成し，ポリイミドが得られる．　　　　　　　　[奥居]

ポリフッ化ビニリデン
$-(CH_2CF_2)_n-$．熱可塑性樹脂．圧電性，焦電性などの特色をもち，耐候性に優れる．　　　　　　　　　　　[奥居]

ボルタンメトリー
作用電極の電流と電位の関係，あるいは作用電極と対極との間に加える電圧と電流の関係を調べることを総称してボルタンメトリーという．しかし，作用電極の電位を一定の速度で変化させながら電流を測定して電流と電位の関係を求めることに対して，使われるのが一般的である．
　　　　　　　　　　　　　　　　　　　　　　[米山]

ホログラム記録
光の干渉性を利用した光記録．ホログラム記録媒体上において，情報を含んだ信号波と別の方向からの参照波とを干渉させ，干渉縞として記録する．その後，別の光波を記録媒体へあてることにより信号波を再生し読み出す．アナログ超高密度記録として近年再び注目されている．
　　　　　　　　　　　　　　　　　　　　　　[入江]

マイクログリッド
撥水処理したスライドガラス表面に結露させた微小水滴を鋳型として数十 μm 径の穴を有する高分子(トリアホール)膜を作製し，それに熱伝導性と導電性を付与するためにカーボンと金または銀を真空蒸着したものを銅メッシュに載せる．高倍率・高分解能での電子顕微鏡観察において，薄片・薄膜試料をその上に担持させて用いる．　[八瀬]

マゼンタカプラー
カラー写真において，530 nmから560 nmに吸収を有する色素を形成する発色剤で，5-ピラゾロン骨格が用いられてきた．最近になって5-ピラゾロンの短波長側と長波長側の副吸収が改良された2種類のピラゾロトリアゾール骨格が実用化された．　　　　　　　　　　　　　　　[古舘]

明視野法
透過型電子顕微鏡において，薄片・薄膜試料を透過した電子線を用いて結像する通常の観察法(暗視野法の項を参照)．　　　　　　　　　　　　　　　　　　　　[八瀬]

メタリックアイランド

非晶性物質では，金属的性質を示すフラグメントが非金属的部分に分散したような構造が存在することがあるが，その金属的部分を島に見立ててこのようによぶ．メタリックアイランドの大きさや分布状態は物質全体の物性に重要な影響を及ぼす．このメタリックアイランドがあってもバルクとしての金属的な導電性は通常観測できないが，パウリ磁化率や金属的な熱起電力は測定できることがある．
　　　　　　　　　　　　　　　　　　　　　　　［田中］

モット転移

結晶あるいは非晶質半導体に不純物を大量に添加していくと，不純物準位の状態密度が増加し，その準位での電子は非局在化してついには金属状態に至ることをモット転移という．導電性高分子の酸化・還元による半導体-金属転移もモット転移の一つとみることができる．
　　　　　　　　　　　　　　　　　　　　　　　［金藤］

モード同期

レーザー発振時の多数の縦方向モードの位相をある時刻に一致させることによって周期的なパルス列を生成する技術．パルスの幅は同期したモードの数に逆比例して減少し，パルス間隔は共振器を光が1往復する周期に一致する．色素レーザーのように発振する縦モードの数が多いレーザーではこの方法で100フェムト秒（1フェムト秒＝10^{-15}秒）以下の超短パルス光が発生できる．
　　　　　　　　　　　　　　　　　　　　　　　［前田］

誘電縦緩和時間

一定の外電場に対する誘電体の応答時間が指数関数的に表され，そのとき定数がτ_D（デバイの緩和時間）と表される場合に，$\tau_L=(\varepsilon_\infty/\varepsilon_s)\cdot\tau_D$として表される量で（$\varepsilon_\infty$は光学的誘電率，$\varepsilon_s$は静的な誘電率），一定の電荷に対する誘電体の応答時間を表す．たとえば，有極性溶媒であれば，一定電荷に対する配向分極の時間と考えられる．
　　　　　　　　　　　　　　　　　　　　　　　［宮坂］

誘導放出

エネルギーの高い状態から低い状態へ物質が遷移するときに，光を放出するプロセスのうちで，外部からの共鳴光強度に比例して生じるものを誘導放出という．コヒーレントな光を放出し，レーザー発振の原理をなす現象である．Einsteinの光の吸収と放出に関する理論において概念が与えられ，光と分子の相互作用に関する量子力学的取り扱い（式（Ⅰ.2.97））によって，誘導放出の項が無理なく導き出された．
　　　　　　　　　　　　　　　　　　　　　　　［堀江］

4光波混合

通常3つの入力光と1つの出力光，合計4つの光によって発生する三次の非線形光学効果であり，非線形感受率$\chi(-\omega_4;\omega_1,\omega_2,\omega_3)$に対応する現象である．特に$\chi(-\omega;\omega,-\omega,\omega)$に対応する場合は縮退4光波混合とよばれる．トランジェントグレーティング，自己集束，自己位相変調などの非線形光学現象は縮退4光波混合の典型例である．
　　　　　　　　　　　　　　　　　　　　　　　［腰原］

4当量カプラー

カラー写真に用いられる発色剤（カプラー）で，色素を形成する部位が無置換のカプラーをいう．1分子のカプラーから1分子の色素を形成するのに，理論的に4原子の銀イオンが消費されることから名づけられた．
　　　　　　　　　　　　　　　　　　　　　　　［古舘］

ラウス鎖，ラウスモード

屈曲性高分子鎖の粘弾性，流体力学特性を記述するためにP. E. Rouseにより考案された数学的モデル．$(n+1)$個の小球をn本のバネでつないだモデルであり，小球で高分子鎖の粘性を，バネで弾性を表現しており，n個の緩和時間をもつ．バネ-ビーズ模型ともよばれる．ラウスモードはラウス鎖が示す分子運動を基準座標表示したときに得られる基準運動モード．
　　　　　　　　　　　　　　　　　　　　　　　［根本］

量子収率

光化学反応において，実際に化学反応を起こした分子の数と，系に吸収された光量子の数との比をいう．光反応性の指標となる．光の吸収は分子それぞれが1つずつ光量子を吸収することによることから，量子収率は最大1である．連鎖反応機構が含まれているときにのみ，1以上になる．蛍光・りん光などの光物理過程に対しては，吸収された光子数に対して，考えている光物理過程にすすんだ光子数の比を表す．
　　　　　　　　　　　　　　　　　　　　　　　［入江］

レーザー

物質を誘起して，2つのエネルギー準位間に分布反転を形成し，誘導放出効果によって光波を増幅・発振する装置．レーザー発振器からは従来の光源よりはるかにスペクトル純度が高く，コヒーレンスの優れた光を取り出すことができる．laserはLight Amplification by Stimulated Emission of Radiationの略．
　　　　　　　　　　　　　　　　　　　　　　　［前田］

レーザー分光法

レーザーを光源として行われる蛍光分光・吸収分光・イオン化分光・ラマン分光など種々の形態の分光手法．一部は固定波長レーザーで実行可能であるが，可変波長レーザーの実用化によって著しく進歩した．レーザー分光法の特徴はスペクトル分解能，感度，時間・空間分解能が著しく向上する点にある．
　　　　　　　　　　　　　　　　　　　　　　　［前田］

ロイコ化合物

染料を還元することにより生成する化合物で通常もとの染料より浅色である．酸化によりもとの染料構造にもどる．アントラキノン系染料に対するアントラヒドロキノンナトリウム塩やインジゴの還元体などがこれに当たる．トリフェニルメタン染料をアルカリで処理して生成する無色カルビノールをトリフェニルメタンロイコとよぶ場合もある．
　　　　　　　　　　　　　　　　　　　　　　　［三木］

論文略称リスト

ACR (Accounts of Chemical Research)
ActaCrys (Acta Crystallographica)
AdvPS (Advances in Polymer Science)
AdvQC (Advances in Quantum Chemistry)
AdvSpec (Advances in Spectroscopy)
AIChEJ (American Institute of Chemical Engineers Journal)
AnalC (Analytical Chemistry (Industrial and Engineering Chemistry. Analytical Edition))
AngewC (Angewandte Chemie (Zeitschrift für Angewandte Chemie))
ARPC (Annual Review of Physical Chemistry)
BJ (Biochemical Journal, The)
B (Biochemistry)
BCSJ (Bulletin of the Chemical Society of Japan)
CanJC (Canadian Journal of Chemistry (Canadian Journal of Research, Section B))
CA (Chemical Abstracts)
CPL (Chemical Physics Letters)
CR (Chemical Reviews)
C&I (Chemistry and Industry (London))
CL (Chemistry Letters)
DFS (Discussions of the Faraday Society)
EPJ (European Polymer Journal)
HCA (Helvetica Chimica Acta)
IC (Inorganic Chemistry)
IJC (Israel Journal of Chemistry)
JACeramS (Journal of the American Ceramic Society)
JACS (Journal of the American Chemical Society, The)
JAP (Journal of Applied Physics (Physics [N.Y.]))
JCE (Journal of Chemical Education)
JCS (Journal of the Chemical Society)
    CC (Chemical Communications (Section D))
    DT (Dalton Transactions (Section A))
    FTI (Faraday Transaction I (Transactions of the Faraday Society))
    FTII (Faraday Transactions II (Transactions of the Faraday Society))
    PTI (Perkin Transactions I (Section C))
    PTII (Perkin Transactions II (Section B))
JES (Journal of the Electrochemical Society)
JHC (Journal of Heterocyclic Chemistry)
JL (Journal of Luminescence)
JOC (Journal of Organic Chemistry, The)
J Photo (Journal of Photochemistry)
JPC (Journal of Physical Chemistry, The)
JPSJ (Journal of the Physical Society of Japan (Proceedings of the Physico-Mathematical Society of Japan))
JPS (Journal of Polymer Science (Journal of Polymer Research))
JSI (Journal of Scientific Instruments)
M (Macromolecules)
MC (Makromolekulare Chemie, Die)
MolCrys (Molecular Crystals (Molecular Crystals and Liquid Crystals))
N (Nature (London))
OR (Organic Reactions)
OS (Organic Syntheses)
PP (Photochemistry and Photobiology)
PR (Physical Review, The)
PRL (Physical Review Letters)
PT (Physics Today)
Polym (Polymer)
PNAS (Proceedings of the National Academy of Sciences of the United States of America)
PRSL (Proceedings of the Royal Society of London)
PAC (Pure and Applied Chemistry)
S (Science)
SA (Scientific American)
SS (Surface Science)
T (Tetrahedron)
TSF (Thin Solid Films)
TFS (Transactions of the Faraday Society (Journal of the Chemical Society, Faraday Transactions I, II))
ZAnalC (Zeitschrift für Analytische Chemie)
ZPC (Zeitschrift für Physikalische Chemie (Frankfurt am Main))

索　　引

略語など，アルファベットで始まる語は後にまとめた．
太字で示したページは，用語定義集のページである．

■──ア

アインシュタイン係数　45
アインシュタインのA係数とB係数　45, **719**
明るさ　234, 235
アーカイバルメモリー　**719**
アクチュエーター的　626
アクティブマトリックスLCD　367
アズレニウム塩　523
アセチレン誘導体　545
アゾ化合物　104
アゾ顔料　519
圧焦電性　125
圧電諸特性　624
圧電性　602, 610, 612, 614, **719**
圧電性高分子　635
　　──の特性　621
圧電性物質（結晶）　614
圧電d定数　614
圧電e定数　614
圧電g定数　614
圧電h定数　614
アップコンバージョン　272
アッベ数　407, 408
圧力変調　243
圧力変調分光法　244
アニリンブラック　556
アノード　**719**
アブレーション　142, 145
網目構造　419
アリーン　5
アレニウスプロット　283
アンカリングエネルギー　153
アンダーソン局在　84
安定性　546
アンテナタンパク質　693
アントラセン　131
暗視野法　**719**

■──イ

イエローカプラー　484, **719**
イオン　4
イオン移動過程　585
イオン解離　71, 588
イオン化エネルギー　5
イオン化電圧　5
イオン化電位　137, 138, 139
イオン化ポテンシャル　5, 544, 561, 562
イオン結合　6
イオン交換カラムクロマトグラフィー　112
イオン対　76
イオン伝導　611
イオン伝導性高分子　578, **719**
イオンビーム　142
イオンビーム照射法　126, **719**
イオンプレーティング法　123, **719**
イオン輸率　582
異常光線　412
異常磁気緩和　662
異性化反応　547
位相　40
位相角　243
位相緩和時間　437
位相共役光　53, **719**
位相共役波　55
位相共役配置　437
位相シフトリソグラフィー　449
位相情報　241
位相整合　432
位相整合条件　249
位相整合長　437
位相板　234
一軸配向　555
一次元イジングモデル　658
一次元グラファイト　557
1次反応　**720**
一重項　646
位置選択性　553

一中心/二電子相互作用　680
一様性相互作用近似　657
一般化されたハイゼンベルグハミルトニアン　657
伊藤-又賀アプローチ　670
易動度　248
移動度　275, 282, 284, 286, 287, 288, 289, 611
移動度端　92
異方性　548
異方性散乱　418
異方性反応場　545
異方的交換相互作用　658
異方的分散力　153
イメージインテンシファイア　236, 240
イメージセンサー　707
イメージングSIMS　168
色ガラスフィルター　231, 254
色収差　243, 408
色分解　462
色補正カプラー　485, **720**
印刷　460
印刷インキ　473
インジウムフタロシアニン　516
インジゴ　103
インダクション効果　**720**

■──ウ

ウィッティヒ反応　543, 554
ウォラストンプリズム　233
ウッドワード-ホフマン則　67
畝説　153
ウミホタルルシフェリン　700
ウレア結晶　135
運動交換機構　647, 673

■──エ

エキサイプレックス　76
エキシトン　84
エキシマー　70

索引

エキシマーレーザー　145, **720**
液晶　343
液晶化合物の屈折率異方性　363
液晶基　547
液晶磁性体　642
液晶磁場法　545
液晶性側鎖　547
液晶性ポリアセチレン誘導体　547
液晶性ポリチオフェン誘導体　550
液晶法　545
液体クロマトグラフィー　111, 188, **720**
液体マグネット　642
液体(色素)レーザー　222
エッチング　143, 146
エネルギー移動　693, 702
エネルギー緩和時間　437
エネルギーバンド　82
エネルギーバンド構造　591
エピタキシャル重合　545
エピタキシャル成長　720
エポキシ樹脂　149
エメラルジン塩基　556
エリプソメトリー　243, **720**
エレクトレット　612
エレクトレット法　620
エレクトロクロミズム　550
エレクトロルミネッセンス　**721**
塩　5
塩基　5
塩橋　293
延伸　545
延伸性　551
円筒鏡型分光器　163
円偏光　41, 234

■──オ

応答時間特性(光検出器の)　240, 241, 238
応答速度　241, 436
凹版　462, 471
応力　412
オキサジアゾール　391
オキサジン　390
オキサゾール　391
オージェ遷移　162
オージェ電子　162
オージェ電子分光法　125, 162, **721**
オニウム塩　453
オプシン　696, 697
オフセット印刷　462
オプトスピニクス　680
オーミック接合　278, 279, **721**
オリゴマー　34
オンサーガー距離　71
オンサーガー理論　94

■──カ

開環オレフィン重合　547
回折　40
解像度　**721**
回転振動　415

外部応力　547
外部磁場存在下の一次元イジングモデルの
　　厳密解　659
外部電極型プラズマ重合装置　127
カオス光　57
化学気相成長法　123, **721**
化学吸着-化学結合法　121
化学結合　6
化学結合エネルギー　11
化学構造解析　170
化学光量計　257, 265
化学シフト　**721**
化学シフト相関2次元NMR　177
化学重合　549
化学センサー　632
化学的な補償　139
化学ドーピング　137, 544
可干渉　40
可干渉性　219, 222
可逆電極過程　296, **721**
架橋構造　549
拡散限界電流　297, **721**
拡散速度　252
拡散電位　280
拡散転写法　476, **721**
拡散反射率　243
拡散モデル　281
拡散律速　**721**
拡散律速反応速度定数　262, **721**
核磁気共鳴吸収法　175
核生成-成長　603, **721**
角度位相整合　433
加工性　546
過剰散乱　417
可視レーザー露光用高感度平版刷版　467
ガス　219
ガスクロマトグラフィー　193
可塑性　552
カソード　**719**
傾き角　371
カチオン重合　455
カチオンラジカル塩　594
カッシャの法則　**721**
活性化エネルギー　283, **722**
活性化学種　4, 126
活性化電場　608
カットオフフィルター　231
カップリング反応　553
過電圧　**722**
荷電担体　247
可撓性　554
過渡回折格子分光　273
過渡吸収分光法　271
過渡蛍光測定　186
過渡的量子スピン減衰運動法　669
ガードリング　277
カプラー　476, **722**
可変波長レーザー　386, **722**
過飽和度　124, **722**
カーボニゼーション　142
カーボンペースト　279
荷密度波　88

可溶性　546
ガラス転移温度　419, 578
カラープルーフ　472
カラムクロマトグラフィー　111
カルベン　5
過冷却度　124, **722**
過冷却法　133
カロテノイド　693
カロリーメーター　631
感圧センサー　625
遷移確率　49
感温磁性体　642
感光性樹脂凸版　463
還元質量　415
換算磁化　658
換算質量　415
乾式法　122, **722**
感受率　**722**
　　──の周波数依存性　44
干渉　40
干渉フィルター　231, 256
慣性半径　**722**
完全反磁性体　645
完全飽和磁化　644
感度　**722**
感熱転写方式による製版　469
感熱ヘッドによる製版　469
含ヘテロ原子共役系　542
緩和過程　246
緩和関数　661, 665
緩和時間　585, **722**
緩和励起種　247

■──キ

擬一次元無限スピン系　675
擬一次元無限スピン系モデル高分子　675
擬1次反応　**722**
基官能命名法　31
擬似位相整合　433
疑似液体層　124, **722**
奇数ナイロン　610
寄生強磁性　654
キセノン　219
キセノンランプ　220, 256
輝線ランプ　219, 221
気相成長　133
規則性ポリマー　34
基礎的分光法　219, 241
気体透過性　547
気体レーザー　222, **722**
キッテルの運動方程式　661
基底フランク-コンドン状態　63
軌道相　**722**
軌道対称性保存則　67
軌道放射光　219, 227, **722**
機能性溶媒　693
機能分離　393
木下-菅野-阿波賀モデル　671
キノン　106, 688
基本振動吸収　416
基本振動数　416

索引

739

逆傾き転傾　152
逆合成　101, **723**
逆旋的回転　67
逆転領域　74, **723**
逆分散率　408
逆方向飽和電流　281
キャスト法　114, 638
キャスト膜　555
ギャップ準位　282
ギャップ内吸収　549
キャリヤー　275, 544
　——の符号　285
キャリヤー移動度　544
キャリヤー間散乱　284
キャリヤー生成効率　**723**
キャリヤー濃度　275, 285, 544
吸収　45, 182
吸収損失　415
吸収飽和　437
吸着　124
吸着カラムクロマトグラフィー　112
球面収差　421
キュムラント展開　665
キュリー温度　645
キュリー点　603, 605, 609
キュリー-ワイス則　609
強結合近似　591
強磁性共鳴　662
強磁性体　645
強磁性的　645
共重合　115
共重合体　35
共晶錯体型感光体　539
強制レイリ一散乱　273
協奏的反応　**723**
共平面性　548
共鳴効果　440
共鳴積分　647
共鳴ラマン法　170
共役系　7
共役系高分子　544
共役長　549
共役π電子系　388
共有結合　6
強誘電性　602, **723**
強誘電性液晶　370, **723**
強誘電性結晶　614
強誘電性高分子　96
強誘電相　603, 609
強誘電体　**723**
強誘電体高分子　616
局在化モデル　646
局在準位　**723**
極性高分子　616
巨視的配向　547
巨大分子　4
許容入射角度　234
キラル剤　369
キラルスメチックC相　723
キラルドーパント　370, 372
ギルバートの磁化運動方程式　661
銀色素漂白法　476, **723**

金属結合　6
金属凸版　462
金属フタロシアニン系　544
金ペースト　279
銀ペースト　278

■——ク

空間電荷制限電流　280, 282
空間電荷制限電流法　284
空間電荷層　**723**
空気の屈折率補正　221
クーパー対　96
クーロンゲージ　46
空乏層　280
くし形電極　276
屈折　39
屈折率　39, 407
屈折率楕円体　412
屈折率分布型材料　420
クヌーセンセル　125
久保-富田の理論　661
クマリン　390
クラスターイオン　126
クラスターイオンビーム法　126, **723**
クラスレート化合物　5
グラビア　462, 471
グラフト化　546
グラフトポリマー　35, 417
クラマース-クローニッヒの関係式　44,
　　242, **723**
グラン-テイラープリズム　233
グラン-トムソンプリズム　233
繰返し周波数(レーザーの)　219, 223, 225
グリニャール試薬　553
グルコースオキシダーゼ　705
グループ　**723**
グレーティング　234, 235
グローバーランプ　219
グロー放電　126
クロノアンペロメトリー　305
クロノクーロメトリー　305
クロノポテンショメトリー　305
クロラニル　564
クロロフィル　693

■——ケ

傾角　654
蛍光　184, 394
　——の偏光解消　43
蛍光異方性比　43
蛍光量子収率　260
系色素　390, 391
形状効果　287
ゲート　239
ゲート電圧　289
ゲート動作　240, 241
結合エネルギー　11
結合解離エネルギー　11
結合角　11
結合基　360

結合距離　11
結合次数　8
結合性結晶軌道　675
結晶異方性エネルギー　652
結晶軌道　82
結晶軌道アプローチ　674
結晶軌道エネルギー　675
結晶形　125
結晶欠陥　**724**
結晶性高分子　549
ゲル浸透クロマトグラフィー　191, **725**
限界磁場　653
原子価　6
原子価結合法のアプローチ　680
原子間力顕微鏡　215, 707
原子屈折　407
原子磁性　642
原子振動吸収　415
原子分散　408
現像　475, **724**
現像主薬　475, **724**
元素分析　160
懸濁重合　421
顕微ラマン分光法　172
顕微FT-IR分光法　172
減法混色　475, **724**
厳密解　657

■——コ

高延伸性　546
高温熟成　546
光学異性体　33
光学活性基　**724**
光学活性高分子　616, **724**
光学禁制遷移　250
光学軸　411
光学素子　219, 229
光学定数　241, 242, 243
光学的吸収端　554
光学透明電極　292
光学反射スペクトル　597
光学模様　547
項間交差　64, **724**
交換相互作用　645
　——に対する分子場近似　650
　——の時間発展　646
交換相互作用有限系・クラスターの磁気共
　鳴　668
交換電流密度　**724**
高感度反射　170
抗原　**724**
光源　219, 222
光合成機能材料　702
光合成細菌　**724**
光合成の初期過程　688
光合成反応中心複合体　688
交互共重合体　554
交互積層型結晶　564
交差分極　**724**
高次回折光　236
高次光学定数　249

索引

高次構造　417, 549
高次構造解析　195
高磁場 ESR 分光器　669
高周波数マイクロ波　669
高周波プラズマ　126
酵素　**724**
構造検索　101
構造制御　549
酵素センサー　639
高電界現象　281
光電子増倍管　236, 238
光電子脱出角度変化測定　162
光電子分光法　186
光電導　219, 247, 248, 558, **724**
抗電場　603
光電変換素子　703, 707
高度好塩菌　696
高分解能固体 CP/MAS NMR　176
高分解能電子顕微鏡　**724**
高分子　4
高分子アロイ　556
高分子ゲル　**724**
高分子固体電解質　578, **719**
高分子磁性工学　642
高分子スピン競合系　680
　　──の分子設計　676
高分子電解質　552
光量子仮説　38
光量子計　268
コーシーの近似式　411
固相合成法　121
固相重合　553
固相重合反応　558
固体　219
固体構造　545
固体電解質　578, **725**
固体レーザー　219, 222, 223, 225, **725**
骨格　360
古典的ハイゼンベルグモデル　657
コヒーレンス　219, 222
コヒーレンス長　592
コヒーレント光　57, **725**
コヒーレント長　431, 597
五フッ化ヒ素　545
コポリマー　35
固有体積　412
固有抵抗　275
固有複屈折　413
コレステリック相　358
コロナ放電　620, **725**
コロナポーリング　157
混合型共役系　543
混合原子価　576
コンタクトトポロジー　678
コンタクトポーリング　157

■──サ

サーモクロミズム　550
サイクリックボルタモグラム　551
サイクリックボルタンメトリー　298
再結晶　110

再蒸発　124
サイズ排除クロマトグラフィー　191, **725**
最大透磁率　644
再沈殿　110
再配向エネルギー　73
材料性能指数　**725**
最隣接スピン間の相互作用　650
最隣接セグメント間の相互作用　674
錯体　72
鎖状共役系高分子　542
撮像管　236, 239, 240
サテライト吸収線　662
作用電極　291, **725**
サロール　133
酸　5
3, 4 体クラスター　668
酸化安定性　547
酸化カチオン重合　553
酸化還元電位　562
三角格子型反強磁性コンタクトをもつ高分
　子スピンフラストレーション系　681
酸化重合　542
酸化電位　549
3 光子過程　53
三次非線形光学感受率　436
三次非線形光学材料　436
三次非線形分極　436
三重結合　7
三重項　646
3 準位モデル　56
参照電極　292, **725**
酸触媒　452
酸触媒解重合　454
三端子電極　276
散漫散乱　570, 571
散乱　50
散乱強度　418
散乱損失　415, 418
残留分極量　603, 607, 609

■──シ

ジアゾナフトキノン　446
ジアゾニウム塩　458
シアニン　104, 329, 391
ジアリールエテン　102
ジアリールエテン誘導体　340
シアン化ビニリデン　610
シアン化ビニリデン/酢酸ビニル共重合体
　619
シアンカプラー　479, **725**
シート抵抗　278
シェブロン構造　371
磁化　643, 648
　　──の運動方程式　661
紫外可視吸収スペクトル　26, 183
紫外線・電子線表面加工　140
視覚情報処理　707
磁化ヒステリシス　645
磁化容易軸　664
磁化率　644
磁化率臨界指数　649

磁化臨界指数　649
時間を含むシュレーディンガー方程式　47
時間応答特性(光検出器の)　247
時間反転波　437
時間分解蛍光測定　272
時間分解振動分光　272
時間分解分光法　241, 243, 244
時間分解 ESR　272
磁気緩和　661
色像安定剤　488, **725**
色素現像薬　490, **725**
色素増感電流　**725**
色素漂白促進触媒　493, **725**
色素(液体)レーザー　219, 223, 225, 386,
　　726
磁気抵抗効果　284, 286
磁気的量子井戸効果　642
磁気微粒子　701
磁気分極　643
磁気モーメント　643
磁気誘導　642
磁気容易軸　652
ジグザグ欠陥　371
シクロファン　342
試験電極　291
自己位相変調　252
自己位相変調法　245
自己吸収　268
自己収束　252
自己収束効果　439
自己消光　268
自己スピン時間相関関数　662
自己ドーピング　550
仕事関数　279, **726**
自己発散効果　439
支持電解質　548
システム磁性　641, 642
システム制御信号　**726**
シス-トランス異性体　33
シス-トランス光異性化　66
磁性　654
磁性細菌　702
磁性体
　　──の磁区　661
　　──の有効分子場近似　648
磁性薄膜　663
自然放出　45
磁束密度　642
ジチエニルエテン　102
湿式法　122, **726**
シトクロム c　697, 706, 707
シトクロム c_3　699
磁場　643
磁場下での偏光変調分光法　243
自発磁化　644, 645, 649, 650
自発部分磁化　651
自発分極　125, 372, 602, **726**
自発分極量　603, 607
磁場配向　547
磁場変調　243
N, N'-ジフェニル-N, N'-ビス(3-メチル
　フェニル)-(1, 1'-ビフェニル)-4, 4'-ジア

ミン　526
磁壁構造　661
脂肪酸　123
脂肪族共役系　542
紫膜　696
弱強磁性　654
射出成形　412
写真製版　460
斜方蒸着　152
ジャンピング距離　284
周期的電位走査法　552
自由原子価　8
重合電圧　548
集光特性　422
収差　229
重水素　219
重水素ランプ　221
自由体積　412
充電電流　305
周波数上昇変換　272
自由誘導減衰　175
縮合系高分子　123, **726**
縮合多環化合物　552
縮合多環炭化水素　28
縮合反応　455
縮合複素環化合物　30
縮重 NBMO　673
熟成　545
縮退 4 光波混合　53, 55, 437
縮退 4 光波混合法　249, 251
主鎖切断　449
シュレーディンガー方程式　47
準可逆電子移動過程　300
純正有機強磁性体結晶　681, 683
純正有機反強磁性体結晶　683
純正有機ラジカル結晶強磁性体　671
純度　**726**
純物質　**726**
昇華　112
消去可能型光メモリーディスク　318, **726**
消光剤　260, 262
常光線　412
常磁性キュリー点　649
常磁性的　645
少数キャリヤー　**726**
状態密度　283, 289, **726**
蒸着重合法　123, **726**
焦電性　602, 612, 627, **726**
焦電性結晶　614
焦電特性　629
章動法　669
使用波長域(光検出器の)　236, 238, 240, 241
使用波長(レンズの)　229
障壁高さ　280
消滅演算子　47
常誘電相　603, 609
初磁化率　644
触媒反応　**726**
ショットキー接合　279, 280
ショットキーバリヤ　251
初透磁率　644

真空蒸着法　638, 123, **726**
真空の透磁率　643
人工光合成　702
人工タンパク質　704
進行波　656
進行波アプローチ　674
シンジオタクティック　419
伸縮振動　415
親水性　143
振動緩和　60, **727**
振動・構造情報　245
振動強度　50, **727**
振動モード　656
振幅変化　243

■──ス

水素結合　7
水素原子移動反応　78
垂直磁化率　652
垂直浸漬法　116
垂直配列薄膜　124
スイッチング　603, 607, 610
スイッチング現象　**727**
水平配向　152
水平付着法　116
スクリーン版　462, 471
スーパートウィステッドネマティック LCD　154
スタティック SIMS　168
スチリル　391
スチルベン　391
ステップインデックス型光ファイバー　420
ストークスシフト　**727**
ストリークカメラ　246, 247
ストレスモジュレーター　241, 243
スネルの法則　39
スパッター法　123, **727**
スピニクス　677
スピロオキサジン　102
スピロ炭化水素　29
スピロピラン　102
スピロピラン誘導体　336
スピロベンゾピラン　336
スピンエコー法　273
スピン化学　642
スピングラス　654
スピンクラスターの反転　655
スピン格子-緩和時間　661
スピンコーティング法　114
スピン磁気モーメント　643
スピン軸　652
スピン-スピン緩和時間　661
スピン-スピン相関関数　650
スピン制御エレクトロニクス　677
スピン波共鳴　662
　　──の時間領域磁気分光　663
スピン波近似　655, 656
スピン波の分散関係　656
スピンフラストレーション　654

スピンフロップ　653
スピンフロップを引き起こす臨界磁場　656
スピン密度波　88, **727**
スプリッター　231
スペクトル　24
スペシャルペア　688
スメクチック相　358, **727**
スメクチック液晶　547
ずり応力　412
スリット　234
スルホニウム塩分解法　554

■──セ

成形加工性　553
成形性　547
静磁モード　663
正常領域　74, **727**
生成演算子　47
生成消滅演算子　46, **727**
成長縞　135, **727**
成長転位　**727**
製版　460
正方格子系二次元磁性体　665
整流性　704
セインサリーロドプシン　697
ゼーベック係数　289
ゼーベック効果　289
ゼーマン変調部　667
赤外線検出器　236, 241
赤外線センサー　630, **727**
赤外二色性　413
赤外分光法　170
積層　393
積層型感光体　539
積層型擬二次元無限スピン系高分子の結晶
　　軌道バンド構造　679
セグメント構造　674
絶縁破壊　611
接合層　280
接合容量　281
接触抵抗　276
絶対熱電能　289
絶対発光強度　268
接地抵抗　245
セラミック発熱体　219
セラミック複合圧電材料　616, 619
セルフアッセンブリング法　117
ゼロエネルギー軌道　672
遷移強度　246
遷移金属系触媒　547
遷移モーメント　49
前駆体方式　546
線形電場変調　249
旋光度　**727**
センサー的　625
全反射　40
全反射法　170
全反射ラマン法　171

■──ソ

双安定性　371
相関距離　418
増感剤　260
増感色素　474, **728**
増感CVD法　127
双極子　125, 155
双極子-双極子相互作用　153, **728**
相系列　371, 377, 379
走行時間　288
走査型オージェ電子顕微鏡　163
走査型SIMS　168
走査型電子顕微鏡　214
走査型トンネル顕微鏡　215, 707
走査型トンネル分光　708
走査型プローブ顕微鏡　215, 708
走磁性細菌　701
速度定数の決定　259
塑性変形　412
その場観察　125, **728**
ソリトン　89
ソルバトクロミズム　550
ソルバトクロミック効果　**728**
ゾンマーフェルト表示のSI単位系　643

■──タ

耐拡散基　478, **728**
大環状分子　552
対極　291
第3高調波発生　53, 249, 437, **728**
第3高調波発生法　249, 251
退色防止剤　488, **725**
体積膨張係数　411
ダイナミックSIMS　168
第2高調波　225, 227, 423
第2高調波発生法　249
第2量子化　47
耐熱性　419, 553
耐熱性縮合系高分子　557
耐熱性ポリマー　420
タイムオブフライト　287
ダイヤグラム表現　52
楕円偏光　412
高い群論的軌道縮重　684
多核種NMR　178
タクティシティー　419
濁度　417
多光子過程　50, 53, **728**
多スピンモデル系の厳密解　657
多層平版　465
脱塩酸反応　545
脱水　545
脱水素反応　553
脱ドーピング　139
脱ハロゲン化重縮合反応　548
脱保護反応　452
脱溶媒法　546
縦共役　558
単位時間あたりの遷移確率　49

炭化水素　27
単環炭化水素　28
タングステン　219
タングステン・ハロゲンランプ　219
タングステンランプ　256
単磁区粒子　661
弾性定数　365
弾性変形　412
単掃引ボルタンメトリー　299
断熱過程　74
単分子層　122

■──チ

チェレンコフ放射　433
チオインジゴ　103
(チオ)インジゴ誘導体　524
置換ピロール　551
置換ブタジイン　557
置換命名法　31
蓄積フォトンエコー　353
チグラー-ナッタ触媒　542
チタニルフタロシアニン　512, 518
チタンサファイアレーザー　225
秩序磁性　645
抽出　110
中性子散乱　201, 417
中性子非弾性磁気散乱　669
超音波トランスデューサー　625, **728**
超軌道縮重　675
超機能材料・未来技術　641
超交換相互作用　647, **728**
超格子　**728**
超高真空中　125
長鎖アルキル基　550
超細線化　684
超常磁性体　661
超薄膜　684
超分極率　**728**
調和振動子　46
直接光CVD　127
直線偏光　41, 234
チョクラルスキー法　132
チラコイド膜　693

■──ツ

追記型記録膜材料　329
追記型光メモリーディスク　318, **728**
強い相互作用　68
強いトポロジー的スピン分極機構　669, 673

■──テ

抵抗率　275
定在波スピン波共鳴　656
低次元磁性　661
低次元磁性体　662
　──の電子スピン共鳴　664
低次元有機無限スピン系の設計　673

定常法　**729**
ディッピング法　114
定電圧法　552
定電流法　552
滴下水銀電極　304
テトラシアノキノジメタン　107
テトラセレナフルバレン　107
テトラチアフルバレン　106
テトラテルラフルバレン　107
テトラフルオロエチレン　605
デバイ温度　**729**
デバイ-フォン・カルマンモデル　656
電圧保持率　367
転位　**729**
転移温度　645
電位窓　582
電界効果トランジスタ　284
電解酸化重合法　542
電解重合法　543, 548, 638
電荷移動吸収　562
電荷移動錯体　5, 561, 589
電荷移動相互作用　561
電荷移動反応　544
電荷移動量　564, 571
電荷移動力　7
電解薄膜形成法　114
電解法　135
電荷共鳴　71
電荷再結合　71
電荷シフト反応　72
電荷分離　71
電荷密度波　571, 594, **729**
電気化学的開始重合　116
電気化学的酸化重合　542
電気化学的当量関係　115
電気化学ドーピング　137, 138
電気感受率　44
電気機械結合定数　615
電気光学効果　**729**
電気光学特性の急峻さ　366
電子線損傷　**729**
電気双極子近似　49
電子伝達剤　**729**
電子伝導　611
電気伝導率　275
電極活性物質　556
電子移動　71, 688, 705
電子移動インターフェース　704
電子供与体　561
電子顕微鏡　210
電子交換相互作用　**728**
電子受容体　561
電子状態　241, 246
電子親和力　137, 138, 561, 562
電子-正孔対　238, 241, 247
電子遷移吸収　415
電子線誘起脱離　165
電子伝達剤　491
電磁波　38
電子比熱　597
電子分極　439
電子捕捉剤　262

電子密度　8
電子輸送　394
電子輸送剤　533
伝送損失　415
伝送帯域　420
伝導電子のスピン密度　647
電場配向　155
電場発光　393
電場変調分光法　219, 241, 249
電場誘起第2高調波発生　249
電流関数　299
電歪効果　439

■──ト

同位体効果　96, 597
投影型 SIMS　168
投影露光装置　445
等温圧縮係数　417
等温磁化　648
等価回路　583
透過型電子顕微鏡　211
透過光量ミニマム条件　367
動画抽出　707
透過率　42
同旋的回転　67
動的スピン分極　673
導電性高分子　542, 705
導電性複合体　544
導電率　543
銅フタロシアニン　512
等方性散乱　34
等方性散乱強度　418
等方的交換相互作用　661
凸版　462
ドーパント　137, 394, 544
ドーパント交換　140
ドーピング　544, 729
特性基　3
徳山-森の理論　661
塗布法　113
ドプラーフリー　54
トポロジー的軌道縮重　642, 672
トポロジー的スピン分極機構　642, 673
トポロジー的対称性　642
トポロジー的超軌道縮重　675
トポロジー的励起スピン分極制御　672
ドメイン　603
ドライプロセス　133
トラップ準位　282, 283
トランジェントグレーティング　252
トランスファー関数　660
トランスファー行列　660
トランスファー積分　647
トリアリールメタン　103
トリオキザレート鉄(III)カリウム　266
トリフェニルアミン　507, 526
トリフェニルアミン誘導体　528
ドリフト移動度　288, 730
トリフルオロエチレン　605
ドレイン電圧　289
ドレイン電流　289

トンネル過程　730

■──ナ

ナイトレン　5, 448
内部電極型プラズマ重合装置　127
内部変換　64, 730
ナフトキノンメチド　333

■──ニ

2-スピン相関関数　658
2光子吸収　53, 437, 438
2光子準位　250
二次イオン強度　167
二次イオン質量分析法　166
二次イオン収率　167
二次元イジングモデルの厳密解　660
二次元結晶　707, 730
二次元無限スピン系の高分子の結晶軌道バンド軌道　678
二次電池　556
二次非線形光学感受率　157
二次非線形光学効果　125
二重結合　7
2色性　233
2色性フィルター　233
二端子電極　276
二端子法　276
二中心/一電子近似　680
2当量カプラー　479, 730
ニトロン　458
3/2乗則　655, 656
ニュートラルデンシティフィルター　231
任意次元スピンの一次元系の厳密解　659
任意の大きさのスピン系　646

■──ヌ

ぬれ特性　143

■──ネ

ネール温度　651
ねじれたネマチックLCD　153
熱書き込み型表示素子　367
熱可塑性ポリマー　419
熱活性化　283
熱起電力　289
熱効果　439
熱硬化性ポリマー　419
熱刺激電流　613, 730
熱CVD法　730
熱電子　238
熱電子放出モデル　281
ネットワーク状高分子　557
熱分解　125
熱分解ガスクロマトグラフィー　193, 730
熱分析法　208
熱力学的極限　658
熱レンズ法　260, 270
ネマチック相　358, 730

ネマチック液晶　152

■──ノ

ノボラック樹脂　446

■──ハ

配位結合　6
バイエルス型不安定性　677
バイエルス転移　87, 571, 730
バイオセンサー　632, 730
バイオチップ　703
配向　411
配向ガスモデル　426
配向緩和　730
配向秩序度　548
配向度　413
配向フィルム　545
配向複屈折　413
配座異性体　34
排除体積最小効果　153
ハイパーラマン散乱　53
ハイブリッド型分子磁性体　683
ハイブリッド型分子性磁性体　681, 683
バイポーラロン　90, 137, 549
パイロポリマー　558
パウリ磁化率　730
パウリの排他原理　645
薄層クロマトグラフィー　112
薄層セル　302
バクテリオクロロフィル　688
バクテリオフェオフィチン　688
バクテリオロドプシン　696, 697, 706
橋かけ密度　149
はしご型共役系　544
波数ベクトル空間　674
波長域　234, 235, 241
波長特性(レーザーの)　219, 222, 223, 225
波長板　234
波長範囲(発光ダイオードの)　221
波長分散　250
発光色素　394
発光寿命の測定法　246
発光スペクトル　246
発光測定法　241, 246
発光ダイオード　219, 221
発光バクテリア　701
発光分光法　219
発光量子収率　267
発光・励起スペクトル測定法　246
発色現像法　476, 730
ハバードモデルハミルトニアンアプローチ　680
バビネ-ソレイユ補償板　234
パラ-オリゴフェニレン　392
バラスト基　728
パラフィン　123
バリアブルレンジホッピング　93
バリアブルレンジホッピング伝導　283
パルス動作(発光ダイオードの)　221
パルス特性(レーザーの)　219, 222, 223,

225
パルス法 175
パルスラジオリシス 141
ハロゲン化銀 474, **731**
ハロゲンランプ 256
ハロロドプシン 697
反強磁性 651
反強磁性共鳴 664
反強磁性共鳴周波数 664
反強磁性コンタクト(3',6)をもつ擬二次元
　無限スピン高分子の結晶軌道バンド構造
　678
反強磁性体 645
反強磁性秩序配列 651
反強誘電性 608
反強誘電性液晶 381
反強誘電相 381
反結合性結晶軌道 675
半減露光量 **731**
反作用分子場 650
反磁性的 645
反磁場 663
反磁場係数 662
反射 39
反射・吸収分光法 219, 241
反射光 243
反射高速電子線回折 125, **731**
反射スペクトル 242, 243
反転対称性 249
反射率 42, 231, 241
反電場 603
反転分布 56
半導体レーザー 223, 225, **731**
バンドギャップ 82, 238, 276, 544, **731**
バンド端 282
バンドパスフィルター 235, 256
バンド幅 544
反応素過程 259
反応中間体 4
半波電位 299, 305

■——ヒ

ピーク電位 298
ピーク電流 298
非一様性相互作用 657
ビームスプリッター 229
ピエゾ素子 244
非可逆電子移動過程 296, 300
光
　——の分散 44
　——の self-action 438
光アイソレーター 43
光音響分光法 260, 269
光カー効果 437, 438
光カーシャッター測定 438
光化学ホールバーニング 346
光キャリヤー 287
光吸収の選択率 49
光検出器 219, 236
光コンピューター **731**
光散乱 204, 417

光散乱損失 417
光磁気効果 243
光自己回折効果 437
光CVD法 **731**
光シュタルク効果 438
光スイッチ 704
光整流 249
光双安定性 680
光双安定デバイス 440
光第二高調波発生 157
光弾性定数 412
光弾性複屈折 412
光ディスク 318, **731**
光伝導測定法 241
光導電性 547
光パラメトリック発振 53
光パラメトリック発振器 225
光ピックアップ **731**
光変調 243
光変調分光法 244
光メモリーディスク 318, **731**
光誘起吸収スペクトル 244
光誘起吸収変化 437, 438
光量子化 46
光励起状態 244
非環状炭化水素 27
非局在性超縮重構造 679
非局在性のトポロジー的超縮重 679
非局在超縮重バンド 676
非結合性結晶軌道 675
非交互炭化水素系 680
ピコ秒 271
微細加工 141
ビジコン 236, 240
非収縮性ポリマー 413
非晶質 282
非晶性 551
非常に弱い相互作用 69
ヒステリシス 603, 607, 610
微生物センサー 639
非線形感受率 251, 426, 436
非線形結晶 225
非線形光学 245
非線形光学現象 54
非線形光学効果 250, 251, **731**
非線形光学定数 241, 249, 250, 423, 430,
　731
非線形性 280
非線形分極波 438
非線形分極率 424
非線形分光法 219, 241, 248
非相互作用スピン集合系 648
非断熱過程 74
非調和定数 416
引張り強度 546
比抵抗 367
非定常法 **732**
比透磁率 644
ヒドロゲナーゼ 700
ビニリデンフルオライド/トリフルオロエ
　チレン共重合体 619
比熱(熱容量)臨界指数 649

非プロトン性溶媒 551
微分磁化率 644
微分透磁率 644
比誘電率 14
標準カロメル電極 551
標準蛍光物質 268
標準ランプ 268
表面圧 116
表面圧-分子占有面積 116
表面安定化強誘電性セル 371, **732**
表面安定化状態 371
表面イメージング 456
表面改質 147
表面形態観察 210
表面処理 142
表面スピン波 656
ピロメリット錯体 133
ピンチオフ電圧 289
ピンホール 127

■——フ

ファラデー回転子 43
ファラデーの法則 **732**
ファン・デア・ポウ法 285
ファン・デル・ワールス半径 412
ファン・デル・ワールス力 7
フィコビリソーム 694
フィブリル結晶 545
フィブリル構造 545
フィラメント 128
フィルター 229, 231, 256
フィルム 542, 545
フェムト秒 271
フェリ磁性 651
フェリ磁性キュリー点 653
フェリ磁性共鳴 664
フェリ磁性体 645
フェリ磁性秩序配列 653
　——などの分子場近似 651
フェルスター機構 69
フェルミ準位 283, **732**
フェルミの黄金規則 49
フェルミ面 591, 594, 597
フォトクロミズム 336, 706
フォトクロミック反応 336
フォトダイオード 236, 238
フォトブリーチング **732**
フォトマルチプライヤ 238
フォトンエコー 352
フォトンエコーメモリー 352
フォトンエコーメモリー材料 353
フォトンカウンター 246
フォトンカウンティングシステム 238
フォトンモード光記録 336, **732**
フォノン **732**
フォノン散乱 284
フォボロドプシン 697
深さ方向分析 165
複屈折 325, 411, **732**
複屈折性 249
複合物 551

索　引

複鎖型共役系　544
複素インピーダンス法　583, **732**
複素環式共役系　542
複素屈折率　241
複素五員環化合物　548
複素反射率　241
複素誘電率　241
福留モデル　671
不純物散乱　284
不純物濃度　280, 281
フタロシアニン　105, 123, 333
フタロシアニン顔料　511, 535
フッ化ビニリデン/トリフルオロエチレン共重合体　629
フッ化ビニリデン系高分子　605
ブックシェルフ構造　371
物質
　——の磁化　643
　——の透磁率　642
物理エージング　151
物理気相成長法　123, **732**
物理センサー　632
部分格子　651
　——の自発磁化　651
部分電荷移動　565
不溶不融　551
フラクタル　702
プラズマエッチング　**732**
プラズマ化　142
プラズマCVD法　**732**
プラズマ重合　556
プラズマ重合法　123
プラズマ処理　142
フラボドキシン　699
フラボリン脂質　707
フラーレン　125, **732**
フランク-コンドンの原理　**732**
フランク-コンドンの不安定化エネルギー　63
プランク定数　416
フランツ-ケルディッシュ効果　250
プリアンプ　243
フーリエ変換限界　272
ブリーチング　457
プリズム　229, 231, 234, 235
ブリッジマン法　131
プリプレグ　150
ブリュースター角　42, **732**
ブリルアン域　**733**
ブリルアン関数　648
フリルフリギド誘導体　338
プリント配線板　150
フルオランテン　574
フルギド　102
フルギド誘導体　338
プールフレンケル効果　280, 282
プレエキスポネンシャルファクター　283
フレキソ版　**463**
プレーナー配向　152
プレティルト　152
フレデリクス転移　152
フレネル斜方体　234

ブロック共重合体　546
ブロックポリマー　35, 417
ブロッホ関数　82, 674
ブロッホの磁化運動方程式　661
プロトン移動　696
プロトン性溶媒　551
プロモーター　705
分解電圧　584
分解能　234
分極　**733**
分極異方性　413
分極処理　125, 427, 620, **733**
分極反転　602
分極反転法　620
分極率　407
分光感度　**733**
分光器　219, 234
分光蛍光光度計　184
分散　234, 235
分子
　——内陽子移動　66
　——の再配列　439
　——の双極子モーメント　13
分子化合物　5
分子間陽子移動過程　78
分子間力　6
分子屈折　407
分子磁性　641
分子磁性工学　642
分子図　8
分子性・有機磁性　641
　——の応用　642
分子性・有機磁性体　641
分子性結晶スタッキングモデル　670
分子線エピタキシー法　124, **733**
分子素子　703, 704
分子組織体　707
分子超分極率　97
分子内振動再分配過程　60
分子内電荷移動型化合物　427
分子場近似における臨界指数　649
分子分散　408
分子フント則　672, 673
分子メモリー　703
複素環化合物　29
複素感受率　44
フント則　647
分配カラムクロマトグラフィー　112
粉末試料の平均磁化率　652
粉末法　431
分離積層型結晶　565, 570, 600

■——ヘ

平均緩和時間　275
平均重合度　553
平均電流　245
平行磁化率　124
平行配列　124
平版　462
ベクトルポテンシャル　46
ベーテ式　446

ヘテロエキシマー　77
ヘテロタクティック　419
ヘテロ累積膜　117
ヘミチオインジゴ　101
ヘム c　697
ヘリ磁性秩序配列　653
ペリレン　564, 574
ペリレン顔料　538
変角振動　415
偏光　41, **733**
偏光解析　241, 243
偏光解析法　243
偏光子　42
偏光状態　233
偏光素子　229, 233
偏光プリズム　233
偏光変調　243
偏光変調分光法　241, 243
ベンジル　132, 133
ベンゾフェノン　132, 133
変調分光法　219, 241, **733**
偏波　411

■——ホ

ホイヘンスの原理　41
励起スペクトル　246
方向性結合器　440
芳香族共役系　542
芳香族性　4
放射線架橋　140
放射モード　**733**
膨潤　**733**
包接化合物　5
包接重合　549
放電破壊による製版　469
飽和磁化　644, 650
ボーア磁子　643
ポーラログラフ　304
ポーラログラム　304
ポーラロン　90, 137, 549
ポーラロン型高分子強磁性体モデル　671
ポーリング　155, 602, 620
ホール　346
ホール移動度　284, 285
ホール係数　285
ホール効果　275, 284, 285, 286
ボールドポリマー　426
ホール輸送　394
補償温度　653
ホスト S_c ミクスチャー　370
捕捉剤　260, 262
母体化合物　3
ホタル発光　701
ポッケルス効果　423
ポッケルス定数　426, 432
ホッピング　611
ホッピングエネルギー　283
ホッピング機構　91
ホッピング距離　283
ホッピング伝導　276, 282, 283
ポテンシャル交換機構　647, 673

索引

ホモジニアス配向 152
ホモ累積膜 117
ポリアズレン 554, 558
ポリアセチレン 542
trans-ポリアセチレン 440
ポリアセナセン 557
ポリアセン 557
ポリアセン系高分子 557
ポリアニリン 543
ポリアミド 128
ポリアミド酸 128
ポリイミド 128, 149, **733**
ポリイミド膜 152
ポリエチレン 123
ポリエチレンオキサイド 578
ポリオクタデシルメタクリレート 128
ポリカーボネート樹脂基板 325
ポリ(グリシジルメタクリレート) 451
ポリクロメーター 234, 245, 246
ポリジアセチレン 440
ポリシルセスキオキサン 457
ポリセレノフェン 548
ポリチエニレンビニレン 108, 555
ポリ(2,5-チエニレンビニレン) 555
ポリチオフェン 107, 548
ポリ(置換アセチレン) 547
ポリテルロフェン 548
ポリナフタレンビニレン 555
ポリ(1,4-ナフタレンビニレン) 555
ポリ尿素 128
ポリパラキシリレン 126
ポリビニルカルバゾール 495
ポリピレン 554
ポリピロール 107, 542, 548
ポリフェニルアセチレン 108, 547
ポリフェニレン 107
ポリ(p-フェニレン) 552
ポリフェニレンオキシド 552
ポリフェニレンスルフィド 552
ポリフェニレンセレニド 552
ポリフェニレンビニレン 108
ポリ(p-フェニレンビニレン) 554
ポリフッ化ビニリデン 123, 605, 619, 629, **733**
ポリ(ブテン-1-スルホン) 450
ポリフラン 548
ポリ(2,5-フリレンビニレン) 555
ポリフルオレン 554
ポリプロピレンオキシド 580
ポリペリナフタレン 557
ポリマー 4
ポリマーアブレーション 145
ポリマー球レンズ 421
ポリマー光ファイバー 420
ポリメチルメタクリレート 450
ボルタンメトリー 298, **733**
ボルツマン係数 417
ポルフィリン 105
ホログラフィー 40, 706
ホログラム記録 **733**

■——マ

マイグレーション 126
マイクログリッド **733**
マイクロチャンネルプレート 238
マイクロマグネティクス 683
マグネタイト 701
マグネトソーム 702
マグノン 656
マジックアングル 665, 667
マゼンタカプラー 481, **733**
マチーセンの法則 284
マックスウェル方程式 43
末端置換基 360
マルチチャンネルディテクター 234, 236, 246

■——ミ

ミクト磁性 654
水なし平版 469
溝説 153
ミラー 229, 231

■——ム

無機磁性 642
無金属フタロシアニン 512
無限系超高スピンポリマー 673
無限系のトポロジカルスピン分極 677
無限スピン系高分子のVB的スピン描像 680
無輻射過程 246
無輻射遷移 64
無溶媒法 546

■——メ

迷光 235, 236
明視野法 **733**
メタセシス系触媒 547
メタ-ニトロアニリン 432
メタリックアイランド **734**
2-メチル-4-ニトロアニリン 424
メディエーター 705
メリフィールド法 121
免疫センサー 639
面抵抗 278

■——モ

モースポテンシャルエネルギー理論 416
モット転移 **734**
モード同期 386, **734**
モデルハミルトニアン 657
モノクロメーター 234, 235
モビリティー端 282
森の理論 661

■——ヤ

山口モデル 671
ヤング弾性率 546
ヤングの干渉実験 40, 57

■——ユ

有機化合物 3
有機金属 4
有機金属化合物 4
有機結晶 131
有機磁性 642
有機磁性体高分子のバンド構造 673
有機磁性体の分子設計 669
有機超伝導体 589
有機薄膜素子 122
有機分子線エピタキシー法 125
有機分子線蒸着法 125
有機ヘテロ元素化合物 4
有機ポリシラン 531
有効質量 275
有効磁場 648
有効分子場近似 648
誘電緩和時間 586
誘電体多層膜 231
誘電縦緩和時間 **734**
誘電分極 14
誘電率 418
誘電率異方性 361
誘導体 390, 391
誘導フォトンエコー 353
誘導ブリルアン散乱 439
誘導放出 45, **734**

■——ヨ

溶液成長法 133
溶液フィルター 231, 254
融液法 131
溶解性 549
溶解速度 447
ヨウ素 545
揺動-散逸の定理 661, 658
揺動説理論 417
溶融成形 553
葉緑体 693
横磁気抵抗効果 286
横成分時間自己相関関数 665, 667
弱い相互作用 68
弱い電荷移動 72
4光子過程 53
4光波混合 273, **734**
4準位モデル 56
4体スピン相関関数 665
四端子電極法 277
四端子法 276
四探針法 277
4当量カプラー 479, **734**

索引

■──ラ

ラウス鎖　**734**
ラービの特性周波数　59
ラジアレン　107
ラジカル　4
ラジカルアニオン塩　565
ラジカルカチオン塩　565
ラジカル捕捉剤　263
らせん磁性秩序配列　653
らせんピッチ　371
ラダー状高分子　557
ラビング処理　152
ラビングの強さ　153
ラマン散乱　50
ラマンプローブ光　245
ラマン分光　235
ラマン分光法　170
ラングミュアー-プロジェット法　122, 428
ラングミュアー-プロジェット膜　152
ランジュヴァン関数　648
ランダウ-リフシッツの運動方程式　661, 662
ランダム磁性体　654, 661, 665
　──の電子スピン共鳴　667
卵白平版　465
ランプ　219, 220, 221
ランベルト-ベールの法則　44

■──リ

力学強度　546
理想因子　281
リターデーション　363
リチャードソン定数　281
隣接間相互作用　657
立体規則性　419, 549
立体効果　547
硫酸キニーネ　269
量子磁気井戸効果　642
量子収率　259, **734**
両性輸送　394
臨界角　40
臨界磁場　592, 597, 653, 664
輪郭成分抽出　707
リング型色素レーザー　387

■──レ

励起エネルギー移動　69
励起源　225
励起光源　223, 244, 245
励起子　84
励起子共鳴　71
励起準位の飽和　439
励起水素結合体　78
励起スペクトル　246
励起フランク-コンドン状態　63
零磁場エントロピー　658
零磁場磁化率　658

レイリー散乱　50, 235, 415, 418
レーザー　56, 219, 222, 386, **734**
レーザー加工　145
レーザー共振器　56
レーザー色素　386
レーザーフィルター　234
レーザー分光法　386, **734**
レジスト　142
レーダーチャート　683
レチナール　696, 697
レーリー波　656
レンズ　229
レンツ-イジングモデル　657

■──ロ

ロイコ化合物　**734**
ロションプリズム　233
ローダミン　390
ローダミンB　268
ローダミン6G　386
ロックインアンプ　243
ロックイン検出　243
ロドプシン　697
ローレンツ-ローレンス式　407

■──ワ

ワイス定数　649
ワイヤーグリッドタイプ（偏光素子）　233
和周波数発生　53

■──A

AES 162
AFM 215, 707
ATPの合成 696
ATR法 171

■──B

BARカプラー 488, **731**
BCS理論 96, **731**
BEDO-TTF 573, 600
BEDT-TTF 592
BMDT-TTF 572
BO 573
Buckminsterfallerene(C_{60}) 683

■──C

C_{60} 589, 600
$C_{60}TDAE_{0.86}$ 683
CARS 53
CCDイメージセンサー 236, 239, 726
CIDEP 273
CIDNP 273
CIEEL機構 701
Clebsch-Gordan係数 668
CMA 163
Corbino disk 287
coreアンテナ 693
COSY 177
CsX^+ SIMS 168
CVD法 123
CW法 175

■──D

DARカプラー 488, **729**
DCNQI 575
dcSHG 427
DESIRE 455
Dexter機構 70
DFWM 437
DIRカプラー 485, **729**
DMET 573, 599
dmit 600
DODS 673
DRAM **729**
DRAW 318
DRAW型光記録 336
Durham法 547

■──E

EB硬化 140
EFISH 427
EID 165
El-Sayed則 65
ESR 178

■──F

F値 229, 234, 235, 246, **720**
FID 175
FIT機構 91
FT-IR 170
FTパルス電子スピン磁気共鳴 661
FT法 175
FT-ESR 273
FTIR 244

■──G

GC 193
GI 420
GI型光ファイバー 420
GPC 191
GRIN 420

■──H

^2H NMR 177
Heck反応 555

■──I

ICP 549
I. I. 240, 245, 246
ISFET 638, **719**

■──J

J-分解2次元NMR 177

■──K

χ-(BEDT-TTF)$_2$Cu(NCS)$_2$錯体 135
K-セル 125
KCP 575
K-K変換 242, 243
Kovacic法 553
KTP 423

■──L

LB法 116, 122, 428, 638
LB膜 152, 428, 702, 707, **720**
LC 188
$LiNbO_3$ 423
LTT 662, 665, 667
──の減衰 666
LUMO 673

■──M

μ中間子 669
μ^+中間子スピン回転(μSR) 669
Marcusの電子移動理論 72
Mataga-Lippert式 63
MBE法 124, **733**
McConnell-Breslowアプローチ 670

MCP 238, 240
MDS **720**
MDT-TTF 599
m-NA 432
MOSキャパシター 239
MOSFET 638

■──N

n-ドーピング 137, 138
n-チャンネルFET 289
NA **720**
ND 256
NDフィルター 231
NMR 175
NMRイメージング 175
NOESY 177
NPHB 347

■──O

OD **721**
OMBE法 125
OPO 225, 227

■──P

p-ドーピング 137, 138, 139
π-NBMO 672
π結合 7
π錯体 5
p偏光 41
PAS 260
PBS 450
PE 123
P-Eヒステリシス曲線 **731**
PGMA 451
PHB 346
PHB材料 346
PM 238, 245
PMMA 450
pn接合 238
PODM 128
POF 420
PPX 126
PS版 465
PSHB 346
pump-probe法 440
PVD法 123, **732**
PVDF 123, 605
PyGC 193

■──Q

QDI捕獲剤 488, **723**

■──R

RAS法 171
reverse tilt disclination 152
RHEED 125
RIE **719**

RKKY 相互作用　647
ROMP　547
ROSET 化合物　492

■───S

σ 結合　7
σ 錯体　5
s 偏光　41
SAM　163
SD　437
SEC　191
SEM　214
SHEW　431
SHG　249, 423
SI 型光ファイバー　420
SIMS　166
SOR 磁気散乱　669
SPM　215, 245, 708, **720**
SR 光　227
SS state　371
S_1-S_1 消滅　69
S_1-S_1 相互作用　69
SSFLC cell　371
Stern-Volmer プロット　264
STM　215, 707
STN モード　359, **720**
STS　708

■───T

TCNQ　567, 570
TE 偏光　41
TEM　211
THG　437
THG 法　251
TEPD　**729**
through-bond アプローチ　671
through-space アプローチ　671
time of flight　276, 284, 287
TM 偏光　41
TMTSF　589
TMTTF-TCNQ　133
TN モード　359, **729**
TNF/PNVC 系感光体　505
TOF　276, 284, 287
triad 表示　419
TSC　613
TST　573
T_1-T_1 消滅　69
TTF　564, 565, 570, 572
TTF-p-クロラニル　133
TTF-TCNQ　135
TTT　574
TTT 図　148

■───U

UPS　186
UV インキ　473
UV・EB 表面加工　140

■───V

Vaks-Larkin モデル　657
van der Pauw 法　552

VDP 法　123
Vogel-Tamman-Fulcher 式　585
VSC　279
VTF 式　585

■───W

Walker モード　663
Wave 法　431
Weitz 型酸化還元系　567
Wigner-Eckart の定理　668
Williams-Landel-Ferry 式　585, **728**
WLF 式　585, **728**
WORM　318
Wurster 型酸化還元系　567

■───X

X 線回折　124
X 線回折法　195
X 線光電子分光法　160
X 線トポグラフ　**720**
XPS　160, 186
XY モデル

■───Z

z-スキャン法　439
Zone Melting 法　113

MEMO

光・電子機能有機材料ハンドブック
（普及版）　　　　　　　　　定価はカバーに表示

1995年10月 1 日　初　版第 1 刷	
1997年10月15日　　　　第 2 刷	
2012年 6 月25日　普及版第 1 刷	

編集　堀　江　一　之

代表　谷　口　彬　雄

発行者　朝　倉　邦　造

発行所　株式会社　朝倉書店
　　　　東京都新宿区新小川町 6-29
　　　　郵便番号　162-8707
　　　　電話　03(3260)0141
　　　　FAX　03(3260)0180
　　　　http://www.asakura.co.jp

〈検印省略〉

© 1995〈無断複写・転載を禁ず〉　　　新日本印刷・渡辺製本

ISBN 978-4-254-25254-5　C 3058　　　Printed in Japan

JCOPY　〈(社)出版者著作権管理機構　委託出版物〉

本書の無断複写は著作権法上での例外を除き禁じられています．複写される場合は，そのつど事前に，(社)出版者著作権管理機構（電話 03-3513-6969，FAX 03-3513-6979，e-mail: info@jcopy.or.jp）の許諾を得てください．